Springer-Lehrbuch

Jürgen Bortz · Christof Schuster

Statistik für Human- und Sozialwissenschaftler

Limitierte Sonderausgabe

7., vollständig überarbeitete und erweiterte Auflage

Mit 70 Abbildungen und 163 Tabellen

Jürgen Bortz †

Christof Schuster
Justus-Liebig-Universität Gießen
Gießen, Deutschland

ISSN 0937-7433
Springer-Lehrbuch
ISBN 978-3-662-50373-7 ISBN 978-3-642-12770-0 (eBook)
DOI 10.1007/978-3-642-12770-0

Die Deutsche Nationalbibliothek verzeichnet diese Publikation in der Deutschen Nationalbibliografie; detaillierte bibliografische Daten sind im Internet über http://dnb.d-nb.de abrufbar.

Umschlaggestaltung: deblik, Berlin
Fotonachweis Umschlag: © iStockphoto, Berlin

Gedruckt auf säurefreiem und chlorfrei gebleichtem Papier.

Springer ist Teil von Springer Nature
Die eingetragene Gesellschaft ist Springer-Verlag GmbH Berlin Heidelberg

Vorwort

Seit dem Erscheinen der „Statistik für Human- und Sozialwissenschaftler“ vor über 30 Jahren hat Jürgen Bortz – der bisherige, alleinige Autor – einen weitgesteckten Bereich statistischer Verfahren dargestellt, der von Deskriptiv- und Inferenzstatistik über Varianzanalyse bis zur multivariaten Statistik reicht. Dabei hatten stets die sachgerechte Verwendung der Verfahren, deren rechnerische Durchführung sowie deren Stellenwert im Rahmen der empirischen Forschung Vorrang vor einer allzu mathematischen Darstellung. Der Erfolg, den dieses Buch seit seinem Erscheinen in der universitären Ausbildung verschiedener human- und sozialwissenschaftlicher Studiengänge erfuhr, zeigt eindrucksvoll, wie wichtig die konzeptuelle, nicht-mathematische Darstellung statistischer Methoden ist. Mit dem Tod von Jürgen Bortz im September 2007 verlor die deutschsprachige Psychologie einen ihrer bedeutendsten Lehrbuchautoren im Bereich Psychologische Methodenlehre.

Der Bitte des Springer-Verlags, die nun vorliegende siebte Auflage der „Statistik für Human- und Sozialwissenschaftler“ zu erstellen, bin ich gerne gefolgt, da ich an der Technischen Universität Berlin – der Universität, an der Jürgen Bortz seit den frühen 70er Jahren Hochschullehrer war – sowohl Psychologie studierte als auch im Anschluss an das Studium bei ihm promovierte.

Ich habe bei der Erstellung der siebten Auflage versucht, das Buch in der bisherigen Tradition weiterzuführen, es aber zugleich zu modernisieren. Im Zuge dieser Überarbeitung wurde Bewährtes erhalten, vieles wurde aber auch verändert. Die offensichtlichste Veränderung besteht sicherlich in der größeren Kapitelzahl, die sich durch die neue Strukturierung der Inhalte ergab.

Wo dies sinnvoll möglich war, wurden mathematische Argumente vereinfacht, um die konzeptionellen Überlegungen noch stärker in den Vordergrund zu stellen. Gleichzeitig wurde die Terminologie und Notation des Buches stärker standardisiert. Beispielsweise habe ich auf die Verwendung zweier unterschiedlicher Varianzschätzungen, so wie dies in den früheren Auflagen der Fall war, verzichtet.

Wo erforderlich, wurde die Darstellung so verändert, dass numerische Berechnungen im Buch mit den Ergebnissen statistischer Programmpakete übereinstimmen. Ein Beispiel dafür ist der bereits angesprochene Verzicht auf zwei verschiedene Varianzschätzungen, denn praktisch alle Statistikprogramme geben nur die sog. erwartungstreue Schätzung der Varianz aus. Auf die Darstellung von Programmdialogen („screen-shots“) zur Demonstration des Einsatzes von Statistiksoftware für die einzelnen statistischen Verfahren wurde verzichtet, da dies den Umfang des Buches gesprengt hätte. Es wurden aber Softwarehinweise eingefügt, welche im jeweiligen Kontext auf wichtige Aspekte bei der Verwendung von Computerprogrammen verweisen.

Schließlich wurden neue Inhalte in das Buch aufgenommen. Beispielsweise gibt es nun ein Kapitel über „Pfadanalyse“, in welches der Abschnitt der Vorauflage zum Thema „lineare Strukturgleichungsmodelle“ integriert wurde. Ein zweites Beispiel ist die Darstellung der Berechnung von Varianzkomponenten, welche ich für einige varianzanalytische Versuchspläne in das Buch aufgenommen habe. Außerdem wurden zahlreiche neue Übungsaufgaben, die im Rahmen meiner Gießener Lehrveranstaltungen entstanden sind, in die neue Auflage integriert.

Die neue Auflage dieses Buches wird ergänzt durch eine begleitende Website http://www.lehrbuch-psychologie.de/projekte/statistik. Dort finden sich Lernmaterialien für Studierende. Für Lehrende stehen die Abbildungen und Tabellen des Buches sowie Präsentationsfolien zum Download bereit. Weiterhin sind dort für die Beispiele des Buches Syntax-Kommandos verfügbar, welche die Berechnungen mit Hilfe der Statistiksoftware SPSS (PASW) und R illustrieren.

Bedanken möchte ich mich bei all denen, die mich bei der Erstellung der neuen Auflage unterstützt haben. Herr Dr. Jochen Ranger hat große Teile des Manuskripts auf sachliche Korrektheit geprüft. Die neuen Übungsaufgaben sind in Zusammenarbeit mit Herrn Dr. Ranger und Herrn Martin Biehler entstanden. Frau Margareth Aichner und Herr Laurens Berthold haben mich durch Korrekturlesen bzw. durch technische Hilfe bei der Manuskriptbearbeitung unterstützt.

Dem Berliner Freundeskreis von Jürgen Bortz möchte ich für die Vermittlung des Kontakts zum Springer-Verlag danken. Abschließend gilt mein Dank den Herren Barton und Coch für die verlagsseitige Betreuung des Projekts.

Gießen im Mai 2010
Christof Schuster

Die Autoren

Prof. Dr. Jürgen Bortz (geboren 1943 in Kyritz, gestorben 2007 in Berlin) studierte in Hamburg Psychologie. Nach einer Assistentenstelle in Berlin promovierte er 1968 und war danach wissenschaftlicher Assistent am Institut für Psychologie der Universität Erlangen. 1972 folgte seine Berufung zum Hochschullehrer an die Technische Universität Berlin, wo er die Leitung der Abteilung für Psychologische Methodenlehre übernahm und eine maßgebliche Rolle beim Aufbau des Instituts für Psychologie spielte. 1977 folgte seine Habilitation zur psychologischen Ästhetikforschung. Seit 1977 folgten Veröffentlichungen und Überarbeitungen (bis zu 6 Auflagen) von vier Lehrbüchern zur Statistik und zu empirischen Forschungsmethoden. Von 1989 bis 1995 war er neben der Hochschullehrertätigkeit Geschäftsführer des „teleskopie – Institut für Media-Analysen" an der Technischen Universität Berlin und publizierte zahlreiche Fachbeiträge in den Bereichen Statistik und Medienwirkungsforschung.

Prof. Dr. Christof Schuster (Jahrgang 1963) machte 1992 das Diplom im Fach Psychologie an der Technischen Universität Berlin. Von 1993-1995 war er Biometriker am Institut für Toxikologie der Freien Universität Berlin, von 1995-1997 wissenschaftlicher Mitarbeiter am Institut für Psychologie der Friedrich-Schiller-Universität Jena. Es folgte 1997 die Promotion zum Dr. phil. an der Technischen Universität Berlin. Zwischen 1997 und 1999 war er Research Investigator (post-doc) am Survey Research Center des Institute for Social Research der University of Michigan in Ann Arbor (Michigan), von 1999 bis 2004 Assistant Professor im Department of Psychology der University of Notre Dame in South Bend (Indiana). Seit 2004 ist Prof. Dr. Schuster Inhaber der Professur für Psychologische Methodenlehre am Fachbereich Psychologie und Sportwissenschaft der Justus-Liebig-Universität Gießen.

Inhaltsübersicht

Inhaltsverzeichnis

*Weiterführende Abschnitte sind mit * gekennzeichnet

Sagen Sie uns die Meinung!

Liebe Leserin und lieber Leser,

Sie wollen gute Lehrbücher lesen,
wir wollen gute Lehrbücher machen:
dabei können Sie uns helfen!

Lob und Kritik, Verbesserungsvorschläge und neue Ideen können Sie auf unserem Feedback-Fragebogen unter **www.lehrbuch-psychologie.de** gleich online loswerden.

Als Dankeschön verlosen wir jedes Jahr Buchgutscheine für unsere Lehrbücher im Gesamtwert von 500 Euro.

Wir sind gespannt auf Ihre Antworten!

Ihr Lektorat Lehrbuch Psychologie

Bortz, Schuster: Statistik für Human- und Sozialwissenschaftler
Der Wegweiser zu diesem Lehrbuch

Was erwartet mich? Die **Übersicht** zeigt, worum es im Folgenden geht.

Griffregister: zur schnelleren Orientierung.

Definition: zentrale Begriffe kompakt erklärt.

Verständlich: anschauliches Wissen dank zahlreicher **Beispiele** für Berechnungen.

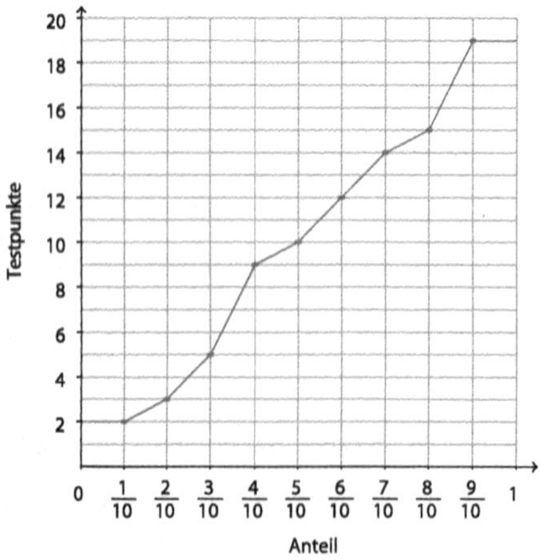

Anschaulich: mit 70 **Abbildungen** und 163 **Tabellen**.

Bitte merken: wichtige **Kernaussagen** sind vom Fließtext abgehoben.

ÜBERSICHT

Arithmetisches Mittel – Modalwert – Medianwert – Varianz – Standardabweichung – Interquartilbereich – Perzentil – z-Wert

Die Anwendung statistischer Verfahren setzt voraus, dass quantitative Informationen über den jeweiligen Untersuchungsgegenstand bekannt sind. Die Aussage: „Herr *X* ist neurotisch" mag zwar als qualitative Beschreibung der genannten Person informativ sein; präziser wäre diese Information jedoch, wenn sich die Ausprägung des Neurotizismus durch eine bestimmte Zahl kennzeichnen ließe, die beispielsweise Vergleiche hinsichtlich der Ausprägungsgrade des Neurotizismus bei verschiedenen Personen ermöglicht.

Liegen quantitative Informationen über mehrere Personen bzw. eine Stichprobe vor, erleichtern summarische Darstellungen der Daten die Interpretation der in der Stichprobe angetroffenen Merkmalsverteilung.

BEISPIEL 2.1

Fünf Schüler schreiben ein Diktat im Fach Englisch. Die Anzahl der Orthographiefehler lauten: 3, 5, 6, 8, und 14. Berechnen wir nun den Mittelwert der Fehler, so ergibt sich

$$\bar{x} = (3+5+6+8+14)/5 = 36/5 = 7{,}2.$$

Im Durchschnitt machte ein Schüler etwa sieben Fehler.

Testpunkte

Anteil

Abbildung 2.1. Lineare Interpolation zwischen den sortierten Testpunkten

Tabelle 2.1. Bearbeitungszeiten eines Puzzles in Sekunden

131,8	106,7	116,4	84,3	118,5	93,4	65,3	113,8	140,3
119,2	129,9	75,7	105,4	123,4	64,9	80,7	124,2	110,9
86,7	112,7	96,7	110,2	135,2	134,7	146,5	144,8	113,4
128,6	142,0	106,0	98,0	148,2	106,2	122,7	70,0	73,9
78,8	103,4	112,9	126,6	119,9	62,6	116,6	84,6	101,0
68,1	95,9	119,7	122,0	127,3	109,3	95,1	103,1	92,4
103,0	90,2	136,1	109,6	99,2	76,1	93,9	81,5	100,4
114,3	125,5	121,0	137,0	107,7	69,0	79,0	111,7	98,8
124,3	84,9	108,1	128,5	87,9	102,4	103,7	131,7	139,4
108,0	109,4	97,8	112,2	75,6	143,1	72,4	120,6	95,2

Zunächst betrachten wir wieder die Abweichung vom Mittel, wobei diesmal das Vorzeichen der Abweichung von Bedeutung ist, da es erkennen lässt, ob der Wert über- bzw. unterdurchschnittlich ist. Beispielsweise möge die Körpergröße einer männlichen Person 190 cm betragen.

Definition 2.3

z-Transformation. Das Umrechnen des Rohwertes x in den z-Wert mit Hilfe von Gl. (2.10) wird auch „z-Transformation" genannt. Somit gibt der z-Wert an, um wie viele Standardabweichungen ein Rohwert unter bzw. über dem Mittelwert liegt.

Haben wir in der Stichprobe männlicher Personen, deren Körpergrößen ermittelt wurden, eine Standardabweichung von 15 errechnet, so können wir den z-Wert einer Person mit einer Größe von 190 cm berechnen. Wir erhalten

$$z = \frac{190\,\text{cm} - 175\,\text{cm}}{15\,\text{cm}} = 1.$$

Der z-Wert dieser Person beträgt also 1,0. Dies bedeutet, dass ihr Rohwert den Mittelwert um die Länge einer Standardabweichung übersteigt. Da es sich bei der Standardabweichung – wie der Name schon sagt – um eine repräsentative Abweichung handelt, ist eine Größe von 190 cm sicherlich noch kein extrem großer Wert im Vergleich zu den anderen Körpergrößen, die sich in der Stichprobe befinden. Ein z-Wert von 0,0 entspricht einer durchschnittlichen Ausprägung des Rohwertes. Ein negativer z-Wert zeigt einen unterdurchschnittlichen Rohwert an.

Wie man an dem Beispiel gut erkennen kann, besitzen z-Werte nicht mehr die Einheiten der Rohwerte. Sie sind also *dimensionslose* Zahlen.

In Aufgabe 2.7 überlegen wir uns, weshalb für z-Werte folgende Aussage gilt:

z-transformierte Werte haben einen Mittelwert von 0 und eine Standardabweichung von 1.

Navigation:
mit Seitenzahl und
Kapitelnummer.

EXKURS 2.2 Weitere Maße der zentralen Tendenz

Geometrisches Mittel. Werden subjektive Empfindungsstärken gemittelt, kann man aufgrund psychophysischer Gesetzmäßigkeiten zeigen, dass die durchschnittliche Empfindungsstärke verschiedener Reize nicht durch das arithmetische Mittel, sondern besser durch das geometrische Mittel (GM) abgebildet wird. Soll beispielsweise in einem psychophysischen Experiment eine Versuchsperson die durchschnittliche Helligkeit von drei verschiedenen Lampen mit den Helligkeiten 100 Lux, 400 Lux und 1000 Lux einstellen, erwarten wir, dass die eingestellte durchschnittliche Helligkeit nicht dem arithmetischen Mittel (= 500 Lux), sondern dem geometrischen Mittel entspricht. Das geometrische Mittel setzt voraus, dass alle Werte positiv sind. Es wird nach folgender Beziehung berechnet:

$$GM = \sqrt[n]{x_1 \cdot x_2 \cdot x_3 \cdots x_n}.$$

Das geometrische Mittel in unserem Zahlenbeispiel lautet: $GM = \sqrt[3]{100 \cdot 400 \cdot 1000} = 342$.
Ein wichtiges Anwendungsfeld für das geometrische Mittel sind durchschnittliche Wachstumsraten wie beispielsweise durchschnittliche Umsatzsteigerungen pro Jahr, durchschnittliche Veränderungen der Bevölkerungszahlen pro Jahr oder durchschnittliche Preissteigerungen pro Jahr, wobei die Wachstumsrate als prozentuale Veränderung gegenüber dem Vorjahr definiert ist (ausführlicher hierzu vgl. z. B. Sixtl, 1993, S. 61 ff.).

Harmonisches Mittel. Ein Autofahrer fährt staubedingt 50 km mit einer Geschwindigkeit von 20 km/h und danach 50 km mit 125 km/h. Wie lautet die Durchschnittsgeschwindigkeit für die Gesamtstrecke von 100 km?
Die vielleicht spontan einfallende Antwort (20 km/h + 125 km/h)/2 = 72,5 km/h ist falsch, denn die Durchschnittsgeschwindigkeit ergibt sich als Gesamtstrecke/Gesamtzeit. Für die 100 km benötigt der Fahrer 50/20 + 50/125 = 2,5 + 0,4 = 2,9 Stunden, sodass sich eine Durchschnittsgeschwindigkeit von 100 km/2,9 h = 34,48 km/h ergibt. Dieser Wert entspricht dem harmonischen Mittel der beiden Geschwindigkeiten. Die allgemeine Berechnungsvorschrift für das harmonische Mittel lautet:

$$HM = \frac{n}{\sum_{i=1}^{n} \frac{1}{x_i}}.$$

Berechnen wir das harmonische Mittel für das Beispiel, resultiert

$$\frac{2}{\frac{1}{20\,\text{km/h}} + \frac{1}{125\,\text{km/h}}} = 34{,}48\,\text{km/h}.$$

Das harmonische Mittel kommt zur Anwendung, wenn Indexzahlen (Kilometer pro Stunde, Preis pro Liter, Einwohner pro Quadratkilometer etc.) zu mitteln sind und die Zählervariable (Kilometer, Preis, Einwohnerzahl) konstant ist. Ist die Nennervariable (Fahrzeit, Litermenge, Flächengröße) konstant, ergibt sich der durchschnittliche Index über das arithmetische Mittel.

Wenn Sie es genau
wissen wollen:
Exkurse vertiefen
das Wissen.

Nehmen wir an, es liegt eine Stichprobe von neun Testwerten vor, die mit Hilfe eines Fragebogens, der 20 „Ja-Nein" Fragen enthält, ermittelt wurden. Jede Ja-Antwort wird dabei als ein Punkt gewertet. Die folgenden neun Werte wurden beobachtet, wobei die Testwerte bereits nach ihrer Größe sortiert wurden:

Die unterschiedlichen Konventionen, Perzentile linear zu interpolieren, unterscheiden sich hauptsächlich in der Wahl der Stützstellen p_k, die zur Interpolation benötigt werden. Detaillierte Information zur Wahl der Stützstellen p_k findet man bei Hyndman und Fan (1996).

SOFTWAREHINWEIS 2.1

Die Berechnung der Perzentile mit Hilfe von linearer Interpolation ist relativ mühsam, sodass ein Statistikprogramm dafür verwendet werden sollte. In diesem Zusammenhang ist von Interesse, welche Wahl der Stützstellen p_k durch das Programm getroffen wird bzw. welche Möglichkeiten der Auswahl zur Verfügung stehen.

Die im obigen Beispiel gewählten Stützstellen $p_k = k/(n+1)$ entsprechen der Default-Einstellung (HAVERAGE) der SPSS-Prozedur „EXAMINE". In der R-Funktion „quantile()" kann die Wahl der Stützstellen über den „type"-Parameter beeinflusst werden. Man erhält das obige Ergebnis für „type=6".

Das Umrechnen des Rohwertes x in den z-Wert mit Hilfe von Gl. (2.10) wird auch „z-Transformation" genannt. Somit gibt der z-Wert an, um wie viele Standardabweichungen ein Rohwert unter bzw. über dem Mittelwert liegt.

ÜBUNGSAUFGABEN

Summenzeichen

Aufgabe 2.1 Gegeben sind die fünf Werte $x_1 = 1$, $x_2 = 4$, $x_3 = 5$, $x_4 = 8$, $x_5 = 10$. Berechnen Sie folgende Summen: a) $\sum_{i=1}^{5} x_i$, b) $\sum_{i=1}^{5} x_i^2$, c) $(\sum_{i=1}^{5} x_i)^2$, d) $\sum_{i=2}^{5} x_i$, e) $\sum_{i=1}^{5} x_i + 5$, f) $\sum_{i=1}^{5}(x_i+5)$, g) $\sum_{i=1}^{5}(2x_i)$, h) $\sum_{i=2}^{4}(x_i+i^2)$ und i) $\sum_{i=1}^{5}(x_3+i^2)$.

Aufgabe 2.2 Formen Sie folgende Ausdrücke um: a) $\sum_{i=1}^{n}(x_i + a)$, b) $\sum_{i=1}^{n} bx_i$ und c) $1/n \sum_{i=1}^{n}(a + bx_i)$.

Statistische Kennwerte

Aufgabe 2.3 Bei einer Erhebung der Intelligenz von 20 Studenten fallen folgende Werte an:

109	92	93	94	96
96	97	98	100	101
101	102	103	103	103
104	105	105	107	91

Alles verstanden?
Übungsaufgaben
zur Wissens-
überprüfung mit
Lösungen im
Anhang.

Berechnung am PC:
Softwarehinweise für den
Einsatz von Statistikprogrammen.

Teil I
Deskriptiv- und Inferenzstatistik

Einleitung

In Teil I dieses Buches werden die wichtigsten Grundlagen der Statistik erarbeitet. Zunächst werden elementare Kenntnisse der sog. deskriptiven Statistik vermittelt, welche statistische Methoden zur Beschreibung von Daten in Form von Kennwerten, Tabellen und Grafiken umfasst. Anschließend wird eine Einführung in den Begriff der Wahrscheinlichkeit gegeben, die sowohl zentrale Eigenschaften und Gesetze der Wahrscheinlichkeit als auch Wahrscheinlicheitsverteilungen diskutiert.

Von zentraler Bedeutung ist die Darstellung des Hypothesentestens, welches die grundlegende Logik des statistischen Signifikanzschlusses vermittelt. Anschließend werden einfache Signifikanztests sowohl für Mittelwerte als auch für Häufigkeiten vorgestellt, die sich auf die Beobachtungen einer bzw. zweier Stichproben beziehen. Schließlich werden die für die Statistik wichtigen Begriffe von Korrelation und Regression erläutert. Teil I beschäftigt sich mit folgenden Inhalten:

Kapitel 1: *Empirische Forschung und Skalenniveaus.* In diesem Kapitel wird die Funktion der Statistik im empirischen Forschungsprozess diskutiert. Zusätzlich wird der Begriff des Skalenniveaus, welcher für die Auswahl eines geeigneten statistischen Verfahrens von Bedeutung ist, eingeführt.

Kapitel 2: *Statistische Kennwerte.* Hier wird eine Auswahl statistischer Kennwerte vorgestellt, mit denen sowohl die zentale Tendenz als auch die Variabilität einer Stichprobe ermittelt werden kann.

Kapitel 3: *Grafische Darstellungen von Merkmalsverteilungen.* Die Tabellierung und grafische Darstellung von Daten ist Gegenstand dieses Kapitels. Verschiedene Grafiken – Histogramm, Polygon, Boxplot, Kreisdiagramm – werden an Beispielen erläutert.

Kapitel 4: *Wahrscheinlichkeitstheorie.* Hier werden wichtige Eigenschaften des Wahrscheinlichkeitsbegriffs diskutiert und Gesetze der Wahrscheinlichkeit besprochen, die im Zusammenhang mit der Berechnung von Wahrscheinlichkeiten unverzichtbar sind.

Kapitel 5: *Wahrscheinlichkeitsverteilungen.* In diesem Kapitel werden wichtige Wahrscheinlichkeitsverteilungen sowohl für diskrete als auch für stetige Zufallsvariablen vorgestellt. Wahrscheinlichkeitsverteilungen dienen zur probabilistischen Beschreibung von Zufallsvariablen. Elementare Kenntnisse von Wahrscheinlichkeitsverteilungen sind für das Verständnis der Inferenzstatistik unerlässlich.

Kapitel 6: *Stichprobe und Grundgesamtheit.* Statistische Kennwerte dienen nicht nur zur Beschreibung vorliegender Daten. Sie lassen sich auch als zufällige Größe auffassen, schließlich wurden die Kennwerte aufgrund einer Zufallsstichprobe berechnet. Zwar lässt sich ein Kennwert aufgrund der Stichprobendaten berechnen und ist somit bekannt, aber er ist insofern auch eine zufällige Größe, als sein Wert von Stichprobe zu Stichprobe schwankt. Die Stichprobenverteilungen beschreibt das probabilistische Verhalten von statistischen Kennwerten, die aufgrund (theoretisch unendlich) vieler vergleichbarer Stichproben ermittelt werden.

Kapitel 7: *Hypothesentesten.* Das Testen von Hypothesen ist ein zentrales Thema, welches in allen folgenden Kapiteln von Bedeutung ist, da innerhalb eines jeden Kapitels neue Hypothesentests eingeführt werden. Synonym zu dem Begriff des Hypothesentests verwenden wir auch den Begriff des Signifikanztests.

Kapitel 8: *Tests zur Überprüfung von Unterschiedshypothesen.* Eine wichtige Gruppe einfacher Tests stellen die t-Tests dar, mit welchen Mittelwerte bzw. Mittelwertunterschiede überprüft werden können. Das Kapitel enthält außerdem weitere Tests zur Überprüfung der Voraussetzungen der t-Tests sowie nicht-parametrische Tests, die im Vergleich zu den t-Tests auf schwächeren Voraussetzungen basieren.

Kapitel 9: *Analyse von Häufigkeiten.* Die Analyse von Häufigkeiten der Kategorien eines Merkmals bzw. zweier kreuzklassifizierter Merkmale kann mit dem sog. Chi-Quadrat-Test erfolgen.

Kapitel 10: *Korrelation.* Korrelationen gehören zu den wichtigsten Kennwerten innerhalb der Sozialwissenschaften und insbesondere der Psychologie. Mit Korrelationskoeffizienten lassen sich Merkmalszusammenhänge quantitativ charakterisieren.

Kapitel 11: *Einfache lineare Regression.* In diesem Kapitel besprechen wir ein Verfahren zur Vorhersage eines Merkmals aufgrund eines zweiten Merkmals. Bei beiden Merkmalen handelt es sich um metrische Variablen. Oft wird eine lineare Regression eingesetzt, um einen als kausal angenommenen Zusammenhang zwischen zwei Merkmalen genauer zu analysieren. Dabei wird im Kontext der Regressionsanalyse die Ursache als Prädiktor und die Wirkung als Kriterium bezeichnet.

Kapitel 1 Empirische Forschung und Skalenniveaus

ÜBERSICHT

Phasen der empirischen Forschung – Arten von Untersuchungen – statistische Auswertung von Untersuchungen – Skalenniveaus – Messtheorie

1.1 Empirische Forschung und Statistik

Statistik ist ein wichtiger Bestandteil empirisch-wissenschaftlichen Arbeitens, der sich mit der Zusammenfassung und Darstellung von Daten befasst. Darüber hinaus stellt die Statistik den empirischen Wissenschaften Verfahren zur Verfügung, mit denen objektive Entscheidungen über die Brauchbarkeit von wissenschaftlichen Hypothesen getroffen werden können.

Wissenschaftliches Arbeiten zielt auf die Verdichtung von Einzelinformationen und Beobachtungen zu allgemein gültigen Aussagen ab. Hierbei leitet die *deskriptive Statistik* zu einer übersichtlichen und anschaulichen Informationsaufbereitung an, und die *Inferenzstatistik* ermöglicht eine Überprüfung von Hypothesen an der beobachteten Realität.

Wenn beispielsweise das Sprachverhalten von Unterschichtkindern interessiert, könnten wir eine Schülerstichprobe beobachten und für verschiedene Sprachmerkmale Häufigkeitsverteilungen erstellen bzw. grafische Darstellungen anfertigen. Das erhobene Material wird so aufbereitet, dass man sich schnell einen Überblick über die in der untersuchten Stichprobe angetroffenen Merkmalsverteilungen verschaffen kann. Verallgemeinernde Interpretationen von deskriptiven statistischen Analysen, die über das erhobene Material hinausgehen, sind jedoch spekulativ.

Lassen sich aufgrund inhaltlicher Überlegungen Erwartungen hinsichtlich der Häufigkeit des Auftretens bestimmter Sprachmerkmale begründen, wird eine allgemeingültige Hypothese formuliert, die sich nicht nur auf einige zufällig ausgewählte Kinder, sondern auf alle Kinder dieser Schicht bezieht. Die Tauglichkeit dieser Hypothese wird anhand der empirischen Daten getestet. Verfahren, die Schlussfolgerungen von der Stichprobe auf die Grundgesamtheit zulassen, bezeichnen wir als inferenzstatistische Verfahren.

Die Inferenzstatistik ermöglicht im Unterschied zur deskriptiven Statistik die Überprüfung von Hypothesen.

Hat man keine Theorie bzw. Erkenntnisse, die eine Hypothese begründen könnten, bezeichnen wir die Untersuchung als ein *Erkundungsexperiment*, das dazu dient, erste Hypothesen über einen bestimmten, noch nicht erforschten Gegenstand zu formulieren. Bevor diese Hypothesen akzeptiert und zu einer allgemeingültigen Theorie verdichtet werden können, bedarf es weiterer Untersuchungen, in denen mit inferenzstatistischen Verfahren die Gültigkeit der „erkundeten" Hypothesen gesichert wird.

Bereits an dieser Stelle sei nachdrücklich auf einen *Missbrauch* der Inferenzstatistik hingewiesen, nämlich auf das statistische Überprüfen einer Hypothese anhand derselben Daten, die die Formulierung der Hypothese veranlasst haben. Forschungsarbeiten, in denen dasselbe Material zur Formulierung und Überprüfung von Hypothesen herangezogen wird, sind unwissenschaftlich. Dies gilt ebenso für Arbeiten, in denen Hypothesen erst *nach* der statistischen Auswertung aufgestellt werden. Eine Forschungsarbeit, die ein gefundenes Untersuchungsergebnis im Nachhinein so darstellt, als sei dies die zu prüfende Hypothese gewesen, kann nur mehr oder weniger zufällige Ergebnisse bestätigen, die untereinander häufig widersprüchlich sind und sich deshalb eher hemmend als fördernd auf den Forschungsprozess auswirken.

Dies bedeutet natürlich nicht, dass Hypothesen grundsätzlich nur vor und niemals nach einer empirischen Untersuchung formuliert werden dürfen. Falls in einer Untersuchung angesichts der erhobenen Daten neue Hypothesen aufgestellt werden, ist die Untersuchung jedoch explizit als Erkundungsexperiment oder explorative Studie zu kennzeichnen. Die Hypothesen sind dann Gegenstand weiterführender, Hypothesen prüfender Untersuchungen.

> Für den sinnvollen Einsatz der Inferenzstatistik ist es erforderlich, dass vor Untersuchungsbeginn eine theoretisch gut begründete Hypothese formuliert wurde.

Der sinnvolle Einsatz statistischer Verfahren, der über die reine Deskription des Untersuchungsmaterials hinausgeht, setzt also gründliche, theoretisch-inhaltliche Vorarbeit voraus. So gesehen kann der Wert einer statistischen Analyse immer nur im Kontext einer vollständigen Untersuchungsanlage erkannt werden, für die theoretische Vorarbeit, Hypothesenformulierung und eine genaue Untersuchungsplanung essentiell sind.

1.1.1 Phasen der empirischen Forschung

Wegen der engen Verknüpfung statistischer Methoden mit inhaltlichen und untersuchungsplanerischen Fragen soll vor der eigentlichen Behandlung statistischer Techniken deren Funktion im Kontext empirischer Untersuchungen genauer verortet werden. Bei dieser Gelegenheit sind auch einige Fachbegriffe einzuführen, die in der empirischen Forschung gebräuchlich sind.

Wir unterteilen den empirischen Forschungsprozess in sechs verschiedene *Phasen*, die im Folgenden kurz beschrieben werden. Ausführlichere Hinweise zur Planung und Durchführung empirischer Untersuchungen sowie weiterführende Literatur zu diesem Thema findet man z. B. bei Bortz und Döring (2006), Campbell und Stanley (1963), Czienskowski (1996), Hager (1987), Hussy und Jain (2002), Hussy et al. (2010), Lüer (1987), Rogge (1995), Sarris (1990, 1992) sowie Selg et al. (1992). Wissenschaftstheoretische Aspekte empirischer Forschung werden z. B. bei Chalmers (1986), Schnell et al. (1999, Kap. 3), Sedlmeier und Renkewitz (2008, Kap. 2) und Westermann (2000) erörtert. Für eine grundlegende Orientierung wird auf Herrmann und Tack (1994) verwiesen.

Erkundungsphase

Zur Erkundungsphase zählt die Sichtung der für das Problem einschlägigen Literatur, Kontaktaufnahmen mit Personen, die am gleichen Problem arbeiten, erste Erkundungsuntersuchungen, Informationsgespräche mit Praktikern, die in ihrer Tätigkeit mit dem zu untersuchenden Problem häufig konfrontiert werden, und ähnliche, zur Problemkonkretisierung beitragende Tätigkeiten. Ziel dieser Erkundungsphase ist es, die eigene Fragestellung in einen theoretischen Rahmen einzuordnen bzw. den wissenschaftlichen Status der Untersuchung – Hypothesen prüfend oder Hypothesen erkundend – festzulegen. Manche Forschungsthemen knüpfen direkt an bewährte Theorien an, aus denen sich für ein Untersuchungsvorhaben gezielt Hypothesen ableiten lassen. Andere hingegen betreten wissenschaftliches Neuland und machen zunächst die Entwicklung eines theoretischen Ansatzes erforderlich. Systematisch erhobene und objektiv beschriebene empirische Fakten müssen in einen gemeinsamen, widerspruchsfreien Sinnzusammenhang gestellt werden, der geeignet ist, die bekannten empirischen Fakten zu erklären bzw. zukünftige Entwicklungen oder Konsequenzen zu prognostizieren. Ausführliche Informationen zur Bedeutung und Entwicklung von Theorien und weitere Literatur hierzu findet man bei Bortz und Döring (2006, Kap. 6).

Die Erkundungsphase ist – wie empirische Wissenschaft überhaupt – gekennzeichnet durch ein Wechselspiel zwischen Theorie und Empirie bzw. zwischen induktiver Verarbeitung einzelner Beobachtungen und deduktivem Überprüfen der gewonnenen Einsichten an der konkreten Realität. Hält man die „vorwissenschaftliche" Erkundungsphase für abgeschlossen, empfiehlt sich eine logische und begriffliche Überprüfung des theoretischen Ansatzes.

Theoretische Phase

Bevor man eine Hypothese empirisch überprüft, sollte man sich vergewissern, dass die Hypothese bzw. die zu prüfende Theorie einigen formalen bzw. logischen Kriterien genügt. Diese Überprüfung setzt streng genommen voraus, dass die Theorie hinreichend entwickelt und formalisiert ist, um sie exakt nach logischen Kriterien analysieren zu können. Dies trifft auf die wenigsten human- und sozialwissenschaftlichen Theorien zu. Deshalb ist zu erwarten (und dies zeigt auch die derzeitige Forschungspraxis), dass gerade diese Phase in empirischen Untersuchungen eine vergleichsweise geringe Priorität besitzt. Die Prüfkriterien sind jedoch auch für weniger formalisierte Theorien von Bedeutung, denn sie tragen dazu bei, Schwächen des theoretischen Ansatzes bereits vor der empirischen Arbeit aufzudecken, welche der empirischen Prüfbarkeit der Hypothesen entgegenstehen könnten.

In Anlehnung an Opp (1999) sollten in der theoretischen Phase folgende Fragen beantwortet werden:

- Ist die Theorie präzise formuliert?
- Welchen Informationsgehalt besitzt die Theorie?
- Ist die Theorie in sich logisch konsistent?
- Ist die Theorie mit anderen Theorien logisch vereinbar?
- Ist die Theorie empirisch überprüfbar?

Präzision. Eine Theorie ist wenig tauglich, wenn sie Begriffe enthält, die nicht eindeutig definiert sind. Die Definition der Begriffe sollte sicherstellen, dass diejenigen, die die Fachsprache beherrschen, mit den Begriffen zweifelsfrei kommunizieren können.

Informationsgehalt. Um den Informationsgehalt einer Theorie zu erkunden, werden die Aussagen der Theorie auf die logische Struktur eines „Wenn-dann"- bzw. eines „Je-desto"-Satzes *(Konditionalsätze)* zurückgeführt. Wenn beispielsweise eine Theorie behauptet, dass frustrierte Menschen aggressiv reagieren, würde der entsprechende Konditionalsatz lauten: „*Wenn* Menschen frustriert sind, *dann* reagieren sie aggressiv."

Eine Je-desto-Formulierung resultiert, wenn zwei stetige Merkmale miteinander in Beziehung gesetzt werden wie z. B. in der Aussage: „Mit zunehmendem Alter sinkt die Sehtüchtigkeit des erwachsenen Menschen." Der Konditionalsatz hierzu lautet: „*Je* älter ein Erwachsener, *desto* schlechter ist seine Sehtüchtigkeit."

Der Informationsgehalt eines Wenn-dann-Satzes (entsprechendes gilt für Je-desto-Sätze) nimmt zu, je mehr Ereignisse denkbar sind, die mit der Aussage des Dann-Teiles im Widerspruch stehen. Ereignisse, die mit dem Dann-Teil der Aussage nicht vereinbar sind, werden als *potenzielle Falsifikatoren* der Theorie bezeichnet. Der Satz „Wenn der Alkoholgehalt des Blutes 0,5 Promille übersteigt, dann hat dies positive oder negative Auswirkungen auf die Reaktionsfähigkeit", hat demnach einen relativ geringen Informationsgehalt, da sowohl verbesserte Reaktionsfähigkeit als auch verschlechterte Reaktionsfähigkeit mit dem Dann-Teil übereinstimmen. Die Aussage hat nur *einen* potenziellen Falsifikator, nämlich „gleichbleibende Reaktionsfähigkeit". Der Informationsgehalt dieses Satzes könnte gesteigert werden, wenn der Dann-Teil weniger Ereignisse zulässt, sodass die Anzahl der potenziellen Falsifikatoren steigt. Dies wäre der Fall, wenn beispielsweise eine verbesserte Reaktionsfähigkeit durch den Dann-Teil ausgeschlossen wird.

Der Informationsgehalt eines Satzes hängt auch von der *Präzision* der verwendeten Begriffe ab. Betrachten wir hierzu den Satz: „Wenn sich eine Person autoritär verhält, dann wählt sie eine konservative Partei." Der Informationsgehalt dieses Satzes hängt davon ab, wie die Begriffe „autoritär" und „konservativ" definiert sind. Für jemanden, der den Begriff „konservativ" sehr weit fasst und eine Vielzahl von Parteien konservativ nennt, hat der Satz wenig potenzielle Falsifikatoren und damit weniger Informationsgehalt als für jemanden, der den Begriff „konservativ" sehr eng fasst und nur eine begrenzte Zahl von Parteien dazu zählt.

Logische Konsistenz. Führt die logische Überprüfung einer theoretischen Aussage zu dem Ergebnis, dass diese immer wahr ist, so bezeichnen wir sie als *tautologisch.* Eine tautologische Aussage besitzt keine potenziellen Falsifikatoren. Beispielsweise wäre der Satz: „Wenn ein Mensch einen Intelligenzquotienten über 140 hat, dann ist er ein Genie", tautologisch, falls der Begriff „Genie" durch eben diese Intelligenzhöhe definiert ist. Dieser Satz ist bei jeder Beschaffenheit der Realität immer wahr. Er hat keine potenziellen Falsifikatoren.

Nicht immer ist der tautologische Charakter einer Aussage offensichtlich. Die Gefahr einer „verkappten" Tautologie nimmt zu, wenn in einem Satz unpräzise Begriffe enthalten sind.

Ebenfalls nicht offensichtlich ist die Tautologie von so genannten *„Kann"-Sätzen.* Betrachten wir beispielsweise die folgende Aussage: „Wenn jemand ständig erhöhtem Stress ausgesetzt ist, dann kann es zu einem Herzinfarkt kommen." Bezogen auf eine einzelne Person ist dieser Satz nicht falsifizierbar, da sowohl das Auftreten als auch das Nichtauftreten eines Herzinfarktes mit dem Dann-Teil der Aussage vereinbar ist. Beziehen wir den Satz auf alle Menschen, so wäre er nur falsifizierbar, wenn unter allen Menschen, die jemals an irgendeinem Ort zu irgendeiner Zeit gelebt haben, leben oder leben werden, kein einziger durch erhöhten Stress einen Herzinfarkt erleidet. Da eine solche Überprüfung niemals durchgeführt werden kann, sind Kann-Sätze für praktische Zwecke tautologisch.

Überprüfbar und damit wissenschaftlich brauchbar wird ein Kann-Satz erst durch die *Spezifizierung* bestimmter Wahrscheinlichkeitsangaben im Dann-Teil, wenn also die Höhe des Risikos eines Herzinfarktes bei ständigem Stress genauer spezifiziert wird. Lautet der Satz beispielsweise: „Wenn jemand ständig erhöhtem Stress ausgesetzt ist, dann kommt es mit einer Wahrscheinlichkeit von mindestens 20% zu einem Herzinfarkt", dann ist diese Aussage zwar ebenfalls – auf eine einzelne Person bezogen – nicht falsifizierbar. Betrachten wir hingegen eine Gruppe von hundert unter ständigem Stress stehenden Menschen, von denen weniger als 20 einen Herzinfarkt erleiden, dann gilt dieser Satz als falsifiziert. (Genauer werden wir dieses Problem im Kap. 6 behandeln, in dem es unter anderem um die Verallgemeinerung und Bewertung von Stichprobenergebnissen geht.)

Im Gegensatz zu einer tautologischen Aussage ist eine *kontradiktorische* Aussage immer falsch. Sie kann empirisch niemals bestätigt werden, d. h. sie hat keine potenziellen Konfirmatoren. Kontradiktorisch ist beispielsweise der Satz: „Wenn eine Person keinen Wein trinkt, dann trinkt sie Chardonay." Aus der Tatsache, dass Chardonnay ein spezieller Wein ist, folgt, dass dieser Satz analytisch falsch ist. Auch kontradiktorische Sätze sind wissenschaftlich unbrauchbar.

Neben tautologischen und kontradiktorischen Aussagen gibt es Sätze, die deshalb unwissenschaftlich sind, weil sie aus anderen Sätzen logisch *falsch abgeleitet* sind. So wird man beispielsweise leicht erkennen, dass die Aussage „Alle Christen sind Polizisten" logisch falsch aus den Sätzen „Christen sind hilfsbereite Menschen" und „Polizisten sind hilfsbereite Menschen" erschlossen wurde.

Die Ermittlung des Wahrheitswertes derartiger abgeleiteter Sätze ist Gegenstand eines Teilbereiches der Wissenschaftstheorie, der formalen Logik (z. B. Carnap, 1960; M. Cohen & Nagel, 1963; Kyburg, 1968; Stegmüller, 1969; Tarski, 1965), mit dem wir uns allerdings nicht weiter auseinandersetzen wollen.

Logische Vereinbarkeit. Der Volksmund behauptet: „Gleich und Gleich gesellt sich gern." Er sagt aber auch: „Gegensätze ziehen sich an." Wir haben es hier offenbar mit zwei *widersprüchlichen* theoretischen Aussagen zu tun. Theorien, die sich logisch widersprechen, müssen bezüglich ihrer internen Logik, ihres Informationsgehalts und ihrer Präzision verglichen werden. Sind die Theorien hinsichtlich dieser Kriterien gleichwertig, ist diejenige Theorie vorzuziehen, die empirisch am besten abgesichert erscheint oder sich in einem kritischen Vergleichsexperiment als die bessere erweist. Außerdem sollte man – wie im oben genannten Beispiel – überprüfen, ob *beide* Theorien, unter jeweils spezifischen Randbedingungen, Gültigkeit beanspruchen können.

Widerspruchsfreiheit der verglichenen Theorien bedeutet keineswegs, dass die Theorien *wahr* sind. Es lassen sich Theorien konstruieren, die zwar in keinem logischen Widerspruch zueinander stehen, die aber dennoch falsch sind. Der Wahrheitsgehalt einer Theorie kann deshalb nur durch empirische Überprüfungen ermittelt werden. Dies setzt allerdings voraus, dass die Theorie unbeschadet ihrer logisch fehlerfreien Konstruktion überhaupt empirisch überprüfbar ist.

Empirische Überprüfbarkeit. Die Forderung nach empirischer Überprüfbarkeit einer Theorie ist eng an die Forderung nach ihrer Falsifizierbarkeit geknüpft. Es sind aber Aussagen denkbar, die zwar im Prinzip falsifizierbar, aber (noch) nicht empirisch überprüfbar sind. Zur Verdeutlichung nehmen wir folgende Aussage: „Alle Menschen sind von Natur aus aggressiv. Wenn sich die Aggressivität im Verhalten nicht zeigt, dann ist sie verdrängt." Unabhängig von der mangelnden Präzision der verwendeten Begriffe kann diese Aussage nur dadurch falsifiziert werden, dass ein Mensch gefunden wird, der weder aggressives Verhalten zeigt, noch seine Aggressionen verdrängt hat. Die Falsifizierbarkeit hängt somit ausschließlich von der Möglichkeit ab, nachweisen zu können, dass jemand weder manifeste noch verdrängte Aggressionen hat.

Eine solche Theorie kann unbeschadet ihrer potenziellen Falsifizierbarkeit und ihres möglichen Wahrheitsgehaltes nur dann empirisch überprüft werden, wenn ein wissenschaftlich anerkanntes Instrument zum Erkennen verdrängter und manifester Aggressionen existiert. So gesehen ist es durchaus denkbar, dass wissenschaftliche Theorien zwar falsifizierbar, aber beim derzeitigen Stand der Forschung *nicht empirisch überprüfbar* sind. Die Überprüfung der Theorie muss in diesem Falle die Entwicklung geeigneter Messinstrumente abwarten.

Erweist sich die Theorie hinsichtlich der genannten Kriterien (Präzision, Informationsgehalt, logische Konsistenz, logische Vereinbarkeit, empirische Überprüfbarkeit) als unbrauchbar, sollte auf dem fortgeschrittenen Informationsstand eine neue Erkundungsphase eröffnet werden. Ein positiver Ausgang der theoretischen Überprüfung ermöglicht die endgültige Festlegung des Untersuchungsgegenstandes.

Ein Beispiel soll diese Zusammenhänge erläutern. Einer Untersuchung sei der folgende theoretische Satz vorangestellt: „Autoritärer Unterricht hat negative Auswirkungen auf das Sozialverhalten der Schüler." Wenn diese Behauptung richtig ist, dann müssten sich Schüler aus 8. Schulklassen, in denen Lehrer autoritär unterrichten, weniger kooperationsbereit zeigen als Schüler 8. Schulklassen mit nicht autoritär unterrichtenden Lehrern.

Diese Hypothese ist durch drei Deduktionsschlüsse mit der Theorie verbunden (zum Hypothesenbegriff vgl. z. B. Groeben & Westmeyer, 1975; Hussy & Möller, 1994): Erstens wurde aus allen möglichen autoritären Unterrichtsformen der Unterrichtsstil von Lehrern 8. Klassen herausgegriffen, zweitens wurde auf einen bestimmten Personenkreis, nämlich Schüler der 8. Klasse, geschlossen und drittens wurde als eine Besonderheit des Sozialverhaltens die Kooperationsbereitschaft ausgewählt.

Neben dieser einen Hypothese lassen sich natürlich weitere Hypothesen aus der Theorie ableiten, womit sich das Problem stellt, wie viele aus einer Theorie abgeleiteten Hypothesen überprüft werden müssen, damit die Theorie als bestätigt gelten kann. Auf diese Frage gibt es keine verbindliche Antwort. Der Allgemeinheitsanspruch einer Theorie lässt es nicht zu, dass eine Theorie aufgrund empirischer Überprüfungen endgültig und eindeutig als „wahr" bezeichnet werden kann.

Planungsphase

Nachdem das Thema festliegt, müssen vor Beginn der Datenerhebung Aufbau und Ablauf der Untersuchung vorstrukturiert werden. Durch eine sorgfältige Planung soll verhindert werden, dass während der Untersuchung Pannen auftreten, die in der bereits laufenden Untersuchung nicht mehr korrigiert werden können.

Auswahl der Variablen. Die Planung beginnt mit einer Aufstellung von Variablen, die für die Untersuchung relevant sind. Wir verstehen unter einer *Variablen* ein Merkmal, das – im Unterschied zu einer Konstanten – in mindestens zwei Abstufungen vorkommen kann. Eine zweistufige Variable wäre beispielsweise das Geschlecht (männlich, weiblich), eine dreistufige Variable die Schichtzugehörigkeit (Unter-, Mittel-, Oberschicht) und eine Variable mit beliebig vielen Abstufungen das Alter. Wir unterscheiden zunächst zwei Arten von Variablen: unabhängige Variablen und abhängige Variablen.

Unter den *unabhängigen Variablen* werden diejenigen Merkmale verstanden, deren Auswirkungen auf andere Merkmale – die *abhängigen Variablen* – überprüft werden sollen. Im Allgemeinen ist bereits aufgrund der Fragestellung festgelegt, welche der relevanten Variablen als abhängige und welche als unabhängige Variablen in die Untersuchung eingehen sollen.

Darüber hinaus wird die Liste der relevanten Variablen jedoch häufig weitere Variablen enthalten, die weder zu den abhängigen noch zu den unabhängigen Variablen zu zählen sind, die aber für die Analyse der Beziehung von unabhängiger und abhängiger Variable von Bedeutung sind. Diese Variablen werden *Kovariaten*, *Kontrollvariablen* oder auch *Drittvariablen* genannt. Die drei Begriffe werden häufig synonym verwendet.

Für das obige Beispiel wäre folgende Variablengruppierung denkbar: Die Kooperationsbereitschaft wäre die abhängige Variable. Die Untersuchung soll somit klären, wie die Variation der unabhängigen Variablen die Kooperationsbereitschaft beeinflusst. Natürlich handelt es sich bei der Kooperationsbereitschaft von Schülern um eine sehr komplexe Variable, und es muss überlegt werden, wie viele Stufen der Kooperationsbereitschaft sinnvoll unterschieden werden können.

Die Art des Unterrichtsstils wäre die unabhängige Variable, welche die Ausprägungen „autoritär" bzw. „demokratisch" annehmen könnte. Bei der Festlegung der unabhängigen Variablen ist darauf zu achten, dass nicht nur die eigentlich interessierende Merkmalsausprägung – hier: autoritärer Unterrichtsstil – untersucht wird. Um den Begriff „Variable" rechtfertigen zu können, sind mindestens zwei Unterrichtsformen als Stufen der unabhängigen Variablen in die Untersuchung einzubeziehen. Nur so kann das Besondere des autoritären Unterrichtsstils im Vergleich zu anderen Unterrichtsformen herausgearbeitet werden.

Schließlich könnten in dieser Untersuchung folgende Kovariaten bzw. Drittvariablen eine Rolle spielen: Erziehungsstil der Eltern, Anzahl der Geschwister, soziale Schicht der Kinder, Geschlecht der Kinder. Diese Variablen könnten miterhoben werden, um später prüfen zu können, ob sie den Zusammenhang zwischen Unterrichtsstil und Kooperationsbereitschaft beeinflussen.

Will man den Einfluss von Drittvariablen auf die Analyse des Zusammenhangs zwischen abhängiger und unabhängiger Variablen von vorneherein eliminieren, so kann dies durch *Konstanthalten* der Drittvariablen erfolgen. Beispiele solcher

Variablen sind: Alter der Kinder (14 Jahre oder 8. Schulklasse), Größe der Schulklasse (16–20 Kinder), Geschlecht des Lehrers (männlich), Unterrichtszeit (8 bis 9 Uhr bzw. 1. Unterrichtsstunde), Art des Unterrichtsstoffes (Mathematik).

Es ist zu beachten, dass ein Untersuchungsergebnis umso weniger generalisierbar ist, je mehr Variablen konstant gehalten wurden. Hält man Alter, Klassengröße und Geschlecht des Lehrers konstant, so würde das Ergebnis der Untersuchung sich beispielsweise nur auf 8. Schulklassen mit 16–20 Jungen, die von einem männlichen Lehrer unterrichtet werden, verallgemeinern lassen. Außerdem ist zu bedenken, dass Drittvariablen oft aus praktischen oder ethischen Gründen nicht konstant gehalten werden können.

Labor- oder Felduntersuchung. Diese Untersuchungsvarianten markieren die Extreme eines Kontinuums, das durch eine unterschiedlich starke *Kontrolle untersuchungsbedingter Störvariablen* gekennzeichnet ist. Wenn in einer Untersuchung äußere Einflüsse, die den Untersuchungsablauf stören könnten, weitgehend kontrolliert oder ausgeschaltet sind, sprechen wir von einer *Laboruntersuchung*. Findet umgekehrt die Untersuchung in einem natürlichen („biotischen") Umfeld statt, das durch äußere Eingriffe des Untersuchenden nicht verändert wird, handelt es sich um eine *Felduntersuchung*.

In der Untersuchungsplanung muss nun entschieden werden, ob die Untersuchung eher Labor- oder eher Feldcharakter haben soll. Beide Varianten sind mit Vor- und Nachteilen verbunden. Die Kontrolle von untersuchungsbedingten Störvariablen in der Laboruntersuchung gewährleistet, dass die Untersuchungsergebnisse weitgehend frei von störenden Einflüssen und damit eindeutiger interpretierbar sind. In diesem Sinne haben Laboruntersuchungen eine hohe *interne Validität* bzw. Gültigkeit.

> Eine Untersuchung ist intern valide, wenn ihr Ergebnis eindeutig interpretierbar ist. Die interne Validität sinkt mit wachsender Anzahl plausibler Alternativerklärungen für das Ergebnis aufgrund nicht kontrollierter Störvariablen.

Der Nachteil einer Laboruntersuchung liegt in ihrer eingeschränkten Generalisierbarkeit, denn Untersuchungsergebnisse, die für ein „steril" gehaltenes Untersuchungsumfeld gültig sind, können nur bedingt auf natürliche Lebenssituationen übertragen werden. Laboruntersuchungen verfügen in der Regel über eine geringere *externe Validität*.

> Eine Untersuchung ist extern valide, wenn ihr Ergebnis über die besonderen Bedingungen der Untersuchungssituation und über die untersuchten Personen hinausgehend generalisierbar ist. Die externe Validität sinkt mit wachsender Unnatürlichkeit der Untersuchungsbedingungen bzw. mit abnehmender Repräsentativität der untersuchten Stichproben.

Angesichts dieser *Gültigkeitskriterien* ist es häufig schwierig, für die zu prüfende Fragestellung eine geeignete Untersuchungskonzeption zu entwickeln. Oft wird man sich – wie in unserem Beispiel – mit einem Planungskompromiss begnügen müssen, der Feld- und Laborelemente in einer der Fragestellung angemessenen Weise kombiniert. Man beachte allerdings, dass ein Mindestmaß an interner Validität für jede wissenschaftliche Untersuchung erforderlich ist.

Experimentelle oder quasi-experimentelle Untersuchung. Während das Kontinuum Labor vs. Feld das Ausmaß der Kontrolle untersuchungsbedingter Störvariablen beschreibt, kennzeichnet die Unterscheidung von experimenteller und quasi-experimenteller Untersuchung das Ausmaß der *Kontrolle personenbedingter Störvariablen*. In unserem Beispiel wären dies Variablen wie Intelligenz oder Motivation der Schüler, die Anzahl der Geschwister, der Erziehungsstil der Eltern etc.

In einer experimentellen Untersuchung ist dafür Sorge zu tragen, dass die personenbedingten Störvariablen unter allen Untersuchungsbedingungen (d. h. unter allen Stufen der unabhängigen Variablen) annähernd gleich ausgeprägt sind. Dies ist dadurch zu erreichen, dass die Personen den Untersuchungsbedingungen nach Zufall zugeordnet werden. Diese Vorgehensweise wird *Randomisierung* genannt. Da es durch die Randomisierung der Personen zu einem „statistischen Fehlerausgleich" kommt, hat dieser Untersuchungstyp eine höhere interne Validität als Untersuchungen ohne Randomisierung.

> Unter Randomisierung versteht man die zufällige Zuordnung der Untersuchungsteilnehmer zu den Untersuchungsbedingungen.

Bei einer quasi-experimentellen Untersuchung muss auf eine Randomisierung verzichtet werden, da hier natürliche bzw. bereits existierende Gruppierungen untersucht werden. Beispiele hierfür sind Vergleiche von weiblichen und männlichen Personen, von Abiturienten und Realschülern, von Autofahrern und Nichtautofahrern etc. In diesen Fällen ist die Zugehörigkeit der Untersuchungsteilnehmer zu den Stufen der unabhängigen Variablen vorgegeben, d. h. eine Randomisierung ist ausgeschlossen.

Unser Schülerbeispiel ließe sich vermutlich auch nur quasi-experimentell realisieren, es sei denn, die ausgewählten Schulklassen erhalten durch Zufall einen autoritären oder demokratischen Lehrer. Da dies der üblichen Schulpraxis widerspricht, wird man bereits bei der Auswahl der Schulklassen darauf achten, welche Klassen eher von einem als autoritär bzw. demokratisch zu bezeichnenden Lehrer unterrichtet werden.

Gegenüber einem experimentellen Ansatz birgt diese Vorgehensweise die Gefahr, dass die vom Versuchsleiter nicht hergestellte Schulklassengruppierung zu *systematischen Unterschieden* zwischen den Gruppen führen, die die spätere Interpretation der Ergebnisse erschweren. Beispielsweise könnten die sog. autoritären Lehrer im Vergleich zu ihren sog. demokratischen Kollegen in Schulen unterrichten, in denen die Klassen größer sind. Hat die Klassengröße aber einen Einfluss auf die Kooperationsbereitschaft der Schüler, so könnte der Effekt des Unterrichtsstils auf die Kooperationsbereitschaft der Schüler durch die unterschiedliche Klassengröße verfälscht werden.

Diese Hinweise mögen genügen, um zu verdeutlichen, dass quasi-experimentelle Untersuchungen intern weniger valide sind als experimentelle Untersuchungen.

Experimentelle Untersuchungen haben eine höhere interne Validität als quasi-experimentelle Untersuchungen.

Die interne Validität einer quasi-experimentellen Untersuchung lässt sich jedoch erhöhen, wenn es gelingt, die zu vergleichenden Gruppen nach relevanten Variablen zu *parallelisieren*. Um im Beispiel zu bleiben, könnten die Schulklassengruppen paarweise so zusammengestellt werden, dass der autoritäre und der demokratische Lehrer in jedem Schulklassenpaar ungefähr gleich viele Schüler unterrichtet. Auf diese Weise aufgestellte Stichproben bezeichnet man als „matched samples".

Operationalisierung. Von entscheidender Bedeutung für den Ausgang der Untersuchung ist die Frage, wie die unabhängigen Variablen, die abhängigen Variablen und die zu berücksichtigenden Kovariaten operationalisiert werden. Durch die Operationalisierung wird festgelegt, welche Operationen (Handlungen, Reaktionen, Zustände usw.) wir als indikativ für die zu messende Variable ansehen wollen und wie diese Operationen quantitativ erfasst werden. Anders formuliert: Nachdem festgelegt wurde, *welche* Variablen erfasst werden sollen, muss durch die Operationalisierung bestimmt werden, *wie* die Variablen erfasst werden sollen. Bezogen auf unser Beispiel stellt sich z. B. die Frage, wie wir die Kooperationsbereitschaft der untersuchten Schüler messen bzw. den Unterrichtsstil der Lehrer erfassen können.

Die Operationalisierung wird umso schwieriger, je *komplexer* die einbezogenen Variablen sind. Während einfache Variablen wie z. B. „Anzahl der Geschwister" problemlos ermittelbar sind, kann es oftmals notwendig sein, komplexe Variablen wie z. B. „kooperatives Verhalten" durch mehrere operationale Indikatoren zu bestimmen. Fundierte Kenntnisse über bereits vorhandene Messinstrumente (Tests, Fragebögen, Versuchsanordnungen usw.) können die Operationalisierung erheblich erleichtern, wenngleich es häufig unumgänglich ist, unter Zuhilfenahme der einschlägigen Literatur über Test- und Fragebogenkonstruktion eigene Messinstrumente zu entwickeln.

Hinsichtlich der unabhängigen Variablen muss zweifelsfrei entschieden werden können, welchen Unterrichtsstil ein Lehrer praktiziert. Dies kann z. B. durch Verhaltensbeobachtung, Interviews oder Fragebögen geschehen (Mummendey, 2008).

Ist entschieden, wie die einzelnen Variablen zu operationalisieren sind, können die entsprechenden Untersuchungsmaterialien bereitgestellt werden. Wenn neue Messinstrumente entwickelt werden müssen, sollten diese unbedingt zuvor an einer eigenen Stichprobe hinsichtlich des Verständnisses der Instruktion, der Durchführbarkeit, der Eindeutigkeit in der Auswertung, des Zeitaufwandes usw. getestet werden.

Stichprobenumfang. Eine dem Statistiker häufig gestellte Frage lautet: Wie viele Untersuchungsteilnehmer oder „Versuchspersonen" werden für die Untersuchung benötigt? Allgemein bezieht sich diese Frage auf die Anzahl der Untersuchungseinheiten bzw. – in unserem Beispiel – auf die Anzahl der Schulklassen, die erforderlich ist, um eine Hypothese verlässlich überprüfen zu können. Die einfachste Antwort auf diese Frage ist: So viele wie möglich.

Präziser kann die Antwort des Statistikers nicht sein, es sei denn, er erhält genauere Informationen über den Kontext der Untersuchung. Dazu zählt vor allem eine Mindestangabe über die Größe des Effektes, den der Untersuchende für praktisch bedeutsam halten würde. Wäre es z. B. von praktischer Bedeutung, wenn demokratisch unterrichtete Schüler nur um 3% kooperativer wären als autoritär unterrichtete Schüler? Wie mit diesen Informationen umgegangen wird, um eine begründete Entscheidung über den zu wählenden Stichprobenumfang treffen zu können, behandeln wir im Kap. 7.

Planung der statistischen Auswertung. Die Planungsphase endet mit Überlegungen zur statistischen Auswertung des Untersuchungsmaterials. Es müssen diejenigen statistischen Auswertungstechniken festgelegt werden, mit denen über die Brauchbarkeit der Hypothesen entschieden werden soll. Manchmal wird auf eine Planung der statistischen Auswertung verzichtet, in der Hoffnung, dass sich nach der Datenerhebung schon die geeigneten Auswertungsverfahren finden werden. Diese Nachlässigkeit kann dazu führen, dass sich die erhobenen Daten nur undifferenziert auswerten lassen, wobei eine geringfügige Änderung in der Datenerhebung (z. B. verbessertes *Skalenniveau*, vgl. Kap. 1.3) den Einsatz differenzierterer Auswertungstechniken ermöglicht hätte.

Untersuchungsphase

Wurde die Untersuchung in der Planungsphase gründlich vorstrukturiert, dürfte die eigentliche Durchführung der Untersuchung keine prinzipiellen Schwierigkeiten bereiten. Wir wollen deshalb auf eine Erörterung dieser Phase verzichten unter Verweis auf die oben erwähnte Literatur zur Planung und Durchführung empirischer Untersuchungen.

Ein besonderes Problem psychologischer Untersuchungen sind sog. *Versuchsleitereffekte*, also mögliche Beeinträchtigungen des Untersuchungsergebnisses durch das Verhalten des Versuchsleiters. Hierzu findet man ausführliche Informationen bei Rosenthal (1966) bzw. Rosenthal und Rosnow (1969) oder zusammenfassend bei Bortz und Döring (2006, Kap. 2.5).

Auswertungsphase

In der Auswertungsphase werden die erhobenen Daten statistisch verarbeitet. Zuvor sollte man sich jedoch – zumindest bei denjenigen Fragebögen, Tests oder sonstigen Messinstrumenten, die noch nicht in anderen Untersuchungen erprobt wurden – einen Eindruck von der *testtheoretischen Brauchbarkeit* der Daten verschaffen.

Im einfachsten Fall wird man sich damit begnügen, zu überprüfen, ob das Untersuchungsmaterial eindeutig quantifizierbar ist bzw. ob verschiedene Auswerter den Versuchspersonen aufgrund der Untersuchungsergebnisse die gleichen Zahlenwerte zuordnen. Dieses als *Objektivität* des Untersuchungsinstrumentes bezeichnete Kriterium ist bei den meisten im Handel erhältlichen Verfahren gewährleistet. Problematisch hinsichtlich ihrer Objektivität sind Untersuchungsmethoden, die zur Erfassung komplexer Variablen nicht hinreichend *standardisiert* sind. So wäre es in unserem Beispiel möglich, dass verschiedene Auswerter – bedingt durch ungenaue Operationalisierungen – zu unterschiedlichen Einstufungen der Kooperationsbereitschaft der Schüler gelangen oder dass Lehrer nicht übereinstimmend als demokratisch oder autoritär bezeichnet werden. Ein Untersuchungsmaterial, das eine nur geringe Objektivität aufweist, ist für die Überprüfung der Hypothesen wenig oder gar nicht geeignet. Sobald sich solche Mängel herausstellen, sollte die Untersuchung abgebrochen werden, um in einem neuen Versuch zu Operationalisierungen zu gelangen, die eine objektivere Datengewinnung gestatten.

In größer angelegten Untersuchungen ist zusätzlich zur Objektivität auch die *Reliabilität* der Untersuchungsdaten zu überprüfen. Über dieses Kriterium, das die Genauigkeit bzw. Zuverlässigkeit der erhobenen Daten kennzeichnet, sowie über weitere Gütekriterien wird in der testtheoretischen Literatur berichtet (Bühner, 2006; de Gruijter & van der Kamp, 2008; Lienert & Raatz, 1998; Moosbrugger & Kelava, 2007). Auch eine zu geringe Reliabilität des Untersuchungsmaterials sollte eine bessere Operationalisierung der Variablen veranlassen.

Genügen die Daten den testtheoretischen Anforderungen, werden sie in übersichtlicher Form tabellarisch zusammengestellt bzw., falls die Auswertung mit einem statistischen Programmpaket geplant ist, in geeigneter Weise aufbereitet. Die sich anschließende statistische Analyse ist davon abhängig, ob eine Hypothesen erkundende oder Hypothesen prüfende Untersuchung durchgeführt wurde. Für Hypothesen erkundende Untersuchungen nimmt man üblicherweise *Datenaggregierungen* vor, die in Kapitel 2 zusammengestellt sind. Hypothesen prüfende Untersuchungen werden mit den vielfältigen, in diesem Buch dargestellten Methoden der *schließenden Statistik* oder *Inferenzstatistik* ausgewertet.

Mit der Anwendung eines inferenzstatistischen Verfahrens bzw. eines „Signifikanztests" wird eine Entscheidung über die zu prüfende Forschungshypothese herbeigeführt. Hierzu stellt man eine sog. *Nullhypothese* auf, welche in Konkurrenz zu der *Forschungshypothese* steht. Man wählt ein sog. *Signifikanzniveau* α, für welches typischerweise ein kleiner Wert wie 0,05 gewählt wird. Für dieses gegebene Signifikanzniveau wird unter der Annahme der Gültigkeit der Nullhypothese ein Wertebereich für das Stichprobenergebnis festlegt, welcher „ungewöhnliche" Stichprobenergebnisse umfasst. Dieser Wertebereich wird „Ablehnungsbereich" genannt. Je kleiner das Signifikanzniveau gewählt wird, desto ungewöhnlicher müssen die Stichprobenergebnisse sein, um in den Ablehnungsbereich zu fallen.

Fällt ein Stichprobenergebnis in den Ablehnungsbereich, kann dies zwei Gründe haben:

1. Ein unwahrscheinliches Ereignis ist eingetreten. Obwohl der Ablehnungsbereich – der Bereich der ungewöhnlichen Stichprobenergebnisse – unter der Annahme der Nullhypothese festgelegt wurde, wird ein ungewöhliches Ergebnis von der Nullhypothese nicht gänzlich ausgeschlossen.
2. Die Nullhypothese, die in Konkurrenz zur Forschungshypothese steht, ist falsch.

Entscheidungsphase

Da das Signifikanzniveau vom Forscher selbst vor Beginn der Untersuchung festgelegt wurde, liegt es nahe, die Nullhypothese zu verwerfen, schließlich wurde der Ablehnungsbereich, in den das Stichprobenergebnis fällt, unter Verwendung des Signifikanzniveaus festgelegt. Somit wird die konkurrierende Forschungshypothese, die wir später in Kap. 7 „Alternativhypothese" nennen werden, akzeptiert.

Diese Entscheidungsregel gewährleistet, dass die Forschungshypothese erst dann als bestätigt angesehen wird, wenn das empirische Ergebnis in überzeugender Weise gegen die Richtigkeit der Nullhypothese spricht. „Nicht signifikant" bedeutet also nicht, dass die Forschungshypothese falsch ist; „nicht signifikant" heißt lediglich, dass die Untersuchung nicht geeignet war, die Nullhypothese zu entkräften.

Vor einer Ablehnung der eigenen Hypothese ist zunächst zu überprüfen, ob in der Untersuchung Fehler begangen wurden, auf die das nicht signifikante Ergebnis zurückgeführt werden kann. Wird im Nachhinein erkannt, dass beispielsweise bestimmte relevante Variablen nicht hinreichend berücksichtigt wurden, dass Instruktionen falsch verstanden wurden, dass sich die Versuchspersonen nicht instruktionsgemäß verhalten haben oder dass die untersuchte Stichprobe zu klein war, kann die gleiche Hypothese in einer Wiederholungsuntersuchung, in der die erkannten Fehler korrigiert sind, erneut überprüft werden.

Problematischer ist ein nicht signifikantes Ergebnis, wenn Untersuchungsfehler praktisch auszuschließen sind. Ist der deduktive Schluss von der Theorie auf die überprüfte Hypothese korrekt, muss an der allgemeinen Gültigkeit der Theorie gezweifelt werden. Wenn in unserem Beispiel die allgemeine Theorie richtig ist, dass sich ein autoritärer Unterrichtsstil negativ auf das Sozialverhalten von Schülern auswirkt, und wenn Kooperationsbereitschaft eine Form des Sozialverhaltens ist, dann muss die Kooperationsbereitschaft auch bei den untersuchten Kindern durch den autoritären Unterrichtsstil negativ beeinflusst werden. Andernfalls ist davon auszugehen, dass die der Untersuchung zugrunde liegende Theorie fehlerhaft ist.

Aufgrund eines nicht signifikanten Ergebnisses, das nicht auf Untersuchungsfehler zurückzuführen ist, muss die Theorie verändert werden. Die veränderte Theorie sollte jedoch nicht nur an die alte Theorie anknüpfen, sondern auch die Erfahrungen berücksichtigen, die durch die Untersuchung gewonnen wurden. So könnte beispielsweise die hier skizzierte Untersuchung, von der wir einmal annehmen wollen, dass sich der Zusammenhang zwischen autoritärem Unterrichtsstil und unkooperativem Verhalten als nicht signifikant herausgestellt habe, zur Vermutung Anlass geben, dass das Kooperationsverhalten nur bei Schülern aus der Oberschicht durch den Unterrichtsstil beeinflusst wird, während die beiden Merkmale bei anderen Schülern keinen Zusammenhang aufweisen. Anlässlich eines solchen Befundes würden wir durch *Induktionsschluss* den Geltungsbereich der ursprünglichen Theorie auf Oberschichtschüler begrenzen. Formal stellt sich diese Veränderung der Theorie so dar, dass der Wenn-Teil der theoretischen Aussage konjunktiv um eine Komponente erweitert wird: „Wenn autoritär unterrichtet wird *und* die Schüler der Oberschicht entstammen, dann wird das Sozialverhalten negativ beeinflusst." Derartige Modifikationen einer Theorie aufgrund einer falsifizierten Hypothese bezeichnen wir in Anlehnung an Holzkamp (1968, 1971) bzw. Dingler (1923) als *Exhaustion*.

Es ist nun denkbar, dass auch die Überprüfung weiterer, aus der exhaurierten Theorie abgeleiteten Hypothesen zu nicht *signifikanten* Ergebnissen führen, sodass sich die Frage aufdrängt, durch wie viele Exhaustionen eine Theorie „belastet" (Holzkamp, 1968) werden kann bzw. wie viele exhaurierende Veränderungen eine Theorie „erträgt". Theoretisch findet ein sich zyklisch wiederholender Exhaustionsprozess dann ein Ende, wenn durch ständig zunehmende Einschränkung der im Wenn-Teil genannten Bedingungen eine „Theorie" resultiert, deren Informationsgehalt praktisch gegen Null geht. So könnten weitere Exhaustionen an unserem Modellbeispiel zu einer Theorie führen, nach der sich eine ganz spezifische Form des autoritären Unterrichts nur bei bestimmten Schülern zu einer bestimmten Zeit unter einer Reihe von besonderen Bedingungen auf einen Teilaspekt des Sozialverhaltens negativ auswirkt. Eine solche Theorie über die Bedingungen von Sozialverhalten ist natürlich wenig brauchbar. Koeck (1977) diskutiert die Grenzen des Exhaustionsprinzips am Beispiel der Frustrations-Aggressions-Theorie.

Die Wissenschaft wäre allerdings nicht gut beraten, wenn sie jede schlechte Theorie bis zu ihrem, durch viele Exhaustionen bedingten, natürlichen Ende führen würde. Das Interesse an der Theorie wird aufgrund wiederholter Falsifikationen allmählich nachlassen, bis sie in Vergessenheit gerät. Das Belastbarkeitskriterium der Theorie ist überschritten.

Als Nächstes wollen wir überprüfen, welche Konsequenzen sich mit einem *signifikanten* Ergebnis verbinden. Bei einem signifikanten Ergebnis riskieren wir mit der Annahme der untersuchten Hypothese eine Fehlentscheidung, deren Wahrscheinlichkeit nicht größer als 5% (1%) ist. Man ist sich also ziemlich sicher, mit einer Entscheidung zugunsten der geprüften Hypothese keinen Fehler zu begehen, aber auch nur „ziemlich" sicher und nicht „völlig" sicher, denn es verbleibt eine Restwahrscheinlichkeit von 5% (1%) für eine Fehlentscheidung. Dennoch ist es Konvention, die geprüfte Hypothese in diesem Falle als bestätigt anzusehen.

Hinsichtlich der Theorie besagt eine durch ein signifikantes Ergebnis bestätigte Hypothese, dass wir keinen Grund haben, an der *Richtigkeit* der Theorie zu zweifeln, sondern dass wir vielmehr der Theorie nach der Untersuchung eher trauen können als vor der Untersuchung. Die absolute Richtigkeit der Theorie ist jedoch damit nicht erwiesen; dafür müssten letztlich unendlich viele aus der Theorie abgeleitete Einzelhypothesen durch Untersuchungen verifiziert werden – eine Forderung, die in der empirischen Forschung nicht realisierbar ist. Somit kann durch empirische Forschung auch die absolute Richtigkeit einer Theorie nicht nachgewiesen werden.

Dennoch regulieren neue, durch empirische Forschung gewonnene Erkenntnisse mehr oder weniger nachhaltig unseren Alltag. Genauso, wie eine schlechte Theorie allmählich in Vergessenheit gerät, kann sich eine gute Theorie durch wiederholte Bestätigung zunehmend bewähren, bis sie schließlich Eingang in die Praxis findet. Das Bewährungskriterium ist überschritten.

> So ist die empirische Basis der objektiven Wissenschaft nichts „Absolutes"; die Wissenschaft baut nicht auf Felsengrund. Es ist eher ein Sumpfland, über dem sich die kühne Konstruktion ihrer Theorien erhebt; sie ist ein Pfeilerbau, dessen Pfeiler sich von oben her in den Sumpf senken – aber nicht bis zu einem natürlichen „gegebenen" Grund. Denn nicht deshalb hört man auf, die Pfeiler tiefer hineinzutreiben, weil man auf eine feste Schicht gestoßen ist: Wenn man hofft, dass sie das Gebäude tragen werden, beschließt man, sich vorläufig mit der Festigkeit der Pfeiler zu begnügen. (Popper, 1966, S. 75 f.)

1.2 Skalenniveaus

Allgemein gilt, dass nicht die jeweils interessierenden Objekte oder Untersuchungsgegenstände als Ganzes, sondern nur deren *Eigenschaften* messbar sind, wobei jedes Objekt durch ein System von Eigenschaften gekennzeichnet ist (vgl. Torgerson, 1958, S. 9 ff.). Will beispielsweise ein Chemiker das Gewicht einer durch einen chemischen Prozess entstandenen Verbindung ermitteln, so legt er diese auf eine geeichte Waage, liest die auf der Messskala angezeigte Zahl ab und schließt von dieser Zahl auf das Merkmal „Gewicht". Dieser Messvorgang informiert den Chemiker somit zwar über eine Eigenschaft der untersuchten Verbindung, aber nicht über das gesamte Untersuchungsobjekt, das durch viele weitere Eigenschaften wie z. B. Farbe, Siedepunkt, elektrische Leitfähigkeit usw. charakterisiert ist.

Im Mittelpunkt human- bzw. sozialwissenschaftlicher Forschung stehen Eigenschaften des Menschen, deren Messung wenig Probleme bereitet, wenn es sich dabei um Eigenschaften wie Größe, Gewicht, Blutdruck oder Reaktionsgeschwindigkeit handelt. Sehr viel schwieriger gestaltet sich jedoch die quantitative Erfassung komplexer Eigenschaften wie z. B. Antriebsverhalten, Intelligenz, soziale Einstellungen oder Belastbarkeit.

Ein *Messvorgang* lässt sich allgemein dadurch charakterisieren, dass einem Objekt bezüglich der Ausprägung einer Eigenschaft eine Zahl zugeordnet wird. Kann man aber deshalb behaupten, dass jede Zuordnung einer Zahl zu einem Objekt eine Messung darstellt? Sicherlich nicht, denn nach dieser Definition wären auch zufällige Zuordnungen zulässig, die zu unsinnigen Messergebnissen führen würden. Erforderlich sind eindeutige Regeln, nach denen diese Zuordnung erfolgt. Eine berühmte Definition des Messens, die genau diesen Gedanken zum Ausdruck bringt, lautet:

> Measurement, in the broadest sense, is defined as the assignment of numerals to objects or events according to rule. (S. S. Stevens, 1946, S. 677)

Diese Regeln zu erarbeiten, ist Aufgabe der Messtheorie, auf die wir in Kap. 1.3 eingehen. Zunächst wollen wir die von S. S. Stevens beschriebenen Stufen des Messens, die sog. „Skalenniveaus", auf eine möglichst einfache Weise diskutieren, die sich an die Darstellung von Pagano (2010) anlehnt.

Eine Skala, auf der einer Person oder einem Objekt eine Zahl zugeordnet wird, kann unterschiedliche mathematische *Attribute* besitzen. Drei dieser Attribute sind:

1. Quantitative Ausprägung
2. Konstante Abstände zwischen aufeinander folgenden Skalenwerten
3. Aboluter Nullpunkt

Die vier von S. S. Stevens eingeführten Skalenniveaus lassen sich entsprechend dieser Attribute unterscheiden. Die sog. „Nominalskala" besitzt keines der drei Attribute. Die „Ordinalskala" besitzt nur das erste Attribut. Die „Intervallskala" besitzt die ersten beiden Attribute, und die „Verhältnisskala" besitzt alle drei Attribute.

1.2.1 Nominalskala

Messen auf dem Niveau einer Nominalskala stellt die niedrigste Stufe des Messens dar, denn die Skalenwerte sind in keiner Weise mit den quantitativen Ausprägungen der Objekteigenschaften verbunden. Messen auf Nominalskalenniveau ist deshalb gleichzusetzen mit dem *Kategorisieren von Objekten.* Typische Beispiele sind die Nationalität, die Religionszugehörigkeit oder der Familienstand einer Person.

Betrachten wir das Beispiel „Familienstand" etwas genauer. Man könnte den Familienstand eines Erwachsenen in folgende Kategorien einteilen, die wir willkürlich numerisch codieren: „unverheiratet" = 1; „verheiratet" = 2; „geschieden" = 3 und „verwitwet" = 4. Wenn wir nun einer Person entsprechend ihres Familienstandes eine der vereinbarten Zahlen zuordnen, so ist dies entsprechend der Definition von S. S. Stevens bereits Messen, da die Zuordnung der Zahlen nicht willkürlich, sondern nach festen Regeln erfolgt. Die zuvor vereinbarten Zahlen sind die *Skalenwerte.*

Man erkennt an diesem Beispiel, dass der Steven'sche Messbegriff sehr allgemein ist. In der Tat widerspricht das Zuordnen von Zahlen zu ungeordneten Kategorien dem intuitiven Verständnis des Messens vieler Menschen.

Die numerischen Skalenwerte der Kategorien haben lediglich den Status von *Etiketten,* welche geeignet sind, die Kategorien zu unterscheiden. Jede andere Zuordnung von Zahlen, welche eine eindeutige Unterscheidung der Kategorien gewährleistet, wäre ebenfalls zulässig. Insofern können die Skalenwerte nur verwendet werden, um den Familienstand eine Person festzustellen bzw. um zu vergleichen, ob zwei Personen den gleichen oder einen unterschiedlichen Familienstand besitzen.

1.2.2 Ordinalskala

Messen auf dem Niveau einer Ordinalskala stellt im Vergleich zur Nominalskala eine höhere Stufe des Messens dar. Die Unterschiede zwischen den Objekten hinsichtlich der zu messenden Eigenschaft können beispielsweise als größer, höher, schneller oder attraktiver charakterisiert werden.

Ordinalskalen weisen den Objekten Zahlen zu, die mit der quantitativen Ausprägung der Objekte in Beziehung stehen. Die *Abstände* zwischen den numerischen Skalenwerten sind allerdings bis auf ihr Vorzeichen willkürlich und spiegeln nicht die Abstände zwischen den Objekten wider. Beispiele für Ordinalskalen sind militärische Ränge, Hochschulrankings oder Schulabschlüsse.

Betrachten wir das Beispiel „Schulabschlüsse" etwas genauer, wobei wir nur die Abschlüsse von Hauptschule, Realschule und Gymnasium in Betracht ziehen. Zwar kann man diese Schulabschlüsse nach ihrer Höhe in eine Rangordnung bringen, allerdings lassen sich keine genaueren Aussagen über die Abstände der Schulabschlüsse machen. Weisen wir den Schulabschlüssen Zahlen zu, so sollte einem höheren Schulabschluss eine größere Zahl entsprechen. Eine offensichtliche Möglichkeit ist: „Hauptschule“ = 1; „Realschule“ = 2 und „Gymnasium“ = 3. Ebenso gut könnte man diese Skalenwerte durch die Werte 1, 2, 4 bzw. 1, 2, 5 ersetzen. Schließlich codieren die Abstände zwischen den Zahlen *nicht* die Abstände in der Höhe der Schulabschlüsse.

An den Skalenwerten einer Ordinalskala kann also nur abgelesen werden, welche Person eine höhere Merkmalsausprägung besitzt, oder ob zwei Personen eine gleich große Ausprägung besitzen. Jede ordnungserhaltende Transformation der Skalenwerte ist zulässig.

1.2.3 Intervallskala

Messen auf dem Niveau einer Intervallskala stellt im Vergleich zur Ordinalskala eine höhere Stufe des Messens dar. Der Abstand zweier aufeinander folgender Skalenwerte einer Intervallskala ist nun sinnvoll interpretierbar, da er *konstant* ist, also nicht von Skalenwert zu Skalenwert variiert. Klassische Beispiele für Intervallskalen sind die Temperaturskalen, welche die Temperatur in Grad Celsius oder Grad Fahrenheit ausdrücken. Oft werden aber auch Skalenwerte psychometrischer Tests sowie Ad-hoc Ratingskalen als Intervallskalen betrachtet. Zwar sind die Skalenwerte einer Intervallskala nicht eindeutig festgelegt, da es verschiedene gleichwertige Skalen gibt, doch ist bei einer Intervallskala die Menge der zulässigen Transformationen der Skalenwerte im Vergleich zur Ordinalskala erheblich kleiner.

Betrachten wir die uns vertrauten Temperaturskalen etwas genauer. Während in Europa die Celsius-Skala am häufigsten verwendet wird, ist in den USA die Fahrenheit-Skala populärer. Beide Temperaturskalen sind durch eine einfache Formel miteinander verknüpft. Bezeichnen C und F eine Temperatur in Grad Celsius bzw. Grad Fahrenheit, so gilt,

$$C = \frac{5}{9}(F - 32).$$

32° Fahrenheit entspricht 0° Celsius. Da sich der Nullpunkt der beiden Skalen unterscheidet, besitzen sie offensichtlich keinen *absoluten Nullpunkt*.

Bei der Formel für die Umrechnung von Fahrenheit in Celsius handelt es sich um eine lineare Transformation, welche folgende allgemeine Gestalt besitzt

$$y = \alpha + \beta x,$$

wobei x und y Variablen und α und β Konstanten sind. In der Tat beschreibt diese Gleichung die Transformationen, welche für eine Intervallskala zulässig sind, wobei die Konstanten α und β bis auf die Einschränkung $\beta > 0$ willkürlich festgelegt werden können.

Diese Gleichung ist folgendermaßen zu interpretieren: Ist x ein intervallskaliertes Merkmal, so liegen die transformierten Werte y ebenfalls auf einer Intervallskala. Im Temperaturbeispiel kann man durch die Wahl von $\alpha = 160/9$ und $\beta = 5/9$ Temperaturen von der Fahrenheit-Skala in die Celsius-Skala umrechnen.

Um uns die Eigenschaften intervallskalierter Messwerte zu verdeutlichen, betrachten wir folgende Situation: Angenommen, gestern Mittag betrug die Temperatur 5° Celsius, und heute Mittag beträgt die Temperatur 10° Celsius. Kann man nun behaupten, dass es heute im Vergleich zu gestern doppelt so warm ist? Diese Aussage ist nicht zulässig, denn die Aussage, welche für die Celsius-Skala korrekt ist, wird durch den Wechsel zur Fahrenheit-Skala falsch. Rechnet man die Temperaturen in Fahrenheit um, so erhält man:

10° Celsius = 50° Fahrenheit
5° Celsius = 41° Fahrenheit

Das Temperaturverhältnis verändert sich also von 10/5 zu 50/41. Insofern ist die Aussage über das Verhältnis zweier Temperaturen („Heute ist es doppelt so warm wie gestern“) nicht sinnvoll, da ihr Wahrheitsgehalt von der Temperaturskala abhängt.

Dieses Resultat, welches wir uns am Beispiel von Temperaturskalen überlegt haben, kann direkt auf alle Intervallskalen generalisiert werden. Zu beachten ist, dass sich die Unterschiede von Merkmalsausprägungen bei einem intervallskalierten Merkmal durch ein *Verhältnis* abbilden lassen, denn die Aussage, der Unterschied zweier Temperaturen x_1 und x_2 sei doppelt so groß wie der Temperaturunterschied zwischen x_3 und x_4, macht durchaus Sinn.

1.2.4 Verhältnisskala

Messen auf dem Niveau einer Verhältnisskala stellt im Vergleich zur Intervallskala eine höhere Stufe des Messens dar. Beispiele für Verhältnisskalen sind die klassischen physikalischen Größen wie Länge, Gewicht, Reaktionszeiten und Alter.

Im Gegensatz zur Intervallskala besitz eine Verhältnisskala einen *absoluten Nullpunkt*. Während die Celsius-Skala bzw. die Fahrenheit-Skala unterschiedliche Nullpunkte besitzen, hat der Nullpunkt bei einer Verhältnisskala eine ganz bestimmte Bedeutung. Er bezeichnet die völlige Abwesenheit der Eigenschaft. Deshalb sind negative Skalenwerte auf einer Verhältnisskala nicht zulässig.

Die Existenz eines absoluten Nullpunktes erlaubt Aussagen über *Größenverhältnisse*. Deshalb spricht man von der „Verhältnisskala". Ist etwa ein Objekt doppelt so lang wie ein zweites Objekt, so bleibt diese Aussage korrekt, egal ob die Längen in Meter, Zentimeter oder in Zoll ausgedrückt werden, da auf diesen Skalen der Wert Null die gleiche Bedeutung besitzt.

So wie die zulässigen Transformationen einer Intervallskala durch eine einfache Gleichung beschrieben werden können, so ist dies auch für Verhältnisskalen möglich. Bezeichnet x eine Variable auf Verhältnisskalenniveau und ist $\beta > 0$ eine Konstante, so kann man x entsprechend der Gleichung

$$y = \beta x$$

in eine neue, gleichwertige Variable y transformieren. Diese Transformation wird auch „Ähnlichkeitstransformation" genannt.

Beispielsweise beträgt die Konstante β für die Umrechnung einer Länge von Zoll in Zentimeter 2,54. Besitzt ein Computermonitor eine Diagonale von 21 Zoll, so entspricht dies $21\,\text{Zoll} \cdot 2{,}54 = 53{,}34\,\text{cm}$.

Verhältnisskalen kommen in der humanwissenschaftlichen Forschung (z. B. mit psychologischen Merkmalen) nur selten vor. Da Verhältnisskalen genauere Messungen ermöglichen als Intervallskalen, sind alle mathematische Operationen bzw. statistische Verfahren für Intervallskalen auch für Verhältnisskalen gültig. Man verzichtet deshalb häufig auf eine Unterscheidung der beiden Skalen und bezeichnet Merkmale, die auf diesen Skalenniveaus gemessen wurden, als *metrische Merkmale*. Merkmale, die auf Nominal- bzw. Ordinalskalenniveau gemessen wurden, werden dagegen als nichtmetrische oder *kategoriale Merkmale* bezeichnet.

Vergleich der vier Skalen. Tabelle 1.1 fasst die hier behandelten Skalenarten sowie einige typische Beispiele noch einmal zusammen. Die genannten „möglichen Aussagen" sind invariant gegenüber den jeweils zulässigen skalenspezifischen Transformationen.

Tabelle 1.1. Die vier wichtigsten Skalentypen

Skalenart	Mögliche Aussagen	Beispiele
1. Nominalskala	Gleichheit Verschiedenheit	Telefonnummern Krankheitsklassifikationen
2. Ordinalskala	Größer-kleiner-Relationen	Militärische Ränge Windstärken
3. Intervallskala	Gleichheit von Differenzen	Temperatur (z. B. Celsius) Kalenderzeit
4. Verhältnisskala	Gleichheit von Verhältnissen	Längenmessung Gewichtsmessung

Ein Vergleich der vier Skalen zeigt, dass die Messungen mit wachsender Ordnungsziffer der Skalen genauer werden bzw. dass zunehmend mehr Eigenschaften der empirischen Objekte durch die Skalenwerte zum Ausdruck gebracht werden. Dies wird deutlich, wenn wir uns vor Augen führen, dass Ordinalskalen, welche die Größer-kleiner-Relationen richtig abbilden, auch die Gleichheits-Ungleichheits-Bedingung der Nominalskalen erfüllen. Ebenso erfüllen Intervallskalen, welche die „Gleichheit der Differenzen" richtig abbilden, sowohl die Größer-kleiner- als auch die Gleich-ungleich-Relationen. Schließlich implizieren Verhältnisskalen, welche die „Gleichheit der Verhältnisse" richtig abbilden, alle drei genannten Bedingungen.

* 1.3 Messtheoretische Vertiefung der Skalenniveaus

Grundlegende Begriffe für die Messtheorie sind das empirische Relativ und das numerische Relativ. Unter einem *Relativ* oder *Relationensystem* versteht man eine Menge von Objekten und eine oder mehrere Relationen, mit denen die Art der Beziehung der Objekte untereinander charakterisiert wird. Formal lässt sich ein Relativ durch $\langle A, R_1, \ldots, R_n \rangle$ beschreiben, wobei A die Menge der Objekte und $R_1, \ldots, R_n$ verschiedenartige Relationen darstellen.

Besteht die Menge A aus empirischen Objekten wie z. B. den Kindern einer Schulklasse, sprechen wir von einem *empirischen Relativ*. Die für ein empirisches Relativ zu prüfenden Relationen lassen sich nach verschiedenen *Typen* unterscheiden. Binäre oder zweistellige, d. h. auf jeweils zwei beliebige Objekte aus A bezogene Relationen könnten hier z. B. sein, dass zwei Schüler nebeneinander sitzen, dass zwei Schüler gleichaltrig sind, dass ein Schüler bessere Englischkenntnisse hat als ein anderer etc. Von einer dreistelligen Relation würde man z. B. sprechen, wenn zwei Schüler im Sport zusammengenommen genauso weit werfen können wie ein dritter Schüler, und von einer vierstelligen Relation, wenn ein Schülerpaar beim Tischtennisdoppel einem anderen Paar überlegen ist.

Wie die Beispiele zeigen, können die für ein empirisches Relativ charakteristische Relationen sehr unterschiedlich sein. Die Art der Relationen wird durch *Symbole* gekennzeichnet. Wichtige Relationen sind z. B. $\sim$ (Äquivalenzrelation), mit der die Gleichheit von Objekten bezüglich eines Merkmals gekennzeichnet wird, oder $\succcurlyeq$ (schwache Ordnungsrelation), die besagt, dass ein Merkmal bei einem Objekt mindestens so stark ausgeprägt ist wie bei einem anderen. Ist A eine Schulklasse und die Äquivalenzrelation „gleiches Geschlecht", würde das empirische Relativ $\langle A, \sim \rangle$ die Schüler in männliche und weibliche Schüler einteilen. Bezeichnet man mit $\succcurlyeq$ die Relation, mit welcher die Mathematikkenntnisse der Schüler verglichen werden, ist $\langle A, \succcurlyeq \rangle$ das empirische Relativ, welches die Schüler in eine Rangreihe bringt.

Wenn man nun als Objektmenge die Menge aller reellen Zahlen $\mathbb{R}$ betrachtet, dann ist mit $\langle R, S_1, \ldots, S_n \rangle$ ein *numerisches Relativ* definiert, wobei $S_1, \ldots, S_n$ für unterschiedliche Typen von Relationen stehen. Geläufige Relationen sind hier die *Gleichheitsrelation* (z. B. $3 = 3$) und die *Größer-kleiner-Relation* (z. B. $4 > 3$).

Sind das empirische und numerische Relativ vom gleichen Typ (weil für beide z. B. eine binäre Relation betrachtet wird), lässt sich das empirische Relativ unter bestimmten Bedingungen in das numerische Relativ abbilden. Angenommen, wir wollen jedem Objekt aus A eine Zahl aus $\mathbb{R}$ zuordnen: Kennzeichnen wir die Zuordnungsfunktion mit dem griechischen Buchstaben φ (Phi), muss für jedes Objekt aus A (z. B. das Objekt a) eine Zahl $\varphi(a)$ in $\mathbb{R}$ existieren. Diese Abbildung wird *homomorph* genannt, wenn die Relationen zwischen zwei beliebigen Objekten a und b in A den Relationen zwischen $\varphi(a)$ und $\varphi(b)$ in $\mathbb{R}$ entsprechen. Soll z. B. das empirische Relativ $\langle A, \succcurlyeq \rangle$ in das numerische Relativ $\langle R, \geq \rangle$ homomorph abgebildet werden, muss für zwei Objekte a und b aus A gelten:

$$a \succcurlyeq b \quad \Leftrightarrow \quad \varphi(a) \geq \varphi(b).$$

Hierbei steht das Symbol „$\Leftrightarrow$" für „genau dann, wenn". Bezogen auf das Beispiel besagt eine homomorphe Abbildung also: Die einem Objekt a zugeordnete Zahl ist genau dann mindestens so groß wie die einem Objekt b zugeordnete Zahl, wenn die Merkmalsausprägung von a mindestens so groß ist wie die Merkmalsausprägung von b.

Mit dieser Terminologie lässt sich die oben gegebene Definition des Messens von S. S. Stevens wie folgt präzisieren:

> Das Messen ist eine Zuordnung von Zahlen zu Objekten oder Ereignissen, sofern diese Zuordnung eine homomorphe Abbildung eines empirischen Relativs in ein numerisches Relativ ist. (Orth, 1983, S. 138)

Die homomorphe Abbildungsfunktion zusammen mit einem empirischen und numerischen Relativ bezeichnet man auch als *Skala* und die Funktionswerte $\varphi(a), \varphi(b) \ldots$ als *Skalenwerte* oder *Messwerte*. Aufgabe der Messtheorie ist es nun, relationale Regeln zu benennen, die im empirischen Relativ erfüllt sein müssen, damit es durch ein numerisches Relativ Struktur erhaltend repräsentiert werden kann. Dies geschieht durch die Angabe eines sog. *Repräsentationstheorems*, mit dem die Existenz einer Skala behauptet wird, wenn bestimmte Axiome im empirischen Relativ gültig sind.

Die hier angesprochenen *Axiome* kennzeichnen als Sätze, die keines Beweises bedürfen, einige grundlegende Eigenschaften des numerischen Relativs. Damit ein Homomorphismus bzw. eine homomorphe Abbildung möglich ist, müssen diese Axiome auch für die Objekte und Relationen im empirischen Relativ gelten. Wenn beispielsweise für drei Zahlen $\varphi(a)$, $\varphi(b)$ und $\varphi(c)$ gilt: $\varphi(a) > \varphi(b)$ und $\varphi(b) > \varphi(c)$, dann muss zwangsläufig auch $\varphi(a) > \varphi(c)$ richtig sein. Dieses Axiom wäre in einem empirischen Relativ mit drei Tischtennisspielern a, b und c verletzt, wenn Spieler a Spieler b und Spieler b Spieler c schlagen würde, aber Spieler a Spieler c unterlegen wäre.

Aufgabe der Empirie ist es, zu überprüfen, ob diese oder weitere Axiome des numerischen Relativs auch für die Objekte und Relationen eines empirischen Relativs gültig sind.

Mit dem Eindeutigkeitsproblem verbindet sich die Frage, ob die im Repräsentationstheorem zusammengefassten Eigenschaften einer Skala nur durch *eine* Abbildungsfunktion φ oder ggf. durch weitere Abbildungsfunktionen φ' realisiert werden. Hier geht es also um die Frage, wie stark die Menge aller möglichen Abbildungsfunktionen eingeschränkt ist.

Gilt z. B. im empirischen Relativ $a \succ b \succ c$, wäre $\varphi(a) = 3$, $\varphi(b) = 2$ und $\varphi(c) = 1$ eine homomorphe Abbildung, aber z. B. auch $\varphi'(a) = 207$, $\varphi'(b) = 11{,}11$ und $\varphi'(c) = 0{,}2$ oder jede beliebige Zahlenfolge mit $\varphi'(a) > \varphi'(b) > \varphi'(c)$. Die Menge aller möglichen Abbildungsfunktionen ist hier also relativ wenig eingeschränkt, da jede Abbildung, welche die Struktur $a \succ b \succ c$ erhält, zulässig ist. Alle zulässigen Abbildungen sind in diesem Fall durch eine *monotone Transformation* ineinander überführbar. Hierbei muss für zwei beliebige Abbildungsfunktionen φ und φ' gelten:

$$\varphi(a) \geq \varphi(b) \quad \Leftrightarrow \quad \varphi'(a) \geq \varphi'(b).$$

Allgemein sagt man, eine Skala ist eindeutig bis auf die für sie zulässigen Transformationen.

Ein empirisches Relativ mit einer Liste von Axiomen, aus der sich die Art der Repräsentation im numerischen Relativ sowie die Eindeutigkeit der Skala ableiten lassen, bezeichnet man als eine *Messstruktur*. Der Eindeutigkeit einer Skala ist zu entnehmen, welche mathematischen Operationen mit den Skalenwerten durchgeführt werden können bzw. genauer, welche mathematischen Aussagen gegenüber den für eine Skala zulässigen Transformationen invariant sind.

Bestehen diese zulässigen Transformationen wie im obigen Beispiel aus monotonen Transformationen, wäre z. B. die Bestimmung einer durchschnittlichen Merkmalsausprägung nicht sinnvoll. Die Objektrelationen $a \succ b \succ c \succ d$ könnten z. B. durch $\varphi(a) = 4$, $\varphi(b) = 3$, $\varphi(c) = 2$ und $\varphi(d) = 1$ abgebildet werden, sodass man sowohl für a und d als auch für b und c jeweils einen Mittelwert von 2,5 erhält. Zulässig wären jedoch auch $\varphi'(a) = 3{,}5$ bzw. $\varphi''(a) = 4{,}5$, was zur Folge hätte, dass der Mittelwert für a und d einmal unter und einmal über dem Mittelwert für b und c liegt. Die Relationen der numerischen Aggregate (hier der Mittelwerte) sind also gegenüber monotonen Transformationen nicht invariant.

Dieses in der messtheoretischen Terminologie als „Bedeutsamkeit" bezeichnete Problem spielt in der Statistik eine besondere Rolle, bei der es letztlich darum geht, die erhobenen Messungen auf vielfältige Weise mathematisch „weiterzuverarbeiten". Welche mathematischen Operationen mit den Messwerten zulässig sind, ist von der Art der Skala bzw. deren Repräsentationsanspruch abhängig.

Im Folgenden wird für die vier wichtigsten Skalenarten die jeweils gebräuchlichste Messstruktur sowie die Art ihrer Repräsentation im numerischen Relativ kurz beschrieben. Ferner nennen wir die wichtigsten skalenspezifischen Axiome, die im empirischen Relativ erfüllt sein müssen, und gehen anhand von Beispielen auf die Eindeutigkeit und Bedeutsamkeit der jeweiligen Skala ein.

1.3.1 Nominalskala

Eine Nominalskala setzt im empirischen Relativ eine Menge A voraus, für die die Äquivalenzrelation $\sim$ gelten soll: $\langle A, \sim \rangle$. Dies ist immer dann der Fall, wenn sich zeigen lässt, dass im empirischen Relativ die folgenden Axiome gelten:

N1: $a \sim a$ (Reflexivität),
N2: Wenn $a \sim b$, dann $b \sim a$ (Symmetrie),
N3: Wenn $a \sim b$ und $b \sim c$, dann $a \sim c$ (Transitivität).

Nach diesen Axiomen sind z. B. die Relationen „a hat das gleiche Geschlecht wie b", „a hat die gleiche Haarfarbe wie b" oder „a hat die gleiche Biologienote wie b" Äquivalenzrelationen. Keine Äquivalenzrelationen wären hingegen die Relationen, „a sitzt neben b", „a schreibt von b ab" oder „a hat ein gleiches Wahlfach wie b". Im ersten Beispiel wäre N1 verletzt (a kann nicht neben sich selbst sitzen), im zweiten Beispiel N2 (wenn a von b abschreibt, muss b nicht von a abschreiben) und im dritten Beispiel N3 (a könnte Musik und Geschichte, b Geschichte und Sport und c Sport und Biologie als Wahlfächer haben).

Wenn nun den Objekten des empirischen Relativs Zahlen zugeordnet werden können, sodass

$$a \sim b \quad \Leftrightarrow \quad \varphi(a) = \varphi(b),$$

gilt, bezeichnet man die Zuordnungsfunktion zwischen $\langle A, \sim \rangle$ und $\langle R, = \rangle$ als *Nominalskala*. Auf einer Nominalskala erhalten somit Objekte mit identischen Merkmalsausprägungen identische Zahlen und Objekte mit verschiedenen Merkmalsausprägungen verschiedene Zahlen. Um welche Zahlen es sich handelt, ist für eine Nominalskala unerheblich. Man kann z. B. vier verschiedenen Herkunftsländern von Ausländern die Zahlen 1, 2, 3 und 4 aber auch die Zahlen 7, 2, 6 und 3 oder andere Zahlen zuordnen. Wir sagen: Die quantitativen Aussagen einer Nominalskala sind gegenüber jeder beliebigen *eindeutigen Transformation* invariant.

> Eine Nominalskala ordnet den Objekten eines empirischen Relativs Zahlen zu, die so geartet sind, dass Objekte mit gleichen Merkmalsausprägungen gleiche Zahlen und Objekte mit verschiedenen Merkmalsausprägungen verschiedene Zahlen erhalten.

Statistische Operationen bei nominalskalierten Merkmalen beschränken sich in der Regel darauf, auszuzählen, wie viele Objekte aus A eine bestimmte Merkmalsausprägung aufweisen. Man erhält damit für verschiedene Merkmalsausprägungen eine *Häufigkeitsverteilung*, die wir in Kap. 3 behandeln. Auf die Analyse von Häufigkeitsverteilungen gehen wir in Kap. 9 bzw. Abschn. 10.3 ein.

1.3.2 Ordinalskala

Zur Verdeutlichung einer Ordinalskala setzen wir ein empirisches Relativ voraus, für deren Objektmenge A eine schwache Ordnungsrelation vom Typus „$\succcurlyeq$" gilt: $\langle A, \succcurlyeq \rangle$. Diese existiert, wenn neben den Axiomen N1 bis N3 die folgenden Axiome gelten:

O1: $a \succcurlyeq b$ oder $b \succcurlyeq a$ oder beides bei Äquivalenz (Konnexität),
O2: Wenn $a \succcurlyeq b$ und $b \succcurlyeq c$, dann $a \succcurlyeq c$ (Transitivität).

Für zwei Objekte a und b muss also entscheidbar sein, ob das untersuchte Merkmal beim Objekt a oder beim Objekt b stärker ausgeprägt ist, oder ob beide Objekte äquivalent sind. Das Axiom O1 wird beispielsweise nicht erfüllt, wenn das untersuchte Merkmal nur Klassifikationen zulässt wie z. B. die Merkmale Wahlfach und Geschlecht. Das Axiom O2 wird z. B. verletzt, wenn Schüler a im Tischtennis Schüler b und Schüler b wiederum Schüler c schlägt, aber Schüler a Schüler c unterlegen ist.

Ein empirisches Relativ mit einer schwachen Ordnungsstruktur ermöglicht die folgende Repräsentation im numerischen Relativ:

$$a \succcurlyeq b \quad \Leftrightarrow \quad \varphi(a) \geq \varphi(b).$$

Wenn ein Merkmal bei einem Objekt a mindestens so stark ausgeprägt ist wie bei einem Objekt b, dann ist die dem Objekt a zugeordnete Zahl mindestens so groß wie die dem Objekt b zugeordnete Zahl. Eine Zuordnungsfunktion mit dieser Eigenschaft bezeichnet man als *Ordinalskala*. Bei einem ordinalskalierten Merkmal ist es also möglich, die Objekte einer Menge A hinsichtlich ihrer Merkmalsausprägungen in eine Rangreihe zu bringen. Mit anderen Worten, eine Ordinalskala ermöglicht eine Aussage darüber, ob ein Merkmal bei einem Objekt stärker oder schwächer ausgeprägt ist als bei einem anderen; sie erlaubt aber keine Aussage darüber, um *wie viel* stärker oder schwächer das Merkmal ausgeprägt ist.

Wir sagen: Die quantitativen Aussagen einer Ordinalskala sind gegenüber jeder beliebigen monotonen Transformation invariant. Eine monotone Transformation formalisieren wir durch:

$$\varphi(a) \geq \varphi(b) \quad \Leftrightarrow \quad \varphi'(a) \geq \varphi'(b).$$

Für eine Ordinalskala ist zu fordern, dass dem schlechteren von zwei Aufsätzen eine höhere Zahl zugeordnet wird. Dies kann mittels der üblichen „Notenskala" geschehen oder auch mit jeder anderen Zahlenfolge, die die empirischen Relation „mindestens genau so schlecht wie" korrekt abbildet.

> Eine Ordinalskala ordnet den Objekten eines empirischen Relativs Zahlen zu, die so geartet sind, dass von jeweils zwei Objekten das Objekt mit der größeren Merkmalsausprägung die größere Zahl erhält.

Die statistische Analyse von Ordinalskalen läuft also auf die Auswertung von *Ranginformationen* hinaus.

1.3.3 Intervallskala

Im Unterschied zu einer Menge A, die aus einzelnen Objekten besteht, betrachten wir für die Erläuterung einer Intervallskala alle möglichen Paare von Objekten, die aus den Objekten von A gebildet werden können. Formal wird dieser Sachverhalt durch $A \times A$ (kartesisches Produkt von A) zum Ausdruck gebracht. Elemente aus $A \times A$ sind z. B. ab, ac, bc etc., wobei jedes dieser Elemente im Folgenden als „Unterschied zwischen zwei Objekten" interpretiert wird. Bezogen auf die Schüler wäre ab z. B. der Unterschied zwischen den von zwei Schülern a und b geschriebenen Aufsätzen.

Für die Objektpaare einer Menge A soll weiterhin gelten, dass die Unterschiede von je zwei Objekten eine schwache Ordnungsstruktur aufweisen: $\langle A \times A; \succcurlyeq \rangle$. Von einer „algebraischen Differenzenstruktur" sprechen wir, wenn folgende Axiome gelten (auf weitere Messstrukturen, die ebenfalls zu einer Intervallskala führen, wird hier nicht eingegangen):

I1: $ab \succcurlyeq cd$ ist konnex und transitiv.
I2: Wenn $ab \succcurlyeq cd$, dann $dc \succcurlyeq ba$ (Vorzeichen-Umkehr-Axiom).

I3: Wenn $ab \succcurlyeq de$ und $bc \succcurlyeq ef$, dann $ac \succcurlyeq df$ (schwache Monotonie).

I4: Wenn $ab \succcurlyeq cd \succcurlyeq aa$, dann existieren Elemente d_1, d_2 aus A, sodass gilt: $ad_1 \sim cd \sim d_2b$ (Lösbarkeit).

I5: Archimedisches Axiom (s. unten).

Mit dem 1. Axiom (I1) werden die Axiome O1 und O2 auf Objektpaare übertragen: Der Unterschied zweier Objekte a und b ist mindestens so groß wie der Unterschied zweier Objekte c und d (oder umgekehrt), oder beide Unterschiede sind gleich groß. Die Anwendung von O2 auf Objektpaare bedeutet: Wenn $ab \succcurlyeq cd$ und $cd \succcurlyeq ef$, dann $ab \succcurlyeq ef$.

Das Axiom I1 wäre bei einer Ordinalskala nicht zu erfüllen, weil hier die Größe des Unterschiedes zwischen zwei Objekten nicht definiert ist. Wenn beispielsweise vier Tennisspieler a, b, c und d auf der Tennisweltrangliste die Plätze 1, 2, 3 und 4 einnehmen, kann nicht entschieden werden, ob a und b oder c und d größere Leistungsunterschiede aufweisen oder ob beide Leistungsunterschiede gleich groß sind.

Anders wäre es, wenn man die vier Tennisspieler paarweise z. B. zehnmal gegeneinander spielen lassen würde, sodass 30 Matches pro Spieler bzw. insgesamt 60 Spiele absolviert werden. Wenn nun Spieler a 25 Siege, Spieler b 15 Siege, Spieler c 12 Siege und Spieler d 8 Siege für sich verbuchen kann, macht es durchaus einen Sinn, zu behaupten, der Leistungsunterschied zwischen a und b sei größer als der zwischen c und d.

Das Axiom I2 weist darauf hin, dass die Richtung eines Unterschiedes zu beachten ist. Wenn der Unterschied zwischen „a abzüglich b" größer ist als der Unterschied „c abzüglich d", sollte daraus folgen, dass der Unterschied „d abzüglich c" größer ist als der Unterschied „b abzüglich a", sodass $dc \succcurlyeq ba$ ist.

Zur Erläuterung von I3 stelle man sich sechs unterschiedlich warme Tage a, b, c, d, e und f vor. Wenn der Temperaturunterschied ab größer ist als der Temperaturunterschied de und der Temperaturunterschied bc größer ist als der Temperaturunterschied ef, sollten die zusammengenommenen Unterschiede ab und bc größer sein als die zusammengenommenen Unterschiede de und ef. Der Unterschied ab zusammengefasst mit dem Unterschied bc entspricht dem Unterschied ac, und de zusammengefasst mit ef ergibt df, sodass $ac \succcurlyeq df$ ist.

I4 ist – wieder bezogen auf unterschiedlich warme Tage – wie folgt zu verstehen: Wenn ab und cd größer als aa sind, handelt es sich zunächst bei ab und cd um positive Unterschiede, weil aa „kein Unterschied" bedeutet. Wenn nun der Unterschied ab größer ist als der Unterschied cd, sollte ein Tag d_1 existieren, der so geartet ist, dass der Unterschied ad_1 dem Unterschied cd entspricht. Offenbar muss es an diesem Tag d_1 wärmer sein als am Tag b. Ferner soll ein Tag d_2 existieren, der zu b den gleichen Wärmeunterschied aufweist wie c zu d. Dies kann nur ein Tag sein, an dem es kühler war als am Tag a. Das Axiom I4 wäre also verletzt, wenn sich empirisch zeigen ließe, dass derartige Tage d_1 und d_2 nicht existieren können.

Das archimedische Axiom (I5) betrifft im numerischen Relativ eine Eigenschaft der reellen Zahlen, die besagt, dass es für jede beliebig kleine positive Zahl x und jede beliebig große positive Zahl y eine ganze Zahl n gibt, sodass $n \cdot x \geq y$ ist. Die Abfolge $1 \cdot x$, $2 \cdot x$, $3 \cdot x$, … ist also nicht nach oben durch y begrenzt. Mit anderen Worten, für jede beliebig kleine Zahl x und jede beliebig große positive Zahl y gibt es nur endlich viele ganze Zahlen n, für die $n \cdot x < y$ ist. Dies Abfolge nennt man *Standardfolge*. Übertragen auf ein empirisches Relativ besagt das archimedische Axiom, dass eine Standardfolge von Objekten denkbar ist, die jede vorgegebene Größe übertrifft. Allerdings ist zu bedenken, dass eine unendliche Standardfolge im empirischen Relativ nicht herstellbar ist und somit keine Möglichkeit besteht, das archimedische Axiom empirisch zu überprüfen bzw. zu widerlegen (Krantz et al., 1971, S. 26).

Sind die Bedingungen für eine algebraische Differenzenstruktur erfüllt, lässt sich ein empirisches Relativ durch folgende Abbildung im numerischen Relativ repräsentieren:

$$ab \succcurlyeq cd \Leftrightarrow \varphi(a) - \varphi(b) \geq \varphi(c) - \varphi(d)\,.$$

Wenn der Unterschied zwischen zwei Objekten a und b mindestens so groß ist wie der Unterschied zwischen zwei Objekten c und d, ist die Differenz der den Objekten a und b zugeordneten Zahlen $\varphi(a) - \varphi(b)$ mindestens so groß wie die Differenz der den Objekten c und d zugeordneten Zahlen $\varphi(c) - \varphi(d)$. Eine Abbildungsfunktion mit dieser Eigenschaft definiert mit den entsprechenden Relativen eine Intervallskala. Wie bereits erwähnt, ist dies nicht die einzige Messstruktur, die zu einer Intervallskala führt.

Allgemein gilt, dass Messungen auf einer Intervallskala x durch folgende Transformation Struktur erhaltend in Messungen einer anderen Intervallskala y überführt werden können:

$$y = \beta \cdot x + \alpha \quad (\text{mit } \beta > 0)\,.$$

Transformationen dieser Art bezeichnet man als *lineare Transformationen.* lineare Transformation Durch β und α werden Einheit und Ursprung einer Intervallskala im numerischen Relativ festgelegt. Wir sagen: Die quantitativen Aussagen einer Intervallskala sind gegenüber jeder *linearen Transformation* vom Typus $y = \beta \cdot x + \alpha$ (mit $\beta > 0$) invariant.

> Eine Intervallskala ordnet den Objekten eines empirischen Relativs Zahlen zu, die so geartet sind, dass die Rangordnung der Zahlendifferenzen zwischen je zwei Objekten der Rangordnung der Merkmalsunterschiede zwischen je zwei Objekten entspricht.

Mit Intervallskalendaten können sinnvoll Differenzen, Summen oder auch Mittelwerte berechnet werden. Die meisten der in den folgenden Kapiteln zu behandelnden Verfahren gehen von Messungen auf Intervallskalenniveau aus.

1.3.4 Verhältnisskala

Eine Verhältnisskala setzt typischerweise ein empirisches Relativ mit einer sog. extensiven Messstruktur voraus, die den Operator $\circ$ beinhaltet. Zudem muss für die Objekte eine schwache Ordnungsrelation definiert sein, d. h., das empirische Relativ wäre zusammenfassend durch $\langle A, \circ, \succcurlyeq \rangle$ zu charakterisieren. Der Operator $\circ$ entspricht einer „Zusammenfügungsoperation" (*Konkatenation*), z. B. das Aneinanderlegen zweier Bretter, das Zusammenlegen von zwei Objekten in eine Waagschale etc. Bezogen auf zwei Gewichte a und b ist $a \circ b$ zu interpretieren als das zusammengefasste Gewicht von a und b. Im numerischen Relativ entspricht dem Operator „$\circ$" das Pluszeichen „+".

Bei Merkmalen, auf die der Operator $\circ$ sinnvoll angewendet werden kann, sind Aussagen wie „$a \circ b$ sind genau so lang wie c" oder „$d \circ e$ sind doppelt so schwer wie a" sinnvoll. Dies ist bei den meisten psychologischen Merkmalen nicht möglich, denn Aussagen wie „die zusammengenommene Trauer zweier Menschen a und b ist genauso groß wie die Trauer eines Menschen c" oder „die zusammengenommene Intelligenz von zwei Schülern b und c ist halb so groß wie die Intelligenz eines Schülers f" machen wenig Sinn.

Soll die Repräsentation einer Objektmenge A mit $\langle A, \circ, \succcurlyeq \rangle$ im numerischen Relativ mit $\langle R, +, \geq \rangle$ eine Verhältnisskala darstellen, müssen folgende Axiome erfüllt sein:

V1: $\succcurlyeq$ ist konnex und transitiv
V2: $a \circ (b \circ c) \sim (a \circ b) \circ c$ (Assoziativität).
V3: Wenn $a \succcurlyeq b$, dann $a \circ c \succcurlyeq b \circ c$ und $c \circ a \succcurlyeq c \circ b$ (Monotonie).
V4: Archimedisches Axiom (s. unten).

Nach V1 müssen O1 und O2 im empirischen Relativ gelten. V2 besagt, dass die Reihenfolge des Zusammenfügens von drei Objekten a, b und c für das Ergebnis unerheblich sein muss, und V3 bedeutet, dass a mit c über b mit c „dominieren" sollte, wenn a über b dominiert. Eine Verletzung von V3 lässt sich an folgendem Beispiel verdeutlichen: Angenommen, jemand trinkt lieber Tee (a) als schwarzen Kaffee (b), sodass $a \succ b$ gilt. Wenn nun c für „Sahne" steht, könnte es sein, dass Kaffee mit Sahne ($b \circ c$) Tee mit Sahne ($a \circ c$) vorgezogen wird, d. h. man erhält $b \circ c \succ a \circ c$, sodass V3 verletzt wäre.

Das archimedische Axiom fordert, wie bei I5, dass eine Standardfolge von Objekten denkbar (oder herstellbar) ist, die jede vorgegebene Größe übertrifft.

Ein empirisches Relativ, das diese Axiome erfüllt, bezeichnet man als *extensive Messstruktur.* Eine extensive Messstruktur kann durch folgende, als *Verhältnisskala* bezeichnete Abbildung im numerischen Relativ repräsentiert werden:

$$\begin{aligned} a \succcurlyeq b \quad &\Leftrightarrow \quad \varphi(a) \geq \varphi(b), \\ \varphi(a \circ b) \quad &= \quad \varphi(a) + \varphi(b). \end{aligned}$$

Wenn die Merkmalsausprägung für a mindestens so groß ist wie die für b, ist die dem Objekt a zugeordnete Zahl mindestens so groß wie die Zahl für b. Ferner gilt: Die Zahl, die der Merkmalsausprägung zugeordnet wird, die sich durch das Zusammenfügen von a und b ergibt, entspricht der Summe der Zahlen für a und b.

Eine Verhältnisskala x kann durch folgende Ähnlichkeitstransformationen in eine andere Verhältnisskala y überführt werden:

$$y = \beta \cdot x \quad (\text{mit } \beta > 0).$$

Beispiele für diese Transformation sind das Umrechnen von Metern in Zentimeter oder Zoll, das Umrechnen von Kilogramm in Gramm oder Unzen, das Umrechnen von Euro in Dollar, das Umrechnen von Minuten in Sekunden.

> Eine Verhältnisskala ordnet den Objekten eines empirischen Relativs Zahlen zu, die so geartet sind, dass das Verhältnis zweier Zahlen dem Verhältnis der Merkmalsausprägungen der jeweiligen Objekte entspricht.

1.3.5 Die Skalenarten auf dem Prüfstand: Ein Beispiel

Ein Briefmarkenhändler gibt einen Katalog heraus, in dem jede Briefmarke mit einer Zahl von 0 bis 10 gekennzeichnet ist. Es soll im Folgenden anhand der skalenspezifischen Axiome gezeigt werden, wie der Händler „getestet“ werden könnte, wenn er behauptet, die Zahlen würden eine Nominal-, Ordinal-, Intervall- oder Verhältnisskala darstellen.

Nominalskala. Die Briefmarken könnten nach den Nominalskalen „Motive“, „Länder“, „Jahre“ etc. in elf Gruppen unterteilt sein, denen jeweils die Zahlen 0 bis 10 zugeordnet sind. Nehmen wir an, es handle sich um eine Gruppierung nach Motiven (Politiker, Landschaften, Tiere, Gebäude etc.) mit insgesamt elf verschiedenen Motivgruppen; die Axiome N1 bis N3 wären dann wie folgt empirisch zu prüfen:

N1 (Reflexivität): Der Händler müsste in der Lage sein, jede Briefmarke bei einer wiederholten Gruppierung den gleichen Kategorien zuzuordnen wie bei der ersten Gruppierung.

N2 (Symmetrie): Wenn der Händler einer „Ankermarke“ *a* wegen eines vergleichbaren Motivs eine Briefmarke *b* zuordnet, müsste er bei einem Wiederholungsversuch auch die Marke *a* der Marke *b* zuordnen.

N3 (Transitivität): Wenn der Händler meint, zwei Marken *a* und *b* hätten das gleiche Motiv wie die Marken *b* und *c*, müsste er auch der Auffassung sein, dass die Marken *a* und *c* dem gleichen Motiv angehören.

Die für N1 bis N3 geforderten „Tests“ müssten auch funktionieren, wenn den elf Motivklassen beliebige andere Zahlen zugeordnet sind, denn der Informationsgehalt einer Nominalskala ist gegenüber jeder eindeutigen Transformation invariant.

Ordinalskala. Der Händler behauptet, die Zahlen 0 bis 10 würden eine Rangordnung der Briefmarken bezüglich ihres Wertes darstellen (0 = geringster Wert; 10 = höchster Wert). Diese Behauptung wäre über die Axiome O1 und O2 wie folgt zu prüfen:

O1 (Konnexität): Bei zwei zufällig herausgegriffenen Briefmarken *a* und *b* müsste der Händler entscheiden können, welche der beiden Marken wertvoller ist oder ob beide Marken den gleichen Wert haben.

O2 (Transitivität): Wenn der Händler eine Marke *a* für mindestens so wertvoll hält wie eine andere Marke *b* und die Marke *b* wiederum mindestens für so wertvoll wie eine Marke *c*, müsste er auch *a* für mindestens so wertvoll halten wie *c*. Diese Transitivität wäre für jede Dreiergruppe von Marken zu prüfen.

Der Händler hätte statt der Zahlen 0 bis 10 für die elf Kategorien auch andere Zahlen wählen können. Solange gewährleistet ist, dass von jeweils zwei Marken der wertvolleren eine größere Zahl zugeordnet wird als der weniger wertvollen und dass Marken mit einer ursprünglich identischen Klassifikation wieder identisch klassifiziert werden, ist die Auswahl der Zahlen beliebig, denn Ordinalskalen sind gegenüber monotonen Transformationen invariant.

Intervallskala. Der Händler behauptet, die Zahlen wären intervallskalierte Wertklassen. Diese Behauptung wäre korrekt, wenn er die folgenden „Tests“ bezüglich der Axiome I1 bis I5 besteht:

I1 (schwache Ordnung von Paaren): Ein (naiver) Kunde bietet dem Händler zwei Tauschgeschäfte an: Er will z. B. eine *B*3 (Briefmarke aus der Kategorie 3) hergeben und dafür eine *B*2 bekommen (erster Tausch = *T*1) oder eine *B*7 hergeben und eine *B*5 bekommen (zweiter Tausch = *T*2). Formal soll dieser „Handel“ wie folgt dargestellt werden:

	Händler		Kunde
*T*1	*B*2	↔	*B*3
*T*2	*B*5	↔	*B*7

Der Händler muss bei jedem Tauschgeschäft dieser Art entscheiden können, welcher der beiden Tausche für ihn günstiger ist. Im Beispiel würde er – Intervallskalenniveau vorausgesetzt – natürlich *T*2 gegenüber *T*1 präferieren. Man beachte, dass diese Präferenz bei ordinalskalierten Kategorien keineswegs zwangsläufig ist: Der Wertunterschied zwischen *B*2 und *B*3 könnte größer sein als der Wertunterschied zwischen *B*5 und *B*7.

Hält der Händler zudem einen Tausch *T*1 für günstiger als einen Tausch *T*2 und *T*2 für günstiger als einen weiteren Tausch *T*3, muss er auch *T*1 für günstiger halten als *T*3. (Es wäre hier und im Folgenden auch die Äquivalenz zweier Tausche zulässig.)

I2 (Vorzeichen-Umkehr-Axiom): Der Händler möge bei folgendem Tauschgeschäft *T*1 präferieren:

	Händler		Kunde
*T*1	*B*1	↔	*B*3
*T*2	*B*5	↔	*B*6

In diesem Falle müsste er gemäß I2 bei folgendem Tauschgeschäft ebenfalls *T*1 präferieren:

	Händler		Kunde
*T*1	*B*6	↔	*B*5
*T*2	*B*3	↔	*B*1

I3 (schwache Monotonie): Zur Prüfung dieses Axioms sind 3 Tauschgeschäfte zu vergleichen, wie z. B.:

1. Tauschgeschäft

	Händler		Kunde
*T*1	*B*0	↔	*B*2
*T*2	*B*7	↔	*B*8

2. Tauschgeschäft

	Händler		Kunde
*T*1	*B*2	↔	*B*5
*T*2	*B*8	↔	*B*10

Wenn der Händler in beiden Tauschgeschäften *T*1 präferiert, sollte er auch im dritten Tauschgeschäft *T*1 präferieren, das sich nach I3 aus den beiden ersten Tauschgeschäften wie folgt ergibt:

3. Tauschgeschäft

	Händler		Kunde
*T*1	*B*0	↔	*B*5
*T*2	*B*7	↔	*B*10

Auch diese Präferenz wäre wohl selbstverständlich, wenn die Wertklassen intervallskaliert sind.

I4 (Lösbarkeit): Der Händler präferiert bei folgendem Tauschgeschäft *T*1:

	Händler		Kunde
*T*1	*B*0	↔	*B*10
*T*2	*B*5	↔	*B*5

Gegen welche Briefmarken müssten *B*0 und *B*10 getauscht werden, damit die so resultierenden Tausche zu *T*2 äquivalent sind? Dies sind offenbar *B*0 ↔ *B*0 (also $d_1 = B0$) und *B*10 ↔ *B*10 ($d_2 = B10$).

Der Leser mag sich davon überzeugen, dass es für beliebige Tausche *T*1 und *T*2 für I4 immer eine Lösung gibt, wenn die Wertklassen intervallskaliert sind.

I5 (archimedisches Axiom): Dieses Axiom wird als sog. „technisches Axiom" empirisch nicht geprüft.

Statt der Zahlenfolge 0 bis 10 hätte der Händler den Kategorien linear transformierte Werte der Zahlen 0 bis 10 zuordnen können. Für die Einheit $\beta = 10$ und den Ursprung $\alpha = 50$ wären dies die Zahlen 50, 60, 70 ... 150. Sämtliche Tests müssten auch mit diesen (oder anderen linear transformierten Zahlen) funktionieren.

Verhältnisskala. Behauptet der Händler, seine Kategorienummern würden den Wert der Marken als Zahlen einer Verhältnisskala abbilden, sollte der Operator ∘ zulässig sein. Demnach müsste die Zahl, die dem Wert von zwei Briefmarken zugeordnet wird, der Summe der Zahlen entsprechen, die die Werte der beiden Einzelmarken kennzeichnen, also z. B. $B1 \circ B3 \sim B4$. Erst bei dieser Skalierungsart dürfte der Händler behaupten, dass eine *B*6 doppelt so wertvoll ist wie eine *B*3 oder dass das Wertverhältnis von *B*2 zu *B*4 dem Wertverhältnis von *B*3 zu *B*6 entspricht.

Die Axiome haben die folgende empirische Bedeutung:

V1 (schwache Ordnung): Wie O1 und O2.

V2 (Assoziativität): Wenn ein Kunde z. B. für eine *B*8 als Gegenwert eine *B*4 und eine *B*3 anbietet, müsste der Händler eine *B*1 nachfordern. Besteht das Angebot des Kunden aus einer *B*3 und einer *B*1, wäre eine *B*4 zu fordern.

V3 (Monotonie): Präferiert der Händler *B*5 und *B*6 gegenüber *B*4 und *B*6, muss er auch *B*5 gegenüber *B*4 präferieren.

V4 (archimedisches Axiom): Wie I5.

Die Zahlen 0 bis 10 sind hier durch eine beliebige Zahlenfolge ersetzbar, die aus der Ähnlichkeitstransformation $y = \beta \cdot x$, wobei $\beta > 0$, hervorgeht. Wenn eine Briefmarke der Kategorie 1 z. B. € 5,– wert wäre ($\beta = 5$), könnten die Kategorien auch durch € 0,–, € 5,–, € 10,–, € 15,– ... € 50,– beschrieben werden.

1.3.6 Messung in der Forschungspraxis

Empirische Sachverhalte werden durch die vier diskutierten Skalen unterschiedlich genau abgebildet. Die hieraus ableitbare Konsequenz für die Planung empirischer Untersuchungen liegt auf der Hand. Bieten sich bei einer Quantifizierung mehrere Skalenarten an, sollte diejenige mit dem *höchsten* Skalenniveau gewählt werden. Erweist sich im Nachhinein, dass die empirischen Aussagen gegenüber den für ein Skalenniveau zulässigen Transformationen nicht invariant sind, besteht die Möglichkeit, die erhobenen Daten auf ein *niedrigeres* Skalenniveau zu transformieren (z. B., indem fehlerhafte Intervalldaten auf ordinalem Niveau ausgewertet werden). Eine nachträgliche Transformation auf ein höheres Skalenniveau ist hingegen nicht möglich.

Wie jedoch – so lautet die zentrale Frage – wird in der Forschungspraxis entschieden, auf welchem Skalenniveau ein bestimmtes Merkmal gemessen wird? Ist es erforderlich bzw. üblich, bei jedem Merkmal die gesamte Axiomatik der mit einer Skalenart verbundenen Messstruktur wie in unserem Briefmarkenbeispiel empirisch zu überprüfen?

Sucht man in der Literatur nach einer Antwort auf diese Fragen, wird man feststellen, dass hierzu unterschiedliche Auffassungen vertreten werden (vgl. z. B. Wolins, 1978). Unproblematisch und im Allgemeinen ungeprüft ist die Annahme, ein Merkmal sei *nominalskaliert*. Geschlecht, Parteizugehörigkeit, Farbpräferenzen, Herkunftsland etc. sind Merkmale, deren Nominalskalenqualität unstrittig ist.

Weniger eindeutig fällt die Antwort jedoch aus, wenn es darum geht, zu entscheiden, ob z. B. Schulnoten, Testwerte, Einstellungsmessungen, Ratingskalen *ordinale* oder *metrische* Variablen sind. Hier eine richtige Antwort zu finden, ist insoweit von Bedeutung, als die Berechnung von Mittelwerten und anderen wichtigen statistischen Maßen nur bei metrischen Merkmalen zu rechtfertigen ist, d. h. für ordinalskalierte Daten sind andere statistische Verfahren einzusetzen als für metrische Daten.

Die übliche Forschungspraxis verzichtet auf eine empirische Überprüfung der jeweiligen Skalenaxiomatik. Die meisten Messungen sind *Per-fiat*-Messungen (Messungen „durch Vertrauen“) wie z. B. Messungen mit Fragebögen, Tests, Ratingskalen etc. Man nimmt an, diese Instrumente würden das jeweilige Merkmal metrisch messen, sodass der gesamte statistische „Apparat“ für metrische Daten eingesetzt werden kann (vgl. hierzu auch Lantermann, 1976 oder Davison & Sharma, 1988).

Hinter dieser liberalen Auffassung steht die Überzeugung, dass die Bestätigung einer Forschungshypothese durch die Annahme eines falschen Skalenniveaus eher erschwert wird. Anders formuliert: Lässt sich eine inhaltliche Hypothese empirisch bestätigen, ist dies gleichzeitig ein Beleg für die Richtigkeit der skalentheoretischen Annahme. Wird eine inhaltliche Hypothese empirisch hingegen widerlegt, sollte dies ein Anlass sein, auch die Art der Operationalisierung des Merkmals und damit das Skalenniveau der Daten zu problematisieren. Es ist festzustellen, dass die Untersuchung der Zulässigkeit von Messoperationen die Theorie des untersuchten Gegenstandes in vielen Fällen wesentlich bereichert hat.

Human- und sozialwissenschaftliche Messung ist selten ein rein technisches, sondern meistens auch ein theoriegeleitetes Unterfangen.

Hinweis: Genauere Ausführungen zu dieser Thematik findet man bei C. H. Coombs et al. (1975), Gigerenzer (1981), Krantz et al. (1971), Michell (1990), Niedereé und Mausfeld (1996b, 1996a), Niedereé und Narens (1996), Orth (1974, 1983), Pfanzagl (1971), Roberts (1979), Steyer und Eid (2001) oder Suppes und Zinnes (1963).

Kapitel 2 Statistische Kennwerte

ÜBERSICHT

Arithmetisches Mittel – Modalwert – Medianwert – Varianz – Standardabweichung – Interquartilbereich – Perzentil – *z*-Wert

Die Anwendung statistischer Verfahren setzt voraus, dass quantitative Informationen über den jeweiligen Untersuchungsgegenstand bekannt sind. Die Aussage: „Herr *X* ist neurotisch" mag zwar als qualitative Beschreibung der genannten Person informativ sein; präziser wäre diese Information jedoch, wenn sich die Ausprägung des Neurotizismus durch eine bestimmte Zahl kennzeichnen ließe, die beispielsweise Vergleiche hinsichtlich der Ausprägungsgrade des Neurotizismus bei verschiedenen Personen ermöglicht.

Liegen quantitative Informationen über mehrere Personen bzw. eine Stichprobe vor, erleichtern summarische Darstellungen der Daten die Interpretation der in der Stichprobe angetroffenen Merkmalsverteilung. Die Altersangaben der Klienten einer therapeutischen Ambulanz beispielsweise könnten folgendermaßen statistisch „verdichtet" werden:

- *Maße der zentralen Tendenz* geben an, welches Alter alle Klienten am besten charakterisiert.
- *Maße der Variabilität* kennzeichnen die Unterschiedlichkeit der behandelten Klienten in Bezug auf das Alter.

Kennwerte, die entweder die zentrale Tendenz oder die Variabilität eines Merkmals charakterisieren, sollen nun dargestellt werden.

2.1 Maße der zentralen Tendenz

Eine Stichprobe von *n* Untersuchungseinheiten soll hinsichtlich eines Merkmals beschrieben werden. Beispielsweise soll die Fähigkeit, aus einzelnen Teilstücken eine vorgegebene Figur zusammenzusetzen (Puzzle), untersucht werden. An der Untersuchung nehmen 90 Patienten mit hirnorganischen Schäden teil. Das uns interessierende Merkmal ist die Bearbeitungszeit, die die Versuchspersonen zum Zusammenlegen der Figur benötigen. Tabelle 2.1 enthält die Bearbeitungszeiten der Patienten.

Tabelle 2.1. Bearbeitungszeiten eines Puzzles in Sekunden

131,8	106,7	116,4	84,3	118,5	93,4	65,3	113,8	140,3
119,2	129,9	75,7	105,4	123,4	64,9	80,7	124,2	110,9
86,7	112,7	96,7	110,2	135,2	134,7	146,5	144,8	113,4
128,6	142,0	106,0	98,0	148,2	106,2	122,7	70,0	73,9
78,8	103,4	112,9	126,6	119,9	62,6	116,6	84,6	101,0
68,1	95,9	119,7	122,0	127,3	109,3	95,1	103,1	92,4
103,0	90,2	136,1	109,6	99,2	76,1	93,9	81,5	100,4
114,3	125,5	121,0	137,0	107,7	69,0	79,0	111,7	98,8
124,3	84,9	108,1	128,5	87,9	102,4	103,7	131,7	139,4
108,0	109,4	97,8	112,2	75,6	143,1	72,4	120,6	95,2

Nun überlegen wir, durch welchen Wert alle Bearbeitungszeiten am besten beschrieben werden können. In der Tat gibt es zu diesem Zweck mehrere *Kennwerte*. Die gebräuchlichsten Maße sind der Mittelwert, der Median und der Modalwert (s. Exkurs 2.2 für weitere Maße).

2.1.1 Mittelwert

Der Mittelwert ist das gebräuchlichste Maß zur Kennzeichnung der zentralen Tendenz der Verteilung eines metrischen Merkmals. Er wird berechnet, indem die Summe aller Werte durch die Anzahl der Werte dividiert wird. Die Formel für den Mittelwert lautet

$$\bar{x} = \frac{\sum_{i=1}^{n} x_i}{n}. \tag{2.1}$$

Der Mittelwert wird häufig auch „arithmetisches Mittel" genannt. (Exkurs 2.1 enthält Hinweise für das Rechnen mit dem Summenzeichen Σ.)

2

Zunächst illustrieren wir die Berechnung des Mittelwerts mit Hilfe eines Beispiels.

BEISPIEL 2.1

Fünf Schüler schreiben ein Diktat im Fach Englisch. Die Anzahl der Orthographiefehler lauten: 3, 5, 6, 8, und 14. Berechnen wir nun den Mittelwert der Fehler, so ergibt sich

$$\begin{aligned}\bar{x} &= (3+5+6+8+14)/5 = 36/5\\ &= 7{,}2.\end{aligned}$$

Im Durchschnitt machte ein Schüler etwa sieben Fehler.

Das arithmetische Mittel ist hinsichtlich jedes einzelnen Wertes, welcher in seine Berechnung eingeht, sensitiv. Wird ein einzelner Wert der vorliegenden Stichprobe verändert, so ändert sich ebenfalls der Mittelwert. Diese Eigenschaft ist der Grund, wieso der Mittelwert ein sehr guter Schätzer des *Zentrums* einer Verteilung ist.

Auf der anderen Seite birgt diese Sensitivität des Mittels hinsichtlich jeder einzelnen Beobachtung auch die Gefahr, dass das Mittel durch ungewöhnliche Beobachtungen stark beeinflusst wird. Solche ungewöhnlichen Beobachtungen, die oft als *Ausreißer* oder *Extremwerte* bezeichnet werden, können aus vielen verschiedenen Gründen in den Daten enthalten sein.

Eine mögliche Ursache sind Fehler, die sich in die Berechnung einschleichen. So könnte es im Beispiel 2.1 bei der Berechnung der durchschnittlichen Fehleranzahl mit Hilfe eines Taschenrechners bei der Eingabe zu einem Tippfehler kommen. Wir nehmen folgendes Szenario an: Anstatt der Zahl 14 wird versehentlich die Zahl 24 eingegeben. Aufgrund dieses Fehlers lautet die durchschnittliche Fehlerzahl nun 9,2. Dieser Wert ist kein guter Repräsentant der beobachteten Fehler in Beispiel 2.1 mehr.

Eine weitere Eigenschaft des Mittels ist, dass die Summe der Abweichungen vom arithmetischen Mittel immer *null* ergeben muss, d. h. es gilt für beliebige Werte $\sum_{i=1}^{n}(x_i-\bar{x}) = 0$. Um diese Aussage herzuleiten, wird die Summe der Abweichungen vom Mittel folgendermaßen umgeformt:

$$\begin{aligned}\sum_{i=1}^{n}(x_i-\bar{x}) &= \sum_{i=1}^{n}x_i - n\cdot\bar{x}\\ &= \sum_{i=1}^{n}x_i - n\cdot\frac{\sum_{i=1}^{n}x_i}{n}\\ &= \sum_{i=1}^{n}x_i - \sum_{i=1}^{n}x_i = 0.\end{aligned}$$

Um diese Eigenschaft zu illustrieren, berechnen wir die Summe der Abweichungen für die Werte des Beispiels 2.1. Man erhält

$$(3-7{,}2)+(5-7{,}2)+\cdots+(14-7{,}2)=0.$$

Eine weitere interessante Eigenschaft des Mittels ist, dass die Summe der quadrierten Abweichungen aller Werte vom Mittel ein *Minimum* ergibt. Mit anderen Worten, sucht man einen Wert, den wir mit $\tilde{x}$ bezeichnen wollen, für den die Summe

$$\sum_{i=1}^{n}(x_i-\tilde{x})^2$$

so klein wie möglich wird, so ist nicht offensichtlich, wie $\tilde{x}$ gewählt werden muss, um diese Summe zu minimieren. Es lässt sich zeigen, dass der Mittelwert diese Bedingung erfüllt. Zum Beweis siehe den Abschnitt zur *Methode der kleinsten Quadrate* auf S. 90.

BEISPIEL 2.2

Auch diese „Minimums"-Eigenschaft des Mittels soll mit den Werten des Beispiels 2.1 illustriert werden. Wir berechnen dazu die Quadratsumme $\sum(x_i-\bar{x})^2$. Man erhält

$$(3-7{,}2)^2+(5-7{,}2)^2+\cdots+(14-7{,}2)^2=70{,}8.$$

Ersetzt man 7,2 durch einen beliebigen anderen Wert, so wird die resultierende Quadratsumme auf keinen Fall kleiner als 70,8 (s. Aufgabe 2.9).

BEISPIEL 2.3

Als zweites numerisches Beispiel für die Berechnung des Mittelwertes bestimmen wir das Mittel für die Bearbeitungszeiten der Tab. 2.1. Die Berechnung von Hand ist zwar nicht weiter schwierig, aber aufgrund der großen Anzahl von Beobachtungen aufwändig. Man erhält

$$\begin{aligned}\bar{x} &= (131{,}8+\cdots+95{,}2)/90 = 9619{,}9/90\\ &= 106{,}89.\end{aligned}$$

Damit beträgt die durchschnittliche Bearbeitungszeit des Puzzles etwa 107 Sekunden.

2.1.2 Median

Der Median einer Stichprobe von Werten ist definiert als der Wert, der größer als 50% der Werte der Stichprobe ist. Der Median kennzeichnet auf einfache Weise die *Mitte* der Stichprobenwerte, da die Hälfte der Werte kleiner und die andere Hälfte der Werte größer ist als der Median.

EXKURS 2.1 Das Rechnen mit dem Summenzeichen

Ein in der Statistik häufig benötigtes Operationszeichen ist das Summenzeichen, das durch $\sum$ gekennzeichnet wird. Unter Verwendung des Summenzeichens schreiben wir z. B.:

$$\sum_{i=1}^{5} x_i = x_1 + x_2 + x_3 + x_4 + x_5.$$

Dabei bedeutet die linke Seite der Gleichung: „Summe aller x_i-Werte für $i = 1$ bis 5". Der Laufindex i kann durch beliebige andere Buchstaben ersetzt werden. Unterhalb des Summenzeichens wird die untere Grenze des Laufindex angegeben, oberhalb des Summenzeichens steht die obere Grenze. Die folgenden Beispiele verdeutlichen einige Operationen mit dem Summenzeichen:

$$\sum_{i=3}^{6} x_i = x_3 + x_4 + x_5 + x_6,$$

$$\sum_{i=2}^{4} x_i \cdot y_i = x_2 \cdot y_2 + x_3 \cdot y_3 + x_4 \cdot y_4,$$

$$\sum_{i=1}^{n} x_i^2 = x_1^2 + x_2^2 + \dots + x_n^2,$$

$$\sum_{i=1}^{n} (x_i + a) = (x_1 + a) + \dots + (x_n + a) = \sum_{i=1}^{n} x_i + n \cdot a,$$

$$\sum_{i=1}^{n} c \cdot x_i = c \cdot x_1 + \dots + c \cdot x_n = c \sum_{i=1}^{n} x_i,$$

Wenn aus dem Kontext die Grenzen der zu summierenden Werte klar hervorgehen, kann die ausführliche Schreibweise für eine Summation durch folgende einfachere Schreibweise ersetzt werden:

$$\sum_{i=1}^{n} x_i = \sum_{i} x_i.$$

Häufig sind Daten nicht nur nach einem, sondern nach mehreren Kriterien gruppiert, sodass eine eindeutige Kennzeichnung nur über mehrere Indizes möglich ist. Wenn beispielsweise p Variablen bei n Personen gemessen werden, kennzeichnen wir die 3. Messung der 2. Personen durch x_{23} oder allgemein die i-te Messung der m-ten Person durch x_{mi}. Will man die Summe aller Messwerte der 2. Person bestimmen, verwenden wir folgende Rechenvorschrift:

$$\sum_{i=1}^{p} x_{2i} = x_{21} + x_{22} + x_{23} + \dots + x_{2p}.$$

Die Summe aller Messwerte für die Variable 5 hingegen lautet:

$$\sum_{m=1}^{n} x_{m5} = x_{15} + x_{25} + x_{35} + \dots + x_{n5}.$$

Die Summe der Werte der m-ten Person ermitteln wir nach der Beziehung:

$$\sum_{i=1}^{p} x_{mi} = x_{m1} + x_{m2} + \dots + x_{mp}$$

bzw. die Summe aller Werte auf der i-ten Variablen:

$$\sum_{m=1}^{n} x_{mi} = x_{1i} + x_{2i} + \dots + x_{ni}.$$

Sollen die Messwerte über alle Personen und alle Variablen summiert werden, kennzeichnen wir dies durch ein doppeltes Summenzeichen:

$$\sum_{i=1}^{p} \sum_{m=1}^{n} x_{mi}.$$

Entsprechendes gilt für Messwerte, die mehr als zweifach indiziert sind.

Die Berechnung des Medians wird folgendermaßen bewerkstelligt: Zunächst werden die Rohwerte nach ihrer Größe sortiert. Die sortierten Rohwerte bezeichnet man auch als „Ordnungsstatistik" und schreibt sie als

$$x_{(1)}, x_{(2)}, \dots, x_{(n)}.$$

Mit $x_{(1)}$ ist also der kleinste Wert einer Stichprobe gemeint. Ganz analog bezeichnet $x_{(n)}$ den größten beobachteten Wert. Dagegen bezeichnet x_1 bzw. x_n die erste und die letzte Beobachtung, die in der Stichprobe gemacht wurde.

Mit Hilfe der Schreibweise für die sortierten Rohdaten kann man den Median, den wir mit Md abkürzen, folgendermaßen ausdrücken; dabei muss zwischen geradem und ungeradem Stichprobenumfang unterschieden werden. Es gilt:

$$\text{Md} = \begin{cases} x_{(\frac{n+1}{2})} & \text{falls } n \text{ ungerade,} \\ \left(x_{(\frac{n}{2})} + x_{(\frac{n}{2}+1)}\right)/2 & \text{falls } n \text{ gerade.} \end{cases}$$

BEISPIEL 2.4

Haben fünf Versuchspersonen die Messwerte 5, 2, 3, 7, und 8 erhalten, so müssen die Daten zunächst sortiert werden. Man erhält somit

$$2, 3, 5, 7, 8.$$

Man erkennt, dass die dritte Beobachtung die Rohwerte in zwei gleich große Hälften teilt. Damit lautet der Median Md = 5.

Natürlich kann auch die obige Formel angewendet werden, um den Median zu bestimmen. Da die Anzahl der Beobachtungen n ungerade ist, bestimmt man zunächst $(n + 1)/2 = 3$.

Somit ergibt sich Md = $x_{(3)}$. Der Median ist also die drittgrößte Beobachtung, die den Wert 5 besitzt.

Ist der Stichprobenumfang geradzahlig, so liegen zwei Werte in der Mitte der sortierten Messwerte. Wir gehen diesmal von den sechs Messwerten 2, 8, 6, 4, 12 und 10 aus. Wiederum werden diese Werte zunächst nach ihrer Größe sortiert. Man erhält

$$2, 4, 6, 8, 10, 12.$$

Die beiden mittleren Beobachtungen sind 6 und 8. Der Median wird nun als arithmetisches Mittel dieser beiden Beobachtungen bestimmt. Also Md = $(6 + 8)/2 = 7$.

Wiederum überzeugen wir uns, dass die Verwendung der Fomel für den Median zum gleichen Ergebnis führt. Da $n = 6$, erhält man

$$\text{Md} = (x_{(6/2)} + x_{(6/2+1)})/2 = (x_{(3)} + x_{(4)})/2 = 7.$$

Zunächst zwei Bemerkungen zur Definition des Medians für eine Stichprobe. Erstens macht das Beispiel deutlich, dass die Definition des Medians als der Wert, unter dem die Hälfte der Beobachtungen liegt, nur für gerades n sinnvoll ist. Trotzdem liegt es nahe, den Median für ungerades n so festzulegen, wie wir dies getan haben, da $x_{((n+1)/2)}$ die mittlere Beobachtung ist, welche die Messwerte in zwei gleich große Hälften teilt.

Zweitens zeigt das Beispiel, dass der Median nicht notwendigerweise eindeutig festgelegt ist, denn für das Beispiel mit geradem Stichprobenumfang erfüllt jede Zahl zwischen 6 und 8, also zwischen $x_{(3)}$ und $x_{(4)}$, die Bedingung, dass die Hälfte aller Beobachtungen kleiner ist. Insofern wären beispielsweise auch die Werte 6,1, 6,5, 7,3 usw. legitime Stichprobenmediane. Trotzdem ist es eine weit verbreitete Konvention, für gerade n den Median als Mittel der beiden mittleren Beobachtungen festzulegen.

Der Median wird im Gegensatz zum Mittelwert nicht oder zumindest nur wenig von Ausreißern beeinflusst. Man kann sich dies klar machen, wenn man im Beispiel 2.4 den größten Wert noch weiter erhöht (oder auch den kleinsten Wert noch weiter verringert). Weder für einen geraden noch für einen ungeraden Stichprobenumfang wird dadurch der Median verändert. Der Betrag der Erhöhung (Verminderung) spielt dabei keine Rolle.

Die „Robustheit" des Medians gegenüber Ausreißern bzw. Extremwerten ist ein nicht zu unterschätzender Vorteil des Medians gegenüber dem Mittelwert. Vermutet man untypische Beobachtungen in den Daten, sollte der Median als Kennwert der zentralen Tendenz verwendet werden.

Eine weitere Eigenschaft des Medians ist, dass die Summe der Abweichungsbeträge vom Median ein Minimum ergibt. Mit anderen Worten, gesucht ist ein Wert $\tilde{x}$, für den die Summe

$$\sum_{i=1}^{n} |x_i - \tilde{x}|$$

so klein wie möglich wird. Es lässt sich zeigen, dass das Ersetzen von $\tilde{x}$ durch den Median diese Summe minimiert.

Tabelle 2.2. Sortierte Bearbeitungszeiten in Sekunden

62,6	64,9	65,3	68,1	69,0	70,0	72,4	73,9	75,6
75,7	76,1	78,8	79,0	80,7	81,5	84,3	84,6	84,9
86,7	87,9	90,2	92,4	93,4	93,9	95,1	95,2	95,9
96,7	97,8	98,0	98,8	99,2	100,4	101,0	102,4	103,0
103,1	103,4	103,7	105,4	106,0	106,2	106,7	107,7	108,0
108,1	109,3	109,4	109,6	110,2	110,9	111,7	112,2	112,8
112,9	113,4	113,8	114,3	116,4	116,6	118,5	119,2	119,7
119,9	120,6	121,0	122,0	122,7	123,4	124,2	124,3	125,5
126,6	127,3	128,5	128,6	129,9	131,7	131,8	134,7	135,2
136,1	137,0	139,4	140,3	142,0	143,1	144,8	146,5	148,2

BEISPIEL 2.5

Für die 90 Bearbeitungszeiten der Tab. 2.1 soll ebenfalls der Median berechnet werden. Die Berechnung von Hand wäre allerdings aufwändig, da zunächst die Ordnungsstatistik – also die nach ihrer Größe sortierten Bearbeitungszeiten – bestimmt werden müsste. Um die Berechung des Medians zu erleichtern, sind die sortierten Bearbeitungszeiten in Tab. 2.2 enthalten. Da der Stichprobenumfang $n = 90$ gerade ist, müssen die beiden mittleren Bearbeitungszeiten ermittelt werden. Dies sind die 45. und 46. Beobachtung. Der Median ist also

$$\text{Md} = \frac{x_{(45)} + x_{(46)}}{2} = \frac{108{,}0 + 108{,}1}{2} = 108{,}05.$$

Der Mittelwert für diese Daten betrug 106,89. Wie man erkennt, ergibt sich für den Median der Bearbeitungszeiten ein sehr ähnlicher Wert. Für dieses Beispiel beträgt der Unterschied zwischen den beiden Kennwerten nur etwas mehr als eine Sekunde.

2.1.3 Modalwert

Der Modalwert einer Verteilung ist derjenige Messwert, der am häufigsten vorkommt. Den Modalwert zu bestimmen ist also sehr einfach und bedarf keiner Formel. Es muss nur für jeden beobachteten Rohwert ausgezählt werden, wie oft er in der Stichprobe vertreten ist. Der Wert mit der größten Häufigkeit ist der Modalwert.

Der Modalwert wird in den Sozialwissenschaften kaum verwendet, da sich schnell Probleme bei seiner Berechnung ergeben können. Beispielsweise sind die Bearbeitungszeiten in Tab. 2.1 so genau gemessen worden, dass jeder Wert nur einmal be-

EXKURS 2.2 Weitere Maße der zentralen Tendenz

Geometrisches Mittel. Werden subjektive Empfindungsstärken gemittelt, kann man aufgrund psychophysischer Gesetzmäßigkeiten zeigen, dass die durchschnittliche Empfindungsstärke verschiedener Reize nicht durch das arithmetische Mittel, sondern besser durch das geometrische Mittel (GM) abgebildet wird. Soll beispielsweise in einem psychophysischen Experiment eine Versuchsperson die durchschnittliche Helligkeit von drei verschiedenen Lampen mit den Helligkeiten 100 Lux, 400 Lux und 1000 Lux einstellen, erwarten wir, dass die eingestellte durchschnittliche Helligkeit nicht dem arithmetischen Mittel (= 500 Lux), sondern dem geometrischen Mittel entspricht. Das geometrische Mittel setzt voraus, dass alle Werte positiv sind. Es wird nach folgender Beziehung berechnet:

$$\text{GM} = \sqrt[n]{x_1 \cdot x_2 \cdot x_3 \cdots x_n}.$$

Das geometrische Mittel in unserem Zahlenbeispiel lautet: $\text{GM} = \sqrt[3]{100 \cdot 400 \cdot 1000} = 342$.
Ein wichtiges Anwendungsfeld für das geometrische Mittel sind durchschnittliche Wachstumsraten wie beispielsweise durchschnittliche Umsatzsteigerungen pro Jahr, durchschnittliche Veränderungen der Bevölkerungszahlen pro Jahr oder durchschnittliche Preissteigerungen pro Jahr, wobei die Wachstumsrate als prozentuale Veränderung gegenüber dem Vorjahr definiert ist (ausführlicher hierzu vgl. z. B. Sixtl, 1993, S. 61 ff.).

Harmonisches Mittel. Ein Autofahrer fährt staubedingt 50 km mit einer Geschwindigkeit von 20 km/h und danach 50 km mit 125 km/h. Wie lautet die Durchschnittsgeschwindigkeit für die Gesamtstrecke von 100 km?
Die vielleicht spontan einfallende Antwort (20 km/h + 125 km/h)/2 = 72,5 km/h ist falsch, denn die Durchschnittsgeschwindigkeit ergibt sich als Gesamtstrecke/Gesamtzeit. Für die 100 km benötigt der Fahrer 50/20 + 50/125 = 2,5 + 0,4 = 2,9 Stunden, sodass sich eine Durchschnittsgeschwindigkeit von 100 km/2,9 h = 34,48 km/h ergibt. Dieser Wert entspricht dem harmonischen Mittel der beiden Geschwindigkeiten. Die allgemeine Berechnungsvorschrift für das harmonische Mittel lautet:

$$\text{HM} = \frac{n}{\sum_{i=1}^{n} \frac{1}{x_i}}.$$

Berechnen wir das harmonische Mittel für das Beispiel, resultiert

$$\frac{2}{\frac{1}{20\ \text{km/h}} + \frac{1}{125\ \text{km/h}}} = 34{,}48\ \text{km/h}.$$

Das harmonische Mittel kommt zur Anwendung, wenn Indexzahlen (Kilometer pro Stunde, Preis pro Liter, Einwohner pro Quadratkilometer etc.) zu mitteln sind und die Zählervariable (Kilometer, Preis, Einwohnerzahl) konstant ist. Ist die Nennervariable (Fahrzeit, Litermenge, Flächengröße) konstant, ergibt sich der durchschnittliche Index über das arithmetische Mittel.

obachtet worden ist. In einem solchen Fall ist der Modalwert nicht definiert. Des Weiteren ist nicht ausgeschlossen, dass in einem Datensatz zwei verschiedene Werte die gleiche maximale Häufigkeit besitzen. Sind diese beiden Werte nicht unmittelbar nebeneinander, so liegt eine sog. *bimodale Verteilung* vor. Auch in diesem Fall ist unklar, wie der Modalwert bestimmt werden sollte. Darüber hinaus hat der Modalwert den Nachteil, dass er über vergleichbare Stichproben hinweg sehr variabel ist, d. h. sehr unterschiedliche Werte annehmen kann.

Trotzdem kann es gelegentlich von Interesse sein, den häufigsten Rohwert einer Stichprobe zu berichten. In diesem Fall kann dies einfach über die Verwendung des Begriffs „Modalwert" kommuniziert werden. Wir werden den Modalwert mit Mo abkürzen.

2.2 Maße der Variabilität

Ähneln sich die Werte zweier Stichproben hinsichtlich ihrer zentralen Tendenz, können sie dennoch hinsichtlich der Variabilität ihrer Werte stark voneinander abweichen. Während Maße der zentralen Tendenz angeben, welcher Wert die Mitte bzw. das Zentrum aller Werte am besten repräsentiert, informieren Maße der Variabilität über die *Unterschiedlichkeit* der Werte.

Für die empirische Forschung sind Maße der Variabilität denen der zentralen Tendenz ebenbürtig. Ein wichtiges allgemeines Forschungsanliegen ist die Beantwortung der Frage, wie die bezüglich eines Merkmals angetroffene Unterschiedlichkeit von Personen oder anderen Untersuchungseinheiten erklärt werden kann. Wir stellen z. B. fest, dass Schüler unterschiedlich leistungsfähig sind, dass Patienten auf eine bestimmte Behandlung unterschiedlich gut ansprechen, dass Wähler unterschiedliche Parteien präferieren etc. und suchen nach Gründen, die für die Verschiedenartigkeit verantwortlich sein könnten. Viele statistische Verfahren zur Überprüfung von Hypothesen tragen dazu bei, auf diese Frage eine Antwort zu finden.

Das Bemühen, Unterschiedlichkeit erklären zu wollen, setzt jedoch zunächst voraus, dass sich die in einer Untersuchung festgestellten Unterschiede angemessen beschreiben oder quantifizieren lassen. Hierfür wurden verschiedene *Variabilitätsmaße* entwickelt.

2.2.1 Varianz

Ein wichtiges Maß zur Kennzeichnung der Variabilität von Messwerten ist die Varianz, deren Berechnung ein metrisches Merkmal voraussetzt.

Definition 2.1

Die Varianz einer Stichprobe des Umfangs n ist definiert als die Summe der quadrierten Abweichungen aller Messwerte vom arithmetischen Mittel, dividiert durch $n - 1$. Wir bezeichnen die Stichprobenvarianz mit s^2.

Die Berechnungsformel der Varianz lautet

$$s^2 = \frac{\sum_{i=1}^{n}(x_i - \bar{x})^2}{n - 1}. \tag{2.2}$$

Folgende Überlegung führt zu dieser Definition der Varianz: Da die Unterschiedlichkeit der Messwerte zum Ausdruck gebracht werden soll, ist es nahe liegend, die Abweichungen der Beobachtungen vom Zentrum der Stichprobenwerte zu betrachten. Verwendet man den Mittelwert, um das Zentrum der Verteilung zu kennzeichnen, dann sind also die Abweichungen $(x_i - \bar{x})$ von Interesse. Um eine repräsentative Abweichung zu erhalten, mag man auf die Idee kommen, diese Abweichungen zu mitteln. Allerdings führt dies nicht zu einem geeigneten Variabilitätsmaß, da die Abweichungen sowohl positiv als auch negativ sind und sich somit wechselseitig eliminieren. Um die Abweichungen von ihrem Vorzeichen zu befreien, kann man sie quadrieren oder einfach deren Betrag verwenden. An dieser Stelle verfolgen wir den ersten Vorschlag und betrachten die *quadrierten Abweichungen*.

Da ein einzelner Kennwert zur Kennzeichnung der Variabilität aus den Stichprobenwerten errechnet werden soll, werden die quadrierten Abweichungen summiert, d. h. wir berechnen die Quadratsumme

$$\text{QS} = \sum_{i=1}^{n}(x_i - \bar{x})^2. \tag{2.3}$$

Die Quadratsumme ist immer positiv und steigt mit zunehmenden Abweichungen vom Mittel an. Dies sind Eigenschaften, die ein geeignetes Maß der Variabilität erfüllen sollte. Die Quadratsumme hat aber den Nachteil, dass sie auch vom Stichprobenumfang abhängt, weswegen sie am Stichprobenumfang relativiert werden sollte. Am naheliegendsten ist es, die Quadratsumme durch den Stichprobenumfang n zu dividieren. Aus Gründen, deren Erläuterung an dieser Stelle zu weit gehen würden, dividiert man statt dessen durch $n - 1$. Den Ausdruck $n-1$ werden wir später (Exkurs 8.1) als „Freiheitsgrade" der Varianz kennenlernen.

Wie man durch den Vergleich mit der Formel (2.2) erkennt, kann die Varianz auch als $s^2 = \text{QS}/(n - 1)$ geschrieben werden.

BEISPIEL 2.6

Zur Illustration wollen wir die Varianz für zwölf Noten x_i, $i = 1, \ldots, 12$ ermitteln. Wir fertigen dazu folgendes Rechenschema an, wobei die Spaltensummen in der letzten Zeile stehen.

x_i	$x_i - \bar{x}$	$(x_i - \bar{x})^2$
3,3	0,8	0,64
1,7	−0,8	0,64
2,0	−0,5	0,25
4,0	1,5	2,25
1,3	−1,2	1,44
2,0	−0,5	0,25
3,0	0,5	0,25
2,7	0,2	0,04
3,7	1,2	1,44
2,3	−0,2	0,04
1,7	−0,8	0,64
2,3	−0,2	0,04
30,0		7,92

Da die Summe der zwölf Noten 30,0 beträgt, ergibt sich für den Mittelwert $\bar{x} = 2{,}5$. Die erste Abweichung lautet somit $3{,}3 - 2{,}5 = 0{,}8$. Quadrieren wir diese Abweichung, resultiert der Wert 0,64. Wie man der letzten Zeile des Rechenschemas entnimmt, beträgt die Summe aller quadrierten Abweichungen 7,92. Damit ergibt sich für die Varianz der Wert

$$s^2 = \frac{\text{QS}}{n - 1} = \frac{7{,}92}{11} = 0{,}72.$$

Für die Berechnung der Quadratsumme ist folgende Formel oft hilfreich, da sie nicht die vorherige Berechnung des Mittels voraussetzt:

$$\text{QS} = \sum_{i=1}^{n} x_i^2 - \left(\sum_{i=1}^{n} x_i\right)^2 / n. \tag{2.4}$$

Wie wird die Varianz interpretiert? Die Interpretation wird dadurch erschwert, dass die Varianz durch das Quadrieren nicht mehr die *Einheiten* der Messwerte besitzt. Die Stichprobenvarianz von 0,72 aus Beispiel 2.6 lässt sich deshalb nicht auf die Notenskala beziehen. Ein Maß der Variabilität, welches sich direkt aus der Varianz ableitet, das aber keine Schwierigkeiten bei der Interpretation bereitet, ist die Standardabweichung.

2.2.2 Standardabweichung

Mit der Varianz haben wir ein Maß, dem durch die Quadrierung der individuellen Abweichungen das Quadrat der ursprünglichen Einheit der Messwerte zugrunde liegt. Da ein solches Maß nur schwer interpretierbar ist, wird die Quadrierung wieder rückgängig gemacht, indem man die Wurzel der Varianz berechnet. Der so ermittelte Wert wird als Standardabweichung s bezeichnet. Die Standardabweichung berechnen wir also als

$$s = \sqrt{s^2}. \tag{2.5}$$

Gelegentlich wird die Standardabweichung auch als *Streuung* bezeichnet. Allerdings wird der Begriff „Streuung" auch synonym mit „Variabilität" verwendet, sodass seine Verwendung missverständlich sein könnte.

BEISPIEL 2.7

Um auch die Berechnung der Standardabweichung numerisch zu zeigen, greifen wir das Beispiel 2.6 erneut auf. Dort hatten wir die Varianz von zwölf Notenwerten berechnet. Wir erhielten $s^2 = 0{,}72$. Die Standardabweichung der Notenwerte lautet somit

$$s = \sqrt{0{,}72} = 0{,}85.$$

Die Standardabweichung drückt die Variabilität der beobachteten Werte auf der Notenskala aus.

Da die Standardabweichung die gleiche Einheit wie die Messwerte besitzt, kann ihre Größe direkt mit den Messwerten in Beziehung gesetzt werden. Dabei kann die Standardabweichung – wie der Name schon suggeriert – als eine „repräsentative" Abweichung vom Zentrum der Verteilung interpretiert werden.

Für die Daten des Beispiels 2.6 errechneten wir $\bar{x} = 2{,}5$ und $s = 0{,}85$. Damit können wir sagen, dass die Abweichungen vom Notendurchschnitt etwa 0,85 betragen. Dies darf natürlich nicht so interpretiert werden, dass alle Abweichungen diesen Wert besitzen. Die Beträge der Abweichungen werden sowohl über als auch unter dem Wert 0,85 liegen. Insofern ist die Standardabweichung ein Maß, mit dem die Größe der Abweichungen gut repräsentiert wird. Genauere Aussagen sind allerdings ohne zusätzliche Annahmen nicht möglich. Wir werden aber auf die Interpretation der Standardabweichung später im Zusammenhang mit normalverteilten Merkmalen zurückkommen.

Die Standardabweichung sowie die Varianz sind die mit Abstand populärsten Maße der Variabilität. Obwohl die Varianz nicht einfach in Bezug zu den Messwerten zu interpretieren ist, ist sie doch für die Statistik von großer Bedeutung, da sie im Rahmen vieler Analyseverfahren in Anteile zerlegt wird, aus deren relativer Größe wichtige Schlussfolgerungen gezogen werden können. Trotz der großen Popularität von Varianz und Standardabweichung gibt es zahlreiche andere Maße der Variabilität, von denen einige kurz besprochen werden sollen.

2.2.3 AD-Streuung

Im Zusammenhang mit der Varianz bzw. der Standardabweichung hatten wir erläutert, dass Abweichungen vom Mittel zwar indikativ für die Variabilität der Daten sind, aber deren Summierung nicht zielführend ist, da die unterschiedlichen Vorzeichen der Abweichungen dazu führen, dass sie sich gegenseitig ausgleichen. Wir hatten deshalb die Vorzeichen durch Quadrieren der Abweichungen eliminiert. Das Vorzeichen lässt sich jedoch auch einfach dadurch eliminieren, dass man die Beträge der Abweichungen betrachtet. Mittelt man die Abweichungsbeträge, so erhält man die sog. AD-Streuung („average deviation"). Sie bringt den Durchschnitt der in Absolutbeträgen gemessenen Abweichungen aller Messwerte vom arithmetischen Mittel zum Ausdruck. Als Formel geschrieben:

$$\text{AD} = \frac{\sum_{i=1}^{n}(|x_i - \bar{x}|)}{n}. \tag{2.6}$$

BEISPIEL 2.8

Um die Berechnung der AD-Streuung zu illustrieren, greifen wir auf die Daten in Beispiel 2.6 zurück. Dort wurden die Examensnoten von zölf Prüflingen betrachtet und deren Abweichungen vom Mittelwert bereits berechnet. Wir geben die Daten hier noch einmal wieder.

x_i	$\lvert x_i - \bar{x}\rvert$
3,3	0,8
1,7	0,8
2,0	0,5
4,0	1,5
1,3	1,2
2,0	0,5
3,0	0,5
2,7	0,2
3,7	1,2
2,3	0,2
1,7	0,8
2,3	0,2
30,0	8,4

Die Summe der Abweichungsbeträge beträgt also 8,4. Damit ergibt sich

$$AD = \frac{8,4}{12} = 0,70.$$

Die durchschnittliche Abweichung vom Mittel beträgt somit 0,70 Notenpunkte.

2.2.4 Variationsbreite

Das einfachste Variabilitätsmaß ist die Variationsbreite, der entnommen werden kann, wie groß der *Bereich* ist, in dem sich die Messwerte befinden. Die Variationsbreite ermittelt man, indem man die Differenz aus dem größten und kleinsten Wert bildet, d. h.

$$x_{(n)} - x_{(1)}.$$

Die Variationsbreite wird häufig auch mit dem englischen Wort „Range" bezeichnet.

Für die Beispieldaten aus Tab. 2.1 lauten die kürzeste bzw. längste Bearbeitungszeit 62,6 s und 148,2 s. Somit ist die Variationsbreite

$$148,2\,\text{s} - 62,6\,\text{s} = 85,6\,\text{s}.$$

Die Variationsbreite als Maß der Variabilität ist sehr sensitiv gegenüber Ausreißern, da schon ein einzelner extremer Wert die Variationsbreite erheblich vergrößern kann.

2.2.5 Interquartilbereich

Die Variationsbreite ist kein sehr nützliches Maß zur Charakterisierung der Variabilität, da sie stark durch Ausreißer beeinflusst wird. Stabiler sind eingeschränkte *Streubereiche*, bei denen ein gewisser Prozentsatz der größten und kleinsten Beobachtungen nicht berücksichtigt wird. Beispielsweise könnte man den Bereich kennzeichnen, in dem sich die mittleren 50% einer Verteilung befinden. Dies lässt sich bewerkstelligen, indem eine Messwertreihe mit Hilfe des Medians in zwei gleich große Hälften geteilt wird, wobei in der einen Hälfte alle Werte kleiner als der Median enthalten sind und die andere Hälfte die Werte größer als der Median enthält.

Wenn wir nun den Median der Werte berechnen, welche unterhalb des Medians liegen, so dürfen wir erwarten, dass wir einen Wert erhalten, unter dem etwa 25% der Beobachtungen liegen. Den so ermittelten Wert nennt man *unteren Angelpunkt* Q_1. Ganz analog kennzeichnet der Median aller Messwerte über dem Median den Wert, über dem etwa 25% der Beobachtungen liegen. Diese ist der *obere Angelpunkt* Q_3. Der Median entspricht Q_2. Gelegentlich werden die Angelpunkte auch nach ihrem Erfinder als „Tukey-Angelpunkte" bezeichnet (Tukey, 1977). Die englische Bezeichnung für Angelpunkte ist „Hinge".

Ein Variabilitätsmaß, welches sich robust gegenüber Ausreißern verhält, ist der Abstand der Angelpunkte, welcher auch als „Interquartilbereich" bezeichnet wird. Der Interquartilbereich ist also

$$IQR = Q_3 - Q_1.$$

Der IQR drückt die Länge des Bereichs aus, über den die mittleren 50% einer Rohwerteverteilung streuen. Das Akronym IQR steht für die englische Bezeichnung „Inter-Quartile-Range".

Wie werden die Angelpunke nun konkret berechnet? Zunächst werden die Rohdaten nach ihrer Größe sortiert und der Median bestimmt. Um den unteren Angelpunkt zu bestimmen, wird ein neuer Datensatz gebildet, der die Hälfte der sortierten Daten umfasst. Und zwar sind dies die Werte: $x_{(1)}, x_{(2)}, \ldots, x_{(m)}$. Bei geradem Stichprobenumfang n ist $m = n/2$ und bei ungeradem n ist $m = (n + 1)/2$. Der untere Angelpunkt Q_1 ist der Median dieses Datensatzes.

Der obere Angelpunkt wird ganz analog berechnet d. h., es wird der Datensatz $x_{(m)}, x_{(m+1)}, \ldots, x_{(n)}$ gebildet. Der obere Angelpunkt Q_3 ist der Median dieses Datensatzes.

BEISPIEL 2.9

Für die Bearbeitungszeiten, die in Tab. 2.2 bereits sortiert vorliegen, lassen sich die Angelpunkte direkt aus der Tabelle ablesen. Da der Stichprobenumfang mit $n = 90$ gerade ist, muss man, um Q_1 zu erhalten, nur den Median der 45 kleinsten Beobachtungen bestimmen. Mit anderen Worten $Q_1 = x_{(23)}$. Ganz analog ergibt sich $Q_3 = x_{(68)}$. Liest man die Werte aus Tab. 2.2 ab, so erhält man $Q_1 = 93,4$ s und $Q_3 = 122,7$ s. Somit beträgt der Interquartilbereich

$$IQR = 122,7\,\text{s} - 93,4\,\text{s} = 29,3\,\text{s}.$$

Die mittleren 50% der Bearbeitungszeiten streuen also über einen Bereich von fast 30 s.

Eine weiterführende Diskussion der Angelpunkte sowie verwandter Kennwerte findet man bei Hoaglin (1983).

2.2.6 MAD

Da der Mittelwert nicht robust gegenüber Ausreißern ist, liegt es nahe, Abweichungen vom Median zu betrachten. Wiederum eliminieren wir das Vorzeichen der Abweichungen, indem wir die Beträge betrachten, also $|x_i - \text{Md}|$, für $i = 1, \ldots, n$. Der Median dieser Abweichungsbeträge wird MAD genannt. Das MAD-Maß ist also der Median der absoluten Abweichungen vom Median, wobei MAD die Abkürzung für „median absolut deviation from the median" ist.

Als Formel wird es folgendermaßen geschrieben:

$$\text{MAD} = \text{Md}(|x - \text{Md}|).$$

BEISPIEL 2.10

Auch die MAD-Streuung soll an einem Beispiel verdeutlicht werden. Dazu greifen wir erneut die Daten auf, welche bereits in den Beispielen 2.6 und 2.8 verwendet wurden. Die Notenwerte sind in folgender Übersicht enthalten.

x_i	$\|x_i - \text{Md}\|$
3,3	1,0
1,7	0,6
2,0	0,3
4,0	1,7
1,3	1,0
2,0	0,3
3,0	0,7
2,7	0,4
3,7	1,4
2,3	0,0
1,7	0,6
2,3	0,0

Der Median der zwölf Notenpunkte beträgt 2,3. Für die absolute Abweichung vom Median ergibt sich beispielsweise für den ersten Wert $|3{,}3 - 2{,}3| = 1{,}0$. Alle absoluten Abweichungen sind ebenfalls in der oben dargestellten Tabelle enthalten. Berechnet man den Median, indem man die absoluten Abweichungen zuerst sortiert und dann aufgrund des geraden Stichprobenumfangs das Mittel der beiden mittleren Abweichungen berechnet, so erhält man MAD = 0,6. Dieser Wert ist der AD-Streuung, für die wir 0,7 berechneten, sehr ähnlich.

Weitere Informationen zum MAD-Maß findet man bei Maronna et al. (2006).

2.3 Stichprobenperzentile

Perzentile sind Kennwerte, die in vielen Kontexten der Statistik eine Rolle spielen. Ein Perzentil bringt die *relative Position* eines Messwertes innerhalb der Stichprobe zum Ausdruck. Wie die folgende Definition erläutert, bezieht sich ein Perzentil immer auf einen vorgegebenen Prozentsatz.

Definition 2.2

Stichprobenperzentil. Das Perzentil einer Stichprobe x_p ist der Messwert, unter dem p-Prozent der Werte in der Stichprobe liegen.

Beispielsweise bezeichnet $x_{30\%}$ den Wert, unterhalb dem 30% der Stichprobe liegen, und $x_{50\%}$ bezeichnet den Wert, unterhalb dem 50% der Stichproben liegen. Insofern entspricht $x_{50\%}$ dem Median.

Perzentile können verwendet werden, um Bereiche zu kennzeichnen, in denen ein bestimmter Prozentsatz der Stichprobe liegt. Oftmals wird dabei die Stichprobe in gleich große Anteile zerlegt.

Beispielsweise sind die drei Perzentile $x_{25\%}$, $x_{50\%}$ und $x_{75\%}$ diejenigen Werte, welche die Stichprobe in vier gleich große Anteile zerlegen. Man spricht deshalb auch von „Quartilen" bzw. dem ersten, zweiten und dritten Quartil. (Den oben besprochenen unteren bzw. oberen Angelpunkt bezeichnet man auch als erstes bzw. drittes „Pseudo-Quartil".) Ganz analog werden die neun Perzentile $x_{10\%}, x_{20\%}, \ldots, x_{90\%}$ auch *Dezile* genannt. Viele Autoren verwenden anstelle des Begriffs „Perzentil" den Begriff „Quantil".

Die praktische Berechnung von Perzentilen wird dadurch erschwert, dass es nicht nur eine einzige Berechnungsvorschrift gibt. Dies liegt daran, dass es einer Konvention bedarf, um Perzentile für eine beliebige Prozentangabe bestimmen zu können, es aber keine allgemein anerkannte „beste" Konvention dafür gibt.

Dass die Bestimmung von Perzentilen für Stichprobendaten oft nicht eindeutig möglich ist, hatten wir schon im Zusammenhang mit dem Median gesehen, der für eine gerade Anzahl von Beobachtungen als arithmetisches Mittel der beiden Werte $x_{(n/2)}$ und $x_{(n/2+1)}$ definiert wurde. Natürlich liegt diese Definition nahe, trotzdem könnte aber jeder Wert im Intervall zwischen $x_{(n/2)}$ und $x_{(n/2+1)}$ genauso gut als Median verwendet werden. Der Median ist also für gerades n nicht eindeutig bestimmt und wird erst durch die Festlegung einer Berechnungsvorschrift eindeutig bestimmbar.

Als zweites Beispiel stelle man sich eine Stichprobe vor, welche zehn Werte umfasst, wobei wir zur Vereinfachung annehmen, dass jeder Wert nur einmal aufgetreten ist. Fragen wir beispielsweise nach $x_{10\%}$, so könnte man einen beliebigen Wert wählen, der zwischen den beiden kleinsten be-

2

obachteten Werten liegt, also zwischen $x_{(1)}$ und $x_{(2)}$. Dieser Wert hätte die Eigenschaft, dass genau 10% der Werte kleiner und 90% der Werte größer als dieser Wert wären. Aber wie lassen sich $x_{11\%}, x_{12\%}, \ldots$ sinnvoll festlegen? Hierzu bedarf es wiederum einer Konvention.

Eine nahe liegende Vorgehensweise, um Perzentile für beliebige Prozentanteile bestimmen zu können, ist die „lineare Interpolation". Wir illustrieren den Grundgedanken mit einem Beispiel.

BEISPIEL 2.11

Nehmen wir an, es liegt eine Stichprobe von neun Testwerten vor, die mit Hilfe eines Fragebogens, der 20 „Ja-Nein" Fragen enthält, ermittelt wurden. Jede Ja-Antwort wird dabei als ein Punkt gewertet. Die folgenden neun Werte wurden beobachtet, wobei die Testwerte bereits nach ihrer Größe sortiert wurden:

$$2, 3, 5, 9, 10, 12, 14, 15, 19.$$

Wir betrachten nun die Abb. 2.1, in der die nach Größe sortierten Messwerte gegen die Stützstellen $p_k = k/(n+1)$ abgetragen sind. Da unsere Stichprobe neun Werte umfasst, sind die neun Stützstellen die Werte 0,1, 0,2, …0,9. Die so festgelegten Punkte der Abbildung werden nun durch Geradensegmente (lineare Interpolation) miteinander verbunden. Mit Hilfe dieser Abbildung kann man für einen beliebigen auf der Abszisse wählbaren Anteil das entsprechende Perzentil ablesen. Beispielsweise lassen sich die drei Quartile anhand der Abbildung bestimmen. Man erhält: $x_{25\%} = 4$, $x_{50\%} = 10$ und $x_{75\%} = 14{,}5$.

$x_{25\%}$ und $x_{75\%}$ sind nicht notwendigerweise mit den oben dargestellten Angelpunkten Q_1 und Q_3 identisch. Trotzdem gilt ganz allgemein: $x_{25\%} \approx Q_1$ und $x_{75\%} \approx Q_3$. Berechnet man die Angelpunkte, so erhält man $Q_1 = 5$ und $Q_3 = 14$.

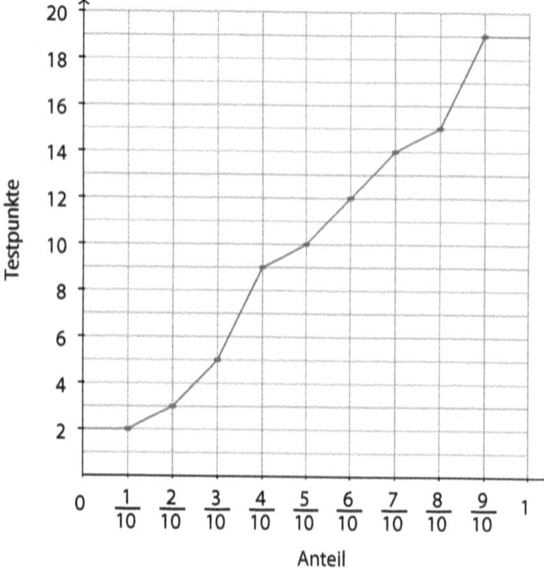

Abbildung 2.1. Lineare Interpolation zwischen den sortierten Testpunkten

Die unterschiedlichen Konventionen, Perzentile linear zu interpolieren, unterscheiden sich hauptsächlich in der Wahl der Stützstellen p_k, die zur Interpolation benötigt werden. Detaillierte Information zur Wahl der Stützstellen p_k findet man bei Hyndman und Fan (1996).

SOFTWAREHINWEIS 2.1

Die Berechnung der Perzentile mit Hilfe von linearer Interpolation ist relativ mühsam, sodass ein Statistikprogramm dafür verwendet werden sollte. In diesem Zusammenhang ist von Interesse, welche Wahl der Stützstellen p_k durch das Programm getroffen wird bzw. welche Möglichkeiten der Auswahl zur Verfügung stehen.

Die im obigen Beispiel gewählten Stützstellen $p_k = k/(n+1)$ entsprechen der Default-Einstellung (HAVERAGE) der SPSS-Prozedur „EXAMINE". In der R-Funktion „quantile()" kann die Wahl der Stützstellen über den „type"-Parameter beeinflusst werden. Man erhält das obige Ergebnis für „type=6".

BEISPIEL 2.12

Berechnet man mit SPSS für die Daten aus Tab. 2.1 die Perzentile $x_{5\%}, x_{10\%}, \ldots$ so erhält man die folgenden Ergebnisse:

Prozent	Perzentil
5	68,595
10	75,610
25	93,150
50	108,050
75	122,875
90	136,010
95	142,495

Wir wollen eines der Perzentile zur Illustration mit Hilfe linearer Interpolation nachrechnen. Wir greifen willkürlich $x_{5\%}$ heraus.

Für einen Stichprobenumfang von $n = 90$ gibt es keinen Messwert, unter dem genau 5% der Beobachtungen liegen. Wiederum gehen wir von den Stützstellen $p_k = k/(n+1)$ aus, wobei $k = 1, \ldots, 90$, da die genannten Werte mit Hilfe der Default-Einstellung von SPSS produziert wurden. Berechnet man die Stützstellen für $k = 1, 2, 3, 4, 5$, so erkennt man, dass 5% zwischen $p_4 = 4/91 = 0{,}044$ und $p_5 = 5/91 = 0{,}055$ liegt.

Aus den sortierten Bearbeitungszeiten ergibt sich, dass die viert- und fünftschnellste Bearbeitungszeit 68,1 s und 69,0 s betragen. Die Steigung der Geraden, anhand der linear interpoliert wird, beträgt somit

$$b = \frac{x_{(5)} - x_{(4)}}{p_5 - p_4} = \frac{69{,}0 - 68{,}1}{(5/91) - (4/91)} = 81{,}9.$$

Nun erhält man das gesuchte 5%-Perzentil, indem man folgenden Ausdruck berechnet:

$$\begin{aligned} x_{5\%} &= b \cdot (0{,}05 - p_4) + x_{(4)} \\ &= 81{,}9 \cdot (0{,}05 - 4/91) + 68{,}1 = 68{,}595. \end{aligned}$$

Das Ergebnis entspricht genau dem am Anfang des Beispiels genannten Wert.

2.4 Transformierte Messwerte

2.4.1 Kennwerte transformierter Messwerte

Häufig werden aus den beobachteten Messwerten neue Werte berechnet. Wir fragen deshalb, in welcher Beziehung die Kennwerte der transformierten Werte, welche wir mit y bezeichnen, zu den Kennwerten der ursprünglichen x-Werte stehen. Zu fordern ist, dass sich die Kennwerte der y-Werte auf sinnvolle Weise aus den Kennwerten der x-Werte ergeben. Dies ist z. B. für den Mittelwert der Fall.

Wenn zu jedem x-Rohwert die gleiche Konstante a addiert wird, so erwarten wir, dass sich auch der Mittelwert um diese Konstante ändert. Dies ist in der Tat der Fall. Mit anderen Worten, das Mittel der Werte

$$x_1 + a, \ldots, x_n + a$$

beträgt $\bar{x}+a$. Des Weiteren ist zu fordern, dass sich durch die Multiplikation der Messwerte mit einer Konstanten b der Mittelwert der transformierten Messwerte um den gleichen Faktor verändert. Mit anderen Worten, das Mittel von

$$b \cdot x_1, \ldots, b \cdot x_n$$

beträgt $b \cdot \bar{x}$.

Beide Ergebnisse kann man in folgender Formel zusammenfassen: Transformiert man x-Werte linear mit Hilfe der Gleichung $y_i = a+b \cdot x_i$, so lässt sich das Mittel der transformierten Werte mit Hilfe der Beziehung

$$\bar{y} = a + b \cdot \bar{x} \tag{2.7}$$

bestimmen.

Nun wollen wir fragen, wie sich die Varianz durch eine additive Konstante verändert. Wird zu jedem x-Wert eine Konstante a addiert, so erhöht dies die Variabilität der Messwerte nicht. Mit anderen Worten, die Varianz der transformierten Werte ist identisch mit der Varianz der x-Werte.

Werden die x-Werte dagegen alle mit der Konstanten b multipliziert, so verändert dies die Variabilität der Daten, sobald $b \neq 1$. Und zwar besitzt die Varianz der Werte

$$b \cdot x_1, \ldots, b \cdot x_n$$

den Wert $b^2 \cdot s_x^2$.

Wiederum kann man beide Ergebnisse in einer Formel zusammenfassen: Transformiert man x-Werte linear mit Hilfe der Gleichung $y_i = a+b \cdot x_i$, so lässt sich die Varianz der transformierten Werte mit Hilfe der Beziehung

$$s_y^2 = b^2 \cdot s_x^2 \tag{2.8}$$

bestimmen. Für die Standardabweichung der y-Werte ergibt sich die Beziehung

$$s_y = |b| \cdot s_x. \tag{2.9}$$

2.4.2 z-Transformation

Gelegentlich steht man vor der Aufgabe, den Testwert einer Person mit den Testwerten anderer Personen in Beziehung zu setzen, um zu beurteilen, ob es sich bei diesem Wert um einen „hohen" bzw. „niedrigen" Wert handelt. Im Alltag verwenden wir oft den Mittelwert als Referenzpunkt und bezeichnen einen Wert als über- oder unterdurchschnittlich. Um zu genaueren Aussagen zu gelangen, könnte man die Dezile bestimmen und dann feststellen, zwischen welchen Dezilen sich der Testwert der Person befindet. Allerdings wird häufig ein anderes Vorgehen gewählt, das den Mittelwert sowie die Standardabweichung der Stichprobe verwendet, um den Testwert zu transformieren. Es handelt sich dabei um die z-Transformation.

Zunächst betrachten wir wieder die Abweichung vom Mittel, wobei diesmal das Vorzeichen der Abweichung von Bedeutung ist, da es erkennen lässt, ob der Wert über- bzw. unterdurchschnittlich ist. Beispielsweise möge die Körpergröße einer männlichen Person 190 cm betragen. Wenn die durchschnittliche Größe der männlichen Personen in der Stichprobe 175 cm beträgt, so entspricht die Abweichung vom Mittel +15 cm. Da wir mit den Einheiten des Längenmaßes vertraut sind, ist diese Aussage bereits informativ. Allerdings dürfte es nicht leicht fallen, zu beurteilen, ob diese Abweichung „gewöhnlich" ist. Dies wäre dann der Fall, wenn viele Personen um 15 cm oder mehr vom Mittel abweichen würden. Es wäre auch möglich, dass eine Abweichung von 15 cm im Vergleich zu den anderen Stichprobenwerten bereits so groß ist, dass wir sie als Ausreißer betrachten sollten. Da wir durch die Maße der Variabilität repräsentative Abweichungen leicht bestimmen können, liegt es nahe, die Abweichung vom Mittel an einem Maß für die Variabilität der Werte zu *relativieren*.

Die sog. *z-Werte* erhält man, indem man die Abweichung vom Mittel an der Standardabweichung relativiert. Man berechnet also

$$z = \frac{x - \bar{x}}{s}. \tag{2.10}$$

Definition 2.3

z-**Transformation.** Das Umrechnen des Rohwertes x in den z-Wert mit Hilfe von Gl. (2.10) wird auch „z-Transformation" genannt. Somit gibt der z-Wert an, um wie viele Standardabweichungen ein Rohwert unter bzw. über dem Mittelwert liegt.

Haben wir in der Stichprobe männlicher Personen, deren Körpergrößen ermittelt wurden, eine Standardabweichung von 15 errechnet, so können wir den z-Wert einer Person mit einer Größe von 190 cm berechnen. Wir erhalten

$$z = \frac{190\,\text{cm} - 175\,\text{cm}}{15\,\text{cm}} = 1.$$

Der z-Wert dieser Person beträgt also 1,0. Dies bedeutet, dass ihr Rohwert den Mittelwert um die Länge einer Standardabweichung übersteigt. Da es sich bei der Standardabweichung – wie der Name schon sagt – um eine repräsentative Abweichung handelt, ist eine Größe von 190 cm sicherlich noch kein extrem großer Wert im Vergleich zu den anderen Körpergrößen, die sich in der Stichprobe befinden. Ein z-Wert von 0,0 entspricht einer durchschnittlichen Ausprägung des Rohwertes. Ein negativer z-Wert zeigt einen unterdurchschnittlichen Rohwert an.

Wie man an dem Beispiel gut erkennen kann, besitzen z-Werte nicht mehr die Einheiten der Rohwerte. Sie sind also *dimensionslose* Zahlen.

In Aufgabe 2.7 überlegen wir uns, weshalb für z-Werte folgende Aussage gilt:

z-transformierte Werte haben einen Mittelwert von 0 und eine Standardabweichung von 1.

BEISPIEL 2.13

Im Beispiel 2.6 hatten wir zwölf Notenwerte betrachtet, für die wir bereits Mittel und Standardabweichung bestimmt haben. Wir ermittelten $\bar{x} = 2{,}5$ und $s = 0{,}85$. Mit Hilfe dieser Werte bestimmen wir nun den z-Wert der ersten Person, für die eine Note von 3,3 berichtet wurde. Wir erhalten

$$z = \frac{3{,}3 - 2{,}5}{0{,}85} = 0{,}94.$$

Da der z-Wert dieser Person 0,94 beträgt, ist die Note um fast eine Standardabweichung höher als der Durchschnitt.

Folgende Anwendungen für z-Werte sind weit verbreitet:

1. Es sollen die Werte zweier Personen verglichen werden, die zu unterschiedlichen Stichproben bzw. Gruppen gehören. Beispielsweise möchte man die Examensnoten zweier Personen vergleichen, die zu unterschiedlichen Jahrgängen gehören. Selbst wenn beide Personen die gleiche Note erhielten, ist nicht auszuschließen, dass die Examensbedingungen beim älteren Jahrgang einfacher (oder schwerer) waren, sodass die beiden Leistungen nicht ohne Weiteres gleichgesetzt werden können. Mit Hilfe der z-Transformation lassen sich die Werte aber vergleichbar machen.

2. Die Grade der relativen Merkmalsausprägung zweier Merkmale einer Person sollen miteinander verglichen werden. So könnte man für jede Person nicht nur die Körpergröße, sondern auch deren Gewicht in Kilogramm ermitteln. Da beide Variablen unterschiedliche Einheiten besitzen, lassen sie sich nicht direkt vergleichen. Durch die z-Transformation wird die relative Position einer Person aber dimensionslos zum Ausdruck gebracht, sodass der Vergleich durch z-Werte sinnvoll ist. Hätte eine Person z. B. sowohl für das Merkmal Körpergröße als auch für das Merkmal Gewicht einen z-Wert von 1,0, so könnten wir uns zumindest ein ungefähres Bild von der Person machen, denn sie wäre in vergleichbarem Ausmaß überdurchschnittlich groß und schwer. Es handelte sich also um eine große Person, bei der das Verhältnis von Größe zu Gewicht aber „normal" sein dürfte. Wie sähe eine Person aus, deren Körpergröße einem z-Wert von 1,0 entspricht, aber deren Körpergewicht einem z-Wert von −1,0 entspräche? Diese Person wäre überdurschnittlich groß, hätte aber ein unterdurchschnittliches Gewicht. Es müsste sich also um eine große, schlanke Person handeln.

ÜBUNGSAUFGABEN

Summenzeichen

Aufgabe 2.1 Gegeben sind die fünf Werte $x_1 = 1$, $x_2 = 4$, $x_3 = 5$, $x_4 = 8$, $x_5 = 10$. Berechnen Sie folgende Summen: a) $\sum_{i=1}^{5} x_i$, b) $\sum_{i=1}^{5} x_i^2$, c) $(\sum_{i=1}^{5} x_i)^2$, d) $\sum_{i=2}^{5} x_i$, e) $\sum_{i=1}^{5} x_i + 5$, f) $\sum_{i=1}^{5}(x_i+5)$, g) $\sum_{i=1}^{5}(2x_i)$, h) $\sum_{i=2}^{4}(x_i+i^2)$ und i) $\sum_{i=1}^{5}(x_3+i^2)$.

Aufgabe 2.2 Formen Sie folgende Ausdrücke um: a) $\sum_{i=1}^{n}(x_i + a)$, b) $\sum_{i=1}^{n} bx_i$ und c) $1/n \sum_{i=1}^{n}(a + bx_i)$.

Statistische Kennwerte

Aufgabe 2.3 Bei einer Erhebung der Intelligenz von 20 Studenten fallen folgende Werte an:

109	92	93	94	96
96	97	98	100	101
101	102	103	103	103
104	105	105	107	91

Berechnen Sie:
a) Mittelwert, Median und Modalwert
b) QS, Varianz und Standardabweichung
c) AD-Streuung
d) MAD-Streuung
e) beide Tukey-Angelpunkte sowie den IQR

Transformationen

Aufgabe 2.4 Fünf Personen bearbeiten einen psychologischen Test. Es treten folgende Messwerte auf:

$$x_1 = 80, x_2 = 70, x_3 = 60, x_4 = 50 \text{ und } x_5 = 40.$$

a) Berechnen Sie Mittelwert und Standardabweichung.
b) Standardisieren Sie die Testwerte mit Hilfe der z-Transformation.
c) Berechnen Sie Mittelwert und Standardabweichung der z-Werte.

Aufgabe 2.5 Eine Reihe von Messwerten besitzt einen Mittelwert von 10 und eine Standardabweichung von 3. Die Messwerte werden anhand der Gleichung $y = 4 \cdot x + 25$ transformiert. Berechnen Sie a) $\bar{y}$, b) s_y^2 und c) s_y.

Aufgabe 2.6 Zeigen Sie, dass der Mittelwert einer Stichprobe von x-Werten mit dem Mittelwert der durch die Transformation $y = b \cdot x + a$ gewonnenen y-Werte in der Beziehung $\bar{y} = b \cdot \bar{x} + a$ steht.

Aufgabe 2.7 Zeigen Sie, dass für z-transformierte Werte gilt: $\bar{z} = 0$ und $s_z = 1{,}0$, wobei s_z die Standardabweichung der z-Werte bezeichnet.

Verschiedenes

Aufgabe 2.8 Eine Möglichkeit die Quadratsumme von n Werten zu berechnen, ist durch folgende Formel gegeben:

$$QS = \frac{1}{n} \sum_{i<j} (x_i - x_j)^2.$$

Die Summation erfolgt über alle möglichen Wertepaare, wobei jedes Paar nur einmal berücksichtigt wird. Berechnen Sie zunächst die Quadratsumme der fünf Werte $1, 2, 3, 4, 5$ mit Hilfe der Formel (2.3). Überprüfen Sie dann das Ergebnis mit der oben angegebenen Formel.

Aufgabe 2.9 Um die kleinste-Quadrate Eigenschaft des Mittels zu illustrieren, berechne man für die in Beispiel 2.1 enthaltenen Fehlerzahlen $(3, 5, 6, 8$ und $14)$ die Quadratsumme

$$\sum_i (x_i - \tilde{x})^2,$$

wobei für $\tilde{x}$ die Werte a) 7,1, b) 7,2, c) 7,3, d) 7,4 und e) 7,5 einzusetzen sind.

Kapitel 3 Grafische Darstellungen von Merkmalsverteilungen

ÜBERSICHT

Häufigkeitstabellen – Kategorienanzahl – Intervallbreite – Polygon und Histogramm – Stängel-Blatt-Diagramm – Boxplot – Balken- und Kreisdiagramm

Ausgehend von den Bearbeitungszeiten in Tab. 2.1 fragen wir, wie man deren Verteilung sinnvoll darstellen kann, sodass gewisse Aspekte, welche in den Messwerten enthalten sind, möglichst einfach herausgestellt werden können. Durch die Berechnung von Kennwerten können wir bereits wichtige Aspekte der Daten ausdrücken. In diesem Kapitel wollen wir aber die Daten bzw. deren *Verteilung* analysieren, wobei in erster Linie grafische Darstellungen zum Einsatz kommen sollen.

Zunächst wenden wir uns der Frage zu, wie eine Häufigkeitsverteilung aufgrund einer Stichprobe von Werten erstellt werden kann. Die Häufigkeitsverteilung kann in Form einer Häufigkeitstabelle dargestellt werden, welche für jeden möglichen Rohwert angibt, wie häufig der Wert in der Stichprobe vorkommt.

Können die Rohwerte viele unterschiedliche Werte annehmen, dann ist eine Häufigkeitstabelle zumeist nicht sehr nützlich, da die Häufigkeiten sehr klein sind. Die Bearbeitungszeiten der Tab. 2.1 wurden z. B. mit einer Genauigkeit von 0,1 s erfasst, was zur Folge hat, dass keine identischen Bearbeitungszeiten vorkommen. In der resultierenden Häufigkeitstabelle besitzt also jeder einzelne Rohwert eine Häufigkeit von 1,0, alle nicht beobachteten Bearbeitungszeiten besitzen die Häufigkeit 0. Eine solche Häufigkeitstabelle ist nicht sehr informativ, um wichtige Eigenschaften der Daten zu verdeutlichen.

Um zu einer aussagekräftigeren Häufigkeitsverteilung zu kommen, ist es notwendig, Kategorien zu bilden, deren Häufigkeiten die Verteilung des Merkmals sinnvoll repräsentieren. Nach Festlegung der Kategorien werden die individuellen Messwerte den Kategorien zugeordnet, um deren Häufigkeiten zu ermitteln. Es stellt sich deshalb zunächst die Frage, wie man die *Kategorisierung* der Messwerte vornehmen sollte.

3.1 Kategorisierung von Messwerten

Um die Verteilungseigenschaften der Bearbeitungszeiten veranschaulichen zu können, werden die individuellen Messwerte in *Kategorien* bzw. *Intervalle* (wir verwenden die beiden Bezeichnungen synonym) zusammengefasst. Dies ist aufgrund des Fehlens identischer Messwerte dringend erforderlich, denn selbst wenn die Rohdaten wie in Tab. 2.2 bereits sortiert vorliegen, so ist es dennoch sehr schwer, aufgrund der Rohdaten einen intuitiven Eindruck von der Verteilung zu erhalten, also die Frage zu beantworten, wo das Zentrum der Verteilung liegt, in welchem Bereich die meisten Werte liegen, usw.

Hiermit verbindet sich die Frage, wie viele Kategorien aufgemacht werden sollen und wie die Kategoriengrenzen festzulegen sind. Wählen wir die Kategorien zu breit, werden Unterschiede verdeckt, während umgekehrt zu enge Kategorien zu Verteilungsformen führen, bei denen zufällige Irregularitäten den Verteilungstyp häufig nur schwer erkennen lassen. Um die Verteilung der Rohwerte auf einfache Art erschließen zu können, ist also ein „Kompromiss“ erforderlich, der zum Einen durch die Kategorisierung die vorliegende Information der Rohdaten reduziert, aber zugleich genügend Information beibehält, um die wesentlichen Eigenschaften der Verteilung korrekt widerzuspiegeln.

Es gibt einige Faustregeln, die bei der Festlegung der *Kategorienzahl* beachtet werden sollen:

- Alle Kategorien sollten im Normalfall die gleiche *Breite* aufweisen.
- Mit wachsender *Größe* der untersuchten Stichprobe können engere Kategorienbreiten gewählt werden.

- Je größer die *Variationsbreite* der Messwerte (d. h. die Differenz zwischen dem größten und kleinsten Wert), desto breiter können die Kategorien sein.
- Die maximale Anzahl der Kategorien sollte aus Gründen der Übersichtlichkeit 20 nicht überschreiten.
- Nach einer Faustregel von Sturges (1926) soll die Anzahl der Kategorien m für eine Stichprobe der Größe n nach der Beziehung $m \approx 1 + 3{,}32 \cdot \lg(n)$ festgelegt werden, wobei lg den dekadischen Logarithmus bezeichnet. Weitere Empfehlungen für die Festlegung der Klassenzahl findet man bei Rinne (2003, S. 13).

Ausgehend von diesen Faustregeln könnten die 90 erhobenen Messwerte in ca. acht Kategorien zusammengefasst werden. Die endgültige Anzahl der Kategorien erhalten wir durch die Bestimmung der *Kategorienbreite*, die sich ergibt, wenn wir die Variationsbreite der Messwerte durch die vorläufig in Aussicht genommene Kategorienzahl dividieren. Da in unserem Beispiel die Variationsbreite 148,2 s (größter Wert) − 62,6 s (kleinster Wert) = 85,6 s beträgt, ermitteln wir eine Kategorienbreite von 85,6/8 = 10,7. Diese Kategorienbreite ist jedoch wegen der Dezimalstelle wenig praktikabel; anschaulicher und leichter zu handhaben sind ganzzahlige Kategorienbreiten, was uns dazu veranlasst, die Kategorienbreite auf 10 s festzulegen. Dies hat zur Konsequenz, dass die ursprünglich vorgeschlagene Kategorienzahl von acht auf neun erhöht wird.

SOFTWAREHINWEIS 3.1

Praktisch alle Statistikprogramme erlauben es, Rohdaten in Form von Häufigkeitsverteilungen zu tabellieren. Dabei wählen die Programme Kategorien entsprechend eines implementierten Algorithmus, der möglicherweise nicht zu einer optimalen Darstellung führt. Deswegen sollte immer überlegt werden, ob eine vom Computer erzeugte Tabelle den obigen Faustregeln genügt. Falls dies nicht der Fall ist, sollte man selbst die zu verwendenden Kategoriengrenzen festlegen.

Nach dieser Vorarbeit können wir die in Tab. 3.1 enthaltenen Häufigkeit f jeder Kategorie ermitteln. Um zu kontrollieren, ob alle Messwerte berücksichtigt wurden, empfiehlt es sich, die Häufigkeiten aufzuaddieren, wobei die resultierende Summe dem Stichprobenumfang entsprechen muss. Die sukzessiv summierten Kategorienhäufigkeiten werden als *kumulierte Häufigkeitsverteilung* bezeichnet; in der Tabelle stehen die kumulierten Häufigkeiten unter fkum.

Tabelle 3.1. Häufigkeits- und Prozentwertverteilung

Kategorie	f	f_{kum}	%	$\%_{kum}$
60,0 – 69,9	5	5	5,6	5,6
70,0 – 79,9	8	13	8,9	14,4
80,0 – 89,9	7	20	7,8	22,2
90,0 – 99,9	12	32	13,3	35,6
100,0 – 109,9	17	49	18,9	54,4
110,0 – 119,9	15	64	16,7	71,1
120,0 – 129,9	13	77	14,4	85,6
130,0 – 139,0	7	84	7,8	93,4
140,0 – 149,9	6	90	6,7	100,0

Den *Prozentwert* einer Kategorie ermittelt man, indem man die Kategorienhäufigkeit durch den Stichprobenumfang dividiert. Soll beispielsweise der Prozentwert für die dritte Kategorie (80,0 – 89,9) errechnet werden, erhalten wir $7/90 \cdot 100\% = 7{,}8\%$. Liegen keine Rechenfehler vor, muss die kumulierte *Prozentwertverteilung* in der letzten Kategorie den Wert 100% erhalten.

Bei einer Häufigkeitsverteilung, die nur in Prozentwerten ausgedrückt wird, ist darauf zu achten, dass der Stichprobenumfang n mitgeteilt wird. Nur so ist zu gewährleisten, dass für weitere Auswertungen die absoluten Häufigkeiten rückgerechnet werden können.

Gegen die Kategorienwahl in Tab. 3.1 könnte man einwenden, dass die Kategorien nicht die geplante Breite von Kb = 10, sondern von Kb = 9,9 aufweisen. Dies ist jedoch nur scheinbar der Fall, denn das untersuchte Material „Bearbeitungszeit" ist stetig verteilt, sodass die Kategoriengrenzen genau genommen durch die Werte 60–69,999... zu kennzeichnen gewesen wären. Da unsere Messungen jedoch nur eine Genauigkeit von einer Nachkommastelle aufweisen, können alle Messwerte den Kategorien der Tab. 3.1 eindeutig zugeordnet werden. Wir unterscheiden zwischen *scheinbaren* Kategoriengrenzen, die eine zweifelsfreie Zuordnung aller Messwerte in Abhängigkeit von der Messgenauigkeit gestatten, und *wahren* Kategoriengrenzen, die die Kategorienbreiten mathematisch exakt wiedergeben.

In einigen Untersuchungen ergeben sich Extremwerte, die so weit aus dem Messbereich der übrigen Werte herausfallen, dass bei Wahrung einer konstanten Kategorienbreite zwischen den durch das Hauptkollektiv besetzten Kategorien und den Kategorien, in die die Extremwerte hineinfallen, leere bzw. unbesetzte Kategorien liegen. Für solche Ausreißer werden an den Randbereichen der Verteilung *offene* Kategorien eingerichtet. Wenn in unserem Untersuchungsbeispiel für eine extrem schnelle Person eine Bearbeitungszeit von 38,2 s und für eine extrem langsame Person eine Bearbeitungszeit von 178,7 s vorläge, so könnten diese in die Kategorien <60 bzw. >150 eingeordnet werden.

Das erste Intervall wurde in Tab. 3.1 auf 60–69,9 festgelegt, obwohl dies keineswegs zwingend ist. Ausgehend von der ermittelten Intervallbreite und der Variationsbreite der Werte wären auch folgende Kategorienfestsetzungen denkbar: 60,1–70; 70,1–80... oder 60,2–70,1; 70,2–80,1... bzw. auch 61–70,9; 71–80,9... oder 62–71,9; 72–81,9... usw. Die hier angedeuteten verschiedenen Möglichkeiten der Kategorienfestsetzung werden als die *Reduktionslagen* einer Häufigkeitsverteilung bezeichnet. In Tab. 3.1 haben wir uns für eine Reduktionslage entschieden, in der 60er-, 70er-, 80er-Werte usw. zusammengefasst werden. Grundsätzlich hätte jedoch auch jede andere Reduktionslage eingesetzt werden können. In der Regel hängt das Verteilungsbild der Häufigkeiten nur in geringfügigem Ausmaß von der Reduktionslage ab. Eine einheitliche Regelung für die Festlegung der Reduktionslage nennt Lewis (1966).

3.2 Histogramm und Polygon

Bei der grafischen Veranschaulichung der Häufigkeitsverteilung einer metrischen Variablen werden die Messwerte zunächst kategorisiert. Dies geschieht für die Anfertigung eines *Histogramms* genauso wie bei der Anfertigung einer Häufigkeitstabelle. Das Histogramm stellt die Kategorienhäufigkeiten direkt grafisch dar, indem jede Kategorie auf der Abszisse (x-Achse) eingezeichnet wird und die Kategorienhäufigkeit durch die Höhe eines Balkens abgetragen wird. Da das Histogramm also die Kategorien sowie ihre Häufigkeiten darstellt, kann es als direkte Visualisierung der Häufigkeitstabelle betrachtet werden.

Eine alternative Darstellung ist durch das *Polygon* gegeben. Um ein Polygon zu erstellen, benötigen wir statt der Kategoriengrenzen die Kategorienmitten, die nach der Beziehung

$$\frac{\text{obere Grenze} + \text{untere Grenze}}{2}$$

berechnet werden. Abbildung 3.1 veranschaulicht das Histogramm sowie das Polygon, wobei als Beispiel die Reaktionszeiten verwendet werden, deren Häufigkeitsverteilung in Tab. 3.1 enthalten ist.

SOFTWAREHINWEIS 3.2

Praktisch alle heutigen Statistikprogramme bieten Möglichkeiten für gegebene Punkte eines Polygons, den Kurvenverlauf zu glätten. Verwendet man z. B. die R-Funktion „supsmu" (Friedman's Super Smoother), um das Polynom aus Abb. 3.1 zu glätten, erhält man die Abb. 3.2. Allerdings ist der Einsatz eines sog. „Smoothers" zur Glättung eines Polynoms eher untypisch. Smoother kommen meist dann zum Einsatz, wenn man eine glatte Kurve praktisch ohne weitere Vorgaben durch einen Punkteschwarm legen möchte.

Die grafische Darstellung einer Häufigkeitsverteilung in Form eines Histogramms oder eines Po-

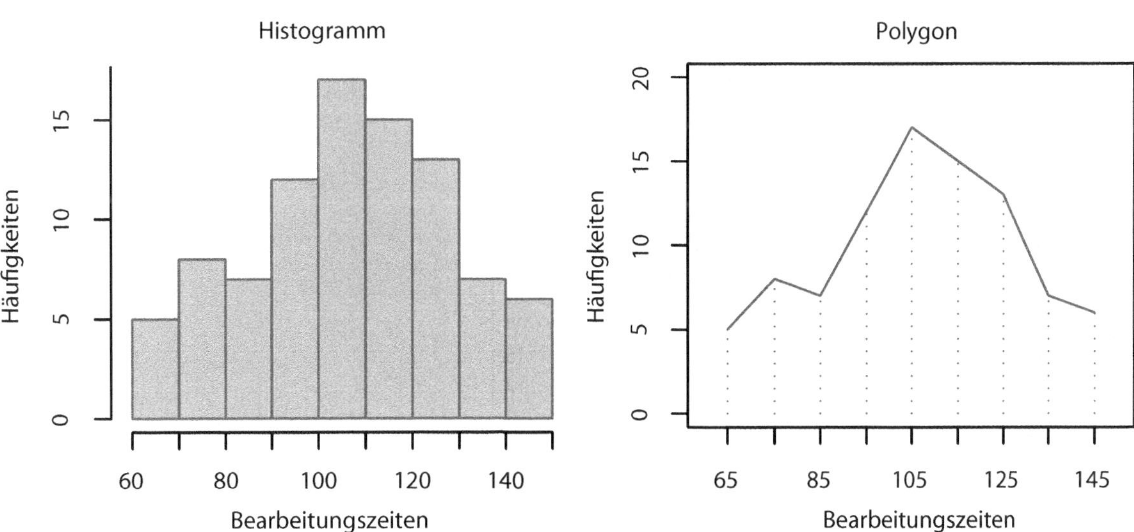

Abbildung 3.1. Grafische Darstellung anhand von Bearbeitungszeiten eines Histogramms (links) und eines Polygons (rechts)

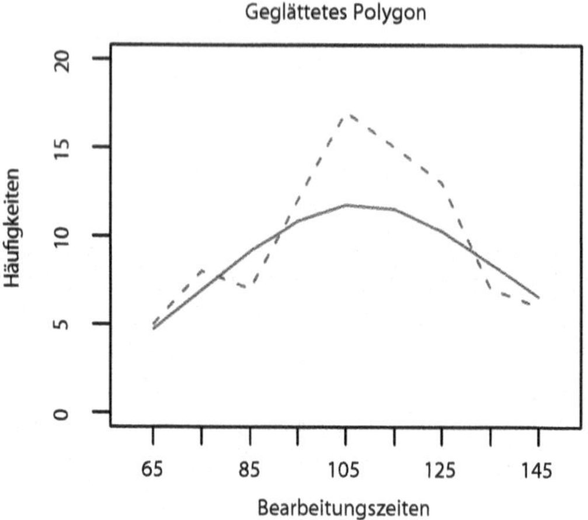

Abbildung 3.2. Geglättetes Polygon der Bearbeitungszeiten

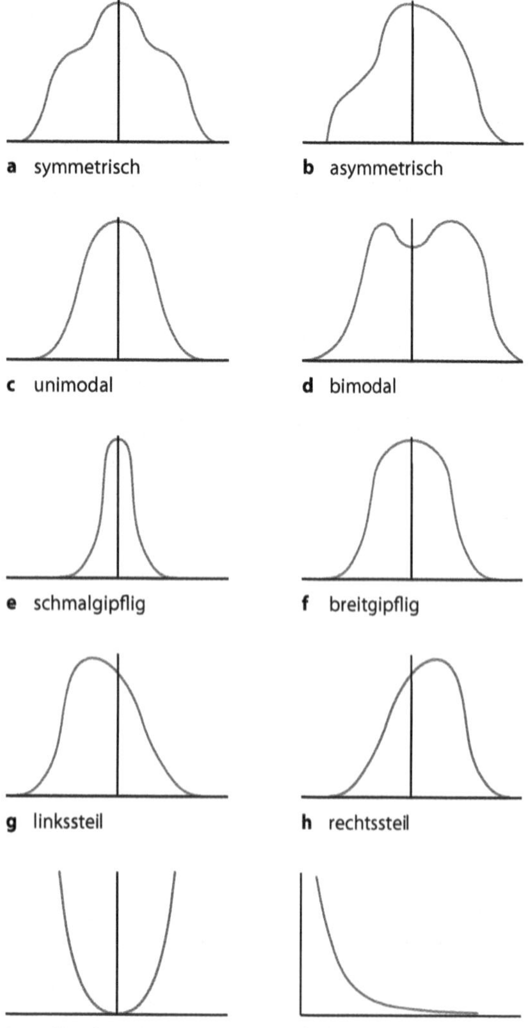

Abbildung 3.3a–j. Verschiedene Verteilungsformen

lygons erleichtert es, die *Verteilungsform* zu beschreiben. Bei der Charakterisierung einer Verteilungsform werden häufig die folgenden Begriffe verwendet:

- symmetrisch oder asymmetrisch,
- unimodal (eingipflig) oder bimodal (zweigipflig),
- schmalgipflig oder breitgipflig,
- linkssteil oder rechtssteil,
- U-förmig oder abfallend.

Abbildung 3.3 zeigt für diese Verteilungsformen prototypische Beispiele. (Als Darstellungsform wurden Dichtefunktionen stetig verteilter Merkmale gewählt, vgl. S. 68)

Unkorrekte Darstellungen

Bei der Anfertigung eines Polygons oder eines Histogramms ist darauf zu achten, dass durch die Wahl der Maßstäbe für *Abszisse* und *Ordinate* keine falschen Eindrücke von einer Verteilungsform provoziert werden. So kann beispielsweise eine schmalgipflige Verteilung vorgetäuscht werden, indem ein sehr kleiner Maßstab für die Abszisse und ein großer Maßstab für die Ordinate gewählt

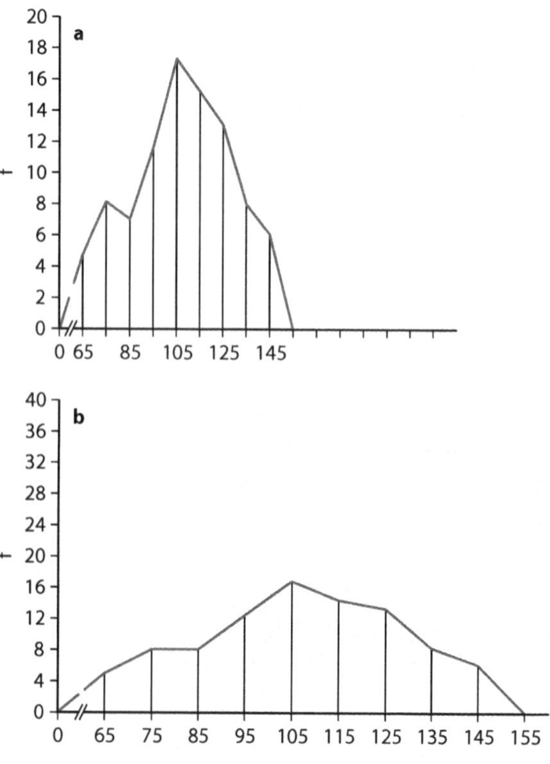

Abbildung 3.4a,b. Unkorrekte Darstellungen der Häufigkeitsdaten durch extreme Maßstabswahl

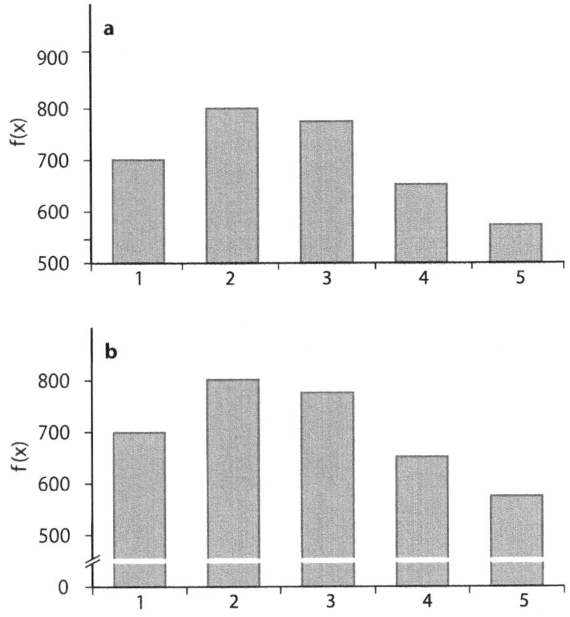

Abbildung 3.5a,b. Unkorrekte Darstellungsart durch falsche Kennzeichnung der Null-Linie. **a** Histogramm mit falscher Grundlinie, **b** Histogramm mit unterbrochener Ordinate

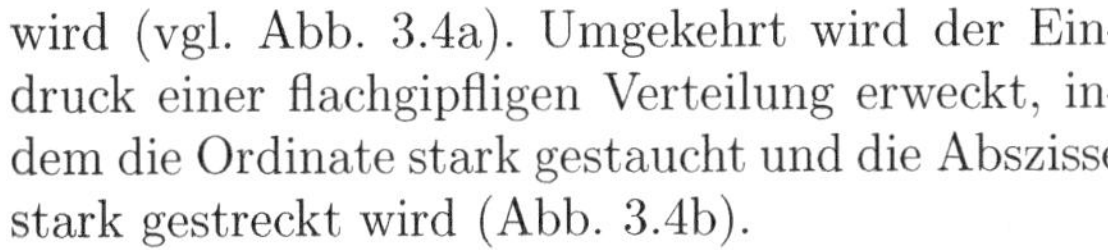
wird (vgl. Abb. 3.4a). Umgekehrt wird der Eindruck einer flachgipfligen Verteilung erweckt, indem die Ordinate stark gestaucht und die Abszisse stark gestreckt wird (Abb. 3.4b).

Die Wahl der *Achsenmaßstäbe* muss so objektiv wie möglich erfolgen; eigene Vorstellungen über den Verlauf der Verteilung sollten nicht zu einer Maßstabsverzerrung führen. Hays (1994, S. 89) empfiehlt eine Ordinatenlänge, die ungefähr 3/4 der Abszissenlänge beträgt.

Des Weiteren kann die grafische Darstellung einer Häufigkeitsverteilung missinterpretiert werden, wenn die *Häufigkeitsachse* nicht bei null beginnt (vgl. Abb. 3.5a). In diesem Fall werden größere Häufigkeitsunterschiede vorgetäuscht, als tatsächlich vorhanden sind. Soll aus Gründen der Platzersparnis dennoch eine verkürzte Häufigkeitsachse eingesetzt werden, sollte zumindest durch zwei Trennlinien angedeutet werden, dass die Häufigkeitsachse nicht vollständig dargestellt ist (Abb. 3.5b). Dies gilt natürlich auch für Polygone. Betrachten wir hierzu Abb. 3.6, in der die Anzahl jährlich aufgeklärter Einbruchdelikte einer Stadt grafisch dargestellt ist. Ohne Frage könnte der Polizeipräsident die Erfolge seiner Polizei mit Abb. 3.6b sehr viel überzeugender darstellen als mit Abb. 3.6a, obwohl in beiden Abbildungen dieselben Häufigkeiten abgetragen sind.

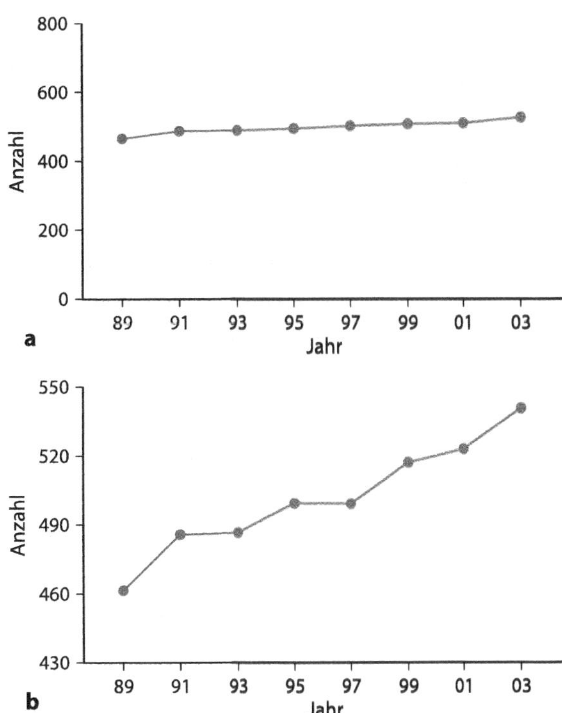

Abbildung 3.6a,b. Zeitliche Entwicklung der Anzahl jährlich aufgeklärter Einbruchsdelikte – dargestellt mit korrekter Ordinate (**a**) und mit verkürzter Ordinate (**b**)

3.3 Stängel-Blatt-Diagramm

Eine Alternative zum Histogramm oder Polygon ist das Stängel-Blatt-Diagramm (Stem-and-Leaf-Plot, Mosteller & Tukey, 1977; Tukey, 1977), bei dem nicht nur die Häufigkeit pro Kategorie visualisiert wird, sondern auch die Verteilung der Messwerte innerhalb der Kategorien. Das Stängel-Blatt-Diagramm ist vor allem als Vorschlag zu verstehen, wie mit geringem Arbeitsaufwand die *Verteilung von Rohdaten* skizziert werden kann. Aufgrund der inzwischen weit verbreiteten Computerprogramme, die es erlauben, auch Histogramme und Polygone schnell herzustellen, wird das Stängel-Blatt-Diagramm heute nicht mehr häufig verwendet. Folgendes Beispiel soll das Diagramm illustrieren.

BEISPIEL 3.1

Nehmen wir wieder die Bearbeitungszeiten aus Tab. 2.1. Das mit Hilfe von SPSS angefertigte Stängel-Blatt-Diagramm ist in Tab. 3.2 abgebildet.

SPSS hat die Weite des „Stängels" auf 10 s festgelegt. Dies entspricht genau der von uns zuvor gewählten Kategorienbreite. Deshalb entsprechen die Häufigkeiten der Beobachtungen pro Stängel genau den vorherigen Kategorienhäufigkei-

Tabelle 3.2. Stängel-Blatt-Diagramm, welches mit SPSS angefertigt wurde

Häufigkeit	Stängel	.	Blatt
5	6	.	24589
8	7	.	02355689
7	8	.	0144467
12	9	.	023355567889
17	10	.	01233335666788999
15	11	.	001222334668999
13	12	.	0122344567889
7	13	.	1145679
6	14	.	023468
Stängelweite: 10,0			
Jedes Blatt: 1 Fall			

ten. Alle zu einem Stängel gehörenden Beobachtungen sind als „Blatt" rechts vom Stängel abgetragen. Beispielsweise ergeben sich die fünf Werte des Sechser-Stängels aus der Kombination der fünf Blätter mit ihrem Stängel. Man erhält also die Werte: 62, 64, 65, 68, 69.

Vergleicht man diese Werte nun mit den sortierten Rohdaten der Tab. 2.2, so erkennt man, dass der in SPSS implementierte Algorithmus die Nachkommastelle einfach abschneidet. So wie das Histogramm bzw. das Polygon lässt auch das Stängel-Blatt-Diagramm die Verteilung der Bearbeitungszeiten deutlich erkennen.

Das Stängel-Blatt-Diagramm hat den Vorteil, dass es leicht von Hand angefertigt werden kann. Dazu benötigt man nur die Vorgabe von Kategorien. Danach können die „Blätter" in der Reihenfolge ihres Auftretens entsprechend ihres Wertes am „Stängel" befestigt werden. Waren die Kategorien gut gewählt, entsteht sehr schnell ein informatives Diagramm.

Auf der anderen Seite soll auch erwähnt werden, dass viele Regeln zum Erstellen des Diagramms benötigt werden, um es universell einsetzen zu können.

3.4 Boxplot

Eine Möglichkeit zur *gleichzeitigen Veranschaulichung* von zentraler Tendenz und Variabilität einer Verteilung bietet der von Tukey (1977) eingeführte „Boxplot" (vgl. Abb. 3.7). Boxplots haben gegenüber dem Histogramm den Vorteil, dass sie aufgrund der Quartile bzw. Angelpunkte bestimmt werden, die gegenüber Ausreißern relativ unempfindlich sind.

Die grundlegende Idee ist dabei, die mittleren 50% einer Verteilung durch eine „Box" zu repräsentieren, in die der Median eingezeichnet wird. Insofern kann man an der Box den Abstand der drei Quartile zueinander erkennen.

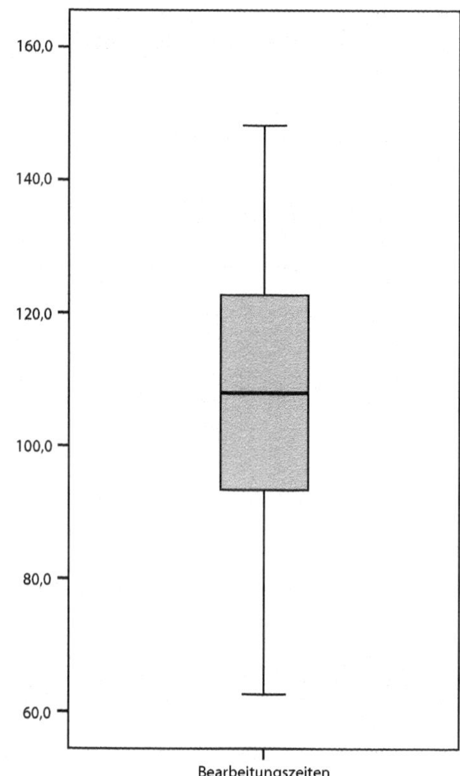

Abbildung 3.7. Boxplot der Bearbeitungszeiten

Die Werte an den Rändern der Verteilung werden ebenfalls in dem Boxplot repräsentiert. Dazu werden Striche, welche jeweils von einem Ende der Box ausgehen, eingezeichnet. Diese Striche werden „Whisker" genannt. Der eine Whisker kennzeichnet die Verteilung der Werte, die kleiner als das erste Quartil sind, und der andere Whisker kennzeichnet die Verteilung der Werte, die größer als das dritte Quartil sind.

Die Frage ist nun, wie die *Länge* der Whisker bestimmt wird. Wir betrachten zunächst den Whisker für den oberen Rand der Verteilung. Das Vorgehen für den unteren Rand ist ganz analog. Zunächst wird der Interquartilbereich bestimmt. Anschließend wird das 1,5-fache des IQR zu dem oberen Angelpunkt Q_3 addiert. Es wird also die obere Grenze $Q_3 + 1{,}5 \cdot \mathrm{IQR}$ berechnet. Da Beobachtungen, deren Werte diese Grenze überschreiten, als Ausreißer betrachtet werden, spricht man auch von der „oberen Ausreißergrenze". Der obere Whisker wird bis zu dem größten beobachteten

Wert, der aber noch unterhalb dieser Grenze liegt, gezeichnet.

Um den Whisker für den unteren Rand der Verteilung zu bestimmen, berechnet man die untere Grenze als $Q_1 - 1{,}5 \cdot \mathrm{IQR}$. Beobachtungen, deren Werte diese Grenze unterschreiten, werden als Ausreißer betrachtet. Aus diesem Grund spricht man auch von der „unteren Ausreißergrenze". Der untere Whisker wird nun bis zu dem kleinsten beobachteten Wert, der aber noch oberhalb dieser Grenze liegt, gezeichnet.

Die Länge jedes Whisker kann also das 1,5-fachen des Interquartilbereichs (IQR) nicht überschreiten. Ausreißer werden in den Boxplot individuell eingezeichnet. Ein Beispiel soll die Berechnung illustrieren.

BEISPIEL 3.2

Gegeben sind folgende zehn Testergebnisse eines psychologischen Tests, wobei die Werte bereits nach Größe sortiert wurden:

$$56, 57, 65, 66, 67, 69, 72, 75, 89 \text{ und } 92.$$

Die beiden Angelpunkte, der Median sowie der IQR sind:

$$\begin{aligned} Q_1 &= x_{(3)} = 65, \\ \mathrm{Md} &= (x_{(5)} + x_{(6)})/2 = 68, \\ Q_3 &= x_{(8)} = 75, \\ \mathrm{IQR} &= Q_3 - Q_1 = 10. \end{aligned}$$

Um nun die Länge des unteren Whiskers zu bestimmen, berechnen wir die untere Grenze $Q_1 - 1{,}5 \cdot \mathrm{IQR} = 50$. Die kleinste Beobachtung, die diese Grenze nicht unterschreitet, ist $x_{(1)} = 56$. Der Whisker endet deshalb bei diesem Wert. Ausreißer sind im unteren Rand der Verteilung nicht enthalten. Die entsprechende Grenze, um den oberen Whisker zu bestimmen, ist $Q_3 + 1{,}5 \cdot \mathrm{IQR} = 90$. Der größte beobachtete Wert, der diese Grenze nicht überschreitet, ist $x_{(9)} = 89$. Deshalb wird der obere Whisker bis zu dieser Stelle gezogen. Da die größte Beobachtung $x_{(10)} = 92$ die Grenze von 90 überschreitet, wird dieser Wert in den Plot eingezeichnet. Der Boxplot sieht folgendermaßen aus:

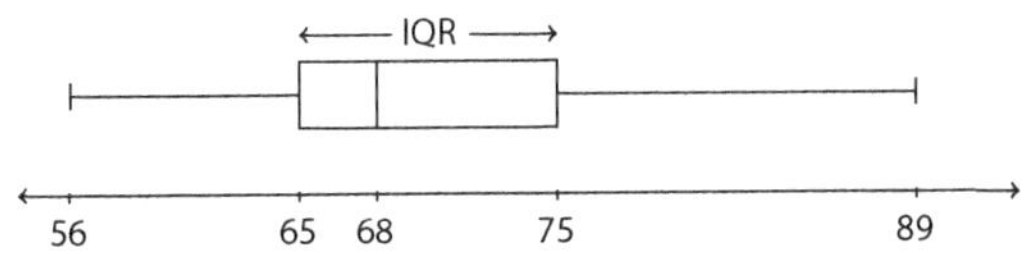

Boxplots sind gut geeignet, *Ausreißer* in den Daten zu identifizieren, da die Kennwerte, welche zur Anfertigung eines Boxplots verwendet werden, nicht oder nur wenig von einer begrenzten Zahl von Ausreißern beeinträchtigt wird.

Der Boxplot, welcher sich für die Bearbeitungszeiten in Tab. 2.1 ergibt, ist in Abb. 3.7 dargestellt. Wie man erkennt, liegen keine Ausreißer vor, sodass die Whisker bis zur kürzesten Zeit von 62,6 s bzw. längsten Zeit von 148,2 s reichen. Für die Angelpunkte sowie den Median ergeben sich die Werte: $Q_1 = 93{,}4$, $\mathrm{Md} = 108{,}5$ und $Q_3 = 122{,}7$. Da der Boxplot einen symmetrischen Eindruck macht – beide Whisker haben etwa die gleiche Länge, und der Median befindet sich etwa in der Mitte der Box – erkennt man, dass die Verteilung der Bearbeitungszeiten ungefähr symmetrisch ist.

3.5 Balken- und Kreisdiagramm

Zur grafischen Veranschaulichung einer Häufigkeitsverteilung eines *nominalen Merkmals* wird häufig ein Balken- oder ein Kreisdiagramm angefertigt. Ein Beispiel möge beide Diagramme verdeutlichen.

Die Anteile aller in einer Stadt gelesenen Zeitungen, die wir mit A, B, C und D abkürzen, sind: $A = 60\%$, $B = 20\%$, $C = 8\%$ und $D = 7\%$. Auf die Restkategorie „sonstige Zeitungen" entfallen die verbleibenden 5%. Ausgehend von diesen Werten ergibt sich folgende Darstellung für das Balken- bzw. Kreisdiagramm (s. Abb. 3.8).

Wie das Beispiel des *Balkendiagramms* veranschaulicht, werden auf der Abszisse die Kategorien und auf der Ordinate die Häufigkeiten (absolut oder prozentual) abgetragen. Die Gesamthöhe der Balken entspricht wiederum dem Stichprobenumfang n bzw. 100%. Um anzudeuten, dass es sich bei dem Diagramm nicht um die Häufigkeitsverteilung eines metrischen Merkmals handelt, berühren sich die Balken nicht. Da es sich um eine nominales Merkmal handelt, ist jede andere Anordnung der Zeitungen auf der Abszisse äquivalent zu der in Abb. 3.8.

Für das Kreisdiagramm lässt sich der Winkel, der für die Größe der Sektoren der einzelnen Zeitungen benötigt wird, nach der Beziehung

$$\text{Winkel} = \frac{\text{Prozentanteil} \cdot 360°}{100\%}$$

berechnen. Die Zeitung mit einem Marktanteil von 8% erhält also einen Sektor, der durch den Winkel $8\% \cdot 360°/100\% = 28{,}8°$ bestimmt ist.

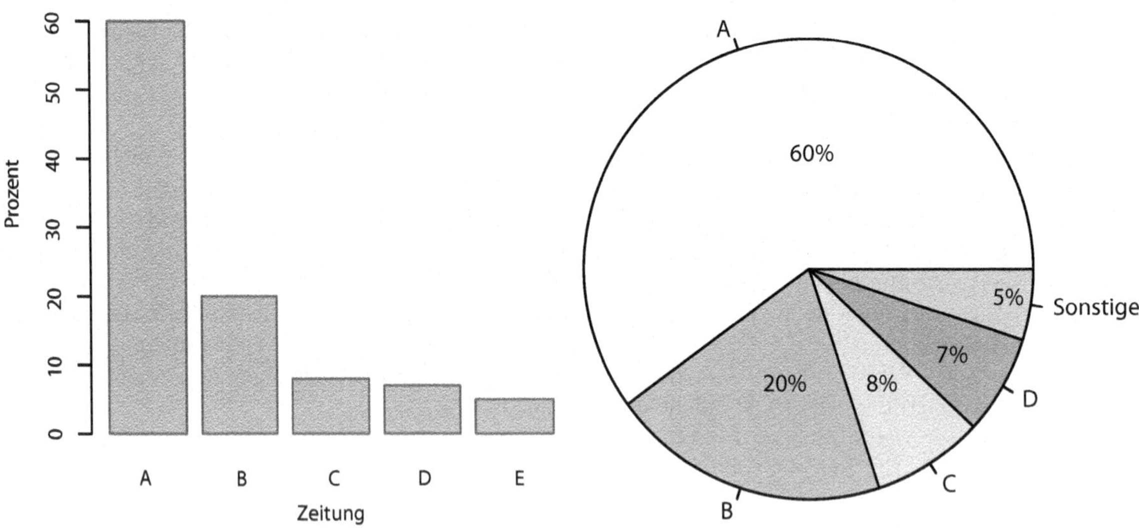

Abbildung 3.8. Balken- und Kreisdiagramm zur Veranschaulichung der Häufigkeiten eines nominalskalierten Merkmals

3.6 Berechnung von Kennwerten für tabellierte Daten

Mittelwert, Varianz und AD-Streuung

Die Berechnung des arithmetischen Mittels kann bei *gruppierten Daten* durch folgende Formel vereinfacht werden:

$$\bar{x} = \frac{\sum_{k=1}^{m} f_k \cdot x_k}{n}. \tag{3.1}$$

Hierin ist f_k die Häufigkeit der k-ten Kategorie, x_k die Mitte der k-ten Kategorie und m die Anzahl der Kategorien.

Nach dieser Formel erhalten wir für die Häufigkeitsverteilung in Tab. 3.1 folgenden Mittelwert:

$$\bar{x} = \frac{5 \cdot 65 + 8 \cdot 75 + \cdots + 6 \cdot 145}{90} = 106{,}78.$$

Die Varianz kann für gruppierte Werte nach folgender Formel berechnet werden:

$$s^2 = \frac{\sum_{k=1}^{m} f_k \cdot (x_k - \bar{x})^2}{n-1}. \tag{3.2}$$

Zur Bestimmung der AD-Streuung verwendet man die Formel

$$AD = \frac{\sum_{k=1}^{m} f_k \cdot (|x_k - \bar{x}|)}{n}. \tag{3.3}$$

Bei der Berechnung dieser Kennwerte für gruppierte Daten gehen wir davon aus, dass alle Werte in einer Kategorie mit der Kategorienmitte identisch sind. Deshalb können sich geringfügige Unterschiede zwischen der Berechnung eines Kennwertes aufgrund gruppierter bzw. ungruppierter Werte ergeben.

Median

Bei gruppierten Daten kann der Median in eine „kritische" Kategorie fallen, deren Häufigkeit bei der Kumulation über die 50%-Marke hinausgeht. Die genaue *Position* des Medians in dieser Kategorie erhält man mit Hilfe der linearen Interpolation. Man geht folgendermaßen vor:

1. Bestimme die Kategorie, in welche der Median fällt.
2. Bestimme die Anzahl der Personen, die für das Erreichen des Medians benötigt werden.
3. Bestimme die Anzahl der Personen, die aus dem Intervall, in welchem der Median liegt, noch benötigt werden.
4. Dividiere die Anzahl der noch benötigten Personen durch die Gesamtzahl der Personen in der Kategorie und multipliziere das Ergebnis mit der Kategorienbreite.
5. Addiere diesen Wert zur unteren Grenze der kritischen Kategorie.

Auf die Daten der Tabelle 3.1 angewendet, erfolgt die Berechnung des Medians folgendermaßen:

1. Der Medians liegt im Intervall 100,0–109,9, da unter $x = 100{,}0$ gerade 35,6% der Beobachtungen und unter $x = 110{,}0$ bereits 54,4% der Beobachtungen liegen.
2. Da der Median die sortierte Stichprobe in gleich große Hälften teilt, halbieren wir den Stichprobenumfang, d. h. $90/2 = 45$. Mit anderen Worten, wir suchen das Perzentil, welches der 45-ten Beobachtung entspricht.

3. Da insgesamt 32 Werte kleiner als 100,0 sind, benötigen wir noch 13 Personen, um die Anzahl 45 zu erreichen.
4. Da 17 Personen zur Kategorie gehören, in welcher sich der Median befindet, berechnen wir $(13/17) \cdot 10 = 7{,}65$.
5. Schließlich addieren wir diesen Wert zu der unteren Grenze der Kategorie, welche den Median enthält. Wir ermitteln damit als Median

$$\text{Md} = 100{,}0 + 7{,}65 = 107{,}65.$$

Dieser Wert entspricht dem Wert von 108,05, welchen wir für den Median der ungruppierten Bearbeitungszeiten in Abschn. 2.1.2 ermittelten, fast exakt.

Hinweise: Weitere Informationen können z. B. den Normvorschriften DIN 55301 und DIN 55302 entnommen werden. Interessante Anregungen zur grafischen Aufbereitung empirischer Untersuchungsmaterialien (*explorative Datenanalyse*) findet man zudem bei Behrens (1997), Tukey (1977) bzw. Wainer und Thissen (1981). Eine aufschlussreiche Zusammenstellung fehlerhafter Aufbereitungen haben Huff (1954) und Krämer (2009) angefertigt.

ÜBUNGSAUFGABEN

Tabellen und Abbildungen

Aufgabe 3.1 Bei einer Erhebung der Intelligenz von 20 Studenten fallen folgende Messwerte an:

91	92	93	94	96
96	97	98	100	101
101	102	103	103	103
104	105	105	107	109

a) Fassen Sie die Rohwerte in Kategorien zusammen. Wählen Sie eine geeignete Anzahl von Kategorien und eine angemessene Kategorienbreite.
b) Veranschaulichen Sie die Häufigkeitsverteilung sowohl mit einem Histogramm als auch mit einem Polygon.
c) Bestimmen Sie die kumulierte Häufigkeitsverteilung und die kumulierte Prozentwertverteilung.
d) Zeichnen Sie die kumulierte Prozentwertverteilung in ein Schaubild ein.
e) Zeichnen Sie einen Boxplot.

Aufgabe 3.2 Folgende elf Werte sind gegeben:

$$15, 14, 25, 18, 15, 17, 19, 15, 13, 19, 16.$$

Bestimmen Sie a) den Median, b) den unteren Angelpunkt, c) den oberen Angelpunkt, d) die untere Ausreißergrenze, e) die obere Ausreißergrenze, f) die Grenze des unteren Whiskers, g) die Grenze des oberen Whiskers. h) Gibt es Ausreißer?

Aufgabe 3.3 Zeichnen Sie den Boxplot für die Daten aus Aufgabe 3.2.

Aufgabe 3.4 Ein Lehrer korrigiert je zehn Diktate seiner 20 Schüler und erhält folgende Fehlerverteilung:

Fehleranzahl	Anzahl der Diktate
0 – 9	11
10 – 19	28
20 – 29	42
30 – 39	46
40 – 49	24
50 – 59	17
60 – 69	9
70 – 79	3
80 – 89	8
90 – 99	12

Fertigen Sie eine Tabelle an, welche die kumulierten Häufigkeiten, die Prozentwerte sowie die kumulierten Prozentwerte enthält.

Kennwerte tabellierter Daten

Aufgabe 3.5 Berechnen Sie a) das arithmetische Mittel, b) den Medianwert, c) den Modalwert, d) die Varianz und e) die Standardabweichung für die Daten in Aufgabe 3.4.

Aufgabe 3.6 Gehen Sie von folgender Häufigkeitstabelle aus, wobei die Kategorienmitte x_k und die dazugehörige Häufigkeit f bezeichnet:

Kategorie	x_k	f
(90 – 95]	92,5	4
(95 – 100]	97,5	5
(100 – 105]	102,5	9
(105 – 110]	107,5	2

Berechnen Sie a) den Mittelwert, und b) die Varianz sowie die Standardabweichung.

Aufgabe 3.7 Gehen Sie von folgender Häufigkeitstabelle aus:

Kategorie	f	f_{kum}	$\%_{\text{kum}}$
(90 – 95]	4	4	20
(95 – 100]	5	9	45
(100 – 105]	9	18	90
(105 – 110]	2	20	100

Bestimmen Sie a) den Median, b) das Perzentil $x_{25\%}$ und c) das Perzentil $x_{75\%}$.

Kapitel 4 **Wahrscheinlichkeitstheorie**

ÜBERSICHT

Subjektive und objektive Wahrscheinlichkeiten – Zufallsexperimente – Elementarereignisse – Vereinigung und Durchschnitt von Ereignissen – Wahrscheinlichkeiten – Axiome der Wahrscheinlichkeitsrechnung – Additionstheorem – bedingte Wahrscheinlichkeiten – Multiplikationstheorem – Satz von der totalen Wahrscheinlichkeit – Theorem von Bayes – Variationen – Permutationen – Kombinationen

4.1 Grundbegriffe

Begriffe wie „wahrscheinlich" finden nicht nur in der Statistik, sondern auch in der Umgangssprache Verwendung. Man hält es beispielsweise für „sehr wahrscheinlich", dass am nächsten Wochenende in Berlin die Sonne scheinen wird, oder man nimmt an, dass ein Pferd in einem bestimmten Rennen mit einer Wahrscheinlichkeit von 90% siegen wird.

Mit diesen oder ähnlichen Formulierungen werden subjektive Überzeugungen oder Mutmaßungen über die Sicherheit einmaliger, nicht wiederholbarer Ereignisse zum Ausdruck gebracht, die prinzipiell entweder auftreten oder nicht auftreten können. Zahlenangaben, die die Stärke der inneren Überzeugung von der Richtigkeit derartiger Behauptungen charakterisieren, bezeichnet man als *subjektive Wahrscheinlichkeiten.*

Der statistische Wahrscheinlichkeitsbegriff geht auf das 16. Jahrhundert zurück, als man sich für die Wirksamkeit von „Zufallsgesetzen" bei Glücksspielen (z. B. Würfelspielen) zu interessieren begann. (Einen kurzen Überblick zur Geschichte der Wahrscheinlichkeitstheorie findet man bei Hinderer, 1980, S. 18 ff., oder ausführlicher bei King & Read, 1963.) Der statistische Wahrscheinlichkeitsbegriff dient der „Beschreibung von beobachteten Häufigkeiten bei (mindestens im Prinzip) beliebig oft wiederholbaren Vorgängen, deren Ausgang nicht vorhersehbar ist" (Hinderer, 1980, S. 3). „Die Wahrscheinlichkeit, mit einem einwandfreien Würfel eine Sechs zu werfen, beträgt 1/6" oder „die Wahrscheinlichkeit, dass ein beliebiger 16-jähriger Schüler in einem bestimmten Intelligenztest mindestens einen Intelligenzquotienten von 120 erreicht, beträgt 0,12", sind Aussagen, die diese Auffassung des Wahrscheinlichkeitsbegriffs verdeutlichen.

Im ersten Beispiel erwartet man bei vielen Würfen mit einem Würfel für etwa 1/6 aller Fälle eine Sechs, und im zweiten Beispiel geht man davon aus, dass ca. 12% aller 16-jährigen Schüler in dem angesprochenen Intelligenztest einen Intelligenzquotienten von mindestens 120 erreichen werden. Die erste Aussage basiert auf vielen, voneinander unabhängigen, gleichartigen „Versuchen" mit einem Objekt und die zweite auf jeweils einmaligen „Versuchen" mit vielen gleichartigen Objekten. Zahlenangaben dieser Art heißen *objektive Wahrscheinlichkeiten.*

4.1.1 Zufallsexperimente und zufällige Ereignisse

Für die Definition objektiver Wahrscheinlichkeiten ist der Begriff des *Zufallsexperimentes* zentral. Unter einem Zufallsexperiment „verstehen wir einen beliebig oft wiederholbaren Vorgang, der nach einer ganz bestimmten Vorschrift ausgeführt wird und dessen Ergebnis ‚vom Zufall abhängt', das soll heißen, nicht im Voraus eindeutig bestimmt werden kann" (Kreyszig, 1973, S. 50). Das Ergebnis eines Zufallsexperimentes bezeichnen wir als *Elementarereignis* und die Menge aller mit einem Zufallsexperiment verbundenen Elementarereignisse als *Menge der Elementarereignisse* (Ω). Dies sind z. B. beim Zufallsexperiment „Würfeln" die sechs verschiedenen Seiten des Würfels, beim Münzwurf die Ausgänge „Zahl" oder „Adler", beim Ziehen einer Karte aus einem Skatspiel die 32 verschiedenen Kartenwerte etc. Aber auch die Befragung einer Person bezüglich ihrer Parteipräferenz, die

Messung ihrer Reaktionszeit bzw. die Bestimmung der Fehleranzahl in einem Schülerdiktat bezeichnet man als Zufallsexperimente. Deren Elementarereignisse sind die zum Zeitpunkt der Befragung existierenden Parteien, die Menge aller möglichen Reaktionszeiten bzw. aller möglichen Fehlerzahlen.

Häufig interessieren nicht die einzelnen Elementarereignisse, sondern eine Teilmenge zusammengefasster Elementarereignisse, die wir kurz „Ereignis" nennen. Bezogen auf die oben genannten Beispiele wären etwa alle geradzahligen Augenzahlen beim Würfeln, alle Herzkarten beim Skatspiel, alle konservativen Parteien, Reaktionszeiten unter einer halben Sekunde bzw. zwei bis vier Fehler im Diktat derartige Ereignisse.

Für die Zusammenfassung oder Verknüpfung von Elementarereignissen gibt es aus der Mengenlehre einige Regeln, die wir uns im Folgenden anhand eines Beispiels erarbeiten wollen.

BEISPIEL 4.1

Von zehn Schülern gehen drei zum Gymnasium A, vier zur Realschule B und drei zur Hauptschule C. Die Intelligenzquotienten (IQ) dieser Schüler mögen lauten:

Schulart	Schüler-Nr.	IQ
A	1	101
	2	108
	3	115
B	4	92
	5	93
	6	99
	7	103
C	8	86
	9	95
	10	94

Aus den IQ-Werten bildet man eine Gruppe D, welche aus den drei intelligentesten Schülern (Schüler 2, 3, und 7) besteht sowie eine Gruppe E, die aus den drei am wenigsten intelligenten Schüler (Schüler 4, 5 und 8) besteht.

Die Menge der Elementarereignisse Ω besteht damit aus zehn Schülern, die in die Untergruppen A, B, C, D und E unterteilt sind. Die Menge der Elementarereignisse sowie die Untergruppen oder Teilmengen veranschaulicht Abb. 4.1.

Die Ereignisse A bis E bestehen – in Kurzform geschrieben – aus folgenden Elementarereignissen:

$$A = \{1,2,3\}$$
$$B = \{4,5,6,7\}$$
$$C = \{8,9,10\}$$
$$D = \{2,3,7\}$$
$$E = \{4,5,8\}$$

Die Tatsache, dass das Elementarereignis 1 (Schüler 1) im Ereignis A enthalten ist, kennzeichnen wir durch $1 \in A$ (1 ist Element von A). Wenn aus den zehn Schülern Schüler 1 *oder* Schüler 2 *oder* Schüler 3 ausgewählt wird, ist das Ereignis A eingetreten. Formal schreiben wir unter Verwendung des Operators „∪" für die Operation „Vereinigung":

$$A = 1 \cup 2 \cup 3$$

Entsprechendes gilt für die Ereignisse B bis E.

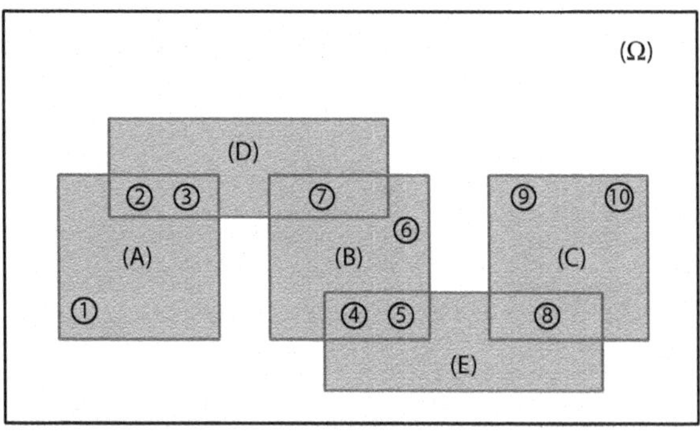

Abbildung 4.1. Veranschaulichung von Ereignissen

Vereinigung von Ereignissen. Die Vereinigung zweier oder mehrerer Ereignisse führt wiederum zu einem Ereignis, das eintritt, wenn mindestens ein Ereignis der verknüpften Ereignisse eintritt. Das Ereignis $A \cup B$ (Gymnasium oder Realschule) ist also realisiert, wenn einer der Schüler mit den Nummern 1 bis 7 ausgewählt wurde.

Die Vereinigung der Ereignisse A und D besteht aus folgenden Elementarereignissen:

$$A \cup D = \{1,2,3,7\}$$

Die sowohl zu A als auch D gehörenden Elementarereignisse 2 und 3 werden hierbei nur einmal gezählt.

Sichere und unmögliche Ereignisse. Die Vereinigung der Ereignisse A, B und C führt zu einem sicheren Ereignis, denn ein beliebig ausgewählter Schüler gehört entweder zu A, B oder C. Das Ereignis „Person ohne Schulbesuch" kann bei keiner Realisierung des hier behandelten Zufallsexperimentes eintreten. Es heißt deshalb „unmögliches Ereignis" und wird mit $\varnothing$ (leere Menge) gekennzeichnet.

Komplementäre Ereignisse. Alle Ereignisse, die nicht zum Ereignis A gehören, bezeichnet man zusammengefasst als das entgegengesetzte oder komplementäre Ereignis zu A. Es wird durch $\bar{A}$ („nicht A") gekennzeichnet. In unserem Beispiel wäre

$$\bar{A} = B \cup C.$$

Die Vereinigung von A und $\bar{A}$ ($A \cup \bar{A}$) führt zu einem sicheren Ereignis.

Durchschnittsbildung. Alle Elementarereignisse, die sowohl zu A als auch D gehören, bilden den Durchschnitt von A und D. Der Durchschnitt wird durch das Symbol „$\cap$" gekennzeichnet.

Im Beispiel: $A \cap D = \{2,3\}$

Das Ereignis $A \cap D$ ist also eingetreten, wenn Schüler 2 oder Schüler 3 ausgewählt wird, also Schüler, die zur Gruppe „Gymnasiasten" und „höhere Intelligenz" gehören.

Vereinbare und einander ausschließende Ereignisse. Haben zwei Ereignisse keine gemeinsamen Elemente, bezeichnet man sie als einander ausschließend (unvereinbar oder auch disjunkt). Der Durchschnitt zweier oder mehrerer einander ausschließender Ereignisse führt zur leeren Menge.

Im Beispiel: $A \cap B = \varnothing$ oder auch
$A \cap B \cap C = \varnothing$

Vereinbar bzw. nicht disjunkt sind hingegen die Ereignisse A und D, B und D, B und E sowie C und E, weil sie jeweils gemeinsame Elemente haben. Man erhält jedoch

$$A \cap B \cap D = \varnothing,$$

weil es kein Elementarereignis gibt, das sich in A und B und D befindet.

4.1.2 Definition der Wahrscheinlichkeit

Wir betrachten ein Zufallsexperiment, bei dem alle Elementarereignisse die gleiche Wahrscheinlichkeit besitzen. Solche Experimente werden auch „Laplace-Experimente" genannt. In der Regel lässt sich die Annahme gleichwahrscheinlicher Ereignisse durch die in dem Experiment enthaltene Symmetrie rechtfertigen. Einfache Beispiele sind das Werfen einer Münze oder eines Würfels. Sowohl die Münze als auch der Würfel sind symmetrisch konstruiert, sodass alle Seiten die gleiche Chance des Eintretens besitzen. Auch eine Lotterie gewährleistet die gleiche Wahrscheinlichkeit eines jeden Loses. Auf einer Jahrmarktslotterie könnte dies durch kräftiges Mischen äußerlich identischer Lose geschehen.

Definition 4.1

Wahrscheinlichkeit. Ist in einem Zufallsexperiment gewährleistet, dass alle Elementarereignisse die gleiche Wahrscheinlichkeit des Eintretens besitzen, so wird die Wahrscheinlichkeit des Ereignisses A folgendermaßen definiert,

$$P(A) = \frac{|A|}{|\Omega|},$$

wobei $|A|$ und $|\Omega|$ die Anzahl der Elementarereignisse bezeichnen, die in diesen Ereignissen enthalten sind. Zu $|A|$ sagt man auch „Anzahl der für A günstigen Fälle" und zu $|\Omega|$ „Anzahl der insgesamt möglichen Fälle".

Betrachten wir den Wurf einer Münze als einfaches Beispiel, auf welches sich die gerade gegebene Definition anwenden lässt. Ist die Münze fair, so sind „Kopf" und „Zahl" gleichwahrscheinlich. Symbolisieren wir das Ereignis Kopf durch A, so gilt $P(A) = 1/2$, denn A besteht nur aus einem von insgesamt zwei möglichen Elementarereignissen.

Als zweites Beispiel betrachten wir einen fairen Würfel, für den die sechs Seiten gleichwahrscheinlich sind. Wir bezeichnen die sechs Seiten folgendermaßen: $A = 1, B = 2, C = 3, D = 4, E = 5$ und $F = 6$. Nun können wir beispielsweise nach der Wahrscheinlichkeit für B fragen. Da es nur einen günstigen Fall gibt, in dem B eintreten kann, aber insgesamt sechs Elementarereignisse in Ω enthalten sind, ergibt sich $P(B) = 1/6$.

Als drittes Beispiel betrachten wir den Wurf eines Reißnagels. In diesem Zufallsexperiment sind nur zwei Ausgänge möglich: die Spitze des Reißnagels kann nach oben oder nach unten zeigen. Allerdings ist für dieses Experiment schwer zu rechtfertigen, dass beide Ereignisse gleichwahrscheinlich sind. Insofern lässt sich die Definition 4.1 auf dieses Beispiel nicht anwenden, und die Wahrscheinlichkeit des Ereignisses „Spitze oben" ist unbekannt.

4.1.3 Axiome der Wahrscheinlichkeit

Für den mathematischen Umgang mit Wahrscheinlichkeiten hat Kolmogoroff (1933) eine Axiomatik aufgestellt, nach der den Realisationen eines Zufallsexperiments Zahlen zugeordnet werden, die als Wahrscheinlichkeiten folgende Bedingungen erfüllen müssen:

1. Für die Wahrscheinlichkeit eines zufälligen Ereignisses A gilt $0 \le P(A) \le 1$.

2. Die Wahrscheinlichkeit eines sicheren Ereignisses ist gleich 1,0.
3. Sind zwei Ereignisse A und B disjunkt, gilt

$$P(A \cup B) = P(A) + P(B).$$

Diese Axiome beschreiben die fundamentalen Eigenschaften von Wahrscheinlichkeiten. Der Begriff „Axiom" verdeutlicht, dass diese Eigenschaften nicht eine Schlussfolgerung aus einem mathematischen Beweis sind, sondern dass Wahrscheinlichkeiten durch diese Eigenschaften *charakterisiert* sind.

4.1.4 Wahrscheinlichkeit des Komplements

Gelegentlich kennt man die Wahrscheinlichkeit eines Ereignisses A und will die Wahrscheinlichkeit des Komplements $\bar{A}$ („nicht A") bestimmen. Da die Vereinigung von A mit dem Komplementärereignis $\bar{A}$ ein sicheres Ereignis darstellt, ergibt sich aufgrund des zweiten Axioms $P(A)+P(\bar{A}) = 1$. Für die Komplementärwahrscheinlichkeit ergibt sich somit der Ausdruck

$$P(\bar{A}) = 1 - P(A). \tag{4.1}$$

Diese Gleichung soll durch ein Beispiel illustriert werden. Betrachten wir wieder einen fairen Würfel, der einmal geworfen wird. Wir interessieren uns dafür, eine „sechs" zu würfeln und definieren das Ereignis A deshalb als $A = 6$. Aus Definition 4.1 ergibt sich $P(A) = 1/6$. Fragen wir nun nach der Wahrscheinlichkeit des Ereignisses $\bar{A}$, in einem Wurf „keine sechs" zu würfeln, so errechnen wir die Wahrscheinlichkeit von $\bar{A}$ als

$$P(\bar{A}) = 1 - P(A) = 1 - \frac{1}{6} = \frac{5}{6}.$$

4.1.5 Additionstheorem

Häufig muss die Wahrscheinlichkeit eines Ereignisses bestimmt werden, welches sich aus der Vereinigung zweier anderer Ereignisse ergibt. Das Additionstheorem beschreibt, wie diese Wahrscheinlichkeit bestimmt werden kann. Es lautet folgendermaßen:

Die Wahrscheinlichkeit des Eintretens von A oder B ergibt sich als die Summe der Wahrscheinlichkeiten von A und B abzüglich der Wahrscheinlichkeit, dass beide Ereignisse gleichzeitig eintreten.

Schreibt man das Additionstheorem als Formel, so ergibt sich:

$$P(A \cup B) = P(A) + P(B) - P(A \cap B). \tag{4.2}$$

Gleichung (4.2) bezeichnet man als das Additionstheorem für nicht-disjunkte Ereignisse.

Ein wichtiger *Spezialfall* des Additionstheorems ergibt sich, falls sich beide Ereignisse wechselseitig ausschließen. In diesem Fall ist

$$P(A \cup B) = P(A) + P(B), \tag{4.3}$$

da für disjunkte Ereignisse $P(A \cap B) = 0$ gilt. Das dritte Axiom der Wahrscheinlichkeit ist also identisch mit dem Additionstheorem für disjunkte Ereignisse.

Wieder sollen einige Beispiele das Additionstheorem erläutern. Wir betrachten das einmalige Werfen einer Münze und definieren die Ereignisse: A = Kopf und B = Zahl. Wie Wahrscheinlichkeit ist das Ereignis „Kopf oder Zahl"? Da sich die Ereignisse wechselseitig ausschließen, kann die einfachere Variante des Theorems in Gl. (4.3) verwendet werden. Es ergibt sich

$$P(A \cup B) = P(A) + P(B) = 1/2 + 1/2 = 1.$$

Da die Wahrscheinlichkeit 1,0 beträgt, handelt es sich bei dem Ereignis „Kopf oder Zahl" offensichtlich um ein sicheres Ereignis.

Im zweiten Beispiel fragen wir nach der Wahrscheinlichkeit, dass eine aus dem Skatblatt (32 Karten) gezogene Karte entweder ein Ass = A oder rot = B ist. In diesem Fall sind die Ereignisse nicht disjunkt, denn es gibt zwei Karten (Herz- und Karo-Ass), die sowohl zu A als auch zu B gehören. Es ergeben sich $P(A) = 4/32$, $P(B) = 16/32$ und $P(A \cap B) = 2/32$ und damit

$$P(A \cup B) = 16/32 + 4/32 - 2/32 = 18/32.$$

Das Additionstheorem für disjunkte Ereignisse lässt sich einfach verallgemeinern. Für k disjunkte Ereignisse $A_1, A_2, \ldots, A_k$ ergibt sich

$$P(A_1 \cup A_2 \cup \ldots \cup A_k) = P(A_1) + \cdots + P(A_k).$$

> Die Wahrscheinlichkeit, dass eines von k disjunkten Ereignissen eintritt, entspricht der Summe der Wahrscheinlichkeiten für die k Ereignisse.

Auch das Additionstheorem für nicht-disjunkte Ereignisse lässt sich auf drei oder mehr Ereignisse verallgemeinern. Allerdings ist bereits die Formel für drei nicht-disjunkte Ereignisse schon sehr komplex, sodass an dieser Stelle auf sie verzichtet wird.

4.1.6 Bedingte Wahrscheinlichkeit

Häufig tritt die Situation auf, dass wir uns für die Wahrscheinlichkeit des Ereignisses B interessieren, wobei wir aber bereits wissen, dass ein anderes Ereignis A eingetreten ist. Nutzen wir diese Kenntnis bei der Bestimmung der Wahrscheinlichkeit von B aus, so sprechen wir von der „bedingten Wahrscheinlichkeit", welche mit $P(B|A)$ bezeichnet wird.

Ein Beispiel soll diesen Gedanken verdeutlichen. Wir betrachten das einmalige Würfeln und die beiden Ereignisse $A = \{4, 5, 6\}$ und $B = \{1, 3, 5\}$. Die Ereignisse A und B entsprechen also „Zahl größer 3" und „ungerade Zahl". Man schließt daraus, dass $P(A) = 1/2$ ist. Man stelle sich nun folgende Situation vor: Nach dem Würfeln ist die Augenzahl zwar nicht bekannt, aber man erhält die Information, dass A eingetreten ist. Was bedeutet diese Information für die Wahrscheinlichkeit des Ereignisses B? Ist A eingetreten, so muss die Augenzahl 4, 5, oder 6 betragen. Da wir keine weitere Information besitzen, ist jede dieser drei Zahlen gleich wahrscheinlich. Wenden wir nun die Definition gleichwahrscheinlicher Ereignisse (Def. 4.1) an, so ist von den drei Möglichkeiten, die eingetreten sein können, nur eine hinsichtlich des Ereignisses B günstig. Nur wenn die Augenzahl des Würfels 5 beträgt, ist auch das Ereignis B eingetreten. Mit anderen Worten, $P(B|A) = 1/3$.

Das gerade am Beispiel erläuterte Vorgehen bei der Ermittlung der bedingten Wahrscheinlichkeit besteht darin, dass es aufgrund der Information über das Eintreten von A möglich ist, die ursprüngliche Menge der Elementarereignisse, welche aus den Zahlen von 1 bis 6 besteht, zu *verkleinern*. Ist bekannt, dass A eingetreten ist, so sind nur noch drei Zahlen möglich. Die Anwendung der Definition 4.1 auf die verkleinerte Menge der Elementarereignisse liefert dann die gesuchte bedingte Wahrscheinlichkeit.

Sie lässt sich mit folgender Formel ausrechnen:

$$P(B|A) = P(A \cap B)/P(A), \tag{4.4}$$

wobei $P(A) > 0$ gelten muss. Wir wenden diese Formel auf das obige Würfelbeispiel an. Zuerst zu der Wahrscheinlichkeit im Nenner. Da $A = \{4, 5, 6\}$ ist, ergibt sich $P(A) = 1/2$. Wie groß ist nun die Wahrscheinlichkeit $P(A \cap B)$, welche im Zähler steht? Für das Beispiel ergibt sich als Schnittmenge von A und B die Zahl 5, denn 5 ist die einzige Augenzahl beim Würfeln, die sowohl ungerade als auch größer als 3 ist. Also ist $P(A \cap B) = 1/6$. Somit ergibt sich für die bedingte Wahrscheinlichkeit der Wert

$$P(B|A) = (1/6)/(1/2) = 1/3,$$

was dem zuvor berechneten Ergebnis entspricht.

Wie durch das Beispiel deutlich wird, muss eine bedingte Wahrscheinlichkeit nicht notwendigerweise mit Hilfe von Gl. (4.4) ermittelt werden. Es hängt vom jeweiligen Kontext ab, wie eine bedingte Wahrscheinlichkeit ermittelt werden kann. Um dies zu erläutern, betrachten wir folgende Situation:

Wir ziehen zwei Karten, ohne Zurücklegen, aus einem Kartenspiel (32 Karten) und betrachten die Ereignisse: A (Ass im ersten Zug) und B (Ass im zweiten Zug). Nun kann man nach der Wahrscheinlichkeit, ein Ass im zweiten Zug zu ziehen, wenn im ersten Zug schon ein Ass gezogen wurde, fragen. Diese Wahrscheinlichkeit lässt sich folgendermaßen ermitteln: Wenn A bereits eingetreten ist und das Ass nicht mehr zurückgelegt wird, dann sind nur noch 31 Karten vorhanden, darunter drei Asse. Also muss die bedingte Wahrscheinlichkeit $P(B|A)$ genau $3/31$ betragen.

Der Einsatz von Gl. (4.4) ist in diesem Beispiel wesentlich schwieriger, da die Wahrscheinlichkeit des gemeinsamen Eintretens von A und B (zwei Asse werden nacheinander gezogen, wobei das erste Ass nicht zurückgelegt wird), die Wahrscheinlichkeit $P(A \cap B)$, in diesem Beispiel nicht einfach zu ermitteln ist.

4.1.7 Unabhängigkeit

Um bedingte Wahrscheinlichkeiten, von Wahrscheinlichkeiten, für die keine Bedingung berücksichtigt wird, zu unterscheiden, spricht man auch von *unbedingten* Wahrscheinlichkeiten. Man bezeichnet also $P(B|A)$ als bedingte und $P(B)$ als unbedingte Wahrscheinlichkeit.

Zwei Ereignisse A und B heißen *unabhängig*, falls sich die Wahrscheinlichkeit für das Eintreten von B nicht dadurch ändert, dass man das Eintreten von A berücksichtigt. Mit anderen Worten, die Kenntnis, dass A eingetreten ist, ist ohne Konsequenz für die Wahrscheinlichkeit des Eintretens von B. Also sind die Ereignisse A und B nicht miteinander „verbunden" – man sagt, A und B sind unabhängig. Zwei Ereignisse A und B sind somit unabhängig, falls

$$P(B|A) = P(B).$$

Unabhängigkeit zweier Ereignisse bedeutet, dass die Kenntnis des Eintretens von A die Wahrscheinlichkeit des Eintretens von B nicht verändert. Die bedingte Wahrscheinlichkeit eines Ereignisses ist somit gleich seiner unbedingten Wahrscheinlichkeit.

Zur Erläuterung greifen wir erneut das Beispiel des einmaligen Würfelns auf, wobei A wie vorhin eine Zahl größer als 3 und B eine ungerade Zahl bezeichnen. Sind diese beiden Ereignisse unabhängig? In Abschnitt 4.1.6 hatten wir bereits die Wahrscheinlichkeiten $P(B)$ und $P(B|A)$ berechnet. Wir erhielten $P(B) = 1/2$ und $P(B|A) = 1/3$. Da die Wahrscheinlichkeiten verschieden sind, sind die Ereignisse A und B abhängig.

In einem weiteren Beispiel betrachten wir die Ereignisse $A = \{5,6\}$ und $B = \{2,4,6\}$ und fragen, ob die beiden Ereignisse unabhängig sind? Offensichtlich ist $P(B) = 1/2$. Welchen Wert besitzt nun $P(B|A)$? Ist bekannt, dass A schon eingetreten ist, so kann nur die Augenzahl 5 oder 6 eingetreten sein. Nur im Fall der 6 ist auch B eingetreten. Insofern ist genau eines von zwei möglichen Ereignissen günstig, woraus $P(B|A) = 1/2$ folgt. In diesem Beispiel sind die Ereignisse A und B also unabhängig, da $P(B|A) = P(B)$. Mit anderen Worten, das Eintreten von A ist *nicht* informativ hinsichtlich des Eintretens von B.

4.1.8 Multiplikationstheorem

Das Multiplikationstheorem fragt nach der Wahrscheinlichkeit des Eintretens von A und B. Es besagt, dass die Wahrscheinlichkeit des gemeinsamen Auftretens von A und B gleich der Wahrscheinlichkeit des Auftretens von A multipliziert mit der Wahrscheinlichkeit des Auftretens von B ist, falls A schon aufgetreten ist.

Schreibt man das Multiplikationstheorem als Formel, so erhält man

$$P(A \cap B) = P(A) \cdot P(B|A). \tag{4.5}$$

Wie man aus einem Vergleich des Multiplikationstheorems mit der Formel für die bedingte Wahrscheinlichkeit, s. Gl. (4.4) erkennt, ergibt sich das Multiplikationstheorem direkt aus dieser Formel.

Nach Gl. (4.5) errechnet man die Wahrscheinlichkeit $P(A \cap B)$ für das gemeinsame Eintreten der Ereignisse A und B aus $P(A)$ und $P(B|A)$, also der bedingten Wahrscheinlichkeit für B unter der Voraussetzung, dass A eingetreten ist. Die Wahrscheinlichkeit, dass B eintritt, hängt im Allgemeinen von dem Eintreten des Ereignisses A ab. Häufig fragen wir jedoch nach der gemeinsamen Wahrscheinlichkeit zweier Ereignisse, die nicht voneinander abhängen. Oft ergibt sich die Unabhängigkeit der Ereignisse durch die *Versuchsanordnung*. Beispielsweise betrachtet man beim zweimaligen Werfen einer Münze das Ereignis „Kopf im ersten Wurf" als unabhängig vom Ereignis „Kopf im zweiten Wurf". In diesen Fällen ist die Wahrscheinlichkeit des Ereignisses A völlig unabhängig davon, ob B eingetreten ist, oder nicht und somit ist die bedingte Wahrscheinlichkeit $P(B|A)$ gleich der Wahrscheinlichkeit $P(B)$. Entsprechend reduziert sich Gl. (4.5) zu

$$P(A \cap B) = P(A) \cdot P(B). \tag{4.6}$$

Das Multiplikationstheorem lässt sich für mehr als zwei Ereignisse verallgemeinern. Die Wahrscheinlichkeit, dass die Ereignisse $A, \ldots, Z$ gemeinsam auftreten, berechnet man nach der Formel

$$P(A \cap B \cap C \cap \ldots \cap Z) = P(A)P(B|A)P(C|AB)\cdots P(Z|AB\cdots Y). \tag{4.7}$$

Sind die Ereignisse $A, \ldots, Z$ alle unabhängig voneinander, so vereinfacht sich die Formel zu

$$P(A \cap B \cap C \cap \ldots \cap Z) = P(A)P(B)P(C)\cdots P(Z).$$

Man achte darauf, dass die Aussagen „zwei Ereignisse schließen einander wechselseitig aus" und „zwei Ereignisse sind voneinander unabhängig" nicht verwechselt werden. Zwei Ereignisse A und B, die einander ausschließen, haben keine gemeinsamen Elemente, sodass $A \cap B = \varnothing$ und damit auch $P(A \cap B) = 0$. Wären diese Ereignisse voneinander unabhängig, müsste auch $P(A \cap B) = P(A) \cdot P(B)$ gelten, d. h., $P(A)$ oder $P(B)$ (oder beide) sind null. Damit wären A oder B (bzw. beide) unmögliche Ereignisse.

4.1.9 Satz von der totalen Wahrscheinlichkeit

Mit Hilfe des Satzes von der totalen Wahrscheinlichkeit wird die unbedingte Wahrscheinlichkeit eines Ereignisses B mit seinen bedingten Wahrscheinlichkeiten in Bezug besetzt. Der Satz lautet

$$P(B) = P(B|A)P(A) + P(B|\bar{A})P(\bar{A}). \tag{4.8}$$

Dieser Satz ist immer dann sinnvoll verwendbar, wenn sich zwar die bedingten Wahrscheinlichkeiten auf der rechten Seite von Gl. (4.8) leicht bestimmen lassen, die unbedingte Wahrscheinlichkeit $P(B)$ aber nicht offensichtlich ist.

Auch diese Situation soll wieder an einem Beispiel erläutert werden. Wir betrachten zunächst das zweimalige Ziehen einer Karte aus einem Skatspiel und bezeichnen das Ziehen eines Asses im ersten Zug als A und das Ziehen eines Asses im zweiten Zug als B. Wir fragen nun nach der Wahrscheinlichkeit, ein Ass im zweiten Zug zu ziehen. Dabei ist es für die Berechnung aber von Bedeutung, ob die erste Karte vor dem Ziehen der zweiten Karte wieder zurückgelegt wird oder nicht.

Falls die erste Karte wieder zurückgelegt wird, ist die Beantwortung dieser Frage sehr einfach. Wegen des Zurücklegens ist die Wahrscheinlichkeit eines Asses im ersten Zug gleich der Wahrscheinlichkeit eines Asses im zweiten Zug. Bei vier Assen in einem 32-teiligen Kartenspiel gilt also $P(B) = 4/32$.

Falls die erste Karte aber nicht zurückgelegt wird, ist die unbedingte Wahrscheinlichkeit $P(B)$ nicht offensichtlich, da zur Ermittlung dieser Wahrscheinlichkeit das Ereignis A ignoriert werden muss. Der Satz von der totalen Wahrscheinlichkeit erlaubt es uns aber, $P(B)$ zu bestimmen, da sich die vier Wahrscheinlichkeiten auf der rechten Seite von Gl. (4.8) direkt bestimmen lassen.

Zunächst ist $P(A)$, die Wahrscheinlichkeit eines Asses im ersten Zug, offensichtlich $4/32$, und damit ist $P(\bar{A}) = 1 - 4/32 = 28/32$. Die bedingten Wahrscheinlichkeiten ermittelt man folgendermaßen: Nachdem das erste Ass gezogen wurde, lautet die Wahrscheinlichkeit für das zweite Ass $P(B|A) = 3/31$, denn unter den 31 verbleibenden Karten befinden sich noch drei Asse. War die erste Karte hingegen kein Ass, bestimmten wir $P(B|\bar{A}) = 4/31$, denn unter den 31 verbleibenden Karten befinden sich noch vier Asse. Somit errechnen wir mit Hilfe von Gl. (4.8)

$$P(B) = \frac{3}{31} \cdot \frac{4}{32} + \frac{4}{31} \cdot \frac{28}{32} = \frac{4}{32}.$$

Dieses Ergebnis ist insofern überraschend, als sich die Wahrscheinlichkeit, ein Ass im ersten Zug zu erhalten, nicht von der unbedingten Wahrscheinlichkeit, ein Ass im zweiten Zug zu erhalten, unterscheidet. Wenn also zwei Personen hintereinander eine Karte aus einem Skatspiel ziehen, ist für beide die Wahrscheinlichkeit gleich, ein Ass zu erhalten, selbst wenn die Karte nach dem ersten Zug nicht mehr in das Spiel zurückgelegt wird.

In Gl. (4.8) gingen wir von einer Zerlegung der Menge der Elementarereignisse Ω in A und $\bar{A}$ aus. Man beachte, dass in diesem Fall $A \cup \bar{A} = \Omega$ und $A \cap \bar{A} = \emptyset$. Man sagt auch, dass A und $\bar{A}$ die Menge der Elementarereignisse „partitionieren". Der Satz von der totalen Wahrscheinlichkeit lässt sich auf Situationen verallgemeinern, in denen die Menge der Elementarereignisse in mehr als zwei Teile partitioniert wird. Gilt für eine Reihe von Ereignissen A_i $(i = 1, \ldots, k)$, welche (1) sich wechselseitig ausschließen und (2) deren Vereinigung die Menge der Elementarereignisse ergibt, so gilt

$$P(B) = \sum_{i=1}^{k} P(B|A_i)P(A_i). \tag{4.9}$$

Gleichung (4.8) ist offensichtlich ein Spezialfall von Gleichung (4.9).

4.1.10 Theorem von Bayes

Das Theorem von Bayes verknüpft die bedingte Wahrscheinlichkeit $P(A|B)$ mit der unbedingten Wahrscheinlichkeit $P(A)$. Folgender Gedankengang führt zu dem Satz von Bayes:

Mit Hilfe der bedingten Wahrscheinlichkeit (Gl. 4.4) kann man $P(A \cap B)$ auf zwei äquivalente Arten ausdrücken. Und zwar sowohl durch

$$P(A \cap B) = P(B|A)P(A), \text{ als auch durch}$$
$$P(A \cap B) = P(A|B)P(B).$$

Da die beiden linken Seiten gleich sind, resultiert

$$P(A|B)P(B) = P(B|A)P(A).$$

Auflösen nach $P(A|B)$ ergibt

$$P(A|B) = P(B|A)P(A)/P(B).$$

Schließlich ersetzen wir $P(B)$ mit Hilfe des Satzes von der totalen Wahrscheinlichkeit durch die rechte Seite von Gl. (4.8) und erhalten die Gleichung

$$P(A|B) = \frac{P(B|A)P(A)}{P(B|A)P(A) + P(B|\bar{A})P(\bar{A})}, \tag{4.10}$$

welche als *Satz von Bayes* bezeichnet wird. Der Satz beschreibt, wie sich die Wahrscheinlichkeit des Ereignisses A durch die Berücksichtigung des Ereignisses B verändert, denn $P(A)$ steht auf der rechten Seite und $P(A|B)$ auf der linken Seite von Gl. (4.10). Im Kontext des Satzes von Bayes werden $P(A)$ als „Priorwahrscheinlichkeiten" und $P(A|B)$ als „Posteriorwahrscheinlichkeiten" bezeichnet.

BEISPIEL 4.2

Ein älterer Herr lässt einen Labortest auf Prostatakarzinom durchführen. Der Test zeigt das für Prostatakarzinome typische Symptom und signalisiert damit, dass die Krankheit K vorliegen könnte. Der Patient möchte nun wissen, mit welcher Wahrscheinlichkeit er an Prostatakrebs erkrankt ist. Er fragt damit nach dem „positiven Vorhersagewert" des Labortests, auf dem die Diagnose D beruht. Aus Sicht des Patienten ist vor allem die bedingte Wahrscheinlichkeit $P(K|D)$ von Interesse, also die Wahrscheinlichkeit, dass die Krankheit vorliegt, falls die Diagnose positiv ist.

Es sei bekannt, dass Prostatakrebs in der fraglichen Altersgruppe mit einer Wahrscheinlichkeit von 0,1% vorkommt, d. h., die Krankheit hat eine „Prävalenz" von $P(K) = 0{,}001$. Den Veröffentlichungen zum Labortest ist ferner zu entnehmen, dass der Test mit einer Wahrscheinlichkeit von 98% positiv ausfällt, wenn die Krankheit vorliegt; dies bedeutet, dass der Test eine „Sensitivität" von $P(D|K) = 0{,}98$ hat. Die „Spezifität" (das ist die Wahrscheinlichkeit, dass der Test negativ ausfällt, wenn die Krankheit nicht vorliegt) wird mit $P(\bar{D}|\bar{K}) = 0{,}995$ angegeben.

Diese Angaben reichen aus, um die Wahrscheinlichkeit $P(K|D)$ über den Satz von Bayes zu berechnen. Hierfür übertragen wir zunächst Gl. (4.10) in die Symbolik des Beispiels:

$$P(K|D) = \frac{P(D|K)P(K)}{P(D|K)P(K) + P(D|\bar{K})P(\bar{K})}.$$

Die Wahrscheinlichkeit $P(D|\bar{K})$ bezeichnet die Wahrscheinlichkeit für eine falsch-positive Beobachtung, denn die Diagnose ist positiv, ohne dass die Krankheit vorliegt. Der falsch-positive Wert ergibt sich als Gegenwahrscheinlichkeit zur „Spezifität"; $P(D|\bar{K}) = 1 - P(\bar{D}|\bar{K}) = 1 - 0{,}995 = 0{,}005$. Nun benötigen wir noch die Wahrscheinlichkeit dafür, dass die Krankheit nicht auftritt, die als Gegenwahrscheinlichkeit zur Prävalenz berechnet wird: $P(\bar{K}) = 1 - P(K) = 1 - 0{,}001 = 0{,}999$. Damit sind alle Werte bekannt, um die Wahrscheinlichkeit $P(K|D)$ bestimmen zu können. Sie ergibt sich zu:

$$P(K|D) = \frac{0{,}001 \cdot 0{,}98}{0{,}98 \cdot 0{,}001 + 0{,}005 \cdot 0{,}999} = 0{,}164.$$

Die Wahrscheinlichkeit, dass der Patient Prostatakrebs hat, beträgt also nach dem positiven Labortest 16,4% (Posteriorwahrscheinlichkeit). Ohne positiven Labortestbefund entspräche die Wahrscheinlichkeit für das Vorliegen der Krankheit der Prävalenz, also 0,1% (Priorwahrscheinlichkeit).

4.2 Variationen, Permutationen, Kombinationen

Insbesondere durch Glücksspiele wurde eine Reihe von Rechenregeln angeregt, mit denen die Wahrscheinlichkeit bestimmter Ereigniskombinationen von gleichwahrscheinlichen Elementarereignissen ermittelt wird. Diese Rechenregeln beinhalten im Allgemeinen Anweisungen, wie man ohne mühsame Zählarbeit die Anzahl der möglichen und die Anzahl der günstigen Ereignisse berechnen kann, um so entsprechend Definition 4.1 die gesuchten Wahrscheinlichkeiten zu bestimmen. Einige dieser Rechenregeln sollen im Folgenden dargestellt werden.

4.2.1 1. Variationsregel

Gesucht wird die Wahrscheinlichkeit, dass bei fünf Münzwürfen fünfmal nacheinander „Zahl" fällt. Da es sich um ein günstiges Ereignis unter $2^5 = 32$ möglichen Ereignissen handelt, beträgt die Wahrscheinlichkeit $p = 1/32 = 0{,}031$. Die allgemeine Regel für die Ermittlung der möglichen Ereignisse lautet:

> Wenn jedes von k sich gegenseitig ausschließenden Ereignissen bei jedem Versuch auftreten kann, ergeben sich bei n Versuchen k^n verschiedene Ereignisabfolgen.

BEISPIEL 4.3

In einem Fragebogen zur Erfassung der vegetativen Labilität, der als Antwortmöglichkeiten die drei Kategorien „ja", „nein" und „?" vorsieht, soll nicht nur die Anzahl der bejahten Fragen ausgewertet werden, sondern zusätzlich die Sequenz, in der bei aufeinander folgenden Aufgaben die drei Kategorien gewählt werden („configural scoring", vgl. Meehl, 1950). Es möge sich herausgestellt haben, dass Patienten mit Schlafstörungen üblicherweise die ersten zehn Fragen folgendermaßen beantworten:

ja, ja, ?, ja, nein, nein, ?, ja, ?, nein.

Wie groß ist die Wahrscheinlichkeit, dass diese Antwortabfolge zufällig auftritt? Da es nur einen günstigen Fall, aber $3^{10} = 59049$ mögliche Fälle gibt, lautet die gesuchte Wahrscheinlichkeit $1/59049 = 0{,}0000169$.

4.2.2 2. Variationsregel

Gesucht wird die Wahrscheinlichkeit, mit einer Münze „Zahl" und mit einem Würfel die Zahl 6 zu werfen. Dieses eine günstige Ereignis kann unter $2 \cdot 6 = 12$ Ereignissen auftreten, sodass die Wahrscheinlichkeit $1/12 = 0{,}08$ beträgt. Allgemein formuliert:

> Werden n voneinander unabhängige Zufallsexperimente durchgeführt, und besteht die Menge der Elementarereignisse des ersten Zufallsexperimentes aus k_1, die des zweiten Zufallsexperimentes aus $k_2, \ldots$ und die des n-ten Zufallsexperimentes aus k_n verschiedenen Elementarereignissen, sind $k_1 \cdot k_2 \cdot \ldots \cdot k_n$ verschiedene Ereignisabfolgen möglich.

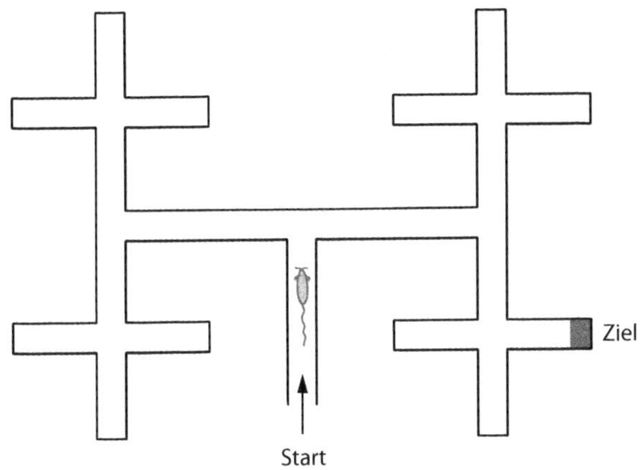

Abbildung 4.2. Labyrinth zum Orientierungslernen

BEISPIEL 4.4

In einem Experiment zum Orientierungslernen müssen Ratten den richtigen Weg durch ein Labyrinth finden (vgl. Abb. 4.2).

Das Labyrinth ist so konstruiert, dass sich die Ratte zunächst zwischen zwei Wegalternativen, dann wieder zwischen zwei Wegalternativen und zuletzt zwischen drei Wegalternativen entscheiden muss. Wie groß ist die Wahrscheinlichkeit, dass eine Ratte zufällig auf direktem Wege (d. h. ohne umzukehren) das Ziel erreicht?

Richtiger Weg = 1

mögliche Wege = $2 \cdot 2 \cdot 3 = 12$

$$p = \frac{1}{12} = 0{,}083.$$

4.2.3 Permutationsregel

In einer Urne befinden sich sechs Kugeln mit unterschiedlichem Gewicht. Wie groß ist die Wahrscheinlichkeit, dass die sechs Kugeln der Urne nacheinander in der Reihenfolge ihres Gewichtes (von der leichtesten bis zur schwersten Kugel) entnommen werden?

Für die erste Kugelentnahme ergeben sich 6 Möglichkeiten, für die zweite 5, für die dritte 4 usw. bis hin zur letzten Kugel. Insgesamt sind somit $6 \cdot 5 \cdot 4 \cdot 3 \cdot 2 \cdot 1 = 720$ Abfolgen denkbar. Da nur eine Abfolge richtig ist, lautet die Wahrscheinlichkeit $p = 1/720 = 0{,}0014$. Allgemein formuliert:

> n verschiedene Objekte können in $n! = 1 \cdot 2 \cdot 3 \cdot \ldots \cdot (n-1) \cdot n$ verschiedenen Abfolgen angeordnet werden ($n!$ lies: n Fakultät).

BEISPIEL 4.5

In einem psychophysischen Experiment soll die subjektive Lautheit von fünf verschiedenen Tönen von Versuchspersonen auf einer Ratingskala eingestuft werden. Da man davon ausgehen muss, dass die subjektive Lautheit eines Tones von der Lautheit des (der) zuvor gehörten Tones (Töne) abhängt, werden den Versuchspersonen alle möglichen Abfolgen dargeboten. Wie viele Urteile muss eine Versuchsperson abgeben?

Es sind $5! = 120$ verschiedene Abfolgen mit jeweils fünf Tönen möglich, d. h. es müssen $5 \cdot 120 = 600$ Urteile abgegeben werden. Die Wahrscheinlichkeit für eine Abfolge beträgt $p = 1/120 = 0{,}0083$.

4.2.4 1. Kombinationsregel

Wie groß ist die Wahrscheinlichkeit, dass aus einem Skatspiel zufällig nacheinander die Karten Kreuz Ass, Pik Ass, Herz Ass und Karo Ass gezogen werden? Für die erste Karte ergeben sich 32 Möglichkeiten, für die zweite Karte 31, für die dritte Karte 30 und für die vierte Karte 29 Möglichkeiten. Insgesamt stehen somit $32 \cdot 31 \cdot 30 \cdot 29 = 863040$ mögliche Folgen zur Verfügung, sodass die Wahrscheinlichkeit $1/863040 = 1{,}16 \cdot 10^{-6}$ beträgt. Dieses Ereignis kommt somit ungefähr unter 1 Million Fällen nur einmal vor. Allgemein formuliert:

> Wählt man aus n verschiedenen Objekten r zufällig aus, ergeben sich $n!/(n-r)!$ verschiedene Reihenfolgen der r Objekte.

Wenden wir diese allgemeine Beziehung auf unser Beispiel an, erhalten wir erneut $32!/(32-4)! = 32 \cdot 31 \cdot 30 \cdot 29 = 863040$ Abfolgen.

BEISPIEL 4.6

Bei einer Olympiade haben sich sieben annähernd gleich starke Läufer für den Endlauf qualifiziert. Wie groß ist die Wahrscheinlichkeit, dass Läufer A die Goldmedaille, Läufer B die Silbermedaille und Läufer C die Bronzemedaille erhält, wenn das Ergebnis von der (zufälligen) Tagesform bestimmt wird?

Günstige Fälle = 1

$$\text{mögliche Fälle} = \frac{7!}{(7-3)!} = 210\,,$$

$$p = \frac{1}{210} = 0{,}005.$$

4.2.5 2. Kombinationsregel

Wie groß ist die Wahrscheinlichkeit, beim Lotto „6 aus 49“ sechs Richtige zu haben? Im Unterschied zur letzten Rechenregel ist hier die Reihenfolge, in der die sechs Zahlen gezogen werden, beliebig. Die Rechenregel lautet:

> Wählt man aus n verschiedenen Objekten r zufällig aus und lässt hierbei die Reihenfolge außer Acht, ergeben sich für die r Objekte $\binom{n}{r}$ verschiedene Kombinationen.

Der Ausdruck $\binom{n}{r}$ wird *Binomialkoeffizient* genannt und als „n über r" gelesen. Er entspricht der Anzahl der Möglichkeiten, aus n Objekten Gruppen der Größe r zu bilden. Sie wird wie folgt berechnet:

$$\binom{n}{r} = \frac{n!}{r! \cdot (n-r)!}. \qquad (4.11)$$

Man beachte, dass $0! = 1$.

Im Lottospiel ermitteln wir als Anzahl der möglichen Fälle

$$\binom{49}{6} = \frac{49!}{6! \cdot 43!} = 13983816.$$

Die Wahrscheinlichkeit für sechs Richtige lautet somit $1/13983816 = 7{,}15 \cdot 10^{-8}$. (Es sei darauf hingewiesen, dass die Wahrscheinlichkeit für fünf Richtige im Lotto nicht nach Gl. (4.11) berechnet werden kann. Wir werden dieses Problem in Kap. 5.2.2 aufgreifen.)

BEISPIEL 4.7

In einer Untersuchung zur Begriffsbildung erhalten Kinder unter anderem die Aufgabe, aus den Worten

Apfel – Baum – Birne – Sonne – Pflaume

diejenigen drei herauszufinden, die zusammengehören. Wie groß ist die Wahrscheinlichkeit, dass die richtige Lösung (Apfel – Birne – Pflaume = Obst) zufällig gefunden wird? In diesem Beispiel ist $n = 5$ und $r = 3$. Somit ergibt sich die Anzahl der möglichen Fälle durch

$$\binom{5}{3} = \frac{5 \cdot 4 \cdot 3 \cdot 2 \cdot 1}{3 \cdot 2 \cdot 1 \cdot 2 \cdot 1} = 10.$$

Da von den zehn gleichwahrscheinlichen Fällen nur einer günstig ist, lautet die gesuchte Wahrscheinlichkeit 0,1.

Der häufigste Anwendungsfall der zweiten Kombinationsregel ist das *Paarbildungsgesetz*, nach dem ermittelt werden kann, zu wie vielen Paaren n Objekte kombiniert werden können. Da in diesem Falle $r = 2$ ist, reduziert sich Gl. (4.11) zu

$$\binom{n}{2} = \frac{n!}{2! \cdot (n-2)!} = \frac{n \cdot (n-1)}{2}. \qquad (4.12)$$

Danach lässt sich beispielsweise das Problem, mit welcher Wahrscheinlichkeit bei einem Skatspiel im Skat zwei Buben liegen, in folgender Weise lösen:

$$\text{Günstige Fälle} = \binom{4}{2} = \frac{4 \cdot 3}{2 \cdot 1} = 6$$

$$\text{mögliche Fälle} = \binom{32}{2} = \frac{32 \cdot 31}{2 \cdot 1} = 496,$$

$$p = \frac{6}{496} = 0{,}012.$$

Binomialkoeffizienten können für kleine n schnell über das sog. *Pascalsche Dreieck* berechnet werden, welches bis $n = 6$ folgendermaßen aussieht:

n													
$n = 0$							1						
1						1		1					
2					1		2		1				
3				1		3		3		1			
4			1		4		6		4		1		
5		1		5		10		10		5		1	
6	1		6		15		20		15		1		1

Die Zeilenbezeichnungen geben das n an, und die einzelnen Werte in der Zeile sind die Binomialkoeffizienten für unterschiedliche r-Werte, $r = 0, 1, \ldots, n$.

Beispiel: Für $n = 5$, siehe fünfte Zeile im Pascalschen Dreieck, ergibt sich für die Binomialkoeffizienten:

$$\binom{5}{0} = 1, \quad \binom{5}{1} = 5, \quad \binom{5}{2} = 10$$

$$\binom{5}{3} = 10, \quad \binom{5}{4} = 5, \quad \binom{5}{5} = 1.$$

Die Fortschreibung des Pascalschen Dreiecks ist denkbar einfach: Für die Randziffern ($r = 0$ und $r = n$) ergibt sich immer der Wert 1, und die übrigen Werte entsprechen den Summen der beiden jeweils darüberliegenden Werte.

Dem Pascalschen Dreieck liegt folgende Beziehung zugrunde

$$\binom{n}{x} = \binom{n-1}{x-1} + \binom{n-1}{x}.$$

4.2.6 3. Kombinationsregel

In einer Urne befinden sich gut gemischt vier rote, drei blaue und drei grüne Kugeln. Wir entnehmen der Urne zunächst vier Kugeln, dann drei Kugeln und zuletzt die verbleibenden drei Kugeln. Wie groß ist die Wahrscheinlichkeit, dass die vier roten Kugeln zusammen, danach die drei blauen Kugeln und zuletzt die drei grünen Kugeln der Urne entnommen werden? Dieses Problem wird nach der folgenden allgemeinen Regel gelöst:

> Sollen n Objekte in k Gruppen der Größen $n_1, n_2, \ldots, n_k$ eingeteilt werden (wobei $n_1 + n_2 + \cdots + n_k = n$), ergeben sich $n!/(n_1! \cdot \ldots \cdot n_k!)$ Möglichkeiten.

Die Anzahl der möglichen Fälle ist somit in unserem Beispiel:

$$\frac{10!}{4! \cdot 3! \cdot 3!} = 4200.$$

Da nur ein günstiger Fall angesprochen ist, ergibt sich mit $p = 1/4200 = 2{,}38 \cdot 10^{-4}$ eine ziemlich geringe Wahrscheinlichkeit für diese Aufteilung.

BEISPIEL 4.8

In einem Ferienhaus stehen für neun Personen ein 4-Bett-Zimmer, ein 3-Bett-Zimmer und ein 2-Bett-Zimmer zur Verfügung. Die Raumzuweisung soll nach Zufall erfolgen. Wie viele verschiedene Raumzuweisungen sind möglich?

$$\text{Mögliche Fälle} = \frac{9!}{4! \cdot 3! \cdot 2!} = 1260\,.$$

Die Wahrscheinlichkeit für eine bestimmte Raumzuweisung beträgt somit $1/1260 = 0{,}0008$.

Schließlich wollen wir die dritte Kombinationsregel noch auf den Fall zweier Gruppen spezialisieren. In diesem Fall lautet die Regel $n!/(n_1! \cdot n_2!)$. Anstelle von n_1 und n_2 verwenden wir nun die Bezeichnungen r und $n - r$. Dies ist ohne Weiteres möglich, da die Bedingung $n = n_1 + n_2$ auch für r und $n - r$ erfüllt ist. Setzen wir nun r und $n - r$ in die Formel ein, ergibt sich

$$\frac{n!}{r! \cdot (n-r)!}.$$

Dieser Ausdruck ist identisch mit dem Binomialkoeffizienten $\binom{n}{r}$ (Gl. 4.11). Somit erhalten wir folgende alternative Interpretation des Binomialkoeffizienten:

> Gehören n Objekte zu zwei Gruppen, von denen r zur einen und $n - r$ zur anderen Gruppe gehören, so ist die Anzahl der unterscheidbaren Anordnungen der n Objekte durch $\binom{n}{r}$ gegeben.

ÜBUNGSAUFGABEN

Definition von Wahrscheinlichkeiten

Aufgabe 4.1 Aus dem deutschen Alphabet wird zufällig ein Buchstabe ausgewählt.

a) Wie groß ist die Wahrscheinlichkeit, dass dieser Buchstabe ein Vokal ist?
b) Wie groß ist die Wahrscheinlichkeit, dass dieser Buchstabe zu den ersten zehn Buchstaben des Alphabets zählt?
c) Wie groß ist die Wahrscheinlichkeit, dass dieser Buchstabe ein Vokal ist oder zu den ersten zehn Buchstaben des Alphabets zählt?

Aufgabe 4.2 Sie spielen Roulette.

a) Wie groß ist die Wahrscheinlichkeit, eine rote Zahl zu erhalten?
b) Wie groß ist die Wahrscheinlichkeit, eine ungerade Zahl zu erhalten?

Bedingte Wahrscheinlichkeit

Aufgabe 4.3 Ein Würfel wird einmal geworfen. Wir betrachten die beiden Ereignisse: $A = \{2{,}4{,}6\}$ und $B = \{2{,}3{,}4{,}6\}$. Berechnen Sie: a) $P(B|A)$, b) $P(\bar{B}|A)$, c) $P(A|B)$, d) $P(\bar{A}|B)$, e) $P(B|\bar{A})$, f) $P(\bar{B}|\bar{A})$, g) $P(A|\bar{B})$ und h) $P(\bar{A}|\bar{B})$.

Aufgabe 4.4 Wie groß ist die Wahrscheinlichkeit, aus einem Skatblatt (32 Karten) ein Ass (B) unter der Voraussetzung zu ziehen, dass es sich um eine Herz-Karte (A) handelt?

Unabhängigkeit

Aufgabe 4.5 Es werden gleichzeitig zwei Würfel geworfen. Wir betrachten die beiden Ereignisse:

A = Beide Zahlen sind gerade.

B = Die Augensumme ist sechs.

Sind die beiden Ereignisse unabhängig?

Additionstheorem

Aufgabe 4.6 Sie werfen einen sechsseitigen Würfel. Berechnen Sie folgende Wahrscheinlichkeiten mit dem Additionstheorem. Prüfen Sie zuerst, ob die Ereignisse disjunkt sind.

a) Für $A = \{1\}, B = \{2\}$ berechne $P(A \cup B)$.
b) Für $A = \{2\}, B = \{4\}, C = \{6\}$ berechne $P(A \cup B \cup C)$.
c) Für $A = \{1\}, B = \{5{,}6\}$ berechne $P(A \cup B)$.
d) Für $A = \{2{,}4{,}6\}, B = \{2\}$ berechne $P(A \cup B)$.
e) Für $A = \{1{,}3{,}5\}, B = \{2{,}4{,}6\}$ berechne $P(A \cup B)$.
f) Für $A = \{1{,}3{,}5\}, B = \{2{,}3{,}4{,}5{,}6\}$ berechne $P(A \cup B)$.

Aufgabe 4.7 In einer Lotterie mit 100 Losen befinden sich 60 Nieten, 30 Kleingewinne und 10 Hauptgewinne. Wie groß ist die Wahrscheinlichkeit, beim Kauf eines Loses mindestens einen Kleingewinn zu erhalten?

Multiplikationstheorem

Aufgabe 4.8 In einem psychopharmakologischen Experiment soll überprüft werden, ob ein Medikament durch ein Placebo (chemisch unwirksame Substanz) ersetzt werden kann. Während eines Behandlungszeitraums von zehn Tagen müssen die Versuchspersonen hierfür zehn Tabletten einnehmen, wobei sich unter den zehn Tabletten vier Placebos befinden. Alle zehn Tabletten sind äußerlich identisch. Wie groß ist die Wahrscheinlichkeit, dass es sich bei den vier zuerst eingenommenen Tabletten um ein Placebo handelt?

Aufgabe 4.9 Die Wahrscheinlichkeit, in 20 Jahren noch zu leben, möge für Herrn M. $p = 0{,}60$ und für Frau M. $p = 0{,}70$ betragen. Wie groß ist die Wahrscheinlichkeit, dass Herr und Frau M. in 20 Jahren noch leben werden, wenn die Überlebenszeiten voneinander unabhängig sind?

Aufgabe 4.10 Wie groß ist die Wahrscheinlichkeit, mit 6 Würfen nacheinander die Zahlen 1, 2, 3, 4, 5 und 6 zu würfeln?

Aufgabe 4.11 In einem parapsychologischen Experiment wird ein Hellseher aufgefordert vorherzusagen, welches Menü sich ein Gast in einem Restaurant zusammenstellen wird. Zur Auswahl stehen 4 Vorspeisen, 6 Hauptgerichte und 3 Nachspeisen. Wie groß ist die Wahrscheinlichkeit, dass die Menüzusammenstellung zufällig richtig erraten wird?

Aufgabe 4.12 Im Untertest „Bilderordnen" des Hamburg-Wechsler-Intelligenztests werden die Probanden aufgefordert, verschiedene grafisch dargestellte Szenen so in eine Reihenfolge zu bringen, dass sie eine sinnvolle Geschichte ergeben. Wie groß ist die Wahrscheinlichkeit, dass die richtige Reihenfolge von sechs Einzelbildern zufällig erraten wird?

Aufgabe 4.13 Sie werfen gleichzeitig zwei sechsseitige Würfel. Die beiden Würfe seien unabhängig.

a) Wie groß ist die Wahrscheinlichkeit, ein Pasch aus Einsen zu werfen?
b) Wie groß ist die Wahrscheinlichkeit, nur gerade Zahlen zu werfen?

Aufgabe 4.14 Beim Poker wird eine Sequenz aus Ass, König, Dame, Bube und zehn einer Farbe als Royal Flush bezeichnet. Man erhält fünf Karten aus einem 52-teiligen Kartenspiel:

a) Wie groß ist die Wahrscheinlichkeit, einen Royal Flush der Farbe Herz zu erhalten?
b) Wie groß ist die Wahrscheinlichkeit, einen Royal Flush einer beliebigen Farbe zu erhalten?

Aufgabe 4.15 Eine Aufgabe besteht aus einer Folge von drei Teilaufgaben. Die Wahrscheinlichkeit, die erste Teilaufgabe zu lösen, ist 0,50. Die Wahrscheinlichkeit, die zweite Teilaufgabe zu lösen, wenn die erste gelöst wurde, ist 0,25. Die Wahrscheinlichkeit, die dritte Teilaufgabe zu lösen, wenn die beiden ersten Teilaufgaben gelöst wurden, ist 0,25.

a) Wie groß ist die Wahrscheinlichkeit, die beiden ersten Teilaufgaben zu lösen?
b) Wie groß ist die Wahrscheinlichkeit, die gesamte Aufgabe (d.h alle Teilaufgaben) zu lösen?

Satz von der totalen Wahrscheinlichkeit

Aufgabe 4.16 Die Studierenden gehören zu einer der drei Gruppen A_1, A_2 bzw. A_3, welche durch den Lernaufwand für eine Prüfung definiert sind. Die Zeit, mit welcher sich die drei Gruppen auf die Prüfung vorbereiten, ist entweder 0, 10 oder 20 Stunden. Mit B bezeichnen wir das Bestehen der Prüfung. Die Anteile der Gruppen $P(A_i)$ sowie deren Wahrscheinlichkeit, die Prüfung zu bestehen, $P(B|A_i)$, besitzen folgende Werte:

Kohorte	$P(A_i)$	$P(B\|A_i)$
A_1	0,1	0,2
A_2	0,3	0,7
A_3	0,6	0,9

Wie viel Prozent der Studierenden bestehen die Prüfung?

Aufgabe 4.17 Für den Verlauf einer bestimmten Erkrankung, welche durch einen Erreger ausgelöst werden kann, unterscheidet man die Stadien A und B. In Stadium A kann sich die Krankheit stabilisieren oder in das Stadium B fortschreiten. Folgende Wahrscheinlichkeiten seien bekannt: $P(A) = 0{,}6$ und $P(B|A) = 0{,}3$.

a) Berechne $P(B)$, d. h. die Wahrscheinlichkeit einer infizierten Person, sich letztendlich in Stadium B zu befinden.
b) Berechne $P(\bar{B})$, d. h. die Wahrscheinlichkeit einer infizierten Person, das Stadium B nicht zu erreichen.

Theorem von Bayes

Aufgabe 4.18 Die Verbreitung einer Erkrankung in der Population betrage 1%. Beim Vorliegen der Erkrankung ist die Wahrscheinlichkeit 0,9, dass eine positive Diagnose erfolgt. Liegt dagegen die Erkrankung nicht vor, so wird mit einer Wahrscheinlichkeit von 0,95 eine negative Diagnose gestellt.

a) Welche Werte besitzen Prävalenz, Sensitivität und Spezifität?
b) Wie hoch ist die Wahrscheinlichkeit von „falschen Negativen" $P(\bar{D}|K)$, d. h. erkrankten Personen mit negativer Diagnose?
c) Wie hoch ist die Wahrscheinlichkeit von „falschen Positiven" $P(D|\bar{K})$, d. h. nicht-erkrankten Personen mit positiver Diagnose?
d) Wie hoch ist der positive Vorhersagewert der Diagnose?
e) Wie hoch ist der negative Vorhersagewert der Diagnose?

Variationen, Permutationen, Kombinationen

Aufgabe 4.19 Im Test „Familie in Tieren" müssen Tiere benannt werden, die den Vater, die Mutter oder andere Familienangehörige am besten charakterisieren. Wie viele Kombinationsmöglichkeiten ergeben sich für ein Kind, das aus 20 Tieren für vier Familienangehörige je ein anderes Tier auswählen soll?

Aufgabe 4.20 Eine Werbeagentur möchte herausfinden, welche fünf der insgesamt acht Mitarbeiter zusammen das kreativste Team darstellen. Wie viele Arbeitsgruppen zu je fünf Personen kommen hierfür potenziell in Frage?

Aufgabe 4.21 Berechnen Sie das Pascalsche Dreieck für $n = 9$.

Aufgabe 4.22 Eine Schulklasse, bestehend aus 15 Schülern, will eine Fußballmannschaft (3 Stürmer, 4 Mittelfeldspieler, 3 Verteidiger, 1 Torwart) zusammenstellen. Wie viele Mannschaftsaufstellungen sind möglich, wenn jeder Schüler für jeden Platz in Frage kommt?

Kapitel 5 Wahrscheinlichkeitsverteilungen

ÜBERSICHT

Zufallsvariablen – Wahrscheinlichkeitsfunktion – Dichtefunktion und Verteilungsfunktion – Erwartungswert und Varianz von Zufallsvariablen – Binomialverteilung – hypergeometrische Verteilung – Poisson-Verteilung – Multinomialverteilung – negative Binomialverteilung – Normalverteilung – χ^2-Verteilung – t-Verteilung – F-Verteilung

Nach den Ausführungen in Abschn. 4.1.1 verstehen wir unter einem Zufallsexperiment einen Vorgang, dessen Ergebnis ausschließlich vom Zufall abhängt. Im Zusammenhang mit Wahrscheinlichkeitsverteilungen spricht man von sog. „Zufallsvariablen". Wir geben zunächst folgende Definition:

Definition 5.1

Zufallsvariable. Eine Zufallsvariable ist eine Funktion, die den Ergebnissen eines Zufallsexperimentes (d. h. Elementarereignissen oder Ereignissen) reelle Zahlen zuordnet.

Beim Würfeln beispielsweise ordnen wir dem Ergebnis eines jeden Wurfes eine der Zahlen 1 bis 6 zu. Interessieren wir uns für das Studienfach von Studierenden, könnte diese Funktion den Ausgängen des Zufallsexperimentes „Befragung" (Soziologie, Mathematik, Psychologie etc.) die Zahlen 1, 2, 3 etc. zuordnen. Bei Reaktionszeitmessungen werden den Ergebnissen Zahlen zugeordnet, die den Reaktionszeiten entsprechen usw. In Abhängigkeit davon, welche Eigenschaften der Ausgänge eines Zufallsexperimentes erfasst werden sollen, unterscheiden wir Zufallsvariablen mit Nominal-, Ordinal-, Intervall- oder Verhältnisskalencharakter (vgl. Kap. 1.3).

Zufallsvariablen können ferner diskret oder stetig sein. Werden die Ergebnisse eines Zufallsexperimentes kategorisiert oder gezählt, liegt eine *diskrete* Zufallsvariable vor. Eine Zufallsvariable heißt *stetig*, wenn die Werte in einem gegebenen Intervall beliebig genau sein können.

Die Inferenzstatistik behandelt Stichprobenergebnisse in statistischen Untersuchungen wie Ausgänge eines Zufallsexperimentes. Ermitteln wir beispielsweise für eine Stichprobe von 100 Schülern die durchschnittliche Intelligenz $\bar{x}$, stellt dieser Mittelwert die Realisierung einer Zufallsvariablen dar. Diese Sichtweise wird einleuchtend, wenn man sich vergegenwärtigt, dass die Größe des $\bar{x}$-Wertes von Zufälligkeiten in der Stichprobe abhängt und dass eine andere Auswahl von 100 Schülern vermutlich zu einem anderen $\bar{x}$-Wert führen würde.

Die Größe eines $\bar{x}$-Wertes hängt von der zufälligen Zusammensetzung der Stichprobe ab und stellt damit eine Realisierung einer Zufallsvariablen dar.

Für die weiteren Überlegungen benötigen wir Angaben darüber, mit welcher Wahrscheinlichkeit die Realisierungen einer Zufallsvariablen auftreten. Hierüber informiert die *Wahrscheinlichkeitsverteilung* (oder kurz: Verteilung) einer Zufallsvariablen, wobei zwischen der Wahrscheinlichkeitsfunktion einer Zufallsvariablen und ihrer Verteilungsfunktion zu unterscheiden ist.

5.1 Diskrete Zufallsvariablen

5.1.1 Wahrscheinlichkeitsfunktion

Bei diskreten Zufallsvariablen ist die Wahrscheinlichkeitsverteilung durch die sog. *Wahrscheinlichkeitsfunktion* definiert. Sie gibt an, mit welcher Wahrscheinlichkeit bei einem Zufallsexperiment eine bestimmte Realisierung der Zufallsvariablen eintritt. Beim Zufallsexperiment „Würfeln" lautet die Wahrscheinlichkeit dafür, dass die Zufallsvariable den Wert 3 annimmt, $P(3) = 1/6$. Nimmt eine Zufallsvariable die Werte x_i mit $i = 1, \ldots, N$ an, so muss die Summe aller $P(x_i)$ gleich 1,0 ergeben, d. h.

$$\sum_{i=1}^{N} P(x_i) = 1. \tag{5.1}$$

Oft schreibt man auch einfach p_i anstatt $P(x_i)$.

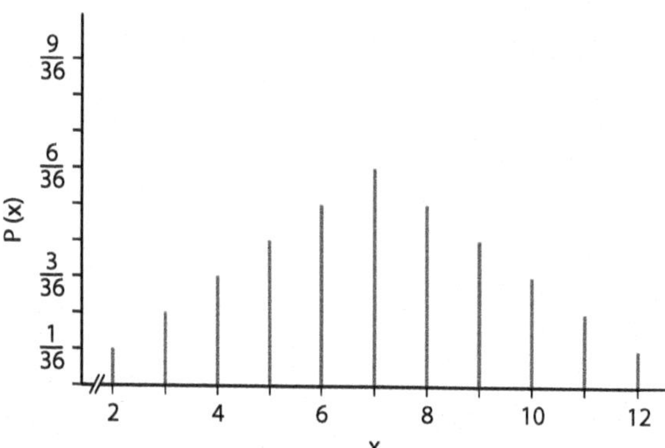

Abbildung 5.1. Wahrscheinlichkeitsfunktion der Augensumme zweier Würfel

Abbildung 5.1 zeigt die Wahrscheinlichkeitsfunktion für die Augensumme beim einmaligen Werfen zweier Würfel.

Diese Zufallsvariable kann die Werte 2 bis 12 annehmen, deren Wahrscheinlichkeiten sich nach dem Multiplikationstheorem für voneinander unabhängige Ereignisse und dem Additionstheorem für einander ausschließende Ereignisse ergeben. Für die Augensumme 8 beispielsweise errechnet sich diese Wahrscheinlichkeit wie folgt:

$$P(2 \cap 6) = 1/6 \cdot 1/6 = 1/36$$
$$P(3 \cap 5) = 1/6 \cdot 1/6 = 1/36$$
$$P(4 \cap 4) = 1/6 \cdot 1/6 = 1/36$$
$$P(5 \cap 3) = 1/6 \cdot 1/6 = 1/36$$
$$P(6 \cap 2) = 1/6 \cdot 1/6 = 1/36\,.$$

Da sich diese 5 Ereignisse, die alle zur Augenzahl 8 führen, wechselseitig ausschließen, erhält man $P(8) = 5/36$.

Die Wahrscheinlichkeit dafür, dass die Augensumme in diesem Beispiel in einen begrenzten Bereich fällt, ergibt sich bei diskreten Zufallsvariablen als Summe der Wahrscheinlichkeiten für alle Realisierungen in diesem Bereich. Im Würfelbeispiel ergibt sich für eine Augenzahl von 6 bis 8 eine Wahrscheinlichkeit von $5/36 + 6/36 + 5/36 = 16/36$.

5.1.2 Verteilungsfunktion

Wird die Wahrscheinlichkeitsfunktion einer diskreten Zufallsvariablen kumuliert, spricht man von der *Verteilungsfunktion* der Zufallsvariablen. Mit anderen Worten, der Wert der Verteilungsfunktion F für den Wert x_i der diskreten Zufallsvariablen ist $F(x_i) = P(x \leq x_i)$, wobei x die möglichen Werte der Zufallsvariablen bezeichnet. In Bezug auf das Würfelbeispiel bezeichnet $F(6)$ also die Wahrscheinlichkeit, beim Werfen zweier Würfel eine Augensumme von höchstens sechs zu erzielen. Die Werte der Verteilungsfunktion ermittelt man nach folgender Vorschrift:

$$F(x_i) = \sum_{j \leq i} P(x_j)\,.$$

Bezogen auf die in Abb. 5.1 wiedergegebene Wahrscheinlichkeitsfunktion (Würfeln mit zwei Würfeln) ermitteln wir beispielsweise für $x = 6$ den Funktionswert $F(6) = P(2) + P(3) + \cdots + P(6) = 1/36 + 2/36 + 3/36 + 4/36 + 5/36 = 15/36$. Die Wahrscheinlichkeit, mit zwei Würfeln höchstens eine Augenzahl von 6 zu erzielen, beträgt also $15/36$.

5.1.3 Erwartungswert und Varianz

Der Mittelwert ($\bar{x}$) und die Varianz (s^2) wurden bereits in Kap. 2 als statistische Kennwerte zur Beschreibung einer empirischen Verteilung eingeführt. Hier betrachten wir theoretische Verteilungen von Zufallsvariablen mit allen möglichen N Realisationen, die insgesamt die (in der Regel unendliche) Grundgesamtheit oder Population einer Zufallsvariablen ausmachen.

Im Unterschied zu den Stichprobenkennwerten $\bar{x}$ und s^2 einer empirischen Verteilung kennzeichnet man die theoretische Verteilung einer Zufallsvariablen durch die Parameter μ und σ^2, wobei man μ bei einer diskreten Zufallsvariablen wie folgt bestimmt:

$$\mu = \sum_{i=1}^{N} x_i \cdot P(x_i)\,, \tag{5.2}$$

Die Varianz ist bei diskreten Zufallsvariablen durch folgende Gleichung definiert:

$$\sigma^2 = \sum_{i=1}^{N} (x_i - \mu)^2 \cdot P(x_i)\,. \tag{5.3}$$

Die Analogie von μ und σ^2 zu den Stichprobenkennwerten $\bar{x}$ und s^2 wird ersichtlich, wenn man für p_i die relativen Häufigkeiten n_i/n einsetzt, mit der die Werte x_i in der Stichprobe aufgetreten sind.

Ausführlichere Hinweise zur Bedeutung von Erwartungswerten sowie weitere Eigenschaften von Zufallsvariablen findet man im Anhang A.

5.2 Diskrete Verteilungen

Im Folgenden sollen einige theoretische Wahrscheinlichkeitsverteilungen, die für die Statistik von besonderer Bedeutung sind, besprochen werden. In diesem Abschnitt behandeln wir zunächst diskrete Verteilungen. Die für die angewandte Statistik wichtigsten diskreten Verteilungen sind die Binomialverteilung, die hypergeometrische Verteilung und die Poisson-Verteilung. Neben diesen Verteilungen werden kurz die Multinomialverteilung und die negative Binomialverteilung erwähnt.

5.2.1 Binomialverteilung

Als erste diskrete Wahrscheinlichkeitsverteilung wird die Binomialverteilung behandelt. Im Rahmen der Binomialverteilung interessieren wir uns für Zufallsvariablen, die nur zwei Werte annehmen können. Solche Variablen bezeichnet man auch als *binäre* oder *dichotome* Variablen. Beispiele für dichotome Variablen sind: Kopf versus Zahl beim Münzwurf oder Zahl 6 versus eine andere Zahl beim Würfel.

Einer der beiden möglichen Werte der Zufallsvariablen wird als *Erfolg* betrachtet, und dessen Wahrscheinlichkeit bezeichnen wir mit π. Betrachtet man beim Werfen einer Münze „Kopf" als Erfolg, so wäre $\pi = 1/2$. Betrachtet man dagegen beim einmaligen Würfeln die Zahl 6 als Erfolg, so ist $\pi = 1/6$.

Das Zufallsexperiment wird nun n-mal ausgeführt, wobei davon ausgegangen wird, dass die einzelnen Experimente (1) voneinander unabhängig sind und dass (2) die Erfolgswahrscheinlichkeit π über die einzelnen Würfe hinweg konstant ist. Für das wiederholte Werfen einer Münze bzw. das mehrfache Werfen eines Würfels sind dies sicherlich plausible Annahmen.

Werden nun n Zufallsexperimente unter diesen Bedingungen durchgeführt, so beschreibt die Binomialverteilung die Wahrscheinlichkeit, mit der genau x Erfolge eintreten, wobei $x = 0, 1, \ldots, n$. Diese Wahrscheinlichkeit bezeichnen wir mit $P(x)$.

Die Wahrscheinlichkeitsverteilung ist zum einen abhängig von den Wahrscheinlichkeiten eines Erfolges π und zum anderen von der Anzahl der Versuche n. Man bezeichnet n und π auch als die Parameter der Binomialverteilung, da erst durch die Wahl dieser beiden Größen die Binomialverteilung festgelegt wird. Die Formel zur Berechnung der Wahrscheinlichkeit einer Anzahl von Erfolgen x lautet:

$$P(x) = \binom{n}{x} \cdot \pi^x \cdot (1-\pi)^{n-x}. \tag{5.4}$$

Ist die Zufallsvariable x binomialverteilt, schreiben wir auch

$$x \sim B(n, \pi). \tag{5.5}$$

Wir wollen nun überlegen, wie man Gl. (5.4) begründen kann. Mit x bezeichnen wir die Häufigkeit des Auftretens von A. Für $n = 1$ kann x nur die Werte 0 oder 1 annehmen. Für diese beiden Ereignisse erhalten wir, falls $\pi = 0{,}5$, jeweils eine Wahrscheinlichkeit von $P(0) = P(1) = 0{,}5$. Die Wahrscheinlichkeit, dass bei einem Münzwurf das Ereignis Zahl eintritt, ist gleich der Wahrscheinlichkeit, dass Zahl nicht fällt.

Ist $n = 2$ und $\pi = 0{,}5$, lautet die Menge der Elementarereignisse $\Omega = \{AA, A\bar{A}, \bar{A}A, \bar{A}\bar{A}\}$. Diese vier möglichen Ereignisse sind gleichwahrscheinlich, und die möglichen Werte der Zufallsvariablen x sind: 0, 1 und 2. Für diese x-Werte ergeben sich die folgende Wahrscheinlichkeiten:

$$P(0) = 1/4,$$
$$P(1) = 1/2,$$
$$P(2) = 1/4,$$

denn $x = 0$, falls $\bar{A}\bar{A}$ eintritt, $x = 1$, falls $A\bar{A}$ oder $\bar{A}A$ eintritt und $x = 2$ falls falls AA eintritt. Bei $n = 3$ lautet die Menge der Elementarereignisse

$$\Omega = \{AAA, AA\bar{A}, A\bar{A}A, \bar{A}AA, A\bar{A}\bar{A}, \bar{A}A\bar{A}, \bar{A}\bar{A}A, \bar{A}\bar{A}\bar{A}\}.$$

Für die möglichen Werte von x ermitteln wir die folgenden Wahrscheinlichkeiten:

$$P(0) = 1/8, \quad (\bar{A}\bar{A}\bar{A}),$$
$$P(1) = 3/8, \quad (A\bar{A}\bar{A} \text{ oder } \bar{A}A\bar{A} \text{ oder } \bar{A}\bar{A}A),$$
$$P(2) = 3/8, \quad (AA\bar{A} \text{ oder } A\bar{A}A \text{ oder } \bar{A}AA),$$
$$P(3) = 1/8, \quad (AAA).$$

Die Wahrscheinlichkeiten jeder Dreier-Sequenz aus A und $\bar{A}$ lässt sich mit dem Multiplikationstheorem für unabhängige Ereignisse berechnen. Beispielsweise ist die Wahrscheinlichkeit für AAA gerade $\pi\pi\pi = \pi^3$; oder für die Sequenz $\bar{A}A\bar{A}$ berechnet man

$$(1-\pi)\pi(1-\pi) = \pi(1-\pi)^2.$$

Gibt es nur eine mögliche Sequenz, für die ein Wert von x eintreten kann, so sind wir unmittelbar in der Lage, $P(x)$ zu berechnen. Allerdings ist

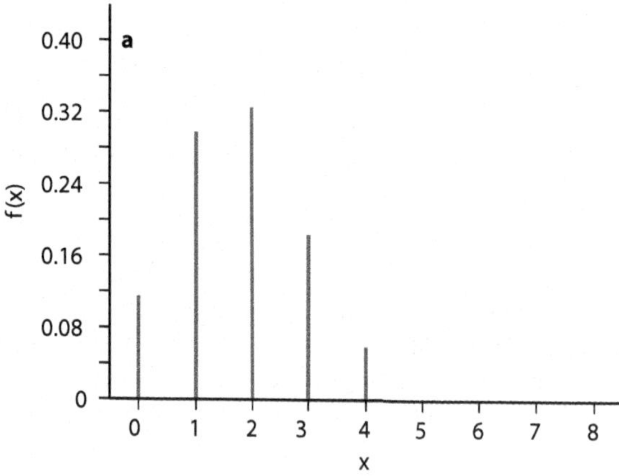

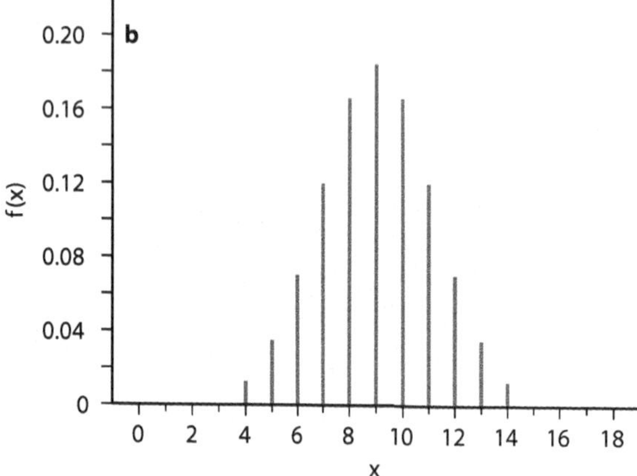

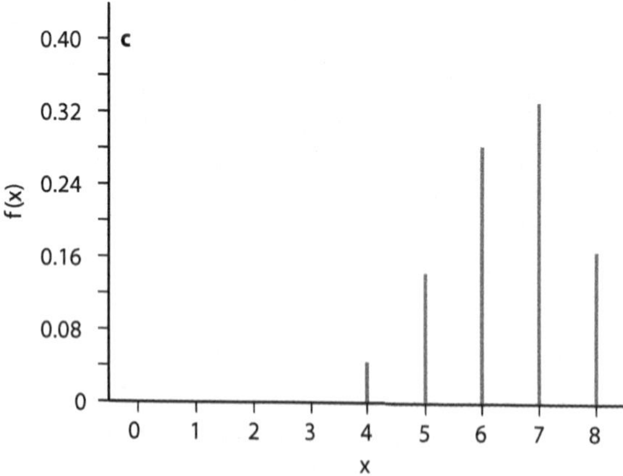

Abbildung 5.2. Binomialverteilungen: a) $B(n = 6, \pi = 0{,}3)$, b) $B(n = 18, \pi = 0{,}5)$ und c) $B(n = 8, \pi = 0{,}8)$

dies nur für $x = 0$ und $x = n$ der Fall. Für das dreimalige Werfen einer Münze ist somit $P(3) = \pi^3$ und $\pi(0) = (1 - \pi)^3$. Wie aber werden die $P(x)$ bestimmt, wenn mehrere Ereignisse in Ω existieren, welche den gleichen Wert von x ergeben. Dies ergibt sich aus folgenden zwei Beobachtungen:

Erstens schließen sich die Ereignisse, die zum gleichen Wert von x führen, wechselseitig aus. Deshalb dürfen wir die Wahrscheinlichkeiten jeder Sequenz aus n Zufallsexperimenten, für die der gleiche x-Wert resultiert, addieren (Additionstheorem für disjunkte Ereignisse). Zweitens besitzt jede dieser Sequenzen offensichtlich die selbe Wahrscheinlichkeit, da die Anzahl der Erfolge bzw. Misserfolge konstant bleibt.

Die Wahrscheinlichkeit einer solchen Sequenz lautet

$$\underbrace{\pi \cdots \pi}_{x\text{-mal}} \cdot \underbrace{(1 - \pi) \cdots (1 - \pi)}_{(n-x)\text{-mal}} = \pi^x \cdot (1 - \pi)^{(n-x)}.$$

Wie viele solcher gleichwertiger Sequenzen gibt es? Diese Frage beantwortet die 3. Kombinationsregel (s. Kap. 4.2.6), wenn diese auf zwei Gruppen spezialisiert wird. Die Anzahl der gleichwertigen Anordnung von n Objekten, welche in zwei Gruppen der Größen x und $n - x$ zerfallen, ist somit durch den Binomialkoeffizienten $\binom{n}{x}$ gegeben. Da jede dieser Sequenzen die gleiche Wahrscheinlichkeit $\pi^x \cdot (1 - \pi)^{(n-x)}$ besitzt, genügt es, diesen Ausdruck mit dem Binomialkoeffizienten zu multiplizieren. Somit ergibt sich die gesuchte Formel

$$P(x) = \binom{n}{x} \cdot \pi^x \cdot (1 - \pi)^{n-x}$$

für die Wahrscheinlichkeiten der Binomialverteilung. Abbildung 5.2 zeigt drei Binomialverteilungen.

BEISPIEL 5.1

Wir betrachten das Ereignis „Zahl=6" beim Würfeln. Gesucht wird die Wahrscheinlichkeit, mit 8 Würfen genau einmal eine 6 zu würfeln. Hierbei sind: $n = 8$ und $\pi = 1/6$. Mit Hilfe der Kurzschreibweise in Gl. (5.5) können wir die relevante Verteilung auch als $B(n = 8, \pi = 1/6)$ bezeichnen. Gesucht ist $P(1)$. Einsetzen dieser Werte in (5.4) ergibt:

$$P(1) = \binom{8}{1} \cdot \left(\frac{1}{6}\right)^1 \cdot \left(\frac{5}{6}\right)^7 = 0{,}372.$$

Oft wird nach der Wahrscheinlichkeit gefragt, dass die Anzahl der Erfolge mindestens (höchstens) x beträgt. Um solche Aufgaben zu lösen, müssen die Wahrscheinlichkeiten, welche mit der Binomialverteilung errechnet werden, summiert werden. Beispielsweise ist die Wahrscheinlichkeit von mindestens x Erfolgen gleich

$$P(x) + P(x + 1) + \cdots + P(n).$$

Wir geben ein Beispiel, um diese Problemstellung zu illustrieren.

BEISPIEL 5.2

Eine Multiple-Choice Klausur enthält 15 Fragen von denen jede fünf Antwortmöglichkeiten besitzt. Es wird rein zufällig geantwortet. Die Klausur gilt als bestanden, falls mindestens neun Antworten richtig sind. Wie wahrscheinlich ist das Bestehen der Klausur?

Die Parameter der Binomialverteilung lauten: $n = 15$, $\pi = 0{,}2$. Um die Frage zu beantworten, ist es notwendig die folgenden sieben Wahrscheinlichkeiten $P(9) + P(10) + \dots + P(15)$ zu berechnen. Als Ergebnis ermittelt man den Wert 0,0008.

Binomialverteilungen sind unimodale Verteilungen, die nur für $\pi = 1/2$ symmetrisch sind. Der Erwartungswert der Binomialverteilung lautet

$$\mu = n \cdot \pi, \tag{5.6}$$

und ihre Varianz beträgt

$$\sigma^2 = n \cdot \pi(1 - \pi)$$

Macht man mehrere Versuchsdurchgänge mit z. B. $n = 30$ und $\pi = 0{,}4$, erwartet man $\mu = 30 \cdot 0{,}4 = 12$ Erfolge. Für die Varianz der Erfolge errechnet man $\sigma^2 = 30 \cdot 0{,}4 \cdot 0{,}6 = 7{,}2$.

5.2.2 Hypergeometrische Verteilung

Zur Veranschaulichung der Beziehung zwischen einer Binomialverteilung und einer hypergeometrischen Verteilung stelle man sich eine Urne vor, in der (theoretisch) unendlich viele schwarze und (theoretisch) unendlich viele rote Kugeln enthalten sind. Entnehmen wir dieser Urne eine Stichprobe von n Kugeln, lässt sich die Wahrscheinlichkeit dafür, dass in dieser Stichprobe k rote Kugeln enthalten sind, nach der Binomialverteilung ermitteln, falls das Verhältnis der roten zu den schwarzen Kugeln bekannt ist. Sind in der Urne jedoch nicht unendlich viele, sondern nur N Kugeln enthalten, so benötigen wir für die Berechnung der Wahrscheinlichkeit, dass in einer Stichprobe des Umfanges n genau k rote Kugeln enthalten sind, die *hypergeometrische Verteilung*.

Die Binomialverteilung kann hier nicht eingesetzt werden, weil durch die sukzessive Entnahme einzelner Kugeln aus der Urne mit endlicher Kugelanzahl die Wahrscheinlichkeiten für das Auftreten einer roten bzw. schwarzen Kugel geändert werden. Würden wir die Kugeln nach der Entnahme wieder in die Urne zurücklegen, blieben die Wahrscheinlichkeiten konstant, und wir könnten die Binomialverteilung anwenden. Sind beispielsweise in einer Urne fünf schwarze und fünf rote Kugeln enthalten, und wir wollen vier Kugeln entnehmen, so ermitteln wir für die Wahrscheinlichkeit, dass die erste Kugel eine rote Kugel ist, den Wert $p = 1/2$. Werden die erste und die folgenden Kugeln wieder zurückgelegt, so bleiben die Wahrscheinlichkeiten für rote und schwarze Kugeln erhalten, und wir können die Wahrscheinlichkeit, dass sich in einer Stichprobe von n Kugeln k rote Kugeln befinden, anhand der bereits bekannten Binomialverteilung ausrechnen. Wird die erste Kugel hingegen nicht zurückgelegt, so verändern sich für die zweite und die folgenden Kugeln die Wahrscheinlichkeiten. In unserem Beispiel beträgt die Wahrscheinlichkeit dafür, dass nach einer roten Kugel eine weitere rote Kugel entnommen wird, $p = 4/9$.

Herleitung der hypergeometrischen Verteilung

Befinden sich unter N Objekten K Objekte mit der Alternative A (und damit $N - K$ Objekte mit $\bar{A}$), können sich in einer Stichprobe des Umfanges n $0,1,2,\dots$ oder n Objekte mit der Alternative A befinden. Die Häufigkeit des Auftretens von A schwankt zufällig von Versuch zu Versuch und stellt damit eine Zufallsvariable dar. Die Wahrscheinlichkeitsfunktion gibt an, mit welcher Wahrscheinlichkeit diese Zufallsvariable die Werte $0,1,2,\dots,n$ annimmt. Diese Wahrscheinlichkeitsfunktion heißt hypergeometrische Verteilung. Sie ist abhängig von den Parametern N, K und n.

Für die Ermittlung der hypergeometrischen Verteilung vereinbaren wir zusammenfassend:

$$\begin{aligned} N &= \text{Anzahl aller Objekte} \\ K &= \text{Anzahl aller Objekte mit } A \\ N - K &= \text{Anzahl aller Objekte mit } \bar{A} \\ n &= \text{Größe der Stichprobe} \\ k &= \text{Häufigkeit von } A \text{ in der Stichprobe} \\ n - k &= \text{Häufigkeit von } \bar{A} \text{ in der Stichprobe} \end{aligned}$$

Die Herleitung der Formel für die Wahrscheinlichkeiten der hypergeometrischen Verteilung orientiert sich an der Definition der Wahrscheinlichkeit für gleichwahrscheinliche Ereignisse, s. Definition 4.1.

Zunächst wollen wir am Urnenmodell veranschaulichen, wie viele verschiedene Möglichkeiten es gibt, aus N Kugeln n Kugeln zu ziehen. Die Antwort liefert die 2. Kombinationsregel s. Gl. (4.11): Es ergeben sich $\binom{N}{n}$ Möglichkeiten.

Als Nächstes ermitteln wir, wie viele günstige Fälle für k rote Kugeln denkbar sind. Die roten Kugeln können auf $\binom{K}{k}$ verschiedene Weise aus der Grundgesamtheit entnommen werden, und für die schwarzen Kugeln bestehen $\binom{N-K}{n-k}$ verschiedene Möglichkeiten.

Jede der Möglichkeiten, rote Kugeln zu ziehen, kann mit jeder der Möglichkeiten, schwarze Kugeln zu ziehen, kombiniert werden, sodass das Produkt dieser Möglichkeiten die Anzahl aller günstigen Fälle ergibt. Die Wahrscheinlichkeit, dass k rote Kugeln in der Stichprobe enthalten sind, wird somit nach folgender Formel berechnet:

$$P(k) = \frac{\binom{K}{k} \cdot \binom{N-K}{n-k}}{\binom{N}{n}}. \tag{5.7}$$

5

> Gleichung (5.7) definiert die Wahrscheinlichkeitsfunktion der Häufigkeiten für das Auftreten eines Alternativereignisses A, wenn aus N Ereignissen n zufällig ausgewählt werden, und das Ereignis A unter den N Ereignissen K-mal vorkommt. Diese Wahrscheinlichkeitsfunktion heißt hypergeometrische Verteilung mit den Parametern N, K und n.

BEISPIEL 5.3

Gesucht wird die Wahrscheinlichkeit, im Lotto „6 aus 49" sechs Richtige zu haben. Dieses Beispiel wurde bereits im Zusammenhang mit der zweite Kombinationsregel besprochen, und wir wollen nun prüfen, ob mit der Berechnungsvorschrift für hypergeometrische Wahrscheinlichkeiten das gleiche Ergebnis ermittelt wird. Formal stellt sich das Beispiel so dar: $N = 49$; $K = 6$; $N - K = 43$; $n = 6$; $k = 6$; $n - k = 0$. Somit ist $K = n = k$, sodass sich Gl. (5.7) folgendermaßen vereinfacht:

$$P(k) = \frac{1}{\binom{N}{n}}.$$

Für 6 Richtige ermitteln wir somit auch nach Gl. (5.7) die Wahrscheinlichkeit $P(6) = 7{,}15 \cdot 10^{-8}$.

Als Nächstes soll überprüft werden, wie groß die Wahrscheinlichkeit für 5 Richtige im Lotto ist. In diesem Fall erhalten wir: $N = 49$; $K = 6$; $N - K = 43$; $n = 6$; $k = 5$; $n - k = 1$. Setzen wir diese Werte in Gl. (5.7) ein, ergibt sich:

$$P(5) = \frac{\binom{6}{5} \cdot \binom{43}{1}}{\binom{49}{6}} = 1{,}845 \cdot 10^{-5}.$$

Für 4 Richtige erhalten wir

$$P(4) = \frac{\binom{6}{4} \cdot \binom{43}{2}}{\binom{49}{6}} = 0{,}0010$$

und für 3 Richtige

$$P(3) = \frac{\binom{6}{3} \cdot \binom{43}{3}}{\binom{49}{6}} = 0{,}0177.$$

Die Wahrscheinlichkeit, mindestens 3 Richtige zu haben, beträgt somit

$$7{,}15 \cdot 10^{-8} + 1{,}845 \cdot 10^{-5} + 0{,}0010 + 0{,}0177 = 0{,}0187.$$

5.2.3 Poisson-Verteilung

Die Poisson-Verteilung ist die Verteilung *seltener* Ereignisse. Wenn die Anzahl der Ereignisse n sehr groß und die Wahrscheinlichkeit π des eines „Erfolges" sehr klein ist, wird die Ermittlung binomialer Wahrscheinlichkeiten nach Gl. (5.4) sehr aufwändig. In diesem Falle kann die exakte binomiale Wahrscheinlichkeitsfunktion durch die Poisson-Verteilung approximiert werden. Die Wahrscheinlichkeitsfunktion der Poisson-Verteilung lautet:

$$P(x) = \frac{\mu^x}{e^{\mu} \cdot x!}, \tag{5.8}$$

wobei $e = 2{,}718$ und $\mu = n \cdot \pi$.

Nach Sachs (2002, S. 228), sind Binomialverteilungen mit $n > 10$ und $\pi < 0{,}05$ hinreichend genau durch die Poisson-Verteilung approximierbar. Wie bei der Binomialverteilung wird vorausgesetzt, dass $P(A)$ über alle Versuche hinweg konstant ist. Erwartungswert und Varianz sind bei der Poisson-Verteilung identisch.

BEISPIEL 5.4

Ein Verein hat 100 Mitglieder. Wie groß ist die Wahrscheinlichkeit, dass mindestens ein Mitglied am 1. April Geburtstag hat?

Übertragen in die Terminologie der Binomialverteilung fragen wir nach der Wahrscheinlichkeit, für mindestens einen Erfolg (am 1. April Geburtstag) bei $n = 100$ „Versuchen" und $\pi = 1/365$ (gleiche Geburtswahrscheinlichkeit für alle 365 Tage eines Jahres). Da die Bedingungen für eine Approximation der Binomialverteilung durch die Poisson-Verteilung ($n > 10$, $\pi \leq 0{,}05$) erfüllt sind, errechnen wir diese Wahrscheinlichkeit über Gl. (5.8) mit $\mu = 100 \cdot 1/365 = 0{,}2740$. Außerdem vereinfachen wir uns die Rechnung, indem wir zunächst die Komplementärwahrscheinlichkeit berechnen (kein Mitglied hat am 1. April Geburtstag), um dann über $1 - P(0)$ zur gesuchten Wahrscheinlichkeit zu gelangen. Wir errechnen

$$P(0) = \frac{0{,}2740^0}{e^{0{,}2740} \cdot 0!} = 0{,}7604.$$

Die exakte Binomialwahrscheinlichkeiten nach Gl. (5.4) beträgt 0,7801.

Für die Wahrscheinlichkeit, dass kein Mitglied am 1. April Geburtstag hat, ergibt sich also der Wert 0,7604. Als Komplementärwahrscheinlichkeit errechnet man

$$P(x \geq 1) = 1 - P(0) = 1 - 0{,}7604 = 0{,}2396.$$

Somit ist die Wahrscheinlichkeit dafür, dass ein Mitglied eines Vereins, welcher 100 Mitglieder besitzt, am 1. April Geburtstag hat, etwa 0,24.

Zu Demonstrationszwecken überprüfen wir dieses Ergebnis, indem wir die Wahrscheinlichkeiten für $x = 1, 2, 3, \ldots, n$ Mitglieder mit Geburtstag am 1. April ermitteln:

$$P(1) = \frac{0{,}2740^1}{e^{0{,}2740} \cdot 1!} = 0{,}2083,$$

$$P(2) = \frac{0{,}2740^2}{e^{0{,}2740} \cdot 2!} = 0{,}0285,$$
$$P(3) = \frac{0{,}2740^3}{e^{0{,}2740} \cdot 3!} = 0{,}0026,$$
$$P(4) = \frac{0{,}2740^4}{e^{0{,}2740} \cdot 4!} = 0{,}0002.$$

Mit $x = 4$ erreicht die Summe der Wahrscheinlichkeiten den zuvor ermittelten Wert von 0,2396. Die Wahrscheinlichkeitswerte für 5 oder mehr Mitglieder mit Geburtstag am 1. April sind also (bei vier Nachkommastellen) zu vernachlässigen.

5.2.4 Multinomialverteilung

Zur Veranschaulichung der *Multinomialverteilung* (auch Polynomialverteilung genannt) verwenden wir erneut eine Urne, in der sich rote und schwarze Kugeln in einem bestimmten Häufigkeitsverhältnis befinden. Die Wahrscheinlichkeiten, dass bei n Versuchen $x = 0, 1, 2, \ldots, n$ rote Kugeln gezogen werden, sind unter der Voraussetzung, dass die Kugeln wieder zurückgelegt werden, binomialverteilt. Befinden sich in der Urne hingegen rote, schwarze, grüne und blaue Kugeln in einem bestimmten Häufigkeitsverhältnis, kann die Wahrscheinlichkeit dafür, dass bei n Versuchen x_1 rote, x_2 schwarze, x_3 grüne und x_4 blaue Kugeln gezogen werden (wiederum mit Zurücklegen), nach folgender Beziehung ermittelt werden:

$$P(x_1, \ldots, x_s) = \frac{n!}{x_1! \cdots x_s!} \cdot \pi_1^{x_1} \cdots \pi_s^{x_s}, \tag{5.9}$$

wobei s die Anzahl der Klassen und π_i, $i = 1, \ldots, s$, die Wahrscheinlichkeit der i-ten Ereignisklasse bezeichnet.

Die nach Gl. (5.9) ermittelten Wahrscheinlichkeiten führen zur Multinomialverteilung. Ist $s = 2$, reduziert sich Gl. (5.9) zu der bereits bekannten Formel für die Ermittlung von Wahrscheinlichkeiten der Binomialverteilung nach Gl. (5.4).

BEISPIEL 5.5

In einer studentischen Population haben 3 Parteien A, B und C die folgenden Sympathiesantenanteile: $\pi_A = 0{,}5$, $\pi_B = 0{,}3$ und $\pi_C = 0{,}2$. In einem Seminar befinden sich 12 Studenten, von denen 4 Partei A, 6 Partei B und zwei Partei C favorisieren. Wie groß ist die Wahrscheinlichkeit für diese Zusammensetzung von 12 Studenten? Wir errechnen nach Gl. (5.9):

$$P(4, 6, 2) = \frac{12!}{4! \cdot 6! \cdot 2!} \cdot 0{,}5^4 \cdot 0{,}3^6 \cdot 0{,}2^2 = 0{,}0253.$$

Die Wahrscheinlichkeit, dass die Seminarteilnehmer „repräsentativ“ für die gesamte studentische Population sind, ist mit 2,53% also sehr gering.

5.2.5 Negative Binomialverteilung

Bei der Binomialverteilung interessiert man sich für die Anzahl der Erfolge, welche man in n unabhängigen Versuchen mit konstanter Erfolgswahrscheinlichkeit beobachtet. Bei der *negativen* Binomialverteilung interessiert man sich für die Anzahl der Versuche x, welche erforderlich sind, um r Erfolge zu erzielen. Natürlich muss x bei dieser Fragestellung größer oder gleich r sein. Wie die Binomialverteilung, so geht auch die negative Binomialverteilung von unabhängigen Versuchen mit konstanter Erfolgswahrscheinlichkeit aus.

Zur Veranschaulichung betrachten wir wieder das Würfeln. Wir fragen uns, wie groß die Wahrscheinlichkeit ist, dass im zehnten Wurf erstmalig eine bestimmte Zahl (z. B. die 6) fällt, oder allgemein, dass im x-ten Wurf der r-te Treffer auftritt. Nach der Formel für die Wahrscheinlichkeitsfunktion der negativen Binomialverteilung (Casella & Berger, 2002, S. 95) ermitteln wir hierfür

$$P(x) = \binom{x-1}{r-1} \cdot \pi^r \cdot (1-\pi)^{x-r}, \tag{5.10}$$

wobei $x = r, r+1, \ldots$. Man beachte, dass x nicht nach oben begrenzt ist. Die Parameter der negativen Binomialverteilung sind r und π.

Für unser Beispiel ist $r = 1$ und $\pi = 1/6$. Da wir die Wahrscheinlichkeit berechnen möchten, mit der im zehnten Wurf erstmalig die 6 eintritt, ist $x = 10$. Somit ergibt sich

$$P(1) = \binom{9}{0} \cdot \left(\frac{1}{6}\right)^1 \cdot \left(\frac{5}{6}\right)^9 = 0{,}032.$$

Hierbei ist zu beachten, dass die Wahrscheinlichkeit, im zehnten Wurf die erste 6 zu erhalten, natürlich nicht identisch ist mit der Wahrscheinlichkeit, mit einem beliebigen Wurf eine 6 zu würfeln ($\pi = 1/6$). Soll im zehnten Wurf die 6 bereits zum zweiten mal fallen, errechnen wir folgende Wahrscheinlichkeit:

$$P(2) = \binom{9}{1} \cdot \left(\frac{1}{6}\right)^2 \cdot \left(\frac{5}{6}\right)^8 = 0{,}058.$$

Da aufgrund der negativen Binomialverteilung errechnet werden kann, wie lange man „warten“

muss, bis ein bestimmtes Ereignis mit einer bestimmten Wahrscheinlichkeit zum r-ten Male auftritt, wird die negative Binomialverteilung häufig zur Analyse von *Wartezeiten* herangezogen.

Setzen wir $r = 1$, erhalten wir eine Verteilung, die gelegentlich auch als „geometrische Verteilung" bezeichnet wird. Ein sozialwissenschaftlich relevantes Anwendungsbeispiel für die negative Binomialverteilung findet der interessierte Leser bei Mosteller und Wallace (1964).

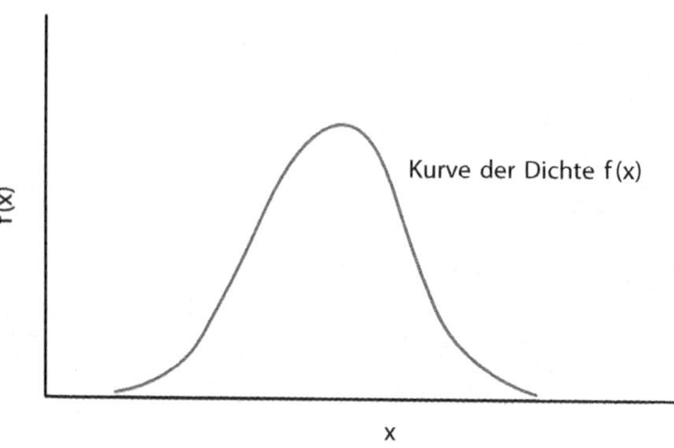

Abbildung 5.3. Dichtefunktion einer stetigen Zufallsvariablen

5.3 Stetige Zufallsvariablen

5.3.1 Wahrscheinlichkeitsfunktionen

Wird in einem Zufallsexperiment eine stetige Größe erfasst (z. B. bei Zeit-, Längen- oder Gewichtsmessungen), umfasst die Menge der Elementarereignisse unendlich viele Elemente, sodass die Zufallsvariable ebenfalls unendlich viele Werte annehmen kann. Derartige Zufallsvariablen heißen *stetig*. Bei stetigen Zufallsvariablen fragen wir nicht nach der Wahrscheinlichkeit einzelner Elementarereignisse (diese geht gegen null), sondern nach der Wahrscheinlichkeit für das Auftreten von Ereignissen, die sich in einem bestimmten Intervall befinden, z. B. nach der Wahrscheinlichkeit einer Körpergröße zwischen 170 cm und 180 cm.

Warum dies so ist, verdeutlicht der folgende Gedankengang: Nehmen wir einmal an, in Abb. 5.3 sei die Verteilung des stetigen Merkmals „Körpergröße" wiedergegeben. (Diese Variable kann wegen einer begrenzten Messgenauigkeit praktisch nur diskret erfassbar werden.)

Jedem Messwert x ist hier ein Ordinatenwert $f(x)$ zugeordnet, der größer oder gleich null ist. Entsprächen diese $f(x)$-Werte den Wahrscheinlichkeiten der x-Werte, würde man für die Summe der „Wahrscheinlichkeiten" aller möglichen x-Werte mit $f(x) > 0$ einen Wert erhalten, der gegen unendlich strebt. Dies stünde im Widerspruch zum zweiten Axiom der Wahrscheinlichkeitsrechnung, dass die Wahrscheinlichkeit der Menge der Elementarereignisse auf 1,0 begrenzt ist. Bei stetigen Zufallsvariablen bezeichnet der $f(x)$-Wert nicht die Wahrscheinlichkeit des x-Wertes, sondern seine Wahrscheinlichkeitsdichte.

Auf der anderen Seite macht es durchaus Sinn, nach der Wahrscheinlichkeit zu fragen, mit der sich ein Wert der Zufallsvariablen in einem bestimmten Intervall befindet. Da die Gesamtfläche

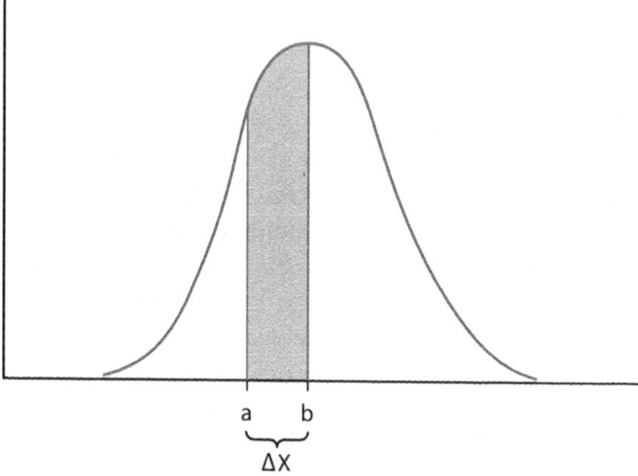

Abbildung 5.4. Wahrscheinlichkeit eines Intervalls bei stetigen Verteilungen

unter einer *Dichtefunktion* gerade 1,0 beträgt, d. h.

$$\int_{-\infty}^{+\infty} f(x)\,\mathrm{d}x = 1$$

gilt, entspricht diese Wahrscheinlichkeit der Fläche über dem Intervall. Hat das Intervall die Grenzen a und b, ermitteln wir

$$P(a < x \leq b) = \int_a^b f(x)\,\mathrm{d}x.$$

Die Wahrscheinlichkeit, dass sich ein Wert x der Zufallsvariablen im Intervall mit den Grenzen a und b befindet, entspricht dem Integral der Dichtefunktion mit den Grenzen a und b. Diesen Sachverhalt verdeutlicht Abb. 5.4.

Lassen wir die Breite des Intervalls kleiner werden, verringert sich auch die Fläche über dem Intervall bzw. die Wahrscheinlichkeit des Intervalls. Strebt die Intervallbreite gegen null, so geht die Wahrscheinlichkeit des Intervalls ebenfalls gegen null.

5.3.2 Perzentil und Verteilungsfunktion

In Abschn. 2.3 hatten wir das Stichprobenperzentil als den Wert definiert, unter dem ein bestimmter Prozentsatz aller Werte in der Stichprobe liegt. Mit Hilfe des Perzentils können wir somit die relative Position eines Rohwertes in der Stichprobe ausdrücken. Der Begriff des Perzentils erfüllt im Kontext von Wahrscheinlichkeitsverteilungen den gleichen Zweck. Wir definieren ihn in Analogie zum Stichprobenperzentil.

Definition 5.2

Verteilungsperzentil. Das Perzentil x_p einer Verteilung ist der Wert, unter dem p-Prozent der Verteilung liegen. Mit anderen Worten, x_p wird durch die Gleichung $P(x \le x_p) = p$ definiert.

Während für das Perzentil ein Prozentsatz vorgegeben und dazu der entsprechende Rohwert ermittelt wird, wird mit der Verteilungsfunktion F der umgekehrte Zweck erfüllt. Für einen gegebenen Rohwert gibt die Verteilungsfunktion an, wie viel Prozent der Verteilung unter diesem Wert liegen. Mit anderen Worten,

$$F(x_p) = P(x \le x_p).$$

Will man diese Wahrscheinlichkeit berechnen, so muss dazu das Integral der Dichtefunktion in den Grenzen von $-\infty$ bis x_p bestimmt werden, d. h.

$$P(x \le x_p) = \int_{-\infty}^{x_p} f(t)\,\mathrm{d}t.$$

Der Verteilungsfunktion ist damit auch zu entnehmen, mit welcher Wahrscheinlichkeit ein Wert größer als x_p in einem Zufallsexperiment auftritt. Sie ergibt sich als Komplementärwahrscheinlichkeit:

$$P(x > x_p) = 1 - P(x \le x_p).$$

Diese Beziehung ist wichtig für die Benutzung der im Anhang wiedergegebenen Tabellen, auf die wir noch ausführlich eingehen werden. Abb. 5.5 verdeutlicht die Beziehung zwischen dem Perzentil x_p und dem Flächenanteil, der dem Wert der Verteilungsfunktion $F(x_p)$ entspricht.

Häufig möchte man einen Bereich in der Mitte der Verteilung kennzeichnen, der einen gewissen Prozentsatz der Verteilung umfasst. Zu diesem Zweck bezeichnet man den *außerhalb* des mittleren Bereichs liegenden Anteil mit α, sodass der mittlere Bereich den Anteil $(1-\alpha)$ der Verteilung umfasst. Soll außerdem der gleiche Anteil an beiden Rändern der Verteilung ausgeschlossen werden, so begrenzen die Perzentile $x_{\alpha/2}$ und $x_{1-\alpha/2}$ den mittleren Bereich. Abb. 5.6 verdeutlicht diese Perzentile.

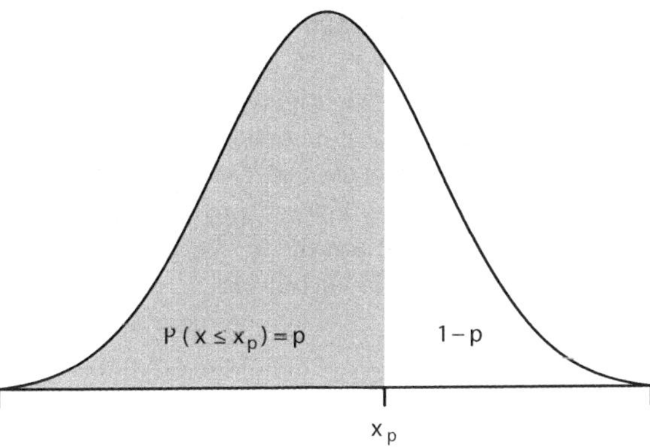

Abbildung 5.5. Perzentil x_p und Flächenanteil p einer stetigen Zufallsvariablen

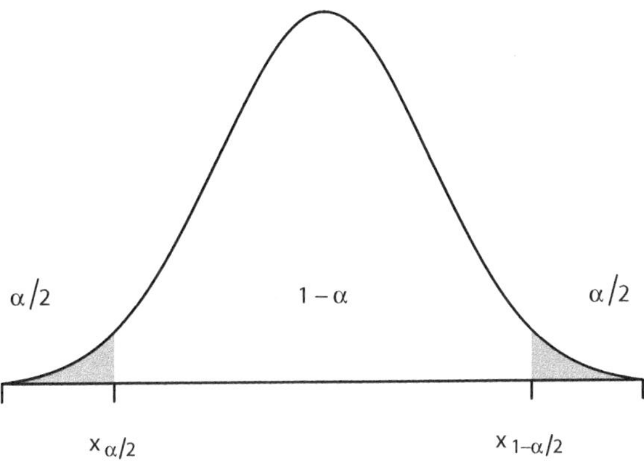

Abbildung 5.6. Die Perzentile $x_{\alpha/2}$ und $x_{1-\alpha/2}$ begrenzen den mittleren Bereich der Verteilung, welcher einen Anteil von $1-\alpha$ umfasst

5.3.3 Erwartungswert und Varianz

Für stetige Zufallsvariablen sind Erwartungswert μ und Varianz σ^2 wie folgt definiert:

$$\mu = \int_{-\infty}^{\infty} x f(x)\,\mathrm{d}x, \tag{5.11}$$

$$\sigma^2 = \int_{-\infty}^{\infty} (x-\mu)^2 f(x)\,\mathrm{d}x. \tag{5.12}$$

Um den Stichprobenmittelwert $\bar{x}$ vom theoretischen Mittelwert μ begrifflich zu unterscheiden, sprechen wir auch vom *Erwartungswert* μ.

5.4 Stetige Verteilungen

Die für die Statistik wichtigste Verteilung ist die Normalverteilung, die nun besprochen wird. Anschließend werden drei stetige Verteilungen dargestellt, die aus der Normalvereilung abgeleitet sind. Dabei handelt es sich um die χ^2-Verteilung, die *t*-Verteilung sowie die *F*-Verteilung.

5.4.1 Normalverteilung

Eigenschaften der Normalverteilung

So wie die bisher besprochenen Verteilungsarten (Binomialverteilung, Poisson-Verteilung usw.) jeweils eine ganze Klasse von Verteilungen charakterisieren, gilt auch die Bezeichnung *Normalver-*

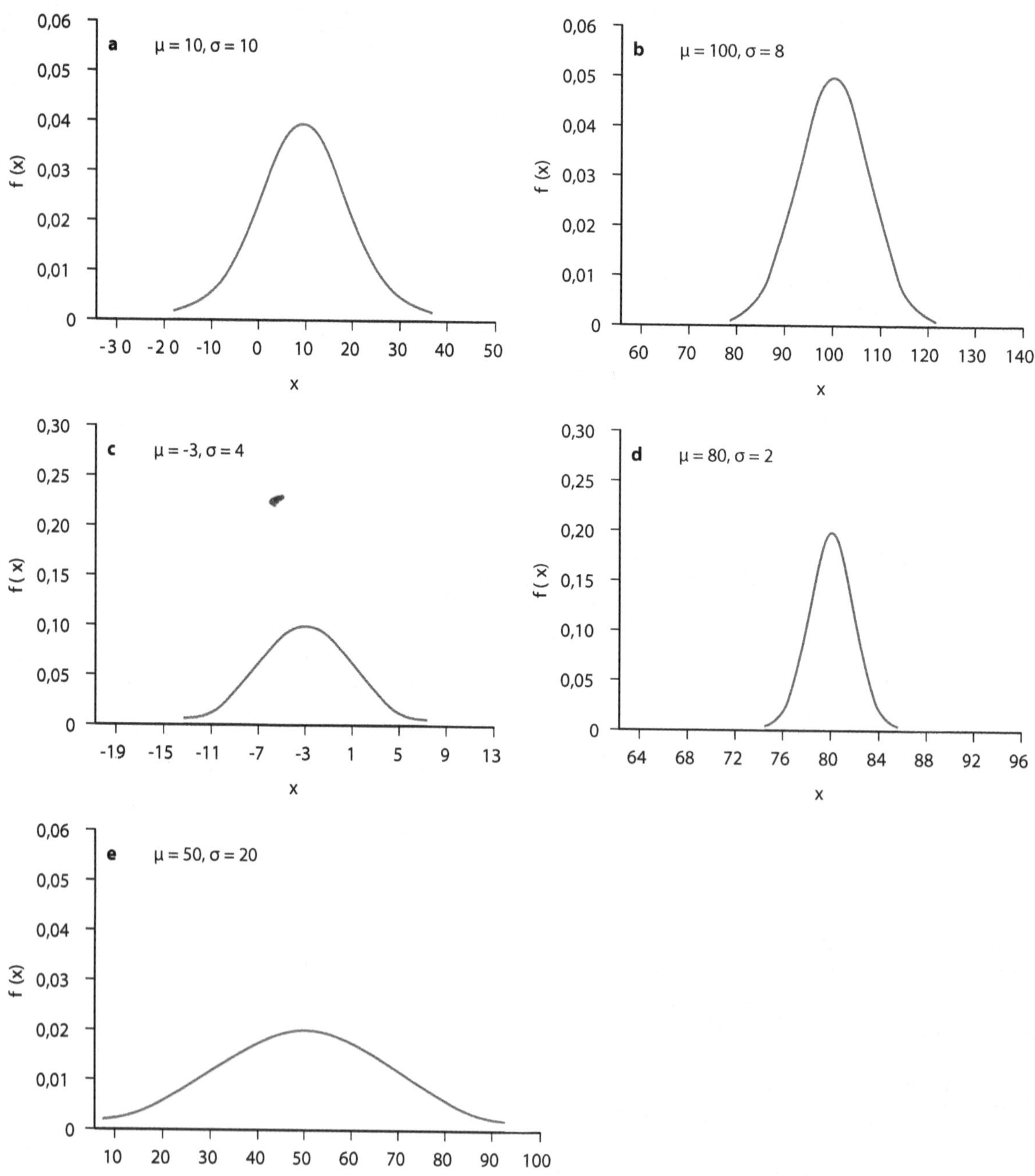

Abbildung 5.7. Verschiedene Normalverteilungen (Dichtefunktionen)

teilung für viele Verteilungen, deren Gemeinsamkeiten durch Abb. 5.7 veranschaulicht werden.

Die Dichtefunktion der Normalverteilung hat einen glockenförmigen Verlauf. Die Verteilung ist unimodal und symmetrisch. Die Verteilung nähert sich asymptotisch der Abszisse an, berührt diese aber an keiner Stelle. Normalverteilte Variablen sind deshalb nicht nach oben oder unten beschränkt. Zwischen den zu den Wendepunkten gehörenden x-Werten befindet sich ca. 2/3 der Gesamtfläche. Die in Abb. 5.7 erkennbaren Unterschiede zwischen mehreren Normalverteilungen sind darauf zurückzuführen, dass die Verteilungen durch unterschiedliche

a) Erwartungswerte μ
b) Streuungen σ

gekennzeichnet sind.

Normalverteilungen mit gleichem Erwartungswert und gleicher Streuung sind identische Normalverteilungen. Die Normalverteilung wird somit durch die beiden Parameter μ und σ eindeutig festgelegt. Ist x normalverteilt, so schreibt man auch

$$x \sim N(\mu, \sigma^2). \tag{5.13}$$

Ihre Dichtefunktion lautet:

$$f(x) = \frac{1}{\sqrt{2\pi \cdot \sigma^2}} \cdot e^{-\frac{1}{2}\left(\frac{x-\mu}{\sigma}\right)^2}, \tag{5.14}$$

wobei $\pi = 3{,}14$, $e = 2{,}718$.

Standardnormalverteilung

Unter den unendlich vielen Normalverteilungen gibt es eine Normalverteilung, die dadurch ausgezeichnet ist, dass sie einen Erwartungswert von $\mu = 0$ und eine Streuung von $\sigma = 1$ aufweist. Dieser Normalverteilung wird deshalb eine besondere Bedeutung zugemessen, weil sämtliche übrigen Normalverteilungen durch eine einfache Transformation in sie überführbar sind. Wie wir bereits in Abschn. 2.4.2 kennengelernt haben, wird dies durch die *z-Transformation* gewährleistet.

> Durch die z-Transformation kann eine Normalverteilung standardisiert werden, d. h. auf einen Standard gebracht werden. Wir bezeichnen die Normalverteilung mit $\mu = 0$ und $\sigma = 1$ als Standardnormalverteilung.

Wegen $\mu = 0$ und $\sigma = 1$ vereinfacht sich die Dichtefunktion zu

$$f(z) = \frac{1}{\sqrt{2\pi}} \cdot e^{-\frac{1}{2}z^2}. \tag{5.15}$$

In dieser Gleichung wurde die x-Variable durch die z-Variable ersetzt, um zum Ausdruck zu bringen, dass sich die Dichtefunktion in Gl. (5.15) auf eine normalverteilte Zufallsvariable mit $\mu = 0$ und $\sigma = 1$ bezieht.

Wie in Abschn. 5.3 ausgeführt, unterscheiden wir bei stetigen Verteilungen zwischen der Dichtefunktion f und der Verteilungsfunktion F, wobei letzterer die Wahrscheinlichkeit zu entnehmen ist, dass die Zufallsvariable z einen Wert annimmt, der nicht größer als z_p ist, d. h. $F(z_p) = P(z \leq z_p)$. Zur Ermittlung dieser Wahrscheinlichkeit berechnen wir die Fläche unter der Verteilung in den Grenzen $-\infty$ und z_p:

$$F(z_p) = \int_{-\infty}^{z_p} \frac{1}{\sqrt{2\pi}} \cdot e^{-x^2/2}\, dx. \tag{5.16}$$

Die Gesamtfläche hat den Wert 1,0. Die Verteilungsfunktion der Standardnormalverteilung wird häufig auch mit Φ abgekürzt, d. h. $\Phi(z_p) = P(z \leq z_p)$.

Die Verteilungsfunktion der Standardnormalverteilung ist in der Tabelle A des Anhangs enthalten. Diese Tabelle gibt den Flächenanteil wieder, der durch die Grenzen $-\infty$ und z_p gekennzeichnet ist. Für die Teilfläche bis $z_p = 0$ ergibt sich ein Wert von 0,5, d. h. die Wahrscheinlichkeit, dass ein zufälliger z-Wert in den Bereich $-\infty < z < 0$ fällt, beträgt 50%.

Der Tabelle A des Anhangs sind auch Flächenanteile zwischen beliebigen z-Perzentilen zu entnehmen. Um beispielsweise die Fläche zu ermitteln, die sich zwischen den Perzentilen 2 und −1 befindet, lesen wir zunächst $F(2) = 0{,}977$ ab und ziehen hiervon $F(-1)$ ab. Da in der Tabelle aber nur Flächenanteile für nicht-negative Perzentilen enthalten sind, muss man die Flächenanteile für negative Perzentile aufgrund der Symmetrie der Normalverteilung ermitteln. Es gilt:

$$F(-z) = 1 - F(z).$$

Da $F(1) = 0{,}841$, ergibt sich für $F(-1) = 1 - 0{,}841 = 0{,}159$. Der gesuchte Flächenanteil ist somit $0{,}977 - 0{,}159 = 0{,}818$. In gleicher Weise ermitteln wir den Flächenanteil, der zwischen den beiden Wendepunkten der Normalverteilung liegt: $F(1) - F(-1) = 0{,}841 - 0{,}159 = 0{,}682$. Die Wahrscheinlichkeit, dass die Zufallsvariable z einen Wert in den Perzentilen $z = -1$ und $z = +1$ annimmt, beträgt 0,682.

Bedeutsamkeit der Normalverteilung

Die Bedeutsamkeit der Normalverteilung leitet sich aus den Kontexten ab, die nun dargestellt werden sollen.

Die Normalverteilung als empirische Verteilung. Wir haben bisher die Normalverteilung als eine rein theoretische Verteilung mit bestimmten mathematischen Eigenschaften kennengelernt. Ihre Bedeutung ist jedoch zum Teil darauf zurückzuführen, dass sich einige human- und sozialwissenschaftlich relevante Merkmale zumindest angenähert normalverteilen.

Das Modell der Normalverteilung wurde erstmalig im 19. Jahrhundert von dem Belgier Adolph Quetelet (vgl. Boring, 1950) auf menschliche Eigenschaften angewandt. Quetelet war aufgefallen, dass sich eine Reihe von Messungen wie z. B. die Körpergröße, das Körpergewicht, Testleistungen usw. angenähert normalverteilen, was ihn zu dem Schluss veranlasste, dass die Normalverteilung psychologischer, biologischer und anthropologischer Merkmale einem Naturgesetz entspricht (hinsichtlich weiterer normalverteilter Merkmale vgl. Anastasi, 1963, Kap. 2). Er ging davon aus, dass die Natur eine ideale, normative Ausprägung aller Merkmale anstrebe, dass jedoch die individuelle Ausprägung eines Merkmals von einer großen Zahl voneinander unabhängiger Faktoren abhänge, sodass die endgültige Merkmalsausprägung sowohl von der „idealen Norm" als auch von Zufallseinflüssen determiniert wird. Das Ergebnis dieser beiden Wirkmechanismen sei die Normalverteilung.

Dieser in einem Abriss über die Historie der Normalverteilung bei Walker (1929) dargestellte Ansatz hat inzwischen weitgehend an Bedeutung verloren. Vor allem wird der Gedanke, dass sich in der Normalverteilung ein Naturgesetz abbilde, heute eindeutig abgelehnt. Dies wird durch eine Studie von Micceri (1989) in eindrucksvoller Weise belegt.

Die Normalverteilung als Verteilungsmodell für statistische Kennwerte. In einer Urne mögen sich viele Kugeln mit unterschiedlichem Gewicht befinden. Wir denken uns, dass aus dieser Urne viele Stichproben gleichen Umfangs (mit Zurücklegen) gezogen werden. Berechnen wir als statistischen Kennwert das durchschnittliche Gewicht der Kugeln einer jeden Stichprobe, würden wir feststellen, dass diese Mittelwerte – bedingt durch die zufällige Zusammensetzung der Stichproben – von Stichprobe zu Stichprobe unterschiedlich ausfallen. Die Mittelwerte zufällig gezogener Stichproben stellen eine Zufallsvariable dar. Diese Zufallsvariable ist unter der Voraussetzung genügend großer Stichproben normalverteilt, und zwar unabhängig davon, wie die Gewichte aller Kugeln in der Urne verteilt sind. Entsprechendes gilt – in Grenzen – für andere statistische Kennwerte. Dieser grundlegende Sachverhalt der Inferenzstatistik wird im nächsten Kapitel ausführlich dargestellt.

Die Normalverteilung als mathematische Basisverteilung. Aus der Normalverteilung lassen sich weitere theoretische Verteilungen ableiten, von denen einige in den Abschnitten 5.5.1–5.5.3 dargestellt werden; über die Relationen weiterer Verteilungen zur Normalverteilung berichtet Sachs (2002, S. 228). Welche Beziehung zwischen der Normalverteilung und der Binomialverteilung besteht, sollen die folgenden Ausführungen zeigen.

Abbildung 5.2b (S. 64) zeigt die Binomialverteilung für $n = 18$ und $\pi = 0{,}50$, die offensichtlich einer Normalverteilung sehr ähnlich ist. Wollen wir das Ausmaß der Ähnlichkeit überprüfen, müssen die Wahrscheinlichkeiten ermittelt werden, nach denen bei n Versuchen x Erfolge auftreten, wenn die Anzahl der Erfolge normalverteilt wäre.

Um die Verteilungen miteinander zu vergleichen, verwenden wir zum Vergleich die Normalverteilung, welche den gleichen Erwartungswert sowie die gleiche Varianz wie die zu vergleichende Binomialverteilung besitzt. Mit anderen Worten, wir verwenden die Normalverteilung, welche den Erwartungswert $\mu = n \cdot \pi$ und $\sigma^2 = n \cdot \pi \cdot (1 - \pi)$ besitzt. Mit Hilfe der z-Standardisierung können wir nun die Wahrscheinlichkeiten bestimmen, mit denen die normalverteilte Variable in eines der Intervalle $0{,}5 - 1{,}5$; $1{,}5 - 2{,}5$; ... fällt.

Werden nach diesem Verfahren bei größer werdendem n und $\pi = 1/2$ Binomialverteilungen mit den entsprechenden Normalverteilungen verglichen, ergeben sich zunehmend kleinere Abweichungen. Man kann zeigen, dass für $n \to \infty$ die Binomialverteilung exakt mit der Normalverteilung identisch ist (vgl. z. B. Kendall & Stuart, 1969, S. 106 ff.).

Wie Abb. 5.2 zeigt, sind Binomialverteilungen für $\pi \neq 1/2$ nicht symmetrisch. Allerdings wird die Schiefe einer Verteilung bei gegebenem π mit zunehmendem n immer kleiner. Dies wird in Abb. 5.8 veranschaulicht. Die Binomialverteilung ist somit auch für $\pi \neq 1/2$ mit wachsendem n in die Normalverteilung überführbar. Nach Sachs (2002, S. 228) kann eine Binomialverteilung hinreichend gut durch eine Normalverteilung approximiert werden, wenn $n \cdot \pi \cdot (1 - \pi) \geq 9$ ist.

> Eine Binomialverteilung kann bei größeren Stichproben durch eine Normalverteilung approximiert werden.

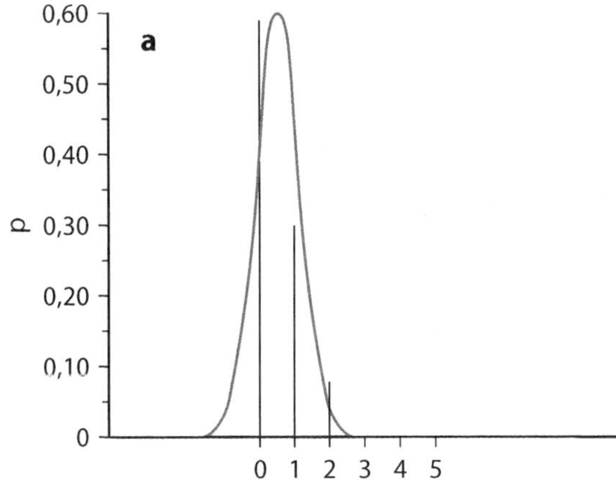

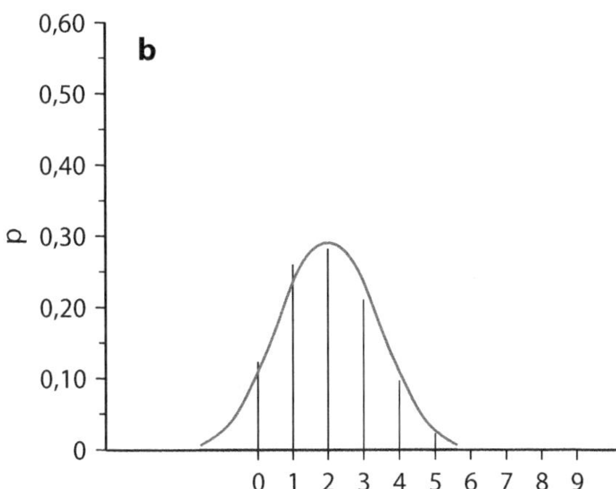

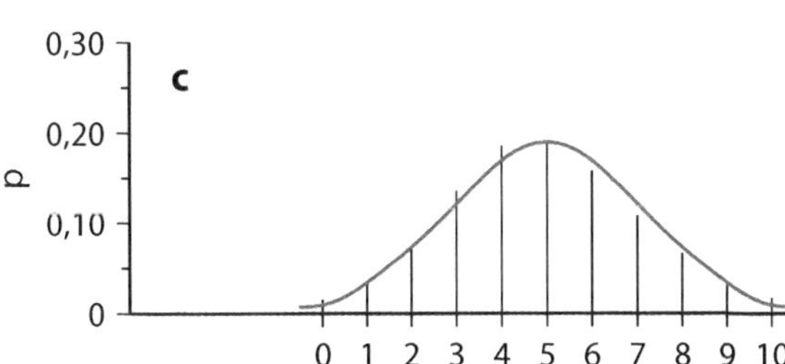

Abbildung 5.8. Wahrscheinlichkeitsfunktionen der Binomialverteilung im Vergleich zur Dichte der Normalverteilung a) $n = 5$; $\pi = 0{,}10$ ($\mu = 0{,}5$, $\sigma = 0{,}67$), b) $n = 20$; $\pi = 0{,}10$ ($\mu = 2$, $\sigma = 1{,}34$), c) $n = 50$; $\pi = 0{,}10$ ($\mu = 5$, $\sigma = 2{,}12$)

BEISPIEL 5.6

Gesucht wird die Wahrscheinlichkeit, dass unter 1000 Würfen beim Roulette höchstens 20-mal die Null fällt. Die Berechnung dieser Wahrscheinlichkeit ist nach Gl. (5.4) aufwändig, sodass wir – zumal die Bedingung $\pi \cdot (1 - \pi) \cdot n = 1/37 \cdot 36/37 \cdot 1000 = 26{,}3 > 9$ erfüllt ist – die Normalverteilungsapproximation benutzen wollen.

Der Mittelwert der Binomialverteilung lautet $\mu = (1/37) \cdot 1000 = 27{,}03$ und die Streuung $\sigma = \sqrt{(1/37) \cdot (36/37) \cdot 1000} = 5{,}13$. Gesucht wird die Wahrscheinlichkeit, dass x (Anzahl der gefallenen Nullen) einen der Werte $0, 1, \ldots, 20$ annimmt.

Die z-Standardisierung der Kategoriengrenze 20 führt zu dem Wert $z = (20 - 27{,}03)/5{,}13 = -1{,}37$. Aus der Normalverteilungstabelle entnehmen wir, dass dieser z-Wert einen Flächenanteil von $0{,}085 \approx 0{,}1$ abschneidet. Die Wahrscheinlichkeit, dass bei 1000 Roulettewürfen höchstens 20-mal die Null fällt, beträgt somit ungefähr 10%.

Die Normalverteilung in der statistischen Fehlertheorie. Wird eine Eigenschaft eines Objektes mehrfach gemessen, ist festzustellen, dass die wiederholten Messungen nicht exakt identisch sind. Eine Vielzahl von möglichen Zufallsfaktoren, die im Moment der Messung wirksam (oder nicht wirksam) sind, verhindert es, dass sich wiederholte Messungen gleichen. Wenn beispielsweise die Körpergröße eines Menschen gemessen wird, kann es passieren, dass die Messlatte (oder die zu messende Person) nicht exakt senkrecht steht, dass der Fußboden nicht völlig eben ist, dass die Körperhaltung nicht aufrecht ist usw. Man kann sich leicht vorstellen, dass die Anzahl der Zufallsfaktoren, die die Messung potenziell beeinflussen können, sehr groß ist. Ferner wollen wir annehmen, dass Art und Anzahl der Einflussgrößen, die gerade bei einer konkreten Messung wirksam sind, vom Zufall bestimmt sind.

Zur Veranschaulichung dieser zufällig wirksamen Einflussgrößen stelle man sich folgende Apparatur vor, die auch als Galton-Brett bekannt ist: Über eine schiefe Ebene, die jeweils versetzt mit Nägeln versehen ist (vgl. Abb. 5.9), lassen wir sehr viele Kugeln rollen. Die Kugeln werden durch einen Schlitz auf das Brett gebracht und treffen auf den ersten Nagel, der sich direkt unter dem Schlitz befindet, sodass die Kugeln mit einer Wahrscheinlichkeit von ungefähr 0,50 nach links bzw. rechts abgelenkt werden. Die Endpositionen der Kugeln werden dadurch bestimmt, wie die übrigen Nägel die Durchläufe beeinflussen.

Allgemein haben wir es mit einer sehr großen Anzahl von alternativen Ereignissen (Einflussgröße ist wirksam vs. Einflussgröße ist nicht wirksam) zu tun, die – wie bereits bekannt – binomialverteilt sind. Die Wahrscheinlichkeit, dass bei einer bestimmten Messung von n möglichen Einflussgrößen gerade x wirksam sind, kann anhand der Binomialverteilung ermittelt werden.

Wie jedoch bereits gezeigt wurde, geht die Binomialverteilung bei großem n in die Normalverteilung über, sodass wiederholte Messungen um die „wahre" Ausprägung des Merkmals herum normalverteilt sind. Wie Abb. 5.9 zeigt, erhalten wir in unserem Beispiel eine normale Kugelverteilung.

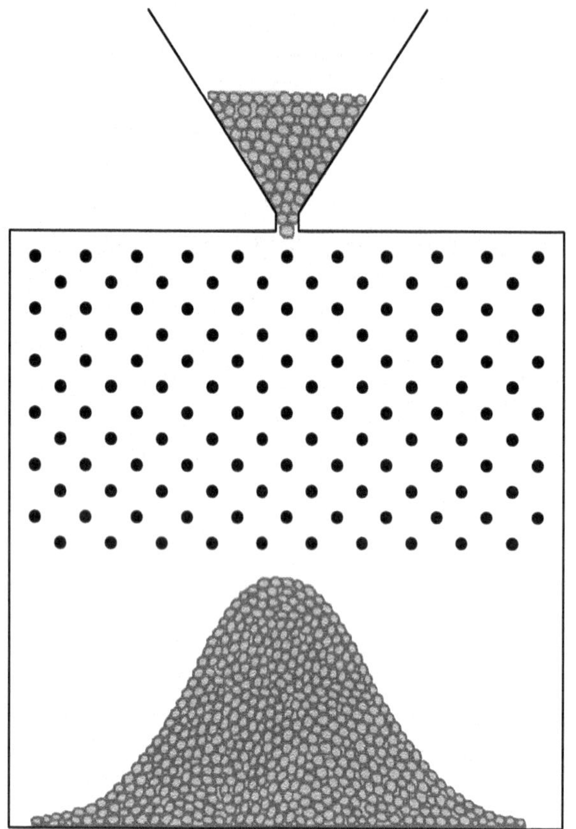

Abbildung 5.9. Galton-Brett zur Veranschaulichung einer Normalverteilung

Bezogen auf Messoperationen gehen wir von folgendem Modell aus:

$$x_i = \mu + e_i.$$

Die i-te Messung x setzt sich additiv aus zwei Komponenten zusammen: eine Komponente μ, welche die wahre Ausprägung des Merkmals bei einem Objekt kennzeichnet und die bei wiederholten Messungen konstant bleibt, sowie eine weitere Komponente e, die einen für die Messung spezifischen Fehleranteil enthält.

> Unter der Annahme, dass die Anzahl der zufällig wirksamen Fehlerfaktoren sehr groß ist, sind die Fehlerkomponenten bei vielen Wiederholungsmessungen normalverteilt.

Die Fehler können sowohl positive als auch negative Werte annehmen, sodass sich die Fehler bei vielen Wiederholungsmessungen gegenseitig ausgleichen. Als Erwartungswert der Normalverteilung der Fehlerkomponenten kann deshalb der Wert Null angenommen werden. Dieses Modell der Fehlerkomponentenverteilung ist für die Inferenzstatistik grundlegend und wird deshalb in mehreren Zusammenhängen erneut aufgegriffen.

5.5 Testverteilungen

Im Folgenden sollen drei stetige Verteilungen besprochen werden, die eng mit der Normalverteilung verbunden sind. Im Einzelnen sind dies die χ^2-, die t- sowie die F-Verteilung. Diese Verteilungen werden in erster Linie im Rahmen des *Hypothesentestens* verwendet, um eine Entscheidung für oder gegen eine Hypothese zu begründen. Man bezeichnet diese Verteilungen deshalb auch als „Testverteilungen".

Im Unterschied zur Normalverteilung werden diese drei Verteilungen nicht für die probabilistische Beschreibung von Merkmalen (z. B. Körpergewicht, Reaktionszeit, IQ-Wert) verwendet. Die Besprechung der drei Verteilungen an dieser Stelle ist durch ihre Beziehung zur Normalverteilung begründet.

5.5.1 χ^2-Verteilung

Gegeben sei eine standardnormalverteilte Zufallsvariable z, d. h. $z \sim N(0,1)$. Das Quadrat dieser Zufallsvariablen folgt einer χ^2-Verteilung mit einem *Freiheitsgrad*. Man schreibt dies auch als

$$z^2 \sim \chi^2(1).$$

Betrachtet man zwei voneinander unabhängige, standardnormalverteilte Zufallsvariablen z_1 und z_2, so folgt die Summe ihrer Quadrate einer χ^2-Verteilung mit zwei Freiheitsgraden. Mit anderen Worten,

$$z_1^2 + z_2^2 \sim \chi^2(2).$$

Werden allgemein n voneinander unabhängige, standardnormalverteilte Zufallsvariablen quadriert und addiert, resultiert eine χ^2-verteilte Zufallsvariable mit n Freiheitsgraden, d. h.

$$z_1^2 + \cdots + z_n^2 \sim \chi^2(n). \tag{5.17}$$

χ^2-Verteilungen unterscheiden sich in der Anzahl ihrer Freiheitsgrade – dem Parameter der Verteilung – welcher häufig mit df („degrees of freedom") abgekürzt wird. Abbildung 5.10 veranschaulicht

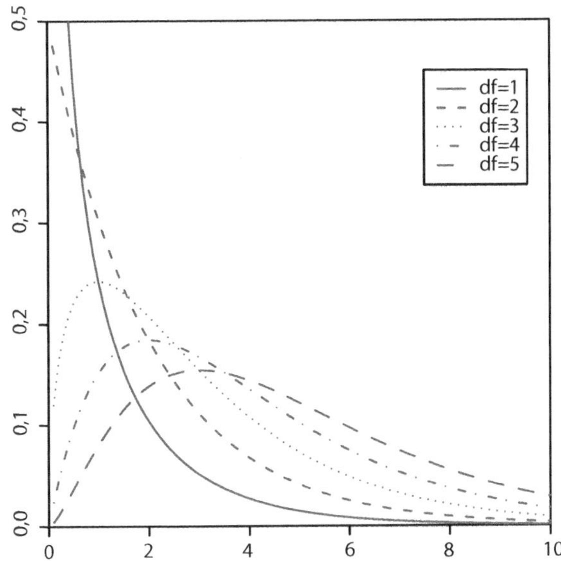

Abbildung 5.10. Dichtefunktionen verschiedener χ^2-Verteilungen

die χ^2-Dichtefunktion für verschiedene Freiheitsgrade.

Die Fläche unter der Verteilung, die zwischen bestimmten Perzentilen liegt, gibt die Wahrscheinlichkeit an, dass sich ein zufälliger χ^2-Wert in diesem Intervall befindet. Allerdings lassen sich diese Flächenanteile nicht mit Hilfe einer einfachen Formel bestimmen. Deshalb sind wir wieder auf die Verwendung tabellierter Werte angewiesen. Wie man aus Abb. 5.10 erkennt, ist die genaue Verteilungsform von den Freiheitsgraden abhängig.

Es gibt für die χ^2-Verteilungen allerdings keine Standardform, auf welche die Bestimmung von Flächenanteile zurückgeführt werden kann. Man beschränkt sich deshalb darauf, bestimmte Perzentile, $\chi^2_{\text{df};1-\alpha}$, zu tabellieren (s. Tab. B des Anhangs). Wenn beispielsweise gefragt wird, welcher χ^2-Wert die oberen 5% der χ^2-Verteilung mit zwei Freiheitsgraden abschneidet, können wir Tabelle B des Anhangs entnehmen, dass dies der Wert $\chi^2_{2;95\%} = 5{,}99$ ist (das Integral der Fläche zwischen den Grenzen 0 und 5,99 beträgt 0,95).

Der Erwartungswert einer χ^2-verteilten Zufallsvariablen ist gleich den Freiheitsgraden, welche mit der Verteilung der Variablen verbunden sind. Mit anderen Worten, falls $u \sim \chi^2(n)$, dann $\mathrm{E}(u) = n$. Mit zunehmenden Freiheitsgraden nähert sich die Form der χ^2-Verteilung einer Normalverteilung.

Eine weitere Eigenschaft der χ^2-Verteilungen lautet:

> Werden zwei voneinander unabhängige, χ^2-verteilte Zufallsvariablen u_1 und u_2 addiert, so ist die Summe $u_1 + u_2$ wiederum χ^2-verteilt. Die Freiheitsgrade der Summe ergeben sich als Summe der Freiheitsgrade von u_1 und u_2.

5.5.2 *t*-Verteilung

Wir nehmen an, z ist eine standardnormalverteilte Variable, und u ist eine χ^2-verteilte Variable mit n Freiheitsgraden. Wir nehmen also an: $z \sim N(0,1)$ und $u \sim \chi^2(n)$. Außerdem seien z und u unabhängig. Unter diesen Annahmen ist der folgende Quotient

$$t = \frac{z}{\sqrt{u/n}} \tag{5.18}$$

t-verteilt mit n Freiheitsgraden, d. h. $t \sim t(n)$. Die Freiheitsgrade des t-Wertes werden von der χ^2 verteilten Variablen u übernommen. Diese Verteilung wurde von Gosset (1908) unter dem Pseudonym „Student“ entwickelt.

Wie die Standardnormalverteilung sind auch die t-Verteilungen symmetrische, eingipflige Verteilungen mit einem Erwartungswert von $\mu = 0$. Im Vergleich zur Standardnormalverteilung sind t-Verteilungen *schmalgipfliger*, wobei jedoch die Schmalgipfligkeit mit zunehmender Anzahl der Freiheitsgrade abnimmt. Mit zunehmenden Freiheitsgrade geht die t-Verteilung in die Standardnormalverteilung über. Abbildung 5.11 zeigt ver-

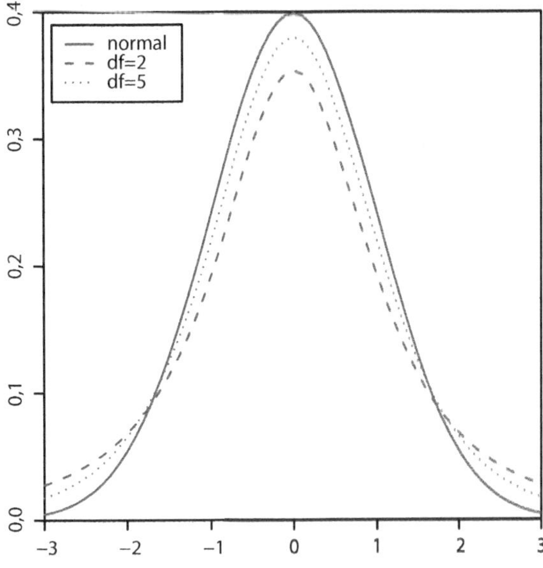

Abbildung 5.11. t-Verteilungen im Vergleich zur Normalverteilung

schiedene t-Verteilungen sowie die Standardnormalverteilung.

Tabelle C des Anhangs enthält, ähnlich wie die χ^2-Tabelle, ausgewählte Flächenanteile für die t-Verteilung. Aus dieser Tabelle entnehmen wir beispielsweise, dass durch das Perzentil $t_{8;99\%} = 2{,}896$ das obere 1% der t-Verteilung mit df = 8 abgeschnitten wird. Die t-Werte für df → ∞ sind mit den entsprechenden z-Werten der Standardnormalverteilung identisch. Auf Anwendungsbeispiele für die t-Verteilung wird in Kap. 8 ausführlich eingegangen.

5.5.3 *F*-Verteilung

Gegeben seien die beiden unabhängigen Zufallsvariablen u_1 und u_2. Beide Variablen sind χ^2-verteilt, wobei $u_1 \sim \chi^2(m)$ und $u_2 \sim \chi^2(n)$. Der folgende Quotient

$$F = \frac{u_1/m}{u_2/n} \tag{5.19}$$

ist F-verteilt, wobei der F-Wert m Zähler- und n Nennerfreiheitsgrade besitzt. Wir schreiben dafür auch $F \sim F(m,n)$. Die F-Verteilung ist von der Kombination aus Zähler- und Nennerfreiheitsgraden abhängig. F-Verteilungen sind stetige, asymmetrische Verteilungen mit einer Variationsbreite von 0 bis ∞. Abbildung 5.12 zeigt F-Verteilungen für unterschiedliche Kombinationen von Zähler- und Nennerfreiheitsgraden.

Tabelle D des Anhangs enthält ausgewählte Perzentile der F-Verteilung. Die oberen 5% der F-Verteilung mit drei Zählerfreiheitsgraden und zehn Nennerfreiheitsgraden werden durch das Perzentil $F_{3,10;95\%} = 3{,}71$ abgeschnitten. Perzentile im unteren Rand der Verteilung lassen sich aufgrund der Perzentile im oberen Rand bestimmen, da folgende Beziehung zwischen den Perzentilen besteht:

$$F_{m,n;\alpha} = \frac{1}{F_{n,m;1-\alpha}}. \tag{5.20}$$

Sucht man das Perzentil, welches bei m Zähler- und n Nennerfreiheitsgraden im unteren Rand der Verteilung $\alpha = 5\%$ der Fläche abschneidet, so kann man dieses Perzentil als *Kehrwert* des Perzentils bestimmen, welches bei n Zähler- und m Nennerfreiheitsgraden 5% der Fläche im oberen Rand der Verteilung abschneidet. Beispielsweise lautet der F-Wert mit zehn Zähler und drei Nennerfreiheitsgraden, welcher 5% der Fläche im unteren Rand der Verteilung abschneidet

$$F_{10,3;5\%} = \frac{1}{F_{3,10;95\%}} = 1/3{,}71 = 0{,}27.$$

Anwendungsmöglichkeiten der F-Verteilung werden ausführlich z. B. in Teil II über varianzanalytische Verfahren besprochen.

5.5.4 Vergleich von *F*-, *t*-, χ^2- und Normalverteilung

Quadrieren wir die Zufallsvariable in Gleichung (5.18), welche einem t-Wert mit df = n entspricht, erhalten wir

$$t^2 = \frac{z^2/1}{u/n}.$$

Gemäß den Erläuterungen zur χ^2- als auch zur F-Verteilung folgt daraus:

$$t^2 \sim F(1,n). \tag{5.21}$$

Mit anderen Worten, das Quadrat einer t-verteilten Zufallsvariablen mit n Freiheitsgraden ist F-verteilt mit einem Zähler- und n Nennerfreiheits-

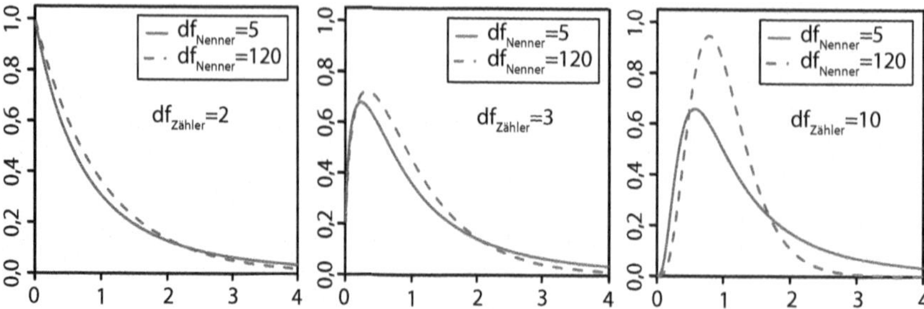

Abbildung 5.12. Dichtefunktionen von *F*-Verteilungen für verschiedene Kombinationen von Zähler- und Nennerfreiheitsgraden

graden. Will man die Perzentile der Verteilungen miteinander in Beziehung setzen, so ist zu bedenken, dass die t-Verteilung um 0 symmetrisch ist, d. h. dass positive wie negative t-Werte mit gleicher Wahrscheinlichkeit auftreten können. Quadrieren wir die t-Werte, erhalten wir nur positive Werte, sodass die Wahrscheinlichkeit positiver Werte doppelt so groß. Die Quadrate der t-Werte im Bereich $-\infty$ bis $t_{n;2,5\%}$ und im Bereich $t_{n;97,5\%}$ bis $+\infty$ umfassen also zusammengenommen 5% der Verteilung.

Da die t-Verteilung symmetrisch ist, gilt für die Perzentile der Verteilungen folgende Beziehung:

$$t^2_{n;1-\alpha/2} = F_{1,n;1-\alpha}. \tag{5.22}$$

Wir wollen überprüfen, ob diese Gleichung anhand der Tabellen C und D (s. Anhang) nachvollzogen werden kann. Wir gehen von $\alpha = 5\%$ aus. In Tabelle D lesen wir ab, dass der Wert $F_{1,8;95\%} = 5{,}32$ die oberen 5% der Fläche einer F-Verteilung mit einem Zähler- und acht Nennerfreiheitsgraden abschneidet. Der Wert der t-Verteilung, der die oberen 2,5% der Fläche abschneidet, lautet $t_{8;97,5\%} = 2{,}306$. Quadrieren wir diesen Wert, erhalten wir $t^2_{8;97,5\%} = 5{,}32$, der wie erwartet mit dem F-Perzentil übereinstimmt. Gleichung (5.22) ist somit offenbar erfüllt.

Ausgehend von der Dichtefunktion der F-Verteilung (vgl. Kendall & Stuart, 1969, Kap. 16) kann man zeigen, dass ferner folgende Beziehung gilt:

$$z^2_{1-\alpha/2} = F_{1,\infty;1-\alpha}.$$

Da die z-Werte der Standardnormalverteilung ebenfalls symmetrisch um Null verteilt sind, entspricht z. B. der $F_{1,\infty;95\%}$-Wert, also derjenige F-Wert mit einem Zähler- und unendlichen Nennerfreiheitsgraden, der die oberen 5% abschneidet, demjenigen quadrierten z-Wert, der in der Standardnormalverteilung die unteren bzw. oberen 2,5% abschneidet. Wir ermitteln für $F_{1,\infty;95\%} = 3{,}84$ und für $z_{97,5\%} = 1{,}96$ (bzw. für $z_{2,5\%} = -1{,}96$), sodass $z^2_{2,5\%} = z^2_{97,5\%} = 1{,}96^2 = 3{,}84$.

Zwischen einer χ^2-Verteilung und einer F-Verteilung besteht folgende Beziehung:

$$n \cdot F_{n,\infty;1-\alpha} = \chi^2_{n;1-\alpha}. \tag{5.23}$$

Auch diese Gleichung sei an einem Beispiel verdeutlicht: Für $F_{10,\infty;99\%} = 2{,}32$ ermitteln wir $\chi^2_{10;99\%} = 23{,}2$. Aufgrund der rechten Seite von Gl. (5.23) ergibt sich ebenfalls $10 \cdot 2{,}32 = 23{,}2$.

SOFTWAREHINWEIS 5.1

Ausgehend von den hier dargestellten Beziehungen hat Jaspen (1965) ein allgemeines Rechenprogramm entwickelt, mit dem die z-, t-, F- und χ^2-Verteilungen integriert werden können. Dieses Programm macht somit die Benutzung der entsprechenden, im Anhang wiedergegebenen Tabellen überflüssig, weil für jeden Verteilungswert exakt errechnet werden kann, welcher Anteil der jeweiligen Verteilung durch diesen Wert abgeschnitten wird.

Dies gilt auch für praktisch alle Statistik-Softwarepakete (SPSS, SAS, SYSTAT, Statistika, S-Plus etc.). Wenn man sog. Signifikanztests (t-Test, F-Test und χ^2 Test als Beispiele für elementare Signifikanztests; vgl. Kap. 7 und 8) mit einem dieser Statistik-Programme am Computer durchführt, kann man auf die im Anhang gelisteten Tabellen (weitgehend) verzichten. Das Computerprogramm berechnet die exakten Flächenanteile beliebiger t-, F- oder χ^2-Verteilungswerte, die für inferenzstatistische Aussagen (z. B. sog. Signifikanzaussagen) benötigt werden.

Darüberhinaus stellen die Softwarepakete in der Regel spezielle Funktionen zur Verfügung, mit denen unter anderem Flächenanteile und Perzentile vieler Verteilungen direkt berechnet werden können.

ÜBUNGSAUFGABEN

Binomialverteilung

Aufgabe 5.1 Berechnen Sie die folgenden Wahrscheinlichkeiten mit Hilfe der Binomialverteilung:

a) 5 Erfolge bei $n = 6$ Versuchen mit $\pi = 0{,}5$.
b) 4 Erfolge bei $n = 7$ Versuchen mit $\pi = 0{,}9$.
c) Mindestens acht Treffer bei $n = 9$ Versuchen mit $\pi = 0{,}8$.
d) Mindestens einen Treffer bei $n = 21$ Versuchen mit $\pi = 0{,}1$.

Aufgabe 5.2 Eine Multiple-Choice Klausur besteht aus 16 Fragen. Jeder Frage folgen vier Antwortalternativen, von denen genau eine richtig ist.

a) Wie groß ist die Wahrscheinlichkeit, bei rein zufälligem Ankreuzen höchstens vier Aufgaben richtig zu lösen?
b) Die Klausur wird von 1000 Studenten bearbeitet. Alle Studenten raten. Von wie vielen Studenten würden Sie einen Wert größer als vier erwarten?

Aufgabe 5.3 Ein Psychologe untersucht, ob Katzen Farben sehen können. In einer Lernphase erhält eine Katze jedes Mal eine Belohnung, wenn sie einen grünen Knopf drückt. In einer Versuchsphase werden der Katze ein roter und ein grüner Knopf dargeboten. Wie groß ist die Wahrscheinlichkeit, dass die Katze bei 15 Versuchen mindestens 12-mal den grünen Knopf drückt, wenn sie nicht zwischen dem roten und dem grünen Knopf unterscheiden kann?

Aufgabe 5.4 Ein Test möge aus zehn Fragen bestehen, wobei zu jeder Frage vier Antwortmöglichkeiten vorgegeben sind. Wie groß ist die Wahrscheinlichkeit, dass bei diesem Test mindestens drei richtige Antworten zufällig erraten werden?

Hypergeometrische Verteilung

Aufgabe 5.5 In einer Lostrommel befinden sich 100 Lose. Dem Losverkäufer ist bekannt, dass sich unter den 100 Losen zehn Gewinne befinden. Wie groß ist die Wahrscheinlichkeit, dass man bei einem Kauf von fünf Losen mindestens einmal gewinnt?

Normalverteilung

Aufgabe 5.6 Eine Zufallsvariable z ist standardnormalverteilt. Bestimmen Sie folgende Wahrscheinlichkeiten: a) $P(z < 1{,}25)$, b) $P(z > 1{,}75)$, c) $P(z < -0{,}53)$, d) $P(z > -2{,}00)$, e) $P(1{,}55 < z < 2{,}00)$, f) $P(-1{,}50 < z < 1{,}80)$ und g) $P(z < -2{,}00 \cup z > 2{,}00)$.

Aufgabe 5.7 Eine Zufallsvariable z ist standardnormalverteilt. Bestimmen Sie folgende Perzentile, d. h. diejenigen z-Werte, unter denen die genannten Prozentsätze der Verteilung liegen. a) $z_{86\%}$, b) $z_{10\%}$, c) $z_{5\%}$ und d) $z_{20\%}$.

Aufgabe 5.8 Eine Zufallsvariable x ist normalverteilt mit Erwartungswert $\mu = 100$ und Varianz $\sigma^2 = 25$. Bestimmen Sie folgende Wahrscheinlichkeiten: a) $P(x < 106)$, b) $P(x > 108)$, c) $P(x < 98)$, d) $P(x > 95)$, e) $P(100 < x < 102)$, f) $P(94 < x < 102)$ und g) $P(x < 98 \cup x > 104)$.

Aufgabe 5.9 Eine Zufallsvariable x ist normalverteilt mit Erwartungswert $\mu = 100$ und Varianz $\sigma^2 = 25$. Bestimmen Sie folgende Perzentile: a) $x_{77\%}$, b) $x_{73\%}$ und c) $x_{11\%}$.

Aufgabe 5.10 Eine Zufallsvariable x ist normalverteilt mit Erwartungswert μ und Varianz σ^2. Bestimmen Sie folgende Wahrscheinlichkeiten:
a) $P(x < \mu + 2\sigma)$
b) $P(x > \mu + 2\sigma)$
c) $P(\mu - 2\sigma < x < \mu + 2\sigma)$

Aufgabe 5.11 Ein Kaffeeautomat gibt portionsweise Kaffee aus. Die Kaffeeportionen sind dabei (approximativ) normalverteilt mit einer Standardabweichung von 10 ml. Die durchschnittliche Menge des ausgegebenen Kaffees μ kann an der Kaffeemaschine eingestellt werden. Welche Menge muss eingestellt werden, damit ein 200 ml Becher nur in 1% der Fälle überläuft?

Aufgabe 5.12 Eine Verpackungsmaschine soll Kaffeepakete mit einem Gewicht von 500 g abfüllen. Die durchschnittlich abgefüllte Menge ist normalverteilt mit einem Erwartungswert μ von 500 g. Mit welcher Standardabweichung können die einzelnen Befüllvorgänge schwanken, damit 95% der abgefüllten Kaffepakete mindestens 490 g Kaffee enthalten?

Aufgabe 5.13 Lehrling P hat in einem mechanischen Verständnistest 78 Punkte und in einem Kreativitätstest 35 Punkte erreicht. Im ersten Test erzielen Lehrlinge im Durchschnitt eine Leistung von $\bar{x} = 60$ mit einer Streuung von $s = 8$ und im zweiten Test eine durchschnittliche Leistung von $\bar{x} = 40$ mit einer Streuung von $s = 5$. Die Testleistungen seien in beiden Tests normalverteilt.

a) Wie groß ist der Prozentsatz der Lehrlinge, die im mechanischen Verständnistest schlechter abschneiden als Lehrling P?
b) Wie groß ist der Prozentsatz der Lehrlinge, die im Kreativitätstest besser abschneiden als Lehrling P?
c) Lehrling F habe im Kreativitätstest eine Leistung von 43 Punkten erreicht. Wie viel Prozent aller Lehrlinge haben in diesem Test eine bessere Leistung als Lehrling P, aber gleichzeitig eine schlechtere Leistung als Lehrling F?

χ^2-, t- und F-Verteilung

Aufgabe 5.14 Wie lautet der χ^2-Wert, der vom oberen Teil der χ^2-Verteilung mit df = 9 gerade 5% abschneidet?

Aufgabe 5.15 Wie lauten die t-Werte, die jeweils 0,5% vom oberen und unteren Teil der t-Verteilung mit df = 12 abschneiden?

Aufgabe 5.16 Welcher F-Wert schneidet vom oberen Teil der F-Verteilung mit vier Zähler- und 20 Nennerfreiheitsgraden 5% ab?

Aufgabe 5.17 Verwenden Sie Gl. (5.20) um das Perzentil $F_{n,n;50\%}$ zu bestimmen.

Kapitel 6 Stichprobe und Grundgesamtheit

ÜBERSICHT

Zufallsstichprobe – Klumpenstichprobe – geschichtete Stichprobe – Stichprobenverteilung – Standardfehler – zentrales Grenzwerttheorem – Erwartungstreue – Konsistenz – Effizienz – Suffizienz – Methode der kleinsten Quadrate – Maximum-Likelihood-Methode – Punktschätzung – Konfidenzintervall – Stichprobengröße

Kapitel 3 stellt Verfahren vor, mit deren Hilfe die in einer Stichprobe angetroffene Merkmalsverteilung beschrieben werden kann, wobei Fragen der Generalisierbarkeit der Ergebnisse ausgeklammert wurden. Die meisten empirischen Untersuchungen sind jedoch darauf gerichtet, allgemeingültige Aussagen zu formulieren, die über die Beschreibung einer spezifischen Gruppe von Untersuchungseinheiten hinausgehen. Wir wollen deshalb in diesem Kapitel das Grundprinzip erklären, wie auf der Basis von Ergebnissen, die an einer verhältnismäßig *kleinen* Personen- oder Objektgruppe ermittelt wurden, induktiv allgemein gültige Aussagen formuliert werden können. Der sich hiermit befassende Teilbereich der Statistik wird als *Inferenz-* oder *schließende Statistik* bezeichnet.

Mit inferenzstatistischen Verfahren lässt sich also angeben, wie gut aufgrund der Untersuchung von relativ wenig Personen oder Objekten – einer Stichprobe – auf Merkmalsverteilungen in der Grundgesamtheit (Population) aller Personen oder Objekte geschlossen werden kann. Der inferenzstatistische Ansatz ermöglicht es, Fragen wie z. B. „Was weiß ich über das Kurzzeitgedächtnis achtjähriger Kinder, wenn ich das Kurzzeitgedächtnis tatsächlich nur bei 100 achtjährigen Kindern untersucht habe?“ zu beantworten. Hiermit sind Probleme des *Schließens* angesprochen, die wir in diesem Kapitel behandeln.

Ein weiterer, wichtiger Bereich der Inferenzstatistik befasst sich mit der empirischen Überprüfung von Hypothesen. Nehmen wir an, es soll die Hypothese überprüft werden, dass männliche Studenten bessere Statistikklausuren schreiben als weibliche, und nehmen wir ferner an, dass in einer Untersuchung die durchschnittliche Klausurleistung von 30 geprüften männlichen Studenten um zwei Punkte über der Durchschnittsleistung von 30 weiblichen Studenten liegt. Kann man aufgrund dieser Untersuchung von 60 Studenten behaupten, die Hypothese sei richtig, dass männliche Studenten generell bessere Statistikklausuren schreiben als weibliche, oder könnte dieses Untersuchungsergebnis auch auf zufällige Besonderheiten der verglichenen Studenten zurückgeführt werden? Hiermit sind Probleme des *Testens* angesprochen, die wir in Kap. 7 behandeln.

Statistische Kennwerte wie z. B. die Maße der zentralen Tendenz oder die Maße der Variabilität, können für Stichproben und für Grundgesamtheiten ermittelt werden. Die Kennwerte der Merkmalsverteilungen in Grundgesamtheiten bezeichnen wir – in Analogie zu theoretischen Verteilungen – als *Parameter*. Für Parameter verwenden wir griechische Buchstaben (z. B. μ und σ als Mittelwert und Standardabweichung einer Grundgesamtheit). Kennwerte von Stichprobenverteilungen werden wie bisher durch kleine Buchstaben (z. B. $\bar{x}$ und s) gekennzeichnet.

Abschnitt 6.1 behandelt Regeln für die *Ziehung einer Stichprobe*. Man muss allerdings damit rechnen, dass auch eine sorgfältig gezogene Stichprobe die Merkmalsverteilung in der Population nicht exakt wiedergibt. Werden aus einer Grundgesamtheit mehrere Stichproben gezogen, kann man nicht davon ausgehen, dass die ermittelten statistischen Kennwerte wie z. B. die Stichprobenmittelwerte, identisch sind. Die Unterschiedlichkeit der an mehreren Stichproben ermittelten Verteilungskennwerte ist jedoch, wie wir in Kapitel 6.2 zeigen werden, kalkulierbar. Die zentrale Frage, wie man aufgrund von Stichprobenkennwerten auf Populationsparameter schließen kann, wird in den Kapitel 6.3 bis 6.5 behandelt.

6.1 Stichprobenarten

Als *Grundgesamtheit* bezeichnen wir allgemein alle potenziell untersuchbaren Einheiten oder „Elemente“, die ein gemeinsames Merkmal (oder eine gemeinsame Merkmalskombination) aufweisen. So sprechen wir beispielsweise von der Population aller Deutschen, von der Grundgesamtheit der Bewohner einer bestimmten Stadt, der Leser einer bestimmten Zeitung, der linkshändigen Schüler, der dreisilbigen Substantive, der zu einem bestimmten Zeitpunkt auf einem Bahnhof anwesenden Personen, der in einer Zeitung enthaltenen Informationen usw. Wie die Beispiele zeigen, beziehen sich Grundgesamtheiten nicht immer auf Personen. Grundgesamtheiten können ferner einen begrenzten oder theoretisch unbegrenzten Umfang aufweisen.

Eine *Stichprobe* stellt eine Teilmenge aller Untersuchungsobjekte dar, die die untersuchungsrelevanten Eigenschaften der Grundgesamtheit möglichst genau abbilden soll. Eine Stichprobe ist somit ein „Miniaturbild" der Grundgesamtheit. Je besser die Stichprobe die Grundgesamtheit repräsentiert, umso präziser sind die inferenzstatistischen Aussagen über die Grundgesamtheit.

Die Präzision der Aussagen ist ferner von der Größe der untersuchten Stichprobe und der Größe der Grundgesamtheit abhängig. Auf inferenzstatistische Besonderheiten, die sich ergeben, wenn Stichproben aus Populationen mit endlichem Umfang gezogen werden, wird im Folgenden nur kurz hingewiesen. Der hier vorgestellte Ansatz, der von Grundgesamtheiten mit sehr großem (theoretisch unendlichem) Umfang ausgeht, ist für praktische Zwecke immer dann gültig, wenn die Grundgesamtheit mindestens 100-mal so groß ist wie der Stichprobenumfang. Wenn beispielsweise eine Stichprobe des Umfangs $n = 100$ untersucht wird, ist es praktisch unerheblich, ob die Population einen Umfang 10 000 oder 50 000 aufweist. Sollte das angegebene Verhältnis von Populationsumfang zu Stichprobengröße erheblich unterschritten werden, ist die *Inferenzstatistik für endliche (finite) Grundgesamtheiten* indiziert, die z. B. bei Cochran (1972) oder Menges (1959) ausführlich dargestellt wird.

Im Folgenden behandeln wir zunächst einige Techniken, aus einer Grundgesamtheit eine Stichprobe zu ziehen. Da in diesem einführenden Text allgemeine Probleme der Inferenzstatistik wichtiger erscheinen als Techniken und Theorien komplexer Stichprobenpläne, sind die folgenden Ausführungen kurz gehalten. Im Mittelpunkt steht die *einfache Zufallsstichprobe*, die für die Inferenzstatistik von besonderer Bedeutung ist. Andere Stichprobenarten, die in sozialwissenschaftlichen Erhebungen zur Schätzung von Populationsparametern eingesetzt werden, behandeln wir nur kurz (ausführlicher hierzu vgl. Bortz & Döring, 2006, Kap. 7). Im Übrigen wird auf die für diese Probleme einschlägige Spezialliteratur verwiesen (z. B. Cochran, 1972; Heyn, 1960; Kish, 1965; Kreienbrock, 1989; P. S. Levy & Lemeshow, 1999; Schwarz, 1975; Stenger, 1971; Tryfos, 1996). Eine Bibliographie zu diesem Thema liefern C. L. Thomas und Schofield (1996).

Die mit der Erhebung einer Stichprobe verbundene Frage lautet: Wie kann gewährleistet werden, dass eine Stichprobe eine Grundgesamtheit möglichst *genau repräsentiert*? Eine Stichprobe kann für eine Grundgesamtheit entweder in Bezug auf alle Merkmale (*globale Repräsentativität*) oder in Bezug auf bestimmte Merkmale (*spezifische Repräsentativität*) repräsentativ sein. Die Entscheidung darüber, ob eine Stichprobe global oder spezifisch repräsentativ sein soll, hängt davon ab, wie viele Vorkenntnisse über das zu untersuchende Merkmal bereits vorhanden sind.

6.1.1 Einfache Zufallsstichprobe

Ist über die Verteilung der untersuchungsrelevanten Merkmale praktisch *nichts bekannt*, sollte eine einfache Zufallsstichprobe gezogen werden.

Untersucht werden soll beispielsweise die Abstraktionsfähigkeit von chronischen Alkoholikern. Die Determinanten, die auf die Verteilung des Merkmals Abstraktionsfähigkeit in der Grundgesamtheit der chronischen Alkoholiker Einfluss nehmen können, seien unbekannt. In diesem Fall wird eine zufällige Auswahl von Alkoholikern die beste Gewähr dafür bieten, dass die Stichprobe die Verteilungseigenschaften in der Grundgesamtheit gut repräsentiert.

Die Theorie der einfachen Zufallsstichprobe geht davon aus, dass aus einer Grundgesamtheit von N Objekten eine Stichprobe von n Objekten gezogen wird. Die Anzahl der Möglichkeiten, n Objekte aus N Objekten auszuwählen, errechnet sich über Gl. (4.11): Es sind $\binom{N}{n}$ Möglichkeiten. Wenn nun alle Möglichkeiten gleich wahrscheinlich sind, ist eine dieser Auswahlen eine einfache Zufallsstichprobe.

Definition 6.1

Einfache Zufallsstichprobe. Eine aus n Objekten bestehende Teilmenge, welche ohne Zurücklegen aus der Grundgesamtheit ausgewählt wird, heißt einfache Zufallsstichprobe, falls alle gleich großen und auf gleiche Weise selektierten Teilmengen, gleich wahrscheinlich sind.

Ist eine Zufallsstichprobe *einfach*, dann besitzt jedes Objekt der Grundgesamtheit die gleiche Wahrscheinlichkeit, ausgewählt zu werden.

Dieses Kriterium ist bei bekannten Grundgesamtheiten dadurch leicht zu erfüllen, dass für alle Objekte der Grundgesamtheit eine „Urne" angefertigt wird (Karteien, Namenslisten usw.), aus der per Zufall (mit Hilfe von Zufallszahlen, Würfeln, Münzen, Losverfahren usw.) die Stichprobe mit dem gewünschten Umfang zusammengestellt wird. Sind nicht alle Objekte der Grundgesamtheit erfassbar, sollte die Zufallsstichprobe aus einer zugänglichen, möglichst großen Teilmenge der Grundgesamtheit zusammengestellt werden. Dies hat zur Konsequenz, dass die Befunde genaugenommen nur auf diese Teilmenge der Grundgesamtheit generalisiert werden können, es sei denn, man kann begründen, dass die Teilmenge ihrerseits repräsentativ für die Gesamtpopulation ist.

Häufig sind nicht alle Untersuchungsobjekte, die zu einer Population gehören, bekannt, sodass die Ziehung einer „echten" Zufallsstichprobe unmöglich oder doch zumindest mit einem unzumutbaren Aufwand verbunden ist. Man begnügt sich deshalb gelegentlich mit sog. „anfallenden" oder *Ad-hoc-Stichproben* (z. B. die „zufällig" in einem Seminar anwesenden Teilnehmer) in der Hoffnung, auch so zu aussagefähigen Resultaten zu gelangen. Vor dieser Vorgehensweise sei nachdrücklich gewarnt. Zwar ist die Verwendung inferenzstatistischer Verfahren nicht daran gebunden, dass eine Stichprobe aus einer wirklich existierenden Population gezogen wird; letztlich lässt sich für jede „Stichprobe" eine fiktive Population konstruieren, für die diese „Stichprobe" repräsentativ erscheinen mag. Die Schlüsse, die aus derartigen Untersuchungen gezogen werden, beziehen sich jedoch nicht auf real existierende Populationen und können deshalb wertlos sein. Zumindest sollte man darauf achten, dass die Besonderheiten der untersuchten Stichprobe diskutiert bzw. dass Verallgemeinerungen vorsichtig formuliert werden, wenn die Zufälligkeit bzw. Repräsentativität der Stichprobe für die eigentlich interessierende Zielpopulation in Frage steht (vgl. hierzu auch Alf & Abrahams, 1973).

Bei der *Stichprobenauswahl* ist darauf zu achten, dass die Stichprobe nicht durch systematische Fehler im Auswahlverfahren verzerrt wird. Es soll beispielsweise eine Zufallsstichprobe dadurch zusammengestellt werden, dass in einer belebten Straße jeder fünfte Passant gebeten wird, an der Untersuchung teilzunehmen. Diese Stichprobe wäre hinsichtlich des Kriteriums „Bereitschaft, an dieser Untersuchung teilzunehmen" verzerrt, falls einige der Angesprochenen die Teilnahme verweigern.

Ähnliches gilt für schriftliche Befragungen, bei denen einer zufällig ausgewählten Stichprobe per Post die Untersuchungsunterlagen zugestellt werden; die Ergebnisse können sich in diesem Fall nur auf diejenigen Personen beziehen, die bereit sind, die Untersuchungsunterlagen auch wieder zurückzuschicken. Bei schriftlichen Befragungen, aber auch bei telefonischen oder anderen Umfragen sollte deshalb immer berücksichtigt werden, ob die Ergebnisse durch systematische Selektionseffekte *verfälscht* sein können.

6.1.2 Klumpenstichprobe

In der Praxis wird man häufig aus ökonomischen Gründen auf zufällig auszuwählende Teilmengen zurückgreifen, die bereits vorgruppiert sind und für die sich deshalb Untersuchungen leichter organisieren lassen. Solche Stichproben werden als *Klumpenstichproben* („cluster samples") bezeichnet. In der oben erwähnten Untersuchung der Abstraktionsfähigkeit könnten als *Klumpen* beispielsweise alle Alkoholiker untersucht werden, die sich in zufällig ausgewählten Kliniken befinden. Die Generalisierbarkeit der Ergebnisse einer solchen Untersuchung hängt dann davon ab, wie stark sich die untersuchten Alkoholiker von Klinik zu Klinik unterscheiden und wie gut die ausgewählten Kliniken die Population aller Kliniken repräsentieren.

Man beachte, dass ein einzelner Klumpen (z. B. eine Schulklasse, eine Station in einem Krankenhaus, eine Arbeitsgruppe in einem Betrieb etc.) keine Klumpenstichprobe darstellt, sondern eine Ad-hoc-Stichprobe, bei der zufällige Auswahlkriterien praktisch keine Rolle spielen. Die Bezeichnung „Klumpenstichprobe" ist nur zu rechtfertigen, wenn mehrere zufällig ausgewählte Klumpen vollständig untersucht werden.

Klumpenstichprobe. Eine Klumpenstichprobe besteht aus allen Untersuchungsobjekten, die sich in mehreren, zufällig ausgewählten Klumpen befinden.

6.1.3 Geschichtete Stichprobe

Einfache Zufallsstichproben und Klumpenstichproben können mehr oder weniger repräsentativ für die Grundgesamtheit sein. Ist bekannt, welche Determinanten die Verteilung des untersuchten Merkmals beeinflussen, empfiehlt es sich, eine Stichprobe zusammenzustellen, die vor allem in Bezug auf diese Determinanten für die Grundgesamtheit spezifisch repräsentativ ist. Eine Stichprobe mit dieser Eigenschaft bezeichnet man als *geschichtete* oder *stratifizierte Stichprobe.*

Sollen beispielsweise die Konsumgewohnheiten der Bewohner Niedersachsens untersucht werden, wird man darauf achten, dass die Stichprobe insbesondere bezüglich solcher Merkmale repräsentativ ist, von denen man annimmt, dass sie das Konsumverhalten beeinflussen (Schichtungsmerkmale wie z. B. Stadt-, Landbevölkerung, Geschlecht, Alter, Größe der Familie, Höhe des Einkommens usw.). Um eine Stichprobe *proportional* zur Grundgesamtheit schichten zu können, müssen wir allerdings wissen, wie sich die für das untersuchte Kriterium relevanten Merkmale in der Grundgesamtheit verteilen.

Wenn die prozentuale Verteilung der Schichtungsmerkmale in der Stichprobe mit der Verteilung in der Population identisch ist, sprechen wir von einer proportional geschichteten Stichprobe.

Die Auswahl innerhalb der einzelnen Schichten („strata") muss zufällig bzw. wenn es aus organisatorischen Gründen unumgänglich ist, nach dem Klumpenverfahren erfolgen. Entspricht die anteilsmäßige Verteilung der Merkmale in der geschichteten Stichprobe nicht der Verteilung in der Grundgesamtheit, nennt man die Stichprobe *disproportional geschichtet.*

Bei geschichteten Stichproben sollte darauf geachtet werden, dass nicht die Anzahl der Merkmale, nach denen die Schichten zusammengestellt werden, die spezifische Repräsentativität der Stichprobe erhöht, sondern die *Relevanz* der Merkmale. Ist die Stichprobe in der Untersuchung der Konsumgewohnheiten beispielsweise repräsentativ in Bezug auf Merkmale wie Blutdruck, Haarfarbe, Anzahl der plombierten Zähne usw., so dürfte diese Art der Repräsentativität kaum zur Verbesserung der Erfassung der Konsumgewohnheiten beitragen. Generell gilt, dass eine sinnvoll, d. h. nach relevanten Merkmalen geschichtete Stichprobe zu genaueren Schätzwerten der Populationsparameter führt als eine einfache Zufallsstichprobe.

6.1.4 Nicht-probabilistische Stichproben

Die drei kurz angesprochenen Stichprobenvarianten haben eines gemeinsam: Über die Auswahl der Untersuchungsobjekte entscheidet der *Zufall.* Bei der einfachen Zufallsstichprobe wird aus der Grundgesamtheit direkt eine Zufallsauswahl gezogen, bei der Klumpenstichprobe eine Zufallsauswahl aus der Grundgesamtheit der Klumpen, und bei der geschichteten Stichprobe werden die Untersuchungsobjekte innerhalb der Schichten nach Zufall ausgewählt. Stichproben dieser Art nennt man probabilistische Stichproben im Unterschied zu *nicht-probabilistischen* Stichproben, bei denen der Zufall keine Rolle spielt. Zu den nicht-probabilistischen Stichproben zählen unter anderem die

- *Quotenstichprobe* (die Zusammensetzung der Stichprobe hinsichtlich ausgewählter Merkmale wird durch die Vorgabe von „Quoten" den Populationsverhältnissen angeglichen, wobei die „Erfüllung" der Quoten wichtiger ist als die Zufallsauswahl innerhalb der Quoten),
- *theoretische Stichprobe* (theoriegeleitet werden für eine bestimmte Forschungsfrage besonders typische oder untypische Objekte ausgewählt) und die
- *Ad-hoc-Stichprobe* (eine bereits bestehende Objektgruppe wie z. B. eine Schulklasse, Teilnehmer eines Seminars oder eine „irgendwie" zusammengesetzte Personengruppe werden als Stichprobe untersucht).

Nicht-probabilistische Stichproben sind für inferenzstatistische Auswertungen ungeeignet, es sei denn, man rekurriert – wie bereits erwähnt – auf fiktive Populationen, die sich für jede beliebige „Stichprobe" konstruieren lassen. Unter der Perspektive einer realistischen Generalisierbarkeit sind diese Stichproben von höchst fraglichem Wert.

6.2 Stichprobenverteilung

Gegeben sei eine Grundgesamtheit, aus der eine einfache Zufallsstichprobe des Umfangs n gezogen wird. Wir messen die uns interessierende Variable an den Objekten der Stichprobe und ermitteln die durchschnittliche Ausprägung der Variablen. Nach welchen Kriterien können wir entscheiden, wie gut der Durchschnittswert $\bar{x}$ die durchschnittliche Ausprägung der Variablen bei allen Objekten der Grundgesamtheit repräsentiert bzw. wie brauchbar der statistische Kennwert $\bar{x}$ als Schätzwert für den Populationsparameter μ ist?

Eine Antwort auf diese Frage geben die folgenden Überlegungen (man beachte, dass es sich hier um einen theoretischen Gedankengang handelt und nicht, wie es gelegentlich missverstanden wird, um praktische Hinweise für eine konkrete Untersuchung):

Nehmen wir einmal an, dass aus derselben Grundgesamtheit eine weitere Zufallsstichprobe gezogen wird, die von der ersten unabhängig ist. Je deutlicher die Mittelwerte dieser beiden Stichproben voneinander abweichen, um so weniger werden wir davon ausgehen können, dass einer der beiden Stichprobenkennwerte den Populationsparameter richtig schätzt. Rein intuitiv erscheint es plausibel, als Schätzwert für den Populationsparameter μ den Mittelwert der beiden $\bar{x}$-Werte zu verwenden. Noch verlässlicher wäre diese Schätzung, wenn man nicht nur zwei, sondern mehrere Stichprobenmittelwerte berücksichtigen würde. Generell ist davon auszugehen, dass die Mittelwerte verschiedener Stichproben aus derselben Population nicht identisch sind, sondern mehr oder weniger stark vom Populationsparameter μ abweichen. Ziehen wir aus einer Population (theoretisch unendlich) viele Stichproben (mit Zurücklegen), erhalten wir eine Verteilung der Stichprobenkennwerte, die Stichprobenverteilung, die im englischen Sprachraum als „sampling distribution" bezeichnet wird. (Hier und im Folgenden betrachten wir als Stichprobenkennwert den Mittelwert $\bar{x}$. Die gleichen Überlegungen gelten im Prinzip jedoch für jeden Stichprobenkennwert.)

Die *Streuung* dieser Stichprobenverteilung bestimmt, wie gut ein einzelner Stichprobenkennwert den unbekannten Parameter schätzt: Je geringer die Streuung der Stichprobenverteilung, desto genauer schätzt ein einzelner Stichprobenkennwert den gesuchten Parameter.

Dieser Sachverhalt lässt sich auch folgendermaßen ausdrücken: Betrachten wir die Ziehung einer Zufallsstichprobe als ein Zufallsexperiment, so stellt der Mittelwert $\bar{x}$ dieser Zufallsstichprobe die Realisierung einer Zufallsvariablen dar. Wäre nun die Verteilung dieser Zufallsvariablen bekannt, ließe sich bestimmen, mit welcher Wahrscheinlichkeit die Abweichung eines Stichprobenmittelwertes $\bar{x}$ vom Parameter μ einen bestimmten Betrag nicht überschreitet.

Definition 6.2

Stichprobenverteilung. Die Stichprobenverteilung ist eine theoretische Verteilung, welche die möglichen Ausprägungen eines statistischen Kennwertes (z. B. $\bar{x}$) sowie deren Auftretenswahrscheinlichkeit beim Ziehen von Zufallsstichproben des Umfanges n beschreibt.

Bei Bekanntheit der Stichprobenverteilung wären wir also in der Lage, die Präzision einer Parameterschätzung genau zu beschreiben. Wir befassen uns deshalb im Folgenden ausführlicher mit der Stichprobenverteilung des Mittels, die wir vereinfachend als „Mittelwertverteilung" bezeichnen.

BEISPIEL 6.1

Um den Grundgedanken der Stichprobenverteilung herauszustellen, betrachten wir wiederum das Werfen eines fairen Würfels. Wird der Würfel einmal geworfen, kann die Zufallsvariable die Werte 1 bis 6 mit gleicher Wahrscheinlichkeit annehmen. Dieselbe Wahrscheinlichkeitsverteilung erhalten wir, wenn eine (theoretisch) unendlich große Population vorliegt, deren Mitglieder genau einen der Werte 1 bis 6 besitzen und die Werte in der Population gleich häufig vertreten sind.

In diesem einfachen Beispiel ist uns die Populationsverteilung vollständig bekannt. Sie wird durch folgende Wahrscheinlichkeitsverteilung wiedergegeben:

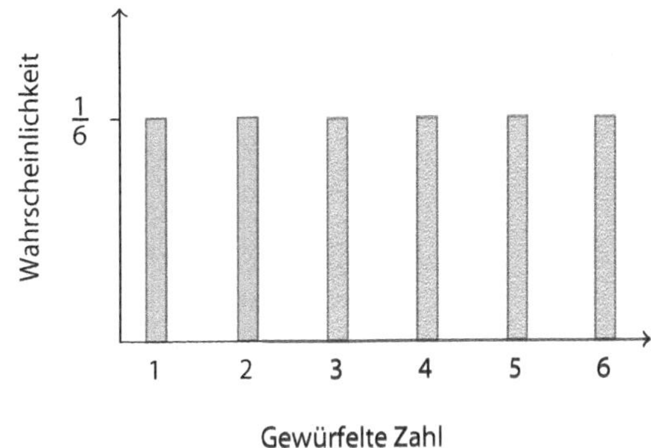

Da alle möglichen Werte die gleiche Wahrscheinlichkeit besitzen, spricht man auch von einer Gleichverteilung. Da die Populationsverteilung vollständig bekannt ist, können wir ihren Erwartungswert μ und ihre Varianz σ^2 mit Hilfe der Gl. (5.2) und (5.3) errechnen. Für den Erwartungswert erhalten wir

$$\mu = 1{,}0 \cdot 1/6 + 2 \cdot 1/6 + \cdots + 6{,}0 \cdot 1/6 = 3{,}5,$$

und für die Varianz ergibt sich

$$\sigma^2 = (1{,}0 - 3{,}5)^2 \cdot 1/6 + (2{,}0 - 3{,}5)^2 \cdot 1/6 + \cdots + (6 - 3{,}5)^2 \cdot 1/6 = 35/12.$$

In diesem Beispiel kennen wir also sowohl die Populationsverteilung als auch deren Erwartungswert und Varianz.

Nun betrachten wir Stichproben vom Umfang $n = 2$, d. h. wir würfeln zweimal und mitteln die Augen. Wir betrachten also nun den Kennwert $\bar{x}$, der aufgrund einer Stichprobe berechnet wird, und fragen nach der Verteilung des Kennwertes. Für dieses einfache Beispiel lässt sich die Verteilung der Mittelwerte ohne großen Rechenaufwand finden. Da die Summen aus zwei Würfelzahlen nur ganzzahlige Werte zwischen zwei und zwölf annehmen können, erhalten wir eine diskrete Mittelwertverteilung mit den $\bar{x}$-Werten, welche zusammen mit den Wahrscheinlichkeiten für ihr Auftreten in Tab. 6.1 aufgeführt sind.

Einen Mittelwert von z. B. $\bar{x} = 2{,}5$ erhalten wir, wenn die Summe der beiden gewürfelten Zahlen 5 ergibt, also wenn eine der Kombinationen (2,3), (3,2), (4,1) oder (1,4) fällt. Da 36

Tabelle 6.1. Mittelwertverteilung für $n = 2$ beim Würfeln

$\bar{x}$	$P(\bar{x})$
1	1/36
1,5	2/36
2	3/36
2,5	4/36
3	5/36
3,5	6/36
4	5/36
4,5	4/36
5	3/36
5,5	2/36
6	1/36

6

Kombinationen möglich sind, besitzt das Auftreten des Wertes $\bar{x} = 2{,}5$ eine Wahrscheinlichkeit von 4/36.

Die Wahrscheinlichkeitsverteilung kann folgendermaßen visualisiert werden:

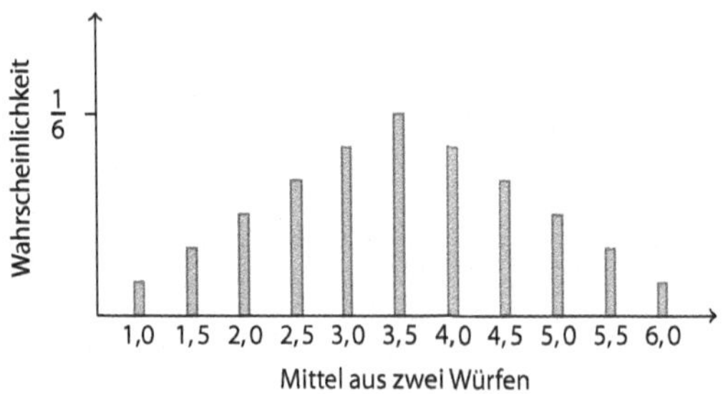

Offensichtlich ist die Stichprobenverteilung des Mittels selbst eine Wahrscheinlichkeitsverteilung, die sich deutlich von der Populationsverteilung unterscheidet. Wir berechnen nun den Erwartungswert und die Varianz dieser Stichprobenverteilung. Um diese vom Erwartungswert bzw. der Varianz der Population unterscheiden zu können, bezeichnen wir die Parameter der Stichprobenverteilung mit $\mu_{\bar{x}}$ und $\sigma^2_{\bar{x}}$. Wir berechnen folgende Werte. Für den Erwartungswert ergibt sich

$$\mu_{\bar{x}} = 1{,}0 \cdot {}^1\!/_{36} + 1{,}5 \cdot {}^2\!/_{36} + \cdots + 6{,}0 \cdot {}^1\!/_{36} = 3{,}5.$$

Für die Varianz ermitteln wir den Wert

$$\sigma^2_{\bar{x}} = (1{,}0 - 3{,}5)^2 \cdot {}^1\!/_{36} + (1{,}5 - 3{,}5)^2 \cdot {}^2\!/_{36} + \cdots + (6{,}0 - 3{,}5)^2 \cdot {}^1\!/_{36} = 35/24.$$

Aufgrund dieser Resultate können wir eine interessante Beobachtung machen. Der Mittelwert der Stichprobenverteilung des Mittels $\mu_{\bar{x}}$ ist gleich dem Populationsmittel μ, denn für beide Erwartungswerte haben wir den Wert 3,5 errechnet.

Die Varianzen der beiden Verteilungen unterscheiden sich aber. Wie sich aus den numerischen Werten ergibt, ist die Varianz der Stichprobenverteilung kleiner als die Populationsvarianz. Vergleichen wir die beiden für das Beispiel errechneten Werte, so ist die Varianz der Stichprobenverteilung mit 35/24 gerade halb so groß wie die Populationsvarianz, für die wir den Wert 35/12 errechneten.

Zusammenfassend können wir für das Beispiel drei Aussagen machen:

1. Populations- und Mittelwertverteilung unterscheiden sich.
2. Die Erwartungswerte der Populations- und der Mittelwertverteilung sind gleich.
3. Die Varianz der Mittelwertverteilung ist kleiner als die Varianz der Werte in der Population.

6.2.1 Erwartungswert und Varianz der Mittelwertverteilung

Der Erwartungswert der Mittelwertverteilung steht in einer einfachen Beziehung zum Erwartungswert des Mittels, die durch das Beispiel 6.1 bereits illustriert wurde. Ganz allgemein gilt folgende Aussage für die Mittelwertverteilung:

> Der Erwartungswert der Mittelwertverteilung $\mu_{\bar{x}}$ ist mit dem Erwartungswert der Populationsverteilung μ identisch.

Mit anderen Worten:

$$\mu_{\bar{x}} = \mu. \tag{6.1}$$

Man sagt auch, der Mittelwert ist ein „erwartungstreuer“ Schätzer des Populationsmittels. Natürlich wird ein einzelner aufgrund einer Stichprobe berechneter Mittelwert zumeist nicht das Populationsmittel μ „treffen“, sondern entweder darüber oder darunter liegen. Die *Erwartungstreue* des Mittelwertes garantiert uns aber, dass das Stichprobenmittel keine systematische Tendenz zur Über- oder Unterschätzung von μ aufweist. Im Übrigen gilt die Aussage $\mu_{\bar{x}} = \mu$ unabhängig vom Stichprobenumfang n, welcher für die Berechnung der Mittelwerte verwendet wird. Den Beweis von Gl. (6.1) findet man in Anhang A.2.1.

Im Würfelbeispiel hatten wir gesehen, dass die Mittelwertverteilung eine kleinere Variabilität besitzt als die Populationsverteilung. Auch diese im Rahmen des Beispiels gemachte Beobachtung lässt sich verallgemeinern bzw. konkretisieren. Zwischen den Varianzen der beiden Verteilungen besteht eine einfache Beziehung, die vom Stichprobenumfang, auf dem die Berechnung des Stichprobenmittels basiert, abhängt. Ganz allgemein gilt folgende Aussage:

> Die Varianz der Mittelwertverteilung $\sigma^2_{\bar{x}}$ ist n-mal kleiner als die Populationsvarianz, wobei n der Stichprobenumfang ist, auf dem die Berechnung von $\bar{x}$ basiert.

Mit anderen Worten:

$$\sigma^2_{\bar{x}} = \sigma^2/n. \tag{6.2}$$

Dies ist eine interessante Beziehung, besagt sie doch, dass Mittelwerte weniger variabel sind als Rohwerte. Zusammen mit der Aussage, dass die Mittelwertverteilung das gleiche Zentrum wie die Rohwerteverteilung besitzt, s. Gl. (6.1), können wir daraus die Schlussfolgerung ziehen, dass Mittelwerte aufgrund ihrer verringerten Variabilität zum Schätzen des Zentrums einer Verteilung von Vorteil sind. Aufgrund von Gl. (6.2) können wir sogar sagen, um welchen Faktor sich die Varianz verringert. Den Beweis von Gl. 6.2 findet man in Anhang A.2.2.

BEISPIEL 6.2

In Beispiel 6.1 hatten wir den Erwartungswert und die Varianz der Mittelwertverteilung direkt über deren Definitionsformel berechnet. Durch die Gleichungen (6.1) und (6.2) können wir die bereits berechneten Werte reproduzieren.

Aufgrund von Gl. (6.1) ergibt sich: $\mu_{\bar{x}} = 3{,}5$. Um die Varianz der Mittelwertverteilung zu bestimmen, müssen wir uns vergegenwärtigen, dass in dem Beispiel ein Stichprobenumfang von $n = 2$ verwendet wurde (es wurde zweimal gewürfelt). Daraus ergibt sich mit Hilfe von Gl. (6.2)

$$\sigma_{\bar{x}}^2 = \frac{35/12}{2} = \frac{35}{24}.$$

Dies ist der Wert, welcher auch in Beispiel 6.1 errechnet wurde.

Anstatt der Varianz der Mittelwertverteilung verwendet man häufig ihre Standardabweichung. Folgende Bezeichnung wird für diese Standardabweichung verwendet:

Definition 6.3

Standardfehler des Mittels. Die Standardabweichung der Mittelwertverteilung wird als Standardfehler des Mittels $\sigma_{\bar{x}}$ bezeichnet.

Aufgrund von Gl. (6.2) ergibt sich für den Standardfehler des Mittels die Formel:

$$\sigma_{\bar{x}} = \frac{\sigma}{\sqrt{n}}. \tag{6.3}$$

So wie die Varianz der Mittelwertverteilung, so verringert sich auch der Standardfehler des Mittelwertes mit zunehmendem Stichprobenumfang.

6.2.2 Form der Mittelwertverteilung

Erwartungswert und Varianz bzw. Standardfehler der Mittelwertverteilung lassen sich bestimmen, wenn Erwartungswert und Varianz der Populationsverteilung bekannt sind. Die Populationsverteilung selbst muss dazu nicht bekannt sein. Vergegenwärtigen wir uns noch einmal das Beispiel 6.1, so waren wir hier in der Lage, nicht nur die Parameter $\mu_{\bar{x}}$ und $\sigma_{\bar{x}}^2$ der Mittelwertverteilung, sondern sogar deren genaue Form zu bestimmen. Allerdings ließ sich in diesem Beispiel die Form der Mittelwertverteilung nur deshalb ermitteln, weil auch die Populationsverteilung bekannt war.

Wir können deshalb erwarten, dass uns die Kenntnis der Populationsverteilung ermöglicht, auch die Form der Mittelwertverteilung zu erschließen. Zu diesem Aspekt präsentieren wir zwei Ergebnisse. Das erste betrachtet den Spezialfall, in dem die Populationsverteilung einer Normalverteilung entspricht. Das zweite Ergebnis ist das sog. „Zentrale Grenzwerttheorem“, das es erlaubt, Aussagen über die Verteilungsform der Mittelwertverteilung zu machen, ohne eine konkrete Populationsverteilung anzunehmen.

Normalverteilte Population

Falls es sich bei der Populationsverteilung um eine Normalverteilung handelt, so ist auch die Mittelwertverteilung *normalverteilt*. Diese Aussage gilt für einen beliebigen Stichprobenumfang, auf dem die Berechnung des Mittelwertes basiert. Da Normalverteilungen durch ihren Erwartungswert sowie ihre Varianz eindeutig festgelegt sind, ist damit die Mittelwertverteilung vollständig bekannt. Wir können diese Aussage auch folgendermaßen ausdrücken:

$$\bar{x} \sim N(\mu, \sigma_{\bar{x}}^2).$$

In Abb. 6.1 werden diese Zusammenhänge mit Hilfe von vier Normalverteilungen grafisch veranschaulicht. Die erste Normalverteilung stellt die Populationsverteilung dar, welche für $\mu = 75$ und $\sigma = 16$ gilt. Die gestrichelten vertikalen Linien in der Abbildung markieren die Werte, welche eine Standardabweichung über bzw. unter dem Erwartungswert liegen.

Falls nun Stichproben des Umfangs $n = 2$ aus der Populationsverteilung gezogen werden, so ist die Mittelwertverteilung wiederum eine Normalverteilung mit $\mu = 75$. Die Standardabweichung der Mittelwertverteilung – der Standardfehler des Mittels – hat sich auf den Wert $\sigma/\sqrt{n} = 16/\sqrt{2} \approx 11$ verringert. Die Mittelwerte, welche aufgrund zweier Beobachtungen errechnet werden, liegen in der Regel näher am Erwartungswert 75 als die einzelnen Beobachtungen.

Wird der Stichprobenumfang weiter erhöht, so setzt sich dieser Trend fort. Dies zeigen die dritte sowie die vierte Normalverteilung in Abb. 6.1, welche die Mittelwertverteilungen für die Stichprobenumfänge $n = 4$ und $n = 9$ enthalten. Für $n = 4$ beträgt der Standardfehler des Mittels $16/\sqrt{4} = 8$, und für $n = 9$ ergibt sich ein Standardfehler von $16/\sqrt{9} \approx 3$.

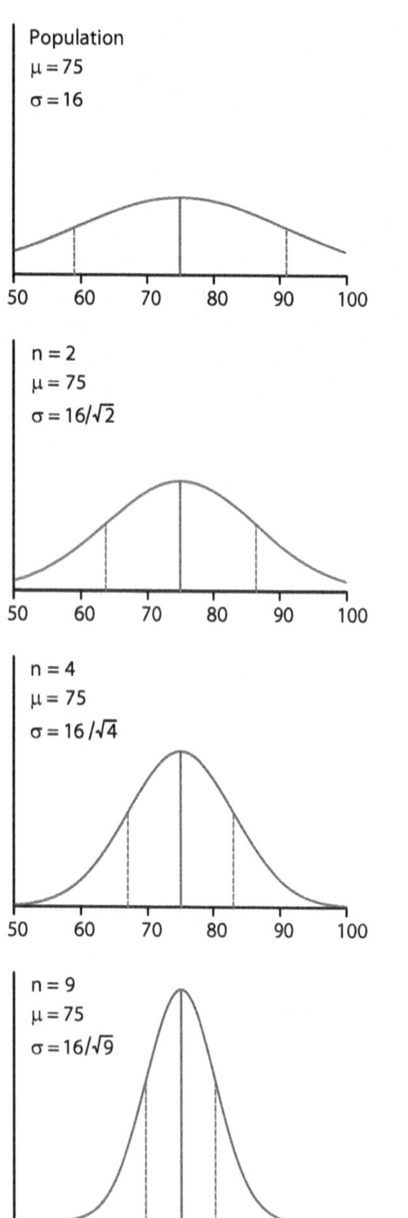

Abbildung 6.1. Normalverteilte Populationsverteilung und Mittelwertverteilungen für die Stichprobenumfänge: $n = 2$, $n = 4$ und $n = 9$. Gepunktete Linien markieren eine Standardabweichung

Noch einmal soll betont werden, dass die Normalverteilung der Mittelwertverteilung aus der Normalverteilund der Population resultiert und unabhängig vom Stichprobenumfang n gilt.

Nicht-normalverteilte Populationen

Aufgrund des *zentralen Grenzwerttheorems* sind wir in der Lage, Aussagen über die Form der Mittelwertverteilung zu machen, ohne eine normalverteilte Population vorauszusetzen. Aus diesem Grund ist das zentrale Grenzwerttheorem für die Inferenzstatistik von großer Bedeutung.

Für unsere Zwecke können wir das zentrale Grenzwerttheorem folgendermaßen formulieren:

Zentrales Grenzwerttheorem. Die Verteilung von Mittelwerten aus Stichproben des Umfangs n, die derselben Grundgesamtheit entnommen wurden, geht mit wachsendem Stichprobenumfang in eine Normalverteilung über.

Die entscheidende Voraussetzung, um von einer normalverteilten Mittelwertverteilung ausgehen zu können, ist ein „ausreichend großer" Stichprobenumfang. Vereinfacht ausgedrückt besagt das zentrale Grenzwerttheorem: Für großes n ist die Stichprobenverteilung des Mittels normal.

Eine kleine Simulationsstudie soll das zentrale Grenzwerttheorem illustrieren. Es wurden aus einer sehr schiefverteilten Populationsverteilung 1000 Stichproben des Umfangs $n = 2$ gezogen, für jede Stichprobe das Mittel berechnet und dann ein Histogramm der 1000 Mittelwerte erstellt. Das Vorgehen wurde für die Stichprobenumfänge $n = 4$ und $n = 10$ wiederholt. Um die Stichprobenverteilungen mit der Populationsverteilung vergleichen zu können, wurde außerdem eine einfache Zufallsstichprobe von 1000 Beobachtungen aus der Population gezogen. Die resultierenden vier Histogramme sind auf der linken Seite von Abb. 6.2 dargestellt. Die Simulationsstudie wurde mit einer gleichverteilten Zufallsvariablen wiederholt, s. die Histogramme auf der rechten Seite der Abb. 6.2.

Für beide Situationen kann man erkennen, dass bei wachsendem Stichprobenumfang n die Verteilung zunehmend Eigenschaften der Normalverteilung annimmt. Sowohl für die schiefe Verteilung als auch für die Gleichverteilung – Verteilungen, die sich sehr stark von der Normalverteilung unterscheiden – ist die Stichprobenverteilung unimodal und wird mit zunehmendem n symmetrischer. Allerdings ist für die schiefe Verteilung der Stichprobenumfang $n = 10$ offensichtlich noch nicht ausreichend, um eine symmetrische Verteilung zu gewährleisten. Das zentrale Grenzwerttheorem stellt aber fest, dass sich bei zunehmendem n die resultierende Verteilung immer stärker der Normalverteilung annähert.

Abbildung 6.2 erlaubt einen ersten intuitiven Eindruck hinsichtlich des Stichprobenumfangs, der benötigt wird, damit die Mittelwertverteilung ausreichend normal ist. Allerdings ist zu bedenken, dass es aufgrund der Verringerung der

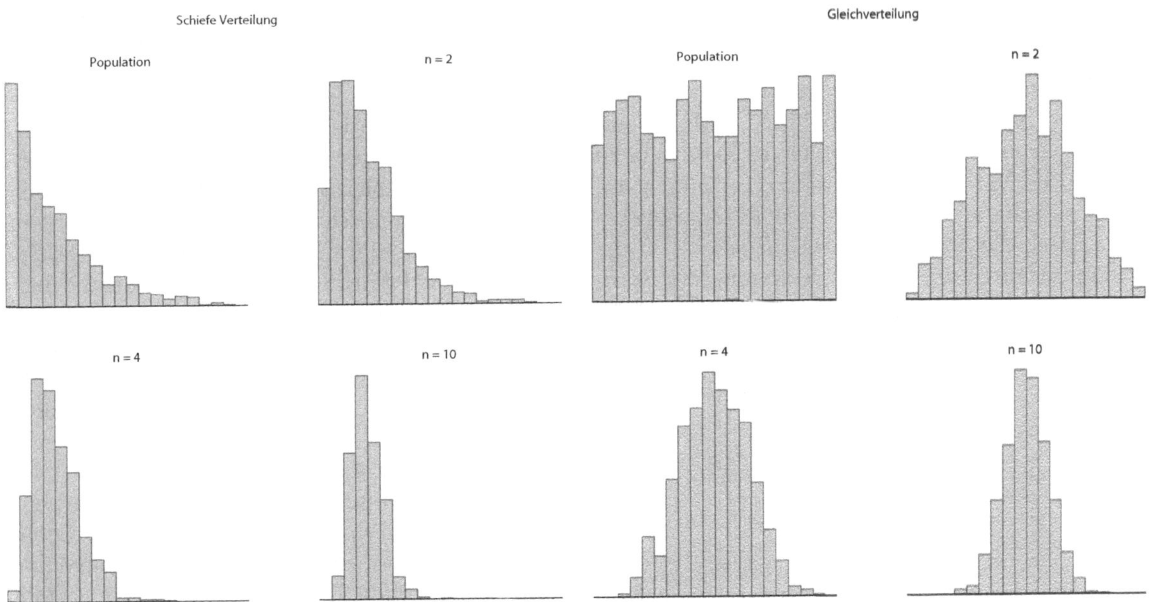

Abbildung 6.2. Mittelwertverteilungen in Abhängigkeit vom Stichprobenumfang n für schiefverteilte und gleichverteilte Rohwerte; Histogramme basieren auf 1000 simulierten Stichproben des Umfangs n

Variabilität der Mittelwertverteilung zunehmend schwieriger wird, anhand von Abb. 6.2 die Übereinstimmung mit einer Normalverteilung zu beurteilen.

In der Literatur gibt es unterschiedliche Aussagen hinsichtlich des *Stichprobenumfangs*, der für beliebige Verteilungsformen benötigt wird, um von einer normalverteilten Mittelwertverteilung ausgehen zu können. Häufig wird $n > 30$ als notwendige Voraussetzung genannt.

Auf den Beweis des zentralen Grenzwerttheorems kann hier nicht eingegangen werden. Der interessierte Leser wird auf die Literatur zur mathematischen Statistik wie z. B. Fisz (1989), Kendall und Stuart (1969) oder Schmetterer (1966) verwiesen. Über verschiedene Varianten des Grenzwerttheorems berichtet z. B. Assenmacher (2000).

Schließlich wollen wir noch kurz das zentrale Grenzwerttheorem auf das Würfelbeispiel (s. Beispiel 6.1) beziehen. Auch hier handelte es sich bei der Population um eine Gleichverteilung. Wie wir bereits gesehen haben, hat die Verteilungsform der gemittelten Augenzahl bei zweimaligem Werfen bereits nichts mehr mit der Form der Verteilung der Grundgesamtheit zu tun. Während die Ereignisse der Grundgesamtheit mit gleicher Wahrscheinlichkeit auftreten (Gleichverteilung), erhalten wir für die Mittelwerte von Stichproben des Umfangs $n = 2$ eine Verteilung, die einen deutlichen Modalwert besitzt und symmetrisch ist. Die Mittelwertverteilung weist somit bereits für $n = 2$ Eigenschaften auf, die wir von der Normalverteilung her kennen. Lassen wir n größer werden, nähert sich die Mittelwertverteilung zunehmend der Normalverteilung.

Schätzung von Erwartungswert und Varianz

Bisher gingen wir davon aus, dass uns die Populationsverteilung oder zumindest deren Erwartungswert und Varianz bekannt sind. Auf dieser Kenntnis aufbauend untersuchten wir dann die Implikationen, welche sich für die Stichprobenverteilung ergeben. Allerdings sind uns Erwartungswert und Varianz einer Population praktisch nie bekannt, sodass sich die Frage ergibt, wie diese Größen geeignet aus Stichprobendaten *geschätzt* werden können.

Wie durch die Überlegungen zur Mittelwertverteilung bereits deutlich wurde, ist das Stichprobenmittel geeignet, das Populationsmittel zu schätzen, denn Stichprobenmittelwerte verteilen sich um μ mit einer Varianz, deren Größe umgekehrt proportional zum Stichprobenumfang ist. Auch ohne diese theoretischen Überlegungen ist die Schätzung des Populationsmittels durch das Stichprobenmittel nahe liegend.

Entsprechend ist die Stichprobenvarianz geeignet, die Populationsvarianz zu schätzen. Mit anderen Worten, σ^2 wird in der Regel durch s^2 geschätzt. Da Varianz und Standardabweichung in einer einfachen Beziehung stehen, werden wir die Standardabweichung der Populationswerte $\sigma = \sqrt{\sigma^2}$ durch s schätzen.

Wie kann nun aber die Varianz der Mittelwertverteilung bzw. der Standardfehler des Mittels geschätzt werden? Aufgrund von Gl. (6.2) ist es nahe liegend, die Varianz der Mittelwertverteilung dadurch zu schätzen, dass man die Populationsvarianz durch die Stichprobenvarianz ersetzt. Ganz analog verfahren wir bei der Schätzung des Standardfehlers des Mittels. Mit anderen Worten, für empirische Daten lassen sich beide Größen folgendermaßen schätzen:

$$s_{\bar{x}}^2 = s^2/n, \quad (6.4)$$

$$s_{\bar{x}} = s/\sqrt{n}. \quad (6.5)$$

6

> Der Standardfehler des Mittelwertes kann mithilfe Gl. (6.5) geschätzt werden. Ein Mittelwert stellt eine umso präzisere Schätzung des Populationsmittels dar, je kleiner sein Standardfehler ist.

BEISPIEL 6.3

Eine psychologische Untersuchungsstelle des Technischen Überwachungsvereins habe an einer repräsentativen Stichprobe von 100 Verkehrsdelinquenten Tests zur Ermittlung der sensomotorischen Koordinationsfähigkeit durchgeführt. Die Testleistungen haben einen Mittelwert von $\bar{x} = 80$ und eine Stichprobenvarianz von $s^2 = 400$. Diese beiden Werte sind Schätzungen für das Populationsmittel sowie die Populationsvarianz.

Soll die Varianz von Mittelwerten, welche auf einem Stichprobenumfang von 100 basieren, berechnet werden, so ergibt sich aufgrund von Gl. (6.4) der Wert $s_{\bar{x}}^2 = s^2/n = 400/100 = 4$. Für den geschätzten Standardfehler des Mittels berechnen wir nach Gl. (6.5) den Wert $s_{\bar{x}} = 2$.

Da die Stichprobe „groß" ist ($n > 30$), garantiert uns das zentrale Grenzwerttheorem (approximativ) die Normalität der Mittelwertverteilung. Somit kennen wir zum einen die Form der Mittelwertverteilung, zum anderen können wir ihren Erwartungswert durch $\bar{x}$ und ihre Streuung durch $s_{\bar{x}}$ schätzen.

Schließlich sei noch erwähnt, dass der Standardfehler des Mittels aufgrund von Gl. (6.5) für einen beliebigen Stichprobenumfang ermittelt werden kann. Zum Beispiel beträgt der geschätzte Standardfehler von Mittelwerten, welche nur auf 25 Personen basieren, $s_{\bar{x}} = 20/\sqrt{25} = 4$. Der Standardfehler für diesen Stichprobenumfang ist damit doppelt so groß wie der für $n = 100$. Da es sich bei $n = 25$ um eine „kleine" Stichprobe handelt ($n \leq 30$), können wir in diesem Fall nicht mehr davon ausgehen, dass die Mittelwertverteilung ausreichend gut durch eine Normalverteilung approximierbar ist.

6.3 Kriterien der Parameterschätzung

Statistische Kennwerte werden – wie wir im letzten Abschnitt gesehen haben – nicht nur zur Beschreibung von Merkmalsverteilungen in Stichproben benötigt, sondern auch zur Schätzung der Parameter von Grundgesamtheiten. Unberücksichtigt blieb bisher die Frage, welche Stichprobenkennwerte zur Schätzung welcher Parameter herangezogen werden können bzw. die Frage, nach welchen Kriterien wir entscheiden können, ob ein statistischer Kennwert einen brauchbaren Schätzwert für einen Parameter darstellt. So wird beispielsweise angenommen, dass das arithmetische Mittel einer Stichprobe ein brauchbarer Schätzwert des Populationsparameters μ sei, ohne geprüft zu haben, ob andere Maße der zentralen Tendenz wie z. B. der Median, den Parameter μ genauso gut oder gar besser schätzen.

Die Entscheidung darüber, welcher statistische Kennwert am besten zur Schätzung eines Populationsparameters geeignet ist, wird aufgrund von Kriterien getroffen, die Fisher (1925b) aufgestellt hat. Die Theorie der Schätzung entwickelte *Kriterien*, die gute Schätzwerte erfüllen müssen, und *Methoden*, die es gestatten, Schätzwerte mit den geforderten Eigenschaften abzuleiten. Die Eigenschaften, die eine gute Schätzung auszeichnen, sind Konsistenz, Erwartungstreue, Effizienz und Suffizienz.

Konsistenz

> Von einem konsistenten Schätzwert sprechen wir, wenn sich ein statistischer Kennwert mit wachsendem Stichprobenumfang dem Parameter, den er schätzen soll, nähert.

Formal beinhaltet die Konsistenzbedingung

$$P(|\text{Schätzwert} - \text{Parameter}| < \varepsilon) \to 1$$

für $n \to \infty$. Ein Schätzwert ist *konsistent*, wenn die Wahrscheinlichkeit dafür, dass der Absolutbetrag der Differenz zwischen dem Parameter und dem Schätzwert kleiner als jede beliebige, reelle Zahl ε ist und mit wachsendem Stichprobenumfang gegen 1,0 geht. Etwas vereinfacht ausgedrückt bedeutet die Konsistenz eines Schätzers, dass er mit zunehmendem Stichprobenumfang „besser" wird. Insofern ist Konsistenz eine Minimalforderung. Ist ein Schätzer nicht konsistent, gewährleistet selbst eine sehr große Stichprobe nicht, dass der Schätzer dem zu schätzenden Parameter nahe kommt.

Die uns bereits vertrauten Schätzer, $\bar{x}$, s^2 und s, sind konsistente Schätzer für μ, σ^2 und σ, erfüllen also alle diese Minimalforderung.

Auch die relative Häufigkeit eines Ereignisses A ist eine konsistente Schätzung der Wahrscheinlichkeit $P(A)$, mit der das Ereignis auftritt. Dies besagt das sog. „Gesetz der großen Zahl".

Wird ein Zufallsexperiment, welches nur zwei Ausgänge hat, n-mal wiederholt, lässt sich auszählen, wie häufig die Ereignisse A und $\bar{A}$ eingetreten sind. Bezeichnet man die Häufigkeit von A mit x, errechnet man die relative Häufigkeit als x/n. Das Gesetz der großen Zahl lautet:

$$P\left(\left|\frac{x}{n} - P(A)\right| < \varepsilon\right) \to 1 \quad \text{für } n \to \infty. \qquad (6.6)$$

Diese Gleichung ist ein konkretes Beispiel für die obige Konsistenzbedingung.

Erwartungstreue

Erwartungstreue. Ein statistischer Kennwert schätzt einen Populationsparameter erwartungstreu, wenn der Erwartungswert der Stichprobenverteilung dem Populationsparameter entspricht.

Das arithmetische Mittel einer Zufallsstichprobe stellt eine erwartungstreue Schätzung des Populationsparameters μ dar. Es hat die Eigenschaft, dass es den Parameter μ weder systematisch über- noch systematisch unterschätzt. Die Abweichung des Erwartungswertes $\mathrm{E}(\bar{x})$ von μ ist null. Allgemein bezeichnen wir die Abweichung des Erwartungswertes eines statistischen Kennwertes vom geschätzten Populationsparameter als *Verzerrung* oder *Bias*. Mit anderen Worten, verzerrte Schätzer sind nicht erwartungstreu. Werden Zufallsstichproben aus einer beliebig symmetrisch verteilten Grundgesamtheit gezogen, erweist sich auch der Stichprobenmedian als erwartungstreue Schätzung des Erwartungswertes in der Grundgesamtheit, d. h., der Erwartungswert der Stichprobenverteilung des Medians $\mathrm{E}(\mathrm{Md})$ ist in diesem Fall mit dem Parameter μ identisch.

Die Stichprobenvarianz $s^2 = \mathrm{QS}/(n-1)$ aus einer beliebig verteilten Grundgesamtheit schätzt die Populationsvarianz σ^2 erwartungstreu. Dies wird in Anhang A.2.3 gezeigt. Die Tatsache, dass die Stichprobenvarianz, so wie sie in Gl. (2.2) definiert wurde, ein erwartungstreuer Schätzer der Populationsvarianz ist, hängt damit zusammen, dass die Summe der Abweichungsquadrate durch $n-1$ dividiert wird.

Hätten wir bei der Definition der Stichprobenvarianz in Gl. (2.2) die Quadratsumme im Zähler durch n anstatt durch $n-1$ dividiert, so wäre der resultierende Kennwert zwar weiterhin ein Schätzer der Populationsvarianz, aber er wäre verzerrt, denn er unterschätzt die Populationsvarianz σ^2 im Durchschnitt um den Faktor $(n-1)/n$. Da der Grad der Verzerrung mit zunehmendem Stichprobenumfang abnimmt, ist dieser alternative Schätzer der Varianz aber trotzdem konsistent.

Da s^2 eine erwartungstreue Schätzung von σ^2 ist, liegt die Vermutung nahe, dass auch $s = \sqrt{s^2}$ die Standardabweichung in der Population erwartungstreu schätzt. Dies ist jedoch nicht der Fall. Wird ein erwartungstreuer Schätzwert nicht-linear transformiert (beispielsweise durch eine Wurzeltransformation), so ist in der Regel der transformierte Wert nicht erwartungstreu. Wie bei normalverteilter Grundgesamtheit die Verzerrung von s korrigiert werden kann, wird in Cureton (1968b, 1968a) besprochen.

Effizienz

Die dritte geforderte Eigenschaft eines guten Schätzwertes ist die Effizienz. Sie kennzeichnet die *Präzision*, mit der ein Populationsparameter geschätzt werden kann. Wie bereits erläutert wurde, ist der Standardfehler eines statistischen Kennwertes indikativ für die Präzision, mit der ein Populationsparameter geschätzt wird. Damit eng verknüpft ist die Effizienz eines Schätzwertes, die – bei erwartungstreuen Schätzwerten – durch die Varianz der Stichprobenverteilung gekennzeichnet ist.

Für erwartungstreue Schätzwerte gilt: Je größer die Varianz der Stichprobenverteilung, desto geringer ist die Effizienz des entsprechenden Schätzwertes.

Soll beispielsweise der Parameter μ einer Normalverteilung geschätzt werden, kann hierfür – ausgehend von den Kriterien der Erwartungstreue und der Konsistenz – sowohl das *arithmetische Mittel* als auch der *Medianwert* einer Stichprobe herangezogen werden. Beide Stichprobenkennwerte stellen in diesem Fall erwartungstreue und konsistente Schätzungen dar. Jedoch ist die Varianz der Medianwerteverteilung um den Faktor 1,56 größer als die Varianz der Mittelwertverteilung. Das arithmetische Mittel schätzt somit den Populationsparameter μ effizienter als der Medianwert.

Zum Vergleich der Effizienz zweier erwartungstreuer Schätzwerte wird die *relative Effizienz* eines Schätzwertes berechnet. In Prozentwerten ausgedrückt ergibt sich die relative Effizienz eines Schätzwertes a im Vergleich zu einem Schätzwert b aus folgender Beziehung:

$$\text{relative Effizienz von } a = \frac{\sigma_b^2}{\sigma_a^2} \cdot 100\%, \qquad (6.7)$$

wobei σ_a und σ_b die Standardfehler des jeweiligen Schätzers bezeichnen. Nach Gl. (6.7) beträgt die relative Effizienz des Medianwertes bei normalverteilten Grundgesamtheiten in Bezug auf das arithmetische Mittel

$$\text{relative Effizienz}_{\text{Md}} = \frac{\sigma^2/n}{1{,}56 \cdot \sigma^2/n} \cdot 100\% = 64\%.$$

Die Effizienz des Medianwertes ist somit nicht einmal 2/3 so groß wie die des arithmetischen Mittels. Die relative Effizienz von 64% kann so interpretiert werden, dass der Medianwert einer Stichprobe des Umfangs $n = 100$ aus einer normalverteilten Population den Parameter μ genauso präzise schätzt wie das arithmetische Mittel aus einer Stichprobe des Umfangs $n = 64$.

Zur Effizienz nicht erwartungstreuer Schätzer s. z. B. Lindgren (1993, S. 260).

Suffizienz

> Ein Schätzwert ist suffizient oder erschöpfend hinsichtlich eines Parameters, wenn er alle in einer Stichprobe enthaltenen Informationen berücksichtigt.

Wir wollen an dieser Stelle auf eine genauere Definition von Suffizienz verzichten, da die Suffizienz eines Schätzers von der Verteilung des Merkmals in der Population abhängt (Casella & Berger, 2002, S. 279).

Insofern ist Suffizienz im Vergleich zur Erwartungstreue eine erheblich komplexere Eigenschaft. Beispielsweise schätzt $\bar{x}$ ganz unabhängig von der Verteilung des Merkmals in der Population den Parameter μ immer erwartungstreu. Eine solch allgemeine Aussage ist für die Suffizienz eines Kennwertes aber nicht möglich.

Ist ein Merkmal in der Population normalverteilt, so sind $\bar{x}$ und s^2 zusammen suffiziente Kennwerte für die Parameter μ und σ^2. In diesem Fall fassen die Kennwerte $\bar{x}$ und s^2 alle in der Stichprobe enthaltenen Informationen über die unbekannten Populationsparameter zusammen. Wenn wir mit Sicherheit wüßten, dass die Daten aus einer Normalverteilung stammten, so könnten wir für alle weiteren Schlussfolgerungen hinsichtlich der Populationsparameter μ und σ^2 auf die Rohdaten verzichten und ausschließlich die beiden Kennwerte verwenden.

Ein nicht suffizienter Schätzer für μ ist beispielsweise der Median bei normalverteilten Rohwerten.

6.4 Methoden der Parameterschätzung

Wir wollen uns nun der Frage zuwenden, wie man aus den Daten einer Stichprobe einen statistischen Kennwert bestimmen kann, der als Schätzwert eines Populationsparameters bestimmte wünschenswerte Eigenschaften (vgl. Abschn. 6.3) aufweist. Dieses Problem ist für die wichtigsten, uns interessierenden Populationsparameter gelöst. Wir wissen bereits, dass z. B. für μ der Stichprobenkennwert $\bar{x}$ und für σ^2 der Stichprobenkennwert s^2 gute Schätzer darstellen.

Offen blieb jedoch bisher, mit welchen Methoden man herausfindet, welcher statistische Kennwert besonders gut geeignet ist, um als Schätzer eines Populationsparameters eingesetzt zu werden. Hierfür werden wir im Folgenden die „Methode der kleinsten Quadrate" kennenlernen sowie die „Maximum-Likelihood-Methode". Letztere kommt z. B. im Rahmen log-linearer Modelle oder in der probabilistischen Testtheorie häufig zum Einsatz. Eine weitere Methode ist die „Momentenmethode", deren Grundidee z. B. bei Assenmacher (2000, S. 217) dargestellt wird.

Methode der kleinsten Quadrate

Nehmen wir einmal an, wir suchen einen Wert a als Schätzer für μ mit folgender Eigenschaft: a soll so geartet sein, dass er alle Werte der Stichprobe in der Weise repräsentiert, dass die Summe der quadrierten Abweichungen der Werte von a ein Minimum ergibt. Wir bezeichnen diese Quadratsumme mit $f(a)$, also $f(a) = \sum(x_i - a)^2$, um zu verdeutlichen, dass die Summe eine Funktion des Wertes a ist.

Differenzieren wir $f(a)$, ergibt sich

$$f'(a) = \left[\sum_{i=1}^{n}(x_i - a)^2\right]' = -2\sum_{i=1}^{n} x_i + 2 \cdot n \cdot a.$$

Setzen wir diese Ableitung null, gelangen wir zu dem Ausdruck $-2\sum_{i=1}^{n} x_i + 2na = 0$. Auflösen der Gleichung nach a ergibt

$$a = \frac{\sum_{i=1}^{n} x_i}{n} = \bar{x}.$$

Der gesuchte Schätzwert entspricht damit dem arithmetischen Mittel. Als zweite Ableitung erhalten wir den positiven Wert $+2n$, wodurch sichergestellt ist, dass die Summe der quadratischen Abweichungen durch $a = \bar{x}$ tatsächlich minimiert wird. (Für einen alternativen Beweis dieses Ergebnisses, der ohne Differentiation auskommt, s. Aufgabe 6.15.)

Die Methode der kleinsten Quadrate („ordinary least squares" oder kurz: OLS) werden wir in einem anderen Zusammenhang (Regressionsrechnung, Kap. 11.1) noch ausführlicher kennenlernen. Auch dort wird es darum gehen, für unbekannte Parameter Schätzwerte zu finden, welche die in einer Stichprobe beobachteten Messungen nach dem Kriterium der kleinsten Summe der quadrierten Abweichungen (kurz: nach dem Kriterium der kleinsten Quadrate) möglichst gut repräsentieren.

Schätzer, die man mit der Methode der kleinsten Quadrate bestimmt, sind, unabhängig davon, wie das Merkmal in der Grundgesamtheit verteilt ist, erwartungstreu und konsistent.

Maximum-Likelihood-Methode

Mit der Maximum-Likelihood-Methode finden wir Stichprobenkennwerte zur Schätzung unbekannter Parameter, die so geartet sind, dass sie die sog. *Likelihood*, die sich aus der Wahrscheinlichkeit des Auftretens der in einer Stichprobe beobachteten Messungen ergibt, maximieren. Die Grundgedanke dieser Methode, deren Anwendung voraussetzt, dass die Verteilungsform des untersuchten Merkmals bekannt ist, lässt sich intuitiv einfach vermitteln. Nehmen wir an, in einer Stichprobe wurden die Messungen $x_1 = 11$, $x_2 = 8$, $x_3 = 12$, $x_4 = 9$ und $x_5 = 10$ registriert. Gehen wir von Messungen eines normalverteilten Merkmals aus, ist es äußerst unwahrscheinlich, dass ein Populationsparameter von z. B. $\mu = 20$ diese Stichprobenwerte ermöglicht. Plausibler wäre es, für μ den Wert 10 oder zumindest Werte in der Nähe von 10 anzunehmen. Nach der Maximum-Likelihood-Methode würde sich herausstellen, dass der Mittelwert $\bar{x} = 10$ als bester Schätzer für μ gilt. Bei einem normalverteilten Merkmal resultiert für die beobachteten Werte eine maximale Auftretenswahrscheinlichkeit, wenn wir μ durch $\bar{x}$ schätzen. (Eine detaillierte Herleitung von $\bar{x}$ als Maximum-Likelihood-Schätzung von μ bei normalverteilten Merkmalen findet man z. B. bei Hofer & Franzen, 1975, S. 305 f.)

Wie man einen Schätzwert nach der Maximum-Likelihood-Methode bestimmt, sei im Folgenden anhand eines Beispiels (Bestimmung eines Schätzwertes für eine Erfolgswahrscheinlichkeit π) erläutert.

BEISPIEL 6.4

Nach einem gruppendynamischen Training äußern von vier Teilnehmern drei spontan die Ansicht, ihre Kontaktschwierigkeiten seien weitgehend beseitigt worden. Wir beobachten damit die Werte $x_1 = 1$, $x_2 = 1$, $x_3 = 0$ und $x_4 = 1$, wobei eine 1 für einen Erfolg und eine 0 für keinen Erfolg steht (nur die dritte Person wurde nicht erfolgreich behandelt).

Wir wollen überprüfen, bei welcher Wahrscheinlichkeit für den Behandlungserfolg eines Individuums π ein solches Stichprobenergebnis am wahrscheinlichsten ist. Wir nehmen (vereinfachend) an, dass die Ereignisse „Behandlungserfolg" voneinander unabhängig sind und dass die Wahrscheinlichkeiten eines Behandlungserfolges π für alle Teilnehmer des Trainings gleich sind. Da die Beobachtungen unabhängig sind, können wir mit Hilfe des Multiplikationstheorems die Wahrscheinlichkeit $P(1, 1, 0, 1)$ als Produkt der Einzelwahrscheinlichkeiten schreiben. Da $\pi = P(1)$ und $1 - \pi = P(0)$, erhalten wir somit die Gleichung

$$P(1, 1, 0, 1) = \pi\pi(1 - \pi)\pi = \pi^3(1 - \pi).$$

Wie man aufgrund der rechten Seite der Gleichung erkennt, ist diese Wahrscheinlichkeit eine Funktion der unbekannten Erfolgswahrscheinlichkeit π. Anstatt die rechte Seite wie bisher als Wahrscheinlichkeit eines bestimmten Antwortmusters zu betrachten, wechseln wir nun die Perspektive und betrachten den Ausdruck als Funktion (Likelihood) der unbekannten Erfolgswahrscheinlichkeit. Die Likelihoodfunktion ist also

$$L(\pi) = \pi^3(1 - \pi).$$

Wir setzen nun versuchsweise verschiedene Werte für π ein. Wir erhalten

$$L(0{,}5) = 0{,}5^3 \cdot 0{,}5 = 0{,}0625,$$
$$L(0{,}6) = 0{,}6^3 \cdot 0{,}4 = 0{,}0864,$$
$$L(0{,}7) = 0{,}7^3 \cdot 0{,}3 = 0{,}1029,$$
$$L(0{,}8) = 0{,}8^3 \cdot 0{,}2 = 0{,}1024,$$
$$L(0{,}9) = 0{,}9^3 \cdot 0{,}1 = 0{,}0729.$$

Offenbar ist von den fünf Versuchswerten für $\pi = 0{,}5, \ldots 0{,}9$ der Wert $\pi = 0{,}7$ am besten. Für diesen Parameter ist die Wahrscheinlichkeit, dass unter vier möglichen Ereignissen das Ereignis „gebessert" dreimal auftritt, am größten.

Es ist jedoch nicht auszuschließen, dass diese Likelihood für andere Populationsparameter noch größer ist. Ausgehend von den fünf Parameterschätzungen können wir vermuten, dass die maximale Likelihood im Bereich $0{,}6 < \pi < 0{,}8$ liegt.

Der folgende Gedankengang führt zu einem Schätzer für π, bei dem das Stichprobenergebnis am wahrscheinlichsten ist. Da π beliebige Werte im Intervall von 0 bis 1 annehmen kann, bedienen wir uns – wie bereits bei der Methode der kleinsten Quadrate – der Differenzialrechnung, um die maximale Likelihood für das gefundene Ergebnis in Abhängigkeit von π zu ermitteln. Wir definieren die Likelihoodfunktion für das im Beispiel betrachtete Zufallsexperiment, $\boldsymbol{x}$ Erfolge in $\boldsymbol{n}$ Versuchen, als

$$L(\pi) = \pi^x(1 - \pi)^{n-x}. \tag{6.8}$$

Um das Maximum zu bestimmen, wird L nach dem gesuchten Parameter π differenziert. Setzen wir die erste Ableitung null und lösen nach π auf, erhalten wir die Bestimmungsgleichung für den gesuchten Parameter. Bevor wir aber zur Tat schreiten, verwenden wir einen „Trick", der es uns erlaubt, die Differentiation von L zu vereinfachen: Wir logarithmieren die Likelihood vor dem Differenzieren. Dadurch wird aus dem in der Likelihood enthaltenen Produkt eine Summe, die sich leichter differenzieren lässt. Diese Vorgehensweise ist deshalb zulässig, weil das Maximum der logarithmierten Funktion gleich dem Maximum der ursprünglichen Funktion ist.

Die logarithmierte Likelihood-Funktion – die *Log-Likelihood* – bezeichnen wir mit $l(\pi)$, d. h. $l(\pi) = \ln L(\pi)$. Die Log-Likelihood lautet

$$l(\pi) = x \ln\pi + (n - x) \ln(1 - \pi).$$

Für die erste Ableitung erhalten wir

$$l'(\pi) = \frac{x}{\pi} - \frac{n-x}{1-\pi}.$$

Diese Gleichung wird null gesetzt. Außerdem ersetzen wir π durch $\hat{\pi}$, um anzudeuten, dass sich der Schätzer durch die Lösung dieser Gleichung ergibt. Man erhält die Gleichung

$$\frac{x}{\hat{\pi}} - \frac{n-x}{1-\hat{\pi}} = 0,$$

welche nach $\hat{\pi}$ aufgelöst wird. Schließlich erhält man als Ergebnis

$$\hat{\pi} = \frac{x}{n}, \qquad (6.9)$$

welches die relative Häufigkeit x/n als Schätzer der unbekannten Wahrscheinlichkeit ausweist.

BEISPIEL 6.5

Die relative Häufigkeit eines Erfolges beträgt im obigen Beispiel (drei Verbesserungen bei vier Teilnehmern) 3/4. Dieser Wert ist der Maximum-Likelihood-Schätzer der Erfolgswahrscheinlichkeit. Wie der Name schon sagt, muss für eine Erfolgswahrscheinlichkeit von $3/4 = 0{,}75$ die Likelihood maximal werden. Wir berechnen deshalb die Likelihood an der Stelle 0,75 und erhalten

$$L(0{,}75) = 0{,}75^3 \cdot 0{,}75 = 0{,}1055.$$

Wie man erkennt, ist der Wert von $L(0{,}75)$ höher als alle anderen Likelihoodwerte, welche wir zuvor für $\pi = 0{,}5, \ldots 0{,}9$ ermittelten.

> Aufgrund des Maximum-Likelihood-Prinzips wird derjenige Wert für einen unbekannten Parameter bestimmt, der die Wahrscheinlichkeit für das Auftreten der in der Stichprobe enthaltenen Werte maximiert.

Eine ausführliche Behandlung des Problems der Parameterschätzung findet der interessierte Leser z. B. bei Arnold (1990), Casella und Berger (2002), Lindgren (1993) oder Stuart et al. (1999).

6.5 Intervallschätzung

Die Schätzung von Populationsparametern durch einen einzigen Wert, der aus den beobachteten Daten ermittelt wurde, bezeichnen wir als eine *Punktschätzung*. Wie in Abschn. 6.2 gezeigt, müssen wir jedoch davon ausgehen, dass Punktschätzungen von Zufallsstichprobe zu Zufallsstichprobe schwanken bzw. dass Punktschätzungen Zufallsvariablen darstellen, deren Verteilung bekannt sein muss, wenn wir die Brauchbarkeit einer konkreten Schätzung richtig bewerten wollen. Im Allgemeinen ist uns diese Stichprobenverteilung allerdings nicht bekannt.

Um die Darstellung möglichst konkret zu machen, betrachten wir vorerst nur das arithmetische Mittel, über dessen Stichprobenverteilung uns bereits wichtige Ergebnisse bekannt sind. In Abschn. 6.2.2 hatten wir erläutert, dass die Form der Stichprobenverteilung des Mittels normalverteilt ist, falls (1) die Populationsverteilung normal ist oder falls (2) der Stichprobenumfang 30 Beobachtungen übersteigt.

Wir gehen nun von einer normalverteilten Stichprobenverteilung aus und nehmen gleichzeitig an, dass uns auch die Standardabweichung – der Standardfehler des Mittels – bekannt ist. Diese Annahme dürfte in der Praxis zwar selten erfüllt sein, trotzdem wollen wir sie zur Erleichterung der Darstellung an dieser Stelle machen, denn diese Annahme erlaubt uns, nur den Parameter μ zu betrachten.

Wir gehen also nun von einer normalverteilten Mittelwertverteilung aus, wobei nur μ unbekannt ist. Diesen Erwartungswert können wir zwar durch das Stichprobenmittel schätzen, allerdings wird diese Schätzung praktisch immer mit einem Fehler behaftet sein. Es ist deshalb wünschenswert, zu Aussagen über die Genauigkeit der Schätzung zu gelangen. Die Größe des Standardfehlers ist bereits eine solche Aussage. In der Praxis präferiert man aber die Berechnung eines Bereiches, in dem man den unbekannten Parameter mit großer Sicherheit vermuten darf. Ein solcher Bereich wird „Konfidenzintervall" genannt.

Ist die Stichprobenverteilung normal, können wir behaupten, dass sich der Mittelwert einer

Zufallsstichprobe des Umfangs n mit einer Wahrscheinlichkeit von 95,5% im Bereich $\mu \pm 2 \cdot \sigma_{\bar{x}}$ befindet. Wenn $\sigma_{\bar{x}} = 5$ ist, lautet die untere Grenze des Bereichs $\mu - 10$ und die obere Grenze $\mu + 10$. Ist $\mu = 100$, so beginnt der Bereich bei 90 und endet bei 110. Wir wollen diesen Bereich als den $\bar{x}$-Wertebereich von $\mu = 100$ bezeichnen. Ein Mittelwert von z. B. $\bar{x} = 93$ fällt also in diesen $\bar{x}$-Wertebereich. Der gleiche Mittelwert könnte jedoch auch resultieren, wenn $\mu = 90$ ist. Für dieses μ ergibt sich (bei gleichem $\sigma_{\bar{x}}$) ein $\bar{x}$-Wertebereich von 80 bis 100, der $\bar{x} = 93$ ebenfalls umschließt. Aber hätte man mit dem Stichprobenergebnis $\bar{x} = 93$ auch rechnen können, wenn $\mu = 70$ ist? Offensichtlich nicht, denn für diesen Parameter resultiert ein $\bar{x}$-Wertebereich von 60 bis 80, der den gefundenen Mittelwert von 93 nicht umschließt.

Allerdings hatten wir den $\bar{x}$-Wertebereich bisher so bestimmt, dass sich in ihm „nur" 95,5% aller Stichprobenmittelwerte befinden. Erweitern wir den Bereich auf $\mu \pm 3 \cdot \sigma_{\bar{x}}$, können wir praktisch sicher sein, dass jeder Stichprobenmittelwert in diesen Bereich fällt. Allerdings nur „praktisch" und nicht völlig sicher, denn die Wahrscheinlichkeit, dass ein Stichprobenmittelwert in diesen Bereich fällt, beträgt 99,74% und nicht 100%. Ein völlig sicherer Bereich hätte bei normalverteilten Mittelwerten wegen der Verteilungseigenschaften der Normalverteilung (sie nähert sich auf beiden Seiten asymptotisch der Abszisse) die Grenzen $-\infty$ und $+\infty$. Damit könnte theoretisch jeder Populationsparameter das Stichprobenergebnis $\bar{x} = 93$ „erzeugen", was bedeuten würde, dass der Stichprobenmittelwert $\bar{x} = 93$ überhaupt nichts über die Größe des „wahren" Populationsparameters aussagt.

Gibt man sich jedoch mit einer begrenzten Wahrscheinlichkeit von beispielsweise 95,5% zufrieden, scheiden bestimmte Populationsparameter als „Erzeuger" des Stichprobenmittelwertes $\bar{x} = 93$ aus. Dies sind offensichtlich Parameter, deren $\bar{x}$-Wertebereiche eine obere Grenze haben, die unter $\bar{x} = 93$ liegt, bzw. Parameter, deren $\bar{x}$-Wertebereiche eine untere Grenze haben, die über $\bar{x} = 93$ liegt. Da der Abstand von μ zur oberen (bzw. unteren) Grenze des $\bar{x}$-Wertebereichs $2 \cdot \sigma_{\bar{x}} = 10$ beträgt, kommen hierfür nur Parameter $\mu < 83$ bzw. $\mu > 103$ in Betracht. Alle übrigen Parameter im Bereich $83 \leq \mu \leq 103$ haben $\bar{x}$-Wertebereiche, die den gefundenen Mittelwert $\bar{x} = 93$ umschließen.

Welche Konsequenzen lassen sich nun aus diesen Überlegungen für den Fall ableiten, dass μ unbekannt ist? Aufgrund einer Stichprobenuntersuchung erhalten wir einen Mittelwert $\bar{x}$. Populationsparameter, zu deren x-Wertebereich ($\mu \pm 2 \cdot \sigma_{\bar{x}}$) dieser Mittelwert mit einer Wahrscheinlichkeit von 95,5% gehört, befinden sich dann im Bereich $\bar{x} \pm 2 \cdot \sigma_{\bar{x}}$. Man kann deshalb vermuten, dass sich auch der gesuchte Parameter in diesem Bereich befindet. Die Wahrscheinlichkeit, dass $\bar{x}$ zu einer Population gehört, deren Parameter μ außerhalb dieses Bereichs liegt, beträgt höchstens 4,5%. (Die eigentlich plausibel klingende Aussage, der gesuchte Parameter befinde sich mit einer Wahrscheinlichkeit von 95,5% im Bereich $\bar{x} \pm 2 \cdot \sigma_{\bar{x}}$, ist genau genommen nicht korrekt, denn tatsächlich kann der Parameter nur innerhalb oder außerhalb des gefundenen Bereichs liegen. Die Wahrscheinlichkeit, dass ein Parameter in einen bestimmten Bereich fällt, ist damit entweder 0 oder 1; Näheres hierzu s. Leiser, 1982.)

Konfidenzintervalle

Bereiche, in denen sich Populationsparameter befinden, die als „Erzeuger" eines empirisch bestimmten Stichprobenkennwertes mit einer bestimmten Wahrscheinlichkeit in Frage kommen, heißen nach Neyman (1937) *Konfidenzintervalle*. Als Wahrscheinlichkeiten werden hierbei üblicherweise nicht – wie in den bisherigen Ausführungen – 95,5%, sondern 95% oder 99% festgelegt. Diese Wahrscheinlichkeiten bezeichnet man als *Konfidenzkoeffizienten*. Allgemein spricht man von dem $(1 - \alpha)$-Konfidenzintervall, wobei für ein 95%-Konfidenzintervall $\alpha = 5\%$ beträgt und für ein 99% Konfidenzintervall $\alpha = 1\%$ beträgt. Die Grenzen eines $(1 - \alpha)$-Konfidenzintervalls bestimmen wir – eine normalverteilte Stichprobenverteilung vorausgesetzt – in folgender Weise:

In der Standardnormalverteilung, deren Verteilungsfunktion in Tabelle A des Anhangs wiedergegeben ist, befindet sich zwischen den beiden Perzentilen $z_{\alpha/2}$ und $z_{1-\alpha/2}$ ein Flächenanteil von $(1 - \alpha)$, vgl. Abb. 5.6. Natürlich lassen sich auch andere Paare von Perzentilen der Standardnormalverteilung finden, z. B. $z_{1-\alpha/4}$ und $z_{1-\alpha \cdot 3/4}$, welche die gleiche Fläche begrenzen. Mit den Perzentilen $z_{\alpha/2}$ und $z_{1-\alpha/2}$ erhalten wir jedoch das kürzeste Konfidenzintervall, das zudem um $\bar{x}$ symmetrisch ist, da

$$z_{\alpha/2} = -z_{1-\alpha/2}.$$

Beispielsweise werden für ein 95%-Konfidenzintervall die Perzentile $z_{97,5\%} = +1{,}96$ und $z_{2,5\%} = -1{,}96$ verwendet, denn in diesem Fall beträgt $\alpha = 0{,}05$.

Um die Schreibweise zu vereinfachen, schreibt man gelegentlich auch ±1,96.

Wollen wir die Stichprobenverteilung des arithmetischen Mittels, dessen Erwartungswert μ und Varianz $\sigma_{\bar{x}}$ beträgt, in eine Standardnormalverteilung überführen, bedienen wir uns der bereits bekannten z-Transformation. Angewandt auf die Mittelwertverteilung lautet die z-Transformation:

$$z = \frac{\bar{x} - \mu}{\sigma_{\bar{x}}}. \tag{6.10}$$

Die Wahrscheinlichkeit dafür, dass dieser z-Wert größer als das $z_{\alpha/2}$ Perzentil und zugleich kleiner als das $z_{1-\alpha/2}$ Perzentil ist, beträgt $(1 - \alpha)$. Oder anders ausgedrückt:

$$P(z_{\alpha/2} \leq z \leq z_{1-\alpha/2}) = 1 - \alpha.$$

Setzt man nun die rechte Seite von Gl. (6.10) in diese Gleichung ein, gelangt man durch algebraische Umformung zu folgender Aussage:

$$P(\bar{x} - z_{1-\alpha/2}\ \sigma_{\bar{x}} \leq \mu \leq \bar{x} + z_{1-\alpha/2}\ \sigma_{\bar{x}}) = 1 - \alpha,$$

welche die Wahrscheinlichkeit angibt, dass μ sich in einem bestimmten Bereich – dem $(1 - \alpha)$-Konfidenzintervall – befindet. Der Bereich wird durch folgende Werte begrenzt:

$$\begin{aligned} \text{untere Grenze} &= \bar{x} - z_{1-\alpha/2} \cdot \sigma_{\bar{x}}, \\ \text{obere Grenze} &= \bar{x} + z_{1-\alpha/2} \cdot \sigma_{\bar{x}}. \end{aligned} \tag{6.11}$$

Für ein 95%-Konfidenzintervall (α = 5%) ergeben sich die Grenzen durch folgende Berechnung:

$$\begin{aligned} \text{untere Grenze} &= \bar{x} - 1{,}96\ \sigma_{\bar{x}}, \\ \text{obere Grenze} &= \bar{x} + 1{,}96\ \sigma_{\bar{x}}, \end{aligned}$$

da das 97,5%-Perzentil der Standardnormalverteilung 1,96 beträgt. Für das 99%-Konfidenzintervall setzen wir diejenigen z-Werte ein, durch welche die mittleren 99% der Standardnormalverteilungsfläche begrenzt wird. Nach Tabelle A des Anhangs ist dies der Wert $z_{99,5\%} = 2{,}58$. Das 99%ige Konfidenzintervall hat demnach die Grenzen

$$\begin{aligned} \text{untere Grenze} &= \bar{x} - 2{,}58\ \sigma_{\bar{x}}, \\ \text{obere Grenze} &= \bar{x} + 2{,}58\ \sigma_{\bar{x}}. \end{aligned}$$

Wie $\bar{x}$ sind auch die Intervallgrenzen *Zufallsvariablen*, da sie von $\bar{x}$ abhängen. Wenn man aus einer Grundgesamtheit sehr viele Stichproben zieht und für jeden der resultierenden $\bar{x}$-Werte ein Konfidenzintervall berechnet, würden 95% dieser Konfidenzintervalle den Parameter μ einschließen und 5% nicht.

Für die *Konfidenzintervallbreite* (KIB) ergibt sich:

$$\text{KIB} = 2 \cdot z_{1-\alpha/2} \cdot \sigma_{\bar{x}}. \tag{6.12}$$

BEISPIEL 6.6

Gesucht wird das 95%-Konfidenzintervall für die durchschnittliche Neurotizismustendenz von Studenten. Die Untersuchung von $n = 11$ Studenten mit einem Neurotizismus-Fragebogen ergab folgende Rohwerte:

18, 17, 19, 21, 23, 25, 27, 29, 31, 33 und 32.

Es ist bekannt, dass in der studentischen Population, der die Stichprobe entnommen wurde, die Neurotizismuswerte normalverteilt sind und eine Standardabweichung $\sigma = 6$ aufweisen. Das Populationsmittel μ sei aber unbekannt. Wir berechnen nun das Mittel der Rohwerte und erhalten $\bar{x} = 25$. Die Stichprobenstreuung der Werte wird für die Berechnung des Konfidenzintervalls in diesem Beispiel nicht benötigt. Für die 11 Rohwerte errechnet man, $s = 5{,}81$, was dem bekannten Wert $\sigma = 6$ sehr nahe kommt. Für den Standardfehler des Mittels berechnen wir $\sigma_{\bar{x}} = 6/\sqrt{11} = 1{,}81$. Da das 97,5%-Perzentil der Standardnormalverteilung 1,96 beträgt, sind nun alle Größen bekannt, um mit Hilfe von Gl. (6.11) das 95%-Konfidenzintervall zu bestimmen. Für die Grenzen ergeben sich die Werte:

$$\begin{aligned} \text{untere Grenze} &= 25 - 1{,}96 \cdot 1{,}81 = 21{,}45, \\ \text{obere Grenze} &= 25 + 1{,}96 \cdot 1{,}81 = 28{,}55. \end{aligned}$$

Somit ergibt sich das Konfidenzintervall: $21{,}45 \leq \mu \leq 28{,}55$. In diesem Bereich können wir mit 95% Sicherheit das Populationsmittel der Neurotizismuswerte vermuten. Alternativ (und technisch korrekter) kann man sagen, dass bei einer großen Anzahl von Wiederholungen dieser Untersuchungen etwa 95% der berechneten Konfidenzintervalle μ enthalten.

Eine analoge Rechnung ergibt das 99%-Konfidenzintervall: $20{,}33 \leq \mu \leq 29{,}67$.

Gerade in den letzten Jahren wurde innerhalb der Psychologie die Bedeutung von Konfidenzintervallen für die sachgerechte Auswertung von Daten betont (Cumming & Fidler, 2009; Wilkinson & The Task Force on Statistical Inference, 1999).

ÜBUNGSAUFGABEN

Stichprobenarten

Aufgabe 6.1 Was sind die Besonderheiten einer
a) einfachen Zufallsstichprobe,
b) Klumpenstichprobe,
c) geschichteten Stichprobe?

Stichprobenverteilung

Aufgabe 6.2 Was ist eine Stichprobenverteilung?

Aufgabe 6.3 Was besagt das zentrale Grenzwerttheorem?

Aufgabe 6.4 Wie kann eine Normalverteilung von Stichprobenmittelwerten in eine Standardnormalverteilung transformiert werden?

Aufgabe 6.5 In einer Urne sind fünf Kugeln, welche mit den Zahlen 2, 3, 4, 5 und 6 beschriftet sind.

a) Skizzieren Sie die Verteilung der Zufallsvariablen bei einmaligem Ziehen einer Kugel.
b) Welcher Erwartungswert und welche Varianz ergeben sich für die Zufallsvariable?
c) Sie ziehen zweimal mit Zurücklegen. Schreiben Sie alle möglichen Stichproben auf, welche sich in diesem Versuch ergeben können.
d) Berechnen Sie die Verteilung des Stichprobenmittels, und skizzieren Sie die Verteilung.
e) Berechnen Sie Erwartungswert und Varianz der Mittelwertverteilung.

Aufgabe 6.6 Ein Testwert ist innerhalb einer Population normalverteilt mit Erwartungswert $\mu = 50$ und Varianz $\sigma^2 = 400$. Sie ziehen eine einfache Zufallsstichprobe und berechnen den Mittelwert.

a) Bestimmen Sie den Erwartungswert der Stichprobenverteilung des Mittelwertes.
b) Bestimmen Sie den Standardfehler des Mittelwertes bei Stichproben des Umfangs von $n = 4$ und $n = 25$.
c) Skizzieren Sie die Stichprobenverteilung des Mittelwertes für die gegebenen Stichprobenumfänge.
d) Welchen Stichprobenumfang muss man wählen, damit der Standardfehler des Mittelwertes genau 1,0 beträgt?

Aufgabe 6.7 Intelligenz ist normalverteilt mit einem Erwartungswert von 100 und einer Standardabweichung von 15. Sie ziehen eine Zufallsstichprobe von 25 Personen.

a) Wie ist der Mittelwert der IQ-Werte verteilt?
b) Wie groß ist die Wahrscheinlichkeit, dass das Stichprobenmittel überdurchschnittlich ausfällt?
c) Wie groß ist die Wahrscheinlichkeit, dass das Stichprobenmittel über 106 liegt?
d) Bestimmen Sie einen Bereich, in dem 95% der Stichprobenmittelwerte liegen. Der Bereich soll symmetrisch um μ sein.

Aufgabe 6.8 Die Testwerte eines Tests sind normalverteilt. Es ist bekannt, dass die Varianz des Tests $\sigma^2 = 375$ beträgt. Der Erwartungswert soll anhand des Mittelwertes einer Stichprobe geschätzt werden, deren Umfang $n = 15$ beträgt. Wie groß ist die Wahrscheinlichkeit, einen Fehler größer als 5 zu machen, d. h. $P(|\bar{x} - \mu| > 5)$?

Punkt- und Intervallschätzung

Aufgabe 6.9 Sie ziehen eine Stichprobe von 11 Studenten und befragen diese über ihr jährliches Einkommen. Sie erhalten folgende Beobachtungen (Einkommen in Tausend Euro).

12, 10, 9, 10, 10, 8, 10, 10, 11, 10 und 10.

a) Schätzen Sie den Erwartungswert der Einkommensverteilung.
b) Schätzen Sie die Streuung der Einkommensverteilung.
c) Schätzen Sie den Standardfehler des Mittelwertes.

Aufgabe 6.10 Ein Merkmal ist normalverteilt. Die Streuung in der Population beträgt $\sigma = 10$. Sie ziehen eine Stichprobe des Umfangs von 100 Personen. Bei der beobachteten Stichprobe tritt ein Mittelwert von $\bar{x} = 85$ auf.

a) Berechnen Sie den Standardfehler des Mittelwertes.
b) Berechnen Sie die Konfidenzintervalle für μ mit Konfidenzkoeffizienten $1 - \alpha$ von: 50%, 90%, 95% und 99%.
c) Wovon hängt die Länge des Konfidenzintervalls ab?

Aufgabe 6.11 Eine Verteilung von $n = 200$ Beobachtungen sei durch $\bar{x} = 100$ und $\sigma = 10$ gekennzeichnet. Wie lautet das Konfidenzintervall des Mittelwertes für

a) einen Konfidenzkoeffizienten von 95%?
b) einen Konfidenzkoeffizienten von 99%?

Aufgabe 6.12 Wie verändert sich das Konfidenzintervall des Mittelwertes

a) bei Vergrößerung des Konfidenzkoeffizienten?
b) bei Vergrößerung des Stichprobenumfangs?

Aufgabe 6.13 Ein Lehrer möchte wissen, welche Intelligenzquotienten Schüler aufweisen, die beabsichtigen, auf das Gymnasium zu gehen. Da es unmöglich ist, die gesamte Population der entsprechenden Schüler zu untersuchen, plant er, eine Stichprobe zu ziehen, die hinreichend groß ist, um den „wahren" Durchschnitts-IQ mit einer Genauigkeit von ±3 IQ-Punkten ermitteln zu können. Der Literatur entnimmt der Lehrer, dass die Streuung der IQ-Werte üblicherweise mit $\sigma = 10$ angegeben wird, und akzeptiert diesen Wert auch für seine Fragestellung, wenngleich er davon ausgehen kann, dass die Streuung in der Population, die ihn interessiert, kleiner ist als in einer unausgelesenen Population. Wie viele Schüler müssen untersucht werden, wenn der Lehrer ein Konfidenzintervall mit einer Länge von sechs IQ-Punkten und einem Konfidenzkoeffizienten von 90% absichern will?

Methoden der Parameterschätzung

Aufgabe 6.14 Eine Methode der Parameterschätzung ist die Maximum-Likelihood-Schätzung. Dabei wird die „Plausibilität" verschiedener Parameterausprägungen untersucht. Ein Zufallsexperiment wird dreimal wiederholt, wobei nur die Beobachtungen 1 und 0 auftreten können. Die drei Experimente seien unabhängig, und die Wahrscheinlichkeit einer 1 sei über die Experimente hinweg konstant. Man erhält die Beobachtungen 1, 0 und 1. Die Likelihood verschiedener Ausprägungen des Parameters π ist definiert als $L(\pi) = \pi^2 \cdot (1 - \pi)^1$. Berechnen Sie die Likelihood folgender Parameterausprägungen: $\pi = 0$, $\pi = 1/3$, $\pi = 1/2$, $\pi = 2/3$, $\pi = 3/4$ und $\pi = 1$.

Aufgabe 6.15 Eine Methode der Parameterschätzung ist die Methode der kleinsten Quadrate. Zeigen Sie ohne Hilfe der Differentialrechnung, dass der Stichprobenmittelwert derjenige Wert ist, für den die Summe $\sum (x_i - a)^2$ minimal wird.

Kapitel 7 Hypothesentesten

ÜBERSICHT

Alternativhypothesen – Nullhypothese – statistische Hypothesen – Fehlerarten – Signifikanzniveau – signifikante Ergebnisse – einseitige und zweiseitige Tests – Effektgröße – Teststärke – Stichprobenumfang – Monte-Carlo-Studien – Bootstrap-Technik

Statistische Kennwerte wie das arithmetische Mittel oder die Standardabweichung werden als Punktschätzungen berechnet, um eine Stichprobe hinsichtlich der zentralen Tendenz bzw. der Variabilität ihrer Messwerte zu beschreiben. Wir wissen jedoch, dass diese Punktschätzungen mehr oder weniger genau sind, wobei die Unsicherheit eines Stichprobenkennwertes als Schätzwert eines Populationsparameters durch seinen Standardfehler bzw. die Berechnung des entsprechenden Konfidenzintervalls bestimmt werden kann.

In diesem Kapitel wählen wir einen anderen Ansatz, bei dem nicht – wie es im Rahmen der Berechnung von Konfidenzintervallen geschieht – von den in einer Stichprobe erhobenen Daten (Empirie) auf Eigenschaften der Population (Theorie) geschlossen wird, sondern umgekehrt zuerst Eigenschaften einer Population postuliert werden, um dann zu überprüfen, inwieweit die postulierten Eigenschaften der Population (Theorie) durch stichprobenartig erhobene Daten (Empirie) bestätigt werden können.

So könnte beispielsweise aus der Theorie der Verwahrlosung Minderjähriger abgeleitet werden, dass die Intelligenzleistungen verwahrloster Jugendlicher insbesondere bei solchen Aufgaben unterdurchschnittlich sind, die das Erkennen von ordnenden Strukturen und Redundanzen voraussetzen (vgl. Eberhard, 1974). Oder es wird behauptet, die Population der Blinden sei durch überdurchschnittliche Fähigkeiten zur akustischen Reizdiskriminierung gekennzeichnet, eineiige Zwillinge seien einander ähnlicher als zweieiige, autoritäre Erziehung wirke sich negativ auf die kindliche Fähigkeit zur Rollenübernahme aus usw. In jedem Fall steht am Anfang eine Behauptung (Hypothese) über Eigenschaften einer oder mehrerer Populationen, deren Brauchbarkeit durch empirische Untersuchungen überprüft werden muss.

Hiermit ist eine der wichtigsten Fragen der Inferenzstatistik angedeutet: Wie kann ein Stichprobenergebnis, von dem wir gerade gelernt haben, dass es mehr oder weniger starken Zufallsschwankungen unterliegt, herangezogen werden, um über die Richtigkeit einer aus einer allgemeinen Theorie abgeleiteten Hypothese zu entscheiden? Wie stark darf beispielsweise ein Stichprobenmittelwert von dem nach der Theorie zu erwartenden Mittelwert abweichen, um ihn gerade noch als „mit der Theorie übereinstimmend" zu deklarieren? Mit diesen und ähnlichen Fragen wollen wir uns im Folgenden beschäftigen. Die hierbei deutlich werdenden Grundprinzipien der statistischen Hypothesenprüfung gehen sowohl auf Fisher (1925a) als auch auf Neyman und Pearson (1928a, 1928b) zurück. Zur Geschichte der Hypothesen prüfenden Inferenzstatistik vgl. z. B. Cowles (1989), Gigerenzer und Murray (1987) oder Ostmann und Wuttke (1994). Weitere Informationen zur statistischen Hypothesenprüfung findet man z. B. bei Erdfelder und Bredenkamp (1994) und Royall (1997).

7.1 Alternativhypothese

Aussagen oder Schlussfolgerungen, die aus allgemeinen Theorien abgeleitet sind, werden als *Hypothesen* bezeichnet. Hypothesen gehen wie die ihnen zugrunde liegenden neuen Theorien über den herkömmlichen Erkenntnisstand einer Wissenschaft hinaus. Sie beinhalten Aussagen, die mit anderen Theorien in Widerspruch stehen können bzw. Aussagen, die den bisherigen Wissensstand ergänzen sollen. Hypothesen, die in diesem Sinn „innovative" Aussagen beinhalten, werden als *Alternativhypothesen* bezeichnet. Aufgabe empirischer Wissenschaften ist es nun, zu überprüfen, ob die Realität durch neue, hypothetisch formulierte

Alternativen besser erklärt werden kann als durch Theorien, die bisher zur Erklärung herangezogen wurden.

Die Beschäftigung mit einer neuen Lerntheorie könnte einen Lehrer dazu veranlassen, herkömmliche Unterrichtsmethoden zu modifizieren. Er formuliert eine Hypothese, in der die Überlegenheit der neuen Lehrmethode behauptet wird. Oder ein Erziehungsberater vermutet, dass die Konzentrationsfähigkeit von Kindern mit der Dauer des Fernsehens abnimmt. Hier wird eine Hypothese über den Zusammenhang zweier Merkmale formuliert.

Gerichtete und ungerichtete Alternativhypothesen. Wir unterscheiden zwischen gerichteten und ungerichteten Hypothesen. Bei den oben erwähnten Beispielen handelt es sich in beiden Fällen um *gerichtete* Hypothesen. Mit der Behauptung, dass die neue Unterrichtsmethode besser sei, wird die Richtung des Unterschiedes vorgegeben.

Von einer *ungerichteten* Hypothese würden wir sprechen, wenn irgendein Unterschied postuliert wird, wenn also der Lehrer behauptet hätte, dass sich die neue Lehrmethode von der alten in irgendeiner Richtung unterscheidet. Ob die neue Lehrmethode besser oder schlechter ist als die herkömmliche, ist bei dieser Hypothesenart unbedeutend.

Entsprechendes gilt für *Zusammenhangshypothesen.* Mit der Behauptung, zwischen Konzentrationsfähigkeit und Dauer des Fernsehens bestehe ein negativer Zusammenhang, wird ein *gerichteter* Zusammenhang postuliert. Von einer *ungerichteten* Hypothese sprechen wir, wenn sowohl positive als auch negative Zusammenhänge hypothesenkonform sind, wenn also der Erziehungsberater in unserem Beispiel lediglich behauptet hätte, dass die Konzentrationsfähigkeit irgendwie mit der Dauer des Fernsehens zusammenhängt.

Wie die Beispiele verdeutlichen, setzen gerichtete Hypothesen mehr Kenntnisse bzw. Vorwissen voraus als ungerichtete Hypothesen. Wie wir noch sehen werden, wird dieses bessere Vorwissen insoweit „belohnt", als sich eine gerichtete Hypothese leichter bestätigen lässt als eine ungerichtete – falls das empirische Ergebnis der hypothetisch vorhergesagten Richtung entspricht.

Statistische Hypothesen. Für die Überprüfung einer wissenschaftlichen Hypothese ist es erforderlich, diese zunächst in eine *statistische Hypothese* zu überführen. Die *statistische Alternativhypothese*, die üblicherweise mit H_1 abgekürzt wird, lautet, bezogen auf die Einführung einer neuen Unterrichtsmethode: Die durchschnittlichen Unterrichtsleistungen von Schülern, die nach einer neuen Methode unterrichtet wurden, sind besser als die Durchschnittsleistungen von Schülern, die nach der herkömmlichen Methode unterrichtet wurden.

Wir werden im Folgenden annehmen, dass die bisherige Lehrmethode schon häufig Gegenstand empirischer Untersuchungen war und uns daher der Mittelwert der Lernleistung von Schülern, welche nach dieser Methode unterrichtet wurden, bekannt ist. Diesen Populationsmittelwert bezeichnen wir mit μ_0. Dagegen wird der uns unbekannt wahre Mittelwert der Lernleistung von Schülern, welche nach der neuen Lehrmethode unterrichtet wurden, als μ bezeichnet. Die statistische gerichtete Alternativhypothese heißt damit in Kurzform $H_1 : \mu > \mu_0$.

Quantifizieren wir den Zusammenhang zweier Merkmale (im Beispiel: Dauer des Fernsehens und Konzentrationsfähigkeit) durch eine Korrelation (ϱ; griech. „rho"), behauptet die statistische Alternativhypothese, dass in der angesprochenen Zielpopulation eine negative Korrelation zwischen den interessierenden Merkmalen besteht: H_1: $\varrho < 0$ (negativ deshalb, weil mit zunehmender Fernsehdauer die Konzentrationsfähigkeit sinkt).

Nicht immer ist die Zuordnung einer statistischen Alternativhypothese zu einer inhaltlichen Hypothese so eindeutig, wie es in den beiden oben genannten Beispielen erscheinen mag. Gelegentlich wird man feststellen, dass sich die inhaltliche Hypothese in mehrere statistische Hypothesen umsetzen lässt, die sich jedoch in der Genauigkeit, mit der sie den Sachverhalt der inhaltlichen Hypothese wiedergeben, unterscheiden können. Bezogen auf den Vergleich zweier Unterrichtsmethoden könnte sich die Alternativhypothese z. B. auch auf die Populationsmediane der schulischen Leistungen und nicht auf die Populationsmittelwerte beziehen.

7.2 Nullhypothese

Zu der Alternativhypothese wird eine *konkurrierende* Hypothese, die Nullhypothese, formuliert. Sie beinhaltet allgemein, dass die in der Alternativhypothese formulierte innovative Aussage nicht zutrifft.

> Die Nullhypothese behauptet, dass der in der Alternativhypothese postulierte Unterschied bzw. Zusammenhang nicht vorhanden ist.

So lautet die Nullhypothese für den Vergleich der Lehrmethoden: Die neue Methode ist genauso gut wie die herkömmliche Methode. Analog hierzu wird die Nullhypothese bei Alternativhypothesen über Zusammenhänge formuliert. Die Nullhypothese behauptet, dass kein Zusammenhang zwischen den beiden Merkmalen besteht.

Bezogen auf den Vergleich zweier Mittelwerte sind die folgenden drei Hypothesenpaare möglich:

- $H_0 : \mu = \mu_0$ versus $H_1 : \mu > \mu_0$
- $H_0 : \mu = \mu_0$ versus $H_1 : \mu < \mu_0$
- $H_0 : \mu = \mu_0$ versus $H_1 : \mu \neq \mu_0$

In den ersten beiden Fällen ist die Alternativhypothese *gerichtet*. Im dritten Fall ist die Alternativhypothese dagegen *ungerichtet*. In ähnlicher Weise formuliert man statistische Nullhypothesen, die sich auf Zusammenhänge beziehen; z. B. $H_0 : \varrho = 0$.

Wie die bisherigen Beispiele verdeutlichen, sind statistische Hypothesen immer Aussagen über *unbekannte* Populationsparameter. Wären die Populationsparameter bekannt, wäre es unnötig, über sie hypothetische Aussagen zu machen. Schließlich ließe sich in diesem Fall sofort feststellen, ob die Aussage – z. B. $\mu > \mu_0$ – richtig ist. Im Gegensatz zu Populationsparametern sind Stichprobenkennwerte nie Gegenstand von statistischen Hypothesen.

7.3 Statistische Testverfahren

Nachdem die Nullhypothese und die Alternativhypothese formuliert bzw. in statistische Hypothesen überführt sind, kann die Untersuchung, aufgrund derer die Tragfähigkeit der beiden Hypothesen ermittelt werden soll, durchgeführt werden. Wie aber wird mit Hilfe einer Zufallsstichprobe entschieden, welche der beiden Hypothesen als bestätigt angesehen und welche zurückgewiesen werden soll? Schließlich handelt es sich bei den beobachteten Daten nur um eine Stichprobe aus der Population.

Die Entscheidung zwischen den konkurrierenden Hypothesen läuft darauf hinaus, die Vereinbarkeit der Nullhypothese mit der Empirie zu überprüfen.

> Die Nullhypothese stellt in der Inferenzstatistik die Basis dar, von der aus entschieden wird, ob die Alternativhypothese akzeptiert werden kann oder nicht.

Erweist sich, dass die Realität „praktisch" nicht mit der Nullhypothese zu erklären ist, so wird im Umkehrschluss auf die Richtigkeit der Alternativhypothese geschlossen, d. h. die Nullhypothese wird zugunsten der Alternativhypothese verworfen.

Um eine Entscheidung treffen zu können, wird ein statistisches Testverfahren durchgeführt, welches eine sog. *Prüfgröße* aufgrund der erhobenen empirischen Daten berechnet. Das Testverfahren geht dabei immer von gewissen Annahmen über das Zustandekommen der Rohwerte aus. Typische Annahmen dieser Art sind: Die erhobenen Daten wurden durch eine einfachen Zufallsstichprobe erhoben, die Rohwerte sind normalverteilt, der Stichprobenumfang ist „groß", usw.

Diese Annahmen unterscheiden sich von Testverfahren zu Testverfahren. Sie sind notwendig, damit die Verteilung der Prüfgröße unter der Annahme der Nullhypothese bestimmt werden kann. Dadurch wird es möglich, den berechneten Wert der Prüfgröße mit der Verteilung der Prüfgröße in Beziehung zu setzen, um beurteilen zu können, ob der Wert der Prüfgröße ungewöhnlich groß oder ungewöhnlich klein ist. Da die Verteilung der Prüfgröße von der Gültigkeit der Nullhypothese ausgeht, werden solch ungewöhnliche Werte der Prüfgröße als Evidenz gegen die Nullhypothese betrachtet.

Es bedarf nun der Festlegung einer *Grenze* (kritischer Wert), die den Übergang zwischen Werten der Prüfgröße markiert, die als mit der Nullhypothese „noch vereinbar" bzw. als mit der Nullhypothese bereits „nicht mehr vereinbar" betrachtet werden können. Diese Grenze wird mit Hilfe des sog. *Signifikanzniveaus* festgelegt.

Statistische Testverfahren gewährleisten somit, dass für jede Stichprobe eine Entscheidung zwischen den beiden konkurrierenden Hypothesen getroffen werden kann. Unabhängig davon, zugunsten welcher Hypothese das Testverfahren entscheidet, kann die Entscheidung letztlich richtig oder falsch sein. Das Testverfahren kann somit keine korrekten Entscheidungen garantieren. Es gewährleistet aber die Kontrolle eines der beiden möglichen Fehler, die in der Entscheidungssituation gemacht werden können.

Definition 7.1

Statistischer Test. Ein statistischer Test ist eine Regel, die es erlaubt, für jedes Stichprobenergebnis eine Entscheidung zwischen der Null- und der Alternativhypothese zu treffen.

7.3.1 Fehlerarten

Es ist nicht auszuschließen, dass das Ergebnis eines Tests aufgrund der Stichprobenauswahl zufällig die Alternativhypothese bestätigt, wenngleich „in Wahrheit“, d. h. bezogen auf die gesamte Population, die Nullhypothese zutrifft. Umgekehrt können stichprobenspezifische Zufälle zu einer Entscheidung zugunsten der Nullhypothese führen, während in der Population die Alternativhypothese richtig ist. Beide Fehler werden in der Inferenzstatistik sorgfältig unterschieden.

Die Entscheidungssituation, lässt sich schematisch wie in Tab. 7.1 darstellen. Neben den beiden richtigen Entscheidungen, bei denen aufgrund der Stichprobenergebnisse die Populationsverhältnisse korrekt erschlossen werden, können zwei fehlerhafte Entscheidungen getroffen werden, die als *Fehler 1. Art* und *Fehler 2. Art* bezeichnet werden:

7

Definition 7.2

Ein **Fehler 1. Art** wird begangen, wenn eine richtige Nullhypothese zugunsten der Alternativhypothese abgelehnt wird. Ein **Fehler 2. Art** wird begangen, wenn eine falsche Nullhypothese beibehalten wird.

Mit anderen Worten, eine fälschliche Entscheidung zugunsten von H_1 wird als Fehler 1. Art und eine fälschliche Entscheidung zugunsten von H_0 wird als Fehler 2. Art bezeichnet. Welche Konsequenzen sich mit einem Fehler 1. Art und einem Fehler 2. Art verbinden können, sei an den eingangs erwähnten Beispielen erläutert.

Die Alternativhypothese hinsichtlich der Unterrichtsmethoden lautete: Die neue Unterrichtsmethode ist besser als eine herkömmliche Unterrichtsmethode. Die Nullhypothese lautet dagegen: Die Unterrichtsmethoden unterscheiden sich nicht.

Fehler 1. Art: Die Nullhypothese wird verworfen, obwohl sie richtig ist, d. h., es wird fälschlicherweise angenommen, die neue Lehrmethode sei besser als die alte Methode. Dies kann die Neuanschaffung von Lehrmaterial, Umschulung der Lehrer, Neugestaltung der Curricula usw. zur Folge haben – Maßnahmen, die angesichts der falschen Entscheidung nicht zu rechtfertigen sind.

Fehler 2. Art: Die Nullhypothese wird beibehalten, obwohl sie falsch ist, d. h., es wird fälschlicherweise angenommen, dass sich die neue Lehrmethode von der herkömmlichen nicht unterscheidet. Die Folge hiervon wird sein, dass weiterhin nach der alten Lehrmethode unterrichtet wird. Es werden zwar keine „Fehlinvestitionen“ riskiert, aber es wird eine Chance, den Unterricht zu verbessern, verpasst.

Tabelle 7.1. Fehlerarten bei statistischen Entscheidungen

		Entscheidung	
		für H_0	gegen H_0
Population	H_0 gilt		Fehler 1. Art
	H_0 gilt nicht	Fehler 2. Art	

Die als Beispiel erwähnte *Zusammenhangshypothese* lautete: Mit zunehmender Dauer des Fernsehens sinkt die Konzentrationsfähigkeit. Die Nullhypothese dagegen lautet: Zwischen der Dauer des Fernsehens und der Konzentrationsfähigkeit besteht kein Zusammenhang.

Fehler 1. Art: Die H_0 wird verworfen, obwohl sie richtig ist, d. h., es wird fälschlicherweise angenommen, dass zu langes Fernsehen die Konzentrationsfähigkeit mindert. Dies kann zur Konsequenz haben, dass der Erziehungsberater den Eltern empfiehlt, die Fernsehzeit des Kindes einzuschränken. Diese Maßnahme wird zwar die Konzentrationsfähigkeit des Kindes nicht verbessern, sie dürfte darüber hinaus jedoch keine ernsthaften negativen Auswirkungen auf das Kind haben.

Fehler 2. Art: Die H_0 wird beibehalten, obwohl sie falsch ist, d. h., es wird fälschlicherweise angenommen, dass Fernsehen die Konzentrationsfähigkeit nicht beeinträchtigt. Die hieraus abzuleitenden negativen Folgen liegen auf der Hand: Der Erziehungsberater wird den Eltern mitteilen, dass die Konzentrationsschwäche des Kindes nichts mit dem Fernsehen zu tun hat, das Kind darf weiterhin uneingeschränkt fernsehen, und die Konzentrationsfähigkeit nimmt weiter ab.

Die zwei Beispiele mögen genügen, um zu zeigen, dass je nach Art der Fragestellung entweder der Fehler 1. Art (wie im ersten Beispiel) oder der Fehler 2. Art (wie im zweiten Beispiel) zu gravierenderen Konsequenzen führt.

Wie jedoch wird angesichts der Tatsache, dass die „wahren“ Verhältnisse in der Population unbekannt sind, entschieden, ob die Nullhypothese verworfen werden soll und somit die Möglichkeit eines Fehlers 1. Art in Kauf genommen werden soll bzw. ob die Nullhypothese beibehalten werden soll und somit die Möglichkeit eines Fehlers 2. Art riskiert wird?

7.3.2 Signifikanzniveau

Um eine gewisse Vergleichbarkeit und Qualität statistisch abgesicherter Entscheidungen zu gewährleisten, wird die Nullhypothese erst dann verworfen, wenn das Untersuchungsergebnis sich nur schlecht mit ihr vereinbaren läßt. Obwohl die Nullhypothese grundsätzlich auch mit einem untypischen Untersuchungsergebnis vereinbar ist, ist doch die Wahrscheinlichkeit eines untypischen Ergebnisses unter Gültigkeit der H_0 entsprechend klein. Aus diesem Grund werden wir geneigt sein, die Nullhypothese zu verwerfen, wenn nur das Stichprobenergebnis untypisch genug ist, d. h. eine gewisse Grenze über- oder unterschreitet. Durch die Verwendung dieser Entscheidungsstrategie kann zwar ein Fehler 1. Art nicht völlig ausgeschlossen werden, doch zumindest kann auf diese Weise die Wahrscheinlichkeit seines Auftretens begrenzt werden. Diese Kontrolle des Fehlers 1. Art wird durch die Festlegung des *Signifikanzniveaus* erreicht.

Definition 7.3

Signifikanzniveau. Das Signifikanzniveau α bezeichnet die vom Forscher festgelegte Wahrscheinlichkeit, mit welcher die Ablehnung der Nullhypothese im Rahmen eines Signifikanztests zu einem Fehler 1. Art führt.

Da das Signifikanzniveau vom Forscher festgelegt wird, ist er auf diese Weise in der Lage, den Fehler 1. Art zu kontrollieren. Konventionelle Werte für das Signifikanzniveau des Tests sind $\alpha = 0{,}05$ oder $\alpha = 0{,}01$. Über den Ursprung dieser Konvention berichten Cowles und Davis (1982).

Über die Frage, auf welchem Signifikanzniveau (5% oder 1%) eine Nullhypothese zugunsten einer Alternativhypothese verworfen werden soll, muss vor Untersuchungsbeginn *nach inhaltlichen Kriterien* entschieden werden. Sind die Folgen einer Fehlentscheidung zugunsten der Alternativhypothese sehr gravierend, ist $\alpha = 0{,}01$ oder sogar $\alpha = 0{,}001$ zu wählen; bei weniger gravierenden Folgen begnügt man sich mit $\alpha = 0{,}05$ oder gelegentlich auch $\alpha = 0{,}1$.

Hierzu einige erläuternde Beispiele (in Anlehnung an O. Anderson, 1956, S. 123 f.): Wenn ein Meteorologe die Wahrscheinlichkeit, dass es morgen regnet, auf nur 5% schätzt, so sind wir uns „praktisch" sicher, auf einen Regenschirm verzichten zu können. Wenn ein Arzt seinem Patienten erläutert, dass seine Krankheit mit einer Wahrscheinlichkeit von 5% tödlich verlaufen wird, wäre die subjektive Einschätzung „akute Lebensgefahr" zweifellos nachvollziehbar. Und wenn ein Ingenieur behauptet, die von ihm gebaute Brücke stürzt bei Belastung mit einer Wahrscheinlichkeit von 5% ein, würde man die Brücke nicht nur sofort schließen, sondern den Ingenieur umgehend vor ein Gericht stellen. Im ersten Beispiel mag das Signifikanzniveau von 5% angemessen sein, im zweiten Beispiel würden sich Arzt und Patient bei einem 1%-Niveau oder weniger sicher viel wohler fühlen, und im dritten Beispiel schließlich wäre sogar eine Wahrscheinlichkeit von einem Promille nicht sehr beruhigend. Eine angesichts des empirischen Ergebnisses vorgenommene Korrektur des zuvor festgesetzten Signifikanzniveaus ist unzulässig (vgl. hierzu auch Shine, 1980).

7.3.3 Prüfgröße und Entscheidung

Um aufgrund des festgelegten Signifikanzniveaus α eine Entscheidung über die Nullhypothese treffen zu können, wird eine „Prüfgröße" bestimmt, welche aufgrund der Stichprobendaten berechnet werden kann. Die Prüfgröße erfüllt die Bedingung, dass ihre Verteilung unter der Annahme der Gültigkeit der Nullhypothese bekannt ist. Beispielsweise verwendet der Test, welcher zur Illustration weiter unten besprochen wird, einen z-Wert als Prüfgröße, der unter der Annahme der Gültigkeit der Nullhypothese standardnormalverteilt ist. Da Hypothesentests in der Regel nach ihrer Prüfgröße benannt werden, wird dieser Test auch *z-Test* genannt.

Ist die Verteilung der Prüfgröße unter der Annahme der Gültigkeit der Nullhypothese bekannt, dann lässt sich nach der Festlegung des Signifikanzniveaus α ein Bereich der Prüfgröße bestimmen, welcher diejenigen Werte umfasst, welche zur Ablehnung der Nullhypothese führen und dessen Wahrscheinlichkeit bei Gültigkeit der Nullhypothese α beträgt. Dieser Bereich wird „Ablehnungsbereich" der Nullhypothese genannt.

Der Ablehnungsbereich hängt davon ab, ob die Alternativhypothese gerichtet oder ungerichtet ist. Für gerichtete Alternativhypothesen besteht der Ablehnungsbereich aus einem Intervall, welches von einem sog. „kritischen Wert" begrenzt wird.

Wir betrachten wieder das Beispiel eines Unterschiedes zwischen Mittelwerten. Die Nullhypothese postuliert, dass der μ-Parameter einen spezifischen Wert besitzt, d. h. $H_0 : \mu = \mu_0$. Lautet die gerichtete Alternativhypothese nun,

$$H_1 : \mu > \mu_0,$$

so umfasst der Ablehnungsbereich der Nullhypothese Werte der Prüfgröße, welche mit der vorhergesagten Richtung übereinstimmen, d. h. welche einen vorgegebenen kritischen Wert übersteigen. Die Entscheidung wird also wie folgt getroffen:

Prüfgröße ≥ krit. Wert ⇒ H_0 ablehnen,
Prüfgröße < krit. Wert ⇒ H_0 beibehalten.

Postuliert die Alternativhypothese den Unterschied dagegen in der anderen Richtung,

$$H_1 : \mu < \mu_0,$$

so wird die Entscheidung folgendermaßen getroffen:

Prüfgröße ≤ krit. Wert ⇒ H_0 ablehnen,
Prüfgröße > krit. Wert ⇒ H_0 beibehalten.

Für eine ungerichtete Alternativhypothese, d. h. für $H_1 : \mu \neq \mu_0$, führt sowohl ein zu kleiner als auch ein zu großer Wert der Prüfgröße zur Ablehnung der Alternativhypothese. Der Ablehnungsbereich für ungerichtete Alternativhypothesen besteht deshalb aus zwei Intervallen.

Wird als Prüfgröße ein z-Wert verwendet, der unter Annahme der Nullhypothese standardnormalverteilt ist, so entspricht der kritische Wert zum Signifikanzniveau $\alpha = 0{,}05$ für einen Test der gerichteten $H_1 : \mu > \mu_0$ gerade $z_{1-\alpha} = 1{,}65$, da nur 5% der Werte einer standardnormalverteilten Zufallsvariablen diesen Wert übersteigen. Im Fall der gerichteten $H_1 : \mu < \mu_0$ lautet der kritische Wert $z_\alpha = -1{,}65$. Im Fall einer ungerichteten $H_1 : \mu \neq \mu_0$ wird der Betrag der Prüfgröße mit dem kritischen Wert $z_{1-\alpha/2} = 1{,}96$ verglichen, um eine Entscheidung zwischen den Hypothesen zu treffen. Wir konkretisieren die Durchführung eines Hypothesentests nun anhand des z-Tests.

7.4 *z*-Test

Das Vorgehen sei wiederum am Beispiel der konkurrierenden Lehrmethoden verdeutlicht. Wir nehmen an, dass die Leistungswerte von Schülern, welche nach der etablierten Lehrmethode unterrichtet werden, normalverteilt sind. Des Weiteren nehmen wir an, dass uns sowohl das Populationsmittel als auch die Populationsvarianz der Leistungswerte bekannt ist. Das Populationsmittel der Testleistung, welche nach der etablierten Methode erzielt wird, bezeichnen wir mit μ_0. Die Annahme bekannter Populationsparameter wird in der Praxis nicht oft erfüllt sein. Sie ist aber in dem betrachteten Beispiel nicht unplausibel, wenn man davon ausgeht, dass zu der etablierten Lehrmethode ausreichend empirische Ergebnisse vorliegen.

Wir gehen für das Beispiel davon aus, dass eine einfache Zufallsstichprobe von Schülern mit der neuen Lehrmethode unterrichtet wurde. Den Stichprobenumfang bezeichnen wir wie bisher mit n. Die gemachten Annahmen können folgendermaßen kompakt zusammengefasst werden

$$x_i \sim N(\mu, \sigma^2), \quad \text{für } i = 1, \ldots n,$$

wobei x_i die Testleistung des i-ten Schülers bezeichnet und μ die mittlere Testleistung von Schülern bezeichnet, welche nach der neuen Methode unterrichtet wurden.

Unter Verwendung der eingeführten Notation – μ_0 und μ bezeichnen die mittlere Testleistung für die etablierte bzw. die neue Lehrmethode – lautet die Nullhypothese

$$H_0 : \mu = \mu_0.$$

Das Signifikanzniveau α sollte vor Beginn der Untersuchung festgelegt werden.

7.4.1 Einseitiger Test

Erwarten wir, dass die neue Lehrmethode die Leistungen der Schüler verbessert, formulieren wir die Alternativhypothese einseitig, d. h.

$$H_1 : \mu > \mu_0.$$

Der Test der Hypothese wird in diesem Fall als *einseitiger Test* bezeichnet. Die Untersuchung möge nun zu dem Ergebnis geführt haben, dass tatsächlich die durchschnittliche Leistung in der Stichprobe den nach der etablierten Lehrmethode erwarteten Wert übersteigt. Mit anderen Worten, dass arithmetische Mittel der Testleistungen $\bar{x}$ übersteigt das bekannte Populationsmittel der Testleistungen μ_0. Der beobachtete Mittelwert geht also in die von der Alternativhypothese spezifizierte Richtung. Können wir nun aufgrund eines solchen Ergebnisses behaupten, die neue Methode sei besser? Können wir also die Alternativhypothese bestätigen, da $\bar{x} > \mu_0$ eingetreten ist?

Aufgrund der Eigenschaften der Stichprobenverteilung des Mittels wissen wir, dass $\bar{x}$ ein Schätzer für μ ist, der insbesondere bei normalverteilten Rohwerten vorteilhafte Eigenschaften besitzt.

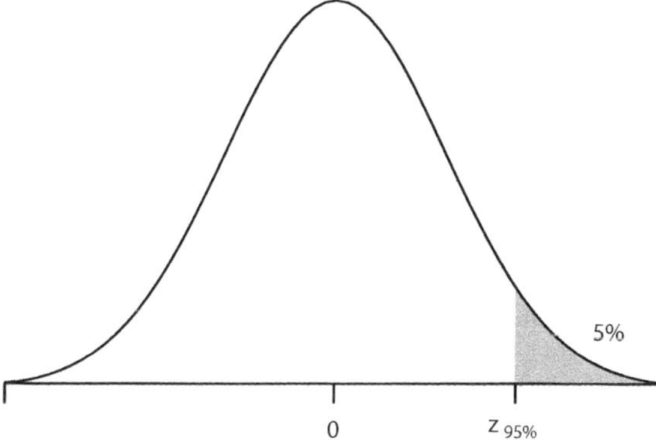

Abbildung 7.1. Ablehnungsbereich des einseitigen z-Tests zur Überprüfung der $H_1 : \mu > \mu_0$ für $\alpha = 0{,}05$; der Ablehnungsbereich wird durch den kritischen Wert $z_{95\%} = 1{,}65$ begrenzt

Wir wissen aber auch, dass Stichprobenkennwerte praktisch immer von den Populationsparametern, die sie schätzen sollen, abweichen, sodass eine überdurchschnittliche Leistung auch auftreten kann, wenn sich die beiden Lehrmethoden nicht unterscheiden.

Wir benötigen nun eine Prüfgröße, die uns erlaubt, das gefundene Stichprobenergebnis zu beurteilen. Diese lässt sich folgendermaßen bestimmen: Gilt die Nullhypothese, und sind zugleich die bisher gemachten Verteilungsannahmen über die Schülerleistungen erfüllt, so ist uns deren Verteilung vollständig bekannt. In diesem Fall gilt

$$x_i \sim N(\mu_0, \sigma^2), \quad \text{für } i = 1, \ldots n.$$

Man beachte, dass wir nun μ durch μ_0 ersetzt haben, da wir von der Gültigkeit der Nullhypothese ausgehen.

Aus dieser Aussage folgt, dass die Mittelwerte von Stichproben des Umfangs n ebenfalls normalverteilt sind, wobei die Parameter der Mittelwertverteilung μ_0 und σ^2/n lauten. Da wir nur über eine Tabelle für Flächenanteile unter der Standardnormalverteilung verfügen, rechnen wir das Stichprobenmittel in einen z-Wert um und erhalten so die gesuchte Prüfgröße

$$z = \sqrt{n}\left(\frac{\bar{x} - \mu_0}{\sigma}\right), \tag{7.1}$$

die bei Gültigkeit der Nullhypothese standardnormalverteilt ist. Da wir zuvor das Signifikanzniveau auf α festgelegt haben, lässt sich der kritische Wert $z_{1-\alpha}$ bestimmen, durch den der Ablehnungsbereich der Nullhypothese festlegt wird. Für $\alpha = 0{,}05$ lautet der kritische Wert 1,65. Abbildung 7.1 zeigt eine standardnormalverteilte Prüfgröße sowie einen Ablehnungsbereich, der alle z-Werte, die $z_{95\%} = 1{,}65$ übersteigen, umfasst. Ein numerisches Beispiel soll den z-Test verdeutlichen.

BEISPIEL 7.1

Der mit der alten Lehrmethode durchschnittlich erzielte Lernerfolg möge $\mu_0 = 40$ betragen. Der Wert könnte z. B. die Anzahl der gelösten Testaufgaben repräsentieren. Die Streuung der Lernleistungen betrage $\sigma = 4$. Diese Werte werden als bekannt vorausgesetzt. Vor der Untersuchung wird das Signifikanzniveau auf $\alpha = 0{,}05$ festgelegt. Der Ablehnungsbereich der Nullhypothese wird somit durch den kritischen z-Wert 1,65 begrenzt.

Eine einfache Schülerstichprobe des Umfangs $n = 12$, die nach der neuen Methode unterrichtet wurde, habe eine durchschnittliche Leistung von $\bar{x} = 42$ erzielt. Es muss nun überprüft werden, ob ein Mittelwert von $\bar{x} = 42$ bereits so stark von dem in der Nullhypothese spezifizierten Wert von 40 abweicht, dass er zur Ablehnung der Nullhypothese führt.

Die Differenz zwischen dem beobachteten Mittel 42 und $\mu_0 = 40$ scheint im Vergleich zur Standardabweichung der Leistungswerte gering. Allerdings ist zu bedenken, dass Mittelwerte im Vergleich zu den Rohwerten eine geringere Variabilität besitzen, sodass wir die Abweichung des beobachteten Mittelwertes nicht direkt mit der Standardabweichung der Leistungswerte in Beziehung setzen dürfen.

Deshalb berechnen wir die Prüfgröße, welche die geringere Variabilität des Mittelwertes berücksichtigt. Aufgrund von Gl. (7.1) ergibt sich der empirische z-Wert

$$z = \sqrt{12}\left(\frac{42 - 40}{4}\right) = 1{,}73.$$

Vergleichen wir nun diesen z-Wert mit dem bereits bestimmten kritischen Wert von 1,65, so erkennt man, dass dieses Ergebnis zur Ablehnung der Nullhypothese führt, da der Wert der Prüfgröße den kritischen Wert übersteigt. Die beobachtete Abweichung des Mittels von μ_0 – dem bekannten Populationsmittel der etablierten Methode – muss als ungewöhnlich groß bezeichnet werden.

Welche Änderungen ergeben sich für den z-Test, wenn die Richtung des in der Alternativhypothese formulierten Unterschieds umgekehrt wird? Wenn wir also $H_1 : \mu < \mu_0$ behaupten?

Die Berechnung der Prüfgröße wird dadurch nicht verändert, d. h., auch in diesem Fall wird der z-Wert anhand von Gl. (7.1) berechnet. Es ändert sich aber der Ablehnungsbereich der Nullhypothese, der nun durch den kritischen Wert z_α begrenzt wird. Aufgrund der Richtung der Alternativhypothese können nur Mittelwerte zur Ablehnung der Nullhypothese führen, die μ_0 erheblich unterschreiten. Insofern können nur Werte im unteren Rand der Verteilung der Prüfgröße als Evidenz gegen die Nullhypothese verwendet werden. Ist $\alpha = 0{,}05$, so muss die Prüfgröße kleiner oder gleich $z_{5\%} = -1{,}65$ sein, um die Nullhypothese verwerfen zu können.

7.4.2 Zweiseitiger Test

Nun fragen wir, wie die ungerichtete Alternativhypothese überprüft wird. Die Nullhypothese $H_0 : \mu = \mu_0$ wird in diesem Fall mit der Alternativhypothese

$$H_1 : \mu \neq \mu_0$$

kontrastiert. Während gerichtete Alternativhypothesen mit einem einseitigen Test überprüft werden, erfordern ungerichtete Alternativhypothesen einen *zweiseitigen Test*.

Hinsichtlich der Berechnung der Prüfgröße besteht zwischen dem ein- und zweiseitigen z-Test kein Unterschied, sodass auch für den zweiseitigen Test Gl. (7.1) zur Berechnung der Prüfgröße verwendet wird. Der Unterschied zwischen dem ein- und zweiseitigen Test ergibt sich ausschließlich durch die unterschiedlichen *Ablehnungsbereiche*. Im Falle einer ungerichteten Alternativhypothese stellen bedeutende Abweichungen des Stichprobenmittelwertes von μ_0 – egal ob positiv oder negativ – Evidenz für die Alternativhypothese dar. Deshalb muss der Ablehnungsbereich der Nullhypothese so spezifiziert werden, dass sowohl zu große als auch zu kleine Werte der Prüfgröße zur Ablehnung der Nullhypothese führen. Zugleich darf die Wahrscheinlichkeit einer fälschlichen Ablehnung der Nullhypothese das vorgegebenen Signifikanzniveau α nicht übersteigen.

Für den z-Test umfasst der Ablehnungsbereich die Werte der Prüfgröße, welche entweder größer als der kritische Wert $z_{1-\alpha/2}$ oder kleiner als der kritische Wert $z_{\alpha/2}$ sind. Der Ablehnungsbereich der H_0 für $\alpha = 0{,}05$ umfasst somit z-Werte die größer als +1,96 oder kleiner als −1,96 sind. Man schreibt auch kompakt: Die H_0 wird abgelehnt, falls $|z| \geq 1{,}96$ bzw. allgemeiner, falls $|z| \geq z_{1-\alpha/2}$. Abbildung 7.2 verdeutlicht den Ablehnungsbereich des zweiseitigen Tests für $\alpha = 0{,}05$.

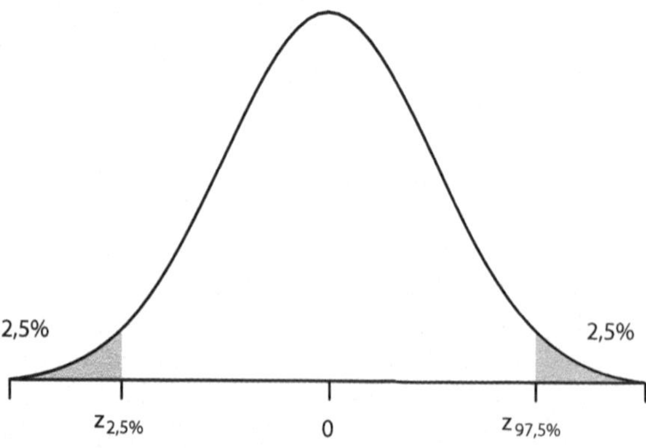

Abbildung 7.2. Ablehnungsbereich für den zweiseitigen z-Test für $\alpha = 0{,}05$; der Ablehnungsbereich wird durch die kritischen Werte $z_{2,5\%} = -1{,}96$ und $z_{97,5\%} = 1{,}96$ begrenzt

BEISPIEL 7.2

Vermutet der Forscher, dass die neue Lehrmethode nicht notwendigerweise zu einer Verbesserung der Schülerleistungen führt, so sollte die Nullhypothese mit einer ungerichteten Alternativhypothese kontrastiert werden. Nur in diesem Fall ist der Test sensitiv für bedeutende Abweichungen des Mittels von μ_0 in beide Richtungen. Wie bereits erwähnt, gibt es bei der Berechnung der Prüfgröße keinen Unterschied zwischen dem ein- und zweiseitigen Test. Insofern können wir den Wert der Prüfgröße von $z = 1{,}73$, der in Beispiel 7.1 ermittelt wurde, unverändert übernehmen.

Behalten wir das Signifikanzniveau von $\alpha = 0{,}05$ bei, so muss für den zweiseitigen Test nur der Betrag des empirischen z-Wertes mit dem Perzentil $z_{1-\alpha/2} = 1{,}96$ verglichen werden. Da der empirische z-Wert von 1,73 den kritischen Wert offensichtlich nicht überschreitet, kann für den zweiseitigen Test die Nullhypothese nicht verworfen werden.

7.4.3 Einseitiger und zweiseitiger Test im Vergleich

Nachdem nun das Grundschema des statistischen Überprüfens von Hypothesen erläutert wurde, wird auch die in der Einleitung aufgestellte Behauptung, dass mit der schließenden Statistik letztlich keine „Wahrheiten" gefunden werden können, nachvollziehbar. Immer, wenn wir uns aufgrund eines Stichprobenergebnisses für die Alternativhypothese entscheiden, können wir nicht ausschließen, einen Fehler 1. Art zu begehen.

Allerdings sind wir in der Lage, durch die Verwendung des dargestellten Testverfahrens die Wahrscheinlichkeit eines Fehlers 1. Art zu kontrollieren. Wenn die Prüfgröße in den Ablehnungsbereich der Nullhypothese fällt, dessen Wahrscheinlichkeit auf α begrenzt wurde, so ist die H_0 ein schlechtes Erklärungsmodell für das gefundene Ergebnis, und wir entscheiden uns für die Alternativhypothese.

Man beachte, dass diese *Entscheidungsregel* die H_1 nicht direkt, sondern nur indirekt bestätigt, indem von zwei rivalisierenden Hypothesen diejenige zurückgewiesen wird, die als Erklärung für das gefundene Ergebnis unplausibel ist. Dabei kann $\alpha = 0{,}05$ bzw. $\alpha = 0{,}01$ als hinreichende *Absicherung* dagegen angesehen werden, dass in der Wissenschaft willkürlich zufallsbedingte und spekulative Entscheidungen getroffen werden. Wie statistische Entscheidungskriterien mit Fragen der Bedeutsamkeit von Entscheidungen und nutzentheoretischen Erwägungen verknüpft werden können, wird bei Hays (1994) dargestellt.

Wie durch das Beispiel zur Illustration des ein- und zweiseitigen z-Tests ersichtlich wird, kann das Ergebnis der Hypothesenprüfung von der *Formulierung* der Alternativhypothese abhängen. Für den einseitigen Test $H_1 : \mu > \mu_0$ mit $\alpha = 0{,}05$ fällt die gefundene Durchschnittsleistung $\bar{x} = 42$ in den Ablehnungsbereich der Nullhypothese, sodass die Nullhypothese verworfen wird. Beim zweiseitigen Test kommen wir für das gleiche Signifikanzniveau aber zum gegenteiligen Ergebnis – also zur Beibehaltung der Nullhypothese.

Die Nullhypothese beim einseitigen Test konnte nur abgelehnt werden, da vor Untersuchungsbeginn explizit eine gerichtete Alternativhypothese ($\mu > \mu_0$) aufgestellt wurde. Hätte das Vorwissen nicht ausgereicht, eine Richtung des Unterschiedes zu begründen, die Alternativhypothese also ungerichtet formuliert worden wäre ($\mu \neq \mu_0$), hätten wir die Nullhypothese beibehalten müssen. Im Nachhinein, gewissermaßen erst angesichts des gefundenen Ergebnisses aus einer ursprünglich ungerichteten Hypothese eine gerichtete Hypothese zu machen, ist wissenschaftlich nicht haltbar.

Eine Alternativhypothese muss vor der Durchführung einer Untersuchung aufgestellt werden. Eine Modifikation der Hypothese angesichts der gefundenen Daten und eine gleichzeitige Überprüfung der modifizierten Alternativhypothese an denselben Daten ist unzulässig.

Kann nicht klar entschieden werden, ob der Sachverhalt besser durch eine gerichtete oder eine ungerichtete Hypothese erfasst wird, muss in jedem Fall *zweiseitig* getestet werden.

Das ein- bzw. zweiseitige Testen verdeutlicht erneut, wie direkt die statistische Analyse auf die ihr zugrunde liegenden *Inhalte* bezogen ist. Eine gerichtete Alternativhypothese wird durch geringere Differenzen bestätigt als eine ungerichtete Hypothese. Gestatten inhaltliche Überlegungen eine präzisere Hypothesenformulierung, machen sich diese Vorkenntnisse im Nachhinein „bezahlt", weil bereits geringere Differenzen (die allerdings der Richtung nach hypothesenkonform sein müssen) statistisch signifikant werden.

Um den Unterschied zwischen einem ein- und einem zweiseitigen Test weiter zu verdeutlichen, ist folgende Überlegung hilfreich: Wir nehmen an, ein Forscher entscheidet sich, die Nullhypothese $H_0 : \mu = \mu_0$ anhand der gerichteten Alternativhypothese $H_1 : \mu > \mu_0$ mit Hilfe des z-Tests zu überprüfen. Er legt das Signifikanzniveau auf den Wert $\alpha = 0{,}05$ fest. Somit lautet der kritische Wert 1,65, der von der Prüfgröße überschritten werden muss, damit die H_1 angenommen werden kann. Nach Durchführung der Untersuchung ermittelt der Forscher aufgrund von Gl. (7.1) allerdings den ungewöhnlich kleinen Wert von $z = -2{,}0$. Dieses Ergebnis ist unerwartet, da offensichtlich die Richtung des Unterschieds nicht der in der Alternativhypothese spezifizierten Richtung entspricht.

Bezogen auf den Vergleich der Lehrmethoden erwartete der Forscher, dass die neue Lehrmethode der bisherigen überlegen ist, tatsächlich ist der Stichprobenmittelwert der nach der neuen Methode unterrichteten Schüler aber enttäuschend gering. Dieser Mittelwert ist zum einen sogar kleiner als μ_0, zum anderen macht der Wert der Prüfgröße $z = -2{,}0$ deutlich, dass die Abweichung des Mittels sogar „groß" ist. Schließlich ist der z-Wert bei Gültigkeit der Nullhypothese standardnormalverteilt, und der beobachtete z-Wert fällt damit sogar in den Ablehnungsbereich des zweiseitigen Tests für $\alpha = 0{,}05$, da $z = -2{,}0 < z_{\alpha/2} = -1{,}96$.

Der Forscher ist nun in der Situation, dass er offensichtlich ein Stichprobenergebnis ermittelt hat, das nur schlecht mit der Nullhypothese vereinbar ist, welches aber nicht zu einem Wert der Prüfgröße führt, welcher zum Ablehnungsbereich des einseitigen Tests gehört. Der Forscher ist also verpflichtet, die Nullhypothese beizubehalten, obwohl empirische Evidenz gegen sie vorliegt.

Um vor Beginn einer empirischen Untersuchung zu einer Entscheidung darüber zu kommen, ob die Alternativhypothese gerichtet formuliert werden sollte, ist es deshalb hilfreich, sich dieses gerade erläuterte Szenario vorzustellen. Der Forscher sollte sich also überlegen, wie ein Stichprobenergebnis bewerten werden sollte, dass zwar extrem, aber zugleich in die „falsche" Richtung geht.

Aufgrund dieser Überlegung wird im Allgemeinen empfohlen: Eine statistische Hypothese sollte immer mit einem *zweiseitigen* Test überprüft werden, es sei denn, die Nullhypothese würde beibehalten werden, obwohl ein extremes Ergebnis in der „falschen" Richtung beobachtet wurde.

Beispiele für Situationen, in denen ein Forscher die Nullhypothese beibehalten sollte, obwohl es empirische Evidenz gegen sie gibt, ergeben sich sicher nicht häufig. Wir geben trotzdem – oder gerade deshalb – ein Beispiel, in dem wir die Beibehaltung der Nullhypothese auch gegen empirische Evidenz für gerechtfertigt halten.

BEISPIEL 7.3

Es soll die Wirksamkeit eines neuen Medikamentes überprüft werden, das gegen eine spezifische Symptomatik entwickelt wurde. Zu diesem Zweck wird das Medikament in einer Untersuchung an einer einfachen Zufallsstichprobe von Versuchspersonen erprobt, wobei vor Beginn der Behandlung die Schwere der vorliegenden Symptomatik festgestellt wird. Die medikamentöse Behandlung dauert eine Woche. Danach wird die Schwere der vorliegenden Symptomatik erneut bei jeder Person individuell festgestellt. Für jeder Person wird nun aufgrund der beiden vorliegenden Messwerte die Differenz d berechnet.

Da die individuellen Beschwerden zufälligen Schwankungen unterliegen, werden sich die zwei Messungen einer Person in der Regel voneinander unterscheiden, und somit werden die meisten d-Werte ungleich null sein. Wenn das neue Medikament ohne Wirkung ist, darf man aber erwarten, dass die Differenzwerte den wahren Mittelwert von null besitzen. Insofern spezifizieren wir $H_0 : \mu = 0$. Da man eine Verbesserung der Beschwerden erzielen möchte, kann die Alternativhypothese als $H_1 : \mu > 0$ spezifiziert werden. Wir gehen dabei davon aus, dass positive d-Werte einer Verbesserung der Symptomatik entsprechen.

Welche Schlussfolgerung ist nun zu ziehen, wenn wider Erwarten der Durchschnitt der Differenzwerte negativ ist, wenn also $\bar{d} < 0$ und der dazugehörige Wert der Prüfgröße sehr klein, z. B. $z = -2{,}0$, ist? Da die Alternativhypothese einseitig in Richtung eines positiven Effekts spezifiziert wurde, muss der Forscher nun die Nullhypothese beibehalten. Die Schlussfolgerung ist: das Medikament hat keinen Effekt auf die Beschwerden. Diese Schlussfolgerung könnte man mit dem Hinweis vertreten, dass ein wirkungsloses Medikament nicht von Interesse ist. Auf der anderen Seite scheint es unvernünftig zu sein, die Evidenz für eine negative Wirkung des Medikamentes zu ignorieren. Auch wenn man das Medikament bei einer negativen Wirkung nicht vermarkten wird, scheint das Ergebnis eine Wirkung des Medikamentes zu belegen, sodass eine ungerichtete Alternativhypothese in diesem Beispiel angemessen ist.

Stellen wir uns nun die gleiche Studie vor, in der anstatt eines neuen Medikamentes ein Placebo (Scheinmedikament ohne Wirkstoff) verabreicht wird. Positive Effekte von Placebo sind wohlbekannt und gut dokumentiert, sodass in dieser Studie die Nullhypothese $H_0 : \mu = 0$ wiederum an der gerichteten Alternativhypothese $H_1 : \mu > 0$ überprüft werden soll. Falls nun auch in dieser Studie wider Erwarten $\bar{d} < 0$ ist und die Prüfgröße wie vorhin $z = -2{,}0$ beträgt, welche Schlussfolgerung wäre nun zu ziehen?

Aufgrund der gerichteten Alternativhypothese muss für dieses Ergebnis die Nullhypothese beibehalten werden. Für dieses Experiment lässt sich die Beibehaltung unseres Erachtens besser rechtfertigen, schließlich wurde überhaupt kein Wirkstoff verabreicht. Eine negative Wirkung könnte ausschließlich durch einen negativen Placeboeffekt erklärt werden, der aber im Widerspruch zu der wohldokumentierten positiven Wirkung von Placebos stünde.

7.4.4 Nicht-signifikante Ergebnisse

Wir wollen einmal annehmen, die Prüfung der Nullhypothese hätte zu keinem signifikanten Unterschied im Sinne der $H_1 : \mu > \mu_0$ geführt. Wäre daraus zu folgern, dass die Nullhypothese bestätigt ist? Im Kontext des Lehrmethodenvergleichs würde die Bestätigung der Nullhypothese bedeuten, dass die neue Lehrmethode genauso viel oder sogar weniger leistet als die alte.

Diese Schlussfolgerung ist falsch. Korrekt wäre es, wenn man nach diesem Ergebnis sagen würde, dass die H_0 mit der durchgeführten Untersuchung nicht verworfen werden konnte und dass im Übrigen über die Richtigkeit der Nullhypothese keine Aussage gemacht werden kann.

> Ein nicht-signifikantes Ergebnis ist kein Beleg dafür, dass die Nullhypothese richtig ist.

Diese scheinbar widersinnige Interpretation wird plausibel, wenn man z. B. von einer berechneten Prüfgröße ausgeht, die den Ablehnungsbereich der Nullhypothese nur knapp verfehlt. Dies wäre etwa der Fall, wenn sich für $\alpha = 0{,}05$ bei einer einseitigen Alternativhypothese $H_1 : \mu > \mu_0$ ein $z = 1{,}64$ ergeben hätte. Der Konvention folgend könnte die Nullhypothese in diesem Fall zwar nicht abgelehnt werden, da der kritische Wert 1,65 beträgt; das Ergebnis damit jedoch gleichzeitig als *Bestätigung* der Nullhypothese anzusehen, wäre wenig angemessen, wenn man bedenkt, dass das gefundene Ergebnis nur knapp den Ablehnungsbereich verfehlt hat.

Eine Nullhypothese zu bestätigen setzt voraus, dass das gefundene Ergebnis gut mit der Nullhypothese, aber nur sehr schwer mit einer rivalisierenden Alternativhypothese zu vereinbaren ist. Dies jedoch betrifft die Teststärke, die wir in Abschnitt 7.5 behandeln.

7.4.5 *p*-Werte und kritische Werte

Sind die konkurrierenden Hypothesen eines Signifikanztests sowie das Signifikanzniveau festgelegt, so besteht das Ergebnis des Tests in der Ablehnung oder der Beibehaltung der Nullhypothese. Entscheidet sich ein Forscher für $\alpha = 0{,}05$, und berichtet er ein signifikantes Ergebnis – H_0 wurde abgelehnt –, so bleibt offen, ob die Nullhypothese auch für $\alpha = 0{,}01$ abgelehnt worden wäre. Häufig wird das Ergebnis eines Hypothesentests deshalb so berichtet, dass es Forschern möglich ist, das empirische Ergebnis auf einem anderen Signifikanzniveau zu überprüfen. Dies wird mit Hilfe des sog. *p-Wertes* ermöglicht, der auch als „beobachtetes Signifikanzniveau" bezeichnet wird, denn der *p*-Wert entspricht dem kleinsten Wert von α, für den das Testergebnis gerade noch Signifikanz erreicht (Bickel & Doksum, 2007, S. 221). Alternativ kann man den *p*-Wert auch folgendermaßen definieren:

Definition 7.4

***p*-Wert.** Unter der Annahme der Gültigkeit der Nullhypothese entspricht der *p*-Wert der Wahrscheinlichkeit der beobachteten oder einer extremeren Prüfgröße, welche mit der in der Alternativhypothese spezifizierten Richtung des Effekts übereinstimmt.

Die Berechnung des *p*-Wertes kann über den Wert der bereits ermittelten Prüfgröße erfolgen. Am einfachsten wird dies wieder am Beispiel deutlich:

Für den *einseitigen* Test im Lehrmethodenbeispiel, s. Beispiel 7.1, ermittelten wir für die standardnormalverteilte Prüfgröße $z = 1{,}73$. Da diese Prüfgröße in die von der Alternativhypothese spezifizierten Richtung geht, entspricht der *p*-Wert der Fläche im oberen Rand der Standardnormalverteilung, welche durch diesen *z*-Wert abgeschnitten wird. Aufgrund von Tabelle A des Anhangs ergibt sich *p*-Wert $= P(z > 1{,}73) = 0{,}042$. Die Tatsache, dass dieser *p*-Wert kleiner als $\alpha = 0{,}05$ ist, entspricht dem signifikanten Testergebnis. Hätte ein Forscher ein Signifikanzniveau von $\alpha = 0{,}04$ bzw. einen noch kleineren Wert gewählt, so wäre das Testergebnis nicht signifikant geworden.

Für den *zweiseitigen Test*, s. Beispiel 7.2, ist der Flächenanteil, welcher durch die Prüfgröße abgeschnitten wird, zu verdoppeln. Beim zweiseitigen Test der beiden Lehrmethoden ergibt sich als *p*-Wert damit $2 \cdot 0{,}042 = 0{,}084$. Da dieser Wert das Signifikanzniveau $\alpha = 0{,}05$ für den zweiseitigen Test übersteigt, ist auch anhand des *p*-Wertes erkennbar, dass der zweiseitige Test nicht zur Zurückweisung der Alternativhypothese führt.

Der *p*-Wert wird gelegentlich auch als *Evidenz* für die Vereinbarkeit des beobachteten Stichprobenergebnisses mit der Nullhypothese interpretiert, da er im Gegensatz zur dichotomen Entscheidung – für oder gegen die Nullhypothese – ein kontinuierliches Maß für die Vereinbarkeit des Stichprobenergebnisses mit der Nullhypothese darstellt.

Man beachte, dass der *p*-Wert gelegentlich falsch interpretiert wird; nämlich als die Wahrscheinlichkeit dafür, dass die Nullhypothese gilt, wenn das gefundene Stichprobenergebnis eingetreten ist. Stattdessen ist der *p*-Wert die Wahrscheinlichkeit für das Eintreten des beobachteten oder eines extremeren Stichprobenergebnisses unter der Annahme, dass die Nullhypothese gilt. Weitere Ausführungen zu dieser missverständlichen Interpretation findet man z. B. bei Markus (2001) sowie bei Pollard und Richardson (1987).

Beide Vorgehensweisen – Vergleich der *p*-Werte mit dem Signifikanzniveau oder Vergleich empirischer *z*-Werte mit kritischen *z*-Werten als Signifikanzschranken – kommen bezüglich der Frage, ob ein empirisches Ergebnis signifikant ist oder nicht, zum gleichen Ergebnis. Beide Vorgehensweisen werden in der statistischen Auswertungspraxis eingesetzt. Wie wir in den Folgekapiteln allerdings noch sehen werden, gibt es statistische Kennwerte, für die – anders als für *z*-Werte – exakte *p*-Werte nicht ohne Weiteres bestimmt werden können und die häufig auch aus Platzgründen nicht vollständig tabelliert sind. Bei diesen Signifikanztests werden wir überwiegend mit tabellierten kritischen Werten operieren.

SOFTWAREHINWEIS 7.1

Statistische Programmpakete sind zunehmend dazu übergegangen, exakte *p*-Werte zu berechnen. Diese *p*-Werte gelten in der Regel nur für den zweiseitigen Test; sie sind bei einseitigem Test zu halbieren, d. h., man prüft, ob der halbierte *p*-Wert kleiner als 0,05 bzw. 0,01 ist.

7.5 Teststärke

Die bisherigen Überlegungen im Zusammenhang mit der Entscheidung zwischen der Null- und der Alternativhypothese bezogen sich nur auf den Fehler 1. Art, der durch Festlegung des Signifikanzniveaus vom Forscher kontrolliert werden kann. Da eine Fehlentscheidung vermieden werden soll, wird das Signifikanzniveau auf einen kleinen Wert gesetzt, z. B. auf 0,05 oder 0,01. Nun kann man sich fragen, wieso man das Signifikanzniveau nicht noch weiter verringert (etwa $\alpha = 0{,}00000001$), um einen Fehler 1. Art praktisch auszuschließen? Folgender Gedankengang zeigt, wieso ein sehr kleiner Wert des Signifikanzniveaus *nicht sinnvoll* ist.

Betrachten wir wiederum den einseitigen *z*-Test. In diesem Fall wird für $\alpha = 0{,}05$ bzw. $\alpha = 0{,}01$ der Ablehnungsbereich der Nullhypothese durch die kritischen Werte 1,65 und 2,33 begrenzt. Nehmen wir an, wir ermitteln aufgrund einer empirischen Untersuchung einen *z*-Wert, der zwar größer als 1,65, aber zugleich kleiner als 2,33 ist. In der Tat entspricht diese Situation genau dem Beispiel 7.1, für das $z = 1{,}73$ berechnet wurde.

Wir wissen nicht, welche der beiden konkurrierenden Hypothesen korrekt ist. Wir betrachten deshalb folgende Situationen:

- H_0 *stimmt*: In diesem Fall führt $\alpha = 0{,}05$ zu einer Fehlentscheidung, da wir aufgrund des empirischen z-Wertes die Nullhypothese verwerfen. Hätten wir $\alpha = 0{,}01$ gewählt, so hätten wir die Nullhypothese beibehalten und somit eine korrekte Entscheidung getroffen.
- H_1 *stimmt*: In diesem Fall führt $\alpha = 0{,}05$ zu einer korrekten Entscheidung, da die Nullhypothese zurückgewiesen wird. Hätten wir $\alpha = 0{,}01$ gewählt, so hätten wir eine Fehlentscheidung getroffen, da wir die Nullhypothese nicht verworfen hätten.

7

Eine Verringerung des Signifikanzniveaus ist also von Vorteil, wenn H_0 gilt, da es die Wahrscheinlichkeit eines Fehlers 1. Art verringert, aber von Nachteil, falls H_1 gilt, da es die Wahrscheinlichkeit eines Fehlers 2. Art erhöht. Da nicht bekannt ist, welche Hypothese – H_0 oder H_1 – in der Population gilt, sollte α so gewählt werden, dass *beide* Fehler berücksichtigt werden. Während man durch die Wahl von α den Fehler 1. Art direkt kontrollieren kann, ist dies für den Fehler 2. Art nicht ohne Weiteres möglich. Man kann den Fehler 2. Art dadurch indirekt berücksichtigen, dass man α nicht „sehr" klein wählt.

Nach diesen allgemeinen Bemerkungen diskutieren wir den Fehler 2. Art genauer. Wir wollen uns fragen, wie wir den Fehler 2. Art berechnen können, der mit der Beibehaltung der Nullhypothese in einem Signifikanztest verbunden ist.

Definition 7.5

Die Wahrscheinlichkeit eines Fehlers 2. Art, die mit einer Entscheidung zugunsten der H_0 verbunden ist, wird mit β bezeichnet.

Es ist Tradition, anstatt der Wahrscheinlichkeit eines Fehlers 2. Art die Komplementärwahrscheinlichkeit $1-\beta$ zu betrachten, welche *Teststärke* oder *Power* genannt wird.

Definition 7.6

Teststärke. Die Teststärke gibt an, mit welcher Wahrscheinlichkeit ein Signifikanztest zugunsten einer spezifischen Alternativhypothese entscheidet, falls diese gilt. Die Teststärke ist gleich $1 - \beta$.

Die Teststärke ist somit die Sensitivität des Experimentes, einen tatsächlichen Effekt auch erkennen zu können. Allerdings ist die Teststärke nicht ohne Weiteres bestimmbar. Die bisherige Formulierung der Alternativhypothese lässt die Bestimmung der Teststärke deshalb nicht zu, weil sie unspezifisch ist, d. h. sie nennt keinen bestimmten Wert für den „wahren" Mittelwert. Für die folgenden Überlegungen nehmen wir die Alternativhypothese als gerichtet im Sinne eines positiven Effekts an. Wir gehen also von $H_1 : \mu > \mu_0$ aus.

Bezogen auf das Beispiel bedeutet dies, dass die Testleistung von nach der neuen Methode unterrichteten Schülern durch die Alternativhypothese nicht spezifiziert wird. Stattdessen behauptet sie nur unspezifisch, dass die neue Methode der herkömmlichen Methode überlegen ist, d. h. dass mit der neuen Methode im Durchschnitt bessere Lernleistungen erzielt werden können.

7.5.1 Effektgröße

Um die Teststärke bestimmen zu können, muss die Größe des Effekts angegeben werden. Bezeichnet man das Populationsmittel der Leistungswerte von Schülern, welche nach der neuen Lehrmethode unterrichtet wurden, mit μ, so ist die *Effektgröße* $\mu - \mu_0$. Da μ unbekannt ist, ist die (wahre) Größe des Effekts der neuen Lehrmethode ebenfalls unbekannt.

Bezogen auf das Beispiel muss zur Berechnung des Fehlers 2. Art bekannt sein, um wie viele Punkte sich die durchschnittliche Lernleistung durch Verwendung der neuen Lehrmethode verbessert. Erfahrene Pädagogen könnten nun die Ansicht vertreten, dass die neue Unterrichtsmethode erst dann „konkurrenzfähig" sei, wenn die durchschnittlichen Leistungen, zu denen diese Methode befähigt, um mindestens drei Punkte über den Durchschnittsleistungen von Schülern liegen, die herkömmlich unterrichtet wurden. Die Größe des Effekts muss also drei Punkte betragen, damit die Einführung der neuen Lehrmethode zu rechtfertigen ist. Vielleicht ist die neue Methode (für Lehrer und Schüler) arbeitsintensiver, sodass Leistungsverbesserungen von weniger als drei Punkten den erhöhten Aufwand nicht rechtfertigen. Da der wahre Mittelwert der Lernleistung bei Verwendung der herkömmlichen Methode gerade $\mu_0 = 40$ Punkte beträgt, besteht bei den Pädagogen ein besonderes Interesse an der Entdeckung einer wahren mittleren Lernleistung von (mindestens) $\mu = 43$ Punkten.

Gelegentlich ist es von Vorteil, die Effektgröße zu *standardisieren*, d. h. sie von den Messeinheiten der Rohwerte zu befreien. Dies kann man dadurch erreichen, dass man die Mittelwertdifferenz durch die Standardabweichung der Rohwerte dividiert. Die standardisierte Effektgröße lautet

$$\delta = \frac{\mu - \mu_0}{\sigma}. \tag{7.2}$$

Der Wert $\delta = 1{,}0$ entspricht einer Mittelwertsdifferenz, welche so groß ist wie die Standardabweichung der Rohwerte. Handelt es sich bei $\delta = 1{,}0$ nun um einen großen Effekt? Die Antwort auf diese Frage hängt sicherlich auch vom Untersuchungsgegenstand ab. J. Cohen (1988, S. 24–27) hat als grobe Orientierungspunkte folgende Werte genannt:

$$\begin{aligned} \text{kleiner Effekt:} \quad & \delta = 0{,}2, \\ \text{mittelgroßer Effekt:} \quad & \delta = 0{,}5, \\ \text{großer Effekt:} \quad & \delta = 0{,}8. \end{aligned} \tag{7.3}$$

Vor dem Hintergrund dieser Werte muss $\delta = 1{,}0$ als großer, wenn nicht sogar als sehr großer Effekt bezeichnet werden.

Auch die standardisierte Effektgröße soll auf das Lehrmethodenbeispiel bezogen werden. In Beispiel 7.1 sind wir von einer bekannten Standardabweichung $\sigma = 4$ der Leistungswerte ausgegangen. Wenn nun erfahrene Pädagogen fordern, dass die neue Methode mindestens einen Effekt von drei Leistungspunkten erbringen muss, um ihre Einführung zu rechtfertigen, entspricht dies folgendem standardisierten Effekt:

$$\delta = \frac{43 - 40}{4} = 0{,}75.$$

In der von J. Cohen (1988) vorgeschlagenen Terminologie, muss der Erfolg der neuen Lehrmethode also „groß" sein, um ihre Einführung zu rechtfertigen.

7.5.2 Berechnung der Teststärke des *z*-Tests

Die Teststärke eines Signifikanztests lässt sich nur berechnen, wenn die Effektgröße bekannt ist. Dies ist aber – wie bereits gesagt – praktisch nie der Fall. In der Tat wird der Signifikanztest durchgeführt, um herauszufinden, ob überhaupt ein Effekt vorliegt, ob also $\mu - \mu_0 > 0$ ist.

Um trotzdem Aussagen über die Teststärke machen zu können, wird diejenige Effektgröße verwendet, welche für den Forscher von praktischer

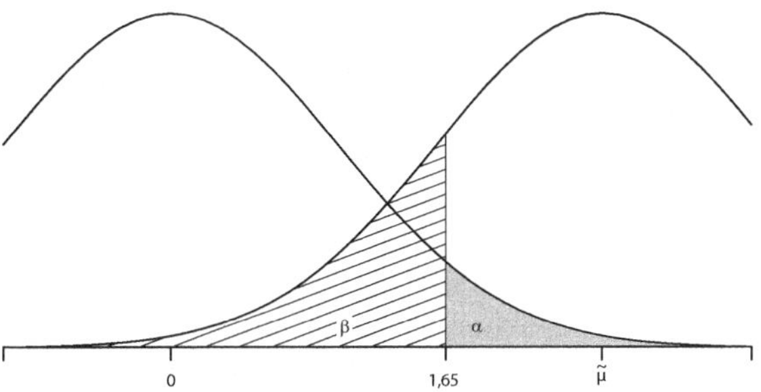

Abbildung 7.3. Signifikanzniveau $\alpha = 0{,}05$ und Wahrscheinlichkeit eines Fehlers 2. Art, für den man $\beta = 0{,}17$ berechnet

Bedeutung ist. Mit anderen Worten, es wird für die Berechnung der Teststärke ein Wert für μ bzw. für δ herangezogen, der für den Forscher von Interesse ist. Im Folgenden wird also die Teststärke unter der Prämisse berechnet, dass die vom Forscher spezifizierte Effektgröße korrekt ist. Übertrifft die wahre Effektgröße die vom Forscher angenommene Größe des Effekts, so ist die Teststärke mit Sicherheit größer als der vom Forscher errechnete Wert.

Abbildung 7.3 illustriert die Wahrscheinlichkeit eines Fehlers 2. Art, welche wir mit β bezeichnen. Für das Beispiel beträgt $\beta = 0{,}17$. Die Teststärke $1 - \beta$ entspricht in der Abbildung dem Flächenanteil unter der rechten Verteilung, welcher rechts des kritischen Wertes 1,65 liegt.

Wie wird nun die Teststärke (und damit auch der Fehler 2. Art) berechnet? Nimmt man wie bisher an, dass die Streuung der Leistungswerte bekannt ist, lässt sich aufgrund der spezifizierten Effektgröße δ die Teststärke *in zwei Schritten* ermitteln:

1. Für ein festgelegtes Signifikanzniveau α wird der Wertebereich der Prüfgröße ermittelt, der zur Zurückweisung der Nullhypothese führt.
2. Für gegebenen Stichprobenumfang und bekannte Effektgröße wird die Wahrscheinlichkeit ermittelt, mit der die Prüfgröße in den Ablehnungsbereich fällt.

Man beachte, dass diese Berechnung der Teststärke keine empirisch berechneten Werte verwendet. Die Teststärke kann also bereits nach Festlegung des Signifikanzniveaus α, des Stichprobenumfangs n und der Effektgröße δ erfolgen. Die Populationsstreuung wird bei dieser Überlegung als bekannt vorausgesetzt. Somit kann die Teststärke noch *vor* Beginn der empirischen Untersuchung bestimmt werden. Dies ist sinnvoll, um zu ermitteln, ob ein bestimmter Effekt – falls er existiert – auch eine realistische Chance besitzt, entdeckt zu werden.

Der erste der beiden oben genannten Schritte zur Berechnung der Teststärke ist einfach. Da die Prüfgröße des z-Tests unter Gültigkeit der Nullhypothese standardnormalverteilt ist, ist der kritische Wert, welcher den Ablehnungsbereich der gerichteten Alternativhypothese $H_1 : \mu > \mu_0$ begrenzt, $z_{1-\alpha} = 1{,}65$, s. Abb. 7.3. Um nun im zweiten Schritt die Teststärke ermitteln zu können, genügt es zu wissen, dass, falls die Alternativhypothese gilt und die Effektgröße den angenommenen Wert besitzt, die Prüfgröße in Gl. (7.1) aus einer Normalverteilung stammt, welche den Erwartungswert $\tilde{\mu}$ und die Varianz 1,0 besitzt, wobei $\tilde{\mu} = \sqrt{n} \cdot \delta$. Aufgrund dieses Ergebnisses lässt sich die Teststärke anhand der z-Transformation der kritischen Grenze $z_{1-\alpha}$ ermitteln. Man erhält

$$z_\beta = \frac{z_{1-\alpha} - \tilde{\mu}}{1} = z_{1-\alpha} - \sqrt{n} \cdot \delta. \qquad (7.4)$$

Diese Gleichung ist für die Berechnung der Teststärke des z-Tests von zentraler Bedeutung, da sie die vier Größen, α, β, n und δ miteinander in Beziehung setzt. Kennt man drei der vier Größen, kann man die vierte Größe aufgrund von Gl. (7.4) bestimmen. Für die Praxis ist die Bestimmung des Stichprobenumfangs n von großer Bedeutung. Dazu löst man Gl. (7.4) nach dem Stichprobenumfang auf. Man erhält dann

$$n = \left(\frac{z_\beta - z_{1-\alpha}}{\delta} \right)^2. \qquad (7.5)$$

Die Gleichungen (7.4) und (7.5) erläutern wir nun am Beispiel.

BEISPIEL 7.4

Im Zusammenhang mit Abb. 7.3 hatten wir die Wahrscheinlichkeit für einen Fehler 2. Art schon mit $\beta = 0{,}17$ angegeben. Die Teststärke beträgt somit $1-\beta = 0{,}83$. Mit Hilfe von Gl. (7.4) lässt sich dieser Wert überprüfen. Dazu müssen wir die Werte auf der rechten Seite der Gleichung einsetzen. Wir greifen dazu wieder auf die numerischen Werte des Beispiels 7.1 zurück, in dem der Stichprobenumfang $n = 12$ betrug. Ist man an der Entdeckung eines Leistungsunterschieds von mindestens drei Punkten interessiert, ergibt sich aufgrund von Gl. (7.2) der Wert $\delta = 3/4$ für die Effektgröße, da die Standardabweichung der Leistungswerte vier Punkte beträgt. Schließlich ist uns auch der kritische Wert des Ablehnungsbereichs der Nullhypothese $z_{95\%} = 1{,}65$ bekannt. Somit errechnen wir

$$z_\beta = 1{,}65 - \sqrt{12} \cdot 0{,}75 = -0{,}95.$$

Dieser z-Wert schneidet in der Standardnormalverteilung gerade 17% im unteren Rand der Verteilung ab. Somit beträgt die Wahrscheinlichkeit eines Fehlers 2. Art $\beta = 0{,}17$, und die Teststärke hat den schon genannten Wert von 0,83.

Zwar ist diese Teststärke für viele Zwecke bereits ausreichend. Trotzdem könnten die an der Studie beteiligten Pädagogen noch vor Beginn der Untersuchung fordern, dass die Teststärke mindesten 0,95 betragen sollte, um einen vorhandenen Effekt der Größe $\delta = 0{,}75$ mit großer Sicherheit entdecken zu können. Wie viele Schüler müssen nach der neuen Lehrmethode unterrichtet werden, um diese Teststärke zu gewährleisten? Um diese Frage zu beantworten, verwenden wir Gl. (7.5). Die Werte, welche in diese Gleichung eingesetzt werden müssen, sind: $\delta = 0{,}75$ und $z_{95\%} = 1{,}65$. Da wir eine Teststärke von 0,95 fordern, müssen wir $z_\beta = -1{,}65$ wählen, da nur 5% der Beobachtungen einer standardnormalverteilten Zufallsvariablen unter diesem Wert liegen. Man ermittelt also einen Stichprobenumfang von

$$n = \left(\frac{-1{,}65 - 1{,}65}{0{,}75} \right)^2 = 19{,}36.$$

Mit anderen Worten, eine Stichprobe von 20 Schülern sollte ausreichend sein, den spezifizierten Effekt mit Wahrscheinlichkeit 0,95 entdecken zu können, wenn er existiert.

Nun zur Begründung von Gl. (7.4). Die Wahrscheinlichkeit β entspricht der Wahrscheinlichkeit, mit der die Prüfgröße z in Gl. (7.1) nicht in den Ablehnungsbereich der H_0 fällt, obwohl die H_0 falsch ist. Anders ausgedrückt:

$$\begin{aligned} \beta &= P(z \le z_{1-\alpha}) = P\left(\frac{\bar{x} - \mu_0}{\sigma_{\bar{x}}} \le z_{1-\alpha} \right) \\ &= P(\bar{x} \le z_{1-\alpha}\sigma_{\bar{x}} + \mu_0). \end{aligned}$$

Diese Wahrscheinlichkeit muss bei Gültigkeit der Alternativhypothese berechnet werden. Um sie wieder auf die Standardform der Normalverteilung zurückzuführen, z-transformieren wir $\bar{x}$ mit Hilfe der Populationsparameter μ und $\sigma_{\bar{x}}$. Man erhält dann

$$\begin{aligned} \beta &= P\left(\frac{\bar{x} - \mu}{\sigma_{\bar{x}}} \le z_{1-\alpha} - \frac{\mu - \mu_0}{\sigma_{\bar{x}}} \right) \\ &= \Phi(z_{1-\alpha} - \sqrt{n} \cdot \delta), \end{aligned}$$

wobei Φ die Verteilungsfunktion der Standardnormalverteilung bezeichnet. Geht man nun von den Wahrscheinlichkeiten zu den entsprechenden Perzentilen über, ergibt sich

$$z_\beta = z_{1-\alpha} - \sqrt{n} \cdot \delta,$$

was Gl. (7.4) entspricht.

7.5.3 Determinanten der Teststärke

Anhand von Gleichung (7.4) lässt sich verdeutlichen, wovon die Teststärke einer Untersuchung beeinflusst wird. Die rechte Seite der Gleichung enthält *drei Größen*, die das Perzentil z_β beeinflussen. Da dieses Perzentil der Standardnormalverteilung die Höhe von β und damit zugleich die Teststärke bestimmt, sind die drei Größen auf der rechten

Seite von Gl. (7.4) auch die Determinanten der Teststärke. Eine Verringerung von z_β entspricht dabei einer Vergrößerung der Teststärke.

Effektgröße. Wird die Effektgröße δ erhöht, wird z_β kleiner, und somit vergrößert sich die Stärke des Tests. Mit anderen Worten, große Effekte sind einfacher zu entdecken als schwache Effekte. Zu beachten ist allerdings, dass sich Effekte praktisch nie durch den Forscher festlegen lassen. Wenn wir also von der „Vergrößerung" des Effekts sprechen, meinen wir in der Regel die Effektgröße, die vorliegen muss, damit ein Effekt für die inhaltliche Fragestellung bzw. Anwendung von Bedeutung ist.

> Mit wachsender Effektgröße vergrößert sich die Teststärke.

Stichprobenumfang. Wird der Stichprobenumfang n erhöht, wird wiederum z_β kleiner und die Teststärke größer. Ein größerer Stichprobenumfang liefert mehr Information und führt dazu, dass ein bestehender Effekt eher erkannt wird.

> Mit wachsendem Stichprobenumfang vergrößert sich die Teststärke.

Signifikanzniveau. Wird das Signifikanzniveau α verringert, so steigt der kritischer Wert $z_{1-\alpha}$ und somit auch z_β in Gl. (7.4), was zu einer Verringerung der Teststärke führt. Dies entspricht dem bereits diskutierten Ergebnis, dass ein sehr kleiner Wert von α zu einer hohen Wahrscheinlichkeit eines Fehlers 2. Art führt, was einer geringen Teststärke entspricht. Wir formulieren diesen Zusammenhang zwischen Signifikanzniveau und Teststärke nun positiv:

> Eine Vergrößerung des Signifikanzniveaus vergrößert die Teststärke.

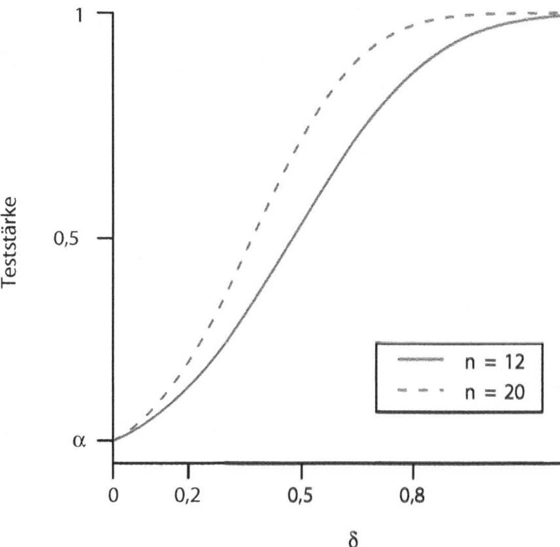

Abbildung 7.4. Teststärkefunktionen des einseitigen z-Tests

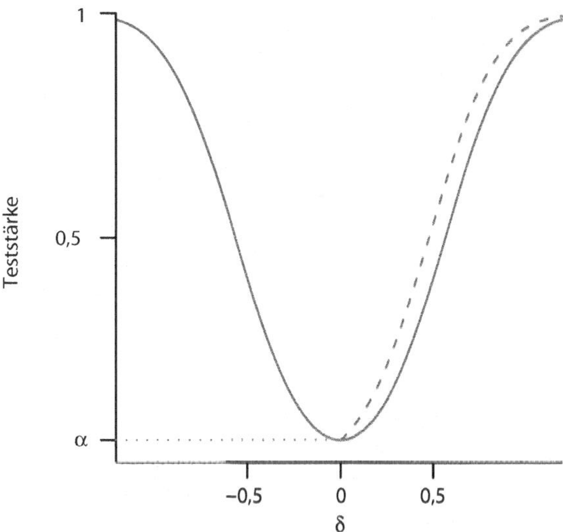

Abbildung 7.5. Teststärkefunktionen des zweiseitigen z-Tests. Die gestrichelte Kurve zeigt die Teststärkefunktion des einseitigen Tests für das gleiche Signifikanzniveau

7.5.4 Teststärkefunktionen

Die Abhängigkeit der Stärke eines Tests von der Größe des Effekts wird in sog. *Teststärkefunktionen* verdeutlicht. Zwei Teststärkefunktionen sind in Abb. 7.4 dargestellt, welche für zwei unterschiedliche Stichprobenumfänge die Teststärke des einseitigen Tests zur Überprüfung der $H_1 : \mu > \mu_0$ angeben. Man erkennt, dass die Teststärke mit wachsendem δ und wachsendem n ansteigt. Beide Teststärkefunktionen treffen die y-Achse an der Stelle α. Dies muss so sein, da bei kleiner werdendem Effekt die Teststärke gegen α geht.

Zu fragen bleibt, ob ein einseitiger oder zweiseitiger Test eine höhere Teststärke aufweist. Zu diesem Zweck zeigen wir die Teststärkefunktion für einen zweiseitigen z-Test in Abb. 7.5. Wie man erkennt, ist die Teststärke im zweiseitigen Test keine monotone Funktion der Effektgröße. Mit anderen Worten, die Teststärke nimmt für einen Effekt von null ihren minimalen Wert von α an, steigt aber mit der Zunahme des Effekts – positiv oder negativ – an. Des Weiteren wurde zum Vergleich der Teststärke des ein- und zweiseitigen Tests noch die Teststärkefunktion des einseitigen Tests als gestrichelte Kurve eingezeichnet. Man kann erkennen, dass der einseitige Test eine höhere Teststärke besitzt. Allerdings gilt dies nur, wenn der Effekt die Richtung besitzt, die in der Alternativhypothese vorgegeben wurde.

7.6 Praktische Hinweise

Unsere bisherigen Überlegungen gingen von der Annahme aus, dass die H_0- und H_1-Verteilungen normalverteilt sind und sich nur in dem Parameter μ unterscheiden. Dies ist jedoch bei den in diesem Buch beschriebenen statistischen Tests in der Regel nicht der Fall. Die zu einer spezifischen H_1 gehörende Prüfverteilung ist meistens eine sog. *nichtzentrale Verteilung*, deren Mathematik über den Rahmen dieses Buches hinausgeht (Informationen zu diesem Thema findet man z. B. bei Bickel & Doksum, 2007; Buchner et al., 1996; Manoukian, 1986 oder Witting, 1978). Ohne diese Verteilungen sind jedoch β bzw. $1 - \beta$ und damit der für die Absicherung einer vorgegebenen Effektgröße benötigte Stichprobenumfang nicht bestimmbar.

Für einige ausgewählte Verfahren werden wir in den folgenden Kapiteln Stichprobenumfänge nennen, die als Richtwerte zur Absicherung einer kleinen, mittleren oder großen Effektgröße erforderlich sind. Diese Zahlen gehen auf J. Cohen (1988) zurück und beziehen sich auf $\alpha = 0{,}05$ und $1 - \beta = 0{,}80$. Genauere Informationen sind den Tabellen von J. Cohen (1988) zu entnehmen. Eine kritische Beurteilung des Einflusses von Studien zur Teststärke auf die Qualität von empirischen Untersuchungen geben Sedlmeier und Gigerenzer (1989).

SOFTWAREHINWEIS 7.2

Viele statistische Programmpakete stellen Funktionen zur Verfügung, mit denen sich auch nicht-zentrale Verteilungen berechnen lassen. Mit Hilfe dieser Funktionen lässt sich die Power vieler Tests berechnen. Leichter geht es aber, wenn man auf spezielle Programme zur Berechnung der Teststärke zurückgreifen kann. In SAS gibt es z. B. PROC POWER und PROC GLMPOWER. Ein Computerprogramm zur Teststärkenbestimmung haben Erdfelder et al. (1996) entwickelt.

7.7 Statistische Signifikanz und praktische Bedeutsamkeit

Nimmt man an, dass die $H_0 : \mu = \mu_0$ eine theoretische Fiktion ist (es ist unrealistisch anzunehmen, dass zwei verschiedene, real existierende Populationen exakt identische Mittelwertsparameter aufweisen), dürfte jede Nullhypothese bei genügend großen Stichproben zu verwerfen sein. Die Nullhypothese ist bei sehr großen Stichproben gewissermaßen chancenlos, da bei zunehmendem Stichprobenumfang die Teststärke ansteigt und somit auch sehr kleine Effekte mit großer Wahrscheinlichkeit entdeckt werden können. Mit anderen Worten, *jede* Alternativhypothese lässt sich als statistisch signifikant absichern, wenn man nur genügend große Stichproben untersucht. Bei gerichteten Alternativhypothesen gilt dies natürlich nur, wenn die Richtung des Unterschiedes mit der Hypothese übereinstimmt.

Diese Überlegungen mindern – so könnte man meinen – den Wert einer Signifikanzüberprüfung von Hypothesen erheblich. Sie zeigen, dass die Aussage „das Ergebnis ist statistisch signifikant" für sich genommen ohne praktische Bedeutung ist. Auf der anderen Seite sind Ergebnisse, deren „praktische Bedeutsamkeit" offenkundig ist, weil z. B. eine beachtliche Mittelwertdifferenz gefunden wurde, wertlos, solange man nicht sichergestellt hat, dass dieses Ergebnis nicht zufällig zustande kam. Diese Schlussfolgerungen legen es nahe, das Konzept der statistischen Signifikanz mit Kriterien der praktischen Bedeutsamkeit zu verbinden. Überlegungen zu diesem Thema liegen von zahlreichen Autoren vor, vgl. etwa Bakan (1966), Bredenkamp (1969a, 1969b, 1972), Carver (1978), Chow (1988), Cook et al. (1979), Cortina und Dunlap (1997), Crane (1980), Diepgen (1993), Folger (1989), Gigerenzer (1993), Greenwald (1975), Harnatt (1975), van Heerden und Hoogstraten (1978), Krause und Metzler (1978), Lane und Dunlap (1978), Lykken (1968), Witte (1977, 1980).

Den Wert einer empirischen Forschungsarbeit allein davon abhängig zu machen, ob das Untersuchungsergebnis statistisch signifikant ist oder nicht, wird von vielen Autoren vehement kritisiert, z. B. J. Cohen (1994), Dar (1987), R. E. Kirk (1996), Schmidt (1996), B. Thompson (1996), zusammenfassend sei Nickerson (2000) empfohlen. Manche Autoren gehen sogar so weit, mangelnden Fortschritt in der psychologischen Forschung der ausschließlichen Verwendung von Signifikanztests anzulasten („I believe that the almost universal reliance on merely refuting the null hypothesis as the standard method for corroborating substantive theories in the soft areas is a terrible mistake, is basically unsound, poor scientific strategy, and one of the worst things that ever happened in the history of psychology." Meehl, 1978, S. 817; zitiert nach R. E. Kirk, 1996, S. 754). Eine Gegenposition hierzu vertritt z. B. Wainer (1999).

Auch wenn statistische Signifikanz als einziges Kriterium für „erfolgreiche" empirische Forschung zu Recht kritisiert wird, befreit uns diese Kritik nicht von der Aufgabe, uns mit dem Gegenstand dieser Kritik, nämlich den vielen, auch in diesem Buch behandelten Signifikanztests, ausführlich auseinanderzusetzen.

Die korrekte Anwendung eines Signifikanztests und die Interpretation der Ergebnisse unter dem Blickwinkel der praktischen Bedeutsamkeit sind essentielle und gleichwertige Bestandteile der empirischen Hypothesenprüfung.

7.8 Monte-Carlo-Studien

Für alle Signifikanztests ist es wichtig zu wissen, wie stark der für eine zu prüfende Hypothese relevante Kennwert Stichproben bedingt streut, wenn die H_0 richtig ist. Bezogen auf den Kennwert „arithmetisches Mittel" haben wir für diese Streuung die Bezeichnung „Standardfehler des Mittelwertes" eingeführt, dessen Bestimmung in Abschnitt 6.2 bzw. genauer in Anhang A analytisch hergeleitet wird. Wie für das arithmetische Mittel lassen sich auch für andere statistische Kennwerte (z. B. die Differenz zweier Mittelwerte oder Prozentwerte, die Korrelation, der Quotient zweier Varianzen etc.) unter bestimmten Bedingungen (dies sind die Voraussetzungen eines Signifikanztests) auf analytischem Weg Standardfehler herleiten, die im Kontext des jeweiligen Signifikanztests behandelt werden.

Es gibt jedoch auch statistische Kennwerte, deren mathematischer Aufbau so kompliziert ist, dass es bislang nicht gelungen ist, deren Standardfehler auf analytischem Wege zu entwickeln. In diesen Fällen können sog. *Monte-Carlo-Studien* oder die *Bootstrap-Technik* (s. Exkurs 7.1) eingesetzt werden, mit denen die unbekannte H_0-Verteilung des jeweiligen Kennwertes auf einem Computer simuliert wird.

Die Monte-Carlo-Methode wurde 1949 von Metropolis und Ulam für unterschiedliche Forschungszwecke eingeführt. Die uns hier vorrangig interessierenden Anwendungsvarianten betreffen:

- die Erzeugung der H_0-Verteilung eines statistischen Kennwertes und
- die Überprüfung der Folgen, die mit der Verletzung von Voraussetzungen eines statistischen Tests verbunden sind.

Erzeugung einer H_0-Verteilung

Ein kleines Beispiel für diese Anwendungsvariante haben wir bereits in Abschn. 6.2.2 kennengelernt. Hier ging es um die Bestimmung der Streuung von Mittelwerten, die man erhält, wenn „viele" Stichproben aus einer unendlichen Population gezogen werden. Mit Hilfe des Computers wurden aus einer Normalverteilung 1000 Zufallsstichproben des Umfangs n gezogen, wobei $n = 2$, $n = 4$ oder $n = 10$ war. Die Mittelwerte dieser 1000 Stichproben bilden die simulierte Mittelwerteverteilung.

Häufig werden Monte-Carlo-Studien mit noch mehr als 1000 Zufallsstichproben durchgeführt. Der Computer erzeugt eine Merkmalsverteilung, für die H_0 gilt, und entnimmt dieser Verteilung eine zuvor festgelegte Anzahl von Zufallsstichproben des Umfangs n. Für jede Stichprobe wird der fragliche Kennwert ermittelt, sodass sich über alle gezogenen Stichproben eine Stichprobenverteilung ergibt. Diese Verteilung stellt die H_0-Verteilung dar, über die ermittelt werden kann, ob ein empirischer Kennwert, also ein Kennwert aufgrund einer konkreten Untersuchung, „signifikant" ist oder nicht. Für $\alpha = 0{,}05$ und einen einseitigen Test wäre also zu prüfen, ob der gefundene Kennwert in die oberen (oder ggf. auch unteren) 5% der Fläche der simulierten Verteilung fällt. Das Ergebnis einer solchen Monte-Carlo-Studie sind die „Signifikanzgrenzen" für variable Stichprobenumfänge n, mit denen der empirisch gefundene Kennwert verglichen wird.

Verletzung von Voraussetzungen

Die oben beschriebene Anwendungsvariante bezieht sich auf Kennwerte, deren theoretische Verteilung unbekannt ist. Für viele Kennwerte lässt sich die Verteilungsform jedoch theoretisch herleiten, wenn die erhobenen Daten bestimmte Voraussetzungen erfüllen. Voraussetzungen dieser Art sind z. B. Normalverteilung des Merkmals oder eine bestimmte Mindestgröße für den Stichprobenumfang, der es gewährleisten, dass der Kennwert (z. B. $\bar{x}$) nach dem zentralen Grenzwerttheorem normalverteilt ist.

Die mathematischen Voraussetzungen, die zur theoretischen Bestimmung einer Stichprobenverteilung im Rahmen eines Signifikanztests erfüllt sein müssen, werden in der empirischen Forschung nicht selten verletzt. Dies muss nicht unbedingt bedeuten, dass die erhobenen Daten mit dem entsprechenden Signifikanztest nicht ausgewertet werden können, denn entscheidend ist, wie der Test auf Verletzungen seiner Voraussetzungen reagiert. Auch dies lässt sich mit Monte-Carlo-Studien überprüfen.

Als Beispiel hierfür können wir wieder den in den letzten Abschnitten behandelten Lehrmethodenvergleich heranziehen, den wir dahingehend modifizieren, dass nur $n = 10$ Schüler nach der neuen Methode unterrichtet werden und dass das Merkmal „Testpunkte" eindeutig linksschief verteilt ist. (Andere Verteilungsformen wären Gegenstand weiterer Monte-Carlo-Simulationen.) Bei diesem Stichprobenumfang wird die Voraussetzung für die Wirksamkeit des zentralen Grenzwerttheorems ($n > 30$) verletzt, sodass nicht mehr davon auszugehen ist, dass die Verteilung der Mittelwerte einer Normalverteilung folgt.

Von der Standardnormalverteilung wissen wir, dass das Perzentil $z_{95\%} = 1{,}65$ von der rechten Seite der Verteilung 5% abschneidet, was für den korrekt durchgeführten Signifikanztest bedeutet, dass für $\bar{x} \geq \mu_0 + 1{,}65 \cdot \sigma_{\bar{x}}$ die H_0 mit $\alpha = 0{,}05$ abzulehnen ist. Über eine Monte-Carlo-Simulation mit Stichproben des Umfangs $n = 10$ aus einer linksschiefen Populationsverteilung kann nun eine Verteilung von $\bar{x}$-Werten erzeugt werden, deren Verteilungsform mit Sicherheit nicht mit einer Normalverteilung übereinstimmt. Interessant ist hier die Frage, *wie stark* diese Verteilung von einer Normalverteilung abweicht.

Wird die Verteilung z-transformiert, kann man feststellen, welcher Anteil der Verteilungsfläche durch $z = 1{,}65$ abgeschnitten wird. Liegt dieser Flächenanteil nahe bei 5% (Näheres hierzu s. unten), sprechen wir von einem *robusten* Signifikanztest, also von einem Test, der trotz der Voraussetzungsverletzung richtig entscheidet. Ist der Flächenanteil größer als 5%, entscheidet der Test *progressiv*, was bedeutet, dass der Test mehr $\bar{x}$-Werte signifikant werden lässt, als nach dem nominellen Signifikanzniveau von 5% zulässig sind. Werden durch $z = 1{,}65$ weniger als 5% abgeschnitten, sprechen wir von einem *konservativen* Test, bei dem die Anzahl der $\bar{x}$-Werte, die bei Gültigkeit von H_0 die kritische Grenze von $\mu_0 + 1{,}65 \cdot \sigma_{\bar{x}}$ überschreiten, unter 5% liegt.

J. V. Bradley (1978) fordert, den Begriff „Robustheit" quantitativ genauer zu bestimmen. Nach seiner Auffassung wird der Fehler 1. Art (entsprechendes gilt für den Fehler 2. Art) durch Verletzungen von Voraussetzungen dann „wesentlich" beeinflusst, wenn das tatsächliche Signifikanzniveau bei statistischen Entscheidungen außerhalb der Grenzen $\alpha \pm 0{,}5 \cdot \alpha$ liegt. Bei $\alpha = 0{,}05$ ist man bereit zu akzeptieren, dass 5% aller Entscheidungen zugunsten der H_1 Fehlentscheidungen sind. Ein Test wäre demzufolge als robust zu bezeichnen, wenn die Anzahl der Fehlentscheidungen nicht genau bei 5%, sondern im Bereich 2,5% bis 7,5% liegt.

Erweist sich ein Test als robust, besteht keine Veranlassung, auf seine Anwendung zu verzichten, auch wenn möglicherweise Voraussetzungen verletzt sind. Auch Tests mit konservativer Entscheidung können bei nicht erfüllten Voraussetzungen eingesetzt werden, wenn man bereit ist, den mit einem konservativen Test verbundenen Teststärkeverlust bzw. die reduzierte Wahrscheinlichkeit für ein signifikantes Ergebnis in Kauf zu nehmen. Bei einem deutlichen Teststärkeverlust sollte allerdings geprüft werden, ob ein anderer Test aus der Gruppe der verteilungsfreien oder „nicht-parametrischen" Verfahren (vgl. z. B. Bortz et al., 2008 oder Bortz & Lienert, 2008), der an weniger Voraussetzungen geknüpft ist, aber dafür in der Regel auch eine geringere Teststärke aufweist, dem „parametrischen" oder „verteilungsgebundenen" Test vorzuziehen ist.

Progressive Tests sollten bei verletzten Voraussetzungen nicht eingesetzt werden, da man bei einem signifikanten Ergebnis nicht erkennen kann, ob diese Signifikanz „echt" ist oder als „Scheinsignifikanz" durch die nicht erfüllten Voraussetzungen erklärbar ist. In diesem Fall muss auf den „parametrischen" Test zugunsten eines äquivalenten verteilungsfreien Tests verzichtet werden, auch wenn es sich hierbei um ein testschwächeres Verfahren handeln sollte.

Monte-Carlo-Studien sind für die empirische Forschung äußerst wichtig, weil sie – zumindest in der zuletzt genannten Anwendungsvariante – die Entscheidung darüber erleichtern, unter welchen Umständen ein bestimmter Test eingesetzt oder nicht eingesetzt werden kann. Dies wird durch die umfangreiche Literatur dokumentiert, die sich mit der Bedeutung der Voraussetzungen für die verschiedenen statistischen Verfahren bei ein- oder zweiseitigem Test befasst. Über die Ergebnisse dieser Untersuchungen wird jeweils an geeigneter Stelle berichtet.

Ausführlichere Informationen zum Aufbau einer Monte-Carlo-Studie findet man z. B. bei Hammersley und Handscomb (1965), Robert und Casella (1999), Rubinstein (1981) sowie Kalos und Whitlock (1986).

ÜBUNGSAUFGABEN

Allgemeine Fragen

Aufgabe 7.1 Erläutern Sie den Unterschied zwischen
a) einer Alternativhypothese und einer Nullhypothese,

EXKURS 7.1 Bootstrap-Technik

Die Bootstrap-Technik wurde von Efron (1979) eingeführt. Sie ist eine Weiterentwicklung des sog. „Jackknife"-Verfahrens und findet in vielen Anwendungsfeldern zunehmende Verbreitung. Auch wenn die Mathematik dieser Technik in ihren fortgeschrittenen Varianten sehr kompliziert ist, lässt sich ihr Grundprinzip relativ einfach darstellen.

Wie die Monte-Carlo-Methode setzt auch die Bootstrap-Technik leistungsstarke Computer voraus, die über eine große Anzahl von Zufallsstichproben die Verteilung des untersuchten Stichprobenkennwertes errechnen. Auch hier sind es typischerweise Kennwerte, deren Verteilung auf analytischem Weg nur sehr schwer oder gar nicht zugänglich ist, sodass Computersimulationen als Behelfslösung erforderlich sind.

Die Bootstrap-Technik unterscheidet sich von der Monte-Carlo-Methode in einem wesentlichen Punkt: Während eine Monte-Carlo-Studie zu generalisierbaren Ergebnissen kommt, die von allen Anwendern des jeweiligen Signifikanztests genutzt werden können, beziehen sich die Ergebnisse der Bootstrap-Technik immer nur auf eine bestimmte, konkrete Untersuchung. Eine Monte-Carlo-Studie erzeugt für variable Stichprobenumfänge die Verteilung eines Kennwertes bei Gültigkeit von H_0, die in jeder Untersuchung zur Überprüfung der Signifikanz des ermittelten Kennwertes herangezogen werden kann. Die Bootstrap-Technik hingegen verwendet ausschließlich Informationen einer empirisch untersuchten Stichprobe mit dem Ziel, eine Vorstellung über die Variabilität des zu prüfenden Stichprobenkennwertes zu gewinnen.

Zur Veranschaulichung betrachten wir die Stichprobenverteilung des Mittels. Wie kann man die Standardabweichung von Mittelwerten ermitteln, wenn man die Berechnungsvorschrift für den Standardfehler des Mittels ($\sigma_{\bar{x}} = \sigma/\sqrt{n}$) nicht kennt? Um die Berechnung zu illustrieren, nehmen wir an, nur die folgenden $n = 8$ Messungen seien erhoben:

39, 46, 42, 40, 46, 45, 38, 40.

Aus dieser Stichprobe werden nun sehr viele (z. B. 1000) Zufallsstichproben, die sog. „Bootstrap-Stichproben", „mit Zurücklegen" gezogen.

Unter allen möglichen Stichproben befinden sich beispielsweise auch folgende vier:

$$\begin{array}{lcccccccc} S_1: & 39, & 39, & 39, & 39, & 39, & 39, & 39, & 39 \\ S_2: & 46, & 40, & 40, & 39, & 42, & 38, & 42, & 42 \\ S_3: & 38, & 39, & 40, & 40, & 42, & 45, & 46, & 46 \\ S_4: & 40, & 39, & 40, & 38, & 38, & 42, & 42, & 42 \end{array}$$

Die Stichproben S_1 (achtmal derselbe Wert) und S_3 (jede Messung ist in der Stichprobe enthalten) stellen nur scheinbar ungewöhnliche Auswahlen dar, denn jede beliebige Kombination der acht Messwerte hat die gleiche Wahrscheinlichkeit. (Da mit Berücksichtigung der Abfolge n^n unterscheidbare Abfolgen möglich sind, tritt jede Stichprobe mit einer Wahrscheinlichkeit von $1/n^n$ auf. Im Beispiel für $n = 8$ ergeben sich $8^8 = 16777216$ verschiedene Stichproben).

Im Weiteren bestimmt man für jede Bootstrap-Stichprobe den Mittelwert $\bar{x}$ (bzw. allgemein den zu prüfenden Kennwert) und die Standardabweichung dieser Mittelwerte (der Kennwerte).

Genauere Hinweise zu dieser Technik findet man bei Efron und Tibshirani (1986, 1993), Efron (1987), Hall (1992) oder Sievers (1990).

---

b) einer gerichteten und einer ungerichteten Alternativhypothese,
c) einer spezifischen und einer unspezifischen Alternativhypothese.

Aufgabe 7.2 Warum ist die folgende Aussage falsch? Die Entscheidung zugunsten der H_0 war mit einer Wahrscheinlichkeit eines Fehlers 1. Art von 8% versehen.

Aufgabe 7.3 Warum kann bei einer unspezifischen H_1 die Wahrscheinlichkeit eines Fehlers 2. Art nicht bestimmt werden?

Aufgabe 7.4 Wie lautet der kritische z-Wertebereich, in dem Ergebnisse auf dem 1%-Niveau bei einseitiger Fragestellung signifikant und bei zweiseitiger Fragestellung nichtsignifikant sind?

Aufgabe 7.5 Was versteht man unter einer Teststärkefunktion?

Aufgabe 7.6 Ein Forscher geht folgendermaßen vor, um seine Hypothese zu testen: Er wählt eine gerichtete Alternativhypothese und legt das Signifiknazniveau auf $\alpha = 0{,}05$ fest. Fällt seine Prüfgröße in den Ablehnungsbereich, wird die Nullhypothese verworfen. Falls jedoch der Effekt in die Richtung geht, welche nicht von der Alternativhypothese vorhergesagt wird, verändert er die Alternativhypothese und geht von einer ungerichteten Alternativhypothese aus, d. h. er verwendet einen zweiseitigen Test. Das Signifikanzniveau des zweiseitigen Test beträgt wiederum $\alpha = 0{,}05$. Wie hoch ist das tatsächliche Signifikanzniveau des Tests?

z-Test

Aufgabe 7.7 Laut einer Theorie soll klassische Musik die Intelligenz von Kindern fördern (Mozart-Effekt). Ein Forscher plant, zur Überprüfung dieser Hypothese einer Stichprobe von Kindern einen Monat lang pro Tag eine Stunde klassische Musik vorzuspielen. Nach Ende der Behandlungsphase soll ein Intelligenztest durchgeführt werden. Bekannt ist, dass der verwendete Intelligenztest in der Population von Kindern einen Mittelwert $\mu_0 = 100$ und eine Standardabweichung von $\sigma = 15$ besitzt.
a) Verbalisieren Sie die gerichtete Alternativhypothese.
b) Verbalisieren Sie die Nullhypothese.
c) Formulieren Sie die gerichtete Alternativhypothese H_1 und die dazugehörende Nullhypothese H_0 statistisch.
d) Verbalisieren Sie im Kontext des Beispiels die Entscheidung, welche einem Fehler 1. Art entspricht.
e) Verbalisieren Sie im Kontext des Beispiels die Entscheidung, welche einem Fehler 2. Art entspricht.

Aufgabe 7.8 Ein Psychologe möchte untersuchen, ob Musik die Intelligenz von Kindern *verbessert*. Nach Abschluss der Studie mit $n = 225$ Kindern beobachtet er einen Mittelwert von $\bar{x} = 101{,}8$.
a) Bestimmen Sie die Wahrscheinlichkeit des beobachteten oder eines extremeren Mittelwertes, falls die H_0 gilt.

b) Wie lautet der p-Wert für die Überprüfung der obigen Forschungshypothese?
c) Wenn der Forscher vor Durchführung der Untersuchung das Signifikanzniveau des Tests auf 5% festgelegt hat, welche Entscheidung wird der Forscher treffen?
d) Welcher Fehler ist möglicherweise mit dieser Entscheidung verbunden?
e) Welchen kritischen z-Wert müsste die Teststatistik überschreiten, damit das Ergebnis auf dem 5%-Niveau bzw. auf dem 1%-Niveau signifikant ist?
f) Welcher Wert auf der Intelligenzskala müsste der empirische Mittelwert überschreiten, damit der Test auf dem 5%- bzw. 1%-Niveau signifikant ist?

Aufgabe 7.9 Ein Psychologe möchte untersuchen, ob Musik die Intelligenz von Kindern *verändert*. Nach Abschluss der Studie mit $n = 225$ Kindern beobachtet er einen Mittelwert von $\bar{x} = 101{,}8$.
a) Bestimmen Sie den p-Wert.
b) Wenn der Forscher vor Durchführung der Untersuchung das Signifikanzniveau des Tests auf 5% festgelegt hat, welche Entscheidung wird der Forscher treffen?
c) Welcher mögliche Fehler ist mit dieser Entscheidung verbunden?
d) Welchen kritischen z-Wert müsste die Teststatistik überschreiten, damit das Ergebnis auf dem 5%-Niveau bzw. auf dem 1%-Niveau signifikant ist?
e) Welcher Wert auf der Intelligenzskala müsste der empirische Mittelwert über- bzw. unterschreiten, damit der Test auf dem 5%- bzw. 1%-Niveau signifikant ist?

Aufgabe 7.10 Es soll überprüft werden, ob die Position des Anfangsbuchstabens von Nachnamen im Alphabet für das berufliche Vorankommen von Bedeutung ist (vgl. hierzu eine Untersuchung von Rosenstiel & Schuler, 1975). Die berufliche Karriere, die wir durch einen Karriereindex quantifizieren wollen, möge in der Population der männlichen Erwerbstätigen mit einem Durchschnittswert von $\mu = 40$ und einer Streuung von $\sigma = 12$ gekennzeichnet sein. 64 männliche Erwachsene mit Namen, deren Anfangsbuchstaben zu den letzten zehn Buchstaben des Alphabets gehören, weisen einen durchschnittlichen Karriereindex von $\bar{x} = 38$ auf. Das Signifikanzniveau α wird auf 0,05 festgelegt. Kann man behaupten, dass angesichts dieser Werte Personen mit Namen, deren Anfangsbuchstaben zu den letzten zehn des Alphabets zählen, hinsichtlich ihres Berufserfolges nicht zu der Population mit beliebigen Anfangsbuchstaben gehören (einseitiger Test)?

Aufgabe 7.11 In einer Untersuchung möge unter der Annahme einer gültigen H_0 ein Mittelwert von $\mu = 80$ erwartet werden. Empirisch ergibt sich jedoch der Wert $\bar{x} = 85$. Die Abweichung sei bei zweiseitigem Test auf dem 5%-Niveau signifikant. Wäre die gleiche Abweichung auch bei einseitigem Test signifikant, falls die Alternativhypothese die Richtung des Effekts korrekt spezifiziert?

Testärke des einseitigen z-Tests

Aufgabe 7.12 Ein Betriebspsychologe schlägt dem Vorstand seiner Firma vor, die Arbeitsplätze nach psychologischen Erkenntnissen farblich neu zu gestalten. Durch diese Maßnahme soll die Zufriedenheit der Werksangehörigen mit ihrem Arbeitsplatz und damit auch ihre Leistungsfähigkeit erhöht werden. Nachdem der Kostenaufwand für die farbliche Neugestaltung der Arbeitsplätze kalkuliert wurde, teilte man dem Psychologen mit, dass diese Maßnahmen nur durchgeführt werden können, wenn sie mindestens zu einer Leistungssteigerung von 10% führen. Um dies herauszufinden, wird vorgeschlagen, für eine Voruntersuchung zunächst nur die Arbeitsplätze von 36 Werksangehörigen farblich neu zu gestalten. Für diese 36 Werksangehörigen resultiert nach Veränderung des Arbeitsplatzes ein durchschnittlicher Leistungsindex von $\bar{x} = 106$, dem ein bisher gültiger Leistungsindex aller Werksangehörigen der Firma von $\mu = 100$ gegenübersteht. Sowohl bei Gültigkeit der H_0 als auch bei Gültigkeit der H_1 wird angenommen, dass die Streuung der Leistungen vom Betrag $\sigma = 18$ sei.
a) Wie lautet in diesem Problem die H_0?
b) Ist der einseitige Test der Nullhypothese gegen die H_1 : $\mu > 100$ für $\alpha = 0{,}05$ signifikant?
c) Wie lautet die spezifische H_1, welche zumindest erfüllt sein müsste, damit die Einführung der neuen Maßnahmen gerechtfertigt werden kann?
d) Von welcher Effektgröße geht die Untersuchung aus?
e) Wie groß ist die Teststärke?
f) Wie viele Werksangehörige müssten mindestens untersucht werden, um die H_1 mit einer Teststärke von 99% und $\alpha = 1\%$ annehmen zu können?

Aufgabe 7.13 Ein Forscher will untersuchen, ob Intelligenz durch ein Training beeinflusst werden kann. Seine Hypothesen lauten:
1. H_0: Das Training fördert die Intelligenz nicht: $\mu = 100$.
2. H_1: Das Training fördert die Intelligenz: $\mu > 100$.

Eine Zufallsstichprobe von 25 Personen erhält das Intelligenztraining. Im Anschluss an das Training wird ein IQ-Test durchgeführt. Aus dem Testhandbuch kann entnommen werden, dass $\sigma = 10$ ist. Das Signifikanzniveau wird auf $\alpha = 0{,}05$ festgelegt.
a) Bestimmen Sie den Ablehnungsbereich, d. h. den kritischen z-Wert, den die Prüfgröße übersteigen muss, um die Nullhypothese ablehnen zu können.
b) Nach Durchführung des Trainings stellt der Forscher einen Stichprobenmittelwert von $\bar{x} = 103$ fest. Wie lautet seine Entscheidung, und welchen Fehler kann der Forscher bei seiner Entscheidung machen?
c) Warum ist das Fehlen eines signifikanten Ereignisses kein Beleg dafür, dass die Nullhypothese gilt?
d) Angesichts des nicht-signifikanten Ergebnisses möchte der Forscher wissen, ob seine Vorgehensweise überhaupt geeignet war, eine Wirksamkeit des Trainings nachzuweisen. Mit welcher Wahrscheinlichkeit kann eine Erhöhung des durchschnittlichen IQs um fünf Punkte nachgewiesen werden?
e) Berechnen Sie die Teststärke des Tests für $\delta = 0{,}2$.
f) Welche Teststärke besitzt die Untersuchung zum Nachweis von $\mu = 105$, wenn der Psychologe seinen Stichprobenumfang vervierfacht?

Aufgabe 7.14 Warum ist es nicht sinnvoll, das Signifikanzniveau auf einen extrem kleinen Wert (z. B. $\alpha = 0{,}000001$) zu setzen?

Aufgabe 7.15 Sie wollen überprüfen, ob das Intelligenztraining aus Aufgabe 7.13 die durchschnittliche Intelligenz verbessert. Als Signifikanzniveau legen Sie $\alpha = 0{,}05$ fest, die Streuung der IQ-Werte in der Population betrage wiederum $\sigma = 10$. Sie wollen eine mögliche Erhöhung der Intelligenz um zwei Punkte ($\mu = 102$) mit einer Power von 0,80 nachweisen. Welchen Stichprobenumfang müssen Sie wählen?

Kapitel 8 **Tests zur Überprüfung von Unterschiedshypothesen**

ÜBERSICHT

t-Test für eine Stichprobe – t-Test für Beobachtungspaare – t-Test für zwei Stichproben – Teststärke – Freiheitsgrade – Varianzhomogenität – F-Test – Levene-Test – U-Test – Wilcoxon-Test

Mit Hilfe des z-Tests haben wir in Kap. 7 die Logik des Hypothesentestens eingeführt. Der z-Test basierte auf der sicherlich nur selten erfüllten Annahme, dass die Standardabweichung der Rohwerte in der Population bekannt ist. Diese Annahme mag in Einzelfällen nicht unrealistisch sein. Sie hatte aber vor allem den Zweck, die Erklärung des Hypothesentestens zu vereinfachen, denn bei bekannter Standardabweichung ist nur der μ-Parameter – im Beispiel der wahre Mittelwert der Schülerleistungen, welche mit der neuen Lehrmethode erzielt wurden – unbekannt. Sind die für den z-Test gemachten Annahmen erfüllt, und gilt zugleich die Nullhypothese, dann ist die Verteilung der Rohwerte bzw. der Prüfgröße vollständig bekannt, und alle Berechnungen – einschließlich der Berechnung der Teststärke – können mit Hilfe der z-Transformation durchgeführt werden.

Wir wollen uns nun einem Test zuwenden, der zwar die gleiche Hypothese wie der z-Test überprüft, $H_0 : \mu = \mu_0$, der aber die Annahme der bekannten Standardabweichung nicht benötigt. Die anderen Annahmen des z-Tests – einfache Zufallsstichprobe, Normalverteilung der Rohwerte – werden beibehalten. Dieser Tests verwendet eine Prüfgröße, die unter der Gültigkeit der Nullhypothese „t-verteilt" ist. Somit wird der Test, welchen wir als erstes besprechen wollen, auch *t-Test* genannt. Da es mehrere Tests gibt, welche eine t-verteilte Prüfgröße besitzen, sprechen wir auch vom „1-Stichproben t-Test".

Dieser Test ist besser für die praktische Anwendung geeignet. Allerdings wird auch er nur gelegentlich verwendet. Dies liegt in erster Linie daran, dass er eine spezifische Aussage für den Populationsparameter μ_0 erfordert. Solche spezifischen Aussagen sind oft schwer zu rechtfertigen. Häufiger werden zwei Gruppen bzw. Populationen miteinander verglichen. In diesem Fall ist nur eine relative Aussage hinsichtlich der μ-Parameter der beiden Gruppen erforderlich: Die Nullhypothese behauptet, es besteht kein Unterschied zwischen den Gruppen. Die Alternativhypothese postuliert dagegen einen Unterschied. Ist die Standardabweichung der Rohwerte in den Gruppen nicht bekannt, so ist auch in diesem Fall die Prüfgröße t-verteilt.

Den t-Test gibt es in zwei Varianten. Zum einen können wir aus jeder Gruppe (z. B. Männer und Frauen) eine einfache Stichprobe ziehen und die beiden Stichproben hinsichtlich der zentralen Tendenz des interessierenden Merkmals vergleichen. Wir gehen in diesem Fall davon aus, dass die Beobachtungen in der einen Stichprobe in keinerlei Beziehung zu den Beobachtungen der anderen Stichprobe stehen. Wir bezeichnen den entsprechenden Test als „t-Test für unabhängige Stichproben".

Zum anderen ist es möglich, dass wir eine einfache Stichprobe von Beobachtungspaaren ziehen, wobei jeweils ein Mitglied des Paars zu einer von zwei Gruppen gehört. Ehepaare sind ein Beispiel für solche gepaarten Beobachtungen. Für Ehepaare könnte man aufgrund des Geschlechts zwei Gruppen bilden und diese hinsichtlich der zentralen Tendenz des interessierenden Merkmals miteinander vergleichen. Im Unterschied zum t-Test für unabhängige Stichproben liegt nur eine Stichprobe von Paaren vor. Wir bezeichnen den entsprechenden Test als „t-Test für Beobachtungspaare". Gelegentlich wird der Test auch als t-Test für *verbundene* Stichproben oder als t-Test für *abhängige* Stichproben bezeichnet.

Alle drei Testvarianten a) 1-Stichproben t-Test, b) t-Test für unabhängige Stichproben und c) t-Test für Beobachtungspaare werden nun dargestellt.

8.1 1-Stichproben *t*-Test

Wir greifen erneut den bereits behandelten Vergleich eines Stichprobenmittelwertes mit einem Populationsmittelwert auf. Für eine einfache Zufallsstichprobe des Umfangs n wird der Mittelwert $\bar{x}$ berechnet. Wir nehmen an, dass das Merkmal in der Population normalverteilt ist, die Standardabweichung des Merkmals in der Population ist unbekannt. Es soll die Hypothese überprüft werden, dass die Zufallsstichprobe zu einer Grundgesamtheit mit bekanntem Mittelwertsparameter μ_0 gehört.

Wir betrachten zunächst die Formel (7.1) für die Prüfgröße des z-Tests aus Kap. 7, welche hier noch einmal wiedergegeben wird:

$$z = \sqrt{n}\left(\frac{\bar{x} - \mu_0}{\sigma}\right). \tag{7.1}$$

Da μ_0 den durch die Nullhypothese festgelegten Wert bezeichnet, der somit bekannt ist, kann der z-Wert berechnet werden, sobald die Standardabweichung σ bekannt ist. Da der t-Test im Unterschied zum z-Test die Bekanntheit von σ nicht voraussetzt, muss die Berechnung der Prüfgröße modifiziert werden. Eine Möglichkeit dazu, besteht darin, die unbekannte Größe σ durch eine *Schätzung* zu ersetzen. Da wir bereits früher σ durch die Stichprobenstandardabweichung s geschätzt hatten, ist es nahe liegend, dies auch jetzt zu tun.

Diese Vorgehensweise hat zur Konsequenz, dass sich die Verteilung der Prüfgröße *ändert*. Die Prüfgröße ist nun t-verteilt. Der Test heißt deshalb „t-Test". Mit anderen Worten, wir berechnen bei unbekannter Populationsstandardabweichung σ die Prüfgröße

$$t = \sqrt{n}\left(\frac{\bar{x} - \mu_0}{s}\right). \tag{8.1}$$

Die Logik des Hypothesentestens, so wie sie für den z-Test besprochen wurde, bleibt ohne Einschränkung erhalten. Änderungen ergeben sich ausschließlich dadurch, dass die Prüfgröße und damit auch die Prüfverteilung sich ändern.

Wir müssen nun den *Ablehnungsbereich* des t-Wertes bestimmen. Dazu muss uns die relevante t-Verteilung bekannt sein. Die t-Verteilung wurde bereits in Abschn. 5.5.2 kurz besprochen. Im jetzigen Zusammenhang sind vor allem folgende Aspekte der t-Verteilung von Bedeutung:

1. Eine t-Verteilung ist immer mit *Freiheitsgraden* verbunden. Die Anzahl der Freiheitsgrade legt erst die genaue Form der Verteilung fest. Im Fall des 1-Stichproben t-Tests besitzt die t-Verteilung, anhand derer der empirische t-Wert auf Signifikanz geprüft wird, $n - 1$ Freiheitsgrade, wobei n den Stichprobenumfang bezeichnet. Im englischen Sprachraum bezeichnet man die Freiheitsgrade als „degrees of freedom", sodass man auch kurz $\text{df} = n - 1$ schreibt. Exkurs 8.1 enthält Erläuterungen zum Verständnis von Freiheitsgraden.

2. t-Verteilungen sind unimodal und symmetrisch und nähern sich mit zunehmender Anzahl von Freiheitsgraden einer Standardnormalverteilung. Dies illustriert Abb. 5.11. Im Unterschied zur Standardnormalverteilung besitzen t-Verteilungen breitere Ränder.

3. Perzentile der t-Verteilung, die als kritische Werte verwendet werden, bezeichnen wir mit $t_{\text{df};p}$ wobei $P(t \le t_{\text{df};p}) = p$. Um eine Variable als t-verteilt zu kennzeichnen, schreiben wir auch $t \sim t(\text{df})$.

4. Um die Perzentile der t-Verteilung zu ermitteln, verwenden wir Tabelle C des Anhangs. Da für jede Anzahl von Freiheitsgraden eine andere t-Verteilung benötigt wird, sind in Tabelle C nur ausgewählte Perzentile in Abhängigkeit der Freiheitsgrade enthalten.

Können wir keine Angabe über die Richtung der Abweichung des Stichprobenmittelwertes machen, formulieren wir die Frage ungerichtet. Die konkurrierenden statistischen *Hypothesen* lauten dann:

$$H_0 : \mu = \mu_0 \quad \text{versus} \quad H_1 : \mu \neq \mu_0.$$

Die statistische H_1 behauptet also, dass die untersuchte Stichprobe einer Population angehört, deren Parameter μ vom Parameter μ_0 abweicht. Die Entscheidung darüber, welche der beiden Hypothesen wir als die richtige betrachten können, hängt für ein gegebenes Signifikanzniveau davon ab, ob der empirischen t-Wert einen der beiden kritischen Werte, welche den Ablehnungsbereich der Nullhypothese begrenzen, übersteigt bzw. unterschreitet. Ist also der Betrag des empirischen t-Wertes größer als das Perzentil $t_{\text{df};1-\alpha/2}$, so wird die Nullhypothese verworfen.

Bei der gerichteten Hypothese $H_1 : \mu > \mu_0$ wird die Nullhypothese verworfen, falls $t > t_{\text{df};1-\alpha}$ gilt. Bei der gerichteten Hypothese $H_1 : \mu < \mu_0$ wird die Nullhypothese verworfen, falls $t < t_{\text{df};\alpha}$ gilt. Aufgrund der Symmetrie der t-Verteilung gilt $t_{\text{df};1-\alpha} = -t_{\text{df};\alpha}$.

Um die Verwendung der Tabelle C des Anhangs zu üben, schlagen wir den kritischen t-Wert eines zweiseitigen Tests für $\alpha = 0{,}01$ und $\text{df} = 4$ nach. Man erhält $t_{6;99,5\%} = 4{,}604$.

Werden Stichproben des Umfangs n aus einer normalverteilten Grundgesamtheit gezogen, verteilen sich die am geschätzten Standardfehler $s_{\bar{x}} = s/\sqrt{n}$ relativierten Differenzen $\bar{x} - \mu_0$ bei Gültigkeit der Nullhypothese entsprechend einer t-Verteilung mit $n - 1$ Freiheitsgraden.

BEISPIEL 8.1

Es soll überprüft werden, ob der 24-stündige Tagesrhythmus (zirkadianer Rhythmus) des Menschen auch ohne Tageslicht aufrecht erhalten wird. Eine solche Untersuchung wird von Czeisler et al. (1999) berichtet. Wir gehen von folgendem fiktiven Versuch aus:

Sieben Freiwillige werden für vier Tage in einer Kellerwohnung ohne jedes Tageslicht einquartiert. Jede Versuchsperson ist während der vier Tage alleine, darf die Wohnung nicht verlassen und erhält keinerlei Hinweise auf die aktuelle Tageszeit. Die Person muss unmittelbar vor dem Zu-Bett-Gehen, einen Knopf betätigen, wodurch die Uhrzeit festgehalten wird. Als Variable wird die Dauer (in Minuten) zwischen dem Zu-Bett-Gehen am dritten Versuchstag und dem Zu-Bett-Gehen am vierten Versuchstag verwendet.

Wenn durch die experimentellen Bedingungen die innere Uhr der Personen nicht beeinträchtigt wird, erwarten wir, dass der wahre Mittelwert $24 \cdot 60$ min = 1440 min beträgt. Mit anderen Worten, die Nullhypothese in diesem Versuch lautet $H_0 : \mu = 1440$. Die Alternativhypothese formulieren wir zweiseitig, $H_1 : \mu \neq 1440$. Das Signifikanzniveau wird auf $\alpha = 0{,}05$ festgelegt. Folgende sieben Werte wurden ermittelt:

1452, 1438, 1487, 1439, 1454, 1461 und 1476.

Berechnet man den Mittelwert und die Standardabweichung der Werte, ergeben sich für den Mittelwert $\bar{x} = 1458{,}14$ und für die Standardabweichung $s = 18{,}20$. Somit kann die Prüfgröße aufgrund von Gl. (8.1) ermittelt werden. Man erhält

$$t = \sqrt{7}\left(\frac{1458{,}14 - 1440}{18{,}20}\right) = 2{,}64.$$

Um das Ergebnis auf Signifikanz zu überprüfen, sehen wir den kritischen t-Wert in der Tab. C nach. Dort finden wir $t_{6;97,5\%} = 2{,}447$. Da der empirische t-Wert diesen kritischen Wert übersteigt, weisen wir die Nullhypothese zurück. Das Ergebnis der Untersuchung lautet also: Der zirkadiane Rhythmus wird durch das fehlende Tageslicht verlängert.

Konfidenzintervall. In Abschn. 6.5 hatten wir die Berechnung eines Konfidenzintervalls für ein Populationsmittel erläutert. Die Ausführungen gingen von einer bekannten Populationsvarianz aus und führten zu der Berechnung der Intervallgrenzen in Gl. 6.11, die kurz zusammengefasst lauten: $\bar{x} \pm z_{1-\alpha/2} \cdot \sigma_{\bar{x}}$.

Ist die Populationsvarianz nicht bekannt, so ist die Berechnung der Konfidenzgrenzen in zwei Punkten zu modifizieren: 1. Der Standardfehler des Mittels $\sigma_{\bar{x}}$ wird durch $s_{\bar{x}} = s/\sqrt{n}$ ersetzt. 2. Das Perzentil der Standardnormalverteilung wird durch ein Perzentil der t-Verteilung ersetzt. Mit anderen Worten, anstatt $z_{1-\alpha/2}$ verwenden wir $t_{df;1-\alpha/2}$, wobei df $= n - 1$. Die Konfidenzintervallgrenzen lauten somit:

$$\text{untere Grenze} = \bar{x} - t_{df;1-\alpha/2} \cdot s/\sqrt{n}$$
$$\text{obere Grenze} = \bar{x} + t_{df;1-\alpha/2} \cdot s/\sqrt{n}.$$

BEISPIEL 8.2

Zur Illustration der Berechnung greifen wir auf die Daten aus Beispiel 8.1 zurück. Die relevanten Kennwerte liegen für dieses Beispiel bereits vor. Mittelwert und Standardabweichung der $n = 7$ Rohwerte lauten $\bar{x} = 1458{,}14$ und $s = 18{,}20$. Wir berechnen nun ein 95%-Konfidenzintervall für μ, wobei μ die „wahre" Dauer (in Minuten) zwischen dem Zu-Bett-Gehen am dritten Versuchstag und dem Zu-Bett-Gehen am vierten Versuchstag bezeichnet. Der wahre Populationsparameter ließe sich ermitteln, wenn alle Personen der Population unter den beschriebenen Versuchsbedingungen beobachtet worden wären. Da $\alpha = 0{,}05$ gewählt wurde, lautet das für die Berechnung erforderliche Perzentil der t-Verteilung: $t_{6;97,5\%} = 2{,}447$. Somit ergeben sich die Grenzen:

$$\text{untere Grenze} = 1458{,}14 - 2{,}447 \cdot 18{,}20/\sqrt{7} = 1441{,}3$$
$$\text{obere Grenze} = 1458{,}14 - 2{,}447 \cdot 18{,}20/\sqrt{7} = 1475{,}0.$$

Mit 95% Sicherheit ist μ in diesem Bereich enthalten. Der in Beispiel 8.1 spezifizierte Wert $\mu_0 = 1440$, welcher mit dem 1-Stichproben t-Test geprüft wurde, liegt außerhalb des Konfidenzintervalls. Somit ist 1440 kein plausibler Wert für μ. Da die Nullhypothese in Beispiel 8.1 verworfen wurde, entsprechen sich die Ergebnisse des Signifikanztests und des Konfidenzintervalls.

Die Vereinbarkeit der Schlussfolgerungen aus Signifikanztest und Konfidenzintervall wird durch folgende Aussage präzisiert:

Liegt der Wert μ_0, welcher in der Nullhypothese eines 1-Stichproben t-Tests spezifiziert ist, im $(1 - \alpha)$ Konfidenzintervall für μ, so führt der zweiseitige Test zum Signifikanzniveau α zur Beibehaltung der Nullhypothese.

8.1.1 Voraussetzungen

Die Annahmen des 1-Stichproben t-Tests sollen noch einmal kurz genannt werden:

- Die Daten wurden aufgrund einer einfachen Zufallsstichprobe erhoben.
- Das Merkmal ist in der Population normalverteilt.

Unter diesen Voraussetzungen kann der 1-Stichproben t-Test für beliebigen Stichprobenumfang eingesetzt werden. Mit anderen Worten, es muss nicht angenommen werden, dass die Stichprobe „groß" ist. Allerdings ist zu bedenken, dass die

Teststärke vom Stichprobenumfang abhängt, sodass große Stichproben unter diesem Aspekt wünschenswert sind.

Bevor wir den t-Test für unabhängige Stichproben besprechen, wollen wir das Allgemeine der bisher betrachteten Prüfgrößen für z-Test und t-Test, Gl. (7.1) und (8.1), herausstellen. Im Zähler beider Gleichungen steht eine Differenz zwischen einem beobachteten Kennwert („Beo“) und einer theoretischen Größe („Theo“), welche durch die Nullhypothese festgelegt wird. Im Nenner steht dagegen die Standardabweichung („S_{Beo}“) des beobachteten Kennwertes, welcher im Zähler steht. Die beiden Formeln der Prüfgrößen können also symbolisch als

$$\text{Prüfgröße} = \frac{\text{Beo} - \text{Theo}}{S_{\text{Beo}}} \tag{8.2}$$

geschrieben werden. Wie wir gleich sehen werden, besitzt auch die Prüfgröße des t-Tests für unabhängige Stichproben die Form von Gl. (8.2).

8

8.2 *t*-Test für unabhängige Stichproben

Werden zwei einfache Stichproben des Umfangs n_1 und n_2 aus zwei Populationen gezogen, lässt sich mit dem t-Test für unabhängige Stichproben überprüfen, ob die beiden Stichproben aus Populationen stammen, deren Parameter μ_1 und μ_2 identisch sind. Die Nullhypothese lautet somit

$$H_0 : \mu_1 = \mu_2.$$

Folglich erfordert die Nullhypothese nicht wie beim 1-Stichproben t-Test die Angabe eines spezifischen Wertes für das Populationsmittel. Die ungerichtete Alternativhypothese lautet $H_1 : \mu_1 \neq \mu_2$. Will der Forscher eine gerichtete Alternativhypothese testen, so kann er entweder $H_1 : \mu_1 > \mu_2$ bzw. $H_1 : \mu_1 < \mu_2$ testen.

Es liegt nahe, als Indikator für einen Unterschied zwischen den Gruppen bzw. Populationen, denen die Stichproben entnommen wurden, die Mittelwertsdifferenz $\bar{x}_1 - \bar{x}_2$ zu verwenden. Zwar ist aufgrund der zufälligen Auswahl jeder Stichprobenmittelwert nur eine Schätzung des entsprechenden μ-Parameters, aber wenn es einen systematischen Unterschied zwischen den Populationen gibt, so dürfen wir erwarten, dass die Wahrscheinlichkeit eines deutlichen Unterschieds zwischen den Stichprobenmittelwerten entsprechend hoch ist.

Um nun eine Prüfgröße zu finden, deren Verteilung bei Gültigkeit der Nullhypothese bekannt ist, wählen wir wiederum den Ansatz, der auch schon beim 1-Stichproben t-Test verwendet wurde und den wir symbolisch durch Gl. (8.2) ausgedrückt haben. Der empirisch berechnete Kennwert „Beo“ entspricht nun der Mittelwertsdifferenz $\bar{x}_1 - \bar{x}_2$, von der wir den Wert subtrahieren, der bei Gültigkeit der Nullhypothese vorliegen müsste. Betrachten wir noch einmal die Form der Nullhypothese, so erkennt man, dass sie sich auch als H_0: $\mu_1 - \mu_2 = 0$ schreiben lässt. Gilt die Nullhypothese, so können wir die Prüfgröße mit Hilfe von Gl. (8.2) also gerade als

$$\begin{aligned}\text{Prüfgröße} &= \frac{(\bar{x}_1 - \bar{x}_2) - (\mu_1 - \mu_2)}{s_{\bar{x}_1 - \bar{x}_2}} \\ &= \frac{(\bar{x}_1 - \bar{x}_2)}{s_{\bar{x}_1 - \bar{x}_2}}\end{aligned} \tag{8.3}$$

schreiben, wobei der Ausdruck im Nenner, $S_{\bar{x}_1 - \bar{x}_2}$, die Streuung der Mittelwertsdifferenz repräsentiert, die durch die zufällige Auswahl der Stichproben verursacht wird. Um zu einer berechenbaren Prüfgröße zu gelangen, müssen wir diese Streuung genauer spezifizieren. (Um das Wurzelzeichen zu vermeiden, betrachten wir die Varianz.)

Wir nehmen an, dass die Werte beider Stichproben in keinerlei Beziehung zueinander stehen. Beide Stichproben sind unabhängig voneinander, sodass auch die Mittelwerte $\bar{x}_1$ und $\bar{x}_2$ voneinander unabhängig sind. In diesem Fall können wir die Varianz der Mittelwertsdifferenz (s. Gl. A.17) folgendermaßen schreiben:

$$\sigma^2_{\bar{x}_1 - \bar{x}_2} = \sigma^2_{\bar{x}_1} + \sigma^2_{\bar{x}_2}.$$

Auf der rechten Seite steht die Summe der Varianz der beiden Stichprobenmittel, welche sich aufgrund von Gl. (6.2) vereinfachen lässt. Man erhält damit

$$\sigma^2_{\bar{x}_1 - \bar{x}_2} = \frac{\sigma_1^2}{n_1} + \frac{\sigma_2^2}{n_2}. \tag{8.4}$$

Wir nehmen nun an, dass in beiden Populationen das Merkmal, welches wir untersuchen, die gleiche Varianz besitzt. Diese Annahme, welche keineswegs selbstverständlich ist, wird unten diskutiert. Im Moment gehen wir aber davon aus, dass $\sigma_1^2 = \sigma_2^2$ gilt. In diesem Fall benötigen wir das Subskript zur Unterscheidung der Varianzen nicht, sodass wir einfach σ^2 für die Varianz des Merkmals schreiben. Somit erhalten wir den Ausdruck

$$\sigma_{\bar{x}_1 - \bar{x}_2} = \sqrt{\sigma^2 \left(\frac{1}{n_1} + \frac{1}{n_2} \right)},$$

für die Standardabweichung der Mittelwertsdifferenz, welche wir im Nenner der Prüfgröße in Gl. (8.3) benötigen.

EXKURS 8.1 Freiheitsgrade

Die Verteilung eines t-Wertes hängt von sog. „Freiheitsgraden“ ab. Dies gilt ebenso für andere Prüfverteilungen, z. B. für die χ^2-Verteilung oder die F-Verteilung. Die Anzahl der Freiheitsgrade ist von Test zu Test verschieden und wird benötigt, um den kritischen Wert der Prüfgröße mit dem ermittelten empirischen Wert vergleichen zu können. Hängt die Verteilung der Prüfgröße von Freiheitsgraden ab, so muss man wissen, wie viele Freiheitsgrade die Prüfgröße jeweils besitzt.

Wir wollen das Konzept „Freiheitsgrade“ hier kurz erläutern. Die Freiheitsgrade, welche mit einem Kennwert verbunden sind, entsprechen der Anzahl der Werte, die bei seiner Berechnung frei variieren können. Der Mittelwert $\bar{x}$ besitzt beispielsweise n Freiheitsgrade, weil es keinerlei Bedingung gibt, der die n Werte genügen müssen. Dies ist für die Varianz $s^2 = \text{QS}/(n-1)$ nicht der Fall. Nur $n-1$ Abweichungen, welche in die Berechnung der Quadratsumme $\text{QS} = \sum_i (x_i - \bar{x})^2$ eingehen, können frei variieren. Wie auf S. 26 bereits gezeigt wurde, ist die Summe der Abweichungen von ihrem Mittelwert null, d. h. $\sum_i (x_i - \bar{x}) = 0$. Von n Abweichungen können deshalb nur $n-1$ frei variieren. Ergeben sich beispielsweise bei einer Stichprobe aus drei Werten die Abweichungen $x_1 - \bar{x} = -4$ und $x_2 - \bar{x} = 0$, muss zwangsläufig $x_3 - \bar{x} = 4$ sein, damit die Summe aller Abweichungen null ergibt. Bei der Varianzberechnung ist eine der n Abweichungen festgelegt, d. h. die Varianz hat nur $n-1$ Freiheitsgrade. Man schreibt die Stichprobenvarianz deshalb gelegentlich auch als $s^2 = \text{QS}/\text{df}$. Da die Varianz mit $n-1$ Freiheitsgraden verbunden ist, gilt dies auch für die Standardabweichung s.

In die Berechnung des t-Wertes, s. Gl. (8.1), geht sowohl der Stichprobenmittelwert, der n Freihteitsgrade besitzt, als auch die Standardabweichung ein, die mit $n-1$ Freiheitsgraden verbunden ist. Es ist deshalb nicht offensichtlich, wie viele Freiheitsgrade der t-Wert besitzt. Allerdings werden in der Regel die Freiheitsgrade von dem Variabilitätsmaß übernommen. Dies gilt auch für den 1-Stichproben t-Test, sodass dieser mit $n-1$ Freiheitsgraden verbunden ist.

Die Standardabweichung der Mittelwertsdifferenz $\sigma_{\bar{x}_1-\bar{x}_2}$ wird auch als Standardfehler der Differenz bezeichnet.

Da wir die Populationsvarianz des Merkmals σ^2 nicht kennen, lässt sich der Standardfehler der Differenz $\sigma_{\bar{x}_1-\bar{x}_2}$ ebenfalls nicht berechnen.

Das Problem lässt sich aber wiederum durch das Ersetzen von σ^2 durch einen *Schätzer* lösen, den wir mit s_p^2 bezeichnen. Wir berechnen bzw. schätzen den Standardfehler der Differenz also durch

$$s_{\bar{x}_1-\bar{x}_2} = \sqrt{s_p^2\left(\frac{1}{n_1} + \frac{1}{n_2}\right)}. \tag{8.5}$$

Allerdings ist nicht offensichtlich, wie s_p^2 berechnet werden soll. Sind die Varianzen in den beiden Populationen, aus denen die Stichproben entnommen wurden, gleich, so ist es sinnvoll, diese Varianz aufgrund der Daten aus beiden Stichproben zu berechnen. Wir vereinfachen das Problem zunächst, indem wir nur den Fall betrachten, in welchem beide Stichproben gleich groß sind, d. h. wir gehen von $n_1 = n_2$ aus. In diesem Fall können wir einfach die Stichprobenvarianzen, welche für jede Stichprobe separat berechnet wird, mitteln. Mit anderen Worten, gilt $n_1 = n_2$, so berechnen wir als Schätzung für die Varianz des Merkmals aufgrund aller Daten den Wert

$$s_p^2 = \frac{s_1^2 + s_2^2}{2}.$$

Somit erhalten wir den gesuchten Nenner der Prüfgröße in Gl. (8.3). Man kann nun zeigen, dass für ein normalverteiltes Merkmal die so resultierende Prüfgröße wiederum t-verteilt ist. Deshalb bezeichnen wir die Prüfgröße wieder mit einem t und schreiben

$$t = \frac{\bar{x}_1 - \bar{x}_2}{s_{\bar{x}_1-\bar{x}_2}}. \tag{8.6}$$

Die Prüfgröße ist mit $\text{df} = n_1+n_2-2$ Freiheitsgraden verbunden.

Gleichung (8.6) definiert eine Prüfgröße zum Testen der $H: \mu_1 = \mu_2$, die mit $n_1 + n_2 - 2$ Freiheitsgraden t-verteilt ist.

BEISPIEL 8.3

Es soll überprüft werden, ob männliche oder weibliche Personen belastbarer sind (zweiseitiger Test, $\alpha = 0{,}05$); neun männliche und neun weibliche Personen wurden mit einem Belastungstest untersucht. Die folgende Tabelle zeigt die Daten der Untersuchung.

♂	♀
86	97
91	87
96	113
103	93
121	115
86	108
121	126
105	118
112	93

Der Mittelwert für die Männer (Gruppe 1) ist $\bar{x}_1 = 102{,}33$ und für die Frauen (Gruppe 2) $\bar{x}_2 = 105{,}89$. Für die Varianz der Männer berechnet man $s_1^2 = 187{,}50$. Die Varianz der Frauen beträgt $s_2^2 = 190{,}86$. Die beiden Varianzen sind sich sehr ähnlich, was die Annahme homogener Populationsvarianz unterstützt. Um nun die Varianz der Belastungswerte s_p^2 aufgrund aller vorliegender Werte zu berechnen, mitteln wir die beiden gerade berechneten Varianzen. Dies ist in diesem Beispiel durch die gleichen Gruppengrößen gerechtfertigt. Somit ergibt sich: $s^2 = (187{,}50 + 190{,}86)/2 = 189{,}18$. Mit Hilfe dieses Wertes ergibt sich der Standardfehler der Differenz zu

$$s_{\bar{x}_1-\bar{x}_2} = \sqrt{189{,}18 \cdot \left(\frac{1}{9} + \frac{1}{9}\right)} = 6{,}48.$$

Man errechnet nun den t-Wert

$$t = \frac{\bar{x}_1 - \bar{x}_2}{s_{\bar{x}_1-\bar{x}_2}} = \frac{102{,}33 - 105{,}89}{6{,}48} = -0{,}55,$$

der mit $df = 9 + 9 - 2 = 16$ verbunden ist. Der kritische t-Wert lautet: $t_{16;97,5\%} = 2{,}120$. Da $|-0{,}55| = 0{,}55 < 2{,}12$, ist der ermittelte t-Wert nicht signifikant. Es scheint also keinen Unterschied in der Belastbarkeit zwischen männlichen und weiblichen Personen zu geben.

In der obigen Darstellung des Tests haben wir vorausgesetzt, dass die Umfänge beider Stichproben gleich sind, d. h. wir haben $n_1 = n_2$ vorausgesetzt. Für unabhängige Stichproben ist diese Voraussetzung nicht notwendig, auch wenn viele Untersuchungen von gleich großen Stichproben ausgehen. Was ändert sich an der Berechnung des t-Wertes, wenn die Stichproben *ungleich* groß sind?

Die notwendige Veränderung betrifft die Berechnung von s_p^2. Wenn die Annahme der homogenen Varianz erfüllt ist, sollten alle vorliegenden Beobachtungen zu ihrer Schätzung verwendet werden. Sind die Stichproben unterschiedlich groß, ist die einfache Mittelung der Varianzen, so wie oben vorgeschlagen, nicht optimal, da die Varianzschätzung aufgrund der größeren Stichprobe besser sein wird als die Schätzung aufgrund der kleineren Stichprobe. Man kann die unterschiedliche Qualität der beiden Varianzschätzungen s_1^2 und s_2^2 dadurch berücksichtigen, dass man ihnen bei der Berechnung von s_p^2 ein unterschiedliches Gewicht gibt. Es lässt sich zeigen, dass folgende Formel diesen Zweck für normalverteilte Merkmale in optimaler Weise erfüllt (z. B. Arnold, 1990, S. 367):

$$s_p^2 = \frac{(n_1 - 1)s_1^2 + (n_2 - 1)s_2^2}{(n_1 - 1) + (n_2 - 1)}. \qquad (8.7)$$

Wie man erkennt, erhält s_1^2 genau dann mehr Gewicht als s_2^2, wenn n_1 größer als n_2 ist. Dieser Ausdruck für s_p^2 wird nun in Gl. (8.5) eingesetzt, um den Standardfehler der Differenz $s_{\bar{x}_1-\bar{x}_2}$ zu berechnen.

Man beachte, dass im Nenner von Gl. (8.7) die Freiheitsgrade $df = n_1 + n_2 - 2$ der Prüfgröße stehen. Schließlich wollen wir noch kurz überlegen, wie sich die Formel für s_p^2 vereinfacht, wenn die Gruppen *gleich* groß sind, wenn also $n_1 = n_2$ gilt. Zwar wollen wir auf das Ausrechnen verzichten (ersetze sowohl n_1 und n_2 in Gl. (8.7) durch n und vereinfache), das Ergebnis aber berichten. In diesem Fall ergibt sich s_p^2 als Mittel aus s_1^2 und s_2^2.

8.2.1 Voraussetzungen

Die Überprüfung der Hypothesen mit Hilfe der Prüfgröße in Gl. (8.6) ist an folgende drei Voraussetzungen geknüpft:

1. Bei beiden Stichproben handelt es sich um einfache, voneinander unabhängige Zufallsstichproben.
2. Die Varianzen σ_1^2 und σ_2^2 der zu vergleichenden Populationen sind gleich. Ist dies der Fall, so darf man für die Stichprobenvarianzen erwarten, dass $s_1^2 \approx s_2^2$. Verfahren zur Überprüfung dieser Voraussetzung behandeln wir in Abschn. 8.6.
3. Das untersuchte Merkmal muss in beiden Populationen, denen die Stichproben entnommen wurden, normalverteilt sein. Sind die Verteilungsformen der Grundgesamtheiten unbekannt, kann die Normalverteilungsannahme mit einem Verfahren überprüft werden, das in Abschnitt 9.2 besprochen wird.

Aus Monte-Carlo-Studien geht hervor, dass der t-Test für unabhängige Stichproben auf Verletzungen seiner Voraussetzungen *robust* reagiert (vgl. Boneau, 1960; Glass et al., 1972; Sawilowsky & Blair, 1992; Srivastava, 1959 oder Havlicek & Peterson, 1974; zum Begriff „robust" vgl. Box, 1953 oder Kap. 7.8). Dies gilt insbesondere, wenn gleich große Stichproben aus ähnlichen, möglichst eingipflig-symmetrisch verteilten Grundgesamtheiten verglichen werden. Sind die Stichprobenumfänge sehr unterschiedlich, wird die Präzision des t-Testes nicht beeinträchtigt, solange die Varianzen gleich sind. Sind jedoch weder die Stichprobenumfänge noch die Varianzen gleich, ist mit einem erheblich höheren Prozentsatz an Fehlentscheidungen zu rechnen. Nach Ramsey (1980) entscheidet der Test eher zugunsten der H_1, wenn die Varianz in der kleineren Stichprobe größer ist als die Varianz in der größeren Stichprobe (*progressive Testentscheidung*). Ist die Varianz in der größeren Stichprobe jedoch größer als in der kleineren, fallen die Testentscheidungen eher konservativ, d. h. zugunsten der H_0, aus. Insbesondere *progressive Fehlentscheidungen* sind zu vermeiden, da dabei mit einer erhöhten Wahrscheinlichkeit auf Unterschiede geschlossen werden kann, die faktisch nicht vorhanden sind.

8.2.2 Heterogene Varianzen

Im Zusammenhang mit der Ermittlung der Merkmalsvarianz aufgrund aller vorliegenden Daten aus beiden Stichproben, welche wir durch s_p^2 schätzten, machten wir die Annahme homogener Populationsvarianzen, d. h., wir haben $\sigma_1^2 = \sigma_2^2$ angenommen, ohne diese Annahme zu diskutieren. Die Verwendung der Prüfgöße in Gl. (8.6) basiert somit ebenfalls auf dieser Annahme. Wie wir gerade erwähnten, kann die Verletzung der Annahme homogener Varianzen insbesondere bei ungleichen Gruppengrößen gravierende Konsequenzen haben, da der t-Test dann zu progressiven Entscheidungen führen kann.

Soll der t-Test mit heterogenen Varianzen durchgeführt werden, stoßen wir auf das sog. *Behrens-Fisher-Problem*, für dessen Lösung unter anderem Welch (1947) einen Vorschlag gemacht hat. Dieser Vorschlag modifiziert das bisherige Vorgehen auf zwei Arten: Erstens wird die Berechnung von $s_{\bar{x}_1-\bar{x}_2}$ verändert, welche im Nenner der Prüfgröße, s. Gl. (8.6), steht. Zweitens werden die Freiheitsgrade, welche benötigt werden, um den kritischen t-Wert zu bestimmen, modifiziert.

Zunächst zur Berechnung des Standardfehlers der Differenz $s_{\bar{x}_1-\bar{x}_2}$. Gl. (8.4) drückt das Quadrat dieses Standardfehlers aus, ohne die Annahme homogener Varianzen zu benötigen. Sind die Varianzen der beiden Populationen verschieden, so liegt es nahe, σ_1^2 durch s_1^2 und σ_2^2 durch s_2^2 zu schätzen. Im Fall von heterogenen Varianzen berechnen wir deshalb

$$s^2_{\bar{x}_1-\bar{x}_2} = \frac{s_1^2}{n_1} + \frac{s_2^2}{n_2}.$$

Auch wenn wir für diese Formel kein neues Symbol verwenden, soll hier ausdrücklich darauf hingewiesen werden, dass dieser Standardfehler der Differenz sich von dem Standardfehler in Gl. (8.5) unterscheidet. Die Prüfgröße selbst wird auch bei Verwendung dieses neuen Standardfehlers aufgrund von Gl. (8.6) berechnet. Allerdings ist die Prüfgröße nicht mehr exakt t-verteilt, selbst wenn die Nullhypothese gilt und das Merkmal normalverteilt ist. Um die t-Verteilung dennoch als Prüfverteilung verwenden zu können, wurde vorgeschlagen, die Freiheitsgrade zu modifizieren. Anstatt $df = n_1 + n_2 - 2$ wird df_{corr} verwendet, um den kritischen Wert nachzuschlagen. Die Berechnungsformel für die korrigierte Anzahl von Freiheitsgraden lautet

$$df_{corr} = \frac{\left(\frac{s_1^2}{n_1} + \frac{s_2^2}{n_2}\right)^2}{\frac{s_1^4}{n_1^2(n_1-1)} + \frac{s_2^4}{n_2^2(n_2-1)}}. \tag{8.8}$$

Wang (1971) diskutiert die Angemessenheit der Prüfgröße nach dieser Korrektur der Freiheitsgrade. Auch der Fall heterogener Varianzen sei am Beispiel illustriert.

BEISPIEL 8.4

Um den Fall heterogener Varianzen zu illustrieren, greifen wir auf das Beispiel 8.3 zurück, wobei wir Daten für die zweite Gruppe (Frauen) stark verändern. Nun sind nur noch vier Beobachtungen in der zweiten Gruppe enthalten. Diese vier Beobachtungen zeigen aber deutlich größere Unterschiede im Vergleich zu den Männern. Deren Daten bleiben unverändert. Wir testen wieder die zweiseitige $H_1: \mu_1 \neq \mu_2$ für $\alpha = 0{,}05$. Die Daten lauten:

♂	♀
86	81
91	100
96	135
103	110
121	
86	
121	
105	
112	

Wiederum berechnen wir die Kennwerte beider Stichproben. Man erhält für die Männer (Gruppe 1) wie zuvor $\bar{x}_1 = 102{,}33$ und $s_1^2 = 187{,}5$. Für die Frauen (Gruppe 2) ergeben sich die Kennwerte $\bar{x}_2 = 106{,}5$ und $s_2^2 = 505{,}67$. Wenn wir nun davon ausgehen, dass in der Population die Varianzen der Belastungswerte für Männer und Frauen unterschiedlich sind, dann berechnen wir den Standardfehler der Differenz als

$$s_{\bar{x}_1-\bar{x}_2} = \sqrt{\frac{s_1^2}{n_1} + \frac{s_2^2}{n_2}} = \sqrt{\frac{187{,}5}{9} + \frac{505{,}67}{4}} = 12{,}135.$$

Die Mittelwertsdifferenz wird nun an diesem Standardfehler relativiert. Somit erhält man den t-Wert

$$t = \frac{102{,}33 - 106{,}5}{12{,}135} = -0{,}34.$$

Obwohl dieser Wert der Prüfgröße nicht t-verteilt ist, darf man ihn nach Korrektur der Freiheitsgrade mit einem kritischen Wert der t-Tabelle vergleichen. Für die korrigierten Freiheitsgrade ermittelt man aufgrund von Gl. (8.8)

$$df_{corr} = \frac{\left(\frac{187{,}5}{9} + \frac{505{,}67}{4}\right)^2}{\frac{187{,}5^2}{81\cdot 8} + \frac{505{,}67^2}{16\cdot 3}} = 4{,}029 \approx 4.$$

Somit muss der Betrag der Prüfgröße mit Hilfe des Perzentils $t_{4;97,5\%} = 2{,}776$ überprüft werden. Wiederum erweist sich der beobachtete Mittelwertunterschied als nicht signifikant.

Schließlich wollen wir noch überlegen, welche Konsequenzen die angenommene Varianzheterogenität für das Beispiel besitzt. Wären wir von homogenen Varianzen ausgegangen, dann hätten wir aufgrund von Gl. (8.5) den Standardfehler der Differenz als $s_{\bar{x}_1-\bar{x}_2} = 9{,}952$ geschätzt. Da der Standardfehler etwas kleiner ist, ergibt sich ein etwas größerer t-Wert. Dieser t-Wert wäre für homogene Varianzen mit elf Freiheitsgraden verbunden gewesen, sodass der kritische Wert „nur" $t_{11;97,5\%} = 2{,}201$ betragen hätte. Der „Verlust" an Freiheitsgraden, welcher durch heterogene Varianzen entsteht, führt also dazu, dass der t-Wert größer als bei homogenen Varianzen sein muss, um Signifikanz zu erreichen. Im Beispiel würde der t-Wert aber auch bei Annahme homogener Varianzen keine Signifikanz erreichen.

Der Vorschlag von Welch ist nur einer von mehreren, den t-Test beim Vorliegen von heterogenen Varianzen zu modifizieren. In der Tat herrscht unter Statistikern keine Einigkeit darüber, welches die „beste" Lösung des Behrens-Fisher-Problems ist.

8

8.3 *t*-Test für Beobachtungspaare

Der im letzten Abschnitt besprochene t-Test geht davon aus, dass zwei Stichproben voneinander unabhängig erhoben werden. Durch diese Unabhängigkeitsforderung wird gewährleistet, dass die Objekte, die in die eine Stichprobe aufgenommen werden, keinen Zusammenhang mit den Objekten der anderen Stichprobe aufweisen.

Gelegentlich sollen aber zwei Gruppen miteinander verglichen werden, deren Objekte jeweils paarweise einander zugeordnet sind. In diesem Fall sprechen wir von *verbundenen Stichproben*. Um *Beobachtungspaare* handelt es sich beispielsweise, wenn bei Ehepaaren die männlichen Partner mit den weiblichen Partnern verglichen werden, wenn in verschiedenen Arbeitsgruppen jeweils der Beliebteste mit dem Tüchtigsten verglichen wird oder wenn allgemein jedem Objekt der einen Stichprobe ein Objekt der anderen Stichprobe zugeordnet ist. Typische Beispiele für Stichproben von Beobachtungspaaren sind parallelisierte Stichproben („matched samples"), bei denen die Objekte in den beiden Stichproben nach einem sinnvollen Kriterium paarweise einander zugeordnet sind.

Von Beobachtungspaaren sprechen wir jedoch auch, wenn an einer Stichprobe *zwei Messungen* durchgeführt werden. Typische Beispiele hierfür sind Untersuchungen des Gesundheitszustandes vor und nach einer Behandlung, der Vergleich von Messungen, die an einer Stichprobe morgens und abends erhoben wurden oder Einstellungsmessungen vor und nach Werbemaßnahmen.

> Bei zwei verbundenen Stichproben sind die Objekte einander paarweise zugeordnet. Außerdem erhalten wir verbundene Stichproben, wenn jedes Beobachtungsobjekt wiederholt untersucht wird.

Auch wenn es nun eine paarweise Zuordnung der Beobachtungen gibt, so sind wir wie beim t-Test für unabhängige Stichproben an einem *Unterschied* zwischen den Gruppen interessiert. Als Kennwert, welcher einen Gruppenunterschied zum Ausdruck bringt, ziehen wir wiederum den Mittelwertunterschied zwischen den Stichproben heran. Wir betrachten also $\bar{x}_1 - \bar{x}_2$ als Indikator für einen bestehenden Unterschied. Die Nullhypothese lautet wie beim t-Test für unabhängige Stichproben

$$H_0 : \mu_1 = \mu_2.$$

Auch die Alternativhypothesen für das einseitige bzw. zweiseitige Testen bleiben unverändert.

Wie wird nun die paarweise Zuordnung der Beobachtungen bei der Durchführung des Testverfahrens berücksichtigt? Durch die paarweise Zuordnung der Beobachtungen wird es möglich, die Differenz d_i für jedes Messwertpaar zu bilden. Wir berechnen:

$$d_i = x_{i1} - x_{i2}.$$

Durch die Bildung der Differenzen ist jedem Beobachtungspaar also genau ein Messwert zugeordnet, sodass wir die vorliegenden Daten auch als eine Stichprobe von Differenzwerten auffassen können. Diese Betrachtungsweise liegt auch deshalb nahe, da wir die für uns interessante Mittelwertsdifferenz $\bar{x}_1 - \bar{x}_2$ äquivalent als Mittel der Differenzwerte $\bar{d} = \sum_i d_i/n$ auffassen können. Es gilt also:

$$\bar{d} = \bar{x}_1 - \bar{x}_2.$$

Gehen wir von einer einfachen Zufallsstichprobe von n Beobachtungspaaren aus, so ist die Situation analog zum bereits in Abschn. 8.1 besprochenen 1-Stichproben t-Test, wenn wir annehmen, dass die d_i-Werte normalverteilt sind. Populationsmittel und Populationsvarianz der Differenzwerte bezeichnen wir mit μ_d und σ_d^2, wobei beide Parameter unbekannt sind. Allerdings ist dies auch nicht notwendig, um die Prüfgröße des 1-Stichproben t-Tests in Gl. (8.1) auf die jetzige Situation anwenden zu können. Zum einen setzt die Prüfgröße des 1-Stichproben t-Tests nicht voraus, dass die Populationsvarianz bekannt ist. Dies muss nur geschätzt werden, was durch die Stichprobenvarianz der d_i-Werte erfolgen kann, welche wir mit s_d^2 bezeichnen. Wir können die Prüfgröße des 1-Stichproben t-Tests deshalb nun folgendermaßen schreiben

$$t = \sqrt{n}\left(\frac{\bar{d} - \mu_d}{s_d}\right). \tag{8.9}$$

Zum anderen wird für die Berechnung der Prüfgröße der Wert für μ_d verwendet, welcher in der Nullhypothese dafür spezifiziert wird. Gilt die Nullhypothese, dann existiert aber kein Unterschied in der zentralen Tendenz der Gruppen, sodass $\mu_1 = \mu_2$ bzw. $\mu_1 - \mu_2 = 0$ gilt. Da $\mu_d = \mu_1 - \mu_2$ gilt, können wir die Nullhypothese als

$$H_0 : \mu_d = 0$$

ausdrücken. Damit erhalten wir schließlich die Prüfgröße

$$t = \sqrt{n}\left(\frac{\bar{d}}{s_d}\right), \tag{8.10}$$

wobei die Standardabweichung der Differenzen nach folgender Beziehung

$$s_d = \sqrt{\frac{\sum_{i=1}^{n}(d_i - \bar{d})^2}{n-1}} \tag{8.11}$$

geschätzt wird. Der nach Gl. (8.10) ermittelte t-Wert wird anhand Tabelle C (s. Anhang) für gegebene Freiheitsgrade mit dem für ein Signifikanzniveau kritischen Wert verglichen. Das Ergebnis ist signifikant, wenn der beobachtete t-Wert größer ist als der für ein bestimmtes Signifikanzniveau und df = $n - 1$ (n Anzahl der Messwertpaare) kritische t-Wert.

BEISPIEL 8.5

Es wird überprüft, ob Examenskandidaten in der Lage sind, ihre eigene Leistungsfähigkeit richtig einzuschätzen. Vor Durchführung einer Klausur mit 70 Aufgaben sollen 15 Kandidaten angeben, wie viele Aufgaben sie vermutlich richtig lösen werden. Die Anzahl der richtig gelösten Aufgaben wird mit der eingeschätzten Anzahl durch einen t-Test für Beobachtungspaare verglichen. Wir bezeichnen die Schätzungen mit x_{i1} und die tatsächlich richtig gelösten Aufgaben mit x_{i2}. Wir wollen davon ausgehen, dass die Differenzen zwischen den Schätzungen und den tatsächlichen Leistungen normalverteilt sind. Da nicht genügend Vorinformationen über die Richtung möglicher Fehleinschätzungen vorliegen, wird die H_1 ungerichtet formuliert. Das Ergebnis soll auf dem 5%-Niveau abgesichert werden. Die Daten des Beispiels lauten.

Vpn	x_{i1}	x_{i2}	d_i
1	40	48	-8
2	60	55	5
3	30	44	-14
4	55	59	-4
5	55	70	-15
6	35	36	-1
7	30	44	-14
8	35	28	7
9	40	39	1
10	35	50	-15
11	50	64	-14
12	25	22	3
13	10	19	-9
14	40	53	-13
15	55	60	-5

Das Mittel der 15 Differenzen lautet $\bar{d} = \sum_i d_i/n = -96/15 = -6{,}4$. Für die Standardabweichung der Differenzwerte berechnen wir $s_d = 7{,}9$. Somit ergibt sich für den t-Wert $t = \sqrt{15} \cdot \bar{d}/s_d = \sqrt{15} \cdot (-6{,}4/7{,}09) = -3{,}14$, der mit df = 14 Freiheitsgraden verbunden ist.

Der Betrag des empirisch ermittelten t-Wertes übersteigt den kritischen Wert $t_{14;97{,}5\%} = 2{,}15$. Somit fällt der empirische Wert in den Ablehnungsbereich der H_0. Der Richtung des Mittelwertunterschiedes entnehmen wir, dass die tatsächlichen Leistungen unterschätzt werden.

8.3.1 Voraussetzungen

Da wir den t-Test für Beobachtungspaare auf den 1-Stichproben t-Test zurückgeführt haben, gelten für diesen Test die gleichen Annahmen wie für den 1-Stichprobentest. Um den Test durchführen zu können, muss eine einfache Stichprobe von Beobachtungspaaren vorliegen, deren Differenzwerte d_i normalverteilt sind. Die wahre Varianz der Differenzwerte, σ_d^2, muss für die Testdurchführung nicht bekannt sein.

Wie beim t-Test für unabhängige Stichproben gilt auch hier, dass der Test auf Voraussetzungsverletzungen relativ robust reagiert. Man sollte allerdings prüfen, ob hohe Messungen in der ersten Stichprobe mit hohen Messungen in der zweiten Stichprobe einhergehen. In Kap. 10 werden wir diese Art der Beziehung zweier Messwertreihen als positive Kovarianz bzw. Korrelation kennenlernen. Korrelieren die Messwertreihen nicht positiv, sondern negativ miteinander, verliert der t-Test für Beobachtungspaare an Teststärke. In diesem Fall könnte ersatzweise das in Abschnitt 8.7.2 behandelte Verfahren (Wilcoxon-Test) eingesetzt werden.

8.4 Große Stichproben

Alle drei besprochenen t-Tests lassen sich unabhängig vom Stichprobenumfang anwenden, wenn die gemachten Annahmen erfüllt sind. Mit anderen Worten, selbst bei kleinen Stichprobenumfängen gewährleisten die Tests, dass das festgelegte Signifikanzniveau eingehalten wird. Natürlich sind trotzdem große Stichprobenumfänge wünschenswert, da dadurch die Teststärke entsprechend hoch ist und es damit zunehmend wahrscheinlich wird, eine falsche Nullhypothese verwerfen zu können.

Wir wissen bereits, dass die Prüfverteilung der drei t-Tests mit zunehmender Anzahl von Freiheitsgraden in eine Standardnormalverteilung übergeht. Außerdem besagt das zentrale Grenzwerttheorem, dass sich Mittelwerte für „große" Stichproben annähernd normalverteilen. Da es sich bei allen drei t-Tests um Mittelwertsvergleiche handelt, darf man aufgrund dieser Hinweise erwarten, dass mit großem Stichprobenumfang die bisherige Annahme der normalverteilten Merkmale nicht mehr kritisch ist. Diese Vermutung ist korrekt. Falls der Stichprobenumfang „groß" ist, halten die t-Tests das festgelegte Signifikanzniveau auch dann ein, wenn das Merkmal nicht normalverteilt ist. Als grober Orientierungspunkt sollten *mehr als 30 Beobachtungen* pro Stichprobe vorliegen. Somit sollte für den 1-Stichproben t-Test $n > 30$ gelten, für den 2-Stichproben t-Test (unabhängige Stichproben) sollten n_1 und n_2 jeweils 30 Beobachtungen übersteigen, und für den t-Test für Beobachtungspaare sollten mehr als 30 Paare vorliegen.

Tabelle 8.1. Stichprobenumfänge für 1-Stichproben t-Test und für den t-Test für Beobachtungspaare

zweiseitiger Test für $\alpha = 0{,}05$			
	δ		
Teststärke	0,2	0,5	0,8
0,7	157	27	12
0,8	199	34	15
0,9	265	44	19
einseitiger Test für $\alpha = 0{,}05$			
	δ		
Teststärke	0,2	0,5	0,8
0,7	120	21	9
0,8	156	27	12
0,9	216	36	15

Tabelle 8.2. Stichprobenumfänge für t-Test für unabhängige Stichproben; die Werte geben für gleiche Gruppengrößen den insgesamt benötigten Umfang ($n_1 + n_2$) an

zweiseitiger Test für $\alpha = 0{,}05$			
	δ		
Teststärke	0,2	0,5	0,8
0,7	620	102	42
0,8	788	128	52
0,9	1054	172	68
einseitiger Test für $\alpha = 0{,}05$			
	δ		
Teststärke	0,2	0,5	0,8
0,7	472	78	32
0,8	620	102	42
0,9	858	140	56

8.5 Stichprobenumfänge

Die Überlegungen, die wir in Abschn. 7.5 zur Teststärke und zum damit verbundenen Stichprobenumfang gemacht haben, lassen sich direkt auf t-Tests übertragen. Allerdings sind die Berechnungen komplexer, da die Normalverteilungen, welche im Rahmen des z-Tests verwendet wurden, durch t-Verteilungen zu ersetzen sind. Zur Veranschaulichung betrachten wir noch einmal Abb. 7.3 und beziehen diese auf den 1-Stichproben t-Test. Die linke Verteilung entspricht im 1-Stichproben t-Test der t-Verteilung, die unter der Annahme der Nullhypothese gültig ist. Der kritische Wert in der Abbildung muss durch einen kritischen t-Wert, der nun allerdings von den Freiheitsgraden abhängt, ersetzt werden. Die Schwierigkeit der Bestimmung der Teststärke ergibt sich aufgrund der Komplexität der relevanten Prüfverteilung, welche unter der Gültigkeit der Alternativhypothese gilt. Diese entspricht der rechten Verteilung in Abb. 7.3. Hierbei handelt es sich um eine sog. *nicht-zentrale t-Verteilung*, welche von einem zusätzlichen Parameter abhängt, der den Grad der Nicht-Zentralität ausdrückt.

Wir wollen die Berechnung der Teststärke an dieser Stelle nicht weiter vertiefen, sondern für die drei dargestellten t-Tests *Empfehlungen* für Stichprobenumfänge geben. Da der t-Test für Beobachtungspaare nur eine Anwendung des 1-Stichproben t-Tests darstellt, gelten für beide Tests die Stichprobenumfänge der Tab. 8.1. In Tab. 8.2 sind die Stichprobenumfänge für den t-Test für unabhängige Stichproben enthalten. Beide Tabellen geben die notwendigen Stichprobenumfänge für das

Signifikanzniveau α = 0,05 in Abhängigkeit a) der Teststärke, b) der Effektgröße sowie c) der H_1 (ein- oder zweiseitig) an.

Als Effektgröße wird in beiden Tabellen δ verwendet. Dabei gelten in allen drei Fällen die bereits genannten Konventionen, dass wie in Gl. (7.3) ein kleiner, mittelgroßer bzw. ein großer Effekt einer Effektgröße von 0,2, 0,5 bzw. 0,8 entspricht. Allerdings ist die Formel der Effektgröße für die einzelnen t-Tests aufgrund der unterschiedlichen Notation leicht verschieden. Und zwar gilt für den 1-Stichproben t-Test

$$\delta = \frac{\mu - \mu_0}{\sigma},$$

wobei σ die Standardabweichung des untersuchten Merkmals in der Population bezeichnet. Die Effektgröße im t-Test für Beobachtungspaare ist ganz analog definiert. In diesem Fall schreiben wir

$$\delta = \frac{\mu_d}{\sigma_d},$$

wobei σ_d die Standardabweichung der d_i-Werte in der Population bezeichnet. Für den t-Test für unabhängige Stichproben lautet die Effektgröße

$$\delta = \frac{\mu_1 - \mu_2}{\sigma}, \qquad (8.12)$$

wobei σ die Standardabweichung der Merkmals innerhalb der Populationen bezeichnet. Da der t-Test von homogenen Varianzen ausgeht, ist diese Standardabweichung für beide Populationen, aus denen die Stichproben entnommen wurden, gleich. Informationen zur Problematik der Effektgröße bei heterogenen Varianzen findet man bei Grissom und Kim (2001).

Die Effektgröße δ kann im Anschluss an eine Untersuchung aufgrund der erhobenen Daten geschätzt werden. Die drei bekanntesten Schätzer sind Cohens d, Hedges' g und Glass' Δ (Rosenthal, 1994; Rosnow & Rosenthal, 2009).

Die Verwendung von Tab. 8.1 sei an folgendem Beispiel erläutert.

BEISPIEL 8.6

Ein Forscher möchte eine neue Unterrichtsmethode nur dann einführen, wenn sie zumindest eine Verbesserung erbringt, die einem mittelgroßen Effekt entspricht. Er wählt deshalb δ = 0,5. Die mittlere Leistung von Schülern, die nach der bisherigen Methode unterrichtet werden, bezeichnen wir mit μ_0. Dieser Populationsparameter sei bekannt. In diesem Fall kann der Forscher nach der Durchführung seiner empirischen Untersuchung einen 1-Stichproben t-Test verwenden, um den Erfolg seiner neuen Lehrmethode zu überprüfen.

Er setzt vor Beginn der Untersuchung das Signifikanzniveau auf α = 0,05 fest und wählt einen zweiseitigen Test, da er nicht völlig ausschließen kann, dass die neue Unterrichtsmethode auch negative Effekte hervorbringt. Er möchte mit großer Wahrscheinlichkeit den Effekt – wenn er denn tatsächlich in der angenommenen Größe vorliegt – entdecken können. Er wählt deshalb eine Teststärke von 0,9. Nach diesen Festlegungen kann der Stichprobenumfang aus Tab. 8.1 abgelesen werden. Der Forscher benötigt einen Stichprobenumfang von n = 44 Schülern, die mit der neuen Lehrmethode unterrichtet werden.

Auch die Bestimmung des Stichprobenumfangs für den t-Test für unabhängige Stichproben sei an einem Beispiel erläutert.

BEISPIEL 8.7

Ein Forscher möchte wissen, ob Frauen oder Männer belastbarer sind. Das Ergebnis ist nur dann von Bedeutung, wenn sich ein großer Unterschied zwischen Frauen und Männern nachweisen lässt. Er wählt deshalb δ = 0,8. Er plant eine Untersuchung, in der eine einfache Stichprobe von Frauen sowie eine davon unabhängige Stichprobe von Männern erhoben wird. Mit allen Personen soll der gleiche Belastungstest durchgeführt werden. Das Signifikanzniveau wird auf α = 0,05 festgelegt und die Alternativhypothese ungerichtet spezifiziert. Der Forscher hält eine Teststärke von 0,8 für ausreichend. Nach diesen Festlegungen kann der Stichprobenumfang aus Tab. 8.2 abgelesen werden. Der Umfang beider Stichproben zusammen muss 52 betragen. Die Angaben der Tabelle setzen voraus, dass die zu vergleichenden Stichproben gleich groß sind. Somit muss der Forscher die Belastbarkeit von 26 Frauen und 26 Männer untersuchen.

Die Stichprobenumfänge, welche in den Tab. 8.1 und 8.2 genannt sind, gehen davon aus, dass alle Annahmen des jeweiligen t-Tests erfüllt sind. Ist dies nicht der Fall, so muss in der Regel der Stichprobenumfang vergrößert werden, um die gewünschte Teststärke zu erzielen. Es ist deshalb sinnvoll, sich soweit dies möglich ist, von der *Verteilung* des untersuchten Merkmals in der Population ein Bild zu machen. Weicht die Verteilung erheblich von einer Normalverteilung ab, so muss davon ausgegangen werden, dass die genannten Stichprobenumfänge für die gewünschte Teststärke zu gering sind.

SOFTWAREHINWEIS 8.1

Zwar basiert die Berechung der Teststärke bzw. des Stichprobenumfangs auf der nicht-zentralen t-Verteilung, für die wir keine Tabellen besitzen. Die meisten aktuellen statistischen Programmpakete erlauben aber den Einsatz dieser Verteilungen, indem sie Funktionen zur Verfügung stellen, welche die Berechnung wichtiger Aspekte dieser Verteilungen ermöglichen. Dies soll folgendes Beispiel von R-Kommandos demonstrieren, mit dem die Power eines einseitigen t-Tests für α = 0,05, n = 120 und δ = 0,2 berechnet wird.

Aufgrund von Tab. 8.1 wissen wir bereits, dass die Teststärke in diesem Fall 0,7 beträgt. Die folgenden Zeilen genügen, um die Teststärke zu bestimmen. Man erhält für $1 - \beta = 0{,}703$.

```
n <- 120                              # Stichprobenumfang
d <- 0.2                              # Effektgröße
mu.tilde <- sqrt(n) * d               # Nicht-Zentralität
tkrit <- qt(0.95, df=n-1)             # kritischer Wert
beta <- pt(tkrit, df=n-1, ncp=mu.tilde)
1-beta                                # Teststärke
```

Diese R-Kommandos basieren auf Gl. (7.4), wobei $z_{1-\alpha}$ durch $t_{\mathrm{df};1-\alpha}$ ersetzt wird und z_β durch das Perzentil $t_{\mathrm{df};\beta}$ der nicht-zentralen t-Verteilung mit Nicht-Zentralitätsparameter $\tilde{\mu} = \sqrt{n}\,\delta$.

Auch wenn nicht-zentrale Verteilungen heute leicht zugänglich sind, raten wir Anwendern, für die Berechnung von Teststärken bzw. Stichprobenumfängen die darauf spezialisierten Programme bzw. Funktionen zu benutzen, da dieses Vorgehen weniger fehleranfällig ist. In R existiert z. B. die Funktion „power.t.test". In SAS kann die Teststärke für verschiedene Verfahren mit PROC POWER berechnet werden. Beispielsweise wurden die Stichprobenumfänge in Tab. 8.2 mit PROC POWER durch folgendes Kommando berechnet:

```
proc power;
twosamplemeans
  groupmeans = (0 0.2) (0 0.5) (0 0.8)
        sides = 2 1
        ntotal = .
        stddev = 1
        power = 0.7 0.8 0.9;
run;
```

8.6 Vergleich zweier Stichprobenvarianzen

Der t-Test für unabhängige Stichproben erfordert die Annahme, dass in beiden Populationen die Varianz des Merkmals identisch ist. Zwar haben wir auch eine Variante des t-Tests besprochen, welche durch Korrektur der Freiheitsgrade versucht, die Heterogenität der Varianzen zu berücksichtigen. Allerdings ist es vorteilhaft, beim Vorliegen homogener Varianzen auf die Korrektur der Freiheitsgrade zu verzichten. Wie können wir aber überprüfen, ob die Varianzen homogen sind?

Zur Beantwortung dieser Frage besprechen wir *zwei Testverfahren*. In beiden Tests lautet die Nullhypothese, dass Varianzhomogenität besteht. Werden die Tests eingesetzt, um die Varianzhomogenität im Rahmen der Anwendung von t-Tests für unabhängige Stichproben zu überprüfen, ist zu beachten, dass der Forscher in diesem Fall an der Beibehaltung – nicht an der Verwerfung – der Nullhypothese interessiert ist. Deshalb ist es in diesem Fall ratsam, das Signifikanzniveau α nicht zu klein zu wählen bzw. über den konventionellen Wert von 0,05 hinauszugehen und $\alpha = 0{,}1$ oder sogar $\alpha = 0{,}2$ zu wählen, damit die Teststärke zur Entdeckung eines vorhandenen Varianzunterschiedes nicht zu klein ist.

8.6.1 *F*-Test

Der F-Test überprüft die Nullhypothese, dass die beiden zu vergleichenden Stichproben aus Grundgesamtheiten mit gleichen Varianzen stammen, d. h., dass mögliche Varianzunterschiede nur stichprobenbedingt bzw. zufällig sind. Die Nullhypothese lautet also

$$H_0 : \sigma_1^2 = \sigma_2^2.$$

Ausgehend von den Schätzwerten s_1^2 und s_2^2 berechnen wir die Prüfgröße

$$F = \frac{s_1^2}{s_2^2}. \tag{8.13}$$

Werden die Stichprobenvarianzen aufgrund von einfachen, voneinander unabhängigen Zufallsstichproben berechnet, und ist das Merkmal in beiden Populationen normalverteilt, so folge die Prüfgröße bei Gültigkeit der Nullhypothese einer F-Verteilung mit $\mathrm{df}_1 = n_1 - 1$ Zählerfreiheitsgraden und $\mathrm{df}_2 = n_2 - 1$ Nennerfreiheitsgraden. Diese Annahmen entsprechen den Verteilungsannahmen, welche für den t-Test für unabhängige Stichproben gemacht wurden, wobei die Annahme homogener Varianzen im t-Test der Nullhypothese im F-Test entspricht.

Für den einseitigen Test $H_1 : \sigma_1^2 > \sigma_2^2$ ist es vorteilhaft, diejenige Stichprobenvarianz in den Zähler des F-Bruchs zu schreiben, die nach der H_1 die größere sein müsste. Lautet die Alternativhypothese also $H_1 : \sigma_1^2 > \sigma_2^2$, so sollte $F = s_1^2/s_2^2$ berechnet werden. Falls aber $H_1 : \sigma_1^2 < \sigma_2^2$, so sollte $F = s_2^2/s_1^2$ berechnet werden. In diesem Fall kann man die F-Tabelle im Anhang direkt verwenden, und auf Gl. (5.20), welche benötigt werden würde, wenn die kleinere Varianz im Zähler stünde, kann verzichtet werden. Der empirische F-Wert wird dann mit dem Perzentil der F-Verteilung verglichen, das α im oberen Rand der Verteilung abschneidet.

Beim zweiseitigen Test muss aufgrund der asymmetrischen Form der F-Verteilung sowohl der obere als auch der untere kritische Wert bestimmt werden. Wird der F-Wert wie in Gl. (8.13) berechnet, so ist der Ablehnungsbereich der Nullhypothese im oberen Rand durch das Perzentil

$F_{df_1,df_2;1-\alpha/2}$ begrenzt. Im unteren Rand der Verteilung lässt sich das kritische Perzentil aufgrund von Gl. (5.20) bestimmen. Allerdings kann man auch für den zweiseitigen Test auf die Bestimmung des Perzentils im unteren Rand verzichten, wenn man vereinbart, die größere der beiden Stichprobenvarianzen immer in den Zähler des F-Bruchs zu schreiben. Der so ermittelte F-Wert muss dann nur gegen das Perzentil $F_{df_1,df_2;1-\alpha/2}$ verglichen zu werden.

Um den Unterschied zwischen ein- und zweiseitigem Test noch einmal zu betonen: Beim einseitigen Test muss die Stichprobenvarianz in den Zähler des F-Bruchs, die entsprechend der H_1 die größere sein müsste (auch wenn diese Stichprobenvarianz die kleinere der beiden sein sollte). Bei zweiseitigen Test muss *immer* die größere der beiden Stichprobenvarianzen in den Zähler. In diesem Fall kann auf die Bestimmung des kritischen Perzentils im unteren Rand mit Hilfe der Gl. (5.20) verzichtet werden.

BEISPIEL 8.8

Es wird gefragt, ob Leser einer Zeitung A eine homogenere oder eine heterogenere Meinung vertreten als Leser einer Zeitung B (ungerichtete Hypothese, $\alpha = 0{,}10$). Aufgrund eines Fragebogens wird bei 121 Lesern der Zeitung A und bei 101 Lesern der Zeitung B ein Einstellungsindex ermittelt, von dem wir annehmen, er sei normalverteilt. Diese Indizes haben bei den A-Lesern eine Varianz von $s_A^2 = 80$ und bei den B-Lesern eine Varianz von $s_B^2 = 95$. Da die Alternativhypothese ungerichtet ist, bilden wir den F-Wert so, dass die größere Stichprobenvarianz im Zähler steht. Somit ergibt sich

$$F = \frac{95}{80} = 1{,}19.$$

Da das Signifikanzniveau auf 10% festgelegt wurde, müssen wir der F-Tabelle (Tabelle D) den kritischen Wert entnehmen, welcher bei 100 Zählerfreiheitsgraden und 120 Nennerfreiheitsgraden 10%/2 = 5% im oberen Rand der Verteilung abschneiden. Der kritische F-Wert im oberen Rand beträgt $F_{100,120;95\%} = 1{,}37$. Da der empirisch ermittelte F-Wert nicht in den Ablehnungsbereich fällt, behalten wir die H_0 bei, d. h. die Varianzen der Einstellungen der Leser beider Zeitungen unterscheiden sich nicht signifikant.

Der hier beschriebene F-Test setzt Unabhängigkeit der verglichenen Stichproben voraus. Für den Vergleich von Varianzen aus *abhängigen Stichproben* empfiehlt Kristof (1981) folgenden Test:

$$t = \frac{s_1^2 - s_2^2}{2 \cdot s_1 \cdot s_2 \cdot \sqrt{1-r^2}} \cdot \sqrt{n-2},$$

für den df = $n - 2$ gilt. r steht hier für „Korrelation zwischen den abhängigen Stichproben", die z. B. über Gl. (10.5) berechnet werden kann. Weitere Information zu dieser Thematik findet man bei Wilcox (1989).

Der F-Test setzt voraus, dass das Merkmal in beiden Populationen normalverteilt ist. Für den F-Test ist bekannt, dass er das vorgegebene Signifikanzniveau nicht mehr einhält, wenn diese Annahme verletzt ist. Man sagt auch, dass sich der F-Test gegenüber Verletzungen der Normalverteilungsannahme *nicht robust* verhält. Ein Test, der in diesem Sinne robuster als der F-Test ist, wird nun besprochen.

8.6.2 Levene-Test

Eine *robuste Alternative* zum F-Test ist der Levene-Test, welcher ebenfalls die Gleichheit zweier Populationsvarianzen überprüft. Zur Durchführung des Tests werden für jede Gruppe die Beträge der Abweichungen vom Mittelwert berechnet. Für die erste Stichprobe berechnet man also $|x_{i1} - \bar{x}_1|$, $i = 1,\ldots,n_1$ und für die zweite Stichprobe entsprechend $|x_{i2} - \bar{x}_2|$, $i = 1,\ldots,n_2$. Wenn die Populationen unterschiedliche Variabilität aufweisen, dann muss man erwarten, dass der durchschnittliche Abweichungsbetrag sich in den Gruppen unterscheidet. Obwohl diese Abweichungen innerhalb jeder Stichprobe nicht unabhängig sind – diese Abweichungen also keine einfache Stichprobe darstellen –, wurde von Levene (1960) vorgeschlagen, sie als solche zu betrachten und mit Hilfe eines t-Tests einen möglichen Unterschied in der zentralen Tendenz zu überprüfen. Obwohl die Annahmen des t-Tests damit nicht erfüllt sind, wird der Levene-Test gegenüber dem F-Test präferiert.

BEISPIEL 8.9

Wir illustrieren den Levene-Test mit den Daten aus Beispiel 8.4, mit dem wir die Korrektur der Freiheitsgrade für einen t-Test beim Vorliegen heterogener Varianzen besprochen haben. Für das Datenbeispiel hatten wir keinen Test auf Varianzhomogenität durchgeführt. Insofern ist hier die Frage, wie der Levene-Test entscheidet. Da die Stichprobenumfänge klein sind, denn in der zweiten Gruppe liegen nur vier Beobachtungen vor, müssen wir davon ausgehen, dass die Teststärke zum Nachweis der Varianzheterogenität nicht groß ist. Da wir im Grunde an der Beibehaltung der Nullhypothese interessiert sind, wählen wir $\alpha = 0{,}20$ und testen die ungerichtete Alternativhypothese $H_1: \sigma_1^2 \neq \sigma_2^2$.

Für die Männer (Gruppe 1) und Frauen (Gruppe 2) betragen die Mittelwerte $\bar{x}_1 = 102{,}33$ und $\bar{x}_2 = 106{,}5$. Somit können mit Hilfe der Rohdaten aus Beispiel 8.4 die Abweichungsbeträge bestimmt werden. Für die erste männliche Versuchsperson erhalten wir $|86 - 102{,}33| = 16{,}33$; für den zweiten Mann berechnen wir $|91 - 102,33| = 11,33$; usw. Die Abweichungsbeträge aller Personen sind in folgender Tabelle zusammengestellt:

♂	♀
16,33	25,5
11,33	6,5
6,33	28,5
0,67	3,5
18,67	
16,33	
18,67	
2,67	
9,67	

Der Levene-Test führt anhand dieser Werte einen *t*-Test für unabhängige Stichproben durch. Wir wollen das Vorgehen kurz erläutern.

Für die Männer und Frauen ergeben sich folgende Mittelwerte der Abweichungsbeträge: 11,19 (Männer) und 16,00 (Frauen). Die Varianzen der Abweichungsbeträge lauten: 46,75 (Männer) und 164,33 (Frauen). Um die Prüfgröße zu bestimmen, benötigen wir den Standardfehler der Differenz. Aufgrund von Gl. (8.7) ermitteln wir den Wert 78,82 für die Varianz der Abweichungsbeträge, welche aufgrund aller 13 vorliegenden Abweichungen geschätzt wird. Mit Hilfe von Gl. (8.5) ergibt sich der Nenner der Prüfgröße als

$$\sqrt{78{,}82\left(\frac{1}{9}+\frac{1}{4}\right)} = 5{,}35.$$

Somit ergibt sich der Wert $t = (11{,}19 - 16)/5{,}35 = -0{,}90$ für die Prüfgröße mit $df = n_1 + n_2 - 2 = 11$. Da

$$|t| = |-0{,}90| < t_{11;90\%} = 1{,}363,$$

wird die Nullhypothese – die Varianzen sind homogen – beibehalten. Anstatt des *t*-Wertes wird das Ergebnis des Levene-Tests aufgrund von Gl. (5.21) auch als *F*-Wert ausgedrückt. Der *F*-Wert ergibt sich also durch Quadrieren des *t*-Wertes. Somit erhält man für das Beispiel $F = 0{,}90^2 = 0{,}81$. Der *F* Wert besitzt einen Zähler und $n_1 + n_2 - 2$ Nennerfreiheitsgrade.

Die *Konvention*, das Ergebnis des Levene-Tests als *F*-Wert auszudrücken, ist darauf zurückzuführen, dass der Levene-Test auch im Rahmen der Varianzanalyse, in der mehr als zwei Stichproben hinsichtlich ihrer zentralen Tendenz miteinander verglichen werden, verwendet wird und dort die *t*-Statistik nicht verwendet werden kann. Brown und Forsythe (1974) haben vorgeschlagen, die Abweichungsbeträge, welche mit dem Levene-Test verglichen werden, anders zu berechnen. Anstatt die Beträge der Abweichungen vom Mittel zu berechnen, verwenden Brown und Forsythe die Beträge der Abweichungen vom jeweiligen Stichprobenmedian.

SOFTWAREHINWEIS 8.2

Das Ergebnis des Levene-Tests gehört bei einigen statistischen Programmpaketen, z. B. SPSS, zu den Ergebnissen, die automatisch für den *t*-Test für unabhängige Stichproben berichtet werden. In diesem Fall ist es nicht – so wie im Beispiel 8.9 gezeigt – notwendig, Abweichungsbeträge zu berechnen und damit einen *t*-Test durchzuführen.

* 8.7 Nicht-parametrische Tests

t-Tests sollten nicht eingesetzt werden, wenn – insbesondere bei kleineren Stichprobenumfängen – die jeweiligen Voraussetzungen (normalverteilte Grundgesamtheit und ggf. Varianzhomogenität) nicht erfüllt sind. In diesen Fällen benötigen wir spezielle, voraussetzungsärmere Verfahren. Einen ausführlichen Überblick über diese Verfahren findet man z. B. bei Bortz et al. (2008, Kap. 6) bzw. Bortz und Lienert (2008, Kap. 3). Man bezeichnet sie auch als *nicht-parametrische* bzw. *verteilungsfreie Verfahren.*

Wir wollen uns hier nur mit zwei häufig verwendeten, nicht-parametrischen Tests beschäftigen, bei denen es um den Vergleich zweier Stichproben hinsichtlich ihrer zentralen Tendenz geht. Wie beim *t*-Test unterscheiden wir zwischen unabhängigen und verbundenen Stichproben. Auf die Besprechung eines nicht-parametrischen 1-Stichprobentests, der alternativ zum 1-Stichproben *t*-Test angewendet werden könnte, verzichten wir, da dieser Test weniger häufig eingesetzt wird. Nicht-parametrische Tests für eine Stichprobe besprechen Büning und Trenkler (1994, Kap. 4).

8.7.1 Vergleich von zwei unabhängigen Stichproben (*U*-Test von Mann-Whitney)

Es soll überprüft werden, ob die Beeinträchtigung der Reaktionszeit unter Alkoholeinfluss durch die Einnahme eines Präparates *A* wieder aufgehoben werden kann. Da wir nicht davon ausgehen können, dass Reaktionszeiten normalverteilt sind, entscheiden wir uns für ein nicht-parametrisches Verfahren, das nicht an die Normalverteilungsvoraussetzung geknüpft ist.

An einem Reaktionsgerät werden 12 Personen (Gruppe 1) mit einer bestimmten Alkoholmenge und 15 Personen (Gruppe 2), die zusätzlich Präparat *A* eingenommen haben, getestet. Es mögen sich die in Tab. 8.3 genannten Reaktionszeiten ergeben haben.

In Tab. 8.3 wurde in aufsteigender Reihenfolge eine gemeinsame Rangreihe aller 27 Messwerte gebildet. Wenn eine der beiden Gruppen langsamer

Tabelle 8.3. Beispiel für einen Mann-Whitney-*U*-Test

Mit Alkohol		Mit Alkohol und Präparat *A*	
Reaktionszeit (ms)	Rangplatz	Reaktionszeit (ms)	Rangplatz
85	4	96	10
106	17	105	16
118	22	104	15
81	2	108	19
138	27	86	5
90	8	84	3
112	21	99	12
119	23	101	13
107	18	78	1
95	9	124	25
88	7	121	24
103	14	97	11
		129	26
	$T_1 = 172$	87	6
		109	20
			$T_2 = 206$

reagiert, müsste der Durchschnitt der Rangplätze ($\bar{R}$) in dieser Gruppe höher sein als in der anderen Gruppe. Der Unterschied von $\bar{R}_1$ und $\bar{R}_2$ kennzeichnet also mögliche Unterschiede in den Reaktionszeiten. Für die erste Gruppe erhalten wir eine Rangsumme von $T_1 = 172$ bzw. $\bar{R}_1 = 14{,}33$ und für die zweite Gruppe $T_2 = 206$ bzw. $\bar{R}_2 = 13{,}73$. T_1 und T_2 sind durch die Beziehung

$$T_1 + T_2 = \frac{n \cdot (n+1)}{2} \quad (n = n_1 + n_2) \tag{8.14}$$

miteinander verknüpft. Als Nächstes wird eine Prüfgröße U (bzw. U') bestimmt, indem wir auszählen, wie häufig ein Rangplatz in der einen Gruppe größer ist als die Rangplätze in der anderen Gruppe. In unserem Beispiel erhalten wir den U-Wert folgendermaßen: Die erste Person in Gruppe 1 hat den Rangplatz 4. In Gruppe 2 befinden sich 13 Personen mit einem höheren Rangplatz. Als Nächstes betrachten wir die zweite Person in Gruppe 1 mit dem Rangplatz 17. Dieser Rangplatz wird von 5 Personen in Gruppe 2 übertroffen. Die dritte Person der Gruppe 1 hat Rangplatz 22, und es befinden sich 3 Personen in Gruppe 2 mit höherem Rangplatz usw. Addieren wir diese aus $n_1 \cdot n_2$ Vergleichen resultierenden Werte, ergibt sich der gesuchte U-Wert (in unserem Beispiel $U = 13 + 5 + 3 \ldots$). Ausgehend von der Anzahl der *Rangplatzunterschreitungen* erhalten wir U'. U und U' sind nach folgender Beziehung miteinander verknüpft:

$$U = n_1 \cdot n_2 - U'. \tag{8.15}$$

Die recht mühsame Zählarbeit bei der Bestimmung des U-Wertes kann man sich ersparen, wenn folgende Beziehung eingesetzt wird:

$$U = n_1 \cdot n_2 + \frac{n_1 \cdot (n_1 + 1)}{2} - T_1. \tag{8.16}$$

Danach ist U in unserem Beispiel

$$U = 12 \cdot 15 + \frac{12 \cdot 13}{2} - 172 = 86,$$

bzw. durch Austausch von n_1 und n_2 in Gl. (8.16) und unter Verwendung von T_2:

$$U' = 12 \cdot 15 + \frac{15 \cdot 16}{2} - 206 = 94.$$

Zur Rechenkontrolle überprüfen wir, ob Gl. (8.15) erfüllt ist:

$$86 = 12 \cdot 15 - 94.$$

Unterscheiden sich die Populationen, aus denen die Stichproben entnommen wurden, nicht, erwarten wir unter der H_0 einen U-Wert von

$$\mu_U = \frac{n_1 \cdot n_2}{2}. \tag{8.17}$$

Alle denkbaren U-Werte sind um μ_U symmetrisch verteilt. Die Streuung der U-Werte-Verteilung (Standardfehler des U-Wertes) lautet:

$$\sigma_U = \sqrt{\frac{n_1 \cdot n_2 \cdot (n_1 + n_2 + 1)}{12}}. \tag{8.18}$$

Die Verteilung der U-Werte um μ_U ist bei größeren Stichproben (n_1 oder $n_2 > 10$) angenähert normal, sodass der folgende z-Wert anhand Tabelle A (s. Anhang) auf seine statistische Bedeutsamkeit hin überprüft werden kann:

$$z = \frac{U - \mu_U}{\sigma_U}. \tag{8.19}$$

Für das Beispiel errechnet man

$$\mu_U = \frac{12 \cdot 15}{2} = 90 \quad \text{und}$$

$$\sigma_U = \sqrt{\frac{12 \cdot 15 \cdot (12 + 15 + 1)}{12}} = 20{,}49.$$

Da U und U' symmetrisch zu μ_U liegen, ist es unerheblich, ob U oder U' in Gl. (8.19) eingesetzt werden. Wir ermitteln für z

$$z = \frac{86 - 90}{20{,}49} = -0{,}20.$$

Gemäß unserer Fragestellung ist dieser z-Wert einseitig zu prüfen. Wir entnehmen Tabelle A den kritischen Wert $z_{5\%} = -1{,}65$, sodass die H_0 wegen $-1{,}65 < -0{,}20$ beizubehalten ist.

Kleine Stichproben

Bei kleineren Stichprobenumfängen wird die Signifikanzüberprüfung eines U-Wertes anhand Tabelle E des Anhangs vorgenommen, in der für $n_1 \leq 8$ und $n_2 \leq 8$ die exakten p-Werte der U-Werte tabelliert sind. Die Tabelle ermöglicht die Bestimmung von einseitigen und zweiseitigen p-Werten. Wir definieren $U < U'$ und lesen bei einseitigem Test den zu U gehörenden p-Wert ab. Bei zweiseitigem Test ist der entsprechende p-Wert zu verdoppeln, außer für $U = \mu_0$. In diesem Fall ist die H_0 beizubehalten.

Für $1 < n_1 \leq 20$ und $9 \leq n_2 \leq 20$ enthält die Tabelle kritische U-Werte, die von U erreicht oder unterschritten werden müssen, um bei dem jeweils genannten Signifikanzniveau α bei ein- oder zweiseitigem Test signifikant zu sein.

Der kritische U-Wert für unsere Fragestellung ($n_1 = 12$, $n_2 = 15$, $\alpha = 0{,}05$, einseitiger Test) lautet $U_{\text{crit}} = 55$. Wegen $U = 86 > 55$ kommen wir also zum gleichen Ergebnis wie nach Gl. (8.19): Der Unterschied ist nicht signifikant, d. h. H_0 ist beizubehalten. Eine Aufhebung des Alkoholeinflusses durch das Präparat A kann nicht nachgewiesen werden.

Verbundene Ränge

Liegen verbundene Ränge vor, weil sich mehrere Personen einen Rangplatz teilen, wird die Streuung des U-Wertes folgendermaßen korrigiert:

$$\sigma_{U_{\text{corr}}} = \sqrt{\frac{n_1 \cdot n_2}{n \cdot (n-1)}} \times \sqrt{\frac{n^3 - n}{12} - \sum_{i=1}^{k} \frac{t_i^3 - t_i}{12}}, \qquad (8.20)$$

wobei

$n = n_1 + n_2$

$t_i =$ Anzahl der Personen, die sich Rangplatz i teilen,

$k =$ Anzahl der verbundenen Ränge.

Wie man den Test bei verbundenen Rängen durchführt, zeigt das folgende Beispiel:

BEISPIEL 8.10

Zwei Schülergruppen ($n_1 = 10$, $n_2 = 11$) spielen Theater. Die Schauspieler werden hinterher mit acht Preisen belohnt, wobei eine Jury entscheidet, wie die acht Preise verteilt werden sollen. Der beste Schauspieler erhält den 1. Preis, der zweitbeste den 2. Preis usw. Da nur acht Preise zur Verfügung stehen, aber möglichst viele Schüler einen Preis erhalten sollen, müssen sich einige Schüler Preise teilen.

Tabelle 8.4. Mann-Whitney-U-Test für verbundene Ränge

Gruppe 1		Gruppe 2	
Schüler	Rangplatz	Schüler	Rangplatz
1	8	1	12,5
2	3	2	21
3	9,5	3	6,5
4	5	4	9,5
5	14	5	12,5
6	3	6	18
7	6,5	7	17
8	11	8	20
9	1	9	16
10	15	10	3
		11	19
$T_1 = 76$		$T_2 = 155$	

Es soll überprüft werden, ob sich die beiden Schauspielergruppen signifikant in ihrer schauspielerischen Leistung unterscheiden (zweiseitiger Test, $\alpha = 5\%$).

Die Preisverteilung führt zu folgenden Ergebnissen:

Schüler 9	Gruppe 1	1. Preis
Schüler 2	Gruppe 1	2. Preis
Schüler 6	Gruppe 1	
Schüler 10	Gruppe 2	
Schüler 4	Gruppe 1	3. Preis
Schüler 7	Gruppe 1	4. Preis
Schüler 3	Gruppe 2	
Schüler 1	Gruppe 1	5. Preis
Schüler 3	Gruppe 1	6. Preis
Schüler 4	Gruppe 2	
Schüler 8	Gruppe 1	7. Preis
Schüler 1	Gruppe 2	8. Preis
Schüler 5	Gruppe 2	

Daraus resultiert die in Tab. 8.4 dargestellte gemeinsame Rangreihe der Schüler, wobei die acht Schüler ohne Preis nach ihren Leistungen auf die Rangplätze 14 bis 21 verteilt werden. Die *verbundenen Ränge* (Rangbindungen) erhalten wir, indem Schülern mit gleichem Rangplatz der Durchschnitt der für diese Schüler normalerweise zu vergebenden Rangplätze zugewiesen wird. Beispiel: 3 Schüler teilen sich den 2. Preis; jeder dieser Schüler erhält den Rangplatz $(2+3+4)/3 = 3$.

Für Gruppe 1 ermitteln wir $T_1 = 76$, und für Gruppe 2 $T_2 = 155$ (Kontrolle nach Gl. (8.14): $76 + 155 = 21 \cdot 22/2$). μ_U berechnen wir nach Gl. (8.17):

$$\mu_U = \frac{10 \cdot 11}{2} = 55.$$

Die U-Werte lauten nach Gl. (8.16)

$$U = 10 \cdot 11 + \frac{10 \cdot (10+1)}{2} - 76 = 89$$

und

$$U' = 10 \cdot 11 + \frac{11 \cdot (11+1)}{2} - 155 = 21.$$

Gleichung (8.15) ist erfüllt. Um die für Rangbindungen korrigierte U-Werte-Streuung zu ermitteln, wenden wir uns zunächst dem Ausdruck

$$\sum_{i=1}^{k} \frac{t_i^3 - t_i}{12}$$

zu. Aus Tab. 8.4 entnehmen wir die folgenden vier Rangbindungsgruppen:

t_1 = 3 Schüler mit dem Rang 3,

t_2 = 2 Schüler mit dem Rang 6,5,

t_3 = 2 Schüler mit dem Rang 9,5,

t_4 = 2 Schüler mit dem Rang 12,5.

Der Summenausdruck lautet somit

$$\sum_{i=1}^{4} \frac{t_i^3 - t_i}{12} = \frac{3^3 - 3}{12} + \frac{2^3 - 2}{12} + \frac{2^3 - 2}{12} + \frac{2^3 - 2}{12} = 3{,}5.$$

Für $\sigma_{U_{corr}}$ ermitteln wir daher

$$\sigma_{U_{corr}} = \sqrt{\frac{10 \cdot 11}{21 \cdot (21 - 1)} \cdot \left(\frac{21^3 - 21}{12} - 3{,}5 \right)} = 14{,}17.$$

Dies führt nach Gl. (8.19) zu einem z-Wert von

$$z = \frac{89 - 55}{14{,}17} = 2{,}40.$$

Nach Tabelle A des Anhangs erwarten wir bei zweiseitigem Test für das 5%-Niveau einen z-Wert von $\pm 1{,}96$. Da der empirisch ermittelte z-Wert außerhalb dieses z-Wert-Bereichs liegt, unterscheiden sich die beiden Schülergruppen signifikant auf dem 5%-Niveau.

Für kleinere Stichproben mit verbundenen Rängen verwendet man eine von Buck (1976) entwickelte Tabelle, die in Auszügen bei Bortz et al., 2008 (Tafel 7) wiedergegeben ist. Der hier beschriebene U-Test von Mann und Whitney (1947) und der *Rangsummentest* von Wilcoxon (1947) sind mathematisch äquivalent.

8.7.2 Vergleich von zwei verbundener Stichproben (Wilcoxon-Test)

Es soll der Erfolg von Unfallverhütungsmaßnahmen in Betrieben überprüft werden. In zehn zufällig herausgegriffenen Betrieben werden die Werktätigen über Möglichkeiten der Unfallverhütung informiert. Verglichen wird die monatliche Unfallzahl vor und nach der Aufklärungskampagne. Die in Tab. 8.5 genannten Unfallhäufigkeiten wurden registriert.

Da wir nicht davon ausgehen können, dass sich Unfallzahlen normalverteilen, und da die Stichprobe klein ist, entscheiden wir uns für ein verteilungsfreies Verfahren. Es wurde die gleiche Stichprobe zweimal untersucht, sodass der Wilcoxon-Test für Paardifferenzen angezeigt ist (Wilcoxon, 1945, 1947). Nach diesem Verfahren kann die H_0 (die beiden Messwertreihen stammen aus Populationen, die keine Unterschiede hinsichtlich der zentralen Tendenz aufweisen) folgendermaßen über-

Tabelle 8.5. Beispiel für einen Wilcoxon-Test ($n < 25$)

		(1) vorher	(2) nachher	(3) d_i	(4) Rangplatz von $\lvert d_i \rvert$
Betrieb	1	8	4	4	7,5
	2	23	16	7	10
	3	7	6	1	2
	4	11	12	−1	2(−)
	5	5	6	−1	2(−)
	6	9	7	2	4,5
	7	12	10	2	4,5
	8	6	10	−4	7,5(−)
	9	18	13	5	9
	10	9	6	3	6
					$T = 11{,}5$
					$T' = 43{,}5$

prüft werden ($\alpha = 1\%$, einseitiger Test): Wie beim t-Test für verbundene Stichproben wird zunächst für jedes Messwertepaar die Differenz d_i berechnet (Spalte 3). Die Absolutbeträge der Differenzen werden in eine Rangreihe gebracht (Spalte 4), wobei wir diejenigen Rangplätze kennzeichnen, die zu Paardifferenzen mit dem selteneren Vorzeichen gehören (zur Ermittlung verbundener Rangplätze vgl. Abschnitt 8.7.1). In unserem Beispiel sind dies die negativen Paardifferenzen. Die Summe der Rangplätze von Paardifferenzen mit dem selteneren (hier negativen) Vorzeichen kennzeichnen wir durch T und die Summe der Rangplätze von Paardifferenzen mit dem häufigeren Vorzeichen durch T'. Sollte ein Paar aus gleichen Messwerten bestehen (was auf unser Beispiel nicht zutrifft), ist die Paardifferenz null. In diesem Fall kann nicht entschieden werden, zu welcher Gruppe von Paardifferenzen (mit positivem oder negativem Vorzeichen) die Differenz gehört. Paare mit Null-Differenzen bleiben deshalb in der Rechnung unberücksichtigt. Das n wird um die Anzahl der identischen Messwertpaare reduziert. Ist die Anzahl der Null-Differenzen groß, so weist dieser Tatbestand bereits auf die Richtigkeit der H_0 hin. (Ausführliche Hinweise zur Behandlung von Nulldifferenzen findet man bei Bortz et al., 2008, Kap. 6.2.1).

In unserem Beispiel ermitteln wir

$$T = 11{,}5 \quad \text{und} \quad T' = 43{,}5. \tag{8.21}$$

T und T' sind durch die Beziehung (8.22) miteinander verbunden.

$$T + T' = \frac{n \cdot (n + 1)}{2}, \tag{8.22}$$

wobei n = Anzahl der Paardifferenzen.

Je deutlicher sich T und T' unterscheiden, desto stärker spricht das Ergebnis gegen die Nullhypothese. Unter der Annahme der Nullhypothese, dass die Stichproben aus Populationen mit gleicher zentraler Tendenz stammen, erwarten wir als T-Wert die halbe Summe aller Rangplätze:

$$\mu_T = \frac{n \cdot (n+1)}{4}. \tag{8.23}$$

Bezogen auf unsere Daten ergibt sich

$$\mu_T = \frac{10 \cdot 11}{4} = 27{,}5.$$

Je deutlicher der empirische T-Wert von μ_T abweicht, umso geringer ist die Wahrscheinlichkeit, dass der gefundene Unterschied zufällig zustande gekommen ist, bzw. die Wahrscheinlichkeit, dass das gefundene Ergebnis mit der H_0 vereinbar ist. Tabelle F (s. Anhang) informiert darüber, welche untere T-Wert-Grenze bei gegebenem Signifikanzniveau α und ein- bzw. zweiseitigem Test zu unterschreiten ist. Für den einseitigen Test unseres Beispiels lautet der kritische Wert für $n = 10$ und $\alpha = 1\%$: $T = 5$. Da der empirische Wert ($T = 11{,}5$) größer ist (d. h. nicht so extrem von μ_T abweicht wie der für das 1%-Niveau benötigte T-Wert), kann die H_0 nicht verworfen werden. Die Aufklärungskampagne hat keinen signifikanten Einfluss auf die Unfallzahlen ausgeübt.

Große Stichproben

Tabelle F enthält nur die kritischen T-Werte für Stichproben mit maximalem $n = 25$. Bei größeren Stichprobenumfängen geht die Verteilung der T-Werte in eine Normalverteilung über, sodass die Standardnormalverteilungstabelle benutzt werden kann. Die für die Transformation eines T-Wertes in einen z-Wert benötigte Streuung der T-Werte (Standardfehler des T-Wertes) lautet:

$$\sigma_T = \sqrt{\frac{n \cdot (n+1) \cdot (2 \cdot n + 1) - \sum_{i=1}^{k} \frac{t_i^3 - t_i}{2}}{24}},$$

mit k = Anzahl der Rangbindungen und t_i = Länge der i-ten Rangbindung.

BEISPIEL 8.11

Es soll überprüft werden, ob Ehepartner das ihnen zur Verfügung stehende Einkommen zu gleichen Teilen ausgeben (H_0). Die Fragestellung soll zweiseitig mit einem Signifikanzniveau von $\alpha = 5\%$ überprüft werden. Befragt wurden $n = 30$ junge Ehepaare. Das Ergebnis der Befragung zeigt Tab. 8.6.

Wir berechnen die Prüfstatistik folgendermaßen:

$$\mu_T = \frac{n \cdot (n+1)}{4} = \frac{29 \cdot 30}{4} = 217{,}5,$$

$$\sum_{i=1}^{k} \frac{t_i^3 - t_i}{2} = \frac{1}{2} \cdot [(3^3 - 3) + (2^3 - 2) + (3^3 - 3) + (4^3 - 4) + 3 \cdot (2^3 - 2)] = 66,$$

Tabelle 8.6. Beispiel für einen Wilcoxon-Test ($n > 25$)

Ehepaar	♂	♀	Differenz	Rang
1	680	680	0	–
2	820	850	−30	2
3	660	630	30	2
4	650	620	30	2
5	700	740	−40	4,5
6	890	850	40	4,5
7	500	550	−50	7
8	770	720	50	7
9	600	650	−50	7
10	800	740	60	9
11	820	750	70	11,5
12	870	940	−70	11,5
13	880	810	70	11,5
14	720	650	70	11,5
15	520	600	−80	14
16	850	750	100	15
17	780	900	−120	16
18	820	950	−130	17
19	800	650	150	18
20	540	700	−160	19,5
21	850	690	160	19,5
22	830	650	180	21,5
23	780	960	−180	21,5
24	1040	850	190	23
25	980	780	200	24
26	1200	980	220	25,5
27	940	720	220	25,5
28	810	560	250	27
29	870	580	290	28
30	1150	840	310	29

$$\sigma_T = \sqrt{\frac{n \cdot (n+1) \cdot (2 \cdot n + 1) - \sum_{i=1}^{k} \frac{t_i^3 - t_i}{2}}{24}} = 46{,}22.$$

Da die Summe der Ränge, die einer negativen Differenz entsprechen, $T = 120$ beträgt, ergibt sich die Prüfgröße als

$$z = \frac{T - \mu_T}{\sigma_T} = \frac{120 - 217{,}5}{46{,}22} = -2{,}11.$$

Bei zweiseitigem Test für $\alpha = 0{,}05$ ist die H_0 im Bereich $-1{,}96 < z < 1{,}96$ beizubehalten.

Da die Differenzenverteilung deutlich bimodal ist, ziehen wir den Wilcoxon-Test für Paardifferenzen dem t-Test für Beobachtungspaare vor. Ein Ehepaar kann in der Rechnung nicht berücksichtigt werden, da die von beiden Ehepartnern angegebenen Beträge identisch sind. Der T-Wert für die verbleibenden 29 Paare ist angenähert normalverteilt, sodass wir die Signifikanzüberprüfung anhand der Normalverteilungstabelle vornehmen können. Wir ermitteln einen empirischen z-Wert, der größer ist als der für das 5%-Niveau bei zweiseitigem Test erwartete z-Wert ($z = \pm 1{,}96$). Die H_0 wird deshalb verworfen. Das den Ehepartnern zur Verfügung stehende Einkommen wird nicht gleichanteilig ausgegeben.

ÜBUNGSAUFGABEN

Aufgabe 8.1

a) Bestimmen Sie das $t_{8;99\%}$-Perzentil.
b) Bestimmen Sie das $t_{8;1\%}$-Perzentil.

c) In welche Verteilung geht die t-Verteilung mit wachsender Zahl von Freiheitsgraden über?
d) Welche Beziehung gilt zwischen den Perzentilen der t-Verteilung und der Standardnormalverteilung? Vergleichen Sie beispielsweise $t_{df;95\%}$ mit $z_{95\%}$.

Aufgabe 8.2 Bei welchen der folgenden Untersuchungen muss der t-Test für Beobachtungspaare zur Auswertung verwendet werden?

a) Es werden zufällig 20 Zwillingspaare ausgewählt. Pro Paar wird einer der Zwillinge mit einem Medikament behandelt, der andere dagegen nicht. Es soll untersucht werden, ob sich das Medikament auf die kognitiven Leistung auswirkt.
b) Zufällige Auswahl von 100 Ehepaaren. Für jede Person wird die Einstellung auf einem „Konservativ-versus-Liberal"-Kontinuum gemessen. Der Forscher möchte wissen, ob Männer konservativere Einstellungen als Frauen besitzen.
c) Es werden zufällig 20 Wochen ausgewählt und aufgrund der polizeilichen Unfallstatistik für einen Landkreis die Anzahl der Unfälle montags und mittwochs festgestellt. Für beide Wochentage liegen somit jeweils 20 Häufigkeiten vor. Der Forscher möchte wissen, ob montags mehr Unfälle passieren als mittwochs.

Aufgabe 8.3 Was sind parallelisierte Stichproben?

1-Stichproben *t*-Test

Aufgabe 8.4 Nach einer längeren Untersuchungsreihe hat man ermittelt, dass Ratten im Durchschnitt $\mu_0 = 170$ s benötigen, bis sie es gelernt haben, einen Mechanismus zu bedienen, durch den Futter freigegeben wird. Die Zeiten seien angenähert normalverteilt mit einer Streuung von $s = 12$. Es soll überprüft werden, ob Ratten, deren Eltern bereits trainiert (konditioniert) waren, schneller in der Lage sind, den Mechanismus zu bedienen (einseitiger Test, $\alpha = 5\%$). 20 Ratten mit konditionierten Eltern erzielten eine Durchschnittszeit von 163 s. In diesem Problem sind somit $\bar{x} = 163$, $\mu_0 = 170$ und $s = 12$. Überprüfen Sie die Forschungshypothese mit Hilfe des t-Tests.

Aufgabe 8.5 Eine Theorie besagt, dass einzelne Personen in ihrem Urteil irren können, der Durchschnitt mehrerer Urteile jedoch den Urteilsgegenstand fehlerfrei beschreibt, da sich die individuellen Urteilsfehler ausgleichen. Um die Theorie zu testen, führt ein Psychologe ein Experiment durch. Er bittet fünf Studenten seines Kurses, die Seitenlänge eines Quadrates zu schätzen. Er erhält folgende Einschätzungen: 7 cm, 8 cm, 6 cm, 10 cm und 9 cm.

In Wirklichkeit beträgt die Länge des Quadrates 10 cm. Es sei bekannt, dass sich subjektive Schätzungen dieser Art normalverteilen. Testen Sie die Hypothese, dass Personen die Länge systematisch über- oder unterschätzen.

a) Wie lauten die Hypothesen der Untersuchung?
b) Berechnen Sie $\bar{x}$, s^2 und $s^2_{\bar{x}}$.
c) Bestimmen Sie die Prüfgröße t.
d) Bestimmen Sie die Anzahl der Freiheitsgrade der Prüfgröße.
e) Welchen kritischen t-Wert muss die Prüfgröße über- bzw. unterschreiten, damit die Nullhypothese mit $\alpha = 0{,}05$ abgelehnt werden kann?
f) Wie lautet Ihre Entscheidung?
g) An welcher Hypothese – H_0 oder H_1 – ist der Forscher interessiert?

t-Test für unabhängige Stichproben

Aufgabe 8.6 Zwölf Kinder reicher Eltern und zwölf Kinder armer Eltern werden aufgefordert, den Durchmesser eines 1-€-Stückes zu schätzen. Die folgenden (normalverteilten) Schätzungen in Millimetern wurden abgegeben:

reich	arm
20	24
23	23
23	26
21	28
22	27
25	27
19	25
24	18
20	21
26	26
24	25
25	29

Überprüfen Sie, ob die durchschnittlichen Schätzwerte der armen Kinder signifikant größer sind als die der reichen Kinder.

Aufgabe 8.7 Ein Gesundheitspsychologe möchte die Wirksamkeit eines Filmes erproben, der Kinder zu Dentalhygiene erziehen soll. 16 Kinder werden zufällig für die Untersuchung ausgewählt. Acht Kindern wird der Film vorgespielt, acht Kindern wird der Film nicht vorgespielt. Im nächsten Monat wird festgehalten, wie oft die Kinder ihre Zähne putzen. Es ergeben sich folgende Resultate:

Bedingung	n	$\bar{x}$	s^2
Mit Film	8	23	80
Ohne Film	8	14	120

Überprüfen Sie, ob der Film die Motivation zum Zähneputzen verbessert.

a) Formulieren Sie eine gerichtete Alternativhypothese und die dazugehörende Nullhypothese.
b) Handelt es sich um abhängige oder unabhängige Stichproben?
c) Berechnen Sie $s_{\bar{x}_1-\bar{x}_2}$.
d) Berechnen Sie die Prüfgröße t.
e) Bestimmen Sie den kritischen t-Wert, den die Prüfgröße überschreiten muss, damit die Nullhypothese mit dem Signifikanzniveau $\alpha = 0{,}05$ abgelehnt werden kann.
f) Wie lautet Ihre Entscheidung?
g) Was sind die Voraussetzungen des Hypothesentests bei kleinen Stichproben?
h) Welche Konsequenzen ergeben sich, wenn Sie anstelle des t-Tests den z-Test verwenden würden?

t-Test für Beobachtungspaare

Aufgabe 8.8 Nach einer Untersuchung von Miller und Bugelski (1948) ist zu erwarten, dass Personen in ihren Einstellungen gegenüber neutralen Personen negativer werden, wenn sie zwischenzeitlich frustriert wurden (Sündenbockfunktion). Für neun Jungen mögen sich vor und nach einer Frustration folgende Einstellungswerte ergeben haben:

Vpn	vorher	nachher
1	38	33
2	32	28
3	33	34
4	28	26
5	29	27
6	37	31
7	35	32
8	35	36
9	34	30

Sind die registrierten Einstellungsänderungen statistisch signifikant, wenn man davon ausgeht, dass die Einstellungen normalverteilt sind? Das Signifikanzniveau wird auf $\alpha = 0{,}01$ festgelegt.

Aufgabe 8.9 Es soll untersucht werden, ob durch die Einnahme eines Medikamentes die Konzentrationsleistung gesteigert werden kann. Hierzu wird in einem Pretest die Konzentrationsleistung von fünf Personen bestimmt. Dann wird den fünf Personen das Medikament verabreicht und die Konzentrationsleistung mit einem äquivalenten Test erneut gemessen. Es ergeben sich folgende Messwerte:

Vpn	Pretest	Posttest
1	108	107
2	99	100
3	100	100
4	100	102
5	98	101

a) Welcher t-Test muss zur Auswertung eingesetzt werden?
b) Formulieren Sie eine gerichtete Alternativhypothese und die dazugehörende Nullhypothese über den Erwartungswert der Differenz $d = x_{\text{pos}} - x_{\text{pre}}$.
c) Berechnen Sie den Mittelwert und den Varianzschätzer der Messwertdifferenzen $d = x_{\text{pos}} - x_{\text{pre}}$.
d) Berechnen Sie die Prüfgröße t sowie den kritischen t-Wert, ab dem die Nullhypothese verworfen werden kann. Wie lautet Ihre Entscheidung?

F-Test

Aufgabe 8.10 Bestimmen Sie folgende Perzentile:
a) $F_{5,10;0,95}$, b) $F_{10,5;0,95}$ und c) $F_{5,10;0,05}$.

Aufgabe 8.11 Ein Psychologe vermutet, dass die Einnahme eines Medikaments zur Veränderung der Stimmungsvariabilität führt. Er führt folgende Studie durch: Einer ersten Gruppe aus 61 Personen wird das Medikament verabreicht (Experimentalgruppe). Einer zweiten Gruppe aus 31 Personen wird ein Placebo verabreicht (Kontrollgruppe). Dann wird die aktuelle Befindlichkeit auf einer Skala getestet. Überprüfen Sie, ob Hinweise auf den vermuteten Effekt vorliegen. Gehen Sie dabei von der Normalverteilung der Messwerte sowohl für die Experimental- als auch für die Kontrollgruppe aus. Der Forscher legt das Signifikanzniveau auf $\alpha = 0{,}1$ fest.
a) Wie lautet die zweiseitige Alternativhypothese und die dazugehörende Nullhypothese?
b) Bei der Experimentalgruppe tritt eine Stichprobenvarianz von 10 auf, bei der Kontrollgruppe eine Stichprobenvarianz von 15. Bestimmen Sie die Prüfgröße F.
c) Bestimmen Sie den Ablehnungsbereich des Tests.

Aufgabe 8.12 Es soll die Hypothese überprüft werden, dass Kinder mit schlechten Schulnoten entweder ein zu hohes oder zu niedriges Anspruchsniveau haben, während Kinder mit guten Schulnoten ihr Leistungsvermögen angemessen einschätzen können. 15 Schüler mit guten und 15 Schüler mit schlechten Noten werden aufgefordert, eine Mathematikaufgabe zu lösen. Zuvor jedoch sollen die Schüler schätzen, wie viel Zeit sie vermutlich zur Lösung der Aufgabe benötigen werden. Folgende Zeitschätzungen in Minuten werden abgegeben:

gute Schüler	schlechte Schüler
23	16
18	24
19	25
22	35
25	20
24	20
26	25
19	30
20	32
20	18
19	15
24	15
25	33
25	19
20	23

a) Überprüfen Sie mit dem F-Test, ob sich die Varianzen der Zeitschätzungen signifikant unterscheiden. Es sei bekannt, dass die Zeitschätzungen normalverteilt sind. Verwenden Sie einen zweiseitigen Test. Als Signifikanzniveau wird $\alpha = 0{,}1$ gewählt.
b) Es soll ferner getestet werden, ob sich die Zeitschätzungen hinsichtlich ihrer zentralen Tendenz unterscheiden. Da wir nicht davon ausgehen können, dass die Varianzen homogen sind, soll eine Welch-Korrektur der Freiheitsgrade durchgeführt werden.

Nicht-parametrische Tests

Aufgabe 8.13 Überprüfen Sie mit einem nicht-parametrischen Verfahren, ob zwischen den beiden Gruppen der Aufgabe 8.12 ein Unterschied in der zentralen Tendenz besteht.

Aufgabe 8.14 Ein Gesprächspsychotherapeut stuft die Bereitschaft von zehn Klienten, emotionale Erlebnisinhalte zu verbalisieren, vor und nach einer gesprächstherapeutischen Behandlung auf einer 10-Punkte-Skala in folgender Weise ein:

Klient	vorher	nachher
1	4	7
2	5	6
3	8	6
4	8	9
5	3	7
6	4	9
7	5	4
8	7	8
9	6	8
10	4	7

Überprüfen Sie, ob nach der Therapie mehr emotionale Erlebnisinhalte verbalisiert werden als zuvor. Da am Intervallskalencharakter der Einstufungen gezweifelt wird, soll nur die ordinale Information der Daten berücksichtigt werden.

Kapitel 9 **Analyse von Häufigkeiten**

ÜBERSICHT

χ^2-Unabhängigkeitstest – Eindimensionaler χ^2-Test – McNemar-Test – Cochran-Test – Konfigurationsfrequenzanalyse

Zur Analyse von Häufigkeiten werden sog. χ^2-Methoden (lies: Chi-Quadrat-Methoden) eingesetzt, die typischerweise vorliegen, wenn Objekte oder Personen entsprechend eines oder mehrerer Merkmale kategorisiert werden. Häufig sind die Kategorien nicht geordnet. In diesem Fall handelt es sich bei den zu besprechenden Verfahren um die Analyse der Häufigkeiten von nominalen Variablen. Man spricht deshalb auch von „Nominaldatenverfahren".

Die Anwendung der χ^2-Methoden ist aber nicht nur auf nominale Variablen begrenzt. Sie können auch eingesetzt werden, wenn für die Kategorien eines metrischen oder ordinalen Merkmals Häufigkeiten vorliegen. Die Merkmale werden dann wie nominalskalierte Merkmale behandelt, wobei allerdings die metrische bzw. ordinale Information verlorengeht.

In diesem Kapitel werden vier Ansätze besprochen, die χ^2-Methoden zur Analyse von Häufigkeiten einsetzen:

1. Für zwei Merkmale kann man danach fragen, ob die Merkmale unabhängig voneinander sind. Sind sie dies nicht, so besteht offensichtlich ein Zusammenhang zwischen den Merkmalen. Oft spiegelt eines der Merkmale eine Zugehörigkeit zu einer Gruppe wider, sodass in diesen Fällen der Merkmalszusammenhang auch als *Gruppenunterschied* interpretieren werden kann. Eine typische Fragestellung lautet: „Ist die Art der Rorschach-Deutungen bei Kindern verschiedenen Alters unterschiedlich?"

2. Für ein einzelnes Merkmal sollen beobachtete Kategorienhäufigkeiten mit erwarteten Häufigkeiten *verglichen* werden. Diese Fragestellung spielt z. B. bei der Feststellung von Produktpräferenzen eine Rolle. Ein typische Fragestellung lautet: „Wird eines von vier Waschmitteln überzufällig häufig gekauft?"

3. Auch kategoriale Merkmale können mehrfach beobachtet werden. In diesem Fall ist man an der *Veränderung* des Merkmals interessiert. Eine typische Fragestellung lautet: „Ist die Anzahl der Nichtraucher nach einer Aufklärungskampagne gestiegen?"

4. Gelegentlich geht es darum, besonders typische Merkmalskonfigurationen zu identifizieren. Dies kann mit der sog. Konfigurationsfrequenzanalyse erfolgen. Eine typische Fragestellung lautet: „Sind weibliche Personen in der Stadt besonders häufig berufstätig?"

9.1 χ^2-Unabhängigkeitstest

Werden N Beobachtungen einer einfachen Zufallsstichprobe hinsichtlich zweier dichotomer Merkmale klassifiziert, erhalten wir eine 2×2-Kontingenztabelle bzw. eine bivariate Häufigkeitsverteilung. Ein Beispiel hierfür ist die Verteilung von 100 Personen auf die Merkmalsalternativen ♂ vs. ♀ und Brillenträger vs. Nichtbrillenträger. Tabelle 9.1 zeigt die Häufigkeiten der vier Merkmalskombinationen. Da jede Beobachtung eindeutig einer der vier Zellen zugeordnet werden kann, ist die Summe der Häufigkeiten $N = 100$.

Die Forschungsfrage, welche mit dem χ^2-Unabhängigkeitstest beantwortet werden kann, lautet: Sind die Merkmale „Brille" und „Geschlecht" *unabhängig* voneinander? Die Nullhypothese unterstellt, dass die beiden Merkmale unabhängig

Tabelle 9.1. Beispiel für ein 2×2-Kontingenztabelle

	Brille	keine Brille	
♂	$a = 25$	$b = 25$	50
♀	$c = 15$	$d = 35$	50
	40	60	100

voneinander sind. Die Überprüfung der H_0 „Zwei alternative Merkmale sind voneinander unabhängig" mit dem χ^2-Test ist formal gleichwertig mit der Überprüfung der Differenz zweier Prozentwerte aus unabhängigen Stichproben. Die H_0 könnte also auch lauten: Die Anteile männlicher und weiblicher Brillenträger sind gleich. Die Alternativhypothese postuliert dagegen die Abhängigkeit der beiden Merkmale bzw. einen Unterschied zwischen den Gruppen. Wir gehen von einer ungerichteten Alternativhypothese aus.

Für eine 2 × 2-Tabelle wird die Überprüfung der Nullhypothese folgendermaßen vorgenommen. Bezeichnen wir die beobachteten Häufigkeiten für die vier möglichen Merkmalskombinationen mit a, b, c und d (s. Tab. 9.1) so lässt sich der Wert der Prüfgröße, welche bei Gültigkeit der Nullhypothese einer χ^2-Verteilung mit $df = 1$ folgt, in dieser Weise berechnen:

$$\chi^2 = \frac{N \cdot (ad - bc)^2}{(a+b) \cdot (c+d) \cdot (a+c) \cdot (b+d)}. \tag{9.1}$$

Für unser Beispiel ermitteln wir ein χ^2 von

$$\chi^2 = \frac{100 \cdot (25 \cdot 35 - 15 \cdot 25)^2}{40 \cdot 60 \cdot 50 \cdot 50} = 4{,}17.$$

In Tabelle B des Anhangs lesen wir für $df = 1$ und $\alpha = 0{,}05$ einen kritischen Schrankenwert von $\chi^2_{1;95\%} = 3{,}84$ ab. Der beobachtete Wert ist größer, d. h. das gefundene Ergebnis ist signifikant. Die H_0, nach der die Merkmale „Geschlecht" und „Brille" voneinander unabhängig sind, wird verworfen.

Für 2 × 2-Tabellen ist die Anwendung von Gl. (9.1) relativ einfach. Allerdings kann man mit ihr die dem Chi-Quadrat-Test zugrunde liegende Logik nicht gut erkennen. Um diese Logik zu erläutern, betrachten wir eine andere Gleichung, welche nicht nur die beobachteten, sondern auch die erwarteten Häufigkeiten berücksichtigt.

Wie im Zusammenhang mit der allgemeinen Logik des Signifikanztests erläutert wurde, basiert die Berechnung der Prüfgröße, mit welcher zwischen den Hypothesen entschieden wird, immer auf der angenommenen Gültigkeit der Nullhypothese. Im momentanen Kontext lautet diese Nullhypothese, dass die beiden Merkmale voneinander unabhängig sind. Um die Nullhypothese beurteilen zu können, werden Häufigkeiten berechnet, welche bei Gültigkeit der Nullhypothese zu erwarten gewesen wären. Wenn es zu erheblichen Differenzen zwischen diesen erwarteten Häufigkeiten und den tatsächlich beobachteten Häufigkeiten kommt, so spricht dies gegen die Nullhypothese. Wie können wir nun die erwarteten Häufigkeiten bestimmen?

Für das bisherige Beispiel lassen sich die *erwarteten Häufigkeiten* anhand von Tab. 9.1 direkt erkennen. Dazu überlegen wir uns, wie viele der insgesamt 40 Brillenträger männlich bzw. weiblich sein müssten, wenn es überhaupt keinen Zusammenhang zwischen Brille und Geschlecht gäbe. Für dieses Beispiel ist offensichtlich, dass wir in diesem Fall genau 20 männliche und 20 weibliche Brillenträger erwarten würden. Die erwarteten Häufigkeiten der männlichen und weiblichen Personen ohne Brille betragen jeweils 30 Personen. Diese erwarteten Häufigkeiten sind in folgender Tabelle noch einmal zusammengefasst:

	Brille	keine Brille	
♂	20	30	50
♀	20	30	50
	40	60	100

Vergleichen wir diese erwarteten Häufigkeiten mit den in Tab. 9.1 enthaltenen beobachteten Häufigkeiten, so ist es schwierig, intuitiv zu beurteilen, ob die Differenzen zwischen den korrespondierenden Zellen „groß" oder „klein" sind. Deswegen berechnen wir folgende Prüfgröße, in welche die quadrierten Differenzen zwischen beobachteten Häufigkeiten („Beo") und erwarteten Häufigkeiten („Erw") eingehen. Symbolisch geschrieben lautet die Prüfgröße

$$\chi^2 = \sum_{\text{Zellen}} \frac{(\text{Beo} - \text{Erw})^2}{\text{Erw}}. \tag{9.2}$$

Man beachte, dass sowohl beobachtete als auch erwartete Häufigkeiten von der Zelle abhängen, auch wenn dies in der Formel (9.2) nicht zum Ausdruck gebracht wird. Wir wollen nun überprüfen, welcher Wert sich ergibt, wenn wir die Werte des Beispiels in Gl. (9.2) einsetzen. Wir berechnen also

$$\chi^2 = \frac{(25-20)^2}{20} + \frac{(25-30)^2}{30} + \frac{(15-20)^2}{20} + \frac{(35-30)^2}{30} = 4{,}17.$$

Wie man erkennt, erhalten wir den gleichen Wert wie vorhin. Wir wissen bereits, dass der Wert der Prüfgröße für $\alpha = 0{,}05$ zur Verwerfung der Nullhypothese führt. Insofern dürfen die Differenzen zwischen den beobachteten und den erwarteten Häufigkeiten als „groß" bezeichnet werden.

Die Verwendung der Formel (9.2) war bisher nur möglich, da wir die erwarteten Häufigkeiten

EXKURS 9.1 Punkt-Notation

Die Punkt-Notation ist eine weitverbreitete Schreibweise, die eingesetzt wird, um die Summation von Werten auszudrücken, welche zwei oder mehr Indizes besitzen. Beispielsweise können wir die Häufigkeiten einer 2 × 2-Tabelle folgendermaßen schreiben

	Spalte 1	Spalte 2
Zeile 1	n_{11}	n_{12}
Zeile 2	n_{21}	n_{22}

Da die Randhäufigkeiten für viele Berechnungen benötigt werden, hat man sich zur Erleichterung der Schreibweise die Punkt-Notation ausgedacht. Mit ihrer Hilfe schreiben wir beispielsweise $n_{1.} = n_{11} + n_{12}$ und $n_{.2} = n_{12} + n_{22}$. Der Punkt im Subskript gibt also denjenigen Index an, über den die Häufigkeiten summiert werden. Tragen wir die Randhäufigkeiten in das Datenschema ein, ergibt sich

	Spalte 1	Spalte 2	Summe
Zeile 1	n_{11}	n_{12}	$n_{1.}$
Zeile 2	n_{21}	n_{22}	$n_{2.}$
Summe	$n_{.1}$	$n_{.2}$	N

Die Punkt-Notation erweist sich vor allem dann als vorteilhaft, wenn die Zeilen- bzw. Spaltenkategorien mehr als zwei Kategorien besitzen. In diesem Fall bezeichnen $n_{i.}$ und $n_{.j}$ weiterhin die i-te Zeilen- bzw. j-te Spaltensumme, wobei in diesem Fall $n_{i.} = \sum_j n_{ij}$ und $n_{.j} = \sum_i n_{ij}$ und die Summation über die Zeilen- bzw. die Spaltenkategorien erfolgt. Mit Hilfe der Punkt-Notation können wir den Stichprobenumfang N auch als

$$n_{..} = \sum_i \sum_j n_{ij}$$

schreiben.

---

leicht „erraten" konnten, was vor allem darauf zurückzuführen ist, dass gleich viele Männer und Frauen in der Stichprobe enthalten waren. Wir benötigen eine allgemeine Berechnungsvorschrift, die sich auch anwenden lässt, wenn die erwarteten Häufigkeiten nicht offensichtlich sind. Zu diesem Zweck führen wir folgende Schreibweise ein:

Die beobachteten und erwarteten Häufigkeiten werden mit n_{ij} bzw. m_{ij} bezeichnet, wobei i und j die Indizes für Zeile und Spalte sind. In dieser Schreibweise lautet die Berechnungsvorschrift für die erwarteten Häufigkeiten

$$m_{ij} = \frac{n_{i.} \cdot n_{.j}}{N}, \tag{9.3}$$

wobei $n_{i.}$ die Summe der Häufigkeiten in der i-ten Zeile und $n_{.j}$ die Summe der Häufigkeiten in der j-ten Spalte bezeichnet, s. Exkurs 9.1 für weitere Erläuterungen zur „Punkt-Notation".

Um die Formel (9.3) zu erläutern, verwenden wir sie, um die erwarteten Häufigkeiten für das Beispiel zu berechnen. Für männliche Brillenträger berechnen wir

$$m_{11} = \frac{n_{1.} \cdot n_{.1}}{N} = \frac{50 \cdot 40}{100} = 20.$$

Dies entspricht der zuvor „erratenen" erwarteten Häufigkeit für männliche Brillenträger. Die verbleibenden drei erwarteten Häufigkeiten kann man ebenfalls mit Hilfe von Formel (9.3) reproduzieren.

Mit Hilfe der Punkt-Notation ist es nun einfach, die bisherige Betrachtung von 2 × 2-Tabellen auf $k \times \ell$-Tabellen zu erweitern, wobei k die Anzahl der Zeilen und ℓ die Anzahl der Spalten bezeichnet. Auch für $k \times \ell$-Tabellen lassen sich die erwarteten Häufigkeiten durch Gl. (9.3) berechnen.

Nun zur Begründung dieser Formel. Haben wir N Objekte nach den k Kategorien eines Merkmals A und nach den ℓ Kategorien eines Merkmals B klassifiziert, resultiert eine $k \times \ell$-Tabelle. Die Kategorienwahrscheinlichkeiten eines Merkmals können wir über die entsprechenden relativen Häufigkeiten schätzen. Im Beispiel erhalten wir die relativen Häufigkeiten:

$n_{1.}/N = 0{,}50$ für männlich
$n_{2.}/N = 0{,}50$ für weiblich
$n_{.1}/N = 0{,}40$ für Brille
$n_{.2}/N = 0{,}60$ für keine Brille.

Nehmen wir als H_0 an, dass die Ereignisse „Brille" und „Geschlecht" voneinander unabhängig sind, dass also das Auftreten der einen Merkmalsalternative (z. B. männlich) das Auftreten einer anderen Merkmalsalternative (z. B. Brille) nicht beeinflusst, können die Wahrscheinlichkeiten für das Auftreten der Merkmalskombinationen gemäß dem Multiplikationstheorem für voneinander unabhängige Ereignisse (vgl. Gl. 4.6) berechnet werden. Die Wahrscheinlichkeit für das Ereignis „männlich und Brille" ergibt sich beispielsweise zu

$$P(♂ \text{ und Brille}) = P(♂) \cdot P(\text{Brille}).$$

Allgemein erhalten wir für die Merkmalskombination der i-ten Zeile und der j-ten Spalte folgende Wahrscheinlichkeit bei Gültigkeit von H_0:

$$P_{ij} = P_{i.} \cdot P_{.j}.$$

Da die Wahrscheinlichkeiten für die Merkmalsalternativen $P_{i.}$ und $P_{.j}$ aus den entsprechenden relativen Häufigkeiten geschätzt werden, können wir die Wahrscheinlichkeiten P_{ij} auch durch

$$\frac{n_{i.}}{N} \cdot \frac{n_{.j}}{N}$$

schätzen. Da wir für die Prüfgröße aber nicht die Wahrscheinlichkeiten, sondern die erwarteten Häufigkeiten benötigen, multiplizieren wir die geschätzte Wahrscheinlichkeit mit dem Stichprobenumfang N. Somit ergibt sich

$$m_{ij} = N \cdot \frac{n_{i.}}{N} \cdot \frac{n_{.j}}{N} = \frac{n_{i.} \cdot n_{.j}}{N}.$$

Das Ergebnis entspricht also der Gl. (9.3).

> Wird mit einem χ^2-Test die Nullhypothese geprüft, dass die beiden untersuchten Merkmale voneinander unabhängig sind, ergeben sich die erwarteten Häufigkeiten nach der Regel: Zeilensumme · Spaltensumme/Stichprobenumfang.

Die bisher nur symbolisch ausgedrückte Prüfgröße des Chi-Quadrat-Tests auf Unabhängigkeit (s. Gl. (9.2)) kann nun folgendermaßen konkretisiert werden:

$$\chi^2 = \sum_{i=1}^{k} \sum_{j=1}^{\ell} \frac{(n_{ij} - m_{ij})^2}{m_{ij}}, \tag{9.4}$$

wobei die Berechnung der erwarteten Häufigkeiten durch Gl. (9.3) erfolgt.

Freiheitsgrade. Grundsätzlich gilt, dass die Randsummen der erwarteten Häufigkeiten mit den Randsummen der beobachteten Häufigkeiten übereinstimmen müssen. Es muss gelten $n_{i.} = m_{i.}$ für $i = 1, \dots k$ und $n_{.j} = m_{.j}$ für $j = 1, \dots \ell$. Dies hat zur Konsequenz, dass nicht alle erwarteten Häufigkeiten frei wählbar sind. Aufgrund der obigen Beschränkung können in jeder Spalte nur $k - 1$ erwartete Häufigkeiten frei gewählt werden. Ebenso lassen sich in jeder Zeile nur $\ell - 1$ erwartete Häufigkeiten frei wählen. Somit ergeben sich insgesamt $df = (k-1) \cdot (\ell - 1)$ Freiheitsgrade für den $k \times \ell$-Test auf Unabhängigkeit.

Eine 2×2-Tabelle hat daher nur einen Freiheitsgrad. Ist beispielweise bekannt, dass bei Gültigkeit der Nullhypothese $m_{11} = 20$ männliche Brillenträger zu erwarten sind, so ergeben sich die anderen drei erwarteten Häufigkeiten durch $m_{12} = n_{1.} - m_{11} = 50 - 20 = 30$, $m_{21} = n_{.1} - m_{11} = 40 - 20 = 20$, usw.

> Werden bei einer 2×2-Tabelle die Wahrscheinlichkeiten für die Merkmalskombinationen aus den Randsummen geschätzt, resultiert ein χ^2 mit df = 1.

Ein weiteres Beispiel soll den $k \times \ell$-Test verdeutlichen.

BEISPIEL 9.1

Überprüft wird, ob sich Jugendliche verschiedenen Alters in der Art ihrer Rorschach-Deutungen unterscheiden. Tabelle 9.2 zeigt, wie sich 500 Rorschach-Deutungen (pro Person eine Deutung) auf vier verschiedene Alterskategorien und drei verschiedene Deutungsarten (Mensch, Tier, Pflanze) verteilen.

Die erwarteten Häufigkeiten werden über die empirisch angetroffenen Randsummenverteilungen nach Gl. (9.3) bestimmt. Diesen erwarteten Häufigkeiten liegt die H_0 zugrunde, dass die beiden miteinander verglichenen Merkmale voneinander unabhängig sind. Ausgehend von dieser H_0, die, auf unser Beispiel bezogen, besagt, dass die Art der Rorschach-Deutungen vom Alter der Versuchspersonen unabhängig ist ($\alpha = 0{,}01$), ermitteln wir für Tab. 9.2 die folgenden erwarteten Häufigkeiten:

$$m_{11} = \frac{122 \cdot 107}{500} = 26{,}11, \qquad m_{12} = \frac{122 \cdot 255}{500} = 62{,}22,$$
$$m_{21} = \frac{140 \cdot 107}{500} = 29{,}96, \qquad m_{22} = \frac{140 \cdot 255}{500} = 71{,}40,$$
$$m_{31} = \frac{115 \cdot 107}{500} = 24{,}61, \qquad m_{32} = \frac{115 \cdot 255}{500} = 58{,}65.$$

Obwohl die Kontingenztabelle $4 \cdot 3 = 12$ beobachtete Häufigkeiten enthält, wurden nur sechs erwartete Häufigkeiten bestimmt. Die Bestimmung der anderen erwarteten Häufigkeiten nach Gl. (9.3) erübrigt sich, da die Zeilensummen, Spaltensummen und Gesamtsumme in der Verteilung der erwarteten Häufigkeit mit den entsprechenden Summen in der Verteilung der beobachteten Häufigkeiten übereinstimmen müssen. Die noch fehlenden Werte können somit subtraktiv auf die folgende Weise ermittelt werden:

$$m_{13} = 122 - 26{,}11 - 62{,}22 = 33{,}67,$$
$$m_{23} = 140 - 29{,}96 - 71{,}40 = 38{,}64,$$
$$m_{33} = 115 - 24{,}61 - 58{,}65 = 31{,}74,$$
$$m_{41} = 107 - 26{,}11 - 29{,}96 - 24{,}61 = 26{,}32,$$
$$m_{42} = 255 - 62{,}22 - 71{,}40 - 58{,}65 = 62{,}73,$$
$$m_{43} = 123 - 26{,}32 - 62{,}73 = 33{,}95.$$

Die in Tab. 9.2 eingeklammerten Werte entsprechen den erwarteten Häufigkeiten. Die subtraktiv bestimmten erwarteten Häufigkeiten sind mit denjenigen identisch, die wir nach Gl. (9.3) erhalten würden. Setzen wir die beobachteten und erwarteten Häufigkeiten in Gl. (9.4) ein, erhalten wir den Wert $\chi^2 = 34{,}65$.

Für unser Beispiel ermitteln wir $df = (4 - 1) \cdot (3 - 1) = 6$. In Tabelle B des Anhangs lesen wir für das 1%-Niveau einen kritischen Schwellenwert von $\chi^2_{6;99\%} = 16{,}81$ ab, d. h. der empirisch gefundene χ^2-Wert ist auf dem 1%-Niveau signifikant. Die H_0, nach der die Merkmale Alter der Jugendlichen und Art der Rorschach-Deutung voneinander unabhängig sind, kann nicht aufrechterhalten werden.

Eine inhaltliche Interpretation des Ergebnisses ist durch Vergleiche der einzelnen beobachteten Häufigkeiten mit den

Tabelle 9.2. Beispiel für ein χ^2-Unabhängigkeitstest

Alter	Deutungsart Mensch	Tier	Pflanze	
10-12	12 (26,11)	80 (62,22)	30 (33,67)	122
13-15	20 (29,96)	70 (71,40)	50 (38,64)	140
16-18	35 (24,61)	50 (58,65)	30 (31,74)	115
19-21	40 (26,32)	55 (62,73)	28 (33,95)	123
	107	255	138	500

erwarteten Häufigkeiten möglich. Hierbei können die zellenspezifischen Differenzen zwischen beobachteten und erwarteten Häufigkeiten „explorativ" über $\chi^2 = (n_{ij} - m_{ij})^2/m_{ij}$ mit df = 1 getestet werden. Genauere Verfahren zur Residualanalyse findet man z. B. bei Lautsch und Lienert (1993, Kap. 5.2.2).

Prozentuiert man die beobachteten Häufigkeiten in Tab. 9.2 (z. B. an den jeweiligen Zeilensummen), lässt sich der signifikante χ^2-Wert auch in der Weise interpretieren, dass sich die prozentualen Verteilungen für Mensch-, Tier- und Pflanzendeutungen in den vier Altersgruppen unterscheiden.

Voraussetzungen. Die Prüfgröße ist unter folgenden Annahmen approximativ χ^2-verteilt mit df = $(k-1)\cdot(\ell-1)$ Freiheitsgraden:

- Die Häufigkeiten ergeben sich aufgrund der Beobachtungen einer einfachen Zufallsstichprobe. Jede Beobachtung ist also von den anderen Beobachtungen unabhängig.
- Die erwarteten Häufigkeiten pro Zelle sollten größer als 5 sein. Wir empfehlen, auf den χ^2-Test zu verzichten, wenn die erwarteten Häufigkeiten nicht über 5 liegen. In diesem Falle ist der exakte Test (Fisher-Yates-Test; vgl. z. B. Bortz & Lienert, 2008, Kap. 2.3.1) einzusetzen. Eine rechentechnisch vereinfachte Version dieses Tests findet man bei Phillips (1982). Für extrem asymmetrische Randverteilungen sollte dieser Test nach einem von E. M. Johnson (1972) vorgeschlagenen Verfahren korrigiert werden.

9.1.1 Gerichtete Alternativhypothese

Die Alternativhypothesen, welche mit dem Chi-Quadrat Unabhängigkeitstest überprüft werden können, sind in der Regel ungerichtet, da die Prüfgröße auf alle Abweichungen zwischen beobachteten und erwarteten Häufigkeiten anspricht. Im speziellen Fall einer 2 × 2-Tabelle kann die Überprüfung einer gerichteten Hypothese von Interesse sein. Betrachten wir noch einmal das Beispiel, in welchem der Zusammenhang zwischen „Brille" und „Geschlecht" untersucht wurde. Die Rohdaten sind in Tab. 9.1 enthalten. Es gibt verschiedene äquivalente Möglichkeiten, die Richtung der Alternativhypothese zu spezifizieren.

Erwartet man beispielsweise, dass männliche Brillenträger typischer sind als Brillenträgerinnen, dann könnte man dies mit Hilfe von bedingten Wahrscheinlichkeiten folgendermaßen ausdrücken:

$$H_1 : P(\text{Brille}|\male) > P(\text{Brille}|\female).$$

Es lässt sich zeigen (s. Aufgabe 9.8), dass dies äquivalent zu folgender Alternativhypothese ist:

$$H_1 : P(\text{Brille und } \male) > P(\text{Brille})P(\male).$$

Diese Alternativhypothese besagt, dass männliche Brillenträger häufiger sind als bei Unabhängigkeit der Merkmale zu erwarten wäre. Insofern müssen wir die beobachtete Häufigkeit männlicher Brillenträger mit der in dieser Zelle erwarteten Häufigkeit m_{11} vergleichen. Ist also $n_{11} > m_{11}$, so geht der Zusammenhang in die von der H_1 spezifizierte Richtung, denn die erwartete Häufigkeit m_{11} wurden unter der Annahme der Unabhängigkeit der Merkmale berechnet.

Bei einer gerichteten Alternativhypothese lesen wir in Tabelle B des Anhangs denjenigen χ^2-Wert ab, der für das verdoppelte Signifikanzniveau austabelliert ist (Fleiss et al., 2003, Kap. 3.4).

Soll die oben genannte gerichtete Hypothese z. B. für das Signifikanzniveau $\alpha = 0{,}05$ überprüft werden, wählen wir denjenigen $\chi^2(1)$-Wert, der 10% von der $\chi^2(1)$-Verteilung abschneidet. Dieser Wert lautet $\chi^2_{1;90\%} = 2{,}71$. Man beachte, dass dieser Wert kleiner ist als der für $\alpha = 0{,}05$ tabellierte χ^2-Wert, welcher 3,84 beträgt. Ein empirischer χ^2-Wert wird bei einseitiger Fragestellung also eher signifikant als bei zweiseitiger Fragestellung, falls die Richtung des Häufigkeitsunterschieds hypothesenkonform ist. Man beachte, dass dieser einseitige Test nur durchführbar ist, wenn der geprüfte χ^2-Wert einen Freiheitsgrad aufweist.

Die Überprüfung einer gerichteten Hypothese im Kontext von χ^2-Verfahren ist nur möglich, wenn der resultierende χ^2-Wert einen Freiheitsgrad hat.

9.1.2 Stichprobenumfänge

Auch für die Analyse von $k\cdot\ell$-Kontingenztabellen empfiehlt es sich, den zu untersuchenden Stichprobenumfang festzulegen. Die hierfür erforderliche

Tabelle 9.3. Stichprobenumfänge für χ^2-Test

Freiheitsgrade	Schwacher Effekt ($w = 0{,}10$)	Mittlerer Effekt ($w = 0{,}30$)	Starker Effekt ($w = 0{,}50$)
1	785	87	31
2	964	107	39
3	1090	121	44
4	1194	133	48
5	1283	143	51
6	1362	151	54
7	1435	159	57
8	1502	167	60
9	1565	174	63
10	1624	180	65
12	1734	193	69
16	1927	214	77
20	2096	233	84
24	2249	250	90

Effektgröße wird wie folgt definiert:

$$w = \sqrt{\sum_{i=1}^{k}\sum_{j=1}^{\ell}\frac{(\pi_{ij} - P_{i.}P_{.j})^2}{P_{i.}P_{.j}}}, \qquad (9.5)$$

wobei π_{ij} die Wahrscheinlichkeit für die Zelle (i,j) gemäß H_1 und $P_{i.}$ bzw. $P_{.j}$ die Randwahrscheinlichkeiten bezeichnen, deren Produkt die unter H_0 gültigen Zellwahrscheinlichkeiten ergeben.

Die für schwache, mittlere und starke Effekte erforderlichen Stichprobenumfänge sind in Abhängigkeit von der Anzahl der Freiheitsgrade in der Tab. 9.3 wiedergegeben. Wir entnehmen dieser Tabelle, dass für die Absicherung eines mittleren Effektes ($w = 0{,}3$, $\alpha = 0{,}05$ und $1-\beta = 0{,}8$ bei zweiseitigem Test) für unser „Rohrschach"-Beispiel mit df = 6 ein Stichprobenumfang von $N = 151$ ausgereicht hätte. Untersucht wurden 500 Personen, womit auch ein kleinerer Effekt ($w < 0{,}3$) mit einer Teststärke von $1 - \beta = 0{,}8$ hätte nachgewiesen werden können.

Im Beispiel der Tab. 9.2 errechnet man ex post eine Effektgröße von $\hat{w} = 0{,}26$. Dieser Effekt liegt knapp unter einem mittleren Effekt.

Die Bestimmung einer Effektgröße vor Durchführung der Untersuchung ist nur möglich, wenn die gemäß H_0 erwarteten Wahrscheinlichkeiten vorgegeben sind. Eine Effektgrößenbestimmung setzt in diesem Fall voraus, dass man in der Lage ist, für jede Zelle bedeutsame Wahrscheinlichkeitsdifferenzen zu benennen. Andernfalls lässt sich Tab. 9.3 auch dann als Planungshilfe einsetzen, wenn man mit einer Untersuchung einen schwachen, mittleren oder starken Effekt absichern möchte, ohne näher zu präzisieren, auf welche der $k \cdot \ell$ Zellen der mit einer spezifischen H_1 verbundene Effekt bezogen ist.

Wie wir in Abschnitt 10.3.4 erfahren werden, lässt sich der χ^2-Wert einer 2×2-Tabelle über Gl. (10.29) in einen sog. *Phi-Koeffizienten* überführen, wobei φ der Korrelation von zwei dichotomen Variablen entspricht. Da nun auch $\varphi = w$ gilt, kann es für Planungszwecke hilfreich sein, die abzusichernde Effektgröße in Korrelationsform vorzugeben ($\varphi = 0{,}1$: kleiner Effekt; $\varphi = 0{,}3$: mittlerer Effekt; $\varphi = 0{,}5$: großer Effekt).

Hinweise: Zur Absicherung der Interpretation können ergänzend zum Gesamt-χ^2 einzelne Häufigkeiten der $k \cdot \ell$-Tabelle miteinander verglichen und auf signifikante Unterschiede hin geprüft werden. Für derartige Vergleiche (die den *Einzelvergleichen* im Anschluss an eine Varianzanalyse entsprechen, vgl. Kap. 13) haben Bresnahan und Shapiro (1966) ein Verfahren vorgeschlagen. Weitere spezielle Alternativhypothesen, die über die Konstatierung der Abhängigkeit zweier Merkmale hinausgehen (z. B. die Rangfolge der Häufigkeiten für Tier-, Mensch- und Pflanzendeutungen im Rorschach-Test ist bei 13- bis 15-Jährigen und 16- bis 18-Jährigen verschieden) werden mit Verfahren überprüft, über die Agresti und Wackerly (1977) berichten. In dieser Arbeit findet man auch einen exakten Test zur Überprüfung der Unabhängigkeitsannahme, der verwendet werden kann, wenn Erwartungswerte einer $k \times \ell$-Tabelle unter 5 liegen. Über besondere Auswertungsmöglichkeiten, die große $k \times \ell$-Tabellen mit großen Zellhäufigkeiten bieten, informieren Zahn und Fein (1979) (vgl. hierzu auch Berry & Mielke, 1986; Büssing & Jansen, 1988 oder L. R. Aiken, 1988).

9.2 Analyse der Häufigkeiten eines Merkmals

Ist ein Merkmal zwei- oder mehrfach gestuft, können Unterschiede zwischen den Häufigkeiten der einzelnen Merkmalsabstufungen mit dem *eindimensionalen χ^2-Test* überprüft werden. Wir betrachten den Fall, dass durch die H_0 gleiche Kategorienanteile spezifiziert werden.

Eine Einzelhandelskette möchte ermitteln, ob es Unterschiede in der Präferenz von drei Apfelsorten gibt, welche in einem ihrer Geschäft angeboten werden. Das Signifikanzniveau der Untersuchung wird auf $\alpha = 0{,}05$ festgelegt. Jede Person einer einfachen Stichprobe von 150 Kunden wird gebeten, alle drei Apfelsorten zu probieren und die am besten schmeckende Sorte auszuwählen. Folgende drei Apfelsorten stehen zur Auswahl: a) Braeburn, b) Golden Delicious, c) Granny Smith. Die folgenden Häufigkeiten wurden beobachtet:

Braeburn	Golden D.	Granny S.	Summe
$n_1 = 45$	$n_2 = 40$	$n_3 = 65$	$N = 150$

Ausgehend von der Nullhypothese, dass in der Grundgesamtheit die drei Apfelsorten gleichhäufig präferiert werden (Gleichverteilung), dass also die im untersuchten Geschäft angetroffenen Häufigkeitsunterschiede zufällig aufgetreten sind, erwarten wir die folgenden Häufigkeiten:

Braeburn	Golden D.	Granny S.	Summe
$m_1 = 50$	$m_2 = 50$	$m_3 = 50$	$N = 150$

Die Prüfgröße für den jetzigen Test ist von der gleichen Art, wie die, welche wir symbolisch in Gl. (9.2) angegeben haben. Diese Gleichung wird im Grunde nur auf den Fall eines Merkmals *spezialisiert*. Die Prüfgröße lautet

$$\chi^2 = \sum_{i=1}^{k} \frac{(n_i - m_i)^2}{m_i}, \tag{9.6}$$

wobei k die Anzahl der Kategorien bezeichnet. Im Beispiel ist also $k = 3$, da drei Apfelsorten getestet werden. Setzen wir die beobachteten und erwarteten Häufigkeiten in Gl. (9.6) ein, ergibt sich das folgende χ^2:

$$\chi^2 = \frac{(45-50)^2}{50} + \frac{(40-50)^2}{50} + \frac{(65-50)^2}{50} = 7{,}0.$$

Freiheitsgrade. Da die Summe der erwarteten Häufigkeiten der Summe der beobachteten Häufigkeiten entsprechen muss, können nur zwei erwartete Häufigkeiten frei gewählt werden. Die Prüfgröße χ^2 hat deshalb $df = 3 - 1 = 2$ (allgemein $df = k - 1$) Freiheitsgrade. Tabelle B des Anhangs entnehmen wir, dass der Wert $\chi^2_{2;95\%} = 5{,}99$ gerade 5% von der rechten Seite der Prüfverteilung abschneidet. Da der beobachtete χ^2-Wert größer ist, verwerfen wir die H_0 der Gleichverteilung und akzeptieren die H_1. Die Unterschiede in den Präferenzen sind signifikant.

Voraussetzungen. Für die Durchführung eines χ^2-Tests über die Häufigkeitsverteilung eines Alternativmerkmals müssen die folgenden Voraussetzungen erfüllt sein:

- Die Häufigkeiten ergeben sich aufgrund der Beobachtungen einer einfachen Zufallsstichprobe. Jede Beobachtung ist also von den anderen Beobachtungen unabhängig.
- Die erwarteten Häufigkeiten sollten nicht kleiner als 5 sein. Ist diese Voraussetzung nicht erfüllt, kann die exakte Wahrscheinlichkeit für eine ermittelte Häufigkeitsverteilung nach der Multinomialverteilung berechnet werden (vgl. Gl. 5.9). Die Anwendung dieses „Multinomialtests" wird bei Bortz und Lienert (2008, Kap. 2.2.1) demonstriert. Ein Computerprogramm für diesen Test haben Berry (1993) sowie Berry und Mielke (1995) entwickelt.

9.2.1 Test auf andere Verteilungsformen

In einem weiteren Ansatz könnte man überprüfen, ob sich die Präferenzenhäufigkeiten der drei Apfelsorten auf dem 5%-Niveau signifikant von anderen Verteilungen unterscheiden. Beispielsweise könnte man sich für den Vergleich der Präferenzen mit den Verkaufszahlen der Apfelsorten interessieren. In diesem Fall erwarten wir gemäß der H_0 keine Gleichverteilung, sondern die Übereinstimmung der Präferenzen mit den Verkaufszahlen.

Nehmen wir an, es ist für das Geschäft bekannt, dass sich Granny Smith Äpfel im letzten Jahr doppelt so gut verkauft haben wie Braeburn oder Golden Delicious Äpfel. Die Verkaufanteile für Braeburn, Golden Delicious und Granny Smith lauten also: 25%, 25% und 50%. Spiegeln die Verkaufzahlen ausschließlich die geschmackliche Präferenz wider, so erwarten wir in der Untersuchung mit 150 Kunden die folgenden Häufigkeiten:

Braeburn	Golden D.	Granny S.	Summe
$m_1 = 37{,}5$	$m_2 = 37{,}5$	$m_3 = 75$	$N = 150$

Die Häufigkeiten für Braeburn und Golden Delicious ergeben sich als Produkt aus Stichprobenumfang und Verkaufsanteil, also $150 \cdot 0{,}25 = 37{,}5$. Für Granny Smith ergibt sich $150 \cdot 0{,}5 = 75$. Diese erwarteten Häufigkeiten entsprechen der mit der H_0 verknüpften Verteilung.

Setzen wir die beobachteten und die erwarteten Häufigkeiten in Gl. (9.6) ein, erhalten wir als χ^2:

$$\chi^2 = \frac{(45-37{,}5)^2}{37{,}5} + \frac{(40-37{,}5)^2}{37{,}5} + \frac{(65-75)^2}{75} = 3{,}0.$$

Der für das 5%-Niveau kritische Wert lautet wie vorhin $\chi^2_{2;95\%} = 5{,}99$. Der beobachtete Wert liegt unter diesem Wert, d. h. die Präferenzhäufigkeiten scheinen sich nicht systematisch von den Verkaufszahlen zu unterscheiden. Falls alle drei Apfelsorten zum gleichen Preis verkauft würden, wäre dieses Ergebnis sicherlich nicht verwunderlich. Für unterschiedliche Preise wäre das Ergebnis, die H_0

wird beibehalten, eher unerwartet. Ein solches Ergebnis könnte in begrenztem Umfang Rückschlüsse auf die Abwägung der Kunden zwischen Preis und Geschmack der Apfelsorten zulassen.

Wie das letzte Beispiel zeigte, wird das eindimensionale χ^2 nicht nur zur Überprüfung einer empirischen Verteilung auf Gleichverteilung eingesetzt; als Verteilung, die wir gemäß der H_0 erwarten, kann jede beliebige, dem inhaltlichen Problem angemessene Verteilung verwendet werden. Da mit diesem Verfahren die Anpassung einer empirischen Verteilung an eine andere (empirische oder theoretische) Verteilung geprüft wird, bezeichnet man das eindimensionale χ^2 gelegentlich auch als „Goodness-of-fit-Test".

Test auf Normalverteilung. Im Folgenden behandeln wir eine „Goodness-of-fit"-Variante, die die Anpassung einer empirischen Verteilung an eine Normalverteilung überprüft. Diese Anwendung setzt voraus, dass das untersuchte Merkmal intervallskaliert ist. Um beobachtete Häufigkeiten zu erhalten, wird die Skala in Kategorien eingeteilt und dann für jede Kategorie die Häufigkeit bestimmt, mit der die Werte des untersuchten Merkmals in diese Kategorie fallen.

BEISPIEL 9.2

Tabelle 3.1 enthält die Häufigkeitsverteilung der Bearbeitungszeiten von 90 Personen. Es soll überprüft werden, ob diese Verteilung angenähert einer Normalverteilung entspricht. Wir ermitteln hierfür, wie viele Personen in die einzelnen Zeitintervalle fallen müssten, wenn die Bearbeitungszeiten normalverteilt wären. Die folgenden Schritte führen zu den gesuchten Häufigkeiten:

Als Mittelwert und Streuung verwenden wir die Werte $\bar{x}$ = 106,9 und s = 21,6. Die Kategoriengrenzen müssen nun z-standardisiert werden. Beispielsweise ergibt sich für die Kategoriengrenze 70 der Wert $(70 - 106{,}9)/21{,}6 = -1{,}71$. Problematisch sind die Kategorien an den Randbereichen der Verteilung, die in unserem Beispiel nicht offen, sondern geschlossen sind. Sollte die Bearbeitungszeit jedoch normalverteilt sein, darf es theoretisch keine kleinste und keine größte Bearbeitungszeit geben, d. h. die Randkategorien müssen offen sein. Die untere Grenze der Kategorie mit den kürzesten Bearbeitungszeiten erhält deshalb den Wert $-\infty$ und die obere Grenze der Kategorie mit den längsten Bearbeitungszeiten den Wert $+\infty$. Tabelle 9.4 gibt die standardisierte untere z_u und obere z_o Kategoriengrenze jedes Intervalls wieder.

Ausgehend von diesen Kategoriengrenzen werden anhand Tabelle A des Anhangs diejenigen Flächenanteile bestimmt, die sich zwischen je zwei Kategoriengrenzen befinden. Die Summe dieser Flächenanteile muss 1,0 ergeben. Beispielsweise berechnet man den Flächenanteil, der im Intervall von 70 bis 80 liegt, durch $\Phi(-1{,}25) - \Phi(-1{,}71) = 0{,}1056 - 0{,}0436 = 0{,}062$, wobei $\Phi(z)$ den Flächenanteil des z-Wertes für die Standardnormalverteilung bezeichnet. Die Flächenanteile werden mit dem Stichprobenumfang n = 90 multipliziert. Wir erhalten so die erwarteten Häufigkeiten m, die sich theoretisch ergeben müssten, wenn die Bearbeitungszeiten von 90 Personen bei einem Erwartungswert von 106,9 und einer Streuung von 21,6 normalverteilt wären. Die Summe dieser erwarteten Häufigkeiten muss n = 90 ergeben.

Mit Hilfe der beobachteten Häufigkeiten und erwarteten Häufigkeiten kann nach Gl. (9.6) ein χ^2-Wert ermittelt werden. Zuvor müssen wir jedoch überprüfen, ob alle erwarteten Häufigkeiten größer als 5 sind. Dies ist in der Kategorie 60 – 69,9 nicht der Fall. Wir fassen deshalb diese Kategorie mit der Nachbarkategorie zusammen, sodass sich die Zahl der Kategorien von neun auf acht reduziert. In die χ^2-Berechnung nach Gl. (9.6) gehen somit acht Summanden ein, die zu einem Gesamt-χ^2 von χ^2 = 2,723 führen.

Als Nächstes stellt sich die Frage nach der Anzahl der Freiheitsgrade für dieses χ^2. Die erste Restriktion, die den erwarteten Häufigkeiten zugrunde liegt, besteht darin, dass ihre Summe mit der Summe der beobachteten Häufigkeiten identisch sein muss. Ferner wurden die erwarteten Häufigkeiten für eine Normalverteilung bestimmt, die hinsichtlich des Mittelwertes und der Streuung mit der beobachteten Verteilung identisch ist (Mittelwert und Streuung der beobachteten Verteilung wurden bei der z-Standardisierung der Kategoriengrenzen „benutzt"). Die beobachtete und erwartete Häufigkeitsverteilung sind somit hinsichtlich der Größen n, $\bar{x}$ und s identisch, d. h., die Anzahl der Freiheitsgrade ergibt sich bei der χ^2-Technik zur Überprüfung einer Verteilung auf Normalität zu $k - 3$, wobei k die Anzahl der Kategorien mit Erwartungshäufigkeiten > 5 bezeichnet. Das χ^2 unseres Beispiels hat somit df = 8 – 3 = 5. Tabelle B des Anhangs entnehmen wir, dass $\chi^2_{5;95\%} = 11{,}07$ die oberen 5% der $\chi^2(5)$-Verteilung abschneidet. Da der von uns ermittelte χ^2-Wert kleiner ist, kann die H_0, die Bearbeitungszeiten sind normalverteilt, nicht verworfen werden.

Tabelle 9.4. Vergleich einer empirischen Verteilung mit einer Normalverteilung

Intervall	z_u	z_o	Anteil	n	m	$(n-m)^2/m$
60,0–69,9	$-\infty$	−1,71	0,044	5 } 13	3,96 } 9,54	1,255
70,0–79,9	−1,71	−1,25	0,062	8	5,58	
80,0–89,9	−1,25	−0,78	0,112	7	10,08	0,941
90,0–99,9	−0,78	−0,32	0,156	12	14,04	0,296
100,0–109,9	−0,32	0,14	0,182	17	16,38	0,023
110,0–119,9	0,14	0,61	0,173	15	15,57	0,021
120,0–129,9	0,61	1,07	0,129	13	11,61	0,166
130,0–139,9	1,07	1,53	0,079	7	7,11	0,002
140,0–149,9	1,53	∞	0,063	6	5,67	0,019
			1,000	90	90,00	$\chi^2 = 2{,}723$

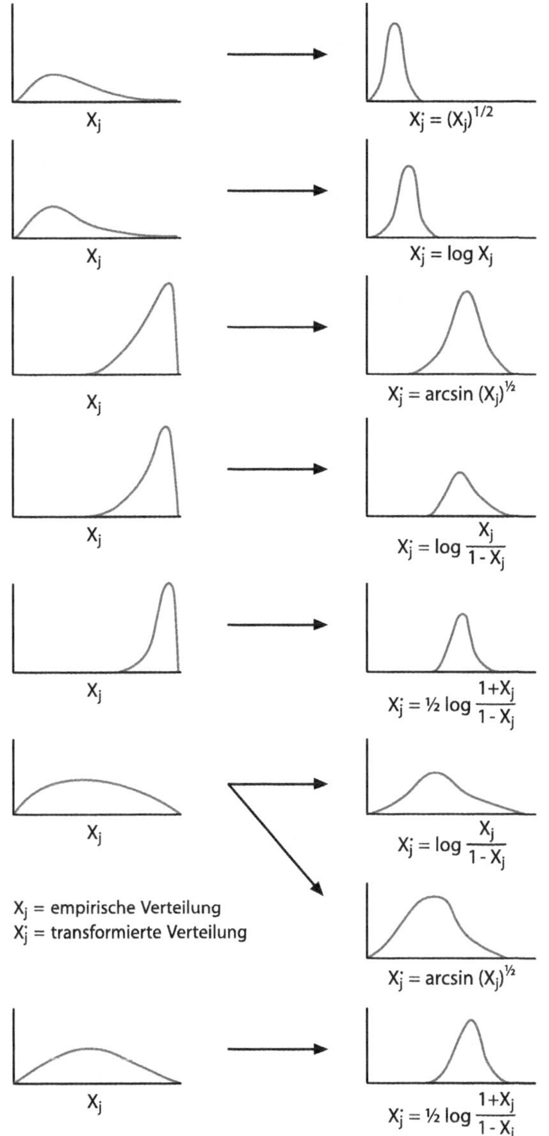

Abbildung 9.1. Normalisierende Datentransformationen

Dieser Goodness-of-fit-Test ist ein Beispiel dafür, dass der Forscher gelegentlich auch an der Beibehaltung der Nullhypothese interessiert ist. Exkurs 9.2 diskutiert die sich daraus ergebenden Implikationen.

Hinweise: Alternative Verfahren zur Überprüfung der Normalität einer Verteilung sind der *Kolmogoroff-Smirnov-Test* (bei bekanntem μ und σ) und der *Lillifors-Test* (bei geschätztem μ und σ), die z. B. bei Bortz et al. (2008, Kap. 7.3) oder Bortz und Lienert (2008, Kap. 4) beschrieben werden. Ein weiteres Verfahren – der *Shapiro-Wilk-Test* (Shapiro et al., 1968) – wird bei D'Agostino (1982) erläutert.

Abweichungen von der Normalität einer Verteilung sind häufig darauf zurückzuführen, dass die Stichprobe nicht aus einer homogenen Population, sondern aus mehreren heterogenen Populationen stammt. Mit Tests, die geeignet sind, den Typus einer solchen Mischverteilung zu identifizieren, befasst sich eine Arbeit von Bajgier und Aggarwal (1991). Ausführliche Informationen zum Thema „Mischverteilungen" findet man bei Sixtl (1993).

Schließlich sei darauf hingewiesen, dass nicht normale Verteilungen von einem bestimmten Verteilungstyp (linksschief, breitgipflig etc.) durch geeignete Transformationen normalisiert werden können. Abbildung 9.1 zeigt hierfür die wichtigsten Beispiele (s. Rummel, 1970, S. 285). Man beachte allerdings, dass sich auch Testergebnisse (z. B. für einen *t*-Test) durch eine Datentransformation verändern können. Deshalb ist es in jedem Falle erforderlich, bei der Analyse transformierter Daten den Transformationstyp zu nennen.

9.2.2 Gerichtete Alternativhypothese

Die Alternativhypothesen, welche mit dem Chi-Quadrat-Test für die Verteilung eines Merkmals überprüft werden können, sind in der Regel ungerichtet, da die Prüfgröße gegenüber allen Abweichungen zwischen beobachteten und erwarteten Häufigkeiten sensitiv ist. Im speziellen Fall eines *dichotomen* Merkmals kann aber die Überprüfung einer gerichteten Hypothese von Interesse sein. Sind die beiden Kategorien beispielsweise als „männlich" versus „weiblich" definiert, so könnte man an der Hypothese interessiert sein, dass Frauen im Vergleich zu Männern ein bestimmtes Produkt präferieren.

Auch in diesem Fall lesen wir in Tabelle B des Anhangs denjenigen χ^2-Wert ab, der für das verdoppelte Signifikanzniveau austabelliert ist. Soll die oben genannte gerichtete Hypothese z. B. für das Signifikanzniveau $\alpha = 0{,}05$ überprüft werden, wählen wir denjenigen $\chi^2(1)$-Wert, der 10% von der $\chi^2(1)$-Verteilung abschneidet. Dieser Wert lautet $\chi^2_{1;90\%} = 2{,}71$.

9.2.3 Stichprobenumfänge

Für die Überprüfung der H_0, dass die Häufigkeiten eines *k*-fach gestuften Merkmals einer Gleichverteilung folgen, lassen sich Stichprobenumfänge angeben, die auf folgenden Überlegungen basieren:

EXKURS 9.2 H_0 als „Wunschhypothese"

Der „Goodness-of-fit"-Test wird gelegentlich eingesetzt, um die an bestimmte Verfahren geknüpfte *Voraussetzung einer normalverteilten Grundgesamtheit* zu überprüfen. In diesem Kontext würde ein χ^2-Wert, der auf dem 5%-Niveau signifikant ist, besagen: Die Wahrscheinlichkeit dafür, dass ein solcher Wert der Prüfgröße entsteht, falls die Stichprobe zu einer normalverteilten Grundgesamtheit gehört, ist kleiner als 5%. Ist der empirische χ^2-Wert jedoch auf diesem Signifikanzniveau *nicht signifikant*, kann hieraus lediglich die Konsequenz gezogen werden, dass die empirische Verteilung der Annahme einer normalverteilten Grundgesamtheit zumindest nicht widerspricht. Ist eine derartige Absicherung bereits ausreichend, um die H_0, die besagt, dass die Stichprobe aus einer normalverteilten Grundgesamtheit stammt, aufrechterhalten zu können?

Wir haben es hier mit einer Fragestellung zu tun, bei der nicht die Wahrscheinlichkeit des Fehlers 1. Art, sondern die Wahrscheinlichkeit des Fehlers 2. Art möglichst klein sein sollte. Unser Interesse ist in diesem Fall darauf gerichtet, die H_0 beizubehalten, und nicht – wie in den bisher behandelten Entscheidungen – darauf, die H_0 zu verwerfen. Die H_0 ist gewissermaßen unsere „Wunschhypothese". Der Fehler 2. Art bezeichnet die Entscheidung, die H_0 zu akzeptieren, obwohl sie eigentlich falsch ist. Wenn wir uns also bei der Überprüfung auf Normalität statt gegen den Fehler 1. Art gegen den Fehler 2. Art absichern müssen, dann bedeutet dies, dass die Wahrscheinlichkeit dafür, dass wir fälschlicherweise behaupten, die Stichprobe stamme aus einer normalverteilten Grundgesamtheit (H_0), möglichst klein sein sollte. Der Fehler 2. Art kann jedoch nur bestimmt werden, wenn eine spezifische Alternativhypothese vorliegt. Da dies bei Überprüfungen auf Normalität praktisch niemals der Fall ist, sind wir darauf angewiesen, den Fehler 2. Art indirekt klein zu halten, indem wir (aufgrund der in Abb. 7.3 dargestellten, gegenläufigen Beziehung) den Fehler 1. Art vergrößern. Entscheiden wir uns bei einem 25%-Niveau für die H_0, wird diese Entscheidung mit einem kleineren Fehler 2. Art versehen sein, als wenn wir bei 5% die H_0 beibehalten.

Wir nehmen an, dass für 25% die Wahrscheinlichkeit eines Fehlers 2. Art hinreichend klein ist, um die H_0, nach der die Stichprobe aus einer normalverteilten Grundgesamtheit stammt, aufrechterhalten zu können. Diese Vorgehensweise ist allerdings nur ein Notbehelf. Korrekterweise müsste man die Entscheidung, dass die H_0 als bestätigt gelten kann, über einen sog. *Äquivalenztest* treffen, der sich allerdings in Bezug auf die hier anstehende Problematik (Normalverteilung als H_0) als besonders schwierig erweist (vgl. hierzu Klemmert, 2004, S. 139).

Im Übrigen ist zu beachten, dass das Ergebnis dieses χ^2-Tests – wie die Ergebnisse aller Signifikanztests – vom Stichprobenumfang abhängt. Die H_0-„Wunschhypothese" (Normalverteilung) beizubehalten, wird also mit wachsendem Stichprobenumfang unwahrscheinlicher.

Ausgehend von der H_0 „Gleichverteilung" erhält man für die i-te Kategorie, $i = 1, \ldots, k$, eine Wahrscheinlichkeit $P_i = 1/k$. Mit π_i sind nun Wahrscheinlichkeiten für das Auftreten der Kategorien unter der Alternativhypothese festzulegen, sodass die folgende Effektgröße bestimmt werden kann:

$$w = \sqrt{\sum_{i=1}^{k} \frac{(\pi_i - P_i)^2}{P_i}}. \tag{9.7}$$

In Abhängigkeit von dieser Effektgröße und der Anzahl der Freiheitsgrade werden die in Tab. 9.3 genannten Stichprobenumfänge empfohlen ($\alpha = 0{,}05$ und $1 - \beta = 0{,}80$; zweiseitiger Test; weitere Werte findet man bei J. Cohen, 1988).

Angenommen, im „Apfelsorten"-Beispiel hätte man eine Abweichung von $\pm 0{,}15$ von den gemäß H_0 erwarteten Wahrscheinlichkeiten ($P_i = 0{,}33$) für praktisch bedeutsam gehalten. Hieraus würde eine Effektgröße von $w = \sqrt{3 \cdot 0{,}15^2/0{,}33} = 0{,}45 \approx 0{,}5$ resultieren, sodass gemäß Tab. 9.3 für df = 2 etwa 40 Personen befragt werden müssen. Die Tatsache, dass im Beispiel mit $N = 150$ ein Ergebnis gefunden wurde, dessen empirischer χ^2-Wert nicht allzu weit unter dem kritischen Wert liegt, spricht – ex post betrachtet – eher für einen mittleren bis schwachen Effekt.

Den genauen Wert können wir ermitteln, wenn wir die relativen Verkaufshäufigkeiten als Schätzwerte für die π_i-Werte verwenden (z. B. $\pi_1 = 45/150 = 0{,}3$). Man erhält dann über Gl. (9.7) folgende, aus den Daten geschätzte Effektgröße:

$$\hat{w} = \left(\frac{(0{,}3 - 0{,}33)^2}{0{,}33} + \frac{(0{,}267 - 0{,}33)^2}{0{,}33} + \frac{(0{,}433 - 0{,}33)^2}{0{,}33} \right)^{1/2} = 0{,}216.$$

Der Effekt ist also als schwach bis mittel zu klassifizieren.

Theoretisch lässt sich Gl. (9.7) auch zur Bestimmung einer Effektgröße bei der Überprüfung auf Normalverteilung einsetzen. Hierfür wäre es jedoch erforderlich, mit einer spezifischen Alternativhypothese π_i-Werte festzulegen, was die praktische Anwendung erheblich erschwert.

9.3 Messwiederholung

9.3.1 McNemar-Test

Gelegentlich wird dieselbe Stichprobe zweimal auf ein alternatives Merkmal hin untersucht. Es wird

Tabelle 9.5. Beispiel für ein McNemar-χ^2

		nachher	
		+	–
vorher	+	$a = 80$	$b = 25$
	–	$c = 12$	$d = 120$

beispielsweise gefragt, ob eine Zeitungskampagne gegen das Zigarettenrauchen erfolgreich war. Vor der Kampagne wurden 237 zufällig herausgegriffene Personen befragt, ob sie rauchen oder nicht. Nach Abschluss der Kampagne wurde erneut eine Befragung derselben 237 Personen durchgeführt. Die Ergebnisse sind in Tab. 9.5 zusammengefasst.

80 rauchten sowohl vor der Kampagne als auch danach, 25 Personen gaben nach der Kampagne das Rauchen auf, 12 Personen haben nach der ersten Befragung mit dem Rauchen begonnen, und 120 Personen rauchten weder vor noch nach der Kampagne.

Das McNemar-χ^2 berücksichtigt nur diejenigen Fälle, bei denen eine *Veränderung* eingetreten ist. (Deshalb wird das *McNemar*-χ^2 gelegentlich auch „test for significance of change" genannt.) Es überprüft die H_0, dass die eine Hälfte der „Wechsler" (in unserem Beispiel 37) von + nach – (Zelle b) und die andere von – nach + (Zelle c) wechselt.

Die bei Gültigkeit der H_0 erwarteten Häufigkeiten für die Zellen b und c lautet deshalb:

$$m_b = m_c = \frac{b+c}{2}.$$

Eingesetzt in Gl. (9.2) resultiert

$$\chi^2 = \frac{(b-m_b)^2}{m_b} + \frac{(c-m_c)^2}{m_c}.$$

Durch Einsetzen der erwarteten Häufigkeiten, Ausmultiplizieren und Zusammenfassen können wir die Berechnung der Prüfgröße folgendermaßen vereinfachen:

$$\chi^2 = \frac{(b-c)^2}{b+c}. \tag{9.8}$$

Dieser χ^2-Wert hat einen Freiheitsgrad, d. h. $df = 1$. Für unser Beispiel ermitteln wir:

$$\chi^2 = \frac{(25-12)^2}{37} = 4{,}57.$$

Nach Tabelle B des Anhangs resultiert für $\alpha = 0{,}05$ ein kritischer Wert von $\chi^2_{1;95} = 3{,}84$. Dieser Wert gilt für zweiseitige Alternativhypothesen, da durch das Quadrieren in Gl. (9.8) sowohl positive als auch negative Differenzen von b und c zu einer Vergrößerung des χ^2 beitragen.

Gerichtete Alternativhypothese. Soll die Hypothese wie in unserem Beispiel einseitig getestet werden (die Kampagne reduziert den Anteil der Raucher), ist das Signifikanzniveau zu verdoppeln, d. h. ein empirischer χ^2-Wert wäre auf dem 5%-Niveau bereits signifikant, wenn er größer als $\chi^2_{1;90} = 2{,}71$ ist. Da die Häufigkeitsunterschiede in Tab. 9.5 der Richtung nach der H_1 entsprechen und der empirische χ^2-Wert zudem größer ist als der Tabellenwert, akzeptieren wir die H_1: Die Kampagne gegen das Rauchen hat einen auf dem 5%-Signifikanzniveau abgesicherten Effekt.

Voraussetzungen. Jedes Individuum muss aufgrund der zweimaligen Untersuchung eindeutig einem der vier Felder der McNemar-Tabelle zugeordnet werden können. Dies gilt auch für den Fall, dass Beobachtungspaare untersucht werden. Beispiel: Es wird geprüft, ob das Raucherverhalten von Partnern in Paarbeziehungen konkordant (++ oder ––) bzw. diskordant ist (+– oder –+). Ein gerichtete H_1 könnte hier z. B. lauten, dass bei diskordanten Paaren der Typ +– (Mann ist Raucher, Frau ist Nichtraucherin) häufiger vorkommt als der Typ –+ (Mann ist Nichtraucher, Frau ist Raucherin).

Im Übrigen setzen wir – bei Messwiederholung – voraus, dass die erwarteten Häufigkeiten m_b und m_c größer als 5 sind. Ist diese Voraussetzung nicht erfüllt, wird ersatzweise ein Binomialtest mit den Parametern $\pi = 1/2$, $N = b+c$ und $x = \min(b,c)$ durchgeführt. Ein Beispiel hierfür findet man bei Bortz und Lienert (2008, Beispiel 2.11).

Hinweise: Der McNemar-Test setzt in der hier beschriebenen Form voraus, dass dieselbe Stichprobe zweimal untersucht werden kann bzw. dass vom ersten zum zweiten Untersuchungszeitpunkt keine Versuchspersonen „verloren gehen". Wie dieser Test zu modifizieren ist, wenn die beiden verbundenen Stichproben ungleich groß sind (weil z. B. nicht alle Versuchspersonen an beiden Untersuchungen teilnahmen), wird bei Ekbohm (1982) beschrieben. Ein Beispiel sowie weitere Hinweise zu diesem Thema findet man bei Marascuilo et al., 1988.

Erhebt man bei einer wiederholt untersuchten Stichprobe kein zweifach gestuftes, sondern ein *drei- oder mehrfach gestuftes Merkmal* (z. B. schwacher, mittlerer oder starker Alkoholkonsum vor und nach einer Behandlung), kann die Frage nach signifikanten Veränderungen mit dem

Bowker-Test geprüft werden (vgl. z. B. Bortz et al., 2008, Kap. 5.5.2 oder Bortz & Lienert, 2008, Kap. 2.5.3).

9.3.2 Cochran-Test

Mit Hilfe des McNemar-Tests überprüfen wir, ob sich die in einer Stichprobe angetroffene Häufigkeitsverteilung eines alternativen Merkmals bei einer zweiten Untersuchung signifikant geändert hat. Die Erweiterung dieses Verfahrens sieht nicht nur zwei Untersuchungen, sondern allgemein k Wiederholungsuntersuchungen vor. Es wird die H_0 überprüft, dass sich die Verteilung der Merkmalsalternativen in der Population, aus der die Stichprobe entnommen wurde, während mehrerer, zeitlich aufeinander folgender Untersuchungen nicht verändert.

Die Prüfgröße des Cochran-Tests lautet:

$$Q = \frac{(k-1)\cdot\left[k\cdot\sum_{j=1}^{k}T_j^2 - \left(\sum_{j=1}^{k}T_j\right)^2\right]}{k\cdot\sum_{i=1}^{N}L_i - \sum_{i=1}^{N}L_i^2}, \quad (9.9)$$

wobei N den Stichprobenumfang, T_j die Häufigkeit der + Alternative in der j-ten Untersuchung und L_i die Häufigkeit der + Alternative für die i-te Person bezeichnen.

Die Prüfgröße Q ist mit df $= k - 1$ angenähert χ^2-verteilt. Die Ermittlung der Freiheitsgrade weicht bei diesem Test von der üblichen Regel für χ^2-Verfahren ab. Bei Betrachtung von Gl. (9.9) kann man erkennen, dass „implizit" die quadrierten Abweichungen der k einzelnen T-Werte vom durchschnittlichen T-Wert berechnet werden. Da – wie bei der Varianz – die Summe der Abweichungen null ergeben muss, ist eine Abweichung festgelegt, sodass df $= k - 1$ resultiert.

BEISPIEL 9.3

In einem Kinderhospital werden 15 bettnässende Kinder behandelt. In einem Abstand von jeweils fünf Tagen wird registriert, welches Kind eingenässt hat (+) und welches nicht (–). Tabelle 9.6 zeigt, wie sich die Behandlung bei den einzelnen Kindern ausgewirkt hat.

Die einzelnen T-Werte in Tab. 9.6 geben an, wie viele Kinder an den vier Stichtagen eingenässt haben, und die L-Werte kennzeichnen die Häufigkeit des Einnässens pro Kind. Ausgehend von diesen T- und L-Summen kann der folgende Q-Wert berechnet werden:

$$Q = \frac{(4-1)\cdot[4\cdot(13^2+9^2+6^2+3^2)-31^2]}{4\cdot 31 - 81} = 15{,}28.$$

Bei df $= 4-1 = 3$ lautet für $\alpha = 0{,}05$ der kritische Wert $\chi^2_{3;95\%} = 7{,}81$. Da der empirisch ermittelte χ^2-Wert größer ist, verwerfen wir die H_0. Die Häufigkeit des Einnässens unterscheidet sich an den vier untersuchten Tagen. Will man zusätzlich überprüfen, ob die Häufigkeit am ersten Untersuchungstag größer ist als z. B. am vierten Untersuchungstag, kann ein einseitiger McNemar-Test durchgeführt werden. Im Beispiel ermitteln wir $b = 10$ und $c = 0$ und damit $\chi^2 = (10-0)^2/(10+0) = 10$. Dieser Wert ist für $\alpha = 0{,}01$ signifikant.

Tabelle 9.6. Beispiel für einen Cochran-Test

		1. Unters.	2. Unters.	3. Unters.	4. Unters.	L_i	L_i^2
Kind	1	+	+	+	–	3	9
	2	+	–	–	–	1	1
	3	+	+	+	+	4	16
	4	+	+	–	–	2	4
	5	+	+	–	–	2	4
	6	–	+	+	–	2	4
	7	+	–	–	–	1	1
	8	+	+	+	+	4	16
	9	+	–	+	–	2	4
	10	+	–	–	–	1	1
	11	–	–	–	–	0	0
	12	+	+	–	–	2	4
	13	+	–	+	+	3	9
	14	+	+	–	–	2	4
	15	+	+	–	–	2	4
		$T_1 = 13$	$T_2 = 9$	$T_3 = 6$	$T_4 = 3$	31	81

Für den Spezialfall zweier Behandlungen geht der Q-Test in den McNemar-Test über. Es ergibt sich dann

$$T_1 = c + d, \quad T_2 = b + d,$$

$$\sum_{i=1}^{N} L_i = b + c + 2d \quad \text{und} \quad \sum_{i=1}^{N} L_i^2 = b + c + 4d,$$

sodass nach Gl. (9.9) $Q = (b-c)^2/(b+c)$ resultiert.

Hinweise: Der Cochran-Test sollte nur angewendet werden, wenn $N \cdot k > 30$ ist. Über weitere Einzelheiten zur Herleitung der Prüfstatistik Q informieren Bortz et al. (2008, Kap. 5.5.3). Eine Erweiterung des Cochran-Tests auf mehrere Stichproben (z. B. Vergleich der Behandlungserfolge bei Jungen und Mädchen) findet man bei Tideman (1979) bzw. Guthrie (1981). Weitere Verfahren zu dieser Thematik (Messwiederholungspläne mit dichotomen oder polytomen Merkmalen und mit einer oder mehreren Stichproben) werden bei Davis (2002, Kap. 7.3) behandelt.

9.4 Konfigurationsfrequenzanalyse

Verallgemeinern wir den χ^2-Test auf Unabhängigkeit für 2 × 2-Tabellen auf k alternative Merkma-

Tabelle 9.7. Beispiel für eine 2 × 2 × 2-KFA

Merkmal			Häufigkeiten		
A	*B*	*C*	*n*	*m*	$(n-m)^2/m$
+	+	+	120	86,79	12,71
+	+	−	15	63,33	36,88
+	−	+	70	95,32	6,73
+	−	−	110	69,56	23,51
−	+	+	160	89,54	55,45
−	+	−	10	65,34	46,87
−	−	+	20	98,35	62,42
−	−	−	135	71,77	55,71
			640	640	$\chi^2 = 300{,}28$

le, erhalten wir eine *mehrdimensionale Kontingenztabelle*, die nach der von Krauth und Lienert (1973) entwickelten *Konfigurationsfrequenzanalyse* (abgekürzt KFA) analysiert werden kann (vgl. hierzu auch Krauth, 1993; Lautsch & Weber, 1995 oder von Eye, 2002). Ein Beispiel für $k = 3$ soll die KFA verdeutlichen. Es wird überprüft, ob weibliche Personen, die in der Stadt wohnen, überzufällig häufig berufstätig sind ($\alpha = 0{,}01$). Wir haben es in diesem Beispiel mit den alternativen Merkmalen *A*: Stadt (+) vs. Land (−), *B*: männlich (+) vs. weiblich (−) und *C*: berufstätig (+) vs. nicht berufstätig (−) zu tun. Die Befragung von $N = 640$ Personen ergab die in Tab. 9.7 genannten Häufigkeiten für die einzelnen Merkmalskombinationen.

Tabelle 9.7 entnehmen wir, dass sich in unserer Stichprobe 70 in der Stadt wohnende, weibliche Personen befinden, die einen Beruf ausüben (Kombination + − +). Für die Ermittlung der erwarteten Häufigkeiten formulieren wir üblicherweise die H_0, dass die drei Merkmale voneinander unabhängig sind.

H_0: Geschätzte Wahrscheinlichkeiten

Werden die erwarteten Häufigkeiten gemäß der H_0, nach der die drei Merkmale wechselseitig unabhängig sind, aus den beobachteten Häufigkeiten geschätzt, ergibt sich in Analogie zu Gl. (9.3) folgende Gleichung für die erwarteten Häufigkeiten:

$$m_{ijk} = \frac{n_{i..} \cdot n_{.j.} \cdot n_{..k}}{N^2}, \qquad (9.10)$$

wobei $n_{i..} = \sum_j \sum_k n_{ijk}$, d. h. die Anzahl aller Beobachtungen, die in die *i*-te Kategorie des Merkmals *A* fallen, bezeichnet. Die anderen beiden Randhäufigkeiten sind ganz analog definiert, d. h. $n_{.j.} = \sum_i \sum_k n_{ijk}$ und $n_{..k} = \sum_i \sum_j n_{ijk}$.

In unserem Beispiel lauten diese Summen:

$n_{1..} = 315 \quad n_{.1.} = 305 \quad n_{..1} = 370,$

$n_{2..} = 325 \quad n_{.1.} = 335 \quad n_{..2} = 270.$

Es wurden somit insgesamt 325 auf dem Land wohnende Personen (Kategorie $A(-)$) befragt. Unter Verwendung von Gl. (9.10) ermitteln wir die in Tab. 9.7 aufgeführten erwarteten Häufigkeiten, z. B. $m_{111} = 315 \cdot 305 \cdot 370/640^2 = 86{,}79$.

χ^2-Komponenten. Unsere Eingangsfragestellung lautete, ob weibliche Personen in der Stadt überzufällig häufig berufstätig sind. Eine grobe Abschätzung, ob die beobachtete Häufigkeit $n_{121} = 70$ von der erwarteten Häufigkeit $m_{121} = 95{,}32$ signifikant abweicht, liefert die χ^2-Komponente für diese Merkmalskombination. Da diese Komponente (wie alle übrigen) $\text{df} = 1$ besitzt, vergleichen wir das beobachtete (Teil-)$\chi^2 = (70 - 95{,}32)^2/95{,}32 = 6{,}73$ mit dem für $\alpha = 0{,}01$ kritischen Wert: $\chi^2_{\text{crit}} = z^2_{(99\%)} = 2{,}33^2 = 5{,}43$ (einseitiger Test). Der empirische χ^2-Wert ist größer, d. h. die beobachtete Häufigkeit weicht signifikant von der erwarteten ab. Allerdings ist die Richtung der Abweichung genau umgekehrt: Ausgehend von der H_0, dass die drei untersuchten Alternativmerkmale wechselseitig unabhängig sind, erwarten wir mehr weibliche berufstätige Personen in der Stadt als wir beobachteten. Die H_0 ist damit beizubehalten.

Dass die statistische Bewertung einer Einzelkomponente des χ^2 nur approximativ sein kann, geht daraus hervor, dass – wie in Abschnitt 5.5.1 berichtet – die Summe einzelner χ^2-Werte mit jeweils $\text{df} = 1$ wiederum χ^2-verteilt ist. Die Freiheitsgrade für das Gesamt-χ^2 müssten sich aus der Summe der Freiheitsgrade der einzelnen χ^2-Komponenten ergeben. Dies hätte zur Konsequenz, dass das χ^2 einer 2 × 2 × 2-KFA mit $\text{df} = 8$ (Anzahl aller Summanden) versehen ist, was natürlich nicht zutrifft, da wir die Erwartungshäufigkeiten aus den beobachteten Häufigkeiten geschätzt haben. Über Möglichkeiten, die statistische Bewertung für eine χ^2-Komponente in einer KFA genauer zu bestimmen, informieren Krauth und Lienert (1973, Kap. 2), Krauth (1993) bzw. Kieser und Victor (1991).

Freiheitsgrade. Werden die erwarteten Häufigkeiten aus den beobachteten Häufigkeiten geschätzt, resultiert ein Gesamt-χ^2 mit $\text{df} = 2^k - k - 1$. Das χ^2 einer 2 × 2 × 2-KFA hat somit $\text{df} = 2^3 - 3 - 1 = 4$. Da der für das 1%-Niveau bei $\text{df} = 4$ kritische χ^2-Wert ($\chi^2_{4;99\%} = 13{,}28$) erheblich kleiner ist als der beobachtete Wert ($\chi^2 = 300{,}28$), verwerfen wir die H_0. Es besteht ein Zusammenhang zwischen den drei Merkmalen, dessen Interpretation den Differenzen zwischen beobachteten und erwarteten Häufigkeiten entnommen werden kann.

Die Generalisierung des Verfahrens für $k > 3$ ist relativ einfach vorzunehmen. Da mit wachsender Anzahl von Merkmalen die Anzahl der Merkmalskombinationen jedoch exponentiell ansteigt, muss darauf geachtet werden, dass die Anzahl der Beobachtungen hinreichend groß ist, um erwartete Häufigkeiten größer als 5 zu gewährleisten. Sind die Merkmale nicht alternativ, sondern *mehrfach abgestuft*, kann Gl. (9.10) wie bei einer $2 \times 2 \times 2$-KFA für die Bestimmung der erwarteten Häufigkeiten der einzelnen Merkmalskombinationen herangezogen werden. Werden beispielsweise drei dreifach gestufte Merkmale auf Unabhängigkeit geprüft, ergeben sich $3^3 = 27$ Merkmalskombinationen, für die jeweils eine erwartete Häufigkeit bestimmt werden muss. Sind die drei Merkmale k_1-fach, k_2-fach und k_3-fach gestuft, resultiert ein χ^2 mit $df = k_1 \cdot k_2 \cdot k_3 - k_1 - k_2 - k_3 + 2$. Wie die Freiheitsgrade in einer beliebigen KFA berechnet werden, zeigen Krauth und Lienert (1973, S. 139). Anwendungen der KFA wurden von Lienert (1988) zusammengestellt. Ausführlichere Informationen zur Theorie der KFA findet man bei Krauth (1993), von Eye (2002) sowie von Eye und Gutiérrez-Peña (2004).

Hinweise: Für die Analyse mehrdimensionaler Kontingenztabellen gibt es eine Reihe weiterer Verfahren, auf die hier nur hingewiesen werden kann. Diese Auswertungstechniken sind in der Fachliteratur unter den Bezeichnungen „log-lineare"-Modelle, „logit"-Modelle und „probit"-Modelle bekannt und werden z. B. bei Andreß et al. (1997), Arminger (1983), Langeheine (1980b), Langeheine (1980a), Bishop et al. (1975), Agresti (2002), Andersen (1990), Gilbert (1993), Hagenaars (1990), Santner und Duffy (1989) oder Wickens (1989) beschrieben. Wie man eine log-lineare Analyse mit dem Programmpaket SPSS durchführt, wird bei J. Stevens (2002, S. 564 ff.) erklärt.

Vergleichende Analysen von KFA und loglinearen Modellen findet man bei Krauth (1980) oder von Eye (1988). Vorhersagemodelle mit kategorialen Variablen werden bei von Eye (1991) beschrieben. Die Analyse mehrdimensionaler Kontingenztabellen unter dem Blickwinkel des allgemeinen linearen Modells beschreiben Bortz et al. (2008, Kap. 8.1) oder Bortz und Muchowski (1988). Mit der informationstheoretischen Analyse sog. „paradoxer" Tabellen befassen sich Preuss und Vorkauf (1997).

9.4.1 Allgemeine Bemerkungen zu den χ^2-Techniken

χ^2-Techniken gehören von der Durchführung her zu den einfachsten Verfahren der Inferenzstatistik, wenngleich der mathematische Hintergrund dieser Verfahren komplex ist. Mit Hilfe der χ^2-Verfahren werden die Wahrscheinlichkeiten *multinomialverteilter Ereignisse* geschätzt, wobei die Schätzungen erst bei sehr großen Stichproben mit den exakten Wahrscheinlichkeiten der Multinomialverteilung übereinstimmen. Man sollte deshalb beachten, dass für die Durchführung eines χ^2-Tests die folgenden *Voraussetzungen* erfüllt sind:

- Die einzelnen Beobachtungen müssen voneinander unabhängig sein (Ausnahme: McNemar-Test und Cochran-Test).
- Die Merkmalskategorien müssen so geartet sein, dass jedes beobachtete Objekt eindeutig einer Merkmalskategorie oder einer Kombination von Merkmalskategorien zugeordnet werden kann.
- Bezüglich der Größe der erwarteten Häufigkeiten erweisen sich die χ^2-Techniken als relativ robust (vgl. J. V. Bradley, 1968; D. R. Bradley et al., 1979; Camilli & Hopkins, 1979; Overall, 1980). Dessen ungeachtet ist – zumal bei asymmetrischen Randverteilungen – darauf zu achten, dass der Anteil der erwarteten Häufigkeiten, die kleiner als 5 sind, 20% nicht überschreitet.

ÜBUNGSAUFGABEN

Allgemeine Aufgaben

Aufgabe 9.1 Bestimmen Sie: a) $\chi^2_{20;95\%}$, b) $\chi^2_{20;25\%}$.

χ^2-Unabhängigkeitstest

Aufgabe 9.2 Zwei Stichproben mit jeweils 50 Versuchspersonen wurden gebeten, eine Reihe von Aufgaben zu lösen, wobei die Lösungszeit pro Aufgabe auf eine Minute begrenzt war. Nach Ablauf einer Minute musste auch dann, wenn die entsprechende Aufgabe noch nicht gelöst war, unverzüglich die nächste Aufgabe in Angriff genommen werden. Der einen Personenstichprobe wurde gesagt, dass mit dem Test ihre Rechenfähigkeiten geprüft werden sollten, der anderen Stichprobe wurde mitgeteilt, dass die Untersuchung lediglich zur Standardisierung des Tests diene und dass es auf die individuellen Leistungen nicht ankäme. Am darauffolgenden Tag hatten die Versuchspersonen anzugeben, an welche Aufgabe sie sich noch erinnerten. Aufgrund dieser Angaben wurden die Versuchspersonen danach eingeteilt, ob sie entweder mehr vollendete Aufgaben oder mehr unvollendete Aufgaben im Gedächtnis behalten hatten. Die folgende 2 × 2-Tabelle zeigt die entsprechenden Häufigkeiten:

Instruktion	erinnert vollendete Aufgaben	erinnert unvollendete Aufgaben
Teststandardisierung	32	18
Leistungsmessung	13	37

Können diese Daten den sog. Zeigarnik-Effekt bestätigen, nach dem persönliches Engagement (bei Leistungsmessungen) das Erinnern unvollständiger Aufgaben begünstigt, während sachliches Interesse (an der Teststandardisierung) vor allem das Erinnern vollendeter Aufgaben erleichtert?

Aufgabe 9.3 In einer Untersuchung soll die Wirkung von zwei Medikamenten mit einer Placebobedingung verglichen werden. Von 500 Versuchspersonen werden 200 mit Medikament A, 200 mit Medikament B und 100 mit einem Placebo behandelt. Anschließend wird festgehalten, ob sich bei den Versuchspersonen die Symptomatik verbessert, verschlechtert oder gleich bleibt. Es ergeben sich folgende Beobachtungen:

	Medikament			
Symptomatik	A	B	Placebo	Total
+	150	100	50	300
~	25	50	25	100
−	25	50	25	100
Total	200	200	100	500

a) Stellen Sie die Hypothesen auf.
b) Berechnen Sie die unter der Nullhypothese erwarteten Häufigkeiten.
c) Bestimmen Sie die Prüfgröße χ^2, und überprüfen Sie mit $\alpha = 0{,}05$, ob sich die Behandlungen in ihrer Wirkung unterscheiden.

Aufgabe 9.4 Sie führen eine Studie zur Wirksamkeit eines Medikamentes durch. Behandelt werden 20 Patienten mit Medikament A und 20 Patienten mit einem Placebo. Bei 20 Patienten tritt eine Verbesserung ein und bei 20 Patienten eine Verschlechterung:

	Medikament		
Symptomatik	A	Placebo	Total
+			20
−			20
Total	20	20	40

a) Ergänzen Sie die Tabelle derart, dass χ^2 minimal wird.
b) Ergänzen Sie die Tabelle derart, dass χ^2 maximal wird.

Aufgabe 9.5 Gleiss et al. (1973) berichten über eine Untersuchung, in der 300 Patienten nach fünf Symptomkategorien und zwei sozialen Schichten klassifiziert werden. Die folgende Tabelle zeigt die Häufigkeiten:

	Hohe soz. Schicht	Niedrige soz. Schicht
Psychische Störungen des höheren Lebensalters	44	53
Abnorme Reaktionen	29	48
Alkoholismus	23	45
Schizophrenie	15	23
Man.-depressives Leiden	14	6

Überprüfen Sie die Nullhypothese, dass soziale Schicht und Art der Diagnose voneinander unabhängig sind.

Aufgabe 9.6 Die Betreiber eines Kernkraftwerks wollen überprüfen, ob ein Lehrfilm über die Vorzüge von Kernkraft die Einstellung gegenüber Kernenergie verbessert. Bei 100 Versuchspersonen wird die Einstellung gegenüber Kernenergie erfasst (Pro/Contra). Dann wird den Personen der Film gezeigt. Danach wird wiederum die Einstellung der Personen erfasst. Es ergeben sich folgende Daten:

	Zeitpunkt		
Einstellung	Vor Film	Nach Film	Total
+	25	75	100
−	75	25	100
Total	100	100	200

Sind die Voraussetzungen des χ^2-Tests auf Unabhängigkeit erfüllt?

Aufgabe 9.7 Welche der beiden folgenden 3 × 4-Häufigkeitstabellen ist Ihrer Ansicht nach für eine χ^2-Test auf Unabhängigkeit nicht geeignet?

	1	2	3	4	Σ
a)					
1	20	30	0	25	75
2	20	0	30	25	75
3	0	30	20	0	50
Σ	40	60	50	50	200
b)					
1	40	25	4	41	110
2	10	15	2	3	30
3	10	10	4	36	60
Σ	60	50	10	80	200

Aufgabe 9.8 Wir betrachten die beiden Ereignisse B (Brille) und M (Mann) sowie deren gemeinsame Wahrscheinlichkeiten. Zeigen Sie die Gültigkeit der folgenden Aussage:

$$P(B|M) > P(B|\bar{M}) \Rightarrow P(B \cap M) > P(B)P(M).$$

χ^2-Test für ein Merkmal

Aufgabe 9.9 In einer Studie soll untersucht werden, ob Verkehrsunfälle am Wochenende (Samstag und Sonntag) wahrscheinlicher sind als an Werktagen. Ein Jahr lang wird für eine bestimmte Region aufgezeichnet, an welchem Wochentag ein Verkehrsunfall stattfand. Von den aufgetretenen 1000 Verkehrsunfällen ereigneten sich 302 am Wochenende und 698 an einem Werktag.

a) Stellen Sie die Nullhypothese und die ungerichtete Alternativhypothese auf.
b) Berechnen Sie die unter der Nullhypothese erwarteten Häufigkeiten.
c) Berechnen Sie die Prüfstatistik χ^2, und entscheiden Sie, ob die Hypothese mit $\alpha = 0{,}05$ verworfen werden kann.

Aufgabe 9.10 Im 19. Jahrhundert wurde eine Serie von Briefen in einer New Orleanser Zeitung veröffentlicht. Als möglicher Autor wird Mark Twain diskutiert. Die Urheberschaft der Briefe soll mit einer linguistischen Methode überprüft werden. Bei dieser Methode wird die Häufigkeit von Wörtern einer bestimmten Länge betrachtet. Bekannt ist, mit welcher Wahrscheinlichkeit in den Werken von Mark Twain Wörter einer bestimmten Länge auftauchen: Die Wahrscheinlichkeiten für Wörter mit einem, zwei, drei und vier oder mehr Buchstaben lauten: $P_1 = 0{,}10$, $P_2 = 0{,}20$, $P_3 = 0{,}20$ und $P_{4+} = 0{,}50$. Das Auszählen der Wortlängen in den Briefen ergab folgende Häufigkeiten:

Wortlänge	1	2	3	≥ 4	Total
Häufigkeit	500	2000	2500	5000	10000

a) Stellen Sie die Hypothesen des Tests auf.
b) Welches α-Niveau ist für die Untersuchung angemessen?
c) Berechnen Sie die unter der Nullhypothese erwarteten Häufigkeiten.
d) Berechnen Sie die Prüfstatistik χ^2, und führen Sie einen Hypothesentest mit $\alpha = 0{,}10$ durch.
e) Was sind die Voraussetzungen des χ^2-Tests?
f) Sind die Voraussetzungen im aktuellen Fall erfüllt?

Aufgabe 9.11 Untersucht werden soll, ob die Werte eines Intelligenztests normalverteilt sind mit den Verteilungskennwerten $\mu = 100$ und $\sigma = 15$. Hierzu wird eine Stichprobe aus 20 Personen erhoben.

a) Bilden Sie vier Kategorien, für welche die erwarteten Häufigkeiten mindestens fünf Beobachtungen betragen.
b) Die 20 Rohwerte lauten:

115	80	85	91	95
120	111	84	99	92
89	119	88	101	103
106	88	111	118	107

Da es im Interesse des Forschers liegt, die Nullhypothese beizubehalten, wählt er das Signifikanzniveau $\alpha = 0{,}25$. Überprüfen Sie die Nullhypothese.

Aufgabe 9.12 Gleiss et al. (1973) berichten über eine Auszählung, nach der eine Stichprobe von 450 neurotischen Patienten mit folgenden (geringfügig modifizierten) Häufigkeiten in folgenden Therapiearten behandelt wurden:

Klassische Analyse und analytische Psychotherapie:	82
Direkte Psychotherapie:	276
Gruppenpsychotherapie:	15
Somatische Behandlung:	48
Custodial care:	29

Überprüfen Sie die Nullhypothese, dass sich die 450 Patienten auf die fünf Therapieformen gleich verteilen.

Aufgabe 9.13 In Abschn. 5.2.3 haben wir die Wahrscheinlichkeitsfunktion der Poisson-Verteilung kennengelernt. Mit Hilfe dieser Verteilung kann eine Binomialverteilung approximiert werden, wenn $n > 10$ und $p < 0{,}05$ ist. Als Beispiel haben wir untersucht, wie groß die Wahrscheinlichkeit ist, dass sich in einem Verein mit $N = 100$ Mitgliedern mindestens ein Mitglied befindet, das am 1. April Geburtstag hat. Hierfür wurde der Wert $f(X \geq 1|\mu = 0{,}2740) = 0{,}2396$ errechnet. Außerdem haben wir im Einzelnen die Wahrscheinlichkeiten für 0, 1, 2, 3 und 4 Mitglieder mit Geburtstag am 1. April bestimmt.

Nun habe man eine Stichprobe von 200 Vereinen mit jeweils 100 Mitgliedern untersucht und ausgezählt, wie häufig kein Mitglied, ein Mitglied, zwei Mitglieder etc. am 1. April Geburtstag haben. Das Ergebnis der Auszählung lautet: $n_0 = 149$, $n_1 = 44$, $n_2 = 6$, $n_3 = 0$ und $n_4 = 1$. Überprüfen Sie, ob diese Verteilung einer Poisson-Verteilung entspricht ($\alpha = 0{,}05$).

McNemar- und Cochran-Test

Aufgabe 9.14 Teilen Sie die 20 Messwerte in Aufgabe 8.14 am Median (Mediandichotomisierung), und überprüfen Sie mit Hilfe des McNemar-χ^2-Tests für $\alpha = 0{,}05$, ob die Änderungen signifikant sind. Diskutieren Sie das Ergebnis!

Aufgabe 9.15 Zwölf chronisch kranke Patienten erhalten an sechs aufeinander folgenden Tagen ein neues Schmerzmittel. Der behandelnde Arzt registriert in folgender Tabelle, bei welchen Patienten an den einzelnen Tagen Schmerzen (+) bzw. keine Schmerzen (−) auftreten:

Patient	1. Tag	2. Tag	3. Tag	4. Tag	5. Tag	6. Tag
1	+	+	-	-	+	-
2	-	-	+	-	-	+
3	+	+	+	-	-	-
4	+	+	-	+	+	-
5	+	-	-	-	-	-
6	+	-	+	+	-	-
7	-	-	+	-	-	+
8	+	+	-	-	+	-
9	+	-	-	-	+	+
10	+	+	-	-	-	-
11	+	-	-	+	-	-
12	-	+	-	-	-	-

Überprüfen Sie für $\alpha = 0{,}01$, ob sich die Schmerzhäufigkeiten signifikant geändert haben.

Kapitel 10 **Korrelation**

ÜBERSICHT

Kovarianz – bivariate Normalverteilung – Produkt-Moment-Korrelationen – Stichprobengrößen – Fisher Z-Transformation – Zusammenfassung von Korrelationen – Vergleich von Korrelationen aus unabhängigen und abhängigen Stichproben – punktbiseriale Korrelation – biseriale Korrelation – Phi-Koeffizient – tetrachorische Korrelation – biseriale Rangkorrelation – Spearmans rho – Kontingenzkoeffizient – Korrelation und Kausalität

Häufig besteht eine paarweise Beziehung zwischen zwei Beobachtungen, sodass die vorliegenden Daten einer einfachen Stichprobe von Beobachtungspaaren entsprechen. Beispielsweise wird die Schwere einer psychiatrischen Symptomatik für jeden Patienten sowohl vor als auch nach einer Behandlung erhoben, oder der Erfolg einer psychotherapeutischen Paartherapie wird sowohl vom Ehemann als auch von der Ehefrau beurteilt.

Die Analyse von Beobachtungspaaren haben wir schon an verschiedenen Stellen betrachtet. Zum einen war dies beim t-Test für verbundene Stichproben der Fall, für den wir intervallskalierte Messwerte voraussetzten. Zum anderen gingen wir beim Chi-Quadrat-Test auf Unabhängigkeit zweier nominalskalierter Merkmale von Beobachtungspaaren aus. Gibt es eine paarweise Zuordnung der Beobachtungen, so muss die statistische Analyse einen möglichen Zusammenhang zwischen den Beobachtungen berücksichtigen. Beim Chi-Quadrat-Test auf Unabhängigkeit wird die Frage des Variablenzusammenhangs zum Forschungsgegenstand gemacht, denn mit dem Test soll – wie der Name schon sagt – festgestellt werden, ob die Beobachtungen abhängig oder unabhängig sind.

Allerdings möchte man sich oft nicht darauf beschränken, lediglich festzustellen, ob ein Zusammenhang zwischen zwei Merkmalen besteht. Die *Enge* des Zusammenhangs soll ebenfalls charakterisiert werden. Anstatt von Zusammenhang oder Abhängigkeit spricht man auch von „Assoziation“.

Das in den Sozialwissenschaften populärste Zusammenhangsmaß ist der sog. *Korrelationskoeffizient*, der sich für verschiedene Skalenniveaus der Variablen berechnen lässt. Wir besprechen zunächst die Korrelation zwischen metrischen Variablen und wenden uns dann den Korrelationskoeffizienten zu, bei denen eine oder auch beide Variablen ein nicht-metrisches Skalenniveau besitzen. Einer der Vorteile des Korrelationskoeffizienten ist, dass er invariant gegenüber bestimmten Maßstabsveränderungen der Variablen ist. Durch die Verwendung der Korrelation lässt sich somit die Beschreibung der Enge des Variablenzusammenhangs von der Frage der Messeinheiten „befreien“. Dies ist in psychologischen Anwendungen häufig wünschenswert, da die Messeinheiten vieler psychologischer Variablen beliebig sind. Zur Erläuterung des Korrelationskoeffizienten wenden wir uns zunächst einem nicht-standardisierten Maß zu, welches „Kovarianz“ genannt wird, denn die Korrelation entsteht aus der Kovarianz durch Standardisierung.

10.1 Kovarianz

Die Kovarianz ist ein nicht-standardisiertes Zusammenhangsmaß, welches zur Beschreibung linearer Zusammenhänge verwendet wird. Ein Zusammenhang zwischen zwei Variablen ist *linear*, wenn er durch eine Gerade repräsentiert werden kann. Tragen wir die Beobachtungspaare als Punkte in ein Streudiagramm ein, dessen Achsen den x- und y-Variablen entsprechen, so müssten die Punkte bei einem linearen Zusammenhang exakt auf einer Geraden liegen. Für praktisch alle Variablenzusammenhänge, welche in der Statistik von Interesse sind, ist dies aber nicht erfüllt. Trotzdem mag die Gerade ein sinnvolles Modell für die Variablenbeziehung sein. So könnte sich zumindest der Trend zwischen Körpergröße x und Körpergewicht y für eine Stichprobe von Personen als linear beschreiben lassen, auch wenn die individuellen Punkte nicht exakt auf einer Geraden liegen.

Wenn der Punkteschwarm gut durch eine Gerade mit positiver oder negativer Steigung repräsentiert wird, spiegelt die Kovarianz wider, wie weit die Punkte von der hypothetischen Geraden entfernt liegen. Ist der Betrag der Kovarianz hoch, bedeutet dies, dass die Werte nahe an der Geraden liegen.

- Eine hohe *positive Kovarianz* erhalten wir, wenn häufig ein überdurchschnittlicher Wert der Variablen x einem überdurchschnittlichen Wert in y entspricht bzw. wenn ein unterdurchschnittlichen Wert in x einem unterdurchschnittlicher Wert in y entspricht. Tragen wir die Messwertpaare mit einer positiven Kovarianz in ein Koordinatensystem ein, erhalten wir einen Punkteschwarm, der Abb. 10.1a ähneln sollte.
- Eine hohe *negative Kovarianz* ergibt sich, wenn häufig ein überdurchschnittlicher Wert der Variablen x einem unterdurchschnittlichen Wert in y entspricht bzw. wenn ein unterdurchschnittlichen Wert in x einem überdurchschnittlicher Wert in y entspricht. Ein Beispiel für eine negative Kovarianz zeigt Abb. 10.1b.
- Besteht *keine Kovarianz* zwischen den beiden Variablen, so werden bei überdurchschnittlichen Abweichungen in x sowohl überdurchschnittliche Abweichungen in y als auch unterdurchschnittliche Abweichungen in y anzutreffen sein und umgekehrt (Abb. 10.1c, mit $s_x \approx s_y$).

10

Bei normalverteilten Merkmalen folgt die „Umhüllende" des Punkteschwarmes einer Ellipse, die mit wachsender Kovarianz enger wird. Nähert sich die Verteilung der Punkte einem Kreis, so besteht keine Kovarianz zwischen den beiden Variablen. Kann der Punkteschwarm durch eine Gerade mit positiver (negativer) Steigung repräsentiert werden, sprechen wir von einer positiven (negativen) Kovarianz.

Die Kovarianz zweier Variablen wird durch folgende Formel berechnet:

$$s_{xy} = \frac{\sum_{i=1}^{n}(x_i - \bar{x}) \cdot (y_i - \bar{y})}{n-1}. \tag{10.1}$$

Jede Untersuchungseinheit liefert uns ein Messwertpaar (x,y), wobei sowohl x als auch y mehr oder weniger weit über oder unter ihrem jeweiligen Durchschnitt liegen können. Sind beide Werte weit über- bzw. weit unterdurchschnittlich, so ergibt sich ein hohes positives *Abweichungsprodukt* $(x_i - \bar{x}) \cdot (y_i - \bar{y})$. Bei nur mäßigen Abweichungen wird das Abweichungsprodukt kleiner ausfallen. Die Summe der Abweichungsprodukte über

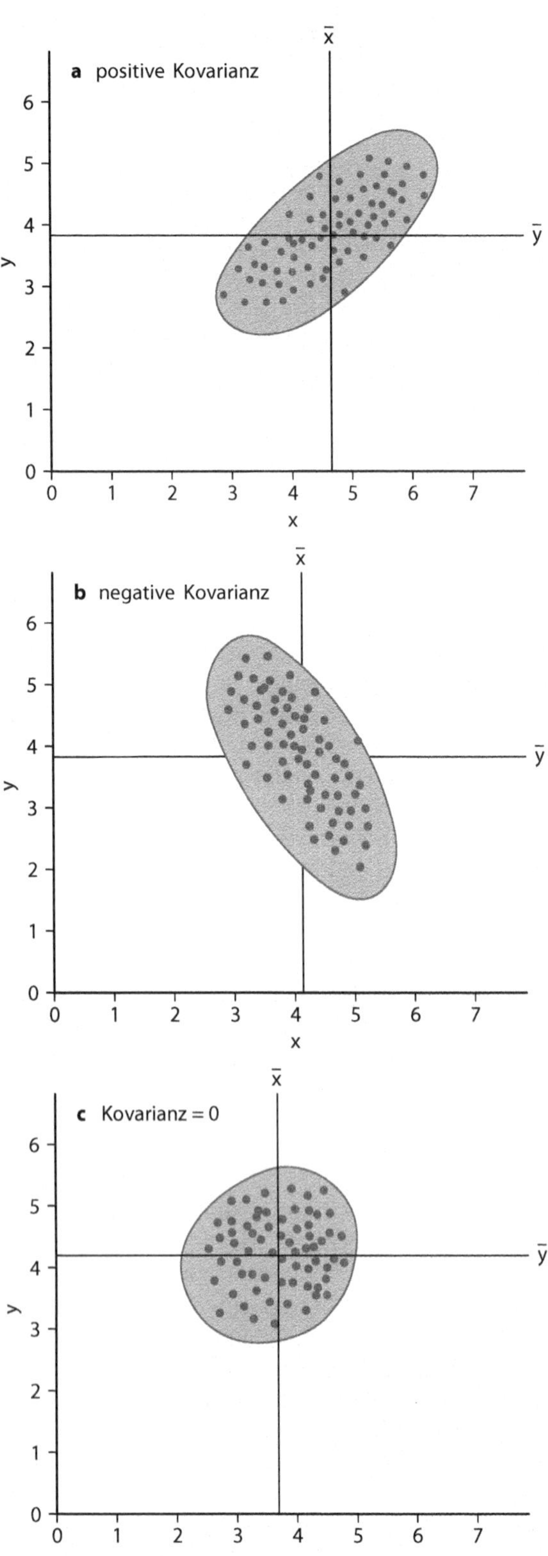

Abbildung 10.1. Grafische Veranschaulichung von Kovarianzen

Tabelle 10.1. Numerische Veranschaulichung von Kovarianzen

a) Hohe positive Kovarianz

	x	y	$x-\bar{x}$	$y-\bar{y}$	$(x-\bar{x})\cdot(y-\bar{y})$
	2	1	−2	−2	4
	1	2	−3	−1	3
	9	6	5	3	15
	5	4	1	1	1
	3	2	−1	−1	1
Summen:	20	15	0	0	2

$\bar{x}=4;\quad \bar{y}=3;\quad s_{xy}=\frac{\sum_i (x_i \;\; \bar{x})\;(y_i-\bar{y})}{n-1}=\frac{24}{4}=6{,}0$

b) Hohe negative Kovarianz

	x	y	$x-\bar{x}$	$y-\bar{y}$	$(x-\bar{x})\cdot(y-\bar{y})$
	2	4	−2	1	−2
	1	6	−3	3	−9
	9	1	5	−2	−10
	5	2	1	−1	−1
	3	2	−1	−1	+1
Summen:	20	15	0	0	−21

$\bar{x}=4;\quad \bar{y}=3;\quad s_{xy}=\frac{\sum_i (x_i-\bar{x})\cdot(y_i-\bar{y})}{n-1}=\frac{-21}{4}=-5{,}25$

c) Unbedeutende Kovarianz

	x	y	$x-\bar{x}$	$y-\bar{y}$	$(x-\bar{x})\cdot(y-\bar{y})$
	2	2	−2	−1	2
	1	4	−3	1	−3
	9	2	5	−1	−5
	5	6	1	3	3
	3	1	−1	−2	2
Summen:	20	15	0	0	−1

$\bar{x}=4;\quad \bar{y}=3;\quad s_{xy}=\frac{\sum_i (x_i-\bar{x})\cdot(y_i-\bar{y})}{n-1}=\frac{-1}{4}=-0{,}25$

alle Untersuchungseinheiten ist daher ein Maß für den Grad des miteinander Variierens oder „Kovariierens" der Messwertreihen. Um die Anzahl der Werte, welche in diese Summe eingehen, zu berücksichtigen, relativiert man diese am Stichprobenumfang. Wie bei der Stichprobenvarianz bzw. der Standardabweichung dividieren wir durch $n-1$ anstatt durch n.

Tabelle 10.1 enthält je ein Beispiel für eine hohe positive Kovarianz, eine hohe negative Kovarianz und eine unbedeutende Kovarianz.

In Tab. 10.1a sehen wir, dass durchgehend positive Abweichungen in x auch positiven Abweichungen in y und negative Abweichungen in x negativen Abweichungen in y entsprechen. Dies führt zu der positiven Kovarianz $s_{xy} = 6{,}0$. In Tab. 10.1b sind die Verhältnisse genau umgekehrt. Hier unterscheiden sich die korrespondierenden Abweichungen überwiegend (bis auf eine Ausnahme) im Vorzeichen. Die Kovarianz lautet $s_{xy} = -5{,}25$. Im Beispiel 10.1c haben die korrespondierenden Abweichungen zum Teil ein gleiches und zum Teil ein ungleiches Vorzeichen, was zu der unbedeutenden Kovarianz von $s_{xy} = -0{,}25$ führt. Wie die Beispiele zeigen, wird die Höhe der Kovarianz nicht nur durch die Anzahl der gleich gerichteten bzw. ungleich gerichteten Abweichungen, sondern auch durch deren Größe bestimmt. So könnte eine Kovarianz von null beispielsweise dadurch zustande kommen, dass ein hohes negatives Abweichungsprodukt durch mehrere kleine positive Abweichungsprodukte ausgeglichen wird.

Sind zwei Merkmale voneinander unabhängig, ist die Kovarianz zwischen den Merkmalen null. Je höher die Kovarianz (positiv oder negativ), desto enger ist der (lineare) Zusammenhang zwischen den Variablen bzw. desto höher ist die (positive oder negative) Abhängigkeit.

Die Kovarianz ist abhängig vom Maßstab der zugrunde liegenden Variablen. Transformiert man die Variable x linear mit Hilfe der Formel $u = a+bx$, so besteht zwischen der Kovarianz von u mit einer

Variablen y folgende Beziehung:

$$s_{yu} = s_{y,bx+a} = b \cdot s_{yx}. \qquad (10.2)$$

Würde man beispielsweise die x-Werte verdoppeln, wären die Transformationskonstanten $b = 2$ und $a = 0$. Also wäre die Kovarianz s_{yu} doppelt so groß wie s_{yx}. Im Übrigen ist die Kovarianz symmetrisch, d. h. $s_{xy} = s_{yx}$, sodass wir in diesem Beispiel auch $s_{yu} = 2 \cdot s_{xy}$ schreiben können.

Da nun gerade im human- und sozialwissenschaftlichen Bereich die Festlegung des Maßstabes einer intervallskalierten Variablen recht willkürlich geschieht, ist die Kovarianz zur Kennzeichnung der Enge des Zusammenhangs zweier Merkmale *wenig geeignet*. Sie ist nur sinnvoll, wenn ein verbindlicher Maßstab wie z. B. Maßeinheiten für Gewicht, Länge oder Zeit, vorgegeben ist. Werden jedoch beispielsweise in zwei Untersuchungen die Merkmale Intelligenz und Neurotizismus jeweils unterschiedlich quantifiziert, so erhalten wir in beiden Untersuchungen Kovarianzen zwischen diesen Merkmalen, die nicht miteinander vergleichbar sind.

10

10.2 Produkt-Moment-Korrelation

Die Kovarianz ist ein ungeeignetes Maß, wenn man davon ausgeht, dass zwischen zwei Merkmalen ein „wahrer" Zusammenhang unabhängig von der Quantifizierung der Merkmale existiert. Es wurde deshalb ein weiteres Maß zur Kennzeichnung von Zusammenhängen entwickelt, das gegenüber Maßstabsveränderungen der untersuchten Merkmale invariant ist: der *Korrelationskoeffizient.*

Die ersten Anwendungen des Korrelationskoeffizienten stammen von Francis Galton und Karl Pearson, die mit diesem Zusammenhangsmaß die Beziehung von Körperbaumaßen zwischen Eltern- und Kindergenerationen untersuchten. Wenngleich Pearson entscheidend an der Weiterentwicklung des Korrelationskoeffizienten beteiligt war, nahm die Korrelationsrechnung mit einem Artikel von Bravais (1846) ihren Anfang. Der klassische Korrelationskoeffizient wird deshalb gelegentlich „Bravais-Pearson-Korrelation" genannt. Eine weitere übliche Bezeichnung für dieses Zusammenhangsmaß ist „Produkt-Moment-Korrelation", wobei mit „Produkt-Moment" das erste Produktmoment zweier Zufallsvariablen gemeint ist (Hoel, 1971, S. 149).

Den Korrelationskoeffizienten r erhalten wir, indem die Kovarianz zweier Variablen durch das Produkt der Standardabweichungen der Variablen dividiert wird:

$$r = \frac{s_{xy}}{s_x \cdot s_y}. \qquad (10.3)$$

Die Division der Kovarianz durch das Produkt der Standardabweichungen hat zur Folge, dass Maßstabs- bzw. Streuungsunterschiede zwischen den Variablen kompensiert werden.

An dieser Stelle könnte man zu Recht fragen, warum die Vereinheitlichung der Maßstäbe nicht durch die bereits bekannte *z-Transformation* (vgl. Gl. 2.10) vorgenommen wird. In der Tat ist diese Transformation bereits in der Berechnungsvorschrift für den Korrelationskoeffizienten enthalten. Dies zeigt folgende Formel

$$r = \frac{1}{n-1} \cdot \sum_{i=1}^{n} z_{x_i} \cdot z_{y_i}, \qquad (10.4)$$

welche die Korrelation mit Hilfe der z-Werte darstellt.

Da der Mittelwert einer z-transformierten Variablen null ist, können z-Werte als Abweichungswerte vom Mittelwert der z-Werte interpretiert werden. Damit ist Gl. (10.4) auch als Kovarianz zweier z-transformierter Variablen interpretierbar.

> Die Korrelation zweier Variablen entspricht der Kovarianz der z-transformierten Variablen.

Die in der Korrelationsberechnung enthaltene z-Standardisierung macht den Korrelationskoeffizienten gegenüber *linearen Transformationen* invariant. Werden die x- und die y-Werte linear transformiert, erhalten wir neue x'- und y'-Werte, deren Korrelation mit der Korrelation zwischen den ursprünglichen Werten identisch ist.

BEISPIEL 10.1

In den Beispielen der Tab. 10.1 ermitteln wir (in allen drei Fällen) als Streuungen die Werte $s_x = 3{,}16$ und $s_y = 2{,}00$. Die Korrelation zwischen den Variablen x und y lautet somit in den drei Beispielen:

a) $r = \dfrac{6{,}00}{3{,}16 \cdot 2{,}00} = 0{,}95,$

b) $r = \dfrac{-5{,}25}{3{,}16 \cdot 2{,}00} = -0{,}83,$

c) $r = \dfrac{-0{,}25}{3{,}16 \cdot 2{,}00} = -0{,}04.$

Die gleichen Korrelationskoeffizienten resultieren, wenn die zuvor z-transformierten x- und y-Werte in Gl. (10.4) eingesetzt werden.

Berechnung einer Korrelation. Rechnerisch einfacher und weniger anfällig für Rundungsfehler ist die folgende Formel:

$$r = \frac{n\sum_i x_i \cdot y_i - \left(\sum_i x_i\right) \cdot \left(\sum_i y_i\right)}{\sqrt{\left[n\sum_i x_i^2 - \left(\sum_i x_i\right)^2\right] \cdot \left[n\sum_i y_i^2 - \left(\sum_i y_i\right)^2\right]}} \tag{10.5}$$

BEISPIEL 10.2

Gleichung (10.5) soll an den Daten aus Tab. 10.1, Teil a), verdeutlicht werden. Dazu berechnen wir folgende Summen:

	x	y	x^2	y^2	$x \cdot y$
	2	1	4	1	2
	1	2	1	4	2
	9	6	81	36	54
	5	4	25	16	20
	3	2	9	4	6
Summen:	20	15	120	61	84

Nun können wir die Summen bzw. ihre Quadrate in die Formel für die Korrelation einsetzen. Man erhält:

$$r = \frac{5 \cdot 84 - 20 \cdot 15}{\sqrt{(5 \cdot 120 - 400) \cdot (5 \cdot 61 - 225)}} = 0{,}95.$$

Der Korrelationskoeffizient beschreibt die Enge des linearen Zusammenhangs zweier Merkmale durch eine Zahl r, die zwischen +1 und −1 liegt. Bei $r = +1$ sprechen wir von einem perfekt positiven und bei $r = -1$ von einem perfekt negativen Zusammenhang. Ist $r = 0$, besteht kein linearer Zusammenhang.

10.2.1 Interpretationshilfen für *r*

Angenommen, ein Schulpsychologe ermittelt zwischen der Gesamtabiturnote y und dem Intelligenzquotienten x von 200 Abiturienten eine Korrelation von $r = 0{,}60$. Was bedeutet diese Zahl?

Um die Höhe dieses Zusammenhangs zu veranschaulichen, dichotomisieren wir beide Variablen am Median und erhalten so eine 2 × 2-Tabelle. Wir nehmen an, beide Merkmale seien symmetrisch (z. B. normal) verteilt.

Die Aufgabe des Schulpsychologen möge lauten, die Abiturnoten der 200 Schüler, die anhand des Medians in zwei Gruppen geteilt wurden, aufgrund des IQ (ebenfalls anhand des Medians in zwei Gruppen geteilt) vorherzusagen. Bestünde

Tabelle 10.2. 2 × 2-Tabelle für $r = 0$

		Note		
		$< Md_y$	$> Md_y$	
IQ	$< Md_x$	a=50	b=50	100
	$> Md_x$	c=50	d=50	100
		100	100	200

Tabelle 10.3. 2 × 2-Tabelle für $r = 0{,}6$

		Note		
		$< Md_y$	$> Md_y$	
IQ	$< Md_x$	a=80	b=20	100
	$> Md_x$	c=20	d=80	100
		100	100	200

zwischen den beiden Merkmalen kein Zusammenhang ($r = 0$), müsste der Schulpsychologe raten, d. h. man würde die in Tab. 10.2 dargestellte 2 × 2-Tabelle erwarten.

Die Höhe des IQ ist für die Abiturnote informationslos, da Schüler mit einem IQ < Md_x zu gleichen Anteilen in die Kategorien Note < Md_y bzw. Note > Md_y fallen. Entsprechendes gilt für die Schüler mit IQ > Md_x. Bei einer Korrelation von 0 ergibt sich also eine Fehlerquote von 50% bzw. ein Fehleranteil von 0,5. Die Bezeichnung „Fehler" geht hierbei von einem perfekt positiven Zusammenhang aus, bei dem sich alle Fälle in den Feldern a und d der 2 × 2-Tabelle befinden. Ist $r < 1$, informieren die Häufigkeiten in den Feldern b und c über die Anzahl der Fälle, die – bezogen auf einen perfekt positiven Zusammenhang – fehlklassifiziert wurden. Bei negativer Korrelation sind die Felder a und d indikativ für die Fehlklassifikationen.

Tabelle 10.2 ist nun mit derjenigen Tafel zu vergleichen, die sich aus den tatsächlichen IQ- und Notenwerten ergibt (vgl. Tab. 10.3).

Hier sind nur 40 Fälle bzw. 20% fehlklassifiziert, d. h. der zufällige Fehleranteil von 0,5 wurde auf 0,2 reduziert. Relativieren wir diese Reduktion am zufälligen Fehleranteil, resultiert als relative Fehlerreduktion (rF) der Wert $(0{,}5 - 0{,}2)/0{,}5 = 0{,}6$ (bzw. 60%). Dieser Wert ist mit der oben genannten Korrelation identisch.

Werden zwei symmetrisch verteilte Merkmale mediandichotomisiert, gibt die mit 100% multiplizierte Korrelation r an, um wie viel Prozent die Fehlerquote der empirischen 2 × 2-Tabelle gegenüber einer zufälligen Klassifikation reduziert wird.

Da die zufällige Fehlerquote wegen der doppelten Mediandichotomisierung 0,5 beträgt, erhält man unter Verwendung der Symbole einer 2 × 2-Tabelle (vgl. Tab. 10.2) für die relative Fehlerreduktion (rF)

$$\mathrm{rF} = \frac{0{,}5 - \frac{b+c}{n}}{0{,}5} = \frac{0{,}5 - \frac{20+20}{200}}{0{,}5} = 0{,}6. \qquad (10.6)$$

Errechnet man den χ^2-Wert der Daten nach Gl. (9.1), resultiert

$$\chi^2 = \frac{200 \cdot (80 \cdot 80 - 20 \cdot 20)^2}{100 \cdot 100 \cdot 100 \cdot 100} = 72{,}0.$$

Dieser χ^2-Wert lässt sich in einen *ϕ-Koeffizienten* (lies: „phi") transformieren, der mit der Produkt-Moment-Korrelation zweier dichotom codierter Variablen identisch ist. Man errechnet nach Gl. (10.29)

$$\phi = \sqrt{\frac{\chi^2}{n}} = \sqrt{\frac{72}{200}} = 0{,}6.$$

Man erhält also für rF und ϕ identische Werte.

Äquivalenz von ϕ und rF. Die formale Äquivalenz von ϕ und rF lässt sich zeigen, wenn man, wegen $a + b = c + d = a + c = b + d = n/2$, für $a = n/2 - b$ und für $d = n/2 - c$ setzt. Man erhält dann für Gl. (9.1)

$$\chi^2 = \frac{n \cdot [(n/2 - b) \cdot (n/2 - c) - b \cdot c]^2}{(n/2)^4}$$

bzw. zusammengefasst

$$\chi^2 = \frac{\left(0{,}5 - \frac{b+c}{n}\right)^2}{1/(4 \cdot n)}.$$

Wegen $\phi = \sqrt{\chi^2/n}$ ergibt sich also

$$\phi = \mathrm{rF} = \frac{0{,}5 - \frac{b+c}{n}}{0{,}5}.$$

Es lässt sich ferner zeigen, dass rF bzw. ϕ mit dem Kappa-Maß von J. Cohen (1960) übereinstimmt (vgl. Feingold, 1992).

***k*-fach gestufte Merkmale.** Zur hier beschriebenen relativen Fehlerreduktion ließe sich kritisch anmerken, dass durch die Mediandichotomisierungen erhebliche Informationen verloren gehen, die für eine genaue Kennzeichnung des Zusammenhangs erforderlich sind. Um im Beispiel zu bleiben, könnte es sich bei einer Fehlklassifikation um einen Abiturienten handeln, dessen IQ nur geringfügig über Md_x und dessen Note deutlich unter Md_y liegt oder um einen Abiturienten, dessen IQ ebenfalls nur wenig über Md_x liegt, aber dessen Note Md_y kaum unterschreitet. Kurz: Verschiedene Fehlklassifikationen können unterschiedlich gravierend sein.

Um derartige Unterschiede berücksichtigen zu können, wäre es erforderlich, beide Merkmale feiner abzustufen. Tabelle 10.4 zeigt ein Beispiel, bei dem beide Merkmale vierfach gestuft sind.

Man erhält diese Tabelle, indem man beide Merkmale anhand der drei Quartile in vier gleich große Gruppen einteilt, sodass jeder Schüler einem der 16 Felder zugeordnet werden kann. Die Gruppen werden jeweils von 1 bis 4 durchnummeriert.

In der Diagonale befinden sich die – wiederum gemessen an einem perfekt positiven Zusammenhang – richtig klassifizierten Fälle. Fehlklassifikationen können danach unterschieden werden, wie weit sie von der Diagonale entfernt sind. Die drei Fälle im Feld $x = 1$ und $y = 4$ sind z. B. deutlicher fehlklassifiziert als die elf Fälle im Feld $x = 1$ und $y = 2$.

Um diesen Sachverhalt zu berücksichtigen, werden größere Abweichungen von der Diagonale stärker „bestraft" als kleinere (J. Cohen, 1968b). Dies geschieht, indem man die Häufigkeiten mit den in der Tafel eingeklammerten Gewichten multipliziert, wobei die Gewichte die quadrierten Abweichungen von der Diagonale darstellen: Die richtig klassifizierten Fälle in der Diagonale erhalten ein Gewicht von 0, Abweichungen um eine Kategorie werden mit $1^2 = 1$, Abweichungen um 2 Kategorien mit $2^2 = 4$ und Abweichungen um 3 Kategorien mit $3^2 = 9$ gewichtet. Die Summe aller so gewichteten Fehlklassifikationen ergibt einen Wert von 206.

Tabelle 10.4. Bivariate Häufigkeitsverteilung mit vierfach gestuften Merkmalen

		Note				
		1	2	3	4	
IQ	1	30(0)	11(1)	6(4)	3(9)	50
	2	9(1)	25(0)	11(1)	5(4)	50
	3	8(4)	9(1)	25(0)	8(1)	50
	4	3(9)	5(4)	8(1)	34(0)	50
		50	50	50	50	200

Dieser Wert ist mit der Summe der gewichteten Fehlklassifikationen zu vergleichen, die sich bei rein zufälliger Klassifikation ergeben würde. In diesem Fall sind die Häufigkeiten über die 16 Zellen gleichverteilt, d. h. der erwartete Wert für jede der 16 Zellen ergibt sich zu 12,5. Unter Verwendung der gleichen Gewichte resultiert bei zufälliger Klassifikation für die Summe der gewichteten Fehlklassifikationen der Wert 500.

Damit werden die zufällig entstandenen, gewichteten Fehlklassifikationen von 500 um 294 auf 206 reduziert. Setzen wir – wie bei der relativen Fehlerreduktion für am Median dichotomisierte Merkmale – die zufälligen Fehlklassifikationen auf 100%, ergibt sich eine Reduktion der gewichteten Fehlklassifikation um $(500 - 206)/500 = 0{,}588$ bzw. 58,8%. Dieser Wert entspricht dem von J. Cohen (1968b) vorgeschlagenen *gewichteten Kappa* (κ_w):

$$\kappa_w = 1 - \frac{\sum_{i=1}^{k}\sum_{j=1}^{k} v_{ij} \cdot n_{ij}}{\sum_{i=1}^{k}\sum_{j=1}^{k} v_{ij} \cdot m_{ij}} = 1 - \frac{206}{500} = 0{,}588,$$

wobei v_{ij} die quadratische Gewichte, n_{ij} die beobachteten Häufigkeiten sowie m_{ij} die gemäß der H_0 erwartete Häufigkeiten bezeichnet.

Im Weiteren macht J. Cohen (1968b) darauf aufmerksam, dass κ_w mit der hier verwendeten quadratischen Gewichtungsstruktur und den Ziffern 1 bis k für die Merkmalskategorien in x und y mit der Produkt-Moment-Korrelation r der Merkmale x und y übereinstimmt. Verwendet man in unserem Beispiel als Ausprägungen der Merkmale x und y die Ziffern 1 bis 4, resultiert nach Gl. (10.5)

$$r = \frac{200 \cdot 1397 - 500^2}{200 \cdot 1500 - 500^2} = 0{,}588.$$

(Eine Beweisskizze für die Identität von κ_w und r unter den hier angegebenen Bedingungen findet man bei J. Cohen (1968b, S. 218). Weitere Informationen zum gewichteten Kappa findet man bei Schuster, 2004 und Schuster & Smith, 2005.)

In Erweiterung der für dichotomisierte Merkmale genannten Interpretationshilfe können wir also formulieren:

> Dem Wert $r \cdot 100\%$ ist zu entnehmen, um wie viel Prozent zufällige Fehlklassifikationen durch einen empirischen Zusammenhang der Größe r reduziert werden, wenn man die Schwere der Fehlklassifikation durch eine quadratische Gewichtung berücksichtigt.

Unsere bisherigen Überlegungen gingen von einer Aufteilung der Merkmale in vier gleich große Gruppen (oder allgemein in k Gruppen mit jeweils n/k Fällen) mit einer äquidistanten Abstufung der Merkmalskategorien aus. Diese an der Mediandichotomisierung orientierte Bedingung lässt sich jedoch liberalisieren, denn es wird lediglich gefordert, dass $n_{i\cdot} = n_{\cdot j}$ ist, dass also die Randverteilungen identisch sind. Damit gilt die Übereinstimmung von κ_w und r nicht nur für gleich verteilte Merkmale, sondern für beliebige symmetrisch verteilte Merkmale. J. Cohen (1968b, S. 219) macht zudem darauf aufmerksam, dass Abweichungen von der Identität der Randverteilungen die Übereinstimmung von κ_w und r nur geringfügig beeinträchtigen, wobei in diesem Fall $\kappa_w < r$ ist.

Weitere Interpretationshilfen für Korrelationen findet man bei Bliesener (1992) sowie Rosenthal und Rubin (1979, 1982).

10.2.2 Korrelation und Kausalität

Hat man zwischen zwei Variablen x und y eine Korrelation gefunden, kann diese Korrelation im kausalen Sinn folgendermaßen interpretiert werden:

- x beeinflusst y kausal,
- y beeinflusst x kausal,
- x und y werden von einer dritten oder weiteren Variablen kausal beeinflusst,
- x und y beeinflussen sich wechselseitig kausal.

Der Korrelationskoeffizient liefert keine Informationen darüber, welche dieser Interpretationen richtig ist.

Die meisten korrelativen Zusammenhänge dürften vom Typus 3 sein, d. h. der Zusammenhang der beiden Variablen ist ursächlich auf andere Variablen zurückzuführen, die auf beide Variablen Einfluss nehmen. So möge beispielsweise zwischen den Merkmalen „Ehrlichkeit" und „Häufigkeit des Kirchgangs" ein positiver Zusammenhang bestehen. Kann hieraus der Schluss gezogen werden, dass die in der Kirche vermittelten Werte und Einstellungen das Merkmal Ehrlichkeit in positiver Weise beeinflussen, oder ist es so, dass Personen, die ohnehin ehrlich sind, sich mehr durch religiöse Inhalte angesprochen fühlen und deshalb den Gottesdienst öfter besuchen? Plausibler erscheint dieser Zusammenhang, wenn man davon ausgeht, dass die allgemeine familiäre und außerfamiliäre Sozialisation sowohl das eine als auch andere Merkmale beeinflusst und damit für den angetroffenen korrelativen Zusammenhang ursächlich verantwortlich ist.

Eine Korrelation zwischen zwei Variablen ist eine notwendige, aber keine hinreichende Voraussetzung für kausale Abhängigkeiten. Korrelationen können deshalb nur als *Koinzidenzen* interpretiert werden. Sie liefern bestenfalls Hinweise, zwischen welchen Merkmalen kausale Beziehungen bestehen könnten. Diesen Hinweisen kann in weiteren, kontrollierten Experimenten nachgegangen werden, um die Vermutung einer kausalen Beziehung zu erhärten. Wenn sich beispielsweise zwischen Testangst während der Durchführung eines Intelligenztests und der Intelligenzleistung eine Korrelation von $r = -0{,}60$ ergibt, ließe sich dieser Zusammenhang dadurch erklären, dass die hohe Testangst eine hohe Intelligenzleistung verhindert hat oder dass intelligente Versuchspersonen von vorneherein weniger Angst (z. B. vor Misserfolgen) haben. Mehr Klarheit würde ein Experiment schaffen, in dem zwei gleich intelligente, randomisierte Gruppen hinsichtlich ihrer Testleistung verglichen werden, nachdem das Angstniveau der einen Gruppe zuvor durch eine entsprechende Instruktion nachweislich erhöht wurde.

10

Korrelationen dürfen ohne Zusatzinformationen nicht kausal interpretiert werden.

Der Kausalitätsbegriff selbst ist sehr umstritten, und es gibt Vertreter, die der Ansicht sind, dass Kausalität empirisch überhaupt nicht nachweisbar sei. (Zu dieser Problematik vgl. z. B. Blalock, 1968, Bunge, 1987, Eberhard, 1973, Kraak, 1966 und Sarris, 1967.) Wenn überhaupt, seien es nur Mittel der Logik, mit denen ein Kausalnachweis geführt werden könne. Wenn beispielsweise ein Stein in eine ruhige Wasserfläche fällt, gibt es keinen Zweifel daran, dass die sich ausbreitenden Wellen vom Stein verursacht wurden. Eine umgekehrte Kausalrichtung wäre mit der Logik unserer physikalischen Kenntnisse nicht zu vereinbaren. In ähnlicher Weise akzeptieren wir in der Regel, dass zeitlich früher eingetretene Ereignisse (z. B. die Vorbereitung auf eine Prüfung) ein nachfolgendes Ereignis (z. B. die tatsächliche Note in der Prüfung) beeinflussen können und nicht umgekehrt. Dies sind Kausalaussagen, die logisch bzw. mit dem „gesunden Menschenverstand" begründet werden und nicht empirisch.

Das Thema Kausalität hat in der Statistik gerade in jüngster Zeit zunehmend Interesse gefunden. Moderne Ansätze sind bei Morgan und Winship (2007), Pearl (2009), D. B. Rubin (2006), Sprites et al. (2000) und Steyer (1992) dargestellt.

10.2.3 Fisher *Z*-Transformation

Korrelationskoeffizienten werden aus zwei Gründen nach einer von Fisher (1918) vorgeschlagenen Transformation in *Z*-Werte umgerechnet: Erstens sollte die Transformation verwendet werden, um mehrere Korrelationskoeffizienten zu mitteln. Zweitens ist die Transformation bei der inferenzstatistischen Absicherung von Stichprobenkorrelationen von großer Bedeutung, da *Z*-Werte approximativ normalverteilt sind.

Die Transformation der Korrelation, die in Abb. 10.2 dargestellt ist, wird als „Fisher *Z*-Transformation" bezeichnet und darf nicht mit der *z*-Transformation gemäß Gl. (2.10) verwechselt werden. Wie man anhand der Abb. 10.2 erkennt, können *Z*-Werte beliebig klein bzw. groß werden, wenn der Betrag der Korrelation sich dem Wert 1,0 nähert. Die Gleichung der Transformation lautet:

$$Z = \frac{1}{2} \cdot \ln\left(\frac{1+r}{1-r}\right). \quad (10.7)$$

wobei ln den Logarithmus zur Basis $e \approx 2{,}718$ bezeichnet. Löst man Gl. (10.7) nach r auf, resultiert

$$r = \frac{e^{2Z} - 1}{e^{2Z} + 1}. \quad (10.8)$$

Tabelle G des Anhangs enthält die *Z*-Werte, die gemäß Gl. (10.7) bzw. Gl. (10.8) den Korrelationen entsprechen. Da sich die Fisher *Z*-Werte für negative Korrelationenen direkt aus den *Z*-Werten für positive Korrelationen ergeben, sind nur positive Korrelationen bzw. *Z*-Werte tabelliert. Bezeich-

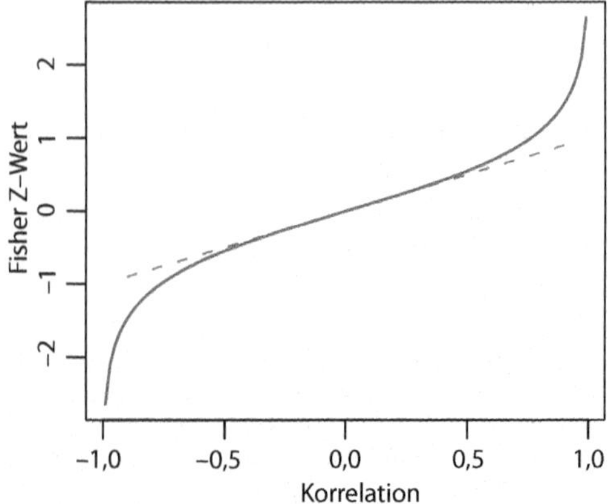

Abbildung 10.2. Fisher *Z*-Transformation des Korrelationskoeffizienten. *Z*-Werte sind für Korrelationen nahe null den Korrelationen selbst sehr ähnlich

nen wir den nach Gl. (10.7) transformierten Wert der positiven Korrelation r als Z, so ergibt sich der transformierte Wert von $-r$ als $-Z$. Für negative Korrelationen muss also nur das Vorzeichen des Z-Wertes der entsprechenden positiven Korrelation geändert werden.

Zusammenfassung von Korrelationen

Fisher Z-Werte haben im Unterschied zu Korrelationen die Eigenschaft, dass Verhältnisse zwischen ihnen interpretierbar sind (vgl. Guilford & Fruchter, 1978). Wenn beispielsweise in einer Untersuchung eine Korrelation von $r = 0{,}40$ und in einer anderen Untersuchung eine Korrelation von $r = 0{,}80$ ermittelt wurden, kann man nicht davon ausgehen, dass die zweite Korrelation einen doppelt so hohen Zusammenhang anzeigt wie die erste. Transformieren wir anhand Gl. (10.7) die Werte in Fisher Z-Werte, ergibt sich für $r = 0{,}40$ ein $Z = 0{,}42$ und für $r = 0{,}80$ ein $Z = 1{,}10$. Wie der Vergleich der beiden Z-Werte zeigt, weist die Korrelation von $r = 0{,}80$ auf einen beinahe dreimal so hohen Zusammenhang hin wie die Korrelation von $r = 0{,}40$. Auch ist eine Zuwachsrate von beispielsweise 0,05 Korrelationseinheiten im oberen Korrelationsbereich bedeutsamer als im unteren. Die Verbesserung einer Korrelation von $r = 0{,}30$ um 0,05 Einheiten auf $r = 0{,}35$ ist weniger bedeutend als die Verbesserung einer Korrelation von 0,90 auf 0,95.

Da Korrelationswerte den Variablenzusammenhang nicht auf einer Intervallskala abbilden, sollten Mittelwerte und Varianzen von mehreren Korrelationen *nicht interpretiert* werden. Soll beispielsweise die durchschnittliche Korrelation aus den drei Korrelationskoeffizienten $r_1 = 0{,}20$, $r_2 = -0{,}50$, $r_3 = 0{,}90$ ermittelt werden (wobei das n der drei Korrelationen gleich sein sollte), sollten wir zunächst die einzelnen Korrelationen in Fisher Z-Werte transformieren, das arithmetische Mittel der Z-Werte berechnen und das arithmetische Mittel der Z-Werte wieder in eine Korrelation zurücktransformieren (zur Begründung dieser Vorgehensweise vgl. Silver & Dunlap, 1987). Für unser Beispiel berechnen wir mit Gl. (10.7): $Z_1 = 0{,}20$, $Z_2 = -0{,}55$, $Z_3 = 1{,}47$, woraus sich ein Mittelwert von $\bar{Z} = 0{,}37$ ergibt. Diese Z-Werte lassen sich ebenso in Tab. G nachschlagen.

Diesem durchschnittlichen Z-Wert entspricht nach Gl. (10.8) eine durchschnittliche Korrelation von $r = 0{,}35$. Bei direkter Mittelung der drei Korrelationen hätten wir einen Wert von 0,20 erhalten. Die Fisher Z-Transformation bewirkt, dass höhere Korrelationen bei der Mittelwertberechnung stärker gewichtet werden als kleine Korrelationen.

Bei Korrelationen, die auf ungleich großen Stichprobenumfängen basieren, verwendet man folgende Transformation:

$$\bar{Z} = \frac{\sum_{j=1}^{k}(n_j - 3) \cdot Z_j}{\sum_{j=1}^{k}(n_j - 3)}. \qquad (10.9)$$

Hierbei sind Z_j die Fisher Z-Werte der zu mittelnden Korrelationen und n_j die entsprechenden Stichprobenumfänge. Der $\bar{Z}$-Wert ist gemäß Gl. (10.8) in einen durchschnittlichen Korrelationswert zu transformieren.

Weitere Informationen zur Frage der Mittelung von Korrelationskoeffizienten können einem Aufsatz von Jäger (1974) entnommen werden.

Stichprobenverteilung von Z

Die Stichprobenverteilung der transformierten Korrelationswerte ist annähernd normal. Es gilt folgende Aussage, die im Rahmen von Tests zur inferenzstatistischen Absicherung der Stichprobenkorrelation von großer Bedeutung ist (Graybill, 1961, S. 209):

> Der Fisher Z-Wert einer Korrelation zweier Merkmale, welche aufgrund einer Stichprobe des Umfangs n berechnet wurde, ist annähernd normalverteilt mit einem Erwartungswert von Z_ϱ und einer Varianz von $1/(n-3)$, wobei Z_ϱ den Wert bezeichnet, der sich durch Transformation des in der Population gültigen Zusammenhangs ϱ ergibt.

Die Approximation wird mit zunehmendem Stichprobenumfang besser und kann bereits für $n \geq 25$ zur inferenzstatistischen Absicherung verwendet werden. Zwar gilt für die Stichprobenverteilung des untransformierten Korrelationskoeffizienten eine analoge Aussage (Bickel & Doksum, 1977; Lehmann & Casella, 1998), allerdings ist die Fisher Z-Transformation vorteilhaft, da die Stichprobenverteilung der Z-Werte die Normalverteilung schneller approximiert (T. W. Anderson, 2003, S. 134). Die hier zitierten Ergebnisse zur Stichprobenverteilung von r setzten voraus, dass die beiden Merkmale, für die der Zusammenhang durch den Korrelationskoeffizienten erfasst wird, in der Population bivariat normalverteilt sind.

10.2.4 Überprüfung von Korrelationshypothesen

Wird aus einer bivariaten, intervallskalierten Grundgesamtheit eine Stichprobe gezogen, kann

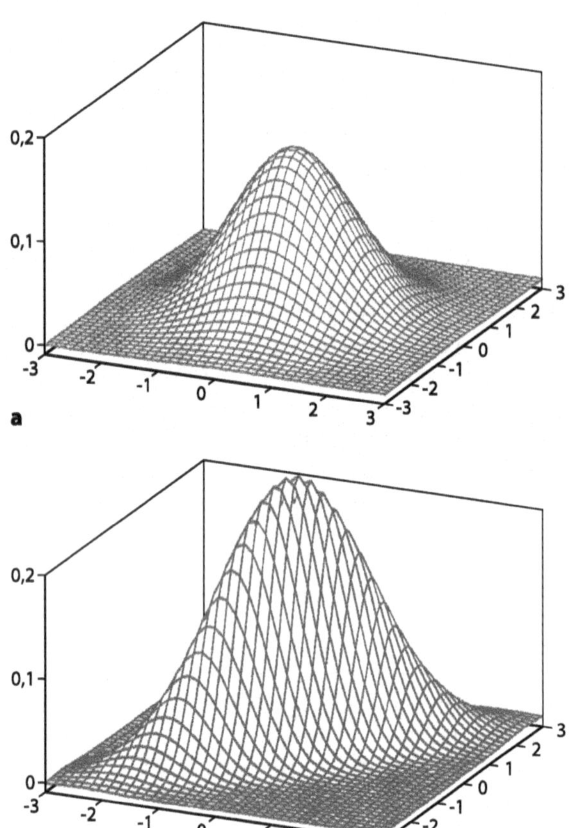

Abbildung 10.3. Bivariate Normalverteilung: (a) ohne Kovarianz, (b) mit positiver Kovarianz

10

ungeachtet der Verteilungseigenschaften ein Produkt-Moment-Korrelationskoeffizient berechnet werden. Er kennzeichnet als deskriptives Maß die Enge des in der Stichprobe angetroffenen, linearen Zusammenhangs zwischen zwei Merkmalen. Soll aufgrund des Stichprobenergebnisses auf die Grundgesamtheit geschlossen werden, müssen die Merkmale in der Population, aus der die Stichprobe entnommen wurde, bivariat normalverteilt sein. Die Dichtefunktion der bivariaten Normalverteilung veranschaulicht Abb. 10.3 (nach Fahrmeir et al., 2001, S. 354 f.). Teil (a) der Abbildung zeigt eine bivariate Normalverteilung ohne Kovarianz und Teil (b) eine mit positiver Kovarianz. In der zweidimensionalen Darstellungsweise erhalten wir einen Punkteschwarm, dessen Umhüllende eine elliptische Form hat (vgl. Abb. 10.1). Je enger die Ellipse, umso höher ist die Kovarianz.

Eine bivariate Normalverteilung ist durch die Parameter μ_x, μ_y, σ_x^2, σ_y^2 und σ_{xy} gekennzeichnet, wobei σ_{xy} die Kovarianz in der Population bezeichnet. Die *Dichtefunktion* der bivariaten Normalverteilung findet man beispielsweise in Hays (1994, Kap. 14.20).

Kann die Voraussetzung der bivariat normalverteilten Grundgesamtheit als erfüllt gelten, stellt die Produkt-Moment-Korrelation einer Stichprobe r eine erschöpfende und konsistente Schätzung der Populationskorrelation ϱ dar, die jedoch nicht erwartungstreu ist. Die Populationskorrelation ergibt sich aufgrund der Parameter der bivariaten Normalverteilung durch den Ausdruck

$$\varrho = \frac{\sigma_{xy}}{\sigma_x \cdot \sigma_y}.$$

Die Stichprobenkorrelation verschätzt die Populationskorrelation um den Betrag $1/n$, der mit größer werdendem Stichprobenumfang vernachlässigt werden kann (vgl. Hays, 1994, S. 648).

In der Praxis stößt die Überprüfung der bivariaten Normalverteilung auf erhebliche Schwierigkeiten. Bei der Überprüfung der Voraussetzung beschränkt man sich deshalb darauf, die Normalität der beiden einzelnen Merkmale nachzuweisen bzw. ein Streudiagramm anzufertigen, um visuell die gemeinsame Verteilung von x und y zu beurteilen. Normalverteilte Einzelmerkmale sind jedoch keine Garantie dafür, dass die beiden Merkmale auch bivariat normalverteilt sind.

Ansätze zu einer genaueren statistischen Überprüfung der bivariaten Normalverteilungsannahme findet man bei Stelzl (1980) oder Mardia (1970, 1974, 1985). Ein Computerprogramm für einen „grafischen Test“ hat B. Thompson (1990b) entwickelt.

Verletzungen der Voraussetzungen. Die Frage, wie sich verschiedenartige Verletzungen der Annahme der bivariaten Normalverteilung auf die Fehler 1. und 2. Art auswirken, wird bei Norris und Hjelm (1961), McNemar (1969, Kap. 10) und Carroll (1961) behandelt. Wie Havlicek und Peterson (1977) zeigen, erweist sich der unten aufgeführte Signifikanztest für Korrelationskoeffizienten als robust sowohl gegenüber Verletzungen der Verteilungsannahme als auch gegenüber Verletzungen des vorausgesetzten Intervallskalenniveaus. Überlegungen zur Entwicklung eines Zusammenhangskoeffizienten für Intervallskalen, der keine bivariat normalverteilten Merkmale voraussetzt, wurden von Wainer und Thissen (1976) angestellt.

1-Stichprobentest, $H_0: \varrho = 0$

Ob eine empirisch ermittelte Korrelation r mit der $H_0: \varrho = 0$ zu vereinbaren ist, lässt sich mit folgender Prüfgröße testen:

$$t = \frac{r \cdot \sqrt{n-2}}{\sqrt{1-r^2}}. \tag{10.10}$$

Man kann zeigen, dass der Ausdruck bei Gültigkeit von $H_0 : \varrho = 0$ mit $n - 2$ Freiheitsgraden t-verteilt ist (vgl. Kreyszig, 1973, S. 279 ff.). Somit kann die Hypothese $H_0 : \varrho = 0$, in der Population besteht kein linearer Zusammenhang zwischen den Merkmalen, überprüft werden.

BEISPIEL 10.3

Wenn sich in einer Untersuchung von $n = 18$ Versuchspersonen zwischen den Merkmalen „Umfang des Wortschatzes" und „Rechtschreibung" eine Korrelation von $r = 0{,}62$ ergeben hat, ermitteln wir nach Gl. (10.10) den folgenden t-Wert:

$$t = \frac{0{,}62 \cdot \sqrt{18-2}}{\sqrt{1-0{,}62^2}} = 3{,}16.$$

Tabelle C des Anhangs entnehmen wir für zweiseitigen Test (H_1: $\varrho \neq 0$) und 16 Freiheitsgrade für das Signifikanzniveau $\alpha = 0{,}01$ einen kritischen Schrankenwert von $t_{16;99,5\%} = 2{,}92$. Die Nullhypothese, $r = 0{,}62$ stamme aus einer Grundgesamtheit mit $\varrho = 0$, kann somit verworfen werden. Die Korrelation weicht signifikant von null ab. Vereinfachend sagen wir: Die Korrelation ist auf dem 1%-Niveau signifikant.

Lösen wir Gl. (10.10) nach r auf, können diejenigen *kritischen Korrelationen* ermittelt werden, die für das 1%- bzw. 5%-Niveau bei gegebener Anzahl von Freiheitsgraden die Signifikanzgrenzen markieren. Die Durchführung des Signifikanztests erleichternden Werte sind in Tab. 10.5 aufgeführt. Überschreitet (bei zweiseitigem Test und gegebenen n) ein empirisch ermittelter Korrelationskoeffizient den in der Tabelle genannten Wert, ist die empirische Korrelation auf dem entsprechenden Niveau α signifikant.

Die in Beispiel 10.3 durchgeführte Signifikanzprüfung hätten wir also auch mit Hilfe von Tab. 10.5 durchführen können. Da die beobachtete Korrelation von $r = 0{,}62$ den in der Tabelle genannten Wert von 0,59 übersteigt ($\alpha = 0{,}01$ und $n = 18$), ist der zweiseitige Test signifikant.

Die Überprüfung der $H_0 : \varrho = 0$ ist sicherlich der am häufigsten verwendete Hypothesentest für eine einzelne Korrelation. Allerdings könnte man auch an der Überprüfung einer Nullhypothese interessiert sein, die für ϱ den spezifischen Wert ϱ_0 vorgibt. Dieser Hypothesentest, $H_0 : \varrho = \varrho_0$, wird im folgenden Abschnitt besprochen. Mit diesem Test kann somit auch die gerade besprochenen Nullhypothese $H_0 : \varrho = 0$ überprüft werden, wenn man $\varrho_0 = 0$ spezifiziert. Allerdings ist es vorteilhaft, die Hypothese $H_0 : \varrho = 0$ über die gerade besprochenen t-verteilte Prüfgröße zu testen.

Tabelle 10.5. Betrag der Korrelation, der für den Stichprobenumfang n und das Signifikanzniveau α überschritten werden muss, um die $H_0 : \varrho = 0$ ablehnen zu können (zweiseitiger Test)

n	$\alpha = 0{,}05$	$\alpha = 0{,}01$
3	0,997	1,000
4	0,950	0,990
5	0,878	0,959
6	0,811	0,917
7	0,754	0,875
8	0,707	0,834
9	0,666	0,798
10	0,632	0,765
11	0,602	0,735
12	0,576	0,708
13	0,553	0,684
14	0,532	0,661
15	0,514	0,641
16	0,497	0,623
17	0,482	0,606
18	0,468	0,590
19	0,456	0,575
20	0,444	0,561
21	0,433	0,549
22	0,423	0,537
23	0,413	0,526
24	0,404	0,515
25	0,396	0,505
26	0,388	0,496
27	0,381	0,487
28	0,374	0,479
29	0,367	0,471
30	0,361	0,463
40	0,312	0,403
60	0,254	0,330
80	0,220	0,286
100	0,197	0,256
120	0,179	0,234

1-Stichprobentest, $H_0 : \varrho = \varrho_0$

Die Überprüfung der Nullhypothese, dass eine Stichprobe mit einer Korrelation vom Betrag r zu einer Grundgesamtheit gehört, deren „wahre" Korrelation ϱ_0 beträgt, kann mit Hilfe der Fisher Z-Transformation erfolgen. Aufgrund des Ergebnisses in Abschn. 10.2.3 kann man als Prüfgröße

$$z = \sqrt{n-3} \cdot (Z - Z_0) \tag{10.11}$$

verwenden, die schon ab $n \geq 25$ approximativ standardnormalverteilt ist. Man beachte, dass z der beobachteten Wert der Prüfgröße und Z bzw. Z_0 Fisher Z-Werte sind. Und zwar bezeichnet Z den Wert, der sich durch Transformation der Stichprobenkorrelation r anhand von Gl. (10.7) ergibt, und

Z_0 den entsprechend transformierten Wert ϱ_0, welcher in der Nullhypothese spezifiziert ist.

BEISPIEL 10.4

In einer umfangreichen, repräsentativen Erhebung möge sich zwischen der Musikalität von Eltern und ihrer Kinder eine Korrelation von $\varrho_0 = 0{,}80$ ergeben haben. Somit nehmen wir an, dass uns der wahre Zusammenhang bekannt ist und 0,80 beträgt.

Die entsprechende Korrelation beträgt bei 50 Kindern, die in einem Heim aufgewachsen sind, $r = 0{,}65$. Es soll überprüft werden, ob die Heimkinder in Bezug auf den untersuchten Merkmalszusammenhang zur Grundgesamtheit der im Elternhaus aufgewachsenen Kinder zählen. Der Test soll zweiseitig mit $\alpha = 0{,}05$ durchgeführt werden.

Aufgrund von Gl. (10.7) berechnen wir

$$Z = 0{,}5 \cdot \ln \frac{1 + 0{,}65}{1 - 0{,}65} = 0{,}775$$

$$Z_0 = 0{,}5 \cdot \ln \frac{1 + 0{,}80}{1 - 0{,}80} = 1{,}099.$$

Alternativ können die Z-Werte in Tab. G nachgeschlagen werden. Der Wert der Prüfgröße lautet also:

$$z = \sqrt{50 - 3} \cdot (0{,}775 - 1{,}099) = -2{,}22.$$

Da wir für $\alpha = 0{,}05$ gemäß der H_0 einen z-Wert erwarten, der innerhalb der Grenzen $\pm 1{,}96$ liegt, muss die $H_0 : \varrho_0 = 0{,}80$ zurückgewiesen werden. Die Stichprobe stammt nicht aus einer Grundgesamtheit, in der eine Korrelation von $\varrho_0 = 0{,}80$ besteht.

Konfidenzintervall für ϱ. Da die Stichprobenverteilung des Korrelationskoeffizienten bekannt ist, bereitet die Bestimmung von Konfidenzintervallen für ϱ keine Schwierigkeiten. In Analogie zu Gl. (6.11) ergibt sich das Konfidenzintervall, indem man zunächst die Konfidenzintervallgrenzen für die nach Fisher Z transformierte Werte berechnet. Diese Grenzen ergeben sich durch folgende Formel:

$$Z \pm z_{\alpha/2}/\sqrt{n - 3}. \qquad (10.12)$$

Dabei ist Z der anhand von Gl. (10.7) transformierte Korrelationskoeffizient r. Die r-Äquivalente der ermittelten Z-Wertgrenzen berechnet man mit Hilfe von Gl. (10.8). Anstatt der Formeln kann man Tab. G verwenden, um Z-Werte bzw. die dazugehörenden Werte für r zu bestimmen.

BEISPIEL 10.5

Angenommen, wir möchten das 95%-Konfidenzintervall für ϱ berechnen, welches sich für eine Stichprobenkorrelation von $r = 0{,}65$ ergibt. Der Stichprobe betrage $n = 50$ Beobachtungen. Der Fisher Z-Wert für $r = 0{,}65$ lautet $Z = 0{,}775$. Somit ergeben sich folgende Grenzen für die transformierten Werte:

$$\text{untere Grenze:} \quad 0{,}775 - 1{,}96/\sqrt{47} = 0{,}489,$$

$$\text{obere Grenze:} \quad 0{,}775 + 1{,}96/\sqrt{47} = 1{,}061.$$

Um das Konfidenzintervall für die Korrelation zu erhalten, müssen diese Grenzen mit Hilfe von Gl. (10.8) bzw. mit Tab. G des Anhangs zurücktransformiert werden. Man erhält

$$\text{untere Grenze für } \varrho\text{:} \quad \frac{e^{2 \cdot 0{,}489} - 1}{e^{2 \cdot 0{,}489} + 1} = 0{,}453,$$

$$\text{obere Grenze für } \varrho\text{:} \quad \frac{e^{2 \cdot 1{,}061} - 1}{e^{2 \cdot 1{,}061} + 1} = 0{,}786.$$

Somit können wir sagen, dass mit 95% Sicherheit die wahre Korrelation ϱ im Intervall von 0,453 bis 0,786 liegt.

Teststärke und Stichprobenumfänge

Auch für die Produkt-Moment-Korrelation sollen Stichprobenumfänge angegeben werden, mit denen vorgegebene Effektgrößen mit einer bestimmten Teststärke statistisch abgesichert werden können.

Will man für Unterschiede zwischen Korrelationen entsprechende Stichprobenumfänge bestimmen, kann man diese mit Hilfe der Fisher Z-Transformation errechnen. Aufgrund der (approximativen) Normalverteilung von Z ist das Vorgehen ganz analog dem in Abschn. 7.5.2 beschriebenen Vorgehen. Der Unterschied zur Bestimmung des Stichprobenumfangs für den z-Test in Abschn. 7.5.2 ergibt sich praktisch nur dadurch, dass die standardisierte Mittelwertsdifferenz δ (s. Gl. 7.2) als Effektgröße für Korrelationen nicht sinnvoll ist.

Stattdessen wählen wir q_c als Effektgröße, welches als Differenz zweier Fisher Z-transformierter Korrelationen definiert ist. Mit anderen Worten, die Effektgröße ist

$$q_c = Z_\varrho - Z_0, \qquad (10.13)$$

wobei Z_0 die Abkürzung für Z_{ϱ_0} ist.

Wir betrachten zur Vereinfachung die gerichtete Alternativhypothese $H_1 : \varrho > \varrho_0$. Da die Prüfgröße in Gl. (10.11) unter Gültigkeit der Nullhypothese (approximativ) standardnormalverteilt ist, ist der kritische Wert, welcher den Ablehnungsbereich der gerichteten Alternativhypothese begrenzt, $z_{1-\alpha} = 1{,}65$. In Analogie zur Gl. (7.4) lässt sich die Teststärke aufgrund der z-Transformation der kritischen Grenze $z_{1-\alpha}$ ermitteln. Man erhält die Gleichung

$$z_\beta = z_{1-\alpha} - \sqrt{n - 3} \cdot q_c. \qquad (10.14)$$

Das Perzentil der Standardnormalverteilung z_β entspricht für gegebenes α und bekannte Effektgröße q_c der Wahrscheinlichkeit β eines Fehlers 2. Art. Damit ergibt sich die Teststärke zu $1 - \beta$.

Löst man diese Gleichung nach dem Stichprobenumfang auf, erhält man

$$n = \left(\frac{z_\beta - z_{1-\alpha}}{q_c}\right)^2 + 3. \qquad (10.15)$$

Die Berechnung des Stichprobenumfangs kann also wie beim z-Test zur Prüfung der Hypothese $H_0 : \mu = \mu_0$ erfolgen. Es muss nur ein entsprechender Wert für q_c vorgegeben werden.

Welche Werte sollten für q_c gewählt werden, um einen kleinen, mittleren und großen Effekt auszudrücken? Eine nahe liegende Möglichkeit wäre, die gleichen konventionellen Werte wie für δ zu verwenden, die in Gl. (7.3) genannt sind. Allerdings hat J. Cohen (1988, S. 116) als Orientierungspunkte zur Beurteilung von Korrelationsdifferenzen andere Werte vorgeschlagen, und zwar

$$\begin{aligned} \text{kleiner Effekt:} \quad & q_c = 0{,}1, \\ \text{mittelgroßer Effekt:} \quad & q_c = 0{,}3, \\ \text{großer Effekt:} \quad & q_c = 0{,}5. \end{aligned} \qquad (10.16)$$

Auch wenn wir an dieser Stelle die Begründung dieser Konvention nicht darstellen wollen, so sei doch angemerkt, dass diese Werte aus den Konventionen für δ abgeleitet sind (J. Cohen, 1988, S. 82).

BEISPIEL 10.6

Zur Illustration rechnen wir mit Hilfe von Gl. (10.15) den benötigten Stichprobenumfang für folgende Situation aus: Wir möchten die $H_0 : \varrho = 0$ gegen $H_1 : \varrho > 0$ testen. Für eine Teststärke von $1 - \beta = 0{,}8$ lautet $z_\beta = z_{0,2} = -0{,}84$. Wählt man ein Signifikanzniveau von $\alpha = 0{,}05$, so ist $z_{1-\alpha} = z_{0,95} = 1{,}65$. Wir wählen $q_c = 0{,}3$. Gemäß Gl. (10.15) ergibt sich also:

$$n = \left(\frac{-0{,}84 - 1{,}65}{0{,}3}\right)^2 + 3 = 71{,}89 \approx 72.$$

Somit benötigen wir 72 Versuchspersonen, um mit Teststärke 0,8 und $\alpha = 0{,}05$ die Nullhypothese verwerfen zu können, falls der Effekt mittelgroß ist.

Welcher Korrelation entspricht der mittelgroße Effekt? Dies kann man folgendermaßen ermitteln: Da wir die Nullhypothese $\varrho_0 = 0$ spezifiziert haben, ist $Z_0 = 0$ und somit gilt

$$q_c = 0{,}3 = Z_\varrho.$$

Der mittelgroße Effekt für q_c ist also $\varrho = 0{,}29$, wie man mit Hilfe von Gl. (10.8) bzw. anhand von Tab. G ermittelt.

Wie würde sich die Berechnung des Stichprobenumfangs ändern, wenn wir an der Testung der $H_0 : \varrho = 0{,}4$ gegen die gerichtete $H_1 : \varrho > 0{,}4$ interessiert wären, die anderen Bestimmungsgrößen aber unverändert blieben? Wie man anhand der Berechnung aufgrund von Gl. (10.15) erkennt, bleibt der benötigte Stichprobenumfang unverändert. Der Unterschied ergibt sich ausschließlich aus der Differenz der Korrelation, die dem mittleren Effekt entspricht. Da $\varrho_0 = 0{,}4$ beträgt, entspricht diese Korrelation einem Z-Wert von 0,424. Somit ergibt sich aus der Definition von q_c

$$q_c = 0{,}3 = Z_\varrho - Z_0 = Z_\varrho - 0{,}424.$$

Aus dieser Beziehung ermittelt man also $Z_\varrho = 0{,}724$, und dieser Z-Wert entspricht der Korrelation $\varrho = 0{,}62$.

Dieses Ergebnis ist interessant, denn es zeigt deutlich, dass der Stichprobenumfang von 72 ausreicht, um unter den gleichen Bedingungen wie vorher eine Korrelationsdifferenz von $0{,}62 - 0{,}4 = 0{,}22$ zu „entdecken". Dagegen entsprach der mittlere Effekt zur Überprüfung der $H_0 : \varrho = 0$ einer Korrelationsdifferenz von $0{,}29 - 0 = 0{,}29$. Eine bestimmte Korrelationserhöhung einer bereits hohen Korrelation entspricht einem größeren Effekt als die gleiche Erhöhung einer niedrigen Korrelation.

Weitere Erläuterungen findet man bei J. Cohen (1988, Kap. 4, Case 2), Darlington (1990, Kap. 15) und Gorman et al. (1995).

SOFTWAREHINWEIS 10.1

Auch wenn die Bestimmung des Stichprobenumfangs anhand Gl. (10.15) problemlos von Hand möglich ist, kann die Berechnung mit Hilfe eines Statistikprogramms von Vorteil sein. Mit Hilfe von SAS PROC POWER kann die Berechnung leicht durchgeführt werden. Die Berechnung mit Hilfe von PROC POWER dürfte etwas genauer sein, da PROC POWER durch eine Korrektur der Prüfgröße in Gl. (10.11) die Normalverteilung etwas besser approximiert. Auch im Fall einer ungerichteten Alternativhypothese ist die Berechnung mit Hilfe von PROC POWER leicht durchführbar, während die Berechnung von Hand einen zusätzlichen Rechengang erfordert. Schließlich kann man in PROC POWER die Effekte direkt als Korrelationen spezifizieren und muss deshalb die Korrelationen nicht in Z-Werte transformieren.

Um das Vorgehen mit PROC POWER zu illustrieren, zeigen wir folgendes Kommando, in welchem der Stichprobenumfang für den Test der $H_0 : \varrho = 0{,}4$ gegen die gerichtete H_1 bestimmt wird. Die Teststärke ist auf 0,8 festgelegt. Die Effektgröße wird hier aber nicht durch q_c spezifiziert, sondern direkt durch Festlegung der Korrelation. Im Beispiel wird $H_1 : \varrho = 0{,}62$ vorgegeben. (Wir wählen diesen Wert, um die Berechnung des Beispiels 10.6 zu überprüfen.)

```
proc power;
  onecorr dist=fisherz
  corr = 0.62
  nullc = 0.4
  sides = 1
  ntotal = .
  power = 0.8;
run;
```

Als Ergebnis der Berechnung erhält man einen erforderlichen Stichprobenumfang von $n = 71$ (für ein „tatsächliches" $\alpha = 0{,}0499$ und eine „tatsächliche" Teststärke von 0,804). Die Differenz zwischen dem im Beispiel 10.6 ermittelten Stichprobenumfang von 72 ist auf Rundungsfehler bzw. die von PROC POWER genauere Approximation der Normalverteilung zurückzuführen.

Schließlich soll noch Gl. (10.14) begründet werden. Die Argumentation ist ganz analog der in Abschn. 7.5.2.

Die Wahrscheinlichkeit β für einen Fehler 2. Art entspricht der Wahrscheinlichkeit, mit der die Prüfgröße z in Gl. (10.11) nicht in den Ablehnungsbereich der H_0 fällt, obwohl die H_0 falsch ist. Mit anderen Worten

$$\beta = P(z \leq z_{1-\alpha}) = P\left(\sqrt{n-3}(Z - Z_0) \leq z_{1-\alpha}\right),$$
$$= P\left(\sqrt{n-3}Z \leq z_{1-\alpha} + \sqrt{n-3}Z_0\right),$$

wobei wie bisher Z die Fisher Z-transformierte Korrelation r und Z_0 den Fisher Z-transformierten Wert von ϱ_0 bezeichnen. Diese Wahrscheinlichkeit muss bei Gültigkeit der Alternativhypothese berechnet werden, welche die wahre Korrelation ϱ spezifiziert. Den Fisher Z-transformierten Wert von ϱ bezeichnen wir mit Z_ϱ. Um die Wahrscheinlichkeit β wieder auf die Standardform der Normalverteilung zurückzuführen, z-transformieren wir Z, wobei wir davon ausgehen, dass ϱ die in der Population gültige Korrelation ist. Um die linke Seite der Ungleichung zu einer standardnormalverteilten Größe zu machen, subtrahieren wir $\sqrt{n-3} \cdot Z_\varrho$ auf beiden Seiten der Ungleichung und vereinfachen den Ausdruck. Man erhält dann für die Wahrscheinlichkeit β folgendes Ergebnis:

$$P\left(\sqrt{n-3} \cdot (Z - Z_\varrho) \leq z_{1-\alpha} - \sqrt{n-3} \cdot (Z_\varrho - Z_0)\right)$$
$$= \Phi\left(z_{1-\alpha} - \sqrt{n-3} \cdot (Z_\varrho - Z_0)\right),$$
$$= \Phi(z_{1-\alpha} - \sqrt{n-3} \cdot q_c),$$

wobei Φ die Verteilungsfunktion der Standardnormalverteilung bezeichnet. Geht man nun von den Wahrscheinlichkeiten zu den entsprechenden Perzentilen über, ergibt sich

$$z_\beta = z_{1-\alpha} - \sqrt{n-3} \cdot q_c,$$

was Gl. (10.14) entspricht.

Nullhypothese: $\varrho_1 = \varrho_2$ (zwei unabhängige Stichproben)

Gelegentlich ist man daran interessiert, zu erfahren, ob sich zwei Korrelationen, die für zwei voneinander unabhängige Stichproben mit den Umfängen n_1 und n_2 ermittelt wurden, signifikant unterscheiden (bzw. ob gemäß der H_0 beide Stichproben aus derselben Grundgesamtheit stammen). In diesem Fall kann die folgende Prüfgröße berechnet werden, die unter Gültigkeit der Nullhypothese, $H_0 : \varrho_1 = \varrho_2$, standardnormalverteilt ist:

$$z = \frac{Z_1 - Z_2}{\sqrt{\frac{1}{n_1-3} + \frac{1}{n_2-3}}}. \tag{10.17}$$

BEISPIEL 10.7

In einer Untersuchung von $n = 60$ Unterschichtkindern möge sich ergeben haben, dass die Merkmale Intelligenz und verbale Ausdrucksfähigkeit zu $r_1 = 0{,}38$ korrelieren. Eine vergleichbare Untersuchung von $n = 40$ Kindern der Oberschicht führte zu einer Korrelation von $r_2 = 0{,}65$. Kann aufgrund dieser Ergebnisse die Hypothese aufrechterhalten werden, dass beide Stichproben in Bezug auf den angesprochenen Merkmalszusammenhang aus der gleichen Grundgesamtheit stammen? Die Nullhypothese soll einseitig für $\alpha = 0{,}05$ getestet werden. Transformieren wir $r_1 = 0{,}38$, so ergibt sich $Z_1 = 0{,}40$. Die Transformation von $r_2 = 0{,}65$ ergibt $Z_2 = 0{,}78$. Somit ergibt sich die Prüfgröße

$$z = \frac{0{,}40 - 0{,}78}{\sqrt{\frac{1}{60-3} + \frac{1}{40-3}}} = \frac{0{,}40 - 0{,}78}{0{,}21} = -1{,}81.$$

Der kritische Wert lautet $z_{5\%} = -1{,}65$. Da der gefundene Wert kleiner ist als der kritische Wert, muss die H_0 verworfen werden. Die Behauptung, Intelligenz und verbale Ausdrucksfähigkeit korrelieren in beiden Populationen gleich, wird aufgrund des Testergebnisses abgelehnt.

Für den Vergleich vieler Korrelationen aus zwei unabhängigen Stichproben stellen die von Millsap et al. (1990) entwickelten Tabellen eine Hilfe dar, denen die für Korrelationsvergleiche mit variablem n_1 und n_2 kritischen Differenzen entnommen werden können. Die Tabellen gelten allerdings nur für zweiseitige Tests.

Stichprobenumfänge

Sind zwei Korrelationen r_1 und r_2 aus zwei unabhängigen Stichproben zu vergleichen, empfiehlt es sich, die Stichprobenumfänge n_1 und n_2 so festzulegen, dass für einen gegebenen Wert der Effektgröße eine vorgegebene Teststärke gewährleistet ist. Im Fall zweier unabhängiger Stichproben ist q_c folgendermaßen definiert:

$$q_c = Z_1 - Z_2 \quad (Z_1 > Z_2). \tag{10.18}$$

Z_1 und Z_2 sind die Fisher Z-Werte für die Populationskorrelationen ϱ_1 und ϱ_2, die über Gl. (10.7) zu ermitteln sind. Die notwendigen Stichprobenumfänge ergeben sich für $\alpha = 0{,}05$, $1 - \beta = 0{,}80$ und einseitigem Test zu:

$q_c = 0{,}10$	(schwacher Effekt)	$n = 1240$
$q_c = 0{,}15$		$n = 553$
$q_c = 0{,}20$		$n = 312$
$q_c = 0{,}30$	(mittlerer Effekt)	$n = 140$
$q_c = 0{,}40$		$n = 80$
$q_c = 0{,}50$	(starker Effekt)	$n = 52$.

Im Beispiel ist von einem mittleren bis starken Effekt auszugehen, da $|Z_1 - Z_2| = |0{,}40 - 0{,}78| = 0{,}38$.

Für eine Effektgröße von $q_c = 0{,}5$ wären für n_1 und n_2 jeweils 52 Untersuchungseinheiten erforderlich gewesen. Diese Effektgröße ergibt sich gemäß Gl. (10.7) für Korrelationspaare wie $\varrho_1 = 0{,}20$ und $\varrho_2 = 0{,}60$, $\varrho_1 = 0{,}30$ und $\varrho_2 = 0{,}67$, $\varrho_1 = 0{,}40$ und $\varrho_2 = 0{,}73$ etc. Man beachte, dass äquivalente Korrelationsdifferenzen mit wachsendem Zusammenhang kleiner werden.

Nullhypothese: $\varrho_1 = \varrho_2 = \cdots = \varrho_k$ (*k* unabhängige Stichproben)

Wird der Zusammenhang zwischen zwei Merkmalen nicht nur für 2, sondern allgemein für k voneinander unabhängige Stichproben ermittelt, kann die folgende, χ^2-verteilte Prüfgröße V mit df $= k - 1$ zur Überprüfung der Nullhypothese, dass die k Stichproben aus derselben Grundgesamtheit stammen, herangezogen werden:

$$V = \sum_{j=1}^{k}(n_j - 3) \cdot (Z_j - \bar{Z})^2, \qquad (10.19)$$

wobei $\bar{Z}$ in Gl. (10.9) gegeben ist.

BEISPIEL 10.8

Es soll der Zusammenhang zwischen den Leistungen in einem Intelligenztest und einem Kreativitätstest überprüft werden. Die Versuchspersonen werden zuvor nach ihren Interessen in drei Gruppen eingeteilt. Für die erste Gruppe liegt der Interessenschwerpunkt im technischen Bereich ($n_1 = 48$), die zweite Gruppe hat den Interessenschwerpunkt im sozialen Bereich ($n_2 = 62$), und für die dritte Gruppe liegt der Interessenschwerpunkt im künstlerischen Bereich ($n_3 = 55$).

Für diese drei Untergruppen mögen sich die folgenden Korrelationen zwischen Intelligenz und Kreativität ergeben haben:

Gruppe 1: $r_1 = 0{,}16$,
Gruppe 2: $r_2 = 0{,}38$,
Gruppe 3: $r_3 = 0{,}67$.

Es soll die Nullhypothese überprüft werden, nach der die drei Gruppen hinsichtlich des geprüften Zusammenhangs aus der gleichen Grundgesamtheit stammen ($\alpha = 0{,}05$).

Zunächst werden die Korrelationen in Fisher Z-Werte transformiert:

$$r_1 = 0{,}16: \quad Z_1 = 0{,}16,$$
$$r_2 = 0{,}38: \quad Z_2 = 0{,}40,$$
$$r_3 = 0{,}67: \quad Z_3 = 0{,}81.$$

Nach Gl. (10.9) ermitteln wir:

$$\bar{Z} = \frac{\sum_{j=1}^{k}(n_j - 3) \cdot Z_j}{\sum_{j=1}^{k}(n_j - 3)} = \frac{45 \cdot 0{,}16 + 59 \cdot 0{,}40 + 52 \cdot 0{,}81}{45 + 59 + 52} = 0{,}47.$$

Für V ergibt sich somit nach Gl. (10.19):

$$\begin{aligned} V &= \sum_{j=1}^{k}(n_j - 3) \cdot (Z_j - \bar{Z})^2 \\ &= 45 \cdot (0{,}16 - 0{,}47)^2 + 59 \cdot (0{,}40 - 0{,}47)^2 \\ &\quad + 52 \cdot (0{,}81 - 0{,}47)^2 \\ &= 4{,}32 + 0{,}29 + 6{,}01 = 10{,}62. \end{aligned}$$

Der χ^2-Tabelle (Tabelle B des Anhangs) entnehmen wir als kritischen Wert für df $= 3-1 = 2$: $\chi^2_{2;95\%} = 5{,}99$ (zweiseitiger Test). Da der empirische χ^2-Wert größer ist als der kritische, verwerfen wir die Nullhypothese. Die drei Korrelationen unterscheiden sich statistisch signifikant. Der Zusammenhang zwischen Intelligenz und Kreativität ist für Personen mit unterschiedlichen Interessen verschieden.

Hinweise: Zur Überprüfung der Frage, welche Korrelationen sich signifikant voneinander unterscheiden, findet man bei K. J. Levy (1976) ein adäquates Verfahren. Dieses Verfahren ist Gl. (10.17) vorzuziehen, wenn ein ganzer Satz von Korrelationsvergleichen simultan geprüft wird (vgl. hierzu auch die Einzelvergleichsverfahren im Kontext der Varianzanalyse, z. B. in Kap. 13). Weitere Einzelheiten zur simultanen Überprüfung mehrerer Korrelationsdifferenzen können den Arbeiten von Kraemer (1979), Kristof (1980), K. J. Levy (1976) und Marascuilo (1966) entnommen werden.

Gleichung (10.19) wird häufig auch in Metaanalysen eingesetzt, mit denen die Ergebnisse verschiedener Untersuchungen zur gleichen Thematik aggregiert werden (vgl. Cooper & Hedges, 1994; Hedges & Olkin, 1985; Fricke & Treinies, 1985 oder Beelmann & Bliesener, 1994). Mit Gl. (10.19) lässt sich also überprüfen, ob die in verschiedenen Untersuchungen ermittelten Zusammenhänge zweier Variablen (oder anderer Maßzahlen, die sich in Korrelationsäquivalente transformieren lassen) homogen sind oder nicht. Eine vergleichende Analyse dieses Ansatzes mit einem Vorgehen, das auf die Fisher Z-Transformation verzichtet, findet man bei Alexander et al. (1989) und einen Vergleich mit anderen Homogenitätstests bei Cornwell (1993).

Nullhypothese: $\varrho_{ab} = \varrho_{ac}$ (eine Stichprobe)

Nicht selten ist es erforderlich, zwei Korrelationen zu vergleichen, die an einer Stichprobe ermittelt wurden und deshalb voneinander abhängen. Der erste hier zu behandelnde Fall betrifft den Vergleich zweier Korrelationen, bei dem zwei Merkmale jeweils mit einem dritten Merkmal in Beziehung gesetzt werden, wie z. B. bei der Frage, ob die Deutschnote (b) oder die Mathematiknote (c) einen höheren Zusammenhang mit der Examensleistung im Fach Psychologie (a) aufweist. Die Nullhypothese lautet somit $H_0 : \varrho_{ab} = \varrho_{ac}$.

Für diese Problematik haben Olkin und Siotani (1964) bzw. Olkin (1967) ein Verfahren vorgeschlagen, das allerdings von Steiger (1980) bezüglich seiner Testeigenschaften vor allem bei kleineren Stichproben kritisiert wird. Sein Verfahren führt zu der folgenden standardnormalverteilten Prüfgröße z:

$$z = \frac{\sqrt{(n-3)} \cdot (Z_{ab} - Z_{ac})}{\sqrt{(2 - 2 \cdot CV_1)}} \qquad (10.20)$$

mit n Stichprobenumfang, Z_{ab} und Z_{ac} Fisher Z-Werte für die Korrelationen r_{ab} und r_{ac}.

CV_1 kennzeichnet die Kovarianz der Korrelationsverteilungen von r_{ab} und r_{ac}, die wie folgt geschätzt wird (zur Theorie vgl. Pearson & Filon, 1898):

$$CV_1 = \frac{1}{(1 - r_{a\cdot}^2)^2} \cdot \Big(r_{bc} \cdot (1 - 2 \cdot r_{a\cdot}^2) - 0{,}5 \cdot r_{a\cdot}^2 \cdot (1 - 2 \cdot r_{a\cdot}^2 - r_{bc}^2)\Big)$$

mit $r_{a\cdot} = (r_{ab} + r_{ac})/2$.

BEISPIEL 10.9

Bezogen auf das obige Beispiel habe man die folgenden Werte ermittelt: $r_{ab} = 0{,}41$; $r_{ac} = 0{,}52$; $r_{bc} = 0{,}48$ und $n = 100$. Für CV_1 resultiert also (mit $r_{a\cdot} = (0{,}41 + 0{,}52)/2 = 0{,}465$):

$$CV_1 = \frac{1}{(1 - 0{,}465^2)^2} \cdot \Big(0{,}48 \cdot (1 - 2 \cdot 0{,}465^2) - 0{,}5 \cdot 0{,}465^2 \cdot (1 - 2 \cdot 0{,}465^2 - 0{,}48^2)\Big) = 0{,}3841.$$

Nach Gl. (10.20) ermitteln wir (mit $Z_{ab} = 0{,}436$ und $Z_{ac} = 0{,}576$ gemäß Gl. (10.7)):

$$z = \frac{\sqrt{100 - 3} \cdot (0{,}436 - 0{,}576)}{\sqrt{2 - 2 \cdot 0{,}3841}} = -1{,}24.$$

Auf dem 5%-Niveau haben wir bei zweiseitigem Test kritische Werte von $\pm 1{,}96$, d. h. die H_0 kann nicht verworfen werden. Deutschnote und Mathematiknote unterscheiden sich nicht signifikant in ihrem Zusammenhang mit der Examensleistung in Psychologie.

Der in Gl. (10.20) wiedergegebene Test ist nach Angaben des Autors für $n \geq 20$ gültig.

Werden für eine Stichprobe die Korrelationen r_{ab}, r_{ac} und r_{bc} berechnet, lässt sich zeigen, dass bei festgelegtem r_{ac} und r_{bc} die Korrelation r_{ab} nicht mehr beliebig variieren kann. Über die Restriktionen, denen r_{ab} in diesem Fall unterliegt, berichteten Glass und Collins (1970).

Sind mehrere abhängige Korrelationen zwischen k Prädiktoren und einer Kriteriumsvariablen zu vergleichen, kann auf ein Verfahren von Meng et al. (1992) zurückgegriffen werden.

Nullhypothese: $\varrho_{ab} = \varrho_{cd}$ (eine Stichprobe)

Ein weiterer, von Steiger (1980) angegebener Test prüft die H_0: $\varrho_{ab} = \varrho_{cd}$, wobei auch hier von nur einer Stichprobe ausgegangen wird. Ein typisches Anwendungsbeispiel sind „cross-lagged-panel"-Korrelationen, bei denen zwei Merkmale zu zwei verschiedenen Zeitpunkten an der gleichen Stichprobe korreliert werden. Hier interessiert die Frage, ob sich der Zusammenhang der beiden Merkmale im Verlauf der Zeit signifikant verändert hat (vgl. hierzu auch Kenny, 1973).

Der für $n \geq 20$ gültige Test lautet:

$$z = \frac{\sqrt{(n-3)} \cdot (Z_{ab} - Z_{cd})}{\sqrt{(2 - 2 \cdot CV_2)}} \qquad (10.21)$$

mit n Stichprobenumfang, Z_{ab} und Z_{cd} Fisher Z-Werte der Korrelationen r_{ab} und r_{cd}. Des Weiteren

$$CV_2 = \frac{\text{Zä}}{(1 - r_{ab,cd}^2)^2},$$

$$\begin{aligned}\text{Zä} = 0{,}5 \cdot [&(r_{ac} - r_{ab} \cdot r_{bc}) \cdot (r_{bd} - r_{bc} \cdot r_{cd}) \\ &+ (r_{ad} - r_{ac} \cdot r_{cd}) \cdot (r_{bc} - r_{ab} \cdot r_{ac}) \\ &+ (r_{ac} - r_{ad} \cdot r_{cd}) \cdot (r_{bd} - r_{ab} \cdot r_{ad}) \\ &+ (r_{ad} - r_{ab} \cdot r_{bd}) \cdot (r_{bc} - r_{bd} \cdot r_{cd})],\end{aligned}$$

$$r_{ab,cd} = (r_{ab} + r_{cd})/2.$$

BEISPIEL 10.10

Es soll überprüft werden, ob der Zusammenhang zwischen Introversion und erlebter Einsamkeit zeitunabhängig ist ($\alpha = 0{,}05$, zweiseitiger Test). Mit geeigneten Instrumenten werden beide Variablen zu zwei verschiedenen Zeitpunkten t_1 und t_2 an einer Stichprobe mit $n = 103$ erhoben:

t_1: Introversion (a) und Einsamkeit (b),
t_2: Introversion (c) und Einsamkeit (d).

Es resultieren die folgenden Korrelationen:

$$\begin{aligned}r_{ab} = 0{,}5; \quad r_{ac} = 0{,}8; \quad &r_{ad} = 0{,}5; \\ r_{bc} = 0{,}5; \quad &r_{bd} = 0{,}7; \\ &r_{cd} = 0{,}6.\end{aligned}$$

Man errechnet:

$$\begin{aligned}\text{Zä} &= 0{,}5 \cdot [(0{,}8 - 0{,}5 \cdot 0{,}5) \cdot (0{,}7 - 0{,}5 \cdot 0{,}6) \\ &\quad + (0{,}5 - 0{,}8 \cdot 0{,}6) \cdot (0{,}5 - 0{,}5 \cdot 0{,}8) \\ &\quad + (0{,}8 - 0{,}5 \cdot 0{,}6) \cdot (0{,}7 - 0{,}5 \cdot 0{,}5) \\ &\quad + (0{,}5 - 0{,}5 \cdot 0{,}7) \cdot (0{,}5 - 0{,}7 \cdot 0{,}6)] \\ &= 0{,}2295\end{aligned}$$

$$r_{ab,cd} = (0{,}5 + 0{,}6)/2 = 0{,}55$$

$$CV_2 = \frac{0{,}2295}{(1-0{,}55^2)^2} = 0{,}4717$$

$$z = \frac{\sqrt{100}\cdot(0{,}549-0{,}693)}{\sqrt{2-2\cdot 0{,}4717}} = -1{,}40.$$

Dieser Wert ist nach Tabelle A des Anhangs nicht signifikant ($-1{,}96 \leq z \leq 1{,}96$), d. h. die Nullhypothese ist beizubehalten. Eine Zeitabhängigkeit des Zusammenhanges von Introversion und Einsamkeit kann nicht belegt werden.

Hinweise: Ein vereinfachtes Alternativverfahren zu Gl. (10.21) wird bei Raghunathan et al. (1996) beschrieben. Steiger (1980) nennt weitere Verfahren, mit denen eine vollständige Korrelationsmatrix gegen eine hypothetisch vorgegebene Korrelationsstruktur getestet werden kann. Weitere Hinweise zur Prüfung der Unterschiede zwischen abhängigen Korrelationen findet man bei Olkin und Finn (1990), Dunn und Clark (1969), Larzelere und Mulaik (1977), Staving und Acock (1976) sowie Yu und Dunn (1982).

10.2.5 Selektionsfehler

Für die Verallgemeinerung einer Korrelation auf eine Grundgesamtheit ist zu fordern, dass die untersuchte Stichprobe tatsächlich zufällig gezogen wurde und keine irgendwie geartete systematische Selektion darstellt. Im Folgenden sei darauf aufmerksam gemacht, zu welchen Verzerrungen es kommen kann, wenn systematische Selektionsfehler vorliegen.

Zunächst wollen wir verdeutlichen, wie der Korrelationskoeffizient beeinflusst wird, wenn in der Stichprobe nicht die gesamte Variationsbreite der Merkmale realisiert ist. In Abb. 10.4 ist ein Punkteschwarm dargestellt, der in der Grundgesamtheit deutlich elliptischen Charakter hat. Werden aus dieser Grundgesamtheit Objekte gezogen, deren Variationsbreite stark eingeschränkt ist, resultiert in der Stichprobe eine angenähert kreisförmige Punkteverteilung. Die Stichprobenkorrelation unterschätzt somit die Populationskorrelation erheblich.

Hinweis: Ist die Populationsstreuung bekannt, kann die zu kleine Korrelation korrigiert werden (vgl. hierzu z. B. Elshout & Roe, 1973; Forsyth, 1971; Gross & Kagen, 1983; Lowerre, 1973). Über Korrelationskorrekturen bei unbekannter Populationsstreuung bzw. Streuungen, die aus der Stichprobe geschätzt werden müssen, berichten Hanges et al., 1991. Weitere Hinweise zur Berechnung von Korrelationen bei „gestutzten" Verteilungen findet man bei Holmes (1990) und Duan und Dunlap (1997).

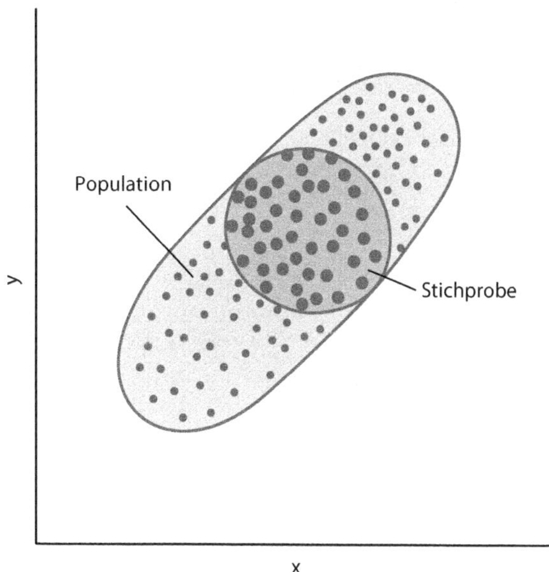

Abbildung 10.4. Stichprobe mit zu kleiner Streubreite

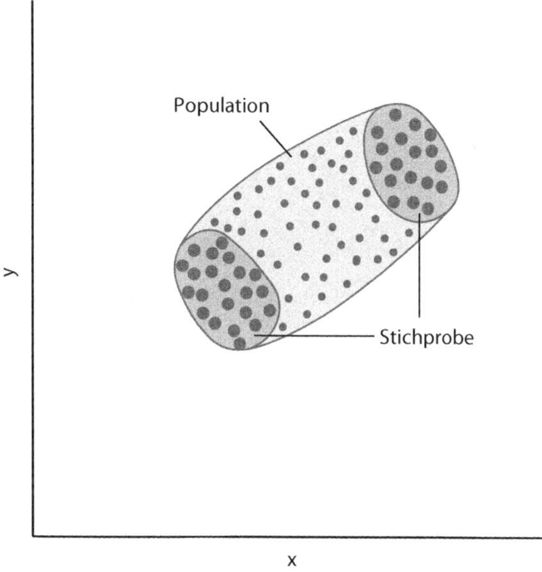

Abbildung 10.5. Eine aus Extremgruppen zusammengesetzte Stichprobe

Abbildung 10.5 zeigt das Gegenstück zu Abb. 10.4. Hier wurden in die Stichprobe vor allem solche Untersuchungsobjekte aufgenommen, die extreme Merkmalsausprägungen aufweisen. In der Grundgesamtheit befinden sich jedoch auch Untersuchungseinheiten mit mittlerer Merkmalsaus-

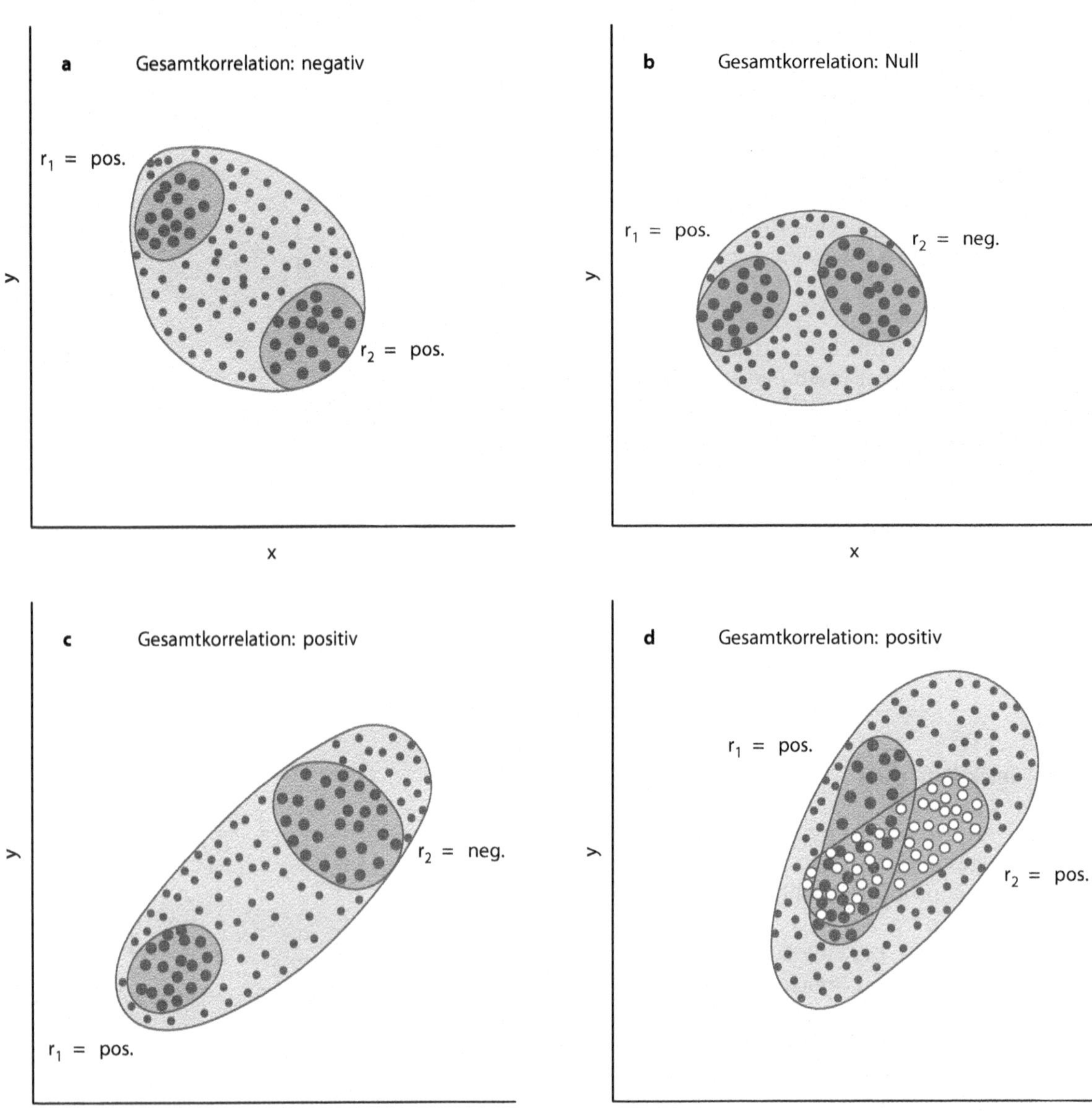

Abbildung 10.6a–d. Vereinigung heterogener Untergruppen zu einer Stichprobe

prägung. Die Korrelation ist somit in der Grundgesamtheit niedriger als in der Stichprobe.

Ferner ist darauf zu achten, dass sich in der Stichprobe keine Untergruppen befinden, die sich in Bezug auf den untersuchten Merkmalszusammenhang unterscheiden. Die Abb. 10.6a–d zeigen, wie sich die Vereinigung derartiger Untergruppen zu einer Stichprobe auf die Gesamtkorrelation auswirkt.

Eine weitere Fehlerquelle sind *einzelne Extremwerte* (Ausreißer oder „outliers"), die einen korrelativen Zusammenhang beträchtlich verfälschen können. So ergeben beispielsweise die Punkte in Abb. 10.7 eine Korrelation von $r = 0{,}05$. Wird der durch einen Kreis markierte Extremwert mitberücksichtigt, erhöht sich die Korrelation auf $r = 0{,}48$. Das Ausmaß, in dem eine Korrelation durch Extremwerte beeinflusst wird, nimmt ab, je größer die untersuchte Stichprobe ist. Über weitere Einzelheiten bezüglich der Auswirkungen von Selektionsfehlern auf die Korrelation berichten McCall (1970, S. 127 ff.) und Wendt (1976). Eine Modifikation der Produkt-Moment-Korrelation, die weniger empfindlich auf Ausreißerwerte und Selektionsfehler reagiert, hat Wilcox (1994) vorgeschlagen.

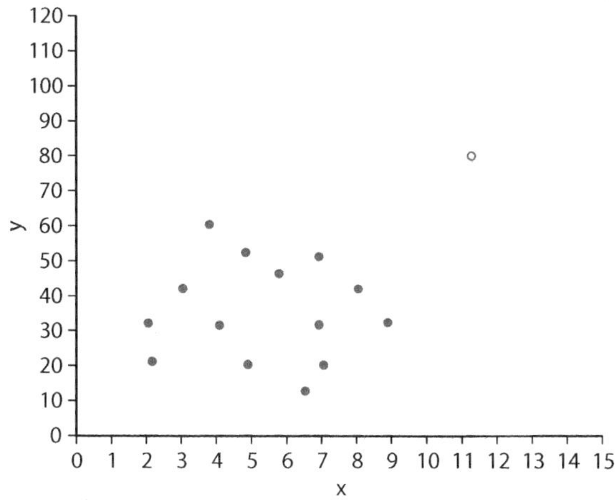

Abbildung 10.7. Beeinflussung einer Korrelation durch einen Extremwert

* 10.3 Spezielle Korrelationstechniken

Im letzten Abschnitt haben wir uns mit der Produkt-Moment-Korrelation befasst, die den linearen Zusammenhang zweier intervallskalierter Merkmale angibt. Wenn Merkmal x oder Merkmal y oder beide Merkmale nur zwei Ausprägungen aufweisen, können spezielle Korrelationskoeffizienten berechnet werden, die im Folgenden behandelt werden. Zusätzlich werden Verfahren für ordinalskalierte Merkmale behandelt.

Tabelle 10.6 zeigt in einer Übersicht mögliche Skalenkombinationen und die dazugehörenden Korrelationskoeffizienten (ausführlicher hierzu s. Kubinger, 1990).

Die entsprechenden Verfahren werden im Folgenden beschrieben. In Abschnitt 10.3.7 behandeln wir einen weiteren Koeffizienten, der den Zusammenhang zweier nominalskalierter Merkmale bestimmt: den *Kontingenzkoeffizienten*. Da dieser Koeffizient kein Korrelationsmaß im engeren Sinn darstellt, wurde er nicht mit in Tab. 10.6 aufgenommen.

Tabelle 10.6. Übersicht der bivariaten Korrelationsarten

	Merkmal x		
Merkmal y	Intervallskala	dichotomes Merkmal	Ordinalskala
Intervallskala	1) Produkt-Moment-Korrelation	2) Punktbiseriale Korrelation	3) Rangkorrelation
dichotomes Merkmal	–	4) ϕ-Koeffizient	5) Biseriale Rangkorrelation
Ordinalskala	–	–	6) Rangkorrelation

10.3.1 Korrelation zweier Intervallskalen

Sind beide Merkmale intervallskaliert, wird der Produkt-Moment-Korrelationskoeffizient berechnet, der bereits dargestellt wurde.

10.3.2 Korrelation einer Intervallskala mit einem dichotomen Merkmal

Punktbiseriale Korrelation

Der Zusammenhang zwischen einem dichotomen Merkmal (z. B. männlich-weiblich) und einem intervallskalierten Merkmal (z. B. Körpergewicht) wird durch die punktbiseriale Korrelation (r_{pb}) erfasst. Eine punktbiseriale Korrelation erhält man, wenn in die Gleichung für die Produkt-Moment-Korrelation (Gl. 10.5) für das dichotome Merkmal die Werte 0 und 1 eingesetzt werden. Beispiel: Alle männlichen Versuchspersonen erhalten auf der dichotomen Variablen den Wert 0 und alle weiblichen den Wert 1. Dadurch vereinfacht sich die Korrelationsformel zu folgender Gleichung (zur Herleitung von r_{pb} aus r vgl. Downie & Heath, 1970, S. 106 ff.):

$$r_{pb} = \frac{\bar{y}_1 - \bar{y}_0}{s_y} \cdot \sqrt{\frac{n_0 \cdot n_1}{n \cdot (n-1)}}, \qquad (10.22)$$

wobei n_0 und n_1 die Anzahl der Untersuchungsobjekte in den beiden Merkmalskategorien sind und y_0 sowie $\bar{y}_1$ die entsprechenden durchschnittlichen Ausprägungen des metrischen Merkmals y. Für den Gesamtstichprobenumfang n gilt $n = n_0 + n_1$. Die Standardabweichung aller y-Werte bezeichnen wir mit s_y. Für die Berechnung von s_y wird also die Gruppenzugehörigkeit ignoriert.

Die Signifikanzüberprüfung der Nullhypothese $H_0 : \varrho = 0$ erfolgt wie bei der Produkt-Moment-Korrelation durch folgenden Test:

$$t = \frac{r_{pb} \cdot \sqrt{n-2}}{\sqrt{1 - r_{pb}^2}}. \qquad (10.23)$$

Der so ermittelte t-Wert ist mit $n - 2$ Freiheitsgraden versehen und wird mit dem gemäß Tab. C für ein bestimmtes Signifikanzniveau α kritischen t-Wert verglichen. (Eine Tabelle, der man direkt die Signifikanzgrenzen für die punktbiseriale Korrelation entnehmen kann, findet man bei Terrell, 1982b.)

Tabelle 10.7. Beispiel für eine punktbiseriale Korrelation

verheiratet	nicht verheiratet
18	17
12	12
16	16
15	19
12	20
14	16
13	11
9	18
12	12
17	17
13	19
11	20
	19
	13
	18

BEISPIEL 10.11

Das dichotome Merkmal „verheiratet" wird mit der anhand eines Fragebogens ermittelten Kontaktbereitschaft korreliert. Es wird erwartet, dass verheiratete Personen weniger kontaktbereit sind als nicht verheiratete. Tabelle 10.7 zeigt den Rechengang für $n_0 = 12$ verheiratete und $n_1 = 15$ nicht verheiratete Personen ($\alpha = 0{,}01$, einseitiger Test).

Für die Mittelwerte der verheirateten und unverheirateten Personen ermittelt man die Werte: $\bar{y}_0 = 13{,}50$ und $\bar{y}_1 = 16{,}47$. Die Standardabweichung, welche aufgrund aller 27 beobachteter Werte berechnet wird, beträgt $s_y = 3{,}195$. Somit berechnen wir die Korrelation als

$$r_{\text{pb}} = \frac{16{,}47 - 13{,}50}{3{,}195} \cdot \sqrt{\frac{12 \cdot 15}{27 \cdot 26}} = 0{,}47.$$

Das Vorzeichen der Korrelation $r_{\text{pb}} = 0{,}47$ hängt davon ab, wie wir die Kategorien bezeichnen. Den gleichen Wert ermitteln wir, wenn in die Produkt-Moment-Korrelationsformel 27 Messwertpaare, jeweils bestehend aus einem Testwert und der Ziffer 0 oder 1, eingesetzt werden. Da in unserem Beispiel das Merkmal „verheiratet" mit 0 codiert wurde, bedeutet eine positive Korrelation, dass verheiratete Personen weniger kontaktbereit sind als nicht verheiratete Personen. Diese Interpretation ist auch den Mittelwerten zu entnehmen ($\bar{y}_0 = 13{,}5$, $\bar{y}_1 = 16{,}47$).

Für den Signifikanztest ergibt sich:

$$t = \frac{0{,}47 \cdot \sqrt{27-2}}{\sqrt{1-0{,}47^2}} = 2{,}66.$$

Der kritische t-Wert lautet bei $\alpha = 0{,}01$ (einseitiger Test) und df = 25: $t_{25;99\%} = 2{,}48$. Da der empirische Wert diesen Wert überschreitet, ist die Korrelation signifikant.

Punktbiseriale Korrelation und *t*-Test. Die punktbiseriale Korrelation entspricht als Verfahren zur Überprüfung einer Zusammenhangshypothese dem 2-Stichproben t-Test als Verfahren zur Überprüfung einer Unterschiedshypothese. Im Beispiel hätte statt der Zusammenhangshypothese: „Zwischen dem Merkmal verheiratet vs. nicht verheiratet und dem Merkmal Kontaktbereitschaft besteht ein Zusammenhang" auch die Unterschiedshypothese: „Verheiratete und nicht verheiratete Personen unterscheiden sich in ihrer Kontaktbereitschaft" mit einem t-Test für unabhängige Stichproben überprüft werden können. Die Prüfgröße des t-Tests, welcher aufgrund von Gl. (8.6) berechnet wird, und der nach Gl. (10.23) ermittelte t-Wert sind identisch.

> Der Signifikanztest für die punktbiseriale Korrelation entspricht dem t-Test für unabhängige Stichproben.

Biseriale Korrelation

Gelegentlich wird ein metrisches Merkmal aus untersuchungstechnischen oder ökonomischen Gründen in zwei Kategorien eingeteilt (dichotomisiert). Beispielsweise könnte man Personen, die älter als eine bestimmte Anzahl von Jahren sind, als „alt" und alle anderen Personen als „jung" klassifizieren. Interessiert der Zusammenhang zwischen einem solchen künstlich dichotomisierten Merkmal und einem intervallskalierten Merkmal, berechnet man unter der Voraussetzung, dass beide Merkmale (also auch das dichotomisierte Merkmal) ursprünglich normalverteilt waren, statt der punktbiserialen Korrelation eine biseriale Korrelation r_{bis}. Die biseriale Korrelation gilt dann als Schätzwert für die „wahre" Produkt-Moment-Korrelation der beiden intervallskalierten Merkmale.

Für die biseriale Korrelation ergibt sich (vgl. Walker & Lev, 1953, S. 267 ff.):

$$r_{\text{bis}} = \frac{\bar{y}_1 - \bar{y}_0}{s_y} \cdot \frac{n_0 \cdot n_1}{\vartheta \cdot n^2}, \tag{10.24}$$

wobei s_y die Standardabweichung aller y-Werte bezeichnet. Man beachte, dass in dieser Formel s_y als $\sqrt{\text{QS}_y/n}$ berechnet wird. Die Quadratsumme wird also durch n und nicht wie sonst durch $n-1$ dividiert, s. Gl. (2.2). Die Größe ϑ bezeichnet die Ordinate (Dichte) desjenigen z-Wertes der Standardnormalverteilung, der die Grenze zwischen den Teilflächen n_0/n und n_1/n markiert. Die übrigen Symbole wurden im Zusammenhang mit Gl. (10.22) erläutert. Eine Diskussion weiterer Schätzformeln findet man bei Kraemer, 1981 bzw. Bedrick, 1992.

Für die Signifikanzprüfung kann bei kleinen Stichproben behelfsmäßig der Unterschied der Mittelwerte für die beiden Gruppen mit dem t-Test überprüft werden.

Ist die biseriale Korrelation in der Grundgesamtheit Null, verteilen sich nach McNamara und Dunlap (1934) r_{bis}-Werte aus hinreichend großen

Stichproben normal um null mit einem Standardfehler von

$$\sigma_{r_{\text{bis}}} = \frac{\sqrt{n_0 \cdot n_1}}{\vartheta \cdot n \cdot \sqrt{n}}. \tag{10.25}$$

Die Signifikanzüberprüfung kann somit anhand der Normalverteilungstabelle durchgeführt werden, indem der folgende z-Wert mit dem für ein bestimmtes Signifikanzniveau α kritischen z-Wert verglichen wird:

$$z = \frac{r_{\text{bis}}}{\sigma_{r_{\text{bis}}}}. \tag{10.26}$$

Nach Baker (1965) ist der Signifikanztest nach Gl. (10.26) für Stichproben bis zu einem minimalen n von 15 zulässig. Weitere Informationen zur biserialen Korrelation und deren Prüfung findet man bei Bedrick (1990).

BEISPIEL 10.12

Gesucht wird die Korrelation zwischen der Anzahl der absolvierten Fahrstunden und der Leistung in der Führerscheinprüfung. Wir gehen davon aus, dass die tatsächlichen Leistungen zum Zeitpunkt der Fahrprüfung normalverteilt sind, sodass die Alternativen durchgefallen vs. nicht durchgefallen eine künstliche Dichotomie dieser Variablen darstellen. Die folgende Tabelle zeigt die Daten für $n = 10$ Absolventen.

	durchgefallen	nicht durchgefallen
Fahrstdunden, y	8	9
	13	14
	11	15
	12	13
		11
		16

Die Mittelwerte der beiden Gruppen betragen: $\bar{y}_0 = 11$ und $\bar{y}_1 = 13$. Für die Quadratsumme aller y-Werte berechnen wir

$$\text{QS}_y = \sum_{i=1}^{n} y_i^2 - \frac{\left(\sum_{i=1}^{n} y_i\right)^2}{n} = 1546 - \frac{122^2}{10} = 57{,}6.$$

Somit beträgt $s_y = \sqrt{\text{QS}/n} = \sqrt{5{,}76}$. Um ϑ zu bestimmen, benötigen wir zunächst den z-Wert, welcher die Anteile 4/10 und 6/10 trennt. Mit anderen Worten, wir suchen das Perzentil in der Standardnormalverteilung, unter welchem 40% der Werte liegen. Dieser z-Wert ist $-0{,}25$. Der Wert von ϑ ergibt sich nun als Wert der Dichte der Standardnormalverteilung, s. Gl. (5.15), an der Stelle $-0{,}25$, d. h. $\vartheta = f(-0{,}25)$. Wir berechnen

$$f(-0{,}25) = \frac{1}{\sqrt{2 \cdot \pi}} e^{-(0{,}25)^2/2} = 0{,}386,$$

wobei $\pi = 3{,}14$ beträgt. Somit ergibt sich für die biseriale Korrelation

$$r_{\text{bis}} = \frac{13 - 11}{\sqrt{5{,}76}} \cdot \frac{4 \cdot 6}{0{,}386 \cdot 100} = 0{,}52.$$

Das positive Vorzeichen ist auf die verwendete Kennzeichnung der Gruppen zurückzuführen. Eine umgekehrte Zuordnung hätte zu einer negativen Korrelation geführt.

Für den behelfsmäßigen Signifikanztest (t-Test) ermittelt man mit $t = 1{,}26$ einen nicht-signifikanten Wert. Führen wir zu Demonstrationszwecken den Signifikanztest nach Gl. (10.26) durch, resultieren

$$\sigma_{r_{\text{bis}}} = \frac{\sqrt{4 \cdot 6}}{0{,}386 \cdot 10 \cdot \sqrt{10}} = 0{,}40$$

bzw.

$$z = \frac{0{,}52}{0{,}40} = 1{,}30.$$

Auch dieser Wert ist nicht signifikant. Der Zusammenhang zwischen der Anzahl der Fahrstunden und der Fahrleistung ist also statistisch unbedeutend.

Hinweise: Biseriale Korrelationen können Werte annehmen, die außerhalb des Bereichs $-1 \leq r_{\text{bis}} \leq 1$ liegen. Sollte dieser Fall eintreten, ist dies ein Anzeichen dafür, dass – insbesondere bei kleineren Stichproben – das intervallskalierte Merkmal nicht normal, sondern flachgipflig verteilt ist. Umgekehrt können, bei zu schmaler Verteilung der intervallskalierten Variablen, die theoretischen Grenzen von r_{bis} enger sein als bei der Produkt-Moment-Korrelation (Stanley, 1968).

Vergleich r_{pb} und r_{bis}. Gelegentlich wird man in der Praxis vor der Frage stehen, welche der beiden Korrelationen, die punktbiseriale oder die biseriale, anzuwenden sei. Da die biseriale Korrelation mehr voraussetzt (normalverteilte Merkmale), sollte im Zweifelsfall immer die punktbiseriale Korrelation vorgezogen werden, wenngleich der Zusammenhang zweier normalverteilter Merkmale durch die punktbiseriale Korrelation unterschätzt wird (vgl. hierzu Bowers, 1972). Punktbiseriale und biseriale Korrelationen sind durch folgende Beziehung miteinander verknüpft:

$$r_{\text{bis}} = \frac{\sqrt{n_0 \cdot n_1}}{\vartheta \cdot n} \cdot r_{\text{pb}}. \tag{10.27}$$

Eine Tabelle zur Transformation von r_{bis} in r_{pb} findet man bei Terrell (1982a).

Polyseriale Korrelation. In Ergänzung zur biserialen Korrelation wurden polyseriale Korrelationen entwickelt, in denen das Merkmal x nicht zweifach, sondern mehrfach gestuft ist. Diese Generalisierung der biserialen Korrelation wurde von Jaspen (1946) vorgenommen. Über die Arbeit von Jaspen berichten z. B. Wert et al. (1954). Weitere Entwicklungen zu diesem Thema behandeln Olsson et al. (1982) sowie Bedrick und Breslin (1996).

10.3.3 Korrelation einer Intervallskala mit einer Ordinalskala

Erste Ansätze zur Entwicklung eines für Intervall- und Ordinalskalen geeigneten Korrelationsmaßes wurden von Vegelius (1978) und Janson und Vegelius (1982) vorgeschlagen. Für die Praxis empfehlen wir, die intervallskalierten Messungen in eine Rangreihe zu bringen, um über die dann vorliegenden zwei Rangreihen eine Rangkorrelation zu berechnen, die wir in Abschn. 10.3.6 behandeln.

10.3.4 Korrelation für zwei dichotome Variablen

Handelt es sich bei den Merkmalen *x* und *y* jeweils um dichotome Merkmale, kann ihr Zusammenhang durch den ϕ-Koeffizienten ermittelt werden. Wenn wir die beiden Merkmalsausprägungen der Variablen jeweils mit 0 und 1 codieren, erhalten wir zwei Messwertreihen, die nur aus 0- und 1-Werten bestehen. Die Produkt-Moment-Korrelation über diese Messwertreihen entspricht exakt dem ϕ-Koeffizienten.

Da in diesem Fall nur 0- und 1-Werte in die Produkt-Moment-Korrelationsformel eingehen, resultiert für $\sum_{i=1}^{n} x_i$ (und für $\sum_{i=1}^{n} x_i^2$) die Häufigkeit der Merkmalsalternative 1 des Merkmals *x*. Diese Äquivalenz trifft auch auf die dichotomen *y*-Werte zu, sodass sich die Produkt-Moment-Korrelation für Alternativdaten zu folgender Berechnungsvorschrift vereinfacht:

$$\phi = \frac{a \cdot d - b \cdot c}{\sqrt{(a+c) \cdot (b+d) \cdot (a+b) \cdot (c+d)}}. \quad (10.28)$$

(Zur Ableitung dieser Formel vgl. z. B. Bortz et al., 2008, Kap. 8.1.1.1.) Die Buchstaben *a*, *b*, *c* und *d* kennzeichnen die Häufigkeiten einer 2×2-Tabelle, die sich für die Kombinationen der beiden Merkmalsalternativen ergibt (vgl. Tab. 10.8). Ein Vergleich von Gl. (10.28) mit Gl. (9.1) zeigt uns ferner, dass zwischen dem χ^2-Wert einer 2×2-Tabelle und dem ϕ-Koeffizienten die folgende Beziehung besteht:

$$\phi = \sqrt{\frac{\chi^2}{n}}. \quad (10.29)$$

Die Signifikanzprüfung von ϕ erfolgt über die Prüfgröße

$$\chi^2 = n \cdot \phi^2 \quad (\mathrm{df} = 1), \quad (10.30)$$

welche mit dem χ^2-Test der 2×2-Tabelle identisch ist.

Tabelle 10.8. Beispiel für einen ϕ-Koeffizienten

		y männlich	weiblich	
x	Vorschule	$a = 20$	$b = 10$	30
	keine Vorschule	$c = 30$	$d = 40$	70
		50	50	100

BEISPIEL 10.13

Es soll überprüft werden, ob die Bereitschaft von Eltern, ihre Kinder in die Vorschule zu schicken, davon abhängt, ob das Kind männlichen oder weiblichen Geschlechts ist. Für eine Stichprobe von $n = 100$ Kindern im Vorschulalter resultiert die in Tab. 10.8 wiedergegebene Häufigkeitsverteilung. Der ϕ-Koeffizient für diese Daten ergibt

$$\phi = \frac{20 \cdot 40 - 10 \cdot 30}{\sqrt{(20+30) \cdot (10+40) \cdot (20+10) \cdot (30+40)}} = 0{,}22.$$

Das Vorzeichen des ϕ-Koeffizienten hängt von der Anordnung der Merkmalsalternativen in der 2×2-Tabelle ab. Eine inhaltliche Interpretation kann deshalb nur aufgrund der angetroffenen Häufigkeiten erfolgen. In unserem Beispiel besuchen 40% aller befragten Jungen, aber nur 20% aller befragten Mädchen die Vorschule. Der sich hiermit andeutende Zusammenhang ist gemäß Gl. (10.30) statistisch signifikant.

$$\chi^2 = 100 \cdot (0{,}22)^2 = 4{,}84.$$

Der kritische Wert für $\alpha = 0{,}05$ und df = 1 lautet: $\chi^2_{1;95\%} = 3{,}84$ (zweiseitige Fragestellung). Da der empirische χ^2-Wert größer ist, besteht zwischen den untersuchten Merkmalen ein auf dem 5%-Niveau abgesicherter Zusammenhang.

Wertebereich von ϕ. Bei der Interpretation ist zu berücksichtigen, dass ϕ-Koeffizienten nur dann innerhalb des üblichen Wertebereichs einer Korrelation von −1 bis +1 liegen, wenn die Aufteilung der Stichprobe in die Alternative von *x* der Aufteilung in die Alternative von *y* entspricht. Zur Verdeutlichung dieses Sachverhalts betrachten wir Tab. 10.9.

Für die obere 2×2-Tabelle, die sich empirisch ergeben haben möge, resultiert ein $\phi = 0{,}10$. Wie müssten die Häufigkeiten bei konstanten Randsummen angeordnet sein, damit der Zusammenhang maximal wird? Diese Anordnung zeigt Tafel b, in der ein Feld (im Beispiel Feld *c*) eine Häufigkeit von null hat. Damit die Randsummen konstant bleiben, müssen fünf Untersuchungsobjekte von *c* nach *a* und von *b* nach *d* wechseln.

Gehört nun eines der Untersuchungsobjekte zur Kategorie 1 des Merkmals *x*, wissen wir mit Sicherheit, dass es gleichzeitig zur Kategorie 1 des Merkmals *y* zählt. Wissen wir hingegen, dass ein Untersuchungsobjekt zur Alternative 1 beim Merkmal *y* gehört, so ist die Zugehörigkeit zu einer der beiden Alternativen von x uneindeutig. Die 40 zu y_1 gehörenden Untersuchungsobjekte verteilen sich über die beiden Alternativen von x im Verhältnis 1 : 3.

Um eine x-Alternative aufgrund einer y-Alternative richtig vorhersagen zu können, müssten alle in y_1 befindlichen Untersuchungsobjekte gleichzeitig in x_1 sein. Erst dann wäre eine eindeutige Vorhersage in beide Richtungen möglich. Eine solche Veränderung hätte allerdings identische Randsummen für x und y zur Folge. Verändern wir die Randsummen nicht, ergibt sich für Tafel b nach Gl. (10.28) ein ϕ-Wert von $\phi_{\max} = 0{,}61$, der bei gegebener Randverteilung maximal ist.

Allgemein sind bei der Bestimmung von $\phi_{\max}$ zwei Fälle zu unterscheiden: 1) Das Vorzeichen von $\phi_{\max}$ soll mit dem Vorzeichen des empirischen ϕ-Wertes übereinstimmen; 2) Das Vorzeichen von ϕ_{max} ist beliebig.

Für Fall 1 finden wir in Anlehnung an Zysno (1997) das „Nullfeld" nach folgender Regel: Man bestimmt zunächst das kleinere Diagonalprodukt $\min(a \cdot d;\ b \cdot c)$ und setzt das Feld mit der kleineren Häufigkeit null. Die restlichen Felder ergeben sich dann aus den festgelegten Randsummen (im Beispiel Tab. 10.9a: $5 \cdot 25 > 5 \cdot 15$, d. h. das kleinere Diagonalprodukt resultiert für $b \cdot c$; da $c = 5 < b = 15$, wird – wie in Tab. 10.9b geschehen – Feld c null gesetzt). Bei gleich großen Werten ist die Wahl beliebig.

Will man $\phi_{\max}$ nur aufgrund der Randsummen bestimmen, lauten die Berechnungsvorschriften bei positivem ϕ-Wert:

$$\phi_{\max(+)} = \min\left(\sqrt{\frac{P_x \cdot Q_y}{P_y \cdot Q_x}};\ \sqrt{\frac{P_y \cdot Q_x}{P_x \cdot Q_y}}\right) \qquad (10.31\text{a})$$

und bei negativem ϕ-Wert:

$$\phi_{\max(-)} = \max\left(-\sqrt{\frac{P_x \cdot P_y}{Q_x \cdot Q_y}};\ -\sqrt{\frac{Q_x \cdot Q_y}{P_x \cdot P_y}}\right) \qquad (10.31\text{b})$$

mit $P_x = a + b$

$Q_x = c + d$

$P_y = a + c$

$Q_y = b + d$

Durch die *Min-Max-Vorschrift* ist sichergestellt, dass $\phi_{\max(+)} \leq +1$ und $\phi_{\max(-)} \geq -1$ ist.

Für das Beispiel mit einem positiven ϕ-Wert ergibt sich nach Gl. (10.31a)

Tabelle 10.9. Maximales Phi bei festliegenden Randverteilungen

a)

		y: 0	y: 1	
x	0	5	15	20
	1	5	25	30
		10	40	50

b)

		y: 0	y: 1	
x	0	10	10	20
	1	0	30	30
		10	40	50

$$\phi_{\max(+)} = \min\left(\sqrt{\frac{20 \cdot 40}{10 \cdot 30}};\ \sqrt{\frac{10 \cdot 30}{20 \cdot 40}}\right) = \min(1{,}63; 0{,}61) = 0{,}61$$

Diesen Wert haben wir bereits mit Gl. (10.28) für Tab. 10.9b errechnet.

Für Fall 2 (beliebiges Vorzeichen von $\phi_{\max}$) suchen wir das maximale Diagonalprodukt $\max(a \cdot d;\ b \cdot c)$ und setzen das Feld mit der kleineren Häufigkeit null. Im Beispiel mit $5 \cdot 25 > 5 \cdot 15$ und $5 < 25$ wäre also a das Nullfeld. Für die hieraus ableitbare 2×2-Tabelle resultiert nach Gl. (10.28) $\phi_{\max} = -0{,}41$, dessen Betrag geringer ist als $\phi_{\max(+)}$.

Auf der Basis der Randhäufigkeiten bestimmen wir $\phi_{\max}$ nach Gl. (10.31a) oder (10.31b). Da $\phi_{\max(+)} = 0{,}61$ bereits bekannt ist, muss nur noch $\phi_{\max(-)}$ geprüft werden:

$$\phi_{\max(-)} = \max\left(-\sqrt{\frac{20 \cdot 10}{30 \cdot 40}};\ -\sqrt{\frac{30 \cdot 40}{20 \cdot 10}}\right) = \max(-0{,}41;\ -2{,}45) = -0{,}41.$$

Dies ist der Wert mit a als Nullfeld. In diesem Fall ist also $\phi_{\max} = \phi_{\max(+)}$.

Ein anderes Beispiel:

20	30	50
40	50	90
60	80	

Diese Tafel führt zu $\phi = -0{,}04$. Für das „vorzeichengerechte" $\phi_{\max}$ (Fall 1) ergibt sich nach Gl. (6.109 b) $\phi_{\max(-)} = -0{,}65$. Für Fall 2 ist dieser Wert mit $\phi_{\max(+)}$ zu vergleichen, für den sich nach Gl. (10.31a) $\phi_{\max(+)} = 0{,}86$ ergibt. Auch hier ist $\phi_{\max} = \phi_{\max(+)}$, obwohl der empirische ϕ-Wert negativ ist.

Für das oben erwähnte Beispiel (Tab. 10.8) ergibt sich

$$\phi_{\max} = \sqrt{\frac{30 \cdot 50}{70 \cdot 50}} = 0{,}65$$

mit $\phi_{\max(+)} = 0{,}65$ und $\phi_{\max(-)} = -0{,}65$.

Manche Autoren empfehlen, einen empirisch ermittelten ϕ-Koeffizienten durch Relativierung am maximal erreichbaren ϕ-Wert aufzuwerten (Cureton, 1959). Damit soll der ϕ-Koeffizient hinsichtlich seines Wertebereichs mit der Produkt-Moment-Korrelation vergleichbar gemacht werden. Man beachte allerdings, dass auch die Produkt-Moment-Korrelation nur bei identischen Randverteilungen einen Wertebereich von $-1 \leq r \leq 1$ aufweist (Carroll, 1961), sodass diese „Aufwertung“ von ϕ nicht unproblematisch ist.

Hinweis: Weitere, aus 2 × 2-Tabellen abgeleitete Maße, die vor allem für die klinische Forschung von Bedeutung sind (z. B. Spezifität und Sensitivität einer Behandlung), findet man z. B. bei Bortz und Lienert (2008, Kap. 5.1.2).

10

Tetrachorische Korrelation

Stellen beide Variablen künstliche Dichotomien normalverteilter Variablen dar, kommt der tetrachorische Korrelationskoeffizient r_{tet} zur Anwendung. Der tetrachorische Korrelationskoeffizient schätzt die „wahre“ Korrelation zwischen den beiden künstlich dichotomisierten Intervallskalen. Die Entwicklung der tetrachorischen Korrelation geht ebenfalls auf Pearson (1907) zurück. Die von ihm vorgeschlagene Formel ist allerdings sehr kompliziert, sodass wir hier nur die folgende Näherungsformel vorstellen wollen (Glass & Stanley, 1970, S. 166):

$$r_{\text{tet}} = \cos \frac{180°}{1 + \sqrt{a \cdot d/(b \cdot c)}}. \qquad (10.32)$$

Vor der Berechnung einer tetrachorischen Korrelation wird eine 2 × 2-Tabelle angefertigt, die die Häufigkeiten des Auftretens der vier Kombinationen der beiden Merkmalsalternativen enthält. Diese vier Häufigkeiten werden wie in Tab. 10.8 mit den Buchstaben a, b, c und d gekennzeichnet. Die tetrachorische Korrelation erhalten wir als Kosinus des Winkelwertes des Quotienten in Gl. (10.32). Einige Statistiklehrbücher wie z. B. Glass und Stanley (1970), enthalten vorgefertigte Tabellen für r_{tet}; vgl. hierzu auch Lienert und Raatz (1998, Tafel 7)).

Die tetrachorische Korrelation kommt häufig in der Testkonstruktion zur Anwendung, wenn zwei ja-nein- (oder ähnlich) codierte Fragen miteinander korreliert werden sollen. Man geht hierbei von der Annahme aus, dass das durch eine Frage angesprochene Merkmal tatsächlich normalverteilt ist.

Ist $n > 20$, kann die H_0: $\varrho_{\text{tet}} = 0$ durch folgenden Signifikanztest überprüft werden:

$$z = \frac{r_{\text{tet}}}{\sigma_{r_{\text{tet}}}},$$

wobei

$$\sigma_{r_{\text{tet}}} = \sqrt{\frac{p_x \cdot p_y \cdot q_x \cdot q_y}{n}} \cdot \frac{1}{\vartheta_x \cdot \vartheta_y}.$$

Hierin bedeuten bezogen auf das Merkmal x:

- p_x, Anteil derjenigen Untersuchungseinheiten, die beim Merkmal x zu der einen Alternative gehören.
- q_x, Anteil derjenigen Untersuchungseinheiten, die beim Merkmal x zur anderen Alternative gehören.
- ϑ_x, Ordinate desjenigen z-Wertes der Standardnormalverteilung, der die Verteilung in die Anteile p_x und q_x trennt. Diese Werte lassen sich mit Hilfe von Gl. (5.15) berechnen.

Die Symbole p_y, q_y und ϑ_y in Bezug auf das andere Merkmal sind ganz analog definiert.

BEISPIEL 10.14

Tabelle 10.10 zeigt die Auswertung einer 2 × 2-Tabelle, die sich aufgrund der Beantwortung von zwei Fragen x und y durch $n = 270$ Personen ergeben hat. Die tetrachorische Korrelation für diese Daten lautet

$$r_{\text{tet}} = \cos \frac{180°}{1 + \sqrt{80 \cdot 75/(65 \cdot 50)}} = \cos 76{,}31° = 0{,}24.$$

Das Vorzeichen der Korrelation ist davon abhängig, wie die Kategorien in der 2 × 2-Tabelle angeordnet werden. Eine inhaltliche Interpretation der Korrelation muss deshalb jeweils der Anordnung der vier Häufigkeiten entnommen werden. In unserem Beispiel ermitteln wir für den Signifikanztest:

$$p_x = 145/270 = 0{,}54,$$
$$q_x = 125/270 = 0{,}46,$$
$$p_y = 130/270 = 0{,}48,$$
$$q_y = 140/270 = 0{,}52,$$
$$\vartheta_x = 0{,}397,$$
$$\vartheta_y = 0{,}398,$$

$$\sigma_{r_{\text{tet}}} = \sqrt{\frac{0{,}54 \cdot 0{,}46 \cdot 0{,}48 \cdot 0{,}52}{270}} \cdot \frac{1}{0{,}397 \cdot 0{,}398} = 0{,}096,$$

$$z = \frac{0{,}24}{0{,}096} = 2{,}50.$$

Tabelle 10.10. Beispiel für eine tetrachorische Korrelation

		Frage *y* ja	Frage *y* nein	
Frage *x*	ja	80	65	145
	nein	50	75	125
		130	140	270

Die Korrelation ist somit bei zweiseitigem Test auf dem 5%-Niveau signifikant ($z_{crit} = \pm 1{,}96$).

Hinweise: Nach Brown und Benedetti (1977) überschätzt die nach Gl. (10.32) bestimmte tetrachorische Korrelation den wahren Merkmalszusammenhang, wenn die Randverteilungen der 2 × 2-Tabelle stark asymmetrisch sind oder wenn die kleinste Zellhäufigkeit unter 5 liegt. Genauere Schätzformeln findet man bei Divgi (1979) bzw. D. B. Kirk (1973) und einen Vergleich verschiedener Näherungsformeln bei Castellan (1966). Tabellen, denen auch bei extrem asymmetrischen Randverteilungen Signifikanzgrenzen der tetrachorischen Korrelation zu entnehmen sind, haben Jenkins (1955) bzw. Zalinski et al. (1979) aufgestellt.

Analog zur polyserialen Korrelation als Verallgemeinerung der biserialen Korrelation wurde auch die tetrachorische Korrelation für zwei mehrfach gestufte Variablen weiterentwickelt. Ausführungen hierzu findet man bei Lancaster und Hamden (1964) bzw. Olsson (1979). Weitere Zusammenhangsmaße für 2 × 2-Tabellen sind einer vergleichenden Übersicht von Alexander et al. (1985) bzw. Kubinger (1990) zu entnehmen.

10.3.5 Korrelation eines dichotomen Merkmals mit einer Ordinalskala (biseriale Rangkorrelation)

Die biseriale Rangkorrelation (r_{bisR}) wird berechnet, wenn ein Merkmal in künstlicher oder natürlicher Dichotomie vorliegt und das andere Merkmal rangskaliert ist. Wir wollen diesen Koeffizienten, der von Cureton (1956) bzw. Glass (1966) entwickelt wurde, an folgendem Beispiel erläutern:

BEISPIEL 10.15

Ein Lehrer einer Abiturklasse wird aufgefordert, seine Schüler ($n = 15$) hinsichtlich ihrer Beliebtheit in eine Rangreihe zu bringen (Merkmal y). Es soll überprüft werden, ob die Sympathien des Lehrers mit dem Geschlecht der Schüler (Merkmal x) korreliert sind ($\alpha = 0{,}05$; zweiseitiger Test). Es möge sich die in Tab. 10.11 dargestellte Rangreihe ergeben haben (Rangplatz 1 = höchste Sympathie).

Tabelle 10.11. Beispiel für eine biseriale Rangkorrelation

Schüler	Geschlecht	Rangplatz
1	♂	9
2	♂	2
3	♀	3
4	♂	10
5	♀	8
6	♀	11
7	♀	1
8	♂	12
9	♀	7
10	♂	6
11	♂	13
12	♂	14
13	♂	15
14	♀	4
15	♀	5

Ein perfekter Zusammenhang läge vor, wenn beispielsweise alle weiblichen Schüler die unteren und alle männlichen Schüler die oberen Rangplätze erhalten hätten. Es wird nun überprüft, wie weit die empirische Rangverteilung von dieser extremen Rangverteilung abweicht, indem für jeden Rangplatz in der einen Gruppe ausgezählt wird, wie viel höhere Rangplätze (= U) bzw. wie viel niedrigere Rangplätze (U') sich in der anderen Gruppe befinden.

Dies ist genau die Vorgehensweise, die wir bereits beim U-Test kennengelernt haben. Das Auszählen der Rangplatzüberschreitungen und Rangplatzunterschreitungen kann man umgehen, wenn man über Gl. (8.16) unter Zuhilfenahme der Rangsummen T_1 und T_2 die Werte U und U' ($U < U'$) ermittelt.

Im Beispiel resultiert für die Summe der Rangplätze aller weiblichen Schüler ($n_1 = 7$) $T_1 = 39$ und für die männlichen Schüler ($n_2 = 8$) $T_2 = 81$. Man errechnet also

$$U' = 7 \cdot 8 + \frac{7 \cdot 8}{2} - 39 = 45 \quad \text{und}$$
$$U = 7 \cdot 8 - 45 = 11.$$

Unter Verwendung von $U_{\max} = n_1 \cdot n_2 = 56$ ergibt sich:

$$r_{\text{bisR}} = \frac{U - U'}{U_{\max}} = \frac{U - U'}{n_1 \cdot n_2} = \frac{11 - 45}{7 \cdot 8} = \frac{-34}{56} = -0{,}61, \qquad (10.33)$$

wobei

n_1 = Häufigkeit des Auftretens der Merkmalsalternative x_1,
n_2 = Häufigkeit des Auftretens der Merkmalsalternative x_2.

Wie Glass (1966) gezeigt hat, ist r_{bisR} mit der biserialen Korrelation für ordinalskalierte Variablen identisch. Hieraus leitet sich die folgende, vereinfachte Berechnungsvorschrift für r_{bisR} ab:

$$r_{\text{bisR}} = \frac{2}{n} \cdot (\bar{y}_1 - \bar{y}_2), \qquad (10.34)$$

wobei

$\bar{y}_1$ = durchschnittlicher Rangplatz der zu x_1 gehörenden Untersuchungseinheiten,
$\bar{y}_2$ = durchschnittlicher Rangplatz der zu x_2 gehörenden Untersuchungseinheiten,
n = Umfang der Stichprobe.

Nach dieser Formel erhalten wir den gleichen Wert:

$$r_{\text{bisR}} = \frac{2}{15} \cdot (5{,}57 - 10{,}13) = -0{,}61.$$

Die Überprüfung der H_0: $\varrho_{\text{bisR}} = 0$ erfolgt bei hinreichend großem n über den approximativen U-Test (vgl. Gl. 8.19). In unserem Beispiel ermitteln wir:

$$U = 11$$
$$\mu_U = n_1 \cdot n_2/2 = 7 \cdot 8/2 = 28,$$
$$\sigma_U = \sqrt{\frac{n_1 \cdot n_2 \cdot (n+1)}{12}} = \sqrt{\frac{7 \cdot 8 \cdot 16}{12}} = 8{,}64,$$
$$z = \frac{11 - 28}{8{,}64} = \frac{-17}{8{,}64} = -1{,}97.$$

10

Dieser Wert wäre auf dem 5%-Niveau signifikant. Da jedoch der Stichprobenumfang nicht groß genug ist (n_1 oder $n_2 > 10$), sollte der Signifikanztest nicht über die Normalverteilungsapproximation durchgeführt werden, sondern über die Ermittlung der exakten Wahrscheinlichkeit des U-Wertes (unter der Annahme einer gültigen H_0). Tabelle E des Anhangs entnehmen wir für $U = 11$, $n_1 = 7$ und $n_2 = 8$ einen Wahrscheinlichkeitswert von 0,027. Wegen des zweiseitigen Tests ist dieser Wert zu verdoppeln, sodass der Zusammenhang wegen $2 \cdot 0{,}027 = 0{,}054 > 0{,}05$ nicht signifikant ist.

Hinweise: Die Anwendung von Gl. (10.34) wird problematisch, wenn *verbundene Rangplätze* (= gleiche) Rangplätze bei mehreren Untersuchungseinheiten auftreten. Dieser Fall wird bei Cureton (1968c) diskutiert. Weitere Informationen zum Umgang mit verbundenen Rangplätzen bei der biserialen Rangkorrelation findet man bei V. L. Wilson (1976) oder Bortz et al. (2008, Kap. 8.2.1.2 und 8.2.2.2).

10.3.6 Korrelation zweier Ordinalskalen

Der Zusammenhang zweier ordinalskalierter Merkmale wird durch die Rangkorrelation nach Spearman r_s erfasst. r_s ist mit der Produkt-Moment-Korrelation identisch, wenn beide Merkmale jeweils die Werte 1 bis n annehmen, was bei Rangreihen der Fall ist. Eine Rangkorrelation könnte somit berechnet werden, indem in die Produkt-Moment-Korrelationsformel statt der intervallskalierten Messwerte die Rangdaten eingesetzt werden. Dass Spearmans r_s dennoch eine für Ordinalskalen zulässige Statistik ist, zeigt Marx (1981/82).

Wir erhalten aus der Formel der Produkt-Moment-Korrelation für die Rangkorrelation folgende Berechnungsvorschrift:

$$r_s = 1 - \frac{6 \cdot \sum_{i=1}^{n} d_i^2}{n \cdot (n^2 - 1)}, \tag{10.35}$$

wobei d_i die Differenz der Rangplätze ist, die das i-te Untersuchungsobjekt bezüglich der Merkmale x und y erhalten hat. Eine Ableitung dieser Gleichung aus der Produkt-Moment-Korrelation findet man z. B. bei Bortz et al. (2008, Kap. 8.2.1).

Die H_0: $\varrho_s = 0$ kann für $n \geq 30$ approximativ durch folgenden t-Test überprüft werden:

$$t = \frac{r_s \cdot \sqrt{n-2}}{\sqrt{1 - r_s^2}}, \tag{10.36}$$

wobei df = $n - 2$.

BEISPIEL 10.16

Zwei Kunstkritiker bringen zwölf Gemälde nach ihrem Wert in eine Rangreihe. Die in Tab. 10.12 dargestellten Rangreihen korrelieren zu

$$r_s = 1 - \frac{6 \cdot 50}{12 \cdot (12^2 - 1)} = 1 - 0{,}17 = 0{,}83.$$

Tabelle 10.12. Beispiel für eine Rangkorrelation

Gemälde	Kritiker 1	Kritiker 2	d	d^2
1	8	6	2	4
2	7	9	−2	4
3	3	1	2	4
4	11	12	−1	1
5	4	5	−1	1
6	1	4	−3	9
7	5	8	−3	9
8	6	3	3	9
9	10	11	−1	1
10	2	2	0	0
11	12	10	2	4
12	9	7	2	4
				$\sum_{i=1}^{n} d_i^2 = 50$

Für den Signifikanztest ermitteln wir nach Gl. (10.36):

$$t = \frac{0{,}83 \cdot \sqrt{12-2}}{\sqrt{1-0{,}83^2}} = 4{,}71.$$

Um die H_0 auf dem 1%-Niveau beibehalten zu können, müsste der empirische t-Wert bei zweiseitigem Test und df = 10 im Bereich $-3{,}17 < t < +3{,}17$ liegen. Der gefundene Wert liegt außerhalb dieses Bereichs, d. h. die H_0 wird zugunsten der H_1 verworfen: Zwischen den beiden Rangreihen besteht ein sehr signifikanter Zusammenhang. Man beachte allerdings, dass $n < 30$ ist.

Hinweise: Für $n \leq 30$ existieren Tafelwerke, die der Literatur über verteilungsfreie Verfahren entnommen werden können (z. B. Bortz & Lienert, 2008, Tafel O). Will man im Bereich $30 \leq n \leq 100$ genauer als über Gl. (10.36) testen, ist die Arbeit von Zar (1972) hilfreich. Weitere Informationen zum Signifikanztest von r_s findet man bei Hájek (1969) und Nijsse (1988). Für $n < 10$ hat Kendall (1962) eine Tabelle der *exakten Wahrscheinlichkeiten* für r_s-Werte bei Gültigkeit der H_0 angefertigt, die in der Literatur über verteilungsfreie Verfahren (z. B. Lienert, 1973; Siegel, 1956) wiedergegeben ist. Wie man eine Rangkorrelation r_s in eine Produkt-Moment-Korrelation r überführen kann, wird bei Rupinski und Dunlap (1996) beschrieben.

Verbundene Ränge. Liegen in einer (oder beiden) Rangreihen verbundene Rangplätze vor, kann Gl. (10.35) nur eingesetzt werden, wenn die Gesamtzahl aller verbundenen Ränge maximal 20% aller Rangplätze ausmacht. Andernfalls muss r_s nach folgender Gleichung berechnet werden (vgl. hierzu D. Horn, 1942):

$$r_s = \frac{2 \cdot \left(\frac{n^3-n}{12}\right) - T - U - \sum_{i=1}^{n} d_i^2}{2 \cdot \sqrt{\left(\frac{n^3-n}{12} - T\right) \cdot \left(\frac{n^3-n}{12} - U\right)}}, \qquad (10.37)$$

wobei

$T = \sum_{j=1}^{k(x)} (t_j^3 - t_j)/12$,

$U = \sum_{j=1}^{k(y)} (u_j^3 - u_j)/12$,

t_j = Anzahl der in t_j zusammengefassten Ränge in der Variablen x,

u_j = Anzahl der in u_j zusammengefassten Ränge in der Variablen y,

$k(x); k(y)$ = Anzahl der verbundenen Ränge (Ranggruppen) in der Variablen $x(y)$.

BEISPIEL 10.17

Zu berechnen ist die Korrelation der Deutschnoten bei zehn Bruder-Schwester-Paaren. Tabelle 10.13 zeigt die Daten. Man ermittelt

$$T = \sum_{j=1}^{k(x)} (t_j^3 - t_j)/12 = [(3^3-3) + (4^3-4) + (2^3-2)]/12$$
$$= 7{,}5$$

$$U = \sum_{j=1}^{k(y)} (u_j^3 - u_j)/12 = [(2^3-2) + (5^3-5)]/12 = 10{,}5$$

Daraus ergibt sich für die Korrelation der Wert

$$r_s = \frac{2 \cdot \left(\frac{10^3-10}{12}\right) - 7{,}5 - 10{,}5 - 52}{2 \cdot \sqrt{\left(\frac{10^3-10}{12} - 7{,}5\right) \cdot \left(\frac{10^3-10}{12} - 10{,}5\right)}} = 0{,}65.$$

Tabelle 10.13. Beispiel für eine Rangkorrelation mit verbundenen Rängen

Geschwisterpaar	x Note (Bruder)	y Note (Schwester)	x Rang (1. G.)	y Rang (2. G.)	d^2
1	2	3	3	6	9
2	4	5	9,5	10	0,25
3	2	3	3	6	9
4	3	3	6,5	6	0,25
5	3	1	6,5	1	30,25
6	2	2	3	2,5	0,25
7	1	2	1	2,5	2,25
8	3	3	6,5	6	0,25
9	4	4	9,5	9	0,25
10	3	3	6,5	6	0,25
					$\sum_{i=1}^{n} d_i^2 = 52$

verbundene Ränge in x		verbundene Ränge in y	
3 × Rangplatz 3	($t_1 = 3$)	2 × Rangplatz 2,5	($u_1 = 2$)
4 × Rangplatz 6,5	($t_2 = 4$)	5 × Rangplatz 6	($u_2 = 5$)
2 × Rangplatz 9,5	($t_3 = 2$)		
$k(x) = 3$		$k(y) = 2$	

Der ermittelte r_s-Wert kann ebenfalls – allerdings nur approximativ – über Gl. (10.36) auf statistische Signifikanz getestet werden. Der t-Wert lautet im vorliegenden Fall:

$$t = \frac{0{,}65 \cdot \sqrt{10-2}}{\sqrt{1-0{,}65^2}} = 2{,}42.$$

Dieser Wert ist bei zweiseitigem Test auf dem 5%-Niveau signifikant ($t_{8;97,5\%} = 2{,}31$). Ein genauerer Test wurde von Hájek (1969) entwickelt; er wird bei Bortz et al. (2008, Kap. 8.2.1.1) behandelt.

Hinweis: Ein weiteres Korrelationsmaß ist Kendalls τ (Kendall, 1962). Ausführliche Informationen hierzu findet man z. B. bei Bortz und Lienert (2008, Kap. 5.2.5).

10.3.7 „Korrelation" zweier Nominalskalen (Kontingenzkoeffizient)

Das bekannteste Maß zur Charakterisierung des Zusammenhangs zweier nominalskalierter Merkmale ist der *Kontingenzkoeffizient C*. Seine Berechnung und Interpretation sind eng mit dem χ^2-Unabhängigkeitstest verknüpft. Mit diesem Test überprüfen wir die Nullhypothese, dass zwei nominalskalierte Merkmale voneinander unabhängig sind. Ist dieser χ^2-Test signifikant, gibt der Kontingenzkoeffizient den Grad der Abhängigkeit beider Merkmale wieder. Er wird nach folgender Gleichung berechnet:

$$C = \sqrt{\frac{\chi^2}{\chi^2 + n}}, \qquad (10.38)$$

wobei χ^2 der Wert der Prüfgröße des χ^2-Unabhängigkeitstests ist und n den Stichprobenumfang bezeichnet.

Dieses Maß ist jedoch nur bedingt mit einer Produkt-Moment-Korrelation vergleichbar, weil C zum einen nur positiv definiert ist. Seine Größe hat nur theoretisch die Grenzen 0 und +1,00. Bei maximaler Abhängigkeit strebt C nur gegen 1,00, wenn die Anzahl der Felder der $k \times \ell$-Tafel gegen unendlich geht. Zum anderen ist das Quadrat von C nicht als Determinationskoeffizient zu interpretieren, da Varianzen (bzw. gemeinsame Varianzanteile) bei nominalskalierten Merkmalen nicht definiert sind.

Der maximale Kontingenzkoeffizient ergibt sich für eine gegebene $k \times \ell$-Tafel nach folgender Beziehung (vgl. Pawlik, 1959):

$$C_{\max} = \sqrt{\frac{R-1}{R}} \qquad (10.39)$$

mit $R = \min(k, \ell)$.

Für einen Vergleich mit anderen Korrelationsmaßen empfiehlt sich der folgende Koeffizient *CI (Cramer Index)*:

$$CI = \sqrt{\frac{\chi^2}{n \cdot (R-1)}}, \qquad (10.40)$$

wobei $R = \min(k,\ell)$. Dieser Koeffizient geht für 2×2-Tabellen (mit $R = 2$) in den ϕ-Koeffizienten (vgl. Gl. 10.29) über.

BEISPIEL 10.18

Zur Demonstration der hier aufgeführten Zusammenhangsmaße wählen wir erneut das Beispiel 9.1, bei dem es um den Zusammenhang zwischen der Art von Rorschach-Deutungen und dem Alter der Testperson ging. (Man beachte, dass in diesem Beispiel eine Nominalskala mit einer in Intervalle eingeteilten Verhältnisskala in Beziehung gesetzt ist. Die Verhältnisskala wird hier also – unter Informationsverlust – wie eine Nominalskala behandelt. Einen allgemeinen Ansatz, der die Besonderheiten der jeweils in Beziehung gesetzten Skalen berücksichtigt, haben Janson und Vegelius (1982) entwickelt.)

Für die 4×3-Tafel im Beispiel resultierte ein χ^2-Wert von 34,65 ($n = 500$). Wir ermitteln nach Gl. (10.38) folgenden Kontingenzkoeffizienten:

$$C = \sqrt{\frac{34{,}65}{34{,}65 + 500}} = 0{,}25.$$

Der maximale Zusammenhang für diese Kontingenztafel lautet:

$$C_{\max} = \sqrt{\frac{3-1}{3}} = 0{,}82.$$

Für *CI* ergibt sich

$$CI = \sqrt{\frac{34{,}65}{500 \cdot (3-1)}} = 0{,}19.$$

ÜBUNGSAUFGABEN

Aufgabe 10.1 Erläutern Sie den Begriff „Kovarianz".

Aufgabe 10.2 Besteht zwischen zwei Variablen eine Korrelation von +1 oder −1, wissen wir, dass beide Variablen durch eine eindeutige funktionale Beziehung verknüpft sind. Müssen wir deshalb für den Fall, dass die Korrelation von +1 oder −1 abweicht, eine perfekte funktionale Beziehung ausschließen?

Aufgabe 10.3 Erläutern Sie, warum korrelative Zusammenhänge nicht als kausale Zusammenhänge interpretiert werden können.

Aufgabe 10.4 Nennen Sie ein Beispiel für eine negative Korrelation.

Aufgabe 10.5 Was ist der Unterschied zwischen einer Korrelation und einer Kovarianz?

Aufgabe 10.6 In drei verschiedenen Untersuchungen wurden folgende Zusammenhänge zwischen den Merkmalen Extraversion und Stimulationsbedürfnis ermittelt: r_1 = 0,75; r_2 = 0,49; r_3 = 0,62. Wie lautet die durchschnittliche Korrelation, wenn wir davon ausgehen können, dass die untersuchten Stichproben gleich groß waren?

Aufgabe 10.7 In einer Studie soll überprüft werden, ob ein Zusammenhang zwischen der Lebenszufriedenheit einer Person und deren Einkommen besteht. Bei acht Personen wird die Lebenszufriedenheit y auf einer Skala von 0–10 und das Jahreseinkommen x (1000 Euro) erhoben. Es ergeben sich folgende Messwerte:

Vp	1	2	3	4	5	6	7	8
x	20	22	24	24	26	26	28	30
y	0	8	4	4	6	6	2	10

a) Berechnen Sie die Korrelation über die Formel (10.5).
b) Berechnen Sie die Korrelation über die Formel:

$$r = \frac{s_{xy}}{s_x \cdot s_y}$$

c) Alternativ hätte man die Lebenszufriedenheit auch auf einer Skala von 0–100% Zufriedenheit erheben können. Welche Kovarianz und welche Korrelation hätte man in diesem Fall erhalten?
d) Welche zwei y-Werte müsste man vertauschen, um eine Korrelation von 1,0 zu erhalten? Welche Eigenschaft besitzen die Messwerte in diesem Fall?

Aufgabe 10.8 Mit einem Interessentest wird ermittelt, wie ähnlich die Interessen von jung verheirateten Ehepartnern sind. Die Korrelation möge bei einer Stichprobe von $n = 50$ Ehepaaren $r = 0{,}30$ betragen. Für $n = 60$ Ehepaare, die bereits 20 Jahre verheiratet sind, lautet der entsprechende Wert $r = 0{,}55$. Ist der Unterschied zwischen den Korrelationen bei zweiseitigem Test für $\alpha = 0{,}05$ signifikant?

Aufgabe 10.9 Thalberg (1967), zitiert nach Glass und Stanley (1970), korrelierte für eine Stichprobe von $n = 80$ Studenten die Merkmale Intelligenz (x), Lesegeschwindigkeit (y) und Leseverständnis (z). Die folgenden Korrelationen wurden ermittelt: $r_{xy} = -0{,}034$; $r_{xz} = 0{,}422$; $r_{yz} = -0{,}385$.

Überprüfen Sie die H_0, dass Lesegeschwindigkeit und Leseverständnis gleich hoch mit Intelligenz korreliert sind.

Aufgabe 10.10 Wie können sich Stichprobenselektionsfehler auf die Korrelation auswirken?

Aufgabe 10.11 Die folgenden Eigenschaften werden in folgender Weise gemessen:
- Geschlecht: 0 = männlich, 1 = weiblich,
- Neurotizismus: intervallskalierte Werte,
- sozialer Status in der Gruppe: ordinalskalierte Werte,
- Schulabschluss: mit Abitur = 1, ohne Abitur = 0.

Mit welchen Verfahren können die Zusammenhänge zwischen folgenden Merkmalen quantifiziert werden?
a) Geschlecht – Neurotizismus,
b) Geschlecht – Schulabschluss,
c) Neurotizismus – sozialer Status,
d) Schulabschluss – Neurotizismus,
e) Geschlecht – sozialer Status,
f) Schulabschluss – sozialer Status.

Aufgabe 10.12 20 Patienten einer psychiatrischen Klinik werden von einem Verhaltenstherapeuten und einem Gesprächspsychotherapeuten hinsichtlich des Ausmaßes ihrer emotionalen Schwierigkeiten jeweils in eine Rangreihe gebracht.

Patient Nr.	Verhaltens-therapeut	Gesprächspsycho-therapeut
1	7	8
2	13	4
3	6	16
4	8	7
5	1	3
6	12	14
7	5	15
8	3	2
9	15	13
10	14	11
11	2	17
12	18	18
13	11	9
14	19	20
15	4	1
16	16	6
17	9	10
18	20	19
19	17	12
20	10	5

Ermitteln Sie die Korrelation zwischen den beiden Rangreihen, und überprüfen Sie für $\alpha = 0{,}05$, ob die Korrelation statistisch signifikant ist, wenn bei gerichteter Fragestellung ein positiver Zusammenhang erwartet wird.

Aufgabe 10.13 Ein Lehrer stuft die Aufsätze seiner 15 Schüler danach ein, ob das Thema eher kreativ (1) oder wenig kreativ (0) behandelt wurde. Ferner bringt er die Schüler nach ihren allgemeinen Leistungen im Deutschunterricht in eine Rangreihe. Berechnen Sie für die folgenden Werte den Zusammenhang zwischen der Kreativität des Aufsatzes und den allgemeinen Deutschleistungen.

Schüler Nr.	Kreativität d. Aufsatzes	allgemeine Deutschleistung
1	0	5
2	1	6
3	1	1
4	1	11
5	0	15
6	0	2
7	1	3
8	0	9
9	1	10
10	1	4
11	0	12
12	0	13
13	0	14
14	1	7
15	1	8

Aufgabe 10.14 Von 100 Großstädtern mögen 40% und von 100 Dorfbewohnern 20% konfessionslos sein. Überprüfen Sie, ob die Merkmale Großstadt vs. Dorf und konfessionell gebunden vs. nicht-gebunden unabhängig sind. Bestimmen und überprüfen Sie die Korrelation zwischen den beiden Merkmalen.

Aufgabe 10.15 Ein Lehrer einer vierten Grundschulklasse will überprüfen, ob die Anzahl der Rechtschreibfehler im Diktat mit dem Merkmal Rechtshändigkeit vs. Linkshändigkeit zusammenhängt. Er untersucht neun Linkshänder und 13 Rechtshänder, die folgende Rechtschreibleistungen (Fehler im Diktat) aufweisen:

Linkshänder	Rechtshänder
3	4
8	5
0	2
12	2
14	0
7	8
6	11
2	9
1	7
	7
	0
	2
	2

Berechnen und überprüfen Sie die Korrelation zwischen den Merkmalen Rechtschreibleistung und Links- vs. Rechtshändigkeit (zweiseitiger Test, $\alpha = 0{,}05$).

Aufgabe 10.16 Wie lautet der maximale ϕ-Koeffizient zu Aufgabe 10.14?

Aufgabe 10.17 Sherif et al. (1961) untersuchten Zusammenhänge zwischen Leistungen und Rangpositionen von Mitgliedern in künstlich zusammengestellten Gruppen. Die Aufgabe der Versuchspersonen bestand darin, mit einem Ball auf eine Zielscheibe zu werfen, deren konzentrische Kreise allerdings durch ein Tuch verdeckt waren. Während die Versuchspersonen somit nicht wussten, wie gut ihre Trefferleistungen waren, konnte der Versuchsleiter durch eine Einrichtung, die den Aufprallort des Balles elektrisch registrierte, die Wurfleistung sehr genau messen. Ferner wurde die Wurfleistung einer jeden Vp durch die übrigen Gruppenmitglieder geschätzt. Aufgrund soziometrischer Tests war außerdem die soziale Rangposition der einzelnen Gruppenmitglieder bekannt. In einer dem Sherifschen Experiment nachempfundenen Untersuchung mögen sich für zwölf Versuchspersonen folgende Werte ergeben haben:

Vp	tatsächliche Leistung	durchschnittliche geschätzte Leistung	soziale Rangposition
1	6	5,2	7
2	3	6,5	1
3	3	4,8	10
4	9	5,9	4
5	8	6,0	6
6	5	4,3	12
7	6	4,0	11
8	6	6,2	3
9	7	6,1	2
10	4	5,7	9
11	5	5,8	5
12	6	4,9	8

a) Wie hoch ist die Korrelation zwischen der tatsächlichen Leistung und der durchschnittlichen geschätzten Leistung?
b) Ist die Korrelation signifikant, wenn wir davon ausgehen, dass die tatsächlichen Leistungen und die durchschnittlichen geschätzten Leistungen in der Population bivariat normalverteilt sind?
c) Ermitteln Sie die Rangkorrelation zwischen der sozialen Rangposition und 1. der durchschnittlichen geschätzten Leistung und 2. der tatsächlichen Leistung. Überprüfen Sie beide Korrelationen auf Signifikanz.

Kapitel 11 Einfache lineare Regression

ÜBERSICHT

Vorhersagegerade – Kriterium der kleinsten Quadrate – Standardschätzfehler – Regressionsresiduum – Determinationskoeffizient – Signifikanztest für Steigung – Konfidenzintervall für Steigung – Konfidenzintervalle für Erwartungswert – nichtlineare Zusammenhänge – linearisierende Transformationen

Erst wenn wir wissen, dass zwei Merkmale miteinander zusammenhängen, kann das eine Merkmal zur Vorhersage des anderen eingesetzt werden. Besteht beispielsweise zwischen dem Alter, in dem ein Kind die ersten Sätze spricht, und der späteren schulischen Leistung ein gesicherter Zusammenhang, könnte der Schulerfolg aufgrund des Alters, in dem die Sprachentwicklung einsetzt, vorhergesagt werden. Vorhersagen wären – um weitere Beispiele zu nennen – ebenfalls möglich, wenn zwischen der Abiturnote und dem späteren Studienerfolg, der Tüchtigkeit von Menschen und ihrer Beliebtheit, der Selbsteinschätzung von Personen und ihrer Beeinflussbarkeit, den politischen Einstellungen der Eltern und den politischen Einstellungen der Kinder, dem Geschlecht und Kunstpräferenzen von Personen usw. Zusammenhänge bestehen.

Zusammenhänge sind aus der Mathematik und den Naturwissenschaften hinlänglich bekannt. Wir wissen beispielsweise, dass sich der Umfang eines Kreises proportional zu seinem Radius verändert, dass sich eine Federwaage proportional zu dem sie belastenden Gewicht auslenkt oder dass die kinetische Energie einer sich bewegenden Masse mit dem Quadrat ihrer Geschwindigkeit wächst. Diese Beispiele sind dadurch gekennzeichnet, dass die jeweiligen Merkmale exakt durch eine Funktionsgleichung miteinander verbunden sind, die – im Rahmen der Messgenauigkeit – exakte *Vorhersagen* der Ausprägung des einen Merkmals bei ausschließlicher Bekanntheit der Ausprägung des anderen Merkmals gestattet.

Dies ist jedoch bei human- und sozialwissenschaftlichen Zusammenhängen praktisch niemals der Fall. Ist beispielsweise die Intelligenz eines eineiigen Zwillingspartners bekannt, wird man nicht mit Sicherheit die Intelligenz des anderen Zwillings vorhersagen können, obwohl zwischen den Intelligenzwerten eineiiger Zwillinge ein Zusammenhang besteht. Die Vorhersage wird umso genauer sein, je höher der Zusammenhang ist, denn die Wahrscheinlichkeit, eine richtige Vorhersage zu treffen, nimmt zu, je deutlicher die jeweiligen Merkmale zusammenhängen. Im Unterschied zu funktionalen Zusammenhängen, die mittels einer Funktionsgleichung exakte Vorhersagen ermöglichen, sprechen wir hier von *stochastischen* Zusammenhängen, die je nach Höhe des Zusammenhangs unterschiedlich präzise Vorhersagen zulassen.

Die Gleichung, die wir bei stochastischen Zusammenhängen zur Merkmalsvorhersage benötigen, wird *Regressionsgleichung* genannt. In diesem Kapitel soll die Frage behandelt werden, wie Merkmalsvorhersagen bei stochastischen Zusammenhängen möglich sind bzw. wie die einem stochastischen Zusammenhang zugrunde liegende Regressionsgleichung bestimmt wird. Außerdem soll die inferenzstatistische Absicherung von Ergebnissen der Regressionsrechnung diskutiert werden.

11.1 Regressionanalyse

Sind zwei stochastisch abhängige Variablen x und y durch eine Regressionsgleichung miteinander verknüpft, kann die eine Variable zur Vorhersage der anderen eingesetzt werden. Ist beispielsweise bekannt, durch welche Regressionsgleichung logisches Denken und technisches Verständnis verbunden sind, so kann die Gleichung zur Vorhersage des technischen Verständnisses aufgrund des logischen Denkvermögens verwendet werden.

In vielen praktischen Anwendungssituationen werden Regressionsgleichungen bestimmt, um eine nur schwer zu erfassende Variable mit einer einfacher messbaren Variablen vorherzusagen. Hierbei wird üblicherweise zwischen *Prädiktorvariablen*, die zur Vorhersage eingesetzt werden, und *Kriteriumsvariablen*, die vorhergesagt werden sollen, unterschieden.

Diese Einteilung entspricht etwa der Kennzeichnung von Variablen als abhängige Variablen und als unabhängige Variablen, wenngleich durch diese Bezeichnung eine engere, gerichtete Kausalbeziehung zum Ausdruck gebracht wird. Verändert sich z. B. in einem sorgfältig kontrollierten Experiment die Schlafdauer (abhängige Variable) aufgrund unterschiedlicher Dosen eines Schlafmittels (unabhängige Variable), so lässt dies auf eine engere Kausalbeziehung schließen als beispielsweise eine Untersuchung, ob in der zwischen einem Schulreifetest (Prädiktor) und der sich im Unterricht zeigenden schulischen Reife (Kriterium) ein Zusammenhang besteht. Der Prädiktor „Leistung im Schulreifetest" beeinflusst die tatsächliche Schulreife nicht im kausalen Sinn, sondern kann lediglich als *Indikator* für das Kriterium „Schulreife" verwendet werden.

In der Statistik-Literatur wird gelegentlich zwischen *deterministischen* und *stochastischen Prädiktorvariablen* (Regressoren) unterschieden. Deterministisch sind Prädiktoren, die nur in bestimmten Ausprägungen vorkommen (z. B. unterschiedliche Dosierungen eines Medikamentes, systematisch variierte Bedingungen in psychologischen Lernexperimenten etc.). Stochastische Prädiktoren sind – wie die oben genannten Leistungen im Schulreifetest – Variablen, die zusammen mit der Kriteriumsvariablen an einer Zufallsstichprobe von Individuen erhoben werden, sodass jedem Individuum ein Messwertpaar als Realisierung der gemessenen Zufallsvariablen zugeordnet werden kann. Regressionsanalyse kann auf beide Variablentypen gleichermaßen angewendet werden.

Prädiktorvariablen sind im Allgemeinen einfacher und billiger messbar und können – im Kontext von Vorhersagen im eigentlichen Wortsinn – zu einem früheren Zeitpunkt als das eigentlich interessierende Kriterium erfasst werden. Typische Prädiktoren sind psychologische oder medizinische Tests, mit denen Interessen, Leistungen, Begabungen, Krankheiten usw. vorhergesagt bzw. erkannt werden sollen. Ist ein Test in diesem Sinn ein brauchbarer Prädiktor, so wird er als „valide" bezeichnet. Damit ein Test im Einzelfall sinnvoll als Prädiktor eingesetzt werden kann, ist es jedoch notwendig, dass die Regressionsgleichung zuvor an einer repräsentativen Stichprobe ermittelt wurde. Nur dann kann man davon ausgehen, dass die in der „Eichstichprobe" ermittelte Beziehung zwischen dem Prädiktor und dem Kriterium auch auf einen konkret untersuchten Einzelfall, der nicht zur Eichstichprobe, aber zur Grundgesamtheit gehört, anwendbar ist.

11.1.1 Deterministische und stochastische Beziehungen

Eine einfache Beziehung, mit welcher die Abhängigkeit einer metrischen Variablen von einer zweiten Variablen beschrieben werden kann, ist die *lineare Beziehung*, die durch folgende allgemeine Gleichung gegeben ist:

$$y = a + b \cdot x.$$

Die grafische Darstellung einer linearen Beziehung ergibt eine Gerade. Abbildung 11.1 zeigt einige lineare Beziehungen.

In der linearen Gleichung kennzeichnet x die unabhängige Variable, y die abhängige Variable, b die Steigung der Geraden und a den y-Achsenabschnitt. Ist die Steigung positiv, werden die y-Werte mit steigenden x-Werten ebenfalls größer. Eine negative Steigung besagt, dass die y-Werte bei größer werdenden x-Werten kleiner werden.

Angenommen, Leistungen von Versuchspersonen in zwei äquivalenten Tests x und y seien durch die Beziehung $y = 10 + 0{,}5 \cdot x$ miteinander verbunden. Aufgrund dieser Gleichung können wir vorhersagen, dass eine Person mit einer Leistung von $x = 100$ im Test y den Wert $y = 10 + 0{,}5 \cdot 100 = 60$ erhält. Der Steigungsfaktor 0,5 besagt, dass alle x-Werte für eine Transformation in y-Werte zunächst mit 0,5 multipliziert werden müssen, was bedeutet, dass die y-Werte eine geringere Streuung aufweisen als die x-Werte.

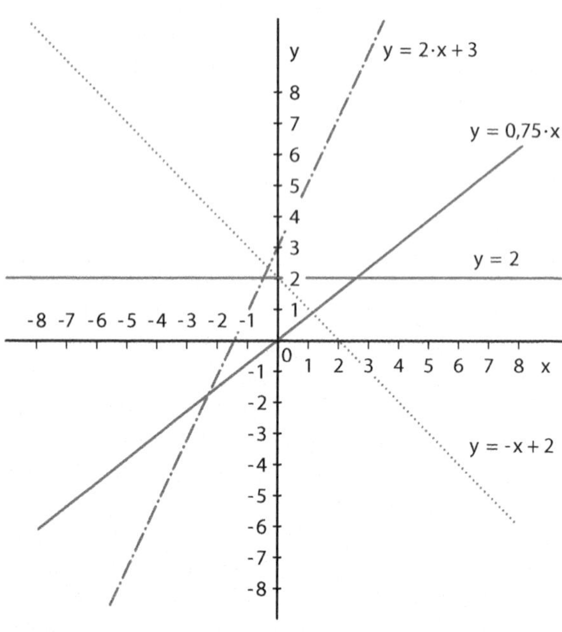

Abbildung 11.1. Lineare Beziehungen

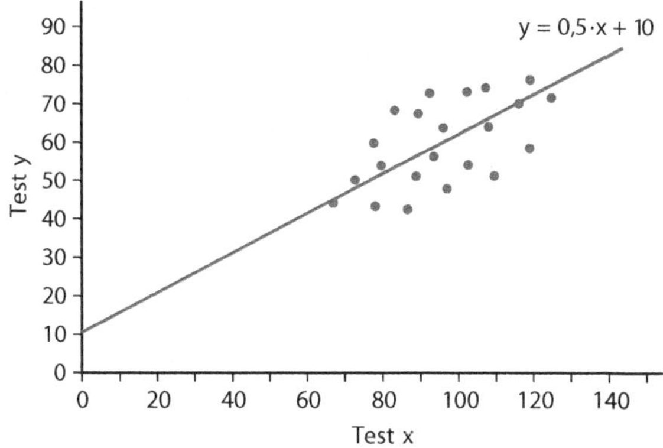

Abbildung 11.2. Beispiel für eine unpräzise lineare Beziehung

Die additive Konstante von 10 schreibt vor, dass bei der Umrechnung von x-Werten in y-Werte zusätzlich zu jedem Wert 10 Testpunkte addiert werden müssen, egal, welche Leistung eine Person im Test x erzielt hat. Die positive additive Konstante könnte bedeuten, dass Test y im Vergleich zu Test x leichter ist, weil Personen, die im Test x eine Leistung von null erreicht haben, im Test y immerhin noch einen Wert von 10 erzielen.

Eine Gerade ist durch zwei Bestimmungsstücke wie z. B. die Steigung und den y-Achsenabschnitt oder auch zwei Punkte der Geraden, eindeutig festgelegt. Sind zwei Bestimmungsstücke einer Geraden bekannt, kennen wir die Koordinaten aller Punkte der Geraden. Ausgehend von der funktionalen Beziehung im oben genannten Beispiel kann im Rahmen des Gültigkeitsbereichs der Gleichung für jede x-Leistung eine y-Leistung bestimmt werden. Dies wäre eine *deterministische* Beziehung.

In der Forschungspraxis sind wir in der Regel darauf angewiesen, die Beziehung zwischen zwei Variablen aufgrund von Beobachtungen zu ermitteln. So könnten wir in unserem Beispiel die lineare Funktion dadurch herausfinden, dass wir bei zwei Versuchspersonen die x- und y-Leistungen registrieren. Tragen wir diese beiden „Messpunkte" aufgrund ihrer x- und y-Koordinaten in ein Koordinatensystem ein und verbinden die beiden Punkte, erhalten wir eine Gerade, deren Funktionsgleichung mit der oben genannten identisch ist. Registrieren wir x- und y-Leistungen weiterer Personen, erhalten wir zusätzliche Messpunkte, die bei einer deterministischen Beziehung genau auf der gefundenen Geraden liegen müssten.

Dies ist bei einer *stochastischen* Beziehung anders. Durch Schwankungen in der Motivation, unterschiedliche Testbedingungen, Ermüdungseffekte und vor allem wegen der Tatsache, dass die beiden Tests nicht völlig identisch sind, werden wir Versuchspersonen mit x- und y-Werten registrieren, die mehr oder weniger von der Geraden, die durch zwei Versuchspersonen aufgemacht wird, abweichen (vgl. Abb. 11.2).

Das Ergebnis von n paarweisen Beobachtungen (pro Person werden jeweils die x-Leistung und die y-Leistung registriert) ist ein Punkteschwarm, der in diesem Fall die Tendenz einer positiven linearen Beziehung erkennen lässt. Mit der Regressionsrechnung wird diejenige Gerade ermittelt, die den Gesamttrend aller Punkte am besten wiedergibt.

> Im Rahmen einer Regressionsanalyse, die auf der Gleichung $y = a + b \cdot x$ basiert, spricht man auch von der Regression von „y auf x".

Bevor wir uns der Frage zuwenden, wie diese Gerade ermittelt wird, sei kurz der Ausdruck „Regression" erläutert. Der Ausdruck geht auf Galton (1886) zurück, der die Beziehung der Körpergrößen von Vätern und Söhnen untersuchte. Er fand, dass Söhne von großen Vätern im Durchschnitt weniger von der durchschnittlichen Größe aller männlichen Personen abweichen als die Väter selbst. Dieses Phänomen nannte er „Regression zum Mittelwert" (ausführlicher hierzu vgl. Bortz & Döring, 2006, Kap. 8.2.5). Die Bezeichnung Regression wurde im Laufe der Zeit mit der Bestimmung von Funktionsgleichungen zwischen zwei Variablen, die nicht perfekt, sondern nur stochastisch zusammenhängen, allgemein verknüpft.

11.1.2 Regressionsgerade

Die Gerade, die die stochastische Beziehung zwischen zwei Merkmalen kennzeichnet, wird *Regressionsgerade*, und die Konstanten a und b der Regressionsgeraden werden *Regressionskoeffizienten* genannt. Sind die Regressionskoeffizienten a und b bekannt, können wir die Funktionsgleichung für die Regressionsgerade aufstellen. Gesucht werden diejenigen Koeffizienten a und b, die zu einer Regressionsgeraden führen, die den Punkteschwarm am besten repräsentiert.

Nehmen wir einmal an, wir hätten bei fünf Personen die in Abb. 11.3 gezeigten Leistungen für einen Test x sowie einen Test y registriert. Wie man erkennt, liegen die fünf Punkte nicht auf einer Geraden.

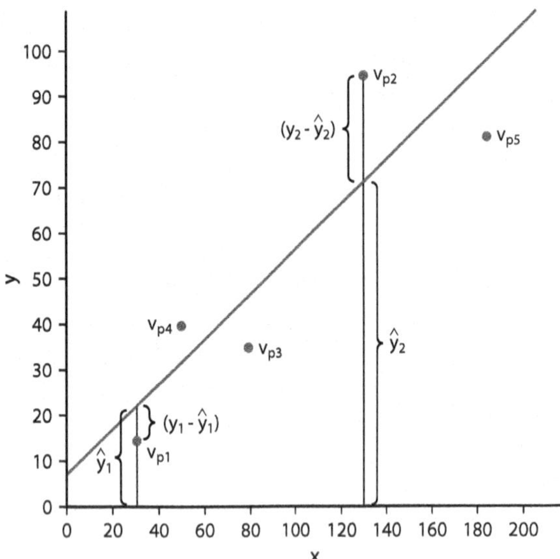

Abbildung 11.3. Vorhersage aufgrund einer Geraden

Wie gut repräsentiert nun die eingezeichnete Gerade den Trend der fünf Punkte? Würden wir aufgrund dieser Geraden beispielsweise die y-Leistung der ersten Person bestimmen, erhielten wir einen Wert, der in Abb. 11.3 durch $\hat{y}_1$ gekennzeichnet ist. Zwischen dem tatsächlichen y_1-Wert und dem aufgrund der angenommenen Regressionsgeraden vorhergesagten $\hat{y}_1$-Wert besteht somit eine negative Diskrepanz von $(y_1 - \hat{y}_1)$, d. h. der tatsächliche y-Wert ist kleiner als der aufgrund der Regressionsgeraden vorhergesagte $\hat{y}$-Wert. Für die zweite Person resultiert, wie die Abbildung zeigt, eine positive Diskrepanz $(y_2 - \hat{y}_2)$.

Definition 11.1

Residuum. Den Vorhersagefehler, d. h. die Differenz zwischen dem beobachteten Wert und dem aufgrund der Regressionsgeraden vorhergesagten Wert $\hat{y}$ bezeichnen wir als Residuum e. Es gilt also $e_i = y_i - \hat{y}_i$ für $i = 1, \ldots, n$.

Im englischen Sprachraum wird das Residuum als „residual", aber auch als „error of estimate" bezeichnet.

Es ist leicht vorstellbar, dass sich die Residuen ändern, wenn die Vorhersagegerade verändert wird. Wir müssen also überlegen, nach welchem Kriterium wir entscheiden wollen, welche Gerade die Daten am besten repräsentiert.

Spontan könnte man meinen, die gesuchte Regressionsgerade sei so zu legen, dass die Summe der Residuen $(\sum_i e_i)$ möglichst klein wird, d. h. nahe bei null liegt. Da jedoch positive und negative Abweichungen auftreten können, könnte diese Summe sogar null werden, obwohl die individuellen Vorhersagefehler nicht null sind. Als Kriterium wählen wir deshalb nicht die Summe der Residuen, sondern die Summe der quadrierten Residuen. Gesucht wird somit diejenige Gerade, für die die Summe der quadrierten Abweichungen der beobachteten y-Werte von den vorhergesagten $\hat{y}$-Werten minimal wird. Die sog. *Methode der kleinsten Quadrate* verlangt also:

$$\sum_{i=1}^{n} e_i^2 \to \min. \tag{11.1}$$

Man beachte, dass dieses Kriterium nicht auf die Abstände der Punkte von der gesuchten Geraden (Lote von den Punkten auf die Gerade) bezogen ist, sondern auf die Abweichungen der Punkte von der Geraden in y-Richtung. Dadurch ist gewährleistet, dass die Regressionsgleichung ihre Aufgabe, y-Werte möglichst präzise vorherzusagen, optimal erfüllt.

Die Regressionsgerade ist diejenige Gerade, die die Summe der quadrierten Vorhersagefehler minimiert.

Durch die Quadrierung der Abweichungen wird erreicht, dass größere, inhaltlich bedeutsamere Abweichungen stärker berücksichtigt bzw. gewichtet werden als kleinere Abweichungen, die möglicherweise nur auf zufällige Messfehler zurückzuführen sind.

Auch für die in Abb. 11.2 nach Augenschein eingezeichnete Gerade können wir die Summe der Abweichungsquadrate berechnen, in der Hoffnung, dass sie möglichst klein ausfällt. Es wäre jedoch denkbar, dass eine andere Gerade die Punkte noch besser nach dem *Kriterium der kleinsten Quadrate* repräsentiert, was uns dazu veranlassen müsste, durch systematisches Verändern diejenige Gerade herauszufinden, für die die Abweichungsquadratsumme tatsächlich minimal ist. Diese recht mühsame Sucharbeit können wir uns vereinfachen, indem wir die gesuchte Gerade bzw. ihre Regressionskoeffizienten a (y-Achsenabschnitt) und b (Steigung) mittels der *Differenzialrechnung* bestimmen, s. Exkurs 11.1. Als Ergebnis erhält man folgende Gleichungen zur Bestimmung der Regressionsgeraden:

$$a = \bar{y} - b\bar{x}, \tag{11.2}$$

$$b = \frac{n \sum_i x_i y_i - \sum_i x_i \sum_i y_i}{n \sum_i x_i^2 - (\sum_i x_i)^2}. \tag{11.3}$$

EXKURS 11.1 Herleitung der Regressionsgleichung

Setzt man die Vorhersagegleichung $\hat{y}_i = a + b \cdot x_i$ in das zu minimierende Kriterium (Gl. 11.1) ein, ergibt sich

$$\sum_{i=1}^{n} e_i^2 = \sum_{i=1}^{n} (y_i - \hat{y}_i)^2 = \sum_{i=1}^{n} (y_i - a - b \cdot x_i)^2.$$

Da uns die x- und y-Werte aufgrund der vorliegenden Stichprobe bekannt sind, betrachten wir diesen Ausdruck als Funktion von a und b. Schließlich besagt das Kriterium der kleinsten Quadrate, dass wir a und b so festlegen sollen, dass der obige Ausdruck so klein wie möglich wird. Die Bestimmungsgleichungen für a und b finden wir anhand der folgenden drei Schritte: 1.) Ausdruck partiell nach a und b differenzieren, 2.) Ableitungen null setzen und 3.) die resultierenden Gleichungen nach a und b auflösen.
Zuerst berechnen wir die beiden Ableitungen. Man erhält:

Ableitung nach a: $\quad -2\sum_i (y_i - a - b \cdot x_i)$,

Ableitung nach b: $\quad -2\sum_i (y_i - a - b \cdot x_i) \cdot x_i$.

Um das Minimum zu finden, müssen a und b so gewählt werden, dass beide Ableitungen null ergeben. Wir setzen deswegen beide Ableitungen gleich null. Da der multiplikative Faktor −2 für die Lösung ohne Bedeutung ist, lassen wir diesen Faktor weg. Wir erhalten die beiden Gleichungen

$$\sum_i (y_i - a - b \cdot x_i) = 0,$$
$$\sum_i (y_i - a - b \cdot x_i) x_i = 0.$$

Lösen wir die erste Gleichung mit Hilfe der Rechenregeln für das Summenzeichen nach a auf, ergibt sich:

$$a = \frac{1}{n}\sum_i y_i - \frac{b}{n}\sum_i x_i = \bar{y} - b\bar{x}.$$

Aufgrund der zweiten Gleichung ermitteln wir b. Dazu setzen wir den gerade erhaltenen Ausdruck für a in die zweite Gleichung ein. Zur Vorbereitung dieses Schrittes entfernen wir zunächst die Klammern auf der linken Seite der zweiten Gleichung. Man erhält

$$\sum_i (y_i - a - bx_i)x_i = \sum_i x_i y_i - a\sum_i x_i - b\sum_i x_i^2.$$

Nun setzen wir den oben erhaltenen Ausdruck für a ein. Es ergibt sich die Gleichung

$$\sum_i x_i y_i - \underbrace{\left(\frac{1}{n}\sum_i y_i - \frac{b}{n}\sum_i x_i\right)}_{a} \sum_i x_i - b\sum_i x_i^2 = 0,$$

welche nur noch eine Unbekannte – die Steigung b – enthält. Löst man diese Gleichung nach b auf, ergibt sich nach algebraischer Vereinfachung:

$$b = \frac{n\sum_i x_i y_i - \sum_i x_i \sum_i y_i}{n\sum_i x_i^2 - (\sum_i x_i)^2}.$$

Somit können wir die Gerade, welche das Kriterium der kleinsten Quadrate erfüllt, errechnen. Zunächst ermitteln wir den Wert von b und setzen diesen in die Gleichung für a ein.
Auf den Nachweis, dass die Lösungen für a und b tatsächlich ein Minimum (und nicht etwa ein Maximum) ergeben, verzichten wir.

Werden a und b nach diesen Gleichungen berechnet, resultiert eine Regressionsgerade, für die die Summe der quadrierten Abweichungen der beobachteten y-Werte von den vorhergesagten $\hat{y}$-Werten minimal ist.

BEISPIEL 11.1

Die Berechnung einer Regressionsgleichung sei anhand folgender Daten demonstriert. Die Tabelle enthält die Werte zweier Tests, die von fünf Personen bearbeitet wurden. In der Tabelle sind außer den Rohwerten auch die quadrierten Testwerte, die Kreuzprodukte $x_i \cdot y_i$, sowie deren Summen enthalten. Mit Hilfe dieser Berechnungen lassen sich die Regressionskoeffizienten ermitteln.

Vpn	Test x	Test y	x^2	$x \cdot y$
1	31	15	961	465
2	128	95	16384	12160
3	67	35	4489	2345
4	46	40	2116	1840
5	180	80	32400	14400
Summe:	452	265	56350	31210

Den Steigungskoeffizient ermittelt man über

$$b = \frac{n \cdot \sum_{i=1}^{n} x_i \cdot y_i - \sum_{i=1}^{n} x_i \cdot \sum_{i=1}^{n} y_i}{n \cdot \sum_{i=1}^{n} x_i^2 - \left(\sum_{i=1}^{n} x_i\right)^2}$$
$$= \frac{5 \cdot 31210 - 452 \cdot 265}{5 \cdot 56350 - 204304} = 0{,}47.$$

Mit Hilfe der Mittelwerte $\bar{x} = 90{,}4$ und $\bar{y} = 53{,}0$ erhält man den y-Achsenabschnitt

$$a = \bar{y} - b \cdot \bar{x} = 53{,}0 - 0{,}47 \cdot 90{,}4 = 10{,}66.$$

Die Leistungen in beiden Tests sind aufgrund der Werte von fünf Versuchspersonen durch die Gleichung

$$\hat{y}_i = 10{,}66 + 0{,}47 \cdot x_i$$

verbunden.

Wüssten wir beispielsweise, dass eine weitere Person im Test x eine Leistung von $x = 240$ erzielt hat, würden wir für diese Person eine Leistung von $\hat{y} = 10{,}66 + 0{,}47 \cdot 240 = 123{,}46$ vorhersagen bzw. schätzen. Da die Regressionsgleichung jedoch nur aufgrund von fünf Beobachtungen ermittelt wurde, können wir den geschätzten Regressionskoeffizienten nur wenig trauen. Wir werden deshalb in Abschnitt 11.2 erörtern, wovon die Genauigkeit einer Regressionsvorhersage abhängt und wie die Präzision einer Regressionsvorhersage bestimmbar ist bzw. verbessert werden kann.

11.1.3 Interpretation der Regressionskoeffizienten

Durch die Berechnung der beiden Regressionskoeffizienten – Steigung und y-Achsenabschnitt – wird die optimale Vorhersagegerade bestimmt. Von den beiden Koeffizienten ist vor allem die *Steigung* von Interesse, denn durch sie wird die Abhängigkeit des Kriteriums y vom Prädiktor x zum Ausdruck gebracht. Der y-Achsenabschnitt ist dagegen meistens uninteressant. Zunächst wollen wir die Bedeutung der beiden Koeffizienten präzisieren. Zunächst zur Steigung:

> Die Steigung b gibt die erwartete Veränderung des Kriteriums y an, die einer Erhöhung des Prädiktors x um eine Einheit entspricht.

Die Bedeutung der Steigung kann man mit Hilfe der Regressionsgleichung illustrieren. Wir schreiben dazu den vorhergesagten Wert als $\hat{y}(x) = a + bx$, um die Stelle x zu betonen, für die die Vorhersage erfolgt. Berechnen wir die Differenz zwischen der Vorhersage an der Stelle $x + 1$ und der Stelle x, so ergibt sich

$$\begin{aligned}\hat{y}(x+1) - \hat{y}(x) &= a + b(x+1) - (a + bx) \\ &= a + bx + b - a - bx \\ &= b.\end{aligned}$$

Diese Rechnung bestätigt die Aussage, dass die Steigung die erwartete Veränderung des Kriteriums beschreibt, welche der Erhöhung des Prädiktors x um eine Einheit entspricht. Die Steigung ist deshalb ein Maß, welches den Effekt des Prädiktors x auf das Kriterium y widerspiegelt.

Der y-Achsenabschnitt a ist in den meisten Fällen nicht von inhaltlichem Interesse und häufig sogar nicht sinnvoll interpretierbar. Zunächst zur Bedeutung:

> Der y-Achsenabschnitt a entspricht dem vorhergesagten Wert des Kriteriums y an der Stelle $x = 0$.

Mit anderen Worten: $a = \hat{y}(0)$. Der y-Achsenabschnitt ist also die Stelle auf der y-Achse, an der die Regressionsgerade die y-Achse schneidet. Der y-Achsenabschnitt macht somit keine Aussage über den Effekt von x auf y, sondern gibt den erwarteten y-Wert an der Stelle $x = 0$ wieder. Gerade für viele Prädiktoren, welche für die Psychologie von Interesse sind, ist ein Wert von null nicht sinnvoll interpretiertbar.

BEISPIEL 11.2

Um das Verständnis der beiden Regressionskoeffizienten auch am Beispiel zu erläutern, betrachten wir die Regression von Schulerfolg y auf Intelligenz x. Schulerfolg sei als Punktezahl des Abiturzeugnisses operationalisiert, wobei 5 Punkte als „ausreichend" und 15 Punkte als „sehr gut" definiert ist. Intelligenz sei mit einem herkömmlichen IQ-Test erhoben worden, dessen Mittelwert in der Population der Gymnasiasten auf den Wert 100 festgelegt wurde. Aufgrund einer einfachen Stichprobe sei folgende Regressionsgerade ermittelt worden:

$$\hat{y} = -9 + 0{,}2 \cdot x.$$

Für einen IQ-Wert von 100 Punkten sagen wir eine Abschlussnote von $0{,}2 \cdot 100 - 9 = 10$ Punkten vorher.

Der Steigungskoeffizienten $b = 0{,}2$ gibt den erwarteten Unterschied in der Abschlussnote zweier Gymnasiasten an, die sich um einen IQ-Punkt unterscheiden. Um die Interpretation zu erleichtern, können wir uns zwei Gynmasiasten vorstellen, die sich um 10 IQ-Punkte unterscheiden. In diesem Fall erwarten wir eine Notendifferenz von $0{,}2 \cdot 10 = 2$ Punkten. Wie man an dieser Interpretation erkennen kann, ist es für die Interpretation der Steigung nicht notwendig, sich auf einen konkreten IQ-Wert zu beziehen. Da eine Gerade eine konstante Steigung besitzt, gilt die Interpretation für jede Stelle von x gleichermaßen.

Im Gegensatz zur Steigung drückt der y-Achsenabschnitt den vorhergesagen y-Wert an der speziellen Stelle $x = 0$ aus. In dem gerade verwendeten Beispiel entspricht diese Stelle einem Schüler mit IQ $= 0$. Ein solcher Wert ist auf einer herkömmlichen IQ-Skala ohne Bedeutung. Insofern ist auch der vorhergesagte Wert uninteressant. Berechnet man die Vorhersage, so ergibt sich $\hat{y}(0) = -9$. Natürlich ist dieser Wert auf der Notenskala nicht zulässig.

Der y-Achsenabschnitt ist ein Charakteristikum des Modells, welches vorhanden sein sollte, damit bei der Schätzung ausreichende Flexibilität zur Festlegung der Geraden vorhanden ist. Der y-Achsenabschnitt ist aber äußerst selten mit einer inhaltlichen Forschungsfrage verknüpft. Dagegen ist die Steigung praktisch immer für die mit der Untersuchung verknüpften Forschungsfrage von Interesse.

Korrelation und Regression

Die Gleichung (11.3) für die Steigung der Regressionsgeraden lässt sich mit Hilfe des Korrelationskoeffizienten ausdrücken. Dividiert man sowohl den Zähler als auch den Nenner von Gl. (11.3) durch $n(n-1)$, so erhält man die Formel

$$b = \frac{s_{xy}}{s_x^2}, \qquad (11.4)$$

welche die Steigung mit Hilfe der Kovarianz und der Varianz des Prädiktors x ausdrückt. Um die Steigung mit der Korrelation in Beziehung zu setzen, lösen wir Gl. (10.3) nach der Kovarianz auf und setzen den resultierenden Ausdruck, $s_{xy} = r s_x s_y$ in die obige Formel ein. Man erhält

$$b = r \cdot \frac{s_y}{s_x}. \tag{11.5}$$

Die Steigung ist also direkt proportional zur Korrelation. Die Steigung ist positiv (negativ), wenn die Korrelation positiv (negativ) ist. Ist die Korrelation zwischen x und y null, so ist die Steigung der Regressionsgeraden null. Die Regressionsgerade ist in diesem Fall eine horizontale Gerade (parallel zur x-Achse).

Eine zweite wichtige Schlussfolgerung aus Gl. (11.5) bezieht sich auf die Bedeutung des Wertes der Steigung. Da dieser Wert von der Standardabweichung der Kriteriumsvariablen, aber auch von der Standardabweichung des Prädiktors abhängt, ist die Steigung kein standardisiertes Maß für den Einfluss von x auf y. Stattdessen führt eine Änderung der Messeinheiten einer der beiden Variablen auch zu einer Veränderung der Steigung.

BEISPIEL 11.3

Nehmen wir an, eine Regressionsanalyse des monatlichen Einkommens in Euro y auf die Ausbildungsdauer in Jahren x hätte die Gleichung

$$\hat{y} = 600 + 200 \cdot x$$

ergeben. Der Steigungskoeffizient gibt den durchschnittlichen Einkommenszuwachs pro Ausbildungsjahr an. Für eine Person mit $x = 18$ (13 Schuljahre und 5 Jahre Universitätsausbildung) ergäbe sich eine Einkommensvorhersage von 4200 Euro. Verändert man nun die Einheiten einer der Variablen, so ändert sich auch der Steigungskoeffizient. Drücken wir beispielsweise Einkommen in 100-Euro-Einheiten aus, so lautet die Regressionsgerade nun

$$\hat{y} = 6 + 2 \cdot x.$$

Die Steigung wurde also um den Faktor 100 verkleinert. (Im Übrigen verändert sich auch der y-Achsenabschnitt.)

Betrachten wir wieder eine Person mit $x = 18$ Ausbildungsjahren. Für diese ergibt sich nun die Einkommensvorhersage $6 + 2 \cdot 18 = 42$. Da wir das Einkommen in 100-Euro-Einheiten ausgedrückt haben, ist dieses Ergebnis äquivalent zu dem vorherigen. Der Wert der Steigung lässt sich somit beliebig verändern, ohne dass damit eine Veränderung der Stärke des Effekts des Prädiktors auf das Kriterium verbunden ist. Ändert man die Messeinheiten von x, etwa indem man anstatt des monatlichen das jährliche Einkommen betrachtet, so verändert sich die Steigung ebenfalls.

Beta-Gewichte

Um die Abhängigkeit der Steigung von den Messeinheiten der beiden Variablen zu beseitigen, liegt es nahe, sowohl den Prädiktor x als auch das Kriterium y zu standardisieren. Wir können dann die Regression von z_y auf z_x berechnen. Wir schreiben die Regressionsgleichung in diesem Fall als

$$\hat{z}_y = A + B \cdot z_x,$$

wobei A und B den y-Achsenabschnitt und die Steigung in dieser Regression bezeichnen. In erster Linie sind wir an der Steigung B interessiert, sodass wir eine geeignete Berechnungsvorschrift dafür ermitteln wollen. Da B die Steigung einer Regression von standardisierten Variablen ist, wird die Steigung auch als „standardisierte Steigung" oder als „Beta-Gewicht" bezeichnet. Beta-Gewichte dürfen nicht mit den „wahren" Steigungskoeffizienten des Regressionsmodells, s. Gl. (11.12), welche mit β bezeichnet werden, verwechselt werden.

Ist der Prädiktor sowie das Kriterium z-standardisiert, so gilt für die Standardabweichungen beider Variablen $s_x = s_y = 1$. Außerdem wissen wir, dass die Korrelation aufgrund linearer Transformationen der Variablen nicht verändert wird. Deswegen gilt: $r_{z_x z_y} = r_{xy}$. Mit Hilfe dieser Ergebnisse können wir B aufgrund von Gl. (11.5) folgendermaßen ausdrücken:

$$B = r_{z_x z_y} \cdot \frac{s_{z_y}}{s_{z_x}} = r_{xy} \cdot \frac{1}{1} = r. \tag{11.6}$$

Wie man erkennt, ist das Beta-Gewicht mit der Korrelation zwischen den Variablen identisch. Wir können die Korrelation deshalb auch als Steigung interpretieren.

Die Korrelation kann im Zusammenhang einer einfachen linearen Regression als erwartete Veränderung des z-transformierten Kriteriums y interpretiert werden, die mit der Erhöhung des Prädiktors um eine Standardabweichung verbunden ist.

Im Übrigen ist der y-Achsenabschnitt A in der Regression z-standardisierter Variablen immer null. Dies ergibt sich aus der Formel für den y-Achsenabschnitt $A = \bar{z}_y - B \cdot \bar{z}_x$, wenn man berücksichtigt, dass die Mittelwerte z-standardisierter Variablen immer null betragen.

11.1.4 Residuen

Da Regressionsresiduen in vielen Zusammenhängen eine wesentliche Rolle spielen, ist es angebracht, einige Eigenschaften der Residuen genauer zu untersuchen.

Regressionsresiduen enthalten Anteile der Kriteriumsvariablen y, die durch die Prädiktorvariable x nicht erfasst werden. In diesen Anteilen sind Messfehler enthalten, aber auch Bestandteile des Kriteriums, die durch andere, mit der Prädiktorvariablen nicht zusammenhängende Merkmale erklärt werden können.

Es ist vorstellbar, dass beispielsweise die Rechtschreibfähigkeit eines Schülers nicht nur von dessen allgemeiner Intelligenz, sondern von weiteren Merkmalen wie z. B. Sprachverständnis, Merkfähigkeit, Lesehäufigkeit, Anzahl der Schreibübungen abhängt. Eine genaue Untersuchung der Residuen kann deshalb äußerst aufschlussreich sein, um herauszufinden, durch welche Merkmale die geprüfte Kriteriumsvariable zusätzlich determiniert ist.

Die Kleinste-Quadrate-Schätzung der Regressionsgeraden impliziert folgende zwei Eigenschaften für die Residuen: 1. Die Summe der Residuen ist null, d. h. $\sum_i e_i = 0$ und 2. die Korrelation zwischen Prädiktor und Residuum ist null, d. h. $r_{xe} = 0$. Beide Aussagen sollen nun erläutert werden.

Summe der Residuen. Die Behauptung $\sum_i e_i = 0$ ist äquivalent zur Aussage $\sum_i y_i - \sum_i \hat{y}_i = 0$. Wir formen deshalb diese Differenz geeignet um, bis sich erkennen lässt, dass der Ausdruck tatsächlich null ergibt. Zuerst ersetzen wir $\hat{y}$ durch $a + b \cdot x$ und erhalten:

$$\sum_i y_i - \sum_i (a + b \cdot x_i) = \sum_i y_i - n \cdot a - b \cdot \sum_i x_i.$$

Da $\sum_i y_i = n \cdot \bar{y}$ und $\sum_i x_i = n \cdot \bar{x}$, ergibt sich für die rechte Seite

$$n \cdot \bar{y} - n \cdot a - b \cdot n \cdot \bar{x} = n \cdot (\bar{y} - b \cdot \bar{x}) - n \cdot a.$$

Dieser Ausdruck ist null, da nach Gl. (11.2) der Term in Klammern gleich a ist. Damit ist gezeigt, dass die Summe der Regressionsresiduen notwendigerweise immer null ergeben muss.

Korrelationen von Prädiktor und Residuum. Um zu zeigen, dass Prädiktor und Residuum unkorreliert sind, ist es ausreichend, den Zähler der Korrelation – die Kovarianz – zu betrachten. Wir erhalten nach Gl. (10.1) unter Verwendung von $e_i = y_i - \hat{y}_i$:

$$\begin{aligned} s_{xe} &= s_{x,y-\hat{y}} = s_{xy} - s_{x\hat{y}} = s_{xy} - s_{x,a+bx} \\ &= s_{xy} - b \cdot s_{xx} = s_{xy} - b \cdot s_x^2. \end{aligned}$$

Da die Steigung nach Gl. (11.4) als s_{xy}/s_x^2 berechnet wird, ergibt sich durch Einsetzen unmittelbar die Unkorreliertheit von Residuum e und Prädiktor x.

In dieser Begründung haben wir eine Regel benutzt, welche die Kovarianz einer Variablen x mit einer Summe zweier Variablen $y+z$ beschreibt. Diese Regel lautet:

$$s_{x,y+z} = s_{xy} + s_{xz},$$

bzw. $s_{x,y-z} = s_{xy} - s_{xz}$. Außerdem wurde auch Gl. (10.2) verwendet.

11.1.5 Standardschätzfehler

Mit dem Standardschätzfehler lässt sich ausdrücken, wie weit die Residuen von der Regressionsgeraden abweichen, da sein Wert einem repräsentativen Abweichungsbetrag einer individuellen Beobachtung von der Regressionsgeraden entspricht. Die Frage ist nun, wie sich diese Standardabweichung aus den Residuen berechnen lässt. Bestimmt man für jede individuelle Beobachtung ihren Vorhersagefehler, $e_i = y_i - \hat{y}_i$, so ergibt sich der Standardschätzfehler als Wurzel aus der Summe der quadrierten Residuen, welche zuvor durch $n - 2$ dividiert wurde. Die Formel für den Standarschätzfehler lautet also

$$s_e = \sqrt{\frac{\sum_{i=1}^n e_i^2}{n-2}}. \qquad (11.7)$$

Da die Summe der Residuen notwendigerweise null ist, können wir die Summe der quadrierten Residuen auch mit $\text{QS}_e = \sum_i e_i^2$ abkürzen und dadurch kompakt $s_e^2 = \text{QS}_e/(n-2)$ schreiben.

BEISPIEL 11.4

Um die Berechnung des Standardschätzfehlers zu illustrieren, greifen wir auf die Daten aus Beispiel 11.1 zurück. Aufgrund der in diesem Beispiel berechneten Regressionsgeraden, $\hat{y}_i = 10{,}66 + 0{,}47 \cdot x_i$, können wir die in folgender Tabelle wiedergegebenen Vorhersagen sowie die dazugehörigen Residuen bestimmen. Für die erste Person sagen wir den Wert $\hat{y}_1 = 10{,}66 + 0{,}47 \cdot 31 = 25{,}2$ vorher. Der Vorhersagefehler bzw. das Residuum der ersten Person lautet $e_1 = y_1 - \hat{y}_1 = 15 - 25{,}2 = -10{,}2$. Die anderen Werte der Tabelle ergeben sich ganz analog.

Vpn	Test x	Test y	$\hat{y}$	e
1	31	15	25,2	−10,2
2	128	95	70,6	24,4
3	67	35	42,0	−7,0
4	46	40	32,2	7,8
5	180	80	95,0	−15,0

Der Standardschätzfehler lässt sich aufgrund der vorliegenden Residuen mit Hilfe von Gl. (11.7) berechnen. Zunächst summieren wir die quadrierten Residuen auf. Dies ergibt den Wert

$$(-10{,}2)^2 + 24{,}4^2 + (-7{,}0)^2 + 7{,}8^2 + (-15{,}0)^2 = 1034{,}24.$$

Setzen wir nun diesen Wert in Gl. (11.7) ein, ergibt sich

$$s_e = \sqrt{\frac{1034{,}24}{5-2}} = 18{,}56.$$

Da die Residuen die gleichen Messeinheiten besitzen wie das Kriterium y, können wir diesen Wert als eine repräsentative Abweichung der Vorhersage von der Regressionsgeraden interpreticren.

Im Übrigen können mit Hilfe der obigen Tabelle auch die zuvor beschriebenen Eigenschaften der Residuen ($\sum e_i = 0$ und $r_{xe} = 0$) illustriert werden. Summiert man die fünf Residuen, so ergibt sich der Wert null. Ebenso ergibt die Berechnung der Korrelation von x und e für diese fünf Personen den Wert null.

Im englischen Sprachraum wird der Standardschätzfehler häufig als „standard error of estimate" bezeichnet. Dieser Ausdruck ist nahe liegend, da im Englischen das Residuum auch als „error of estimate" bezeichnet wird (z. B. Darlington, 1990, S. 11).

Damit wir den Standardschätzfehler so interpretieren dürfen, wie wir dies im Beispiel bereits getan haben, müssen wir voraussetzen, dass die Variabilität der Residuen um die Regressionsgerade zumindest annähernd konstant ist. Tendierten beispielsweise die Vorhersagefehler dazu, mit zunehmendem Wert des Prädiktors größer zu werden, so würde der nach Gl. (11.7) berechnete Standardschätzfehler nicht mehr die Variabilität aller Residuen kennzeichnen.

Die Formel für den Standarschätzfehler kann auch folgendermaßen umgeformt werden:

$$s_e = \sqrt{s_y^2 \cdot (1 - r_{xy}^2) \cdot \frac{n-1}{n-2}}. \qquad (11.8)$$

Mit Hilfe dieser Formel lässt sich der Standardschätzfehler bestimmen, ohne zuvor alle individuellen Residuen berechnen zu müssen.

BEISPIEL 11.5

Wenden wir diese Formel auf die Daten in Beispiel 11.4 an, so müssen wir zuerst die Korrelation sowie die Varianz der y-Werte bestimmen. Für diese beiden Größen ergeben sich die Werte: $r_{xy} = 0{,}876$ und $s_y^2 = 1107{,}5$. Einsetzen dieser Zahlen in die Formel ergibt

$$s_e = \sqrt{1107{,}5 \cdot (1 - 0{,}876^2) \cdot 4/3} = 18{,}54.$$

Dieser Wert stimmt bis auf einen kleinen Rundungsfehler mit dem zuvor berechneten Wert von 18,56 überein.

Übrigens wird in vielen Lehrbüchern der Standardschätzfehler ohne den letzten Term unter der Wurzel in Gl. (11.8) berechnet. Die Formel vereinfacht sich in diesem Fall zu

$$\sqrt{s_y^2 \cdot (1 - r_{xy}^2)}.$$

Für großen Stichprobenumfang sind die Unterschiede, die sich durch diese Veränderung ergeben, sicherlich zu vernachlässigen. Wir präferieren Gl. (11.8) aus zwei Gründen: Zum einen wird diese Formel in statistischen Programmen zur lineare Regression verwendet, zum anderen gibt sie numerisch exakt die gleichen Ergebnisse wie Gl. (11.7).

> Der Standardschätzfehler kennzeichnet die Streuung der y-Werte um die Regressionsgerade und ist damit ein Gütemaßstab für die Genauigkeit der Regressionsvorhersagen. Die Genauigkeit einer Regressionsvorhersage wächst mit kleiner werdendem Standardschätzfehler.

11.1.6 Determinationskoeffizient

Zur Erläuterung des Determinationskoeffizienten gehen wir von folgender Gleichung aus

$$(y_i - \bar{y}) = (\hat{y}_i - \bar{y}) + e_i,$$

die sich durch Einsetzen von $(y_i - \hat{y}_i)$ für das Residuum e_i unmittelbar als wahr bestätigen lässt. Mit dieser Gleichung wird eine Abweichung vom Mittelwert (linke Seite) in zwei Anteile zerlegt:

1. Die Differenz $(\hat{y}_i - \bar{y})$ spiegelt die Veränderung im vorhergesagten y-Wert wider, welche durch Berücksichtigung des Prädiktors zustande kommt. Schließlich ist $\hat{y}$ die optimale Vorhersage bei Berücksichtigung des Prädiktors, und $\bar{y}$ ist die optimale Vorhersage, wenn der Prädiktorwert nicht verwendet wird.
2. Das Residuum e_i, welches den nicht „erklärten" Rest enthält.

Werden beide Seiten quadriert und dann über die n Beobachtungen summiert, so ergibt sich nach einiger algebraischer Vereinfachung die Aussage

$$QS_y = QS_{\hat{y}} + QS_e,$$

wobei die drei Terme die Quadratsummen $QS_y = \sum_i (y_i - \bar{y})^2$, $QS_{\hat{y}} = \sum_i (\hat{y}_i - \bar{y})^2$ und $QS_e = \sum_i e_i^2$ bezeichnen. Die gesamte Variabilität des Kriteriums, welche durch QS_y zum Ausdruck kommt, wird also in zwei Teile zerlegt.

Definition 11.2

Determinationskoeffizient. Der Determinationskoeffizient, welchen wir mit R^2 bezeichnen, ist das Verhältnis der Variabilität der vorhergesagen Werte $QS_{\hat{y}}$ zur gesamten Variabilität QS_y, d. h. $R^2 = QS_{\hat{y}}/QS_y$.

Der Determinationskoeffizient kann somit als der Anteil der y-Variabilität, welche mit dem Prädiktor verbundenen ist, interpretiert werden.

Der Determinationskoeffizient nimmt seinen maximalen Wert von 1,0 an, falls der lineare Zusammenhang perfekt ist. In diesem Fall sind alle Regressionsresiduen null. Der Wert des Determinationskoeffizienten verringert sich mit zunehmender Größe der Residuen. Insofern ist der Determinationskoeffizient ein *Indikator* dafür, wie weit die Beobachtungen von der Regressionsgeraden entfernt liegen. Da seine möglichen Werte auf das Intervall von 0 bis 1 beschränkt sind, ist der Determinationskoeffizient ein normiertes Maß für die Abweichung der Beobachtungen von der Regressionsgeraden.

Es lässt sich zeigen, dass der Determinationskoeffizient gleich der quadrierten Korrelation zwischen beobachtetem und vorhergesagtem Wert ist. Mit anderen Worten

$$R^2 = r^2_{y\hat{y}}. \tag{11.9}$$

11

Da die vorhergesagten Werte in linearer Beziehung zum Prädiktor stehen, die Korrelation aber invariant gegenüber linearen Transformationen der Variablen ist, ergibt sich unmittelbar $R^2 = r^2_{xy}$. Für die einfache lineare Regression kann der Determinationskoeffizient also auch über das Quadrieren der Korrelation zwischen Prädiktor und Kriterium bestimmt werden.

Aufgrund der Zerlegung von QS_y folgt unmittelbar, dass der Determinationskoeffizient als

$$R^2 = 1 - \frac{\sum_i e_i^2}{QS_y} \tag{11.10}$$

ausgedrückt werden kann. Ersetzt man in diesem Ausdruck den Zähler des Bruchs durch den Standardschätzfehler und den Nenner durch die y-Varianz, erhält man den sog. *korrigierten Determinationskoeffizienten*, den wir als R^2_{korr} abkürzen. Mit anderen Worten

$$R^2_{\text{korr}} = 1 - \frac{s_e^2}{s_y^2}. \tag{11.11}$$

Im englischen Sprachraum wird dieser Koeffizient als „adjusted R^2" bezeichnet. Will man den Determinationskoeffizienten in der Population schätzen, so tendiert R^2 zur Überschätzung. Der korrigierte Determinationskoeffizient R^2_{korr} ist deshalb eine bessere Schätzung des wahren Erklärungswertes des Regressionsmodells.

11.2 Statistische Absicherung

Regressionsgleichungen werden auf der Grundlage einer repräsentativen Stichprobe bestimmt, um sie auch auf alle Untersuchungseinheiten der Population anwenden zu können. Damit ein Kriterium sinnvoll durch einen Prädiktor vorhergesagt werden kann, muss die für eine Stichprobe gefundene Regressionsgleichung auf die zugrunde liegende Grundgesamtheit generalisierbar sein. Die nach der Methode der kleinsten Quadrate ermittelte Regressionsgleichung stellt eine Schätzung der in der Population gültigen Regressionsgeraden dar. Diese schreiben wir als

$$E(y|x) = \alpha + \beta \cdot x, \tag{11.12}$$

wobei $E(y|x)$ den bedingten Erwartungswert von y an der Stelle x bezeichnet. Diesen Wert würden wir aufgrund der Populationsgerade für eine Person vorhersagen, deren Prädiktorwert uns bekannt ist.

Wie die bisher behandelten Stichprobenkennwerte variieren auch die Regressionskoeffizienten a und b von Zufallsstichprobe zu Zufallsstichprobe, sodass wir eine Stichprobenverteilung der Regressionskoeffizienten a und b erhalten. Je größer die Standardfehler der Koeffizienten a und b sind, desto weniger ist die für eine Stichprobe ermittelte Regressionsgleichung für die Vorhersage des Kriteriums tauglich.

11.2.1 Modell der linearen Regression

Für inferenzstatistische Zwecke ist es erforderlich, Annahmen über den Zusammenhang zwischen Prädiktor und Kriterium bzw. über die Verteilung des Kriteriums für gegebene Prädiktorwerte zu machen. Folgende drei Annahmen sind notwendig, um die folgenden Ausführungen hinsichtlich des Testens von Hypothesen bzw. der Berechnung von Konfidenzintervallen zu rechtfertigen:

1. *Linearität*: Die in der Population vorliegende Abhängigkeit zwischen den Erwartungswerten des Kriteriums und den Prädiktorwerten ist durch eine Gerade gegeben.

2. *Homoskedastizität*: Die Varianz der y-Werte, welche an einer bestimmten Stelle des Prädiktors vorliegt, ist für alle Prädiktorwerte gleich. Diese Varianz bezeichnen wir als σ_e^2, da sie dem quadrierten Standardschätzfehler in der Population entspricht.

3. *Normalität*: Die Verteilung der y-Werte an einer bestimmten Stelle des Prädiktors ist eine Normalverteilung. Mit anderen Worten, die Vorhersagefehler an einer festen Stelle des Prädiktors sind normalverteilt.

Zur Verteilung der Residuen an einer festen Stelle von x sagt man auch „Arrayverteilung". Mit Hilfe dieses Begriffs können wir die zweite und dritte Modellannahme auch folgendermaßen zusammenfassen: Die Arrayverteilungen sind Normalverteilungen mit gleicher Varianz. Abbildung 11.4 zeigt die Regressionsgerade $E(y|x) = 2 + 0{,}5 \cdot x$ sowie eine Zufallsstichprobe, welche aufgrund des Regressionsmodells mit $\sigma_e = 1$ erzeugt wurden. Die Abbildung enthält zur Illustration Arrayverteilungen an den Stellen $x = 2$, $x = 5$ und $x = 8$.

Die Parameter des einfachen linearen Regressionsmodells sind: α, β und σ_e^2. Wären uns diese drei Parameter bekannt und wären darüber hinaus auch die drei Annahmen des Modells erfüllt, so wäre uns das probabilistische Verhalten der Kriteriumsvariable vollständig bekannt. In diesem Fall könnte für jeden Prädiktorwert x die Unterschiedlichkeit der y-Werte durch eine Normalverteilung beschrieben werden, deren Mittelwert durch $\alpha + \beta \cdot x$ gegeben ist und deren Varianz σ_e^2 beträgt.

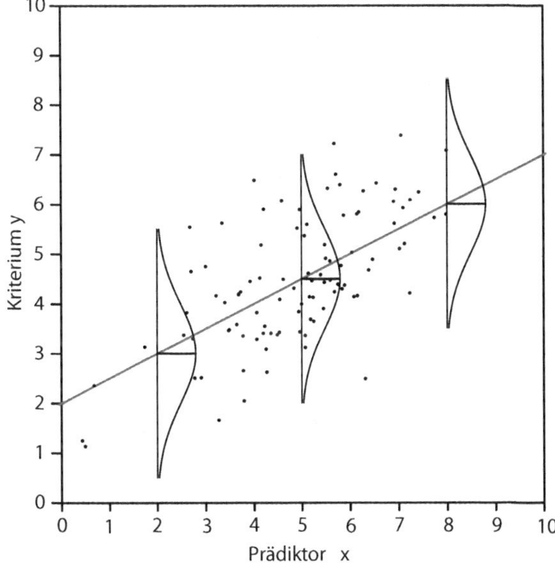

Abbildung 11.4. Gerade $E(y|x) = 2 + 0{,}5 \cdot x$ und normalverteilte Arrayverteilungen mit $\sigma_e = 1$ sowie 100 Zufallsbeobachtungen, welche aufgrund des Modells erzeugt wurden

Zufällige und feste Prädiktoren. Die drei Annahmen des Regressionsmodells machen keine Aussagen über die Verteilung der Prädiktorvariablen, sondern beinhalten ausschließlich Annahmen über die Arrayverteilungen. Dies ist ein wichtiger Aspekt des Regressionsmodells, denn somit lässt sich die Regressionsanalyse unabhängig davon anwenden, ob der Prädiktor „fest" oder „zufällig" ist.

Werden in einer Untersuchung die erhobenen Variablen für zufällig gezogene Personen beobachtet bzw. erfragt, so sind die Prädiktorwerte ebenfalls zufällige Größen. Wird Schulerfolg y aufgrund von Intelligenz x oder Gesundheit y aufgrund des Einkommens x vorhergesagt, so ist der Prädiktor zufällig, da Intelligenz bzw. Einkommen nicht kontrolliert werden. Wird dagegen in einem Experiment die Gedächtnisleistung y aufgrund der Lerndauer x vorhergesagt, so wäre der Prädiktor dann als fest zu betrachten, wenn die Lerndauer durch den Versuchsleiter vorgegeben wird. Beispielsweise könnte eine Untersuchung mit 30 Personen durchgeführt werden, wobei die Lerndauer von jeweils zehn zufällig selektierten Personen auf exakt eine, zwei bzw. drei Stunden festgelegt wird. In diesem Fall sind die Prädiktorwerte bereits vor Beginn der Untersuchung bekannt. Dies wäre auch dann der Fall, wenn vor Beginn einer Datenerhebung beschlossen wird, 50 Männer und 50 Frauen zu befragen. Selbst wenn die Personen selbst zufällig ausgewählt werden, so sind auch in diesem Fall die Werte des Prädiktors (z. B. Männer = 0 und Frauen = 1) schon vor Beginn der Befragung bekannt.

Da die Annahmen des Regressionsmodells keine Aussagen über die Verteilung des Prädiktors enthalten, kann die Regressionsanalyse sowohl für feste als auch für zufällige Prädiktoren eingesetzt werden. Auch die Verteilung der Prädiktorwerte spielt für die Gültigkeit der inferenzstatistischen Schlussfolgerungen aufgrund des Modells keine Rolle.

Schätzung der Modellparameter. Von den drei Paramtern des Regressionmodells α, β und σ_e^2 legen die Regressionskoeffizienten die Vorhersagegerade fest. Ist das Regressionsmodell erfüllt, so sind die Kennwerte a und b, deren Berechnungsvorschrift (Gl. 11.2 und 11.3) wir zuvor aufgrund der Methode der kleinsten Quadrate ermittelten, optimale Schätzer für die unbekannten Parameter α und β, durch welche die Populationsgerade festgelegt wird. Zwar ist der Standardschätzfehler σ_e auch von Interesse, da mit ihm die Größe der Vorhersagefehler beschrieben werden kann. Allerdings sind mit σ_e praktisch nie inhaltliche Hypothesen verbunden. Als Schätzer für σ_e verwenden wir den aus der Stichprobe aufgrund von Gl. (11.7) bzw. (11.8) berechneten Standardschätzfehler s_e. Wie wir gleich sehen werden, ist der Standardschätzfehler für praktisch alle inferenzstatistischen Aspekte des Regressionsmodells von Bedeutung.

11.2.2 Signifikanztest für β

Hat man im Anschluss an eine Untersuchung die Regressionsgerade des Kriteriums auf den Prädiktor berechnet, so sind die Koeffizienten a und b Schätzer für die wahren Parameter α und β. Von großem Interesse ist die *statistische Absicherung* der Steigung. Schließlich werden sich aufgrund der zufälligen Selektion bei Wiederholungen der Untersuchung anderer Steigungen ergeben. Es ist deshalb von Interesse, einen hypothetischen Wert β_0 für die wahre Steigung statistisch absichern zu können. In den allermeisten Fällen wird danach gefragt, ob eine Steigung überhaupt vorhanden ist. In diesem Fall wählt man $\beta_0 = 0$. Trotzdem wollen wir im Moment auch andere Werte für β_0 zulassen.

Sind die Annahmen des Regressionmodells (Linearität, Homoskedastizität und Normalität) erfüllt, dann ist die Stichprobenverteilung von b eine Normalverteilung (Goldberger, 1991). Der Mittelwert dieser Normalverteilung ist die unbekannte wahre Steigung β. Die Standardabweichung der Stichprobenverteilung σ_b, welche als Standardfehler der Steigung bezeichnet wird, ist ebenfalls unbekannt. Allerdings können wir diesen Standardfehler schätzen. Die Formel dazu lautet

$$s_b = \frac{s_e}{\sqrt{\text{QS}_x}}, \tag{11.13}$$

wobei $\text{QS}_x = \sum_i (x_i - \bar{x})^2$ die Quadratsumme der Prädiktorwerte bezeichnet.

Fassen wir die bisherigen Überlegungen kurz zusammen: Wir betrachten den Stichprobenkennwert b, von dem wir wissen, dass er normalverteilt ist, falls die Annahmen des Regressionsmodells erfüllt sind. Zwar sind Mittelwert und Standardabweichung dieser Stichprobenverteilung unbekannt, aber beide Größen können wir durch b bzw. s_b schätzen.

Wie bei allen Signifikanztests wird die Prüfgröße unter der Annahme der Gültigkeit der Nullhypothese berechnet. Wollen wir also die Nullhypothese

$$H_0 : \beta = \beta_0$$

überprüfen, so müssen wir von β_0 als Mittel der Stichprobenverteilung von b ausgehen. Die folgende Prüfgröße

$$t = \frac{b - \beta_0}{s_b}, \tag{11.14}$$

ist bei Gültigkeit der Nullhypothese t-verteilt mit $df = n-2$. Übrigens ist diese Gleichung ein weiteres Beispiel für den Typ von Prüfgröße, welche wir in Gl. (8.2) symbolisch ausgedrückt haben. Da wir in den meisten Fällen an der Hypothese $H_0 : \beta = 0$ interessiert sind, vereinfacht sich die Prüfgröße zu

$$t = \frac{b}{s_b}. \tag{11.15}$$

Wir müssen also nur die Steigung durch ihren Standardfehler dividieren. Diese Prüfgröße wird von praktisch allen statistischen Programmpaketen ausgegeben.

BEISPIEL 11.6

In einem Experiment lernen drei Gruppen von jeweils zwei Versuchspersonen eine Liste von 100 sinnlosen Silben auswendig. Die Zuordnung der Personen zu den Gruppen erfolge nach Zufall. Die Personen in der ersten, zweiten und dritten Gruppe erhalten 15, 30 bzw. 60 Minuten Zeit, um das Material möglichst vollständig auswendig zu lernen. Nach drei Tagen wird erhoben, wie viele Silben jede Person korrekt wiedergeben kann. Die Daten sind in folgender Tabelle enthalten

Vpn	x	y
1	15	17
2	15	25
3	30	35
4	30	39
5	60	71
6	60	82

Die sechs Beobachtungen sind zusammen mit der Regressionsgeraden in Abb. 11.5 dargestellt. Wie man erkennt, beschreibt die Regressionsgerade für den Bereich der realisierten Lerndauern den Trend in den Daten sehr gut. Zunächst wollen wir die Regressionskoeffizienten schätzen. Wir errechnen die deskriptiven Statistiken beider Variablen sowie deren Korrelation. Man erhält: $\bar{x} = 35{,}0$, $\bar{y} = 44{,}83$, $s_x = 20{,}49$, $s_y = 25{,}94$ und $r = 0{,}984$. Auch die Höhe der Korrelation zeigt an, dass sich die Daten fast perfekt durch eine Gerade beschreiben lassen. Dieses Experiment demonstriert überzeugend, dass die Behaltensleistung von der Lerndauer abhängt. Trotzdem wollen wir den Signifikanztest anhand der vorliegenden Daten durchführen. Zunächst bestimmen wir die Regressionskoeffizienten.

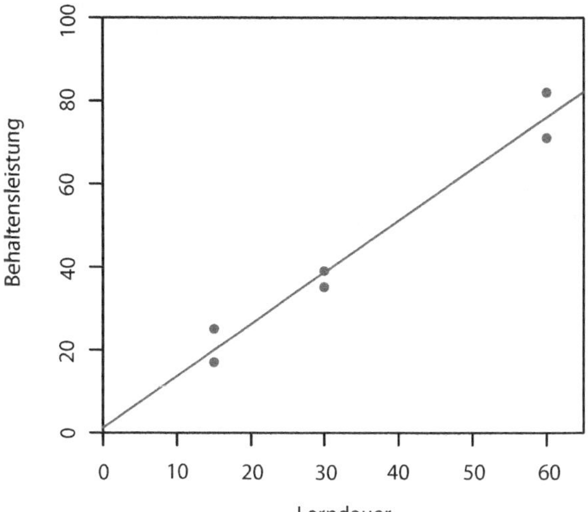

Abbildung 11.5. Regression der Behaltensleistung auf Lerndauer für sechs Versuchspersonen

Mit Hilfe von Gl. (11.5) ermitteln wir für die Steigung

$$b = r \cdot \frac{s_y}{s_x} = 0{,}984 \cdot \frac{25{,}94}{20{,}49} = 1{,}245.$$

Der y-Achsenabschnitt wird mit Gl. (11.2) bestimmt. Wir ermitteln $a = \bar{y} - b \cdot \bar{x} = 44{,}83 - 1{,}245 \cdot 35 = 1{,}25$. Den Steigungskoeffizienten können wir folgendermaßen interpretieren: Mit jeder zusätzlichen Trainingsminute erwarten wir eine Verbesserung des Behaltens um etwa eine Silbe ($1{,}245 \approx 1$). Sinnvoller wäre die Aussage: Wird die Trainingszeit um zehn Minuten erhöht, so wird eine Zunahme des Behaltens um etwa zwölf Silben erwartet.

Für die Überprüfung der Hypothese $H_0 : \beta = 0$ benötigen wir den Standardschätzfehler. Um die individuellen Residuen nicht berechnen zu müssen, verwenden wir Gl. (11.8). Es ergibt sich

$$s_e = \sqrt{25{,}94^2 \cdot (1 - 0{,}984^2) \cdot 5/4} = 5{,}2.$$

Für die Berechnung des Standardfehlers der Steigung verwenden wir Gl. (11.13). Im Nenner dieser Formel ist die Quadratsumme der x-Werte, $QS_x = \sum(x_i - \bar{x})^2$, enthalten. Diese können wir aufgrund der vorliegenden Kennwerte durch Umformen der Formel für die Stichprobenvarianz ermitteln, denn $QS_x = (n-1) \cdot s_x^2$. Wir berechnen also

$$s_b = \frac{s_e}{\sqrt{(n-1) \cdot s_x^2}} = \frac{5{,}2}{\sqrt{5 \cdot 20{,}49^2}} = 0{,}1135.$$

Die t-verteilte Prüfgröße kann jetzt als Verhältnis von Steigung zu ihrem Standardfehler bestimmt werden. Man erhält $t = b/s_b = 1{,}245/0{,}1135 = 10{,}97$. Dieser t-Wert besitzt $df = 6-2 = 4$ Freiheitsgrade. Für einen einseitigen Test mit $\alpha = 0{,}01$ lautet der kritische t-Wert: $t_{4;0{,}99} = 3{,}747$. Somit können wir die Nullhypothese, nach der die Behaltensleistung nicht mit der Lerndauer ansteigt, zurückweisen.

Betrachten wir noch einmal die Formel für den Standardfehler der Steigung, Gl. (11.13). Im Nenner dieser Formel steht die Wurzel der Quadratsumme der Prädiktorwerte. Vergrößert sich diese Quadratsumme, so nimmt der Standardfehler der Steigung ab. Die Quadratsumme des Prädiktors lässt sich auf zwei Arten erhöhen: Zum einen durch Erhöhung des Stichprobenumfangs, zum anderen durch Vergrößerung der x-Werte-Streuung. Wenn die Werte des Prädiktors fest sind, also vom Versuchsleiter gewählt werden können, ist es vorteilhaft, möglichst unterschiedliche Prädiktorwerte auszuwählen. Der Standardfehler der Steigung wird dadurch reduziert und die Steigung der Regressionsgeraden mit erhöhter Präzision geschätzt.

Übrigens kann auch der y-Achsenabschnitt auf Signifikanz geprüft werden. Da aber mit dem y-Achsenabschnitt zumeist keine inhaltlich interessante Hypothese verbunden ist, verzichten wir auf die Darstellung dieses Tests.

11.2.3 Konfidenzintervall für β

In Beispiel 11.6 hatten wir die Steigung auf Signifikanz getestet, d. h. wir haben überprüft, ob eine Populationssteigung von null ein plausibler Wert ist. Allerdings hatten wir schon aufgrund von Abb. 11.5 die Annahme einer Steigung von null als offensichtlich falsch beurteilt. Obwohl wir mit $b = 1{,}245$ über eine gute Schätzung der Zunahme der Behaltensleistung aufgrund einer Erhöhung der Lerndauer verfügen, so wird b doch nicht mit β identisch sein. Um einen Eindruck davon zu erhalten, in welchem Wertebereich wir β vermuten dürfen, können wir ein Konfidenzintervall für β bestimmen.

Sind die Voraussetzungen des Regressionsmodells erfüllt, kann das Konfidenzintervall für einen β-Koeffizienten nach folgender Beziehung bestimmt werden:

$$\text{untere Grenze} = b - t_{df;1-\alpha/2} \cdot s_b,$$
$$\text{obere Grenze} = b + t_{df;1-\alpha/2} \cdot s_b.$$

Der benötigte t-Wert, der von beiden Seiten der t-Verteilung mit $df = n-2$ Freiheitsgraden einen Flächenanteil von $\alpha/2$ abschneidet, wird in Tabelle C des Anhangs abgelesen.

BEISPIEL 11.7

Da wir für Beispiel 11.6 schon die zu verwendenden Größen bestimmt haben, greifen wir zur Illustration der Berechnung des Konfidenzintervalls für β auf dieses Beispiel zurück. Zunächst müssen wir uns überlegen, für welchen Konfidenzkoeffizienten $1 - \alpha$ das Intervall bestimmt werden soll. Wir wählen den konventionellen Wert $\alpha = 0{,}05$, sodass wir ein 95%-Konfidenzintervall bestimmen. Für vier Freiheitsgrade lautet das entsprechende Perzentil der t-Verteilung: $t_{4;0,975} = 2{,}776$.

Für die zuvor berechnete Steigung von 1,245 und einen Standardfehler von $s_b = 0{,}1135$ ergibt sich somit

$$\text{untere Grenze} = 1{,}245 - 2{,}776 \cdot 0{,}1135 = 0{,}93,$$
$$\text{obere Grenze} = 1{,}245 + 2{,}776 \cdot 0{,}1135 = 1{,}56.$$

Die wahre Steigung darf also mit 95% Sicherheit zwischen 0,93 und 1,56 erwartet werden.

Mit der Bestimmung des Konfidenzintervalls für β lässt sich die Frage, ob ein Regressionskoeffizient signifikant von null abweicht, ebenfalls beantworten: Der Signifikanztest $H_0 : \beta = 0$ führt bei zweiseitiger Testung und Signifikanzniveau α genau dann zu einem nicht-signifikanten Ergebnis, wenn das $1 - \alpha$ Konfidenzintervall den Wert null enthält.

> Der Steigungskoeffizient ist signifikant, wenn der Wert null außerhalb des Konfidenzintervalls liegt.

Schließlich wollen wir noch überlegen, wodurch die Größe dieses Konfidenzintervalls abhängt:

- *Konfidenzkoeffizient*: Wie üblich ist das Konfidenzintervall kleiner, je kleiner der Konfidenzkoeffizient (95% oder 99%) ist.
- *Standardschätzfehler*: Je kleiner der Standardschätzfehler s_e, umso kleiner ist das Konfidenzintervall.
- *Stichprobenumfang*: Das Konfidenzintervall wird – wie üblich – kleiner, je größer der Stichprobenumfang ist.
- *Varianz des Prädiktors*: Mit zunehmender Varianz s_x^2 verkleinert sich das Konfidenzintervall.

11.2.4 Konfidenzintervall für den Erwartungswert

Für einen gegebenen Prädiktorwert können wir aufgrund der geschätzten Regressionsgeraden einen Wert für die Kriteriumsvariable vorhersagen, mit welchem wir versuchen, den Erwartungswert der Arrayverteilung zu schätzen (s. Abb. 11.4). Wir bezeichnen den Prädiktorwert, an dessen Stelle der Erwartungswert geschätzt werden soll, als x_0 und die Schätzung mit $\hat{y}_0$. Wäre uns die Populationsgerade bekannt, so würden wir den Erwartungswert mit Hilfe der Gleichung $E(y|x_0) = \alpha + \beta \cdot x_0$ bestimmen. Zwar wird die empirische Regressionsgerade aufgrund des Stichprobenfehlers nicht mit der wahren Regressionsgeraden identisch sein, trotzdem dürfen wir $\hat{y}_0$ als Schätzung von $E(y|x_0)$ betrachten.

Um die Präzision von $\hat{y}_0$ als Schätzung von $E(y|x_0)$ zu beschreiben, können wir ein Konfidenzintervall berechnen, in dessen Grenzen sich $E(y|x_0)$ mit vorgegebener Sicherheit $(1 - \alpha)$ befindet. Die Grenzen dieses Konfidenzintervalls werden folgendermaßen berechnet:

$$\text{untere Grenze} = \hat{y}_0 - t_{df;1-\alpha/2} \cdot s_{\hat{y}_0},$$
$$\text{obere Grenze} = \hat{y}_0 + t_{df;1-\alpha/2} \cdot s_{\hat{y}_0}.$$

wobei

$$s_{\hat{y}_0} = s_e \cdot \sqrt{\frac{1}{n} + \frac{(x_0 - \bar{x})^2}{QS_x}}.$$

Zum mathematischen Hintergrund dieser Gleichung vgl. Hays (1994, Kap. 14.14) bzw. Kendall und Stuart (1973, S. 378).

Abbildung 11.6 veranschaulicht die Abhängigkeit der Konfidenzintervallgröße von der Stelle x_0, an der $E(y|x_0)$ geschätzt wird. Je weiter der x-Wert von $\bar{x}$ entfernt ist, desto größer wird das Konfidenzintervall. Die Schätzung von $E(y|x_0)$ ist somit am Prädiktormittelwert am genauesten.

Die Schätzung des Erwartungswertes aufgrund von x-Werten außerhalb des realisierten Wertebereichs setzt voraus, dass sich die in der Stichprobe

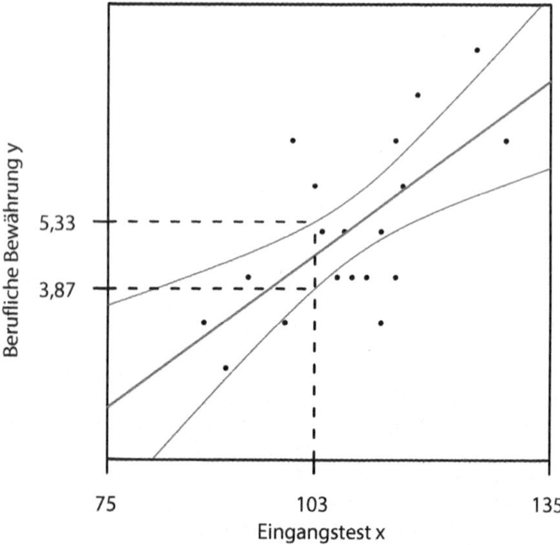

Abbildung 11.6. Hyperbolische 95%-Konfidenzgrenzen des Erwartungswertes für Beispiel 11.8; die Grenzen für $E(y|103)$, welche im Beispiel berechnet werden, sind gekennzeichnet

gefundene lineare Beziehung auch in den nicht geprüften Extrembereichen der Merkmale fortsetzt. Diese Annahme ist keineswegs immer aufrecht zu erhalten; Erwartungswerte, die aufgrund von x-Werten außerhalb des realisierten Wertebereichs geschätzt werden, sind zudem wegen des großen Konfidenzintervalls praktisch unbrauchbar.

BEISPIEL 11.8

Die inferenzstatistische Absicherung der Regressionsrechnung sei an einem Beispiel verdeutlicht. Mit einem Test x wird überprüft, wie gut 20 Personen für eine berufliche Tätigkeit im Bereich der Sozialfürsorge geeignet sind. Nach Ablauf von drei Jahren werden die Vorgesetzten befragt, wie sich die getesteten Personen im Beruf bewährt haben.

Das Ausmaß der Bewährung y wird auf einer 10-Punkte-Skala eingestuft, wobei hohe Werte einer guten Bewährung entsprechen. Die folgende Tabelle zeigt die Daten und die Berechnung wichtiger Größen zur Bestimmung der Regressionskoeffizienten.

Vpn	x	y	x^2	y^2	$x \cdot y$
1	110	4	12100	16	440
2	112	5	12544	25	560
3	100	7	10000	49	700
4	91	2	8281	4	182
5	125	9	15625	81	1125
6	99	3	9801	9	297
7	107	5	11449	25	535
8	112	3	12544	9	336
9	103	6	10609	36	618
10	117	8	13689	64	936
11	114	4	12996	16	456
12	106	4	11236	16	424
13	129	7	16641	49	903
14	88	3	7744	9	264
15	94	4	8836	16	376
16	107	5	11449	25	535
17	108	4	11664	16	432
18	114	7	12996	49	789
19	115	6	13225	36	690
20	104	5	10816	25	520
Summen:	2155	101	234245	575	11127

Aufgrund dieser Werte ermitteln wir

$$b = \frac{s_{xy}}{s_x^2} = \frac{12{,}2}{102{,}2} = 0{,}12,$$

$a = \bar{y} - b \cdot \bar{x} = 5{,}1 - 0{,}12 \cdot 107{,}8 = -7{,}8$ und $s_e = 1{,}4$. Das Konfidenzintervall für den Erwartungswert besitzt die Grenzen:

$$\hat{y}_0 \pm 2{,}94 \cdot \sqrt{\frac{1}{20} + \frac{(x_0 - 107{,}8)^2}{2044}}.$$

Setzen wir beispielsweise $x_0 = 103$, resultiert: $\hat{y}_0 = -7{,}8 + 0{,}12 \cdot 103 = 4{,}6$, und es ergibt sich das Intervall $4{,}6 \pm 0{,}73$ bzw.

$$3{,}87 \leq E(y|103) \leq 5{,}33.$$

Wir schätzen den Erwartungswert der beruflichen Bewährung für Personen, die ein Testergebnis von 103 erzielen, somit auf 4,6 Punkte. Der unbekannte Erwartungswert der beruflichen Bewährung dieser Personengruppe liegt mit 95% Sicherheit im Intervall von 3,83 bis 5,33 Punkten.

11.2.5 Residuenanalyse

Die Analyse der Regressionsresiduen ist zentraler Bestandteil von Regressionsstudien. Sie informiert darüber, ob die Voraussetzungen für inferenzstatistische Auswertungen (Signifikanztests, Konfidenzintervalle) erfüllt sind.

Die Analyse der Residuen beginnt mit der grafischen Darstellung der Residuen (Residuenplot). Auf der Abszisse wird die Prädiktorvariable x (oder auch die vorhergesagte Kriteriumsvariable $\hat{y}$) abgetragen und auf der Ordinate die Residuen. Zu Vergleichszwecken empfiehlt es sich, z-standardisierte Residuen zu verwenden. Da die Summe der Residuen null ist, müssen die Residuen e_i lediglich durch den Standardschätzfehler (s. Gl. (11.7)) dividiert werden.

Abbildung 11.7a zeigt, wie ein Streudiagramm der Residuen idealerweise aussehen sollte. Die Residuen schwanken unsystematisch um die Nulllinie. Ist der Prädiktor normalverteilt, sind die Residuen im mittleren x-Bereich dichter als in den Randbereichen.

Abbildung 11.7b verdeutlicht eine nicht-lineare Abhängigkeit zwischen x und y. Zeigen die Residuen einen positiven Trend wie in Abb. 11.7c, bedeutet dies, dass die Regressionsresiduen bei unterdurchschnittlichem x-Wert eher negativ und bei überdurchschnittlichem x-Wert eher positiv sind. Da die lineare Beziehung zwischen x und y durch die Regressionsgerade erfasst wird, weist dieser Residuenplot meistens auf einen systematischen

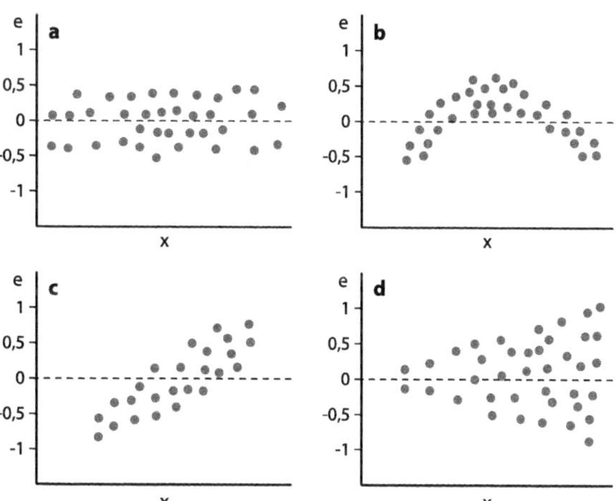

Abbildung 11.7. Residuenplots mit der Prädiktorvariablen als Abszisse und den standardisierten Residuen e_i/s_e als Ordinate; (a) Idealplot; (b) nicht-linearer Zusammenhang zwischen x und y; (c) vermutlicher Rechenfehler; (d) heteroskedastische Arrayverteilungen

Rechenfehler bei der Bestimmung der (standardisierten) Residuen hin.

Keinen Rechenfehler, sondern eine Verletzung der Homoskedastizitätsannahme signalisiert Abb. 11.7d. Bei diesem trichterförmigen Gebilde wird deutlich, dass sich die Varianzen der Residuen bzw. der Arrayverteilungen in Abhängigkeit von der Größe des x-Wertes verändern.

Wenn die Annahmen des Regressionsmodells erfüllt sind, müssen die Residuen normal verteilt sein. Dies zu testen ist also auch ein wichtiger Bestandteil der Voraussetzungsüberprüfung. Hierfür werden die Residuen kategorisiert und die resultierende Häufigkeitsverteilung grafisch dargestellt. Es sollte sich eine eingipfelige symmetrische Verteilung ergeben. Für eine statistische Überprüfung der Normalverteilungsannahme können der „χ^2-Goodness-of-fit-Test", der KSA-Test (Bortz & Lienert, 2008, Kap. 4) oder der Shapiro-und-Wilk-Test, der bei Royston (1995) beschrieben wird, eingesetzt werden.

Ausreißerwerte („outliers") werden zuverlässig im Residuenplot identifiziert. Individuen mit Ausreißerwerten sollten gesondert untersucht werden, um mögliche Ursachen für die extremen Merkmalsausprägungen aufzudecken. Ausreißerresiduen können aufgrund extremer x-Werte, extremer y-Werte oder beider Werte zustande kommen. Häufig sind sie jedoch lediglich auf Codier- oder Rechenfehler zurückzuführen, die im Nachhinein korrigiert werden können oder müssen. Techniken zur Identifizierung von Ausreißerwerten behandelt Bacon (1995). Im Übrigen gibt es viele Arbeiten zum Thema „Residuenanalyse", über die z. B. bei Draper und Smith (1998) oder auch bei von Eye und Schuster (1998, Kap. 6) berichtet wird. Zahlreiche „diagnostic tools" im Rahmen der Residuenanalyse, die über die optische Prüfung von Residuenplots hinausgehen, findet man unter anderem bei Toutenberg (2002, Kap. 3.10).

11.3 Nicht-lineare Zusammenhänge

Mit Hilfe der linearen Regressionsrechnung finden wir diejenige Regressionsgerade, die bei ausschließlicher Berücksichtigung linearer Zusam-

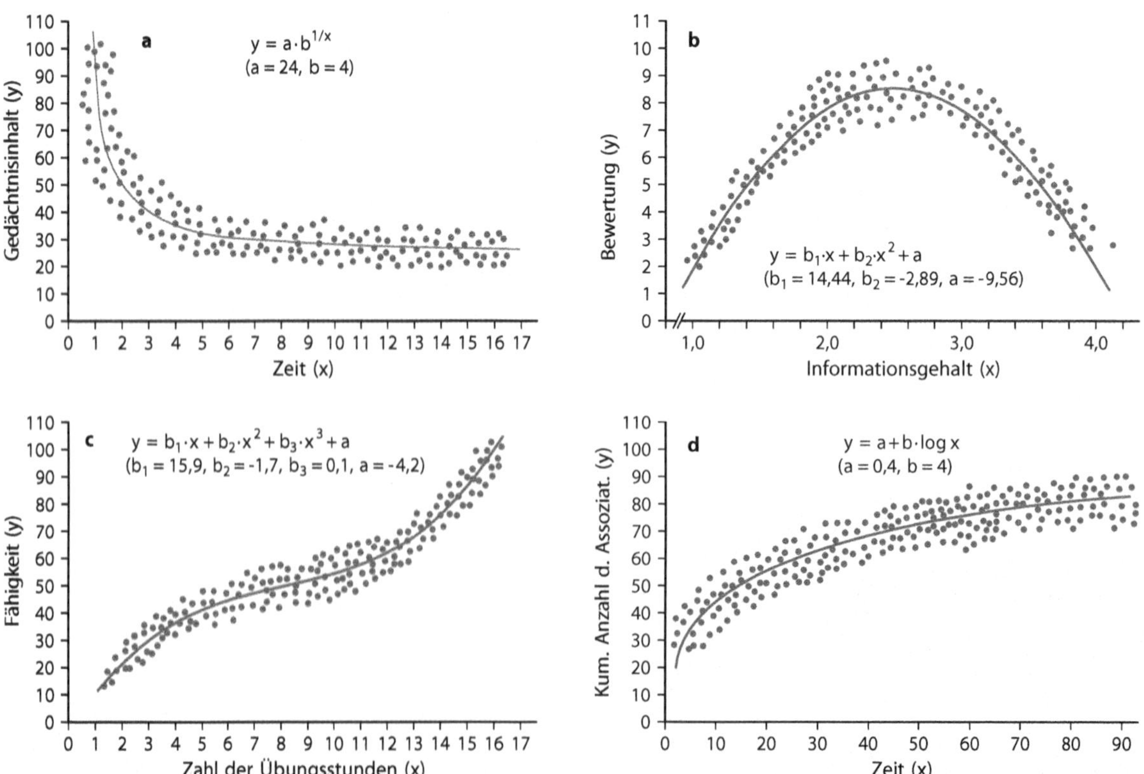

Abbildung 11.8. Nicht-lineare Zusammenhänge; **a** Beispiel für einen exponentiellen Zusammenhang, **b** Beispiel für einen parabolischen Zusammenhang, **c** Beispiel für einen funktionalen Zusammenhang 3. Grades (kubischer Zusammenhang), **d** Beispiel für einen logarithmischen Zusammenhang

menhänge eine bestmögliche (im Sinne des Kriteriums der kleinsten Quadrate) Vorhersage der Kriteriumsvariablen aufgrund einer Prädiktorvariablen gewährleistet. Gelegentlich erwarten wir jedoch, dass eine andere, nicht-lineare Beziehung eine bessere Vorhersage gestattet als eine lineare Beziehung.

Will man einen komplizierten Text oder erlernte Vokabeln reproduzieren, ist häufig festzustellen, dass nach relativ kurzer Zeit vieles vergessen wurde, dass aber einige Lerninhalte erstaunlich lange im Gedächtnis haften bleiben. Die Reproduzierbarkeit von Gedächtnisinhalten nimmt im Verlaufe der Zeit nicht linear, sondern exponentiell ab. Abbildung 11.8a zeigt, wie ein solcher Verlauf aussehen könnte.

Ferner gibt es Theorien, die besagen, dass die Bewertung ästhetischer Reize in einem umgekehrt U-förmigen oder parabolischen Zusammenhang zum Informationsgehalt der Reize steht (vgl. Abb. 11.8b). Werden komplexe Fertigkeiten wie z. B. das Spielen eines Musikinstrumentes erworben, ist mit einer sog. Plateauphase zu rechnen, in der kaum Lernfortschritte zu verzeichnen sind. Abbildung 11.8c zeigt einen Ausschnitt der Beziehung zwischen der Anzahl der Übungsstunden und dem Beherrschen eines Musikinstrumentes (umgekehrt S-förmiger oder kubischer Zusammenhang). Fordern wir eine Person auf, sich so viele Namen wie möglich einfallen zu lassen (Entleerung eines Assoziationsreservoirs), ergibt sich über die Zeit eine kumulierte Häufigkeitsverteilung, die in etwa eine logarithmische Form hat (vgl. Abb. 11.8d). Diese Beispiele verdeutlichen die Notwendigkeit, gelegentlich auch nicht-lineare Beziehungen annehmen zu müssen.

Zeigt sich in einer Stichprobe eine bivariate Merkmalsverteilung, die nicht durch eine lineare Regressionsgerade angepasst werden kann, sollte zunächst überprüft werden, ob es eine Theorie gibt, die den nicht-linearen Trend erklärt. Ausgehend von theoretischen Überlegungen spezifizieren wir ein mathematisches Modell bzw. einen Funktionstypus für den Kurvenverlauf und überprüfen, wie gut sich die Daten an das Modell anpassen. Auch dafür wird häufig die Methode der kleinsten Quadrate eingesetzt.

Lassen sich aufgrund theoretischer Überlegungen zwei oder mehrere alternative Modelle angeben, werden die Modellparameter anhand der Daten für die konkurrierenden Modelle bestimmt. Es ist dann demjenigen Modell den Vorzug zu geben, das sich den Daten nach dem Kriterium der kleinsten Quadrate besser anpasst.

11.3.1 Polynomiale Regression

Eine umgekehrt U-förmige Beziehung (vgl. Abb. 11.8b) wird durch eine quadratische Regressionsgleichung oder ein Polynom 2. Ordnung modelliert:

$$\hat{y} = a + b_1 \cdot x + b_2 \cdot x^2. \tag{11.16}$$

Wie bei der linearen Regression müssen wir auch hier die Summe der quadrierten Abweichungen der y-Werte von den $\hat{y}$-Werten, also den Ausdruck

$$\sum_{i=1}^{n} \left[y_i - (a + b_1 \cdot x_i + b_2 \cdot x_i^2)\right]^2,$$

minimieren. Wird dieser Ausdruck partiell nach a, b_1 und b_2 abgeleitet, und werden die Ableitungen null gesetzt, erhalten wir das folgende Gleichungssystem für die Berechnung der unbekannten Regressionskoeffizienten:

$$\begin{aligned}
\sum_i y_i &= an && + b_1 \sum_i x_i + b_2 \sum_i x_i^2,\\
\sum_i x_i \cdot y_i &= a \sum_i x_i && + b_1 \sum_i x_i^2 + b_2 \sum_i x_i^3,\\
\sum_i x_i^2 \cdot y_i &= a \sum_i x_i^2 && + b_1 \sum_i x_i^3 + b_2 \sum_i x_i^4.
\end{aligned} \tag{11.17}$$

Die Auflösung derartiger Gleichungssysteme nach den unbekannten Parametern a, b_1 und b_2 ist nach dem Substitutionsverfahren oder vergleichbaren Verfahren relativ einfach möglich. Im Anhang, Teil B, wird unter dem Stichwort „Lösung linearer Gleichungssysteme" ein matrixalgebraischer Lösungsweg beschrieben, der auf Polynome beliebiger Ordnung übertragbar ist.

BEISPIEL 11.9

Mit informationstheoretischen Methoden (Mittenecker & Raab, 1973) wurde der syntaktische Informationsgehalt (Prädiktor) von zehn neu komponierten, kurzen musikalischen Phrasen ermittelt. Fünfzig Versuchspersonen wurden aufgefordert, auf einer 7-Punkte-Skala anzugeben, in welchem Ausmaß ihnen die zehn Musikbeispiele gefallen (Kriterium). Tabelle 11.1 zeigt den Informationsgehalt der zehn Beispiele sowie deren durchschnittliche Bewertung. Da wir vermuten, dass zwischen Bewertung und Informationsgehalt ein umgekehrt U-förmiger Zusammenhang besteht, sollen die Bewertungen mit einer quadratischen Regressionsgleichung vorhergesagt werden.

Für die drei Gleichungen ergibt sich:

$$\begin{aligned}
39{,}9 &= 10 \cdot a && + 26{,}9 \cdot b_1 && + 83{,}63 \cdot b_2,\\
108{,}04 &= 26{,}9 \cdot a && + 83{,}63 \cdot b_1 && + 282{,}87 \cdot b_2,\\
326{,}87 &= 83{,}63 \cdot a && + 282{,}87 \cdot b_1 && + 1002{,}60 \cdot b_2.
\end{aligned}$$

Tabelle 11.1. Beispiel für eine polynomiale Regression

	Objekt-Nr.	x	y	$x \cdot y$	x^2	x^3	x^4	$x^2 \cdot y$
	1	1,1	1,3	1,43	1,21	1,33	1,46	1,57
	2	1,3	3,7	4,81	1,69	2,20	2,86	6,25
	3	1,5	4,4	6,60	2,25	3,38	5,06	9,90
	4	2,2	5,4	11,88	4,84	10,65	23,43	26,14
	5	2,5	5,8	14,50	6,25	15,63	39,06	36,25
	6	3,3	5,5	18,15	10,89	35,94	118,59	59,90
	7	3,4	5,2	17,68	11,56	39,30	133,63	60,11
	8	3,7	2,9	10,73	13,69	50,65	187,42	39,70
	9	3,8	3,7	14,06	14,44	54,87	208,51	53,43
	10	4,1	2,0	8,20	16,81	68,92	282,58	33,62
Summen:		26,9	39,9	108,04	83,63	282,87	1002,60	326,87

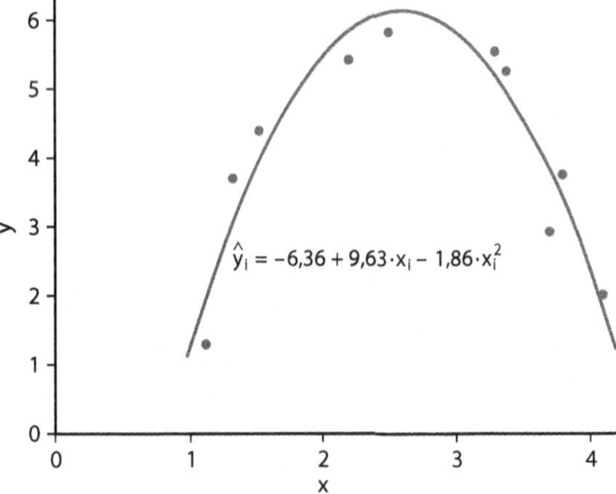

Abbildung 11.9. Grafische Darstellung der quadratischen Regressionsgleichung

Diese drei Gleichungen lösen wir nach den Unbekannten auf und erhalten: $a = -6{,}36$, $b_1 = 9{,}63$ und $b_2 = -1{,}86$, sodass die Regressionsgleichung lautet

$$\hat{y}_i = -6{,}36 + 9{,}63 \cdot x_i - 1{,}86 \cdot x_i^2.$$

Abbildung 11.9 zeigt, wie sich diese Parabel an die empirischen Daten anpasst.

Polynome höherer Ordnung. Wird ein S-förmiger Zusammenhang vermutet (vgl. Abb. 11.8c), lässt sich dieser Trend durch eine kubische Regressionsgleichung bzw. ein Polynom 3. Ordnung anpassen:

$$\hat{y} = a + b_1 \cdot x + b_2 \cdot x^2 + b_3 \cdot x^3.$$

Wie bei der quadratischen Regressionsgleichung erhält man auch hier durch partielle Ableitungen ein lineares Gleichungssystem, das einfachheitshalber matrixalgebraisch nach den unbekannten Regressionskoeffizienten a, b_1, b_2 und b_3 aufgelöst wird.

Nicht-lineare Zusammenhänge, die über ein Polynom 3. Ordnung hinausgehen, können nur sehr selten theoretisch begründet werden. Eine Modellierung beliebiger nicht-linearer Zusammenhänge durch ein Polynom p-ter Ordnung kann deshalb bestenfalls ex post, d. h. ohne theoretische Vorannahmen sinnvoll sein. Die entsprechende allgemeine Regressionsgleichung lautet:

$$\hat{y} = a + b_1 \cdot x + b_2 \cdot x^2 + \dots + b_p \cdot x^p.$$

11.3.2 Linearisierende Transformationen

Wenngleich jeder beliebige Zusammenhang durch eine polynomiale Regression beliebig genau angepasst werden kann, ist es nicht immer sinnvoll, eine Regressionsgleichung auf diese Weise zu bestimmen. Abbildung 11.8 verdeutlicht z. B. Zusammenhänge, bei denen ein Funktionstyp explizit durch eine Theorie vorgegeben ist, der dementsprechend auch regressionsanalytisch nachgewiesen werden sollte. In diesem Fall kann die Regressionsgleichung durch vorgeschaltete, linearisierende Transformationen zumindest approximativ ermittelt werden.

Betrachten wir beispielsweise ein Modell, nach dem zwischen zwei Variablen ein exponentieller Zusammenhang vermutet wird. Der Gleichungstyp lautet in diesem Fall

$$\hat{y} = a \cdot x^b. \tag{11.18}$$

Diese Gleichung wird linearisiert, indem wir sie logarithmieren.

$$\lg \hat{y} = \lg a + b \cdot \lg x,$$

wobei lg = Logarithmus zur Basis 10. Wir ersetzen:

$$\hat{y}' = \lg \hat{y}$$
$$x' = \lg x$$
$$a' = \lg a$$
$$b' = b.$$

Für Gl. (11.18) erhalten wir somit die folgende lineare Funktion:

$$\hat{y}' = a' + b' \cdot x'.$$

Das Verfahren zur Ermittlung der Regressionskoeffizienten dieser Regressionsgleichung ist bereits bekannt. Wir logarithmieren die erhobenen x- und y-Werte und bestimmen anschließend nach Gl. (11.2) und Gl. (11.3) die Parameter a' und b', wobei b' dem gesuchten Parameter b entspricht; a erhalten wir, indem die Logarithmierung rückgängig gemacht wird: $a = 10^{a'}$.

Der hier skizzierte Ansatz der vorgeschalteten, linearisierenden Transformationen lässt sich auch auf komplexere funktionale Zusammenhänge anwenden. Zunächst werden die Regressionskoeffizienten der linearisierten Regressionsgleichung ermittelt, die anschließend in die Regressionskoeffizienten der ursprünglichen Funktion zurücktransformiert werden. Die so ermittelten Regressionskoeffizienten sind allerdings nicht exakt mit denjenigen Regressionskoeffizienten identisch, die wir bei direkter Anwendung der Methode der kleinsten Quadrate erhalten würden.

Bei Letzterer werden die gesuchten Regressionskoeffizienten so geschätzt, dass die Summe der quadrierten Abweichungen aller Punkte von der nicht-linearisierten Funktion (z. B. Parabel, Hyperbel, Exponentialfunktion) minimal wird. Diese Minimierung ist jedoch nicht mit derjenigen identisch, bei der eine lineare Regressionsgleichung gesucht wird, für die die Abweichungsquadratsumme der zuvor transformierten Werte minimal sein soll (vgl. etwa Rützel, 1976). Wie Parameterschätzungen nach vorgeschalteten linearisierenden Transformationen optimiert werden können, zeigen Draper und Smith (1998, Kap. 24.2) bzw. Hartley (1961).

SOFTWAREHINWEIS 11.1

Die beiden diskutierten Ansätze zur Analyse nicht-linearer Zusammenhänge – polynomiale Regression und linearisierende Transformation – können mit Hilfe von Softwaremodulen zur linearen Regression berechnet werden. Zwar ist die Beziehung der beobachteten Variablen nicht-linear, trotzdem bleibt die Modellgleichung eine lineare Gleichung, wenn sie als Funktion der unbekannten Regressionskoeffizienten betrachtet wird. Nach einer Variablentransformation kann die lineare Regression deshalb ohne Veränderung angewendet werden. Bei der polynomialen Regression müssen die Prädiktorterme ($x^2, x^3, \ldots$) als zusätzliche Prädiktoren in das Modell aufgenommen werden. Insofern ist in diesem Fall eine sog. multiple lineare Regressionsanalyse zu berechnen.

ÜBUNGSAUFGABEN

Allgemeine Fragen

Aufgabe 11.1 Nach welchem Kriterium wird die Regressionsgerade zur Vorhersage von $\hat{y}$-Werten festgelegt?

Aufgabe 11.2 Was hat die Differenzialrechnung mit der Regressionsrechnung zu tun?

Aufgabe 11.3 Welche Besonderheiten ergeben sich für die Regressionsgerade, wenn die Variablen zuvor z-standardisiert wurden?

Aufgabe 11.4 Was versteht man unter Homoskedastizität?

Aufgabe 11.5 Welche Annahmen macht das Modell der linearen Regression?

Aufgabe 11.6 Welche Regressionskoeffizienten ergeben sich, wenn die Kovarianz null ist? Interpretieren Sie diesen Fall.

Aufgabe 11.7 Wie verändert sich die Steigung in einer einfachen linearen Regression, wenn bei gleich bleibender Korrelation a) s_x größer wird? b) s_y größer wird?

Lineare Regression

Aufgabe 11.8 Ein Schulpsychologe hat an 500 Vorschulkindern die folgenden Kennwerte eines Schuleignungstests ermittelt: $\bar{x} = 40$, $s_x = 5$. Nach Ablauf des ersten Schuljahres werden mit einem geeigneten Verfahren die tatsächlichen Leistungen dieser Stichprobe gemessen, die folgende Kennwerte aufweisen: $\bar{y} = 30$, $s_y = 4$. Die Kovarianz zwischen dem Schuleignungstest und dem Schulleistungstest möge $s_{xy} = 10$ betragen.

a) Ermitteln Sie die Korrelation zwischen den beiden Tests.
b) Wie lautet die Regressionsgleichung zur Vorhersage der schulischen Leistungen aufgrund des Schuleignungstests?
c) Mit welcher schulischen Leistung ist bei einem Schüler zu rechnen, der im Eignungstest einen Wert von $x = 45$ erzielt hat?
d) Wie lautet das Konfidenzintervall, in dem sich die durchschnittliche Schulleistung aller Schüler mit einem Eignungstestwert von $x = 45$ mit 99%iger Wahrscheinlichkeit befindet?

Aufgabe 11.9 In einem Experiment soll überprüft werden, ob die Einnahme eines Tranquilizers die Reaktionszeit beeinflusst. Zehn Ratten werden unterschiedliche Dosen x (0–4mg) des Tranquilizers verabreicht. Anschließend wird die Schnelligkeit y der Reaktion auf einen aversiven Reiz in hundertstel Sekunden gemessen. Zwischen der Reaktionszeit und der Dosis soll eine lineare Regression berechnet werden. Es ergeben sich folgende Daten:

Ratte	1	2	3	4	5	6	7	8	9	10
x	0	0	1	1	2	2	3	3	4	4
y	2,0	3,0	3,5	3,0	4,5	7,5	10,5	6,0	12,0	8,0

a) Bestimmen Sie die Regressionsgerade mit Hilfe von Formel (11.3).
b) Zeichnen Sie die Regressionsgerade, und interpretieren Sie die Steigung und den y-Achsenabschnitt.
c) Bestimmen Sie die Varianz s_x^2 und die Kovarianz zwischen x und y.
d) Berechnen Sie den Regressionskoeffizienten b mit Hilfe der Kovarianz.
e) Berechnen Sie für alle Ratten die vorhergesagte Zeit $\hat{y}$ sowie den Vorhersagefehler e.
f) Überprüfen Sie die Gültigkeit der Annahmen des linearen Regressionsmodells. Zeichnen Sie ein Schaubild, in dem e auf der y-Achse und $\hat{y}$ auf der x-Achse abgetragen ist.

Aufgabe 11.10 In einer Studie wird der Zusammenhang zwischen der Ausbildungsdauer an Hochschulen (BA, MA, PhD) in Jahren (x-Variable) und dem Jahreseinkommen in Euro (y-Variable) berechnet. Als Verteilungskennwerte ergeben sich: $\bar{x} = 5$, $\bar{y} = 30000$, $s_x = 2$, $s_y = 6000$, $s_{xy} = 8000$.
a) Berechnen Sie die Regressionsgleichung, und interpretieren Sie die Regressionskoeffizienten.
b) Welcher neue Steigungskoeffizient ergibt sich, wenn das Einkommen in Tausend Euro ausgedrückt wird?
c) Welcher neue Steigungskoeffizient ergibt sich, wenn die Ausbildungsdauer in Monaten ausgedrückt wird?
d) Welche Konsequenzen für die Interpretation der Regressionssteigung ergeben sich?

Aufgabe 11.11 Ein Psychologe möchte überprüfen, ob die Arbeitsleistung y mit dem Neurotizismuswert x einer Person linear zusammenhängt. Von neun zufällig ausgewählten Personen wird die Arbeitsleistung erfasst und der Neurotizismuswert mit einem Fragebogen erhoben. Es ergeben sich folgende Daten:

Vp	1	2	3	4	5	6	7	8	9
x	96	97	98	99	100	101	102	103	104
y	42	69	76	43	50	37	64	51	18

a) Berechnen Sie die Kennwerte: $\bar{x}$, $\bar{y}$, s_x^2, s_y^2, s_{xy}, r sowie die Steigung b und den y-Achsenabschnitt a der Regression von y auf x.
b) Berechnen Sie den Standardschätzfehler. Verwenden Sie hierzu die Gl. (11.7). Berechnen Sie den Standardschätzfehler zusätzlich mit Hilfe der Gl. (11.8).
c) Schätzen Sie den Standardfehler der Steigung s_b.
d) Testen Sie die Nullhypothese, dass kein linearer Zusammenhang zwischen Neurotizismus und Arbeitsleistung besteht gegen eine zweiseitige Alternativhypothese mit $\alpha = 0{,}05$.
e) Bestimmen Sie ein 95%-Konfidenzintervall für den Steigungskoeffizienten β.
f) Wovon hängt die Länge des Konfidenzintervalls ab?
g) Bestimmen Sie ein 95%-Konfidenzintervall für die erwartete Arbeitsleistung bei Personen mit Neurotizismuswert $x_0 = 100$. Wie lange ist dieses Intervall?
h) Bestimmen Sie das Konfidenzintervall für die erwartete Arbeitsleistung an der Stelle $x_0 = 104$. Wie lange ist das Intervall?
i) Wovon hängt die Genauigkeit der Vorhersage ab?
j) Mit zunehmendem Stichprobenumfang ist es möglich, den tatsächlichen Erwartungswert für eine bestimmte Prädiktorausprägung x_0 mit immer größerer Genauigkeit zu bestimmen, da das 95%-Konfidenzintervall immer kleiner wird. Bedeutet dies, dass ein individueller y-Wert in diesem Fall perfekt vorhergesagt werden kann?

Aufgabe 11.12 In einer Studie soll untersucht werden, ob die Einnahme eines Medikamentes zur Reduktion der Symptomatik bei schizophrenen Patienten führt. Ziel ist es, die reduzierte Symptombelastung auf die verabreichte Dosis des Medikamentes zurückzuführen. Dabei können zwei Vorgehensweisen verfolgt werden. Bei einer ersten Strategie wird der einen Hälfte der Patienten kein Medikament verordnet, der anderen Hälfte die Maximaldosis von 40mg gegeben. Bei 90 Versuchspersonen würden die Patienten also nach folgendem Schema aufgeteilt:

Dosis	0	40
Anzahl	45	45

Bei der zweiten Strategie wird die Dosis in feinen Abstufungen variiert. Bei 90 Versuchspersonen könnte die Aufteilung nach folgendem Schema erfolgen:

Dosis	0	5	10	15	20	25	30	35	40
Anzahl	10	10	10	10	10	10	10	10	10

Diskutieren Sie die Vorzüge und Nachteile der beiden Vorgehensweisen.

Nicht-lineare Zusammenhänge

Aufgabe 11.13 Birch (1945) untersuchte den Einfluss der Motivstärke auf das Problemlöseverhalten bei Schimpansen. Die Stärke des Hungermotivs wurde variiert, indem den Tieren vor dem Experiment unterschiedlich lange nichts zu fressen gegeben wurde. Die Aufgabe der Schimpansen bestand darin, eine außerhalb des Käfigs liegende Banane zu erreichen, was jedoch nur mit Hilfe eines Stockes, der in erreichbarer Distanz ebenfalls außerhalb des Käfigs lag, möglich war. Bei jedem Tier wurde die Zeit, die zum Erreichen der Banane benötigt wurde, registriert. Es mögen sich folgende Motivstärken (operationalisiert durch die Dauer der Hungerperiode in Stunden) und Problemlösezeiten ergeben haben:

Tier	Motivstärke	Problemlöszeit
1	1	120
2	3	110
3	5	70
4	7	90
5	9	50
6	11	60
7	13	60
8	15	80
9	17	90
10	19	90

Zwischen beiden Variablen wird ein umgekehrt U-förmiger Zusammenhang erwartet (optimales Problemlöseverhalten bei mittlerer Motivstärke). Wie lautet die quadratische Regressionsgleichung? Stellen Sie die Funktion zusammen mit den zehn Messpunkten grafisch dar.

Teil II

Varianzanalytische Methoden

Einleitung

Viele human- bzw. sozialwissenschaftliche Fragestellungen lassen sich erst dann einigermaßen zufriedenstellend beantworten, wenn Stichproben aus Populationen, die sich in Bezug auf mehrere Merkmale unterscheiden, hinsichtlich einer abhängigen Variablen verglichen werden können. Zum einen könnte jedes der Merkmale einen Effekt auf die abhängige Variable besitzen, zum anderen könnte aber auch durch das Zusammenwirken bzw. durch die Möglichkeit der wechselseitigen Beeinflussung der Merkmale ein Effekt erzeugt werden, der ohne deren gleichzeitige Berücksichtigung nicht zu erkennen wäre.

Komplexere Probleme dieser Art können mit den inferenzstatistischen Verfahren, welche in Teil I des Buches besprochen wurden, nur unbefriedigend bearbeitet werden. Im Teil II behandeln wir deshalb eine Verfahrensgruppe, welche die simultane Variation mehrerer unabhängiger Variablen ermöglicht und die für die statistische Bearbeitung komplexerer Fragestellungen eher geeignet ist – die Varianzanalyse.

Die Bezeichnung „Varianzanalyse" für die im Teil II zu behandelnden Verfahren ist insoweit irreführend, als die Hpothesen, welche mit Varianzanalyse untersucht werden, sich in der Regel auf Mittelwertunterschiede – nicht Varianzen – beziehen. Das Schätzen von Varianzen – auch „Varianzkomponenten" genannt – ist für sozialwissenschaftliche Anwendungen meistens nur von sekundärem Interesse. Wenn wir dennoch die in Teil II zu behandelnden Verfahren mit der Bezeichnung „Varianzanalyse" überschreiben, wird hiermit ein historisch gewachsener Begriff übernommen, der in der internationalen Statistikliteratur nahezu durchgängig gebräuchlich ist.

Teil II beschäftigt sich mit folgenden varianzanalytischen Methoden:

Kapitel 12: *Einfaktorielle Pläne.* Hier wird die Bedeutsamkeit einer mehrfach gestuften unabhängigen Variablen für eine abhängige Variable untersucht.

Kapitel 13: *Einzel- und Mehrfachvergleiche.* Gibt es zwischen den Stufen der unabhängigen Variablen systematische Mittelwertunterschiede auf der abhängigen Variablen, kann mit Einzel- bzw. Mehrfachvergleichen eine detailliertere Analyse der Unterschiede vorgenommen werden.

Kapitel 14: *Zweifaktorielle Pläne.* Statt einer werden hier simultan zwei unabhängige Variablen in ihrer Bedeutung für eine abhängige Variable geprüft.

Kapitel 15: *Kontraste für zweifaktorielle Versuchspläne.* Auch in zweifaktoriellen Plänen kann im Anschluss eine genauere Analyse vorhandener Mittelwertunterschiede erfolgen. Insbesondere die Analyse von Wechselwirkungseffekten zwischen den beiden unabhängigen Variablen ist hierbei von Interesse.

Kapitel 16: *Drei- und mehrfaktorielle Versuchspläne.* Hier werden die bereits im Rahmen der ein- und zweifaktoriellen Pläne besprochenen Aspekte auf drei und mehr Faktoren erweitert.

Kapitel 17: *Hierarchische Versuchspläne.* Häufig besteht zwischen den unabhängigen Variablen eine hierarchische Beziehung, die es nicht erlaubt, alle theoretisch möglichen Stufen der beiden unabhängigen Variablen zu realisieren. Solche hierarchischen Beziehungen müssen für eine korrekte Datenanalyse durch die Verwendung eines hierarchischen Versuchsplans berücksichtigt werden.

Kapitel 18: *Versuchspläne mit Messwiederholungen.* Untersucht man eine Stichprobe mehrfach (z. B. vor, während und nach einer Behandlung), muss davon ausgegangen werden, dass sich Beobachtungen innerhalb einer Person ähnlicher sind, als Beobachtungen verschiedener Personen. Eine Analyse von Plänen mit Messwiederholung muss die Zugehörigkeit verschiedener Beobachtungen zu einer Person berücksichtigen.

Kapitel 19: *Kovarianzanalyse.* Wie man die Wirksamkeit von Kovariaten im Rahmen ein- oder mehrfaktorieller Pläne varianzanalytisch „neutralisieren" kann, ist Gegenstand der Kovarianzanalyse.

Kapitel 20: *Lateinische Quadrate.* Gelegentlich hat man es mit Fragestellungen zu tun, bei denen Wechselwirkungseffekte zwischen den unabhängigen Variablen ausgeschlossen werden können. In diesem Fall lässt sich durch den Einsatz lateinischer Quadrate bzw. verwandter Versuchspläne die benötigte Anzahl an Versuchspersonen im Vergleich zu vollständig faktoriellen Plänen erheblich reduzieren.

Kapitel 12 **Einfaktorielle Versuchspläne**

ÜBERSICHT

Quadratsummenzerlegung – Freiheitsgrade – Varianzaufklärung – Signifikanztest – ungleiche Stichprobengrößen – Modell I – Modell II

Bevor wir uns mit dem Grundprinzip der einfaktoriellen Varianzanalyse befassen, sollen die Begriffe (1) abhängige Variable, (2) Faktor und (3) Treatment erläutert werden. Mit der *abhängigen Variablen* bezeichnen wir dasjenige Merkmal, welches mit einer Varianzanalyse untersucht wird. Wir registrieren beispielsweise, dass Versuchspersonen auf einer Skala zur Erfassung der Einstellung zum marktwirtschaftlichen System Unterschiede aufweisen und fragen uns, wie diese Unterschiede zustande kommen. Variablen, die als Erklärung der Einstellungsunterschiede verwendet werden können, werden unabhängige Variablen oder *Faktoren* genannt. Bezogen auf das Einstellungsbeispiel sind die soziale Schicht der Versuchspersonen, ihre Parteizugehörigkeit, berufliche Position, die Ausbildung, die Einstellung der Eltern usw. Faktoren, die potenziell Unterschiede auf der abhängigen Variablen erzeugen können.

Varianzanalysen werden unter anderem danach klassifiziert, wie viele Faktoren in ihrer Bedeutung für eine abhängige Variable simultan untersucht werden. Eine Varianzanalyse, die den Einfluss einer unabhängigen Variablen auf die abhängige Variable überprüft, bezeichnen wir als eine *einfaktorielle* Varianzanalyse. Im Unterschied zur abhängigen Variablen, die immer metrisch sein muss, müssen die Faktoren kategorial gestuft sein. Es muss dann lediglich gewährleistet sein, dass jede Versuchsperson eindeutig einer Kategorie des Faktors zugeordnet werden kann.

Bezogen auf das Beispiel ließe sich mit einer einfaktoriellen Varianzanalyse sowohl die Parteipräferenz der Versuchspersonen (nominales Merkmal) als auch das durch Kategorienbildung diskretisierte Einkommen der Versuchspersonen (metrisches Merkmal) als Faktor untersuchen. Berücksichtigen wir bei den Parteipräferenzen drei Parteien, sprechen wir von einem dreifach gestuften Faktor. Teilen wir das Einkommen in sechs Kategorien ein, hat der Faktor „Einkommen" sechs Stufen.

> Die einfaktorielle Varianzanalyse überprüft die Auswirkung einer gestuften, unabhängigen Variablen auf eine abhängige Variable.

Wir wollen einmal annehmen, dass eine einfaktorielle Varianzanalyse mit dem Faktor „Parteipräferenz" und der abhängigen Variablen „Einstellung zum marktwirtschaftlichen System" zu einem signifikanten Ergebnis geführt hat, was – wie wir noch sehen werden – bedeutet, dass die Mittelwerte der Einstellungen von Personen mit unterschiedlichen Parteipräferenzen sich systematisch unterscheiden. Kann man deshalb behaupten, dass die Einstellungen durch die Parteipräferenzen im kausalen Sinn beeinflusst werden? Diese Interpretation würde sicherlich zu weit gehen, denn Personen mit unterschiedlichen Parteipräferenzen unterscheiden sich in einer Vielzahl von weiteren Variablen, die ebenfalls als Erklärung der Einstellungsunterschiede verwendet werden könnten.

Eher im Sinn einer kausalen Beeinflussung sind dagegen Untersuchungen interpretierbar, in denen randomisierte Stichproben unterschiedlich behandelt werden und in denen sich die Stichproben nach der Behandlung hinsichtlich einer abhängigen Variablen signifikant voneinander unterscheiden. Wenn ein Arzt beispielsweise drei zufällig zusammengestellte Stichproben mit unterschiedlichen Beruhigungsmitteln behandelt, wäre man eher bereit, signifikante Unterschiede zwischen den Stichproben hinsichtlich der abhängigen Variablen auf die Wirkungsweise der Medikamente zurückzuführen.

Werden randomisierte Stichproben unterschiedlich behandelt, bezeichnen wir den Faktor „Behandlungsarten" als einen Treatmentfaktor oder kurz als *Treatment*. Über diese enge Definition eines Treatments hinausgehend ist es jedoch üblich, auch dann von einem Treatmentfaktor zu sprechen, wenn sich die Versuchspersonen durch Merkmale wie z. B. das Geschlecht, das Alter, die soziale Schicht usw. unterscheiden. Die Bezeichnung Treatment wird in der Statistikliteratur also häufig synonym für Faktor verwendet. Auch hier sollen die Begriffe „Faktor" und „Treatment" konzeptionell nicht unterschieden werden.

Definition 12.1

Randomisierte Stichprobe. Werden die Versuchspersonen den Treatmentstufen zufällig zugeordnet, bezeichnet man die unter den Treatmentstufen beobachteten Stichproben als randomisierte Stichproben.

Untersuchungen, die randomisierte Stichproben verwenden, bezeichnen wir als *experimentelle Untersuchungen*. Werden Stichproben aus verschiedenen natürlichen Populationen verglichen (z. B. verschiedene Alterspopulationen, Populationen mit unterschiedlicher Ausbildung etc.), spricht man von einer *quasi-experimentellen Untersuchung*. Nach diesen Vorbemerkungen wollen wir uns der Durchführung einer einfaktoriellen Varianzanalyse zuwenden.

12.1 Einfaktorielle Varianzanalyse

Es soll überprüft werden, ob sich vier Lehrmethoden für den Englischunterricht in ihrer Effizienz unterscheiden. Der Lernerfolg wird durch die Punktezahl in einem Englischtest gemessen. Aus einer Grundgesamtheit von Schülern werden jeder Methode fünf Schüler zufällig zugeordnet und nach der entsprechenden Methode unterrichtet. An der Untersuchung nehmen somit 20 Schüler teil. Die Ergebnisse des abschließenden Englischtests sind in Tab. 12.1 zusammengefasst, wobei die vier Unterrichtsmethoden als a_1, a_2, a_3 und a_4 abgekürzt wurden. Die fünf Werte in der Spalte a_1 entsprechen den Testwerten, die diejenigen fünf Versuchspersonen erzielt haben, die nach Methode 1 unterrichtet wurden.

Tabelle 12.1. Testergebnisse für Schüler, die nach einer von vier unterschiedlichen Methoden unterrichtet wurden

Methode	a_1	a_2	a_3	a_4
	2	3	6	5
	1	4	8	5
	3	3	7	5
	3	5	6	3
	1	0	8	2

Terminologie. Allgemein wollen wir folgende Terminologie vereinbaren: Als unabhängige Variable soll ein Faktor A untersucht werden, der in p Stufen eingeteilt ist. Zur Kennzeichnung einer beliebigen Faktorstufe wählen wir den Index i, wobei $i = 1,2,\ldots,p$. Die einzelnen, unter den Faktorstufen erhobenen Messwerte sind doppelt indiziert. Eine Beobachtung schreiben wir als y_{im}, wobei der erste Index die Faktorstufe und der zweite Index die Person kennzeichnet. Das Symbol y_{21} repräsentiert somit den Messwert der ersten Person, die zur zweiten Faktorstufe gehört. In unserem Beispiel ist $y_{21} = 3$. Wir gehen davon aus, dass jeder Faktorstufe gleich viele Beobachtungen zugeordnet sind. Die Anzahl der unter jeder Faktorstufe beobachteten Personen wird mit n bezeichnet.

Definition 12.2

Balancierter Versuchsplan. Werden für jede Faktorstufe eines einfaktoriellen Versuchsplans die gleiche Anzahl von Beobachtungen erhoben, spricht man von einem balancierten Versuchsplan. Die Anzahl der Beobachtungen pro Faktorstufe wird mit n bezeichnet.

Die Summe der unter der i-ten Faktorstufe beobachteten Werte nennen wir A_i; also $A_i = \sum_{m=1}^{n} y_{im}$. Wird durch den Kontext hinreichend deutlich, welche Werte der Laufindex annehmen kann, schreiben wir die Summe vereinfacht als $A_i = \sum_m y_{im}$.

Den Mittelwert aller Werte unter der i-ten Faktorstufe kennzeichnen wir durch $\bar{A}_i$, wobei $\bar{A}_i = A_i/n$. Für die Gesamtsumme aller Messwerte führen wir das Symbol G ein, wobei $G = \sum_i \sum_m y_{im}$. Die Gesamtzahl der in einem Datenschema enthaltenen Messwerte bezeichnen wir mit N. In einem balancierten einfaktoriellen Versuchsplan gilt $N = n \cdot p$. Das arithmetische Mittel aller Messwerte ist somit $\bar{G} = G/N$.

Hypothesen. Mit der einfaktoriellen Varianzanalyse überprüfen wir in unserem Beispiel die Nullhypothese, dass sich Schüler, die nach einer der vier verschiedenen Methoden unterrichtet wurden, in ihren Englischkenntnissen nicht unterscheiden. In diesem Fall sind die μ-Parameter der vier Schülerpopulationen identisch.

Allgemein schreiben wir

$$H_0 : \mu_1 = \mu_2 = \cdots = \mu_p .$$

Die entsprechende Alternativhypothese lautet, dass sich mindestens zwei μ-Parameter voneinander unterscheiden. Im Beispiel wäre die H_1 wahr, wenn sich mindestens zwei Unterrichtsmethoden bezüglich ihrer „wahren" Testwertdurchschnitte unterscheiden. Die Alternativhypothese besagt *nicht*, dass alle μ-Parameter voneinander verschieden sind, sondern nur, dass sich mindestens zwei Treatments unterscheiden.

12.1.1 Quadratsummenzerlegung

Die einfaktorielle Varianzanalyse geht von folgendem Ansatz aus: Wir quantifizieren die Unterschiedlichkeit in den Leistungen der Schüler durch eine Quadratsumme, die auf allen Messwerten basiert. Es wird gefragt, in welchem Ausmaß die Gesamtunterschiedlichkeit auf die verschiedenen Lehrmethoden zurückgeführt werden kann. Ist dieser Anteil genügend groß, wird die H_0 verworfen, und wir behaupten, die vier Lehrmethoden führen zu signifikant unterschiedlichen Lernerfolgen.

Totale Quadratsumme. Zunächst ermitteln wir die Variabilität aller Messwerte. Die Quadratsumme ergibt sich als die Summe der quadrierten Abweichungen aller Messwerte vom Gesamtmittelwert. Da wir es im Rahmen varianzanalytischer Methoden mit verschiedenen Quadratsummen zu tun haben, kennzeichnen wir die Quadratsumme, mit der die Variabilität aller Messwerte erfasst wird, als totale Quadratsumme QS_{tot}, die folgendermaßen definiert ist

$$QS_{tot} = \sum_i \sum_m (y_{im} - \bar{G})^2. \tag{12.1}$$

BEISPIEL 12.1

Um diese Quadratsumme für unser Datenbeispiel zu berechnen, ist zunächst das arithmetische Mittel aller Messwerte zu bestimmen. In unserem Beispiel resultiert

$$\bar{G} = \frac{2 + 1 + 3 + \cdots + 3 + 2}{20} = 4.$$

Für die Berechnung der QS_{tot} benötigen wir ferner die quadrierten Abweichungen aller Messwerte von $\bar{G}$. Wir berechnen unter Verwendung der Rohwerte aus Tab. 12.1

$$QS_{tot} = (2-4)^2 + (1-4)^2 + \cdots + (2-4)^2 = 100.$$

Da von den insgesamt N Werten, die in die Berechnung eingingen, nur $N - 1$ frei variieren können, erhalten wir für die mit dieser Quadratsumme verbundenen Freiheitsgrade:

$$df_{tot} = N - 1.$$

Haben an der Untersuchung zum Vergleich der Unterrichtsmethoden insgesamt 20 Personen teilgenommen, so ist $df_{tot} = 19$.

Die Quadratsummenberechnung nach Gl. (12.1) ist identisch mit der Quadratsummenberechnung nach Gl. (2.3). Im aktuellen Kontext sind die Messwerte nur doppelt indiziert.

Treatmentquadratsumme. Es wird nun derjenige Anteil der Unterschiedlichkeit aller Messwerte bestimmt, der auf die vier verschiedenen Lehrmethoden zurückzuführen ist. Hierzu fragen wir uns, wie die einzelnen Messwerte aussehen müssten, wenn sie ausschließlich von den vier verschiedenen Lehrmethoden bestimmt wären bzw. wenn die vier Lehrmethoden die einzige „varianzgenerierende Quelle" darstellten. In diesem Fall dürften sich Messwerte von Personen, die nach derselben Lehrmethode unterrichtet wurden, nicht unterscheiden. Als beste Schätzung für die Wirkungsweise einer Lehrmethode wählen wir die durchschnittliche Leistung aller Personen, die nach derselben Methode unterrichtet wurden. Diese theoretische Überlegung führt zu einer Tabelle, welche die gleiche Zeilen- und Spaltenzahl wie die ursprüngliche Datentabelle besitzt, in der aber jeder individuelle Messwert y_{im} durch das jeweilige Gruppenmittel $\bar{A}_i$ ersetzt wird. Die Unterschiedlichkeit dieser Werte wird ausschließlich durch die vier Lehrmethoden bestimmt. Um sie zu quantifizieren, berechnet man die Quadratsumme dieser Werte, indem wieder die quadrierten Abweichungen aller Werte vom Gesamtmittelwert $\bar{G}$ summiert werden.

Allgemein lautet die Gleichung für die Ermittlung der Treatmentquadratsumme des Faktors A

$$QS_A = n \cdot \sum_i (\bar{A}_i - \bar{G})^2. \tag{12.2}$$

BEISPIEL 12.2

Die Mittelwerte der unter den vier Treatmentstufen erbrachten Leistungen sind $\bar{A}_1 = 2$, $\bar{A}_2 = 3$, $\bar{A}_3 = 7$ und $\bar{A}_4 = 4$. Wenn die Testwerte der Versuchspersonen ausschließlich von den Lehrmethoden abhängen, müssten alle Versuchspersonen, die nach derselben Methode unterrichtet wurden, identische Testwerte erzielen. Folgende Datenmatrix müsste sich in diesem Fall ergeben:

Methode	a_1	a_2	a_3	a_4
	2	3	7	4
	2	3	7	4
	2	3	7	4
	2	3	7	4
	2	3	7	4

Zur Ermittlung der Quadratsumme, die auf die vier Lehrmethoden zurückzuführen ist, benötigen wir die quadrierten Abweichungen dieser Werte von $\bar{G} = 4$. Mit Hilfe von Gl. (12.2) ergibt sich

$$QS_A = 5 \cdot [(2-4)^2 + (3-4)^4 + \cdots + (5-4)^2] = 70.$$

Um die Anzahl der Freiheitsgrade für die QS_A zu ermitteln, überprüfen wir, wie viele Werte bei der Berechnung der QS_A frei variieren können. Die Werte innerhalb einer Treatmentstufe sind durch den Mittelwert der Treatmentstufe eindeutig festgelegt und können deshalb nicht frei variieren. Von den p Treatmentstufenmittelwerten können bei festgelegtem $\bar{G}$ genau $p-1$ Werte frei variieren. Hieraus folgt, dass von den Werten, die zur Ermittlung der QS_A führen, insgesamt nur $p-1$ Werte frei variieren können, d. h.

$$df_A = p - 1.$$

Für die Freiheitsgrade der Treatmentquadratsumme im Datenbeispiel gilt $df_A = 3$.

Fehlerquadratsumme. Der Quadratsumme, die auf den Treatmentunterschieden beruht, steht ein restlicher Quadratsummenanteil gegenüber, der vom Treatment unabhängig ist und der auf andere, die Messwerte beeinflussende Variablen wie z. B. unterschiedliche Motivation, unterschiedliche Sprachbegabung, Messungenauigkeiten usw., zurückzuführen ist. Diese restliche Quadratsumme bezeichnen wir zusammenfassend als Fehlerquadratsumme. Sie enthält diejenigen Messwertunterschiede, die nicht auf das Treatment zurückzuführen sind. Diejenigen Variablen, die die Größe der Fehlerquadratsumme bestimmen, bezeichnen wir zusammenfassend als *Störvariablen.*

Wären die Testwerte unseres Beispiels von Störeffekten unbeeinflusst, müssten alle nach derselben Methode unterrichteten Personen die gleichen Werte erhalten. Dies war der Ausgangspunkt für die Bestimmung der Treatmentquadratsumme. Unterscheiden sich hingegen Personen, die nach derselben Lehrmethode unterrichtet wurden, in ihren Testwerten, so kann dies nur auf Störvariablen zurückgeführt werden. Das Ausmaß der Unterschiedlichkeit der Messwerte innerhalb der Gruppen charakterisiert somit die Wirkungsweise von Störvariablen.

Um die entsprechende Quadratsumme zu berechnen, müssen wir diejenigen Effekte, die auf die vier Lehrmethoden zurückzuführen sind, aus den ursprünglichen Testwerten eliminieren. Da die Gruppenmittelwerte die Wirkungsweise der vier Lehrmethoden am besten kennzeichnen, ziehen wir von den individuellen Messwerten den jeweiligen Gruppenmittelwert ab. Wir betrachten also die Abweichungen $y_{im} - \bar{A}_i$.

Nun wollen wir die auf Störvariablen zurückgehende Fehlerquadratsumme bestimmen, die sich ergibt, wenn die Abweichungen der Werte vom jeweiligen Mittelwert quadriert und summiert werden. Die allgemeine Formel für die Berechnung der Fehlerquadratsummen ist

$$QS_e = \sum_i \sum_m (y_{im} - \bar{A}_i)^2. \qquad (12.3)$$

BEISPIEL 12.3

Berechnen wir alle individuellen Abweichungen $y_{im} - \bar{A}_i$ erhalten wir die Tabelle:

Methode	a_1	a_2	a_3	a_4
	0	0	−1	1
	−1	1	1	1
	1	0	0	1
	1	2	−1	−1
	−1	−3	1	−2

Um die Unterschiedlichkeit dieser auf Störeffekte zurückgehenden Abweichungen zu quantifizieren, werden diese quadriert und dann zu einem Gesamtwert aufsummiert. Dies entspricht der Anwendung von Gl. (12.3). Man erhält

$$QS_e = 0^2 + (-1)^2 + \cdots + (-2)^2 = 30.$$

Wiederum überlegen wir uns die Freiheitsgrade, die mit dieser Quadratsumme verbunden sind. Da die Summe der Abweichungswerte innerhalb jeder Gruppe null ergeben muss, sind im Beispiel von den fünf Summanden pro Gruppe jeweils vier (bzw. allgemein $n-1$) frei variierbar. Addieren wir die Freiheitsgrade über die Gruppen, ergibt sich $df_e = p \cdot (n-1)$. Multipliziert man die rechte Seite dieser Gleichung aus und ersetzt das Produkt $n \cdot p$ durch N, die Anzahl aller Beobachtungen, ergibt sich

$$df_e = N - p.$$

Im Beispiel gilt also $df_e = 16$.

12.1.2 Grundgleichungen

Die bisher für das Datenbeispiel aus Tab. 12.1 ermittelten Quadratsummen bzw. Freiheitsgrade lauten:

$$QS_{tot} = 100, \quad QS_A = 70, \quad QS_e = 30,$$
$$df_{tot} = 19, \quad df_A = 3, \quad df_e = 16.$$

Nach diesen Werten gelten offensichtlich folgende Beziehungen:

$$QS_{tot} = QS_A + QS_e, \quad (12.4)$$
$$df_{tot} = df_A + df_e. \quad (12.5)$$

> Die totale Quadratsumme setzt sich additiv aus der Treatmentquadratsumme und der Fehlerquadratsumme zusammen. Die Freiheitsgrade der totalen Quadratsumme ergeben sich ebenfalls additiv aus den Freiheitsgraden der Treatmentquadratsumme und den Freiheitsgraden der Fehlerquadratsumme.

Dass die Beziehung zwischen den Quadratsummen in Gl. (12.4) allgemein richtig ist, ermitteln wir folgendermaßen: Der Berechnung der drei Quadratsummen liegt jeweils ein Abweichungsterm zugrunde. Für die QS_{tot} ist dies die Abweichung $(y_{im} - \bar{G})$, für QS_A ist dies $(\bar{A}_i - \bar{G})$ und für QS_e ist dies $(y_{im} - \bar{A}_i)$. Die drei Abweichungen stehen in additiver Beziehung, d. h. es gilt

$$(y_{im} - \bar{G}) = (\bar{A}_i - \bar{G}) + (y_{im} - \bar{A}_i). \quad (12.6)$$

Quadriert man nun beide Seiten der Gleichung (12.6) und summiert beide Seiten anschließend sowohl über die Treatmentstufen als auch über die Personen, so erhält man durch Vereinfachung der resultierenden Ausdrücke als Ergebnis Gl. (12.4). Die Details der Berechnung sind in Aufgabe 12.3 enthalten.

Um die Additivität der Freiheitsgrade in Gl. (12.5) zu zeigen, summieren wir die Freiheitsgrade für die Treatment- und die Fehlerquadratsumme. Man erhält

$$df_A + df_e = (p - 1) + (N - p) = N - 1,$$

wobei die rechte Seite df_{tot} ist.

12.1.3 Signifikanztest

Zu fragen bleibt, ob die Mittelwertunterschiede zufällig aufgrund der getroffenen Stichprobenauswahl zustande gekommen sind oder ob sie tatsächliche Unterschiede zwischen den Lehrmethoden widerspiegeln. Anders formuliert: Wir müssen prüfen, wie groß die Wahrscheinlichkeit ist, dass die angetroffenen Mittelwertunterschiede zufällig hätten zustande kommen können, wenn die H_0 gilt, nach der sich die vier Lehrmethoden nicht unterscheiden. Ist diese Wahrscheinlichkeit kleiner als ein zuvor festgelegtes Signifikanzniveau von z. B. $\alpha = 0{,}05$, verwerfen wir die H_0 zugunsten der H_1 und sagen: Von den gefundenen Mittelwerten unterscheiden sich mindestens zwei signifikant voneinander. Andernfalls muss die H_0 beibehalten werden, und wir betrachten die Mittelwertunterschiede als zufällig. Es wird deshalb überprüft, ob die Mittelwertunterschiede statistisch bedeutsam sind.

Mittlere Quadrate. Die zu berechnende Prüfgröße geht von sog. mittleren Quadraten aus, die im Folgenden mit „MQ" bezeichnet werden. Sie relativieren die Quadratsumme eines Effekts an seinen Freiheitsgraden. Die mittleren Quadrate für das Treatment sowie den Fehler werden folgendermaßen berechnet

$$MQ_A = \frac{QS_A}{df_A} \quad \text{und} \quad MQ_e = \frac{QS_e}{df_e}.$$

Die mittleren Quadrate, die auf das Treatment bzw. auf den Fehler zurückzuführen sind, lauten in unserem Beispiel $MQ_A = 70/3 = 23{,}33$ und $MQ_e = 30/16 = 1{,}88$.

***F*-Test.** Die Nullhypothese prüfen wir über den *F*-Test. Die Prüfgröße dieses Tests berechnet sich als Verhältnis zweier mittlerer Quadrate:

$$F = MQ_A/MQ_e. \quad (12.7)$$

Das mittlere Quadrat des Fehlers, welches im Nenner des *F*-Bruchs steht, schätzt die Varianz der *y*-Werte, welche durch die Störgrößen verursacht wird. Diese Aussage gilt ganz unabhängig davon, welche der beiden konkurrierenden Hypothesen korrekt ist.

Bei Gültigkeit der Nullhypothese stellt das mittlere Quadrat des Treatments ebenfalls eine Schätzung der Fehlervarianz dar. Sollte allerdings nicht die H_0, sondern die H_1 richtig sein, so ist das mittlere Quadrat des Treatments keine Schätzung der Fehlervarianz. In diesem Fall darf man erwarten, dass MQ_A den Wert von MQ_e übersteigt.

Wir erwarten bei Gültigkeit der Nullhypothese also einen *F*-Wert von etwa 1,0. Bei Gültigkeit der Alternativhypothese erwarten wir einen *F*-Wert, der „bedeutend" größer ist als 1,0. Die Durchführung eines *F*-Tests erübrigt sich, wenn MQ_e größer als MQ_A ist, weil in diesem Fall der *F*-Wert kleiner als 1,0 ist und die Treatmentstufenunterschiede, verglichen mit den Fehlereffekten, unbedeutend sind. Um zu entscheiden, ob der errechnete *F*-Wert groß genug ist, um die Nullhypothese verwerfen zu können, verwenden wir die Tabelle D (s. Anhang), in der die kritischen *F*-Werte wiedergegeben sind, die vom rechten Rand der Verteilung 25%, 10%, 5% oder 1% abschneiden.

In unserem Beispiel ermitteln wir $F = 23{,}33/1{,}88 = 12{,}41$. Dieser F-Wert wird mit demjenigen F-Wert verglichen, den wir bei $p-1$ Zählerfreiheitsgraden und $N-p$ Nennerfreiheitsgraden auf dem $\alpha = 0{,}01$ Niveau erwarten. Tabelle D des Anhangs entnehmen wir als kritischen F-Wert: $F_{3,16;99\%} = 5{,}29$. Der empirische F-Wert ist größer als der kritische F-Wert, sodass wir die Nullhypothese für $\alpha = 0{,}01$ verwerfen: Mindestens zwei der vier Lehrmethoden unterscheiden sich hinsichtlich des Lernerfolges auf dem 1%-Niveau signifikant.

Ausgehend von der $H_0 : \mu_1 = \mu_2 = \cdots = \mu_p$ besagt die Alternativhypothese, dass sich mindestens zwei Mittelwerte voneinander unterscheiden. Welche Mittelwerte sich in welcher Weise voneinander unterscheiden, wird durch diese Alternativhypothese nicht festgelegt. Da konstante, aber verschieden gerichtete Mittelwertunterschiede durch die Quadrierung zur gleichen Treatmentquadratsumme führen, überprüft der F-Test eine ungerichtete Alternativhypothese.

Erwartete mittlere Quadrate. Die Überlegungen im Zusammenhang mit der Bildung des F-Bruchs wollen wir noch einmal anhand der erwarteten mittleren Quadrate, die in Tab. 12.2 enthalten sind und dort als E(MQ) bezeichnet werden, verdeutlichen. Die erwarteten mittleren Quadrate sind theoretische Größen, die aus den Daten nicht direkt berechnet, sondern nur geschätzt werden können. Die mittleren Quadrate MQ_A und MQ_e sind die Schätzungen der erwarteten mittleren Quadrate $E(MQ_A)$ und $E(MQ_e)$. Wie ein Vergleich der beiden erwarteten mittleren Quadrate zeigt, enthalten sie einen Term für die Fehlervarianz σ_e^2. Sie unterscheiden sich aber durch den Term $n\sum_i(\mu_i-\bar{\mu})^2/(p-1)$, welcher nur im erwarteten mittleren Quadrat des Treatments enhalten ist. Die μ_i sind dabei die „wahren" Mittelwerte von Personen, die unter der i-ten Treatmentstufe beobachtet wurden, und $\bar{\mu}$ ist das arithmetische Mittel der μ_i. Mit anderen Worten, $\bar{\mu}$ ist der „wahre" Gesamtmittelwert. Wir definieren

$$Q_A = n\sum_i(\mu_i-\bar{\mu})^2/(p-1).$$

Mit dieser Definition können wir das erwartete mittlere Quadrat des Treatments somit einfacher als $E(MQ_A) = \sigma_e^2 + Q_A$ schreiben. Der Ausdruck Q_A besitzt zwei wichtige Eigenschaften:

1. Q_A ist nur null, falls die Nullhypothese gilt,
2. Q_A steigt mit dem Grad der Verletzung der Nullhypothese an.

Tabelle 12.2. Erwartungswerte der mittleren Quadrate

Quelle	df	E(MQ)
A	$p-1$	$\sigma_e^2 + n\sum_i(\mu_i-\bar{\mu})^2/(p-1)$
Fehler	$N-p$	σ_e^2

12.1.4 Rechnerische Durchführung

Die Berechnung der Quadratsummen und Varianzen kann natürlich so erfolgen, wie es auf den letzten Seiten beschrieben wurde. Für die Durchführung einer Varianzanalyse „per Hand" oder mit einem Taschenrechner empfiehlt es sich jedoch, von rechnerisch einfacheren Formeln auszugehen.

Wir definieren nach Winer et al. (1991) drei Kennziffern, die für die einfaktorielle Varianzanalyse lauten:

$$(1) = \frac{G^2}{p\cdot n}, \qquad (2) = \sum_i\sum_m y_{im}^2, \qquad (3) = \frac{\sum_i A_i^2}{n}.$$

Die Quadratsummen können aus den Kennziffern folgendermaßen berechnet werden:

$$QS_A = (3) - (1),$$
$$QS_e = (2) - (3),$$
$$QS_{tot} = (2) - (1).$$

BEISPIEL 12.4

Für die Rohdaten aus Tab. 12.1 ermitteln wir zunächst die Summen $A_1 = 10, A_2 = 15, A_3 = 35, A_4 = 20$ und $G = 80$. Mit diesen Werten bestimmen wir die Kennziffern

$$(1) = \frac{G^2}{p\cdot n} = \frac{80^2}{4\cdot 5} = 320,$$
$$(2) = \sum_i\sum_m y_{im}^2 = 2^2 + 1^2 + 3^2 + \cdots + 2^2 = 420,$$
$$(3) = \frac{\sum_i A_i^2}{n} = \frac{10^2 + 15^2 + 35^2 + 20^2}{5} = 390.$$

Die Varianzanalyse kann somit, ausgehend von diesen Ziffern, mit folgenden Rechenschritten durchgeführt werden:

- Ermittlung von QS_A und MQ_A:

$$QS_A = (3) - (1) = 390 - 320 = 70,$$
$$MQ_A = QS_A/df_A = 70/3 = 23{,}33.$$

- Ermittlung von QS_e und MQ_e:

$$QS_e = (2) - (3) = 420 - 390 = 30,$$
$$MQ_e = QS_e/df_e = 30/16 = 1{,}88.$$

- Durchführung des Signifikanztests:

$$F = \frac{MQ_A}{MQ_e} = \frac{23{,}33}{1{,}88} = 12{,}41.$$

Um die bisherigen Berechnungen der Quadratsummen zu kontrollieren, kann man die QS_{tot} als $QS_{tot} = (2) - (1) = 420 - 320 = 100$ ermitteln. Dieser Wert stimmt mit der Summe von QS_A und QS_e überein.

Für die Darstellung der Ergebnisse einer Varianzanalyse verwendet man folgende Ergebnistabelle:

Quelle	QS	df	MQ	*F*
A	70	3	23,33	12,41**
Fehler	30	16	1,88	
Total	100	19		

Die beiden ** deuten an, dass der empirische *F*-Wert größer als der für das 1%-Niveau kritische *F*-Wert und damit sehr signifikant ist. Eine 5%-Niveau-Signifikanz kennzeichnen wir durch *.

Der auf die vier Lehrmethoden zurückgehenden Quadratsumme von $QS_A = 70$ steht eine auf Störvariablen zurückzuführende Fehlerquadratsumme von $QS_e = 30$ gegenüber. Die Gesamtunterschiedlichkeit aller Messwerte ist zu $100\% \cdot 70/100 = 70{,}0\%$ auf die verschiedenen Lehrmethoden zurückzuführen. Diesen Prozentwert bezeichnen wir mit η^2 (eta-Quadrat). Er wird als

$$\eta^2 = \frac{QS_A}{QS_{tot}} \cdot 100\% \qquad (12.8)$$

ermittelt. Der Koeffizient η^2 überschätzt allerdings die wahre, für Populationsverhältnisse gültige Varianzaufklärung.

12.1.5 Ungleiche Stichprobengrößen

Die bisher behandelte, einfaktorielle Varianzanalyse sieht vor, dass jeder Faktorstufe eine Zufallsstichprobe des Umfangs n zugewiesen wird. Gelegentlich kann es jedoch vorkommen, dass die unter den einzelnen Treatmentstufen beobachteten Stichproben nicht gleich groß sind. In diesem Fall spricht man auch von einem *unbalancierten* Versuchsplan, vgl. Definition 12.2.

Häufig entstehen unbalancierte Versuchspläne durch den Ausfall von Personen eines ursprünglich balancierten Plans. Für ungleich große Stichproben gelten die folgenden, modifizierten Berechnungsvorschriften einer einfaktoriellen Varianzanalyse:

Unter den einzelnen Treatmentstufen werden jeweils n_i Untersuchungseinheiten beobachtet. Die Gesamtzahl aller Untersuchungseinheiten bezeichnen wir weiterhin mit N. Die Gesamtzahl ist nun

$$N = \sum_i n_i. \qquad (12.9)$$

Die Treatmentquadratsumme lautet für den unbalancierten einfaktoriellen Versuchsplan

$$QS_A = \sum_i n_i \cdot (\bar{A}_i - \bar{G})^2. \qquad (12.10)$$

Bei der Berechnung der Treatmentquadratsumme werden somit die einzelnen, quadrierten Abweichungen der $\bar{A}_i$-Werte von $\bar{G}$ mit dem jeweiligen Stichprobenumfang n_i gewichtet. Ein $\bar{A}_i$-Wert, der auf einer großen Stichprobe beruht, geht mit stärkerem Gewicht in die Treatmentquadratsumme ein als ein $\bar{A}_i$-Wert, dem eine kleinere Stichprobe zugrunde liegt. Als Kennziffern für die Berechnung der Quadratsummen verwendet man im Fall ungleich großer Stichproben:

$$(1) = G^2/N, \quad (2) = \sum_{i=1}^{p} \sum_{m=1}^{n_i} y_{im}^2, \quad (3) = \sum_i \left(\frac{A_i^2}{n_i} \right).$$

In Ziffer (2) läuft der zweite Summenindex m für die i-te Stufe von 1 bis n_i, dem Stichprobenumfang der i-ten Stufe. Ausgehend von diesen Kennziffern ist die Ermittlung der Quadratsummen mit den bisherigen Berechnungsvorschriften identisch. Die Formeln für die Freiheitsgrade sind die gleichen wie im balancierten Versuchsplan. Es gilt

$$df_A = p - 1, \qquad df_e = N - p, \qquad df_{tot} = N - 1.$$

BEISPIEL 12.5

Es wird überprüft, wie sich Schlafentzug auf die Konzentrationsfähigkeit auswirkt. Die Versuchspersonen werden per Zufall in fünf Gruppen eingeteilt, die jeweils unterschiedlich lang wach bleiben müssen:

Gruppe	Stunden ohne Schlaf
a_1	12
a_2	18
a_3	24
a_4	30
a_5	36

Nach den Wachzeiten wird mit den Versuchspersonen ein Konzentrationstest durchgeführt. Wir wollen annehmen, dass einige Versuchspersonen die Untersuchungsbedingungen nicht eingehalten haben und deshalb ausgeschlossen werden müssen. Tabelle 12.3 zeigt die erzielten Konzentrationsleistungen (hoher Wert = hohe Konzentrationsleistung). Man ermittelt folgende Summen: $A_1 = 88, A_2 = 103, A_3 = 57, A_4 = 86, A_5 = 34$

Tabelle 12.3. Rohwerte der Konzentrationsleistung von Personen, die zu einer von fünf Schlafentzugsgruppen gehören

Gruppe	a_1	a_2	a_3	a_4	a_5
	18	18	16	11	8
	15	16	13	12	7
	19	17	14	16	10
	19	17	14	11	9
	17	19		12	
		16		11	
				13	

und $G = 368$. Insgesamt nahmen $N = \sum_i n_i = 5+6+4+7+4 = 26$ Personen an der Untersuchung teil. Die Kennziffern lauten:

$$(1) = G^2/N = 368^2/26 = 5208{,}62,$$

$$(2) = \sum\sum y_{im}^2 = 18^2 + 15^2 + \cdots + 9^2 = 5522,$$

$$(3) = \sum A_i^2/n_i = \frac{88^2}{5} + \frac{103^2}{6} + \cdots + \frac{34^2}{4} = 5474{,}79.$$

Die Quadratsummen, welche sich aus den Kennziffern ergeben, sind in folgender Ergebnistabelle zusammengefasst:

Quelle	QS	df	MQ	F
Gruppen	266,17	4	66,54	29,57**
Fehler	47,21	21	2,25	
Total	313,38	25		

Der empirisch ermittelte F-Wert ist sehr viel größer als der kritische F-Wert für das 1%-Niveau, welcher $F_{4,21;99\%} = 4{,}40$ beträgt. Wir verwerfen deshalb die Nullhypothese und behaupten, dass sich unterschiedlich lange Schlafentzugszeiten entscheidend auf die Konzentrationsfähigkeit auswirken.

Um eine Varianzanalyse durchzuführen, müssen nicht notwendigerweise individuelle Messwerte vorliegen. Exkurs 12.1 erläutert, wie eine Varianzanalyse berechnet werden kann, falls nur Mittelwerte, Varianzen und Umfänge pro Gruppe vorliegen.

12.2 Modell I (feste Effekte)

Bisher haben wir vor allem die praktischen Aspekte bei der Durchführung einer Varianzanalyse in den Vordergrund gestellt. Nur im Rahmen der Signifikanzprüfung der Mittelwertunterschiede war es bisher notwendig, auf Populationsparameter Bezug zu nehmen. Nun soll das *statistische Modell* der Varianzanalyse besprochen werden.

Im Modell der Varianzanalyse ist jeder Treatmentstufe eine Population zugeordnet, aus der eine Stichprobe entnommen wird, und welche unter dieser Treatmentstufe untersucht bzw. beobachtet wird. Wir gehen davon aus, dass die einzelnen Stufen vom Versuchsleiter wohlüberlegt festgelegt worden sind. Im Beispiel des Vergleichs von Unterrichtsmethoden bedeutet dies, dass der Versuchsleiter genau die Methoden ausgewählt hat, welche aus inhaltlichen Gründen von Interesse sind. Sind die Treatmentstufen vor Beginn der Untersuchung aus gutem Grund bewußt ausgewählt worden, so sagt man auch, dass es sich bei den Treatmentstufenunterschieden um „feste" Effekte handelt und spricht vom Modell I. Wie wir später sehen werden, kann man auch eine Zufallsauswahl von Treatmentstufen in Betracht ziehen. Dies setzt voraus, dass es zumindest potenziell eine große Anzahl verschiedener Treatmentstufen gibt, welche sich in einem Versuch realisieren ließen. Werden die Treatmentstufen durch einen Zufallsprozess ausgewählt, spricht man vom Modell II der Varianzanalyse.

Nachdem der Versuch beendet ist, kann pro Faktorstufe das Mittel berechnet werden. Für die i-te Stufe bezeichnen wir dieses Mittel mit $\bar{A}_i$. Die Stichprobenmittel sind insofern zufällige Werte, als eine Wiederholung des Versuches unter gleichen Bedingungen aufgrund der zufälligen Stichprobenselektion zu anderen Mittelwerten führen würde. Die den Treatmentstufen zugrunde liegenden „wahren" Mittelwerte bezeichnen wir mit μ_i. Die Stichprobenmittel $\bar{A}_i$ schätzen die wahren Mittelwerte. Wie wir bereits aufgrund unserer Kenntnis über die Stichprobenverteilung des Mittels wissen, wird die Schätzung umso genauer sein, je größer der Stichprobenumfang ist, auf dem die Berechnung von $\bar{A}_i$ basiert.

Auch eine einzelne Beobachtung kann als Schätzer für das Populationsmittel betrachtet werden. Zwar wird diese Schätzung relativ ungenau sein, da sich ohne Mittelung der Messfehler aus dem Ergebnis nicht „herausmitteln" kann. Trotzdem ist diese Betrachtungsweise zulässig. Übersetzen wir diesen Gedanken in eine Formel, so lässt sich der Messwert der m-ten Person, welche unter der i-ten Treatmentstufe beobachtet wurde, als Summe des Populationsmittels und eines Fehlers schreiben. Also

$$y_{im} = \mu_i + e_{im}. \qquad (12.11)$$

Das statistische Modell der Varianzanalyse macht drei Annahmen hinsichtlich der Fehlerkomponenten, die erfüllt sein müssen, damit der bereits erläuterte Signifikanztest angewendet werden darf.

1. *Unabhängige Fehlerkomponenten.* Diese Forderung besagt, dass die Beeinflussung eines Messwertes durch Fehlereffekte davon unabhängig sein muss, wie die übrigen Messwerte durch Störvariablen beeinflusst werden. Wir können davon ausgehen, dass diese Voraussetzung erfüllt ist, wenn die Untersuchungseinheiten den Treatmentstufen tatsächlich zufällig zugeordnet worden sind. Ebenso dürfte diese Annahme erfüllt sein, wenn unter den Treatmentstufen verschiedene Stichproben untersucht werden.
   Die Unabhängigkeit der Fehlerkomponenten zwischen den Stichproben wäre beispielsweise verletzt, wenn dieselben Untersuchungseinhei-

EXKURS 12.1 Einfaktorielle Varianzanalyse ohne Einzelmessungen

In den bisher besprochenen varianzanalytischen Ansätzen gingen wir davon aus, dass die einzelnen Messwerte y_{im} bekannt sind. Gelegentlich ist man jedoch darauf angewiesen, Stichproben varianzanalytisch miteinander zu vergleichen, von denen man lediglich die Mittelwerte, Varianzen und Umfänge kennt. Ein solcher Fall läge beispielsweise vor, wenn man z. B. im Kontext von *Metaanalysen* Untersuchungen zusammenfassen bzw. vergleichen will, in denen über die untersuchten Stichproben nur summarisch berichtet wird.
Nach L. V. Gordon (1973) (korrigiert nach Rossi, 1987 und Finnstuen et al., 1994) ermitteln wir in diesem Fall die Kennziffern (1) bis (3) folgendermaßen:

$$(1) = G^2/N = \frac{\left(\sum_i n_i \cdot \bar{A}_i\right)^2}{\sum_i n_i},$$

$$(2) = \sum_i \sum_{m=1}^{n_i} y_{im}^2 = \sum_i (n_i - 1) \cdot s_i^2 + \sum_i (n_i \cdot \bar{A}_i^2),$$

$$(3) = \sum_i \frac{A_i^2}{n_i} = \sum_i (n_i \cdot \bar{A}_i^2).$$

Ausgehend von diesen Kennzifferdefinitionen kann die Varianzanalyse wie eine Varianzanalyse mit ungleichen Stichprobengrößen, bei denen die Kennziffern durch die einzelnen Messwerte y_{im} bestimmt sind, durchgeführt werden. Ein Beispiel soll die Berechnung verdeutlichen.
Aus unterschiedlichen Arbeiten über die verbale Intelligenz von Schülern entnimmt man folgende Werte für Schüler der Unterschicht (a_1), der Mittelschicht (a_2) und der Oberschicht (a_3):

$$\bar{A}_1 = 85; \quad s_1^2 = 65; \quad n_1 = 51,$$

$$\bar{A}_2 = 98; \quad s_2^2 = 110; \quad n_2 = 61,$$

$$\bar{A}_3 = 105; \quad s_3^2 = 95; \quad n_3 = 41.$$

Die einzelnen Kennziffern lauten somit:

$$(1) = \frac{(51 \cdot 85 + 61 \cdot 98 + 41 \cdot 105)^2}{50 + 60 + 40} = 1396640$$

$$\begin{aligned}(2) &= (50 \cdot 65 + 60 \cdot 110 + 40 \cdot 95)\\ &\quad + (51 \cdot 85^2 + 61 \cdot 98^2 + 41 \cdot 105^2)\\ &= 1419994\end{aligned}$$

$$(3) = 51 \cdot 85^2 + 61 \cdot 98^2 + 41 \cdot 105^2 = 1406344$$

Die Quadratsummen ergeben sich aus den Kennziffern durch die Vorschrift:

$$QS_A = (3) - (1), \quad QS_e = (2) - (3), \quad QS_{tot} = (2) - (1).$$

Die Ergebnisse fassen wir in folgender Tabelle zusammen:

Quelle	QS	df	MQ	F
A	9703,97	2	4851,98	53,32**
Fehler	13650,00	150	91,00	
Total	23353,97	152		

Der bei zwei Zählerfreiheitsgraden und 150 Nennerfreiheitsgraden für das 1%-Niveau kritische F-Wert lautet: $F_{2,150;99\%} = 4{,}75$. Da der empirische Wert erheblich größer ist, unterscheiden sich die drei verglichenen Stichproben sehr signifikant in ihrer verbalen Intelligenz.
Eine Erweiterung dieses Ansatzes für zweifaktorielle Varianzanalysen findet man bei Huck und Malgady (1978).

ten unter mehreren Treatmentstufen beobachtet werden. Dieser in der Praxis nicht selten anzutreffende Fall wird in Kap. 18 (Varianzanalyse mit Messwiederholungen) behandelt.

2. *Homogene Fehlervarianzen.* Diese Forderung besagt, dass die Fehlerkomponenten in den verschiedenen Treatmentbedingungen keine systematischen Größenunterschiede zeigen dürfen. Diese Forderung wäre verletzt, wenn die Störgrößen unter einer Treatmentbedingung überdurchschnittlich groß oder klein wären. Da nach der Modellgleichung (12.11) für die Beobachtungen unter der i-ten Treatmentstufe der systematische Anteil μ_i konstant ist, müsste sich eine Vergrößerung der Störeinflüsse für die Beobachtungen in einer vergleichsweise großen Varianz dieser Messwerte zeigen.
Varianzheterogenität wird in der varianzanalytischen Literatur üblicherweise bezüglich ihrer Effekte auf den F-Test der Varianzanalyse untersucht, ohne besondere Beachtung ihrer Ursachen. Bryk und Raudenbush (1988) machen jedoch darauf aufmerksam, dass Varianzheterogenität häufig nicht „zufällig" entsteht, sondern als Folge von Treatmentwirkungen, die sich nicht nur in unterschiedlichen Mittelwerten, sondern auch in unterschiedlichen Varianzen niederschlagen können. Sie resultiert aus spezifischen Reaktionsweisen der Versuchspersonen auf die Treatmentstufen. Die Autoren entwickeln einen Ansatz, in dem die Varianzheterogenität in diesem Sinn „konstruktiv" genutzt wird.
Im Fall heterogener Varianzen kann insbesondere bei kleineren Stichproben die *Welch-James-Prozedur* die einfaktorielle Varianzanalyse ersetzen. Eine Beschreibung dieses Verfahrens findet man bei Algina und Olejnik (1984).
Ein Test, mit dem sich die Annahme der Varianzhomogenität überprüfen lässt, wird in Exkurs 12.2 erläutert.
3. *Normalverteilte Fehlerkomponenten.* Die Fehlerkomponenten sind normalverteilt. Da die

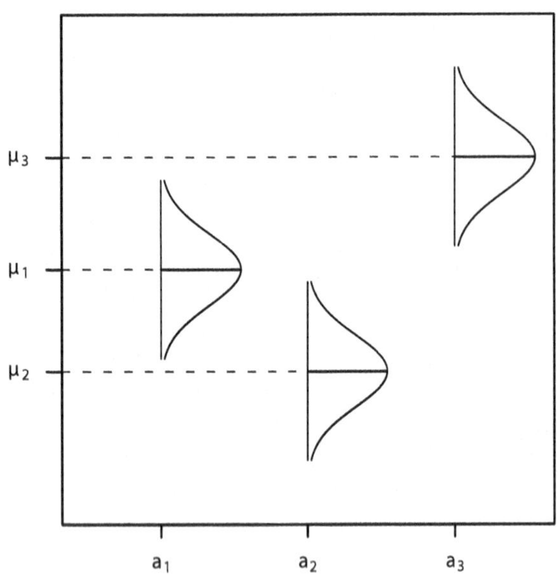

Abbildung 12.1. Modell der Varianzanalyse

ursprünglichen Messwerte nur durch die additive Konstante μ_i mit den Fehlerkomponenten verbunden sind, gilt die Normalverteilungsvoraussetzung gleichermaßen für die Messwerte innerhalb der Stichproben. Es soll ausdrücklich darauf hingewiesen werden, dass die Beobachtungen *ohne* Berücksichtigung der Treatmentgruppe nicht einer Normalverteilung entsprechen müssen. Mit anderen Worten, erzeugt man ein Histogramm der Beobachtungen aus allen Treatmentstufen, so nimmt das varianzanalytische Modell *nicht* an, dass die zugrunde liegende Verteilung eine Normalverteilung ist.

Abbildung 12.1 veranschaulicht die Annahmen des varianzanalytischen Modells. Die abhängige Variable entspricht in dieser Abbildung der Ordinate. Die drei eingezeichneten Verteilungen sind bis auf ihren Mittelwert identisch, da es sich um Normalverteilungen mit gleicher Varianz handelt.

Die Annahmen der Homogenität sowie der Normalität der Fehlervarianzen werden häufig auch in der Schreibweise

$$e_{im} \sim N(0, \sigma_e^2) \tag{12.12}$$

zum Ausdruck gebracht. Sie macht deutlich, dass sich die Annahmen auf die Fehlerkomponenten beziehen und diese als nomalverteilt angenommen werden. Da die Varianz σ_e^2 keinen i-Index zur Kennzeichnung der Treatmentstufe besitzt, wird deutlich, dass die Varianz der Fehlerkomponenten nicht von der Treatmentstufe abhängt. Schließlich ist der Erwartungswert der Fehlerkomponenten null. Dies ergibt sich aus Gl. (12.11), wenn man sie nach e_{im} auflöst. Man erhält

$$e_{im} = y_{im} - \mu_i. \tag{12.13}$$

Aus den Rechenregeln für den Erwartungswert (s. Anhang A) folgt, dass $\mathrm{E}(e_{im}) = 0$.

Bewertung der Voraussetzungen. Zur Frage, wie die Varianzanalyse reagiert, wenn eine oder mehrere ihrer Voraussetzungen verletzt sind, wurden zahlreiche Untersuchungen durchgeführt (vgl. hierzu den Literaturüberblick von Glass et al., 1972 oder auch Boehnke, 1983; Box, 1953, 1954a; Boneau, 1960; Feir-Walsh & Toothaker, 1974). Generell gilt, dass die Voraussetzungen der Varianzanalyse mit wachsendem Umfang der untersuchten Stichproben an Bedeutung verlieren. Im Einzelnen kommen Glass et al. (1972) zu folgenden Schlüssen (vgl. hierzu auch Winer et al., 1991, Tab. 3.8):

- Abhängige Fehlerkomponenten können den *F*-Test hinsichtlich des Fehlers 1. Art und des Fehlers 2. Art entscheidend beeinflussen.
- Abweichungen von der Normalität sind zu vernachlässigen, wenn die Populationsverteilungen schief sind. Bei extrem schmalgipfligen Verteilungen neigt der *F*-Test zu konservativen Entscheidungen. Bei breitgipfligen Verteilungen ist die tatsächliche Wahrscheinlichkeit eines Fehlers 1. Art etwas höher als das nominelle α. Die Teststärke wird durch schmalgipflige Verteilungen vergrößert und durch breitgipflige Verteilungen verkleinert. Dies gilt vor allem für kleine Stichproben.
- Heterogene Varianzen beeinflussen den *F*-Test nur unerheblich, wenn die untersuchten Stichproben gleich groß sind.
- Bei ungleich großen Stichproben und heterogenen Varianzen ist die Gültigkeit des *F*-Tests vor allem bei kleineren Stichprobenumfängen erheblich gefährdet.

Zusammenfassend ist festzustellen, dass die Varianzanalyse bei gleich großen Stichproben gegenüber Verletzungen ihrer Voraussetzungen relativ robust ist. Besteht bei kleinen ($n_i < 10$) und ungleich großen Stichproben der Verdacht, dass eine oder mehrere Voraussetzungen verletzt sein können, sollte statt der Varianzanalyse ein verteilungsfreies Verfahren wie z. B. der Kruskal-Wallis-Test eingesetzt werden.

EXKURS 12.2 Test zur Überprüfung der Varianzhomogenität

Im Fall gleich großer Stichproben kann die Varianzhomogenitätsvoraussetzung über den F_{max}-Test überprüft werden. Hierfür wird für jede Treatmentstufe getrennt die Varianz der Werte berechnet und dann der Quotient aus der größten und kleinsten Varianz gebildet:

$$F_{max} = \frac{s^2_{max}}{s^2_{min}}. \tag{12.14}$$

Der so ermittelte F_{max}-Wert kann anhand einer speziell für diesen Test entwickelten Tabelle, die im Anhang (Tabelle H) wiedergegeben ist, auf statistische Bedeutsamkeit überprüft werden. Der Test überprüft die Nullhypothese, die behauptet, dass die Varianzen über die Treatmentstufen hinweg homogen sind.

Um den Test zu illustrieren, berechnen wir den F_{max}-Wert für die Daten der Tab. 12.1. Berechnet man die Varianzen für die vier Treatmentstufen, erhält man die Werte 1,0, 3,5, 1,0 und 2,0. Für F_{max} ergibt sich somit:

$$F_{max} = \frac{3{,}5}{1} = 3{,}5.$$

Die Verteilung von F_{max} hängt von der Anzahl der Treatmentstufen p und der Anzahl der Freiheitsgrade ab, die die Varianzen der Messwerte innerhalb jeder Treatmentstufe besitzt. Diese ist $(n - 1)$. Für $p = 4$ und $n - 1 = 4$ entnehmen wir Tabelle H für $\alpha = 0{,}05$ den kritischen F_{max}-Wert von 20,6. Da der empirische F_{max}-Wert erheblich kleiner ist, unterscheiden sich die vier Varianzen statistisch nicht bedeutsam.

Falls sich die Stichprobenumfänge über die Treatmentstufen hinweg nur geringfügig unterscheiden, schlagen Winer et al. (1991, S. 105) vor, n durch den größten Stichprobenumfang zu ersetzen, um die Freiheitsgrade, welche in Tabelle H benötigt werden, zu bestimmen. Dieses Vorgehen führt zu progressiven Entscheidungen, d. h. die Nullhypothese wird relativ zum nominellen Fehler 1. Art zu schnell verworfen. Das tatsächliche α ist damit etwas größer als der gewählte Fehler 1. Art. Dies ist aber unproblematisch, da wir in der Regel an der Beibehaltung der Nullhypothese – die Varianzen sind homogen – interessiert sind. Wir müssen uns deswegen dagegen absichern, fälschlicherweise die Nullhypothese beizubehalten und für α einen Wert wählen, der deutlich über einem konventionellen Niveau von 5% liegt. Der Wert $\alpha = 0{,}25$ wird in einer solchen Situation häufig verwendet.

12.2.1 Effektmodell

Die Modellgleichung (12.11) wird häufig in einer äquivalenten Form geschrieben. Um diese Form zu erhalten, wird zunächst das Mittel der μ-Parameter als

$$\bar{\mu} = \sum_{i=1}^{p} \mu_i / p \tag{12.15}$$

bestimmt. Definiert man nun den Effekt einer Treatmentstufe als

$$\alpha_i = \mu_i - \bar{\mu}, \tag{12.16}$$

d. h. als Differenz zwischen dem wahren Mittelwert dieser Treatmentstufe und dem Gesamtmittel, so ergibt sich die Gleichung

$$y_{im} = \bar{\mu} + \alpha_i + e_{im}. \tag{12.17}$$

Einsetzen des Ausdrucks für α_i zeigt die Äquivalenz dieser Modellgleichung zu Gl. (12.11).

Im Übrigen gilt für die Effektparameter

$$\sum_{i=1}^{p} \alpha_i = 0, \tag{12.18}$$

da sie als Abweichungen vom Mittel definiert sind.

Die Effektdarstellung des varianzanalytischen Modells ist aus mehreren Gründen von Interesse:

1. Die Effektdarstellung ist das theoretische Gegenstück zur Zerlegung einer Abweichung vom Gesamtmittel, wie sie in Gl. (12.6) enthalten ist, denn mit Hilfe von Gl. (12.16) und (12.13) lässt sich das Effektmodell in die Gleichung

$$(y_{im} - \mu_i) = (\mu_i - \bar{\mu}) + (y_{im} - \mu_i) \tag{12.19}$$

überführen, die analog zu Gl. (12.6) ist. Die Analogie ergibt sich, wenn man μ_i durch $\bar{A}_i$ und $\bar{\mu}$ durch $\bar{G}$ ersetzt.

2. Die Effektdarstellung kann von Bedeutung sein, wenn die Berechnung der Varianzanalyse mit Hilfe eines statistischen Programmpaketes erfolgt, denn die der Varianzanalyse zugrunde liegende Modellgleichung wird in der Regel durch eine symbolische Gleichung in der Syntax des verwendeten Statistikprogramms angegeben. Selbst wenn ein Programmpaket ausschließlich menügesteuert verwendet wird, ist das Verständnis der Effektdarstellung varianzanalytischer Modelle von Vorteil.

In einer alternativen Darstellung des Effektmodells ist die Bedingung der Gl. (12.18) nicht erforderlich, s. Exkurs 12.3.

12.2.2 Erwartungswerte der mittleren Quadrate

Um die Nullhypothese der einfaktoriellen Varianzanalyse zu überprüfen, nach der es keine Unterschiede zwischen den Treatmentstufen gibt, wird das mittlere Quadrat des Treatments MQ_A durch das mittlere Quadrat des Fehlers MQ_e dividiert. Wir hatten bereits erwähnt, dass dieser Quotient

EXKURS 12.3 Überparametrisiertes Effektmodell

Im Zusammenhang mit dem varianzanalytischen Effektmodell ist von Interesse, dass es eine zweite Variante des Modells gibt, in der die Effektparameter α_i nicht der Einschränkung $\sum \alpha_i = 0$ unterliegen, wie dies für die Effektparameter in Gl. (12.16) der Fall ist.
Zu dieser Darstellung gelangt man, wenn man $\bar{\mu}$ in Gl. (12.16) durch einen Parameter ersetzt, der *nicht* als Gesamtmittel definiert ist. Bezeichnet man diesen Parameter als η, dann kann man die Effektparameter als

$$\alpha_i = \eta - \mu_i \qquad (12.20)$$

schreiben. Weiterhin sind $p + 1$ Modellparameter vorhanden (η sowie $\alpha_1, \ldots, \alpha_p$). Da η aber nicht als Gesamtmittel definiert ist, unterliegen die α-Parameter keiner Einschränkung. Dies hat zur Konsequenz, dass die Zerlegung in eine Konstante η und in die Effektparameter α_i nicht eindeutig ist. Man spricht deshalb von dem „überparameterisierten" Modell. Ein numerisches Beispiel soll dies erläutern.
Angenommen, die μ-Parameter einer Varianzanalyse mit einem dreifach gestuften Faktor lauten: $\mu_1 = 1$, $\mu_2 = 2$ und $\mu_3 = 3$. Betrachten wir zuerst die nicht überparametrisierte Version des Effektmodells. Es ergeben sich das Gesamtmittel $\bar{\mu} = 2$ und die Effektparameter $\alpha_1 = -1$, $\alpha_2 = 0$ und $\alpha_3 = 1$. Für die Effektparameter gilt Gl. (12.18), sodass diese Werte eindeutig festgelegt sind.
Betrachten wir nun das überparametrisierte Modell. Wählt man etwa $\eta = 1$, so ergeben sich die Werte $\alpha_1 = 0$, $\alpha_2 = 1$ und $\alpha_3 = 2$. Sie sind aber nicht mehr eindeutig, da die Wahl von $\eta = 4$ zusammen mit $\alpha_1 = -3$, $\alpha_2 = -2$ und $\alpha_3 = -1$ ebenfalls die drei μ-Parameter exakt beschreibt.
Verwendet man das überparametrisierte Modell, so kann man zwar aus der Kenntnis der Modellparameter – also bei Kenntnis von η und den α_i – die μ-Parameter rekonstruieren. Allerdings lässt sich die Berechnung nicht in dem Sinn umkehren, dass man bei Kenntnis der μ_i die Modellparameter eindeutig ermitteln könnte. Dies liegt daran, dass mehr Modellparameter als μ-Parameter vorhanden sind. Die Modellparameter sind in der überparametrisierten Fassung des Effektmodells rein abstrakte Größen, die grundsätzlich nicht bestimmbar bzw. schätzbar sind.
Allerdings können gewisse Linearkombinationen der Parameter eindeutig geschätzt werden. Zum Beispiel sind die Abweichungen $\alpha_i - \bar{\alpha}$ eindeutig festgelegt. Wir wollen dies anhand des oben verwendeten Zahlenbeispiels erläutern.
Wir berechnen dazu $\alpha_1 - \bar{\alpha}$, wobei $\bar{\alpha} = \sum_i \alpha_i / p$. Für die obigen Werte $\alpha_1 = 0$, $\alpha_2 = 1$ und $\alpha_3 = 2$ ergibt sich falls $i = 1$ ist $\alpha_1 - \bar{\alpha} = 0 - 1 = -1$. Wählt man dagegen die Werte $\alpha_1 = -3$, $\alpha_2 = -2$ und $\alpha_3 = -1$, so ergibt sich wiederum für $i = 1$ der Wert $\alpha_1 - \bar{\alpha} = -3 - (-2) = -1$. Das Ergebnis ist von der Wahl der Effektparameter unabhängig. Man sagt, dass der Ausdruck $\alpha_i - \bar{\alpha}$ schätzbar („estimable") ist.
Wir wollen das überparametrisierte Modell an dieser Stelle nicht weiter vertiefen, da es konzeptuell abstrakter als die herkömmliche Variante des Effektmodells ist, in der die Parameter eindeutig bestimmbar sind, und verweisen auf die weiterführende Literatur (Little et al., 2002; Milliken & Johnson, 1992; Searle, 1971; Yandell, 1997).
Für Anwender ist in diesem Zusammenhang allerdings von Interesse, dass verschiedene statistische Programmpakete vom überparametrisierten Modell ausgehen. Dazu zählen z. B. SPSS (UNIANOVA) und SAS (PROC GLM). Will man die Möglichkeiten solcher Programmmodule voll ausschöpfen, ist eine Beschäftigung mit dem überparametrisierten Modell erforderlich.

unter der Gültigkeit der Nullhypothese einer F-Verteilung folgt, die durch die Zähler- und Nennerfreiheitsgrade festgelegt ist. Ist die Nullhypothese falsch, so darf man erwarten, dass der empirische F-Wert größer als 1,0 wird.

Begründen lässt sich diese Aussage durch die Berechnung der Erwartungswerte der beiden mittleren Quadrate. Diese Erwartungswerte sind theoretische Größen, die aufgrund der Modellannahmen hergeleitet werden können. Die Formeln der beiden Erwartungswerte sind in Tab. 12.2 enthalten, wobei das erwartete mittlere Quadrat für das Treatment den Term $Q_A = n \sum_i (\mu_i - \bar{\mu})^2/(p-1)$ enthält. Für die einfaktorielle Varianzanalyse mit festen Effekten definierten wir bereits $\alpha_i = \mu_i - \bar{\mu}$, sodass wir diesen Term auch als

$$Q_A = n \sum_i \alpha_i^2/(p-1)$$

ausdrücken können. Anhand dieser Formel ergibt sich, dass dieser Ausdruck nur den Wert null annimmt, wenn alle α_i null sind. Dies ist genau dann der Fall, wenn die Nullhypothese der Varianzanalyse gilt. Insofern sind die Hypothesen $H_0 : \mu_1 = \cdots = \mu_p$ und $H_0 : \alpha_1 = \cdots = \alpha_p = 0$ äquivalent.

Anhand der erwarteten mittleren Quadrate aus Tab. 12.2 kann man zwei Dinge beobachten: Zunächst ist das mittlere Fehlerquadrat offensichtlich eine Schätzung der Fehlervarianz, denn ihr Erwartungswert – also ihr theoretischer Mittelwert über vergleichbare Untersuchungen hinweg – ist gleich dieser Fehlervarianz. Darüber hinaus ist der Erwartungswert des mittleren Quadrats für das Treatment offensichtlich nie kleiner als der Erwartungswert des mittleren Fehlerquadrats. Beide Erwartungswerte $\mathrm{E}(\mathrm{MQ}_A)$ und $\mathrm{E}(\mathrm{MQ}_e)$ sind nur dann gleich, wenn die Nullhypothese der einfaktoriellen Varianzanalyse wahr ist. Es ergibt sich also die Schlussfolgerung, dass bei Gültigkeit der Nullhypothese der Quotient $\mathrm{MQ}_A/\mathrm{MQ}_e$ mit großer Wahrscheinlichkeit in der Nähe von 1,0 liegt. Dagegen kann man erwarten, dass die Verletzung der H_0 zu einem Quotienten führt, der den Wert 1,0 übersteigt.

Die Betrachtung der Erwartungswerte der mittleren Quadrate ist in der Varianzanalyse deshalb von Bedeutung, da sich mit ihrer Hilfe die Bildung von F-Brüchen, die zur Testung einer Hypothese geeignet sind, begründen lässt. Die Wahl des F-Bruchs erfolgt dabei immer so, dass das mittlere Quadrat, welches mit dem Grad der Verletzung der Nullhypothese ansteigt, im Zähler steht. Die Berechnung der erwarteten mittleren Quadrate wird in Exkurs 12.4 erläutert.

12.3 Modell II (zufällige Effekte)

Bisher hatten wird inhaltliche Fragestellungen betrachtet, bei denen Mittelwertunterschiede zwischen Treatments von Interesse waren. Dabei sind wir davon ausgegangen, dass die Treatments sorgfältig vom Versuchsleiter ausgewählt wurden. Wir sprachen deshalb vom Modell für feste Effekte. Es ist auch dann relevant, wenn alle möglichen Treatmentstufen im Versuch berücksichtigt werden. Dies wäre etwa dann der Fall, wenn sich die Population in eine begrenzte Anzahl exhaustiver Kategorien (z. B. männlich–weiblich, Unterschicht–Mittelschicht–Oberschicht, jung–alt, Arbeiter–Angestellte–Beamte) einteilen lässt.

Allerdings ist es auch möglich, die zu vergleichenden Treatmentstufen durch einen Zufallsprozess auszuwählen. In diesem Fall spricht man von einem *zufälligen* Faktor. Will man dagegen betonen, dass die Stufen eines Faktors nicht zufällig ausgewählt wurden, spricht man von einem *festen Faktor*.

Beispiel für zufällige Faktoren könnten sein: Einfluss von Versuchsleitern auf Untersuchungsergebnisse, Einfluss von Therapeuten auf den Therapieerfolg oder Einfluss von Lehrern auf die Schülerleistungen.

Geht es in einer Untersuchung nicht darum, Unterschiede zwischen *bestimmten* Versuchsleitern festzustellen, sondern um die Frage, ob Versuchsleiter *überhaupt* die abhängige Variable beeinflussen, so ist „Unterschungsleiter" als zufälliger Faktor zu betrachten. Da die Auswahl der Versuchsleiter für diese Fragestellung beliebig ist, sollten die Versuchsleiter zufällig ausgewählt werden. In diesem Fall lassen sich die Ergebnisse auf die Population aller möglichen Versuchsleiter generalisieren, wobei das Ausmaß der Generalisierbarkeit von der Repräsentativität und Größe der Versuchsleiterstichprobe abhängt. Analog könnte man in Bezug auf die Auswahl von Therapeuten, Lehrern etc. argumentieren.

Stellen die in einer Untersuchung realisierten Faktorstufen eine Zufallsauswahl aller möglichen Faktorstufen dar, so sind wir in der Regel nicht an den einzelnen Mittelwerten der Treatmentstufen interessiert. Nehmen wir an, der Zufallsfaktor hat sechs Stufen, die sechs zufällig ausgewählten Therapeuten entsprechen. Jeder Therapeut behandelt fünf Patienten. Die abhängige Variable ist der Behandlungserfolg. Würden wir die Untersuchung wiederholen, so würden wir erneut sechs Therapeuten zufällig auswählen. Die sechs Therapeuten der zweiten Untersuchung wären aber nicht mit denen der ersten Untersuchung identisch, da es bei einem Zufallsfaktor um „Therapeuten" im Allgemeinen geht, aber nicht um sechs bestimmte Therapeuten.

Der Effekt des i-ten Therapeuten α_i ist definiert als Differenz zwischen seinem durchschnittlichen Behandlungserfolg und dem Gesamtmittelwert aller Therapeuten. Da die Therapeuten zufällig ausgewählt wurden, sind die α_i ebenfalls zufällig. Haben Therapeuten einen Einfluss auf den Behandlungserfolg, ist dies gleichbedeutend damit, dass die α_i variieren. Die Varianz der α_i wird als *Varianzkomponente* bezeichnet und mit σ_A^2 abgekürzt.

Mit der einfaktoriellen Varianzanalyse über einen zufälligen Faktor kann überprüft werden, ob die Varianzkomponente σ_A^2 null ist. Es wird also

$$H_0: \sigma_A^2 = 0 \quad \text{gegen} \quad H_1: \sigma_A^2 > 0$$

getestet. Ein signifikantes Ergebnis der Varianzanalyse besagt in diesem Fall, dass Therapeuten den Behandlungserfolg beeinflussen.

Die notwendigen Berechnungen zur Überprüfung dieser Hypothese sind mit den bisherigen Berechnungen zur Überprüfung eines festen Faktors identisch. Die Zerlegung der totalen Quadratsumme in einen Anteil, der auf den Faktor A bzw. auf den Fehler zurückgeht, erfolgt deshalb wie bisher. Dies gilt ebenso für die Berechnung der Freiheitsgrade, die mittleren Quadrate sowie die Berechnung des F-Bruchs.

BEISPIEL 12.6

Wir betrachten eine Zufallsstichprobe von sechs Therapeuten, welche jeweils fünf Patienten behandeln. Der Behandlungserfolg wird anhand eines Ratings ausgedrückt, wobei höhere Werte einen größeren Behandlungserfolg bedeuten. Wir gehen von folgenden Rohdaten aus:

Therapeuten					
a_1	a_2	a_3	a_4	a_5	a_6
3	5	5	1	1	8
5	5	7	3	4	9
7	4	7	2	6	8
6	7	9	3	5	9
8	8	8	4	5	8

Eine Varianzanalyse ergibt folgende Ergebnistabelle:

Quelle	QS	df	MQ	F
Therapeuten	107,067	5	21,413	9,243**
Fehler	55,600	24	2,317	
Total	162,667	29		

Der kritische F-Wert für $\alpha = 0{,}01$ bei fünf Zähler- und 24 Nennerfreiheitsgraden beträgt 3,895. Da der empirische F-Test den kritischen Wert übersteigt, können wir die Nullhypothese $H_0 : \sigma_A^2 = 0$ zurückweisen. Somit ergibt sich die Schlussfolgerung, dass der Therapieerfolg von den Therapeuten abhängt.

Die Varianzanalyse über zufällige Faktoren geht von dem Effektmodell

$$y_{im} = \mu + \alpha_i + e_{im} \tag{12.21}$$

aus, wobei die α_i die Stufen des Zufallsfaktors sind und die e_{im} die Fehlerkomponenten der individuellen Beobachtungen unter der i-ten Stufe des Zufallsfaktors bezeichnen. Über diese zufälligen Größen wird angenommen:

1. Die Treatmenteffekte sind normalverteilt, d. h. $\alpha_i \sim N(0, \sigma_A^2)$.
2. Die Fehlereffekte sind normalverteilt, d. h. $e_{im} \sim N(0, \sigma_e^2)$.
3. Treatment- und Fehlereffekte sind voneinander unabhängig.

Unter diesen Annahmen können die Erwartungswerte der mittleren Quadrate für Modell II berechnet werden (s. Exkurs 12.4). Sie sind in Tab. 12.4 enthalten. Durch den Vergleich der erwarteten mittleren Quadrate lässt sich erkennen, dass MQ_A dazu tendiert, MQ_e zu übertreffen, falls $\sigma_A^2 > 0$ ist – falls also die Stufen des Zufallsfaktors zur Unterschiedlichkeit der Werte der abhängigen Variablen beitragen.

Gelegentlich will man die Varianzkomponente eines Zufallsfaktors nicht nur statistisch absichern, sondern diese auch schätzen. Im Beispiel 12.6 wäre der Wert von σ_A^2 von erheblichem Interesse, denn dadurch ergeben sich Aussagen über das Ausmaß der Effekte von Therapeuten auf den Therapieerfolg. Für einen einfaktoriellen, balancierten Versuchsplan wie in Beispiel 12.6 ist die Schätzung der Varianzkomponente leicht möglich. Man setzt dazu die errechneten mittleren Quadrate ihren Erwartungswerten gleich. Wir erhalten somit die folgenden zwei Gleichungen

$$\text{MQ}_A = \hat{\sigma}_e^2 + n\hat{\sigma}_A^2,$$
$$\text{MQ}_e = \hat{\sigma}_e^2.$$

Da die mittleren Quadrate nicht exakt mit den erwarteten Werten identisch sein werden, haben wir den Varianzkomponenten σ_A^2 und σ_e^2 einen „Hut" aufgesetzt, um anzudeuten, dass sich die geschätzten Varianzkomponenten aufgrund dieser Gleichungen ergeben.

Wie sich aus der Beziehung $\text{MQ}_e = \hat{\sigma}_e^2$ unmittelbar ergibt, ist das mittlere Fehlerquadrat eine Schätzung der Fehlervarianz. Um die Schätzung für die andere Varianzkomponente zu erhalten, lösen wir die erste Gleichung nach $\hat{\sigma}_A^2$ auf. Wir erhalten

$$\hat{\sigma}_A^2 = \frac{\text{MQ}_A - \text{MQ}_e}{n}.$$

Als *Intraklassenkorrelation* bezeichnet man das Verhältnis

$$\text{IKK} = \frac{\hat{\sigma}_A^2}{\hat{\sigma}_A^2 + \hat{\sigma}_e^2},$$

welches die relative Stärke des Zufallsfaktors auf die abhängige Variable angibt. Ersetzt man die Varianzkomponenten durch die Berechnungsformeln, welche auf den mittleren Quadraten basieren, so kann man die Intraklassenkorrelation direkt durch die mittleren Quadrate ausdrücken. Man erhält

$$\text{IKK} = \frac{\text{MQ}_A - \text{MQ}_e}{\text{MQ}_A + (n-1) \cdot \text{MQ}_e}.$$

Tabelle 12.4. Erwartungswerte der mittleren Quadrate der einfaktoriellen Varianzanalyse für Modell II

Quelle	df	E(MQ)
A	$p-1$	$\sigma_e^2 + n\sigma_A^2$
Fehler	$N-p$	σ_e^2

BEISPIEL 12.7

Um die Berechnung der Varianzkomponenten zu illustrieren, setzten wir das Beispiel 12.6 fort. Wir erhalten aufgrund der mittleren Quadrate der varianzanalytischen Ergebnistabelle

$$\hat{\sigma}_A^2 = (21{,}413 - 2{,}317)/5 = 3{,}819 \quad \text{und}$$
$$\hat{\sigma}_e^2 = 2{,}317.$$

Wie sich aus dem Vergleich der Varianzkomponenten ergibt, beeinflussen Therapeuten den Erfolg erheblich stärker als die Fehlereffekte. Aufgrund der geschätzten Varianzkomponenten ergibt sich eine Intraklassenkorrelation von

$$\text{IKK} = \frac{3{,}819}{3{,}189 + 2{,}317} = 0{,}62.$$

EXKURS 12.4 Erwartungswerte der mittleren Quadrate

Feste Effekte. Zunächst berechnen wir den Erwartungswert des mittleren Fehlerquadrats, d. h. $E(MQ_e)$. Unter Verwendung der Formel für die Fehlerquadratsumme, s. Gl. (12.3), erhält man mit Hilfe der Rechenregeln für den Erwartungswert den Ausdruck

$$E(MQ_e) = \frac{1}{N-p} \sum_i E\left(\sum_m (y_{im} - \bar{A}_i)^2\right).$$

Aufgrund der Annahme $y_{im} = \mu_i + e_{im}$, s. Gl. (12.11), ergibt sich $\bar{A}_i = \sum_m y_{im}/n = \sum_m(\mu_i + e_{im})/n = \mu_i + \bar{e}_{i\cdot}$. Dadurch erhält man den Ausdruck $y_{im} - \bar{A}_i = (\mu_i + e_{im}) - (\mu_i + \bar{e}_{i\cdot}) = e_{im} - \bar{e}_{i\cdot}$. Für den Erwartungswert der Summe dieser quadrierten Abweichungen berechnet man somit $E\sum_m(e_{im} - \bar{e}_{i\cdot})^2 = (n-1) \cdot \sigma_e^2$. Einsetzen dieses Ausrucks in die rechte Seite ergibt

$$E(MQ_e) = \frac{1}{N-p} \sum_i (n-1) \cdot \sigma_e^2 = \frac{p \cdot (n-1)}{N-p} \cdot \sigma_e^2$$
$$= \sigma_e^2.$$

Also ist der Erwartungswert des mittleren Fehlerquadrats gleich der Fehlervarianz.
Die Berechnung von $E(MQ_A)$ ist ganz analog. Unter Verwendung der Formel für die Treatmentquadratsumme, s. Gl. (12.2), erhält man

$$E(MQ_A) = \frac{1}{p-1} E\left(n \sum_i (\bar{A}_i - \bar{G})^2\right).$$

Wieder kann man aufgrund der Modellannahmen die Ausdrücke $\bar{A}_i = \mu_i + \bar{e}_{i\cdot}$ und $\bar{G} = \sum_i \sum_m y_{im}/N = \sum_i \sum_m (\mu_i + e_{im}) = \bar{\mu} + \bar{e}_{\cdot\cdot}$ ermitteln. Dadurch ergibt sich für die Abweichung $\bar{A}_i - \bar{G} = (\mu_i - \bar{\mu}) + (\bar{e}_{i\cdot} - \bar{e}_{\cdot\cdot})$. Für Modell I sind die μ_i feste Konstanten, sodass nur die Fehlerterme zufällige Größen sind. Für den Erwartungswert der Summe dieser quadrierten Abweichungen erhält man (nach einigen algebraischen Vereinfachungen)

$$E\left(n \sum_i (\bar{A}_i - \bar{G})^2\right) = n \sum_i (\mu_i - \bar{\mu})^2 + nE\left(\sum_i (\bar{e}_{i\cdot} - \bar{e}_{\cdot\cdot})^2\right)$$
$$= n \sum_i (\mu_i - \bar{\mu})^2 + (p-1) \cdot \sigma_e^2.$$

Einsetzen dieses Ausdrucks in die rechte Seite von $E(MQ_A)$ ergibt

$$E(MQ_A) = \sigma_e^2 + n \sum_i (\mu_i - \bar{\mu})^2/(p-1).$$

Damit sind die Erwartungswerte der mittleren Quadrate aus Tab. 12.2 bestätigt.

Zufällige Effekte. Zuerst betrachten wir wieder das erwartete mittlere Fehlerquadrat. Das Modell für zufällige Effekte nimmt $y_{im} = \mu + \alpha_i + e_{im}$ an, s. Gl. (12.21), wobei die zufälligen Effekte α_i und e_{im} voneinander unabhängig sind und einen Erwartungswert von null besitzen. Aus dem Modell ergibt sich

$$\bar{A}_i = \sum_m y_{im}/n = \sum_m (\mu + \alpha_i + e_{im})/n$$
$$= \mu + \alpha_i + \bar{e}_{i\cdot}.$$

Dadurch erhält man wie zuvor den Ausdruck für das Modell mit festen Effekten $y_{im} - \bar{A}_i = e_{im} - \bar{e}_{i\cdot}$. Für den Erwartungswert der Summe dieser quadrierten Abweichungen erhält man mit den gleichen Argumenten wie im Modell für feste Effekte das Resultat

$$E(MQ_e) = \sigma_e^2.$$

Also ist der Erwartungswert des mittleren Fehlerquadrats gleich der Fehlervarianz.
Nun zum Erwartungswert des mittleren Quadrats für das Treatment. Als Ausdruck für einen Treatmentmittelwert erhalten wir wiederum $\bar{A}_i = \mu + \alpha_i + \bar{e}_{i\cdot}$. Für das Gesamtmittel ergibt sich aufgrund des Modells

$$\bar{G} = \sum_i \sum_m y_{im}/N = \mu + \bar{\alpha} + \bar{e}_{\cdot\cdot}.$$

Mit diesen Ergebnissen können wir die Abweichung des Treatmentmittels vom Gesamtmittel folgendermaßen ausdrücken

$$\bar{A}_i - \bar{G} = (\alpha_i - \bar{\alpha}) + (\bar{e}_{i\cdot} - \bar{e}_{\cdot\cdot}).$$

Für den Erwartungswert der QS_A ergibt sich nun

$$E(QS_A) = E\left(n \cdot \sum_i [(\alpha_i - \bar{\alpha}) + (\bar{e}_{i\cdot} - \bar{e}_{\cdot\cdot})]^2\right)$$
$$= n \cdot E\left(\sum_i (\alpha_i - \bar{\alpha})^2\right)$$
$$+ 2 \cdot n \cdot E\left(\sum_i (\alpha_i - \bar{\alpha}) \cdot (\bar{e}_{i\cdot} - \bar{e}_{\cdot\cdot})\right)$$
$$+ n \cdot E\left(\sum_i (\bar{e}_{i\cdot} - \bar{e}_{\cdot\cdot})^2\right).$$

Da die Zufallseffekte als unabhängig angenommen werden, ist der zweite Summand null. Des Weiteren ergeben sich aufgrund der Modellannahmen

$$E\left(\sum_i (\alpha_i - \bar{\alpha})^2\right) = \sigma_\alpha^2 \cdot (p-1),$$
$$E\left(\sum_i (\bar{e}_{i\cdot} - \bar{e}_{\cdot\cdot})^2\right) = \sigma_e^2/n \cdot (p-1).$$

Fassen wir das Ergebnis zusammen, so erhalten wir

$$E(QS_A) = n \cdot [\sigma_\alpha^2 \cdot (p-1) + \sigma_e^2/n \cdot (p-1)]$$
$$= (p-1) \cdot (\sigma_e^2 + n \cdot \sigma_\alpha^2)$$

und damit

$$E(MQ_A) = \sigma_e^2 + n \cdot \sigma_\alpha^2.$$

Die beiden Erwartungswerte sind in Tab. 12.4 enthalten.

Alternativ können wir diesen Wert auch direkt aufgrund der mittleren Quadrate berechnen. Wir erhalten

$$\text{IKK} = \frac{21{,}413 - 2{,}317}{21{,}413 + (5-1) \cdot 2{,}317} = 0{,}62.$$

Somit lassen sich 62% der Unterschiede in den Therapieerfolgen auf die Therapeuten zurückführen.

ÜBUNGSAUFGABEN

Allgemeine Fragen

Aufgabe 12.1 Welche H_0 wird mit der einfaktoriellen Varianzanalyse überprüft?

Aufgabe 12.2 Begründen Sie, warum eine Treatmentquadratsumme $p-1$ Freiheitsgrade hat.

Aufgabe 12.3 Zeige die Gültigkeit der Beziehung $QS_A + QS_e = QS_{tot}$.

Aufgabe 12.4 Eine Gruppe von Patienten wird mit einem Placebo behandelt, zwei weitere Gruppen erhalten zwei verschiedene Neuroleptika. Nach einer Behandlungsphase werden die drei Gruppen hinsichtlich ihrer Symptombelastung miteinander verglichen. Hierzu wird eine Varianzanalyse berechnet.

a) Was gilt für MQ_A im Vergleich zu MQ_e, wenn die Nullhypothese gilt? Was, wenn die Alternativhypothese gilt?
b) Welche F-Werte sprechen gegen die Gültigkeit der Nullhypothese?
c) Wie müssen die Messwerte der Versuchspersonen aussehen, damit der F-Wert groß wird? Mit welchen Strategien der Versuchsplanung kann dies erreicht werden?

Rechnerische Durchführung

Aufgabe 12.5 Die Wirkung eines neuen Medikaments soll mit zwei bewährten Medikamenten verglichen werden. 15 Patienten werden zufällig drei Gruppen zugeordnet, welche jeweils mit einem Medikament behandelt werden. Nach einer Behandlungswoche wird die Symptombelastung auf einer Skala von 0-100 erfasst.

a_1	a_2	a_3
52	46	46
54	48	48
56	50	50
58	52	52
60	54	54

Werten Sie die Studie mit einer einfaktoriellen Varianzanalyse aus, $\alpha = 0{,}05$.

Aufgabe 12.6 Gegeben ist folgende Tabelle:

Quelle	QS	df	MQ	F
Behandlung	8	4	?	?
Fehler	?	?	?	
Total	208	104		

a) Ergänzen Sie die Tabelle.
b) Wie viele Stufen besaß der Behandlungsfaktor? Wie viele Versuchspersonen wurden untersucht?

Aufgabe 12.7 In einem Entwicklungsland wird untersucht, wie viele Jahre die Schulausbildung von Männern und Frauen dauerte. Folgende Daten werden erhoben:

M	F
8	5
9	6
10	7
11	8
12	9

a) Untersuchen Sie mit einer einfaktoriellen Varianzanalyse, ob sich die Gruppen in der durchschnittlichen Ausbildungsdauer unterscheiden. Verwenden Sie $\alpha = 0{,}05$.
b) Untersuchen Sie mit einem t-Test, ob sich die Gruppen in der durchschnittlichen Ausbildungsdauer unterscheiden. Verwenden Sie einen zweiseitigen Test und $\alpha = 0{,}05$. Hinweis: Der Standardfehler der Mittelwertsdifferenz ergibt sich aus der Formel $\sqrt{(1/n_1 + 1/n_2) \cdot MQ_e}$.
c) Vergleichen Sie den Ablehnungsbereich und die Prüfgrößen der beiden Tests. Zu welchem Schluss kommen Sie?

Aufgabe 12.8 Die Effektivität von zwei verschiedenen Psychotherapie-Richtungen soll mit einer Kontrollgruppe verglichen werden. Dafür werden zwölf Patienten einer Klinik zufällig einer von drei Gruppen zugeordnet. Aus terminlichen Gründen können die Patienten nicht gleichmäßig auf die drei Gruppen verteilt werden. Nach drei Monaten wird ein Index für das Gesamtempfinden berechnet. Die Daten sollen mit einer Varianzanalyse ausgewertet werden.

Gruppe1	Gruppe2	KG
9	7	4
11	5	5
7	9	8
	10	5
	4	
$\bar{A}_1 = 9$	$\bar{A}_2 = 7$	$\bar{A}_3 = 5{,}5$

Berechnen Sie die varianzanalytische Ergebnistabelle.

Kapitel 13 Kontraste und Mehrfachvergleiche für einfaktorielle Versuchspläne

ÜBERSICHT

Orthogonale Kontraste – Scheffé-Test – polynomiale Trendtests – monotone Trendtests

13.1 Einzelvergleiche

Führt eine einfaktorielle Varianzanalyse zu einem signifikanten F-Wert, können wir hieraus schließen, dass sich die p Mittelwerte in irgendeiner Weise signifikant unterscheiden. Eine differenziertere Interpretation der Gesamtsignifikanz wird – ausgenommen beim Fall $p = 2$ – erst möglich, wenn wir wissen, welche Mittelwerte sich von welchen anderen Mittelwerten signifikant unterscheiden. So wäre es beispielsweise denkbar, dass sich unter den Mittelwerten ein „Ausreißer" befindet, der zu einem signifikanten F-Wert geführt hat, und dass sich die übrigen Mittelwerte nicht signifikant voneinander unterscheiden.

Durch Kontraste – auch Einzelvergleiche genannt – finden wir heraus, zwischen welchen einzelnen Treatmentstufen signifikante Unterschiede bestehen.

Zunächst geben wir folgende Definition:

Definition 13.1

Kontrast. Ein Kontrast D ergibt sich allgemein nach der Beziehung

$$D = \sum_{i=1}^{p} c_i \cdot \bar{A}_i,$$

wobei für die Gewichtungskoeffizienten die Bedingung $\sum_i c_i = 0$ gelten muss.

Wie die Definition erläutert, bezeichnet man $\sum_i c_i \cdot \bar{A}_i$ nur dann als Kontrast, wenn $\sum_i c_i = 0$ gilt. Ist diese Bedingung nicht erfüllt, nennt man den Ausdruck $\sum_i c_i \cdot \bar{A}_i$ *Linearkombination* der Treatmentmittelwerte. Ein Kontrast ist also eine Linearkombination der Treatmentmittelwerte, für die zugleich $\sum c_i = 0$ gilt.

Um die Definition eines Kontrasts zu illustrieren, betrachten wir die Differenz zweier Mittelwerte (z. B. $\bar{A}_1 - \bar{A}_2$). Diese Differenz lässt sich als gewichtete Summe von vier Mittelwerten auffassen, wenn wir $\bar{A}_1$ mit $c_1 = +1$ und $\bar{A}_2$ mit $c_2 = -1$ und die beiden Mittelwerte $\bar{A}_3$ und $\bar{A}_4$ mit $c_3 = 0$ und $c_4 = 0$ gewichten:

$$D = +1 \cdot \bar{A}_1 + (-1) \cdot \bar{A}_2 + 0 \cdot \bar{A}_3 + 0 \cdot \bar{A}_4$$
$$= \bar{A}_1 - \bar{A}_2.$$

Als zweites Beispiel wäre es interessant zu erfahren, wie sehr sich das Mittel der ersten drei Gruppen vom Mittel der vierten Gruppe unterscheidet bzw. wie groß die Differenz

$$D = (\bar{A}_1 + \bar{A}_2 + \bar{A}_3)/3 - \bar{A}_4$$

ist. Auch dies wäre ein Kontrast der Treatmentmittelwerte, wobei die Gewichtungskoeffizienten in diesem Fall wie folgt lauten:

$$c_1 = 1/3; \quad c_2 = 1/3; \quad c_3 = 1/3; \quad c_4 = -1.$$

13.1.1 Signifikanzprüfung

Mit einem Kontrast ist immer eine Nullhypothese verbunden, die man erhält, wenn die beobachteten Mittelwerte $\bar{A}_i$ durch die Populationsmittel μ_i ersetzt werden. Die Nullhypothese, welche mit einem Kontrast überprüft wird, lautet

$$H_0 : \sum_i c_i \cdot \mu_i = 0.$$

Die Alternativhypothese kann sowohl einseitig (z. B. $\sum_i c_i \cdot \mu_i > 0$) als auch zweiseitig ($\sum_i c_i \cdot \mu_i \neq 0$) formuliert sein.

Für jeden Kontrast eines balancierten, einfaktoriellen Versuchsplans kann eine Quadratsumme berechnet werden, die zur Signifikanzprüfung des

Kontrasts verwendet werden kann. Und zwar ergibt sich die Quadratsumme als

$$QS_D = n \cdot D^2 / \sum_i c_i^2 . \quad (13.1)$$

Sie ist mit einem Freiheitsgrad verbunden.

Die Signifikanzprüfung des Kontrasts für den zweiseitigen Test erfolgt über die F-Verteilung, wobei

$$F = \frac{QS_D}{MQ_e} . \quad (13.2)$$

Dieser F-Wert besitzt einen Zähler- und df_e Nennerfreiheitsgrade.

BEISPIEL 13.1

Durch eine Varianzanalyse soll geprüft werden, ob sich die Behandlungsmethoden a_1, a_2 und a_3 von der Kontrollbedingung a_4 unterscheiden. Die abhängige Variable ist der Behandlungserfolg. Die Rohdaten sind in Tab. 13.1 enthalten. Die Varianzanalyse ergibt folgende Ergebnistabelle:

Quelle	QS	df	MQ	F
A	35,0	3	11,667	3,5**
Fehler	40,0	12	3,333	

Die Treatmentstufenmittelwerte lauten: $\bar{A}_1 = 16$; $\bar{A}_2 = 14$; $\bar{A}_3 = 18$ und $\bar{A}_4 = 15$. Wir verwenden die Gewichte $c_1 = 1$, $c_2 = 1$, $c_3 = 1$ und $c_4 = -3$. Somit lautet die mit dem Kontrast verbundene Nullhypothese:

$$H_0 : \mu_1 + \mu_2 + \mu_3 - 3 \cdot \mu_4 = 0 .$$

Für den Wert des Kontrasts, mit welchem die drei Behandlungen mit der Kontrolle verglichen werden, berechnen wir $D = (16 + 14 + 18) - 3 \cdot 15 = 3$. Für die Quadratsumme, welche mit diesem Kontrast verbunden ist, berechnet man nach Gl. (13.1) den Wert $QS_D = 4 \cdot 3^2/12 = 3$.

Zur Signifikanzprüfung des Kontrasts errechnen wir den F-Wert

$$F = 3/3{,}333 = 0{,}9 .$$

Dieser F-Wert besitzt einen Zähler- und 12 Nennerfreiheitsgrade. Der kritische F-Wert für $\alpha = 0{,}05$ lautet $F_{1,12;0,95} = 4{,}75$. Da der berechnete F-Wert den kritischen Wert nicht übersteigt, ist der Kontrast nicht sigifikant.

Im Folgenden verzichten wir zur Erleichterung der Darstellung auf die explizite Angabe der Nullhypothese, welche mit einem Kontrast verbunden ist. Diese Nullhypothese kann immer durch das Ersetzen der $\bar{A}_i$ Mittelwerte eines Kontrasts durch μ_i-Parameter erschlossen werden.

Tabelle 13.1. Ergebnisse dreier unterschiedlicher Behandlungen a_1, a_2, a_3. Die Gruppe a_4 ist die Kontrollgruppe

a_1	a_2	a_3	a_4
15	12	18	12
16	12	18	16
16	14	19	16
17	18	17	16

13.1.2 Orthogonale Kontraste

Nehmen wir einmal an, bei einer Untersuchung mit konstantem n und $p = 3$ Faktorstufen sollen alle Mittelwerte paarweise verglichen werden:

$$\bar{A}_1 - \bar{A}_2; \qquad \bar{A}_1 - \bar{A}_3; \qquad \text{und} \qquad \bar{A}_2 - \bar{A}_3 .$$

Von diesen drei Kontrasten ist einer informationslos, weil er sich aus den beiden anderen ergibt. Man erhält z. B.

$$(\bar{A}_1 - \bar{A}_3) - (\bar{A}_1 - \bar{A}_2) = \bar{A}_2 - \bar{A}_3 .$$

Der Wert des dritten Kontrasts liegt also fest, wenn die beiden ersten bekannt sind.

Eine Redundanz ergibt sich auch für die beiden folgenden, für $p = 4$ Stufen konstruierten Kontraste:

$$D_1 = (\bar{A}_1 + \bar{A}_2 + \bar{A}_3)/3 - \bar{A}_4; \quad D_2 = \bar{A}_1 - \bar{A}_4 .$$

Auch wenn sich D_1 und D_2 wechselseitig nicht vollständig determinieren, kann man erkennen, dass sich D_1 in Abhängigkeit von D_2 ändert und umgekehrt. Unabhängig sind hingegen die beiden folgenden Kontraste:

$$D_3 = (\bar{A}_1 - \bar{A}_2); \quad D_4 = (\bar{A}_3 - \bar{A}_4)$$

oder auch

$$D_5 = (\bar{A}_1 + \bar{A}_2)/2 - (\bar{A}_3 + \bar{A}_4)/2;$$
$$D_6 = (\bar{A}_1 + \bar{A}_3)/2 - (\bar{A}_2 + \bar{A}_4)/2 .$$

Offenbar unterscheiden sich jeweils zwei Kontraste darin, ob sie gemeinsame Informationen enthalten, also in ihrer Größe voneinander abhängen, oder ob sie jeweils spezifische Informationen erfassen und damit voneinander unabhängig sind.

Formal wird dieser Unterschied ersichtlich, wenn wir die entsprechenden Gewichtskoeffizienten betrachten. Sie lauten für die oben genannten sechs Kontraste mit $p = 4$:

D_1	1/3;	1/3;	1/3;	−1
D_2	1;	0;	0;	−1
D_3	1;	−1;	0;	0
D_4	0;	0;	1;	−1
D_5	1/2;	1/2;	−1/2;	−1/2
D_6	1/2;	−1/2;	1/2;	−1/2.

Zunächst stellen wir fest, dass alle Kontraste der Bedingung $\sum c_i = 0$ gemäß Definition 13.1 genügen. Ferner betrachten wir die Summe aller Produkte korrespondierender Gewichtungskoeffizienten (kurz: Produktsumme) für zwei Kontraste. Sie lautet für die zwei *redundanten* oder abhängigen Kontraste D_1 und D_2:

$$\frac{1}{3} \cdot 1 + \frac{1}{3} \cdot 0 + \frac{1}{3} \cdot 0 + (-1) \cdot (-1) = \frac{4}{3}.$$

Für die beiden Kontraste D_3 und D_4 mit jeweils spezifischen Informationen erhalten wir

$$1 \cdot 0 + (-1) \cdot 0 + 0 \cdot 1 + 0 \cdot (-1) = 0$$

und für D_5 im Vergleich zu D_6:

$$\frac{1}{2} \cdot \frac{1}{2} + \frac{1}{2} \cdot \left(-\frac{1}{2}\right) + \left(-\frac{1}{2}\right) \cdot \frac{1}{2} + \left(-\frac{1}{2}\right) \cdot \left(-\frac{1}{2}\right) = 0.$$

Schließlich stellen wir noch D_2 und D_5 gegenüber mit der Besonderheit, dass D_2 zumindest teilweise in D_5 enthalten ist. Wir erhalten

$$1 \cdot \frac{1}{2} + 0 \cdot \frac{1}{2} + 0 \cdot \left(-\frac{1}{2}\right) + (-1) \cdot \left(-\frac{1}{2}\right) = 1.$$

Die sich hier abzeichnende Systematik ist nicht zu übersehen: Erfassen zwei Kontraste gemeinsame Informationen, resultiert für die Produktsumme ein Wert ungleich null. Sind die Informationen zweier Kontraste hingegen überschneidungsfrei, hat die Produktsumme den Wert null. Derartige Kontraste bezeichnen wir als orthogonal.

Definition 13.2

Orthogonale Kontraste. Zwei Kontraste D_j und D_k eines balancierten Versuchsplans sind orthogonal, wenn die Produktsumme ihrer Gewichtungskoeffizienten null ergibt, d. h. falls $\sum_i c_{ij} \cdot c_{ik} = 0$.

Begründung der Kontrastbedingung. Kontraste, welche die Kontrastbedingung $\sum c_i = 0$ erfüllen, sind – wie im Folgenden gezeigt wird – orthogonal zum Mittelwert $\bar{G}$. Bei gleich großen Stichproben ergibt sich:

$$\bar{G} = \frac{1}{p} \cdot \bar{A}_1 + \frac{1}{p} \cdot \bar{A}_2 + \cdots + \frac{1}{p} \cdot \bar{A}_p = \frac{1}{p} \cdot \sum_i \bar{A}_i.$$

$\bar{G}$ entspricht also einer Linearkombination aller $\bar{A}_i$ unter Verwendung des konstanten Gewichtes $c_i = 1/p$. Wir sprechen hier von einer *Linearkombination* und nicht von einem Kontrast, da die Summe der c_i nicht null ist. Wir prüfen die Produktsumme der Linearkombination für einen beliebigen Kontrast $D = \sum_i c_i \cdot \bar{A}_i$ und $\bar{G}$:

$$c_1 \cdot \frac{1}{p} + c_2 \cdot \frac{1}{p} + \cdots + c_p \cdot \frac{1}{p} = \frac{1}{p} \cdot \sum_i c_i.$$

Man erkennt, dass diese Produktsumme nur null werden kann, wenn $\sum_i c_i = 0$ ist. Alle Kontraste mit $\sum_i c_i = 0$ sind damit orthogonal zum Mittelwert $\bar{G}$ (vgl. Hays, 1994, Kap. 11.7).

Vollständige Sätze orthogonaler Kontraste. Wir haben bereits festgestellt, dass z. B. die beiden Kontraste D_3 und D_4 orthogonal sind. Wir wollen nun prüfen, ob es weitere Kontraste gibt, die sowohl zu D_3 als auch zu D_4 orthogonal sind. Wir prüfen zunächst D_3 versus D_5:

$$1 \cdot \frac{1}{2} + (-1) \cdot \frac{1}{2} + 0 \cdot \left(-\frac{1}{2}\right) + 0 \cdot \left(-\frac{1}{2}\right) = 0.$$

Die Kontrastbedingung ist für diese beiden Kontraste erfüllt. Nun prüfen wir D_4 versus D_5:

$$0 \cdot \frac{1}{2} + 0 \cdot \frac{1}{2} + 1 \cdot \left(-\frac{1}{2}\right) + (-1) \cdot \left(-\frac{1}{2}\right) = 0.$$

Auch in diesem Fall ist die Kontrastbedingung erfüllt. D_5 ist also sowohl zu D_3 als auch zu D_4 orthogonal. Die Prüfung bezüglich D_6 führt zu folgendem Resultat. Zunächst D_3 versus D_6:

$$1 \cdot \frac{1}{2} + (-1) \cdot \left(-\frac{1}{2}\right) + 0 \cdot \frac{1}{2} + 0 \cdot \left(-\frac{1}{2}\right) = 1.$$

Die Konstrastbedingung ist nicht erfüllt. Nun D_4 versus D_6:

$$0 \cdot \frac{1}{2} + 0 \cdot \left(-\frac{1}{2}\right) + 1 \cdot \frac{1}{2} + (-1) \cdot \left(-\frac{1}{2}\right) = 1.$$

Auch in diesem Fall ist die Kontrastbedingung nicht erfüllt. Obwohl orthogonal zu D_5, ist D_6 nicht orthogonal zu D_3 und D_4. Das Gleiche gilt für D_1 und D_2, die zwar wechselseitig, aber nicht gegenüber D_3 und D_4 orthogonal sind. Man mag sich davon überzeugen, dass es zu den drei wechselseitig orthogonalen Kontrasten D_3, D_4 und D_5 keinen weiteren Kontrast gibt, der sowohl zu D_3, D_4 als auch D_5 orthogonal ist. Die Kontraste D_3, D_4 und D_5 bilden einen vollständigen Satz orthogonaler Kontraste.

Ein vollständiger Satz orthogonaler Kontraste besteht aus $p-1$ wechselseitig orthogonalen Kontrasten.

Neben D_3, D_4 und D_5 existieren weitere vollständige Sätze orthogonaler Kontraste. So könnte man beispielsweise zu D_5 und D_6 einen weiteren Kontrast D_7 konstruieren, bei dem die Treatmentstufen a_1 und a_4 mit a_2 und a_3 kontrastiert werden. Dieser Vergleich D_7 hätte also die Gewichte

$$c_1 = 1/2, \quad c_2 = -1/2, \quad c_3 = -1/2, \quad c_4 = 1/2$$

und wäre damit orthogonal sowohl zu D_5 als auch zu D_6. Die Vergleiche D_5, D_6 und D_7 bilden einen weiteren vollständigen Satz orthogonaler Kontraste für $p = 4$.

Helmert-Kontraste. Einen vollständigen Satz orthogonaler Kontraste erzeugt man auch nach den Regeln für sog. Helmert-Kontraste:

$$\begin{aligned}
D_1 &= \bar{A}_1 - \frac{1}{p-1} \cdot (\bar{A}_2 + \bar{A}_3 + \cdots + \bar{A}_p),\\
D_2 &= \bar{A}_2 - \frac{1}{p-2} \cdot (\bar{A}_3 + \bar{A}_4 + \cdots + \bar{A}_p),\\
&\vdots\\
D_{p-2} &= \bar{A}_{p-2} - \frac{1}{2} \cdot (\bar{A}_{p-1} + \bar{A}_p),\\
D_{p-1} &= \bar{A}_{p-1} - \bar{A}_p.
\end{aligned}$$

Die Regeln für umgekehrte Helmert-Kontraste lautet:

$$\begin{aligned}
D_1 &= \bar{A}_2 - \bar{A}_1,\\
D_2 &= \bar{A}_3 - \frac{1}{2} \cdot (\bar{A}_1 + \bar{A}_2),\\
D_3 &= \bar{A}_4 - \frac{1}{3} \cdot (\bar{A}_1 + \bar{A}_2 + \bar{A}_3),\\
&\vdots\\
D_{p-2} &= \bar{A}_{p-1} - \frac{1}{p-2} \cdot (\bar{A}_1 + \bar{A}_2 + \cdots + \bar{A}_{p-2}),\\
D_{p-1} &= \bar{A}_p - \frac{1}{p-1} \cdot (\bar{A}_1 + \bar{A}_2 + \cdots + \bar{A}_{p-1}).
\end{aligned}$$

Zerlegung der Treatmentquadratsumme. Wie bereits erwähnt, kann jedem Kontrast eine Quadratsumme zugeordnet werden. Die Formel für die Berechnung dieser Quadratsumme wurde bereits in Gl. (13.1) gegeben. Die Quadratsumme hat einen Freiheitsgrad.

Generell gilt, dass sich die QS_A additiv aus den Quadratsummen von $p-1$ orthogonalen Kontrasten zusammensetzt:

$$QS_A = QS_{D_1} + QS_{D_2} + \cdots + QS_{D_{p-1}}. \tag{13.3}$$

> Die Quadratsummen eines vollständigen Satzes orthogonaler Kontraste addieren sich zur Treatmentquadratsumme.

Da die QS_A genau $p-1$ Freiheitsgrade und die QS_D einen Freiheitsgrad hat, können wir auch sagen, dass jeder Freiheitsgrad der QS_A mit einem Kontrast aus einem vollständigen Satz orthogonaler Kontraste assoziiert ist.

BEISPIEL 13.2

Für die Daten in Tab. 13.1 soll der folgende vollständige Satz orthogonaler Kontraste berechnet werden:

$$\begin{aligned}
D_1 &= \bar{A}_1 - \bar{A}_2,\\
D_2 &= \bar{A}_1 + \bar{A}_2 - 2 \cdot \bar{A}_3,\\
D_3 &= \bar{A}_1 + \bar{A}_2 + \bar{A}_3 - 3 \cdot \bar{A}_4.
\end{aligned}$$

Die Mittelwerte der vier Treatmentstufen lauten: $\bar{A}_1 = 16, \bar{A}_2 = 14, \bar{A}_3 = 18, \bar{A}_4 = 15$. Berechnung der drei Kontraste ergibt die Werte $D_1 = 16 - 14 = 2$, $D_2 = 16 + 14 - 2 \cdot 18 = -6$, $D_3 = 16+14+18-3 \cdot 15 = 3$. Für die entsprechenden Quadratsummen errechnet man nach Gl. (13.1)

$$\begin{aligned}
QS_{D_1} &= \frac{4 \cdot 2^2}{2} = 8,\\
QS_{D_2} &= \frac{4 \cdot (-6)^2}{6} = 24,\\
QS_{D_3} &= \frac{4 \cdot 3^2}{12} = 3.
\end{aligned}$$

Gleichung (13.3) wird bestätigt, da sich die Quadratsummen der drei Kontraste zur Treatmentquadratsumme von $QS_A = 35$ addieren.

13.1.3 Ungleich große Stichproben

Wie bei gleich großen Stichprobenumfängen wird ein Kontrast nach folgender Gleichung gebildet:

$$D = \sum_i c_i \cdot \bar{A}_i \quad \text{mit} \quad \sum_i c_i = 0.$$

Die Quadratsumme errechnet sich nun aber zu

$$QS_D = \frac{D^2}{\sum_i c_i^2/n_i}. \tag{13.4}$$

Diese Quadratsumme ist wie im balancierten Fall mit einem Freiheitsgrad verbunden.

Definition 13.3

Orthogonale Kontraste. Zwei Kontraste D_j und D_k eines unbalancierten, einfaktoriellen Versuchsplans sind orthogonal, wenn folgende Bedingung erfüllt ist:

$$\sum_i \frac{c_{ij} \cdot c_{ik}}{n_i} = 0.$$

BEISPIEL 13.3

Um Kontraste für unbalancierte Versuchpläne zu illustrieren, verwenden wir das Beispiel, welches die Konzentrationsfähigkeit in Abhängigkeit des Schlafentzugs untersuchte. Die Rohdaten sind in Tab. 12.3 enthalten. Wir wollen die ersten beiden Stufen des Schlafentzugsfaktors kontrastieren. Dazu wählen wir die Koeffizienten $c_1 = +1$, $c_2 = -1$ sowie $c_3 = c_4 = c_5 = 0$. Mit Hilfe der zuvor ermittelten Faktorstufenmittelwerte ergibt sich als Wert für diesen Kontrast

$$D_1 = \bar{A}_1 - \bar{A}_2 = 17{,}6 - 17{,}167 = 0{,}433.$$

Die mit diesem Kontrast verbundene Quadratsumme ergibt sich unter Verwendung von Gl. (13.4) als

$$\text{QS}_{D_1} = \frac{D_1^2}{\sum_i c_i^2/n_i} = \frac{0{,}433^2}{1/5 + 1/6} = 0{,}51.$$

Mit Hilfe eines zweiten Kontrasts sollen die ersten beiden Treatmentstufen mit der dritten Stufe verglichen werden. Wir wählen die Kontrastkoeffizienten $c_1 = 1$, $c_2 = 1$, $c_3 = -2$ sowie $c_4 = c_5 = 0$. Als Wert für diesen Kontrast ermitteln wir

$$D_2 = \bar{A}_1 + \bar{A}_2 - 2 \cdot \bar{A}_3 = 17{,}6 + 17{,}167 - 2 \cdot 14{,}250 = 6{,}267.$$

Wieder berechnen wir die mit diesem Kontrast verbundene Quadratsumme. Es ergibt sich

$$\text{QS}_{D_2} = \frac{D_2^2}{\sum_i c_i^2/n_i} = \frac{6{,}267^2}{1/5 + 1/6 + 4/4} = 28{,}74.$$

Wir fragen nun, ob die beiden Kontraste orthogonal sind. Dazu ist die in Definition 13.3 genannte Bedingung hinsichtlich der Kontrastkoeffizienten zu überprüfen. Wir ermitteln

$$\sum_i c_{i1} c_{i2}/n_i = \frac{1 \cdot 1}{5} + \frac{(-1) \cdot 1}{6} + 0 + 0 + 0 = \frac{1}{30}.$$

Da diese Summe nicht null ist, sind die beiden Kontraste nicht orthogonal. Wie müssen die Gewichte des zweiten Kontrasts gewählt werden, damit dieser zum ersten Kontrast orthogonal ist? Diese Gewichte lassen sich folgendermaßen ermitteln. Zum einen erfordert die Orthogonalitätsbedingung

$$\frac{(1) \cdot c_1}{5} + \frac{(-1) \cdot c_2}{6} + 0 + 0 + 0 = 0,$$

wobei die Werte in Klammern den Koeffizienten des ersten Kontrasts entsprechen. Zum anderen muss die Kontrastbedingung $\sum_i c_i = 0$ gelten. Wählen wir $c_1 = 5$ und $c_2 = 6$, so ist die Orthogonalitätsbedingung erfüllt. Da der zweite Kontrast die ersten beiden Gruppen mit der dritten Gruppe vergleichen soll, wählen wir für $c_3 = -11$ und $c_4 = c_5 = 0$. Somit ist auch die Kontrastbedingung erfüllt.

Offensichtlich sind die Gewichtungskoeffizienten Funktionen der Zellhäufigkeiten n_i. Allerdings ist eine solche Gewichtung nur dann sinnvoll, wenn die unterschiedlichen Zellhäufigkeiten des unbalancierten Versuchsplans die Größe der zu den Faktorstufen gehörenden Populationen repräsentieren. Dies ist für das Beispiel sicherlich nicht der Fall, da der ursprüngliche Versuchplan balanciert war. Das Bestehen auf orthogonalen Kontrasten kann für unbalancierte Versuchspläne somit leicht zur Testung von uninteressanten Hypothesen führen.

Zur Signifikanzprüfung des Kontrasts errechnet man für den Wert des Kontrasts

$$D_2' = 5 \cdot \bar{A}_1 + 6 \cdot \bar{A}_2 - 11 \cdot \bar{A}_3 = 88 + 103 - 156{,}75 = 34{,}25.$$

Auch für diesen Kontrast lässt sich wiederum eine Quadratsumme bestimmen. Man erhält:

$$\text{QS}_{D_2'} = \frac{D_2'^2}{\sum_i c_i^2/n_i} = \frac{34{,}25^2}{5^2/5 + 6^2/6 + 11^2/4} = 28{,}44.$$

Obwohl D_2' orthogonal zu D_1 ist, ist seine Bedeutung aufgrund der komplexen Gewichtungskoeffizienten intuitiv nicht leicht verständlich. Der zu D_1 nicht-orthogonale Kontrast D_2 ist leichter zu interpretieren.

13.1.4 Trendtests

Eine spezielle Form von Kontrasten stellen Trendtests dar. Die Durchführung von Trendtests setzt voraus, dass die Kategorien des Treatments den Werten einer metrischen Variablen entsprechen und die Abstände zwischen benachbarten Kategorien gleich groß sind. Mit Hilfe von Trendtests wird die Treatmentquadratsumme in *Anteile* zerlegt, durch welche die Art der Beziehung zwischen den Mittelwerten der abhängigen Variablen und den Stufen des metrischen Faktors genauer analysiert werden kann. Der zu besprechende trendanalytische Ansatz setzt einen balancierten Versuchsplan voraus.

Die Trendanalyse sei an einem Beispiel erläutert. Es soll überprüft werden, wie sich verschiedene Lärmstärken auf die Arbeitsleistung auswirken. Jeweils fünf Personen arbeiten unter sechs verschiedenen Lärmbedingungen, von denen wir annehmen wollen, dass sie auf der subjektiven Lautheitsskala äquidistant gestuft sind. Wir können deshalb vereinfachend die sechs Lärmstufen mit den Ziffern 1 bis 6 bezeichnen. Die Varianzanalyse über die Arbeitsleistungen möge zu den in Tab. 13.2 dargestellten Ergebnissen geführt haben. Auf die Wiedergabe der ursprünglichen Messwerte können wir in diesem Beispiel verzichten.

Wie die Varianzanalyse zeigt, unterscheiden sich die Mittelwerte auf dem 1%-Signifikanzniveau. Es wird vermutet, dass sich die Arbeitsleistungen nicht linear zur Lärmstärke verändern, sondern dass sich ein mittlerer Lärmpegel am günstigsten auf die Arbeitsleistungen auswirkt. Die sechs Mittelwerte lauten:

$$\bar{A}_1 = 3{,}6, \quad \bar{A}_2 = 3{,}8, \quad \bar{A}_3 = 5{,}8,$$
$$\bar{A}_4 = 4{,}0, \quad \bar{A}_5 = 3{,}6, \quad \bar{A}_6 = 2{,}6.$$

Für $\bar{G}$ ergibt sich der Wert 3,9.

Tabelle 13.2. Ergebnis der Varianzanalyse, an die Trendtests angeschlossen werden sollen

Quelle	QS	df	MQ	*F*
Lärmstärken	27,5	5	5,5	4,23**
Fehler	31,2	24	1,3	
Total	58,7	29		

Tabelle 13.3. *c*-Koeffizienten für Trendtests (orthogonale Polynome)

Anz. der Faktorstufen	Trend	Faktorstufennummer 1	2	3	4	5	6	7	8	9	10	$\sum c_i^2$	λ
3	linear	−1	0	1								2	1
	quadratisch	1	−2	1								6	3
4	linear	−3	−1	1	3							20	2
	quadratisch	1	−1	−1	1							4	1
	kubisch	−1	3	−3	1							20	10/3
5	linear	−2	−1	0	1	2						10	1
	quadratisch	2	−1	−2	−1	2						14	1
	kubisch	−1	2	0	−2	1						10	5/6
	quartisch	1	−4	6	−4	1						70	35/12
6	linear	−5	−3	−1	1	3	5					70	2
	quadratisch	5	−1	−4	−4	−1	5					84	3/2
	kubisch	−5	7	4	−4	−7	5					180	5/3
	quartisch	1	−3	2	2	−3	1					28	7/12
7	linear	−3	−2	−1	0	1	2	3				28	1
	quadratisch	5	0	−3	−4	−3	0	5				84	1
	kubisch	−1	1	1	0	−1	−1	1				6	1/6
	quartisch	3	−7	1	6	1	−7	3				154	7/12
8	linear	−7	−5	−3	−1	1	3	5	7			168	2
	quadratisch	7	1	−3	−5	−5	−3	1	7			168	1
	kubisch	−7	5	7	3	−3	−7	−5	7			264	2/3
	quartisch	7	−13	−3	9	9	−3	−13	7			616	7/12
	quintisch	−7	23	−17	−15	15	17	−23	7			2184	7/10
9	linear	−4	−3	−2	−1	0	1	2	3	4		60	1
	quadratisch	28	7	−8	−17	−20	−17	−8	7	28		2772	3
	kubisch	−14	7	13	9	0	−9	−13	−7	14		990	5/6
	quartisch	14	−21	−11	9	18	9	−11	−21	14		2002	7/12
	quintisch	−4	11	−4	−9	0	9	4	−11	4		468	3/20
10	linear	−9	−7	−5	−3	−1	1	3	5	7	9	330	2
	quadratisch	6	2	−1	−3	−4	−4	−3	−1	2	6	132	1/2
	kubisch	−42	14	35	31	12	−12	−31	−35	−14	42	8580	5/3
	quartisch	18	−22	−17	3	18	18	3	−17	−22	18	2860	5/12
	quintisch	−6	14	−1	−11	−6	6	11	1	−14	6	780	1/10

Wir werden im Folgenden anhand dieses Beispiels zeigen, wie eine QS_A in einzelne Trendkomponenten aufgeteilt wird.

Lineare Komponente. Um denjenigen Anteil der QS_A zu ermitteln, der auf einen linearen Trend der Mittelwerte zurückzuführen ist, benötigen wir gemäß Gl. (13.1) für einen Kontrast bzw. eine Trendkomponente *c*-Koeffizienten, die bei $p = 6$ einen linearen Trend kennzeichnen. Diese Werte sind in Tab. 13.3 enthalten. Auf die Berechnungsvorschriften für die Koeffizienten, die als *orthogonale Polynome* bezeichnet werden, wollen wir nicht weiter eingehen. Näheres hierzu findet sich bei O. Anderson und Houseman (1942), Fisher und Yates (1963) und Mintz (1970).

SOFTWAREHINWEIS 13.1

Ein Computerprogramm zur Berechnung orthogonaler Polynome auch für ungleich große Stichproben und/oder nicht äquidistante Treatmentstufen wurde von Berry (1993) entwickelt. Das Programmpaket R enhält die Funktion „poly" zur Berechnung orthogonaler Polynome.

Für eine lineare Komponente und $p = 6$ lauten diese Kontrastkoeffizienten:

$$-5 \quad -3 \quad -1 \quad 1 \quad 3 \quad 5.$$

Da die Bedingung $\sum_i c_i = 0$ erfüllt ist, spezifizieren diese Koeffizienten gemäß Definition 13.1 einen Kontrast, der auf Signifikanz getestet werden kann. Wir ermitteln nach Gl. (13.1)

$$QS_{\text{lin}} = \frac{n \cdot \left(\sum_i c_i \cdot \bar{A}_i \right)^2}{\sum_i c_i^2}$$

$$= \frac{5 \cdot [(-5) \cdot 3{,}6 + \cdots + 5 \cdot 2{,}6]^2}{(-5)^2 + (-3)^2 + (-1)^2 + 1^2 + 3^2 + 5^2}$$

$$= \frac{273{,}80}{70} = 3{,}91.$$

Der Signifikanztest dieser Trendkomponente führt nach Gl. (13.2) zu

$$F = \frac{3{,}91}{1{,}3} = 3{,}01.$$

Der kritische F-Wert lautet: $F_{1,24;95\%} = 4{,}26$, d. h., die lineare Komponente ist nicht signifikant. Die Nullhypothese, nach der die Mittelwerte keinem linearen Trend folgen, wird deshalb beibehalten.

Weil die unabhängige Variable Intervallskalenqualität hat, kann nach Gl. (10.5) zwischen den Merkmalen Lärmstärke und Arbeitsleistung eine Korrelation berechnet werden. Die hierfür benötigten Wertepaare ergeben sich, wenn wir bei jeder Person für y die Arbeitsleistung (die hier nicht im Einzelnen wiedergegeben ist) und für x den Lärmpegel (d. h. je nach Gruppenzugehörigkeit die Werte 1 bis 6) einsetzen. Nach dieser Vorgehensweise ermitteln wir eine Korrelation von $r = -0{,}26$.

Ausgehend von den varianzanalytischen Ergebnissen kann diese Korrelation einfacher nach folgender Beziehung berechnet werden:

$$r_{\text{lin}} = \sqrt{\frac{\text{QS}_{\text{lin}}}{\text{QS}_{\text{tot}}}}. \quad (13.5)$$

In unserem Beispiel erhalten wir auch nach dieser Gleichung

$$r_{\text{lin}} = \sqrt{\frac{3{,}91}{58{,}7}} = -0{,}26.$$

Das Vorzeichen der Korrelation entnehmen wir der Steigung der Regressionsgeraden, die in diesem Fall negativ ist.

Die Signifikanzprüfung dieser Korrelation bestätigt den nicht signifikanten F-Wert. Wir überprüfen deshalb im nächsten Schritt, ob die verbleibende, auf nicht-lineare Zusammenhänge zurückgehende Quadratsumme signifikant ist. Es resultiert allgemein

$$\text{QS}_{\text{nonlin}} = \text{QS}_A - \text{QS}_{\text{lin}} \quad (13.6)$$

bzw. im Beispiel:

$$\text{QS}_{\text{nonlin}} = 27{,}5 - 3{,}91 = 23{,}59.$$

Die lineare Komponente ist mit einem Freiheitsgrad versehen, sodass die $\text{QS}_{\text{nonlin}}$

$$df_A - df_{\text{lin}} = 5 - 1 = 4$$

Freiheitsgrade hat. Für $\text{MQ}_{\text{nonlin}}$ ermitteln wir somit:

$$\text{MQ}_{\text{nonlin}} = \frac{23{,}59}{4} = 5{,}90.$$

Das mittlere Quadrat überprüfen wir wieder an der Fehlervarianz auf Signifikanz. Wir erhalten:

$$F = \frac{5{,}90}{1{,}3} = 4{,}54.$$

Der kritische Wert lautet $F_{4,24;99\%} = 4{,}22$, d. h., die auf nonlineare Trends zurückzuführende Variabilität ist auf dem 1%-Niveau signifikant. Es lohnt sich also, die Variabilität, die auf nichtlineare Trendkomponenten zurückzuführen ist, genauer zu untersuchen.

Quadratische Komponente. Wir überprüfen als Nächstes die quadratische Komponente.

Tabelle 13.3 entnehmen wir die c-Koeffizienten für die quadratische Komponente und $p = 6$. Sie lauten:

$$5 \quad -1 \quad -4 \quad -4 \quad -1 \quad 5.$$

Auch diese Koeffizienten erfüllen die Kontrastbedingung der Definition 13.1, nach der gefordert wird, dass ihre Summe null ergeben muss. Vergleichen wir die Koeffizienten für den linearen Trend mit denen des *quadratischen Trends*, zeigt sich ferner, dass die lineare Komponente und die quadratische Komponente orthogonal sind. Die Summe der Produkte korrespondierender Koeffizienten ergibt null:

$$-5 \cdot 5 + (-3) \cdot (-1) + (-1) \cdot (-4) + 1 \cdot (-4) + 3 \cdot (-1) + 5 \cdot 5 = 0.$$

Setzen wir die quadratischen Trendkoeffizienten zusammen mit den Mittelwerten in Gl. (13.1) ein, erhalten wir als quadratische Komponente:

$$\begin{aligned}\text{QS}_{\text{quad}} &= \frac{5 \cdot [5 \cdot 3{,}6 + (-1) \cdot 3{,}8 + (-4) \cdot 5{,}8}{5^2 + (-1)^2 + (-4)^2 + (-4)^2 + (-1)^2 + 5^2} \\ &+ \frac{(-4) \cdot 4{,}0 + (-1) \cdot 3{,}6 + 5 \cdot 2{,}6]^2}{5^2 + (-1)^2 + (-4)^2 + (-4)^2 + (-1)^2 + 5^2} \\ &= \frac{1216{,}8}{84} = 14{,}49.\end{aligned}$$

Auch diese Komponente hat einen Freiheitsgrad. Die Überprüfung der Komponente nach Gl. (13.2) ergibt:

$$F = \frac{14{,}49}{1{,}3} = 11{,}15.$$

Dieser Wert ist sehr signifikant $F_{1,24;99\%} = 7{,}82$, d. h., die Mittelwerte folgen in überzufälliger Weise einem quadratischen Trend. Eine Veranschauli-

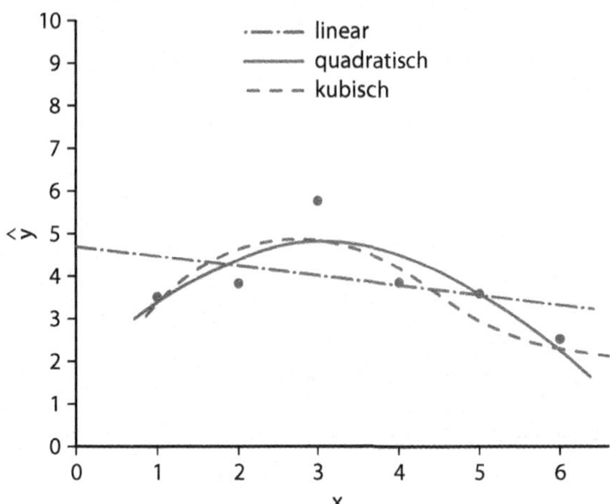

Abbildung 13.1. Grafische Darstellung der Regressionsgleichungen 1., 2. und 3. Ordnung

chung des quadratischen Trends zeigt Abb. 13.1. Die Hypothese, dass sich ein mittlerer Lärmpegel am günstigsten auf die Arbeitsleistungen auswirkt, wird durch einen signifikanten quadratischen Trend bestätigt. Wieder können wir überprüfen, wie groß die Korrelation zwischen den Lärmstärken und der Arbeitsleistung ist, wenn der quadratische Zusammenhang berücksichtigt wird. Sie lautet:

$$r_{\text{quad}} = \sqrt{\frac{QS_{\text{lin}} + QS_{\text{quad}}}{QS_{\text{tot}}}}. \tag{13.7}$$

Der Grund, warum hier die QS_{lin} mit eingeht, ist darin zu sehen, dass in der quadratischen Regressionsgleichung auch eine lineare Komponente enthalten ist: $\hat{y} = a + b_1 x + b_2 x^2$.

Für die quadratische Komponente ergibt sich:

$$r_{\text{quad}} = \sqrt{\frac{3{,}91 + 14{,}49}{58{,}7}} = 0{,}56.$$

Die verbleibende Variabilität der QS_A ermitteln wir, indem wir von der QS_A die QS_{lin} und die QS_{quad} abziehen. Diese Vorgehensweise ist möglich, da – wie wir gesehen haben – die Trendkomponenten wechselseitig voneinander unabhängig bzw. orthogonal sind. Als Restquadratsumme erhalten wir

$$\begin{aligned} QS_A - QS_{\text{lin}} - QS_{\text{quad}} &= 27{,}5 - 3{,}91 - 14{,}49 \\ &= 9{,}10. \end{aligned}$$

Da jede Trendkomponente mit einem Freiheitsgrad versehen ist, hat die verbleibende Quadratsumme $df_A - df_{\text{lin}} - df_{\text{quad}} = 5 - 1 - 1 = 3$ Freiheitsgrade. Das entsprechende mittlere Quadrat lautet somit:

$$MQ_{\text{Rest}} = \frac{9{,}10}{3} = 3{,}03.$$

Relativieren wir dieses mittlere Quadrat an dem mittleren Fehlerquadrat, erhalten wir einen *F*-Wert, der nicht mehr signifikant ist:

$$F = \frac{3{,}03}{1{,}3} = 2{,}33.$$

Kubische Komponente. Des Weiteren soll noch die kubische Trendkomponente überprüft werden. Tabelle 13.3 entnehmen wir die hierfür benötigten, kubischen Trendkoeffizienten für $p = 6$:

$$-5 \quad 7 \quad 4 \quad -4 \quad -7 \quad 5.$$

Auch diese Koeffizienten addieren sich zu null. Ferner sehen wir, dass die Summe der Produkte korrespondierender Koeffizienten sowohl für die linearen Trendkoeffizienten als auch die quadratischen Trendkoeffizienten null ergibt. Die kubische Trendkomponente ist somit sowohl zu der linearen als auch zu der quadratischen Trendkomponente orthogonal.

Wir setzen die kubischen Trendkoeffizienten zusammen mit den Mittelwerten in Gl. (13.1) ein und erhalten die kubische Trendkomponente

$$\begin{aligned} QS_{\text{cub}} &= \frac{5 \cdot [(-5) \cdot 3{,}6 + 7 \cdot 3{,}8 + 4 \cdot 5{,}8}{(-5)^2 + 7^2 + 4^2 + (-4)^2 + (-7)^2 + 5^2} \\ &+ \frac{(-4) \cdot 4{,}0 + (-7) \cdot 3{,}6 + 5 \cdot 2{,}6]^2}{(-5)^2 + 7^2 + 4^2 + (-4)^2 + (-7)^2 + 5^2} \\ &= \frac{5 \cdot 3{,}6^2}{180} = 0{,}36. \end{aligned}$$

Auch diese Komponente hat nur einen Freiheitsgrad. Die auf den kubischen Trend zurückgehende Varianz ist kleiner als das mittlere Fehlerquadrat und damit statistisch nicht bedeutsam. Die Korrelation, die auf den kubischen Trend zurückzuführen ist, ermitteln wir nach

$$r_{\text{cub}} = \sqrt{\frac{QS_{\text{lin}} + QS_{\text{quad}} + QS_{\text{cub}}}{QS_{\text{tot}}}} \tag{13.8}$$

zu

$$r_{\text{cub}} = \sqrt{\frac{3{,}91 + 14{,}49 + 0{,}36}{58{,}7}} = 0{,}57.$$

Offensichtlich ist dies nur ein geringfügig höherer Wert im Vergleich zu r_{quad}.

13

Trends höherer Ordnung. Da eine Treatment-Quadratsumme $p-1$ Freiheitsgrade hat, können maximal $p-1$ orthogonale Trendkomponenten bestimmt werden. Ist $p = 2$, existiert nur ein linearer Trend (zwei Punkte legen eine Gerade fest). Für $p = 3$ ist ein quadratischer (oder parabolischer) und $p = 4$ ein kubischer Trend festgelegt. Allgemein sind bei p Treatmentstufen die Positionen aller p Punkte (Treatmentstufenmittelwerte) durch ein Polynom $(p-1)$-ter Ordnung exakt erfasst. Ist beispielsweise $p = 3$, können nur der lineare und quadratische Trend berechnet werden. Es empfiehlt sich allerdings, Trendanalysen nur dann durchzuführen, wenn die Anzahl der Treatmentstufen genügend groß ist. (Der Nachweis eines linearen Trends bei $p = 2$ ist trivial.)

Zu überprüfen wären in unserem Beispiel noch der quartische und quintische Trend. Da jedoch in der Forschungspraxis selten Theorien überprüft werden, aus denen sich quadratische oder noch höhere Trends ableiten lassen, wollen wir auf die Angabe der Berechnungsvorschriften *höherer Trendkomponenten* verzichten. Sollte dennoch in einem konkreten Fall Interesse an der Ermittlung höherer Trendkomponenten bestehen, lässt sich der hier skizzierte Ansatz problemlos generalisieren: Tabelle 13.3 werden die für eine bestimmte Anzahl von Faktorstufen p und für den gewünschten Trend benötigten c-Koeffizienten entnommen und zusammen mit den Treatmentmittelwerten in Gl. (13.1) eingesetzt. Die statistische Überprüfung einer Trendkomponente, die jeweils mit einem Freiheitsgrad versehen ist, erfolgt nach Gl. (13.2).

Varianzaufklärung. Addieren wir die $p-1$ Quadratsummen, die auf die $p-1$ verschiedenen Trends zurückzuführen sind, muss die QS_A resultieren.

> Die Treatmentquadratsumme lässt sich in $p-1$ orthogonale Trendkomponenten zerlegen.

In Analogie zur Korrelationsberechnung nach Gl. (13.5), (13.7) und (13.8) können wir einen Korrelationskoeffizienten ermitteln, der alle, auf die verschiedenen Trends zurückgehenden Zusammenhänge enthält. Dieser Koeffizient wird mit η (eta) bezeichnet:

$$\eta = \sqrt{\frac{QS_{\text{lin}} + QS_{\text{quad}} + \cdots + QS_{\text{trend}(p-1)}}{QS_{\text{tot}}}} = \sqrt{\frac{QS_A}{QS_{\text{tot}}}}. \qquad (13.9)$$

In unserem Beispiel ermitteln wir

$$\eta = \sqrt{\frac{27{,}5}{58{,}7}} = 0{,}68.$$

An dieser Stelle sehen wir, dass die Überprüfung einer Unterschiedshypothese auch durch die Ermittlung eines Zusammenhangskoeffizienten erfolgen kann. Je deutlicher sich die Treatmentmittelwerte unterscheiden, umso größer ist der irgendwie geartete Zusammenhang zwischen der metrischen unabhängigen Variablen und der abhängigen Variablen. Quadrieren wir η und multiplizieren η^2 mit 100, erhalten wir denjenigen Varianzanteil der abhängigen Variablen, der auf die unabhängige Variable zurückzuführen ist (vgl. Gl. 12.8). In unserem Beispiel sind dies 47%.

η ist allerdings lediglich ein deskriptives Maß, das den in einer Stichprobe angetroffenen, unspezifischen Zusammenhang zwischen unabhängiger und abhängiger Variable charakterisiert. Soll aufgrund der Stichprobendaten die gemeinsame Varianz zwischen abhängiger und unabhängiger Variable in der Population, aus der die Stichprobe entnommen wurde, geschätzt werden, empfiehlt sich die Berechnung von $\hat{\omega}^2$ (sprich: omega) nach folgender Beziehung (Hays, 1994, S. 409):

$$\hat{\omega}^2 = \frac{QS_A - (p-1) \cdot MQ_e}{QS_{\text{tot}} + MQ_e}. \qquad (13.10)$$

In unserem Beispiel ermitteln wir

$$\hat{\omega}^2 = \frac{27{,}5 - (6-1) \cdot 1{,}3}{58{,}7 + 1{,}3} = 0{,}35.$$

Ausgehend von den erhobenen Daten schätzen wir somit, dass in der Population 35% der Varianz der abhängigen Variablen auf die unabhängige Variable zurückzuführen sind.

13.2 Mehrfachvergleiche

Die in den vergangenen Abschnitten besprochenen Tests für Kontraste kann man zu unterschiedlichen Zwecken verwenden. Ein Szenario besteht darin, sehr spezifisch eine kleine Anzahl von inhaltlich interessierenden Kontrasten zu überprüfen. In einem zweiten Szenario könnte man an allen paarweisen Vergleichen der Treatmentstufen interessiert sein. In einem dritten Szenario sollen erst nach Betrachten der Daten bzw. der Treatmentstufenmittelwerte gewisse auffällige Unterschiede mit Hilfe eines Kontrasts überprüft werden.

Allen drei Szenarien ist gemeinsam, dass für die weitere Analyse der Daten eine ganze Reihe von Tests durchgeführt werden soll. Man spricht deshalb auch vom *multiplen Testen*. Allerdings ist die Verwendung vieler Signifikanztests nicht unproblematisch, da sie zur Inflation des Fehlers 1. Art führen kann. Die Gefahr, welche vom multiplen Testen ausgeht, ist über die verschiedenen Szenarien hinweg unterschiedlich. Zunächst wollen wir uns aber dem grundsätzlichen Problem zuwenden. Auf die verschiedenen Szenarien werden wir im Anschluss eingehen.

Zunächst einmal legen wir im Rahmen der Überprüfung eines Kontrasts den Fehler 1. Art fest, indem wir das Signifikanzniveau wählen. Dieses Signifikanzniveau wird im Folgenden mit α' bezeichnet. Da der Fehler 1. Art nur eintreten kann, wenn die Nullhypothese für den Kontrast gilt, setzen die folgenden Überlegungen immer die Gültigkeit der Nullhypothese voraus. Wir nehmen an, dass die Nullhypothesen aller Kontraste, welche getestet werden sollen, gelten. Schließlich wollen wir noch annehmen, dass für alle Tests α' den gleichen Wert besitzt. Wir bezeichnen mit E_k das Ereignis:

> Die H_0 des k-ten Kontrast wird fälschlicherweise verworfen.

Aufgrund dieser Definition gilt $P(E_k) = \alpha'$. Das zu E_k komplementäre Ereignis $\bar{E}_k$ lautet:

> Die H_0 des k-ten Kontrasts wird korrekterweise beibehalten.

Die Wahrscheinlichkeit dieses Ereignisses beträgt $P(\bar{E}_k) = 1 - \alpha'$.

Nehmen wir an, dass zwei unabhängige Kontraste durchgeführt werden, so kann die Wahrscheinlichkeit für das Ereignis „in beiden Tests wird die H_0 korrekterweise beibehalten" mit Hilfe des Multiplikationstheorems für unabhängige Ereignisse, Gl. (4.6), berechnet werden. Man erhält

$$P(\bar{E}_1 \cap \bar{E}_2) = P(\bar{E}_1) \cdot P(\bar{E}_2) = (1 - \alpha')^2.$$

Allgemein ergibt sich diese Wahrscheinlichkeit bei m unabhängigen Kontrasttests zu

$$P(\bar{E}_1 \cap \cdots \cap \bar{E}_m) = (1 - \alpha')^m.$$

Nun fragen wir nach der Wahrscheinlichkeit, dass in mindestens einem von m Tests die H_0 fälschlicherweise verworfen wird. Wir suchen also die Wahrscheinlichkeit des Ereignisses $E_1 \cup E_2 \cup \cdots \cup E_m$. Diese Wahrscheinlichkeit wird auch als Fehler 1. Art für das Experiment bezeichnet. Wir geben folgende Definition:

Definition 13.4

Fehler 1. Art für das Experiment. Der Fehler 1. Art für das Experiment ist die Wahrscheinlichkeit, bei der Überprüfung einer Menge von Einzeltests mindestens einen Fehler 1. Art zu begehen.

Der Fehler 1. Art für das Experiment ist offensichtlich die Komplementärwahrscheinlichkeit dazu, dass in allen Fällen die H_0 korrekterweise beibehalten wird. Für m unabhängige Tests erhält man

$$\begin{aligned} P(E_1 \cup \cdots \cup E_m) &= 1 - P(\bar{E}_1 \cap \cdots \cap \bar{E}_m) \\ &= 1 - (1 - \alpha')^m. \end{aligned} \tag{13.11}$$

Setzen wir $\alpha' = 0{,}05$ und $m = 4$, ist dies immerhin eine Wahrscheinlichkeit von $1-(1-0{,}05)^4 = 0{,}185$. Das Risiko, bei m unabhängigen Tests mindestens einen Fehler 1. Art zu begehen, ist also gegenüber dem nominellen, ursprünglich ins Auge gefassten Signifikanzniveau um nahezu das Vierfache erhöht. Dies ist – vereinfacht gesprochen – das „Entgelt" dafür, dass wir viermal die Gelegenheit hatten, einen Fehler 1. Art zu begehen.

Wann immer mit m unabhängigen Einzeltests dieser Art operiert wird, ist die Wahrscheinlichkeit dafür, dass mindestens einer der Tests fälschlicherweise verworfen wird, nach Gl. (13.11) zu ermitteln. Diese Gleichung zeigt auch eine einfache Methode, wie der Inflation des Fehlers 1. Art Einhalt geboten werden kann. Dazu lösen wir Gl. (13.11) nach α' auf. Man erhält

$$\alpha' = 1 - (1 - \alpha)^{1/m}, \tag{13.12}$$

wobei α den Fehler 1. Art für das Experiment bezeichnet.

Für $m = 4$ unabhängige Kontraste und $\alpha = 0{,}05$ ergibt sich $\alpha' = 1 - (1 - 0{,}05)^{1/4} = 0{,}0127$. Wird für ein vorgegebenes α der Fehler 1. Art für jeden Einzeltest auf den so berechneten α'-Wert gesetzt, wird der Fehler 1. Art für das Experiment auf den Wert α gesetzt. Die Wahrscheinlichkeit, dass mindestens eine Nullhypothese fälschlicherweise verworfen wird, beträgt also unter Verwendung von $\alpha' = 0{,}0127$ genau 5%. Man kann an diesem Beispiel erkennen, dass die Kontrolle des Fehlers 1. Art für das Experiment dadurch kontrolliert werden kann, dass es jedem Kontrast schwerer gemacht wird, Signifikanz zu erreichen. Schließlich ist der Wert von α' in der Regel erheblich kleiner als α, der Fehler 1. Art für das Experiment.

Den Fehler 1. Art für das Experiment bezeichnet man im Englischen als „experiment-wise error rate" oder „family-wise error rate". Der Fehler

1. Art für einen Kontrast wird dagegen als „comparison-wise error rate" oder „test-wise error rate" bezeichnet.

13.2.1 Welcher Fehler muss kontrolliert werden?

Man kann wiederholt beobachten, dass es Politikern nach einer Wahl keine Mühe bereitet, die erzielten Wahlergebnisse im Nachhinein wortreich zu erklären. Derartige Ex-post-Erklärungen klingen meistens sehr plausibel und geraten deshalb leicht in die Gefahr, mit einer gelungenen Hypothesenprüfung verwechselt zu werden. Sie haben jedoch nur den Status einer Hypothese und sollten nicht mit einer wissenschaftlichen Hypothesenprüfung gleichgesetzt werden, die voraussetzt, dass die Hypothese vor dem Bekanntwerden der Ergebnisse aufgestellt wurde.

Für Verwechslungen dieser Art gibt es nicht nur im politischen oder alltäglichen Leben, sondern auch in der empirischen Forschung zahlreiche Belege. Bezogen auf die hier anstehende Einzelvergleichsproblematik sind es zwei völlig verschiedene Dinge, ob man vor der Durchführung einer Untersuchung begründet behauptet, von p Mittelwerten würden sich genau die beiden ersten bedeutsam unterscheiden, oder ob man nach Abschluss der Untersuchung feststellt, dass unter allen möglichen Paaren von Mittelwerten gerade zwischen den beiden ersten Mittelwerten ein bedeutsamer Unterschied besteht, den man zudem auch noch ex post erklären kann.

Der Erkenntnisgewinn, der mit der Bestätigung einer *a priori*, d. h. vor der Untersuchungsdurchführung aufgestellten Hypothese erzielt wird, ist ungleich höher einzuschätzen als der Informationswert eines Ergebnisses, das sich ohne vorherige Erwartungen *a posteriori* oder im Nachhinein plausibel machen lässt. Geradezu verwerflich bzw. dem wissenschaftlichen Fortschritt wenig dienlich wäre es, wenn man ein a posteriori gefundenes Ergebnis nachträglich zu einer scheinbar a priori formulierten Hypothese machen würde, denn die Bestätigung solcher Hypothesen würde dann letztlich zur Trivialität.

> Die Begründung und Überprüfung einer Hypothese mit ein und demselben Datensatz ist wissenschaftlich nicht haltbar.

Wie ist nun nach diesen Vorbemerkungen mit Kontrasten im Kontext einer Varianzanalyse umzugehen? Wir folgen der Empfehlung von R. E. Kirk (1995, S. 122), nach der a priori formulierte Kontrasthypothesen, die orthogonal sind, keine Korrektur des Signifikanzniveaus erforderlich machen. Sind a priori Kontraste dagegen nicht-orthogonal, so ist eine Korrektur des Signifikanzniveaus erforderlich.

A posteriori aufgestellte Kontraste können hingegen nach dem Verfahren von Scheffé (s. Kap. 13.2.4) auch dann durchgeführt werden, wenn sie erst aufgrund der Auswertung einer Varianzanalyse entstanden sind. Etwa wenn man nach der Inspektion der Treatmentstufenmittelwerte überprüfen möchte, welche Mittelwertunterschiede maßgeblich für die Signifikanz des Treatments verantwortlich sind.

13.2.2 A priori Vergleich orthogonaler Kontraste

Die Signifikanzprüfung von a priori geplanten Kontrasten, welche orthogonal sind, kann ohne Modifikation nach dem bereits in Abschn. 13.1 beschriebenen Verfahren durchgeführt werden. Das Verfahren wird für jeden der Kontraste einzeln angewendet. Es muss lediglich durch die Berechnung der Produktsumme in Definition 13.2 sichergestellt werden, dass die zu prüfenden Kontraste tatsächlich orthogonal sind. Maximal können also für einen Faktor mit p Stufen $p - 1$ Kontraste getestet werden.

13.2.3 A priori Vergleich nicht-orthogonaler Kontraste

Im Zusammenhang mit den Überlegungen zur Inflation des Fehlers 1. Art (s. Abschn. 13.2) sind wir davon ausgegangen, dass es sich bei den zu testenden m Kontrasten eines Faktors um unabhängige Vergleiche handelt. Dadurch ergab sich ein einfacher Zusammenhang zwischen dem Fehler 1. Art für das Experiment und dem Fehler 1. Art für den Kontrast, der verwendet werden konnte, um den Fehler 1. Art für das Experiment zu kontrollieren.

Die Tests von Kontrasten, selbst wenn diese orthogonal sind, sind allerdings nicht unabhängig. Zwar sind die zu einer Menge orthogonaler Kontraste gehörenden Quadratsummen statistisch unabhängig, doch die entsprechenden F-Tests verwenden den gleichen Nenner, MQ_e, wodurch die Unabhängigkeit der Tests verloren geht (Winer et al., 1991, S. 166). Insofern sind die bisherigen Berechnungen zur Inflation des Fehlers 1. Art aus Abschn. 13.2 nur theoretischer Natur.

Im Falle von abhängigen Tests kann der Fehler 1. Art für das Experiment zwar nicht mehr exakt berechnet werden, allerdings lässt er sich auf eine einfache Art nach oben abschätzen. Es lässt sich also ein Wert angeben, der mit Sicherheit gleich oder kleiner dem Fehler 1. Art für das Experiment ist, selbst wenn die m Tests der Kontraste abhängig sind. Diese Abschätzung verwendet die sog. *Bonferroni-Ungleichung*. Diese lautet für beliebige Ereignisse $E_1, \ldots, E_m$,

$$P(E_1 \cup \cdots \cup E_m) \leq P(E_1) + \cdots + P(E_m).$$

Die linke Seite dieser Ungleichung entspricht der Wahrscheinlichkeit eines Fehlers 1. Art für das Experiment. Die einzelnen Summanden auf der rechten Seite der Ungleichung entsprechen der Wahrscheinlichkeit eines Fehlers 1. Art für die einzelnen Kontraste. Wird der Fehler 1. Art für alle Kontraste auf den gleichen Wert α' festgelegt, lässt sich die Ungleichung auch folgendermaßen vereinfachen:

$$P(E_1 \cup \cdots \cup E_m) \leq m \cdot \alpha'.$$

Will man garantieren, dass der Fehler 1. Art für das Experiment den vorgegebenen Wert α nicht übersteigen kann, muss der Wert für α' folgendermaßen gewählt werden

$$\alpha' = \alpha/m, \tag{13.13}$$

denn daraus folgt $P(E_1 \cup \cdots \cup E_m) \leq \alpha$, d. h. die Wahrscheinlichkeit eines Fehlers 1. Art für das Experiment ist kleiner als das gewählte Signifikanzniveau α. Diese Überlegung ergibt also eine einfache Vorschrift, wie α' für die Kontraste zu wählen ist, damit die Wahrscheinlichkeit eines Fehlers 1. Art für das Experiment nicht überschritten wird. Für $\alpha = 0{,}05$ und $m = 4$ Kontraste ergibt sich für $\alpha' = 0{,}0125$ ein Wert, der etwas kleiner ist als der nach Gl. (13.12) errechnete Wert von 0,0127.

Man sollte allerdings beachten, dass die Korrektur nach Gl. (13.13) der Tendenz nach eher konservativ ausfällt. Verbesserte Bonferroni-Korrekturen findet man bei B. S. Holland und Copenhaver (1988), Hsu (1996), Krauth (1993, Kap. 1.7), Rasmussen (1993), Shaffer (1993) oder S. P. Wright (1992).

Eine sequenzielle „Bonferroni-Korrektur" schlägt S. Holm (1979) vor: Der größte Kontrast wird über Gl. (13.13) bewertet. Ist er signifikant, wird der nächstgrößte Kontrast auf einem Signifikanzniveau von $\alpha/(m-1)$ getestet. Führt auch dieser Test zu einem signifikanten Resultat, wählt man $\alpha/(m-2)$ als Signifikanzniveau für den drittgrößten Kontrast usw. Die Prozedur endet, wenn nach k signifikanten Kontrasten der Kontrast auf dem Rangplatz $k+1$ auf einem Signifikanzniveau von $\alpha/(m-k)$ nicht mehr signifikant ist.

13.2.4 A posteriori Vergleiche beliebiger Kontraste

Für die Durchführung von a posteriori Vergleichen wurden mehrere Verfahren entwickelt (z. B. Verfahren von Newman-Keuls, Tukey, Duncan und Scheffé). Vergleiche dieser Verfahren findet man bei Hopkins und Chadbourn (1967), Hsu (1996), Keselman und Rogan (1977), Keselman et al. (1979), R. E. Kirk (1995), Ramsey (1981, 2002) sowie Ryan (1980). Wir behandeln im Folgenden den Scheffé-Test, der sich gegenüber Verletzungen von Voraussetzungen als relativ robust erwiesen hat und der zudem tendenziell eher konservativ (d. h. zugunsten der H_0) entscheidet. Eine kurze Beschreibung des theoretischen Hintergrundes des Verfahrens findet man bei Boik (1979b) bzw. ausführlicher bei Scheffé (1953, 1963).

Theoretischer Hintergrund. Der Scheffé-Test garantiert, dass die Wahrscheinlichkeit eines Fehlers 1. Art für das Experiment durch das Testen von beliebig vielen Kontrasten nicht größer als das Signifikanzniveau α für den F-Test der Varianzanalyse werden kann. Ein Kontrast, dessen c-Koeffizienten bis auf die Einschränkung $\sum_i c_i = 0$ völlig beliebig gewählt werden können, ist auf dem für die Varianzanalyse spezifizierten Niveau α signifikant, wenn der empirische F-Wert des Kontrasts gemäß Gl. (13.2) mindestens so groß ist wie der nach folgender Gleichung ermittelte kritische Wert S, wobei

$$S = (p-1) \cdot F_{p-1,N-p;1-\alpha}. \tag{13.14}$$

Hierbei ist $F_{p-1,N-p;1-\alpha}$ der kritische F-Wert für den F-Test der Varianzanalyse.

Die Bedeutung dieser Gleichung sei an einem Beispiel veranschaulicht. Angenommen, eine Varianzanalyse mit $p = 4$ und $n = 20$ hat zu folgenden Ergebnissen geführt: $\bar{A}_1 = 9$, $\bar{A}_2 = 9$, $\bar{A}_3 = 9$, $\bar{A}_4 = 13$, $\bar{G} = 10$ und damit $\text{QS}_A = 20 \cdot (1^2 + 1^2 + 1^2 + 3^2) = 240$. Zu vergleichen sei der Durchschnitt der ersten drei Mittelwerte mit dem vierten Mittelwert, d. h., wir erhalten

$$D = (-1) \cdot 9 + (-1) \cdot 9 + (-1) \cdot 9 + 3 \cdot 13 = 12.$$

Als Quadratsumme des Kontrasts ermittelt man nach Gl. (13.1):

$$QS_D = \frac{20 \cdot 12^2}{(-1)^2 + (-1)^2 + (-1)^2 + 3^2} = 240.$$

Wir stellen fest, dass die Quadratsumme des Kontrasts QS_D mit der Treatmentquadratsumme QS_A übereinstimmt. Da sich die QS_A additiv aus den Quadratsummen von $p - 1$ orthogonalen Kontrasten zusammensetzt, stellt die gefundene QS_D die größtmögliche Quadratsumme eines einzelnen Kontrasts dar.

Allgemein ergibt sich die maximale Quadratsumme $QS_{D_{max}}$ für einen Kontrast, der wie folgt definiert ist:

$$D_{max} = \hat{\tau}_1 \cdot \bar{A}_1 + \hat{\tau}_2 \cdot \bar{A}_2 + \cdots + \hat{\tau}_p \cdot \bar{A}_p \qquad (13.15)$$

mit

$$\hat{\tau}_i = \bar{A}_i - \bar{G} \quad \text{und} \quad \sum_i \hat{\tau}_i = 0.$$

Die c-Koeffizienten werden hier also durch die geschätzten Effektparameter τ_i ersetzt (lies: tau), die sich als Differenzen zwischen den einzelnen Mittelwerten und $\bar{G}$ ergeben. Dementsprechend wurde das Beispiel konstruiert:

$$c_1 = \hat{\tau}_1 = 9 - 10 = -1$$
$$c_2 = \hat{\tau}_2 = 9 - 10 = -1$$
$$c_3 = \hat{\tau}_3 = 9 - 10 = -1$$
$$c_4 = \hat{\tau}_4 = 13 - 10 = 3.$$

Damit verbindet sich nun ein Problem: Da jede Quadratsumme eines Kontrasts – und damit auch $QS_{D_{max}}$ – nur einen Freiheitsgrad, die QS_A jedoch $p-1$ Freiheitsgrade hat, ist der F-Test für $QS_{D_{max}}$ gemäß Gl. (13.2) genau um den Faktor $p-1$ größer als der F-Test für MQ_A gemäß Gl. (12.7). Damit beide Tests zum gleichen Ergebnis kommen (was wegen $QS_{D_{max}} = QS_A$ erforderlich ist), muss der empirische F-Wert für $QS_{D_{max}}$ mit dem nach Gl. (13.14) kritischen Schrankenwert $S = (p-1) \cdot F_{p-1,N-p;1-\alpha}$ verglichen werden, denn nur unter dieser Voraussetzung kommen der F-Test der Varianzanalyse und der Test des Kontrasts für D_{max} zu identischen Resultaten: Wenn die H_0 nach dem F-Test der Varianzanalyse für ein Signifikanzniveau α verworfen wird, ist auch die Nullhypothese des Kontrasts D_{max} mit α zu verwerfen.

Da nun keine Quadratsumme eines einzelnen Kontrasts größer sein kann als $QS_{D_{max}}$, ist sichergestellt, dass kein Kontrast ein Signifikanzniveau besitzt, welches α übersteigt.

Paarvergleiche von Mittelwerten. Häufig begnügt man sich bei der Interpretation eines signifikanten F-Tests mit der Überprüfung der Differenzen für alle Mittelwertpaare, die man einfachheitshalber wie folgt vornimmt. Wir lösen Gl. (13.2) nach D auf und erhalten:

$$D = \sqrt{\frac{\left(\sum_i c_i^2\right) \cdot MQ_e \cdot F}{n}}.$$

Wollen wir nun die kritische Differenz d_{crit} bestimmen, welche ein Kontrast übertreffen muss, um Signifikanz zu erreichen, so müssen wir auf der rechten Seite F durch den kritischen Wert ersetzen, mit welchem der empirische F-Wert verglichen wird. Dieser kritische Wert ist nach Gl. (13.14) S. Ersetzen wir also F durch die rechte Seite von Gl. (13.14), so erhalten wir

$$D_{crit} = \sqrt{\frac{\left(\sum_i c_i^2\right) \cdot MQ_e \cdot (p-1) \cdot F_{p-1,N-p;1-\alpha}}{n}}.$$

Nun spezialisieren wir diese Gleichung für den Vergleich zweier Treatmentmittelwerte.

Für den Vergleich von $\bar{A}_j$ mit $\bar{A}_k$ lauten die Gewichte $c_j = 1$ und $c_k = -1$; die restlichen c-Koeffizienten werden null gesetzt. Ersetzt man ferner F durch S gemäß Gl. (13.14), also durch den kritischen Wert, der für die Ablehnung von H_0 vom F-Wert des Kontrasts überschritten werden muss, resultiert mit $\sum_i c_i^2 = 2$:

$$D_{crit} = \sqrt{\frac{2 \cdot MQ_e \cdot (p-1) \cdot F_{p-1,N-p;1-\alpha}}{n}}. \qquad (13.16)$$

$F_{p-1,N-p;1-\alpha}$ ist wiederum der kritische F-Wert, den wir Tabelle D des Anhangs entnehmen. Empirische Differenzen $\bar{A}_i - \bar{A}_j$ mit einem Absolutbetrag, der größer ist als die kritische Differenz D_{crit}, sind auf dem Niveau α signifikant.

BEISPIEL 13.4

Wir wollen diesen Test am Beispiel der Daten aus Tab. 12.1 verdeutlichen. Die Mittelwerte dieses Beispiels lauten:

$$\bar{A}_1 = 2; \quad \bar{A}_2 = 3; \quad \bar{A}_3 = 7; \quad \bar{A}_4 = 4.$$

Für diese Mittelwerte ergeben sich die in Tab. 13.4 genannten Differenzen.

In der ersten Zeile der Tabelle sind die Werte $\bar{A}_1 - \bar{A}_2$, $\bar{A}_1 - \bar{A}_3$ und $\bar{A}_1 - \bar{A}_4$ wiedergegeben. Die übrigen Werte resultieren analog.

In diesem Beispiel setzen wir $n = 5$, $p = 4$ und $MQ_e = 1{,}88$. Tabelle D entnehmen wir den kritischen Wert $F_{3,16;99\%} = 5{,}29$. Nach Gl. (13.16) ergibt sich die folgende kritische Differenz:

$$D_{crit} = \sqrt{\frac{2 \cdot (4-1) \cdot 1{,}88 \cdot 5{,}29}{5}} = 3{,}45.$$

Tabelle 13.4. Mittelwertdifferenzen

	$\bar{A}_1$	$\bar{A}_2$	$\bar{A}_3$	$\bar{A}_4$
$\bar{A}_1$	–	−1	−5**	−2
$\bar{A}_2$		–	−4**	−1
$\bar{A}_3$			–	3*
$\bar{A}_4$				–

Vergleichen wir diese kritische Differenz mit den Absolutbeträgen der empirischen Differenzen in Tab. 13.4, stellen wir fest, dass sich die dritte Methode auf dem 1%-Niveau signifikant von den ersten beiden Methoden unterscheidet. Erhöhen wir das Signifikanzniveau auf 5%, ist $F_{3,16;95\%} = 3{,}24$, resultiert folgende kritische Differenz:

$$D_{\text{crit}} = \sqrt{\frac{2 \cdot (4-1) \cdot 1{,}88 \cdot 3{,}24}{5}} = 2{,}70.$$

Auf dem 5%-Niveau unterscheidet sich somit zusätzlich die dritte von der vierten Methode signifikant. Die übrigen Mittelwertunterschiede sind statistisch nicht bedeutsam.

Ungleich große Stichproben. Sollen zwei Mittelwerte $\bar{A}_i$ und $\bar{A}_j$ miteinander verglichen werden und sind die Stichprobenumfänge nicht gleich, erhalten wir für diesen Vergleich die folgende kritische Differenz:

$$D_{\text{crit}} = \sqrt{\left(\frac{1}{n_i} + \frac{1}{n_j}\right) \cdot (p-1) \cdot \text{MQ}_e \cdot F_{p-1,N-p;1-\alpha}}.$$

Der hier einzusetzende F-Wert hat wieder $(p-1)$ Zählerfreiheitsgrade und $N-p$ Nennerfreiheitsgrade. Ist $n_i = n_j$, vereinfacht sich die Gleichung zu Gl. (13.16).

Es kann vorkommen, dass trotz einer Gesamtsignifikanz in der einfaktoriellen Varianzanalyse kein Paarvergleich nach dem Scheffé-Test signifikant wird. Liegt eine Gesamtsignifikanz vor, so existiert auf alle Fälle ein Kontrast, der signifikant ist. Dieser Kontrast muss jedoch kein Paarvergleich sein. Im Zweifelsfall ist dieser Kontrast der nach Gl. (13.15) definierte $D_{\max}$-Kontrast (vgl. hierzu auch Swaminathan & De Friesse, 1979).

Vergleich beliebiger Mittelwertkombinationen. Es können alle Kontraste konstruiert werden, die aufgrund der jeweiligen Fragestellung interessant erscheinen. Es ist darauf zu achten, dass die Bedingung der Definition 13.1 für Kontraste erfüllt ist. Dabei müssen die zu prüfenden Kontraste keineswegs orthogonal sein. Man beachte ferner, dass der Scheffé-Test bei der Zusammenfassung von Mittelwerten aus ungleich großen Stichproben vom ungewichteten Mittel ausgeht. Unter Verwendung der jeweiligen c-Koeffizienten wird für jeden Kontrast die folgende kritische Differenz berechnet:

$$D_{\text{crit}} = \sqrt{\sum_i \left(\frac{c_i^2}{n_i}\right) \cdot (p-1) \cdot \text{MQ}_e \cdot F_{p-1,N-p;1-\alpha}}. \qquad (13.17)$$

Ist der Absolutwert des ermittelten D-Wertes größer als D_{crit}, dann ist der entsprechende Kontrast signifikant.

BEISPIEL 13.5

Es soll die Wirkung eines neuen Präparates zur Behandlung von Depressionen geprüft werden ($\alpha = 0{,}01$). Sieben Patienten erhalten ein Placebo, sechs Patienten eine einfache Dosis und neun Patienten eine doppelte Dosis des Medikaments. Die 22 Patienten wurden aufgrund von Vortests als annähernd gleich depressiv eingestuft. Abhängige Variablen sind die Ergebnisse einer Fragebogenerhebung, die sechs Wochen nach der Behandlung der Patienten durchgeführt wurde.

Tabelle 13.5 zeigt die Daten. Eine Varianzanalyse der Daten erbringt folgendes Ergebnis:

Quelle	QS	df	MQ	F
A	204,00	2	102,00	31,10**
Fehler	62,36	19	3,28	
Total	266,36	21		

Zu Demonstrationszwecken wird der Scheffé-Test über sechs mögliche Kontraste durchgeführt. Die Ergebnisse sind in Tab. 13.6 enthalten. Gemäß Definition 13.1 muss die Summe der c-Koeffizienten zeilenweise null ergeben. Wir verwenden die Mittelwerte und die c-Koeffizienten zur Berechnung der

Tabelle 13.5. Behandlungserfolg bei Depression

Placebo	Einfache Dosis	Doppelte Dosis
18	19	16
22	16	13
25	16	12
19	15	12
22	17	14
19	16	16
21		13
		13
		14
$\bar{A}_1 = 20{,}86$	$\bar{A}_2 = 16{,}50$	$\bar{A}_3 = 13{,}67$

Tabelle 13.6. Scheffé-Tests für Kontraste der Daten aus Tab. 13.5

Vergleich	c_1	c_2	c_3	D	$\sum_i c_i^2/n_i$	D_{crit}
1	1	−1	0	4,36**	0,31	3,47
2	1	0	−1	7,19**	0,25	3,12
3	0	1	−1	2,83	0,28	3,30
4	2	−1	−1	11,55**	0,85	5,75
5	−1	2	−1	−1,53	0,92	5,98
6	−1	−1	2	−10,02**	0,75	5,40

Kontraste, die mit D bezeichnet sind. Die Tabelle enthält den für Gl. (13.17) benötigten Ausdruck $\sum_i c_i^2/n_i$. In unserem Beispiel sind: $(p-1) = 2$, $MQ_e = 3{,}28$ und $F_{2,19;99\%} = 5{,}93$. Der zur Berechnung von D_{crit} benötigte Faktor in Gl. (13.17) lautet $2 \cdot 3{,}28 \cdot 5{,}93 = 38{,}90$. Somit erhalten wir die D_{crit} Werte, die in der Tabelle enthalten sind. Diejenigen D-Werte, deren Absolutbetrag größer als D_{crit} ist, sind auf dem 1%-Niveau signifikant.

ÜBUNGSAUFGABEN

Einzelvergleiche

Aufgabe 13.1 Das Treatment einer einfaktoriellen Varianzanalyse habe drei Stufen, d. h. $p = 3$. Genügen die drei Kontraste $\bar{A}_i - \bar{A}_j$, welche je zwei Treatmentstufen paarweise vergleichen, der Orthogonalitätsbedingung in Definition 13.2?

Aufgabe 13.2 In wie viele orthogonale Kontraste lässt sich eine Treatmentquadratsumme mit sechs Freiheitsgraden zerlegen?

Aufgabe 13.3 In einem balancierten Versuchsplan mit zwei Experimentalgruppen und einer Kontrollgruppe ergaben sich für die beiden Experimentalgruppen Mittelwerte von $\bar{A}_1 = 19$ und $\bar{A}_2 = 23$. Für die Kontrollgruppe ergab sich der Mittelwert $\bar{A}_3 = 18$. Folgende Tabelle fasst das Ergebnis zusammen:

Quelle	QS	df	MQ	F
Treatment	210	2	105	35
Fehler	126	42	3	
Total	336	44		

a) Prüfen Sie anhand eines Kontrasts, ob sich die Experimentalgruppen signifikant von der Kontrollgruppe unterscheiden.
b) Testen Sie, ob sich die beiden Experimentalgruppen unterscheiden.
c) Sind die beiden Kontraste orthogonal?

Aufgabe 13.4 In einer balancierten, einfaktoriellen Varianzanalyse mit fünf Stufen ergaben sich folgende Mittelwerte: $\bar{A}_1 = 2$, $\bar{A}_2 = 4$, $\bar{A}_3 = 6$, $\bar{A}_4 = 10$, $\bar{A}_5 = 8$. Außerdem ergab sich folgende Ergebnistabelle:

Quelle	QS	df	MQ	F
A	320	4	80	20
Fehler	140	35	4	
Total	460	39		

a) Formulieren Sie einen vollständigen Satz orthogonaler Kontraste.
b) Zerlegen Sie die QS_A anhand der von Ihnen gewählten Kontraste.

Aufgabe 13.5 Welche speziellen Voraussetzungen erfordern im Anschluss an eine Varianzanalyse durchgeführte polynomiale Trendtests?

Aufgabe 13.6 Wie lauten die Trendkoeffizienten für den linearen und quadratischen Trend bei $k = 8$ Treatmentstufen? Zeigen Sie, dass die lineare und quadratische Trendkomponente orthogonal sind.

Aufgabe 13.7 Es soll überprüft werden, ob die sensomotorische Koordinationsfähigkeit durch Training verbessert werden kann. Sieben Stichproben mit jeweils sechs Versuchspersonen nehmen an der Untersuchung teil. Die zweite Stichprobe erhält Gelegenheit, an einem Reaktionsgerät 1 h zu üben, die dritte Stichprobe 2 h, die vierte Stichprobe 3 h usw. bis hin zur siebten Stichprobe, die 6 h trainiert. Die erste Stichprobe führt kein Training durch. In einem abschließenden Test wurden folgende Fehlerzahlen registriert:

0 h	1 h	2 h	3 h	4 h	5 h	6 h
8	11	8	5	6	4	3
10	9	6	6	3	2	3
10	8	4	6	3	3	2
11	9	6	6	4	3	3
9	7	7	4	2	2	4
12	8	7	5	5	5	1

a) Überprüfen Sie mit dem F_{max}-Test, ob die Fehlervarianzen homogen sind.
b) Überprüfen Sie mit einer einfaktoriellen Varianzanalyse, ob sich die Stichproben hinsichtlich der Fehlerzahlen signifikant unterscheiden.
c) Ist der Unterschied zwischen der Stichprobe, die nicht trainieren durfte, und der Stichprobe mit einer Stunde Training signifikant?
d) Welcher Prozentsatz der Gesamtvarianz ist auf unterschiedliche Trainingsbedingungen zurückzuführen?
e) Überprüfen Sie, ob die Leistungsverbesserungen einem linearen Trend folgen.
f) Wie lautet die lineare Korrelation zwischen der Trainingszeit und der Fehleranzahl?
g) Ermitteln Sie die lineare Regressionsgleichung.
h) Welche Fehlerzahl erwarten Sie für eine Versuchsperson, die 2,5 h trainiert?
i) Wie groß ist der Prozentanteil der QS_A, der auf nichtlineare Zusammenhänge zwischen der abhängigen und unabhängigen Variablen zurückzuführen ist?

Mehrfachvergleiche

Aufgabe 13.8 Wozu dient der Scheffé-Test?

Aufgabe 13.9 Ein Forscher möchte die Wirksamkeit eines neuen Medikaments überprüfen. Zu diesem Zweck wird eine Placebogruppe mit zwei Experimentalgruppen, die verschiedene Dosierungen des Medikaments erhalten, verglichen. Die Symptombelastung unter der Placebobedingung soll mit der Symptombelastung unter den Experimentalbedingungen verglichen werden. Hierzu dienen die Tests zweier Kontraste. Der erste Einzelvergleich kontrastiert die Placebogruppe mit den Experimentalgruppen. Der zweite Einzelvergleich kontrastiert die beiden Experimentalgruppen. Für den Fehler 1. Art eines Kontrasts wird $\alpha' = 0{,}05$ festgelegt. Das Medikament gilt als effektiv, sobald einer der Kontraste signifikant wird.

a) Wie lautet die Nullhypothese, und was ist der Fehler 1. Art für das Experiment?
b) Wie hoch ist die Wahrscheinlichkeit, dass ein Kontrast fälschlicherweise signifikant wird?
c) Welche Ausgänge der Kontrasttests führen dazu, dass die Nullhypothese, das Medikament ist wirkungslos, verworfen wird?
d) Geben Sie eine Obergrenze an für die Wahrscheinlichkeit, einen Fehler 1. Art für das Experiment zu machen.

e) Führen Sie eine Bonferroni-Korrektur für das pro Kontrast zu verwendende α' durch, sodass der Fehler 1. Art für das Experiment von $\alpha = 0{,}05$ eingehalten wird.
f) Wie hoch ist die Wahrscheinlichkeit eines Fehlers 1. Art für das Experiment, wenn die Tests der Kontraste voneinander unabhängig wären?

Aufgabe 13.10 Wir betrachten noch einmal die Forschungsfrage der Aufgabe 13.9. Allerdings liegen nun außer der Kontrollgruppe fünf anstatt zwei Experimentalgruppen vor.
a) Welche Ausgänge der Einzeltests führen dazu, dass die Hypothese, das Medikament ist wirkungslos, verworfen wird?
b) Geben Sie eine Obergrenze an für die Wahrscheinlichkeit, einen Fehler 1. Art für das Experiment zu machen.
c) Führen Sie eine Bonferroni-Korrektur für das pro Test zu verwendende α' durch, sodass der Fehler 1. Art für das Experiment von $\alpha = 0{,}05$ eingehalten wird.
d) Welches Problem besteht bei der Bonferroni-Korrektur?
e) Wie hoch ist die Wahrscheinlichkeit eines Fehlers 1. Art für das Experiment, wenn die Einzeltests voneinander unabhängig sind?

Aufgabe 13.11 Es soll die Wirksamkeit dreier Unterrichtsformen verglichen werden. Hierzu werden 15 Personen ein Jahr lang nach einer der drei Unterrichtsformen unterrichtet. Es ergeben sich folgende Werte in einem Schulleistungstest:

a_1	a_2	a_3
11,73	13,73	15,73
12,70	14,70	16,71
13,37	15,37	17,37
15,24	17,25	19,24
11,93	13,93	15,93
$\bar{A}_1 = 13$	$\bar{A}_2 = 15$	$\bar{A}_3 = 17$

Man erhält Quadratsummen von $QS_A = 40$ und $QS_e = 24$.
a) Bestimmen Sie die Ergebnistabelle der Varianzanalyse.
b) Kann mit $\alpha = 0{,}05$ geschlossen werden, dass sich die Unterrichtsformen unterscheiden?
c) Es soll in Paarvergleichen untersucht werden, welche Unterrichtsformen sich voneinander unterscheiden. Wie viele Paarvergleiche sind zu berechnen?
d) Führen Sie die Paarvergleiche zweiseitig durch. Verwenden Sie dabei $\alpha = 0{,}05$, und korrigieren Sie nach Bonferroni.
e) Geben Sie die kritische Differenz eines Kontrasts zweier Treatmentstufen an, welche Überschritten werden muss, damit der Kontrast für $\alpha = 0{,}05$ signifikant ist.

Aufgabe 13.12 Verwenden Sie die Daten aus Aufgabe 13.11.
a) Bestimmen Sie durch Kontraste, welche zwei Treatments sich voneinander unterscheiden. Verwenden Sie hierfür den Test von Scheffé und $\alpha = 0{,}05$.
b) Vergleichen Sie diese Vorgehensweise mit der Bonferroni-Prozedur. Welches Verfahren ist für die aktuelle Fragestellung besser?
c) Untersuchen Sie zusätzlich, ob sich die dritte Gruppe vom Durchschnitt aus den ersten beiden Gruppen unterscheidet.
d) Ist es möglich, dass trotz signifikantem F-Test alle Kontraste, mit denen zwei Gruppen verglichen werden, nicht signifikant ausfallen?

Kapitel 14 Zweifaktorielle Versuchspläne

ÜBERSICHT

Zweifaktorielle Varianzanalyse – Interaktionsdiagramme – Klassifikation von Interaktionen – feste und zufällige Effekte – ungleich große Stichproben – Additivitätstest

Führt eine einfaktorielle Varianzanalyse zu keinem signifikanten Ergebnis, so kann dies auf folgende Ursachen zurückgeführt werden:

- Das Treatment übt tatsächlich keinen Einfluss auf die abhängige Variable aus.
- Die Fehleranteile sind im Vergleich zur Treatmentwirkung zu groß.

Die „wahre" Bedeutsamkeit eines Treatments für eine Variable ist untersuchungstechnisch nicht zu beeinflussen, d. h., ist bei gegebener Problemstellung konstant. Die relative Bedeutung der Unterschiede, welche durch das Treatment verursacht werden, kann aber durch die Berücksichtigung von nicht kontrollierten Effekten erhöht werden. Dies geschieht in *mehrfaktoriellen Varianzanalysen.*

Wir gruppieren die Personen nicht nur nach den Stufen der uns eigentlich interessierenden unabhängigen Variablen, sondern zusätzlich nach Variablen, von denen wir annehmen, dass sie neben dem Treatment ebenfalls einen Einfluss auf die abhängige Variable ausüben. Der Effekt dieser Variablen wird auf diese Weise nicht nur aus der Fehlerquadratsumme eliminiert, sondern kann zusätzlich auf seine statistische Bedeutsamkeit überprüft werden.

Der Grund, anstatt einer einfaktoriellen Varianzanalyse eine mehrfaktorielle Varianzanalyse zu rechnen, ist deshalb nicht nur in dem Anliegen zu sehen, die varianzgenerierende Effekte aus der Fehlerquadratsumme zu eliminieren. Vielmehr werden wir häufig daran interessiert sein, die Wirkungsweise mehrerer Faktoren, die aufgrund inhaltlich-theoretischer Erwägungen die abhängige Variable beeinflussen können, direkt zu erfassen. Darüber hinaus bietet – wie wir noch sehen werden – die mehrfaktorielle Varianzanalyse im Gegensatz zur einfaktoriellen Varianzanalyse die Möglichkeit, Effekte zu prüfen, die sich aus der Kombination mehrerer Faktoren ergeben (Interaktion).

Planungshilfen

Man sollte sich darum bemühen, bereits in der Planungsphase die für eine Untersuchung optimale Kombination der hier aufgeführten Möglichkeiten zu finden. Dabei ist es nützlich, sich vor der Festlegung des endgültigen Versuchsplanes folgende Fragen zu stellen:

- Wie lautet die abhängige Variable, und wie soll sie gemessen (operationalisiert) werden?
- Welche Faktoren können die abhängige Variable potenziell beeinflussen?
- In welchem Ausmaß ist die abhängige Variable störanfällig (*Reliabilität* der abhängigen Variablen)?
- Welche Faktoren soll der Untersuchungsplan überprüfen, und wie sollen die Faktoren gestuft sein? (Frage nach den systematisch variierten Variablen)
- Inwieweit kann auf eine Generalisierung der Ergebnisse verzichtet werden? (Frage nach den konstant gehaltenen Variablen)
- Welche weiteren, die abhängige Variable vermutlich beeinflussenden Variablen sollen mit erhoben werden? (Frage nach den kontrollierten Variablen)
- Was ist die Größenordnung der zu erwartenden varianzanalytischen Effekte?

Wie diese Fragen beantwortet werden, hängt wesentlich davon ab, wie ausführlich das zu bearbeitende Problem zuvor theoretisch und inhaltlich vorstrukturiert wurde. Gründliche Kenntnisse in den Auswertungstechniken allein garantieren noch keine inhaltlich sinnvollen Untersuchungen.

14.1 Zweifaktorielle Varianzanalyse

Terminologie

Mit der zweifaktoriellen Varianzanalyse überprüfen wir, wie eine abhängige Variable von zwei Faktoren beeinflusst wird. Den ersten Faktor bezeichnen wir mit A und den zweiten Faktor mit B. Der Faktor A habe p Stufen, der Faktor B habe q Stufen. Für die Stufen des Faktors A vereinbaren wir den Laufindex i und für die Stufen des Faktors B den Index j. Die Stufen der einzelnen Faktoren kennzeichnen wir mit Kleinbuchstaben (a_i, b_j). Insgesamt ergeben sich $p \cdot q$ Faktorstufenkombinationen. Jeder dieser $p{\cdot}q$ Faktorstufenkombinationen wird eine Zufallsstichprobe des Umfangs n zugewiesen, sodass die Gesamtstichprobe aus $N = p \cdot q \cdot n$ Untersuchungsobjekten besteht. Für jedes Untersuchungsobjekt wird die abhängige Variable y erhoben.

Die Messwerte y_{ijm} sind dreifach indiziert. Der erste Index kennzeichnet die Zugehörigkeit zu einer der Stufen des Faktors A, der zweite Index kennzeichnet die Stufe des Faktors B und der dritte Index die Nummer der unter der Faktorstufenkombination beobachteten Untersuchungseinheit. Der Messwert y_{214} stellt somit die Ausprägung der abhängigen Variablen bei der vierten Person dar, die unter der Kombination der Faktorstufen a_2 und b_1 beobachtet wurde.

Ausgehend von den Einzelmessungen y_{ijm} kann für jede Stichprobe (Faktorstufenkombination oder Zelle) die Summe $AB_{ij} = \sum_m y_{ijm}$ berechnet werden. Aus den Summen für die einzelnen Stichproben ergeben sich folgende Summen für die einzelnen Faktorstufen:

$$A_i = \sum_j AB_{ij}, \quad B_j = \sum_i AB_{ij}$$

und als Gesamtsumme:

$$G = \sum_i A_i = \sum_j B_j = \sum_i \sum_j AB_{ij} = \sum_i \sum_j \sum_m y_{ijm}.$$

Man beachte: Kleine Buchstaben kennzeichnen Faktorstufen und große Buchstaben Summen. Aus den Summen werden Mittelwerte, wenn die Großbuchstaben einen Querstrich tragen $(\bar{A}_i, \bar{B}_j, \overline{AB}_{ij}, \bar{G})$.

Wir wollen uns das Prinzip der zweifaktoriellen Varianzanalyse in Abgrenzung zur einfaktoriellen Varianzanalyse zunächst an einem Beispiel erarbeiten und auf die zu prüfenden Hypothesen erst später eingehen.

Von der ein- zur zweifaktoriellen Varianzanalyse

Es soll zunächst mit einer einfaktoriellen Varianzanalyse überprüft werden, wie sich drei Behandlungen (Placebo, einfache Dosis, doppelte Dosis eines Medikaments) auf die Depressivität von jeweils $n = 10$ Patienten auswirken. Jeder Patient gehört zu einer der Behandlunggruppe. Tabelle 14.1 zeigt die Daten entsprechend eines einfaktoriellen Versuchsplans, wobei hohe Werte hoher Depressivität entprechen. Die Ergebnistabelle der Varianzanalyse lautet:

Quelle	QS	df	MQ	F
A	253,4	2	126,70	35,89**
Fehler	95,3	27	3,53	
Total	348,7	29		

Wir wollen nun annehmen, dass sich die zehn unter den einzelnen Treatmentstufen beobachteten Personen zu gleichen Teilen aus männlichen und weiblichen Patienten zusammensetzen. Tabelle 14.2 zeigt die gleichen, aber zusätzlich nach dem Geschlecht der Patienten gruppierten Daten der Tab. 14.1.

Zunächst fassen wir die Datenmatrix zu Mittelwerten zusammen. Wir berechnen für jede Faktorstufenkombination die einzelnen Mittelwerte nach

Tabelle 14.1. Beispiel für eine einfaktorielle Varianzanalyse

Placebo	einfache Dosis	doppelte Dosis
18	19	16
22	16	13
25	16	12
19	15	12
22	17	14
19	16	16
21	20	13
17	15	13
21	16	14
22	16	12

Tabelle 14.2. Beispiel für eine zweifaktorielle Varianzanalyse

	Faktor A		
Faktor B	Placebo	einfache Dosis	doppelte Dosis
männlich	22	16	13
	25	16	12
	22	16	12
	21	15	13
	22	15	12
weiblich	18	19	16
	19	20	14
	17	17	16
	21	16	13
	19	16	14

der allgemeinen Beziehung $\overline{AB}_{ij} = \sum_m y_{ijm}/n$. Die Ergebnisse sind in der folgenden Aufstellung enthalten:

	a_1	a_2	a_3
b_1 (♂)	22,4	15,6	12,4
b_2 (♀)	18,8	17,6	14,6

Der Mittelwert $\overline{AB}_{31} = 12{,}4$ als Beispiel ergibt sich aus den Werten $(13 + 12 + 12 + 13 + 12)/5 = 12{,}4$. Ferner benötigen wir die Mittelwerte der Stufen des Faktors A. Diese lauten:

$$\bar{A}_1 = 20{,}6, \qquad \bar{A}_2 = 16{,}6, \qquad \bar{A}_3 = 13{,}5.$$

Die 15 unter der ersten Stufe des Faktors B und die 15 unter der zweiten Stufe des Faktors B beobachteten Werte haben die folgenden Mittelwerte:

$$\bar{B}_1 = 252/15 = 16{,}8, \qquad \bar{B}_2 = 255/15 = 17{,}0.$$

Das Gesamtmittel aller Werte lautet: $\bar{G} = 16{,}90$.

In der einfaktoriellen Varianzanalyse wird das Geschlecht in der Auswertung nicht berücksichtigt. Falls ein Effekt des Geschlechts auf die abhängige Variable vorhanden ist, wird dieser Effekt möglicherweise die Fehlervarianz – das mittlere Fehlerquadrat – vergrößern. Wir wollen nun durch eine zweifaktorielle Varianzanalyse überprüfen, ob die Fehlervarianz verringert werden kann, wenn die Geschlechtsvariable in der Auswertung berücksichtigt wird. Zusätzlich wollen wir wissen, ob männliche und weibliche Patienten signifikant unterschiedlich auf die Behandlungen reagieren.

Quadratsummenzerlegung

Totale Quadratsumme. Wie bei der einfaktoriellen Varianzanalyse benötigen wir zunächst die totale Quadratsumme QS_{tot}, welche die Unterschiedlichkeit aller Messwerte kennzeichnet. Da die 30 Daten gegenüber Tab. 14.1 nicht verändert wurden, können wir den Wert für die QS_{tot} übernehmen. Sie lautet:

$$QS_{tot} = 348{,}7$$

oder allgemein:

$$QS_{tot} = \sum_i \sum_j \sum_m (y_{ijm} - \bar{G})^2. \tag{14.1}$$

Fehlerquadratsumme. Als Nächstes überprüfen wir, wie die Werte beschaffen sein müssten, wenn sie nur von den beiden Faktoren abhängen würden. Wir fragen beispielsweise, wie groß die Testwerte der männlichen Personen sein müssten, wenn sie ausschließlich durch das Geschlecht und die Placebowirkung bestimmt wären (Gruppe ab_{11}). Da alle unter dieser Faktorstufenkombination beobachteten Personen bezüglich der Merkmale Geschlecht und Behandlung vergleichbar sind, müssten sie auch die gleichen Testwerte aufweisen. Als Schätzung der Messwerte, die alle zur selben Faktorstufenkombination bzw. Zelle gehören, verwenden wir wie in der einfaktoriellen Varianzanalyse deren Mittelwert. Bei ausschließlicher Wirksamkeit der beiden untersuchten Faktoren erhalten wir somit eine modifizierte Datenmatrix, in der die fünf jeweils zu einer Zelle gehörenden Messwerte durch den jeweiligen Zellenmittelwert ersetzt sind.

Die Abweichungen der individuellen Werte von diesen Zellenmittelwerten betrachten wir als Fehlerkomponenten, da diese Abweichungen nicht durch die Kombination der Faktoren erklärt werden können. Die Fehlerquadratsumme entspricht der Quadratsumme innerhalb der sechs Zellen, die wir erhalten, indem pro Zelle die Summe der quadrierten Abweichungen der Einzelwerte vom Zellenmittelwert berechnet wird und diese Summen über alle sechs Zellen summiert werden. Es resultiert:

$$\begin{aligned} QS_e &= \sum_i \sum_j \sum_m (y_{ijm} - \overline{AB}_{ij})^2 \\ &= (22 - 22{,}4)^2 + (25 - 22{,}4)^2 \\ &\quad + \ldots + (13 - 14{,}6)^2 + (14 - 14{,}6)^2 \\ &= 40{,}8. \end{aligned}$$

Wir stellen somit fest, dass die QS_e gegenüber der einfaktoriellen Varianzanalyse kleiner geworden ist. Durch die Aufteilung der Personen nach ihrem Geschlecht wurde die Fehlerquadratsumme um den Betrag 54,5 verkleinert. Hätte das Geschlecht keinen Einfluss auf die abhängige Variable ausgeübt, würde die Einteilung der Personen nach ihrem Geschlecht zu keiner Reduktion der QS_e führen. Die QS_e einer zweifaktoriellen Varianzanalyse ist somit kleiner oder höchstens genauso groß wie die QS_e einer einfaktoriellen Varianzanalyse, gerechnet über dieselben, aber nur nach einem Faktor gruppierten Daten.

Quadratsummen der Haupteffekte. Die Differenz zwischen der totalen Quadratsumme und der Fehlerquadratsumme muss durch die Wirkungsweise der Faktoren erklärbar sein. Die Vermutung liegt nahe, dass sich diese Differenz der Quadratsummen einerseits auf die Unterschiedlichkeit der drei

Behandlungsmethoden und andererseits auf die geschlechtsspezifische Unterschiedlichkeit zurückführen lässt. Wir wollen deshalb prüfen, ob sich die Differenz

$$QS_{tot} - QS_e = 348{,}7 - 40{,}8 = 307{,}9$$

additiv aus der Quadratsumme für den Faktor *A* und der Quadratsumme für den Faktor *B* ergibt, die wir als Quadratsummen der *Haupteffekte A* und *B* bezeichnen.

Die QS_A besitzt den gleichen Wert wie in der einfaktoriellen Varianzanalyse, da sich an ihrer Berechnung nichts ändert. Sie lautet:

$$QS_A = 253{,}40$$

oder allgemein:

$$QS_A = n \cdot q \cdot \sum_i (\bar{A}_i - \bar{G})^2.$$

Da die QS_A der zweifaktoriellen Varianzanalyse mit der QS_A der einfaktoriellen Varianzanalyse identisch ist, lässt sich erkennen, dass die QS_A nur die Unterschiedlichkeit der Behandlungen berücksichtigt und den Faktor Geschlecht vollständig ignoriert.

Um die QS_B zu ermitteln, ersetzen wir die 30 unter den beiden *B*-Stufen beobachteten Messwerte durch den Mittelwert der jeweiligen *B*-Stufe und berechnen die Summe der quadrierten Abweichungen von $\bar{G}$. Sie lautet:

$$QS_B = 15 \cdot (16{,}8 - 16{,}9)^2 + 15 \cdot (17{,}0 - 16{,}9)^2$$
$$= 0{,}30$$

oder allgemein:

$$QS_B = n \cdot p \cdot \sum_j (\bar{B}_j - \bar{G})^2.$$

Für $QS_A + QS_B$ erhalten wir somit:

$$QS_A + QS_B = 253{,}40 + 0{,}30 = 253{,}70.$$

Vergleichen wir diesen Wert mit der Differenz $QS_{tot} - QS_e = 307{,}9$, stellen wir fest, dass diese um einen Differenzbetrag von 54,2 größer als die Summe der beiden Haupteffektquadratsummen ist. Offenbar muss durch die Kombination der Faktoren ein Effekt entstanden sein, der weder auf die drei Behandlungsmethoden (Haupteffekt *A*), noch auf Geschlechtsunterschiede (Haupteffekt *B*) zurückzuführen ist.

Quadratsumme der Interaktion. Die Interpretation dieser Teilvariation wird erleichtert, wenn wir uns überlegen, unter welchen Umständen die Zellenmittelwerte so geartet sind, dass sie nur Unterschiede zwischen den Behandlungsmethoden bzw. zwischen den Geschlechtern reflektieren. Dies wäre der Fall, wenn die Geschlechtsunterschiede unter allen drei Behandlungsmethoden in konstanter Weise deutlich werden bzw. wenn die drei Behandlungen die Depressivität der männlichen und weiblichen Patienten in gleicher Weise beeinflussen. Dies trifft auf unsere Daten jedoch nicht zu. Insgesamt unterscheiden sich die Geschlechter um den Betrag $16{,}8 - 17{,}0 = -0{,}20$. Für die erste Behandlungsmethode registrieren wir hingegen eine Geschlechtsdifferenz von $22{,}4 - 18{,}8 = 3{,}6$, für die zweite Behandlungsmethode $15{,}6 - 17{,}6 = -2{,}0$ und für die dritte Behandlungsmethode $12{,}4 - 14{,}6 = -2{,}2$.

Wären die Zellenmittelwerte nur von der Art der Behandlung und dem Geschlecht der behandelten Personen abhängig, müssten sie folgender Gleichung genügen:

$$\overline{AB}_{ij} - \bar{A}_i - \bar{B}_j + \bar{G} = 0. \tag{14.2}$$

Für die mit einem Placebo behandelte männliche Stichprobe ($\overline{AB}_{11}$) resultiert

$$22{,}4 - 20{,}6 - 16{,}8 + 16{,}9 = 1{,}9.$$

Berechnet man die entsprechenden Werte für die verbleibenden fünf Zellen, können wir alle Werte in der folgenden Tabelle zusammenfassen:

	a_1	a_2	a_3
b_1(♂)	1,9	−0,9	−1,0
b_2(♀)	−1,9	0,9	1,0

Wäre die Wirkungsweise der beiden Faktoren additiv, so müssen alle Werte dieser Tabelle null ergeben. Die Beträge bzw. deren Quadrate sind also ein Indikator dafür, ob die Faktoren additiv zusammenwirken. Wir berechnen nun die folgende Quadratsumme:

$$QS_{AB} = n \cdot \sum_i \sum_j (\overline{AB}_{ij} - \bar{A}_i - \bar{B}_j + \bar{G})^2. \tag{14.3}$$

Für die Zahlen des Beispiels ergibt sich:

$$QS_{AB} = 5 \cdot (1{,}9^2 + \cdots + 1{,}0^2) = 54{,}20.$$

Dieser Wert entspricht genau dem Differenzbetrag, welcher zwar den Faktoren zuzuschreiben ist, jedoch nicht durch die Addition der Treatmenteffekte erklärbar ist. Offensichtlich muss dieser Differenzbetrag durch das spezifische Zusammenwirken der Faktorstufenkombination erklärt werden.

Effekte, welche durch die Kombination der Faktorstufen mehrerer Treatments verursacht werden, nennt man *Interaktionseffekte.*

> Die Interaktion oder Wechselwirkung kennzeichnet einen über die Summe der Haupteffekte hinausgehenden Effekt, der nur dadurch zu erklären ist, dass mit der Kombination einzelner Faktorstufen eine eigenständige Wirkung oder ein eigenständiger Effekt verbunden ist.

Die in unserem Beispiel gefundene Interaktion besagt inhaltlich, dass die drei Behandlungsarten geschlechtsspezifisch wirksam sind. Bei männlichen Patienten (in einfacher oder doppelter Dosis) ist das Medikament wirksamer als das Placebo. Dieser Unterschied zwischen Medikament und Placebo gilt aber nicht für die weiblichen Patienten, denn das Placebo ist bei weiblichen Patienten wirksamer als das Medikament (vgl. auch Abb. 14.1).

Eine Interaktion kann besagen, dass man die über eine einfaktorielle Varianzanalyse ermittelte Bedeutung eines Faktors A nicht beliebig generalisieren kann. Häufig wird man feststellen, dass die Wirkung dieses Faktors für verschiedene Stufen eines weiteren Faktors B unterschiedlich ist.

Zwei- bzw. mehrfaktorielle Varianzanalysen sind also einfaktoriellen Varianzanalysen nicht nur deshalb vorzuziehen, weil sie eine Reduktion der Fehlervarianz bewirken können, sondern zusätzlich wegen der Möglichkeit des Aufdeckens von Interaktionen.

Zusammenfassung der Quadratsummen. Die zweifaktorielle Varianzanalyse führt in unserem Beispiel zusammenfassend zu folgenden Quadratsummen:

$$\begin{aligned} QS_A &= 253{,}40 \\ QS_B &= 0{,}30 \\ QS_{AB} &= 54{,}20 \\ QS_e &= 40{,}80 \\ QS_{tot} &= 348{,}70. \end{aligned}$$

In der zweifaktoriellen Varianzanalyse gilt die Beziehung:

$$QS_{tot} = QS_A + QS_B + QS_{AB} + QS_e. \qquad (14.4)$$

> Die totale Quadratsumme wird in der zweifaktoriellen Varianzanalyse in Anteile zerlegt, welche dem Faktor A, dem Faktor B, der Interaktion bzw. dem Fehler zugeordnet werden können.

Die Messungen in einer zweifaktoriellen Varianzanalyse werden damit von vier varianzgenerierenden Quellen beeinflusst: den beiden Haupteffekten, den Interaktionseffekten und den Fehlereffekten.

Freiheitsgrade

Offen blieb bisher die Frage, ob die gefundenen Haupteffekte und die Interaktion auch statistisch bedeutsam sind. Wie in der einfaktoriellen Varianzanalyse müssen wir zur Überprüfung dieser Frage die Quadratsummen zunächst in mittlere Quadrate überführen. Hierfür benötigen wir die entsprechenden Freiheitsgrade.

Für die Haupteffekte A und B erhalten wir die Freiheitsgrade analog zur einfaktoriellen Varianzanalyse als die um 1,0 verminderte Anzahl der Faktorstufen:

$$df_A = p - 1 \quad \text{und} \quad df_B = q - 1.$$

In die Berechnung der QS_{AB} gehen jeweils $p \cdot q$ empirische und erwartete Mittelwerte ein. Diese Mittelwerte müssen jedoch im Zeilendurchschnitt die Zeilenmittelwerte bzw. im Spaltendurchschnitt die Spaltenmittelwerte ergeben. Pro Zeile sind somit nicht p, sondern $p - 1$ Mittelwerte und pro Spalte nicht q, sondern $q - 1$ Mittelwerte frei variierbar, d. h., es sind eine Zeile und eine Spalte bzw. $p + q - 1$-Werte festgelegt. (Der Wert 1,0 muss abgezogen werden, weil bei der Addition der Anzahl der Werte in einer Zeile und der Anzahl der Werte in einer Spalte ein Wert doppelt gezählt wird.) Die df_{AB} lauten somit:

$$\begin{aligned} df_{AB} &= p \cdot q - (p + q - 1) \\ &= p \cdot q - p - q + 1 \\ &= (p - 1) \cdot (q - 1). \end{aligned} \qquad (14.5)$$

Im Beispiel basiert die Berechnung der QS_{AB} auf sechs Summanden. Von diesen Summanden sind bei Vorgabe der Zeilen- und Spaltenmittelwerte nur $(3 - 1) \cdot (2 - 1) = 2$ frei variierbar.

Bei der Ermittlung der QS_e wird die Summe der quadrierten Abweichungen der einzelnen Messungen von ihrem jeweiligen Zellenmittelwert berechnet. Da die Summe der Abweichungen null ergeben muss, sind pro Zelle $n - 1$ bzw. bei $p \cdot q$ Zellen $p \cdot q \cdot (n - 1)$ Werte frei variierbar:

$$df_e = p \cdot q \cdot (n - 1). \qquad (14.6)$$

Für die df_{tot} erhalten wir in Analogie zur einfaktoriellen Varianzanalyse

$$df_{tot} = p \cdot q \cdot n - 1. \qquad (14.7)$$

In unserem Beispiel ermitteln wir:

$$\begin{aligned} df_A &= (3-1) = 2, \\ df_B &= (2-1) = 1, \\ df_{AB} &= (3-1)\cdot(2-1) = 2, \\ df_e &= 3\cdot 2\cdot (5-1) = 24, \\ df_{tot} &= 3\cdot 2\cdot 5 - 1 = 29. \end{aligned}$$

Die Fehlerquadratsumme der zweifaktoriellen Varianzanalyse hat somit im Beispiel drei Freiheitsgrade weniger als die entsprechende Fehlerquadratsumme in der einfaktoriellen Varianzanalyse. Durch die Einführung des Faktors B wurden der Fehlerquadratsumme drei Freiheitsgrade entzogen, die wir in der zweifaktoriellen Varianzanalyse als df_B und df_{AB} wiederfinden. Die Reduktion der Fehlerquadratsumme wird somit durch die Abgabe von drei Freiheitsgraden „erkauft". Es bleibt abzuwarten, ob sich dieser „Kauf" gelohnt hat.

Gl. (14.4) gilt analog für die Freiheitsgrade:

$$df_{tot} = df_A + df_B + df_{AB} + df_e. \quad (14.8)$$

Die Anzahl aller Freiheitsgrade (df_{tot}) setzt sich in der zweifaktoriellen Varianzanalyse additiv aus den Freiheitsgraden der Haupteffekte (df_A und df_B), den Freiheitsgraden der Interaktion (df_{AB}) und den Fehlerfreiheitsgraden (df_e) zusammen.

Mittlere Quadrate

Dividieren wir die Quadratsummen durch die entsprechenden Freiheitsgrade, resultieren in unserem Beispiel die folgenden mittleren Quadrate:

$$\begin{aligned} MQ_A &= 253{,}40/2 = 126{,}70 \\ MQ_B &= 0{,}30/1 = 0{,}30 \\ MQ_{AB} &= 54{,}20/2 = 27{,}10 \\ MQ_e &= 40{,}80/24 = 1{,}70. \end{aligned}$$

Wir stellen fest, dass die MQ_e in der zweifaktoriellen Varianzanalyse gegenüber der einfaktoriellen Varianzanalyse kleiner geworden ist. In der einfaktoriellen Varianzanalyse enthält die Fehlervarianz ($MQ_e = 3{,}53$) Anteile, die auf das Geschlecht der Patienten bzw. vor allem auf die Interaktion des Geschlechts mit den Behandlungsmethoden zurückzuführen sind. Die zweifaktorielle Varianzanalyse ermöglicht somit nicht nur eine quantitative Bestimmung der spezifischen Reaktionsweise männlicher bzw. weiblicher Patienten auf die verschiedenen Behandlungsmethoden, sondern führt zusätzlich (in diesem Fall) zu einer verkleinerten Fehlervarianz, die – wie wir noch sehen werden – eine sehr viel klarere Entscheidung hinsichtlich der Unterschiedlichkeit der drei Behandlungsmethoden gestattet.

Die Tatsache, dass die QS_e einer einfaktoriellen Varianzanalyse niemals kleiner sein kann als die QS_e einer entsprechenden zweifaktoriellen Varianzanalyse, bedeutet keineswegs, dass auch die Fehlervarianz MQ_e einer einfaktoriellen Varianzanalyse niemals kleiner sein kann als die Fehlervarianz einer zweifaktoriellen Varianzanalyse. Die Einführung eines neuen Faktors reduziert bei gleichbleibendem Stichprobenumfang die Freiheitsgrade der Fehlerquadratsumme, d. h., die Fehlervarianz wird bei unveränderter Fehlerquadratsumme größer. Wäre in unserem Beispiel die Interaktion zwischen Geschlecht und Behandlungsmethoden genauso unbedeutend wie der Geschlechtsfaktor selbst, hätte dies in der zweifaktoriellen Varianzanalyse zu einer Fehlervarianz geführt, die größer ist als die Fehlervarianz der einfaktoriellen Varianzanalyse.

Hypothesen

Die zweifaktorielle Varianzanalyse überprüft drei verschiedene, voneinander unabhängige Nullhypothesen, die sich auf die beiden Haupteffekte und die Interaktion beziehen. Sie lauten:

- Die unter den Stufen des Faktors A beobachteten Untersuchungsobjekte gehören Grundgesamtheiten mit gleichen Mittelwerten an
  $$H_0: \bar{\mu}_{1\cdot} = \bar{\mu}_{2\cdot} = \cdots = \bar{\mu}_{p\cdot}.$$
- Die unter den Stufen des Faktors B beobachteten Untersuchungsobjekte gehören Grundgesamtheiten mit gleichen Mittelwerten an
  $$H_0: \bar{\mu}_{\cdot 1} = \bar{\mu}_{\cdot 2} = \cdots = \bar{\mu}_{\cdot q}.$$
- Die Zellenmittelwerte der Faktorstufenkombinationen μ_{ij} setzen sich additiv aus den Haupteffekten zusammen oder kurz: zwischen den beiden Faktoren besteht keine Interaktion
  $$H_0: \mu_{ij} - \bar{\mu}_{i\cdot} - \bar{\mu}_{\cdot j} + \bar{\mu}_{\cdot\cdot} = 0,$$
  wobei diese Bedingung für $i = 1, \ldots, p$ und $j = 1, \ldots, q$ gelten muss.

Signifikanztests

Die Nullhypothesen werden geprüft, indem wir die drei entsprechenden mittleren Quadrate durch die Fehlervarianz dividieren und die so ermittelten F-Werte mit den für ein bestimmtes Signifikanzniveau kritischen F-Werten, die wir Tab. D entnehmen, vergleichen.

14

In unserem Beispiel resultieren die folgenden empirischen F-Werte:

$$F_A = \frac{126{,}70}{1{,}70} = 74{,}53$$
$$F_B = \frac{0{,}30}{1{,}70} = 0{,}18$$
$$F_{AB} = \frac{27{,}10}{1{,}70} = 15{,}94.$$

Die Zähler- und Nennerfreiheitsgrade der kritischen F-Werte entsprechen den Freiheitsgraden der mittleren Quadrate, welche in die Berechnung des F-Wertes eingehen. Der für das 1%-Niveau kritische F-Wert lautet für den Faktor A und die Interaktion:

$$F_{2,24;99\%} = 5{,}61.$$

Die H_0 bezüglich der drei Behandlungsmethoden kann also aufgrund der zweifaktoriellen Varianzanalyse deutlicher verworfen werden als in der einfaktoriellen Varianzanalyse, obwohl der kritische Wert mit 5,61 in der zweifaktoriellen Varianzanalyse wegen der reduzierten df_e größer ist als in der einfaktoriellen ($F_{2,27;99\%} = 5{,}50$). Ferner zeigt die zweifaktorielle Varianzanalyse, dass die Interaktion zwischen Behandlungsart und Geschlecht, die in Abb. 14.1 grafisch dargestellt wird, ebenfalls sehr signifikant ist. F_B ist kleiner als 1,0 und damit nicht signifikant. Gemessen an der *durchschnittlichen Wirkung* aller drei Behandlungsmethoden reagieren männliche und weibliche Patienten nicht unterschiedlich.

Rechnerische Durchführung

Die rechnerische Durchführung einer zweifaktoriellen Varianzanalyse kann erleichtert werden, wenn wir folgende Kennziffern einsetzen:

$$(1) = \frac{G^2}{p \cdot q \cdot n}, \quad (2) = \sum_i \sum_j \sum_m y_{ijm}^2,$$
$$(3) = \frac{\sum_i A_i^2}{q \cdot n}, \quad (4) = \frac{\sum_j B_j^2}{p \cdot n},$$
$$(5) = \frac{\sum_i \sum_j AB_{ij}^2}{n}.$$

Für diese Ziffern werden lediglich Summen benötigt, was gegenüber der Vorgehensweise im einführenden Beispiel zu erhöhter Rechengenauigkeit führt. Die Gleichungen (14.1) bis (14.3) operieren mit Mittelwerten, die in der Regel gerundet sind. Die einzelnen Quadratsummen werden aufgrund der Kennziffern folgendermaßen bestimmt:

$$\text{QS}_A = (3) - (1),$$
$$\text{QS}_B = (4) - (1),$$
$$\text{QS}_{AB} = (5) - (3) - (4) + (1),$$
$$\text{QS}_e = (2) - (5),$$
$$\text{QS}_{\text{tot}} = (2) - (1).$$

BEISPIEL 14.1

In unserem Beispiel (Tab. 14.2) ermitteln wir folgende Kennziffern:

$$(1) = G^2/p \cdot q \cdot n = 507^2/3 \cdot 2 \cdot 5 = 8568{,}30,$$
$$(2) = \sum_i \sum_j \sum_m y_{ijm}^2$$
$$= 22^2 + 25^2 + \cdots + 13^2 + 14^2 = 8917,$$
$$(3) = \sum_i A_i^2/q \cdot n$$
$$= (206^2 + 166^2 + 135^2)/(2 \cdot 5) = 8821{,}70,$$
$$(4) = \sum_j B_j^2/p \cdot n$$
$$= (252^2 + 255^2)/(3 \cdot 5) = 8568{,}60,$$
$$(5) = \sum_i \sum_j AB_{ij}^2/n$$
$$= (112^2 + 78^2 + 62^2 + 94^2 + 88^2 + 73^2)/5 = 8876{,}20.$$

Für das Beispiel ergibt sich folgende Ergebnistabelle.

Quelle	QS	df	MQ	F
A	253,40	2	126,70	74,53**
B	0,30	1	0,30	0,18
AB	54,20	2	27,10	15,94**
Fehler	40,80	24	1,70	
Total	348,70	29		

Tabelle 14.3. Allgemeine Ergebnistabelle einer zweifaktoriellen Varianzanalyse

Quelle	QS	df	F
A	(3) − (1)	$p-1$	MQ_A/MQ_e
B	(4) − (1)	$q-1$	MQ_B/MQ_e
AB	(5) − (3) − (4) + (1)	$(p-1)\cdot(q-1)$	$\text{MQ}_{AB}/\text{MQ}_e$
Fehler	(2) − (5)	$p \cdot q \cdot (n-1)$	
Total	(2) − (1)	$p \cdot q \cdot n - 1$	

Varianzaufklärung

Auch in der zweifaktoriellen Varianzanalyse können wir ermitteln, welcher prozentuale Anteil der Variation in der abhängigen Variablen auf die beiden Haupteffekte und die Interaktion zurückgeführt werden kann. Ein *deskriptives* Maß (η^2) resultiert, wenn wir die entsprechenden Quadratsummen durch die QS_{tot} dividieren und die Ergebnisse mit 100% multiplizieren (vgl. Kennedy, 1970; Haase, 1983). In unserem Beispiel ermitteln wir folgende Werte:

$$\text{Faktor } A\text{:}\ \frac{253{,}40}{348{,}70} \cdot 100\% = 72{,}67\%,$$

$$\text{Faktor } B\text{:}\ \frac{0{,}30}{348{,}70} \cdot 100\% = 0{,}09\%,$$

$$\text{Interaktion } AB\text{:}\ \frac{54{,}20}{348{,}70} \cdot 100\% = 15{,}54\%.$$

Hinweis: Andere Ansätze zur Schätzung der Varianzaufklärung durch Haupteffekte bzw. Interaktionen (partielles η^2 und ω^2) diskutieren J. Cohen (1973) sowie Keren und Lewis (1979). Eine Berechnungsvorschrift für die Varianzaufklärung η^2, die nur auf F-Werten und Freiheitsgraden basiert, findet man bei Haase (1983). Diese Berechnungsvorschrift ist hilfreich, wenn man z. B. im Rahmen von *Metaanalysen* Varianzaufklärungen aufgrund varianzanalytischer Ergebnistabellen berechnen will, in denen die einzelnen Quadratsummen – was leider häufig vorkommt – nicht aufgeführt sind.

Interaktionsdiagramme

14

Die Interpretation einer signifikanten Interaktion wird durch eine grafische Darstellung erleichtert. Hierfür fertigen wir ein Interaktionsdiagramm an, in welches die Zellenmittelwerte eingetragen werden. Auf der Abszisse des Interaktionsdiagramms wird zumeist der Faktor mit der größeren Stufenzahl abgetragen. Die Ordinate bezeichnet die *abhängige* Variable. Für jede Stufe des anderen Faktors ergibt sich ein Linienzug, der die Mittelwerte der entsprechenden Faktorstufenkombinationen verbindet. Abbildung 14.1 zeigt das Interaktionsdiagramm des zuletzt behandelten Beispiels.

Verlaufen die Linienzüge wie in unserem Beispiel nicht parallel, besteht zwischen den Faktoren eine Interaktion.

Erweist sich in einer zweifaktoriellen Varianzanalyse eine Interaktion als signifikant, ist die Interpretation der entsprechenden Haupteffekte an der Interaktion zu relativieren. Zwar ist es richtig,

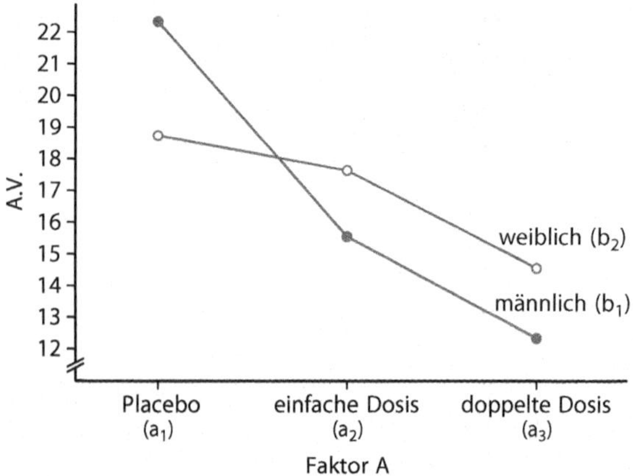

Abbildung 14.1. Interaktionsdiagramm für die Daten in Tab. 14.2

wenn man im Beispiel aufgrund des nicht signifikanten Geschlechtsfaktors behauptet, dass sich männliche und weibliche Patienten insgesamt nach der Behandlung nicht unterscheiden. Die signifikante Interaktion fordert jedoch eine weitergehende Interpretation, die besagt, dass die Placebobehandlung bei weiblichen Patienten stärker depressionsreduzierend wirkt als bei männlichen Patienten, während umgekehrt die Behandlung mit einer einfachen oder doppelten Dosis bei männlichen Patienten stärker wirkt als bei weiblichen. Dem signifikanten Haupteffekt A (verschiedene Behandlungsarten) entnehmen wir, dass die doppelte Dosis generell stärker wirkt als die einfache und diese wiederum stärker wirkt als das Placebo. Diese Rangfolge gilt für weibliche und männliche Patienten.

Klassifikation von Interaktionen

Die Beantwortung der Frage, welche Haupteffekte eindeutig interpretierbar sind, wird durch die Klassifikation der (signifikanten) Interaktionen erleichtert. Leigh und Kinnear (1980) schlagen hierfür drei Kategorien von Interaktionen vor: ordinale, hybride und disordinale Interaktion.

Für die Klassifikation einer Interaktion fertigt man einfachheitshalber zwei Interaktionsdiagramme an. Im ersten Diagramm werden die Stufen des Faktors A und im zweiten Diagramm die Stufen des Faktors B auf der Abszisse abgetragen. Abbildung 14.2 verdeutlicht die drei Interaktionsmuster für Pläne mit zweifach gestuftem Faktor A und zweifach gestuftem Faktor B (2×2 Pläne).

Ordinale Interaktion. Abbildung 14.2a zeigt, dass die Linienzüge sowohl im linken als auch im

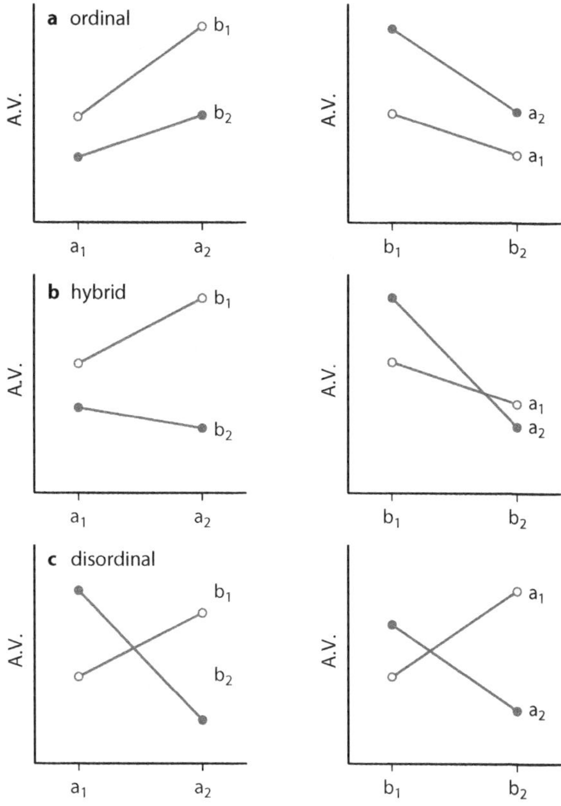

Abbildung 14.2. Klassifikation von Interaktionen: **a** ordinale Interaktion, **b** hybride Interaktion, **c** disordinale Interaktion

rechten Diagramm den gleichen Trend aufweisen (links: steigend; rechts: fallend). Die Rangfolge der A-Mittelwerte ist für b_1 und b_2 identisch, und die Rangfolge der B-Mittelwerte ist für a_1 und a_2 identisch. Beide Haupteffekte sind damit eindeutig interpretierbar.

Hybride Interaktion. Das linke Diagramm in Abb. 14.2b zeigt zwei Linienzüge mit gegenläufigem Trend, was zwangsläufig dazu führt, dass sich die Linienzüge im rechten Diagramm überschneiden. Dennoch sind die Trends im rechten Diagramm gleichsinnig. Die Rangfolge der Mittelwerte des Haupteffektes B ($\bar{B}_1 > \bar{B}_2$) gilt für beide Stufen des Faktors A, d. h., der Haupteffekt B ist eindeutig interpretierbar. Haupteffekt A hingegen sollte nicht interpretiert werden. Die Aussage $\bar{A}_1 < \bar{A}_2$ gilt nur für die Stufe b_1. Für b_2 ist der Trend genau umgekehrt.

Disordinale Interaktion. Abbildung 14.2c verdeutlicht divergierende Linienzüge sowohl im linken als auch im rechten Diagramm, d. h., beide Haupteffekte sind für sich genommen inhaltlich bedeutungslos. Unterschiede zwischen a_1 und a_2 sind nur in Verbindung mit den Stufen des Faktors B und Unterschiede zwischen b_1 und b_2 nur in Verbindung mit den Stufen des Faktors A sinnvoll interpretierbar.

Datenrückgriff. Nach diesen Ausführungen können wir auch die Interaktion im Beispiel klassifizieren. Die Linienzüge für b_1 und b_2 in Abb. 14.1 weisen den gleichen Trend auf, d. h., Faktor A ist eindeutig interpretierbar. Fertigt man ein entsprechendes Diagramm mit den Stufen des Faktors B als Abszisse an, wird deutlich, dass die Linienzüge für a_2 und a_3 monoton steigen und der Linienzug für a_1 monoton fällt. Faktor B wäre – auch wenn er signifikant sein sollte – nicht interpretierbar. (Die gleichen Informationen lassen sich natürlich auch der Mittelwerttabelle direkt entnehmen. In der ersten Spalte (a_1) zeigt sich ein fallender und in der zweiten und dritten Spalte (a_2 und a_3) ein ansteigender Trend. Die Mittelwerte der beiden Zeilen sind monoton fallend.) Die im Beispiel gefundene Interaktion ist damit als hybrid zu klassifizieren.

Hinweis: Eine Diskussion der Bedeutung ordinaler und disordinaler Interaktionen am Beispiel der Unterrichtsforschung findet man bei Bracht und Glass (1975). Prüfmöglichkeiten für diese drei Interaktionsformen werden bei Shaffer (1991) diskutiert.

14.2 Feste und zufällige Effekte

Auch für zweifaktorielle Versuchspläne kann zwischen festen und zufälligen Faktoren unterschieden werden. Es ergeben sich folgende drei Möglichkeiten: (1) Modell mit festen Effekten (beide Faktoren sind fest), (2) Modell mit zufälligen Effekten (beide Faktoren sind zufällig) und (3) gemischtes Modell (ein Faktor ist fest und der andere Faktor ist zufällig). Bisher bezogen sich unsere Ausführungen auf das Modell mit festen Effekten.

14.2.1 Modell mit festen Effekten

Die bereits in Abschnitt 12.2 erwähnten Voraussetzungen für die einfaktorielle Varianzanalyse gelten ohne Einschränkung auch für mehrfaktorielle Versuchspläne.

Im Modell der Varianzanalyse ist jeder Treatmentstufenkombination eine Population zugeordnet, aus der eine Stichprobe entnommen und unter dieser Kombination untersucht bzw. beobachtet wird. Wir gehen davon aus, dass die einzelnen Stufen der beiden Treatments vom Versuchsleiter wohlüberlegt gewählt wurden und somit fest sind.

Der Messwert der m-ten Person, welche unter der i-ten Stufe des Treamtents A und der j-ten Stufe des Treatments B beobachtet wurde, kann als Summe eines wahren Wertes und eines Fehlers geschrieben werden. Also

$$y_{ijm} = \mu_{ij} + e_{ijm}. \tag{14.9}$$

Es werden wiederum drei Annahmen hinsichtlich der Fehlerkomponenten gemacht, die zur Rechtfertigung der Signifikanztests erforderlich sind. Im Fall zweifaktorieller Varianzanalysen beziehen sich die Fehlerkomponenten auf die Beobachtungen innerhalb der Treatmentstufenkombinationen. Die drei Annahmen sind

1. Unabhängige Fehlerkomponenten,
2. Homogene Fehlervarianzen,
3. Normalverteilte Fehlerkomponenten.

Wie im Fall der einfaktoriellen Varianzanalyse können die Annahmen der Homogenität sowie der Normalität auch in der kompakten Schreibweise

$$e_{ijm} \sim N(0, \sigma_e^2) \tag{14.10}$$

zum Ausdruck gebracht werden. Verletzungen der Voraussetzungen führen im Fall von balancierten Versuchsplänen mit großen Stichproben zu keinen gravierenden Entscheidungsfehlern (Box, 1954b). Ein weiterer Test zur Überprüfung der Varianzhomogenität ist in Exkurs 14.1 erläutert.

Sehr verbreitet ist die sog. Effektdarstellung des Modells

$$y_{ijm} = \mu + \alpha_i + \beta_j + \alpha\beta_{ij} + e_{ijm}, \tag{14.11}$$

wobei $\mu = \bar{\mu}_{..}$, $\alpha_i = \bar{\mu}_{i\cdot} - \mu$, $\beta_j = \bar{\mu}_{\cdot j} - \mu$ und $\alpha\beta_{ij} = \bar{\mu}_{ij} - \bar{\mu}_{i\cdot} - \bar{\mu}_{\cdot j} + \mu$.

Die Erwartungswerte der mittleren Quadrate sind in Tab. 14.4 enthalten, wobei

$$Q_A = nq \sum(\bar{\mu}_{i\cdot} - \bar{\mu}_{..})^2/(p-1),$$
$$Q_B = np \sum(\bar{\mu}_{\cdot j} - \bar{\mu}_{..})^2/(q-1),$$
$$Q_{AB} = n \sum(\mu_{ij} - \bar{\mu}_{i\cdot} - \bar{\mu}_{\cdot j} + \bar{\mu}_{..})^2/((p-1)(q-1)).$$

Die Q-Terme sind quadratische Funktionen der festen Effekte. Ihre Formeln sind für unsere Zwecke nur insofern von Bedeutung, als wir an ihnen überprüfen können, dass die Q-Terme folgende zwei Eigenschaften besitzen:

1. Die Werte von Q_A, Q_B bzw. Q_{AB} sind genau dann null, wenn die entsprechenden Nullhypothesen gelten.
2. Q_A, Q_B bzw. Q_{AB} steigen mit dem Grad der Verletzung der entsprechenden Nullhypothese an.

Ist beispielsweise nur ein Haupteffekt des Faktors A vorhanden, so gilt $Q_A > 0$ und $Q_B = Q_{AB} = 0$. Wie man aus dem Vergleich der Erwartungswerte erkennt, ist für die Überprüfung aller drei Hypothesen im Modell mit festen Effekten das mittlere Fehlerquadrat im Nenner des F-Bruchs zu wählen, da somit der F-Bruch den Wert 1,0 übersteigen sollte, wenn die mit dem Effekt verbundene Nullhypothese nicht gilt.

14.2.2 Modell mit zufälligen Effekten

Wie im Modell II der einfaktoriellen Varianzanalyse ist man für einen zufälligen Faktor nicht an den Mittelwertunterschieden zwischen den Stufen des zufälligen Faktors interessiert. Stattdessen ist die inhaltliche Frage mit der Varianzkomponente dieses Faktors verbunden.

Sind beide Faktoren zufällig, so ist mit beiden Faktoren eine Varianzkomponente verbunden, welche mit dem F-Test statistisch abgesichert werden kann. Auch die Interaktion zwischen zufälligen Faktoren wird als zufällig betrachtet. Die Hypothesen in einer Varianzanalyse zweier zufälliger Faktoren lauten somit:

$$H_0: \sigma_A^2 = 0 \quad \text{gegen} \quad H_1: \sigma_A^2 > 0,$$
$$H_0: \sigma_B^2 = 0 \quad \text{gegen} \quad H_1: \sigma_B^2 > 0,$$
$$H_0: \sigma_{AB}^2 = 0 \quad \text{gegen} \quad H_1: \sigma_{AB}^2 > 0.$$

Das Modell für zufällige Effekte lautet

$$y_{ijm} = \bar{\mu}_{..} + \alpha_i + \beta_j + \alpha\beta_{ij} + e_{ijm},$$

wobei für die zufälligen Effekte $\alpha_i \sim N(0, \sigma_A^2)$, $\beta_j \sim N(0, \sigma_B^2)$, $\alpha\beta_{ij} \sim N(0, \sigma_{AB}^2)$ und $e_{ijm} \sim N(0, \sigma_e^2)$ angenommen wird. Des Weiteren seien alle Zufallseffekte unabhängig voneinander.

Signifikanzprüfung. Wie die F-Brüche zur Überprüfung der drei Varianzkomponenten zu bilden sind, ergibt sich aus dem Vergleich der erwarteten mittleren Quadrate in Tab. 14.4. Dabei wählen wir im Zähler des F-Bruchs das mittlere Quadrat, welches mit dem Effekt verbunden ist.

Tabelle 14.4. Erwartungswerte der mittleren Quadrate

Quelle	*A* fest *B* fest	*A* zufällig *B* zufällig	*A* fest *B* zufällig
A	$\sigma_e^2 + Q_A$	$\sigma_e^2 + n\sigma_{AB}^2 + nq\sigma_A^2$	$\sigma_e^2 + n\sigma_{AB}^2 + Q_A$
B	$\sigma_e^2 + Q_B$	$\sigma_e^2 + n\sigma_{AB}^2 + np\sigma_B^2$	$\sigma_e^2 + n\sigma_{AB}^2 + np\sigma_B^2$
AB	$\sigma_e^2 + Q_{AB}$	$\sigma_e^2 + n\sigma_{AB}^2$	$\sigma_e^2 + n\sigma_{AB}^2$
Fehler	σ_e^2	σ_e^2	σ_e^2

EXKURS 14.1 Varianzhomogenitätstests von O'Brien

Der Varianzhomogenitätstest von O'Brien (1981) erweist sich als äußerst robust gegenüber Verletzungen der Normalitätsannahme. Das Verfahren weist gegenüber anderen Varianzhomogenitätstests relativ gute Testeigenschaften auf. Vergleiche verschiedener Varianzhomogenitätstests findet man z. B. bei Games et al. (1979), Olejnik und Algina (1988) oder O'Brien (1978).

Die Durchführung des Varianzhomogenitätstests (verdeutlicht für eine zweifaktorielle Varianzanalyse) gliedert sich in vier Schritte:

1. Berechne für jede Stichprobe (Faktorstufenkombination) den Mittelwert $\overline{AB}_{ij}$ und die Varianz s_{ij}^2.
2. Jeder Rohwert y_{ijm} wird nach folgender Gleichung in einen r_{ijm}-Wert transformiert:

$$r_{ijm} = \frac{(n_{ij} - 1{,}5) \cdot n_{ij} \cdot (y_{ijm} - \overline{AB}_{ij})^2 - 0{,}5 \cdot s_{ij}^2 \cdot (n_{ij} - 1)}{(n_{ij} - 1) \cdot (n_{ij} - 2)}.$$

3. Überprüfe, ob der Mittelwert $\bar{r}_{ij}$ der r_{ijm}-Werte einer Stichprobe mit s_{ij}^2 übereinstimmt: $\bar{r}_{ij} = s_{ij}^2$.
4. Über die r_{ijm}-Werte wird eine normale zweifaktorielle Varianzanalyse gerechnet. Tritt kein signifikanter Effekt auf, kann die H_0, Die Varianzen sind homogen, beibehalten werden. Signifikante *F*-Brüche weisen darauf hin, bezüglich welcher Haupteffekte oder Faktorstufenkombinationen Varianzunterschiede bestehen. (Bei nicht gleich großen Stichproben wird die Varianzanalyse über die r_{ijm}-Werte nach den in Abschnitt 22.2.4 beschriebenen Regeln durchgeführt.)

Wie bereits im Zusammenhang mit einfaktoriellen Plänen erwähnt, kann bei heterogenen Varianzen und kleinen Stichprobenumfängen ersatzweise die bei Algina und Olejnik (1984) beschriebene Welch-James-Prozedur eingesetzt werden (vgl. hierzu auch Hsiung, Olejnik & Huberty, 1994). Ein Computerprogramm für dieses Verfahren haben Hsiung, Olejnik und Oshima (1994) entwickelt. Weitere Informationen zu obiger Thematik findet man bei Lix und Keselman (1995).

Soll die Varianzkomponente der Interaktion geprüft werden, so steht MQ_{AB} im Zähler des *F*-Bruchs. Wie ist nun der Nenner zu wählen? Der *F*-Bruch muss so gebildet werden, dass er bei Verletzung der Nullhypothese $\sigma_{AB}^2 = 0$ voraussichtlich einen Wert annimmt, welcher 1,0 übersteigen wird. Das erwartete mittlere Quadrat der Interaktion – *A* und *B* besitzen zufällige Effekte – entnehmen wir Tab. 14.4. Es lautet

$$E(MQ_{AB}) = \sigma_e^2 + n\sigma_{AB}^2.$$

Gilt die Nullhypothese, dann entfällt der zweite Term auf der rechten Seite. In diesem Fall ist das erwartete mittlere Fehlerquadrat mit der Fehlervarianz identisch. Wir wählen deshalb für den Nenner ein mittleres Quadrat, dessen Erwartungswert gleich der Fehlervarianz ist. Wie man anhand von Tab. 14.4 erkennen kann, erfüllt MQ_e diese Bedingung, denn $E(MQ_e) = \sigma_e^2$. Der *F*-Bruch zur Überprüfung der $H_0 : \sigma_{AB}^2 = 0$ lautet somit

$$F = \frac{MQ_{AB}}{MQ_e}.$$

Wir dürfen erwarten, dass dieser Wert in der Nähe von 1,0 liegt, falls die Nullhypothese gilt, dass der *F*-Bruch aber 1,0 deutlich übersteigt, falls die Nullhypothese nicht gilt.

Mit analogen Argumenten lässt sich bestätigen, dass die Varianzkomponenten für die Haupteffekte am mittleren Quadrat für die Interaktion überprüft werden müssen. Man berechnet also $F = MQ_A/MQ_{AB}$, um $H_0 : \sigma_A^2 = 0$ zu testen und $F = MQ_B/MQ_{AB}$, um $H_0 : \sigma_B^2 = 0$ zu überprüfen.

Varianzkomponenten. Die drei Varianzkomponenten lassen sich im Modell für zufällige Effekte durch folgende Formeln schätzen

$$\hat{\sigma}_A^2 = (MQ_A - MQ_{AB})/qn,$$
$$\hat{\sigma}_B^2 = (MQ_B - MQ_{AB})/pn,$$
$$\hat{\sigma}_{AB}^2 = (MQ_{AB} - MQ_e)/n.$$

Diese Formeln erhält man durch das Gleichsetzen der mittleren Quadrate mit ihren Erwartungswerten und dem Ausflösen des resultierenden Gleichungssystems.

14.2.3 Gemischtes Modell

Im gemischten Modell ist ein Faktor fest und einer zufällig. Da die Bezeichnung der Faktoren mit A und B willkürlich erfolgt, gehen wir vom festen Faktor A und zufälligen Faktor B aus. Ist auch nur einer der Faktoren zufällig, wird auch die Interaktion als zufällig behandelt. Die Hypothesen, welche mit dem gemischten Modell überprüft werden können, lauten für den festen Faktor

$$H_0 : \bar{\mu}_{1\cdot} = \cdots = \bar{\mu}_{p\cdot}$$

und für die zufälligen Effekte

$$H_0 : \sigma_B^2 = 0 \quad \text{gegen} \quad H_1 : \sigma_B^2 > 0,$$
$$H_0 : \sigma_{AB}^2 = 0 \quad \text{gegen} \quad H_1 : \sigma_{AB}^2 > 0.$$

Das Modell für gemischte Effekte lautet

$$y_{ijm} = \bar{\mu}_{\cdot\cdot} + \alpha_i + \beta_j + \alpha\beta_{ij} + e_{ijm},$$

wobei $\alpha_i = \bar{\mu}_{i\cdot} - \bar{\mu}_{\cdot\cdot}$ und für die zufälligen Effekte $\beta_j \sim N(0, \sigma_B^2)$, $\alpha\beta_{ij} \sim N(0, \sigma_{AB}^2)$ und $e_{ijm} \sim N(0, \sigma_e^2)$ angenommen wird. Des Weiteren seien alle Zufallseffekte unabhängig voneinander.

Signifikanzprüfung. Um die F-Brüche zur Überprüfung der drei Effekte zu finden, gehen wir so vor wie schon für das Modell mit festen bzw. mit zufälligen Effekten. Wiederum müssen die F-Brüche so bestimmt werden, dass man bei Gültigkeit des zu prüfenden Effekts einen F-Wert von etwa 1,0 erwarten darf, dass aber bei Verletzung der Nullhypothese ein F-Wert resultieren sollte, der 1,0 deutlich übersteigt. Aufgrund von Tab. 14.4 lässt sich erkennen, wie die F-Brüche zu bilden sind: Um die Varianzkomponente für die Interaktion zu überprüfen, muss die mittlere Quadratsumme der Interaktion an der Fehlervarianz relativiert werden, d. h. man berechnet $F = \text{MQ}_{AB}/\text{MQ}_e$. Dagegen wird der Haupteffekt des festen Faktors A, aber auch die Varianzkomponente für den zufälligen Faktor B am mittleren Quadrat für die Interaktion überprüft, d. h., man berechnet $F = \text{MQ}_A/\text{MQ}_{AB}$, um $H_0 : \bar{\mu}_{1\cdot} = \cdots = \bar{\mu}_{p\cdot}$ zu testen und $F = \text{MQ}_B/\text{MQ}_{AB}$, um $H_0 : \sigma_B^2 = 0$ zu überprüfen.

Varianzkomponenten. Die zwei Varianzkomponenten lassen sich im gemischten Modell durch folgende Formeln schätzen

$$\hat{\sigma}_B^2 = (\text{MQ}_B - \text{MQ}_{AB})/pn,$$
$$\hat{\sigma}_{AB}^2 = (\text{MQ}_{AB} - \text{MQ}_e)/n.$$

Diese Formeln erhält man wiederum durch das Gleichsetzen der mittleren Quadrate mit ihren Erwartungswerten und dem Ausflösen des resultierenden Gleichungssystems.

BEISPIEL 14.2

Nehmen wir an, es wird überprüft, ob die Testergebnisse von Abiturienten (Punkteskala von 0 bis 15) von drei verschiedenen Testinstruktionen A und acht verschiedenen Testleitern B abhängen. Faktor A sei fest, und Faktor B sei zufällig. Jeder Testleiter untersucht unter jeder Instruktion eine Zufallsstichprobe von $n = 2$ Abiturienten.

Instruktion	Testleiter							
	b_1	b_2	b_3	b_4	b_5	b_6	b_7	b_8
a_1	10	12	14	12	13	10	12	10
	9	10	14	10	15	13	12	14
a_2	7	5	9	4	10	10	8	4
	7	8	9	7	7	12	4	6
a_3	10	13	15	9	15	10	12	9
	10	15	14	8	13	12	10	9

Eine Varianzanalyse ergibt folgende Ergebnistabelle:

Quelle	QS	df	MQ	F
A	205,292	2	102,646	23,671**
B	108,979	7	15,568	3,590**
AB	60,708	14	4,336	1,945
Fehler	53,500	24	2,229	

Beide Haupteffekte sind für $\alpha = 0{,}01$ signifikant. Der Test der Interaktion erreicht aber auch für $\alpha = 0{,}05$ keine Signifikanz. Die Interpretation ist somit einfach: Die Testinstruktion verursacht offensichtlich Leistungsunterschiede. Zugleich besitzen Testleiter einen Einfluss auf das Testergebnis.

Wir kontrollieren nun die Berechnung der F-Werte. Da B ein zufälliger Faktor ist, wird nur das mittlere Quadrat der Interaktion an der Fehlervarianz relativiert. Der F-Wert für die Interaktion wird also als $4{,}336/2{,}229 = 1{,}945$ berechnet. Für die Berechnung der F-Werte für die Haupteffekte werden die entsprechenden mittleren Quadrate am mittleren Quadrat der Interaktion relativiert. Für A ergibt sich $102{,}646/4{,}336 = 23{,}671$, und für B ergibt sich $15{,}568/4{,}336 = 3{,}590$.

Auch die Varianzkomponenten für die zufälligen Effekte lassen sich leicht berechnen. Mit Hilfe der oben genannten Formeln ergibt sich

$$\hat{\sigma}_B^2 = \frac{\text{MQ}_B - \text{MQ}_{AB}}{pn} = \frac{15{,}568 - 4{,}336}{6} = 1{,}872,$$
$$\hat{\sigma}_{AB}^2 = \frac{\text{MQ}_{AB} - \text{MQ}_e}{n} = \frac{4{,}336 - 2{,}229}{2} = 1{,}054.$$

Obwohl wir die Hypothese $H_0 : \sigma_{AB}^2 = 0$ beibehalten haben, haben wir doch den Wert $\hat{\sigma}_{AB}^2 = 1{,}054$ geschätzt, schließlich ist das Beibehalten einer Nullhypothese keine starke Evidenz für die „Wahrheit" der Nullhypothese. Die Fehlervarianz wird auf $\hat{\sigma}_e^2 = \text{MQ}_e = 2{,}229$ geschätzt. Somit ist die Varianz, welche durch die Testleiter generiert wird, $\hat{\sigma}_B^2 = 1{,}872$, etwas kleiner als die Fehlervarianz.

SOFTWAREHINWEIS 14.1

Die Tab. 14.5 fasst die Nenner, welche zur Signifikanzprüfung der Effekte in der zweifaktoriellen Varianzanalyse benötigt werden, noch einmal zusammen. In der varianzanalytischen Literatur gibt es unterschiedliche Auffassungen, wie der zufällige Faktor in gemischten Modellen überprüft werden soll bzw.

Tabelle 14.5. Nenner des *F*-Bruchs

zu prüfender Effekt	Modell: *A* fest *B* fest	*A* zufällig *B* zufällig	*A* fest *B* zufällig
A	MQ_e	MQ_{AB}	MQ_{AB}
B	MQ_e	MQ_{AB}	MQ_{AB}
AB	MQ_e	MQ_e	MQ_e

wie die erwarteten mittleren Quadrate für das gemischte Modell in Tab. 14.4 berechnet werden sollen. Zwar weist Tab. 14.5 MQ_{AB} als Nenner des *F*-Bruchs zur Testung des zufälligen *B* Faktors aus, es wird aber auch MQ_e als Nenner zur Überprüfung des zufälligen *B* Faktors vorgeschlagen (R. E. Kirk, 1995; Maxwell & Delaney, 2000; Winer et al., 1991). Hocking (1973) hat die varianzanalytischen Ansätze, die zu diesen unterschiedlichen Angaben führen, vergleichend diskutiert. Mit unserer Entscheidung, MQ_{AB} anstatt MQ_e an der entsprechenden Stelle in Tab. 14.5 einzutragen, folgen wir Searle (1971) sowie dem Vorgehen verschiedener Statistikprogramme, darunter SPSS (UNIANOVA) und SAS (PROC GLM und PROC MIXED).

14.3 Unbalancierte Versuchspläne

Die bisher besprochenen, mehrfaktoriellen varianzanalytischen Versuchspläne sehen vor, dass jeder Faktorstufenkombination eine Zufallsstichprobe gleichen Umfangs zugewiesen wird. Mit anderen Worten, die bisherigen Versuchspläne waren balanciert. Dies ist in der Praxis jedoch nicht immer zu gewährleisten. Aufgrund von Fehlern bei der Durchführung der Untersuchung oder Schwierigkeiten bei der Rekrutierung von Versuchspersonen kann es vorkommen, dass die untersuchten Stichproben nicht gleich groß sind. Man spricht dann von einem *unbalancierten* Versuchsplan oder von einer *nicht-orthogonalen* Varianzanalyse. In diesem Fall versagen die bisherigen Rechenregeln, die von einer einheitlichen Stichprobengröße *n* für alle Faktorstufenkombinationen ausgehen.

In der varianzanalytischen Literatur gibt es unterschiedliche Ansätze zur Behandlung von unbalancierten Versuchsplänen, die leider zu unterschiedlichen Ergebnissen führen. Einige Artikel, in welchen die unterschiedlichen Standpunkte zur Behandlung unbalancierter Designs diskutiert werden, stammen von Appelbaum und Cramer (1974), Cramer und Appelbaum (1980), Herr und Gaebelein (1978), Kutner (1974), Rock et al. (1976) und Speed et al. (1978).

Die Existenz mehrerer Lösungsansätze verführt natürlich dazu, ohne inhaltliche Begründung denjenigen Lösungsansatz zu wählen, der sich am besten eignet, die „Wunschhypothesen“ zu bestätigen. Howell und McConaughy (1982) fordern deshalb nachdrücklich, die inhaltlichen Hypothesen genau zu präzisieren und die Wahl des Lösungsansatzes von der Art der inhaltlichen Hypothesen abhängig zu machen. Wir wollen im Folgenden zwei der Ansätze an dem von Howell und McConaughy (1982) vorgestellten, fiktive Zahlenbeispiel diskutieren.

BEISPIEL 14.3

Eine Untersuchung der Verweildauer (abhängige Variable) von Patienten der Entbindungsstation (a_1) und der geriatrischen Station (a_2) möge in zwei Krankenhäusern (b_1 und b_2) zu den in Tab. 14.6 genannten Tagesangaben geführt haben.

Nehmen wir an, dieses Datenmaterial wurde erhoben, um die Qualität der Krankenfürsorge in beiden Krankenhäusern zu vergleichen. Die Anzahl der Krankenhaustage sei hierfür ein einfacher, operationaler Index. Ein Vergleich der Zellenmittelwerte zeigt, dass Patienten der Entbindungsstation im Krankenhaus b_1 ungefähr genauso lange behandelt werden wie

Tabelle 14.6. Beispiel für einen nicht-orthogonalen 2 × 2-Plan

	Krankenhaus b_1			Krankenhaus b_2			
Entbindungs-station (a_1)	2	2		2			
	3	3		2			
	4	4		4			
	2	3	$n_{11} = 10$	2		$n_{12} = 5$	$n_{a_1} = 15$
	3		$\overline{AB}_{11} = 3{,}0$	3		$\overline{AB}_{12} = 2{,}6$	
	4						
geriatrische Station (a_2)	20			19	22		
	21			20	23		
	20			21	20		
	21		$n_{21} = 4$	22	21	$n_{22} = 12$	$n_{a_2} = 16$
			$\overline{AB}_{21} = 20{,}5$	20	22	$\overline{AB}_{22} = 21{,}0$	
				21	21		
			$n_{b_1} = 14$			$n_{b_2} = 17$	$N = 31$

Patienten der gleichen Station in Krankenhaus b_2 (ca. drei Tage). Das Gleiche gilt für geriatrische Patienten, für die sich in beiden Krankenhäusern eine Aufenthaltsdauer von ca. 20 Tagen ergibt. Der Unterschied in der Krankenfürsorge beider Krankenhäuser ist offensichtlich nur gering.

Dieser Sachverhalt wird durch die *ungewichteten* Mittelwerte für die beiden Krankenhäuser b_1 und b_2 wiedergegeben. Wir erhalten für b_1 $(3{,}0 + 20{,}5)/2 = 11{,}75$ und b_2 $(2{,}6 + 21{,}0)/2 = 11{,}80$.

Das gleiche Zahlenmaterial sei einem Verleiher von Fernsehgeräten bekannt, der herausfinden möchte, in welchem Krankenhaus das Angebot, Fernsehapparate zu verleihen, lohnender ist. Für dessen Fragestellung sind nicht die ungewichteten, sondern die *gewichteten* Mittelwerte von Interesse. Wenn wir davon ausgehen, dass Patienten mit einer längeren Verweildauer unabhängig von der Krankenstation eher bereit sind, einen Fernsehapparat zu leihen, als Patienten mit einer kürzeren Verweildauer, wäre Krankenhaus b_2 zweifellos der bessere „Markt". Für dieses Krankenhaus errechnen wir ein gewichtetes Mittel von $(5 \cdot 2{,}6 + 12 \cdot 21{,}0)/17 = 15{,}59$, und für Krankenhaus b_1 ergibt sich $(10 \cdot 3{,}0 + 4 \cdot 20{,}5)/14 = 8$.

Dieser Unterschied zwischen den Krankenhäusern verdeutlicht lediglich das Faktum, dass im Krankenhaus b_1 Patienten mit einer kurzen Verweildauer (Entbindungsstation) und im Krankenhaus b_2 Patienten mit einer langen Verweildauer (geriatrische Station) überwiegen. Der Unterschied in der Verweildauer auf beiden Stationen (Haupteffekt A) „überträgt" sich also auf den Unterschied zwischen den Krankenhäusern (Haupteffekt B), d. h., die beiden Haupteffekte sind wechselseitig voneinander abhängig. Dies ist der Sachverhalt, der mit der Bezeichnung „nicht-orthogonale Varianzanalyse" zum Ausdruck gebracht wird.

Hypothesen. Die Entscheidung, nach welchem Verfahren eine nicht-orthogonale Varianzanalyse auszuwerten sei, ist davon abhängig, wie die zu überprüfenden Nullhypothesen lauten. Mit ungewichteten Mittelwerten lauten die Nullhypothesen wie im balancierten Fall. Die Hypothese hinsichtlich eines Haupteffekts zwischen den Krankenhäusern (Faktor B) lautet

$$H_0 : \bar{\mu}_{\cdot 1} = \bar{\mu}_{\cdot 2}.$$

Dagegen lautet für gewichtete Mittelwerte die Hypothese hinsichtlich eines Haupteffektes von B

$$H_0 : \frac{n_{11} \cdot \mu_{11} + n_{21} \cdot \mu_{21}}{n_{\cdot 1}} = \frac{n_{12} \cdot \mu_{12} + n_{22} \cdot \mu_{22}}{n_{\cdot 2}}.$$

Im Fall $n_{11} = n_{12} = n_{21} = n_{22}$ sind beide Hypothesen identisch.

Wie werden die Hypothesen konkret getestet bzw. wie lauten die Berechnungsformeln für die Quadratsummen? Für die Überprüfung von Hypothesen, welche auf ungewichteten Mittelwerten basieren, existieren keine einfachen Formeln. Man ist deshalb auf die Berechnung mit Hilfe eines Statistikprogramms angewiesen. Für eine einzelne Hypothese, welche die gewichteten Mittelwerte vergleicht, ist die Berechnung einer Quadratsumme ohne Weiteres möglich. Dazu wird die totale Quadratsumme durch eine (unbalancierte) einfaktorielle Varianzanalyse zerlegt, der andere Faktor wird dabei ignoriert.

BEISPIEL 14.4

Wollen wir die Quadratsumme für die Überprüfung der H_0, welche auf gewichteten Mittelwerten basiert, berechnen, ermitteln wir die Ergebnistabelle der einfaktoriellen Varianzanalyse. Wollen wir beispielsweise wissen, ob sich die gewichtete Verweildauer von Patienten zwischen den Krankenhäusern unterscheidet, erhalten wir die folgende Ergebnistabelle, in der nur Faktor B berücksichtigt ist:

Quelle	QS	df	MQ	F
B	442,076	1	442,076	6,122*
Fehler	2094,118	29	72,211	
Total	2536,194	30		

Die Quadratsumme, welche mit Faktor B verbunden ist, beträgt 442,076. Der Signifikanztest ist allerdings von zweifelhaftem Wert, da in diesem Beispiel durch das Ignorieren des Faktors A die Fehlervarianz relativ groß ist.

Unsere bisherigen Überlegungen waren am Beispiel orientiert und basierten auf einzelnen, aus inhaltlichen Gründen interessanten Hypothesen. Auch wenn für einzelne Effekte die Berechnung von Quadratsummen relativ einfach möglich ist, so existieren doch nicht für alle Effekte einfache Formeln, mit denen sich die notwendigen Quadratsummen ermitteln lassen. Insbesondere existieren keine einfachen Formeln für die Berechnung von Quadratsummen, welche auf ungewichteten Mittelwerten basieren. Man ist deshalb auf die Verwendung eines Statistikprogramms angewiesen, um die Analyse durchführen zu können.

Im statistischen Programmpaket SAS werden drei Typen von Quadratsummen unterschieden, die mit unterschiedlichen Hypothesen verbunden sind. Diese Unterscheidung hat sich in der varianzanalytischen Literatur weitgehend durchgesetzt, und man spricht kurz von Typ I, Typ II und Typ III Quadratsummen. Wir wollen hier nur auf Typ I und Typ III Quadratsummen eingehen. Die Berechnung der verschiedenen Typen von Quadratsummen kann auch mit dem allgemeinen linearen Modell vorgenommen werden, s. Abschn. 22.2.4.

Ungewichtete Mittelwerte (Typ III). Alle drei Hypothesen – Haupteffekte A und B sowie die Interaktion –, welche mit Typ III Quadratsummen verbunden sind, lauten wie im balancierten Fall. Wir geben die Hypothesen deshalb an dieser Stelle nicht noch einmal wieder.

BEISPIEL 14.5

Wie wir bereits festgestellt hatten, sind die Verweildauern jedes Stationstyps über die beiden Krankenhäuser hinweg praktisch identisch. Wir erwarten somit, dass die Analyse der ungewichteten Mittelwerte keinen signifikanten Unterschied zwischen den Krankenhäusern (Faktor *B*) aufweist. Dagegen ist die Verweildauer von Patienten auf der Entbindungsstation wesentlich kürzer als auf der geriatrischen Station. Wir erwarten somit, dass die Analyse der ungewichteten Mittelwerte keinen signifikanten Unterschied zwischen den Stationstypen (Faktor *A*) aufweist.

Die mit SPSS errechnete Typ III Ergebnistabelle zur Analyse der ungewichteten Mittelwerte lautet:

Quelle	QS	df	MQ	*F*
A	2034,963	1	2034,963	2270,413**
B	0,016	1	0,016	0,018
AB	1,279	1	1,279	1,427
Fehler	24,200	27	0,896	
Total	2536,194	30		

Wie wir erwartet hatten, ist nur der Faktor *A* signifikant. Der extrem hohe *F*-Wert ist vermutlich auf den Lehrbuchcharakter des Beispiels von Howell und McConaughy (1982) zurückzuführen.

Will man mit den gegebenen Daten im Rahmen eine Qualitätsstudie überprüfen, ob es systematische Unterschiede in der Verweildauer von Patienten zwischen den Krankenhäusern gibt, so führt die Analyse zu dem Ergebnis, dass keine Unterschiede bestehen, wenn man die ungleiche Verteilung von Patienten auf die Krankenhäuser berücksichtigt.

Im Übrigen ist zu beachten, dass Typ III Quadratsummen sich *nicht* zur totalen Quadratsumme addieren. Dies kann man folgendermaßen überprüfen:

$$2034{,}963 + 0{,}016 + 1{,}279 + 24{,}2 = 2060{,}458.$$

Dieser Wert ist ungleich $QS_{tot} = 2536{,}194$.

Gewichtete Mittelwerte (Typ I). Der Ansatz zur Berechnung von Typ I Quadratsummen wird in der Literatur häufig auch als Method of Fitting Constants bezeichnet. Mit Typ I Quadratsummen können die Hypothesen, welche auf gewichteten Mittelwerten basieren, überprüft werden. Allerdings spielt hierbei die Reihenfolge, mit welcher die Faktoren in der Analyse berücksichtigt werden, eine wichtige Rolle. Bei zwei Faktoren gibt es zwei mögliche Sequenzen:

1. Zuerst *A*, dann *B*, dann *AB*,
2. zuerst *B*, dann *A*, dann *AB*.

Wie man sieht, wird die Interaktion in beiden Fällen zuletzt berücksichtigt. Die Reihenfolge ist deshalb von Bedeutung, da bereits im Modell berücksichtigte Effekte bei der Testung eines Effekts kontrolliert werden. Gerade die Abhängigkeit der Typ I Quadratsummen von der Sequenz, mit welcher die Effekte berücksichtigt werden, ist einer der Kritikpunkte dieses Vorgehens.

Für Typ I Quadratsummen, die Faktor *A* zuerst berücksichtigen, lauten die Nullhypothesen (Speed et al., 1978, Yandell, 1997, S. 170):

$$H_0^A : \frac{1}{n_{1\cdot}} \sum_j n_{1j}\mu_{1j} = \cdots = \frac{1}{n_{p\cdot}} \sum_j n_{pj}\mu_{pj},$$

$$H_0^B : \sum_i \frac{n_{ij}\mu_{ij}}{n_{\cdot j}} = \sum_i \sum_{j'} \frac{n_{ij}n_{ij'}\mu_{ij'}}{n_{i\cdot}n_{\cdot j}},$$

$$H_0^{AB} : \mu_{ij} - \bar{\mu}_{i\cdot} - \bar{\mu}_{\cdot j} + \bar{\mu}_{\cdot\cdot} = 0$$

und falls *B* zuerst berücksichtigt wird, lauten die Hypothesen

$$H_0^B : \frac{1}{n_{\cdot 1}} \sum_i n_{i1}\mu_{i1} = \cdots = \frac{1}{n_{\cdot q}} \sum_i n_{iq}\mu_{iq},$$

$$H_0^A : \sum_j \frac{n_{ij}\mu_{ij}}{n_{i\cdot}} = \sum_{i'} \sum_j \frac{n_{ij}n_{i'j}\mu_{i'j}}{n_{\cdot j}n_{i\cdot}},$$

$$H_0^{AB} : \mu_{ij} - \bar{\mu}_{i\cdot} - \bar{\mu}_{\cdot j} + \bar{\mu}_{\cdot\cdot} = 0.$$

Zunächst einmal erkennt man, dass die Interaktionshypothese in beiden Fällen gleich lautet und auch mit der entsprechenden Hypothese der Typ III Quadratsummen übereinstimmt. Allerdings sind die Zellhäufigkeiten jetzt Teil der Haupteffekthypothesen. Wird *A* zuerst berücksichtigt, so entspricht H_0^A der Hypothese, welche die gewichteten Mittelwerte berücksichtigt. Die Hypothese H_0^B ist nur schwer verständlich. Wird hingegen *B* zuerst berücksichtigt, so entspricht H_0^B der Hypothese, welche die gewichteten Mittelwerte berücksichtigt. Um dies zu vedeutlichen, spezialisieren wir H_0^B für den Fall $p = q = 2$. Man erhält

$$H_0^B : \quad \frac{1}{n_{\cdot 1}} \sum_{i=1}^{2} n_{i1}\mu_{i1} = \frac{1}{n_{\cdot 2}} \sum_{i=1}^{2} n_{i2}\mu_{i2}$$

$$\Leftrightarrow \quad \frac{n_{11}\cdot\mu_{11} + n_{21}\cdot\mu_{21}}{n_{\cdot 1}} = \frac{n_{12}\cdot\mu_{12} + n_{22}\cdot\mu_{22}}{n_{\cdot 2}}.$$

Dies entspricht der vorherigen Nullhypothese: Die gewichteten Mittelwerte des Faktors *B* (Krankenhäuser) sind gleich.

BEISPIEL 14.6

Wie wir durch die Analyse der ungewichteten Mittelwerte bereits wissen, führt die Berücksichtigung der unterschiedlichen Verteilung der Patienten auf die beiden Stationstypen zu der Schlussfolgerung, dass kein systematischer Unterschied zwischen der Verweildauer der Krankenhäuser besteht. Außerdem wissen wir bereits, dass offensichtlich keine oder nur geringe Interaktionseffekte vorliegen. Deshalb dürfen wir erwarten, dass bei der Sequenz, in welcher *A* zuerst berücksichtigt wird, der Test des *B* Haupteffekts zu einem Ergebnis führt, welches dem entsprechenden Test bei Verwendung von Typ III Quadratsummen vergleichbar ist. Die Ergebnistabelle der Typ I Quadratsummen lautet (der erstgenannte Effekt wird zuerst berücksichtigt):

Quelle	QS	df	MQ	*F*
A	2510,710	1	2510,710	2801,206**
B	0,004	1	0,004	0,005
AB	1,279	1	1,279	1,427
Fehler	24,200	27	0,896	
Total	2536,194	30		

Wie man erkennt, ist Faktor *B* auch in dieser Analyse nicht signifikant, da der *B* Faktor nur die Unterschiede überprüft, welche sich nicht bereits durch *A* erklären lassen.

Vertauschen wir nun die Reihenfolge, mit der die Haupteffekte berücksichtigt werden – wir analysieren also die Sequenz: zuerst *B*, dann *A*, dann *AB* –, so ergibt sich folgende Ergebnistabelle (der erstgenannte Effekt wird zuerst berücksichtigt):

Quelle	QS	df	MQ	*F*
B	442,076	1	442,076	493,225**
A	2068,693	1	2068,693	2307,985**
AB	1,279	1	1,279	1,427
Fehler	24,200	27	0,896	
Total	2536,194	30		

Nun sind sowohl der *A* als auch der *B* Effekt signifikant. Wird *B* getestet, ohne zu berücksichtigen, dass sich deutlich mehr geriatrische Patienten in Krankenhaus b_2 aufhalten, so ist die durchschnittliche Verweildauer in b_2 deutlich länger. Dies wird durch den signifikanten *B* Effekt in der Analyse angezeigt. Dieser Test von *B* entspricht der Nullhypothese, die auf den gewichteten Mittelwerten basiert. Dies erkennt man auch durch einen Vergleich der Quadratsumme für *B*, die 442,076 entspricht. Dies ist genau der Wert, welchen wir zuvor aufgrund der einfaktoriellen Varianzanalyse bestimmt hatten. Allerdings ist der *F*-Wert nun deutlich höher (493,225 anstatt 6,122, dem Wert der einfaktoriellen Varianzanalyse), da durch die zweifaktorielle Varianzanalyse sowohl der andere Haupteffekt als auch die Interaktion aus der Fehlerquadratsumme eliminiert wurde.

Übrigens summieren sich die Typ I Quadratsummen der Effekte zur QS_{tot}, wie man an den obigen Tabellen überprüfen kann.

Nach unserer Einschätzung bevorzugen die meisten Forscher Typ III Quadratsummen. Zum einen sind sie nicht von einer bestimmten Sequenz der Effekte abhängig, sondern eindeutig festgelegt. Zum anderen sind die mit Typ III verbundenen Quadratsummen nicht von den Zellhäufigkeiten abhängig. Ein drittes Argument, welches für die Verwendung von Typ III Quadratsummen spricht, besteht in der einfacheren Verständlichkeit der durch die μ-Parameter zum Ausdruck gebrachten Hypothesen.

Allerdings darf die *inhaltliche* Fragestellung bei der Auswahl eines Quadratsummentyps nicht übersehen werden. Für die Hypothesen, welche mit Typ III Quadratsummen überprüft werden, spielt die Größe der Stichproben n_{ij} keine Rolle, d. h., die Resultate der Hypothesenprüfung sind von der Anzahl der Untersuchungsobjekte pro Faktorstufenkombination unabhängig. Dies genau kennzeichnet die erste Fragestellung des oben genannten Beispiels: Die Qualität der Krankenhäuser hängt nicht davon ab, wie sich die Patienten auf die einzelnen Stationen verteilen.

Dies ist bei der zweiten Fragestellung (TV-Verleih) anders. Für den Fernsehverleiher ist die „Attraktivität" der Krankenhäuser sehr wohl davon abhängig, wie sich die Patienten auf die einzelnen Stationen verteilen. Das Ergebnis der Hypothesenprüfung ist also auch theoretisch nicht invariant gegenüber variierenden Umfängen der Teilstichproben. Dies rechtfertigt bzw. erfordert die Verwendung von Typ I Quadratsummen, wobei *B* zuerst in das Modell aufgenommen werden sollte.

SOFTWAREHINWEIS 14.2

Die Benutzung eines Statistikprogramms ist zur Analyse unbalancierter Designs praktisch unverzichtbar. Statistische Programmpakete erlauben es in der Regel, den Quadratsummentyp festzulegen. Ohne eine Vorgabe des Benutzers werden üblicherweise die Typ III Quadratsummen ausgegeben, welche einer Analyse der ungewichteten Mittelwerte entsprechen. Es ist für eine korrekte Datenanalyse von großer Bedeutung, sich hinsichtlich des vom Statistikprogramm verwendeten Quadratsummentyps zu informieren und diesen gegebenenfalls anzupassen. Das freie Statistikprogramm R gibt per Default Typ I Quadratsummen aus.

Voraussetzungen

Milligan et al. (1987) kommen zu dem Ergebnis, dass die nicht-orthogonale Varianzanalyse im Unterschied zur orthogonalen Varianzanalyse auf Verletzungen der Voraussetzungen (Varianzhomogenität und normalverteilte Fehler) keineswegs robust reagiert. Zudem konnte keine Systematik festgestellt werden, unter welchen Umständen der *F*-Test konservativ bzw. progressiv reagiert. Da die von den Autoren diskutierten Alternativen zur nicht-orthogonalen Varianzanalyse ebenfalls nicht unumstritten sind, kommt der Voraussetzungsüberprüfung bei nicht-orthogonalen Varianzanalysen also – insbesondere bei kleineren Stichproben – eine besondere Bedeutung zu.

Sind die Voraussetzungen verletzt, empfiehlt es sich, statt der nicht-orthogonalen Varianzanalyse ein auf der Welch-James-Statistik basierendes Verfahren einzusetzen, das von Keselman et al. (1995) entwickelt wurde (vgl. hierzu auch Keselman et al., 1998). Dieses Verfahren ist allerdings mathematisch und rechnerisch aufwändig; es hat jedoch den Vorteil, dass es bei erfüllten oder auch nicht erfüllten Voraussetzungen eingesetzt werden kann, sodass sich eine Überprüfung der Voraussetzungen erübrigt.

14.4 Varianzanalyse mit einer Beobachtung pro Zelle

Ein weiterer varianzanalytischer Spezialfall ist dadurch gekennzeichnet, dass pro Faktorstufenkombination nur ein Untersuchungsobjekt vorliegt. Diese Situation könnte beispielsweise eintreten, wenn in einer ersten Erkundungsuntersuchung die chemische Wirkung mehrerer neuer Substanzen (= Faktor A) an verschiedenen Tieren (= Faktor B) untersucht werden soll und wenn die Behandlung mehrerer Tiere einer Art mit jeder Substanz (was einem zweifaktoriellen Versuchsplan mit mehreren Untersuchungsobjekten pro Faktorstufenkombination entspräche) zu kostspielig bzw. riskant wäre.

Die Besonderheit dieses varianzanalytischen Untersuchungsplanes liegt darin, dass wir die Fehlervarianz nicht in üblicher Weise bestimmen können. Für die Fehlervarianzermittlung ist es im Normalfall erforderlich, dass pro Faktorstufenkombination mehrere Untersuchungsobjekte beobachtet werden, deren Unterschiedlichkeit indikativ für die Fehlervarianz ist. Liegen mehrere Beobachtungen pro Faktorstufenkombination vor, können die Quadratsumme innerhalb der $p \cdot q$ Zellen (QS_e) und der Interaktionsanteil in der Restquadratsumme getrennt voneinander bestimmt werden. Diese Möglichkeit ist im Fall $n = 1$ nicht gegeben. Wir sagen: Fehler und Interaktion sind im Fall $n = 1$ *konfundiert*. Wir müssen uns bei diesem Versuchsplan also nach einer anderen Art der Prüfvarianzbestimmung umsehen.

Subtrahieren wir in der zweifaktoriellen, balancierten Varianzanalyse von der QS_{tot} die QS_A und die QS_B, erhalten wir eine Restquadratsumme, die sowohl Fehleranteile als auch Interaktionsanteile enthält. Mit Hilfe eines auf Tukey (1949) zurückgehenden Verfahrens sind wir allerdings in der Lage, zu überprüfen, ob überhaupt mit einer Interaktion zwischen den beiden Haupteffekten zu rechnen ist. Durch die Gl. (14.2) wissen wir bereits, wie die Zellenmittelwerte beschaffen sein müssten, wenn keine Interaktion zwischen den beiden Haupteffekten besteht. Von vergleichbaren Überlegungen ausgehend entwickelte Tukey einen *Additivitätstest*, der die Nullhypothese überprüft, ob keine Interaktion vorliegt. Kann diese Annahme im Fall $n = 1$ aufrechterhalten werden, muss die Restvariation der QS_{tot}, die sich nach Abzug der QS_A und QS_B ergibt, eine Fehlervariation darstellen, die als Prüfgröße für die Haupteffekte herangezogen werden kann. Die Durchführung dieses Verfahrens veranschaulicht das folgende Beispiel:

BEISPIEL 14.7

Es soll geprüft werden, ob vergleichbaren Fachbereichen an verschiedenen Universitäten die gleichen finanziellen Mittel zur Verfügung gestellt werden. In die Untersuchung mögen fünf Fachbereiche (Faktor A) aus sechs Universitäten (Faktor B) eingehen. Wählen wir nur ein Rechnungsjahr zufällig aus, steht pro Fachbereich an jeder Universität nur ein Messwert zur Verfügung. Aus den Unterlagen mögen sich die in Tab. 14.7 dargestellten (fiktiven) Werte (in 100000 €) ergeben haben.

Tabelle 14.7 enthält neben den Daten die Zeilen- und Spaltensummen sowie die Mittelwerte $\bar{A}_i$ und $\bar{B}_j$. Der Gesamtmittelwert lautet $\bar{G} = 10$. (Auf die Bedeutung der c_i- und c_j-Werte gehen wir später ein.)

Wir bestimmen wie in einer normalen zweifaktoriellen Varianzanalyse die Kennziffern (1) bis (5), wobei wir $n = 1$ setzen.

$$(1) = G^2/p \cdot q = \frac{300^2}{5 \cdot 6} = 3000,$$

$$(2) = \sum_i \sum_j y_{ij}^2 = 3568,$$

$$(3) = \frac{\sum_i A_i^2}{q} = \frac{66^2 + 63^2 + 87^2 + 35^2 + 49^2}{6} = 3253{,}33,$$

Tabelle 14.7. Rohdaten für eine zweifaktorielle Varianzanalyse mit $n = 1$

	Universitäten (B)								
Fachbereiche (A)	1	2	3	4	5	6	A_i	$\bar{A}_i$	c_i
1	8	12	12	9	18	7	66	11,0	1,0
2	9	11	13	8	16	6	63	10,5	0,5
3	13	15	16	11	23	9	87	14,5	4,5
4	5	7	7	4	9	3	35	5,83	−4,17
5	7	9	10	7	11	5	49	8,17	−1,83
B_j	42	54	58	39	77	30	$G = 300$	$\bar{G} = 10$	
$\bar{B}_j$	8,4	10,8	11,6	7,8	15,4	6,0			
c_j	−1,6	0,8	1,6	−2,2	5,4	−4,0			

Tabelle 14.8. D-Matrix der zweifaktoriellen Varianzanalyse mit $n = 1$

	Faktor B						
Faktor A	1	2	3	4	5	6	$\sum_j d_{ij}$
1	−1,60	0,80	1,60	−2,20	5,40	−4,00	0,00
2	−0,80	0,40	0,80	−1,10	2,70	−2,00	0,00
3	−7,20	3,60	7,20	−9,90	24,30	−18,00	0,00
4	6,67	−3,34	−6,67	9,17	−22,52	16,68	(−0,01)
5	2,93	−1,46	−2,93	4,03	−9,88	7,32	(0,01)
$\sum_i d_{ij}$	0,00	0,00	0,00	0,00	0,00	0,00	0,00

$$(4) = \frac{\sum_j B_j^2}{p} = \frac{42^2 + 54^2 + 58^2 + 39^2 + 77^2 + 30^2}{5} = 3278{,}80,$$

$$(5) = \sum_i \sum_j AB_{ij}^2 = \sum_i \sum_j y_{ij}^2 = 3568.$$

Da $n = 1$ ist, ergibt sich (2) = (5) bzw. $\sum_i \sum_j AB_{ij}^2 = \sum_i \sum_j y_{ij}^2$. Gemäß Tab. 14.3 ermitteln wir für die QS_A, QS_B und QS_{tot} die in folgender Tabelle wiedergegebenen Werte.

Quelle	QS	df	MQ
A	253,33	4	63,33
B	278,80	5	55,76
Residual	35,87	20	1,79
Nonadd	24,56	1	24,56
Balance	11,31	19	0,60
Total	568,00	29	

Die QS_{AB} enthält für $n = 1$ sowohl mögliche Interaktionseffekte als auch Fehlereffekte. Wir kennzeichnen sie deshalb in Absetzung von der reinen Interaktion als Residualquadratsumme QS_{Res}. Sie wird genauso bestimmt wie QS_{AB} im Fall mehrerer Untersuchungsobjekte pro Faktorstufenkombination, d. h. $QS_{Res} = (5) - (3) - (4) + (1)$. Ihre Freiheitsgrade werden ebenfalls wie in einer zweifaktoriellen Varianzanalyse mit mehreren Untersuchungsobjekten pro Faktorstufenkombination ermittelt.

Additivitätstest. Mit dem Additivitätstest überprüfen wir, ob die in der QS_{Res} enthaltenen Interaktionsanteile zu vernachlässigen sind. Ist dies der Fall, kann die

$$MQ_{Res} = QS_{Res}/df_{Res},$$

zur Prüfung der Haupteffekte eingesetzt werden.

Tabelle 14.7 enthält eine Spalte c_i und eine Zeile c_j, die folgendermaßen bestimmt wurden:

$$c_i = \bar{A}_i - \bar{G},$$
$$c_j = \bar{B}_j - \bar{G}.$$

Der erste Wert in Spalte c_i ergibt sich somit zu $11{,}0 - 10{,}0 = 1$ bzw. der vierte Wert in der Zeile c_j zu $7{,}8 - 10{,}0 = -2{,}2$ (Kontrolle: $\sum_i c_i = \sum_j c_j = 0$).

Ausgehend von den c-Werten definieren wir eine neue Matrix D, deren Elemente nach der Beziehung

$$d_{ij} = c_i \cdot c_j$$

berechnet werden. Das Ergebnis zeigt Tab. 14.8:

Der Wert d_{11} ergibt sich in dieser Tabelle zu $d_{11} = 1{,}0 \cdot (-1{,}6) = -1{,}6$ bzw. der Wert d_{34} zu $d_{34} = 4{,}5 \cdot (-2{,}2) = -9{,}9$. Tabelle 14.8 muss – bis auf Rundungsungenauigkeiten – zeilen- und spaltenweise Summen von null aufweisen $\left(\sum_i c_i \cdot c_j = \sum_j c_i \cdot c_j = \sum_i \sum_j c_i \cdot c_j = 0\right)$.

Ausgehend von der D-Matrix und der Matrix der ursprünglichen Werte bilden wir nach folgender Gleichung eine Komponente QS_{nonadd} der QS_{Res}:

$$QS_{nonadd} = \frac{\left(\sum_i \sum_j d_{ij} \cdot y_{ij}\right)^2}{\sum_i \sum_j d_{ij}^2}. \quad (14.12)$$

In unserem Fall ermitteln wir als Komponente QS_{nonadd}:

$$QS_{nonadd} = \frac{(-1{,}60 \cdot 8 + 0{,}80 \cdot 12 + \cdots + (-9{,}88) \cdot 11 + 7{,}32 \cdot 5)^2}{(-1{,}60)^2 + 0{,}80^2 + \cdots + (-9{,}88)^2 + 7{,}32^2} = \frac{240{,}52^2}{2355{,}17} = 24{,}56.$$

(Kontrolle: $\sum_i \sum_j d_{ij}^2 = \sum_i c_i^2 \cdot \sum_j c_j^2$. Im Beispiel: $2355{,}17 = 42{,}24 \cdot 55{,}76$.)

Diese Komponente hat, wie alle Komponenten, einen Freiheitsgrad. Sie beinhaltet denjenigen Quadratsummenanteil der QS_{Res}, der auf Interaktionseffekte zwischen den beiden Faktoren zurückzuführen ist. Subtrahieren wir die QS_{nonadd} von der QS_{Res}, erhalten wir eine Restquadratsumme, die *Balance* (QS_{Bal}) genannt wird (Winer et al., 1991):

$$QS_{Bal} = QS_{Res} - QS_{nonadd}. \quad (14.13)$$

Wir ermitteln:

$$QS_{Bal} = 35{,}87 - 24{,}56 = 11{,}31.$$

Die QS_{Bal} hat $df = (p-1) \cdot (q-1) - 1 = 20 - 1 = 19$. Dividieren wir diese Quadratsummen durch ihre Freiheitsgrade, erhalten wir die entsprechenden Varianzen. Die Nullhypothese, nach der wir keine Interaktion erwarten, wird durch folgenden F-Bruch überprüft:

$$F = \frac{MQ_{nonadd}}{MQ_{Bal}}.$$

In unserem Beispiel resultiert ein F-Wert von:

$$F = \frac{24{,}56}{0{,}60} = 40{,}93^{**}.$$

Da wir uns bei der Entscheidung über die H_0 gegen einen möglichen Fehler 2. Art absichern müssen (die H_0 sollte nicht fälschlicherweise akzeptiert werden), wählen wir das 25%-Niveau. Der kritische F-Wert lautet: $F_{1,19;75\%} = 1{,}41$, d. h. der empirische F-Wert ist erheblich größer. Die H_0 wird deshalb verworfen. Die QS_{Res} enthält bedeutsame Interaktionsanteile und kann nicht als mittleres Quadrat für die Prüfung der Haupteffekte A und B herangezogen werden.

Benutzen wir dennoch MQ_{Res} als mittleres Quadrat zur Prüfung der Haupteffekte, führt dies allerdings zu *konservativen Entscheidungen*, weil das mittlere Quadrat um den Betrag, der auf Interaktionen zurückgeht, zu groß ist. Verwenden wir MQ_{Res} zur Prüfung der Haupteffekte, resultieren zu kleine empirische F-Werte, d. h., tatsächlich vorhandene Signifikanzen könnten übersehen werden. In unserem Fall sind die Haupteffekte allerdings so deutlich ausgeprägt, dass sie, auch gemessen an dem zu großen mittleren Quadrat MQ_{Res}, signifikant werden. Wir ermitteln für den Haupteffekt A:

$$F = \frac{63{,}33}{1{,}79} = 35{,}38^{**} \quad (F_{4,20;99\%} = 4{,}43)$$

und für den Haupteffekt B:

$$F = \frac{55{,}76}{1{,}79} = 31{,}15^{**} \quad (F_{5,20;99\%} = 4{,}10).$$

Aufgrund dieser Ergebnisse können wir die beiden Nullhypothesen bezüglich der Faktoren A und B verwerfen, obwohl keine adäquate Prüfvarianz existiert.

Hinweis: Tukeys Additivitätstest reagiert nur auf *eine* Interaktionskomponente sensibel. Diese Interaktionskomponente basiert auf dem Produkt der linearen Haupteffekte („linear by linear": $d_{ij} = c_i \cdot c_j = (\bar{A}_i - \bar{G}) \cdot (\bar{B}_j - \bar{G})$). Interaktionen können jedoch auch durch Verknüpfung nicht-linearer Haupteffekte wie z. B. $c_i^2 \cdot c_j, c_i^3 \cdot \log c_j$ etc. entstehen, die im Test von Tukey nicht berücksichtigt werden (Winer et al., 1991, S. 353). Falls derartige Interaktionskomponenten vorhanden sind, reagiert der Test jedoch konservativ.

Hinweise: Zur mathematischen Ableitung dieses Verfahrens vgl. Scheffé (1963) oder auch Neter et al. (1996). Ein anderes Verfahren für eine Varianzanalyse mit $n = 1$ wurde von D. E. Johnson und Graybill (1972) entwickelt. Einen Vergleich dieses Verfahrens mit dem hier beschriebenen Tukey-Test findet man bei Hegemann und Johnson (1976).

ÜBUNGSAUFGABEN

Aufgabe 14.1 In einer zweifaktoriellen Varianzanalyse ($p = 3$, $q = 2$, $n = 10$) wurden folgende Quadratsummen bestimmt:

$$QS_{tot} = 200, QS_A = 20, QS_{AB} = 30, \text{und } QS_B = 15.$$

Ist der Haupteffekt B signifikant? (Beide Faktoren mit fester Stufenauswahl.)

Aufgabe 14.2 In einer Untersuchung geht es um die Frage, wann in einem Lehrbuch Fragen zum Text gestellt werden sollen: bevor der jeweilige Stoff behandelt wurde (um eine Erwartungshaltung zu erzeugen und damit ein zielgerichtetes Lesen zu ermöglichen) oder nachdem der jeweilige Text behandelt wurde (um zu überprüfen, ob der gelesene Text auch verstanden wurde). Zusätzlich wird vermutet, dass die Bedeutung der Position der Fragen auch davon abhängen kann, ob es sich um Wissensfragen oder Verständnisfragen handelt. Vier Zufallsstichproben mit jeweils sechs Versuchspersonen werden den vier Untersuchungsbedingungen, die sich aus den Kombinationen der beiden Faktoren (Faktor A mit den Stufen „Fragen vorher" vs. „Fragen nachher" und Faktor B mit den Stufen „Wissensfragen" vs. „Verständnisfragen") ergeben, zugewiesen. Nachdem die Studenten zehn Stunden unter den jeweiligen Bedingungen gelernt haben, werden sie anhand eines Fragebogens mit 50 Fragen über den gelesenen Stoff geprüft. Hierbei wurden die folgenden Testwerte erzielt (nach Glass & Stanley, 1970):

	vorher		nachher	
Wissensfragen	19	23	31	28
	29	26	26	27
	30	17	35	32
Verständnisfragen	27	21	36	29
	20	26	39	31
	15	24	41	35

Überprüfen Sie mit einer zweifaktoriellen Varianzanalyse, ob die Haupteffekte bzw. die Interaktion signifikant sind.

Aufgabe 14.3 Es soll der Einfluss des Trainers im gruppendynamischen Training auf die Gruppenatmosphäre untersucht werden. Hierfür werden sechs Trainer A ausgewählt, die jeweils mit zwei Gruppen, deren Mitglieder einer von zwei Schichten B (Oberschicht, Unterschicht) angehören, ein gruppendynamisches Training durchführen. Nach Abschluss des Trainings werden die Teilnehmer mit einem Fragebogen über die Gruppenatmosphäre befragt. Es ergaben sich folgende Werte:

Trainer (A)	Schicht (B)	
	Oberschicht	Unterschicht
1	7, 8, 7	4, 3, 3
	6, 8	2, 3, 4
2	7, 9, 9	3, 2, 2, 3
	6, 5, 6	4, 3, 3
3	5, 3, 2	5, 4, 6
	2, 4, 4	5, 6, 4
4	5, 6, 6	7, 9, 5
	4, 2, 3, 2	4, 8, 7
5	7, 9, 9	6, 3, 5
	8, 9,	5, 4, 5, 4
6	5, 5, 5	3, 4, 3
	4, 5, 4	2, 3

Führen Sie mit einem statistischen Programmpaket eine zweifaktorielle Varianzanalyse dieses unbalancierten Designs durch, welche auf Typ III Quadratsummen basiert. Berichten Sie die varianzanalytische Ergebnistabelle und stellen Sie die Interaktion grafisch dar. (Hinweis: Beide Faktoren haben feste Stufen.)

Aufgabe 14.4 Welche Besonderheiten sind bei einer Varianzanalyse mit nur einem Messwert pro Faktorstufenkombination zu beachten?

Aufgabe 14.5 Je drei Personen werden zufällig einer der Faktorstufenkombinationen zugeordnet, die sich aus Alkoholkonsum (a_1=15ml, a_2=30ml) und Koffeinkonsum (b_1=kein Koffein, b_2=Koffein) zusammensetzen. Anschließend wird ein Aufmerksamkeitstest durchgeführt. Die Testergebnisse sind in nachfolgender Tabelle eingetragen.

	a_1	a_2
	2	1
b_1	3	2
	4	3
	5	6
b_2	5	6
	2	9

a) Bestimmen Sie die Zellenmittelwerte und den Gesamtmittelwert sowie die Zeilen- und Spaltenmittelwerte. Fertigen Sie ein Interaktionsdiagramm an.
b) Bestimmen Sie die Zellenmittelwerte unter der Annahme, dass keine Interaktion vorliegt.
c) Erstellen Sie die Ergebnistabelle für die zweifaktorielle Varianzanalyse.

Aufgabe 14.6 Gegeben sei folgende Tabelle eines balancierten, zweifaktoriellen Designs:

Quelle	QS	df	MQ	F
A	16	?	8	?
B	20	2	?	?
AB	?	4	?	?
Fehler	162	?	?	
Total	206	89		

a) Vervollständigen Sie die Tabelle.
b) Wie viele Stufen besitzen die Faktoren? Wie viele Versuchspersonen wurden pro Zelle untersucht?
c) Sind die Haupteffekte bzw. ist die Interaktion für α = 0,05 signifikant?

Vergleich: Ein- und zweifaktorielle Varianzanalyse

Aufgabe 14.7 Die Daten aus Aufgabe 14.5 sollen mit einer einfaktoriellen Varianzanalyse ausgewertet werden. Dabei werden die vier Zellen des zweifaktoriellen Versuchsplans als die vier Stufen eines Faktors betrachtet.
Die Daten sind also auf folgende Art repräsentiert:

ab_{11}	ab_{12}	ab_{21}	ab_{22}
2	5	1	6
3	5	2	6
4	2	3	9

Für die einfaktorielle Varianzanalyse ergibt sich folgende Ergebnistabelle:

Quelle	QS	df	MQ	F
A	42	3	14	7
Fehler	16	8	2	
Total	58	11		

a) Wie verhält sich die QS_e im Vergleich zur zweifaktoriellen Varianzanalyse?
b) Wie verhalten sich die Treatmentquadratsumme bzw. die Freiheitsgrade des Treatments der einfaktoriellen Varianzanalyse zu den Quadratsummen bzw. den Freiheitsgraden der zweifaktoriellen Varianzanalyse?

Additivitätstest

Aufgabe 14.8 In einem Experiment soll untersucht werden, wie die Leistung von Schülern durch Musik (Faktor A) und Beleuchtung (Faktor B) beeinflusst wird. Die Faktorstufen für Musik sind a_1=keine, a_2=leise, a_3=laut und für Beleuchtung b_1=dunkel, b_2=normal, b_3=hell, b_4=grell. Für jede Faktorstufenkombination steht nur eine Beobachtung zur Verfügung. Es ergibt sich folgende Datenmatrix:

	b_1	b_2	b_3	b_4	$\bar{A}_i$
a_1	3	11	7	7	7
a_2	4	10	9	5	7
a_3	8	12	11	9	10
$\bar{B}_j$	5	11	9	7	$\bar{G}$ = 8

a) Überprüfen Sie, ob die QS_{Res} anstatt der QS_e als Prüfgröße verwendet werden kann. Zerlegen Sie hierfür die QS_{Res} in die QS_{nonadd} und die QS_{Bal}.
b) Fertigen Sie die Ergebnistabelle der Varianzanalyse an.

14

Kapitel 15 Kontraste für zweifaktorielle Versuchspläne

ÜBERSICHT

Treatmentkontraste – einfache Haupteffekte – Interaktionskontraste – einfache Treatmentkontraste – Homogenität einfacher Treatmentkontraste

Wie bei der einfaktoriellen Varianzanalyse können auch im Rahmen zweifaktorieller Varianzanalysen a priori formulierte Kontrasthypothesen geprüft bzw. Unterschiede zwischen Mittelwerten a posteriori durch Scheffé-Tests genauer analysiert werden.

Das folgende Beispiel von Boik (1979a) soll die verschiedenen Varianten zur Überprüfung von Kontrasten im Kontext einer zweifaktoriellen Varianzanalyse verdeutlichen.

Tabelle 15.1. Rohdaten der Hämophobiestudie

	b_1	b_2	b_3	b_4
a_1	46,0	42,2	40,8	41,7
	46,6	43,9	42,4	44,3
	49,8	47,5	45,8	47,9
	50,6	47,5	46,2	47,9
	53,8	51,1	49,6	51,5
	54,4	52,8	51,2	54,1
a_2	43,7	32,0	22,3	12,8
	46,3	34,6	24,9	15,4
	49,8	38,2	28,3	19,0
	50,0	38,2	28,7	19,0
	53,5	41,8	32,1	22,6
	56,1	44,4	34,7	25,2
a_3	39,5	32,9	30,3	26,5
	42,1	35,5	32,9	29,1
	45,7	39,1	36,5	32,7
	45,7	39,1	36,5	32,7
	49,3	42,7	40,1	36,3
	51,9	45,3	42,7	38,9

15.1 Beispiel

72 Medizinstudenten mit extremer Hämophobie (Angst vor Blut) werden zufällig in Gruppen zu jeweils $n = 6$ Studenten den Faktorstufenkombinationen zugeordnet, die sich aus einem dreistufigen Treatment A (a_1 = Kontrollgruppe; a_2 = Verhaltenstherapie; a_3 = Gesprächspsychotherapie) und einem vierstufigen Treatment B (b_1 = Placebo, b_2 = niedrige, b_3 = mittlere und b_4 = hohe Dosis eines angstreduzierenden Medikaments) ergeben. Beide Faktoren haben feste Effekte. Abhängige Variable ist ein der psychogalvanischen Hautreaktion (PGR) entnommener Indikator. Je höher der Wert, desto größer ist die Angst. Rohdaten, mit welchen die Ergebnisse von Boik (1979a) repliziert werden können, sind in Tab. 15.1 enthalten.

Die folgenden a priori formulierten Kontrasthypothesen sollen geprüft werden:

- *Faktor A*: Studenten der Kontrollgruppe haben höhere PGR-Werte als Studenten der beiden psychologisch therapierten Gruppen: a_1 vs. a_2 und a_3 ($\alpha = 0{,}01$).
- *Faktor B*: Studenten der Placebogruppe haben höhere PGR-Werte als Studenten der drei medikamentös behandelten Gruppen: b_1 vs. b_2, b_3, b_4 ($\alpha = 0{,}01$).
- *Interaktion AB*: Es wird erwartet, dass die beiden Faktoren miteinander interagieren ($\alpha = 0{,}01$).

Falls die Interaktionshypothese zutreffen sollte, ist vorgesehen, den Interaktionseffekt durch weitere a posteriori Kontraste zu explorieren. Die Ergebnisse der Varianzanalyse lauten:

Quelle	QS	df	MQ	F
A	2444,16	2	1222,08	63,82**
B	2370,96	3	790,32	41,27**
AB	1376,40	6	229,50	11,98**
Fehler	1149,00	60	19,15	
Total	7340,52	71		

Beide Haupteffekte sowie die Interaktion sind signifikant. Aufgrund des Vorliegens von Interaktion müssen wir davon ausgehen, dass die Wirkung des Medikaments von der Art der psychologischen

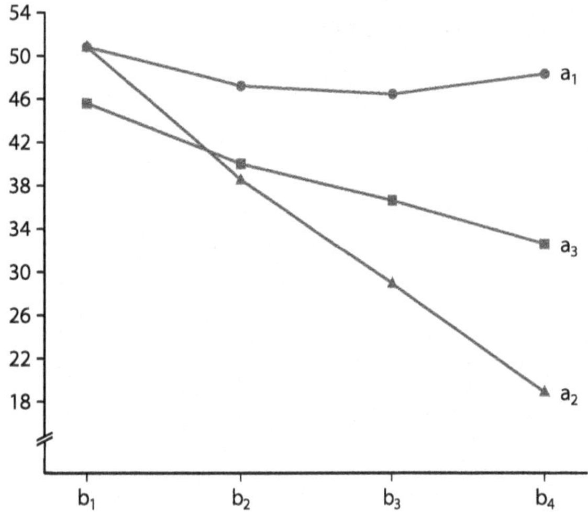

Abbildung 15.1. Grafische Darstellung der Interaktion

Behandlung abhängt. Abbildung 15.1 veranschaulicht die Interaktion grafisch.

Die Interaktion ist disordinal. Man erkennt, dass die zunehmende Dosierung des Medikaments bei einer verhaltenstherapeutischen Behandlung (a_2) deutlich effektiver ist als bei der gesprächspsychotherapeutischen Behandlung (a_3) und dass die Kontrollgruppe (a_1) von der unterschiedlich hohen Dosierung des Medikaments praktisch überhaupt nicht profitiert.

Die Mittelwerte des zweifaktoriellen Versuchsplans sind in folgender Tabelle aufgeführt:

Faktor	Faktor B				
A	b_1	b_2	b_3	b_4	$\bar{A}_i$
a_1	50,2	47,5	46,0	47,9	47,9
a_2	49,9	38,2	28,5	19,0	33,9
a_3	45,7	39,1	36,5	32,7	38,5
$\bar{B}_j$	48,6	41,6	37,0	33,2	$\bar{G}$ = 40,1

15.2 Treatmentkontraste

Für einen balancierten Versuchsplan definieren wir einen Kontrast des Treatments A folgendermaßen

$$D(A) = \sum_i c_i \cdot \bar{A}_i,$$

wobei die Kontrastbedingung $\sum c_i = 0$ erfüllt sein muss. Die mit dem Kontrast verbundene Quadratsumme beträgt

$$QS_{D(A)} = \frac{n \cdot q \cdot D(A)^2}{\sum_i c_i^2}. \qquad (15.1)$$

Für Treatment B ergibt sich entsprechend $D(B) = \sum_j c_j \cdot \bar{B}_j$ und

$$QS_{D(B)} = \frac{n \cdot p \cdot D(B)^2}{\sum_j c_j^2}.$$

Als c-Koeffizienten können entweder die für einen geplanten a priori Vergleich benötigten Werte bzw. die für eine bestimmte Trendkomponente erforderlichen Werte eingesetzt werden.

Der Scheffé-Test lautet für den paarweisen Vergleich der Stufen des Treatments A:

$$D_{\text{crit}} = \sqrt{\frac{2 \cdot (p-1) \cdot MQ_e \cdot F_{p-1,\text{df}_e;1-\alpha}}{n \cdot q}}. \qquad (15.2)$$

Für Treatment B:

$$D_{\text{crit}} = \sqrt{\frac{2 \cdot (q-1) \cdot MQ_e \cdot F_{q-1,\text{df}_e;1-\alpha}}{n \cdot p}}.$$

BEISPIEL 15.1

Da die Interaktion im Datenbeispiel signifikant wurde, besagt ein signifikanter Haupteffekt nicht, dass ausschließlich die Effekte des Treatments für einen gefundenen Unterschied verantwortlich sind. Interaktion besagt schließlich, dass sich die Wirkungsweise des einen Treatments mit den Stufen des anderen Treatments verändert. Ein Haupteffekt beinhaltet somit außer dem Effekt des entsprechenden Treatments auch gemittelte Interaktionseffekte.

A priori Kontrast für Treatment *A*: Wir kontrastieren die Kontrollgruppe mit den beiden Therapiegruppen. Die Kontrastkoeffizienten lauten $c_1 = 1$ und $c_2 = c_3 = -1/2$. Wir errechnen

$$D(A) = (47{,}9 - 0{,}5 \cdot 33{,}9 - 0{,}5 \cdot 38{,}5) = 11{,}7 \quad \text{und}$$

$$QS_{D(A)} = \frac{6 \cdot 4 \cdot 11{,}7^2}{1^2 + (-0{,}5)^2 + (-0{,}5)^2} = 2190{,}24.$$

Es ergibt sich also:

$$F = \frac{QS_{D(A)}}{MQ_e} = \frac{2190{,}24}{19{,}15} = 114{,}37.$$

Da die Hypothese gerichtet formuliert wurde, transformieren wir den F-Wert nach Gl. (5.21) in einen t-Wert:

$$t = \sqrt{114{,}37} = 10{,}69.$$

Der für einseitige Tests kritische Wert lautet gemäß Tab. C: $t_{60;0{,}99} = 2{,}39$. Wegen $10{,}69 > 2{,}39$ und wegen des hypothesenkonformen Vorzeichens des Kontrasts wird die auf Faktor A bezogene Hypothese bestätigt.

A priori Kontrast für Treatment *B*: Mit diesem Vergleich wird die Placebogruppe mit den drei medikamentös behandelten Gruppen verglichen. Die Kontrastkoeffizienten lauten: $c_1 = 3$ und $c_2 = c_3 = c_4 = -1$. Für den Kontrast ergibt sich:

$$D(B) = 3 \cdot 48{,}6 - 41{,}6 - 37{,}0 - 33{,}2 = 34 \quad \text{und}$$

$$QS_{D(B)} = \frac{6 \cdot 3 \cdot 34^2}{3^2 + (-1)^2 + (-1)^2 + (-1)^2} = 1734{,}00.$$

Der F-Bruch lautet

$$F = \frac{QS_{D(B)}}{MQ_e} = \frac{1734{,}00}{19{,}15} = 90{,}55.$$

Für den einseitigen Test benötigen wir $t = \sqrt{90{,}55} = 9{,}52$. Dieser Wert ist deutlich größer als der kritische Wert, d. h., auch diese Kontrasthypothese wird bestätigt.

15.3 Einfache Haupteffekte

Liegt Interaktion vor, so werden häufig einfache Haupteffekte (oder auch „simple main effects") berechnet, um die Interaktion genauer zu analysieren. Einfache Haupteffekte beziehen sich auf die Unterschiedlichkeit der Stufen des Faktors A unter den einzelnen Stufen des Faktors B (oder auch auf die Unterschiedlichkeit der Stufen des Faktors B unter den einzelnen Stufen des Faktors A). Die auf die Zellenmittelwerte unter b_j bezogene Quadratsumme ergibt sich zu

$$QS_{A|b_j} = n \cdot \sum_i (\overline{AB}_{ij} - \bar{B}_j)^2 \tag{15.3}$$

mit $df_{A|b_j} = p - 1$. Für den einfachen Haupteffekt $B|a_i$ errechnet man

$$QS_{B|a_i} = n \cdot \sum_j (\overline{AB}_{ij} - \bar{A}_i)^2 \tag{15.4}$$

mit $df_{B|a_i} = q - 1$. Die empirischen F-Werte, welche zur Prüfung der einfachen Haupteffekte benötigt werden, errechnet man durch

$$F = \frac{QS_{A|b_j}/(p-1)}{MQ_e} \quad \text{bzw.} \quad F = \frac{QS_{B|a_i}/(q-1)}{MQ_e}.$$

Falls mehrere einfache Haupteffekte a posteriori an der Fehlervarianz getestet werden, sollte der Satz einfacher Haupteffekthypothesen analog zum Scheffé-Test auf einem nominellen Signifikanzniveau α abgesichert werden. Da sich der Scheffé-Test nur auf Kontraste mit einem Freiheitsgrad bezieht, wählen wir für die Tests der einfachen Haupteffekte eine auf Gabriel (1964, 1969) zurückgehende Verallgemeinerung des Scheffé-Tests (R. E. Kirk, 1995, S. 382).

Nach diesen Verfahren ist ein F-Wert signifikant, falls er den folgenden kritischen Wert übersteigt:

$$S = df_1 \cdot F_{df_1, df_2; 1-\alpha} / df_3. \tag{15.5}$$

Dabei bezeichnet α das Signifikanzniveau des „Overall-Tests" und

- df_1 die Freiheitsgrade des mittleren Quadrats, welches im Zähler des Overall-Tests steht,
- df_2 die Freiheitsgrade der Fehlervarianz,
- df_3 die Freiheitsgrade des mittleren Quadrats, welches getestet werden soll.

Welche Freiheitsgrade müssen für die Testung von einfachen Haupteffekten verwendet werden? Nur df_1 und df_3 müssen kommentiert werden, da df_2 die mit der Fehlervarianz MQ_e verbundenen Freiheitsgrade bezeichnet.

Zuerst zur Erläuterung von df_3. Falls die einfachen Haupteffekte des A Treatments überprüft werden sollen, gilt $df_3 = p - 1$. Analog gilt für die Überprüfung der einfachen Haupteffekte von B: $df_3 = q - 1$.

Die Erläuterung von df_1 ist komplexer, da zunächst geklärt werden muss, welche Effekte durch den Overall-Test geprüft werden bzw. worin der Overall-Test besteht. Es lässt sich zeigen, dass die Summe der Quadratsummen für die einfachen Haupteffekte der Summe aus der Haupteffekt- und der Interaktionsquadratsumme entspricht. Mit anderen Worten,

$$\sum_j QS_{A|b_j} = QS_A + QS_{AB} \tag{15.6}$$

bzw.

$$\sum_i QS_{B|a_i} = QS_B + QS_{AB}.$$

Dementsprechend sind auch die Freiheitsgrade additiv.

Der zu einem einfachen Haupteffekt (z. B. zu Faktor A) gehörende Overall-Test lautet also

$$F = \frac{(QS_A + QS_{AB})/(df_A + df_{AB})}{MQ_e}, \tag{15.7}$$

mit $df_A + df_{AB}$ Zählerfreiheitsgraden und $df_e = p \cdot q \cdot (n-1)$ Nennerfreiheitsgraden. Somit ist

$$\begin{aligned} df_1 &= df_A + df_{AB} \\ &= (p-1) + (p-1)(q-1) \\ &= (p-1)q. \end{aligned}$$

Entsprechend ergeben sich die Freiheitsgrade für den Overall-Test des einfachen Haupteffektes des Faktors B zu $df_1 = df_B + df_{AB} = (q-1) \cdot p$.

Übertragen auf Gl. (15.5) resultiert damit für die einfachen Haupteffekte des Faktors A der kritische Wert:

$$S = (p-1)q \cdot F_{(p-1)q,df_e;1-\alpha}/(p-1)$$
$$= q \cdot F_{(p-1)q,df_e;1-\alpha} \quad (15.8)$$

und für die einfachen Haupteffekte des Faktors B ergibt sich analog der kritische Wert:

$$S = p \cdot F_{(q-1)p,df_e;1-\alpha}. \quad (15.9)$$

BEISPIEL 15.2

Den Mittelwerten des Haupteffektes A ist zu entnehmen, dass die Verhaltenstherapie am wirksamsten ist, gefolgt von der Gesprächspsychotherapie und der Kontrollgruppe. Für den Haupteffekt B zeigt sich eine zunehmende Angstreduktion mit wachsender Dosierung des Medikaments. Da sich jedoch eine disordinale Interaktion andeutet, stehen diese Haupteffektinterpretationen unter Vorbehalt. Um zu überprüfen, auf welche Faktorstufen diese Interpretationen zutreffen, berechnen wir die einfachen Haupteffekte („simple main effects"). Gemäß Gl. (15.3) lauten sie für den Faktor A:

- Für b_1:

$$QS = 6 \cdot [(50{,}2 - 48{,}6)^2 + (49{,}9 - 48{,}6)^2 + (45{,}7 - 48{,}6)^2] = 75{,}96$$
$$F = \frac{75{,}96/2}{19{,}15} = 1{,}98$$

- Für b_2:

$$QS = 6 \cdot [(47{,}5 - 41{,}6)^2 + (38{,}2 - 41{,}6)^2 + (39{,}1 - 41{,}6)^2] = 315{,}72$$
$$F = \frac{315{,}72/2}{19{,}15} = 8{,}24$$

- Für b_3:

$$QS = 6 \cdot [(46{,}0 - 37{,}0)^2 + (28{,}5 - 37{,}0)^2 + (36{,}5 - 37{,}0)^2] = 921{,}00$$
$$F = \frac{921{,}00/2}{19{,}15} = 24{,}05$$

- Für b_4:

$$QS = 6 \cdot [(47{,}9 - 33{,}2)^2 + (19{,}0 - 33{,}2)^2 + (32{,}7 - 33{,}2)^2] = 2507{,}88$$
$$F = \frac{2507{,}88/2}{19{,}15} = 65{,}48$$

Wir stellen zunächst fest, dass Gl. (15.6) bestätigt ist:

$$75{,}96 + 315{,}72 + 921{,}00 + 2507{,}88 = 2444{,}16 + 1376{,}40.$$

Unter Verwendung von $F_{8,60;99\%} = 2{,}82$ lautet der kritische S-Wert gemäß Gl. (15.8):

$$S = 4 \cdot 2{,}82 = 11{,}28.$$

Damit sind nur die einfachen Haupteffekte $A|b_3$ und $A|b_4$ signifikant, d. h., die unterschiedliche Wirkung der drei psychologischen Behandlungsformen kommt nur bei mittlerer (b_3) bzw. hoher Dosierung (b_4) zum Tragen.

Der Vollständigkeit halber prüfen wir auch die einfachen Haupteffekte für den Faktor B. Sie lauten:

für a_1: QS = 54,36, $F = 0{,}95$,
für a_2: QS = 3153,96, $F = 54{,}90$,
für a_3: QS = 539,04, $F = 9{,}38$.

Gleichung (15.6) ist erfüllt. Unter Verwendung von $F_{9,60;99\%} = 2{,}72$ lautet der kritische S-Wert gemäß Gl. (15.9):

$$S = 3 \cdot 2{,}72 = 8{,}16.$$

Es sind also nur die einfachen Haupteffekte $B|a_2$ und $B|a_3$ signifikant. Mit zunehmender Dosierung der Medikamente kommt es nur bei der verhaltenstherapeutischen und gesprächspsychotherapeutischen Behandlung zu einer Angstreduktion, aber nicht in der Kontrollgruppe.

15.4 Interaktionskontraste

Einfach Haupteffekte konfundieren Interaktionseffekte mit einem Haupteffekt. Es lassen sich aber auch Kontraste berechnen, welche die beiden Effekte nicht konfundieren. Wir geben folgende Definition:

Definition 15.1

Interaktionskontrast. Ein Interaktionskontrast bezeichnet einen Kontrast, welcher nicht mit einem der Haupteffekte konfundiert ist und somit ausschließlich Interaktionseffekte der Treatments erfasst.

Aufgrund der Konfundierung von Interaktions- und Haupteffekten haben Levin und Marascuilo (1972) argumentiert, dass ausschließlich Interaktionskontraste und nicht einfache Haupteffekte zur genaueren Analyse einer Interaktion verwendet werden sollten. Wie lassen sich Interaktionskontraste bestimmen?

Interaktion bedeutet, dass der Effekt eines Treatments über die Stufen des anderen Treatments hinweg variiert. Es muss also ein Unterschied zwischen den Stufen des Faktors A geben, welcher sich mit den Stufen des Faktors B verändert. Um zunächst überhaupt einen Interaktionskontrast zu finden, sollen nur zwei Stufen das Faktors A betrachtet werden. Wir können beispielsweise a_2 (Verhaltenstherapie) mit a_3 (Gesprächstherapie) vergleichen. Ist die AB-Interaktion signifikant, so könnte dies daran liegen, dass ein möglicher Unterschied zwischen den Therapien von der Medikation abhängt. Auch für Treatment B greifen wir zwei Stufen heraus: b_1

(Placebo) und b_4 (hohe Dosis). Interaktion liegt vor, falls die folgende Nullhypothese

$$H_0 : \mu_{21} - \mu_{31} = \mu_{24} - \mu_{34}$$

falsch ist. Schließlich ist $\mu_{21} - \mu_{31}$ der Effekt zwischen den Therapien in der Placebogruppe, und $\mu_{24} - \mu_{34}$ ist der entsprechende Effekt in der hohen Dosisgruppe. Ersetzen wir nun die μ-Parameter durch die Stichprobenmittel und schreiben die Aussage der H_0 in der gewohnten Form für Kontraste, erhält man

$$D = \overline{AB}_{21} - \overline{AB}_{31} - \overline{AB}_{24} + \overline{AB}_{34}.$$

Zwei der Kontrastkoeffizienten sind +1, und die anderen beiden sind −1. Somit ist die Kontrastbedingung erfüllt. Da der Kontrast von null abweicht, wenn sich der Vergleich von a_2 mit a_3 für die Stufen von b_1 und b_4 unterscheidet, handelt es sich um einen Interaktionskontrast.

Um einen Interaktionskontrast auf Signifikanz zu überprüfen, berechnen wir zunächst den Kontrast, welchen wir allgemein als

$$D = \sum_i \sum_j c_{ij} \cdot \overline{AB}_{ij}$$

schreiben können, sowie die mit ihm verbundene Quadratsumme, welche

$$\text{QS}_D = \frac{n \cdot D^2}{\sum_i \sum_j c_{ij}^2}$$

beträgt. Die Prüfgröße lautet $F = \text{QS}_D/\text{MQ}_e$ und besitzt einen Zähler- und df_e Nennerfreiheitsgrade.

BEISPIEL 15.3

Es soll überprüft werden, ob sich der Effekt der Therapien (Verhaltenstherapie versus Geschprächstherapie) für die Stufen b_1 und b_4 unterscheidet. Der Wert des Kontrasts beträgt

$$\begin{aligned} D &= \overline{AB}_{21} - \overline{AB}_{31} - \overline{AB}_{24} + \overline{AB}_{34} \\ &= 49{,}9 - 45{,}7 - 19{,}0 + 32{,}7 = 17{,}9, \end{aligned}$$

und für dessen Quadratsumme errechnen wir

$$\text{QS}_D = 6 \cdot 17{,}9^2/4 = 480{,}615.$$

Somit ergibt sich

$$F = \frac{\text{QS}_D}{\text{MQ}_e} = \frac{480{,}6}{19{,}15} = 25{,}097.$$

Da $F_{1,60;0,99} = 7{,}077$ beträgt, ist der Interaktionskontrast für $\alpha = 0{,}01$ signifikant. Der Unterschied, welcher zwischen den Therapien besteht, ist also über die beiden betrachteten Stufen des Faktors B verschieden. Betrachtet man die vier relevanten Zellenmittelwerte, so erweist sich der Unterschied zwischen a_2 (Verhaltenstherapie) und a_3 (Gesprächstherapie) bei einer hohen Dosis des Medikamentes im Vergleich zu Placebo als größer. Damit besitzt Gesprächstherapie unter Placebo den geringeren Wert. In der hohen Dosisgruppe hat aber die Verhaltenstherapie-Gruppe die geringeren Angstwerte.

Oft genügt es, einzelne Interaktionskontraste zu überpüfen. Will man Interaktionskontraste testen, welche erst durch die Betrachtung eines Interaktionsdiagramms bzw. durch Vergleich der Zellenmittelwerte als Hypothesen formuliert wurden, muss die Signifikanzprüfung nach Scheffé durchgeführt werden. Der empirische F-Wert ist signifikant, wenn er den folgenden, kritischen S-Wert erreicht oder überschreitet:

$$S = (p-1)(q-1) \cdot F_{(p-1)(q-1),\text{df}_e;1-\alpha}.$$

Boik (1979a) und R. E. Kirk (1995) geben weitere Details zur Formulierung und Systematik von Interaktionskontrasten. Weitere Informationen zu Interaktionskontrasten findet man auch bei Abelson und Prentice (1997).

* 15.5 Weitere Kontraste

15.5.1 Einfache Treatmentkontraste

Sogenannte einfache Treatmentkontraste konfundieren einen Haupteffekt mit der Interaktion. Wie wir bereits wissen, besteht die gleiche Art der Konfundierung bei der Überprüfung von einfachen Haupteffekten. Trotzdem mögen solche Kontraste von Interesse sein. Wir geben zunächst folgende Definition:

Definition 15.2

Einfacher Treatmentkontrast. Ein einfacher Treatmentkontrast für Treatment A ist ein Kontrast von Zellmittelwerten, welche alle zur gleichen Stufe von B gehören. Eine analoge Aussage gilt für den einfachen Treatmentkontrast des Treatments B.

Einem einfachen Treatmentkontrast des Treatments A entspricht beispielsweise die Frage, ob in der Placebogruppe Gesprächstherapie effektiver Angst reduziert als Verhaltenstherapie, da dieser Vergleich innerhalb der b_1 Gruppe (Placebo) erfolgt.

Ein einfacher Kontrast des Treatments A auf der j-ten Stufe des Faktors B wird folgendermaßen berechnet

$$D(A|b_j) = \sum_i c_i \cdot \overline{AB}_{ij}. \qquad (15.10)$$

Analog hierzu erhält man für den einfachen Kontrast des Treatments B für die i-te Stufe von A:

$$D(B|a_i) = \sum_j c_j \cdot \overline{AB}_{ij}. \tag{15.11}$$

Auch einfache Treatmentkontraste lassen sich auf Signifikanz überprüfen. Nehmen wir an, der Vergleich betrifft Stufen des Faktors A für die j-te Stufe des Faktors B. In diesem Fall resultiert für die Quadratsumme:

$$\text{QS}_{D(A|b_j)} = \frac{n \cdot \left(\sum_i c_i \cdot \overline{AB}_{ij}\right)^2}{\sum_i c_i^2} \tag{15.12}$$

mit df = 1. Bezieht sich der Vergleich auf Stufen des Faktors B für die i-te Stufe des Faktors A, so ergibt sich die Quadratsumme als

$$\text{QS}_{D(B|a_i)} = \frac{n \cdot \left(\sum_j c_j \cdot \overline{AB}_{ij}\right)^2}{\sum_j c_j^2} \tag{15.13}$$

mit df = 1.

Werden diese Vergleiche a posteriori durchgeführt, sind die empirischen F-Werte mit einem kritischen S-Wert nach Scheffé zu vergleichen, da der einfache Treatmentkontrast nur einen Freiheitsgrad aufweist. Da allerdings ein einfacher Treatmentkontrast zu einem Overall-Test gehört, der den jeweiligen Haupteffekt mit dem Interaktionseffekt zusammenfasst, ergeben sich die Zählerfreiheitsgrade ebenfalls als Summe der Freiheitsgrade dieser beiden Effekte.

Für einen einfachen Kontrast des A Treatments ergibt sich $\text{df}_A + \text{df}_{AB} = (p-1)q$ und somit

$$S_{D(A|b_j)} = (p-1)q \cdot F_{(p-1)q,\text{df}_e;1-\alpha}.$$

Für B resultiert entsprechend $\text{df}_B + \text{df}_{AB} = (q-1)p$ und somit:

$$S_{D(B|a_i)} = (q-1)p \cdot F_{(q-1)p,\text{df}_e;1-\alpha}.$$

Ein einfacher Treatmentkontrast ist auf dem Niveau α signifikant, wenn der zu seiner Testung berechnete F Wert den kritischen S-Wert erreicht oder überschreitet.

BEISPIEL 15.4

Wir wollen überprüfen, unter welchen medikamentösen Bedingungen (Faktor B) der Unterschied zwischen den Behandlungen (a_2 und a_3) und der Kontrollgruppe (a_1) signifikant ist. Hierfür werden die folgenden einfachen Treatmentkontraste berechnet:

- Für b_1:

$$D = 2 \cdot 50{,}2 + (-1) \cdot 49{,}9 + (-1) \cdot 45{,}7 = 4{,}8,$$

$$\text{QS} = \frac{6 \cdot 4{,}8^2}{6} = 23{,}04, \quad F = \frac{23{,}04}{19{,}15} = 1{,}20.$$

- Für b_2:

$$D = 2 \cdot 47{,}5 + (-1) \cdot 38{,}2 + (-1) \cdot 39{,}1 = 17{,}7,$$

$$\text{QS} = \frac{6 \cdot 17{,}7^2}{6} = 313{,}29, \quad F = \frac{313{,}29}{19{,}15} = 16{,}36.$$

- Für b_3:

$$D = 2 \cdot 46{,}0 + (-1) \cdot 28{,}5 + (-1) \cdot 36{,}5 = 27{,}0,$$

$$\text{QS} = \frac{6 \cdot 27{,}0^2}{6} = 729{,}00, \quad F = \frac{729{,}00}{19{,}15} = 38{,}07.$$

- Für b_4:

$$D = 2 \cdot 47{,}9 + (-1) \cdot 19{,}0 + (-1) \cdot 32{,}7 = 44{,}1,$$

$$\text{QS} = \frac{6 \cdot 44{,}1^2}{6} = 1944{,}81, \quad F = \frac{1944{,}81}{19{,}15} = 101{,}56.$$

Da $F_{8,60;0,99}$, errechnet sich der kritische S-Wert zu:

$$S_{D(A|b_j)} = (3-1) \cdot 4 \cdot 2{,}82 = 22{,}56.$$

Die signifikanten einfachen Kontraste für b_3 und b_4 zeigen, dass sich die psychotherapeutische Behandlung von der unbehandelten Gruppe erst bei mittlerer und hoher Dosierung unterscheidet. Bei Placebobehandlung oder auch niedriger Dosierung machen die Behandlungen gegenüber der Kontrollgruppe keinen Effekt.

Zu Kontrollzwecken überprüfen wir noch einen weiteren einfachen Treatmentkontrast, der zum ersten orthogonal ist. Dieser zweite Kontrast vergleicht die verhaltenstherapeutische Behandlung mit der gesprächspsychotherapeutischen Behandlung (a_2 vs. a_3) unter den einzelnen Stufen von B. Wir ermitteln:

für b_1 :	$D = 4{,}2$;	QS = 52,92;	$F = 2{,}76$.
für b_1 :	$D = -0{,}9$;	QS = 2,43;	$F = 0{,}13$.
für b_1 :	$D = -8{,}0$;	QS = 192,00;	$F = 10{,}03$.
für b_1 :	$D = -13{,}7$;	QS = 563,07;	$F = 29{,}40$.

Verglichen mit dem kritischen S-Wert von 22,56 wird deutlich, dass eine Überlegenheit der verhaltenstherapeutischen Behandlung gegenüber der gesprächspsychotherapeutischen Behandlung nur unter hoher Medikamentendosis nachgewiesen werden kann.

Im Übrigen ist festzustellen, dass sich die Quadratsummen der einfachen Treatmentkontraste jeweils zur Quadratsumme des einfachen Haupteffektes addieren, falls die einfachen Treatmentkontraste den einfachen Haupteffekt in einen vollständigen Satz orthogonaler Kontraste zerlegen. Beispielsweise waren die Quadratsummen der beiden einfachen Treatmentkontraste von A für b_1 23,04 für a_1 versus a_2 und a_3 sowie 52,92 für a_2 versus a_3. Die Summe beträgt 23,04 + 52,92 = 75,96 und ist identisch mit der Quadratsumme des einfachen Haupteffekt von A für b_1, der in Beispiel 15.2 berichtet wird.

Auf eine Untersuchung einfachen Treatmentkontraste für den Faktor B wollen wir verzichten. Sie folgt dem gleichen Prinzip und würde z. B. die Frage überprüfen, unter welchen psychologischen Behandlungsformen sich die Placebogruppe (b_1) von den drei medikamentös behandelten Gruppen (b_2 bis b_4) unterscheidet.

15.5.2 Homogenität einfacher Treatmentkontraste

Will man erfahren, ob ein bestimmter Kontrast (z. B. a_1 vs. a_2) unter allen Stufen von B gleich ausfällt, ist folgende Quadratsumme zu bestimmen:

$$\text{QS}_{D(A|b\cdot)} = \frac{n \cdot \left[\sum_j D(A|b_j)^2 - \left(\sum_j D(A|b_j) \right)^2 / q \right]}{\sum_i c_i^2}$$

mit df = $q - 1$.

Das mittlere Quadrat $\text{QS}_{D(A|b\cdot)}/\text{df}$ wird an der Fehlervarianz getestet. Die einfachen Treatmentkontraste unterscheiden sich signifikant, wenn der empirische F-Wert den folgenden kritischen S-Wert erreicht oder überschreitet:

$$\begin{aligned} S_{D(A|b\cdot)} &= (p-1)(q-1) \cdot F_{(p-1)(q-1),\text{df}_e;1-\alpha} / (q-1) \\ &= (p-1) \cdot F_{(p-1)(q-1),\text{df}_e;1-\alpha}. \end{aligned}$$

Man erhält diesen S-Wert nach Gl. (15.5), da die $\text{QS}_{D(A|b\cdot)}$ ein Bestandteil der QS_{AB} ist (Boik, 1979a). Die einfachen Treatmentkontraste sind homogen, wenn das an der Fehlervarianz getestete mittlere Quadrat wegen $F < S$ nicht signifikant ist (was nicht bedeuten muss, dass die Interaktion insgesamt unbedeutend ist, denn diese könnte auf anderen, nicht geprüften einfachen Treatmentkontrasten beruhen).

Zur Überprüfung der Homogenität einfacher Treatmentkontraste vom Typus $D(B|a_i)$ berechnet man analog

$$\text{QS}_{D(B|a\cdot)} = \frac{n \cdot \left[\sum_i D(B|a_i)^2 - \left(\sum_i D(B|a_i) \right)^2 / p \right]}{\sum_j c_j^2}$$

mit df = $p - 1$.

Der kritische S-Wert lautet:

$$S_{D(B|a\cdot)} = (q-1) \cdot F_{(p-1)(q-1),\text{df}_e;1-\alpha}. \tag{15.14}$$

BEISPIEL 15.5

Wir prüfen die Homogenität der einfachen Treatmentkontraste des Faktors A. Zunächst ermitteln wir:

$$\sum_j D(A|b_j) = 4{,}8 + 17{,}7 + 27{,}0 + 44{,}1 = 93{,}6 \quad \text{und}$$

$$\sum_j D(A|b_j)^2 = 4{,}8^2 + 17{,}7^2 + 27{,}0^2 + 44{,}1^2 = 3010{,}14.$$

Damit erhält man

$$\text{QS}_{D(A|b\cdot)} = \frac{6 \cdot (3010{,}14 - 93{,}6^2/4)}{2^2 + (-1)^2 + (-1)^2} = 819{,}90,$$

$$\text{MQ}_{D(A|b\cdot)} = 819{,}90/3 = 273{,}3$$

$$\text{und} \quad F = \frac{273{,}3}{19{,}15} = 14{,}27.$$

Für den kritischen S-Wert erhalten wir:

$$S = 2 \cdot 3{,}12 = 6{,}24.$$

Erwartungsgemäß sind die vier einfachen Treatmentkontraste für Faktor A nicht homogen (14,27 > 6,24).

Für den zweiten Vergleich führt die Homogenitätsprüfung zu folgendem Resultat:

$$\text{QS}_{D(A|b\cdot)} = \frac{6 \cdot [270{,}14 - (-18{,}4)^2/4]}{1^2 + (-1)^2} = 556{,}50,$$

$$\text{MQ}_{D(A|b\cdot)} = 556{,}5/3 = 185{,}5,$$

$$F = \frac{185{,}5}{19{,}5} = 9{,}69.$$

Auch der zweite Kontrast ist über die Stufen des Faktors B hinweg heterogen (9,69 > 6,24). Da die beiden Vergleiche orthogonal sind, addieren sich die Quadratsummen der beiden Homogenitätstests zur Interaktionsquadratsumme: 819,90 + 556,50 = 1376,40.

Die dosierungsspezifischen Unterschiede zwischen der Kontrollgruppe und den beiden psychologisch behandelten Gruppen – also der Vergleich $D(A|b\cdot)$ – trägt mit einem Quadratsummenanteil von 819,90/1376,40 = 0,60 jedoch mehr zur QS_{AB} bei als die dosierungsspezifischen Unterschiede zwischen der verhaltenstherapeutisch und gesprächspsychotherapeutisch behandelten Gruppe $D(A|b\cdot)$ mit einem Anteil von 556,50/1376,40 = 0,40.

ÜBUNGSAUFGABEN

Aufgabe 15.1 In einer Studie soll die Wirkung eines Medikamentes untersucht werden. Hierzu wird ein zweifaktorielles Design gewählt. Faktor A repräsentiert die Behandlung (a_1 = Placebo, a_2 = 10 mg Wirkstoff, a_3 = 20 mg Wirkstoff). Faktor B repräsentiert das Geschlecht der Personen (b_1 = männlich, b_2 = weiblich). Jeder Zelle werden fünf Personen zugeteilt. Nach einer Behandlungswoche wird die Symptombelastung festgestellt. Es ergeben sich folgende Daten:

	a_1	a_2	a_3
	27	16	14
	26	14	13
b_1	25	14	12
	24	13	11
	23	13	10
	21	18	15
	19	17	13
b_2	19	16	13
	18	15	12
	18	14	12

a) Berechnen Sie die Zellen- und Randmittelwerte, und zeichnen Sie ein Interaktionsplot. Welche Effekte könnten Signifikanz erreichen?
b) Berechnen Sie die varianzanalytische Ergebnistabelle.
c) Mit Hilfe eines Kontrasts soll untersucht werden, ob sich die erwartete Symptombelastung bei 20 mg des Medikaments von der erwarteten Symptombelastung bei Placebo unterscheidet. Berechnen Sie die kritische Differenz nach Scheffé für $\alpha = 0{,}05$.

d) Ein Forscher äußert den Verdacht, dass das Medikament bei Frauen aufgrund hormoneller Ursachen nicht wirkt. Untersuchen Sie die Hypothese.
e) Außerdem soll untersucht werden, ob der Unterschied zwischen Männern und Frauen bei 10 mg gleich dem Unterschied zwischen Männern und Frauen bei 20 mg ist.
f) Nun soll überprüft werden, ob sich bei Frauen die Placebobedingung vom Durchschnitt der Behandlungsbedingungen unterscheidet.
g) Ein Forscher will untersuchen, ob der Unterschied zwischen Männer und Frauen über die einzelnen Behandlungsstufen homogen ist.

Kapitel 16 Drei- und mehrfaktorielle Versuchspläne

ÜBERSICHT

Dreifaktorielle Varianzanalyse – Interaktion 2. Ordnung – Kontraste – feste und zufällige Effekte – gemischtes Modell – Quasi-F-Brüche – Pooling-Prozeduren

Die Frage, wie eine abhängige Variable durch drei unabhängige Variablen beeinflusst wird, können wir mit der dreifaktoriellen Varianzanalyse untersuchen. Diese Analyse zerlegt die totale Quadratsumme in die folgenden, voneinander unabhängigen Anteile:

- Drei Haupteffekte A, B und C.
- Drei Interaktionseffekte AB, AC und BC.
- Einen Interaktionseffekt 2. Ordnung ABC.
- Fehler.

Die *Interaktion 2. Ordnung* taucht erstmalig in der dreifaktoriellen Varianzanalyse auf. Sie beinhaltet denjenigen Anteil der Variabilität, der auf spezifische Effekte der Kombinationen aller drei Faktoren zurückzuführen ist und der weder aus den Haupteffekten noch aus den Interaktionen 1. Ordnung erklärt werden kann.

16.1 Dreifaktorielle Varianzanalyse

Terminologie

Für die rechnerische Durchführung einer dreifaktoriellen Varianzanalyse vereinbaren wir folgende Terminologie:

- Faktor A hat p Stufen, der Laufindex heißt i.
- Faktor B hat q Stufen, der Laufindex heißt j.
- Faktor C hat r Stufen, der Laufindex heißt k.

Eine dreifaktorielle Varianzanalyse benötigt $p \cdot q \cdot r$ Zufallsstichproben der Größe n. Der Laufindex für die Personen innerhalb einer Stichprobe heißt m. Insgesamt werden bei der dreifaktoriellen Varianzanalyse somit $N = p \cdot q \cdot r \cdot n$ Personen untersucht.

Jeder Person ist ein Messwert y_{ijkm} der abhängigen Variablen zugeordnet. Der Messwert der zweiten Person, die zur ersten Stufe des Faktors A, zur dritten Stufe des Faktors B und zur ersten Stufe des Faktors C gehört, lautet somit y_{1312}.

Wie bei der zweifaktoriellen Varianzanalyse beginnen wir auch hier mit der Berechnung der Summen der Messwerte pro Stichprobe (pro Faktorstufenkombination):

$$ABC_{ijk} = \sum_m y_{ijkm}.$$

Hieraus werden die Summen für alle Zweierkombinationen von Faktorstufen berechnet:

$$AB_{ij} = \sum_k ABC_{ijk},$$
$$AC_{ik} = \sum_j ABC_{ijk},$$
$$BC_{jk} = \sum_i ABC_{ijk}.$$

Aus diesen Summen lassen sich folgende Summen für die Faktorstufen der drei Faktoren ermitteln:

$$A_i = \sum_j AB_{ij} = \sum_k AC_{ik},$$
$$B_j = \sum_i AB_{ij} = \sum_k BC_{jk},$$
$$C_k = \sum_i AC_{ik} = \sum_j BC_{jk}.$$

Die Gesamtsumme G ergibt sich zu:

$$G = \sum_i A_i = \sum_j B_j = \sum_k C_k.$$

Hypothesen

Entsprechend der Quadratsummenzerlegung in drei Haupteffekte, drei Interaktionen 1. Ordnung und einer Interaktion 2. Ordnung überprüft die dreifaktorielle Varianzanalyse folgende Nullhypothesen:

Tabelle 16.1. Allgemeine Ergebnistabelle einer dreifaktoriellen Varianzanalyse

Quelle	QS	df
A	(3) − (1)	$p-1$
B	(4) − (1)	$q-1$
C	(5) − (1)	$r-1$
AB	(6) − (3) − (4) + (1)	$(p-1)\cdot(q-1)$
AC	(7) − (3) − (5) + (1)	$(p-1)\cdot(r-1)$
BC	(8) − (4) − (5) + (1)	$(q-1)\cdot(r-1)$
ABC	(9) − (6) − (7) − (8) + (3) + (4) + (5) − (1)	$(p-1)\cdot(q-1)\cdot(r-1)$
Fehler	(2) − (9)	$p\cdot q\cdot r\cdot(n-1)$
Total	(2) − (1)	$p\cdot q\cdot r\cdot n-1$

- Haupteffekte:

$$H_0 : \bar{\mu}_{1..} = \cdots = \bar{\mu}_{p..},$$
$$H_0 : \bar{\mu}_{.1.} = \cdots = \bar{\mu}_{.q.},$$
$$H_0 : \bar{\mu}_{..1} = \cdots = \bar{\mu}_{..r}.$$

- Interaktion 1. Ordnung:

$$H_0 : \bar{\mu}_{ij.} - \bar{\mu}_{i..} - \bar{\mu}_{.j.} + \bar{\mu}_{...} = 0,$$
$$H_0 : \bar{\mu}_{i.k} - \bar{\mu}_{i..} - \bar{\mu}_{..k} + \bar{\mu}_{...} = 0,$$
$$H_0 : \bar{\mu}_{.jk} - \bar{\mu}_{.j.} - \bar{\mu}_{..k} + \bar{\mu}_{...} = 0,$$

für $i = 1, \ldots, p$, $j = 1, \ldots, q$ und $k = 1, \ldots, r$.

- Interaktion 2. Ordnung:

$$H_0 : \mu_{ijk} - \bar{\mu}_{ij.} - \bar{\mu}_{i.k} - \bar{\mu}_{.jk} + \bar{\mu}_{i..} + \bar{\mu}_{.j.} + \bar{\mu}_{..k} - \bar{\mu}_{...} = 0,$$

für $i = 1, \ldots, p$, $j = 1, \ldots, q$ und $k = 1, \ldots, r$.

Rechnerische Durchführung

Für die Berechnung der Quadratsummen werden folgende Hilfsgrößen benötigt:

$$(1) = \frac{G^2}{n\cdot p\cdot q\cdot r}, \qquad (2) = \sum_i\sum_j\sum_k\sum_m y_{ijkm}^2,$$

$$(3) = \frac{\sum_i A_i^2}{n\cdot q\cdot r}, \qquad (4) = \frac{\sum_j B_j^2}{n\cdot p\cdot r},$$

$$(5) = \frac{\sum_k C_k^2}{n\cdot p\cdot q}, \qquad (6) = \frac{\sum_i\sum_j AB_{ij}^2}{n\cdot r},$$

$$(7) = \frac{\sum_i\sum_k AC_{ik}^2}{n\cdot q}, \qquad (8) = \frac{\sum_j\sum_k BC_{jk}^2}{n\cdot p},$$

$$(9) = \frac{\sum_i\sum_j\sum_k ABC_{ijk}^2}{n}.$$

Tabelle 16.1 zeigt, wie aus diesen Hilfsgrößen die Quadratsummen und die Freiheitsgrade berechnet werden.

Auf die Herleitung der Berechnungsvorschriften für die Quadratsummen und Freiheitsgrade, die analog zur ein- bzw. zweifaktoriellen Varianzanalyse verläuft, wollen wir verzichten. Die Summe der Quadratsummen für die Haupteffekte, die Interaktionen 1. Ordnung und die Interaktion 2. Ordnung ergeben zusammen mit der Fehlerquadratsumme die totale Quadratsumme

$$QS_{tot} = QS_A + QS_B + QS_C + QS_{AB} + QS_{AC} + QS_{BC} + QS_{ABC} + QS_e.$$

Entsprechendes gilt für die Freiheitsgrade:

$$df_{tot} = df_A + df_B + df_C + df_{AB} + df_{AC} + df_{BC} + df_{ABC} + df_e.$$

Wir bestimmen die mittleren Quadrate, indem die Quadratsummen durch die entsprechenden Freiheitsgrade dividiert werden. Die Überprüfung der sieben Nullhypothesen erfolgt wiederum durch F-Tests. Haben alle Faktoren feste Effekte, ist die MQ_e für alle Haupteffekte und Interaktionen die adäquate Prüfvarianz, welche im Nenner der F-Brüche verwendet wird.

BEISPIEL 16.1

In einer fiktiven sozialpsychologischen Untersuchung soll die Einstellung zur Politik der Regierung untersucht werden. Die Einstellung wird durch die Beantwortung folgender Frage gemessen: „Wie beurteilen Sie die Politik Ihrer Regierung?" Als Antwortalternativen stehen den Personen zur Verfügung: negativ (=0), neutral (=1), positiv (=2).

Tabelle 16.2. Beispiel für eine dreifaktorielle Varianzanalyse

A	männlich			weiblich		
B C	20-34	35-49	50-64	20-34	35-49	50-64
OS	1	1	1	1	2	1
	1	1	0	2	2	1
	2	1	0	2	1	0
MS	1	2	0	2	2	1
	2	1	0	2	2	0
	2	1	0	2	1	0
US	2	2	1	2	2	1
	1	2	1	0	2	1
	0	1	0	0	2	1

Die abhängige Variable kann somit nur die Werte 0, 1 und 2 annehmen. Als unabhängige Variablen sollen überprüft werden:

- Faktor A: Geschlecht, a_1 = männlich, a_2 = weiblich.
- Faktor B: Alter, b_1 = jung (20–34 Jahre), b_2 = mittel (35–49 Jahre), b_3 = alt (50–64 Jahre).
- Faktor C: Soziale Schicht, c_1 = Oberschicht (OS), c_2 = Mittelschicht (MS), c_3 = Unterschicht (US).

Alle drei Faktoren haben feste Effekte. Die varianzanalytischen Hypothesen sollen mit $\alpha = 0{,}01$ geprüft werden. Um den Rechenaufwand des Beispiels in Grenzen zu halten, wird jeder Faktorstufenkombination eine Zufallsstichprobe der Größe $n = 3$ aus den entsprechenden Populationen zugewiesen. Es werden somit insgesamt $2 \cdot 3 \cdot 3 \cdot 3 = 54$ Personen benötigt. Die Daten der Untersuchung zeigt Tab. 16.2.

Die Summen

$$ABC_{ijk} = \sum_m y_{ijkm}$$

für die einzelnen Stichproben lauten:

$$\begin{array}{lll} ABC_{111} = 4 & ABC_{131} = 1 & ABC_{221} = 5 \\ ABC_{112} = 5 & ABC_{132} = 0 & ABC_{222} = 5 \\ ABC_{113} = 3 & ABC_{133} = 2 & ABC_{223} = 6 \\ ABC_{121} = 3 & ABC_{211} = 5 & ABC_{231} = 2 \\ ABC_{122} = 4 & ABC_{212} = 6 & ABC_{232} = 1 \\ ABC_{123} = 5 & ABC_{213} = 2 & ABC_{233} = 3. \end{array}$$

Für die Stufenkombinationen der Faktoren A und B ergeben sich folgende Summen:

$$\begin{array}{lll} AB_{11} = 12 & AB_{12} = 12 & AB_{13} = 3 \\ AB_{21} = 13 & AB_{22} = 16 & AB_{23} = 6. \end{array}$$

Für die Stufenkombinationen der Faktoren A und C:

$$\begin{array}{lll} AC_{11} = 8 & AC_{12} = 9 & AC_{13} = 10 \\ AC_{21} = 12 & AC_{22} = 12 & AC_{23} = 11. \end{array}$$

Für die Stufenkombinationen der Faktoren B und C:

$$\begin{array}{lll} BC_{11} = 9 & BC_{12} = 11 & BC_{13} = 5 \\ BC_{21} = 8 & BC_{22} = 9 & BC_{23} = 11 \\ BC_{31} = 3 & BC_{32} = 1 & BC_{33} = 5. \end{array}$$

Hieraus lassen sich folgende Summen für die einzelnen Stufen der drei Faktoren ermitteln:

$$\begin{array}{lll} A_1 = 27 & A_2 = 35 & \\ B_1 = 25 & B_2 = 28 & B_3 = 9 \\ C_1 = 20 & C_2 = 21 & C_3 = 21. \end{array}$$

Die Gesamtsumme G ergibt sich zu:

$$G = \sum_i A_i = \sum_j B_j = \sum_k C_k = 62.$$

Ausgehend von den Einzelsummen resultieren die folgenden Kennziffern:

$$(1) = \frac{G^2}{p \cdot q \cdot r \cdot n} = \frac{62^2}{2 \cdot 3 \cdot 3 \cdot 3} = 71{,}19,$$

$$(2) = \sum_i \sum_j \sum_k \sum_m y_{ijkm}^2 = 12 \cdot 0^2 + 22 \cdot 1^2 + 20 \cdot 2^2 = 102,$$

$$(3) = \frac{\sum_i A_i^2}{q \cdot r \cdot n} = \frac{27^2 + 35^2}{3 \cdot 3 \cdot 3} = 72{,}73,$$

$$(4) = \frac{\sum_j B_j^2}{p \cdot r \cdot n} = \frac{25^2 + 28^2 + 9^2}{2 \cdot 3 \cdot 3} = 82{,}78,$$

$$(5) = \frac{\sum_k C_k^2}{p \cdot q \cdot n} = \frac{20^2 + 21^2 + 21^2}{2 \cdot 3 \cdot 3} = 71{,}22,$$

$$(6) = \frac{\sum_i \sum_j AB_{ij}^2}{r \cdot n} = \frac{12^2 + \cdots + 6^2}{3 \cdot 3} = 84{,}22,$$

$$(7) = \frac{\sum_i \sum_k AC_{ik}^2}{q \cdot n} = \frac{8^2 + \cdots + 11^2}{3 \cdot 3} = 72{,}67,$$

$$(8) = \frac{\sum_j \sum_k BC_{jk}^2}{p \cdot n} = \frac{9^2 + \cdots + 5^2}{2 \cdot 3} = 88{,}00,$$

$$(9) = \frac{\sum_i \sum_j \sum_k ABC_{ijk}^2}{n} = \frac{4^2 + \cdots + 3^2}{3} = 90.$$

Unter Verwendung dieser Kennziffern erhalten wir die Ergebnisse:

Quelle	QS	df	MQ	F
A	1,19	1	1,19	3,60
B	11,60	2	5,80	17,58**
C	0,04	2	0,02	
AB	0,26	2	0,13	
AC	0,26	2	0,13	
BC	5,19	4	1,30	3,94**
ABC	0,29	4	0,07	
Fehler	12,00	36	0,33	
Total	30,82	53		

(Rechenkontrolle: Die einzelnen Quadratsummen müssen aufaddiert die totale Quadratsumme ergeben. Das Gleiche gilt für die Freiheitsgrade. Es ist darauf zu achten, dass die Hilfsgrößen (1)–(9) möglichst genau berechnet werden.)

Alle Haupteffekte und Interaktionen werden an der Fehlervarianz getestet. Sowohl der B-Effekt (Alter) als auch die BC Interaktion (Alter × Schicht) sind somit sehr signifikant ($F_{2,36;99\%} = 5{,}26$; $F_{4,36;99\%} = 3{,}90$). Die Einstellung zur Politik ist altersabhängig. Alte Personen haben gegenüber jüngeren Personen eine negativere Einstellung ($\bar{B}_1 = 1{,}39$, $\bar{B}_2 = 1{,}56$, $\bar{B}_3 = 0{,}5$). Diese Interpretation ist wegen der signifikanten, disordinalen BC Interaktion jedoch zu relativieren (s. u.). Die Einstellung zur Politik ist unabhängig vom Geschlecht und vom Schichtfaktor (keine Signifikanz auf Faktor A und C).

Die Interpretation der BC Interaktion basiert auf den folgenden Mittelwerten:

	jung	mittel	alt
OS	1,50	1,33	0,50
MS	1,83	1,50	0,16
US	0,83	1,83	0,83

Da die Mittelwerte weder zeilenweise noch spaltenweise einheitlich einem monotonen Trend folgen, handelt es sich um eine disordinale Interaktion. Abbildung 16.1 zeigt die grafische Darstellung dieser Interaktion.

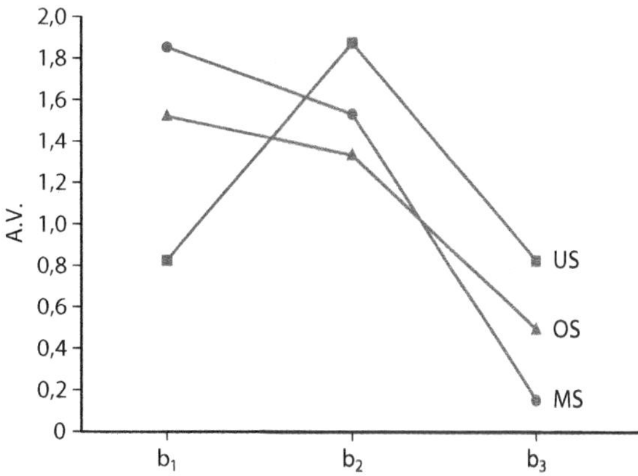

Abbildung 16.1. Grafische Darstellung der BC Interaktion

Aus der Abbildung geht hervor, dass bei der Oberschicht und noch deutlicher bei der Mittelschicht mit zunehmendem Alter die Einstellung negativer wird. Dies trifft jedoch nicht auf die Unterschicht zu. Hier sind junge und alte Personen im Vergleich zu Personen mittleren Alters am negativsten eingestellt.

16.2 Kontraste

Wie in der ein- und zweifaktoriellen Varianzanalyse können auch im Rahmen der dreifaktoriellen Varianzanalyse a priori Kontraste und Scheffé-Tests durchgeführt werden. Die hierfür benötigten Gleichungen lassen sich direkt aus den entsprechenden Formeln für die zweifaktorielle Varianzanalyse ableiten.

Die Quadratsumme eines Kontrasts des Faktors A erhalten wir, indem der Zähler in Gl. (15.1) um den Faktor r erweitert wird. Die Gleichung lautet:

$$\mathrm{QS}_{D(A)} = \frac{n \cdot q \cdot r \left(\sum_i c_i \cdot \bar{A}_i \right)^2}{\sum_i c_i^2}.$$

Die entsprechenden Gleichungen für Kontraste der Haupteffekt B und C lauten:

$$\mathrm{QS}_{D(B)} = \frac{n \cdot p \cdot r \left(\sum_j c_j \cdot \bar{B}_j \right)^2}{\sum_j c_j^2},$$

$$\mathrm{QS}_{D(C)} = \frac{n \cdot p \cdot q \left(\sum_k c_k \cdot \bar{C}_k \right)^2}{\sum_k c_k^2}.$$

Für die kritischen Paardifferenzen nach dem Scheffé-Test ergeben sich für die Haupteffekte folgende Gleichungen:

$$\text{für } A: \quad D_{\mathrm{crit}} = \sqrt{\frac{2 \cdot (p-1) \cdot \mathrm{MQ}_e \cdot F_{d,e;1-\alpha}}{n \cdot q \cdot r}},$$

$$\text{für } B: \quad D_{\mathrm{crit}} = \sqrt{\frac{2 \cdot (q-1) \cdot \mathrm{MQ}_e \cdot F_{d,e;1-\alpha}}{n \cdot p \cdot r}},$$

$$\text{für } C: \quad D_{\mathrm{crit}} = \sqrt{\frac{2 \cdot (r-1) \cdot \mathrm{MQ}_e \cdot F_{d,e;1-\alpha}}{n \cdot p \cdot q}},$$

wobei $F_{d,e;1-\alpha}$ das kritische Perzentil der F-Verteilung für d Zähler- und e Nennerfreiheitsgrade und das Signifikanzniveau α bezeichnet.

Die Ausführungen in Kap. 15 über einfache Haupteffekte, einfache Treatmentkontraste und Interaktionskontraste gelten analog für dreifaktorielle Varianzanalysen. Einfache Haupteffekte lassen sich nun aber weiter unterteilen, da man sie für eine Stufe eines anderen Faktors (simple main-effects) bzw. eine Faktorstufenkombination der anderen beiden Faktoren (simple-simple main-effects) berechnen kann. Eine analoge Unterscheidung gilt für einfache Treatmentkontraste. Zusätzlich lassen sich einfache Interaktionseffekte berechnen (simple interaction-effects). Hierbei handelt es sich um Interaktionseffekte zweier Faktoren auf einer festen Stufe des dritten Faktors. Hinweise zur Überprüfung dieser Kontraste bzw. Effekte im Rahmen der dreifaktoriellen Varianzanalyse findet man bei R. E. Kirk (1995, S. 443).

Interaktionen 2. Ordnung. Aufwändig ist die Interpretation einer signifikanten Interaktion 2. Ordnung. Da die Interaktion 2. Ordnung in unserem Beispiel nicht signifikant war, wählen wir dazu ein anderes Beispiel.

BEISPIEL 16.2

Es soll überprüft werden, ob sich ein Faktor A = Jahreszeiten ($p = 4$), ein Faktor B = Wohngegend ($q = 2$, Norden vs. Süden) und ein Faktor C = Geschlecht ($r = 2$) auf das Ausmaß der Verstimmtheit von Personen auswirken. Den $4 \times 2 \times 2 = 16$ Faktorstufen werden jeweils $n = 30$ Personen aus den entsprechenden Populationen per Zufall zugeordnet. Die Erhebung der abhängigen Variablen erfolgt mit einem Stimmungsfragebogen. (Je höher der Wert, umso stärker die Verstimmung.) Die folgende

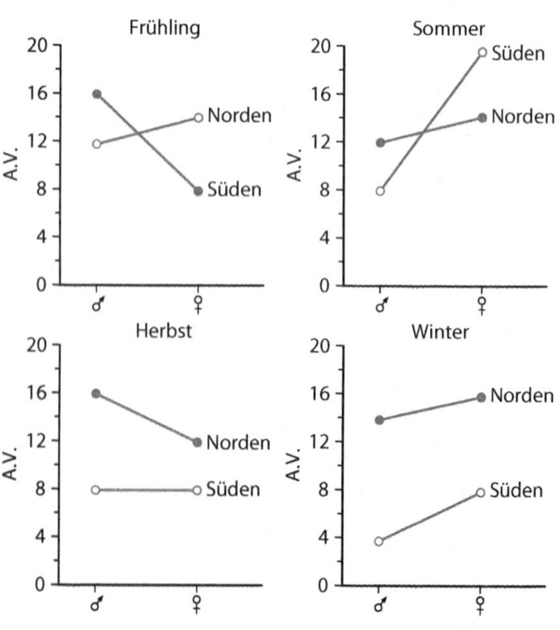

Abbildung 16.2. Grafische Darstellung der Interaktion 2. Ordnung

Tabelle enthält die in den 16 Gruppen erzielten Durchschnittswerte.

	Norden		Süden	
	männlich	weiblich	männlich	weiblich
Frühling	12	14	16	8
Sommer	12	14	8	20
Herbst	16	12	8	8
Winter	14	16	4	8

Die grafische Darstellung dieser Interaktion zeigt Abb. 16.2. Hier wurde für jede Stufe des Faktors A ein Diagramm für die bedingte BC Interaktion (d. h. die BC Interaktion unter der Bedingung einer bestimmten A-Stufe) angefertigt.

Wäre die Interaktion 2. Ordnung nicht bedeutsam, ergäben sich in der grafischen Darstellung für alle vier Jahreszeiten ähnliche Verlaufsmuster, was inhaltlich besagen würde, dass die Stimmungsunterschiede zwischen weiblichen und männlichen Personen im Süden und Norden zu allen vier Jahreszeiten in etwa gleich sind. Die Interpretation der unbedingten BC Interaktion wäre also für alle Stufen von A gültig.

Bei den von uns angenommenen Werten ist dies jedoch nicht der Fall. Hier müssen die bedingten BC Interaktionen für jede Stufe von A getrennt interpretiert werden, wobei dafür die gleichen Regeln gelten wie für die Interpretation der Interaktion einer zweifaktoriellen Varianzanalyse.

16.3 Feste und zufällige Faktoren

Auch in dreifaktoriellen Versuchsplänen können zufällige Faktoren berücksichtigt werden. Da die Bezeichnung der Faktoren als A, B und C willkürlich ist, müssen nur vier Fälle unterschieden werden.

1. A, B und C sind fest.
2. A und B sind fest, C ist zufällig.
3. A ist fest, B und C sind zufällig.
4. A, B und C sind zufällig.

Den Fall dreier fester Faktoren haben wir bereits besprochen. Da in der sozialwissenschaftlichen Forschung Zufallsfaktoren nur gelegentlich verwendet werden, besprechen wir nur den Versuchsplan, bei dem A und B fest sind und C ein zufälliger Faktor ist. Für die anderen beiden Fälle verweisen wir auf die weiterführende Literatur (Winer et al., 1991).

Durch die Berücksichtigung von Zufallsfaktoren wird die Zerlegung der QS_{tot} nicht verändert. Auch die Freiheitsgrade, welche mit den einzelnen Quadratsummen verbunden sind, sowie die Bestimmung der mittleren Quadrate bleiben unverändert. Nur die F-Brüche zur Testung der einzelnen Hypothesen hängen vom Status der Faktoren (fest oder zufällig) ab. Die mittleren Quadrate, welche im Nenner des F-Bruchs zu verwenden sind, lassen sich mit Hilfe einer Tabelle der erwarteten mittleren Quadrate bestimmen. Allerdings kann im dreifaktoriellen Fall eine Komplikation auftreten, die es für zweifaktorielle Versuchpläne nicht gibt. Dies führt zur Bildung sog. „Quasi-F-Brüche", die wir an dem gemischten Modell (A und B fest, C zufällig) erläutern.

16.4 Gemischtes Modell (*A* und *B* fest, *C* zufällig)

Ist einer der Faktoren zufällig, so bezieht sich die mit dem Faktor verbundene Hypothese auf eine Varianzkomponente. Grundsätzlich gilt, dass Interaktionen, an denen ein zufälliger Faktor beteiligt ist, ebenfalls als zufällige Effekte betrachtet werden müssen. Ist C also zufällig, so sind die Interaktionen AC, BC und ABC ebenfalls als zufällig anzusehen. Vier der insgesamt sieben Hypothesen beziehen sich somit auf zufällige Effekte. Nur die Hypothesen hinsichtlich der Haupteffekte von A und B sowie die AB Interaktion beziehen sich auf feste Effekte. Die Hypothesen lauten im Einzelnen:

- Haupteffekte:

$$H_0 : \bar{\mu}_{1..} = \cdots = \bar{\mu}_{p..}$$
$$H_0 : \bar{\mu}_{.1.} = \cdots = \bar{\mu}_{.q.}$$
$$H_0 : \sigma_C^2 = 0$$

- Interaktion 1. Ordnung:

$$H_0 : \bar{\mu}_{ij.} - \bar{\mu}_{i..} - \bar{\mu}_{.j.} + \bar{\mu}_{...} = 0$$
$$H_0 : \sigma_{AC}^2 = 0$$
$$H_0 : \sigma_{BC}^2 = 0$$

- Interaktion 2. Ordnung:

$$H_0 : \sigma_{ABC}^2 = 0$$

Um diese Hypothesen überprüfen zu können, benötigen wir die erwarteten mittleren Quadrate, welche in Tab. 16.3 enthalten sind. Die F-Brüche sind dabei so zu wählen, dass das mittlere Quadrat im Zähler bis auf den zu prüfenden Effekt dem mittleren Quadrat des Nenners entspricht. Die erwarteten mittleren Quadrate für die festen Effekte enthalten jeweils einen Q-Wert. Wie schon in der ein- und zweifaktoriellen Varianzanalyse handelt es sich hierbei um einen Term, welcher nicht negativ ist und nur null wird, wenn die entsprechende

Tabelle 16.3. Erwartete mittlere Quadrate für gemischtes Modell (*A* und *B* fest, *C* zufällig)

Quelle	df	E(MQ)
A	$(p-1)$	$\sigma_e^2 + n\sigma_{ABC}^2 + nq\sigma_{AC}^2 + Q_A$
B	$(q-1)$	$\sigma_e^2 + n\sigma_{ABC}^2 + np\sigma_{BC}^2 + Q_B$
C	$(r-1)$	$\sigma_e^2 + n\sigma_{ABC}^2 + np\sigma_{BC}^2 + nq\sigma_{AC}^2 + npq\sigma_C^2$
AB	$(p-1)(q-1)$	$\sigma_e^2 + n\sigma_{ABC}^2 + Q_{AB}$
AC	$(p-1)(r-1)$	$\sigma_e^2 + n\sigma_{ABC}^2 + nq\sigma_{AC}^2$
BC	$(q-1)(r-1)$	$\sigma_e^2 + n\sigma_{ABC}^2 + np\sigma_{BC}^2$
ABC	$(p-1)(q-1)(r-1)$	$\sigma_e^2 + n\sigma_{ABC}^2$
Fehler	$(n-1)pqr$	σ_e^2

Nullhypothese gilt. Mit anderen Worten: $Q_A = 0$, wenn die Nullhypothese des *A* Haupteffekts gilt, $Q_B = 0$, wenn die Nullhypothese des *B* Haupteffekts gilt, und $Q_{AB} = 0$, wenn die Nullhypothese der *AB* Interaktion gilt. Da die Berechnungsformeln für Q_A, Q_B und Q_{AB} nicht benötigt werden, geben wir sie nicht an.

Signifikanzprüfung der festen Effekte. Wir ermitteln zunächst die *F*-Brüche zur Absicherung der festen Effekte *A*, *B* sowie der *AB* Interaktion. Aus dem Vergleich der erwarteten mittleren Quadrate der Tab. 16.3 erkennt man, dass das mittlere Quadrat des *A* Haupteffekts nicht an der Fehlervarianz MQ_e, sondern an MQ_{AC} relativiert werden muss. Schließlich sind bis auf den Term Q_A im mittleren Quadrat des *A* Faktors die beiden erwarteten mittleren Quadrate identisch. Erzeugen die Stufen des *A* Faktors keine Mittelwertunterschiede, so ist mit einem *F*-Wert von ungefähr 1,0 zu rechnen. Falls die Stufen von *A* aber mit tatsächlichen Mittelwertunterschieden verbunden sind, so ist mit einem *F*-Wert zu rechnen, der 1,0 deutlich übersteigt. Mit analogen Argumenten ergibt sich, dass der *B*-Haupteffekt an MQ_{BC} und die *AB* Interaktion sowie der MQ_{ABC} relativiert werden müssen. Halten wir also fest: Die festen Effekte dieses Versuchsplans werden anhand der folgenden *F*-Brüche auf Signifikanz getestet:

$$F_A = MQ_A/MQ_{AC}$$
$$F_B = MQ_B/MQ_{BC}$$
$$F_{AB} = MQ_{AB}/MQ_{ABC}.$$

Signifikanzprüfung der zufälligen Effekte. Die Bildung der *F*-Brüche erfolgt hier ganz analog. Der Unterschied zu den festen Effekten besteht darin, dass das erwartete mittlere Quadrat des Zählers die zu prüfende Varianzkomponente enthalten muss und das erwartete mittlere Quadrat des Nenners bis auf diese Varianzkomponente mit dem Ausdruck im Zähler identisch ist. Wie man aus der Tab. 16.3 entnehmen kann, werden die *F*-Brüche zur Prüfung der *AC*-, *BC*- und *ABC*-Interaktion folgendermaßen gebildet:

$$F_{AC} = MQ_{AC}/MQ_{ABC},$$
$$F_{BC} = MQ_{BC}/MQ_{ABC},$$
$$F_{ABC} = MQ_{ABC}/MQ_e.$$

Die Signifikanzprüfung des zufälligen *C*-Haupteffektes – also die Testung der Hypothese $H_0 : \sigma_C^2 = 0$ – stellt uns aber vor ein Problem: In Tab. 16.3 ist kein erwartetes mittleres Quadrat enthalten, mit welchem wir die Hypothese prüfen könnten. Im Nenner des *F*-Bruchs muss ein Ausdruck stehen, der den Erwartungswert

$$\sigma_e^2 + n\sigma_{ABC}^2 + np\sigma_{BC}^2 + nq\sigma_{AC}^2$$

besitzt, aber keines der mittleren Quadrate der Tabelle erfüllt dieses Kriterium.

Falls ein Effekt nicht direkt prüfbar ist, besteht die Möglichkeit, durch die Bildung von *Quasi-F-Brüchen* die entsprechenden Effekte zumindest approximativ zu testen.

16.5 Quasi-*F*-Brüche

Da für die Überprüfung der Varianzkomponente des *C* Faktors kein mittleres Quadrat in Tab. 16.3 enthalten ist, liegt es nahe, verschiedene mittlere Quadrate derart zu kombinieren, dass zumindest diese Kombination den gewünschten theoretischen Erwartungswert besitzt. Verwendet man eine solche Kombination von mittleren Quadraten im Nenner des *F*-Bruchs, spricht man von einem Quasi-*F*-Bruch. Quasi-*F*-Brüche sind nach einer Korrektur ihrer Freiheitsgrade angenähert *F*-verteilt (Satterthwaite, 1946).

Um den Ausdruck zu ermittelt, mit dessen Hilfe die Varianzkomponente des Faktors C getestet werden kann, betrachten wir folgende Kombination mittlerer Quadrate

$$MQ_{AC} + MQ_{BC} - MQ_{ABC}$$

und berechnen deren Erwartungswert. Wir müssen dazu die Erwartungswerte der drei mittleren Quadrate summieren. Man erhält

$$\begin{aligned} &E(MQ_{AC} + MQ_{BC} - MQ_{ABC}) \\ &= (\sigma_e^2 + n\sigma_{ABC}^2 + nq\sigma_{AC}^2) \\ &\quad + (\sigma_e^2 + n\sigma_{ABC}^2 + np\sigma_{BC}^2) \\ &\quad - (\sigma_e^2 + n\sigma_{ABC}^2) \\ &= \sigma_e^2 + n\sigma_{ABC}^2 + np\sigma_{BC}^2 + nq\sigma_{AC}^2. \end{aligned}$$

Das Resultat entspricht genau dem zuvor gesuchten Ausdruck. Die Summe der mittleren Quadrate $MQ_{AC} + MQ_{BC} - MQ_{ABC}$ hat also den Erwartungswert, welchen wir für die Überprüfung des C Faktors benötigen. Wir bilden somit den Quasi-F-Bruch

$$F_C = \frac{MQ_C}{MQ_{AC} + MQ_{BC} - MQ_{ABC}}.$$

Um die Signifikanzprüfung des Quasi-F-Bruchs zu rechtfertigen, bedarf es einer *Korrektur der Freiheitsgrade*. Diese Korrektur betrifft nur die Nennerfreiheitsgrade. Sie lautet:

$$df_{\text{Nenner}} = \frac{(MQ_{AC} + MQ_{BC} - MQ_{ABC})^2}{\frac{MQ_{AC}^2}{df_{AC}} + \frac{MQ_{BC}^2}{df_{BC}} + \frac{MQ_{ABC}^2}{df_{ABC}}}.$$

Die so ermittelten Nennerfreiheitsgrade werden ganzzahlig abgerundet. Tabelle D des Anhangs entnehmen wir für die Zähler- sowie die korrigierten Nennerfreiheitsgrade den kritischen F-Wert für ein bestimmtes Signifikanzniveau. Ist dieser F-Wert größer als der Quasi-F-Wert, muss die H_0 bezüglich des getesteten Faktors beibehalten werden.

Eine Untersuchung über die testtheoretischen Eigenschaften von Quasi-F-Brüchen findet man bei Santa et al. (1979). Nach dieser Studie kann man davon ausgehen, dass auch Quasi-F-Brüche relativ robust sind gegenüber Verletzungen der Voraussetzungen der Varianzanalyse.

BEISPIEL 16.3

Nehmen wir an, der Therapieerfolg soll in Abhängigkeit der Therapiemotivation A und des Geschlechts B untersucht werden. Therapiemotivation besitzt die Stufen hoch (a_1), mittel (a_2) und niedrig (a_3). Weibliche und männliche Patienten sind mit b_1 bzw. b_2 codiert. Da der Therapieerfolg auch stark vom Therapeuten C abhängen kann, werden zufällig sechs Therapeuten ($c_1, \ldots, c_6$) ausgewählt. Jeder der $3 \cdot 2 \cdot 6 = 36$ Faktorstufenkombinationen werden zwei Patienten zufällig zugeordnet. Die Daten sind in folgender Tabelle enthalten:

		c_1	c_2	c_3	c_4	c_5	c_6
a_1	b_1	10	11	15	8	8	11
		8	9	15	8	6	5
	b_2	10	12	13	10	8	7
		8	12	11	8	6	11
a_2	b_1	9	9	11	7	7	10
		9	7	9	5	9	6
	b_2	8	9	10	5	8	6
		8	9	10	3	8	10
a_3	b_1	8	10	10	4	4	8
		8	8	10	4	6	4
	b_2	5	6	4	4	1	2
		5	6	4	4	3	2

Eine Varianzanalyse ergibt folgende Ergebnistabelle:

Quelle	QS	df	MQ	F
A	212,333	2	106,167	21,093**
B	22,222	1	22,222	6,757*
C	173,333	5	34,667	5,714*
AB	38,778	2	19,389	8,596**
AC	50,333	10	5,033	2,232
BC	16,444	5	3,289	1,458
ABC	22,556	10	2,256	1,015
Fehler	80,000	36	2,222	

In dieser Tabelle sind die F-Werte entsprechend den obigen Vorgaben bestimmt worden. So wurde beispielsweise der F-Bruch für den Haupteffekt des Faktors A durch

$$F_A = MQ_A/MQ_{AC} = 106{,}167/5{,}033 = 21{,}093$$

berechnet. Bei dem F-Wert zur Überprüfung des Haupteffekts des zufälligen Faktors C handelt es sich um einen Quasi-F-Bruch, der folgendermaßen berechnet wurde:

$$\begin{aligned} F_C &= \frac{MQ_C}{MQ_{AC} + MQ_{BC} - MQ_{ABC}} \\ &= \frac{34{,}667}{5{,}033 + 3{,}289 - 2{,}256} = 5{,}714. \end{aligned}$$

Dies entspricht genau dem Wert in der obigen Ergebnistabelle. Um diesen Wert statistisch abzusichern, muss er mit dem kritischen F-Wert verglichen werden. Dazu müssen die Zähler- und Nennerfreiheitsgrade bestimmt werden. Die Zählerfreiheitsgrade entsprechen $df_C = 5$. Die Nennerfreiheitsgrade sind nach der obigen Formel zu korrigieren. Wir errechnen

$$\begin{aligned} df_{\text{Nenner}} &= \frac{(MQ_{AC} + MQ_{BC} - MQ_{ABC})^2}{\frac{MQ_{AC}^2}{df_{AC}} + \frac{MQ_{BC}^2}{df_{BC}} + \frac{MQ_{ABC}^2}{df_{ABC}}} \\ &= \frac{(5{,}033 + 3{,}289 - 2{,}256)^2}{\frac{5{,}033^2}{10} + \frac{3{,}289^2}{5} + \frac{2{,}256^2}{10}} \\ &= 7{,}07 \approx 7. \end{aligned}$$

Der kritische F-Wert bei fünf Zähler- und sieben Nennerfreiheitsgraden und $\alpha = 0{,}05$ lautet: $F_{5,7;0,95} = 3{,}97$. Da der Quasi-F-Bruch diesen kritischen Wert übersteigt, ist der Haupteffekt auf dem 5%-Niveau signifikant.

Zur Interpretation: Sowohl Therapiemotivation als auch Geschlecht besitzen einen signifikanten Haupteffekt. Außerdem ist die Interaktion dieser Faktoren signifikant. Die Mittelwerte der AB-Kombinationen lauten:

	Therapiemotivation		
	a_1 (hoch)	a_2 (mittel)	a_3 (niedrig)
b_1 (weiblich)	9,500	8,167	7,000
b_2 (männlich)	9,667	7,833	3,833

Betrachtet man die Mittelwerte der AB-Kombinationen, erkennt man den Grund für die Interaktion. Zwar nimmt der Therapieerfolg mit sinkender Motivation der Patienten sowohl für weibliche als auch für männliche Patienten ab. Allerdings ist die Abhängigkeit des Erfolgs von der Motivation für Männer und Frauen unterschiedlich. Vor allem niedrig motivierte männliche Patienten scheinen kaum erfolgreich therapiert werden zu können. Bei Frauen ist der Therapieerfolg zwar auch durch niedrige Motivation beeinträchtigt, aber deutlich weniger als bei Männern.

Schließlich zeigt der signifikante Haupteffekt des zufälligen Faktors C an, dass die Varianzkomponente größer null ist, d. h., dass Therapeuten eine „varianzgenerierende Quelle" für Therapieerfolg darstellen. Die Varianzkomponente lässt sich folgendermaßen errechnen:

$$\hat{\sigma}_C^2 = \frac{MQ_C - (MQ_{AC} + MQ_{BC} - MQ_{ABC})}{npq} = \frac{34{,}667 - (5{,}033 + 3{,}289 - 2{,}256)}{2 \cdot 3 \cdot 2} = 2{,}383.$$

Vergleichen wir diesen Wert mit der Fehlervarianz $MQ_e = 2{,}222$, so erkennt man – $2{,}222 \approx 2{,}383$ –, dass der Einfluss der Therapeuten etwa so groß ist, wie die nicht durch Motivation bzw. Geschlecht erklärbaren Unterschiede in den Therapieerfolgen.

SOFTWAREHINWEIS 16.1

Verschiedene Statistikprogramme erlauben es, Faktoren als fest bzw. zufällig zu spezifizieren, z. B. SPSS (UNIANOVA) und SAS (PROC GLM und PROC MIXED). Mit Hilfe dieser Information ermitteln die Programme, wie die F-Brüche bzw. die Quasi-F-Brüche zu bilden sind. Auch die Korrektur der Freiheitsgrade wird von diesen Programmen vorgenommen. In der Regel wird ausgegeben, wie die Zähler bzw. Nenner der berechneten F-Brüche lauten. Verwendet man eines dieser Programme, so können zusätzliche Berechnungen von Hand weitgehend vermieden werden.

Außerdem lassen sich andere Designs – etwa die Berücksichtigung eines zweiten zufälligen Faktors – ohne zusätzlichen Aufwand berechnen.

Können die Faktoren nicht als fest oder zufällig spezifiziert werden, so wird ein Modell mit ausschließlich festen Effekten unterstellt. Ist C aber zufällig, so müssen gewisse F-Brüche von Hand berechnet werden. Dies sind in der Regel die F-Brüche, für die nicht MQ_e im Nenner steht. Insbesondere müssen Quasi-F-Brüche von Hand berechnet werden. Dies schließt die Korrektur der Nennerfreiheitsgrade mit ein.

Tabelle 16.4. Erwartete mittlere Quadrate für gemischtes Modell (A und B fest, C zufällig) falls $\sigma_{AC}^2 = \sigma_{BC}^2 = \sigma_{ABC}^2 = 0$

Quelle	df	E(MQ)
A	$(p-1)$	$\sigma_e^2 + Q_A t$
B	$(q-1)$	$\sigma_e^2 + Q_B$
C	$(r-1)$	$\sigma_e^2 + npq\sigma_C^2$
AB	$(p-1)(q-1)$	$\sigma_e^2 + Q_{AB}$
Fehler	$N - pq - r + 1$	σ_e^2

16.5.1 Pooling-Prozeduren

Eine Alternative zu den Quasi-F-Brüchen für nicht direkt testbare Effekte besteht darin, unbedeutende Interaktionen, an denen Faktoren mit zufälligen Effekten beteiligt sind, mit anderen Interaktionen oder der Fehlervarianz *zusammenzufassen*. Wenn sich beispielsweise herausstellen sollte, dass alle drei Interaktionen (AC, BC, ABC) unbedeutend sind, könnten diese mit der Fehlervarianz zusammengefasst werden. Die neue Fehlervarianz erhält man, indem die entsprechenden Quadratsummen addiert werden und dann durch die Summe der entsprechenden Freiheitsgrade dividiert wird.

Die erwarteten mittleren Quadrate erhält man aus Tab. 16.3, indem die Varianzkomponenten, deren Effekte ignoriert werden sollen, aus der Tabelle eliminiert werden. Die resultierenden erwarteten mittleren Quadrate sind in Tab. 16.4 enthalten. In diesem Fall sind alle verbleibenden Effekte an der Fehlervarianz zu relativieren, die nun über erheblich mehr Freiheitsgrade verfügt.

BEISPIEL 16.4

Zur Illustration analysieren wir den Therapieerfolg in Abhängigkeit von Motivation, Geschlecht und Therapeut, gehen aber nun davon aus, dass $\sigma_{AC}^2 = \sigma_{BC}^2 = \sigma_{ABC}^2 = 0$ gilt. Alle drei Varianzkomponenten waren im obigen Beispiel nicht signifikant. Allerdings dürfen wird dies nicht als „Beweis" dafür werten, dass die Varianzkomponenten tatsächlich null sind. Gehen wir trotzdem davon aus, dass außer dem Fehler nur „Therapeuten" zufällige Effekte besitzen, so ergibt sich die folgende Ergebnistabelle:

Quelle	QS	df	MQ	F
A	212,333	2	106,167	38,245**
B	22,222	1	22,222	8,005**
C	173,333	5	34,667	12,488**
AB	38,778	2	19,389	6,985**
Fehler	169,333	61	2,776	

Wie man durch den Vergleich dieser Ergebnistabelle mit der des letzten Beispiels erkennt, haben sich die Quadratsummen, die Freiheitsgrade sowie die mittleren Quadrate für die zu testenden Effekte (A, B, C und AB) nicht verändert. Die F-Werte haben sich allerdings verändert. Dies liegt daran, dass nun die Fehlervarianz zur Überprüfung dieser Effekte verwendet wird und nicht wie zuvor das mittlere Quadrat einer Interaktion bzw. eine Kombination von mittleren Quadraten. Obwohl sich die Fehlervarianz durch das „poolen" der insgesamt vier Quadratsummen kaum verändert hat, sind doch die Anzahl der Freiheitsgrade der Fehlerquadratsumme erheblich angestiegen, wodurch sich der kritische F-Wert, welcher für ein bestimmtes Signifikanzniveau überschritten werden muss, verringert.

Die hier skizzierte Vorgehensweise ist allerdings nicht unproblematisch. Paull (1950) empfiehlt eine Zusammenlegung von Interaktionsvarianz und Fehlervarianz nur, wenn zum einen sowohl die jeweilige Interaktionsvarianz als auch die Fehlervarianz mehr als sechs Freiheitsgrade haben und zum anderen der F-Wert für die Interaktion kleiner als 2,0 ist. Eine sequenzielle Strategie für den kombinierten Einsatz von Quasi-F-Brüchen und „pooling procedures", die auch die Durchführung von F-Tests mit Interaktionen als Prüfvarianz berücksichtigt, findet man bei Hopkins (1983).

Mehr als drei Faktoren

Die Rechenregeln für die Durchführung einer Varianzanalyse mit mehr als drei Faktoren lassen sich aus der dreifaktoriellen Varianzanalyse ableiten. Im vierfaktoriellen Fall benötigen wir 17 Kennziffern, wovon sich die ersten zwei – analog zur dreifaktoriellen Varianzanalyse – auf die Gesamtsumme bzw. die Summe aller quadrierten Messwerte beziehen. Die nächsten vier Kennwerte gehen von den Summen für die vier Haupteffekte aus. Es folgen sechs Ziffern für die Summen der Faktorstufenkombinationen von jeweils zwei Faktoren und vier Ziffern für die Summen der Faktorstufenkombinationen von jeweils drei Faktoren. Die 17. Kennziffer bezieht sich auf die Zellensummen. Die Berechnung der Quadratsummen geschieht in der Weise, dass analog zur dreifaktoriellen Varianzanalyse von der Kennziffer (1) diejenigen Kennziffern, in denen der jeweilige Effekt enthalten ist, subtrahiert bzw. addiert werden. Das Berechnungsprinzip für die Freiheitsgrade kann ebenfalls verallgemeinernd der dreifaktoriellen Varianzanalyse entnommen werden. Alle Varianzen werden bei Faktoren mit ausschließlich festen Effekten an der Fehlervarianz getestet.

ÜBUNGSAUFGABEN

Aufgabe 16.1 In einem vierfaktoriellen Versuchsplan sei Faktor A dreifach, Faktor B zweifach, Faktor C vierfach und Faktor D zweifach gestuft. Jeder Faktorstufenkombination sollen 15 Personen zufällig zugeordnet werden. Wie viele Versuchspersonen werden insgesamt für die Untersuchung benötigt?

Aufgabe 16.2 Um das Fremdwörterverständnis von Abiturienten testen zu können, werden vier Tests mit jeweils 100 Fremdwörtern erstellt. Getestet werden 60 männliche und 60 weibliche Abiturienten, die aus fünf Schulen zufällig ausgewählt wurden. In diesem dreifaktoriellen Versuchsplan (Faktor A = Tests, Faktor B = Geschlecht, Faktor C = Schulen) werden pro Faktorstufenkombination drei Schüler untersucht. Die abhängige Variable ist die Anzahl der richtig erklärten Fremdwörter. Die Untersuchung möge zu folgenden Ergebnissen geführt haben (um die Berechnungen zu erleichtern, wurden die Werte durch 10 dividiert und ganzzahlig abgerundet):

		S_1	S_2	S_3	S_4	S_5
T_1	♂	4	6	6	5	6
		5	5	6	4	5
		5	6	5	5	5
	♀	5	4	7	3	7
		5	6	6	5	5
		6	6	6	5	5
T_2	♂	5	6	6	2	7
		7	5	7	5	4
		4	5	7	5	5
	♀	6	5	8	3	4
		4	5	6	4	6
		6	5	7	3	6
T_3	♂	6	6	9	6	7
		7	7	8	6	6
		7	7	8	6	7
	♀	8	7	7	6	8
		6	6	6	7	7
		7	5	7	6	7
T_4	♂	4	5	6	4	3
		3	3	5	4	4
		2	2	6	3	4
	♀	3	4	7	5	4
		3	2	6	4	3
		3	2	6	3	6

Überprüfen Sie die Haupteffekte und Interaktionen. (Hinweis: Faktoren A und B sind fest, Faktor C ist zufällig.)

Aufgabe 16.3 Ein Arbeitspsychologe will untersuchen, ob sich Tageszeit und Lärmbelastung für Frauen und Männer unterschiedlich auf die Produktivität auswirken. Dafür werden in einer Fabrik gleich viele Männer (c_1) und Frauen (c_2) zufällig der Tagschicht (a_1) und der Nachtschicht (a_2) zugeteilt. Außerdem arbeitet je die Hälfte dieser Gruppen bei Stille (b_1) oder bei Lärm mittlerer Lautstärke (b_2). Pro Faktorstufenkombination werden zwei Personen getestet. Nach Schichtende werden die fertig gestellten Produkteinheiten gezählt. Es ergibt sich folgendes dreifaktorielles Design:

	a_1		a_2	
	b_1	b_2	b_1	b_2
c_1	9	11	9	3
	11	13	11	5
c_2	11	9	7	1
	13	11	9	3

a) Bestimmen Sie die Zellenmittelwerte für die Kombination je zweier Variablen und für die Kombination aller drei Variablen.

b) Berechnen Sie die Quadratsummen aufgrund folgender alternativer Formeln:

$$QS_A = n \cdot q \cdot r \sum_i (\bar{A}_i - \bar{G})^2$$

$$QS_B = n \cdot p \cdot r \sum_j (\bar{B}_j - \bar{G})^2$$

$$QS_C = n \cdot p \cdot q \sum_k (\bar{C}_k - \bar{G})^2$$

$$S_{AB} = n \cdot r \sum_i \sum_j (\overline{AB}_{ij} - \bar{A}_i - \bar{B}_j + \bar{G})^2$$

$$QS_{AC} = n \cdot q \sum_i \sum_k (\overline{AC}_{ik} - \bar{A}_i - \bar{C}_k + \bar{G})^2$$

$$QS_{BC} = n \cdot p \sum_j \sum_k (\overline{BC}_{jk} - \bar{B}_j - \bar{C}_k + \bar{G})^2$$

$$S_{ABC} = n \cdot \sum_i \sum_j \sum_k (\overline{ABC}_{ijk} - \overline{AB}_{ij} - \overline{AC}_{ik} - \overline{BC}_{jk} + \bar{A}_i + \bar{B}_j + \bar{C}_k - \bar{G})^2$$

$$QS_e = \sum_i \sum_j \sum_k \sum_m (y_{ijkm} - \overline{ABC}_{ijk})^2$$

Diese Formeln führen zu den gleichen Werten wie die Verwendung der Kennziffern. Ihre Verwendung ist aufgrund der wenigen Werte des Beispiels ohne Schwierigkeiten möglich.

Aufgabe 16.4 Gegeben seien folgende Zellenmittelwerte eines dreifaktoriellen Versuchsplans:

	a_1		a_2	
	b_1	b_2	b_1	b_2
c_1	6	8	14	12
c_2	14	12	6	8

a) Zeichnen Sie die *AC* Interaktion für die Stufen von Faktor *B*.

b) Berechnen Sie die Zellmittelwerte, die sich ergeben würden, gäbe es keine Interaktion 2. Ordnung, und zeichnen Sie nun die *AC* Interaktion für beide Stufen von Faktor *B*. Vergleichen Sie dieses grafische Darstellung der Interaktion mit der Darstellung aus dem ersten Aufgabenteil. (Hinweis: Die Zellmittelwerte, die sich ergeben würden, gäbe es keine Interaktion 2. Ordnung, lässt sich aus der Nullhypothese, welche mit der Interaktion 2. Ordnung verbunden ist, ableiten.)

16

Kapitel 17 Hierarchische Versuchspläne

ÜBERSICHT

Zweifaktorielle hierarchische Pläne – geschachtelte Faktoren – dreifaktorielle hierarchische Pläne

Die bisher behandelten, mehrfaktoriellen Versuchspläne sind dadurch charakterisierbar, dass allen möglichen Faktorstufenkombinationen eine Zufallsstichprobe zugewiesen wird. Derartige Versuchspläne bezeichnen wir als *vollständige* Versuchspläne.

In einem zweifaktoriellen Versuchsplan mit p Stufen für Faktor A und q Stufen für Faktor B ergeben sich $p \cdot q$ Faktorstufenkombinationen, deren spezifische Auswirkung auf die abhängige Variable jeweils an einer gesonderten Stichprobe ermittelt wird. In einem dreifaktoriellen Versuchsplan resultieren bei vollständiger Kombination aller Faktorstufen $p \cdot q \cdot r$ Dreierkombinationen.

Ein vollständiger Versuchsplans ermöglicht die Überprüfung der Haupteffekte und aller Interaktionen.

Manchmal sind wir aber aus untersuchungstechnischen Gründe gezwungen, auf bestimmte Faktorstufenkombinationen zu verzichten. Wenn beispielsweise verschiedene psychotherapeutische Behandlungsmethoden (Faktor A) miteinander verglichen werden sollen und man zusätzlich überprüfen will, ob sich einzelne Therapeuten (Faktor B) in ihren Therapieerfolgen unterscheiden, wäre eine vollständige Kombination aller Stufen des Faktors A (verschiedene Therapien) und aller Stufen des Faktors B (verschiedene Therapeuten) von vorneherein undenkbar. Von einem Therapeuten, der sich auf eine Behandlungsmethode spezialisiert hat, kann nicht erwartet werden, dass er andere Therapiemethoden in gleicher Weise beherrscht. Eine vollständige Kombination aller Stufen des Therapiefaktors mit allen Stufen des Therapeutenfaktors wäre deshalb wenig sinnvoll.

Eine zweite typische Anwendungssituation besteht im Bereich der pädagogischen Forschung, da verbesserte Unterrichtsmethoden oder vergleichbare Interventionen (Faktor A) häufig auf Gruppen, z. B. Schulklassen (Faktor B), angewandt werden. Wird in einer Schulklasse eine bestimmte Methode zur Verbesserung der Lesekompetenz von Schülern angewendet, dann ist es praktisch nicht möglich, eine zweite Methode unter vergleichbaren Bedingungen anzuwenden, denn man muss davon ausgehen, dass durch die erste Methode die Lesekompetenz der Schüler verändert wurde. Eine vollständige Kombination von Schulklassen und Unterrichtsmethoden ist also auch in diesem Fall nicht möglich. Stattdessen sind die Schulklassen in den Faktor Unterrichtsmethoden *geschachtelt*.

Für hierarchische Versuchspläne ist es typisch, dass das primäre Interesse der Untersuchung an dem in der Hierarchie *übergeordneten Faktor* besteht. Diesen Faktor haben wir in den bisherigen Beispielen mit A bezeichnet. In den Beispielen soll also herausgefunden werden, ob sich die therapeutischen Behandlungsmethoden unterscheiden bzw. ob verschiedene Unterrichtsmethoden zu Unterschieden im Lernerfolg führen. Der Faktor B, der in A geschachtelt ist, ist dabei nur von sekundärem Interesse. Er muss zwar für eine korrekte Analyse der Daten berücksichtigt werden, mit ihm ist aber keine zentrale Forschungsfrage verbunden. Typischerweise ist der Faktor B ein *Zufallsfaktor*.

Im ersten Beispiel besteht das primäre Interesse an den unterschiedlichen Behandlungsmethoden. Selbstverständlich kann eine Behandlungsmethode nur von einem ausgebildeten Therapeuten durchgeführt werden. Nun könnte man die Zuordnung der Patienten zu den Therapeuten ignorieren und nur den Behandlungserfolg von Patienten analysieren, die unter einer der zu vergleichenden Behandlungsmethoden therapiert wurden. Wenn aber Therapeuten den Behandlungserfolg beeinflussen, dann muss für eine korrekte Datenanalyse der Faktor Therapeut berücksichtigt werden.

Auch in der pädagogischen Forschung besteht das primäre Interesse an Unterschieden, welche durch Interventionsmaßnahmen erzeugt werden. Da die Interventionen häufig auf Gruppen von Individuen (z. B. Schulklassen, Schulen) angewandt werden, muss auch in diesem Fall die Gruppe als Faktor berücksichtigt werden, wenn für den Erfolg der Intervention auch teilweise die Gruppe verantwortlich ist.

17.1 Zweifaktorielle hierarchische Pläne

Nehmen wir an, in einer Unterschung sollen drei Therapieschulen (Faktor A) miteinander verglichen werden. Von Interesse ist der Vergleich einer verhaltenstherapeutischen a_1, einer gesprächstherapeutischen a_2 und einer psychoanalytischen Behandlungsmaßnahme a_3. Für jede Therapieschule werden zufällig zwei Therapeuten ausgewählt, die jeweils die gleiche Anzahl von Patienten behandeln. Insgesamt werden also sechs Therapeuten benötigt. Aus methodischer Sicht wäre es optimal, wenn die Zuordnung der Patienten zu den Therapieschulen sowie zu den Therapeuten rein zufällig erfolgt.

Um den Unterschied des hierarchischen Versuchsplans zum vollständigen Plan zu verdeutlichen, betrachten wir zunächst alle (theoretisch) möglichen Kombinationen der drei Therapieschulen mit den sechs Therapeuten. Der folgende Plan zeigt alle 18 möglichen Kombinationen. Da aber jeder Therapeut nur einer Therapieschule angehört, werden von den möglichen Faktorstufenkombinationen nur sechs realisiert. Diese sechs Kombinationen sind in der folgenden Tabelle mit „X“ markiert.

	Faktor A		
Faktor B	a_1	a_2	a_3
b_1	X		
b_2	X		
b_3		X	
b_4		X	
b_5			X
b_6			X

Um Platz zu sparen, ordnet man die Daten nach folgendem Schema an, wobei „X“ wie vorhin eine Stichprobe bezeichnet, die dieser Faktorstufenkombination zugeordnet wird.

Faktor A	a_1		a_2		a_3	
Faktor B	b_1	b_2	b_3	b_4	b_5	b_6
	X	X	X	X	X	X

Terminologie. Ein zweifaktorieller hierarchischer Versuchsplan kombiniert zwei Faktoren derart, dass jede Faktorstufe des einen Faktors nur mit bestimmten Faktorstufen des anderen Faktors auftritt. Die Stufen des Faktors B sind gewissermaßen in die Stufen des Faktors A *hineingeschachtelt.* Im englischen Sprachraum spricht man von einem „nested factor“.

> Versuchspläne, bei denen durch die Schachtelung des einen Faktors unter den anderen Faktor eine Hierarchie der Faktoren entsteht, bezeichnen wir als zweifaktorielle, hierarchische Versuchspläne.

Bei hierarchischen Versuchsplänen (z. B. B in A geschachtelt) ist es erforderlich, dass jede Stufe des Faktors A mit der gleichen Anzahl von B-Stufen kombiniert wird. Der Faktor A hat wie üblich p Stufen. Die Anzahl der mit einer A-Stufe kombinierten B-Stufen nennen wir q. Dieser Wert ist also *nicht* die Anzahl aller B-Stufen, sondern die Anzahl der mit einer A-Stufe kombinierten B-Stufen. Im obigen Beispiel ist jede A-Stufe mit jeweils zwei Stufen von B kombiniert, d. h. $q = 2$. Mit dieser Vereinbarung hat der hierarchische Versuchsplan also $p \cdot q$ Faktorstufenkombinationen.

Im Allgemeinen erfolgt die Nummerierung der B-Stufen nicht fortlaufend – so wie dies bisher der Fall war –, stattdessen schreibt man $b_{j(i)}$, um auszudrücken, dass die j-te Stufe von B unter der i-ten Stufe von A geschachtelt ist. Mit Hilfe dieser Schreibweise lautet der obige Versuchsplan nun:

a_1		a_2		a_3	
$b_{1(1)}$	$b_{2(1)}$	$b_{1(2)}$	$b_{2(2)}$	$b_{1(3)}$	$b_{2(3)}$
X	X	X	X	X	X

Quadratsummen und Freiheitsgrade. Die QS_A ermitteln wir, indem die einzelnen Messwerte durch die Mittelwerte $\bar{A}_i$ ersetzt werden und die Summe der quadrierten Abweichungen von $\bar{G}$ bestimmt wird, d. h.

$$QS_A = n \cdot q \cdot \sum_i (\bar{A}_i - \bar{G})^2 .$$

Die $QS_{B(A)}$ können wir bestimmen, indem die einzelnen Messwerte durch die jeweiligen Gruppenmittel $\bar{B}_{j(i)}$ ersetzt werden. Deren Abweichungsquadratsumme von den Mittelwerten $\bar{A}_i$ ergibt die $QS_{B(A)}$:

$$QS_{B(A)} = n \cdot \sum_i \sum_j (\bar{B}_{j(i)} - \bar{A}_i)^2 . \quad (17.1)$$

Die Fehlerquadratsumme ergibt sich als Summe der quadrierten Abweichungen aller Messungen von ihrem jeweiligen Gruppenmittelwert. Allerdings ist die Notation etwas unterschiedlich. Die Fehlerquadratsumme berechnet man als

$$QS_e = \sum_i \sum_j (y_{im} - \bar{B}_{j(i)})^2 .$$

Die Summe der Messwerte, die unter den B-Stufen einer Stufe a_i beobachtet werden, ist mit der Summe aller Messwerte unter der Stufe a_i identisch:

$$\sum_j B_{j(i)} = A_i .$$

Von den $B_{j(i)}$ Werten unter einer Stufe a_i sind somit nur $q - 1$ frei variierbar. Die Gesamtzahl aller Freiheitsgrade für den Faktor B ergibt sich deshalb zu $p \cdot (q - 1)$. Für Faktor A erhält man $p - 1$ und für die Fehlerquadratsumme $p \cdot q \cdot (n - 1)$ Freiheitsgrade.

Rechnerische Durchführung. Die Kennziffern werden wie in der vollständigen, zweifaktoriellen Varianzanalyse bestimmt. Sie lauten:

$$(1) = \frac{G^2}{p \cdot q \cdot n}, \quad (2) = \sum_i \sum_j \sum_m y_{ijm}^2,$$

$$(3) = \frac{\sum_i A_i^2}{q \cdot n}, \quad (5) = \frac{\sum_i \sum_j AB_{ij}^2}{n}.$$

Eine Ausnahme stellt die Kennziffer (4) dar, die in der zweifaktoriellen hierarchischen Varianzanalyse nicht errechnet werden kann. In der vollständigen, zweifaktoriellen Varianzanalyse wird die Ziffer (4) folgendermaßen berechnet:

$$\sum_j B_j^2 / p \cdot n, \quad \text{wobei} \quad B_j = \sum_i \sum_m y_{ijm} .$$

Da die Stufe b_j im hierarchischen Fall jedoch nur mit einer A-Stufe kombiniert ist, entspricht die Summe $B_{j(i)}$ in der hierarchischen Analyse der Summe AB_{ij} in der vollständigen zweifaktoriellen Analyse.

Die Quadratsummen und Freiheitsgrade werden gemäß Tab. 17.1 berechnet. Die mittleren Quadrate erhalten wir, indem die Quadratsummen durch die entsprechenden Freiheitsgrade dividiert werden.

Tabelle 17.1. Hierarchische zweifaktorielle Varianzanalyse

Quelle	df	QS	E(MQ)
A	$p - 1$	$(3) - (1)$	$\sigma_e^2 + n\sigma_{B(A)}^2 + Q_A$
$B(A)$	$p(q-1)$	$(5) - (3)$	$\sigma_e^2 + n\sigma_{B(A)}^2$
Fehler	$pq(n-1)$	$(2) - (5)$	σ_e^2

Hypothesen. Für den zweifaktoriellen Versuchsplan nehmen wir an, dass A feste und B zufällige Stufen besitzt. Die Hypothese hinsichtlich des Faktors A besagt wie zuvor, dass zwischen den Stufen des Faktors A keine Mittelwertsunterschiede bestehen, d. h.

$$H_0 : \bar{\mu}_{1\cdot} = \bar{\mu}_{2\cdot} = \cdots = \bar{\mu}_{p\cdot} .$$

Da wir B in der Regel als einen Zufallsfaktor betrachten, bezieht sich die Hypothese auf eine Varianzkomponente, welche die Variabilität der B-Stufen kennzeichnet. Diese Hypothese lautet:

$$H_0 : \sigma_{B(A)}^2 = 0 .$$

Effektmodell. Die Modellgleichung lautet:

$$y_{ijm} = \mu + \alpha_i + \beta_{j(i)} + e_{ijm} .$$

Das Treatment A hat feste Effekte, und das Treatment B hat zufällige Effekte, wobei $\beta_{j(i)} \sim N(0, \sigma_{B(A)}^2)$. Für die Fehler gilt $e_{ijm} \sim N(0, \sigma_e^2)$. Alle zufälligen Effekte sind wechselseitig voneinander unabhängig.

Erwartungswerte der mittleren Quadrate. Wir betrachten nur den typischsten Fall, in dem Faktor A feste und Faktor B zufällige Stufen aufweisen. Die erwarteten mittleren Quadrate sind in Tab. 17.1 enthalten. Das erwartete mittlere Quadrat von A enthält wieder einen Term Q_A, der die Unterschiedlichkeit der festen Effekte quantifiziert. Er ist null, falls das Treatment A keine Wirkung besitzt – wenn also die Nullhypothese gilt – und steigt mit dem Grad der Verletzung der Nullhypothese an.

Durch den Vergleich der erwarteten mittleren Quadrate erkennt man, dass zur Überprüfung des A Haupteffekts das mittlere Quadrat des Treatments MQ_A an $MQ_{B(A)}$ relativiert werden muss. Man berechnet also

$$F = \frac{MQ_A}{MQ_{B(A)}} .$$

Dieser F-Wert hat $p - 1$ Zähler- und $p(q - 1)$ Nennerfreiheitsgrade.

Zur statistischen Absicherung der Varianzkomponente des B Faktors wird das mittlere Quadrat von $B(A)$ an der Fehlervarianz relativiert. Man berechnet also

$$F = \frac{MQ_{B(A)}}{MQ_e} .$$

Dieser F-Wert hat $q(q-1)$ Zähler- und $pq(n-1)$ Nennerfreiheitsgrade.

Könnte *B* auch feste Stufen haben? Es ist naheliegend, auch einen Versuchsplan in Betracht zu ziehen, für welchen sowohl A als auch B feste Stufen besitzt. In diesem Fall würden zur Überprüfung der beiden Haupteffekte beide mittleren Quadrate an der Fehlervarianz relativiert.

Zucker (1990) weist allerdings zu Recht darauf hin, dass alle Pläne mit festen B-Effekten zu äußerst progressiven Entscheidungen für den Test des A Faktors führen können. Der Grund ist darin zu sehen, dass die $\bar{\mu}_{i\cdot}$-Parameter, welche in der Nullhypothese des A Faktors auf Gleichheit getestet werden, bei einem festen B Faktor nicht nur von den Effekten des Faktors A, sondern auch von denen des Faktors B abhängen. Es kann deshalb vorkommen, dass selbst bei Abwesenheit von A-Effekten der Test des A Haupteffekts signifikant wird. Dies kann dann der Fall sein, wenn sich die Durchschnitte der jeweils geschachtelten B-Stufen signifikant unterscheiden.

Zucker empfiehlt deshalb, Faktor B grundsätzlich als zufälligen Faktor aufzufassen, sodass MQ_A nicht an der Fehlervarianz, sondern an der $MQ_{B(A)}$ zu testen ist.

BEISPIEL 17.1

Es soll die Wirksamkeit von vier Antidepressiva geprüft werden (Faktor A). Aus praktischen Erwägungen ist es sinnvoll, den Versuch innerhalb einer Klinik (Faktor B) durchzuführen. Da sich aber viele Patientenmerkmale von Klinik zu Klinik erheblich unterscheiden, will man die Medikamente in mehreren Kliniken anwenden, da sich die späteren Ergebnisse auf diese Weise besser verallgemeinern lassen. Aus verschiedenen Gründen ist es nicht möglich, alle vier Antidepressiva in jeder Klinik zu verwenden. Pro Klinik wird deshalb nur eines der Medikamente verwendet. Somit ist Faktor B ein geschachtelter Faktor. Es werden zwölf Kliniken zufällig ausgewählt, und jedes Medikament wird zufällig drei Kliniken zugeordnet. In jeder Klinik wird das Medikament an $n = 4$ Patienten für eine zuvor festgelegte Dauer erprobt. Der Erfolg des Medikaments wird schließlich auf einer 20-Punkte-Skala bewerten. Tabelle 17.2 zeigt die Daten.

Tabelle 17.2. Numerisches Beispiel für eine zweifaktorielle hierarchische Varianzanalyse

	a_1			a_2	
$b_{1(1)}$	$b_{2(1)}$	$b_{3(1)}$	$b_{1(2)}$	$b_{2(2)}$	$b_{3(2)}$
7	6	9	5	10	15
9	5	6	8	8	11
12	8	5	9	12	9
7	6	8	7	12	12
	a_3			a_4	
$b_{1(3)}$	$b_{2(3)}$	$b_{3(3)}$	$b_{1(4)}$	$b_{2(4)}$	$b_{3(4)}$
9	13	9	12	17	13
10	15	10	16	19	15
13	18	7	15	19	10
12	16	13	17	15	13

Die Berechnung der Quadratsummen ergibt:

$$(1) = \frac{532^2}{4 \cdot 3 \cdot 4} = 5896{,}33$$

$$(2) = 7^2 + 9^2 + 12^2 + \cdots + 13^2 = 6612$$

$$(3) = \frac{88^2 + 118^2 + 145^2 + 181^2}{3 \cdot 4} = 6287{,}83$$

$$(5) = \frac{35^2 + 25^2 + 28^2 + \cdots + 51^2}{4} = 6462{,}50$$

Aus den Kennziffern ergeben sich nach der Vorschrift in Tab. 17.1 die folgenden Quadratsummen:

$$QS_A = (3) - (1) = 6287{,}83 - 5896{,}33 = 391{,}5$$

$$QS_{B(A)} = (5) - (3) = 6462{,}50 - 6287{,}83 = 174{,}67$$

$$QS_e = (2) - (5) = 6612 - 6462{,}5 = 149{,}50$$

Das Ergebnis der Varianzanalyse ist in folgender Tabelle enthalten:

Quelle	QS	df	MQ	F
A	391,50	3	130,50	5,98*
$B(A)$	174,67	8	21,83	5,26**
Fehler	149,50	36	4,15	

Der F-Wert des Faktors A ergibt sich durch $MQ_A/MQ_{B(A)} = 130{,}50/21{,}83 = 5{,}98$. Der kritische Wert für $\alpha = 0{,}05$ lautet $F_{3,8;95\%} = 4{,}07$. Somit ist Faktor A auf dem 5%-Niveau signifikant. Die Wirksamkeit der Antidepressiva ist also unterschiedlich. Faktor B ist auf dem 1%-Niveau signifikant. Der kritische Wert für diesen Test ist $F_{8,36;99\%} = 3{,}06$. Die Kliniken haben offensichtlich ebenfalls Einfluss auf Befindlichkeit bzw. auf die Deppressionswerte, schließlich besagt das signifikante Ergebnis, dass die Varianzkomponente $\sigma^2_{B(A)} > 0$ ist. Das Ausmaß, in dem die Kliniken die Depressionswerte der Patienten beeinflussen, könnte man durch die Berechnung der Varianzkomponente genauer analysieren. Wir wollen darauf aber verzichten, da das primäre Interesse der Untersuchung den Medikamenten gilt.

Anhand des Beispiels soll des Weiteren verdeutlicht werden, dass das Ignorieren des B Faktors zu einer inkorrekten Analyse führt (R. E. Kirk, 1995, S. 482). Würden wir nur Faktor A berücksichtigen, also eine einfaktorielle Varianzanalyse über die vier Stufen dieses Faktors durchführen, so wäre das Ergebnis für QS_A und df_A unverändert. Die Fehlerquadratsumme der einfaktoriellen Analyse würde aber $QS_{B(A)} + QS_e = 174{,}67 + 149{,}50 = 324{,}17$ betragen und mit 44 Freiheitsgraden verbunden sein. Das Zusammenfassen der beiden Quadratsummen ist aber nicht korrekt, da der signifikante B Faktor eine systematische Varianzquelle anzeigt, die nicht aus Fehlern besteht.

Die inkorrekte Analyse hätte zur Konsequenz, dass MQ_A an dem neuen Fehlerterm, welcher sich zu $324{,}17/44 = 7{,}4$ ergibt, relativiert werden würde. Dieser Fehlerterm zur Überprüfung das A Faktors ist wesentlich kleiner als das im Beispiel verwendete mittlere Quadrat $MQ_{B(A)} = 21{,}83$. Der F-Wert der inkorrekten Analyse ist deshalb mit $130{,}5/7{,}4 = 17{,}6$ viel größer als der F-Wert der korrekten Analyse.

17.2 Dreifaktorielle Pläne

Sind die Beobachtungen nach drei Faktoren klassifiziert, so ergeben sich bereits eine ganze Reihe verschiedener Versuchspläne, von denen wir zwei häufig verwendete Pläne besprechen. Wir unterscheiden dabei zwischen einem hierarchischen und einem teilhierarchischen Plan.

17.2.1 Hierarchischer Plan

Einen Plan, bei dem nicht nur Faktor C unter Faktor A und B, sondern zusätzlich Faktor B unter Faktor A geschachtelt ist, bezeichnen wir als einen dreifaktoriellen hierarchischen Versuchsplan. Wir erhalten dann die drei Effekte: A, $B(A)$ und $C(AB)$.

Dieser Plan resultiert, wenn die Gruppen, welche durch B unterschieden werden, weiter in Subgruppen, welche dann durch C unterschieden werden, unterteilt werden können. Solche hierarchischen Strukturen kommen häufig vor. Beispielsweise sind Schulklassen in Schulen geschachtelt. Soll ein Förderprogramm für Schulen (Faktor A) evaluiert werden, so könnte man bei einer Zufallsstichprobe von Schulen (Faktor B) das Programm durchführen und eine zweite Zufallsstichprobe von Schulen als Kontrollgruppe verwenden. Innerhalb jeder Schule werden nach Zufall Schulklassen (Faktor C) ausgewählt. Die Leistung der Schüler wird als abhängige Variable zur Evaluation des Programms herangezogen. Da Schüler zu Schulklassen gehören und diese wiederum zu Schulen, muss die Datenanalyse die hierarchische Struktur berücksichtigen, indem die Daten nach einem dreifaktoriellen hierarchischen Plan ausgewertet werden.

Es liegt nahe, die Hierarchie fortzusetzen, denn Schulen gehören beispielsweise zu Landkreisen, und diese gehören wiederum zu Bundesländern, usw. Allerdings werden hierarchische Pläne, die über drei Faktoren hinausgehen, selten verwendet.

Rechnerische Durchführung. Zur Berechnung der Quadratsummen werden die hier noch einmal wiedergegebenen Kennziffern der dreifaktoriellen Varianzanalyse verwendet:

$$(1) = \frac{G^2}{n \cdot p \cdot q \cdot r}, \qquad (2) = \sum_i \sum_j \sum_k \sum_m y_{ijkm}^2,$$

$$(3) = \frac{\sum_i A_i^2}{n \cdot q \cdot r}, \qquad (4) = \frac{\sum_j B_j^2}{n \cdot p \cdot r},$$

$$(5) = \frac{\sum_k C_k^2}{n \cdot p \cdot q}, \qquad (6) = \frac{\sum_i \sum_j AB_{ij}^2}{n \cdot r},$$

$$(7) = \frac{\sum_i \sum_k AC_{ik}^2}{n \cdot q}, \qquad (8) = \frac{\sum_j \sum_k BC_{jk}^2}{n \cdot p},$$

$$(9) = \frac{\sum_i \sum_j \sum_k ABC_{ijk}^2}{n}.$$

Die Berechnung der Quadratsummen und Freiheitsgrade ist in Tab. 17.3 dargestellt. Die mittleren Quadrate ergeben sich, indem die Quadratsummen durch die entsprechenden Freiheitsgrade dividiert werden.

Hypothesen. Wie schon im zweifaktoriellen hierarchischen Plan gehen wir von dem typischen Fall aus, dass die geschachtelten Faktoren B und C zufällig sind. Bei Faktor A handelt es sich dagegen um einen festen Faktor. Insofern lautet die Hypothese hinsichtlich des Treatments A

$$H_0 : \bar{\mu}_{1..} = \cdots = \bar{\mu}_{p...}$$

Die Faktoren B und C sind in der Regel nicht von primärem Interesse. Die Hypothesen, welche mit diesen Faktoren verbunden sind, beziehen sich auf die Varianzkomponenten:

$$H_0 : \sigma^2_{B(A)} = 0, \quad \text{und} \quad H_0 : \sigma^2_{C(AB)} = 0.$$

Um die korrekten F-Werte zu bilden, benötigen wir die erwarteten mittleren Quadrate. Diese sind in Tab. 17.4 enthalten. Durch den Vergleich der erwarteten mittleren Quadrate erkennt man, dass Faktor A durch

$$F = \frac{\text{MQ}_A}{\text{MQ}_{B(A)}}$$

Tabelle 17.3. Quadratsummen und Freiheitsgrade einer dreifaktoriellen hierarchischen Varianzanalyse

Quelle	QS	df
A	$(3) - (1)$	$p - 1$
$B(A)$	$(6) - (3)$	$p \cdot (q - 1)$
$C(AB)$	$(9) - (6)$	$p \cdot q \cdot (r - 1)$
Fehler	$(2) - (9)$	$p \cdot q \cdot r \cdot (n - 1)$

Tabelle 17.4. Erwartete mittlere Quadrate eines dreifaktoriellen hierarchischen Plans

Quelle	df	E(MQ)
A	$p - 1$	$\sigma_e^2 + n\sigma^2_{C(AB)} + nr\sigma^2_{B(A)} + Q_A$
$B(A)$	$p(q - 1)$	$\sigma_e^2 + n\sigma^2_{C(AB)} + nr\sigma^2_{B(A)}$
$C(AB)$	$pq(r - 1)$	$\sigma_e^2 + n\sigma^2_{C(AB)}$
Fehler	$pqr(n - 1)$	σ_e^2

Tabelle 17.5. Daten für dreifaktorielle hierarchische Varianzanalyse

	a_1				a_2				a_3			
	$b_{1(1)}$		$b_{2(1)}$		$b_{1(2)}$		$b_{2(2)}$		$b_{1(3)}$		$b_{2(3)}$	
	$c_{1(11)}$	$c_{2(11)}$	$c_{1(12)}$	$c_{2(12)}$	$c_{1(21)}$	$c_{2(21)}$	$c_{1(22)}$	$c_{2(22)}$	$c_{1(31)}$	$c_{2(31)}$	$c_{1(32)}$	$c_{2(32)}$
	20	18	20	24	24	25	16	14	21	22	23	16
	23	19	23	23	25	27	17	13	22	20	19	18
	19	16	25	22	20	24	19	15	19	21	21	19
	22	14	24	19	24	22	18	17	23	19	18	21
	21	15	21	24	21	23	18	18	24	17	22	17
	19	15	23	24	24	26	21	15	20	18	20	16
	18	17	25	23	25	23	17	13	18	17	21	16
ABC-Summen	142	114	161	159	163	170	126	105	147	134	144	123
AB-Summen	256		320		333		231		281		267	
A-Summen	576				564				548			
Total	1688											

überprüft werden muss. Die beiden Varianzkomponenten werden durch

$$F = \frac{MQ_{B(A)}}{MQ_{C(AB)}} \quad \text{bzw.} \quad F = \frac{MQ_{C(AB)}}{MQ_e}$$

auf Signifikanz getestet.

BEISPIEL 17.2

Es soll überprüft werden, ob sich drei Therapien (Faktor *A*) in ihren Behandlungserfolgen bei einer bestimmten Krankheit (abhängige Variable) unterscheiden. Mehrere Kliniken sollen an dem Versuch teilnehmen. Da aber nicht alle Therapien in jeder Klinik angewandt werden können, wird jede Therapie nur in zwei Kliniken durchgeführt. Die benötigten sechs Kliniken werden zufällig ausgewählt. Somit sind Kliniken unter Therapien geschachtelt. In jeder Klinik werden zufällig zwei Therapeuten bzw. Ärzte zur Durchführung der Therapie ausgewählt. Da jeder Therapeut nur in einer Klinik arbeitet, sind Therapeuten unter Kliniken geschachtelt. Von jedem Therapeuten werden $n = 7$ Patienten behandelt. Insgesamt sind also die Therapeuten unter den Kliniken und die Kliniken unter den Therapien geschachtelt. Wir wollen davon ausgehen, dass *A* feste und *B* und *C* zufällige Effekte aufweisen. Tabelle 17.5 zeigt die Daten. Man berechnet folgende Kennziffern:

$$(1) = \frac{1688^2}{7 \cdot 3 \cdot 2 \cdot 2} = 33920{,}76$$

$$(2) = 20^2 + 23^2 + 19^2 + \dots + 16^2 = 34846$$

$$(3) = \frac{576^2 + 564^2 + 548^2}{7 \cdot 2 \cdot 2} = 33934{,}86$$

$$(6) = \frac{256^2 + 320^2 + 333^2 + 231^2 + 281^2 + 267^2}{7 \cdot 2} = 34459{,}71$$

$$(9) = \frac{142^2 + 114^2 + 161^2 + \dots + 123^2}{7} = 34594{,}57$$

Man erhält die Varianzanalysetabelle:

Quelle	QS	df	MQ	*F*
A	14,10	2	7,05	0,04
B(*A*)	524,85	3	175,95	7,78*
C(*AB*)	134,86	6	22,48	6,44**
Fehler	251,43	72	3,49	

Der kritische *F*-Wert für den Test von *A* lautet: $F_{2,3;95\%} = 9{,}55$. Die Nullhypothese, die Therapien sind gleich wirksam, muss also beibehalten werden. Die kritischen Werte zur Überprüfung der Varianzkomponenten lauten $F_{3,6;95\%} = 4{,}76$ bzw. $F_{6,72;99\%} = 3{,}09$. Da beide Varianzkomponenten signifikant sind, scheinen sowohl Kliniken als auch die Therapeuten eine „varianzgenerierende Quelle" zu sein, d. h., sowohl Kliniken als auch Therapeuten haben Einfluss auf den Behandlungserfolg.

17.2.2 Teilhierarchischer Plan

Häufig kommen Pläne zum Einsatz, bei denen nicht alle Faktoren in hierarchischer Beziehung stehen. In diesem Fall spricht man von „teilhierarchischen" Plänen. So kann es sein, dass Faktor *B* zwar in *A* geschachtelt ist, aber sowohl der Faktor *A* als auch *B*(*A*) mit *C* gekreuzt – vollständig faktoriell kombiniert – sind. In diesem Plan können alle drei Haupteffekte getestet werden. Ferner kann sowohl die Interaktion von *A* mit Faktor *C* als auch die Interaktion von *B*(*A*) mit *C* auf Signifikanz geprüft werden.

Rechnerische Durchführung. Ausgehend von den Kennziffern der dreifaktoriellen Varianzanalyse ermitteln wir die Quadratsummen nach Tabel-

Tabelle 17.6. Dreifaktorielle teilhierarchische Varianzanalyse

Quelle	QS	df
A	(3) − (1)	$p-1$
B(*A*)	(6) − (3)	$p \cdot (q-1)$
C	(5) − (1)	$r-1$
AC	(7) − (3) − (5) + (1)	$(p-1) \cdot (r-1)$
CB(*A*)	(9) − (6) − (7) + (3)	$p \cdot (q-1) \cdot (r-1)$
Fehler	(2) − (9)	$p \cdot q \cdot r \cdot (n-1)$

17

le 17.6. Da q wieder die Anzahl der Stufen unter einer Stufe a_i angibt, hat die Quadratsumme für den B Faktor $p \cdot (q-1)$ Freiheitsgrade und die Quadratsumme für die $CB(A)$ Interaktion $p \cdot (q-1) \cdot (r-1)$ Freiheitsgrade. Die mittleren Quadrate erhalten wir, indem die Quadratsummen durch ihre entsprechenden Freiheitsgrade dividiert werden.

Hypothesen. Wir betrachten nur den Fall, in dem der geschachtelte Faktor B zufällig ist, die anderen beiden Faktoren A und C dagegen feste Effekte besitzen. Insofern lauten die Hypothesen hinsichtlich der Treatments A, C sowie der AC Interaktion:

$$H_0 : \bar{\mu}_{1\cdot\cdot} = \dots = \bar{\mu}_{p\cdot\cdot},$$
$$H_0 : \bar{\mu}_{\cdot\cdot 1} = \dots = \bar{\mu}_{\cdot\cdot r},$$
$$H_0 : \bar{\mu}_{i\cdot k} - \bar{\mu}_{i\cdot\cdot} - \bar{\mu}_{\cdot\cdot k} + \bar{\mu}_{\cdot\cdot\cdot} = 0,$$

wobei die letzte H_0 für $i = 1, \dots, p$ und $k = 1, \dots, r$ gelten muss.

Der Faktor B ist in der Regel nicht von primärem Interesse. Die Hypothesen, welche mit diesem Faktor verbunden sind, beziehen sich auf die Varianzkomponenten:

$$H_0 : \sigma^2_{B(A)} = 0 \quad \text{und} \quad H_0 : \sigma^2_{CB(A)} = 0.$$

Um die korrekten F-Werte zu bilden, benötigen wir die erwarteten mittleren Quadrate. Diese sind in Tab. 17.7 enthalten. Durch den Vergleich der erwarteten mittleren Quadrate erkennt man, dass die F-Brüche für die drei festen Effekte A, C und AC folgendermaßen gebildet werden müssen: MQ_A wird an $\text{MQ}_{B(A)}$ relativiert, während sowohl MQ_C als auch MQ_{AC} an $\text{MQ}_{CB(A)}$ relativiert werden müssen. Diese Hypothesen werden durch folgende F-Brüche

$$F = \frac{\text{MQ}_A}{\text{MQ}_{B(A)}}, \quad F = \frac{\text{MQ}_C}{\text{MQ}_{CB(A)}}, \quad F = \frac{\text{MQ}_{AC}}{\text{MQ}_{CB(A)}},$$

überprüft. Die beiden Varianzkomponenten werden durch

$$F = \frac{\text{MQ}_{B(A)}}{\text{MQ}_{CB(A)}} \quad \text{bzw.} \quad F = \frac{\text{MQ}_{CB(A)}}{\text{MQ}_e}$$

auf Signifikanz getestet.

Tabelle 17.7. Erwartete mittlere Quadrate des teilhierarchischen Plans

Quelle	df	E(MQ)
A	$p-1$	$\sigma_e^2 + n\sigma^2_{CB(A)} + nr\sigma^2_{B(A)} + Q_A$
$B(A)$	$p(q-1)$	$\sigma_e^2 + n\sigma^2_{CB(A)} + nr\sigma^2_{B(A)}$
C	$r-1$	$\sigma_e^2 + n\sigma^2_{CB(A)} + Q_C$
AC	$(p-1)(q-1)$	$\sigma_e^2 + n\sigma^2_{CB(A)} + Q_{AC}$
$CB(A)$	$p(q-1)(r-1)$	$\sigma_e^2 + n\sigma^2_{CB(A)}$
Fehler	$pqr(n-1)$	σ_e^2

BEISPIEL 17.3

In einer Untersuchung sollen zwei bestimmte Gymnasien (Faktor A) miteinander verglichen werden. Überprüft werden soll, ob das Interesse von Schülern (abhängige Variable) an zwei Unterrichtsfächern (Faktor C) sich zwischen den Schulen unterscheidet. Die Unterrichtsfächer sind Biologie und Deutsch. Da das eine Gymnasium humanistisch und das andere naturwissenschaftlich orientiert ist, liegt es nahe, einen Interaktionseffekt zwischen Schulen und Fächern zu erwarten. Dies wäre dann der Fall, wenn es auf dem naturwissenschaftlichen Gymnasium eine Präferenz für Biologie gibt und auf dem humanistischen Gymnasium eine Präferenz für Deutsch.

Da bekanntlich das Schülerinteresse an einem Unterrichtsfach auch vom Lehrer abhängen kann, soll der Lehrer (Faktor B) in der statistischen Analyse berücksichtigt werden. Allerdings ist jeder Lehrer nur an einer Schule angestellt, sodass Lehrer in Schulen geschachtelt sind. Der Einfluss von Lehrern auf das Schülerinteresse ist in dieser Untersuchung nicht von zentraler Bedeutung. Trotzdem wird der Lehrer als Faktor berücksichtigt, um eine korrekte Auswertung zu gewährleisten. Jeweils drei Lehrer werden pro Schule zufällig ausgewählt.

In diesem Plan haben die Faktoren A und C somit feste Stufen. Faktor B hat hingegen zufällige Stufen. Aus den von den einzelnen Lehrern unterrichteten Klassen werden pro Klasse $n = 6$ Schüler per Zufall ausgewählt. Tabelle 17.8 zeigt die Daten.

Zur Erleichterung der Berechnung ermitteln wir erst folgende Summen:

AB-Summen

	b_1	b_2	b_3
a_1	93	125	124
a_2	107	157	111

AC-Summen

	a_1	a_2
c_1	149	213
c_2	193	162

ABC-Summen

	a_1			a_2		
	b_1	b_2	b_3	b_4	b_5	b_6
c_1	48	56	45	71	82	60
c_2	45	69	79	36	75	51

Wir berechnen die folgende Kennziffern:

$$(1) = \frac{717^2}{6 \cdot 2 \cdot 3 \cdot 2} = 7140{,}13$$

Tabelle 17.8. Numerisches Beispiel für eine dreifaktorielle teilhierarchische Varianzanalyse

	a_1			a_2		
	$b_{1(1)}$	$b_{2(1)}$	$b_{3(1)}$	$b_{1(2)}$	$b_{2(2)}$	$b_{3(2)}$
c_1	8	11	7	9	14	8
	11	10	9	12	17	11
	10	8	6	14	13	10
	8	7	10	11	11	13
	6	12	8	13	15	9
	5	8	5	12	12	9
c_2	5	12	13	6	8	11
	8	9	15	7	13	8
	7	14	12	4	11	10
	10	10	10	4	15	6
	9	11	14	9	14	9
	6	13	15	6	14	7

$$(2) = 8^2 + 11^2 + 10^2 + \cdots + 7^2 = 7803$$

$$(3) = \frac{342^2 + 375^2}{6 \cdot 3 \cdot 2} = 7155{,}55$$

$$(5) = \frac{362^2 + 355^2}{6 \cdot 2 \cdot 3} = 7140{,}81$$

$$(6) = \frac{93^2 + 125^2 + 124^2 + 107^2 + 157^2 + 111^2}{6 \cdot 2} = 7339{,}08$$

$$(7) = \frac{149^2 + 213^2 + 193^2 + 162^2}{6 \cdot 3} = 7281{,}28$$

$$(9) = \frac{48^2 + 56^2 + 45^2 + \cdots + 51^2}{6} = 7563{,}17$$

Es resultiert die folgende Varianzanalysetabelle:

Quelle	QS	df	MQ	F
A	15,12	1	15,12	0,33
$B(A)$	183,83	4	45,96	1,87
C	0,68	1	0,68	0,03
AC	125,35	1	125,35	5,11
$CB(A)$	98,06	4	24,52	6,13*
Fehler	239,83	60	4,00	

Für $\alpha = 0{,}05$ lauten die kritischen Werte:
- $F_{1,4;0,95} = 7{,}71$ für die Prüfung von A, C und AC,
- $F_{4,4;0,95} = 6{,}39$ für die Prüfung von $B(A)$,
- $F_{4,60;0,95} = 2{,}53$ für die Prüfung von $CB(A)$.

Der einzige signifikante Effekt bezieht sich auf die BC-Varianzkomponente, die aber nicht von inhaltlichem Interesse ist. Sie besagt, dass die Interessensunterschiede zwischen den Fächern lehrerabhängig sind.

Wider erwarten ist die Interaktion AC nicht statistisch signifikant. Allerdings kommt der beobachtete F-Wert von 5,11 dem kritischen Wert von 7,71 recht nahe.

Hinweis: Ausgehend von den Rechenregeln, die im Rahmen der hier besprochenen Versuchspläne deutlich wurden, lassen sich ohne besondere Schwierigkeiten weitere teilhierarchische und hierarchische Varianzanalysen durchführen. Kontraste können nach den in Kap. 14 genannten Regeln auch im Rahmen hierarchischer und teilhierarchischer Pläne getestet werden.

ÜBUNGSAUFGABEN

Zweifaktorieller Plan

Aufgabe 17.1 In einem Konditionierungsexperiment mit Hunden sollen drei Konditionierungsarten (Faktor A) miteinander verglichen werden:
- a_1, simultane Konditionierung: der konditionierte Reiz wird gleichzeitig mit dem unkonditionierten Reiz dargeboten,
- a_2, verzögerte Konditionierung: der konditionierte Reiz wird vor dem unkonditionierten dargeboten, und
- a_3, rückwärtige Konditionierung: der konditionierte Reiz wird nach dem unkonditionierten Reiz dargeboten.

Der Versuch wird in sechs zufällig ausgewählten Tierheimen (Faktor B) durchgeführt, wobei aus praktischen Gründen nicht alle Konditionierungsarten in jedem Heim durchführbar sind. Jede Konditionierungsart wird nur in zwei Tierheimen durchgeführt.

Es möge sich gezeigt haben, dass die Versuchstiere nach den jeweiligen Konditionierungsphasen mit folgenden Häufigkeiten auf den konditionierten Reiz reagiert haben, ohne dass der unkonditionierte Reiz dargeboten wurde:

a_1		a_2		a_3	
$b_{1(1)}$	$b_{2(1)}$	$b_{1(2)}$	$b_{2(2)}$	$b_{1(3)}$	$b_{2(3)}$
18	19	16	17	9	9
16	17	18	15	11	9
16	17	15	16	10	7
22	16	17	15	10	11
19	11	17	14	8	8

Überprüfen Sie, ob sich die drei Konditionierungsarten signifikant voneinander unterscheiden. Berücksichtigen Sie in der Analyse die verschiedenen Tierheime als Stufen eines zufälligen Faktors.

Aufgabe 17.2 In einer Studie soll untersucht werden, ob sich Verhaltenstherapie a_1 oder Gruppentherapie a_2 besser zur Behandlung traumatisierter Verkehrsopfer eignet. Pro Therapierichtung werden drei Therapeuten zufällig ausgewählt. Die Zuordnung von jeweils zwei Patienten zu einem der Therapeuten erfolgt ebenfalls zufällig. Folgende Traumatisierungs-Scores wurden nach dem Behandlungszeitraum erhoben:

a_1			a_2		
$b_{1(1)}$	$b_{2(1)}$	$b_{3(1)}$	$b_{1(2)}$	$b_{2(2)}$	$b_{3(2)}$
21	19	20	14	17	17
25	23	24	18	21	21

Fertigen Sie die varianzanalytische Ergebnistabelle an, und prüfen Sie die Haupteffekte für $\alpha = 0{,}05$ auf Signifikanz.

Dreifaktorielle Pläne

Aufgabe 17.3 Ein Programm zur Förderung der Lesekompetenz an Grundschulen soll evaluiert werden. Dazu wird an einer Reihe von Schulen eines Bundeslandes das Programm implementiert. Nach zwei Jahren soll das Programm evaluiert werden, indem die Leseleistungen von Schülern durch einen standardisierten Test erhoben wird. Dazu sollen Schulen, welche an dem Programm (Faktor A) teilgenommen haben, mit anderen Schulen als Kontrollgruppe verglichen werden. Da die Schulen das Förderprogramm unterschiedlich effektiv implementiert haben könnten, soll Schule als Faktor B berücksichtigt werden. Innerhalb der Schulen sind die Schüler in Klassen eingeteilt. Auch die Klasse könnte zu Leistungsunterschieden beitragen. Es werden deshalb drei Schulen, welche am Programm teilgenommen haben, zufällig ausgewählt und mit drei ebenfalls zufällig ausgewählten Kontrollschulen verglichen. Innerhalb jeder Schule werden zwei Klassen zufällig ausgewählt. Um den Erhebungsaufwand in Grenzen zu halten, wird in jeder Gruppe die Leseleistung von nur vier Schülern erhoben. Folgende Daten haben sich ergeben:

a_1 Programmteilnahme

$b_{1(1)}$		$b_{2(1)}$		$b_{3(1)}$	
$c_{1(11)}$	$c_{1(11)}$	$c_{1(12)}$	$c_{1(12)}$	$c_{1(13)}$	$c_{1(13)}$
9	5	7	6	8	7
6	7	7	9	7	6
8	6	4	4	8	7
8	9	7	4	9	7

a_2 Kontrolle

$b_{1(2)}$		$b_{2(2)}$		$b_{3(2)}$	
$c_{1(21)}$	$c_{1(21)}$	$c_{1(22)}$	$c_{1(22)}$	$c_{1(23)}$	$c_{1(23)}$
3	6	5	5	4	3
5	4	4	4	5	7
3	5	5	3	6	4
4	5	8	4	7	5

a) Um was für einen Versuchsplan handelt es sich bei diesem Design?
b) Berechnen Sie die varianzanalytische Ergebnistabelle. Konnte das Förderprogramm die Leseleistung der Schüler erhöhen?

Aufgabe 17.4 Für den Vergleich zweier Therapien (Faktor A) einer bestimmten Symptomatik soll die Behandlungsdauer (Faktor C) berücksichtigt werden. Ist eine der Therapien als Kurzzeittherapie, eine andere als Langzeittherapie erfolgreicher, so sollte dies zu einer signifikanten AC Interaktion führen. Die Stufen der beiden Faktoren sind: a_1 Verhaltenstherapie, a_2 Gesprächstherapie bzw. c_1 Kurzzeittherapie (6 Wochen), c_2 Langzeittherapie (52 Wochen).

Da bekannt ist, dass Therapieerfolg auch vom Therapeuten abhängen kann, soll dieser in der Analyse berücksichtigt werden. Jeweils drei Verhaltenstherapeuten und drei Gesprächstherapeuten werden zufällig ausgewählt. Jeder Therapeut behandelt zwei Patienten mit Kurzzeit- bzw. Langzeittherapie. Nach der Therapie wird der Erfolg auf einer Punkteskala von 1 bis 15 quantifiziert, wobei hohe Werte einem hohen Erfolg entsprechen.

		a_1			a_2	
	$b_{1(1)}$	$b_{2(1)}$	$b_{3(1)}$	$b_{1(2)}$	$b_{2(2)}$	$b_{3(2)}$
c_1	5	7	10	10	10	8
	7	7	12	10	12	10
c_2	7	6	9	13	15	12
	9	8	9	15	15	14

a) Berechnen Sie die AC-Mittelwerte. Könnte eine AC Interaktion vorliegen?
b) Berechnen Sie die varianzanalytische Ergebnistabelle.

Kapitel 18 **Versuchspläne mit Messwiederholungen**

ÜBERSICHT

Einfaktorielle Pläne – Kontraste – zweifaktorielle Pläne – Sequenzeffekte – ungleich große Stichproben – Varianten für dreifaktorielle Pläne – komplette Messwiederholung – Freiheitsgradkorrektur – konservative F-Tests

Eine sehr vielseitig einsetzbare Versuchsanordnung sieht vor, dass bei jedem Untersuchungsobjekt – anders als in den bisher besprochenen Untersuchungsplänen – nicht nur eine, sondern mehrere, z. B. p Messungen, erhoben werden. Wiederholte Messungen an den Versuchspersonen werden z. B. in der Therapieforschung benötigt, um die Auswirkungen einer Behandlung durch Untersuchungen vor, während und nach der Therapie zu ermitteln, in der Gedächtnisforschung, um den Erinnerungsverlauf erworbener Lerninhalte zu überprüfen, in der Einstellungsforschung, um die Veränderung von Einstellungen durch Medieneinwirkung zu erkunden, oder in der Wahrnehmungspsychologie, um mögliche Veränderungen in der Bewertung von Kunstprodukten nach mehrmaligem Betrachten herauszufinden. Wie die genannten Beispiele verdeutlichen, sind Messwiederholungsanalysen vor allem dann indiziert, wenn es um die Erfassung von *Veränderungen über die Zeit* geht. Das allgemeine Problem der Erfassung von Veränderung wird ausführlich bei Gottmann (1995) behandelt.

Die Beziehung des t-Tests für Beobachtungspaare zur Varianzanalyse mit Messwiederholungen ist wie folgt zu beschreiben:

> So, wie die einfaktorielle Varianzanalyse ohne Messwiederholungen eine Erweiterung des t-Tests für unabhängige Stichproben darstellt, ist die einfaktorielle Varianzanalyse mit Messwiederholungen als Erweiterung des t-Tests für Beobachtungspaare anzusehen.

Ein-, zwei- und dreifaktorielle Messwiederholungsanalysen werden wir in den Abschn. 18.1, 18.2 und 18.3 behandeln. Schließlich werden in Abschn. 18.4 die Voraussetzungen, die bei Messwiederholungsanalysen erfüllt sein müssen, dargestellt und diskutiert.

18.1 Einfaktorielle Varianzanalyse mit Messwiederholungen

Werden n Versuchspersonen unter p Bedingungen wiederholt beobachtet, so entsprechen diese Beobachtungen den Stufen eines Messwiederholungsfaktors. Bei den verschiedenen Bedingungen kann es sich um durch den Versuchsleiter variierte Versuchsbedingungen handeln. Häufig werden aber auch *unterschiedliche Beobachtungszeitpunkte* als Treatmentstufen betrachtet. Ein Beispiel hierfür ist die Messung des Hautwiderstandes von mehreren Personen zu drei unterschiedlichen Tageszeiten. Ein Beispiel für einen Datensatz, der aus dieser Unterschung hervorgehen könnte, ist in Tab. 18.1 dargestellt.

Hypothesen

Die einfaktorielle Varianzanalyse mit Messwiederholungen überprüft die $H_0 : \mu_1 = \mu_2 = \cdots = \mu_p$. Wie in der einfaktoriellen Varianzanalyse ohne Messwiederholungen behauptet die H_1, dass mindestens zwei Mittelwerte verschieden sind. Bezogen auf das obige Beispiel würde die H_0 also besagen, dass der Hautwiderstand über die drei Messzeitpunkte hinweg konstant ist.

Tabelle 18.1. Hautwiderstandsmessungen für zehn Personen an jeweils drei Zeitpunkten

	Faktor A			
Person	morgens	mittags	abends	P_m
1	5	5	5	15
2	5	6	8	19
3	8	9	5	22
4	6	8	6	20
5	7	7	5	19
6	7	9	7	23
7	5	10	6	21
8	6	7	4	17
9	7	8	6	21
10	5	7	5	17
	$A_1 = 61$	$A_2 = 76$	$A_3 = 57$	$G = 194$

Quadratsummenzerlegung

Die totale Quadratsumme wird bei dieser Analyse in einen Anteil QS_{zw} zerlegt, der die Unterschiedlichkeit zwischen den Versuchspersonen charakterisiert, und einen weiteren Anteil QS_{in}, der Veränderungen innerhalb der Werte der einzelnen Versuchspersonen beschreibt. Es gilt also

$$QS_{tot} = QS_{zw} + QS_{in}. \tag{18.1}$$

Die QS_{in} lässt sich weiter in einen Anteil QS_A, der auf Treatmenteffekte zurückgeht, und einen Anteil QS_e zerlegen, der Interaktionseffekte sowie reine Messfehlereffekte enthält. Es ergibt sich somit die Gleichung

$$QS_{in} = QS_A + QS_e. \tag{18.2}$$

Abbildung 18.1 veranschaulicht diese Quadratsummenzerlegung grafisch.

Zur Verdeutlichung dieser Variationsquellen greifen wir erneut das oben erwähnte Beispiel auf. Die totale Quadratsumme aller Messwerte wird in einen Teil zerlegt, der die Hautwiderstandsschwankungen der einzelnen Versuchspersonen charakterisiert, QS_{in}, und in einen weiteren Teil, der die Schwankungen zwischen den Versuchspersonen erfasst, QS_{zw}. Die Unterschiede *zwischen* den Versuchspersonen sind für diese Analyse – im Gegensatz zur einfaktoriellen Varianzanalyse ohne Messwiederholungen, in der sie die Fehlervarianz konstituieren – ohne Bedeutung. Sie reflektieren a priori Unterschiede, also Unterschiede des Hautwiderstands, die unabhängig von der Untersuchung bestehen und die bei allen Messungen der Versuchspersonen mehr oder weniger deutlich werden.

Entscheidend ist bei dieser Analyse die Frage, wie die Schwankungen innerhalb der Messungen der einzelnen Versuchspersonen zustande kommen.

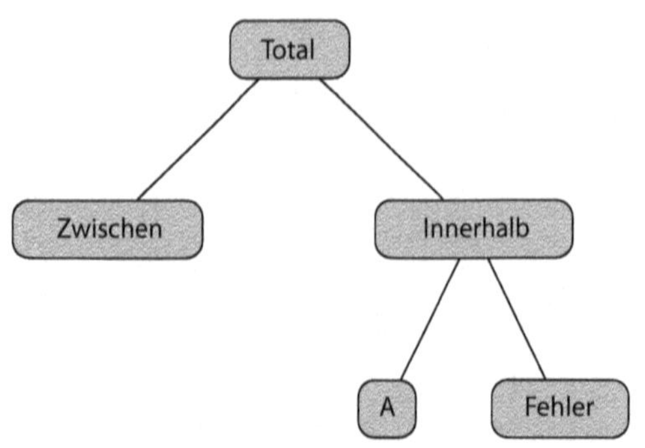

Abbildung 18.1. Quadratsummenzerlegung bei einer einfaktoriellen Varianzanalyse mit Messwiederholungen

Hierbei interessieren uns vor allem die Treatmenteffekte, d. h., die bei allen Versuchspersonen feststellbaren Veränderungen des Hautwiderstands über die Tageszeiten hinweg. Darüber hinaus könnte sich der Hautwiderstand bei Personen jedoch auch in spezifischer Weise verändern: Bei manchen Versuchspersonen könnte der Hautwiderstand im Laufe des Tages kontinuierlich abnehmen, bei anderen Versuchspersonen könnte er stattdessen kontinuierlich ansteigen. Dies sind die oben angesprochenen Interaktionseffekte zwischen den Treatmentstufen und den Versuchspersonen. Weitere Anteile der intraindividuellen Veränderungen im Hautwiderstand sind auf mögliche Fehlerquellen wie z. B. unsystematisch variierende Messbedingungen, zurückzuführen.

In der einfaktoriellen Varianzanalyse mit Messwiederholungen erhalten wir für jede Kombination aus Person und Treatment nur einen Messwert, sodass die Interaktionseffekte nicht isoliert werden können (vgl. Kap. 14.4). Eliminieren wir aus der QS_{in} die auf die Faktorstufen zurückgehende Variation QS_A, erhalten wir eine Quadratsumme, in der Fehlereffekte mit Interaktionseffekten *konfundiert* sind. Diese Quadratsumme bezeichnen wir als QS_e.

Die Quadratsummen werden folgendermaßen bestimmt:

$$QS_{tot} = \sum_i \sum_m (y_{im} - \bar{G})^2,$$

$$QS_{zw} = p \cdot \sum_m (\bar{P}_m - \bar{G})^2,$$

$$QS_{in} = \sum_i \sum_m (y_{im} - \bar{P}_m)^2,$$

$$QS_A = n \cdot \sum_i (\bar{A}_i - \bar{G})^2,$$

$$QS_e = \sum_i \sum_m (y_{im} - \bar{A}_i - \bar{P}_m + \bar{G})^2.$$

$\bar{P}_m$ ist der Mittelwert aller Messwerte der m-ten Versuchsperson, s. Tab. 18.1. Betrachtet man die Formel für QS_{zw} genauer, so erkennt man, dass

Tabelle 18.2. Quadratsummen, Freiheitsgrade und erwartete mittlere Quadrate einer einfaktoriellen Varianzanalyse mit Messwiederholungen

Quelle	QS	df	E(MQ)
Zwischen			
P	(4) − (1)	$n-1$	$\sigma_e^2 + p \cdot \sigma_P^2$
Innerhalb			
A	(3) − (1)	$p-1$	$\sigma_e^2 + Q_A$
Fehler	(2) − (3) − (4) + (1)	$(n-1) \cdot (p-1)$	σ_e^2

man diese Quadratsumme auch als QS_P hätte bezeichnen können, da sie die Variabilität der Personen kennzeichnet. Zur Verdeutlichung schreiben wir deshalb noch einmal ausdrücklich

$$QS_P = QS_{zw}.$$

Diese Aussage gilt für den Fall der einfaktoriellen Varianzanalyse mit Messwiederholungen.

Einfacher erhält man die Quadratsummen unter Verwendung folgender Kennziffern:

$$(1) = \frac{G^2}{p \cdot n}, \qquad (2) = \sum_i \sum_m y_{im}^2,$$

$$(3) = \frac{\sum_i A_i^2}{n}, \qquad (4) = \frac{\sum_m P_m^2}{p}.$$

Hier ist P_m die Summe der Messwerte der m-ten Versuchsperson. Tabelle 18.2 zeigt, wie die Quadratsummen, die für die Überprüfung der Nullhypothese benötigt werden, aus diesen Kennziffern errechnet werden.

Freiheitsgrade

Die Zerlegung der Freiheitsgrade erfolgt ebenfalls nach dem in Abb. 18.1 dargestellten Schema. Insgesamt stehen $p \cdot n - 1$ Freiheitsgrade zur Verfügung, die entsprechend der Quadratsummenzerlegung in $(n-1)$ Freiheitsgrade für die QS_{zw} und $n \cdot (p-1)$ Freiheitsgrade für die QS_{in} aufgeteilt werden. Kontrolle: $p \cdot n - 1 = (n-1) + n \cdot (p-1)$.

Die $n \cdot (p-1)$ Freiheitsgrade der QS_{in} setzen sich aus $p-1$ Freiheitsgraden für die QS_A und $(n-1) \cdot (p-1)$ Freiheitsgraden für die QS_e zusammen. Kontrolle: $n \cdot (p-1) = (p-1) + (n-1) \cdot (p-1)$. Tabelle 18.2 fasst die Berechnung der Quadratsummen und ihrer Freiheitsgrade zusammen.

Modell und Signifikanztest

Die Modellgleichung, welche der Quadratsummenzerlegung zugrunde liegt, lautet:

$$y_{im} = \mu + \alpha_i + \pi_m + e_{im}.$$

Bei den Treatmenteffekten $\alpha_i = \mu_i - \bar{\mu}$ handelt es sich um feste Effekte. Die Personeneffekte π_m werden dagegen als zufällig betrachtet, wobei $\pi_m \sim N(0, \sigma_P^2)$ und $e_{im} \sim N(0, \sigma_e^2)$. Außerdem werden im Modell die Zufallsvariablen π_m und e_{im} als unabhängig angenommen. Die Fehlerterme können sowohl Messfehler als auch Interaktionseffekte zwischen Treatment und Personen enthalten.

Wie man anhand der erwarteten mittleren Quadrate in Tab. 18.2 erkennt, muss zur Überprüfung der Nullhypothese $H_0 : \mu_1 = \mu_2 = \cdots = \mu_p$ das mittlere Quadrate MQ_A an der Fehlervarianz MQ_e relativiert werden, denn $Q_A = \sum_i (\mu_i - \bar{\mu})^2/(p-1)$ ist genau dann null, wenn die Nullhypothese gilt.

Die Nullhypothese kann durch folgenden F-Bruch überprüft werden:

$$F = \frac{MQ_A}{MQ_e}. \tag{18.3}$$

Man beachte, dass die Validität dieses F-Tests an spezielle Voraussetzungen geknüpft ist, auf die wir in Abschn. 18.4 eingehen.

Wie schon in der ein-, zwei- und dreifaktoriellen Varianzanalyse ist der Q-Term für uns insofern von Interesse, als er null beträgt, wenn die Nullhypothese gilt, und bei Verletzung der Nullhypothese mit den Differenzen zwischen den μ-Parametern ansteigt. Allerdings benötigen wir die Formel des Q-Terms nicht, um den F-Bruch zu identifizieren, mit welchem die Treatmentwirkung auf Signifikanz geprüft wird. Wir werden deshalb für alle weiteren Versuchspläne diese Kapitels die Formeln für Q-Terme nicht explizit angeben.

Im Allgemeinen wird man bei Versuchsplänen mit Messwiederholungen nur daran interessiert sein, den Treatmenteffekt bzw. den Effekt der Faktorstufen zu überprüfen. Soll darüber hinaus auch die *Unterschiedlichkeit der Versuchspersonen* überprüft werden, kann die MQ_P ebenfalls an der MQ_e getestet werden. Mit diesem Test wird die Nullhypothese $H_0 : \sigma_P^2 = 0$ überprüft. Der Test dieser Nullhypothese ist zumeist deshalb nicht von Interesse, da wir in den meisten Fällen davon ausgehen können, dass interindividuelle Unterschiede zwischen den Personen vorliegen. Aus diesem Grund ist man eher an einer Schätzung von σ_P^2 interessiert.

Eine solche Schätzung kann mit Hilfe der mittleren Quadrate erfolgen. Das mittlere Fehlerquadrat MQ_e darf man als Schätzung der Fehlervarianz betrachten. Also $MQ_e = \hat{\sigma}_e^2$. Für die Schätzung der Personenvarianz σ_P^2 sollte in Analogie zum Erwartungswert von MQ_P, s. Tab. 18.2, gelten: $MQ_P = \hat{\sigma}_e^2 + p \cdot \hat{\sigma}_P^2$. Ersetzt man in dieser Gleichung $\hat{\sigma}_e^2$ durch MQ_e und löst nach der Personenvarianz auf, erhält man

$$\hat{\sigma}_P^2 = (MQ_P - MQ_e)/p. \tag{18.4}$$

Auf der rechten Seite stehen nur Werte, die in der Ergebnistabelle der Varianzanalyse enthalten sind und die zur Berechnung der Varianzkomponente in die obige Gleichung eingesetzt werden.

BEISPIEL 18.1

Es wird überprüft, ob der Hautwiderstand Tagesschwankungen unterliegt (α = 1%). Hierzu wird bei zehn Versuchspersonen morgens, mittags und abends der Hautwiderstand gemessen. Das Treatment besteht in dieser Untersuchung also in drei Tageszeiten. Tabelle 18.1 enthält die Messwerte, denen aus rechentechnischen Gründen ein einfacher Maßstab zugrunde gelegt wurde.

Die für die Berechnung der Quadratsummen benötigten Hilfsgrößen lauten:

$$(1) = 1254{,}53 \qquad (2) = 1318{,}00$$
$$(3) = 1274{,}60 \qquad (4) = 1273{,}33$$

Mit diesen Hilfsgrößen errechnen wir die Quadratsummen. Wie üblich werden die mittleren Quadrate ermittelt, indem die Quadratsummen durch die entsprechenden Freiheitsgrade dividiert werden. Es resultiert folgende Ergebnistabelle:

Quelle	QS	df	MQ	F
Zwischen				
P	18,800	9	2,089	
Innerhalb				
A	20,067	2	10,033	7,341**
Fehler	24,600	18	1,367	

Die Überprüfung der $H_0 : \mu_1 = \mu_2 = \mu_3$ erfolgt über den F-Bruch:

$$F = \frac{\text{MQ}_A}{\text{MQ}_e} = \frac{10{,}033}{1{,}367} = 7{,}341.$$

Der kritische F-Wert lautet: $F_{2,18;99\%} = 6{,}01$. Die gefundenen Mittelwertunterschiede sind somit sehr signifikant, wenn wir davon ausgehen, dass die Voraussetzungen für die Durchführung dieses F-Tests erfüllt sind. Da hierüber noch keine Informationen vorliegen, stellen wir die endgültige Entscheidung über die Nullhypothese in unserem Beispiel zunächst zurück. Wir werden das Beispiel in Abschn. 18.4 erneut aufgreifen.

Schließlich wollen wir noch die Varianzkomponente der Personen nach Gl. (18.4) schätzen. Einsetzen der Werte aus der obigen Tabelle ergibt

$$\hat{\sigma}_P^2 = (2{,}089 - 1{,}367)/3 = 0{,}241.$$

Durch den Vergleich dieser Varianzkomponente mit der Fehlervarianz, die durch $\text{MQ}_e = 1{,}367$ geschätzt wird, erkennt man, dass die Fehleranteile bei der Messung des Hautwiderstands im Vergleich zu den Personenunterschieden in der Regel erheblich größer sind.

Kontraste

Wie in der einfaktoriellen Varianzanalyse ohne Messwiederholungen können auch bei dieser Analyse Trends oder a priori formulierte Kontraste geprüft werden. Vergleiche zweier Treatmentstufen nach dem Scheffé-Test werden anhand folgender Gleichung durchgeführt:

$$D_{\text{crit}} = \sqrt{\frac{2 \cdot \text{MQ}_e}{n} \cdot (p-1) \cdot F_{p-1,(n-1)\cdot(p-1);1-\alpha}}.$$

Wie der F-Test nach Gl. (18.3) setzt auch die Überprüfung von Kontrasten voraus, dass die in Abschn. 18.4 beschriebenen Voraussetzungen erfüllt sind. Sind die Voraussetzungen nicht erfüllt, können diese Tests deutlich progressiv oder konservativ ausfallen (vgl. Boik, 1981). In diesem Fall sollten Prüfvarianzen eingesetzt werden, die nur auf den Daten der jeweils verglichenen Stichproben basieren (vgl. hierzu auch O'Brien & Kaiser, 1985).

BEISPIEL 18.2

Für die Daten des Beispiels 18.1 ermitteln wir für a posteriori Kontraste nach Scheffé als kritische Paarvergleichsdifferenz:

$$D_{\text{crit}} = \sqrt{\frac{2 \cdot 1{,}367 \cdot (3-1) \cdot 6{,}01}{10}} = 1{,}81.$$

Falls die Voraussetzung für diesen Test erfüllt ist, erweist sich also nur die Differenz zwischen mittags und abends ($\bar{A}_2 - \bar{A}_3 = 7{,}6 - 5{,}7 = 1{,}9$) für $\alpha = 0{,}01$ als statistisch signifikant.

18.2 Zweifaktorielle Versuchspläne

Für zweifaktorielle Versuchspläne mit Messwiederholungen unterscheidet man, ob sich die Messwiederholungen auf einen oder sogar auf beide Faktoren beziehen. Ist nur einer der beiden Faktoren ein Messwiederholungsfaktor, so dient der andere Faktor zur Gruppierung der Versuchspersonen. Diese Gruppierung kann aufgrund von Randomisierung der Personen zu verschiedenen Behandlungen entstehen, sie kann aber auch durch die Klassifizierung der Personen nach einem natürlichen Merkmal (z. B. männlich-weiblich) erfolgen.

18.2.1 Gruppierungs- und Messwiederholungsfaktor

Terminologie. In der einfaktoriellen Varianzanalyse mit Messwiederholungen wird eine Stichprobe von Versuchspersonen unter mehreren Treatmentstufen beobachtet. Unterteilen wir die Stichprobe nach den Stufen eines weiteren Faktors in mehrere Gruppen, resultiert ein Datenschema, das wir mit einer zweifaktoriellen Varianzanalyse mit Messwiederholungen auswerten. Bezogen auf das Beispiel für die einfaktorielle Varianzanalyse mit Messwiederholungen könnten die Versuchspersonen nach ihrem Geschlecht in zwei Gruppen eingeteilt und morgens, mittags und abends untersucht werden.

Die Messwerte einer Person kennzeichnen wir allgemein mit y_{ijm}. Die Summe aller $n \cdot q$ Messwerte, die unter der i-ten Stufe des Gruppierungsfaktors beobachtet wurden, nennen wir A_i:

$$A_i = \sum_j \sum_m y_{ijm}.$$

Die Summe aller unter der Stufe j des Faktors B beobachteten Messwerte kennzeichnen wir mit B_j:

$$B_j = \sum_i \sum_m y_{ijm}.$$

Ferner benötigen wir die Summe der Messwerte für jede einzelne Versuchsperson, die wir durch P_{im} kennzeichnen wollen:

$$P_{im} = \sum_j y_{ijm}.$$

Die Summe der Werte unter der i-ten Stufe des Faktors A unter der j-ten Stufe des Faktors B nennen wir wie in der zweifaktoriellen Varianzanalyse ohne Messwiederholungen AB_{ij}:

$$AB_{ij} = \sum_m y_{ijm}.$$

G ist wieder die Gesamtsumme aller Messwerte.

Quadratsummenzerlegung

Die totale Quadratsumme wird – wie in der einfaktoriellen Varianzanalyse mit Messwiederholungen – in eine Quadratsumme zerlegt, die auf Unterschiede zwischen den Versuchspersonen zurückgeht QS_{zw}, und eine weitere Quadratsumme, die auf Unterschieden innerhalb der Versuchspersonen beruht QS_{in}:

$$QS_{tot} = QS_{zw} + QS_{in}. \tag{18.5}$$

Die QS_{zw} setzt sich einerseits aus Unterschieden zwischen den Stichproben bzw. Stufen des Faktors A und andererseits aus Unterschieden zwischen den Versuchspersonen innerhalb der einzelnen Stichproben zusammen:

$$QS_{zw} = QS_A + QS_{P(A)}. \tag{18.6}$$

Die Unterschiedlichkeit der Messwerte einer einzelnen Versuchsperson beruht auf der Wirkungsweise des Faktors B, der Interaktionswirkung der Kombinationen von A und B sowie auf Fehlern:

$$QS_{in} = QS_B + QS_{AB} + QS_e. \tag{18.7}$$

In der QS_e sind reine Messfehler und Interaktionseffekte zwischen Personen und Treatment B konfundiert.

Für die Ermittlung der Quadratsummen verwenden wir die folgenden Kennziffern:

$$(1) = \frac{G^2}{p \cdot q \cdot n}, \qquad (2) = \sum_i \sum_j \sum_m y_{ijm}^2,$$

$$(3) = \frac{\sum_i A_i^2}{n \cdot q}, \qquad (4) = \frac{\sum_j B_j^2}{n \cdot p},$$

$$(5) = \frac{\sum_i \sum_j AB_{ij}^2}{n}, \qquad (6) = \frac{\sum_i \sum_m P_{im}^2}{q}.$$

Tabelle 18.3 zeigt, wie die einzelnen Quadratsummen und Freiheitsgrade berechnet werden.

Hypothesen

Da Treatment A und B gekreuzt sind, können wir beide Haupteffekte sowie deren Interaktion überprüfen. Die Nullhypothesen für den A und B Haupteffekt sowie die Interaktion lauten:

$$H_0 : \bar{\mu}_{1\cdot} = \bar{\mu}_{2\cdot} = \cdots = \bar{\mu}_{p\cdot},$$
$$H_0 : \bar{\mu}_{\cdot 1} = \bar{\mu}_{\cdot 2} = \cdots = \bar{\mu}_{\cdot q},$$
$$H_0 : \mu_{ij} - \bar{\mu}_{i\cdot} + \bar{\mu}_{\cdot j} - \bar{\mu}_{\cdot\cdot} = 0,$$

wobei die Nullhypothese für die Interaktion wiederum erfordert, dass die Linerarkombination für $i = 1, \ldots, p$ und $j = 1, \ldots, q$ gilt. Vergleicht man diese Hypothesen mit denen der zweifaktoriellen Varianzanalyse ohne Messwiederholungen, so ergeben sich keinerlei Unterschiede.

Modell und Signifikanztests

Das Modell, welches der Varianzanalyse mit einem Gruppierungs- und einem Messwiederholungsfaktor zugrunde liegt, lautet:

$$y_{ijk} = \mu + \alpha_i + \beta_j + \alpha\beta_{ij} + \pi_{m(i)} + e_{ijm}. \tag{18.8}$$

Die Effekte der Faktoren A und B werden als fest angenommen, die Personeneffekte sind wiederum zufällig, wobei $\pi_{m(i)} \sim N(0, \sigma_{P(A)}^2)$ und $e_{ijm} \sim N(0, \sigma_e^2)$. Personeneffekte und Fehlerterme werden wiederum als unabhängig angenommen. Da jede Person nur unter einer Stufe des Gruppierungsfaktors A beobachtet wurde, ist der Personenfaktor P in den Gruppierungsfaktor geschachtelt. Der Personenfaktor wird deshalb als $P(A)$ bezeichnet.

Durch Vergleich der erwarteten mittleren Quadrate in Tab. 18.3 lässt sich erkennen, dass die MQ_A an der $MQ_{P(A)}$ und die MQ_B sowie die MQ_{AB} an der MQ_e getestet werden müssen. Will man überprüfen, ob die Varianzkomponente σ_P^2 von null verschieden ist, so ist $MQ_{P(A)}$ an der MQ_e zu relativieren.

Tabelle 18.3. Quadratsummen, Freiheitsgrade und erwartete mittlere Quadrate einer Varianzanalyse mit einem Gruppierungs- und einem Messwiederholungsfaktor

Quelle	QS	df	E(MQ)
Zwischen			
A	(3) − (1)	$p-1$	$\sigma_e^2 + q \cdot \sigma_{P(A)}^2 + Q_A$
$P(A)$	(6) − (3)	$p \cdot (n-1)$	$\sigma_e^2 + q \cdot \sigma_{P(A)}^2$
Innerhalb			
B	(4) − (1)	$q-1$	$\sigma_e^2 + Q_B$
AB	(5) − (3) − (4) + (1)	$(p-1) \cdot (q-1)$	$\sigma_e^2 + Q_{AB}$
Fehler	(2) − (5) − (6) + (3)	$p \cdot (q-1) \cdot (n-1)$	σ_e^2

BEISPIEL 18.3

Es soll überprüft werden, wie sich drei verschiedene Arten des Kreativitätstrainings (Faktor A) auf die Kreativität von Versuchspersonen auswirken (α = 1%). Drei Gruppen von jeweils fünf Versuchspersonen werden vor Beginn des Trainings (b_1), während des Trainings (b_2) und nach Abschluss des Trainings (b_3) hinsichtlich ihrer Kreativität getestet, wobei jede Gruppe ein anderes Kreativitätstraining erhält. Tabelle 18.4 zeigt die Testwerte und Summen, die für die Berechnung der Kennziffern benötigt werden. Die Kennziffern lauten:

$$(1) = 119918{,}4 \quad (2) = 120533{,}0 \quad (3) = 119928{,}3$$
$$(4) = 120289{,}1 \quad (5) = 120344{,}6 \quad (6) = 120015{,}7$$

Die Ergebnisse der Varianzanalyse sind in folgender Tabelle enthalten:

Quelle	QS	df	MQ	F
Zwischen				
A	9,911	2	4,956	0,681
$P(A)$	87,333	12	7,278	
Innerhalb				
B	370,711	2	185,356	44,016**
AB	45,556	4	11,389	2,704
Fehler	101,067	24	4,211	

Die kritischen F-Werte lauten: $F_{2,12;99\%} = 6{,}93$, $F_{2,24;99\%} = 5{,}61$ und $F_{4,24;99\%} = 4{,}22$. Die Kreativität der Versuchspersonen ändert sich somit durch das Training, wobei sich die drei verschiedenen Trainingsarten statistisch nicht bedeutsam unterscheiden.

Schließlich berechnen wir wieder die Varianzkomponente der Personen. Betrachtet man die erwarteten mittleren Quadrate in Tab. 18.3, so erkennt man, dass auch in diesem Fall die Gl. (18.4) verwendet werden kann, wobei nun allerdings q anstatt p im Nenner von Gl. (18.4) steht, da B der Messwiederholungsfaktor ist. Einsetzen der Werte aus der obigen Tabelle ergibt

$$\hat{\sigma}_{P(A)}^2 = \frac{MQ_P - MQ_e}{q} = (7{,}278 - 4{,}211)/3 = 1{,}022.$$

Durch den Vergleich dieser Varianzkomponente mit der Fehlervarianz, die durch MQ_e = 4,211 geschätzt wird, erkennt man, dass die Fehler im Vergleich zu den Unterschieden, welche durch die Personen verursacht werden, größeren Anteil am Zustandekommen von Unterschieden in den Kreativitätswerten besitzen.

Tabelle 18.4. Numerisches Beispiel für eine zweifaktorielle Varianzanalyse mit Messwiederholungen

Faktor A	Faktor B			
	b_1	b_2	b_3	
a_1	59	55	51	A_1 = 782
	57	54	46	
	55	51	51	
	58	51	50	
	51	50	43	
a_2	54	50	49	A_2 = 765
	53	49	48	
	56	48	52	
	52	52	50	
	55	51	46	
a_3	57	49	50	A_3 = 776
	55	51	47	
	56	48	51	
	58	50	48	
	58	46	52	
	B_1 = 834	B_2 = 755	B_3 = 734	G = 2323

Bei Versuchsplänen mit Messwiederholungen kann es zu sog. Sequenzeffekten kommen, welche die Treatmenteffekte überlagern. Ein einfaches Vorgehen, solche Sequenzeffekte zu berücksichtigen, wird in Exkurs 18.1 erläutert.

Kontraste

Zur Überprüfung von a priori bzw. a posteriori formulierten Kontrasten wird auf die entsprechenden Ausführungen zur zweifaktoriellen Varianzanalyse bzw. einfaktoriellen Varianzanalyse mit Messwiederholungen verwiesen. Man beachte, dass in der zweifaktoriellen Varianzanalyse mit Messwiederholungen Effekte, die auf den Faktor A bezogen sind, an der $MQ_{P(A)}$ und Effekte, die auf den Faktor B bzw. die Interaktion AB bezogen sind, an der MQ_e geprüft werden.

Beim Vergleich von Mittelwerten für Faktorstufenkombinationen $\overline{AB}_{ij}$ hängt die Prüfvarianz von der Art des Vergleichs ab (vgl. Winer et al., 1991,

S. 526 ff.). Die Prüfvarianz eines Vergleichs innerhalb der gleichen Gruppe, aber zu unterschiedlichen Messzeitpunkten ($\overline{AB}_{ij} - \overline{AB}_{ij'}$), wird an MQ_e überprüft. Andere Vergleiche – zwei verschiedene Gruppen zu einem Messzeitpunkt ($\overline{AB}_{ij} - \overline{AB}_{i'j}$) bzw. zwei verschiedene Gruppen zu zwei verschiedenen Messzeitpunkten ($\overline{AB}_{ij} - \overline{AB}_{i'j'}$) – werden an MQ_{pooled} überprüft, wobei

$$MQ_{\text{pooled}} = \frac{QS_{P(A)} + QS_e}{p \cdot (n-1) + p \cdot (q-1) \cdot (n-1)}.$$

Wie Kontrasthypothesen bei verletzten Voraussetzungen zu prüfen sind, wird bei Kowalchuk und Keselman (2001) erörtert.

18.2.2 Zwei Messwiederholungsfaktoren

Gelegentlich kann es eine Untersuchung erforderlich machen, dass nur eine Stichprobe unter allen Faktorstufen untersucht wird (komplette Messwiederholung).

Während in der zweifaktoriellen Varianzanalyse ohne Messwiederholungen jeder Faktorstufenkombination eine eigene Zufallsstichprobe zugewiesen werden muss, wird in diesem Fall unter allen Faktorstufenkombinationen dieselbe Stichprobe untersucht. Ein typisches Beispiel für diesen Versuchsplan wäre gegeben, wenn eine Stichprobe Reize beurteilt, die systematisch in Bezug auf zwei (oder mehr) Faktoren variieren. Da hierbei die Messwerte zwischen den Faktorstufenkombinationen nicht mehr voneinander unabhängig sind, kann eine Varianzanalyse ohne Messwiederholungen zu fehlerhaften Resultaten führen. Wir erweitern deshalb die einfaktorielle Varianzanalyse mit Messwiederholungen in der Weise, dass jede Versuchsperson nicht nur unter allen Stufen eines Faktors A, sondern unter allen Kombinationen mehrerer Faktoren beobachtet wird.

Die totale Quadratsumme wird hier wiederum anhand der Gleichung $QS_{\text{tot}} = QS_{\text{zw}} + QS_{\text{in}}$ in zwei Teile zerlegt, wobei

$$QS_{\text{in}} = QS_A + QS_B + QS_{AB} + QS_{AP} + QS_{BP} + QS_e.$$

Berechnung der Quadratsummen

Zur Berechnung der Quadratsummen definieren wir die folgenden Kennziffern:

$$(1) = \frac{G^2}{p \cdot q \cdot n}, \qquad (2) = \sum_i \sum_j \sum_m y_{ijm}^2,$$

$$(3) = \frac{\sum_i A_i^2}{q \cdot n}, \qquad (4) = \frac{\sum_j B_j^2}{p \cdot n},$$

$$(5) = \frac{\sum_i \sum_j AB_{ij}^2}{n}, \qquad (6) = \frac{\sum_m P_m^2}{p \cdot q},$$

$$(7) = \frac{\sum_i \sum_m AP_{im}^2}{q}, \qquad (8) = \frac{\sum_j \sum_m BP_{jm}^2}{p}.$$

Tabelle 18.5 zeigt, wie die Quadratsummen und deren Freiheitsgrade ermittelt werden.

Modell und Signifikanztests

Der Zerlegung der gesamten Variabilität liegt folgendes Modell zugrunde:

$$y_{ijm} = \mu + \alpha_i + \beta_j + \alpha\beta_{ij} + \pi_m + \alpha\pi_{im} + \beta\pi_{jm} + e_{ijm}.$$

Die beiden Treatments A und B haben feste, der Personenfaktor zufällige Effekte, wobei $\pi_m \sim N(0, \sigma_P^2)$. Da Interaktionseffekte, die zufällige Faktoren beinhalten, ebenfalls zufällige Effekte sind, wird außerdem angenommen, dass $\alpha\pi_{im} \sim N(0, \sigma_{AP}^2)$, $\beta\pi_{jm} \sim N(0, \sigma_{BP}^2)$ und $e_{ijm} \sim N(0, \sigma_e^2)$. Schließlich nimmt das Modell an, dass alle zufälligen Effekte wechselseitig voneinander unabhängig sind.

Die Hypothesen hinsichtlich der gekreuzten festen Effekte A und B stimmen mit denen des vorherigen, zweifaktoriellen Versuchsplans überein. Wir geben sie deshalb hier nicht noch einmal wieder. Wie sich aus dem Vergleich der erwarteten mittleren Quadrate in Tab. 18.5 ergibt, werden die Haupteffekte A und B bzw. die Interaktion in folgender Weise getestet:

$$F = \frac{MQ_A}{MQ_{AP}}, \qquad F = \frac{MQ_B}{MQ_{BP}}, \qquad F = \frac{MQ_{AB}}{MQ_e}.$$

Auch die drei Varianzkomponenten σ_P^2, σ_{AP}^2 und σ_{BP}^2 können auf Signifikanz getestet werden. Die Nullhypothesen lauten:

$$H_0: \sigma_P^2 = 0, \qquad H_0: \sigma_{AP}^2 = 0, \qquad H_0: \sigma_{BP}^2 = 0.$$

Wie sich aus dem Vergleich der erwarteten mittleren Quadrate aus Tab. 18.5 ergibt, wird zur Überprüfung von σ_{AP}^2 und σ_{BP}^2 das entsprechende mittlere Quadrat an der MQ_e relativiert. Es werden also die F-Brüche MQ_{AP}/MQ_e und MQ_{BP}/MQ_e gebildet. Die Überprüfung der Varianzkomponente, welche die Unterschiedlichkeit der Personen charakterisiert, ist komplexer, da in Tab. 18.5 zunächst keine adäquate Prüfvarianz enthalten ist. Es ist deshalb

EXKURS 18.1 Analyse von Sequenzeffekten

Bei der wiederholten Untersuchung von Personen unter verschiedenen Treatmentstufen kann es zu Sequenzeffekten kommen, die abfolgespezifisch die Treatmenteffekte überlagern. Zu denken wäre beispielsweise an drei verschiedene Behandlungen b_1, b_2 und b_3, die als „therapeutisches Paket" eingesetzt werden sollen. Hier könnte sich die Frage stellen, ob bezüglich der Behandlungswirkung die Reihenfolge der Behandlungen beliebig ist, oder ob mit abfolgespezifischen Effekten zu rechnen ist.

Zur Überprüfung derartiger Sequenzeffekte wird eine spezielle Anwendungsvariante der zweifaktoriellen Varianzanalyse mit Messwiederholungen eingesetzt, die sich durch folgendes Datenschema veranschaulichen lässt. Die drei Treatmentstufen des Faktors B werden in den sechs möglichen Abfolgen dargeboten und stellen die Stufen des Faktors A dar:

Faktor A	Faktor B		
Abfolgen	(b_1)	(b_2)	(b_3)
123 (a_1)	a_1b_1	a_1b_2	a_1b_3
132 (a_2)	a_2b_1	a_2b_2	a_2b_3
213 (a_3)	a_3b_1	a_3b_2	a_3b_3
231 (a_4)	a_4b_1	a_4b_2	a_4b_3
312 (a_5)	a_5b_1	a_5b_2	a_5b_3
321 (a_6)	a_6b_1	a_6b_2	a_6b_3

Wir ordnen jeder Abfolge eine Stichprobe des Umfangs n zu und führen die Varianzanalyse als zweifaktorielle Varianzanalyse mit einem Gruppierungsfaktor (Abfolgen) und einem Messwiederholungsfaktor durch. Mögliche Signifikanzen können folgendermaßen interpretiert werden:

- Ist der Faktor B signifikant, unterscheiden sich die drei Treatmentstufen.
- Ein signifikanter A Faktor besagt, dass es von Bedeutung ist, in welcher Abfolge die Treatmentstufen vorgegeben werden.
- Eine signifikante Interaktion deutet auf Kontext- bzw. Positionseffekte hin. Die spezielle Wirkung eines Treatments ist davon abhängig, welche Treatments zuvor und welche danach eingesetzt werden

Resultieren wegen einer großen Anzahl von Treatmentstufen sehr viele Abfolgen, wählt man eine Zufallsstichprobe von Abfolgen und behandelt den Abfolgefaktor als zufälligen Faktor.

Tabelle 18.5. Varianzanalyse mit zwei Messwiederholungsfaktoren

Quelle	QS	df	E(MQ)
Zwischen			
P	$(6)-(1)$	$n-1$	$\sigma_e^2+q\cdot\sigma_{AP}^2+p\cdot\sigma_{BP}^2+p\cdot q\cdot\sigma_P^2$
Innerhalb			
A	$(3)-(1)$	$p-1$	$\sigma_e^2+q\cdot\sigma_{AP}^2+Q_A$
AP	$(7)-(3)-(6)+(1)$	$(p-1)\cdot(n-1)$	$\sigma_e^2+q\cdot\sigma_{AP}^2$
B	$(4)-(1)$	$q-1$	$\sigma_e^2+p\cdot\sigma_{BP}^2+Q_B$
BP	$(8)-(4)-(6)+(1)$	$(q-1)\cdot(n-1)$	$\sigma_e^2+p\cdot\sigma_{BP}^2$
AB	$(5)-(4)-(3)+(1)$	$(p-1)\cdot(q-1)$	$\sigma_e^2+Q_{AB}$
Fehler	$(2)-(5)-(7)-(8)+(3)+(4)+(6)-(1)$	$(p-1)\cdot(q-1)\cdot(n-1)$	σ_e^2

die Bildung eines Quasi-F-Bruchs erforderlich. Die Überprüfung der $H_0:\sigma_P^2=0$ erfolgt durch

$$F=\frac{MQ_P}{MQ_{AP}+MQ_{BP}-MQ_e}.$$

Berechnet man den Erwartungswert des Nenners, also $E(MQ_{AP})+E(MQ_{BP})-E(MQ_e)$ mit Hilfe von Tab. 18.5, so erhält man den Ausdruck $\sigma_e^2+q\cdot\sigma_{AP}^2+p\cdot\sigma_{BP}^2$, der bis auf den letzten Term mit $E(MQ_P)$ identisch ist und deshalb zur Prüfung von $H_0:\sigma_P^2=0$ verwendet werden kann.

Die Nennerfreiheitsgrade dieses Quasi-F-Bruchs werden durch folgende Formel berechnet:

$$df_{Nenner}=\frac{(MQ_{AP}+MQ_{BP}-MQ_e)^2}{MQ_{AP}^2/df_{AP}+MQ_{BP}^2/df_{BP}+MQ_e^2/df_e}.$$

Die Zählerfreiheitsgrade entsprechen df_P. Sie müssen also nicht neu berechnet werden.

Aus dieser Überlegung lässt sich ableiten, wie σ_P^2 geschätzt werden kann. Wie man aufgrund der Betrachtungen zum Quasi-F-Bruch erkennt, muss gelten

$$p\cdot q\cdot\sigma_P^2=E(MQ_P)-[E(MQ_{AP})+E(MQ_{BP})-E(MQ_e)].$$

Ersetzt man nun die erwarteten mittleren Quadrate durch die errechneten mittleren Quadrate, so kann dadurch die Varianzkomponente der Personen geschätzt werden. Man erhält also

$$\hat\sigma_P^2=(MQ_P-MQ_{AP}-MQ_{BP}+MQ_e)/(p\cdot q). \quad (18.9)$$

Die Schätzung der Varianzkomponenten für die Interaktion der Treatmentfaktoren mit den Per-

Tabelle 18.6. Rohdaten und Summen für Beispiel 18.4, zweifaktorielle Varianzanalyse mit kompletter Messwiederholung

	a_1			a_2			
	b_1	b_2	b_3	b_1	b_2	b_3	P_m
p_1	5	3	1	3	3	4	19
p_2	5	3	2	4	2	3	19
p_3	4	2	2	2	3	6	19
p_4	8	5	3	2	4	6	28
p_5	4	4	2	1	2	5	18

AP-Summen

	a_1	a_2
p_1	9	10
p_2	10	9
p_3	8	11
p_4	16	12
p_5	10	8

BP-Summen

	b_1	b_2	b_3
p_1	8	6	5
p_2	9	5	5
p_3	6	5	8
p_4	10	9	9
p_5	5	6	7

AB-Summen

	b_1	b_2	b_3
a_1	26	17	10
a_2	12	14	24

$A_1 = 53$ $A_2 = 50$
$B_1 = 38$ $B_2 = 31$ $B_3 = 34$
$G = 103$

sonen erfolgt ganz analog zur Herleitung der Gl. (18.4). Man erhält die Gleichungen

$$\hat{\sigma}^2_{AP} = (\text{MQ}_{AP} - \text{MQ}_e)/q \quad \text{und} \tag{18.10}$$

$$\hat{\sigma}^2_{BP} = (\text{MQ}_{BP} - \text{MQ}_e)/p. \tag{18.11}$$

BEISPIEL 18.4

Es soll überprüft werden, wie sich die Einstellung gegenüber drei Politikern (Faktor B) anlässlich eines wichtigen politischen Ereignisses verändert ($\alpha = 0{,}01$). Fünf Personen geben vor und nach diesem Ereignis (Faktor A) ihr Urteil über die drei Politiker auf einer 6-Punkte-Ratingskala ab (hohe Werte entsprechen einer positiven Einstellung). Tabelle 18.6 zeigt die Daten und Summen, die für die Berechnung der Kennziffern benötigt werden. Die Kennziffern lauten:

$(1) = 353{,}63$ $(2) = 429{,}00$ $(3) = 353{,}93$ $(4) = 356{,}10$
$(5) = 396{,}20$ $(6) = 365{,}17$ $(7) = 370{,}33$ $(8) = 376{,}50$

Es resultiert folgende Ergebnistabelle:

Quelle	QS	df	MQ	F
Zwischen				
P	11,533	4		
Innerhalb				
A	0,300	1	0,300	0,247
AP	4,867	4	1,217	
B	2,467	2	1,233	1,113
BP	8,867	8	1,108	
AB	39,800	2	19,900	21,133**
Fehler	7,533	8	0,942	

Die kritischen F-Werte lauten: $F_{1,4;99\%} = 21{,}2$ und $F_{2,8;99\%} = 8{,}65$. Damit ist lediglich die Interaktion AB signifikant: Die Einstellungsunterschiede zwischen den Politikern werden somit durch das Ereignis verändert.

Schätzt man die drei Varianzkomponenten mit Hilfe der Gl. (18.9), (18.10) und (18.11), so erhält man $\hat{\sigma}^2_P = 0{,}25$, $\hat{\sigma}^2_{AP} = 0{,}092$ und $\hat{\sigma}^2_{BP} = 0{,}083$. Im Vergleich zur Fehlervarianz $\text{MQ}_e = 0{,}942$ sind alle drei Varianzkomponenten klein. Ihre Signifikanzprüfung ergibt die folgenden F-Werte:

$$H_0: \sigma^2_P = 0, \qquad F = 2{,}084,$$
$$H_0: \sigma^2_{AP} = 0, \qquad F = 1{,}292,$$
$$H_0: \sigma^2_{BP} = 0, \qquad F = 1{,}177.$$

Die Nennerfreiheitsgrade, die zur Signifikanzprüfung der Personenvarianz durch den Quasi-F-Bruch benötigt werden, berechnet man wie oben dargestellt. Man erhält:

$$\text{df}_{\text{Nenner}} = \frac{(1{,}217 + 1{,}108 - 0{,}942)^2}{1{,}217^2/4 + 1{,}108^2/8 + 0{,}942^2/8} = 3{,}016 \approx 3.$$

Die Zählerfreiheitsgrade bleiben unverändert. Die kritischen F-Werte lauten also $F_{4,3;0,95} = 9{,}17$ zur Überprüfung von σ^2_P, $F_{4,8;0,95} = 3{,}84$ zur Überprüfung von σ^2_{AP} und $F_{8,8;0,95} = 3{,}44$ zur Überprüfung von σ^2_{BP}. Alle drei Signifikanztests führen also zur Beibehaltung der Nullhypothese.

18.3 Dreifaktorielle Versuchspläne

Bei dreifaktoriellen Varianzanalysen mit Messwiederholungen müssen wir unterscheiden, ob die Messwiederholungen auf einem Faktor oder auf zwei Faktoren erfolgen.

Im ersten Fall sind die Versuchspersonen nach zwei Faktoren gruppiert, und jede Stichprobe wird unter den r Stufen des Faktors C beobachtet. Beispiel: Der Gesundheitszustand von Patienten, die nach Art der Krankheit A und Art der Behandlung B gruppiert sind, wird an mehreren Behandlungstagen C beobachtet. Die Messwiederholungen erfolgen hier über die Stufen des Faktors C.

Tabelle 18.7. Quadratsummen, Freiheitsgrade und erwartete mittlere Quadrate einer dreifaktoriellen Varianzanalyse mit Messwiederholungen auf Faktor *C*

Quelle	QS	df	E(MQ)
Zwischen			
A	$(3)-(1)$	$p-1$	$\sigma_e^2 + r\cdot\sigma_{P(AB)}^2 + Q_A$
B	$(4)-(1)$	$q-1$	$\sigma_e^2 + r\cdot\sigma_{P(AB)}^2 + Q_B$
AB	$(6)-(3)-(4)+(1)$	$(p-1)\cdot(q-1)$	$\sigma_e^2 + r\cdot\sigma_{P(AB)}^2 + Q_{AB}$
$P(AB)$	$(10)-(6)$	$p\cdot q\cdot(n-1)$	$\sigma_e^2 + r\cdot\sigma_{P(AB)}^2$
Innerhalb			
C	$(5)-(1)$	$r-1$	$\sigma_e^2 + Q_C$
AC	$(7)-(3)-(5)+(1)$	$(p-1)\cdot(r-1)$	$\sigma_e^2 + Q_{AC}$
BC	$(8)-(4)-(5)+(1)$	$(q-1)\cdot(r-1)$	$\sigma_e^2 + Q_{BC}$
ABC	$(9)-(6)-(7)-(8)+(3)+(4)+(5)-(1)$	$(p-1)\cdot(q-1)\cdot(r-1)$	$\sigma_e^2 + Q_{ABC}$
Fehler	$(2)-(9)-(10)+(6)$	$p\cdot q\cdot(n-1)\cdot(r-1)$	σ_e^2

Im zweiten Fall hingegen sind die Versuchspersonen nur nach einem Kriterium *A* gruppiert, und die Messwiederholungen erfolgen über die Kombinationen der Faktoren *B* und *C*. Beispiel: Die Ablenkbarkeit von Versuchspersonen, die nach dem Alter *A* gruppiert sind, wird unter den Kombinationen aus drei Lärmbedingungen *B* und zwei Temperaturbedingungen C überprüft.

Die rechnerische Durchführung richtet sich danach, welche dieser beiden Versuchsanordnungen jeweils vorliegt. Wir beginnen mit dem Fall, bei dem die Messwiederholungen auf einem Faktor erfolgen.

18.3.1 Zwei Gruppierungsfaktoren und ein Messwiederholungsfaktor

Die QS_{tot} beinhaltet wiederum die QS_{zw} und QS_{in}, wobei

$$QS_{zw} = QS_A + QS_B + QS_{AB} + QS_{P(AB)}$$

und

$$QS_{in} = QS_C + QS_{AC} + QS_{BC} + QS_{ABC} + QS_e.$$

Die Messwerte werden wie in einer dreifaktoriellen Varianzanalyse ohne Messwiederholungen (vgl. Kap. 16) in Summen zusammengefasst. Ferner bestimmen wir die Summe der Messwerte pro Versuchsperson $P_{ijm} = \sum_k y_{ijkm}$.

Berechnung der Kennziffern

Die Bestimmungsgleichungen für die Kennziffern lauten:

$$(1) = \frac{G^2}{p\cdot q\cdot r\cdot n}, \qquad (2) = \sum_i\sum_j\sum_k\sum_m y_{ijkm}^2,$$

$$(3) = \frac{\sum_i A_i^2}{q\cdot r\cdot n}, \qquad (4) = \frac{\sum_j B_j^2}{p\cdot r\cdot n},$$

$$(5) = \frac{\sum_k C_k^2}{p\cdot q\cdot n}, \qquad (6) = \frac{\sum_i\sum_j AB_{ij}^2}{r\cdot n},$$

$$(7) = \frac{\sum_i\sum_k AC_{ik}^2}{q\cdot n}, \qquad (8) = \frac{\sum_j\sum_k BC_{jk}^2}{p\cdot n},$$

$$(9) = \frac{\sum_i\sum_j\sum_k ABC_{ijk}^2}{n}, \qquad (10) = \frac{\sum_i\sum_j\sum_m P_{ijm}^2}{r}.$$

Tabelle 18.7 zeigt, wie die Quadratsummen und Freiheitsgrade berechnet werden.

Modell und Signifikanztests

Der dreifaktoriellen Varianzanalyse mit zwei Gruppierungs- und einem Messwiederholungsfaktor liegt folgendes Modell zugrunde:

$$y_{ijkm} = \mu + \alpha_i + \beta_j + \gamma_k + \alpha\beta_{ij} + \alpha\gamma_{ik} + \beta\gamma_{jk} + \alpha\beta\gamma_{ijk} + \pi_{m(ij)} + e_{ijkm}.$$

Die Faktoren *A*, *B* und *C* besitzen feste Effekte, die Personeneffekte werden wieder als zufällig angenommen, d. h. $\pi_{m(ij)} \sim N(0, \sigma_{P(AB)}^2)$, wobei die zufälligen Personeneffekte von den Fehlertermen unabhängig sind. Die Modellgleichung macht deutlich, dass die Personeneffekte in die beiden Gruppierungsfaktoren geschachtelt sind.

Unter den gemachten Annahmen werden die Hypothesen für die Haupteffekte sowie die Interaktion der Gruppierungsfaktoren *A* und *B* an dem mittleren Quadrat $MQ_{P(AB)}$ relativiert. Der Haupteffekt des Messwiederholungsfaktors *C* sowie die drei Interaktionen *AC*, *BC* und *ABC* werden an dem mittleren Fehlerquadrat MQ_e relativiert.

Tabelle 18.8. Rohdaten und Summen für Beispiel 18.5, dreifaktorielle Varianzanalyse mit Messwiederholungen auf einem Faktor

		1. Note (c_1)	2. Note (c_2)	3. Note (c_3)	P_{ijk}
mit Nachhilfeunterricht (a_1)	(b_1)	5	4	4	13
		4	2	3	9
		5	3	4	12
	(b_2)	4	4	4	12
		5	3	3	11
		5	4	4	13
ohne Nachhilfeunterricht (a_2)	(b_1)	4	3	3	10
		4	4	4	12
		5	5	5	15
	(b_2)	5	4	4	13
		4	5	4	13
		5	4	4	13

ABC-Summen

		c_1	c_2	c_3
a_1	b_1	14	9	11
	b_2	14	11	11
a_2	b_1	13	12	12
	b_2	14	13	12

AB-Summen

	b_1	b_2
a_1	34	36
a_2	37	39

$A_1 = 70$ $A_2 = 76$
$B_1 = 71$ $B_2 = 75$
$C_1 = 55$ $C_2 = 45$ $C_3 = 46$
$G = 146$

AC-Summen

	c_1	c_2	c_3
a_1	28	20	22
a_2	27	25	24

BC-Summen

	c_1	c_2	c_3
b_1	27	21	23
b_2	28	24	23

Aufgrund der erwarteten mittleren Quadrate aus Tab. 18.7 ergibt sich, dass sich die Varianzkomponente σ_P^2 durch

$$\hat{\sigma}_P^2 = (\mathrm{MQ}_{P(AB)} - \mathrm{MQ}_e)/r$$

schätzen lässt. Die Hypothese $H_0 : \sigma_P^2 = 0$ kann durch den *F*-Bruch $F = \mathrm{MQ}_{P(AB)}/\mathrm{MQ}_e$ überprüft werden.

BEISPIEL 18.5

Es soll überprüft werden, ob Nachhilfeunterricht die Schulnoten signifikant verbessert ($\alpha = 0{,}01$). Sechs Schüler, die Nachhilfeunterricht erhalten, werden sechs vergleichbaren Schülern ohne Nachhilfeunterricht (Kontrollgruppe) gegenübergestellt (Faktor *A*). In der Nachhilfegruppe und in der Kontrollgruppe befinden sich drei Jungen und drei Mädchen (Faktor *B*). Als abhängige Variable werden die Noten der Schüler vor Beginn (= 1. Note) und nach Abschluss des Nachhilfeunterrichts (= 2. Note) untersucht. Für die Kontrollgruppe gelten entsprechende Zeitpunkte. Um mögliche längerfristige Wirkungen des Nachhilfeunterrichts zu erfassen, werden zusätzlich die Noten nach Ablauf eines halben Jahres mitanalysiert (= 3. Note) (Faktor *C*). Tabelle 18.8 zeigt die Daten und Summen, die für die Berechnung der Kennziffern benötigt werden. Die Kennziffern lauten:

(1) = 592,11 (2) = 612,00 (3) = 593,11
(4) = 592,55 (5) = 597,17 (6) = 593,56
(7) = 599,67 (8) = 598,00 (9) = 600,67
(10) = 601,33

Das Ergebnis der Varianzanalyse ist in folgender Tabelle enthalten:

Quelle	QS	df	MQ	*F*
Zwischen				
A	1,000	1	1,000	1,029
B	0,444	1	0,444	0,457
AB	0,000	1	0,000	0,000
P(AB)	7,778	8	0,972	
Innerhalb				
C	5,056	2	2,528	11,375**
AC	1,500	2	0,750	3,375
BC	0,389	2	0,194	0,875
ABC	0,167	2	0,083	0,375
Fehler	3,556	16	0,222	

Wie das Ergebnis der Varianzanalyse zeigt, ist lediglich der Faktor *C* auf dem 1%-Niveau signifikant. Die kritschen *F*-Werte lauten: $F_{1,8;99\%} = 11{,}3$ und $F_{2,16;99\%} = 6{,}23$.

Die Noten haben sich insgesamt (summiert über die Faktoren *A* und *B*) verbessert. Da die *AC*-Interaktion nicht signifikant ist, haben sich die Noten der Schüler mit Nachhilfeunterricht nicht überzufällig anders verändert als die Noten der Schüler ohne Nachhilfeunterricht.

Für die Varianzkomponente $\sigma_{P(AB)}^2$ schätzen wir aufgrund der obigen Gleichung

$$\hat{\sigma}_{P(AB)}^2 = (0{,}972 - 0{,}222)/3 = 0{,}25.$$

Die durch die Unterschiedlichkeit der Personen verursachte Varianz in den Leistungswerten ist damit etwa so groß wie die durch Fehler verursachte Varianz, die $\mathrm{MQ}_e = 0{,}222$ beträgt.

Überprüft man die Varianzkomponente der Personen auf statistische Signifikanz, so erhält man $F = 0{,}972/0{,}222 = 4{,}375$. Der kritische F-Wert für $\alpha = 0{,}01$ lautet: $F_{8,16;99\%} = 3{,}89$. Somit ist dieser Test sehr signifikant, und die $H_0 : \sigma^2_{P(AB)} = 0$ wird verworfen.

18.3.2 Ein Gruppierungsfaktor und zwei Messwiederholungsfaktoren

Bei der Varianzanalyse mit Messwiederholungen über die Kombinationen zweier Faktoren wird die QS_{tot} zunächst wiederum in $QS_{tot} = QS_{zw} + QS_{in}$ zerlegt, wobei

$$QS_{zw} = QS_A + QS_{P(A)} \tag{18.12}$$

und

$$\begin{aligned} QS_{in} = {} & QS_B + QS_{AB} + QS_{BP(A)} + QS_C + QS_{AC} \\ & + QS_{CP(A)} + QS_{BC} + QS_{ABC} + QS_e. \end{aligned} \tag{18.13}$$

Modell und Signifikanztests

Die Modellgleichung der dreifaktoriellen Varianzanalyse mit einem Gruppierungs- und zwei Messwiederholungsfaktoren lautet:

$$\begin{aligned} y_{ijkm} = {} & \mu + \alpha_i + \beta_j + \gamma_k + \alpha\beta_{ij} + \alpha\gamma_{ik} \\ & \beta\gamma_{jk} + \alpha\beta\gamma_{ijk} + \pi_{m(i)} + \beta\pi_{jm(i)} + \gamma\pi_{km(i)} + e_{ijkm}. \end{aligned}$$

Die Treatmentfaktoren A, B und C werden als feste Faktoren betrachtet. Wiederum sind die Personeneffekte zufällig, wobei $\pi_{m(i)} \sim N(0, \sigma^2_{P(A)})$. Da auch Interaktionseffekte, die durch Kombination von festen und zufälligen Faktoren entstehen, als zufällige Effekte betrachtet werden, nehmen wir des Weiteren an, dass $\beta\pi_{jm(i)} \sim N(0, \sigma^2_{BP(A)})$ und $\gamma\pi_{km(i)} \sim N(0, \sigma^2_{CP(A)})$. Wiederum sind alle Zufallseffekte einschließlich der Fehlereffekte wechselseitig unabhängig voneinander.

Unter diesen Annahmen lassen sich aus den erwarteten mittleren Quadraten der Tab. 18.9 die Prüfgrößen für die einzelnen Effekte ablesen. Die Effekte werden in folgender Weise getestet:

$$\begin{aligned} & MQ_A \text{ an } MQ_{P(A)}, \\ & MQ_B \text{ und } MQ_{AB} \text{ an } MQ_{BP(A)}, \\ & MQ_C \text{ und } MQ_{AC} \text{ an } MQ_{CP(A)}, \\ & MQ_{BC} \text{ und } MQ_{ABC} \text{ an } MQ_e. \end{aligned}$$

Des Weiteren können alle drei Varianzkomponenten $\sigma^2_{P(A)}$, $\sigma^2_{BP(A)}$ und $\sigma^2_{CP(A)}$ sowohl getestet als auch geschätzt werden. Das Vorgehen ist ganz analog zur Überprüfung der Varianzkomponenten für das Design mit zwei Messwiederholungsfaktoren ohne Gruppierungsfaktor, s. Abschn. 18.2.2. Die Nullhypothesen lauten $H_0 : \sigma^2_{P(A)} = 0$, $H_0 : \sigma^2_{BP(A)} = 0$ und $H_0 : \sigma^2_{CP(A)} = 0$. Wie sich aus dem Vergleich der erwarteten mittleren Quadrate aus Tab. 18.9 ergibt, wird zur Überprüfung von $\sigma^2_{BP(A)}$ und $\sigma^2_{CP(A)}$ das entsprechende mittlere Quadrat an der MQ_e relativiert. Es werden also die F-Brüche $MQ_{BP(A)}/MQ_e$ und $MQ_{CP(A)}/MQ_e$ gebildet. Die Überprüfung der Varianzkomponente, welche die Unterschiedlichkeit der Personen charakterisiert, ist komplexer, da in Tab. 18.9 zunächst keine adäquate Prüfvarianz enthalten ist. Es ist deshalb die Bildung eines Quasi-F-Bruchs erforderlich. Die Überprüfung der $H_0 : \sigma^2_{P(A)} = 0$ erfolgt durch

$$F = \frac{MQ_{P(A)}}{MQ_{BP(A)} + MQ_{CP(A)} - MQ_e}.$$

Berechnet man den Erwartungswert des Nenners, also $E(MQ_{BP(A)}) + E(MQ_{CP(A)}) - E(MQ_e)$ mit Hilfe von Tab. 18.9, so erhält man den Ausdruck $\sigma^2_e + r \cdot \sigma^2_{BP(A)} + q \cdot \sigma^2_{CP(A)}$, der bis auf den letzen Term mit $E(MQ_{P(A)})$ identisch ist und deshalb zur Prüfung von $H_0 : \sigma^2_{P(A)} = 0$ verwendet werden kann.

Die Nennerfreiheitsgrade dieses Quasi-F-Bruchs werden durch folgende Formel berechnet:

$$df_{Nenner} = \frac{(MQ_{BP(A)} + MQ_{CP(A)} - MQ_e)^2}{MQ^2_{BP(A)}/df_{BP(A)} + MQ^2_{CP(A)}/df_{CP(A)} + MQ^2_e/df_e}.$$

Die Zählerfreiheitsgrade entsprechen $df_{P(A)}$ und können direkt aus Tab. 18.9 abgelesen werden.

Wiederum lässt sich aus dieser Überlegung ableiten, wie $\sigma^2_{P(A)}$ geschätzt werden kann. Wie man aufgrund der Betrachtungen zum Quasi-F-Bruch erkennt, gilt

$$\begin{aligned} q \cdot r \cdot \sigma^2_P = {} & E(MQ_{P(A)}) - \\ & [E(MQ_{BP(A)}) + E(MQ_{CP(A)}) - E(MQ_e)]. \end{aligned}$$

Ersetzt man nun die erwarteten mittleren Quadrate durch die aufgrund der Daten errechneten mittleren Quadrate, so kann dadurch die Varianzkomponente der Personen geschätzt werden. Man erhält also

$$\hat{\sigma}^2_{P(A)} = (MQ_{P(A)} - MQ_{BP(A)} - MQ_{CP(A)} + MQ_e)/(q \cdot r). \tag{18.14}$$

Tabelle 18.9. Dreifaktorielle Varianzanalyse mit Messwiederholungen auf zwei Faktoren

Quelle	QS	df	E(MQ)
Zwischen			
A	(3) − (1)	$p-1$	$\sigma_e^2 + r\cdot\sigma_{BP(A)}^2 + q\cdot\sigma_{CP(A)}^2 + q\cdot r\cdot\sigma_{P(A)}^2 + Q_A$
$P(A)$	(10) − (3)	$p\cdot(n-1)$	$\sigma_e^2 + r\cdot\sigma_{BP(A)}^2 + q\cdot\sigma_{CP(A)}^2 + q\cdot r\cdot\sigma_{P(A)}^2$
Innerhalb			
B	(4) − (1)	$q-1$	$\sigma_e^2 + r\cdot\sigma_{BP(A)}^2 + Q_B$
AB	(6) − (3) − (4) + (1)	$(p-1)\cdot(q-1)$	$\sigma_e^2 + r\cdot\sigma_{BP(A)}^2 + Q_{AB}$
$BP(A)$	(11) − (6) − (10) + (3)	$p\cdot(n-1)\cdot(q-1)$	$\sigma_e^2 + r\cdot\sigma_{BP(A)}^2$
C	(5) − (1)	$r-1$	$\sigma_e^2 + q\cdot\sigma_{CP(A)}^2 + Q_C$
AC	(7) − (3) − (5) + (1)	$(p-1)\cdot(r-1)$	$\sigma_e^2 + q\cdot\sigma_{CP(A)}^2 + Q_{AC}$
$CP(A)$	(12) − (7) − (10) + (3)	$p\cdot(n-1)\cdot(r-1)$	$\sigma_e^2 + q\cdot\sigma_{CP(A)}^2$
BC	(8) − (4) − (5) + (1)	$(q-1)\cdot(r-1)$	$\sigma_e^2 + Q_{BC}$
ABC	(9) − (6) − (7) − (8) + (3) + (4) + (5) − (1)	$(p-1)\cdot(q-1)\cdot(r-1)$	$\sigma_e^2 + Q_{ABC}$
Fehler	(2)−(9)−(11)−(12)+ (6) + (7) + (10) − (3)	$p\cdot(n-1)\cdot(q-1)\cdot(r-1)$	σ_e^2

Für die Schätzung der Varianzkomponenten, welche die Interaktion der Treatmentfaktoren mit den Personen beschreiben, erhält man die Gleichungen

$$\hat{\sigma}_{BP(A)}^2 = (\text{MQ}_{BP(A)} - \text{MQ}_e)/r \quad \text{und} \tag{18.15}$$

$$\hat{\sigma}_{CP(A)}^2 = (\text{MQ}_{CP(A)} - \text{MQ}_e)/q. \tag{18.16}$$

Berechnung der Quadratsummen

Wie üblich werden die Messwerte zu verschiedenen Summen für die Haupteffekte, Interaktionen und Personen zusammengefasst. Gegenüber der dreifaktoriellen Varianzanalyse mit Messwiederholungen auf einem Faktor werden hier zwei weitere Summen benötigt, die sich aus den Kombinationen der Versuchspersonen mit dem Gruppenfaktor und jeweils einem der Messwiederholungsfaktoren ergeben:

$$ABP_{ijm} = \sum_k y_{ijkm}, \quad ACP_{ikm} = \sum_j y_{ijkm}.$$

Für die Quadratsummenbestimmung setzen wir folgende Kennziffern ein:

$$(1) = \frac{G^2}{p\cdot q\cdot r\cdot n}, \qquad (2) = \sum_i\sum_j\sum_k\sum_m y_{ijkm}^2,$$

$$(3) = \frac{\sum_i A_i^2}{q\cdot r\cdot n}, \qquad (4) = \frac{\sum_j B_j^2}{p\cdot r\cdot n},$$

$$(5) = \frac{\sum_k C_k^2}{p\cdot q\cdot n}, \qquad (6) = \frac{\sum_i\sum_j AB_{ij}^2}{r\cdot n},$$

$$(7) = \frac{\sum_i\sum_k AC_{ik}^2}{q\cdot n}, \qquad (8) = \frac{\sum_j\sum_k BC_{jk}^2}{p\cdot n},$$

$$(9) = \frac{\sum_i\sum_j\sum_k ABC_{ijk}^2}{n}, \qquad (10) = \frac{\sum_i\sum_m P_{im}^2}{q\cdot r},$$

$$(11) = \frac{\sum_i\sum_j\sum_m ABP_{ijm}^2}{r}, \qquad (12) = \frac{\sum_i\sum_k\sum_m ACP_{ikm}^2}{q}.$$

Tabelle 18.9 zeigt, wie die Quadratsummen und Freiheitsgrade berechnet werden.

BEISPIEL 18.6

Untersucht wird die Frage, ob sich Testangst (hohe vs. niedrige Testangst: Faktor A) auf die verbale und praktische Intelligenz (Faktor C) unterschiedlich auswirkt. Zusätzlich wird gefragt, ob Testangst die Leistungen in einem Gruppentest oder in einer Einzeltestsituation (Faktor B) mehr beeinflusst ($\alpha = 0{,}05$). Alle drei Faktoren haben somit zwei Stufen, d. h., es gilt $p = q = r = 2$. Abhängige Variablen sind die Testleistungen, die die Versuchspersonen ($n = 6$) in zwei Parallelformen eines verbalen Intelligenztests und eines Tests zur Erfassung der praktischen Intelligenz erzielen. Die Tests sind so standardisiert, dass sie in der Eichstichprobe gleiche Mittelwerte und gleiche Streuungen aufweisen. Tabelle 18.10 zeigt die Daten und die für den Rechengang benötigten Summen. Die Kennziffern lauten:

(1) = 512740,0	(2) = 513261	(3) = 512740,0
(4) = 512740,2	(5) = 512741,7	(6) = 512845,3
(7) = 512835,3	(8) = 512741,9	(9) = 512940,5
(10) = 512972,8	(11) = 513099,5	(12) = 513099,5

Die Ergebnisse der Varianzanalyse sind in folgender Tabelle zusammengefasst:

Quelle	QS	df	MQ	F
Zwischen				
A	0,021	1	0,021	0,001
$P(A)$	232,708	10	23,271	
Innerhalb				
B	0,187	1	0,187	0,087
AB	105,021	1	105,021	48,752**
$BP(A)$	21,542	10	2,154	
C	1,687	1	1,687	0,535
AC	93,521	1	93,521	29,650**
$CP(A)$	31,542	10	3,154	
BC	0,021	1	0,021	0,006
ABC	0,021	1	0,021	0,006
Fehler	34,708	10	3,471	

Tabelle 18.10. Rohdaten und Summen für Beispiel 18.6, dreifaktorielle Varianzanalyse mit Messwiederholungen auf zwei Faktoren

		C	Verbale Intelligenz		Praktische Intelligenz		
		B	Einzeltest	Gruppentest	Einzeltest	Gruppentest	P_{im}
A	hohe Testangst		99	104	102	106	411
			102	103	101	104	410
			97	101	103	104	405
			104	106	107	112	429
			103	106	104	109	422
			97	99	104	103	403
	niedrige Testangst		107	103	104	98	412
			109	104	104	106	423
			104	105	106	102	417
			110	105	104	103	422
			102	99	102	96	399
			105	102	102	99	408

ABC-Summen

	c_1		c_2	
	b_1	b_2	b_1	b_2
a_1	602	619	621	638
a_2	637	618	622	604

AB-Summen

	b_1	b_2
a_1	1233	1257
a_2	1259	1222

BC-Summen

	c_1	c_2
b_1	1239	1243
b_2	1237	1242

AC-Summen

	c_1	c_2
a_1	1221	1259
a_2	1255	1226

ABP-Summen

		b_1	b_2
a_1	P_1	201	210
	P_2	203	207
	P_3	200	205
	P_4	211	218
	P_5	207	215
	P_6	201	202
a_2	P_1	211	201
	P_2	213	210
	P_3	210	207
	P_4	214	208
	P_5	204	195
	P_6	207	201

ACP-Summen

		c_1	c_2
a_1	P_1	203	208
	P_2	205	205
	P_3	198	207
	P_4	210	219
	P_5	209	213
	P_6	196	207
a_2	P_1	210	202
	P_2	213	210
	P_3	209	208
	P_4	215	207
	P_5	201	198
	P_6	207	201

$A_1 = 2480$ $A_2 = 2481$
$B_1 = 2482$ $B_2 = 2479$
$C_1 = 2476$ $C_2 = 2485$
$G = 4961$

Die kritischen *F*-Werte lauten $F_{1,10;95\%} = 4{,}96$ und $F_{1,10;99\%} = 10{,}04$. Es erweisen sich somit die *AC*- und *AB*-Interaktionen als signifikant. Die Leistungen der Versuchspersonen mit hoher bzw. niedriger Testangst hängen in unterschiedlicher Weise von der Art der Aufgaben (verbale vs. praktische Aufgaben) und von der Testsituation (Gruppe vs. Einzeln) ab. Differenziertere Interpretationen können den jeweiligen Summentabellen bzw. Interaktionsdiagrammen entnommen werden.

Schätzt man die drei Varianzkomponenten mit Hilfe der Gl. (18.14), (18.15) und (18.16), so erhält man $\hat{\sigma}^2_{P(A)} = 5{,}358$, $\hat{\sigma}^2_{BP(A)} = -0{,}658$ und $\hat{\sigma}^2_{CP(A)} = -0{,}158$. Für zwei der drei Varianzkomponenten ergeben sich negative Schätzwerte. Da Varianzen nicht negativ sein dürfen, sind diese Schätzwerte nicht zulässig. Trotzdem können solche Schätzwerte resultieren. Eine mögliche Ursache dafür können falsche Modellannahmen sein. Es ist aber auch möglich, dass die wahren Varianzkomponenten praktisch null sind und der Schätzwert im Rahmen des Schätzfehlers von dem wahren Wert abweicht. Ist der wahre Wert der Varianzkomponente tatsächlich null, so sind negative Schätzwerte nicht unplausibel.

Gehen wir im Beispiel davon aus, dass den beiden negativen Varianzkomponentenschätzern wahre Werte von null entsprechen, dann erübrigt sich natürlich die Signifikanzprüfung.

Für die Signifikanzprüfung der verbleibenden Varianzkomponente, $H_0 : \sigma^2_{P(A)} = 0$, ergibt sich $F = 232{,}708/2{,}329 = 12{,}664$. Die Nennerfreiheitsgrade, die zur Signifikanzprüfung der Personenvarianz durch den Quasi-F-Bruch benötigt werden, berechnet man wie oben dargestellt. Man erhält:

$$\begin{aligned} df_{\text{Nenner}} &= \frac{(2{,}154 + 3{,}154 - 3{,}471)^2}{2{,}154^2/10 + 3{,}154^2/10 + 3{,}471^2/10} = 1{,}268 \\ &\approx 1. \end{aligned}$$

Die Zählerfreiheitsgrade bleiben unverändert. Die kritischen F-Werte lauten also $F_{10,1;0,95} = 241$. Der Signifikanztest führt damit zur Beibehaltung der Nullhypothese.

18.4 Voraussetzungen der Varianzanalyse mit Messwiederholungen

Eine der Voraussetzungen der Varianzanalyse ohne Messwiederholungen besagt, dass die Messungen zwischen verschiedenen Treatmentstufen unabhängig sein müssen. Diese Voraussetzung ist bei Messwiederholungsanalysen – wie im folgenden Text gezeigt wird – in der Regel verletzt. Dennoch führen die in diesem Kapitel behandelten F-Tests zu richtigen Entscheidungen, wenn eine zusätzliche Voraussetzung, die die Korrelationen zwischen den Messzeitpunkten betrifft, erfüllt ist. Verletzungen dieser Voraussetzung haben gravierendere Konsequenzen als Verletzungen der übrigen varianzanalytischen Voraussetzungen: Sie führen zu progressiven Entscheidungen, d. h., zu Entscheidungen, die die H_1 häufiger begünstigen als nach dem nominellen Signifikanzniveau α zu erwarten wäre (vgl. hierzu Box, 1954b; Collier et al., 1967; Gaito, 1973; Geisser & Greenhouse, 1958; Huynh, 1978; Huynh & Feldt, 1970; Huynh & Mandeville, 1979; Keselman et al., 1980; Kogan, 1948; Rogan et al., 1979; Stoloff, 1970). Wir werden diese Voraussetzung im Folgenden am Beispiel der einfaktoriellen Varianzanalyse mit Messwiederholungen ausführlich erläutern.

18.4.1 Korrelationen zwischen wiederholten Messungen: Ein Beispiel

Es geht um die Frage, wie sich drei verschiedene Beleuchtungsstärken (Faktor A) auf die Arbeitsleistungen von fünf verschiedenen Versuchspersonen auswirken. Wir wollen einmal annehmen, dass die unter verschiedenen Beleuchtungsbedingungen erbrachten Leistungen aller Versuchspersonen im Durchschnitt acht Arbeitseinheiten betragen mögen. Also $\bar{G} = 8$.

Ferner gehen wir davon aus, dass die durchschnittlichen Arbeitsleistungen der fünf Versuchspersonen in folgender Weise vom Gesamtdurchschnitt abweichen:

Vp 1: $\bar{G} + 3 = 11$,
Vp 2: $\bar{G} + 1 = 9$,
Vp 3: $\bar{G} + 0 = 8$,
Vp 4: $\bar{G} - 2 = 6$,
Vp 5: $\bar{G} - 2 = 6$.

Üben die drei Beleuchtungsstärken keinen Einfluss auf die Arbeitsleistungen aus, erwarten wir folgende Messwerte für die fünf Versuchspersonen:

Vp	a_1	a_2	a_3	Personeneffekt
1	11	11	11	3
2	9	9	9	1
3	8	8	8	0
4	6	6	6	−2
5	6	6	6	−2
				$\bar{G} = 8$

Die einzelnen Versuchspersonen erzielen unter den drei Beleuchtungsstärken jeweils die gleichen Werte. Die a priori Unterschiede zwischen den Versuchspersonen (= Personeneffekte) werden unter jeder Beleuchtungsart repliziert.

Als Nächstes nehmen wir an, dass sich die drei Beleuchtungsstärken im Durchschnitt folgendermaßen auf die Arbeitsleistungen auswirken:

a_1: $\bar{G} - 3 = 5$,
a_2: $\bar{G} + 1 = 9$,
a_3: $\bar{G} + 2 = 10$.

Wenn wir davon ausgehen, dass sich jede von einer Versuchsperson unter einer bestimmten Beleuchtungsbedingung erbrachte Leistung additiv aus dem allgemeinen Gesamtdurchschnitt, der individuellen Durchschnittsleistung und dem Beleuchtungseffekt zusammensetzt, erhalten wir die in Tab. 18.11 zusammengestellten Einzelleistungen.

Tabelle 18.11. Numerisches Beispiel für maximale Abhängigkeit der Daten unter den Faktorstufen

Vp	Beleuchtung a_1	a_2	a_3	Personeneffekt
1	8	12	13	3
2	6	10	11	1
3	5	9	10	0
4	3	7	8	−2
5	3	7	8	−2
Effekt	−3	1	2	$\bar{G} = 8$

Tabelle 18.12. Beispiel für unterschiedlich korrelierte Messwerte

a) Homogene Korrelationen

Vp	a_1	a_2	a_3	P_m	
1	10	11	12	33	
2	6	10	11	27	
3	3	10	11	24	$r_{12} = 0{,}75$
4	4	8	6	18	$r_{13} = 0{,}44$
5	2	6	10	18	$r_{23} = 0{,}53$
A_i	25	45	50	$G = 120$	

b) Heterogene Korrelationen

Vp	a_1	a_2	a_3	P_m	
1	9	5	19	33	
2	3	10	14	27	
3	2	11	11	24	$r_{12} = -0{,}94$
4	4	11	3	18	$r_{13} = 0{,}22$
5	7	8	3	18	$r_{23} = -0{,}52$
A_i	25	45	50	$G = 120$	

Die Leistung der vierten Versuchsperson unter der Beleuchtung a_2 z. B. ergibt sich zu:

$$y_{42} = 8 + (-2) + 1 = 7.$$

In diesem theoretischen Beispiel wirken sich die a priori Unterschiede zwischen den Versuchspersonen in gleicher Weise auf alle erhobenen Messungen aus, d. h., die unter jeder Beleuchtungsstärke erhobenen Daten geben die a priori Unterschiede zwischen den Versuchspersonen exakt wieder. Dies hat zur Konsequenz, dass die unter den drei Beleuchtungsbedingungen erhobenen Messwerte jeweils paarweise zu 1,0 miteinander korrelieren, d. h.

$$r_{12} = r_{13} = r_{23} = 1{,}0.$$

In empirischen Untersuchungen beinhalten die individuellen Leistungen jedoch zusätzlich zufällige Fehlerkomponenten und eventuell Interaktionskomponenten (in unserem Beispiel wären dies Effekte, die auf die spezielle Reaktionsweise einer Versuchsperson auf eine bestimmte Beleuchtung zurückzuführen sind), die die Messwerte spaltenweise unsystematisch verändern und damit zu einer Verringerung der korrelativen Abhängigkeiten zwischen den Messwertreihen führen.

Eine der in Kap. 12.2 erwähnten Voraussetzungen der Varianzanalyse besagt, dass die unter den einzelnen Faktorstufen beobachteten Fehlervarianzen homogen sein müssen. Übertragen wir diese Voraussetzung auf die Fehlervarianz der Varianzanalyse mit Messwiederholungen, so leitet sich hieraus die Forderung ab, dass die Messwerte unter jeder Faktorstufe in gleichem Ausmaß Fehlereffekte enthalten. Im Beispiel müssten also die bestehenden a priori Unterschiede zwischen den Versuchspersonen bei jeder Beleuchtungsart im gleichen Ausmaß durch Fehlereffekte überlagert sein.

Die Überlagerung der a priori Unterschiede der Personen durch Fehlereffekte bedeutet ferner, dass die Korrelationen zwischen den Messungen der Treatmentstufen nicht mehr perfekt sind. Soll der F-Test im Rahmen einer Messwiederholungsanalyse zu richtigen Entscheidungen führen, ist zu fordern, dass die perfekten Korrelationen zwischen den Spalten der Tab. 18.11 einheitlich um einen konstanten Betrag reduziert werden bzw. dass alle Stichprobenkorrelationen zwischen den Treatmentstufen Schätzungen einer gemeinsamen Populationskorrelation sind.

In Varianzanalysen mit Messwiederholungen müssen die Varianzen unter den einzelnen Faktorstufen und die Korrelationen zwischen den Faktorstufen homogen sein. Eine Verletzung dieser Voraussetzung führt zu progressiven Entscheidungen.

Man beachte, dass die Forderung nach homogenen Korrelationen bedeutungslos ist, wenn nur zwei Messzeitpunkte untersucht werden.

Die Korrelationen können im Extremfall sämtlich null werden, was bedeutet, dass zwischen den Messwertreihen unter den Treatmentstufen keine Abhängigkeiten bestehen bzw. dass die a priori Unterschiede zwischen den Versuchspersonen die Leistungen unter den verschiedenen Beleuchtungsbedingungen wegen zu starker Residualeffekte überhaupt nicht beeinflussen. Man kann zeigen, dass in diesem Fall die Varianzanalyse mit Messwiederholungen mit einer Varianzanalyse ohne Messwiederholungen identisch ist.

In Tab. 18.12 sind die in Tab. 18.11 enthaltenen Messwerte so modifiziert (durch Residualeffekte überlagert), dass sich im Fall a) homogene und im Fall b) heterogene Korrelationen ergeben.

Die Leistungen repräsentieren unter allen drei Beleuchtungsstärken die a priori Unterschiede im Fall a) besser als im Fall b).

Korrektur der Freiheitsgrade

Im Folgenden werden wir ein Korrekturverfahren vorstellen, das eventuelle Verletzungen dieser Voraussetzung kompensiert. Das Rationale dieses Verfahrens basiert jedoch nicht auf der strengen Annahme homogener Korrelationen, sondern auf einer liberaleren Voraussetzung, nach der die Varianzen der Differenzen der Messungen von jeweils zwei Treatmentstufen homogen sein müssen

($\sigma^2_{a_i - a_{i'}}$ = const. für $i \neq i'$). Genauer sind die Bedingungen für einen validen *F*-Test in der sog. *Zirkularitätsannahme* zusammengefasst (vgl. hierzu etwa Keselman et al., 1981). Ein Spezialfall dieser Voraussetzung ist die oben erwähnte Homogenität der Korrelationen.

Verletzungen der Zirkularitätsannahme liegen vor, wenn heterogene Korrelationen zwischen den Messzeitpunkten unsystematisch variieren. Sie lassen sich nach Box (1954b) dadurch kompensieren, dass man für den kritischen *F*-Wert des Tests in der Messwiederholungsanalyse modifizierte Freiheitsgrade verwendet.

Das im Folgenden behandelte Korrekturverfahren ist nach Wallenstein und Fleiss (1979) auch dann zu verwenden, wenn – was für Varianzanalysen mit Messwiederholungen typisch ist – die Korrelationen zwischen zwei Messzeitpunkten mit wachsendem zeitlichen Abstand abnehmen.

Der *F*-Test der einfaktoriellen Varianzanalyse mit Messwiederholungen hat normalerweise $p - 1$ Zählerfreiheitsgrade und $(p - 1) \cdot (n - 1)$ Nennerfreiheitsgrade. Er ist nur gültig, wenn die oben erwähnte Voraussetzung erfüllt ist. Bei Verletzung dieser Voraussetzung folgt der empirische *F*-Wert einer theoretischen *F*-Verteilung mit reduzierten Zähler- und Nennerfreiheitsgraden. Diese reduzierten Freiheitsgrade erhält man, indem die „normalen" Freiheitsgrade mit einem Faktor ε, wobei ($\varepsilon < 1$) ist, gewichtet werden. Je stärker die Zirkularitätsannahme verletzt ist, desto kleiner wird ε, d. h., man erhält bei einer deutlichen Verletzung der Voraussetzung weniger Zähler- und Nennerfreiheitsgrade für den kritischen *F*-Wert. Der so modifizierte *F*-Test vergleicht damit den empirischen *F*-Wert mit einem größeren kritischen *F*-Wert als der „normale" *F*-Test, d. h., die Wahrscheinlichkeit einer progressiven Entscheidung zugunsten von H_1 wird verringert. Wie Geisser und Greenhouse (1958) zeigen, ergibt sich bei einer *maximalen* Heterogenität der Korrelationen bzw. Kovarianzen für ε der Wert $1/(p - 1)$, d. h.

$$\frac{1}{p-1} \leq \varepsilon \leq 1.$$

Der Faktor ε lässt sich aufgrund der aus den Daten errechneten Kovarianzmatrix schätzen. Für drei Messzeitpunkte, also $p = 3$, hätte die Kovarianzmatrix folgende allgemeine Form

$$\boldsymbol{S} = \begin{pmatrix} s_{11} & s_{12} & s_{13} \\ s_{21} & s_{22} & s_{23} \\ s_{31} & s_{32} & s_{33} \end{pmatrix}.$$

Da Kovarianzmatrizen symmetrisch sind, gilt für diese Matrix $s_{12} = s_{21}$, $s_{13} = s_{31}$ und $s_{23} = s_{32}$. Außerdem sollte beachtet werden, dass in der Diagonalen von $\boldsymbol{S}$ die Varianzen der Werte des jeweiligen Messzeitpunktes stehen. Da die Varianz auch als Kovarianz einer Variablen mit sich selbst betrachtet werden kann, wurden in $\boldsymbol{S}$ die Diagonalelemente als s_{ii} anstatt als s_i^2 bezeichnet. Diese alternative Bezeichnung von Varianzen wird in der folgenden Gleichung, mit der ε geschätzt werden kann, verwendet

$$\hat{\varepsilon} = \frac{p^2 \cdot (\bar{s}_{ii} - \bar{s}_{..})^2}{(p-1) \cdot [\sum_i \sum_j s_{ij}^2 - 2 \cdot p \cdot \sum_i \bar{s}_{i.}^2 + p^2 \cdot \bar{s}_{..}^2]}, \quad (18.17)$$

wobei

$\bar{s}_{ii}$ Mittel der Diagonalelemente von $\boldsymbol{S}$

$\bar{s}_{i.}$ Mittelwert der *i*-ten Zeile von $\boldsymbol{S}$

$\bar{s}_{..}$ Gesamtmittel aller Elemente von $\boldsymbol{S}$

Die Schätzung in Gl. (18.17) wird auch als „Greenhouse-Geisser-Epsilon" bezeichnet.

Resultiert ein $\hat{\varepsilon}$-Wert im Bereich $\hat{\varepsilon} < 0{,}75$, sind die Freiheitsgrade in folgender Weise zu korrigieren:

$$df_{\text{Zähler}} = \hat{\varepsilon} \cdot (p - 1), \quad (18.18)$$

$$df_{\text{Nenner}} = \hat{\varepsilon} \cdot (p - 1) \cdot (n - 1). \quad (18.19)$$

Für $\hat{\varepsilon} > 0{,}75$ empfehlen Huynh und Feldt (1976) statt dem Greenhouse-Geisser-Epsilon $\hat{\varepsilon}$ den Faktor

$$\tilde{\varepsilon} = \frac{n \cdot (p-1) \cdot \hat{\varepsilon} - 2}{(p-1) \cdot [n - 1 - (p-1) \cdot \hat{\varepsilon}]}, \quad (18.20)$$

der als „Huynh-Feldt-Epsilon" bezeichnet wird, zur Korrektur der Freiheitsgrade. Da $\tilde{\varepsilon}$ (wie auch $\hat{\varepsilon}$) eine Schätzung von ε darstellt, kann es vorkommen, dass $\tilde{\varepsilon}$ größer als 1,0 ist. In diesem Fall setzt man $\tilde{\varepsilon} = 1{,}0$.

Für zweifaktorielle Pläne errechnet man $\tilde{\varepsilon}$ wie folgt:

$$\tilde{\varepsilon} = \frac{p \cdot n \cdot (q-1) \cdot \hat{\varepsilon} - 2}{(q-1) \cdot [p \cdot n - p - (q-1) \cdot \hat{\varepsilon}]}. \quad (18.21)$$

Man beachte, dass p hierbei die Anzahl der Gruppen und q die Anzahl der Messungen kennzeichnen.

Weitere Hinweise zur ε-Korrektur und alternative Ansätze findet man bei Algina (1994). Über die Verwendung der sog. Welch-James-Prozedur bei heterogenen Kovarianzen berichten Keselman et al. (1993).

Beispiel für einen einfaktoriellen Plan

Das eingangs erwähnte Beispiel 18.1 resultiert in einem signifikanten *F*-Wert. Die Interpretation dieses Befundes stellten wir vorerst zurück, da die Frage, ob die Voraussetzungen für die Durchführung des *F*-Tests erfüllt sind, offen geblieben war. Wir wollen nun überprüfen, ob eine Verletzung der Zirkularitätsannahme vorliegt, was eine Korrektur der Freiheitsgrade erforderlich machen würde.

Hierfür bestimmen wir zunächst alle Varianzen und Kovarianzen, die in einer Varianz-Kovarianz-Matrix $\boldsymbol{S}$ zusammengefasst werden. Wir ermitteln für $\boldsymbol{S}$:

$$\boldsymbol{S} = \begin{bmatrix} 1{,}21 & 0{,}71 & -0{,}19 \\ 0{,}71 & 2{,}27 & 0{,}20 \\ -0{,}19 & 0{,}20 & 1{,}34 \end{bmatrix}.$$

Nach der Terminologie von Gl. (18.17) haben die zehn Werte unter der Bedingung „morgens“ eine Varianz von $s_{11} = 1{,}21$, und die Kovarianz zwischen den Bedingungen „morgens“ und „mittags“ hat den Wert $s_{12} = 0{,}71$. Durch Berechnung des Mittelwertes einer Zeile (oder einer Spalte) von $\boldsymbol{S}$ resultieren:

$$\bar{s}_{1\cdot} = 0{,}58,$$
$$\bar{s}_{2\cdot} = 1{,}06,$$
$$\bar{s}_{3\cdot} = 0{,}45.$$

Der Mittelwert der Diagonalelemente von $\boldsymbol{S}$ heißt

$$\bar{s}_{ii} = 1{,}61,$$

und der Gesamtmittelwert aller Elemente von $\boldsymbol{S}$ lautet

$$\bar{s}_{\cdot\cdot} = 0{,}70.$$

Verwenden wir diese Ergebnisse, um einzelne Ausdrücke der Gl. (18.17) zu ermitteln, so erhalten wir

$$\sum_i \sum_j s_{ij}^2 = 1{,}21^2 + 0{,}71^2 + \cdots + 1{,}34^2 = 9{,}57$$
$$\sum_i \bar{s}_{i\cdot}^2 = 0{,}58^2 + 1{,}06^2 + 0{,}45^2 = 1{,}66.$$

Damit erhält man:

$$\hat{\varepsilon} = \frac{3^2 \cdot (1{,}61 - 0{,}70)^2}{2 \cdot (9{,}57 - 2 \cdot 3 \cdot 1{,}66 + 3^2 \cdot 0{,}70^2)} = 0{,}93.$$

Es resultiert $\hat{\varepsilon} > 0{,}75$. Wir errechnen deshalb den Korrekturfaktor $\tilde{\varepsilon}$ nach Gl. (18.20):

$$\tilde{\varepsilon} = \frac{10 \cdot (3-1) \cdot 0{,}93 - 2}{(3-1) \cdot [10 - 1 - (3-1) \cdot 0{,}93]} = 1{,}16.$$

Der Wert ist größer als 1,0, d. h., wir setzen $\tilde{\varepsilon} = 1{,}0$. Die mit diesem Faktor durchgeführte Freiheitsgradkorrektur nach Gl. (18.18) und (18.19) verändert die Freiheitsgrade nicht. Die Voraussetzung für den *F*-Test sowie für den Scheffé-Test des Beispiels 18.1 kann als erfüllt angesehen werden.

Ist wegen $\tilde{\varepsilon}$ (bzw. $\hat{\varepsilon}$) < 1 eine Korrektur der Freiheitsgrade erforderlich, werden die korrigierten Freiheitsgrade ganzzahlig abgerundet. Die Ungenauigkeit, die hierdurch besonders für kleinere Anzahlen von Freiheitsgraden entsteht, kann nach einer Tabelle von Imhof (1962) korrigiert werden (vgl. hierzu auch Huynh & Feldt, 1976, S. 80).

Konservative *F*-Tests. Die Berechnung eines Korrekturfaktors ε kann man sich ersparen, wenn der *F*-Test der einfaktoriellen Varianzanalyse mit Messwiederholungen bereits für einen Zählerfreiheitsgrad und $n-1$ Nennerfreiheitsgrade signifikant ist. Diese Freiheitsgrade resultieren für einen minimalen ε-Wert, $\varepsilon = 1/(p-1)$, dem eine maximale Verletzung der Zirkularitätsvoraussetzung entspricht, d. h., dieser *F*-Test führt immer dann zu konservativen Entscheidungen, wenn – was auf die meisten Untersuchungen zutreffen dürfte – die Homogenitätsvoraussetzung nicht extrem verletzt ist.

SOFTWAREHINWEIS 18.1

Die Berechnung des Greenhouse-Geisser- sowie des Huynh-Feldt-Epsilons von Hand ist sehr mühsam. Für viele Statistikprogrammpakete, z. B. SPSS und SAS, gehören die Epsilon-Werte aber zum Standard-Output von Modulen zur Berechnung von Varianzanalysen mit Messwiederholungen. Auch wenn durch die Formulierung des varianzanalytischen Modells einschließlich der Kennzeichnung der Faktoren als „zufällig“ oder „fest“ die Varianzanalyse auch mit nicht speziell dafür ausgelegten Prozeduren, z. B. SPSS – UNIANOVA, erfolgen kann, so ist gerade die Berechnung der Epsilon-Werte ein wichtiger Grund, die spezialisierten Routinen zu bevorzugen. In SPSS können die Epsilon-Werte mit GLM berechnet werden.

Im Übrigen werden die Epsilon-Werte nur für die Innersubjekteffekte berechnet. Also für die Effekte, welche im „Innerhalb“-Teil der Varianzanalysetabelle aufgeführt sind, da die Tests der Effekte des „Zwischen“-Teils von Verletzungen der Zirkularitätsannahme nicht beeinträchtigt werden (Stuart et al., 1999, S. 720).

Da die Berechnung der Epsilon-Werte zur Korrektur der Freiheitsgrade in der Regel mit Hilfe von statistischen Programmpaketen erfolgt, soll an dieser Stelle auf weitere Berechnung der Epsilon-Werte für weitere Versuchspläne verzichtet werden.

Hinweise: Gelegentlich wird bei Messwiederholungsdaten die varianzanalytische Hypothesenprüfung durch ein multivariates Verfahren (Hotel-

18

lings T^2-Test) eingesetzt, wobei die wiederholten Messungen einer Versuchsperson wie Messungen auf verschiedenen abhängigen Variablen behandelt werden. Dass dieses Verfahren der Varianzanalyse mit Messwiederholungen keinesfalls immer überlegen ist, zeigen Romaniuk et al. (1977). Es wird empfohlen, dieses Verfahren nur einzusetzen, wenn $n > 20$ und $\varepsilon < 0{,}75$ (vgl. auch Algina & Keselman, 1997; Huynh & Feldt, 1976 oder Rogan et al., 1979).

ÜBUNGSAUFGABEN

Einfaktorielle Varianzanalyse mit einem Messwiederholungsfaktor

Aufgabe 18.1 Erläutern Sie, was man unter der Homogenität einer Varianz-Kovarianz-Matrix versteht.

Aufgabe 18.2 Erläutern Sie, warum die einfaktorielle Messwiederholungsanalyse als eine Erweiterung des t-Tests für Beobachtungspaare interpretiert werden kann.

Aufgabe 18.3 Es soll die Hypothese überprüft werden, dass bei neurologisch geschädigten Kindern der Verbal-IQ auf der Wechsler-Intelligenz-Skala für Kinder höher ausfällt als der Handlungs-IQ. Hopkins (1964), zitiert nach Glass und Stanley (1970), verglich in einer Gruppe von 30 Kindern im Alter von sechs bis zwölf Jahren, die als neurologisch geschädigt diagnostiziert wurden, den Verbal-IQ mit dem Handlungs-IQ und erhielt folgende Werte:

Kind	Verbal-IQ	Handlungs-IQ
1	87	83
2	80	89
3	95	100
4	116	117
5	77	86
6	81	97
7	106	114
8	97	90
9	103	89
10	109	80
11	79	106
12	103	96
13	126	121
14	101	93
15	113	82
16	83	85
17	83	77
18	92	84
19	95	85
20	100	95
21	85	99
22	89	90
23	86	93
24	86	100
25	103	94
26	80	100
27	99	107
28	101	82
29	72	106
30	96	108

a) Überprüfen Sie mit einem t-Test für Beobachtungspaare, ob sich der durchschnittliche Verbal-IQ der Kinder signifikant vom durchschnittlichen Handlungs-IQ unterscheidet.
b) Überprüfen Sie mit einer einfaktoriellen Varianzanalyse mit Messwiederholungen, ob sich der durchschnittliche Verbal-IQ der Kinder vom durchschnittlichen Handlungs-IQ der Kinder unterscheidet.
c) Zeigen Sie die Äquivalenz beider Ergebnisse.

Aufgabe 18.4 In einer einfaktoriellen Varianzanalyse mit Messwiederholungen wurden folgende Werte ermittelt:

$$MQ_A = 17{,}48, \quad df_A = 3,$$
$$MQ_e = 1{,}92, \quad df_e = 57.$$

Entscheiden Sie mit Hilfe des konservativen F-Tests, ob die H_1 auf dem 1%-Niveau akzeptiert werden kann.

Aufgabe 18.5 Diskutieren Sie, welche der folgenden Versuche mit einer Varianzanalyse für Messwiederholungen bzw. einem t-Test für Beobachtungspaare ausgewertet werden müssen.
a) Die Wirkung eines Treatments soll untersucht werden. Sowohl vor als auch nach der Behandlung wird die Symptombelastung bei 100 Patienten erfasst.
b) Untersucht werden soll, wie zwei Aknemittel wirken. In einer Studie cremen sich 100 Personen die eine Hälfte ihres Gesichts mit Mittel A und die andere Hälfte ihres Gesichts mit Mittel B ein. Nach einer Woche wird die Akneintensität erfasst.
c) Untersucht werden soll, ob erstgeborene Kinder intelligenter sind als zweitgeborene Kinder. Bei 100 Familien wird bei dem ersten und zweitgeborenen Kind der IQ erhoben.
d) Zwei Therapien sollen miteinander verglichen werden. Für jede Versuchsperson wird eine andere Person gesucht, die in Bezug auf Krankheitsschwere identisch ist (Matching). Eine der beiden Personen erhält Therapie A, die andere Therapie B. Erfasst wird die Symptombelastung nach einer Behandlungswoche.

Aufgabe 18.6 In einer Studie müssen drei Versuchspersonen drei alternative Werbespots auf einer Skala bewerten. Man erhält folgende Daten:

a_1	a_2	a_3
18	18	30
16	28	34
26	32	32

a) Stellen Sie die Nullhypothese auf.
b) Bestimmen Sie die Mittelwerte der Personen $\bar{P}_m$, der Faktorstufen $\bar{A}_i$ und den Gesamtmittelwert $\bar{G}$.
c) Bestimmen Sie die Ergebnistabelle der Varianzanalyse, und testen Sie auf Signifikanz ($\alpha = 0{,}05$).
d) Welche Fehlerquadratsumme würde man erhalten, wenn man den Versuch mit einer einfaktoriellen Varianzanalyse ohne Messwiederholungen auswerten würde?
e) Welchen Vorteil besitzt ein Versuchsplan mit Messwiederholungen gegenüber einem Versuchsplan ohne Messwiederholungen?
f) Wann ist der Nutzen eines Versuchsplans mit Messwiederholungen groß?

Zweifaktorielle Varianzanalyse mit Messwiederholungen

Aufgabe 18.7 Patienten werden per Zufall auf zwei Gruppen aufgeteilt, von denen eine behandelt wird und die andere nicht (Faktor A). Vor Beginn der Behandlung und eine bzw. zwei Wochen nach Behandlungsbeginn wird die Symptomatik erfasst (Faktor B). Es ergeben sich folgende Daten:

	b_1	b_2	b_3
a_1	36	36	24
	42	30	30
a_2	42	26	10
	36	20	4

a) Welcher Faktor ist bei diesem Versuchsplan der Messwiederholungsfaktor und welcher Faktor der Gruppierungsfaktor?
b) Stellen Sie die Hypothesen auf. Welche der Hypothesen ist die inhaltlich interessante Fragestellung?
c) In welche Quadratsummen wird die totale Quadratsumme zerlegt?
d) Bestimmen Sie die Kennziffern.
e) Erstellen Sie die Ergebnistabelle der Varianzanalyse, und testen Sie auf Signifikanz mit $\alpha = 0{,}05$.
f) Zeichnen Sie einen Interaktionsplot, und interpretieren Sie das Ergebnis.

Aufgabe 18.8 In einer gedächtnispsychologischen Untersuchung erhalten die Versuchspersonen die Aufgabe, drei Paar-Assoziationslisten (Faktor B) zu lernen. (In Paar-Assoziationsexperimenten müssen die Versuchspersonen einem vorgegebenen Wort ein anderes zuordnen. Dies geschieht, indem die Versuchspersonen zunächst die vollständigen Wortpaare wie z. B. Lampe–Licht, Himmel–Wolke usw., dargeboten bekommen. Danach erhalten die Versuchspersonen jeweils nur ein Wort und sollen das fehlende Wort ergänzen wie z. B. Lampe–? oder Himmel–?). Die drei untersuchten Paar-Assoziationslisten unterscheiden sich in der Sinnfälligkeit der zu erlernenden Wortpaare: Die erste Liste enthält Wortpaare mit sinnvollen Assoziationen (z. B. hoch–tief, warm–kalt usw.), die dritte Liste sinnlose Wortpaare (z. B. arm–grün, schnell–artig), und die zweite Liste nimmt hinsichtlich der Sinnfälligkeit der Wortpaare eine mittlere Position ein. Untersucht werden zehn Versuchspersonen, die in zwei Gruppen mit jeweils fünf Versuchspersonen aufgeteilt werden. Die eine Gruppe wird in der Lernphase durch das nachträgliche Projizieren des richtigen Wortes auf eventuelle Fehler aufmerksam gemacht (Instruktion I), die andere Gruppe dadurch, dass der Versuchsleiter entweder „falsch“ oder „richtig“ sagt (Instruktion II). Abhängige Variable ist die Anzahl der in einer Testphase richtig assoziierten Wörter. Es mögen sich die folgenden Werte ergeben haben:

	Liste 1	Liste 2	Liste 3
Instruktion I	35	30	18
	41	29	23
	42	33	17
	40	31	19
	38	26	4
Instruktion II	40	27	17
	36	26	12
	32	29	11
	41	25	14
	39	26	15

Überprüfen Sie mit einer zweifaktoriellen Varianzanalyse mit Messwiederholungen, ob die Haupteffekte und die Interaktion signifikant sind, wenn wir davon ausgehen, dass beide Faktoren feste Effekte aufweisen.

Dreifaktorielle Varianzanalyse mit Messwiederholungen

Aufgabe 18.9 In einer klinischen Studie wird untersucht, ob ein Placebo einen größeren Effekt bewirkt, wenn es vom Chefarzt (a_1) verabreicht wird, als wenn es von einer Schwester (a_2) gegeben wird. Weil Geschlechtsunterschiede zu erwarten sind, werden Frauen (b_1) und Männer (b_2) zusätzlich unterschieden. Die Symptombelastung wird an drei aufeinanderfolgenden Tagen (c_1, c_2, c_3) gemessen. Pro Faktorstufenkombination standen zwei Patienten zur Verfügung:

		c_1	c_2	c_3
a_1	b_1	16	14	13
		16	13	11
	b_2	14	11	8
		16	13	9
a_2	b_1	9	5	5
		9	8	4
	b_2	6	9	6
		10	5	4

a) Über die Stufen welches Faktors erfolgen die Messwiederholungen?
b) Formulieren Sie die Nullhypothese der AB-Interaktion verbal.
c) Fertigen Sie eine Ergebnistabelle der Varianzanalyse an.

Aufgabe 18.10 Eine Lehrerin möchte den Einfluss des Wochentages auf die Aufmerksamkeit ihrer Schüler untersuchen. Dazu führt sie je morgens (c_1), mittags (c_2) und abends (c_3), am Montag (b_1) und am Freitag (b_2) einen Konzentrationstest durch. Um die Abhängigkeit der Ergebnisse vom Alter mitzuerfassen, werden zwei Schüler der 2. Klassenstufe (a_1) und zwei Schüler der 4. Klassenstufe (a_2) getestet. Folgende Rohdaten-Matrix ergibt sich:

	b_1			b_2		
	c_1	c_2	c_3	c_1	c_2	c_3
a_1	17	18	18	21	24	22
	16	20	16	21	24	22
a_2	18	20	20	21	22	22
	17	20	16	22	22	22

a) Welches sind die Messwiederholungsfaktoren, und welches sind die Gruppierungsfaktoren?
b) Berechnen Sie die Ergebnistabelle der Varianzanalyse.

18

Kapitel 19 **Kovarianzanalyse**

ÜBERSICHT

Einfaktorielle Pläne – Quadratsummenzerlegung – Adjusted Means – Kontraste – zweifaktorielle Pläne – kovarianzanalytische Pläne mit Messwiederholungen

In Kapitel 14 haben wir im Rahmen mehrfaktorieller Versuchspläne die Möglichkeit erörtert, durch die Einführung mehrerer Faktoren die Fehlervarianz zu reduzieren. Dieser Ansatz benötigt jedoch mit steigender Faktoren- und Faktorstufenzahl rasch eine große Stichprobe. Wir benötigen weniger Versuchspersonen, wenn jede Person unter mehreren Faktorstufen beobachtet wird (Messwiederholungen). Nachteilig kann sich bei Messwiederholungsplänen die Möglichkeit auswirken, dass die Versuchspersonen durch wiederholte Untersuchungen zu sehr beansprucht werden, was zu Motivations- und Aufmerksamkeitsabnahme bzw. allgemein zu Sequenzeffekten führen kann, wodurch die Interpretation einer Untersuchung erschwert wird.

Im vorliegenden Kapitel soll eine fehlervarianzreduzierende Technik behandelt werden, mit der die Bedeutung weiterer, die abhängige Variable potenziell beeinflussender Variablen ermittelt werden kann, ohne die Gesamtzahl der Versuchspersonen, wie in mehrfaktoriellen Varianzanalysen, erhöhen zu müssen. Eine Mehrbelastung der Versuchsteilnehmer ergibt sich nur dadurch, dass die zusätzlich interessierenden Variablen in der Untersuchung miterhoben werden müssen. Derartige Variablen werden als *Kovariate* bezeichnet. In der Kovarianzanalyse muss es sich bei den Kovariaten um metrische Merkmale handeln.

> Mit der Kovarianzanalyse überprüfen wir, wie bedeutsam eine metrische Kovariate für die Untersuchung ist.

Kovarianzanalysen können beispielsweise eingesetzt werden, wenn die vor einer Untersuchung angetroffenen a priori Unterschiede zwischen den Personen in Bezug auf eine abhängige Variable das Untersuchungsergebnis nicht beeinflussen sollen. Die vor der Untersuchung bestehenden Unterschiede zwischen den Personen werden kovarianzanalytisch „kontrolliert" und somit aus den Messungen eliminiert.

Darüber hinaus kann mit der Kovarianzanalyse nicht nur die Bedeutung von a priori Unterschieden zwischen den Personen in Bezug auf die abhängige Variable, sondern auch die Bedeutung jeder beliebigen anderen Variablen ermittelt werden. Wenn beispielsweise die Zufriedenheit von Personen mit verschiedenen Arbeitsplatzbeleuchtungen untersucht werden soll, könnte die Vermutung, dass die in der Untersuchung geäußerte Zufriedenheit auch von der jeweiligen Intensität des Tageslichtes (Kovariate) mitbestimmt wird, durch eine Kovarianzanalyse überprüft werden. Ebenfalls einsetzbar wäre die Kovarianzanalyse beispielsweise, wenn bei einem Schulnotenvergleich zwischen verschiedenen Schülergruppen die Intelligenz der Schüler kontrolliert werden soll.

> Mit Hilfe der Kovarianzanalyse wird der Einfluss einer Kovariate auf die abhängige Variable „neutralisiert".

Die „Neutralisierung" mehrerer Kovariaten für eine oder mehrere abhängige Variablen werden wir in Abschn. 22.2.5 kennenlernen.

Als Auswertungsalternative für die hier genannte Problemstellung käme auch eine zweifaktorielle Varianzanalyse in Betracht, bei der die Personen nicht nur nach den Stufen des eigentlich interessierenden Faktors, sondern zusätzlich auch nach der Ausprägung des Kontrollmerkmals gruppiert werden („post-hoc blocking"). Einen Vergleich dieser Auswertungsvariante mit der Kovarianzanalyse findet man bei Bonett (1982).

In der Kovarianzanalyse werden varianzanalytische Techniken mit regressionsanalytischen Techniken kombiniert. Mit Hilfe der Regressionsrechnung bestimmen wir eine Regressionsgleichung zwischen der abhängigen Variablen und der Kovariaten, die eingesetzt wird, um die abhängige Variable aufgrund der Kovariaten vorherzusagen.

Das „Kontrollieren" einer Kovariaten kann zur Folge haben, dass die Fehlervarianz verkleinert wird und/oder die Treatmentvarianz vergrößert bzw. verkleinert wird. Unter welchen Umständen mit welchen Veränderungen zu rechnen ist, werden wir in Abschn. 19.1 erörtern. In Abschn. 19.2 beschäftigen wir uns mit einigen Rahmenbedingungen, die erfüllt sein sollten, wenn die Kovarianzanalyse zur Anwendung kommt. Die Verallgemeinerung der einfaktoriellen Kovarianzanalyse auf mehrfaktorielle Versuchspläne wird in Abschn. 19.3 behandelt. Schließlich gehen wir auf ein- und mehrfaktorielle Kovarianzanalysen mit Messwiederholungen in Abschn. 19.4 ein.

19.1 Einfaktorielle Kovarianzanalyse

Das Grundprinzip einer Kovarianzanalyse sei an einem Beispiel demonstriert. Es soll überprüft werden, wie sich eine psychotherapeutische Behandlung auf verschiedene Verhaltensstörungen auswirkt. Die unabhängige Variable (Faktor A) besteht aus drei verschiedenen Formen der Verhaltensstörung (a_1 = Konzentrationsstörung, a_2 = Schlafstörung, a_3 = hysterische Verhaltensstörung). Die abhängige Variable y sei der anhand einer Checkliste von einem Expertengremium eingestufte Therapieerfolg. Je höher der Gesamtscore y_{im} eines Patienten, desto größer ist der Therapieerfolg. Da vermutet wird, dass der Therapieerfolg auch von der Verbalisationsfähigkeit der Klienten mitbestimmt wird, soll als Kovariate x ein Test zur Erfassung der verbalen Ausdrucksfähigkeit miterhoben werden (Kovariate = verbale Intelligenz). Für jede Art der Verhaltensstörung werden $n = 5$ Klienten untersucht. Die in Tab. 19.1 aufgelisteten (fiktiven) Werte mögen sich ergeben haben.

Terminologie. Für die Kovarianzanalyse vereinbaren wir folgende Terminologie: Die Summe der

Tabelle 19.1. Daten für eine Kovarianzanalyse

	a_1		a_2		a_3	
	x	y	x	y	x	y
	7	5	11	5	12	2
	9	6	12	4	10	1
	8	6	8	2	9	1
	5	4	7	1	10	1
	5	5	9	3	13	2
Summen:	34	26	47	15	54	7

Tabelle 19.2. Einfaktorielle Varianzanalyse über die abhängige Variable in Tab. 19.1

Quelle	QS	df	MQ	F
A	36,40	2	18,20	15,56**
Fehler	14,00	12	1,17	
Total	50,40	14		

x-Werte unter einer Faktorstufe i kennzeichnen wir mit $A_{x(i)}$ und die Summe der y-Werte unter einer Faktorstufe i mit $A_{y(i)}$. Entsprechend ist G_x die Summe aller x-Werte und G_y die Summe aller y-Werte. Im Beispiel beträgt $G_y = 48$ und $G_x = 135$.

Vortest: Varianzanalyse. Über die Werte der abhängigen Variablen (y) rechnen wir zunächst eine einfaktorielle Varianzanalyse, ohne die Kovariate x zu berücksichtigen. Die Kennziffern lauten:

$$(1) = \frac{G_y^2}{p \cdot n} = \frac{48^2}{3 \cdot 5} = 153{,}60,$$

$$(2) = \sum_i \sum_m y_{im}^2 = 5^2 + 6^2 + \cdots + 1^2 + 2^2 = 204,$$

$$(3) = \sum_i A_{y(i)}^2 / n = (26^2 + 15^2 + 7^2)/5 = 190.$$

Wir erhalten das in Tab. 19.2 erfasste, varianzanalytische Ergebnis.

Die drei behandelten Gruppen unterscheiden sich somit signifikant, obwohl damit zu rechnen ist, dass die verbale Intelligenz zur Vergrößerung der Fehlervarianz beiträgt. Offenbar führte die Therapie bei Konzentrationsstörungen zum größten Erfolg, während der Behandlungserfolg bei Klienten mit hysterischen Verhaltensstörungen als sehr gering eingeschätzt wird.

Quadratsummenzerlegung

Mit der Kovarianzanalyse überprüfen wir nun, wie sich das Ergebnis der Varianzanalyse ändert, wenn das Merkmal verbale Intelligenz kontrolliert bzw. aus den Daten eliminiert wird.

Totale Quadratsumme. Wir fragen zunächst, in welchem Ausmaß die totale Unterschiedlichkeit aller 15 y-Werte, $\text{QS}_{y(\text{tot})}$, durch die x-Werte beeinflusst wird. Hierfür bestimmen wir folgende Regressionsgleichung über alle 15 Messwertpaare, d. h., ohne Berücksichtigung der Gruppenzugehörigkeit:

$$\hat{y}_{im} = \bar{G}_y + b_{\text{tot}} \cdot (x_{im} - \bar{G}_x). \tag{19.1}$$

Für jede Person ermitteln wir die Differenz bzw. das Regressionsresiduum

$$y_{im}^* = y_{im} - \hat{y}_{im}. \tag{19.2}$$

Tabelle 19.3. Matrix der y^*-Werte aufgrund der totalen Regression

a_1	a_2	a_3
1,36	2,24	−0,54
2,80	1,46	−1,98
2,58	−1,42	−2,20
−0,08	−2,64	−1,98
0,92	−0,20	−0,32

Die resultierenden y^*-Werte bilden diejenigen Therapieerfolge ab, die von der Verbalintelligenz der Klienten unbeeinflusst sind. Die Quadratsumme der y^*-Werte, $QS^*_{y(\text{tot})}$, kennzeichnet somit diejenige Unterschiedlichkeit in den Therapieerfolgen, die sich ergeben würde, wenn die Verbalintelligenz den Therapieerfolg nicht beeinflusst.

Die Regressionsgleichung lautet in unserem Beispiel:

$$\hat{y}_{im} = 3{,}2 - 0{,}219 \cdot (x_{im} - 9{,}00).$$

Nach dieser Gleichung wird für jeden x_{im}-Wert ein $\hat{y}_{im}$-Wert vorhergesagt und die Differenz $y^*_{im} = y_{im} - \hat{y}_{im}$ ermittelt. Diese Differenzen sind in Tab. 19.3 eingetragen.

Den Wert $y^*_{11} = 1{,}36$ erhalten wir in folgender Weise: In die Regressionsgleichung setzen wir für x_{im} den Wert $x_{11} = 7$ ein und erhalten $\hat{y}_{11} = 3{,}2 - 0{,}219 \cdot (7 - 9{,}00) = 3{,}64$. Die Differenz lautet somit $5 - 3{,}64 = 1{,}36$. Von der linearen Regressionsanalyse wissen wir, dass die Summe der Residuen (Vorhersagefehler) null beträgt. Mit anderen Worten, es gilt $\sum_i \sum_m y^*_{im} = \sum_i \sum_m (y_{im} - \hat{y}_{im}) = 0$. Damit ist auch $\bar{y}^* = 0$, d. h., die Summe der quadrierten y^*-Werte stellt direkt die Abweichungsquadratsumme $QS^*_{y(\text{tot})}$ dar. Im Beispiel ermitteln wir:

$$QS^*_{y(\text{tot})} = \sum_i \sum_m (y^*_{im})^2 = 1{,}36^2 + 2{,}80^2 + \cdots + (-1{,}98)^2 + (-0{,}32)^2 = 46{,}45.$$

Im Vergleich zu Tab. 19.2 sehen wir, dass die $QS_{y(\text{tot})}$ nach Kontrolle der Kovariaten um den Betrag $50{,}40 - 46{,}45 = 3{,}95$ kleiner geworden ist. In Prozenten ausgedrückt bedeutet dies, dass die Gesamtunterschiedlichkeit aller Werte zu

$$\frac{3{,}95}{50{,}40} \cdot 100\% = 7{,}8\%$$

auf verbale Intelligenzunterschiede zurückzuführen ist.

Fehlerquadratsumme. Als Nächstes wollen wir uns fragen, um welchen Betrag sich die Fehlervarianz ändert, wenn die verbale Intelligenz kontrolliert wird. Hierfür verwenden wir jedoch nicht die Regressionsgleichung über alle Messwertpaare, sondern die Regressionsgleichungen, die sich innerhalb der drei Gruppen ergeben. Aus den drei Regressionsgleichungen schätzen wir einen gemeinsamen Steigungskoeffizienten b_{in} (= zusammengefasster Steigungskoeffizient der Innerhalb-Regressionen) und verwenden ihn zur Vorhersage von $\hat{y}$-Werten nach folgender Regressionsgleichung:

$$\hat{y}_{im} = \bar{A}_{y(i)} + b_{\text{in}} \cdot (x_{im} - \bar{A}_{x(i)}). \tag{19.3}$$

In dieser Gleichung wird zwar ein gemeinsamer Steigungskoeffizient verwendet, aber der y-Achsenabschnitt der Regressionsgleichungen ist gruppenspezifisch. Diese Vorgehensweise kann folgendermaßen begründet werden: Die Durchführung einer Varianzanalyse setzt unter anderem voraus, dass die einzelnen Fehlervarianzen (= Varianzen innerhalb der Treatmentstufen) homogen sind. Wird zu den Messwerten unter einer Treatmentstufe eine bestimmte Konstante addiert, ändert dies nichts an der Homogenität der Varianzen, auch wenn für jede Treatmentstufe eine andere Konstante gewählt wird (vgl. Gl. 2.8). Die Verwendung gruppenspezifischer y-Achsenabschnitte in Gl. (19.3) ändert somit die ursprüngliche Varianzhomogenität der y-Werte nicht, sondern überträgt lediglich die Mittelwertunterschiede, die in den ursprünglichen y-Werten vorhanden sind, auf die vorhergesagten $\hat{y}$-Werte.

Anders wäre es, wenn in Gl. (19.3) für die Gruppen die jeweiligen – möglicherweise stark unterschiedlichen – Steigungskoeffizienten eingesetzt werden. Die Multiplikation von Messwertreihen gleicher Varianz mit unterschiedlichen Konstanten resultiert in neuen Messwertreihen, deren Varianzen unterschiedlich sind (vgl. Gl. 2.8). Die Verwendung eines gemeinsamen Regressionskoeffizienten lässt hingegen die Varianzen unter den Treatmentstufen homogen. Diese Vorgehensweise setzt allerdings voraus, dass die Steigungskoeffizienten der Regressionsgleichungen innerhalb der Treatmentstufen gleich bzw. homogen sind. Eine Möglichkeit, diese Voraussetzung zu überprüfen, werden wir in Abschn. 19.2 kennenlernen.

Zunächst interessiert uns die Frage, wie aus den einzelnen Steigungskoeffizienten ein gemeinsamer Steigungskoeffizient ermittelt werden kann. Da $QS_{xy} = (n-1) \cdot s_{xy}$ und $QS_x = (n-1) \cdot s^2_x$, können wir einen Steigungskoeffizienten nach Gl. (11.4) wie folgt berechnen:

$$b = \frac{QS_{xy}}{QS_x}.$$

Tabelle 19.4. Matrix der y^*-Werte aufgrund der gemeinsamen Steigung der Innerhalb-Regressionen

a_1	a_2	a_3
−0,30	1,19	−0,01
−0,31	−0,31	0,00
0,19	−0,29	0,51
−0,29	−0,79	0,00
0,71	0,20	−0,51
0,00	0,00	0,00

Nach dieser Beziehung bestimmen wir für die Wertepaare der i-ten Treatmentstufe den Innerhalb-Regressionskoeffizienten $b_{\text{in}(i)}$:

$$b_{\text{in}(i)} = \frac{QS_{xy(i)}}{QS_{x(i)}}. \qquad (19.4)$$

Den gemeinsamen Regressionskoeffizienten erhalten wir, indem wir die $QS_{xy(i)}$ im Zähler und die $QS_{x(i)}$ im Nenner getrennt addieren und aus den Summen den Quotienten bilden:

$$b_{\text{in}} = \frac{\sum_i QS_{xy(i)}}{\sum_i QS_{x(i)}}. \qquad (19.5)$$

In unserem Beispiel ermitteln wir den gemeinsamen Steigungskoeffizienten zu:

$$b_{\text{in}} = \frac{5{,}20 + 12{,}00 + 3{,}40}{12{,}80 + 17{,}20 + 10{,}80} = 0{,}505.$$

Beispielsweise errechnen wir $QS_{xy(1)}$ in folgender Weise: $182 - 34 \cdot 26/5 = 5{,}20$.

Setzen wir b_{in} zusammen mit den entsprechenden Mittelwerten in Gl. (19.3) ein und ermitteln nach Gl. (19.2) die y^*_{im}-Werte, resultiert die Matrix gemäß Tab. 19.4.

In dieser Tabelle müssen sich die Werte spaltenweise zu null addieren. Die Summe der quadrierten Werte gibt somit direkt die Fehlerquadratsumme wieder, die frei von verbalen Intelligenzeffekten ist. Sie lautet in unserem Beispiel:

$$QS^*_{y(e)} = (-0{,}30)^2 + (-0{,}31)^2 + \cdots + 0{,}00^2 + (-0{,}51)^2 = 3{,}60.$$

Vergleichen wir diese Fehlerquadratsumme mit der ursprünglichen Fehlerquadratsumme in Tab. 19.2, stellen wir eine Reduktion um den Betrag 10,40 bzw. um 74,3% fest. Das Kontrollieren der Kovariaten „verbale Intelligenz", die in der ursprünglichen Varianzanalyse als unkontrollierte Störvariable mit in der Fehlervarianz enthalten ist, hat somit zu einer erheblichen Fehlerquadratsummenreduktion geführt.

Treatmentquadratsumme. Die Ermittlung der Quadratsumme, die auf die Treatmentstufen zurückzuführen ist, kann nur indirekt erfolgen, indem wir folgende Differenz berechnen:

$$QS^*_{y(A)} = QS^*_{y(\text{tot})} - QS^*_{y(e)}.$$

In unserem Beispiel ermitteln wir:

$$QS^*_{y(A)} = 46{,}45 - 3{,}60 = 42{,}85.$$

Dieser Wert ist im Vergleich zur $QS_{y(A)}$ in Tab. 19.2 sehr viel größer – ein Befund, der in dieser Deutlichkeit selten auftritt.

Freiheitsgrade

Die totale Quadratsumme hat in der Kovarianzanalyse nicht – wie in der Varianzanalyse – $p \cdot n - 1$, sondern $p \cdot n - 2$ Freiheitsgrade. Die y^*-Werte müssen sich nicht nur zu G^*_y aufaddieren; ein weiterer Freiheitsgrad geht verloren, weil b_{tot} aus den Daten geschätzt wird. Somit gilt:

$$df^*_{\text{tot}} = p \cdot n - 2. \qquad (19.6)$$

Die $QS^*_{y(e)}$ verliert (wegen der Schätzung von b_{in}) ebenfalls gegenüber der $QS_{y(e)}$ einen Freiheitsgrad:

$$df^*_e = p \cdot (n-1) - 1. \qquad (19.7)$$

Die Freiheitsgrade für die $QS^*_{y(A)}$ bleiben unverändert:

$$df^*_A = df_A = p - 1. \qquad (19.8)$$

Ergebnisse und Interpretation

Die Kovarianzanalyse führt somit zusammenfassend zu dem in Tab. 19.5 dargestellten Ergebnis.

Ein Vergleich des varianzanalytischen Ergebnisses (Tab. 19.2) mit dem kovarianzanalytischen Ergebnis (Tab. 19.5) zeigt, dass erwartungsgemäß die Fehlervarianz reduziert und gleichzeitig die Treatmentvarianz vergrößert wurde. Der F-Wert für den Test des Treatmentfaktors ist durch

Tabelle 19.5. Ergebnis der Kovarianzanalyse

Quelle	QS*	df*	MQ*	F
Faktor A	42,85	2	21,425	65,52**
Fehler	3,60	11	0,327	
Total	46,45	13		
				$F_{2,11;99\%} = 7{,}21$

das Kontrollieren der verbalen Intelligenz erheblich größer geworden. Diese (konstruierte) Besonderheit ist auf folgende Umstände zurückzuführen: Innerhalb der drei Gruppen korreliert der Therapieerfolg positiv mit der verbalen Intelligenz. (Die Werte lauten: $r_1 = 0{,}87$, $r_2 = 0{,}91$, $r_3 = 0{,}94$.) Betrachten wir hingegen die durchschnittlichen Therapieerfolge (5,2; 3,0; 1,4) und die durchschnittlichen Verbalintelligenzen (6,8; 9,4; 10,8), stellen wir einen gegenläufigen Trend fest. Die Korrelation der Durchschnittswerte beträgt: −0,997. Diejenige Gruppe, die im Durchschnitt die höchste verbale Intelligenz aufweist (hysterische Verhaltensstörungen), hat den geringsten Therapieerfolg zu verzeichnen, wenngleich auch innerhalb dieser Gruppe diejenigen am besten therapierbar sind, deren verbale Intelligenz am höchsten ist.

Diese Gegenläufigkeit der Korrelationen ist untypisch. Normalerweise wird die Kovariate sowohl mit der abhängigen Variablen innerhalb der Faktorstufen als auch über die Mittelwerte der Faktorstufen gleichsinnig korrelieren. In diesem Fall wird die Fehlerquadratsumme verkleinert, und die Treatmentquadratsumme bleibt in etwa erhalten. Korreliert die Kovariate hingegen innerhalb der Gruppen positiv mit der abhängigen Variablen und auf der Basis der Mittelwerte negativ, führt dies zu einer Reduktion der Fehlervarianz bei gleichzeitiger Vergrößerung der Treatmentvarianz.

Rechnerische Durchführung

Wie bei allen bisher besprochenen varianzanalytischen Methoden wollen wir auch bei der Kovarianzanalyse die zwar anschaulichere, aber rechnerisch aufwändigere Vorgehensweise durch einzelne, leichter durchzuführende Rechenschritte ersetzen. Die Äquivalenz beider Ansätze werden wir durch das bisher besprochene Beispiel belegen.

Wir berechnen zunächst die folgenden Hilfsgrößen:

$$(1x) = \frac{G_x^2}{p \cdot n} \qquad (1xy) = \frac{G_x \cdot G_y}{p \cdot n}$$

$$(1y) = \frac{G_y^2}{p \cdot n}, \qquad (2x) = \sum_i \sum_m x_{im}^2$$

$$(2xy) = \sum_i \sum_m x_{im} \cdot y_{im} \qquad (2y) = \sum_i \sum_m y_{im}^2,$$

$$(3x) = \frac{\sum_i A_{x(i)}^2}{n} \qquad (3xy) = \frac{\sum_i A_{x(i)} \cdot A_{y(i)}}{n}$$

$$(3y) = \frac{\sum_i A_{y(i)}^2}{n}.$$

Hieraus lassen sich folgende Quadratsummen berechnen:

$$\begin{aligned}
QS_{x(\text{tot})} &= (2x) - (1x),\\
QS_{xy(\text{tot})} &= (2xy) - (1xy),\\
QS_{y(\text{tot})} &= (2y) - (1y),\\
QS_{x(A)} &= (3x) - (1x),\\
QS_{xy(A)} &= (3xy) - (1xy),\\
QS_{y(A)} &= (3y) - (1y),\\
QS_{x(e)} &= (2x) - (3x),\\
QS_{xy(e)} &= (2xy) - (3xy),\\
QS_{y(e)} &= (2y) - (3y).
\end{aligned}$$

Ausgehend von den Quadratsummen mit dem Index y kann eine normale einfaktorielle Varianzanalyse über die abhängige Variable y durchgeführt werden. Die Quadratsummen mit dem Index x sind – falls gewünscht – die Grundlage für eine einfaktorielle Varianzanalyse über die Kovariate. Für die Kovarianzanalyse müssen die Quadratsummen der abhängigen Variablen folgendermaßen korrigiert werden:

$$QS^*_{y(\text{tot})} = QS_{y(\text{tot})} - \frac{QS^2_{xy(\text{tot})}}{QS_{x(\text{tot})}}, \tag{19.9}$$

$$QS^*_{y(e)} = QS_{y(e)} - \frac{QS^2_{xy(e)}}{QS_{x(e)}}, \tag{19.10}$$

$$QS^*_{y(A)} = QS^*_{y(\text{tot})} - QS^*_{y(e)}. \tag{19.11}$$

Die entsprechenden Freiheitsgrade ergeben sich gemäß Gl. (19.6) bis (19.8). Aus den Quadratsummen sowie den Freiheitsgraden lassen sich wie üblich die mittleren Quadrate berechnen. Die Überprüfung der korrigierten Treatmenteffekte erfolgt durch folgenden F-Test:

$$F = \frac{MQ^*_{y(A)}}{MQ^*_{y(e)}}. \tag{19.12}$$

Zur Erläuterung dieser Rechenschritte greifen wir das anfangs erwähnte Beispiel erneut auf. Wir ermitteln zunächst die folgenden Kennziffern:

$$(1x) = \frac{G_x^2}{p \cdot n} = \frac{135^2}{3 \cdot 5} = 1215{,}00,$$

$$\begin{aligned}
(2x) &= \sum_i \sum_m x_{im}^2 = 7^2 + 9^2 + \cdots + 10^2 + 13^2\\
&= 244 + 459 + 594 = 1297,
\end{aligned}$$

$$\begin{aligned}
(3x) &= \frac{\sum_i A_{x(i)}^2}{n} = \frac{34^2 + 47^2 + 54^2}{5}\\
&= 1256{,}20,
\end{aligned}$$

$$(1xy) = \frac{G_x \cdot G_y}{p \cdot n} = \frac{135 \cdot 48}{3 \cdot 5} = 432{,}00,$$
$$(2xy) = \sum_i \sum_m x_{im} y_{im}$$
$$= 7 \cdot 5 + 9 \cdot 6 + \cdots + 10 \cdot 1 + 13 \cdot 2$$
$$= 182 + 153 + 79 = 414,$$
$$(3xy) = \frac{\sum_i A_{x(i)} \cdot A_{y(i)}}{n}$$
$$= \frac{34 \cdot 26 + 47 \cdot 15 + 54 \cdot 7}{5} = 393{,}40,$$
$$(1y) = \frac{G_y^2}{p \cdot n} = \frac{48^2}{3 \cdot 5} = 153{,}60,$$
$$(2y) = \sum_i \sum_m y_{im}^2 = 5^2 + 6^2 + \cdots + 1^2 + 2^2 = 204,$$
$$(3y) = \frac{\sum_i A_{y(i)}^2}{n} = \frac{26^2 + 15^2 + 7^2}{5} = 190.$$

Es ergeben sich folgende Quadratsummen:

$$QS_{x(\text{tot})} = (2x) - (1x) = 82{,}00,$$
$$QS_{xy(\text{tot})} = (2xy) - (1xy) = -18{,}00,$$
$$QS_{y(\text{tot})} = (2y) - (1y) = 50{,}40,$$
$$QS_{x(e)} = (2x) - (3x) = 40{,}80,$$
$$QS_{xy(e)} = (2xy) - (3xy) = 20{,}60,$$
$$QS_{y(e)} = (2y) - (3y) = 14,$$
$$QS_{x(A)} = (3x) - (1x) = 41{,}20,$$
$$QS_{xy(A)} = (3xy) - (1xy) = -38{,}60,$$
$$QS_{y(A)} = (3y) - (1y) = 36{,}40.$$

Nach Gl. (19.9), (19.10) und (19.11) ermitteln wir die korrigierten Quadratsummen für die Kovarianzanalyse:

$$QS^*_{y(\text{tot})} = QS_{y(\text{tot})} - \frac{QS^2_{xy(\text{tot})}}{QS_{x(\text{tot})}}$$
$$= 50{,}40 - \frac{(-18{,}00)^2}{82{,}00} = 46{,}45,$$
$$QS^*_{e(\text{tot})} = QS_{y(e)} - \frac{QS^2_{xy(e)}}{QS_{x(e)}}$$
$$= 14 - \frac{20{,}60^2}{40{,}80} = 3{,}60,$$
$$QS^*_{A(\text{tot})} = QS^*_{y(\text{tot})} - QS^*_{e(\text{tot})}$$
$$= 46{,}45 - 3{,}60 = 42{,}85.$$

Diese Werte stimmen mit den in Tab. 19.5 genannten Werten überein.

Unterschiedliche Stichprobenumfänge. Sind die unter den einzelnen Treatmentstufen beobachteten Stichproben nicht gleich groß, ergeben sich für die rechnerische Durchführung folgende Modifikationen:

$$(3x) = \sum_i \frac{A^2_{x(i)}}{n_i};$$
$$(3xy) = \sum_i \frac{A_{x(i)} \cdot A_{y(i)}}{n_i};$$
$$(3y) = \sum_i \frac{A^2_{y(i)}}{n_i}.$$

Im Übrigen ersetzen wir $p \cdot n$ durch $N = \sum_i n_i$.

Bereinigte Treatmentmittelwerte

Im Rahmen der Kovarianzanalyse sind die sog. „adjusted means", also die Differenz von korrigierten oder bereinigten Mittelwerten von Interesse. Mit ihnen lassen sich Treatmentstufen unter der Annahme vergleichen, dass die beiden zu den Treatmentstufen gehörenden Populationen den gleichen Mittelwert auf der Kovariaten haben. Um dies zu erläutern, betrachten wir die Modellgleichung der einfaktoriellen Kovarianzanalyse, welche folgendermaßen lautet:

$$y_{im} = \mu_i + \beta_{\text{in}} \cdot (x_{im} - \bar{G}_x) + e_{im}.$$

In dieser Gleichung wird eine Beobachtung als Summe dreier Komponenten ausgedrückt: (1) μ_i, (2) Beitrag des Kovariats $\beta_{\text{in}} \cdot (x_{im} - \bar{G}_x)$ sowie (3) Fehler e_{im}. Offensichtlich ist μ_i das Mittel der abhängigen Variablen in der i-ten Population, welches vom Kovariat unabhängig ist. Schließlich besagt die Modellgleichung, dass die unter der i-ten Treatmentstufe beobachtete abhängige Variable y_{im} den Wert μ_i mit dem Effekt des Kovariats (sowie des Fehlers) „vermischt". Insofern ist μ_i der „nicht-vermischte", also der bereinigte Mittelwert.

Um zu einer Schätzung dieses Mittelwerts zu gelangen, berechnen wir den Mittelwert der n Beobachtungen der i-ten Treatmentstufe, d. h. wir ermitteln $\bar{A}_{y(i)} = \sum_m y_{im}/n$ mit Hilfe der Modellgleichung. Dies ergibt den Ausdruck

$$\bar{A}_{y(i)} = \mu_i + \beta_{\text{in}} \cdot (\bar{A}_{x(i)} - \bar{G}_x) + \bar{e}_{i\cdot}. \qquad (19.13)$$

Um zu einem berechenbaren Ausdruck für μ_i zu gelangen, lösen wir diese Gleichung nach μ_i auf, ersetzen β_{in} durch b_{in} und vernachlässigen das (gemittelte) Residuum. Wir erhalten somit

$$\mu_i \approx \bar{A}_{y(i)} - b_{\text{in}} \cdot (\bar{A}_{x(i)} - \bar{G}_x).$$

Die rechte Seite darf man als Schätzung für μ_i – den vom Kovariat bereinigten Mittelwert der i-ten Treatmentstufe – betrachten. Wir definieren also den (geschätzten) bereinigten Mittelwert, welchen wir im Folgenden mit $\bar{A}^*_{y(i)}$ bezeichnen, durch die rechte Seite der Gleichung.

Die Treatmentmittelwerte, die vom Einfluss der Kovariaten bereinigt sind, werden also folgendermaßen berechnet:

$$\bar{A}^*_{y(i)} = \bar{A}_{y(i)} - b_{\text{in}} \cdot (\bar{A}_{x(i)} - \bar{G}_x). \qquad (19.14)$$

Kontraste

Verfahren zur Überprüfung von Kontrasten im Kontext der Kovarianzanalyse basieren auf den bereinigten Treatmentmittelwerten der abhängigen Variablen. A posteriori durchgeführte Einzelvergleiche (Scheffé-Tests) über Paare von korrigierten Mittelwerten $\bar{A}^*_{y(i)}$ und $\bar{A}^*_{y(j)}$ können mit folgendem F-Test auf Signifikanz geprüft werden:

$$F = \frac{(\bar{A}^*_{y(i)} - \bar{A}^*_{y(j)})^2}{\text{MQ}^*_{y(e)} \cdot \left[\frac{2}{n} + \frac{(\bar{A}_{x(i)} - \bar{A}_{x(j)})^2}{\text{QS}_{x(e)}}\right]}. \qquad (19.15)$$

Der F-Wert ist signifikant, wenn $F > (p-1) \cdot F_{p-1, p \cdot (n-1)-1; 1-\alpha}$ ist (Winer et al., 1991, S. 764). Im Beispiel ermitteln wir:

$$\begin{aligned}
\bar{A}^*_{y(1)} &= 5{,}2 - 0{,}505 \cdot (6{,}8 - 9{,}00) &= 6{,}31,\\
\bar{A}^*_{y(2)} &= 3{,}0 - 0{,}505 \cdot (9{,}4 - 9{,}00) &= 2{,}80,\\
\bar{A}^*_{y(3)} &= 1{,}4 - 0{,}505 \cdot (10{,}8 - 9{,}00) &= 0{,}49.
\end{aligned}$$

Die Therapieerfolge unterscheiden sich somit nach dem Kontrollieren der Verbalintelligenz noch deutlicher als zuvor. Nach Gl. (19.15) überprüfen wir, ob die kleinste Paardifferenz $(\bar{A}^*_{y(2)} - \bar{A}^*_{y(3)})$ signifikant ist:

$$F = \frac{(2{,}80 - 0{,}49)^2}{0{,}33 \cdot \left[\frac{2}{5} + \frac{(9{,}4 - 10{,}8)^2}{40{,}80}\right]} = \frac{5{,}34}{0{,}15} = 35{,}60^{**}.$$

Mit $F_{2,11;99\%} = 7{,}21$ erhalten wir $2 \cdot 7{,}21 = 14{,}42 < 35{,}60$, d. h., $\bar{A}^*_{y(2)}$ und $\bar{A}^*_{y(3)}$ unterscheiden sich sehr signifikant. Die beiden übrigen Paarvergleiche sind ebenfalls sehr signifikant. Weitere Informationen über Paarvergleichsverfahren im Rahmen der Kovarianzanalyse findet man bei J. L. Bryant und Paulson (1976), zit. nach J. Stevens (2002, Kap. 9.12).

Sind die Beobachtungshäufigkeiten über die beiden Treatmentstufen hinweg verschieden, so wird folgende Formel für die Überprüfung des Kontrasts verwendet:

$$F = \frac{(\bar{A}^*_{y(i)} - \bar{A}^*_{y(j)})^2}{\text{MQ}^*_{y(e)} \cdot \left[\frac{1}{n_i} + \frac{1}{n_j} + \frac{(\bar{A}_{x(i)} - \bar{A}_{x(j)})^2}{\text{QS}_{x(e)}}\right]}. \qquad (19.16)$$

19.2 Voraussetzungen der Kovarianzanalyse

Neben den üblichen Voraussetzungen der Varianzanalyse, die auch für die Kovarianzanalyse gelten (Verletzungen dieser Voraussetzungen sind nach Glass et al., 1972 für die Kovarianzanalyse ähnlich zu bewerten wie für die Varianzanalyse), basiert das mathematische Modell der Kovarianzanalyse auf der Annahme homogener Steigungen der Regressionen innerhalb der Stichproben (Hollingsworth, 1980). Mehrere Arbeiten belegen jedoch, dass Verletzungen dieser Voraussetzung zumindest bei gleich großen Stichproben weder die Wahrscheinlichkeit eines Fehlers 1. Art noch die Teststärke entscheidend beeinflussen (Dretzke et al., 1982; B. L. Hamilton, 1977; Rogosa, 1980). Eine Kovarianzanalyse ist nach K. J. Levy (1980) nur dann kontraindiziert, wenn die Innerhalb-Regressionen heterogen, die Stichproben ungleich groß und die Residuen (y^*-Werte) nicht normalverteilt sind. Im Übrigen handelt es sich bei der Kovarianzanalyse um ein ausgesprochen robustes Verfahren. Wu (1984) kommt in einer Monte-Carlo-Simulation zu dem Ergebnis, dass Unterschiede zwischen den standardisierten Regressionssteigungen unter 0,4 nur zu unbedeutenden Testverzerrungen führen.

Eine effektive Reduktion der Fehlervarianz durch die Berücksichtigung einer Kovariaten setzt voraus, dass die abhängige Variable und die Kovariate signifikant miteinander korrelieren. Will man sicher sein, dass die Fehlervarianzreduktion kein Zufallsergebnis darstellt, empfiehlt es sichzu überprüfen, ob diese Korrelation statistisch signifikant ist.

Hiermit verbunden ist die Frage nach der Reliabilität der Kovariaten. Kovariaten mit geringer Reliabilität reduzieren die Teststärke der Kovarianzanalyse und können in nicht randomisierten Untersuchungen zu erheblichen Verzerrungen der korrigierten Treatmenteffekte führen (J. Stevens, 2002, Kap. 9.5).

In der Literatur wird gelegentlich darauf hingewiesen, dass die Gruppenmittelwerte von abhängigen Variablen und Kovariaten unkorreliert sein müssen bzw. dass die Regression zwischen den Gruppenmittelwerten der Kovariaten und der abhängigen Variablen („between group regression") und die Regression innerhalb der Stichproben („within group regression") gleich sein müssen (z. B., Evans & Anastasio, 1968). Auch diese Forderung ist nach Untersuchungen von Overall und Woodward (1977b, 1977a) nicht aufrecht zu erhalten. Man beachte jedoch, dass ein substanzieller Zusammenhang zwischen den Gruppenmittelwerten der abhängigen Variablen und der Kovariaten die in einer Varianzanalyse ohne Kovariaten festgestellten Treatmenteffekte reduziert.

Mit diesem „Abbau" der Treatmenteffekte wäre beispielsweise zu rechnen, wenn die Ausgaben für die Erziehung der Kinder (abhängige Variable) in Abhängigkeit von der sozialen Schicht der Eltern (unabhängige Variable) untersucht werden und das Merkmal „Einkommen der Eltern" als Kovariate kontrolliert wird. Da das Einkommen ein wesentliches, schichtkonstituierendes Merkmal darstellt, korrelieren die Gruppenmittelwerte der abhängigen Variablen und der Kovariaten hoch miteinander. Zusätzlich ist mit einer positiven Innerhalb-Korrelation zwischen der abhängigen Variablen und der Kovariaten zu rechnen. Wird mit der Kovarianzanalyse die Bedeutung des Einkommens aus der abhängigen Variablen eliminiert, werden Schichtunterschiede in Bezug auf die abhängige Variable reduziert, weil die Schichten unter anderem durch das Einkommen definiert sind.

Probleme dieser Art sind typisch für Untersuchungen mit nicht randomisierten Gruppen (quasi-experimentelle Untersuchungen). Hier kann die Kovarianzanalyse kontraindiziert sein; Pläne dieser Art sollten besser durch eine „normale" Varianzanalyse ohne Berücksichtigung der Kovariaten ausgewertet werden (Frigon & Laurencelle, 1993 oder J. Stevens, 2002, Kap. 9.6).

Homogene Regressionen

Um die Voraussetzung der Homogenität der Innerhalb-Regressionen zu überprüfen, zerlegen wir die $\text{QS}^*_{e(\text{tot})}$ in die folgenden zwei Komponenten:

$$S_1 = \text{QS}_{y(e)} - \sum_i \frac{\text{QS}^2_{xy(i)}}{\text{QS}_{x(i)}}, \tag{19.17}$$

$$S_2 = \sum_i \frac{\text{QS}^2_{xy(i)}}{\text{QS}_{x(i)}} - \frac{\text{QS}^2_{xy(e)}}{\text{QS}_{x(e)}}, \tag{19.18}$$

$$\text{QS}_{x(i)} = \sum_m x^2_{im} - \frac{A^2_{x(i)}}{n},$$

$$\text{QS}_{xy(i)} = \sum_m x_{im} \cdot y_{im} - \frac{A_{x(i)} \cdot A_{y(i)}}{n}.$$

(Kontrolle: $S_1 + S_2 = \text{QS}^*_{y(e)}$.)

S_1 kennzeichnet die Variation der Messwerte um die Regressionsgeraden innerhalb der einzelnen Faktorstufen. Diese Residualbeträge müssen um null normalverteilt sein und innerhalb der einzelnen Faktorstufen die gleiche Varianz aufweisen. Die Teilkomponente S_1 hat $p \cdot (n-2)$ Freiheitsgrade.

S_2 hat $p - 1$ Freiheitsgrade und kennzeichnet die Variation der Steigungskoeffizienten der einzelnen Innerhalb-Regressionen um die durchschnittliche Innerhalb-Regression. Je größer dieser Anteil der $\text{QS}^*_{y(e)}$ ist, umso heterogener sind die einzelnen Innerhalb-Regressionskoeffizienten. Die

$$H_0 : \beta_{\text{in}(1)} = \beta_{\text{in}(2)} = \ldots = \beta_{\text{in}(p)}$$

wird approximativ durch folgenden F-Test überprüft:

$$F = \frac{S_2/(p-1)}{S_1/(N-2\cdot p)}, \tag{19.19}$$

wobei N die Anzahl der Beobachtungen bezeichnet. Dieser F-Wert hat $p - 1$ Zählerfreiheitsgrade und $N - 2 \cdot p$ Nennerfreiheitsgrade. In einem balancierten Versuchsplan gilt $N = n \cdot p$. Um das Risiko eines Fehlers 2. Art gering zu halten, sollte der Test auf einem hohen Signifikanzniveau (z. B. $\alpha = 0{,}10$ oder $\alpha = 0{,}20$) durchgeführt werden. Können wir davon ausgehen, dass die Steigungen homogen sind, stellt der folgende Ausdruck eine Schätzung der in der Population gültigen Steigung dar:

$$b_{\text{in}} = \frac{\text{QS}_{xy(e)}}{\text{QS}_{x(e)}}. \tag{19.20}$$

Hinweise: Alexander und De Shon (1994) weisen darauf hin, dass der F-Test gemäß Gl. (19.19) gegenüber Verletzungen der Varianzhomogenitätsannahme wenig robust ist. Erweisen sich die Innerhalb-Regressionen nach Gl. (19.19) als deutlich heterogen, und treffen zudem die beiden weiteren von K. J. Levy (1980) genannten, ungünstigen Randbedingungen für eine Kovarianzanalyse zu (ungleich große Stichproben und nicht normalverteilte Residuen; s. o.), sollte das Datenmaterial mit einem verteilungsfreien Verfahren ausgewertet werden. Die Beschreibung einer verteilungsfreien Kovarianzanalyse findet man beispielsweise bei Burnett und Barr (1977). Ein Homogenitätstest, der nicht an die Normalverteilung der Regressionsresiduen gebunden ist, wird bei Penfield und Koffler (1986) beschrieben.

Ist die Voraussetzung der Homogenität der Innerhalb-Regressionen deutlich verletzt, empfehlen wir, zu Kontrollzwecken neben der Kovarianzanalyse eine mehrfaktorielle Varianzanalyse mit einem Faktor, der die Personen nach dem Kontrollmerkmal gruppiert („post hoc blocking"), zu rechnen. Alternativ hierzu schlägt Huitema (1980) die sog. Johnson-Neyman-Technik vor, die auf eine Analyse der Interaktion zwischen der unabhängigen Variablen und der Kovariaten hinausläuft (vgl. hierzu auch Frigon & Laurencelle, 1993). Ein anderes, auf dem Maximum-Likelihood-Prinzip basierendes, kovarianzanalytisches Modell findet man bei Sörbom (1978).

Korrelationen mit der Kovariaten

Die Korrelation zwischen der Kovariaten und der abhängigen Variablen lässt sich durch folgende Gleichung bestimmen:

$$r_{\text{in}} = \sqrt{\frac{QS^2_{xy(e)}}{QS_{x(e)} \cdot QS_{y(e)}}}. \tag{19.21}$$

Je höher diese Korrelation ausfällt, desto stärker reduziert die Kovariate die Fehlervarianz. Ist diese Korrelation nicht signifikant, muss ihr Zustandekommen auf stichprobenbedingte Zufälligkeiten zurückgeführt werden, sodass die Reduktion der Fehlervarianz ebenfalls zufällig ist. Eine systematische, d. h. tatsächlich auf den Einfluss der Kovariaten zurückgehende Fehlervarianzreduktion wird nur erzielt, wenn r_{in} signifikant ist. Es empfiehlt sich deshalb, die H_0: $\varrho_{\text{in}} = 0$ zu überprüfen.

Da eine Regressionsgerade mit einer Steigung von null eine Korrelation von null impliziert, ist die Überprüfung dieser H_0 mit der Überprüfung der H_0: $\beta_{\text{in}} = 0$ formal gleichwertig. Der entsprechende Signifikanztest lautet:

$$F = \frac{QS^2_{xy(e)}}{QS_{x(e)} \cdot QS_{y(e)} - QS^2_{xy(e)}} \cdot \frac{N - 2 \cdot p}{1}. \tag{19.22}$$

Dieser F-Wert hat einen Zählerfreiheitsgrad und $p \cdot (n-2)$ Nennerfreiheitsgrade. Ein signifikanter F-Wert besagt, dass die zusammengefasste Steigung (b_{in}) bedeutsam von null abweicht. Da nonlineare Zusammenhänge im Allgemeinen zu unbedeutenden linearen Regressionen führen, überprüft dieser Test auch indirekt die Linearität des Zusammenhangs zwischen der abhängigen Variablen und der Kovariaten.

Führt Gl. (19.19) zu einem nicht signifikanten und Gl. (19.22) zu einem signifikanten F-Wert, wissen wir, dass die Steigungskoeffizienten der einzelnen Regressionsgeraden in den Faktorstufen homogen sind und signifikant von null abweichen. Sind zusätzlich auch die y-Achsenabschnitte der Innerhalb-Regressionen identisch, fallen die Innerhalb-Regressionsgeraden bis auf zufällige Abweichungen zusammen, und wir erhalten eine gemeinsame Regressionsgerade. Diese Gerade verläuft für den Fall, dass die Korrelation zwischen der abhängigen Variablen und der Kovariaten gleich der Korrelation zwischen den Mittelwerten der abhängigen Variablen und der Kovariaten ist, durch die Mittelwertkoordinaten $\bar{A}_{x(i)}$ und $\bar{A}_{y(i)}$. Dieses Ergebnis tritt ein, wenn die Mittelwertunterschiede ausschließlich von der Kovariaten bestimmt werden. Eine Kovarianzanalyse wird in diesem Fall dazu führen, dass mögliche Mittelwertunterschiede zwischen den Faktorstufen in Bezug auf die abhängige Variable durch das Kontrollieren der Kovariaten verschwinden.

Die Korrelation zwischen den Mittelwerten der Kovariaten und der abhängigen Variablen (r_{zw}) ergibt sich nach der Beziehung:

$$r_{\text{zw}} = \sqrt{\frac{QS^2_{xy(A)}}{QS_{x(A)} \cdot QS_{y(A)}}}. \tag{19.23}$$

Die Regressionsgerade hat die folgende Steigung:

$$b_{\text{zw}} = \frac{QS_{xy(A)}}{QS_{x(A)}}. \tag{19.24}$$

Sie verläuft durch den Punkt mit den Koordinaten $\bar{G}_x$ und $\bar{G}_y$.

BEISPIEL 19.1

Die theoretischen Ausführungen zu den Voraussetzungen der Kovarianzanalyse seien anhand der Daten aus Tab. 19.1 demonstriert. Die Steigungskoeffizienten innerhalb der drei Treatmentstufen lauten nach Gl. (19.4):

$$b_{\text{in}(1)} = \frac{QS_{xy(1)}}{QS_{x(1)}} = \frac{5{,}20}{12{,}80} = 0{,}41,$$
$$b_{\text{in}(2)} = \frac{QS_{xy(2)}}{QS_{x(2)}} = \frac{12{,}00}{17{,}20} = 0{,}70,$$
$$b_{\text{in}(3)} = \frac{QS_{xy(3)}}{QS_{x(3)}} = \frac{3{,}40}{10{,}80} = 0{,}31.$$

Bei der Berechnung der einzelnen Steigungskoeffizienten können wir die Zwischengrößen benutzen, die bereits im Zusammenhang mit der Kennzifferbestimmung ausgerechnet wurden (z. B. $QS_{xy(1)} = 182 - 34 \cdot 26/5 = 5{,}20$). Die zusammengefasste Steigung ermitteln wir nach Gl. (19.5) zu

$$b_{\text{in}} = \frac{5{,}20 + 12{,}00 + 3{,}40}{12{,}80 + 17{,}20 + 10{,}80} = 0{,}505$$

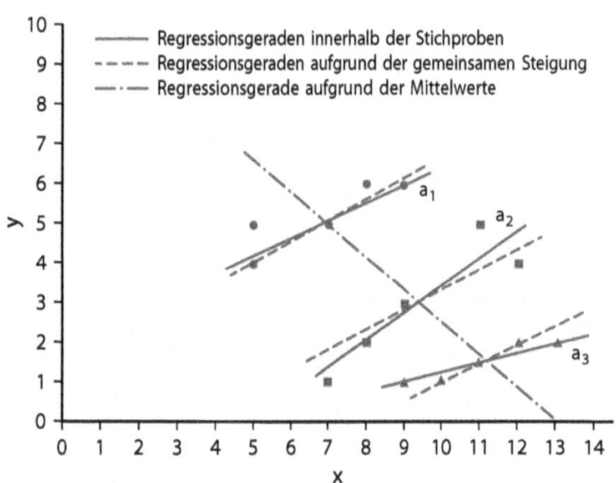

Abbildung 19.1. Veranschaulichung der Regressionsgeraden in einer Kovarianzanalyse

oder nach Gl. (19.20) zu

$$b_{\text{in}} = \frac{20{,}60}{40{,}80} = 0{,}505.$$

Abbildung 19.1 zeigt die drei Regressionsgeraden für die Stufen a_1, a_2 und a_3 im Vergleich zu den Regressionsgeraden mit gemeinsamer Steigung. (Als Bestimmungsstücke der einzelnen Geraden wurden die Steigungen und Mittelwerte $\bar{A}_{x(i)}$ und $\bar{A}_{y(i)}$ herangezogen.)

Um zu überprüfen, ob die Abweichungen von der gemeinsamen Steigung statistisch bedeutsam sind, berechnen wir zunächst S_1 nach Gl. (19.17):

$$\begin{aligned} S_1 &= \text{QS}_{y(e)} - \sum_i \frac{\text{QS}^2_{xy(i)}}{\text{QS}_{x(i)}} \\ &= 14 - \left(\frac{5{,}20^2}{12{,}80} + \frac{12{,}00^2}{17{,}20} + \frac{3{,}40^2}{10{,}80}\right) \\ &= 14 - 11{,}55 = 2{,}45. \end{aligned}$$

Für S_2 ermitteln wir nach Gl. (19.18):

$$S_2 = \sum_i \frac{\text{QS}^2_{xy(i)}}{\text{QS}_{x(i)}} - \frac{\text{QS}^2_{xy(e)}}{\text{QS}_{x(e)}} = 11{,}55 - \frac{20{,}60^2}{40{,}80} = 1{,}15.$$

(Kontrolle: $\text{QS}^*_{y(e)} = S_1 + S_2 : 3{,}60 = 2{,}45 + 1{,}15$.)

Der F-Wert lautet somit nach Gl. (19.19):

$$F = \frac{S_2/(p-1)}{S_1/p\cdot(n-2)} = \frac{1{,}15/2}{2{,}45/9} = 2{,}11.$$

Dieser Wert ist bei einer kritischen Grenze von $F_{2,9;90\%} = 3{,}01$ nicht signifikant, d. h., die Regressionskoeffizienten sind homogen. (Wir wählen $\alpha = 10\%$, um die Wahrscheinlichkeit eines Fehlers 2. Art zu verringern.)

Nach Gl. (19.22) testen wir, ob die durchschnittliche Steigung b_{in} signifikant von null abweicht. Wir ermitteln:

$$\begin{aligned} F &= \frac{\text{QS}^2_{xy(e)}}{\text{QS}_{x(e)}\cdot\text{QS}_{y(e)} - \text{QS}^2_{xy(e)}} \cdot \frac{p\cdot(n-2)}{1} \\ &= \frac{20{,}60^2}{40{,}80\cdot 14 - 20{,}60^2} \cdot \frac{3\cdot 3}{1} = 26{,}01^{**}. \end{aligned}$$

Mit $F_{1,9;99\%} = 10{,}6$ als kritischem Wert ist der empirische F-Wert sehr signifikant. Die durchschnittliche Steigung weicht bedeutsam von null ab. Die Reduktion der Fehlervarianz durch das Kontrollieren der verbalen Intelligenz ist nicht auf Zufall zurückzuführen.

Ferner interessiert uns, wie die Kovariate mit der abhängigen Variablen korreliert. Für r_{in} ermitteln wir nach Gl. (19.21):

$$r_{\text{in}} = \sqrt{\frac{20{,}60^2}{40{,}80\cdot 14}} = 0{,}86.$$

Da $\text{QS}_{xy(e)}$ positiv ist, hat auch die Korrelation ein positives Vorzeichen (vgl. auch die gemeinsame Steigung der Regressionsgeraden in Abb. 19.1).

Die Korrelation zwischen den Gruppenmittelwerten der abhängigen Variablen und der Kovariaten lautet nach Gl. (19.23):

$$r_{\text{zw}} = \sqrt{\frac{-38{,}60^2}{41{,}20\cdot 36{,}40}} = -0{,}997.$$

Das Vorzeichen dieser Korrelation entnehmen wir dem Vorzeichen der $\text{QS}_{xy(A)}$. Die beiden Korrelationen haben somit ein verschiedenes Vorzeichen, was darauf hinweist, dass nicht nur die Fehlervarianz verkleinert, sondern zusätzlich die Treatmentvarianz vergrößert wird. Dieses Ergebnis wurde in Abschnitt 19.1 bereits ausführlich diskutiert. Die Regressionsgerade, die durch den Punkt $\bar{G}_x$ und $\bar{G}_y$ verläuft, hat gemäß Gl. (19.24) die Steigung

$$b_{\text{zw}} = \frac{-38{,}60}{41{,}20} = -0{,}94.$$

Auch diese Regressionsgerade ist in Abb. 19.1 eingezeichnet.

* 19.3 Mehrfaktorielle Kovarianzanalyse

Wir wollen nun den kovarianzanalytischen Ansatz auf den zweifaktoriellen varianzanalytischen Versuchsplan erweitern. Die hierbei deutlich werdenden Rechenregeln können ohne besondere Schwierigkeiten für den drei- oder mehrfaktoriellen Fall verallgemeinert werden.

Quadratsummenzerlegung

Mit der einfaktoriellen Kovarianzanalyse wollen wir erreichen, dass die Treatment- und die Fehlerquadratsumme bezüglich einer Kovariaten korrigiert werden. Die $\text{QS}^*_{y(A)}$ wird hierbei indirekt bestimmt, indem von der $\text{QS}^*_{y(\text{tot})}$ die QS^*_e subtrahiert wird.

Für zweifaktorielle Pläne müssen jedoch die Quadratsummen beider Treatments, deren Interaktion sowie die Fehlerquadratsummen korrigiert werden, sodass wir die korrigierten Quadratsummen für die Haupteffekte und die Interaktion nicht mehr einzeln subtraktiv aus der korrigierten $QS^*_{y(tot)}$ und der korrigierten $QS^*_{y(e)}$ bestimmen können. Dennoch bleibt das Grundprinzip auch im mehrfaktoriellen Fall erhalten: Zur Berechnung der korrigierten Haupteffekte bzw. Interaktionen subtrahieren wir die korrigierte Fehlerquadratsumme von einer Quadratsumme, die nur Fehleranteile und Anteile des jeweils interessierenden Haupteffektes (Interaktion) enthält.

In einem zweifaktoriellen kovarianzanalytischen Versuchsplan untersuchen wir $p \cdot q$ Zufallsstichproben des Umfangs n, die den einzelnen Faktorstufenkombinationen zugewiesen werden. Von jeder Person erheben wir eine Messung für die abhängige Variable (y_{ijm}) und eine weitere Messung für die Kovariate (x_{ijm}). Wir ermitteln für jede Zelle den Steigungskoeffizienten $b_{\text{in}(i,j)}$ und fassen die einzelnen $b_{\text{in}(i,j)}$-Werte über alle Zellen zu einem gemeinsamen Steigungskoeffizienten b_{in} zusammen. Diese Zusammenfassung setzt wieder voraus, dass die einzelnen Steigungskoeffizienten homogen sind.

Die korrigierte Fehlerquadratsumme $QS^*_{y(e)}$ erhalten wir ebenfalls nach den bereits in Abschn. 19.1 genannten Rechenregeln. Aufgrund der gemeinsamen Steigung der Innerhalb-Regressionen werden pro Zelle $\hat{y}_{ijm}$-Werte vorhergesagt, wobei in Gl. (19.3) statt der Treatmentstufenmittelwerte die Zellenmittelwerte eingesetzt werden. Wir berechnen die Differenzen $y^*_{ijm} = y_{ijm} - \hat{y}_{ijm}$ und bestimmen die Quadratsummen der y^*_{ijm}-Werte innerhalb der einzelnen Zellen. Die Summe dieser einzelnen Quadratsummen ist die korrigierte Fehlerquadratsumme $QS^*_{y(e)}$.

Die korrigierten Quadratsummen für die Haupteffekte und die Interaktion erhalten wir auf indirektem Wege, indem zunächst die unkorrigierte Quadratsumme für einen bestimmten Haupteffekt (Interaktion) mit der unkorrigierten Fehlerquadratsumme zusammengefasst wird. Diese zusammengefasste Quadratsumme wird bezüglich des Kontrollmerkmals korrigiert. Von der korrigierten, zusammengefassten Quadratsumme subtrahieren wir die korrigierte Fehlerquadratsumme und erhalten als Rest die korrigierte Quadratsumme für den jeweiligen Haupteffekt (Interaktion). Die Freiheitsgrade der Haupteffekte und der Interaktion sind gegenüber der zweifaktoriellen Varianzanalyse nicht verändert.

Rechnerische Durchführung

Bei der rechnerischen Durchführung gehen wir von folgenden Kennziffern aus (die Symbole stellen Kombinationen aus den Notationen in Abschn. 14 und 19.1 dar):

$$(1x) = \frac{G_x^2}{n \cdot p \cdot q} \qquad (1y) = \frac{G_y^2}{n \cdot p \cdot q}$$

$$(2x) = \sum_i \sum_j \sum_m x_{ijm}^2 \qquad (2y) = \sum_i \sum_j \sum_m y_{ijm}^2$$

$$(3x) = \frac{\sum_i A_{x(i)}^2}{q \cdot n} \qquad (3y) = \frac{\sum_i A_{y(i)}^2}{q \cdot n}$$

$$(4x) = \frac{\sum_j B_{x(j)}^2}{p \cdot n} \qquad (4y) = \frac{\sum_j B_{y(j)}^2}{p \cdot n}$$

$$(5x) = \frac{\sum_i \sum_j AB_{x(i,j)}^2}{n} \qquad (5y) = \frac{\sum_i \sum_j AB_{y(i,j)}^2}{n}.$$

$$(1xy) = \frac{G_x \cdot G_y}{n \cdot p \cdot q}$$

$$(2xy) = \sum_i \sum_j \sum_m x_{ijm} \cdot y_{ijm}$$

$$(3xy) = \frac{\sum_i A_{x(i)} \cdot A_{y(i)}}{q \cdot n}$$

$$(4xy) = \frac{\sum_j B_{x(j)} \cdot B_{y(j)}}{p \cdot n}$$

$$(5xy) = \frac{\sum_i \sum_j AB_{x(i,j)} \cdot AB_{y(i,j)}}{n}.$$

Unter Zuhilfenahme dieser Kennziffern berechnen wir die folgenden Quadratsummen:

$$\begin{aligned} QS_{x(A)} &= (3x) - (1x), \\ QS_{x(B)} &= (4x) - (1x), \\ QS_{x(AB)} &= (5x) - (3x) - (4x) + (1x), \\ QS_{x(e)} &= (2x) - (5x). \end{aligned}$$

$$\begin{aligned} QS_{xy(A)} &= (3xy) - (1xy), \\ QS_{xy(B)} &= (4xy) - (1xy), \\ QS_{xy(AB)} &= (5xy) - (3xy) - (4xy) + (1xy), \\ QS_{xy(e)} &= (2xy) - (5xy). \end{aligned}$$

$$\begin{aligned} QS_{y(A)} &= (3y) - (1y), \\ QS_{y(B)} &= (4y) - (1y), \\ QS_{y(AB)} &= (5y) - (3y) - (4y) + (1y), \\ QS_{y(e)} &= (2y) - (5y). \end{aligned}$$

Die korrigierte Fehlerquadratsumme der abhängigen Variablen ergibt sich nach

$$QS^*_{y(e)} = QS_{y(e)} - \frac{QS^2_{xy(e)}}{QS_{x(e)}} \tag{19.25}$$

mit $df^*_e = p \cdot q \cdot (n-1) - 1$.

Zur Überprüfung der Homogenität der Steigungen der Innerhalb-Regressionen wird diese Quadratsumme in die folgenden Komponenten zerlegt:

$$S_1 = QS_{y(e)} - \sum_i \sum_j \left(\frac{QS^2_{xy(i,j)}}{QS_{x(i,j)}} \right). \tag{19.26}$$

$$S_2 = \sum_i \sum_j \left(\frac{QS^2_{xy(i,j)}}{QS_{x(i,j)}} \right) - \frac{QS^2_{xy(e)}}{QS_{x(e)}}. \tag{19.27}$$

(Kontrolle: $S_1 + S_2 = QS^*_{y(e)}$.)

Der folgende F-Test hat $p \cdot q - 1$ Zählerfreiheitsgrade und $p \cdot q \cdot (n-2)$ Nennerfreiheitsgrade:

$$F = \frac{S_2/(p \cdot q - 1)}{S_1/(p \cdot q \cdot (n-2))}. \tag{19.28}$$

Ist dieser F-Wert für beispielsweise $\alpha = 0{,}25$ signifikant, muss die H_0: $\beta_{11} = \beta_{12} = \ldots = \beta_{pq}$ verworfen werden. Ist der F-Wert nicht signifikant, wird die zusammengefasste Steigung nach Gl. (19.20) bestimmt.

Die korrigierten Quadratsummen für die beiden Haupteffekte und die Interaktion lauten:

$$QS^*_{y(A)} = QS_{y(A)} + QS_{y(e)} - \frac{(QS_{xy(A)} + QS_{xy(e)})^2}{QS_{x(A)} + QS_{x(e)}} - QS^*_{y(e)},$$

$$QS^*_{y(B)} = QS_{y(B)} + QS_{y(e)} - \frac{(QS_{xy(B)} + QS_{xy(e)})^2}{QS_{x(B)} + QS_{x(e)}} - QS^*_{y(e)},$$

$$QS^*_{y(AB)} = QS_{y(AB)} + QS_{y(e)} - \frac{(QS_{xy(AB)} + QS_{xy(e)})^2}{QS_{x(AB)} + QS_{x(e)}} - QS^*_{y(e)},$$

wobei $df^*_A = p-1$, $df^*_B = q-1$ und $df^*_{AB} = (p-1) \cdot (q-1)$.

Die korrigierten mittleren Quadrate MQ^* ermitteln wir, indem die korrigierten Quadratsummen durch die entsprechenden Freiheitsgrade dividiert werden. Haben alle Faktoren feste Effekte, können die $MQ^*_{y(A)}$, $MQ^*_{y(B)}$ und $MQ^*_{y(AB)}$ an der $MQ^*_{y(e)}$ getestet werden.

Kontraste. Die korrigierten Mittelwerte, die sich nach dem Kontrollieren der Kovariaten ergeben, werden nach folgenden Gleichungen bestimmt:

$$\bar{A}^*_{y(i)} = \bar{A}_{y(i)} - b_{\text{in}} \cdot (\bar{A}_{x(i)} - \bar{G}_x), \tag{19.29}$$

$$\bar{B}^*_{y(j)} = \bar{B}_{y(j)} - b_{\text{in}} \cdot (\bar{B}_{x(j)} - \bar{G}_x), \tag{19.30}$$

$$\overline{AB}^*_{y(i,j)} = \overline{AB}_{y(i,j)} - b_{\text{in}} \cdot (\overline{AB}_{x(i,j)} - \bar{G}_x). \tag{19.31}$$

A posteriori Kontrasthypothesen über Paarvergleiche sind wie folgt zu testen (Winer et al., 1991, S. 808):

Für zwei Stufen i und i' des Faktors A:

$$F = \frac{1}{\frac{2 \cdot MQ^*_{y(e)}}{n \cdot q}} \cdot \frac{\left(\bar{A}^*_{y(i)} - \bar{A}^*_{y(i')}\right)^2}{1 + \frac{QS_{x(A)}}{(p-1) \cdot QS_{x(e)}}}.$$

Für zwei Stufen j und j' des Faktors B:

$$F = \frac{1}{\frac{2 \cdot MQ^*_{y(e)}}{n \cdot p}} \cdot \frac{\left(\bar{B}^*_{y(j)} - \bar{B}^*_{y(j')}\right)^2}{1 + \frac{QS_{x(B)}}{(q-1) \cdot QS_{x(e)}}}.$$

Für zwei Faktorstufenkombinationen (Zellen) ij und $i'j'$:

$$F = \frac{1}{\frac{2 \cdot MQ^*_{y(e)}}{n}} \cdot \frac{\left(\overline{AB}^*_{y(i,j)} - \overline{AB}^*_{y(i',j')}\right)^2}{1 + \frac{QS_{x(AB)}}{(p-1) \cdot (q-1) \cdot QS_{x(e)}}}.$$

Die F-Tests haben einen Zählerfreiheitsgrad und $df^*_e = p \cdot q \cdot (n-1) - 1$ Nennerfreiheitsgrade.

Das folgende Beispiel erläutert die Berechnungen:

BEISPIEL 19.2

Im Rahmen der Forschung zum programmierten Unterricht werden drei verschiedene Programme für einen Lehrgegenstand (Faktor A) getestet. Ferner wird überprüft, wie sich die Leistungsmotivation auf den Lernerfolg auswirkt. Die Motivationsunterschiede sollen mit zwei verschiedenen Instruktionen (Faktor B) herbeigeführt werden. Den $3 \cdot 2 = 6$ Faktorstufenkombinationen werden Zufallsstichproben des Umfangs $n = 6$ zugewiesen. Abhängige Variable (y) ist die Testleistung, und kontrolliert werden soll das Merkmal Intelligenz (x). Tabelle 19.6 zeigt die Daten sowie die Summen der Treatmentstufenkombinationen.

Wir berechnen nun die Kennziffern. Es ergeben sich folgende Werte:

$$(1x) = \frac{207^2}{6 \cdot 3 \cdot 2} = 1190{,}25$$

$$(2x) = 5^2 + 6^2 + 6^2 + \cdots + 5^2 = 1255$$

$$(3x) = \frac{61^2 + 79^2 + 67^2}{6 \cdot 2} = 1204{,}25$$

$$(4x) = \frac{106^2 + 101^2}{6 \cdot 3} = 1190{,}94$$

$$(5x) = \frac{29^2 + 32^2 + 40^2 + 39^2 + 37^2 + 30^2}{6} = 1209{,}17$$

$$(1xy) = \frac{207 \cdot 573}{6 \cdot 3 \cdot 2} = 3294{,}75$$

$$(2xy) = 5 \cdot 13 + 6 \cdot 17 + 6 \cdot 18 + \cdots + 5 \cdot 18 = 3410$$

19

$$(3xy) = \frac{61 \cdot 175 + 79 \cdot 188 + 67 \cdot 210}{6 \cdot 2} = 3299{,}75$$

$$(4xy) = \frac{106 \cdot 261 + 101 \cdot 312}{6 \cdot 3} = 3287{,}67$$

$$(5xy) = \frac{29 \cdot 79 + \cdots + 30 \cdot 113}{6} = 3293{,}17$$

$$(1y) = \frac{573^2}{6 \cdot 3 \cdot 2} = 9120{,}25$$

$$(2y) = 13^2 + 17^2 + 18^2 + \cdots + 18^2 = 9635$$

$$(3y) = \frac{175^2 + 188^2 + 210^2}{6 \cdot 2} = 9172{,}42$$

$$(4y) = \frac{261^2 + 312^2}{6 \cdot 3} = 9192{,}50$$

$$(5y) = \frac{79^2 + 96^2 + 85^2 + 103^2 + 97^2 + 113^2}{6} = 9244{,}83$$

Aus den Werten der Kennziffern lassen sich nun die Quadratsummen berechnen. Man erhält:

$QS_{x(A)} = 14{,}00$ $\quad QS_{x(B)} = 0{,}69$

$QS_{x(AB)} = 4{,}23$ $\quad QS_{x(e)} = 45{,}83$

$QS_{xy(A)} = 5{,}00$ $\quad QS_{xy(B)} = -7{,}08$

$QS_{xy(AB)} = 0{,}50$ $\quad QS_{xy(e)} = 116{,}83$

$QS_{y(A)} = 52{,}17$ $\quad QS_{y(B)} = 72{,}25$

$QS_{y(AB)} = 0{,}16$ $\quad QS_{y(e)} = 390{,}17$

Die Bestimmung der korrigierten Quadratsummen ergibt:

$QS^*_{y(e)} = 92{,}35$ $\quad QS^*_{y(A)} = 101{,}90$

$QS^*_{y(B)} = 111{,}15$ $\quad QS^*_{y(AB)} = 22{,}99$

Als Ergebnis der Varianzanalyse ergibt sich:

Quelle	QS	df	MQ	F
A	52,17	2	26,09	2,01
B	72,25	1	72,25	5,56*
AB	0,16	2	0,08	0,01
Fehler	390,17	30	13,00	

$F_{1,30;95\%} = 4{,}17$
$F_{2,30;95\%} = 3{,}32$

Als Ergebnis der Kovarianzanalyse ergibt sich:

Quelle	QS*	df*	MQ*	F
A	101,90	2	50,95	16,02**
B	111,15	1	111,15	34,95**
AB	22,99	2	11,50	3,61*
Fehler	92,35	29	3,18	

$F_{1,29;99\%} = 7{,}60$
$F_{2,29;99\%} = 5{,}42$ $\quad F_{2,29;95\%} = 3{,}33$

Um einen Kontrast des Faktors A zu berechnen, ermitteln wir zunächst korrigierte Mittelwerte. Wir betrachten den Vergleich der ersten mit der dritten Stufe des Faktors. Zunächst ermitteln wir b_{in}. Der Wert ergibt sich aus den zuvor ermittelten Kennziffern zu

$$b_{\text{in}} = \frac{QS_{xy(e)}}{QS_{x(e)}} = \frac{116{,}83}{45{,}83} = 2{,}55.$$

Tabelle 19.6. Beispiel für eine zweifaktorielle Kovarianzanalyse

	b_1		b_2	
	x	y	x	y
a_1	5	13	7	20
	6	17	6	16
	6	18	4	14
	4	10	4	12
	3	9	6	19
	5	12	5	15
a_2	5	10	6	17
	7	14	8	22
	7	17	7	19
	9	19	5	13
	6	11	5	12
	6	14	8	20
a_3	8	21	5	14
	7	19	6	25
	5	13	5	22
	4	13	5	19
	7	16	4	15
	6	15	5	18

Summen:

	b_1		b_2		Total	
	x	y	x	y	x	y
a_1	29	79	32	96	61	175
a_2	40	85	39	103	79	188
a_3	37	97	30	113	67	210
Total	106	261	101	312	207	573

Die anderen benötigten Werte lassen sich aufgrund der in Tab. 19.6 enthaltenen Summen bestimmen. Beispielsweise errechnet man $\bar{G}_x = 207/36 = 2{,}75$. Die korrigierten Mittelwerte dieser Stufen lauten

$$\bar{A}^*_{y(1)} = \bar{A}_{y(1)} - b_{\text{in}} \cdot (\bar{A}_{x(1)} - \bar{G}_x),$$
$$= 14{,}58 - 2{,}55 \cdot (5{,}08 - 5{,}75) = 16{,}29,$$
$$\bar{A}^*_{y(3)} = \bar{A}_{y(3)} - b_{\text{in}} \cdot (\bar{A}_{x(3)} - \bar{G}_x),$$
$$= 17{,}50 - 2{,}55 \cdot (5{,}58 - 5{,}75) = 17{,}93.$$

Aufgrund dieser Ergebnisse berechnet man für den Kontrast $\bar{A}^*_{y(1)}$ vs. $\bar{A}^*_{y(3)}$:

$$F = \frac{(16{,}29 - 17{,}93)^2}{\frac{2 \cdot 3{,}18}{6 \cdot 2} \cdot \left[1 + \frac{14{,}00}{2 \cdot 45{,}83}\right]} = 4{,}40.$$

Ganz analog ergibt sich für den Vergleich der ersten mit der zweiten Stufe des Faktors B: $\bar{B}^*_{y(1)}$ vs. $\bar{B}^*_{y(2)}$:

$$F = \frac{(14{,}17 - 17{,}69)^2}{\frac{2 \cdot 3{,}18}{6 \cdot 3} \cdot \left[1 + \frac{0{,}69}{1 \cdot 45{,}83}\right]} = 34{,}55^{**}.$$

Nur der zweite Kontrast ist für $\alpha = 0{,}01$ signifikant, da das kritische Perzentil $F_{1,29;99\%} = 7{,}60$ beträgt.

Wir überprüfen als Nächstes die Homogenität der Steigungen. Dazu berechnen wir

$$\sum_i \sum_j \frac{QS^2_{xy(i,j)}}{QS_{x(i,j)}} = \frac{(402-381{,}83)^2}{147-140{,}17} + \frac{(529-512{,}00)^2}{178-170{,}67} + \dots + \frac{(575-565{,}00)^2}{152-150{,}00} = 315{,}68.$$

Mit Hilfe dieses Wertes ergibt sich aufgrund der Gl. (19.26) und Gl. (19.27)

$$S_1 = 390{,}17 - 315{,}68 = 74{,}49, \quad \text{und}$$

$$S_2 = 315{,}68 - \frac{116{,}83^2}{45{,}83} = 17{,}86.$$

Kontrolle: 74,49 + 17,86 = 92,35. Somit ergibt sich

$$F = \frac{17{,}86/(3\cdot 2-1)}{74{,}49/(3\cdot 2\cdot(6-2))} = 1{,}15.$$

Da das kritische Perzentil $F_{5,24;75\%} = 1{,}43$ beträgt und somit von dem berechneten F-Wert nicht überschritten wird, gehen wir von homogenen Steigungen aus.

Das Kontrollieren der Intelligenz hat zur Folge, dass sich sowohl die drei Programme, die gemäß der Varianzanalyse keinen bedeutsamen Einfluss auf den Lernerfolg ausüben, als auch die beiden Instruktionen sehr signifikant unterscheiden. Zusätzlich ist die Interaktion in der Kovarianzanalyse signifikant geworden.

* 19.4 Kovarianzanalyse mit Messwiederholungen

Einfaktorieller Plan

Wird eine Stichprobe des Umfangs n unter p Stufen eines Faktors A beobachtet, können die Daten nach einer einfaktoriellen Varianzanalyse mit Messwiederholungen untersucht werden. Wird zusätzlich zu der abhängigen Variablen eine Kovariate erhoben, erhalten wir einen einfaktoriellen kovarianzanalytischen Versuchsplan mit Messwiederholungen. In dieser Analyse wird bei den wiederholten Messungen der abhängigen Variablen der Einfluss einer wiederholt gemessenen Kovariaten kontrolliert. Wie wir noch sehen werden, beeinflusst eine einmalig erhobene Kovariate (z. B. zur Beschreibung der „Startbedingungen" der Personen) das Ergebnis der Messwiederholungsanalyse nicht.

> Bei einer einfaktoriellen Kovarianzanalyse mit Messwiederholungen über p Erhebungszeitpunkte müssen die abhängige Variable und die Kovariate jeweils p-mal erhoben werden. Das einmalige Erheben der Kovariaten ist für das varianzanalytische Ergebnis bedeutungslos.

Rechnerische Durchführung. Die rechnerische Durchführung geht von folgenden Kennziffern aus: Die Symbole stellen Kombinationen aus den Notationen der Kap. 18.1 und 19.1 dar.

$$(1x) = G_x^2/p\cdot n \qquad (1y) = G_y^2/p\cdot n$$
$$(2x) = \sum_i \sum_m x_{im}^2 \qquad (2y) = \sum_i \sum_m y_{im}^2$$
$$(3x) = \sum_i A^2_{x(i)}/n \qquad (3y) = \sum_i A^2_{y(i)}/n$$
$$(4x) = \sum_m P^2_{x(m)}/p \qquad (4y) = \sum_m P^2_{y(m)}/p$$

$$(1xy) = G_x \cdot G_y/p\cdot n$$
$$(2xy) = \sum_i \sum_m x_{im}\cdot y_{im}$$
$$(3xy) = \sum_i A_{x(i)}\cdot A_{y(i)}/n$$
$$(4xy) = \sum_m P_{x(m)}\cdot P_{y(m)}/p.$$

Hieraus lassen sich die Treatmentquadratsumme für Faktor A und die Fehlerquadratsumme in folgender Weise bestimmen:

$$QS_{x(A)} = (3x) - (1x)$$
$$QS_{x(e)} = (2x) - (3x) - (4x) + (1x)$$
$$QS_{y(A)} = (3y) - (1y)$$
$$QS_{y(e)} = (2y) - (3y) - (4y) + (1y)$$
$$QS_{xy(A)} = (3xy) - (1xy)$$
$$QS_{xy(e)} = (2xy) - (3xy) - (4xy) + (1xy)$$

Die korrigierte $QS^*_{y(e)}$ ermitteln wir nach der Beziehung:

$$QS^*_{y(e)} = QS_{y(e)} - \frac{QS^2_{xy(e)}}{QS_{x(e)}}.$$

Die $QS^*_{y(e)}$ hat $(p-1)\cdot(n-1)-1$ Freiheitsgrade. Die korrigierte Treatmentquadratsumme lautet:

$$QS^*_{y(A)} = QS_{y(A)} + QS_{y(e)} \tag{19.32}$$
$$- \frac{(QS_{xy(A)} + QS_{xy(e)})^2}{QS_{x(A)} + QS_{x(e)}} - QS^*_{y(e)} \tag{19.33}$$

mit df = $p-1$. Wir dividieren die Quadratsummen durch die entsprechenden Freiheitsgrade und bilden den F-Bruch $MQ^*_{y(A)}/MQ^*_{y(e)}$.

BEISPIEL 19.3

Es soll überprüft werden, ob sich drei verschiedene Rorschach-Tafeln in ihrem Assoziationswert unterscheiden. Der Assoziationswert der Tafeln wird durch die Anzahl der Deutungen, die die Personen in einer vorgegebenen Zeit produzieren (abhängige Variable: y), gemessen. Man vermutet, dass die Anzahl der

19

Tabelle 19.7. Beispiel für eine einfaktorielle Kovarianzanalyse mit Messwiederholungen

	a_1		a_2		a_3		P_x	P_y
Vp	x	y	x	y	x	y		
1	1	4	2	3	9	4	12	11
2	3	6	2	2	11	5	16	13
3	5	4	1	5	7	5	13	14
4	1	7	0	5	8	4	9	16
5	4	4	1	4	7	6	12	14
Total	14	25	6	19	42	24	$G_x = 62$	$G_y = 68$

Deutungen von der Reaktionszeit der Personen, d. h. der Zeit bis zur Nennung der ersten Deutung, mitbeeinflusst wird und erhebt deshalb die Reaktionszeiten der fünf Personen bei den drei Tafeln als Kovariate (x). Tabelle 19.7 zeigt die Daten.

Es ergeben sich folgende Kennziffern:

$$(1x) = 62^2/3 \cdot 5 = 256{,}27,$$
$$(2x) = 1^2 + 3^2 + \dots + 8^2 + 7^2 = 426,$$
$$(3x) = (14^2 + 6^2 + 42^2)/5 = 399{,}20,$$
$$(4x) = (12^2 + 16^2 + 13^2 + 9^2 + 12^2)/3 = 264{,}67$$
$$(1xy) = 62 \cdot 68/3 \cdot 5 = 281{,}07$$
$$(2xy) = 1 \cdot 4 + 3 \cdot 6 + \dots + 8 \cdot 4 + 7 \cdot 6 = 284$$
$$(3xy) = (14 \cdot 25 + 6 \cdot 19 + 42 \cdot 24)/5 = 294{,}40$$
$$(4xy) = (12 \cdot 11 + \dots + 12 \cdot 14)/3 = 278{,}00$$
$$(1y) = 68^2/3 \cdot 5 = 308{,}27$$
$$(2y) = 4^2 + 6^2 + \dots + 4^2 + 6^2 = 330$$
$$(3y) = (25^2 + 19^2 + 24^2)/5 = 312{,}40$$
$$(4y) = (11^2 + 13^2 + 14^2 + 16^2 + 14^2)/3 = 312{,}67$$

Es ergeben sich folgende Quadratsummen:

$$QS_{x(A)} = 399{,}20 - 256{,}27 = 142{,}93,$$
$$QS_{x(e)} = 426 - 399{,}20 - 264{,}67 + 256{,}27 = 18{,}40,$$
$$QS_{xy(A)} = 294{,}40 - 281{,}07 = 13{,}33,$$
$$QS_{xy(e)} = 284 - 294{,}40 - 278{,}00 + 281{,}07 = -7{,}33,$$
$$QS_{y(A)} = 312{,}40 - 308{,}27 = 4{,}13,$$
$$QS_{y(e)} = 330 - 312{,}40 - 312{,}67 + 308{,}27 = 13{,}20,$$
$$QS^*_{y(e)} = 13{,}20 - \frac{(-7{,}33)^2}{18{,}40} = 10{,}28,$$
$$QS^*_{y(A)} = 4{,}13 + 13{,}20 - \frac{(13{,}33 - 7{,}33)^2}{142{,}93 + 18{,}40} - 10{,}28 = 6{,}83.$$

Die Ergebnistabelle der Varianzanalyse lautet:

Quelle	QS	df	MQ	F
A	4,13	2	2,07	1,25
Fehler	13,20	8	1,65	

Der kritische Wert für die Varianzanalyse lautet $F_{2,8;0,95} = 4{,}46$. Somit ist das Ergebnis nicht signifikant. Die Ergebnistabelle der Kovarianzanalyse lautet:

Quelle	QS	df	MQ	F
A	6,83	2	3,42	2,33
Fehler	10,28	7	1,47	

Das kritische Perzentil für die Kovarianzanalyse lautet $F_{2,7;0,95} = 4{,}74$. Auch in diesem Fall überschreitet der empirische F-Wert diesen kritischen Wert nicht. Wenngleich der F-Wert durch das Kontrollieren der Reaktionszeit größer geworden ist, unterscheiden sich die drei Rorschach-Tafeln nicht signifikant hinsichtlich ihres Assoziationswertes.

Mehrfaktorielle Pläne

Einen mehrfaktoriellen Versuchsplan mit Messwiederholungen erhalten wir, wenn mehrere Stichproben, die sich in Bezug auf einen oder mehrere Faktoren unterscheiden, mehrfach untersucht werden. Wird zusätzlich eine Kovariate aus der abhängigen Variablen eliminiert, sprechen wir von einer mehrfaktoriellen Kovarianzanalyse mit Messwiederholungen. Wir wollen zum Abschluss dieses Kapitels die *zweifaktorielle Kovarianzanalyse mit Messwiederholungen* behandeln.

Die Tab. 19.8 und 19.9 zeigen, dass hierbei zwei Fälle unterschieden werden müssen: In beiden Tabellen wird angedeutet, dass p Stichproben des Umfangs n, die sich in Bezug auf die Stufen eines Faktors A unterscheiden, q-mal untersucht werden.

Tabelle 19.8 verdeutlicht zudem, dass hier lediglich *eine* Kontrollmessung (x) erhoben wird. Dies ist üblicherweise eine Messung, die vor der Untersuchung der Stichproben unter den Stufen des Faktors B durchgeführt wurde. Mit der Kovarianzanalyse wird überprüft, wie sich diese einmalig gemessene Kovariate auf die Unterschiede zwischen den Stichproben (Stufen des Faktors A) auswirkt. Wie wir noch sehen werden, übt diese einmalig gemessene Kovariate keinen Einfluss auf den Messwiederholungsfaktor B bzw. die Interaktion AB aus.

Tabelle 19.9 veranschaulicht, dass hier nicht nur die abhängige Variable, sondern auch die Kovariate

Tabelle 19.8. Zweifaktorielle Kovarianzanalyse mit Messwiederholungen und einer Kontrollmessung

		x	b_1	b_2	…	b_q
	Vp 1	x_{11}	y_{111}	y_{121}	…	y_{1q1}
a_1	2	x_{12}	y_{112}	y_{122}	…	y_{1q2}
⋮	⋮	⋮	⋮	⋮	…	⋮

Tabelle 19.9. Zweifaktorielle Kovarianzanalyse mit Messwiederholungen und mehreren Kontrollmessungen

		b_1		b_2		…	b_q	
		x	y	x	y	…	x	y
	Vp 1	x_{111}	y_{111}	x_{121}	y_{121}	…	x_{1q1}	y_{1q1}
a_1	2	x_{112}	y_{112}	x_{122}	y_{122}	…	x_{1q2}	y_{1q2}
⋮	⋮	⋮	⋮	⋮	⋮	…	⋮	⋮

unter den Stufen des Faktors B wiederholt gemessen wird. Die Messwiederholungen beziehen sich somit nicht nur auf die abhängige Variable, sondern auch auf die Kovariate. In diesem Fall werden durch das Kontrollieren der Kovariaten sowohl der Haupteffekt A als auch der Haupteffekt B und die Interaktion AB korrigiert. Sind die unter den einzelnen Stufen des Faktors B beobachteten x-Werte von Stufe zu Stufe identisch, entspricht der in Tab. 19.9 dargestellte Versuchsplan dem Plan in Tab. 19.8. Wir werden deshalb die Rechenregeln für den in Tab. 19.9 verdeutlichten Fall mit mehreren Kontrollmessungen erläutern, die ohne weitere Modifikationen auf einen Versuchsplan mit einer Kontrollmessung (Tab. 19.8) angewandt werden können.

Rechnerische Durchführung. Unter Verwendung von Symbolen, die Kombinationen der Notationen der Kapitel 18.2 und 19.3 darstellen, berechnen wir die folgenden Kennziffern:

$$(1x) = \frac{G_x^2}{p \cdot q \cdot n} \qquad (1y) = \frac{G_y^2}{p \cdot q \cdot n}$$

$$(2x) = \sum_i \sum_j \sum_m x_{ijm}^2 \qquad (2y) = \sum_i \sum_j \sum_m y_{ijm}^2$$

$$(3x) = \frac{\sum_i A_{x(i)}^2}{q \cdot n} \qquad (3y) = \frac{\sum_i A_{y(i)}^2}{q \cdot n}$$

$$(4x) = \frac{\sum_j B_{x(j)}^2}{p \cdot n} \qquad (4y) = \frac{\sum_j B_{y(j)}^2}{p \cdot n}$$

$$(5x) = \frac{\sum_i \sum_j AB_{x(i,j)}^2}{n} \qquad (5y) = \frac{\sum_i \sum_j AB_{y(i,j)}^2}{n}$$

$$(6x) = \frac{\sum_i \sum_m P_{x(i,m)}^2}{q} \qquad (6y) = \frac{\sum_i \sum_m P_{y(i,m)}^2}{q}$$

$$(1xy) = \frac{G_x \cdot G_y}{p \cdot q \cdot n}$$

$$(2xy) = \sum_i \sum_j x_{ijm} \cdot y_{ijm}$$

$$(3xy) = \frac{\sum_i A_{x(i)} \cdot A_{y(i)}}{q \cdot n}$$

$$(4xy) = \frac{\sum_j B_{x(j)} \cdot B_{y(j)}}{p \cdot n}$$

$$(5xy) = \frac{\sum_i \sum_j AB_{x(i,j)} \cdot AB_{y(i,j)}}{n}$$

$$(6xy) = \frac{\sum_i \sum_m P_{x(i,m)} \cdot P_{y(i,m)}}{q}.$$

Aus diesen Kennziffern werden die folgenden Quadratsummen ermittelt.

$$QS_{x(A)} = (3x) - (1x)$$
$$QS_{x(P)} = (6x) - (3x)$$
$$QS_{x(B)} = (4x) - (1x)$$
$$QS_{x(AB)} = (5x) - (3x) - (4x) + (1x)$$
$$QS_{x(e)} = (2x) - (5x) - (6x) + (3x)$$

$$QS_{y(A)} = (3y) - (1y)$$
$$QS_{y(P)} = (6y) - (3y)$$
$$QS_{y(B)} = (4y) - (1y)$$
$$QS_{y(AB)} = (5y) - (3y) - (4y) + (1y)$$
$$QS_{y(e)} = (2y) - (5y) - (6y) + (3y)$$

$$QS_{xy(A)} = (3xy) - (1xy)$$
$$QS_{xy(P)} = (6xy) - (3xy)$$
$$QS_{xy(B)} = (4xy) - (1xy)$$
$$QS_{xy(AB)} = (5xy) - (3xy) - (4xy) + (1xy)$$
$$QS_{xy(e)} = (2xy) - (5xy) - (6xy) + (3xy).$$

Bei einer einmaligen Kontrollmessung (Tab. 19.8) werden die folgenden Quadratsummen null: $QS_{x(B)}$, $QS_{x(AB)}$, $QS_{x(e)}$, $QS_{xy(B)}$, $QS_{xy(AB)}$ und $QS_{xy(e)}$. ($QS_{x(B)}$ stellt beispielsweise diejenige Quadratsumme dar, die auf die Unterschiedlichkeit der Kovariaten zwischen den Stufen des Faktors B zurückgeht. Wird nur eine Kovariatenmessung durchgeführt, erscheinen unter allen Faktorstufen die gleichen Messwerte, d. h. die $QS_{x(B)}$ wird null.) Die korrigierten Quadratsummen lauten:

$$QS^*_{y(P)} = QS_{y(P)} - \frac{QS^2_{xy(P)}}{QS_{x(P)}}, \tag{19.34}$$

$$QS^*_{y(A)} = QS_{y(A)} + QS_{y(P)} - \frac{(QS_{xy(A)} + QS_{xy(P)})^2}{QS_{x(A)} + QS_{x(P)}} - QS^*_{y(P)}, \tag{19.35}$$

$$QS^*_{y(e)} = QS_{y(e)} - \frac{QS^2_{xy(e)}}{QS_{x(e)}}, \tag{19.36}$$

$$QS^*_{y(B)} = QS_{y(B)} + QS_{y(e)} - \frac{(QS_{xy(B)} + QS_{xy(e)})^2}{QS_{x(B)} + QS_{x(e)}} - QS^*_{y(e)}, \tag{19.37}$$

$$QS^*_{y(AB)} = QS_{y(AB)} + QS_{y(e)} - \frac{(QS_{xy(AB)} + QS_{xy(e)})^2}{QS_{x(AB)} + QS_{x(e)}} - QS^*_{y(e)}. \tag{19.38}$$

Das Kontrollieren der einmalig erhobenen Kovariaten (Tab. 19.8) hat keinen Einfluss auf die $QS_{y(e)}$, $QS_{y(B)}$ und $QS_{y(AB)}$. Die in Gl. (19.36) bis (19.38) benötigten Quadratsummen mit den Indizes xy und x werden null. Da die Messwiederholungen über die Stufen des Faktors B erfolgen, der durch das Kontrollieren der einmalig erhobenen Kovariaten nicht

Tabelle 19.10. Beispiel für eine zweifaktorielle Kovarianzanalyse mit Messwiederholungen und einer Kontrollmessung

Faktor A	Faktor B					
	b_1		b_2		Total	
	x	y	x	y	x	y
a_1	14	5	14	4	28	9
	19	7	19	7	38	14
	18	8	18	6	36	14
	13	4	13	4	26	8
	16	7	16	5	32	12
	15	6	15	3	30	9
a_2	14	5	14	6	28	11
	16	4	16	7	32	11
	16	7	16	7	32	14
	15	6	15	5	30	11
	18	9	18	10	36	19
	13	5	13	5	26	10
Summen:	b_1		b_2		Total	
	x	y	x	y	x	y
a_1	95	37	95	29	190	66
a_2	92	36	92	40	184	76
Total	187	73	187	69	374	142
Mittelwerte:	b_1		b_2		Total	
	x	y	x	y	x	y
a_1	15,83	6,16	15,83	4,83	15,83	5,5
a_2	15,33	6,00	15,33	6,67	15,33	6,33
Total	15,58	6,08	15,58	5,75	15,58	5,92

beeinflusst wird, ist das einmalige Erheben einer Kovariaten in der einfaktoriellen Kovarianzanalyse mit Messwiederholungen sinnlos. In der einfaktoriellen Varianzanalyse mit Messwiederholungen werden a priori Unterschiede zwischen den Personen, die zum Teil auch durch die einmalig gemessene Kovariate quantifiziert werden, ohnehin aus der Fehlervarianz eliminiert. Zudem wird die Unterschiedlichkeit zwischen den Treatmentstufenmittelwerten in der einfaktoriellen Varianzanalyse mit Messwiederholungen durch die einmalig erhobene Kovariate nicht beeinflusst.

> In der zweifaktoriellen Kovarianzanalyse mit Messwiederholungen wirkt sich das Kontrollieren einer einmalig erhobenen Kovariaten nur auf den Gruppierungsfaktor (in unserem Fall Faktor A) aus. Wird die Kovariate wiederholt gemessen, führt das Kontrollieren der Kovariaten zur Modifizierung aller Varianzen.

Die mittleren Quadrate ermitteln wir, indem die Quadratsummen durch die entsprechenden Freiheitsgrade dividiert werden. Das mittlere Quadrat MQ_P^* hat $p \cdot (n-1) - 1$ Freiheitsgrade, und MQ_e^* hat für den Fall, dass die Kovariate wiederholt gemessen wurde, $p \cdot (q-1) \cdot (n-1) - 1$ Freiheitsgrade. Die übrigen Freiheitsgrade sind gegenüber der zweifaktoriellen Varianzanalyse mit Messwiederholungen unverändert.

Über Kontraste berichten Winer et al. (1991, S. 825 f.).

BEISPIEL 19.4

Eine Firma ist daran interessiert, in einer Voruntersuchung die Werbewirksamkeit von zwei Plakaten (Faktor B) zu überprüfen. Sechs Käufer und sechs Nicht-Käufer des Produktes (Gruppierungsfaktor A) werden gebeten, die vermutete Werbewirksamkeit beider Plakate auf einer 10-Punkte-Skala (je höher der Wert, desto größer die vermutete Werbewirksamkeit) einzustufen (abhängige Variable). Jede Person muss also zwei Plakate beurteilen (Messwiederholungsfaktor B). Als Kovariate wird mit einem Fragebogen die allgemeine Einstellung zur Werbung erhoben. Wir haben es also mit einer zweifaktoriellen Kovarianzanalyse (2×2) mit Messwiederholungen und einer einmalig erhobenen Kovariaten zu tun. Tabelle 19.10 zeigt die Daten und den Rechengang. Um die Analogie zwischen den in Tab. 19.8 und Tab. 19.9 dargestellten Plänen zu verdeutlichen, ist die einmalig erhobene Kovariate unter beiden Stufen des Faktors B eingetragen.

Die Kennziffern lauten:

$$(1x) = \frac{374^2}{6 \cdot 2 \cdot 2} = 5828{,}17$$

$$(2x) = 14^2 + 19^2 + 18^2 + \cdots + 13^2 = 5914$$

$$(3x) = \frac{190^2 + 184^2}{6 \cdot 2} = 5829{,}67$$

$$(4x) = \frac{187^2 + 187^2}{6 \cdot 2} = 5828{,}17$$

$$(5x) = \frac{95^2 + 95^2 + 92^2 + 92^2}{6} = 5829{,}67$$

$$(6x) = \frac{28^2 + 38^2 + 36^2 + \cdots + 26^2}{2} = 5914{,}00$$

$$(1xy) = \frac{374 \cdot 142}{6 \cdot 2 \cdot 2} = 2212{,}83$$

$$(2xy) = 14 \cdot 5 + 19 \cdot 7 + 18 \cdot 8 + \cdots + 13 \cdot 5 = 2266$$

$$(3xy) = \frac{190 \cdot 66 + 184 \cdot 76}{6 \cdot 2} = 2210{,}33$$

$$(4xy) = \frac{187 \cdot 73 + 187 \cdot 69}{6 \cdot 2} = 2212{,}83$$

$$(5xy) = \frac{95 \cdot 37 + 95 \cdot 29 + 92 \cdot 36 + 92 \cdot 40}{6} = 2210{,}33$$

$$(6xy) = \frac{28 \cdot 9 + 38 \cdot 14 + 36 \cdot 14 + \cdots + 26 \cdot 10}{2} = 2266{,}00$$

$$(1y) = \frac{142^2}{6 \cdot 2 \cdot 2} = 840{,}17$$

$$(2y) = 5^2 + 7^2 + 8^2 + \cdots + 5^2 = 906$$

$$(3y) = \frac{66^2 + 76^2}{6 \cdot 2} = 844{,}33$$

$$(4y) = \frac{73^2 + 69^2}{6 \cdot 2} = 840{,}83$$

$$(5y) = \frac{37^2 + 29^2 + 36^2 + 40^2}{6} = 851{,}00$$

$$(6y) = \frac{9^2 + 14^2 + 14^2 + \cdots + 10^2}{2} = 891{,}00$$

Aus den Kennziffern lassen sich folgende Quadratsummen errechnen:

$$QS_{x(P)} = 5914{,}00 - 5829{,}67 = 84{,}33$$

$$QS_{x(A)} = 5829{,}67 - 5828{,}17 = 1{,}50$$

$$QS_{x(e)} = 5914 - 5829{,}67 - 5914{,}00 + 5829{,}67 = 0{,}00$$

$$QS_{x(B)} = 5828{,}17 - 5828{,}17 = 0{,}00$$

$$QS_{x(AB)} = 5829{,}67 - 5829{,}67 - 5828{,}17 + 5828{,}17 = 0{,}00$$

$$QS_{xy(P)} = 2266{,}00 - 2210{,}33 = 55{,}67$$

$$QS_{xy(A)} = 2210{,}33 - 2212{,}83 = -2{,}50$$

$$QS_{xy(e)} = 2266 - 2210{,}33 - 2266{,}00 + 2210{,}33 = 0{,}00$$

$$QS_{xy(B)} = 2212{,}83 - 2212{,}83 = 0{,}00$$

$$QS_{xy(AB)} = 2210{,}33 - 2210{,}33 - 2212{,}83 + 2212{,}83 = 0{,}00$$

$$QS_{y(P)} = 891{,}00 - 844{,}33 = 46{,}67$$

$$QS_{y(A)} = 844{,}33 - 840{,}17 = 4{,}16$$

$$QS_{y(e)} = 906 - 851{,}00 - 891{,}00 + 844{,}33 = 8{,}33$$

$$QS_{y(B)} = 840{,}83 - 840{,}17 = 0{,}66$$

$$QS_{y(AB)} = 851{,}00 - 844{,}33 - 840{,}83 + 840{,}17 = 6{,}01$$

$$QS^*_P = 46{,}67 - \frac{55{,}67^2}{84{,}33} = 9{,}92$$

$$QS^*_{y(A)} = 4{,}16 + 46{,}67 - \frac{(-2{,}50 + 55{,}67)^2}{1{,}50 + 84{,}33} - 9{,}92 = 7{,}97$$

$$QS^*_{y(e)} = 8{,}33 - \frac{0{,}00^2}{0{,}00} = 8{,}33$$

$$QS^*_{y(B)} = 0{,}66 + 8{,}33 - \frac{(0{,}00 + 0{,}00)^2}{0{,}00 + 0{,}00} - 8{,}33 = 0{,}66$$

$$QS^*_{y(AB)} = 6{,}01 + 8{,}33 - \frac{(0{,}00 + 0{,}00)^2}{0{,}00 + 0{,}00} - 8{,}33 = 6{,}01$$

Die Ergebnistabelle der Varianzanalyse lautet:

Quelle	QS	df	MQ	F
A	4,16	1	4,16	0,89
$P(A)$	46,67	10	4,67	
B	0,66	1	0,66	0,80
AB	6,01	1	6,01	7,24*
Fehler	8,33	10	0,83	

$F_{1,10;95\%} = 4{,}96$

Die entsprechende Ergebnistabelle der Kovarianzanalyse ist:

Quelle	QS*	df*	MQ*	F
A	7,97	1	7,97	7,25*
$P(A)$	9,92	9	1,10	
B	0,66	1	0,66	0,80
AB	6,01	1	6,01	7,24*
Fehler	8,33	10	0,83	

$F_{1,9;95\%} = 5{,}12$

Die $QS_{y(B)}$, $QS_{y(AB)}$ und $QS_{y(e)}$ ändern sich durch das Kontrollieren der Kovariaten nicht. Die signifikante Interaktion AB besagt, dass sich Käufer und Nicht-Käufer hinsichtlich des ersten Plakates praktisch nicht unterscheiden und dass dem zweiten Plakat von den Nicht-Käufern eine höhere Werbewirksamkeit zugesprochen wird als von den Käufern.

Die Werbewirksamkeit beider Plakate wird von Käufern und Nicht-Käufern erst nach Kontrollieren der allgemeinen Einstellung zur Werbung unterschiedlich eingeschätzt (Haupteffekt A).

ÜBUNGSAUFGABEN

Aufgabe 19.1 Wozu dient eine Kovarianzanalyse?

Aufgabe 19.2 In welcher Weise wird die Regressionsrechnung in der Kovarianzanalyse eingesetzt?

Aufgabe 19.3 Welche zusätzliche Voraussetzung sollte bei einer Kovarianzanalyse erfüllt sein?

Aufgabe 19.4 Unter welchen Umständen ist die Fehlervarianz einer Kovarianzanalyse genauso groß wie die Fehlervarianz der entsprechenden Varianzanalyse?

Aufgabe 19.5 Getestet werden soll, ob Freiarbeit (a_1) zu anderen Lernergebnissen führt als konventioneller Frontalunterricht (a_2). In einer Studie werden mit jeder Unterrichtsform fünf Kinder unterrichtet. Nach vier Wochen wird ein Schulleistungstest (y) durchgeführt. Da der IQ (x) der Kinder ein wichtiger Einflussfaktor auf die Leistung sein könnte, wird dieser als Kovariate aufgenommen. Es ergeben sich folgende Werte:

a_1		a_2	
x	y	x	y
25	35	27	47
30	30	32	42
35	40	37	52
40	40	42	52
45	55	47	67

a) Bestimmen Sie die Treatmentmittelwerte und die Differenz der Treatmentmittelwerte.
b) Führen Sie eine einfaktorielle Varianzanalyse durch. Zu welchem Schluss kommen Sie?
c) Bestimmen Sie die Regressionsgerade zwischen IQ und Leistung.
d) Berechnen Sie die vorhergesagten Werte $\hat{y}$, und bestimmen Sie die totale Quadratsumme.
e) Berechnen Sie b_{in}, die Steigung der Innerhalb-Regression, und bestimmen Sie unter Verwendung von b_{in} die Regressionsgerade für jede der beiden Treatmentgruppe.
f) Stellen Sie die Daten grafisch dar, und zeichnen Sie die Regressionsgerade der Innerhalb-Regression für jede der beiden Gruppen ein. Wodurch wird in dieser Grafik die Differenz der bereinigte Mittelwerte („adjusted means") zum Ausdruck gebracht?
g) Bestimmen Sie die Fehlerquadratsumme.
h) Erstellen Sie die Ergebnistabelle der Kovarianzanalyse, und testen Sie auf Signifikanz.
i) Berechnen Sie die bereinigten Mittelwerte („adjusted means") für beide Gruppe sowie deren Differenz.
j) Welche Funktion hatte die Kovarianzanalyse im Beispiel?

Aufgabe 19.6 In einer Klinik wird ein Training in positivem Denken angeboten. Das Angebot nehmen fünf Patienten einer Klinik an, fünf Patienten lehnen das Angebot ab. Um die Wirkung des Trainings zu evaluieren, wird eine Studie durchgeführt. Nach Abschluss des Trainings wird bei allen Patienten das Ausmaß der positiven Zukunftserwartung (y) erfasst, um beide Patientengruppen vergleichen zu können. Zusätzlich wurde zu Studienbeginn der Gesundheitszustand der Patienten durch einen Arzt (x) bewertet. Es ergeben sich folgende Daten:

a_1		a_2	
x	y	x	y
5	56	7	82
6	56	8	82
7	71	9	97
8	76	10	102
9	96	11	122

a) Bestimmen Sie die Treatmentmittelwerte und die Differenz der Treatmentmittelwerte.
b) Führen Sie eine einfaktorielle Varianzanalyse durch. Zu welchem Schluss kommen Sie?
c) Welcher Einwand kann gegen die Berechnung einer einfaktoriellen Varianzanalyse vorgebracht werden?
d) Bestimmen Sie die Regressionsgerade zwischen Gesundheitszustand und Zukunftserwartung.
e) Berechnen Sie die vorhergesagten Werte $\hat{y}$, und bestimmen Sie die totale Quadratsumme.
f) Berechnen Sie die Steigung der Innerhalb-Regression, und bestimmen Sie die gruppenspezifischen Regressionsgeraden.
g) Stellen Sie die Daten grafisch dar, und visualisieren Sie die Innerhalb-Regression. Gibt es einen Hinweis auf das Vorliegen eines Treatmenteffektes?
h) Bestimmen Sie die Fehlerquadratsumme.
i) Erstellen Sie die Ergebnistabelle, und testen Sie auf Signifikanz.
j) Berechnen Sie die bereinigten Mittelwerte („adjusted means") für beide Gruppe sowie deren Differenz.
k) Welche Funktion hatte die Kovarianzanalyse im Beispiel?

Aufgabe 19.7 Die folgende experimentelle Anordnung wird gelegentlich eingesetzt, um das Entscheidungsverhalten von Personen in Abhängigkeit von verschiedenen „pay-offs" zu untersuchen: Eine Person sitzt vor zwei Lämpchen, die in zufälliger Abfolge einzeln aufleuchten. Den Lämpchen sind zwei Knöpfe zugeordnet, und die Person muss durch Druck auf den entsprechenden Knopf vorhersagen, welches Lämpchen als Nächstes aufleuchten wird. Mit dieser Versuchsanordnung soll das folgende Experiment durchgeführt werden: Acht zufällig ausgewählte Personen erhalten für richtige Reaktionen kein „reinforcement" (a_1). Sieben Personen werden für richtige Reaktionen mit einem Geldbetrag belohnt (a_2), und weitere sechs Personen werden ebenfalls für richtige Reaktionen belohnt, müssen aber für falsche Reaktionen einen kleinen Geldbetrag bezahlen (a_3). In einer Versuchsserie leuchten die Lämpchen insgesamt 100-mal in zufälliger Abfolge auf, das eine Lämpchen jedoch nur 35-mal und das andere 65-mal. Es soll die Trefferzahl (abhängige Variable: y) in Abhängigkeit von den drei Pay-off-Bedingungen (unabhängige Variable) untersucht werden. Da der Versuchsleiter vermutet, dass die Leistungen der Personen auch von ihrer Motivation bzw. Bereitschaft, an der Untersuchung teilzunehmen, abhängen können, bittet er die Personen, ihre Einstellung zu Glücksspielen auf einer 7-Punkte-Skala (1 = negative Einstellung, 7 = positive Einstellung) einzustufen (Kovariate x). Es wurden die folgenden Werte registriert:

a_1		a_2		a_3	
x	y	x	y	x	y
4	65	5	71	3	62
2	52	4	64	1	52
4	55	4	68	6	73
6	68	4	59	5	64
6	58	7	75	5	68
5	63	4	67	4	59
3	51	2	58		
4	59				

a) Rechnen Sie über die abhängige Variable y eine Varianzanalyse.
b) Überprüfen Sie, ob die Steigungen der Regressionsgeraden innerhalb der Faktorstufen homogen sind.
c) Überprüfen Sie, ob die Steigungskoeffizienten signifikant von null abweichen.
d) Rechnen Sie über die abhängige Variable y eine Kovarianzanalyse.
e) Wie lauten die bereinigten Mittelwerte?
f) Unterscheidet sich der bereinigte Mittelwert der Stufe a_2 signifikant vom bereinigten Mittelwert der Stufe a_3?

Aufgabe 19.8 Zeigen Sie, dass sich eine einmalig gemessene Kovariate in einer zweifaktoriellen Kovarianzanalyse mit Messwiederholungen nicht auf den Messwiederholungsfaktor auswirkt.

Kapitel 20 Lateinische Quadrate und verwandte Versuchspläne

ÜBERSICHT

Lateinische Quadrate – Konstruktionsregeln – Ausbalancierung – griechisch-lateinische Quadrate – hyperquadratische Anordnungen – quadratische Anordnungen mit Messwiederholungen – Sequenzeffekte

Eine Möglichkeit, mit minimaler Anzahl von Personen drei Haupteffekte testen zu können, stellen die sog. lateinischen Quadrate dar, die in Abschnitt 20.1 besprochen werden. Sollen möglichst ökonomisch mehr als drei Haupteffekte überprüft werden, können griechisch-lateinische Quadrate bzw. hyperquadratische Anordnungen eingesetzt werden, s. Abschnitt 20.2. Durch die Verbindung quadratischer Anordnungen mit Messwiederholungsanalysen resultieren Versuchspläne, mit denen unter anderem Sequenzeffekte kontrolliert werden können. Diese Versuchspläne werden in Abschnitt 20.3 besprochen.

20.1 Lateinische Quadrate

Lateinische Quadrate erlauben die Überprüfung der Haupteffekte dreier Faktoren, ohne alle möglichen Treatmentstufenkombinationen beobachten zu müssen. Sie sind damit im Vergleich zu einem vollständigen, faktoriellen Versuchsplan erheblich ökonomischer, da sie *weniger* Versuchspersonen benötigen. Allerdings erlauben sie es nicht, das Vorliegen von Interaktionen zwischen den Faktoren zu überprüfen. Ihre Anwendung ist dadurch stark eingeschränkt, dass im Fall nicht zu vernachlässigender Interaktionen die Haupteffekte nicht eindeutig interpretierbar sind. Lateinische Quadrate können deshalb nur dann zum Einsatz kommen, wenn man theoretisch rechtfertigen kann oder aufgrund von Voruntersuchungen weiß, dass das Zusammenwirken der Faktoren keine Interaktionseffekte erzeugt.

Wenn Interaktionen zu vernachlässigen sind, können im lateinischen Quadrat drei Haupteffekte überprüft werden.

Tabelle 20.1. Datenschema für ein lateinisches Quadrat ($p = 3$)

	a_1	a_2	a_3
b_1	c_1	c_2	c_3
b_2	c_2	c_3	c_1
b_3	c_3	c_1	c_2

Mit dem Wort „Quadrat" wird zum Ausdruck gebracht, dass die drei Faktoren die gleiche Anzahl von Faktorstufen aufweisen müssen. Die Anzahl der Faktorstufen bezeichnen wir für alle Faktoren mit p. Tabelle 20.1 veranschaulicht ein allgemeines Datenschema für ein lateinisches Quadrat mit $p = 3$.

Die Darstellungsart in Tab. 20.1 ist folgendermaßen zu verstehen: Die Faktorstufenkombination a_1b_1 wird mit c_1 kombiniert, a_2b_1 mit c_2, a_3b_1 mit c_3, a_1b_2 mit c_2 usw. Jeder der neun Faktorstufenkombinationen wird eine Zufallsstichprobe des Umfangs n zugewiesen.

Konstruktionsregeln

Die Anordnung der c-Stufen in Tab. 20.1 wird so vorgenommen, dass in jeder Zeile und jeder Spalte jede c-Stufe genau einmal erscheint.

Diese Eigenschaft lateinischer Quadrate erfüllen auch die Anordnungen in Tab. 20.2, denn in beiden lateinischen Quadraten taucht jede c-Stufe genau einmal in jeder Zeile und jeder Spalte auf. Für $p = 3$ lassen sich insgesamt zwölf verschiedene Anordnungen finden, bei denen diese Bedingung erfüllt ist. Unter diesen lateinischen Quadraten befindet sich jedoch nur eine Anordnung, in der die c-Stufen in der ersten Zeile und der ersten Spalte in *natürlicher Abfolge* (c_1,c_2,c_3) angeordnet sind.

Tabelle 20.2. Weitere lateinische Quadrate mit $p = 3$

	a_1	a_2	a_3		a_1	a_2	a_3
b_1	c_3	c_1	c_2	b_1	c_2	c_1	c_3
b_2	c_2	c_3	c_1	b_2	c_1	c_3	c_2
b_3	c_1	c_2	c_3	b_3	c_3	c_2	c_1

Tabelle 20.3. Vier Standardformen des lateinischen Quadrates für $p = 4$

a)

	a_1	a_2	a_3	a_4
b_1	c_1	c_2	c_3	c_4
b_2	c_2	c_1	c_4	c_3
b_3	c_3	c_4	c_2	c_1
b_4	c_4	c_3	c_1	c_2

b)

	a_1	a_2	a_3	a_4
b_1	c_1	c_2	c_3	c_4
b_2	c_2	c_4	c_1	c_3
b_3	c_3	c_1	c_4	c_2
b_4	c_4	c_3	c_2	c_1

c)

	a_1	a_2	a_3	a_4
b_1	c_1	c_2	c_3	c_4
b_2	c_2	c_1	c_4	c_3
b_3	c_3	c_4	c_1	c_2
b_4	c_4	c_3	c_2	c_1

d)

	a_1	a_2	a_3	a_4
b_1	c_1	c_2	c_3	c_4
b_2	c_2	c_3	c_4	c_1
b_3	c_3	c_4	c_1	c_2
b_4	c_4	c_1	c_2	c_3

Tabelle 20.4. Standardform des lateinischen Quadrates für $p = 5$

	a_1	a_2	a_3	a_4	a_5
b_1	c_1	c_2	c_3	c_4	c_5
b_2	c_2	c_3	c_4	c_5	c_1
b_3	c_3	c_4	c_5	c_1	c_2
b_4	c_4	c_5	c_1	c_2	c_3
b_5	c_5	c_1	c_2	c_3	c_4

Diese Anordnung (Standardform) ist in Tab. 20.1 wiedergegeben.

> Lateinische Quadrate, bei denen die Stufen des Faktors C in der ersten Zeile und der ersten Spalte in natürlicher Abfolge auftreten, bezeichnet man als Standardform eines lateinischen Quadrates.

Setzen wir $p = 4$, existieren bereits vier Standardformen (vgl. Tab. 20.3).

Die letzte der vier Standardformen (d) ist deshalb von besonderer Bedeutung, weil sie von einem einfachen schematischen Konstruktionsprinzip *(zyklische Permutation)* ausgeht. Wir schreiben zunächst die erste Zeile des lateinischen Quadrates auf, welche die vier c-Stufen in natürlicher Abfolge enthält. Die zweite Zeile bilden wir, indem zu den Indizes der ersten Zeile der Wert 1 addiert und von dem Index, der durch die Addition von 1 den Wert $p + 1$ erhält, p abgezogen wird. Entsprechend verfahren wir mit den übrigen Zeilen.

Für $p = 5$ ermitteln wir nach diesem Verfahren die in Tab. 20.4 dargestellte Standardform. Für $p = 5$ lassen sich 56 Standardformen und insgesamt 161 280 verschiedene lateinische Quadrate konstruieren (Winer et al., 1991, S. 677).

Ausbalancierung

Die Beziehung zwischen einem lateinischen Quadrat (Standardform für $p = 3$) und einem vollständigen Versuchsplan wird in Tab. 20.5 verdeutlicht.

Die Pfeile in dieser Tabelle sind auf diejenigen Faktorstufenkombinationen gerichtet, die im lateinischen Quadrat (Tab. 20.1) realisiert sind. Von den insgesamt 27 Faktorstufenkombinationen des vollständigen Versuchsplans enthält das lateinische Quadrat neun. Es stellt bei $p = 3$ somit ein Drittel des vollständigen Versuchsplans dar und benötigt mithin auch nur ein Drittel der im vollständigen Plan erforderlichen Personen. Allgemein unterscheidet sich der Versuchspersonenaufwand eines lateinischen Quadrates von dem eines vollständigen Plans um den Faktor $1/p$.

Jede Stufe des Faktors C ist mit jeder Stufe des Faktors A und mit jeder Stufe des Faktors B genau einmal kombiniert. Wir sagen:

> Das lateinische Quadrat ist in Bezug auf die Haupteffekte vollständig ausbalanciert.

Da aber jede c-Stufe mit anderen AB-Kombinationen zusammen auftritt, sagen wir:

> Das lateinische Quadrat ist in Bezug auf die Interaktion 1. Ordnung nur teilweise ausbalanciert.

Rücken wir die Pfeile in Tab. 20.5 alle um eine Position nach rechts bzw. richten einen Pfeil, falls er bereits auf c_3 zeigt, auf c_1, resultieren die folgenden Faktorstufenkombinationen:

$$a_1b_1c_2,\ a_1b_2c_3,\ a_1b_3c_1,\ a_2b_1c_3,\ a_2b_2c_1$$
$$a_2b_3c_2,\ a_3b_1c_1,\ a_3b_2c_2,\ a_3b_3c_3.$$

Diese Faktorstufen konstituieren wieder ein lateinisches Quadrat (vgl. Tab. 20.6a). Durch eine wei-

Tabelle 20.5. Beziehung zwischen einem vollständigen Versuchsplan und einem lateinischen Quadrat ($p = 3$)

a_1									a_2									a_3								
b_1			b_2			b_3			b_1			b_2			b_3			b_1			b_2			b_3		
c_1	c_2	c_3	c_1	c_2	c_3	c_1	c_2	c_3	c_1	c_2	c_3	c_1	c_2	c_3	c_1	c_2	c_3	c_1	c_2	c_3	c_1	c_2	c_3	c_1	c_2	c_3
↑				↑				↑		↑				↑	↑					↑	↑				↑	
1				2				3		4				5	6					7	8				9	

Tabelle 20.6. Balancierte lateinische Quadrate (zusammen mit Tab. 20.1)

a)	a_1	a_2	a_3	b)	a_1	a_2	a_3
b_1	c_2	c_3	c_1	b_1	c_3	c_1	c_2
b_2	c_3	c_1	c_2	b_2	c_1	c_2	c_3
b_3	c_1	c_2	c_3	b_3	c_2	c_3	c_1

tere Verschiebung um eine Position erhalten wir folgende Kombinationen:

$$a_1b_1c_3,\ a_1b_2c_1,\ a_1b_3c_2,\ a_2b_1c_1,\ a_2b_2c_2$$
$$a_2b_3c_3,\ a_3b_1c_2,\ a_3b_2c_3,\ a_3b_3c_1.$$

Auch diese Faktorstufen bilden wieder ein lateinisches Quadrat (Tab. 20.6b). Wir sehen also, dass ein vollständiger $3 \times 3 \times 3$-Plan in drei lateinische Quadrate zerlegt werden kann.

Vergleichen wir die beiden lateinischen Quadrate in Tab. 20.6 mit dem lateinischen Quadrat in Tab. 20.1, stellen wir fest, dass an jeder a_ib_j-Position jede c-Stufe einmal auftaucht. Lateinische Quadrate, die diese Bedingung erfüllen, bezeichnen wir als einen *balancierten Satz lateinischer Quadrate*. Ein vollständiger $p \times p \times p$-Plan kann in p balancierte lateinische Quadrate zerlegt werden.

Freiheitsgrade und Quadratsummen

In einem lateinischen Quadrat werden den p^2 Faktorstufenkombinationen Zufallsstichproben des Umfangs n zugewiesen. Unterschiede zwischen den n einer Faktorstufenkombination zugewiesenen Personen müssen auf Störvariablen zurückgeführt werden und bedingen somit die Fehlervarianz. Die Fehlervarianz hat also $p^2 \cdot (n-1)$ Freiheitsgrade.

Die Quadratsumme der p^2-Zellenmittelwerte hat p^2-1 Freiheitsgrade. Da jeder Faktor p-Stufen aufweist, resultieren für drei Faktoren insgesamt $3 \cdot (p-1)$ Freiheitsgrade. Von den Freiheitsgraden der Zellenquadratsumme verbleiben damit: $(p^2-1)-3\cdot(p-1) = p^2-3\cdot p+2 = (p-1)\cdot(p-2)$. Für $p = 3$ ergeben sich $df = 9 - 1 = 8$ Freiheitsgrade für die Unterschiedlichkeit zwischen den Zellen. Auf die drei Haupteffekte beziehen sich $3 \cdot (3-1) = 6$ Freiheitsgrade. Es bleiben somit zwei Freiheitsgrade übrig. Dies sind die Freiheitsgrade für eine *Residualvariation*, die verschiedene Interaktionsanteile enthält. Wie diese Residualvariation zustande kommt, soll an einem Zahlenbeispiel verdeutlicht werden.

BEISPIEL 20.1

Im Rahmen einer Krankenhausplanung soll erkundet werden, wie sich drei verschiedene Arten der Krankenzimmerbeleuchtung (Faktor A) bei drei Patientenkategorien (Faktor B) auf die Zufriedenheit auswirken. Um den normalen Krankenhausbetrieb durch die Untersuchung nicht allzu sehr zu stören, entschließt man sich, die mit der Untersuchung notwendigerweise verbundenen Belastungen auf drei Krankenhäuser (Faktor C) zu verteilen. Legen wir der Untersuchung das in Tab. 20.1 dargestellte lateinische Quadrat zugrunde, würde die folgende Experimentalanordnung resultieren: n Patienten der Kategorie b_1 aus dem Krankenhaus c_1 erhalten Beleuchtungsart a_1; n Patienten der Kategorie b_1 aus Krankenhaus c_2 erhalten Beleuchtungsart a_2 . . . , und n Patienten der Kategorie b_3 in Krankenhaus c_2 erhalten Beleuchtungsart a_3. Für $n = 5$ Patienten pro Faktorstufenkombination mögen sich die in Tab. 20.7 dargestellten Mittelwerte (z. B. für die Zufriedenheit der Patienten als abhängige Variable) ergeben haben. (Auf die Wiedergabe der Einzelwerte können wir in diesem Zusammenhang verzichten.) Für $\bar{G}$ ermitteln wir den Wert $99/9 = 11$.

Tabelle 20.7. Beispiel zur Veranschaulichung der Residualvariation

	a_1	a_2	a_3	B_j
b_1	12	8	14	34
b_2	10	11	15	36
b_3	12	8	9	29
A_i	34	27	38	99

Für die QS_{Zellen} ergibt sich:

$$\begin{aligned} QS_{Zellen} &= n \cdot \sum(\overline{ABC}_{ijk} - \bar{G})^2 \\ &= 5 \cdot [(12-11)^2 + (10-11)^2 + \ldots \\ &\quad + (15-11)^2 + (9-11)^2] \\ &= 5 \cdot 50 = 250. \end{aligned}$$

(Da die Summation nicht über alle ijk-Kombinationen verläuft, verwenden wir in diesem Zusammenhang ein Summenzeichen ohne Index, womit angedeutet werden soll, dass nur über die neun vorhandenen, quadrierten Mittelwertdifferenzen summiert wird.)

Die Mittelwerte der Stufen des Faktors A lauten:

$$\bar{A}_1 = 11{,}3; \quad \bar{A}_2 = 9; \quad \bar{A}_3 = 12{,}7.$$

Wir erhalten somit als QS_A:

$$\begin{aligned} QS_A &= n \cdot p \cdot \sum_i (\bar{A}_i - \bar{G})^2 \\ &= 5 \cdot 3 \cdot [(11{,}3-11)^2 + (9-11)^2 + (12{,}7-11)^2] \\ &= 15 \cdot 6{,}98 = 104{,}70. \end{aligned}$$

Faktor B hat die folgenden Mittelwerte:

$$\bar{B}_1 = 11{,}3; \quad \bar{B}_2 = 12; \quad \bar{B}_3 = 9{,}7.$$

Für die QS_B errechnen wir:

$$\begin{aligned} QS_B &= n \cdot p \cdot \sum_j (\bar{B}_j - \bar{G})^2 \\ &= 5 \cdot 3 \cdot [(11{,}3-11)^2 + (12-11)^2 + (9{,}7-11)^2] \\ &= 15 \cdot 2{,}78 = 41{,}70. \end{aligned}$$

Ausgehend von der Verteilung der c-Stufen in Tab. 20.1 ergeben sich folgende Mittelwerte für die Stufen des Faktors C:

$$\bar{C}_1 = (12 + 15 + 8)/3 = 11{,}7$$
$$\bar{C}_2 = (8 + 10 + 9)/3 = 9$$
$$\bar{C}_3 = (14 + 11 + 12)/3 = 12{,}3.$$

Die QS_C lautet somit:

$$QS_C = n \cdot p \cdot \sum_k (\bar{C}_k - \bar{G})^2$$
$$= 5 \cdot 3 \cdot [(11{,}7 - 11)^2 + (9 - 11)^2 + (12{,}3 - 11)^2]$$
$$= 15 \cdot 6{,}18 = 92{,}70.$$

Subtrahieren wir die drei Haupteffekt-Quadratsummen von der QS_{Zellen}, erhalten wir:

$$250 - 104{,}70 - 41{,}70 - 92{,}70 = 10{,}90.$$

Es verbleibt somit eine Residualquadratsumme von $QS_{Res} = 10{,}90$, die mit zwei Freiheitsgraden versehen ist. Was diese restliche Quadratsumme inhaltlich bedeutet, zeigen die folgenden Überlegungen: Von der QS_{Zellen} wird unter anderem die QS_A abgezogen, für die wir die Spaltenmittelwerte der Tab. 20.7 benötigen. Die drei in einer Spalte befindlichen Werte werden außer von Stufe a_1 auch von den Stufen des Faktors B und C beeinflusst. Das Gleiche gilt jedoch auch für die Werte unter a_2 und a_3. Haben die Faktoren B und C somit eine Wirkung, ist diese für alle Stufen des Faktors A konstant, d. h., Unterschiede zwischen den Stufen des Faktors A können weder auf die Wirkung des Faktors B noch auf die Wirkung des Faktors C zurückgeführt werden. Befänden sich unter allen Stufen von A zusätzlich die gleichen BC-Kombinationen, wäre die Unterschiedlichkeit zwischen den Stufen des Faktors A ausschließlich durch die Wirkung des Faktors A bestimmt.

Dies ist jedoch nicht der Fall. Unter a_1 befinden sich andere BC-Kombinationen als unter a_2. Der Mittelwert von a_1 wird zusätzlich zur Haupteffektwirkung von den Interaktionskomponenten b_1c_1, b_2c_2 und b_3c_3 beeinflusst und der Mittelwert von a_2 zusätzlich durch b_1c_2, b_2c_3 und b_3c_1. Haupteffekt A ist somit nur dann eindeutig interpretierbar, wenn die entsprechenden BC-Interaktionskomponenten vernachlässigt werden können. Das Gleiche gilt für die übrigen Haupteffekte. Haupteffekt B ist nur ohne eine AC-Interaktion und Haupteffekt C ohne eine AB-Interaktion eindeutig im Sinn eines Haupteffektes interpretierbar.

Damit wird ersichtlich, was die QS_{Res} enthält. Durch den Abzug der QS_A von der QS_{Zellen} wird die QS_{Zellen} um den reinen Haupteffekt A und zusätzlich um diejenige Unterschiedlichkeit vermindert, die sich zwischen den Durchschnitten aus $(b_1c_1 + b_2c_2 + b_3c_3)$, $(b_1c_2 + b_2c_3 + b_3c_1)$ und $(b_1c_3 + b_2c_1 + b_3c_2)$ ergibt. Unterschiede zwischen den Kombinationen *innerhalb* der Klammern werden durch die QS_A nicht erfasst und sind damit Bestandteil der QS_{Res}. Entsprechendes gilt für die übrigen Faktoren. Die QS_{Res} enthält somit ein Gemisch aus denjenigen Interaktionskomponenten, die die Haupteffekte nicht erfassen.

Damit Haupteffekte eindeutig interpretiert werden können, muss bekannt sein, welche Interaktionen zu vernachlässigen sind. Die Varianzanalyse über das lateinische Quadrat liefert hierüber jedoch keine direkten Informationen. Lediglich die QS_{Res} bietet einen Anhaltspunkt dafür, ob überhaupt mit Interaktionen zu rechnen ist. Je größer die QS_{Res}, umso wahrscheinlicher ist es, dass Interaktionen existieren, was bedeutet, dass die Haupteffekte nicht interpretierbar sind. Je kleiner die QS_{Res}, umso unwahrscheinlicher ist es, dass Interaktionen bestehen. Da die QS_{Res} jedoch diejenigen Kombinationsvergleiche enthält, die die Haupteffekte nicht beeinflussen, bietet auch eine QS_{Res} von null noch keine hinreichende Gewähr dafür, dass die Haupteffekte von Interaktionseffekten frei sind. Eindeutig können die Haupteffekte erst interpretiert werden, wenn durch Voruntersuchungen oder theoretische Überlegungen plausibel gemacht werden kann, dass zwischen den geprüften Faktoren keine Interaktionen bestehen.

Rechnerische Durchführung

Die Kennziffern für die vereinfachte rechnerische Durchführung einer Varianzanalyse über ein lateinisches Quadrat lauten:

$$(1) = \frac{G^2}{n \cdot p^2}, \quad (2) = \sum_i \sum_j \sum_k y_{ijk}^2,$$
$$(3) = \frac{\sum_i A_i^2}{n \cdot p}, \quad (4) = \frac{\sum_j B_j^2}{n \cdot p},$$
$$(5) = \frac{\sum_k C_k^2}{n \cdot p}, \quad (6) = \frac{\sum_i \sum_j \sum_k ABC_{ijk}^2}{n}.$$

Tabelle 20.8 zeigt, wie die Quadratsummen und Freiheitsgrade ermittelt werden.

Die mittleren Quadrate berechnen wir, indem die Quadratsummen durch die entsprechenden Freiheitsgrade dividiert werden. Haben alle Stichproben den Umfang n und weisen alle Faktoren feste Stufen auf, können die drei Haupteffekte an der MQ_e getestet werden. Zuvor überprüfen wir, ob mit Interaktionen gerechnet werden muss. Dies geschieht durch die Bildung des folgenden F-Bruchs:

$$F = \frac{MQ_{Res}}{MQ_e}. \tag{20.1}$$

Ist dieser F-Wert auf dem 10%-Niveau nicht signifikant, können statistisch bedeutsame Haupteffekte in üblicher Weise interpretiert werden. Über

Tabelle 20.8. Quadratsummen und Freiheitsgrade eines lateinischen Quadrates

Quelle	QS	df
A	$(3) - (1)$	$p - 1$
B	$(4) - (1)$	$p - 1$
C	$(5) - (1)$	$p - 1$
Fehler	$(2) - (6)$	$p^2 \cdot (n - 1)$
Residual	$(6) - (3) - (4) - (5) + 2 \cdot (1)$	$(p - 1) \cdot (p - 2)$

a posteriori durchzuführende Tests von Kontrasten im Rahmen lateinischer Quadrate berichtet Dayton (1970, S. 147,ff.). Konservative Kontrasttests werden mit dem analog angewandten Scheffé-Test (vgl. Kap. 15) durchgeführt.

BEISPIEL 20.2

Es soll überprüft werden, ob sich Farbcodierungen oder Formcodierungen besser einprägen. In einer Trainingsphase lernen 64 Versuchspersonen 16 konstruierte Figuren richtig zu bezeichnen (Zuordnung von Namen zu den Figuren). Die 16 Figuren unterscheiden sich in Bezug auf vier verschiedene Formen (Faktor A) und vier verschiedene Farben (Faktor B). (Vier Formen und vier Farben werden vollständig zu 16 Figuren kombiniert.) Untersucht werden vier Berufsgruppen (Faktor C), aus denen jeweils vier Zufallsstichproben mit jeweils vier Personen gezogen wurden. Abhängige Variable ist die Zeit, die eine Person benötigt, um einer Figur den richtigen Begriff zuzuordnen. In der Testphase werden die Figuren in zufälliger Reihenfolge vorgegeben, sodass die Position der personenspezifischen „Zielfigur" pro Person zufällig variiert. Tabelle 20.9 zeigt die Daten und die Summen. Daraus ergeben sich folgende Kennziffern:

$$(1) = \frac{1021^2}{4 \cdot 4^2} = 16288{,}14$$

$$(2) = 13^2 + 17^2 + 14^2 + \cdots + 16^2 = 16597$$

$$(3) = \frac{239^2 + 264^2 + 255^2 + 263^2}{4 \cdot 4} = 16313{,}19$$

Tabelle 20.9. Numerisches Beispiel für eine Varianzanalyse über ein lateinisches Quadrat

	a_1	a_2	a_3	a_4
	c_1	c_2	c_3	c_4
b_1	13	14	16	12
	17	18	14	15
	14	16	12	15
	14	16	13	16
	c_2	c_3	c_4	c_1
b_2	10	19	17	18
	15	15	16	17
	15	17	15	15
	14	17	13	16
	c_3	c_4	c_1	c_2
b_3	17	17	18	13
	18	19	18	20
	19	12	16	19
	14	18	19	20
	c_4	c_1	c_2	c_3
b_4	15	18	19	19
	14	18	17	17
	13	14	17	15
	17	16	15	16
$G = 1021$				

Zellen-Summen

	a_1	a_2	a_3	a_4
b_1	58	64	55	58
b_2	54	68	61	66
b_3	68	66	71	72
b_4	59	66	68	67

A-Summen

a_1	a_2	a_3	a_4
239	264	255	263

B-Summen

b_1	b_2	b_3	b_4
235	249	277	260

C-Summen

c_1	c_2	c_3	c_4
261	258	258	244

$$(4) = \frac{235^2 + 249^2 + 277^2 + 260^2}{4 \cdot 4} = 16347{,}19$$

$$(5) = \frac{261^2 + 258^2 + 258^2 + 244^2}{4 \cdot 4} = 16299{,}06$$

$$(6) = \frac{58^2 + 64^2 + 55^2 + \cdots + 67^2}{4} = 16405{,}25$$

Das Ergebnis der Varianzanalyse lautet:

Quelle	QS	df	MQ	F
A	25,05	3	8,35	2,09
B	59,05	3	19,68	4,93**
C	10,92	3	3,64	0,91
Fehler	191,75	48	3,99	
Residual	22,09	6	3,68	

Die kritischen F-Werte lauten: $F_{3,48;95\%} = 2{,}81$ und $F_{3,48;99\%} = 4{,}24$. Die Überprüfung der $H_0 : \sigma^2_{\text{Res}} = 0$ ergibt den Wert $F = 3{,}68/3{,}99 = 0{,}22$, der mit Hilfe des kritischen Wertes $F_{6,48;90\%} = 1{,}92$ überprüft wird. Da die Residualvarianz auf dem 10%-Niveau nicht signifikant ist, existieren offenbar keine Interaktionen zwischen den drei Faktoren. Die Zuordnungsleistungen werden in statistisch bedeutsamer Weise nur von den Farben der Figuren beeinflusst.

20.2 Griechisch-lateinische Quadrate

In lateinischen Quadraten können – vorausgesetzt, es existieren keine Interaktionen – drei Faktoren untersucht werden. Die Überprüfung von vier Faktoren ist mit einer Versuchsanordnung möglich, die im Vergleich zu einem vollständigen vierfaktoriellen Plan mit einer beträchtlich reduzierten Anzahl von Versuchspersonen auskommt. Diese Versuchsanordnung hat die Bezeichnung „griechisch-lateinisches Quadrat". (Der Name griechisch-lateinisches Quadrat ist vermutlich darauf zurückzuführen, dass die Stufen des dritten Faktors ursprünglich mit lateinischen Buchstaben und die des vierten Faktors mit griechischen Buchstaben gekennzeichnet wurden.) Im griechisch-lateinischen Quadrat sind die Haupteffekte nicht nur mit den Interaktionen 1. Ordnung, sondern auch mit den Interaktionen 2. Ordnung konfundiert. Die Anwendung eines griechisch-lateinischen Quadrates ist deshalb auf solche Fälle begrenzt, in denen die entsprechenden Interaktionen zu vernachlässigen sind.

Wenn Interaktionen zu vernachlässigen sind, können im griechisch-lateinischen Quadrat vier Haupteffekte überprüft werden

Konstruktionsregeln

Die Konstruktion eines griechisch-lateinischen Quadrates erfolgt auf der Basis *zweier orthogona-*

Tabelle 20.10. Orthogonale und nicht-orthogonale lateinische Quadrate

a)			b)			c)		
a_1	a_2	a_3	b_2	b_3	b_1	c_1	c_2	c_3
a_2	a_3	a_1	b_3	b_1	b_2	c_3	c_1	c_2
a_3	a_1	a_2	b_1	b_2	b_3	c_2	c_3	c_1

d)			e)		
a_1b_2	a_2b_3	a_3b_1	b_2c_1	b_3c_2	b_1c_3
a_2b_3	a_3b_1	a_1b_2	b_3c_3	b_1c_1	b_2c_2
a_3b_1	a_1b_2	a_2b_3	b_1c_2	b_2c_3	b_3c_1

Tabelle 20.11. Datenschema eines griechisch-lateinischen Quadrates ($p = 3$)

	a_1	a_2	a_3
b_1	c_2d_1	c_3d_2	c_1d_3
b_2	c_3d_3	c_1d_1	c_2d_2
b_3	c_1d_2	c_2d_3	c_3d_1

ler lateinischer Quadrate. Zwei lateinische Quadrate sind orthogonal, wenn in der Kombination der lateinischen Quadrate jedes Faktorstufenpaar genau einmal vorkommt (Tab. 20.10).

Die Vereinigung der Quadrate *a* und *b*, bei der die Elemente aus a) mit den korrespondierenden, d. h. an gleicher Stelle stehenden Elementen aus b) kombiniert werden, führt zu einer Anordnung d), in der die Kombinationen a_1b_2, a_2b_3 und a_3b_1 jeweils dreimal vorkommen; a) und b) sind somit nicht wechselseitig orthogonal. In der Kombination der Tab. 20.10b und 20.10c taucht hingegen jedes b_jc_k-Paar nur einmal auf, d. h., diese beiden lateinischen Quadrate sind orthogonal. Die Vereinigung der beiden lateinischen Quadrate b) und c) führt zu einem griechisch-lateinischen Quadrat. Unter Verwendung der Anordnung in Tab. 20.10e erhalten wir das in Tab. 20.11 dargestellte Datenschema für eine Varianzanalyse über ein griechisch-lateinisches Quadrat ($p = 3$).

Griechisch-lateinische Quadrate können nur konstruiert werden, wenn zwei orthogonale lateinische Quadrate existieren, was keineswegs immer der Fall ist. Notwendige (aber nicht hinreichende) Bedingung für die Existenz zweier orthogonaler lateinischer Quadrate ist die Darstellbarkeit der Faktorstufenzahl als ganzzahlige Potenz einer Primzahl (z. B. $p = 3 = 3^1, p = 4 = 2^2, p = 5 = 5^1, p = 8 = 2^3$). Für $p = 6$ und $p = 10$ beispielsweise existieren keine orthogonalen lateinischen Quadrate, d. h., es können für diese Faktorstufenanzahlen auch keine griechisch-lateinischen Quadrate konstruiert werden. Vorgefertigte Anordnungen findet man z. B. bei Cochran und Cox (1966, S. 146 ff.) für $p = 3, 4, 5, 7, 8, 9, 11$ und 12 oder bei Peng (1967).

20

Ausbalancierung. Im griechisch-lateinischen Quadrat kommen unter jeder Stufe eines Faktors alle Stufen der übrigen Faktoren genau einmal vor, d. h., der Plan ist in Bezug auf die vier Haupteffekte ausbalanciert. Zusätzlich sind in einem griechisch-lateinischen Quadrat sämtliche *CD*-Kombinationen enthalten, die jedoch nicht mit allen *AB*-Kombinationen zusammen auftreten. In Bezug auf die Interaktionen ist das griechisch-lateinische Quadrat somit nur partiell ausbalanciert.

Rechnerische Durchführung

Das griechisch-lateinische Quadrat benötigt p^2 Stichproben des Umfangs n, während im vergleichbaren vierfaktoriellen vollständigen Versuchsplan p^4 Stichproben untersucht werden müssen. Die Stichprobe, die der Faktorstufenkombination a_1b_1 zugewiesen wird, beobachten wir nach Tab. 20.11 gleichzeitig unter der Kombination c_2d_1. Die zweite Stichprobe wird der Faktorstufenkombination $a_2b_1c_3d_2$, die dritte der Kombination $a_3b_1c_1d_3$ zugeordnet usw.

Bei der Ermittlung der Quadratsummen gehen wir von folgenden Kennziffern aus:

$$(1) = \frac{G^2}{n \cdot p^2}, \qquad (2) = \sum_i \sum_j \sum_k \sum_l y_{ijkl}^2,$$

$$(3) = \frac{\sum_i A_i^2}{n \cdot p}, \qquad (4) = \frac{\sum_j B_j^2}{n \cdot p},$$

$$(5) = \frac{\sum_k C_k^2}{n \cdot p}, \qquad (6) = \frac{\sum_l D_l^2}{n \cdot p},$$

$$(7) = \frac{\sum_i \sum_j \sum_k \sum_l ABCD_{ijkl}^2}{n}.$$

Die für die Kennziffern (5) und (6) benötigten Summen erhalten wir, indem die Werte mit gleichem *c*-Index (bzw. *d*-Index) gemäß Tab. 20.11 zusammengefasst werden. Die Quadratsummen und Freiheitsgrade ermitteln wir nach Tab. 20.12.

Die mittleren Quadrate resultieren aus den Quadratsummen, dividiert durch ihre Freiheits-

Tabelle 20.12. Quadratsummen und Freiheitsgrade eines griechisch-lateinischen Quadrates

Quelle	QS	df
A	(3) − (1)	$p - 1$
B	(4) − (1)	$p - 1$
C	(5) − (1)	$p - 1$
D	(6) − (1)	$p - 1$
Resid	(7) − (3) − (4) − (5) − (6) + 3 · (1)	$(p-1)(p-3)$
Fehler	(2) − (7)	$p^2(n-1)$

grade. Alle Faktoren müssen feste Stufen haben und werden dementsprechend an der Fehlervarianz getestet. Die Überprüfung der Voraussetzung, dass keine Interaktionen existieren, erfolgt durch die Bildung des F-Bruchs nach Gl. (20.1).

BEISPIEL 20.3

Es soll der Einfluss von vier Umweltvariablen auf die Arbeitsleistung (abhängige Variable) untersucht werden:
- Faktor A: 4 Lärmbedingungen (a_1, a_2, a_3, a_4),
- Faktor B: 4 Temperaturbedingungen (b_1, b_2, b_3, b_4),
- Faktor C: 4 Beleuchtungsbedingungen (c_1, c_2, c_3, c_4),
- Faktor D: 4 Luftfeuchtigkeitsbedingungen (d_1, d_2, d_3, d_4).

Die Stufen der vier Faktoren werden gemäß Tab. 20.13 zu einem griechisch-lateinischen Quadrat kombiniert. Jeder der sich ergebenden 16 Faktorstufenkombinationen wird eine Stichprobe des Umfangs $n = 4$ zugewiesen. Tabelle 20.14 zeigt die Daten und die Summen, welche für die Berechnung der Kennziffern benötigt werden. Die Kennziffern lauten:

$$(1) = \frac{666^2}{4 \cdot 4^2} = 6930{,}56$$

$$(2) = 12^2 + 9^2 + 10^2 + \cdots + 8^2 = 7226$$

$$(3) = \frac{172^2 + 182^2 + 163^2 + 149^2}{4 \cdot 4} = 6967{,}38$$

$$(4) = \frac{170^2 + 192^2 + 149^2 + 155^2}{4 \cdot 4} = 6999{,}38$$

$$(5) = \frac{146^2 + 184^2 + 166^2 + 170^2}{4 \cdot 4} = 6976{,}75$$

$$(6) = \frac{166^2 + 163^2 + 165^2 + 172^2}{4 \cdot 4} = 6933{,}38$$

$$(7) = \frac{40^2 + 48^2 + 46^2 + \cdots + 32^2}{4} = 7107{,}00$$

Das Ergebnis der Varianzanalyse ist in folgender Tabelle zusammengefasst:

Quelle	QS	df	MQ	F
A	36,82	3	12,27	4,95**
B	68,82	3	22,94	9,25**
C	46,19	3	15,40	6,21**
D	2,82	3	0,94	0,38
Residual	21,79	3	7,26	2,93**
Fehler	119,00	48	2,48	

Die kritischen F-Werte lauten: $F_{3,48;95\%} = 281$ und $F_{3,48;99\%} = 4{,}24$. Die signifikante Residualvariation weist auf bedeutsame Interaktionen hin, d.h., die Haupteffekte können nur unter Vorbehalt interpretiert werden.

Tabelle 20.13. Datenschema eines griechisch-lateinischen Quadrates ($p = 4$)

	a_1	a_2	a_3	a_4
b_1	c_1d_1	c_2d_3	c_3d_4	c_4d_2
b_2	c_2d_2	c_1d_4	c_4d_3	c_3d_1
b_3	c_3d_3	c_4d_1	c_1d_2	c_2d_4
b_4	c_4d_4	c_3d_2	c_2d_1	c_1d_3

Hyperquadratische Anordnungen. Die Kombination von mehr als zwei wechselseitig orthogonalen

Tabelle 20.14. Numerisches Beispiel einer Varianzanalyse über ein griechisch-lateinisches Quadrat

	a_1	a_2	a_3	a_4
	c_1d_1	c_2d_3	c_3d_4	c_4d_2
b_1	12	10	10	8
	9	14	13	8
	10	11	13	9
	9	13	10	11
	c_2d_2	c_1d_4	c_4d_3	c_3d_1
b_2	15	8	11	11
	12	13	11	12
	14	12	14	9
	15	13	13	9

	a_1	a_2	a_3	a_4
	c_3d_3	c_4d_1	c_1d_2	c_2d_4
b_3	8	11	5	11
	11	12	9	8
	9	11	8	10
	8	11	6	11
	c_4d_4	c_3d_2	c_2d_1	c_1d_3
b_4	12	8	12	10
	9	11	9	7
	9	12	10	7
	10	12	9	8

Zellen-Summen

	a_1	a_2	a_3	a_4
b_1	40	48	46	36
b_2	56	46	49	41
b_3	36	45	28	40
b_4	40	43	40	32

A-Summen

a_1	a_2	a_3	a_4
172	182	163	149

B-Summen

b_1	b_2	b_3	b_4
170	192	149	155

C-Summen

c_1	c_2	c_3	c_4
146	184	166	170

D-Summen

d_1	d_2	d_3	d_4
166	163	165	172

$G = 666$

lateinischen Quadraten führt zu hyperquadratischen Anordnungen, in denen mehr als vier Faktoren kontrolliert werden können. Die hierfür benötigten Rechenregeln lassen sich ohne besondere Schwierigkeiten aus den oben erwähnten ableiten. Ein Beispiel für ein 4 × 4-Hyperquadrat, mit dem fünf Faktoren kontrolliert werden können, nennt Dayton (1970, S. 150).

* 20.3 Quadratische Anordnungen mit Messwiederholungen

Messwiederholungsanalysen wurden bereits in Kap. 18 ausführlich behandelt. Die bisher besprochenen quadratischen Anordnungen machen es erforderlich, dass jeder Faktorstufenkombination eine Zufallsstichprobe zugewiesen wird. Beide Ansätze lassen sich miteinander zu quadratischen Anordnungen mit Messwiederholungen kombinieren, in denen die Stichproben nicht nur unter einer, sondern unter mehreren Faktorstufenkombinationen beobachtet werden.

Sequenzeffekte

Lateinische Quadrate setzen voraus, dass die Messwerte unter den einzelnen Faktorstufenkombinationen voneinander unabhängig sind, dass also die unter einer Faktorstufenkombination gemachten Beobachtungen nicht von den Beobachtungen unter anderen Faktorstufenkombinationen abhängen. Ist diese Voraussetzung deshalb nicht erfüllt, weil die zu einem früheren Zeitpunkt erhobenen Messungen die zu einem späteren Zeitpunkt erhobenen Messungen beeinflussen, sprechen wir von *Sequenzeffekten* oder *Übertragungseffekten* („carry-over effects").

Sequenz- oder Übertragungseffekte treten vor allem auf, wenn dieselben Personen unter mehreren Stufen eines Treatments beobachtet werden, wobei die Wahrscheinlichkeit für Sequenzeffekte umso kleiner wird, je größer die zeitlichen Abstände zwischen den einzelnen Messungen sind. Typische Ursachen für Sequenz- oder Übertragungseffekte sind zunehmende Ermüdung, systematisch schwankende Motivation, abnehmende (oder zunehmende) Testangst und Lernfortschritte. Spielen derartige Variablen bei der mehrfachen Untersuchung einer Stichprobe eine Rolle, können quadratische Anordnungen mit Messwiederholungen eingesetzt werden.

Konstruktionsregeln

Eine Möglichkeit zur Überprüfung von Sequenzeffekten haben wir bereits in Exkurs 18.1 kennengelernt. Eine weitere sequenzeffektekontrollierende Technik geht auf Williams (1949) zurück. Hier werden lateinische Quadrate in der Weise angeordnet, dass jede Treatmentstufe einmal Nachfolger der übrigen Treatmentstufen ist.

Für $p = 2$ Treatmentstufen (Faktor A) resultiert dann ein 2 × 2-Quadrat mit Messwiederholungen, wobei die erste Stichprobe das Treatment a_1 zum Zeitpunkt b_1 und das Treatment a_2 zum Zeitpunkt b_2 erhält. Für die zweite Stichprobe ist die Reihenfolge der Treatments umgekehrt. Ausführliche Hinweise zu diesem in der Literatur als „cross over design" genannten Versuchsplans findet man bei Cotton (1989) bzw. bei R. E. Kirk (1995).

Ist die Anzahl der Treatmentstufen, für die Sequenzeffekte zu erwarten sind, *geradzahlig*, hat die erste Zeile des lateinischen Quadrates allgemein die folgende Form:

$$1, 2, p, 3, p-1, 4, p-2, 5, p-3, 6, p-4, \ldots.$$

In dieser Sequenz werden alternierend ein Element der Abfolge $1, p, p-1, p-2, p-3\ldots$ und ein Element der Abfolge $2, 3, 4, 5\ldots$ aneinandergereiht. Für $p = 4$ lautet die erste Zeile des lateinischen Quadrates beispielsweise:

1 2 4 3.

Die zweite und darauffolgenden Zeilen erhalten wir, indem der Wert 1 zur vorausgehenden Zeile addiert bzw., falls die Zahl $p + 1$ entsteht, zusätzlich p subtrahiert wird. Das vollständige, *sequenziell ausbalancierte lateinische Quadrat* für $p = 4$ verwendet daher folgende Anordnung:

1 2 4 3
2 3 1 4
3 4 2 1
4 1 3 2.

In dieser Anordnung folgt die 1 einmal auf die 2, auf die 3 und auf die 4. Die 2 steht einmal unmittelbar hinter der 1, hinter der 3 und hinter der 4. Entsprechendes gilt für die übrigen Ziffern. Man beachte, dass dieses Prinzip des Ausbalancierens nur einen Teil der Sequenzen realisiert, die durch vollständige Permutation entstehen.

Bestehen die Treatmentstufen beispielsweise aus verschiedenen Medikamenten, so ist jedes

Medikament einmal der unmittelbare Nachfolger aller übrigen Medikamente. *Unterschiede* zwischen den Medikamenten können somit nicht auf Nachwirkungen des zuvor verabreichten Medikaments zurückgeführt werden, es sei denn, das vorangegangene Medikament verändert die Wirkung der nachfolgenden Medikamente nicht in gleicher Weise (Interaktionseffekte). Muss mit dem Auftreten solcher Interaktionseffekte gerechnet werden, können die Haupteffekte – wie üblich in lateinischen Quadraten – nicht eindeutig interpretiert werden.

Für $p = 6$ erhalten wir das folgende, sequenziell ausbalancierte lateinische Quadrat:

1	2	6	3	5	4
2	3	1	4	6	5
3	4	2	5	1	6
4	5	3	6	2	1
5	6	4	1	3	2
6	1	5	2	4	3

Ist die Anzahl der Faktorstufen ungerade, werden zwei lateinische Quadrate benötigt, die zusammengenommen so angeordnet sind, dass jede Treatmentstufe zweimal hinter jeder anderen Treatmentstufe erscheint. Das erste lateinische Quadrat bestimmen wir nach dem oben genannten Bildungsprinzip. Das zweite erhalten wir, indem die erste Zeile des ersten lateinischen Quadrates in umgekehrter Reihenfolge aufgeschrieben wird und für die folgende Zeile wieder jeweils 1 addiert (bzw. p zusätzlich abgezogen) wird.

Dies ist in den beiden folgenden Anordnungen für $p = 5$ geschehen:

1	2	5	3	4		4	3	5	2	1
2	3	1	4	5		5	4	1	3	2
3	4	2	5	1		1	5	2	4	3
4	5	3	1	2		2	1	3	5	4
5	1	4	2	3		3	2	4	1	5

Eine sequenziell ausbalancierte quadratische Anordnung mit $p = 4$ kann beispielsweise in einen Versuchsplan zur Kontrolle von drei Faktoren wie in Tab. 20.15 eingebaut werden.

Vier Stichproben (S_1–S_4) unterscheiden sich in Bezug auf einen Faktor C. Die zu c_1 gehörende Stichprobe S_1 erhält die vier Treatmentstufen (Faktor B) in der Reihenfolge b_1, b_2, b_4, b_3, wobei b_1 mit a_1, b_2 mit a_2, b_4 mit a_3 und b_3 mit a_4 kombiniert werden (Faktor A: Messzeitpunkte). Das Datenerhebungsschema für die übrigen Stichproben ist der Tab. 20.15 in entsprechender Weise zu entnehmen.

Tabelle 20.15. Datenschema für ein sequenziell ausbalanciertes lateinisches Quadrat mit Messwiederholungen

	a_1	a_2	a_3	a_4
S_1c_1	b_1	b_2	b_4	b_3
S_2c_2	b_2	b_3	b_1	b_4
S_3c_3	b_3	b_4	b_2	b_1
S_4c_4	b_4	b_1	b_3	b_2

Der analoge vollständige varianzanalytische Versuchsplan mit Messwiederholungen sieht vor, dass jede Stichprobe unter allen AB-Kombinationen, d. h. p^2-mal beobachtet wird. Unter Verwendung des lateinischen Quadrates hingegen untersuchen wir jede Person nicht p^2-mal, sondern lediglich p-mal. Dies hat jedoch zur Folge, dass *Interaktionen* zwischen den Faktoren nicht getestet werden können. Wiederum ist der Einsatz des lateinischen Quadrates nicht zu empfehlen, wenn mit Interaktionen gerechnet werden muss bzw. wenn Interaktionen von speziellem Interesse sind. In diesem Fall muss auf den für die Personen aufwändigeren, vollständigen Versuchsplan mit Messwiederholungen zurückgegriffen werden.

Quadratsummen und Freiheitsgrade

Wie in allen Messwiederholungsanalysen wird auch hier die totale Quadratsumme in einen Anteil zerlegt, der auf Unterschiede zwischen den Personen zurückgeht, und einen weiteren Anteil, der Unterschiede innerhalb der einzelnen Personen enthält:

$$QS_{tot} = QS_{zw} + QS_{in}.$$

QS_{in} und QS_{zw} enthalten die folgenden Teilkomponenten:

$$QS_{zw} = QS_C + QS_{e(zw)},$$
$$QS_{in} = QS_A + QS_B + QS_{Res} + QS_{e(in)}.$$

Die drei Haupteffekte haben jeweils $p-1$ Freiheitsgrade. Die auf Unterschiede der Personen in den Stichproben zurückgehende Fehlerquadratsumme $QS_{e(zw)}$ hat $p \cdot (n-1)$ Freiheitsgrade und die Residualquadratsumme $(p-1) \cdot (p-2)$ Freiheitsgrade. $QS_{e(in)}$ basiert auf spezifischen Interaktionseffekten der Personen mit Faktor A und den jeweils realisierten AB-Kombinationen. Sie hat deshalb $p \cdot (n-1) \cdot (p-1)$ Freiheitsgrade. Wie die Quadratsummen sind auch die Freiheitsgrade additiv.

Rechnerische Durchführung

Für die Quadratsummenberechnung ermitteln wir die folgenden Kennziffern:

$$(1) = \frac{G^2}{n \cdot p^2}, \qquad (2) = \sum y_{ijkm}^2,$$

$$(3) = \frac{\sum_i A_i^2}{n \cdot p}, \qquad 4) = \frac{\sum_j B_j^2}{n \cdot p},$$

$$(5) = \frac{\sum_k C_k^2}{n \cdot p}, \qquad (6) = \frac{\sum_i \sum_k AC_{ik}^2}{n},$$

$$(7) = \frac{\sum_k \sum_m P_{km}^2}{p}.$$

Die Summation der Kennziffer 2 läuft über diejenigen Messwerte, die in der Untersuchung realisiert sind. Tabelle 20.16 zeigt, wie die Quadratsummen und Freiheitsgrade in diesem Fall bestimmt werden.

Die mittleren Quadrate ermitteln wir, indem die Quadratsummen durch die entsprechenden Freiheitsgrade dividiert werden. Haben alle Faktoren feste Stufen, werden die MQ_C an der $MQ_{e(zw)}$ und die MQ_A sowie die MQ_B an der $MQ_{e(in)}$ getestet. Diese Tests setzen voraus, dass die MQ_{Res}, getestet an der $MQ_{e(in)}$, für $\alpha = 0{,}10$ nicht signifikant ist.

Ist p eine *ungerade Zahl*, sodass zwei sequenziell balancierte lateinische Quadrate eingesetzt werden müssen, teilen wir die den Stufen des Faktors C zugewiesenen Stichproben in zwei Hälften und bestimmen nach der Untersuchung die für die einzelnen Kennziffern benötigten Summen aufgrund beider Datenmatrizen.

BEISPIEL 20.4

Vier Patientengruppen (Faktor C) des Umfangs $n = 3$ erhalten über den Tag verteilt (Faktor A: vier Zeitpunkte) vier Medikamente (Faktor B). Die Medikamente werden nach den in Tab. 20.15 festgelegten Reihenfolgen verabreicht. Eine Stunde nach Einnahme der Medikamente wird die Temperatur (abhängige Variable) gemessen. Tabelle 20.17 zeigt die Messwerte sowie die Summen, die zur Berechnung der Kennziffern benötigt werden.

$$(1) = \frac{1857{,}4^2}{3 \cdot 4^2} = 71873{,}641$$

$$(2) = 38{,}2^2 + 38{,}9^2 + 38{,}4^2 + \cdots + 38{,}4^2 = 71885{,}62$$

$$(3) = \frac{462{,}1^2 + 463{,}0^2 + 465{,}7^2 + 466{,}6^2}{3 \cdot 4} = 71874{,}788$$

$$(4) = \frac{464{,}6^2 + 465{,}7^2 + 466{,}8^2 + 460{,}3^2}{3 \cdot 4} = 71875{,}665$$

$$(5) = \frac{465{,}9^2 + 466{,}8^2 + 462{,}4^2 + 462{,}3^2}{3 \cdot 4} = 71875{,}008$$

Tabelle 20.16. Quadratsummen und Freiheitsgrade für ein sequenziell ausbalanciertes lateinisches Quadrat mit Messwiederholungen

Quelle	QS	df
C	(5) − (1)	$p-1$
Fehler_{zw}	(7) − (5)	$p(n-1)$
A	(3) − (1)	$p-1$
B	(4) − (1)	$p-1$
Residual	(6) − (3) − (4) − (5) + 2 · (1)	$(p-1)(p-2)$
Fehler_{in}	(2) − (6) − (7) + (5)	$p(n-1)(p-1)$

Tabelle 20.17. Numerisches Beispiel für ein sequenziell ausbalanciertes lateinisches Quadrat mit Messwiederholungen

	a_1	a_2	a_3	a_4	P_m
	b_1	b_2	b_4	b_3	
c_1	38,2	39,6	38,4	38,7	154,9
	38,9	39,4	38,0	39,4	155,7
	38,4	39,3	38,7	38,9	155,3
	b_2	b_3	b_1	b_4	
c_2	38,4	38,6	38,7	38,5	154,2
	39,0	39,1	39,3	38,7	156,1
	38,7	39,3	39,0	39,5	156,5
	b_3	b_4	b_2	b_1	
c_3	38,4	37,5	38,4	39,2	153,5
	38,7	37,8	39,0	39,5	155,0
	38,2	38,0	38,7	39,0	153,9
	b_4	b_1	b_3	b_2	
c_4	38,0	38,1	38,9	38,6	153,6
	38,7	37,9	39,4	38,2	154,2
	38,5	38,4	39,2	38,4	154,5

AC-Summen

	a_1	a_2	a_3	a_4
c_1	115,5	118,3	115,1	117,0
c_2	116,1	117,0	117,0	116,7
c_3	115,3	113,3	116,1	117,7
c_4	115,2	114,4	117,5	115,2

B-Summen

b_1	b_2	b_3	b_4
464,6	465,7	466,8	460,3

A-Summen

a_1	a_2	a_3	a_4
462,1	463,0	465,7	466,6

C-Summen

c_1	c_2	c_3	c_4
465,9	466,8	462,4	462,3

$G = 1857{,}4$

$$(6) = \frac{115{,}5^2 + 118{,}3^2 + 115{,}1^2 + \cdots + 115{,}2^2}{3} = 71882{,}473$$

$$(7) = \frac{154{,}9^2 + 155{,}7^2 + 155{,}3^2 + \cdots + 154{,}5^2}{4} = 71876{,}250$$

Die Ergebnisse sind in folgender Varianzanalysetabelle zusammengefasst.

Quelle	QS	df	MQ	F
C	1,367	3	0,456	2,94
$\text{Fehler}_{\text{zw}}$	1,242	8	0,155	
A	1,147	3	0,382	4,84**
B	2,024	3	0,675	8,54**
Residual	4,294	6	0,716	9,06**
$\text{Fehler}_{\text{in}}$	1,905	24	0,079	

Die kritischen F-Werte lauten: $F_{3,8;95\%} = 4{,}47$, $F_{3,24;99\%} = 4{,}72$ und $F_{6,24;99\%} = 3{,}67$. Die Residualeffekte sind signifikant, d. h., es bestehen Interaktionen zwischen den Faktoren. Die beiden signifikanten Haupteffekte (Zeitpunkte und Medikamente) können nur mit Vorbehalt interpretiert werden.

Werden die Patienten nach dem Plan gemäß Tab. 20.15 an mehreren Tagen untersucht, fassen wir die Messwerte der einzelnen Tage zusammen und rechnen eine Varianzanalyse über die durchschnittlichen Messwerte. Wenn Veränderungen der abhängigen Variablen über die Tage hinweg interessieren, erweitern wir die Varianzanalyse zu einem vierfaktoriellen Plan (Faktor D = Untersuchungstage). Eine ähnliche Versuchsanordnung wird bei Winer et al. (1991, S. 731 ff.) unter Plan 12 beschrieben.

ÜBUNGSAUFGABEN

Aufgabe 20.1 Was versteht man unter einem
a) lateinischen Quadrat,
b) griechisch-lateinischen Quadrat?

Aufgabe 20.2 Erstellen Sie mit Hilfe zyklischer Permutationen eine Standardform eines lateinischen Quadrates für $p = 6$.

Aufgabe 20.3 Erläutern Sie, warum lateinische Quadrate in Bezug auf die Haupteffekte vollständig ausbalanciert sind.

Aufgabe 20.4 Die folgenden drei Faktoren sollen in ihrer Bedeutung für das Stimulationsbedürfnis von Personen untersucht werden: Faktor A Beruf (Handwerker, Beamte, Künstler), Faktor B Wohngegend (ländlich, kleinstädtisch, großstädtisch) und Faktor C Körperbau (pyknisch, leptosom, athletisch). Die Faktoren werden gemäß der Standardform des lateinischen Quadrates für $p = 3$ miteinander kombiniert, und jeder Faktorstufenkombination werden acht Personen zugewiesen. Zur Messung der abhängigen Variablen dient ein Test zur Erfassung des Stimulationsbedürfnisses. Die folgende Tabelle zeigt die Testergebnisse:

	a_1		a_2		a_3	
	8	11	7	6	10	11
	12	11	9	10	13	11
b_1	9	7	7	9	10	10
	12	12	6	9	12	14
	9	13	8	6	12	12
	9	8	8	7	13	14
b_2	13	7	9	9	10	13
	11	8	9	6	12	15
	10	7	11	9	12	15
	7	9	10	7	13	12
b_3	10	13	6	6	12	15
	9	12	6	7	13	11

Überprüfen Sie, von welchen Faktoren das Stimulationsbedürfnis der Personen abhängt.

Aufgabe 20.5 Als vierten Faktor soll im oben genannten Problem das Alter der Personen (Faktor D: 21 bis 30 Jahre, 31 bis 40 Jahre, 41 bis 50 Jahre) mitberücksichtigt werden. In welchen Kombinationen taucht die Stufe d_1 (21 bis 30 Jahre) auf, wenn das lateinische Quadrat in Aufgabe 20.4 zu einem griechisch-lateinischen Quadrat erweitert wird?

Aufgabe 20.6 Was versteht man unter einem sequenziell ausbalancierten lateinischen Quadrat?

Teil III
Multivariate Methoden

Einleitung

Die Gruppe der multivariaten Methoden umfasst eine große Anzahl von statistischen Verfahren, die sich hinsichtlich zahlreicher Aspekte unterscheiden. Betrachtet man die Inhaltsverzeichnisse einschlägiger Lehrbücher der multivariaten Statistik, so kann man sicherlich einen „harten Kern" von Verfahren identifizieren, die übereinstimmend zur multivariaten Statistik gezählt werden. Es existieren aber auch zahlreiche andere Verfahren, für die ein solcher Konsens nicht zu existieren scheint. Es fällt deshalb schwer, das Gemeinsame dieser Verfahren durch eine einfache Definition zu charakterisieren.

Eine grobe Beschreibung dessen, was unserer Auffassung nach zumeist unter multivariater Statistik verstanden wird, lautet folgendermaßen: Mit multivariaten Methoden wird eine Gruppe von statistischen Verfahren bezeichnet, mit denen die gleichzeitige, *natürliche* Variation von zwei oder mehr Variablen untersucht werden kann.

Wichtig ist nach dieser Auffassung, dass die Variation mindestens hinsichtlich zweier zu analysierender Merkmale „natürlich" ist. Eine nicht-natürliche Variation von Variablen findet man in vielen experimentellen Versuchsanordnungen, in welchen die Stufen einer oder mehrerer unabhängiger Variablen – die Lerndauer, das Stimulusmaterial, die Dosis eines Medikamentes, usw. – von einem Versuchsleiter sorgfältig ausgewählt werden. Insbesondere wenn die Zuordnung von Personen zu den Stufen der unabhängigen Variablen randomisiert erfolgt, ist die Varianzanalyse in der Regel die angemessene statistische Technik, um Experimente auszuwerten. Da in experimentellen Anordnungen nur die abhängige Variable natürlich variiert, zählen wir die Varianzanalyse jedoch nicht zu den multivariaten Methoden. Viele univariate Verfahren, darunter auch die Varianzanalyse, besitzen aber multivariate Erweiterungen, bei denen zwei oder mehr abhängige Variablen in einer Analyse berücksichtigt werden.

Teil III beschäftigt sich mit folgenden multivariaten Methoden:

Kapitel 21: *Partielle Korrelation und multiple lineare Regression.* Sollen mehrere Prädiktorvariablen gleichzeitig mit einer Kriteriumsvariablen in Beziehung gesetzt werden, berechnen wir eine multiple Regression. Durch die Berücksichtigung mehrerer Prädiktoren kann der Einfluss einer Gruppe von Prädiktoren bei der Analyse des Zusammenhangs zwischen Kriterium und Prädiktor statistisch kontrolliert werden. Statistische Kontrolle ist ebenfalls der primäre Grund für die Berechnung partieller Korrelationen.

Kapitel 22: *Allgemeines lineares Modell.* In diesem Kapitel wird gezeigt, dass die in Teil II behandelten varianzanalytischen Methoden Spezialfälle der multiplen Regressionsrechnung sind.

Kapitel 23: *Faktorenanalyse.* Die Zielvorstellung, ein komplexes Merkmal möglichst breit und differenziert erfassen zu wollen, resultiert häufig in sehr umfangreichen Erhebungsinstrumenten, deren Einsatz mit erheblichem Zeit- und Arbeitsaufwand verbunden ist. Dieses Problem führt zu der Frage, wie die Anzahl der zu erhebenden Variablen minimiert werden kann, ohne auf relevante Informationen zu verzichten. Wir werden mit der Faktorenanalyse ein Verfahren kennenlernen, das die Zusammenhänge vieler Variablen analysiert und damit entscheidend zur optimalen Variablenauswahl beitragen kann.

Kapitel 24: *Pfadanalyse.* Liegt ein kausales Modell über die Abhängigkeiten zwischen mehreren Merkmalen vor, kann mit Hilfe der Pfadanalyse eine detaillierte Analyse des Kausalmodells erfolgen. Dabei können auch nicht-beobachtete Variablen – sog. latente Variablen – berücksichtigt werden.

Kapitel 25: *Clusteranalyse.* Dieses Verfahren wird verwendet, um viele, multivariat beschriebene Untersuchungsobjekte in homogene Gruppen oder Cluster einzuteilen.

Kapitel 26: *Multivariate Mittelwertvergleiche.* Sie unterscheiden sich von univariaten Mittelwertvergleichen (t-Test, univariate Varianzanalyse) darin, dass statt *einer* abhängigen Variablen *mehrere* abhängige Variablen simultan untersucht werden. Darüber hinaus besteht wie in der univariaten Varianzanalyse die Möglichkeit, die zu vergleichenden Personen hinsichtlich mehrerer unabhängiger Variablen zu gruppieren.

Kapitel 27: *Diskriminanzanalyse.* Sind Personen, für welche jeweils mehrere metrische Merkmale erhoben wurden, in Gruppen eingeteilt, lässt sich durch Diskriminanzanalyse untersuchen, durch welche Linearkombination der Merkmale eine optimale Trennung der Gruppen erreicht werden kann. Ein Ziel ist es dabei, die Merkmale zu identifizieren, die einen wichtigen Beitrag zur Trennung der Gruppen leisten.

Kapitel 28: *Kanonische Korrelationsanalyse.* Soll die Bedeutung mehrerer Prädiktorvariablen für ein komplexes Kriterium ermittelt werden, führen wir eine kanonische Korrelationsanalyse durch.

Kapitel 21 Partielle Korrelation und multiple lineare Regression

ÜBERSICHT

Partielle Korrelation – multiple Regression – Regressionskoeffizienten – semipartielle Korrelation – multiple Korrelation – Suppressionseffekte – Multikollinearität – schrittweise Regression

Die multiple lineare Regression erweitert die in Kap. 11 besprochene, einfache lineare Regression, indem sie die Berücksichtigung von mehr als einer Prädiktorvariablen ermöglicht. Die multiple Regression sowie die partielle Korrelation können eingesetzt werden, um den Einfluss von Drittvariablen in der Analyse von Variablenbeziehungen zu „kontrollieren", d. h., statistisch konstant zu halten.

Die Möglichkeit der Berücksichtigung von Drittvariablen ist einer der Hauptgründe für die große Bedeutung der multiplen Regression sowie der partiellen Korrelation in der sozialwissenschaftlichen Forschung.

21.1 Partielle Korrelation

Eine Studie soll den Zusammenhang zwischen der Anzahl krimineller Delikte und der Anzahl von Polizisten ermitteln. Man erhebt diese beiden Variablen in Kommunen über 30 000 Einwohner und errechnet eine hohe positive Korrelation: Je mehr Polizisten, desto mehr kriminelle Delikte. Dieses Ergebnis überrascht die Wissenschaftler, denn sie hatten mit einer negativen Korrelation gerechnet – je mehr Polizisten, desto weniger kriminelle Delikte, weil mehr Polizisten mehr kriminelle Delikte verhindern können als wenige Polizisten.

Dieses Beispiel verdeutlicht eine Problematik, die häufig bei der Interpretation von Korrelationen anzutreffen ist: Die kausale Interpretation von Korrelationen kann leicht zu falschen Schlussfolgerungen führen. Was im Beispiel errechnet wurde, ist eine typische „Scheinkorrelation", die man erhält, wenn der Zusammenhang zweier Variablen x_0 und x_1 durch eine weitere Variable x_2 verursacht wird. Hier ist x_2 die Größe der Kommunen. Sowohl die Anzahl der kriminellen Delikte x_0 als auch die Anzahl der Polizisten x_1 nehmen mit wachsender Einwohnerzahl der Kommunen x_2 zu, sodass eine positive Korrelation von x_0 und x_1 zu erwarten ist. Der eigentlich plausible Zusammenhang – eine negative Korrelation – hätte sich möglicherweise gezeigt, wenn man die Einwohnerzahl konstant gehalten hätte. Weitere Beispiele und Informationen zum Thema „Korrelation und Kausalität" findet man bei Krämer (2009).

Tabelle 21.1. Rohwerte dreier Variablen aus einer Stichprobe von 15 Kindern

Kind	Abstraktionsfähigkeit (x_0)	sensomotor. Koord. (x_1)	Alter (x_2)
1	9	8	6
2	11	12	8
3	13	14	9
4	13	13	9
5	14	14	10
6	9	8	7
7	10	9	8
8	11	12	9
9	10	8	8
10	8	9	7
11	13	14	10
12	7	7	6
13	9	10	10
14	13	12	10
15	14	12	9

Wie man den Einfluss einer Variablen bei der Korrelationsberechnung berücksichtigen bzw. kontrollieren kann, erläutert folgendes Beispiel. Im Rahmen einer entwicklungspsychologischen Studie wird untersucht, wie die Merkmale Abstraktionsfähigkeit x_0 und sensomotorische Koordination x_1 bei Kindern miteinander korrelieren. Zusätzlich wird das Alter der Kinder x_2 erhoben. Tabelle 21.1 zeigt die an $n = 15$ Kindern gewonnenen Testergebnisse sowie das Alter.

Wir ermitteln für die Variablen x_0 und x_1 die Standardabweichungen $s_0 = 2{,}282$ und $s_1 = 2{,}484$. Die Kovarianz ergibt für das Datenbeispiel den

Wert $s_{01} = 5{,}057$. Somit errechnet man die folgende Korrelation:

$$r_{01} = \frac{s_{01}}{s_0 \cdot s_1} = \frac{5{,}057}{2{,}282 \cdot 2{,}484} = 0{,}89.$$

Die gefundene Korrelation zwischen der Abstraktionsfähigkeit und sensomotorischem Koordinationsvermögen ist mit 0,89 sehr hoch. Es ist jedoch zu vermuten, dass dieser Zusammenhang zumindest teilweise auf eine Drittvariable, nämlich das Alter, das sowohl Merkmal x_0 als auch Merkmal x_1 beeinflusst, zurückgeführt werden kann.

Die Bedeutung des Alters könnten wir abschätzen, indem die Korrelation für eine altershomogene Stichprobe berechnet wird. So könnte die Korrelation zwischen Abstraktionsfähigkeit und dem sensomotorischen Koordinationsvermögen beispielsweise nur aufgrund der Daten der acht Jahre alten Kinder berechnet werden. Je stärker die Korrelation von 0,89 in diesem Fall reduziert wird, umso bedeutsamer ist das Alter für das Zustandekommen der Korrelation. Die Berechnung der Korrelation für eine homogene Subgruppe ist allerdings oft nicht praktikabel, da durch die Selektion von Personen aufgrund eines bestimmten Wertes der Drittvariablen der Stichprobenumfang erheblich reduziert wird.

Einen anderen Weg, eine vom Alter unbeeinflusste Korrelation zwischen der Abstraktionsfähigkeit und der sensomotorischen Koordinationsfähigkeit zu erhalten, eröffnet die *statistische* Kontrolle des Alters durch Berechnung der partiellen Korrelation. Der Grundgedanke dieses Verfahrens ist folgender: Wenn die Korrelation zwischen zwei Variablen x_0 und x_1 von einer dritten Variablen x_2 beeinflusst wird, könnte dies in der Weise geschehen, dass die Variable x_2 sowohl Variable x_0 als auch Variable x_1 beeinflusst. Suchen wir eine Korrelation zwischen x_0 und x_1, die von der Variablen x_2 nicht beeinflusst ist, müssen wir die Variablen x_0 und x_1 vom Einfluss der Variablen x_2 befreien. Anders formuliert: Die Variablen x_0 und x_1 müssen vom Einfluss der Variablen x_2 *bereinigt* werden.

Dies geschieht mit Hilfe der *Regressionsrechnung*. Wir bestimmen zunächst eine Regressionsgleichung, mit der $\hat{x}_0$-Werte aufgrund der Variablen x_2 vorhergesagt werden können. Die Varianz dieser vorhergesagten Werte wird ausschließlich durch die Variable x_2 bestimmt. Subtrahieren wir die vorhergesagten $\hat{x}_0$-Werte von den tatsächlichen x_0-Werten, resultieren bereinigte Werte, deren Varianz von der Variablen x_2 unbeeinflusst ist. Diesen Vorgang der regressionsanalytischen *Bereinigung* der Variablen x_0 von x_2 wird auch als *Herauspartialisieren* der Variablen x_2 aus x_0 bezeichnet.

Ebenso wird die Variable x_1 regressionsanalytisch vom Einfluss der Variablen x_2 bereinigt. Die bezüglich der Variablen x_2 bereinigten Variablen bezeichnen wir mit x_0^* und x_1^*. Korrelieren wir diese bereinigten Variablen, ergibt sich die sog. partielle Korrelation $r_{x_0^* x_1^*}$.

Definition 21.1

Partielle Korrelation. Die partielle Korrelation ist die bivariate Korrelation zweier Variablen, welche mittels linearer Regression vom Einfluss einer Drittvariablen bereinigt wurden.

Im Folgenden verwenden wir für die partielle Korrelation die Schreibweise $r_{01\cdot 2}$, welche zum Ausdruck bringt, dass das Merkmal x_2 kontrolliert wird bzw. aus den Variablen x_0 und x_1 herauspartialisiert wird. Mit anderen Worten: $r_{01\cdot 2} = r_{x_0^* x_1^*}$.

BEISPIEL 21.1

Bezogen auf das Beispiel ermitteln wir zunächst die Regressionsgleichung zur Vorhersage der Abstraktionsfähigkeit x_0 aufgrund des Alters x_2 der Kinder. Diese lautet:

$$\hat{x}_0 = 0{,}464 + 1{,}246 \cdot x_2 .$$

Die Regressionsgleichung für die Vorhersage der sensomotorischen Koordinationsfähigkeit x_1 aufgrund des Alters x_2 lautet:

$$\hat{x}_1 = -1{,}130 + 1{,}420 \cdot x_2 .$$

Als Nächstes berechnen wir für jede Person die Regressionsresiduen $x_0^* = x_0 - \hat{x}_0$ und $x_1^* = x_1 - \hat{x}_1$. Diese vom Einfluss des Alters bereinigten Werte sind in folgender Tabelle aufgeführt.

x_0^*	x_1^*
1,06	0,61
0,57	1,77
1,32	2,35
1,32	1,35
1,07	0,93
−0,19	−0,81
−0,43	−1,23
−0,68	0,35
−0,43	−2,23
−1,19	0,19
0,07	0,93
−0,94	−0,39
−3,92	−3,07
0,07	−1,07
2,32	0,35

Die Korrelation zwischen den bereinigten Variablen x_0^* und x_1^* ist die partielle Korrelation zwischen x_0 und x_1. Sie lautet im Beispiel

$$r_{01\cdot 2} = 0{,}72.$$

21

Die Korrelation zwischen der Abstraktionsfähigkeit der Kinder und ihren sensomotorischen Koordinationsleistung ist somit von 0,89 auf 0,72 gesunken. Die Differenz ist auf die Bereinigung beider Variablen vom Alter zurückzuführen.

> Die partielle Korrelation gibt den linearen Zusammenhang zweier Variablen an, aus dem der lineare Einfluss einer dritten Variablen eliminiert wurde.

Rechnerische Durchführung

Die partielle Korrelation $r_{01\cdot 2}$ lässt sich durch die bivariaten Korrelationen zwischen den beteiligten Variablen errechnen. Die Formel lautet:

$$r_{01\cdot 2} = \frac{r_{01} - r_{02} \cdot r_{12}}{\sqrt{1 - r_{02}^2} \cdot \sqrt{1 - r_{12}^2}}. \tag{21.1}$$

Die Einzelkorrelationen haben in unserem Beispiel die Werte $r_{01} = 0{,}89$, $r_{02} = 0{,}77$ und $r_{12} = 0{,}80$. Setzen wir diese Werte in Gl. (21.1) ein, erhalten wir als partielle Korrelation:

$$r_{01\cdot 2} = \frac{0{,}89 - 0{,}77 \cdot 0{,}80}{\sqrt{1 - 0{,}77^2} \cdot \sqrt{1 - 0{,}80^2}} = 0{,}72.$$

Dieser Wert stimmt mit dem oben ermittelten Wert überein.

Partielle Korrelationen 2. Ordnung. Eine partielle Korrelation 2. Ordnung erhält man, wenn aus dem Zusammenhang zweier Variablen nicht nur eine, sondern zwei Variablen herauspartialisiert werden. Diese Korrelation lässt sich wiederum als Korrelation zwischen den bereinigten Werten bestimmen. Alternativ kann hierzu auch Formel (21.2) verwendet werden.

Die Korrelation für die Variablen x_0 und x_1, für deren Berechnung die Variablen x_2 und x_3 kontrolliert wurden, lautet:

$$r_{01\cdot 23} = \frac{r_{01\cdot 2} - r_{03\cdot 2} \cdot r_{13\cdot 2}}{\sqrt{1 - r_{03\cdot 2}^2} \cdot \sqrt{1 - r_{13\cdot 2}^2}}. \tag{21.2}$$

In diese partielle Korrelation 2. Ordnung gehen nur partielle Korrelationen 1. Ordnung ein, die nach Gl. (21.1) bestimmt werden.

Partielle Korrelation *höherer Ordnung*, bei der der Einfluss von mehr als zwei Variablen aus der Korrelation zwischen x_0 und x_1 herauspartialisiert werden, lassen sich mit einer analogen Formel berechnen (Hays, 1994, Kap. 15.3). Für eine partielle Korrelation höherer Ordnung müssen zuvor sämtliche partielle Korrelationen niedriger Ordnung bestimmt werden, wodurch der Rechenaufwand mit der Anzahl der Variablen sehr schnell ansteigt.

Signifikanztests

Um die Hypothese zu überprüfen, ob eine partielle Korrelation signifikant von einem Wert ϱ_0 abweicht, transformieren wir zunächst die partielle Korrelation und ϱ_0 nach Tab. G (s. Anhang) in Fisher Z-Werte, welche wir mit Z und Z_0 bezeichnen. Sind die beteiligten Variablen multivariat normalverteilt, folgt die Prüfgröße

$$z = \sqrt{n - 3 - (k - 2)} \cdot (Z - Z_0) \tag{21.3}$$

approximativ einer Standardnormalverteilung (Finn, 1974, Kap. 6.2), wobei n die Anzahl der Versuchspersonen und k die Anzahl aller beteiligten Variablen bezeichnet.

Für eine partielle Korrelation 1. Ordnung ist $k = 3$. Somit reduziert sich Gl. (21.3) zu:

$$z = \sqrt{n - 4} \cdot (Z - Z_0). \tag{21.4}$$

Die partielle Korrelation weicht – bei zweiseitigem Test – statistisch bedeutsam von ϱ_0 ab, wenn z außerhalb der Bereiche $-1{,}96 \leq z \leq 1{,}96$ ($\alpha = 0{,}05$) bzw. $-2{,}58 \leq z \leq 2{,}58$ ($\alpha = 0{,}01$) liegt. In unserem Beispiel ermitteln wir für $r_{01\cdot 2} = 0{,}72$ und $\varrho_0 = 0$:

$$Z = 0{,}908, \quad Z_0 = 0,$$
$$z = \sqrt{15 - 4} \cdot (0{,}908 - 0) = 3{,}01.$$

Die partielle Korrelation weicht somit auf dem 1%-Niveau signifikant von null ab.

Verteilungsannahmen

Kontrolliert man eine Drittvariable statistisch, indem man durch die Berechnung der partiellen Korrelation ihren Einfluss auf die beiden anderen Variablen eliminiert, so lässt sich mit dem Signifikanztest, der multivariate Normalverteilung voraussetzt, überprüfen, ob die partielle Korrelation von null verschieden ist. Das Verschwinden der partiellen Korrelation zwischen x_0 und x_1 wird insbesondere dann erwartet, wenn die drei Merkmale x_0, x_1 und x_2 zum einen multivariat normalverteilt sind und zum anderen die beiden Merkmale x_0 und x_1 für einen beliebigen Wert von x_2 unabhängig voneinander sind. In diesem Fall sagt man auch, x_0 und x_1 sind *bedingt* unabhängig.

Korn (1984) hat darauf hingewiesen, dass bedingte Unabhängigkeit zweier Variablen nicht notwendigerweise das Verschwinden der partiellen Korrelation bedeutet. Dies ist überraschend, da im Fall zweier Variablen deren Unabhängigkeit das Verschwinden der bivariaten Korrelation impliziert. Die bivariate Verteilung der Variablen spielt für die Richtigkeit dieser Aussage keine Rolle.

Insofern ist die Höhe der bivariaten Korrelation immer von Interesse, da sie zwar kein Nachweis, aber doch ein Indikator für die Unabhängigkeit der Variablen ist. Diese Eigenschaft der bivariaten Korrelation lässt sich nicht auf die partielle Korrelation übertragen.

Korn (1984) zeigt anhand eines Beispiels, dass die partielle Korrelation bei bedingter Unabhängigkeit beliebig nahe an +1 bzw. −1 liegen kann. Die Höhe der partiellen Korrelation sollte deshalb nur dann inhaltlich interpretiert werden, wenn die Daten zumindest approximativ multivariat normalverteilt sind. Darlington (1990, Kap. 5.5.2) äußert ähnliche Bedenken hinsichtlich der Interpretation partieller Korrelationen.

Zur Überprüfung der multivariaten Normalverteilungsannahme existiert derzeit allerdings kein ausgereifter Test. Behelfslösungen wurden von Stelzl (1980) und B. Thompson (1990b) vorgeschlagen. Tests zur Überprüfung von Schiefe und Exzess einer multivariaten Verteilung hat Mardia (1970, 1974, 1985) entwickelt. Looney (1995) schlägt eine sequenzielle Teststrategie unter Verwendung mehrerer Tests auf Normalverteilung vor. Diese Vorgehensweise wird damit begründet, dass keiner der bekannten Tests auf alle möglichen Abweichungen von einer multivariaten Normalverteilung gleich gut anspricht. In diesem Zusammenhang wird deutlich, dass die Annahme einer multivariaten Normalverteilung auch dann verletzt sein kann, wenn alle beteiligten Variablen für sich univariat normalverteilt sind.

SOFTWAREHINWEIS 21.1

Ein SAS-Programm zur Überprüfung der multivariaten Normalverteilungsannahme, welches den grafischen Ansatz von W. L. Johnson und Johnson (1995) mit den Schiefe- und Exzesstests von Mardia (1970) verbindet, wurde von Fan (1996) entwickelt. Weitere Verfahrensvorschläge und EDV-Hinweise findet man bei Timm (2002, Kap. 3.7).

Hinweise: Zur Überprüfung der Frage, ob sich eine partielle Korrelation $r_{01\cdot 2}$ signifikant von der unbereinigten Korrelation r_{01} unterscheidet, wird auf Olkin und Finn (1995) verwiesen. Die Autoren beschreiben zudem einen Test zur Überprüfung des Unterschiedes zweier partieller Korrelationen.

21.2 Multiple Regression

Die multiple Regressionstechnik gehört zu den in der Psychologie und in den Sozialwissenschaften *am häufigsten eingesetzten* statistischen Verfahren. Mit Hilfe der multiplen Regression ist es möglich, Beziehungen zwischen mehreren Prädiktorvariablen und einer Kriteriumsvariablen zu analysieren. Das Ergebnis dieser Analyse besteht in einer Gleichung zur Vorhersage von Kriteriumswerten, für deren Ermittlung die Schätzung der sog. *Regressionskoeffizienten* – Steigungen und y-Achsenabschnitt – notwendig ist.

Die multiple Regressionsgleichung dient der Vorhersage einer Kriteriumsvariablen aufgrund mehrerer Prädiktoren.

Darüber hinaus kann mit der multiplen Regression der Einfluss von Drittvariablen kontrolliert werden. Da der Steigungskoeffizient eines Prädiktors in der Regressionsanalyse den Einfluss des Prädiktors auf das Kriterium beinhaltet, ist vor allem von Interesse, wie sich die statistische Kontrolle einer Drittvariablen auf den Steigungskoeffizienten auswirkt. In Analogie zur partiellen Korrelation wird eine Verringerung des Steigungskoeffizienten durch Aufnahme weiterer Prädiktoren in das Regressionsmodell erwartet. Allerdings kann es auch zu unerwarteten Effekten – sog. *Suppressionseffekten* – kommen. So sind auch ein Anstieg oder ein Vorzeichenwechsel des Steigungskoeffizienten durch die Berücksichtigung eines zweiten Prädiktors möglich.

In der multiplen Regressionsanalyse ist das Kriterium eine metrische Variable. Für die Prädiktoren sind metrische Variablen, aber auch dichotome Merkmale, welche meistens mit 0 und 1 codiert werden, zulässig. Da nominale Variablen durch die sog. „Dummycodierung" in mehrere dichotome Variablen übersetzt werden können, lassen sich auch nominale Variablen im Rahmen der multiplen Regression analysieren.

21.2.1 Zwei Prädiktoren

Da die Betrachtung zweier Prädiktoren ausreicht, um die statistische Kontrolle einer Variablen im Rahmen der Regressionsanalyse zu erläutern, wenden wir uns zunächst diesem Fall zu. Die Regressionsgleichung für diesen Fall lautet

$$\hat{y} = b_0 + b_1 \cdot x_1 + b_2 \cdot x_2. \tag{21.5}$$

Zunächst benötigen wir Formeln zur Berechnung der Regressionskoeffizienten, welche wie im Fall der einfachen linearen Regression durch das Kriterium der kleinsten Quadrate ermittelt werden können. Der y-Achsenabschnitt wird folgendermaßen berechnet:

$$b_0 = \bar{y} - b_1 \cdot \bar{x}_1 - b_2 \cdot \bar{x}_2 .$$

Die Gleichungen für die Steigungskoeffizienten lauten

$$b_1 = \frac{r_{y1} - r_{y2} \cdot r_{12}}{1 - r_{12}^2} \cdot \frac{s_y}{s_1}, \quad \text{und}$$
$$b_2 = \frac{r_{y2} - r_{y1} \cdot r_{12}}{1 - r_{12}^2} \cdot \frac{s_y}{s_2}. \tag{21.6}$$

Wie in der einfachen linearen Regression ist der y-Achsenabschnitt nicht von inhaltlichem Interesse. Er entspricht dem durchschnittlichen Kriteriumswert, wenn alle Prädiktoren zugleich den Wert null besitzen.

Interpretation der Steigungen

Ein Steigungskoeffizient in der multiplen Regression wird auch als „partieller" Regressionskoeffizient bezeichnet, um anzudeuten, dass er den Effekt des Prädiktors auf das Kriterium widerspiegelt, der von dem anderen Prädiktor bereinigt ist. Zunächst wollen wir die Bedeutung eines Steigungskoeffizienten präzisieren.

> Die partielle Steigung b_1 gibt die erwartete Veränderung des Kriteriums y an, die – für konstanten Prädiktor x_2 – einer Erhöhung des Prädiktors x_1 um eine Einheit entspricht.

Vergleichen wir diese Interpretation mit derjenigen für die Steigung aus der einfachen linearen Regression, so besteht der Unterschied ausschließlich in dem kleinen, aber wichtigen Zusatz: „für konstanten Prädiktor x_2". Dieser Zusatz spiegelt wider, dass b_1 den vom zweiten Prädiktor bereinigten Einfluss des ersten Prädiktors auf das Kriterium darstellt.

Die Bedeutung der Steigung kann man mit Hilfe der Regressionsgleichung illustrieren. Wir schreiben dazu den vorhergesagten Wert als $\hat{y}(x_1, x_2)$, um die Prädiktorwerte zu betonen, für welche die Vorhersage erfolgt. Berechnen wir die Differenz der Vorhersagen an den Stellen $(x_1 + 1, x_2)$ und (x_1, x_2), so ergibt sich

$$\begin{aligned} &\hat{y}(x_1 + 1, x_2) - \hat{y}(x_1, x_2) \\ &\quad = b_0 + b_1(x_1 + 1) + b_2 x_2 - (b_0 + b_1 x_1 + b_2 x_2) \\ &\quad = b_1 . \end{aligned}$$

Diese Rechnung bestätigt die Aussage, dass die Steigung b_1 die erwartete Veränderung des Kriteriums beschreibt, welche der Erhöhung des Prädiktors x_1 um eine Einheit entspricht, wenn x_2 den gleichen Wert besitzt. Der konkrete Wert von x_2 ist für diese Überlegung ohne Bedeutung.

Die Interpretation von b_2 ergibt sich aufgrund der Symmetrie zwischen x_1 und x_2 in der Regressionsgleichung (21.5) ganz analog: Die Steigung b_2 gibt die erwartete Veränderung des Kriteriums y an, die – für konstanten Prädiktor x_1 – einer Erhöhung des Prädiktors x_2 um eine Einheit entspricht.

BEISPIEL 21.2

In einer fiktiven Studie wird der Einfluss von körperlichem Training auf das Körpergewicht von Frauen untersucht. Als Kriterium wird der sog. „Body-Mass-Index" (BMI) gewählt, welcher sich als Verhältnis von Körpergewicht (Kilogramm) zu quadrierter Körpergröße (Meter) berechnet. Wiegt beispielsweise eine Person 60 kg und ist 1,7 m groß, so ergibt sich

$$\text{BMI} = \frac{60}{1{,}7^2} \approx 21 .$$

Der Prädiktor x_1 sei die Intensität eines standardisierten, täglichen Trainingsprogramms. Die Intensität des Trainings wird durch den Energieverbrauch in Einheiten von 100 Kilojoule ausgedrückt. Der Wert $x_1 = 1$ bedeutet, dass die Person täglich etwa 100 Kilojoule an Energie durch ihr Trainingsprogramm verbraucht.

Da die Ernährungsqualität eine wichtige Einflussgröße für den BMI ist, soll die statistische Analyse diese Variable berücksichtigen bzw. statistisch kontrollieren. Schließlich wäre es möglich, dass Frauen, die wöchentlich viel trainieren, stärker auf eine gesunde Ernährung achten. Wäre dies der Fall, so würde das Ignorieren der Ernährungsqualität zu einer Überschätzung des Trainingseffekts führen, da geringere BMI-Werte bei intensiv trainierenden Frauen zumindest tendenziell nicht nur durch das Training, sondern auch durch die höhere Ernährungsqualität verursacht würden.

Nehmen wir an, der Prädiktor x_2 sei ein Expertenrating, welches aufgrund eines Interviews die Ernährungsqualität der Untersuchungsteilnehmerinnen widerspiegelt. Die Experten-urteile liegen auf einer Skala von 1 bis 10, wobei höhere Werte einer höheren Ernährungsqualität entsprechen.

Wir nehmen an, folgende Werte seien beobachtet worden ($n = 9$):

BMI y	Training x_1	Ernährung x_2
19	5	7
25	1	4
22	2	5
18	4	8
28	1	3
27	1	2
20	6	6
21	6	4
22	4	7

Wir berechnen zunächst Mittelwerte, Standardabweichungen sowie die Korrelationen:

- Mittelwerte: $\bar{y} = 22{,}44$, $\bar{x}_1 = 3{,}33$, $\bar{x}_2 = 5{,}11$
- Standardabweichungen: $s_y = 3{,}504$, $s_1 = 2{,}121$, $s_2 = 2{,}028$
- Korrelationen: $r_{y1} = -0{,}813$, $r_{y2} = -0{,}870$, $r_{12} = 0{,}601$

Die Korrelationen zwischen BMI und den beiden Prädiktoren sind wie zu erwarten negativ. Interessant ist die positive Korrelation zwischen den beiden Prädiktoren, die den bereits vermuteten Zusammenhang zwischen Trainingsintensität und Ernährungsqualität bestätigt.

Wir berechnen nun anhand der Gl. (21.6) die beiden Steigungskoeffizienten. Diese sind

$$b_1 = \frac{-0{,}813 - (-0{,}870 \cdot 0{,}601)}{1 - 0{,}601^2} \cdot \frac{3{,}504}{2{,}121} = -0{,}750,$$
$$b_2 = \frac{-0{,}870 - (-0{,}813 \cdot 0{,}601)}{1 - 0{,}601^2} \cdot \frac{3{,}504}{2{,}028} = -1{,}032.$$

Der y-Achsenabschnitt ergibt sich zu

$$b_0 = 22{,}44 + 0{,}75 \cdot 3{,}33 + 1{,}03 \cdot 5{,}11 = 30{,}2.$$

Wir nehmen an, dass sich das primäre Forschungsinteresse auf b_1 bezieht. Dieser Koeffizient spiegelt den Einfluss der Trainingsintensität auf den BMI wider, welcher vom Einfluss der Ernährungsqualität auf den BMI bereinigt ist. Der geschätzte Wert von −0,75 bedeutet, dass mit einer Zunahme der Trainingsintensität um eine Einheit (Verbrauch von zusätzlichen 100 Kilojoule pro Tag) sich der BMI voraussichtlich um 0,75 Punkte verringern wird, wenn zugleich die Ernährungsqualität konstant bleibt. Alternativ können wir das Ergebnis auch folgendermaßen interpretieren: Wir vergleichen zwei Gruppen von Frauen, deren Trainingsintensität sich um eine Einheit unterscheidet. Die Ernährungsqualität ist für alle Personen konstant (der Wert der Ernährungsqualität spielt keine Rolle). Für diese Gruppen erwarten wir eine Differenz der BMI-Mittelwerte von 0,75, wobei der mittlere BMI-Wert der intensiver trainierenden Gruppe kleiner ist.

Die statistische Kontrolle der Ernährungsqualität bei der Interpretation von b_1 lässt sich am Beispiel auch numerisch verdeutlichen. Dazu berechnen wir die Steigung in der einfachen Regression von BMI auf Trainingsintensität mit Gl. (11.5). Da in dieser Regression Ernährungsqualität nicht enthalten ist, wird diese Variable nicht kontrolliert, sondern ignoriert. Man ermittelt für die Steigung

$$b = r_{y1} \cdot \frac{s_y}{s_1} = -0{,}813 \cdot \frac{3{,}504}{2{,}121} = -1{,}343.$$

Die Differenz von b und b_1 geht auf die statistische Kontrolle der Ernährungsqualität zurück. Wir hatten bereits vermutet, dass der Betrag von b größer sein würde als der entsprechende Wert aus der multiplen Regression. Denn durch das Ignorieren der Ernährungsqualität spiegelt b nicht nur den Effekt der Trainingsintensität auf den BMI wider, sondern auch den Effekt der Ernährungsqualität.

Der Koeffizient b_2, welcher den Effekt der Ernährungsqualität auf den BMI bei gleichzeitiger Kontrolle der Trainingsintensität wiedergibt, soll ebenfalls kommentiert werden. Die Interpretation von b_2 ist ganz analog zu der von b_1. Sie ergibt sich durch Vertauschen der Prädiktorbezeichnungen. Die Kontrollvariable ist nun die Trainingsintensität, sodass b_2 den bereinigten Effekt der Ernährung auf den BMI widerspiegelt. Die Interpretation von b_1 wurde deshalb stärker betont, weil wir unterstellten, dass das Forschungsinteresse auf den Einfluss der Trainingsintensität auf den BMI gerichtet ist. Der Wert $b_2 = -1{,}032$ zeigt an, dass bei der Erhöhung der Ernährungsqualität um eine Einheit ein Absinken des BMI um etwa einen Punkt zu erwarten ist, wenn die Trainingsintensität kontrolliert wird.

Vergleicht man die Höhe der beiden partiellen Regressionskoeffizienten, $b_1 = -0{,}75$ und $b_2 = -1{,}032$, so ist es vielleicht nahe liegend, den Effekt der Ernährung auf den BMI für bedeutender zu halten, da der Betrag von b_2 größer ist. Diese Interpretation ist allerdings nicht korrekt, da sie die unterschiedlichen Messeinheiten der Prädiktoren (Kilojoule bzw. Rating) nicht berücksichtigt.

Semipartielle Korrelation und partielle Steigung

Am Beginn dieses Kapitels hatten wir die partielle Korrelation erläutert, welche die Korrelation zweier bereinigter Variablen bezeichnet. Wird nur eine Variable bereinigt und mit einer unbereinigten Variablen korreliert, so sprechen wir von der semipartiellen Korrelation.

Um dies zu konkretisieren, betrachten wir den Prädiktor x_1 der vom Einfluss des zweiten Prädiktors mittels einer einfachen Regression von x_1 auf x_2 bereinigt wird. Bezeichnen wir die Vorhersage des ersten Prädiktors aufgrund des zweiten Prädiktors als $\hat{x}_1$, so schreiben wir für die bereinigte Variable $x_1^* = x_1 - \hat{x}_1$. Wird nur x_1^* mit dem Kriterium y korreliert, so sprechen wir von der semipartiellen Korrelation, welche wir als $r_{yx_1^*}$ ausdrücken können.

> Die semipartielle Korrelation zwischen Kriterium und dem j-ten Prädiktor ergibt sich als Korrelation von y mit dem Residuum x_j^* der linearen Regression des j-ten Prädiktors auf den anderen Prädiktor.

Zur Vereinfachung der Notation wählen wir für die semipartielle Korrelation die Bezeichnung sr_j. Dies führt im Kontext der Regressionsrechnung nicht zu Schwierigkeiten, da immer die Korrelation des j-ten Prädiktors, welcher von den anderen Prädiktoren bereinigt wurde, mit dem Kriterium gemeint ist. Dies ist analog zum Steigungskoeffizienten b_j, bei dem ebenfalls auf die Nennung von Kriterium und konstant gehaltenen Prädiktoren verzichtet wird.

Liegen die bivariaten Korrelationen bereits vor, können die semipartiellen Korrelationen folgendermaßen berechnet werden:

$$\mathrm{sr}_1 = \frac{r_{y1} - r_{y2} \cdot r_{12}}{\sqrt{1 - r_{12}^2}}, \quad \mathrm{sr}_2 = \frac{r_{y2} - r_{y1} \cdot r_{12}}{\sqrt{1 - r_{12}^2}}. \tag{21.7}$$

Ein Vergleich der Formeln der partiellen und der semipartiellen Korrelation zeigt deren enge Verwandtschaft. Und zwar gilt

$$\mathrm{sr}_1 = r_{y1\cdot 2} \cdot \sqrt{1 - r_{y2}^2}, \quad \mathrm{sr}_2 = r_{y2\cdot 1} \cdot \sqrt{1 - r_{y1}^2}. \tag{21.8}$$

Wie man anhand dieser Formeln erkennen kann, ist sr_1 für $r_{y2} \neq 0$ kleiner als $r_{y1\cdot 2}$. Für sr_2 gilt eine analoge Aussage.

Ein partieller Steigungskoeffizient kann mit Hilfe der semipartiellen Korrelation dargestellt werden. Um dies zu erläutern, betrachten wir zunächst noch einmal die Gleichung für die einfache lineare Regression

$$\hat{y} = a + bx_1$$

sowie für die multiple Regression, welche einen zweiten Prädiktor berücksichtigt,

$$\hat{y} = b_0 + b_1x_1 + b_2x_2.$$

Um die Steigung b in der einfachen linearen Regression zu berechnen, verwendeten wir die Formel (11.5), die in der jetzigen Schreibweise folgendermaßen lautet:

$$b = r_{y1} \cdot \frac{s_y}{s_1}.$$

Der partielle Regressionskoeffizient b_1 kann in Analogie zu dieser Gleichung mit Hilfe der semipartiellen Korrelation sr_1 folgendermaßen ausgedrückt werden (Darlington, 1968):

$$b_1 = \text{sr}_1 \cdot \frac{s_y}{s_1^*}. \tag{21.9}$$

Die Standardabweichung der bereinigten Variablen s_1^* bezeichnen wir auch als *partielle Standardabweichung*. Ihre Berechnungsvorschrift lautet

$$s_1^* = \sqrt{\frac{\sum_i (x_{i1} - \hat{x}_{i1})^2}{n-1}}.$$

Die partielle Standardabweichung s_1^* lässt sich auch ohne vorherige Ermittlung der bereinigten Werte über die Gleichung

$$s_1^* = s_1\sqrt{1 - r_{12}^2} \tag{21.10}$$

ermitteln.

Gl. (21.9) besitzt zwar keine praktischen Vorteile für die Berechnung, sie verdeutlicht aber auf eine neue Weise, was mit dem Begriff „statistische Kontrolle" gemeint ist. Die statistische Kontrolle der Variablen x_2 für die Berechnung des Effekts von x_1 auf das Kriterium y erfolgt in zwei Schritten. Zuerst wird die neue Variable x_1^* als Vorhersagefehler der Regression von x_1 auf x_2 berechnet. Dieser Vorhersagefehler repräsentiert den Anteil von x_1, welcher mit x_2 unkorreliert ist. Im zweiten Schritt ergibt sich b_1 als Steigung der Regression von y auf x_1^*.

Um die Korrektheit von Gl. (21.9) zu zeigen, setzen wir den Ausdruck für die semipartielle Korrelation, Gl. (21.7) sowie den Ausdruck für die Standardabweichung, Gl. (21.10), ein. Dies ergibt

$$\begin{aligned} b_1 &= \frac{r_{y1} - r_{y2} \cdot r_{12}}{\sqrt{1 - r_{12}^2}} \cdot \frac{s_y}{s_1\sqrt{(1 - r_{12}^2)}} \\ &= \frac{r_{y1} - r_{y2} \cdot r_{12}}{1 - r_{12}^2} \cdot \frac{s_y}{s_1}. \end{aligned}$$

Der resultierende Ausdruck ist mit b_1 in Gl. (21.6) identisch.

BEISPIEL 21.3

Um die Berechnung von b_1 mit Gl. (21.9) numerisch zu illustrieren, greifen wir auf die Daten des Beispiels 21.2 zurück. Wir ermittelten einen partiellen Steigungskoffizienten $b_1 = -0{,}75$, der den Effekt der Erhöhung der Trainingsintensität auf den Body-Mass-Index (BMI) bei Kontrolle der Ernährungsqualität ausdrückt. Zunächst benötigen wir die semipartielle Korrelation, welche wir aufgrund der bivariaten Korrelationen mit Gl. (21.7) berechnen können. Da $r_{y1} = -0{,}813$, $r_{y2} = -0{,}870$ und $r_{12} = 0{,}601$, lautet die semipartielle Korrelation

$$\begin{aligned} \text{sr}_1 &= \frac{r_{y1} - r_{y2} \cdot r_{12}}{\sqrt{1 - r_{12}^2}} \\ &= \frac{-0{,}813 + 0{,}870 \cdot 0{,}601}{\sqrt{1 - 0{,}601^2}} = -0{,}363. \end{aligned}$$

Als Nächstes ermitteln wir s_1^*. Da $s_1 = 2{,}121$ (Standardabweichung der Trainingsintensität), ergibt sich

$$s_1^* = s_1 \cdot \sqrt{1 - r_{12}^2} = 2{,}121 \cdot \sqrt{1 - 0{,}601^2} = 1{,}695.$$

Verwendet man nun $s_y = 3{,}504$ (Standardabweichung des BMI), so erhält man wiederum

$$b_1 = -0{,}363 \cdot \frac{3{,}504}{1{,}695} = -0{,}75.$$

Beta-Gewichte

Die Gleichungen zur Berechnung der Steigungskoeffizienten in Gl. (21.6) enthalten jeweils das Verhältnis zweier Standardabweichungen. Deshalb sind die Steigungskoeffizienten von den Messeinheiten der Variablen abhängig. Die Steigungskoeffizienten können durch Veränderung der Messeinheiten somit vergrößert bzw. verkleinert werden. Ein Vergleich der Höhe beider Steigungskoeffizienten ist deshalb zumeist uninteressant. Aber selbst wenn nur ein einzelner Regressionskoeffizient zu interpretieren ist, ist dies nur bei bekannten Einheiten aufschlussreich. Gerade in der Psychologie sowie anderen Sozialwissenschaften sind die Einheiten der Variablen oft willkürlich gewählt, sodass es sinnvoll ist, die Steigungskoeffizienten der Regressionsanalyse von den Messeinheiten zu befreien. Eine Möglichkeit besteht darin, alle Variablen mit Hilfe der z-Transformation zu standardisieren. Bezeichnen wir die standardisierten Variablen mit z, so lautet die Regressionsgleichung:

$$\hat{z}_y = B_0 + B_1 \cdot z_1 + B_2 \cdot z_2.$$

Ermittelt man die Regressionskoeffizienten, so ergeben sich die standardisierten Gewichte

$$B_1 = \frac{r_{y1} - r_{y2} \cdot r_{12}}{1 - r_{12}^2}, \quad B_2 = \frac{r_{y2} - r_{y1} \cdot r_{12}}{1 - r_{12}^2}, \qquad (21.11)$$

welche auch „Beta-Gewichte" genannt werden. Beta-Gewichte dürfen nicht mit den „wahren" Steigungskoeffizienten des Regressionsmodells, s. Gl. (21.19), welche mit β bezeichnet werden, verwechselt werden.

Durch den Vergleich dieser Formeln mit Gl. (21.6) lässt sich erkennen, dass die Beta-Gewichte mit Hilfe der unstandardisierten Koeffizienten, b_1 und b_2, durch die Beziehung

$$B_1 = b_1 \cdot \frac{s_1}{s_y}, \quad B_2 = b_2 \cdot \frac{s_2}{s_y}, \qquad (21.12)$$

ermittelt werden können. Übrigens ist notwendigerweise $B_0 = 0$.

Die Interpretation des Beta-Gewichts lautete folgendermaßen:

> Das Beta-Gewicht B_1 gibt die erwartete Veränderung des standardisierten Kriteriums an, die – für konstanten zweiten Prädiktor – einer Erhöhung des ersten Prädiktors um eine Standardabweichung entspricht.

Wie man erkennt, nimmt die Interpretation eines Beta-Gewichts keinen Bezug auf die Messeinheiten der Variablen, sondern drückt die Veränderung von Prädiktor und Kriterium in Standardabweichungen aus. Aus diesem Grund lässt sich die Höhe von B_1 direkt mit der von B_2 vergleichen.

Da Beta-Gewichte standardisierte Regressionskoeffizienten sind, mag man vermuten, dass der Betrag von B den Wert 1,0 nicht überschreiten kann. Diese Vermutung ist allerdings nicht korrekt, s. Aufgabe 21.8.

BEISPIEL 21.4

Um die Berechnung des Beta-Gewichts B_1 zu illustrieren, verwenden wir wiederum die Daten des Beispiels 21.2. Alle für die Berechnung notwendigen Größen sind bereits ermittelt. Wir benötigen den unstandardisierten Steigungskoeffizient $b_1 = -0{,}75$ sowie die beiden Standardabweichungen $s_y = 3{,}504$, $s_1 = 2{,}121$. Somit ergibt sich

$$B_1 = -0{,}75 \cdot \frac{2{,}121}{3{,}504} = -0{,}454.$$

Wir können somit sagen, dass sich für eine Erhöhung der Trainingsintensität um eine Standardabweichung der BMI um 0,454 Standardabweichungen verringert, wenn zugleich die Ernährungsqualität kontrolliert wird. Für das zweite Beta-Gewicht ergibt sich $B_2 = -0{,}579$.

Auch zwischen dem Beta-Gewicht und der semipartiellen Korrelation besteht eine einfache Beziehung. Im Fall von zwei Prädiktoren sind diese Größen folgendermaßen verbunden:

$$sr_1 = B_1 \cdot \sqrt{1 - r_{12}^2}, \quad sr_2 = B_2 \cdot \sqrt{1 - r_{12}^2}.$$

21.2.2 Mehr als zwei Prädiktoren

Nachdem wir im Rahmen einer Regressionsgleichung mit zwei Prädiktoren die Bedeutung der Steigungskoeffizienten erläutert haben, betrachten wir nun k Prädiktoren.

Regressionskoeffizienten

Für die Berechnung einer multiplen Regression mit k Prädiktorvariablen lautet die Gleichung für die Vorhersage eines y-Wertes:

$$\hat{y} = b_0 + b_1 \cdot x_1 + b_2 \cdot x_2 + \cdots + b_k \cdot x_k. \qquad (21.13)$$

Obwohl sich Formeln für die Berechnung der Regressionskoeffizienten angeben lassen, erfordert eine kompakte Darstellung Kenntnisse der Matrixalgebra. Da wir in diesem Abschnitt keine Matrixalgebra verwenden möchten, verweisen wir auf entsprechende Statistiksoftware, mit der die Regressionskoeffizienten ermittelt werden können. Somit können wir uns auf die konzeptuellen Aspekte der Regressionsanalyse konzentrieren.

Sind k Prädiktoren in der Regressionsgleichung enthalten, so ändert sich die Interpretation des partiellen Regressionskoeffizienten im Vergleich zu dem Fall zweier Prädiktoren nur insofern, als sich die statistische Kontrolle nun auf $k-1$ Prädiktoren erstreckt.

> In einer multiplen Regression mit k Prädiktoren gibt die Steigung b_j die erwartete Veränderung des Kriteriums y an, die einer Erhöhung des j-ten Prädiktors um eine Einheit entspricht, wenn die anderen $k-1$ Prädiktoren konstant sind.

Es ist offensichtlich, dass die Interpretation eines partiellen Steigungskoeffizienten im Fall zweier Prädiktoren einen Spezialfall darstellt.

Gleichung (21.9), mit der die partielle Steigung mit der semipartiellen Korrelation verknüpft wurde, lässt sich direkt auf den Fall von k Prädiktoren verallgemeinern. Bezeichnen wir mit $\hat{x}_j$ den vorhergesagten Wert der Regression von x_j auf alle anderen Prädiktoren, so können wir die bereinigte Variable wie bisher als $x_j^* = x_j - \hat{x}_j$ schreiben. Die Menge der $k-1$ „anderen Prädiktoren" muss nicht ausdrücklich genannt werden, solange sich diese aus dem Kontext ergibt. Mit dieser Vereinbarung können wir

$$b_j = \text{sr}_j \cdot \frac{s_y}{s_j^*} \tag{21.14}$$

schreiben, wobei sr_j die semipartielle Korrelation und s_j^* die partielle Standardabweichung bezeichnet, welche in Gl. (21.18) definiert ist. Die Berechnung des Beta-Gewichts erfolgt wie bisher durch

$$B_j = b_j \cdot \frac{s_j}{s_y}. \tag{21.15}$$

Residuen und Standardschätzfehler

Wie in der einfachen linearen Regression kennzeichnet der Standardschätzfehler die Größe der Vorhersagefehler $y_i - \hat{y}_i$, welche auch *Residuen* genannt und mit e_i bezeichnet werden. Die Formel für den Standardschätzfehler lautet

$$s_e = \sqrt{\frac{\sum_{i=1}^n e_i^2}{n-k-1}}. \tag{21.16}$$

Da in der multiplen Regression insgesamt $k+1$ Regressionskoeffizienten (k Steigungen sowie der y-Achsenabschnitt) zu schätzen sind, entspricht der Nenner der Differenz von Stichprobenumfang n und Anzahl der Regressionskoeffizienten.

Die Residuen besitzen die Eigenschaften, welche uns schon aus der einfachen linearen Regression bekannt sind.

1. Die Summe der Residuen beträgt null.
2. Das Residuum ist mit allen Prädiktor unkorreliert.

Es gilt also

$$\sum_i e_i = 0 \quad \text{und} \quad r_{1e} = r_{2e} = \cdots = r_{ke} = 0.$$

Determinationskoeffizient und multiple Korrelation

Die Formeln für den Determinationskoeffizienten der einfachen linearen Regression lassen sich direkt auf k Prädiktoren übertragen. Zwar verändern sich sowohl die vorhergesagten Werte als auch die Residuen durch die Aufnahme weiterer Prädiktoren in das Regressionsmodell, aber die Zerlegung der QS_y in zwei Anteile – einen mit $\hat{y}$ verbundenen sowie einen mit den Residuen e verbunden – bleibt erhalten. Es gilt also auch im Fall von k Prädiktoren: $\text{QS}_y = \text{QS}_{\hat{y}} + \text{QS}_e$. Der Determinationskoeffizient ist wie bisher durch die Gleichung

$$R^2 = \text{QS}_{\hat{y}}/\text{QS}_y$$

gegeben. Des Weiteren lässt sich zeigen, dass der Determinationskoeffizient der quadrierten Korrelation von y und $\hat{y}$ entspricht. Diese Korrelation erhält die Bezeichnung „multiple Korrelation".

Definition 21.2

Multiple Korrelation. Die multiple Korrelation R entspricht der bivariaten Korrelation zwischen dem Kriterium und den aufgrund einer multiplen Regression vorhergesagten Werten der Kriteriumsvariablen, d. h. $R = r_{y\hat{y}}$.

Die multiple Korrelation bringt zum Ausdruck, wie hoch das Kriterium mit der optimalen linearen Kombination der Prädiktoren, welche durch die Vorhersagegleichung ermittelt wird, korreliert. Die multiple Korrelation hat einen Wertebereich von 0 bis 1. Wie durch die Bezeichnung R für die multiple Korrelation bereits zum Ausdruck gebracht wird, ist sie mit der Wurzel des Determinationskoeffizienten identisch. Insofern sind die Bezeichnungen „Determinationskoeffizient" und „quadrierte multiple Korrelation" synonym.

Wird eine Kriteriumsvariable aufgrund von zwei Prädiktorvariablen vorhergesagt, gilt für den quadrierten multiplen Korrelationskoeffizienten die Beziehung:

$$R_{y,12}^2 = \frac{r_{y1}^2 + r_{y2}^2 - 2 \cdot r_{y1} \cdot r_{y2} \cdot r_{12}}{1 - r_{12}^2}. \tag{21.17}$$

Auch im Falle der multiplen Regression überschätzt R^2 den wahren Determinationskoeffizient in der Population. Die Formel für den korrigierten Determinationskoeffizienten (adjusted R^2) lautet ebenso wie in der einfachen linearen Regression

$$R_{\text{korr}}^2 = 1 - \frac{s_e^2}{s_y^2}.$$

Dabei ist s_y^2 die Varianz der y-Werte und s_e^2 der nach Gl. (21.16) berechnete, quadrierte Standardschätzfehler der multiplen Regression.

Mit Hilfe der multiplen Korrelation können wir die partielle Standardabweichung für den allgemeinen Fall von k Prädiktoren auch als

$$s_j^* = s_j\sqrt{1 - R_j^2} \tag{21.18}$$

berechnen. Dabei ist R_j^2 die quadrierte multiple Korrelation zwischen dem j-ten und allen anderen Prädiktoren. Zwei Zerlegungen der multiplen Korrelation, welche in zahlreichen theoretischen Zusammenhängen von Bedeutung sind, werden in Exkurs 21.1 erläutert.

21.2.3 Statistische Absicherung

Die Berechnung einer Regressionsgleichung aufgrund einer Stichprobe erfolgt häufig zu dem Zweck, die Resultate auf die Population zu übertragen. Allerdings muss hierzu eine statistische Absicherung der Ergebnisse durchgeführt werden. Schließlich könnten die ermittelten Ergebnisse aufgrund der Stichprobenselektion zustande gekommen sein. Ausgangspunkt der Überlegungen ist das in der Population gültige Regressionsmodell.

Modell

Zunächst wird angenommen, dass die in der Population gültige Regressionsgleichung

$$\mathrm{E}(y|x_1, \ldots, x_k) = \beta_0 + \beta_1 \cdot x_1 + \cdots + \beta_k \cdot x_k \tag{21.19}$$

lautet. Diese Gleichung ist ganz analog zur Gl. (21.13) aufgebaut, welche an die Daten angepasst wird. Die b_j Koeffizienten sind nun durch „wahre" Steigungskoeffizienten ersetzt, und der Vorhersage $\hat{y}$ entspricht nun der „wahre" Mittelwert der Teilpopulation, welche durch die Wertekombination der Prädiktoren $x_1, \ldots, x_k$ gekennzeichnet ist.

Wie im Fall der einfachen linearen Regression ist es erforderlich, die Regressionsgleichung mit weiteren Annahmen zu komplettieren, damit die im Folgenden diskutierten, inferenzstatistischen Verfahren zur Hypothesentestung und zur Konfidenzintervallberechnung gerechtfertigt sind. Dabei lassen sich die Annahmen, welche für das einfache lineare Regressionsmodell gemacht wurden, mit nur geringfügigen Veränderungen auf das multiple Regressionsmodell übertragen. Diese Annahmen lauten:

1. *Linearität*: Die in der Population vorliegende Abhängigkeit zwischen den Erwartungswerten des Kriteriums und den Prädiktorwerten ist durch Gl. (21.19) gegeben.
2. *Homoskedastizität*: Die Varianz der y-Werte, welche für eine bestimmte Kombination von Prädiktorwerten vorliegt, ist über alle Prädiktorwertekombinationen hinweg konstant. Diese Varianz bezeichnen wir als σ_e^2, da sie dem quadrierten Standardschätzfehler in der Population entspricht.
3. *Normalität*: Die Verteilung der y-Werte für jede Kombination von Prädiktorwerten ist eine Normalverteilung. Mit anderen Worten, die Vorhersagefehler an jeder festen $(x_1, \ldots, x_k)$ Stelle der Prädiktoren sind normalverteilt.

Zwei zusätzliche Regularitätsannahmen, welche nur in sehr seltenen Fällen für empirische Daten verletzt sein dürften, lauten: a) der Stichprobenumfang n ist größer als die Anzahl der Prädiktoren k und b) es besteht keine lineare Abhängigkeit zwischen den Prädiktoren. Wir werden in Zusammenhang mit dem Thema „Multikollinearität" auf diese beiden Regularitätsannahmen zurückkommen.

Der Grund für die Ähnlichkeit der Annahmen der einfachen bzw. der multiplen linearen Regression ist, dass sich die Annahmen der Regressionsmodelle zu einem erheblichen Teil auf die Verteilung der Residuen (Arrayverteilungen) beziehen, welche in beiden Modellen den gleichen Status besitzen.

Da das Regressionsmodell keine Annahmen über die Verteilung der Prädiktoren macht, können sowohl feste als auch zufällige Prädiktoren verwendet werden. Die Bemerkungen, welche wir in Abschn. 11.2.1 zu diesem Aspekt im Rahmen der einfachen linearen Regression gemacht haben, lassen sich ohne Einschränkungen auf die multiple Regression übertragen. Dies ermöglicht insbesondere die Berücksichtigung nominaler Merkmale. Dazu werden die Kategorien des nominalen Merkmals durch Dummy-Variablen codiert, welche als Prädiktoren in das multiple Regressionsmodell aufgenommen werden. Wir gehen in Kap. 22 ausführlich auf diesen Aspekt ein.

Signifikanztest für Determinationskoeffizient

Können die Voraussetzungen des Regressionsmodells als erfüllt gelten, überprüfen wir die Nullhypothese, dass der Determinationskoeffizient in der Population null ist ($H_0 : \varrho^2 = 0$), mit folgendem F-Test:

$$F = \frac{R^2}{1 - R^2} \cdot \frac{n - k - 1}{k}. \tag{21.20}$$

EXKURS 21.1 Zerlegungen der multiplen Korrelation

Die quadrierte multiple Korrelation lässt sich auf zwei Arten zerlegen, welche in zahlreichen theoretischen Zusammenhängen der Regressionsrechnung eine wichtige Rolle spielen. Um zu verdeutlichen, aufgrund welcher Variablen die multiple Korrelation bestimmt wurde, wählen wir die Schreibweise $R_{y,12\ldots k}$, die zum Ausdruck bringt, dass eine Kriteriumsvariable y mit den nach dem Komma genannten Prädiktorvariablen in Beziehung gesetzt wird. Wenn durch den Kontext deutlich wird, aufgrund welcher Variablen die multiple Korrelation berechnet wird, schreiben wir vereinfachend R anstatt $R_{y,12\ldots k}$.

1. Zerlegung. Die erste Zerlegung der multiplen Korrelation für k Prädiktorvariablen lässt sich folgendermaßen darstellen:

$$R^2_{y,12\ldots k} = \sum_{j=1}^{k} B_j \cdot r_{yj}.$$

Jede Prädiktorvariable trägt somit den Anteil $B_j \cdot r_{yj}$ zur multiplen Korrelation bei. Es ist deshalb nahe liegend, den Anteil $B_j \cdot r_{yj}$ als relative Wichtigkeit des Prädiktors für die Vorhersage des Kriteriums zu betrachten. Da für einen Prädiktor die Werte von B_j und r_{yj} unterschiedliche Vorzeichen haben können, sind negative Werte für die Anteile $B_j \cdot r_{yj}$ möglich, obwohl der Prädiktor einen erheblichen Beitrag zur Vorhersage leistet (Darlington, 1968). Dies scheint der Interpretation dieser Anteile als relative Wichtigkeit zu widersprechen. Allerdings hat Pratt (1987) die Anteile $B_j \cdot r_{yj}$ als Maß der relativen Wichtigkeit eines Prädiktors verteidigt. Im Gegensatz zu der folgenden Zerlegung der multiplen Korrelation ist die 1. Zerlegung insofern eindeutig, als die Anteile nicht von der Reihenfolge, in welcher die Prädiktoren berücksichtigt werden, abhängen.

2. Zerlegung. Die 2. Zerlegung der multiplen Korrelation basiert auf der semipartiellen Korrelation. Im Fall zweier Prädiktoren ist R^2 die durch die Prädiktoren x_1 und x_2 erklärte Variabilität des Kriteriums. Wird hiervon der Anteil der Kriteriumsvariabilität, welcher allein durch x_1 erklärt werden kann, r^2_{y1}, abgezogen, müsste – so könnte man meinen – der Anteil der Kriteriumsvariabilität übrig bleiben, welcher durch x_2 erklärt werden kann. Dieser Anteil entspricht r^2_{y2}. Diese Aussage ist im Allgemeinen aber falsch. Wie Gl. (21.17) verdeutlicht, gilt diese Schlussfolgerung nur, falls die Prädiktoren unkorreliert sind, falls also $r_{12} = 0$.

Es lässt sich zeigen, dass der verbleibende Anteil der Kriteriumsvariabilität, also die Differenz $R^2 - r^2_{y1}$, der quadrierten semipartiellen Korrelation des Kriteriums mit dem bereinigten zweiten Prädiktor entspricht, welche wir mit sr_2 bezeichnet haben. Wir symbolisieren den bereinigten Prädiktor nun mit $x^*_{2\cdot 1}$ anstatt wie zuvor mit x^*_2, um zu verdeutlichen, dass x_2 um den ersten Prädiktor bereinigt wurde. Ebenso schreiben wir anstatt sr_2 nun ausführlicher $\mathrm{sr}_{2\cdot 1}$. Somit ergibt sich folgende Zerlegung der quadrierten multiplen Korrelation aufgrund zweier Prädiktoren:

$$R^2_{y,12} = r^2_{y1} + \mathrm{sr}^2_{2\cdot 1}.$$

Auf den allgemeinen Fall von k Prädiktoren lässt sich diese Aussage übertragen.

> Eine quadrierte multiple Korrelation ist darstellbar als eine Sequenz von quadrierten semipartiellen Korrelationen, wobei jede neu hinzukommende Prädiktorvariable bezüglich der bereits berücksichtigten Prädiktorvariablen bereinigt wird.

Jeder Prädiktor leistet damit einen Vorhersagebeitrag, der über den Vorhersagebeitrag der im Vorhersagemodell bereits enthaltenen Prädiktoren hinausgeht. Für k Prädiktoren lautet die Zerlegung der quadrierten multiplen Korrelation:

$$R^2_{y,12\cdots k} = r^2_{y1} + \mathrm{sr}^2_{2\cdot 1} + \mathrm{sr}^2_{3\cdot 12} + \cdots + \mathrm{sr}^2_{k\cdot 12\cdots(k-1)}.$$

Bei einer sequenziellen Sichtweise besagt diese Gleichung, dass der jeweils neu hinzukommende Prädiktor bezüglich der bereits im Modell enthaltenen Prädiktoren bereinigt wird. Die Reihenfolge, in der die k Prädiktoren berücksichtigt werden, ist für die Höhe der multiplen Korrelation unerheblich.

Vergleicht man die beiden Zerlegungen, so ist zu beachten, dass sich die Summanden beider Gleichungen nicht entsprechen: Die Höhe einer semipartiellen Korrelation ist abhängig von ihrer Position innerhalb einer beliebig festzulegenden Sequenz von semipartiellen Korrelationen, während die Summanden der ersten Zerlegung, $B_j \cdot r_{yj}$, sequenzunabhängig sind.

Da die quadrierte semipartielle Korrelation der Erhöhung der quadrierten multiplen Korrelation durch die Aufnahme des k-ten Prädiktors entspricht, lässt sich auch schreiben

$$\mathrm{sr}^2_{k\cdot 12\cdots(k-1)} = R^2_{y,12\cdots k} - R^2_{y,12\cdots(k-1)}.$$

Nach Darlington (1968) bezeichnet man das Quadrat dieser semipartiellen Korrelation auch als Nützlichkeit („Usefulness“) einer Prädiktorvariablen im Kontext einer multiplen Regressionsgleichung. Mit anderen Worten, die Nützlichkeit U_k ist:

$$U_k = \mathrm{sr}^2_{k\cdot 12\cdots(k-1)}.$$

Der resultierende F-Wert wird anhand der Tabelle D des Anhangs mit dem für k Zählerfreiheitsgrade und $n-k-1$ Nennerfreiheitsgrade auf einem bestimmten Signifikanzniveau kritischen F-Wert verglichen.

Der Test der Nullhypothese $H_0 : \varrho^2 = 0$ ist oft nicht von großem inhaltlichen Interesse. Er ist äquivalent zur Behauptung, dass alle „wahren“ Steigungskoeffizienten null sind. Die Nullhypothese, welche mit dem F-Test überprüft wird, kann man deshalb auch als

$$H_0 : \beta_1 = \cdots = \beta_k = 0$$

schreiben.

SOFTWAREHINWEIS 21.2

Auch wenn in der Regel nicht erwartet wird, dass alle Prädiktoren zusammen überhaupt keinen Beitrag zur Vorhersage des

Kriteriums leisten können, so gehört dieser Test doch zu den Standardresultaten, die Statistikprogramme für multiple Regression ausgeben.

Signifikanztest für Steigung

Die Frage, welche Prädiktorvariable im Kontext der übrigen einen signifikanten Beitrag zur Vorhersage der Kriteriumsvariablen leistet, wird mit folgendem Test überprüft

$$t = \frac{b_j}{s_{b_j}}, \qquad (21.21)$$

wobei s_{b_j} den Standardfehler des partiellen Regressionskoeffizienten b_j bezeichnet. Diese Prüfgröße ist bei Gültigkeit der Annahmen des Regressionsmodells t-verteilt mit $n - k - 1$ Freiheitsgraden. Auch der Standardfehler der Steigung lässt sich mit Hilfe des bereinigten Prädiktors x_j^* ausdrücken. Dabei muss der j-te Prädiktor von allen anderen Prädiktoren bereinigt werden, indem er als Vorhersagefehler einer multiplen Regression von x_j auf die anderen $k-1$ Prädiktoren bestimmt wird. In diesem Fall können wir den Standardfehler von b_j als

$$s_{b_j} = \frac{s_e}{\sqrt{\text{QS}_j^*}}$$

schreiben, wobei QS_j^* die Quadratsumme des bereinigten Prädiktors bezeichnet. Da dieser als Vorhersagefehler einen Mittelwert von null besitzt, kann diese Quadratsumme durch die Gleichung $\text{QS}_j^* = \sum_i (x_{ij}^*)^2$ berechnet werden. Diese Formel entspricht dem Standardfehler der Steigung in der einfachen linearen Regression, s. Gl. (11.13). Die Standardfehler der b-Koeffizienten gehören zu den Standardergebnissen von Computerprogrammen zur Regressionsanalyse, sodass diese Formel nicht zur Berechnung des Steigungskoeffizienten eingesetzt werden muss. Man kann mit ihrer Hilfe einen weiteren Ausdruck für den Standardfehler des partiellen Steigungskoeffizienten finden, der zu einer wichtigen Beobachtung Anlass gibt.

Wir gehen dazu von der bereinigten Variablen x_j^* aus, welche wie bisher als Vorhersagefehler einer Regression von x_j auf die anderen Prädiktoren erklärt ist. Der Determinationskoeffizient dieser Regressionsanalyse R_j^2 lässt sich folgendermaßen ausdrücken

$$R_j^2 = 1 - \frac{\text{QS}_j^*}{\text{QS}_j},$$

wobei QS_j die Quadratsumme des j-ten Prädiktors bezeichnet. Der Determinationskoeffizient R_j^2 gibt an, wie viel der Variabilität des j-ten Prädiktors durch die anderen Prädiktoren „erklärt" werden kann. Der komplementäre Anteil, $1 - R_j^2$, wird *Toleranz* des Prädiktors genannt.

Definition 21.3

Toleranz. Die Toleranz eines Prädiktors bezeichnet den Anteil seiner Variabilität, welcher unabhängig von den anderen Prädiktoren ist. Die Toleranz wird als $\text{Tol}_j = 1 - R_j^2$ berechnet, wobei R_j^2 den Determinationskoeffizienten der Regression des j-ten Prädiktors auf die anderen Prädiktoren bezeichnet.

Mit Hilfe der Toleranz erhalten wir $\text{QS}_j^* = \text{QS}_j \cdot \text{Tol}_j$. Setzen wir nun diesen Ausdruck in die Formel für den Standardfehler der partiellen Steigung ein, erhalten wir (Darlington, 1990, S. 126)

$$s_{b_j} = \frac{s_e}{\sqrt{\text{QS}_j \cdot \text{Tol}_j}}. \qquad (21.22)$$

Da die Toleranz des Prädiktors im Nenner steht, wird deutlich, dass der Standardfehler eines Steigungskoeffizienten dann groß wird, wenn die Toleranz seines Prädiktors gering ist. Dies ist der Fall, wenn der Prädiktor nur einen geringen Varianzanteil enthält, der aufgrund der anderen $k-1$ Prädiktoren nicht redundant ist. Dieser Aspekt betrifft die Multikollinearitätsproblematik, auf welche wir in Abschn. 21.2.5 zu sprechen kommen.

Toleranzwerte kleiner als 0,1 weisen auf eine erhebliche Redundanz unter den Prädiktorwerten hin (J. Cohen et al., 2003; Neter et al., 1996). Für $\text{Tol}_j = 0{,}1$ ist die Varianz des Steigungskoeffizienten gegenüber dem der einfachen linearen Regression verzehnfacht. Der multiplikative Faktor, um den die Varianz der Steigung vergrößert wird, ist gleich dem Kehrwert der Toleranz. Man bezeichnet deshalb diesen Kehrwert als „Varianz-Inflations-Faktor" (VIF), der durch folgende Formel ausgedrückt wird:

$$\text{VIF}_j = \frac{1}{\text{Tol}_j}.$$

Toleranz und VIF werden zusammen als „Kollinearitätskennwerte" bezeichnet.

BEISPIEL 21.5

Um die Signifikanzprüfung zu erläutern, greifen wir auf das Beispiel 21.2 zurück. Die numerischen Werte entnehmen wir einem Computerprogramm zur Regressionsanalyse, obwohl wir für dieses Beispiel mit nur zwei Prädiktoren alle benötigten Größen aufgrund der gegebenen Formeln ermitteln könnten. Insbesondere können wir R^2 beim Vorliegen der bivariaten Korrelationen durch Gl. (21.17) ermitteln. Der Standardschätzfehler ließe sich danach aufgrund der Beziehung

$$s_e = \sqrt{s_y^2 \cdot (1 - R^2) \cdot \frac{n-1}{n-k-1}}$$

ermitteln, welche Gl. (11.8) verallgemeinert.

Für das Beispiel ist $R^2 = 0{,}889$ und $s_e = 1{,}350$. Der Wert des Determinationskoeffizienten sinkt durch Korrektur nur unwesentlich ab, $R^2_{\text{korr}} = 0{,}852$. Zusammen mit der Standardabweichung der BMI-Werte, $s_y = 3{,}504$, können wir die Beziehung zwischen R^2 und dem korrigierten R^2 überprüfen, denn

$$R^2_{\text{korr}} = 1 - \frac{s_e^2}{s_y^2} = 1 - \frac{1{,}350^2}{3{,}504^2} = 0{,}852.$$

Die multiple Korrelation $R = \sqrt{0{,}889} = 0{,}943$ zeigt an, dass die beobachteten BMI-Werte fast perfekt mit den vorhergesagten BMI-Werten korrelieren. Auch wenn der Stichprobenumfang mit $n = 9$ sehr klein ist, ist die multiple Korrelation so hoch, dass eine wahre multiple Korrelation von null unplausibel erscheint. Wir führen trotzdem den Signifikanztest der Hypothese $H_0 : \varrho^2 = 0$ durch. Dazu berechnen wir die Prüfgröße der Gl. (21.20) und erhalten

$$F = \frac{0{,}889}{1 - 0{,}889} \cdot \frac{9-3}{2} = 24{,}0.$$

Diese Prüfgröße ist unter der Annahme der Nullhypothese F-verteilt mit zwei Zähler- und sechs Nennerfreiheitsgraden. Für $\alpha = 0{,}05$ lautet der kritische F-Wert: $F_{2,6;0,95} = 5{,}41$. Da der empirische F-Wert den kritischen Wert übersteigt, wird die Nullhypothese, die multiple Korrelation ist null bzw. der wahre Determinationskoeffizient ist null, zurückgewiesen. Dieses Ergebnis können wir auch als Evidenz dafür interpretieren, dass die beiden Prädiktoren, Trainingsintensität x_1 und Ernährungsqualität x_2, tatsächlich zusammen in Beziehung zum BMI stehen.

Die Standardfehler der bereits zuvor geschätzten Steigungen $b_1 = -0{,}75$ und $b_2 = -1{,}032$ betragen $s_{b_1} = 0{,}281$ und $s_{b_2} = 0{,}294$. Damit können wir die Prüfgrößen zur statistischen Absicherung der beiden Koeffizienten berechnen. Man erhält

$$t_1 = \frac{b_1}{s_{b_1}} = \frac{-0{,}750}{0{,}281} = -2{,}665,$$

$$t_2 = \frac{b_2}{s_{b_2}} = \frac{-1{,}032}{0{,}294} = -3{,}505.$$

Beide t-Werte sind mit $\text{df} = n - k - 1 = 9 - 2 - 1 = 6$ verbunden. Für $\alpha = 0{,}05$ erhält man für den zweiseitigen Test einen kritischen Wert von $t_{6;0,975} = 2{,}447$. Da der Betrag beider t-Werte den kritischen Wert übersteigt, müssen wir davon ausgehen, dass beide Prädiktoren signifikant zur Erklärung der Unterschiedlichkeit der BMI-Werte beitragen.

Die Toleranzen der beiden Variablen lassen sich in dem Beispiel einfach bestimmen, da die beiden Determinationskoeffizienten R_1^2 und R_2^2 für nur zwei Prädiktoren notwendigerweise gleich sind und den Wert $r_{12}^2 = 0{,}601^2 = 0{,}361$ besitzen. Somit sind die Toleranzen der Prädiktoren ebenfalls identisch. Man erhält $\text{Tol}_1 = \text{Tol}_2 = 1 - 0{,}361 = 0{,}639$. Obwohl die Prädiktoren deutlich miteinander korrelieren, liegt deren Toleranz weit über der konventionellen Grenze von 0,1.

Mit diesen Werten können wir auch die Gleichung zur Berechnung der Standardfehler von b_1, Gl. (21.22), illustrieren. Da im Beispiel 21.2 $s_1 = 2{,}121$ berichtet wurde, erhalten wir $\text{QS}_1 = (n-1) \cdot s_1^2 = 8 \cdot 2{,}121^2 = 35{,}989$ und somit

$$s_{b_1} = \frac{s_e}{\sqrt{\text{QS}_1 \cdot \text{Tol}_1}} = \frac{1{,}350}{\sqrt{35{,}989 \cdot 0{,}639}} = 0{,}281,$$

was mit dem zuvor berichteten Wert für den Standardfehler von b_1 übereinstimmt.

Für die statistische Absicherung der Beta-Gewichte wird kein weiterer Test benötigt, da deren Signifikanzprüfung mit dem Test der unstandardisierten Koeffizienten äquivalent ist. Mit anderen Worten, ein Beta-Gewicht erweist sich genau dann als signifikant, wenn dies für den entsprechenden unstandardisierten Koeffizienten der Fall ist.

Es gibt eine Reihe weiterer Signifikanztests, die im Rahmen der multiplen Regressionsanalyse eingesetzt werden können. So haben zur Überprüfung der Frage, ob eine Prädiktorvariable 1 in Kombination mit einer Prädiktorvariablen 2 oder in Kombination mit einer Prädiktorvariablen 3 besser geeignet ist, eine Kriteriumsvariable y vorherzusagen ($R_{y,12}$ vs. $R_{y,13}$), Olkin und Finn (1995) einen Test vorgeschlagen. Dort findet man auch ein Verfahren, mit dem man überprüfen kann, ob ein Satz von Prädiktoren in einer Stichprobe A besser geeignet ist, ein Kriterium y vorherzusagen, als in einer Stichprobe B. (Zur Kritik dieses Verfahrens vgl. Algina & Keselman, 1999.)

Konfidenzintervall für Steigung

Das Konfidenzintervall bezieht sich auf einen der wahren Steigungskoeffizienten β_j. Für diesen Parameter werden Grenzen ermittelt, in denen sich β_j mit vorgegebener Sicherheit $(1 - \alpha)$ befindet. Die Berechnung der Intervallgrenzen erfolgt für jeden der partiellen Steigungskoeffizienten gleich. Es genügt deshalb, die Berechnung für den j-ten Steigungskoeffizienten zu erläutern.

Zur Berechnung der Intervallgrenzen wird die geschätzte Steigung b_j, ihr Standardfehler s_{b_j} sowie ein Perzentil der t-Verteilung benötigt. Der benötigte t-Wert hängt vom Konfidenzkoeffizienten $(1-\alpha)$ und von den Freiheitsgraden $\text{df} = n-k-1$ ab. Er wird in Tabelle C des Anhangs abgelesen. Die Intervallgrenzen werden nach folgender Vorschrift ermittelt:

$$\text{untere Grenze} = b_j - t_{\text{df};1-\alpha/2} \cdot s_{b_j},$$

$$\text{obere Grenze} = b_j + t_{\text{df};1-\alpha/2} \cdot s_{b_j}.$$

Vergleicht man die Berechnung der Konfidenzintervallgrenzen mit der einfachen linearen Regression, erkennt man, dass das Vorgehen analog ist. Die Berechnungsformel ändert sich nur insofern, als im Fall der multiplen Regression das Subskript j benötigt wird, um den Bezug zur Steigung herzustellen, für welche das Konfidenzintervall berechnet werden soll.

Sowohl die Steigungen als auch der Standardfehler gehören zu den Standardresultaten praktisch aller Computerprogramme, mit denen lineare Regressionsanalysen durchgeführt werden können. Insofern lassen sich die Intervallgrenzen im Anschluss an die computergestützte Durchführung einer Regressionsanalyse bestimmen.

BEISPIEL 21.6

In Beispiel 21.5 wurde der Steigungskoeffizient der Trainingsintensität $b_1 = -0{,}75$ geschätzt. Auch der Standardfehler wurde als $s_{b_1} = 0{,}281$ genannt. Legen wir $\alpha = 0{,}05$ fest, so ergibt sich für den kritischen t-Wert aufgrund von $df = n - k - 1 = 6$ der Wert $t_{6;0{,}975} = 2{,}447$. Damit können wir die Grenzen bereits bestimmen. Wir erhalten

$$\text{untere Grenze} = -0{,}75 - 2{,}447 \cdot 0{,}281 = -1{,}44,$$
$$\text{obere Grenze} = -0{,}75 + 2{,}447 \cdot 0{,}281 = -0{,}06.$$

Mit 95% Sicherheit liegt der wahre Steigungskoeffizient - der unstandardisierte Effekt von Trainingsintensität auf den BMI - in diesen Grenzen. Wie man an der Größe des Intervalls erkennt, lässt sich der Effekt nicht sehr genau bestimmen. Dies liegt in erster Linie am geringen Stichprobenumfang, schließlich basiert die Regressionsanalyse nur auf neun Beobachtungen.

Dem signifikanten Testergebnis für den Steigungskoeffizienten der Trainingsintensität in Beispiel 21.5 - zweiseitiger Test für $\alpha = 0{,}05$ - entspricht die Tatsache, dass das Konfidenzintervall den Wert null nicht enthält.

Übrigens lauten die Grenzen des 95%-Konfidenzintervalls für den Effekt des zweiten Prädiktors (Ernährungsqualität): $-1{,}75$ und $-0{,}31$.

21.2.4 Suppression

Gelegentlich stellt sich die Frage, welche Prädiktoren für die Vorhersage eines Kriteriums aus einer Menge potenzieller Prädiktoren gewählt werden sollten. Die konventionelle Vorgehensweise zur Erzielung einer hohen multiplen Korrelation ist in einer solchen Situation, diejenigen Prädiktoren zu wählen, welche zum einen hoch mit dem Kriterium korrelieren und zum anderen untereinander eine geringe Korrelation aufweisen. Um die Darstellung zu vereinfachen, ziehen wir nur zwei Prädiktoren in Betracht. Die Korrelationen des Kriteriums mit den Prädiktorvariablen bezeichnen wir als *Validitäten*, d. h. die Validität der j-ten Prädiktorvariablen ist gleich ihrer Korrelation mit dem Kriterium.

Dieser Vorgehensweise liegt die Beobachtung zugrunde, dass sich im Falle unkorrelierter Prädiktoren die quadrierte multiple Korrelation als Summe der quadrierten Validitäten ergibt, d. h.

$$R^2 = r_{y1}^2 + r_{y2}^2.$$

Hohe Validitäten führen zu einer guten Vorhersage. Allerdings sind wir bisher von unkorrelierten Prädiktoren ausgegangen, was nur sehr selten erfüllt sein dürfte. Typischerweise enthalten korrelierte Prädiktoren redundante Information hinsichtlich des Kriteriums, sodass beim Vorliegen von erheblicher Korrelation zwischen den Prädiktoren ein Verlust an Vorhersagegenauigkeit erwartet wird. Als Konsequenz aus diesem Verlust erwartet man einen R^2 Wert, welcher deutlich unter der Summe der quadrierten Validitäten liegt.

Horst (1941) hat auf einen Widerspruch zu diesem konventionellen Vorgehen hingewiesen. Er beobachtete, dass durch die Aufnahme eines Prädiktors, der nur eine sehr geringe positive Validität besaß, die multiple Korrelation und damit die Vorhersage des Kriteriums erheblich verbessert werden konnte. Obwohl dieser Prädiktor praktisch nicht mit dem Kriterium in Zusammenhang stand, korrelierte er doch erheblich mit anderen Prädiktoren. Horst (1941) schlug die Bezeichnung „Suppressor" für eine solche Variable vor. Werden bei der konventionellen Selektion von Prädiktoren aufgrund ihrer Validitäten diejenigen Variablen ausgeschlossen, welche keinen Zusammenhang mit dem Kriterium aufweisen, könnten potenziell wichtige Variablen übersehen werden.

Ein numerisches Beispiel mit zwei Prädiktoren mag diese Beobachtung verdeutlichen. Nehmen wir an, die beiden Validitäten betragen $r_{y1} = r_{y2} = 0{,}6$, und die Prädiktorkorrelation ist $r_{12} = 0{,}8$. Mit Hilfe der Gl. (21.17) ermitteln wir $R^2 = 0{,}4$. Wären beide Prädiktoren unkorreliert, hätten wir den Wert $R^2 = r_{y1}^2 + r_{y2}^2 = 0{,}72$ erhalten. Die Korrelation zwischen den Prädiktoren hat somit zu einer erheblichen Reduktion der Vorhersagegenauigkeit geführt. Nehmen wir aber an, dass der zweite Prädiktor nur einen sehr geringen Zusammenhang mit dem Kriterium aufweist, d. h. wir setzen $r_{y2} = 0{,}1$, und wie zuvor mit dem ersten Prädiktor zu $r_{12} = 0{,}8$ korreliert, so ergibt sich das überraschende Resultat $R^2 = 0{,}761$.

Die Wirkungsweise von Suppressoren liegt in der Eliminierung von Fehlern bzw. Störgrößen, welche in dem anderen Prädiktor enthalten sind. Die Aufnahme des Suppressors in das Regressionsmodell hat somit den Effekt, den anderen Prädiktor von diesen Fehlereinflüssen zu bereinigen. Ein Beispiel soll die Wirkungsweise eines Suppressors illustrieren.

BEISPIEL 21.7

Mit Hilfe einer Regressionsanalyse soll der berufliche Erfolg y auf das im Studium erworbene Fachwissen zurückgeführt werden. Wir nehmen an, dass der berufliche Erfolg erheblich durch das Fachwissen erklärbar ist. Als Indikator für Fachwissen wird die Examensnote x_1 verwendet. Die Examensnote spiegelt allerdings nicht ausschließlich Fachwissen wider, sondern wird teilweise durch verbale Intelligenz x_2 beeinflusst. Da die Examensnote Fachwissen mit verbaler Intelligenz „vermischt", ist die Fachnote zum einen kein „reiner" Indikator des Fachwissens und zum anderen mit verbaler Intelligenz positiv korreliert.

Wird nun verbale Intelligenz in der Regression auf beruflichen Erfolg berücksichtigt, so wird durch die statistische Kontrolle, welche implizit bei der Berechnung der Regressionskoeffizienten erfolgt, die Examensnote von der verbalen Intelligenz bereinigt. Mit anderen Worten, die Störanteile, welche zwar in x_1 enthalten sind, aber für das Kriterium unbedeutend sind, werden aus x_1 eliminiert. Der zweite Prädiktor trägt somit indirekt zur Verbesserung der Vorhersage des beruflichen Erfolgs bei, da er als Suppressor unerwünschte Fehlereinflüsse im ersten Prädiktor „unterdrückt".

Welche Schlussfolgerungen lassen sich aus den bisherigen Überlegungen hinsichtlich der partiellen Steigungskoeffizienten ziehen? Wir nehmen an, dass alle Variablen standarisiert wurden, sodass wir für gegebene Korrelationen Gl. (21.11) verwenden können, um die Steigungen zu bestimmen. Da wir davon ausgehen, dass die Examensnote zu einem erheblichen Anteil - wenn auch nicht ausschließlich - das erworbene Fachwissen repräsentiert, und da wir unterstellt haben, dass Fachwissen den beruflichen Erfolg erklären kann, erwarten wir aufgrund einer positiven Validität des Fachwissens auch einen positiven Wert für B_1. Wie sich die statistische Kontrolle auf B_1 auswirkt, ist im Moment nur von sekundärem Interesse und soll später kommentiert werden.

Betrachten wir stattdessen den Steigungskoeffizienten B_2, welcher den Effekt des Suppressors beschreibt. Um die Bedeutung von B_2 im jetzigen Kontext zu verdeutlichen, betrachten wir zwei Personen mit identischer Examensnote, welche sich aber um einen Punkt hinsichtlich ihrer verbalen Intelligenz unterscheiden. Wir nehmen an, die erste Person besitze den zusätzlichen Punkt. Welche erwartete Differenz im beruflichen Erfolg sagen wir aufgrund der Regressionsanalyse für diese beiden Personen vorher? Aufgrund der gleichen Examensnote der beiden Personen können wir argumentieren, dass die zweite Person über das größere Fachwissen verfügen muss. Schließlich wurde die erste Person durch ihre größere verbale Intelligenz begünstigt. Da beide Personen die gleiche Examensnote erhielten, musste die zweite Person ihre um einen Punkt geringer verbale Intelligenz durch größeres Fachwissen kompensieren.

Da aber das größere Fachwissen für den beruflichen Erfolg entscheidend ist und nicht die verbale Intelligenz, muss das Regressionsmodell für die zweite Person den größeren beruflichen Erfolg vorhersagen. Dies ist aber gleichbedeutend damit, dass die Steigung des Suppressors B_2 negativ sein muss, denn nur so kann für die zweite Person ein höherer Kriteriumswert vorhergesagt werden - schließlich ist die Examensnote beider Personen gleich.

Um diese Überlegungen auch numerisch zu illustrieren, gehen wir von folgenden Korrelationen aus: Der beruflicher Erfolg korreliert hoch mit der Examensnote zu $r_{y1} = 0{,}8$, ist aber mit verbaler Intelligenz nur gering korreliert $r_{y2} = 0{,}2$. Die Korrelation der Prädiktoren beträgt $r_{12} = 0{,}4$.

Aufgrund dieser Korrelationen ergibt sich

$$B_2 = \frac{r_{y2} - r_{y1} \cdot r_{12}}{1 - r_{12}^2} = \frac{0{,}2 - 0{,}8 \cdot 0{,}4}{1 - 0{,}4^2} = -0{,}143.$$

Wie wir erwarteten, ist dieser Wert negativ. Auch wenn nach dieser Erläuterung die negative Steigung für den Suppressor verständlich ist, so ist dieses Ergebnis doch in Anbetracht der drei positiven bivariaten Korrelationen überraschend.

Der Steigungskoeffizient der Examensnote lautet $B_1 = 0{,}857$. Er übersteigt sogar seine Validität von 0,8, was bei ausschließlich positiven bivariaten Korrelationen und dem Vorliegen von Suppression notwendigerweise so sein muss.

Negative Suppression

In der Literatur werden verschiedene Definitionen von Suppression vorgeschlagen. Die folgende Definition findet man bei Darlington (1968, 1990). Zur Unterscheidung von anderen Suppressionsarten wird sie häufig als *negative Suppression* bezeichnet. Wir beschränken uns auf den Fall zweier Prädiktoren und betrachten x_2 als den Suppressor.

Zur Vereinfachung der Darstellung nehmen wir an, dass beide Validitäten nicht-negativ sind. Dies bedeutet keine Einschränkung, da jede negative Validität durch Reflexion (Multiplikation mit $-1{,}0$) des Prädiktors in eine positive Validität überführt werden kann.

Falls die Validität des Suppressors exakt null sein sollte – ein Fall, der zwar für empirische Daten praktisch nicht vorkommt, aber als interessanter Grenzfall in der Literatur zur Suppression eine große Rolle spielt –, nehmen wir $r_{12} > 0$ an.

Mit diesen Vereinbarungen lässt sich das Vorliegen von negativer Suppression folgendermaßen definieren:

Definition 21.4

Negative Suppression. Für nicht-negative Validitäten ist der Prädiktor x_2 ein negativer Suppressor, falls seine partielle Steigung negativ ist, d. h., falls $B_2 < 0$.

Das Feststellen von negativer Suppression im Fall dreier Variablen ist unproblematisch, da nur die Berechnung der Steigungskoeffizienten aus den bivariaten Korrelationen erforderlich ist. Trotzdem lässt sich das Erkennen der negativen Suppression weiter vereinfachen. Zur Erläuterung betrachten wir noch einmal die Formel für den Steigungskoeffizienten

$$B_2 = \frac{r_{y2} - r_{y1} \cdot r_{12}}{1 - r_{12}^2}.$$

Die Steigung B_2 ist genau dann negativ ist, wenn der Zähler negativ ist, d. h., falls

$$r_{y2} - r_{y1} \cdot r_{12} < 0$$

gilt. Diese Gleichung lässt sich auch folgendermaßen schreiben:

$$\frac{r_{y2}}{r_{y1}} < r_{12}.$$

Ist also das Verhältnis der Validitäten r_{y2}/r_{y1} kleiner als die Prädiktorkorrelation, so ist x_2 ein Suppressor. Haben beide Prädiktoren die gleiche Validität, kann keine Suppression vorliegen. Nur der Prädiktor mit der geringeren Validität kann ein Suppressor sein.

Überprüfen wir das Vorliegen von Suppression für die Korrelationen in Beispiel 21.7, welche $r_{y1} = 0{,}8$, $r_{y2} = 0{,}2$ und $r_{12} = 0{,}4$ betrugen, so erkennt man, dass die Bedingung für negative Suppression erfüllt ist, denn

$$\frac{r_{y2}}{r_{y1}} = \frac{0{,}2}{0{,}8} = 0{,}25 < 0{,}4 = r_{12}.$$

Reziproke Suppression

Ist der zweite Prädiktor ein Suppressor, so besitzt – für positive Validitäten – die partielle Steigung B_2 einen negativen Wert. Darüber hinaus gilt in diesem Fall, dass B_1 die Validität des ersten Prädiktors r_{y1} übersteigt.

Conger (1974) hat das Vorliegen von Suppression mit Hilfe des Vergleichs des Beta-Gewichts eines Prädiktors mit seiner Validität definiert. Gehen wir wieder von nicht-negativen Validitäten aus, so ist nach Conger (1974) x_2 ein Suppressor, falls $|B_1| > r_{y1}$ ist. Da r_{y1} das Beta-Gewicht einer einfachen linearen Regression von y auf x_1 ist, bedeutet die Bedingung $|B_1| > r_{y1}$, dass die Vorhersagekraft von x_1 durch die Berücksichtigung des Suppressors x_2 gesteigert wurde.

Diese Konzeptualisierung der Suppression ist insofern sehr allgemein, als sie die obige Definition der negativen Suppression beinhaltet, aber eine zweite Korrelationskonstellation als Suppression ausweist, welche als *reziproke Suppression* bezeichnet wird.

Definition 21.5

Reziproke Suppression. Für nicht-negative Validitäten liegt reziproke Suppression vor, falls die Korrelation der Prädiktoren negativ ist, d. h., falls $r_{12} < 0$.

Mit der Bezeichnung *reziprok* wird angedeutet, dass die beiden Prädiktoren einen symmetrischen Status besitzen, denn in diesem Fall gilt sowohl $B_1 > r_{y1}$ als auch $B_2 > r_{y2}$. Beide Prädiktoren sind somit Suppressoren. Im Beispiel 21.7 liegt keine reziproke Suppression vor, da alle drei Korrelationen positiv sind.

BEISPIEL 21.8

Das Kriterium „Unterrichtsqualität" von Lehrern soll aufgrund ihrer „Empathie" sowie ihrer „Autorität" vorhergesagt werden. Nehmen wir an, dass aufgrund der Empathie den Schülern das Interesse des Lehrers an ihrem Lernfortschritt vermittelt wird und dadurch die Schüler motiviert am Unterricht teilnehmen. Nehmen wir weiter an, dass hohe Autorität des Lehrers den Respekt und die Aufmerksamkeit der Schüler gewährleistet. In diesem Fall wären beide Prädiktoren – Empathie und Autorität – positiv mit Unterrichtsqualität korreliert. Falls die beiden Prädiktoren untereinander aber negativ korreliert sind, liegt reziproke Suppression vor. Die Bedeutung eines einzelnen Prädiktors wird somit durch das Ignorieren des anderen Prädiktors „unterdrückt". Schließlich tendieren empathische Lehrer dazu, weniger autoritär zu sein, und autoritäre Lehrer sind weniger empathisch. In beiden Fällen wird der positive Effekt des einen Merkmals durch die geringe Ausprägung des anderen Merkmals teilweise kompensiert.

Hinweis: Zum Vergleich der verschiedenen Definitionen von Suppression findet man detaillierte Informationen bei Conger (1974), Smith et al. (1992), Tzelgov und Henik (1981, 1991) und Velicer (1978). Weitere Informationen über Suppressorvariablen findet man bei J. Cohen et al. (2003), Conger und Jackson (1972), Darlington (1968, 1990), Glasnapp (1984), D. Hamilton (1987), Holling (1983), Jäger (1976), Lubin (1957), Lutz (1983), Lynn (2003), McFatter (1979), Sharpe und Roberts (1997), Tzelgov und Stern (1978) sowie Tzelgov und Henik (1981, 1985).

21.2.5 Multikollinearität

Mit Multikollinearität ist die „Instabilität" der Regressionskoeffizienten gemeint, welche sich aus Abhängigkeiten zwischen den Prädiktorvariablen ergeben. Die Kriteriumsvariable ist im Zusammenhang mit Multikollinearität nicht von Bedeutung.

Oft soll im Rahmen einer Regressionsanalyse eine größere Anzahl von Variablen statistisch kontrolliert werden. Es ergibt sich dabei die Frage, ob es eine Obergrenze für die Anzahl der Prädiktoren gibt, welche nicht überschritten werden darf. Diese Frage kann folgendermaßen beantwortet werden: Der Stichprobenumfang n muss größer als die Anzahl der Prädiktoren sein. Ist diese Bedingung nicht erfüllt, liegt Multikollinearität vor.

Würde man beispielsweise versuchen, eine Regressionsgleichung mit zehn Prädiktoren aufgrund von nur neun Beobachtungen zu berechnen, so wird ein Computerprogramm zur linearen Regression die Berechnung mit einer Fehlermeldung beenden. Da der Stichprobenumfang meistens „groß" ist, dürfte diese Voraussetzung allerdings nur selten verletzt sein.

Darüber hinaus gibt es aber einen zweiten Aspekt, der bei der Auswahl der Prädiktoren zur

Vermeidung von Multikollinearität berücksichtigt werden muss: Es dürfen keine linearen Abhängigkeiten zwischen den Prädiktoren bestehen. Um auch hierfür ein Beispiel zu geben, nehmen wir an, eine Regressionsanalyse soll aufgrund von vier Beobachtungen durchgeführt werden, d. h. $n = 4$. Die Werte des ersten Prädiktors lauten: 1, 2, 3, 4. In der Analyse soll ein zweiter Prädiktor berücksichtigt werden, dessen Werte 2, 4, 6, 8 lauten. Die Werte des zweiten Prädiktors sind genau doppelt so groß wie die des ersten Prädiktors. Wird nun eine Kriteriumsvariable aufgrund dieser beiden Prädiktoren analysiert, so kommt es auch in diesem Fall aufgrund vorliegender Multikollinearität zu einem Abbruch der Berechnung. In diesem Fall liegt Multikollinearität vor, da beide Prädiktoren perfekt korreliert und damit linear abhängig sind.

Um Multikollinearität zu diagnostizieren, betrachten wir die Toleranz der Prädiktoren: Die Toleranz des j-ten Prädiktors, Tol_j, wurde als $1 - R_j^2$ definiert (s. Def. 21.3), wobei die quadrierte multiple Korrelation aufgrund der Korrelation zwischen den Werten des j-ten Prädiktors und den für diesen Prädiktor aufgrund aller anderen Prädiktoren vorhergesagten Werte berechnet wird. Betrachten wir die Toleranz des ersten Prädiktors für unser Zahlenbeispiel. In diesem Beispiel liegen nur zwei Prädiktoren vor, sodass die multiple Korrelation gleich der bivariaten Prädiktorkorrelation ist. Da diese Korrelation 1,0 beträgt, sind die Toleranzen beider Prädiktoren exakt null. Toleranzwerte von null sind somit *Indikatoren* für das Vorliegen von Multikollinearität.

Wie könnten wir durch Veränderung der Prädiktorwerte die Toleranzen ansteigen lassen? Dies erfordert, dass wir die perfekte Korrelation zwischen den Prädiktoren beseitigen. Wir können dazu willkürlich den ersten Wert des zweiten Prädiktors von 2 auf 3 erhöhen. Diese Manipulation genügt, um den Abbruch eines Computerprogramms zur Regressionsanalyse zu vermeiden, da nun keine perfekte lineare Abhängigkeit zwischen den Prädiktoren mehr besteht. Berechnet man die Korrelation zwischen den Prädiktoren, resultiert 0,99, und die Toleranzen beider Variablen sind nun $1 - 0{,}99^2 = 0{,}02$.

Die hohe Prädiktorkorrelation bzw. die geringen Toleranzen zeigen an, dass die Prädiktoren nun zwar nicht mehr perfekt linear abhängig sind, aber dass doch weiterhin eine erhebliche Abhängigkeit zwischen ihnen besteht. Der Begriff der Multikollinearität wird also nicht ausschließlich auf den Fall perfekter linearer Abhängigkeiten angewendet, sondern gleichermaßen verwendet, um ein hohes Maß der Abhängigkeit zwischen den Prädiktoren zu charakterisieren.

Das bisherige Beispiel zur Erläuterung der Multikollinearität war aus zwei Gründen unrealistisch: Zum einen war der Stichprobenumfang sehr gering und zum anderen wurden die Werte des zweiten Prädiktors aus denen des ersten Prädiktors errechnet. Es ergibt sich somit die Frage, ob mit Multikollinearität auch in der Praxis zu rechnen ist.

Um diese Frage zu beantworten, müssen wir bedenken, dass potenziell viele Prädiktoren in eine Regressionsgleichung aufgenommen werden können. Um zu erkennen, wann es zu erheblicher Multikollinearität kommen könnte, betrachten wir noch einmal die Toleranz des j-ten Prädiktors. Diese Toleranz verringert sich in dem Ausmaß, mit dem sich der Prädiktor aufgrund der anderen Prädiktoren vorhersagen lässt. Zur Vorhersage wird dabei die multiple Regression von x_j auf die verbleibenden Prädiktoren verwendet, welche die Qualität der Vorhersage im Sinne des Kleinsten-Quadrate-Kriteriums optimiert. Sind viele Prädiktoren im Modell enthalten, wird es zunehmend einfacher für die multiple Korrelation – die Korrelation zwischen x_j und $\hat{x}_j$ – große Werte zu erzielen. Ist dies der Fall, kommt es zu Multikollinearität, was durch die geringe Toleranz des Prädiktors angezeigt wird. Mit Multikollinearität muss also dann gerechnet werden, wenn hoch korrelierende Prädiktoren verwendet werden oder wenn viele Prädiktoren in einem Regressionsmodell berücksichtigt werden.

Die Konsequenzen geringer Prädiktortoleranzen kann man anhand der Formel für den Standardfehler eines Steigungskoeffizienten, s. Gl. (21.22), verdeutlichen. Da die Toleranz im Nenner steht, wird der Standardfehler – also die Variabilität der Schätzung dieser Steigung – groß und die Schätzung damit „instabil". In einer Wiederholung der Studie könnten sich völlig andere Steigungen ergeben. Als Konsequenz aus den hohen Standardfehlern könnte die statistische Absicherung der Steigungskoeffizienten leicht zu nicht signifikanten Ergebnissen führen, selbst wenn deutliche Effekte der Prädiktoren auf die Kriteriumsvariable vorliegen. In solchen Fällen ist es ratsam, Prädiktoren, welche ausschließlich oder zumindest überwiegend redundante Information beinhalten – erkennbar an den geringen Toleranzen –, aus dem Regressionsmodell zu entfernen.

Weniger starke Auswirkungen hat die Multikollinearität auf reine Vorhersageaufgaben, bei denen die Interpretation bzw. die statistische Absicherung der Regressionskoeffizienten von nachrangiger Bedeutung ist. Auch wenn eine geringfügige Veränderung der Multikollinearität zu drastischen Veränderungen der Struktur der Steigungskoeffizienten führen sollte, verändern sich dadurch die prognostizierten Kriteriumswerte nur unerheblich. Fügt man beispielsweise zu einem Prädiktorvariablensatz eine weitere, mit anderen Prädiktorvariablen hoch korrelierte Prädiktorvariable hinzu, können sich die Regressionskoeffizienten zwar deutlich verändern und deren Standardfehler stark ansteigen, die vorhergesagten Werte verändern sich jedoch kaum.

Wie stabil die Regressionsvorhersagen sind, kann mit einer „Kreuzvalidierung" geprüft werden. Hierbei bestimmt man zwei Regressionsgleichungen aufgrund von zwei Teilstichproben und verwendet die Regressionsgleichung der ersten Teilstichprobe zur Vorhersage der Kriteriumsvariablen der zweiten Teilstichprobe und umgekehrt. Die Korrelation der so vorhergesagten Kriteriumsvariablen mit den tatsächlichen Ausprägungen der Kriteriumsvariablen in der „Eichstichprobe" informiert über die Stabilität der Merkmalsvorhersagen. Weitere Einzelheiten hierzu findet man bei Wainer (1978), Stone (1974) und Geisser (1975); über die „multicross-validation"-Technik berichtet Ayabe (1985). Verfahren, die ohne ein Splitting der untersuchten Stichprobe auskommen, behandeln Browne und Cudeck (1989), Darlington (1968) sowie Browne (1975a, 1975b). Ein Vorgehen, mit dem die Prädiktorauswahl unter statistischen Gesichtspunkten optimiert werden kann, ist in Exkurs 21.2 dargestellt.

21.2.6 Standardisierte versus unstandardisierte Steigungskoeffizienten

In der multiplen Regression entsteht oft die Frage, welcher der Prädiktoren für die Vorhersage bzw. Erklärung der Kriteriumsvariablen wichtiger ist. Wenn beispielsweise Intelligenz sowohl durch genetische Faktoren als auch durch Umwelteinflüsse beeinflusst wird, welche dieser beiden Ursachen determiniert Intelligenz stärker? Wird die Lernleistung sowohl durch die Unterrichtsform als auch durch die Motivation der Schüler beeinflusst? Welcher dieser beiden Faktoren hat einen stärkeren Einfluss auf die Lernleistung?

Zwar geben die Steigungskoeffizienten einer multiplen Regression die Effekte der Prädiktoren auf die Kriteriumsvariable wieder, aber aufgrund der Abhängigkeit der Steigungskoeffizienten von den Messeinheiten des jeweiligen Prädiktors ist deren Größe nicht direkt vergleichbar. Um die Größe des Effekts einer Prädiktorvariablen von den Messeinheiten zu befreien, können Beta-Gewichte für die Beurteilung der relativen Wichtigkeit von Prädiktoren herangezogen werden. In diesem Fall wird die erwartete Veränderung des Kriteriums zu der Veränderung eines Prädiktors um eine Standardabweichung – bei gleichzeitiger Kontrolle der anderen Prädiktoren – in Beziehung gesetzt. Aufgrund der Vergleichbarkeit in der Veränderung der Prädiktoren wird deren Effekt auf das Kriterium ebenfalls vergleichbar.

Allerdings wird die Verwendung von Beta-Gewichten in der statistischen Literatur kontrovers diskutiert. In diesem Zusammenhang wollen wir zwei Aspekte besprechen.

Erstens wird vor Beta-Gewichten häufig gewarnt, denn durch ihre Verwendung erhält die Verteilung der Prädiktoren, über welche das Regressionsmodell keine Annahmen macht, wieder Bedeutung. Beta-Gewichte können sich relativ zueinander erheblich verändern, wenn in einer Wiederholung der Untersuchung die Prädiktoren eine andere Verteilung besitzen. Dies ist ganz analog zur Abhängigkeit der Korrelation von der Stichprobenselektion, welche wir in Abschn. 10.2.5 besprochen haben. Für die Interpretation und den Vergleich von Beta-Gewichten ist deshalb der Status der Prädiktoren als „fest" oder „zufällig" von erheblicher Bedeutung. Darlington (1990, Kap. 2.3.1) argumentiert, dass Beta-Gewichte nur dann im Hinblick auf die Population („the natural world") aussagekräftig sind, wenn der Wertebereich der Prädiktoren nicht durch den Versuchsleiter beschränkt wurde. Nach dieser Auffassung sind Beta-Gewichte dann aussagekräftig, wenn sowohl die Kriteriumsvariable als auch die Prädiktoren anhand einer einfachen Zufallsstichprobe von Personen erhoben wurden.

Ein zweites Argument gegen die Verwendung von Beta-Gewichten kritisiert zwar nicht die Verwendung von standardisierten Effektmaßen, hält aber die Art der Standardisierung, welche zu den Beta-Gewichten führt, für unangemessen (Bring, 1994; Darlington, 1990). Diese Kritik lässt sich anhand der Gl. (21.14) für den j-ten partiellen Steigungskoeffizienten erläutern, welche wir hier noch einmal angeben:

$$b_j = \mathrm{sr}_j \cdot \frac{s_y}{s_j^*}.$$

Dabei ist sr_j die semipartielle Korrelation zwischen y und x_j^*, dem j-ten Prädiktor, welcher von allen anderen Prädiktoren bereinigt wurde. Des Weiteren bezeichnet s_j^* die partielle Standardabweichung – die Standardabweichung des bereinigten Prädiktors. Sie entspricht der Streuung des j-ten Prädiktors, die nach Kontrolle aller anderen Prädiktoren verbeibt.

Die herkömmliche Standardisierung bei der Berechnung der Beta-Gewichte durch Multiplikation der unstandardisierten Steigung mit dem Faktor s_j/s_y, s. Gl. (21.15), ist nach dieser Argumentation nicht korrekt, da die (unbedingte) Standardabweichung s_j anstatt der relevanten partiellen Standardabweichung s_j^* verwendet wird. Mit anderen Worten, die Standardisierung von b_j sollte durch Multiplikation mit dem Faktor s_j^*/s_y erfolgen. Als Resultat dieser Standardisierung erhält man die *semipartielle Korrelation*, sodass die Beurteilung der relativen Wichtigkeit der Prädiktoren entsprechend dieser Argumentation aufgrund der semipartiellen Korrelationen anstatt der Beta-Gewichte erfolgen sollte.

Die semipartielle Korrelation kann somit als standardisierter partieller Steigungskoeffizient interpretiert werden. Diese Interpretation lautet:

Die semipartielle Korrelation sr_j gibt die erwartete Veränderung des standardisierten Kriteriums an, die einer Erhöhung des j-ten Prädiktors (bei Kontrolle der anderen Prädiktoren) um eine partielle Standardabweichung – eine Standardabweichung der bedingten Verteilung – entspricht.

Die Berechnung der semipartiellen Korrelationen ist für deren relativen Vergleich, welcher durch das Verhältnis sr_j/sr_k zum Ausdruck kommt, nicht unbedingt erforderlich. Dies liegt daran, dass semipartielle Korrelationen zu den t-Werten, mit welchen die Steigungen auf Signifikanz überprüft werden, proportional sind. Die Beziehung lautet

$$sr_j = t_j \cdot \sqrt{\frac{1 - R^2}{n - k - 1}},$$

wobei R^2 den Determinationskoeffizient des Modells bezeichnet (Darlington, 1990, S. 218). Das Verhältnis sr_j/sr_k ist somit gleich dem Verhältnis t_j/t_k.

Im Übrigen sind Beta-Gewicht und semipartielle Korrelation durch die Gleichung

$$B_j \cdot \text{Tol}_j = sr_j$$

miteinander verknüpft. Wie diese Gleichung verdeutlicht, kann die Beurteilung der relativen Wichtigkeit von Prädiktoren aufgrund der semipartiellen Korrelation im Vergleich zur herkömmlichen Standardisierung nur bei mindestens drei Prädiktoren zu anderen Ergebnissen führen, da im Fall zweier Prädiktoren notwendigerweise $\text{Tol}_1 = \text{Tol}_2$ gilt, und somit die semipartiellen Korrelationen proportional zu den Beta-Gewichten sind. Beiträge zur Diskussion von standardisierten Steigungskoeffizienten findet man bei Greenland et al. (1986, 1991), Newman und Browner (1991) und Pedhazur (1997).

Das Thema der relativen Wichtigkeit von Prädiktoren in Regressionsmodellen nimmt in der Literatur einen breiten Raum ein, s. Azen und Budescu (2003), Bring (1995), Budescu (1993), P. E. Green et al. (1978), Healy (1990), W. Kruskal (1987) sowie W. Kruskal und Majors (1989).

Schließlich noch ein Kommentar zur Metafrage: Ist die relative Wichtigkeit von Prädiktoren wichtig? Die Vielzahl der Publikationen zu diesem Thema scheint diese Frage praktisch überflüssig zu machen. Allerdings gibt es in der Literatur auch dazu eine andere Auffassung. Goldberger (1998, S. 114) schreibt:

> The search for statistical measures of importance only creates a diversion from the main objective of the research, namely obtaining reliable estimates of interesting parameters, to the mechanical task of "accounting for," or "explaining," variation in the dependent variable.

21.2.7 Moderierte multiple Regression

Gelegentlich findet man in der Literatur den Begriff „moderierte multiple Regression". Mit diesem Ansatz will man *Moderatorvariablen* (Saunders, 1956) identifizieren, die einen Einfluss auf den Zusammenhang zweier Merkmale ausüben. Dies wäre beispielsweise der Fall, wenn der Zusammenhang zwischen verbaler Intelligenz x und Gedächtnisleistung y vom Alter z der untersuchten Personen abhinge bzw. wenn x und z in Bezug auf y interagieren würden. Zum Nachweis dieses Moderator- bzw. Interaktionseffektes verwendet man zur Vorhersage von y neben den Prädiktoren x und z einen weiteren, aus dem Produkt $x \cdot z$ gebildeten Prädiktor (*Interaktionsprädiktor*) und entscheidet anhand der Größe und der Vorzeichen der Steigungskoeffizienten für diese Prädiktoren über die Bedeutung von z. Einzelheiten hierzu findet man bei L. S. Aiken und West (1991), Mossholder et al. (1990), MacCallum und Mar (1995), Overton (2001), Stone-Romero und Anderson (1994) sowie Nye und Witt (1995).

EXKURS 21.2 Schrittweise Regression

Beim praktischen Arbeiten mit der multiplen Korrelations- und Regressionsrechnung wird man häufig feststellen, dass sich in einem Satz A von k Prädiktorvariablen eine Teilmenge von q Prädiktorvariablen befindet, deren Vorhersagepotenzial kaum über das Vorhersagepotenzial der verbleibenden $k - q$ Prädiktorvariablen hinausgeht und die damit redundant sind. Diese Begleiterscheinung der Multikollinearität hat eine Reihe von Verfahren entstehen lassen, die in EDV-Programmpaketen unter der Bezeichnung schrittweise Regression („stepwise regression") zu finden sind. Hierbei sind zwei verschiedene Techniken zu unterscheiden:

- Bei der ersten Variante werden die Prädiktoren sukzessiv in das Regressionsmodell aufgenommen, wobei sich die Abfolge der Variablen nach ihrer Nützlichkeit (U) richtet. Das Verfahren nimmt zunächst die Variable mit der höchsten Validität (r_{yj}) auf und prüft dann Schritt für Schritt, durch welche weitere Variable das Vorhersagepotenzial (R^2) maximal erhöht werden kann. Das Verfahren wird so lange fortgesetzt, bis die Nützlichkeit einer Variablen einen Minimalwert erreicht, der gerade noch für akzeptabel gehalten wird. Variablen, die diesen Minimalwert nicht überschreiten, werden als redundante Variablen nicht in die Regressionsgleichung aufgenommen. Wir wollen diese Technik vereinfachend als „Vorwärts-Technik" bezeichnen.
- Die zweite Technik beginnt mit einer vollständigen Regressionsgleichung, in der alle Variablen enthalten sind. Es wird dann überprüft, welche Prädiktorvariable gegenüber den restlichen $k - 1$ Prädiktorvariablen die geringste Nützlichkeit (U) aufweist. Diese Variable wird – falls ihre Nützlichkeit einen vorgegebenen Minimalwert unterschreitet – aus dem Modell herausgenommen. In gleicher Weise werden sukzessiv weitere Variablen eliminiert, bis schließlich eine Restmenge von $p = k - q$ Variablen mit hinreichender Nützlichkeit übrigbleibt. Wir bezeichnen diese Technik vereinfachend als „Rückwärts-Technik".

„Vorwärts"- und „Rückwärts"-Technik können auch miteinander kombiniert werden. So lässt sich beispielsweise überprüfen, ob durch die Aufnahme einer neuen Variablen im Kontext der „Vorwärts"-Technik eine bereits im Modell enthaltene Variable redundant geworden ist, die gemäß der „Rückwärts"-Technik dann aus dem Modell zu entfernen wäre.

Zur Überprüfung der Frage, ob eine multiple Korrelation mit einem Satz A von k Prädiktorvariablen durch die Aufnahme eines Satzes B mit p weiteren Prädiktorvariablen signifikant erhöht wird, verwenden wir für $n > 30$ folgenden Signifikanztest:

$$F = \frac{(R^2_{y,(AB)} - R^2_{y,A})/p}{(1 - R^2_{y,(AB)})/(n - k - p - 1)}$$

mit p Zähler- und $n - k - p - 1$ Nennerfreiheitsgraden.

Eine Tabelle, der zu entnehmen ist, um welchen Betrag sich eine multiple Korrelation durch die Aufnahme einer weiteren Prädiktorvariablen mindestens erhöhen muss, um von einem signifikanten Zuwachs sprechen zu können, findet man bei Dutoit und Penfield (1979). Mit einem von Silver und Finger (1993) entwickelten Computerprogramm können diese signifikanten Zuwächse für beliebige Stichprobenumfänge und eine beliebige Anzahl von Prädiktorvariablen ermittelt werden. Weitere Hinweise zu Signifikanztests bei schrittweise durchgeführten Regressionsanalysen geben Tisak (1994) und Wilkinson (1979).

Zur schrittweisen Regressionstechnik ist anzumerken, dass die Entscheidung darüber, welche Teilmenge von Prädiktorvariablen als die „beste" anzusehen ist, häufig vom Zufall bestimmt wird. Die Bedeutung einer Prädiktorvariablen bzw. ihre Nützlichkeit ist bei hoher Multikollinearität in starkem Maße davon abhängig, welche Prädiktoren schon (bei der „Vorwärts"-Technik) oder noch (bei der „Rückwärts"-Technik) im Regressionsmodell enthalten sind. Da hierfür oftmals nur geringfügige Nützlichkeitsunterschiede verantwortlich sind, die keinerlei statistische Bedeutung haben, gehört diese Technik eher in den Bereich der Hypothesenerkundung als zu den hypothesenprüfenden Verfahren. Um die Kontextabhängigkeit der Nützlichkeit einer Prädiktorvariablen vollständig einschätzen zu können, wäre es erforderlich, alle möglichen Abfolgen der k Prädiktorvariablen sequenziell zu testen.

Zu dieser Problematik hat B. Thompson (1995b) ein Beispiel gegeben. Zu bestimmen waren die besten zwei von vier Prädiktorvariablen. Thompson prüfte alle $\binom{4}{2} = 6$ möglichen Prädiktorvariablenpaare und stellte fest, dass das so ermittelte, tatsächlich beste Variablenpaar in keiner einzigen Variablen mit dem „besten", über „stepwise" ermittelten Variablenpaar übereinstimmte.

Er macht zudem darauf aufmerksam, dass die meisten statistischen Programmpakete in der Stepwise-Prozedur mit falschen Freiheitsgraden operieren. Wenn beispielsweise aus 50 Prädiktorvariablen die besten fünf ausgewählt werden, muss in Gl. (21.20) nicht $k = 5$, sondern $k = 50$ eingesetzt werden, denn die Auswahl der besten fünf setzt die Prüfung aller 50 Prädiktorvariablen voraus. Der Wert $k = 5$ wäre nur bei zufälliger Auswahl von fünf Prädiktorvariablen zu rechtfertigen. Der nicht korrekte Umgang mit den Freiheitsgraden führt zu einer deutlichen Vergrößerung des empirischen F-Wertes, mit der Folge, dass man mit „stepwise" praktisch immer ein „signifikantes Subset" von Prädiktorvariablen findet.

Statt dem Computer die Auswahl der „besten" Prädiktorvariablen zu überlassen, plädieren wir dafür, den Einsatz der schrittweisen Regressionstechnik theoretisch vorzustrukturieren. Hilfreich hierfür ist eine inhaltlich begründete Vorabgruppierung der Prädiktoren in unabhängige, ggf. redundante und suppressive Variablen, die in dieser Reihenfolge mit der „Vorwärts"-Technik zu verarbeiten wären. Die unabhängigen Prädiktoren sind Bestandteil der Regressionsgleichung, sofern ihre Nützlichkeit genügend groß ist. Die Annahme, eine Prädiktorvariable sei redundant, ist sodann über deren Nützlichkeit zu überprüfen. Schließlich ist über die Gleichung für U_k, s. Exkurs 21.1, zu zeigen, ob die vermeintlichen Suppressorvariablen tatsächlich geeignet sind, das Vorhersagepotenzial der bereits im Modell befindlichen Variablen zu erhöhen.

Informationen zur schrittweisen Regression findet man z. B. bei Draper und Smith (1998), Hemmerle (1967) sowie von Eye und Schuster (1998). Eine vergleichende Analyse verschiedener Techniken gibt Rock et al. (1970).

21.2.8 Stichprobenumfänge

In Abschn. 21.2.3 hatten wir den Signifikanztest besprochen, mit dem sich überprüfen lässt, ob der Determinationskoeffizient in der Population null beträgt. Für diesen Test wollen wir zeigen, wie man für vorgegebene Effektgröße, Signifikanzniveau und Teststärke den notwendigen Stichprobenumfang ermittelt.

In der multiplen Regression ist der Determinationskoeffizient R^2 die für die Festlegung einer Effektgröße f^2 entscheidende Größe. Die Effektgröße f^2 ist wie folgt definiert:

$$f^2 = \frac{R^2}{1 - R^2}.$$

Diese Effektgröße wird nach J. Cohen (1988) wie folgt klassifiziert:

$$\begin{aligned} \text{schwacher Effekt:} \quad & f^2 = 0{,}02, \\ \text{mittlerer Effekt:} \quad & f^2 = 0{,}15, \\ \text{starker Effekt:} \quad & f^2 = 0{,}35. \end{aligned}$$

Löst man die Gleichung für die Effektgröße nach R^2 auf, erhält man:

$$R^2 = \frac{f^2}{1 + f^2}.$$

Setzt man die Effektkonventionen in diese Beziehung ein, so erhält man $R^2 = 0{,}0196$ für einen schwachen Effekt, $R^2 = 0{,}1304$ für einen mittleren Effekt und $R^2 = 0{,}2593$ für einen starken Effekt. Der Stichprobenumfang, welcher erforderlich ist, um einen gemäß H_1 vorgegebenen Determinationskoeffizienten von R^2 mit einer Teststärke von $1 - \beta = 0{,}8$ als signifikant für $\alpha = 0{,}05$ nachweisen zu können, wird wie folgt kalkuliert:

$$n = \frac{L \cdot (1 - R^2)}{R^2}, \qquad (21.23)$$

wobei die L-Werte (Nicht-Zentralität der F-Verteilungen) für variables k der Tab. 21.2 zu entnehmen sind. Das beschriebene Vorgehen ist keine exakte Berechnung, da 120 Freiheitsgrade für den Standardschätzfehler angenommen werden. Der resultierende Stichprobenumfang dürfte für praktische Zwecke zumeist eine grobe Orientierung für den benötigten Stichprobenumfang erlauben. Eine genauere Bestimmung des notwendigen Stichprobenumfangs, kann mit Hilfe der Tabellen von J. Cohen (1988, Kap. 9.4) erfolgen.

Tabelle 21.2. L-Werte zur Bestimmung des Stichprobenumfangs

k:	1	2	3	4	5	6	7	8
L:	7,8	9,7	11,1	12,3	13,3	14,3	15,1	15,9
k:	9	10	11	12	13	14	15	18
L:	16,7	17,4	18,1	18,8	19,5	20,1	20,7	22,5
k:	20	24	30	40	48	60	120	
L:	23,7	25,9	29,0	33,8	37,5	42,9	68,1	

BEISPIEL 21.9

Für einen starken Effekt $R^2 = 0{,}2593$ mit $\alpha = 0{,}05$ und $1 - \beta = 0{,}8$ wäre mit $k = 6$ folgender Stichprobenumfang zu verwenden:

$$n = \frac{14{,}3 \cdot (1 - 0{,}2593)}{0{,}2593} = 41.$$

Tabellen, denen man für $\alpha = 0{,}05$ und variabler Effektgröße den Stichprobenumfang bzw. die Teststärke des Signifikanztests entnehmen kann, sind bei Gatsonis und Sampson (1989) zu finden. Weitere Überlegungen zur Bestimmung des Stichprobenumfangs findet man bei Maxwell (2000).

* 21.2.9 Mathematischer Hintergrund

Linearkombinationen

Ein verbindendes Element aller multivariaten Verfahren sind Linearkombinationen, wobei für jedes Verfahren ein spezifisches Kriterium definiert ist, nach dem Linearkombinationen zu bestimmen sind. Dieser Begriff sei im Folgenden kurz erläutert.

Eine Person möge auf zwei Variablen die Werte 7 und 11 erhalten haben. Die Summe der gewichteten Einzelwerte stellt eine *Linearkombination* der Messwerte dar. Unter Verwendung des Gewichtes 1 für beide Werte erhalten wir die Linearkombination:

$$(1) \cdot 7 + (1) \cdot 11 = 18.$$

Wird die erste Variable dreifach und die zweite zweifach gewichtet, ergibt sich die Linearkombination

$$(3) \cdot 7 + (2) \cdot 11 = 43.$$

Auch das arithmetische Mittel aus p Messungen einer Person lässt sich als Linearkombination der einzelnen Messungen darstellen:

$$\bar{x} = \left(\frac{1}{p}\right) \cdot x_1 + \left(\frac{1}{p}\right) \cdot x_2 + \cdots + \left(\frac{1}{p}\right) \cdot x_p.$$

In diesen Beispielen wurden die Gewichte willkürlich bzw. nach der Berechnungsvorschrift für das arithmetische Mittel festgesetzt. Im Folgenden wollen wir überprüfen, wie die Gewichte der Variablen für eine multiple Regression bestimmt werden.

Bestimmung der *b*-Gewichte

Die Schätzgleichung zur Vorhersage eines $\hat{y}$ Wertes auf der Basis der nicht-standardisierten Variablen (Rohwerte) heißt:

$$\hat{y} = b_0 + b_1x_1 + b_2x_2 + \cdots + b_kx_k.$$

In Matrixschreibweise lautet die Gleichung (vgl. Anhang B):

$$\hat{y} = \boldsymbol{Xb}.$$

Die *b*-Gewichte werden so bestimmt, dass die Regressionsresiduen $\boldsymbol{e} = \boldsymbol{y}-\hat{\boldsymbol{y}}$ dem Kriterium der kleinsten Quadrate genügen:

$$\sum e_i^2 = \min$$

oder

$$\begin{aligned}\boldsymbol{e}'\boldsymbol{e} &= (\boldsymbol{y}-\hat{\boldsymbol{y}})'(\boldsymbol{y}-\hat{\boldsymbol{y}})\\ &= (\boldsymbol{y}-\boldsymbol{Xb})'(\boldsymbol{y}-\boldsymbol{Xb})\\ &= \boldsymbol{y}'\boldsymbol{y} + \boldsymbol{b}'\boldsymbol{X}'\boldsymbol{Xb} - 2\boldsymbol{b}'\boldsymbol{X}'\boldsymbol{y} = \min. \end{aligned} \qquad (21.24)$$

Wir leiten Gl. (21.24) nach dem unbekannten Vektor $\boldsymbol{b}$ ab und setzen die 1. Ableitung null:

$$\frac{\mathrm{d}}{\mathrm{d}\boldsymbol{b}}\boldsymbol{e}'\boldsymbol{e} = 2\boldsymbol{X}'\boldsymbol{Xb} - 2\boldsymbol{X}'\boldsymbol{y}$$
$$2\boldsymbol{X}'\boldsymbol{Xb} - 2\boldsymbol{X}'\boldsymbol{y} = \boldsymbol{0}.$$

Hieraus folgt:

$$\begin{aligned}\boldsymbol{X}'\boldsymbol{Xb} &= \boldsymbol{X}'\boldsymbol{y}\\ (\boldsymbol{X}'\boldsymbol{X})^{-1}(\boldsymbol{X}'\boldsymbol{X})\boldsymbol{b} &= (\boldsymbol{X}'\boldsymbol{X})^{-1}\boldsymbol{X}'\boldsymbol{y}\\ \boldsymbol{b} &= (\boldsymbol{X}'\boldsymbol{X})^{-1}\boldsymbol{X}'\boldsymbol{y}. \end{aligned} \qquad (21.25)$$

Dies ist die Berechnungsvorschrift des unbekannten Vektors $\boldsymbol{b}$ der Rohgewichte.

BEISPIEL 21.10

Für die Berechnung der Regressionskoeffizienten greifen wir auf Beispiel 21.2 zurück. Die BMI-Werte sind im $\boldsymbol{y}$ Vektor zusammengefasst. Die Matrix $\boldsymbol{X}$ enthält eine Spalte aus Einsen (für den y-Achsenabschnitt) sowie die Werte der beiden Prädiktoren:

$$\boldsymbol{y} = \begin{pmatrix}19\\25\\22\\18\\28\\27\\20\\21\\22\end{pmatrix} \quad \text{und} \quad \boldsymbol{X} = \begin{pmatrix}1&5&7\\1&1&4\\1&2&5\\1&4&8\\1&1&3\\1&1&2\\1&6&6\\1&6&4\\1&4&7\end{pmatrix}.$$

Für $\boldsymbol{X}'\boldsymbol{X}$ ergibt sich

$$\boldsymbol{X}'\boldsymbol{X} = \begin{pmatrix}9&30&46\\30&136&174\\46&174&268\end{pmatrix}.$$

Die Inverse dieser Matrix errechnet man zu

$$\boldsymbol{X}'\boldsymbol{X}^{-1} = \begin{pmatrix}0{,}906&-0{,}005&-0{,}152\\-0{,}005&0{,}043&-0{,}027\\-0{,}152&-0{,}027&0{,}048\end{pmatrix}.$$

Des Weiteren ergeben sich

$$\boldsymbol{X}'\boldsymbol{y} = \begin{pmatrix}202\\625\\983\end{pmatrix}$$

und

$$\boldsymbol{b} = (\boldsymbol{X}'\boldsymbol{X})^{-1}\boldsymbol{X}'\boldsymbol{y} = \begin{pmatrix}30{,}22\\-0{,}75\\-1{,}03\end{pmatrix}.$$

Diese Werte stimmen mit denen in Beispiel 21.2 genannten Regressionskoeffizienten überein.

ÜBUNGSAUFGABEN

Aufgabe 21.1 Erläutern Sie anhand von Beispielen die Unterschiede zwischen einer a) bivariaten Korrelation, b) einer partiellen Korrelation und c) einer multiplen Korrelation.

Aufgabe 21.2 In einer Untersuchung möge sich bei $n = 40$ Schülern zwischen den Leistungen im Fach Deutsch x_0 und den Leistungen im Fach Mathematik x_1 eine Korrelation von $r_{01} = 0{,}71$ ergeben haben.

a) Wie lautet die Korrelation, wenn der Einfluss der Intelligenz x_2 aus beiden Schulleistungen herauspartialisiert wird, $r_{02} = 0{,}88$, $r_{12} = 0{,}73$?
b) Überprüfen Sie die partielle Korrelation auf Signifikanz ($\alpha = 0{,}05$).

Aufgabe 21.3 Für zehn verschiedene Produkte soll überprüft werden, wie sich der Werbeaufwand (in 10 000 €) und die Preisgestaltung auf die Verkaufszahlen (in 1000 Stück) für die Produkte auswirken. Die folgenden Werte wurden registriert:

y Verkaufszahlen	x_1 Preis in €	x_2 Werbeaufwand
24	7	8
28	3	9
19	4	4
17	8	6
11	7	0
21	5	2
18	9	7
27	2	6
21	5	3
22	2	1

a) Bestimmen Sie alle drei bivariaten Korrelationen.
b) Bestimmen Sie die multiple Korrelation zwischen Werbeaufwand und Preis einerseits und Verkaufszahlen andererseits.
c) Wie lautet die multiple Regressionsgleichung zur Vorhersage standardisierter Verkaufszahlen?
d) Wie lautet die multiple Regressionsgleichung zur Vorhersage der Verkaufszahlen in Rohwerteform? Welche Verkaufszahl wird erwartet, wenn der Preis durch 5,2 und der Werbeaufwand durch 4,6 gekennzeichnet sind?
e) Ist die multiple Korrelation unter der Annahme, dass die Voraussetzungen für eine Signifikanzüberprüfung erfüllt sind, signifikant ($\alpha = 0{,}01$)?

Aufgabe 21.4 Was versteht man unter einer Linearkombination?

Aufgabe 21.5 Nach welchem Kriterium werden in der multiplen Regressionsrechnung Linearkombinationen erstellt?

Aufgabe 21.6 Für die Daten des Beispiels 21.2 wurde ein Determinationskoeffizient von 0,889 sowie ein korrigierter Determinationskoeffizient von 0,852 berichtet, s. Beispiel 21.5. Zur Berechung der multiplen Korrelation bzw. des Determinationskoeffizienten wurde eine ganze Reihe weiterer Korrekturformeln entwickelt, welche von Carter (1979) verglichen wurden. Nach dieser Studie führt die von Olkin und Pratt (1958) vorgeschlagene Korrektur zu den genauesten Schätzungen. Sie lautet

$$R^2_{\text{korr}} = 1 - \left(\frac{n-3}{n-k-1}\right)\left[(1-R^2) + \left(\frac{2}{n-k+1}\right)(1-R^2)^2\right].$$

Berechnen Sie den Determinationskoeffizienten nach dieser Formel.

Aufgabe 21.7 Die bivariaten Korrelationen dreier Variablen y, x_1 und x_2 unterliegen einer Restriktion. Diese ist in theoretischen Zusammenhängen von Bedeutung, etwa wenn die Korrelationen in Beispielen vorgegeben werden und somit nicht aus Daten berechnet wurden. Die Restriktion lautet: Sind die r_{y1} und r_{y2} gegeben, so muss r_{12} in einem Intervall liegen, welches durch folgende Werte begrenzt ist (Stanley & Wang, 1969; Glass & Collins, 1970):

$$r_{y1} \cdot r_{y2} \pm \sqrt{(1-r^2_{y1}) \cdot (1-r^2_{y2})}. \qquad (21.26)$$

Überprüfen Sie, ob die Restriktion für gegebene Korrelationen $r_{y1} = 0{,}7$, $r_{y2} = 0{,}3$ und $r_{12} = 0{,}7$ erfüllt ist.

Aufgabe 21.8 Die Formel für das Beta-Gewicht B_1 einer Regression von y auf x_1 und x_2 lautet (s. Gl. 21.11):

$$B_1 = \frac{r_{y1} - r_{y2} \cdot r_{12}}{1 - r^2_{12}}.$$

Wählen Sie Werte für die drei bivariaten Korrelationen, sodass B_1 größer als 1,0 wird. Erfüllen die von Ihnen gewählten Korrelationen Gl. (21.26)?

Kapitel 22 Allgemeines lineares Modell

ÜBERSICHT

Indikatorvariablen – Dummycodierung – Effektcodierung – Kontrastcodierung – t-Test für unabhängige Stichproben – einfaktorielle Varianzanalyse – zwei- und mehrfaktorielle Varianzanalysen mit gleichen und ungleich großen Stichprobenumfängen – Kovarianzanalyse – hierarchische Varianzanalyse – lateinisches Quadrat – t-Test für Beobachtungspaare – ein- und mehrfaktorielle Varianzanalysen mit Messwiederholungen

Für die wichtigsten in Teil I und Teil II dieses Buches behandelten Verfahren soll im Folgenden ein integrierender Lösungsansatz dargestellt werden, der üblicherweise als das „allgemeine lineare Modell" (ALM) bezeichnet wird. Das Kernstück dieses von J. Cohen (1968a) bzw. Overall und Spiegel (1969) eingeführten Modells ist die multiple Korrelation bzw. die lineare multiple Regression, die wir in den letzten Abschnitten kennengelernt haben. Im ALM wird der Anwendungsbereich der multiplen Korrelationsrechnung in der Weise erweitert, dass in einer Analyse nicht nur intervallskalierte, sondern auch *nominalskalierte* Merkmale (bzw. beide Merkmalsarten gleichzeitig) berücksichtigt werden können. Hierfür ist es allerdings erforderlich, dass die nominalskalierten Merkmale zuvor in einer für multiple Korrelationsanalysen geeigneten Form verschlüsselt werden.

> Das allgemeine lineare Modell integriert varianzanalytische Verfahren sowie die multiple Korrelations- und Regressionsrechnung.

Mit der Verschlüsselung nominaler Merkmale befassen wir uns in Abschnitt 22.1. Die sich anschließende Behandlung verschiedener statistischer Verfahren nach dem ALM (Abschn. 22.2) erfordert – abgesehen von Grundkenntnissen in Inferenzstatistik und Varianzanalyse – lediglich, dass man in der Lage ist, multiple Korrelationen zu berechnen, was allerdings den Einsatz eines Computers unumgänglich macht.

22.1 Codierung nominaler Variablen

Indikatorvariablen

Nehmen wir einmal an, wir interessieren uns für den Zusammenhang zwischen dem Geschlecht von Personen (x) und ihrer psychischen Belastbarkeit (y). Für die Überprüfung dieser Zusammenhangshypothese haben wir – wenn wir die psychische Belastbarkeit auf einer Intervallskala erfassen – die punktbiseriale Korrelation kennengelernt. Diese Korrelation entspricht exakt einer Produkt-Moment-Korrelation, wenn das Merkmal Geschlecht in der Weise codiert wird, dass allen männlichen Personen eine bestimmte Zahl und allen weiblichen Personen einheitlich eine andere Zahl zugeordnet wird. Aus rechentechnischen Gründen wählen wir hierfür einfachheitshalber die Zahlen 0 und 1: Allen männlichen Personen wird z. B. die Zahl 0 und allen weiblichen Personen die Zahl 1 zugeordnet. Man erhält also für jede Person der Stichprobe ein Messwertpaar, bestehend aus der Zahl 0 oder 1 für das Merkmal Geschlecht und einem y-Wert für die psychische Belastbarkeit. Die auf diese Weise künstlich erzeugte Variable x bezeichnet man als *Indikatorvariable.*

> Eine Indikatorvariable enthält alle Informationen eines nominalskalierten Merkmals in codierter Form.

Die zur Erzeugung von Indikatorvariablen am häufigsten eingesetzten Codierungsvarianten sind die Dummycodierung, die Effektcodierung und die Kontrastcodierung.

BEISPIEL 22.1

Die Codierungsarten wollen wir anhand des k-stufigen nominalen Merkmals „Parteipräferenzen" verdeutlichen, die mit der Einstellung zu Asylanten (intervallskaliertes Merkmal y) in Beziehung zu setzen sind. Hierbei verwenden wir das folgende kleine Zahlenbeispiel.

Präferierte Partei			
a_1	a_2	a_3	a_4
8	4	7	3
6	2	6	5
6	1	6	5
7	1	4	6

Dummycodierung. Um die Dummycodierung eines nominalen Merkmals zu erläutern, verwenden wir die Daten der Tabelle des Beispiels 22.1.

Mit der Indikatorvariablen x_1 wird entschieden, ob eine Person die Partei a_1 präferiert oder nicht. Die vier Personen, deren Einstellungswerte in der Tabelle des Beispiels 22.1 unter a_1 aufgeführt sind, erhalten für x_1 eine 1 und die übrigen Personen eine 0. Auf x_2 erhalten diejenigen Personen, die Partei a_2 präferieren, eine 1 und die übrigen eine 0. Der Indikatorvariablen x_3 wird für Personen, die die Partei a_3 präferieren, eine 1 zugewiesen und den restlichen Personen eine 0 (vgl. Tab. 22.1).

Es wäre nun nahe liegend, auch für die Stufe a_4 in ähnlicher Weise eine Indikatorvariable einzurichten. Wie man erkennt, erübrigt sich diese Indikatorvariable jedoch, denn alle Personen mit unterschiedlichen Parteipräferenzen haben bereits nach drei Indikatorvariablen ein spezifisches Codierungsmuster:

Partei a_1: 1 0 0
Partei a_2: 0 1 0
Partei a_3: 0 0 1
Partei a_4: 0 0 0

Aus der Tatsache, dass jemand weder a_1 noch a_2 noch a_3 präferiert, folgt zwingend, dass a_4 präferiert wird. (Hierbei gehen wir davon aus, dass Personen ohne Parteipräferenzen, mit einer Präferenz für eine nicht aufgeführte Partei bzw. mit mehreren Parteipräferenzen in unserem Beispiel nicht untersucht werden.) Drei Indikatorvariablen informieren in unserem Beispiel also vollständig über die Parteipräferenzen der untersuchten Personen.

Die letzte Spalte in Tab. 22.1 enthält die Messungen der abhängigen Variablen y.

Effektcodierung. Die zweite hier behandelte Codierungsart heißt Effektcodierung. Hierbei wird denjenigen Personen, die auf allen Indikatorvariablen in der Dummycodierung durchgängig eine 0 erhalten (üblicherweise sind dies die Personen der letzten Merkmalskategorie) eine −1 zugewiesen. Bezogen auf das oben erwähnte Beispiel resultiert also die in Tab. 22.2 wiedergegebene Codierung. Auch hier geben die drei effektcodierten Indikatorvariablen die Informationen des vierstufigen nominalen Merkmals vollständig wieder.

Kontrastcodierung. Eine dritte Codierungsart bezeichnen wir als Kontrastcodierung. Für diese Codierung werden Regeln benötigt, die wir im Zusammenhang mit der Überprüfung a priori geplanter Einzelvergleiche kennengelernt haben. Ein Einzelvergleich D wurde definiert als die gewichtete Summe der Treatmentmittelwerte, wobei die Gewichte c_i der Bedingung $\sum_i c_i = 0$ genügen müssen.

Wählen wir für das Beispiel die Gewichte $c_1 = 1$, $c_2 = -1$, $c_3 = 0$ und $c_4 = 0$, kontrastiert diese Indikatorvariable x_1 Personen mit den Parteipräferenzen a_1 und a_2.

Sollen mit x_2 Personen aus a_3 und Personen aus a_4 kontrastiert werden, wären a_1 und a_2 jeweils mit 0, a_3 mit 1 und a_4 mit −1 zu codieren. Eine dritte Indikatorvariable x_3 könnte a_1 und a_2

Tabelle 22.1. Beispiel für eine Dummycodierung

x_1	x_2	x_3	y
1	0	0	8
1	0	0	6
1	0	0	6
1	0	0	7
0	1	0	4
0	1	0	2
0	1	0	1
0	1	0	1
0	0	1	7
0	0	1	6
0	0	1	6
0	0	1	4
0	0	0	3
0	0	0	5
0	0	0	5
0	0	0	6

Tabelle 22.2. Beispiel für eine Effektcodierung

x_1	x_2	x_3	y
1	0	0	8
1	0	0	6
1	0	0	6
1	0	0	7
0	1	0	4
0	1	0	2
0	1	0	1
0	1	0	1
0	0	1	7
0	0	1	6
0	0	1	6
0	0	1	4
−1	−1	−1	3
−1	−1	−1	5
−1	−1	−1	5
−1	−1	−1	6

Tabelle 22.3. Beispiel für eine Kontrastcodierung

x_1	x_2	x_3	y
1	0	1/2	8
1	0	1/2	6
1	0	1/2	6
1	0	1/2	7
−1	0	1/2	4
−1	0	1/2	2
−1	0	1/2	1
−1	0	1/2	1
0	1	−1/2	7
0	1	−1/2	6
0	1	−1/2	6
0	1	−1/2	4
0	−1	−1/2	3
0	−1	−1/2	5
0	−1	−1/2	5
0	−1	−1/2	6

mit a_3 und a_4 kontrastieren; hierfür wären alle Personen aus a_1 und a_2 mit 1/2 und alle Personen aus a_3 und a_4 mit −1/2 zu codieren.

Die *c*-Gewichte, die wir für die Konstruktion eines Einzelvergleichs verwenden, konstituieren jeweils eine kontrastcodierende Indikatorvariable. Für die drei erwähnten Einzelvergleiche erhalten wir so die in Tab. 22.3 zusammengefasste Designmatrix. Bei der Kontrastcodierung unterscheiden wir unabhängige (orthogonale) und abhängige Einzelvergleiche. Für zwei orthogonale Einzelvergleiche j und j' muss neben der Bedingung $\sum_i c_i = 0$ für jeden Einzelvergleich auch die Bedingungen $\sum_i c_{ij} \cdot c_{ij'} = 0$ erfüllt sein (vgl. Def. 13.2). Nach dieser Regel sind die von uns gewählten Einzelvergleiche paarweise orthogonal zueinander.

Über eine vierte Codierungsform – die *Trendcodierung* – berichten wir in Abschnitt 22.2.2 ausführlicher.

Indikatorvariablen und multiple Regression

Nachdem die Informationen eines k-fach gestuften, nominalen Merkmals durch $k-1$ Indikatorvariablen verschlüsselt wurden, können die Indikatorvariablen als Prädiktoren in eine multiple Regressionsgleichung zur Vorhersage der abhängigen Variablen (y) eingesetzt werden. Wie noch zu zeigen sein wird (vgl. Abschn. 22.2.2), entspricht das Quadrat der multiplen Korrelation zwischen den Indikatorvariablen und der abhängigen Variablen dem Varianzanteil der abhängigen Variablen, der durch die Kategorien des nominalen Merkmals erklärt wird.

Zuvor jedoch wollen wir überprüfen, warum diese Codierungsvarianten sinnvoll sind bzw. welche Bedeutung den b-Gewichten (wir bezeichnen hier mit b die in Abschnitt 21.2 durch b' gekennzeichneten Rohwertgewichte) im Kontext einer multiplen Regression mit Indikatorvariablen zukommt.

Dummycodierung. Bezogen auf unser Beispiel lautet die (Rohwerte-)Regressionsgleichung:

$$\hat{y}_m = b_1 \cdot x_{1m} + b_2 \cdot x_{2m} + b_3 \cdot x_{3m} + a. \qquad (22.1)$$

Betrachten wir zunächst eine Person mit der Parteipräferenz a_4, die in der codierten Datenmatrix (Tab. 22.1) die Codierung $x_{1m} = 0$, $x_{2m} = 0$ und $x_{3m} = 0$ erhalten hat. Setzen wir diese Werte in die Regressionsgleichung ein, erhält man $\hat{y}_m = a$, d. h., die Konstante a entspricht dem vorhergesagten Wert einer Person aus der Gruppe a_4. Die beste Vorhersage für eine Person aus a_4 ist jedoch der durchschnittliche, unter a_4 erzielte Wert $\bar{y}_4$ (man beachte hierbei die Ausführungen zum Kriterium der kleinsten Quadrate in Bezug auf das arithmetische Mittel). Wir erhalten also:

$$a = \bar{y}_4.$$

Dieser Überlegung folgend müsste für eine Person aus der Gruppe a_1 der Wert $\bar{y}_1$ vorhergesagt werden. Da für eine Person m aus a_1 $x_{1m} = 1$, $x_{2m} = 0$ und $x_{3m} = 0$ zu setzen sind, resultiert hier

$$\begin{aligned}\hat{y}_m &= \bar{y}_1 = b_1 + a \\ &= b_1 + \bar{y}_4.\end{aligned}$$

Man erhält also für $b_1 = \bar{y}_1 - \bar{y}_4$. Analog hierzu ergeben sich $b_2 = \bar{y}_2 - \bar{y}_4$ und $b_3 = \bar{y}_3 - \bar{y}_4$.

> In einer Regressionsgleichung mit dummycodierten Indikatorvariablen entspricht die Regressionskonstante a der durchschnittlichen Merkmalsausprägung in der durchgängig mit Nullen codierten Gruppe (Referenzgruppe). Ein b_i-Gewicht errechnet sich als Differenz der Mittelwerte für die i-te Gruppe und der Referenzgruppe.

Unter Verwendung der Mittelwerte $\bar{y}_1 = 6{,}75$; $\bar{y}_2 = 2{,}00$; $\bar{y}_3 = 5{,}75$ und $\bar{y}_4 = 4{,}75$ aus der Tabelle des Beispiels 22.1 resultiert für unser Beispiel also folgende Regressionsgleichung:

$$\hat{y}_m = 2{,}00 \cdot x_{1m} - 2{,}75 \cdot x_{2m} + 1{,}00 \cdot x_{3m} + 4{,}75.$$

Effektcodierung. Zu den b-Gewichten von Indikatorvariablen mit Effektcodierung führen folgende Überlegungen: Für die Gruppe a_4 muss der vorhergesagte $\hat{y}_4$-Wert wiederum $\bar{y}_4$ sein, d. h., wir erhalten mit $x_{1m} = x_{2m} = x_{3m} = -1$ gemäß Tab. 22.2 nach Gl. (22.1)

$$\bar{y}_4 = -b_1 - b_2 - b_3 + a.$$

Auch für die übrigen Gruppen entspricht die beste Vorhersage dem jeweiligen Gruppenmittelwert. Setzt man die gruppenspezifischen Codierungen in die Regressionsgleichung ein, resultiert also nach Gl. (22.1)

$$\bar{y}_1 = b_1 + a,$$
$$\bar{y}_2 = b_2 + a,$$
$$\bar{y}_3 = b_3 + a.$$

Wir lösen diese Gleichungen jeweils nach b_i auf und setzen dementsprechend in die Gleichung für $\bar{y}_4$ ein. Aufgelöst nach a ergibt sich dann:

$$a = \bar{y}_4 + (\bar{y}_1 - a) + (\bar{y}_2 - a) + (\bar{y}_3 - a)$$

bzw.

$$a = (\bar{y}_1 + \bar{y}_2 + \bar{y}_3 + \bar{y}_4)/4 = \bar{G}.$$

Die Regressionskonstante a ist also mit dem Gesamtmittelwert für die abhängige Variable, für den wir aus der varianzanalytischen Terminologie die Bezeichnung $\bar{G}$ übernehmen, identisch. Damit erhält man für die b-Gewichte:

$$b_1 = \bar{y}_1 - \bar{G},$$
$$b_2 = \bar{y}_2 - \bar{G},$$
$$b_3 = \bar{y}_3 - \bar{G}.$$

In einer Regressionsgleichung mit effektcodierten Indikatorvariablen entspricht die Regressionskonstante a dem Gesamtmittelwert der abhängigen Variablen. Ein b_i-Gewicht errechnet sich als Differenz des Mittelwertes der i-ten Gruppe und dem Gesamtmittelwert.

Für das Beispiel (mit $\bar{G} = 4{,}8125$) heißt die Regressionsgleichung also:

$$\hat{y}_m = 1{,}9375 \cdot x_{1m} - 2{,}8125 \cdot x_{2m} + 0{,}9375 \cdot x_{3m} + 4{,}8125.$$

Bei ungleich großen Stichproben wird $a = \bar{G}$ als ungewichteter Mittelwert der einzelnen Mittelwerte berechnet.

Kontrastcodierung. Die beste Schätzung für einen vorhergesagten Wert $\hat{y}_m$ einer Person aus Gruppe a_i ist auch hier wieder der Mittelwert $\bar{y}_i$. Hierbei unterstellen wir, dass auch die kontrastcodierenden Indikatorvariablen die Informationen des nominalen Merkmals vollständig abbilden. Dies ist – wie in unserem Beispiel – immer der Fall, wenn bei einem k-stufigen Merkmal $k-1$ Indikatorvariablen eingesetzt werden, die zusammengenommen einen vollständigen Satz orthogonaler Einzelvergleiche codieren.

Unter Verwendung der Codierungen für die vier Gruppen in Tab. 22.3 erhält man als Regressionsgleichungen über Gl. (22.1):

$$\bar{y}_1 = b_1 + b_3/2 + a,$$
$$\bar{y}_2 = -b_1 + b_3/2 + a,$$
$$\bar{y}_3 = b_2 - b_3/2 + a,$$
$$\bar{y}_4 = -b_2 - b_3/2 + a.$$

Dies sind vier Gleichungen mit vier Unbekannten. Als Lösungen für die vier unbekannten Regressionskoeffizienten b_1, b_2, b_3 und a resultieren:

$$b_1 = (\bar{y}_1 - \bar{y}_2)/2,$$
$$b_2 = (\bar{y}_3 - \bar{y}_4)/2,$$
$$b_3 = (\bar{y}_1 + \bar{y}_2)/2 - (\bar{y}_3 + \bar{y}_4)/2,$$
$$a = \bar{G}.$$

Für das Beispiel ermittelt man folgende Regressionsgleichung:

$$\hat{y}_m = 2{,}375 \cdot x_{1m} + 0{,}5 \cdot x_{2m} - 0{,}875 \cdot x_{3m} + 4{,}8125.$$

Zur Verallgemeinerung dieses Ansatzes verwenden wir die allgemeine Bestimmungsgleichung für einen Einzelvergleich bzw. einen Kontrast D_i gemäß (Definition 13.1):

$$D_i = c_{1i} \cdot \bar{A}_1 + c_{2i} \cdot \bar{A}_2 + \cdots + c_{ki} \cdot \bar{A}_k.$$

Die drei in Tab. 22.3 codierten Einzelvergleiche lauten:

$$D_1 = \bar{y}_1 - \bar{y}_2,$$
$$D_2 = \bar{y}_3 - \bar{y}_4,$$
$$D_3 = (\bar{y}_1 + \bar{y}_2)/2 - (\bar{y}_3 + \bar{y}_4)/2.$$

Danach ergibt sich:

$$b_1 = D_1/2; \quad b_2 = D_2/2; \quad b_3 = D_3$$

bzw. allgemein

$$b_i = D_i \cdot u \cdot v/(u + v). \tag{22.2}$$

Hierbei bezeichnet u die Anzahl der Gruppen in einer Teilmenge U, die mit den v Gruppen in einer Teilmenge V kontrastiert werden. Die in U zusammengefassten Gruppen werden mit $1/u$, die in V zusammengefassten Gruppen mit $-1/v$ und die übrigen Gruppen mit null codiert.

Im Beispiel (3. Indikatorvariable) gehören zu U die Gruppen a_1 und a_2 und zu V die Gruppen a_3 und a_4. Damit sind $u = v = 2$, d. h. a_1 und a_2 werden – wie in Tab. 22.3 geschehen – mit 1/2 und a_3 und a_4 mit −1/2 codiert.

Das b-Gewicht einer kontrastcodierenden Indikatorvariablen lässt sich unter Verwendung der *c*-Koeffizienten nach folgender Gleichung bestimmen:

$$b_i = \frac{\sum_{j=1}^{k} c_{ij} \cdot (\bar{y}_j - \bar{G})}{\sum_{j=1}^{n} c_{ij}^2}. \qquad (22.3)$$

Angewandt auf unser Beispiel ergeben sich die bereits bekannten Resultate:

$$b_1 = \frac{1 \cdot (6{,}75 - 4{,}8125)}{2} + \frac{(-1) \cdot (2{,}00 - 4{,}8125)}{2} = 2{,}375,$$

$$b_2 = \frac{1 \cdot (5{,}75 - 4{,}8125)}{2} + \frac{(-1) \cdot (4{,}75 - 4{,}8125)}{2} = 0{,}5,$$

$$b_3 = \frac{1/2 \cdot (6{,}75 - 4{,}8125)}{1} + \frac{1/2 \cdot (2{,}00 - 4{,}8125)}{1} - \frac{1/2 \cdot (5{,}75 - 4{,}8125)}{1} - \frac{1/2 \cdot (4{,}75 - 4{,}8125)}{1} = -0{,}875.$$

In einer Regressionsgleichung mit kontrastcodierenden Indikatorvariablen entspricht die Regressionskonstante ***a*** dem Gesamtmittelwert der abhängigen Variablen. Das ***b***-Gewicht einer Indikatorvariablen lässt sich als eine Funktion der Kontrastkoeffizienten darstellen, die den jeweiligen Kontrast codieren.

Man beachte, dass bei ungleich großen Stichproben eine ggf. erforderliche Zusammenfassung von Mittelwerten ungewichtet vorgenommen wird. Dies gilt in gleicher Weise für $a = \bar{G}$.

Vergleich der Codierungsarten

Die Ausführungen zu den drei Codierungsarten sollten deutlich gemacht haben, dass sich die *b*-Gewichte für eine multiple Regressionsgleichung mit Indikatorvariablen relativ einfach aus den Mittelwerten der untersuchten Gruppen bestimmen lassen. Natürlich erhält man die gleichen *b*-Gewichte, wenn man die multiple Regression nach Gl. (21.25) ermittelt. Ist man also am Vergleich von Mittelwerten eines *k*-fach gestuften nominalen Merkmals interessiert, entnimmt man hierfür den *b*-Gewichten einer multiplen Regression die folgenden Informationen:

- Sind die Prädiktorvariablen dummycodierte Indikatorvariablen, entsprechen die *b*-Gewichte den Abweichungen der Gruppenmittelwerte vom Mittelwert einer durchgängig mit Nullen codierten Referenzgruppe. Diese Codierungsart ist deshalb z. B. für den Vergleich mehrerer Experimentalgruppen mit einer Kontrollgruppe besonders geeignet.
- Sind die Indikatorvariablen effektcodiert, informieren die *b*-Gewichte über die Abweichungen der Gruppenmittelwerte vom Gesamtmittel. Die *b*-Gewichte sind damit als Schätzungen der Treatmenteffekte $(\mu_i - \mu)$ zu interpretieren. Die Effektcodierung ist deshalb die am häufigsten eingesetzte Codierungsvariante für varianzanalytische Auswertungen nach dem ALM.
- Indikatorvariablen mit Kontrastcodierungen werden verwendet, wenn man die in Kap. 13 beschriebenen Einzelvergleichsverfahren über die multiple Regressionsrechnung realisieren will. Hier lässt sich aus den *b*-Gewichten relativ einfach die Größe des Unterschiedes zwischen den auf einer Indikatorvariablen kontrastierten Gruppen rekonstruieren.

Unabhängig von der Art der Codierung führen alle Regressionsgleichungen, in die sämtliche Informationen des nominalen Merkmals eingehen (sog. *vollständige* Modelle), zu vorhergesagten $\hat{y}_m$-Werten, die dem Mittelwert der abhängigen Variablen derjenigen Stichprobe entsprechen, zu der die Person *m* gehört. Der Mittelwert stellt die beste Schätzung nach dem Kriterium der kleinsten Quadrate dar.

Die Höhe der multiplen Korrelation ist von der Codierungsart unabhängig.

22.2 Spezialfälle des ALM

In diesem Abschnitt soll gezeigt werden, wie die wichtigsten inferenzstatistischen und varianzanalytischen Verfahren mit Hilfe des ALM durchgeführt werden können. Die praktische Umsetzung dieser Verfahren nach den Rechenregeln d nur an zwei Bedingungen geknüpft:

- Man muss in der Lage sein, für beliebige Variablensätze multiple Korrelationen und Regressionen zu berechnen, was angesichts der Verfügbarkeit von EDV-Statistikprogrammpaketen unproblematisch sein sollte.

- Man muss in der Lage sein, nominale Merkmale durch Indikatorvariablen abzubilden. Auch hierfür ist die Software der meisten Programmpakete hilfreich.

Mit der Umsetzung eines nominalen Merkmals in mehrere Indikatorvariablen wird eine sog. *Designmatrix* erstellt, die mit einer angemessenen Codierung die inhaltlichen Hypothesen abbildet. Die Konstruktion von Design-Matrizen ist ein wesentlicher Bestandteil der nachfolgenden Behandlung der einzelnen statistischen Verfahren. Auf die mathematischen Voraussetzungen der Verfahren sowie auf die Herleitung der jeweiligen Prüfstatistiken wird im Folgenden nicht mehr eingegangen, da hierüber bereits in den vorangegangenen Kapiteln berichtet wurde. Das Gleiche gilt für die bereits erwähnten Angaben zur Berechnung von Stichprobenumfängen, die hier nicht wiederholt werden.

SOFTWAREHINWEIS 22.1

Das Programmpaket SAS bietet die Prozedur PROC GLMPOWER an, mit der die Teststärke sowie Stichprobenumfänge für das ALM berechnet werden können.

Da Auswertungen nach dem ALM auf der multiplen Korrelations- und Regressionsrechnung basieren, erübrigt sich unter Verweis auf Abschnitt 21.2.9 ein eigenständiger Beitrag zur Mathematik des ALM. Für diejenigen, die das ALM von seiner mathematischen Seite her genauer kennenlernen möchten, seien z. B. die Arbeiten von Andres (1996), R. D. Bock (1975), J. Cohen und Cohen (1983), Finn (1974), Gaensslen und Schubö (1973), Horton (1978), Jennings (1967), Pedhazur (1997), Moosbrugger (1978), Moosbrugger und Zistler (1994), Neter et al. (1996), Overall und Klett (1972), Rochel (1983), Timm (2002) sowie Werner (1997) empfohlen.

Wir beginnen zunächst mit der Behandlung von Verfahren, bei denen die Bedeutung einer (oder mehrerer) nominalen Variablen als unabhängige Variable für eine intervallskalierte abhängige Variable untersucht wird. Hierzu zählen der t-Test sowie die verschiedenen Varianten der Varianzanalyse, wobei zunächst die Verfahren ohne Messwiederholungen, danach die Verfahren mit Messwiederholungen behandelt werden. Daran anschließend wird gezeigt, dass unter das ALM auch Verfahren zu subsumieren sind, bei denen die unabhängige *und* abhängige Variable nominalskaliert sind. Hierbei handelt es sich um die in Kap. 9 behandelten χ^2-Techniken.

Tabelle 22.4. Codierung eines t-Tests für unabhängige Stichproben

a)

a_1	a_2
5	2
4	4
8	3
7	3
6	2
3	4

b)

x	y
1	5
1	4
1	8
1	7
1	6
1	3
−1	2
−1	4
−1	3
−1	3
−1	2
−1	4

22.2.1 *t*-Test für unabhängige Stichproben

Der t-Test für unabhängige Stichproben prüft die $H_0 : \mu_1 = \mu_2$, wobei μ_1 und μ_2 Mittelwertparameter der abhängigen Variable y für zwei voneinander unabhängige Populationen a_1 und a_2 sind. Codieren wir die Zugehörigkeit einer Versuchsperson zu a_1 mit $x = 1$ und die Zugehörigkeit zu a_2 mit $x = -1$ (Effekt- bzw. Kontrastcodierung), sind die oben genannte Unterschiedshypothese und die Hypothese, zwischen x und y bestehe kein Zusammenhang, formal gleichwertig.

BEISPIEL 22.2

Tabelle 22.4a zeigt einen kleinen Datensatz für einen t-Test und Tab. 22.4b dessen Umsetzung in eine Designmatrix mit einer effektcodierenden (bzw. wegen $k = 2$ auch kontrastcodierenden) Indikatorvariablen.

Den Mittelwertunterschied der beiden Stichproben in Tab. 22.4a überprüfen wir zu Vergleichszwecken zunächst mit dem t-Test nach Gl. (8.6). Es resultiert

$$t = 2{,}953 \text{ mit df} = 10.$$

Die Produkt-Moment-Korrelation zwischen den Variablen x und y in Tab. 22.4b beträgt $r = 0{,}6825$. Diese Korrelation ist mit der punktbiserialen Korrelation (s. Abschnitt 10.3.2) identisch. Für den Signifikanztest dieser Korrelation ermitteln wir nach Gl. (10.10) folgenden t-Wert:

$$t = 2{,}953 \text{ mit df} = 10.$$

Die beiden t-Werte und die Freiheitsgrade sind identisch. Die Regressionsgleichung hat nach Gl. (22.2) die Koeffizienten $b = 1{,}25\ (= \bar{A}_1 - \bar{G})$ und $a = 4{,}25\ (= \bar{G})$. Mit einer Dummycodierung für die Indikatorvariable x würde man $b = 2{,}5\ (= \bar{A}_1 - \bar{A}_2)$ und $a = 3{,}0\ (= \bar{A}_2)$ erhalten.

22.2.2 Einfaktorielle Varianzanalyse

In der einfaktoriellen Varianzanalyse wird ein p-fach gestuftes Merkmal als unabhängige Variable mit einer metrischen abhängigen Variablen in Beziehung gesetzt. Die unabhängige Variable kann nominalskaliert sein oder aus Kategorien eines ordinal- bzw. metrischen Merkmals bestehen. Die unabhängige Variable wird in $p-1$ Indikatorvariablen umgesetzt, wobei wir für die Überprüfung der H_0: $\mu_1 = \mu_2 = \cdots = \mu_p$ eine Effektcodierung bevorzugen. Die Anzahl der Indikatorvariablen entspricht der Anzahl der Freiheitsgrade der Treatmentvarianz.

Das Quadrat der multiplen Korrelation zwischen den $p-1$ Indikatorvariablen und der abhängigen Variablen entspricht dem Varianzanteil der abhängigen Variablen, der durch die unabhängigen Variablen (d. h. die $p-1$ Indikatorvariablen) erklärt wird. Der nicht erklärte Varianzanteil $(1-R^2_{y,12\ldots p-1})$ entspricht dem Fehlervarianzanteil.

Der F-Test der einfaktoriellen Varianzanalyse lautet nach Gl. (12.7):

$$F = \mathrm{MQ}_A/\mathrm{MQ}_e = \frac{\mathrm{QS}_A/(p-1)}{\mathrm{QS}_e/(N-p)}. \tag{22.4}$$

In der einfaktoriellen Varianzanalyse wird die totale Quadratsumme additiv in QS_A und QS_e zerlegt. Der Quotient $\mathrm{QS}_A/\mathrm{QS}_{\mathrm{tot}}$ wurde bisher als η^2 bezeichnet, s. Gl. (12.8); er kennzeichnet wie $R^2_{y,12\ldots p-1}$ den gemeinsamen Varianzanteil zwischen der unabhängigen und der abhängigen Variablen. Es gilt also

$$R^2_{y,12\ldots p-1} = \frac{\mathrm{QS}_A}{\mathrm{QS}_{\mathrm{tot}}}$$

bzw.

$$\mathrm{QS}_A = R^2_{y,12\ldots p-1} \cdot \mathrm{QS}_{\mathrm{tot}}.$$

Analog hierzu ist

$$\mathrm{QS}_e = (1 - R^2_{y,12\ldots p-1}) \cdot \mathrm{QS}_{\mathrm{tot}}.$$

Setzen wir QS_A und QS_e in Gl. (22.4) ein, erhält man

$$F = \frac{R^2_{y,12\ldots p-1} \cdot \mathrm{QS}_{\mathrm{tot}}/(p-1)}{(1-R^2_{y,12\ldots p-1}) \cdot \mathrm{QS}_{\mathrm{tot}}/(N-p)} = \frac{R^2_{y,12\ldots p-1} \cdot (N-p)}{(1-R^2_{y,12\ldots p-1}) \cdot (p-1)}. \tag{22.5}$$

Dies ist der im ALM eingesetzte F-Test der einfaktoriellen Varianzanalyse. Man erkennt, dass dieser F-Test mit dem F-Test für eine multiple Korrelation, s. Gl. (21.20), übereinstimmt (mit $k = p-1$).

Die b-Gewichte für die Indikatorvariablen errechnet man über Gl. (21.25), wobei die $p-1$ Indikatorvariablen für die Bestimmung der Regressionskonstanten a durch eine durchgängig mit 1

Tabelle 22.5. Codierung einer einfaktoriellen Varianzanalyse (Beispiel s. Daten der Tab. 12.1)

x_1	x_2	x_3	y
1	0	0	2
1	0	0	1
1	0	0	3
1	0	0	3
1	0	0	1
0	1	0	3
0	1	0	4
0	1	0	3
0	1	0	5
0	1	0	0
0	0	1	6
0	0	1	8
0	0	1	7
0	0	1	6
0	0	1	8
−1	−1	−1	5
−1	−1	−1	5
−1	−1	−1	5
−1	−1	−1	3
−1	−1	−1	2

codierte Indikatorvariable (im Folgenden vereinfacht: *Einservariable*) zu ergänzen sind. Bei Indikatorvariablen mit Effektcodierung erhält man $b_i = \bar{A}_i - \bar{G}$ und $a = \bar{G}$ (als ungewichteten Mittelwert der p Mittelwerte).

Datenrückgriff

Tabelle 22.5 zeigt die Effektcodierung des Zahlenbeispiels (Vergleich von vier Unterrichtsmethoden in Tab. 12.1). Auf die Wiedergabe der für die Bestimmung der Regressionskonstanten a erforderlichen Einservariablen wurde verzichtet.

Wir errechnen $R^2_{y,123} = 0{,}70$ und nach Gl. (22.5)

$$F = \frac{0{,}70 \cdot 16}{(1-0{,}70) \cdot 3} = 12{,}44.$$

Dieser Wert stimmt bis auf Rundungsungenauigkeiten mit dem in Beispiel 12.4 berichteten F-Wert überein.

Als Regressionsgewichte (Rohwertgewichte) für Gl. (22.1) ergeben sich

$$b_1 = \bar{A}_1 - \bar{G} = -2,$$
$$b_2 = \bar{A}_2 - \bar{G} = -1,$$
$$b_3 = \bar{A}_3 - \bar{G} = 3,$$
$$a = \bar{G} = 4.$$

Einzelvergleiche und Trendtests

Für die Überprüfung a priori formulierter Hypothesen über Einzelvergleiche wählt man Codierungsvariablen, für die Tab. 22.3 einige Beispiele gibt.

Über Gl. (21.21) (Signifikanztest der b-Gewichte) ist zu prüfen, welche der in der Designmatrix enthaltenen Einzelvergleiche signifikant sind. Hat man orthogonale Einzelvergleiche bzw. einen vollständigen Satz orthogonaler Einzelvergleiche codiert, kann der Signifikanztest auch über die bivariaten Korrelationen zwischen jeweils einer kontrastcodierenden Indikatorvariablen und der abhängigen Variablen erfolgen.

Handelt es sich bei der unabhängigen Variablen um eine äquidistant gestufte Intervallskala, können unter Verwendung einer trendcodierenden Designmatrix auch Trendhypothesen getestet werden. Für die Daten aus Abschn. 13.1.4 (Einfluss von sechs äquidistant gestuften Lärmbedingungen auf die Arbeitsleistung) würde man mit einer Indikatorvariablen x_1 einen linearen Trend überprüfen, wenn die Versuchspersonen unter der Stufe a_1 mit −5, unter a_2 mit −3 , ... und unter a_6 mit 5 codiert werden. Diese Trendkoeffizienten sind Tab. 13.3 zu entnehmen. Entsprechend ist für quadratische, kubische etc. Trends zu verfahren.

Werden mit $p-1$ Indikatorvariablen alle möglichen $p-1$ Trends codiert (vollständiges Trendmodell), erhält man eine Regressionsgleichung, mit der wiederum gruppenspezifische Mittelwerte vorhergesagt werden. Das Quadrat der multiplen Korrelation entspricht dem in Gl. 12.8 definierten η^2.

22.2.3 Zwei- und mehrfaktorielle Varianzanalyse (gleiche Stichprobenumfänge)

In der zweifaktoriellen Varianzanalyse führen wir die Varianz der abhängigen Variablen auf die beiden Haupteffekte, die Interaktion und einen Fehleranteil zurück. Im ALM müssen die beiden Haupteffekte (Haupteffekt A mit p Stufen; Haupteffekt B mit q Stufen) und die Interaktion codiert werden. Die beiden Haupteffekte verschlüsseln wir genauso wie den Haupteffekt in der einfaktoriellen Varianzanalyse, d. h., wir benötigen $p-1$ Indikatorvariablen für den Faktor A und $q-1$ Indikatorvariablen für den Faktor B. Für die Interaktion setzen wir $(p-1)\cdot(q-1)$ Indikatorvariablen ein, die sich aus den *Produkten* der $p-1$ Indikatorvariablen für den Faktor A und der $q-1$ Indikatorvariablen für den Faktor B ergeben. Warum diese Bestimmung von Indikatorvariablen für die Interaktion sinnvoll ist, sei im Folgenden an einem Beispiel mit Effektcodierung verdeutlicht (zu anderen Codierungsvarianten in mehrfaktoriellen Plänen vgl. O'Grady & Medoff, 1988).

Indikatorvariablen für Interaktionen

Tabelle 22.6 zeigt ein Zahlenbeispiel für einen 3 × 2-Plan. In der Designmatrix codieren x_1 und x_2 Faktor A, x_3 Faktor B und x_4 $(= x_1 \cdot x_3)$ sowie x_5 $(= x_2 \cdot x_3)$ die Interaktion AB.

Die Regressionsgleichung hat in diesem Beispiel also fünf Indikatorvariablen [allgemein: $(p-1)+(q-1)+(p-1)\cdot(q-1)$ Indikatorvariablen ohne Einservariable]. Soll mit dieser Regressionsgleichung ein $\hat{y}_m$-Wert vorhergesagt werden, entspricht der vorhergesagte Wert in diesem Falle nach dem Kriterium der kleinsten Quadrate dem Mittelwert derjenigen Faktorstufenkombination, zu der die Person gehört ($\overline{AB}_{ij}$). Die vorhergesagten Werte sind damit auch bei einem zweifaktoriellen Plan bekannt.

Die allgemeine Regressionsgleichung lautet:

$$\hat{y}_m = b_1x_{1m} + b_2x_{2m} + b_3x_{3m} + b_4x_{4m} + b_5x_{5m} + a. \qquad (22.6)$$

Tabelle 22.6. Effektcodierung einer zweifaktoriellen Varianzanalyse

a)

	a_1	a_2	a_3	
b_1	0	2	0	7
	2	2	1	
b_2	2	1	0	5
	0	0	2	
	4	5	3	12

b)

A		B	AB		
x_1	x_2	x_3	x_4	x_5	y
1	0	1	1	0	0
1	0	1	1	0	2
1	0	−1	−1	0	2
1	0	−1	−1	0	0
0	1	1	0	1	2
0	1	1	0	1	2
0	1	−1	0	−1	1
0	1	−1	0	−1	0
−1	−1	1	−1	−1	0
−1	−1	1	−1	−1	1
−1	−1	−1	1	1	0
−1	−1	−1	1	1	2

Ersetzt man $\hat{y}_m$ durch den jeweiligen Mittelwert einer Faktorstufenkombination (Zelle) und die x_{im}-Werte durch die Codierung der Personen, die zu einer Zelle ab_{ij} gehören, ergeben sich die folgenden verkürzten Regressionsgleichungen:

$$\begin{aligned}
\overline{AB}_{11} &= b_1 + b_3 + b_4 + a,\\
\overline{AB}_{12} &= b_1 - b_3 - b_4 + a,\\
\overline{AB}_{21} &= b_2 + b_3 + b_5 + a,\\
\overline{AB}_{22} &= b_2 - b_3 - b_5 + a,\\
\overline{AB}_{31} &= -b_1 - b_2 + b_3 - b_4 - b_5 + a,\\
\overline{AB}_{32} &= -b_1 - b_2 - b_3 + b_4 + b_5 + a.
\end{aligned} \tag{22.7}$$

Dies sind sechs Gleichungen mit sechs Unbekannten. Es ergeben sich die folgenden Lösungen (man beachte, dass z. B. $\overline{AB}_{11} + \overline{AB}_{21} + \overline{AB}_{31} = 3 \cdot \bar{B}_1$ ist):

$$\begin{aligned}
b_1 &= \bar{A}_1 - \bar{G},\\
b_2 &= \bar{A}_2 - \bar{G},\\
b_3 &= \bar{B}_1 - \bar{G},\\
b_4 &= \overline{AB}_{11} - \bar{A}_1 - \bar{B}_1 + \bar{G},\\
b_5 &= \overline{AB}_{21} - \bar{A}_2 - \bar{B}_1 + \bar{G},\\
a &= \bar{G}.
\end{aligned} \tag{22.8}$$

Die Gewichte b_4 und b_5 entsprechen damit den Interaktionseffekten für die Zellen ab_{11} und ab_{21}. Weitere b-Gewichte werden nicht benötigt, da sich die übrigen Interaktionseffekte aus den codierten Interaktionseffekten ableiten lassen. Wir erhalten z. B. für den Interaktionseffekt der Zelle ab_{12}

$$\begin{aligned}
&\overline{AB}_{12} - \bar{A}_1 - \bar{B}_2 + \bar{G}\\
&\quad = (2 \cdot \bar{A}_1 - \overline{AB}_{11}) - \bar{A}_1 - (2 \cdot \bar{G} - \bar{B}_1) + \bar{G}\\
&\quad = -\overline{AB}_{11} + \bar{A}_1 + \bar{B}_1 - \bar{G}\\
&\quad = -b_4.
\end{aligned}$$

Die mit einer Faktorstufe verbundenen Interaktionseffekte addieren sich zu null.

Ausgehend von dieser Regel erhält man mit b_4 als Interaktionseffekt für die Zelle ab_{11} und mit b_5 als Interaktionseffekt für die Zelle ab_{21} folgende Interaktionseffekte:

Zelle ab_{11}: b_4,
Zelle ab_{21}: b_5,
Zelle ab_{31}: $-b_4 - b_5$,
Zelle ab_{12}: $-b_4$,
Zelle ab_{22}: $-b_5$,
Zelle ab_{32}: $b_4 + b_5$.

Unter Verwendung der Regressionskoeffizienten b_1 bis b_5 und a werden für jede Zelle ab_{ij} über Gl. (22.6) die zellenspezifischen Mittelwerte vorhergesagt, wenn man für die Indikatorvariablen x_1 bis x_5 die entsprechenden Zellencodierungen einsetzt. Die b-Gewichte und die Regressionskonstante $a = \bar{G}$ erhält man auch über Gl. (21.25), wenn die Designmatrix um eine Einservariable ergänzt wird.

F-Brüche

Zur Vereinfachung der Terminologie bezeichnen wir mit x_A die Indikatorvariablen, die Haupteffekt A codieren (im Beispiel x_1 und x_2), mit x_B die Indikatorvariablen für B (im Beispiel x_3) und mit x_{AB} die Indikatorvariablen der Interaktion (im Beispiel x_4 und x_5). $R_{y,x_A x_B x_{AB}}$ ist damit die multiple Korrelation zwischen y und allen Indikatorvariablen.

Quadrieren wir diese Korrelation, erhält man den Varianzanteil der abhängigen Variablen, der durch alle Indikatorvariablen bzw. die beiden Haupteffekte und die Interaktion erklärt wird. Entsprechend den Ausführungen zur einfaktoriellen Varianzanalyse gilt damit:

$$QS_{\text{regr}} = R^2_{y,x_A x_B x_{AB}} \cdot QS_{\text{tot}}. \tag{22.9}$$

Des Weiteren erhalten wir:

$$\begin{aligned}
QS_A &= R^2_{y,x_A} \cdot QS_{\text{tot}},\\
QS_B &= R^2_{y,x_B} \cdot QS_{\text{tot}},\\
QS_{AB} &= R^2_{y,x_{AB}} \cdot QS_{\text{tot}}
\end{aligned}$$

und

$$QS_e = (1 - R^2_{y,x_A x_B x_{AB}}) \cdot QS_{\text{tot}},$$

wobei

$$QS_{\text{regr}} = QS_A + QS_B + QS_{AB}.$$

Hiervon ausgehend ergeben sich unter Berücksichtigung der in Tab. 14.3 genannten Freiheitsgrade die folgenden F-Brüche der zweifaktoriellen Varianzanalyse:

$$F_A = \frac{R^2_{y,x_A} \cdot p \cdot q \cdot (n-1)}{(1 - R^2_{y,x_A x_B x_{AB}}) \cdot (p-1)}, \tag{22.10}$$

$$F_B = \frac{R^2_{y,x_B} \cdot p \cdot q \cdot (n-1)}{(1 - R^2_{y,x_A x_B x_{AB}}) \cdot (q-1)}, \tag{22.11}$$

$$F_{AB} = \frac{R^2_{y,x_{AB}} \cdot p \cdot q \cdot (n-1)}{(1 - R^2_{y,x_A x_B x_{AB}}) \cdot (p-1) \cdot (q-1)}. \tag{22.12}$$

Will man zusätzlich erfahren, ob die Effekte insgesamt eine signifikante Varianzaufklärung leisten, bildet man folgenden F-Bruch:

$$F_{\text{regr}} = \frac{R^2_{y,x_A x_B x_{AB}} \cdot p \cdot q \cdot (n-1)}{(1 - R^2_{y,x_A x_B x_{AB}}) \cdot (p \cdot q - 1)}.$$

Die Theorie dieser F-Brüche ist den Ausführungen zur zweifaktoriellen Varianzanalyse zu entnehmen.

BEISPIEL 22.3

Für das in Tab. 22.6 genannte Beispiel ($p = 3$, $q = 2$, $n = 2$) errechnet man:

$$R^2_{y,x_A x_B x_{AB}} = 0{,}300,$$
$$R^2_{y,x_A} = 0{,}050,$$
$$R^2_{y,x_B} = 0{,}033$$

und

$$R^2_{y,x_{AB}} = 0{,}217.$$

Wie die Quadratsummen sind auch die quadrierten multiplen Korrelationen additiv:

$$R^2_{y,x_A x_B x_{AB}} = R^2_{y,x_A} + R^2_{y,x_B} + R^2_{y,x_{AB}}. \tag{22.13}$$

Für die F-Brüche erhält man:

$$F_A = \frac{0{,}050 \cdot 3 \cdot 2 \cdot 1}{(1 - 0{,}3) \cdot 2} = 0{,}21,$$
$$F_B = \frac{0{,}033 \cdot 3 \cdot 2 \cdot 1}{(1 - 0{,}3) \cdot 1} = 0{,}28,$$
$$F_{AB} = \frac{0{,}217 \cdot 3 \cdot 2 \cdot 1}{(1 - 0{,}3) \cdot 2} = 0{,}93,$$
$$F_{\text{Zellen}} = \frac{0{,}3 \cdot 3 \cdot 2 \cdot 1}{(1 - 0{,}3) \cdot (3 \cdot 2 - 1)} = 0{,}51.$$

Als Regressionsgleichung ermittelt man nach Gl. (22.8) bzw. Gl. (21.25)

$$\hat{y}_m = 0 \cdot x_{1m} + 0{,}25 \cdot x_{2m} + 0{,}167 \cdot x_{3m} - 0{,}167 \cdot x_{4m} + 0{,}583 \cdot x_{5m} + 1.$$

Faktoren mit zufälligen Effekten

Haben Faktoren zufällige Effekte, ändern sich die Prüfvarianzen und damit auch die F-Brüche. Wenn für einen Haupteffekt die Interaktion als Nenner des F-Bruchs adäquat ist (MQ_{AB}), ersetzen wir den Nenner ($1 - R^2_{y,x_A x_B x_{AB}}$ = Fehlervarianzanteil) durch $R^2_{y,x_{AB}}$. Dementsprechend müssen die Fehlerfreiheitsgrade durch die Freiheitsgrade der Interaktion ersetzt werden.

Mehrfaktorielle Pläne

Für dreifaktorielle Pläne benötigen wir Indikatorvariablen, die neben den Haupteffekten und den Interaktionen 1. Ordnung auch die Interaktion 2. Ordnung codieren. Diese Indikatorvariablen erhalten wir – ähnlich wie die Indikatorvariablen für die Interaktion 1. Ordnung in einer zweifaktoriellen Varianzanalyse – durch Multiplikation der Indikatorvariablen der an der Interaktion 2. Ordnung beteiligten Haupteffekte.

BEISPIEL 22.4

In einem $2 \times 2 \times 3$ -Plan codieren wir mit

x_1 Haupteffekt A
x_2 Haupteffekt B
x_3, x_4 Haupteffekt C
$x_5 = x_1 \cdot x_2$ Interaktion AB
$x_6 = x_1 \cdot x_3$, $x_7 = x_1 \cdot x_4$ Interaktion AC
$x_8 = x_2 \cdot x_3$, $x_9 = x_2 \cdot x_4$ Interaktion BC
$x_{10} = x_1 \cdot x_2 \cdot x_3$, $x_{11} = x_1 \cdot x_2 \cdot x_4$ Interaktion ABC

Der F-Bruch für die ABC-Interaktion lautet (mit x_{10} und x_{11} für x_{ABC}):

$$F = \frac{R^2_{y,x_{ABC}}}{1 - R^2_{y,x_A x_B x_C x_{AB} x_{AC} x_{BC} x_{ABC}}} \times \frac{p \cdot q \cdot r \cdot (n-1)}{(p-1) \cdot (q-1) \cdot (r-1)}.$$

Bei Plänen mit mehr als drei Faktoren verfahren wir entsprechend.

Unvollständige Modelle

Bisher gingen wir davon aus, dass in der Designmatrix für einen mehrfaktoriellen Plan alle Haupteffekte und alle Interaktionen codiert werden (*vollständiges Modell*). Dies ist nicht erforderlich, wenn z. B. Interaktionen höherer Ordnung nicht interessieren. Unter Verzicht auf eine Codierung nicht interessierender Effekte erhält man eine reduzierte Designmatrix bzw. ein unvollständiges Modell. Für Pläne mit gleich großen Stichproben ist es für die Größe eines Effektes unerheblich, welche weiteren Effekte im Modell berücksichtigt sind.

Man beachte jedoch, dass die Regressionsvorhersagen bei einem unvollständigen Modell umso stärker vom jeweiligen Zellenmittelwert abweichen, je größer die nicht berücksichtigten Effekte sind. Es empfiehlt sich deshalb, Regressionsgleichungen aus unvollständigen Modellen nur dann zur Merkmalsvorhersage zu verwenden, wenn man zuvor sichergestellt hat, dass die nicht berücksichtigten Effekte ohne Bedeutung sind.

22.2.4 Zwei- und mehrfaktorielle unbalancierte Varianzanalyse

Korrelierte und unkorrelierte Effekte

Tabelle 22.7a zeigt die effektcodierende Designmatrix eines 2 × 3-Versuchsplans mit $n = 2$ (gleiche Stichprobenumfänge); x_1 codiert die beiden Stufen von Faktor A, x_2 und x_3 die drei Stufen von Faktor B, x_4 und x_5 die $2 \cdot 3$ Faktorstufenkombinationen. Die in der Korrelationsmatrix aufgeführten Korrelationen zwischen x_1 und x_2 sowie zwischen x_1 und x_3 repräsentieren somit den Zusammenhang zwischen den beiden Haupteffekten. Beide Korrelationen sind null, d. h., die beiden Haupteffekte sind im Fall gleich großer Stichpro-

Tabelle 22.7. Beispiel für unabhängige und abhängige Effekte

a)

	A	B		AB	
	x_1	x_2	x_3	x_4	x_5
ab_{11}	1	1	0	1	0
	1	1	0	1	0
ab_{12}	1	0	1	0	1
	1	0	1	0	1
ab_{13}	1	−1	−1	−1	−1
	1	−1	−1	−1	−1
ab_{21}	−1	1	0	−1	0
	−1	1	0	−1	0
ab_{22}	−1	0	1	0	−1
	−1	0	1	0	−1
ab_{23}	−1	−1	−1	1	1
	−1	−1	−1	1	1

Korrelationsmatrix

	x_1	x_2	x_3	x_4	x_5
x_1	1,00	0,00	0,00	0,00	0,00
x_2		1,00	0,50	0,00	0,00
x_3			1,00	0,00	0,00
x_4				1,00	0,50
x_5					1,00

b)

	A	B		AB	
	x_1	x_2	x_3	x_4	x_5
ab_{11}	1	1	0	1	0
	1	1	0	1	0
ab_{12}	1	0	1	0	1
	1	0	1	0	1
ab_{13}	1	−1	−1	−1	−1
	1	−1	−1	−1	−1
ab_{21}	−1	1	0	−1	0
	−1	1	0	−1	0
	−1	1	0	−1	0
ab_{22}	−1	0	1	0	−1
	−1	0	1	0	−1
	−1	0	1	0	−1
	−1	0	1	0	−1
ab_{23}	−1	−1	−1	1	1
	−1	−1	−1	1	1

Korrelationsmatrix

	x_1	x_2	x_3	x_4	x_5
x_1	1,00	−0,07	−0,14	0,07	0,14
x_2		1,00	0,41	−0,10	0,01
x_3			1,00	0,01	−0,18
x_4				1,00	0,41
x_5					1,00

ben voneinander unabhängig. Entsprechendes gilt für die Korrelationen zwischen den beiden Haupteffekten und der Interaktion. Auch diese Effekte sind wechselseitig unabhängig.

Die Korrelationen zwischen x_2 und x_3 bzw. zwischen x_4 und x_5 von jeweils 0,50 sind darauf zurückzuführen, dass durch x_2 und x_3 auch die dritte Stufe von Faktor B (durch −1) bzw. durch x_4 und x_5 auch die Kombinationen ab_{21}, ab_{22}, ab_{23} und ab_{13} verschlüsselt werden. Sie sind für die Unabhängigkeit der Haupteffekte und der Interaktion belanglos. Hätte man statt der Effektcodierung eine orthogonale Kontrastcodierung gewählt, wären auch diese Korrelationen null.

Tabelle 22.7b gibt die Designmatrix eines 2 × 3-Plans mit ungleich großen Stichproben wieder. Hier bestehen zwischen den Indikatorvariablen, die jeweils die Haupteffekte bzw. die Interaktion codieren, Zusammenhänge (z. B. $r_{x_1x_2} = -0{,}07$; $r_{x_1x_3} = -0{,}14$ für die beiden Haupteffekte). In diesem Falle kann nicht mehr zweifelsfrei entschieden werden, wie stark die korrelierten, varianzanalytischen Effekte die abhängige Variable beeinflussen, denn durch die Abhängigkeit der Effekte ist der Varianzanteil eines Effektes durch Varianzanteile der korrelierten Effekte überlagert, sodass Gl. (22.13) nicht mehr gilt.

> In Abgrenzung von Varianzanalysen mit gleich großen Stichproben und damit unkorrelierten (orthogonalen) Effekten bezeichnet man zwei- oder mehrfaktorielle Varianzanalysen mit ungleich großen Stichproben als nicht-orthogonale Varianzanalysen.

Weitere Information zur Codierung in nicht-orthogonalen Varianzanalysen findet man bei Blair und Higgings (1978) sowie Keren und Lewis (1977).

Zur Illustration greifen wir Beispiel 14.3 auf, welches die Daten aus Tab. 14.6 verwendet. Anstatt die Berechnung der F-Werte direkt zu besprechen, erläutern wir die Bestimmung von Typ I, Typ II und Typ III Quadratsummen. Die F-Werte können daraus leicht bestimmt werden, s. Kap. 14.3. Die Berechnung der Quadratsummen beginnt mit der Effektcodierung.

Typ III Quadratsummen. Die Typ III Quadratsummen lassen sich folgendermaßen bestimmen:

$$QS_A = QS_{tot} \cdot (R^2_{y,x_Ax_Bx_{AB}} - R^2_{y,x_Bx_{AB}}),$$
$$QS_B = QS_{tot} \cdot (R^2_{y,x_Ax_Bx_{AB}} - R^2_{y,x_Ax_{AB}}),$$
$$QS_{AB} = QS_{tot} \cdot (R^2_{y,x_Ax_Bx_{AB}} - R^2_{y,x_Ax_B})$$

mit

x_A, Indikatorvariablen für Haupteffekt A,
x_B, Indikatorvariablen für Haupteffekt B,
x_{AB}, Indikatorvariablen für die Interaktion AB.

BEISPIEL 22.5

Um die Formeln zu illustrieren, berechnen wir die Typ III Quadratsummen für die Daten aus Tab. 14.6. Die Berechnungen können mit den Quadratsummen, welche in Beispiel 14.5 berichtet wurden, verglichen werden. Da die Effekte für die Daten teilweise extrem stark sind, ist es wichtig, die multiplen Korrelationen mit großer Präzision zu bestimmen. Wir ermitteln die Werte:

$$R^2_{y,x_Ax_Bx_{AB}} = 0{,}9904581, \qquad R^2_{y,x_Bx_{AB}} = 0{,}1880891,$$
$$R^2_{y,x_Ax_{AB}} = 0{,}9904520, \qquad R^2_{y,x_Ax_B} = 0{,}9899539.$$

Da $QS_{tot} = \sum_i \sum_j (y_{ijk} - \bar{y}_{..})^2 = 2536{,}194$ beträgt, ergibt sich beispielsweise

$$QS_A = (0{,}9904581 - 0{,}1880891) \cdot 2536{,}194 = 2034{,}963.$$

Dieser Wert stimmt mit der QS_A in Beispiel 14.5 überein. Die anderen Quadratsummen ermittelt man ganz analog.

Typ I Quadratsummen. Die Typ I Quadratsummen (A zuerst) lassen sich folgendermaßen bestimmen

$$QS_A = R^2_{y,x_A} \cdot QS_{tot},$$
$$QS_B = (R^2_{y,x_Ax_B} - R^2_{y,x_B}) \cdot QS_{tot},$$
$$QS_{AB} = (R^2_{y,x_Ax_Bx_{AB}} - R^2_{y,x_Ax_B}) \cdot QS_{tot}.$$

Die Typ I Quadratsummen (B zuerst) lassen sich folgendermaßen bestimmen

$$QS_A = R^2_{y,x_B} \cdot QS_{tot},$$
$$QS_B = (R^2_{y,x_Ax_B} - R^2_{y,x_A}) \cdot QS_{tot},$$
$$QS_{AB} = (R^2_{y,x_Ax_Bx_{AB}} - R^2_{y,x_Ax_B}) \cdot QS_{tot}.$$

BEISPIEL 22.6

Wir geben nur die multiplen Korrelationen an, die noch benöigt werden, um die Ergebnisse aus Beispiel 14.6 aufgrund der obigen Formeln verifiziert zu können. Diese sind

$$R^2_{y,x_A} = 0{,}9899521 \quad \text{und} \quad R^2_{y,x_B} = 0{,}1743068.$$

Der Wert für QS_{tot} sowie die anderen R^2 Werte, welche in den obigen Formeln zur Berechnung der Quadratsummen benötigt werden, wurden bereits berichtet.

Typ II Quadratsummen. Schließlich seien noch die die Typ II Quadratsummen erwähnt. Wie Typ III Quadratsummen sind auch Typ II Quadratsummen sequenzunabhängig. Diese Quadratsummen lassen sich durch folgende Ausdrücke ermitteln:

$$QS_A = (R^2_{y,x_Ax_B} - R^2_{y,x_B}) \cdot QS_{tot},$$
$$QS_B = (R^2_{y,x_Ax_B} - R^2_{y,x_A}) \cdot QS_{tot},$$
$$QS_{AB} = (R^2_{y,x_Ax_Bx_{AB}} - R^2_{y,x_Ax_B}) \cdot QS_{tot}.$$

Bei der Fehlerquadratsumme gibt es keine Unterschiede zwischen den verschiedenen Quadratsummentypen. Die Fehlerquadratsumme ergibt sich immer als

$$QS_e = 1 - R^2_{y,x_A x_B x_{AB}}.$$

Übrigens wird die Interaktionsquadratsumme bei allen drei Typen von Quadratsummen gleich berechnet.

Für Pläne mit mehr als zwei Faktoren gilt für Typ III Quadratsummen, dass sämtliche Effekte von allen übrigen Effekten bereinigt werden müssen. So würde beispielsweise die Quadratsumme für den Haupteffekt C in einer dreifaktoriellen Varianzanalyse aus folgendem Ausdruck resultieren:

$$R^2_{y,x_A x_B x_C x_{AB} x_{AC} x_{BC} x_{ABC}} - R^2_{y,x_A x_B x_{AB} x_{AC} x_{BC} x_{ABC}}.$$

Wie man mit leeren Zellen („empty cells") in nichtorthogonalen Varianzanalysen umgeht, wird bei Timm (2002, Kap. 4.10) beschrieben.

22.2.5 Kovarianzanalyse

Einfaktorielle kovarianzanalytische Versuchspläne werden nach dem ALM in folgender Weise ausgewertet: Zunächst muss die Zugehörigkeit der Versuchspersonen zu den p-Stufen eines Faktors in üblicher Weise durch Indikatorvariablen verschlüsselt werden. Als weiteren Prädiktor der abhängigen Variablen setzen wir die Kovariate (z) ein. Das Quadrat der multiplen Korrelation zwischen allen Indikatorvariablen und der Kovariaten einerseits und der abhängigen Variablen andererseits ist der Varianzanteil der abhängigen Variablen, der auf den untersuchten Faktor und die Kovariate zurückgeht. Um den Varianzanteil zu erhalten, der auf den Faktor zurückgeht und der nicht durch die Kovariate erklärbar ist, subtrahieren wir vom Quadrat der multiplen Korrelation aller Prädiktorvariablen das Quadrat der Korrelation der Kovariaten mit der abhängigen Variablen. Die Bereinigung der abhängigen Variablen bezüglich der Kovariaten erfolgt also über eine semipartielle Korrelation. Der auf den Regressionsresiduen basierende Fehlervarianzanteil ergibt sich zu $1 - R^2_{y,x_A z}$.

Im einfaktoriellen Fall kann der Treatmentfaktor folgendermaßen getestet werden:

$$F = \frac{(R^2_{y,x_A z} - r^2_{y,z}) \cdot (N - p - 1)}{(1 - R^2_{y,x_A z}) \cdot (p - 1)} \tag{22.14}$$

mit

x_A = Indikatorvariablen des Faktors A
z = Kovariate.

Dieser F-Wert hat $p - 1$ Zählerfreiheitsgrade und $N - p - 1$ Nennerfreiheitsgrade. Die Generalisierung dieses Ansatzes auf k Kovariaten liegt auf der Hand. Statt der einfachen Produkt-Moment-Korrelation zwischen der Kriteriums- und Kovariaten subtrahieren wir im Zähler von Gl. (22.14) $R^2_{y,z_1 z_1 \ldots z_k}$ von $R^2_{y,x_A z_1 z_2 \ldots z_k}$. Der Nenner wird entsprechend korrigiert:

$$F = \frac{(R^2_{y,x_A z_1 z_2 \ldots z_k} - R^2_{y,z_1 z_2 \ldots z_k}) \cdot (N - p - k)}{(1 - R^2_{y,x_A z_1 z_2 \ldots z_k}) \cdot (p - 1)}. \tag{22.15}$$

Dieser F-Wert hat $N - p - k$ Nennerfreiheitsgrade mit k = Anzahl der Kovariaten. Man beachte, dass als Kovariaten auch Indikatorvariablen eines nominalen Merkmals eingesetzt werden können.

Huitema (1980, S. 161), zit. nach J. Stevens (2002, S. 346) empfiehlt, die Anzahl der Kovariaten (k) so festzulegen, dass folgende Ungleichung erfüllt ist:

$$\frac{k + (p - 1)}{N} < 0{,}10.$$

Bei drei Gruppen ($p = 3$) und $N = 60$ sollte $k < 4$ sein. Bei einer größeren Anzahl von Kovariaten besteht die Gefahr instabiler kovarianzanalytischer Ergebnisse, die einer Kreuzvalidierung nicht standhalten.

Um die *Homogenität der Steigungen der Innerhalb-Regressionen* zu überprüfen (vgl. 19.2), bilden wir weitere Indikatorvariablen, die sich aus den Produkten der Indikatorvariablen des Faktors A und der (den) Kovariaten ergeben ($x_A \times z$). Ausgehend von diesen zusätzlichen Indikatorvariablen testet der folgende F-Bruch die Homogenitätsvoraussetzung im Rahmen einer einfaktoriellen Kovarianzanalyse:

$$F = \frac{(R^2_{y,x_A z(x_A \times z)} - R^2_{y,x_A z}) \cdot (N - 2 \cdot p)}{(1 - R^2_{y,x_A z(x_A \times z)}) \cdot (p - 1)}. \tag{22.16}$$

Der F-Wert hat $p - 1$ Zählerfreiheitsgrade und $N - 2 \cdot p$ Nennerfreiheitsgrade.

Datenrückgriff

Zur Veranschaulichung wählen wir das Beispiel in Tab. 19.1. Für diese Daten ergibt sich die in Tab. 22.8 wiedergegebene, verkürzte Design-

Tabelle 22.8. Verkürzte Designmatrix für eine einfaktorielle Kovarianzanalyse (Daten der Tab. 19.1)

x_1	x_2	z	x_1z	x_2z	y
1	0	7	7	0	5
1	0	9	9	0	6
0	1	11	0	11	5
0	1	12	0	12	4
−1	−1	12	−12	−12	2
−1	−1	10	−10	−10	1

matrix. (In Tab. 22.8 sind nur die jeweils ersten beiden Versuchspersonen der drei Gruppen codiert. In der kompletten Designmatrix erhält jede Versuchsperson die Codierung ihrer Gruppe. x_1 und x_2 codieren Faktor A, und z ist die Kovariate. Die Einservariable ist nicht aufgeführt.)

Wir ermitteln:

$$R^2_{y,x_A z} = 0{,}929,$$

$$r^2_{y,z} = 0{,}078,$$

und nach Gl. (22.14)

$$F = \frac{(0{,}929 - 0{,}078) \cdot 11}{(1 - 0{,}929) \cdot 2} = 65{,}92.$$

Für den F-Test nach Gl. (22.16), der die Homogenität der Steigungen überprüft, errechnen wir:

$$R^2_{y,x_A z(x_A \times z)} = 0{,}951,$$

sodass

$$F = \frac{(0{,}951 - 0{,}929) \cdot 9}{(1 - 0{,}951) \cdot 2} = 2{,}02.$$

Die Werte stimmen bis auf Rundungsungenauigkeiten mit den in Tabelle 19.5 genannten Werten überein.

Nicht-lineare Zusammenhänge

Im ALM ist es möglich, auch nicht-lineare Zusammenhänge zwischen einer oder mehreren Kovariaten und der abhängigen Variablen aus der abhängigen Variablen herauszupartialisieren. Hierzu wird die gewünschte nicht-lineare Funktion der Kovariaten berechnet [z. B. $f(x) = x^2$; $f(x) = e^x$], die als weitere Prädiktorvariable in das Regressionsmodell eingeht (vgl. hierzu auch Bartussek, 1970).

22.2.6 Hierarchische Varianzanalyse

Die Auswertung einer hierarchischen Varianzanalyse nach den Regeln des ALM sei anhand der Daten des in Tab. 17.2 wiedergegebenen Beispiels veranschaulicht. Tabelle 22.9 zeigt die verkürzte Designmatrix ohne Einservariable (pro Gruppe die erste Versuchsperson).

x_1 bis x_3 ($= x_A$) codieren Faktor A. Da die Stufen von B unter A geschachtelt sind, werden für jeweils drei b-Stufen zwei Indikatorvariablen benötigt (z. B. x_4 und x_5 als $x_{B(A_1)}$) bzw. insgesamt acht Indikatorvariablen [allgemein $p \cdot (q-1)$ Indikatorvariablen für $B(A)$].

Wenn beide Faktoren eine feste Stufenauswahl beinhalten, überprüfen wir sie durch die folgenden F-Brüche:

$$F_A = \frac{R^2_{y,x_A} \cdot p \cdot q \cdot (n-1)}{(1 - R^2_{y,x_A x_{B(A)}}) \cdot (p-1)} \quad (22.17)$$

$$df_{\text{Zähler}} = p - 1$$
$$df_{\text{Nenner}} = p \cdot q \cdot (n-1)$$

$$F_{B(A)} = \frac{(R^2_{y,x_A x_{B(A)}} - R^2_{y,x_A}) \cdot p \cdot q \cdot (n-1)}{(1 - R^2_{y,x_A x_{B(A)}}) \cdot p \cdot (q-1)} \quad (22.18)$$

Tabelle 22.9. Codierung einer zweifaktoriellen hierarchischen Varianzanalyse (Daten aus Tab. 17.2)

x_1	x_2	x_3	x_4	x_5	x_6	x_7	x_8	x_9	x_{10}	x_{11}	y
1	0	0	1	0	0	0	0	0	0	0	7
1	0	0	0	1	0	0	0	0	0	0	6
1	0	0	−1	−1	0	0	0	0	0	0	9
0	1	0	0	0	1	0	0	0	0	0	5
0	1	0	0	0	0	1	0	0	0	0	10
0	1	0	0	0	−1	−1	0	0	0	0	15
0	0	1	0	0	0	0	1	0	0	0	9
0	0	1	0	0	0	0	0	1	0	0	13
0	0	1	0	0	0	0	−1	−1	0	0	9
−1	−1	−1	0	0	0	0	0	0	1	0	12
−1	−1	−1	0	0	0	0	0	0	0	1	17
−1	−1	−1	0	0	0	0	0	0	−1	−1	13

(pro Zeile eine Faktorstufenkombination)

$$\mathrm{df}_{\text{Zähler}} = p \cdot (q-1)$$
$$\mathrm{df}_{\text{Nenner}} = p \cdot q \cdot (n-1)$$

In unserem Beispiel ermitteln wir:

$$F_A = \frac{0{,}547 \cdot 36}{(1-0{,}791) \cdot 3} = 31{,}41,$$
$$F_{B(A)} = \frac{(0{,}791-0{,}547) \cdot 36}{(1-0{,}791) \cdot 8} = 5{,}25.$$

Testen wir wie in Tab. 17.2 Faktor A an Faktor $B(A)$ (weil Faktor B *zufällige Stufen* hat), resultiert als F-Wert:

$$F = \frac{R^2_{y,x_A} \cdot (q-1) \cdot p}{R^2_{y,x_A x_{B(A)}} - R^2_{y,x_A} \cdot (p-1)}$$
$$= \frac{0{,}547 \cdot 8}{(0{,}791-0{,}547) \cdot 3} = 5{,}98.$$

Auch diese Werte stimmen mit den in Tab. 17.2 genannten überein.

22.2.7 Lateinisches Quadrat

Die Effektcodierung des in Tab. 20.9 wiedergegebenen lateinischen Quadrates zeigt Tab. 22.10.

In dieser Tabelle ist zeilenweise der erste Wert aus jeder Stichprobe codiert (z. B. 1. Zeile abc_{111}, 6. Zeile abc_{223} oder 10. Zeile abc_{234}). In der vollständigen Designmatrix werden die übrigen Werte in den einzelnen Stichproben entsprechend verschlüsselt. Bei der Codierung des Faktors C achte man auf die Abfolge der c-Stufen. Wir berechnen vier multiple Korrelationen:

$$R^2_{y,x_A x_B x_C} = 0{,}308,$$
$$R^2_{y,x_A} = 0{,}081,$$
$$R^2_{y,x_B} = 0{,}191,$$
$$R^2_{y,x_C} = 0{,}035.$$

Die F-Tests für die Haupteffekte, die auch bei ungleich großen Stichproben eingesetzt werden können, lauten:

Für den Haupteffekt A:

$$F = \frac{R^2_{y,x_A x_B x_C} - R^2_{y,x_B x_C}}{(1-R^2_{y,x_A x_B x_C}) \cdot (p-1)} \cdot ((N-p^2) + (p-1) \cdot (p-2)). \quad (22.19)$$

Für den Haupteffekt B:

$$F = \frac{R^2_{y,x_A x_B x_C} - R^2_{y,x_A x_C}}{(1-R^2_{y,x_A x_B x_C}) \cdot (p-1)} \cdot ((N-p^2) + (p-1) \cdot (p-2)). \quad (22.20)$$

Für den Haupteffekt C:

$$F = \frac{R^2_{y,x_A x_B x_C} - R^2_{y,x_A x_B}}{(1-R^2_{y,x_A x_B x_C}) \cdot (p-1)} \cdot ((N-p^2) + (p-1) \cdot (p-2)). \quad (22.21)$$

Die Prüfvarianz bestimmen wir für alle drei Haupteffekte, indem wir von der totalen Varianz (die hier – wie im ALM üblich – auf 1 gesetzt

Tabelle 22.10. Codierung eines lateinischen Quadrates (Daten aus Tab. 20.9)

A			*B*			*C*			
x_1	x_2	x_3	x_4	x_5	x_6	x_7	x_8	x_9	y
1	0	0	1	0	0	1	0	0	13
0	1	0	1	0	0	0	1	0	14
0	0	1	1	0	0	0	0	1	16
−1	−1	−1	1	0	0	−1	−1	−1	12
1	0	0	0	1	0	0	1	0	10
0	1	0	0	1	0	0	0	1	19
0	0	1	0	1	0	−1	−1	−1	17
−1	−1	−1	0	1	0	1	0	0	18
1	0	0	0	0	1	0	0	1	17
0	1	0	0	0	1	−1	−1	−1	17
0	0	1	0	0	1	1	0	0	18
−1	−1	−1	0	0	1	0	1	0	13
1	0	0	−1	−1	−1	−1	−1	−1	15
0	1	0	−1	−1	−1	1	0	0	18
0	0	1	−1	−1	−1	0	1	0	19
−1	−1	−1	−1	−1	−1	0	0	1	19

wird) den Anteil, der auf die drei Haupteffekte zurückgeht, abziehen. Der verbleibende Varianzanteil enthält somit Fehler- und Residualeffekte, wobei letztere bei zu vernachlässigenden Interaktionen unbedeutend sind. Die F-Tests nach Gl. (22.19) bis (22.21) führen deshalb nur dann zu den gleichen Entscheidungen wie die F-Tests in Tab. 20.9 (die mit der reinen Fehlervarianz als Prüfvarianz operieren), wenn keine Interaktionen existieren und die Residualvarianz damit null ist. Die Freiheitsgrade für die Prüfvarianz in den oben genannten Gleichungen ergeben sich aus den Freiheitsgraden für die Fehlervarianz und den Freiheitsgraden der Residualvarianz: $p^2 \cdot (n-1) + (p-1) \cdot (p-2)$. (Man beachte den Freiheitsgradgewinn für die zusammengefasste Varianz, der dazu führen kann, dass die zusammengefasste Varianz kleiner ist als die reine Fehlervarianz.)

Eine reine Fehlervarianzschätzung würden wir erhalten, wenn von der totalen Varianz nicht nur der auf die Haupteffekte, sondern auch der auf die im lateinischen Quadrat realisierten Interaktionen (Residualvarianz) zurückgehende Varianzanteil abgezogen wird. Die Codierung der im lateinischen Quadrat realisierten Interaktionen durch Indikatorvariablen wird bei P. A. Thompson (1988) beschrieben.

Alle F-Werte haben allgemein $(N-p^2)+(p-1)\cdot(p-2)$ Nennerfreiheitsgrade und $p-1$ Zählerfreiheitsgrade. In unserem Beispiel ermitteln wir:

$$F_A = \frac{0{,}082 \cdot 54}{0{,}692 \cdot 3} = 2{,}13,$$

$$F_B = \frac{0{,}192 \cdot 54}{0{,}692 \cdot 3} = 4{,}99,$$

$$F_C = \frac{0{,}036 \cdot 54}{0{,}692 \cdot 3} = 0{,}94.$$

22.2.8 *t*-Test für Beobachtungspaare

Der t-Test für Beobachtungspaare entspricht dem t-Test für unabhängige Stichproben, wenn die Messungen eines Paars um den Unterschied zwischen den Paaren bereinigt werden (ipsative Messwerte). Diesen Sachverhalt machen wir uns bei der Behandlung des t-Tests für Beobachtungspaare als Spezialfall des ALM in folgender Weise zunutze:

Zunächst konstruieren wir eine Indikatorvariable, mit der die beiden Messzeitpunkte effektcodiert werden. Für alle Messungen zum Zeitpunkt t_1 setzen wir $x_1 = 1$ und für die Messungen zum Zeitpunkt t_2 $x_1 = -1$. Das Quadrat der Korrelation dieser Indikatorvariablen mit der abhängigen Variablen y ($r^2_{y,1}$) gibt den Varianzanteil an, der auf Treatmentunterschiede zurückgeht. Der verbleibende Varianzanteil $(1 - r^2_{y,1})$ enthält Residualanteile und die Unterschiedlichkeit zwischen den Beobachtungspaaren.

Wir benötigen eine Prüfvarianz, aus der nicht nur die Unterschiede zwischen den Messzeitpunkten, sondern auch die Unterschiedlichkeit zwischen den Versuchspersonen eliminiert ist. Hierfür machen wir eine zweite Indikatorvariable x_2 auf, die die Mittelwerte (bzw. die Summen) der zwei Messungen einer jeden Versuchsperson enthält. $R^2_{y,12}$ gibt dann denjenigen Varianzanteil der abhängigen Variablen wieder, der auf die beiden Messzeitpunkte und die Unterschiede zwischen den Versuchspersonen zurückgeht bzw. $1 - R^2_{y,12}$ den gesuchten Prüfvarianzanteil (Pedhazur, 1977). Wir berechnen die Prüfgröße

$$F = \frac{r^2_{y,1} \cdot (n-1)}{(1 - R^2_{y,12})}, \tag{22.22}$$

die aufgrund der Beziehung zwischen t- und F-Werten bei einem Zählerfreiheitsgrad (Gl. 5.21) dem nach Gl. (8.10) berechneten t-Wert entspricht.

Datenrückgriff

Zur Verdeutlichung dieser ALM-Variante wählen wir Daten aus Beispiel 8.5 als Zahlenbeispiel (vgl. Tab. 22.11).

Man beachte, dass sich die Mittelwerte der Versuchspersonen auf x_2 einmal wiederholen. (Der erste Wert der Vp 1 lautet 40 und der zweite 48.

Tabelle 22.11. Codierung eines t-Tests für Beobachtungspaare (Daten aus Bsp. 8.5)

x_1	x_2	y
1	44	40
1	57,5	60
1	37	30
⋮	⋮	⋮
1	14,5	10
1	46,5	40
1	57,5	55
−1	44	48
−1	57,5	55
−1	37	44
⋮	⋮	⋮
−1	14,5	19
−1	46,5	53
−1	57,5	60

Der Durchschnittswert 44 wird einmal für die Codierung $x_1 = 1$ und ein zweites Mal für die Codierung $x_1 = -1$ eingesetzt.)

Wir errechnen $r^2_{y,1} = 0{,}0505$ und $R^2_{y,12} = 0{,}9290$ und erhalten nach Gl. (22.22)

$$F = \frac{0{,}0505 \cdot 14}{(1 - 0{,}9290)} = 9{,}958.$$

Dieser Wert entspricht – bis auf Rundungsungenauigkeiten – dem in Beispiel 8.5 ermittelten t-Wert: $t = \sqrt{9{,}958} = -3{,}16$.

22.2.9 Varianzanalyse mit Messwiederholungen

Einfaktorielle Pläne

Für die Durchführung einer einfaktoriellen Varianzanalyse mit Messwiederholungen nach den Richtlinien des ALM greifen wir auf das bereits im letzten Abschnitt (t-Test für Beobachtungspaare) behandelte Codierungsprinzip zurück. Die p-Messzeitpunkte werden – wie in der einfaktoriellen Varianzanalyse – durch $p - 1$ Indikatorvariablen codiert. Wir erweitern das Modell um eine weitere Prädiktorvariable mit den Personensummen bzw. Personenmittelwerten. Diese Indikatorvariable erfasst die Varianz zwischen den Personen, die wir benötigen, um die Residualvarianz als Prüfvarianz zu bestimmen (vgl. Pedhazur, 1977, oder auch Gibbons & Sherwood, 1985, zum Stichwort „criterion scaling"). Für das in Tab. 18.1 genannte Zahlenbeispiel resultiert die in Tab. 22.12 dargestellte Designmatrix.

Die Variable x_3 enthält – in dreifacher Wiederholung – die Summen der Versuchspersonen (P_m in Tab. 18.1). Den Varianzanteil, der auf die drei Messzeitpunkte zurückgeht, ermitteln wir mit $R^2_{y,12}$. Wir erhalten

$$R^2_{y,12} = 0{,}3162.$$

Für den Varianzanteil, der auf die drei Messzeitpunkte *und* die Unterschiedlichkeit der Versuchspersonen zurückgeht, errechnen wir

$$R^2_{y,123} = 0{,}6124.$$

Der F-Test der H_0: $\mu_1 = \mu_2 = \mu_3$ ergibt

$$F = \frac{R^2_{y,12} \cdot (p-1) \cdot (n-1)}{(1 - R^2_{y,123}) \cdot (p-1)} = 7{,}342. \qquad (22.23)$$

Tabelle 22.12. Codierung einer einfaktoriellen Varianzanalyse mit Messwiederholungen (Daten aus Tab. 18.1)

x_1	x_2	x_3	y
1	0	15	5
1	0	19	5
1	0	22	8
1	0	20	6
1	0	19	7
1	0	23	7
1	0	21	5
1	0	17	6
1	0	21	7
1	0	17	5
0	1	15	5
0	1	19	6
0	1	22	9
0	1	20	8
0	1	19	7
0	1	23	9
0	1	21	10
0	1	17	7
0	1	21	8
0	1	17	7
−1	−1	15	5
−1	−1	19	8
−1	−1	22	5
−1	−1	20	6
−1	−1	19	5
−1	−1	23	7
−1	−1	21	6
−1	−1	17	4
−1	−1	21	6
−1	−1	17	5

Dieser Wert stimmt mit dem in Beispiel 18.1 genannten F-Wert bis auf Rundungsungenauigkeiten überein.

Bei dieser Art der Codierung hat die Regressionskonstante a einen Wert von 0. Die b-Gewichte der Indikatorvariablen x_1 und x_2, die die Messzeitpunkte codieren, entsprechen – wie üblicherweise bei der Effektcodierung – den Abweichungen $\bar{A}_i - \bar{G}$. Das Gewicht für x_3 (Vektor der Vpn-Summen) ergibt sich als Reziprokwert für die Anzahl der Messzeitpunkte (im Beispiel 1/3).

Zweifaktorielle Pläne

Bei einer zweifaktoriellen Varianzanalyse mit Messwiederholungen (ein Gruppierungs- und ein Messwiederholungsfaktor) mit gleich großen Stichproben verfahren wir folgendermaßen: $p-1$ Indikatorvariablen codieren den Haupteffekt A. Wir nennen diese Indikatorvariablen zusammenfassend x_A. Mit $q - 1$ Indikatorvariablen (x_B) wird Haupteffekt B und mit weiteren $(p-1) \cdot (q-1)$ Indikatorvariablen (x_{AB}) die Interaktion AB codiert. Eine weitere Prädiktorvariable x_p enthält (in q-facher Wiederholung) die Summen (Mittelwerte) der Versuchspersonen. Der F-Test für den Haupteffekt A lautet dann:

$$F_A = \frac{R^2_{y,x_A} \cdot p \cdot (n-1)}{(R^2_{y,x_A x_P} - R^2_{y,x_A}) \cdot (p-1)}. \quad (22.24)$$

Für den Haupteffekt B und die Interaktion AB bilden wir die folgenden F-Brüche:

$$F_B = \frac{R^2_{y,x_B} \cdot p \cdot (q-1) \cdot (n-1)}{(1 - R^2_{y,x_A x_B x_{AB} x_P}) \cdot (q-1)}, \quad (22.25)$$

$$F_{AB} = \frac{R^2_{y,x_{AB}} \cdot p \cdot (q-1) \cdot (n-1)}{(1 - R^2_{y,x_A x_B x_{AB} x_P}) \cdot (p-1) \cdot (q-1)}. \quad (22.26)$$

Im Nenner von Gl. (22.25) und (22.26) kann $R^2_{y,x_A x_B x_{AB} x_P}$ durch $R^2_{y,x_B x_{AB} x_P}$ ersetzt werden. Da der Varianzanteil R^2_{y,x_A} in R^2_{y,x_P} bereits enthalten ist, erhält man identische Resultate.

Ungleich große Stichproben. Bei ungleich großen Stichproben sind die Zähler von Gl. (22.24) bis (22.26) wie folgt zu ersetzen (vgl. Silverstein, 1985):

Haupteffekt A:

$$R^2_{y,x_A} \cdot (N - p)$$

Haupteffekt B:

$$(R^2_{y,x_A x_B x_p} - R^2_{y,x_A x_P}) \cdot (q-1) \cdot (N-p)$$

Interaktion AB:

$$(R^2_{y,x_A x_B x_{AB} x_p} - R^2_{y,x_A x_B x_p}) \cdot (q-1) \cdot (N-p),$$

wobei $N = \sum_i n_i$ ist. Die Nenner bleiben unverändert.

Dreifaktorielle Pläne

Die Erweiterung des zweifaktoriellen Messwiederholungsplans auf einen dreifaktoriellen Messwiederholungsplan mit einem Messwiederholungsfaktor und zwei Gruppierungsfaktoren ergibt sich durch Aufnahme weiterer Indikatorvariablen für den zweiten Gruppierungsfaktor und die entsprechenden Interaktionen. Der Prüfvarianzanteil für die Faktoren A und B sowie die Interaktion AB (Versuchspersonen innerhalb der Stichproben) ergibt sich zu

$$(R^2_{y,x_A x_B x_{AB} x_p} - R^2_{y,x_A x_B x_{AB}})$$

und die Prüfvarianz für C, AC, BC und ABC zu

$$(1 - R^2_{y,x_A x_B x_C x_{AB} x_{AC} x_{BC} x_{ABC} x_p}).$$

Die Freiheitsgrade der F-Brüche findet man in Tab. 18.7.

Die Codierung einer dreifaktoriellen Varianzanalyse mit Messwiederholungen auf zwei Faktoren verdeutlicht das Zahlenbeispiel in Tab. 22.13 (nach Pedhazur, 1977).

x_1 bis x_7 codieren sämtliche Haupteffekte und Interaktionen. Unter x_8 sind wieder die Vpn-Summen (in 4-facher bzw. allgemein $q \times r$-facher Wiederholung) aufgeführt. x_9 enthält die entsprechenden B-Summen der Versuchspersonen (in 2-facher bzw. allgemein in q-facher Wiederholung) und x_{10} die entsprechenden C-Summen (in 2-facher bzw. allgemein in r-facher Wiederholung).

Beispiele: Der erste Wert in Spalte x_9 ergibt sich durch Zusammenfassen der Werte bc_{11} und bc_{12} der Vp 1 unter der Stufe a_1 ($3 + 2 = 5$). Dieser Wert taucht in Zeile 5 für die erste Versuchsperson mit der Kombination abc_{112} zum zweiten Mal auf. Der fünfte Wert in Spalte x_{10} ergibt sich durch Zusammenfassen der Werte bc_{12} und bc_{22} der Vp 1 unter der Stufe a_1. Dieser Wert taucht in der Zeile 13 für die erste Versuchsperson mit der Kombination abc_{122} zum zweiten Mal auf.

Bezugnehmend auf Tab. 22.13 ergeben sich die folgenden Prüfvarianzanteile ($R^2_{y,18}$ist die quadrierte multiple Korrelation der Variablen 1 und 8 mit der abhängigen Variablen y. Entsprechend sind die übrigen quadrierten Korrelationen zu lesen.):

Für A: $R^2_{y,18} - R^2_{y,1}$.

Für B und AB: $R^2_{y,12489} - R^2_{y,1248}$.

Für C und AC: $R^2_{y,12345678910} - R^2_{y,12345689}$.

Für BC und ABC: $1 - R^2_{y,12\ldots10}$.

Die Freiheitsgrade für die F-Brüche findet man in Tab. 18.9. Im Beispiel resultieren folgende F-Werte:

$F_A = 12{,}80$; $F_B = 1{,}78$;
$F_{AB} = 1{,}78$; $F_C = 0{,}25$;
$F_{AC} = 0{,}25$; $F_{BC} = 0{,}25$;
$F_{ABC} = 0{,}25$.

22.2.10 2×2-χ^2-Test

Im Folgenden soll gezeigt werden, dass auch die in Kap. 9 behandelten χ^2-Techniken im Kontext des ALM darstellbar sind. (Wir behandeln hier nur den Test für eine 2×2-Tabelle bzw. für eine

Tabelle 22.13. Codierung einer dreifaktoriellen Varianzanalyse mit Meßwiederholungen auf zwei Faktoren

a)

	Vpn	b_1 c_1	b_1 c_2	b_2 c_1	b_2 c_2
a_1	1	3	2	5	4
	2	3	4	5	6
a_2	1	5	5	7	6
	2	8	6	5	6

b)

x_1	x_2	x_3	x_4	x_5	x_6	x_7	x_8	x_9	x_{10}	y
1	1	1	1	1	1	1	14	5	8	3
1	1	1	1	1	1	1	18	7	8	3
−1	1	1	−1	−1	1	−1	23	10	12	5
−1	1	1	−1	−1	1	−1	25	14	13	8
1	1	−1	1	−1	−1	−1	14	5	6	2
1	1	−1	1	−1	−1	−1	18	7	10	4
−1	1	−1	−1	1	−1	1	23	10	11	5
−1	1	−1	−1	1	−1	1	25	14	12	6
1	−1	1	−1	1	−1	−1	14	9	8	5
1	−1	1	−1	1	−1	−1	18	11	8	5
−1	−1	1	1	−1	−1	1	23	13	12	7
−1	−1	1	1	−1	−1	1	25	11	13	5
1	−1	−1	−1	−1	1	1	14	9	6	4
1	−1	−1	−1	−1	1	1	18	11	10	6
−1	−1	−1	1	1	1	−1	23	13	11	6
−1	−1	−1	1	1	1	−1	25	11	12	6

$k \times 2$-Tabelle. Bezüglich des $k \times \ell$-Tests wird auf Kap. 28.3 verwiesen.) Hierbei wird die nominalskalierte abhängige Variable ebenso codiert wie die nominalskalierte unabhängige Variable, d. h., jede Versuchsperson erhält auf den Indikatorvariablen für die unabhängige Variable und auf den Indikatorvariablen für die abhängige Variable Werte, die die Gruppenzugehörigkeiten der Versuchspersonen bezüglich beider Variablen kennzeichnen. Zumindest für den Test der 2×2-Tabelle ist die Frage, welche Variable als abhängige und welche als unabhängige aufzufassen ist, ohne Belang.

Das konkrete Vorgehen sei im Folgenden an einem Beispiel demonstriert:

Datenrückgriff

Abschnitt 9.1 erläutert den Unabhängigkeitstest für 2×2-Tabellen an einem Beispiel, in dem zwei dichotome Merkmale x und y (männlich/weiblich und mit Brille/ohne Brille) auf stochastische Unabhängigkeit geprüft werden. Für die Überprüfung dieser Hypothese nach dem ALM codieren wir beide dichotomen Merkmale mit den Zahlen $+1/-1$ (Effektcodierung): $x = 1$ für männliche Personen; $x = -1$ für weibliche Personen; $y = 1$ für Personen mit Brille; $y = -1$ für Personen ohne Brille. Unter Verwendung der Häufigkeiten in Tab. 9.1 resultieren die in Tab. 22.14 dargestellten Indikatorvariablen.

Tabelle 22.14. Codierung einer 2×2-Tabelle (Daten aus Tab. 9.1)

x	y	
1	1	
1	1	25-mal
⋮	⋮	
1	−1	
1	−1	25-mal
⋮	⋮	
−1	1	
−1	1	15-mal
⋮	⋮	
−1	−1	
−1	−1	35-mal
⋮	⋮	

Die Codierungsmuster $1/1$, $1/-1$, $-1/1$ und $-1/-1$ erscheinen in dieser Designmatrix gemäß den in Tab. 9.1 genannten Häufigkeiten.

Zwischen den beiden Merkmalen x und y berechnen wir eine normale Produkt-Moment-Korrelation. Diese Korrelation entspricht dem ϕ-Koeffizienten. Es resultiert

$$r_{xy} = \phi = 0{,}204$$

bzw. nach Umstellen von Gl. (10.29)

$$\begin{aligned} \chi^2 &= n \cdot r^2 \\ &= 100 \cdot 0{,}204^2 \\ &= 4{,}16. \end{aligned} \tag{22.27}$$

Dieser Wert stimmt bis auf Rundungsungenauigkeiten mit dem mit Hilfe von Gl. (9.1) genannten χ^2-Wert überein.

Produkt-Moment-Korrelationen testen wir nach Gl. (10.10) auf statistische Signifikanz:

$$t = \frac{r \cdot \sqrt{n-2}}{\sqrt{1-r^2}}.$$

Dieser t-Wert hat $n-2$ Freiheitsgrade. Für t ergibt sich

$$t = \frac{0{,}314 \cdot \sqrt{98}}{\sqrt{1-0{,}314^2}} = 3{,}27, \text{ mit df} = 98.$$

χ^2-Test und t-Test

Der genannte t-Wert resultiert auch, wenn man mit Hilfe eines t-Tests für unabhängige Stichproben (Gl. 8.6) die H_0 überprüft, nach der der Anteil der Brillenträger für Männer und Frauen gleich groß ist. Die Daten für den t-Test bestehen für die Gruppe der Männer und die Gruppe der Frauen nur aus Nullen (für „keine Brille") und Einsen (für „mit Brille"). Die zu vergleichenden Mittelwerte sind hier also Anteilswerte.

Es stellt sich nun die Frage, ob der p-Wert des t-Wertes dem p-Wert des χ^2-Wertes entspricht, denn schließlich sind die Voraussetzungen des t-Tests bei einer abhängigen Variablen, die nur aus Nullen und Einsen besteht, massiv verletzt. Um diese Frage zu überprüfen, überführen wir den ermittelten t-Wert gemäß Gl. (5.21) in einen F-Wert:

$$F_{(1,98)} = 3{,}27^2 = 10{,}69.$$

Nach Gl. (5.23) gilt ferner $F_{(1,\infty)} = \chi^2_{(1)}$, d. h., eine Identität von F und χ^2 gilt nur, wenn die Anzahl der Nennerfreiheitsgrade des F-Wertes gegen ∞ geht. Für unser Beispiel resultiert wegen 98 Nennerfreiheitsgraden $F > \chi^2$ (10,96 > 9,86), sodass auch die p-Werte für F (bzw. t) und χ^2 geringfügig verschieden sind. Sie liegen jedoch beide deutlich unter $\alpha = 0{,}01$.

Will man nur erfahren, ob zwischen den Merkmalen einer 2 × 2-Tabelle ein signifikanter Zusammenhang besteht, kommt man – wie in unserem Beispiel – über den F-Test und den χ^2-Test zum gleichen Resultat, sofern die Voraussetzungen für den χ^2-Test ($f_e > 10$) erfüllt sind. Offensichtlich reicht ein Stichprobenumfang, der mit $f_e > 10$ verbunden ist, aus, um über die Wirksamkeit des zentralen Grenzwerttheorems auch die Validität des t-Tests (bzw. des F-Tests) sicherzustellen (ausführlicher hierzu vgl. Bortz & Muchowski, 1988 oder Bortz et al., 2008, Kap. 8.1.1).

22.2.11 $k \times 2$-χ^2-Test

Bei einer $k \times 2$-Tafel sollte das zweifach gestufte Merkmal die abhängige Variable und das k-fach gestufte Merkmal die unabhängige Variable darstellen. Die Zugehörigkeit der Versuchspersonen zu den k-Stufen des unabhängigen Merkmals wird über $k-1$ Indikatorvariablen als Prädiktoren und die Zugehörigkeit zu den zwei Stufen der abhängigen Variablen über eine Indikatorvariable als Kriterium gekennzeichnet. Zwischen den $k-1$ Prädiktoren und der dichotomen Kriteriumsvariablen wird eine multiple Korrelation bestimmt, die – in Analogie zu Gl. (22.27) – durch folgende Beziehung mit dem χ^2-Wert der $k \times 2$-Tafel verknüpft ist (zum Beweis vgl. Küchler, 1980):

$$\chi^2 = n \cdot R^2. \tag{22.28}$$

BEISPIEL 22.7

Gegeben sei die in Tab. 22.15 dargestellte 3 × 2-Tafel. Für diese Tabelle ermitteln wir einen χ^2-Wert von 0,99. Wir codieren mit x_1 und x_2 die Zugehörigkeit der Versuchspersonen zu den drei Stufen des Merkmals A und mit y die Zugehörigkeit zu den zwei Stufen des Merkmals B. Tabelle 22.15b zeigt das in einer verkürzten Designmatrix dargestellte Ergebnis (unter Verwendung der Dummycodierung). Die erste der zehn Versuchspersonen aus der Gruppe ab_{11} erhält auf x_1 eine 1 (weil sie zu a_1 gehört), auf x_2 eine Null (weil sie nicht zu a_2 gehört) und auf y eine 1 (weil sie zu b_1 gehört). Die 35 Versuchspersonen der Gruppe ab_{32} erhalten auf allen drei Variablen eine Null, weil sie weder zu a_1, a_2 noch b_1 gehören.

Für das Quadrat der multiplen Korrelation zwischen den beiden Indikatorvariablen x_1 und x_2 sowie der Variablen y errechnen wir $R^2_{y,12} = 0{,}00735$ bzw. nach Gl. (22.28):

$$\chi^2_{(2)} = 135 \cdot 0{,}00735 = 0{,}99.$$

Dieser Wert ist mit dem oben errechneten χ^2-Wert identisch.

χ^2-Test und F-Test

Eine multiple Korrelation wird über den F-Test gemäß Gl. (21.20) auf Signifikanz getestet. Auch hier stellt sich die Frage, ob der F-Test und χ^2-Test zu gleichen statistischen Entscheidungen führen. Dies ist – wie bei Bortz und Muchowski (1988) bzw. Bortz et al. (2008, Kap. 8.1.2) gezeigt wird – der Fall, wenn die Voraussetzungen für einen validen χ^2-Test erfüllt sind.

Den F-Wert des Signifikanztests nach Gl. (21.20) erhalten wir auch, wenn über die Daten der Tab. 22.15a eine einfaktorielle Varianzanalyse mit dem Merkmal A als unabhängige Variable und dem dichotomen Merkmal B als abhängige Variable gerechnet wird. (Die Daten unter a_1 bestehen

Tabelle 22.15. Codierung einer 3 × 2-Tafel

a)

	a_1	a_2	a_3	
b_1	10	15	25	50
b_2	20	30	35	85
	30	45	60	135

b)

x_1	x_2	y	
1	0	1	10-mal
1	0	1	
⋮	⋮	⋮	
0	1	1	15-mal
0	1	1	
⋮	⋮	⋮	
0	0	1	25-mal
0	0	1	
⋮	⋮	⋮	
1	0	0	20-mal
1	0	0	
⋮	⋮	⋮	
0	1	0	30-mal
0	1	0	
⋮	⋮	⋮	
0	0	0	35-mal
0	0	0	
⋮	⋮	⋮	

dann aus 10 Einsen und 20 Nullen.) Statt eines $k \times 2$-Tests könnte man also auch eine einfaktorielle Varianzanalyse mit einer dichotomen abhängigen Variablen durchführen. Obwohl die Voraussetzungen der einfaktoriellen Varianzanalyse bei einer dichotomen abhängigen Variablen deutlich verletzt sind, kommen beide Verfahren zu den gleichen statistischen Entscheidungen, wenn die Stichprobenumfänge genügend groß sind (vgl. auch Lunney, 1970 oder D'Agostino, 1972).

22.2.12 Mehrebenenanalyse

Vor allem in der erziehungswissenschaftlichen Forschung hat man es gelegentlich mit Fragestellungen zu tun, bei denen mehrere Analyseebenen simultan zu berücksichtigen sind. Als Beispiel könnte die Frage dienen, ob sich verschiedene Schulen (1. Analyseebene) bezüglich des Zusammenhangs zwischen Schulnote und sozialer Herkunft der Schüler (2. Analyseebene) unterscheiden.

Die für Fragestellungen dieser Art entwickelte Mehrebenenanalyse (bzw. *hierarchisch lineares Modell*) geht auf Raudenbush und Bryk (2002) zurück. Eine deutschsprachige Einführung (sowie weitere Literatur zu diesem Thema) hat Ditton (1998) vorgelegt.

Eine Darstellung des Verfahrens würde den Rahmen dieses Buches sprengen. Stattdessen soll hier der Versuch unternommen werden, typische erziehungswissenschaftliche Fragestellungen der Mehrebenenanalyse mit den in den vergangenen Kapiteln behandelten Analysetechniken zu bearbeiten. Hierfür bietet sich Kap. 22 insofern an, als in diesem Kapitel die meisten statistischen Verfahren unter dem Blickwinkel des ALM zusammengefasst wurden, von denen einige auch für Aufgaben der Mehrebenenanalyse geeignet sind.

- Wie einleitend erwähnt, sind zwei Schulen bezüglich des Zusammenhangs von Note und sozialer Herkunft ihrer Schüler zu vergleichen. Die Nullhypothese „Die Schulen unterscheiden sich nicht" kann mit Gl. (10.17) überprüft werden. Hat man es allgemein mit k Schulen zu tun, wäre Gl. (10.19) zur Prüfung der oben genannten Nullhypothese einschlägig. Allgemein geht es hierbei um die Bedeutung einer Drittvariablen (hier Schulen) für den Zusammenhang zweier Variablen.
- Es sind mehrere Kategorien von Schulen (z. B. ländlich/städtisch, katholisch/evangelisch, Grundschule/Realschule/Gymnasium etc.) zu vergleichen; pro Schulkategorie werden mehrere Schulen in die Untersuchung einbezogen. Wenn auch bei diesem Vergleich der Zusammenhang von Note und sozialer Herkunft (oder ein anderer Zusammenhang) interessiert, könnte man die Nullhypothese „Kein Unterschied zwischen den Schultypen" mit dem t-Test für unabhängige Stichproben (zwei Kategorien) bzw. mit der einfaktoriellen Varianzanalyse überprüfen. Abhängige Variable wäre pro Schule erneut die Korrelation von Note und sozialer Herkunft. Falls innerhalb der Schulen jeweils

verschiedene Klassen untersucht werden, käme ein zweifaktorieller hierarchischer Plan nach Art von Tab. 17.2 in Betracht mit Faktor *A*: Schultypen und Faktor *B*: unter *A* geschachtelte Schulklassen. Abhängige Variablen wäre die pro Schulklasse ermittelte Korrelation von Note und sozialer Herkunft.

- Es wird gefragt, ob sich die Leistungen von Schülerinnen und Schülern (Faktor *A*) im Verlaufe von mehreren Jahren (Faktor *B*) unterschiedlich verändern und welche Bedeutung hierbei die Abschlussnote des Vaters hat (Kovariate). Zur Bearbeitung dieser Messwiederholungsproblematik kann man auf die von Davis (2002) vorgeschlagenen „summary statistics" zurückgreifen. Man charakterisiert die Veränderungen über die Zeit pro Versuchsperson z. B. durch eine Regressionsgerade und verwendet die Steigungskoeffizienten als abhängige Variable in einem *t*-Test für unabhängige Stichproben zum Vergleich von Schülerinnen und Schülern. Die Bedeutung der Abschlussnote des Vaters könnte im Rahmen einer einfaktoriellen Kovarianzanalyse (unabhängige Variable: Geschlecht, abhängige Variable: Steigungskoeffizienten, Kovariate: Note des Vaters) ermittelt werden.

Diese Beispiele mögen genügen, um zu verdeutlichen, wie man auch mit „herkömmlichen" Methoden einige Probleme der Mehrebenenanalyse lösen kann. Häufig besteht der „Trick" darin, auf der untersten Analyseebene (Schüler oder andere Untersuchungsobjekte) einfache statistische Kennwerte zu berechnen (je nach Fragestellung Mittelwertedifferenzen, bivarate oder multiple Korrelationen, Regressionskoeffizienten etc.), die als abhängige Variablen in einfachen oder komplexeren Plänen (ein- oder mehrfaktoriell, mit oder ohne Messwiederholungen, hierarchisch oder teilhierarchisch) varianzanalytisch oder kovarianzanalytisch ausgewertet werden. Bei diesen Analysen sollten – falls erforderlich – die flexiblen Möglichkeiten des ALM genutzt werden. Bei gefährdeten Voraussetzungen (insbesondere in Bezug auf die Verteilungsform der statistischen Kennwerte) ist der Einsatz verteilungsfreier Verfahren (z. B. Bortz & Lienert, 2008) in Erwägung zu ziehen.

ÜBUNGSAUFGABEN

Aufgabe 22.1 Nach Gekeler (1974) lassen sich aggressive Reaktionen folgenden Kategorien zuordnen:

a_1: reziprok-aggressives Verhalten (auf ein aggressives Verhalten wird in gleicher Weise reagiert),
a_2: eskalierend-aggressives Verhalten (auf ein aggressives Verhalten wird mit einer stärkeren Aggression reagiert),
a_3: deeskalierend-aggressives Verhalten (auf ein aggressives Verhalten wird mit einer schwächeren Aggression reagiert).

Von 18 Personen mögen sich fünf reziprok-aggressiv, sechs eskalierend-aggressiv und sieben deeskalierend-aggressiv verhalten. Es soll überprüft werden, ob sich die drei Vpn-Gruppen hinsichtlich der Bewertung aggressiven Verhaltens unterscheiden. Mit einem Fragebogen, der die Einstellungen gegenüber aggressivem Verhalten misst, mögen sich folgende Werte ergeben haben (je höher der Wert, desto positiver wird Aggressivität bewertet):

a_1	a_2	a_3
16	18	12
18	14	11
15	14	11
11	17	9
17	12	13
	14	13
		12

Erstellen Sie für diese Daten eine Designmatrix (Effektcodierung), und überprüfen Sie nach dem ALM, ob sich die drei Gruppen hinsichtlich der Bewertung aggressiven Verhaltens unterscheiden. Kontrollieren Sie die Ergebnisse, indem Sie die Daten über eine einfaktorielle Varianzanalyse auswerten.

Aufgabe 22.2 Ermitteln Sie, wie viele Indikatorvariablen zur Codierung der Vpn-Zugehörigkeit in folgenden Versuchsplänen benötigt werden:

a) dreifaktorieller Plan mit $p = 2$, $q = 3$ und $r = 3$,
b) einfaktorieller Plan mit Messwiederholungen ($n = 8$, $p = 4$),
c) dreifaktorieller hierarchischer Plan mit $p = 2$, $q = 3$ und $r = 2$,
d) griechisch-lateinisches Quadrat mit $p = 3$.

Kapitel 23 Faktorenanalyse

ÜBERSICHT

Allgemeine Beschreibung – historische Entwicklung – Grundprinzip der PCA (Hauptkomponentenanalyse) – Faktorwert – Faktorladung – Kommunalität – Eigenwert – Rahmenbedingungen für die Durchführung einer PCA – substanzielle Ladungen – Mathematik der PCA – Herleitung der „charakteristischen Gleichung" – Bestimmung von Eigenwerten und Eigenvektoren – Kaiser-Guttman-Kriterium – Scree-Test – Parallelanalyse – Signifikanztest für Faktoren – orthogonale und oblique Faktoren – Einfachstrukturkriterium – grafische Rotation – Varimax-Rotation – Kriteriumsrotation – Faktorstrukturvergleich – Modell mehrerer gemeinsamer Faktoren – Image-Analyse – Alpha-Faktorenanalyse – kanonische Faktorenanalyse – konfirmative Faktorenanalyse – Cattell's Kovariationsschema (O, P, Q, R, S, T-Technik) – dreimodale Faktorenanalyse – longitudinale Faktorenanalyse

Der herausragende Stellenwert der Faktorenanalyse ist für viele Fachdisziplinen, vor allem für die psychologische Forschung, unstrittig. Zum Anwendungsfeld der Faktorenanalyse gehören hauptsächlich explorative Studien, in denen für die wechselseitigen Beziehungen vieler Variablen ein einfaches Erklärungsmodell gesucht wird. Insofern unterscheidet sich die Faktorenanalyse von den bisher behandelten Verfahren, die in hypothesenprüfenden Untersuchungen einzusetzen sind. Die für hypothesenprüfende Untersuchungen typische Unterteilung von Merkmalen in unabhängige und abhängige Variablen entfällt bei der Faktorenanalyse. Ihr primäres Ziel besteht darin, einem größeren Variablensatz eine *ordnende Struktur* zu unterlegen.

Abschnitt 23.1 befasst sich zunächst mit dem Anliegen und den Eigenschaften der Faktorenanalyse. „Faktorenanalyse" ist ein Sammelbegriff für eine Reihe von Verfahren, von denen nur einige ausführlicher behandelt werden. Hierzu zählt die Hauptkomponentenanalyse als die wohl wichtigste Technik zur Bestimmung sog. „Faktoren", deren Grundprinzip und Interpretation wir in Abschnitt 23.2 behandeln. Die Mathematik der Hauptkomponentenanalyse ist Gegenstand von Abschnitt 23.3 (ein Durcharbeiten dieses Abschnittes ist für faktorenanalytische Anwendungen nicht erforderlich). In Abschnitt 23.4 befassen wir uns mit der Frage, wie viele Faktoren benötigt werden, um die Struktur eines Variablensatzes angemessen abbilden zu können. Hilfreich für die Interpretation der Faktoren sind sog. Rotationstechniken, auf die wir in Abschnitt 23.5 eingehen. In Abschnitt 23.6 schließlich werden weitere faktorenanalytische Ansätze summarisch behandelt.

23.1 Faktorenanalyse im Überblick

Erheben wir an einer Stichprobe zwei Variablen, können wir über die Korrelationsrechnung (vgl. Kap. 10) bestimmen, ob bzw. in welchem Ausmaß die beiden Variablen etwas Gemeinsames messen. Handelt es sich hierbei z. B. um zwei Leistungstests, ließe sich das Zustandekommen der Korrelation beispielsweise dadurch erklären, dass beide Tests neben gemeinsamen Leistungsaspekten auch Motivationsunterschiede der Versuchspersonen erfassen oder dass die Leistungsmessungen stark von der Intelligenz der Versuchspersonen beeinflusst sind. Neben diesen Hypothesen über das Gemeinsame der beiden Tests sind je nach Art der gemessenen Leistungen weitere Hypothesen möglich, über deren Richtigkeit die Korrelation allein keine Anhaltspunkte liefert. Die für die praktische Anwendung der Tests relevante Frage, was mit den Tests eigentlich gemessen wird, kann aufgrund der Korrelation zwischen den beiden Tests nicht befriedigend beantwortet werden.

Ein klareres Bild erhalten wir erst, wenn die beiden Tests zusätzlich mit anderen Variablen korreliert werden, von denen wir wissen oder zumindest annehmen, dass sie entweder reine Motivationsunterschiede oder reine Intelligenzunterschiede erfassen. Korrelieren die Motivationsvariablen hoch mit den Tests, können wir davon ausgehen, dass die Tests vornehmlich Motivationsunterschiede messen; sind die Intelligenzvariablen hoch korreliert, sind die Leistungen der Versuchspersonen stark von ihrer Intelligenz beeinflusst.

In der Praxis werden wir allerdings nur selten Korrelationskonstellationen antreffen, aus denen sich eindeutige Entscheidungen darüber ableiten lassen, ob die Tests entweder das Eine oder das Andere messen. Ziehen wir zur Klärung des gefundenen Zusammenhangs weitere Variablen heran, können auch diese mehr oder weniger hoch mit den Tests und miteinander korrelieren, sodass unsere Suche nach dem, was beide Tests gemeinsam messen, schließlich in einem Gewirr von Korrelationen endet. Die Anzahl der Korrelationen, die wir simultan berücksichtigen müssen, um die Korrelation zwischen den Tests richtig interpretieren zu können, nimmt schnell zu (bei zehn Variablen müssen wir 45 und bei 20 Variablen bereits 190 Korrelationen analysieren) und übersteigt rasch die menschliche Informationsverarbeitungskapazität.

Hilfreich wäre in dieser Situation ein Verfahren, das die Variablen gemäß ihrer korrelativen Beziehungen in wenige, voneinander unabhängige Variablengruppen ordnet. Mit Hilfe eines solchen Ordnungsschemas ließe sich relativ einfach entscheiden, welche Variablen gemeinsame und welche unterschiedliche Informationen erfassen. Ein Verfahren, das dieses leistet, ist die *Faktorenanalyse.*

> Mit der Faktorenanalyse können Variablen gemäß ihrer korrelativen Beziehungen in voneinander unabhängige Gruppen klassifiziert werden.

Die Faktorenanalyse liefert Indexzahlen (sog. Ladungen), die darüber informieren, wie gut eine Variable zu einer Variablengruppe passt. Sie stellen die Basis für interpretative Hypothesen über das Gemeinsame der Variablen einer Variablengruppe dar.

Bedeutung eines Faktors

Umgangssprachlich verstehen wir unter einem „Faktor" eine Vervielfältigungszahl oder auch eine einen Sachverhalt mitbestimmende Einflussgröße. Mit der letztgenannten Wortbedeutung haben wir varianzanalytische Faktoren kennengelernt. Faktoren im faktorenanalytischen Sinne hingegen sind hypothetische Größen, die wir zur Erklärung von Merkmalszusammenhängen heranziehen. Eine genauere Wortbedeutung vermittelt der folgende Gedankengang:

Besteht zwischen zwei Variablen x und y eine hohe Korrelation, können wir mit der in Kapitel 21.1 behandelten partiellen Korrelation bestimmen, ob diese Korrelation dadurch erklärt werden kann, dass eine dritte Variable z sowohl Variable x als auch Variable y beeinflusst. Dies ist immer dann der Fall, wenn die partielle Korrelation $r_{xy \cdot z}$ praktisch unbedeutend wird.

Wenn wir annehmen, dass neben den Variablen x und y weitere Variablen von der Variablen z beeinflusst werden, so hat dies zur Folge, dass alle Variablen hoch miteinander korrelieren. Partialisieren wir die Variable z aus den übrigen Variablen heraus, resultieren unbedeutende partielle Korrelationen, weil Variable z die mit den übrigen Variablen erfasste Information hinreichend gut repräsentiert. Je höher die Variablen miteinander korrelieren, desto ähnlicher sind die Informationen, die durch sie erfasst werden, d. h., die Messung einer Variablen erübrigt bei hohen Variableninterkorrelationen weitgehend die Messung der anderen Variablen.

Damit ist die Zielsetzung der Faktorenanalyse zu verdeutlichen: Ausgehend von den Korrelationen zwischen den gemessenen Variablen wird eine „synthetische" Variable konstruiert, die mit allen Variablen so hoch wie möglich korreliert. Diese „synthetische" Variable bezeichnen wir als einen Faktor. Ein Faktor stellt somit eine gedachte, theoretische Variable bzw. ein Konstrukt dar, das allen wechselseitig hoch korrelierten Variablen zugrunde liegt. Werden die Variablen vom Einfluss des Faktors bereinigt, ergeben sich partielle Korrelationen, die diejenigen Variablenzusammenhänge erfassen, die nicht durch den Faktor erklärt werden können.

Zur Klärung dieser Restkorrelationen wird deshalb ein weiterer Faktor bestimmt, der vom ersten Faktor *unabhängig* ist und der die verbleibenden korrelativen Zusammenhänge möglichst gut erklärt, was zu einer erneuten Reduktion der Zusammenhänge zwischen den Variablen führt. Auf korrelierte Faktoren gehen wir in Abschnitt 23.5 ein. Durch Berücksichtigung weiterer unabhängiger Faktoren werden schließlich auch diese Restkorrelationen bis auf einen messfehlerbedingten Rest zum Verschwinden gebracht.

> Das Ergebnis der Faktorenanalyse sind wechselseitig voneinander unabhängige Faktoren, die die Zusammenhänge zwischen den Variablen erklären.

BEISPIEL 23.1

In einem Fragebogen werden Personen aufgefordert, unter anderem die Richtigkeit der folgenden Behauptungen auf einer Skala einzustufen:

1. Ich erröte leicht.
2. Ich werde häufig verlegen.
3. Ich setze mich gern ans Meer und höre dem Rauschen der Wellen zu.

4. Ich gehe gern im Wald spazieren.

Aufgrund der Beantwortungen werden zwischen den Fragen folgende Korrelationen ermittelt:

$$r_{12} = 0{,}80 \quad r_{13} = 0{,}10 \quad r_{14} = -0{,}05$$
$$r_{23} = 0{,}15 \quad r_{24} = 0{,}05$$
$$r_{34} = 0{,}70$$

Es besteht somit zwischen den Behauptungen 1 und 2 sowie zwischen den Behauptungen 3 und 4 ein recht hoher Zusammenhang, während die Behauptungen 1 und 2 mit den Behauptungen 3 und 4 nur unbedeutend korrelieren. Mit der Faktorenanalyse würden wir deshalb einen Faktor ermitteln, der die beiden ersten Behauptungen repräsentiert, und einen zweiten Faktor, der mit dem ersten Faktor zu null korreliert und das Gemeinsame der beiden letzten Behauptungen erfasst. Partialisieren wir den ersten Faktor aus den vier Behauptungen heraus, wird die Korrelation r_{12} beträchtlich reduziert, und die übrigen Korrelationen bleiben weitgehend erhalten. Wird auch der zweite Faktor aus den Restkorrelationen herauspartialisiert, dürften sämtliche Korrelationen nahezu vom Betrag null sein. Dieses Ergebnis besagt, dass aufgrund der Interkorrelationen die Gemeinsamkeiten der vier Behauptungen durch zwei Faktoren beschrieben werden können. Wegen der korrelativen Beziehungen lassen sich die beiden ersten Behauptungen durch den ersten Faktor und die beiden letzten Behauptungen durch den zweiten Faktor ersetzen.

Das Beispiel verdeutlicht die erste wichtige Eigenschaft der Faktorenanalyse: Sie ermöglicht es, ohne entscheidenden Informationsverlust viele wechselseitig mehr oder weniger hoch korrelierende Variablen durch wenige voneinander unabhängige Faktoren zu ersetzen. In diesem Sinne führt die Faktorenanalyse zu einer „Datenreduktion".

Die Faktorenanalyse ist ein datenreduzierendes Verfahren.

Zu fragen bleibt, was die beiden in unserem Beispiel angenommenen Faktoren *inhaltlich* bedeuten. Den ersten Faktor ermitteln wir aufgrund der gemeinsamen Varianz zwischen den Aussagen 1 und 2. Der Faktor „misst" somit das, was die Fragen „Ich erröte leicht" und „Ich werde häufig verlegen" gemeinsam haben. Die Faktorenanalyse liefert jedoch keinerlei Anhaltspunkte dafür, was das Gemeinsame dieser Aussagen ist, sondern lediglich, dass die untersuchte Stichprobe diese Aussagen sehr ähnlich beantwortet hat. Sie gibt uns allerdings aufgrund der *Faktorladungen*, die wir noch ausführlich behandeln werden, darüber Auskunft, wie hoch die beiden Aussagen mit dem Faktor korrelieren. Aufgrund dieser Korrelationen formulieren wir Hypothesen darüber, wie der Faktor inhaltlich zu deuten ist. Bezogen auf die Aussagen 1 und 2 können wir vermuten, dass der Faktor so etwas wie „neurotische Tendenzen", „vegetative Labilität", „innere Unruhe" oder ähnliches erfasst, und bezogen auf die Aussagen 3 und 4 könnte man spekulieren, dass eventuell „Ruhebedürfnis", „Liebe zur Natur" oder „romantische Neigungen" das Gemeinsame der beiden Aussagen kennzeichnen.

Faktorenanalysen werden im Allgemeinen nicht eingesetzt, wenn – wie im oben erwähnten Beispiel – nur wenige Variablen zu strukturieren sind, deren korrelative Zusammenhänge auch ohne das rechnerisch aufwändige Verfahren interpretiert werden können. Die Vorzüge dieser Analyse kommen erst zum Tragen, wenn die Anzahl der Variablen vergleichsweise groß ist, sodass eine Analyse der Merkmalszusammenhänge „per Augenschein" praktisch nicht mehr möglich ist. Durch die Faktorenanalyse wird dem Variablengeflecht eine Ordnung unterlegt, aus der sich die angetroffene Konstellation der Variableninterkorrelationen erklären lässt.

Wie wir noch sehen werden, existiert jedoch nicht nur *ein* Ordnungsprinzip, das die Merkmalszusammenhänge erklärt, sondern theoretisch unendlich viele. Eine wichtige Aufgabe beim Einsatz einer Faktorenanalyse besteht darin, dasjenige Ordnungssystem herauszufinden, das mit den theoretischen Kontexten der untersuchten Variablen am besten zu vereinbaren ist. Ausgehend von den faktorenanalytischen Ergebnissen formulieren wir Hypothesen über Strukturen, von denen wir vermuten, dass sie den untersuchten Merkmalen zugrunde liegen. Dies führt zu einer zweiten Eigenschaft der Faktorenanalyse:

Die Faktorenanalyse ist ein heuristisches, hypothesengenerierendes Verfahren.

Eine dritte Eigenschaft leitet sich aus der Analyse komplexer Merkmale ab. Theoriegeleitet definieren wir, durch welche einzelnen Indikatoren komplexe Merkmale wie z. B. sozialer Status, Erziehungsstil usw. zu operationalisieren sind. Mit der Faktorenanalyse, die über die einzelnen Indikatorvariablen gerechnet wird, finden wir heraus, ob das komplexe Merkmal ein- oder mehrdimensional ist. Diese Information benötigen wir, wenn ein Test oder ein Fragebogen zur Erfassung des komplexen Merkmals konstruiert werden soll. Im eindimensionalen Test können die Teilergebnisse zu einem Gesamtergebnis zusammengefasst werden; in Tests zur Erfassung mehrdimensionaler Merkmale hingegen benötigen wir Untertests, die getrennt ausgewertet werden und die zusammengenommen ein Testprofil ergeben.

Die Faktorenanalyse ist ein Verfahren zur Überprüfung der Dimensionalität komplexer Merkmale.

Historische Entwicklung

Die Entwicklung der Faktorenanalyse begann etwa um die Jahrhundertwende. (Über die historischen „Vorläufer" berichtet Mulaik, 1987.) Sie wurde insbesondere von der psychologischen Intelligenzforschung vorangetrieben, die sich darum bemühte, herauszufinden, was Intelligenz eigentlich sei. Spearman (1904) ging in seinem *Generalfaktormodell* davon aus, dass alle intellektuellen Leistungen maßgeblich von einem allgemeinen Intelligenzfaktor abhängen, und dass zusätzlich bei der Lösung einzelner Aufgaben aufgabenspezifische Intelligenzfaktoren wirksam seien. Diese Theorie, nach der die Varianz jeder Testaufgabe in zwei unabhängige Varianzkomponenten zerlegbar ist, von denen die eine die allgemeine Intelligenz und die andere die aufgabenspezifische Intelligenz beinhaltet, regte dazu an, Methoden zu ihrer Überprüfung zu entwickeln. Spearman sah seine Theorie durch die von ihm entwickelte *Tetradenmethode*, die als erster Vorläufer der Faktorenanalyse gilt, bestätigt. (Eine Darstellung dieses historisch bedeutsamen Ansatzes findet der interessierte Leser z. B. bei Pawlik, 1976.)

Die Spearmansche Theorie wurde erstmalig von Burt (1909) widerlegt, der in seinem *Gruppenfaktormodell* zeigte, dass Korrelationen zwischen intellektuellen Leistungen besser durch mehrere gemeinsame Faktoren, die jeweils durch eine Gruppe intellektueller Leistungsvariablen gekennzeichnet sind, erklärt werden können. An der methodischen Weiterentwicklung der Faktorenanalyse war vor allem Thurstone (1931, 1947) beteiligt, der mit seinem *Modell mehrerer gemeinsamer Faktoren* der Entwicklung mehrdimensionaler Verhaltensmodelle entscheidend zum Durchbruch verhalf. Die heute noch am meisten verbreitete *Hauptkomponentenanalyse*, die wir ausführlich in den Abschnitten 23.2 bzw. 23.3 darstellen werden, geht auf Hotelling (1933) und Kelley (1935) zurück. Weitere methodische Verbesserungen und Ergänzungen führten dazu, dass die Bezeichnung Faktorenanalyse heute ein Sammelbegriff für viele, zum Teil sehr unterschiedliche Techniken ist, von denen wir einige in Abschnitt 23.6 kurz ansprechen werden.

Die Entwicklung der Faktorenanalyse wäre zweifellos nicht so stürmisch verlaufen, wenn nicht gleichzeitig vor allem von Psychologen die herausragende Bedeutung dieses Verfahrens für human- und sozialwissenschaftliche Fragestellungen erkannt und immer wieder nach differenzierteren und mathematisch besser abgesicherten Analysemöglichkeiten verlangt worden wäre. In diesem Zusammenhang sind vor allem Cattell, Eysenck und Guilford zu nennen, die in einer Fülle von Arbeiten die Bedeutung der Faktorenanalyse für die Persönlichkeitsforschung eindrucksvoll belegen. (Ausführlichere Hinweise über die historische Entwicklung der Faktorenanalyse sind bei Burt, 1966, Royce, 1958 und Vincent, 1953 zu finden.)

Nicht unwichtig für die sich rasch ausbreitende Faktorenanalyse war letztlich die Entwicklung leistungsstarker elektronischer Datenverarbeitungsanlagen, mit denen auch rechnerisch sehr aufwändige Faktorenanalysen über größere Variablensätze mühelos gerechnet werden können.

Die Möglichkeit, Faktorenanalysen auf einer EDV-Anlage oder einem PC ohne besondere Probleme durchführen zu können, hat allerdings dazu geführt, dass dieses Verfahren gelegentlich unreflektiert eingesetzt wird. Wenn wir von einigen Neuentwicklungen wie z. B. der konfirmativen Faktorenanalyse (vgl. Abschn. 23.6) einmal absehen, führt die Faktorenanalyse zu *interpretativ mehrdeutigen* Ergebnissen, die zwar die Hypothesenbildung erleichtern, jedoch keine Überprüfung inhaltlicher Hypothesen über Variablenstrukturen gestatten. Das Problem der richtigen Bewertung faktorenanalytischer Forschung wird in einer Reihe von Arbeiten wie z. B. von Fischer (1967), Kallina (1967), Kalveram (1970a, 1970b), Kempf (1972), Orlik (1967a), Pawlik (1973), Royce (1973), Sixtl (1967) und Vukovich (1967) diskutiert.

Die Anzahl der Lehrbücher und Aufsätze zum Thema Faktorenanalyse wächst ständig und ist bereits heute kaum noch zu übersehen. Eine erschöpfende Darstellung dieses Themas ist deshalb in diesem Rahmen nicht möglich. Wir werden uns auf die ausführliche Darstellung der heute am häufigsten eingesetzten Hauptkomponentenanalyse (vgl. Velicer, 1977) beschränken, die in der englischsprachigen Literatur „Principal Component Analysis" oder kurz: PCA genannt wird.

Für eine Vertiefung der faktorenanalytischen Methoden nennen wir im Folgenden einige inzwischen „klassische" Lehrbücher, die sich ausschließlich mit dem Thema Faktorenanalyse befassen. Die einzelnen Werke werden – natürlich nur subjektiv – kurz kommentiert:

Arminger (1979): Faktorenanalyse (kompakter, ausführlicher Überblick; auch konfirmative Faktorenanalyse; setzt Grundwissen voraus; SPSS und LISREL-Beispiele)

Cattell (1952): Factor Analysis (mittlere Schwierigkeit, starke Betonung des Einfachstrukturrotationskriteriums; Kombination von Faktorenanalyse mit experimentellen Versuchsplänen)

Comrey (1973): A first course in Factor Analysis (auch mit wenig mathematischen Vorkenntnissen leicht zu lesen, viele Zahlenbeispiele, verzichtet auf Ableitungen, computerorientiert)

Fruchter (1954): Introduction to Factor Analysis (grundlegende, einfache Einführung; zeitgenössische Entwicklungen sind nicht berücksichtigt)

Guertin und Bailey (1970): Introduction to modern Factor Analysis (inhaltlich orientierte Darstellung mit wenig Mathematik; auf Einsatz von Computern im Rahmen der Faktorenanalyse ausgerichtet; verzichtet auf Vermittlung des mathematischen Hintergrundes der Verfahren)

Harman (1968): Modern Factor Analysis (grundlegendes Standardwerk für viele faktorenanalytische Techniken; ohne mathematische Vorkenntnisse nicht leicht zu lesen; sehr viele Literaturangaben)

K. Holm (1976): Die Befragung; 3. Die Faktorenanalyse (auch mit wenigen mathematischen Vorkenntnissen verständlich; behandelt zusätzlich Spezialfälle der Faktorenanalyse)

Horst (1965): Factor Analysis of data matrices (sehr stark matrixalgebraisch orientiert, mit mathematischen Beweisen, übersichtliche Darstellung der Rechenregeln, Beispiele, viele Rechenprogramme)

Jolliffe (2002): Principle Component Analysis (in der zweiten Auflage derzeit wohl umfangreichstes Werk über die Hauptkomponentenanalyse. Nicht speziell für die Psychologie, sondern – was die Anwendungsbeispiele anbelangt – einschlägig für viele Fachdisziplinen; setzt Kenntnisse in Matrixalgebra voraus)

Lawley und Maxwell (1971): Factor Analysis as a statistical method (im Wesentlichen auf die Darstellung der Maximum-Likelihood Methode von Lawley konzentriert; ohne erhebliche mathematische Vorkenntnisse kaum verständlich)

Mulaik (1972): The foundations of Factor Analysis (behandelt die mathematischen Grundlagen der Faktorenanalyse, ohne Vorkenntnisse kaum verständlich)

Pawlik (1976): Dimensionen des Verhaltens (sehr ausführliche Darstellung mehrerer faktorenanalytischer Modelle mit gleichzeitiger Behandlung des mathematischen Hintergrundes; viele Beispiele, grundlegende Einführung in Matrixalgebra und analytische Geometrie, im 2. Teil Anwendungen der Faktorenanalyse in der psychologischen Forschung)

Revenstorf (1976): Lehrbuch der Faktorenanalyse (Darstellung verschiedener faktorenanalytischer Ansätze und Rotationstechniken unter Berücksichtigung neuerer Entwicklungen, mathematischer Hintergrund vorwiegend matrixalgebraisch, zahlreiche grafische Veranschaulichungen, diskutiert die Faktorenanalyse im wissenschaftstheoretischen Kontext)

Revenstorf (1980): Faktorenanalyse (Kurzfassung der wichtigsten faktorenanalytischen Methoden; setzt matrixalgebraische Kenntnisse voraus; behandelt die traditionelle explorative Faktorenanalyse sowie die konfirmative Faktorenanalyse)

Thurstone (1947): Multiple Factor Analysis (vor allem von historischer Bedeutung; u.a. ausführliche Darstellung der Zentroidmethode und des Einfachstrukturkriteriums)

Überla (1971): Faktorenanalyse (Darstellung mehrerer faktorenanalytischer Methoden, mathematischer Hintergrund relativ kurz, EDV-orientierte Beispiele, Programm für eine Rotationstechnik, Einführung in die Matrixalgebra).

Zusätzlich wird die Faktorenanalyse einführend bei Backhaus et al. (2006), Cooley und Lohnes (1971), Gaensslen und Schubö (1973), van de Geer (1971), Geider et al. (1982) Hope (1968), Moosbrugger und Schermelleh-Engel (2007), Morrison (1976), Overall und Klett (1972), Press (1972), Schuster und Yuan (2005) sowie Timm (2002). Über Möglichkeiten und Grenzen des Einsatzes der Faktorenanalyse in der Persönlichkeitsforschung berichtet Pawlik (1973) in einem von Royce (1973) herausgegebenen Buch über multivariate Analysen und psychologische Theorienbildung. Einen kritischen Vergleich verschiedener faktorenanalytischer Methoden findet man bei Revenstorf (1978).

23.2 Grundprinzip und Interpretation der Hauptkomponentenanalyse

Das Prinzip einer PCA (wir übernehmen diese Abkürzung für „principal components analysis") sei an einem einleitenden Beispiel verdeutlicht. Eine Person wird aufgefordert, die fünf folgenden Aufgaben zu lösen:

- ein Bilderrätsel (Rebus),
- eine Mathematikaufgabe,
- ein Puzzle,
- eine Gedächtnisaufgabe,
- ein Kreuzworträtsel.

Für jede Aufgabe i wird die Punktzahl x_i zur Kennzeichnung der Qualität der Aufgabenlösung registriert.

Lassen wir die Aufgaben von mehreren Personen lösen, können zwischen den Aufgaben Korrelationen berechnet werden. Es ist zu erwarten, dass die fünf Aufgaben mehr oder weniger deutlich miteinander korrelieren, dass also die Punktzahlen nicht unabhängig voneinander sind. Sie könnten z. B. von der allgemeinen Intelligenz in der Weise abhängen, dass Personen mit höherer allgemeiner Intelligenz die Aufgaben besser lösen können als Personen mit geringerer Intelligenz. Die allgemeine Intelligenz einer Person m wollen wir mit f_m bezeichnen.

Zusätzlich ist die Annahme plausibel, dass das Ausmaß an allgemeiner Intelligenz, das zur Lösung der Aufgaben erforderlich ist, von Aufgabe zu Aufgabe unterschiedlich ist. Die Lösung eines Kreuzworträtsels beispielsweise setzt weniger allgemeine Intelligenz voraus und ist vor allem eine Sache der Routine, während die Lösung einer Mathematikaufgabe neben allgemeiner Intelligenz auch ein spezielles, logisch-analytisches Denkvermögen erfordert. Das Ausmaß, in dem allgemeine Intelligenz zur Lösung einer Aufgabe i erforderlich ist, wollen wir mit a_i bezeichnen. Die Werte a_1 bis a_5 geben somit an, in welchem Ausmaß die fünf Aufgaben intelligenzerfordernde Eigenschaften aufweisen.

Ungeachtet irgendwelcher Maßstabsprobleme nehmen wir an, dass sich die Leistungen x_{mi} einer Person m folgendermaßen zusammensetzen:

$$\left.\begin{aligned} x_{m1} &= a_1 \cdot f_m \\ x_{m2} &= a_2 \cdot f_m \\ x_{m3} &= a_3 \cdot f_m \\ x_{m4} &= a_4 \cdot f_m \\ x_{m5} &= a_5 \cdot f_m \end{aligned}\right\} + \text{Rest}. \tag{23.1}$$

Nach diesem Gleichungssystem haben wir uns das Zustandekommen eines Wertes x_{mi} folgendermaßen vorzustellen: Die Punktzahl für eine Aufgabe i ergibt sich aus dem Produkt der allgemeinen Intelligenz der Person m (f_m) und dem Ausmaß an Intelligenz, das bei der Lösung dieser Aufgabe erforderlich ist (a_i). Erfordert die Aufgabe viel allgemeine Intelligenz, wird sie umso besser gelöst, je mehr allgemeine Intelligenz die Person aufweist. Ist die Aufgabe so geartet, dass allgemeine Intelligenz zu ihrer Lösung nicht benötigt wird, führen Intelligenzunterschiede zwischen den Personen nicht zu verschiedenen Punktzahlen.

Sicherlich sind mit der allgemeinen Intelligenz die Punktzahlen für die Aufgaben nicht eindeutig bestimmt. Es bleibt ein Rest, in dem spezifische Fähigkeiten der Person enthalten sind, die ebenfalls zur Lösung der Aufgaben beitragen. Zusätzlich wird die Punktzahl von Zufälligkeiten (Fehlereffekten) beeinflusst sein.

Man kann z. B. vermuten, dass einige Aufgaben eher theoretische Intelligenzaspekte erfordern, während andere Aufgaben mehr praktische Intelligenz voraussetzen. Bezeichnen wir die Ausprägung der praktischen Intelligenz bei einer Person m mit f_{m1} und die Ausprägung der theoretischen Intelligenz mit f_{m2} und nennen das Ausmaß, in dem die fünf Aufgaben praktische Intelligenz erfordern, a_{11} bis a_{51}, und das Ausmaß, in dem die Aufgaben theoretische Intelligenz erfordern, a_{12} bis a_{52}, erhalten wir folgende Gleichungen für die Punktzahlen einer Person m:

$$\left.\begin{aligned} x_{m1} &= a_{11} \cdot f_{m1} + a_{12} \cdot f_{m2} \\ x_{m2} &= a_{21} \cdot f_{m1} + a_{22} \cdot f_{m2} \\ x_{m3} &= a_{31} \cdot f_{m1} + a_{32} \cdot f_{m2} \\ x_{m4} &= a_{41} \cdot f_{m1} + a_{42} \cdot f_{m2} \\ x_{m5} &= a_{51} \cdot f_{m1} + a_{52} \cdot f_{m2} \end{aligned}\right\} + \text{Rest}. \tag{23.2}$$

Die Fähigkeit, eine Aufgabe zu lösen, stellt sich nun als die Summe zweier gewichteter Intelligenzkomponenten dar. Die Intelligenzkomponenten einer Person werden jeweils damit gewichtet, in welchem Ausmaß die Lösung der jeweiligen Aufgaben diese Intelligenzkomponenten erfordert. Die Intelligenzkomponenten bezeichnen wir als (Intelligenz-)Faktoren, von denen angenommen wird, dass sie die Testleistungen der Personen erklären.

Es ist jedoch davon auszugehen, dass die Messungen x_{m1} bis x_{m5} mit diesen beiden Komponenten nicht restfrei erklärt werden können, d. h., es könnte erforderlich sein, weitere Intelligenzfaktoren (oder besser: Testleistungsfaktoren) zu postulieren.

Allgemein formuliert nehmen wir an, dass sich die Leistung einer Person m bezüglich einer Aufgabe i nach folgender Bestimmungsgleichung ergibt:

$$x_{mi} = a_{i1} \cdot f_{m1} + a_{i2} \cdot f_{m2} + \cdots + a_{iq} \cdot f_{mq}. \tag{23.3}$$

In dieser Gleichung bezeichnet x_{mi} die Leistung der Person m bei der i-ten Aufgabe, a_{ij} die Bedeutung des j-ten Faktors für die Lösung der Aufgabe i und f_{mj} die Ausstattung der Person m mit dem Faktor j. Die Anzahl der Faktoren wird mit q abgekürzt, und i, j und m sind die Laufindizes für die p Aufgaben, q Faktoren und n Personen.

Die f_{mj}- und a_{ij}-Werte werden in der PCA so bestimmt, dass nach Gl. (23.3) Messwerte vorhergesagt werden können, die möglichst wenig von den tatsächlichen x_{mi}-Werten abweichen. Die PCA geht somit ähnlich wie die multiple Regressionsrechnung vor: Den (unbekannten) b-Gewichten in der multiplen Regression entsprechen die (unbekannten) a_{ij}-Werte in der PCA, und den (bekannten) Werten der Prädiktorvariablen in der multiplen Regression entsprechen die (unbekannten) f_{mj}-Werte.

Bestimmung der PCA-Faktoren

Für Gl. (23.3) lassen sich theoretisch unendlich viele Lösungen finden. Eine dieser Lösungen führt zu den Faktoren der PCA, die durch folgende Eigenschaften gekennzeichnet sind (ausführlicher hierzu vgl. Abschn. 23.3):

1. Sie sind wechselseitig voneinander unabhängig.
2. Sie erklären sukzessiv maximale Varianz.

Abbildung 23.1 veranschaulicht an einem einfachen Zweivariablenbeispiel, wie die Faktoren in der PCA bestimmt werden.

Die Abbildung zeigt die Leistungen der Versuchspersonen in den ersten beiden Aufgaben des oben genannten Beispiels, wobei die Aufgaben 1 und 2 die Achsen des Koordinatensystems bilden. Die Punkte im Koordinatensystem stellen die Versuchspersonen dar, deren Koordinaten den bezüglich der Aufgaben 1 und 2 erbrachten Leistungen entsprechen, d. h., die Projektionen der Punkte auf die Achsen „Aufgabe 1" und „Aufgabe 2" geben die Leistungen der Versuchspersonen bezüglich dieser Aufgaben wieder. Die Leistungen der Versuchspersonen haben in diesem Beispiel auf beiden Achsen annähernd gleich große Streuungen. Die Art des Punkteschwarms weist zudem darauf hin, dass zwischen den beiden Aufgaben eine hohe positive Kovarianz bzw. Korrelation besteht. Das Koordinatensystem wird nun in der PCA so gedreht (rotiert), dass

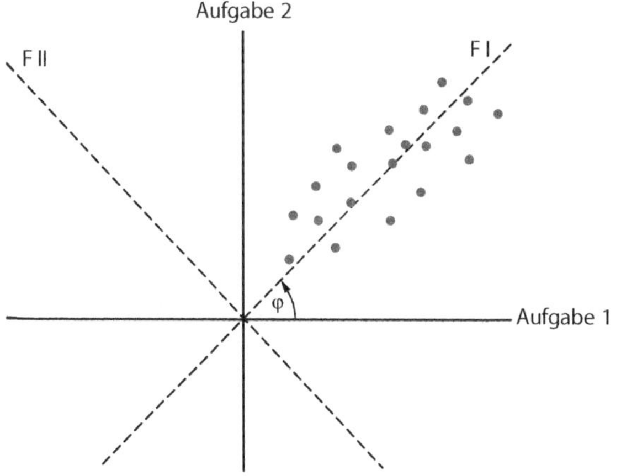

Abbildung 23.1. Veranschaulichung einer varianzmaximierenden orthogonalen Rotationstransformation

1. die Korrelation zwischen den beiden neuen Achsen null wird und
2. die Punkte auf der neuen Achse F I maximale Varianz haben.

In Abb. 23.1 werden die beiden ursprünglichen Achsen um den Winkel φ entgegen dem Uhrzeigersinn zu den neuen Achsen F I und F II rotiert. Ausgehend von den Projektionen der Versuchspersonen auf die neuen Achsen, unterscheiden sich die Versuchspersonen auf der Achse F I erheblich mehr als auf der alten Achse „Aufgabe 1", während die Unterschiede auf der neuen Achse F II gegenüber den Unterschieden auf der alten Achse „Aufgabe 2" kleiner geworden sind. Eine Vorhersage der Ausprägungen auf der Achse F II aufgrund der Ausprägungen auf der Achse F I ist nicht möglich, denn die beiden neuen Achsen korrelieren zu null miteinander.

Darüber, was die beiden neuen Achsen F I und F II inhaltlich bedeuten, kann man – zumal in diesem Beispiel nur zwei Variablen berücksichtigt wurden – nur Vermutungen anstellen. Plausibel erscheint jedoch, dass ein großer Teil der Leistungsunterschiede sowohl bei der Lösung des Bilderrätsels (Aufgabe 1) als auch der Mathematikaufgabe (Aufgabe 2) durch das Konstrukt „logisches Denken" bedingt ist. Ein weiterer Teil könnte vielleicht damit erklärt werden, dass die Punktzahlen für beide Aufgaben auch von der Kreativität der Versuchspersonen abhängen. Die hohe Korrelation zwischen beiden Aufgaben wäre demnach auf die Konstrukte „logisches Denken" (F I) und „Kreativität" (F II) zurückzuführen, denn beide Konstrukte – so unsere Vermutung – bestimmen die Lösungszeiten für das „Bilderrätsel" und die „Mathematikaufgabe".

Eine Rotation, bei der die Rechtwinkligkeit der Achsen erhalten bleibt, bezeichnet man als *orthogonale Rotationstransformation*. Sie ist nicht nur für zwei, sondern allgemein für p Variablen durchführbar. Die p Variablen machen ein geometrisch nicht mehr zu veranschaulichendes, *p-dimensionales Koordinatensystem* auf. Dieses Koordinatensystem wird so gedreht, dass die Projektionen der Versuchspersonen auf einer der p neuen Achsen maximal streuen. Diese neue Achse klärt dann von der Gesamtvarianz der Leistungen der Versuchspersonen einen maximalen Anteil auf. Die verbleibenden $p-1$ Achsen werden wiederum so gedreht, dass von der Restvarianz, die durch die erste neue Achse nicht aufgeklärt wird (in Abb. 23.1 ist dies die Varianz der Projektionen der Punkte auf die Achse F II), eine weitere Achse einen maximalen Anteil aufklärt. Nach Festlegung der ersten beiden Achsen werden die verbleibenden $p-2$ Achsen so gedreht, dass eine dritte neue Achse von der restlichen Varianz, die durch die beiden ersten Achsen nicht erfasst wird, einen maximalen Anteil aufklärt usw. Die p-te Achse ist nach Festlegung von $p-1$ Achsen nicht mehr frei rotierbar. Sie klärt zwangsläufig einen minimalen Varianzanteil auf. Dieses Vorgehen bezeichnet man als eine sukzessiv varianzmaximierende, orthogonale Rotationstransformation.

Für $p = 3$ stellen wir uns vor, dass der Punkteschwarm in Abb. 23.1 nicht 2-, sondern 3-dimensional ist („Punktewolke") und dass die dritte Dimension senkrecht auf der Ebene F I–F II steht. (Die dritte Dimension kann beispielsweise durch einen Bleistift, der senkrecht im Ursprung des Koordinatensystems auf die Buchseite gesetzt wird, verdeutlicht werden.) Diese dritte Achse möge bereits maximale Varianz aufklären, sodass die Punkte in Abb. 23.1 die Restvarianz veranschaulichen. Diese Restvarianz basiert auf den Projektionen der Versuchspersonen auf die Ebene F I–F II. Nach Festlegung der „Raumachse" (die dem senkrecht stehenden Bleistift entsprechen möge) können die beiden übrigen Achsen beliebig in der zur Raumachse senkrecht stehenden Ebene rotiert werden. Dies geschieht in der Weise, dass eine der beiden verbleibenden Achsen von der Restvarianz einen maximalen Varianzanteil aufklärt. Man erhält so die Position der Achse F I. Nachdem die Raumachse und die Achse F I festgelegt sind, ist die Position von F II ebenfalls bestimmt, da sie sowohl zu F I als auch zur Raumachse senkrecht stehen muss.

Die Projektionen der Vpn-Punkte auf die neuen Achsen lassen sich mathematisch als gewichtete Summen (Linearkombinationen) der Projektionen auf die alten Achsen darstellen (vgl. Abschn. 23.3). Die Projektionen auf die alten Achsen sind jedoch nichts anderes als die Messwerte der Versuchspersonen auf den p-Variablen, sodass die Projektionen auf die neuen Achsen Linearkombinationen der ursprünglichen Messwerte darstellen. Für diese Linearkombinationen werden in der PCA Gewichte errechnet, die einerseits orthogonale Rotationstransformationen bewirken (d. h. Drehungen des Achsensystems unter Beibehaltung der Rechtwinkligkeit der Achsen) und die andererseits dazu führen, dass die neuen Achsen sukzessiv maximale Varianz aufklären. Die so ermittelten neuen Achsen stellen die PCA-Faktoren dar. Durch diese Technik der Ermittlung der PCA-Faktoren (in der faktorenanalytischen Terminologie sprechen wir von der „Extraktionstechnik" der Faktoren) ist sichergestellt, dass der erste „extrahierte" Faktor für die Erklärung der Vpn-Unterschiede auf den p Variablen am wichtigsten ist, gefolgt vom zweiten Faktor, dem dritten etc. … .

PCA-Faktoren. PCA-Faktoren sind wechselseitig unabhängig und erklären sukzessiv maximale Varianz.

Mit der PCA transformieren wir somit p Variablenachsen in p neue Achsen, wobei die Größe der Varianzen auf den neuen Achsen durch die Höhe der Variableninterkorrelationen bestimmt wird. Korrelieren im Extremfall alle Variablen wechselseitig zu 1, kann die gesamte Varianz aller Versuchspersonen auf allen Variablen mit einer einzigen neuen Achse erfasst werden (wie wir aus der Regressionsrechnung wissen, liegen in diesem Fall sämtliche Punkte auf einer Geraden, die mit der neuen Achse identisch ist). Sind die Korrelationen hingegen sämtlich vom Betrag null, benötigen wir zur Aufklärung der Gesamtvarianz ebensoviele Faktoren, wie Variablen vorhanden sind. In diesem Fall entsprechen die Faktoren den Variablen, d. h., jeder Faktor klärt genau die Varianz einer Variablen auf.

Je höher die Variablen (absolut) miteinander korrelieren, desto weniger Faktoren werden zur Aufklärung der Gesamtvarianz benötigt.

Die Vpn-Messwerte auf p Variablen werden durch „Messwerte" auf q neuen Achsen ersetzt, wobei wir für empirische Daten den Fall völlig unkorrelierter Variablen ausschließen können, d. h., q wird immer kleiner als p sein. Hiermit ist der datenreduzierende Aspekt der PCA verdeutlicht. Eine Antwort auf die Frage, wie viele Faktoren einem Variablensatz zugrunde liegen, geben wir in Abschnitt 23.4.

Kennwerte der Faktorenanalyse

Für die Interpretation einer PCA bzw. allgemein einer Faktorenanalyse werden einige Kennwerte berechnet, die im Folgenden erläutert werden.

Faktorwerte. Wir wollen einmal annehmen, dass die Positionen der neuen Achsen bekannt seien. Werden die Projektionen der Versuchspersonen auf die neuen Achsen pro Achse z-standardisiert, erhalten wir neue Werte, die als Faktorwerte der Versuchspersonen bezeichnet werden. Die z-standardisierten Achsen selbst sind die Faktoren.

Definition 23.1

Faktorwert. Der Faktorwert f_{mj} einer Person m kennzeichnet ihre Position auf dem j-ten Faktor. Er gibt darüber Auskunft, wie stark die in einem Faktor zusammengefassten Merkmale bei dieser Person ausgeprägt sind.

Faktorladung. Jede Person ist durch q Faktorwerte und p Messungen auf den ursprünglichen Variablen beschreibbar. Korrelieren wir die Faktorwerte der Versuchspersonen auf einem Faktor j mit den Messungen auf einer Variablen i, erhalten wir einen Wert, der als Ladung der Variablen i auf dem Faktor j bezeichnet wird. Diese Ladung wird durch das Symbol a_{ij} bezeichnet.

Definition 23.2

Faktorladung. Eine Faktorladung a_{ij} entspricht der Korrelation zwischen der i-ten Variablen und dem j-ten Faktor.

Kommunalität. Aus der Regressionsrechnung wissen wir, dass das Quadrat einer Korrelation den Anteil gemeinsamer Varianz zwischen den korrelierten Messwertreihen angibt. Das Quadrat der Ladung (a_{ij}^2) einer Variablen i auf einem Faktor j kennzeichnet somit den gemeinsamen Varianzanteil zwischen der Variablen i und dem Faktor j. Summieren wir die quadrierten Ladungen einer Variablen i über alle Faktoren, erhalten wir einen Wert h^2, der angibt, welcher Anteil der Varianz einer Variablen durch die Faktoren aufgeklärt wird. In der PCA gehen wir üblicherweise von Korrelationen, d. h. von Kovarianzen z-standardisierter Variablen aus. Die Varianz der Variablen ist jeweils vom Betrag 1,0. Es gilt somit folgende Beziehung:

$$0 \leq h_i^2 = \sum_{j=1}^{q} a_{ij}^2 \leq 1. \tag{23.4}$$

Die Summe der quadrierten Ladungen einer Variablen kann nicht größer als 1 werden. Üblicherweise wird diese Summe Kommunalität (abgekürzt: h^2) genannt.

Definition 23.3

Kommunalität. Die Kommunalität der i-ten Variablen gibt an, in welchem Ausmaß die Varianz dieser Variablen durch die Faktoren aufgeklärt bzw. erfasst wird.

Theoretisch lässt sich die Anzahl der Faktoren so weit erhöhen, bis die Varianzen aller Variablen vollständig erklärt sind. Im Allgemeinen werden wir jedoch die Faktorenextraktion vorher abbrechen, weil die einzelnen Variablen bereits durch wenige Faktoren bis auf unbedeutende Varianzanteile erfasst sind, von denen wir vermuten können, dass sie auf fehlerhafte, unsystematische Effekte zurückgehen (vgl. Abschn. 23.4). In der Regel wird die Kommunalität h^2 deshalb kleiner als 1,0 sein.

Eigenwert. Summieren wir die quadrierten Ladungen der Variablen auf einem Faktor j, ergibt sich mit λ_j (sprich: lambda) die Varianz, die durch diesen Faktor j aufgeklärt wird. Die Gesamtvarianz aller p Variablen hat den Wert p, wenn die Variablen – wie üblich – durch Korrelationsberechnungen z-standardisiert sind.

$$\begin{aligned}\lambda_j &= \text{Varianzaufklärung durch Faktor } j\\ &= \sum_{i=1}^{p} a_{ij}^2 \leq p.\end{aligned} \tag{23.5}$$

Der Wert λ_j, der die durch einen Faktor j erfasste Varianz kennzeichnet, heißt Eigenwert des Faktors j.

Definition 23.4

Eigenwert. Der Eigenwert λ_j eines Faktors j gibt an, wie viel von der Gesamtvarianz aller Variablen durch diesen Faktor erfasst wird.

Dividieren wir λ_j durch p, resultiert der Varianzanteil des Faktors j an der Gesamtvarianz bzw. – multipliziert mit 100% – der prozentuale Varianzanteil.

Der Eigenwert desjenigen Faktors, der am meisten Varianz erklärt, ist umso größer, je höher die Variablen miteinander korrelieren. (Eine genauere Analyse der Beziehung zwischen der durchschnittlichen Variableninterkorrelation $\bar{r}$ und dem größten Eigenwert λ_{max} findet man bei Friedman & Weisberg, 1981.)

Ist die Varianz eines Faktors kleiner als 1 (d. h. kleiner als die Varianz einer einzelnen Variablen), wird dieser Faktor im Allgemeinen für unbedeutend gehalten. Er kann wegen der geringen Varianzaufklärung nicht mehr zur Datenreduktion beitragen. (Weitere Kriterien zur Bestimmung der Anzahl der bedeutsamen Faktoren werden wir in Abschn. 23.4 kennenlernen.)

BEISPIEL 23.2

Im Folgenden soll die PCA an einem auf Thurstone (1947, S. 117 ff.), zurückgehenden Beispiel verdeutlicht werden, das zwar inhaltlich bedeutungslos ist, aber die Grundintention der PCA klar herausstellt. Untersuchungsmaterial sind 3 × 9 Zylinder, deren Durchmesser und Längen in folgender Tabelle zusammengestellt sind. (Warum in der Zylinderstichprobe jeder Zylinder dreimal vorkommt, wird in der Originalarbeit nicht begründet.)

Nr.	d	ℓ	Nr.	d	ℓ	Nr.	d	ℓ
1	1	2	10	1	2	19	1	2
2	2	2	11	2	2	20	2	2
3	3	2	12	3	2	21	3	2
4	1	3	13	1	3	22	1	3
5	2	3	14	2	3	23	2	3
6	3	3	15	3	3	24	3	3
7	1	4	16	1	4	25	1	4
8	2	4	17	2	4	26	2	4
9	3	4	18	3	4	27	3	4

Durch den Durchmesser und die Länge ist die Form eines Zylinders eindeutig festgelegt. Zusätzlich zu diesen beiden Bestimmungsstücken werden pro Zylinder vier weitere Maße bzw. Variablen errechnet:

1. Durchmesser (d),
2. Länge (ℓ),
3. Grundfläche ($a = \pi \cdot d^2/4$),
4. Mantelfläche ($c = \pi \cdot d \cdot \ell$),
5. Volumen ($v = \pi \cdot d^2 \cdot \ell/4$),
6. Diagonale ($t = \sqrt{d^2 + \ell^2}$).

Jeder Zylinder ist somit durch sechs Messwerte gekennzeichnet. Die Korrelationen zwischen den sechs Variablen lauten:

	d	ℓ	a	c	v	t
d	1,00	0,00	0,99	0,81	0,90	0,56
ℓ		1,00	0,00	0,54	0,35	0,82
a			1,00	0,80	0,91	0,56
c				1,00	0,97	0,87
v					1,00	0,77
t						1,00

Wie die Tabelle zeigt, wurden die Durchmesser und die Längen als voneinander unabhängige Größen so gewählt, dass sie zu null miteinander korrelieren. Die Grundfläche, die nur vom Durchmesser abhängig ist, korreliert ebenfalls zu null mit der Länge des Zylinders.

Die sechs Zylindermessungen spannen einen 6-dimensionalen Raum auf, in dem sich die 27 Zylinder gemäß ihrer Merkmalsausprägungen befinden. In der PCA wird das Koordinatensystem so gedreht, dass die einzelnen Achsen einerseits wechselseitig voneinander unabhängig sind und andererseits sukzessiv maximale Varianz aufklären. Die Korrelationen zwischen den ursprünglichen Merkmalsachsen und den neuen Achsen sind die Ladungen der Merkmale auf den neuen Achsen (Faktoren). Diese sind in folgender Tabelle wiedergegeben:

	FI	FII	h^2
d	0,88	−0,46	0,99
ℓ	0,46	0,89	1,00
a	0,88	−0,46	0,99
c	0,98	0,10	0,98
v	0,98	−0,11	0,97
t	0,86	0,48	0,97
	$\lambda_1 = 4{,}43$	$\lambda_2 = 1{,}46$	

Die Faktorwerte, die die Positionen der Zylinder auf den neuen Achsen kennzeichnen, lauten:

Zylinder	FI	FII
1	−1,45	−0,59
2	−0,63	−1,01
3	0,43	−1,58
4	−1,01	0,52
5	−0,10	0,04
6	1,10	−0,59
7	−0,57	1,65
8	0,45	1,13
9	1,79	0,44

Es sind nur die Faktorwerte der neun verschiedenen Zylinder aufgeführt.

Ausgangsmaterial für eine PCA ist üblicherweise die *Matrix der Interkorrelationen* der Variablen (gelegentlich werden auch Kovarianzen faktorisiert). Jede Variable hat – bedingt durch die z-Standardisierung, die implizit mit der Korrelationsberechnung durchgeführt wird, s. Gl. (10.4) – eine Varianz von 1, sodass sich für $p = 6$ Variablen eine Gesamtvarianz von 6 ergibt. Die Varianz, die der erste Faktor aufklärt, erhalten wir, wenn gemäß Gl. (23.5) die Ladungen der p Variablen auf dem ersten Faktor quadriert und aufsummiert werden. In unserem Beispiel resultiert $\lambda_1 = 4{,}43$, d. h., der erste Faktor klärt 73,8% (4,43 von 6) der Gesamtvarianz auf. Für den zweiten Faktor ermitteln wir $\lambda_2 = 1{,}46$, d. h., auf den zweiten Faktor entfallen 24,3% der Gesamtvarianz. Beide Faktoren klären somit zusammen 98,1% der Gesamtvarianz auf. Die zwei Faktoren beschreiben damit die Zylinder praktisch genauso gut wie die sechs ursprünglichen Merkmale.

Mit einer zweifaktoriellen Lösung war aufgrund der Konstruktion der sechs Merkmale zu rechnen. Unterschiede zwischen den Zylinderformen lassen sich nach den oben beschriebenen Beziehungen eindeutig auf die Merkmale Länge und Durchmesser zurückführen. Man könnte deshalb meinen, dass mit zwei Faktoren die Gesamtvarianz vollständig und nicht nur zu 98,1% hätte aufgeklärt werden müssen. Dass dies nicht der Fall ist, liegt daran, dass die Merkmale zum Teil nicht linear voneinander abhängen. Mit der PCA erfassen wir jedoch nur diejenigen Merkmalsvarianzen, die sich aufgrund linearer Beziehungen aus den Faktoren vorhersagen lassen. Aus dem gleichen Grund sind die Kommunalitäten, die wir nach Gl. (23.4) berechnen, nicht durchgehend vom Betrag 1.

Grafische Darstellung. Die Interpretation der Faktoren wird erleichtert, wenn die Merkmale gemäß ihrer Ladungen in ein Koordinatensystem, dessen

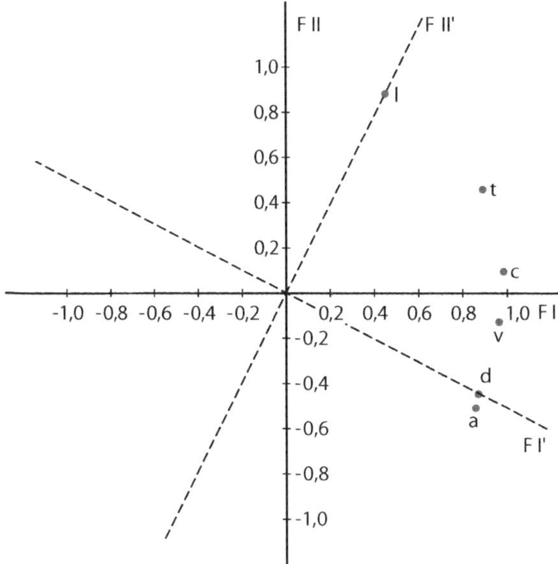

Abbildung 23.2. Veranschaulichung der PCA-Lösung über das Zylinderbeispiel

Achsen die Faktoren darstellen, eingetragen werden. (Führt die PCA zu mehr als zwei Faktoren, benötigen wir für jedes Faktorenpaar eine eigene Darstellung.) Abbildung 23.2 zeigt die grafische Veranschaulichung der PCA-Lösung.

Alle Variablen haben auf dem ersten Faktor (F I) positive Ladungen, d. h., sie korrelieren positiv mit dem ersten Faktor. Eine Interpretation dieser Faktorenlösung, die sich an den Variablen mit den höchsten Ladungen (Markiervariablen) orientieren sollte, fällt schwer. Da die am höchsten ladenden Variablen Mantelfläche (c) und Volumen (v) jedoch stark den optischen Eindruck von der Größe eines Zylinders bestimmen, ließe sich der erste Faktor als Größenfaktor interpretieren. Der zweite Faktor (F II) wird im positiven Bereich vor allem durch die Länge (ℓ) und im negativen Bereich durch den Durchmesser (d) und die Grundfläche (a), die nur vom Durchmesser abhängt, bestimmt. Man könnte daran denken, diesen Faktor als Formfaktor (Länge vs. Durchmesser) zu bezeichnen, auf dem kurze, dicke und lange, schlanke Zylinder unterschieden werden.

Faktor I wurde durch die PCA so bestimmt, dass mit ihm ein maximaler Varianzanteil aufgeklärt wird. Von der verbleibenden Varianz klärt Faktor II wieder einen maximalen Varianzanteil auf. Die Restvarianz nach Extraktion von zwei Faktoren (1,9%) ist zu klein, um noch einen dritten, sinnvoll interpretierbaren Faktor extrahieren zu können.

Die gefundenen Faktoren erfüllen zwar das Kriterium der PCA, nach dem sie sukzessiv maximale Varianz aufklären sollen; sie sind jedoch nicht mit denjenigen Variablen identisch, die tatsächlich die gesamte Merkmalsvarianz generieren, nämlich mit dem Durchmesser und der Länge. Kombinationen dieser beiden Merkmale wie beispielsweise die Mantelfläche (c) oder das Volumen (v), können die Größenunterschiede der Zylinder offenbar besser erfassen als eines der beiden systematisch variierten Merkmale.

In diesem Zusammenhang könnte man zu Recht einwenden, dass eine PCA-Lösung, die die beiden tatsächlich varianzgenerierenden Merkmale als Faktoren ausweist, sinnvoller wäre als eine Lösung, nach der die Faktoren zwar sukzessiv maximale Varianz aufklären, die aber inhaltlich nur schwer zu interpretieren ist.

Hier zeigt sich die Uneindeutigkeit faktorenanalytischer Ergebnisse. Die PCA-Lösung stellt nur eine – wenngleich mathematisch am einfachsten zu ermittelnde – Lösung von unendlich vielen Lösungen dar. Die übrigen Lösungen erhalten wir, wenn das Koordinatensystem der Faktoren in Abb. 23.2 um einen beliebigen Winkel rotiert wird. Dadurch resultieren neue Ladungen der Merkmale auf den rotierten Achsen, die die Variableninterkorrelationen in gleicher Weise erklären wie die ursprüngliche PCA-Lösung. Es existiert kein objektives Kriterium dafür, welche dieser unendlich vielen Lösungen die „richtige" ist. Man entscheidet sich letztlich für diejenige Lösung, die nach dem jeweiligen Stand der Theorienbildung über die untersuchten Variablen *am plausibelsten* ist.

In unserem Beispiel ist es nahe liegend, das Faktorensystem so zu rotieren, dass F I durch das Merkmal „Durchmesser" und F II durch das Merkmal „Länge" optimal repräsentiert werden. Dies ist in Abb. 23.2 geschehen, in der F I′ und F II′ die rotierten Faktoren bezeichnen. Die Unabhängigkeit der Merkmale Durchmesser und Länge wird in der rotierten Lösung dadurch ersichtlich, dass das Merkmal d auf F II′ und das Merkmal ℓ auf F I′ keine Ladungen haben.

Im Normalfall wird die PCA zur Aufklärung einer Korrelationsmatrix von Variablen eingesetzt, deren faktorielle Struktur im Gegensatz zum Zylinderbeispiel nicht bekannt ist. Die PCA liefert eine Lösung mit bestimmten mathematischen Eigenschaften, die jedoch sehr selten auch inhaltlich gut zu interpretieren ist. PCA-Lösungen sind deshalb vor allem dazu geeignet, festzustellen, *wie viele* Faktoren (und nicht *welche* Faktoren) den Merkmalskorrelationen zugrunde liegen. Über die statistische Absicherung dieser Faktorenanzahl werden wir in Abschnitt 23.4 berichten. Bessere Interpretationsmöglichkeiten bieten im Allgemeinen Faktorenstrukturen, die nach analytischen Kriterien rotiert wurden, über die in Abschnitt 23.5 berichtet wird. (Dass man die „richtige" Lösung im Zylinderbeispiel auch mit einer analytischen Rotationstechnik findet, zeigen wir später, s. Tab. 23.3.)

Bemerkungen zur Anwendung

Bevor wir uns der rechnerischen Durchführung einer PCA zuwenden, seien noch einige allgemeine Hinweise zum Einsatz der PCA erwähnt. Die PCA ist als ein datenreduzierendes und hypothesengenerierendes Verfahren nicht dazu geeignet, inhaltliche Hypothesen über die Art einer Faktorenstruktur zu überprüfen. Die Uneindeutigkeit des Verfahrens, die auf der formalen Gleichwertigkeit verschiedener Rotationslösungen beruht (s. Abschn. 23.5), lässt es nicht zu, eine Lösung als richtig und eine andere als falsch zu bezeichnen.

Ausgehend von diesem gemäßigten Anspruch, den wir mit der PCA verbinden, sind einige Forderungen an das zu faktorisierende Material, die von einigen Autoren (z. B. Guilford, 1952, oder Comrey, 1973, Kap. 8) erhoben werden, nur von zweitrangiger Bedeutung.

Nicht-lineare Zusammenhänge. Nehmen wir in eine PCA Variablen auf, die nicht linear zusammenhängen, sind andere faktorenanalytische Ergebnisse zu erwarten, als wenn dieselben Variablen linear miteinander korrelieren würden. Entscheidend ist die Interpretation, die – bezogen auf die hier behandelte PCA – davon auszugehen hat, dass nur die durch die Korrelationsmatrix beschriebenen linearen Zusammenhänge berücksichtigt werden. Ist bekannt, dass eine Variable mit den übrigen in bestimmter, nicht-linearer Weise zusammenhängt, sollte diese Variable zuvor einer *linearisierenden Transformation* unterzogen werden (vgl. Abschn. 11.3). Woodward und Overall (1976) empfehlen bei nicht-linearen Zusammenhängen eine PCA über rangtransformierte Variablen. (Weitere Hinweise zur Behandlung nicht-linearer Zusammenhänge in der PCA findet man bei Jolliffe, 2002, Kap. 14, Gnanadesikan, 1977, oder bei Hicks, 1981. Eine nonmetrische Variante der Faktorenanalyse wurde von J. B. Kruskal und Shephard (1974) entwickelt.)

Stichprobengröße und substanzielle Ladungen. Um zu möglichst stabilen, vom Zufall weitgehend unbeeinflussten Faktorenstrukturen zu gelangen, sollte die untersuchte Stichprobe möglichst groß und repräsentativ sein. Es ist zu beachten, dass die Anzahl der Faktoren theoretisch nicht größer sein kann als die Anzahl der Untersuchungseinheiten (vgl. hierzu auch Aleamoni, 1976 oder Witte, 1978).

Für eine generalisierende Interpretation einer Faktorenstruktur sollten nach Guadagnoli und Velicer (1988) die folgenden Bedingungen erfüllt sein:

- Wenn in der Planungsphase dafür gesorgt wurde, dass auf jeden zu erwartenden Faktor zehn oder mehr Variablen entfallen, ist ein Stichprobenumfang von $n \approx 150$ ausreichend.
- Wenn auf jedem bedeutsamen Faktor (vgl. hierzu Abschn. 23.4) mindestens vier Variablen Ladungen über 0,60 aufweisen, kann die Faktorenstruktur ungeachtet der Stichprobengröße generalisierend interpretiert werden.
- Das Gleiche gilt für Faktorstrukturen mit Faktoren, auf denen jeweils zehn bis zwölf Variablen Ladungen um 0,40 oder darüber aufweisen.
- Faktorstrukturen mit Faktoren, auf denen nur wenige Variablen geringfügig laden, sollten nur interpretiert werden, wenn $n \geq 300$ ist. Für $n < 300$ ist die Interpretation der Faktorstruktur von den Ergebnissen einer Replikation abhängig zu machen.

Die Autoren entwickelten ferner eine Gleichung, mit der sich die *Stabilität* (*FS*) einer Faktorenstruktur abschätzen lässt. Sie lautet mit einer geringfügigen Modifikation

$$FS = 1 - (1{,}10 \cdot x_1 - 0{,}12 \cdot x_2 + 0{,}066), \qquad (23.6)$$

wobei

$x_1 = 1/\sqrt{n}$,
$x_2 =$ minimaler Ladungswert, der bei der Interpretation der Faktoren berücksichtigt wird.

Werden in einer Faktorenstruktur z. B. nur Ladungen über 0,60 zur Interpretation herangezogen ($x_2 = 0{,}6$), errechnet man für $n = 100$ (bzw. $x_1 = 1/\sqrt{100} = 0{,}1$)

$$FS = 1 - (1{,}10 \cdot 0{,}1 - 0{,}12 \cdot 0{,}6 + 0{,}066) = 0{,}896.$$

Für $n = 400$ ergibt sich $FS = 0{,}951$.

Dies ist vorerst nur ein deskriptives Maß zum Vergleich der Güte verschiedener Faktorlösungen, über dessen praktische Brauchbarkeit bislang wenig bekannt ist. Den Ausführungen der Autoren lässt sich entnehmen, dass Faktorenstrukturen mit $FS < 0{,}8$ nicht interpretiert werden sollten. Eine gute Übereinstimmung zwischen „wahrer" und stichprobenbedingter Faktorenstruktur liegt vor, wenn $FS \geq 0{,}9$ ist.

Eine weitere Gleichung zur Beschreibung der Stabilität von PCA-Faktoren wurde von Sinha und Buchanan (1995) entwickelt. In dieser Gleichung ist die Faktorenstabilität eine Funktion von n und q (Anzahl der bedeutsamen Faktoren, vgl. Abschn. 23.4). Außerdem wird gezeigt, dass die Stabilität eines Faktors j auch davon abhängt, wie stark der Eigenwert λ_j dieses Faktors vom vorangehenden und nachfolgenden Eigenwert abweicht ($\lambda_{j-1} - \lambda_j$; $\lambda_j - \lambda_{j+1}$). Hohe Differenzwerte wirken sich günstig auf die Faktorstabilität aus.

Ausführlichere Informationen zum Thema „Stichprobengröße" findet man bei MacCallum et al. (1999).

Skalenniveau der Variablen. Wichtig ist ferner die Frage, welches Skalenniveau die zu faktorisierenden Merkmale aufweisen müssen, was gleichbedeutend mit der Frage ist, welche Korrelationsarten für eine PCA geeignet sind. Wir empfehlen, nur solche Variablen zu faktorisieren, zwischen denen die *Enge* des linearen Zusammenhangs bestimmt werden kann. Rangkorrelationen und Kontingenzkoeffizienten, die den Zusammenhang zwischen ordinalen bzw. nominalen Merkmalen quantifizieren, sind somit für die Faktorenanalyse weniger geeignet (vgl. hierzu jedoch die Arbeiten zur multiplen Korrespondenzanalyse – MCA – wie z. B. Gorman & Primavera, 1993, Tenenhaus & Young, 1985 oder Kiers, 1991b). Idealerweise setzt sich eine Korrelationsmatrix nur aus Produkt-Moment-Korrelationen zwischen intervallskalierten Merkmalen zusammen.

Bezüglich der Anzahl der Intervalle auf den Intervallskalen gilt nach Martin et al. (1974), dass mit geringeren Faktorladungen und Kommunalitäten zu rechnen ist, je weniger Intervalle die Skalen aufweisen. Die gesamte Struktur wird jedoch auch dann nicht erheblich verändert, wenn *dichotomisierte Merkmale* faktorisiert werden, deren Zusammenhänge über ϕ-Koeffizienten (s. Gl. 10.28) ermittelt wurden (bzw. über punktbiseriale Korrelationen, wenn sowohl dichotomisierte als auch metrische Merkmale vorkommen). Sind die Merkmalsalternativen jedoch stark asymmetrisch besetzt, sodass $\phi_{\max}$ nicht 1 werden kann, ist mit mehr Faktoren zu rechnen als im Fall symmetrisch, unimodal verteilter Merkmale. Wie in diesem Fall vorzugehen ist, wird bei Hammond und Lienert (1995) beschrieben. Weitere Hinweise zur Faktorenanalyse von ϕ-Koeffizienten findet man bei Collins et al. (1986).

Im Folgenden wenden wir uns der rechnerischen Durchführung einer PCA zu. Wer nur an Anwendungsfragen interessiert ist, mag diesen Abschnitt übergehen und mit den Kriterien für die Anzahl der Faktoren fortfahren, die in Abschn. 23.4 behandet werden.

* 23.3 Rechnerische Durchführung der Hauptkomponentenanalyse

In der PCA wird das Koordinatensystem mit den zu faktorisierenden Merkmalen als Achsen so gedreht, dass neue Achsen entstehen, die sukzessiv maximale Varianz aufklären. Wir gliedern in Anlehnung an Tatsuoka (1971) den Gedankengang, der zu den neuen Achsen führt, in folgende Schritte:

- Wie sind Rotationen des Koordinatensystems mathematisch darstellbar?
- Wie wirken sich Rotationen des Koordinatensystems auf Mittelwerte, Varianzen und Korrelationen der Merkmale aus?
- Wie muss das Koordinatensystem rotiert werden, damit die neuen Achsen sukzessiv maximale Varianz aufklären?
- Wie können Faktorladungen und Faktorwerte rechnerisch bestimmt werden?

Abschließend werden wir die einzelnen Rechenschritte an einem Beispiel verdeutlichen.

Rotationstransformation

Zunächst wird gezeigt, dass sich die Koordinaten der Versuchspersonen auf den neuen Achsen als Linearkombinationen der ursprünglichen Koordinaten darstellen lassen. Liegen von einer Person p Messungen $x_1, x_2 \ldots x_p$ vor, so ergibt sich unter Verwendung der Gewichtungskoeffizienten $v_1, v_2 \ldots v_p$ eine Linearkombination nach der Beziehung:

$$y = v_1 x_1 + v_2 x_2 + \ldots + v_p x_p. \tag{23.7}$$

Eine Person möge auf zwei Variablen die Werte 7 und 11 erhalten haben. Diese Person ist in Abb. 23.3 in ein Koordinatensystem eingetragen (Punkt P), dessen Achsen X_1 und X_2 aus den Variablen x_1 und x_2 bestehen.

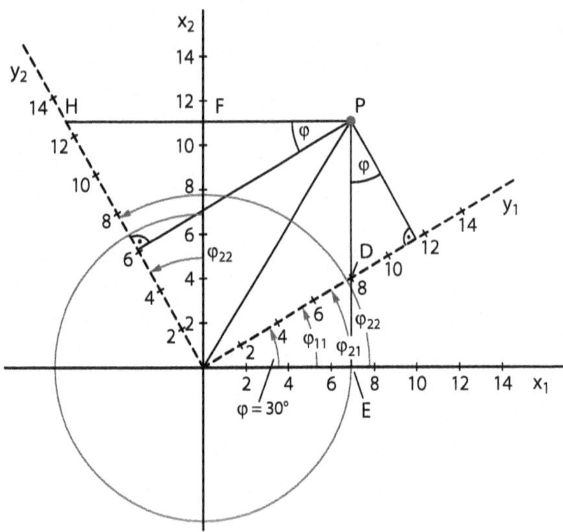

Abbildung 23.3. Veranschaulichung einer Rotationstransformation

Rotieren wir das Achsenkreuz um einen Winkel von beispielsweise $\varphi = 30°$ entgegen dem Uhrzeigersinn, so erhalten wir für den Punkt P veränderte Koordinaten auf den neuen Achsen Y_1 und Y_2. Derartige Veränderungen von Koordinaten, die durch Drehung des Koordinatensystems entstehen, bezeichnet man als *Rotationstransformationen.* Die Koordinaten y_1 und y_2 auf den neuen Achsen Y_1 und Y_2 ermitteln wir in folgender Weise:

Für y_2 schreiben wir:

$$y_2 = PD \cdot \cos\varphi, \qquad (23.8)$$

wobei PD = Strecke zwischen den Punkten P und D. Ferner gilt

$$PD = x_2 - DE \quad \text{und} \quad DE = x_1 \cdot \tan\varphi.$$

Eingesetzt in Gl. (23.8) erhalten wir somit für y_2:

$$\begin{aligned} y_2 &= (x_2 - x_1 \cdot \tan\varphi) \cdot \cos\varphi, \\ &= \cos\varphi \cdot x_2 - \cos\varphi \cdot \tan\varphi \cdot x_1, \\ &= \cos\varphi \cdot x_2 - \sin\varphi \cdot x_1. \end{aligned} \qquad (23.9)$$

Für y_1 ergibt sich:

$$y_1 = HP \cdot \cos\varphi, \qquad (23.10)$$

wobei $HP = HF + x_1$ und $HF = x_2 \cdot \tan\varphi$.

Für y_1 resultiert deshalb:

$$\begin{aligned} y_1 &= (x_2 \cdot \tan\varphi + x_1) \cdot \cos\varphi, \\ &= \cos\varphi \cdot \tan\varphi \cdot x_2 + \cos\varphi \cdot x_1, \\ &= \sin\varphi \cdot x_2 + \cos\varphi \cdot x_1. \end{aligned}$$

Die neuen Koordinaten heißen somit zusammengefasst:

$$y_1 = (\cos\varphi) \cdot x_1 + (\sin\varphi) \cdot x_2, \qquad (23.11a)$$

$$y_2 = (-\sin\varphi) \cdot x_1 + (\cos\varphi) \cdot x_2. \qquad (23.11b)$$

Setzen wir die entsprechenden Winkelfunktionen für $\varphi = 30°$ ein ($\cos 30° = 0{,}866$ und $\sin 30° = 0{,}500$), erhalten wir als neue Koordinaten:

$$\begin{aligned} y_1 &= 0{,}866 \cdot 7 + 0{,}500 \cdot 11 = 11{,}56, \\ y_2 &= -0{,}500 \cdot 7 + 0{,}866 \cdot 11 = 6{,}03. \end{aligned}$$

In Abb. 23.3 sind die Winkel, die sich nach der Rotation zwischen den neuen Y-Achsen und den alten X-Achsen ergeben, eingezeichnet. Die Indizes der Winkel geben an, zwischen welcher alten Achse (1. Index) und welcher neuen Achse (2. Index) der jeweilige Winkel besteht. Der Winkel φ_{21} ist somit z. B. der Winkel zwischen der alten X_2-Achse und der neuen Y_1-Achse. Alle Winkel werden entgegen dem Uhrzeigersinn gemessen.

In Abhängigkeit vom Rotationswinkel φ ergeben sich die einzelnen, zwischen den Achsen bestehenden Winkel zu:

$$\begin{aligned} \varphi_{11} &= \varphi, \\ \varphi_{21} &= 270° + \varphi, \\ \varphi_{12} &= 90° + \varphi, \\ \varphi_{22} &= \varphi. \end{aligned}$$

Unter Verwendung der trigonometrischen Beziehung

$$\cos(90° \pm \varphi) = \mp\sin\varphi$$

und wegen

$$\cos(270° + \varphi) = \cos(90° - \varphi)$$

erhalten wir für die Winkelfunktionen in Gl. (23.11)

$$\begin{aligned} \cos\varphi &= \cos\varphi_{11}, \\ \sin\varphi &= \cos(90° - \varphi) = \cos\varphi_{21}, \\ -\sin\varphi &= \cos(90° + \varphi) = \cos\varphi_{12}, \\ \cos\varphi &= \cos\varphi_{22}. \end{aligned}$$

Für Gl. (23.11) können wir deshalb auch schreiben:

$$\begin{aligned} y_1 &= (\cos\varphi_{11}) \cdot x_1 + (\cos\varphi_{21}) \cdot x_2, \\ y_2 &= (\cos\varphi_{12}) \cdot x_1 + (\cos\varphi_{22}) \cdot x_2, \end{aligned}$$

bzw. in der Terminologie einer Linearkombination gemäß Gl. (23.7):

$$y_1 = v_{11}x_1 + v_{21}x_2, \qquad (23.12a)$$

$$y_2 = v_{12}x_1 + v_{22}x_2. \qquad (23.12b)$$

Entsprechen die Gewichtungskoeffizienten v_{ij} in Gl. (23.12) den cos der Winkel zwischen der i-ten X-Achse und der j-ten Y-Achse, stellt die Linearkombination eine Rotationstransformation dar.

Liegen Daten einer Person auf p Variablen vor, lässt sich die Person als Vektor in einem p-dimensionalen Koordinatensystem darstellen, wobei wiederum die p Variablen die Achsen des Koordinatensystems bilden. Rotieren wir das Koordinatensystem in allen $p \cdot (p-1)/2$ Ebenen des Koordinatensystems, erhalten wir die neuen Koordinaten $y_1, y_2, \ldots, y_p$ über folgende Linearkombinationen:

$$
\begin{aligned}
y_1 &= v_{11}x_1 + v_{21}x_2 + \ldots + v_{p1}x_p,\\
y_2 &= v_{12}x_1 + v_{22}x_2 + \ldots + v_{p2}x_p,\\
&\vdots\\
y_j &= v_{1j}x_1 + v_{2j}x_2 + \ldots + v_{pj}x_p,\\
&\vdots\\
y_p &= v_{1p}x_1 + v_{2p}x_2 + \ldots + v_{pp}x_p.
\end{aligned}
$$

Auch im p-dimensionalen Fall stellen die Gewichtungskoeffizienten v_{ij} bei einer Rotationstransformation die cos der Winkel zwischen der i-ten alten Achse (X_i) und der j-ten neuen Achse (Y_j) dar. Dieses System von Linearkombinationen lässt sich gemäß Gl. (B.8) in Matrixschreibweise folgendermaßen vereinfacht darstellen:

$$y' = x' \cdot V \tag{23.13}$$

$$(y_1, y_2 \ldots y_p) = (x_1, x_2 \ldots x_p) \cdot \begin{pmatrix} v_{11} & v_{12} & \ldots & v_{1p} \\ v_{21} & v_{22} & \ldots & v_{2p} \\ \vdots & \vdots & & \vdots \\ v_{p1} & v_{p2} & \ldots & v_{pp} \end{pmatrix}.$$

Hierin sind:

y' = Zeilenvektor der p neuen Vp-Koordinaten
x' = Zeilenvektor der p alten Vp-Koordinaten
V = Matrix der Gewichtungskoeffizienten, die wegen der oben erwähnten Eigenschaften auch als *Matrix der Richtungs*-cos bezeichnet wird

Rotationstransformationen sind somit als Linearkombinationen darstellbar. Als Nächstes wollen wir überprüfen, welche Besonderheiten Linearkombinationen, die Rotationstransformationen bewirken, gegenüber allgemeinen Linearkombinationen aufweisen.

Hierzu betrachten wir Gl. (23.11a), die eine Rotation der alten X_1-Achse um den Winkel φ bewirkt. In dieser Gleichung treten sin und cos des

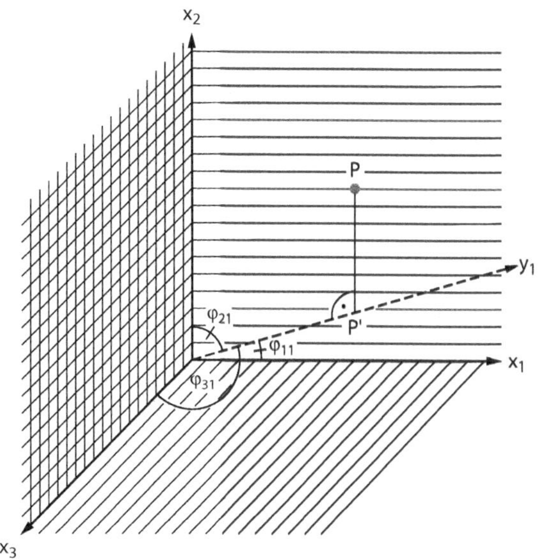

Abbildung 23.4. Rotationstransformation im dreidimensionalen Raum

Rotationswinkels φ als Gewichtungskoeffizienten der ursprünglichen Koordinaten x_1 und x_2 auf. Zwischen diesen Winkelfunktionen besteht folgende Beziehung:

$$\sin^2\varphi + \cos^2\varphi = 1.$$

Diese Beziehung gilt auch für Gl. (23.11b). Allgemein gilt: Eine Linearkombination zweier Variablen $y_j = v_{1j} \cdot x_1 + v_{2j} \cdot x_2$ bewirkt eine Rotationstransformation, wenn gilt:

$$v_{1j}^2 + v_{2j}^2 = 1. \tag{23.14}$$

Ist diese Beziehung erfüllt, stellt y_j die Koordinate des Punktes P auf der neuen Y_j-Achse dar. Die neue Y_j-Achse hat zu den alten Achsen (X_i) Winkel, deren cos vom Betrag v_{ij} sind. (Bezogen auf den Rotationswinkel φ ist $\cos\varphi = v_{1j}$ und $\sin\varphi = v_{2j}$.)

Als Nächstes wollen wir überprüfen, ob diese für zwei Variablen gültige Beziehung auch für drei Variablen gilt. Abbildung 23.4 veranschaulicht ein dreidimensionales Koordinatensystem, dessen Achsen durch die Variablen X_1, X_2 und X_3 bestimmt sind.

Y_1 stellt die neue Achse nach der Rotation der X_1-Achse in den drei Ebenen (X_1, X_2), (X_1, X_3) und (X_2, X_3) dar. φ_{11}, φ_{21} und φ_{31} sind die Winkel zwischen den drei alten X-Achsen und der neuen Y_1-Achse.

Eine Person möge auf den drei Variablen die Werte x_1, x_2 und x_3 erhalten haben (Punkt P

in Abb. 23.4). Punkt P' kennzeichnet die y_1-Koordinate der Person auf der neuen Y_1-Achse. Die (unbekannten) Koordinaten des Punktes P' im unrotierten Koordinatensystem wollen wir mit x_1', x_2' und x_3' bezeichnen. Für die Winkel ergeben sich dann folgende Beziehungen:

$$\cos\varphi_{11} = \frac{x_1'}{y_1};$$
$$\cos\varphi_{21} = \frac{x_2'}{y_1};$$
$$\cos\varphi_{31} = \frac{x_3'}{y_1}. \tag{23.15}$$

Da y_1 den Abstand des Punktes P' vom Ursprung darstellt, können wir auch schreiben:

$$y_1 = \sqrt{x_1'^2 + x_2'^2 + x_3'^2}.$$

Bilden wir die Summe der quadrierten cos und setzen die Länge des Vektors y_1 in Gl. (23.15) ein, erhalten wir:

$$\cos^2\varphi_{11} + \cos^2\varphi_{21} + \cos^2_{31} = \frac{x_1'^2 + x_2'^2 + x_3'^2}{x_1'^2 + x_2'^2 + x_3'^2} = 1.$$

Auch im dreidimensionalen Fall muss somit bei einer Rotationstransformation die Summe der quadrierten Richtungs-cos bzw. die Summe der quadrierten Gewichtungskoeffizienten 1,0 ergeben. Da sich der gleiche Gedankengang auf den allgemeinen Fall mit p Variablen übertragen lässt (der allerdings geometrisch nicht mehr darstellbar ist), können wir formulieren:

$$\sum_{i=1}^{p} v_{ij}^2 = 1.$$

> Eine Linearkombination $y_j = v_{1j}x_1 + v_{2j}x_2 + \ldots + v_{pj}x_p$ stellt immer dann eine Rotationstransformation dar, wenn die Summe der quadrierten Gewichtungskoeffizienten 1,0 ergibt.

Orthogonale Rotationstransformation. Wenn nicht nur eine, sondern mehrere X-Achsen rotiert werden, können die neuen Y-Achsen rechtwinklig (orthogonal) oder schiefwinklig („oblique") aufeinanderstehen. Da wir uns im Rahmen der PCA nur für orthogonale Koordinatenachsen interessieren, muss überprüft werden, unter welcher Bedingung die neuen Achsen nach der Rotation wieder senkrecht aufeinanderstehen. In unserem Zwei-Variablen-Beispiel wurden beide X-Achsen um den gleichen Winkel gedreht, sodass die neuen Y-Achsen natürlich auch wieder senkrecht aufeinanderstehen. Die Koordinaten des Punktes P auf den beiden neuen Y-Achsen ergeben sich hierbei als Linearkombinationen der Koordinaten des Punktes P auf den alten X-Achsen nach den Gl. (23.11):

$$y_1 = (\cos\varphi) \cdot x_1 + (\sin\varphi) \cdot x_2,$$
$$y_2 = (-\sin\varphi) \cdot x_1 + (\cos\varphi) \cdot x_2.$$

In diesen Gleichungen ergibt das Produkt der Gewichtungskoeffizienten für x_1 (korrespondierende Gewichtungskoeffizienten) zusammen mit dem Produkt der Gewichtungskoeffizienten für x_2:

$$\cos\varphi \cdot (-\sin\varphi) + \sin\varphi \cdot \cos\varphi = 0.$$

Verwenden wir statt der Winkelfunktionen die allgemeinen Gewichtungskoeffizienten v_{ij} gemäß Gl. (23.12), resultiert:

$$v_{11} \cdot v_{12} + v_{21} \cdot v_{22} = 0$$

bzw. im allgemeinen Fall:

$$v_{11} \cdot v_{12} + v_{21} \cdot v_{22} + \ldots + v_{p1} \cdot v_{p2} = 0.$$

> Zwei neue Y-Achsen stehen dann orthogonal aufeinander, wenn die Summe der Produkte der korrespondierenden Gewichtskoeffizienten 0 ergibt.

Fassen wir zusammen:

1. Wird in einem p-dimensionalen Raum, dessen orthogonale Achsen durch p Variablen gebildet werden, eine Achse X_i in allen (oder einigen) der $p \cdot (p-1)/2$ Ebenen des Koordinatensystems zur neuen Achse Y_j rotiert, dann stellt die Linearkombination $y_j = v_{1j} \cdot x_1 + v_{2j} \cdot x_2 + \ldots + v_{pj} \cdot x_p$ die Koordinate eines Punktes P auf der Y_j-Achse dar, wenn die Bedingung

$$\sum_{i=1}^{p} v_{ij}^2 = 1 \tag{23.16}$$

erfüllt ist. Hierbei hat der Punkt P im ursprünglichen Koordinatensystem die Koordinaten $x_1, x_2, \ldots, x_p$, und $v_{1j}, v_{2j}, \ldots, v_{pj}$ sind die cos der Winkel zwischen den alten $X_1, X_2, \ldots, X_p$-Achsen und der neuen Y_j-Achse.

2. Werden in einem p-dimensionalen Raum, dessen orthogonale Achsen durch die p Variablen gebildet werden, die Achsen X_i und $X_{i'}$ rotiert, dann stehen die rotierten Achsen Y_j und $Y_{j'}$ senkrecht aufeinander, wenn die Summe der Produkte der korrespondierenden Gewichtungskoeffizienten in den beiden, die Rotationstransformationen bewirkenden Linearkombinationen ($y_j = v_{1j}x_1 + v_{2j}x_2 + \ldots + v_{pj}x_p$ und $y_{j'} = v_{1j'}x_1 + v_{2j'}x_2 + \ldots + v_{pj'}x_p$) null ergibt:

$$\sum_{i=1}^{p} v_{ij} \cdot v_{ij'} = 0. \tag{23.17}$$

Sind bei zwei Linearkombinationen sowohl Gl. (23.16) als auch (23.17) erfüllt, sprechen wir von einer *orthogonalen Rotationstransformation.* (Wie wir noch sehen werden, sind Gl. (23.16) und (23.17) allerdings nur die notwendigen Bedingungen für eine orthogonale Rotationstransformation.)

Eine orthogonale Rotationstransformation bedeutet nicht, dass eine Achse orthogonal, d. h. um 90° gedreht wird, sondern dass beide Achsen um denselben Winkel gedreht werden, wobei die Orthogonalität zwischen den beiden Achsen gewahrt bleibt. Für eine orthogonale Rotation im zweidimensionalen Koordinatensystem müssen somit mindestens drei Einzelbedingungen erfüllt sein:

1. $v_{11}^2 + v_{21}^2 = 1,$
2. $v_{12}^2 + v_{22}^2 = 1,$
3. $v_{11} \cdot v_{12} + v_{21} \cdot v_{22} = 0.$

Sollen orthogonale Rotationstransformationen mit den drei Achsen eines dreidimensionalen Koordinatensystems durchgeführt werden, müssen bereits die folgenden sechs Einzelbedingungen erfüllt sein:

1. $v_{11}^2 + v_{21}^2 + v_{31}^2 = 1,$
2. $v_{12}^2 + v_{22}^2 + v_{32}^2 = 1,$
3. $v_{13}^2 + v_{23}^2 + v_{33}^2 = 1,$
4. $v_{11} \cdot v_{12} + v_{21} \cdot v_{22} + v_{31} \cdot v_{32} = 0,$
5. $v_{11} \cdot v_{13} + v_{21} \cdot v_{23} + v_{31} \cdot v_{33} = 0,$
6. $v_{12} \cdot v_{13} + v_{22} \cdot v_{23} + v_{32} \cdot v_{33} = 0.$

(1) bis (3) gewährleisten, dass die drei Achsen rotiert werden, und (4), (5) und (6) bewirken, dass die Achsen 1 und 2, 1 und 3 sowie 2 und 3 wechselseitig senkrecht aufeinanderstehen.

Da die Anzahl der bei orthogonalen Rotationstransformationen zu erfüllenden Einzelbedingungen in höher dimensionierten Räumen schnell anwächst, empfiehlt es sich, die Bedingungen für orthogonale Rotationstransformationen in Matrixschreibweise auszudrücken. Die Bedingung für eine einfache Rotationstransformation lautet zunächst nach Gl. (23.16):

$$\sum_{i=1}^{p} v_{ij}^2 = 1.$$

Hierfür schreiben wir:

$$\boldsymbol{v}_j' \cdot \boldsymbol{v}_j = 1. \tag{23.18}$$

Die Ausführung dieses Produktes zeigt, dass Gl. (23.16) und (23.18) identisch sind.

$$(v_{1j}, v_{2j}, \ldots, v_{pj}) \cdot \begin{pmatrix} v_{1j} \\ v_{2j} \\ \vdots \\ v_{pj} \end{pmatrix} = v_{1j}^2 + v_{2j}^2 + \ldots + v_{pj}^2 = \sum_{i=1}^{p} v_{ij}^2.$$

Die für orthogonale Rotationstransformationen geltenden notwendigen Voraussetzungen lassen sich summarisch in folgendem Matrizenprodukt zusammenfassen:

$$\boldsymbol{V}' \cdot \boldsymbol{V} = \boldsymbol{I}. \tag{23.19}$$

Hierin ist $\boldsymbol{I}$ die Identitätsmatrix (vgl. Anhang B.1).

Unter Verwendung der Regeln für Matrizenmultiplikationen (vgl. Anhang B.2) erhalten wir im dreidimensionalen Fall:

$$\underset{\boldsymbol{V}'}{\begin{pmatrix} v_{11} & v_{21} & v_{31} \\ v_{12} & v_{22} & v_{32} \\ v_{13} & v_{23} & v_{33} \end{pmatrix}} \cdot \underset{\boldsymbol{V}}{\begin{pmatrix} v_{11} & v_{12} & v_{13} \\ v_{21} & v_{22} & v_{23} \\ v_{31} & v_{32} & v_{33} \end{pmatrix}} = \boldsymbol{I} = \begin{pmatrix} 1 & 0 & 0 \\ 0 & 1 & 0 \\ 0 & 0 & 1 \end{pmatrix}.$$

Für die Diagonalelemente von $\boldsymbol{I}$ ergeben sich:

$$I_{11} = v_{11}^2 + v_{21}^2 + v_{31}^2 = 1,$$
$$I_{22} = v_{12}^2 + v_{22}^2 + v_{32}^2 = 1,$$
$$I_{33} = v_{13}^2 + v_{23}^2 + v_{33}^2 = 1.$$

Für die Elemente außerhalb der Diagonalen errechnen wir:

$$I_{12} = I_{21} = v_{11} \cdot v_{12} + v_{21} \cdot v_{22} + v_{31} \cdot v_{32} = 0,$$
$$I_{13} = I_{31} = v_{11} \cdot v_{13} + v_{21} \cdot v_{23} + v_{31} \cdot v_{33} = 0,$$
$$I_{23} = I_{32} = v_{12} \cdot v_{13} + v_{22} \cdot v_{23} + v_{32} \cdot v_{33} = 0.$$

Die Bedingung $\boldsymbol{V}' \cdot \boldsymbol{V} = \boldsymbol{I}$ enthält damit sowohl die unter Gl. (23.18) als auch unter Gl. (23.17) genannten Voraussetzungen.

Reflexion. Dass $\boldsymbol{V}' \cdot \boldsymbol{V} = \boldsymbol{I}$ noch keine eindeutige orthogonale Rotationstransformation bewirkt, zeigt der folgende Gedankengang:

In unserem eingangs erwähnten Beispiel (Abb. 23.3) wurde eine orthogonale Rotationstransformation mit der Matrix

$$\boldsymbol{V} = \begin{pmatrix} \cos 30° & -\sin 30° \\ \sin 30° & \cos 30° \end{pmatrix}$$

durchgeführt. Die Bedingung $\boldsymbol{V}' \cdot \boldsymbol{V} = \boldsymbol{I}$ ist hierbei erfüllt. Betrachten wir hingegen die Matrix

$$\boldsymbol{W} = \begin{pmatrix} \cos 30° & \sin 30° \\ \sin 30° & -\cos 30° \end{pmatrix},$$

müssen wir feststellen, dass auch hier die Bedingung $\boldsymbol{W}' \cdot \boldsymbol{W} = \boldsymbol{I}$ erfüllt ist. Wie Abb. 23.5 zeigt, stellen Linearkombinationen unter Verwendung der Transformationsmatrix $\boldsymbol{W}$ jedoch keine reine orthogonale Rotationstransformation dar.

Die neuen Koordinaten für P lauten:

$$y_1^* = 0{,}866 \cdot 7 + 0{,}500 \cdot 11 = 11{,}56,$$
$$y_2^* = 0{,}500 \cdot 7 + (-0{,}866) \cdot 11 = -6{,}03.$$

Auf der Y_2-Achse hat der Punkt P somit nicht, wie bei einer orthogonalen Rotationstransformation um 30° zu erwarten, die Koordinate $y_2 = 6{,}03$, sondern die Koordinate $y_2 = -6{,}03$. Es wurde somit nicht nur das Koordinatensystem rotiert, sondern zusätzlich die Achse Y_2 an der Y_1-Achse gespiegelt oder reflektiert. Die Verwendung von $\boldsymbol{W}$ als Transformationsmatrix bewirkt somit keine reine orthogonale Rotationsformation, sondern eine orthogonale Rotationstransformation mit zusätzlicher Reflexion. Der Unterschied beider Matrizen wird deutlich, wenn wir ihre *Determinanten* betrachten. Für $|\boldsymbol{V}|$ erhalten wir nach Gl. (B.12):

$$|\boldsymbol{V}| = \cos^2\varphi - (-\sin^2\varphi) = 1$$

und für $|\boldsymbol{W}|$:

$$|\boldsymbol{W}| = -\cos^2\varphi - \sin^2\varphi = -1.$$

Die beiden Determinanten unterscheiden sich somit im Vorzeichen. Eine orthogonale Rotationstransformation wird nur bewirkt, wenn zusätzlich zu der Bedingung $\boldsymbol{V}' \cdot \boldsymbol{V} = \boldsymbol{I}$ die Bedingung

$$|\boldsymbol{V}| = 1 \tag{23.20}$$

erfüllt ist. Ist $|\boldsymbol{V}| = -1$, multiplizieren wir eine Spalte von $\boldsymbol{V}$ mit -1 und erhalten $|\boldsymbol{V}| = 1$.

Hat eine Matrix $\boldsymbol{V}$ die Eigenschaften $\boldsymbol{V}' \cdot \boldsymbol{V} = \boldsymbol{I}$ und $|\boldsymbol{V}| = 1$, so bezeichnen wir die Matrix als *orthogonale Matrix.*

> Eine orthogonale Matrix hat die Eigenschaften $\boldsymbol{V}' \cdot \boldsymbol{V} = \boldsymbol{I}$ und $|\boldsymbol{V}| = 1$.

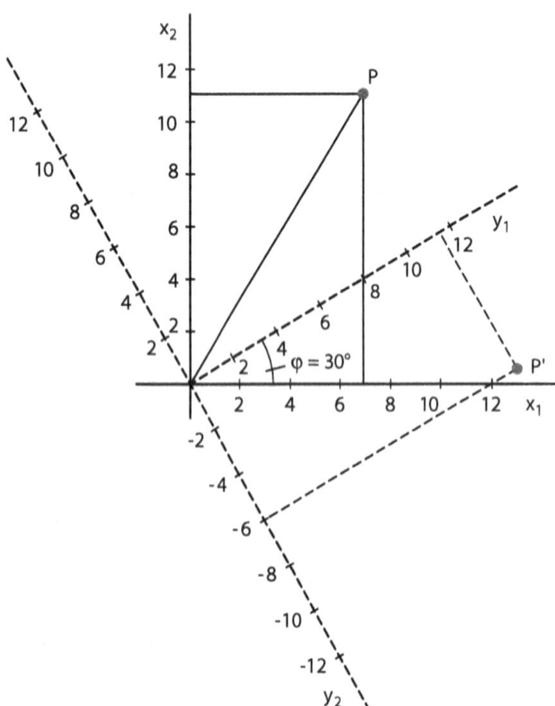

Abbildung 23.5. Rotationstransformation mit Reflexion

Mittelwerte, Varianzen und Korrelationen von Linearkombinationen

Bisher sind wir davon ausgegangen, dass lediglich von einer Person Messungen $x_1, x_2, \ldots, x_p$ auf p Variablen vorliegen. Untersuchen wir n Versuchspersonen, erhalten wir eine Datenmatrix $\boldsymbol{X}$, die p Messwerte von n Versuchspersonen enthält. Unter Verwendung der Transformationsmatrix $\boldsymbol{V}$ können wir nach der folgenden allgemeinen Beziehung für jede Person Linearkombinationen ihrer Messwerte ermitteln:

$$\underset{\begin{pmatrix} y_{11} & y_{12} & \cdots & y_{1p} \\ y_{21} & y_{22} & \cdots & y_{2p} \\ \vdots & \vdots & & \vdots \\ y_{n1} & y_{n2} & \cdots & y_{np} \end{pmatrix}}{\boldsymbol{Y}} = \underset{\begin{pmatrix} x_{11} & x_{12} & \cdots & x_{1p} \\ x_{21} & x_{22} & \cdots & x_{2p} \\ \vdots & \vdots & & \vdots \\ x_{n1} & x_{n2} & \cdots & x_{np} \end{pmatrix}}{\boldsymbol{X}} \cdot \underset{\begin{pmatrix} v_{11} & v_{12} & \cdots & v_{1p} \\ v_{21} & v_{22} & \cdots & v_{2p} \\ \vdots & \vdots & & \vdots \\ v_{p1} & v_{p2} & \cdots & v_{pp} \end{pmatrix}}{\boldsymbol{V}}. \tag{23.21}$$

Die j-te Linearkombination einer Person m (y_{mj}) errechnet sich nach:

$$y_{mj} = v_{1j} \cdot x_{m1} + v_{2j} \cdot x_{m2} + \cdots + v_{pj} \cdot x_{mp} = \sum_{i=1}^{p} v_{ij} \cdot x_{mi}. \tag{23.22}$$

Mittelwerte. Im Folgenden wollen wir überprüfen, welche Beziehungen zwischen den Mittelwerten der ursprünglichen x-Variablen (Spalten von $\boldsymbol{X}$) und den Mittelwerten der aus den x-Werten durch Linearkombinationen gewonnenen y-Werten (Spalten von $\boldsymbol{Y}$) bestehen.

Beipielsweise ergibt sich der Mittelwert der ersten Spalte von Y zu:

$$\bar{y}_1 = \frac{1}{n} \cdot \sum_{m=1}^{n} y_{m1}.$$

Ersetzen wir y_{m1} durch die rechte Seite von Gl. (23.22) und setzen $j = 1$, erhalten wir:

$$\bar{y}_1 = \frac{1}{n} \cdot \sum_{m=1}^{n} (v_{11} \cdot x_{m1} + v_{21} \cdot x_{m2} + \cdots + v_{p1} \cdot x_{mp}).$$

Ziehen wir das Summenzeichen in die Klammer, ergibt sich:

$$\bar{y}_1 = \frac{1}{n} \cdot \left(v_{11} \cdot \sum_{m=1}^{n} x_{m1} + v_{21} \cdot \sum_{m=1}^{n} x_{m2} + \cdots + v_{p1} \cdot \sum_{m=1}^{n} x_{mp} \right).$$

Nach Auflösung der Klammer resultiert:

$$\begin{aligned} \bar{y}_1 &= v_{11} \cdot \frac{1}{n} \cdot \sum_{m=1}^{n} x_{m1} + v_{21} \cdot \frac{1}{n} \cdot \sum_{m=1}^{n} x_{m2} + \cdots + v_{p1} \cdot \frac{1}{n} \cdot \sum_{m=1}^{n} x_{mp} \\ &= v_{11} \cdot \bar{x}_1 + v_{21} \cdot \bar{x}_2 + \ldots + v_{p1} \cdot \bar{x}_p. \end{aligned}$$

Entsprechendes gilt für alle übrigen Spalten von Y, sodass wir schreiben können:

$$\begin{matrix} \bar{\boldsymbol{y}} & = & \boldsymbol{V}' & \cdot & \bar{\boldsymbol{x}} \\ \begin{pmatrix} \bar{y}_1 \\ \bar{y}_2 \\ \vdots \\ \bar{y}_p \end{pmatrix} & = & \begin{pmatrix} v_{11} & v_{21} \ldots v_{p1} \\ v_{12} & v_{22} \ldots v_{p2} \\ \vdots & \\ v_{1p} & v_{2p} \ldots v_{pp} \end{pmatrix} & \cdot & \begin{pmatrix} \bar{x}_1 \\ \bar{x}_2 \\ \vdots \\ \bar{x}_p \end{pmatrix} \end{matrix} \quad (23.23)$$

bzw. in Analogie zu Gl. (23.13):

$$\bar{\boldsymbol{y}}' = \bar{\boldsymbol{x}}' \cdot \boldsymbol{V}.$$

Ist $\boldsymbol{V}$ eine orthogonale Matrix (d. h., $\boldsymbol{V}' \cdot \boldsymbol{V} = \boldsymbol{I}$ und $|\boldsymbol{V}| = 1$), beinhaltet $\bar{\boldsymbol{y}}$ die durchschnittlichen Koordinaten der n Versuchspersonen auf den neuen Achsen nach orthogonaler Rotationstransformation des ursprünglichen Koordinatensystems.

Varianzen und Korrelationen. Als Nächstes betrachten wir die Varianzen der ursprünglichen x-Variablen (Spalten von $\boldsymbol{X}$) und die Korrelationen zwischen den Variablen (zwischen je zwei Spalten von $\boldsymbol{X}$). Wir wollen überprüfen, welche Beziehungen zwischen den Varianzen (Korrelationen) der $\boldsymbol{X}$-Matrix der ursprünglichen Werte und den Varianzen (Korrelationen) der Linearkombinationen in der $\boldsymbol{Y}$-Matrix bestehen.

Die Varianz einer Variablen i ergibt sich zu:

$$s_{x_i}^2 = \frac{\sum_{m=1}^{n} (x_{mi} - \bar{x}_i)^2}{n}.$$

Für die Korrelation zwischen zwei Variablen i und j erhalten wir

$$r_{x_i x_j} = \frac{\sum_{m=1}^{n} (x_{mi} - \bar{x}_i) \cdot (x_{mj} - \bar{x}_j)}{n \cdot s_{x_i} \cdot s_{x_j}}.$$

Man beachte, dass hier die Varianzen und Kovarianzen zur Vereinfachung der Darstellung im Nenner n statt wie bisher $n - 1$ enthalten.

Da n, s_{x_i} und s_{x_j} konstant sind, genügt es, wenn wir in unsere Betrachtungen nur die Ausdrücke

a) $\sum_{m=1}^{n} (x_{mi} - \bar{x}_i)^2$,
b) $\sum_{m=1}^{n} (x_{mi} - \bar{x}_i) \cdot (x_{mj} - \bar{x}_j)$

einbeziehen, wobei a) und b) für $i = j$ identisch sind. Wir definieren eine Matrix $\boldsymbol{D}$, in deren Diagonale sich die Quadratsummen (d. h. die Summen der quadrierten Abweichungen der individuellen Werte vom Mittelwert) befinden (a). Außerhalb der Diagonale stehen die Summen der Produkte der korrespondierenden Abweichungen der individuellen Werte auf zwei Variablen vom jeweiligen Variablenmittelwert, die wir kurz als *Kreuzproduktsummen* bezeichnen wollen (b). Matrixalgebraisch lässt sich die $\boldsymbol{D}$-Matrix folgendermaßen darstellen:

$$\boldsymbol{D} = \boldsymbol{X}' \cdot \boldsymbol{X} - \bar{\boldsymbol{X}}' \cdot \bar{\boldsymbol{X}}. \quad (23.24)$$

Hier ist $\bar{\boldsymbol{X}}$ die Matrix der Mittelwerte, in der die individuellen Werte der einzelnen Versuchspersonen auf einer Variablen durch den jeweiligen Variablenmittelwert ersetzt sind.

Dividieren wir die $\boldsymbol{D}$-Matrix durch n, resultiert die *Varianz-Kovarianz-Matrix* der Variablen, in deren Diagonale sich die Varianzen der Variablen befinden:

$$\mathbf{COV} = \boldsymbol{D} \cdot \frac{1}{n}. \quad (23.25)$$

Werden die Elemente von **COV** durch die jeweiligen Produkte $s_i \cdot s_j$ dividiert, resultiert die *Korrelationsmatrix* $\boldsymbol{R}$ der Variablen:

$$\boldsymbol{R} = \boldsymbol{S}^{-1} \cdot \mathbf{COV} \cdot \boldsymbol{S}^{-1} \quad (23.26)$$

mit $\boldsymbol{S}^{-1}$ = Diagonalmatrix mit den Elementen $1/s_j$.

Bezeichnen wir nun die **D**-Matrix der ursprünglichen x-Variablen mit $\boldsymbol{D}(x)$ und die der linearkombinierten y-Variablen mit $\boldsymbol{D}(y)$, erhalten wir gemäß Gl. (23.24):

$$\boldsymbol{D}(x) = \boldsymbol{X}' \cdot \boldsymbol{X} - \bar{\boldsymbol{X}}' \cdot \bar{\boldsymbol{X}} \quad (23.27)$$

und

$$\boldsymbol{D}(y) = \boldsymbol{Y}' \cdot \boldsymbol{Y} - \bar{\boldsymbol{Y}}' \cdot \bar{\boldsymbol{Y}}. \quad (23.28)$$

Setzen wir in Gl. (23.28) für $\boldsymbol{Y}$ die rechte Seite von Gl. (23.21) ein, ergibt sich:

$$\boldsymbol{D}(y) = (\boldsymbol{X} \cdot \boldsymbol{V})' \cdot (\boldsymbol{X} \cdot \boldsymbol{V}) - \bar{\boldsymbol{Y}}' \cdot \bar{\boldsymbol{Y}}. \quad (23.29)$$

Nach Gl. (23.21) und (23.23) ermitteln wir für $\bar{\boldsymbol{Y}}$:

$$\bar{\boldsymbol{Y}} = \bar{\boldsymbol{X}} \cdot \boldsymbol{V}. \quad (23.30)$$

Durch diese Gleichung wird die $\bar{\boldsymbol{X}}$-Matrix, in der die ursprünglichen Variablenwerte der Versuchspersonen durch die jeweiligen Variablenmittelwerte ersetzt sind, in die $\bar{\boldsymbol{Y}}$-Matrix transformiert. Substituieren wir $\bar{\boldsymbol{Y}}$ in Gl. (23.29) durch die rechte Seite von Gl. (23.30), resultiert:

$$\begin{aligned}\boldsymbol{D}(y) &= (\boldsymbol{X} \cdot \boldsymbol{V})' \cdot (\boldsymbol{X} \cdot \boldsymbol{V}) - (\bar{\boldsymbol{X}} \cdot \boldsymbol{V})' \cdot (\bar{\boldsymbol{X}} \cdot \boldsymbol{V}) \\ &= (\boldsymbol{V}' \cdot \boldsymbol{X}') \cdot (\boldsymbol{X} \cdot \boldsymbol{V}) - (\boldsymbol{V}' \cdot \bar{\boldsymbol{X}}') \cdot (\bar{\boldsymbol{X}} \cdot \boldsymbol{V}) \\ &\quad \text{(gemäß Gl. B.10)} \\ &= \boldsymbol{V}' \cdot (\boldsymbol{X}' \cdot \boldsymbol{X}) \cdot \boldsymbol{V} - \boldsymbol{V}' \cdot (\bar{\boldsymbol{X}}' \cdot \bar{\boldsymbol{X}}) \cdot \boldsymbol{V} \\ &\quad \text{(gemäß Gl. B.9).}\end{aligned}$$

Durch Ausklammern von $\boldsymbol{V}'$ und $\boldsymbol{V}$ erhalten wir:

$$\boldsymbol{D}(y) = \boldsymbol{V}' \cdot (\boldsymbol{X}' \cdot \boldsymbol{X} - \bar{\boldsymbol{X}}' \cdot \bar{\boldsymbol{X}}) \cdot \boldsymbol{V}.$$

Da nun gemäß Gl. (23.27) $(\boldsymbol{X}' \cdot \boldsymbol{X} - \bar{\boldsymbol{X}}' \cdot \bar{\boldsymbol{X}}) = \boldsymbol{D}(x)$, ergibt sich:

$$\boldsymbol{D}(y) = \boldsymbol{V}' \cdot \boldsymbol{D}(x) \cdot \boldsymbol{V}. \quad (23.31)$$

BEISPIEL 23.3

Wir wollen diese Beziehung zwischen der $\boldsymbol{D}(x)$-Matrix der ursprünglichen x-Werte und der $\boldsymbol{D}(y)$-Matrix der linearkombinierten y-Werte an einem Beispiel demonstrieren.

Vier Versuchspersonen haben auf zwei Variablen die folgenden Werte erhalten:

	1	2
1	2	3
2	3	2
3	1	3
4	1	4

Es soll eine orthogonale Rotationstransformation um 30° (gegen Uhrzeiger) durchgeführt werden. Wie lautet die $\boldsymbol{D}(y)$-Matrix der transformierten Werte?

Für $\boldsymbol{D}(x)$ ermitteln wir:

$$\boldsymbol{D}(x) = \begin{pmatrix} 2{,}75 & -2{,}00 \\ -2{,}00 & 2{,}00 \end{pmatrix}.$$

Bei einem Rotationswinkel von $\varphi = 30°$ ergibt sich $\boldsymbol{V}$ zu:

$$\boldsymbol{V} = \begin{pmatrix} 0{,}866 & -0{,}500 \\ 0{,}500 & 0{,}866 \end{pmatrix}.$$

Nach Gl. (23.31) folgt für $\boldsymbol{D}(y)$:

$$\begin{aligned}\boldsymbol{D}(y) &= \boldsymbol{V}' \cdot \boldsymbol{D}(x) \cdot \boldsymbol{V} \\ \boldsymbol{D}(y) &= \begin{pmatrix} 0{,}866 & 0{,}500 \\ -0{,}500 & 0{,}866 \end{pmatrix} \cdot \begin{pmatrix} 2{,}75 & -2{,}00 \\ -2{,}00 & 2{,}00 \end{pmatrix} \\ &\quad \times \begin{pmatrix} 0{,}866 & -0{,}500 \\ 0{,}500 & 0{,}866 \end{pmatrix} \\ &= \begin{pmatrix} 1{,}382 & -0{,}732 \\ -3{,}107 & 2{,}732 \end{pmatrix} \cdot \begin{pmatrix} 0{,}866 & -0{,}500 \\ 0{,}500 & 0{,}866 \end{pmatrix} \\ &= \begin{pmatrix} 0{,}831 & -1{,}325 \\ -1{,}325 & 3{,}919 \end{pmatrix}.\end{aligned}$$

Zum gleichen Ergebnis kommen wir, wenn die einzelnen Vpn-Punkte aufgrund der Rotation des Achsenkreuzes um 30° erst transformiert werden und dann die $\boldsymbol{D}(y)$-Matrix für die einzelnen transformierten Werte berechnet wird.

Nach Gl. (23.21) erhalten wir die folgenden transformierten y-Werte:

$$\underset{\boldsymbol{X}}{\begin{pmatrix} 2 & 3 \\ 3 & 2 \\ 1 & 3 \\ 1 & 4 \end{pmatrix}} \cdot \underset{\boldsymbol{V}}{\begin{pmatrix} 0{,}866 & -0{,}500 \\ 0{,}500 & 0{,}866 \end{pmatrix}} = \underset{\boldsymbol{Y}}{\begin{pmatrix} 3{,}232 & 1{,}598 \\ 3{,}598 & 0{,}232 \\ 2{,}366 & 2{,}098 \\ 2{,}866 & 2{,}964 \end{pmatrix}}.$$

Die Matrix $\boldsymbol{D}(y)$ kann – ausgehend von $\boldsymbol{Y}$ – auch nach Gl. (23.28) bestimmt werden:

$$\begin{aligned}\boldsymbol{D}(y) &= \boldsymbol{Y}' \cdot \boldsymbol{Y} - \bar{\boldsymbol{Y}}' \cdot \bar{\boldsymbol{Y}} \\ \boldsymbol{D}(y) &= \begin{pmatrix} 3{,}232 & 3{,}598 & 2{,}366 & 2{,}866 \\ 1{,}598 & 0{,}232 & 2{,}098 & 2{,}964 \end{pmatrix} \\ &\quad \times \begin{pmatrix} 3{,}232 & 1{,}598 \\ 3{,}598 & 0{,}232 \\ 2{,}366 & 2{,}098 \\ 2{,}866 & 2{,}964 \end{pmatrix} \\ &\quad - \begin{pmatrix} 3{,}016 & 3{,}016 & 3{,}016 & 3{,}016 \\ 1{,}723 & 1{,}723 & 1{,}723 & 1{,}723 \end{pmatrix} \\ &\quad \times \begin{pmatrix} 3{,}016 & 1{,}723 \\ 3{,}016 & 1{,}723 \\ 3{,}016 & 1{,}723 \\ 3{,}016 & 1{,}723 \end{pmatrix} \\ &= \begin{pmatrix} 37{,}203 & 19{,}458 \\ 19{,}458 & 15{,}794 \end{pmatrix} - \begin{pmatrix} 36{,}373 & 20{,}783 \\ 20{,}783 & 11{,}875 \end{pmatrix} \\ &= \begin{pmatrix} 0{,}830 & -1{,}325 \\ -1{,}325 & 3{,}919 \end{pmatrix}.\end{aligned}$$

Wie ein Vergleich zeigt, ist die nach Gl. (23.31) ermittelte $\boldsymbol{D}(y)$-Matrix bis auf Rundungsungenauigkeiten mit der nach Gl. (23.21) und (23.28) ermittelten $\boldsymbol{D}(y)$-Matrix identisch. Im Folgenden, insbesondere bei der Behandlung varianzmaximierender Rotationen, werden wir jedoch die mathematisch einfacher zu handhabende Gl. (23.31) benutzen.

Ausgehend von der $\boldsymbol{D}(x)$-Matrix können wir die *Varianzen* der ursprünglichen Variablen und die Korrelationen zwischen den ursprünglichen Variablen ermitteln. Nach Gl. (23.25) erhalten wir:

$$\mathbf{COV}(x) = \begin{pmatrix} 2{,}75 & -2{,}00 \\ -2{,}00 & 2{,}00 \end{pmatrix} \cdot \frac{1}{4}.$$

Die Varianzen der Variablen lauten somit: $s^2_{x_1} = 0{,}69$; $s^2_{x_2} = 0{,}50$. Für die Korrelationsmatrix ergibt sich nach Gl. (23.26):

$$\boldsymbol{R}(x) = \begin{pmatrix} 1{,}00 & -0{,}85 \\ -0{,}85 & 1{,}00 \end{pmatrix}.$$

Zur Ermittlung der $\boldsymbol{R}$-Matrix wird jedes Element der $\mathbf{COV}(x)$-Matrix durch das Produkt der entsprechenden Streuungen s_{x_i} und s_{x_j} dividiert.

Für die linear transformierten y-Werte erhalten wir:

$$\mathbf{COV}(y) = \begin{pmatrix} 0{,}83 & -1{,}33 \\ -1{,}33 & 3{,}92 \end{pmatrix} \cdot \frac{1}{4}$$

$$\boldsymbol{R}(y) = \begin{pmatrix} 1{,}00 & -0{,}73 \\ -0{,}73 & 1{,}00 \end{pmatrix}.$$

Der Vergleich zwischen $\mathbf{COV}(x)$ und $\mathbf{COV}(y)$ zeigt einen bemerkenswerten Tatbestand: Die Summe der Diagonalelemente, d. h. die Summe der Varianzen, ist in beiden Matrizen identisch. Dies bedeutet, dass die Gesamtvarianz beider Variablen nicht verändert wird. Die Rotationstransformation bewirkt lediglich eine andere Verteilung der Gesamtvarianz. Während die Varianzen der beiden ursprünglichen x-Variablen nicht allzu verschieden sind ($s^2_{x_1} = 0{,}69$; $s^2_{x_2} = 0{,}50$), haben sich durch die orthogonale Rotationstransformation wesentliche Varianzanteile auf die $\boldsymbol{Y}_2$-Achse *verlagert* ($s^2_{y_1} = 0{,}21$; $s^2_{y_2} = 0{,}98$).

> Bei einer Rotationstransformation bleibt die Gesamtvarianz der p Variablen erhalten; die Transformation führt jedoch zu einer anderen Verteilung der Varianz auf den neuen Achsen.

Orthogonale Rotationstransformation und PCA. Das Ziel der PCA besteht darin, orthogonale Rotationstransformationen zu finden, die bewirken, dass $s^2_{y_1}$ maximal (und damit im Zwei-Variablen-Beispiel $s^2_{y_2}$ minimal) wird. Anders formuliert: Gesucht wird eine neue Achse Y_1, die von der Gesamtvarianz aller Variablen maximale Varianz erfasst, und eine Achse Y_2, die die verbleibende Restvarianz aufklärt. Im Fall mehrerer Variablen soll $s^2_{y_1}$ maximale Varianz aufklären, und die weiteren Achsen Y_j werden so rotiert, dass sie von der jeweils verbleibenden Restvarianz wiederum jeweils maximale Varianz aufklären. Kurz: Die ursprünglichen Variablenachsen $X_1, X_2, \ldots, X_P$ sollen so rotiert werden, dass die neuen Achsen $Y_1, Y_2, \ldots, Y_P$ sukzessiv maximale Varianz aufklären.

Ein absolutes Maximum würde für $s^2_{y_1}$ im Zwei-Variablen-Beispiel dann resultieren, wenn die beiden ursprünglichen Variablen zu 1 miteinander korrelieren. Es liegen dann sämtliche Punkte auf der Regressionsgeraden, die mit der rotierten Y_1-Achse identisch ist. In diesem Fall ist $s^2_{y_1} = s^2_{x_1} + s^2_{x_2}$ und $s^2_{y_2} = 0$. Sind hingegen die beiden Variablen unkorreliert, so erhalten wir (bei bivariat normalverteilten Variablen) einen kreisförmigen Punkteschwarm, und jede beliebige Rotation führt dazu, dass die Varianz jeder Y-Achse mit der Varianz der X-Achsen identisch ist. Entsprechendes gilt für den allgemeinen Fall mit p Variablen: Je höher die ursprünglichen Variablen miteinander korrelieren, desto größer wird die maximale Varianz $s^2_{y_1}$ sein.

Das Zahlenbeispiel zeigt ferner, dass die Korrelation zwischen den Variablen durch die Rotation kleiner geworden ist ($r_{x_{12}} = -0{,}85$; $r_{y_{12}} = -0{,}73$). In der PCA werden orthogonale Rotationstransformationen gesucht, die zu neuen Achsen $Y_1, Y_2, \ldots, Y_p$ führen, die sukzessiv maximale Varianz aufklären und wechselseitig unkorreliert sind.

Varianzmaximierende Rotationstransformationen

Nachdem geklärt ist, unter welchen Bedingungen Linearkombinationen orthogonale Rotationstransformationen bewirken, wenden wir uns dem schwierigsten Teil der PCA zu. Gesucht wird eine Transformationsmatrix, die folgende Eigenschaften aufweist:

1. Sie muss orthogonale Rotationstransformationen bewirken ($\boldsymbol{V}' \cdot \boldsymbol{V} = \boldsymbol{I}$; $|\boldsymbol{V}| = 1$).
2. Sie muss so geartet sein, dass die Koordinaten (Projektionen) der Vpn-Punkte auf den neuen Achsen $Y_1, Y_2, \ldots, Y_p$ sukzessiv maximale Varianz aufklären.

Um diese Aufgabe etwas zu vereinfachen, gehen wir zunächst davon aus, dass *nur eine* der ursprünglichen $\boldsymbol{X}$-Achsen rotiert werden soll. Gesucht wird derjenige Transformationsvektor, der die Varianz der Koordinaten der Versuchspersonen auf der neuen rotierten Y_1-Achse maximal werden lässt. Es soll somit vorerst nur ein Element der $\boldsymbol{D}(y)$-Matrix maximiert werden, und zwar das Element $d(y)_{11}$, das die Quadratsumme der Vpn-Koordinaten auf der neuen Y_1-Achse darstellt. Da sich $d(y)_{11}$ und $s^2_{y_1}$ nur um den Faktor $1/n$ unterscheiden, bedeutet die Maximierung von $d(y)_{11}$ gleichzeitig die Maximierung von $s^2_{y_1}$.

In Analogie zu Gl. (23.31) erhalten wir $d(y)_{11}$ aus der $\boldsymbol{D}(x)$-Matrix der ursprünglichen Werte nach folgender Beziehung:

$$d(y)_{11} = \boldsymbol{v}' \cdot \boldsymbol{D}(x) \cdot \boldsymbol{v}. \tag{23.32}$$

Für das Zahlenbeispiel auf S. 404 haben wir $d(y)_{11} = 0{,}831$ errechnet. Der Transformationsvektor lautet hier:

$$\boldsymbol{v} = \begin{pmatrix} 0{,}866 \\ 0{,}500 \end{pmatrix}.$$

Gesucht wird nun derjenige Transformationsvektor $\boldsymbol{v}$, der $d(y)_{11}$ maximiert.

Verdoppeln wir die Elemente des $\boldsymbol{v}$-Vektors, wird der $d(y)_{11}$-Wert vervierfacht. Nehmen wir noch größere Werte für den Vektor $\boldsymbol{v}$ an, wird der $d(y)_{11}$-Wert ebenfalls größer. Hieraus folgt, dass das Element $d(y)_{11}$ maximiert werden kann, wenn für die Elemente des Vektors $\boldsymbol{v}$ beliebig große Werte angenommen werden. Das Maximierungsproblem ist jedoch nur sinnvoll, wenn die *Länge des Vektors* $\boldsymbol{v}$, die durch $\boldsymbol{v}'\boldsymbol{v}$ definiert ist, begrenzt ist, wenn also nicht beliebig große Werte eingesetzt werden können. Dies ist bereits durch die Rotationsbedingung $\boldsymbol{v}' \cdot \boldsymbol{v} = 1$ geschehen, die nur Vektoren mit der Länge 1 zulässt. Die Forderung $\boldsymbol{v}' \cdot \boldsymbol{v} = 1$ ist somit doppelt begründbar.

Herleitung der „charakteristischen Gleichung". Die Aufgabe, die wir zu lösen haben, wird in der Mathematik als *Maximierung mit Nebenbedingungen* bezeichnet. Wir suchen einen Vektor $\boldsymbol{v}$, der nach der Beziehung

$$d(y)_{11} = \boldsymbol{v}' \cdot \boldsymbol{D}(x) \cdot \boldsymbol{v}$$

$d(y)_{11}$ maximal werden lässt, wobei jedoch die Bedingung $\boldsymbol{v}' \cdot \boldsymbol{v} = 1$ erfüllt werden muss. Derartige Aufgaben lassen sich am einfachsten mit Hilfe der sog. *Lagrange-Multiplikatoren* (vgl. Exkurs 23.1) lösen. In unserem Fall erhalten wir die folgende zu maximierende Funktion:

$$\begin{aligned} d(y)_{11} &= \boldsymbol{F}(\boldsymbol{v}) \\ &= \boldsymbol{v}' \cdot \boldsymbol{D}(x) \cdot \boldsymbol{v} - \lambda \cdot (\boldsymbol{v}' \cdot \boldsymbol{v} - 1). \end{aligned} \tag{23.33}$$

Hierin ist λ (sprich: Lambda) der zu bestimmende Lagrange-Multiplikator. Wird diese Funktion nach den gesuchten Elementen des Vektors $\boldsymbol{v}$ partiell abgeleitet, ergibt sich der folgende Ausdruck:

$$\frac{\delta \boldsymbol{F}(\boldsymbol{v})}{\delta(\boldsymbol{v})} = 2 \cdot \boldsymbol{D}(x) \cdot \boldsymbol{v} - 2 \cdot \lambda \cdot \boldsymbol{v}. \tag{23.34}$$

Wir wollen diese Ableitung am Beispiel zweier Variablen ausführlicher demonstrieren:

$$\begin{aligned} \boldsymbol{F}(\boldsymbol{v}) &= \boldsymbol{F}(v_1, v_2) \\ &= \boldsymbol{v}' \cdot \boldsymbol{D}(x) \cdot \boldsymbol{v} - \lambda \cdot (\boldsymbol{v}' \cdot \boldsymbol{v} - 1) \\ &= (v_1 \; v_2) \cdot \begin{pmatrix} d(x)_{11} & d(x)_{12} \\ d(x)_{21} & d(x)_{22} \end{pmatrix} \cdot \begin{pmatrix} v_1 \\ v_2 \end{pmatrix} \\ &\quad - \lambda \cdot \left((v_1 \; v_2) \cdot \begin{pmatrix} v_1 \\ v_2 \end{pmatrix} - 1 \right) \\ &= v_1^2 d(x)_{11} + v_1 v_2 d(x)_{21} + v_1 v_2 d(x)_{12} \\ &\quad + v_2^2 d(x)_{22} - \lambda \cdot (v_1^2 + v_2^2 - 1). \end{aligned}$$

Leiten wir diesen Ausdruck partiell nach v_1 und v_2 ab, resultiert:

$$\begin{aligned} \frac{\delta \boldsymbol{F}(v_1, v_2)}{\delta v_1} &= 2 v_1 d(x)_{11} + v_2 \cdot (d(x)_{21} \\ &\quad + d(x)_{12}) - 2\lambda v_1, \\ \frac{\delta \boldsymbol{F}(v_1, v_2)}{\delta v_2} &= v_1 (d(x)_{21} + d(x)_{12}) \\ &\quad + 2 v_2 d(x)_{22} - 2\lambda v_2. \end{aligned}$$

Fassen wir die beiden Ableitungen in Matrixschreibweise zusammen, erhalten wir den folgenden zweidimensionalen Vektor:

$$\frac{\delta \boldsymbol{F}(\boldsymbol{v})}{\delta(\boldsymbol{v})} = \begin{pmatrix} 2 v_1 d(x)_{11} + v_2 (d(x)_{21} + d(x)_{12}) - 2\lambda v_1 \\ v_1 (d(x)_{21} + d(x)_{12}) + 2 v_2 d(x)_{22}) - 2\lambda v_2 \end{pmatrix}.$$

Dieser Spaltenvektor lässt sich als das Ergebnis des folgenden Matrizenproduktes darstellen:

$$\begin{aligned} \frac{\delta \boldsymbol{F}(\boldsymbol{v})}{\delta \boldsymbol{v}} &= \begin{pmatrix} 2d(x)_{11} & d(x)_{21} + d(x)_{12} \\ d(x)_{21} + d(x)_{12} & 2d(x)_{22} \end{pmatrix} \\ &\quad \times \begin{pmatrix} v_1 \\ v_2 \end{pmatrix} - 2\lambda \cdot \begin{pmatrix} v_1 \\ v_2 \end{pmatrix} \\ &= \left[\begin{pmatrix} d(x)_{11} & d(x)_{12} \\ d(x)_{21} & d(x)_{22} \end{pmatrix} + \begin{pmatrix} d(x)_{11} & d(x)_{21} \\ d(x)_{12} & d(x)_{22} \end{pmatrix} \right] \\ &\quad \times \begin{pmatrix} v_1 \\ v_2 \end{pmatrix} - 2\lambda \begin{pmatrix} v_1 \\ v_2 \end{pmatrix} \\ &= (\boldsymbol{D}(\boldsymbol{x}) + \boldsymbol{D}'(\boldsymbol{x})) \cdot \boldsymbol{v} - 2\lambda \cdot \boldsymbol{v}. \end{aligned}$$

Da $\boldsymbol{D}(x)$ quadratisch und symmetrisch ist $[D(x) = D'(x)]$, erhalten wir:

$$\frac{\delta \boldsymbol{F}(\boldsymbol{v})}{\delta \boldsymbol{v}} = 2 \cdot \boldsymbol{D}(x) \cdot \boldsymbol{v} - 2 \cdot \lambda \cdot \boldsymbol{v}.$$

Zum Auffinden des Maximums setzen wir die erste Ableitung null:

$$2 \cdot \boldsymbol{D}(x) \cdot \boldsymbol{v} - 2 \cdot \lambda \cdot \boldsymbol{v} = \boldsymbol{0}.$$

EXKURS 23.1 Maximierung mit Nebenbedingungen

Im Rahmen der Hauptkomponentenanalyse werden die Merkmalsachsen so rotiert, dass sie nach der Rotation sukzessiv maximale Varianz aufklären. Für eine orthogonale Rotation benötigen wir eine Gewichtungsmatrix $\boldsymbol{V}$, die den Bedingungen $\boldsymbol{V}'\boldsymbol{V} = \boldsymbol{I}$ und $|\boldsymbol{V}| = 1$ genügen muss. Wir suchen somit Koeffizienten v_{ij}, die einerseits die Varianzen auf den neuen Achsen sukzessiv maximieren und andererseits eine orthogonale Rotationstransformation bewirken, wobei Letzteres durch die Bedingung $\boldsymbol{V}'\boldsymbol{V} = \boldsymbol{I}$ und $|\boldsymbol{V}| = 1$ gewährleistet ist. Bezogen auf *eine* Variable besagen diese Forderungen, dass die Varianz der Variablen durch Rotation maximiert werden soll, wobei die Nebenbedingung $\boldsymbol{v}'\boldsymbol{v} = 1$ gelten muss.

Das folgende Beispiel zeigt, wie Maximierungsprobleme mit Nebenbedingungen im Prinzip gelöst werden können. Gegeben sei eine Variable y, die von zwei Variablen x und z in folgender Weise abhängt:

$$y = F(x,z) = -x^2 - 2z^2 + 3x - 8z - 5.$$

Wir prüfen zunächst, für welchen x- und z-Wert die Funktion ein Maximum hat, indem wir sie partiell nach x und z ableiten. Die beiden Ableitungen lauten:

$$\frac{dF(x,z)}{dx} = -2x + 3 \qquad \frac{dF(x,z)}{dz} = -4z - 8.$$

Setzen wir die beiden Ableitungen 0, resultieren für x und z:

$$x = 3/2; \quad z = -2.$$

(Da die zweiten Ableitungen negativ sind, befindet sich an dieser Stelle tatsächlich jeweils ein Maximum und kein Minimum.)

Bisher haben wir die Variablen x und z als voneinander unabhängig betrachtet. In einem weiteren Schritt wollen wir festlegen, dass zusätzlich die *Nebenbedingung* $x + z = 2$ erfüllt sein soll. Wir suchen nun dasjenige Wertepaar für x und z, das einerseits y maximal werden lässt und andererseits die Nebenbedingung $x + z = 2$ erfüllt. Dieses Problem lässt sich am einfachsten unter Einsatz eines sog. *Lagrange-Multiplikators* lösen. (Auf die Herleitung dieses Ansatzes, der in Mathematikbüchern über Differentialrechnung dargestellt ist, wollen wir nicht näher eingehen. Eine auf sozialwissenschaftliche Probleme zugeschnittene Erläuterung findet der interessierte Leser bei Bishir & Drewes, 1970, Kap. 17.4.)

Wir definieren folgende erweiterte Funktion, die die Nebenbedingung $x + z = 2$ bzw. $x + z - 2 = 0$ enthält:

$$F(x,z) = -x^2 - 2z^2 + 3x - 8z - 5 - \lambda(x + z - 2).$$

λ ist hierin der unbekannte Lagrange-Multiplikator. Diese Funktion differenzieren wir wieder nach x und z:

$$\frac{dF(x,z)}{dx} = -2x + 3 - \lambda \qquad \frac{dF(x,z)}{dz} = -4z - 8 - \lambda.$$

Beide Ableitungen werden 0 gesetzt. Zusammen mit der Nebenbedingung $x + z - 2 = 0$ erhalten wir als Lösungen:

$$x = 19/6; \quad z = -7/6; \quad \lambda = -10/6.$$

x und z erfüllen die Nebenbedingung $x + z = 2$. Sie führen zu einem y-Wert von 1,08. Es existiert kein weiteres Wertepaar für x und z, das unter der Bedingung $x + z = 2$ zu einem größeren Wert für y führt.

Nach dem gleichen Prinzip werden die v_{ij}-Werte berechnet, die in der Hauptachsenanalyse die Bedingung $\boldsymbol{V}'\boldsymbol{V} = \boldsymbol{I}$ erfüllen müssen und damit eine orthogonale Rotation des Achsensystems bewirken. Zusätzlich maximieren die Gewichtungskoeffizienten v_{ij} sukzessiv die Varianzen der neuen Achsen.

Hierin ist $\boldsymbol{0}$ ein p-dimensionaler Spaltenvektor mit p Nullen.

Dividieren wir beide Seiten durch 2 und klammern $\boldsymbol{v}$ aus, ergibt sich:

$$(\boldsymbol{D}(x) - \lambda \cdot \boldsymbol{I}) \cdot \boldsymbol{v} = \boldsymbol{0}, \tag{23.35}$$

wobei $\lambda \cdot \boldsymbol{I}$ eine Diagonalmatrix mit λ als Diagonalwerten und Nullen außerhalb der Diagonale ist. Gleichung (23.35) ist die Bestimmungsgleichung des gesuchten, varianzmaximierenden Vektors $\boldsymbol{v}$. Ausführlich beinhaltet diese Gleichung:

$$\begin{pmatrix} d(x)_{11} - \lambda & d(x)_{12} & \dots & d(x)_{1p} \\ d(x)_{21} & d(x)_{22} - \lambda & \dots & d(x)_{2p} \\ \vdots & \vdots & & \vdots \\ d(x)_{p1} & d(x)_{p2} & \dots & d(x)_{pp} - \lambda \end{pmatrix} \times \begin{pmatrix} v_1 \\ v_2 \\ \vdots \\ v_p \end{pmatrix} = \begin{pmatrix} 0 \\ 0 \\ \vdots \\ 0 \end{pmatrix}$$

In diesem *System homogener Gleichungen* sind die $\boldsymbol{v}$-Werte und der λ-Wert unbekannt. Die $\boldsymbol{v}$-Werte müssen zusätzlich die Bedingung $\boldsymbol{v}'\boldsymbol{v} = 1$ erfüllen. Die einfachste Lösung dieses Gleichungssystems ergibt sich zunächst durch Nullsetzen des Vektors $\boldsymbol{v}$. Diese Lösung ist jedoch trivial; sie führt zum Ergebnis $\boldsymbol{0} = \boldsymbol{0}$.

Wir wollen uns deshalb fragen, unter welchen Bedingungen das Gleichungssystem zu einer nichttrivialen Lösung führt. Dazu nehmen wir zunächst einmal an, der λ-Wert sei bekannt, womit die gesamte Matrix $(\boldsymbol{D}(x) - \lambda \cdot \boldsymbol{I})$ bekannt ist. Ferner gehen wir davon aus, dass die Matrix $(\boldsymbol{D}(x) - \lambda \cdot \boldsymbol{I})$ nicht singulär sei, was bedeutet, dass sie eine Inverse besitzt (vgl. Anhang B.4). Für diesen Fall ergibt sich durch Vormultiplizieren der Gl. (23.35) mit $(\boldsymbol{D}(x) - \lambda \cdot \boldsymbol{I})^{-1}$:

$$(\boldsymbol{D}(x) - \lambda \cdot \boldsymbol{I})^{-1} \cdot (\boldsymbol{D}(x) - \lambda \cdot \boldsymbol{I}) \cdot \boldsymbol{v} = (\boldsymbol{D}(x) - \lambda \cdot \boldsymbol{I})^{-1} \cdot \boldsymbol{0}.$$

Da das Produkt einer Matrix mit ihrer Inversen die Identitätsmatrix ergibt und die Multiplikation eines Vektors mit der Identitätsmatrix diesen Vektor nicht verändert, reduziert sich die Gleichung zu:

$$\boldsymbol{v} = (\boldsymbol{D}(x) - \lambda \cdot \boldsymbol{I})^{-1} \cdot \mathbf{0} = \mathbf{0}$$
$$\boldsymbol{v} = \mathbf{0}.$$

Diese Operation führt also wiederum zur trivialen Lösung des Gleichungssystems. Um zu einer nicht-trivialen Lösung zu gelangen, darf die Matrix $(\boldsymbol{D}(x) - \lambda \cdot \boldsymbol{I})$ keine Inverse besitzen, d. h., sie muss singulär sein. Singuläre Matrizen haben eine Determinante von null (siehe Anhang B.4 S. 536). Wir suchen deshalb einen (oder mehrere) λ-Wert(e), für den (die) gilt:

$$|(\boldsymbol{D}(x) - \lambda \cdot \boldsymbol{I})| = \mathbf{0}. \tag{23.36}$$

Dies ist die sog. *charakteristische Gleichung* der Matrix $\boldsymbol{D}(x)$. Die Entwicklung der Determinante (vgl. Anhang B.3) führt zu einem Polynom p-ter Ordnung, von dem alle Lösungen (Nullstellen des Polynoms) mögliche λ-Werte darstellen. Diese λ-Werte bezeichnen wir als „charakteristische Wurzeln" oder auch als *Eigenwerte* einer quadratischen Matrix, und die Anzahl der Eigenwerte, die größer als null sind, kennzeichnen den *Rang* dieser Matrix. Die Summe der Eigenwerte ergibt die *Spur* der Matrix; sie entspricht der Summe der Diagonalelemente der Matrix. Hat eine Matrix nur positive Eigenwerte (also keine negativen Eigenwerte und keine Eigenwerte vom Betrag null), nennen wir die Matrix *positiv definit.* Sind alle Eigenwerte nicht negativ, heißt die Matrix *positiv semidefinit.*

Datenrückgriff. Wir wollen die Ermittlung der Eigenwerte an dem oben erwähnten Zwei-Variablen-Beispiel (S. 404) verdeutlichen. Gesucht werden die Eigenwerte der folgenden $\boldsymbol{D}$-Matrix:

$$\boldsymbol{D}(x) = \begin{pmatrix} 2{,}75 & -2{,}00 \\ -2{,}00 & 2{,}00 \end{pmatrix}.$$

Die Eigenwerte erhalten wir, indem die folgende Determinante null gesetzt wird:

$$|(\boldsymbol{D}(x) - \lambda \cdot \boldsymbol{I})| = 0$$
$$\begin{vmatrix} 2{,}75 - \lambda & -2{,}00 \\ -2{,}00 & 2{,}00 - \lambda \end{vmatrix} = 0.$$

Die Entwicklung dieser Determinante führt nach Gl. (B.12), s. Anhang, zu:

$$\begin{aligned}(2{,}75 - \lambda) \cdot (2{,}00 - \lambda) - (-2{,}00 \cdot -2{,}00)\\ = \lambda^2 - 2{,}75\lambda - 2{,}00\lambda + 5{,}50 - 4{,}00\\ = \lambda^2 - 4{,}75\lambda + 1{,}50 = 0.\end{aligned}$$

Für diese quadratische Gleichung (Polynom zweiter Ordnung) erhalten wir als Lösungen:

$$\lambda_{1,2} = \frac{4{,}75}{2} \pm \sqrt{\frac{(-4{,}75)^2}{4} - 1{,}50},$$
$$\lambda_1 = 4{,}41,$$
$$\lambda_2 = 0{,}34.$$

Diese beiden Eigenwerte erfüllen die Bedingung, dass die Determinante der Matrix $|\boldsymbol{D}(x) - \lambda \cdot \boldsymbol{I}|$ null wird.

Eigenwerte. Bei drei Variablen führt die Determinantenentwicklung zu einem Polynom dritter Ordnung, d. h., wir erhalten drei Eigenwerte. Die Ermittlung der Eigenwerte in Polynomen dritter Ordnung oder allgemein p-ter Ordnung ist rechnerisch sehr aufwändig und soll hier nicht näher demonstriert werden. Das Problem ist formal mit der Nullstellenbestimmung in Polynomen p-ten Grades identisch. Man kann sich hierüber in einschlägigen Mathematikbüchern informieren. Für die PCA hat sich vor allem eine auf Jacobi (1846) zurückgehende Methode (vgl. z. B. Ralston & Wilf, 1967, S. 152 ff.) zur Eigenwertebestimmung bewährt. Praktisch alle heutigen Programmpakete für Statistik und Mathematik verfügen über entsprechende Routinen zur Bestimmung von Eigenwerten.

Bevor wir uns der Bestimmung des varianzmaximierenden Transformationsvektors zuwenden, betrachten wir noch einmal das Ergebnis unserer Eigenwertebestimmung. Ein Vergleich der beiden Eigenwerte mit der Diagonalen von $\boldsymbol{D}(x)$ zeigt, dass die Summe der Eigenwerte mit der Summe der Diagonalelemente (Spur) identisch ist: $4{,}41 + 0{,}34 = 2{,}75 + 2{,}00$. Da die Diagonalelemente von $\boldsymbol{D}(x)$ die Quadratsummen der Variablen darstellen, ist die Summe der Eigenwerte von $\boldsymbol{D}(x)$ mit der totalen Quadratsumme aller Variablen identisch. Entsprechendes gilt für jede beliebige quadratische Matrix $\boldsymbol{A}$:

$$\text{Spur von } \boldsymbol{A} = \text{Summe der } \lambda\text{-Werte von } \boldsymbol{A}. \tag{23.37}$$

Somit ist auch die Summe der Eigenwerte einer Varianz-Kovarianz-Matrix mit der Summe der Varianzen der einzelnen Variablen (= Summe der

Diagonalelemente) identisch. Für Korrelationsmatrizen (mit Einsen in der Diagonale) gilt, dass die Summe der Eigenwerte die Anzahl der Variablen p ergibt.

Die Summe der Eigenwerte einer Korrelationsmatrix entspricht der Anzahl der Variablen p.

Ferner kann man zeigen, dass die Produktkette der Eigenwerte einer Matrix $\boldsymbol{A}$ mit der Determinante $|\boldsymbol{A}|$ identisch ist:

$$|\boldsymbol{A}| = \prod_{j=1}^{p} \lambda_j. \qquad (23.38)$$

Hierin ist $\prod_{j=1}^{p} \lambda_j = \lambda_1 \cdot \lambda_2 \cdot \ldots \cdot \lambda_j \cdot \ldots \cdot \lambda_p$.

Aus Gl. (23.38) folgt, dass die Determinante von $\boldsymbol{A}$ null wird, wenn mindestens einer der λ_j-Werte null ist, d. h., *singuläre Matrizen* haben mindestens einen Eigenwert von null.

Im Folgenden wollen wir überprüfen, wie ein einzelner, ursprünglich als Lagrange-Multiplikator eingeführter λ-Wert (Eigenwert) zu interpretieren ist. Hierzu betrachten wir erneut Gl. (23.32):

$$d(y)_{11} = \boldsymbol{v}' \cdot \boldsymbol{D}(x) \cdot \boldsymbol{v}.$$

Durch Ausmultiplizieren und Umstellen von Gl. (23.35) erhalten wir:

$$\boldsymbol{D}(x) \cdot \boldsymbol{v} = \lambda \cdot \boldsymbol{v}. \qquad (23.39)$$

Setzen wir die rechte Seite von Gl. (23.39) für das Teilprodukt $\boldsymbol{D}(x) \cdot \boldsymbol{v}$ in Gl. (23.32) ein, resultiert:

$$d(y)_{11} = \boldsymbol{v}' \cdot \lambda \cdot \boldsymbol{v} = \boldsymbol{v}' \cdot \boldsymbol{v} \cdot \lambda = \lambda, \qquad (23.40)$$

weil $\boldsymbol{v}'\boldsymbol{v} = 1$. Da die $\boldsymbol{D}(x)$-Matrix für p Variablen p Eigenwerte hat und wir die Quadratsumme $d(y)_{11}$ maximieren wollen, entspricht $d(y)_{11}$ dem größten der p Eigenwerte von $\boldsymbol{D}(x)$. Dividieren wir Gl. (23.40) durch n, erhalten wir statt der Quadratsumme die Varianz auf der neuen Y-Achse, die dem größten Eigenwert der Varianz-Kovarianz-Matrix entspricht.

Die neuen Achsen, die sukzessiv maximale Varianz aufklären, haben Varianzen, die den nach ihrer Größe geordneten Eigenwerten entsprechen.

Eigenvektoren. Die Bestimmungsgleichung für den Vektor $\boldsymbol{v}_1$, der zu Linearkombinationen mit maximaler Varianz führt, lautet somit gemäß Gl. (23.35):

$$(\boldsymbol{D}(x) - \lambda \cdot \boldsymbol{I}) \cdot \boldsymbol{v}_1 = \boldsymbol{0}.$$

Für die p Eigenwerte (von denen einer oder mehrere null sein können) lassen sich p Transformationsvektoren bestimmen. Einen mit einem bestimmten Eigenwert verbundenen Transformationsvektor bezeichnen wir als Eigenvektor. Für die Bestimmung eines Eigenvektors $\boldsymbol{v}_j$ errechnen wir die adjunkte Matrix von $(\boldsymbol{D}(x) - \lambda_j \cdot \boldsymbol{I})$, deren Spalten wechselseitig proportional sind. Wir *normieren* einen Spaltenvektor dieser Matrix auf die Länge 1, indem wir jedes Vektorelement durch die Länge des Vektors (Wurzel aus der Summe der quadrierten Vektorelemente) dividieren. Als Resultat erhalten wir den gesuchten Vektor $\boldsymbol{v}_j$, der die Bedingung $\boldsymbol{v}_j' \cdot \boldsymbol{v}_j = 1$ erfüllt.

Datenrückgriff. In Fortführung unseres Beispiels errechnen wir zunächst für die Bestimmung von $\boldsymbol{v}_1$ die Matrix $(\boldsymbol{D}(x) - \lambda_1 \cdot \boldsymbol{I})$:

$$\begin{pmatrix} 2{,}75 - 4{,}41 & -2{,}00 \\ -2{,}00 & 2{,}00 - 4{,}41 \end{pmatrix} = \begin{pmatrix} -1{,}66 & -2{,}00 \\ -2{,}00 & -2{,}41 \end{pmatrix}.$$

Nach Gl. (B.19) erhalten wir

$$\operatorname{adj}(\boldsymbol{D}(x) - \lambda_1 \cdot \boldsymbol{I}) = \begin{pmatrix} -2{,}41 & 2{,}00 \\ 2{,}00 & -1{,}66 \end{pmatrix}.$$

Die Spalten dieser Matrix sind proportional $(-2{,}41/2{,}00 = 2{,}00/-1{,}66)$. Wir normieren den ersten Spaltenvektor auf die Länge 1, indem wir dessen Elemente durch $\sqrt{-2{,}41^2 + 2{,}00^2} = 3{,}1318$ dividieren, und erhalten somit $\boldsymbol{v}_1$:

$$\boldsymbol{v}_1 = \begin{pmatrix} -0{,}77 \\ 0{,}64 \end{pmatrix}.$$

Auf die gleiche Weise ermitteln wir $\boldsymbol{v}_2$:

$$(\boldsymbol{D}(x) - \lambda_2 \cdot \boldsymbol{I}) = \begin{pmatrix} 2{,}41 & -2{,}00 \\ -2{,}00 & 1{,}66 \end{pmatrix},$$

$$\operatorname{adj}(\boldsymbol{D}(x) - \lambda_2 \cdot \boldsymbol{I}) = \begin{pmatrix} 1{,}66 & 2{,}00 \\ 2{,}00 & 2{,}41 \end{pmatrix}.$$

Wir dividieren durch $\sqrt{1{,}66^2 + 2{,}00^2} = 2{,}60$ und erhalten

$$\boldsymbol{v}_2 = \begin{pmatrix} 0{,}64 \\ 0{,}77 \end{pmatrix}.$$

Prüfung.

$$\underset{\boldsymbol{V}'}{\begin{pmatrix} -0{,}77 & 0{,}64 \\ 0{,}64 & 0{,}77 \end{pmatrix}} \cdot \underset{\boldsymbol{V}}{\begin{pmatrix} -0{,}77 & 0{,}64 \\ 0{,}64 & 0{,}77 \end{pmatrix}} = \underset{\boldsymbol{I}}{\begin{pmatrix} 1 & 0 \\ 0 & 1 \end{pmatrix}}.$$

Als Determinante von $\boldsymbol{V}$ errechnen wir:

$$|\boldsymbol{V}| = \begin{vmatrix} -0{,}77 & 0{,}64 \\ 0{,}64 & 0{,}77 \end{vmatrix}$$
$$= -0{,}77 \cdot 0{,}77 - 0{,}64 \cdot 0{,}64 = -1{,}00.$$

Damit ist die in Gl. (23.20) genannte Bedingung ($|\boldsymbol{V}| = 1$) nicht erfüllt; wir multiplizieren deshalb den ersten Eigenvektor mit -1 und erhalten damit die endgültige Transformationsmatrix $\boldsymbol{V}$:

$$\boldsymbol{V} = \begin{pmatrix} 0{,}77 & 0{,}64 \\ -0{,}64 & 0{,}77 \end{pmatrix}.$$

Mit Hilfe dieser beiden Eigenvektoren können wir somit Rotationstransformationen durchführen, die zu neuen Achsen mit den Quadratsummen $d(y)_{11} = 4{,}41$ und $d(y)_{22} = 0{,}34$ bzw. den Varianzen $s^2_{y1} = 4{,}41/4 = 1{,}10$ und $s^2_{y2} = 0{,}34/4 = 0{,}085$ führen. Da s^2_{y1} die größere der beiden Varianzen ist, kennzeichnet $\boldsymbol{v}_1$ den gesuchten varianzmaximierenden Transformationsvektor. Rotieren wir die X_1-Achse um $39{,}6°$ entgegen dem Uhrzeigersinn ($\cos 39{,}6° = 0{,}77 = v_{11}$), erhalten wir eine neue Y_1-Achse, auf der die Quadratsumme der Vpn-Koordinaten maximal und vom Wert $\lambda_1 = 4{,}41$ ist. Rotieren wir die X_2-Achse um den gleichen Winkel ($\cos 39{,}6° = 0{,}77 = v_{22}$), erhalten wir eine neue Y_2-Achse, auf der die Quadratsumme der Vpn-Koordinaten minimal und vom Werte $\lambda_2 = 0{,}34$ ist.

Entsprechendes gilt für die p-dimensionale Verallgemeinerung.

> Ordnen wir die einzelnen λ_j-Werte der Größe nach, dann bewirken die mit den λ_j-Werten assoziierten Eigenvektoren $\boldsymbol{v}_j$ Rotationstransformationen, die zu neuen Achsen führen, die sukzessiv maximale Varianz aufklären. Die Varianzen sind mit den jeweiligen Eigenwerten identisch.

Die Ermittlung der Eigenvektoren ist im p-dimensionalen Fall ebenfalls analog vorzunehmen.

Orthogonalität der Eigenvektoren. Dass die so ermittelten Eigenvektoren orthogonal sind, zeigt folgende Überlegung. Für die Eigenvektoren $\boldsymbol{v}_i$ und $\boldsymbol{v}_j$ zweier ungleich großer Eigenwerte λ_i und λ_j einer symmetrischen Matrix $\boldsymbol{B}$ gilt gemäß Gl. (23.39):

$$\boldsymbol{B} \cdot \boldsymbol{v}_i = \lambda_i \cdot \boldsymbol{v}_i, \tag{23.41a}$$
$$\boldsymbol{B} \cdot \boldsymbol{v}_j = \lambda_j \cdot \boldsymbol{v}_j \quad (\text{wobei } \lambda_i \neq \lambda_j). \tag{23.41b}$$

Transponieren wir beide Seiten von Gl. (23.41a), erhalten wir:

$$\boldsymbol{v}'_i \cdot \boldsymbol{B} = \lambda_i \cdot \boldsymbol{v}'_i \quad (\text{wegen } \boldsymbol{B}' = \boldsymbol{B}). \tag{23.42}$$

Werden beide Seiten von Gl. (23.41b) mit $\boldsymbol{v}'_i$ vormultipliziert, resultiert:

$$\begin{aligned} \boldsymbol{v}'_i \cdot \boldsymbol{B} \cdot \boldsymbol{v}_j &= \boldsymbol{v}'_i \cdot \lambda_j \cdot \boldsymbol{v}_j \\ &= \lambda_j \cdot \boldsymbol{v}'_i \cdot \boldsymbol{v}_j. \end{aligned} \tag{23.43}$$

Setzen wir die rechte Seite von Gl. (23.42) links in Gl. (23.43) ein, ergibt sich:

$$\lambda_i \cdot \boldsymbol{v}'_i \cdot \boldsymbol{v}_j = \lambda_j \cdot \boldsymbol{v}'_i \cdot \boldsymbol{v}_j \tag{23.44}$$

bzw.

$$(\lambda_i - \lambda_j) \cdot (\boldsymbol{v}'_i \cdot \boldsymbol{v}_j) = 0.$$

Da laut Voraussetzung $\lambda_i \neq \lambda_j$ ist, muss $\boldsymbol{v}'_i \cdot \boldsymbol{v}_j = 0$ sein, womit die Orthogonalität der Eigenvektoren bewiesen ist. Wegen $\boldsymbol{v}'_i \cdot \boldsymbol{v}_j = 0$ muss für Gl. (23.43) auch $\boldsymbol{v}'_i \cdot \boldsymbol{B} \cdot \boldsymbol{v}_j = 0$ gelten. Unter Berücksichtigung von Gl. (23.40) erhält man also

$$\boldsymbol{V}' \cdot \boldsymbol{B} \cdot \boldsymbol{V} = \Lambda. \tag{23.45}$$

$\boldsymbol{V}$ = Matrix der Eigenvektoren von $\boldsymbol{B}$
Λ = Diagonalmatrix der Eigenwerte von $\boldsymbol{B}$

Nach der Beziehung $\boldsymbol{Y} = \boldsymbol{X} \cdot \boldsymbol{V}$ ermitteln wir im Beispiel die folgenden Koordinaten auf den beiden neuen Achsen Y_1 und Y_2:

$$\boldsymbol{Y} = \begin{pmatrix} -0{,}38 & 3{,}59 \\ 1{,}03 & 3{,}46 \\ -1{,}15 & 2{,}95 \\ -1{,}79 & 3{,}72 \end{pmatrix}.$$

Wie man sich überzeugen kann, entsprechen die Quadratsummen auf den beiden neuen Achsen den Eigenwerten der $\boldsymbol{D}(x)$-Matrix. Ferner ist die Korrelation zwischen den beiden Achsen null.

Faktorwerte und Faktorladungen

Wie in Abschn. 23.2 erläutert, stellen die Faktorwerte und Faktorladungen das *interpretative Gerüst* einer PCA dar. Sie lassen sich, nachdem die Eigenwerte und Eigenvektoren bekannt sind, vergleichsweise einfach berechnen.

In den meisten faktorenanalytischen Arbeiten stellen nicht die ursprünglichen Variablen, sondern z-standardisierte Variablen die Ausgangsdaten dar, d. h., es wird die Matrix der Variableninterkorrelationen faktorisiert. Durch die z-Standardisierung erhalten alle Variablen den Mittelwert 0 und die Streuung 1, wodurch die zu faktorisierenden Variablen bezüglich ihrer Metrik vergleichbar gemacht werden. Wir wollen deshalb die Ermittlung der Faktorwerte und Faktorladungen auf den Fall z-standardisierter Variablen beschränken. Die faktorenanalytische Verarbeitung von Rohwerten wird bei Horst (1965) diskutiert. Eyferth und Baltes (1969) untersuchen faktorenanalytische Ergebnisse in Abhängigkeit von der Art der Datenstandardisierung (einfache Kreuzproduktsummen, z-Standardisierung pro Variable und z-Standardisierung pro Versuchsperson) und kommen zu dem Ergebnis, dass es gelegentlich sinnvoll sein kann, nicht von z-standardisierten Variablen auszugehen. (Genauer hierzu bzw. zum Vergleich von Faktorenanalysen über Korrelations- oder Kovarianzmatrizen vgl. Fung & Kwan, 1995.)

Berechnung der Faktorwerte. Wir beginnen mit der Ermittlung der Varianz-Kovarianz-Matrix der z-standardisierten Variablen, deren Eigenwerte und Eigenvektoren zunächst berechnet werden. Da die Varianz z-standardisierter Variablen vom Betrag 1 ist und die Kovarianz zweier z-standardisierter Variablen der Korrelation entspricht, ist die Varianz-Kovarianz-Matrix der z-standardisierten Variablen mit der *Korrelationsmatrix* $\boldsymbol{R}$ der ursprünglichen Variablen identisch. Unter Verwendung der Matrix der Eigenvektoren $\boldsymbol{V}$ der Korrelationsmatrix erhalten wir nach der Beziehung

$$\boldsymbol{Y} = \boldsymbol{Z} \cdot \boldsymbol{V} \tag{23.46}$$

die Koordinaten der Versuchspersonen auf den neuen Y_j-Achsen, die sukzessiv maximale Varianz vom Betrag λ_j aufklären. Die Matrix der Faktorwerte $\boldsymbol{F}$ ergibt sich, wenn die Koordinaten der Versuchspersonen auf den einzelnen $\boldsymbol{Y}$-Achsen z-standardisiert werden.

Die z-Standardisierung der neuen Achsen ist für den hier diskutierten Fall, dass die ursprünglichen Variablen ebenfalls z-standardisiert sind, folgendermaßen durchzuführen: Nach Gl. (23.23) entspricht das arithmetische Mittel einer Linearkombination der ursprünglichen Mittelwerte. Da die Mittelwerte der ursprünglichen Variablen durch die z-Standardisierung null sind, muss auch der Mittelwert der Linearkombinationen null sein. Die Vpn-Koordinaten werden deshalb lediglich durch ihre Streuung s_{y_j} dividiert, die nach Gl. (23.40) vom Betrag $\sqrt{\lambda_j}$ ist (λ_j = Eigenwerte von $\boldsymbol{R}$). Matrixalgebraisch erhalten wir für $\boldsymbol{F}$:

$$\boldsymbol{F} = \boldsymbol{Y} \cdot \boldsymbol{\Lambda}^{-1/2}, \tag{23.47}$$

wobei $\boldsymbol{\Lambda}^{-1/2}$ eine Diagonalmatrix darstellt, in deren Diagonale sich die Reziprokwerte aus den Wurzeln der Eigenwerte $\left(\frac{1}{\sqrt{\lambda_j}} = \frac{1}{s_{y_j}}\right)$ befinden (zur Berechnung der Faktorwerte über die Faktorladungen vgl. S. 412).

Die z-standardisierten Y-Achsen bezeichnen wir als Faktoren und die Koordinaten der Versuchspersonen auf den standardisierten Achsen als Faktorwerte.

Die Faktorwerte eines Faktors haben somit einen Mittelwert von 0 und eine Streuung von 1. Faktoren korrelieren über die Faktorwerte wechselseitig zu 0 miteinander. Es gilt die Beziehung

$$\boldsymbol{F}' \cdot \boldsymbol{F} \cdot \frac{1}{n} = \boldsymbol{I}. \tag{23.48}$$

Beweis: Wir ersetzen $\boldsymbol{Y}$ in Gl. (23.47) durch Gl. (23.46) und erhalten

$$\boldsymbol{F} = \boldsymbol{Z} \cdot \boldsymbol{V} \cdot \boldsymbol{\Lambda}^{-1/2}$$

bzw.

$$\begin{aligned}\boldsymbol{F}' \cdot \boldsymbol{F} &= (\boldsymbol{Z} \cdot \boldsymbol{V} \cdot \boldsymbol{\Lambda}^{-1/2})' \cdot (\boldsymbol{Z} \cdot \boldsymbol{V} \cdot \boldsymbol{\Lambda}^{-1/2}) \\ &= \boldsymbol{\Lambda}^{-1/2} \cdot \boldsymbol{V}' \cdot \boldsymbol{Z}' \cdot \boldsymbol{Z} \cdot \boldsymbol{V} \cdot \boldsymbol{\Lambda}^{-1/2}\end{aligned}$$

Division beider Seiten durch $\boldsymbol{n}$ führt wegen

$$\frac{1}{n} \cdot \boldsymbol{Z}' \cdot \boldsymbol{Z} = \boldsymbol{R}$$

zu

$$\frac{1}{n} \cdot \boldsymbol{F}' \cdot \boldsymbol{F} = \boldsymbol{\Lambda}^{-1/2} \cdot \boldsymbol{V}' \cdot \boldsymbol{R} \cdot \boldsymbol{V} \cdot \boldsymbol{\Lambda}^{-1/2}$$

bzw. nach Gl. (23.45) zu

$$\frac{1}{n} \cdot \boldsymbol{F}' \cdot \boldsymbol{F} = \boldsymbol{\Lambda}^{-1/2} \cdot \boldsymbol{\Lambda} \cdot \boldsymbol{\Lambda}^{-1/2} = \boldsymbol{I}.$$

Die z-Standardisierung der Faktoren hat zur Konsequenz, dass alle neuen Y_j-Achsen die gleiche Länge aufweisen, d. h., diejenigen Achsen, die eine Streuung $\sqrt{\lambda_j} < 1$ haben, werden gestreckt, und Achsen mit einer Streuung $\sqrt{\lambda_j} > 1$ werden gestaucht. Dadurch verändert sich der ursprüngliche, elliptische Punkteschwarm der Versuchspersonen (Hyperellipsoid im mehrdimensionalen Fall) zu einem kreisförmigen Punkteschwarm (Hyperkugel im mehrdimensionalen Fall). In dem so geschaffenen Faktorraum stehen die Variablen nicht mehr senkrecht aufeinander, sondern bilden *Winkel*, deren cos den jeweiligen Variableninterkorrelationen entsprechen. Wir werden diesen Zusammenhang weiter unten an einem numerischen Beispiel demonstrieren.

Berechnung der Faktorladungen. Die Versuchspersonen sind sowohl durch die ursprünglichen Variablen als auch durch die Faktoren gekennzeichnet. Um zu ermitteln, welcher Zusammenhang zwischen den ursprünglichen Variablen $\boldsymbol{z}_i$ und den neuen Faktoren F_j besteht, können die Korrelationen zwischen den ursprünglichen Variablen und den Faktoren berechnet werden. In beiden Fällen handelt es sich um z-standardisierte Werte, sodass wir die Korrelation zwischen einer Variablen z_i und einem Faktor F_j nach folgender Beziehung ermitteln können:

$$r_{ij} = \frac{1}{n} \cdot \sum_{m=1}^{n} f_{mj} \cdot z_{mi}. \quad (23.49)$$

Für die Matrix aller Interkorrelationen ergibt sich:

$$\mathbf{R}_{zF} = \frac{1}{n} \cdot \mathbf{F}' \cdot \mathbf{Z}. \quad (23.50)$$

Ausgehend von der für z-Werte modifizierten Grundgleichung der PCA

$$\mathbf{Z} = \mathbf{F} \cdot \mathbf{A}' \quad (23.51)$$

können wir für Gl. (23.50) auch schreiben:

$$\mathbf{R}_{zF} = \frac{1}{n} \cdot \mathbf{F}' \cdot \mathbf{F} \cdot \mathbf{A}'.$$

Da nach Gl. (23.48) $1/n \cdot \mathbf{F}' \cdot \mathbf{F} = \mathbf{I}$, ergibt sich

$$\mathbf{R}_{zF} = \mathbf{A}'. \quad (23.52)$$

> Die Korrelation r_{ij} zwischen einer ursprünglichen Variablen i und einem Faktor j ist mit der Ladung a_{ij} der Variablen i auf dem Faktor j identisch.

Die hier beschriebene Art der Ermittlung der Faktorladungen setzt voraus, dass die Faktorwerte bekannt sind. Häufig ist man jedoch lediglich an den Faktorladungen interessiert und will auf die – zumal bei vielen Versuchspersonen aufwändige – Faktorwertebestimmung verzichten. Der folgende Gedankengang führt zu einer Möglichkeit, Faktorladungen zu errechnen, ohne zuvor die Faktorwerte ermittelt zu haben:

Die Gleichung für die Bestimmung der Faktorwerte lautet (s. Gl. 23.47):

$$\mathbf{F} = \mathbf{Y} \cdot \mathbf{\Lambda}^{-1/2}.$$

Multiplizieren wir beide Seiten mit $\mathbf{\Lambda}^{1/2}$, erhalten wir wegen $\mathbf{\Lambda}^{-1/2} \cdot \mathbf{\Lambda}^{1/2} = \mathbf{I}$:

$$\mathbf{F} \cdot \mathbf{\Lambda}^{1/2} = \mathbf{Y}.$$

Ersetzen wir $\mathbf{Y}$ durch die rechte Seite von Gl. (23.46), ergibt sich:

$$\mathbf{F} \cdot \mathbf{\Lambda}^{1/2} = \mathbf{Z} \cdot \mathbf{V}.$$

Werden beide Seiten mit $\mathbf{V}^{-1}$ nachmultipliziert, resultiert wegen $\mathbf{V} \cdot \mathbf{V}^{-1} = \mathbf{I}$:

$$\mathbf{F} \cdot \mathbf{\Lambda}^{1/2} \cdot \mathbf{V}^{-1} = \mathbf{Z}.$$

Da jedoch nach Gl. (23.51) für $\mathbf{Z}$ auch $\mathbf{Z} = \mathbf{F} \cdot \mathbf{A}'$ gilt, können die folgenden Ausdrücke gleichgesetzt werden:

$$\mathbf{F} \cdot \mathbf{A}' = \mathbf{F} \cdot \mathbf{\Lambda}^{1/2} \cdot \mathbf{V}^{-1}.$$

Wir erhalten also:

$$\mathbf{A}' = \mathbf{\Lambda}^{1/2} \cdot \mathbf{V}^{-1}.$$

Einfacher lässt sich die Ladungsmatrix $\mathbf{A}$ ermitteln, wenn wir $\mathbf{V}^{-1}$ durch $\mathbf{V}'$ ersetzen. Für $\mathbf{V}$ gilt:

$$\mathbf{V}' \cdot \mathbf{V} = \mathbf{I}.$$

Werden beide Seiten rechts mit $\mathbf{V}^{-1}$ multipliziert, ergibt sich:

$$\mathbf{V}' \cdot \mathbf{V} \cdot \mathbf{V}^{-1} = \mathbf{V}^{-1}$$

oder, da $\mathbf{V} \cdot \mathbf{V}^{-1} = \mathbf{I}$,

$$\mathbf{V}' = \mathbf{V}^{-1}.$$

Für die Ladungsmatrix erhalten wir somit folgende Bestimmungsgleichung:

$$\mathbf{A}' = \mathbf{\Lambda}^{1/2} \cdot \mathbf{V}' \quad (23.53)$$

bzw.

$$\mathbf{A} = \mathbf{V} \cdot \mathbf{\Lambda}^{1/2}.$$

Aus Gl. (23.53) folgt $\mathbf{A}'\mathbf{A} = \mathbf{\Lambda}$.

Sind die Ladungen bekannt, ergibt sich folgende Bestimmung der Faktorwerte: Wir erhielten

$$\mathbf{F} \cdot \mathbf{\Lambda}^{1/2} \cdot \mathbf{V}^{-1} = \mathbf{Z}.$$

Aufgelöst nach $\mathbf{F}$ resultiert

$$\mathbf{F} = \mathbf{Z} \cdot \mathbf{V} \cdot \mathbf{\Lambda}^{-1/2}.$$

Wegen $\mathbf{A} = \mathbf{V} \cdot \mathbf{\Lambda}^{1/2}$ gemäß Gl. (23.53) erhält man

$$\mathbf{A} \cdot \mathbf{\Lambda}^{-1} = \mathbf{V} \cdot \mathbf{\Lambda}^{-1/2}$$

und damit

$$\mathbf{F} = \mathbf{Z} \cdot \mathbf{A} \cdot \mathbf{\Lambda}^{-1}. \quad (23.54)$$

Datenrückgriff. Wir wollen die Ermittlung der Faktorwerte und Faktorladungen anhand des auf S. 404 erwähnten numerischen Beispiels erläutern.

Vier Versuchspersonen haben auf zwei Variablen folgende Werte erhalten:

$$\mathbf{X} = \begin{pmatrix} 2 & 3 \\ 3 & 2 \\ 1 & 3 \\ 1 & 4 \end{pmatrix}.$$

Standardisieren wir die beiden Variablen, ergeben sich nach Gl. (2.10) folgende z-Werte:

$$\boldsymbol{Z} = \begin{pmatrix} 0{,}302 & 0{,}000 \\ 1{,}508 & -1{,}414 \\ -0{,}905 & 0{,}000 \\ -0{,}905 & 1{,}414 \end{pmatrix}.$$

Hieraus ermitteln wir die Varianz-Kovarianz-Matrix, die mit der Korrelationsmatrix der ursprünglichen Variablen identisch ist.

$$\mathbf{COV}(z) = \boldsymbol{R} = \begin{pmatrix} 1{,}00 & -0{,}85 \\ -0{,}85 & 1{,}00 \end{pmatrix}.$$

Zur Berechnung der Eigenwerte von $\boldsymbol{R}$ entwickeln wir die Determinante der folgenden Matrix:

$$(\boldsymbol{R} - \lambda \cdot \boldsymbol{I}) = \begin{pmatrix} 1{,}00 - \lambda & -0{,}85 \\ -0{,}85 & 1{,}00 - \lambda \end{pmatrix},$$

$$\begin{aligned} |(\boldsymbol{R} - \lambda \cdot \boldsymbol{I})| &= (1{,}00 - \lambda) \cdot (1{,}00 - \lambda) \\ &\quad - (-0{,}85) \cdot (-0{,}85) \\ &= \lambda^2 - 2\lambda + 0{,}28 = 0. \end{aligned}$$

Mit dem Wert null für diese Determinante (Gl. 23.36) führt die Auflösung der quadratischen Gleichung zu den Eigenwerten $\lambda_1 = 1{,}85$ und $\lambda_2 = 0{,}15$, deren Summe den Wert 2 ergibt. Die Summe der Eigenwerte entspricht also der Summe der Varianzen der ursprünglichen Variablen, die wegen der z-Transformation jeweils vom Betrag 1 sind.

Für den Eigenvektor $\boldsymbol{v}_1$ erhalten wir nach Gl. (23.35) als Bestimmungsgleichungen:

$$-0{,}85 v_{11} - 0{,}85 v_{21} = 0,$$
$$-0{,}85 v_{11} - 0{,}85 v_{21} = 0.$$

Wir ermitteln nach Gl. (B.19) die adjunkte Matrix

$$\text{adj}(\boldsymbol{R} - \lambda_1 \cdot \boldsymbol{I}) = \begin{pmatrix} -0{,}85 & 0{,}85 \\ 0{,}85 & -0{,}85 \end{pmatrix}$$

und normieren den ersten Spaltenvektor auf die Länge 1,0, indem wir dessen Elemente durch $\sqrt{-0{,}85^2 + 0{,}85^2} = 1{,}2021$ dividieren. Das Resultat lautet

$$\boldsymbol{v}_1 = \begin{pmatrix} -0{,}707 \\ 0{,}707 \end{pmatrix}.$$

Nach dem gleichen Verfahren erhalten wir für $\boldsymbol{v}_2$:

$$\boldsymbol{v}_2 = \begin{pmatrix} 0{,}707 \\ 0{,}707 \end{pmatrix}.$$

Da die Determinante der aus $\boldsymbol{v}_1$ und $\boldsymbol{v}_2$ zu bildenden Matrix $\boldsymbol{V}$ den Wert -1 hat, multiplizieren wir $\boldsymbol{v}_1$ mit -1. Die Transformationsmatrix lautet somit:

$$\boldsymbol{V} = \begin{pmatrix} 0{,}707 & 0{,}707 \\ -0{,}707 & 0{,}707 \end{pmatrix}.$$

Wie man sich leicht überzeugen kann, sind jetzt die Bedingungen $\boldsymbol{V}' \cdot \boldsymbol{V} = \boldsymbol{I}$ und $|\boldsymbol{V}| = 1$ erfüllt. Da $\cos 315° = 0{,}707$ und $\sin 315° = -0{,}707$, bewirkt diese Transformationsmatrix eine orthogonale Rotation um 315° entgegen dem Uhrzeigersinn bzw. 45° im Uhrzeigersinn. (Dies ist eine Besonderheit aller Zwei-Variablen-Beispiele mit negativer Korrelation, bei denen durch die z-Standardisierung die Hauptachse des elliptischen Punkteschwarms mit der zweiten Winkelhalbierenden des Koordinatensystems identisch ist.)

Nach Gl. (23.46) ermitteln wir die Matrix der transformierten Vpn-Koordinaten $\boldsymbol{Y}$:

$$\underset{\boldsymbol{Z}}{\begin{pmatrix} 0{,}302 & 0{,}000 \\ 1{,}508 & -1{,}414 \\ -0{,}905 & 0{,}000 \\ -0{,}905 & 1{,}414 \end{pmatrix}} \cdot \underset{\boldsymbol{V}}{\begin{pmatrix} 0{,}707 & 0{,}707 \\ -0{,}707 & 0{,}707 \end{pmatrix}} = \underset{\boldsymbol{Y}}{\begin{pmatrix} 0{,}214 & 0{,}214 \\ 2{,}066 & 0{,}066 \\ -0{,}640 & -0{,}640 \\ -1{,}640 & 0{,}360 \end{pmatrix}}.$$

Die nach Gl. (2.2) berechneten Varianzen auf den transformierten Y-Achsen (Spalten von $\boldsymbol{Y}$) entsprechen den beiden gefundenen Eigenwerten. Die Korrelation zwischen den beiden neuen Achsen ist 0.

Z-standardisieren wir die Y-Achsen, erhalten wir die gesuchten Faktoren mit den Faktorwerten der Versuchspersonen:

$$\underset{\boldsymbol{Y}}{\begin{pmatrix} 0{,}214 & 0{,}214 \\ 2{,}066 & 0{,}066 \\ -0{,}640 & -0{,}640 \\ -1{,}640 & 0{,}360 \end{pmatrix}} \cdot \underset{\boldsymbol{\Lambda}^{-1/2}}{\begin{pmatrix} \frac{1}{\sqrt{1{,}85}} & 0 \\ 0 & \frac{1}{\sqrt{0{,}15}} \end{pmatrix}} = \underset{\boldsymbol{F}}{\begin{pmatrix} 0{,}157 & 0{,}552 \\ 1{,}518 & 0{,}170 \\ -0{,}470 & -1{,}652 \\ -1{,}204 & 0{,}930 \end{pmatrix}}.$$

Die gleichen Werte ergeben sich auch nach Gl. (23.54). Werden die Faktorwerte gemäß Gl. (23.50) mit den z-Werten korreliert, resultiert die Ladungsmatrix $\boldsymbol{A}$:

$$\boldsymbol{R}_{zF} = \begin{pmatrix} 0{,}96 & -0{,}96 \\ 0{,}27 & 0{,}27 \end{pmatrix}$$

bzw.

$$\boldsymbol{R}'_{zF} = \boldsymbol{A} = \begin{pmatrix} 0{,}96 & 0{,}27 \\ -0{,}96 & 0{,}27 \end{pmatrix}.$$

Das gleiche Ergebnis erhalten wir einfacher, wenn statt Gl. (23.50) die Gl. (23.53) eingesetzt wird:

$$\begin{matrix} \boldsymbol{V} & \cdot & \boldsymbol{\Lambda}^{1/2} \\ \begin{pmatrix} 0{,}707 & 0{,}707 \\ -0{,}707 & 0{,}707 \end{pmatrix} & \cdot & \begin{pmatrix} \sqrt{1{,}85} & 0 \\ 0 & \sqrt{0{,}15} \end{pmatrix} \\ = & \boldsymbol{A} & \end{matrix}$$

$$= \begin{pmatrix} 0{,}96 & 0{,}27 \\ -0{,}96 & 0{,}27 \end{pmatrix}.$$

In $\boldsymbol{A}$ gibt die erste Spalte die Ladungen der beiden Variablen auf dem ersten Faktor wieder. Durch die relativ hohe Korrelation zwischen den beiden Variablen ($r_{12} = -0{,}85$) wird ein hoher Prozentsatz ($0{,}96^2 \cdot 100\% = 92{,}16\%$) einer jeden Variablen durch den ersten Faktor aufgeklärt. Summieren wir die quadrierten Ladungen des ersten Faktors, ergibt sich der durch den ersten Faktor aufgeklärte Varianzanteil: $0{,}96^2 + (-0{,}96)^2 = 1{,}84$ (= 92% der Gesamtvarianz von 2). Dieser Wert ist – abgesehen von Rundungsungenauigkeiten – mit dem ersten Eigenwert identisch. Entsprechendes gilt für den zweiten Faktor.

Werden die Ladungsquadrate pro Variable summiert, resultiert die durch die Faktoren aufgeklärte Varianz einer Variablen. Da im vorliegenden Fall die gesamte Varianz der Variablen durch die Faktoren aufgeklärt wird und da z-standardisierte Variablen eine Varianz von 1 haben, ergibt die Summe der Ladungsquadrate jeweils den Wert 1. Werden nicht alle Faktoren zur Interpretation herangezogen (vgl. Abschn. 23.4), erhalten wir für die Summe der Ladungsquadrate einen Wert zwischen 0 und 1. Dieser Wert wird – wie bereits in Abschn. 23.2 erwähnt – als die *Kommunalität* einer Variablen bezeichnet.

Reproduktion der Korrelationsmatrix. Ein weiteres interessantes Ergebnis zeigt sich, wenn wir die Summe der Produkte der faktorspezifischen Ladungen für zwei Variablen ermitteln: $0{,}96 \cdot (-0{,}96) + 0{,}27 \cdot 0{,}27 = -0{,}85$. Dieser Wert ist mit der Korrelation der ursprünglichen Variablen ($r_{12} = -0{,}85$) identisch. Im Fall einer reduzierten Faktorlösung, bei der nicht alle Faktoren interpretiert werden, gibt dieser Wert an, wie gut der Zusammenhang zweier Variablen durch die Faktoren aufgeklärt wird.

Dass dieser Wert bei einer vollständigen Faktorlösung mit der Korrelation identisch sein muss, zeigt der folgende Gedankengang:

Nach Gl. (23.51) gilt die Beziehung:

$$\boldsymbol{Z} = \boldsymbol{F} \cdot \boldsymbol{A}'.$$

Werden beide Seiten links mit der jeweiligen Transponierten vormultipliziert, erhalten wir:

$$\boldsymbol{Z}' \cdot \boldsymbol{Z} = (\boldsymbol{F} \cdot \boldsymbol{A}')' \cdot (\boldsymbol{F} \cdot \boldsymbol{A}')$$

oder

$$\boldsymbol{Z}' \cdot \boldsymbol{Z} = \boldsymbol{A} \cdot \boldsymbol{F}' \cdot \boldsymbol{F} \cdot \boldsymbol{A}'.$$

Da nach Gl. (23.48) $\boldsymbol{F}' \cdot \boldsymbol{F} = \boldsymbol{I} \cdot n$, können wir auch schreiben:

$$\boldsymbol{Z}' \cdot \boldsymbol{Z} = \boldsymbol{A} \cdot \boldsymbol{A}' \cdot n.$$

Dividieren wir beide Seiten durch n, ergibt sich:

$$\frac{1}{n}\boldsymbol{Z}' \cdot \boldsymbol{Z} = \boldsymbol{A} \cdot \boldsymbol{A}'.$$

Wegen $\frac{1}{n} \cdot \boldsymbol{Z}' \cdot \boldsymbol{Z} = \boldsymbol{R}$, gilt für $\boldsymbol{R}$:

$$\boldsymbol{R} = \boldsymbol{A} \cdot \boldsymbol{A}' \qquad (23.55)$$

oder, bezogen auf eine einzelne Korrelation zwischen zwei Variablen i und i',

$$r_{ii'} = \sum_{j=1}^{p} a_{ij} \cdot a_{i'j}.$$

Grafische Darstellung. Abbildung 23.6 zeigt das Ergebnis der PCA.

In das Koordinatensystem, dessen Achsen durch die Faktoren gebildet werden, sind die vier Versuchspersonen gemäß ihrer Faktorwerte eingetragen. (Die Faktorwerte sind bei der dritten Versuchsperson verdeutlicht.) Ferner können wir in den Faktorenraum die Variablenvektoren, deren Endpunkte durch die Faktorladungen bestimmt sind, einzeichnen (verdeutlicht für die zweite Variable). Diese Variablenvektoren, die ursprünglich senkrecht aufeinanderstanden, bilden durch die Standardisierungen, die zu den Faktoren geführt haben, einen Winkel von 149°, dessen cos der Korrelation der beiden Variablen entspricht ($\cos 149° = -0{,}85$). Die Projektionen der Vpn-Punkte auf die schiefwinkligen Variablen-Achsen entsprechen den ursprünglichen z-standardisierten Ausprägungen der Variablen bei den Versuchspersonen (verdeutlicht bei der zweiten Versuchsperson). Hierbei ist zu beachten, dass der positive Teil der Variablenachse 2 im oberen linken Quadranten liegt.

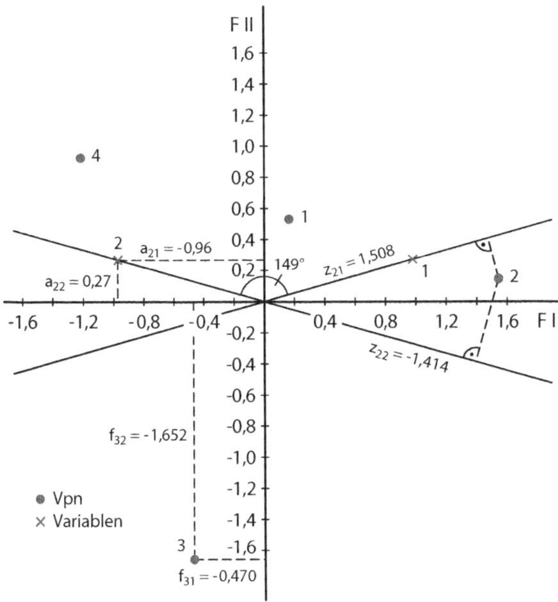

Abbildung 23.6. Grafische Darstellung der PCA-Lösung

23.4 Kriterien für die Anzahl der Faktoren

Bei der Darstellung des mathematischen Hintergrunds der PCA gingen wir davon aus, dass alle ursprünglichen p Variablenachsen zu p wechselseitig unabhängigen Faktoren rotiert werden, die sukzessiv maximale Varianz aufklären. Dieser Ansatz führt dazu, dass die gesamte Varianz aller p Variablen durch p Faktoren aufgeklärt werden kann. Bei diesem Ansatz werden also p Variablen durch p Faktoren ersetzt, sodass die mit der Faktorenanalyse üblicherweise verbundene Datenreduktion nicht realisiert wird.

Für die meisten empirischen Untersuchungen gilt jedoch, dass die Gesamtvarianz aller Variablen durch eine Faktorenanzahl „hinreichend gut" erfasst werden kann, die erheblich kleiner ist als die Anzahl der Variablen. Bezeichnen wir die Anzahl der Faktoren, die die Gesamtvarianz „hinreichend gut" aufklärt, mit q, verbleiben $p-q$ Faktoren, deren Eigenwerte nahezu vom Betrag null und damit unbedeutend sind. Im Folgenden wollen wir uns mit der Frage befassen, wie die Anzahl q der „bedeutsamen" Faktoren bestimmt werden kann.

Kaiser-Guttman-Kriterium

Die datenreduzierende Funktion der PCA ist gewährleistet, wenn nur Faktoren interpretiert werden, deren Varianz größer als 1 ist, denn nur in diesem Fall binden die Faktoren mehr Varianz als die ursprünglichen, z-standardisierten Variablen. Faktoren, deren Eigenwerte kleiner oder gleich 1 sind, bleiben deshalb unberücksichtigt (Guttman, 1954; Kaiser & Dickman, 1959). Nach diesem Kriterium (das häufig kurz „Kaiser-Guttman-Kriterium" oder „KG"-Kriterium genannt wird) entspricht die Anzahl q der bedeutsamen Faktoren der Anzahl der Faktoren mit Eigenwerten über 1 (vgl. hierzu auch die Ausführungen zu Gl. 23.76). Dieses Kriterium führt allerdings dazu, dass vor allem bei großen Variablenzahlen zu viele Faktoren extrahiert werden, die selten durchgängig sinnvoll interpretierbar sind (vgl. hierzu auch Lee & Comrey, 1979 oder W. R. Zwick & Velicer, 1986). Die Voreinstellung in vielen Statistik-Programmpaketen, alle Faktoren mit $\lambda > 1$ zu akzeptieren bzw. für eine Rotation vorzusehen (vgl. Abschn. 23.5), ist deshalb nur in Ausnahmefällen zu rechtfertigen.

Zu beachten ist ferner, dass die an einer Stichprobe gewonnenen Eigenwerte Schätzungen der wahren Eigenwerte darstellen, sodass korrekterweise für jeden Eigenwert ein Konfidenzintervall zu bestimmen ist, anhand dessen über das Kriterium $\lambda > 1$ (und alle anderen, eigenwertabhängigen Kriterien) zu befinden wäre. Lambert et al. (1990) demonstrieren diesen Sachverhalt an einem Beispiel unter Verwendung der Bootstrap-Technik. Als untere Grenze dieses Konfidenzintervalls wird von Jolliffe (2002, S. 115) der Wert 0,7 vorgeschlagen. Demnach würden auch Faktoren mit Eigenwerten $\lambda \geq 0{,}7$ in den meisten Anwendungsfällen dem „parameterorientierten" KG-Kriterium genügen.

In einer Faktorenanalyse sollten nur Faktoren interpretiert werden, deren Eigenwerte größer als 1 sind. Man beachte jedoch, dass die Anzahl der bedeutsamen Faktoren nach dieser Regel meistens überschätzt wird.

Scree-Test

Weitere Informationen über die Anzahl der bedeutsamen Faktoren liefert das *Eigenwertediagramm*, das die Größe der in Rangreihe gebrachten Eigenwerte als Funktion ihrer Rangnummern darstellt (Abb. 23.7; zur Erläuterung der Eigenwerte von Zufallskorrelationen s. unten).

Abbildung 23.7 zeigt die zehn größten Eigenwerte einer Korrelationsmatrix für $p = 45$ Variablen und $n = 150$. Der Eigenwert mit der Rangnummer 1 weist einen Betrag von $\lambda_1 = 14{,}06$ auf, der zweitgrößte Eigenwert beträgt $\lambda_2 = 4{,}16$ usw. Beginnend mit dem kleinsten der zehn Eigenwerte stellen wir bis zum vierten Eigenwert

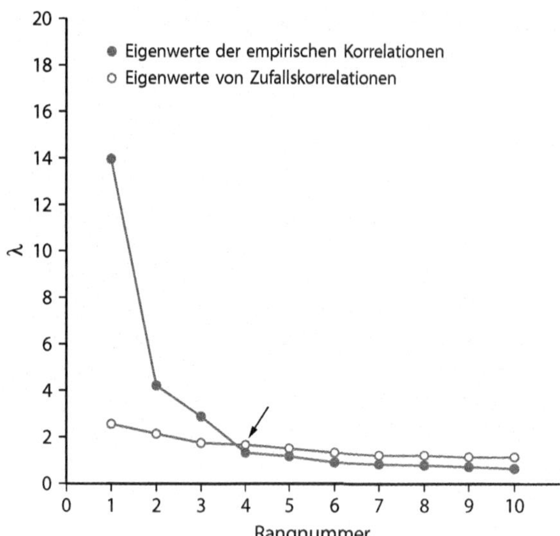

Abbildung 23.7. Eigenwertediagramm mit dem Scree-Test und dem Testverfahren nach Horn

eine annähernde Konstanz in der Größe fest. Der dritte Eigenwert fällt aus dieser Kontinuität heraus, was in der Abbildung zu einem durch einen Pfeil markierten Knick im Eigenwerteverlauf führt.

Nach dem „Scree-Test" von Cattell (1966b) betrachten wir diejenigen Faktoren, deren Eigenwerte vor dem Knick liegen, als bedeutsam. In unserem Beispiel wäre q somit 3. Weitere Informationen über die Eigenschaften des Scree-Tests findet man bei Cattell und Vogelmann (1977). Ansätze zur „Objektivierung" des Scree-Tests werden bei Bentler und Yuan (1996) und Zoski und Jurs (1996) erörtert.

Parallelanalyse

J. L. Horn (1965) schlägt vor, den Eigenwerteverlauf der empirisch ermittelten Korrelationsmatrix mit dem Eigenwerteverlauf der Korrelationen zwischen normalverteilten Zufallsvariablen zu vergleichen (Parallelanalyse). Die grafische Darstellung weist diejenigen Eigenwerte als bedeutsam (d. h. nicht zufällig) aus, die sich vor dem Schnittpunkt der beiden Eigenwerteverläufe befinden.

Der mit einer Parallelanalyse verbundene rechnerische Aufwand ist nicht unerheblich. Für den Anwender dieser Technik stellen regressionsanalytische Ansätze eine deutliche Erleichterung dar, bei denen die unbekannten „Zufallseigenwerte" ohne eine auf Zufallszahlen basierende Korrelationsmatrix über einfache Gleichungen vorhergesagt werden können.

Für die hier interessierende Hauptkomponentenanalyse haben Allen und Hubbard (1986) ein Gleichungssystem entwickelt, das von Lautenschlager et al. (1989) sowie Longman et al. (1989) verbessert wurde. Die gemeinsame Idee dieser Arbeiten besteht darin, die aus vielen Monte-Carlo-Studien gewonnenen „Zufallseigenwerte" mit multiplen Regressionsgleichungen vorherzusagen.

Die Prädiktoren sind Parameter, die aus dem Stichprobenumfang (n), der Anzahl der Variablen (p), dem Verhältnis von n zu p sowie dem jeweils vorangehenden Eigenwert gewonnen werden. Die Gewichtung dieser Parameter (b-Gewichte) wird gewissermaßen „empirisch" ermittelt, indem die Eigenwerte vieler Matrizen von Zufallskorrelationen mit variablem n und p regressionsanalytisch vorhergesagt werden.

Die hierbei resultierenden multiplen Korrelationen liegen – zumindest in der hier referierten Arbeit von Lautenschlager et al. (1989), deren Gleichung genauere Vorhersagen ermöglicht als die Gleichung von Longman et al. (1989) – bis auf eine Ausnahme alle bei $R = 0{,}999$ oder sogar darüber und dokumentieren damit die hohe Zuverlässigkeit dieses Ansatzes.

Die Regressionsgleichung zur Vorhersage eines „Zufallseigenwertes" λ_j lautet:

$$\begin{aligned}\ln\lambda_j = {} & b_{1j}\cdot\ln(n-1) \\ & + b_{2j}\cdot\ln[(p-j-1)\cdot(p-j+2)/2] \\ & + b_{3j}\cdot\ln\lambda_{j-1} \\ & + b_{4j}\cdot p/n + a_j,\end{aligned} \tag{23.56}$$

wobei j = laufende Nummer der Eigenwerte (für $j = 1$ wird $\lambda_{j-1} = \lambda_0 = 1$ gesetzt) und ln = Logarithmus naturalis.

Tabelle 23.1 gibt für die ersten zehn Faktoren die bei Lautenschlager et al. (1989) genannten b_{ij}-Werte wieder (die Originalarbeit enthält b-Gewichte für die ersten 48 Eigenwerte).

Tabelle 23.1. Regressionskoeffizienten für Gl. (23.56)

Nr. des Eigenwertes (j)	b_{1_j}	b_{2_j}	b_{3_j}	b_{4_j}	a_j
1	−0,101	0,072	0,000	0,810	0,547
2	0,056	−0,007	1,217	−0,143	−0,431
3	0,041	−0,005	1,166	−0,103	−0,315
4	0,038	−0,011	1,217	−0,146	−0,264
5	0,032	−0,010	1,192	−0,132	−0,219
6	0,027	−0,009	1,189	−0,126	−0,190
7	0,022	−0,005	1,140	−0,098	−0,168
8	0,021	−0,004	1,149	−0,097	−0,160
9	0,018	−0,007	1,138	−0,093	−0,122
10	0,017	−0,006	1,138	−0,086	−0,116

Bezogen auf das oben genannte Beispiel ($p = 45$, $n = 150$) errechnet man für den ersten „Zufallseigenwert“:

$$\ln\lambda_1 = -0{,}101 \cdot \ln 149 + 0{,}072 \cdot \ln 989 + 0{,}0 \cdot 1 + 0{,}810 \cdot 0{,}3 + 0{,}547 = 0{,}781$$

bzw. $\lambda_1 = e^{0,781} = 2{,}184$.

Man errechnet ferner $\lambda_2 = 2{,}032$, $\lambda_3 = 1{,}919$, $\lambda_4 = 1{,}825$ etc. Wie aus Abb. 23.7 ersichtlich, befindet sich der Schnittpunkt der Eigenwertverläufe für die empirischen Korrelationen und die Zufallskorrelationen zwischen dem dritten und vierten Eigenwert, d. h., auch nach der Parallelanalyse wären drei Faktoren zu interpretieren.

Eine weitere Erleichterung für die Durchführung einer Parallelanalyse stellen die Tabellen von Lautenschlager (1989) dar, in denen Zufallseigenwerte aus Korrelationsmatrizen für $5 \leq p \leq 80$ und $50 \leq n \leq 2000$ gelistet sind. Mit Hilfe geeigneter Interpolationstechniken lässt sich mit diesen Tabellen für praktisch alle faktoranalytischen Anwendungen die Anzahl der bedeutsamen Faktoren bestimmen. (Eine etwas „konservativere“ Schätzung der Faktorenzahl ermöglichen die von Cota et al. (1993) entwickelten Tabellen; vgl. hierzu auch Glorfeld, 1995.)

Eine „nonparametrische“ Version der Parallelanalyse wurde von Buja und Eyuboglu (1992) entwickelt. Weitere Hinweise und Literatur zur Parallelanalyse findet man bei Franklin et al. (1995).

Signifikanztest

Die Frage nach der statistischen Bedeutsamkeit von PCA-Faktoren wurde von mehreren Autoren bearbeitet. Mit diesen Verfahren wird überprüft, ob eine empirisch ermittelte Korrelationsmatrix signifikant von der Identitäts- bzw. Einheitsmatrix abweicht. Ist dies nicht der Fall, müssen wir davon ausgehen, dass die Variablen in der Population unkorreliert sind, sodass mit der PCA nur Faktoren extrahiert werden können, die auf zufällige Gemeinsamkeiten der Variablen zurückzuführen sind.

Silver und Dunlap (1989) vergleichen in einer Monte-Carlo-Studie die diesbezüglichen Ansätze von Bartlett (1950), Kullback (1967), Steiger (1980) sowie Brien et al. (1984) und kommen zu dem Resultat, dass das Verfahren von Brien et al. (1984) den anderen in Bezug auf Teststärke und Testgenauigkeit überlegen ist. Ähnlich gut schneidet das Verfahren von Steiger ab, dessen Überlegenheit gegenüber dem Bartlett-Test bereits von G. A. Wilson und Martin (1983) belegt wurde.

Nun haben Fouladi und Steiger (1993) jedoch darauf aufmerksam gemacht, dass der Test von O'Brien überprüft, ob die *durchschnittliche Korrelation* einer Korrelationsmatrix signifikant von null abweicht, was keineswegs mit der eigentlich interessierenden Frage gleichzusetzen ist, ob die *gesamte Korrelationsmatrix* signifikant von einer Identitätsmatrix abweicht. Man sollte deshalb auf das Verfahren von O'Brien verzichten und stattdessen auf den Ansatz von Steiger (1980) zurückgreifen.

Nach dem Verfahren von Steiger wird die folgende, bei multivariat normalverteilten Variablen mit $df = p \cdot (p-1)/2$ approximativ χ^2-verteilte Prüfgröße errechnet:

$$\chi^2 = (n-3) \cdot \sum_{i=1}^{p} \sum_{j=i+1}^{p} Z_{ij}^2, \tag{23.57}$$

wobei Z_{ij} = Fishers Z-Werte für die Korrelationen der Korrelationsmatrix.

Ist der χ^2-Wert nicht signifikant, sollte die Korrelationsmatrix nicht faktorisiert werden, da die Variablen bereits als voneinander unabhängig angesehen werden müssen.

Ist der χ^2-Wert nach Gl. (23.57) signifikant, kann der erste Faktor extrahiert werden. Über Gl. (23.55) ermitteln wir auf der Basis der Ladungen des ersten Faktors, um welchen Betrag die einzelnen Variableninterkorrelationen durch den ersten Faktor aufgeklärt bzw. reduziert werden. Die *Matrix der Restkorrelationen*, die nach Extraktion des ersten Faktors bestehen bleibt, gibt uns darüber Auskunft, ob mit einem zweiten statistisch bedeutsamen Faktor gerechnet werden kann. Dies wäre der Fall, wenn auch die Matrix der Restkorrelationen gemäß Gl. (23.57) signifikant von der Einheitsmatrix abwiche. Die statistische Bedeutsamkeit weiterer Faktoren wird analog überprüft. Es ist allerdings davon auszugehen, dass man nach diesem Verfahren deutlich mehr bedeutsame Faktoren erhält als nach dem Scree-Test oder der Parallelanalyse (vgl. hierzu auch Gorsuch, 1973).

Weitere Informationen über Signifkanztests für PCA-Faktoren hat Timm (2002, Kap. 8.4) zusammengestellt.

Hinweise: Vergleichende Studien über die hier genannten Regeln zur Bestimmung der „richtigen“ Faktorenanzahl findet man bei Hakstian et al. (1982), J. L. Horn und Engstrom (1979) sowie W. R. Zwick und Velicer (1982, 1986).

Ein Fortran-Programm zur Ermittlung von Bootstrap-Schätzern der Faktorenstruktur wurde von B. Thompson (1988) entwickelt. Über die Absicherung der „richtigen" Faktorenanzahl mit Hilfe der Kreuzvalidierungsmethode berichten Krzanowski und Kline (1995).

Im Kontext der Test- oder Fragebogenkonstruktion interessiert häufig die Frage, ob die Items eines Untersuchungsinstrumentes ein ein- oder mehrdimensionales Konstrukt repräsentieren. Über Kennziffern der Eindimensionalität, die über den größten Eigenwert der PCA hinausgehen, informiert Hattie (1984).

Die in diesem Abschnitt behandelten Verfahren werden eingesetzt, um die „richtige" Anzahl der bedeutsamen Faktoren herauszufinden. Gelegentlich will man jedoch nicht nur die Anzahl $q \leq p$ der bedeutsamen Faktoren ermitteln, sondern eine Auswahl von $m < p$ *Variablen* finden, die als beste Repräsentanten der Gesamtheit aller Variablen angesehen werden können. Verfahren hierfür werden bei Jolliffe (2002, Kap. 6.3) vorgestellt.

23.5 Rotationskriterien

Die Ermittlung der Faktoren in der PCA erfolgt nach einem mathematischen Kriterium, das nur selten gewährleistet, dass die resultierenden Faktoren auch inhaltlich sinnvoll interpretiert werden können. Durch die sukzessive Aufklärung maximaler Varianzen ist damit zu rechnen, dass auf dem ersten Faktor viele Variablen hoch laden, was die Interpretation sehr erschwert. Entsprechendes gilt für die übrigen Faktoren, die durch viele mittlere bzw. niedrige Ladungen gekennzeichnet sind.

Durch die Standardisierung der Faktoren wird die hyperellipsoide Form des Punkteschwarms in eine Hyperkugel überführt, in der die q bedeutsamen Faktoren beliebig rotiert werden können. Die Rotation der Faktoren bewirkt, dass die Varianz der ersten q PCA-Faktoren auf die rotierten Faktoren umverteilt wird, was zu einer besseren Interpretierbarkeit der Faktoren führen kann.

Die Anzahl der bedeutsamen PCA-Faktoren, die mit dem Ziel einer besseren Interpretierbarkeit rotiert werden sollen, entnimmt man am besten dem Scree-Test oder der Parallelanalyse. Bei einem uneindeutigen Eigenwertediagramm wird empfohlen, mehrere Rotationsdurchgänge mit unterschiedlichen Faktorzahlen vorzusehen. Die Festlegung der endgültigen Anzahl der bedeutsamen Faktoren ist dann davon abhängig zu machen, welche Lösung inhaltlich am besten interpretierbar ist (zum Problem der Interpretation von Faktorenanalysen vgl. Holz-Ebeling, 1995).

Bei den Rotationstechniken unterscheiden wir

- grafische Rotationen,
- analytische Rotationen und
- Kriteriumsrotationen.

Bevor wir diese verschiedenen Rotationsvarianten behandeln, soll der Unterschied zwischen schiefwinkligen (obliquen) und rechtwinkligen (orthogonalen) Rotationen erläutert werden.

Orthogonale und oblique Rotation

Bei einer orthogonalen Rotationstechnik bleibt die *Unabhängigkeit* der Faktoren erhalten. Dies ist bei einer obliquen Rotation nicht der Fall, denn das Ergebnis sind hier korrelierte Faktoren. Dadurch wird zwar im Allgemeinen eine gute Interpretierbarkeit der Faktorenstrukturen erreicht; die Faktoren beinhalten aber wegen ihrer Interkorrelationen zum Teil redundante Informationen, womit eine entscheidende Funktion der Faktorenanalyse, die Datenreduktion, wieder aufgegeben wird. Mit dieser Begründung behandeln wir vorzugsweise orthogonale Rotationstechniken.

Zur obliquen Rotation ist noch anzumerken, dass man korrelierte bzw. schiefwinklige Faktoren als *Faktoren erster Ordnung* (Primärfaktoren) bezeichnet. Wird über die Korrelationsmatrix der Faktoren eine weitere Faktorenanalyse gerechnet, resultieren *Faktoren zweiter Ordnung* (Sekundärfaktoren), die üblicherweise wechselseitig unkorreliert sind. (Zur Bestimmung von Sekundärfaktoren mit Hilfe des Programmpakets SAS vgl. W. L. Johnson & Johnson, 1995.)

Grafische Rotation

Von besonderer Bedeutung für die Rotationsmethoden ist das von Thurstone (1947) definierte *Kriterium der Einfachstruktur* („simple structure"). Ein Aspekt dieses Kriteriums besagt, dass auf jedem Faktor einige Variablen möglichst hoch und andere möglichst niedrig und auf verschiedenen Faktoren verschiedene Variablen möglichst hoch laden sollen. Dadurch korrelieren die einzelnen Faktoren nur mit einer begrenzten Anzahl von Variablen, was im Allgemeinen eine bessere Interpretierbarkeit der Faktoren gewährleistet.

Ist die Anzahl der bedeutsamen Faktoren nicht sehr groß ($q \leq 3$), kann man versuchen, eine Einfachstruktur „per Hand" durch grafische Rotation

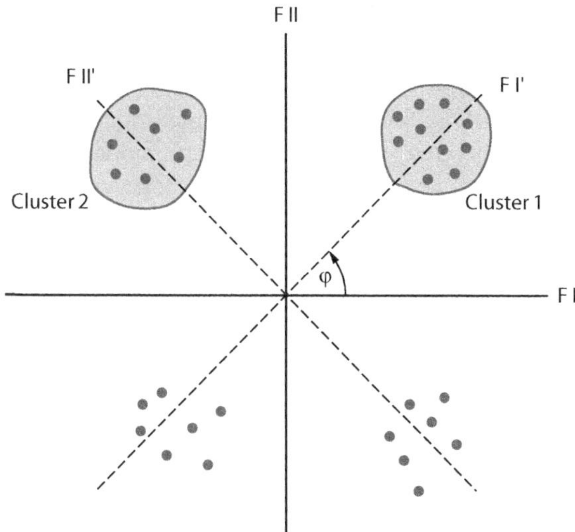

Abbildung 23.8. Einfachstruktur durch grafische Rotation

zu erreichen. Die grafische Rotation beginnt – wie in Abb. 23.2 demonstriert – mit der Darstellung der PCA-Struktur in einem Koordinatensystem, wobei jeweils eine durch zwei Faktoren aufgespannte Ebene herausgegriffen wird. In das Koordinatensystem zweier Faktoren werden die Variablen als Punkte eingetragen, deren Koordinaten den Ladungen der Variablen auf den jeweiligen Faktoren entsprechen.

Ausgehend von dieser grafischen Darstellung einer PCA-Struktur versucht man, das Achsenkreuz so zu drehen, dass möglichst viele Punkte (d. h. Variablen) durch die Achsen repräsentiert werden. Dies wird in Abb. 23.8 an einem fiktiven, idealisierten Beispiel verdeutlicht.

Die Abbildung zeigt, dass die beiden eingekreisten Merkmalscluster vor der Rotation auf beiden PCA-Faktoren mittelmäßige Ladungen aufweisen. Nach der Rotation wird das eine Cluster vorwiegend durch Faktor I′ und das andere durch Faktor II′ repräsentiert.

Durch die Rotation soll also erreicht werden, dass Variablen, die auf zwei (oder mehreren) PCA-Faktoren mittelmäßig laden, eindeutig einem der Faktoren zugeordnet werden können. Nach abgeschlossener Rotation in einer Ebene wird in der nächsten Ebene rotiert. Hierbei muss man berücksichtigen, dass durch diese Rotation die Ladungen auf dem Faktor, der bereits einmal rotiert wurde, wieder verändert werden. (Wurde als erstes in der Ebene I–II rotiert, so werden durch eine Rotation in der Ebene I–III die Ladungen auf dem ersten Faktor erneut verändert.) Die neuen Faktorladungen können entweder durch einfaches Ablesen oder auf rechnerischem Weg bestimmt werden (Gl. 23.11a,b).

Analytische Rotation (Varimax)

Die grafische Rotation ist bei größeren Faktoren- und Variablenzahlen sehr mühsam und sollte durch ein analytisches Rotationsverfahren ersetzt werden. Eine vollständige Behandlung aller bisher entwickelten Rotationstechniken ist in diesem Rahmen nicht möglich. Einige dieser Verfahren lauten:

- Binormamin (Dickman, 1960)
- Biquartimin (Carroll, 1957)
- Covarimin (Carroll, 1960)
- Equimax (Landahl, 1938)
- Maxplane (Cattell & Muerle, 1960; Eber, 1966)
- Oblimax (Pinzka & Saunders, 1954)
- Oblimin (Jennrich & Sampson, 1966)
- Parsimax (Crawford & Ferguson, 1970)
- Promax (Hendrickson & White, 1964)
- Quartimax (Neuhaus & Wrigley, 1954)
- Quartimin (Carroll, 1953)
- Tandem (Comrey, 1973)
- Varimax (Kaiser, 1958, 1959)
- Varisim (Schönemann, 1966b)

Die meisten dieser Kriterien bewirken schiefwinklige (oblique) Faktorenstrukturen, in denen die Faktoren korreliert sind.

Wir wollen uns auf eine *orthogonale Rotationstechnik* (*Varimax-Technik*), durch die die Rechtwinkligkeit der Achsen erhalten bleibt, beschränken, zumal Gorsuch (1970) in einer Vergleichsstudie berichtet, dass diese Technik zu ähnlich interpretierbaren Faktoren führt wie die am häufigsten eingesetzten, obliquen Rotationstechniken. (Zum Vergleich verschiedener Rotationstechniken s. auch Schiller, 1988.)

Varimax-Kriterium. Eine Rotation nach dem Varimax-Kriterium (Kaiser, 1958, 1959) hat zum Ziel, auf analytischem Weg eine möglichst gute Einfachstruktur für die q bedeutsamen Faktoren herzustellen. Das Einfachstrukturkriterium verlangt, dass pro Faktor einige Variablen möglichst hoch und andere möglichst niedrig laden, was mit der Forderung gleichzusetzen ist, dass die Varianz der Faktorladungen pro Faktor möglichst groß sein soll. Zuvor werden die Faktorladungen quadriert, sodass sowohl hohe positive als auch hohe negative Ladungen zusammen mit Null-Ladungen zu einer Varianzerhöhung beitragen. Die Achsen werden nach diesem Kriterium so rotiert, dass Ladungen mittlerer Größe entweder unbedeutender oder extremer werden.

> Nach dem Varimax-Kriterium werden die Faktoren so rotiert, dass die Varianz der quadrierten Ladungen pro Faktor maximiert wird.

Rechnerische Durchführung. Die Varianz der quadrierten Ladungen eines Faktors j ermitteln wir nach der Beziehung:

$$s_j^2 = \frac{1}{p}\sum_{i=1}^{p}(a_{ij}^2)^2 - \frac{1}{p^2}\cdot\left(\sum_{i=1}^{p}a_{ij}^2\right)^2. \tag{23.58}$$

Die Varianz der quadrierten Ladungen soll auf allen Faktoren möglichst groß werden. Wir suchen deshalb eine orthogonale Rotationslösung, durch die der folgende Ausdruck maximiert wird:

$$Q = \sum_{j=1}^{q} s_j^2 = \max. \tag{23.59}$$

Um Q zu finden, rotieren wir nacheinander alle Paare von Faktoren j und j' so, dass jeweils die Summe $s_j^2 + s_{j'}^2$ maximal wird. Für jede Rotation berechnen wir eine Transformationsmatrix $\boldsymbol{V}_j$, durch die s_j^2 und $s_{j'}^2$ maximiert werden. Wir erhalten somit insgesamt $q\cdot(q-1)/2$ Transformationsmatrizen. Um zu einer einzigen Transformationsmatrix zu gelangen, die gleichzeitig die Ladungsvarianzen aller Faktoren maximiert, berechnen wir das folgende Produkt (vgl. Harman, 1968, S. 300):

$$\boldsymbol{V}^* = \boldsymbol{V}_1\cdot\boldsymbol{V}_2\cdot\ldots\cdot\boldsymbol{V}_j\cdot\ldots\cdot\boldsymbol{V}_r, \tag{23.60}$$

wobei $r = q\cdot(q-1)/2$. In Gl. (23.60) behandeln wir die $\boldsymbol{V}_j$-Matrizen als $q\times q$-Matrizen, in denen jeweils nur diejenigen Elemente besetzt sind, die den mit einer $\boldsymbol{V}_j$-Matrix rotierten Faktoren entsprechen. Die übrigen Elemente in der Hauptdiagonale werden 1 und die nicht-diagonalen Elemente 0 gesetzt. (Wenn mit $\boldsymbol{V}_j$ z. B. die Faktoren 2 und 4 rotiert werden und $q = 4$ ist, sind die Elemente v_{22}, v_{24}, v_{42} und v_{44} zu berechnen. Für v_{11} und v_{33} setzen wir 1 und für die übrigen Werte 0.) Wurden alle Faktoren paarweise rotiert, berechnen wir $\boldsymbol{V}^*$ nach Gl. (23.60). Die neue Ladungsmatrix $\boldsymbol{B}$, in der für alle Faktoren die Varianz der quadrierten Ladungen maximal ist, bestimmen wir nach der Gleichung

$$\boldsymbol{B} = \boldsymbol{A}\cdot\boldsymbol{V}^*, \tag{23.61}$$

wobei $\boldsymbol{A}$ die ursprüngliche und $\boldsymbol{B}$ die neue Ladungsmatrix darstellt.

Für $\boldsymbol{B}$ errechnen wir Q nach Gl. (23.59) und beginnen mit $\boldsymbol{B}$ als Ausgangsmatrix einen neuen Rotationszyklus. Die Rotationszyklen werden so lange wiederholt, bis sich Q einem maximalen Wert angenähert hat, der durch weitere Zyklen nicht mehr vergrößert werden kann.

Das zentrale Problem der Varimax-Rotation besteht darin, für jedes Faktorenpaar eine Transformationsmatrix $\boldsymbol{V}_j$ zu finden, die die Varianzen s_j und $s_{j'}$ maximiert. Ist $\boldsymbol{V}_j$ bekannt, ermitteln wir die neuen Ladungen für zwei Faktoren nach der Beziehung:

$$\boldsymbol{A}_{jj'}\cdot\boldsymbol{V}_j\cdot = \begin{pmatrix} a_{1j} & a_{1j'} \\ a_{2j} & a_{2j'} \\ \vdots & \vdots \\ a_{pj} & a_{pj'} \end{pmatrix}\cdot\begin{pmatrix} \cos\varphi & -\sin\varphi \\ \sin\varphi & \cos\varphi \end{pmatrix} = \begin{pmatrix} b_{1j} & b_{1j'} \\ b_{2j} & b_{2j'} \\ \vdots & \vdots \\ b_{pj} & b_{pj'} \end{pmatrix} = \boldsymbol{B}_{jj'} \tag{23.62}$$

Die Matrix $\boldsymbol{B}_{jj'}$ ist hierbei die neue Teilladungsmatrix für die Faktoren j und j' mit den Elementen b_{ij} und $b_{ij'}$, in der die Varianzen der quadrierten Ladungen auf beiden rotierten Faktoren maximal sind. Ausgehend vom Rotationswinkel φ erhalten wir die Ladungen b_{ij} und $b_{ij'}$ nach den Gleichungen

$$b_{ij} = a_{ij}\cdot\cos\varphi + a_{ij'}\cdot\sin\varphi, \tag{23.63a}$$

$$b_{ij'} = -a_{ij}\cdot\sin\varphi + a_{ij'}\cdot\cos\varphi. \tag{23.63b}$$

Die Summe der Varianzen, die pro Faktorpaar zu maximieren ist, lautet:

$$s_j^2 + s_{j'}^2 = \left[\frac{1}{p}\sum_i(b_{ij}^2)^2 - \frac{1}{p^2}\cdot\left(\sum_i b_{ij}^2\right)^2\right] + \left[\frac{1}{p}\sum_i(b_{ij'}^2)^2 - \frac{1}{p^2}\cdot\left(\sum_i b_{ij'}^2\right)^2\right]. \tag{23.64}$$

Der folgende Gedankengang führt zur Ermittlung des varianzmaximierenden Rotationswinkels φ. (Hierbei ersetzen wir – um möglichen Verwechslungen vorzubeugen – $a_{ij'}$ als Ladungen auf dem zweiten Faktor durch A_{ij}.) Wir substituieren zunächst die unbekannten neuen Ladungen in Gl. (23.64) durch Gl. (23.63) und erhalten so eine Gleichung, in der sich nur der unbekannte Winkel φ befindet. Wir leiten diese Gleichung nach φ ab, setzen die erste Ableitung 0 und erhalten folgende Bestimmungsgleichung für den gesuchten

Winkel (vgl. Comrey, 1973, Kap. 7.4):

$$C = 2\cdot\left(p\cdot\sum_i(a_{ij}^2 - A_{ij}^2)\cdot(2\cdot a_{ij}\cdot A_{ij}) - \sum_i(a_{ij}^2 - A_{ij}^2)\cdot\sum_i(2\cdot a_{ij}\cdot A_{ij})\right) \times\left[p\cdot\left(\sum_i((a_{ij}^2 - A_{ij}^2)^2 - (2\cdot a_{ij}\cdot A_{ij})^2)\right) - \left(\left(\sum_i(a_{ij}^2 - A_{ij}^2)\right)^2 - \left(\sum_i(2\cdot a_{ij}\cdot A_{ij})\right)^2\right)\right]^{-1}. \tag{23.65}$$

Aus C ermitteln wir: $\tan(4\cdot\varphi) = |C|$.

Der Absolutwert von C entspricht dem tan des 4-fachen Rotationswinkels φ. Wir erhalten φ somit, indem wir denjenigen Winkel ermitteln, dessen tan vom Betrag $|C|$ ist; dieser Winkel wird durch 4 dividiert.

Als Nächstes legen wir fest, wie der Winkel φ abgetragen werden muss. Wir unterscheiden die folgenden vier Fälle:

a) Sind Zähler und Nenner von Gl. (23.65) positiv (der Nenner ist hier durch den Exponenten −1 gekennzeichnet), rotieren wir das Achsenkreuz um den Winkel φ *entgegen dem Uhrzeigersinn.* Die Transformationsmatrix lautet in diesem Fall:

$$V = \begin{pmatrix}\cos\varphi & -\sin\varphi\\ \sin\varphi & \cos\varphi\end{pmatrix}.$$

b) Ist der Zähler von Gl. (23.65) positiv und der Nenner negativ, rotieren wir das Achsenkreuz um den Winkel (45° − φ) *entgegen dem Uhrzeigersinn.* Die Transformationsmatrix lautet:

$$V = \begin{pmatrix}\cos(45^\circ-\varphi) & -\sin(45^\circ-\varphi)\\ \sin(45^\circ-\varphi) & \cos(45^\circ-\varphi)\end{pmatrix}.$$

c) Bei negativem Zähler und positivem Nenner in Gl. (23.65) rotieren wir das Achsenkreuz um den Winkel φ *im Uhrzeigersinn.* Die Transformationsmatrix lautet:

$$V = \begin{pmatrix}\cos\varphi & \sin\varphi\\ -\sin\varphi & \cos\varphi\end{pmatrix}.$$

d) Sind Zähler und Nenner in Gl. (23.65) negativ, lautet der Rotationswinkel (45° − φ). Er wird *im Uhrzeigersinn* abgetragen. Für $\boldsymbol{V}$ erhalten wir:

$$V = \begin{pmatrix}\cos(45^\circ-\varphi) & \sin(45^\circ-\varphi)\\ -\sin(45^\circ-\varphi) & \cos(45^\circ-\varphi)\end{pmatrix}.$$

BEISPIEL 23.4

Tabelle 23.2 zeigt in den ersten beiden Spalten die Ladungen von vier Variablen auf zwei PCA-Faktoren. Mit diesen beiden Faktoren werden 52% der Gesamtvarianz aufgeklärt, wobei 33,25% auf Faktor 1 und 18,75% auf Faktor 2 entfallen. Die Varianz der quadrierten Ladungen lautet für Faktor 1: $s_1^2 = 0{,}059$ und für Faktor 2: $s_2^2 = 0{,}005$.

Tabelle 23.2 enthält die für die Gl. (23.65) benötigten Zwischenergebnisse. Wir ermitteln $\tan(4\varphi) = |-1{,}5538|$ und $4\cdot\varphi = 57{,}2\%$ bzw. $\varphi = 14{,}3^\circ$. Ferner ist der Zähler von Gl. (23.65) po-

Tabelle 23.2. Beispiel für eine Varimax-Rotation

a_{i1}	A_{i2}	$a_{i1}^2 - A_{i2}^2$	$2\cdot a_{i1}\cdot A_{i2}$	$(a_{i1}^2 - A_{i2}^2)^2$	$(2\cdot a_{i1}\cdot A_{i2})^2$	$(a_{i1}^2 - A_{i2}^2)\cdot(2\cdot a_{i1}\cdot A_{i2})$	$(a_{i1}^2 - A_{i2}^2)^2 - (2\cdot a_{i1}\cdot A_{i2})^2$
0,80	0,30	0,55	0,48	0,3025	0,2304	0,2640	0,0721
0,70	0,50	0,24	0,70	0,0576	0,4900	0,1680	−0,4324
0,40	−0,50	−0,09	−0,40	0,0081	0,1600	0,0360	−0,1519
0,20	−0,40	−0,12	−0,16	0,0144	0,0256	0,0192	−0,0112
Summen :		0,58	0,62			0,4872	−0,5234

$$C = \frac{2\cdot(4\cdot 0{,}4872 - 0{,}58\cdot 0{,}62)}{4\cdot(-0{,}5234) - (0{,}58^2 - 0{,}62^2)} \qquad 4\cdot\varphi = 57{,}2^\circ$$

$$\tan(4\cdot\varphi) = \left|\frac{3{,}1784}{-2{,}0456}\right| = |-1{,}5538| \qquad \varphi = 57{,}2^\circ/4 = 14{,}3^\circ$$

$$\cos(45^\circ - 14{,}3^\circ) = 0{,}8599$$
$$\sin(45^\circ - 14{,}3^\circ) = 0{,}5105$$

$$A\cdot V = \begin{pmatrix}0{,}80 & 0{,}30\\ 0{,}70 & 0{,}50\\ 0{,}40 & -0{,}50\\ 0{,}20 & -0{,}40\end{pmatrix}\times\begin{pmatrix}0{,}8599 & -0{,}5105\\ 0{,}5105 & 0{,}8599\end{pmatrix} = \begin{pmatrix}0{,}84 & -0{,}15\\ 0{,}86 & 0{,}07\\ 0{,}09 & -0{,}63\\ -0{,}03 & -0{,}45\end{pmatrix} = B$$

Tabelle 23.3. Varimax-Lösung des Zylinderbeispiels

	F1	F2
Durchmesser	0,992	0,005
Länge	−0,005	0,999
Grundfläche	0,992	0,005
Mantelfläche	0,797	0,583
Volumen	0,903	0,395
Diagonale	0,505	0,849

sitiv und der Nenner negativ, sodass wir das Achsenkreuz um $(45° - \varphi)$ entgegen dem Uhrzeigersinn rotieren. Die Elemente der Rotationsmatrix V ergeben sich zu $\cos(45° - 14{,}3°) = \cos 30{,}7° = 0{,}8599$ und $\sin(45° - 14{,}3°) = \sin 30{,}7° = 0{,}5105$. Die Bedingungen $V' \cdot V = I$ und $|V| = 1$ sind erfüllt, d. h., V bewirkt eine orthogonale Rotationstransformation. Die neuen Ladungen der vier Variablen sind in der Matrix $\boldsymbol{B}$ wiedergegeben.

Die Varianzen der quadrierten Ladungen wurden erheblich vergrößert: $s_1^2 = 0{,}129$ und $s_2^2 = 0{,}025$. Die Varimax-Rotation hat zu einer angenäherten Einfachstruktur in dem Sinn geführt, dass nach der Rotation Faktor 1 deutlicher durch die Merkmale 1 und 2 und Faktor 2 durch die Merkmale 3 und 4 beschreibbar sind. Faktor I klärt nach der Rotation 36,4% und Faktor II 15,7% auf, d. h., die Summe ergibt – bis auf Rundungsungenauigkeiten – wieder 52% (zur Bestimmung des Varianzanteils eines Faktors vgl. Gl. 23.5).

> Die gesamte aufgeklärte Varianz wird durch die Rotation nicht verändert, sondern lediglich ihre Verteilung auf die Faktoren.

Nach diesen Ausführungen wollen wir das Zylinderbeispiel (Bsp. 23.2) erneut aufgreifen. Wir hatten herausgefunden, dass die beiden ersten PCA-Faktoren nicht den erwarteten Faktoren (mit Durchmesser und Länge als Markiervariablen) entsprechen, dass sich diese jedoch durch eine einfache grafische Rotation auffinden lassen. Wie wollen nun überprüfen, zu welchem Ergebnis eine Varimax-Rotation der Ladungsmatrix aus Beispiel 23.2 führt. Tabelle 23.3 zeigt das Ergebnis.

Man erkennt, dass die varimax-rotierten Faktoren unsere „Zylindertheorie" perfekt bestätigen. Die beiden unabhängigen Merkmale „Durchmesser" und „Länge" markieren jeweils einen Faktor.

Bedeutsame Faktorladungen. Da die Faktorenanalyse hier als ein exploratives Verfahren verstanden wird, sollten mögliche Kriterien, nach denen eine Faktorladung als bedeutsam und damit als interpretationswürdig anzusehen ist, nicht allzu rigide gehandhabt werden. Dennoch empfehlen wir, sich auch bei der Interpretation einer varimax-rotierten Faktorenstruktur an die auf S. 396 f. bereits genannten Empfehlungen von Guadagnoli und Velicer (1988) zu halten, die hier (verkürzt) erneut wiedergegeben werden:

- Ein Faktor kann interpretiert werden, wenn mindestens vier Variablen eine Ladung über 0,60 aufweisen. Die am höchsten ladenden Variablen sind die „Markiervariablen" für die Interpretation.
- Ein Faktor kann interpretiert werden, wenn mindestens zehn Variablen Ladungen über 0,40 haben. Dies ist nach J. Stevens (2002, S. 394) generell der untere Grenzwert für Faktorladungen, die bei der Interpretation eines Faktors berücksichtigt werden können.
- Haben weniger als zehn Variablen eine Ladung über 0,40, sollte nur interpretiert werden, wenn die Stichprobe mindestens aus 300 Versuchspersonen besteht ($n \geq 300$).
- Haben weniger als zehn Variablen eine Ladung über 0,40, und ist der Stichprobenumfang kleiner als 300, muss mit zufälligen Ladungsstrukturen gerechnet werden. Eine Ergebnisinterpretation wäre hier nur aussagekräftig, wenn sie sich in einer weiteren Untersuchung replizieren ließe.

Im Übrigen wird auf Gl. (23.6) verwiesen, mit der sich auch bei Varimax-Lösungen die Stabilität der Faktorenstruktur abschätzen lässt.

Unter inferenzstatistischem Blickwinkel ist es sinnvoll, die Standardfehler der Ladungen zu berücksichtigen, indem Signifikanztests für Ladungen durchgeführt bzw. Konfidenzintervalle festgelegt werden. Über die mathematisch schwierige, inferenzstatistische Absicherung von Ladungen der PCA-Faktoren berichten Girshick (1939), Rippe (1953) und Pennell (1972). Die Bestimmung der Standardfehler rotierter Ladungen wird bei Archer und Jennrich (1973) sowie Cudeck und O'Dell (1994) behandelt. Cliff und Hamburger (1967) untersuchen die Verteilung von Faktorladungen in Monte-Carlo-Studien. Sie kommen zu dem Schluss, dass der Standardfehler einer Faktorladung in etwa dem einer Produkt-Moment-Korrelation (mit gleichem n) entspricht. Für unrotierte Faktorladungen kann als grobe Schätzung für den Standardfehler $1/\sqrt{n}$ angenommen werden. Der Standardfehler nimmt bei größer werdender Ladung ab und ist bei rotierten Ladungen geringfügig größer als bei unrotierten Ladungen.

Hat eine Variable auch nach einer Varimax-Rotation mittlere Ladungen auf mehreren Faktoren, stellt sich die Frage, welchem Faktor diese Variable zugeordnet werden soll. Fürntratt (1969) hat hierfür eine einfache Regel vorgeschlagen. Er fordert, dass eine Variable i nur dann einem Faktor j zugeordnet werden sollte, wenn der Quotient aus quadrierter Ladung und Kommunalität den Wert 0,5 nicht unterschreitet ($a_{ij}^2/h_i^2 \geq 0{,}5$), d. h. wenn mindestens 50% der aufgeklärten Varianz einer Variablen i auf den Faktor j entfallen.

BEISPIEL 23.5

Ein abschließendes Beispiel verdeutlicht den Einsatz der Varimax-Rotation im Anschluss an eine PCA. Es geht um die Frage, welche Faktoren beim Beurteilen des Klangs von Sprechstimmen relevant sind (Bortz, 1971). Eine Stichprobe von Urteilern wurde aufgefordert, 39 Sprechproben von verschiedenen männlichen Sprechern (jeder Sprecher sprach die gleichen Texte) auf 18 bipolaren Adjektivskalen (Polaritäten) einzustufen. Ausgehend von den Durchschnittsurteilen pro Sprechstimme und Polarität wurden die Polaritäten über die 39 Sprechproben interkorreliert und die Korrelationen (18 × 18-Matrix) mit einer PCA faktorisiert. Abbildung 23.9 zeigt das Eigenwertediagramm der Korrelationsmatrix.

Drei Eigenwerte weisen einen Betrag größer als 1,0 auf. Da sich die Eigenwerte nach dem dritten Eigenwert asymptotisch der X-Achse nähern, entscheiden wir uns auch nach dem Scree-Test (vgl. 23.4) für $q = 3$. Die ersten vier Zufallseigenwerte lauten nach Gl. (23.56): $\lambda_1 = 2{,}5$; $\lambda_2 = 2{,}2$; $\lambda_3 = 2{,}0$ und $\lambda_4 = 1{,}8$. Die empirischen Eigenwerte sind ab dem vierten Eigenwert deutlich kleiner als die Zufallseigenwerte, was ebenfalls für $q = 3$ bedeutsame Faktoren spricht. Mit drei Faktoren werden 83,3% der gesamten durchschnittlichen Urteilsvarianz aufgeklärt. Tabelle 23.4 zeigt die Ladungen der 18 Polaritäten auf den ersten drei PCA-Faktoren sowie die Varimaxlösung für diese drei Faktoren.

Der erste Faktor klärt in der PCA-Lösung 41,6% und in der Varimax-Lösung 37,0% der Varianz auf. Man ermittelt den Varianzanteil eines Faktors, indem man die Summe seiner quadrierten Ladungen durch p dividiert; vgl. Gl. 23.5. Gehen wir davon aus, dass nur Polaritäten mit Ladungen über 0,60 für einen Faktor bedeutsam sind, wird der erste PCA-Faktor durch zwölf und der erste Varimax-Faktor durch acht Polaritäten gekennzeichnet. Zudem ist die Anzahl der Ladungen, die nahezu null sind, in der Varimax-Rotation größer als in der PCA-Lösung, d. h., die Varimax-Lösung ähnelt mehr einer Einfachstruktur als die PCA-Lösung.

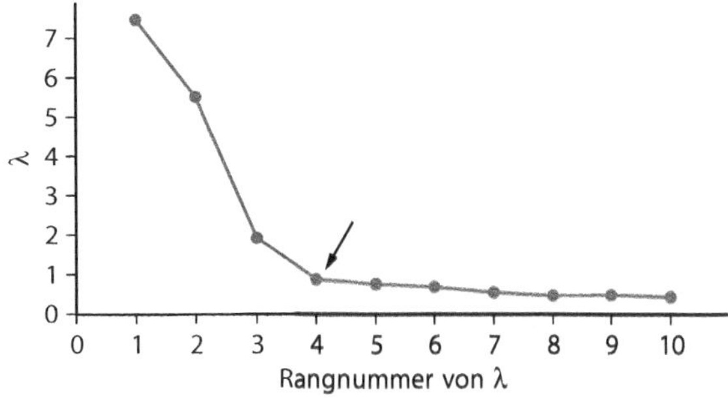

Abbildung 23.9. Eigenwertediagramm des PCA-Beispiels

Der zweite Varimax-Faktor erklärt einen Varianzanteil von 30,4%, was ungefähr dem Varianzanteil des zweiten PCA-Faktors entspricht (31,1%). Auf ihm laden – wie auch auf dem zweiten PCA-Faktor – sieben Variablen bedeutsam, sodass auch der zweite Faktor interpretiert werden kann. Der dritte Faktor erklärt mit 15,9% zwar mehr Varianz als in der PCA-Lösung (10,6%); er hat jedoch nur drei bedeutsame Ladungen und sollte deshalb mit Vorsicht interpretiert werden.

Die Varimax-Faktoren können wir folgendermaßen interpretieren: Der erste Faktor wird auf der positiven Seite (man beachte die Vorzeichen der Ladungen!) durch die Merkmale laut (1), schnell (5), aktiv (8), kräftig (9), selbstsicher (11), lebendig (13), drängend (14) und temperamentvoll (16) und auf der negativen Seite entsprechend durch leise (1), lang-

Tabelle 23.4. Beispiel für eine PCA mit anschließender Varimax-Rotation

	PCA-Faktoren			Varimax-Faktoren			
	F I	F II	F III	F I	F II	F III	h^2
1. laut–leise	**0,73**	−0,44	0,04	**0,84**	−0,08	−0,17	0,73
2. wohlklingend–misstönend	0,19	**0,85**	0,01	−0,26	**0,80**	−0,22	0,75
3. klar–verschwommen	**0,69**	−0,02	**−0,65**	0,42	0,03	**−0,86**	0,91
4. fließend–stockend	**0,70**	0,20	0,00	0,48	0,45	−0,30	0,52
5. langsam–schnell	**−0,63**	**0,65**	−0,06	**−0,86**	0,29	0,07	0,82
6. artikuliert–verwaschen	**0,67**	0,23	**−0,64**	0,28	0,24	**−0,88**	0,91
7. angenehm–unangenehm	0,16	**0,93**	0,02	−0,31	**0,86**	−0,21	0,88
8. aktiv–passiv	**0,90**	−0,37	0,06	**0,95**	0,06	−0,23	0,95
9. kräftig–schwach	**0,88**	0,27	0,24	**0,67**	**0,66**	−0,17	0,91
10. tief–hoch	**0,61**	0,46	0,48	0,41	**0,80**	0,12	0,81
11. selbstsicher–schüchtern	**0,89**	0,14	0,08	**0,69**	0,50	−0,30	0,81
12. verkrampft–gelöst	−0,39	**−0,81**	−0,03	0,06	**−0,85**	0,27	0,80
13. ruhig–lebendig	**−0,67**	**0,64**	−0,12	**−0,90**	−0,25	0,03	0,87
14. zögernd–drängend	**−0,79**	0,50	−0,15	**−0,94**	0,06	0,08	0,90
15. korrekt–nachlässig	0,43	0,35	**−0,72**	0,01	0,22	**−0,88**	0,82
16. temperamentvoll–müde	**0,84**	−0,38	0,16	**0,93**	0,07	−0,11	0,88
17. groß–klein	0,36	**0,76**	0,43	0,04	**0,94**	0,11	0,89
18. hässlich–schön	−0,29	**−0,85**	0,01	0,17	**−0,84**	0,28	0,80
	41,6%	31,1%	10,6%	37,0%	30,4%	15,9%	83,3%

sam (5), passiv (8), schwach (9), schüchtern (11), ruhig (13), zögernd (14) und müde (16) beschrieben. Mit diesem Faktor wird offensichtlich der Aspekt der Dynamik von Sprechstimmen erfasst. Den zweiten Faktor kennzeichnen auf der positiven Seite die Adjektive wohlklingend (2), angenehm (7), kräftig (9), tief (10), gelöst (12), groß (17) und schön (18) und auf der negativen Seite misstönend (2), unangenehm (7), schwach (9), hoch (10), verkrampft (12), klein (17) und hässlich (18). Mit diesem Faktor wird also die gefühlsmäßige Bewertung von Sprechstimmen erfasst. Wir wollen ihn als „Valenzfaktor" bezeichnen. Dem dritten Faktor sind die folgenden Polaritäten zugeordnet: Auf der positiven Seite verschwommen (3), verwaschen (6) und nachlässig (15) und auf der negativen Seite klar (3), artikuliert (6) und korrekt (15). Wenngleich dieser Faktor nur durch wenige Urteilsskalen gekennzeichnet ist, wird ein weiterer Teilaspekt der Wirkungsweise von Sprechstimmen deutlich, den wir als „Prägnanzfaktor" bezeichnen wollen.

Zusammenfassend lässt sich somit aufgrund dieser Untersuchung vermuten, dass die Faktoren Dynamik, Valenz und Prägnanz für die Charakterisierung von Sprechstimmen relevant sind. Generell ist zu beachten, dass sich die faktorielle Struktur natürlich nur auf diejenigen Eigenschaften oder Merkmale beziehen kann, die in der Untersuchung angesprochen werden.

Wie die Kommunalitäten zeigen, werden die Polaritäten mit den drei Faktoren bis auf eine Ausnahme recht gut erfasst. Die Ausnahme ist die Polarität „fließend–stockend" (4), deren Varianz nur zu 52% ($h^2 = 0{,}52$) durch die drei Faktoren aufgeklärt wird. Sie lässt sich nach dem Fürntratt-Kriterium ($a_{ij}^2/h_i^2 \geq 0{,}5$) keinem der drei Faktoren eindeutig zuordnen und erfasst vermutlich einen spezifischen Aspekt der Wirkungsweise von Sprechstimmen. Knapp verfehlt wird das Fürntratt-Kriterium auch für die Polarität 9 „kräftig-schwach". Es lautet für Faktor I $0{,}67^2/0{,}91 = 0{,}49 < 0{,}5$ und für Faktor II $0{,}66^2/0{,}91 = 0{,}48 < 0{,}5$. Da diese Polarität jedoch sowohl für die Dynamik als auch die Valenz von (Männer-) Stimmen charakteristisch ist, kann sie – wie geschehen – ohne Weiteres beiden Faktoren zugeordnet werden.

Hinweis: Einen allgemeinen Ansatz für orthogonale Rotationskriterien (Varimax, Quartimax, Equimax) findet der interessierte Leser bei Jennrich (1970) sowie Crawford und Ferguson (1970). Hakstian und Boyd (1972) unterziehen dieses sog. „Orthomax"-Kriterium einer empirischen Überprüfung. Das Problem der Eindeutigkeit analytischer Rotationslösungen wird z. B. von Rozeboom (1992) untersucht.

Kriteriumsrotation

In der Forschungspraxis ist man gelegentlich daran interessiert, zwei (oder mehrere) Faktorstrukturen miteinander zu vergleichen (z. B. Vergleich der Intelligenzstruktur weiblicher und männlicher Versuchspersonen oder Vergleich der Einstellungsstruktur von Soldaten zum Militär vor und nach einem Einsatz).

Für Vergleiche dieser Art wäre es falsch, hierfür die jeweiligen Varimax-Lösungen heranzuziehen, denn diese erfüllen – jeweils für sich – das mathematische Varimax-Kriterium und können deshalb größere Strukturunterschiede vortäuschen als tatsächlich vorhanden sind (vgl. hierzu z. B. Kiers, 1997). Aufgabe der Kriteriumsrotation ist es, unter den unendlich vielen äquivalenten Lösungen für jeden der zu vergleichenden Datensätze diejenigen Faktorlösungen ausfindig zu machen, die einander maximal ähneln.

Hierbei geht man üblicherweise so vor, dass eine möglichst gut interpretierbare (in der Regel varimax-rotierte) Lösung als *Zielstruktur* vorgegeben und die zu vergleichende Lösung (*Vergleichsstruktur*) so rotiert wird, dass sie zur Zielstruktur eine maximale Ähnlichkeit aufweist. Die Zielstruktur kann empirisch ermittelt sein (z. B. die varimax-rotierte Intelligenzstruktur weiblicher Versuchspersonen) oder aufgrund theoretischer Überlegungen vorgegeben werden. Bei Vergleichen dieser Art wird vorausgesetzt, dass die zueinander in Beziehung gesetzten Strukturen auf den gleichen Variablen basieren. Zusätzlich sollte die Anzahl der Faktoren in der Vergleichsstruktur mit der Anzahl der Faktoren in der Zielstruktur übereinstimmen.

Das Problem des Vergleichs zweier Faktorstrukturen wurde erstmals von Mosier (1939) aufgegriffen, der allerdings nur eine approximative Lösung vorschlug. Bessere Lösungen entwickelten Eyferth und Sixtl (1965), B. F. Green (1952), Fischer und Roppert (1964), Cliff (1966), Schönemann (1966a) und Gebhardt (1967). Das Grundprinzip der auf Faktorstrukturvergleiche zugeschnittenen Kriteriumsrotation lässt sich nach Cliff (1966) folgendermaßen darstellen:

Faktorstrukturvergleich. Gegeben sind die Faktorladungsmatrizen $\boldsymbol{A}$ und $\boldsymbol{B}$ (z. B. Intelligenzstrukturen männlicher und weiblicher Versuchspersonen); gesucht wird eine Transformationsmatrix $\boldsymbol{T}$, durch die eine Vergleichsstruktur $\boldsymbol{B}$ so rotiert wird, dass ihre Ähnlichkeit mit der vorgegebenen Zielstruktur $\boldsymbol{A}$ maximal wird. Zur Kennzeichnung der Ähnlichkeit zweier Faktoren j und k wird üblicherweise der folgende Kongruenzkoeffizient nach Tucker (1951) eingesetzt (vgl. hierzu auch Broadbocks & Elmore, 1987):

$$C_{jk} = \frac{\sum_{i=1}^{p} a_{ij} \cdot b_{ik}}{\sqrt{\left(\sum_{i=1}^{p} a_{ij}^2\right) \cdot \left(\sum_{i=1}^{p} b_{ik}^2\right)}} \qquad (23.66a)$$

mit a_{ij} = Ladung der i-ten Variablen auf dem j-ten Faktor in der Struktur $\boldsymbol{A}$ und b_{ik} = Ladung der i-ten Variablen auf dem k-ten Faktor in der Struktur $\boldsymbol{B}$.

Dieses Maß hat – wie eine Korrelation – einen Wertebereich von −1 bis +1 (auf die besonderen Probleme dieses Koeffizienten bei Faktorstrukturen mit nur positiven Ladungen („positive manifold") geht Davenport (1990) ein).

Will man die Faktorstrukturen nicht faktorweise, sondern als Ganze vergleichen, errechnet man

$$FC = \frac{\mathrm{tr}(\boldsymbol{A}' \cdot \boldsymbol{B})}{\sqrt{\mathrm{tr}(\boldsymbol{A}' \cdot \boldsymbol{A}) \cdot \mathrm{tr}(\boldsymbol{B}' \cdot \boldsymbol{B})}}, \quad (23.66\text{b})$$

wobei tr für die Spur der jeweiligen Matrix steht (vgl. z. B. Gebhardt, 1967a).

Gesucht wird eine Transformationsmatrix $\boldsymbol{T}$, die den Zähler von Gl. (23.66b) maximiert. Diese Transformationsmatrix erhält man nach folgenden Rechenschritten:

Man berechnet zunächst eine Matrix $\boldsymbol{M}$:

$$\boldsymbol{M} = \boldsymbol{B}' \cdot \boldsymbol{A} \cdot \boldsymbol{A}' \cdot \boldsymbol{B}. \quad (23.67\text{a})$$

Für diese Matrix sind die Eigenwerte ($\boldsymbol{\Lambda}$) und die Eigenvektoren ($\boldsymbol{V}$) zu bestimmen. Mit

$$\boldsymbol{U} = \boldsymbol{A}' \cdot \boldsymbol{B} \cdot \boldsymbol{V} \cdot \boldsymbol{\Lambda}^{-1/2} \quad (23.67\text{b})$$

resultiert die Transformationsmatrix $\boldsymbol{T}$ nach folgender Gleichung:

$$\boldsymbol{T} = \boldsymbol{V} \cdot \boldsymbol{U}'. \quad (23.68)$$

($\boldsymbol{\Lambda}^{-1/2}$ ist eine Diagonalmatrix mit den Reziprokwerten der Wurzeln aus den Eigenwerten; zur Theorie vgl. P. E. Green & Carroll, 1976, Kap. 5.7, in Ergänzung zu Revenstorf, 1976, S. 248 ff.).

Man berechnet ferner

$$\boldsymbol{B}^* = \boldsymbol{B} \cdot \boldsymbol{T} \quad (23.69)$$

und erhält mit $\boldsymbol{B}^*$ die rotierte Matrix $\boldsymbol{B}$, die zur Matrix $\boldsymbol{A}$ eine maximale Ähnlichkeit aufweist.

BEISPIEL 23.6

Zu vergleichen seien die folgenden Faktorstrukturen $\boldsymbol{A}$ (Zielstruktur) und $\boldsymbol{B}$ (Vergleichsstruktur) mit jeweils vier Variablen und zwei Faktoren:

A		B	
FI	*FII*	*FI*	*FII*
0,80	0,00	0,80	0,40
0,80	0,00	0,80	0,40
0,00	0,68	0,80	−0,20
0,00	1,00	0,80	−0,60

Man errechnet

$$\boldsymbol{M} = \begin{pmatrix} 3{,}445 & -0{,}170 \\ -0{,}170 & 0{,}951 \end{pmatrix}.$$

Als Eigenvektoren erhält man

$$\boldsymbol{V} = \begin{pmatrix} 0{,}998 & 0{,}068 \\ -0{,}068 & 0{,}998 \end{pmatrix}$$

mit den Eigenwerten $\lambda_1 = 3{,}46$ und $\lambda_2 = 0{,}94$. Für $\boldsymbol{U}$ ergibt sich:

$$\boldsymbol{U} = \begin{pmatrix} 0{,}664 & 0{,}748 \\ 0{,}748 & -0{,}664 \end{pmatrix}$$

und damit

$$\boldsymbol{T} = \begin{pmatrix} 0{,}713 & 0{,}701 \\ 0{,}701 & -0{,}713 \end{pmatrix}.$$

Nach Gl. (23.69) ergibt sich die folgende rotierte Matrix $\boldsymbol{B}^*$:

F′I	F′II
0,851	0,276
0,851	0,276
0,430	0,704
0,149	0,989

Die Kongruenz der beiden ersten Faktoren aus A und B beträgt nach Gl. (23.66a) $C_{I,I} = 0{,}71$ und die der beiden zweiten Faktoren $C_{II,II} = -0{,}72$. Nach der Rotation von $\boldsymbol{B}$ zu $\boldsymbol{B}^*$ resultieren $C_{I,I^*} = 0{,}93$ und $C_{II,II^*} = 0{,}95$, d. h., die Ähnlichkeit der Faktoren wurde deutlich erhöht. Für die Ähnlichkeit der gesamten Ladungsstruktur lautet der Wert gemaß Gl. (23.66b) vor der Rotation $FC = 0{,}18$ und nach der Rotation $FC = 0{,}94$.

Bewertung der Ähnlichkeit von Faktorstrukturen. Das Kongruenzmaß für die Ähnlichkeit von Faktorstrukturen ist nur ein deskriptives Maß; die exakte Verteilung dieser Koeffizienten ist unbekannt, d. h., Signifikanztests können nicht durchgeführt werden. (Einen approximativen, empirischen Ansatz zur Konfidenzintervallbestimmung demonstrieren Schneewind & Cattell, 1970; genaueres bei Korth & Tucker, 1975, 1979.)

Die Verteilung der Faktorstrukturähnlichkeitskoeffizienten wurde allerdings mehrfach mit Monte-Carlo-Studien untersucht. Die Resultate dieser Studien lassen sich folgendermaßen zusammenfassen:

Bei Stichproben aus „verwandten" Populationen sprechen Ähnlichkeitskoeffizienten über 0,90 für eine hohe Faktorstrukturübereinstimmung (vgl. Gebhardt, 1967; Kerlinger, 1967). Nesselroade und Baltes (1970) untersuchten den Einfluss der Stichprobengröße, der Variablenzahl und der Faktorenzahl auf die Ähnlichkeitskoeffizienten. Hierbei zeigte sich, dass der Ähnlichkeitskoeffizient für Zufallsstrukturen mit zunehmender Anzahl der Faktoren größer wird und mit steigender Variablenzahl abnimmt, während sich die Stichprobengröße nur unbedeutend auf die Ähnlichkeitskoeffizienten auswirkt. Nach Korth (1978) ergeben sich für vier Faktoren die folgenden „Signifikanzgrenzen“ ($\alpha = 0{,}05$):

10 Variablen	0,93,
30 Variablen	0,46,
50 Variablen	0,34,
70 Variablen	0,32.

Hilfreich für die Bewertung der Ähnlichkeit von Faktorstrukturen sind ferner Arbeiten von Skakun et al. (1976, 1977), die zeigen, dass die Wurzel aus der durchschnittlichen Spur einer Matrix $\boldsymbol{E'E}$

$$w = [\text{tr}(\boldsymbol{E'E}/p \cdot q)]^{1/2} \tag{23.70}$$

($\boldsymbol{E} = \boldsymbol{A} - \boldsymbol{B}^*$, p = Anzahl der Variablen; q = Anzahl der Faktoren) bei Gültigkeit der H_0 approximativ normalverteilt ist. Für den Erwartungswert und die Streuung dieser Verteilung stellen die folgenden Ausdrücke brauchbare Schätzungen dar:

$$\mu_w = \frac{1}{4}\sqrt{\left(\frac{q}{n}\right)} \tag{23.71}$$

(n = Stichprobenumfang).

$$\sigma_w = \frac{1}{\sqrt{12 \cdot n \cdot q}}. \tag{23.72}$$

Unter Verwendung der z-Transformation lässt sich ein empirischer w-Wert anhand der Standardnormalverteilung zufallskritisch bewerten. Signifikante w-Werte sind größer als der folgende, kritische w-Wert:

$$w_{\text{crit}} = \mu_w + z \cdot \sigma_w \tag{23.73}$$

(mit $z = 1{,}645$ für $\alpha = 5\%$ und $z = 2{,}326$ für $\alpha = 1\%$). w_{crit} ist zu korrigieren, wenn – was in der Regel der Fall sein dürfte – mit den zu vergleichenden Faktorstrukturen nicht die gesamte Varianz aufgeklärt wird:

$$w_{\text{crit(korr)}} = w_{\text{crit}} \times \sqrt{\frac{100 - \text{aufgeklärte Varianz in \%}}{q+1}} + 1. \tag{23.74}$$

Klären die zu vergleichenden Faktorstrukturen unterschiedliche Varianzanteile auf, berechnet man für jede Faktorstruktur den Korrekturfaktor und setzt in Gl. (23.74) den Mittelwert beider Korrekturfaktoren ein.

Häufig basieren die zu vergleichenden Faktorstrukturen auf unterschiedlich großen Stichprobenumfängen. In diesem Fall empfehlen Skakun et al. (1976), in Gl. (23.71) und (23.72) für n das harmonische Mittel der Stichprobenumfänge einzusetzen.

BEISPIEL 23.7

Bezogen auf Beispiel 23.6 errechnet man

$$\boldsymbol{E} = \boldsymbol{A} - \boldsymbol{B}^* = \begin{pmatrix} -0{,}051 & -0{,}276 \\ -0{,}051 & -0{,}276 \\ -0{,}430 & -0{,}024 \\ -0{,}149 & 0{,}011 \end{pmatrix}$$

und $\text{tr}(\boldsymbol{EE'}) = 0{,}3654$.

Damit ergibt sich nach Gl. (23.70)

$$w = \sqrt{\frac{0{,}3654}{4 \cdot 2}} = 0{,}2137.$$

Setzen wir $n = 100$, resultieren ferner

$$\mu_w = \frac{1}{4} \cdot \sqrt{\frac{2}{100}} = 0{,}0345 \quad \text{und}$$

$$\sigma_w = \frac{1}{\sqrt{12 \cdot 100 \cdot 2}} = 0{,}0204.$$

Der kritische w-Wert ergibt sich damit zu

$$w_{\text{crit}} = 0{,}0354 + 1{,}645 \cdot 0{,}0204 = 0{,}069.$$

Dieser Wert ist nach Gl. (23.74) wie folgt zu korrigieren: Korrekturfaktor für $\boldsymbol{A}$:

$$\sqrt{\frac{100 - 68{,}50}{3}} + 1 = 4{,}2404,$$

Korrekturfaktor für $\boldsymbol{B}^*$:

$$\sqrt{\frac{100 - 82{,}00}{3}} + 1 = 3{,}4495.$$

Mit einem durchschnittlichen Korrekturfaktor von $(4{,}2404 + 3{,}4495)/2 = 3{,}845$ heißt der korrigierte kritische w-Wert

$$w_{\text{crit(korr)}} = 0{,}069 \cdot 3{,}845 = 0{,}2653.$$

Da $0{,}2137 < 0{,}2653$ ist, unterscheiden sich die Strukturen $\boldsymbol{A}$ und $\boldsymbol{B}^*$ nicht signifikant.

Hinweise: Weitere Informationen zur Durchführung und Interpretation von Faktorstrukturvergleichen findet man bei ten Berge (1986b, 1986a), Paunonen (1997), Kiers (1997), Kiers und Groenen (1996) bzw. Revenstorf (1976, Kap. 7). Zur inferenzstatistischen Absicherung von Faktorstrukturvergleichen hat Rietz (1996) einen Vorschlag unterbreitet (vgl. hierzu auch Chan et al., 1999). Wie man eine für mehrere Populationen gültige PCA-Lösung ermittelt, wird bei Millsap und Meredith (1988) bzw. Kiers und ten Berge (1989) beschrieben.

23.6 Weitere faktorenanalytische Ansätze

Zum Begriff „Faktorenanalyse“ zählen wir Faktorextraktionsverfahren, Faktorrotationsverfahren und faktoranalytische Modelle. Zu den *Extraktionsmethoden* gehören die Diagonalmethode oder Quadratwurzelmethode, die von Dwyer (1944) auf Korrelations- und Regressionsprobleme angewandt wurde, die Zentroidmethode, die auf Thurstone (1947) zurückgeht, und die Hauptkomponentenmethode (Hotelling, 1933). Vor allem die EDV-Entwicklung hat dazu geführt, dass heute praktisch nur noch die rechnerisch zwar aufwändige, aber dafür mathematisch exakte Hauptkomponentenmethode eingesetzt wird. Wir haben dieses Verfahren ausführlich in den Abschnitten 23.2 bzw. 23.3 beschrieben und wollen auf die Darstellung der beiden anderen Extraktionsmethoden, die heute nur noch von historischer Bedeutung sind, verzichten.

Modifikationen der Faktorenanalyse leiten sich vor allem aus *Modellannahmen* ab, die bezüglich möglicher Eigenschaften der Daten formuliert werden. So sind wir in der PCA davon ausgegangen, dass die Variablen mit sich selbst zu 1 korrelieren (die Diagonalelemente in der Korrelationsmatrix $\boldsymbol{R}$ wurden gleich 1 gesetzt), was zweifellos eine richtige Annahme ist, wenn die PCA nur im deskriptiven Sinn eingesetzt wird, um die für eine Stichprobe gefundenen Merkmalszusammenhänge übersichtlicher aufzubereiten. Will man hingegen faktorenanalytische Ergebnisse inferenzstatistisch interpretieren, ist zu beachten, dass die aufgrund einer Stichprobe ermittelten Merkmalszusammenhänge nur Schätzungen der in der Population gültigen Merkmalszusammenhänge sind und damit mehr oder weniger fehlerhaft sein können.

Wie im Teil II über varianzanalytische Methoden dargelegt wurde, setzt sich die Varianz einer Variablen aus tatsächlichen, „wahren" Unterschieden in den Merkmalsausprägungen der Versuchspersonen und aus Unterschieden, die auf Fehlereinflüsse zurückzuführen sind, zusammen. Es ist deshalb damit zu rechnen, dass wiederholte Messungen derselben Variablen an derselben Stichprobe keineswegs zu 1 korrelieren. Man geht davon aus, dass sich die wahren Merkmalsunterschiede sowohl in der ersten als auch zweiten Messung zeigen und dass die wahre Unterschiedlichkeit der Versuchspersonen von unsystematischen Fehlereffekten überlagert ist. Die Korrelation zwischen der ersten und zweiten Messung, die in der psychologischen Testtheorie als *Retest-Reliabilität* bezeichnet wird, reflektiert somit die wahren Varianzanteile und wird im Allgemeinen kleiner als 1 sein.

Die Frage, wie Faktoren ermittelt werden können, die nur wahre bzw. reliable Varianzen aufklären, ist Gegenstand einiger faktorenanalytischer Ansätze, von denen die folgenden kurz behandelt werden:

- Modell mehrerer gemeinsamer Faktoren
- Image-Analyse
- Alpha-Faktorenanalyse
- kanonische Faktorenanalyse
- konfirmative Faktorenanalyse

Wir werden uns mit einer kurzen Darstellung des jeweiligen Modellansatzes begnügen, denn letztlich sind die Unterschiede zwischen den Ergebnissen, die man mit den verschiedenen Verfahren erhält, für praktische Zwecke zu vernachlässigen (vgl. hierzu die Arbeiten von Fava & Velicer, 1992; M. L. Harris & Harris, 1971; Kallina & Hartmann, 1976; Velicer, 1974; Velicer et al., 1982). Abschließend wird über verschiedene Anwendungsmodalitäten der Faktorenanalyse berichtet.

Modell mehrerer gemeinsamer Faktoren

Die Faktorenanalyse nach dem Modell mehrerer gemeinsamer Faktoren geht auf Thurstone (1947) zurück. Dieses Verfahren wird in der Literatur gelegentlich kurz „Faktorenanalyse" (oder „Explorative Faktorenanalyse" bzw. EFA) genannt. Anders als in diesem Kapitel, in dem wir die Bezeichnung „Faktorenanalyse" als Sammelbegriff für unterschiedliche faktorenanalytische Techniken verwenden, steht die EFA im engeren Sinne in einem „Konkurrenzverhältnis" zur PCA. (Eine Gegenüberstellung von PCA und der Analyse gemeinsamer Faktoren bzw. Faktorenanalyse findet man bei Fabrigar et al., 1999; Schneeweiss & Mathes, 1995 oder Snook & Gorsuch, 1989.)

Es wird angenommen, dass sich die Varianz einer Variablen aus einem Anteil zusammensetzt, den sie mit anderen Variablen gemeinsam hat (*gemeinsame Varianz*), einem weiteren Anteil, der die Besonderheiten der Variablen erfasst (*spezifische Varianz*), und einem *Fehlervarianzanteil.* (Überlegungen zur Unterscheidung der drei genannten Varianzanteile einer Variablen findet man bei Bortz, 1972b.) Die Faktorenanalyse nach dem Modell mehrerer gemeinsamer Faktoren bestimmt, welche gemeinsamen (d. h. durch mehrere Variablen gekennzeichneten) Faktoren die gemeinsamen Varianzen erklären.

In der PCA wird die gesamte Varianz einer Variablen, die durch die Standardisierung vom Betrag 1 ist, analysiert, d. h., es wird nicht zwischen gemeinsamer Varianz, spezifischer Varianz und Fehlervarianz der Variablen unterschieden. Die Faktorenextraktion ist im Allgemeinen beendet, wenn die verbleibende Restkorrelationsmatrix nach Extraktion von q Faktoren ($q < p$) nur noch unbedeutend ist bzw. nicht mehr interpretiert werden kann. In der Faktorenanalyse nach dem Modell mehrerer gemeinsamer Faktoren hingegen soll der gemeinsame Varianzanteil einer Variablen aufgeklärt werden, wobei spezifische und fehlerhafte Anteile unberücksichtigt bleiben. Das zentrale Problem besteht darin, wie die gemeinsamen Varianzanteile der einzelnen Variablen geschätzt werden können.

Eine brauchbare Schätzung der gemeinsamen Varianz einer Variablen mit den übrigen zu faktorisierenden Variablen ist nach Humphreys und Taber (1973) das *Quadrat der multiplen Korrelation* dieser Variablen mit den übrigen $p-1$ Variablen. Man ersetzt die Einsen in der Hauptdiagonale der Korrelationsmatrix durch das Quadrat der multiplen Korrelation, um eine Faktorenstruktur zu finden, die diese gemeinsamen Varianzen aufklärt. Die Bestimmung (Extraktion) der Faktoren wird üblicherweise nach der Hauptachsenmethode vorgenommen. Die Summe der Eigenwerte (d. h. die Summe der durch die Faktoren aufgeklärten Varianzen) kann in diesem Fall die Summe der quadrierten multiplen Korrelationen nicht überschreiten. Stellen die quadrierten multiplen Korrelationen richtige Schätzungen der gemeinsamen Varianzen dar, müssen die Faktoren die gemeinsamen Varianzen der Variablen restfrei aufklären.

Die hieraus folgende Regel, alle Faktoren mit $\lambda > 0$ zu interpretieren, führt allerdings in den meisten praktischen Anwendungsfällen zu einer deutlichen Überschätzung der Faktorenzahl. Coovert und McNelis (1988) empfehlen deshalb, für die Bestimmung der Faktorenanzahl die von Humphreys und Ilgen (1969) vorgeschlagene „parallel analysis" einzusetzen, die im Prinzip genauso funktioniert wie die Parallelanalyse für PCA-Faktoren (vgl. S. 416 f.). Für die Parallelanalyse im Kontext des Modells mehrerer gemeinsamer Faktoren haben Montanelli und Humphreys (1976) eine sehr genaue Regressionsgleichung entwickelt.

Die mit der Bestimmung der Faktorenanzahl verbundene Problematik lässt sich allgemein wie folgt skizzieren:

Die Varianzaufklärung einer Variablen durch die Faktoren ermitteln wir nach Gl. (23.4) als die Summe der quadrierten Faktorladungen der Variablen. Diesen, durch das Faktorensystem aufgeklärten Varianzanteil bezeichneten wir in Abschnitt 23.2 als *Kommunalität.* Die Kommunalität einer Variablen ist somit im Modell mehrerer gemeinsamer Faktoren eine weitere Schätzung der gemeinsamen Varianz einer Variablen. (Das Quadrat der multiplen Korrelation gilt als untere Grenze der Kommunalität; vgl. C. W. Harris, 1978.) Kennen wir die Anzahl der gemeinsamen Faktoren, können wir über die Kommunalitäten der Variablen die gemeinsamen Varianzen schätzen. Kennen wir umgekehrt die „wahren" gemeinsamen Varianzanteile, lässt sich auch die Anzahl der gemeinsamen Faktoren bestimmen. Normalerweise sind jedoch weder die gemeinsamen Varianzen noch die Anzahl der gemeinsamen Faktoren bekannt. Dieses Dilemma wird als das *Kommunalitätenproblem* bezeichnet.

Die Literatur berichtet über einige Verfahren, mit denen entweder die Kommunalitäten ohne Kenntnis der Faktorenzahl oder die Faktorenzahl ohne Kenntnis der Kommunalitäten geschätzt werden können. Über diese Ansätze informieren zusammenfassend z. B. Harman (1968, Kap. 5), Pawlik (1976), Mulaik (1972, Kap. 7) und Timm (2002, Kap. 8.9). Das spezielle Problem der Kommunalitätenschätzung bei kleinen Korrelationsmatrizen wird bei Cureton (1971) behandelt.

Einer der Lösungsansätze (iterative Kommunalitätenschätzung) für das Kommunalitätenproblem sei hier kurz veranschaulicht. Man beginnt wie in der PCA mit einer Korrelationsmatrix, in deren Diagonale Einsen stehen. Für diese Matrix wird die Anzahl q der bedeutsamen Faktoren (z. B. nach dem Scree-Test) bestimmt. Ausgehend von den Ladungen der Merkmale auf den bedeutsamen Faktoren errechnen wir nach Gl. (23.4) für jede Variable die Kommunalität. In einem zweiten Faktorenextraktionszyklus setzen wir in die Diagonale der ursprünglichen Korrelationsmatrix diese ersten Kommunalitätenschätzungen ein und bestimmen wieder nach der Hauptachsenmethode die ersten q Faktoren, die die Grundlage für eine erneute Kommunalitätenschätzung darstellen. Im Weiteren werden die Kommunalitätenschätzungen der zuletzt ermittelten Faktorenstruktur in die Diagonale der Korrelationsmatrix eingesetzt, um wieder neue Kommunalitätenschätzungen zu erhalten. Wurde die Anzahl der gemeinsamen Faktoren q anfänglich richtig geschätzt, konvergieren die Kommunalitätenschätzungen auf stabile Werte. Stabilisieren sich die Kommunalitäten nicht, beginnt man das gleiche Verfahren mit einer anderen Schätzung für q.

Image-Analyse

Einen anderen Ansatz zur Lösung des Kommunalitätenproblems wählte Guttman (1953) mit der Image-Analyse. Guttman geht von einer Population von Versuchspersonen sowie einer Population von Variablen aus und definiert die gemeinsame Varianz einer Variablen als denjenigen Varianzanteil, der potenziell durch multiple Regression von allen anderen Variablen der Variablenpopulation vorhergesagt werden kann. Dieser gemeinsame Varianzanteil einer Variablen wird als das „Image" der Variablen (im Sinn einer Abbildung der Variablen durch die anderen Variablen) bezeichnet. Derjenige Varianzanteil, der durch die anderen Variablen nicht vorhergesagt werden kann, wird „Anti-Image" genannt.

Für die konkrete Durchführung einer Image-Analyse stehen natürlich nur eine begrenzte Variablen- und Vpn-Zahl zur Verfügung, sodass das Image und das Anti-Image einer Variablen nur aufgrund der Stichprobendaten geschätzt werden können. Die Schätzung des Images einer Variablen aufgrund einer Stichprobe wird als „Partial-Image" der Variablen bezeichnet. Hierfür werden die ursprünglichen Messwerte einer Variablen i durch *vorhergesagte* $\hat{x}$- (bzw. $\hat{z}$-)Werte ersetzt, die man aufgrund der multiplen Regressionsgleichung zwischen der Variablen i und den übrigen $p-1$ Variablen bestimmt. Aus der Korrelationsmatrix dieser vorhergesagten Messwerte (mit Einsen in der Diagonalen) werden nach der Hauptachsenmethode Faktoren extrahiert. Da die Korrelationen zwischen je zwei Variablen nur aufgrund gemeinsamer Varianzen mit allen Variablen zustandekommen, ist gewährleistet, dass die resultierenden Faktoren nur gemeinsame Varianz aufklären. (Ausführliche Informationen zur Image-Analyse findet der interessierte Leser z. B. bei Mulaik, 1972, Kap. 7.2 und Horst, 1965, Kap. 16; über Möglichkeiten der Faktorwertebestimmung im Rahmen einer Image-Analyse informiert Hakstian, 1973.)

Alpha-Faktorenanalyse

Einen anderen Weg, zu allgemein gültigen Faktoren zu gelangen, haben Kaiser und Caffrey (1965) mit ihrer Alpha-Faktorenanalyse beschritten. Die Bezeichnung Alpha-Faktorenanalyse geht auf den *α-Koeffizienten* von Cronbach (Cronbach, 1951; Cronbach et al., 1963) zurück, der eine Verallgemeinerung der Kuder-Richardson-Formel Nr. 20 zur Reliabilitäts-(Interne-Konsistenz-)Bestimmung eines Tests darstellt. Mit dem α-Koeffizienten wird die Reliabilitätder aus allen Testitems gebildeten Summenscores geschätzt. Hierbei werden alle Testitems als eigenständige „Tests" für ein- und dasselbe Merkmal angesehen; die Reliabilität des Summenscores (α) ergibt sich als durchschnittliche Paralleltestreliabilität für alle möglichen Paare von Testitems.

Zur Veranschaulichung des α-Koeffizienten stelle man sich vor, das komplexe Merkmal Intelligenz soll mit zehn Variablen erfasst werden, die einer Population von Variablen entnommen wurden, die potenziell geeignet ist, das Merkmal Intelligenz zu messen. Der α-Koeffizient fragt nach der Reliabilität (bzw. der „Generalisierbarkeit") des aus den zehn Variablen gebildeten Summenscores bzw. einer Linearkombination der zehn Variablen, die alle Variablen mit 1 gewichtet.

Der α-Koeffizient lautet in seiner allgemeinen Form (vgl. Lord, 1958):

$$\alpha = \frac{p}{p-1} \cdot \left(1 - \frac{\sum_i s_i^2}{s_{\text{tot}}^2}\right). \qquad (23.75)$$

Hierin sind:

p = Anzahl der Variablen,
s_i^2 = Varianz der Variablen i und
s_{tot}^2 = Varianz der Linearkombination (Summe).

Nach Kaiser und Caffrey (1965) bzw. Kaiser und Norman (1991) besteht zwischen α und dem ersten PCA-Faktor der p Variablen folgende Beziehung:

$$\alpha = \frac{p}{p-1} \cdot \left(1 - \frac{1}{\lambda}\right), \qquad (23.76)$$

wobei λ der mit dem ersten PCA-Faktor verbundene Eigenwert (Varianz) ist. (Die Autoren bezeichnen den Eigenwert mit λ^2, womit jedoch nicht – wie man vermuten könnte – der quadrierte Eigenwert gemeint ist.)

Mit dieser Gleichung wird häufig das KG-Kriterium (vgl. S. 415) begründet, nach dem die interpretierbaren Eigenwerte einer PCA größer als 1,0 sein sollten (vgl. Kaiser, 1960), weil sonst negative α-Werte und damit negative Reliabilitäten resultieren würden. Diese Auffassung ist nach Cliff (1988) falsch, denn sie bezieht sich auf Populationskorrelationen und nicht auf die Eigenwerte stichprobenbedingter Korrelationen, die in der empirischen Forschung üblicherweise faktorisiert werden. Für die Bestimmung der Reliabilität eines Faktors j (r_j) bzw. dessen Faktorwerte nennt Cliff (1988) folgende Gleichung:

$$r_j = \frac{\lambda_j - \sum_{i=1}^{p} v_{ij}^2 \cdot (1 - r_i)}{\lambda_j}, \qquad (23.77)$$

wobei

λ_j = Eigenwert des j-ten Faktors
v_{ij} = Elemente des j-ten Eigenvektors bei $i = 1, \ldots, p$ Variablen und
r_i = Reliabilität der i-ten Variablen.

Hier wird also deutlich, dass die Reliabilität eines Faktors nicht nur von der Größe des Eigenwertes, sondern auch von den gewichteten Reliabilitäten (bzw. Fehlervarianzen) der ursprünglichen Variablen abhängt, die beim α-Koeffizienten unberücksichtigt bleiben. Sind die Reliabilitäten nicht bekannt, kann man für die r_i-Werte die durchschnittliche Variableninterkorrelation $\bar{r}_{ii'}$ als untere Grenze der Reliabilitäten einsetzen. Wegen der Normierung $\mathbf{v}' \cdot \mathbf{v} = 1$ resultiert dann

$$r_j = \frac{\lambda_j - (1 - \bar{r}_{ii'})}{\lambda_j}. \quad (23.78)$$

Man erkennt, dass der Faktor j bei perfekter Reliabilität der Variablen unabhängig von λ_j ebenfalls perfekt reliabel ist ($r_j = 1$). Bestehen alle Variablen hingegen nur aus Fehlervarianz (womit $\bar{r}_{ii'}$ einen Erwartungswert von 0 hätte), resultiert $\lambda_j = 1$ und damit $r_j = 0$. Ferner ist Gl. (23.78) zu entnehmen, dass die Reliabilität eines Faktors mit wachsendem λ_j zunimmt (vgl. hierzu auch Lord, 1958).

Das Anliegen der von Kaiser und Caffrey (1965) entwickelten α-Faktorenanalyse ist es nun, Faktoren mit möglichst hoher Generalisierbarkeit (Reliabilität) zu bestimmen. Eine Kurzform dieses Ansatzes wird bei Mulaik (1972, S. 211 ff.) dargestellt.

Hinweise: Wittmann (1978) diskutiert das Konzept der α-Generalisierbarkeit im Hinblick auf verschiedene faktorenanalytische Modelle. Ein Programm zur Bestimmung der faktoriellen Reliabilität wurde von Bardeleben (1987) entwickelt.

Kanonische Faktorenanalyse

In der von Rao (1955) entwickelten kanonischen Faktorenanalyse kommt die *kanonische Korrelation* zur Anwendung, mit der die Korrelation zwischen einem Prädiktorvariablensatz und einem Satz von Kriteriumsvariablen ermittelt werden kann (vgl. Kap. 28). In der kanonischen Faktorenanalyse werden die Faktoren (als Prädiktorvariablen) so bestimmt, dass sie maximal mit den ursprünglichen Variablen korrelieren. Das Prinzip ist somit nicht – wie in der PCA – die sukzessive Varianzmaximierung der Faktoren, sondern die Maximierung der kanonischen Korrelation zwischen allen Faktoren und Variablen. Das Verfahren wird ausführlich von C. W. Harris (1967, Kap. 8), van de Geer (1971, Kap. 15.2) und Mulaik (1972, Kap. 8.4) behandelt.

Konfirmative Faktorenanalyse

Das Grundprinzip dieses Verfahrens beruht auf der Faktorenanalyse nach der Maximum-Likelihood-Methode (Lawley, 1940, 1942, 1949; Jöreskog, 1967; Jöreskog & Lawley, 1968; Lawley & Maxwell, 1971), das sich folgendermaßen zusammenfassen lässt: Wir nehmen an, die Variablen seien in der Grundgesamtheit multivariat normalverteilt. Unbekannt sind die Parameter der Verteilung (Mittelwerte, Varianzen und Kovarianzen der Variablen). Im Maximum-Likelihood-Ansatz der Faktorenanalyse werden in der Population gültige, gemeinsame Varianzparameter und spezifische Varianzparameter der Variablen gesucht, die die Wahrscheinlichkeit des Zustandekommens der empirisch gefundenen Korrelationsmatrix maximieren.

Die Maximum-Likelihood-Faktorenanalyse ist von Jöreskog (1973) zu einem vielseitig anwendbaren Analysemodell entwickelt worden. Eine besondere Anwendungsvariante ist die konfirmative Faktorenanalyse, mit der Hypothesen über die Faktorenstruktur eines Datensatzes getestet werden können. Die *faktorenanalytischen Hypothesen* beziehen sich hierbei auf die Anzahl der (orthogonalen oder obliquen) Faktoren bzw. auch auf das Ladungsmuster der Variablen. Das hypothetisch vorgegebene Ladungsmuster kann einer empirisch ermittelten Ladungsmatrix entnommen sein (vgl. hierzu auch die Ausführungen über den Faktorstrukturvergleich auf S. 424 f.) oder mehr oder weniger genaue, theoretisch begründete Angaben über die mutmaßliche Größe der Ladungen der Variablen enthalten. Mit Anpassungstests (einen Überblick geben z. B. Marsh et al. (1988); zur Kritik dieser Tests vgl. F. B. Bryant & Yarnold, 2000, S. 111 ff.) wird überprüft, ob die Abweichung der empirisch ermittelten Ladungsmatrix von der hypothetisch angenommenen Ladungsmatrix zufällig oder statistisch bedeutsam ist. (Weitere Einzelheiten und EDV-Hinweise findet man z. B. F. B. Bryant & Yarnold, 2000 oder bei Revenstorf, 1980, Kap. 6.)

Anwendungsmodalitäten

Zum Abschluss seien einige faktorenanalytische Varianten erwähnt, deren Besonderheiten sich aus der Anwendungsperspektive für die Faktorenanalyse ergeben.

Cattells Kovariationsschema. Die Anwendungsvielfalt der Faktorenanalyse erfährt durch das

Tabelle 23.5. Ermittlung der Korrelationen für die sechs faktorenanalytischen Techniken nach Cattell (Kovariationsschema)

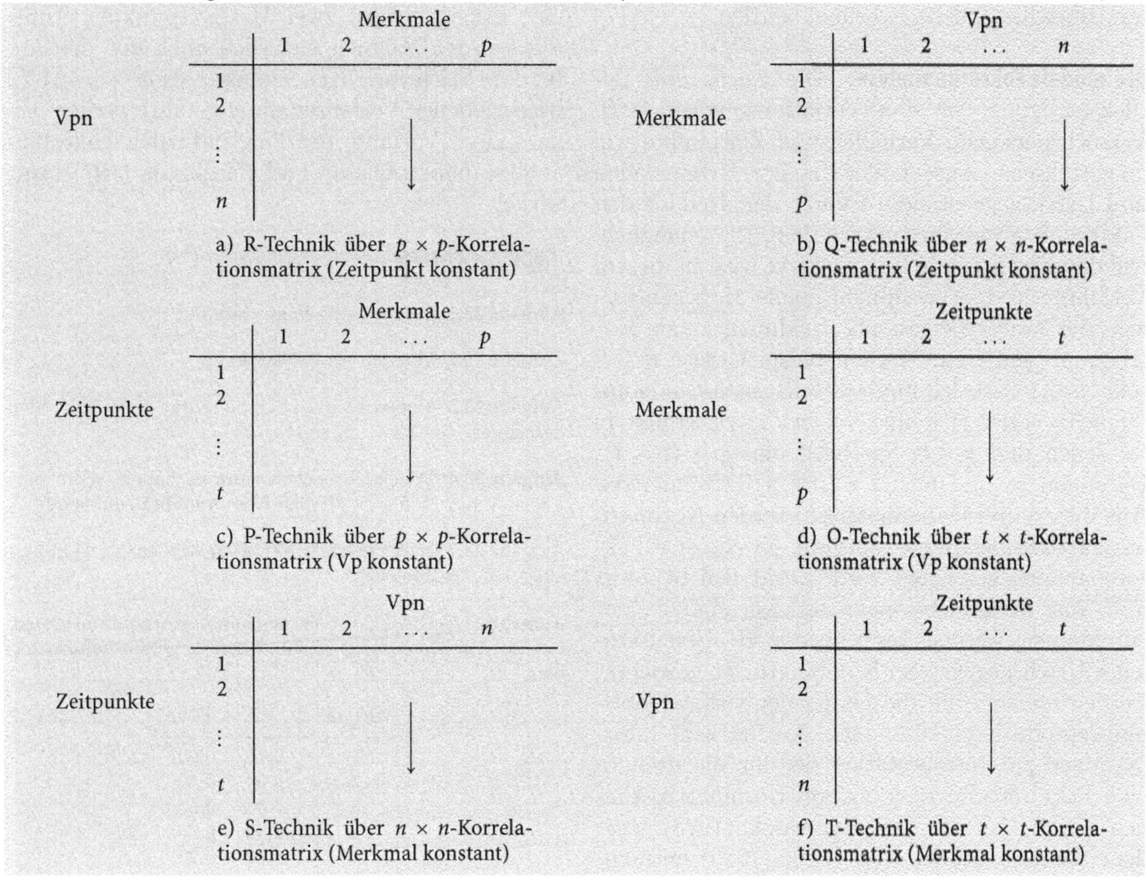

a) R-Technik über $p \times p$-Korrelationsmatrix (Zeitpunkt konstant)	b) Q-Technik über $n \times n$-Korrelationsmatrix (Zeitpunkt konstant)
Zeilen: Vpn (1, 2, …, n); Spalten: Merkmale (1, 2, …, p) ↓	Zeilen: Merkmale (1, 2, …, p); Spalten: Vpn (1, 2, …, n) ↓
c) P-Technik über $p \times p$-Korrelationsmatrix (Vp konstant)	**d) O-Technik über $t \times t$-Korrelationsmatrix (Vp konstant)**
Zeilen: Zeitpunkte (1, 2, …, t); Spalten: Merkmale (1, 2, …, p) ↓	Zeilen: Merkmale (1, 2, …, p); Spalten: Zeitpunkte (1, 2, …, t) ↓
e) S-Technik über $n \times n$-Korrelationsmatrix (Merkmal konstant)	**f) T-Technik über $t \times t$-Korrelationsmatrix (Merkmal konstant)**
Zeilen: Zeitpunkte (1, 2, …, t); Spalten: Vpn (1, 2, …, n) ↓	Zeilen: Vpn (1, 2, …, n); Spalten: Zeitpunkte (1, 2, …, t) ↓

Kovariationsschema von Cattell (1966a, Kap. 3) eine erhebliche Erweiterung. Cattell unterscheidet Faktorenanalysen nach der O-, P-, Q-, R-, S- und T-Technik (die Buchstabenzuordnung erfolgte willkürlich), wobei jeder Technik unterschiedliche Korrelationsmatrizen zugrunde liegen. (Zur Entstehungsgeschichte dieser faktorenanalytischen Anwendungsvarianten vgl. Cronbach, 1984.)

Das Kovariationsschema hat drei Dimensionen, die durch unterschiedliche Versuchspersonen, Variablen und Zeitpunkte gekennzeichnet sind. Die zu faktorisierenden Daten beziehen sich immer auf zwei dieser Dimensionen, wobei die jeweils dritte Dimension konstant gehalten wird.

Nach der cattellschen Terminologie wurde in diesem Kapitel ausschließlich die *R-Technik* behandelt, in der bei konstantem Zeitpunkt p Merkmale (Variablen oder Tests) über n Versuchspersonen korreliert werden. Handelt es sich um Korrelationen zwischen n Versuchspersonen über p Variablen (z. B. Korrelationen zwischen Schülern aufgrund ihrer Leistungen), sprechen wir von der *Q-Technik*. Die Faktorenanalyse über die $p \times p$-Korrelationsmatrix einer R-Analyse führt zu Merkmalsfaktoren und die Faktorenanalyse über die $n \times n$-Korrelationsmatrix einer Q-Analyse zu Personen(Typen)-Faktoren. (Auf mögliche Artefakte bei der Durchführung von Q-Analysen hat Orlik (1967b) hingewiesen.)

Werden Messungen von p Variablen an *einer* Person (oder unter Verwendung von Durchschnittswerten an einer Gruppe) zu t verschiedenen Zeitpunkten erhoben und über die Zeitpunkte korreliert, erhalten wir eine Korrelationsmatrix der Variablen, die Ausgangsbasis für eine *P-Analyse* ist. Die Faktorenanalyse über die $p \times p$-Matrix in einer P-Analyse resultiert in Faktoren, die Merkmale mit ähnlichen zeitlichen Entwicklungsverläufen bei einer Versuchsperson (Gruppe) kennzeichnen. Die P-Technik ist damit eine Anwendung der Faktorenanalyse auf den Einzelfall. Tabelle 23.5 zeigt summarisch, wie die Korrelationsmatrizen für die sechs Techniken nach Cattell zu bestimmen sind. Es ist darauf zu achten, dass die Korrelationen jeweils zwischen den Spalten (über die Zeilen) errechnet werden.

Dreimodale Faktorenanalyse. Die *gleichzeitige* Berücksichtigung von drei Variationsquellen (z. B. Versuchspersonen, Variablen und Zeitpunkte wie im cattellschen Ansatz oder Urteiler, Urteilsskalen und Urteilsgegenstände) ist mit der dreimodalen Faktorenanalyse von Tucker (1966, 1967) möglich. Die dreidimensionale Datenmatrix wird in diesem Verfahren in drei zweidimensionale Matrizen zerlegt, die jeweils die gesamte dreidimensionale Matrix repräsentieren. Werden beispielsweise n Urteile, p Urteilsskalen und t Urteilsgegenstände untersucht, ergibt sich eine $n \times (p \times t)$-Datenmatrix (n Zeilen und $p \times t$- Spalten), eine $p \times (n \times t)$-Datenmatrix und eine $t \times (n \times p)$-Datenmatrix. Aus diesen drei Datenmatrizen werden Korrelationsmatrizen bestimmt, über die jeweils eine Faktorenanalyse gerechnet wird. Zusätzlich benötigt man eine dreidimensionale sog. Kernmatrix, der entnommen werden kann, wie z. B. Urteilsskalen × Urteilsgegenstand-Kombinationen gewichtet werden müssen, um die Daten der Urteiler optimal reproduzieren zu können. Ausführliche Informationen zur Interpretation der für die dreimodale Faktorenanalyse wichtigen Kernmatrix können einem Aufsatz von Bartussek (1973) bzw. dem Summax-Modell von Orlik (1980) entnommen werden. Weitere Informationen findet man bei Lohmöller (1979), Kiers (1991a) bzw. Kiers und van Meckelen (2001) und EDV-Hinweise bei Snyder und Law (1979).

Longitudinale Faktorenanalyse. Einen Spezialfall des dreimodalen Ansatzes von Tucker stellt die longitudinale Faktorenanalyse von Corballis und Traub (1970) dar. Das Verfahren ist anwendbar, wenn an einer Stichprobe zu zwei Zeitpunkten Messungen auf p Variablen erhoben werden. Es überprüft, wie sich die Faktorladungen der Variablen über die Zeit verändern. Auch diese Analyse ist allerdings – ähnlich wie die dreimodale Faktorenanalyse von Tucker – schwer zu interpretieren. Nesselroade (1972) macht darauf aufmerksam, dass die longitudinale Faktorenanalyse von Corballis und Traub vor allem dann weniger geeignet ist, wenn Veränderungen der Faktorwerte der Versuchspersonen über die Zeit von Interesse sind. Als einen Alternativansatz schlägt er die kanonische Korrelationsanalyse (vgl. Kap. 28) vor, in der die Messungen zum Zeitpunkt t_1 als Prädiktoren für die Messungen zum Zeitpunkt t_2 eingesetzt werden. Vergleiche von Faktorstrukturen, die für eine Stichprobe zu zwei Messzeitpunkten ermittelt wurden, können natürlich auch mit den unter dem Stichwort „Kriteriumsrotation" (S. 424 ff.) beschriebenen Verfahren durchgeführt werden. Eine andere Variante der longitudinalen Faktorenanalyse haben Olsson und Bergmann (1977) entwickelt.

ÜBUNGSAUFGABEN

Aufgabe 23.1 Was ist eine Faktorladung?

Aufgabe 23.2 Was ist ein Faktorwert?

Aufgabe 23.3 Wie wird die Kommunalität einer Variablen berechnet?

Aufgabe 23.4 Welche Ursachen kann es haben, wenn eine Variable nur eine geringfügige Kommunalität aufweist?

Aufgabe 23.5 Nach welchen Kriterien werden die Faktoren einer PCA festgelegt?

Aufgabe 23.6 Die Faktorisierung einer Korrelationsmatrix für fünf Variablen möge zu folgendem Ergebnis geführt haben:

Variable	FI	FII
1	0,70	0,50
2	0,80	0,40
3	0,80	0,60
4	0,50	0,90
5	0,10	0,90

Für welche Variable wurden fehlerhafte Ladungen ermittelt? (Begründung)

Aufgabe 23.7 Erläutern Sie (ohne mathematische Ableitungen), warum die Summe der Eigenwerte einer $p \times p$-Korrelationsmatrix den Wert p ergeben muss.

Aufgabe 23.8 Gegeben sei die folgende Korrelationsmatrix:

$$R = \begin{pmatrix} 1{,}00 & 0{,}50 & 0{,}30 \\ 0{,}50 & 1{,}00 & 0{,}20 \\ 0{,}30 & 0{,}20 & 1{,}00 \end{pmatrix}.$$

Wie lautet der dritte Eigenwert, wenn für die beiden ersten $\lambda_1 = 1{,}68$ und $\lambda_2 = 0{,}83$ ermittelt wurden?

Aufgabe 23.9 Warum sollten nur Faktoren, deren Eigenwerte größer als 1,0 sind, interpretiert werden?

Aufgabe 23.10 Was ist auf der Abszisse und auf der Ordinate eines Eigenwertediagramms abgetragen?

Aufgabe 23.11 Wie kann man zeigen, dass die PCA-Faktoren wechselseitig voneinander unabhängig sind?

Aufgabe 23.12 Was versteht man unter dem Kriterium der Einfachstruktur?

Aufgabe 23.13 In welcher Weise wird durch eine Varimax-Rotation die Faktorenstruktur verändert?

Aufgabe 23.14 Was ist das Grundprinzip eines Faktorenstrukturvergleichs?

Aufgabe 23.15 Was versteht man unter dem Kommunalitätenproblem?

Aufgabe 23.16 Was leistet die konfirmative Faktorenanalyse?

Aufgabe 23.17 Was versteht man unter einer Parallelanalyse?

Aufgabe 23.18 Wie kann man nach einer Varimax-Rotation feststellen, wie viel Prozent der Gesamtvarianz ein Faktor erfasst?

Kapitel 24 Pfadanalyse

ÜBERSICHT

Pfaddiagramm – exogene und endogene Variablen – hierarchische und rekursive Pfadmodelle – Pfadkoeffizienten – Tracing Rules – Effektzerlegung – direkte und indirekte Effekte – latente Variablen – LISREL – Messmodell – Strukturmodell – Modelltest

Mit der Pfadanalyse werden anhand empirischer Daten a priori formulierte Kausalhypothesen zur Erklärung von Merkmalszusammenhängen geprüft. Diese aus erkenntnistheoretischer Sicht höchst attraktive Perspektive hat zu einer starken Verbreitung dieser Methode in den Sozialwissenschaften, der Ökonometrie und der Medizin geführt. Die Pfadanalyse wurde bereits in den 1920er Jahren in ihren Grundzügen entwickelt (S. Wright, 1921). Alle Variablenbeziehungen werden in der Pfadanalyse als *linear* angenommen. Deswegen ist die Pfadanalyse eng verwandt mit der linearen Regressionsanalyse.

Im Rahmen der der Pfadanalyse lassen sich auch nicht beobachtete Variablen – sog. *latente* Variablen wie z. B. Einstellungen, Motivation oder Erziehungsstil – berücksichtigen, wodurch ihr Anwendungsbereich erheblich erweitert wird.

Das Arbeiten mit pfadanalytischen Modellen zwingt den Anwender, sich vor der Datenauswertung darüber Gedanken zu machen, welche Variablen durch welche anderen Variablen kausal beeinflusst sein könnten. Diese Kausalhypothesen werden in einer Grafik – dem sog. *Pfaddiagramm* – zusammengefasst, aus dem die zur Beschreibung des Kausalmodells erforderlichen Modellgleichungen abgeleitet werden. Das Pfaddiagramm ist eine grafische Repräsentation eines Systems linearer Gleichungen. Das Kausalmodell muss zunächst an die empirischen Daten angepasst werden, indem die Pfadkoeffizienten geschätzt werden. In einem weiteren Schritt wird dann die Anpassung des Modells an die erhobenen Daten überprüft. Wird eine ausreichend hohe Anpassungsgüte beobachtet, wird dies als Evidenz für die Gültigkeit des Modells betrachtet. Das Modell darf aufgrund einer guten Modellanpassung aber nicht als bewiesen gelten.

Pfadanalytische Modelle sind somit *nicht* zum Nachweis von Kausalität geeignet. Sie sollten vor allem dazu genutzt werden, durch inhaltliche Überlegungen begründete Kausalmodelle anhand empirischer Daten zu überprüfen. Man ermöglicht auf diese Weise die Falsifizierung des Modells, die sich in einer unbefriedigenden Anpassungsgüte des Modells widerspiegeln sollte. Weist ein Modell eine gute Anpassung an die empirischen Daten auf, so kann es – zumindest vorläufig – als bestätigt gelten. Die geschätzten *Pfadkoeffizienten* sind in diesem Fall von großem Interesse, denn sie beschreiben die Größe der Variableneffekte.

Wird ein Modell aufgrund des Modelltests verworfen, so liegt es nahe, alternative Modelle zu betrachten, die Modifikationen des ursprünglichen Modells darstellen. Kann mit einem solchen modifizierten Modell eine befriedigende Modellanpassung erzielt werden, darf dieses Modell aber nicht als bestätigt oder sogar bewiesen betrachtet werden. Stattdessen ist ein neuer, unabhängiger Datensatz erforderlich, mit dessen Hilfe das modifizierte Modell überprüft werden muss. Erst wenn eine solche neuerliche Überprüfung das Modell ebenfalls bestätigt, darf das Modell als empirisch verifiziert betrachtet werden (vgl. hierzu auch MacCallum et al., 1992).

24.1 Modelle mit drei Variablen

Wir betrachten einfache Modelle, die drei Variablen enthalten. Zunächst muss die Terminologie der Pfadanalyse erläutert werden. Hierzu dient Modell M1, welches in folgendem Pfaddiagramm dargestellt ist:

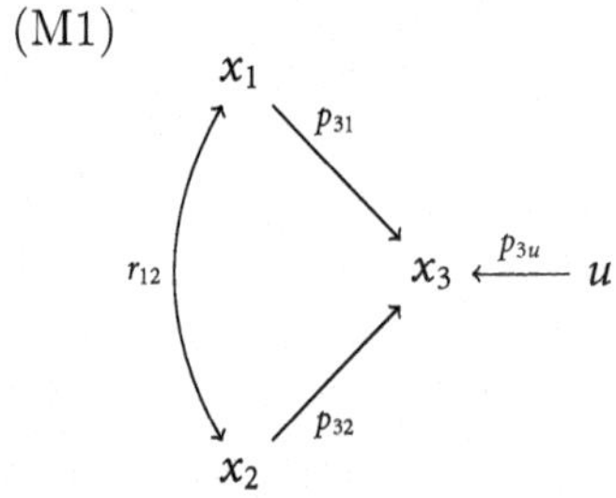

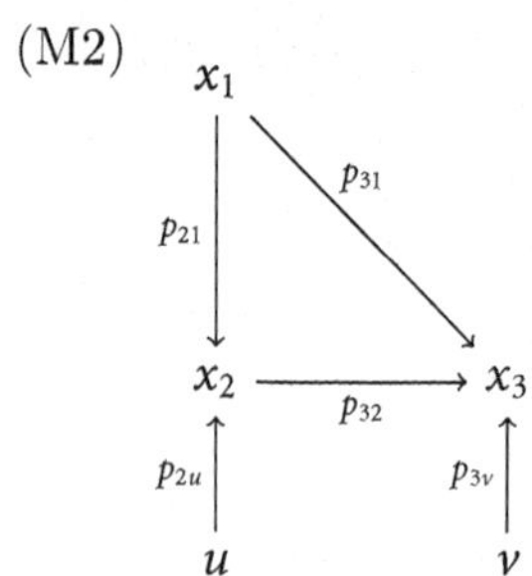

Die beobachteten Merkmale werden mit x_1, x_2 und x_3 bezeichnet. Die gerichteten Pfeile zwischen den Merkmalen deuten an, dass x_3 durch x_1 und x_2 „erklärt" bzw. kausal beeinflusst wird. Da wir nicht davon ausgehen können, x_3 vollständig durch das Modell zu erklären, erhält x_3 ein Residuum, welches mit u bezeichnet wird. Benötigen mehrere Merkmale ein Residuum, bezeichnen wir diese mit v, w, usw.

Merkmale, die im Modell erklärt werden, werden *endogene* Variablen genannt. Merkmale, die nicht durch das Modell erklärt werden, heißen *exogene* Variablen. In M1 sind also x_1 und x_2 die exogenen Variablen und x_3 ist die endogene Variable. Die exogenen Variablen werden in der Pfadanalyse praktisch immer als korreliert betrachtet. Auf diese Weise werden Annahmen über die Beziehung der exogenen Variablen untereinander vermieden.

Im Rahmen der Pfadanalyse gehen wir davon aus, dass alle Variablen und Residuen standardisiert sind. Alle Variablen des Systems besitzen also einen Mittelwert von 0 und eine Standardabweichung von 1,0. Jedem gerichteten Pfeil entspricht ein Pfadkoeffizient, der den Einfluss der Variablen, welche am Ausgangspunkt des Pfeils steht, auf die Variable, welche am Kopf des Pfeils steht, angibt. Pfadkoeffizienten werden mit p_{ij} bezeichnet, wobei der erste Index diejenige Variable nennt, auf die der Pfeil gerichtet ist. Doppelpfeile sind keine Pfadkoeffizient, sondern repräsentieren die Korrelation der durch den Doppelpfeil verbunden Variablen. Diese Korrelation bezeichnen wir mit r_{ij}. Das Pfaddiagramm M1 zeigt sowohl die Pfadkoeffizienten als auch die Korrelation zwischen den beiden exogenen Variablen. Gelegentlich werden die numerischen Werte, welche für die Pfadkoeffizienten ermittelt wurden, in das Pfaddiagramm eingetragen. Häufig wird aber auch gänzlich auf Pfadkoeffizienten in Diagrammen verzichtet.

Das zweite Modell, welches wir mit M2 bezeichnen und das in folgendem Pfaddiagramm dargestellt ist, besitzt die zwei endogenen Variablen x_2 und x_3. Das Merkmal x_1 ist dagegen exogen.

Ein Vergleich mit M1 zeigt, dass der Doppelpfeil zwischen x_1 und x_2 durch einen gerichteten Pfeil ersetzt wurde, der auf x_2 zeigt. Dadurch ändert sich der Status der ursprünglich exogenen Variablen x_2, denn diese wird nun durch das Modell „erklärt" und ist somit endogen. Als endogene Variable wird x_2 ebenfalls mit einem Residuum versehen.

24.1.1 Hierarchische Pfadmodelle

Die beiden bisher betrachteten Modelle gehören zu der Klasse der hierarchischen Pfadmodelle. Wir geben folgende Definition:

Definition 24.1

Hierarchisches Pfadmodell. Ein Pfadmodell wird „hierarchisch" genannt, falls der kausale Fluss des Modells nur in eine Richtung geht.

Modelle, die direktes oder indirektes Feedback (wechselseitige Beeinflussung) zwischen den Mermalen spezifizieren, gehören zu den *nicht-hierarchischen* Pfadmodellen. Von Feedback spricht man, wenn der Effekt einer Variablen über eine oder mehrere andere Variablen letztendlich die ursprüngliche Variable wieder erreicht. Der kausale Fluss verläuft somit in einer Schleife. Die folgende Abbildung zeigt zwei Modelle, welche Feedbackschleifen enthalten.

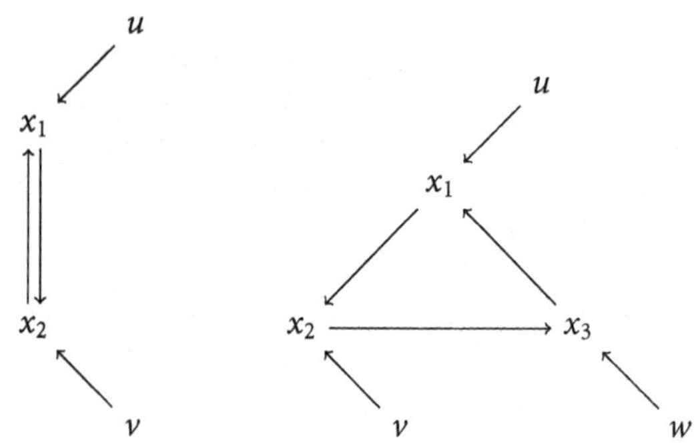

Von *direktem Feedback* spricht man, wenn der Effekt einer Variablen auf eine zweite Variable unmittelbar auf die erste Variable zurückwirkt. Das linke Pfaddiagramm verdeutlicht direktes Feedback, das auch als „reziproke Kausalität" bezeichnet wird. Das rechte Pfaddiagramm illustriert indirektes Feedback. Von *indirektem Feedback* spricht man, wenn die Rückkopplung des Effekts einer Variablen über mindestens eine Drittvariable erfolgt.

Des Weiteren ist es sinnvoll, die Klasse der rekursiven Pfadmodelle zu definieren.

Definition 24.2

Rekursives Pfadmodell. Ein Pfadmodell wird „rekursiv" genannt, falls es (1) hierarchisch ist und (2) alle Residualterme des Modells wechselseitig unkorreliert sind.

Nicht-rekursive Modelle erfüllen eines der beiden Kriterien eines rekursiven Modells nicht. Somit sind alle nicht-hierarchischen Modelle auch nicht-rekursive Modelle, da sie das erste Kriterium nicht erfüllen.

Da in den Pfaddiagrammen M1 und M2 weder Feedbackschleifen noch korrelierte Residuen enthalten sind, gehören sowohl M1 als auch M2 zu den rekursiven Pfadmodellen. Man beachte, dass in der Literatur keine einheitliche Terminologie zur Unterscheidung der Modellklassen verwendet wird.

24.1.2 Pfadkoeffizienten und Tracing Rules

In erster Linie sind die Pfadkoeffizienten für die inhaltliche Interpretation eines Kausalmodells von Interesse. Deshalb wollen wir nun der Frage nachgehen, wie sich diese Koeffizienten aus Daten berechnen lassen. Eine Methode, die Pfadkoeffizienten zu bestimmen, besteht in der Verwendung von Regeln, die auf S. Wright (1934) zurückgehen und die in der Literatur als „tracing rules" bzw. als „Wright's rules" bekannt sind (Loehlin, 1998).

Mit Hilfe dieser Regeln lassen sich die Merkmalskorrelationen als Funktionen der Pfadkoeffizienten schreiben. Werden alle Merkmalskorrelationen durch Pfadkoeffizienten ausgedrückt, entsteht ein Gleichungssystem, welches nach den Pfadkoeffizienten aufgelöst werden kann und das somit die Pfadkoeffizienten als Funktionen der Merkmalskorrelationen darstellt. Für rekursive Pfadmodelle gelingt diese Auflösung des Gleichungssystems immer. Für hierarchische Pfadmodelle können sich Schwierigkeiten bei der Bestimmung der Pfadkoeffizienten ergeben.

Am einfachsten lässt sich das Vorgehen an einem Beispiel illustrieren. Wir gehen von Modell M2 aus. In diesem Modell gibt es drei Merkmalskorrelationen, r_{12}, r_{13} und r_{23}, die wir durch Pfadkoeffizienten ausdrücken können. Jede der drei Korrelationen soll nun durch Pfadkoeffizienten ausgedrückt werden. Wir beginnen mit r_{12}, der Korrelation zwischen x_1 und x_2.

Ausgehend vom Pfaddiagramm M2 überlegen wir, welche „zulässigen" Pfade es gibt, die von x_1 nach x_2 führen. (Welche Pfade zulässig sind, kann aufgrund der Tracing Rules, s. unten, festgestellt werden.) Für die Korrelation zwischen x_1 und x_2 gibt es nur einen zulässigen Pfad, der dem Pfeil von x_1 nach x_2 entspricht. Daraus folgt die Gleichung

$$r_{12} = p_{21}.$$

Die Korrelation ist mit dem Pfadkoeffizienten identisch.

Als Nächstes betrachten wir die Korrelation r_{13}. Für diese Korrelation existieren zwei zulässige Pfade, mit denen die beiden entsprechenden Variablen, x_1 und x_3, verbunden werden können.

1. Der Pfad, welcher x_1 mit x_3 direkt verbindet.
2. Der Pfad, welcher x_1 via x_2 mit x_3 verbindet.

Jeder der beiden Pfade liefert einen Term, der sich als Produkt der Pfadkoeffizienten, die mit diesem Pfad verbunden sind, ergibt. Der erste Term, welcher dem direkten Pfad von x_1 nach x_3 entspricht, ist p_{31}, und der zweite Term, welcher dem indirekten Pfad (via x_2) entspricht, ist das Produkt $p_{21} \cdot p_{32}$. Die Korrelation r_{13} lässt sich als Summe dieser beiden Terme ausdrücken. Es gilt:

$$r_{13} = p_{31} + p_{21} \cdot p_{32}.$$

Schließlich betrachten wir die Korrelation r_{23}. Auch für diese Korrelation existieren zwei zulässige Pfade.

1. Der Pfad, welcher x_2 mit x_3 direkt verbindet.
2. Der Pfad, welcher x_2 via x_1 mit x_3 verbindet.

Wiederum werden für beide Pfade nach dem gleichen Vorgehen zwei Terme bestimmt, deren Summe gleich der Korrelation r_{23} ist. Man erhält somit die Gleichung

$$r_{23} = p_{32} + p_{21} \cdot p_{31}.$$

Zusammenfassend können wir festhalten, dass wir aufgrund dieses Vorgehens drei Gleichungen erhalten haben, welche die Korrelationen als Funktionen von Pfadkoeffizienten ausdrücken. Diese drei

Gleichungen lassen sich nach den Pfadkoeffizienten auflösen. Wir sind somit in der Lage, die Pfadkoeffizienten zu ermitteln, sobald wir die Merkmalskorrelationen aufgrund von Daten errechnet haben.

Dieses Vorgehen wollen wir nun am Modell M2 illustrieren. Dazu geben wir die Gleichungen für r_{13} und r_{23} noch einmal wieder, ersetzen aber p_{21} durch r_{12}, da diese beiden Größen für M2 identisch sind. Wir erhalten

$$\begin{aligned} r_{13} &= p_{31} + r_{12} \cdot p_{32}, \\ r_{23} &= p_{32} + r_{12} \cdot p_{31}. \end{aligned} \tag{24.1}$$

Somit haben wir ein System zweier Gleichungen, die wir nach p_{31} und p_{32} auflösen können. Dies ist durch algebraische Umformungen möglich. Wir lösen dazu die erste Gleichung nach p_{31} auf und setzen das Ergebnis in die zweite Gleichung ein. Da somit aus der zweiten Gleichung p_{31} eliminiert wurde, lässt sich der resultierende Ausdruck nach p_{32} auflösen. Mit Hilfe dieser Lösung kann dann p_{32} aus der ersten Gleichung eliminiert werden, wodurch sich p_{31} bestimmen lässt. Führt man diese Schritte durch, ergibt sich das Resultat

$$\begin{aligned} p_{31} &= \frac{r_{13} - r_{23} \cdot r_{12}}{1 - r_{12}^2}, \\ p_{32} &= \frac{r_{23} - r_{13} \cdot r_{12}}{1 - r_{12}^2}. \end{aligned} \tag{24.2}$$

Da außerdem

$$p_{21} = r_{12}$$

gilt, haben wir für das Modell M2 gezeigt, dass sich die Pfadkoeffizienten aufgrund der Merkmalskorrelationen bestimmen lassen.

In M2 sind außerdem die Pfadkoeffizienten p_{2u} und p_{3v} enthalten, die in den bisherigen Überlegungen keine Rolle spielten. Diese Koeffizienten beschreiben den Einfluss der Residuen auf die endogenen Variablen. Sie lassen sich aus den bereits berechneten Pfadkoeffizienten bestimmen. Da diese Pfadkoeffizienten somit keine neue Information enthalten, sind sie nicht von direktem Interesse. Wir wollen deshalb nur kurz andeuten, wie sie ermittelt werden können.

Die Koeffizienten p_{2u} und p_{3v} lassen sich durch Berechnung der Varianz der entsprechenden endogenen Variablen ermitteln. Um p_{2u} zu bestimmen, berechnet man die Varianz von x_2, und um p_{3v} zu ermitteln, berechnet man die Varianz von x_3. Da alle Variablen in einer Pfadanalyse standardisiert sind, beträgt diese Varianz 1,0. In einem rekursiven System erhält man so einen Ausdruck, dessen Werte 1,0 beträgt und der nur den gesuchten sowie bereits berechnete Pfadkoeffizienten enthält. Dieser Ausdruck lässt sich nach dem gesuchten Pfadkoeffizienten auflösen.

24.1.3 Tracing Rules

Bisher hatten wir von „zulässigen" Pfaden gesprochen, mit welchen zwei Merkmale verbunden werden, aber nicht genauer spezifiziert, woran sich die Zulässigkeit eines Pfades erkennen lässt. Dies kann mit Hilfe einfacher Regeln – den Tracing Rules – erfolgen. Auf diese Weise wird es möglich, das Gleichungssystem, mit dem Merkmalskorrelationen und Pfadkoeffizienten in Beziehung gesetzt werden, zu bestimmen, ohne dass dafür gerechnet werden muss. Die rechnerische Arbeit beschränkt sich auf das Lösen des mit Hilfe der Tracing Rules erstellten Gleichungssystems. Die Tracing Rules, die für hierarchische Pfadmodelle gelten, lauten:

Regel 1: „Keine Schleifen". Zulässige Pfade dürfen eine Variable nicht zweimal enthalten.

Regel 2: „Höchstens ein Doppelpfeil". Zulässige Pfade dürfen höchstens einen Doppelpfeil enthalten.

Regel 3: „Nicht vorwärts, dann rückwärts". Zulässige Pfade erhält man, wenn man (a) immer nur vorwärts (mit dem kausalen Fluss) geht oder wenn man (2) zuerst rückwärts (entgegen dem kausalen Fluss) und dann vorwärts geht.

Betrachte man noch einmal das Vorgehen zur Ermittlung der Pfadkoeffizienten für M2, so lässt sich die Einhaltung dieser drei Regeln bestätigen.

Zu Regel 1: Offensichtlich ist in keinem der von uns betrachteten, zulässigen Pfade eine Variable doppelt enthalten. Somit ist diese Regel erfüllt.

Zu Regel 2: Da kein Doppelpfeil in M2 enthalten ist, ist diese Regel für M2 trivialerweise erfüllt.

Zu Regel 3: Diese Regel wäre verletzt, wenn wir für r_{12} nicht nur den direkten Pfad von x_1 nach x_2 betrachtet hätten, sondern ebenfalls den zusammengesetzten Pfad, der im ersten Schritt von x_1 nach x_3 führt (vorwärts) und im zweiten Schritt von x_3 nach x_2 führt (rückwärts). Die zusammengesetzen Pfade im Zusammenhang mit r_{13} und r_{23} beachten die dritte Regel.

Kenny (1979) hat eine äquivalente Regel zur Zerlegung von Merkmalskorrelationen, das sog. „first law of path analysis" diskutiert, die allgemeiner als die obigen Tracing Rules ist, da sich das „first law" sogar auf nicht-hierarchische Modelle anwenden lässt.

Ermittelt man die Pfadkoeffizienten für M1 mit Hilfe der Tracing Rules, so ergeben sich die gleichen Lösungen für p_{31} und p_{32} wie in Modell M2. (Der Koeffizient p_{21} muss nicht ermittelt werden, da er in M1 nicht vorhanden ist.)

Zur weiteren Erläuterung zeigen wir ein numerisches Beispiel, in dem Pfadkoeffizienten aus vorliegenden Korrelationen ermittelt werden.

BEISPIEL 24.1

Untersucht werden soll, wie die Zufriedenheit von Personen mit ihrem Arbeitsplatz von der Dauer der Beschäftigung sowie vom erlebten Ausmaß der Kontrolle über die Arbeitsorganisation abhängt. Als Bezeichnung der Variablen verwenden wir

- x_1 Dauer,
- x_2 Kontrolle,
- x_3 Zufriedenheit.

Die Rohdaten sind in Tab. 24.1 enthalten. Beschäftigungsdauer wird in Jahren gemessen, Kontrolle und Arbeitszufriedenheit werden mittels eines Fragebogen erfasst, wobei höhere Werte einer höheren Kontrolle bzw. einer höheren Zufriedenheit entsprechen. Berechnet man die Korrelationsmatrix der drei Merkmale aufgrund der Daten in Tab. 24.1, so erhält man die Matrix (Zeilen und Spalten entsprechen der Variablenreihenfolge x_1, x_2 und x_3):

$$\begin{pmatrix} 1{,}000 & & \\ 0{,}633 & 1{,}000 & \\ 0{,}583 & 0{,}857 & 1{,}000 \end{pmatrix}.$$

Beispielsweise beträgt die Korrelation zwischen Zufriedenheit und Dauer $r_{13} = 0{,}583$.

Wir gehen von Modell M2 aus, d. h., wir nehmen an, dass für die Population, aus welcher die Stichprobe entnommen wurde, folgende Aussagen gelten:

1. Die Dauer der Beschäftigung hat einen direkten Einfluss auf die Zufriedenheit,
2. die Kontrolle über die Arbeitsorganisation besitzt einen direkten Einfluss auf die Zufriedenheit,
3. die Dauer der Beschäftigung hat einen direkten Einfluss auf die Kontrolle.

Wie die Pfadkoeffizienten aufgrund vorliegender Korrelationen zu berechnen sind, wurde bereits oben erläutert, sodass die Korrelationen nur in die entsprechende Formel eingesetzt werden müssen. Aufgrund der Beziehung $p_{21} = r_{12}$ ergibt sich:

$$p_{21} = 0{,}633.$$

Für die anderen beiden Pfadkoeffizienten ermittelt man

$$p_{31} = \frac{r_{13} - r_{23} \cdot r_{12}}{1 - r_{12}^2},$$
$$= \frac{0{,}583 - 0{,}857 \cdot 0{,}633}{1 - 0{,}633^2} = 0{,}068,$$
$$p_{32} = \frac{r_{23} - r_{13} \cdot r_{12}}{1 - r_{12}^2},$$
$$= \frac{0{,}857 - 0{,}583 \cdot 0{,}633}{1 - 0{,}633^2} = 0{,}814.$$

Tabelle 24.1. Rohdaten der Variablen x_1 Dauer, x_2 Kontrolle und x_3 Zufriedenheit

Vp	x_1	x_2	x_3
1	4	30	50
2	6	70	50
3	1	20	30
4	1	20	30
5	3	70	70
6	9	90	70
7	8	40	40
8	5	20	40
9	5	70	60
10	8	70	80

Der Pfadkoeffizient p_{31}, welcher den direkten Einfluss der Beschäftigungsdauer auf die Arbeitszufriedenheit angibt, hat nur einen geringen Wert im Vergleich zu p_{32}, welcher den direkten Einfluss der Kontrolle auf die Zufriedenheit beschreibt, sodass wir von einem erheblich größeren direkten Einfluss der Kontrolle auf die Arbeitszufriedenheit ausgehen müssen. Die Beschäftigungsdauer hat einen bedeutsamen Einfluss auf die Kontrolle der Arbeitsorganisation, sodass mit einem indirekten Einfluss der Beschäftigungsdauer (via Kontrolle) auf die Arbeitszufriedenheit zu rechnen ist.

24.1.4 Pfadkoeffizienten und Regression

Die Pfadanalyse ist eng mit der Regressionsanalyse verbunden. In der Tat lassen sich die Pfadkoeffizienten rekursiver Pfadmodelle auch mit Hilfe der linearen Regression ermitteln. Allerdings benötigt eine Pfadanalyse mehrere Regressionsanalysen – eine pro endogener Variable.

Betrachten wir zur Erläuterung wieder Modell M2. Es besitzt zwei endogene Variablen. Somit sind folgende zwei Regressionsanalysen erforderlich:

1. Eine einfache lineare Regression von x_2 auf x_1,
2. eine multiple lineare Regression von x_3 auf x_1 und x_2.

Für M2 können wir die Korrektheit dieser Aussage folgendermaßen überprüfen: Wir wissen bereits, dass für M2 der Pfadkoeffizient p_{21} mit r_{12} identisch ist. Er beschreibt den Einfluss von x_1 auf x_2, der auch durch die einfache linearen Regression von x_2 auf x_1 analysiert wird. Um nun die Regressionskoeffizienten mit den Pfadkoeffizienten in Beziehung zu setzen, müssen wir bedenken, dass in der Pfadanalyse alle Variablen als standardisiert angenommen werden. Berechnet man eine lineare Regression zwischen standardisierten Variablen, so haben wir die Regressionskoeffizienten als standardisiert bzw. als Beta-Gewichte bezeichnet. In Gl. (11.6) hatten wir bereits festgestellt, dass das Beta-Gewicht einer einfachen linearen Regression mit der Korrelation zwischen Prädiktor und Kriterium identisch ist. Das Beta-Gewicht der Regression von x_2 auf x_1 ist also mit r_{12} und somit auch mit dem Pfadkoeffizienten p_{21} identisch.

Für die Pfadkoeffizienten p_{31} und p_{32} existiert ebenfalls eine direkte Beziehung zu den Beta-Gewichten der Regression von x_3 auf x_1 und x_2. Wir betrachten wiederum die standardisierten Steigungskoffizienten, die wir in Kap. 21 als Beta-Gewichte bezeichneten und mit B_1 und B_2 für die Prädiktoren x_1 und x_2 symbolisierten. Die Pfadkoeffizienten sind mit den Beta-Gewichten identisch. Es gilt:

$$p_{31} = B_1 \quad \text{und} \quad p_{32} = B_2 .$$

Von der Korrektheit dieser Aussage können wir uns überzeugen, wenn wir die Gleichungen der Pfadkoeffizienten, s. Gl. (24.2), mit den Beta-Gewichten in Gl. (21.11) vergleichen. Um die Gleichheit zu erkennen, ist zu bedenken, dass das Kriterium der Regression in Kap. 21 mit y bezeichnet wurde, im aktuellen Zusammenhang aber der Variablen x_3 entspricht.

Die für M2 gemachte Beobachtung, dass die Pfadkoeffizienten mit Beta-Gewichten von Regressionsanalysen übereinstimmen, gilt für alle rekursiven Pfadmodelle.

Um die Pfadkoeffizienten rekursiver Pfadmodelle zu ermitteln, werden jeweils eine endogene Variable als Kriterium und die Variablen, welche einen direkten Effekt auf das Kriterium besitzen – von denen ein Pfeil direkt auf das Kriterium zeigt – als Prädiktoren verwendet.

Die Gleichheit von Pfadkoeffizienten und Beta-Gewichten der Regressionsanalyse hat zwei direkte Konsequenzen. Erstens lassen sich die Pfadkoeffizienten rekursiver Modelle durch Regressionsanalyse berechnen. Zweitens können Pfadkoeffizienten rekursiver Pfadmodelle als einfache bzw. partielle Beta-Gewichte interpretiert werden.

BEISPIEL 24.2

Wir wollen die Pfadkoeffizienten des Beispiels 24.1 mit Hilfe einer linearen Regression errechnen. Die Rohdaten, die wir für die Berechnung verwenden, sind in Tab. 24.1 enthalten.

Die standardisierten Regressionskoeffizienten können auf zwei Arten ermittelt werden. Zum einen können wir zunächst die Daten der drei Merkmale standardisieren. Zum anderen können wir die (unstandardisierten) Regressionskoeffizienten ermitteln und diese dann in Beta-Gewichte umrechnen. Wir wählen das zweite Vorgehen.

Da im Fall der Regression von x_2 auf x_1 das Beta-Gewicht mit p_{21} sowie mit r_{12} identisch ist, wir r_{12} aber bereits kennen bzw. unmittelbar aus den Rohdaten berechnen können, verzichten wir auf die weitere Diskussion dieser Beziehung und wenden uns der Ermittlung von p_{31} und p_{32} aufgrund der Regression von x_3 auf x_1 und x_2 zu. Diese Regressionsanalyse ergibt folgende Vorhersagegerade:

$$\hat{x}_3 = 23{,}185 + 0{,}420 \cdot x_1 + 0{,}534 \cdot x_2 .$$

Nur die Steigungskoeffizienten sind für unsere Zwecke von Bedeutung. Um nun aus den (unstandardisierten) Steigungskoeffizienten Beta-Gewichte zu errechnen, verwenden wir Gl. (21.12). Die Standardabweichungen der drei Merkmale lauten:

$$s_1 = 2{,}828, \qquad s_2 = 26{,}667, \qquad \text{und} \qquad s_3 = 17{,}512.$$

Wir ermitteln

$$B_1 = 0{,}420 \cdot \frac{2{,}828}{17{,}512} = 0{,}068 \quad \text{und}$$

$$B_2 = 0{,}534 \cdot \frac{26{,}667}{17{,}512} = 0{,}813.$$

Es ergeben sich also (bis auf Rundungsfehler) die gleichen Werte für die Pfadkoeffizienten wie zuvor.

24.1.5 Restriktionen

Im Rahmen der Pfadanalyse werden häufig gewissen Pfade *eliminiert*, d. h., die entsprechenden Pfadkoeffizienten werden *null gesetzt*. Solche Restriktion sind unter anderem für die empirische Überprüfung von Pfadmodellen von Bedeutung. Zur Erläuterung betrachten wir noch einmal M2. Wir können aus dem Modell zwei neue Modelle erzeugen, indem wir jeweils einen der Pfadkoeffizienten auf null setzen. Dies entspricht der Eliminierung des entsprechenden Pfeils im Pfaddiagramm.

Eliminieren wir den Pfeil von x_2 nach x_3, setzen also $p_{32} = 0$, erhalten wir M2a. Eliminieren wir den Pfeil von x_1 nach x_3, setzen also $p_{31} = 0$, erhalten wir M2b. Die beiden resultierende Pfaddiagramm sind in folgender Abbildung dargestellt:

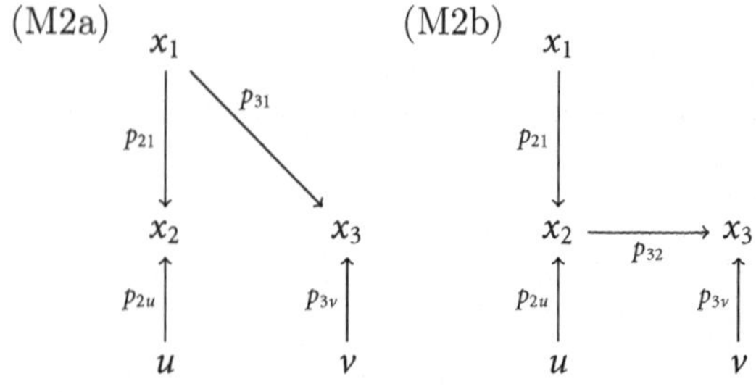

In M2a ist x_1 die alleinige Ursache für die Korrelation zwischen x_1 und x_2. Wird x_1 konstant gehalten oder statistisch kontrolliert, muss – die Gültigkeit des Modells vorausgesetzt – der Zusammenhang zwischen x_2 und x_3 verschwinden, denn die verbleibende Variation resultiert nur noch aufgrund der unkorrelierten Residuen. Mit Hilfe der Tracing Rules lässt sich diese Beobachtung bestätigen. Wir ermitteln

$$r_{12} = p_{21},$$
$$r_{13} = p_{31},$$
$$r_{23} = p_{21} \cdot p_{31}.$$

Die beiden Pfadkoeffizienten, p_{21} und p_{31}, entsprechen also gerade den einfachen Korrelationen. Aufgrund der dritten Gleichung erhalten wir folgende Beziehung zwischen den Merkmalskorrelationen:

$$r_{23} = r_{12} \cdot r_{13}.$$

Beschreibt das Pfadmodell die kausalen Beziehungen zwischen den Variablen korrekt, so sollte diese Beziehung zwischen den Korrelationen bestehen. Sie ist aber äquivalent zu der Aussage, dass der partielle Korrelationskoeffizient $r_{23 \cdot 1}$ null sein muss. Dies lässt sich erkennen, wenn man die obige Beziehung als

$$r_{23} - r_{21} \cdot r_{31} = 0$$

schreibt. Die linke Seite entspricht dem Zähler des partiellen Korrelationskoeffizienten, s. Gl. (21.1). Das Nullsetzen eines Pfadkoeffizienten impliziert gewisse Restriktionen für die beobachteten Korrelationen. Somit werden Pfadmodelle empirisch überprüfbar. Der Signifikanztest für die partielle Regression kann somit als Test für die Gültigkeit von M2a betrachtet werden.

Für M2b (s. oben), welches durch $p_{31} = 0$ aus M2 hervorgeht, lässt sich mit analogen Argumenten zeigen, dass dieses Modell den Wert null für die partielle Korrelation $r_{13 \cdot 2}$ impliziert. Denn das Konstant-Halten bzw. das statistische Kontrollieren von x_2 unterbricht den kausalen Fluss von x_1 nach x_3. In M2b wird die Variable x_2 auch *Mediator* genannt, da der Einfluss von x_1 auf x_3 über x_2 vermittelt wird. Ein Signifikanztest der partiellen Korrelation $r_{13 \cdot 2}$ kann also als Test dieses „Mediatormodells" betrachtet werden. Allerdings ist zu beachten, dass M2b nicht das einzige Modell ist, für welches $r_{13 \cdot 2}$ null werden muss. Würde man in M2b den kausalen Fluss umdrehen, würde also ein Pfeil von x_3 nach x_2 und ein weiterer Pfeil von x_2 auf x_1 zeigen, so würde sich die Implikation des Modells hinsichtlich der partiellen Korrelation nicht ändern. Somit kann die Signifikanzprüfung der partiellen Korrelation keinen Aufschluss über die Richtung des kausalen Flusses erbringen.

Diese Uneindeutigkeit ist eine generelle Schwäche der Pfadanalyse: Es lassen sich in der Regel mehrere Kausalmodelle finden, die mit einer gegebenen Korrelationsstruktur im Einklang stehen (vgl. hierzu auch Stelzl, 1982). Diese Uneindeutigkeit macht die Forderung, nur a priori formulierte Kausalmodelle zu prüfen, umso dringlicher.

Pfaddiagramme als Gleichungen

Bisher haben wir mit Hilfe der Tracing Rules die Pfadkoeffizienten bestimmt sowie weitere Aussagen über Pfadmodelle gewonnen. Für das Verständnis der Pfadmodelle ist es aber hilfreich, ein Pfadmodell auch in ein System von Gleichungen übersetzen zu können. Auf diese Weise lassen sich die Pfadkoeffizienten durch algebraische Umformungen aus den Korrelationen gewinnen. Dieses Vorgehen ist also eine Alternative zu den Tracing Rules, die allerdings erheblich aufwändiger ist. Wir wollen das Vorgehen deshalb nur an einem Beispiel illustrieren.

Für jede endogene Variable lässt sich eine Gleichung ermitteln, welche die allgemeine Form einer Regressionsgleichung besitzt. Die endogene Variable ist dabei das Kriterium, und alle Merkmale, die einen direkten Effekt auf die endogene Variable besitzen, werden als Prädiktoren in die Gleichung aufgenommen. Die Pfadkoeffizienten sind die Gewichte der Prädiktoren. Schließlich erhält jede Gleichung ein Residuum, das – im Gegensatz zur linearen Regression – ebenfalls mit einem Pfadkoeffizienten gewichtet wird. Ein y-Achsenabschnitt wird in den Gleichungen nicht benötigt, da alle Variablen als standardisiert vorausgesetzt werden.

Betrachten wir zunächst M1. Da in diesem Modell nur eine endogene Variable vorhanden ist, ergibt sich die Gleichung:

$$x_3 = p_{31} \cdot x_1 + p_{32} \cdot x_2 + p_{3u} \cdot u.$$

Als zweites Beispiel betrachten wir M2. In diesem Modell sind zwei endogene Variablen enthalten, so dass die Modellgleichung folgendermaßen lautet:

$$x_2 = p_{21} \cdot x_1 + p_{2u} \cdot u,$$
$$x_3 = p_{31} \cdot x_1 + p_{32} \cdot x_2 + p_{3v} \cdot v.$$

Für M2a vereinfacht sich das Gleichungssystem wegen $p_{32} = 0$ zu

$$x_2 = p_{21} \cdot x_1 + p_{2u} \cdot u,$$
$$x_3 = p_{31} \cdot x_1 + p_{3v} \cdot v.$$

Für M2b ergibt sich ganz analog, da $p_{31} = 0$,

$$x_2 = p_{21} \cdot x_1 + p_{2u} \cdot u,$$
$$x_3 = p_{32} \cdot x_2 + p_{3v} \cdot v.$$

Um die Pfadkoeffizienten mit Hilfe dieser Gleichungen zu bestimmen, kann man folgendes Verfahren verwenden (eine detaillierte Darstellung dieser Methode findet man bei Duncan, 1975):

Im ersten Schritt wird jede Gleichung des Pfadmodells mit jedem ihrer Prädiktoren multipliziert. Anschließend werden beide Seiten der Gleichung über die Beobachtungen summiert. Da jedem Prädiktor ein Pfadkoeffizient zugeordnet ist, erhält man aus jeder Modellgleichung genau so viele Gleichungen, wie unbekannte Pfadkoeffizienten in der Modellgleichung enthalten sind. Wir zeigen das Vorgehen für die beiden Gleichungen von M2. Wir beginnen mit der ersten Gleichung, welche nur den Prädiktor x_1 enthält. Aus dieser Modellgleichung ergibt sich durch Multiplikation mit x_1 und anschließender Summation

$$\sum_i x_{1i} \cdot x_{2i} = p_{21} \sum_i x_{1i}^2 + p_{2u} \sum_i x_{1i} \cdot u_i.$$

Für standardisierte Variablen ist die Summe eines quadrierten Merkmals gleich seiner Varianz und somit 1,0. Die Summe des Produkts zweier Merkmale ist gleich ihrer Korrelation. Da x_1 und u unkorreliert sind, ergibt sich $\sum_i x_{1i} \cdot u_i = r_{1u} = 0$. Also erhält man aus der ersten Gleichung des Pfadmodells die Aussage

$$r_{12} = p_{21} \cdot 1{,}0 + p_{2u} \cdot 0 = p_{21}.$$

Das Ergebnis besagt, dass der Pfadkoeffizient p_{21} mit der Korrelation r_{12} identisch ist. Dies ist ein Ergebnis, das wir aufgrund der Tracing Rules ebenfalls erhalten hatten.

Da die zweite Gleichung des Pfadmodells zwei Prädiktoren enthält und sie mit jedem der Prädiktoren multipliziert werden muss, ergeben sich durch die anschließende Summation folgende zwei Gleichungen:

$$\sum_i x_{1i} \cdot x_{3i} = p_{31} \sum_i x_{1i}^2 + p_{32} \sum_i x_{1i} \cdot x_{2i} + p_{3v} \sum_i x_{1i} \cdot v_i,$$
$$\sum_i x_{2i} \cdot x_{3i} = p_{31} \sum_i x_{2i} \cdot x_{1i} + p_{32} \sum_i x_{2i}^2 + p_{3v} \sum_i x_{2i} \cdot v_i.$$

Für standardisierte Variablen ist die Summe eines quadrierten Merkmals gleich seiner Varianz und somit 1,0. Die Summe des Produkts zweier Merkmale ist gleich ihrer Korrelation. Da das Residuum mit den exogenen Variablen nicht korreliert, folgt $r_{1v} = \sum_i x_{1i} \cdot v_i = 0$ und ebenso $r_{2v} = 0$. Man erhält somit die Gleichungen

$$r_{13} = p_{31} + p_{32} \cdot r_{12},$$
$$r_{23} = p_{31} \cdot r_{12} + p_{32}.$$

Dieses Gleichungssystem ist identisch mit demjenigen in Gl. (24.1), welches wir aus den Tracing Rules erhalten haben. Somit ergibt sich aus ihm ebenfalls die Lösung für p_{31} und p_{32}, welche in Gl. (24.2) gegeben ist.

Zusammenfassend können wir festhalten, dass wir mit dem algebraischen Vorgehen die Lösung der Pfadkoeffizienten für M2 bestätigen konnten. Das erläuterte Vorgehen kann nach dem gleichen Schema auf beliebige andere rekursive Pfadmodelle übertragen werden. Der Berechnungsaufwand steigt aber schnell mit der Komplexität des Modells, da die Anzahl der Gleichungen mit der Komplexität zunimmt. Dies gilt im Übrigen auch für die Berechnung der Pfadkoeffizienten mit den Tracing Rules. Die Tracing Rules sparen zwar Rechenarbeit, da sie es erlauben, das Gleichungssystem, welches Korrelationen mit Pfadkoeffizienten in Beziehung setzt, leicht aufzustellen. Gelöst werden muss das System aber nach wie vor durch algebraische Umformungen.

SOFTWAREHINWEIS 24.1

Zur Durchführung der Berechnungen pfadanalytischer Modelle empfiehlt sich die Verwendung geeigneter statistischer Software. Liegen die Rohdaten vor, so können mit Hilfe der linearen Regression die Pfadkoeffizienten geschätzt werden. Dazu werden vor der Analyse die Variablen standardisiert. Alternativ können berechnete unstandardisierte Regressionskoeffizienten nachträglich in Beta-Gewichte bzw. in Pfadkoeffizienten umgerechnet werden. Bei einzelnen Programmen gehören Beta-Gewichte zum Standard-Output einer Regressionsanalyse, sodass sie direkt verfügbar sind. Liegt dagegen die Korrelationsmatrix vor, sollten spezialisierte Programme zum Einsatz kommen.

Oft können auch statistische Programmpakete wie SPSS und SAS bestimmte Matrizen einlesen, die dann für die Regressionsanalyse verwendet werden können. Insofern ist es sogar möglich, auch mit solchen Programmpaketen die Pfadkoeffizienten aufgrund der Korrelations-, Kovarianz- oder einer dazu äquivalenten Matrix zu berechnen.

24.2 Effektzerlegung

Eine für die inhaltliche Interpretation interessante Information ergibt sich im Rahmen von Pfadanalysen durch die Zerlegung der zwischen den

Variablen bestehenden Effekte. Grundsätzlich unterscheidet man bei einem Effekt, den eine Variable auf eine andere Variable ausübt, ob es sich um einen *direkten* oder einen *indirekten Effekt* handelt. Obwohl es zwischen zwei Variablen höchstens einen direkten Effekt geben kann, kann eine Variable durchaus mehrere indirekte Effekte auf eine andere Variable haben. Die Summe des direkten sowie aller indirekten Effekte wird als *totaler Effekt* bezeichnet.

Die direkten Effekte entsprechen den Pfadkoeffizienten, die wir aus den Korrelationen ermitteln können. Um die indirekten Effekte zu erläutern, betrachten wir wiederum M2 und fragen uns, ob die Variable x_1 einen Effekt auf x_3 besitzt, der über ihren direkten Effekt hinausgeht. Betrachtet man die Abbildung, so erkennt man, dass x_1 mit x_3 auch indirekt über x_2 verbunden ist. Mit anderen Worten, eine Veränderung in x_1 wird eine Veränderung in x_2 hervorrufen, und diese Veränderung führt dann zu einer Veränderung von x_3. Dieser Mechanismus beschreibt den indirekten Effekt von x_1 auf x_3. Er entspricht dem Produkt der Pfadkoeffizienten, durch welche er sich manifestiert. Der indirekte Effekt von x_1 auf x_3 ist also $p_{21} \cdot p_{32}$.

Im Übrigen muss nicht jede Variable außer ihrem direkten Effekt auch indirekte Effekte besitzen. Zum Beispiel hat x_1 nur einen direkten Effekt auf x_2. Genauso hat x_2 nur einen direkten Effekt auf x_3. Ebenso ist es möglich, dass eine Variable nur einen indirekten Effekt auf eine andere Variable besitzt. Dies ist zum Beispiel für x_1 in M2b der Fall, welches x_3 nur indirekt beeinflusst.

BEISPIEL 24.3

Für das Beispiel 24.1 berechnen wir den indirekten Effekt der Beschäftigungsdauer x_1 auf die Arbeitszufriedenheit x_3. Um die Berechnung zu erleichtern, geben wir M2 hier noch einmal wieder, wobei wir nun die zuvor berechneten numerischen Werte für die Pfadkoeffizienten in das Diagramm eingetragen haben:

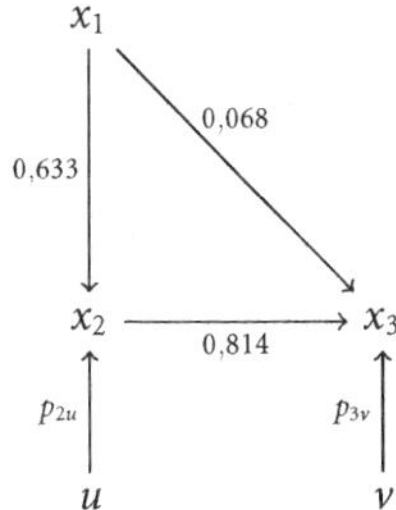

Der indirekte Effekt von x_1 auf x_3 entspricht dem Produkt der Pfadkoeffizienten entlang dieses Pfades. Er beträgt somit

$$p_{21} \cdot p_{32} = 0{,}633 \cdot 0{,}814 = 0{,}515.$$

Der indirekte Effekt der Beschäftigungsdauer auf die Arbeitszufriedenheit ist also erheblich größer als der direkte Effekt, der $p_{31} = 0{,}068$ beträgt. Summiert man den direkten und den indirekten Effekt von x_1 auf x_3, erhält man den totalen Effekt. Dieser beträgt

$$\begin{aligned} \text{Totaler Effekt} &= p_{31} + p_{21} \cdot p_{32}, \\ &= 0{,}068 + 0{,}515 = 0{,}583. \end{aligned}$$

Der totale Effekt ist somit gleich der Korrelation zwischen x_1 und x_3. Dies ist insofern nicht überraschend, da die rechte Seite des totalen Effekts der Zerlegung der Korrelation r_{13} aufgrund des Modells entspricht.

SOFTWAREHINWEIS 24.2

Die Anzahl der indirekten Effekte, welche zu einem Variablenpaar gehört, steigt schnell mit der Komplexität des Modells. Die Berechnung der indirekten Effekte von Hand ist deshalb oft sehr aufwändig und zugleich fehleranfällig. Die auf Strukturgleichungsmodelle spezialisierte Computersoftware kann die Berechnung von direkten und indirekten Effekten schnell und zuverlässig durchführen. Dieser Vorteil legt die Verwendung der spezialisierten Software selbst für einfache, rekursive Modelle nahe. In der Regel gehört die Effektzerlegung in direkte, indirekten und totalen Effekte nicht zum Standard-Output der Programme, sondern muss durch die Angabe einer Programmoption angefordert werden.

Beispielsweise gibt das Programm AMOS für das Beispiel 24.3 folgende Tabellen für die direkten und indirekten Effekte aus:

Stand. Direct Effects

	x_1	x_2
x_2	0,633	0,000
x_3	0,068	0,814

Stand. Indirect Effects

	x_1	x_2
x_2	0,000	0,000
x_3	0,515	0,000

24.3 Modell mit vier Variablen

Wir diskutieren nun ein angewandtes Beispiel einer Pfadanalyse, dem ein Modell mit vier Variablen zugrunde liegt. In einer (fiktiven) Untersuchung soll analysiert werden, ob bzw. wie stark Schulkinder durch regelmäßiges elterliches Lob bzw. positive Rückmeldung ihre Schulleistung verbessern. Als Variablen des Kausalmodells werden

- x_1 Lob,
- x_2 Motivation,
- x_3 Lernaufwand,
- x_4 Leistung

identifiziert. Das kausale Modell, welches den Wirkungsmechanismus von Lob auf Leistung zeigt, ist in folgender Abbildung dargestellt:

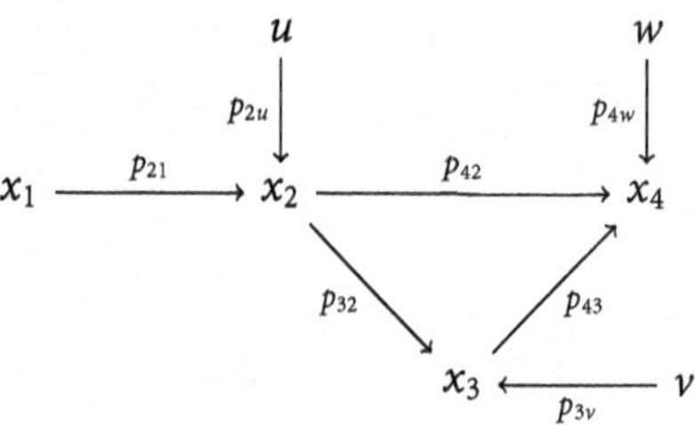

Es wird somit angenommen, dass Lob die Motivation steigert und die gesteigerte Motivation dann einen direkten Effekt auf die Leistung besitzt. Zugleich führt höhere Motivation zu einer größeren Bereitschaft zu Lernen, die sich in einem erhöhten zeitlichen Lernaufwand widerspiegelt. Der zusätzliche Lernaufwand wirkt sich direkt auf die Leistung der Schüler aus. Wir gehen (vereinfachend) davon aus, dass alle vier Variablen ohne erheblichen Messfehler ermittelt werden konnten. Da der kausale Fluss des Modells nur in eine Richtung geht und keine korrelierten Residuen vorliegen, ist das Modell rekursiv.

Folgende Korrelationsmatrix wurde aufgrund einer Schülerstichprobe ($n = 20$) errechnet (Variablenreihenfolge x_1, x_2, x_3 und x_4):

$$\begin{pmatrix} 1{,}000 & & & \\ 0{,}587 & 1{,}000 & & \\ -0{,}076 & 0{,}632 & 1{,}000 & \\ 0{,}262 & 0{,}609 & 0{,}794 & 1{,}000 \end{pmatrix}$$

Pfadkoeffizienten. Wir berechnen die Pfadkoeffizienten mit den Tracing Rules. Die Rohdaten (bereits standardisiert) sind in Tab. 24.2 enthalten. Somit könnten wir die Pfadkoeffizienten alternativ auch durch drei lineare Regressionen – eine für x_2 auf x_1, eine für x_3 auf x_2 sowie eine für x_4 auf x_2 und x_3 – berechnen.

Mit Hilfe der Tracing Rules drücken wir alle sechs Korrelationen durch die Pfadkoeffizienten aus:

$$r_{12} = p_{21},$$
$$r_{13} = p_{21} \cdot p_{32},$$
$$r_{14} = p_{21} \cdot p_{32} \cdot p_{43} + p_{21} \cdot p_{42},$$
$$r_{23} = p_{32},$$
$$r_{24} = p_{42} + p_{32} \cdot p_{43},$$
$$r_{34} = p_{43} + p_{32} \cdot p_{42}.$$

Nun müssen die vier Pfadkoeffizienten, welche in den sechs Gleichungen enthalten sind, durch die Korrelationen ausgedrückt werden. Die beiden Koeffizienten p_{21} und p_{32} stimmen mit den entsprechenden Korrelationen überein, sodass hier keine weitere Rechnung notwendig ist. Somit sind nur noch die Koeffizienten p_{42} und p_{43} unbekannt. Wir benutzen die fünfte und sechste Gleichung, um diese beiden Koeffizienten zu bestimmen. Nach einigen algebraischen Umformungen ergibt sich:

$$p_{42} = \frac{r_{24} - r_{34} \cdot r_{23}}{1 - r_{23}^2},$$
$$p_{43} = \frac{r_{34} - r_{24} \cdot r_{23}}{1 - r_{23}^2}.$$

Diese Lösungen entsprechen den Beta-Gewichten der linearen Regression von x_4 auf x_2 und x_3. Setzt man die Werte der beobachteten Korrelationen in die Formeln ein, erhält man die Pfadkoeffizienten, welche in der folgenden Abbildung eingezeichnet sind:

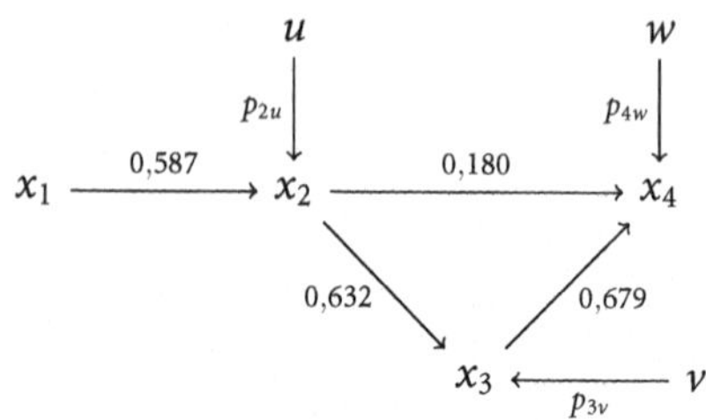

Bemerkung. Bevor wir das Beispiel fortsetzen, wollen wir noch eine Bemerkung zur Lösung der Pfadkoeffizienten machen. In rekursiven Modellen, in denen nicht alle Pfade enthalten sind, ist es häufig der Fall, dass mehrere Möglichkeiten existieren, einen bestimmten Pfadkoeffizienten zu errechnen.

Tabelle 24.2. Standardisierte Rohdaten der Variablen Lob, Motivation, Lernaufwand und Leistung

Vp	x_1	x_2	x_3	x_4
1	−1,12	−1,36	−1,22	−2,14
2	0,83	1,65	0,86	0,79
3	−1,85	−0,57	0,86	0,25
4	1,23	0,45	−0,80	0,13
5	−1,18	−1,08	−0,95	−1,02
6	−0,68	−1,40	−0,92	−0,90
7	0,87	−0,41	−0,31	0,40
8	0,74	0,87	−0,10	−0,08
9	−0,66	0,20	1,11	0,30
10	−0,27	0,51	0,87	−0,17
11	0,02	−0,62	−0,60	0,56
12	−0,29	−0,18	−0,86	−1,25
13	−1,42	−0,58	0,93	1,43
14	1,27	1,67	0,41	0,82
15	−0,54	−0,26	−0,50	−0,88
16	0,29	−1,70	−1,87	−1,55
17	1,11	0,03	0,28	0,91
18	1,34	1,39	0,42	0,19
19	−0,63	0,92	2,33	1,59
20	0,96	0,45	0,04	0,62

In dem betrachteten Beispiel lässt sich durch einige algebraische Umformungen zeigen, dass p_{21} nicht nur durch die bisher verwendete Beziehung $r_{12} = p_{21}$ ermittelt werden kann, sondern dass auch

$$p_{21} = r_{14}/r_{24}$$

vom Pfadmodell impliziert wird. Somit kann auch diese Beziehung zur Berechnung von p_{21} verwendet werden. Man erhält durch diese Gleichung: $p_{21} = 0{,}262/0{,}609 = 0{,}430$. Der Wert stimmt nicht mit dem im obigen Pfaddiagramm enthaltenen Wert von $p_{21} = 0{,}587$ überein. Es liegt nun nahe, die beiden berechneten Werte für p_{21} zu mitteln, um zu einem eindeutigen Ergebnis für p_{21} zu kommen. Goldberger (1970) hat allerdings gezeigt, dass es vorteilhaft ist, nur den aufgrund der linearen Regression ermittelten Wert zu berücksichtigen und den anderen Wert zu ignorieren. Aus diesem Grund haben wir den Wert $p_{21} = 0{,}587$ in das Pfaddiagramm eingetragen, denn der Wert ist das Beta-Gewicht der einfachen linearen Regression von x_2 auf x_1.

Indirekte Effekte. Nun wollen wir die Effekte der Variablen in ihre direkten und indirekten Anteile zerlegen. Die direkten Effekte entsprechen den Pfadkoeffizienten, welche bereits in dem obigen Diagramm enthalten sind. Wir müssen nur die indirekten Effekte ermitteln. Wie man durch Betrachten des Pfaddiagramms erkennt, existieren in dem Modell vier indirekte Effekte:

1. Effekt von x_2 via x_3 auf x_4,
2. Effekt von x_1 via x_2 auf x_3,
3. Effekt von x_1 via x_2 auf x_4,
4. Effekt von x_1 via x_2 und x_3 auf x_4.

Der erste indirekte Effekt besteht in der Wirkung der Motivation x_2, welche durch den Lernaufwand vermittelt wird. Er wird als Produkt der entsprechenden Pfadkoeffizienten errechnet. Man erhält für den indirekten Effekt von x_2 auf x_4 den Wert

$$0{,}632 \cdot 0{,}679 = 0{,}429.$$

Vergleichen wir diesen Wert mit dem direkten Effekt von x_2 auf x_4, welcher 0,180 beträgt, so erkennt man, dass der indirekte Effekt deutlich größer ist. Unterstellt man die Korrektheit des Modells, so wirkt sich die Erhöhung der Motivation in erster Linie über eine erhöhte Bereitschaft zum lernen auf die Schulleistung aus. Der totale Effekt der Motivation auf die Leistung ist die Summe aus direktem und indirektem Effekt. Somit ergibt sich ein totaler Effekt von $0{,}180 + 0{,}429 = 0{,}609$, was exakt der Korrelation r_{24} entspricht.

Der indirekte Effekt von Lob x_1 auf Lernaufwand x_3 wird wieder als Produkt der Pfadkoeffizienten ermittelt. Man erhält

$$p_{21} \cdot p_{32} = 0{,}587 \cdot 0{,}632 = 0{,}371.$$

Da x_1 keinen direkten Effekt auf x_3 besitzt, ist der indirekte Effekt gleich dem totalen Effekt von x_1 auf x_3. Man beachte, dass in diesem Fall der totale Effekt nicht mit der Korrelation r_{13}, welche $-0{,}076$ beträgt, übereinstimmt.

Nun zu den beiden indirekten Effekten von Lob x_1 auf Leistung x_4. Dies ist die eigentlich interessante Forschungsfrage in diesem Beispiel. Der direkte positive Effekt von Lob auf Motivation besagt, dass Lob die Motivation steigert. Außerdem wissen wir bereits von der Analyse des Effekts der Motivation auf die Leistung, dass eine Motivationserhöhung sich hauptsächlich durch eine Steigerung des Lernaufwandes auf die Leistung auswirkt und in geringerem Umfang direkt die Leistung verbessert. Der numerische Wert für den indirekten Effekt von x_1 via x_2 auf x_4 beträgt:

$$p_{21} \cdot p_{42} = 0{,}587 \cdot 0{,}180 = 0{,}106.$$

Der entsprechende Wert für den indirekten Effekt von x_1 via x_2 und x_3 auf x_4 ist deutlich größer. Er beträgt:

$$p_{21} \cdot p_{32} \cdot p_{43} = 0{,}587 \cdot 0{,}632 \cdot 0{,}679 = 0{,}252.$$

Der totale indirekte Effekt ist die Summe der beiden indirekten Effekte. Wir errechnen den totalen indirekten Effekt zu

$$0{,}106 + 0{,}252 = 0{,}358.$$

Da x_1 keinen direkten Effekt auf x_4 besitzt, ist der totale indirekte Effekt zugleich der totale Effekt. Auch in diesem Fall stimmt der totale Effekt von x_1 auf x_4 nicht mit der Korrelation r_{14} überein, welche 0,262 beträgt.

Die folgende Tabelle gibt die indirekten Effekte wieder, die mit Hilfe des Programms AMOS auf der Basis der Korrelationsmatrix errechnet wurden:

Stand. Indirect Effects

	x_1	x_2	x_3
x_2	0,000	0,000	0,000
x_3	0,371	0,000	0,000
x_4	0,357	0,431	0,000

Wie man erkennt, werden die von uns errechneten Werte für die indirekten Effekte (bis auf Rundungsfehler) reproduziert. Des Weiteren fällt auf, das AMOS den indirekten Effekt von Lob auf Leistung nicht, wie wir dies getan haben, in zwei Komponenten aufspaltet, sondern nur den totalen indirekten Effekt ermittelt.

Modellimplikationen. Dadurch, dass das Pfaddiagramm nicht alle möglichen Pfade enthält, kann das Modell anhand der Daten überprüft werden. Dies wird dadurch ermöglicht, dass die totalen Effekte zwischen den Merkmalen den aufgrund des Modells zurückgerechneten Korrelationen entsprechen. Man spricht auch von den vom Modell „implizierten" Korrelationen. Wie wir bereits gesehen haben, gibt es totale Effekte, die aufgrund der Pfadkoeffizienten ermittelt wurden, und die *nicht* mit den empirisch beobachteten Korrelationen identisch sind. Ein erster Hinweis auf die Gültigkeit des Modells besteht also in einem Vergleich der vom Modell implizierten Korrelation mit den empirischen Korrelationen. Lässt man sich die vom Modell implizierten Korrelationen ausgeben, erhält man die Matrix:

$$\begin{pmatrix} 1{,}000 & & & \\ 0{,}587 & 1{,}000 & & \\ 0{,}371 & 0{,}632 & 1{,}000 & \\ 0{,}357 & 0{,}609 & 0{,}794 & 1{,}000 \end{pmatrix}$$

Vergleicht man die Matrix mit der zuvor in diesem Abschnitt gegeben Korrelationsmatrix, welche aufgrund der Rohdaten errechnet wurde, so stimmen nur die von uns als totale Effekte berechneten Werte, die den Korrelationen r_{13} und r_{14} entsprechen, nicht mit den aufgrund der Rohdaten ermittelten Korrelationen überein. Intuitiv ist die Größe dieser Differenzen schwer zu beurteilen, insbesondere deswegen, weil mehrere Differenzen zugleich beurteilt werden müssen. Für die Beurteilung der Übereinstimmung zwischen beobachteter und vom Modell implizierter Korrelationsmatrix steht sowohl ein χ^2-Anpassungstest als auch zahlreiche, sog. Goodness-of-fit-Indizes zur Verfügung.

24.3.1 Partielle Korrelation und Pfadanalyse

Bisher wurden nur rekursive Modelle besprochen. An dieser Stelle soll ein hierarchisches Pfadmodell besprochen werden, welches nicht-rekursiv ist, da es korrelierte Residuen enthält, d. h., $r_{uv} \neq 0$.

Das Modell ist in folgendem Pfaddiagramm dargestellt:

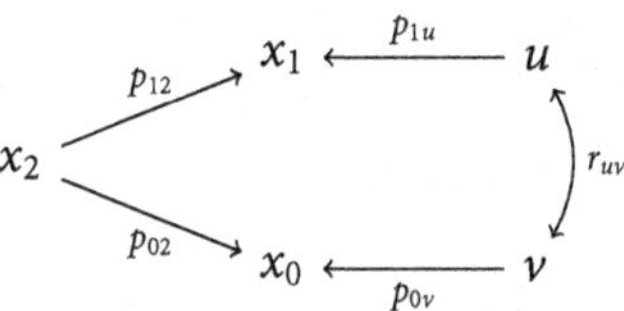

In diesem Modell wird die Korrelation zwischen x_1 und x_0 auf zwei Quellen zurückgeführt. Zum einen auf die gemeinsame Ursache x_2, zum anderen auf die Residualkorrelation r_{uv}. Würde man x_2 konstant halten oder statistisch kontrollieren, so würde der Zusammenhang zwischen x_1 und x_0 nicht gänzlich verschwinden, da er teilweise durch die Residualkorrelation verursacht wird. Eine Residualkorrelation wird dabei auf gemeinsame Ursachen der Merkmale x_1 und x_0 zurückgeführt, die im Pfadmodell nicht repräsentiert sind.

Wir schreiben die Korrelationen zwischen den drei Merkmalen mit Hilfe der Tracing Rules als Funktionen der Pfadkoeffizienten, bzw. der Residualkorrelation. Man erhält:

$$r_{12} = p_{12},$$
$$r_{02} = p_{02},$$
$$r_{01} = p_{02} \cdot p_{12} + p_{0v} \cdot p_{1u} \cdot r_{uv}.$$

Unser Ziel ist es, die Residualkorrelation aufgrund des Pfadmodells zu berechnen. Wir lösen deshalb die Gleichung nach r_{uv} auf und ersetzen zugleich die Pfadkoeffizienten p_{12} und p_{02} aufgrund der ersten beiden Gleichungen durch die entsprechenden Korrelationen. Es ergibt sich die folgende Gleichung

$$r_{uv} = \frac{r_{01} - r_{02} \cdot r_{12}}{p_{0v} \cdot p_{1u}}. \tag{24.3}$$

Der Ausdruck enthält im Nenner die Pfadkoeffizienten, die den Korrelationen der Merkmale mit den Residuen entsprechen. Die Korrelationen haben wir bisher nicht berechnet, da sie keine Information enthalten, die sich nicht aus der Kenntnis der bereits ermittelten Pfadkoeffizienten ergibt. Diese Aussage bleibt weiterhin gültig. Trotzdem suchen wir nun Formeln, die diese beiden Pfadkoeffizienten berechenbar machen. Setzen wir die Formeln in die obige Gleichung ein, erhalten wir einen berechenbaren Ausdruck für die Residualkorrelation r_{uv}. Wir gehen folgendermaßen vor:

Die Gleichung für x_1 lautet:

$$x_1 = p_{12} \cdot x_2 + p_{1u} \cdot u.$$

Wir berechnen nun die Varianz von x_1, deren Wert 1,0 beträgt. Die Varianz von x_1 ergibt sich in diesem Fall zu $p_{12}^2 + p_{1u}^2$, da zum einen alle Variablen standardisiert sind und zum anderen die Korrelation zwischen u und x_2 null beträgt, denn es existiert kein zulässiger Pfad von u nach x_2. Somit erhalten wir die Aussage

$$1 = p_{12}^2 + p_{1u}^2 \quad \text{bzw.} \quad p_{1u} = \sqrt{1 - p_{12}^2}.$$

Ein analoges Argument für x_0 ergibt die Aussage

$$p_{0v} = \sqrt{1 - p_{02}^2}.$$

Ersetzen wir die Korrelationen der Mermale mit den Residuen in Gl. (24.3) durch die ermittelten Ausdrücke, resultiert

$$p_{uv} = \frac{r_{01} - r_{02} \cdot r_{12}}{\sqrt{1 - p_{02}^2} \cdot \sqrt{1 - p_{12}^2}}.$$

Vergleicht man diese Formel mit der Gleichung (21.1) für die partielle Korrelation, erkennt man, dass beide Ausdrücke identisch sind. Mit anderen Worten,

$$r_{uv} = r_{01 \cdot 2}.$$

Diese Überlegungen verdeutlichen somit, wie die partielle Korrelation zu *interpretieren* ist. Nämlich als Korrelation der Merkmale x_1 und x_0, welche nach Kontrolle von x_2 verbleibt. Das Beispiel zeigt außerdem, dass pfadanalytische Kenntnisse oft hilfreich sind, gewisse theoretische Überlegungen zu erleichtern.

Zu einer vollständigeren Diskussion nichthierarchischer sowie nicht-rekursiver Modelle gehört die Frage nach der Identifikation der Pfadkoeffizienten. Dies ist ein komplexes Thema, welches an dieser Stelle nicht weiter vertieft werden kann. Die Pfadkoeffizienten sind dann identifiziert, wenn sie sich *eindeutig* aus den empirischen Korrelationen ermitteln lassen. Da rekursive Modelle immer identifiziert sind, haben wir das Thema bisher nicht angesprochen. Für die Diskussion der Identfikation von Pfadmodellen muss auf die weitere Literatur verwiesen werden, z. B. Bollen (1989), Hsiao (1983), Kline (2005) und Rigdon (1995).

24.4 Pfadanalyse mit latenten Variablen

Unsere bisherigen Überlegungen gingen davon aus, dass alle in einem Kausalmodell erfassten Variablen direkt beobachtbar sind. Allerdings können in der Pfadanalyse neben den direkt beobachtbaren Variablen auch latente Variablen berücksichtigt werden, die nur indirekt über Indikatoren zu erfassen sind (z. B. Fragebogenitems als Indikatoren für die latente Variable „politische Orientierung"). Eine beobachtbare Variable x ist dann in zwei Anteile dekomponierbar: ein Anteil, der durch das Konstrukt determiniert wird, das dieser Variablen zugrunde liegt, und ein weiterer Anteil, der auf Messfehler oder andere Konstrukte zurückzuführen ist. Für pfadanalytische Modelle mit latenten Variablen hat sich die sog. LISREL-Notation sehr weit verbreitet, die wir nun verwenden wollen. LISREL bezeichnet ein Computerprogramm zur Anpassung von Pfadmodellen an Korrelations- bzw. Kovarianzmatrizen.

Bezogen auf die latenten Variablen werden endogene Variablen (η, lies: eta) und exogene Variablen (ξ, lies: ksi) unterschieden. Die endogenen Variablen sollen im Modell erklärt werden und entsprechen den Kriteriumsvariablen. Die exogenen oder Prädiktorvariablen dienen zur Erklärung der endogenen Variablen.

Die Zuordnung der beobachtbaren x-Variablen zu den ihnen zugrunde liegenden exogenen latenten Variablen ξ erfolgt im sog. *Messmodell* der exogenen Variablen (vgl. Abb. 24.1; latente Variablen befinden sich in einem Kreis).

In diesem Beispiel liegt die exogene Variable ξ_1 (z. B. politische Orientierung) den zwei direkt beobachtbaren Indikatorvariablen x_1 und x_2 zugrunde (z. B. zwei Fragebogenitems). Die latente Variable beeinflusst die beobachtbaren Variablen, wobei die Stärke der Beeinflussung durch die Pfadkoeffizienten λ_{11} und λ_{21} (lies: lambda) symbolisiert ist. Die Messfehleranteile (Residualvariablen) von x_1 und x_2 heißen hier δ_1 und δ_2 (lies: delta). In Gleichungsform erhält man für das Messmodell in Abb. 24.1:

$$x_1 = \lambda_{11} \cdot \xi_1 + \delta_1,$$
$$x_2 = \lambda_{21} \cdot \xi_2 + \delta_2.$$

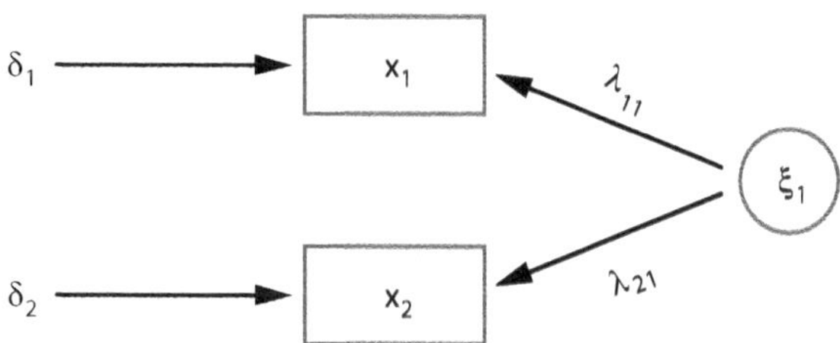

Abbildung 24.1. Messmodell einer latenten exogenen Variablen

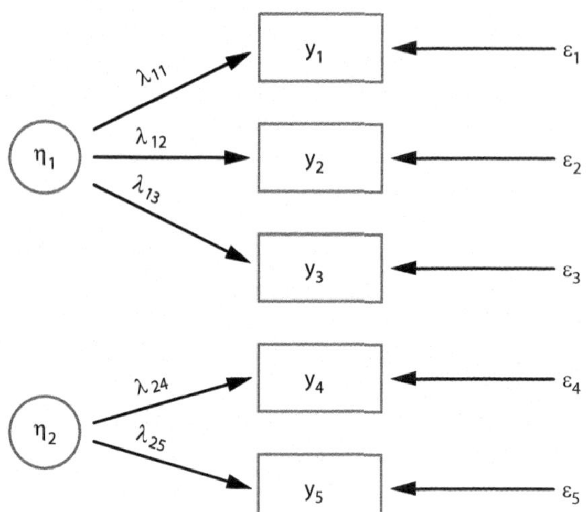

Abbildung 24.2. Messmodell für zwei latente endogene Variablen

Die Pfeilrichtungen in Abb. 24.1 deuten an, dass die beiden beobachtbaren Variablen durch die latente Variable bestimmt sind, d. h., eine Korrelation zwischen x_1 und x_2 wäre auf ξ_1 zurückzuführen. Die Pfadkoeffizienten λ_{11} und λ_{21} sind auch hier als Korrelationen zu interpretieren ($\lambda_{11} = r_{\xi_1 x_1}$, $\lambda_{21} = r_{\xi_1 x_2}$). In komplexeren Modellen können auch mehrere exogene Variablen vorkommen, die jeweils eigenen Indikatorvariablen zugrunde liegen.

Abbildung 24.2 zeigt das Messmodell für zwei latente endogene Variablen. Es wird angenommen, dass die erste latente endogene Variable η_1 (z. B. Erziehungsstil) auf drei beobachtbare Variablen y_1, y_2 und y_3 Einfluss nimmt (z. B. Fragebogenitems zur Häufigkeit des Tadelns, zur gewährten Freizeit und zur Betreuungszeit für Hausaufgaben) und die zweite latente endogene Variable η_2 (z. B. Umweltbewusstsein) auf zwei beobachtbare Merkmale (z. B. Fragebogenitems zur Nutzung von Glascontainern und zum Erwerb von Bioprodukten). Die Bedeutung der latenten endogenen Variablen η_i für die beobachteten Variablen wird wiederum durch λ_{ij}-Koeffizienten beschrieben.

Die Strukturgleichungen seien hier exemplarisch nur für Variable y_1 verdeutlicht:

$$y_1 = \lambda_{11} \cdot \eta_1 + \varepsilon_1 .$$

Im Messmodell für latente endogene Variablen werden die Messfehleranteile der beobachteten Variablen y_i mit ε_i gekennzeichnet.

Man beachte, dass sich die λ-Koeffizienten im Messmodell der exogenen Variablen von den λ-Koeffizienten der endogenen Variablen unterscheiden, auch wenn sie in den Abb. 24.1 und 24.2 bzw. den obigen Gleichungen teilweise identische Subskripte aufweisen.

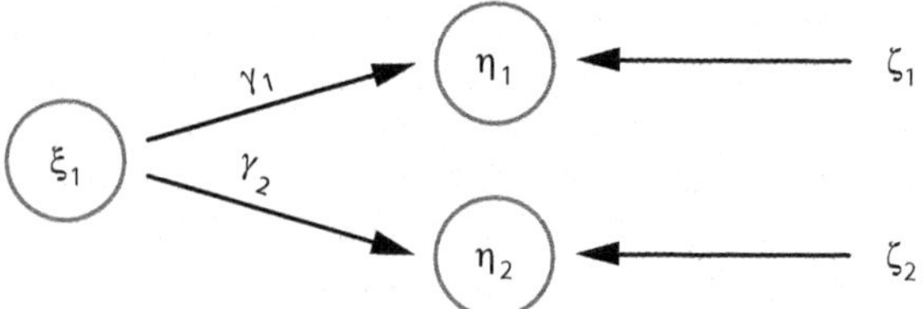

Abbildung 24.3. Strukturmodell für eine exogene und zwei endogene Variablen

Die Verknüpfung der latenten Merkmale erfolgt in einem sog. *Strukturmodell* (vgl. Abb. 24.3). Hier wird angenommen, dass die latente exogene Variable „politische Orientierung" (ξ_1) sowohl die latente endogene Variable „Erziehungsstil" (η_1) als auch die latente endogene Variable „Umweltbewusstsein" (η_2) kausal beeinflusst, wobei γ_1 und γ_2 (lies: gamma) die Stärke der Beeinflussung symbolisieren. Zudem werden zwei Residualvariablen ζ_1 und ζ_2 (lies: zeta) definiert, die ebenfalls auf η_1 und η_2 einwirken.

Werden die beiden Messmodelle mit dem Strukturmodell verknüpft, resultiert ein Pfaddiagramm für ein vollständiges LISREL-Modell. Welche Schritte zur Überprüfung eines LISREL-Modells erforderlich sind, sei im Folgenden an einem Beispiel (in Anlehnung an Backhaus et al., 2006) verdeutlicht.

BEISPIEL 24.4

Anlässlich einer Erdbebenkatastrophe wird die Bevölkerung zu aktiver Hilfe für die notleidenden Menschen in Form von Spenden aufgerufen. Es soll überprüft werden, ob die latente exogene Variable „Einstellung gegenüber Notleidenden" die latente endogene Variable „Hilfeverhalten" kausal beeinflusst. Die exogene Variable wird durch zwei Ratingskalenitems operationalisiert:

1. Unverschuldet in Not geratenen Menschen sollte man helfen.
2. Wahre Nächstenliebe zeigt sich erst, wenn man bereit ist, mit anderen zu teilen.

Die endogene Variable wird durch den tatsächlich gespendeten Betrag gemessen.

Hypothesen. Die folgenden a priori formulierten Hypothesen sind zu überprüfen:

- Die Einstellung gegenüber Notleidenden bestimmt das Hilfeverhalten der Menschen: Je positiver die Einstellung, desto ausgeprägter das Hilfeverhalten.
- Eine positive Einstellung gegenüber Notleidenden bedingt hohe Zustimmungswerte für die beiden Items.
- Das Hilfeverhalten wird durch die gespendeten Beträge eindeutig und messfehlerfrei erfasst.

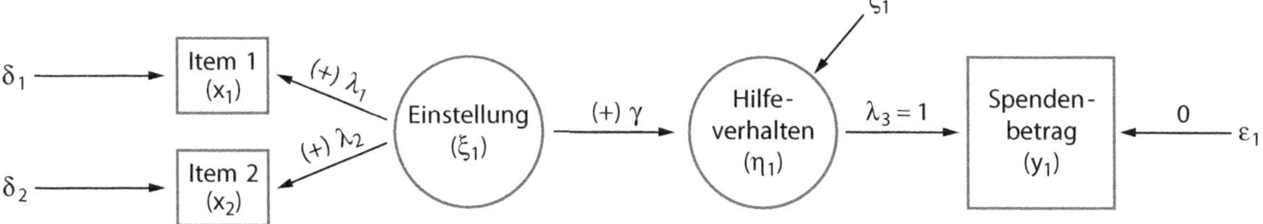

Abbildung 24.4. Pfaddiagramm des Beispiels

Pfaddiagramm. Abbildung 24.4 fasst diese Hypothesen in einem Pfaddiagramm zusammen.

Die in Klammern genannten Vorzeichen kennzeichnen, welche Vorzeichen für die Pfadkoeffizienten erwartet werden. Entsprechend der Annahme, dass Hilfeverhalten die Höhe der Spenden eindeutig determiniert, wurde $\lambda_3 = 1$ gesetzt.

Allgemein unterscheidet man bei einem LISREL-Modell drei Arten von Parametern:

- *Feste* Parameter: Hier wird der Wert eines Parameters a priori numerisch festgelegt (im Beispiel ist dies $\lambda_3 = 1$). Falls zwischen zwei Variablen keine kausale Beziehung erwartet wird, setzt man den entsprechenden Parameter null. Die Festlegung eines anderen Wertes als 0,0 oder 1,0 ist zwar möglich, setzt allerdings sehr präzise Vorstellungen über die Stärke des erwarteten Kausalzusammenhangs voraus. Feste Parameter werden nicht geschätzt, sondern gehen mit ihrem jeweiligen Wert in die Bestimmung der nicht fixierten Parameter ein.
- *Restringierte* Parameter: Ein Parameter, dessen Wert dem Wert eines anderen Parameters entsprechen soll, heißt restringiert. Man verwendet restringierte Parameter, wenn davon auszugehen ist, dass sich zwei oder mehr Variablen nicht in ihrer Kausalwirkung unterscheiden oder dass die Messfehleranteile gleich groß sind. Da von den gemeinsam restringierten Parametern nur einer zu schätzen ist, kann durch die Restriktion von Parametern die Anzahl der zu schätzenden Parameter verringert werden.
- *Freie* Parameter: Parameter, die aus den empirisch ermittelten Korrelationen zu schätzen sind, heißen freie Parameter. Das Ergebnis dieser Schätzungen entscheidet über die Richtigkeit der im Modell angenommenen spezifischen Kausalhypothesen. (Im Beispiel zählen λ_1, λ_2 und γ zu den freien Parametern.)

Spezifizierung der Modellgleichungen. Aus Abb. 24.4 ergeben sich die folgenden Modellgleichungen:

Strukturmodell:

$$\eta_1 = \gamma \cdot \xi_1 + \zeta_1. \quad (1)$$

Messmodell der latenten exogenen Variablen:

$$x_1 = \lambda_1 \cdot \xi_1 + \delta_1, \quad (2)$$
$$x_2 = \lambda_2 \cdot \xi_2 + \delta_2. \quad (3)$$

Messmodell der latenten endogenen Variablen:

$$y_1 = \lambda_3 \cdot \eta_1 + \varepsilon_1. \quad (4)$$

Lösbarkeit der Modellgleichungen. Es ist die Frage zu prüfen, ob die empirischen Informationen ausreichen, um die unbekannten Parameter der oben genannten Modellgleichungen schätzen zu können. Die empirischen Informationen sind die Korrelationen zwischen den beobachteten Variablen x_1, x_2 und y_1. Gehen wir davon aus, dass alle Variablen standardisiert sind, erhält man die Korrelation $r_{x_1x_2}$ aufgrund der Tracing Rules als

$$r_{x_1x_2} = \lambda_1 \cdot \lambda_2.$$

Auf die gleiche Weise ergibt sich

$$r_{x_1y_1} = \lambda_1 \cdot \lambda_3 \cdot \gamma,$$
$$r_{x_2y_1} = \lambda_2 \cdot \lambda_3 \cdot \gamma.$$

Dieses System dreier Gleichungen enthält vier Unbekannte – λ_1, λ_2, λ_3 und γ – und ist damit nicht lösbar.

Da wir jedoch angenommen hatten, dass die Hilfebereitschaft mit den Spendenbeträgen identisch ist, setzen wir $\lambda_3 = 1{,}0$ und erhalten ein lösbares Gleichungssystem mit drei Gleichungen und drei Unbekannten. Die Überprüfung der Lösbarkeit der Modellgleichungen kommt also zu dem Ergebnis, dass alle Modellparameter mit Hilfe der empirischen Korrelationen eindeutig bestimmt werden können. Wir sagen: Das Modell ist genau identifiziert.

Die empirische Korrelationsmatrix

$$\begin{pmatrix} 1{,}0 & r_{x_1x_2} & r_{x_1y_1} \\ & 1{,}0 & r_{x_2y_1} \\ & & 1{,}0 \end{pmatrix}$$

kann nun durch die vom Modell implizierte Parametermatrix

$$\begin{pmatrix} 1{,}0 & \lambda_1 \cdot \lambda_2 & \lambda_1 \cdot \gamma \\ & 1{,}0 & \lambda_2 \cdot \gamma \\ & & 1{,}0 \end{pmatrix}$$

rekonstruiert werden. Dies bedeutet, dass die jeweiligen Parameter so geschätzt werden, dass die empirische Korrelationsmatrix möglichst gut reproduziert wird. Da für dieses Beispiel genauso viele Parameter wie beobachtete Korrelationen vorhanden sind, gelingt die Reproduktion der Korrelationsmatrix aufgrund der Modellparameter perfekt.

Parameterschätzung. Nachdem sichergestellt ist, dass alle Parameter geschätzt werden können, kann die Datenerhebung beginnen. In unserem Beispiel werden die drei Variablen x_1, x_2 und y_1 an einer Stichprobe von n Personen erhoben.

Die Korrelationen zwischen den Variablen mögen sich wie folgt ergeben haben: $r_{x_1x_2} = 0{,}54$; $r_{x_1y_1} = 0{,}72$ und $r_{x_2y_1} = 0{,}48$. Es ist damit das folgende Gleichungssystem zu lösen:

$$r_{x_1x_2} = \lambda_1 \cdot \lambda_2 = 0{,}54;$$
$$r_{x_1y_1} = \lambda_1 \cdot \gamma = 0{,}72;$$
$$r_{x_2y_1} = \lambda_2 \cdot \gamma = 0{,}48;$$

Um γ zu bestimmen, berechnen wir den Ausdruck

$$\frac{r_{x_1y_1} \cdot r_{x_2y_1}}{r_{x_1x_2}} = \gamma^2.$$

Die numerische Lösung erhalten wir, wenn wir die Korrelationen in die Formel einsetzen. Es ergibt sich

$$|\gamma| = \sqrt{\frac{0{,}72 \cdot 0{,}48}{0{,}54}} = 0{,}8.$$

Wie man an dieser Berechnung erkennt, können wir γ – bis auf das Vorzeichen – aus den Korrelationen bestimmen. Um das Vorzeichen von γ festzulegen, sind wir gezwungen, auf unsere Theorie darüber, wie Einstellung die Hilfsbereitschaft beeinflusst, zurückzugreifen. Als Lösungen für die drei Parameter erhält man:

$$\gamma = 0{,}8; \qquad \lambda_1 = 0{,}9; \qquad \lambda_2 = 0{,}6.$$

Von inhaltlichem Interesse ist vor allem der Wert von γ, denn er gibt an, wie stark der Einfluss der latenten exogenen Variablen auf das Hilfeverhalten ist.

Interpretation. Die Vorzeichen der Pfadkoeffizienten λ_1 und λ_2 bestätigen unsere eingangs formulierten Hypothesen: Eine positive Einstellung gegenüber Notleidenden bewirkt eine Zustimmung zu den Items x_1 und x_2.

Die Einstellung hat auf das Hilfeverhalten einen direkten Effekt von 0,8. Da nicht davon ausgegangen wurde, dass die Einstellung (ξ_1) und das Hilfeverhalten (η_1) durch weitere Variablen beeinflusst sind, entspricht der Pfadkoeffizient γ der Korrelation $r_{\xi_1\eta_1}$, d. h., 64% des latenten Merkmals „Hilfeverhalten" sind durch die Einstellung erklärbar. Die restlichen 36% bilden die Varianz des Hilfeverhaltens, die nicht kausal erklärt werden kann. Da der Parameter λ_3 mit $\lambda_3 = 1$ fixiert wurde, entspricht der indirekte Effekt der Einstellung auf die Höhe der Spendenbeträge dem direkten Effekt der Einstellung auf das Hilfeverhalten ($\gamma \cdot \lambda_3 = 0{,}8$).

Im Messmodell der latenten exogenen Variablen finden wir einen hervorragenden Indikator (x_1 mit $\lambda_1 = 0{,}9$) und einen mittelmäßigen Indikator (x_2 mit $\lambda_2 = 0{,}6$). Die Beantwortung von Item 1 wird also zu 81% und die Beantwortung von Item 2 nur zu 36% durch die Einstellung beeinflusst. Dementsprechend sind 64% der Varianz von x_2 kausal nicht erklärt.

Die Korrelation $r_{x_1x_2} = 0{,}54$ wird kausal nicht interpretiert, da nur die exogene Variable „Einstellung" als verursachende Variable für x_1 und x_2 vermutet wurde. Berechnet man die partielle Korrelation $r_{x_1x_2\cdot\xi_1}$, ergibt sich der Wert null. (Man erhält für den Zähler von Gl. (21.1) $r_{xy} - \lambda_1 \cdot \lambda_2 = 0{,}54 - 0{,}9 \cdot 0{,}6 = 0$.)

Bemerkung. Auch wenn das Beispiel aufgrund der wenigen Indikatorvariablen unrealistisch ist und zugleich starke Annahmen machen muss, so vermittelt es doch, dass die pfadanalytische Vorgehensweise es erlaubt, auch latente Variablen in die Analyse einzubeziehen.

Überidentifizierte Modelle. In unserem Beispiel wurden nur drei Indikatorvariablen (x_1, x_2, y_1) erhoben mit der Folge, dass genau drei empirische Korrelationen zur Schätzung von vier (bzw. drei) unbekannten Parametern zur Verfügung stehen. Im Regelfall wird man erheblich mehr Indikatorvariablen erheben, sodass die Anzahl der bekannten Korrelationen (sie ergibt sich bei k Indikatorvariablen zu $k \cdot (k-1)/2$) deutlich größer ist als die Anzahl der zu schätzenden Parameter, zumal wenn einige Parameter zuvor fixiert oder restringiert wurden. In diesem Fall wäre das LISREL-Modell *überidentifiziert.* (Dass die Anzahl der zu schätzenden Parameter höchstens so groß ist wie die Anzahl der Elemente oder „Datenpunkte" der empirischen Ausgangsmatrix, stellt für die Identifizierbarkeit der Parameter nur eine notwendige, aber keine hinreichende Bedingung dar. Eine ausführliche Behandlung der Verfahren zur Ermittlung der Identifizierbarkeit der einzelnen Parameter würde jedoch den Rahmen dieser Darstellung sprengen.)

Bei „überidentifizierten" Modellen beginnt die LISREL-Routine mit der Festsetzung von ersten Näherungswerten für die unbekannten Parameter, die iterativ so lange verändert werden, bis die aus den geschätzten Parametern rückgerechneten Korrelationen (bzw. Varianzen und Kovarianzen) den empirisch ermittelten Korrelationen (Varianzen und Kovarianzen) möglichst gut entsprechen (Maximum-Likelihood-Schätzung). Die Güte der Übereinstimmung („goodness of fit") wird mit einem *Modelltest* geprüft (s. unten). Bei einem genau identifizierten Modell erübrigt sich dieser Modelltest, da die aus den geschätzten Parametern rückgerechneten Korrelationen natürlich den empirischen Korrelationen exakt entsprechen.

Die Durchführung eines Modelltests setzt also voraus, dass die Anzahl der berechneten Korrelationen zwischen allen Indikatoren größer ist als die Anzahl der zu schätzenden Modellparameter. Die Differenz zwischen der Anzahl dieser Korrelationen und der Anzahl der Modellparameter ergibt die Freiheitsgrade des Modells.

Modelltest. Globale, d. h. auf das gesamte Modell bezogene Tests laufen im Prinzip auf einen Vergleich der empirischen Korrelationen (Datenpunkte) mit den aus den Parameterschätzungen reproduzierten Korrelationen hinaus (vgl. hierzu die unten aufgeführte Literatur). Der hierbei häufig eingesetzte χ^2-Test ist ein approximativer Anpassungstest, der die Güte der Übereinstimmung der beobachteten und reproduzierten Datenpunkte überprüft. Ist – wie im vorliegenden Beispiel – das Modell genau identifiziert, resultiert ein χ^2-Wert von null, der das triviale Ergebnis einer perfekten Übereinstimmung signalisiert.

Bei überidentifizierten Modellen überprüft dieser χ^2-Test die H_0: Die empirischen Korrelationen entsprechen den aus den Modellparametern reproduzierten Korrelationen. Die H_0 ist hier also gewissermaßen die „Wunschhypothese", d. h., die Beibehaltung der H_0 wäre mit einer möglichst kleinen Wahrscheinlichkeit für einen Fehler 2. Art abzusichern. Diese kann jedoch nicht berechnet werden, da die Alternativhypothese (die eine Struktur der reproduzierten Korrelationen vorzugeben hätte) unspezifisch ist. Der Test kann deshalb nur darauf hinauslaufen, die H_0 bei einem „genügend" kleinen χ^2-Wert (und einem entsprechenden Signifikanzniveau α) als bestätigt anzusehen. Beispielsweise könnte man mit $\alpha = 0{,}25$ testen und das geprüfte Modell akzeptieren, wenn die H_0 bei diesem Signifikanzniveau nicht verworfen werden kann.

Natürlich ist auch bei diesem Test das Ergebnis von der Größe der Stichprobe abhängig. Mit wachsendem Stichprobenumfang erhöht sich die Wahrscheinlichkeit, dass die H_0 verworfen wird, d. h., die Chance, ein Kausalmodell zu bestätigen, ist bei kleinen Stichproben größer als bei großen Stichproben.

Weitere Überlegungen zu dieser Problematik findet man z. B. bei LaDu und Tanaka (1995). Hier werden auch „Fit Indices" vorgestellt (und via Monte-Carlo-Studien miteinander verglichen), die von nicht-zentralen χ^2-Verteilungen ausgehen. Einen Überblick zum Thema „Prüfung der Modellgüte" findet man z. B. bei Loehlin (1998). Nach Timm (2002, S. 544) werden in der Literatur mehr als 30 verschiedene Fit Indices vorgeschlagen. Weitere Informationen findet man bei Browne und Arminger (1995).

Zusammenfassende Bemerkungen

Das Arbeiten mit dem LISREL-Ansatz macht es erforderlich, sich vor Untersuchungsbeginn sehr genau zu überlegen, zwischen welchen Variablen kausale Beziehungen oder kausale Wirkungsketten bestehen könnten. Zudem ist die Methode hilfreich, wenn es „nur" darum geht, durch Ausprobieren verschiedene kausale Wirkungsgefüge zu explorieren.

Der LISREL-Ansatz gestattet es jedoch nicht, Kausalität nachzuweisen oder gar zu „beweisen". Dies geht zum einen daraus hervor, dass sich – wie bei der Pfadanalyse – immer mehrere, häufig sehr unterschiedliche Kausalmodelle finden lassen, die mit ein und demselben Satz empirischer Korrelationen im Einklang stehen (vgl. hierzu z. B. MacCallum, 1995 oder MacCallum et al., 1993). Zum anderen kann ein Modelltest lediglich anzeigen, dass ein geprüftes Modell nicht mit der Realität übereinstimmt. In diesem Sinne sind auch die Pfadkoeffizienten zu interpretieren: Sie geben die relative Stärke von Kausaleffekten an, *wenn das Kausalmodell zutrifft*.

Hinweise: Weiterführende Hinweise zu diesem Verfahren, dessen aufwändige Mathematik hier nur angedeutet werden konnte, findet man z. B. bei Bollen und Long (1993), Byrne (1994), Duncan (1975), Hayduck (1989), Pfeifer und Schmidt (1987), Rietz et al. (1996), Long (1983a, 1983b), James et al. (1982), Kelloway (1998) sowie Jöreskog (1982). Zur Vertiefung der Thematik seien die Arbeiten von Kaplan (2000), Marcoulides und Schumacker (1996), Möbus und Schneider (1986), Andres (1990), Rudinger et al. (1990) und Yuan und Bentler (2007) genannt. Einen kritischen Überblick zur Literatur über Strukturgleichungsmodelle, die im Englischen Sprachraum häufig mit SEM („structural equation models") abgekürzt werden, findet man bei Steiger (2001).

Regeln, mit denen man alternative Kausalmodelle aufstellen kann, die sämtlich durch eine empirisch ermittelte Korrelations- bzw. Kovarianzstruktur bestätigt werden, findet man bei Stelzl (1986). Weitere Hinweise zur korrekten Anwendung und Interpretation von LISREL nennt Breckler (1990). Erwähnt sei ferner eine kritische Arbeit von Sobel (1990).

SOFTWAREHINWEIS 24.3

Für das konkrete Arbeiten mit pfadanalytischen Modellen stehen eine ganze Reihe verschiedener Computerprogramme zur Verfügung. Zu den populärsten Programmen zählen: LISREL, EQS, AMOS, Mplus und PROC CALIS von SAS/STAT. Die Anwenderfreundlichkeit dieser Programme ist über die Jahre stetig angestiegen. Zum Teil erlauben die Programme, das zu berechnende Modell rein grafisch zu spezifizieren, sodass auf Syntaxkommandos vollständig verzichtet werden kann. Ein Beispiel hierfür ist das Programm AMOS.

Praktisch alle Computerprogramme erlauben die Eingabe von Kovarianz- oder Korrelationsmatrizen zur Schätzung von Modellen. Dadurch wird es möglich, die veröffentlichten Ergebnisse pfadanalytischer Auswertungen aufgrund der in den Publikationen abgedruckten Kovarianz- bzw. Korrelationsmatrizen zu reproduzieren bzw. die vorgeschlagenen Modelle zu modifizieren.

ÜBUNGSAUFGABEN

Aufgabe 24.1 Zeichnen Sie das Pfaddiagramm zu folgender Gleichung

$$x_4 = p_{41}x_1 + p_{42}x_2 + p_{43}x_3 + p_{4u}u,$$

die ein rekursives Pfadmodell beschreibt. Schreiben Sie die drei Merkmalskorrelationen der exogenen Variablen mit der endogenen Variable mit Hilfe der Tracing Rules als Funktion der Pfadkoeffizienten.

24

Aufgabe 24.2 Zeichnen Sie das Pfaddiagramm zu folgenden Gleichungen

$$x_3 = p_{31}x_1 + p_{32}x_2 + u,$$
$$x_4 = p_{43}x_3 + v,$$

die ein rekursives Pfadmodell beschreiben. Schreiben Sie die sechs Merkmalskorrelationen mit Hilfe der Tracing Rules als Funktionen der Pfadkoeffizienten.

Aufgabe 24.3 Wie lauten die Gleichungen für die endogenen Variablen des folgenden faddiagramms?

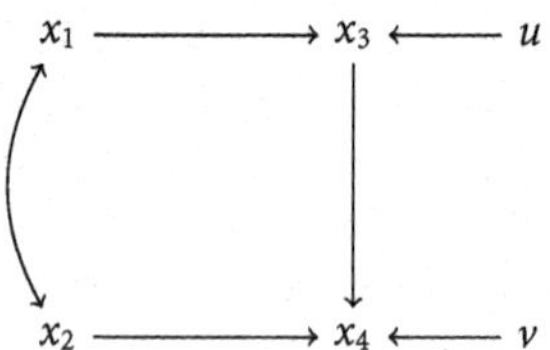

Schreiben Sie – soweit möglich – alle Merkmalskorrelationen mit Hilfe der Tracing Rules als Funktion der Pfadkoeffizienten.

Kapitel 25 **Clusteranalyse**

ÜBERSICHT

Ähnlichkeits- und Distanzmaße – S-Koeffizient – Simple-Matching-Koeffizienten – euklidische Distanz – Mahalanobis-Distanz – City-Block- und Dominanz-Metrik – hierarchische Verfahren – Dendrogramm – Single Linkage – Complete Linkage – Average Linkage – Median-Verfahren – Ward-Methode – nicht-hierarchische Verfahren – Optimierungskriterien – Beispiel für Ward-Methode und k-Means-Methode – Evaluation clusteranalytischer Lösungen – Zuordnungsregeln – Nearest-Centroid-Regel – Minimum-χ^2-Regel – Nearest-Neighbor-Regel – Clusterübereinstimmung – Kappa-Maß – Rand-Index

Die Clusteranalyse ist – ähnlich wie die Faktorenanalyse – ein heuristisches Verfahren. Sie wird eingesetzt zur *systematischen Klassifizierung* der Objekte einer gegebenen Objektmenge. Die durch einen festen Satz von Merkmalen beschriebenen Objekte (Personen oder andere Untersuchungsobjekte) werden nach Maßgabe ihrer Ähnlichkeit in Gruppen (Cluster) eingeteilt, wobei die Cluster intern möglichst homogen und extern möglichst gut voneinander separierbar sein sollen.

Entscheidend für das Ergebnis einer Clusteranalyse ist die Definition der Ähnlichkeit von Objekten bzw. Clustern und die Art des Optimierungskriteriums, mit dem man eine möglichst gute Separation der Cluster erzielen will.

> Mit der Clusteranalyse werden die untersuchten Objekte so gruppiert, dass die Unterschiede zwischen den Objekten einer Gruppe bzw. eines „Clusters" möglichst gering und die Unterschiede zwischen den Clustern möglichst groß sind.

Der Name „Clusteranalyse" ist – wie auch die Bezeichnung „Faktorenanalyse" – ein Sammelbegriff, hinter dem sich eine Vielzahl verschiedenartiger Techniken verbirgt. (Genau genommen stellt auch die Faktorenanalyse eine spezielle Variante der Clusteranalyse dar. Man kann sie verwenden, um Objekte – entweder über die Faktorladungen einer Q-Analyse oder die Faktorwerte einer R-Analyse – nach Maßgabe ihrer Faktorzugehörigkeit zu gruppieren. Einen ausführlichen Vergleich von Faktorenanalyse und Clusteranalyse findet man bei Schlosser, 1976, Kap. 6.6. Ein clusteranalytisches Verfahren, bei dem Objekte und Merkmale simultan gruppiert werden, beschreibt Eckes, 1991.)

Milligan (1981) stellt in einer Literaturübersicht zum Thema „Clusteranalyse" fest, dass bereits im Jahr 1976 in monatlichen Abständen ein neuer Clusteralgorithmus bzw. eine gravierende Veränderung eines bereits bekannten Clusteralgorithmus publiziert wurde. Dennoch basiert keine der heute verfügbaren Clustermethoden auf einer Theorie, die es gewährleistet, dass die beste Struktur der Objekte entdeckt wird. An diesem Faktum hat sich seit den Anfängen der Clusteranalyse nichts geändert, die mit der Bewertung von Tryon (1939), die Clusteranalyse sei „die Faktorenanalyse der armen Leute", insoweit treffend beschrieben sind.

Dessen ungeachtet erfreut sich die Clusteranalyse bei vielen human- und sozialwissenschaftlichen Anwendern (und Fachvertretern vieler anderer Disziplinen wie z. B. der Biologie, Anthropologie, Wirtschaftswissenschaften, Archäologie, Ethnologie etc.) zunehmender Beliebtheit. Nach Blashfield und Aldenderfer (1978) verdoppelt sich die Anzahl clusteranalytischer Publikationen ca. alle drei Jahre, während für andere sozialwissenschaftliche Publikationen hierfür ein Zeitraum von 12–15 Jahren typisch ist.

Erstmalig erwähnt wird der Begriff „Clusteranalyse" in einer Arbeit von Driver und Kroeber (1932). Die heute aktuellen Clusteralgorithmen gehen größtenteils auf die Autoren Tryon (1939), Ward (1963) und S. C. Johnson (1967) zurück (weitere Literaturangaben über die Arbeiten dieser Autoren findet man bei Blashfield, 1980). Diese drei Autoren gelten als die geistigen Väter von drei relativ unabhängigen, clusteranalytischen Schulen, deren Gedankengut durch die varianzanalytische Orientierung Wards, die faktoranalytische Orientierung Tryons und durch Johnsons Beschäftigung mit der multidimensionalen Skalierung geprägt sind (vgl. Blashfield, 1980). Entscheidende Impulse erhielt die clusteranalytische Forschung auch durch das Werk von Sokal und Sneath (1963), das die Brauchbarkeit verschiedener clusteranalytischer Techniken für die Entwicklung biologischer Taxonomien diskutiert. Nicht unerwähnt bleiben soll die Tatsache, dass letztlich erst leistungsstarke EDV-Anlagen die mit enormem Rechenaufwand verbundenen Clusteranalyse-Algorithmen praktikabel machten.

Die Fülle des Materials zum Thema „Clusteranalyse" lässt sich in diesem Rahmen nur andeuten. Diejenigen, die sich mehr als einen Überblick verschaffen wollen, mögen sich anhand der umfangreichen Spezialliteratur informieren (neben den bereits genannten Arbeiten etwa Anderberg, 1973; Arabie et al., 1996; Bailey, 1975; Ball, 1970; Bijman, 1973; H. H. Bock, 1974; Clifford & Stephenson, 1975; Duran & Odell, 1974; Eckes & Roßbach, 1980; Everitt, 1974; A. D. Gordon, 1981; Hartigan, 1975; Jajuga et al., 2003; Jardine & Sibson, 1971; Meiser & Humburg, 1996; Mirkin, 1996; Schlosser, 1976; Späth, 1977; Steinhausen & Langer, 1977; Tryon & Bailey, 1970). Über die Anwendung clusteranalytischer Methoden in der Persönlichkeitsforschung berichten Moosbrugger und Frank (1992).

Wir gehen in Abschn. 25.1 auf einige Maße zur Quantifizierung der Ähnlichkeit von Objekten ein und geben in Abschn. 25.2 einen Überblick der wichtigsten clusteranalytischen Verfahren. Danach werden in Abschn. 25.3 zwei clusteranalytische Algorithmen, die aufgrund der Literatur besonders bewährt erscheinen, genauer dargestellt. Abschnitt 25.4 behandelt Techniken zur Evaluation clusteranalytischer Lösungen.

25.1 Ähnlichkeits- und Distanzmaße

Die Ähnlichkeit von Objekten ist direkt nur auf der Basis von Merkmalen definierbar, die an allen zu gruppierenden Objekten erhoben wurden. Die Auswahl der Merkmale entscheidet über das Ergebnis der Clusteranalyse und sollte durch sorgfältige, inhaltliche Überlegungen begründet sein. Bei zu vielen Merkmalen sind bestimmte Objekteigenschaften überrepräsentiert, was zur Folge hat, dass für die Bildung der Cluster die Ähnlichkeit der Objekte bezüglich dieser Eigenschaften dominiert (vgl. hierzu Abschn. 25.1.3). Zu wenig Merkmale führen zu nur wenigen Clustern, die sich bei Berücksichtigung zusätzlicher, nicht redundanter Merkmale weiter ausdifferenzieren ließen. Irrelevante Merkmale können die Clusterbildung verzerren bzw. erheblich erschweren (vgl. hierzu und zur Identifikation irrelevanter Merkmale z. B. Donoghue, 1995b).

Das Niveau der Skalen, die die Objekteigenschaften messen, sollte so hoch wie möglich und – falls die inhaltliche Fragestellung dies zulässt – einheitlich sein. Dadurch werden von vorneherein Schwierigkeiten aus dem Weg geräumt, die entstehen, wenn man die Ähnlichkeit von Objekten aufgrund heterogener Merkmalsskalierungen bestimmen muss.

Wir behandeln die gebräuchlichsten Methoden zur Bestimmung von Objektähnlichkeiten, wenn die Objektmerkmale einheitlich nominal-, ordinal- oder intervallskaliert sind in Abschn. 25.1.1 bis 25.1.3. Auf die Frage, wie man Objektähnlichkeiten bei Merkmalen mit gemischtem Skalenniveau bestimmt, gehen wir in Abschn. 25.1.4 ein.

Die folgende Aufstellung erhebt in keiner Weise den Anspruch, vollständig zu sein. Da für die Wahl eines Ähnlichkeitsmaßes letztlich die inhaltliche Fragestellung entscheidend ist, sollte man die hier vorgeschlagenen Ähnlichkeitsmaße ggf. durch andere Maße ersetzen, die die wichtig erscheinenden Ähnlichkeitsaspekte formal besser abbilden. Anregungen hierzu und weiterführende Literatur findet man z. B. bei Eckes und Roßbach (1980, Kap. 3) sowie bei Timm (2002, Kap. 9.2).

Ähnlichkeit und Unähnlichkeit (bzw. Distanz) sind zwei Begriffe, die für clusteranalytische Verfahren *austauschbar* sind. Jedes Ähnlichkeitsmaß lässt sich durch eine einfache Transformation in ein Distanzmaß überführen und umgekehrt. Wir werden auf diese Transformation im Zusammenhang mit den jeweils behandelten Verfahren eingehen.

25.1.1 Nominalskalierte Merkmale

Bei der Ähnlichkeitsbestimmung von zwei Objekten auf der Basis nominaler Merkmale unterscheiden wir zweifach gestufte (dichotome) und mehrfach gestufte Merkmale. Zunächst wenden wir uns der Quantifizierung der Ähnlichkeit zweier Objekte e_i und e_j $(i, j = 1, \ldots n)$ zu, die bezüglich p dichotomer (binärer) Merkmale beschrieben sind.

Dichotome Merkmale

Codieren wir die dichotomen Merkmale mit 0 und 1, resultiert für jedes Objekt ein Vektor mit p Messungen, wobei jede Messung entweder aus einer 0 oder 1 besteht. In einer 2×2-Tabelle werden für die zwei zu vergleichenden Objekte die

Tabelle 25.1. Tabelle zur Bestimmung von Ähnlichkeitsmaßen

		Person *B*	
		1	0
Person *A*	1	$a = 3$	$c = 5$
	0	$b = 4$	$d = 3$

Häufigkeiten der Übereinstimmungen bzw. Nicht-Übereinstimmungen in den beiden Objektvektoren zusammengestellt.

BEISPIEL 25.1

Nehmen wir an, es soll die Ähnlichkeit von zwei Personen *A* und *B* auf der Basis von 15 binären Merkmalen bestimmt werden: Die Personenvektoren lauten:

A: 0 0 1 0 1 1 1 0 1 0 0 1 1 0 1

B: 0 1 1 0 1 0 0 1 0 0 1 1 0 1 0.

Wir definieren:

a = Anzahl der Merkmale, die bei beiden Personen mit 1 ausgeprägt sind (1; 1)
b = Anzahl der Merkmale, die bei Person *A* mit 0 und Person *B* mit 1 ausgeprägt sind (0; 1)
c = Anzahl der Merkmale, die bei Person *A* mit 1 und Person *B* mit 0 ausgeprägt sind (1; 0)
d = Anzahl der Merkmale, die bei beiden Personen mit 0 ausgeprägt sind (0; 0).

Im Beispiel resultiert damit die in Tab. 25.1 dargestellte Tafel.

S-Koeffizient. Für derartige 2 × 2-Tabellen haben Jaccard (1908) bzw. Rogers und Tanimoto (1960) den folgenden Ähnlichkeitskoeffizienten S vorgeschlagen (man beachte, dass dem Feld a die Kombination 1; 1 zugewiesen ist):

$$S_{ij} = \frac{a}{a+b+c}. \tag{25.1a}$$

Das entsprechende Distanzmaß lautet

$$d_{ij} = 1 - S_{ij} = \frac{b+c}{a+b+c}. \tag{25.1b}$$

Dieses Maß relativiert den Anteil gemeinsam vorhandener Eigenschaften (mit 1 ausgeprägte Merkmale) an der Anzahl aller Merkmale, die bei *mindestens* einem Objekt mit 1 ausgeprägt sind. Der Koeffizient hat einen Wertebereich von $0 \leq S_{ij} \leq 1$. Im Beispiel errechnen wir:

$$S_{AB} = \frac{3}{12} = 0{,}25 \quad \text{bzw.} \quad d_{AB} = 1 - 0{,}25 = 0{,}75.$$

SMC-Koeffizient. Will man auch die Übereinstimmung in Bezug auf das Nicht-Vorhandensein eines Merkmals (Feld d in Tab. 25.1) mitberücksichtigen, wählt man den von Sokal und Michener (1958) vorgeschlagenen Simple-Matching-Koeffizient (SMC):

$$\text{SMC}_{ij} = \frac{a+d}{a+b+c+d}. \tag{25.2}$$

Auch dieser Koeffizient hat einen Wertebereich von $0 \leq \text{SMC}_{ij} \leq 1$. Das entsprechende Distanzmaß lautet $1 - \text{SMC}_{ij}$. Im Beispiel ermitteln wir

$$\text{SMC}_{AB} = \frac{6}{15} = 0{,}40.$$

Phi-Koeffizient. Ein weiteres Ähnlichkeitsmaß, das alle Felder gleichermaßen berücksichtigt, ist der Phi-Koeffizient. Das entsprechende Distanzmaß erhält man durch $1-\phi$. Es ist allerdings darauf zu achten, dass die Größe von ϕ von der Art der Randverteilungen abhängt.

k-fach gestufte Merkmale

Hat ein nominales Merkmal nicht nur zwei, sondern allgemein k Kategorien, transformieren wir das nominale Merkmal mit Hilfe der Dummycodierung in $k-1$ binäre Indikatorvariablen (vgl. Tab. 22.1). Über die so – ggf. für mehrere nominale Merkmale mit k Kategorien – erzeugten Indikatorvariablen errechnet man nach den oben genannten Regeln einen Ähnlichkeitskoeffizienten.

Bei mehreren nominalen Merkmalen hat diese Vorgehensweise allerdings den gravierenden Nachteil, dass durch die Anzahl der erforderlichen Indikatorvariablen das nominale Merkmal mit den meisten Kategorien übermäßig stark gewichtet wird. Will man beispielsweise nur die Merkmale Beruf (z. B. 11 Kategorien) und Geschlecht (2 Kategorien) verwenden, benötigen wir 11 Indikatorvariablen (10 für das Merkmal Beruf und 1 für das Merkmal Geschlecht). Zwei Personen mit verschiedenen Berufen und verschiedenem Geschlecht hätten demnach Übereinstimmungen auf acht Merkmalen (den Indikatorvariablen, die diejenigen Berufe mit 1 codieren, denen beide Personen nicht angehören), was – zumindest nach Gl. (25.2) bzw. dem ϕ-Koeffizienten – zu einem überhöhten Ähnlichkeitsindex führt.

Man vermeidet diese Übergewichtung, indem man – wie das folgende Beispiel zeigt – die $k-1$ Indikatorvariablen eines nominalen Merkmals mit $1/(k-1)$ gewichtet.

BEISPIEL 25.2

Bezogen auf zwei Personen *A* und *B* mit unterschiedlichem Beruf (11 Stufen) und unterschiedlichem Geschlecht (2 Stufen) könnten die folgenden Dummycodierungen resultieren:

	Beruf	Geschlecht
A:	1 0 0 0 0 0 0 0 0 0	1
B:	0 1 0 0 0 0 0 0 0 0	0

Ohne Gewichtung erhält man nach Gl. (25.2):

$$\mathrm{SMC}_{AB} = \frac{0+8}{11} = 0{,}72.$$

Mit Gewichtung resultiert für $a = 0$, $b = \frac{1}{10} \cdot 1$, $c = \frac{1}{10} \cdot 1 + 1 \cdot 1$ und $d = \frac{1}{10} \cdot 8$:

$$\mathrm{SMC}_{AB} = \frac{0 + \frac{1}{10} \cdot 8}{2} = 0{,}4.$$

Treffender wird die Ähnlichkeit durch Gl. (25.1) abgebildet, die im Zähler nur gemeinsam vorhandene Merkmale berücksichtigt. Es resultiert (wegen $a = 0$) $S_{AB} = 0$.

25.1.2 Ordinalskalierte Merkmale

Für ordinalskalierte Merkmale wurden einige Ähnlichkeitsmaße vorgeschlagen, die allerdings nicht unproblematisch sind, weil sie Rangplätze wie Maßzahlen einer Intervallskala behandeln (vgl. hierzu z. B. Steinhausen & Langer, 1977, Kap. 3.2.2). Es wird deshalb empfohlen, ordinalskalierte Merkmale künstlich zu dichotomisieren (*Mediandichotomisierung*; alle Rangplätze oberhalb des Medians erhalten eine 1 und die Rangplätze unterhalb des Medians eine 0; zu Problemen der Mediandichotomisierung bei metrischen Merkmalen vgl. MacCallum et al., 2002 oder Krauth, 2003). Alternativ kann man die Rangvariable in mehrere Indikatorvariablen aufzulösen, um damit die in Abschnitt 25.1.1 genannten Verfahren einsetzen zu können.

Hat man beispielsweise in einem Fragebogen die Reaktionskategorien schwach/mittel/stark als Wahlantworten vorgegeben, lässt sich dieses ordinale Merkmal durch zwei binäre Merkmale X_1 und X_2 abbilden. Als Codierungsmuster resultieren dann für schwach: 1; 0, für mittel: 0; 1 und für stark: 0; 0. Für Merkmale mit vielen ordinalen Abstufungen sind die Ausführungen über gewichtete Indikatorvariablen in Abschnitt 25.1.1 zu beachten.

Eine weitere Möglichkeit, Objektähnlichkeiten zu bestimmen, ist durch die Rangkorrelation von Kendall (Kendalls τ) gegeben, die z. B. bei Bortz et al. (2008) bzw. Bortz und Lienert (2008, Kap. 5.2.5) beschrieben wird.

25.1.3 Intervallskalierte Merkmale

Bei intervallskalierten Merkmalen wird die Distanz zweier Objekte üblicherweise durch das euklidische Abstandsmaß beschrieben. Alternativ hierzu können Distanzen nach der sog. City-Block-Metrik bzw. der Supremum-Metrik verwendet werden. Unter bestimmten Bedingungen ist auch die Produkt-Moment-Korrelation als Ähnlichkeitsmaß für je zwei Objekte geeignet.

Euklidische Metrik

Für die Distanz zweier Objekte e_i und $e_{i'}$, die durch Messungen auf p intervallskalierten Merkmalen beschrieben sind, wird üblicherweise das euklidische Abstandsmaß verwendet:

$$d_{ii'} = \left[\sum_{j=1}^{p}(x_{ij} - x_{i'j})^2\right]^{1/2} \quad (25.3)$$

mit x_{ij} $(x_{i'j})$ = Merkmalsausprägung des Objekts $e_i(e_{i'})$ auf dem Merkmal j.

Für $p = 2$ entspricht $d_{ii'}$ dem Abstand zweier Punkte mit den Koordinaten x_{ij} und $x_{i'j}$ in der Ebene. Die Merkmalsausprägungen x_{ij} und/oder $x_{i'j}$ können auch dichotom (binär) sein.

Die euklidische Metrik führt zu verzerrten Distanzen, wenn für die p Merkmale unterschiedliche Maßstäbe gelten, es sei denn, Maßstabsunterschiede sollen im Distanzmaß berücksichtigt werden. Üblicherweise geht man von vereinheitlichten Maßstäben aus, indem die einzelnen Merkmale über die Objekte z. B. z-transformiert werden.

BEISPIEL 25.3

Zwei Personen A und B haben auf zehn Merkmalen die folgenden Werte erhalten (wir gehen davon aus, dass beide Merkmale denselben Maßstab haben, sodass sich eine z-Transformation erübrigt):

A:	11	9	8	7	12	14	8	14	6	9
B:	7	9	11	8	10	13	8	15	7	10.

Es resultiert:

$$d_{AB} = \sqrt{(11-7)^2 + (9-9)^2 + \cdots + (9-10)^2}$$
$$= 5{,}83.$$

In der Regel korrelieren die Merkmale über die untersuchten Objekte mehr oder weniger hoch, was zur Folge hat, dass Eigenschaften, die durch mehrere, wechselseitig korrelierte Merkmale erfasst werden, die Distanz stärker beeinflussen als Eigenschaften, die durch einzelne, voneinander unabhängige Merkmale erfasst werden. (Über den Einfluss von Merkmalsinterkorrelationen auf die Clusterbildung in Abhängigkeit von der clusteranalytischen Methode berichtet Donoghue, 1995a). Man kann diese Übergewichtung bestehen lassen, wenn inhaltliche Gründe dafür sprechen, dass die durch mehrere Merkmale erfasste Eigenschaft für die Abbildung der Ähnlichkeit von besonderer Bedeutung ist. Ist diese ungleiche Gewichtung verschiedener Eigenschaften inhaltlich jedoch nicht zu rechtfertigen, ist dafür Sorge zu tragen, dass die Distanzbestimmung nur auf unkorrelierten Merkmalen basiert. Hierfür bieten sich die folgenden Techniken an:

1. *Faktorenanalyse.* Die Merkmale werden mit einer PCA faktorisiert und die Faktoren anschließend nach dem Varimaxkriterium rotiert (vgl. Abschnitt 23.5). In die Distanzberechnung gehen dann die Faktorwerte der Objekte auf denjenigen Faktoren ein, die inhaltlich sinnvoll interpretierbar sind (vgl. hierzu Abschnitt 23.4 über Kriterien für die Anzahl bedeutsamer Faktoren). Dieses Verfahren ist problemlos, wenn man davon ausgehen kann, dass die aufgrund der gesamten Stichprobe ermittelte Faktorstruktur im Prinzip auch für die durch die Clusteranalyse gebildeten Untergruppen gilt.
2. *Residualisierte Variablen.* Es werden residualisierte Variablen erzeugt, indem man die gemeinsamen Varianzen zwischen den Variablen herauspartialisiert (vgl. Abschnitt 21.1). Die Reihenfolge der Variablen kann hierbei nach inhaltlichen Gesichtspunkten festgelegt werden. Die Variable, die inhaltlich am bedeutsamsten erscheint, geht standardisiert, aber im Übrigen unbehandelt, in die Distanzformel ein. Diese Variable wird aus einer zweiten Variablen herauspartialisiert, und in die Distanzformel gehen statt der ursprünglichen Werte die standardisierten Residuen ein. Aus der dritten Variablen werden die Variablen 1 und 2 herauspartialisiert, aus der vierten die Variablen 1 bis 3 usw.

Im Unterschied zur Faktorisierungsmethode, bei der inhaltlich und statistisch unbedeutsame Faktoren unberücksichtigt bleiben, geht bei diesem Ansatz keine Merkmalsvarianz verloren. Allerdings ist zu bedenken, dass vor allem die letzten Variablen, aus denen alle vorangegangenen Variablen herauspartialisiert sind, häufig nur noch Fehlervarianzanteile erfassen. Diese Variablen gehen mit gleichem Gewicht in die Distanzbestimmung ein wie die „substanziellen" Variablen, es sei denn, man kann Kriterien festlegen, nach denen diese Variablen heruntergewichtet werden.

3. *Mahalanobis-Distanz.* Mit der Mahalanobis-Distanz (Mahalanobis, 1936) erhält man ein euklidisches Distanzmaß, das bezüglich der korrelativen Beziehungen zwischen den Merkmalen bereinigt ist:

$$d_{ii'} = \left(\sum_{j=1}^{p} \sum_{k=1}^{p} c_{jk} \cdot (x_{ij} - x_{i'j}) \cdot (x_{ik} - x_{i'k}) \right)^{1/2} , \quad (25.4)$$

wobei c_{jk} das Element jk aus der Inversen der Varianz-Kovarianz-Matrix der p Variablen bezeichnet (vgl. B.4).

Dieses Distanzmaß entspricht der euklidischen Distanz, berechnet über Faktorwerte *aller* Faktoren einer PCA.

City-Block- und Dominanz-Metrik

Eine Verallgemeinerung des mit Gl. (25.3) beschriebenen Distanzmaßes erhält man, wenn statt des Exponenten 2 (bzw. $1/2$) der Exponent r (bzw. $1/r$) eingesetzt wird:

$$d_{ii'} = \left[\sum_{j=1}^{p} (x_{ij} - x_{i'j})^r \right]^{1/r} . \quad (25.5)$$

Mit Gl. (25.5) sind Distanzen für verschiedene *Minkowski-r-Metriken* definiert. Für $r = 1$ resultiert die sog. City-Block-Metrik, nach der sich die Distanz zweier Punkte als Summe der (absolut gesetzten) Merkmalsdifferenzen ergibt. Die Bezeichnung City-Block-Distanz geht auf Attneave (1950) zurück und charakterisiert – im Unterschied zur Luftlinien-Distanz der euklidischen Metrik – die Entfernung, die z. B. ein Taxifahrer zurücklegen muss, wenn er in einer Stadt mit rechtwinklig zueinander verlaufenden Straßen von A nach B gelangen will. Im oben genannten Beispiel errechnen wir für $r = 1$

$$d_{ii'} = |11 - 7| + |9 - 9| + \cdots + |6 - 7| + |9 - 10| = 14.$$

Verschiedene Metrikkoeffizienten gewichten große und kleine Merkmalsdifferenzen in unterschiedlicher Weise. Mit $r = 1$ werden alle Merkmalsdifferenzen unabhängig von ihrer Größe gleichgewichtet. Für $r = 2$ erhalten größere Differenzen ein stärkeres Gewicht als kleinere Differenzen. (Die euklidische Distanz wird durch größere Merkmalsdifferenzen stärker bestimmt als durch kleinere.) Lassen wir $r \rightarrow \infty$ gehen, wird die größte Merkmalsdifferenz mit 1 gewichtet, und alle übrigen erhalten ein Gewicht von 0. Im Beispiel ergibt sich für $r \rightarrow \infty$: $d_{ii'} = 11 - 7 = 4$.

Die Metrik für $r \to \infty$ heißt Dominanz- oder Supremums-Metrik. Distanzen nach dieser Metrik dürften für die meisten clusteranalytischen Fragestellungen ohne Bedeutung sein. Die Wahl der City-Block-Metrik ($r = 1$) ist jedoch sinnvoll, wenn man mit zufällig überhöhten Merkmalsdifferenzen (Ausreißerwerten) rechnet, die für $r = 1$ stärker vernachlässigt werden als in der euklidischen Distanz mit $r = 2$.

Produkt-Moment-Korrelation

Interessiert weniger der Abstand der Objektprofile, sondern deren Ähnlichkeit aufgrund der Profilverläufe, können die Objektähnlichkeiten auch über Produkt-Moment-Korrelationen bestimmt werden. Hierbei sollten die Merkmale allerdings gleiche Mittelwerte und Streuungen aufweisen (vgl. Schlosser, 1976 zur Kritik der Korrelation als Ähnlichkeitsmaß im Kontext von Clusteranalysen).

25.1.4 Gemischtskalierte Merkmale

Gelegentlich kommt es vor, dass die Objekte durch Merkmale mit unterschiedlichem Skalenniveau beschrieben sind. Für diese Situation bieten sich drei Lösungswege an:

1. Man führt für die Merkmalsgruppen mit einheitlichem Skalenniveau getrennte Clusteranalysen durch und vergleicht anschließend die für die einzelnen Merkmalsgruppen ermittelten Lösungen. Für die Überprüfung der Güte der Clusterübereinstimmung können das Kappa-Maß bzw. der Rand-Index eingesetzt werden.

2. Merkmale mit einem höheren Skalenniveau werden in Merkmale mit niedrigerem Skalenniveau umgewandelt. Intervallskalierte Merkmale können beispielsweise durch Mediandichotomisierung (oder eine andere Aufteilungsart, vgl. hierzu Anderberg, 1973, Kap. 3) in binäre Nominalskalen transformiert werden. Dieser Weg ist allerdings immer mit einem Informationsverlust verbunden.

3. Man berechnet für die nominalskalierten, die ordinalskalierten und intervallskalierten Merkmale je ein Distanzmaß und bestimmt hieraus die gemeinsame Distanz. Bezeichnen wir mit $d^N_{ii'}$ die Distanz zweier Objekte e_i und $e_{i'}$ auf der Basis der nominalskalierten Merkmale, mit $d^0_{ii'}$ die Distanz für ordinalskalierte Merkmale und mit $d^I_{ii'}$ die Distanz für intervallskalierte Merkmale, resultiert folgende Gesamtdistanz:

$$d_{ii'} = g^N \cdot d^N_{ii'} + g^0 \cdot d^0_{ii'} + g^K \cdot d^K_{ii'} \tag{25.6}$$

mit g = relativer Anteil der Anzahl der Merkmale einer Skalierungsart an der Gesamtzahl der Merkmale.

25.2 Übersicht clusteranalytischer Verfahren

Auf der Basis von Ähnlichkeiten (oder Distanzen) gruppieren clusteranalytische Verfahren die Objekte so, dass die Unterschiede der Objekte eines Clusters möglichst klein und die Unterschiede zwischen den Clustern möglichst groß sind. Dies ist – so könnte man meinen – ein relativ einfaches Problem: Man sortiert die Objekte so lange in verschiedene Cluster, bis man die beste Lösung im Sinn des oben genannten Kriteriums gefunden hat.

Hiermit ist jedoch – wie die folgenden Aufstellungen für nur fünf Objekte zeigen – ein enormer Arbeitsaufwand verbunden. Wir fragen zunächst, in welche Gruppengrößen sich fünf Objekte einteilen lassen. Denkbar wären:

1 Gruppe mit der Objektzahl 5,
2 Gruppen mit den Objektzahlen 2 und 3,
2 Gruppen mit den Objektzahlen 1 und 4,
3 Gruppen mit den Objektzahlen 1, 1 und 3,
3 Gruppen mit den Objektzahlen 1, 2 und 2,
4 Gruppen mit den Objektzahlen 1, 1, 1 und 2,
5 Gruppen mit den Objektzahlen 1, 1, 1, 1 und 1.

Für die Verteilung der fünf Objekte auf die sieben verschiedenen Gruppierungsvarianten gibt es folgende Möglichkeiten:

1 Gruppe mit 5 Objekten: 1 Mögl.
2 Gruppen mit 2 und 3 Objekten: 10 Mögl.
2 Gruppen mit 1 und 4 Objekten: 5 Mögl.
3 Gruppen mit 1, 1 und 3 Objekten: 10 Mögl.
3 Gruppen mit 1, 2 und 2 Objekten: 15 Mögl.
4 Gruppen mit 1, 1, 1 und 2 Objekten: 10 Mögl.
5 Gruppen mit 1, 1, 1, 1 und 1 Objekten: 1 Mögl.

Insgesamt gibt es also 52 verschiedene Varianten für die Einteilung von $p = 5$ Objekten in Gruppen. Die Anzahl möglicher Aufteilungen wächst mit p exponentiell. Bei $p = 10$ Objekten resultieren bereits 115975 und bei $p = 50$ Objekten 23,9E21 verschiedene Aufteilungen. (Die Häufigkeiten für die verschiedenen Aufteilungen nennt man Bellsche Zahlen: Näheres zur Berechnung dieser Zahlen findet man z. B. bei Steinhausen & Langer,

1977, S. 16ff.) Schon bei Stichproben mittlerer Größe benötigt auch der schnellste Computer Rechenzeiten von mehreren Jahrhunderten, um unter allen möglichen Aufteilungen die beste herauszufinden.

Dies ist der Grund, warum keiner der heute existierenden Clusteralgorithmen in der Lage ist, die beste unter allen möglichen Clusterlösungen in einer vernünftigen Zeit zu bestimmen. Man ist darauf angewiesen, die Anzahl aller zu vergleichenden Clusterlösungen erheblich einzuschränken, was natürlich bedeutet, dass hierbei die beste Lösung übersehen werden kann.

SOFTWAREHINWEIS 25.1

Aber auch für eine begrenzte Anzahl von Clusterlösungen resultieren bei größeren Objektmengen vergleichsweise lange Rechenzeiten. Dies ist beim Einsatz der in den meisten Statistiksoftwarepaketen enthaltenen Clusterroutinen zu beachten. Speziell für Clusteranalysen wurde von Wishart (1987) das PC-taugliche Programmpaket „CLUSTAN" entwickelt. Zur Implementierung clusteranalytischer Verfahren in S-Plus wird auf Handl (2002, Kap. 13) verwiesen.

Methodisch unterscheidet man zwei Hauptgruppen von Clusteranalysen: *hierarchische* Clusteranalysen und *nicht-hierarchische* Clusteranalysen. Für beide Varianten geben wir im Folgenden einen Überblick.

25.2.1 Hierarchische Verfahren

Die wichtigsten hierarchischen Verfahren beginnen mit der feinsten Objektaufteilung bzw. Partitionierung, bei der jedes Objekt ein eigenes Cluster bildet. Man berechnet die paarweisen Distanzen zwischen allen Objekten und fusioniert diejenigen zwei Objekte zu einem Cluster, die die kleinste Distanz (bzw. die größte Ähnlichkeit) aufweisen. Dadurch reduziert sich die Anzahl der Cluster um 1. Die Clusterdistanzen der $p-1$ verbleibenden Cluster werden erneut verglichen, um wieder diejenigen zwei Cluster, die eine minimale Distanz aufweisen, zusammenzufassen. Mit jedem Schritt reduziert sich die Anzahl der Cluster um 1, bis schließlich im letzten Schritt alle Objekte in einem Cluster zusammengefasst sind. Gelegentlich gibt man einen maximalen Distanzwert vor, der für zwei zu fusionierende Cluster nicht überschritten werden darf. Hierbei kann es natürlich vorkommen, dass der Clusterprozess vorzeitig abgebrochen wird, weil alle Clusterdistanzen dieses Kriterium überschreiten.

In einem *Dendrogramm* wird zusammenfassend verdeutlicht, in welcher Abfolge die Objekte schrittweise zusammengefasst werden. Zusätzlich ist dem Dendrogramm die Distanz zwischen den jeweils zusammengefassten Clustern zu entnehmen. Damit stellt das Dendrogramm eines der wichtigsten Hilfsmittel dar, eine geeignet erscheinende Clusterzahl festzulegen. (Auf die Konstruktion eines Dendrogramms gehen wir ausführlicher in Abschn. 25.3.1 ein.)

Eine hierarchische Clusteranalyse, die mit der feinsten Partitionierung beginnt und die Anzahl der Cluster schrittweise verringert, bezeichnet man als eine *agglomerative* Clusteranalyse. (Auf divisive Clusteranalysen, die mit einem Gesamtcluster beginnen, welches sukzessive in Teilcluster aufgeteilt wird, gehen wir hier nicht ein. Hinweise zu diesem in der Praxis selten eingesetzten Ansatz findet man z. B. bei Eckes & Roßbach, 1980.) Ein Nachteil hierarchisch-agglomerativer Verfahren ist darin zu sehen, dass die Zuordnung eines Objekts zu einem Cluster im Verlauf des Clusterprozesses nicht mehr revidierbar ist, was die praktische Anwendbarkeit hierarchischer Verfahren unter Umständen erheblich einschränkt. Es wird deshalb empfohlen, eine mit einer hierarchischen Methode gefundene Partitionierung mit einem nicht-hierarchischen Verfahren zu bestätigen oder ggf. zu verbessern (vgl. Abschn. 25.2.2).

Fusionskriterien

Für die Fusionierung zweier Cluster wurden verschiedene Kriterien entwickelt, von denen die wichtigsten im Folgenden kurz dargestellt werden (eine formale Gegenüberstellung verschiedener hierarchisch-agglomerativer Techniken findet man bei Scheibler & Schneider, 1985):

1. *Single Linkage* (auch Minimummethode genannt): Bei diesem Kriterium richtet sich die Ähnlichkeit zweier Cluster nach den paarweisen Ähnlichkeiten der Objekte des einen Clusters zu den Objekten des anderen Clusters. Es werden diejenigen zwei Cluster vereint, welche die zueinander am nächsten liegenden Nachbarobjekte („nearest neighbour") besitzen. Die Verbindung zweier Cluster wird hier also brückenförmig durch je ein Objekt der beiden Cluster („single link") hergestellt. Single linkage ist für alle Distanzmaße geeignet.

Dadurch, dass jeweils nur zwei nahe beieinanderliegende Einzelobjekte über die Fusionierung zweier Cluster entscheiden, kann es zu Verkettungen bzw. kettenförmigen Clustergebilden kommen

(*Chaining-Effekt*), in denen sich Objekte befinden, die zueinander eine geringere Ähnlichkeit aufweisen als zu Objekten anderer Cluster.

2. *Complete Linkage* (auch Maximummethode genannt): Dieses Clusterkriterium bestimmt auf jeder Fusionsstufe für alle Paare von Clustern die jeweils am weitesten entfernten Objekte („furthest neighbour"). Es werden diejenigen Cluster fusioniert, für die diese Maximaldistanz minimal ist. Auch hier können alle Distanzmaße verwendet werden. Da das Kriterium auf diese Weise alle Einzelbeziehungen berücksichtigt, ist – anders als bei Single Linkage – gewährleistet, dass alle paarweisen Objektähnlichkeiten innerhalb eines Clusters kleiner sind als der Durchschnitt der paarweisen Ähnlichkeiten zwischen verschiedenen Clustern. In diesem Sinn resultiert Complete Linkage in homogenen Clustern und ist damit für viele Fragestellungen geeignet.

3. *Average Linkage* (auch „group average" genannt): Man berechnet für je zwei Cluster den Durchschnitt aller Objektdistanzen und fusioniert die Cluster mit der kleinsten Durchschnittsdistanz. Als Distanzmaße kommen alle in Abschnitt 25.1 genannten Maße bzw. alle Maße, für die eine Durchschnittsbildung sinnvoll ist, in Betracht. Nach Scheibler und Schneider (1985) schneidet diese Technik mit Korrelationen als Distanz- bzw. Ähnlichkeitsmaßen ähnlich gut ab wie die Ward-Methode (vgl. Abschn. 25.3.1) mit euklidischen Distanzen.

Vom Clustereffekt her ist diese Strategie zwischen Single Linkage und Complete Linkage anzusiedeln. Eine Erweiterung von Aaverage Linkage sieht vor, dass man die durchschnittlichen Distanzen mit der Anzahl der Objekte, die sich in dem jeweiligen Clusterpaar befinden, gewichtet („weighted average linkage").

4. *Median-Verfahren*: Dieses Verfahren ist nur für (quadrierte) euklidische Distanzen gemäß Gl. (25.3) sinnvoll. Es werden diejenigen Cluster fusioniert, deren quadrierter, euklidischer Zentroidabstand minimal ist. (Ein Clusterzentroid entspricht den durchschnittlichen Merkmalsausprägungen aller Objekte eines Clusters.) Das Verfahren lässt mögliche Unterschiede in den Objekthäufigkeiten der zu fusionierenden Cluster unberücksichtigt, wodurch der Zentroid des neu gebildeten Clusters dem Mittelpunkt (Median) der Linie, die die Zentroide der zu fusionierenden Cluster verbindet, entspricht. Sollen unterschiedliche Objekthäufigkeiten berücksichtigt werden (was bedeutet, dass der Zentroid des Fusionsclusters näher an das größere Cluster heranrückt), wählt man das gewichtete Median-Verfahren, das auch *Zentroid-Verfahren* genannt wird.

5. *Ward-Verfahren*: Dieses Verfahren wird in Abschnitt 25.3.1 ausführlicher behandelt.

Vergleich hierarchischer Verfahren

Wie der letzte Abschnitt zeigte, stehen für die Lösung clusteranalytischer Probleme mehrere hierarchische Ansätze zur Verfügung, die zu sehr unterschiedlichen Resultaten führen können. Die Wahl eines Clusteralgorithmus sollte vom inhaltlichen Problem abhängen, das möglicherweise eine spezielle Art der Clusterbildung besonders nahe legt. Timm (2002, S. 534 ff.) und Handl (2002, Kap. 13.2.3) verdeutlichen die Unterschiede zwischen den Fusionskriterien anhand von Zahlenbeispielen.

Für weniger erfahrene Anwender sind Monte-Carlo-Studien aufschlussreich, die verschiedene Clusteralgorithmen mit Computer-Simulationstechniken vergleichen. Diese Monte-Carlo-Studien überprüfen, wie genau vorgegebene Gruppierungen durch die verschiedenen Clusteralgorithmen wieder entdeckt werden. Milligan (1981) kommt zu dem Schluss, dass die Ward-Methode zumindest für Ähnlichkeitsmaße, die sich als euklidische Distanzen interpretieren lassen (hierzu zählt auch der in Abschn. 25.1.1 erwähnte SMC-Koeffizient), die besten Resultate erzielt (vgl. hierzu auch Breckenridge, 1989; Blashfield, 1984; Scheibler & Schneider, 1985 sowie Dreger et al., 1988). Wir werden diese Methode in Abschnitt 25.3.1 darstellen.

Hinweise: Die hier genannten hierarchisch-agglomerativen Verfahren sind als Spezialfälle sog. *beta-flexibler Clustertechniken* aufzufassen (vgl. Scheibler & Schneider, 1985). Diese beta-flexiblen Verfahren gehen auf eine Rekursionsformel von Lance und Williams (1966, 1967) zurück, mit der sich die meisten herkömmlichen hierarchischen Verfahren, aber darüber hinaus durch kontinuierliche Variation des in der Rekursionsformel enthaltenen β-Parameters auch andere Fusionsstrategien, entwickeln lassen. Eine Monte-Carlo-Studie über optimale β-Parameter bei unterschiedlichen Datenkonstellationen findet man bei Milligan (1989). Eine erweiterte Rekursionsformel hat Podani (1988) entwickelt. Einen Überblick über hierarchische Clustermethoden haben A. D. Gordon (1987) und Klemm (1995) vorgelegt. Die letztgenannte Arbeit widmet sich ausführlich dem Problem der Distanzbindungen in der hierarchischen Clusteranalyse.

25.2.2 Nicht-hierarchische Verfahren

Bei nicht-hierarchischen (*partitionierenden*) Clusteranalysen gibt man eine Startgruppierung – die anfängliche Zugehörigkeit der Objekte zu einem der k Cluster – vor, und versucht, die Startgruppierung durch schrittweises Verschieben einzelner Objekte von einem Cluster zu einem anderen nach einem festgelegten Kriterium zu verbessern. Der Prozess ist beendet, wenn sich eine Gruppierung durch weiteres Verschieben von Objekten nicht mehr verbessern lässt.

Diese Clusterstrategie wäre damit im Prinzip geeignet, für eine vorgegebene Anzahl von k Clustern die tatsächlich beste Aufteilung der Objekte zu finden. Allerdings führt auch dieser Ansatz bereits bei mittleren Objektzahlen zu unrealistischen Rechenzeiten. Man ist deshalb darauf angewiesen, den Suchprozess auf eine begrenzte Anzahl geeignet erscheinender Partitionen zu begrenzen, was bedeuten kann, dass hierbei die tatsächlich beste Lösung übersehen wird.

Für nicht-hierarchische Verfahren ist es wichtig, von vorneherein eine inhaltlich plausible Anfangspartition vorzugeben. Hierfür wählt man häufig eine mit einem hierarchischen Verfahren (z. B. Ward-Verfahren) gefundene Lösung, die man durch Einsatz eines nicht-hierarchischen Verfahrens zu optimieren sucht. Die Möglichkeit, nur eine suboptimale Lösung zu finden, ist jedoch auch mit dieser Strategie nicht ausgeschlossen. Es wird deshalb empfohlen, eine gefundene, praktisch brauchbare Clusterlösung durch verschiedene, plausibel erscheinende Anfangspartitionen (ggf. auch zufällige Anfangspartitionen) zu bestätigen. (In der Literatur findet man hierzu weitere Hinweise unter dem Stichwort „Vermeidung lokaler Optima".) Zudem kann es sinnvoll sein, die Anzahl der vorgegebenen Cluster zu variieren.

Der allgemeine Algorithmus („hill climbing algorithm", J. Rubin, 1967) besteht aus folgenden Schritten:

- Es werden die Zentroide der k vorgegebenen Cluster berechnet.
- Es wird für jedes Objekt überprüft, ob sich durch Verschieben aus seinem jeweiligen Cluster in ein anderes Cluster eine verbesserte Aufteilung im Sinn des gewählten Optimierungskriteriums (s. u.) ergibt.
- Nach der Neuzuordnung werden die Zentroide der Cluster erneut berechnet.
- Dieser Vorgang wird so lange wiederholt, bis sich die Aufteilung nicht mehr verbessern lässt.

Ein besonders bewährtes Verfahren ist die k-Means-Methode, bei der jedes Objekt demjenigen Cluster zugeordnet wird, zu dessen Zentroid die Objektdistanz minimal ist. Diese von MacQueen (1967) entwickelte und von Milligan (1981) empfohlene Methode wird in Abschnitt 25.3.2 ausführlich dargestellt.

Optimierungskriterien

Für die Beschreibung der Güte einer Clusterlösung sind einige Kriterien gebräuchlich, die im Folgenden kurz dargestellt und kommentiert werden:

- *Varianzkriterium* (auch Spur $\boldsymbol{W}$-Kriterium oder Abstandsquadratsummenkriterium genannt): Man berechnet für jedes Cluster die quadrierten Abweichungen der Objekte eines Clusters vom Clusterzentroid und summiert diese quadrierten Abweichungen über alle Cluster. Es resultiert die Spur einer Matrix $\boldsymbol{W}$, in deren Diagonale sich die Quadratsummen der Variablen und in deren nicht-diagonalen Elementen sich die Kreuzproduktsummen befinden. (Zur Berechnung einer $\boldsymbol{W}$-Matrix vgl. Kap. 26.5; die Matrix $\boldsymbol{W}$ hat dort die Bezeichnung $\boldsymbol{D}_e$.) Formal ergibt sich für das i-te Cluster
$$\text{Spur } \boldsymbol{W}_i = \sum_{j=1}^{p} \sum_{m=1}^{n_i} (x_{ijm} - \bar{x}_{ij})^2, \qquad (25.7)$$
wobei p die Anzahl der Variablen und n_i die Anzahl der Objekte des i-ten Clusters bezeichnen. Zusammengefasst über die k Cluster resultiert
$$\text{Spur } \boldsymbol{W} = \sum_{i=1}^{k} \text{Spur } \boldsymbol{W}_i. \qquad (25.8)$$
Es wird diejenige Partitionierung gesucht, für die die Spur von $\boldsymbol{W}$ minimal ist.
Dieses Kriterium ist vom Maßstab der Merkmale abhängig. Es sollte bei korrelierten Merkmalen nicht eingesetzt werden. Zudem führt es zu verzerrten Clusterbildungen, wenn die Merkmalsvarianzen in den verschiedenen Clustern heterogen sind und/oder die Anzahl der Objekte pro Cluster stark schwankt.
- *Determinantenkriterium*: Es wird diejenige Gruppierung gesucht, für die die Determinante von $\boldsymbol{W}$ ein Minimum ergibt. (Zur Berechnung einer Determinante vgl. Anhang B.3.) $\text{Det}(\boldsymbol{W})$ ist umso größer, je heterogener die gebildeten Cluster sind. Dieses Kriterium ist unabhängig vom Maßstab der Merkmale und berücksichtigt zudem die Korrelationen zwischen den Merkmalen.

- *Spur-Kriterium* (auch Spur $W^{-1}B$-Kriterium): Dieses Kriterium maximiert die Spur einer Matrix $W^{-1}B$, wobei B die Unterschiede zwischen den Clustern abbildet. (Zur Berechnung von B vgl. Kap. 26.5; die Matrix B hat dort die Bezeichnung D_{treat}.) Dieses Kriterium ist – wie auch das Determinanten-Kriterium – unabhängig vom Maßstab der Merkmale und berücksichtigt Korrelationen zwischen den Variablen. Errechnet man für $W^{-1}B$ die Eigenwerte λ_i, erhält man mit $\prod_i(1+\lambda_i)$ das sog. Wilks-Lambda-Kriterium, das mit dem Kriterium $\text{Det}(B+W)/\text{Det}(W)$ übereinstimmt.

Für Clusteranalysen mit vorgeschalteter Orthogonalisierung der Merkmale führen alle drei Kriterien zu vergleichbaren Ergebnissen. Für korrelierende Merkmale erweist sich das Determinanten-Kriterium als günstig (vgl. Blashfield, 1977, zit. nach Milligan, 1981).

Hinweis: Die hier behandelten Verfahren gehen davon aus, dass jedes Objekt nur einem Cluster zugeordnet wird („disjoint clusters"). Auf Verfahren, bei denen ein Objekt mehreren Clustern zugeordnet werden kann („overlapping clusters"; vgl. z. B. die MAPCLUS-Technik von Arabie & Carroll, 1980 oder die nonhierarchische BINCLUS-Technik für binäre Daten von Cliff et al., 1986) wird hier nicht eingegangen.

25.3 Durchführung einer Clusteranalyse

Die Durchführung einer Clusteranalyse setzt voraus, dass man Zugang zu einer leistungsstarken EDV-Anlage mit entsprechender Software hat. Neben den in den gängigen Statistikprogrammpaketen (SPSS, SAS, BMDP, STATISTICA etc.) enthaltenen Clusteranalysen sei auf das von Wishart (1987) entwickelte Programmsystem CLUSTAN verwiesen, das viele clusteranalytische Varianten bereithält. Handl (2002) erläutert die Durchführung von Clusteranalysen mit S-Plus. (Einen Vergleich verschiedener Clusteralgorithmen findet man bei Dreger et al., 1988.)

Diese Vielfalt an clusteranalytischen Algorithmen erschwert es, für ein gegebenes Problem einen geeigneten Clusteranalysealgorithmus auszuwählen. Es werden deshalb im Folgenden zwei Methoden vorgestellt, die sich – auch in kombinierter Form – in der Praxis gut bewährt haben: die Ward-Methode und die k-Means-Methode. Wenn keine Gründe für die Wahl eines anderen Verfahrens sprechen, wird empfohlen, mit der Ward-Methode eine Anfangspartition zu erzeugen und diese mit der k-Means-Methode ggf. zu optimieren (vgl. Milligan & Sokal, 1980).

25.3.1 Ward-Methode

Die Ward-Methode ist in der Literatur auch unter den Bezeichungen Minimum-Varianz-Methode, Fehlerquadratsummen-Methode oder HGROUP-100-Methode bekannt. Ausgangsmaterial ist eine Datenmatrix, die für jedes Objekt Messungen auf p Merkmalen enthält. Die Messwerte sollten so geartet sein, dass euklidische Abstände zwischen den Objekten berechnet werden können (d. h. intervallskaliert oder dichotom). Bei heterogenen Maßstäben der Merkmale wird die Datenmatrix pro Merkmal z-transformiert.

Die Ward-Methode fusioniert als hierarchisches Verfahren sukzessive diejenigen Elemente (Cluster), mit deren Fusion die geringste Erhöhung der gesamten Fehlerquadratsumme einhergeht. Die Fehlerquadratsumme pro Variable ist genauso definiert wie die Fehlerquadratsumme in der einfaktoriellen Varianzanalyse, wobei die Anzahl der Cluster der Anzahl der Treatmentstufen entspricht.

BEISPIEL 25.4

Ein Zahlenbeispiel (vgl. Tab. 25.2) mit $p = 2$ Merkmalen und $n = 6$ Objekten bzw. Elementen soll die Vorgehensweise verdeutlichen. Hierbei gehen wir davon aus, dass beiden Merkmalen der gleiche Maßstab zugrunde liegt, sodass sich z-Transformationen erübrigen.

Jedes Element e_i bildet anfänglich sein eigenes Cluster, d. h., die Fehlerquadratsumme ist für jede Variable zunächst 0 ($n = 1$ pro Cluster). Auf der ersten Fusionsstufe wird nun überprüft, wie sich die Fehlerquadratsummen für die einzelnen Variablen erhöhen, wenn zwei Elemente e_i und $e_{i'}$ zu einem Cluster zusammengefasst werden. Man fusioniert diejenigen beiden Elemente, für die der kleinste Zuwachs der über alle Variablen summierten Fehlerquadratsummen (ΔQS_e) resultiert. Tabelle 25.3a zeigt die für alle denkbaren Fusionierungen zu erwartenden Fehlerquadratsummen-Zuwächse.

Tabelle 25.2. Datenmatrix für eine Clusteranalyse nach dem Ward-Verfahren

	x_1	x_2
e_1	2	4
e_2	0	1
e_3	1	1
e_4	3	2
e_5	4	0
e_6	2	2

Tabelle 25.3. Erste Fusionsstufe

a) QS_e-Zuwächse (ΔQS_e)

	e_1	e_2	e_3	e_4	e_5	e_6
e_1	–	6,5	5,0	2,5	10,0	2,0
e_2		–	**0,5**	5,0	8,5	2,5
e_3			–	2,5	5,0	1,0
e_4				–	2,5	0,5
e_5					–	4,0
e_6						–

b) Datenmatrix nach der 1. Fusion

	x_1	x_2
e_1	2	4
$e_{(2,3)}$	0,5	1
e_4	3	2
e_5	4	0
e_6	2	2

Tabelle 25.4. Zweite Fusionsstufe

a) QS_e-Zuwächse (ΔQS_e)

	e_1	$e_{(2,3)}$	e_4	e_5	e_6
e_1	–	7,5	2,5	10,0	2,0
$e_{(2,3)}$		–	4,8	8,8	2,2
e_4			–	2,5	**0,5**
e_5				–	4,0
e_6					–

b) Datenmatrix nach der 2. Fusion

	x_1	x_2
e_1	2	4
$e_{(2,3)}$	0,5	1
$e_{4,6}$	2,5	2
e_5	4	0

Würde man e_1 und e_2 fusionieren, hätte das neue Cluster einen Zentroid mit den Merkmalskoordinaten $\bar{x}_1 = (2+0)/2 = 1$ und $\bar{x}_2 = (4+1)/2 = 2{,}5$. Für die QS_e dieses Clusters errechnen wir (Summe der quadrierten Abweichungen der Elemente 1 und 2 vom Clusterzentroid): $[(2-1)^2 + (0-1)^2] + [(4-2{,}5)^2 + (1-2{,}5)^2] = 6{,}5$. Dies ist der erste in Tab. 25.3a wiedergegebene Wert.

Man erhält – insbesondere bei größeren Clustern mit unterschiedlich vielen Objekten – diesen und die folgenden Werte einfacher nach der Beziehung (25.9):

$$\Delta QS_e = \frac{n_i \cdot n_{i'}}{n_i + n_{i'}} \cdot \sum_{j=1}^{p} (\bar{x}_{ij} - \bar{x}_{i'j})^2, \tag{25.9}$$

wobei n_i ($n_{i'}$) = Anzahl der Elemente im Cluster i (i') und $\bar{x}_{ij}$ ($\bar{x}_{i'j}$) = durchschnittliche Ausprägung des Merkmals j bei n_i ($n_{i'}$) Objekten des Clusters $i(i')$.

Nach Gl. (25.9) ermitteln wir für die Fusionierung von e_1 und e_2 den bereits bekannten Wert von $\Delta QS_e = 6{,}5$:

$$\Delta QS_e = \frac{1 \cdot 1}{1+1} \cdot [(2-0)^2 + (4-1)^2] = \frac{1}{2} \cdot 13 = 6{,}5.$$

(Man beachte, dass für die Fusionierung *einzelner* Objekte die Objektkoordinaten mit den Zentroidkoordinaten übereinstimmen.)

Tabelle 25.5. Dritte Fusionsstufe

a) QS_e-Zuwächse (ΔQS_e)

	e_1	$e_{(2,3)}$	$e_{(4,6)}$	e_5
e_1	–	7,5	**2,8**	10,0
$e_{(2,3)}$		–	5,0	8,8
$e_{(4,6)}$			–	4,2
e_5				–

b) Datenmatrix nach der 3. Fusion

	x_1	x_2
$e_{(1,4,6)}$	2,33	2,67
$e_{(2,3)}$	0,50	1,00
e_5	4,00	0,00

Tabelle 25.6. Vierte Fusionsstufe

a) QS_e-Zuwächse (ΔQS_e)

	$e_{(1,4,6)}$	$e_{(2,3)}$	e_5
$e_{(1,4,6)}$	–	**7,37**	7,70
$e_{(2,3)}$		–	8,8
e_5			–

b) Datenmatrix nach der 4. Fusion

	x_1	x_2
$e_{(1,2,3,4,6)}$	1,6	2,0
e_5	4,0	0,0

Tabelle 25.7. Fünfte Fusionsstufe

a) QS_e-Zuwächse (ΔQS_e)

	$e_{(1,2,3,4,6)}$	e_5
$e_{(1,2,3,4,6)}$	–	8,13
e_5		–

b) Datenmatrix nach der 5. Fusion

	x_1	x_2
$e_{(1,2,3,4,5,6)}$	2,0	1,67

Tabelle 25.3a zeigt, dass sowohl aus der Fusionierung von e_2 und e_3 als auch aus der Fusionierung von e_4 und e_6 der kleinste Betrag für ΔQS_e von 0,5 folgt. Wir entscheiden per Zufall, auf der ersten Fusionsstufe e_2 und e_3 zusammenzulegen (fettgedruckter Wert), und erhalten die in Tab. 25.3b wiedergegebene modifizierte Datenmatrix, in der e_2 und e_3 zusammengefasst sind. (Die hier praktizierte Vorgehensweise, bei identischen ΔQS_e-Werten per Zufall zu fusionieren, ist nicht unproblematisch; vgl. hierzu Klemm, 1995.)

Ausgehend von diesen Daten errechnen wir nach Gl. (25.9) die ΔQS_e-Werte der zweiten Fusionsstufe (Tab. 25.4a).

Beispiel: Für die Zusammenlegung von e_1 und $e_{(2,3)}$ resultiert:

$$\Delta QS_e = \frac{1 \cdot 2}{1+2} \cdot [(2-0{,}5)^2 + (4-1)^2] = 7{,}5.$$

Wir legen e_4 und e_6 als Objekte mit dem kleinsten ΔQS_e-Wert zusammen und erhalten die in Tab. 25.4b wiedergegebene Da-

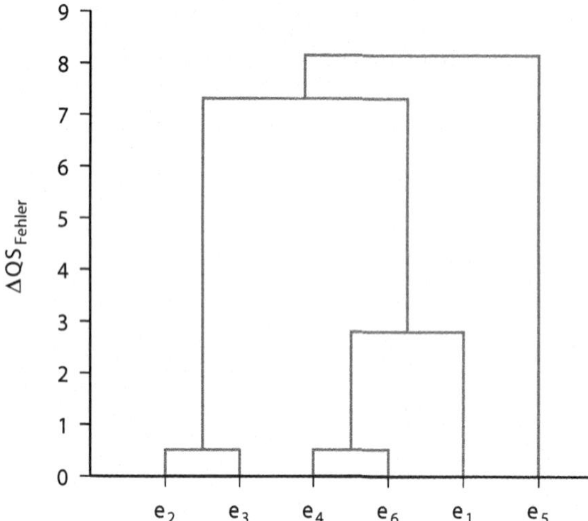

Abbildung 25.1. Dendrogramm des Beispiels (Tab. 25.3 bis 25.7)

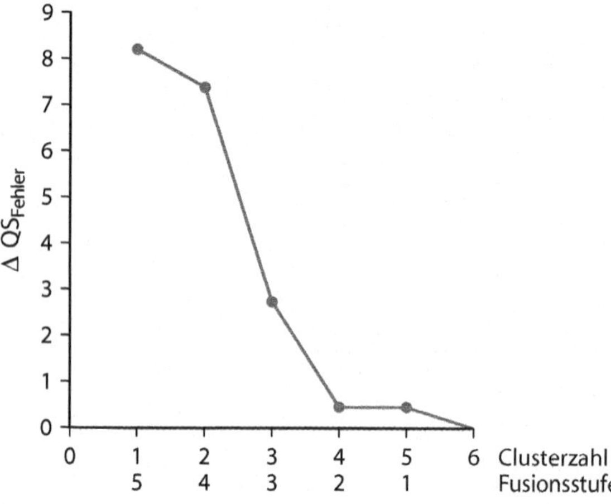

Abbildung 25.2. Struktogramm des Beispiels (Tab. 25.3 bis 25.7)

tenmatrix nach der zweiten Fusion. In gleicher Weise verfahren wir bis hin zur letzten, der fünften Fusionsstufe, die alle Objekte in einem Cluster vereint (vgl. Tab. 25.5 bis 25.7). Die Berechnung der neuen Datenmatrizen erfolgt unter Berücksichtigung der Anzahl der Objekte in den fusionierten Clustern.

Dendrogramm. Abbildung 25.1 veranschaulicht grafisch anhand eines Dendrogramms die auf den einzelnen Fusionsstufen vorgenommenen Clusterbildungen. Auf der Ordinate sind die ΔQS_e- Werte abgetragen, sodass man erkennen kann, mit welchem Fehlerquadratsummen-Zuwachs die einzelnen Clusterneubildungen „erkauft" wurden.

Struktogramm. Anhaltspunkte für die Bestimmung der Anzahl der Cluster, in die sich eine Objektmenge sinnvoll einteilen lässt, liefert zudem das sog. Struktogramm (vgl. Abb. 25.2), das ähnlich auszuwerten ist wie ein Scree-Test im Rahmen einer Faktorenanalyse. Von rechts kommend zeigt das Struktogramm, welcher Fehlerquadratsummen-Zuwachs mit jeder Fusionsstufe verbunden ist. In unserem Beispiel wird nach der zweiten bzw. dritten Fusionsstufe ein deutlicher Sprung in den ΔQS_e-Werten erkennbar, d. h., man würde sich für eine Lösung mit vier oder drei Clustern entscheiden (zur Reliabilität und Validität dieser Methode vgl. Lathrop & Williams, 1987, 1989, 1990).

„Stopping Rules". Um die Bestimmung der „wahren" Clusteranzahl zu objektivieren, wurden – ähnlich wie zum Scree-Test der Faktorenanalyse – zahlreiche analytische Abbruchkriterien (Stopping Rules) entwickelt, die bei Milligan und Cooper (1985) beschrieben und in einer Monte-Carlo-Studie verglichen werden. Am besten bewährt haben sich in dieser Studie das Abbruchkriterium von Calinski und Harabasz (1974), der Je(2)/Je(1)-Quotient von Duda und Hart (1973), der C-Index (Hubert & Levin, 1976) sowie die Gamma-Statistik (Baker & Hubert, 1975).

Ein graphentheoretisches Kriterium für die Bestimmung bedeutsamer Cluster wurde von Krolak-Schwerdt und Eckes (1992) vorgeschlagen.

Eigenschaften des Ward-Algorithmus

Nach Gl. (25.9) wird entschieden, welche Cluster zu fusionieren sind. Diese Gleichung zeigt einige wichtige Eigenschaften des Ward-Algorithmus. Zunächst erkennt man, dass Gl. (25.9) (gewichtete) quadrierte, euklidische Distanzen zwischen Clusterschwerpunkten bestimmt. (Dieser Sachverhalt wurde im Beispiel numerisch verdeutlicht.) Die Minimierung der Fehlerquadratsummen-Zuwächse ist gleichbedeutend mit der Minimierung der quadrierten, euklidischen Distanz der zu fusionierenden Cluster.

Nehmen wir ferner an, zwei Cluster *A* und *B* hätten zueinander die gleiche quadrierte, euklidische Distanz wie zwei Cluster *C* und *D*. In diesem Fall entscheiden nur die Besetzungszahlen der Cluster über die Art der Fusionierung. Wenn $n_A + n_B = n_C + n_D$, werden diejenigen Cluster fusioniert, deren Besetzungszahlen die größeren Unterschiede aufweisen, denn mit zunehmender Differenz $n_A - n_B$ (bzw. $n_C - n_D$) wird das Produkt $n_A \cdot n_B$

$(n_C \cdot n_D)$ kleiner. (Beispiel: $n_A + n_B = n_C + n_D = 10$; $n_A = 2$, $n_B = 8$ mit $n_A \cdot n_B = 16$ und $n_C = 5$, $n_D = 5$ mit $n_C \cdot n_D = 25$, d. h. $n_A \cdot n_B < n_C \cdot n_D$.)

Ist das *Verhältnis* der Besetzungszahlen konstant ($n_A/n_B = n_C/n_D =$ const.), werden diejenigen Cluster fusioniert, deren Gesamtumfang ($n_A + n_B$ oder $n_C + n_D$) kleiner ist. Beispiel: $n_A/n_B = n_C/n_D = 0{,}5$; $n_A = 1$, $n_B = 2$ und $n_C = 5$ und $n_D = 10$; es folgt für den Gewichtungsfaktor in Gl. (25.9)

$$\frac{1 \cdot 2}{1+2} < \frac{5 \cdot 10}{5+10},$$

d. h., es werden die Cluster A und B und nicht die Cluster C und D fusioniert.

Die Eigenschaften des Ward-Algorithmus lassen sich damit folgendermaßen zusammenfassen: Mit den ersten Fusionsschritten werden bevorzugt kleine Cluster in Regionen mit hoher Objektdichte gebildet. Mit fortschreitender Fusionierung tendiert der Algorithmus dazu, Unterschiede in den Besetzungszahlen verschiedener Cluster auszugleichen, d. h., es werden Cluster mit annähernd gleich großen Besetzungszahlen gebildet. Diese Eigenschaft wirkt sich nachteilig aus, wenn die beste Gruppierung aus Clustern unterschiedlicher Größe besteht. Für diese Konstellation sind die Zentroid-Methode bzw. Average-Linkage-Methode dem Ward-Algorithmus überlegen (vgl. hierzu auch Kuiper & Fisher, 1975). Bei binären Merkmalen führt die Ward-Methode zu guten Ergebnissen, wenn die Merkmalsanteile annähernd symmetrisch verteilt sind (vgl. Hands & Everitt, 1987).

25.3.2 *k*-Means-Methode

Als eines der bewährtesten, nicht-hierarchischen Verfahren wird im Folgenden die k-Means-Methode von MacQueen (1967) behandelt. Sie wird häufig zur Verbesserung einer Gruppierung eingesetzt, die mit einer hierarchischen Methode (z. B. Ward-Methode, vgl. Abschn. 25.3.1) gefunden wurde.

Der Algorithmus besteht aus folgenden, wiederholt durchzuführenden Schritten:

- Man erzeugt eine Anfangspartition mit k Clustern.
- Beginnend mit dem ersten Objekt im ersten Cluster werden für alle Objekte die euklidischen Distanzen zu allen Clusterschwerpunkten gemäß Gl. (25.3) bestimmt.

Tabelle 25.8. Zahlenbeispiel für eine Cluster-Analyse nach dem k-Means-Verfahren

	Cluster A	
	x_1	x_2
	1	2
	2	1
	0	3
Schwerpunkt:	1	2
	Cluster B	
	x_1	x_2
	4	3
	3	0
	2	0
Schwerpunkt:	3	1
	Cluster C	
	x_1	x_2
	3	3
	2	0
	1	0
Schwerpunkt:	2	1

- Trifft man auf ein Objekt, das zu dem Schwerpunkt des eigenen Clusters eine größere Distanz aufweist als zum Schwerpunkt eines anderen Clusters, wird dieses Objekt in dieses Cluster verschoben.
- Die Schwerpunkte der beiden durch diese Verschiebung veränderten Cluster werden neu berechnet.
- Man wiederholt Schritt 2 bis Schritt 4, bis sich jedes Objekt in einem Cluster befindet, zu dessen Schwerpunkt es im Vergleich zu den übrigen Clustern die geringste Distanz aufweist.

Die k Cluster werden in diesem Verfahren also durch ihre Schwerpunkte (Mittelpunkte) repräsentiert, was dem Verfahren seinen Namen gab: k-Means-Methode. Anders als bei hierarchischen Verfahren ist in diesem nicht-hierarchischen Verfahren eine einmal vorgenommene Zuordnung eines Objekts zu einem Cluster nicht endgültig; sie kann theoretisch beliebig häufig revidiert werden.

BEISPIEL 25.5

Gegeben sei eine Anfangspartition mit drei Clustern und jeweils drei Objekten, für die Messungen auf zwei Merkmalen vorliegen (vgl. Tab. 25.8). Erneut nehmen wir an, beide Merkmale hätten den gleichen Maßstab, sodass sich eine z-Transformation erübrigt.

Ohne weitere Berechnungen erkennt man, dass das erste Objekt im Cluster A richtig und das zweite Objekt in Cluster A falsch platziert ist. Das zweite Objekt mit den Messungen (2; 1) gehört offensichtlich in das Cluster C mit genau diesen Schwerpunktkoordinaten $(2; 1)$. Wird dieses Element nach C verschoben, resultieren die folgenden Cluster:

Cluster A		Cluster B		Cluster C	
x_1	x_2	x_1	x_2	x_1	x_2
1	2	4	3	3	3
0	3	3	0	2	0
		2	0	1	0
				2	1
0,5	2,5	3	1	2	1

Die Schwerpunktkoordinaten $\bar{x}_{j(\text{neu})}$ eines Clusters, aus dem ein Objekt e_m entfernt wurde, berechnet man allgemein ohne Rückgriff auf die verbleibenden Einzelelemente nach folgender Beziehung:

$$\bar{x}_{j(\text{neu})} = \frac{n_{\text{alt}} \cdot \bar{x}_{j(\text{alt})} - x_{mj}}{n_{\text{alt}} - 1}. \tag{25.10}$$

Im Beispiel ermitteln wir für das verkleinerte Cluster A:

$$\bar{x}_{1(\text{neu})} = \frac{3 \cdot 1 - 2}{3 - 1} = 0{,}5,$$

$$\bar{x}_{2\,(neu)} = \frac{3 \cdot 2 - 1}{3 - 1} = 2{,}5.$$

Für das um ein Objekt e_m erweiterte Cluster ergeben sich die folgenden Schwerpunkt-Koordinaten:

$$\bar{x}_{j(\text{neu})} = \frac{n_{\text{alt}} \cdot \bar{x}_{j(\text{alt})} + x_{mj}}{n_{\text{alt}} + 1}. \tag{25.11}$$

Im Beispiel errechnen wir für Cluster C:

$$\bar{x}_{1(\text{neu})} = \frac{3 \cdot 2 + 2}{3 + 1} = 2,$$

$$\bar{x}_{2(\text{neu})} = \frac{3 \cdot 1 + 1}{3 + 1} = 1.$$

Nach dieser Verschiebung stellten wir über Gl. (25.3) fest, dass die beiden Elemente von A richtig platziert sind. Beide Elemente haben zum Schwerpunkt von A eine kleinere Distanz als zu den Schwerpunkten von B und C. Das erste falsch platzierte Element, das wir antreffen, ist das dritte Element in Cluster $B(2; 0)$, das zum Schwerpunkt des Clusters $C(2; 1)$ eine geringere Distanz aufweist als zum Schwerpunkt des eigenen Clusters $(3; 1)$. Wir verschieben deshalb dieses Element in Cluster C und erhalten folgende Gruppierung:

Cluster A		Cluster B		Cluster C	
x_1	x_2	x_1	x_2	x_1	x_2
1	2	4	3	3	3
0	3	3	0	2	0
				1	0
				2	1
				2	0
0,5	2,5	3,5	1,5	2,0	0,8

Die dritte Verschiebung, die jetzt erforderlich wird, betrifft das zweite Objekt in B, dessen Distanz zu Cluster C am geringsten ist.

Cluster A		Cluster B		Cluster C	
x_1	x_2	x_1	x_2	x_1	x_2
1	2	4	3	3	3
0	3			2	0
				1	0
				2	1
				2	0
				3	0
0,5	2,5	4	3	2,17	0,67

Nach dieser Verschiebung ist das erste Element in Cluster C fehlplatziert. Es liegt näher am Schwerpunkt von B als am Schwerpunkt von C und wird deshalb nach B verschoben.

Cluster A		Cluster B		Cluster C	
x_1	x_2	x_1	x_2	x_1	x_2
1	2	4	3	2	0
0	3	3	3	1	0
				2	1
				2	0
				3	0
0,5	2,5	3,5	3,0	2,0	0,20

Wie die nach Gl. (25.3) errechnete Distanzmatrix in Tab. 25.9 zeigt, ist dies die endgültige Clusterlösung. Jedes Objekt hat zum Schwerpunkt des eigenen Clusters eine geringere Distanz als zu den Schwerpunkten der anderen Cluster.

Tabelle 25.9. Distanzmatrix für die endgültige Clusterlösung

	Clusterschwerpunkte		
Objekte	$A(0{,}5; 2{,}5)$	$B(3{,}5; 3{,}0)$	$C(2{,}0; 0{,}2)$
$A_1(1; 2)$	**0,71**	2,69	2,06
$A_2(0; 3)$	**0,71**	3,50	3,44
$B_1(4; 3)$	3,54	**0,50**	3,44
$B_2(3; 3)$	2,54	**0,50**	2,97
$C_1(2; 0)$	2,92	3,35	**0,20**
$C_2(1; 0)$	2,55	3,91	**1,02**
$C_3(2; 1)$	2,12	2,50	**0,80**
$C_4(2; 0)$	2,92	3,35	**0,20**
$C_5(3; 0)$	3,54	3,04	**1,02**

Hinweis: Ein Nachteil der k-Means-Methode ist daqrin zu sehen, dass das Clusterergebnis von der *Reihenfolge der Objekte* abhängen kann. Es empfiehlt sich deshalb, verschiedene Startpartitionen zu verwenden, welche die Reihenfolge der Cluster und der Objekte innerhalb der Cluster variieren. Man akzeptiert diejenige Lösung, die durch verschiedene Startpartitionen am häufigsten bestätigt wird (zum Problem lokaler Optima vgl. auch Steinley, 2003).

25.4 Evaluation clusteranalytischer Lösungen

In Abschnitt 25.2 wurde die Vielfalt clusteranalytischer Verfahren verdeutlicht, die dem Anwender zur Partitionierung einer multivariat beschriebenen Objektmenge zur Verfügung stehen und die in der Regel nicht zu identischen Resultaten führen. Auch wenn der hierarchischen Ward-Methode und der nicht-hierarchischen k-Means-Methode in vielen Grundlagenstudien besonders gute Eigenschaften bescheinigt werden, bleibt zu fragen, ob ein anderer Algorithmus zu einer besseren Lösung führt. Diese Frage lässt sich letztlich nur dadurch beantworten, dass man den empirischen Datensatz mit mehreren Clusteralgorithmen analysiert und vergleichend interpretiert.

Prüfung der Generalisierbarkeit

Ein weiteres, hier vorrangig behandeltes Problem betrifft die Generalisierbarkeit einer clusteranalytischen Lösung. Wie alle statistischen Ergebnisse sind auch Clusterlösungen stichprobenabhängig, was sich durch wiederholte Clusteranalysen einer Objektmenge mit gleicher Referenzpopulation verdeutlichen ließe. Für die Stabilitätsprüfung der Clusterlösung eines einmalig erhobenen Datensatzes wird in der Literatur (z. B. Morey et al., 1983) eine Strategie empfohlen, deren Leitlinie im Folgenden beschrieben wird. Diese Evaluationsstrategie gliedert sich in vier Schritte:

1. Man unterteilt die Objektmenge zufällig in zwei gleich große Teilmengen A und B.
2. Für A und B wird jeweils eine Clusteranalyse gerechnet.
3. Die Objekte aus A werden den Clustern aus B zugeordnet, sodass neue Cluster A^* entstehen. Das Gleiche geschieht mit den Objekten aus B, die zur Bildung von B^*-Clustern den Clustern von A zugeordnet werden (Doppelkreuzvalidierung).
4. Man überprüft die Übereinstimmung der Clusterlösungen A und A^* bzw. B und B^*.

Zu diskutieren sind in diesem Abschnitt die Schritte 3 und 4, für die in der Literatur verschiedene Lösungen vorgeschlagen werden:

Zuordnungsregeln

Breckenridge (1989) vergleicht in einer Monte-Carlo-Studie drei Zuordnungsregeln im Kontext einer Stabilitätsprüfung von Ward-Lösungen.

Nearest-Centroid- oder NC-Regel. Man berechnet zunächst für jedes Cluster $i = 1, \ldots, k$ aus A den Schwerpunkt bzw. Vektor $\boldsymbol{x}_i$ der durchschnittlichen Merkmalsausprägungen. Für jedes Objekt $m = 1, \ldots, n_B$ aus B wird die euklidische Distanz des Vektors $\boldsymbol{x}_m$ der individuellen Merkmalsausprägungen zu den Schwerpunkten aus A berechnet:

$$d_{\mathrm{NC}(m,i)} = \left[\sum_{j=1}^{p}(x_{mj} - \bar{x}_{ji})^2\right]^{1/2} \tag{25.12}$$

mit p = Anzahl der Merkmale.

Ein Objekt aus B wird demjenigen Cluster aus A zugeordnet, zu dem der d_{NC}-Wert minimal ist. Diese Partition der Objekte aus B konstituiert die B^*-Lösung. Entsprechend verfährt man zur Konstruktion der A^*-Lösung.

Minimum-χ^2-Regel oder MC-Regel. Diese Zuordnungsregel setzt voraus, dass die p Merkmale multivariat normalverteilt sind. Der Abstand eines individuellen Merkmalsprofils zum durchschnittlichen Merkmalsprofil des i-ten Clusters ergibt sich hierbei zu:

$$d_{\mathrm{MC}(m,i)} = \boldsymbol{d}'_{im} \cdot \boldsymbol{cov}_i^{-1} \cdot \boldsymbol{d}_{im} + \ln|\boldsymbol{cov}_i| - 2 \cdot \ln p_i .$$

Auch hier wird jedes Objekt aus B dem Cluster aus A mit dem kleinsten Abstandswert zugeordnet (und umgekehrt).

Nearest-Neighbour oder NN-Regel. Wie bei der Single-Linkage-Strategie wird für jedes Objekt m aus B die euklidische Distanz zu allen Objekten m' aus A berechnet:

$$d_{\mathrm{NN}(m,m')} = \left[\sum_{j=1}^{p}(x_{mj} - x_{m'j})^2\right]^{1/2} . \tag{25.13}$$

Jedes Objekt aus B wird demjenigen Cluster zugeordnet, in dem sich das Objekt m' aus A mit dem kleinsten Abstand befindet. Diese Clusterlösungen konstituieren die Partionierung B^*.

Vergleich der Zuordnungsregeln. Die Studie von Breckenridge (1989) belegt die deutliche Überlegenheit der NN-Zuordnungsregel. Zumindest bei Clusteranalysen nach dem Ward-Algorithmus führt diese Regel zu höheren Übereinstimmungen von A und A^* (bzw. B und B^*) als die beiden übrigen Regeln. Die MC-Regel versagte vor allem bei nicht multivariat-normalverteilten Merkmalen. Die NC-Regel wird empfohlen, wenn die Objektähnlichkeiten in stärkerem Maß von Profilverläufen bzw. der Profilform bestimmt werden (wie z. B. bei der Korrelation) und weniger durch die Abstände der individuellen Profile voneinander, die in die Berechnung der euklidischen Distanzen (und damit auch in den Ward-Algorithmus) eingehen.

Die Überlegenheit der NN-Regel kann damit also nur im Zusammenhang mit dem Ward-Algorithmus als nachgewiesen gelten. Sie müsste allerdings auch auf die k-Means-Methode übertragbar sein, da diese Technik ebenfalls mit der euklidischen Metrik operiert.

25

Cluster-Übereinstimmung

Nach der Bildung neuer Cluster A^* (bzw. B^*) mit Hilfe der oben genannten Zuordnungsregeln ist im vierten Schritt zu prüfen, wie gut die ursprünglichen und rekonstruierten Cluster übereinstimmen. Hierfür werden in der Literatur verschiedene Übereinstimmungsmaße genannt (vgl. z. B. Milligan & Schilling, 1985 oder Milligan & Cooper, 1986).

Kappa-Maß. Für den Fall, dass für A und A^* die gleiche Anzahl k von Clustern resultiert, hat sich das von J. Cohen (1960) entwickelte Übereinstimmungsmaß Kappa (κ) bewährt (vgl. z. B. Blashfield, 1976 oder Breckenridge, 1989; zur Kritik von Kappa vgl. Klauer, 1996). Man berechnet κ nach folgender Gleichung:

$$\kappa = \frac{P_0 - P_e}{1 - P_e}. \tag{25.14}$$

Zur Berechnung von κ fertigt man eine quadratische $k \times k$-Kontingenztafel an, in die jedes Objekt nach Maßgabe seiner Clusterzugehörigkeit in A und A^* eingetragen wird. Die Abfolgen der A- und A^*-Cluster sollten so abgestimmt sein, dass die Summe der Objekte in der Diagonale der $k \times k$-Tafel maximal ist. Mit

$$P_0 = \frac{\sum_{i=1}^{k} n_{ii}}{n} \tag{25.15}$$

bestimmt man den Anteil aller Objekte in der Diagonale bzw. den Anteil aller Objekte, die korrespondierenden Clustern in A und A^* zugeordnet sind. (Hier und im Folgenden bezeichnen wir mit n die Anzahl aller Objekte in A bzw. A^*.)

Der Ausdruck P_e errechnet sich nach

$$P_e = \frac{\sum_{i=1}^{k} n_{i\cdot} \cdot n_{\cdot i}}{n^2}; \tag{25.16}$$

er gibt den Anteil aller zufällig korrekt klassifizierten Objekte wieder.

BEISPIEL 25.6

Die „natürliche" Abfolge der Cluster A und A^* möge zu folgender Kontingenztafel geführt haben:

	A_1	A_2	A_3
A_1^*	3	30	2
A_2^*	2	2	40
A_3^*	20	1	0

Wir arrangieren die Abfolge der A^*-Cluster so, dass die Diagonale maximal besetzt ist:

	A_1	A_2	A_3	
A_3^*	20	1	0	21
A_1^*	3	30	2	35
A_2^*	2	2	40	44
	25	33	42	100

Man errechnet

$$P_0 = \frac{20 + 30 + 40}{100} = 0{,}9$$

und

$$P_e = \frac{21 \cdot 25 + 35 \cdot 33 + 44 \cdot 42}{100^2} = 0{,}3528.$$

Es resultiert also nach Gl. (25.14)

$$\kappa = \frac{0{,}9 - 0{,}3528}{1 - 0{,}3528} = 0{,}8455.$$

Entsprechend ist für den Vergleich von B und B^* zu verfahren. Der durchschnittliche κ-Wert aus beiden Vergleichen beschreibt das Ergebnis der Doppelkreuzvalidierung. Einen Signifikanztest und weitere Einzelheiten zum κ-Maß findet man z. B. bei Bortz et al. (2008, Kap. 9) bzw. Bortz und Lienert (2008, Kap. 6.1.1).

Rand-Index. Stimmt die Anzahl der Cluster in A und A^* (bzw. B) nicht überein, empfehlen Milligan und Cooper (1986) ein Übereinstimmungsmaß, das auf eine von Hubert und Arabie (1985) vorgeschlagene Korrektur des Rand-Indexes (Rand, 1971) zurückgeht. (Eine Verallgemeinerung des Rand-Indexes auf nicht-disjunkte Cluster oder „overlapping clusters" findet man bei Collins & Dent, 1988.)

Beim Rand-Index wird für jedes der $n_A \cdot (n_A - 1)/2$ Objektpaare geprüft, ob sich die Paarlinge in A und A^* in einem oder in verschiedenen Clustern befinden, sodass sich die in Tab. 25.10 dargestellte 2×2-Tabelle für die Häufigkeiten von Objektpaaren anfertigen lässt:

Die mit a gekennzeichnete Häufigkeit gibt an, wie viele Paarlinge sich sowohl in A als auch A^* im selben Cluster befinden, und die Häufigkeit d besagt, wie viele Paarlinge sich in A und A^* in verschiedenen Clustern befinden. Die Häufigkeiten a und d markieren damit „äquivalente" Paare in A und A^* und die Häufigkeiten b und c „diskrepante" Paare.

Für den Rand-Index (RI) berechnet man:

$$\text{RI} = (a + d)/(a + b + c + d) \tag{25.17}$$

mit $a + b + c + d = n_A \cdot (n_A - 1)/2$.

Tabelle 25.10. Häufigkeiten von Objektpaaren für den Rand-Index

		A	
		Paarlinge im selben Cluster	Paarlinge in verschiedenen Clustern
A^*	Paarlinge im selben Cluster	*a*	*b*
	Paarlinge in verschiedenen Clustern	*c*	*d*

Tabelle 25.11. Datenbeispiel für den korrigierten Rand-Index

Objekt-Nr.	Cluster-Nr. in *A*	Cluster-Nr. in A^*
1	1	2
2	1	3
3	1	2
4	2	1
5	1	2
6	2	1
7	2	1
8	1	3
9	2	2
10	1	1

Der korrigierte Index ergibt sich zu

$$\mathrm{RI}_c = (a + d - n_c)/(a + b + c + d - n_c) \qquad (25.18)$$

mit

$$n_c = \frac{n \cdot (n^2 + 1) - (n + 1) \cdot \sum_i n_{i\cdot}^2 - (n + 1) \cdot \sum_j n_{\cdot j}^2}{2 \cdot (n - 1)} + \frac{2 \cdot \sum_i \sum_j n_{i\cdot}^2 \cdot n_{\cdot j}^2 / n}{2 \cdot (n - 1)}.$$

Die Korrekturgröße n_c beseitigt einen positiven Bias, der in einem Korrekturvorschlag von Morey und Agresti (1984) enthalten ist; sie sorgt zudem für einen Erwartungswert von 0 bei Zufallsübereinstimmung.

BEISPIEL 25.7

Zehn Objekte wurden in *A* (2 Cluster) und A^* (3 Cluster) wie in Tab. 25.11 klassifiziert. Die Objekte 1 und 2 befinden sich in *A* im selben und in A^* in verschiedenen Clustern, d. h., dieses Objektpaar zählt zu *c*. Das Objektpaar 1 und 3 gehört zur Häufigkeit *a*, das Objektpaar 4 und 10 gehört zu *b* und das Objektpaar 3 und 4 zu *d*. Auf diese Weise erhält man

$$a = 7$$
$$b = 6$$
$$c = 14$$
$$d = 18.$$

Zur Errechnung von $f_{i.}$ und $f_{.j}$ verwenden wir die folgende Kontingenztafel:

		Cluster-Nr. in *A* 1	2	
Cluster-Nr. in A^*	1	1	3	4
	2	3	1	4
	3	2	0	2
		6	4	10

Beispiel: Ein Objekt – das zehnte Objekt – befindet sich sowohl in A als auch A^* im Cluster 1.

Damit ergibt sich

$$n_c = \frac{10 \cdot 101 - 11 \cdot (6^2 + 4^2) - 11 \cdot (4^2 + 4^2 + 2^2)}{2 \cdot 9} + \frac{2 \cdot (6^2 \cdot 4^2 + 6^2 \cdot 4^2 + \dots + 4^2 \cdot 2^2)/10}{2 \cdot 9}$$
$$= \frac{1010 - 572 - 396 + 374{,}4}{18}$$
$$= 23{,}13$$

und

$$\mathrm{RI}_c = (7 + 18 - 23{,}13)/(45 - 23{,}13)$$
$$= 0{,}0855.$$

Obwohl ein Signifikanztest für RI_c u. W. noch nicht entwickelt wurde, ist davon auszugehen, dass die hier gefundene Übereinstimmung der Clusterlösungen im Zufallsbereich liegt. Nach Milligan und Cooper (1986) sprechen RI_c-Werte über 0,10 für überzufällige Übereinstimmungen.

Nach dem gleichen Verfahren wäre die Übereinstimmung zwischen *B* und B^* zu prüfen.

Weitere Prüfmöglichkeiten

Um diejenigen Variablen zu identifizieren, die maßgeblich am Zustandekommen der Clusterlösung beteiligt sind, kann über die Clustergruppen eine Diskriminanzanalyse gerechnet werden (vgl. Kap. 27). Die diskriminanzanalytische Zuordnungsrate der Objekte zu den Clustern ist ein weiterer Indikator für die Güte der Clusterlösung.

Zudem ist es gelegentlich sinnvoll oder erforderlich, die Cluster an externen Variablen zu validieren, die nicht in die Clusteranalyse einbezogen wurden. Auch hier wäre mit der Diskriminanzanalyse (bzw. – bei nur einem externen Merkmal – mit der einfaktoriellen Varianzanalyse) zu prüfen, wie gut oder bezüglich welcher externen Variablen sich die Cluster unterscheiden (weitere Einzelheiten hierzu findet man bei Breckenridge, 1989).

Die Art der Clusterbildung ist manchmal von einem einzigen Objekt abhängig. Wie man feststellen kann, welchen Einfluss die einzelnen untersuchten Objekte auf die Clusterbildung ausüben, wird bei Cheng und Milligan (1995) für hierarchische und bei Cheng und Milligan (1996) für nichthierarchische Clusteranalysen (*k*-Means-Methode) beschrieben.

25

ÜBUNGSAUFGABEN

Aufgabe 25.1 Wann sollte die Ähnlichkeit von Objekten, die durch nominalskalierte Merkmale beschrieben sind, mit einem S-Koeffizienten und wann mit einem SMC-Koeffizienten erfasst werden?

Aufgabe 25.2 Wie wirken sich korrelierte Merkmale auf die Clusterbildung aus?

Aufgabe 25.3 Was versteht man unter einem hierarchisch-agglomerativen Algorithmus?

Aufgabe 25.4 Welche Nachteile hat das Single-Linkage-Verfahren?

Aufgabe 25.5 Anhand welcher Kriterien wird bei nicht-hierarchischen Verfahren die Clusterbildung optimiert?

Aufgabe 25.6 Beschreiben Sie die Vorgehensweise der Ward-Methode.

Aufgabe 25.7 Beschreiben Sie die Vorgehensweise der k-Means-Methode.

Aufgabe 25.8 Welche Möglichkeiten zur Evaluation von Clusterlösungen sind Ihnen bekannt?

Kapitel 26 Multivariate Mittelwertvergleiche

ÜBERSICHT

Multivariate und univariate Analysen im Vergleich – Vergleich einer Stichprobe mit einer Population (Hotellings T_1^2-Test) – Vergleich von zwei abhängigen Stichproben (Hotellings T_2^2-Test) – Vergleich von zwei unabhängigen Stichproben (Hotellings T_3^2-Test) – einfaktorielle Varianzanalyse mit Messwiederholungen (Hotellings T_4^2-Test) – einfaktorielle multivariate Varianzanalyse – Wilks Lambda-Statistik (Λ) – Pillais Spurkriterium – Voraussetzungen – Einzelvergleiche – weitere multivariate Teststatistiken – mehrfaktorielle multivariate Varianzanalyse – Verallgemeinerungen

In Kap. 8 wurden Verfahren behandelt, die Unterschiedshypothesen für zwei abhängige oder unabhängige Stichproben überprüfen (t-Test). Die Verallgemeinerung dieses Ansatzes auf den Vergleich mehrerer Stichproben führte zur Varianzanalyse, mit der in vielfältiger Weise Mittelwertunterschiede zwischen Stichproben, die sich in Bezug auf die Stufen einer oder mehrerer unabhängiger Variablen unterscheiden, überprüft werden können. Charakteristisch für diese Verfahren ist der *univariate Ansatz*, d. h. die Analyse der Varianz von nur einer abhängigen Variablen.

In diesem Kapitel geht es um Verfahren, die zwei oder mehrere Stichproben bezüglich mehrerer abhängiger Variablen vergleichen (*multivariater Ansatz*). Fragen wir beispielsweise nach der Wirkungsweise verschiedener Unterrichtsmethoden, so sollte diese sinnvollerweise nicht nur durch eine, sondern durch mehrere Messungen wie z. B. das Lerntempo, den Lernerfolg, die Zufriedenheit der Schüler und des Lehrers mit dem Unterricht usw., erfasst werden. Sollen, wie in diesem Beispiel, Gruppenunterschiede gleichzeitig in Bezug auf mehrere abhängige Variablen untersucht werden, sollte die statistische Analyse der Daten nach einem der in diesem Kapitel zu besprechenden Verfahren erfolgen.

Unterschiedshypothesen, die sich auf mehrere abhängige Variablen beziehen, sind mit einem multivariaten Mittelwertvergleich zu prüfen.

Zu dieser Forderung könnte man kritisch anmerken, dass mehrere, auf die einzelnen abhängigen Variablen bezogene Tests zumindest genauso aussagekräftig seien wie ein multivariater Test. Warum das Gegenteil der Fall ist, wird in Abschn. 26.1 begründet. Ausführlich werden danach die multivariaten Erweiterungen des Vergleichs einer Stichprobe mit einer Population (Abschn. 26.2), des t-Tests für abhängige und unabhängige Stichproben (Abschn. 26.3), der einfaktoriellen Varianzanalyse mit Messwiederholungen (Abschn. 26.4) und ohne Messwiederholungen (Abschn. 26.5) sowie der mehrfaktoriellen Varianzanalyse (Abschn. 26.6) behandelt. Ein weiteres wichtiges Verfahren für multivariate Mittelwertvergleiche – die Diskriminanzanalyse – ist Gegenstand von Kap. 27.

26.1 Mehrfache univariate Analysen oder eine multivariate Analyse?

Für die Bestimmung des Zusammenhangs zwischen mehreren Prädiktorvariablen und einer Kriteriumsvariablen wird statt mehrerer bivariater Einzelkorrelationen die in Kap. 21 beschriebene multiple Korrelation berechnet. Dieser für Zusammenhangsanalysen selbstverständliche multivariate Ansatz scheint sich in Bezug auf die Unterschiedsanalyse von Stichproben, die durch mehrere abhängige Variablen beschrieben sind, bislang weniger durchgesetzt zu haben. Dies geht zumindest aus einer Arbeit von Huberty und Morris (1989) hervor, die anhand von 222 einschlägigen Publikationen in psychologischen Zeitschriften belegt, dass die Tendenz zur univariaten Analyse (t-Test oder univariate Varianzanalysen) bei Hypothesen, die eigentlich eine multivariate Überprüfung erfordern (Hotellings T^2, multivariate Varianzanalyse oder Diskriminanzanalyse, s. u.) eindeutig überwiegt. Deshalb soll vor der Behandlung der multivariaten Mittelwertvergleiche geklärt werden, wann univariat und wann multivariat getestet werden sollte.

Huberty (1994b) sowie Huberty und Morris (1989) betonen ausdrücklich, dass sich mit dem univariaten und dem multivariaten Ansatz verschiedene statistische Hypothesen verbinden. Der *univariate Ansatz* also die Überprüfung von Unterschieden für jede einzelne abhängige Variable, ist nur unter den folgenden Randbedingungen zu rechtfertigen:

- Die abhängigen Variablen sind zumindest theoretisch als wechselseitig unabhängig vorstellbar.
- Die Untersuchung dient nicht der Überprüfung von Hypothesen, sondern der Erkundung der wechselseitigen Beziehungen der abhängigen Variablen untereinander und ihrer Bedeutung für Gruppenunterschiede.
- Man beabsichtigt, die Ergebnisse der Untersuchung mit bereits durchgeführten univariaten Analysen zu vergleichen.
- Man ist an Parallelstichproben interessiert und möchte die Äquivalenz der untersuchten Stichproben bezüglich möglichst vieler Variablen nachweisen.

Wann immer die Frage Vorrang hat, ob sich die Stichproben insgesamt, also in Bezug auf alle berücksichtigten abhängigen Variablen unterscheiden, ist ein multivariater Mittelwertvergleich durchzuführen. Typischerweise gilt dies für Untersuchungen, in denen ein komplexes Merkmal (Erziehungsstil, berufliche Zufriedenheit, politische Einstellungen, kognitive Fähigkeiten etc.) durch mehrere, in der Regel korrelierte Indikatoren operationalisiert wird. Eine *multivariate Analyse* bzw. Diskriminanzanalyse (Kap. 27) ist immer erforderlich, wenn

- eine Teilmenge von Variablen identifiziert werden soll, die am meisten zur Unterscheidung der Stichproben beitragen,
- die relative Bedeutung der Variablen für die Unterscheidung der Stichproben ermittelt werden soll und
- ein den am besten trennenden Variablen gemeinsam zugrunde liegendes Konstrukt zu bestimmen ist.

Man beachte, dass keine dieser Informationen aus einzelnen univariaten Analysen ableitbar ist. Wie bereits im Zusammenhang mit der multiplen Korrelation ausgeführt, kann die Bedeutung einer Variablen immer nur im Kontext der übrigen berücksichtigten Variablen interpretiert werden, d. h., das Hinzufügen oder die Entnahme einzelner Variablen kann die Bedeutung einer speziell interessierenden Variablen deutlich verändern. Dies wird spätestens dann nachvollziehbar, wenn wir im Anschluss an die multivariaten Mittelwertvergleiche im Kap. 27 die Diskriminanzanalyse behandeln.

Eine weitere Problematik, die mit der mehrfachen Durchführung univariater Analysen verbunden ist, betrifft die Veränderung des Fehler 1. Art, auf die bereits in Abschn. 13.2 hingewiesen wurde.

26.2 Vergleich einer Stichprobe mit einer Population

Ziehen wir aus einer p-variat normalverteilten Grundgesamtheit (theoretisch unendlich) viele Stichproben des Umfangs n, erhalten wir eine Verteilung der Mittelwerte der p Variablen, die ihrerseits p-variat normalverteilt ist. In völliger Analogie zu univariaten Prüfverfahren bestimmen wir bei multivariaten Mittelwertvergleichen die Wahrscheinlichkeit, mit der die in einer Stichprobe angetroffenen Mittelwerte für p Variablen (abgekürzt: der Mittelwertsvektor $\bar{\mathbf{x}}$) zu einer Population gehört, in der die Variablen die Mittelwerte $\mu_1, \mu_2, \ldots, \mu_p$ (abgekürzt: den Mittelwertsvektor $\boldsymbol{\mu}_0$) aufweisen.

Hotellings T_1^2-Test

Kennzeichnen wir den Vektor der Mittelwerte in der Population, der die Stichprobe entnommen wurde, mit $\boldsymbol{\mu}$, lautet die zu prüfende $H_0 : \boldsymbol{\mu} = \boldsymbol{\mu}_0$. Ausgehend von dieser H_0 fragen wir also nach der Wahrscheinlichkeit, mit der ein empirisch ermittelter Vektor $\bar{\mathbf{x}}$ (einschließlich aller extremer von $\boldsymbol{\mu}_0$ abweichenden Vektoren $\bar{\mathbf{x}}$) auftritt, wenn die H_0 gilt. Ist diese Wahrscheinlichkeit kleiner als ein zuvor festgelegtes Signifikanzniveau α, wird die H_0 verworfen, d. h., $\bar{\mathbf{x}}$ weicht signifikant von $\boldsymbol{\mu}_0$ ab. Dieser Test (Hotellings T_1^2-Test) ist als zweiseitiger Test konzipiert, d. h., er prüft die ungerichtete $H_1 : \boldsymbol{\mu} \neq \boldsymbol{\mu}_0$.

Die Frage, ob eine Stichprobe zu einer bestimmten Grundgesamtheit gehört, überprüfen wir im *univariaten* Fall nach Gl. (8.1):

$$t = \sqrt{n}\left(\frac{\bar{x} - \mu_0}{s}\right).$$

Ist dieser t-Wert größer als der für $n - 1$ Freiheitsgrade auf einem bestimmten Signifikanzniveau α

kritische t-Wert, nehmen wir an, dass die Stichprobe mit dem Mittelwert $\bar{x}$ nicht zur Population mit dem Mittelwert μ_0 gehört.

Für das Quadrat des t-Wertes erhalten wir:

$$\begin{aligned} t^2 &= n \cdot \frac{(\bar{x} - \mu_0)^2}{s^2} \\ &= n \cdot (\bar{x} - \mu_0) \cdot \left(s^2\right)^{-1} \cdot (\bar{x} - \mu_0). \end{aligned} \tag{26.1}$$

Wird eine Stichprobe nicht nur durch eine, sondern durch p Variablen beschrieben, überprüfen wir die multivariate $H_0 : \boldsymbol{\mu} = \boldsymbol{\mu}_0$, indem wir in Gl. (26.1) für die Abweichung $\bar{x} - \mu_0$ den Abweichungsvektor $\bar{\mathbf{x}} - \boldsymbol{\mu}_0$ und für s^2 die Varianz-Kovarianz-Matrix der Variablen ($\boldsymbol{\Sigma}$) einsetzen. Die multivariate Version von Gl. (26.1) lautet:

$$Q = n \cdot (\bar{\mathbf{x}} - \boldsymbol{\mu}_0)' \cdot \boldsymbol{\Sigma}^{-1} \cdot (\bar{\mathbf{x}} - \boldsymbol{\mu}_0). \tag{26.2}$$

Dieser Q-Wert ist mit p Freiheitsgraden asymptotisch χ^2-verteilt (vgl. z. B. Tatsuoka, 1971, Kap. 4.1).

In Gl. (26.2) wird vorausgesetzt, dass die Varianz-Kovarianz-Matrix $\boldsymbol{\Sigma}$ in der Population bekannt sei, was auf die meisten Fragestellungen nicht zutrifft. Im Normalfall sind wir darauf angewiesen, $\boldsymbol{\Sigma}$ aufgrund der Stichprobendaten zu schätzen. Bei nur einer abhängigen Variablen stellt $s^2 = \sum_m (x_m - \bar{x})^2/(n-1)$ eine erwartungstreue Schätzung der Populationsvarianz σ^2 dar. In multivariaten Problemen ersetzen wir $\sum_m (x_m - \bar{x})^2$ durch eine Matrix $\mathbf{D}$, die in der Diagonale die Summen der quadrierten Abweichungen der Messwerte vom jeweiligen Variablenmittelwert (kurz: Quadratsummen) enthält und außerhalb der Diagonale die Summen korrespondierender Abweichungsprodukte (kurz: Summen der Kreuzprodukte; zur Berechnung einer $\mathbf{D}$-Matrix vgl. Gl. 23.24). In Analogie zur univariaten Analyse stellt für multivariate Probleme $\mathbf{D}/(n-1)$ eine erwartungstreue Schätzung von $\boldsymbol{\Sigma}$ dar. Ersetzen wir $\boldsymbol{\Sigma}$ in Gl. (26.2) durch die erwartungstreue Schätzung $\mathbf{D}/(n-1)$ [bzw. $\boldsymbol{\Sigma}^{-1}$ durch $(n-1) \cdot \mathbf{D}^{-1}$], resultiert:

$$T_1^2 = n \cdot (n-1) \cdot (\bar{\mathbf{x}} - \boldsymbol{\mu}_0)' \cdot \mathbf{D}^{-1} \cdot (\bar{\mathbf{x}} - \boldsymbol{\mu}_0) \tag{26.3}$$

Die Prüfgröße T_1^2 wurde erstmalig von Hotelling (1931) untersucht und heißt deshalb kurz Hotellings T_1^2. (Da wir im Folgenden noch andere Versionen des Hotellings T^2-Tests kennenlernen werden, indizieren wir den hier besprochenen T^2-Wert mit einer 1.) Ein T_1^2-Wert kann unter der Voraussetzung, dass die Variablen in der Population *multivariat normalverteilt* sind, nach folgender Beziehung anhand der F-Verteilung auf Signifikanz geprüft werden:

$$F = \frac{n-p}{(n-1) \cdot p} \cdot T_1^2. \tag{26.4}$$

(Eine ausführlichere Herleitung dieser Prüfstatistik findet man z. B. bei T. W. Anderson, 2003; Morrison, 1976; Press, 1972, Kap. 3 und 6.1; Tatsuoka, 1971, Kap. 4.)

Ermitteln wir nach Gl. (26.4) einen F-Wert, der größer ist als der auf einem bestimmten Signifikanzniveau α für p Zählerfreiheitsgrade und $n - p$ Nennerfreiheitsgrade kritische F-Wert, unterscheiden sich die Stichprobenmittelwerte insgesamt signifikant von den Populationsmittelwerten. Ist im univariaten Fall $p = 1$, reduziert sich Gl. (26.4) zu der bereits bekannten Gl. (5.21) nach der ein quadrierter t-Wert einem F-Wert mit einem Zählerfreiheitsgrad entspricht.

BEISPIEL 26.1

In einer Untersuchung wird geprüft, ob durch die Einnahme eines bestimmten Medikaments spezifische kognitive Funktionen verbessert werden können. Bei $n = 100$ Versuchspersonen wird nach Verabreichung des Medikaments mit geeigneten Tests das mechanische Verständnis (x_1) und die Abstraktionsfähigkeit (x_2) überprüft. Aufgrund von Voruntersuchungen sei bekannt, dass in der Grundgesamtheit ohne medikamentöse Beeinflussung im Durchschnitt Testleistungen von $\mu_1 = 40$ und $\mu_2 = 50$ erzielt werden. Gefragt wird, ob die durchschnittlichen Leistungen nach der Einnahme des Medikaments signifikant von diesen Populationswerten abweichen ($\alpha = 0{,}01$). Ausgehend von den 100 Messwerten pro Test wurden die folgenden Durchschnittsleistungen errechnet:

$$\bar{x}_1 = 43; \qquad \bar{x}_2 = 52.$$

Ferner ermitteln wir die folgende $\mathbf{D}$-Matrix. (Auf die ausführliche Berechnung, die die vollständige Wiedergabe aller individuellen Daten erforderlich macht, wollen wir verzichten. Ein Zahlenbeispiel für eine $\mathbf{D}$-Matrix findet man in Bsp. 23.3.)

$$\mathbf{D} = \begin{pmatrix} 350 & 100 \\ 100 & 420 \end{pmatrix}.$$

Setzen wir diese Werte in Gl. (26.3) ein, ergibt sich die folgende Bestimmungsgleichung für T_1^2:

$$\begin{aligned} T_1^2 &= 100 \cdot (100-1) \cdot \begin{pmatrix} 43-40 & 52-50 \end{pmatrix} \\ &\times \begin{pmatrix} 350 & 100 \\ 100 & 420 \end{pmatrix}^{-1} \cdot \begin{pmatrix} 43-40 \\ 52-50 \end{pmatrix}. \end{aligned}$$

Wir berechnen zunächst die Inverse $\mathbf{D}^{-1}$ nach Gl. (B.18):

$$\begin{aligned} \mathbf{D}^{-1} &= \frac{1}{350 \cdot 420 - 100 \cdot 100} \cdot \begin{pmatrix} 420 & -100 \\ -100 & 350 \end{pmatrix} \\ &= \begin{pmatrix} 3066 & -730 \\ -730 & 2555 \end{pmatrix} \cdot 10^{-6} \end{aligned}$$

(Kontrolle: $\mathbf{D}^{-1} \cdot \mathbf{D} = \mathbf{I}$).

Für T_1^2 erhalten wir:

$$T_1^2 = 9900 \cdot (3;\ 2) \cdot \begin{pmatrix} 3066 & -730 \\ -730 & 2555 \end{pmatrix} \cdot \begin{pmatrix} 3 \\ 2 \end{pmatrix} \cdot 10^{-6}$$
$$= 9900 \cdot (7738;\ 2920) \cdot \begin{pmatrix} 3 \\ 2 \end{pmatrix} \cdot 10^{-6}$$
$$= 9900 \cdot 29054 \cdot 10^{-6}$$
$$= 287{,}63.$$

Nach Gl. (26.4) resultiert der folgende F-Wert:

$$F = \frac{100-2}{(100-1)\cdot 2} \cdot 287{,}63 = 142{,}36.$$

Dieser F-Wert ist bei zwei Zählerfreiheitsgraden und 98 Nennerfreiheitsgraden hoch signifikant, d. h., die Mittelwerte $\bar{x}_1$ und $\bar{x}_2$ weichen insgesamt statistisch bedeutsam von μ_1 und μ_2 ab. Das Medikament trägt in signifikanter Weise zur Verbesserung des mechanischen Verständnisses und der Abstraktionsfähigkeit bei.

Hinweis: Im Anschluss an einen signifikanten T_1^2-Wert taucht gelegentlich die Frage auf, in welchem Ausmaß die *einzelnen abhängigen Variablen* am Zustandekommen der Signifikanz beteiligt sind. Über eine Möglichkeit, diesbezügliche Gewichtungskoeffizienten der Variablen zu bestimmen, berichten Lutz (1974) und Hollingsworth (1981). Zu beachten ist, dass derartige Gewichtungskoeffizienten – ähnlich wie die Beta-Gewichte in der multiplen Korrelationsrechnung – nicht nur von den Einzeldifferenzen $\bar{x}_i - \mu_i$ abhängen, sondern auch von den Korrelationen zwischen den abhängigen Variablen. Wir werden dieses Thema in Abschnitt 27.1 (Diskriminanzanalyse) aufgreifen.

26.3 Vergleich zweier Stichproben

Wie im univariaten Fall unterscheiden wir auch bei der gleichzeitigen Berücksichtigung mehrerer Variablen zwischen Mittelwertvergleichen für verbundene und unabhängige Stichproben. Der multivariate T^2-Test für zwei verbundene Stichproben wird vor allem dann eingesetzt, wenn an einer Stichprobe zu zwei verschiedenen Zeitpunkten (z. B. vor und nach einer Behandlung) p Variablen gemessen werden. Das gleiche Verfahren ist – in Analogie zur univariaten Fragestellung – jedoch auch indiziert, wenn zwei *parallelisierte Stichproben* („matched samples") miteinander bezüglich mehrerer Variablen verglichen werden sollen.

Verbundene Stichproben: Hotellings T_2^2-Test

Wird eine Stichprobe zu zwei Zeitpunkten bezüglich p Variablen untersucht, erhalten wir für jede Person $m = 1, \ldots, n$ einen Messwertvektor $\boldsymbol{x}_{m1}$ mit den Messungen x_{im1} zum Zeitpunkt t_1 und einen zweiten Messwertvektor $\boldsymbol{x}_{m2}$, der die Messungen x_{im2} zum Zeitpunkt t_2 enthält. Wir bestimmen für jede Person m einen Differenzvektor $\boldsymbol{d}_m = \boldsymbol{x}_{m1} - \boldsymbol{x}_{m2}$, der die Differenzen der Messungen zwischen den beiden Zeitpunkten bezüglich aller Variablen enthält. Schreibt man die Vektoren aus, lautet die Gleichung

$$\begin{pmatrix} d_{1m} \\ d_{2m} \\ \vdots \\ d_{pm} \end{pmatrix} = \begin{pmatrix} x_{1m1} \\ x_{2m1} \\ \vdots \\ x_{pm1} \end{pmatrix} - \begin{pmatrix} x_{1m2} \\ x_{2m2} \\ \vdots \\ x_{pm2} \end{pmatrix}.$$

Hierin ist z. B. x_{i21} der Messwert der zweiten Person auf der i-ten Variablen zum ersten Zeitpunkt und d_{2m} die Differenz zwischen der ersten und zweiten Messung der Person m auf der Variablen 2. Aus den n Differenzvektoren ermitteln wir den durchschnittlichen Differenzvektor $\bar{\boldsymbol{d}}$:

$$\bar{\boldsymbol{d}} = \sum_m \boldsymbol{d}_m / n. \tag{26.5}$$

Ein Element $\bar{d}_i$ des Vektors $\bar{\boldsymbol{d}}$ entspricht somit derdurchschnittlichen Differenz auf der Variablen i. Die H_0: $\boldsymbol{\mu}_1 = \boldsymbol{\mu}_2$ überprüfen wir mit folgendem T_2^2-Wert:

$$T_2^2 = n \cdot (n-1) \cdot \bar{\boldsymbol{d}}' \cdot \boldsymbol{D}_d^{-1} \cdot \bar{\boldsymbol{d}}. \tag{26.6}$$

$\boldsymbol{D}_d$ stellt in dieser Gleichung die Matrix der Quadratsummen und Kreuzproduktsummen für die Differenzvektoren $\boldsymbol{d}_m$ dar.

Der resultierende T_2^2-Wert wird ebenfalls nach Gl. (26.4) in einen F-Wert transformiert, der mit p Zählerfreiheitsgraden und $n - p$ Nennerfreiheitsgraden auf Signifikanz überprüft wird.

BEISPIEL 26.2

Acht Personen werden aufgefordert, erstens ihre soziale Ängstlichkeit und zweitens ihr Dominanzstreben in Gruppensituationen auf einer 7-Punkte-Skala (7 = extrem starke Merkmalsausprägung) einzustufen. Im Anschluss daran führen diese acht Personen ein gruppendynamisches Training durch und werden dann erneut gebeten, auf den beiden Skalen ihr Sozialverhalten einzustufen. Tabelle 26.1 zeigt die Daten und die Durchführung des T_2^2-Tests.

Unter der Annahme, dass die Merkmalsdifferenzen in der Population bivariat normalverteilt sind, ist der ermittelte F-Wert für 2 Zählerfreiheitsgrade und 6 Nennerfreiheitsgrade auf dem 1%-Niveau signifikant, d. h., die gefundenen Veränderungen in den Selbsteinschätzungen des Sozialverhaltens sind statistisch bedeutsam.

Unabhängige Stichproben: Hotellings T_3^2-Test

Werden zwei voneinander unabhängige Stichproben untersucht, überprüfen wir die Nullhypothese

Tabelle 26.1. Beispiel für einen Hotellings T_2^2-Test für zwei verbundene Stichproben

Vp-Nr.	vor dem Training		nach dem Training	
	soz. Angst	Dominanz	soz. Angst	Dominanz
1	5	3	3	3
2	4	3	3	4
3	6	2	2	3
4	6	3	4	4
5	7	2	5	4
6	5	4	3	3
7	4	4	2	4
8	3	3	2	5

$$\boldsymbol{d}_1 = \begin{pmatrix} 2 \\ 0 \end{pmatrix}; \quad \boldsymbol{d}_2 = \begin{pmatrix} 1 \\ -1 \end{pmatrix}; \quad \boldsymbol{d}_3 = \begin{pmatrix} 4 \\ -1 \end{pmatrix}; \quad \boldsymbol{d}_4 = \begin{pmatrix} 2 \\ -1 \end{pmatrix}$$

$$\boldsymbol{d}_5 = \begin{pmatrix} 2 \\ -2 \end{pmatrix}; \quad \boldsymbol{d}_6 = \begin{pmatrix} 2 \\ 1 \end{pmatrix}; \quad \boldsymbol{d}_7 = \begin{pmatrix} 2 \\ 0 \end{pmatrix}; \quad \boldsymbol{d}_8 = \begin{pmatrix} 1 \\ -2 \end{pmatrix}$$

$$\bar{\boldsymbol{d}} = \begin{pmatrix} 2+1+4+2+2+2+2+1 & =16 \\ 0+(-1)+(-1)+(-1)+(-2)+1+0+(-2) & =-6 \end{pmatrix} : 8 = \begin{pmatrix} 2 \\ -0{,}75 \end{pmatrix}$$

$$\boldsymbol{D}_d = \begin{pmatrix} 6{,}00 & 1{,}00 \\ 1{,}00 & 7{,}50 \end{pmatrix} \left(\text{z. B. } d_{d(11)} = (2^2 + 1^2 + \cdots + 2^2 + 1^2) - \tfrac{16^2}{8} = 6\right)$$

$$\boldsymbol{D}_d^{-1} = \frac{1}{6{,}00 \cdot 7{,}50 - 1{,}00} \cdot \begin{pmatrix} 7{,}50 & -1{,}00 \\ -1{,}00 & 6{,}00 \end{pmatrix} = \begin{pmatrix} 0{,}17 & -0{,}02 \\ -0{,}02 & 0{,}14 \end{pmatrix}$$

$$T_2^2 = 8 \cdot 7 \cdot (2 \quad -0{,}75) \cdot \begin{pmatrix} 0{,}17 & -0{,}02 \\ -0{,}02 & 0{,}14 \end{pmatrix} \cdot \begin{pmatrix} 2 \\ -0{,}75 \end{pmatrix} = 56 \cdot (0{,}36 \quad -0{,}15) \cdot \begin{pmatrix} 2 \\ -0{,}75 \end{pmatrix} = 56 \cdot 0{,}83 = 46{,}48$$

$$F = \frac{8-2}{(8-1) \cdot 2} \cdot 46{,}48 = 19{,}92^{**}$$

der Identität der Mittelwertparameter im univariaten Fall nach der Beziehung:

$$t = \frac{\bar{x}_1 - \bar{x}_2}{s_p \cdot \sqrt{\left(\frac{1}{n_1} + \frac{1}{n_2}\right)}},$$

wobei

$$s_p = \sqrt{\frac{\sum_m (x_{m1} - \bar{x}_1)^2 + \sum_m (x_{m2} - \bar{x}_2)^2}{n_1 + n_2 - 2}}.$$

Quadrieren wir diesen t-Wert, resultiert

$$t^2 = \frac{(\bar{x}_1 - \bar{x}_2)^2}{s_p^2 \cdot \left(\frac{1}{n_1} + \frac{1}{n_2}\right)}$$
$$= (\bar{x}_1 - \bar{x}_2) \cdot \left(\frac{n_1 + n_2}{n_1 \cdot n_2} \cdot s_p^2\right)^{-1} \cdot (\bar{x}_1 - \bar{x}_2).$$

In der multivariaten Mittelwertanalyse ersetzen wir die Differenz der Mittelwerte $(\bar{x}_1 - \bar{x}_2)$ durch die Differenz der Mittelwertvektoren $(\bar{\boldsymbol{x}}_1 - \bar{\boldsymbol{x}}_2)$. Die Größe s_p^2 stellt im univariaten Fall eine Schätzung der Populationsvarianz aufgrund beider Stichproben dar. Im multivariaten Fall benötigen wir die in der Population gültige $\boldsymbol{D}$-Matrix der p Variablen, die aufgrund der Messwerte der p Variablen, die in beiden Stichproben erhoben wurden, geschätzt wird. Für diese Schätzung fassen wir die $\boldsymbol{D}$-Matrizen der Messwerte, die wir für die beiden Stichproben erhalten, zu einer $\boldsymbol{W}$-Matrix zusammen:

$$\boldsymbol{W} = \boldsymbol{D}_1 + \boldsymbol{D}_2. \tag{26.7}$$

Die $H_0 : \boldsymbol{\mu}_1 = \boldsymbol{\mu}_2$ wird durch folgenden T_3^2-Test überprüft:

$$T_3^2 = \frac{n_1 \cdot n_2 \cdot (n_1 + n_2 - 2)}{n_1 + n_2} \times (\bar{\boldsymbol{x}}_1 - \bar{\boldsymbol{x}}_2)' \cdot \boldsymbol{W}^{-1} \cdot (\bar{\boldsymbol{x}}_1 - \bar{\boldsymbol{x}}_2). \tag{26.8}$$

T_3^2 wird ebenfalls in einen F-Wert transformiert:

$$F = \frac{n_1 + n_2 - p - 1}{(n_1 + n_2 - 2) \cdot p} \cdot T_3^2. \tag{26.9}$$

Dieser F-Wert hat p Zählerfreiheitsgrade und $n_1 + n_2 - p - 1$ Nennerfreiheitsgrade.

BEISPIEL 26.3

Eine Stichprobe von $n = 10$ Schülern wird nach einer Unterrichtsmethode A und eine andere Stichprobe von $n = 8$ Schülern nach einer Methode B unterrichtet. Abhängige Variablen sind erstens die Leistungen der Schüler und zweitens die Zufriedenheit der Schüler mit dem Unterricht. Es soll überprüft werden, ob sich die beiden Stichproben bezüglich der beiden

Tabelle 26.2. Beispiel für Hotellings T_3^2-Test für zwei unabhängige Stichproben

	Methode A			Methode B	
	x_1	x_2		x_1	x_2
	11	5		10	4
	9	3		8	4
	10	4		9	4
	10	4		9	7
	11	3		10	5
	14	4		13	3
	10	5		8	3
	12	7		12	6
	13	3	$\sum_m x_{im(B)}$:	79	36
	8	6	$\sum_m x^2_{im(B)}$:	803	176
$\sum_m x_{im(A)}$:	108	44			
$\sum_m x^2_{im(A)}$:	1196	210			

$\sum_m x_{1m(A)} \cdot x_{2m(A)} = 472$ $\qquad$ $\sum_m x_{1m(B)} \cdot x_{2m(B)} = 356$

$\bar{x}_{1(A)} = 10{,}800$ $\qquad$ $\bar{x}_{1(B)} = 9{,}875$

$\bar{x}_{2(A)} = 4{,}400$ $\qquad$ $\bar{x}_{2(B)} = 4{,}500$

$$D_A = \begin{pmatrix} 29{,}60 & -3{,}20 \\ -3{,}20 & 16{,}40 \end{pmatrix} \qquad D_B = \begin{pmatrix} 22{,}875 & 0{,}500 \\ 0{,}500 & 14{,}000 \end{pmatrix}$$

Z. B. $d_{A(11)} = 1196 - 108^2/10 = 29{,}60$

$d_{B(12)} = 356 - 79 \cdot 36/8 = 0{,}50$

$$W = D_A + D_B = \begin{pmatrix} 52{,}475 & -2{,}700 \\ -2{,}700 & 30{,}400 \end{pmatrix}$$

$$W^{-1} = \frac{1}{52{,}475 \cdot 30{,}400 - (-2{,}700)^2} \cdot \begin{pmatrix} 30{,}400 & 2{,}700 \\ 2{,}700 & 52{,}475 \end{pmatrix} = \begin{pmatrix} 191{,}43 & 17{,}00 \\ 17{,}00 & 330{,}46 \end{pmatrix} \cdot 10^{-4}$$

$$\bar{x}_A - \bar{x}_B = \begin{pmatrix} 0{,}925 \\ -0{,}100 \end{pmatrix}$$

$$T_3^2 = \frac{10 \cdot 8 \cdot 16}{10 + 8} \cdot (0{,}925;\ -0{,}100) \cdot \begin{pmatrix} 191{,}43 & 17{,}00 \\ 17{,}00 & 330{,}46 \end{pmatrix} \cdot \begin{pmatrix} 0{,}925 \\ -0{,}100 \end{pmatrix} \cdot 10^{-4}$$

$$= \frac{1280}{18} \cdot (175{,}37;\ -17{,}32) \cdot \begin{pmatrix} 0{,}925 \\ -0{,}100 \end{pmatrix} \cdot 10^{-4}$$

$$= 71{,}11 \cdot 163{,}95 \cdot 10^{-4} = 1{,}17$$

$$F = \frac{10 + 8 - 2 - 1}{(10 + 8 - 2) \cdot 2} \cdot 1{,}17 = 0{,}55$$

abhängigen Variablen unterscheiden. Tabelle 26.2 zeigt die Daten und den Rechengang.

Der ermittelte F-Wert ist bei 2 Zählerfreiheitsgraden und 15 Nennerfreiheitsgraden nicht signifikant, d. h., Lernleistungen und Zufriedenheit unterscheiden sich nicht bedeutsam zwischen den beiden nach verschiedenen Methoden unterrichteten Schülergruppen.

Zur Kalkulation von Teststärke und Stichprobengröße beim T_3^2-Test findet man Informationen bei J. Stevens (2002, Kap. 4.12).

Voraussetzung. Die Zusammenfassung der Matrizen $\boldsymbol{D}_1$ und $\boldsymbol{D}_2$ zu einer gemeinsamen Matrix $\boldsymbol{W}$ setzt voraus, dass die $\boldsymbol{D}$-Matrizen (bzw. die entsprechenden Varianz-Kovarianz-Matrizen) homogen sind. Wie Hakstian et al. (1979) jedoch zeigen konnten, erweist sich der T_3^2-Test bei gleich großen Stichproben als relativ robust gegenüber Verletzungen dieser Voraussetzung. Bei ungleich großen Stichproben können heterogene Varianz-Kovarianz-Matrizen den T_3^2-Test jedoch verfälschen. Für $|\boldsymbol{D}_1| > |\boldsymbol{D}_2|$ und $n_1 > n_2$ (bzw. $|\boldsymbol{D}_1| < |\boldsymbol{D}_2|$ und $n_1 < n_2$) führt der T_3^2-Test zu konservativen und für $|\boldsymbol{D}_1| > |\boldsymbol{D}_2|$ und $n_1 < n_2$ (bzw. $|\boldsymbol{D}_1| < |\boldsymbol{D}_2|$ und $n_1 > n_2$) zu progressiven Entscheidungen (ausführlicher hierzu vgl. Hakstian et al., 1979 bzw. Algina & Oshima, 1990). Bei deutlichen Voraussetzungsverletzungen werden die Verfahren von Yao (1965) und R. Zwick (1985b) empfohlen.

26.4 Einfaktorielle Varianzanalyse mit Messwiederholungen

Eine *univariate*, einfaktorielle Messwiederholungsanalyse kann auch multivariat über den folgenden T_4^2-Test durchgeführt werden: Wir bestim-

Tabelle 26.3. Beispiel für Hotellings T_4^2-Test (einfaktorielle Varianzanalyse mit Messwiederholungen)

Vp-Nr.	$y_1 = x_1 - x_2$	$y_2 = x_2 - x_3$
1	0	0
2	−1	−2
3	−1	4
4	−2	2
5	0	2
6	−2	2
7	−5	4
8	−1	3
9	−1	2
10	−2	2
	−15	19

$$\bar{y} = \begin{pmatrix} -1{,}5 \\ 1{,}9 \end{pmatrix}; \quad S_y = \begin{pmatrix} 2{,}056 & -1{,}167 \\ -1{,}167 & 3{,}211 \end{pmatrix}$$

$$S_y^{-1} = \frac{1}{2{,}056 \cdot 3{,}211 - (-1{,}167)^2} \cdot \begin{pmatrix} 3{,}211 & 1{,}167 \\ 1{,}167 & 2{,}056 \end{pmatrix} = \begin{pmatrix} 0{,}613 & 0{,}223 \\ 0{,}223 & 0{,}392 \end{pmatrix}$$

$$T_4^2 = 10 \cdot (-1{,}5 \quad 1{,}9) \cdot \begin{pmatrix} 0{,}613 & 0{,}223 \\ 0{,}223 & 0{,}392 \end{pmatrix} \cdot \begin{pmatrix} -1{,}5 \\ 1{,}9 \end{pmatrix} = 15{,}26$$

$$F = \frac{8}{18} \cdot 15{,}62 = 6{,}78$$

men einen Vektor $\boldsymbol{y}_1$, der die Differenzen zwischen der ersten und zweiten Messung ($x_{1m} - x_{2m}$) enthält (der Vektor besteht somit aus n Differenzen), einen Vektor $\boldsymbol{y}_2$ mit den Differenzen $x_{2m} - x_{3m}$, einen Vektor $\boldsymbol{y}_3$ mit $x_{3m} - x_{4m}$ usw. bis $\boldsymbol{y}_{k-1}$, der die Differenzen zwischen der vorletzten und letzten Messung enthält. Aus diesen $k - 1$ Vektoren wird ein Vektor $\bar{\boldsymbol{y}}$ gebildet, dessen Elemente die arithmetischen Mittelwerte der Elemente der einzelnen $\boldsymbol{y}$-Vektoren wiedergeben. (Das erste Element in $\bar{\boldsymbol{y}}$ kennzeichnet die über alle Versuchspersonen gemittelte Veränderung von der ersten zur zweiten Messung.) Ferner ermitteln wir die Varianz-Kovarianz-Matrix der $\boldsymbol{y}$-Vektoren $\boldsymbol{S}_y = \boldsymbol{D}_y/(n-1)$ zur Schätzung der in der Population gültigen Varianz-Kovarianz-Matrix. Hieraus bestimmen wir folgenden T_4^2-Wert:

$$T_4^2 = n \cdot \bar{\boldsymbol{y}}' \cdot \boldsymbol{S}_y^{-1} \cdot \bar{\boldsymbol{y}}. \qquad (26.10)$$

Den T_4^2-Wert transformieren wir in einen F-Wert:

$$F = \frac{n - k + 1}{(n-1) \cdot (k-1)} \cdot T_4^2, \qquad (26.11)$$

wobei n die Anzahl der Versuchspersonen und k die Anzahl der Messungen bezeichnen. Dieser F-Wert hat $k - 1$ Zählerfreiheitsgrade und $n - k + 1$ Nennerfreiheitsgrade.

BEISPIEL 26.4

Tabelle 26.3 erläutert den Rechengang des T_4^2-Tests anhand der Daten in Tab. 18.1.

Der hier ermittelte F-Wert stimmt nur ungefähr mit dem in Beispiel 18.1 genannten Wert überein, da der multivariate Tests nicht mit der Varianzanalyse mit Messwiederholung aus Kap. 18 äquivalent ist.

Hinweis: Die Bestimmung der Differenzvektoren $\boldsymbol{y}_i$ muss nicht notwendigerweise zwischen zwei jeweils aufeinander folgenden Messwertreihen erfolgen. Wir erhalten das gleiche Ergebnis, wenn beispielsweise die ersten $k - 1$ Messungen von der k-ten Messung abgezogen werden, oder wenn von der ersten (oder einer anderen) die übrigen Messungen abgezogen werden (Näheres hierzu s. Morrison, 1976).

In Abschn. 18.4 wurden die Voraussetzungen der univariaten Varianzanalyse mit Messwiederholungen behandelt. Die wichtigste Voraussetzung besagt, dass die Varianz der Differenzen der Messungen von jeweils zwei Treatmentstufen homogen sein muss (Zirkularitätsannahme). Diese Voraussetzung ist deshalb besonders wichtig, weil eine Verletzung diese Voraussetzung zu progressiven Entscheidungen führt. Heterogenität kann – wie berichtet wurde – durch eine Korrektur der Freiheitsgrade („ε-Korrektur") kompensiert werden.

Wird ein Versuchsplan mit Messwiederholungen nicht varianzanalytisch, sondern multivariat über den T_4^2-Test ausgewertet, erübrigt sich eine Überprüfung der Zirkularitätsannahme, weil der T_4^2-Test durch Verletzung dieser Voraussetzung nicht invalidiert wird (J. Stevens, 2002, S. 551). Allerdings sollte der T_4^2-Test wegen zu geringer Teststärke vermieden werden, wenn $n < k + 10$ ist.

* 26.5 Einfaktorielle, multivariate Varianzanalyse

In der univariaten einfaktoriellen Varianzanalyse (vgl. Kap. 12) wird die totale Quadratsumme (QS_{tot}) in eine Fehlerquadratsumme (QS_e) und eine Quadratsumme, die auf die Wirkungen der p Treatmentstufen zurückgeht (QS_A), zerlegt. Es gilt die Beziehung $\text{QS}_{\text{tot}} = QS_A + QS_e$, wobei wir unter Verwendung des Kennziffersystems die einzelnen Quadratsummen in folgender Weise bestimmen:

$$QS_A = (3) - (1), \quad QS_e = (2) - (3),$$
$$\text{QS}_{\text{tot}} = (2) - (1).$$

In der multivariaten Varianzanalyse (MANOVA) weisen wir den k Stufen eines Faktors jeweils eine Zufallsstichprobe zu, die allerdings nicht nur bezüglich einer abhängigen Variablen, sondern bezüglich p abhängiger Variablen beschrieben wird. Für jede dieser p abhängigen Variablen können wir nach den oben genannten Regeln die Quadratsummen QS_A, QS_e und QS_{tot} bestimmen, die die Basis für p univariate einfaktorielle Varianzanalysen darstellen.

Der multivariate Ansatz berücksichtigt zusätzlich die $p \cdot (p-1)/2$ Kovarianzen zwischen den p Variablen. Statt der drei Quadratsummen im univariaten Fall berechnen wir deshalb im multivariaten Fall drei $\boldsymbol{D}$-Matrizen, $\boldsymbol{D}_A$, $\boldsymbol{D}_e$ und $\boldsymbol{D}_{\text{tot}}$, deren Diagonale jeweils die Quadratsummen QS_A, QS_e und QS_{tot} der p Variablen enthält. Außerhalb der Diagonale stehen die entsprechenden Summen der korrespondierenden Abweichungsprodukte (Summen der Kreuzprodukte).

Im Einzelnen gehen wir folgendermaßen vor: Zur Bestimmung der $\boldsymbol{D}_A$-Matrix errechnen wir zunächst die QS_A-Werte für alle p Variablen:

$$\begin{aligned} d_{A(i,i)} &= QS_{A(i)} = (3x_i) - (1x_i) \\ &= \sum_{j=1}^{k} (A_{ij}^2/n_j) - G_i^2/N. \end{aligned} \tag{26.12}$$

Hierbei sind i der Index der p abhängigen Variablen, j der Index der k Faktorstufen, $N = \sum_j n_j$ und A_{ij} die Summe der Messwerte auf der Variablen i unter der Stufe j; $d_{A(i,i)}$ kennzeichnet somit das i-te Diagonalelement der $\boldsymbol{D}_A$-Matrix, das der QS_A der i-ten Variablen entspricht.

Ein Element außerhalb der Diagonale $d_{A(i,i')}$ ($i \neq i'$) erhalten wir als die Summe korrespondierender Abweichungsprodukte:

$$\begin{aligned} d_A(i,i') &= (3x_i x_{i'}) - (1x_i x_{i'}) \\ &= \sum_{j=1}^{k} (A_{ij} \cdot A_{i'j}/n_j) - G_i \cdot G_{i'}/N. \end{aligned} \tag{26.13}$$

Die Elemente der $\boldsymbol{D}_e$-Matrix bestimmen wir ebenfalls in Analogie zur einfaktoriellen, univariaten Varianzanalyse. Für die Diagonalelemente, die den einzelnen QS_e der p Variablen entsprechen, erhalten wir:

$$\begin{aligned} d_{e(i,i)} &= QS_{e(i)} = (2x_i) - (3x_i) \\ &= \sum_j \sum_m x_{ijm}^2 - \sum_j (A_{ij}^2/n_j) \end{aligned} \tag{26.14}$$

und für die Elemente außerhalb der Diagonale:

$$\begin{aligned} d_{e(i,i')} &= (2x_i x_{i'}) - (3x_i x_{i'}) \\ &= \sum_j \sum_m x_{ijm} \cdot x_{i'jm} \\ &\quad - \sum_j (A_{ij} \cdot A_{i'j}/n_j). \end{aligned} \tag{26.15}$$

Zur Kontrolle ermitteln wir zusätzlich die Matrix $\boldsymbol{D}_{\text{tot}}$ mit den Elementen:

$$\begin{aligned} d_{\text{tot}(i,i)} &= \text{QS}_{\text{tot}}(i) = (2x_i) - (1x_i) \\ &= \sum_j \sum_m x_{ijm}^2 - G_i^2/N, d_{\text{tot}(i,i')} \\ &= (2x_i x_{i'}) - (1x_i x_{i'}) \\ &= \sum_j \sum_m x_{ijm} \cdot x_{i'jm} - G_i \cdot G_{i'}/N. \end{aligned}$$

Der Additivität der Quadratsummen entspricht im multivariaten Fall die Additivität der $\boldsymbol{D}$-Matrizen:

$$\boldsymbol{D}_A + \boldsymbol{D}_e = \boldsymbol{D}_{\text{tot}}. \tag{26.16}$$

Aus $\boldsymbol{D}_A$ und $\boldsymbol{D}_e$ errechnen wir nach folgender Gleichung eine Prüfgröße Λ (großes griechisches Lambda):

$$\Lambda = \frac{|\boldsymbol{D}_e|}{|\boldsymbol{D}_e + \boldsymbol{D}_A|} = \frac{|\boldsymbol{D}_e|}{|\boldsymbol{D}_{\text{tot}}|}. \tag{26.17}$$

Diese als Wilks Λ bezeichnete Prüfgröße lässt sich auch nach folgender Beziehung berechnen (vgl. Wilks, 1932 oder R. D. Bock, 1975, S. 152):

$$\Lambda = \prod_{i=1}^{r} 1/(1 + \lambda_i), \tag{26.18}$$

wobei λ_i = Eigenwerte der Matrix $\boldsymbol{D}_A \cdot \boldsymbol{D}_e^{-1}$ und r die Anzahl der Eigenwerte bezeichnet.

Der Λ-Wert ist die Grundlage einiger weitgehend äquivalenter Tests der Nullhypothese, dass die Mittelwertvektoren $\bar{\boldsymbol{x}}_j$ der einzelnen Stichproben einheitlich aus einer multivariatnormalverteilten Grundgesamtheit stammen, deren Mittelwerte durch den Vektor $\boldsymbol{\mu}$ beschrieben sind. Wie Bartlett (1947) zeigt, ist der folgende Ausdruck approximativ χ^2-verteilt:

$$V = c \cdot (-\ln \Lambda), \tag{26.19}$$

wobei

$$\begin{aligned} c &= N - 1 - (k+p)/2 \text{ und} \\ N &= \textstyle\sum_j n_j, \\ k &= \text{Anzahl der Stichproben}, \\ p &= \text{Anzahl der abhängigen Variablen}, \\ \ln &= \text{Logarithmus zur Basis e.} \end{aligned}$$

Die Prüfgröße V hat $p \cdot (k-1)$ Freiheitsgrade. Die χ^2-Approximation der Verteilung von V wird besser, je größer N im Vergleich zu $(p+k)$ ist.

Bei kleineren Stichproben ($df_e < 10 \cdot p \cdot df_A$) empfiehlt Olson (1976, 1979), die von Pillai (1955) vorgeschlagene Teststatistik (*PS*; vgl. Tab. 26.5) zu verwenden. Der folgende F-Test führt bei kleineren Stichproben eher zu konservativen Entscheidungen:

$$F = \frac{(df_e - p + s) \cdot PS}{b \cdot (s - PS)}, \tag{26.20}$$

wobei

$$\begin{aligned} s &= \min(p, df_A) \\ b &= \max(p, df_A) \\ PS &= \sum_{i=1}^{r} \frac{\lambda_i}{1+\lambda_i} \\ df_A &= k - 1 \\ df_e &= N - k \\ \lambda_i &= \text{Eigenwerte der Matrix} \\ &\quad \boldsymbol{D}_A \cdot \boldsymbol{D}_e^{-1}. \end{aligned}$$

Dieser F-Wert hat $s \cdot b$ Zählerfreiheitsgrade und $s \cdot (df_e - p + s)$ Nennerfreiheitsgrade.

Eine weitere F-verteilte Prüfgröße wurde von Rao (1952), zit. nach R. D. Bock (1975, S. 135) vorgeschlagen. Auf diese Prüfgröße gehen wir in Abschnitt 28.3 ausführlich ein.

BEISPIEL 26.5

Anhand der Aufsätze von sechs Unterschichtkindern, vier Mittelschichtkindern und fünf Oberschichtkindern ($k = 3$ Stufen des Faktors A, $N = 15$) wird ein Index für die Satzlängen (x_1), ein Index für die Vielfalt der Wortwahl (x_2) und ein Index für die Komplexität der Satzkonstruktionen (x_3) ermittelt ($p = 3$). Es soll überprüft werden, ob sich die drei sozialen Schichten bezüglich dieser linguistischen Variablen unterscheiden. Tabelle 26.4 zeigt die ermittelten Daten und den Rechengang.

Den resultierenden Λ-Wert erhalten wir auch über Gl. (26.18). Mit $\lambda_1 = 2{,}3005$ und $\lambda_2 = 0{,}0209$ als Eigenwerte der Matrix $\boldsymbol{D}_A \cdot \boldsymbol{D}_e^{-1}$ resultiert:

$$\Lambda = \left(\frac{1}{1+2{,}3005}\right) \cdot \left(\frac{1}{1+0{,}0209}\right) = 0{,}297.$$

Der Signifikanztest nach Gl. (26.19) führt über

$$c = 15 - 1 - (3+3)/2 = 11{,}0$$

zu

$$V = 11{,}0 \cdot (-\ln 0{,}297) = 13{,}36.$$

Dieser Wert wäre gemäß Tab. B für $3 \cdot (3-1) = 6$ Freiheitsgrade signifikant. Da jedoch die Stichprobenumfänge vergleichsweise klein sind, präferieren wir Gl. (26.20) als Signifikanztest. Man errechnet

$$\begin{aligned} PS &= \frac{2{,}3005}{1+2{,}3005} + \frac{0{,}0209}{1+0{,}0209} = 0{,}717 \\ s &= \min(3;2) = 2 \\ b &= \max(3;2) = 3 \\ df_A &= 2 \\ df_e &= 12 \end{aligned}$$

und damit

$$F = \frac{(12-3+2) \cdot 0{,}717}{3 \cdot (2-0{,}717)} = 2{,}05.$$

Dieser F-Wert hat $2 \cdot 3 = 6$ Zählerfreiheitsgrade und $2 \cdot (12 - 3 + 2) = 22$ Nennerfreiheitsgrade. Er ist gemäß Tab. D nicht signifikant, was – im Vergleich zum V-Wert nach Gl. (26.19) – den konservativen Charakter des Tests nach Gl. (26.20) belegt. Die H_0 wäre also in diesem Fall beizubehalten, d. h., Schüler der drei sozialen Schichten unterscheiden sich nicht hinsichtlich ihres durch drei linguistische Variablen operationalisierten Sprachverhaltens.

Für eine differenziertere Interpretation dieses Ergebnisses könnten univariate Varianzanalysen über die drei abhängigen Variablen gerechnet werden. Man beachte jedoch, dass die univariaten Tests voneinander abhängig sind, wenn – wie üblich – die abhängigen Variablen miteinander korrelieren (vgl. z. B. Morrison, 1976, Kap. 5 oder R. D. Bock & Haggard, 1968). Angemessen wäre für diesen Zweck eine Diskriminanzanalyse, die wir in Kapitel 27 behandeln.

Stichprobenumfänge. Die Überlegungen zur Stichprobengröße lassen sich auf die MANOVA übertragen, wobei der Stichprobenumfang bei diesem Verfahren nicht nur vom Signifikanzniveau α, der Teststärke und der Effektgröße abhängt, sondern auch von der Anzahl der untersuchten Stichproben und der Anzahl der abhängigen Variablen.

In Analogie zu Gl. (8.12) ist die Effektgröße wie folgt definiert (J. Stevens, 2002, S. 246):

$$\delta = \frac{|\mu_{ij} - \mu_{ij'}|}{\sigma_i}. \tag{26.21}$$

Die Effektgröße basiert auf derjenigen abhängigen Variablen i, für die der δ-Wert gemäß Gl. (26.21) am größten ist. μ_{ij} und $\mu_{ij'}$ sind die Mittelwerteparameter zweier Treatmentstufen j und j' mit maximaler Unterschiedlichkeit.

J. Stevens (2002, Tabelle E des Anhangs) verwendet folgende Klassifikation der Effektgröße d:

- sehr großer Effekt: $\delta = 1{,}5$,
- großer Effekt: $\delta = 1{,}0$,
- mittlerer Effekt: $\delta = 0{,}75$,
- kleiner Effekt: $\delta = 0{,}5$.

Tabelle 26.4. Beispiel für eine einfaktorielle multivariate Varianzanalyse

	Unterschicht			Mittelschicht			Oberschicht		
	x_1	x_2	x_3	x_1	x_2	x_3	x_1	x_2	x_3
	3	3	4	3	4	4	4	5	7
	4	4	3	2	5	5	4	6	4
	4	4	6	4	3	6	3	6	6
	2	5	5	5	5	6	4	7	6
	2	4	5				6	5	6
	3	4	6						
$\sum x_m$:	18	24	29	14	17	21	21	29	29
$\sum x_m^2$:	58	98	147	54	75	113	93	171	173

$G_1 = 18 + 14 + 21 = 53$
$G_2 = 24 + 17 + 29 = 70$
$G_3 = 29 + 21 + 29 = 79$

$(1x_1) = 53^2/15 = 187{,}2667$
$(2x_1) = 3^2 + 4^2 + \cdots + 4^2 + 6^2 = 205$
$(3x_1) = 18^2/6 + 14^2/4 + 21^2/5 = 191{,}2000$

$(1x_2) = 70^2/15 = 326{,}6667$
$(2x_2) = 3^2 + 4^2 + \cdots + 7^2 + 5^2 = 344$
$(3x_2) = 24^2/6 + 17^2/4 + 29^2/5 = 336{,}4500$

$(1x_3) = 79^2/15 = 416{,}0667$
$(2x_3) = 4^2 + 3^2 + 6^2 + \cdots + 6^2 + 6^2 = 433$
$(3x_3) = 29^2/6 + 21^2/4 + 29^2/5 = 418{,}6167$

$(1x_1x_2) = 53 \cdot 70/15 = 247{,}3333$
$(2x_1x_2) = 3 \cdot 3 + 4 \cdot 4 + 4 \cdot 4 + \cdots + 4 \cdot 7 + 6 \cdot 5 = 250$
$(3x_1x_2) = 18 \cdot 24/6 + 14 \cdot 17/4 + 21 \cdot 29/5 = 253{,}3000$

$(1x_1x_3) = 53 \cdot 79/15 = 279{,}1333$
$(2x_1x_3) = 3 \cdot 4 + 4 \cdot 3 + 4 \cdot 6 + \cdots + 4 \cdot 6 + 6 \cdot 6 = 284$
$(3x_1x_3) = 18 \cdot 29/6 + 14 \cdot 21/4 + 21 \cdot 29/5 = 282{,}3000$

$(1x_2x_3) = 70 \cdot 79/15 = 368{,}6667$
$(2x_2x_3) = 3 \cdot 4 + 4 \cdot 3 + 4 \cdot 6 + \cdots + 7 \cdot 6 + 5 \cdot 6 = 373$
$(3x_2x_3) = 24 \cdot 29/6 + 17 \cdot 21/4 + 29 \cdot 29/5 = 373{,}4500$

$$\boldsymbol{D}_A = \begin{pmatrix} 3{,}9333 & 5{,}9667 & 3{,}1667 \\ 5{,}9667 & 9{,}7833 & 4{,}7833 \\ 3{,}1667 & 4{,}7833 & 2{,}5500 \end{pmatrix} \quad \text{z. B. } d_{A(1,3)} = (3x_1x_3) - (1x_1x_3) = 3{,}1667$$

$$\boldsymbol{D}_e = \begin{pmatrix} 13{,}8000 & -3{,}3000 & 1{,}7000 \\ -3{,}3000 & 7{,}5500 & -0{,}4500 \\ 1{,}7000 & -0{,}4500 & 14{,}3833 \end{pmatrix} \quad \text{z. B. } d_{e(2,2)} = (2x_2) - (3x_2) = 7{,}5500$$

$$\boldsymbol{D}_{\text{tot}} = \begin{pmatrix} 17{,}7333 & 2{,}6667 & 4{,}8667 \\ 2{,}6667 & 17{,}3333 & 4{,}3333 \\ 4{,}8667 & 4{,}3333 & 16{,}9333 \end{pmatrix} \quad \text{z. B. } d_{\text{tot}(2,3)} = (2x_2x_3) - (1x_2x_3) = 4{,}3333$$

Kontrolle:

$$\underset{\boldsymbol{D}_A}{\begin{pmatrix} 3{,}9333 & 5{,}9667 & 3{,}1667 \\ 5{,}9667 & 9{,}7833 & 4{,}7833 \\ 3{,}1667 & 4{,}7833 & 2{,}5500 \end{pmatrix}} + \underset{\boldsymbol{D}_e}{\begin{pmatrix} 13{,}8000 & -3{,}3000 & 1{,}7000 \\ -3{,}3000 & 7{,}5500 & -0{,}4500 \\ 1{,}7000 & -0{,}4500 & 14{,}3833 \end{pmatrix}} = \underset{\boldsymbol{D}_{\text{tot}}}{\begin{pmatrix} 17{,}7333 & 2{,}6667 & 4{,}8667 \\ 2{,}6667 & 17{,}3333 & 4{,}3333 \\ 4{,}8667 & 4{,}3333 & 16{,}9333 \end{pmatrix}}$$

Die Determinanten lauten nach Gl. (B.13):

$$\begin{aligned} |\boldsymbol{D}_e| &= 13{,}8000 \cdot 7{,}5500 \cdot 14{,}3833 + (-3{,}3000) \cdot (-0{,}4500) \cdot 1{,}7000 + 1{,}7000 \cdot (-3{,}3000) \cdot (-0{,}4500) \\ &\quad -1{,}7000 \cdot 7{,}5500 \cdot 1{,}7000 - (-3{,}3000) \cdot (-3{,}3000) \cdot 14{,}3833 - 13{,}8000 \cdot (-0{,}4500) \cdot (0{,}4500) \\ &= 1498{,}5960 + 2{,}5245 + 2{,}5245 - 21{,}8195 - 156{,}6341 - 2{,}7945 \\ &= 1322{,}3969 \end{aligned}$$

$$\begin{aligned} |\boldsymbol{D}_{\text{tot}}| &= 17{,}7333 \cdot 17{,}3333 \cdot 16{,}9333 + 2{,}6667 \cdot 4{,}3333 \cdot 4{,}8667 + 4{,}8667 \cdot 2{,}6667 \cdot 4{,}3333 \\ &\quad -4{,}8667 \cdot 17{,}3333 \cdot 4{,}8667 - 2{,}6667 \cdot 2{,}6667 \cdot 16{,}9333 - 17{,}7333 \cdot 4{,}3333 \cdot 4{,}3333 \\ &= 5204{,}9003 + 56{,}2377 + 56{,}2377 - 410{,}5352 - 120{,}4176 - 332{,}9868 \\ &= 4453{,}4361 \end{aligned}$$

$$\Lambda = \frac{|\boldsymbol{D}_e|}{|\boldsymbol{D}_{\text{tot}}|} = \frac{1322{,}3969}{4453{,}4361} = 0{,}2967$$

Tabelle 26.5. Stichprobenumfänge für die MANOVA ($\alpha = 0{,}05, 1 - \beta = 0{,}8$)

Effektgröße	Anzahl der Stichproben			
	3	4	5	6
Sehr groß	13–18	14–21	15–22	16–24
Groß	26–38	29–44	32–48	34–52
Mittel	44–66	50–74	56–82	60–90
Klein	98–145	115–165	125–185	135–200

Die Stichprobenumfänge für diese Effektgrößen sind Tab. 26.5 zu entnehmen. Sie gelten für $k = 3$–6 Stichproben (Treatmentstufen), $\alpha = 0{,}05$, $1 - \beta = 0{,}8$ und $p = 2$–6 abhängige Variablen.

Mit diesen Eingangsparametern und $p = 2$ abhängigen Variablen wären zur Absicherung eines sehr großen Effektes z. B. drei Stichproben mit jeweils 13 Versuchspersonen erforderlich. Die kleinere der beiden Zahlen bezieht sich jeweils auf zwei abhängige Variablen und die größere auf sechs abhängige Variablen. Stichprobengrößen für eine Variablenzahl zwischen zwei und sechs sind durch einfache lineare Interpolation zu ermitteln. Beispiel: Zur Absicherung eines großen Effektes wären für $p = 4$ abhängige Variablen und $k = 5$ Stichproben pro Treatmentstufe 40 Versuchspersonen erforderlich.

Weitere Werte für $\alpha = 0{,}01$, Teststärken im Bereich 0,7–0,9 und für maximal 15 Variablen berichtet Lauter (1978), zit. nach J. Stevens (2002, Tabelle E des Anhangs).

Die Ex-post-Analyse des Beispiels in Tab.e 26.4 führt zu folgenden Resultaten: Als Mittelwerte errechnet man

$$\bar{A}_{11} = 3{,}00 \quad \bar{A}_{21} = 4{,}00 \quad \bar{A}_{31} = 4{,}83$$
$$\bar{A}_{12} = 3{,}50 \quad \bar{A}_{22} = 4{,}25 \quad \bar{A}_{32} = 5{,}25$$
$$\bar{A}_{13} = 4{,}20 \quad \bar{A}_{23} = 5{,}80 \quad \bar{A}_{33} = 5{,}80.$$

Für die Streuungen ergeben sich ($s_i = d_{e(i,i)}/n_i$):

$$s_1 = 1{,}52 \quad s_2 = 1{,}37 \quad s_3 = 1{,}70.$$

Man ermittelt als größten d-Wert für x_2: $d = |4{,}0 - 5{,}8|/1{,}37 = 1{,}31$, der als großer bis sehr großer Effekt zu klassifizieren wäre.

Voraussetzungen. Neben der Additivität der Fehlerkomponenten und der Unabhängigkeit der Fehlerkomponenten von den Treatmenteffekten setzen Signifikanztests im Rahmen multivariater Varianzanalysen voraus, dass die abhängigen Variablen in der Population *multivariat normalverteilt* sind. Ferner sollten die für die p abhängigen Variablen unter den einzelnen Faktorstufen (Faktorstufenkombinationen bei mehrfaktoriellen Plänen; vgl. Abschn. 26.6) beobachteten Varianz-Kovarianz-Matrizen *homogen* sein. Nach Ito (1969), Ito und Schull (1964) und J. Stevens (1979) sind Verletzungen dieser Voraussetzungen bei großen Stichproben praktisch zu vernachlässigen, wenn die verglichenen Stichproben gleich groß sind.

Die Bedeutung der Voraussetzungen der multivariaten Varianzanalyse für die *Teststärke* wurde von J. Stevens (1980) untersucht. Die Abhängigkeit der Teststärke von der Höhe der Interkorrelationen der abhängigen Variablen ist Gegenstand einer Arbeit von Cole et al. (1994). Generell kann man davon ausgehen, dass sowohl die ANOVA als auch die MANOVA bei größeren Stichproben (als Orientierung hierzu kann Tab. 26.5 dienen) robuste und teststarke Verfahren sind (J. Stevens, 2002, Kap. 6.6). Weitere Hinweise zu den Voraussetzungen der multivariaten Varianzanalyse findet man bei Press (1972, Kap. 8.10).

Sind – insbesondere bei kleineren Stichproben – die Voraussetzungen der multivariaten Varianzanalyse deutlich verletzt, kann ersatzweise ein verteilungsfreier multivariater Mittelwertvergleich durchgeführt werden (R. Zwick, 1985a). In einer Monte-Carlo-Studie (R. Zwick, 1985b) wird dieses Verfahren mit Hotellings T^2-Test verglichen. Die multivariate Kovarianzanalyse (MANCOVA) wird z. B. bei Timm (2002, Kap. 4.4) beschrieben.

Einzelvergleiche. Über multivariate Einzelvergleiche im Anschluss an einen signifikanten V-Wert berichten Morrison (1976, Kap. 5.4) und Press (1972, Kap. 8.9.2). Wie man multivariate Einzelvergleiche mit SPSS durchführt, wird von J. Stevens (2002, Kap. 5.9) demonstriert. Berechnungsvorschriften zur Bestimmung desjenigen Varianzanteils aller abhängigen Variablen, der auf den untersuchten Faktor (Treatment) zurückgeht, werden bei Shaffer und Gillo (1974) genannt.

Weitere multivariate Teststatistiken. In der Literatur findet man neben dem in Gl. (26.17) genannten Testkriterium weitere zusammenfassende Statistiken, die ebenfalls aus den Matrizen $\boldsymbol{D}_A$ und $\boldsymbol{D}_e$ abgeleitet sind.

Tabelle 26.6 (nach Olson, 1976) fasst die wichtigsten multivariaten Prüfstatistiken zusammen (vgl. hierzu auch Wolf, 1988). Die Prüfstatistiken einer Zeile sind äquivalent. Da diese Prüfstatistiken generell, d. h. auch für mehrfaktorielle multivariate Varianzanalysen gelten, ersetzen wir hier

Tabelle 26.6. Multivariate Teststatistiken

Teststatistik	HE^{-1}	$H(H+E)^{-1}$	$E(H+E)^{-1}$
Roys größter Eigenwert	$\frac{c_1}{1+c_1}$	ℓ_1	$1-r_1$
Hotellings Spurkriterium T	$\sum_{i=1}^{s} c_i$	$\sum_{i=1}^{s} \frac{\ell_i}{1-\ell_i}$	$\sum_{i=1}^{s} \frac{1-r_i}{r_i}$
Wilks Likelihood-Quotient Λ	$\prod_{i=1}^{s} \frac{c_i}{1+c_i}$	$\prod_{i=1}^{s} (1-\ell_i)$	$\prod_{i=1}^{s} r_i$
Pillais Spurkriterium PS	$\sum_{i=1}^{s} \frac{c_i}{1+c_i}$	$\sum_{i=1}^{s} \ell_i$	$\sum_{i=1}^{s} (1-r_i)$

Hierbei sind
c_i = Eigenwerte der Matrix HE^{-1}
ℓ_i = Eigenwerte der Matrix $H(H+E)^{-1}$
r_i = Eigenwerte der Matrix $E(H+E)^{-1}$

die Matrix $\boldsymbol{D}_A$ durch eine Matrix $\boldsymbol{H}$ (Hypothesenmatrix oder $\boldsymbol{D}$-Matrix des zu testenden Effekts) und die Matrix $\boldsymbol{D}_e$ durch die Matrix $\boldsymbol{E}$ (Fehlermatrix, an der der zu prüfende Effekt getestet wird).

Aus diesen Teststatistiken wurden von zahlreichen Autoren approximativ χ^2-verteilte oder approximativ F-verteilte Prüfgrößen abgeleitet. Hierüber berichten z. B. R. D. Bock (1975), Davis (2002, Kap. 4.2.4), Kshirsagar (1972), Heck (1960), Jones (1966), Morrison (1976) und Ito (1962). Vergleichsstudien von Olson (1976) zeigen, dass alle in diesen Arbeiten genannten Prüfgrößen für praktische Zwecke zu den gleichen Resultaten führen, wenn df_E nicht kleiner als $10 \cdot p \cdot \mathrm{df}_H$ ist. df_H und df_E sind mit den Freiheitsgraden der entsprechenden Effekte der univariaten Varianzanalyse identisch. Für die einfaktorielle, multivariate Varianzanalyse sind $\mathrm{df}_H = \mathrm{df}_A = k - 1$ und $\mathrm{df}_E = \mathrm{df}_e = N - k$.

Über weitere Teststatistiken berichten W. T. Coombs und Algina (1996). Einen Vergleich der wichtigsten multivariaten Prüfkriterien bei heterogenen Varianz-Kovarianz-Matrizen findet man bei Tang und Algina (1993).

* 26.6 Mehrfaktorielle, multivariate Varianzanalyse

In der mehrfaktoriellen, multivariaten Varianzanalyse werden die gleich großen Stichproben, die den einzelnen Faktorstufenkombinationen zugewiesen werden, nicht nur bezüglich einer, sondern bezüglich p Variablen gemessen. Wie in der einfaktoriellen, multivariaten Varianzanalyse ersetzen wir die Quadratsummen der univariaten Analyse durch $\boldsymbol{D}$-Matrizen, wobei für den *zweifaktoriellen Fall* folgende Äquivalenzen gelten:

$$
\begin{aligned}
\boldsymbol{D}_A &\quad \text{ersetzt} \quad QS_A,\\
\boldsymbol{D}_B &\quad \text{ersetzt} \quad QS_B,\\
\boldsymbol{D}_{A\times B} &\quad \text{ersetzt} \quad QS_{A\times B},\\
\boldsymbol{D}_e &\quad \text{ersetzt} \quad QS_e,\\
\boldsymbol{D}_{\text{tot}} &\quad \text{ersetzt} \quad QS_{\text{tot}}.
\end{aligned}
$$

Die Ermittlung der $\boldsymbol{D}$-Matrizen erfolgt einfachheitshalber wieder über das Kennziffernsystem, das wir, wie in der multivariaten, einfaktoriellen Varianzanalyse, nicht nur auf die Quadratsummenberechnung (Diagonalelemente der $\boldsymbol{D}$-Matrizen), sondern auch auf die Berechnung der Summen der Kreuzprodukte anwenden. In allgemeiner Schreibweise benötigen wir folgende Kennziffern:

$$
\begin{aligned}
(1x_ix_{i'}) &= G_i \cdot G_{i'}/(k \cdot r \cdot n),\\
(2x_ix_{i'}) &= \sum_j \sum_s \sum_m x_{ijsm} \cdot x_{i'jsm},\\
(3x_ix_{i'}) &= \sum_j A_{ij} \cdot A_{i'j}/(r \cdot n),\\
(4x_ix_{i'}) &= \sum_s B_{is} \cdot B_{i's}/(k \cdot n),\\
(5x_ix_{i'}) &= \sum_j \sum_s AB_{ijs} \cdot AB_{i'js}/n.
\end{aligned}
$$

Hierin bezeichnet k die Stufen des Faktors A, r die Stufen des Faktors B, p die Anzahl der abhängigen Variablen und n die Anzahl der Personen pro Faktorstufenkombination. Des weiteren sind

A_{ij} = Summe der Messwerte der Variablen i unter der Stufe a_j,
B_{is} = Summe der Messwerte der Variablen i unter der Stufe b_s,

Tabelle 26.7. Allgemeine Ergebnistabelle einer zweifaktoriellen, multivariaten Varianzanalyse

Quelle	Λ	df(Quelle.)	V	df(V)
A	$\|D_e\|/\|D_A + D_e\|$	$k-1$	$-[df_e + df_A - (p + df_A + 1)/2] \cdot \ln\Lambda_A$	$p \cdot (k-1)$
B	$\|D_e\|/\|D_B + D_e\|$	$r-1$	$-[df_e + df_B - (p + df_B + 1)/2] \cdot \ln\Lambda_B$	$p \cdot (r-1)$
$A \times B$	$\|D_e\|/\|D_{A\times B} + D_e\|$	$(k-1)\cdot(r-1)$	$-[df_e + df_{A\times B} - (p + df_{A\times B} + 1)/2] \cdot \ln\Lambda_{A\times B}$	$p \cdot (k-1) \cdot (r-1)$
Fehler		$k \cdot r \cdot (n-1)$		

AB_{ijs} = Summe der Messwerte der Variablen i unter der Faktorstufenkombination ab_{js}.

Aus den Kennziffern ermitteln wir folgende Quadratsummen bzw. Kreuzproduktsummen, die die Elemente der einzelnen **D**-Matrizen darstellen:

$$d_{A(i,i')} = (3x_ix_{i'}) - (1x_ix_{i'}),$$
$$d_{B(i,i')} = (4x_ix_{i'}) - (1x_ix_{i'}),$$
$$d_{A\times B(i,i')} = (5x_ix_{i'}) - (3x_ix_{i'}) - (4x_ix_{i'}) + (1x_ix_{i'}),$$
$$d_{e(i,i')} = (2x_ix_{i'}) - (5x_ix_{i'}),$$
$$d_{tot(i,i')} = (2x_ix_{i'}) - (1x_ix_{i'}).$$

Ist $i = i'$, resultieren als Diagonalelemente der jeweiligen **D**-Matrix die entsprechenden Quadratsummen der Variablen i. (Für eine bestimmte Variable i reduziert sich somit das Kennziffernsystem auf das in Kap. 14 im Rahmen der Berechnungsvorschriften einer zweifaktoriellen, univariaten Varianzanalyse genannte Kennziffernsystem.) Unter der Bedingung $i \neq i'$ erhalten wir die Elemente außerhalb der Diagonale, die den Summen der Kreuzprodukte entsprechen. In der multivariaten, zweifaktoriellen Varianzanalyse mit gleich großen Stichprobenumfängen gilt die Beziehung:

$$\mathbf{D}_{tot} = \mathbf{D}_A + \mathbf{D}_B + \mathbf{D}_{A\times B} + \mathbf{D}_e. \quad (26.22)$$

Ausgehend von den **D**-Matrizen fertigen wir die in Tab. 26.7 genannte Ergebnistabelle an.

Die resultierenden V-Werte sind mit df(V) Freiheitsgraden approximativ χ^2-verteilt. Statt der Prüfgröße V von Bartlett sollte vor allem bei kleineren Stichproben die Teststatistik PS von Pillai mit deren Prüfgröße F verwendet werden. In Anlehnung an Gl. (26.20) werden hierfür die Eigenwerte der Matrizen $\mathbf{D}_A \cdot \mathbf{D}_e^{-1}$ (für PS_A), $\mathbf{D}_B \cdot \mathbf{D}_e^{-1}$ (für PS_B) und $\mathbf{D}_{A\times B} \cdot \mathbf{D}_e^{-1}$ benötigt (für $PS_{A\times B}$). Mit diesen Werten bestimmt man über Gl. (26.20) für jeden Effekt einen F-Wert, wobei df_A entsprechend durch df_A, df_B oder $df_{A\times B}$ zu ersetzen ist.

Die in Tab. 26.7 wiedergegebenen Signifikanztests sind nur gültig, wenn die bereits erwähnten Voraussetzungen der multivariaten Varianzanalyse (vgl. S. 481) erfüllt sind und beide Faktoren *feste Stufen* haben.

BEISPIEL 26.6

Es wird überprüft, wie sich ein Medikament (a_1) und ein Placebo (a_2) (Faktor A: $k = 2$ feste Stufen) auf die sensomotorische Koordinationsfähigkeit (x_1) und die Gedächtnisleistungen (x_2) von männlichen und weiblichen Versuchspersonen (Faktor B: $r = 2$ feste Stufen) auswirken. Jeder Faktorstufenkombination wird eine Zufallsstichprobe von $n = 4$ Versuchspersonen zugewiesen. Tabelle 26.8 zeigt die Daten und den Rechengang.

Auf dem 5%-Niveau lautet der kritische χ^2-Wert für df = 2 $\chi^2_{crit} = 5{,}99$. Die Interaktion zwischen den Medikamenten und dem Geschlecht ist somit bezogen auf beide abhängigen Variablen signifikant.

Will man die Effekte über die F-verteilte Teststatistik PS von Pillai überprüfen, benötigt man für Gl. (26.20) die Eigenwerte der folgenden Matrizen:

$$\mathbf{D}_A \cdot \mathbf{D}_e^{-1} = \begin{pmatrix} 0{,}418 & -0{,}021 \\ 0{,}000 & 0{,}000 \end{pmatrix}$$
$$\lambda_1 = 0{,}418 : \lambda_2 = 0{,}000,$$
$$\mathbf{D}_B \cdot \mathbf{D}_e^{-1} = \begin{pmatrix} 0{,}161 & -0{,}158 \\ -0{,}214 & 0{,}211 \end{pmatrix}$$
$$\lambda_1 = 0{,}371 : \lambda_2 = 0{,}000,$$
$$\mathbf{D}_{A\times B} \cdot \mathbf{D}_e^{-1} = \begin{pmatrix} 0{,}130 & 0{,}293 \\ 0{,}348 & 0{,}783 \end{pmatrix}$$
$$\lambda_1 = 0{,}913 : \lambda_2 = 0{,}000.$$

Zur Kontrolle überprüfen wir zunächst, ob wir auch über Gl. (26.18) die nach Gl. (26.17) bzw. Tab. 26.6 ermittelten Λ-Werte erhalten:

$$\Lambda_A = \frac{1}{1 + 0{,}418} \cdot \frac{1}{1+0} = 0{,}70,$$
$$\Lambda_B = \frac{1}{1 + 0{,}371} \cdot \frac{1}{1+0} = 0{,}73,$$
$$\Lambda_{A\times B} = \frac{1}{1 + 0{,}913} \cdot \frac{1}{1+0} = 0{,}52.$$

Diese Werte stimmen mit den in Tab. 26.8 genannten Λ-Werten überein. Mit den oben genannten Eigenwerten berechnen wir nun die Teststatistik PS (s. Gl. 26.20 bzw. Tab. 26.6) für A, B und $A \times B$:

$$PS_A = \frac{0{,}418}{1 + 0{,}418} + \frac{0}{1+0} = 0{,}295,$$
$$PS_B = \frac{0{,}317}{1 + 0{,}317} + \frac{0}{1+0} = 0{,}241,$$
$$PS_{A\times B} = \frac{0{,}913}{1 + 0{,}913} + \frac{0}{1+0} = 0{,}477.$$

Tabelle 26.8. Beispiel für eine zweifaktorielle, multivariate Varianzanalyse

	Medikament (a_1)		Placebo (a_2)		
	x_1	x_2	x_1	x_2	
männlich	2	4	1	3	
(b_1)	3	5	2	4	
	2	5	1	3	$B_{11} = 16$
	3	3	2	3	$B_{21} = 30$
Summen:	10	17	6	13	
weiblich	1	4	2	5	
(b_2)	2	3	2	5	
	2	4	1	4	$B_{12} = 13$
	2	4	1	5	$B_{22} = 34$
Summen:	7	15	6	19	
	$A_{11} = 17$	$A_{21} = 32$	$A_{12} = 12$	$A_{22} = 32$	$G_1 = 29$
					$G_2 = 64$

$(1x_1) = 29^2/16 = 52{,}56$

$(2x_1) = 2^2 + 3^2 + \cdots + 1^2 + 1^2 = 59$

$(3x_1) = (17^2 + 12^2)/8 = 54{,}13$

$(4x_1) = (16^2 + 13^2)/8 = 53{,}13$

$(5x_1) = (10^2 + 7^2 + 6^2 + 6^2)/4 = 55{,}25$

$(1x_2) = 64^2/16 = 256$

$(2x_2) = 4^2 + 5^2 + \cdots + 4^2 + 5^2 = 266$

$(3x_2) = (32^2 + 32^2)/8 = 256$

$(4x_2) = (30^2 + 34^2)/8 = 257$

$(5x_2) = (17^2 + 15^2 + 13^2 + 19^2)/4 = 261$

$(1x_1x_2) = 29 \cdot 64/16 = 116{,}00$

$(3x_1x_2) = (17 \cdot 32 + 12 \cdot 32)/8 = 116{,}00$

$(5x_1x_2) = (10 \cdot 17 + 7 \cdot 15 + 6 \cdot 13 + 6 \cdot 19)/4 = 116{,}75$

$(2x_1x_2) = 2 \cdot 4 + 3 \cdot 5 + \cdots + 1 \cdot 4 + 1 \cdot 5 = 117{,}00$

$(4x_1x_2) = (16 \cdot 30 + 13 \cdot 34)/8 = 115{,}25$

$$\boldsymbol{D}_A = \begin{pmatrix} 1{,}57 & 0{,}00 \\ 0{,}00 & 0{,}00 \end{pmatrix} \quad \text{z. B. } d_{A(1,1)} = (3x_1) - (1x_1) = 1{,}57$$

$$\boldsymbol{D}_B = \begin{pmatrix} 0{,}57 & -0{,}75 \\ -0{,}75 & 1{,}00 \end{pmatrix} \quad \text{z. B. } d_{B(1,2)} = (4x_1x_2) - (1x_1x_2) = -0{,}75$$

$$\boldsymbol{D}_{A\times B} = \begin{pmatrix} 0{,}55 & 1{,}50 \\ 1{,}50 & 4{,}00 \end{pmatrix} \quad \text{z. B. } d_{A\times B(2,2)} = (5x_2) - (3x_2) - (4x_2) + (1x_2) = 4{,}00$$

$$\boldsymbol{D}_e = \begin{pmatrix} 3{,}75 & 0{,}25 \\ 0{,}25 & 5{,}00 \end{pmatrix} \quad \text{z. B. } d_{e(1,1)} = (2x_1) - (5x_1) = 3{,}75$$

$$\boldsymbol{D}_{\text{tot}} = \begin{pmatrix} 6{,}44 & 1{,}00 \\ 1{,}00 & 10{,}00 \end{pmatrix} \quad \text{z. B. } d_{\text{tot}(1,2)} = (2x_1x_2) - (1x_1x_2) = 1{,}00$$

Kontrolle:

$$\underset{\boldsymbol{D}_A}{\begin{pmatrix} 1{,}57 & 0{,}00 \\ 0{,}00 & 0{,}00 \end{pmatrix}} + \underset{\boldsymbol{D}_B}{\begin{pmatrix} 0{,}57 & -0{,}75 \\ -0{,}75 & 1{,}00 \end{pmatrix}} + \underset{\boldsymbol{D}_{A\times B}}{\begin{pmatrix} 0{,}55 & 1{,}50 \\ 1{,}50 & 4{,}00 \end{pmatrix}} + \underset{\boldsymbol{D}_e}{\begin{pmatrix} 3{,}75 & 0{,}25 \\ 0{,}25 & 5{,}00 \end{pmatrix}} = \underset{\boldsymbol{D}_{\text{tot}}}{\begin{pmatrix} 6{,}44 & 1{,}00 \\ 1{,}00 & 10{,}00 \end{pmatrix}}$$

$$\boldsymbol{D}_A + \boldsymbol{D}_e = \begin{pmatrix} 5{,}32 & 0{,}25 \\ 0{,}25 & 5{,}00 \end{pmatrix} \quad |\boldsymbol{D}_A + \boldsymbol{D}_e| = 5{,}32 \cdot 5{,}00 - 0{,}25^2 = 26{,}54$$

$$\boldsymbol{D}_B + \boldsymbol{D}_e = \begin{pmatrix} 4{,}32 & -0{,}50 \\ -0{,}50 & 6{,}00 \end{pmatrix} \quad |\boldsymbol{D}_B + \boldsymbol{D}_e| = 4{,}32 \cdot 6{,}00 - (-0{,}50^2) = 25{,}67$$

$$\boldsymbol{D}_{A\times B} + \boldsymbol{D}_e = \begin{pmatrix} 4{,}30 & 1{,}75 \\ 1{,}75 & 9{,}00 \end{pmatrix} \quad |\boldsymbol{D}_{A\times B} + \boldsymbol{D}_e| = 4{,}30 \cdot 9{,}00 - 1{,}75^2 = 35{,}64$$

$$|\boldsymbol{D}_e| = 3{,}75 \cdot 5{,}00 - 0{,}25^2 = 18{,}69$$

Quelle	Λ	df(Quelle)	V	df(V)
A	$18{,}69/26{,}54 = 0{,}70$	1	$-11 \cdot \ln 0{,}70 = 3{,}92$	2
B	$18{,}69/25{,}67 = 0{,}73$	1	$-11 \cdot \ln 0{,}73 = 3{,}46$	2
$A \times B$	$18{,}69/35{,}64 = 0{,}52$	1	$-11 \cdot \ln 0{,}52 = 7{,}19^*$	2
Fehler		12		

Als F-Werte resultieren dann:

Haupteffekt A ($\text{df}_A = 1$, $\text{df}_e = 12$, $s = 1$, $b = 2$):

$$F_A = \frac{(12 - 2 + 1) \cdot 0{,}295}{2 \cdot (1 - 0{,}295)} = 2{,}30.$$

Haupteffekt B ($\text{df}_B = 1$; $\text{df}_e = 12$, $s = 1$, $b = 2$):

$$F_B = \frac{(12 - 2 + 1) \cdot 0{,}241}{2 \cdot (1 - 0{,}241)} = 1{,}75.$$

Interaktion $A \times B$ ($\text{df}_{A\times B} = 1$, $\text{df}_e = 12$, $s = 1$, $b = 2$):

$$F_{A\times B} = \frac{(12 - 2 + 1) \cdot 0{,}477}{2 \cdot (1 - 0{,}477)} = 5{,}02.$$

Für alle F-Brüche gilt: $\text{df}_{\text{Zähler}} = 1 \cdot 2 = 2$ und $\text{df}_{\text{Nenner}} = 1 \cdot (12 - 2 + 1) = 11$. Damit ist auch hier nur die Interaktion $A \times B$ signifikant $F_{2,11;0,95} = 3{,}98$, d. h. die Ergebnisse in Tab. 26.8 werden bestätigt.

Nicht-orthogonale MANOVA. Über Möglichkeiten der Analyse mehrfaktorieller, multivariater Varianzanalysen mit ungleich großen Stichproben (nicht-orthogonale MANOVA) berichtet Timm (2002, Kap. 4.10). Wie im Abschn. 22.2.4 wird unterschieden zwischen Analysen mit gewichteten und ungewichteten Mittelwerten. Ferner wird hier das Problem „leerer Zellen" („empty cells") behandelt.

Einen alternativen Lösungsweg für die nicht-orthogonale MANOVA findet man auf S. 520 (Gl. 28.46).

Verallgemeinerungen

Feste und zufällige Effekte. Sind die Stufen beider Faktoren zufällig bzw. die Stufen des einen Faktors fest und die des anderen zufällig, ersetzen wir in Tab. 26.7 die Matrix $\boldsymbol{D}_e$ durch diejenige $\boldsymbol{D}$-Matrix, die der adäquaten Prüfvarianz entspricht (vgl. Tab. 14.5) und die Freiheitsgrade df_e durch die Freiheitsgrade der jeweiligen Prüfvarianz. Sind beispielsweise beide Faktoren zufällig, ist im univariaten Fall $\text{MQ}^2_{A\times B}$ das adäquate mittlere Quadrat für beide Haupteffekte. Im multivariaten Fall ersetzen wir somit $\boldsymbol{D}_e$ durch $\boldsymbol{D}_{A\times B}$, sodass z. B. der Λ-Wert für den Haupteffekt A nach der Beziehung $\Lambda_A = |\boldsymbol{D}_{A\times B}|/|\boldsymbol{D}_A + \boldsymbol{D}_{A\times B}|$ ermittelt wird. Für die Berechnung des V-Wertes ersetzen wir df_e durch $\text{df}_{A\times B}$. Will man über Pillais F testen, werden für die Bestimmung von PS die Eigenwerte der Matrizen $\boldsymbol{D}_A \cdot \boldsymbol{D}^{-1}_{A\times B}$, $\boldsymbol{D}_B \cdot \boldsymbol{D}^{-1}_{A\times B}$ und $\boldsymbol{D}_{A\times B} \cdot \boldsymbol{D}^{-1}_e$ benötigt.

Wilks Λ in komplexen Plänen. Die Erweiterung des multivariaten Ansatzes auf komplexere varianzanalytische Pläne liegt damit auf der Hand. Es werden zunächst die für die univariate Analyse benötigten Quadratsummen durch $\boldsymbol{D}$-Matrizen ersetzt. Die Überprüfung der Haupteffekte und ggf. der Interaktionen erfolgt in der Weise, dass die Determinante der $\boldsymbol{D}$-Matrix der Prüfgröße durch die Determinante der Summen-Matrix dividiert wird, die sich aus der $\boldsymbol{D}$-Matrix des zu prüfenden Effekts und der $\boldsymbol{D}$-Matrix der Prüfgröße ergibt:

$$\Lambda_H = \frac{|\boldsymbol{E}|}{|\boldsymbol{H} + \boldsymbol{E}|}, \tag{26.23}$$

wobei $\boldsymbol{H} = \boldsymbol{D}$-Matrix desjenigen Effekts, der überprüft werden soll, $\boldsymbol{E} = \boldsymbol{D}$-Matrix der Prüfgröße, an der der jeweilige Effekt getestet wird.

Die adäquate Prüfgröße kann je nach Art der Varianzanalyse den entsprechenden Tabellen des Teils II entnommen.

Der Quotient in Gl. (26.23) führt zu einem Λ-Wert, der nach folgender Beziehung in einen approximativ χ^2-verteilten V-Wert transformiert wird (vgl. R. D. Bock, 1975, S. 153):

$$V_H = -[\text{df}_E + \text{df}_H - (p + \text{df}_H + 1)/2] \cdot \ln \Lambda_H, \tag{26.24}$$

wobei

df_H = Freiheitsgrade des zu prüfenden Effekts,
df_E = Freiheitsgrade der zur Prüfung des Effekts eingesetzten Prüfgröße.

Wie man erkennt, ist Gl. (26.19) eine Spezialform von Gl. (26.24).

Die Freiheitsgrade der einzelnen Effekte in der multivariaten Varianzanalyse sind mit den Freiheitsgraden der entsprechenden Effekte in der univariaten Varianzanalyse identisch. Ein V_H-Wert wird anhand der χ^2-Verteilung für $p \cdot \text{df}_H$ Freiheitsgrade auf Signifikanz getestet.

SOFTWAREHINWEIS 26.1

Für die rechnerische Durchführung von multivariten Varianzanalysen mit SAS (PROC GLM) wird auf Timm (2002) und mit SPSS auf J. Stevens (2002) bzw. Bühl (2010) verwiesen.

Pillais PS in komplexen Plänen. Will man für die Überprüfung der Nullhypothese einer beliebigen multivariaten Varianzanalyse die von Olson (1976) empfohlene Prüfstatistik PS verwenden, sind die Eigenwerte der jeweiligen Matrix HE^{-1} (oder einer anderen Referenzmatrix; vgl. Tab. 26.6) zu berechnen. Das so ermittelte PS lässt sich nach Gl. (26.20) auf Signifikanz testen, wobei df_A durch df_H und df_e durch df_E ersetzt werden.

ÜBUNGSAUFGABEN

Aufgabe 26.1 Einer Untersuchung von Doppelt und Wallace (1955), zitiert nach Morrison (1976), zufolge ergaben sich für 101 ältere Personen im Alter zwischen 60 und 64 Jahren im Verbalteil des Wechsler-Intelligenztests ein Durchschnittswert von $\bar{x}_v = 55{,}24$ und im Handlungsteil ein Durchschnittswert von $\bar{x}_H = 34{,}97$. Für die Population aller erwachsenen Personen lauten die Werte: $\mu_v = 60$ und $\mu_H = 50$. Überprüfen Sie, ob sich die älteren Personen in ihren Intelligenzleistungen signifikant von der „Normalpopulation" unterscheiden, wenn für die Population die folgende Varianz-Kovarianz-Matrix geschätzt wird:

$$S = \begin{pmatrix} 210{,}54 & 126{,}99 \\ 126{,}99 & 119{,}68 \end{pmatrix}.$$

Aufgabe 26.2 Für $n = 10$ Versuchspersonen soll überprüft werden, ob die Reaktionsleistungen verbessert werden können, wenn vor dem eigentlichen Reiz, auf den die Versuchspersonen zu reagieren haben, ein „Vorwarnsignal" gegeben wird. Der Versuch wird einmal unter der Bedingung „mit Vorwarnsignal" und einmal „ohne Vorwarnsignal" durchgeführt. Bei jeder Person wird aufgrund mehrerer Untersuchungsdurchgänge die durchschnittliche Reaktionszeit (x_1) und die durchschnittliche Anzahl von Fehlreaktionen (x_2) registriert. Die folgende Tabelle zeigt die Ergebnisse:

	mit Vorwarnsignal		ohne Vorwarnsignal	
	x_1	x_2	x_1	x_2
Vp 1	18	3	17	2
2	14	2	21	4
3	14	2	22	4
4	15	4	18	4
5	17	2	20	5
6	12	3	21	3
7	16	5	17	5
8	16	2	23	4
9	14	3	22	6
10	15	3	22	4

Überprüfen Sie, ob sich die Reaktionen der Versuchspersonen unter den beiden Untersuchungsbedingungen signifikant unterscheiden, wenn die beiden Variablen in der Population bivariat normalverteilt sind.

Aufgabe 26.3 In einer Untersuchung werden $n_1 = 7$ Kinder, die einen schizophrenen Vater haben, mit $n_2 = 9$ Kindern, deren Väter nicht schizophren sind, hinsichtlich ihrer Ängstlichkeit (x_1) und Depressivität (x_2) miteinander verglichen. Es mögen sich die folgenden Testwerte ergeben haben:

Vater schizophren		Vater nicht schizophren	
x_1	x_2	x_1	x_2
12	18	8	19
12	21	10	22
14	20	10	20
11	20	11	20
11	20	10	22
12	19	9	23
19	22	12	20
		11	21
		10	20

Unterscheiden sich die beiden Stichproben signifikant voneinander, wenn beide Variablen in der Population bivariat normalverteilt sind?

Aufgabe 26.4 Acht starke Raucher wollen sich in einem verhaltenstherapeutischen Training das Rauchen abgewöhnen. Der durchschnittliche Tageskonsum an Zigaretten wird vor dem Training, unmittelbar danach und ein Jahr später ermittelt.

	vorher	nachher	1 Jahr später
Vpn 1	45	10	22
2	50	0	0
3	40	0	20
4	35	20	40
5	60	0	30
6	50	0	15
7	40	5	10
8	30	8	20

Überprüfen Sie mit der Hotellings T_4^2-Statistik, ob sich das Raucherverhalten signifikant geändert hat.

Aufgabe 26.5 20 Versuchspersonen werden mit dem Rosenzweig-*PF*-Test hinsichtlich ihrer Aggressivität untersucht. Aufgrund der Testprotokolle reagieren sieben Versuchspersonen extrapunitiv (die Aggressivität ist gegen die Umwelt gerichtet), fünf Versuchspersonen intropunitiv (die Aggressivität ist gegen das eigene Ich gerichtet) und acht Versuchspersonen impunitiv (die Aggressivität wird überhaupt umgangen). Die Versuchspersonen werden ferner aufgefordert, einen Test abzuschreiben, wobei der beim Schreiben gezeigte Schreibdruck (x_1) registriert und die durchschnittliche Unterlänge der Buchstaben (x_2) pro Versuchspersonen ermittelt werden. Die folgenden Werte mögen sich ergeben haben:

extrapunitiv		intropunitiv		impunitiv	
x_1	x_2	x_1	x_2	x_1	x_2
12	4	14	5	11	7
14	6	14	8	15	6
13	7	16	8	15	6
13	7	15	4	12	5
12	5	12	5	16	8
15	5			12	4
14	6			12	6
				14	7

Überprüfen Sie, ob sich die drei Vpn-Gruppen hinsichtlich der beiden graphologischen Merkmale unterscheiden.

Aufgabe 26.6 Es soll die toxische Wirkung von drei Medikamenten a_1, a_2 und a_3 bei Ratten überprüft werden. Registriert wird die Gewichtsabnahme der Tiere in der ersten (x_1) und zweiten Woche (x_2) nach Injektion des jeweiligen Medikaments. Da man vermutet, dass die Wirkung der Medikamente vom Geschlecht der Tiere abhängt, wird jedes Medikament bei vier männlichen und vier weiblichen Ratten untersucht. Die folgende Tabelle zeigt die ermittelten Gewichtsabnahmen (nach Morrison, 1976):

	a_1		a_2		a_3	
	x_1	x_2	x_1	x_2	x_1	x_2
männl.	5	6	7	6	21	15
(b_1)	5	4	7	7	14	11
	9	9	9	12	17	12
	7	6	6	8	12	10
weibl.	7	10	10	13	16	12
(b_2)	6	6	8	7	14	9
	9	7	7	6	14	8
	8	10	6	9	10	5

Überprüfen Sie mit einer zweifaktoriellen, multivariaten Varianzanalyse, ob die Medikamente zu unterschiedlichen Gewichtsabnahmen führen, ob sich die Geschlechter unterscheiden und ob zwischen der Medikamentenwirkung und den Geschlechtern eine Interaktion besteht, wenn beide Faktoren eine feste Stufenauswahl aufweisen.

Kapitel 27 Diskriminanzanalyse

ÜBERSICHT

Diskriminanzkriterium – Diskriminanzfaktor – Ladungen und Faktorwerte – Diskriminanzraum – Signifikanztests – mathematischer Hintergrund – mehrfaktorielle Diskriminanzanalyse – Klassifikation – Ähnlichkeitsmaße – QCF-Regel – LCF-Regel – Box-Test – Priorwahrscheinlichkeiten – Zuordnungswahrscheinlichkeiten – nicht-klassifizierbare Personen – Klassifikationsfunktionen – Bewertung von Klassifikationen

Die in Kapitel 26 behandelten multivariaten Mittelwertvergleiche ermöglichen eine Überprüfung der Unterschiedlichkeit von Stichproben in Bezug auf mehrere abhängige Variablen. Fragen wir beispielsweise, ob sich das Erziehungsverhalten von Eltern verschiedener sozialer Schichten unterscheidet, wenden wir für den Fall, dass das Erziehungsverhalten durch mehrere Variablen erfasst wird (und nur so lässt sich dieses komplexe Merkmal sinnvoll operationalisieren), eine einfaktorielle, multivariate Varianzanalyse an. Bei signifikantem Ergebnis behaupten wir, dass das Erziehungsverhalten, das – um einige Beispiele zu nennen – in den Teilaspekten Strafverhalten, Belohnungsverhalten, Aufgeschlossenheit gegenüber kindlicher Emotionalität, Fürsorgeverhalten und Kontakthäufigkeit erfasst werden könnte, schichtspezifisch sei. Wie aber kann ein solches Ergebnis insbesondere hinsichtlich der Bedeutung der einzelnen Teilaspekte des Erziehungsverhaltens interpretiert werden?

Eine genauere Interpretation wird erst möglich, wenn wir wissen, in welchem Ausmaß die einzelnen Teilaspekte bzw. – um in der varianzanalytischen Terminologie zu bleiben – die einzelnen abhängigen Variablen am Zustandekommen des Gesamtunterschieds beteiligt sind. Ein Verfahren, das hierüber Auskunft gibt, ist die Diskriminanzanalyse.

Diskriminanzanalyse. Mit der Diskriminanzanalyse finden wir heraus, welche Bedeutung die untersuchten abhängigen Variablen für die Unterscheidung der verglichenen Stichproben haben.

Um den Informationsgewinn zu verdeutlichen, den wir durch die Diskriminanzanalyse gegenüber einer multivariaten Varianzanalyse erzielen, erinnern wir uns an die multiple Korrelationsrechnung. Resultiert eine signifikante multiple Korrelation R, wissen wir, dass alle Prädiktorvariablen zusammen überzufällig mit der Kriteriumsvariablen korrelieren. Dem signifikanten R^2 entspricht in der multivariaten Varianzanalyse ein signifikanter Λ-Wert oder auch ein signifikanter PS-Wert. Eine Interpretation der multiplen Korrelation wird jedoch erst ermöglicht, wenn wir zusätzlich die β-Gewichte der einzelnen Variablen kennen, die darüber informieren, in welchem Ausmaß die einzelnen Prädiktorvariablen am Zustandekommen des Gesamtzusammenhangs beteiligt sind. In Analogie hierzu bestimmen wir mit der Diskriminanzanalyse Gewichtskoeffizienten, die angeben, in welchem Ausmaß die abhängigen Variablen am Zustandekommen des Gesamtunterschieds beteiligt sind. Diese Gewichtskoeffizienten besagen, wie die einzelnen abhängigen Variablen zu gewichten sind, um eine *maximale Trennung bzw. Diskriminierung der verglichenen Stichproben* zu erreichen.

In diesem Zusammenhang könnte man fragen, warum die Bedeutsamkeit der abhängigen Variablen nicht über einzelne univariate Varianzanalysen, gerechnet über jede abhängige Variable, ermittelt werden kann. Eine erste Antwort auf diese Frage wurde bereits in Abschnitt 26.1 gegeben. Zur weiteren Klärung greifen wir erneut die Analogie zur multiplen Korrelation auf. Auch hier hatten wir beobachtet, dass der Beitrag einer Prädiktorvariablen zur multiplen Korrelation nicht nur von der bivariaten Kriteriumskorrelation abhängt, sondern zusätzlich entscheidend durch die wechselseitigen Beziehungen zwischen den Prädiktorvariablen beeinflusst wird *(Multikollinearität)*. In einigen Fällen machten *Suppressionseffekte* eine Einschätzung der Bedeutsamkeit einer Prädiktorvariablen aufgrund ihrer Korrelation mit der Kriteriumsvariablen praktisch unmöglich.

Mit ähnlichen Effekten müssen wir auch in der multivariaten Varianzanalyse rechnen. Da üblicherweise die abhängigen Variablen einer multivariaten Varianzanalyse wechselseitig korreliert sind, können die univariaten Varianzanalysen zu falschen Schlüssen hinsichtlich der Bedeutsamkeit einzelner abhängiger Variablen für die Trennung der Gruppen führen. Erst in der Diskriminanzanalyse werden diese Zusammenhänge berücksichtigt.

> Mit der Diskriminanzanalyse ermitteln wir diejenigen Gewichte für die abhängigen Variablen, die angesichts der wechselseitigen Beziehungen zwischen den abhängigen Variablen (Multikollinearität) zu einer maximalen Trennung der untersuchten Gruppen führen.

Die Ursprünge der Diskriminanzanalyse gehen auf Fisher (1936) zurück. Weitere Informationen zur historischen Entwicklung der Diskriminanzanalyse findet man bei Das Gupta (1973). Für eine ausführliche Auseinandersetzung mit dem Thema „Diskriminanzanalyse" sei Huberty (1994a) empfohlen.

Wie alle multivariaten Verfahren ist auch die Diskriminanzanalyse mathematisch relativ aufwändig. Wir werden deshalb die rechnerische Durchführung in Abschn. 27.2 sowie das Grundprinzip und die Interpretation einer Diskriminanzanalyse in Abschn. 27.1 getrennt behandeln. Die Erweiterung der Diskriminanzanalyse auf mehrfaktorielle Untersuchungspläne ist Gegenstand von Abschn. 27.3. Schließlich gehen wir in Abschn. 27.4 auf Klassifikationsverfahren ein, die häufig im Anschluss an eine Diskriminanzanalyse eingesetzt werden.

27.1 Grundprinzip und Interpretation der Diskriminanzanalyse

Allgemeine Zielsetzung

Wir wollen einmal annehmen, dass für eine Stichprobe von fünf männlichen und fünf weiblichen Personen Messungen bezüglich zweier Variablen x_1 und x_2 vorliegen. Die Messwerte dieser zehn Versuchspersonen sind in Abb. 27.1 grafisch dargestellt (○ = weiblich und • = männlich). Ferner enthalten die Abbildungen den Mittelwert (*Zentroid*) der fünf männlichen Personen (gekennzeichnet durch ⊙) und den Mittelwert (Zentroid) der fünf weiblichen Personen (◎). Gesucht wird eine neue Achse Y_1, auf der sich die Projektionen der Punkte der männlichen Versuchspersonen möglichst deutlich von denen der weiblichen Versuchspersonen unterscheiden. Diese neue Achse bezeichnen wir in Analogie zur Faktorenanalyse als *Diskriminanzfaktor* bzw. *Diskriminanzfunktion*.

Als einen Indikator für das Ausmaß der Unterschiedlichkeit der beiden Gruppen betrachten wir zunächst die Differenz der Mittelwerte der Gruppen auf der neuen Y_1-Achse. Wählen wir für Y_1 eine Position, wie sie in Abb. 27.1a eingetragen ist, resultiert – verdeutlicht durch den fett gezeichneten Achsenabschnitt – eine relative geringe Mittelwertdifferenz. Eine maximale Mittelwertdifferenz erhalten wir, wenn die Achse Y_1 so gelegt wird, dass sie parallel zur Verbindungslinie der beiden Mittelpunkte verläuft. Dies ist in Abb. 27.1c der Fall. Sind wir daran interessiert, eine neue Achse Y_1 zu finden, auf der sich die beiden Gruppenmittel maximal unterscheiden, so wäre dies die gesuchte Achse.

Ein weiterer Indikator für die Güte der Trennung der beiden Gruppen ist das Ausmaß, in dem sich die Verteilungen der Messwerte überschneiden. Es ist einsichtig, dass zwei Gruppen umso deutlicher verschieden sind, je kleiner ihr Überschneidungsbereich ist. Wäre dies das entscheidende Kriterium für die Unterschiedlichkeit der Gruppen, müsste für Y_1 eine Position gewählt werden, wie sie etwa in Abb. 27.1d gewählt wurde (der Überschneidungsbereich ist durch den fett gedruckten Achsenabschnitt gekennzeichnet). Ausgesprochen ungünstig ist nach diesem Kriterium die Position von Y_1 in Abb. 27.1f.

Betrachten wir beide Kriterien für die Unterschiedlichkeit der Gruppen – die Differenz der Mittelwerte und den Überschneidungsbereich – zusammen, müssen wir feststellen, dass sich durch die Veränderung der Achsenposition die Unterschiedlichkeit beider Gruppen in Bezug auf das eine Kriterium (z. B. Differenz der Mittelwerte) vergrößert und in Bezug auf das andere Kriterium (Überschneidungsbereich) verkleinert. Dies veranschaulichen die Abb. 27.1a und d sowie c und f, in denen jeweils paarweise die gleichen Positionen für die Y_1-Achse gewählt wurden. Die Position von Y_1 in Abb. 27.1a und d ist ungünstig für das Kriterium der Mittelwertdifferenz und günstig für das Kriterium des Überschneidungsbereichs, während umgekehrt in c und f eine ideale Position in Bezug auf das Differenzkriterium gewählt wurde, die jedoch gleichzeitig zu einem großen Überschneidungsbereich führt. Sollen beide Kriterien gleichzeitig berücksichtigt werden, wäre eine Position für Y_1, wie sie z. B. in Abb. 27.1b und e wiedergegeben ist, den übrigen Positionen vorzuziehen.

Damit ist die Zielsetzung der Diskriminanzanalyse grob skizziert: Gesucht wird eine neue Achse Y_1, auf der sich einerseits die Mittelwerte der

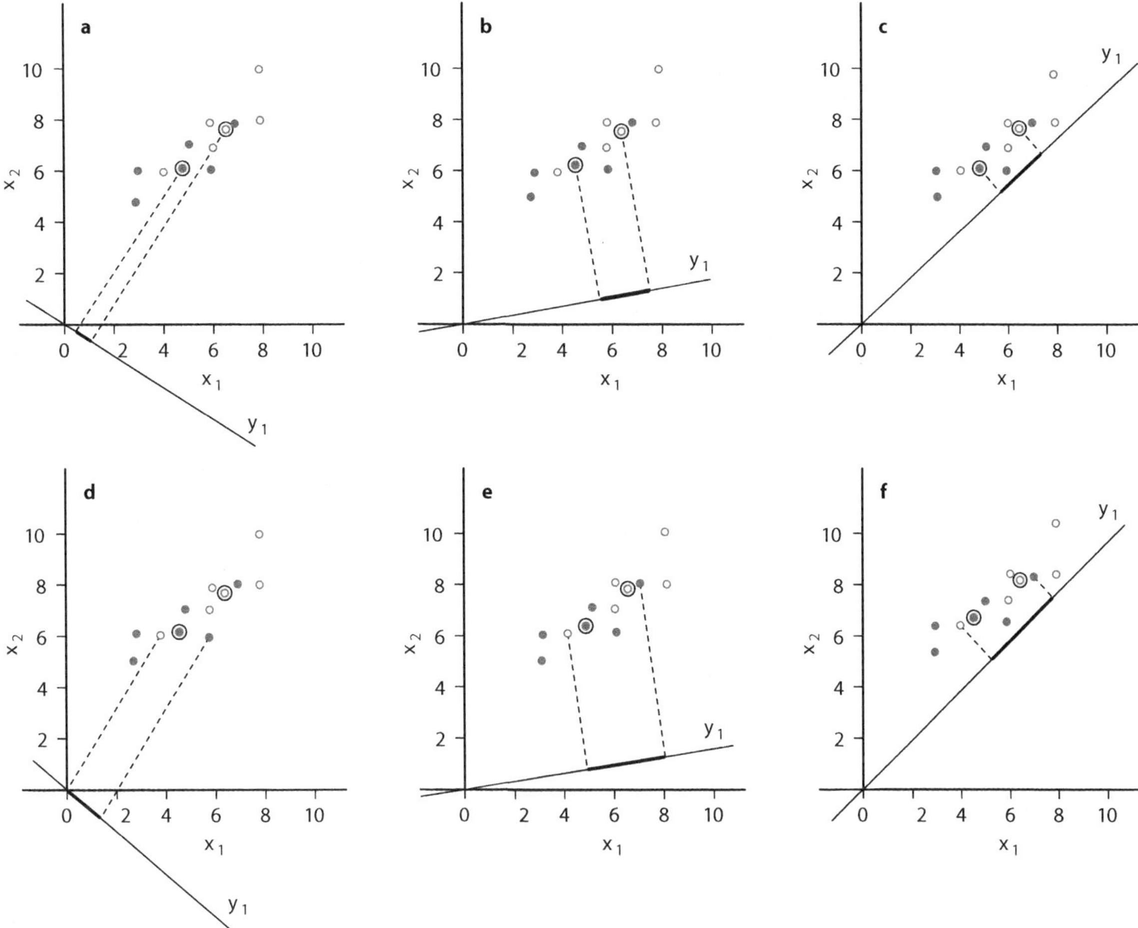

Abbildung 27.1. Veranschaulichung des Einflusses von Rotationstransformationen auf Mittelwertdifferenzen und Überschneidungsbereiche

verglichenen Gruppen möglichst deutlich unterscheiden und auf der sich andererseits ein möglichst kleiner Überschneidungsbereich ergibt.

Diskriminanzkriterium

Anwendungen der Diskriminanzanalyse beziehen sich im Allgemeinen nicht nur auf den Vergleich von zwei, sondern von allgemein k Stichproben, wobei die Anzahl der Versuchspersonen in der kleinsten Stichprobe größer als die Anzahl der Variablen sein sollte. Für k Stichproben stellen die einfachen Differenzen zwischen den Mittelwerten bzw. einzelne Überschneidungsbereiche keine sinnvollen Differenzierungskriterien dar. Wir ersetzen deshalb die einfachen Mittelwertdifferenzen von Stichproben durch die Quadratsumme zwischen den Stichproben, die – aus der Varianzanalyse als QS_{treat} bekannt – die Unterschiedlichkeit der Gruppenmittelwerte kennzeichnet:

$$QS_{y(\text{treat})} = \sum_{j=1}^{k} n_j \cdot (\bar{A}_{y(j)} - \bar{G}_y)^2 = \sum_j (A^2_{y(j)}/n_j) - G^2_y/N. \quad (27.1)$$

Die Treatmentquadratsumme auf der neuen Y-Achse ($QS_{y(\text{treat})}$) ist der erste Bestandteil des Diskriminanzkriteriums.

Den Überschneidungsbereich ersetzen wir durch die Quadratsumme der Messwerte innerhalb der Gruppen (QS_e in der varianzanalytischen Terminologie), die – um die Gruppen möglichst deutlich voneinander trennen zu können – möglichst klein sein sollte. Die $QS_{y(\text{Fehler})}$ der Versuchspersonen auf der neuen Y_1-Achse ermitteln wir nach der Beziehung:

$$QS_{y(\text{Fehler})} = \sum_{j=1}^{k} \sum_{m=1}^{n_j} (y_{jm} - \bar{A}_{y(j)})^2 = \sum_j \sum_m y^2_{jm} - \sum_j (A^2_{y(j)}/n_j). \quad (27.2)$$

Damit ist das mathematische Problem, das wir in Abschnitt 27.2 zu lösen haben werden, gestellt: Das Achsenkreuz der ursprünglichen Variablen muss so gedreht werden, dass eine neue Achse Y_1 entsteht, auf der $QS_{y(\text{treat})}$ möglichst groß und $QS_{y(\text{Fehler})}$ möglichst klein werden. Zusammengenommen ist also für Y_1 eine Position zu finden, die den folgenden Ausdruck maximiert:

$$\lambda = \frac{QS_{y(\text{treat})}}{QS_{y(\text{Fehler})}} = \text{max.} \tag{27.3}$$

Gleichung (27.3) definiert das Diskriminanzkriterium der Diskriminanzanalyse.

Zu klären bleibt, was die neue Achse Y_1 bzw. die Rotation des Koordinatensystems der ursprünglichen Variablen zu dieser neuen Achse Y_1 inhaltlich bedeuten. Wie in Abschnitt 23.3 ausführlich gezeigt wurde, lassen sich Rotationstransformationen der Messwerte als Linearkombinationen der Messwerte darstellen, d. h., das Auffinden der optimalen Position für die neue Achse Y_1 ist gleichbedeutend mit der Festlegung von Gewichtungskoeffizienten für die Variablen, die so geartet sind, dass die Summen der gewichteten Messwerte der Versuchspersonen (Linearkombinationen) eine maximale Trennung der untersuchten Stichproben gewährleisten.

In der Diskriminanzanalyse werden Linearkombinationen der abhängigen Variablen gesucht, die eine maximale Unterscheidbarkeit der verglichenen Gruppen gewährleisten.

Kennwerte der Diskriminanzanalyse

Geometrisch lassen sich die linearkombinierten Messwerte der Versuchspersonen (= die Summen der gewichteten Originalmesswerte), wie in Abb. 27.1 an einem Zwei-Variablen-Beispiel verdeutlicht, als Projektionen der Vpn-Punkte auf die neue Y_1-Achse darstellen. In Analogie zur PCA bezeichnen wir die Y_1-Achse als ersten *Diskriminanzfaktor*. Die z-standardisierten Positionen der Versuchspersonen auf diesem Diskriminanzfaktor sind wieder als *Faktorwerte* interpretierbar. Neben diesen interessieren uns jedoch vor allem die Mittelwerte der verglichenen Gruppen auf dem Diskriminanzfaktor, denen wir entnehmen, wie gut die Gruppen durch den Diskriminanzfaktor getrennt werden.

Die Interpretation eines Diskriminanzfaktors erfolgt – ebenfalls wie in der PCA – über die *Ladungen* der einzelnen Variablen auf dem Diskriminanzfaktor, die den Korrelationen der ursprünglichen Variablen mit dem Diskriminanzfaktor (korreliert über die Vpn-Messwerte und Vpn-Faktorwerte) entsprechen. Lädt eine Variable hoch positiv oder hoch negativ, besagt dies, dass diese Variable besonders charakteristisch für den Diskriminanzfaktor ist. Dem *Vorzeichen* der Ladung entnehmen wir, ob Vergrößerungen der Variablenmesswerte mit Vergrößerungen der Faktorwerte einhergehen (positive Ladung) bzw. ob größer werdende Variablenmesswerte mit abnehmenden Faktorwerten verbunden sind (negative Ladung).

Zur Interpretation des diskriminanzanalytischen Ergebnisses kann man außerdem die (standardisierten) Gewichte heranziehen, mit denen die Variablen in die Linearkombination eingehen (standardisierte Diskriminanzkoeffizienten, s. Gl. 27.27). Diese Koeffizienten informieren darüber, welche Variablen im Kontext aller untersuchten Variablen eher redundant sind (niedrige Diskriminanzkoeffizienten) und welche eher nicht (hohe Diskriminanzkoeffizienten). Zur Bestimmung der inhaltlichen Bedeutung eines Diskriminanzfaktors werden üblicherweise die Ladungen, d. h. die Korrelationen der Variablen mit den Diskriminanzfaktoren, herangezogen (J. Stevens, 2002, Kap. 7.4).

Diskriminanzraum

Rechnet man eine Diskriminanzanalyse über mehr als zwei Gruppen, die durch mehrere Variablen beschrieben sind, wird durch den ersten Diskriminanzfaktor nur ein Teil des Diskriminanzpotenzials der Variablen erklärt. (Eine vollständige Erfassung des Diskriminanzpotenzials durch einen Diskriminanzfaktor wäre theoretisch nur möglich, wenn alle Variablen zu 1 miteinander korrelierten.) Ähnlich wie in der PCA bestimmen wir deshalb einen zweiten Diskriminanzfaktor, für den der Ausdruck $QS_{y2(\text{treat})}/QS_{y2(\text{Fehler})}$ maximal wird. Hierfür suchen wir einen zweiten Satz von Gewichtungskoeffizienten für die Variablen, der zu Linearkombinationen führt, die mit den Linearkombinationen aufgrund der ersten Transformation unkorreliert sind. Der zweite Diskriminanzfaktor erfasst somit eine Merkmalsvarianz, die durch den ersten Diskriminanzfaktor nicht aufgeklärt wurde. In gleicher Weise werden weitere Diskriminanzfaktoren festgelegt, die paarweise voneinander unabhängig sind und die die noch nicht aufgeklärte Varianz so zusammenfassen, dass die Gruppen jeweils maximal getrennt werden. Die einzelnen Achsen werden somit nach dem Kriterium der sukzessiv maximalen Trennung der Gruppen festgelegt.

Wie Tatsuoka (1971, S. 161 f.) zeigt, gibt es in einer Diskriminanzanalyse über k Gruppen und p Variablen für den Fall, dass mehr Variablen als Gruppen untersucht werden, $k-1$ Diskriminanzfaktoren. Ist die Anzahl der Variablen kleiner als die Anzahl der Gruppen, ergeben sich p Diskriminanzfaktoren. [Allgemein: Anzahl der Diskriminanzfaktoren $= r = \min(p, k-1)$.] Die Gesamtheit aller Diskriminanzfaktoren bezeichnen wir als Diskriminanzraum.

Der Diskriminanzraum besteht aus p oder $k-1$ Diskriminanzfaktoren, deren Reihenfolge so festgelegt wird, dass die verglichenen Stichproben sukzessiv maximal getrennt werden.

Zur besseren Interpretierbarkeit können die statistisch bedeutsamen Diskriminanzfaktoren des Diskriminanzraumes nach dem Varimax-Kriterium (oder auch einem anderem Kriterium) rotiert werden. Wie man hierbei im Rahmen einer SPSS-Auswertung vorgeht, erläutert J. Stevens (2002, Kap. 7.6). Weitere Hinweise zur Interpretation von Diskriminanzfaktoren findet man bei D. R. Thomas (1992).

Statistische Bedeutsamkeit der Diskriminanzfaktoren

Ähnlich wie in der PCA ist damit zu rechnen, dass die Anzahl der Diskriminanzfaktoren, die das gesamte Diskriminanzpotenzial bis auf einen unbedeutenden Rest aufklären, erheblich kleiner ist als die Anzahl der ursprünglichen Variablen. Das relative Diskriminanzpotenzial eines Diskriminanzfaktors s ermitteln wir unter Verwendung von Gl. (27.3) nach der Beziehung:

$$\text{Diskriminanzanteil des Diskriminanzfaktors } s = 100\% \cdot \frac{\lambda_s}{\lambda_1 + \lambda_2 + \cdots + \lambda_s + \cdots + \lambda_r}. \quad (27.4)$$

Die Summe der Diskriminanzanteile aller r Diskriminanzfaktoren entspricht dem Diskriminanzpotenzial der p Variablen.

Das Diskriminanzpotenzial aller Diskriminanzfaktoren (des Diskriminanzraums) ist identisch mit dem Diskriminanzpotenzial der ursprünglichen Variablen. Durch die Diskriminanzanalyse wird das gesamte Diskriminanzpotenzial durch die einzelnen Faktoren zusammengefasst bzw. auf die Faktoren umverteilt.

Diese Umverteilung geschieht so, dass der erste Diskriminanzfaktor die untersuchten Stichproben nach dem Diskriminanzkriterium am besten trennt, der zweite Diskriminanzfaktor am zweitbesten etc. Hierbei ist das Diskriminanzpotenzial des ersten Diskriminanzfaktors umso größer, je höher die abhängigen Variablen miteinander korrelieren.

Ein signifikanter V-Test in der multivariaten Varianzanalyse (s. Gl. 26.19), der dem F-Test im univariaten Fall entspricht, bedeutet somit gleichzeitig, dass die Stichproben aufgrund *aller* Diskriminanzfaktoren signifikant voneinander getrennt werden können. Um entscheiden zu können, welche der r Diskriminanzfaktoren signifikant sind, wählen wir für das Λ-Kriterium von Wilks folgende zu Gl. (26.18) äquivalente Darstellung:

$$\frac{1}{\Lambda} = (1+\lambda_1)\cdot(1+\lambda_2)\cdot\ldots\cdot(1+\lambda_r) \quad (27.5)$$

und

$$\ln\frac{1}{\Lambda} = -\ln\Lambda. \quad (27.6)$$

Wegen $\ln\prod_{s=1}^{r}(1+\lambda_s) = \sum_{s=1}^{r}\ln(1+\lambda_s)$ können wir für Gl. (26.19) auch schreiben:

$$V = [N-1-(p+k)/2]\sum_{s=1}^{r}\ln(1+\lambda_s), \quad (27.7)$$

wobei

$N = \sum_j n_j =$ Gesamtstichprobenumfang,
$p =$ Anzahl der Variablen,
$k =$ Anzahl der Gruppen,
$\lambda_s =$ Diskriminanzkriterium für den s-ten Diskriminanzfaktor (= der mit dem Diskriminanzfaktor s assoziierte Eigenwert; vgl. Abschn. 27.3).

Auch dieser approximativ χ^2-verteilte V-Wert hat wie V in Gl. (26.19) $p\cdot(k-1)$ Freiheitsgrade. Alternativ kann der Signifikanztest über PS durchgeführt werden (Gl. 26.20).

Ist das gesamte Diskriminanzpotenzial nach Gl. (27.7) signifikant, können wir überprüfen, ob die nach Extraktion des ersten Diskriminanzfaktors verbleibenden Diskriminanzfaktoren die Gruppen noch signifikant differenzieren. Hierfür berechnen wir folgenden V_1-Wert:

$$V_1 = [N-1-(p+k)/2]\cdot\sum_{s=2}^{r}\ln(1+\lambda_s). \quad (27.8a)$$

Dieser V-Wert ist mit $(p-1)\cdot(k-2)$ Freiheitsgraden approximativ χ^2-verteilt. Wurden bereits t Diskriminanzfaktoren extrahiert, ermitteln wir die Signifikanz des Diskriminanzpotenzials der verbleibenden $r - t$ Diskriminanzfaktoren wie folgt:

$$V_t = [N - 1 - (p + k)/2] \cdot \sum_{s=t+1}^{r} \ln(1 + \lambda_s). \quad (27.8b)$$

Die Berechnungsvorschrift für die Freiheitsgrade dieses ebenfalls approximativ χ^2-verteilten V_t-Wertes lautet $(p - t) \cdot (k - t - 1)$. Der erste nicht signifikante V_t-Wert besagt, dass t Diskriminanzfaktoren signifikant und die restlichen $r - t$ Diskriminanzfaktoren nicht signifikant sind.

Voraussetzungen. Die Voraussetzungen der Diskriminanzanalyse entsprechen den Voraussetzungen der multivariaten Varianzanalyse, d. h., die Überprüfung der statistischen Bedeutsamkeit der Diskriminanzfaktoren setzt voraus, dass die Variablen in der Population *multivariat normalverteilt sind* und dass die Varianz-Kovarianz-Matrizen für die einzelnen Variablen über die verglichenen Gruppen hinweg homogen sind (zur Einschätzung dieser Voraussetzungen vgl. Melton, 1963; zur Diskriminanzanalyse bei nicht normalverteilten Variablen wird auf Huberty, 1975 verwiesen).

Auch für die Diskriminanzanalyse gilt, dass Verletzungen der Voraussetzungen in Bezug auf α-Fehler und Teststärke mit wachsendem Stichprobenumfang weniger folgenreich sind. Unter dem Gesichtspunkt der Stabilität der Kennwerte der Diskriminanzanalyse (insbesondere der Faktorladungen) fordert J. Stevens (2002, Kap. 7.4), dass N mindestens 20-mal so groß sein sollte wie p (Beispiel: Bei 10 abhängigen Variablen sollte der gesamte Stichprobenumfang $N \geq 200$ sein).

Schätzung des Diskriminanzpotenzials. In der univariaten Varianzanalyse schätzen wir durch $\hat{\omega}^2$ denjenigen Varianzanteil der abhängigen Variablen, der in der Population durch das untersuchte Treatment aufgeklärt wird (s. Gl. 13.10). In Analogie hierzu schätzen wir ein multivariates ω^2 nach der Beziehung

$$\hat{\omega}^2 = 1 - N \cdot [(N - k) \cdot (1 + \lambda_1) \cdot (1 + \lambda_2) \cdot \ldots \times (1 + \lambda_k) + 1]^{-1} \quad (27.9)$$

(vgl. hierzu Tatsuoka, 1970, S. 38).

Multiplizieren wir $\hat{\omega}^2$ mit 100%, erhalten wir einen prozentualen Schätzwert, der angibt, in welchem Ausmaß die Gesamtvariabilität auf allen Diskriminanzfaktoren durch Gruppenunterschiede bedingt ist. Dieser Ausdruck schätzt somit das „wahre" Diskriminanzpotenzial der Diskriminanzfaktoren bzw. der ursprünglichen Variablen. Ein Beispiel soll den Einsatz einer Diskriminanzanalyse verdeutlichen:

BEISPIEL 27.1

Jones (1966) ging der Frage nach, ob die Art der Beurteilung von Menschen durch autoritäre Einstellungen der Beurteiler beeinflusst wird. Er untersuchte 60 Studenten, die nach dem Grad ihres Autoritarismus (gemessen mit der California-*F*-Skala) in drei Gruppen mit jeweils 20 Studenten mit hohem, mittlerem und niedrigem Autoritarismus eingeteilt wurden. Die Studenten beurteilten Tonfilmaufzeichnungen von therapeutischen Gesprächen mit der Instruktion, den im jeweiligen Film gezeigten Klienten anhand von sechs bipolaren Ratingskalen (vgl. Tab. 27.1) einzuschätzen.

Mit dieser Untersuchung sollte überprüft werden, ob sich die drei Studentengruppen in ihrem Urteilsverhalten unterscheiden und welche Urteilsskalen zur Trennung der Gruppen besonders beitragen. Das Material wurde deshalb mit einer Diskriminanzanalyse, deren Ergebnis in Tab. 27.1 wiedergegeben ist, ausgewertet. (Die Daten sind einem Bericht von Jones (1966), entnommen und nach den in Abschn. 27.2 behandelten Regeln verrechnet. In der Originalarbeit von Jones wurden auch die Unterschiede zwischen den Filmen analysiert, worauf wir hier jedoch verzichten.)

Da weniger Gruppen als abhängige Variablen untersucht wurden, resultieren im Beispiel 3 − 1 = 2 verschiedene Diskriminanzfaktoren. Beide Faktoren zusammen trennen die drei Gruppen auf dem 1%-Niveau signifikant, d. h., auch eine multivariate Varianzanalyse hätte zu signifikanten Gruppenunterschieden (und zum gleichen V-Wert) geführt. Lassen wir den ersten Diskriminanzfaktor außer Acht, verbleibt ein Diskriminanzpotenzial, das die drei Gruppen nicht mehr signifikant voneinander trennt, d. h., vor allem der erste Diskriminanzfaktor ist für das Zustandekommen der Signifikanz verantwortlich. Der erste Diskriminanzfaktor erfasst nach Gl. (27.4) 94,4% des gesamten Diskriminanzpotenzials. Für das „wahre" Diskriminanzpotenzial schätzt man nach Gl. (27.9) $\hat{\omega}^2 = 0{,}402$ (40,2%), was nach J. Cohen (1988) einem mittleren bis starken Effekt entspricht.

Für die Interpretation betrachten wir die Diskriminanzkoeffizienten der abhängigen Variablen, die ebenfalls in Tab. 27.1 wiedergegeben sind. (Der Gewichtungsvektor wurde auf die Länge 1 normiert.) Demnach kann das Urteilsverhalten der drei Gruppen vor allem mit der Skala 6 (aufrichtig – hinterlistig) differenziert werden. Diese Skala ist also für die Beschreibung des Urteilsverhaltens unterschiedlich autoritärer Studenten besonders wichtig.

Tabelle 27.1. Beispiel für eine Diskriminanzanalyse

Nr. d. Diskriminanzfaktors	Eigenwert (λ)	V	df
1	0,675	30,25**	12
2	0,040	2,18	5
Diskriminanzkoeffizienten der Variablen für den ersten Diskriminanzfaktor			
gut – schlecht		0,35	
freundlich – feindlich		0,20	
kooperativ – obstruktiv		0,04	
stark – schwach		0,18	
aktiv – passiv		0,17	
aufrichtig – hinterlistig		−0,88	

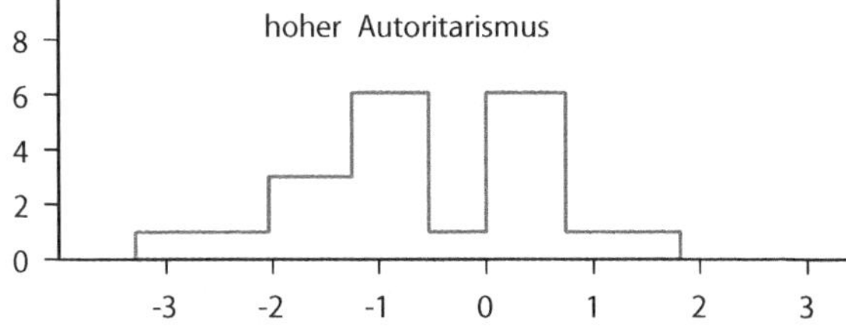

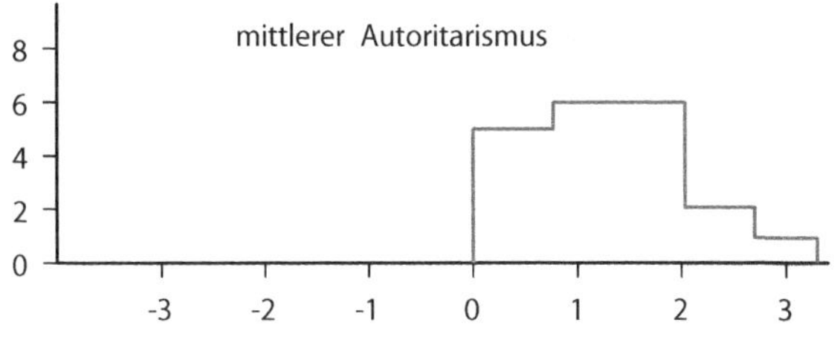

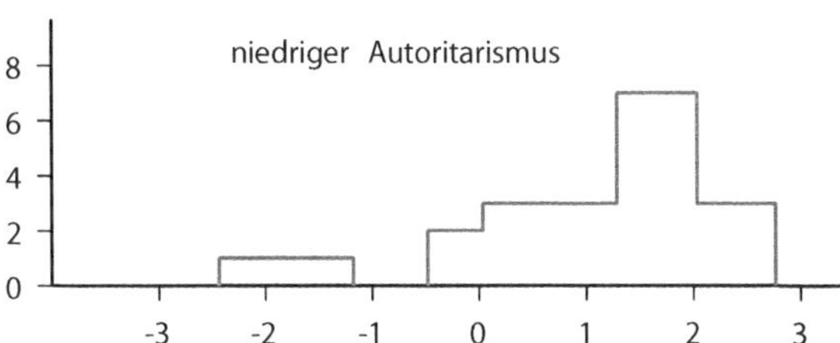

Abbildung 27.2. Verteilung der Diskriminanzfaktorwerte unterschiedlich autoritärer Studenten

Die Frage, in welcher Weise der erste Diskriminanzfaktor die drei Gruppen trennt, beantworten die Faktorwerte der Versuchspersonen auf dem Diskriminanzfaktor bzw. die Mittelwerte der drei Gruppen. Abbildung 27.2 zeigt, wie sich die Faktorwerte verteilen.

Sehr autoritäre Personen erhalten somit überwiegend negative und weniger autoritäre Personen eher positive Diskriminanzfaktorwerte. Bei negativer Gewichtung der Skala „aufrichtig - hinterlistig" besagt dieses Ergebnis, dass die in den Filmen gezeigten Klienten von den autoritären Studenten eher als hinterlistig und von den wenig autoritären Studenten eher als aufrichtig beurteilt wurden. Studenten, deren Autoritarismus mittelmäßig ausgeprägt war, neigten ebenfalls eher dazu, die Klienten als aufrichtig einzustufen.

Die (hier nicht wiedergegebenen) Mittelwerte der bipolaren Ratingskalen zeigen zudem, dass Studenten mit hohen Autoritarismuswerten die Klienten als feindlicher, obstruktiver und schwächer einschätzten als weniger oder mittelmäßig autoritäre Studenten. Jones kommt deshalb zusammenfassend zu dem Schluss, dass autoritäre Studenten dazu tendieren, psychisch kranke Personen abzulehnen, was möglicherweise auf eine generelle Intoleranz gegenüber Personen, die Schwierigkeiten mit der Bewältigung ihrer Lebensprobleme haben, zurückzuführen ist.

Multikollinearität

In den meisten Programmpaketen werden für die Diskriminanzanalyse „Stepwise"-Prozeduren angeboten, mit denen versucht wird, aus den abhängigen Variablen eine Teilmenge herauszufinden, die sich am besten zur Trennung der Gruppen eignet. Die Identifikation dieser „besten" Variablen ist insoweit problematisch, als bei korrelierenden Variablen (Multikollinearität) die Bedeutung einer Variablen davon abhängt, welche anderen Variablen bereits selegiert wurden. Außerdem muss man – wie bei Stepwise-Prozeduren im Rahmen der multiplen Regression – bedenken, dass vor allem bei kleineren oder mittleren Stichprobenumfängen die Auswahl der „am besten" diskriminierenden Variablen stark vom Zufall bestimmt sein kann; sie lässt sich selten replizieren.

Für die Bestimmung einer optimalen Teilmenge von Variablen ist es genau genommen erforderlich, alle möglichen Teilmengen von Variablen beziehungsweise ihres Diskriminanzpotenzials zu vergleichen. Fortran-Programme, die diese Forderung berücksichtigen, wurden von McCabe (1975) für einfaktorielle, von McHenry (1978) für mehrfaktorielle Pläne und für Diskriminanzanalysen über zwei Gruppen von Morris und Meshbane (1995) entwickelt.

Will man auf diese aufwändige Vorgehensweise verzichten, ist die „*F*-to-remove"-Strategie zu empfehlen, bei der geprüft wird, wie das Diskriminanzpotenzial aller Variablen durch das Entfernen einer Variablen reduziert wird. Die Variable mit der größten Reduktion ist für die Trennung der Gruppen am bedeutsamsten. Nach diesem Vorgehen lassen sich alle Variablen in eine Rangfolge ihrer Bedeutung bringen. Man beachte allerdings, dass die so ermittelte Bedeutung einer Variablen eine andere sein kann, wenn man Variablen paarweise, in Dreiergruppen, in Vierergruppen etc. entfernt. Weitere Hinweise hierzu findet man bei Huberty (1994a, Kap. VIII), Gondek (1981), McLachlan (1992, Kap. 12) oder B. Thompson (1995b).

J. Stevens (2002, Kap. 10) empfiehlt, die sog. Step-Down-Analyse, bei der die abhängigen Variablen aufgrund inhaltlicher Überlegungen vorab nach Maßgabe ihres vermuteten Diskriminanzpotenzials in eine Rangfolge gebracht werden. Danach wird geprüft, ob sich diese theoretische Rangfolge empirisch bestätigen lässt. Dies wäre – wie auch die empfohlene Vorgehensweise bei der Reihung von Prädiktorvariablen bei der multiplen Regression – eine hypothesenprüfende Vorgehensweise, im Unterschied zu Stepwise-Prozeduren, die nur zur Hypothesenerkundung eingesetzt werden sollten.

Hinweis: Varianten zur Durchführung einer Diskriminanzanalyse bei nominalskalierten abhängigen Variablen diskutieren Huberty et al. (1986).

27

* 27.2 Mathematischer Hintergrund

Eine Linearkombination der Messwerte der m-ten Person auf p Variablen erhalten wir nach der Beziehung:

$$y_m = v_1 x_{m1} + v_2 x_{m2} + \cdots + v_p x_{mp}. \qquad (27.10)$$

Gesucht werden die Gewichte v_i, $i = 1, \ldots, p$, für die gilt:

$$\lambda = \frac{\text{QS}_{y1(\text{treat})}}{\text{QS}_{y1(\text{Fehler})}} = \max. \qquad (27.11)$$

$\text{QS}_{y1(\text{treat})}$ ist hierbei die Quadratsumme zwischen den Gruppen auf der neuen Y_1-Achse und $\text{QS}_{y1(\text{Fehler})}$ die Quadratsumme innerhalb der Gruppen auf der neuen Y_1-Achse.

Diskriminanzkriterium λ

In Abschnitt 23.3 wurde gezeigt, wie die Gesamtvarianz der y_{m1}-Werte, die sich nach einer Rotationstransformation ergibt, aus den ursprünglichen Messwerten auf den p Variablen bestimmt werden kann. Vernachlässigen wir die für einen Datensatz konstante Zahl der Freiheitsgrade und betrachten nur die Quadratsummen, dann lautet diese Beziehung:

$$\text{QS}_{y1(\text{tot})} = \boldsymbol{v}_1' \cdot \boldsymbol{D}_{x(\text{tot})} \cdot \boldsymbol{v}_1. \qquad (27.12)$$

Hierin ist $\boldsymbol{D}_{x(\text{tot})}$ eine $p \times p$-Matrix, in deren Diagonale die Quadratsummen der p Variablen stehen und die außerhalb der Diagonale die Kreuzproduktsummen enthält. $\text{QS}_{y1(\text{tot})}$ zerlegen wir – wie in der einfaktoriellen Varianzanalyse – in die Anteile:

$$\text{QS}_{y1(\text{tot})} = \text{QS}_{y1(\text{treat})} + \text{QS}_{y1(\text{Fehler})}. \qquad (27.13)$$

Gesucht wird derjenige Vektor $\boldsymbol{v}_1$, der das Achsensystem der p Variablen so rotiert, dass der in Gl. (27.11) definierte λ-Wert maximal wird. Um diesen Vektor zu finden, müssen wir zuvor wissen, wie sich Rotationen auf die $\text{QS}_{y1(\text{treat})}$ und $\text{QS}_{y1(\text{Fehler})}$ auswirken. In Analogie zu Gl. (27.12) kann man zeigen, dass folgende Beziehungen gelten:

$$\text{QS}_{y1(\text{treat})} = \boldsymbol{v}_1' \cdot \boldsymbol{D}_{x(\text{treat})} \cdot \boldsymbol{v}_1, \qquad (27.14)$$

$$\text{QS}_{y1(\text{Fehler})} = \boldsymbol{v}_1' \cdot \boldsymbol{D}_{x(\text{Fehler})} \cdot \boldsymbol{v}_1. \qquad (27.15)$$

$\boldsymbol{D}_{x(\text{treat})}$ und $\boldsymbol{D}_{x(\text{Fehler})}$ sind die Quadratsummen- und Kreuzproduktmatrizen, deren Berechnungsvorschrift in Abschnitt 26.5 behandelt wurde. Wie in der PCA (vgl. Abschnitt 23.3) ist $\boldsymbol{v}_1$ ein Transformationsvektor, dessen Elemente $v_{11}, v_{21}, \ldots, v_{i1}, \ldots, v_{p1}$ die cos der Winkel zwischen der i-ten alten und der ersten neuen Achse wiedergeben. Setzen wir Gl. (27.14) und (27.15) in Gl. (27.11) ein, erhalten wir folgenden Ausdruck für das zu maximierende Diskriminanzkriterium λ:

$$\lambda = \frac{\boldsymbol{v}_1' \cdot \boldsymbol{D}_{x(\text{treat})} \cdot \boldsymbol{v}_1}{\boldsymbol{v}_1' \cdot \boldsymbol{D}_{x(\text{Fehler})} \cdot \boldsymbol{v}_1} = \max. \qquad (27.16)$$

Herleitung der charakteristischen Gleichung

Für zwei abhängige Variablen resultiert nach Gl. (27.16):

$$\begin{aligned}\lambda = F(\boldsymbol{v}_1) = F(v_{11}, v_{21}) &= \frac{\boldsymbol{v}_1' \cdot \boldsymbol{D}_{x(\text{treat})} \cdot \boldsymbol{v}_1}{\boldsymbol{v}_1' \cdot \boldsymbol{D}_{x(\text{Fehler})} \cdot \boldsymbol{v}_1} \\ &= \frac{t_{11}v_{11}^2 + t_{22}v_{21}^2 + 2t_{12}v_{11}v_{22}}{f_{11}v_{11}^2 + f_{22}v_{21}^2 + 2f_{12}v_{11}v_{21}}. \qquad (27.17)\end{aligned}$$

(Um die Indizierung nicht zu unübersichtlich werden zu lassen, wurden die Elemente von $\boldsymbol{D}_{x(\text{treat})}$ mit $t_{ii'}$ und die von $\boldsymbol{D}_{x(\text{Fehler})}$ mit $f_{ii'}$ gekennzeichnet.)

Für die Maximierung von λ leiten wir Gl. (27.17) partiell nach den Elementen von $\boldsymbol{v}$ ab und setzen die ersten Ableitungen gleich 0. Diese Ableitungen lauten für $p = 2$:

$$\begin{aligned}&\frac{\text{df}(\boldsymbol{v}_1)}{dv_{11}} \\ &= [(2t_{11}v_{11} + 2t_{12}v_{21}) \\ &\quad \times (f_{11}v_{11}^2 + f_{22}v_{21}^2 + 2f_{12}v_{11}v_{21}) \\ &\quad - (t_{11}v_{11}^2 + t_{22}v_{21}^2 + 2t_{12}v_{11}v_{21}) \\ &\quad \times (2f_{11}v_{11} + 2f_{12}v_{21})] \\ &\quad \times 1/(f_{11}v_{11}^2 + f_{22}v_{21}^2 + 2f_{12}v_{11}v_{21})^2 \\ &= \frac{2[(t_{11}v_{11} + t_{12}v_{21}) - \lambda \cdot (f_{11} \cdot v_{11} + f_{12} \cdot v_{21})]}{(f_{11}v_{11}^2 + f_{22}v_{21}^2 + 2f_{12}v_{11}v_{21})}.\end{aligned}$$

Dieser Ausdruck kann nur 0 werden, wenn der Zähler 0 wird. Wir erhalten deshalb:

$$2 \cdot [(t_{11}v_{11} + t_{12}v_{21}) - \lambda \cdot (f_{11} \cdot v_{11} + f_{12} \cdot v_{21})] = 0$$

bzw.

$$t_{11}v_{11} + t_{12}v_{21} = \lambda \cdot (f_{11} \cdot v_{11} + f_{12} \cdot v_{21}).$$

In Matrixschreibweise lautet diese Gleichung:

$$(t_{11}, t_{12}) \cdot \boldsymbol{v}_1 = \lambda \cdot (f_{11}, f_{12}) \cdot \boldsymbol{v}_1. \qquad (27.18)$$

Die Ableitung von Gl. (27.17) nach v_2 führt zu der Beziehung:

$$(t_{21}, t_{22}) \cdot \boldsymbol{v}_1 = \lambda \cdot (f_{21}, f_{22}) \cdot \boldsymbol{v}_1. \tag{27.19}$$

Gleichungen (27.18) und (27.19) fassen wir in folgender Weise zusammen:

$$\begin{pmatrix} t_{11} & t_{12} \\ t_{21} & t_{22} \end{pmatrix} \cdot \boldsymbol{v}_1 = \lambda \cdot \begin{pmatrix} f_{11} & f_{12} \\ f_{21} & f_{22} \end{pmatrix} \cdot \boldsymbol{v}_1$$

bzw.

$$\boldsymbol{D}_{x(\text{treat})} \cdot \boldsymbol{v}_1 = \lambda \cdot \boldsymbol{D}_{x(\text{Fehler})} \cdot \boldsymbol{v}_1. \tag{27.20}$$

Durch Umstellen und Ausklammern von $\boldsymbol{v}_1$ resultiert:

$$(\boldsymbol{D}_{x(\text{treat})} - \lambda \cdot \boldsymbol{D}_{x(\text{Fehler})}) \cdot \boldsymbol{v}_1 = 0. \tag{27.21}$$

Das gleiche Resultat erhalten wir für $p \geq 2$ (Tatsuoka, 1971, Anhang C).

Ist die Matrix $\boldsymbol{D}_{x(\text{Fehler})}$ regulär, sodass sie eine Inverse besitzt, können wir durch Vormultiplikation mit $\boldsymbol{D}^{-1}_{x(\text{Fehler})}$ Gl. (27.21) in folgender Weise umformen:

$$(\boldsymbol{D}^{-1}_{x(\text{Fehler})} \cdot \boldsymbol{D}_{x(\text{treat})} - \lambda \cdot \boldsymbol{I}) \cdot \boldsymbol{v}_1 = \boldsymbol{0}. \tag{27.22}$$

Dies ist die Bestimmungsgleichung des gesuchten Vektors $\boldsymbol{v}_1$. Wie wir in Abschnitt 23.3 gesehen haben, sind derartige Gleichungen nur lösbar, wenn die Matrix $(\boldsymbol{D}^{-1}_{x(\text{Fehler})} \cdot \boldsymbol{D}_{x(\text{treat})} - \lambda \cdot \boldsymbol{I})$ singulär ist bzw. eine Determinante von 0 hat:

$$|\boldsymbol{D}^{-1}_{x(\text{Fehler})} \cdot \boldsymbol{D}_{x(\text{treat})} - \lambda \cdot \boldsymbol{I}| = 0. \tag{27.23}$$

Gleichung (27.23) bezeichnen wir als die *charakteristische Gleichung* der Matrix $\boldsymbol{D}^{-1}_{x(\text{Fehler})} \cdot \boldsymbol{D}_{x(\text{treat})}$.

Eigenwerte und Eigenvektoren

Die Entwicklung der Determinante in Gl. (27.23) nach λ führt zu einem Polynom r-ter Ordnung, wobei $r = \min(p, k-1)$. Das Polynom hat r λ-Werte, die wir als Eigenwerte der Matrix $\boldsymbol{D}^{-1}_{x(\text{Fehler})} \cdot \boldsymbol{D}_{x(\text{treat})}$ bezeichnen. Ausgehend vom größten Eigenwert λ_1 berechnen wir den gesuchten Eigenvektor $\boldsymbol{v}_1$.

Mit den weiteren Eigenwerten erhalten wir diejenigen Transformationsvektoren, die – eingesetzt als Gewichtungsvektoren der Linearkombinationen – zu neuen Achsen $Y_1, Y_2, Y_3, \ldots, Y_r$ führen, die die Gruppen sukzessiv maximal trennen und wechselseitig unkorreliert sind. Allerdings sind die neuen Achsen nicht orthogonal, d. h., die neuen Achsen sind – anders als in der PCA – nicht das Ergebnis einer orthogonalen Rotationstransformation, sondern einer obliquen Rotation (vgl. Tatsuoka, 1988, S. 217).

Wir setzen die Eigenvektoren $\boldsymbol{v}_1, \boldsymbol{v}_2, \ldots, \boldsymbol{v}_s, \ldots, \boldsymbol{v}_r$ in die allgemeine Gleichung für Linearkombinationen ein:

$$y_{ms} = v_{1s} \cdot x_{m1} + v_{2s} \cdot x_{m2} + \cdots + v_{ps} \cdot x_{mp}, \tag{27.24}$$

und erhalten die Koordinaten der Versuchspersonen auf der neuen Y_s-Achse. Nach Gl. (23.23) hat eine Gruppe j auf der Achse Y_s den Mittelwert:

$$\bar{y}_{js} = v_{1s} \cdot \bar{x}_{j1} + v_{2s} \cdot \bar{x}_{j2} + \cdots + v_{ps} \cdot \bar{x}_{jp}. \tag{27.25}$$

Gelegentlich wird folgende Normierung verwendet (zur Begründung vgl. z. B. van de Geer, 1971, S. 251):

$$\boldsymbol{V}'^{*} \cdot \boldsymbol{D}_{\text{Fehler}} \cdot \boldsymbol{V}^{*} = \boldsymbol{I}. \tag{27.26}$$

Die Eigenvektoren mit dieser Eigenschaft seien im Folgenden $\boldsymbol{v}^*$ genannt. Man erhält $\boldsymbol{v}^*$ wie folgt: Aus der Matrix der Eigenvektoren ($\boldsymbol{V}$) und $\boldsymbol{D}_{x(\text{Fehler})}$ wird $\boldsymbol{D} = \boldsymbol{V}' \cdot \boldsymbol{D}_{x(\text{Fehler})} \cdot \boldsymbol{V}$ berechnet. $\boldsymbol{V}^*$ ergibt sich, wenn man die i-te Spalte von $\boldsymbol{V}$ durch die Wurzel des i-ten Diagonalelements von $\boldsymbol{D}$ dividiert.

$$\boldsymbol{v}_i^* = \frac{1}{\sqrt{\boldsymbol{D}(i,i)}} \cdot \boldsymbol{v}_i. \tag{27.26a}$$

Diskriminanzkoeffizienten

Zur Interpretation einer Diskriminanzanalyse werden häufig standardisierte Diskriminanzkoeffizienten ($\boldsymbol{E}$) herangezogen, denen die Bedeutung der abhängigen Variablen für die Diskriminanzfaktoren entnommen werden kann. (Zur Kritik dieser Koeffizienten vgl. Huberty, 1984)

$$\boldsymbol{E} = \boldsymbol{W}_{\text{diag}} \cdot \boldsymbol{V}^*. \tag{27.27}$$

$\boldsymbol{W}_{\text{diag}}$ ist eine Diagonalmatrix, in deren Diagonale die Wurzeln der Diagonalelemente aus $\boldsymbol{D}_{\text{Fehler}}$ stehen $(\sqrt{d_{\text{Fehler}(i,i)}})$.

Nichtstandardisierte Diskriminanzkoeffizienten ($\boldsymbol{B}$) ermittelt man über folgende Gleichung:

$$\boldsymbol{B} = \sqrt{N-k} \cdot \boldsymbol{V}^*. \tag{27.28}$$

Faktorwerte und Faktorladungen

Die Positionen der Versuchspersonen auf einem Diskriminanzfaktor s erhält man nach folgender

27

Gleichung:

$$F_{smj} = c_s + \sum_{i=1}^{p} b_{si} \cdot x_{imj}. \tag{27.29a}$$

Analog hierzu ermittelt man die Gruppenmittelwerte auf den Diskriminanzfaktoren nach folgender Gleichung:

$$\bar{F}_{sj} = c_s + \sum_{i=1}^{p} b_{si} \cdot \bar{x}_{ij}. \tag{27.29b}$$

Die Konstante c_s ist wie folgt definiert:

$$c_s = -\sum_{i=1}^{p} b_{si} \cdot \bar{x}_i, \tag{27.30}$$

wobei $\bar{x}_i$ die auf allen Versuchspersonen basierenden Mittelwerte darstellen und b_{si} die Elemente der Matrix $\boldsymbol{B}$. Man beachte, dass die Streuungen der so ermittelten Faktorwerte – anders als in der PCA – ungleich 1 sind.

Die Ladungen der abhängigen Variablen auf den Diskriminanzfaktoren ergeben sich zu

$$\boldsymbol{A} = \boldsymbol{D}_{\text{diag}}^{-1} \cdot \boldsymbol{D}_{\text{Fehler}} \cdot \boldsymbol{V}^*. \tag{27.31}$$

Ein Element von $\boldsymbol{A}$ stellt die über die Gruppen zusammengefassten Korrelationen zwischen den Variablen und Diskriminanzfaktoren dar. Bei der Ermittlung dieser Korrelation über die individuellen Messwerte und Faktorwerte sind die gruppenspezifischen Kovarianzen zwischen F_{smj} und x_{imj} und die gruppenspezifischen Varianzen für F_{smj} und x_{imj} getrennt zusammenzufassen.

BEISPIEL 27.2

Ein Beispiel soll die einzelnen Rechenschritte der Diskriminanzanalyse numerisch erläutern. Wir verwenden hierfür erneut die in Tab. 26.4 genannten Daten. Dieser Tabelle entnehmen wir auch die für Gl. (27.23) benötigten Matrizen $\boldsymbol{D}_{x(\text{Fehler})}$ und $\boldsymbol{D}_{x(\text{treat})}$. Sie lauten:

$$\boldsymbol{D}_{x(\text{Fehler})} = \begin{pmatrix} 13{,}8000 & -3{,}3000 & 1{,}7000 \\ -3{,}3000 & 7{,}5500 & -0{,}4500 \\ 1{,}7000 & -0{,}4500 & 14{,}3833 \end{pmatrix},$$

$$\boldsymbol{D}_{x(\text{treat})} = \begin{pmatrix} 3{,}9333 & 5{,}9667 & 3{,}1667 \\ 5{,}9667 & 9{,}7833 & 4{,}7833 \\ 3{,}1667 & 4{,}7833 & 2{,}5500 \end{pmatrix}.$$

Berechnung der Eigenwerte. Für die Inverse $\boldsymbol{D}_{x(\text{Fehler})}^{-1}$ ermitteln wir:

$$\boldsymbol{D}_{x(\text{Fehler})}^{-1} = \begin{pmatrix} 0{,}08197 & 0{,}03532 & -0{,}00858 \\ 0{,}03532 & 0{,}14791 & 0{,}00045 \\ -0{,}00858 & 0{,}00045 & 0{,}07055 \end{pmatrix}.$$

Das Produkt $\boldsymbol{D}_{x(\text{Fehler})}^{-1} \cdot \boldsymbol{D}_{x(\text{treat})}$ ergibt sich zu:

$$(\boldsymbol{D}_{x(\text{Fehler})}^{-1} \cdot \boldsymbol{D}_{x(\text{treat})}) = \begin{pmatrix} 0{,}50593 & 0{,}79350 & 0{,}40639 \\ 1{,}02289 & 1{,}65996 & 0{,}82051 \\ 0{,}19237 & 0{,}29071 & 0{,}15659 \end{pmatrix}.$$

Gemäß Gl. (27.23) muss somit folgende Determinante 0 werden:

$$\left|(\boldsymbol{D}_{x(\text{Fehler})}^{-1} \cdot \boldsymbol{D}_{x(\text{treat})} - \lambda \cdot \boldsymbol{I})\right| = \begin{vmatrix} 0{,}50593-\lambda & 0{,}79350 & 0{,}40639 \\ 1{,}02289 & 1{,}65996-\lambda & 0{,}82051 \\ 0{,}19237 & 0{,}29071 & 0{,}15659-\lambda \end{vmatrix} = 0.$$

Die Entwicklung dieser Determinante führt nach Gl. (B.13) zu folgendem Polynom 3. Ordnung:

$$\begin{aligned} &(0{,}50593-\lambda) \cdot (1{,}65996-\lambda) \cdot (0{,}15659-\lambda) \\ &+ 0{,}79350 \cdot 0{,}82051 \cdot 0{,}19237 \\ &+ 0{,}40639 \cdot 1{,}02289 \cdot 0{,}29071 \\ &- 0{,}40639 \cdot (1{,}65996-\lambda) \cdot 0{,}19237 \\ &- (0{,}50593-\lambda) \cdot 0{,}82051 \cdot 0{,}29071 \\ &- 0{,}79350 \cdot 1{,}02289 \cdot (0{,}15659-\lambda) \\ &= -\lambda^3 + 2{,}32248\lambda^2 - 0{,}05061\lambda + 0{,}00005 = 0. \end{aligned}$$

Da wir wissen, dass die Anzahl der Diskriminanzfaktoren dem kleineren Wert von $k-1$ und p entspricht, erwarten wir zwei Diskriminanzfaktoren und damit auch nur zwei positive Eigenwerte. Der dritte Eigenwert ist 0. (Die additive Konstante ist bis auf Rundungsungenauigkeiten nach der vierten Dezimalstelle 0.) Die beiden übrigen Eigenwerte erhalten wir aufgrund der quadratischen Gleichung:

$$\lambda^2 - 2{,}32248\lambda + 0{,}05061 = 0.$$

Sie lauten: $\lambda_1 = 2{,}30048$ und $\lambda_2 = 0{,}02091$.

Signifikanztests. Setzen wir die Eigenwerte in Gl. (27.5) ein, resultiert

$$\frac{1}{\Lambda} = (1 + 2{,}30048) \cdot (1 + 0{,}02091) = 3{,}3695$$

bzw. $\Lambda = 0{,}2968$.

Dieser Wert stimmt mit dem in Tab. 26.4 genannten Wert überein. Wir erhalten somit auch über Gl. (27.7) den signifikanten Wert $V = 13{,}36$. Die beiden Diskriminanzfunktionen haben insgesamt das gleiche Diskriminanzpotenzial wie die ursprünglichen Variablen.

Als Nächstes überprüfen wir nach Gl. (27.8a), ob das verbleibende Diskriminanzpotenzial nach Extraktion des ersten Diskriminanzfaktors noch signifikant ist. Hierzu ermitteln wir folgenden V_1-Wert:

$$V_1 = [15 - 1 - (3+3)/2] \cdot \ln(1 + 0{,}021) = 0{,}23.$$

Dieser Wert ist bei $(3-1) \cdot (3-1-1) = 2$ Freiheitsgraden nicht signifikant. Der Beitrag des zweiten Diskriminanzfaktors zur Trennung der Gruppen ist unbedeutend, sodass wir nur den ersten Diskriminanzfaktor zu interpretieren brauchen.

Bestimmung der Faktorwerte und Faktorladungen. Als Eigenvektoren der Matrix $\boldsymbol{D}_{x(\text{Fehler})}^{-1} \cdot \boldsymbol{D}_{x(\text{treat})}$ erhält man:

$$\boldsymbol{V} = \begin{pmatrix} 0{,}4347 & -0{,}5428 & -0{,}6741 \\ 0{,}9005 & 0{,}6110 & 0{,}0222 \\ 0{,}1610 & -0{,}5442 & 0{,}7954 \end{pmatrix}.$$

Als Nächstes wird $D = V' \cdot D_{x(\text{Fehler})} \cdot V$ berechnet.

$$D = \begin{pmatrix} 6,6271 & 0,0000 & 0,0000 \\ 0,0000 & 14,6350 & 0,0000 \\ 0,0000 & 0,0000 & 13,6347 \end{pmatrix}.$$

V^* errechnen wir über Gl. (27.26a).

$$V^* = \begin{pmatrix} 0,1689 & 0,1419 & -0,1825 \\ 0,3498 & -0,1597 & 0,0060 \\ 0,0625 & 0,1422 & 0,2154 \end{pmatrix}.$$

Diese Eigenvektoren erfüllen die in Gl. (27.26) genannte Bedingung. Mit

$$W_{\text{diag}} = \begin{pmatrix} 3,7148 & 0,0000 & 0,0000 \\ 0,0000 & 2,7477 & 0,0000 \\ 0,0000 & 0,0000 & 3,7925 \end{pmatrix}$$

erhält man über Gl. (27.27) die standardisierten Diskriminanzkoeffizienten:

$$E = \begin{pmatrix} 0,6273 & 0,5271 \\ 0,9612 & -0,4388 \\ 0,2372 & 0,5394 \end{pmatrix}.$$

Die für die Bestimmung der Faktorwerte benötigten, nichtstandardisierten Diskriminanzkoeffizienten ergeben sich nach Gl. (27.28) zu:

$$B = \begin{pmatrix} 0,5849 & 0,4916 \\ 1,2118 & -0,5532 \\ 0,2166 & 0,4927 \end{pmatrix}.$$

Unter Verwendung der Konstanten $c_1 = -8,8628$ und $c_2 = -1,7498$ resultieren nach Gl. (27.29a) die in Tab. 27.2 genannten Faktorwerte.

Für die Gruppenmittelwerte auf den Diskriminanzfaktoren erhält man über Gl. (27.29b) bzw. über die in Tab. 27.2 genannten Einzelwerte:

$$\bar{F} = \begin{pmatrix} -1,2137 & -0,1068 \\ -0,5280 & 0,2059 \\ 1,8789 & -0,0365 \end{pmatrix}.$$

Abbildung 27.3 zeigt die Positionen der Gruppenmittelwerte im (hier orthogonal dargestellten) Diskriminanzraum.

Der Abbildung ist zu entnehmen, dass der erste Diskriminanzfaktor vor allem die Oberschichtgruppe von den beiden übrigen Gruppen trennt. Der zweite Diskriminanzfaktor ist – wie bereits bekannt – nicht signifikant.

Über Gl. (27.31) errechnet man folgende Ladungsmatrix:

$$A = \begin{pmatrix} 0,3451 & 0,7341 \\ 0,7482 & -0,6325 \\ 0,2714 & 0,6219 \end{pmatrix}.$$

Tabelle 27.2. Faktorwerte der Versuchspersonen auf zwei Diskriminanzfaktoren

Unterschicht		Mittelschicht		Oberschicht	
F I	F II	F I	F II	F I	F II
−2,61	0,04	−1,39	−0,52	1,05	0,90
−1,03	−0,52	−0,55	−1,07	1,61	−1,13
−0,38	0,96	−1,59	1,51	1,46	−0,64
−0,55	−1,07	1,42	0,90	3,26	−0,70
−1,76	−0,52			2,01	1,39
−0,96	0,47				

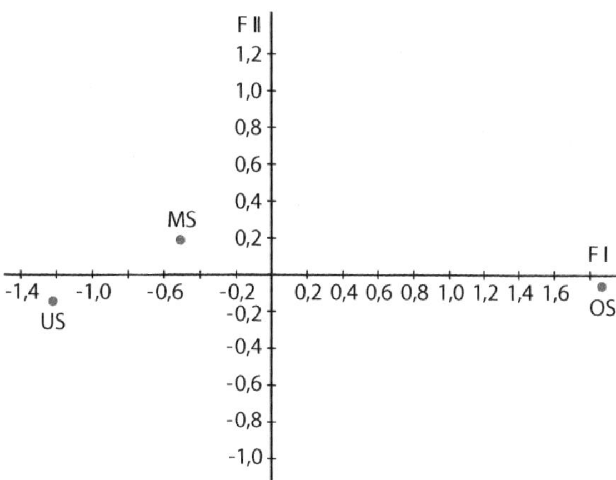

Abbildung 27.3. Positionen der Gruppenmittelwerte im Diskriminanzraum

Interpretation. Inhaltlich führt die Diskriminanzanalyse somit zu folgendem Ergebnis: Der erste Diskriminanzfaktor, der vor allem die Oberschicht von der Mittelschicht und Unterschicht trennt, wird hauptsächlich durch die zweite linguistische Variable (Satzlängen) beschrieben. Die beiden übrigen Variablen tragen weniger zur Trennung der Gruppen bei. Für den zweiten Diskriminanzfaktor, der die Gruppen allerdings nicht signifikant trennt, ist die erste Variable (Vielfalt der Wortwahl) am bedeutsamsten. Diese Interpretation wird der Tendenz nach auch durch die standardisierten Diskriminanz-Koeffizienten bestätigt.

27.3 Mehrfaktorielle Diskriminanzanalyse

Die Überprüfung der Unterschiede zwischen Stichproben, die in Bezug auf die Stufen mehrerer unabhängiger Variablen gruppiert sind, erfolgt im Fall mehrerer abhängiger Variablen über die mehrfaktorielle, multivariate Varianzanalyse (vgl. Abschnitt 26.6). Wenn man zusätzlich erfahren will, welche Diskriminanzfaktoren den einzelnen Haupteffekten und Interaktionen zugrunde liegen und wie die abhängigen Variablen jeweils gewichtet sind, wird eine mehrfaktorielle Diskriminanzanalyse erforderlich.

Über eine mehrfaktorielle Diskriminanzanalyse erfährt man, wie bedeutsam die einzelnen abhängigen Variablen für die Haupteffekte und Interaktionen sind.

Im Rahmen der mehrfaktoriellen, multivariaten Varianzanalyse unterscheiden wir zwischen einer **D**-Matrix **H**, der im univariaten Ansatz die zu testende Varianz entspricht, und einer **D**-Matrix **E** als multivariates Gegenstück zur univariaten Prüfvarianz (vgl. Abschnitt 26.6). In Abhängigkeit da-

27

von, ob die untersuchten Faktoren feste oder zufällige Stufen aufweisen, bestimmen wir $\boldsymbol{E}$ nach den in Teil II aufgeführten Tabellen.

Die Bestimmungsgleichung für die Transformationsvektoren (Eigenvektoren), die zu neuen Achsen (Diskriminanzfaktoren) führen, die die Gruppen sukzessiv maximal trennen, lautet in Analogie zu Gl. (27.22):

$$(\boldsymbol{H} \cdot \boldsymbol{E}^{-1} - \lambda \cdot \boldsymbol{I}) \cdot \boldsymbol{v} = \boldsymbol{0}. \quad (27.32)$$

Der übrige Rechengang, der sich im Wesentlichen auf die Bestimmung der Eigenwerte und Eigenvektoren richtet, entspricht der in Abschnitt 27.2 dargestellten Vorgehensweise. Ist die Matrix $\boldsymbol{E}$ singulär, sodass keine Inverse existiert, ermitteln wir die Eigenwerte und Eigenvektoren aufgrund der Gleichung

$$(\boldsymbol{H} - \lambda \cdot \boldsymbol{E}) \cdot \boldsymbol{v} = \boldsymbol{0}. \quad (27.33)$$

In der mehrfaktoriellen Diskriminanzanalyse mit p abhängigen Variablen bestimmen wir für jeden Haupteffekt und jede Interaktion min (p, df_H) Diskriminanzfaktoren, deren Signifikanz wir nach Gl. (27.7) bzw. mit Pillais PS überprüfen. Die Freiheitsgrade df_H sind mit den Freiheitsgraden des entsprechenden Effekts der univariaten Varianzanalyse identisch. Die Interpretation der Diskriminanzfaktoren erfolgt in gleicher Weise wie im Rahmen einer einfaktoriellen Diskriminanzanalyse.

27.4 Klassifikation

Häufig stellt sich im Anschluss an eine Diskriminanzanalyse die Frage, wie gut die untersuchten Personen oder Objekte aufgrund der ermittelten Diskriminanzfaktoren den ursprünglichen Gruppen zugeordnet werden können. Diese Frage wird häufig im Kontext der Diskriminanzanalyse erörtert, obwohl sie eigentlich eine sehr viel allgemeinere, multivariate Technik betrifft.

Klassifikationsprobleme tauchen z. B. auf, wenn für Personen im Rahmen der Berufsberatung aufgrund ihrer Interessen- bzw. Begabungsprofile ein geeigneter Beruf ausfindig gemacht werden soll, wenn Patienten nach ihrer Symptomatik diagnostiziert werden, wenn die „eigentliche" Parteizugehörigkeit von Politikern aufgrund ihres politischen Verhaltens bestimmt werden soll, wenn für neue Mitarbeiter mit bestimmten Ausbildungsprofilen der optimale Arbeitsplatz gesucht wird – wenn also die typischen Merkmalsprofile von Populationen bekannt sind und einzelne Personen derjenigen Population oder Referenzgruppe zugeordnet werden sollen, zu der sie eine maximale Ähnlichkeit aufweisen.

Mit Klassifikationsverfahren kann man überprüfen, zu welcher von k Gruppen ein Individuum aufgrund seines individuellen Merkmalsprofils am besten passt.

Klassifikationsverfahren unterscheiden sich vor allem in der Art, *wie* die Ähnlichkeit zweier Merkmalsprofile gemessen wird. Nach Schlosser (1976) unterscheiden wir:

- Ähnlichkeitsmaße auf der Basis von Produkten wie z. B. die Produkt-Moment-Korrelation.
- Ähnlichkeitsmaße auf der Basis von Differenzen wie z. B. das Distanzmaß von Osgood und Suci (1952), der G-Index von Holley und Guilford (1964), der Psi-Index von Viernstein (1990) oder die Profil-Ähnlichkeitsmaße von Cattell (1949), Mas (1946) und Cronbach und Gleser (1953).
- Ähnlichkeitsmaße auf der Basis von Häufigkeits- und Wahrscheinlichkeitsinformationen wie z. B. der Kontingenzkoeffizient, der Ähnlichkeitsindex von Goodall (1966), informationstheoretische Maße (Attneave, 1950, 1969; Orloci, 1969) bzw. Ähnlichkeitsmessungen nach Lingoes (1968).

Klassifikation und Diskriminanzanalyse

Im Kontext der Diskriminanzanalyse will man mit Klassifikationsverfahren herausfinden, wie gut die untersuchten Personen oder Objekte zu den diskriminanzanalytisch verglichenen Gruppen *passen*. Hierfür wird ermittelt, in welchem Ausmaß ein individuelles Merkmalsprofil (d. h. die individuellen Merkmalsausprägungen auf den abhängigen Variablen) mit den durchschnittlichen Merkmalsprofilen der k Gruppen übereinstimmt. Diese Vorgehensweise ähnelt einer nicht-hierarchischen Clusteranalyse, bei der sich die Clusterzugehörigkeit einer Person ebenfalls danach richtet, wie gut die individuellen Merkmalsausprägungen mit den clusterspezifischen Durchschnittswerten (den Clusterzentroiden) übereinstimmen. Zu beachten ist jedoch, dass die Gruppen in der Clusteranalyse neu gebildet werden, während sie bei der hier zu behandelnden Klassifikation vorgegeben sind.

An dieser Stelle ließe sich *kritisch anmerken*, dass für die so beschriebene Zielsetzung einer Klassifikationsprozedur eine Diskriminanzanalyse nicht erforderlich sei. Dieser Einwand ist berechtigt, denn die Feststellung, wie gut die Personen oder Objekte zu den Gruppen passen, ist auch ohne Diskriminanzanalyse möglich. Man kann jedoch die abhängigen Variablen durch die ermittelten Diskriminanzfaktoren ersetzen und die gleiche Klassifikationsprozedur auf die individuellen Faktorwerte und durchschnittlichen Faktorwerte der Gruppen anwenden. Man fragt dann also nach der Übereinstimmung eines individuellen Faktorwertprofils mit den durchschnittlichen Faktorwertprofilen der Gruppen. Im Resultat unterscheiden sich diese beiden Vorgehensweisen nicht, denn die gesamte Information der abhängigen Variablen ist durch die Diskriminanzfaktoren vollständig repräsentiert.

Anders wäre es, wenn man für die Klassifikation nicht alle, sondern nur die statistisch bzw. inhaltlich bedeutsamen Diskriminanzfaktoren verwenden will. In diesem Fall können die Klassifikationsergebnisse anders ausfallen als bei Verwendung aller abhängigen Variablen bzw. Diskriminanzfaktoren.

Im Kontext einer Diskriminanzanalyse können zusätzlich zu den Diskriminanzfaktoren sog. *Klassifikationsfunktionen* ermittelt werden (die nicht mit den Diskriminanzfaktoren verwechselt werden dürfen, vgl. z. B. Gondek, 1981). Mittels dieser Klassifikationsfunktionen kommt man zu den gleichen Zuordnungen wie über die zunächst dargestellten Klassifikationsprozeduren.

Klassifikationsprozeduren

Wir wollen im Folgenden ein Klassifikationsverfahren aufgreifen, bei dem die Profilähnlichkeit durch den Abstand (Differenz) zwischen dem Vektor der Mittelwerte der Variablen in einer Zielpopulation bzw. Referenzgruppe und dem Vektor der Merkmalsausprägungen der zu klassifizierenden Person quantifiziert wird. In Verbindung mit der Diskriminanzanalyse werden die Merkmalsausprägungen durch Faktorwerte auf den Diskriminanzfaktoren ersetzt.

In diesem Verfahren werden die Personen derjenigen Referenzgruppe zugeordnet, zu der sie den kleinsten Abstand aufweisen. Diese Methode, deren mathematischer Hintergrund bei Tatsuoka (1971, Kap. 4) dargestellt wird, sei im Folgenden für $i = 1, \ldots, p$ Variablen, die an $j = 1, \ldots, k$ Stichproben erhoben wurden, dargestellt.

QCF-Regel. Gegeben sei der folgende Differenzenvektor:

$$\begin{array}{ccccc} \boldsymbol{d}_{jm} & = & \bar{\boldsymbol{x}}_j & - & \boldsymbol{x}_m \\ \begin{pmatrix} d_{1jm} \\ d_{2jm} \\ \vdots \\ d_{ijm} \\ \vdots \\ d_{pjm} \end{pmatrix} & = & \begin{pmatrix} \bar{x}_{1j} \\ \bar{x}_{2j} \\ \vdots \\ \bar{x}_{ij} \\ \vdots \\ \bar{x}_{pj} \end{pmatrix} & - & \begin{pmatrix} x_{1m} \\ x_{2m} \\ \vdots \\ x_{im} \\ \vdots \\ x_{pm} \end{pmatrix} . \end{array} \quad (27.34)$$

Ein Element d_{ijm} des Vektors $\boldsymbol{d}_{jm}$ gibt somit die Differenz zwischen der durchschnittlichen Ausprägung des Merkmals i in der Population j und der Ausprägung des Merkmals i bei der Person m wieder. Ferner benötigen wir die geschätzte Varianz-Kovarianz-Matrix der p Variablen in der j-ten Population. Sind die p Variablen in der Population multivariat normalverteilt, kennzeichnet der folgende χ^2-Wert den Abstand des individuellen Merkmalsprofils einer Person m vom Durchschnittsprofil einer Population j:

$$\chi^2_{jm} = \boldsymbol{d}'_{jm} \cdot \boldsymbol{S}_j^{-1} \cdot \boldsymbol{d}_{jm} + \ln|\boldsymbol{S}_j|, \quad (27.35)$$

wobei $\boldsymbol{S}_j = \boldsymbol{D}_j/(n_j - 1)$. Diese Zuordnungsregel wird in der diskriminanzanalytischen Literatur (vgl. etwa Huberty, 1994a, Kap. 4) mit dem Kürzel „QCF" („quadratic classification function") gekennzeichnet.

LCF-Regel. Eine bessere Schätzung für χ^2_{jm} erhalten wir, wenn die Varianz-Kovarianz-Matrizen der k Gruppen *homogen* sind bzw. Schätzungen einer für alle k Gruppen gültigen Varianz-Kovarianz-Matrix darstellen, sodass die Varianz-Kovarianz-Matrizen der einzelnen Gruppen zu einer gemeinsamen Schätzung zusammengefasst werden können. Ob dies möglich ist, lässt sich mit dem Box-Test (Box, 1949, s. u.) überprüfen. Ausgehend von der zusammengefassten Varianz-Kovarianz-Matrix $\boldsymbol{S}_0$ errechnet man:

$$\chi^2_{jm} = \boldsymbol{d}'_{jm} \cdot \boldsymbol{S}_0^{-1} \cdot \boldsymbol{d}_{jm}. \quad (27.36)$$

Diese Zuordnungsregel wird in Abgrenzung von Gl. (27.35) „LCF" genannt („linear classification function"). Für den univariaten Fall reduziert sich Gl. (27.36) zu

$$(x_{jm} - \bar{x}_j)^2/s_j^2 = z^2 = \chi^2_{(1)} \quad \text{(gemäß Gl. 2.10).}$$

$\boldsymbol{S}_0$ bestimmen wir in Analogie zur Zusammenfassung von Varianzen, indem die geschätzten $\boldsymbol{D}$-Matrizen der Populationen (Quadratsummen in der

Diagonale, Summen der Kreuzprodukte außerhalb der Diagonale) addiert und durch die Summe der Freiheitsgrade dividiert werden:

$$S_0 = (D_1 + D_2 + \cdots + D_k)/(N - k), \qquad (27.37)$$

wobei $N = n_1 + n_2 + \cdots + n_k$.

Man berechnet für jedes Individuum entweder nach der QCF- oder LCF-Regel einen χ^2-Wert und ordnet es derjenigen Referenzgruppe zu, für die sich der kleinste χ^2-Wert ergibt. Hierbei kann es – insbesondere bei heterogenen Gruppen – durchaus vorkommen, dass ein Individuum zu einer anderen Gruppe besser passt als zu der eigenen Gruppe.

27

Ob die QCF- oder die LCF-Regel angewendet werden soll, hängt davon ab, ob die Varianz-Kovarianz-Matrizen homogen sind. Huberty (1984, S. 165) präferiert die LCF-Regel, weil deren Ergebnisse auch bei kleineren Stichproben und fraglicher Normalität der Merkmalsverteilungen stabiler sind.

Box-Test. Um die LCF-Regel anwenden zu können, ist zuvor über den Box-Test die Homogenität der Varianz-Kovarianz-Matrizen sicherzustellen. Der Box-Test bestimmt die folgende, approximativ χ^2-verteilte Prüfgröße B:

$$B = (1 - C) \cdot M \qquad (27.38)$$

mit

$$M = N \cdot \ln|S_0| - \sum_{j=1}^{k} n_j \cdot \ln|S_j|$$

und

$$C = \left[\frac{2 \cdot p^2 + 3 \cdot p - 1}{6 \cdot (p+1) \cdot (k-1)}\right] \cdot \left[\left(\sum_{j=1}^{k} \frac{1}{n_j}\right) - \frac{1}{N}\right].$$

B hat $p \cdot (p+1) \cdot (k-1)/2$ Freiheitsgrade. Dieser Test gilt für höchstens fünf abhängige Variablen und höchstens fünf Gruppen, wobei $n_j \geq 20$ sein sollte. In allen anderen Fällen ist einer approximativ F-verteilten Prüfgröße (Box, 1949) der Vorzug zu geben, die z. B. bei Cooley und Lohnes (1971, S. 228 f.) oder R. J. Harris (1985, S. 130 f.) beschrieben wird. Für diesen F-Test sollten $n_j \geq 10$ sein (Genaueres hierzu vgl. Foerster & Stemmler, 1990).

Man beachte, dass der Box-Test multivariat normalverteilte Merkmale voraussetzt und auf Verletzungen dieser Voraussetzungen progressiv reagiert, d. h., er entscheidet eher zugunsten heterogener Varianz-Kovarianz-Matrizen, wenn die Normalverteilungsvoraussetzung verletzt ist (Olson, 1974). Ein robusteres Verfahren wurde – zumindest für den Vergleich von zwei Gruppen – von Tiku und Balakrishnan (1985) entwickelt.

BEISPIEL 27.3

Für drei Klienten soll entschieden werden, welche von $k = 3$ zur Wahl stehenden Therapien am erfolgversprechendsten ist. Von $n_1 = 50$ Klienten, die bereits erfolgreich mit der ersten Therapie, $n_2 = 30$ Klienten, die bereits erfolgreich mit der zweiten Therapie und $n_3 = 80$ Klienten, die bereits erfolgreich mit der dritten Therapie behandelt wurden, seien die Ausprägungen von $p = 2$ therapierelevanten Merkmalen bekannt, sodass die Durchschnittsprofile der Variablen für die bereits erfolgreich behandelten Populationen geschätzt werden können. Es mögen sich die folgenden Mittelwertvektoren ergeben haben:

$$\bar{x}_1 = \begin{pmatrix} 8 \\ 4 \end{pmatrix} \quad \bar{x}_2 = \begin{pmatrix} 5 \\ 6 \end{pmatrix} \quad \bar{x}_3 = \begin{pmatrix} 4 \\ 7 \end{pmatrix}.$$

Ausgehend von den Einzelwerten der Klientengruppen, auf deren Wiedergabe wir verzichten, resultieren folgende Varianz-Kovarianz-Matrizen:

$$S_1 = \begin{pmatrix} 4{,}00 & 1{,}50 \\ 1{,}50 & 3{,}00 \end{pmatrix};$$

$$S_2 = \begin{pmatrix} 3{,}00 & -2{,}00 \\ -2{,}00 & 3{,}50 \end{pmatrix};$$

$$S_3 = \begin{pmatrix} 3{,}00 & 0{,}50 \\ 0{,}50 & 4{,}00 \end{pmatrix}.$$

Die drei Klienten, für die die optimale Therapie herausgefunden werden soll, haben auf den beiden Variablen folgende Messwerte erhalten:

$$x_1 = \begin{pmatrix} 3 \\ 4 \end{pmatrix} \quad x_2 = \begin{pmatrix} 7 \\ 7 \end{pmatrix} \quad x_3 = \begin{pmatrix} 7 \\ 5 \end{pmatrix}.$$

Zunächst überprüfen wir mit dem Box-Test, ob die drei Varianz-Kovarianz-Matrizen homogen sind. Hiervon machen wir es abhängig, ob wir die χ^2-Werte für die Gruppenzugehörigkeiten nach der QCF-Regel (heterogene Varianz-Kovarianz-Matrizen) oder nach der LCF-Regel (homogene Varianz-Kovarianz-Matrizen) ermitteln.

Die D-Matrizen für die drei Gruppen, die wir für die Zusammenfassung der Varianz-Kovarianz-Matrizen nach Gl. (27.37) benötigen, erhalten wir, indem die S_j-Matrizen mit den entsprechenden Freiheitsgraden multipliziert werden:

$$D_1 = 49 \cdot \begin{pmatrix} 4{,}00 & 1{,}50 \\ 1{,}50 & 3{,}00 \end{pmatrix} = \begin{pmatrix} 196{,}00 & 73{,}50 \\ 73{,}50 & 147{,}00 \end{pmatrix},$$

$$D_2 = 29 \cdot \begin{pmatrix} 3{,}00 & -2{,}00 \\ -2{,}00 & 3{,}50 \end{pmatrix} = \begin{pmatrix} 87 & -58 \\ -58 & 101{,}5 \end{pmatrix},$$

$$D_3 = 79 \cdot \begin{pmatrix} 3{,}00 & 0{,}50 \\ 0{,}50 & 4{,}00 \end{pmatrix} = \begin{pmatrix} 237 & 39{,}5 \\ 39{,}5 & 316 \end{pmatrix}.$$

Die durchschnittliche Varianz-Kovarianz-Matrix ergibt sich nach Gl. (27.37) zu:

$$S_0 = (D_1 + D_2 + D_3)/(N - k)$$

$$S_0 = \left[\begin{pmatrix} 196{,}00 & 73{,}50 \\ 73{,}50 & 147{,}00 \end{pmatrix} + \begin{pmatrix} 87 & -58 \\ -58 & 101{,}5 \end{pmatrix} + \begin{pmatrix} 237 & 39{,}5 \\ 39{,}5 & 316 \end{pmatrix}\right] \Big/ 157$$

$$= \begin{pmatrix} 3{,}31 & 0{,}35 \\ 0{,}35 & 3{,}60 \end{pmatrix}.$$

Die für Gl. (27.38) benötigten Determinanten lauten:

$$|S_1| = 4{,}00 \cdot 3{,}00 - 1{,}50^2 = 9{,}75,$$
$$|S_2| = 3{,}00 \cdot 3{,}50 - (-2{,}00)^2 = 6{,}50,$$
$$|S_3| = 3{,}00 \cdot 4{,}00 - 0{,}50^2 = 11{,}75,$$
$$|S_0| = 3{,}31 \cdot 3{,}60 - 0{,}35^2 = 11{,}79.$$

Wir errechnen für M:

$$\begin{aligned} M &= 160 \cdot \ln 11{,}79 \\ &\quad - (50 \cdot \ln 9{,}75 + 30 \cdot \ln 6{,}50 + 80 \cdot \ln 11{,}75) \\ &= 394{,}76 - 367{,}13 \\ &= 27{,}63 \end{aligned}$$

und für C

$$\begin{aligned} C &= \left(\frac{2 \cdot 2^2 + 3 \cdot 2 - 1}{6 \cdot (2+1) \cdot (3-1)}\right) \cdot \left[\left(\frac{1}{50} + \frac{1}{30} + \frac{1}{80}\right) - \frac{1}{160}\right] \\ &= 0{,}36 \cdot 0{,}0596 \\ &= 0{,}021. \end{aligned}$$

Für B resultiert somit nach Gl. (27.38):

$$B = (1 - 0{,}021) \cdot 27{,}63 = 27{,}05.$$

Dieser B-Wert ist mit $p \cdot (p+1) \cdot (k-1)/2 = 6$ Freiheitsgraden approximativ χ^2-verteilt. Der Wert ist signifikant, d. h., die Varianz-Kovarianz-Matrizen sind nicht homogen. Wir berechnen die χ^2-Werte für die Gruppenzugehörigkeiten somit nach Gl. (27.35).

Diese Berechnung sei am Wert χ^2_{11}, der die Nähe des Klienten 1 zur Gruppe 1 charakterisiert, verdeutlicht. Nach Gl. (27.34) errechnen wir folgenden Differenzvektor:

$$\begin{matrix} \bar{\boldsymbol{x}}_1 & - & \boldsymbol{x}_1 & = & \boldsymbol{d}_{11} \\ \begin{pmatrix} 8 \\ 4 \end{pmatrix} & - & \begin{pmatrix} 3 \\ 4 \end{pmatrix} & = & \begin{pmatrix} 5 \\ 0 \end{pmatrix}. \end{matrix}$$

Die Inverse der $\boldsymbol{S}_1$-Matrix lautet:

$$\boldsymbol{S}_1^{-1} = \begin{pmatrix} 0{,}31 & -0{,}15 \\ -0{,}15 & 0{,}41 \end{pmatrix}.$$

Der χ^2_{11}-Wert ergibt sich damit zu:

$$\begin{aligned} \chi^2_{11} &= (5;\ 0) \cdot \begin{pmatrix} 0{,}31 & -0{,}15 \\ -0{,}15 & 0{,}41 \end{pmatrix} \cdot \begin{pmatrix} 5 \\ 0 \end{pmatrix} + \ln 9{,}75 \\ &= (1{,}55;\ -0{,}75) \cdot \begin{pmatrix} 5 \\ 0 \end{pmatrix} + \ln 9{,}75 \\ &= 7{,}75 + 2{,}28 \\ &= 10{,}03. \end{aligned}$$

In der gleichen Weise bestimmen wir die in Tab. 27.3 zusammengestellten Werte.

Tabelle 27.3. Beispiel für eine Klassifikation nach der QCF-Regel

Klient	χ^2_{1m}	χ^2_{2m}	χ^2_{3m}	Gruppenzugehörigkeit
1	10,03	8,33	***4,85***	Gruppe 3
2	7,18	5,72	***5,53***	Gruppe 3
3	3,30	***3,26***	7,01	Gruppe 2

Für die Klienten 1 und 2 ergibt sich bei der dritten Gruppe und für den Klienten 3 bei der zweiten Gruppe das kleinste χ^2, d. h., die Variablenprofile der Klienten 1 und 2 unterscheiden sich vom Durchschnittsprofil der dritten Gruppe und das Variablenprofil des Klienten 3 vom Durchschnittsprofil der zweiten Gruppe am wenigsten. Ausgehend von diesen Werten verspricht die dritte Therapie bei den Klienten 1 und 2 und die zweite Therapie beim Klienten 3 den größten Erfolg.

Diese Klassifikationen hätten möglicherweise wegen der geringen Variablenzahl auch ohne Berechnung „per Augenschein" erfolgen können. Dies ist jedoch bei größeren Variablenzahlen nicht mehr möglich, da neben den Profildifferenzen auch die Kovarianzen zwischen den Variablen in den jeweiligen Zielgruppen mit berücksichtigt werden müssen.

Die Berechnung von Klassifikations-χ^2-Werten muss *nicht in jedem Fall* zu einer eindeutigen Entscheidung über die Populationszugehörigkeit führen. Es wäre beispielsweise denkbar, dass die χ^2-Werte für mehrere Populationen vergleichbar niedrig ausfallen, sodass eine Person mit gleicher Berechtigung mehreren Populationen zugeordnet werden kann. Ferner ist nicht auszuschließen, dass für eine Person sämtliche χ^2-Werte sehr groß sind, sodass eigentlich überhaupt keine Zuordnung zu einer der untersuchten Zielpopulationen sinnvoll ist. Je nach Fragestellung wird man in einem solchen Fall auf eine Zuordnung gänzlich verzichten oder diejenige Population wählen, für die sich das kleinste χ^2 ergeben hat.

Priorwahrscheinlichkeiten. Eine Erweiterung des Klassifikationsverfahrens nach dem Kriterium des kleinsten χ^2-Wertes sieht vor, dass neben den Variablenprofilen auch die a priori Wahrscheinlichkeiten für die Populationszugehörigkeiten (Priorwahrscheinlichkeiten) mit berücksichtigt werden. Bezogen auf das oben angeführte Beispiel könnten dies diejenigen Wahrscheinlichkeiten sein, mit denen die Therapien überhaupt angewendet werden. Wenn Therapie A beispielsweise in 80% aller Krankheitsfälle zur Anwendung kommt und Therapie B nur in 20% aller Fälle, wird ein zufällig herausgegriffener Klient mit einer Wahrscheinlichkeit von $p = 0{,}80$ mit der Methode A behandelt werden, wenn keine weiteren Informationen über den Klienten bekannt sind. Diese a priori Wahrscheinlichkeiten können aufgrund der bisherigen Erfahrungen mit den relativen Größen der Zielgruppen geschätzt, aufgrund theoretischer Überlegungen postuliert bzw. durch Extrapolation für die Zukunft prognostiziert werden.

Nehmen wir einmal an, die Wahrscheinlichkeit, eine beliebig herausgegriffene Person gehöre zu einer Population j, wird mit p_j geschätzt. Hierfür erweitern wir die QCF-Regel in Gl. (27.35) wie

Tabelle 27.4. Beispiel für eine Klassifikation nach der QCF-Regel unter Berücksichtigung von Priorwahrscheinlichkeiten

$p_1 = 50/160 = 0{,}31$; $p_2 = 30/160 = 0{,}19$; $p_3 = 80/160 = 0{,}50$

$2 \cdot \ln 0{,}31 = -2{,}34$; $2 \cdot \ln 0{,}19 = -3{,}32$; $2 \cdot \ln 0{,}50 = -1{,}39$

Klient	χ^2_{1m}	χ^2_{2m}	χ^2_{3m}	Gruppenzugehörigkeit
1	12,37	11,65	***6,24***	Gruppe 3
2	9,52	9,04	***6,92***	Gruppe 3
3	***5,64***	6,58	8,40	Gruppe 1

folgt:

$$\chi^2_{jm} = \boldsymbol{d}'_{jm} \cdot \boldsymbol{S}_j^{-1} \cdot \boldsymbol{d}_{jm} + \ln|\boldsymbol{S}_j| - 2 \cdot \ln p_j. \quad (27.39)$$

Aus dieser Gleichung wird ersichtlich, dass χ^2_{jm} durch den Ausdruck $(-2 \cdot \ln p_j)$ umso weniger vergrößert wird, je größer die Priorwahrscheinlichkeit für die Population j ist (der Logarithmus von Wahrscheinlichkeiten ist negativ und wird mit größer werdender Wahrscheinlichkeit ebenfalls größer). Zunehmende a priori Wahrscheinlichkeiten für eine Population j erhöhen somit ungeachtet der Ähnlichkeit der Merkmalsprofile die Wahrscheinlichkeit, dass eine beliebige Person dieser Population zugeordnet wird. Geht man davon aus, dass die a priori Wahrscheinlichkeiten für alle Populationen gleich sind, vergrößern sich die χ^2-Werte für die einzelnen Populationen jeweils um einen konstanten Wert, sodass sich gegenüber den Zuordnungen nach der Beziehung in Gl. (27.35) keine Veränderungen ergeben.

Für homogene Varianz-Kovarianz-Matrizen ist der LCF-Regel in Gl. (27.36) ebenfalls der Ausdruck $-2 \cdot \ln p_j$ hinzuzufügen.

$$\chi^2_{jm} = \boldsymbol{d}'_{jm} \cdot \boldsymbol{S}_0^{-1} \cdot \boldsymbol{d}_{jm} - 2 \cdot \ln p_j \quad (27.40)$$

Repräsentieren die relativen Häufigkeiten in unserem Beispiel die Priorwahrscheinlichkeiten für die drei Gruppen, resultieren die in Tab. 27.4 genannten Zuordnungen aufgrund der nach Gl. (27.39) berechneten χ^2-Werte.

Die Berücksichtigung der a priori Wahrscheinlichkeiten hat somit dazu geführt, dass der dritte Klient nicht mehr – wie in Tab. 27.3 – der zweiten, sondern der ersten Gruppe zuzuordnen ist.

Zuordnungswahrscheinlichkeiten

Ausgehend von Gl. (27.39) lässt sich die Wahrscheinlichkeit ermitteln, dass eine bestimmte Person mit dem Merkmalsprofil $\boldsymbol{x}_m$ zur Grundgesamtheit j mit dem Profil $\bar{\boldsymbol{x}}_j$ gehört. Diese Wahrscheinlichkeit bestimmen wir nach folgender Beziehung:

$$P(G_j|\boldsymbol{x}_m) = \frac{e^{-(\chi^2_{jm}/2)}}{\sum_j e^{-(\chi^2_{jm}/2)}}, \quad (27.41)$$

wobei e = 2,71828.

Der Ausdruck $P(G_j|\boldsymbol{x}_m)$ kennzeichnet die Wahrscheinlichkeit, dass eine Person mit dem Profil $\boldsymbol{x}_m$ zur Grundgesamtheit j gehört. Gleichung (27.41) stimmt mit anderen Notationen für die Berechnung von Zuordnungswahrscheinlichkeiten nach der QCF-Regel überein (vgl. z. B. Huberty & Curry, 1978, Gl. 2). Sollen Zuordnungswahrscheinlichkeiten nach der LCF-Regel bestimmt werden, verwendet man in Gl. (27.41) die χ^2_{jm}-Werte nach Gl. (27.40). In unserem Beispiel erhalten wir für Gl. (27.41):

$$\begin{array}{ll|ll}
e^{-12,37/2} = 0{,}0021 & & e^{-9,52/2} = 0{,}0086 \\
e^{-11,65/2} = 0{,}0029 & & e^{-9,04/2} = 0{,}0108 \\
e^{-6,24/2} = 0{,}0442 & & e^{-6,92/2} = 0{,}0314 \\
\hline
\sum_j e^{(-\chi^2_{j1}/2)} = 0{,}0492 & & \sum_j e^{(-\chi^2_{j2}/2)} = 0{,}0508
\end{array}$$

$$\begin{array}{l}
e^{-5,64/2} = 0{,}0596 \\
e^{-6,58/2} = 0{,}0372 \\
e^{-8,40/2} = 0{,}0150 \\
\hline
\sum_j e^{(-\chi^2_{j3}/2)} = 0{,}1118.
\end{array}$$

Dividieren wir $e^{-(\chi^2_{jm}/2)}$ durch $\sum_j e^{-(\chi^2_{jm}/2)}$, erhalten wir die in Tab. 27.5 genannten Zuordnungswahrscheinlichkeiten.

Auch aufgrund dieser Wahrscheinlichkeitswerte werden – wie in Tab. 27.4 – die Klienten 1 und 2 der dritten Gruppe und der Klient 3 der ersten

Tabelle 27.5. Zuordnungswahrscheinlichkeiten nach der QCF-Regel

Klient	$P(G_1\|\boldsymbol{x}_m)$	$P(G_2\|\boldsymbol{x}_m)$	$P(G_3\|\boldsymbol{x}_m)$
1	0,043	0,059	***0,898***
2	0,169	0,213	***0,622***
3	***0,533***	0,333	0,134

Tabelle 27.6. χ^2_{jm}-Werte nach der LCF-Regel

Klient	χ^2_{1m}	χ^2_{2m}	χ^2_{3m}
1	7,63	2,11	2,65
2	3,01	1,38	2,75
3	0,65	1,62	4,23

Tabelle 27.7. χ^2_{jm}-Werte nach der LCF-Regel mit Priorwahrscheinlichkeiten

Klient	χ^2_{1m}	χ^2_{2m}	χ^2_{3m}
1	9,96	5,46	***4,04***
2	5,46	4,73	***4,13***
3	***2,97***	4,97	5,61

Tabelle 27.8. Zuordnungswahrscheinlichkeiten nach der LCF-Regel

Klient	$P(G_1\|\boldsymbol{x}_m)$	$P(G_2\|\boldsymbol{x}_m)$	$P(G_3\|\boldsymbol{x}_m)$
1	0,034	0,318	***0,648***
2	0,239	0,324	***0,437***
3	***0,611***	0,225	0,163

Gruppe zugeordnet. Die sicherste Entscheidung können wir bezüglich des Klienten 1 treffen, der mit einer Wahrscheinlichkeit von $P(G_3|\boldsymbol{x}_1) = 0{,}898$ zur dritten Gruppe gehört.

Der Vollständigkeit halber soll die Klassifikationsprozedur am gleichen Material auch für den Fall homogener Varianz-Kovarianz-Matrizen demonstriert werden, also gemäß Gl. (27.36) bzw. (27.40). Wir entnehmen dem Box-Test

$$S_0 = \begin{pmatrix} 3{,}31 & 0{,}35 \\ 0{,}35 & 3{,}60 \end{pmatrix}$$

und bestimmen

$$S_0^{-1} = \begin{pmatrix} 0{,}3053 & -0{,}0297 \\ -0{,}0297 & 0{,}2807 \end{pmatrix}.$$

Tabelle 27.6 zeigt die nach Gl. (27.36) errechneten χ^2_{jm}-Werte.

Unter Berücksichtigung der in Tab. 27.4 genannten a priori Wahrscheinlichkeiten erhält man durch Subtraktion von $2 \cdot \ln p_j$ die in Tab. 27.7 genannten Werte.

Es ergeben sich also die gleichen Zuordnungen wie in Tab. 27.4 mit heterogenen Varianz-Kovarianz-Matrizen. Diese Klassifikation wird durch die nach Gl. (27.41) berechneten Zuordnungswahrscheinlichkeiten bestätigt (Tab. 27.8).

Klassifikationsfunktionen

Die Zuordnung von Individuen zu den untersuchten Gruppen wird durch sog. Klassifikationsfunktionen erleichtert, die nach folgender Gleichung zu berechnen sind (vgl. z. B. Tabachnik & Fidell, 1983, Kap. 9.4.2); zur Herleitung und Beziehung dieser Klassifikationsfunktionen zu den Diskriminanzfaktoren der Diskriminanzanalyse vgl. B. F. Green (1979):

$$C_{jm} = c_{j0} + c_{j1} + \cdots + c_{jp} \cdot x_{pm} \qquad (27.42)$$

wobei $\boldsymbol{c}_j = \boldsymbol{S}_0^{-1} \cdot \bar{\boldsymbol{x}}_j$ und $\boldsymbol{c}_0 = -0{,}5 \cdot \boldsymbol{c}_j' \cdot \bar{\boldsymbol{x}}_j$. Die Klassifikationskoeffizienten für die erste Gruppe ($j = 1$) lauten im Beispiel:

$$\begin{matrix} S_0^{-1} & \cdot & \bar{\boldsymbol{x}}_1 & = & \boldsymbol{c}_1 \\ \begin{pmatrix} 0{,}3053 & -0{,}0297 \\ -0{,}0297 & 0{,}2807 \end{pmatrix} & \cdot & \begin{pmatrix} 8 \\ 4 \end{pmatrix} & = & \begin{pmatrix} 2{,}3233 \\ 0{,}8852 \end{pmatrix} \end{matrix}.$$

Für c_{10} ergibt sich

$$c_{10} = -0{,}5 \cdot \begin{pmatrix} 2{,}3233 & 0{,}8852 \end{pmatrix} \cdot \begin{pmatrix} 8 \\ 4 \end{pmatrix} = -11{,}0637.$$

Damit erhält man für die erste Person nach Gl. (27.42) den folgenden Klassifikationswert für die erste Gruppe:

$$\begin{aligned} C_{11} &= -11{,}0637 + 2{,}3233 \cdot 3 + 0{,}8852 \cdot 4 \\ &= -0{,}5529. \end{aligned}$$

Mit

$$\boldsymbol{c}_1 = \begin{pmatrix} 2{,}3233 \\ 0{,}8852 \end{pmatrix}; \quad \boldsymbol{c}_2 = \begin{pmatrix} 1{,}3482 \\ 1{,}5356 \end{pmatrix};$$

$$\boldsymbol{c}_3 = \begin{pmatrix} 1{,}0133 \\ 1{,}8459 \end{pmatrix}$$

und

$$c_{10} = -11{,}0637; \quad c_{20} = -7{,}9773;$$

$$c_{30} = -8{,}4873$$

ergeben sich die in Tab. 27.9 wiedergegebenen Klassifikationswerte aller Personen für die drei Gruppen.

Unter Berücksichtigung der aus den Stichprobenumfängen geschätzten Priorwahrscheinlichkeiten sind diese Klassifikationswerte wie folgt zu modifizieren:

$$C'_{jm} = c_{j0} + \sum_{i=1}^{p} c_{ji} \cdot x_{im} + \ln p_j. \qquad (27.43)$$

Tabelle 27.9. Klassifikationswerte (ohne Priorwahrscheinlichkeiten)

Klient	C_{1m}	C_{2m}	C_{3m}
1	−0,5529	2,2097	1,9362
2	11,3961	12,2093	11,5271
3	9,6256	9,1381	7,8352

Tabelle 27.10. Klassifikationswerte (mit Priorwahrscheinlichkeiten)

Klient	C'_{1m}	C'_{2m}	C'_{3m}
1	−1,7160	0,5357	1,2431
2	10,2329	10,5353	10,8340
3	8,4624	7,4641	7,1421

Tabelle 27.11. Zuordnungswahrscheinlichkeiten aufgrund der Klassifikationswerte in Tab. 27.10

Klient	$P(G_1\|\mathbf{x}_m)$	$P(G_2\|\mathbf{x}_m)$	$P(G_3\|\mathbf{x}_m)$
1	0,034	0,319	***0,647***
2	0,239	0,324	***0,437***
3	***0,611***	0,225	0,163

Nach dieser Gleichung ergeben sich die in Tab. 27.10 genannten Klassifikationswerte.

Aus diesen Werten können nach folgender Gleichung die eigentlich interessierenden Zuordnungswahrscheinlichkeiten bestimmt werden:

$$P(G_j|\mathbf{x}_m) = \frac{e^{c'_{jm}}}{\sum_j e^{c'_{jm}}}. \qquad (27.44)$$

Man errechnet

$$\sum_j e^{c'_{j1}} = 5{,}3548; \quad \sum_j e^{c'_{j2}} = 116139{,}523;$$

$$\sum_j e^{c'_{j3}} = 7741{,}770$$

und damit die in Tab. 27.11 wiedergegebenen Zuordnungswahrscheinlichkeiten. Diese Werte stimmen mit den in Tab. 27.8 genannten Wahrscheinlichkeiten überein.

Die Gl. (27.42) und (27.43) verwenden als Input die Werte von Versuchspersonen auf den abhängigen Variablen, wobei die Versuchspersonen bereits existierenden Gruppen zugeordnet werden (*externe* Analyse wie im Beispiel) oder einer der Gruppen angehören können (*interne* Analyse). Die Klassifikationswerte können im Fall einer „internen Analyse" auch unter Verwendung der Diskriminanzfaktoren bzw. der Faktorwerte der Versuchspersonen auf den Diskriminanzfaktoren ermittelt werden. Setzt man hierbei alle Diskriminanzfaktoren ein, kommen beide Vorgehensweisen zu identischen Ergebnissen (vgl. Kshirsagar & Aserven, 1975).

Nicht klassifizierbare Personen

Da die Möglichkeit, dass eine Person eventuell zu keiner der untersuchten Gruppen gehört, in der Wahrscheinlichkeitsberechnung nicht berücksichtigt wird, addieren sich die Einzelwahrscheinlichkeiten einer Person zu 1. Die Wahrscheinlichkeitswerte sind somit nur im Kontext der verglichenen Gruppen zu interpretieren und implizieren keine Absolutaussagen über die Gruppenzugehörigkeit.

Um eine Kategorie „nicht klassifizierbar" zu objektivieren, könnte man einen Schwellenwert – z. B. $P(G_j|\mathbf{x}_m) > 0{,}5$ – festlegen, der von einer individuellen Zuordnungswahrscheinlichkeit überschritten werden muss, um eine Gruppenzuordnung rechtfertigen zu können. Liegen alle Wahrscheinlichkeiten einer Person unter diesem Schwellenwert, wäre die Person der Kategorie „nicht klassifizierbar" zuzuordnen. Hierbei ist natürlich zu beachten, dass die Wahl eines Schwellenwertes von der Anzahl der Gruppen abhängig sein sollte.

Weitere Klassifikationshilfen findet man bei McKay und Campbell (1982).

Bewertung von Klassifikationen

Ist die Gruppenzugehörigkeit der klassifizierten Personen oder Objekte wie z. B. in der Diskriminanzanalyse, bekannt („interne Analyse"), kann man anhand einer Kontingenztafel prüfen, wie viele Personen richtig und wie viele falsch klassifiziert wurden. Tabelle 27.12 gibt hierfür ein Beispiel.

Die richtig klassifizierten Personen („hits") befinden sich in der Diagonale und die falsch klassifizierten außerhalb der Diagonale. In diesem Beispiel resultiert eine Hitrate von $(140+40+35)/300 = 0{,}717$ bzw. 71,7%.

Stichprobenbedingte Hitraten überschätzen in der Regel die wahren, für die Population gültigen Hitraten und sollten deshalb einer Kreuzvalidierung (auch „externe Analyse") unterzogen werden (vgl. z. B. Michaelis, 1973 oder Huberty et al., 1987). Hierfür klassifiziert man eine weitere Stichprobe von Versuchspersonen, deren Gruppenzugehörigkeit bekannt ist, die aber nicht in die Berechnung der Klassifikationsvorschriften eingingen.

Für den Fall, dass keine externe Stichprobe zur Verfügung steht, können ersatzweise die beiden

Tabelle 27.12. Zusammenfassung einer Klassifikationsanalyse (interne Analyse)

		vorhergesagte Gruppe			
		1	2	3	
wahre Gruppe	1	140	20	40	200
	2	5	40	5	50
	3	2	13	35	50
		147	73	80	300

folgenden Prozeduren angewendet werden (vgl. Huberty et al., 1987).

- Hold-Out-Sample-Methode: Hierbei bleiben die zu klassifizierenden Personen bei der Berechnung der Klassifikationsstatistiken unberücksichtigt, d. h., man splittet die Gesamtstichprobe in eine „Konstruktionsstichprobe" und eine „Klassifikationsstichprobe". Diese Methode ist nur für große Stichproben geeignet.
- Leave-One-Out-Methode: Bei dieser auf Lachenbruch (1967) zurückgehenden Methode besteht die Konstruktionsstichprobe aus $N-1$ Personen, wobei die nicht berücksichtigte Person zu klassifizieren ist. Diese Prozedur wird N-mal durchgeführt, sodass jede Person (d. h. die jeweils ausgelassene Person) auf der Basis einer Konstruktionsstichprobe von $N-1$ Personen klassifiziert werden kann.

Mit einer Monte-Carlo-Studie belegen Huberty und Curry (1978); Huberty (1984), dass die LCF-Regel in Verbindung mit der Leave-One-Out-Methode der QCF-Regel geringfügig überlegen ist, vor allem bei kleineren Stichproben und zweifelhafter Normalverteilung. Bezogen auf eine „interne Analyse", bei der die Konstruktionsstichprobe und Klassifikationsstichprobe identisch sind, votieren die Autoren eindeutig für die Anwendung der QCF-Regel.

Zufällige Hitraten. Bei der Interpretation der Ergebnisse einer (internen oder externen) Klassifikationsanalyse ist die zufällige Hitrate bzw. die Anzahl e der zufällig richtig klassifizierten Personen zu beachten. Diese ergibt sich für jede Gruppe zu $e_{jj} = p_j \cdot n_j$ bzw. – falls die Priorwahrscheinlichkeiten p_j durch n_j/N geschätzt werden – zu $e_{jj} = n_j^2/N$. Für alle k Gruppen erhält man

$$e = \sum_j e_{jj} = \sum_j p_j \cdot n_j = \frac{1}{N} \cdot \sum_j n_j^2. \qquad (27.45)$$

Der Anzahl der richtig klassifizierten Personen (o) in Tab. 27.12 ($o = 215$ oder 71,7%) stehen also $e = (200^2 + 50^2 + 50^2)/300 = 150$ (50%) zufällige Hits gegenüber.

Sind alle p_j-Werte identisch, vereinfacht sich Gl. (27.45) zu

$$e = \frac{1}{N} \cdot k \cdot n^2 = n \qquad (27.46)$$

mit $n_1 = n_2 = \cdots = n_k = n$ und $\sum_j n_j = N$.

Die Frage, ob die beobachtete Hitrate überzufällig ist, lässt sich über die Binomialverteilung überprüfen, wenn man von einer zufällig erwarteten Hitrate von $p_e = e/N$ ausgeht. Ist die Anzahl N aller klassifizierten Personen groß, kann die Binomialverteilung durch eine Normalverteilung approximiert werden, sodass sich die folgende standardnormalverteilte Prüfgröße ergibt:

$$z = \frac{(o-e) \cdot \sqrt{N}}{\sqrt{e \cdot (N-e)}}. \qquad (27.47)$$

(Hinter Gl. 27.47 verbirgt sich die bekannte z-Transformation: $z = (x-\mu)/\sigma$ mit $x = o$, $\mu = e$ und $\sigma = \sqrt{p \cdot q \cdot N}$, wobei $p = e/N$ und $q = 1-p = (N-e)/N$ ist).

Für das Beispiel in Tab. 27.12 errechnet man

$$z = \frac{(215-150) \cdot \sqrt{300}}{\sqrt{150 \cdot (300-150)}} = 7{,}51.$$

Die beobachtete Hitrate ist damit weit überzufällig.

Alternativ zu dem in Gl. (27.47) genannten Signifikanztest kann die statistische Bedeutung der Hitrate auch über Cohens κ (s. Gl. 25.14) geprüft werden (Wiedemann & Fenster, 1978). Mit $p_e = 150/300 = 0{,}5$ und $p_o = 215/300 = 0{,}717$ errechnet man nach J. Cohen (1960):

$$\kappa = \frac{0{,}717 - 0{,}5}{1 - 0{,}5} = 0{,}434.$$

Auch dieser Wert ist nach dem einseitigen Signifikanztest von Fleiss et al. (1969) sehr signifikant (vgl. hierzu auch Bortz et al., 2008 oder Bortz & Lienert, 2008, Kap. 6.1.1). Man beachte, dass P_e hier nicht über Gl. (25.16) bestimmt wird. Die Anzahl zufällig richtig klassifizierter Personen hängt ausschließlich von der Priorwahrscheinlichkeit p_j der Gruppe j und der Gruppengröße n_j ab.

Will man die Hitraten für einzelne Gruppen testen, ist in Gl. (27.47) o durch o_{jj} (die beobachtete Anzahl richtig klassifizierter Personen in Gruppe j), e durch $e_{jj} = n_j^2/N$ (die Anzahl zufällig richtig klassifizierter Personen in Gruppe j) und N durch n_j zu ersetzen. Bezogen auf Tab. 27.12 errechnet man für die erste Gruppe

$$z = \frac{(140 - 133{,}33) \cdot \sqrt{200}}{\sqrt{133{,}33 \cdot 66{,}67}} = 1{,}00.$$

Dieser Wert ist nicht signifikant. Die z-Werte für die beiden übrigen Gruppen lauten 12,00 und 10,11.

ÜBUNGSAUFGABEN

Aufgabe 27.1

Nach welchem Kriterium werden in der Diskriminanzanalyse aus abhängigen Variablen Linearkombinationen erstellt?

Aufgabe 27.2 Was versteht man unter einem Diskriminanzraum?

Aufgabe 27.3 Ist es möglich, dass sich k Gruppen bezüglich mehrerer abhängiger Variablen aufgrund einer einfaktoriellen, multivariaten Varianzanalyse nicht signifikant unterscheiden, dass aber eine Diskriminanzanalyse über dasselbe Untersuchungsmaterial zu einer signifikanten Trennung der Gruppen führt?

Aufgabe 27.4 Aufgrund welcher Kennwerte lassen sich Diskriminanzfaktoren inhaltlich interpretieren?

27

Aufgabe 27.5 Mit einer zweifaktoriellen Diskriminanzanalyse soll überprüft werden, ob die Ausbildung im Fach Psychologie in sechs europäischen Ländern gleichwertig ist. 50 zufällig ausgewählte männliche und 50 weibliche Examenskandidaten aus jedem der sechs Länder erhalten hierfür einen Fragebogen, mit dem der Wissensstand in sieben Teilbereichen der Psychologie erfasst wird. Es handelt sich somit um einen 6 × 2-Versuchsplan mit sieben abhängigen Variablen. Wie viele Diskriminanzfaktoren können

a) für Faktor A (6 Stufen)
b) für Faktor B (2 Stufen)
c) für die Interaktion $A \times B$

ermittelt werden?

Aufgabe 27.6 Nach Amthauer (1970) erreichen Ärzte, Juristen und Pädagogen in den Untertests Analogien (AN), Figurenauswahl (FA) und Würfelaufgaben (WÜ) des Intelligenz-Struktur-Tests (IST) folgende Durchschnittswerte:

	Ärzte	Juristen	Pädagogen
AN	114	111	105
FA	111	103	101
WÜ	110	100	98

Ein Abiturient hat in den gleichen Untertests folgende Leistungen erzielt:

$$\text{AN} = 108, \quad \text{FA} = 112, \quad \text{WÜ} = 101.$$

Welcher Berufsgruppe wäre der Abiturient aufgrund dieser Informationen zuzuordnen, wenn wir für alle drei Gruppen gleiche a priori Wahrscheinlichkeiten annehmen?

Die durchschnittliche Varianz-Kovarianz-Matrix lautet:

$$\mathbf{S}_0 = \begin{pmatrix} 100 & 30 & 32 \\ 30 & 100 & 44 \\ 32 & 44 & 100 \end{pmatrix}.$$

Als Inverse wurde ermittelt:

$$\mathbf{S}_0^{-1} = \begin{pmatrix} 0{,}0115 & -0{,}0023 & -0{,}0027 \\ -0{,}0023 & 0{,}0129 & -0{,}0049 \\ -0{,}0027 & -0{,}0049 & 0{,}0130 \end{pmatrix}.$$

Aufgabe 27.7 Mit welchen Verfahren kann man diskriminanzanalytische Klassifikationen bewerten?

Kapitel 28 Kanonische Korrelationsanalyse

ÜBERSICHT

Grundprinzip der kanonischen Korrelationsanalyse – Anzahl der kanonischen Korrelationen – Voraussetzungen – Redundanzmaße – kanonische Faktorladungen – Strukturkoeffizienten – Set-Korrelation – mathematischer Hintergrund der kanonischen Korrelation – kanonische Korrelation als allgemeiner Lösungsansatz

Während die multiple Korrelation den Zusammenhang zwischen mehreren Prädiktoren und einem Kriterium überprüft, wird durch die kanonische Korrelationsanalyse die Beziehung zwischen mehreren Prädiktoren und mehreren Kriteriumsvariablen ermittelt. Die kanonische Korrelationsanalyse, die von Hotelling (1935, 1936) entwickelt wurde, ist somit anwendbar, wenn es um die Bestimmung des Zusammenhangs zwischen zwei *Variablenkomplexen* geht.

Die kanonische Korrelation erfasst den Zusammenhang zwischen mehreren Prädiktorvariablen und mehreren Kriteriumsvariablen.

Diesem Verfahren kommt in den empirischen Human- und Sozialwissenschaften insoweit eine besondere Bedeutung zu, als hier viele Merkmale sinnvollerweise nur durch mehrere Variablen operationalisiert werden können z. B. sozialer Status, Intelligenz, Berufserfolg, Eignung, Therapieerfolg, psychopathologische Symptomatik, Erziehungsstil sowie Aggressivität. Geht es beispielsweise um den Zusammenhang zwischen der Persönlichkeitsstruktur von Vätern und deren Erziehungsstil, wäre es angesichts der Komplexität beider Merkmale sinnvoll, sowohl die Persönlichkeitsstruktur als auch das Erziehungsverhalten durch gezielte Tests, Fragebögen und Beobachtungen in möglichst vielen Teilaspekten zu erfassen. Die kanonische Korrelation untersucht, wie das multivariat erfasste Erziehungsverhalten mit der multivariat erhobenen Persönlichkeitsstruktur zusammenhängt.

Die Möglichkeit, das angedeutete Problem durch die Berechnung vieler bivariater bzw. multipler Korrelationen zu lösen, scheidet aus, weil diese Vorgehensweise zu „Scheinsignifikanzen" führen kann (vgl. Kap. 13.2). Liegen beispielsweise 10 Prädiktorvariablen und 10 Kriteriumsvariablen vor, ergeben sich insgesamt 100 bivariate Korrelationen und 10 multiple Korrelationen, über deren Signifikanz nur nach einer angemessenen Adjustierung des Signifikanzniveaus α entschieden werden kann. Dieser Ansatz wäre zudem sehr umständlich und führt zu Ergebnissen, die den Gesamtzusammenhang im Allgemeinen unterschätzen.

So wie eine multiple Korrelation immer größer oder zumindest genau so groß ist wie die größte Einzelkorrelation, ist die kanonische Korrelation immer größer oder zumindest genau so groß wie die größte der einzelnen multiplen Korrelationen.

Mit Hilfe der kanonischen Korrelationsanalyse sind wir in der Lage, die systemartigen Zusammenhänge zwischen den beiden Variablensätzen durch wenige Koeffizienten vollständig zu beschreiben. Geht es nicht um die Analyse von Zusammenhängen, sondern um die *Vorhersage* mehrerer Kriteriumsvariablen durch mehrere Prädiktorvariablen, sollte statt mehrerer multipler Regressionen die *multivariate Regression* eingesetzt werden. Einzelheiten hierzu findet man z. B. bei Timm (2002, Kap. 4).

28.1 Grundprinzip und Interpretation

Soll der kanonische Zusammenhang zwischen p Prädiktorvariablen und q Kriteriumsvariablen berechnet werden, ermitteln wir zunächst folgende *Supermatrix* von bivariaten Korrelationen:

$$\boldsymbol{R} = \left(\begin{array}{c|c} \boldsymbol{R}_x & \boldsymbol{R}_{xy} \\ \hline \boldsymbol{R}_{yx} & \boldsymbol{R}_y \end{array}\right) \quad (28.1)$$

In dieser Gleichung bedeuten:

$\boldsymbol{R}_x$ = Korrelationsmatrix der Prädiktorvariablen,
$\boldsymbol{R}_y$ = Korrelationsmatrix der Kriteriumsvariablen,

$R_{xy} = R'_{yx} = p \times q$-Matrix der Korrelationen zwischen den einzelnen Prädiktor- und Kriteriumsvariablen.

Die weitere Vorgehensweise hat – wie auch die Diskriminanzanalyse – viele Gemeinsamkeiten mit der PCA (vgl. hierzu auch Witte & Horstmann, 1976). In der PCA werden aus p Variablen diejenigen Linearkombinationen oder Faktoren bestimmt, die sukzessiv maximale Varianz aufklären, wobei die einzelnen Faktoren orthogonal sein sollen. Das kanonische Modell impliziert im Prinzip zwei getrennt durchzuführende PCAs, wobei eine PCA über die Prädiktorvariablen und die andere über die Kriteriumsvariablen gerechnet wird. Während jedoch die erste Hauptachse in der PCA nach dem Kriterium der maximalen Varianzaufklärung festgelegt wird, werden in der kanonischen Korrelationsanalyse die ersten Achsen in den beiden Variablensätzen so bestimmt, dass zwischen ihnen eine maximale Korrelation, die als *kanonische Korrelation* bezeichnet wird, besteht.

In einer kanonischen Korrelationsanalyse werden die Prädiktorvariablen und Kriteriumsvariablen getrennt faktorisiert. Der erste Faktor der Prädiktorvariablen und erste Faktor der Kriteriumsvariablen werden so rotiert, dass deren Korrelation – die kanonische Korrelation – maximal wird.

Formal lässt sich das Problem folgendermaßen veranschaulichen: Aus dem Satz der Prädiktorvariablen werden Linearkombinationen $\hat{x}_m$ bestimmt, die maximal mit den aus den Kriteriumsvariablen linear kombinierten $\hat{y}_m$-Werten korrelieren:

$$\begin{aligned} \hat{x}_1 &= v_1 \cdot x_{11} + v_2 \cdot x_{12} + \cdots + v_p \cdot x_{1p} \\ \hat{x}_2 &= v_1 \cdot x_{21} + v_2 \cdot x_{22} + \cdots + v_p \cdot x_{2p} \\ &\vdots \\ \hat{x}_n &= v_1 \cdot x_{n1} + v_2 \cdot x_{n2} + \cdots + v_p \cdot x_{np} \end{aligned} \tag{28.2}$$

$$\begin{aligned} \hat{y}_1 &= w_1 \cdot y_{11} + w_2 \cdot y_{12} + \cdots + w_q \cdot y_{1q} \\ \hat{y}_2 &= w_1 \cdot y_{21} + w_2 \cdot y_{22} + \cdots + w_q \cdot y_{2q} \\ &\vdots \\ \hat{y}_n &= w_1 \cdot y_{n1} + w_2 \cdot y_{n2} + \cdots + w_q \cdot y_{nq}. \end{aligned}$$

Das obere Gleichungssystem bezieht sich auf die p Prädiktoren (x-Variablen) und das untere Gleichungssystem auf die q Kriterien (y-Variablen). Die Gleichungssysteme (28.2) fassen wir in Matrixschreibweise folgendermaßen zusammen:

$$\hat{\boldsymbol{x}} = \boldsymbol{X} \cdot \boldsymbol{v}, (19.3\,a) \tag{28.3a}$$

$$\hat{\boldsymbol{y}} = \boldsymbol{Y} \cdot \boldsymbol{w}. \tag{28.3b}$$

Die Aufgabe der kanonischen Korrelationsanalyse besteht darin, die beiden Gewichtungsvektoren $\boldsymbol{v}$ und $\boldsymbol{w}$ so zu bestimmen, dass die resultierenden $\hat{x}$- und $\hat{y}$-Werte maximal miteinander korrelieren.

Die kanonische Korrelation (CR) ist dann nichts anderes als die Produkt-Moment-Korrelation zwischen den $\hat{x}$-Werten und $\hat{y}$-Werten:

$$CR = r_{\hat{x}\hat{y}}. \tag{28.4}$$

Die Lösung dieses Problems läuft auf die Ermittlung der Eigenwerte der folgenden, nicht symmetrischen quadratischen Matrix hinaus:

$$(\boldsymbol{R}_x^{-1} \cdot \boldsymbol{R}_{xy} \cdot \boldsymbol{R}_y^{-1} \cdot \boldsymbol{R}_{yx} - \lambda^2 \cdot \boldsymbol{I}) \cdot \boldsymbol{v} = \boldsymbol{0}. \tag{28.5}$$

Die Wurzel aus dem größten Eigenwert λ^2 dieser Matrix stellt die maximale kanonische Korrelation dar. Ausgehend von den Eigenwerten dieser Matrix können der $\boldsymbol{v}$-Vektor der Gewichte der Prädiktorvariablen und der $\boldsymbol{w}$-Vektor der Gewichte der Kriteriumsvariablen bestimmt werden (genauer hierzu s. Abschn. 28.2).

Anzahl der kanonischen Korrelationen

Im Zusammenhang mit der PCA haben wir gelernt, dass durch einen Faktor praktisch niemals die Gesamtvarianz der Versuchspersonen auf den einzelnen Variablen aufgeklärt wird. Im Allgemeinen ergibt sich eine beachtliche Restvarianz, die ausreicht, um mindestens einen zweiten, vom ersten unabhängigen Faktor zu bestimmen.

Entsprechendes gilt auch für die kanonische Korrelationsanalyse. Nachdem aus dem Satz der Prädiktorvariablen und dem Satz der Kriteriumsvariablen jeweils ein Faktor extrahiert wurde, die maximal miteinander korrelieren, verbleibt für beide Variablensätze im Allgemeinen eine Restvarianz. Sowohl aus der Restvarianz der Prädiktorvariablen als auch der Restvarianz der Kriteriumsvariablen wird ein weiterer Faktor extrahiert, wobei der zweite Prädiktorfaktor unabhängig vom ersten Prädiktorfaktor und der zweite Kriteriumsfaktor unabhängig vom ersten Kriteriumsfaktor sein muss. Die Extraktion der beiden zweiten Faktoren unterliegt wiederum der Bedingung, dass sie maximal miteinander korrelieren. Die Korrelation dieser beiden Faktoren stellt die zweite kanonische Korrelation dar. Nach diesem Prinzip der *sukzessiv maximalen Kovarianz-Aufklärung* werden weitere kanonische Korrelationen ermittelt, bis die Gesamtvarianz in einem der beiden Variablensätze erschöpft ist. Aus der Faktorenanalyse wissen wir, dass p wechselseitig korrelierte Variablen maximal in p wechselseitig unabhängige Faktoren überführt werden können, d. h. die Varianz von p Variablen ist erschöpft, nachdem p Faktoren ermittelt wurden. Insgesamt können in einer kanonischen Korrelationsanalyse also p (wenn $p \leq q$) bzw. q (wenn $q \leq p$) kanonische Korrelationen ermittelt werden.

Die Anzahl der kanonischen Korrelationen entspricht der Anzahl der Variablen im kleineren Variablensatz.

Allgemein bezeichnen wir die Anzahl der kanonischen Korrelationen mit $r = \min(p,q)$. Mit diesen r kanonischen Korrelationen wird die Varianz des kleineren Variablensatzes vollständig erschöpft. Im größeren Variablensatz bleibt eine Restvarianz übrig, die mit dem kleineren Variablensatz keine gemeinsame Kovarianz hat.

Signifikanztests

Die Frage, ob der durch alle r kanonischen Korrelationen erfasste Gesamtzusammenhang der beiden Variablensätze statistisch bedeutsam ist, überprüfen wir mit folgendem Test (vgl. z. B. Tatsuoka, 1971, S. 188):

$$V = -[N - 3/2 - (p+q)/2] \cdot \sum_{s=1}^{r} \ln(1 - \lambda_s^2). \quad (28.6)$$

Der V-Wert ist mit $p \cdot q$ Freiheitsgraden approximativ χ^2-verteilt. Wurden bereits t kanonische Korrelationen bestimmt, überprüfen wir mit Gl. (28.7), ob die verbleibende Kovarianz noch signifikant ist:

$$V_t = -[N - 3/2 - (p+q)/2] \cdot \sum_{s=t+1}^{r} \ln(1 - \lambda_s^2). \quad (28.7)$$

Dieser V_t-Wert hat $(p - t) \cdot (q - t)$ Freiheitsgrade. Ist V_t nicht signifikant, sind nur die ersten t kanonischen Korrelationen statistisch bedeutsam, und die übrigen $r - t$ kanonischen Korrelationen müssen auf stichprobenbedingte Zufälligkeiten zurückgeführt werden. (Einen Vergleich dieser Teststatistik mit anderen Teststatistiken findet man bei Mendoza et al., 1978.)

Voraussetzungen. Die Signifikanzüberprüfung kanonischer Korrelationen setzt bei metrischen Prädiktorvariablen und Kriteriumsvariablen voraus, dass sowohl die Prädiktoren als auch die Kriterien in der Population *multivariat normalverteilt* sind. Haben die Prädiktoren dichotomen Charakter (Indikatorvariablen, vgl. Abschn. 22.1), müssen die Kriteriumsvariablen in allen durch die dichotomen Prädiktorvariablen spezifizierten Populationen multivariat normalverteilt sein. (Zur Verwendung dummycodierter Kriteriumsvariablen vgl. Bsp. 28.5.) Über einen Signifikanztest, der keine multivariate Normalverteilung voraussetzt, berichtet Wilcox (1995).

Kennwerte

Für die Interpretation von Korrelationen wird häufig das Quadrat des Korrelationskoeffizienten (Determinationskoeffizient) als Anteil gemeinsamer Varianz zwischen zwei Messwertreihen herangezogen. Dieser Anteil der gemeinsamen Varianz dient dazu, die Vorhersagbarkeit der einen Variablen durch die andere Variable einzuschätzen – eine Interpretation, die bei der kanonischen Korrelation in dieser Weise nicht möglich ist. Stattdessen verwenden wir hier sog. *Redundanzmaße* (Steward & Love, 1968).

Redundanzmaße. Ein Variablensatz möge aus allen Untertests eines Intelligenztests bestehen und ein weiterer nur aus zwei Untertests eines anderen Intelligenztests (z. B. rechnerisches Denken und räumliches Vorstellungsvermögen). Welcher Variablensatz als Prädiktorsatz oder Kriteriumssatz bezeichnet wird, ist formal ohne Bedeutung. Der eine Variablensatz erfasst somit das gesamte Spektrum der allgemeinen Intelligenz und der andere nur zwei spezielle Intelligenzaspekte. Es ist nachvollziehbar, dass in diesem Beispiel die Präzision von Vorhersagen in beide Richtungen nicht identisch sein kann. Wollen wir die spezielle Intelligenz aufgrund der allgemeinen Intelligenz vorhersagen, wird dies eher möglich sein als die Vorhersage der allgemeinen Intelligenz aufgrund der speziellen Intelligenz.

Die kanonische Korrelationsanalyse liefert Redundanzmaße, mit deren Hilfe man abschätzen kann, wie redundant der eine Variablensatz ist, wenn die Messwerte der Versuchspersonen auf den anderen Variablen bekannt sind. Wie diese Redundanzmaße zustande kommen, erläutert das folgende Zahlenbeispiel.

BEISPIEL 28.1

Aus einem Satz von Kriteriumsvariablen wird der für die Berechnung der ersten kanonischen Korrelation benötigte erste Kriteriumsfaktor extrahiert. Dieser Faktor möge von der gesamten Varianz der Kriteriumsvariablen 80% aufklären. Wenn nun die erste kanonische Korrelation $CR = 0{,}707$ beträgt, existiert zwischen dem ersten Kriteriumsfaktor und dem ersten Prädiktorfaktor eine gemeinsame Varianz von 50%, die dem Quadrat der kanonischen Korrelation entspricht ($0{,}707^2 \approx 0{,}50$). Da der erste Kriteriumsfaktor 80% der Kriteriumsvarianz aufklärt und die gemeinsame Varianz 50% beträgt, werden 40% der Kriteriumsvarianz durch den ersten Prädiktorfaktor vorhergesagt (50% von 80% = 40%). Die erste kanonische Korrelation besagt somit, dass 40% der Kriteriumsvarianz aufgrund der Prädiktorvariablen redundant sind.

Auf der Prädiktorseite möge der erste Faktor 60% aufklären, was bedeutet, dass (wegen der gemeinsamen Varianz von 50%) 30% der Prädiktorvariablenvarianz aufgrund der Kriteriumsvariablen redundant sind.

Man erkennt also, dass wegen der unterschiedlichen „Beteiligung" der Prädiktor- und Kriteriumsvariablen an der kanonischen Korrelation von $CR = 0{,}707$ (die Prädiktorvariablen sind an dieser Korrelation mit 60% und die Kriteriumsvariablen mit 80% beteiligt) die Kriteriumsvariablen angesichts der Prädiktorvariablen eine höhere Redundanz aufweisen als umgekehrt. Man spricht deshalb auch von *asymmetrischen Redundanzmaßen*. (Die Redundanzen wären symmetrisch, wenn der erste Prädiktorfaktor genauso viel Varianz erklärt wie der erste Kriteriumsfaktor.)

Die Redundanzmaße werden für alle einzelnen kanonischen Korrelationen ermittelt und über die kanonischen Korrelationen summiert. Es ergibt sich somit ein Gesamtredundanzmaß für die Prädiktorvariablen, das die Redundanz der Prädiktorvariablen bei Bekanntheit der Kriteriumsvariablen charakterisiert, und ein Gesamtredundanzmaß für die Kriteriumsvariablen, das die Redundanz der Kriteriumsvariablen bei Bekanntheit der Prädiktorvariablen wiedergibt (vgl. hierzu auch S. 515 f.).

Für die inhaltliche Interpretation einer kanonischen Korrelationsanalyse stehen zusätzlich die folgenden Indikatoren zur Verfügung:

Gewichte. In Gl. (28.2) wurden die Gewichte v und w eingeführt. Diese entsprechen den b-Gewichten der multiplen Regression, von denen bekannt ist, dass sie wegen möglicher *Suppressionseffekte* bzw. *Multikollinearität* schwer interpretierbar sind. Dies gilt in verstärktem Maß für die Gewichte der kanonischen Korrelationsanalyse, wenn die Prädiktor- und Kriteriumsvariablen sowohl untereinander als auch wechselseitig hoch korreliert sind. Die Gewichtsvektoren $\boldsymbol{v}$ und $\boldsymbol{w}$ werden deshalb nur in Ausnahmefällen (wenn die Prädiktor- und Kriteriumsvariablen jeweils unkorreliert sind) zur Interpretation herangezogen. (Ein anderer, in eine Glosse gekleideter Standpunkt hierzu wird von R. J. Harris, 1989 vertreten.)

Faktorladungen. Auf die enge Verwandtschaft der kanonischen Korrelationsanalyse und der Faktorenanalyse wurde bereits hingewiesen. Es liegt damit nahe, ähnlich wie in der Faktorenanalyse auch in der kanonischen Korrelationsanalyse die Faktorladungen zur Interpretation heranzuziehen, wobei allerdings in der kanonischen Korrelationsanalyse von zwei Ladungssätzen – den Ladungen der Prädiktorvariablen auf den Prädiktorfaktoren und den Ladungen der Kriteriumsvariablen auf den Kriteriumsfaktoren – auszugehen ist. Die Ladungen entsprechen auch hier jeweils den Korrelationen zwischen den Merkmalsausprägungen und Faktorwerten. Den Ladungen ist deshalb zu entnehmen, wie stark die Merkmale auf der Prädiktorseite und die Merkmale auf der Kriteriumsseite an einer kanonischen Korrelation beteiligt sind, d. h., aus den Ladungen wird abgeleitet, welche *inhaltlichen Aspekte* der Prädiktor- und Kriteriumsvariablen die kanonischen Korrelationen konstituieren (vgl. hierzu auch Meredith, 1964 und Steward & Love, 1968).

Strukturkoeffizienten. Eine weitere wichtige Interpretationshilfe sind die sog. Strukturkoeffizienten c, die als Korrelationen zwischen den Prädiktorvariablen (x) und den vorhergesagten Kriteriumsvariablen ($\hat{y}$) definiert sind (bzw. umgekehrt als Korrelation zwischen y und $\hat{x}$, vgl. S. 515). Eine Prädiktorvariable mit einem hohen Strukturkoeffizienten ist damit eine Variable, die an der *Vorhersage* dessen, was mit einem kanonischen Kriteriumsfaktor erfasst wird (worüber die Ladungen der Kriteriumsvariablen informieren), in hohem Maß beteiligt ist.

Set-Korrelation

Ein Maß zur Charakterisierung des Gesamtzusammenhangs zweier Variablensätze wurde von J. Cohen (1982) vorgeschlagen. Dieses als „set correlation" bezeichnete Maß R^2_{xy} erfasst die verallgemeinerte, gemeinsame Varianz zweier Variablensätze:

$$R^2_{xy} = 1 - (1 - CR^2_1) \cdot (1 - CR^2_2) \cdot \ldots \cdot (1 - CR^2_r). \quad (28.8)$$

Schrumpfungskorrektur

Ähnlich wie die multiple Korrelation überschätzt auch die Set-Korrelation den wahren Zusammenhang zweier Variablensätze. Es wurden deshalb Korrekturen entwickelt, mit denen sich in Abhängigkeit von n, p und q das Ausmaß der Überschätzung errechnen lässt (J. Cohen & Nee, 1984).

Für die kanonische Korrelation kommt B. Thompson (1990a) zu dem Ergebnis, dass die Zusammenhänge nur mäßig überhöht sind, solange $n > 3 \cdot p \cdot q$ ist. Für kleinere Stichproben wird eine bei B. Thompson (1990a) genannte Schrumpfungskorrektur empfohlen.

Die stichprobenbedingte Verzerrung der kanonischen Korrelation als Schätzwert des wahren Zusammenhangsparameters überträgt sich natürlich auch auf alle anderen im Kontext der kanonischen Korrelationsanalyse berechneten Indizes. Das Ausmaß der in einem konkreten Beispiel zu erwartenden Verzerrung lässt sich mit Hilfe der Bootstrap-Technik abschätzen. Eine Anwendung dieser Technik auf die Redundanzmaße der kanonischen Korrelationsanalyse findet man bei Lambert et al. (1989, 1991).

Kanonische Korrelation mit Prädiktor- und Kriteriumsfaktoren

Die Interpretation von kanonischen Korrelationen (wie auch multipler Korrelationen) wird bei hoher Multikollinearität erheblich erschwert. Insbesondere die *v*- und *w*-Gewichte sind bei kleineren Stichproben mit korrelierten Prädiktor- und Kriteriumsvariablen sehr instabil. Dieses Problem ließe sich ausräumen, wenn es im Satz der Prädiktorvariablen und im Satz der Kriteriumsvariablen keine wechselseitigen Abhängigkeiten gäbe.

Eine Möglichkeit, korrelierte Variablen in unkorrelierte Faktoren zu transformieren, bietet die PCA (vgl. Kap. 23). Es wird deshalb empfohlen, beide Variablensätze *getrennt* zu faktorisieren und die Prädiktorvariablen durch Prädiktorfaktoren sowie die Kriteriumsvariablen durch Kriteriumsfaktoren zu ersetzen (vgl. hierzu auch Jolliffe, 2002, Kap. 8.1 und 9.3; zur Verwendung von Faktoren in der multiplen Korrelation vgl. Kukuk & Baty, 1979 sowie Fleming, 1981).

Die kanonische Korrelationsanalyse über Prädiktor- und Kriteriumsfaktoren führt zu deutlich stabileren Ergebnissen. Allerdings ist hierbei zu beachten, dass die Ergebnisse der kanonischen Korrelationsanalyse nur dann gut interpretierbar sind, wenn die Faktoren ihrerseits eindeutig interpretiert werden können. Es ist deshalb ratsam, die kanonische Korrelationsanalyse *über (Varimax-)rotierte Faktoren* durchzuführen.

Bezüglich der Anzahl der zu berücksichtigenden Faktoren ist anzumerken, dass die in Abschn. 23.5 behandelten Kriterien ungeeignet sein können. Dort wurde argumentiert, dass Faktoren mit Eigenwerten kleiner 1 ($\lambda < 1$; KG-Kriterium) nicht berücksichtigt werden sollten, weil sie weniger Varianz erklären als die *z*-standardisierten Variablen. Im Rahmen der kanonischen Korrelationsanalyse sind derartige Prädiktorfaktoren jedoch durchaus wertvoll, wenn sie spezifische Varianzanteile erfassen, die mit den Kriteriumsfaktoren hoch kovariieren. Es empfiehlt sich also, auch *varianzschwache* Prädiktorfaktoren bezüglich ihres Vorhersagepotenzials zu prüfen.

Wenn es möglich ist, viele Prädiktorvariablen durch wenige Prädiktorfaktoren und/oder viele Kriteriumsvariablen durch wenige Kriteriumsfaktoren zu ersetzen, ist hiermit eine erhebliche *Freiheitsgradreduktion* verbunden. Die in Gl. (28.6) definierte Prüfgröße V hat $p \times q$ Freiheitsgrade. Für $p = q = 10$ hätte man also 100 Freiheitsgrade und einen kritischen χ^2-Wert von 124,34 ($\alpha = 0{,}05$). Wenn es gelingt, die Variablensätze auf jeweils drei Faktoren zu reduzieren ($df = 3 \times 3 = 9$), wäre der empirische V-Wert mit dem kritischen χ^2-Wert von 16,92 zu vergleichen. Entspricht das Vorhersagepotenzial der drei Prädiktorfaktoren in etwa dem der zehn Prädiktorvariablen, hätte man mit den Prädiktor- und Kriteriumsfaktoren erheblich bessere Chancen auf signifikante kanonische Zusammenhänge als mit Prädiktor- und Kriteriumsvariablen. Hinzu kommt, dass auch der V-Wert bei einem günstigerem Verhältnis von N zu $(p+q)$ größer wird (s. Gl. 28.6 oder 28.7).

Das folgende Beispiel soll das Vorgehen verdeutlichen.

BEISPIEL 28.2

In einer Untersuchung über Anwendungen psychologischer Methoden auf städtebauliche Fragen geht es darum, den Zusammenhang zwischen der Wirkungsweise von Häuserfassaden auf den Betrachter einerseits und strukturellen bzw. baulichen Merkmalen der Häuserfassaden andererseits zu bestimmen (vgl. Bortz, 1972a). Eine Vpn-Stichprobe stufte hierfür 26 Häuserfassaden auf 25 bipolaren Adjektivskalen (Polaritäten wie z. B. heiter – düster, eintönig – vielfältig, usw.) ein. Die Polaritäten wurden anhand der durchschnittlichen Beurteilungen über die Fassaden interkorreliert; eine PCA über die Korrelationsmatrix führte zu drei Faktoren, die sich nach einer Varimax-Rotation als

1. erlebte Valenz (51,7%),
2. erlebte strukturelle Ordnung (20,8%) und
3. erlebte Stimulation (17,7%)

interpretieren lassen. (Die Zahlen in Klammern nennen die Varianzanteile der Faktoren.) Mit einer kanonischen Korrelationsanalyse sollte herausgefunden werden, durch welche architektonischen Strukturelemente diese drei Erlebnisfaktoren (Kriteriumsfaktoren) vorhersagbar sind.

Die architektonischen Strukturen der Fassaden wurden durch Flächenvermessungen erfasst, aus denen 24 Variablen, wie z. B. Anteil der Wandfläche an der Gesamtfassade, Übergangswahrscheinlichkeiten zwischen architektonischen Elementen und informationstheoretische Maße, abgeleitet wurden. Der Satz der 24 Prädiktorvariablen konnte faktorenanalytisch auf sechs Prädiktorfaktoren reduziert werden, die sich aufgrund einer Varimax-Rotation folgendermaßen interpretieren lassen:

1. Wand vs. Fensterfläche (23,8%),
2. Balkonfläche (15,4%),
3. Dachfläche (13,0%),
4. Stereotypie (9,4%),
5. Entropie (8,7%),
6. Grünfläche (14,6%).

Der ursprüngliche Untersuchungsplan sah somit 24 Prädiktorvariablen (objektive Beschreibungsmerkmale der Häuser-

Tabelle 28.1. Beispiel für eine kanonische Korrelationsanalyse

		$CR_1 = 0{,}88^{**}$	$CR_2 = 0{,}68^{*}$
Prädiktoren	Wand- vs. Fensterfläche	0,24	−0,40
	Balkonfläche	−0,29	0,58
	Dachfläche	0,44	−0,13
	Stereotypie	−0,53	−0,12
	Entropie	0,59	0,25
	Grünfläche	−0,17	0,64
Kriterien	Valenz	−0,26	0,91
	strukturelle Ordnung	−0,96	−0,25
	Stimulation	0,01	−0,31

fassaden) und 25 Kriteriumsvariablen (Skalen zur Erfassung der Wirkungsweise der Häuserfassaden) vor. Da jedoch anzunehmen war, dass sowohl die Prädiktorvariablen untereinander als auch die Kriteriumsvariablen untereinander mehr oder weniger hoch korreliert sind, wurden beide Variablensätze zuvor faktorenanalytisch reduziert. Durch diese, vor der eigentlich interessierenden kanonischen Korrelationsberechnung durchgeführten Analysen, wird zweierlei erreicht:

Erstens wird die Wahrscheinlichkeit des Fehlers 1. Art bei der Entscheidung über die statistische Bedeutsamkeit der kanonischen Korrelation verringert. Durch die Faktorenanalysen werden sowohl die Prädiktorvariablen als auch die Kriteriumsvariablen ohne erheblichen Informationsverlust zu wenigen Prädiktorfaktoren und Kriteriumsfaktoren zusammengefasst, d. h., die Freiheitsgrade für V werden erheblich verringert, wobei das gesamte Vorhersagepotenzial der Prädiktorvariablen weitgehend erhalten bleibt. Durch diese Maßnahme verändert sich die Höhe der kanonischen Korrelation praktisch nicht, wenn – wie im Beispiel – die Varianz der Prädiktor- und Kriteriumsvariablen nahezu vollständig durch die Prädiktor- und Kriteriumsfaktoren erfasst wird. Was sich allerdings erheblich ändert, ist der p-Wert der kanonischen Korrelation: Dieser wird sehr viel kleiner, wenn statt der ursprünglichen Variablen die entsprechenden Faktoren eingesetzt werden.

Der zweite Vorteil, der sich mit einer faktorenanalytischen Reduktion der Prädiktor- und Kriteriumsvariablen verbindet, liegt auf der Interpretationsebene. Die Verwendung von Prädiktor*faktoren* und Kriteriums*faktoren* (anstelle von Prädiktor- und Kriteriums*variablen*) hat zur Folge, dass die Prädiktoren (und auch die Kriterien) untereinander nicht korrelieren, d. h., es treten keine Multikollinearitätseffekte auf. Die in der kanonischen Korrelationsanalyse ermittelten Gewichtungskoeffizienten sind deshalb problemlos interpretierbar, wenn – wie im Beispiel – die ermittelten Prädiktor- und Kriteriumsfaktoren inhaltlich einwandfrei interpretiert werden können.

Tabelle 28.1 zeigt das Ergebnis der kanonischen Korrelationsanalyse zwischen den drei Kriteriumsfaktoren und den sechs Prädiktorfaktoren. Um einer möglichen terminologischen Verwirrung vorzubeugen, bezeichnen wir in der folgenden Interpretation die Kriteriums- und Prädiktorfaktoren als (unkorrelierte) Kriteriums- und Prädiktorvariablen.

Es resultieren zwei signifikante kanonische Korrelationen vom Betrag $CR_1 = 0{,}88$ und $CR_2 = 0{,}68$. Der erste kanonische Kriteriumsfaktor erklärt 22,7% und der zweite 45,8% der gesamten Kriteriumsvarianz. (Man erhält diese Werte über die hier nicht wiedergegebenen quadrierten Ladungen der Kriteriumsvariablen auf den kanonischen Kriteriumsfaktoren.) Die verbleibende Kovarianz zwischen den beiden Variablengruppen nach Extraktion der ersten beiden kanonischen Faktorpaare ist nach Gl. (28.7) statistisch nicht mehr bedeutsam, d. h. die dritte kanonische Korrelation $[r = \min(p,q) = 3]$ ist nicht signifikant.

Die oben genannten Zahlen verdeutlichen, dass die Höhe einer kanonischen Korrelation nichts damit zu tun hat, wie viel Varianz durch die kanonischen Faktoren prädiktor- und kriteriumsseitig gebunden wird. Im Beispiel resultiert $CR_1 = 0{,}88$ bei 22,7% Kriteriumsvarianz und $CR_2 = 0{,}68$ bei 45,8% Kriteriumsvarianz. Die kanonischen Faktoren erklären sukzessiv maximale *Kovarianz* und nicht – wie in der PCA – sukzessiv maximale Varianz.

Zur Interpretation der kanonischen Korrelation ziehen wir in dieser Analyse die normierten Gewichte der Prädiktor- und Kriteriumsvariablen (d. h. die auf die Länge 1 transformierten Gewichtungsvektoren $\boldsymbol{v}$ und $\boldsymbol{w}$) heran. Da die Prädiktor- und Kriteriumsvariablen jeweils wechselseitig unabhängig sind, können die Gewichte bedenkenlos aufgrund ihrer numerischen Größe interpretiert werden. (Auf die Wiedergabe der kanonischen Faktorladungen der Variablen wurde – wie bereits erwähnt – verzichtet, weil diese im Fall unkorrelierter Prädiktor- und Kriteriumsvariablen keine neuen Informationen gegenüber den Gewichten enthalten.)

Die erste kanonische Korrelation zwischen den beiden Variablensätzen wird auf der Prädiktorseite vorrangig durch die Stereotypie (regelhafte Wiederholungen) und Entropie (Informationsgehalt) der Fassaden getragen und auf der Kriteriumsseite durch die erlebte strukturelle Ordnung. Je regelmäßiger sich einzelne Bauelemente wiederholen und je weniger Informationsgehalt (Verschiedenartigkeit der Bauelemente) eine Fassade besitzt, desto strukturierter wird die Fassade erlebt. Die erste kanonische Korrelation erklärt von der Varianz des ersten kanonischen Kriteriumsfaktors $0{,}88^2 \times 100\% = 77{,}4\%$. Da der erste kanonische Kriteriumsfaktor 22,7% der *gesamten* Kriteriumsvarianz erfasst, sind aufgrund der ersten kanonischen Korrelation 17,6% (77,4% von 22,7%) redundant. (Die Redundanz der Prädiktorvariablen aufgrund der Kriteriumsvariablen ist in diesem Fall inhaltlich wenig ergiebig und wird deshalb nicht gesondert aufgeführt.)

Die mit der zweiten kanonischen Korrelation aufgeklärte Kovarianz, die von der ersten kanonischen Korrelation unabhängig ist, besagt, dass die erlebte Valenz (Bewertung) der Fassaden vor allem mit der Größe der Balkonflächen und der Grünfläche (bepflanzte Flächen) zusammenhängt. Zunehmend positivere Bewertungen erfahren Fassaden mit stark durchgrünter Struktur und ausgedehnten Balkonflächen. Von der Varianz des zweiten kanonischen Kriteriumsfaktors sind $0{,}68^2 \cdot 100\% = 46{,}2\%$ redundant. Da der zweite kanonische Kriteriumsfaktor 45,8% der gesamten Kriterumsvarianz erfasst, sind hier 46,2% von 45,8% bzw. 21,2% redundant, sodass sich zusammengenommen für beide kanonischen Korrelationen ein Redundanzwert von 38,8% für die durchschnittliche Beurteilung der Häuserfassaden ergibt.

Die erlebte Stimulation ist also nicht überzufällig durch die (hier gemessene) architektonische Gestaltung der Fassaden vorhersagbar.

Hinweise. Um das Ergebnis einer kanonischen Korrelationsanalyse besser interpretieren zu können, werden die kanonischen Prädiktor-/Kriteriumsfaktoren gelegentlich orthogonal rotiert. Hierbei ist allerdings zu beachten, dass diese Rotationen die Höhe der einzelnen kanonischen Korrelationen verändern. Nicht verändert wird jedoch der Gesamtzusammenhang aller Prädiktorvariablen und Kriteriumsvariablen, d. h., die Summe der quadrierten, kanonischen Korrelationen (bzw. die Set-Korrelation; s. Gl. 28.8) ist gegenüber orthogonalen Rotationen der beiden Faktorsätze invariant. (Weitere Einzelheiten hierzu findet man bei Cliff & Krus, 1976, Fornell, 1979 oder Reynolds & Jackosfsky, 1981.)

Die kanonische Korrelationsanalyse wurde von Horst (1961b) erweitert, um die Zusammenhänge zwischen mehr als zwei Variablensätzen bestimmen zu können. In einer anwendungsorientierten Arbeit (Horst, 1961a) werden beispielsweise verbale Fähigkeiten, rechnerische Fähigkeiten und Variablen des räumlichen Vorstellungsvermögens miteinander in Beziehung gesetzt.

Über Möglichkeiten, die Stabilität der Ergebnisse einer kanonischen Korrelationsanalyse zu überprüfen, berichten Thorndike und Weiss (1973) bzw. Wood und Erskine (1976). B. Thompson (1995a) schlägt hierfür die Bootstrap-Technik vor. Ein Algorithmus, der statt der kanonischen Korrelationen die Redundanzmaße maximiert, wird bei Fornell et al. (1988) beschrieben.

* 28.2 Mathematischer Hintergrund

Für eine kanonische Korrelationsanalyse benötigen wir von n Versuchspersonen Daten auf p Prädiktorvariablen und auf q Kriteriumsvariablen. Bezeichnen wir die Messwerte einer Person m auf einer Prädiktorvariablen i mit x_{mi} und einen Messwert derselben Person auf einer Kriteriumsvariablen j mit y_{mj}, werden für die Linearkombinationen

$$\hat{x}_m = v_1 x_{m1} + v_2 x_{m2} + \cdots + v_p x_{mp} \tag{28.9}$$

und

$$\hat{y}_m = w_1 y_{m1} + w_2 y_{m2} + \cdots + w_q y_{mq} \tag{28.10}$$

diejenigen v- und w-Gewichte gesucht, die zu einer maximalen Korrelation – berechnet über alle Versuchspersonen – zwischen den $\hat{x}_m$- und $\hat{y}_m$-Werten führen.

Herleitung der charakteristischen Gleichung

Für die zu maximierende Korrelation zwischen den linearkombinierten $\hat{x}_m$- und $\hat{y}_m$-Werten erhalten wir (indem Zähler und Nenner in Gl. 10.3 mit n multipliziert werden)

$$r_{\hat{x}\hat{y}} = \frac{\text{QS}_{\hat{x}\hat{y}}}{\sqrt{\text{QS}_{\hat{x}} \cdot \text{QS}_{\hat{y}}}}. \tag{28.11}$$

Wie in Abschnitt 23.3 gezeigt wurde, ergeben sich die Quadratsummen der linearkombinierten Werte nach den Beziehungen:

$$\text{QS}_{\hat{x}} = \boldsymbol{v}' \cdot \boldsymbol{D}_x \cdot \boldsymbol{v}, \tag{28.12}$$

$$\text{QS}_{\hat{y}} = \boldsymbol{w}' \cdot \boldsymbol{D}_y \cdot \boldsymbol{w}. \tag{28.13}$$

Hierin sind $\boldsymbol{D}_x$ und $\boldsymbol{D}_y$ die Matrizen der Quadratsummen und Kreuzproduktsummen der Prädiktorvariablen ($\boldsymbol{D}_x$) und Kriteriumsvariablen ($\boldsymbol{D}_y$). Für die Kreuzproduktsummen der Linearkombinationen ($\text{QS}_{\hat{x}\hat{y}}$) kann man zeigen, dass folgende Beziehung gilt:

$$\text{QS}_{\hat{x}\hat{y}} = \boldsymbol{v}' \cdot \boldsymbol{D}_{xy} \cdot \boldsymbol{w}. \tag{28.14}$$

Ein Element von $\boldsymbol{D}_{xy}$ berechnen wir nach der Gleichung:

$$d_{xy(i,j)} = \sum_m (x_{mi} - \bar{x}_i) \cdot (y_{mj} - \bar{y}_j).$$

Setzen wir Gl. (28.12), (28.13) und (28.14) in Gl. (28.11) ein, ergibt sich:

$$r_{\hat{x}\hat{y}} = \frac{\boldsymbol{v}' \cdot \boldsymbol{D}_{xy} \cdot \boldsymbol{w}}{\sqrt{(\boldsymbol{v}' \cdot \boldsymbol{D}_x \cdot \boldsymbol{v}) \cdot (\boldsymbol{w}' \cdot \boldsymbol{D}_y \cdot \boldsymbol{w})}}. \tag{28.15}$$

Die Transformationsvektoren $\boldsymbol{v}$ und $\boldsymbol{w}$, die zu einer maximalen Kovarianz zwischen $\hat{x}_m$ und $\hat{y}_m$ führen, sind nicht eindeutig bestimmt. Die Lösung des Eigenwerteproblems liefert lediglich Proportionalitätskonstanten zwischen den Eigenvektoren, die im Allgemeinen auf die Länge 1 normiert werden ($\boldsymbol{v}' \cdot \boldsymbol{v} = 1$ und $\boldsymbol{w}' \cdot \boldsymbol{w} = 1$). Für die Bestimmung der Eigenwerte im Rahmen der kanonischen Korrelationsanalyse erweist sich jedoch folgende Annahme als günstig:

$$\boldsymbol{v}' \cdot \boldsymbol{D}_x \cdot \boldsymbol{v} = \boldsymbol{w}' \cdot \boldsymbol{D}_y \cdot \boldsymbol{w} = 1. \tag{28.16}$$

Gleichung (28.15) reduziert sich somit zu:

$$r_{\hat{x}\hat{y}} = \boldsymbol{v}' \cdot \boldsymbol{D}_{xy} \cdot \boldsymbol{w}. \tag{28.17}$$

Gehen wir von den in Gl. (28.1) genannten Korrelationsmatrizen aus, erhalten wir

$$r_{\hat{x}\hat{y}} = \boldsymbol{v}' \cdot \boldsymbol{R}_{xy} \cdot \boldsymbol{w} \tag{28.18}$$

mit den Nebenbedingungen

$$\boldsymbol{v}' \cdot \boldsymbol{R}_x \cdot \boldsymbol{v} = \boldsymbol{w}' \cdot \boldsymbol{R}_y \cdot \boldsymbol{w} = 1. \tag{28.19}$$

Wir definieren eine Funktion $F(\boldsymbol{v},\boldsymbol{w}) = \boldsymbol{v}'\cdot\boldsymbol{R}_{xy}\cdot\boldsymbol{w}$, die durch die mit den Lagrange-Multiplikatoren $\lambda/2$ und $\mu/2$ multiplizierten Nebenbedingungen ergänzt wird (vgl. Exkurs 23.1):

$$\begin{aligned} r_{\hat{x}\hat{y}} &= F(\boldsymbol{v},\boldsymbol{w}) \\ &= \boldsymbol{v}' \cdot \boldsymbol{R}_{xy} \cdot \boldsymbol{w} \\ &\quad - (\lambda/2) \cdot (\boldsymbol{v}' \cdot \boldsymbol{R}_x \cdot \boldsymbol{v} - 1) \\ &\quad - (\mu/2) \cdot (\boldsymbol{w}' \cdot \boldsymbol{R}_y \cdot \boldsymbol{w} - 1). \end{aligned} \tag{28.20}$$

Die ersten Ableitungen von Gl. (28.20) nach $\boldsymbol{v}$ und $\boldsymbol{w}$ führen zu folgenden Gleichungen (vgl. Tatsuoka, 1971, Anhang C und Kap. 6.8), die wir zum Auffinden des Maximums gleich null setzen:

$$\frac{\mathrm{d}F(\boldsymbol{v},\boldsymbol{w})}{\mathrm{d}\boldsymbol{v}} = \boldsymbol{R}_{xy} \cdot \boldsymbol{w} - \lambda \cdot \boldsymbol{R}_x \cdot \boldsymbol{v} = \boldsymbol{0}, \tag{28.21}$$

$$\frac{\mathrm{d}F(\boldsymbol{v},\boldsymbol{w})}{\mathrm{d}\boldsymbol{w}} = \boldsymbol{v}'\boldsymbol{R}_{xy} - \mu \cdot \boldsymbol{w}' \cdot \boldsymbol{R}_y = \boldsymbol{0}'. \tag{28.22}$$

Wir multiplizieren Gl. (28.21) links mit $\boldsymbol{v}'$

$$\boldsymbol{v}'\boldsymbol{R}_{xy}\boldsymbol{w} - \lambda \cdot (\boldsymbol{v}'\boldsymbol{R}_x\boldsymbol{v}) = 0 \tag{28.23}$$

und Gl. (28.22) rechts mit $\boldsymbol{w}$

$$\boldsymbol{v}'\boldsymbol{R}_{xy}\boldsymbol{w} - \mu \cdot (\boldsymbol{w}'\boldsymbol{R}_y\boldsymbol{w}) = \boldsymbol{0}'. \tag{28.24}$$

Da gemäß Gl. (28.19) $\boldsymbol{v}'\cdot\boldsymbol{R}_x\cdot\boldsymbol{v} = 1$ und $\boldsymbol{w}'\cdot\boldsymbol{R}_y\cdot\boldsymbol{w} = 1$, folgt aus Gl. (28.23) und (28.24): $\mu = \lambda$.

$$\mu = \lambda = \boldsymbol{v}' \cdot \boldsymbol{R}_{xy} \cdot \boldsymbol{w}. \tag{28.25}$$

Aus Gl. (28.11) bis (28.18) resultiert ferner, dass sowohl λ als auch μ die maximale Korrelation zwischen den $\hat{x}_m$- und $\hat{y}_m$-Werten darstellen.

Für Gl. (28.21) und (28.22) schreiben wir:

$$\boldsymbol{R}_{xy} \cdot \boldsymbol{w} = \lambda \cdot \boldsymbol{R}_x \cdot \boldsymbol{v}, \tag{28.26}$$

$$\boldsymbol{v}' \cdot \boldsymbol{R}_{xy} = \mu \cdot \boldsymbol{w}' \cdot \boldsymbol{R}_y. \tag{28.27}$$

Transponieren wir beide Seiten von Gl. (28.27) und schreiben für $\mu = \lambda$ und für $\boldsymbol{R}'_{xy} = \boldsymbol{R}_{yx}$, ergibt sich wegen $\boldsymbol{R}_y = \boldsymbol{R}'_y$

$$\boldsymbol{R}_{yx} \cdot \boldsymbol{v} = \lambda \cdot \boldsymbol{R}_y \cdot \boldsymbol{w}. \tag{28.28}$$

Wir haben somit zwei Gleichungen, (28.26) und (28.28), mit den unbekannten Vektoren $\boldsymbol{v}$ und $\boldsymbol{w}$. Für deren Bestimmung lösen wir zunächst Gl. (28.27) nach $\boldsymbol{w}$ auf. Unter der Voraussetzung, dass $\boldsymbol{R}_y$ nicht singulär ist und somit eine Inverse besitzt, erhalten wir (mit $\mu = \lambda$)

$$\boldsymbol{w} = 1/\lambda \cdot \boldsymbol{R}_y^{-1} \cdot \boldsymbol{R}_{yx} \cdot \boldsymbol{v}. \tag{28.29}$$

Setzen wir $\boldsymbol{w}$ gemäß Gl. (28.29) in Gl. (28.26) ein, resultiert:

$$\boldsymbol{R}_{xy} \cdot (1/\lambda \cdot \boldsymbol{R}_y^{-1} \cdot \boldsymbol{R}_{yx} \cdot \boldsymbol{v}) = \lambda \cdot \boldsymbol{R}_x \cdot \boldsymbol{v}. \tag{28.30}$$

Wir subtrahieren $\lambda \cdot \boldsymbol{R}_x \cdot \boldsymbol{v}$ und fassen in folgender Weise zusammen:

$$\begin{aligned} \boldsymbol{R}_{xy} \cdot (1/\lambda \cdot \boldsymbol{R}_y^{-1} \cdot \boldsymbol{R}_{yx} \cdot \boldsymbol{v}) - \lambda \cdot \boldsymbol{R}_x \cdot \boldsymbol{v} &= \boldsymbol{0}, \\ \boldsymbol{R}_x^{-1} \cdot \boldsymbol{R}_{xy} \cdot \boldsymbol{R}_y^{-1} \cdot \boldsymbol{R}_{yx} \cdot \boldsymbol{v} - \lambda^2 \cdot \boldsymbol{I} \cdot \boldsymbol{v} &= \boldsymbol{0}, \\ (\boldsymbol{R}_x^{-1} \cdot \boldsymbol{R}_{xy} \cdot \boldsymbol{R}_y^{-1} \cdot \boldsymbol{R}_{yx} - \lambda^2 \cdot \boldsymbol{I}) \cdot \boldsymbol{v} &= \boldsymbol{0}. \end{aligned} \tag{28.31}$$

Hierbei wurden unter der Voraussetzung, dass $\boldsymbol{R}_x^{-1}$ existiert, beide Seiten mit $\lambda \cdot \boldsymbol{R}_x^{-1}$ vormultipliziert und $\boldsymbol{v}$ ausgeklammert. Die Produktmatrix

$$\boldsymbol{R}_x^{-1} \cdot \boldsymbol{R}_{xy} \cdot \boldsymbol{R}_y^{-1} \cdot \boldsymbol{R}_{yx}$$

ist eine quadratische, nicht symmetrische Matrix, deren größter Eigenwert λ_1^2 das Quadrat der maximalen kanonischen Korrelation zwischen den beiden Variablensätzen darstellt. Die übrigen Eigenwerte sind die Quadrate der kanonischen Korrelationen, die sukzessiv maximale Kovarianz aufklären.

Eigenwerte. Die Eigenwerte erhalten wir wie üblich, indem wir die Determinante der Matrix $|(\boldsymbol{R}_x^{-1}\cdot \boldsymbol{R}_{xy}\cdot\boldsymbol{R}_y^{-1}\cdot\boldsymbol{R}_{yx}-\lambda^2\cdot\boldsymbol{I})|$ null setzen. Die Entwicklung der Determinante führt zu einem Polynom $\max(p,q)$-ter Ordnung, das $\min(q,p)$ nicht-negative Lösungen hat. Die $\min(p,q)$ Eigenwerte sind die Quadrate der kanonischen Korrelationen.

Eigenvektoren. Sind die Eigenwerte bekannt, können wir über Gl. (28.31) die zu den Eigenwerten gehörenden Eigenvektoren $\boldsymbol{v}_s$ bestimmen, wobei $s = 1,2,\ldots,\min(p,q) = r$. Diese Eigenvektoren müssen hier jedoch so normiert werden, dass die neuen Vektoren $\boldsymbol{v}_s^*$ die Bedingung $\boldsymbol{v}_s^{*\prime} \cdot \boldsymbol{R}_x \cdot \boldsymbol{v}_s^* = 1$ (bzw. $\boldsymbol{V}_s^{*\prime} \cdot \boldsymbol{R} \cdot \boldsymbol{V}_s^* = \boldsymbol{I}$) erfüllen. Hierfür berechnen wir zunächst

$$\boldsymbol{v}'_s \cdot \boldsymbol{R}_x \cdot \boldsymbol{v}_s = k_s. \tag{28.32}$$

Werden beide Seiten durch k_s dividiert, resultiert

$$k_s^{-1/2} \cdot \boldsymbol{v}'_s \cdot \boldsymbol{R}_x \cdot \boldsymbol{v}_s \cdot k_s^{-1/2} = 1,$$

d. h., die gesuchten Vektoren $\boldsymbol{v}_s^*$ ergeben sich zu

$$\boldsymbol{v}_s^* = k_s^{-1/2} \cdot \boldsymbol{v}_s. \tag{28.33}$$

Unter Verwendung von $\boldsymbol{v}_s^*$ und λ_s ergeben sich nach Gl. (28.29) die Gewichtungsvektoren $\boldsymbol{w}_s^*$ für die Kriteriumsvariablen. Die Vektoren $\boldsymbol{v}_s^*$ und $\boldsymbol{w}_s^*$ erfüllen Gl. (28.19) und führen über Gl. (28.18) zu den kanonischen Korrelationen $r_{\hat{x}\hat{y}} = \lambda$. Über die Gl. (28.9) und (28.10) (mit z-transformierten Variablen) erhält man die Positionen der Versuchspersonen auf den kanonischen Prädiktor- bzw. Kriteriumsfaktoren, die mit $\bar{x} = 0$ und $s = 1$ Faktorwerte darstellen:

$$\boldsymbol{F}_x = \hat{\boldsymbol{X}} = \boldsymbol{V}^{*\prime} \cdot \boldsymbol{X}, \tag{28.34a}$$

$$\boldsymbol{F}_y = \hat{\boldsymbol{Y}} = \boldsymbol{W}^{*\prime} \cdot \boldsymbol{Y}. \tag{28.34b}$$

Faktorladungen. Zur Interpretation der kanonischen Faktoren wurden auf S. 510 f. die Faktorladungen genannt, die als Korrelationen zwischen Faktorwerten und Merkmalsausprägungen definiert sind. Verwendet man z-standardisierte Prädiktorvariablen (d. h. Prädiktorvariablen mit $\bar{x} = 0$ und $s_x = 1$, die hier mit $\boldsymbol{X}$ bezeichnet werden), ergibt sich für die Ladungen auf den Prädiktorfaktoren ($r_{x\hat{x}} = a_{is}$):

$$\begin{aligned} \boldsymbol{A}_x &= n^{-1} \cdot \boldsymbol{X} \cdot \hat{\boldsymbol{X}}' \\ &= n^{-1} \cdot \boldsymbol{X} \cdot (\boldsymbol{V}^{*\prime} \cdot \boldsymbol{X})' \\ &= n^{-1} \cdot \boldsymbol{X} \cdot \boldsymbol{X}' \cdot \boldsymbol{V}^* \\ &= \boldsymbol{R}_x \cdot \boldsymbol{V}^*. \end{aligned} \tag{28.35a}$$

Analog hierzu gilt für die Ladungen der Kriteriumsvariablen auf den kanonischen Kriteriumsfaktoren ($r_{y\hat{y}} = a_{js}$):

$$\boldsymbol{A}_y = \boldsymbol{R}_y \cdot \boldsymbol{W}^*. \tag{28.35b}$$

Strukturkoeffizienten. Als weitere Interpretationshilfe wurden auf S. 510 Strukturkoeffizienten (c) als Korrelationen zwischen den Prädiktorvariablen und Kriteriumsfaktoren (vice versa) definiert ($c_x = r_{x\hat{y}}$ bzw. $c_y = r_{\hat{x}y}$). Sie ergeben sich zu

$$\begin{aligned} \boldsymbol{C}_x &= n^{-1} \cdot \boldsymbol{X} \cdot \hat{\boldsymbol{Y}}' \\ &= n^{-1} \cdot \boldsymbol{X} \cdot (\boldsymbol{W}^{*\prime} \cdot \boldsymbol{Y})' \\ &= n^{-1} \cdot \boldsymbol{X} \cdot \boldsymbol{Y}' \cdot \boldsymbol{W}^* \\ &= \boldsymbol{R}_{xy} \cdot \boldsymbol{W}^* \end{aligned} \tag{28.36}$$

bzw. für die Kriteriumsvariablen

$$\boldsymbol{C}_y = \boldsymbol{R}_{xy}' \cdot \boldsymbol{V}^*. \tag{28.37}$$

Die Berechnung der Strukturkoeffizienten lässt sich unter Verwendung von Gl. (28.29) noch weiter vereinfachen: Wir erhalten

$$\boldsymbol{w}_s^* = CR_s^{-1} \cdot \boldsymbol{R}_y^{-1} \cdot \boldsymbol{R}_{xy}' \cdot \boldsymbol{v}_s^*$$

bzw.

$$\boldsymbol{R}_{xy}' \cdot \boldsymbol{v}_s^* = \boldsymbol{R}_y \cdot \boldsymbol{w}_s^* \cdot CR_s,$$

und damit wegen $\boldsymbol{A}_{y(s)} = \boldsymbol{R}_y \cdot \boldsymbol{w}_s^*$ gemäß Gl. (28.35b)

$$\boldsymbol{c}_{y(s)} = \boldsymbol{R}_{xy}' \cdot \boldsymbol{v}_s^* = \boldsymbol{A}_{y(s)} \cdot CR_s. \tag{28.38}$$

Entsprechend gilt

$$\boldsymbol{c}_{x(s)} = \boldsymbol{A}_{x(s)} \cdot CR_s. \tag{28.39}$$

Man erhält die Strukturkoeffizienten, indem man die Ladungen eines s-ten Prädiktor- oder Kriteriumsfaktors mit der s-ten kanonischen Korrelation multipliziert.

Redundanzmaße. Das Quadrat einer Ladung gibt an, welcher Anteil der Varianz einer Variablen durch den entsprechenden Faktor aufgeklärt wird. Die Summe der quadrierten Ladungen eines Faktors kennzeichnet somit die Gesamtvarianz dieses Faktors. Durch die Korrelationsberechnung werden die Variablen z-standardisiert, sodass jede Variable eine Varianz von 1 bzw. der gesamte Prädiktorsatz eine Varianz von p und der Kriteriumssatz eine Varianz von q aufweisen. Relativieren wir die Varianz eines Faktors an p (bzw. q), erhalten wir also den Varianzanteil dieses Faktors. Da das Quadrat der kanonischen Korrelation die gemeinsame Varianz zwischen einem Prädiktorfaktor und dem korrespondierenden Kriteriumsfaktor ergibt, berechnen wir die Redundanz eines Kriteriumsfaktors (d. h. die Vorhersagbarkeit der durch einen Kriteriumsfaktor erfassten Varianz bei Bekanntheit des entsprechenden Prädiktorfaktors) nach folgender Beziehung:

$$\begin{aligned} \mathrm{Red}_{y(s)} &= \frac{1}{q} \cdot CR_s^2 \cdot \sum_{j=1}^{q} a_{js}^2 \\ &= q^{-1} \cdot \boldsymbol{c}_{y(s)}' \cdot \boldsymbol{c}_{y(s)}. \end{aligned} \tag{28.40}$$

Multipliziert mit 100% ergibt sich die prozentuale Redundanz des Kriteriumsfaktors s. Will man die Gesamtredundanz aller $r = \min(p,q)$ Kriteriumsfaktoren errechnen, sind die Einzelredundanzen zu summieren:

$$\mathrm{Red}_y = \sum_{s=1}^{r} \mathrm{Red}_{y(s)}. \tag{28.41}$$

Entsprechend ermittelt man – falls gewünscht – die Redundanz der Prädiktorvariablen angesichts der Kriteriumsvariablen:

$$\begin{aligned} \mathrm{Red}_{x(s)} &= \frac{1}{p} \cdot CR_s^2 \cdot \sum_{i=1}^{p} a_{is}^2 \\ &= p^{-1} \cdot \boldsymbol{c}_{x(s)}' \cdot \boldsymbol{c}_{x(s)} \end{aligned} \tag{28.42}$$

28

bzw.

$$\mathrm{Red}_x = \sum_{s=1}^{r} \mathrm{Red}_{x(s)}. \qquad (28.43)$$

Hinweise: Red_y und Red_x sind Schätzungen der wahren Redundanzwerte aufgrund einer Stichprobe, die insbesondere bei kleineren Stichproben verzerrt sein können. Korrekturformeln, die diese Verzerrung kompensieren, findet man bei Dawson-Saunders (1982). Lambert et al. (1991) demonstrieren das Ausmaß der Verschätzung in einem konkreten Beispiel mit Hilfe der Bootstrap-Technik.

In der Praxis kommt es häufig vor, dass die Redundanzwerte trotz hoher kanonischer Korrelationen gering ausfallen. Dies ist zumindest teilweise darauf zurückzuführen, dass der in diesem Abschnitt beschriebene Algorithmus die kanonischen Korrelationen, aber nicht die Redundanzmaße maximiert. Steht eine Maximierung der Redundanzmaße im Vordergrund, sind modifizierte Techniken zu verwenden, die bei Fornell et al. (1988) beschrieben werden.

BEISPIEL 28.3

Das folgende Beispiel erläutert den Rechengang einer kanonischen Korrelationsanalyse. In einer ausdruckspsychologischen Untersuchung wird erkundet, welcher Zusammenhang zwischen physiognomischen Merkmalen (1. Prädiktor = Stirnhöhe, 2. Prädiktor = Augenabstand, 3. Prädiktor = Mundbreite) einerseits und Persönlichkeitsmerkmalen (1. Kriterium = Intelligenz, 2. Kriterium = Aufrichtigkeit) besteht. Tabelle 28.2 zeigt die Daten von zehn Personen.

Aus Gründen der Rechenökonomie empfiehlt es sich, den größeren Variablensatz mit y und den kleineren mit x zu bezeichnen, sodass $p \leq q$ ist. Deshalb bezeichnen wir in unserem Beispiel die Kriteriumsvariablen mit x und die Prädiktorvariablen mit y.

Kanonische Korrelationen. Wir errechnen für Gl. (28.31) $\boldsymbol{R}_x$, $\boldsymbol{R}_y$ und $\boldsymbol{R}_{xy}$:

$$\boldsymbol{R}_x = \begin{pmatrix} 1{,}0000 & 0{,}4449 \\ 0{,}4449 & 1{,}0000 \end{pmatrix},$$

$$\boldsymbol{R}_y = \begin{pmatrix} 1{,}0000 & -0{,}0499 & -0{,}0058 \\ -0{,}0499 & 1{,}0000 & -0{,}2557 \\ -0{,}0058 & -0{,}2557 & 1{,}0000 \end{pmatrix},$$

$$\boldsymbol{R}_{xy} = \begin{pmatrix} -0{,}0852 & 0{,}1430 & 0{,}3648 \\ -0{,}7592 & 0{,}2595 & -0{,}1825 \end{pmatrix}.$$

Unter Verwendung von

$$\boldsymbol{R}_x^{-1} = \begin{pmatrix} 1{,}2467 & -0{,}5546 \\ -0{,}5546 & 1{,}2467 \end{pmatrix}$$

und

$$\boldsymbol{R}_y^{-1} = \begin{pmatrix} 1{,}0029 & 0{,}0551 & 0{,}0200 \\ 0{,}0551 & 1{,}0730 & 0{,}2747 \\ 0{,}0200 & 0{,}2747 & 1{,}0703 \end{pmatrix}$$

erhält man

$$\boldsymbol{R}_x^{-1} \cdot \boldsymbol{R}_{xy} \cdot \boldsymbol{R}_y^{-1} \cdot \boldsymbol{R}_{xy}' = \begin{pmatrix} 0{,}2244 & -0{,}3074 \\ -0{,}0600 & 0{,}7805 \end{pmatrix}.$$

Tabelle 28.2. Rechenbeispiel für eine kanonische Korrelationsanalyse

Vpn	Prädiktoren			Kriterien	
1	14	2	5	108	18
2	15	2	3	98	17
3	12	2	3	101	22
4	10	3	4	111	23
5	12	2	6	113	19
6	11	3	3	95	19
7	16	3	4	96	15
8	13	4	4	105	21
9	13	2	5	92	17
10	15	3	4	118	19

λ^2 ist so zu bestimmen, dass die folgende Determinante null wird:

$$\begin{vmatrix} 0{,}2244 - \lambda^2 & -0{,}3074 \\ -0{,}0600 & 0{,}7805 - \lambda^2 \end{vmatrix} = 0.$$

Die Entwicklung dieser Determinante führt zu folgendem Polynom 2. Ordnung:

$$\lambda^4 + 1{,}0045\lambda^2 + 0{,}1564 = 0.$$

Die Lösungen lauten

$$\lambda_1^2 = 0{,}8119 \quad \text{und} \quad \lambda_2^2 = 0{,}1930.$$

Die Wurzeln aus diesen Werten ergeben die beiden kanonischen Korrelationen:

$$CR_1 = 0{,}901 \quad \text{und} \quad CR_2 = 0{,}439.$$

Nach Gl. (28.8) resultiert eine Set-Korrelation von

$$R_{xy}^2 = 1 - (1 - 0{,}812) \cdot (1 - 0{,}193) = 0{,}848.$$

Die Signifikanzprüfung nach Gl. (28.6) resultiert in folgendem V-Wert:

$$\begin{aligned} V &= -[10 - 1{,}5 - (2+3)/2] \cdot [\ln(1 - 0{,}8119) \\ &\quad + \ln(1 - 0{,}1930)] \\ &= -6 \cdot [(-1{,}671) + (-0{,}214)] \\ &= 11{,}31. \end{aligned}$$

Für $3 \cdot 2 = 6$ Freiheitsgrade lesen wir in Tab. B des Anhangs für das 5%-Niveau einen kritischen χ^2-Wert von 12,59 ab, d. h., der Gesamtzusammenhang zwischen den beiden Variablensätzen ist nicht signifikant. Dennoch wollen wir zur Verdeutlichung des weiteren Rechengangs die Transformationsvektoren bestimmen.

Eigenvektoren. Über Gl. (28.31) errechnen wir die folgenden, auf Länge 1 normierten Eigenvektoren $\boldsymbol{v}_s$:

$$\boldsymbol{v}_1 = \begin{pmatrix} 0{,}4637 \\ -0{,}8860 \end{pmatrix}; \quad \boldsymbol{v}_2 = \begin{pmatrix} 0{,}9948 \\ 0{,}1016 \end{pmatrix}.$$

Nach Gl. (28.32) ergeben sich

$$k_1 = \boldsymbol{v}_1' \cdot \boldsymbol{R}_x \cdot \boldsymbol{v}_1 = 0{,}6345,$$

$$k_2 = \boldsymbol{v}_2' \cdot \boldsymbol{R}_x \cdot \boldsymbol{v}_2 = 1{,}0899,$$

sodass man nach Gl. (28.33) Vektoren $\boldsymbol{v}_s^*$ erhält, die der Bedingung $\boldsymbol{v}^{*\prime} \cdot \boldsymbol{R}_x \cdot \boldsymbol{v}^* = 1$ genügen:

$$\boldsymbol{v}_1^* = \begin{pmatrix} 0{,}4637 \\ -0{,}8860 \end{pmatrix} \cdot 0{,}6345^{-1/2} = \begin{pmatrix} 0{,}5822 \\ -1{,}1123 \end{pmatrix},$$

$$\boldsymbol{v}_2^* = \begin{pmatrix} 0{,}9948 \\ 0{,}1016 \end{pmatrix} \cdot 1{,}0899^{-1/2} = \begin{pmatrix} 0{,}9529 \\ 0{,}0973 \end{pmatrix}.$$

Tabelle 28.3. Positionen der Versuchspersonen auf den kanonischen Faktoren

Vpn	1. Prädiktorfaktor	2. Prädiktorfaktor	1. Kriteriumsfaktor	2. Kriteriumsfaktor
1	0,928	0,171	0,783	0,456
2	0,463	−1,909	0,554	−0,745
3	−0,995	−1,378	−1,627	−0,185
4	−1,596	0,804	−1,398	1,014
5	0,431	1,476	0,658	1,077
6	−1,585	−0,324	−0,616	−1,007
7	1,320	−0,257	1,370	−1,061
8	−0,243	1,151	−0,865	0,235
9	0,442	0,347	0,129	−1,439
10	0,834	0,080	1,012	1,656

Die Vektoren w^* ergeben sich nach Gl. (28.29) zu

$$w_1^* = R_y^{-1} \cdot R'_{xy} \cdot v_1^* \cdot \lambda_1^{-1} = \begin{pmatrix} 0{,}8813 \\ -0{,}0693 \\ 0{,}4484 \end{pmatrix}$$

und

$$w_2^* = R_y^{-1} \cdot R'_{xy} \cdot v_2^* \cdot \lambda_2^{-1} = \begin{pmatrix} -0{,}3187 \\ 0{,}5812 \\ 0{,}8975 \end{pmatrix}.$$

Auch diese Vektoren erfüllen die Bedingung $w^{*\prime} \cdot R_y \cdot w^* = 1$.

Faktorwerte. Gewichtet man die z-transformierten Kriteriumsvariablen mit V^* und die z-transformierten Prädiktorvariablen mit W^* (man beachte, dass in diesem Beispiel wegen $p \leq q$ die Prädiktorvariablen mit y und die Kriteriumsvariablen mit x bezeichnet werden; vgl. S. 516), resultieren gemäß Gl. (28.34) die Positionen (Faktorwerte F_x und F_y) der Versuchspersonen auf den Prädiktor- und Kriteriumsfaktoren als z-Werte. Diese Werte sind in Tab. 28.3 zusammengefasst.

Man errechnet

$$F'_x \cdot F_x \cdot n^{-1} = \begin{pmatrix} 1{,}0 & 0{,}0 \\ 0{,}0 & 1{,}0 \end{pmatrix},$$

$$F'_y \cdot F_y \cdot n^{-1} = \begin{pmatrix} 1{,}0 & 0{,}0 \\ 0{,}0 & 1{,}0 \end{pmatrix},$$

$$F'_x \cdot F_y \cdot n^{-1} = \begin{pmatrix} 0{,}901 & 0{,}0 \\ 0{,}0 & 0{,}439 \end{pmatrix},$$

d. h., die Faktoren eines jeden Variablensatzes korrelieren zu null, und die Korrelationen zwischen den jeweils ersten und zweiten Faktoren der Variablensätze entsprechen den kanonischen Korrelationen.

Faktorladungen. Nach Gl. (28.35) ergibt sich

$$A_x = R_x \cdot V^* = \begin{pmatrix} 0{,}087 & 0{,}996 \\ -0{,}853 & 0{,}5210 \end{pmatrix},$$

$$A_y = R_y \cdot W^* = \begin{pmatrix} 0{,}882 & -0{,}353 \\ -0{,}228 & 0{,}368 \\ 0{,}461 & 0{,}751 \end{pmatrix}.$$

Diese Werte erhält man auch durch Korrelation der Faktorwerte (Tab. 28.3) mit den entsprechenden Ausgangsvariablen in Tab. 28.2 (F_x mit X und F_y mit Y).

Will man das fiktive Beispiel interpretieren, wäre der erste Prädiktorfaktor als „Stirnhöhenfaktor" mit einer Ladung von 0,882 für „Stirnhöhe" zu interpretieren und der erste Kriteriumsfaktor als Intelligenzfaktor mit einer Ladung von −0,853 für Intelligenz. Für den zweiten Prädiktorfaktor ist das Merkmal „Mundbreite" charakteristisch (0,751) und für den zweiten Kriteriumsfaktor das Merkmal „Aufrichtigkeit" (0,996).

Strukturkoeffizienten. Multipliziert man die Faktorladungen mit den kanonischen Korrelationen, resultieren nach Gl. (28.38) und (28.39) die Strukturkoeffizienten:

$$c_{x(1)} = \begin{pmatrix} 0{,}087 \\ -0{,}853 \end{pmatrix} \cdot 0{,}901 = \begin{pmatrix} 0{,}078 \\ -0{,}769 \end{pmatrix},$$

$$c_{x(2)} = \begin{pmatrix} 0{,}996 \\ 0{,}521 \end{pmatrix} \cdot 0{,}439 = \begin{pmatrix} 0{,}437 \\ 0{,}229 \end{pmatrix}.$$

Diese Werte erhält man auch, wenn man die Kriteriumsvariablen (hier x genannt) mit den Prädiktorfaktoren korreliert.

Die Strukturkoeffizienten für die Prädiktorvariablen (hier y genannt) lauten:

$$c_{y(1)} = \begin{pmatrix} 0{,}882 \\ -0{,}228 \\ 0{,}461 \end{pmatrix} \cdot 0{,}901 = \begin{pmatrix} 0{,}795 \\ -0{,}205 \\ 0{,}415 \end{pmatrix},$$

$$c_{y(2)} = \begin{pmatrix} -0{,}353 \\ 0{,}368 \\ 0{,}751 \end{pmatrix} \cdot 0{,}439 = \begin{pmatrix} -0{,}155 \\ 0{,}162 \\ 0{,}330 \end{pmatrix}.$$

Diese Werte resultieren auch durch Korrelation von F_y mit X. Die erste kanonische Korrelation basiert vor allem auf dem Zusammenhang von Stirnhöhe mit dem ersten Kriteriumsfaktor (0,795) und die zweite Korrelation auf dem Zusammenhang von Mundbreite und dem zweiten Kriteriumsfaktor (0,330).

Redundanzmaße. Die Redundanz errechnen wir nach Gl. (28.40) wie folgt:

$$\text{Red}_{y(1)} = c'_{y(1)} \cdot c_{y(1)} \cdot q^{-1} = 0{,}282$$

$$\text{Red}_{y(2)} = c'_{y(2)} \cdot c_{y(2)} \cdot q^{-1} = 0{,}053$$

Der erste Prädiktorfaktor erklärt 34,7% der Varianz aller Prädiktorvariablen: $(0{,}882^2 + (-0{,}228)^2 + 0{,}461^2)/3 = 0{,}347$. Davon sind $0{,}901^2 \cdot 100\% = 81{,}2\%$ von 34,7%, also 28,18% redundant. Für den zweiten Prädiktorfaktor ergibt sich nach der gleichen Überlegung eine Redundanz von 5,3%, sodass insgesamt 28,2% + 5,3% = 33,5% der Varianz der y-Variablen angesichts der x-Variablen redundant sind.

Für die Kriteriumsvariablen resultieren

$$\text{Red}_{x(1)} = c'_{x(1)} \cdot c_{x(1)} \cdot p^{-1} = 0{,}299,$$

$$\text{Red}_{x(2)} = c'_{x(2)} \cdot c_{x(2)} \cdot p^{-1} = 0{,}122$$

d. h., 29,9% + 12,2% = 42,1% der Varianz der x-Variablen sind angesichts der y-Variablen redundant.

* 28.3 Kanonische Korrelation als allgemeiner Lösungsansatz

In Ergänzung zum Kap. 22 über das allgemeine lineare Modell (ALM) wird im Folgenden gezeigt, dass die meisten der in diesem Buch behandelten Verfahren als Spezialfälle der kanonischen Korrelation darstellbar sind. Die Ausführungen orientieren sich an einer Arbeit von J. Cohen (1982), in der der Autor die Set-Korrelation (vgl. S. 510) als eine allgemeine multivariate Analysetechnik vorstellt. Ein dialogfähiges Computerprogramm dieses Ansatzes findet man bei Eber (1988).

Im Mittelpunkt unserer Überlegungen steht der folgende, auf Rao (1952), zit. nach Knapp (1978) zurückgehende Signifikanztest einer kanonischen Korrelation. Dieser Test führt – zumindest bei großen Stichproben – zu den gleichen Entscheidungen wie der in Gl. (28.6) genannte Signifikanztest. Er ist jedoch für die folgenden Ableitungen besser geeignet als Gl. (28.6):

$$F = \frac{(1 - \Lambda^{1/s}) \cdot (m \cdot s - p \cdot q/2 + 1)}{p \cdot q \cdot \Lambda^{1/s}} \qquad (28.44)$$

mit

$\Lambda = \prod_{i=1}^{r}(1 - \lambda_i^2)$,
λ_i^2 = Eigenwert i der Matrix $\boldsymbol{R}_x^{-1}\boldsymbol{R}_{xy}\boldsymbol{R}_y^{-1}\boldsymbol{R}_{yx}$ $(i = 1, \ldots, r)$,
$r = \min(p,q)$,
p = Anzahl der Prädiktorvariablen,
q = Anzahl der Kriteriumsvariablen,
$m = n - 3/2 - (p + q)/2$,
$s = \sqrt{\frac{p^2 \cdot q^2 - 4}{p^2 + q^2 - 5}}$
(für $p^2 \cdot q^2 = 4$ setzen wir $s = 1$),
n = Stichprobenumfang.

Dieser F-Wert hat $p \cdot q$ Zählerfreiheitsgrade und $m \cdot s - p \cdot q/2 + 1$ Nennerfreiheitsgrade.

Die Matrix $\boldsymbol{R}_x^{-1}\boldsymbol{R}_{xy}\boldsymbol{R}_y^{-1}\boldsymbol{R}_{yx}$ entspricht der Matrix $\boldsymbol{H}(\boldsymbol{H} + \boldsymbol{E})^{-1}$ in Tab. 26.5, wenn man für $\boldsymbol{H} = \boldsymbol{R}_{yx}\boldsymbol{R}_x^{-1}\boldsymbol{R}_{xy}$ und $\boldsymbol{E} = \boldsymbol{R}_y - \boldsymbol{R}_{yx}\boldsymbol{R}_x^{-1}\boldsymbol{R}_{xy}$ einsetzt. Die Hypothesenmatrix $\boldsymbol{H} = \boldsymbol{R}_{yx}\boldsymbol{R}_x^{-1}\boldsymbol{R}_{xy}$ repräsentiert die Varianz-Kovarianz-Matrix der Kriteriumsvariablen, die durch die Prädiktorvariablen erklärt wird, und $\boldsymbol{E}$ als Fehlermatrix die restliche Varianz-Kovarianz-Matrix (vgl. J. Cohen, 1982).

Datenrückgriff. Wenden wir diesen Signifikanztest auf das in Tab. 28.2 genannte Beispiel an, resultiert:

$$\Lambda = (1 - 0{,}8119) \cdot (1 - 0{,}1930) = 0{,}1518,$$
$$p = 3,$$
$$q = 2,$$
$$n = 10,$$
$$m = 10 - 1{,}5 - 2{,}5 = 6,$$
$$s = \sqrt{\frac{3^2 \cdot 2^2 - 4}{3^2 + 2^2 - 5}} = 2$$

und

$$F = \frac{(1 - 0{,}1518^{1/2}) \cdot (6 \cdot 2 - 3 + 1)}{6 \cdot 0{,}1518^{1/2}} = 2{,}611.$$

Bei sechs Zählerfreiheitsgraden und zehn Nennerfreiheitsgraden hat dieser F-Wert ungefähr den gleichen p-Wert wie der auf S. 516 berichtete V-Wert, d. h., auch nach diesem Test ist der Gesamtzusammenhang der beiden Variablensätze nicht signifikant.

Spezialfälle der kanonischen Korrelation

Im Folgenden soll gezeigt werden, dass die meisten statistischen Verfahren als Spezialfälle der kanonischen Korrelation darstellbar sind. Nachdem in Kap. 22 erörtert wurde, dass viele inferenzstatistische Verfahren im Kontext des ALM als Spezialfälle der multiplen Korrelation aufzufassen sind, dürfte dies nicht überraschen, denn die multiple Korrelation ist ihrerseits ein Spezialfall der kanonischen Korrelation.

Wir gehen deshalb zunächst auf die Äquivalenz des Signifikanztests einer multiplen Korrelation (Gl. 21.20) und des Signifikanztests einer kanonischen Korrelation nach Gl. (28.44) ein. Die weiteren Verfahren, die hier unter dem Blickwinkel der kanonischen Korrelation behandelt werden, sind:

- die Produkt-Moment-Korrelation,
- die Diskriminanzanalyse bzw. multivariate Varianzanalyse,
- die univariate Varianzanalyse,
- der t-Test für unabhängige Stichproben,
- der χ^2-Unabhängigkeitstest,
- $k \times 2$-χ^2-Test,
- der χ^2-Test einer 2×2-Tabelle.

Multiple Korrelation

Die multiple Korrelation bestimmt den Zusammenhang zwischen p Prädiktorvariablen und einer Kriteriumsvariablen, d. h., wir setzen in Gl. (28.44)

$q = 1$. Wir erhalten dann

$$m = n - 3/2 - (p+1)/2 = n - p/2 - 2,$$

$$s = \sqrt{\frac{p^2 \cdot 1^2 - 4}{p^2 + 1^2 - 5}} = 1$$

und

$$m \cdot s - p \cdot q/2 + 1 = n - p/2 - 2 - p/2 + 1 = n - p - 1.$$

Die Matrix $R_x^{-1} R_{xy} R_y^{-1} R_{yx}$ hat für $q = 1$ nur einen Eigenwert λ^2, der mit der quadrierten multiplen Korrelation R^2 identisch ist (vgl. Knapp, 1978). Wir erhalten damit

$$\Lambda = (1 - R^2)$$

und

$$(1 - \Lambda^{1/s}) = 1 - (1 - R^2) = R^2.$$

Gleichung (28.44) vereinfacht sich demnach zu

$$F = \frac{R^2 \cdot (n - p - 1)}{(1 - R^2) \cdot p}.$$

Dieser F-Test ist mit dem F-Test zur Überprüfung der Signifikanz einer multiplen Korrelation identisch.

Produkt-Moment-Korrelation

Setzen wir $p = 1$ und $q = 1$, testet Gl. (28.44) eine einfache, bivariate Produkt-Moment-Korrelation. Es ergeben sich die folgenden Vereinfachungen:

$$m = n - 3/2 - 1 = n - 2{,}5,$$

$$s = \sqrt{\frac{1 \cdot 1 - 4}{1 + 1 - 5}} = \sqrt{\frac{-3}{-3}} = 1,$$

$$m \cdot s - p \cdot q/2 + 1 = n - 2{,}5 - 0{,}5 + 1 = n - 2.$$

λ^2 ist für $p = 1$ und $q = 1$ mit r^2 identisch, d. h., wir erhalten entsprechend den Ausführungen zur multiplen Korrelation für F:

$$F = \frac{r^2 \cdot (n-2)}{1 - r^2}.$$

Nach Gl. (5.21) ist ein F-Wert mit einem Zählerfreiheitsgrad äquivalent zu einem quadrierten t-Wert, sodass wir schreiben können

$$t = \sqrt{F_{(1,n-2)}} = \frac{r \cdot \sqrt{n-2}}{\sqrt{1 - r^2}},$$

wobei dieser t-Wert $n - 2$ Freiheitsgrade besitzt. Dies ist die Prüfgröße des Signifikanztests einer Produkt-Moment-Korrelation, s. Gl. (10.10).

Diskriminanzanalyse

Die Diskriminanzanalyse (oder multivariate Varianzanalyse) überprüft, ob sich Stichproben, die den Stufen einer oder mehrerer unabhängiger Variablen zugeordnet sind, bezüglich mehrerer abhängiger Variablen unterscheiden. Diese Fragestellung lässt sich auch über eine kanonische Korrelationsanalyse beantworten, wenn man als Prädiktorvariablen Indikatorvariablen einsetzt, die die Stichprobenzugehörigkeit der einzelnen Versuchspersonen codieren. Hierbei ist es unerheblich, welche der in Abschnitt 22.1 genannten Codierungsarten verwendet wird. Die abhängigen Variablen werden als Kriteriumsvariablen eingesetzt.

BEISPIEL 28.4

Wir wollen diesen Ansatz anhand der Daten in Tab. 26.4 nachvollziehen, die in Tab. 28.4 für eine kanonische Korrelationsanalyse aufbereitet sind. Für die Indikatorvariablen wird hier die Effektcodierung gewählt.

Als Eigenwerte der Matrix $R_x^{-1} R_{xy} R_y^{-1} R_{yx}$ errechnen wir $\lambda_1^2 = 0{,}697$ und $\lambda_2^2 = 0{,}020$.

Mit $\Lambda = (1 - 0{,}697) \cdot (1 - 0{,}020) = 0{,}297$, $n = 15$, $p = 2$, $q = 3$, $m = 11$ und $s = 2$ erhalten wir nach Gl. (28.44)

$$F = \frac{(1 - 0{,}297^{1/2}) \cdot 20}{6 \cdot 0{,}297^{1/2}} = 2{,}784.$$

Dieser F-Wert hat sechs Zählerfreiheitsgradenund 20 Nennerfreiheitsgraden.

Sind die Eigenwerte $\lambda_{i(D)}$ der Diskriminanzanalyse bekannt, erhält man die Eigenwerte $\lambda_{i(K)}^2$ für die kanonische Korrelationsanalyse nach folgender Beziehung (vgl. Tatsuoka, 1953):

$$\lambda_{i(K)}^2 = \frac{\lambda_{i(D)}}{1 + \lambda_{i(D)}}. \quad (28.45)$$

Tabelle 28.4. Codierung einer Diskriminanzanalyse (Daten aus Tab. 26.4)

Prädiktoren		Kriterien		
x_1	x_2	y_1	y_2	y_3
1	0	3	3	4
1	0	4	4	3
1	0	4	4	6
1	0	2	5	5
1	0	2	4	5
1	0	3	4	6
0	1	3	4	4
0	1	2	5	5
0	1	4	3	6
0	1	5	5	6
−1	−1	4	5	7
−1	−1	4	6	4
−1	−1	3	6	6
−1	−1	4	7	6
−1	−1	6	5	6

Im Beispiel:

$$\frac{2{,}30048}{1+2{,}30048} = 0{,}697 \text{ und}$$
$$\frac{0{,}02091}{1+0{,}02091} = 0{,}020.$$

Über weitere Äquivalenzen zwischen der kanonischen Korrelation, der Diskriminanzanalyse und der sog. multivariaten multiplen Regression berichten Lutz und Eckert (1994).

28

Mehrfaktorielle Diskriminanzanalyse. Für mehrfaktorielle Diskriminanzanalysen (bzw. mehrfaktorielle multivariate Varianzanalysen) werden die Prädiktoren durch weitere Indikatorvariablen ergänzt, die die zusätzlichen Haupteffekte und Interaktionen codieren (vgl. hierzu z. B. Tab. 22.6). Man führt zunächst eine kanonische Korrelationsanalyse mit allen Indikatorvariablen als Prädiktorvariablen (und den abhängigen Variablen als Kriteriumsvariablen) durch und berechnet einen Λ_v-Wert (vollständiges Modell). Man ermittelt ferner einen Λ_r-Wert (reduziertes Modell), bei dem als Prädiktorvariablen alle Indikatorvariablen außer denjenigen Indikatorvariablen, die den zu testenden Effekt codieren, eingesetzt werden. Aus Λ_v und Λ_r berechnet man den folgenden Λ-Wert (vgl. Zinkgraf, 1983):

$$\Lambda = \frac{\Lambda_v}{\Lambda_r}. \tag{28.46}$$

Dieser Ansatz ist auch für *ungleich große Stichprobenumfänge* geeignet (nicht-orthogonale multivariate Varianzanalyse). Er entspricht dem in Abschn. 22.2.4 beschriebenen Modell I (ungewichtete Mittelwerte). Die Prüfung dieses Λ-Wertes beschreibt der nächste Abschnitt.

Multivariate Kovarianzanalyse. In multivariaten Kovarianzanalysen werden eine oder mehrere Kovariaten aus den abhängigen Variablen herauspartialisiert. Auch in diesem Fall berechnen wir Λ nach Gl. (28.46), wobei für die Bestimmung von Λ_v alle effektcodierenden Indikatorvariablen und die Kovariate(n) eingesetzt werden und für Λ_r die gleichen Variablen außer den Indikatorvariablen, die den zu testenden Effekt codieren.

Für die Überprüfung eines nach Gl. (28.46) berechneten Λ-Wertes verwenden wir ebenfalls Gl. (28.44), wobei der Faktor m allerdings in folgender Weise zu korrigieren ist:

$$m = n - 3/2 - (p+q)/2 - k_A - k_g, \tag{28.47}$$

wobei

k_A = Anzahl der Kovariaten,
k_g = Anzahl der effektcodierenden Indikatorvariablen abzüglich der Anzahl der Indikatorvariablen des zu testenden Effekts.

Im so modifizierten F-Test ist für p die Anzahl der Indikatorvariablen des zu testenden Effekts einzusetzen. Die Freiheitsgrade dieses F-Tests lauten: $df_{\text{Zähler}} = p \cdot q$ und $df_{\text{Nenner}} = m \cdot s - p \cdot q/2 + 1$. (Ein allgemeiner F-Test, der auch zusätzliche Kovariaten für die Prädiktorvariablen berücksichtigt, wird bei J. Cohen, 1982 beschrieben.)

Univariate Varianzanalyse

Ein- oder mehrfaktorielle univariate Varianzanalysen werden nach dem kanonischen Korrelationsmodell ähnlich durchgeführt wie multivariate Varianzanalysen (Diskriminanzanalysen), mit dem Unterschied, dass $q = 1$ gesetzt wird. Damit sind die Ausführungen zur multiplen Korrelation anwendbar. In der einfaktoriellen Varianzanalyse ersetzen wir $1-\Lambda$ durch R^2_{y,x_A} (bzw. Λ durch $1-R^2_{y,x_A}$), sodass sich Gl. (28.44) folgendermaßen zusammenfassen lässt:

$$F = \frac{R^2_{y,x_A} \cdot (n-p-1)}{(1-R^2_{y,x_A}) \cdot p}. \tag{28.48}$$

Diese Gleichung ist mit Gl. (22.5) identisch. Man beachte, dass n in Gl. (28.48) dem N in Gl. (22.5) entspricht. Ferner bezeichnet p in Gl. (22.5) die Anzahl der Faktorstufen.

Für mehrfaktorielle (orthogonale oder nicht-orthogonale) Varianzanalysen errechnen wir Λ nach Gl. (28.46). Wir verdeutlichen die Bestimmung von Λ am Beispiel des Haupteffekts A einer zweifaktoriellen Varianzanalyse. Es gelten dann die folgenden Äquivalenzen:

$$\Lambda_v = 1 - R^2_{y,x_A x_B x_{A\times B}},$$
$$\Lambda_r = 1 - R^2_{y,x_B x_{A\times B}}$$

und

$$\Lambda = \frac{\Lambda_v}{\Lambda_r} = \frac{1 - R^2_{y,x_A x_B x_{A\times B}}}{1 - R^2_{y,x_B x_{A\times B}}}.$$

Wir erhalten ferner

$$1 - \Lambda = 1 - \frac{1 - R^2_{y,x_A x_B x_{A\times B}}}{1 - R^2_{y,x_B x_{A\times B}}}$$
$$= \frac{R^2_{y,x_A x_B x_{A\times B}} - R^2_{y,x_B x_{A\times B}}}{1 - R^2_{y,x_B x_{A\times B}}}.$$

Für den Ausdruck $\frac{1-\Lambda}{\Lambda}$ in Gl. (28.44) ergibt sich also

$$\frac{1-\Lambda}{\Lambda} = \frac{R^2_{y,x_A x_B x_{A\times B}} - R^2_{y,x_B x_{A\times B}}}{1 - R^2_{y,x_A x_B x_{A\times B}}}. \quad (28.49)$$

Für die Freiheitsgrade errechnen wir

$$\begin{aligned} \text{df}_{\text{Zähler}} &= p \cdot q = p, \\ \text{df}_{\text{Nenner}} &= m \cdot s - p \cdot q/2 + 1 \\ &= n - \frac{3}{2} - \frac{p+1}{2} - \text{df}_B - \text{df}_{A\times B} - \frac{p}{2} + 1 \\ &= n - p - \text{df}_B - \text{df}_{A\times B} - 1 \\ &= n - \text{df}_A - \text{df}_B - \text{df}_{A\times B} - 1. \end{aligned}$$

(m wird nach Gl. 28.47 bestimmt; $s = 1$; $k_A = 0$; $k_g = \text{df}_B + \text{df}_{A\times B}$; p = Anzahl der Indikatorvariablen des Effekts $A = \text{df}_A$.)

Setzen wir die entsprechenden Ausdrücke in Gl. (28.44) ein, resultiert der F-Test, mit welchem in der zweifaktoriellen Varianzanalyse ein Haupteffekt getestet werden kann, der auf den ungewichtete Mittelwerte basiert, s. Kap. 22.2.4.

In gleicher Weise gehen wir vor, wenn aus Gl. (28.44) die univariaten F-Brüche für Faktor B, die Interaktion $A \times B$ bzw. ein F-Bruch für kovarianzanalytische Pläne abzuleiten sind.

t-Test für unabhängige Stichproben

Für die Durchführung eines t-Tests nach dem kanonischen Korrelationsmodell verwenden wir eine dichotome Prädiktorvariable, die die Gruppenzugehörigkeit codiert ($p = 1$), und eine Kriteriumsvariable (abhängige Variable, $q = 1$). Es gelten damit die Vereinfachungen, die bereits im Zusammenhang mit der Produkt-Moment-Korrelation dargestellt wurden. Wir erhalten erneut den t-Test zur Überprüfung der Signifikanz einer Produkt-Moment-Korrelation (in diesem Fall punktbiserialen Korrelation). Auf die Äquivalenz von Gl. (10.10) und (8.6) (der t-Test-Formel) wurde bereits in Abschn. 22.2.1 hingewiesen.

χ^2-Unabhängigkeitstest

Für den χ^2-Unabhängigkeitstest (und die folgenden χ^2-Tests) verwenden wir nicht Gl. (28.44), sondern eine andere, auf Pillai (1955) zurückgehende multivariate Teststatistik, die für die Analyse von Kontingenztafeln besser geeignet ist (vgl. hierzu die Kritik von Isaac & Milligan, 1983 an den Arbeiten von Knapp, 1978 und T. R. Holland et al., 1980). Diese Teststatistik lautet

$$PS = \sum_{i=1}^{r} \lambda_i^2 \quad (28.50)$$

mit λ_i^2 = Eigenwert i ($i = 1, \ldots, r$) der Matrix $\boldsymbol{R}_x^{-1}\boldsymbol{R}_{xy}\boldsymbol{R}_y^{-1}\boldsymbol{R}_{yx}$ (zur Äquivalenz dieser Matrix mit der Matrix $\boldsymbol{H} \cdot (\boldsymbol{H} + \boldsymbol{E})^{-1}$ in Tab. 26.5; man beachte, dass PS im Zusammenhang mit Gl. (26.20) für die Eigenwerte der Matrix $\boldsymbol{H} \cdot \boldsymbol{E}^{-1}$ bestimmt wurde).

Wie Kshirsagar (1972, Kap. 9.6) zeigt, besteht zwischen dem χ^2 einer $k \times \ell$-Kontingenztafel und dem in Gl. (28.50) definierten PS-Wert die folgende Beziehung:

$$\chi^2 = n \cdot PS. \quad (28.51)$$

Die in Gl. (28.51) berechnete Prüfgröße ist mit $p \cdot q$ Freiheitsgraden χ^2-verteilt, wenn die üblichen Voraussetzungen für einen χ^2-Test erfüllt sind. Hierbei sind $p = k - 1$ (Anzahl der Indikatorvariablen, die das erste nominale Merkmal codieren) und $q = \ell - 1$ (Anzahl der Indikatorvariablen, die das zweite nominale Merkmal codieren).

BEISPIEL 28.5

Wir wollen diese Beziehung im Folgenden anhand der Daten aus Tab. 9.2 verdeutlichen. Aus dieser 4 × 3-Tafel wurde für eine Stichprobe von $n = 500$ ein χ^2-Wert von 34,65 errechnet. Diesen χ^2-Wert erhalten wir auch nach Gl. (28.51).

Wir codieren das vierstufige Merkmal A durch $p = 3$ Indikatorvariablen (Prädiktorvariablen) und das dreistufige Merkmal B durch $q = 2$ Indikatorvariablen (Kriteriumsvariablen). Tabelle 28.5 zeigt das Ergebnis für dummycodierte Kategorien. (Man beachte, dass für die Berechnung einer kanonischen Korrelation jeder Codicrungsvektor entsprechend den angegebenen Frequenzen eingesetzt werden muss. Die erste Zeile besagt beispielsweise, dass sich zwölf Personen in Kategorie a_1 und Kategorie b_1 befinden.)

Tabelle 28.5. Codierung einer $k \times \ell$-Tafel (Daten aus Tab. 9.2)

x_1	x_2	x_3	y_1	y_2	Frequenz der Zelle
1	0	0	1	0	12
0	1	0	1	0	20
0	0	1	1	0	35
0	0	0	1	0	40
1	0	0	0	1	80
0	1	0	0	1	70
0	0	1	0	1	50
0	0	0	0	1	55
1	0	0	0	0	30
0	1	0	0	0	50
0	0	1	0	0	30
0	0	0	0	0	28
					500

Damit ist eine kanonische Korrelationsanalyse mit $p = 3$ Prädiktorvariablen, $q = 2$ Kriteriumsvariablen und $n = 500$ durchzuführen. (Man beachte, dass die Kriteriumsvariablen nicht metrisch, sondern dichotom sind, d. h., die Forderung nach metrischen Kriteriumsvariablen wird hinfällig.) Wir errechnen

$$\lambda_1^2 = 0{,}0578,$$
$$\lambda_2^2 = 0{,}0115,$$
$$PS = 0{,}0578 + 0{,}0115 = 0{,}0693$$

und

$$\chi^2 = 500 \cdot 0{,}0693 = 34{,}65.$$

Der χ^2-Wert ist mit dem in Beispiel 9.1 berechneten Wert identisch.

Mit diesem Ansatz lässt sich in gleicher Weise auch der Zusammenhang zwischen mehreren nominalskalierten Prädiktorvariablen (die jeweils durch Indikatorvariablen zu codieren sind) und mehreren nominalskalierten Kriteriumsvariablen (die ebenfalls durch Indikatorvariablen zu codieren sind) bestimmen. Zusätzlich können metrische Prädiktor- oder Kriteriumsvariablen aufgenommen bzw. weitere Variablen oder Variablensätze als Kovariaten für die Prädiktorvariablen oder die Kriteriumsvariablen berücksichtigt werden (ausführlicher hierzu vgl. J. Cohen, 1982; man beachte allerdings, dass Cohen eine andere Prüfstatistik verwendet, die – abweichend von Pillais *PS* – nur approximative Schätzungen der χ^2-Werte liefert.)

$k \times 2$-χ^2-Test

Eine $k \times 2$-Kontingenztafel lässt sich durch $p = k - 1$ Indikatorvariablen als Prädiktorvariablen und eine Indikatorvariable als Kriteriumsvariable ($q = 1$) darstellen (vgl. Tab. 22.15). Es sind damit die Ausführungen über die multiple Korrelation anwendbar, d. h., wir erhalten $\lambda^2 = R^2$ bzw. nach Gl. (28.50) $PS = R^2$. Das χ^2 einer $k \times 2$-Tafel lässt sich – wie in Abschnitt 22.2.11 bereits erwähnt – nach Gl. (28.51) einfach mit der Beziehung $\chi^2 = n \cdot R^2$ errechnen.

χ^2-Unabhängigkeitstest

Die Codierung einer 2×2-Tabelle erfolgt durch eine Prädiktorindikatorvariable und Kriteriumsindikatorvariable (vgl. Tab. 22.14). Damit sind die Ausführungen über die Produkt-Moment-Korrelation anwendbar. Wir erhalten $\lambda^2 = r^2$ bzw. $PS = r^2$. Für χ^2 ergibt sich entsprechend den Ausführungen in Abschnitt 22.2.10 nach Gl. (28.51) die Beziehung $\chi^2 = n \cdot r^2$. Mit r erhält man in diesem Fall die Korrelation zweier dichotomer Merkmale, für die wir den Phi-Koeffizienten eingeführt haben, der sich in Übereinstimmung mit Gl. (10.29) zu $\Phi = r = \sqrt{\chi^2/n}$ ergibt.

* 28.4 Schlussbemerkung

Nach Durcharbeiten dieses Kapitels wird sich manchem Leser vermutlich die Frage aufdrängen, warum es erforderlich ist, auf mehreren 100 Seiten statistische Verfahren zu entwickeln, die letztlich zum größten Teil Spezialfälle eines einzigen Verfahrens sind. Wäre es nicht sinnvoller, von vorneherein die kanonische Korrelationsanalyse als ein allgemeines Analysemodell zu erarbeiten, aus dem sich die meisten hier behandelten Verfahren deduktiv ableiten lassen?

Eine Antwort auf diese Frage hat zwei Aspekte zu berücksichtigen. Angesichts der Tatsache, dass heute ohnehin ein Großteil der statistischen Datenverarbeitung mit leistungsstarken EDV-Anlagen absolviert wird, ist es sicherlich sinnvoll, ein allgemeines, auf der kanonischen Korrelationsanalyse aufbauendes Analyseprogramm zu erstellen, das die wichtigsten statistischen Aufgaben löst.

Neben diesem rechentechnischen Argument sind jedoch auch didaktische Erwägungen zu berücksichtigen. Hier zeigt die Erfahrung, dass die meisten Studierenden der Human- und Sozialwissenschaften überfordert sind, wenn sie bereits zu Beginn ihrer Statistikausbildung die Mathematik erarbeiten müssen, die für ein genaues Verständnis der kanonischen Korrelation erforderlich ist. Während z. B. der Aufbau eines *t*-Tests oder eine einfache Varianzanalyse ohne übermäßige Anstrengungen nachvollziehbar sind, muss man befürchten, dass die Anschaulichkeit dieser Verfahren (und auch die Studienmotivation) verloren ginge, wenn man sie als Spezialfälle der kanonischen Korrelation einführen würde.

Dies ist das entscheidende Argument, warum dieses Lehrbuch mit der Vermittlung einfacher Verfahren beginnt, diese schrittweise zu komplizierteren Ansätzen ausbaut und schließlich mit einem allgemeinen Analysemodell endet, das die meisten der behandelten Verfahren auf „eine gemeinsame Formel" bringt.

ÜBUNGSAUFGABEN

Aufgabe 28.1 Was wird mit einer kanonischen Korrelationsanalyse untersucht?

Aufgabe 28.2 Worin unterscheiden sich die multiple Korrelation, die PCA, die Diskriminanzanalyse und die kanonische Korrelationsanalyse hinsichtlich der Kriterien, nach denen im jeweiligen Verfahren Linearkombinationen erstellt werden?

Aufgabe 28.3 Wie viele kanonische Korrelationen können im Rahmen einer kanonischen Korrelationsanalyse berechnet werden?

Aufgabe 28.4 Unter welchen Umständen sind die im Anschluss an eine kanonische Korrelationsanalyse zu berechnenden Redundanzmaße für die Kriteriumsvariablen und Prädiktorvariablen identisch?

Aufgabe 28.5 Welche Kennwerte dienen der Interpretation kanonischer Korrelationen?

Aufgabe 28.6 Wie müssen die Daten in Aufgabe 26.6 für eine kanonische Korrelationsanalyse aufbereitet werden? (Bitte verwenden Sie die Effektcodierung.)

Aufgabe 28.7 Wie lautet die Dummycodierung für folgende 4 × 4-Tafel?

	b_1	b_2	b_3	b_4
a_1	18	16	23	17
a_2	8	14	15	18
a_3	6	12	9	11
a_4	19	23	24	23

Anhang

Anhang A Rechenregeln für Erwartungswert, Varianz und Kovarianz

Für das Rechnen mit Erwartungswerten – Varianzen und Kovarianzen sind ebenfalls als Erwartungswerte definiert – gibt es zahlreiche Rechenregeln, von denen wir nun eine Auswahl vorstellen wollen. Die Rechenregeln gelten sowohl für stetige als auch für diskrete Zufallsvariablen. Zur Begründung der Rechenregeln betrachten wir aber ausschließlich diskrete Zufallsvariablen. Die Begründungen im Fall stetiger Zufallsvariablen sind in der Regel ganz analog und erfordern das Ersetzen des Summenzeichens durch das Integralsymbol. Wir beginnen mit einem Beispiel, welches den Erwartungswert einer diskreten Zufallsvariablen verdeutlicht.

In einem Gasthaus stehen zwei Spielautomaten. Aus den Gewinnplänen entnehmen wir, dass Automat *A* 0,00 €, 0,20 €, 0,40 €, 0,60 € und 1,00 € auszahlt. Die Wahrscheinlichkeiten für diese Ereignisse lauten 50%, 30%, 10%, 7% und 3%. Beim Automaten *B* kommen 0,00 € mit 60%, 0,20 € mit 25%, 0,40 € mit 10%, 0,80 € mit 3% und 2,00 € mit 2% Wahrscheinlichkeit zur Auszahlung. Bei beiden Automaten beträgt der Einsatz 0,20 €. Mit welchem der beiden Automaten empfiehlt es sich zu spielen, wenn sich die Präferenz nur nach der Größe der Gewinnchancen richtet?

Zweifellos wird diese Entscheidung davon abhängen, bei welchem der beiden Automaten im *Durchschnitt* der größere Gewinn zu erwarten ist. Diese Gewinnerwartungen lassen sich veranschaulichen, wenn man davon ausgeht, dass an jedem Automaten z. B. 100-mal gespielt wird. Aufgrund der Wahrscheinlichkeiten kann man im Durchschnitt damit rechnen, dass die Automaten folgende Beträge auswerfen:

Automat A:	50 × 0,00 €	=	0,00 €
	30 × 0,20 €	=	6,00 €
	10 × 0,40 €	=	4,00 €
	7 × 0,60 €	=	4,20 €
	3 × 1,00 €	=	3,00 €
	Summe		17,20€

Automat B:	60 × 0,00 €	=	0,00 €
	25 × 0,20 €	=	5,00 €
	10 × 0,40 €	=	4,00 €
	3 × 0,80 €	=	2,40 €
	2 × 2,00 €	=	4,00 €
	Summe		15,40€

Die oben gestellte Frage ist damit eindeutig zu beantworten: Da in beide Automaten für 100 Spiele 20 € eingezahlt wurden, liegt die mittlere Auszahlung in jedem Falle unter dem Einsatz, sodass sich das Spiel an keinem der beiden Automaten empfiehlt. Ist man jedoch bereit, den zu erwartenden Verlust als Preis für die Freude am Spiel anzusehen, wäre Automat *A* mit dem geringeren durchschnittlichen Verlust vorzuziehen.

A.1 Definition von Erwartungswert, Varianz und Kovarianz

Bezeichnen wir die k möglichen Auszahlungen eines Automaten als eine *diskrete Zufallsvariable* mit den Werten x_i und die Wahrscheinlichkeit des Auftretens eines Ereignisses als p_i, erhalten wir allgemein für den *Erwartungswert* einer diskreten Zufallsvariablen:

$$\mathrm{E}(x) = \sum_{i=1}^{k} x_i p_i \tag{A.1}$$

wobei $p_i = P(x_i)$. Für den Erwartungswert einer Zufallsvariablen, welcher die Mitte ihrer Verteilung angibt, verwendet man üblicherweise das Symbol μ.

Die Varianz der Zufallsvariablen ist ebenfalls als Erwartungswert definiert, nämlich als Erwartungswert einer quadrierten Abweichung von μ. Die Formel im Fall einer diskreten Zufallsvariablen lautet:

$$\begin{aligned}\sigma^2 &= \mathrm{E}(x-\mu)^2 \\ &= \sum_{i=1}^{k} (x_i - \mu)^2 p_i .\end{aligned} \tag{A.2}$$

Des weiteren benötigen wir für diesen Anhang noch die Kovarianz zweier Zufallsvariablen x und y. Auch sie ist als Erwartungswert definiert. Die Kovarianz ist der Erwartungswert korrespondierender Abweichungen vom Mittel. Die Formel im Fall diskreter Zufallsvariablen lautet:

$$\begin{aligned}\sigma_{xy} &= \mathrm{E}(x-\mu_x)(y-\mu_y)\\ &= \sum_{i=1}^{k}(x_i-\mu_x)(y_i-\mu_y)\,p_i.\end{aligned} \tag{A.3}$$

Sind x und y voneinander unabhängig, dann ist ihre Kovarianz null. Man beachte, dass die Umkehrung dieser Aussage nicht korrekt ist, d. h. selbst wenn die Kovarianz null beträgt, können die Variablen abhängig sein.

A.1.1 Rechenregeln für Erwartungswerte

Im Folgenden wollen wir einige Rechenregeln für das Operieren mit Erwartungswerten verdeutlichen.

1. Der Erwartungswert einer Konstanten ist mit der Konstanten selbst identisch. Also

$$\mathrm{E}(a) = a. \tag{A.4}$$

Dies kann man sich bei einer diskreten Zufallsvariablen folgendermaßen veranschaulichen: Wenn in (A.1) $x_i = a$ gesetzt wird, erhalten wir:

$$\mathrm{E}(a) = \sum_{i=1}^{k} a\cdot p_i = a\cdot\sum_{i=1}^{k} p_i = a,$$

da $\sum_i p_i = 1$.

2. Ist x eine Zufallsvariable und a eine Konstante, so gilt:

$$\mathrm{E}(a\cdot x) = a\cdot \mathrm{E}(x). \tag{A.5}$$

Auch diese Beziehung lässt sich für eine diskrete Variable leicht ableiten. Schreiben wir in Gl. (A.1) für x_i den Ausdruck $a\cdot x_i$, erhalten wir:

$$\mathrm{E}(ax) = \sum_{i=1}^{k} ax_i\,p_i = a\sum_{i=1}^{k} x_ip_i = a\ \mathrm{E}(x).$$

3. Werden eine Zufallsvariable x und eine Konstante a additiv verknüpft, ergibt sich als Erwartungswert für die Summe:

$$\mathrm{E}(x+a) = \mathrm{E}(x) + a. \tag{A.6}$$

Die Herleitung dieser Beziehung bei diskreten Variablen lautet:

$$\mathrm{E}(x+a) = \sum_{i=1}^{k}(x_i+a)p_i = \sum_{i=1}^{k} x_ip_i + a\sum_{i=1}^{k} p_i = \mathrm{E}(x) + a.$$

4. Werden zwei Zufallsvariablen x und y additiv verknüpft, erhalten wir als Erwartungswert für die Summe der beiden Zufallsvariablen:

$$\mathrm{E}(x+y) = \mathrm{E}(x) + \mathrm{E}(y). \tag{A.7}$$

Entsprechendes gilt für n additiv verknüpfte Zufallsvariablen:

$$\mathrm{E}\left(\sum_{i=1}^{n} x_i\right) = \sum_{i=1}^{n}\mathrm{E}(x_i). \tag{A.8}$$

5. Werden zwei voneinander unabhängige Zufallsvariablen x und y multiplikativ verknüpft, resultiert als Erwartungswert des Produktes:

$$\mathrm{E}(xy) = \mathrm{E}(x)\mathrm{E}(y). \tag{A.9}$$

Entsprechendes gilt für das Produkt aus n wechselseitig voneinander unabhängigen Zufallsvariablen:

$$\mathrm{E}(x_1\cdots x_n) = \mathrm{E}(x_1)\cdots\mathrm{E}(x_n). \tag{A.10}$$

6. Eine weitere wichtige Rechenregel für Erwartungswerte besagt, dass der Erwartungswert einer Funktion g einer Zufallsvariablen x [z. B. $g(x) = x^2$; $g(x) = (a-x)^2$; $g(x) = \mathrm{e}^x$] folgendermaßen berechnet werden kann:

$$\mathrm{E}[g(x)] = \sum_{i=1}^{k} g(x_i)p_i. \tag{A.11}$$

A.1.2 Rechenregeln für Varianz und Kovarianz

1. Die Varianz einer Zufallsvariablen x kann auch folgendermaßen geschrieben werden:

$$\sigma^2 = \mathrm{E}(x^2) - \mu^2. \tag{A.12}$$

Zum Beweis dieser Aussage s. Aufgabe A.1.

2. Ein alternativer Ausdruck für die Kovarianz zweier Zufallsvariablen x und y lautet:

$$\sigma_{xy} = \mathrm{E}(xy) - \mu_x\mu_y. \tag{A.13}$$

Zum Beweis dieser Aussage s. Aufgabe A.2.

3. Addiert man zu jedem Wert der Variablen x eine Konstante a, so ändert dies die Varianz nicht, d. h. für die Varianz von $z = x + a$ gilt

$$\sigma_z^2 = \sigma_x^2. \tag{A.14}$$

4. Multipliziert man jeden Wert der Variablen x mit einer Konstanten a, so errechnet man die Varianz von $z = a\cdot x$ nach folgender Regel

$$\sigma_z^2 = a^2\cdot\sigma_x^2. \tag{A.15}$$

5. Wir betrachten die beiden Zufallsvariablen x und y sowie ihre Summe $z = x + y$. Für die Varianz der Summe z gilt:

$$\sigma_z^2 = \sigma_x^2 + \sigma_y^2 + 2\sigma_{xy}. \tag{A.16}$$

Zum Beweis dieser Aussage s. Aufgabe A.3. Gleichung (A.16) vereinfacht sich, wenn wir annehmen, dass die Variablen nicht miteinander kovariieren. Dies ist insbesondere dann der Fall, wenn sie unabhängig sind. In diesem Fall ergibt sich

$$\sigma_z^2 = \sigma_x^2 + \sigma_y^2. \tag{A.17}$$

Entsprechendes lässt sich für die Summe aus mehreren Zufallsvariablen, die paarweise nicht miteinander kovariieren, zeigen.

6. In welcher Weise ändert sich die Formel für die Varianz einer Summe, s. Gl. (A.16), wenn man anstatt der Summe, die Differenz der Variablen $z = x - y$ betrachtet? Für die Varianz der Differenz zweier Variablen ergibt sich folgende Formel:

$$\sigma_z^2 = \sigma_x^2 + \sigma_y^2 - 2\sigma_{xy}. \tag{A.18}$$

Der letzte Term auf der rechten Seite der Gleichung muss für die Differenz zweier Zufallsvariablen *subtrahiert* und nicht wie bei der Varianz der Summe addiert werden. Kovariieren die Variablen nicht miteinander, so ist die Formel für die Varianz der Summe mit der Varianz der Differenz identisch, d. h., es gilt

$$\sigma_z^2 = \sigma_x^2 + \sigma_y^2. \tag{A.19}$$

A.2 Statistische Beispiele

Diese Rechenregeln für Erwartungswerte seien im Folgenden an einigen, für die Statistik wichtigen Beispielen demonstriert.

A.2.1 Erwartungswert von $\bar{x}$

Ziehen wir aus einer Population wiederholt Stichproben, erhalten wir eine Verteilung der Stichprobenmittelwerte, die in Abschn. 6.2 behandelt wurde. Ein Stichprobenmittelwert stellt somit eine Realisation der Zufallsvariablen „Stichprobenmittelwert" dar, deren Erwartungswert wir im Folgenden berechnen wollen:

Nach Gl. (2.1) erhalten wir für das arithmetische Mittel einer Stichprobe:

$$\bar{x} = \frac{1}{n}\sum_{i=1}^{n} x_i.$$

Der Erwartungswert $E(\bar{x})$ ergibt sich zu:

$$\begin{aligned} E(\bar{x}) &= E\left(\frac{1}{n}\sum_{i=1}^{n} x_i\right) \\ &= \frac{1}{n}\cdot E\left(\sum_{i=1}^{n} x_i\right) && \text{(vgl. A.5)} \\ &= \frac{1}{n}\cdot \sum_{i=1}^{n} E(x_i) && \text{(vgl. A.8)} \\ &= \frac{1}{n}\cdot n \cdot \mu = \mu. \end{aligned}$$

Der Erwartungswert des Mittelwertes $\bar{x}$ ist also mit dem Populationsparameter μ identisch. Wir sagen:

$\bar{x}$ ist eine erwartungstreue Schätzung von μ.

A.2.2 Varianz des Mittelwertes

Im Folgenden wollen wir uns der Varianz des Mittelwertes zuwenden, die wir als $\sigma_{\bar{x}}^2$ bezeichnen. Wir schreiben das Stichprobenmittel $\bar{x}$ folgendermaßen

$$\bar{x} = \frac{1}{n}\cdot z,$$

wobei $z = \sum_i x_i$ ist. Aufgrund von Gl. (A.15) ergibt sich

$$\sigma_{\bar{x}}^2 = \left(\frac{1}{n}\right)^2 \sigma_z^2.$$

Da der Mittelwert aufgrund einer einfachen Stichprobe berechnet wird, dürfen wir annehmen, dass alle x_i, $i = 1, \ldots, n$, (a) identisch verteilte und (b) voneinander unabhängige Zufallsvariablen sind. Für Zufallsvariablen aus einer einfachen Stichprobe lässt sich die Varianz der Summe σ_z^2 vereinfachen. Aus der Unabhängigkeit folgt, dass die Varianz der Summe gleich der Summe der Varianzen ist. Aufgrund der identischen Verteilung aller Zufallsvariablen folgt, dass jeder Summand gleich ist. Damit ergibt sich: $\sigma_z^2 = n\sigma^2$, wobei σ^2 die Varianz der Zufallsvariablen x ist.

Verwendet man dieses Ergebnis für die Varianz der Summe unabhängig und identisch verteilter Zufallsvariablen, so ergibt sich

$$\begin{aligned} \sigma_{\bar{x}}^2 &= \left(\frac{1}{n}\right)^2 \cdot \sigma_z^2 \\ &= \left(\frac{1}{n}\right)^2 \cdot n\sigma^2 \\ &= \sigma^2/n. \end{aligned} \tag{A.20}$$

Die Varianz der Mittelwerteverteilung ist gleich der Populationsvarianz σ^2, dividiert durch den Stichprobenumfang n, auf dem die Mittelwerte beruhen.

Die Wurzel aus Gl. (A.20) kennzeichnet den *Standardfehler des Mittelwertes*:

$$\sigma_{\bar{x}} = \sigma/\sqrt{n}. \tag{A.21}$$

A.2.3 Erwartungswert von s^2

Die Stichprobenvarianz wurde als $s^2 = \text{QS}/(n-1)$ definiert, wobei QS die Quadratsumme der Werte bezeichnet, d. h. $\text{QS} = \sum_i (x_i - \bar{x})^2$. Mit Hilfe von (A.5) folgt, dass

$$\text{E}(s^2) = \frac{\text{E(QS)}}{n-1}, \tag{A.22}$$

sodass wir den Erwartungswert der Quadratsumme berechnen müssen, um den Erwartungswert der Stichprobenvarianz zu ermitteln.

Wir verwenden die Formel für die Quadratsumme aus Aufgabe C, welche die Quadratsumme von n Werten durch die quadrierten Differenzen aller Wertepaare zum Ausdruck bringt. Diese Formel ist

$$\text{QS} = \frac{1}{n} \sum_{i<j} (x_i - x_j)^2.$$

Aufgrund der Rechenregeln können wir diesen Erwartungswert zunächst folgendermaßen ausdrücken:

$$\begin{aligned} \text{E(QS)} &= \text{E}\left[\frac{1}{n} \sum_{i<j} (x_i - x_j)^2\right] \\ &= \frac{1}{n} \sum_{i<j} \text{E}(x_i - x_j)^2 \end{aligned} \tag{A.23}$$

Nun formen wir die quadrierte Differenz $x_i - x_j$ mit Hilfe der binomischen Formel um:

$$\begin{aligned} (x_i - x_j)^2 &= \left[(x_i - \mu) - (x_j - \mu)\right]^2 \\ &= (x_i - \mu)^2 - 2(x_i - \mu)(x_j - \mu) \\ &\quad + (x_j - \mu)^2. \end{aligned}$$

und berechnen den Erwartungswert der drei Terme auf der rechten Seite. Da wir bei der Berechnung der Stichprobenvarianz von einer einfachen Stichprobe ausgehen, dürfen wir annehmen, dass x_i und x_j identisch verteilte und voneinander unabhängige Zufallsvariablen sind. Aufgrund der gleichen Verteilung von x_i und x_j sind die Erwartungswerte von $(x_i - \mu)^2$ und $(x_j - \mu)^2$ identisch. In der Tat sind beide Erwartungswerte gleich der Varianz der Zufallsvariablen, s. Gl. (A.2). Mit anderen Worten

$$\text{E}(x_i - \mu)^2 = \text{E}(x_j - \mu)^2 = \sigma^2.$$

Der Erwartungswert von $(x_i - \mu)(x_j - \mu)$ ist gleich der Kovarianz von x_i und x_j. Da x_i und x_j unabhängig sind, ist diese Kovarianz null. Damit erhält man: $\text{E}(x_i - x_j)^2 = 2\sigma^2$.

Setzen wir dieses Ergebnis in Gl. (A.23) ein, so ergibt sich

$$\text{E(QS)} = \frac{1}{n} \sum_{i<j} 2\sigma^2.$$

Der Summand ist konstant, sodass die Summe dadurch berechnet werden kann, dass der Summand mit der Anzahl der Summanden multipliziert wird. Wie viele Summanden gibt es? Da über alle Messwertpaare summiert werden muss, ergibt sich diese Anzahl aus dem Paarbildungsgesetz, s. Gl. (4.12), als $n(n-1)/2$. Somit erhalten wir

$$\begin{aligned} \text{E(QS)} &= \frac{1}{n} \cdot \frac{n(n-1)}{2} \cdot 2\sigma^2 \\ &= (n-1)\sigma^2. \end{aligned}$$

Nun können wir dieses Resultat für den Erwartungswert der Quadratsumme in Gl. A.22 einsetzen und erhalten das Ergebnis

$$\text{E}(s^2) = \frac{\text{E(QS)}}{n-1} = \frac{(n-1)\sigma^2}{n-1} = \sigma^2.$$

Die Stichprobenvarianz ist eine erwartungstreue Schätzung der Populationsvarianz.

ÜBUNGSAUFGABEN

Aufgabe A.1 Beweisen Sie die Richtigkeit von Gl. (A.12).

Aufgabe A.2 Beweisen Sie die Richtigkeit von Gl. (A.13).

Aufgabe A.3 Beweisen Sie die Richtigkeit von Gl. (A.16).

Anhang B **Rechnen mit Matrizen**

B.1 Terminologie

Eine rechteckige Anordnung von Zahlen in mehreren Zeilen und Spalten bezeichnen wir als eine *Matrix*. Die Anzahl der Zeilen und Spalten gibt die Größe bzw. Ordnung der Matrix an. Eine $n \times m$-Matrix hat n Zeilen und m Spalten.

Das folgende Beispiel veranschaulicht eine 2×3-Matrix:

$$\boldsymbol{B} = \begin{pmatrix} 3 & -1 & 2 \\ -5 & 0 & 4 \end{pmatrix}.$$

Die einzelnen Werte einer Matrix werden Elemente der Matrix genannt. Die Gesamtmatrix wird durch einen fett gedruckten Großbuchstaben gekennzeichnet.

In der oben genannten Matrix $\boldsymbol{B}$ lautet das Element $b_{23} = 4$. Der erste Index gibt an, in welcher Zeile der Matrix und der zweite Index, in welcher Spalte der Matrix das Element steht.

Das folgende Beispiel zeigt die allgemeine Schreibweise der Elemente einer 3×4-Matrix.

$$\boldsymbol{A} = \begin{pmatrix} a_{11} & a_{12} & a_{13} & a_{14} \\ a_{21} & a_{22} & a_{23} & a_{24} \\ a_{31} & a_{32} & a_{33} & a_{34} \end{pmatrix}$$

oder in Kurzform

$$\boldsymbol{A} = a_{ij},$$

für $i = 1, 2, 3$ und $j = 1, 2, 3, 4$. Häufig kommt es vor, dass die zu einer Matrix gehörende, sog. *transponierte Matrix* benötigt wird. Eine transponierte Matrix erhalten wir, indem jede Zeile der ursprünglichen Matrix als Spalte geschrieben wird. Die Transponierte einer Matrix wird durch einen Strich gekennzeichnet. Das folgende Beispiel zeigt die Transponierte der Matrix $\boldsymbol{B}$:

$$\boldsymbol{B}' = \begin{pmatrix} 3 & -5 \\ -1 & 0 \\ 2 & 4 \end{pmatrix}.$$

Aus der Definition einer transponierten Matrix folgt, dass die Transposition einer transponierten Matrix wieder die ursprüngliche Matrix ergibt:

$$(\boldsymbol{B}')' = \boldsymbol{B}. \tag{B.1}$$

Zwei Matrizen sind dann und nur dann gleich, wenn jedes Element der einen Matrix dem korrespondierenden Element der anderen Matrix entspricht:

$$\boldsymbol{A} = \boldsymbol{B} \leftrightarrow a_{ij} = b_{ij} \tag{B.2}$$

für $i = 1, \ldots, n$ und $j = 1, \ldots, m$ wobei $\leftrightarrow$ als „dann und nur dann" gelesen wird.

Wenn $\boldsymbol{A}$ und $\boldsymbol{B}$ $n \times m$ Matrizen sind, beinhaltet die Matrixgleichung $\boldsymbol{A} = \boldsymbol{B}$ somit $n \times m$ gewöhnliche algebraische Gleichungen vom Typus $a_{ij} = b_{ij}$.

Eine Matrix ist *quadratisch*, wenn sie genausoviele Zeilen wie Spalten hat. Sie ist zusätzlich *symmetrisch*, wenn jedes Element (i,j) dem Element (j,i) gleicht. Werden beispielsweise p Variablen miteinander korreliert, erhalten wir p^2 Korrelationen. Von diesen haben die p Korrelationen der Variablen mit sich selbst den Wert 1, und von den restlichen $p \cdot p - p$ Korrelationen je zwei den gleichen Wert (z. B. $r_{12} = r_{21}$ bzw. allgemein $r_{ij} = r_{ji}$). Insgesamt ergeben sich somit $(p \cdot p - p)/2 = p \cdot (p-1)/2$ verschiedene Korrelationen (vgl. Gl. 4.12). Die Korrelationen werden in einer symmetrischen Korrelationsmatrix $\boldsymbol{R}$ zusammengefasst:

$$\boldsymbol{R} = \begin{pmatrix} 1 & r_{12} & r_{13} & \ldots & r_{1p} \\ r_{21} & 1 & r_{23} & \ldots & r_{2p} \\ r_{31} & r_{32} & 1 & \ldots & r_{3p} \\ \vdots & \vdots & \vdots & & \vdots \\ r_{p1} & r_{p2} & r_{p3} & \ldots & 1 \end{pmatrix}.$$

Besteht eine Matrix nur aus einer Spalte, so sprechen wir von einem *Vektor*. Vektoren werden durch fett gedruckte Kleinbuchstaben gekennzeichnet:

$$\boldsymbol{v} = \begin{pmatrix} v_1 \\ v_2 \\ \vdots \\ v_n \end{pmatrix}.$$

B

Einen einzelnen Wert (z. B. 7 oder k) bezeichnen wir im Rahmen der Matrixalgebra als einen *Skalar*.

Befinden sich in einer quadratischen Matrix außerhalb der Hauptdiagonale, die von links oben nach rechts unten verläuft, nur Nullen, so sprechen wir von einer *Diagonalmatrix*:

$$\boldsymbol{D} = \begin{pmatrix} d_1 & 0 & 0 & \dots & 0 \\ 0 & d_2 & 0 & \dots & 0 \\ 0 & 0 & d_3 & \dots & 0 \\ \vdots & \vdots & \vdots & & \vdots \\ 0 & 0 & 0 & \dots & d_n \end{pmatrix}.$$

Eine Diagonalmatrix heißt *Einheitsmatrix* oder *Identitätsmatrix*, wenn alle Diagonalelemente den Wert 1 haben:

$$\boldsymbol{I} = \begin{pmatrix} 1 & 0 & 0 & \dots & 0 \\ 0 & 1 & 0 & \dots & 0 \\ 0 & 0 & 1 & \dots & 0 \\ \vdots & \vdots & \vdots & & \vdots \\ 0 & 0 & 0 & \dots & 1 \end{pmatrix}.$$

B.2 Additionen und Multiplikationen

Das folgende Beispiel zeigt die Addition zweier Matrizen:

$$\begin{pmatrix} 3 & 1 \\ 5 & 2 \\ 2 & 4 \end{pmatrix} + \begin{pmatrix} 5 & 4 \\ 1 & 2 \\ 1 & 3 \end{pmatrix} = \begin{pmatrix} 8 & 5 \\ 6 & 4 \\ 3 & 7 \end{pmatrix}.$$

Eine Addition zweier Matrizen liegt immer dann vor, wenn jedes Element der Summenmatrix gleich der Summe der korrespondierenden Elemente der addierten Matrizen ist:

$$\boldsymbol{C} = \boldsymbol{A} + \boldsymbol{B} \leftrightarrow c_{ij} = a_{ij} + b_{ij}, \tag{B.3}$$

für $i = 1, \dots, n$ und $j = 1, \dots, m$. Hieraus folgt, dass Matrizen nur dann addiert (subtrahiert) werden können, wenn sie die gleiche Anzahl von Spalten und Zeilen aufweisen, d. h. wenn sie die gleiche Ordnung haben. Aus Gl. (B.3) resultiert, dass die Matrizenaddition kommutativ ist, d. h. dass die Reihenfolge der Summanden beliebig ist:

$$\boldsymbol{A} + \boldsymbol{B} = \boldsymbol{B} + \boldsymbol{A}. \tag{B.4}$$

Eine Matrix wird mit einem Skalar multipliziert, indem jedes Element der Matrix mit dem Skalar multipliziert wird:

$$\boldsymbol{B} = k \cdot \boldsymbol{A} \leftrightarrow b_{ij} = k \cdot a_{ij}, \tag{B.5}$$

für $i = 1, \dots, n$ und $j = 1, \dots, m$. Die Multiplikation einer Matrix mit einem Skalar ist ebenfalls *kommutativ*:

$$k \cdot \boldsymbol{A} = \boldsymbol{A} \cdot k \tag{B.6}$$

und darüber hinaus *distributiv*:

$$k \cdot (\boldsymbol{A} + \boldsymbol{B}) = k \cdot \boldsymbol{A} + k \cdot \boldsymbol{B}. \tag{B.7}$$

Im Gegensatz hierzu ist die Multiplikation zweier Matrizen im Allgemeinen nicht kommutativ, d. h., $\boldsymbol{A} \cdot \boldsymbol{B} \neq \boldsymbol{B} \cdot \boldsymbol{A}$.

> Bei der Multiplikation zweier Matrizen ist die Reihenfolge von entscheidender Bedeutung.

Statt „$\boldsymbol{A}$ wird mit $\boldsymbol{B}$ multipliziert", muss in der Matrixalgebra genauer spezifiziert werden, ob $\boldsymbol{A}$ *rechts* mit $\boldsymbol{B}$ ($\boldsymbol{A} \cdot \boldsymbol{B}$ = Nachmultiplikation mit $\boldsymbol{B}$) oder *links* mit $\boldsymbol{B}$ ($\boldsymbol{B} \cdot \boldsymbol{A}$ = Vormultiplikation mit $\boldsymbol{B}$) multipliziert wird. Die Multiplikation zweier Matrizen ist nur möglich, wenn die Anzahl der Spalten der linksstehenden Matrix gleich der Zeilenanzahl der rechtsstehenden Matrix ist.

Allgemein erfolgt eine Matrizenmultiplikation nach folgender Regel:

$$\boldsymbol{C} = \boldsymbol{A} \cdot \boldsymbol{B} \leftrightarrow c_{ij} = \sum_{k=1}^{s} a_{ik} \cdot b_{kj}, \tag{B.8}$$

für $i = 1, \dots, n$ und $j = 1, \dots, m$ wobei $\boldsymbol{A}$ eine $n \times s$ Matrix ist und $\boldsymbol{B}$ eine $s \times m$ Matrix.

Die Multiplikation in Gl. (B.8) führt zu einer Matrix $\boldsymbol{C}$ mit der Ordnung $n \times m$.

Ein Beispiel soll die Matrizenmultiplikation erläutern:

$$\underset{\boldsymbol{A}}{\begin{pmatrix} 2 & -3 & 1 \\ -1 & 4 & 0 \end{pmatrix}} \cdot \underset{\boldsymbol{B}}{\begin{pmatrix} 3 & 1 \\ 4 & 2 \\ 5 & -3 \end{pmatrix}} = \underset{\boldsymbol{C}}{\begin{pmatrix} -1 & -7 \\ 13 & 7 \end{pmatrix}},$$

$$c_{11} = \sum_{k=1}^{3} a_{1k} \cdot b_{k1} = 2 \cdot 3 + (-3) \cdot 4 + 1 \cdot 5 = -1,$$

$$c_{12} = \sum_{k=1}^{3} a_{1k} \cdot b_{k2} = 2 \cdot 1 + (-3) \cdot 2 + 1 \cdot (-3) = -7,$$

$$c_{21} = \sum_{k=1}^{3} a_{2k} \cdot b_{k1} = (-1) \cdot 3 + 4 \cdot 4 + 0 \cdot 5 = 13,$$

$$c_{22} = \sum_{k=1}^{3} a_{2k} \cdot b_{k2} = (-1) \cdot 1 + 4 \cdot 2 + 0 \cdot (-3) = 7.$$

Ein besonderer Fall liegt vor, wenn ein Spaltenvektor und ein Zeilenvektor gleicher Länge bzw. gleicher Dimensionalität miteinander multipliziert werden. Je nachdem, in welcher Reihenfolge diese Multiplikation erfolgt, unterscheiden wir in Abhängigkeit vom Ergebnis zwischen einem *Skalarprodukt* und einem *Matrixprodukt*. Ein Beispiel soll diesen Unterschied erläutern.

Gegeben seien die Vektoren

$$\boldsymbol{u}' = (1, -2{,}3)$$

und

$$\boldsymbol{v} = \begin{pmatrix} 3 \\ 1 \\ -2 \end{pmatrix}.$$

Dann ergibt sich gemäß Gl. (B.8) für $\boldsymbol{u}' \cdot \boldsymbol{v}$ ein Skalar

$$\boldsymbol{u}' \cdot \boldsymbol{v} = (1, -2{,}3) \cdot \begin{pmatrix} 3 \\ 1 \\ -2 \end{pmatrix} = 1 \cdot 3 + (-2) \cdot 1 + 3 \cdot (-2) = -5$$

und für $\boldsymbol{v} \cdot \boldsymbol{u}'$ eine Matrix

$$\boldsymbol{v} \cdot \boldsymbol{u}' = \begin{pmatrix} 3 \\ 1 \\ -2 \end{pmatrix} \cdot (1, -2{,}3) = \begin{pmatrix} 3 & -6 & 9 \\ 1 & -2 & 3 \\ -2 & 4 & -6 \end{pmatrix}.$$

Die Matrizenmultiplikation ist *distributiv*

$$(\boldsymbol{A} + \boldsymbol{B}) \cdot \boldsymbol{C} = \boldsymbol{A} \cdot \boldsymbol{C} + \boldsymbol{B} \cdot \boldsymbol{C},$$
$$\boldsymbol{A} \cdot (\boldsymbol{B} + \boldsymbol{C}) = \boldsymbol{A} \cdot \boldsymbol{B} + \boldsymbol{A} \cdot \boldsymbol{C},$$

und *assoziativ*

$$(\boldsymbol{A} \cdot \boldsymbol{B}) \cdot \boldsymbol{C} = \boldsymbol{A} \cdot (\boldsymbol{B} \cdot \boldsymbol{C}) = \boldsymbol{A} \cdot \boldsymbol{B} \cdot \boldsymbol{C}. \tag{B.9}$$

Ferner gilt, dass die Transponierte eines Matrizenprodukts gleich dem Produkt der transponierten Matrizen in umgekehrter Reihenfolge ist:

$$(\boldsymbol{A} \cdot \boldsymbol{B})' = \boldsymbol{B}' \cdot \boldsymbol{A}'. \tag{B.10}$$

Anwendungen. Im Rahmen der multivariaten Methoden taucht häufig folgendes Produkt auf: $\boldsymbol{u}' \cdot \boldsymbol{A} \cdot \boldsymbol{u}$, wobei $\boldsymbol{A}$ eine $n \times n$ Matrix und $\boldsymbol{u}$ ein n-dimensionaler Vektor sind. Wie das folgende Beispiel zeigt, ist das Ergebnis eines solchen Produkts ein Skalar. Für

$$\boldsymbol{u}' = \begin{pmatrix} 3 \\ -1 \\ 2 \end{pmatrix} \quad \text{und} \quad \boldsymbol{A} = \begin{pmatrix} 5 & 2 & -1 \\ -3 & 4 & 2 \\ 1 & 2 & 3 \end{pmatrix}$$

ergibt sich:

$$\boldsymbol{u}' \cdot \boldsymbol{A} \cdot \boldsymbol{u} = (3, -1{,}2) \cdot \begin{pmatrix} 5 & 2 & -1 \\ -3 & 4 & 2 \\ 1 & 2 & 3 \end{pmatrix} \cdot \begin{pmatrix} 3 \\ -1 \\ 2 \end{pmatrix} = 56.$$

Vor- und Nachmultiplikationen einer Matrix $\boldsymbol{A}$ mit der Einheitsmatrix $\boldsymbol{I}$ verändern die Matrix $\boldsymbol{A}$ nicht:

$$\boldsymbol{A} \cdot \boldsymbol{I} = \boldsymbol{I} \cdot \boldsymbol{A} = \boldsymbol{A}. \tag{B.11}$$

Ihrer Funktion nach ist die Identitätsmatrix somit dem Skalar 1 gleichzusetzen.

B.3 Determinanten

Unter einer Determinante versteht man eine *Kennziffer* einer quadratischen Matrix, in deren Berechnung sämtliche Elemente der Matrix eingehen. (Zur geometrischen Veranschaulichung einer Determinante vgl. P. E. Green & Carroll, 1976, Kap. 3.6.) Eine Determinante wird durch zwei senkrechte Striche gekennzeichnet, d. h. die Determinante von $\boldsymbol{A}$ wird mit $|\boldsymbol{A}|$ bezeichnet.

Für eine 2×2 Matrix $\boldsymbol{A}$

$$\boldsymbol{A} = \begin{pmatrix} a_{11} & a_{12} \\ a_{21} & a_{22} \end{pmatrix}$$

ist die Determinante durch

$$|\boldsymbol{A}| = a_{11} \cdot a_{22} - a_{12} \cdot a_{21} \tag{B.12}$$

definiert (Produkt der Elemente der Hauptdiagonale minus dem Produkt der Elemente der Nebendiagonale). Für eine 3×3-Matrix

$$\boldsymbol{A} = \begin{pmatrix} a_{11} & a_{12} & a_{13} \\ a_{21} & a_{22} & a_{23} \\ a_{31} & a_{32} & a_{33} \end{pmatrix}$$

bestimmen wir die Determinante in folgender Weise: Die Determinante ergibt sich als gewichtete Summe der Elemente einer Zeile oder einer Spalte. Die Wahl der Zeile (oder Spalte) ist hierbei beliebig. Bezogen auf die Elemente der ersten Spalte ergibt sich das Gewicht für das Element a_{11} aus der Determinante derjenigen 2×2-Matrix, die übrigbleibt, wenn die Zeile und die Spalte, in denen sich das Element befindet, außer Acht gelassen werden. Die verbleibende 2×2-Matrix lautet für das Element a_{11}:

$$\begin{pmatrix} a_{22} & a_{23} \\ a_{32} & a_{33} \end{pmatrix}$$

mit der Determinante: $(a_{22} \cdot a_{33}) - (a_{23} \cdot a_{32})$. Entsprechend verfahren wir mit den übrigen Elementen der ersten Spalte von $\boldsymbol{A}$. Hier ergeben sich die folgenden Restmatrizen und Determinanten:

$$\text{für} \quad a_{21}: \begin{pmatrix} a_{12} & a_{13} \\ a_{32} & a_{33} \end{pmatrix} \quad \text{und} \quad a_{12} \cdot a_{33} - a_{13} \cdot a_{32},$$

$$\text{für} \quad a_{31}: \begin{pmatrix} a_{12} & a_{13} \\ a_{22} & a_{23} \end{pmatrix} \quad \text{und} \quad a_{12} \cdot a_{23} - a_{13} \cdot a_{22}.$$

Die Determinanten der verbleibenden Restmatrizen werden *Kofaktoren (Minoren)* der Einzelelemente genannt. Das Vorzeichen der Kofaktoren erhalten wir, indem der Zeilenindex und Spaltenindex des Einzelelements addiert werden. Resultiert eine gerade Zahl, ist der Kofaktor positiv, resultiert eine ungerade Zahl, ist er negativ. Der Kofaktor für das Element a_{11} ist somit positiv $(1+1 = 2 =$ gerade Zahl$)$, für das Element a_{21} negativ $(2+1 = 3$ $=$ ungerade Zahl$)$ und für das Element a_{31} wiederum positiv $(3 + 1 = 4 =$ gerade Zahl$)$.

Das folgende Beispiel veranschaulicht die Berechnung der Determinante einer 3 × 3-Matrix:

$$\begin{aligned} |\boldsymbol{A}| = \begin{vmatrix} 2 & 1 & 5 \\ 4 & 8 & 3 \\ 2 & 0 & 7 \end{vmatrix} &= 2 \cdot \begin{vmatrix} 8 & 3 \\ 0 & 7 \end{vmatrix} - 4 \cdot \begin{vmatrix} 1 & 5 \\ 0 & 7 \end{vmatrix} + 2 \cdot \begin{vmatrix} 1 & 5 \\ 8 & 3 \end{vmatrix} \\ &= 2 \cdot (8 \cdot 7 - 3 \cdot 0) - \\ &\quad 4 \cdot (1 \cdot 7 - 5 \cdot 0) + 2 \cdot (1 \cdot 3 - 5 \cdot 8) \\ &= 2 \cdot 56 - 4 \cdot 7 + 2 \cdot (-37) \\ &= 10. \end{aligned}$$

Die einzelnen Rechenschritte sind in Gl. (B.13) zusammengefasst.

$$\begin{aligned} |\boldsymbol{A}| = {} & a_{11} \cdot a_{22} \cdot a_{33} + a_{12} \cdot a_{23} \cdot a_{31} + \\ & a_{13} \cdot a_{21} \cdot a_{32} - a_{13} \cdot a_{22} \cdot a_{31} - \\ & a_{12} \cdot a_{21} \cdot a_{33} - a_{11} \cdot a_{23} \cdot a_{32}. \end{aligned} \tag{B.13}$$

Im Beispiel ermitteln wir:

$$\begin{aligned} |\boldsymbol{A}| = {} & 2 \cdot 8 \cdot 7 + 1 \cdot 3 \cdot 2 + 5 \cdot 4 \cdot 0 \\ & - 5 \cdot 8 \cdot 2 - 1 \cdot 4 \cdot 7 - 2 \cdot 3 \cdot 0 = 10. \end{aligned}$$

Bei der Berechnung der Determinante einer 4 × 4-Matrix benötigen wir als Kofaktoren für die Elemente einer Zeile oder Spalte die Determinanten der verbleibenden 3 × 3-Matrizen, die nach dem oben beschriebenen Verfahren bestimmt werden.

Der Rechenaufwand wird mit größer werdender Ordnung der Matrizen sehr schnell erheblich, sodass es sich empfiehlt, Statistiksoftware einzusetzen. Entsprechende Rechenprogamme für die Bestimmung von Determinanten findet man z. B. bei R, S-Plus, SPSS, SAS.

Singuläre Matrizen. Hat eine Matrix eine Determinante von 0, bezeichnen wir die Matrix als *singulär.* Eine Determinante von 0 resultiert, wenn sich eine Zeile (Spalte) als *Linearkombination* einer oder mehrerer Zeilen (Spalten) darstellen lässt. Die folgende 2 × 2-Matrix, in der die zweite Zeile gegenüber der ersten verdoppelt wurde, ist somit singulär:

$$|\boldsymbol{A}| = \begin{vmatrix} 2 & 5 \\ 4 & 10 \end{vmatrix}$$

$$|\boldsymbol{A}| = 2 \cdot 10 - 5 \cdot 4 = 0.$$

In der folgenden 3 × 3-Matrix ergibt sich die dritte Spalte aus der verdoppelten Spalte 1 und der halbierten Spalte 2:

$$\boldsymbol{A} = \begin{pmatrix} 1 & 4 & 4 \\ 2 & 6 & 7 \\ 1 & 2 & 3 \end{pmatrix}.$$

Aus diesem Grund ist auch diese Matrix singulär und $|\boldsymbol{A}| = 0$. Matrizen sind ebenfalls singulär, wenn zwei oder mehrere Zeilen (Spalten) miteinander identisch sind.

Eigenschaften von Determinanten. Determinanten haben folgende Eigenschaften:

a) Die Determinante einer Matrix $\boldsymbol{A}$ ist gleich der Determinante der transponierten Matrix $\boldsymbol{A}'$:

$$|\boldsymbol{A}| = |\boldsymbol{A}'|. \tag{B.14}$$

b) Werden zwei Zeilen (oder zwei Spalten) einer Matrix ausgetauscht, ändert sich lediglich das Vorzeichen der Determinante.
c) Werden die Elemente einer Zeile (Spalte) mit einer Konstanten multipliziert, verändert sich die Determinante um den gleichen Faktor.
d) Die Determinante des Produkts zweier quadratischer Matrizen $\boldsymbol{A}$ und $\boldsymbol{B}$ ist gleich dem Produkt der Determinanten der entsprechenden Matrizen:

$$|\boldsymbol{A} \cdot \boldsymbol{B}| = |\boldsymbol{A}| \cdot |\boldsymbol{B}|. \tag{B.15}$$

B.4 Matrixinversion

Das Produkt eines Skalars (einer Zahl) mit seinem Kehrwert ergibt $a \cdot 1/a = 1$. Anstatt $1/a$ schreibt man auch a^{-1}, sodass sich das Produkt eines Skalars mit seinem Kehrwert ebenfalls als $a \cdot a^{-1} = 1$ schreiben lässt. Analog hierzu suchen wir eine „Reziprokmatrix“ zu einer Matrix, die so geartet ist, dass das Produkt der beiden Matrizen die Identitätsmatrix ergibt. Die Reziprokmatrix wird als *Inverse* einer Matrix bezeichnet und erhält den Exponenten −1.

Das Rechnen mit der Inversen einer Matrix entspricht somit der Division in der numerischen Algebra.

Zunächst ist festzustellen, dass nicht jede Matrix eine inverse Matrix besitzt. Dies ist nur dann der Fall, wenn die Matrix nicht singulär ist. Anstatt „nicht singulär“ nennt man die Matrix auch „regulär“. Für die Inverse einer regulären Matrix gilt

$$\boldsymbol{A} \cdot \boldsymbol{A}^{-1} = \boldsymbol{A}^{-1} \cdot \boldsymbol{A} = \boldsymbol{I}. \tag{B.16}$$

Die Frage lautet nun: Kann zu einer Matrix $\boldsymbol{A}$ die Inverse $\boldsymbol{A}^{-1}$ gefunden werden? Die Inverse einer Matrix $\boldsymbol{A}$ kann nach folgender Gleichung ermittelt werden:

$$\boldsymbol{A}^{-1} = \frac{\operatorname{adj}(\boldsymbol{A})}{|\boldsymbol{A}|}. \tag{B.17}$$

Wir benötigen neben der Determinante $|\boldsymbol{A}|$ die sog. adjunkte Matrix von $\boldsymbol{A}$ ($\operatorname{adj} \boldsymbol{A}$), die wie folgt errechnet wird: Man bestimmt zu jedem Matrixelement den Kofaktor und ersetzt die einzelnen Matrixelemente durch ihre Kofaktoren, wobei Kofaktoren für Elemente mit geradzahliger Indexsumme mit +1 und mit ungeradzahliger Indexsumme mit −1 multipliziert werden. Die Transponierte der so ermittelten Matrix stellt die adjunkte Matrix dar. Dividieren wir alle Elemente von $\operatorname{adj}(\boldsymbol{A})$ durch $|\boldsymbol{A}|$, resultiert die Inverse $\boldsymbol{A}^{-1}$.

Beispiel. Gesucht wird die Inverse folgender Matrix:

$$\boldsymbol{A} = \begin{pmatrix} 2 & 1 & 2 \\ 2 & 0 & 0 \\ 4 & 2 & 2 \end{pmatrix}.$$

Wir berechnen zunächst die vorzeichengerechten Kofaktoren:

$$\begin{aligned}
a_{11}&: & 0 \cdot 2 - 0 \cdot 2 &= 0, \\
a_{12}&: & -1 \cdot (2 \cdot 2 - 0 \cdot 4) &= -4, \\
a_{13}&: & 2 \cdot 2 - 0 \cdot 4 &= 4, \\
a_{21}&: & -1 \cdot (1 \cdot 2 - 2 \cdot 2) &= 2, \\
a_{22}&: & 2 \cdot 2 - 2 \cdot 4 &= -4, \\
a_{23}&: & -1 \cdot (2 \cdot 2 - 1 \cdot 4) &= 0, \\
a_{31}&: & 1 \cdot 0 - 2 \cdot 0 &= 0, \\
a_{32}&: & -1 \cdot (2 \cdot 0 - 2 \cdot 2) &= 4, \\
a_{33}&: & 2 \cdot 0 - 2 \cdot 1 &= -2.
\end{aligned}$$

Nach Transponieren ergibt sich

$$\operatorname{adj}(\boldsymbol{A}) = \begin{pmatrix} 0 & 2 & 0 \\ -4 & -4 & 4 \\ 4 & 0 & -2 \end{pmatrix}.$$

Für die Determinante errechnet man

$$|\boldsymbol{A}| = 2 \cdot (0 \cdot 2 - 0 \cdot 2) - 2 \cdot (1 \cdot 2 - 2 \cdot 2) + 4 \cdot (1 \cdot 0 - 2 \cdot 0) = 4.$$

Wir dividieren die Elemente aus $\operatorname{adj}(\boldsymbol{A})$ durch 4 und erhalten

$$\boldsymbol{A}^{-1} = \begin{pmatrix} 0 & 0{,}5 & 0 \\ -1 & -1 & 1 \\ 1 & 0 & -0{,}5 \end{pmatrix}.$$

Die Kontrolle ergibt:

$$\underset{\boldsymbol{A}}{\begin{pmatrix} 2 & 1 & 2 \\ 2 & 0 & 0 \\ 4 & 2 & 2 \end{pmatrix}} \cdot \underset{\boldsymbol{A}^{-1}}{\begin{pmatrix} 0 & 0{,}5 & 0 \\ -1 & -1 & 1 \\ 1 & 0 & -0{,}5 \end{pmatrix}} = \underset{\boldsymbol{I}}{\begin{pmatrix} 1 & 0 & 0 \\ 0 & 1 & 0 \\ 0 & 0 & 1 \end{pmatrix}}.$$

Der rechnerische Aufwand, der erforderlich ist, um die Inverse einer Matrix höherer Ordnung zu bestimmen, ist beträchtlich und ohne den Einsatz eines Computers kaum zu bewältigen. Für die Lösung komplexer matrixalgebraischer Aufgaben seien R, S-Plus, SPSS oder SAS (PROC IML) empfohlen.

Die Inverse einer 2×2-Matrix kann vereinfacht nach folgender Gleichung bestimmt werden:

$$\begin{aligned}
\boldsymbol{A}^{-1} &= \frac{1}{|\boldsymbol{A}|} \cdot \begin{pmatrix} a_{22} & -a_{12} \\ -a_{21} & a_{11} \end{pmatrix} \\
&= \frac{1}{a_{11} \cdot a_{22} - a_{12} \cdot a_{21}} \cdot \begin{pmatrix} a_{22} & -a_{12} \\ -a_{21} & a_{11} \end{pmatrix},
\end{aligned} \tag{B.18}$$

wobei der rechte Klammerausdruck die adjunkte Matrix einer 2×2-Matrix darstellt:

$$\operatorname{adj}(\boldsymbol{A}) = \begin{pmatrix} a_{22} & -a_{12} \\ -a_{21} & a_{11} \end{pmatrix}. \tag{B.19}$$

B

Beispiel:

$$A = \begin{pmatrix} 2 & 4 \\ 1 & 3 \end{pmatrix}$$

$$|A| = 2 \cdot 3 - 4 \cdot 1 = 2.$$

Die Inverse heißt somit:

$$A^{-1} = \frac{1}{2} \cdot \begin{pmatrix} 3 & -4 \\ -1 & 2 \end{pmatrix} = \begin{pmatrix} 1{,}5 & -2 \\ -0{,}5 & 1 \end{pmatrix}.$$

Lösung linearer Gleichungssysteme. Matrixinversionen werden vor allem – wie das folgende Beispiel zeigt – zur Lösung linearer Gleichungssysteme eingesetzt. Gegeben seien drei Gleichungen mit den Unbekannten x_1, x_2 und x_3:

$$\begin{aligned} x_1 + 2 \cdot x_2 - x_3 &= 1, \\ 3 \cdot x_1 - x_2 + x_3 &= 5, \\ 4 \cdot x_1 + 3 \cdot x_2 - 2 \cdot x_3 &= 2. \end{aligned}$$

Setzen wir

$$A = \begin{pmatrix} 1 & 2 & -1 \\ 3 & -1 & 1 \\ 4 & 3 & -2 \end{pmatrix}; \quad x = \begin{pmatrix} x_1 \\ x_2 \\ x_3 \end{pmatrix}; \quad \text{und} \quad c = \begin{pmatrix} 1 \\ 5 \\ 2 \end{pmatrix}$$

können wir das Gleichungssystem matrixalgebraisch folgendermaßen darstellen:

$$A \cdot x = c.$$

Durch Vormultiplizieren mit der Inversen von A („Division" durch A) erhalten wir den Lösungsvektor x:

$$A^{-1} \cdot A \cdot x = A^{-1} \cdot c.$$

Da nach Gl. (B.16) das Produkt einer Matrix mit ihrer Inversen die Identitätsmatrix ergibt, die ihrerseits als Faktor einer Matrix diese nicht verändert, resultiert für x:

$$x = A^{-1} \cdot c.$$

Für A^{-1} ermitteln wir zunächst:

$$\operatorname{adj}(A) = \begin{pmatrix} -1 & 1 & 1 \\ 10 & 2 & -4 \\ 13 & 5 & -7 \end{pmatrix}.$$

Es ergibt sich ferner $|A| = 6$ und damit nach Gl. (B.17):

$$A^{-1} = \frac{1}{6} \cdot \begin{pmatrix} -1 & 1 & 1 \\ 10 & 2 & -4 \\ 13 & 5 & -7 \end{pmatrix}.$$

Die Bestimmungsgleichung für x lautet somit $A^{-1} \cdot c = x$. Für das Beispiel ergibt sich

$$\frac{1}{6} \cdot \begin{pmatrix} -1 & 1 & 1 \\ 10 & 2 & -4 \\ 13 & 5 & -7 \end{pmatrix} \cdot \begin{pmatrix} 1 \\ 5 \\ 2 \end{pmatrix} = \begin{pmatrix} x_1 \\ x_2 \\ x_3 \end{pmatrix}$$

bzw. unter Verwendung der Multiplikationsregel Gl. (B.8):

$$\begin{aligned} x_1 &= (1 \cdot (-1) + 5 \cdot 1 + 2 \cdot 1)/6 = 1, \\ x_2 &= (1 \cdot 10 + 5 \cdot 2 + 2 \cdot (-4))/6 = 2, \\ x_3 &= (1 \cdot 13 + 5 \cdot 5 + 2 \cdot (-7))/6 = 4. \end{aligned}$$

Zur Kontrolle setzen wir die Werte in das Gleichungssystem ein:

$$\begin{aligned} 1 + 2 \cdot 2 - 4 &= 1, \\ 3 \cdot 1 - 2 + 4 &= 5, \\ 4 \cdot 1 + 3 \cdot 2 - 2 \cdot 4 &= 2. \end{aligned}$$

Eigenschaften der Inversen. Für Rechnungen mit invertierten Matrizen gelten folgende Regeln:

a) Die Inverse einer Matrix A existiert nur, wenn sie quadratisch und ihre Determinante von 0 verschieden ist, d. h. wenn die Matrix A nicht singulär ist.
b) Ist A symmetrisch und nicht singulär, sodass A^{-1} existiert, ist A^{-1} ebenfalls symmetrisch.
c) Die Inverse einer transponierten Matrix A' ist gleich der Transponierten der Inversen A^{-1}:

$$(A')^{-1} = (A^{-1})'.$$

d) Die Inverse einer Diagonalmatrix ist die aus den Reziprokwerten der Diagonalelemente gebildete Diagonalmatrix:

$$A = \begin{pmatrix} 1 & 0 & 0 \\ 0 & 2 & 0 \\ 0 & 0 & 3 \end{pmatrix}; \qquad A^{-1} = \begin{pmatrix} 1 & 0 & 0 \\ 0 & \frac{1}{2} & 0 \\ 0 & 0 & \frac{1}{3} \end{pmatrix}.$$

e) Die Determinante der Inversen A^{-1} entspricht dem Reziprokwert der Determinante von A:

$$|A^{-1}| = |A|^{-1} = \frac{1}{|A|}. \tag{B.20}$$

f) Die Inverse des Produkts zweier nicht singulärer Matrizen mit gleicher Ordnung ist gleich dem Produkt dieser Inversen in umgekehrter Reihenfolge:

$$(A \cdot B)^{-1} = B^{-1} \cdot A^{-1}. \tag{B.21}$$

Anhang C **Lösungen der Übungsaufgaben**

Kapitel 2

2.1 a) 28, b) 206, c) 784, d) 27, e) 33, f) 53, g) 56, h) 46 und i) 80.

2.2 Die umgeformten Ausdrücke lauten: a) $\sum_{i=1}^{n} x_i + na$, b) $b\sum_{i=1}^{n} x_i$ und c) $a + b\bar{x}$.

2.3 a) $\bar{x} = 100$, Md = 101, Mo = 103, b) QS = 504, $s^2 = 26{,}53$, $s = 5{,}15$, c) AD = 4,3, d) MAD = 4 und e) $Q_1 = 96$, $Q_3 = 103{,}5$, IQR = 7,5.

2.4
a) Für den Test ergibt sich $\bar{x} = 60$, eine Varianz von $s^2 = 250$ und eine Standardabweichung von $s = \sqrt{250} = 15{,}8$.
b) Die z-transformierten Werte des Tests lauten:

$$z_1 = 1{,}27, z_2 = 0{,}63, z_3 = 0{,}00, z_4 = -0{,}63 \text{ und } z_5 = -1{,}27.$$

c) Die z-Werte besitzen einen Mittelwert von 0,0 und eine Standardabweichung von 1,0.

2.5 a) $\bar{y} = 65$, b) $s_y^2 = 48$ und c) $s_y = 6{,}93$.

2.6 Wir beginnen mit der Formel für den Mittelwert der y-Werte, ersetzen die y-Werte durch die rechte Seite der Transformation und vereinfachen den resultierenden Ausdruck. Dies ergibt

$$\begin{aligned}\bar{y} &= \frac{\sum_{i=1}^{n} y_i}{n} = \frac{\sum_{i=1}^{n}(b \cdot x_i + a)}{n} \\ &= \frac{b \cdot \sum_{i=1}^{n} x_i + n \cdot a}{n} \\ &= b \cdot \frac{\sum_{i=1}^{n} x_i}{n} + \frac{n \cdot a}{n} \\ &= b \cdot \bar{x} + a.\end{aligned}$$

Das arithmetische Mittel linear transformierter Werte ist also mit dem linear transformierten Mittelwert der ursprünglichen Werte identisch.

2.7 Die z-Transformation ist eine lineare Transformation, da sie sich als $z = b \cdot x + a$ schreiben lässt, wenn man für $b = 1/s_x$ und $a = -\bar{x}/s_x$ wählt. (Die Standardabweichung der Rohwerte schreiben wir nun als s_x, um sie von der Standardabweichung der z-Werte s_z zu unterscheiden.) Wendet man Gl. (2.7) an, um das Mittel der z-Werte zu finden, so erhält man

$$\bar{z} = b \cdot \bar{x} + a = \frac{1}{s_x} \cdot \bar{x} - \frac{\bar{x}}{s_x} = 0.$$

Ebenso erhält man durch die Verwendung von Gl. (2.9) die Standardabweichung der z-Werte. Man berechnet

$$s_z = \left|\frac{1}{s_x}\right| s_x = 1{,}0.$$

Da die Standardabweichung nie negativ sein kann, hätten wir auch auf die Betragsstriche verzichten können. Somit gilt für z-Werte immer $\bar{z} = 0$ und $s_z = 1$.

2.8 Zuerst die Berechnung mit Hilfe von Formel (2.3). Der Mittelwert der fünf Werte beträgt 3. Damit ergibt sich die Summe der quadrierten Abweichungen als: QS $= (1-3)^2 + (2-3)^2 + (3-3)^2 + (4-3)^2 + (5-3)^2 = 10$. Verwendet man dagegen die in der Aufgabe angegebene Formel, so erhält man: QS $= [(1-2)^2 + (1-3)^2 + (1-4)^2 + (1-5)^2 + (2-3)^2 + (2-4)^2 + (2-5)^2 + (3-4)^2 + (3-5)^2 + (4-5)^2]/5 = 50/5 = 10$. Wie man sieht, stimmen beide Ergebnisse überein.

2.9 Es ergeben sich folgende Werte: a) 70,85, b) 70,80, c) 70,85, d) 71,00 und e) 71,25. Wie ein Vergleich dieser Werte illustriert, ist die Quadratsumme am kleinsten, wenn für $\tilde{x}$ die mittlere Fehlerzahl von 7,2 verwendet wird.

Kapitel 3

3.1 a) Eine geeignete Einteilung der 20 Studierenden verwendet vier Kategorien. Es ist für dieses Datenbeispiel nahe liegend, folgende Einteilung zu wählen:

Kategorie	f
(90 – 95]	4
(95 – 100]	5
(100 – 105]	9
(105 – 110]	2

Diese Kategorieneinteilung ist nur eine von mehreren Möglichkeiten, die Rohwerte sinnvoll in Kategorien einzuteilen.

b) Das Histogramm und das Polygon zur Visualisierung der kategorisierten Rohwerte sind in folgenden Grafiken dargestellt:

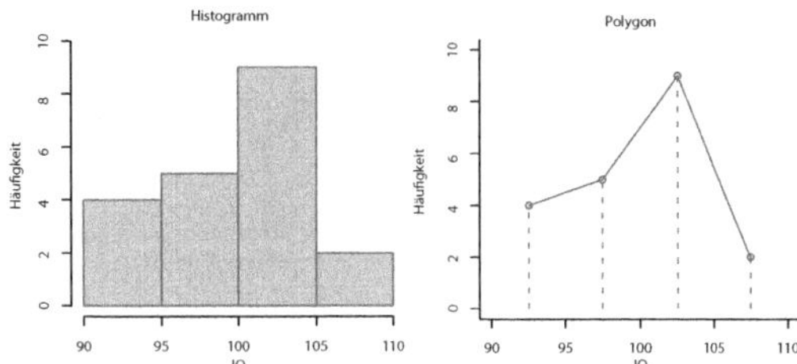

c) Die kumulierte Häufigkeitsverteilung bzw. Prozentwertverteilung sind:

Kategorie	f	f_{kum}	$\%_{kum}$
(90 – 95]	4	4	20
(95 – 100]	5	9	45
(100 – 105]	9	18	90
(105 – 110]	2	20	100

d) Die kumulierte Prozentwertverteilung ist in folgender Grafik dargestellt:

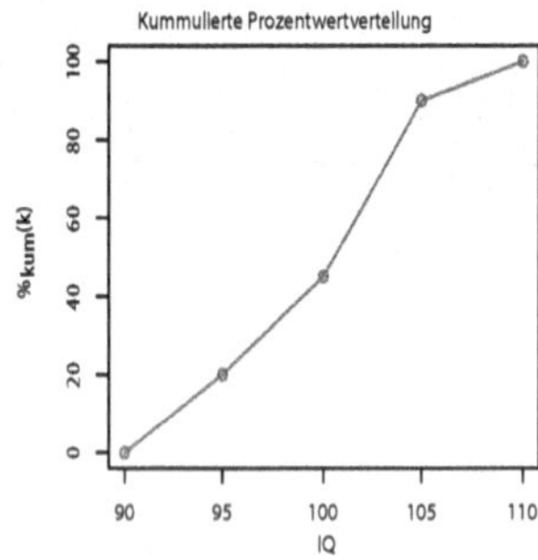

Die für die Anfertigung des Boxplots benötigten Werte sind: 91,0 Ende des unteren Whiskers, Q_1 = 96,0 unteres Ende der Box, Md = 101,0, Q_3 = 103,5 oberes Ende der Box, 109,0 Ende des oberen Whiskers.

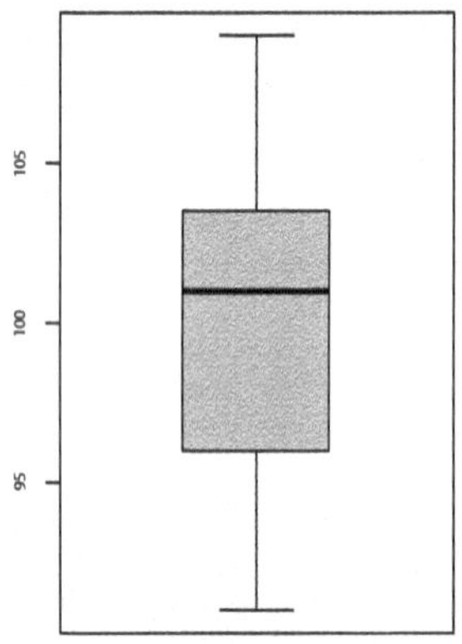

3.2 a) 16, b) 15, c) 18,5, d) 11,5, e) 22, f) 13, g) 19. h) Ja, denn der größte Wert liegt über der oberen Ausreißergrenze.

3.3 Der Boxplot ist:

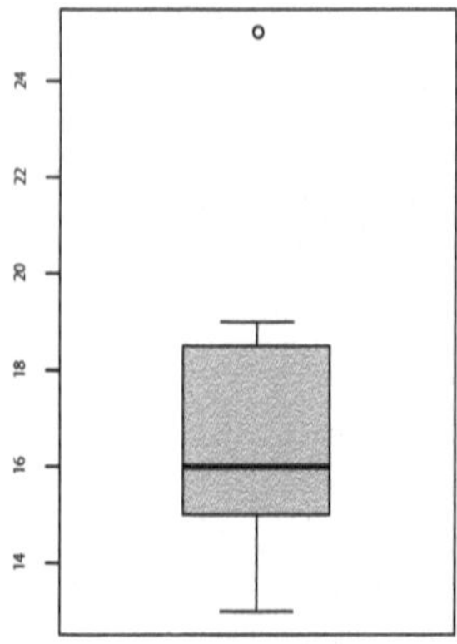

Anhand des Boxplots erkennt man, dass in den Daten ein Ausreißer enthalten ist.

3.4 Es resultiert folgende Tabelle:

Fehleranzahl	f_{kum}	%	$\%_{kum}$
0 – 9	11	5,5	5,5
10 – 19	39	14,0	19,5
20 – 29	81	21,0	40,5
30 – 39	127	23,0	63,5
40 – 49	151	12,0	75,5
50 – 59	168	8,5	84,0
60 – 69	177	4,5	88,5
70 – 79	180	1,5	90,0
80 – 89	188	4,0	94,0
90 – 99	200	6,0	100,0

3.5 Bei Aufgabe 3.4 handelt es sich um gruppierte Daten.

a) Nach Gl. (3.1) berechnet man das arithmetische Mittel:

$$\frac{4{,}5 \cdot 11 + 14{,}5 \cdot 28 + 24{,}5 \cdot 42 + 34{,}5 \cdot 46 \cdots}{200} = \frac{7680}{200} = 38{,}4.$$

Die Werte 4,5; 14,5; 24,5 etc. ergeben sich als Kategorienmitten: Mitte zwischen 0 und 9 = 4,5; Mitte zwischen 10 und 19 = 14,5 usw.

b) Median: Da n = 200, liegt der Median beim 100. Wert der Tabelle. Der 100. Wert liegt in der Kategorie 30–39. Die Kategorie 30–39 beginnt mit dem 82. Wert (Kategorien 0–29: 11 + 28 + 42 = 81). Der 100. Wert des Gesamtkollektivs ist daher der 19. Wert der Kategorie 30–39.
Entsprechend S. 46 ergibt sich

$$\text{Md} = \left(\frac{19}{46} \cdot 10\right) + 30 = 0{,}41 \cdot 10 + 30 = 34{,}1.$$

c) Der Modalwert einer Verteilung mit gruppierten Daten ist die Kategorienmitte der am häufigsten besetzten Kategorie, hier also die Mitte der Kategorie 30–39. Mo = 34,5.

d) Die Varianz gruppierter Daten berechnet man nach Gl. (3.2). Als x-Werte müssen – wie zuvor – die Kategorienmitten herangezogen werden. Die Berechnung erfolgt am sinnvollsten mittels einer Tabelle:
Man berechnet für die Kategorienmitten x_k und die entsprechenden Häufigkeiten f_k die folgende Tabelle:

x_k	f	$x_k - \bar{x}$	$(x_k - \bar{x})^2$	$f(x_k - \bar{x})^2$
4,5	11	−33,9	149,21	12641,31
14,5	28	−23,9	571,21	15993,88
24,5	42	−13,9	193,21	8114,82
34,5	46	−3,9	15,21	699,66
44,5	24	6,1	37,21	893,04
54,5	17	16,1	259,21	4406,57
64,5	9	26,1	681,21	6130,89
74,5	3	36,1	1303,21	3909,63
84,5	8	46,1	2125,21	17001,68
94,5	12	56,1	3147,21	37766,52

Man erhält

$$\text{QS} = \sum_{k=1}^{10} f_k (x_k - \bar{x})^2 = 107558{,}0$$

$$s^2 = \frac{\text{QS}}{n-1} = \frac{107558{,}0}{199} = 540{,}5$$

e) $s = \sqrt{540{,}5} = 23{,}2$

3.6 a) Mittelwert $\bar{x} = 99{,}75$
b) Um die Berechnung der Varianz bzw. der Standardabweichung zu erleichtern, wird folgende Tabelle erstellt:

Kategorie	x_k	f_k	$(x_k - \bar{x})$	$f_k(x_k - \bar{x})^2$
(90 – 95]	92,5	4	−7,25	210,25
(95 – 100]	97,5	5	−2,25	25,31
(100 – 105]	102,5	9	2,75	68,06
(105 – 110]	107,5	2	7,75	120,12

Damit ergibt sich: $QS = 423{,}75$, $s^2 = 22{,}3$, $s = 4{,}7$

3.7 a) Median: $100 + 1/9 \cdot (105 - 100) = 100{,}6$.
b) $x_{25\%}$: $x_{25\%} = 95 + 1/5 \cdot (100 - 95) = 96$.
c) $x_{75\%}$: $100 + 6/9 \cdot (105 - 100) = 103{,}3$.

Kapitel 4

4.1 a) 5/26, b) 10/26 und c) 12/26.

4.2 a) 18/37 und b) 18/37.

4.3 a) 1,0, b) 0,0, c) 3/4, d) 1/4, e) 1/3, f) 2/3, g) 0,0 und h) 1,0.

4.4 In diesem Falle sind $P(A \cap B) = 1/32$ (die Wahrscheinlichkeit für Herz Ass) und $P(A) = 1/4$ (die Wahrscheinlichkeit für eine Herz-Karte). Damit ergibt sich aufgrund von Gl. (4.4) für $P(B|A) = (1/32)/(1/4) = 1/8$.

4.5 Die unbedingten Wahrscheinlichkeiten sind: $P(A) = 1/4$ und $P(B) = 5/36$. Für die bedingten Wahrscheinlichkeiten erhält man: $P(B|A) = 2/9$ und $P(A|B) = 2/5$. Da (1) $P(A) \neq P(A|B)$ und (2) $P(B) \neq P(B|A)$, sind die Ereignisse abhängig. Es genügt, eine der beiden Bedingungen zu prüfen.

4.6 Die Wahrscheinlichkeiten lauten:
a) $1/6 + 1/6 = 2/6$
b) $1/6 + 1/6 + 1/6 = 3/6$
c) $1/6 + 2/6 = 3/6$
d) $3/6 + 1/6 - 1/6 = 3/6$
e) $3/6 + 3/6 = 1$
f) $3/6 + 5/6 - 2/6 = 1$

4.7 Es wird nach der Wahrscheinlichkeit für einen Kleingewinn A oder einen Hauptgewinn B gefragt. Die Einzelwahrscheinlichkeiten lauten $P(A) = 0{,}30$ und $P(B) = 0{,}10$. Nach dem Additionstheorem für disjunkte Ereignisse (Gl. 4.3) errechnet man für die gesuchte Wahrscheinlichkeit $P(A \cup B) = P(A) + P(B) = 0{,}30 + 0{,}10 = 0{,}40$.

4.8 Wir berechnen nach dem Multiplikationstheorem in Gl. (4.7): $4/10 \cdot 3/9 \cdot 2/8 \cdot 1/7 = 0{,}0048$.
Eine weitere Möglichkeit der Berechnung ergibt sich aus der 2. Kombinationsregel (vgl. S. 58):

$$\frac{1}{\binom{10}{4}} = 0{,}0048.$$

4.9 Davon ausgehend, dass die Lebensdauer von Herrn M. von der Lebensdauer von Frau M. unabhängig ist, ergibt sich:
$P(A) = 0{,}6$ (Herr M. lebt in 20 Jahren noch)
$P(B) = 0{,}7$ (Frau M. lebt in 20 Jahren noch)
$P(A \cap B) = P(A) \cdot P(B) = 0{,}6 \cdot 0{,}7 = 0{,}42$

4.10 Jeder Wurf ist vom vorhergehenden unabhängig. In jedem Wurf soll eine bestimmte Zahl fallen. Je Wurf beträgt die Wahrscheinlichkeit für die gewünschte Zahl also 1/6. Insgesamt ergibt sich

$$p = \frac{1}{6} \cdot \frac{1}{6} \cdot \frac{1}{6} \cdot \frac{1}{6} \cdot \frac{1}{6} \cdot \frac{1}{6} = \left(\frac{1}{6}\right)^6 = 2{,}14 \cdot 10^{-5},$$

(s. Multiplikationstheorem und 1. Variationsregel).

4.11 Die zufällige Ratewahrscheinlichkeit beträgt für die Vorspeise 1/4, für das Hauptgericht 1/6 und für die Nachspeise 1/3. Die Speisen können unabhängig voneinander ausgewählt werden; somit ergibt sich

$$p = \frac{1}{4} \cdot \frac{1}{6} \cdot \frac{1}{3} = \frac{1}{72} = 0{,}014.$$

4.12 Das erste Bild muss aus sechs Bildern gewählt werden, das zweite nur noch aus fünf usw. Mit jedem Ereignis (Bildwahl) ändert sich die Menge der Elementarereignisse des nächsten Zufallsexperimentes. Somit ergibt sich

$$p = \frac{1}{6} \cdot \frac{1}{5} \cdot \frac{1}{4} \cdot \frac{1}{3} \cdot \frac{1}{2} \cdot \frac{1}{1} = \frac{1}{6!} = 0{,}0014.$$

4.13 a) $1/6 \cdot 1/6 = 1/36$ und b) $1/2 \cdot 1/2 = 1/4$.

4.14 Die Lösungen lauten:
a) $5/52 \cdot 4/51 \cdot 3/50 \cdot 2/49 \cdot 1/48 = 0{,}00000038$
b) $4 \cdot (5/52 \cdot 4/51 \cdot 3/50 \cdot 2/49 \cdot 1/48) = 0{,}0000015$.

4.15 a) $1/2 \cdot 1/4 = 1/8$, b) $1/2 \cdot 1/4 \cdot 1/4 = 1/32$.

4.16 Der Satz von der totalen Wahrscheinlichkeit lautet:

$$P(B) = \sum_i P(B|A_i) \cdot P(A_i),$$

wobei alle A_i wechselseitig disjunkt sind. Die Anwendung der Formel ergibt die Wahrscheinlichkeit für das Bestehen der Prüfung, wenn die Gruppenzugehörigkeit ignoriert wird. Man erhält:

$$P(B) = 0{,}2 \cdot 0{,}1 + 0{,}7 \cdot 0{,}3 + 0{,}9 \cdot 0{,}6 = 0{,}77.$$

4.17
a) Aus dem Satz der totalen Wahrscheinlichkeit ergibt sich:

$$\begin{aligned} P(B) &= P(B|A) \cdot P(A) + P(B|\bar{A}) \cdot P(\bar{A}) \\ &= 0{,}3 \cdot 0{,}6 + 0 \cdot 0{,}4 = 0{,}18. \end{aligned}$$

Also $P(B) = P(B|A)P(A) = P(A \cap B)$, denn man muss in A gewesen sein, um B erreichen zu können.
b) Diese ergibt sich durch die Beziehung $P(\bar{B}) = 1 - P(B) = 0{,}82$. Man kann dieses Ergebnis aber auch mit dem Satz der totalen Wahrscheinlichkeit bestimmen. Man erhält

$$\begin{aligned} P(\bar{B}) &= P(\bar{B}|A) \cdot P(A) + P(\bar{B}|\bar{A}) \cdot P(\bar{A}) \\ &= 0{,}7 \cdot 0{,}6 + 1 \cdot 0{,}4 = 0{,}82. \end{aligned}$$

4.18
1. Die Bezeichnungen der Wahrscheinlichkeiten lauten:

Prävalenz	$P(K)$	0,01
Sensitivität	$P(D|K)$	0,90
Spezifität	$P(\bar{D}|\bar{K})$	0,95

2. $P(\bar{D}|K) = 1 - P(D|K) = 1 - 0{,}9 = 0{,}1$
3. $P(D|\bar{K}) = 1 - P(\bar{D}|\bar{K}) = 1 - 0{,}95 = 0{,}05$
4. Mit Hilfe von Bayes Theorem

$$P(K|D) = \frac{P(D|K)P(K)}{P(D|K)P(K) + P(D|\bar{K})P(\bar{K})},$$

ergibt sich

$$P(K|D) = \frac{0{,}9 \cdot 0{,}01}{0{,}9 \cdot 0{,}01 + 0{,}05 \cdot 0{,}99} = 0{,}154.$$

5. Mit Hilfe von Bayes Theorem

$$P(\bar{K}|\bar{D}) = \frac{P(\bar{D}|\bar{K})P(\bar{K})}{P(\bar{D}|K)P(K) + P(\bar{D}|\bar{K})P(\bar{K})},$$

ergibt sich

$$P(\bar{K}|\bar{D}) = \frac{0{,}95 \cdot 0{,}99}{0{,}1 \cdot 0{,}01 + 0{,}95 \cdot 0{,}99} = 0{,}999.$$

4.19 Für das erste Familienmitglied stehen 20 Tiere zur Verfügung, für das zweite nur noch 19 usw. Somit ergeben sich $20 \cdot 19 \cdot 18 \cdot 17 = 116280$ Zuweisungskombinationen (s. Kap. 4.2.4)

4.20 In Aufgabe 4.19 konnten vier ausgewählte Tiere unterschiedlich auf die Familienmitglieder verteilt werden. Im Gegensatz dazu ergeben fünf ausgewählte Mitarbeiter immer dasselbe Team. Die Reihenfolge, in der die Mitarbeiter ausgewählt werden, spielt keine Rolle (s. Kap. 4.2.5). Man rechnet

$$\binom{8}{5} = \frac{8!}{5! \cdot 3!} = \frac{40\,320}{120 \cdot 6} = 56.$$

4.21 Das Pascalsche Dreieck für $n = 0, \ldots, 9$ lautet:

n	
0	1
1	1 1
2	1 2 1
3	1 3 3 1
4	1 4 6 4 1
5	1 5 10 10 5 1
6	1 6 15 20 15 6 1
7	1 7 21 35 35 21 7 1
8	1 8 28 56 70 56 28 8 1
9	1 9 36 84 126 126 84 36 9 1

4.22 Aus der Klasse müssen fünf Gruppen gebildet werden: die der Stürmer, der Mittelfeldspieler, der Verteidiger, des Torwarts und derer, die nicht mitspielen sollen. Wie zuvor ist es jeweils nicht von Belang, ob z. B. ein Schüler als erster, zweiter oder dritter in die Stürmergruppe eingeteilt wurde. Man rechnet:

$$\frac{15!}{3! \cdot 4! \cdot 3! \cdot 1! \cdot 4!} = 63063000$$

Mannschaftsaufstellungen (s. 3. Kombinationsregel, S. 58).

Kapitel 5

5.1 Die Wahrscheinlichkeiten lauten:

a) $P(5) = \binom{6}{5} \cdot 0{,}5^5 \cdot 0{,}5^1 = 0{,}0937.$
b) $P(4) = \binom{7}{4} \cdot 0{,}9^4 \cdot 0{,}1^3 = 0{,}0230.$
c) $P(8) + P(9) = 0{,}302 + 0{,}134 = 0{,}436.$
d) $P(x \geq 1) = 1 - P(x < 1) = 1 - 0{,}1094 = 0{,}8906.$

5.2 Die Lösungen lauten:

a) Zunächst müssen über die Binomialverteilung die Wahrscheinlichkeiten, keine, eine, zwei, drei oder vier Antworten zu erraten, bestimmt werden. Anschließend sind diese Wahrscheinlichkeiten zu addieren. Man erhält

$$P(x \leq 4) = P(0) + P(1) + P(2) + P(3) + P(4)$$
$$= 0{,}01 + 0{,}05 + 0{,}13 + 0{,}21 + 0{,}23 = 0{,}63.$$

b) Da die Wahrscheinlichkeit, höchstens vier richtige Antworten zu raten, 0,63 beträgt, ist die Wahrscheinlichkeit, mehr als vier Antworten zu erraten, $1 - 0{,}63 = 0{,}37$. Entsprechend des Erwartungswertes der Binomialverteilung (s. Gl. 5.6) muss diese Wahrscheinlichkeit mit $n = 1000$ multipliziert werden. Man erwartet also, dass $n\pi = 1000 \cdot 0{,}37 = 370$ Studenten mehr als vier Antworten erraten.

5.3 $P(x \geq 12) = 0{,}014 + 0{,}003 + 0{,}001 + 0{,}000 = 0{,}018.$

5.4 Bei vier Antwortmöglichkeiten ist die Ratewahrscheinlichkeit 1/4. Somit ist $B(n = 10, \pi = 0{,}25)$ die relevante Binomialverteilung. Wir berechnen zunächst die Wahrscheinlichkeit für höchstens zwei Zufallstreffer:

$$P(0) + P(1) + P(2) = 0{,}5256.$$

Für mindestens drei Zufallstreffer resultiert somit: $1 - 0{,}5256 = 0{,}4744$.

5.5 Da sich in der Lostrommel nur eine endliche Anzahl von Losen befindet und einmal gezogene Lose nicht zurückgelegt werden, dürfen wir den folgenden Berechnungen keine Binomialverteilung zugrunde legen, sondern müssen eine hypergeometrische Verteilung verwenden (vgl. S. 65). Nach Gl. (5.7) ermitteln wir die Wahrscheinlichkeit für 1 Gewinn, 2 Gewinne, 3 Gewinne, 4 Gewinne und 5 Gewinne:

$$P(1) = \frac{\binom{10}{1} \cdot \binom{90}{4}}{\binom{100}{5}} = 0{,}3394,$$

$$P(2) = \frac{\binom{10}{2} \cdot \binom{90}{3}}{\binom{100}{5}} = 0{,}0702$$

$$P(3) = \frac{\binom{10}{3} \cdot \binom{90}{2}}{\binom{100}{5}} = 0{,}0064,$$

$$P(4) = \frac{\binom{10}{4} \cdot \binom{90}{1}}{\binom{100}{5}} = 0{,}0003$$

$$P(5) = \frac{\binom{10}{5} \cdot \binom{90}{0}}{\binom{100}{5}} = 3{,}35 \cdot 10^{-6}.$$

Die Wahrscheinlichkeit für mindestens einen Gewinn ergibt sich aus der Summe der Einzelwahrscheinlichkeiten zu $p = 0{,}4162$.

5.6 Die Wahrscheinlichkeiten lauten: a) 0,894, b) 0,040, c) 0,298, d) 0,977, e) 0,977 − 0,939 = 0,038, f) 0,964 − (1 − 0,933) = 0,897 und g) 2 · (1 − 0,977) = 0,046.

5.7 a) $z_{86\%} = 1{,}08$, b) $z_{10\%} = -1{,}28$, c) $z_{5\%} = -1{,}65$ und d) $z_{20\%} = -0{,}84$.

5.8 a) $P(z < 1{,}20) = 0{,}885$, b) $P(z > 1{,}60) = 0{,}055$, c) $P(z < -0{,}40) = 0{,}345$, d) $P(z > -1{,}00) = 0{,}841$, e) $P(z < 0{,}40) - P(z < 0{,}00) = 0{,}655 - 0{,}500 = 0{,}155$, f) $P(z < 0{,}40) - P(z < -1{,}20) = 0{,}655 - 0{,}115 = 0{,}540$ und g) $P(z < -0{,}40) + P(z > 0{,}80) = 0{,}345 + 0{,}212 = 0{,}557$.

5.9
1. $z = 0{,}74$, $x_{77\%} = 100 + 0{,}74 \cdot 5 = 103{,}70$,
2. $z = 0{,}61$, $x_{73\%} = 100 + 0{,}61 \cdot 5 = 103{,}05$,
3. $z = -1{,}22$, $x_{11\%} = 100 - 1{,}22 \cdot 5 = 93{,}90$.

5.10
a) $P(z < 2) = 0{,}977$
b) $P(z > 2) = 0{,}023$
c) $P(-2 < z < 2) = 1 - 2 \cdot P(z < -2) = 1 - 2 \cdot 0{,}023 = 0{,}954$

5.11 Da $P(x < 200) = 0{,}99$ gelten muss, sind wir an dem Ereignis $x < 200$ interessiert. Man berechnet:

$$x < 200 \Leftrightarrow \frac{x-\mu}{\sigma} < \frac{200-\mu}{\sigma} \Leftrightarrow z < \frac{200-\mu}{10}.$$

Da $z_{99\%}$ in der Standardnormalverteilung dem Wert 2,33 entspricht, erhält man $\mu = 200 - 2{,}33 \cdot 10 = 176{,}7$.

5.12 Da $P(x > 490) = 0{,}95$ bzw. $P(x < 490) = 0{,}05$ gelten muss, sind wir an dem Ereignis $x < 490$ interessiert. Man berechnet:

$$x < 490 \Leftrightarrow \frac{x-\mu}{\sigma} < \frac{490-\mu}{\sigma} \Leftrightarrow z < \frac{490-500}{\sigma}.$$

Da $z_{5\%}$ in der Standardnormalverteilung dem Wert −1,65 entspricht, erhält man $\sigma = (490 - 500)/(-1{,}65) = 6{,}06$.

5.13 a) Zunächst müssen die Testwerte von P z-transformiert werden. Es ergeben sich beim mechanischen Verständnistest $z_1 = (78 - 60)/8 = 2{,}25$ und beim Kreativitätstest $z_2 = (35 - 40)/5 = -1$.
Das Integral der Fläche unter der Standardnormalverteilung in den Grenzen $-\infty$ und 2,25 entspricht der Wahrscheinlichkeit, dass die Ergebnisse der Lehrlinge im mechanischen Verständnistest kleiner und somit schlechter sind als das Ergebnis von Lehrling P.
Man ermittelt $P(z_1 < a)$ für $a = 2{,}25$ durch Nachschauen in Tabelle A die zugehörige Wahrscheinlichkeit 0,988. Die Gesamtheit der Fläche unter der Standardnormalverteilung hat den Wert 1, d. h., 100% der Messwerte liegen in den Grenzen $-\infty$ und $+\infty$. Der Prozentsatz der Lehrlinge, die schlechter als P abschneiden, errechnet sich aus $P(z_1 < 2{,}25) \cdot 100\% = 98{,}8\%$.

b) Man schlägt zunächst $P(z_2 < a)$ für $a = -1$ in Tabelle A nach. $p(z_2 < -1) = 0{,}159$. Dieser Wert drückt aber aus, welcher Prozentsatz der Lehrlinge *schlechter* als P abschneidet. Um zu erfahren, welcher Prozentsatz *besser* abschneidet, ermittelt man die Gegenwahrscheinlichkeit zu $P(z_2 < -1)$:

$$P(z_2 > -1) = 1 - p(z_2 < -1) = 0{,}841.$$

Der Prozentsatz beträgt demnach 0,841 · 100% = 84,1%.

c) Zunächst müssen wir den Wert des Testergebnisses von Lehrling F z-transformieren: $z = 0{,}6$. Den Prozentsatz der Lehrlinge, die besser als Lehrling P und schlechter als Lehrling F abschneiden, ermitteln wir aus: $P(z < 0{,}6) - P(z < -1) = 0{,}726 - 0{,}159 = 0{,}567$. Der Prozentsatz beträgt somit 56,7%.

5.14 $\chi^2_{9;95\%}$ wird in Tabelle B nachgeschlagen. In der linken Spalte der Tabelle wählt man die Freiheitsgrade (hier: 9) aus. Da die oberen 5% abgeschnitten werden sollen, die Tabelle aber die Werte unterhalb eines Prozentwertes angibt, muss in der ausgewählten Zeile der Wert der Spalte 95% (0,950) nachgesehen werden. Wir finden $\chi^2_{9;95\%} = 16{,}919$.

5.15 $t_{12;0,5\%}$ schneidet den unteren Teil der t-Verteilung ab; man schlägt in Tabelle C nach: In der linken Spalte stehen die Freiheitsgrade. Da die t-Verteilung symmetrisch ist, sind nur Werte für >50% aufgeführt. Werte <50% erhält man, indem man den gesuchten %-Wert von 100% abzieht und diesen %-Wert nachsieht; in diesem Fall 100% − 0,5% = 99,5%. In der Spalte 0,995 findet sich 3,055. Diesen Wert muss man nun negativ setzen; $t_{12;0,5\%} = -3{,}055$. $t_{12;99,5\%}$ schneidet den oberen Teil der t-Verteilung ab. Dieser Wert lässt sich direkt in Tabelle C nachsehen: $t_{12;99,5\%} = 3{,}055$.

5.16 $F_{4,20;95\%}$ wird in Tabelle D nachgeschlagen. Die Zählerfreiheitsgrade sind in den Spalten, die Nennerfreiheitsgrade in den Zeilen abgetragen. Für jede Kombination der Freiheitsgrade sind vier Prozentwerte angegeben. In diesem Beispiel benötigen wir 95% und lesen daher den Wert der Zeile „0,95" ab: $F_{4,20;95\%} = 2{,}87$.

5.17 Da man aufgrund von Gl. (5.20) die Aussage $F_{n,n;50\%} = 1/F_{n,n;50\%}$ erhält, folgt unmittelbar, dass $F_{n,n;50\%} = 1$ gelten muss.

Kapitel 6

6.1 a) Eine Zufallsstichprobe liegt vor, wenn aus einer Grundgesamtheit eine zufällige Auswahl von Untersuchungseinheiten entnommen wird, wobei jede Untersuchungseinheit die gleiche Auswahlwahrscheinlichkeit hat (vgl. Kap. 6.1.1).
b) Bei einer Klumpenstichprobe bestehen bereits vorgruppierte Teilmengen, aus denen einige zufällig ausgewählt und vollständig untersucht werden (vgl. Kap. 6.1.2).
c) Eine Stichprobe wird als (proportional) geschichtet bezeichnet, wenn die prozentuale Verteilung der Schichtungsmerkmale mit der Verteilung in der Population übereinstimmt.

6.2 Stichprobenverteilungen sind Verteilungen statistischer Kennwerte (Mittelwert, Median, Varianz, Standardabweichung, Range, usw.), die sich aufgrund von Annahmen hinsichtlich der Verteilung des Merkmals in der Population ergeben. Die Stichprobenverteilung könnte man empirisch ermitteln, wenn man sehr viele Stichproben des Umfangs n zieht, für jede dieser Stichproben den Kennwert berechnet und dann ein Histogramm der berechneten Kennwerte erstellt.

6.3 Das zentrale Grenzwerttheorem besagt, dass die Verteilung von Mittelwerten aus Stichproben gleichen Umfangs (n), die aus derselben Population stammen (bei endlichen Populationen: mit Zurücklegen), für „großen" Stichprobenumfang n

in eine Normalverteilung übergeht. Es gilt unter der Voraussetzung endlicher Varianz der Grundgesamtheit und ist unabhängig von der Verteilungsform der Messwerte in der Grundgesamtheit.

6.4 Jede Normalverteilung kann mittels z-Transformation in eine Standardnormalverteilung überführt werden.

6.5 a) Die Verteilung der Zufallsvariable ist:

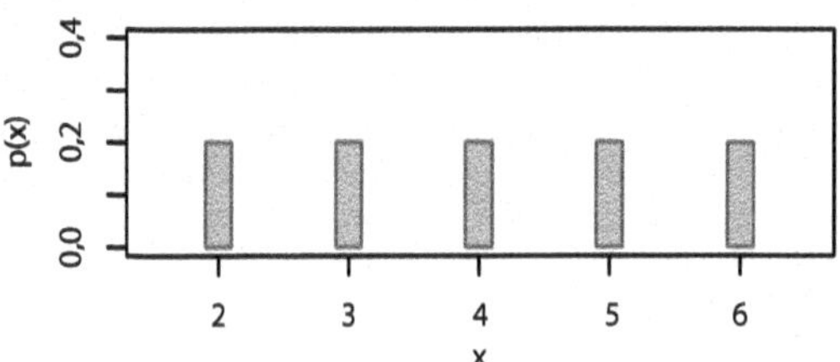

b) Für den Erwartungswert errechnet man: $\mu = \sum_{i=1}^{n} p_i \cdot x_i = 1/5 \cdot 2 + \cdots + 1/5 \cdot 6 = 4$, und für die Varianz ergibt sich $\sigma^2 = \sum_{i=1}^{n} p_i \cdot (x_i - \mu)^2 = 1/5 \cdot (2-4)^2 + \cdots + 1/5 \cdot (6-4)^2 = 2$.

c) Die Menge der Elementarereignisse Ω enthält folgende 25 Zahlenpaare:

$$\begin{Bmatrix} (2,2) & (2,3) & (2,4) & (2,5) & (2,6) \\ (3,2) & (3,3) & (3,4) & (3,5) & (3,6) \\ (4,2) & (4,3) & (4,4) & (4,5) & (4,6) \\ (5,2) & (5,3) & (5,4) & (5,5) & (5,6) \\ (6,2) & (6,3) & (6,4) & (6,5) & (6,6) \end{Bmatrix}$$

Da die Ziehung mit Zurücklegen erfolgt, sind alle 25 möglichen Wertepaare gleich wahrscheinlich. Die Wahrscheinlichkeit jeden Paares beträgt 1/25.

d) Die Verteilung des Stichprobenmittelwertes ist:

$\bar{x}$	$P(\bar{x})$
2,0	1/25
2,5	2/25
3,0	3/25
3,5	4/25
4,0	5/25
4,5	4/25
5,0	3/25
5,5	2/25
6,0	1/25

e) Für den Erwartungswert berechnet man: $\mu_{\bar{x}} = 1/25 \cdot 2{,}0 + \cdots + 1/25 \cdot 6{,}0 = 4$. Für die Varianz ergibt sich: $\sigma_{\bar{x}}^2 = 1/25 \cdot (2{,}0 - 4{,}0)^2 + \cdots + 1/25 \cdot (6{,}0 - 4{,}0)^2 = 1$.

6.6

a) $\mu_{\bar{x}} = 50$

b) Für $n = 4$ ergibt sich der Standardfehler $\sigma_{\bar{x}} = \sigma/\sqrt{n} = 20/\sqrt{4} = 10$, und für $n = 25$ erhält man $\sigma_{\bar{x}} = \sigma/\sqrt{n} = 20/5 = 4$.

c) Die Populationsverteilung sowie die beiden Mittelwertverteilungen sind in folgender Grafik dargestellt:

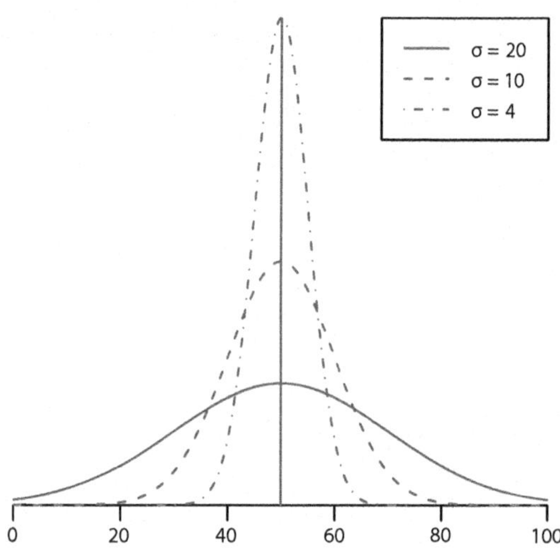

d) Wegen $\sigma_{\bar{x}} = \sigma_x/\sqrt{n} = 1$ gilt $\sqrt{n} = \sigma_x$, bzw. durch quadrieren $n = \sigma_x^2$. Da die Varianz 400 beträgt, muss $n = 400$ sein.

6.7 a) Normalverteilt mit $\mu_{\bar{x}} = 100$ und Standardabweichung $\sigma_{\bar{x}} = 15/\sqrt{25} = 3$.

b) $P(\bar{x} > 100) = P(z > 0) = 0{,}500$.

c) $P(\bar{x} > 106) = P(z > 2) = 0{,}023$.

d) Da $P(z < -1{,}96) = 0{,}025$, ergibt sich für die untere Grenze: $-1{,}96 \cdot 3 + 100 = 94{,}12$. Da $P(z > 1{,}96) = 0{,}025$, ergibt sich für die obere Grenze: $1{,}96 \cdot 3 + 100 = 105{,}88$.

6.8 Die Wahrscheinlichkeit dafür, dass $\bar{x}$ fünf IQ-Punkte unterhalb von 100 liegt, ist: $P(\bar{x} < \mu - 5) = P(z < -1) = 0{,}16$. Ganz analog ergibt sich $P(\bar{x} > \mu + 5) = P(z > 1) = 0{,}16$. Somit beträgt die Wahrscheinlichkeit für eine Abweichung des Stichprobenmittels vom Populationsmittel um mehr als fünf IQ-Punkte 0,32.

6.9 a) $\bar{x} = 10$

b) $s_x = \sqrt{QS/(n-1)} = \sqrt{10/10} = 1$

c) $s_{\bar{x}} = s_x/\sqrt{n} = 1/\sqrt{11} = 0{,}30$

6.10 a) Da $\sigma = 10$, ergibt sich für den Standardfehler $\sigma_{\bar{x}} = 10/\sqrt{100} = 1$.

b) Die obere Grenze des Konfidenzintervalls ist: $\bar{x} + z_{1-\alpha/2}\sigma_{\bar{x}}$ und die untere Grenze: $\bar{x} - z_{1-\alpha/2}\sigma_{\bar{x}}$. Für das $(1-\alpha) = 50\%$-Konfidenzintervall sind die relevanten Perzentile $z_{75\%} = 0{,}68$ und $z_{25\%} = -0{,}68$. Somit ergibt sich für die obere Grenze: $85 + (0{,}68) \cdot 1$ und für die untere Grenze $85 - (0{,}68) \cdot 1$. Das Intervall lautet somit: $84{,}32 \le \mu \le 85{,}68$. Ganz analog errechnet man folgende Konfidenzintervalle:

$1-\alpha$	$z_{1-\alpha/2}$	Intervall
90%	1,64	$83{,}36 \le \mu \le 86{,}64$
95%	1,96	$83{,}04 \le \mu \le 86{,}96$
99%	2,57	$82{,}43 \le \mu \le 87{,}57$

c) Merkmalsvarianz, Stichprobenumfang und Konfidenzkoeffizient.

6.11 Der Standardfehler beträgt gemäß Gl. (6.5) $\sigma_{\bar{x}} = 1/\sqrt{2}$. Die Konfidenzintervalle ergeben sich damit als

a) $100 \pm 1{,}96 \cdot 1/\sqrt{2} = 100 \pm 1{,}39$, also $[98{,}61; 101{,}39]$.

b) $100 \pm 2{,}58 \cdot 1/\sqrt{2} = 100 \pm 1{,}82$; also $[98{,}18; 101{,}82]$.

6.12 a) Wegen Gl. (6.11) vergrößert sich das Intervall mit steigendem Konfidenzkoeffizienten.

b) Mit steigendem n verringert sich der Standardfehler, Gl. (6.5), und mit ihm das Intervall, Gl. (6.11).

6.13 Da die gewünschte Breite des Konfidenzintervalls (KIB) sechs IQ-Punkte umfassen soll, gehen wir für die Berechnung des Stichprobenumfangs von Gl. (6.12) aus, in der wir den Standardfehler des Mittels durch $\sigma/\sqrt{n}$ ersetzen. Lösen wir diese Gleichung nach dem Stichprobenumfang n auf, so resultiert

$$n = \frac{4\, z_{1-\alpha/2}\, \sigma^2}{\text{KIB}^2}.$$

Aufgrund der Fragestellung ist KIB = 6, und da $\alpha = 10\%$, ergibt sich $z_{95\%} = 1{,}65$. Somit ergibt sich

$$n = \frac{4 \cdot 1{,}65^2 \cdot 10^2}{6^2} = 30{,}25.$$

Der Stichprobenumfang sollte daher mindestens 31 betragen.

6.14 Die Werte der Likelihoodfunktion lauten:

$$L(0) = 0^2 \cdot 1^1 = 0{,}000$$
$$L(1/3) = (1/3)^2 \cdot (2/3)^1 = 0{,}074$$
$$L(1/2) = (1/2)^2 \cdot (1/2)^1 = 0{,}125$$
$$L(2/3) = (2/3)^2 \cdot (1/3)^1 = 0{,}148$$
$$L(3/4) = (3/4)^2 \cdot (1/4)^1 = 0{,}141$$
$$L(1) = 1^2 \cdot 0^1 = 0{,}000$$

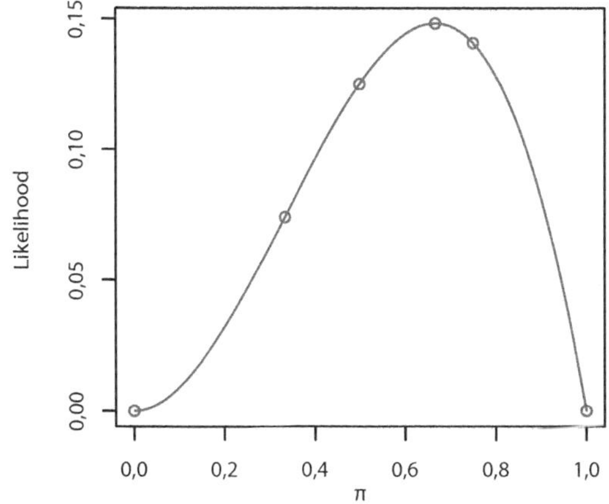

6.15 Wir schreiben die Abweichung $(x_i - a)$ folgendermaßen:

$$\begin{aligned}(x_i - a) &= (x_i - a + 0)\\ &= (x_i - a + (\bar{x} - \bar{x}))\\ &= (x_i - \bar{x}) + (\bar{x} - a).\end{aligned}$$

Nun werden beide Seiten quadriert und dann über die Beobachtungen summiert. Mit Hilfe algebraischer Vereinfachungen erhalten wir:

$$\begin{aligned}&\sum (x_i - a)^2\\ &= \sum \left((x_i - \bar{x}) + (\bar{x} - a)\right)^2\\ &= \sum (x_i - \bar{x})^2 + 2\sum (x_i - \bar{x})(\bar{x} - a) + \sum (\bar{x} - a)^2\\ &= \sum (x_i - \bar{x})^2 + 2(\bar{x} - a)\sum (x_i - \bar{x}) + n(\bar{x} - a)^2\\ &= \sum (x_i - \bar{x})^2 + n(\bar{x} - a)^2.\end{aligned}$$

Nur der letzte Term ist eine Funktion von a und nimmt sein Minimum an, falls $a = \bar{x}$ ist.

Kapitel 7

7.1 a) Können aus einer neuen, noch nicht hinreichend abgesicherten Theorie Aussagen (Hypothesen) abgeleitet werden, die über den bisherigen Wissensstand hinausgehen und/oder mit bisherigen Theorien in Widerspruch stehen, so werden diese als Alternativhypothesen bezeichnet. Eine Nullhypothese behauptet die Falschheit einer entsprechenden Alternativhypothese; d. h., sie behauptet, dass diejenige Aussage, die zur Alternativhypothese komplementär ist, richtig sei.

b) Gerichtete Alternativhypothesen geben die Richtung des behaupteten Zusammenhangs oder Unterschieds vor, ungerichtete Alternativhypothesen nicht. Eine gerichtete Hypothese wird mit einem einseitigen, eine ungerichtete mit einem zweiseitigen Test überprüft.

c) Spezifische Hypothesen geben den genauen Wert der von ihnen betroffenen statistischen Kennwerte an; unspezifische Hypothesen geben nur Wertebereiche an.

7.2 Der Fehler 1. Art ist nur mit Entscheidungen zugunsten der H_1 verbunden.

7.3 Bei einem Fehler 2. Art wird die H_0 angenommen, obwohl eigentlich die H_1 richtig ist. Um die Wahrscheinlichkeit eines Fehlers 2. Art zu bestimmen, muss die Verteilung der Population, auf die sich die H_1 bezieht, bekannt sein (es muss also μ bekannt sein). Eine unspezifische Hypothese macht aber nur die generelle Aussage, es bestehe ein Unterschied zwischen μ_0 und μ. Die Verteilung der H_1-Population – insbesondere ihr μ – wird nicht spezifiziert. So kann der Fehler 2. Art nicht berechnet werden.

7.4 z-Werte im Bereich $2{,}33 \leq z \leq 2{,}58$ (bzw. $-2{,}33 \geq z \geq -2{,}58$) sind bei einseitigem Test auf dem 1%-Niveau signifikant und bei zweiseitigem Test auf dem 1%-Niveau nicht signifikant.

7.5 Eine Teststärkefunktion errechnet die Teststärke $(1 - \beta)$ für unterschiedliche Werte der Effektgröße.

7.6 Das Signifikanzniveau des Tests ist die Wahrscheinlichkeit, einen Fehler 1. Art zu begehen. Aufgrund der verwendeten Teststrategie ist die Wahrscheinlichkeit eines solchen Fehlers nicht gleich 0,05. Um dies zu erläutern, nehmen wir an, der Forscher verwendet einen z-Test, und die gerichtete Alternativhypothese lautet $H_1 : \mu > \mu_0$. Der Ablehungsbereich dieser Alternativhypothese umfasst somit alle z-Werte, die größer als $z_{1-\alpha} = 1{,}65$ sind. Gleichzeitig würde der Forscher die Nullhypothese aber auch verwerfen, wenn der empirische z-Wert kleiner als $z_{\alpha/2} = -1{,}96$ ist. Die Wahrscheinlichkeit, unter Gültigkeit der Nullhypothese einen z-Wert zu erhalten, der in den Ablehnungsbereich fällt, der also größer als 1,65 oder kleiner als 1,96 ist, ist somit 0,05 + 0,025 = 0,075. Das Signifikanzniveau erhöht sich durch die verwendete Teststrategie auf 0,075.

7.7
1. Alternativhypothese: Klassische Musik fördert die Intelligenz von Kindern.
2. Nullhypothese: Klassische Musik hat keine oder sogar negative Auswirkungen auf die Intelligenz von Kindern.
3. Die Hypothesen lauten: $H_1 : \mu > 100$ und $H_0 : \mu = 100$.
4. Obwohl klassische Musik nicht zu einer Erhöhung bzw. sogar zu einer Verschlechterung der Intelligenz bei Kindern führt, wird die Nullhypothese verworfen.
5. Obwohl klassische Musik zu einer Erhöhung der Intelligenz bei Kindern führt, wird die Nullhypothese beibehalten.

7.8 1. Wegen $\sigma_{\bar{x}} = 15/\sqrt{225} = 1$ gilt $z = (101{,}8-100)/1 = 1{,}8$. Somit ist $P(z > 1{,}8) = 0{,}036$.
2. p-Wert = 0,036
3. Die H_0 wird verworfen.
4. Fehler 1. Art.
5. $z_{95\%} = 1{,}65$ bzw. $z_{99\%} = 2{,}33$.
6. $x_{\text{krit}} = \mu_0 + 1{,}65 \cdot 15/\sqrt{225} = 101{,}65$ bzw. $x_{\text{krit}} = \mu_0 + 2{,}33 \cdot 15/\sqrt{225} = 102{,}33$.

7.9 1. Wegen $\sigma_{\bar{x}} = 15/\sqrt{225} = 1$ gilt $z = (101{,}8-100)/1 = 1{,}8$. Somit ist $P(z > 1{,}8)+P(z < -1{,}8) = 2\cdot 0{,}036 = 0{,}072$. Somit lautet der p-Wert = 0,072.
2. Beibehaltung der H_0.
3. Fehler 2. Art
4. $z_{97{,}5\%} = 1{,}96$ bzw. $z_{99{,}5\%} = 2{,}58$.
5. Für das 5%-Niveau müsste entweder $x_{\text{krit}} = \mu_0 + 1{,}96 \cdot 15/\sqrt{225} = 101{,}96$ überschritten oder $x_{\text{krit}} = \mu_0 - 1{,}96 \cdot 15/\sqrt{225} = 98{,}04$ unterschritten werden. Für das 1%-Niveau müsste entweder $x_{\text{krit}} = \mu_0 + 2{,}58 \cdot 15/\sqrt{225} = 102{,}58$ überschritten oder $x_{\text{krit}} = \mu_0 - 2{,}58 \cdot 15/\sqrt{225} = 97{,}42$ unterschritten werden.

7.10 Die untersuchten Gruppen sind zum einen alle männlichen Erwerbstätigen (ihr mittlerer Karriereindex erhält die Bezeichnung μ_0), zum anderen jene männlichen Erwerbstätigen mit den Anfangsbuchstaben *Q–Z* (ihr mittlerer Karriereindex wird entsprechend mit μ bezeichnet).

Die zu testende Hypothese besagt, dass letztere Gruppe einen geringeren mittleren Index aufweist als erstere. Umgesetzt in eine statistische Alternativhypothese schreibt man: $H_1 : \mu < \mu_0$. Die Nullhypothese lautet folglich: $H_0 : \mu = \mu_0$.

Um eine Entscheidung zwischen den Hypothesen treffen zu können, berechnen wir den Wert der Prüfgröße mit Hilfe von Gl. (7.1). Man erhält $z = \sqrt{64} \cdot (38 - 40)/12 = -1{,}33$. Dieser Wert ist größer als der kritische z-Wert von $-1{,}65$. Somit fällt die Prüfgröße nicht in den Ablehnungsbereich der Nullhypothese. Sie kann deshalb nicht abgelehnt werden.

7.11 Für einen zweiseitigen Signifikanztest wird α auf zwei Bereiche – weit unter und weit über μ_0 – aufgeteilt. Bei einem Signifikanztest mit $\alpha = 5\%$ wird ein Stichprobenmittelwert $\bar{x}$, der größer ist als μ_0, daher praktisch auf 2,5%igem Niveau getestet, d. h., Signifikanz wird nur erlangt, wenn die Wahrscheinlichkeit, einen solch hohen oder höheren Mittelwert bei Gültigkeit von H_0 zu erheben, maximal 2,5% beträgt. Erfüllt ein Wert dieses Kriterium, erfüllt er automatisch auch das Kriterium eines einseitigen Tests, bei dem α *nicht* aufgeteilt und somit einseitige Signifikanz auf 5% (statt 2,5%) getestet wird. Die Antwort heißt also: ja.

7.12 Die Lösungen lauten:
a) $H_0 : \mu = 100$.
b) Wir berechnen mit Hilfe von Gl. (7.1) den Wert der Prüfgröße und erhalten: $z = \sqrt{36}\cdot(106 - 100)/18 = 2$. Da dieser Wert den kritischen z-Wert von 1,65 übersteigt, müssen wir die Nullhypothese ablehnen.
c) $H_1 : \mu = 110$.
d) Für die Effektgröße ergibt sich: $\delta = (110-100)/18 = 0{,}555$.
e) Die Teststärke ist die Wahrscheinlichkeit, dass die $H_1 : \mu = 110$ als richtig erkannt wird. Um die Teststärke zu bestimmen, verwenden wir Gl. (7.4). Die drei Größen auf der rechten Seite sind bereits bekannt. Dies sind $z_{1-\alpha} = 1{,}65$, $n = 36$ und $\delta = 0{,}555$. Somit ergibt sich

$$z_\beta = 1{,}65 - \sqrt{36} \cdot 0{,}555 = -1{,}68.$$

Dieses Perzentil schneidet 4,6% der Fläche im unteren Rand der Standardnormalverteilung ab. Somit beträgt die Wahrscheinlichkeit eines Fehlers 2. Art $\beta = 0{,}046$. Die Teststärke beträgt also $1 - \beta = 0{,}954$.
f) Den benötigten Stichprobenumfang berechnen wir nach Gl. (7.5). Dabei entspricht eine Teststärke $1 - \beta = 0{,}99$ einem $z_\beta = -2{,}33$. Somit ergibt sich

$$n = \left(\frac{z_\beta - z_{1-\alpha}}{d}\right)^2 = \left(\frac{-2{,}33 - 1{,}65}{0{,}555}\right)^2 = 51{,}4.$$

Somit ist ein Stichprobenumfang von 52 Personen für eine Teststärke von 0,99 erforderlich.

7.13 Die Ergebnisse lauten:
a) $z_{1-\alpha} = 1{,}65$.
b) Für die Prüfgröße ergibt sich der Wert: $z = 5 \cdot (103 - 100)/10 = 1{,}5$. Da der beobachtete z-Wert kleiner als der kritische Wert ist, wird die H_0 beibehalten. Somit wird möglicherweise ein Fehler 2. Art begangen.
c) In der Untersuchung wurde die Wahrscheinlichkeit eines Fehlers 2. Art nicht berechnet. Es könnte deshalb sein, dass diese Wahrscheinlichkeit groß ist und somit die Untersuchung eine geringe Teststärke besitzt, sodass ein bestehender Effekt nur mit geringer Wahrscheinlichkeit nachgewiesen werden kann.
d) Diese Frage kann mit Gl. (7.4) beantwortet werden. Um die Gleichung verwenden zu können, berechnen wir δ. Dieser Wert ist $(105 - 100)/10 = 0{,}5$. Somit ergibt sich

$$z_\beta = 1{,}65 - \sqrt{25} \cdot 0{,}5 = -0{,}85.$$

Über dem Perzentil $-0{,}85$ liegen in der Standardnormalverteilung 80,2% der Fläche. Die Teststärke der Untersuchung ist somit: $1 - \beta = 0{,}802$. Falls das Training die IQ-Wert also tatsächlich durchschnittlich um fünf anheben kann, so ist die Teststärke mit etwa 80% relativ hoch.
e) $\delta = 0{,}2$ entspricht einem kleinen Effekt. Man berechnet aufgrund von Gl. (7.4): $z_\beta = 1{,}65 - 5 \cdot 0{,}2 = 0{,}65$. Daraus ergibt sich für die Teststärke: $1 - \beta = P(z > 0{,}65) = 0{,}258$. Ist der Effekt des Trainings nur gering, so ist die Teststärke mit etwa 26% nicht ausreichend. Das nicht-signifikante Ergebnis wäre also mit einem kleinen Effekt „erklärbar".
f) In diesem Fall berechnet man $z_\beta = 1{,}65 - \sqrt{100} \cdot 0{,}5 = -3{,}35$. Da dieses Perzentil der Standardnormalverteilung sehr klein ist, folgt daraus unmittelbar, dass die Teststärke größer als 0,99 sein muss.

7.14 Weil dadurch die Teststärke sehr gering wird, d. h. eine falsche H_0 kann praktisch nicht verworfen werden.

7.15 Um den Stichprobenumfang aufgrund von Gl. (7.5) bestimmen zu können, benötigen wir die drei Größen: $z_{1-\alpha}$, z_β sowie δ. Da $\alpha = 0{,}05$ und $1 - \beta = 0{,}80$ ergeben sich für die beiden Perzentile die Werte $z_{1-\alpha} = 1{,}65$, $z_\beta = -0{,}84$. Für δ ermitteln wir $\delta = (102 - 100)/10 = 0{,}2$. Somit ergibt sich für den Stichprobenumfang

$$n = \left(\frac{-0{,}84 - 1{,}65}{0{,}2}\right)^2 = 155.$$

Somit müssen 155 Kinder das Training absolvieren, um den „kleinen" Effekt von $\delta = 0{,}2$ mit ausreichender Teststärke überprüfen zu können.

Kapitel 8

8.1

a) $t_{8;99\%} = 2{,}896$
b) $t_{8;1\%} = -2{,}896$
c) Normalverteilung
d) Perzentile der t-Verteilung sind immer extremer als die entsprechenden Perzentile der Standardnormalverteilung, d. h. $|t_{\mathrm{df};p}| \geq |z_p|$

8.2

1. Da die Zwillinge einander paarweise zugeordnet sind, muss der t-Test für Beobachtungspaare zur Auswertung verwendet werden.
2. Da die Ehepartner einander paarweise zugeordnet sind, muss der t-Test für Beobachtungspaare zur Auswertung verwendet werden.
3. Da die beiden Wochentage einander paarweise zugeordnet sind, muss der t-Test für Beobachtungspaare zur Auswertung verwendet werden.

8.3 Parallelisierte Stichproben sind Stichproben, die so ausgewählt werden, dass die Untersuchungsobjekte in beiden Stichproben nach einem sinnvollen Kriterium paarweise einander zugeordnet sind.

8.4 Mit Hilfe von Gl. (8.1) ermitteln wir einen t-Wert von

$$t = \sqrt{20}\left(\frac{163-170}{12}\right) = \frac{-7}{2{,}68} = -2{,}61.$$

Tabelle C des Anhangs entnehmen wir, dass der kritische Wert in der t-Verteilung mit 19 Freiheitsgraden, der von der linken Seite 5% abschneidet, $t_{19;5\%} = -1{,}73$ lautet. Dieser Wert ist – seinem Absolutbetrag nach – kleiner als der empirisch gefundene Wert von $t = -2{,}61$. Das Ergebnis ist deshalb signifikant. Ratten, deren Eltern zuvor konditioniert wurden, lernen schneller als Ratten mit nicht-konditionierten Eltern.

8.5 a) H_0: Keine systematische Fehleinschätzung: $\mu = 10$ cm. H_1: Systematische Fehleinschätzung: $\mu \neq 10$ cm.
b) $\bar{x} = 8$; $s^2 = 10/4 = 2{,}5$; $s_{\bar{x}}^2 = 2{,}5/5 = 0{,}5$.
c) $t = (\bar{x} - \mu_0)/s_{\bar{x}} = (8-10)/\sqrt{0{,}5} = -2{,}82$.
d) df = 4.
e) $t_{4;2{,}5\%} = -2{,}776$ und $t_{4;97{,}5\%} = 2{,}776$.
f) Ablehnung der Nullhypothese.
g) Die Beibehaltung der Nullhypothese ist das Ergebnis, an dem der Forscher eigentlich interessiert ist.

8.6 Es handelt sich um einen Mittelwertvergleich eines metrischen Merkmals zweier unabhängiger Gruppen. Dieser wird mit dem t-Test für unabhängige Stichproben durchgeführt. Die Hypothesen lauten: $H_0: \mu_1 = \mu_2$ und $H_1: \mu_1 < \mu_2$ (einseitiger Test), $\alpha = 0{,}05$.

Aufgrund der Daten errechnet man folgende Kennwerte: $\bar{x}_1 = 22{,}67$, $\bar{x}_2 = 24{,}92$, $s_1 = 2{,}27$ und $s_2 = 3{,}09$. Die Zahl der Freiheitsgrade ergibt sich zu df $= n_1 + n_2 - 2 = 22$. Als Standardfehler der Mittelwertsdifferenzen ermittelt man

$$s_{\bar{x}_2-\bar{x}_1} = \sqrt{\frac{(n_1-1)\cdot s_1^2 + (n_2-1)\cdot s_2^2}{(n_1-1)+(n_2-1)} \cdot \left(\frac{1}{n_1}+\frac{1}{n_2}\right)}$$
$$= \sqrt{\frac{11\cdot 2{,}27^2 + 11\cdot 3{,}09^2}{22} \cdot \left(\frac{1}{12}+\frac{1}{12}\right)} = 1{,}107.$$

Für t errechnet man somit $t = (22{,}67 - 24{,}92)/1{,}107 = -2{,}03$. Tabelle C weist für $t_{22;0{,}95}$ einen Wert von 1,717 aus. Wegen der Symmetrie der t-Verteilung verwenden wir $t_{22;0{,}05} = -1{,}717$. Die H_0 wird verworfen, da $t = -2{,}03 < -1{,}717$. Arme Kinder schätzen 1-€-Stücke signifikant größer ein als reiche.

8.7

a) H_0: Keine positive Wirkung: $\mu_1 = \mu_2$, H_1: Positive Wirkung: $\mu_1 > \mu_2$
b) Um unabhängige Stichproben.
c) Zunächst berechnen wir die Varianz der Werte aufgrund der Angaben aus beiden Gruppen. Man erhält

$$s_p^2 = \frac{(n_1-1)s_1^2 + (n_2-1)s_2^2}{n_1+n_2-2} = \frac{7\cdot 80 + 7\cdot 120}{14} = 100.$$

Für die Varianz der Mittelwertsdifferenz ergibt sich somit

$$s_{\bar{x}_1-\bar{x}_2}^2 = s_p^2 \cdot \left(\frac{1}{n_1}+\frac{1}{n_2}\right) = 100\cdot(2/8) = 25,$$

und damit ist $s_{\bar{x}_1-\bar{x}_2} = 5$.
d) $t = (\bar{x}_1 - \bar{x}_2)/s_{\bar{x}_1-\bar{x}_2} = (23-14)/5 = 1{,}8$.
e) $t_{14;95\%} = 1{,}761$.
f) Ablehnung der Nullhypothese.
g) Unabhängige Gruppen, normalverteilte Rohwerte, Varianzhomogenität.
h) Kritische Grenze wird kleiner: $z_{0{,}95} = 1{,}65$, d.h. die tatsächliche Wahrscheinlichkeit eines Fehlers 1. Art ist größer als 0,05.

8.8 Es handelt sich um einen Mittelwertvergleich eines metrischen Merkmals für Beobachtungspaare (jeder Junge wurde zweimal gemessen). Bezeichnen wir die wahren Einstellungen vorher und nachher mit μ_1 und μ_2, so lauten die Hypothesen $H_0: \mu_1 = \mu_2$ versus $H_1: \mu_1 > \mu_2$. Man errechnet $\bar{d} = 2{,}67$ und $s_d = 2{,}45$. Daraus ergibt sich für die Prüfgröße $t = \sqrt{9}\cdot \bar{d}/s_d = 2{,}67/2{,}45 = 3{,}27$. Dieser t-Wert ist mit df = 8 verbunden. Aus Tabelle C ergibt sich für $t_{8;0{,}99} = 2{,}896$.

Da das empirisch ermittelte t größer ist als das kritische Perzentil der t-Verteilung, wird die H_0 verworfen. Die Sündenbockfunktion wird als bestätigt angesehen.

8.9

a) t-Test für Beobachtungspaare.
b) H_0: Keine positive Wirkung: $\mu_d = 0$, H_1: Positive Wirkung: $\mu_d > 0$
c) Folgende Differenzwerte werden ermittelt:

Vpn	Pretest	Posttest	d
1	108	107	−1
2	99	100	1
3	100	100	0
4	100	102	2
5	98	101	3

Mittelwert und Varianz der Differenzwerte lauten: $\bar{d} = 1$ und $s_d^2 = 10/4 = 2{,}5$.
d) Für die Prüfgröße ergibt sich der Wert: $t = \sqrt{5}\cdot 1/\sqrt{2{,}5} = 1{,}41$. Der kritische t-Wert lautet: $t_{4;95\%} = 2{,}132$. Somit wird die Nullhypothese nicht abgelehnt.

8.10 Die Perzentile der F-Verteilung lauten:

a) $F_{5,10;0{,}95} = 3{,}33$
b) $F_{10,5;0{,}95} = 4{,}74$
c) $F_{5,10;0{,}05} = 1/F_{10,5;0{,}95} = 1/4{,}74 = 0{,}21$, s. Gl. (5.20).

8.11 a) $H_1 : \sigma_1^2 \neq \sigma_2^2$, d. h. das Medikament verändert die Variabilität der Stimmung. $H_0 : \sigma_1^2 = \sigma_2^2$, d. h. das Medikament hat keinen Effekt auf die Variabilität der Stimmung.
b) Da die Alternativhypothese ungerichtet ist, schreiben wir die größere Stichprobenvarianz in den Zähler des F-Bruchs. Wir berechnen also $F = 15/10 = 1{,}5$.
c) Da die Stichprobenvarianz der Kontrollgruppe im Zähler des F-Bruchs steht, besitzt der F-Wert 30 Zähler- und 60 Nennerfreiheitsgrade. Der kritische F-Wert lautet $F_{30,60;95\%} = 1{,}65$. Somit wird die Nullhypothese beibehalten.

8.12
a) Mit dem F-Test überprüfen wir die Nullhypothese, dass sich die Varianzen zweier Populationen nicht unterscheiden. Zunächst ermitteln wir: $s_1^2 = 7{,}64$ und $s_2^2 = 44{,}10$. Da wir zweiseitig testen, schreiben wir die größere der beiden Stichprobenvarianzen in den Zähler des F-Bruchs. Wir erhalten: $F = 44{,}10/7{,}64 = 5{,}77$. Tabelle D entnehmen wir den kritischen Wert $F_{14,14;95\%} \approx 2{,}46$. Somit verwerfen wir die Nullhypothese und gehen davon aus, dass sich die Varianzen unterscheiden.
b) Die beiden Stichprobenvarianzen lauten: $s_1^2 = 7{,}64$ und $s_2^2 = 44{,}10$. Den Standardfehler der Differenz berechnen wir bei heterogenen Varianzen als

$$s_{\bar{x}_1-\bar{x}_2} = \sqrt{\frac{7{,}64}{15} + \frac{44{,}10}{15}} = 1{,}86.$$

Berechnet man noch die Stichprobenmittelwerte $\bar{x}_1 = 21{,}93$ und $\bar{x}_2 = 23{,}33$, so kann man bereits den t-Wert bestimmen. Man erhält

$$t = \frac{21{,}93 - 23{,}33}{1{,}86} = -0{,}75.$$

Sind die Varianzen der beiden Populationen, aus denen die Stichproben entnommen wurde, nicht homogen, so sind die Freiheitsgrade der Prüfgröße zu korrigieren. Nach Formel (8.8) ergeben sich die korrigierten Freiheitsgrade zu

$$\mathrm{df}_{corr} = \frac{\left(\frac{7{,}64}{15} + \frac{44{,}1}{15}\right)^2}{\frac{7{,}64^2}{15^2 \cdot 14} + \frac{44{,}1^2}{15^2 \cdot 14}} = 18{,}7 \approx 19.$$

Der kritische t-Wert für den zweiseitigen Test lautet: $t_{19;97{,}5\%} = 2{,}09$ Da der Betrag des empirischen t-Wertes den kritischen Wert nicht übersteigt, ist die Nullhypothese beizubehalten.

8.13 Da die Stichproben voneinander unabhängig sind, kommt der Mann-Whitney-U-Test zur Anwendung.

Gute Schüler		Schlechte Schüler	
Zeit	Rang	Zeit	Rang
23	16,5	16	3
18	4,5	24	19
19	7,5	25	23
22	15	35	30
25	23	20	12
24	19	20	12
26	26	25	23
19	7,5	30	27
20	12	32	28
20	12	18	4,5
19	7,5	15	1,5
24	19	15	1,5
25	23	33	29
25	23	19	7,5
20	12	23	16,5
$T_1 = 227{,}5$		$T_2 = 237{,}5$	

Mehrfach kommen vor:

15: 2x → 1,5 (1, 2)
18: 2x → 4,5 (4, 5)
19: 4x → 7,5 (6, 7, 8, 9)
20: 5x → 12 (10, 11, 12, 13, 14)
23: 2x → 16,5 (16, 17)
24: 3x → 19 (18, 19, 20)
25: 5x → 23 (21, 22, 23, 24, 25)

Nach Gl. (8.16) ergibt sich die Prüfgröße U:

$$U = n_1 \cdot n_2 + \frac{n_1(n_1+1)}{2} - T_1 = 15 \cdot 15 + \frac{15 \cdot 16}{2} - 227{,}5 = 117{,}5.$$

Nach Gl. (8.15) ist $U' = n_1 \cdot n_2 - U = 15^2 - 117{,}5 = 107{,}5$. Nun ergibt sich aus Gl. (8.17): $\mu_u = (n_1 \cdot n_2)/2 = 15^2/2 = 112{,}5$. Da verbundene Ränge vorliegen, muss nicht σ_U, sondern $\sigma_{U\,corr}$ berechnet werden:

$$\sigma_{U\,corr} = \sqrt{\frac{n_1 \cdot n_2}{n \cdot (n-1)}} \times \sqrt{\frac{n^3-n}{12} - \sum_{i=1}^{k} \frac{t_i^3 - t_i}{12}}$$
$$= \sqrt{\frac{15 \cdot 15}{30 \cdot 29}} \times \sqrt{2247{,}5 - \frac{3 \cdot 6 + 24 + 60 + 2 \cdot 120}{12}}$$
$$= 0{,}509 \cdot 47{,}106 = 23{,}98.$$

U wird nun nach Gl. 8.19 z-transformiert. Dies ergibt

$$z = \frac{117{,}5 - 112{,}5}{23{,}98} = 0{,}21.$$

Wird zweiseitig für $\alpha = 0{,}05$ getestet, muss $|z| > 1{,}96$ sein, damit bezüglich der zentralen Tendenz beider Gruppen ein signifikanter Unterschied besteht. Dies ist nicht der Fall.

8.14 Da die Messungen voneinander abhängig sind (Vorher-Nachher-Messung), kommt der Wilcoxon-Test (Abschn. 8.7.2) zur Anwendung.

Klient	d_i	Rang von $\lvert d_i \rvert$
1	−3	7,5
2	−1	2,5
3	2	5,5(+)
4	−1	2,5
5	−4	9
6	−5	10
7	1	2,5(+)
8	−1	2,5
9	−2	5,5
10	−3	7,5

Mehrfach kommen vor:
1: 4x → 2,5
2: 2x → 5,5
3: 2x → 7,5

Die Rangsumme T wird für alle Werte berechnet, deren Vorzeichen seltener (hier: +) vorkommt: $T = 8$; $T' = 47$;

$$\mu_T = \frac{n \cdot (n+1)}{4} = 27{,}5.$$

Da $n < 25$, muss die Signifikanz des Unterschieds zwischen T und T' anhand Tabelle F überprüft werden. Für die einseitige Fragestellung („wurden *mehr* Inhalte verbalisiert"?) muss bei einem Signifikanzniveau von 1% $T < 5$ sein (Spalte „0,01", Zeile „10"). H_0 wird beibehalten, die Patienten verbalisieren nicht mehr Inhalte als vor der Therapie.

Kapitel 9

9.1 a) $\chi^2_{20;95\%} = 31{,}41$, b) $\chi^2_{20;2{,}5\%} = 9{,}59$.

9.2 Es soll geprüft werden, ob die beiden Variablen „Instruktion" (Teststandardisierung, Leistungsmessung) und Art der erinnerten Aufgaben (vollendet, unvollendet) voneinander unabhängig sind oder nicht. Dazu wird der χ^2-Test für 2 × 2-Tabellen angewendet.

Nach Gl. (9.1) berechnet man die Prüfgröße χ^2:

$$\chi^2 = \frac{n \cdot (ad - bc)^2}{(a+b)\cdot(c+d)\cdot(a+c)\cdot(b+d)}$$
$$= \frac{100 \cdot (32 \cdot 37 - 18 \cdot 13)^2}{(32+18)(13+37)(32+13)(18+37)}$$
$$= \frac{100 \cdot (1184 - 234)^2}{50 \cdot 50 \cdot 45 \cdot 55} = 14{,}59.$$

Zu vergleichen ist die Prüfgröße mit einer χ^2-Verteilung mit einem Freiheitsgrad: $\chi^2_{1;99\%} = 6{,}63$; die errechnete Prüfgröße ist viel größer, d. h. der Test ist sehr signifikant. Die Art der Instruktion beeinflusst die Art der erinnerten Aufgaben.

9.3 a) H_0: Behandlung und Wirkung sind unabhängig.
H_1: Behandlung und Wirkung sind nicht unabhängig.
b) Die erwarteten Häufigkeiten lauten:

Symptomatik	Medikament A	B	Placebo	Total
+	120	120	60	300
~	40	40	20	100
−	40	40	20	100
Total	200	200	100	500

c) Für den Chi-Quadrat-Wert berechnen wir:

$$\chi^2 = (150-120)^2/120 + (100-120)^2/120 + \ldots + (25-20)^2/20 = 31{,}25.$$

Da dieser Wert mit df = 4 verbunden ist ergibt sich der kritische Wert: $\chi^2_{4;95\%} = 9{,}48$. Da der berechnete Wert diesen kritischen Wert übersteigt, wird die Nullhypothese abgelehnt.

9.4 a) Da Chi-Quadrat-Werte nicht negativ sein können, ist null der kleinste mögliche Wert der Chi-Quadrat-Prüfgröße. Der Wert null tritt ein, wenn die beobachteten Häufigkeiten exakt den bei Unabhängigkeit der Merkmale erwarteten Häufigkeiten entsprechen. Für folgende Häufigkeiten ist dies der Fall:

Symptomatik	Medikament A	Placebo	Total
+	10	10	20
−	10	10	20
Total	20	20	40

b) Der Chi-Quadrat-Wert wird maximal, wenn der Zusammenhang zwischen den Merkmalen so stark wie möglich wird. Der stärkste Zusammenhang würde auftreten, wenn sich die Symptomatik aller behandelten Personen verbessert und sich bei allen Personen der Placebogruppe verschlechtert. In diesem Fall sind die Häufigkeiten:

Symptomatik	Medikament A	Placebo	Total
+	20	0	20
−	0	20	20
Total	20	20	40

Man beachte, dass der Chi-Quadrat-Wert auch maximal werden würde, wenn sich die Symptomatik aller behandelten Personen verschlechtert, sich bei allen Personen der Placebogruppe aber verbessert. An dieser Beobachtung lässt sich gut erkennen, dass der Chi-Quadrat-Test auf Unabhängigkeit der Merkmale eine ungerichtete Alternativhypothese überprüft, da der Chi-Quadrat-Wert gegenüber beliebigen Abweichungen der beobachteten Häufigkeiten von denen unter der Annahme der Unabhängigkeit erwarteten Häufigkeiten sensitiv ist.

9.5 Für jede Merkmalskombination wird die erwartete Häufigkeit aus den Randhäufigkeiten ermittelt. Anschließend werden die empirischen mit den erwarteten Häufigkeiten verglichen:

Störung	soz. Schicht hohe	niedrige	
(*a*)	44	53	97
(*b*)	29	48	77
(*c*)	23	45	68
(*d*)	15	23	38
(*e*)	14	6	20
	125	175	300

Die erwartete Häufigkeit ergibt sich beispielsweise für die erste Zelle zu $m_{11} = (97 \cdot 125)/300 = 40{,}4$ und für die zweite Zelle zu $m_{12} = (97 \cdot 175)/300 = 56{,}6$.

Störung	soz. Schicht		
	hohe	niedrige	
(a)	40,4	56,6	97
(b)	32,1	44,9	77
(c)	28,3	39,7	68
(d)	15,8	22,2	38
(e)	8,3	11,7	20
	≈125	≈ 175	
	(Rundungsdifferenzen)		

Für die Prüfgröße χ^2 berechnet man:

$$\chi^2 = \frac{(44-40,4)^2}{40,4} + \frac{(53-56,6)^2}{56,6} + \frac{(29-32,1)^2}{32,1} + \frac{(48-44,9)^2}{44,9} + \frac{(23-28,3)^2}{28,3} + \frac{(45-39,7)^2}{39,7} + \frac{(15-15,8)^2}{15,8} + \frac{(23-22,2)^2}{22,2} + \frac{(14-8,3)^2}{8,3} + \frac{(6-11,7)^2}{11,7} = 9,52.$$

Der kritische χ^2-Wert $\chi^2_{4;95\%} = 9,49$ liegt knapp unter der Prüfgröße. Die H_0 wird bei zweiseitigem Test verworfen.

9.6 Aufgrund der Messwiederholung sind die Messungen innerhalb einer Person nicht voneinander unabhängig. Die Voraussetzungen des χ^2-Tests auf Unabhängigkeit sind daher nicht erfüllt.

9.7 Tabelle b) wegen zu kleiner erwarteter Häufigkeiten.

9.8 Aufgrund der Definition der bedingten Wahrscheinlichkeit können wir die Voraussetzung $P(B|M) > P(B|\bar{M})$ auch als

$$\frac{P(B \cap M)}{P(M)} > \frac{P(B) - P(B \cap M)}{P(\bar{M})}$$

schreiben, da sich die Gleichheit der rechten Seite mit $P(B \cap \bar{M})/P(\bar{M})$ zeigen lässt. Aus der Ungleichung erhält man durch algebraische Operationen

$$\frac{P(B \cap M)}{P(M)} + \frac{P(B \cap M)}{P(\bar{M})} > \frac{P(B)}{P(\bar{M})}$$

$$\Rightarrow P(B \cap M)\left(\frac{P(\bar{M}) + P(M)}{P(\bar{M})P(M)}\right) > \frac{P(B)}{P(\bar{M})}$$

$$\Rightarrow P(B \cap M)\left(\frac{1}{P(M)}\right) > P(B)$$

$$\Rightarrow P(B \cap M) > P(B)P(M),$$

was der rechten Seite der Behauptung entspricht.

9.9 a) H_0: Kein Unterschied zwischen Werktag und Wochenende:

$$m_1 = 2/7 \cdot n \text{ und } m_2 = 5/7 \cdot n.$$

H_1: Werktag und Wochenende unterscheiden sich.

b) Erwartete Häufigkeit am Wochenende: $1000 \cdot (2/7) = 285,7$. Erwartete Häufigkeit an Werktagen: $1000 \cdot (5/7) = 714,3$.

c) Der Chi-Quadrat-Wert ist somit:

$$\chi^2 = (302 - 285,7)^2/285,7 + (698 - 714,3)^2/714,3 = 1,30.$$

Die Prüfgröße besitzt $df = k - 1 = 1$. Somit ist der kritischer Wert: 3,84. Da der Wert der Prüfgröße kleiner als der kritische Wert ist, wird die Nullhypothese beibehalten.

9.10 a) H_0: Urheberschaft Mark Twains: $m_i = P_i \cdot n$ für $i = 1, \ldots 4$. H_1: Keine Urheberschaft Mark Twains

b) In diesem Fall möchte man die Nullhypothese bestätigen, d.h. Mark Twain soll als Urheber der Briefe identifiziert werden. Die Wahl eines extrem kleinen α-Niveaus begünstigt jedoch die Beibehaltung der Nullhypothese. Aus diesem Grund sollte α nicht zu klein gewählt werden.

c) Die erwarteten Häufigkeiten lauten:

Wortlänge	1	2	3	≥ 4
Häufigkeit	1000	2000	2000	5000

d) Für die Prüfgröße ermittelt man

$$\chi^2 = (500 - 1000)^2/1000 + (2000 - 2000)^2/2000 + (2500 - 2000)^2/2000 + (5000 - 5000)^2/5000 = 375$$

Die Prüfgröße besitzt $df = k - 1 = 3$ Freiheitsgrade. Da der kritischer Wert $\chi^2_{krit} = 6,25$ beträgt und somit kleiner als der Wert der Prüfgröße ist, wird die Nullhypothese abgelehnt.

e) Einfache Zufallsstichprobe von Worten und erwartete Häufigkeiten größer als 5

f) Zwischen den Beobachtungen bestehen serielle Abhängigkeiten: Auf einen kurzen Artikel folgt in der Regel ein längeres Substantiv. Somit sind die Voraussetzungen des Tests nicht erfüllt.

9.11 a) Wenn wir die Perzentile $x_{25\%}$, $x_{50\%}$ und $x_{75\%}$ bestimmen, dann unterteilen diese drei Punkte die Skala derart, dass jeweils $0,25 \cdot 20 = 5$ gilt. Somit sind durch diese Kategorien alle erwarteten Häufigkeiten gleich 5. Für das erste Perzentil ergibt sich: $100 - 15 \cdot 0,67 = 90,0$. Die beiden restlichen Perzentile berechnen sich entsprechend als 100,0 und 110,0.

b) Es ergeben sich folgende beobachtete Kategorienhäufigkeiten:

Kategorie	n
(80–90]	6
(90–100]	4
(100–110]	4
(110–120]	6

Somit errechnet man für die Prüfgröße

$$\chi^2 = \frac{(6-5)^2}{5} + \frac{(4-5)^2}{5} + \frac{(4-5)^2}{5} + \frac{(6-5)^2}{5} = 0,8.$$

Da μ und σ als bekannt angenommen werden und deshalb nicht geschätzt werden müssen, besitzt die Prüfgröße $df = k - 1 = 3$ Freiheitsgrade. Der kritischer Wert lautet $\chi^2_{3;75\%} = 4,10$. Somit wird die Nullhypothese nicht abgelehnt.

9.12 Ob ein empirisch erhobenes Merkmal gleichverteilt ist, kann mit dem 1-dimensionalen χ^2-Test geprüft werden. Die erwartete Häufigkeit für jede Therapieform ergibt sich als $m = N/k = 450/5 = 90$. Die Prüfgröße χ^2 errechnet man dann über Gl. (9.6):

$$\chi^2 = \frac{(82-90)^2}{90} + \frac{(276-90)^2}{90} + \frac{(15-90)^2}{90} + \frac{(48-90)^2}{90} + \frac{(29-90)^2}{90} = \frac{45770}{90} = 508{,}56.$$

Die Zahl der Freiheitsgrade beträgt $k - 1 = 4$.

Der kritische χ^2-Wert lautet 13,28. Die errechnete Prüfgröße ist viel größer. Somit wird die H_0 abgelehnt: Die Therapieformen sind nicht gleichverteilt.

9.13 Die gemäß der Poisson-Verteilung erwarteten Häufigkeiten errechnen wir unter Verwendung der in Beispiel 5.4 genannten Wahrscheinlichkeiten. Beispiel für die Kategorie 1, „Kein Mitglied": $m_1 = 200 \cdot 0{,}7604 = 152{,}1$. Dieser und die folgenden Werte sind in folgender Tabelle aufgeführt:

Kategorien	n		m	
Kein Mitglied	149		152,1	
Ein Mitglied	44		41,7	
Zwei Mitglieder	6	} 7	5,7	} 6,2
Drei Mitglieder	0		0,5	
Vier Mitglieder	1		0,0	

Um erwartete Häufigkeiten über 5 zu erzielen, werden die drei letzten Kategorien zusammengefasst, d. h. wir operieren mit $k = 3$ Kategorien.

Setzen wir die beobachteten und die erwarteten Häufigkeiten in Gl. (9.6) ein (man beachte, dass entsprechend den erwarteten Häufigkeiten auch die beobachteten Häufigkeiten zusammengefasst werden müssen), ergibt sich ein $\chi^2 = 0{,}29$. Da für die Ermittlung der erwarteten Häufigkeiten die Konstante μ berechnet werden musste (vgl. Beispiel 5.4), die durch n und p determiniert ist, sind die erwarteten Häufigkeiten für eine Poisson-Verteilung zwei Restriktionen unterworfen. Für die Freiheitsgrade erhalten wir df = $k - 1$.

In unserem Beispiel ermitteln wir für df = 3 − 1 = 2 ein $\chi^2_{1;95\%} = 5{,}99$. Der beobachtete Wert ist sehr viel kleiner als der kritische Wert, was uns dazu veranlasst, die H_0 nicht zu verwerfen. Es spricht nichts gegen die Annahme, dass die beobachteten Frequenzen für das Ereignis „Geburtstag am 1. April" poisson-verteilt sind. (Bei einem signifikanten Ergebnis müsste man interpretieren, dass der 1. April als Geburtstagsdatum in Vereinen überzufällig selten – oder zu häufig – gefeiert wird).

Wie das Beispiel zeigt, setzt auch dieser χ^2-Anpassungstest als approximativer Test Stichprobenumfänge voraus, die für alle Kategorien erwartete Häufigkeiten über 5 gewährleisten. Man beachte, dass auch bei diesem Test große Stichproben die Annahme der H_1 (keine Poisson-Verteilung) begünstigen.

9.14 Für die Ermittlung des Medians sind die 20 Werte der Größe nach zu ordnen; es ergibt sich die Reihe 3; 4; 4; 4; 4; 5; 5; 6; 6; 6; 7; 7; 7; 7; 8; 8; 8; 8; 9; 9. Der Median teilt diese Reihe in der Mitte; bei 20 Werten liegt er zwischen dem 10. und 11. Wert und errechnet sich als Md = $(6 + 7)/2 = 6{,}5$.

Für den McNemar-Test muss nun jeder Klient danach eingeordnet werden, ob er vor bzw. nach der Therapie einen Wert über oder unter dem Median aufwies:

		nachher	
		< Md	> Md
vorher	< Md	2	5
	> Md	1	2

Die Prüfgröße für den Test berechnet man nach Gl. (9.8):

$$\chi^2 = \frac{(b-c)^2}{b+c} = \frac{(5-1)^2}{5+1} = \frac{4^2}{6} = \frac{16}{6} = 2{,}67.$$

Sie ist mit 1 Freiheitsgrad versehen.

Sowohl bei zweiseitigem Test ($\chi^2_{1;95\%} = 3{,}84$) als auch bei einseitigem Test ($\chi^2_{1;90\%} = 2{,}71$) ist das Ergebnis nicht signifikant. Die H_0 kann, wie schon in Aufgabe 7, nicht verworfen werden. Zu beachten ist allerdings, dass die erwarteten Häufigkeiten in den Zellen b und c sehr klein sind: $(5 + 1)/2 = 3$; dies vermindert die Genauigkeit des Tests.

9.15 Es geht um die Untersuchung eines dichotomen Merkmals mit mehr als zwei Messzeitpunkten, für deren Auswertung der Cochran-Test einschlägig ist.

Hierzu muss für jeden Patient sein L-Wert (d. h. die Anzahl der Tage, an denen Schmerzen auftraten) sowie sein L^2-Wert ermittelt werden. Daneben muss die Anzahl der Patienten, die an den einzelnen Untersuchungstagen Schmerzen hatten, ebenfalls berechnet werden ($T_1 - T_6$):

Patient	L	L^2	
1	3	9	$T_1 = 9$
2	2	4	
3	3	9	$T_2 = 6$
4	4	16	
5	1	1	$T_3 = 4$
6	3	9	
7	2	4	$T_4 = 3$
8	3	9	
9	3	9	$T_5 = 4$
10	2	4	
11	2	4	$T_6 = 3$
12	1	1	
Summen	29	79	29

Somit ergibt sich $\left(\sum_j T_j\right)^2 = 29^2 = 841$. Die Prüfgröße Q wird nach Gl. (9.9) berechnet:

$$Q = \frac{(6-1)[6 \cdot (9^2 + 6^2 + 4^2 + 3^2 + 4^2 + 3^2) - 841]}{6 \cdot 29 - 79} = \frac{5 \cdot (1002 - 841)}{174 - 79} = 8{,}47.$$

Die ermittelte Prüfgröße ist mit einem χ^2-Wert mit $m - 1 = 5$ Freiheitsgraden zu vergleichen: $\chi^2_{5;99\%} = 15{,}09$; Q ist kleiner als dieser Wert; die H_0 wird beibehalten: Die Schmerzhäufigkeiten haben sich nicht signifikant geändert.

Kapitel 10

10.1 Die Kovarianz ist ein Maß für den Grad des miteinander Variierens der Messwertreihen zweier Variablen; sie entspricht der Summe aller Produkte korrespondierender Abweichungen dividiert durch $n-1$, wobei n den Stichprobenumfang bezeichnet.

C

10.2 Nein, es könnte eine perfekte, nicht-lineare Beziehung vorhanden sein.

10.3 Eine Korrelation besagt nur, dass ein statistisch-mathematischer Zusammenhang zwischen zwei Variablen besteht. Welche Variable aber welche beeinflusst, lässt sich nur in einem Experiment klären, bei dem eine der beiden Variablen systematisch verändert wird. Oft sind Kausalaussagen nur durch „Logik" oder „gesunden Menschenverstand" möglich.

10.4 Je hungriger eine Ratte in einem Laborexperiment ist, desto kürzer braucht sie, um zum Futterplatz in einem Labyrinth zu laufen. Mit steigendem Hunger sinkt also die Laufzeit.

10.5 Die Kovarianz als Zusammenhangsmaß hängt in ihrer Höhe von der Skalierung bzw. vom Maßstab der beiden betrachteten Merkmale ab. Die Korrelation transformiert die Kovarianz durch Relativierung an den Standardabweichungen der Merkmale (vgl. Gl. 10.3). Dies impliziert eine z-Transformation der Variablen; daher sind bei z-standardisierten Variablen Kovarianz und Korrelation identisch.

10.6 Da die Bedeutung einer bestimmten Differenzen zweier Korrelationen von der absoluten Höhe der Korrelationen abhängt, sollten die Korrelationen vor der Durchschnittsbildung in Fisher Z-Werte überführt werden. Man berechnet die Z-Werte mit Hilfe von Gl. (10.7):

$$\begin{aligned} r_1 &= 0{,}75 \rightarrow Z_1 = 0{,}973 \\ r_2 &= 0{,}49 \rightarrow Z_2 = 0{,}536 \\ r_3 &= 0{,}62 \rightarrow Z_3 = 0{,}725 \\ \bar{Z} &= \frac{0{,}973 + 0{,}536 + 0{,}725}{3} = 0{,}745. \end{aligned}$$

Der zugehörige r-Wert in Tabelle G liegt zwischen 0,630 und 0,635. Berechnet man die Korrelation mit Hilfe von Gl. (10.8) erhält man 0,632.

10.7 a) Zunächst berechnet man folgende Größen:

$$\begin{aligned} &\sum x_i = 200, \quad \sum x_i^2 = 5072, \quad \left(\sum x_i\right)^2 = 40000 \\ &\sum y_i = 40, \quad \sum y_i^2 = 272, \quad \left(\sum y_i\right)^2 = 1600 \\ &\sum x_i \cdot y_i = 1036 \end{aligned}$$

Einsetzen ergibt:

$$r = \frac{8 \cdot 1036 - 200 \cdot 40}{\sqrt{[8 \cdot 5072 - 40000] \cdot [8 \cdot 272 - 1600]}} = \frac{288}{576} = 0{,}5.$$

b) Als Mittelwerte erhält man $\bar{x} = 25$ und $\bar{y} = 5$. Die Zentrierung der Variablen führt zu:

Vp	1	2	3	4	5	6	7	8
x	20	22	24	24	26	26	28	30
$x-\bar{x}$	−5	−3	−1	−1	1	1	3	5
y	0	8	4	4	6	6	2	10
$y-\bar{y}$	−5	3	−1	−1	1	1	−3	5

Als Verteilungsparameter erhält man:

$$\begin{aligned} s_x^2 &= \sum(x_i - \bar{x})^2/(n-1) = 72/7. \\ s_y^2 &= \sum(x_i - \bar{x})^2/(n-1) = 72/7. \\ s_{xy} &= \sum(x_i - \bar{x})(y_i - \bar{y})/(n-1) = 36/7. \end{aligned}$$

Die Korrelation ist somit:

$$r = \frac{s_{xy}}{s_x s_y} = \frac{36/7}{\sqrt{(72/7)\cdot(72/7)}} = 36/72 = 0{,}5.$$

c) Nach der Skalentransformation lauten die neuen Messwerte:

Vp	1	2	3	4	5	6	7	8
x	20	22	24	24	26	26	28	30
$x-\bar{x}$	−5	−3	−1	−1	1	1	3	5
y	0	80	40	40	60	60	20	100
$y-\bar{y}$	−50	30	−10	−10	10	10	−30	50

$$\begin{aligned} s_x^2 &= \sum(x_i - \bar{x})^2/(n-1) = 72/7. \\ s_y^2 &= \sum(y_i - \bar{y})^2/(n-1) = 7200/7. \\ s_{xy} &= \sum(x_i - \bar{x})(y_i - \bar{y})/(n-1) = 360/7. \\ r &= s_{xy}/(s_x \cdot s_y) = 360/\sqrt{72 \cdot 7200} = 0{,}5. \end{aligned}$$

Die Veränderung der Zufriedenheitsskala entspricht einer Lineartransformation der Form $y_{\text{neu}} = 10 \cdot y_{\text{alt}}$. Im Gegensatz zu Kovarianzen bleiben Korrelationen bei Lineartransformationen unverändert. Aus diesem Grund kann nur die Korrelation als Maß der Zusammenhangsstärke gedeutet werden.

d) Betrachtet man die Wertepaare, stellt man fest, dass in der Regel größere y-Werte zusammen mit größeren x-Werten auftreten. Nur bei Person 2 und Person 7 ist diese Regelmäßigkeit verletzt. Vertauscht man die Werte dieser Personen, besteht eine perfekte lineare Beziehung zwischen den beiden Variablen. In diesem Fall erreicht die Korrelation ihren maximalen Wert von 1,0.

10.8 Zum Vergleich der Korrelationen müssen sie in Fisher Z-Werte transformiert werden:

$$\begin{aligned} r_1 &= 0{,}30 \rightarrow Z_1 = 0{,}310, \\ r_2 &= 0{,}55 \rightarrow Z_2 = 0{,}618. \end{aligned}$$

Als Prüfgröße errechnet man nach Gl. (10.17):

$$z = \frac{Z_1 - Z_2}{\sqrt{\frac{1}{n_1 - 3} + \frac{1}{n_2 - 3}}} = \frac{0{,}310 - 0{,}618}{\sqrt{\frac{1}{50 - 3} + \frac{1}{60 - 3}}} = -1{,}56.$$

Für den zweiseitigen Test lautet $z_{0,025} = -1{,}96$. Die H_0 wird nicht verworfen: Die Korrelationen unterscheiden sich nicht signifikant.

10.9

Es soll verglichen werden, ob r_{xy} und r_{xz} gleich groß sind. Da beide Korrelationen sich auf dieselbe Stichprobe beziehen, kommt Gl. (10.20) zur Anwendung. Hierzu muss zunächst CV_1 ermittelt werden:

$$CV_1 = \frac{1}{(1 - r_{a\cdot}^2)^2} \cdot \left(r_{bc} \cdot (1 - 2r_{a\cdot}^2) - 0{,}5r_{a\cdot}^2(1 - 2r_{a\cdot}^2 - r_{bc}^2)\right)$$

$$r_{a\cdot} = \frac{r_{ab} + r_{ac}}{2} = \frac{r_{xy} + r_{xz}}{2} = \frac{-0{,}034 + 0{,}422}{2} = 0{,}194$$

$$\begin{aligned} CV_1 &= \frac{1}{(1 - 0{,}194^2)^2} \cdot \left((-0{,}385) \cdot (1 - 2 \cdot 0{,}194^2)\right. \\ &\quad \left. - 0{,}5 \cdot 0{,}194^2(1 - 2 \cdot 0{,}194^2 - (-0{,}385)^2)\right) \\ &= -0{,}40. \end{aligned}$$

Weiterhin werden die Z-Werte der beiden Korrelationen benötigt:

$$r_{xy} = -0{,}034 \rightarrow Z_{xy} = -0{,}034$$
$$r_{xz} = 0{,}422 \rightarrow Z_{xz} = 0{,}450$$
$$z = \frac{\sqrt{n-3}\cdot(Z_{xy} - Z_{xz})}{\sqrt{(2-2\cdot CV_1)}} = \frac{\sqrt{80-3}\,(-0{,}034 - 0{,}450)}{\sqrt{2+2\cdot 0{,}40}} = -2{,}53.$$

Wird zweiseitig getestet, ist der ermittelte z-Wert zu vergleichen mit $z_{0,005} = -2{,}58$ (1%-Niveau) bzw. $z_{0,025} = -1{,}96$ (5%-Niveau). Die Korrelationen unterscheiden sich auf dem 5%-Niveau; auf dem 1%-Niveau hingegen wäre die H_0 beizubehalten.

10.10 Durch Selektionsfehler werden Teile der Population nicht beachtet. Dadurch können Zusammenhänge errechnet werden, die in der Population gar nicht bestehen; es ist aber auch möglich, dass kein Zusammenhang errechnet wird, obwohl in der Population ein solcher vorliegt.

10.11 a) Punktbiseriale Korrelation.
b) Phi-Koeffizient.
c) Rangkorrelation.
d) Biseriale Korrelation.
e) Biseriale Rangkorrelation.
f) Biseriale Rangkorrelation.

10.12 Da es sich um zwei Rangreihen handelt, muss die Rangkorrelation nach Spearman berechnet werden.

d_i	d_i^2
−1	1
9	81
−10	100
1	1
−2	4
−2	4
−10	100
1	1
2	4
3	9
−15	225
0	0
2	4
−1	1
3	9
10	100
−1	1
1	1
5	25
5	25
$\sum_{i=1}^{n} d_i^2 = 696$	

Nach Gl. (10.35) ergibt sich

$$r_s = 1 - \frac{6\sum_{i=1}^{n} d_i^2}{n(n^2-1)} = 1 - \frac{6\cdot 696}{20(400-1)} = 0{,}48.$$

Zur Signifikanzprüfung wird ein t-Wert nach Gl. (10.36) berechnet:

$$t = \frac{r_s\cdot\sqrt{n-2}}{\sqrt{1-r_s^2}} = \frac{0{,}48\cdot\sqrt{20-2}}{\sqrt{1-0{,}48^2}} = 2{,}32.$$

Die Prüfgröße wird an der t-Verteilung mit $n - 2 = 18$ Freiheitsgraden getestet: $t_{18;0,95} = 1{,}73$ (Tab. C). Die Korrelation ist auf dem 5%-Niveau signifikant.

10.13 Gesucht ist die Korrelation eines künstlich dichotomen und eines rangskalierten Merkmals. Hierzu wird eine biseriale Rangkorrelation berechnet. Die Gruppe der Schüler wird hierzu in zwei Gruppen geteilt:

Gruppe 1: Schüler, die einen kreativen Aufsatz geschrieben haben

Gruppe 2: Schüler, die einen weniger kreativen Aufsatz geschrieben haben.

Zur Berechnung der Korrelation wird lediglich der durchschnittliche Rangplatz beider Gruppen $(\bar{y}_1, \bar{y}_2)$ benötigt:

$$\bar{y}_1 = \frac{6+1+11+3+10+4+7+8}{8} = 6{,}25,$$
$$\bar{y}_2 = \frac{5+15+2+9+12+13+14}{7} = 10.$$

Somit ergibt sich r_{bisR} aus Gl. (10.34):

$$r_{\text{bisR}} = \frac{2}{15}(6{,}25 - 10) = -0{,}5.$$

Da die Gruppe 1 (kreative Aufsätze) den geringeren Rangdurchschnitt hat, weist die Korrelation auf einen negativen Zusammenhang zwischen Kreativität des Aufsatzes und Deutschnote hin.

10.14 Es handelt sich um zwei dichotome Variablen. Der Zusammenhang wird mittels des ϕ-Koeffizienten festgestellt. Eine Tabelle erleichtert das Einsetzen in die Gl. (10.28):

		Konfession		
		ja	nein	
Wohnort	Stadt	60	40	100
	Land	80	20	100
		140	60	200

Es ergibt sich

$$\phi = \frac{a\cdot d - b\cdot c}{\sqrt{(a+c)(b+d)(a+b)(c+d)}} = \frac{60\cdot 20 - 40\cdot 80}{\sqrt{140\cdot 60\cdot 100\cdot 100}} = \frac{-2000}{\sqrt{84\,000\,000}} = -0{,}218$$

Zur Signifikanzprüfung wird nach Gl. (10.30) χ^2 berechnet:

$$\chi^2 = n\cdot\phi^2 = 200\cdot(-0{,}218)^2 = 9{,}50.$$

Die Prüfung erfolgt an der χ^2-Verteilung mit einem Freiheitsgrad: $\chi^2_{1;0,99} = 6{,}63$; die berechnete Korrelation ist signifikant.

10.15 Es soll ein dichotomes mit einem metrischen Merkmal korreliert werden. Die punktbiseriale Korrelation wird angewendet. Hierzu wird die Streuung aller Werte (Rechts- und Linkshänder gemeinsam) sowie für jede Gruppe der Mittelwert benötigt:

$s_y = 4{,}01$
$\bar{y}_1 = 5{,}89$ (Linkshänder)
$\bar{y}_2 = 4{,}54$ (Rechtshänder)

Für die Korrelation ergibt sich lt. Gl. (10.22):

$$r_{pb} = \frac{\bar{y}_1 - \bar{y}_2}{s_y} \cdot \sqrt{\frac{n_1 \cdot n_2}{n^2}} = \frac{5,89 - 4,54}{4,01} \cdot \sqrt{\frac{9 \cdot 13}{22^2}} = 0,166.$$

Die Signifikanz wird an einer t-Verteilung mit $n - 2 = 20$ Freiheitsgraden getestet (Gl. 10.23):

$$t = \frac{r_{pb} \cdot \sqrt{n-2}}{\sqrt{1 - r_{pb}^2}} = \frac{0,166 \cdot \sqrt{22-2}}{\sqrt{1 - 0,166^2}} = 0,76.$$

Da $t_{20;0,975} = 2,09$, ergibt der zweiseitige Test keinen signifikanten Unterschied für Links- und Rechtshänder.

10.16 Das Vorzeichen von ϕ_{max} ist für dieses Beispiel mit zwei natürlich dichotomen Merkmalen beliebig. Wir erhalten nach Gl. (10.31a) und (10.31b) $\phi_{max} = 0,65$:

$$\phi_{max} = \sqrt{\frac{100 \cdot 60}{140 \cdot 100}} = 0,65.$$

Dieser Wert gilt für eine Extremtafel mit Feld b als Nullzelle ($b \cdot c = 40 \cdot 80 > a \cdot d = 60 \cdot 20$; $b = 40 < c = 80$):

		Konfession		
		ja	nein	
Wohnort	Stadt	100	0	100
	Land	40	60	100
		140	60	200

Für diese Tafel errechnet man auch über Gl. (10.28) $\phi_{max} = 0,65$.

10.17 a) Wir bezeichnen die durchschnittliche geschätzte Leistung mit x und die tatsächliche Leistung mit y. Die Korrelation wird über die Kovarianz und die Standardabweichungen der beiden Verteilungen berechnet. Wir ermitteln eine Kovarianz von $s_{xy} = 0,2$. Für s_x und s_y ergeben sich $s_x = 0,797$ und $s_y = 1,826$. Die Korrelation beträgt nach Gl. (10.3) somit:

$$r = \frac{s_{xy}}{s_x s_y} = \frac{0,2}{0,797 \cdot 1,826} = 0,137.$$

b) Die Signifikanz einer Korrelation wird mittels eines t-Wertes geprüft. Nach Gl. (10.10) ergibt sich als Prüfgröße

$$t = \frac{r \cdot \sqrt{n-2}}{\sqrt{1-r^2}} = \frac{0,137 \cdot \sqrt{12-2}}{\sqrt{1 - 0,137^2}} = 0,44.$$

Sie wird an der t-Verteilung mit $n - 2 = 10$ Freiheitsgraden getestet: $t_{10;0,95} = 1,81$. Die Prüfgröße ist kleiner als dieser Wert; die $H_0: \varrho = 0$ kann nicht verworfen werden.

c) Zur Berechnung der für die Rangkorrelation notwendigen Differenzen der Rangpositionen (d_i) müssen die Schätzungen und tatsächlichen Leistungen des Experiments zunächst in eine Rangreihe gebracht werden.

Vp	Ränge Leistungen	Ränge Schätzungen	soz. Ränge
1	5,5	8	7
2	11,5	1	1
3	11,5	10	10
4	1	5	4
5	2	4	6
6	8,5	11	12
7	5,5	12	11
8	5,5	2	3
9	3	3	2
10	10	7	9
11	8,5	6	5
12	5,5	9	8

Bei den Leistungen ergeben sich wegen mehrfach belegter Ränge verbundene Ränge:
4: 4x → 5,5 (4, 5, 6, 7)
8: 2x → 8,5 (8, 9)
11: 2x → 11,5 (11, 12)

Nun berechnen wir die Differenzen sowie deren Quadrate.

Vp	Leistungen soz. Ränge		Schätzungen soz. Ränge	
	d_i	d_i^2	d_i	d_i^2
1	−1,5	2,25	1	1
2	10,5	110,25	0	0
3	1,5	2,25	0	0
4	−3	9	1	1
5	−4	16	−2	4
6	−3,5	12,25	−1	1
7	−5,5	30,25	1	1
8	2,5	6,25	−1	1
9	1	1	1	1
10	1	1	−2	4
11	3,5	12,25	1	1
12	−2,5	6,25	1	1
	Σ	209	Σ	16

Da weder bei den sozialen Rängen noch den Schätzungen der Gruppenmitglieder verbundene Ränge vorkommen, berechnet man die Rangkorrelation nach Gl. (10.35):

$$r_s = 1 - \frac{6 \cdot \sum_{i=1}^{n} d_i^2}{n \cdot (n^2 - 1)} = 1 - \frac{6 \cdot 16}{12 \cdot (12^2 - 1)} = 1 - 0,056 = 0,94.$$

Da bei den tatsächlichen Leistungen verbundene Ränge vorliegen, muss nach Gl. (10.37) vorgegangen werden. Die Korrekturgröße T ergibt sich als:

$$T = \sum_{j=1}^{k(x)} (t_j^3 - t_j)/12 = \frac{(4^3 - 4) + 2 \cdot (2^3 - 2)}{12} = \frac{72}{12} = 6.$$

Da keine verbundenen Ränge bei den sozialen Rängen vorliegen, fällt die Größe U weg. r_s ergibt sich zu:

$$r_s = \frac{2 \cdot \left(\frac{n^3 - n}{12}\right) - T - \sum_{i=1}^{n} d_i^2}{2 \cdot \sqrt{\left(\frac{n^3 - n)}{12} - T\right)\left(\frac{n^3 - n}{12}\right)}}$$

$$= \frac{2 \cdot 143 - 6 - 209}{2 \cdot \sqrt{(143 - 6) \cdot 143}} = 0,25.$$

Die Signifikanz von Rangkorrelationen wird mittels eines t-Werts geprüft. Er ergibt sich laut Gl. (10.36) für die Korrelation zwischen sozialen Rängen und Schätzungen der Gruppenmitglieder als:

$$t = \frac{r_s \cdot \sqrt{n-2}}{\sqrt{1-r_s^2}} = \frac{0{,}94 \cdot \sqrt{12-2}}{\sqrt{1-0{,}94^2}} = 8{,}71.$$

Er wird an der t-Verteilung mit $n - 2 = 10$ Freiheitsgraden getestet: $t_{10;0{,}99} = 2{,}76$; die Korrelation ist somit signifikant. Entsprechend ergibt sich für die Korrelation zwischen sozialen Rängen und tatsächlichen Leistungen ein $t = 0{,}82$; diese Korrelation ist nicht signifikant, $H_0 : \varrho = 0$ kann nicht verworfen werden.

Kapitel 11

11.1 Nach dem Kriterium der kleinsten Quadrate: Die Gerade wird so bestimmt, dass die Summe der quadrierten Abweichungen aller y-Werte von der Geraden minimal wird. Entscheidend ist hierbei nicht der Abstand der Punkte von der Geraden („Lot"), sondern ihre Abweichung in y-Richtung.

11.2 Mit Hilfe der Differentialrechnung findet man eine allgemeine Berechnungsvorschrift für Bestimmung von Regressionsgleichungen, die dem Kriterium der kleinsten Quadrate genügen.

11.3 Regressionsgeraden z-standardisierter Variablen verlaufen durch den Ursprung des Koordinatensystems. Somit ist der y-Achsenabschnitt der Geraden null. Die Steigung der Geraden entspricht der Korrelation der Merkmale.

11.4 Homoskedastizität liegt vor, wenn bei einer bivariaten Verteilung zweier Variablen x und y die zu jedem beliebigen Wert x_i gehörenden y-Werte gleich streuen.

11.5
- Linearität: $E(y|x) = \alpha + \beta x$
- Homoskedastizität: σ_e^2 hängt nicht vom Wert des Prädiktors ab
- Normalität der Arrayverteilungen

11.6 In diesem Fall ist die Regressionssteigung $b = 0$. Die Regressionsgleichung vereinfacht sich dann zu $\hat{y} = \bar{y}$. Ungeachtet der Ausprägung des Prädiktors wird immer dieselbe Vorhersage verwandt. Es gibt also keinen positiven bzw. negativen linearen Zusammenhang zwischen Prädiktor und Kriterium.

11.7 Wegen $b = r \cdot s_y/s_x$ wird
a) b bei größer werdendem s_x kleiner
b) b bei größer werdendem s_y ebenfalls größer.

11.8 a) Nach Gl. (10.3) berechnet man die Korrelation durch

$$r = \frac{s_{xy}}{s_x s_y} = \frac{10}{5 \cdot 4} = 0{,}5.$$

b) Die Steigung b der Regressionsgeraden ergibt sich nach Gl. (11.4):

$$b = \frac{s_{xy}}{s_x^2} = \frac{10}{5^2} = 0{,}4;$$

a ergibt sich aus Gl. (11.2) als $a = \bar{y} - b\bar{x} = 30 - 0{,}4 \cdot 40 = 14$; die Regressionsgerade lautet folglich $\hat{y}_i = 14 + 0{,}4x_i$.

c) Der Wert wird in die unter b) ermittelte Regressionsgleichung eingesetzt: $\hat{y} = 14 + 0{,}4 \cdot 45 = 32$.

d) Das Konfidenzintervall errechnet man über einen t-Wert mit $n - 2 = 500 - 2 = 498$ Freiheitsgraden. Dieser lautet $t_{498;0{,}995} = 2{,}58$. Für den Standardschätzfehler berechnen wir nach Gl. (11.8)

$$s_e = \sqrt{s_y^2 \cdot (1 - r_{xy}^2) \cdot \frac{n-1}{n-2}} = \sqrt{16 \cdot (1 - 0{,}5^2) \cdot \frac{499}{498}} = 3{,}47.$$

Wir berechnen die Prädiktorquadratsumme als $QS_x = (n - 1) \cdot s_x^2 = 499 \cdot 25 = 12475$. Das Intervall lautet:

$$\hat{y}_i \pm t \cdot s_e \cdot \sqrt{\frac{1}{n} + \frac{(x_i - \bar{x})^2}{QS_x}}$$
$$= 32 \pm 2{,}58 \cdot 3{,}47 \cdot \sqrt{\frac{1}{500} + \frac{(45-40)^2}{12475}}$$
$$= 32 \pm 0{,}57.$$

11.9 a) Zunächst muss die Steigung bestimmt werden. Die Formel dafür ist:

$$b = \frac{n \cdot \sum_i x_i \cdot y_i - \sum_i x_i \cdot \sum_i y_i}{n \cdot \sum_i x_i^2 - \left(\sum_i x_i\right)^2}.$$

Zwar ist die Formel sehr komplex, ihre Verwendung aber relativ einfach. Zunächst berechnet man folgende Größe:

$$\sum x_i = 20, \quad \sum y_i = 60, \quad \sum x_i^2 = 60,$$
$$\sum x_i \cdot y_i = 160, \quad \left(\sum x_i\right)^2 = 400.$$

Einsetzen ergibt:

$$b = \frac{10 \cdot 160 - 20 \cdot 60}{10 \cdot 60 - 400} = 2.$$

Für den y-Achsenabschnitt erhält man

$$a = y - b\bar{x} = 6 - 2 \cdot 2 = 2.$$

b) Plot der Regressionsgerade:

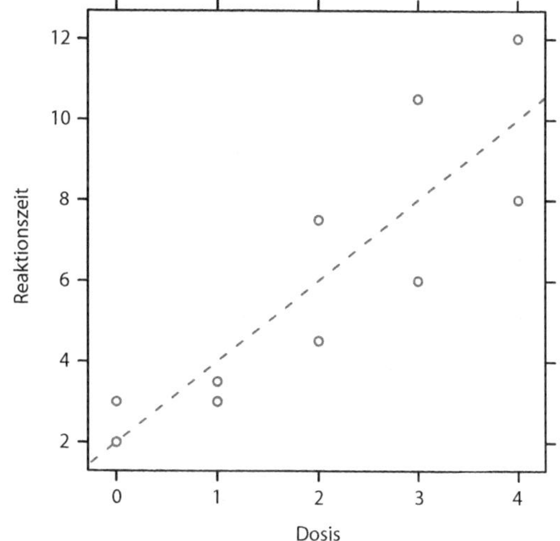

c) Die zentrierten Werte lauten:

Ratte	1	2	3	4	5	6	7	8	9	10
$(x-\bar{x})$	−2	−2	−1	−1	0	0	1	1	2	2
$(y-\bar{y})$	−4,0	−3,0	−2,5	−3,0	−1,5	1,5	4,5	0,0	6,0	2,0

Mit Hilfe dieser Werte errechnet man die Varianz der x-Werte sowie die Kovarianz. Man erhält: $s_x^2 = 20/9$ und für die Kovarianz: $s_{xy} = \sum_{i=1}^{n}(x_i-\bar{x})(y_i-\bar{y})/(n-1) = 40/9$.

d) Für die Steigung berechnet man aufgrund der Formel $b = s_{xy}/s_x^2$ den Wert $b = (40/9)/(20/9) = 40/20 = 2$.

e) Die vorhergesagten Werte und die Residuen sind:

Ratte	1	2	3	4	5	6	7	8	9	10
y	2,0	3,0	3,5	3,0	4,5	7,5	10,5	6,0	12,0	8,0
$\hat{y}$	2,0	2,0	4,0	4,0	6,0	6,0	8,0	8,0	10,0	10,0
e	0,0	1,0	−0,5	−1,0	−1,5	1,5	2,5	−2,0	2,0	−2,0

f) Man erhält den Residuenplot:

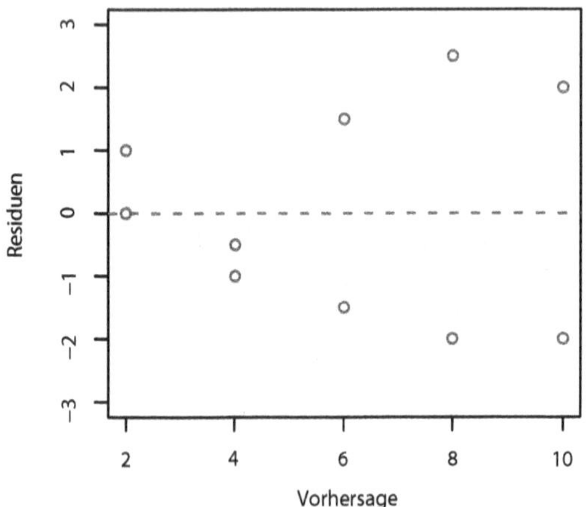

11.10 a) Steigung: $b = s_{xy}/s_x^2 = 8000/4 = 2000$, d. h. pro zusätzlichem Ausbildungsjahr an einer Hochschule beträgt der erwartete Einkommenszuwachs 2000 Euro. Achsenabschnitt: $a = \bar{y} - b\bar{x} = 30000 - 2000 \cdot 5 = 20000$, d. h. das erwartete Jahreseinkommen ohne Hochschulausbildung beträgt 20000 Euro.

b) Der Steigungskoeffizient besitzt nun den Wert 2,0, da dieser der gleichen Einkommensveränderung entspricht – und zwar 2000 Euro – wie vor der Veränderung der y-Einheiten.

c) Der Steigungskoeffizient besitzt nun den Wert $2000/12 \approx 167$. Pro zusätzlichem Ausbildungsmonat wird ein Gehaltzuwachs von 167 Euro erwartet.

d) Bei der Interpretation ist zu beachten, dass die Höhe der Steigung sowohl von der x-Werte-Skala als auch von der y-Werte-Skala abhängt. Die Steigung ist deshalb *kein* Maß für die Enge des Zusammenhangs zweier Variablen.

11.11 a) Zunächst werden die Mittelwerte der Variablen berechnet: $\bar{x} = 100$ und $\bar{y} = 50$. Die Zentrierung der Variablen ergibt:

Vp	1	2	3	4	5	6	7	8	9
$(x-\bar{x})$	−4	−3	−2	−1	0	1	2	3	4
$(y-\bar{y})$	−8	19	26	−7	0	−13	14	1	−32

Mit Hilfe der zentrierten Werte lassen sich die anderen Kennwerte einfach berechnen. Man erhält:

$$s_x^2 = \sum(x-\bar{x})^2/(n-1) = 60/8 = 7{,}5,$$
$$s_y^2 = \sum(y-\bar{y})^2/(n-1) = 2540/8 = 317{,}5,$$
$$s_{xy} = \sum(x-\bar{x})(y-\bar{y})/(n-1) = -180/8 = -22{,}5,$$
$$r = s_{xy}/(s_x s_y) = -22{,}5/\sqrt{7{,}5 \cdot 317{,}5} = -0{,}461,$$
$$b = s_{xy}/s_x^2 = -(180/8)/(60/8) = -3,$$
$$a = \bar{y} - b \cdot \bar{x} = 50 - (-3) \cdot 100 = 50 + 300 = 350.$$

b) Wir berechnen die vorhergesagten Werte sowie die Residuen:

Vp	1	2	3	4	5	6	7	8	9
y	42	69	76	43	50	37	64	51	18
$\hat{y}$	62	59	56	53	50	47	44	41	38
e	−20	10	20	−10	0	−10	20	10	−20

Somit gilt:

$$s_e = \sqrt{\sum_i e_i^2/(n-2)} = \sqrt{2000/7} = 16{,}9.$$

Berechnet man den Standardschätzfehler über Gl. (11.8), so ergibt sich:

$$s_e = \sqrt{317{,}5 \cdot (1 - 0{,}461^2) \cdot 8/7} = 16{,}9.$$

Mit beiden Formeln erhält man also das gleiche Ergebnis.

c) Die Formel für den Standardfehler der Steigung lautet: $s_b = s_e/\sqrt{\text{QS}_x} = 16{,}9/\sqrt{60} = 2{,}182$.

d) Die Hypothesen lauten: $H_0 : \beta = 0$ gegen $H_1 : \beta \neq 0$. Für die Prüfgröße ergibt sich: $t = b/s_b = -3/2{,}182 = -1{,}375$. Diese Prüfgröße besitzt $\text{df} = n - 2 = 7$ Freiheitsgrade. Das kritische Perzentil der t-Verteilung lautet: $t_{7;0{,}975} = 2{,}365$. Da der Betrag der Prüfgröße den kritischen Wert nicht übersteigt, wird die Nullhypothese beibehalten.

e) Obere Grenze: $b + t_{7;1-\alpha/2} \cdot s_b = -3 + 2{,}365 \cdot 2{,}182 = 2{,}160$. Untere Grenze: $b - t_{7;1-\alpha/2} \cdot s_b = -3 - 2{,}365 \cdot 2{,}182 = -8{,}160$.

f) Von 1.) *dem Signifikanzniveau* α: Je kleiner α gewählt wird, desto größer fällt das Konfidenzintervall aus; 2.) *dem Standardschätzfehler* s_b: Mit abnehmendem Standardschätzfehler s_b nimmt die Länge des Konfidenzintervalls ab; 3.) *der Prädiktorquadratsumme* $\text{QS}_x = \sum_{i=1}^{n}(x_i-\bar{x})^2$: Mit zunehmender Quadratsumme der x-Werte nimmt die Länge des Konfidenzintervalls ab; 4.) *dem Stichprobenumfang* n: Der Stichprobenumfang n besitzt einen zweifachen Einfluss. Zum einen werden mit steigendem Stichprobenumfang die kritischen t-Werte kleiner. Zum anderen steigt mit jeder neuen Beobachtung, welche nicht mit $\bar{x}$ identisch ist, die Quadratsumme der x-Werte an.

g) An der Stelle $x_0 = 100$ erhält man als Schätzwert $\hat{y} = 350 - 3 \cdot 100 = 50$. Der Standardfehler ist

$$s_{\hat{y}_0} = s_e \cdot \sqrt{\frac{1}{n} + \frac{(x_0-\bar{x})^2}{\text{QS}_x}}.$$

Für das Beispiel ergibt sich

$$s_{\hat{y}_0} = 16{,}9 \cdot \sqrt{\frac{1}{9} + \frac{(100-100)^2}{60}} = 5{,}63.$$

Folglich besitzt das Konfidenzintervall die Grenzen

$$\hat{y}_0 + t_{7;1-\alpha/2} \cdot s_{\hat{y}_0} = 50 + 2{,}364 \cdot 5{,}63 = 63{,}32$$
$$\hat{y}_0 - t_{7;1-\alpha/2} \cdot s_{\hat{y}_0} = 50 - 2{,}364 \cdot 5{,}63 = 36{,}68$$

und eine Länge von 63,32 – 36,68 = 26,44.

h) An der Stelle $x_0 = 104$ erhält man als Schätzwert $\hat{y} = 350 - 3 \cdot 104 = 38$. Der Standardfehler ist

$$s_{\hat{y}_0} = 16{,}9 \cdot \sqrt{\frac{1}{9} + \frac{(104-100)^2}{60}} = 10{,}39.$$

Folglich besitzt das Konfidenzintervall die Grenzen

$$\hat{y}_0 + t_{7;1-\alpha/2} \cdot s_{\hat{y}_0} = 38 + 2{,}365 \cdot 10{,}39 = 62{,}57$$
$$\hat{y}_0 - t_{7;1-\alpha/2} \cdot s_{\hat{y}_0} = 38 - 2{,}365 \cdot 10{,}39 = 13{,}43$$

und eine Länge von 62,57 – 13,44 = 49,14.

i) Zusätzlich zu den bereits genannten Größen, von denen die Genauigkeit der geschätzten Steigung abhängt, ist die Genauigkeit der Vorhersage auch vom Abstand zwischen x_0 und $\bar{x}$ abhängig. Je weiter ein x_0-Wert vom Mittelwert des Prädiktors entfernt ist, desto größere Länge besitzt das Konfidenzintervall bzw. desto geringer ist die Präzision, mit welcher der bedingte Erwartungswert geschätzt wird.

j) Nein, da der individuelle Messwert einer Person nicht mit dem bedingten Erwartungswert identisch ist. Selbst wenn der bedingte Erwartungswert einer Personengruppe bekannt wäre, so würden die individuellen Werte um diesen Erwartungswert schwanken.

11.12 Sind die Annahmen des linearen Modells erfüllt, ist die erste Strategie die bessere. Die Länge des Konfidenzintervalls für β hängt maßgeblich von der Größe $\sum(x - \bar{x})^2$ ab. Diese Größe ist bei der Aufteilung nach der ersten Strategie größer. Dieses Vorgehen besitzt jedoch den Nachteil, dass Verletzungen der Linearitätsannahme nicht erkannt werden können.

11.13 Die Lösung der Aufgabe erfolgt nach Gl. (11.17) analog dem unter Tabelle 11.1 aufgeführten Beispiel. Für Gl. (11.17) werden zunächst die Summen aller Produkte xy, x^2, x^3, x^4 und x^2y benötigt. Sie werden in Gl. (11.17) eingesetzt, um die Koeffizienten der quadratischen Gleichung zu ermitteln.

Tier	x_i	y_i	x_iy_i	x_i^2	x_i^3	x_i^4	$x_i^2y_i$
1	1	120	120	1	1	1	120
2	3	110	330	9	27	81	990
3	5	70	350	25	125	625	1750
4	7	90	630	49	343	2401	4410
5	9	50	450	81	729	6561	4050
6	11	60	660	121	1331	14641	7260
7	13	60	780	169	2197	28561	10140
8	15	80	1200	225	3375	50625	18000
9	17	90	1530	289	4913	83521	26010
10	19	90	1710	361	6859	130321	32490
	100	820	7760	1330	19900	317338	105220

Das Gleichungssystem (11.17) lässt sich jetzt aufstellen:

$$820 = 10a + 100b_1 + 1330b_2, \quad (1)$$
$$7760 = 100a + 1330b_1 + 19900b_2, \quad (2)$$
$$105220 = 1330a + 19900b_1 + 317338b_2. \quad (3)$$

Zur Auflösung des Gleichungssystems multipliziert man (1) mit –10 und addiert das Ergebnis zu (2). Man erhält

$$-440 = 330b_1 + 6600b_2. \quad (4)$$

Ebenso multipliziert man (1) mit –133 und addiert das Ergebnis zu (3):

$$-3840 = 6600b_1 + 140448b_2. \quad (5)$$

Nun multipliziert man (4) mit –20 und addiert das Ergebnis zu (5). Dies ergibt $4960 = 8448b_2$. Durch Auflösen dieser Gleichung nach b_2 erhält man

$$b_2 = \frac{4960}{8448} \approx 0{,}587.$$

Diesen Wert setzt man in (4) ein und erhält

$$b_1 = -\frac{4315}{330} \approx -13{,}076.$$

Zuletzt ermittelt man a durch Einsetzen von b_1 und b_2 in (1):

$$a = \frac{1346{,}7045}{10} \approx 134{,}671.$$

Nach Gl. (11.16) erhält man damit die quadratische Regressionsgleichung:

$$\hat{y}_i = 0{,}587x_i^2 - 13{,}076x_i + 134{,}671.$$

Kapitel 12

12.1 $H_0: \mu_1 = \mu_2 = \cdots = \mu_p$.

12.2 Die Treatmentquadratsumme $QS_A = n\sum_i(\bar{A}_i - \bar{G})^2$ basiert auf den Abweichungen der Gruppenmittelwerte $\bar{A}_i$ von $\bar{G}$. Die p Differenzen $(\bar{A}_i - \bar{G})$ addieren sich zu null, da

$$\sum_i(\bar{A}_i - \bar{G}) = \sum_i \bar{A}_i - p \cdot \bar{G} = \sum_i \bar{A}_i - p \cdot \left(\sum_i \bar{A}_i/p\right) = 0.$$

Von den p Summanden zur Bestimmung der QS_A sind also nur $p-1$ frei variierbar, denn ein Summand muss so geartet sein, dass die Gesamtsumme null ergibt. Wir sagen deshalb, die QS_A hat $p-1$ Freiheitsgrade.

12.3 Folgender Gedankengang zeigt die Gültigkeit der Gleichung. Es soll gelten:

$$QS_{tot} = QS_A + QS_e$$

bzw. nach Gl. (12.1), (12.2) und (12.3):

$$\sum_i \sum_m (y_{im} - \bar{G})^2 = n \cdot \sum_i (\bar{A}_i - \bar{G})^2 + \sum_i \sum_m (y_{im} - \bar{A}_i)^2. \quad (C.1)$$

Für die Abweichung eines Mittelwertes $\bar{A}_i$ von $\bar{G}$ schreiben wir vereinfacht:

$$(\bar{A}_i - \bar{G}) = u_i \quad (C.2)$$

und für die Abweichung einer Messung y_{im} vom Gruppenmittel $\bar{A}_i$:

$$(y_{im} - \bar{A}_i) = v_{im}. \quad (C.3)$$

Für $u_i + v_{im}$ erhalten wir somit:

$$\begin{aligned} u_i + v_{im} &= (\bar{A}_i - \bar{G}) + (y_{im} - \bar{A}_i) \\ &= (y_{im} - \bar{G}). \end{aligned} \quad (C.4)$$

Für die linke Seite von Gl. (C.1) ergibt sich:

$$\begin{aligned} \sum_i \sum_m (y_{im} - \bar{G})^2 &= \sum_i \sum_m (u_i + v_{im})^2 \\ &= \sum_i \sum_m (u_i^2 + v_{im}^2 + 2u_i \cdot v_{im}) \\ &= \sum_i \sum_m u_i^2 + \sum_i \sum_m v_{im}^2 \\ &+ 2 \sum_i \sum_m u_i \cdot v_{im}. \end{aligned}$$

Hierin sind $\sum_i \sum_m u_i^2 = n \sum_i u_i^2$ und $2 \sum_i \sum_m u_i \cdot v_{im} = 2 \sum_i (u_i \cdot \sum_m v_{im})$ (vgl. Exkurs 2.1). Der Ausdruck $\sum_m v_{im}$ stellt die Summe der Abweichungen der y_{im}-Werte vom jeweiligen $\bar{A}_i$ dar, die jeweils null ergibt. Die Gleichung reduziert sich somit zu:

$$\sum_i \sum_m (y_{im} - \bar{G})^2 = n \cdot \sum_i u_i^2 + \sum_i \sum_m v_{im}^2. \quad (C.5)$$

Ersetzen wir u_i und v_{im} durch Gl. (C.2) und Gl. (C.3), erhalten wir Gl. (C.1).

12.4 a) Wenn die Nullhypothese gilt, ist $MQ_A \approx MQ_e$. Gilt hingegen die Alternativhypothese, ist $MQ_A >> MQ_e$, wobei >> für „viel größer" steht.
b) Falls $F >> 1$ ist, spricht dies gegen die Gültigkeit der Nullhypothese.
c) Der F-Wert wird groß, wenn die Gruppenmittelwerte weit auseinander liegen und gleichzeitig die Varianz innerhalb der Gruppen klein ist. Ein großer Treatmenteffekt kann vermutlich dadurch erzeugt werden, dass von den Neuroleptika die maximale Dosis verabreicht wird. Die Varianz innerhalb der Gruppen kann durch bestimmte Strategien reduziert werden, z. B. durch Verwendung einer homogenen Patientengruppe oder durch Verbesserung der Messung der Symptombelastung.

12.5 Die Kennziffern lauten:

(1) = 40560 (2) = 40800 (3) = 40680

Unter Verwendung der Kennzahlen erhält man:

$$\begin{aligned} QS_{tot} &= (2) - (1) = 40800 - 40560 = 240 \\ QS_A &= (3) - (1) = 40680 - 40560 = 120 \\ QS_e &= (2) - (3) = 40800 - 40680 = 120 \end{aligned}$$

Somit ergibt sich die Ergebnistabelle:

Quelle	QS	df	MQ	F
Behandlung	120	2	60	6
Fehler	120	12	10	
Total	240	14		

Der kritische Wert lautet: $F_{2,12;95\%} = 3{,}88$. Da $F = 6{,}00 > 3{,}88$ ist, kann die Nullhypothese abgelehnt werden. Die erwartete Symptombelastung ist bei den verschiedenen Behandlungen also nicht gleich.

12.6 a) Die vollständige Tabelle lautet:

Quelle	QS	df	MQ	F
Behandlung	8	4	2	1
Fehler	200	100	2	
Total	208	104		

b) Es wurden fünf Behandlungen miteinander verglichen. Die Stichprobe umfasste insgesamt 105 Versuchspersonen.

12.7 a) Nach Berechnung einer Varianzanalyse erhält man:

Quelle	QS	df	MQ	F
Geschlecht	22,50	1	22,50	9
Fehler	20,00	8	2,50	
Total	42,50	9		

Der kritische F-Wert für $\alpha = 0{,}05$ ist 5,31, bei $df_A = 1$ und $df_e = 8$.
b) Für den Standardfehler der Mittelwertsdifferenz erhält man $\sqrt{(1/5 + 1/5) \cdot 2{,}50} = 1$. Die Prüfgröße ergibt sich als $t = (10-7)/1 = 3$. Der kritische t-Wert für den zweiseitigen Test mit $\alpha = 0{,}05$ und df = 8 ist 2,30.
c) Sowohl für die Prüfgrößen, als auch für die kritischen Werte gilt die Beziehung $t^2 = F$. Dies zeigt sich im Beispiel an $t^2 = 3^2 = 9 = F$ und $t_8^2(1 - \alpha/2) = 2{,}30^2 = 5{,}31 = F_{1,8;95\%}$. Somit sind die Tests äquivalent. Man kann daran erkennen, dass der F-Test zweiseitig testet.

12.8

Quelle	QS	df	MQ	F
Therapie	21	2	10,50	2,1
Fehler	43	9	4,78	
Total	64	11		

Der kritische F-Wert für $\alpha = 0.05$ bei $df_A = 2$ und $df_e = 9$ lautet 5,12.

Kapitel 13

13.1 Die Überprüfung der Orthogonalitätsbedingung in Definition 13.2 ergibt, dass die Kontraste nicht orthogonal sind. Außerdem erkennt man, dass sich beim paarweisen Vergleich dreier Mittelwerte $\bar{A}_1$, $\bar{A}_2$, und $\bar{A}_3$ einer der beiden Vergleiche aus den beiden anderen ergibt, da

$$(\bar{A}_1 - \bar{A}_2) + (\bar{A}_2 - \bar{A}_3) = \bar{A}_1 - \bar{A}_3.$$

Es existieren in diesem Fall also nur zwei unabhängige Vergleiche. Der dritte ist von den anderen beiden abhängig.

13.2 Bei einer QS_A mit df = 6 lassen sich sechs orthogonale Kontraste durchführen. Nach den Regeln für Helmert-Kontraste ergibt sich z. B. der folgende Satz von sechs orthogonalen Kontrasten:

$$\begin{aligned} D_1 &= \bar{A}_1 - (\bar{A}_2 + \bar{A}_3 + \bar{A}_4 + \bar{A}_5 + \bar{A}_6 + \bar{A}_7)/6, \\ D_2 &= \bar{A}_2 - (\bar{A}_3 + \bar{A}_4 + \bar{A}_5 + \bar{A}_6 + \bar{A}_7)/5, \\ D_3 &= \bar{A}_3 - (\bar{A}_4 + \bar{A}_5 + \bar{A}_6 + \bar{A}_7)/4, \\ D_4 &= \bar{A}_4 - (\bar{A}_5 + \bar{A}_6 + \bar{A}_7)/3, \\ D_5 &= \bar{A}_5 - (\bar{A}_6 + \bar{A}_7)/2, \\ D_6 &= \bar{A}_6 - \bar{A}_7. \end{aligned}$$

13.3 a) Vergleich der Experimental- mit der Kontrollgruppe:

$$D_1 = \frac{1}{2}(\bar{A}_1 + \bar{A}_2) - \bar{A}_3 = 0{,}5 \cdot 42 - 18 = 3,$$

$$QS_{D_1} = \frac{n \cdot D_1^2}{\sum_i c_i^2} = \frac{15 \cdot 3^2}{1{,}5} = 90,$$

$$F = QS_{D_1}/MQ_e = 90/3 = 30.$$

Der kritische F-Wert für einen Zählerfreiheitsgrad und 42 Nennerfreiheitsgrade lautet: 4,08.

b) Vergleich der Experimentalgruppen:

$$D_2 = \bar{A}_1 - \bar{A}_2 = 19 - 23 = 4,$$

$$QS_{D_2} = \frac{n \cdot D_2^2}{\sum_i c_i^2} = \frac{15 \cdot 4^2}{2} = 120,$$

$$F = QS_{D_2}/MQ_e = 120/3 = 40.$$

Der kritische F-Wert für einen Zählerfreiheitsgrad und 42 Nennerfreiheitsgrade lautet: 4,08.

c) Ja, die Kontraste sind orthogonal, denn die Produktsumme von D_1 und D_2 ergibt:

$$\sum_i c_{ij} \cdot c_{ik} = (0{,}5 \cdot 1) + (0{,}5 \cdot -1) + (-1 \cdot 0) = 0.$$

13.4 a) Eine Möglichkeit eines vollständigen Satzes orthogonaler Kontraste lautet:

$$D_1 = \bar{A}_1 - \frac{1}{4} \cdot (\bar{A}_2 + \bar{A}_3 + \bar{A}_4 - \bar{A}_5),$$

$$D_2 = \bar{A}_2 - \frac{1}{3}(\bar{A}_3 + \bar{A}_4 + \bar{A}_5),$$

$$D_3 = \bar{A}_3 - \frac{1}{2}(\bar{A}_4 + \bar{A}_5),$$

$$D_4 = \bar{A}_4 - \bar{A}_5.$$

b) Die Formel für die Quadratsumme eines Kontrasts lautet: $QS_D = n \cdot D^2/\sum_i c_i^2$. Für den ersten Kontrast ergibt sich: $D_1 = -5$ und somit $QS_{D_1} = 8 \cdot 25/1{,}25 = 160$. Für die drei anderen Kontraste erhält man auf die gleiche Weise $D_2 = -4$ und $QS_{D_2} = 96$, bzw. $D_3 = -3$ und $QS_{D_3} = 48$ sowie schließlich $D_4 = 2$ und $QS_{D_4} = 16$. Zur Kontrolle summieren wir die Quadratsummen der Kontraste: $160 + 96 + 48 + 16 = 320$. Diese ist identisch mit der Treatmentquadratsumme.

13.5 Bei der unabhängigen Variable muss es sich um ein metrisches Merkmal handeln, sodass Abstände zwischen den Stufen des Faktors sinnvoll interpretierbar sind.

13.6 Aus Tabelle 13.3 kann man die linearen und quadratischen Trendkoeffizienten für einen 8-stufigen Faktor (1. Spalte) entnehmen:

linear:	−7	−5	−3	−1	1	3	5	7
quadratisch:	7	1	−3	−5	−5	−3	1	7

Nach der Definition 13.2 sind die Kontraste orthogonal, denn es gilt: $(-7) \cdot 7 + (-5) \cdot 1 + (-3) \cdot (-3) + (-1) \cdot (-5) + 1 \cdot (-5) + 3 \cdot (-3) + 5 \cdot 1 + 7 \cdot 7 = 0$.

13.7 a) Die Berechnung der Varianzen pro Gruppe zeigt, dass die vierte und fünfte Gruppe die größte bzw. kleinste Varianz besitzt. Diese beiden Werte werden in den F_{max}-Test eingesetzt. Nach Gl. (12.14) gilt:

$$F_{max} = \frac{MQ_{e(5)}}{MQ_{e(4)}} = \frac{2{,}17}{0{,}68} = 3{,}24.$$

Tabelle H gibt für $\alpha = 0{,}05$, sieben Varianzen und $n - 1 = 5$ für einen kritischen F_{max}-Wert von 20,8 an. Da $F_{max} < F_{crit}$, ist der F-Wert nicht signifikant, d. h., die Voraussetzung der Varianzhomogenität ist erfüllt.

b) Berechnung der Kennziffern (1)–(3) für die einfaktorielle Varianzanalyse mit gleichen Stichprobenumfängen (vgl. Kap. 12.1.4)

$$(1) = \frac{G^2}{p \cdot n} = \frac{240^2}{7 \cdot 6} = 1371{,}43,$$

$$(2) = \sum_i \sum_m y_{im}^2 = 1708,$$

$$(3) = \frac{\sum_i A_i^2}{n} = \frac{9918}{6} = 1653.$$

Aus den Kennziffern ergeben sich die Quadratsummen:

$$QS_{tot} = (2) - (1) = 1708 - 1371{,}43 = 336{,}57$$

$$QS_A = (3) - (1) = 1653 - 1371{,}43 = 281{,}57$$

$$QS_e = (2) - (3) = 1708 - 1653 = 55{,}00$$

Quelle	QS	df	MQ	F
A	281,57	6	46,93	29,89 ∗ ∗
Fehler	55,00	35	1,57	
Total	336,57	41	8,21	

Nach Tabelle D ergibt sich für den kritischen F-Wert auf einem Signifikanzniveau von 1% ein Wert von $F_{6,35;99\%} = 3{,}37$. Da $F > F_{crit}$ ist, hat die Trainingsdauer einen sehr signifikanten Einfluss auf die Fehlerzahlen ausgeübt.

c) A posteriori Vergleich nach Scheffé: Nach Gl. (13.16) gilt

$$D_{crit} = \sqrt{\frac{2 \cdot MQ_e \cdot (p-1) \cdot F_{p-1,N-p;1-\alpha}}{n}}.$$

Da $F_{6,35;99\%} = 3{,}37$ und $F_{6,35;95\%} = 2{,}37$, erhält man als kritische Differenzen die Werte

$$D_{crit(99\%)} = \sqrt{\frac{2 \cdot 1{,}57 \cdot 6 \cdot 3{,}37}{6}} = 3{,}30 \text{ und}$$

$$D_{crit(95\%)} = \sqrt{\frac{2 \cdot 1{,}57 \cdot 6 \cdot 2{,}37}{6}} = 2{,}73.$$

Gruppen 1 und 2: $\bar{A}_1 = 10$; $\bar{A}_2 = 8{,}67$; $D = 10 - 8{,}67 = 1{,}33$. Da $D_{crit} > 1{,}33$ ist, ist der Unterschied zwischen Gruppe 1 und 2 nicht signifikant.

d) Nach Gl. (12.8) gilt: $\frac{QS_A}{QS_{tot}} \cdot 100\% = \frac{281{,}57}{336{,}57} \cdot 100\% = 83{,}7\%$.

e) Nach Tabelle 13.3 lauten die linearen c-Koeffizienten für Trendtests bei sieben Faktorstufen:

−3	−2	−1	0	1	2	3

Die Gruppenmittel sind: $\bar{A}_1 = 10$; $\bar{A}_2 = 8{,}67$; $\bar{A}_3 = 6{,}33$; $\bar{A}_4 = 5{,}33$; $\bar{A}_5 = 3{,}84$; $\bar{A}_6 = 3{,}17$; $\bar{A}_7 = 2{,}67$.
Nach Gl. (13.1) gilt:

$$QS_{lin} = \frac{n \cdot (\sum_i c_i \bar{A}_i)^2}{\sum_i c_i^2} = \frac{6 \cdot (-35{,}49)^2}{28} = 269{,}90.$$

Nach Gl. (13.2) gilt:

$$F = \frac{QS_{lin}}{MQ_e} = \frac{269{,}90}{1{,}57} = 171{,}92.$$

Nach Tabelle D ist $F_{1,35;99\%} = 7{,}56$ Da der empirische F-Wert größer als der kritische F-Wert ist, ist der lineare Trend in den Treatmentstufen signifikant.

f) Nach Gl. (13.5) gilt: $r_{\text{lin}} = \sqrt{\dfrac{QS_{\text{lin}}}{QS_{\text{tot}}}}$

$\Rightarrow r_{\text{lin}} = \sqrt{\dfrac{269{,}90}{336{,}57}} \Rightarrow r_{\text{lin}} = 0{,}90$ bzw. $r_{\text{lin}} = -0{,}90$.
An der Abnahme der Gruppenmittel erkennt man, dass die Korrelation negativ ist.

g) Die Grundgleichung für die Regression lautet: $\hat{y} = a + b \cdot x$. Die Trainingsdauer stellt den Prädiktor, die Fehlerzahl das Kriterium dar.
Für die Steigung gilt: $b = s_{xy}/s_x^2$. Man erhält $s_{xy} = -5{,}07$ und $s_x^2 = 4$. Daraus ergibt sich $b = -5{,}07/4 = -1{,}268$. Den y-Achsenabschnitt ermittelt man anhand der Gleichung $a = \bar{y} - b \cdot \bar{x}$; mit $\bar{x} = 3$ und $\bar{y} = 5{,}72$. Es ergibt sich $a = 5{,}72 - (-1{,}268) \cdot 3 = 9{,}52$, und damit erhält man die Vorhersagegleichung $\hat{y}_i = 9{,}52 - 1{,}268 \cdot x_i$.

h) Durch Einsetzen in die Regressionsgleichung erhält man $\hat{y} = 9{,}52 - 1{,}268 \cdot 2{,}5 = 6{,}35$. Wir erwarten für eine Versuchsperson, die 2,5 Stunden trainiert hat, eine Fehlerzahl von 6,35.

i) Es gilt: $\dfrac{QS_{\text{nonlin}}}{QS_{\text{tot}}} \cdot 100\% = \dfrac{(QS_A - QS_{\text{lin}})}{QS_{\text{tot}}} \cdot 100\% = 3{,}47\%$.

13.8 Der Scheffé-Test ist ein robustes, eher konservatives Verfahren, das a posteriori auch komplexe Kontrasthypothesen prüfen kann. Dabei werden alle Kontraste auf dem Signifikanzniveau der Varianzanalyse abgesichert.

13.9 a) Die Nullhypothese besagt, dass das Medikament keine positive Wirkung besitzt, d. h. die Symptombelastung unter Placebo ist gleich der Symptombelastung unter jeder Behandlungsbedingung. Ein Fehler 1. Art für das Experiment wird begangen, wenn aufgrund eines signifikanten Kontrasts auf die Wirksamkeit des Medikamentes geschlossen wird, obwohl es keine Wirkung besitzt.

b) Jeder Kontrast wird mit $\alpha' = 0{,}05$ signifikant, wenn die Symptombelastung unter Placebo gleich ist wie die Symptombelastung unter der Behandlungsbedingung.

c) Der Eintritt von zwei Ereignissen führt dazu, dass die Nullhypothese, das Medikament ist wirkungslos, verworfen wird: E_1 = Kontrast 1 signifikant, E_2 = Kontrast 2 signifikant.

d) Die Hypothese wird verworfen, sobald eines der beiden Ereignisse E_1 oder E_2 eintritt. Es gilt nach dem Additionstheorem: $P(E_1 \cup E_2) = P(E_1) + P(E_2) - P(E_1 \cap E_2) < P(E_1) + P(E_2) = 2 \cdot \alpha' = 0{,}10$.

e) Nach Bonferroni sind die Kontraste mit $\alpha' = \alpha/m = 0{,}025$ durchzuführen.

f) Die Wahrscheinlichkeit mindestens eines signifikanten Kontrasts entspricht der Gegenwahrscheinlichkeit keines signifikanten Testergebnisses. Diese Wahrscheinlichkeit lässt sich mit dem Multiplikationstheorem berechnen. Es gilt: $P(E_1 \cup E_2) = 1 - (1 - 0{,}05)^2 = 1 - 0{,}95^2 = 0{,}0975$. Dies entspricht annähernd der Obergrenze nach Bonferroni.

13.10 a) Sobald einer der fünf Kontraste zu einem signifikanten Ergebnis führt, wird die Globalhypothese verworfen.

b) Eine Obergrenze ist nun $5 \cdot \alpha' = 0{,}25$.

c) Nach Bonferroni sind die Kontraste mit $\alpha' = \alpha/m = 0{,}01$ durchzuführen.

d) Die Bonferroni-Korrektur ist ein konservatives Verfahren, das sicherstellt, dass die Wahrscheinlichkeit eines Fehlers 1. Art für das Experiment auf alle Fälle das vorgegebene α nicht übersteigt. Unter Umständen wird durch die Korrektur der Fehler 1. Art für das Experiment aber sehr viel kleiner als das vorgegebene α, sodass die Teststärke des Vorgehens in diesem Fall gering ist.

e) Bei Unabhängigkeit gilt $1 - (1 - 0{,}05)^5 = 1 - 0{,}95^5 = 0{,}22$.

13.11 a) Die Ergebnistabelle lautet:

Quelle	QS	df	MQ	F
A	40	2	20	10
Fehler	24	12	2	
Total	64	14		

b) Wegen $F = 10 > F_{2,12;95\%} = 3{,}88$ kann gefolgert werden, dass die Unterrichtsformen nicht äquivalent sind.

c) Insgesamt sind drei Paarvergleiche zu berechnen:

$$D_1 : a_1 \text{ versus } a_2,$$
$$D_2 : a_1 \text{ versus } a_3,$$
$$D_3 : a_2 \text{ versus } a_3.$$

d) Zunächst wählen wir mit Hilfe der Bonferroni-Korrektur: $\alpha' = \alpha/3 = 0{,}016 \approx 0{,}01$. Damit ergibt sich für alle drei Tests der kritische F-Wert $F_{1,12;99\%} = 9{,}33$. Um die F-Werte der drei Kontraste zu berechnen, vereinfachen wir zunächst die Formel $F = QS_D/MQ_e = n \cdot D^2/(\sum c_i^2 \cdot MQ_e) = 5 \cdot D^2/4$. Damit erhält man

$$D_1 = \bar{A}_1 - \bar{A}_2 = -2, \quad \Rightarrow \quad F = 5 \cdot (-2)^2/4 = 5,$$
$$D_2 = \bar{A}_1 - \bar{A}_3 = -4, \quad \Rightarrow \quad F = 5 \cdot (-4)^2/4 = 20,$$
$$D_3 = \bar{A}_2 - \bar{A}_3 = -2, \quad \Rightarrow \quad F = 5 \cdot (-2)^2/4 = 5.$$

Somit ist nur der zweite Kontrast signifikant.

e) Für den Wert des Kontrasts, der zur Ablehnung der Nullhypothese überschritten werden muss, gilt

$$\frac{5 \cdot D_{\text{crit}}^2}{4} = F_{\text{crit}}.$$

Aus dieser Beziehung folgt

$$|D_{\text{crit}}| = \sqrt{4 \cdot F_{\text{crit}}/5}.$$

Falls $\alpha = 0{,}05$ ist der kritische F-Wert $F_{1,12;95\%} = 4{,}75$. Somit ergibt sich für den Ablehnungsbereich

$$|D| > 1{,}95.$$

Der Kontrast ist signifikant, falls der Betrag des Kontrasts den Wert 1,95 übersteigt.

13.12 a) Nach Scheffé ist die kritische Differenz:

$$D_{\text{crit}} = \sqrt{\frac{2 \cdot MQ_e \cdot (p-1) \cdot F_{p-1,N-p;1-\alpha}}{n}}.$$

Nach Einsetzen der entsprechenden Werte erhält man:

$$D_{\text{crit}} = \sqrt{\frac{2 \cdot 2 \cdot (3-1) \cdot 3{,}88}{5}} = 2{,}49.$$

Die Kontraste ergeben somit:

- Vergleich (1) - (2): $|\bar{A}_1 - \bar{A}_2| = 2 < 2{,}49$
- Vergleich (1) - (3): $|\bar{A}_1 - \bar{A}_3| = 4 > 2{,}49$
- Vergleich (2) - (3): $|\bar{A}_2 - \bar{A}_3| = 2 < 2{,}49$

Somit kann geschlossen werden, dass sich Unterrichtsform (1) von Unterrichtsform (3) unterscheidet.

b) Die kritische Differenz ist bei drei Kontrasten bei beiden Verfahren ungefähr gleich. In der Regel führt Bonferroni jedoch bei geringer Anzahl von Vergleichen zu kleineren kritischen Differenzen, sodass in diesen Fällen das Bonferroni-Verfahren zu bevorzugen ist.

c) Untersucht werden soll der Kontrast:

$$D = 1/2 \cdot \bar{A}_1 + 1/2 \cdot \bar{A}_2 - 1 \cdot \bar{A}_3 = 1/2 \cdot 13 + 1/2 \cdot 15 - 1 \cdot 17 = -3.$$

Nach Scheffé ist die kritische Differenz:

$$D_{\text{crit}} = \sqrt{\sum (c_i^2/n_i) \cdot (p-1) \cdot \text{MQ}_e \cdot F_{p-1,N-p;1-\alpha}}.$$

Nach Einsetzen der entsprechenden Werte erhält man:

$$D_{\text{crit}} = \sqrt{(0{,}5^2/5 + 0{,}5^2/5 + 1/5) \cdot (3-1) \cdot 2 \cdot 3{,}88} = 2{,}16.$$

Somit ist auch dieser Vergleich signifikant.

d) Führt die Varianzanalyse zu einem signifikanten Ergebnis, ist garantiert, dass mindestens ein Kontrast zu einem signifikanten Ergebnis führt. Dies muss jedoch nicht unbedingt einer der untersuchten Paarvergleiche sein.

Kapitel 14

14.1 Zunächst muss der F-Wert $F = \text{MQ}_B/\text{MQ}_e$ ermittelt werden. Dazu berechnen wir

$$\text{MQ}_B = \frac{\text{QS}_B}{\text{df}_B} = \frac{15}{1} = 15,$$

$$\text{MQ}_e = \frac{\text{QS}_e}{\text{df}_e},$$

$$\text{QS}_e = \text{QS}_{\text{tot}} - (\text{QS}_A + \text{QS}_{AB} + \text{QS}_B)$$

$$= 200 - (20 + 30 + 15) = 135,$$

$$\text{df}_e = p \cdot q \cdot (n-1) = 3 \cdot 2 \cdot 9 = 54,$$

$$\Rightarrow \text{MQ}_e = \frac{135}{54} = 2{,}50,$$

$$\Rightarrow F = \frac{15}{2{,}50} = 6{,}00.$$

Der kritische F-Wert beträgt nach Tabelle D: $F_{1,54;95\%} = 4{,}03$.

Da der empirische F-Wert größer als der kritische Wert ist, folgt: Der Haupteffekt des Faktors B ist signifikant.

14.2 Zunächst werden die Kennziffern berechnet, um die Quadratsummen bestimmen zu können.

$$(1) = \frac{G^2}{p \cdot q \cdot n} = \frac{667^2}{2 \cdot 2 \cdot 6} = 18537{,}04$$

$$(2) = \textstyle\sum_i \sum_j \sum_m y_{ijm}^2 = 19567$$

$$(3) = \frac{\sum_i A_i^2}{q \cdot n} = \frac{277^2 + 390^2}{2 \cdot 6} = 19069{,}08$$

$$(4) = \frac{\sum_j B_j^2}{p \cdot n} = \frac{323^2 + 344^2}{2 \cdot 6} = 18555{,}42$$

$$(5) = \frac{\sum_i \sum_j AB_{ij}^2}{n} = \frac{144^2 + 179^2 + 133^2 + 211^2}{6} = 19164{,}50$$

Die Ergebnistabelle lautet:

Quelle	QS	df	MQ	F
A	532,04	1	532,04	26,43**
B	18,38	1	18,38	0,91
AB	77,04	1	77,04	3,83
Fehler	402,50	20	20,13	

Der Haupteffekt des ersten Faktors ist signifikant: Die Versuchspersonen, die die Fragen nach der Bearbeitung des Lehrtextes erhalten hatten, erzielten im Abschlusstest bessere Ergebnisse.

14.3 Die Ergebnistabelle lautet:

Quelle	QS	df	MQ	F
A	50,803	5	10,161	7,489**
B	42,986	1	42,986	31,683**
AB	142,129	5	28,426	20,951**
Fehler	81,405	60	1,357	

Die Interaktion sowie beide Haupteffekte sind für $\alpha = 0{,}01$ signifikant.

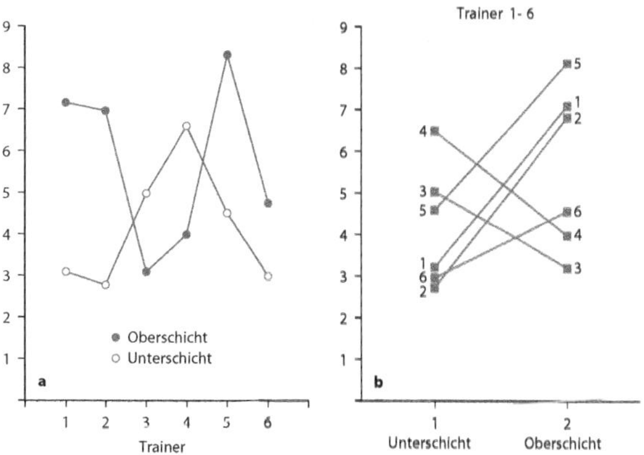

Es handelt sich um eine disordinale Interaktion.

14.4 Im Fall $n = 1$ kann die Fehlervarianz nicht auf herkömmliche Weise bestimmt werden. Fehlervarianz und Interaktionseffekte sind konfundiert. Mit Hilfe des Additivitätstests kann überprüft werden, ob eine Interaktion der Haupteffekte zu erwarten ist. Ist dies nicht der Fall, kann die Restvariabilität $(\text{QS}_{\text{tot}} - \text{QS}_A - \text{QS}_B)$ zur Prüfung der Haupteffekte verwendet werden.

14.5 a) Die Mittelwerte sind in folgender Tabelle enthalten:

	a_1	a_2	
b_1	3	2	2,5
b_2	4	7	5,5
	3,5	4,5	$\bar{G} = 4$

Interaktionsdiagramm:

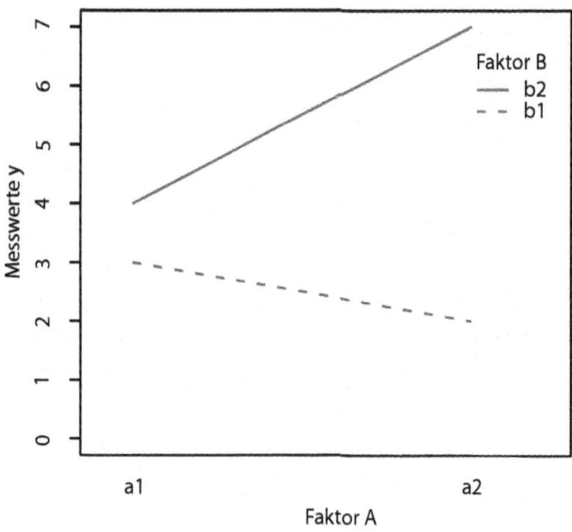

b) Die Zellenmittelwerte, welche sich ergeben müssten, wenn keine Interaktion vorliegt, bezeichnen wir mit $\overline{AB}'_{ij}$. Sie werden folgendermaßen berechnet:

$$\overline{AB}'_{ij} = \bar{A}_i + \bar{B}_j - \bar{G}.$$

Zum Beispiel: $\overline{AB}'_{11} = 3{,}5+2{,}5-4 = 2$. Folgende Tabelle gibt die auf diese Weise berechneten Zellmittelwerte wieder:

	a_1	a_2
b_1	2	3
b_2	5	6

c) Die Ergebnistabelle lautet:

Quelle	QS	df	MQ	F
A	3	1	3	1,5*
B	27	1	27	13,5
AB	12	1	12	6,0*
Fehler	16	8	2	
Total	58	11		

Der kritische Wert lautet: $F_{1,8;95\%} = 5{,}32$. Somit ist B sowie die Interaktion für $\alpha = 0{,}05$ signifikant.

14.6 a) Die ergänzte Tabelle:

Quelle	QS	df	MQ	F
A	16	2	8	4
B	20	2	10	5
AB	8	4	2	1
Fehler	162	81	2	
Total	206	89		

b) Jeder Faktor besaß drei Stufen. Pro Zelle wurden zehn Versuchspersonen untersucht.
c) $F_{2,81;95\%} \approx F_{2,60;95\%} = 3{,}15$; $F_{4,81;95\%} \approx F_{4,60;95\%} = 2{,}53$
Die beiden Haupteffekte sind für $\alpha = 0{,}05$ signifikant. Die Interaktion nicht.

14.7 a) Die QS_e verändert sich nicht.
b) Die Treatmentquadratsumme der einfaktoriellen Varianzanalyse ist gleich $QS_A + QS_B + QS_{AB}$. Für die Freiheitsgrade des Treatments gilt eine analoge Beziehung, d. h. die Freiheitsgrade des Treamtments einer einfaktoriellen Varianzanalyse sind $df_A + df_B + df_{AB}$.

14.8 a) Zunächst werden die c-Koeffizienten benötigt, um die d-Werte berechnen zu können. Die Formeln lauten

$$c_i = \bar{A}_i - \bar{G}, \qquad c_j = \bar{B}_j - \bar{G}, \qquad d_{ij} = c_i \cdot c_j.$$

Die Koeffizienten-Matrix D ergibt sich zu:

		Faktor B		
Faktor A	−3	3	1	−1
−1	3	−3	−1	1
−1	3	−3	−1	1
2	−6	6	2	−2

Die QS_{nonadd} ergibt sich zu:

$$QS_{nonadd} = \left(\sum_i \sum_j d_{ij} \cdot \overline{AB}_{ij}\right)^2 / \left(\sum_i \sum_j d_{ij}^2\right) = 324/120 = 2{,}7$$
$$QS_{Bal} = QS_{Res} - QS_{nonadd} = 8 - 2{,}7 = 5{,}3$$
$$df_{Bal} = (p-1)(q-1) - 1 = 2 \cdot 3 - 1 = 5$$
$$MQ_{Bal} = 1{,}06$$

Somit ergibt sich $F = 2{,}7/1{,}06 = 2{,}54$. Da wir bei diesem Test an der Beibehaltung der Nullhypothese interessiert sind, wählen wir $\alpha = 0{,}25$. Somit lautet der kritische Wert $F_{1,5;75\%} = 1{,}69$. Da der empirische F-Wert den kritischen übersteigt, muss vom Vorliegen von Interaktionseffekten ausgegangen werden.
b) Die Ergebnistabelle lautet:

Quelle	QS	df	MQ	F
A	24	2	12	9,02
B	60	3	20	15,03
Res	8	6	1,33	
Nonadd	2,7	1	2,7	2,54
Bal	5,3	5	1,06	
Total	92	11		

Der kritische Wert für den A Haupteffekt lautet: $F_{2,6;95\%} = 5{,}14$. Der kritische Wert für den B Haupteffekt beträgt: $F_{3,6;95\%} = 4{,}76$. Da die empirischen Werte der Haupteffekte diese kritischen Werte übersteigen, sind beide Effekte für $\alpha = 0{,}05$ signifikant. Da die Tests der Haupteffekte konservativ reagieren, wenn Interaktionseffekte in der Fehlervarianz enthalten sind, können wir die mit den Haupteffekten verbundenen Nullhypothesen verwerfen.

Kapitel 15

15.1 a) Die Zellen- und Randmittelwerte lauten:

	a_1	a_2	a_3	$\bar{B}_j$
b_1	25,0	14,0	12,0	17,0
b_2	19,0	16,0	13,0	16,0
$\bar{A}_i$	22,0	15,0	12,5	$\bar{G} = 16{,}5$

Als Interaktionsplot ergibt sich:

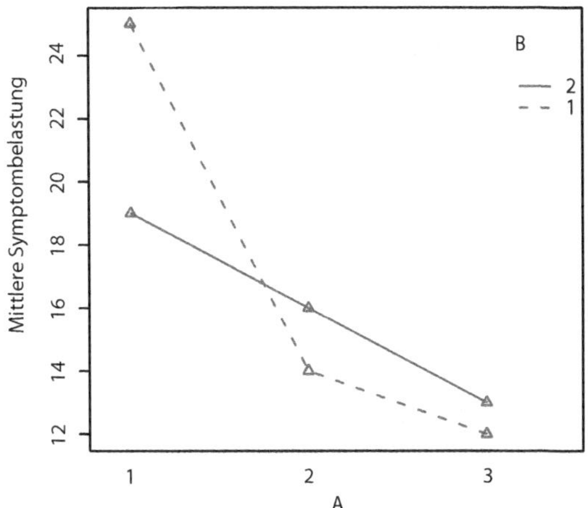

Die Symptombelastung scheint mit zunehmender Dosierung abzunehmen, somit könnte Faktor A signifikant werden. Die Randmittel unterscheiden sich jedoch kaum für die Geschlechtsgruppen, Faktor B wird vermutlich nicht signifikant. Zudem kann man erkennen, dass der Unterschied zwischen Männern und Frauen unter der Placebobedingung größer ist als unter den anderen Bedingungen. Dies ist ein Hinweis auf einen Interaktionseffekt.

b) Die Ergebnistabelle lautet:

Quelle	QS	df	MQ	F
A	485,00	2	242,50	121,25
B	7,50	1	7,50	3,75
AB	95,00	2	47,50	23,75
Fehler	48,00	24	2,00	
Total	635,50	29		

Haupteffekt A wird an $F_{2,24;95\%} = 3{,}40$, Haupteffekt B an $F_{1,24;95\%} = 4{,}26$ und die Interaktion AB an $F_{2,24;95\%} = 3{,}40$ geprüft. Somit sind nur der Haupteffekt A und die Interaktion signifikant.

c) Mögliche Kontrastkoeffizienten sind $c_1 = 1, c_2 = 0, c_3 = -1$. Der Kontrast lautet somit

$$D(A) = 1 \cdot \bar{A}_1 - 0 \cdot \bar{A}_2 - 1 \cdot \bar{A}_3 = 1 \cdot 22 - 0 \cdot 15 - 1 \cdot 12{,}5 = 9{,}5.$$

Die kritische Differenz nach Scheffé ergibt

$$D_{\text{crit}} = \sqrt{\frac{2 \cdot (p-1) \cdot \text{MQ}_e \cdot F_{p-1,\text{df}_e;95\%}}{n \cdot q}} = \sqrt{\frac{2 \cdot 2 \cdot 2 \cdot 3{,}40}{5 \cdot 2}} = 1{,}64.$$

Die betrachtete Behandlungsbedingung unterscheidet sich also von der Placebobedingung.

d) Untersucht werden soll die Wirkung von Faktor A innerhalb der Stufe b_2 (weiblich). Dies erfordert einen Test für einen einfachen Haupteffekt. Die Quadratsumme dieses einfachen Haupteffekts lautet:

$$\text{QS}_{A|b_2} = n \cdot \sum_i (\overline{AB}_{i2} - \bar{B}_2)^2 = 5 \cdot \left[(19-16)^2 + (16-16)^2 + (13-16)^2\right] = 90.$$

Somit ist die Prüfgröße

$$F = (\text{QS}_{A|b_2}/\text{df}_A)/\text{MQ}_e = (90/2)/2 = 22{,}5.$$

Getestet wird der Kontrast an dem kritischen Wert

$$S = q \cdot F_{(p-1)q,\text{df}_e;95\%} = 2 \cdot 2{,}77 = 5{,}54.$$

Somit kann die Nullhypothese verworfen werden.

e) Da gefragt wird, ob der Vergleich von b_1 mit b_2 bei a_2 genauso ausfällt wie bei a_3, muss ein Interaktionskontrast berechnet werden. Sind also die Effekte $\overline{AB}_{21} - \overline{AB}_{22}$ und $\overline{AB}_{31} - \overline{AB}_{32}$ bis auf die Stichprobenvariabilität gleich groß, wird die mit dem Kontrast verbundene Interaktionshypothese verworfen. Der Interaktionskontrast lautet somit

$$D = \overline{AB}_{21} - \overline{AB}_{22} - \overline{AB}_{31} + \overline{AB}_{32}.$$

Die von null verschiedenen Kontrastkoeffizienten lauten: $c_{21} = c_{32} = 1$ und $c_{22} = c_{31} = -1$. Für den Kontrast ergibt sich

$$D = 14 - 16 - 12 + 13 = -1.$$

Für die Quadratsumme ergibt sich

$$\text{QS} = n \cdot D^2 / \sum_i \sum_j c_{ij}^2 = 5 \cdot (-1)^2/4 = 1{,}25.$$

Als Prüfgröße erhält man somit

$$F = \text{QS}/\text{MQ}_e = 1{,}25/2 = 0{,}625.$$

Als kritischer Wert der Prüfgröße bestimmt man

$$S = (p-1)(q-1) \cdot F_{(p-1)(q-1),\text{df}_e;95\%} = 2 \cdot 3{,}4 = 6{,}8.$$

Die Nullhypothese kann somit nicht verworfen werden. Mit anderen Worten, das Medikament scheint bei Frauen und Männer gleichartig zu wirken.

f) Bei dieser Fragestellung handelt es sich um einen einfachen Treatmentkontrast, da es um einen einzelnen Vergleich der Stufen von A innerhalb der zweiten Stufe des Faktors B geht. Mögliche Kontrastkoeffizienten des Kontrasts $D(A|b_2)$ sind $c_1 = 2$, $c_2 = -1$ und $c_3 = -1$. Für den Wert des Kontrasts ergibt sich

$$D = c_1 \cdot \overline{AB}_{12} + c_2 \cdot \overline{AB}_{22} + c_3 \cdot \overline{AB}_{32} = 2 \cdot 19 - 1 \cdot 16 - 1 \cdot 13 = 9.$$

Die Kontrastquadratsumme ist

$$\text{QS} = n \cdot D^2 / \sum_i c_i^2 = 5 \cdot 81/6 = 67{,}5.$$

Somit ergibt sich als Prüfgröße

$$F = \text{QS}/\text{MQ}_e = 67{,}5/2 = 33{,}75.$$

Getestet wird der Kontrast an dem kritischen Wert

$$S = (p-1)q \cdot F_{(p-1)q,\text{df}_e;95\%} = 4 \cdot 2{,}77 = 11{,}08.$$

Die Nullhypothese kann verworfen werden.

g) Untersucht werden soll, ob der Vergleich von b_1 mit b_2 unter allen Stufen von A gleich ausfällt. Dies ist ein Test auf Homogenität einfacher Treatmentkontraste.

Als Kontrastkoeffizienten für den Vergleich der b_1 mit der b_2 Stufe wählt man $c_1 = 1$ und $c_2 = -1$. Dadurch ergeben sich die einzelnen Kontraste für die Stufen von A als:

$$D(B|a_1) = 1 \cdot \overline{AB}_{11} - 1 \cdot \overline{AB}_{12} = 25 - 19 = 6,$$

$$D(B|a_2) = 1 \cdot \overline{AB}_{21} - 1 \cdot \overline{AB}_{22} = 14 - 16 = -2,$$

$$D(B|a_3) = 1 \cdot \overline{AB}_{31} - 1 \cdot \overline{AB}_{32} = 12 - 13 = -1.$$

Die Quadratsumme dieser Kontraste ist

$$QS_{D(B|a\cdot)} = \frac{n \cdot \left[\sum_i D(B|a_i)^2 - \left(\sum_i D(B|a_i)\right)^2/p\right]}{\sum_j c_j^2}.$$

Einsetzen der numerischen Werte in die Formel ergibt:

$$QS_{D(B|a\cdot)} = \frac{5 \cdot [(6^2 + (-2)^2 + 1^2) - (6 - 2 - 1)^2/3]}{1^2 + (-1)^2} = 95.$$

Somit erhält man die Prüfgröße

$$F = \frac{QS_{D(B|a\cdot)}/(p-1)}{MQ_e} = \frac{95/2}{2} = 23{,}75.$$

Getestet wird der Kontrast an

$$S_{D(B|a\cdot)} = (q-1) \cdot F_{df_{AB}, df_e; 95\%} = 1 \cdot 3{,}40 = 3{,}40.$$

Somit kann die Nullhypothese verworfen werden.

Bemerkung: Tatsächlich entspricht dieser Test dem in der varianzanalytischen Ergebnistabelle enthaltenen Test auf Interaktion, da der jetzige Test die gesamten Freiheitsgrade der Interaktion „verbraucht". Die numerischen Werte von $QS_{D(B|a\cdot)}$ und QS_{AB} sind identisch. Diese Beobachtung illustriert, dass die Überprüfung der Homogenität einfacher Treatmentkontraste ausschließlich Interaktionseffekte beinhaltet.

Kapitel 16

16.1 Man benötigt bei $3 \cdot 2 \cdot 4 \cdot 2 = 48$ Gruppen und 15 Personen pro Gruppe insgesamt $48 \cdot 15 = 720$ Versuchspersonen.

16.2 Es handelt sich um einen dreifaktoriellen Versuchsplan. Die Kennziffern lauten:

$$(1) = \frac{G^2}{npqr} = \frac{639^2}{3 \cdot 4 \cdot 5 \cdot 2} = 3402{,}675$$

$$(2) = \sum_i \sum_j \sum_k \sum_m y_{ijkm}^2 = 3677{,}000$$

$$(3) = \frac{\sum_i A_i^2}{nqr} = 3520{,}500 \quad (4) = \frac{\sum_j B_j^2}{npr} = 3402{,}683$$

$$(5) = \frac{\sum_k C_k^2}{npq} = 3460{,}292 \quad (6) = \frac{\sum_i \sum_j AB_{ij}^2}{nr} = 3521{,}533$$

$$(7) = \frac{\sum_i \sum_k AC_{ik}^2}{nq} = 3601{,}500$$

$$(8) = \frac{\sum_j \sum_k BC_{jk}^2}{np} = 3463{,}250$$

$$(9) = \frac{\sum_i \sum_j \sum_k ABC_{ijk}^2}{n} = 3612{,}333$$

Zur Bestimmung der Quadratsummen vgl. Tabelle 16.1. Man erhält folgende Ergebnistabelle:

Quelle	QS	df	MQ	F
A	117,885	3	39,275	20,155**
B	0,008	1	0,008	0,011
C	57,617	4	14,404	6,810**
AB	1,025	3	0,342	0,599
AC	23,383	12	1,949	3,414*
BC	2,950	4	0,737	1,292
ABC	6,850	12	0,571	0,706
Fehler	64,667	80	0,801	

16.3 a) Die Zellenmittelwerte lauten:

	a_1		a_2	
	b_1	b_2	b_1	b_2
c_1	10	12	10	4
c_2	12	10	8	2

Die Zellenmittelwerte für die Kombinationen je zweier Variablen lauten:

	a_1	a_2
b_1	11	9
b_2	11	3

	a_1	a_2
c_1	11	7
c_2	11	5

	b_1	b_2
c_1	10	8
c_2	10	6

b) Die Ergebnistabelle lautet:

Quelle	QS	df	MQ	F
A	100	1	100	50
B	36	1	36	18
C	4	1	4	2
AB	36	1	36	18
AC	4	1	4	2
BC	4	1	4	2
ABC	4	1	4	2
Fehler	16	8	2	
Total	204	15		

16.4 a) Die Mittelwerte für die Kombination von jeweils zwei Variablen sind:

	a_1	a_2
b_1	10	10
b_2	10	10

	a_1	a_2
c_1	7	13
c_2	13	7

	b_1	b_2
c_1	10	10
c_2	10	10

Mit Hilfe der Mittelwerte kann man die AC Interaktion grafisch darstellen:

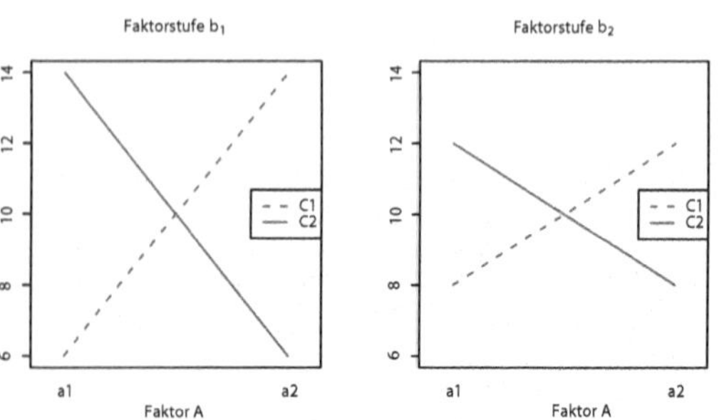

b) Die erwarteten Zellmittelwerte unter der Annahme, dass keine Interaktion 2. Ordnung vorliegt, können mit Hilfe folgender Gleichung berechnet werden:

$$\overline{ABC}'_{ijk} = \overline{AB}_{ij} + \overline{AC}_{ik} + \overline{BC}_{jk} - \bar{A}_i - \bar{B}_j - \bar{C}_k + \bar{G}.$$

Man erhält folgende Werte:

	a_1		a_2	
	b_1	b_2	b_1	b_2
c_1	7	7	13	13
c_2	13	13	7	7

Die grafische Darstellung der $\overline{ABC}'_{ijk}$ Mittelwerte für die beiden Stufen von B bei Abwesenheit der Interaktion 2. Ordnung ist:

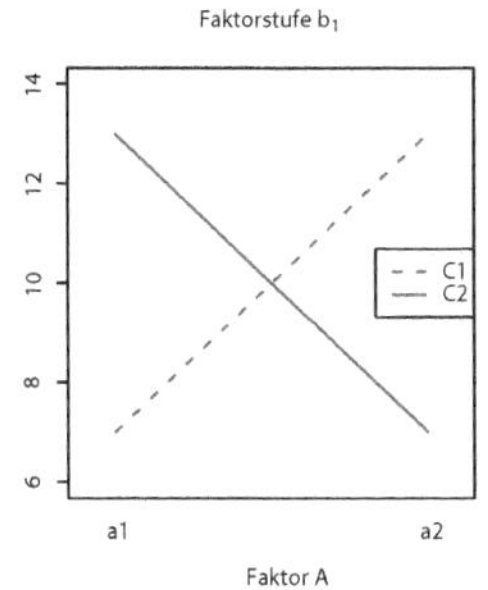

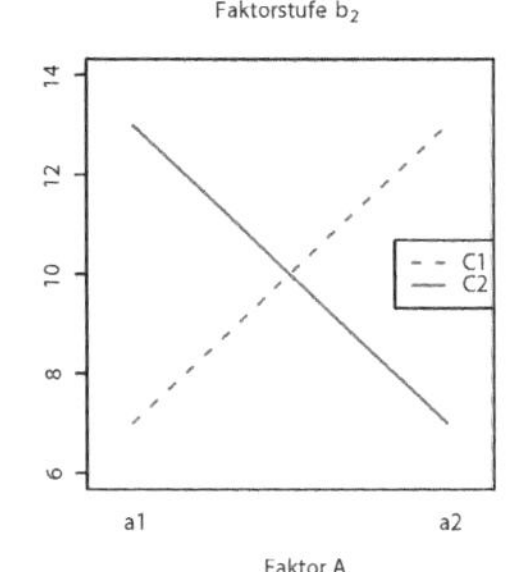

Kapitel 17

17.1 Die Berechnung der Kennziffern ergibt:

$$(1) = \frac{G^2}{p \cdot q \cdot n} = \frac{423^2}{3 \cdot 2 \cdot 5} = 5964{,}30$$

$$(2) = \sum_i \sum_j \sum_m y_{ijm}^2 = 6433$$

$$(3) = \frac{\sum_i A_i^2}{q \cdot n} = \frac{171^2 + 160^2 + 92^2}{2 \cdot 5} = 6330{,}50$$

$$(5) = \frac{\sum_i \sum_j AB_{ij}^2}{n} = \frac{91^2 + \cdots + 44^2}{5} = 6347{,}80$$

Somit erhält man folgende Ergebnistabelle:

Quelle	QS	df	MQ	F
A	366,20	2	183,10	31,73**
$B(A)$	17,30	3	5,77	1,63
Fehler	85,20	24	3,55	

Da $F_{2,3;0,99} = 30{,}8$ beträgt, ist der Haupteffekt A auf dem 1%-Niveau signifikant. Die Varianzkomponente, welche mit den Tierheimen verbunden ist, erreicht keine Signifikanz.

17.2 Die Ergebnistabelle lautet:

Quelle	QS	df	MQ	F
A	48	1	48	12
$B(A)$	16	4	4	0,5
Fehler	48	6	8	

Der kritische Wert zur Überprüfung des A Treatments lautet $F_{1,4;95\%} = 7{,}71$. Somit ist A signifikant. Der kritische Wert für den Test des $B(A)$ Faktors lautet $F_{4,6;95\%} = 4{,}53$. Somit können wir die Nullhypothese, nach der die Varianzkomponente der Therapeuten null ist, beibehalten.

17.3 a) Dreifaktorieller hierarchischer Versuchsplan. Faktor B ist in A geschachtelt. Außerdem ist Faktor C in B geschachtelt.

b) Die varianzanalytische Ergebnistabelle lautet:

Quelle	QS	df	MQ	F
A	54,187	1	54,187	18,848*
$B(A)$	11,500	4	2,875	1,200
$C(AB)$	14,375	6	2,396	1,245
Fehler	69,250	36	1,924	

Da für $\alpha = 0{,}05$ der kritische Wert zur Überprüfung des A Haupteffekts $F_{1,4;0,95} = 7{,}71$ beträgt, beurteilen wir den Effekt des Programms als signifikant. Die Leseleistung wurde durch das Programm gesteigert. Der kritische Wert für $\alpha = 0{,}01$, welcher $F_{1,4;0,99} = 21{,}2$ beträgt, wird vom empirischen F-Wert des Faktors A nicht übertroffen. Die mit dem Zufallseffekt verbundenen Varianzkomponenten erreichen dagegen keine Signifikanz.

17.4 a) Die AC-Mittelwerte lauten:

	a_1	a_2
c_1	8	10
c_2	8	14

Der Behandlungserfolg der Verhaltenstherapie scheint nicht von der Behandlungsdauer abzuhängen. Für die Gesprächstherapie ist Langzeitbehandlung der Kurzzeittherapie überlegen. Der Effekt der Therapiedauer ist also über die verglichenen Therapien hinweg verschieden. Dies weist auf eine AC Interaktion hin. Allerdings muss diese Beobachtung erst anhand eines signifikanten Interaktionseffekts statistisch abgesichert werden.

b) Die varianzanalytische Ergebnistabelle lautet:

Quelle	QS	df	MQ	F
A	96	1	96	12
$B(A)$	32	4	8	4
C	24	1	24	12
AC	24	1	24	12
$CB(A)$	8	4	2	1,5
Fehler	16	12	1,33	

Für $\alpha = 0{,}05$ lauten die kritischen Werte: $F_{1,4;0,95} = 7{,}71$ für die Prüfung von A, C und AC; $F_{4,4;0,95} = 6{,}39$ für die Prüfung von $B(A)$; und $F_{4,12;0,95} = 3{,}26$ für die Prüfung von $CB(A)$. Somit sind alle drei festen Effekte signifikant. Die signifikante Interaktion zeigt, dass die Mittelwertunterschiede der AC-Tabelle zu groß sind, als dass sie durch Zufall erklärt werden können. Eine gesprächstherapeutische Langzeittherapie erbringt für die untersuchte Symptomatik den größten Behandlungserfolg.

Kapitel 18

18.1 Eine Kovarianz-Matrix ist dann homogen, wenn die zu den Faktorstufen gehörenden Varianzen und die Kovarianzen zwischen den Faktorstufen homogen, d. h. nicht signifikant verschieden sind. Ein Maß für die Homogenität stellt $\hat{\varepsilon}$ dar. Wenn $\hat{\varepsilon} = 1$, ist die Matrix homogen.

18.2 Beim t-Test für Beobachtungspaare werden n Messwertpaare gebildet, bei der einfaktoriellen Varianzanalyse mit Messwiederholungen und $p = 2$ Faktorstufen geschieht dasselbe. Bei mehr als zwei, allgemein p Faktorstufen, werden n

p-Tupel von Messwerten gebildet, die entweder von derselben Versuchsperson stammen oder bei parallelisierten Stichproben von Personen mit der gleichen Ausprägung in dem parallelisierten Merkmal.

18.3 a) Um den t-Test für Beobachtungspaare durchzuführen, werden zunächst Differenzwerte gebildet: $d_i = y_{i1} - y_{i2}$ und anschließend deren arithmetisches Mittel berechnet. Dies ergibt $\bar{d} = \sum_{i=1}^{n} d_i/n = -25/30 = -0{,}833$, wobei n die Anzahl der Messwertpaare bezeichnet. Man erhält für $s_d = 14{,}73$ und als Prüfgröße: $t = \sqrt{30}(\bar{d}/s_d) = \sqrt{30} \cdot (-0{,}833/14{,}73) = -0{,}310$. Als kritischen t-Wert erhält man bei df = 29 den Wert $t_{29;97,5\%} = 2{,}045$. Da $t < t_{29;97,5\%}$, ist der Test nicht signifikant.

b) Die Berechnung der Kennziffern einer einfaktorielle Varianzanalyse mit Messwiederholungen ergibt:

$$(1) = \frac{G^2}{p \cdot n} = \frac{5671^2}{2 \cdot 30} = 536004{,}017$$

$$(2) = \sum_i \sum_j y_{ij}^2 = 544493$$

$$(3) = \frac{\sum_i A_i^2}{n} = \frac{2823^2 + 2848^2}{30} = 536014{,}433$$

$$(4) = \frac{\sum_j P_j^2}{p} = \frac{1082671}{2} = 541335{,}500$$

Aufgrund der Kennziffern erhält man die Ergebnistabelle:

Quelle	QS	df	MQ	F
Zwischen				
P	5331,48	29		
Innerhalb				
A	10,42	1	10,42	0,096
Fehler	3147,08	29	108,52	

Da der kritische F-Wert $F_{1,29;95\%} = 4{,}20$ den empirischen F-Wert übersteigt, ist der Treatmentfaktor nicht signifikant.

c) Nach Gl. (5.21) gilt: Falls $t \sim t(n)$, dann ist $t^2 \sim F(1,n)$. Also $(-0{,}310)^2 = 0{,}096$.

18.4 Man erhält $F = MQ_A/MQ_e = 9{,}10$. Der kritische F-Wert lautet: $F_{1,19;99\%} = 8{,}18$ (konservativ). Da der empirische F-Wert größer als der kritische F-Wert ist, kann die H_1 aufgrund des konservativen F-Tests (ohne ε-Korrektur der Freiheitsgrade) akzeptiert werden.

18.5 a) Da jeweils zwei Beoachtungen bei einer Person erhoben werden, sind sie einander paarweise zugeordnet. Die Untersuchung muss deshalb mit Hilfe einer Varianzanalyse mit Messwiederholungen durchgeführt werden.

b) Da die beiden Gesichtshälften zur gleichen Person gehören, sind die Beobachtungen einander paarweise zugeordnet. Die Untersuchung muss deshalb mit Hilfe einer Varianzanalyse mit Messwiederholungen durchgeführt werden.

c) Da jeweils zwei Kinder aus der gleichen Familie stammen, sind die Beobachtungen einander paarweise zugeordnet. Die Untersuchung muss deshalb mit Hilfe einer Varianzanalyse mit Messwiederholungen durchgeführt werden.

d) Aufgrund des Matchings sind jeweils zwei Personen einander zugeordnet. Die Untersuchung muss deshalb mit Hilfe einer Varianzanalyse mit Messwiederholungen durchgeführt werden.

18.6 a) Laut H_0 unterscheiden sich die Werbespots nicht: $\mu_1 = \mu_2 = \mu_3$.

b) Die Personenmittelwerte lauten $\bar{P}_1 = 22$, $\bar{P}_2 = 26$, $\bar{P}_3 = 30$. Die Mittelwerte der Faktorstufen sind $\bar{A}_1 = 20$, $\bar{A}_2 = 26$ und $\bar{A}_3 = 32$. Der Gesamtmittelwert ist $\bar{G} = 26$.

c) Die Quadratsummen kann man aufgrund der Kennziffern bestimmen. Alternativ lassen sich folgende Formeln verwenden:

$$QS_P = p \cdot \sum_m (\bar{P}_m - \bar{G})^2 = 96$$

$$QS_A = n \cdot \sum_i (\bar{A}_i - \bar{G})^2 = 216$$

$$QS_e = \sum_i \sum_m (y_{im} - \bar{A}_i - \bar{P}_m + \bar{G})^2 = 72$$

Für die Ergebnistabelle der Varianzanalyse ergibt sich:

Quelle	QS	df	MQ	F
Zwischen				
P	96	2	48	
Innerhalb				
A	216	2	108	6
Fehler	72	4	18	

Die kritische Prüfgröße ist $F_{2,4;95\%} = 6{,}94$. Somit kann die Nullhypothese nicht abgelehnt werden.

d) Die Fehlerquadratsumme einer einfaktoriellen Varianzanalyse ohne Messwiederholungen wird nach der Formel $QS_{\tilde{e}} = \sum_i \sum_j (y_{ij} - \bar{A}_i)^2$ berechnet. Im Beispiel ergibt sich $QS_{\tilde{e}} = 168$, was exakt der Summe $QS_e + QS_{zw}$ in der Varianzanalyse mit Messwiederholungen entspricht.

e) Bei einem Versuchsplan mit Messwiederholungen wird die Fehlerquadratsumme im Vergleich zur Fehlerquadratsumme bei einem Versuchsplan ohne Messwiederholungen reduziert, da $QS_{\tilde{e}} = QS_e + QS_{zw}$. Allerdings nimmt auch die Zahl der Freiheitsgrade ab, sodass das mittlere Fehlerquadrat nicht notwendigerweise kleiner ist als das mittlere Fehlerquadrat der Varianzanalyse ohne Messwiederholungen.

f) Der Nutzen eines Versuchsplans mit Messwiederholungen ist groß, wenn die Beobachtungen innerhalb einer Person hoch miteinander korrelieren.

18.7 a) Der Messzeitpunkt ist der Messwiederholungsfaktor, die Art der Behandlung der Gruppierungsfaktor.

b) Die Hypothesen lauten:

$$H_0 : \bar{\mu}_{1\cdot} = \bar{\mu}_{2\cdot}$$

$$H_0 : \bar{\mu}_{\cdot 1} = \bar{\mu}_{\cdot 2} = \bar{\mu}_{\cdot 3}$$

$$H_0 : \mu_{ij} - \bar{\mu}_{i\cdot} - \bar{\mu}_{\cdot j} + \bar{\mu}_{\cdot\cdot} = 0$$

Inhaltlich interessant ist die Frage, ob das Treatment mit der Zeit signifikant interagiert. Dies bedeutet, dass sich die Heilungsrate bei behandelten und unbehandelten Personen unterscheidet.

c) Die totale Quadratsumme QS_{tot} wird in eine Komponente innerhalb der Personen QS_{in} und eine Komponente zwischen den Personen QS_{zw} zerlegt. Die Quadratsumme zwischen den Personen setzt sich aus QS_A und $QS_{P(A)}$ zusammen, die Quadratsumme innerhalb der Personen aus QS_B, QS_{AB} und QS_e.

d) Als Kennziffern erhält man:

$(1) = 9408$ $(2) = 10984$
$(3) = 9708$ $(4) = 10376$
$(5) = 10876$ $(6) = 9768$

e) Als Ergebnistabelle der Varianzanalyse erhält man:

Quelle	QS	df	MQ	F
Zwischen				
A	300	1	300	10,0
$P(A)$	60	2	30	
Innerhalb				
B	968	2	484	40,3**
AB	200	2	100	8,3**
Fehler	48	4	12	

f) Der Interaktionsplot ist:

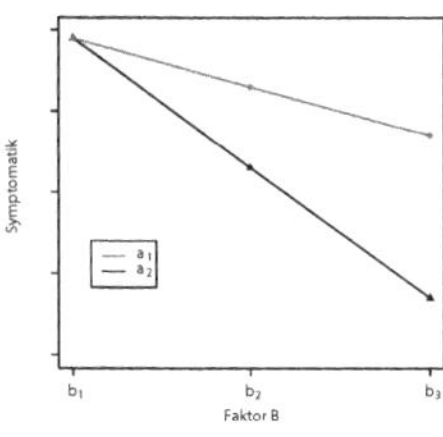

Die Symptomatik nimmt signifikant mit der Zeit ab. Allerdings wird auch der Interaktionseffekt von Zeit und Behandlung signifikant. Somit kann eine für den Beobachtungszeitraum spezifische Wirkung der Behandlung nachgewiesen werden.

18.8 Die Berechnung der Kennziffern einer zweifaktoriellen Varianzanalyse mit Messwiederholungen ergibt:

(1) = 22742,53, (2) = 25524,
(3) = 22813,07, (4) = 25258,
(5) = 25338,40, (6) = 22900,67.

Man erhält die Ergebnistabelle:

Quelle	QS	df	MQ	F
Zwischen				
A	70,54	1	70,54	6,44
$P(A)$	87,60	8	10,95	
Innerhalb				
B	2515,47	2	1257,74	205,18
AB	9,86	2	4,93	0,80
Fehler	98,00	16	6,13	

Die Signifikanzprüfung ergibt einen signifikanten Haupteffekt des Faktors A, da $F = 6{,}44 > F_{1,8;95\%} = 5{,}32$ und einen signifikanten Haupteffekt des Faktors B, da $F = 205{,}18 > F_{2,16;99\%} = 6{,}23$.

18.9 a) Die Messwiederholungen erfolgen über die Stufen von Faktor C.
b) Der Effekt, welcher mit der Person, die das Placebo verabreicht, verbunden ist (Chefarzt versus Schwester), ist für Frauen und Männer gleich.
c) Die Kennziffern lauten:

(1) = 2281,5 (2) = 2640
(3) = 2509,667 (4) = 2287,5
(5) = 2362,5 (6) = 2521,667
(7) = 2593 (8) = 2369,5
(9) = 2610 (10) = 2528,667

Somit ergibt sich die folgende Ergebnistabelle:

Quelle	QS	df	MQ	F
Zwischen				
A	228,17	1	228	130
B	6	1	6	3,43
AB	6	1	6	3,43
$P(AB)$	7	4	1,75	
Innerhalb				
C	81	2	40,5	13,96
AC	2,33	2	1,2	0,4
BC	1	2	0,5	0,2
ABC	4	2	2	0,7
Fehler	23	8	2,9	

Die kritischen Werte zur Überprüfung der festen Effekte lauten $F_{1,4;95\%} = 7{,}71$ und $F_{2,8;95\%} = 4{,}46$. Somit sind der A Haupteffekt und der C Haupteffekt signifikant.

18.10 a) Die Messwiederholungen findeen auf den Faktoren B und C statt. Die Versuchspersonen sind nach den Stufen von Faktor A gruppiert.
b) Für die Kennziffern erhält man die Werte:

(1) = 9640 (2) = 9781 (3) = 9640
(4) = 9740 (5) = 9659 (6) = 9744
(7) = 9661 (8) = 9760 (9) = 9767
(10) = 9642 (11) = 9748 (12) = 9667

Die Ergebnistabelle lautet:

Quelle	QS	df	MQ	F
Zwischen				
A	0,4	1	0,4	0,57
$P(A)$	1,4	2	0,7	
Innerhalb				
B	100	1	100	64,5
AB	3,4	1	3,4	2,2
$BP(A)$	3,1	2	1,55	
C	19,1	2	9,55	7,9
AC	1,75	2	0,875	0,7
$CP(A)$	4,8	4	1,2	
BC	1,1	2	0,55	0,5
ABC	1,75	2	0,87	0,8
Fehler	4,2	4	1,05	

Die zur Überprüfung der festen Effekte benötigten kritischen F-Werte sind $F_{1,2;95\%} = 18{,}5$ und $F_{2,4;95\%} = 6{,}96$. Wie man durch den Vergleich der empirischen mit den kritischen Werten erkennt, sind nur die Haupteffekte B und C signifikant.

Kapitel 19

19.1 Die Kovarianzanalyse dient zur Überprüfung der Bedeutsamkeit einer metrischen Kovariate für eine Untersuchung. Der potenzielle Einfluss auf die abhängige Variable wird durch die Kovarianzanalyse rechnerisch neutralisiert.

19.2 Mit der Regressionsrechnung wird die abhängige Variable bezüglich einer Kovariaten bereinigt (insgesamt und pro Treatmentstufe). Die Varianzanalyse wird – im Prinzip – über

Regressionsresiduen durchgeführt (vgl. Maxwell et al., 1985 für eine genauere Erläuterung bzw. Kritik dieser Betrachtungsweise).

19.3 Homogenität der Innerhalb-Regressionen: Es wird überprüft, ob sich die Steigungskoeffizienten der Regressionen innerhalb der einzelnen Faktorstufen signifikant voneinander unterscheiden.

19.4 Kovariate und abhängige Variable müssen unkorreliert sein. Die Fehlervarianz in der Kovarianzanalyse hat gegenüber der Fehlervarianz in der Varianzanalyse einen Freiheitsgrad weniger, sodass die Fehlervarianz in der Kovarianzanalyse geringfügig größer ausfällt.

19.5 a) Die Treatmentmittelwerte sind $\bar{A}_1 = 40$ und $\bar{A}_2 = 52$. Die Differenz zwischen den Treatmentmittelwerten ist $\bar{A}_1 - \bar{A}_2 = -12$.

b) Es ergibt sich folgende Ergebnistabelle:

Quelle	QS	df	MQ	F
A	360	1	360,0	4,1
Fehler	700	8	87,5	
Total	1060	9		

Wegen $F_{1,8;95\%} = 5{,}3$ kann nicht auf unterschiedliche Wirkung der Unterrichtsformen geschlossen werden.

c) Berechnung der Regressionsgerade zwischen IQ und Leistung:

$$\begin{aligned}
QS_{x(\text{tot})} &= \sum_i \sum_m (x_{im} - \bar{G}_x)^2 = 510 \\
QS_{xy(\text{tot})} &= \sum_i \sum_m (x_{im} - \bar{G}_x) \cdot \left(y_{im} - \bar{G}_y\right) = 560 \\
b_{\text{tot}} &= QS_{xy(\text{tot})} / QS_{x(\text{tot})} = 1{,}1 \\
\hat{y}_{im} &= \bar{G}_y + b_{\text{tot}} \cdot (x_{im} - \bar{G}_x) = 46 + 1{,}1 \cdot (x_{im} - 36).
\end{aligned}$$

d) Vorhergesagte Werte und totale Quadratsumme:

	a_1			a_2	
x	y	$\hat{y}$	x	y	$\hat{y}$
25	35	33,9	27	47	36,1
30	30	39,4	32	42	41,6
35	40	44,9	37	52	47,1
40	40	50,4	42	52	52,6
45	55	55,8	47	67	58,1

Die Residuen berechnet man als $y^* = y - \hat{y}$, und mit diesen ergibt sich die totale Quadratsumme zu:

$$QS^*_{y(\text{tot})} = \sum_m \sum_i (y^*_{im})^2 = 445.$$

e) Zur Berechnung der Steigung benötigt man die Quadratsummen QS_{xy} und QS_x für jede der beiden Gruppen.

$$QS_{x(1)} = \sum_m \left(x_{1m} - \bar{A}_{x(1)}\right)^2 = 250$$

$$QS_{xy(1)} = \sum_m \left(x_{1m} - \bar{A}_{x(1)}\right)\left(y_{1m} - \bar{A}_{y(1)}\right) = 250$$

$$QS_{x(2)} = \sum_m \left(x_{2m} - \bar{A}_{x(2)}\right)^2 = 250$$

$$QS_{xy(2)} = \sum_m \left(x_{2m} - \bar{A}_{x(2)}\right)\left(y_{2m} - \bar{A}_{y(2)}\right) = 250$$

Somit erhält man für

$$b_{\text{in}} = \frac{QS_{xy(1)} + QS_{xy(2)}}{QS_{x(1)} + QS_{x(2)}} = 1.$$

Für die Gruppen ergeben sich folgende Regressionsgeraden:

$$\hat{y}_{1m} = \bar{A}_{y(1)} + b_{\text{in}} \cdot \left(x_{1m} - \bar{A}_{x(1)}\right) = 40 + 1 \cdot (x_{1m} - 35)$$
$$\hat{y}_{2m} = \bar{A}_{y(2)} + b_{\text{in}} \cdot \left(x_{2m} - \bar{A}_{x(2)}\right) = 52 + 1 \cdot (x_{2m} - 37)$$

f) Ein Plot der Daten und der Regressionsgeraden ergibt:

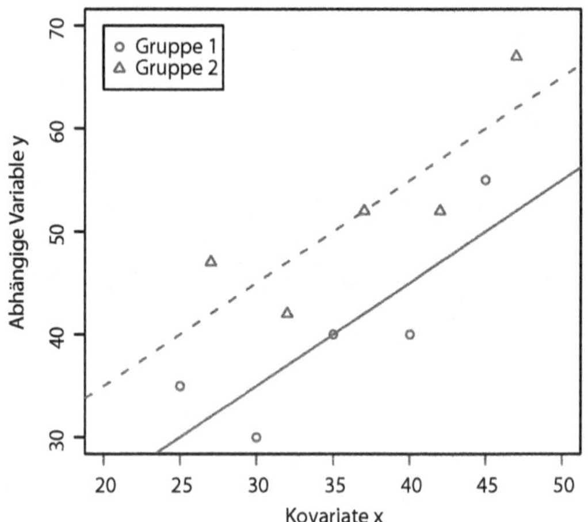

Der Effekt des Treatments wird im Abstand der beiden Regressionsgeraden widergespiegelt.

g) Berechnung der Regressionsresiduen anhand der beiden Innerhalb-Regressionsgeraden:

	a_1			a_2	
x	y	$\hat{y}$	x	y	$\hat{y}$
25	35	30	27	47	42
30	30	35	32	42	47
35	40	40	37	52	52
40	40	45	42	52	57
45	55	50	47	67	62

Somit ist $QS^*_{y(e)} = 200$.

h) Die Ergebnistabelle lautet:

Quelle	QS*	df*	MQ*	F
A	245	1	245,0	8,6
Fehler	200	7	28,6	
Total	445	8		

Wegen $F_{1,7;95\%} = 5{,}6$ kann die Nullhypothese abgelehnt werden.

i) Die bereinigten Mittelwerte berechnet man nach der Formel (19.14).
Für die erste Gruppe erhält man:

$$\bar{A}^*_{y(1)} = 40 - 1 \cdot (35 - 36) = 41.$$

Für die zweite Gruppe erhält man:

$$\bar{A}^*_{y(2)} = 52 - 1 \cdot (37 - 36) = 51.$$

Die Differenz zwischen den bereinigten Mittelwerten beträgt somit 10,0. Im Übrigen entspricht diese Differenz dem Abstand der Regressionsgeraden.
Alternativ kann man die bereinigten Mittelwerte auch folgendermaßen errechnen. Die Formel zur Berechnung

von vorhergesagten Werten aufgrund der Modellgleichung (19.13) lautet allgemein:

$$\hat{y}_i(x_0) = \bar{A}_{y(i)} + b_{\text{in}} \cdot \left(x_0 - \bar{A}_{x(i)}\right)$$

Die Berechnung der Vorhersage an der Stelle $\bar{G}_x$ für beide Gruppen ergibt:

$$\begin{aligned} \hat{y}_1(\bar{G}_x) &= 40 + 1 \cdot (36 - 35) = 41 \\ \hat{y}_2(\bar{G}_x) &= 52 + 1 \cdot (36 - 37) = 51. \end{aligned}$$

Wie man sieht, sind die Ergebnisse identisch.

j) Die Hauptfunktion der Kovarianzanalyse in diesem Beispiel besteht in der Reduktion der Fehlervarianz (eine zufällige Zuordnung der Versuchpersonen zu den Bedingungen vorausgesetzt).

19.6 a) Die Treatmentmittelwerte sind $\bar{A}_1 = 71$ und $\bar{A}_2 = 97$. Die Differenz zwischen den Treatmentmittelwerten ist $\bar{A}_1 - \bar{A}_2 = -26$.

b) Es ergibt sich folgende Ergebnistabelle:

Quelle	QS	df	MQ	F
A	1690	1	1690	6,1
Fehler	2200	8	275	
Total	3890	9		

Wegen $F_{1,8;95\%} = 5{,}3$ kann auf eine Wirkung der Behandlung geschlossen werden.

c) Es kann eingewandt werden, dass die beiden Gruppen nicht vergleichbar sind, da in der Kontrollgruppe die Patienten im Durchschnitt schwerer erkrankt sind.

d) Berechnung der Regressionsgerade zwischen Gesundheitszustand und positiver Zukunftserwartung:

$$\begin{aligned} QS_{x(\text{tot})} &= \sum_i \sum_m (x_{im} - \bar{G}_x)^2 = 30 \\ QS_{xy(\text{tot})} &= \sum_i \sum_m (x_{im} - \bar{G}_x) \cdot (y_{im} - \bar{G}_y) = 330 \\ b_{\text{tot}} &= QS_{xy(\text{tot})} / QS_{x(\text{tot})} = 11 \\ \hat{y}_{im} &= b_{\text{tot}} \cdot (x_{im} - \bar{G}_x) + \bar{G}_y = 11 \cdot (x_{im} - 8) + 84 \end{aligned}$$

e) Vorhergesagte Werte und totale Quadratsumme

a_1			a_2		
x	y	$\hat{y}$	x	y	$\hat{y}$
5	56	51	7	82	73
6	56	62	8	82	84
7	71	73	9	97	95
8	76	84	10	102	106
9	96	95	11	122	117

Die totale Quadratsumme ergibt sich als

$$QS^*_{y(\text{tot})} = 260$$

f) Zur Berechnung der Steigung benötigt man die gepoolten Quadratsummen QS_{xy} und QS_x. Separate Berechungen in jeder Gruppe ergeben:

$$QS_{x(1)} = \sum_m \left(x_{1m} - \bar{A}_{x(1)}\right)^2 = 10$$

$$QS_{xy(1)} = \sum_m \left(x_{1m} - \bar{A}_{x(1)}\right)\left(y_{1m} - \bar{A}_{y(1)}\right) = 100$$

$$QS_{x(2)} = \sum_m \left(x_{2m} - \bar{A}_{x(2)}\right)^2 = 10$$

$$QS_{xy(2)} = \sum_m \left(x_{2m} - \bar{A}_{x(2)}\right)\left(y_{2m} - \bar{A}_{y(2)}\right) = 100$$

Somit erhält man für

$$b_{\text{in}} = \frac{QS_{xy(1)} + QS_{xy(2)}}{QS_{x(1)} + QS_{x(2)}} = 10.$$

Für die Gruppen ergeben sich folgende Regressionsgeraden:

$$\hat{y}_{1m} = \bar{A}_{y(1)} + b_{\text{in}} \cdot \left(x_{im} - \bar{A}_{x(1)}\right) = 71 + 10 \cdot (x_{im} - 7)$$

$$\hat{y}_{2m} = \bar{A}_{y(2)} + b_{\text{in}} \cdot \left(x_{im} - \bar{A}_{x(2)}\right) = 97 + 10 \cdot (x_{im} - 9)$$

g) Ein Plot der Daten und der Regressionsgeraden ergibt:

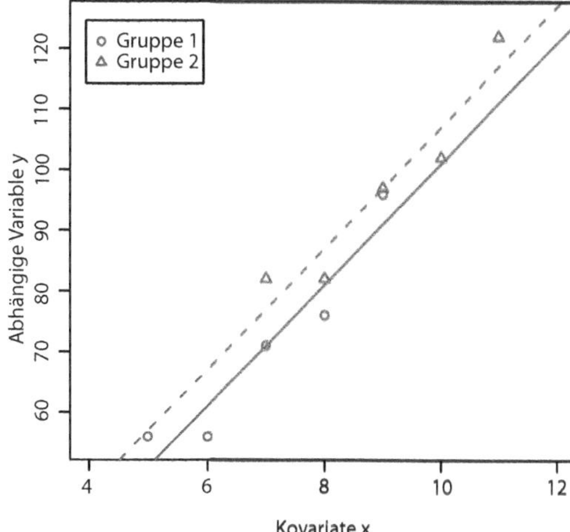

Der Effekt des Treatments wird im Abstand der beiden Regressionsgeraden widergespiegelt. Die Grafik spricht somit nicht für eine große Wirkung des Treatments.

h) Berechnung der Regressionsresiduen anhand der beiden Innerhalb-Regressionen:

a_1			a_2		
x	y	$\hat{y}$	x	y	$\hat{y}$
5	56	51	7	82	77
6	56	61	8	82	87
7	71	71	9	97	97
8	76	81	10	102	107
9	96	91	11	122	117

Somit ist $QS^*_{y(e)} = 200$.

i) Die Ergebnistabelle lautet :

Quelle	QS*	df*	MQ*	F
A	60	1	60,0	2,1
Fehler	200	7	28,5	
Total	260	8		

Wegen $F_{1,7;95\%} = 5{,}6$ kann die Nullhypothese nicht abgelehnt werden.

j) Die bereinigten Mittelwerte berechnet man nach der Formel (19.14).
Für die erste Gruppe erhält man:

$$\bar{A}^*_{y(1)} = 71 - 10 \cdot (7 - 8) = 81.$$

Für die zweite Gruppe erhält man:

$$\bar{A}^*_{y(2)} = 97 - 10 \cdot (9 - 8) = 87.$$

Die Differenz zwischen den bereinigten Mittelwerten beträgt somit 6,0. Im Übrigen entspricht diese Differenz dem Abstand der Regressionsgeraden.
Alternativ kann man die bereinigten Mittelwerte auch folgendermaßen errechnen. Die Formel zur Berechnung von vorhergesagten Werten aufgrund der Modellgleichung (19.13) lautet allgemein

$$\hat{y}_i(x_0) = \bar{A}_{y(i)} + b_{\text{in}} \cdot \left(x_0 - \bar{A}_{x(i)}\right)$$

Die Berechung der Vorhersage an der Stelle $\bar{G}_x$ für beide Gruppen ergibt:

$$\begin{aligned}\hat{y}_1(\bar{G}_x) &= 71 + 10 \cdot (8-7) = 81,\\ \hat{y}_2(\bar{G}_x) &= 97 + 10 \cdot (8-9) = 87.\end{aligned}$$

Wie man sieht, sind die Ergebnisse identisch.

k) Die Hauptfunktion der Kovarianzanalyse in diesem Beispiel besteht in der Kontrolle des unterschiedlichen Gesundheitszustandes.

19.7 a) Für die einfaktorielle Varianzanalyse (ungleiche Stichprobenumfänge) benötigen wir zuerst die Kennziffern. Wir errechnen

$$\begin{aligned}(1y) &= \frac{G_y^2}{N} = \frac{1311^2}{21} = 81843{,}86\\ (2y) &= \textstyle\sum_i \sum_m y_{im}^2 = 82791\\ (3y) &= \sum_i \frac{A_{y(i)}^2}{n_i} = \frac{471^2}{8} + \frac{462^2}{7} + \frac{378^2}{6} = 82036{,}13\end{aligned}$$

Die Ergebnistabelle der Varianzanalyse lautet:

Quelle	QS	df	MQ	F
A	192,27	2	96,14	2,29
Fehler	754,87	18	41,94	
Total	947,14	20		

Das kritische Perzentil der F-Verteilung beträgt $F_{2,18;95\%} = 3{,}55$. Da es größer als der empirische Wert ist, ist der Treatmenteffekt nicht signifikant.

b) Zunächst berechnen wir die Quadratsummen

$$\begin{aligned}QS_{x(1)} &= \textstyle\sum_m x_{1m}^2 - \frac{A_{x(1)}^2}{n} = 158 - \frac{34^2}{8} = 13{,}50\\ QS_{x(2)} &= 142 - \frac{30^2}{7} = 13{,}43\\ QS_{x(3)} &= 112 - \frac{24^2}{6} = 16{,}00\\ QS_{xy(1)} &= \textstyle\sum_m x_{1m} \cdot y_{1m} - \frac{A_{x(1)} \cdot A_{y(1)}}{n}\\ &= 2044 - \frac{34 \cdot 471}{8} = 42{,}25\\ QS_{xy(2)} &= 2028 - \frac{30 \cdot 462}{7} = 48{,}00\\ QS_{xy(3)} &= 1572 - \frac{24 \cdot 378}{6} = 60{,}00\end{aligned}$$

Benötigte Kennziffern:

$$\begin{aligned}(2x) &= \sum_i \sum_m x_{im}^2 = 412\\ (3x) &= \sum_i \frac{A_{x(i)}^2}{n_i} = \frac{34^2}{8} + \frac{30^2}{7} + \frac{24^2}{6}\\ &= 369{,}07\\ (2xy) &= \textstyle\sum_i \sum_m x_{im} \cdot y_{im} = 5644\\ (3xy) &= \sum_i \frac{A_{x(i)} \cdot A_{y(i)}}{n_i}\\ &= \frac{34 \cdot 471}{8} + \frac{30 \cdot 462}{7} + \frac{24 \cdot 378}{6}\\ &= 5493{,}75\\ (2y) &= 82\,791\\ (3y) &= 82\,036{,}13\end{aligned}$$

$$\begin{aligned}QS_{x(e)} &= (2x) - (3x) = 412 - 369{,}07 = 42{,}93\\ QS_{xy(e)} &= (2xy) - (3xy) = 5644 - 5493{,}75\\ &= 150{,}25\\ QS_{y(e)} &= 754{,}87\end{aligned}$$

Die Komponenten der $QS^*_{y(e)}$ werden wir folgt ermittelt:

$$\begin{aligned}S_1 &= QS_{y(e)} - \sum_i \frac{QS_{xy(i)}^2}{QS_{x(i)}}\\ &= 754{,}87 - \left(\frac{42{,}25^2}{13{,}50} + \frac{48{,}00^2}{13{,}43} + \frac{60{,}00^2}{16{,}00}\right)\\ &= 226{,}09\\ S_2 &= \sum_i \frac{QS_{xy(i)}}{QS_{x(i)}} - \frac{QS_{xy(e)}^2}{QS_{x(e)}}\\ &= 528{,}78 - \frac{150{,}25^2}{42{,}93} = 2{,}92\end{aligned} \qquad (19.18)$$

Nun überprüfen wir die Homogenität der Steigungen. Nach Gl. (19.19) mit $N - 2 \cdot p$ ergibt sich

$$F = \frac{S_2/(p-1)}{S_1/p \cdot (n-2)} = \frac{2{,}92 \cdot 15}{226{,}09 \cdot 2} = 0{,}10.$$

Da $F < 1$, ist der Test nicht signifikant, d. h., die Innerhalb-Regressionskoeffizienten sind homogen.

c) Vergleiche Gl. (19.22)

$$\begin{aligned}F &= \frac{QS_{xy(e)}^2}{QS_{x(e)} \cdot QS_{y(e)} - QS_{xy(e)}^2} \cdot \frac{N - 2 \cdot p}{1}\\ &= \frac{150{,}25^2}{42{,}93 \cdot 754{,}87 - 150{,}25^2} \times 15 = 34{,}44\end{aligned}$$

$F_{1,15;99\%} = 8{,}68$; $F_{\text{emp}} > F_{\text{crit}} \Rightarrow$ signifikant. Der Test fällt signifikant aus, d. h., die Steigungskoeffizienten weichen bedeutsam von null ab.

d) Zur Berechnung der Kovarianzanalyse ermitteln wir die Kennziffern:

$$\begin{array}{lll}(1x) = 368{,}76 & (1xy) = 5493{,}71 & (1y) = 81843{,}86\\ (2x) = 412 & (2xy) = 5644 & (2y) = 82791\\ (3x) = 369{,}07 & (3xy) = 5493{,}75 & (3y) = 82036{,}15\end{array}$$

Für die Quadratsummen ergeben sich die Werte:

$$QS_{x(\text{tot})} = (2x) - (1x) = 412 - 368{,}76 = 43{,}24$$
$$QS_{xy(\text{tot})} = (2xy) - (1xy) = 150{,}29$$
$$QS_{y(\text{tot})} = 947{,}14$$
$$QS_{x(e)} = 42{,}93$$
$$QS_{xy(e)} = 150{,}25$$
$$QS_{y(e)} = 754{,}87$$

Für die korrigierte Quadratsummen ergeben sich die Werte:

$$QS^*_{y(\text{tot})} = QS_{y(\text{tot})} - \frac{QS^2_{xy(\text{tot})}}{QS_{x(\text{tot})}} = 947{,}14 - \frac{150{,}29^2}{43{,}24} = 424{,}77$$

$$QS^*_{y(e)} = QS_{y(e)} - \frac{QS^2_{xy(e)}}{QS_{x(e)}} = 754{,}87 - \frac{150{,}25^2}{42{,}93} = 229{,}01$$

$$QS^*_{y(A)} = QS^*_{y(\text{tot})} - QS^*_{y(e)} = 424{,}77 - 229{,}01 = 195{,}76$$

Das Ergebnis der Kovarianzanalyse ist signifikant.

e) Nach Gl. (19.4a) gilt:

$$b_{\text{in}} = \frac{\sum_i QS_{xy(i)}}{\sum_i QS_{x(i)}} = \frac{42{,}25 + 48{,}00 + 60{,}00}{13{,}50 + 13{,}43 + 16{,}00} = 3{,}50$$

Nach Gl. (19.14) gilt:

$$\bar{A}^*_{y(i)} = \bar{A}_{y(i)} - b_{in}(\bar{A}_{x(i)} - \bar{G}_x)$$

Daraus ergibt sich:

$$\bar{A}^*_{y(1)} = 58{,}88 - 3{,}50\,(4{,}25 - 4{,}19) = 58{,}67$$
$$\bar{A}^*_{y(2)} = 66{,}00 - 3{,}50\,(4{,}29 - 4{,}19) = 65{,}65$$
$$\bar{A}^*_{y(3)} = 63{,}00 - 3{,}50\,(4{,}00 - 4{,}19) = 63{,}67$$

f) A priori Kontraste nach Gl. (19.16):

$$F = \frac{(\bar{A}^*_{y(i)} - \bar{A}^*_{y(j)})^2}{MQ^*_{y(e)} \cdot \left[\frac{1}{n_i} + \frac{1}{n_j} + \frac{(\bar{A}_{x(i)} - \bar{A}_{x(j)})^2}{QS_{x(e)}}\right]} = \frac{(65{,}65 - 63{,}67)^2}{13{,}47\left[\frac{1}{7} + \frac{1}{6} + \frac{(4{,}29 - 4)^2}{42{,}93}\right]} = 0{,}93.$$

Da der F-Wert kleiner als 1,0 ist, ist der Mittelwertunterschied nicht signifikant.

19.8 Da bei einer einmaligen Erhebung der Kovariaten die x-Werte über den Messwiederholungsfaktor konstant bleiben, werden folgende Quadratsummen null: $QS_{x(B)}$, $QS_{x(AB)}$, $QS_{x(e)}$, $QS_{xy(B)}$, $QS_{xy(AB)}$, $QS_{xy(e)}$.

Daraus ergibt sich für die korrigierten Quadratsummen:

$$QS^*_{y(e)} = QS_{y(e)} - 0$$
$$QS^*_{y(B)} = QS_{y(B)} + QS_{y(e)} - 0 - QS_{y(e)} = QS_{y(B)}$$
$$QS^*_{y(AB)} = QS_{y(AB)} + QS_{y(e)} - 0 - QS_{y(e)} = QS_{y(AB)}$$

Die korrigierten Quadratsummen entsprechen den unkorrigierten Quadratsummen.

Kapitel 20

20.1 1. Ein lateinisches Quadrat ist ein varianzanalytischer Versuchsplan, bei dem nur die Haupteffekte von drei Faktoren überprüft werden können und bei dem alle Faktoren die gleiche Stufenzahl aufweisen.

2. Ein griechisch-lateinisches Quadrat stellt eine Erweiterung des lateinischen Quadrates dar. Es können die Haupteffekte von vier Faktoren überprüft werden (Tab. 20.11).

20.2 Die Standardform lautet:

	a_1	a_2	a_3	a_4	a_5	a_6
b_1	c_1	c_2	c_3	c_4	c_5	c_6
b_2	c_2	c_3	c_4	c_5	c_6	c_1
b_3	c_3	c_4	c_5	c_6	c_1	c_2
b_4	c_4	c_5	c_6	c_1	c_2	c_3
b_5	c_5	c_6	c_1	c_2	c_3	c_4
b_6	c_6	c_1	c_2	c_3	c_4	c_5

20.3 Die lateinischen Quadrate sind in Bezug auf die Haupteffekte vollständig ausbalanciert, weil jede Faktorstufe eines Faktors einmal mit jeder Faktorstufe der anderen Faktoren auftritt.

20.4 Die Berechnung der Kennziffern ergibt:

$$(1) = \frac{G^2}{n \cdot p^2} = \frac{719^2}{8 \cdot 3^2} = 7180{,}01$$
$$(2) = \sum_i \sum_j \sum_k y^2_{ijk} = 7635$$
$$(3) = \frac{\sum_i A_i^2}{n \cdot p} = \frac{237^2 + 187^2 + 295^2}{8 \cdot 3} = 7423{,}46$$
$$(4) = \frac{\sum_j B_j^2}{n \cdot p} = \frac{236^2 + 241^2 + 242^2}{8 \cdot 3} = 7180{,}88$$
$$(5) = \frac{\sum_k C_k^2}{n \cdot p} = \frac{245^2 + 244^2 + 230^2}{8 \cdot 3} = 7185{,}88$$
$$(6) = \frac{\sum_i \sum_j \sum_k ABC^2_{ijk}}{n} = \frac{82^2 + \cdots + 103^2}{8} = 7435{,}63$$

Die Ergebnistabelle lautet:

Quelle	QS	df	MQ	F
A	243,45	2	121,73	38,52**
B	0,87	2	0,44	< 1
C	5,87	2	2,94	< 1
Fehler	199,37	63	3,16	
Residual	5,43	2	2,72	< 1
Total	454,99	71		

Da die Residualvarianz nicht signifikant ist, kann die Interaktion vernachlässigt werden. Der Haupteffekt A ist signifikant.

20.5 Vergleiche Tabelle 20.10.
$a_1b_1c_2d_1$,
$a_2b_2c_1d_1$,
$a_3b_3c_3d_1$.

20.6 Unter einem sequenziell ausbalancierten lateinischen Quadrat versteht man ein lateinisches Quadrat für einen Versuchsplan mit Messwiederholungen, bei dem jede Stufe des Messwiederholungsfaktors einmal auf jede andere Stufe des Messwiederholungsfaktors folgt. Um Sequenzeffekte vollständig auszubalancieren, werden bei einer geraden Anzahl von Faktorstufen ein und bei einer ungeraden Anzahl von Faktorstufen zwei lateinische Quadrate benötigt.

Kapitel 21

21.1
a) Die bivariate Korrelation stellt den linearen Zusammenhang zwischen zwei Merkmalen dar.
b) Die partielle Korrelation entspricht einer bivariaten Produkt-Moment-Korrelation zwischen den Regressionsresiduen zweier Variablen nach der Bereinigung des Einflusses einer Drittvariablen.
c) Die multiple Korrelation gibt den Zusammenhang zwischen mehreren Prädiktorvariablen und einer Kriteriumsvariablen wieder.

21.2 a) Nach Gl. (21.1) gilt:

$$r_{01\cdot 2} = \frac{r_{01} - r_{02} \cdot r_{12}}{\sqrt{(1 - r_{02}^2)(1 - r_{12}^2)}} = \frac{0{,}71 - 0{,}88 \cdot 0{,}73}{\sqrt{(1 - 0{,}88^2) \cdot (1 - 0{,}73^2)}} = 0{,}208.$$

b) Nach Gl. (21.4) gilt:

$$z = \sqrt{(n-4)} \cdot Z = \sqrt{36} \cdot 0{,}211 = 1{,}27$$
$$\Rightarrow -1{,}96 < z < 1{,}96,$$

d. h. die Korrelation ist nicht signifikant.

21.3 a) Nach Gl. (10.5) berechnet man $r_{y1} = -0{,}63$, $r_{y2} = 0{,}58$ und $r_{12} = 0{,}14$.
b) Nach Gl. (21.17) gilt:

$$R = \sqrt{\frac{r_{y1}^2 + r_{y2}^2 - 2r_{y1}r_{y2}r_{12}}{1 - r_{12}^2}},$$
$$R = \sqrt{\frac{(-0{,}63^2) + 0{,}58^2 - 2 \cdot (-0{,}63) \cdot 0{,}58 \cdot 0{,}14}{1 - 0{,}14^2}} = 0{,}92.$$

c) Berechnung der Beta-Gewichte, Gl. (21.11):

$$B_1 = \frac{r_{y1} - r_{y2} \cdot r_{12}}{1 - r_{12}^2} = -0{,}73,$$
$$B_2 = \frac{r_{y2} - r_{y1} \cdot r_{12}}{1 - r_{12}^2} = 0{,}68.$$

Die Vorhersagegleichung lautet

$$\hat{z}_y = -0{,}73 \cdot z_1 + 0{,}68 \cdot z_2.$$

d) Nach Gl. (21.13) gilt:

$$\hat{y} = b_0 + b_1x_1 + b_2x_2,$$

wobei $b_j = B_j \cdot s_y/s_j$. Zuerst ermittelt man die Standardabweichungen. Nach Gl. (2.5) ergibt sich: $s_1 = 2{,}49$, $s_2 = 3{,}06$ und $s_y = 4{,}98$. Nun berechnet man die unstandardisierten Regressionskoeffizienten. Man erhält

$$b_1 = -0{,}73 \cdot \frac{4{,}98}{2{,}49} = -1{,}46,$$
$$b_2 = 0{,}68 \cdot \frac{4{,}98}{3{,}06} = 1{,}11.$$

Die Gleichung zur Berechnung des y-Achsenabschnitts b_0 lautet

$$b_0 = \bar{y} - b_1\bar{x}_1 - b_2\bar{x}_2.$$

Daraus ergibt sich:

$$b_0 = 20{,}8 + 1{,}46 \cdot 5{,}2 - 1{,}11 \cdot 4{,}6 = 23{,}286.$$

Einsetzen in Gl. (21.13) ergibt

$$\hat{y} = 23{,}286 - 1{,}46 \cdot x_1 + 1{,}11 \cdot x_2.$$

Da es sich bei den Werten 5,2 und 4,6 um die Prädiktormittelwerte handelt, wird durch die Vorhersagegleichung ebenfalls das Kriteriumsmittel von 20,8 vorhergesagt.
e) Die multiple Korrelation beträgt $R = 0{,}92$. Für die Signifikanzprüfung verwenden wir Gl. (21.20):

$$F = \frac{R^2(n-k-1)}{(1-R^2) \cdot k}.$$

Dieser F-Wert besitzt k Zähler- und $n - k - 1$ Nennerfreiheitsgrade. Daraus ergibt sich:

$$F = \frac{0{,}92^2 \cdot (10-2-1)}{(1-0{,}92^2) \cdot 2} = 19{,}29; \quad df_Z = 2; \quad df_N = 7.$$

Aus Tabelle D ergibt sich $F_{2,7;99\%} = 9{,}55$. Da $F_{emp} > F_{crit}$, ist die multiple Korrelation signifikant.

21.4 Die Summe der gewichteten Messwerte einer Versuchsperson.

21.5 Die Gewichte der Variablen werden so bestimmt, dass die Summe der quadrierten Differenzen zwischen den tatsächlichen Kriteriumswerten und den vorhergesagten Kriteriumswerten minimal wird, s. Gl. (21.24).

21.6 Der unkorrigierte Determinationskoeffizient lautete für die Daten des Beispiels $R^2 = 0{,}889$. Da der Stichprobenumfang $n = 9$ und die Anzahl der Prädiktoren $k = 2$ bekannt ist, kann man die Korrekturformel direkt anwenden. Da $1 - R^2 = 0{,}111$ beträgt, erhält man:

$$R^2_{korr} = 1 - \left(\frac{6}{6}\right) \cdot \left[0{,}111 + \left(\frac{2}{8}\right) \cdot 0{,}111^2\right] = 0{,}886.$$

Wie man erkennt, ist dieser nach Olkin und Pratt (1958) korrigierte Wert fast mit dem unkorrigierten Wert identisch.

21.7 Für den Ausdruck unter der Wurzel erhält man:

$$\sqrt{(1-r_{y1}^2)\cdot(1-r_{y2}^2)} = \sqrt{(1-0{,}7^2)\cdot(1-0{,}3^2)} = 0{,}68.$$

Die Grenzen für r_{12} lauten somit

$$\text{untere Grenze} = 0{,}7\cdot 0{,}3 - 0{,}68 = -0{,}47,$$
$$\text{obere Grenze} = 0{,}7\cdot 0{,}3 + 0{,}68 = 0{,}89.$$

Die Korrelation $r_{12} = 0{,}7$ liegt im zulässigen Bereich. Dieser ist zwar groß, trotzdem wäre der Wert $r_{12} = 0{,}95$ nicht zulässig.

Arrangiert man die drei Korrelationen r_{y1}, r_{y2} und r_{12}, welche der Bedingung in Gl. (21.26) genügen mögen, als Matrix mit Einsen in der Diagonale, so nennt man die Korrelationsmatrix auch „positiv definit". Werden die Korrelationen aus Daten errechnet, ist diese Bedingung übrigens immer erfüllt, insofern ist sie eher von theoretischem als von praktischem Interesse. Die Verallgemeinerung der Ungleichung (21.26) auf mehr als zwei Prädiktorvariablen findet man bei Olkin (1981).

21.8 Der Steigungskoeffizient B_1 wird dann groß, wenn der Nenner klein wird. Es liegt deshalb nahe, für r_{12} einen Wert nahe bei 1,0 zu wählen. Wir wählen willkürlich $r_{12} = 0{,}99$. Der Nenner beträgt somit $1 - 0{,}99^2 = 0{,}0199$. Wählen wir für die Validitäten im Zähler beispielsweise $r_{y1} = 0{,}6$ und $r_{y2} = 0{,}1$, so ermittelt man für den Zähler den Wert $0{,}6 - 0{,}1\cdot 0{,}99 = 0{,}501$. Somit ergibt sich für den standardisierten Steigungskoeffizienten

$$B_1 = 0{,}501/0{,}0199 = 25{,}18.$$

Es zeigt sich, dass B_1 sehr groß werden kann. Wir überprüfen, ob die drei Korrelationen die Bedingung der positiven Definitheit erfüllen. Anhand von Gl. (21.26) berechnen wir die Grenzen, in denen – für gegebene Validitäten – r_{12} liegen muss. Man erhält als untere Grenze −0,74 und als obere Grenze 0,86. Die Konstellation der drei Korrelationen erzeugt zwar einen hohen Wert für B_1, sie ist aber unzulässig.

Die Frage ist nun, ob es gelingt, die Forderung $B_1 > 1{,}0$ zu erfüllen und gleichzeitig die Bedingung der positiven Definitheit nicht zu verletzen. Dass dies möglich ist, erkennt man durch mehrfaches „Probieren". Beispielsweise erzeugen die Werte $r_{y1} = 0{,}6$, $r_{y2} = 0{,}3$ und $r_{12} = 0{,}9$ den Koeffizienten $B_1 = 1{,}74$. Die Grenzen für r_{12} lauten: −0,58 und 0,94, sodass diese Konstellation von Korrelationen zulässig ist. Standardisierte Regressionskoeffizienten können also den Wert 1,0 übersteigen.

Kapitel 22

22.1 Die Designmatrix lautet:

x_1	x_2	x_3	y
1	0	1	16
1	0	1	18
1	0	1	15
1	0	1	11
1	0	1	17
0	1	1	18
0	1	1	14
0	1	1	14
0	1	1	17
0	1	1	12
0	1	1	14
−1	−1	1	12
−1	−1	1	17
−1	−1	1	11
−1	−1	1	9
−1	−1	1	13
−1	−1	1	13
−1	−1	1	12

Mit der Indikatorvariablen x_3 („Einservariable") wird über Gl. (21.25) auch die Regressionskonstante a errechnet. Im Übrigen resultiert: $r_{x_1y} = 0{,}4799$, $r_{x_2y} = 0{,}4058$ und $r_{x_1x_2} = 0{,}5579$ sowie $b_1 = 1{,}1794$, $b_2 = 0{,}6127$ und $a = 14{,}2206$. Es ergibt sich eine quadrierte multiple Korrelation von $R^2 = 0{,}2580$. Somit lautet der F-Wert:

$$F = \frac{0{,}2580\cdot(18-3)}{(1-0{,}2580)\cdot(3-1)} = 2{,}61.$$

Das Ergebnis der Varianzanalyse lautet:

Quelle	QS	df	MQ	F
Faktor A	31,20		15,60	2,61
Fehler	89,75	15	5,98	

Kontrolle: $b_1 = \bar{A}_1 - \bar{G} = 15{,}4 - 14{,}2206 = 1{,}1794$, $b_2 = \bar{A}_2 - \bar{G} = 14{,}8333 - 14{,}2206 = 0{,}6127$, und $a = \bar{G} = (15{,}4 + 14{,}8333 + 12{,}4286)/3 = 14{,}2206$ (ungewichtetes Mittel!)

22.2 a) 17 (5 für die 3 Haupteffekte, 8 für die 3 Interaktionen und 4 für die Interaktion 2. Ordnung).
b) 3 für den Messwiederholungsfaktor und eine weitere Variable für die Vpn-Summen.
c) 11 (1 für Faktor A, 4 für Faktor B, 6 für Faktor C),
d) 8 (2 für jeden der 4 Faktoren).

Kapitel 23

23.1 Die Korrelation einer Variablen mit einem Faktor.

23.2 Die Ausprägung (z-standardisiert) eines Faktors bei einer Versuchsperson.

23.3 Die Kommunalität einer Variablen entspricht der Summe der quadrierten Ladungen der Variablen auf den bedeutsamen Faktoren.

23.4 Die Variable erfasst entweder einen spezifischen, nicht von den relevanten Faktoren erfassten Varianzanteil oder Fehlervarianz.

23.5 Die Faktoren klären sukzessiv maximale Varianzanteile auf und sind wechselseitig orthogonal zueinander.

23.6 Wir berechnen die Kommunalitäten der Variablen nach Gl. (23.4).

Die Ladungen der Variablen 4 sind fehlerhaft. Die Kommunalität lautet: $h_4^2 = 1{,}06$ und ist damit größer als 1, was nicht zulässig ist.

23.7 Die Summe der Eigenwerte gibt die Summe der durch die Faktoren aufgeklärten Varianzen wieder. Da durch die z-Standardisierung in der Korrelationsberechnung jede Variable eine Varianz von 1 erhält, ist die Gesamtvarianz von p Variablen vom Betrage p. Diese Gesamtvarianz ergibt sich summativ aus den Eigenwerten.

23.8 $\lambda_3 = 3 - 1{,}68 - 0{,}83 = 0{,}49$. (Bei $p = 3$ Variablen muss die Summe der Eigenwerte 3 ergeben.)

23.9 Weil nur dann gewährleistet ist, dass ein Faktor mehr Varianz aufklärt als eine Variable (Datenreduktion).

23.10 Auf der Abszisse sind die Rangnummern der Faktoren, auf der Ordinate deren Eigenwerte abgetragen.

23.11 Indem man die Korrelationen zwischen den Faktorwerten verschiedener Faktoren berechnet. Sie sind jeweils null.

23.12 Vereinfacht gesprochen handelt es sich um eine Faktorenstruktur, bei der auf jedem Faktor einige Variablen hoch, die anderen Variablen niedrig laden.

23.13 Die Varianz der quadrierten Ladungen wird pro Faktor maximiert.

23.14 Hierbei wird eine Vergleichsstruktur so rotiert, dass sie zu einer vorgegebenen Zielstruktur eine maximale Ähnlichkeit aufweist.

23.15 Das Kommunalitätenproblem taucht im Modell mehrerer gemeinsamer Faktoren auf. Hier geht es um die Schätzung der „wahren" gemeinsamen Varianz der Variablen. Eine Schätzung desjenigen Varianzanteils, den eine Variable mit den anderen Variablen teilt, ist die Kommunalität dieser Variablen. Diese hängt aber von der Anzahl der gemeinsamen Faktoren ab. Kennen wir die Anzahl der gemeinsamen Faktoren, könnten über die Kommunalitäten die gemeinsamen Varianzanteile geschätzt werden. Kennen wir umgekehrt die Kommunalitäten, könnte damit die Anzahl der gemeinsamen Faktoren geschätzt werden. Es sind jedoch weder die Anzahl der gemeinsamen Faktoren noch die Kommunalitäten der Variablen bekannt. Dieses Dilemma bezeichnet man als „Kommunalitätenproblem".

23.16 Sie testet Hypothesen über die Faktorenstruktur (Anzahl der orthogonalen oder obliquen Faktoren und Ladungsmuster der Variablen) eines Datensatzes.

23.17 Es handelt sich hierbei um ein Verfahren, mit dem man über eine multiple Regressionsgleichung die Anzahl der bedeutsamen Faktoren bestimmen kann.

23.18 Man summiert die quadrierten Ladungen des Varimaxfaktors, dividiert die Summe durch p und multipliziert das Ergebnis mit 100%.

Kapitel 24

24.1 Das Pfaddiagramm lautet:

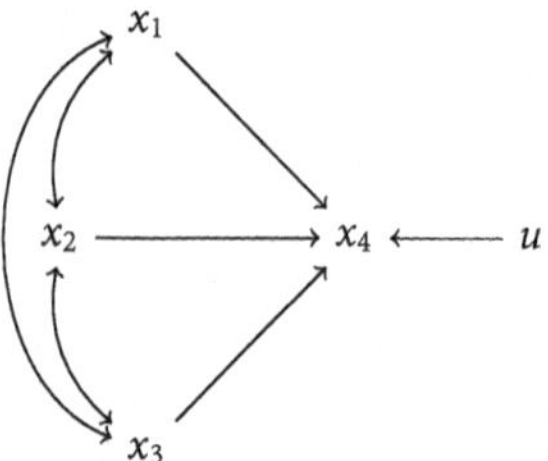

Mit Hilfe der Tracing Rules werden die Merkmalskorrelationen folgendermaßen als Funktionen der Pfadkoeffizienten ausgedrückt:

$$r_{14} = p_{41} + p_{42} \cdot r_{12} + p_{43} \cdot r_{13},$$
$$r_{24} = p_{42} + p_{41} \cdot r_{12} + p_{43} \cdot r_{23},$$
$$r_{34} = p_{43} + p_{41} \cdot r_{13} + p_{42} \cdot r_{23}.$$

24.2 Das Pfaddiagramm für die beiden Modellgleichungen lautet:

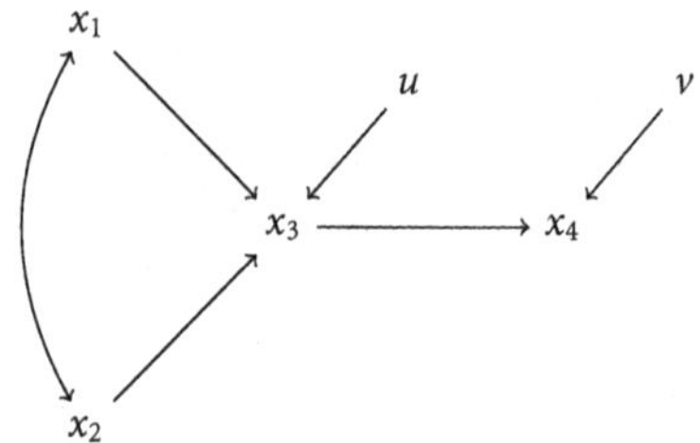

Mit Hilfe der Tracing Rules werden die Merkmalskorrelationen folgendermaßen als Funktionen der Pfadkoeffizienten ausgedrückt:

$$r_{12} = p_{21},$$
$$r_{13} = p_{31} + p_{32} \cdot r_{12},$$
$$r_{14} = p_{31} \cdot p_{43} + p_{43} \cdot p_{32} \cdot r_{12},$$
$$r_{23} = p_{32} + p_{31} \cdot r_{12},$$
$$r_{24} = p_{32} \cdot p_{43} + p_{43} \cdot p_{31} \cdot r_{12},$$
$$r_{34} = p_{43}.$$

24.3 Die beiden Gleichungen lauten:

$$x_3 = p_{31}x_1 + u,$$
$$x_4 = p_{42}x_2 + p_{43}x_3 + v.$$

Mit Hilfe der Tracing Rules können folgende fünf Merkmalskorrelationen als Funktion der Pfadkoeffizienten geschrieben werden:

$$r_{13} = p_{31},$$
$$r_{14} = p_{31} \cdot p_{43} + p_{42} \cdot r_{12},$$
$$r_{23} = p_{31} \cdot r_{12},$$
$$r_{24} = p_{42} + p_{43} \cdot p_{31} \cdot r_{12},$$
$$r_{34} = p_{43} + p_{31} \cdot p_{42} \cdot r_{12}.$$

25.1 Wenn die Ähnlichkeit der Objekte lediglich aus dem Vorhandensein bestimmter Merkmale bestimmt werden soll, berechnet man einen S-Koeffizienten. Soll zusätzlich das gemeinsame Nicht-Auftreten von Merkmalen ins Gewicht fallen, empfiehlt sich die Berechnung des SMC-Koeffizienten.

25.2 Der Sachverhalt, der durch die korrelierten Merkmale gemeinsam erfasst wird, bestimmt die Ähnlichkeit aller Objekte stärker als unkorrelierte Merkmale.

25.3 Man versteht darunter einen Algorithmus der Clusteranalyse, der bei der schrittweisen Fusionierung der Elemente (Objekte oder Cluster) zu größeren Clustern mit der feinsten Partitionierung beginnt.

25.4 Da die Single-Linkage-Methode die Verbindung zweier Cluster über zwei „benachbarte" Objekte der beiden Cluster herstellt, kann es zu „Chaining-Effekten" kommen, bei denen Cluster resultieren, in denen Objekte zu anderen Objekten innerhalb des Clusters geringere Ähnlichkeit haben als zu Objekten anderer Cluster.

25.5 Z. B. Varianzkriterium, Determinantenkriterium, Spur-Kriterium, *k*-Means-Methode.

25.6 Die Ward-Methode stellt ein hierarchisches Verfahren dar, das sukzessiv diejenigen Elemente zusammenfasst, deren Fusion die geringste Erhöhung der gesamten Fehlerquadratsumme mit sich bringt. In den ersten Fusionsschritten werden bevorzugt kleine Cluster mit hoher Objektdichte zusammengefasst. In weiteren Fusionsschritten werden vom Verfahren dagegen Unterschiede in den Besetzungszahlen (n) ausgeglichen, was unter Umständen einen Nachteil des Verfahrens darstellt.

25.7 Die *k*-Means-Methode stellt ein nicht-hierarchisches Verfahren dar. Es wird von einer im Grunde beliebigen Startpartition ausgegangen. Ein Cluster wird durch seinen Schwerpunkt repräsentiert. Ein Objekt wird immer dann in ein anderes Cluster verschoben, wenn es zum Schwerpunkt des anderen Clusters eine geringere euklidische Distanz aufweist als zum Ursprungscluster.

25.8 Doppelkreuzvalidierung unter Verwendung geeigneter Zuordnungsregeln; anschließend Überprüfung der Clusterübereinstimmung mit dem Kappa-Maß oder dem Rand-Index.

Kapitel 25

25.1 Wenn die Ähnlichkeit der Objekte lediglich aus dem Vorhandensein bestimmter Merkmale bestimmt werden soll, berechnet man einen S-Koeffizienten. Soll zusätzlich das gemeinsame Nicht-Auftreten von Merkmalen ins Gewicht fallen, empfiehlt sich die Berechnung des SMC-Koeffizienten.

25.2 Der Sachverhalt, der durch die korrelierten Merkmale gemeinsam erfasst wird, bestimmt die Ähnlichkeit aller Objekte stärker als unkorrelierte Merkmale.

25.3 Man versteht darunter einen Algorithmus der Clusteranalyse, der bei der schrittweisen Fusionierung der Elemente (Objekte oder Cluster) zu größeren Clustern mit der feinsten Partitionierung beginnt.

25.4 Da die Single-Linkage-Methode die Verbindung zweier Cluster über zwei „benachbarte" Objekte der beiden Cluster herstellt, kann es zu „Chaining-Effekten" kommen, bei denen Cluster resultieren, in denen Objekte zu anderen Objekten innerhalb des Clusters geringere Ähnlichkeit haben als zu Objekten anderer Cluster.

25.5 Z. B. Varianzkriterium, Determinantenkriterium, Spur-Kriterium, *k*-Means-Methode.

25.6 Die Ward-Methode stellt ein hierarchisches Verfahren dar, das sukzessiv diejenigen Elemente zusammenfasst, deren Fusion die geringste Erhöhung der gesamten Fehlerquadratsumme mit sich bringt. In den ersten Fusionsschritten werden bevorzugt kleine Cluster mit hoher Objektdichte zusammengefasst. In weiteren Fusionsschritten werden vom Verfahren dagegen Unterschiede in den Besetzungszahlen (n) ausgeglichen, was unter Umständen einen Nachteil des Verfahrens darstellt.

25.7 Die *k*-Means-Methode stellt ein nicht-hierarchisches Verfahren dar. Es wird von einer im Grunde beliebigen Startpartition ausgegangen. Ein Cluster wird durch seinen Schwerpunkt repräsentiert. Ein Objekt wird immer dann in ein anderes Cluster verschoben, wenn es zum Schwerpunkt des anderen Clusters eine geringere euklidische Distanz aufweist als zum Ursprungscluster.

25.8 Doppelkreuzvalidierung unter Verwendung geeigneter Zuordnungsregeln; anschließend Überprüfung der Clusterübereinstimmung mit dem Kappa-Maß oder dem Rand-Index.

Kapitel 26

26.1

- Ermittlung des Abweichungsvektors

$$(\bar{x} - \mu_0)' = \begin{pmatrix} 55{,}24 - 60 & 34{,}97 - 50 \end{pmatrix}$$
$$= \begin{pmatrix} -4{,}76 & -15{,}03 \end{pmatrix}$$

- Berechnung der $\boldsymbol{D}$-Matrix (vgl. Gl. 23.25) und ihrer Inversen

$$\boldsymbol{D} = \boldsymbol{S} \cdot (n-1) = 100 \cdot \begin{pmatrix} 210{,}54 & 126{,}99 \\ 126{,}99 & 119{,}68 \end{pmatrix}$$
$$= \begin{pmatrix} 21054 & 12699 \\ 12699 & 11968 \end{pmatrix}$$

Die inverse Matrix $\boldsymbol{D}^{-1}$ berechnet sich (vgl. B.18) wie folgt:

$$\frac{1}{21054 \cdot 11968 - 12699^2} \cdot \begin{pmatrix} 11968 & -12699 \\ -12699 & 21054 \end{pmatrix}$$
$$= \begin{pmatrix} 1{,}32 & -1{,}40 \\ -1{,}40 & 2{,}32 \end{pmatrix} \cdot 10^{-4}$$

- Berechnung von Hotellings T_1^2: vgl. Gl. (26.3) und (B.10)

$$T_1^2 = 101 \cdot (101 - 1) \cdot 10^{-4} \cdot \begin{pmatrix} -4{,}76 & -15{,}03 \end{pmatrix} \cdot$$
$$\begin{pmatrix} 1{,}32 & -1{,}40 \\ -1{,}40 & 2{,}32 \end{pmatrix} \cdot \begin{pmatrix} -4{,}76 \\ -15{,}03 \end{pmatrix}$$
$$= 1{,}01 \cdot \begin{pmatrix} 14{,}76 & -28{,}21 \end{pmatrix} \begin{pmatrix} -4{,}76 \\ -15{,}03 \end{pmatrix}$$
$$= 1{,}01 \cdot 353{,}74 = 357{,}28$$

- Berechnung der Prüfgröße F mit Gl. (26.4):

$$F = \frac{n-p}{(n-1)\cdot p}\cdot T_1^2 = \frac{101-2}{(101-1)\cdot 2}\cdot 357{,}28$$
$$= 176{,}85^{**}$$
$$df_Z = 2;\quad df_N = 99 \rightarrow F_{crit,99\%} = 4{,}98$$
$$\Rightarrow \text{Test ist signifikant}$$

26.2 • Ermittlung der Differenzvektoren

$$\begin{aligned}
d_1' &= \begin{pmatrix}1 & 1\end{pmatrix} & d_5' &= \begin{pmatrix}-3 & -3\end{pmatrix} & d_9' &= \begin{pmatrix}-8 & -3\end{pmatrix}\\
d_2' &= \begin{pmatrix}-7 & -2\end{pmatrix} & d_6' &= \begin{pmatrix}-9 & 0\end{pmatrix} & d_{10}' &= \begin{pmatrix}-7 & -1\end{pmatrix}\\
d_3' &= \begin{pmatrix}-8 & -2\end{pmatrix} & d_7' &= \begin{pmatrix}-1 & 0\end{pmatrix} & &\\
d_4' &= \begin{pmatrix}-3 & 0\end{pmatrix} & d_8' &= \begin{pmatrix}-7 & -2\end{pmatrix} & &
\end{aligned}$$

- Ermittlung des durchschnittlichen Differenzvektors $\bar{d}' = \begin{pmatrix}-5{,}2 & -1{,}2\end{pmatrix}$
- Berechnung der D_d-Matrix (Quadratsummen und Kreuzproduktsummen der Differenzwerte) und ihrer Inversen:

$$D_d = \begin{pmatrix}105{,}60 & 22{,}60\\ 22{,}60 & 17{,}60\end{pmatrix}$$
$$D_d^{-1} = \frac{1}{105{,}6\cdot 17{,}6 - 22{,}6^2}\cdot\begin{pmatrix}17{,}60 & -22{,}60\\ -22{,}60 & 105{,}60\end{pmatrix}$$
$$= \begin{pmatrix}0{,}013 & -0{,}017\\ -0{,}017 & 0{,}078\end{pmatrix}$$

- Berechnung von Hotellings T_2^2 nach Gl. (26.6):

$$T_2^2 = 10(10-1)\cdot\begin{pmatrix}-5{,}2 & -1{,}2\end{pmatrix}\cdot\begin{pmatrix}0{,}013 & -0{,}017\\ -0{,}017 & 0{,}078\end{pmatrix}\cdot\begin{pmatrix}-5{,}2\\ -1{,}2\end{pmatrix}$$
$$= 90\cdot\begin{pmatrix}-0{,}047 & -0{,}005\end{pmatrix}\cdot\begin{pmatrix}-5{,}2\\ -1{,}2\end{pmatrix}$$
$$= 90\cdot 0{,}25$$
$$= 22{,}5$$

- Ermittlung der Prüfgröße F (nach Gl. 26.4):

$$F = \frac{n-p}{(n-1)p}\cdot T_2^2 = \frac{10-2}{(10-1)\cdot 2}\cdot 22{,}5$$
$$= 10{,}00^{**}$$
$$df_Z = 2;\ df_N = 8 \rightarrow F_{crit,99\%} = 8{,}65$$
$$\Rightarrow \text{Test ist signifikant}$$

26.3 • Ermittlung der Mittelwertvektoren und des Differenzvektors der Stichproben 1 und 2:

$$\bar{x}_1' = \begin{pmatrix}13{,}00 & 20{,}00\end{pmatrix};\qquad \bar{x}_2' = \begin{pmatrix}10{,}11 & 20{,}78\end{pmatrix}$$
$$\Rightarrow \bar{x}_1' - \bar{x}_2' = \begin{pmatrix}2{,}89 & -0{,}78\end{pmatrix}$$

- Berechnung der D-Matrizen

$$D_1 = \begin{pmatrix}48{,}00 & 14{,}00\\ 14{,}00 & 10{,}00\end{pmatrix}$$
$$D_2 = \begin{pmatrix}10{,}89 & -0{,}78\\ -0{,}78 & 13{,}56\end{pmatrix}$$

- Zusammengefasste Matrix W (Gl. 26.7) und ihre Inverse:

$$W = D_1 + D_2 = \begin{pmatrix}58{,}89 & 13{,}22\\ 13{,}22 & 23{,}56\end{pmatrix}$$
$$W^{-1} = \frac{1}{58{,}89\cdot 23{,}56 - 13{,}22^2}\cdot\begin{pmatrix}23{,}56 & -13{,}22\\ -13{,}22 & 58{,}89\end{pmatrix}$$
$$= \begin{pmatrix}1{,}94 & -1{,}09\\ -1{,}09 & 4{,}86\end{pmatrix}\cdot 10^{-2}$$

- Berechne nach Gl. (26.8) Hotellings T_3^2:

$$T_3^2 = \frac{n_1\cdot n_2(n_1+n_2-2)}{n_1+n_2}\cdot(\bar{x}_1-\bar{x}_2)'\cdot W^{-1}\cdot(\bar{x}_1-\bar{x}_2)$$
$$T_3^2 = \frac{7\cdot 9\cdot(7+9-2)}{7+9}\cdot\begin{pmatrix}2{,}89 & -0{,}78\end{pmatrix}\cdot\begin{pmatrix}1{,}94 & -1{,}09\\ -1{,}09 & 4{,}86\end{pmatrix}\cdot 10^{-2}\cdot\begin{pmatrix}2{,}89\\ -0{,}78\end{pmatrix}$$
$$= 55{,}13\cdot 10^{-2}\cdot\begin{pmatrix}6{,}46 & -6{,}94\end{pmatrix}\cdot\begin{pmatrix}2{,}89\\ -0{,}78\end{pmatrix}$$
$$= 55{,}13\cdot 10^{-2}\cdot 24{,}08$$
$$= 13{,}28$$

- Prüfgröße F (Gl. 26.9):

$$F = \frac{n_1+n_2-p-1}{(n_1+n_2-2)\cdot p}\cdot T_3^2$$
$$= \frac{7+9-2-1}{(7+9-2)\cdot 2}\cdot 13{,}28 = 6{,}17^{*}$$
$$df_Z = 2;\ df_N = 13 \rightarrow F_{crit,95\%} = 3{,}81$$
$$\Rightarrow \text{Test ist signifikant}$$

26.4 • Bestimmung der Differenzvektoren y_1 und y_2 und deren Durchschnittsvektor:

$$y_1 = x_1 - x_2 = \begin{pmatrix}35\\50\\40\\15\\60\\50\\35\\22\end{pmatrix};\qquad y_2 = x_2 - x_3 = \begin{pmatrix}-12\\0\\-20\\-20\\-30\\-15\\-5\\-12\end{pmatrix}$$

$$\Rightarrow \bar{y} = \begin{pmatrix}38{,}38\\ -14{,}25\end{pmatrix}$$

- Für die Varianz/Kovarianz-Matrix berechnet man

$$S_y = \begin{pmatrix}225{,}41 & -19{,}18\\ -19{,}18 & 87{,}64\end{pmatrix}.$$

Die Inverse der 2 × 2-Matrix ist

$$\frac{1}{225{,}41\cdot 87{,}64 - (-19{,}18^2)}\cdot\begin{pmatrix}87{,}64 & 19{,}18\\ 19{,}18 & 225{,}41\end{pmatrix}$$

Somit erhält man

$$S_y^{-1} = \begin{pmatrix}4{,}52 & 0{,}99\\ 0{,}99 & 11{,}63\end{pmatrix}\cdot 10^{-3}$$

- Berechnung von Hotellings T_4^2 (nach Gl. 26.10):

$$T_4^2 = n \cdot \bar{y}' \cdot S_y^{-1} \cdot \bar{y}$$
$$= \frac{8}{10^3} \cdot \begin{pmatrix} 38{,}38 & -14{,}25 \end{pmatrix} \cdot \begin{pmatrix} 4{,}52 & 0{,}99 \\ 0{,}99 & 11{,}63 \end{pmatrix} \cdot \begin{pmatrix} 38{,}38 \\ -14{,}25 \end{pmatrix}$$
$$= 63{,}49$$

- Ermittlung der Prüfgröße F (nach Gl. 26.11)

$$F = \frac{n-k+1}{(n-1)(k-1)} T_4^2 = \frac{8-3+1}{(8-1)\cdot(3-1)} \cdot 63{,}49 = 27{,}21^{**}$$

$df_Z = 2$; $df_N = 6 \rightarrow F_{\text{crit},99\%} = 10{,}9$

$\Rightarrow$ Test ist signifikant

26.5 Wir berechnen eine einfaktorielle, multivariate Varianzanalyse. Die zwei abhängigen Variablen tauchen als x_1 und x_2 unter den drei Stufen des Treatmentfaktors (Art der Aggressivität) auf.

$G_1 = 93 + 71 + 107 = 271$,
$G_2 = 40 + 30 + 49 = 119$,
$(1x_1) = 271^2/20 = 3672{,}05$,
$(2x_1) = 12^2 + 14^2 + \ldots + 12^2 + 14^2 = 3715$,
$(3x_1) = 93^2/7 + 71^2/5 + 107^2/8 = 3674{,}90$,
$(1x_2) = 119^2/20 = 708{,}05$,
$(2x_2) = 4^2 + 6^2 + \ldots + 6^2 + 7^2 = 741$,
$(3x_2) = 40^2/7 + 30^2/5 + 49^2/8 = 708{,}70$,
$(1x_1x_2) = 271 \cdot 119/20 = 1612{,}45$,
$(2x_1x_2) = 12 \cdot 4 + 14 \cdot 6 + \ldots + 12 \cdot 6 + 14 \cdot 7 = 1626$,
$(3x_1x_2) = 93 \cdot 40/7 + 71 \cdot 30/5 + 107 \cdot 49/8 = 1612{,}80$,
$D_A = \begin{pmatrix} 2{,}85 & 0{,}35 \\ 0{,}35 & 0{,}65 \end{pmatrix}$, $D_e = \begin{pmatrix} 40{,}10 & 13{,}20 \\ 13{,}20 & 32{,}30 \end{pmatrix}$, $D_{\text{tot}} = \begin{pmatrix} 42{,}95 & 13{,}55 \\ 13{,}55 & 32{,}95 \end{pmatrix}$,
$|D_e| = 40{,}10 \cdot 32{,}30 - (13{,}20)^2 = 1120{,}99$ [gemäß Gl. B.12],
$|D_{\text{tot}}| = 42{,}95 \cdot 32{,}95 - (13{,}55)^2 = 1231{,}60$ [gemäß Gl. B.12],
$\Lambda = \frac{1120{,}99}{1231{,}60} = 0{,}91$,
$\ln\Lambda = -0{,}09$,
$V = 16{,}5 \cdot 0{,}09 = 1{,}49$ (nicht signifikant),
df = 4 [gemäß Gl. 26.19].

26.6 Nach Abschn. 26.6 berechnen wir:

$G_1 = 26 + 29 + 64 + 30 + 31 + 54 = 234$,
$G_2 = 25 + 33 + 48 + 33 + 35 + 34 = 208$.
$A_{11} = 26 + 30 = 56$,
$A_{12} = 29 + 31 = 60$,
$A_{13} = 64 + 54 = 118$,
$A_{21} = 25 + 33 = 58$,
$A_{22} = 33 + 35 = 68$,
$A_{23} = 48 + 34 = 82$,
$B_{11} = 26 + 29 + 64 = 119$,
$B_{12} = 30 + 31 + 54 = 115$,
$B_{21} = 25 + 33 + 48 = 106$,
$B_{22} = 33 + 35 + 34 = 102$.
$(1x_1) = 234^2/24 = 2281{,}50$,
$(2x_1) = 5^2 + 5^2 + \ldots + 14^2 + 10^2 = 2692$,
$(3x_1) = (56^2 + 60^2 + 118^2)/8 = 2582{,}50$,
$(4x_1) = (119^2 + 115^2)/12 = 2282{,}17$,
$(5x_1) = (26^2 + 29^2 + 64^2 + 30^2 + 31^2 + 54^2)/4 = 2597{,}50$.
$(1x_2) = 208^2/24 = 1802{,}67$,
$(2x_2) = 6^2 + 4^2 + \ldots + 8^2 + 5^2 = 1986$,
$(3x_2) = (58^2 + 68^2 + 82^2)/8 = 1839{,}00$,
$(4x_2) = (106^2 + 102^2)/12 = 1803{,}33$,
$(5x_2) = (25^2 + 33^2 + 48^2 + 33^2 + 35^2 + 34^2)/4 = 1872{,}00$.
$(1x_1x_2) = 234 \cdot 208/24 = 2028{,}00$,
$(2x_1x_2) = 5 \cdot 6 + 5 \cdot 4 + \ldots + 11 \cdot 8 + 10 \cdot 5 = 2224$,
$(3x_1x_2) = (56 \cdot 58 + 60 \cdot 68 + 118 \cdot 82)/8 = 2125{,}50$,
$(4x_1x_2) = (119 \cdot 106 + 115 \cdot 102)/12 = 2028{,}67$,
$(5x_1x_2) = (26 \cdot 25 + 29 \cdot 33 + 64 \cdot 48 + 30 \cdot 33 + 31 \cdot 35 + 54 \cdot 34)/4 = 2147{,}50$.

$D_A = \begin{pmatrix} 301{,}00 & 97{,}50 \\ 97{,}50 & 36{,}33 \end{pmatrix}$,
$D_B = \begin{pmatrix} 0{,}67 & 0{,}67 \\ 0{,}67 & 0{,}66 \end{pmatrix}$,
$D_{A\times B} = \begin{pmatrix} 14{,}33 & 21{,}33 \\ 21{,}33 & 32{,}34 \end{pmatrix}$,
$D_e = \begin{pmatrix} 94{,}50 & 76{,}50 \\ 76{,}50 & 114{,}00 \end{pmatrix}$,
$D_{\text{tot}} = \begin{pmatrix} 410{,}50 & 196{,}00 \\ 196{,}00 & 183{,}33 \end{pmatrix}$.
$|D_e| = 4920{,}75$,
$|D_A + D_e| = 29179{,}52$,
$|D_B + D_e| = 4956{,}98$,
$|D_{A\times B} + D_e| = 6355{,}47$.

Gemäß Tabelle 26.6 erhalten wir die folgende Ergebnistabelle:

Quelle	Λ	df(Quelle)	V	df(V)
A	0,169	2	$31{,}11^{**}$	4
B	0,993	1	0,12	2
$A \times B$	0,774	2	4,48	4
Fehler		18		

Kapitel 27

27.1 Die linearkombinierten Werte der Versuchspersonen müssen so geartet sein, dass die Unterschiede zwischen den Vpn-Gruppen maximal und die Vpn-Unterschiede innerhalb der Gruppen minimal werden:

$$\lambda = \frac{QS_{(y)\ (\text{treat})}}{QS_{(y)\ (\text{Fehler})}} = \max$$

27.2 Der durch sämtliche Diskriminanzfaktoren aufgespannte Raum (bei r Faktoren resultiert ein r-dimensionaler Raum).

27.3 Nein, weil die Prüfgrößen identisch sind.

27.4 Die Ladungen der abhängigen Variablen auf den Diskriminanzfaktoren, die standardisierten Diskriminanzkoeffizienten und die Mittelwerte der Vpn-Gruppen auf den Diskriminanzfaktoren.

27.5 Da $r = \min(p, k-1)$ ist (d. h. bei gegebenem p und gegebenem $k-1$ entspricht r dem kleineren der beiden Werte), ergeben sich bei $p = 7$ abhängigen Variablen und $k_A = 6$, $k_B = 2$ und $k_{A\times B} = 12$ Gruppen folgende Werte:

a) 5,
b) 1
c) 7.

27.6 Zuerst bestimmen wir die Differenzvektoren nach Gl. (27.34):

$$\boldsymbol{d}_{11} = \begin{pmatrix} 6 \\ -1 \\ 9 \end{pmatrix} \quad \boldsymbol{d}_{21} = \begin{pmatrix} 3 \\ -9 \\ -1 \end{pmatrix} \quad \boldsymbol{d}_{31} = \begin{pmatrix} -3 \\ -11 \\ -3 \end{pmatrix}$$

$\chi^2_{j1} = \boldsymbol{d}'_{j1} \cdot \boldsymbol{S}^{-1} \cdot \boldsymbol{d}_{j1}$ (vgl. Gl. 27.36),

$\chi^2_{11} = 1{,}304$,

$\boldsymbol{\chi^2_{21} = 1{,}214}$,

$\chi^2_{31} = 1{,}258$.

Da sich für Gruppe 2 (Juristen) der kleinste χ^2-Wert ergibt, ist die Person dieser Gruppe zuzuordnen.

27.7 Man kann prüfen, ob überzufällig viele Personen richtig eingestuft wurden (Vergleich der beobachteten Hitrate mit der zu erwartenden Zufallshitrate) Außerdem kann man die Stichprobe in eine Konstruktions- und Klassifikationsstichprobe aufteilen (z. B. Hold-Out-Sample- oder Leave-One-Out-Methode).

Kapitel 28

28.1 Der Zusammenhang zwischen mehreren Prädiktorvariablen und mehreren Kriteriumsvariablen.

28.2 Multiple Korrelation: Die Summe der quadrierten Abweichungen der vorhergesagten Kriteriumswerte (Linearkombinationen der Prädiktorvariablen) von den tatsächlichen Kriteriumswerten muss minimal werden (bzw. maximale Korrelation zwischen den vorhergesagten und den tatsächlichen Kriteriumswerten).

PCA: Die Linearkombinationen (Faktoren) der Variablen müssen sukzessiv maximale Varianz aufklären und wechselseitig voneinander unabhängig sein.

Diskriminanzanalyse: Die Linearkombinationen (Diskriminanzfaktoren) der abhängigen Variablen müssen sukzessiv zu maximaler Trennung der Gruppen führen.

Kanonische Korrelation: Die Linearkombinationen (kanonische Faktoren) der Prädiktor- und Kriteriumsvariablen müssen sukzessiv maximale Kovarianzen zwischen den Prädiktorvariablen und Kriteriumsvariablen aufklären.

28.3 $r = \min(p,q)$. Die Anzahl der kanonischen Korrelationen entspricht der Variablenzahl des kleineren Variablensatzes.

28.4 Die beiden Redundanzmaße für eine kanonische Korrelation sind nur identisch, wenn der Prädiktorvariablenfaktor den gleichen Varianzanteil der Prädiktorvariablen aufklärt, wie der korrespondierende Kriteriumsfaktor von den Kriteriumsvariablen.

28.5 Die Ladungen der Prädiktorvariablen bzw. Kriteriumsvariablen auf den Prädiktorfaktoren bzw. Kriteriumsfaktoren sowie die kanonischen Strukturkoeffizienten.

28.6 Wir codieren die Haupteffekte *A* und *B* sowie die Interaktionen durch Indikatorvariablen (mit Effektcodierung) und erhalten:

Prädiktoren					Kriterien	
x_1	x_2	x_3	x_4	x_5	y_1	y_2
1	0	1	1	0	5	6
1	0	1	1	0	5	4
1	0	1	1	0	9	9
1	0	1	1	0	7	6
1	0	−1	−1	0	7	10
1	0	−1	−1	0	6	6
1	0	−1	−1	0	9	7
1	0	−1	−1	0	8	10
0	1	1	0	1	7	6
0	1	1	0	1	7	7
0	1	1	0	1	9	12
0	1	1	0	1	6	8
0	1	−1	0	−1	10	13
0	1	−1	0	−1	8	7
0	1	−1	0	−1	7	6
0	1	−1	0	−1	6	9
−1	−1	1	−1	−1	21	15
−1	−1	1	−1	−1	14	11
−1	−1	1	−1	−1	17	12
−1	−1	1	−1	−1	12	10
−1	−1	−1	1	1	16	12
−1	−1	−1	1	1	14	9
−1	−1	−1	1	1	14	8
−1	−1	−1	1	1	10	5

Haupteffekt *A* wird durch x_1 und x_2 codiert,
Haupteffekt *B* wird durch x_3 codiert,
Interaktion $A \times B$ wird durch x_4 und x_5 codiert.

28.7 Die kanonische Korrelationsanalyse wird zwischen drei Prädiktorvariablen und drei Kriteriumsvariablen berechnet.

Prädiktoren (*A*)			Kriterien (*B*)			Frequenz
x_1	x_2	x_3	y_1	y_2	y_3	
1	0	0	1	0	0	18
0	1	0	1	0	0	8
0	0	1	1	0	0	6
0	0	0	1	0	0	19
1	0	0	0	1	0	16
0	1	0	0	1	0	14
0	0	1	0	1	0	12
0	0	0	0	1	0	23
1	0	0	0	0	1	23
0	1	0	0	0	1	15
0	0	1	0	0	1	9
0	0	0	0	0	1	24
1	0	0	0	0	0	17
0	1	0	0	0	0	18
0	0	1	0	0	0	11
0	0	0	0	0	0	23

Kapitel A

A.1 Wir gehen von der Definition der Varianz einer Zufallsvariablen aus, s. Gl. (A.2), die den quadratischen Ausdruck $(x - \mu)^2$ enthält, der sich mit Hilfe der binomischen Formel als $(x^2 - 2x\mu + \mu^2)$ schreiben lässt. Somit erhalten wir

$$\begin{aligned}\sigma^2 &= E(x-\mu)^2,\\ &= E(x^2 - 2\mu x + \mu^2),\\ &= E(x^2) - 2\mu E(x) + \mu^2,\\ &= E(x^2) - 2\mu^2 + \mu^2,\\ &= E(x^2) - \mu^2,\end{aligned}$$

wie zu beweisen war.

A.2 Die Kovarianz ist definiert als Erwartungswert des Produkts $(x-\mu_x)(y-\mu_y)$, s. Gl. A.3. Wir lösen die Klammern auf und berechnen den Erwartungswert für jeden der vier Terme. Dies ergibt:

$$\begin{aligned}\sigma_{xy} &= E(xy) - \mu_y E(x) - \mu_x E(y) + \mu_x\mu_y,\\ &= E(xy) - \mu_x\mu_y - \mu_x\mu_y + \mu_x\mu_y,\\ &= E(xy) - \mu_x\mu_y,\end{aligned}$$

wie zu beweisen war.

A.3 Es sei $z = x + y$. Aufgrund von Gl. (A.12) ergibt sich

$$\sigma_z^2 = E(z^2) - \mu_z^2 = E(z^2) - \mu_z^2. \qquad \text{(C.6)}$$

Für $E(z^2)$ erhalten wir

$$\begin{aligned}E(z^2) &= E(x+y)^2 = E(x^2 + 2xy + y^2)\\ &= E(x^2) + 2E(xy) + E(y^2).\end{aligned} \qquad \text{(C.7)}$$

Für μ_z^2 in Gl. (C.6) schreiben wir:

$$\begin{aligned}\mu_z^2 &= [E(x+y)]^2 = [\mu_x + \mu_y]^2\\ &= \mu_x^2 + 2\mu_x\mu_y + \mu_y^2.\end{aligned} \qquad \text{(C.8)}$$

Setzen wir Gl. (C.7) und (C.8) in Gl. (C.6) ein, resultiert:

$$\sigma_z^2 = E(x^2) + 2E(xy) + E(y^2) - \mu_x^2 - 2\mu_x\mu_y - \mu_y^2.$$

Nutzt man nun die Rechenregeln (A.12) und (A.13) zur Vereinfachung aus, so resultiert

$$\sigma_z^2 = \sigma_x^2 + \sigma_y^2 + 2\sigma_{xy},$$

wie zu beweisen war.

Glossar

A

A posteriori Kontrast: Der Unterschied zwischen zwei Gruppen wird im Nachhinein auf Signifikanz geprüft (Varianzanalyse).

A priori Kontrast: Über den Unterschied zwischen zwei Gruppen besteht bereits vor der Untersuchung eine (meist gerichtete) Hypothese.

abhängige Variable: Merkmal, das in einem Quasi-Experiment erfasst wird, um zu überprüfen, wie sich systematisch variierte unabhängige Variablen auf die abhängige Variable auswirken.

Ähnlichkeitsmaße: Sie werden im Rahmen der Clusteranalyse benötigt, um die Ähnlichkeit der zu gruppierenden Objekte zu ermitteln.

Allgemeines Lineares Modell (ALM): Verfahren, das die Varianzanalyse sowie die lineare Regressionsrechnung integriert.

Alternativhypothese: Gegenhypothese zur Nullhypothese. Man unterscheidet gerichtete und ungerichtete sowie spezifische und unspezifische Alternativhypothesen.

Axiome: Aussagen, die nicht bewiesen werden, sondern deren Gültigkeit vorausgesetzt wird.

B

Bayes-Statistik: Eine Variante der statistischen Entscheidungstheorie, bei der Wahrscheinlichkeiten für verschiedene Hypothesen unter der Voraussetzung eines empirisch ermittelten Untersuchungsergebnisses berechnet werden.

bimodale Verteilung: Verteilung mit zwei Gipfeln.

Binomialverteilung: Wahrscheinlichkeitsverteilung, die aussagt, wie wahrscheinlich x Erfolges bei n Wiederholungen eines Zufallsexperiments sind. Ein Erfolg tritt dabei in jedem Versuch mit der Wahrscheinlichkeit π ein, ein Misserfolg mit Wahrscheinlichkeit $(1 - \pi)$. Beispiel Münzwurf: Erfolg = Zahl, Misserfolg = Kopf.

biseriale Korrelation: Korrelationskoeffizient r_{bis} für ein metrisches und ein künstlich dichotomes Merkmal.

biseriale Rangkorrelation: Korrelationskoeffizient für ein (echt oder künstlich) dichotomes und ein rangskaliertes Merkmal.

bivariate Normalverteilung: Werden zwei Merkmale und gemeinsam erhoben, verteilen sie sich bivariat normal, wenn nicht nur die Verteilung jedes Merkmals für sich allein, sondern auch deren gemeinsame Verteilung normal ist; in diesem Fall ergibt die grafische Darstellung der gemeinsamen Verteilung eine (dreidimensionale) Glockenform.

bivariate Verteilung: Verteilung zweier gemeinsam erhobener Variablen; grafische Darstellung als Punktwolke oder dreidimensional.

Bonferroni-Korrektur: Korrektur des festgelegten Fehlers 1. Art bei mehreren Einzelhypothesen zur Überprüfung einer Gesamthypothese.

Bootstrap-Technik: Der Monte-Carlo-Methode ähnliche Computersimulationstechnik, mit der die Verteilung eines Stichprobenkennwertes erzeugt wird.

Box-Test: Verfahren zur Überprüfung der Homogenität einer Varianz-Kovarianz-Matrix. Wird bei multivariaten Mittelwertvergleichen benötigt.

C

Chi-Quadrat-Methoden: Signifikanztests zur Analyse von Häufigkeiten.

Chi-Quadrat-Unabhängigkeitstest: Verfahren, mit dem die Nullhypothese überprüft werden kann, nach der ein k-fach und ein l-fach gestuftes Merkmal voneinander unabhängig sind.

Clusteranalyse: Heuristisches Verfahren zur systematischen Klassifizierung der Objekte einer gegebenen Objektmenge.

Cochran-Test: Verfahren zur Überprüfung von Veränderungen eines dichotomen Merkmals bei Wiederholungsuntersuchungen. Es wird die H_0 überprüft, dass sich die Verteilung der Merkmalsalternativen nicht verändert.

D

Dendrogramm: Eine grafische Darstellung des Ergebnisses einer hierarchischen Clusteranalyse, die über die Anzahl der bedeutsamen Cluster informiert.

deskriptive Statistik: Statistik, die die Daten einer Stichprobe z. B. durch Grafiken oder Kennwerte (Mittelwert, Varianz etc.) beschreibt.

Determinationskoeffizient: Anteil der Variabilität des Kriteriums, der durch einen oder mehrere Prädiktoren vorhergesagt werden kann.

Dichotomisierung: Merkmale sind dichotom, wenn sie nur zwei Ausprägungen haben; es gibt natürlich dichotomisierte Daten (z. B. Geschlecht); man kann aber auch z. B. metrische Daten durch Teilung am Median dichotomisieren.

disjunkt: Zwei einander ausschließende (d. h. keine gemeinsamen Elementarereignisse beinhaltende) Ereignisse sind disjunkt. Ihr Durchschnitt ($A \cap B$) ist die leere Menge.

diskret: Ein Merkmal ist diskret, wenn es nur bestimmte Werte annehmen kann. Beispiel: Die Anzahl der Freunde einer Person lässt sich nur in ganzen Zahlen angeben.

Diskriminanzanalyse: Verfahren, das aufgrund der linearen Gewichtung eines Satzes abhängiger Variablen zu einer maximalen Trennung der untersuchten Gruppen führt.

Diskriminanzraum: Er besteht aus einer bestimmten Anzahl von Diskriminanzfaktoren, deren Reihenfolge so festgelegt wird, dass die verglichenen Stichproben sukzessiv maximal getrennt werden.

E

Effektgröße: Um eine spezifische Alternativhypothese formulieren zu können, muss man die erwartete Effektgröße im Voraus angeben. Die Festlegung einer Effektgröße ist auch notwendig, um den für die geplante Untersuchung benötigten Stichprobenumfang zu bestimmen bzw. die Teststärke eines Signifikanztests angeben zu können. Da sich bei großen Stichproben auch sehr kleine (für die Praxis unbedeutende) Effekte als statistisch signifikant erweisen können, sollte ergänzend zur statistischen Signifikanz immer auch die Effektgröße betrachtet werden.

Effizienz: Kriterium der Parameterschätzung: Je größer die Varianz der Stichprobenverteilung eines Kennwertes, desto geringer ist seine Effizienz.

Eigenwert: Gesamtvarianz der Indikatoren, die durch einen Faktor aufgeklärt wird (Faktorenanalyse).

Eigenwertediagramm: Grafische Darstellung der Eigenwerte einer PCA in einem Diagramm (Faktorenanalyse).

eindimensionaler Chi-Quadrat-Test: χ^2-Methode zur Signifikanzprüfung der Häufigkeiten eines k-fach gestuften Merkmals; hierbei kann getestet werden, ob die untersuchten Daten gleich verteilt sind oder ob sie einer bestimmten Verteilungsform (z. B. Normalverteilung) folgen.

einfacher Haupteffekt: Unterschiedlichkeit der Stufen des Faktors A für eine Stufe des Faktors B (und umgekehrt).

einseitiger Test: Statistischer Test, der eine gerichtete Hypothese überprüft.

Einzelvergleich: Alternative Bezeichnung für Kontrast.

Elementarereignis: Ein einzelnes Ergebnis eines Zufallsexperiments (z. B. beim Würfeln eine bestimmte Augenzahl würfeln).

empirisches Relativ: Aus empirischen Objekten bestehendes Relationensystem (im Gegensatz zu einem numerischen Relativ).

Epsilon-Korrektur: Korrektur der Freiheitsgrade im Rahmen einer Varianzanalyse mit Messwiederholungen, die erforderlich wird, wenn bestimmte Voraussetzungen dieses Verfahrens verletzt sind.

Ereignis: Mehrere Elementarereignisse werden zu einem Ereignis zusammengefasst (z. B. beim Würfeln das Ereignis „alle geraden Zahlen").

Erwartungstreue: Kriterium der Parameterschätzung: Ein statistischer Kennwert schätzt einen Populationsparameter erwartungstreu, wenn das Mittel der Stichprobenverteilung bzw. deren Erwartungswert dem Populationsparameter entspricht.

Erwartungswert: Mittelwert einer theoretischen (nicht empirischen) Verteilung einer Zufallsvariablen; bezeichnet durch den Buchstaben μ bzw. durch $\mathrm{E}(X)$.

Eta: Korrelationskoeffizient, der die linearen und nonlinearen Zusammenhänge zwischen unabhängiger und abhängiger Variable erfasst (Varianzanalyse).

Exhaustion: Modifikation oder Erweiterung einer Theorie aufgrund von Untersuchungsergebnissen, die die ursprüngliche Form der Theorie falsifizieren.

Experiment: Untersuchung mit randomisierten Stichproben, um die Auswirkung einer oder mehrerer unabhängigen Variablen auf die abhängige Variable zu überprüfen.

externe Validität: Liegt vor, wenn das Ergebnis einer Untersuchung über die untersuchte Stichprobe und die Untersuchungsbedingungen hinaus generalisierbar ist. Sie sinkt, je unnatürlicher die Untersuchungsbedingungen sind und je weniger repräsentativ die untersuchte Stichprobe für die Grundgesamtheit ist.

F

Faktor: Im Rahmen der Varianzanalyse ist ein Faktor eine unabhängige Variable, deren Bedeutung für eine abhängige Variable überprüft wird.

Faktorenanalyse: Datenreduzierendes Verfahren zur Bestimmung der dimensionalen Struktur korrelierter Merkmale.

Faktorladung: Korrelation zwischen einer Variablen und einem Faktor (Faktorenanalyse).

Faktorwert: Der Faktorwert kennzeichnet die Position einer Person auf einem Faktor (Faktorenanalyse).

Fehler 1. Art: In der statistischen Entscheidungstheorie die fälschliche Entscheidung zugunsten der H_1, d. h., man nimmt an, die Alternativhypothese sei richtig, obwohl in Wirklichkeit die Nullhypothese richtig ist.

Fehler 2. Art: In der statistischen Entscheidungstheorie die fälschliche Entscheidung zugunsten der H_0, d. h., man nimmt an, die Nullhypothese sei richtig, obwohl in Wirklichkeit die Alternativhypothese richtig ist.

Fehlerquadratsumme: Kennzeichnet im Rahmen der Varianzanalyse die Unterschiedlichkeit der Messwerte innerhalb der Stichproben.

Felduntersuchung: Untersuchung, die in einem natürlichen Umfeld stattfindet.

Feste Effekte: Systematische Auswahl der Faktorstufen, über die letztlich Aussagen gemacht werden sollen (Varianzanalyse).

Fisher *Z*-Transformation: Transformation von Korrelationen in sog. Z-Werte (nicht verwechseln mit standardisierten Werten (z-Transformation) oder z-Werten der Standardnormalverteilung); die Fisher Z-Transformation ist z. B. erforderlich, wenn Korrelationen gemittelt werden sollen.

F_{max}-Test: Verfahren zur Überprüfung der Varianzhomogenitäts-Voraussetzung im Rahmen der Varianzanalyse. Lässt nur gleich große Stichprobenumfänge zu.

Freiheitsgrade: Die Anzahl der bei der Berechnung eines Kennwerts frei variierbaren Werte. Beispiel: Die Summe der Differenzen aller Werte von ihrem Mittelwert ergibt null. Sind von zehn Werten neun bereits zufällig gewählt, steht fest, wie groß die zehnte Differenz sein muss. Die Varianz – deren Formel diese Differenzen vom Mittelwert beinhaltet – hat daher neun Freiheitsgrade. Anwendung bei der Bestimmung der für verschiedene statistische Tests adäquaten Prüfverteilung.

Fusionskriterien: Kriterien, nach denen entschieden wird, welche Objekte oder Cluster zu einem neuen Cluster zusammengefasst werden (z. B. Single Linkage, Complete Linkage oder Average Linkage) (Clusteranalyse).

G

gerichtete Alternativhypothese: Annahme, die nicht einen irgendwie gearteten Unterschied oder Zusammenhang behauptet, sondern die eine bestimmte Richtung vorgibt. Beispiel: Männer sind im Durchschnitt größer als Frauen (im Gegensatz zur ungerichteten Alternativhypothese: Männer und Frauen sind im Durchschnitt unterschiedlich groß).

geschachtelte Faktoren: Ein Faktor ist geschachtelt, wenn seine Stufen nur unter bestimmten Stufen eines anderen Faktors auftreten (Varianzanalyse).

geschichtete Stichprobe: Stichprobe, in der sich ausgewählte Merkmale (Alter, Geschlecht, Einkommen etc.) nach bestimmten Vorgaben verteilen; bei einer proportional geschichteten Stichprobe entspricht die prozentuale Verteilung der Schichtungsmerkmale in der Stichprobe der prozentualen Verteilung in der Grundgesamtheit.

Griechisch-lateinische Quadrate: Erweiterung eines lateinischen Quadrats um einen Faktor (Varianzanalyse).

H

Haupteffekt: In Abgrenzung zu einem Interaktionseffekt in der mehrfaktoriellen Varianzanalyse kennzeichnet ein Haupteffekt die Wirkungsweise eines bestimmten Faktors bzw. einer bestimmten unabhängigen Variablen.

Hauptkomponentenanalyse: Wichtigstes Verfahren zur Extraktion von Faktoren. Faktoren einer Hauptkomponentenanalyse sind voneinander unabhängig und erklären sukzessiv maximale Varianzanteile (Faktorenanalyse).

Helmert-Kontraste: Regeln zur Erzeugung eines vollständigen Satzes orthogonaler Einzelvergleiche (Varianzanalyse).

Hierarchische Versuchspläne: Versuchspläne, bei denen durch Schachtelung je eines Faktors unter den vorherigen eine Hierarchie der Faktoren entsteht (Varianzanalyse).

Histogramm: Trägt man in einer Grafik die empirische Häufigkeitsverteilung einer diskreten Variablen in Form von Balken ab, erhält man ein Histogramm.

Holm-Korrektur: Technik zur Korrektur des Fehlers 1. Art beim multiplen Testen. Sie ist weniger konservativ als die Bonferroni-Korrektur.

homomorph: Lässt sich ein empirisches durch ein numerisches Relativ so abbilden, dass eine bestimmte Relation im empirischen Relativ der Relation im numerischen Relativ entspricht, bezeichnet man diese Abbildung als homomorph Beispiel: empirisches Relativ: Mathekenntnisse der Schüler einer Klasse; numerisches Relativ: Mathenoten. Bilden die Mathenoten die Kenntnisse der Schüler „wirklichkeitsgetreu" ab, ist diese Abbildung homomorph.

Homoskedastizität: Liegt vor, wenn bei einer bivariaten Verteilung zweier Variablen x und y die zu jedem beliebigen Wert x_i gehörenden y-Werte gleich streuen. Beispiel: Erhebt man Körpergröße (x) und Schuhgröße (y), sollten die Schuhgrößen von Menschen, die 180 cm groß sind, die gleiche Varianz aufweisen wie die Schuhgrößen von Menschen, die 170 cm groß sind.

Hotellings T^2-Test: Verfahrensgruppe zur Überprüfung multivariater Unterschiedshypothesen, d. h. Unterschiedshypothesen auf der Basis mehrerer abhängiger Variablen.

I

Inferenzstatistik: Statistik, die auf der Basis von Stichprobenergebnissen induktiv allgemeingültige Aussagen formuliert. Zur Inferenzstatistik zählen die Schätzung von Populationsparametern (Schließen) und die Überprüfung von Hypothesen (Testen).

Interaktion: Effekt der Kombination mehrerer Faktoren. Man unterscheidet zwischen ordinaler, hybrider und disordinaler Interaktion (Varianzanalyse).

interne Validität: Liegt vor, wenn das Ergebnis einer Untersuchung eindeutig interpretierbar ist. Sie sinkt mit der Anzahl plausibler Alternativerklärungen für das Ergebnis.

Intervallschätzung: Konfidenzintervall.

Intervallskala: Eine Intervallskala erlaubt Aussagen über Gleichheit (Äquivalenzrelation), Rangfolge (Ordnungsrelation) und Größe des Unterschieds der Merkmalsausprägung von Objekten. Eine Intervallskala hat keinen empirisch begründbaren Nullpunkt. Beispiel: Temperaturskalen; mit Fahrenheit-

und Celsiusskala lassen sich die gleichen Aussagen machen; ihr Nullpunkt ist verschieden. Intervallskala und Verhältnisskalen bezeichnet man zusammenfassend als metrische Skalen.

K

k-Means-Methode: Ein Verfahren der nicht-hierarchischen Clusteranalyse.

Kaiser-Guttmann-Kriterium: Nur Faktoren mit einem Eigenwert größer 1 sind als bedeutsam einzustufen. Überschätzt in der Regel die Anzahl bedeutsamer Faktoren (Faktorenanalyse).

kanonische Korrelation: Erfasst den Zusammenhang zwischen mehreren Prädiktorvariablen und mehreren Kriteriumsvariablen.

Kappa-Maß: Verfahren, mit dem man die Übereinstimmung von zwei Klassifikationen derselben Objekte erfassen und überprüfen kann.

Kennwert: Stichprobenkennwert.

Klassifikation: Mit Klassifikationsverfahren kann man überprüfen, zu welcher von k Gruppen ein Individuum aufgrund eines individuellen Merkmalsprofils am besten passt (Diskriminanzanalyse).

Klumpenstichprobe: Als Klumpen (Cluster) bezeichnet man eine definierte Teilgruppe einer Population (z. B. die Schüler einer Schulklasse, die Patienten eines Krankenhauses etc.). Eine Klumpenstichprobe besteht aus allen Individuen, die sich in einer Zufallsauswahl von Klumpen befinden. Beispiel: Alle Alkoholiker aus zufällig ausgewählten Kliniken.

Kommunalität: Ausmaß, in dem die Varianz einer Variablen durch die Faktoren aufgeklärt wird (Faktorenanalyse).

Konfidenzintervall: Wertebereich, in dem sich der Populationsparameter mit einer vorgegebenen Sicherheit (z. B. 95% oder 99%) befindet.

Konfigurationsfrequenzanalyse: Verallgemeinerung der Kontingenztafelanalyse auf eine mehrdimensionale „Tafel", mit der die Häufigkeiten mehrerer nominalskalierter Merkmale mit mehreren Stufen verglichen werden können. Geprüft wird die stochastische Unabhängigkeit der Merkmale voneinander.

konservative Entscheidung: Wenn ein statistischer Signifikanztest aufgrund von Voraussetzungsverletzungen eher zugunsten von H_0 entscheidet.

Konsistenz: Kriterium der Parameterschätzung: Ein Schätzwert ist konsistent, wenn er sich mit wachsendem Stichprobenumfang dem zu schätzenden Parameter nähert.

Kontingenzkoeffizient: Maß zur Charakterisierung des Zusammenhangs zweier nominalskalierter Merkmale.

Kontingenztabelle: Tabellarische Darstellung der gemeinsamen Häufigkeitsverteilung mehrerer kategorialer Merkmals.

Kontrast: Dienen der Überprüfung von Unterschieden zwischen einzelnen Stufen eines Treatments im Rahmen der Varianzanalyse. Man unterscheidet a priori und a posteriori Kontraste. Eine andere Bezeichnung für Kontrast ist Einzelvergleich.

Korrelationskoeffizient: Zusammenhangsmaß, welches einen Wert zwischen −1 und +1 annimmt. Ein positiver Korrelationskoeffizient besagt, dass hohe x-Werte häufig mit hohen y-Werten auftreten. Ein negativer Korrelationskoeffizient besagt, dass hohe x-Werte häufig mit niedrigen y-Werten auftreten.

Kovarianz: Maß für den Grad des Miteinander-Variierens zweier Messwertreihen x und y. Eine positive Kovarianz besteht, wenn viele Versuchspersonen bei einem hohen x-Wert auch einen hohen y-Wert haben; eine negative Kovarianz besteht, wenn viele Versuchspersonen bei einem hohen x-Wert einen niedrigen y-Wert haben. Die Kovarianz z-transformierter Variablen entspricht der Produkt-Moment-Korrelation.

Kovarianzanalyse: Verfahren zur Überprüfung der Bedeutsamkeit einer Kovariaten für eine Untersuchung. Der Einfluss dieser Variablen wird „neutralisiert" (Varianzanalyse).

Kovariate: Merkmal, das weder abhängige noch unabhängige Variable ist, sondern nur miterhoben wird, um prüfen zu können, ob es einen Einfluss auf das Untersuchungsergebnis hatte.

Kreuzvalidierung: Verfahren, bei dem zwei Regressionsgleichungen aufgrund von zwei Teilstichproben bestimmt werden, deren Vorhersagekraft in Bezug auf die Kriteriumswerte der anderen Stichprobe geprüft wird.

Kriteriumsrotation: Eine Rotationstechnik, mit der eine empirische Faktorenstruktur einer vorgegebenen Kriteriumsstruktur maximal angenähert wird (Faktorenanalyse).

Kriteriumsvariable: Variable, die mittels einer oder mehrerer Prädiktorvariablen und einer Regressionsgleichung vorhergesagt werden kann.

L

Lateinisches Quadrat: Besondere Variante unvollständiger Versuchspläne mit drei Faktoren, die alle dieselbe Stufenzahl aufweisen (Varianzanalyse).

LISREL: Computerprogramm von Jöreskog und Sörbom (1993) zur Überprüfung linearer Strukturgleichungsmodelle.

M

Mann-Whitney-U-Test: Verteilungsfreier Signifikanztest für den Vergleich zweier unabhängiger Stichproben auf der Basis rangskalierter Daten.

Matched Samples: Strategie zur Erhöhung der internen Validität bei quasi-experimentellen Untersuchungen mit kleinen Gruppen. Zur Erstellung von Matched Samples wird die Gesamtmenge der Untersuchungsobjekte hinsichtlich bestimmter Merkmale in möglichst ähnliche Paare gruppiert. Die beiden Untersuchungsgruppen werden anschließend so zusammengestellt, dass jeweils ein Paarling zufällig der einen Gruppe, der andere Paarling der anderen Gruppe zugeordnet wird. Man beachte, dass Matched Samples Beobachtungspaaren führen, die auch mit entsprechenden Signifikanztests (z. B. t-Test für Beobachtungspaare) auszuwerten sind.

Maximum-Likelihood-Methode: Methode, nach der Populationsparameter so geschätzt werden, dass die Wahrscheinlichkeit bzw. Likelihood des Auftretens der beobachteten Daten maximiert wird.

McNemar-Test: χ^2-Methode zur Signifikanzprüfung der Häufigkeiten eines dichotomen Merkmals, das bei derselben Stichprobe zu zwei Zeitpunkten erhoben wurde (vorher – nachher).

Median: Derjenige Wert einer Verteilung, der die Gesamtzahl der Fälle halbiert, sodass 50% aller Werte unter dem Median und 50% aller Fälle über ihm liegen.

Messwiederholung: An einer Stichprobe wird dasselbe Merkmal bei jeder Versuchsperson mehrmals gemessen (z. B. zu zwei Zeitpunkten, vorher – nachher); solche Stichproben bezeichnet man als verbunden.

Methode der kleinsten Quadrate: Methode zur Schätzung unbekannter Parameter. Hierbei wird die Summe der quadrierten Abweichungen der beobachteten Messungen vom gesuchten Schätzwert minimiert. Wird z. B. in der Regressionsrechnung angewendet.

metrische Skala: Zusammenfassender Begriff für Intervall- und Verhältnisskalen.

Mittelwert: Ergibt sich, wenn die Summe aller Werte einer Stichprobe durch die Gesamtzahl der Werte geteilt wird.

Modalwert: Wert einer Verteilung, der am häufigsten vorkommt. In einer grafischen Darstellung der Verteilung deren Maximum. Eine Verteilung kann mehrere Modalwerte (und somit Maxima) besitzen (bimodale Verteilung).

Monte-Carlo-Methode: Mittels Computer werden aus einer festgelegten Population viele Stichproben gezogen (Computersimulation), um anhand dieser Simulation zu erfahren, wie sich statistische Kennwerte (z. B. Mittelwerte) verteilen oder wie sich Verletzungen von Testvoraussetzungen auf die Ergebnisse des Tests auswirken.

Multikollinearität: Wechselseitige Abhängigkeit von Variablen im Kontext multivariater Verfahren.

multiple Korrelation: Bestimmt den Zusammenhang zwischen mehreren Prädiktorvariablen und einer Kriteriumsvariablen.

multiple Regression: Vorhersage einer Kriteriumsvariablen mittels eines linearen Gleichungsmodells aufgrund mehrerer Prädiktorvariablen.

Multivariate Verfahren: Gruppe statistischer Verfahren, mit denen die gleichzeitige, natürliche Variation von zwei oder mehr Variablen untersucht wird.

N

nicht-orthogonale Varianzanalysen: Varianzanalysen mit ungleichen Stichprobenumfängen; auch unbalancierte Varianzanalyse genannt.

Nominalskala: Ordnet den Objekten eines empirischen Relativs Zahlen zu, die so geartet sind, dass Objekte mit gleicher Merkmalsausprägung gleiche Zahlen, Objekte mit verschiedener Merkmalsausprägung verschiedene Zahlen erhalten. Eine Nominalskala erlaubt nur Aussagen über Gleichheit von Objekten (Äquivalenzrelation), nicht aber über deren Rangfolge. Beispiel: Zuweisung des Wertes 0 für männliche, 1 für weibliche Versuchspersonen.

Normalverteilung: Wichtige Verteilung der Statistik; festgelegt durch die Parameter μ (Erwartungswert) und σ (Streuung); glockenförmig, symmetrisch, zwischen den beiden Wendepunkten ($\mu \pm 1\sigma$) liegen ca. 68% der gesamten Verteilungsfläche.

Nullhypothese: Behauptung über einen oder mehrere Populationsparameter, die besagt, dass der von der Alternativhypothese behauptete Unterschied bzw. Zusammenhang nicht besteht.

numerisches Relativ: Aus Zahlen bestehendes Relationensystem (z. B. Menge der reellen Zahlen); mit einem numerischen Relativ lässt sich ein empirisches Relativ homomorph abbilden.

O

oblique Rotation: Faktorenrotation, die zu schiefwinkligen bzw. korrelierten Faktoren führt (Faktorenanalyse).

Operationalisierung: Umsetzung einer eher abstrakten Variable bzw. eines theoretischen Konstruktes in ein konkret messbares Merkmal; Beispiel: Operationalisierung der Variable „mathematische Begabung" durch die Variable „Mathematiknote". Wichtig ist, dass die operationalisierte Variable die abstrakte Variable tatsächlich widerspiegelt.

Ordinalskala: Ordnet den Objekten eines empirischen Relativs Zahlen zu, die so geartet sind, dass von jeweils zwei Objekten das Objekt mit der größeren Merkmalsausprägung die größere Zahl erhält. Eine Ordinalskala erlaubt Aussagen über die Gleichheit (Äquivalenzrelation) und die Rangfolge (Ordnungsrelation) von Objekten. Sie sagt aus, ob ein Objekt eine größere Merkmalsausprägung besitzt als ein anderes, nicht aber, um wie viel größer diese Ausprägung ist. Beispiel: Rangfolge für die Schönheit dreier Bilder: 1 = am schönsten; 3 = am wenigsten schön. Bild 2 muss nicht „mittelschön" sein, sondern kann fast so schön sein wie Bild 1.

orthogonale Faktoren: Unkorrelierte Faktoren (Faktorenanalyse).

P

***p*-Wert:** Wahrscheinlichkeit, dass das gefundene Ergebnis oder ein extremeres Ergebnisse bei Gültigkeit von H_0 eintritt.

Parameter: Kennwerte einer theoretischen Verteilung oder Grundgesamtheit (im Gegensatz zu Stichprobenkennwerten) wie z. B. Erwartungswert, Streuung etc. Bezeichnung durch griechische Buchstaben.

partielle Korrelation: Gibt den Zusammenhang zweier Variablen an, aus dem der lineare Einfluss einer dritten Variable eliminiert wurde. Sie stellt eine bivariate Korrelation zwischen den Regressionsresiduen dar.

PCA: Principal Components Analysis (s. Hauptkomponentenanalyse).

Permutation: Werden in einem Zufallsexperiment (z. B. Urne, Kartenspiel) alle Objekte gezogen und nicht zurückgelegt, bezeichnet man die bei einer Durchführung dieses Experiments aufgetretene Reihenfolge der Objekte als eine Permutation. Bei n Objekten gibt es $n!$ Permutationen.

Perzentil: Das p-te Perzentil ist derjenige Skalenwert, welcher die unteren $p\%$ einer Verteilung abschneidet. In einer Grafik werden die unteren $p\%$ der Verteilungsfläche abgeschnitten.

Pfadanalyse: Mit ihrer Hilfe werden anhand empirischer Daten a priori formulierte „Kausalhypothesen" zur Erklärung von Merkmalszusammenhängen geprüft.

Pfaddiagramm: Grafische Veranschaulichung eines Kausalmodells.

Phi-Koeffizient: Korrelationskoeffizient für zwei natürlich dichotome Merkmale; diese werden im Allgemeinen in einer 2 × 2-Tabelle dargestellt.

Polygon: Grafik zur Veranschaulichung einer empirischen Häufigkeitsverteilung einer metrischen Variablen. Auf den Kategorienmitten werden Lote errechnet, deren Länge jeweils der Kategorienhäufigkeit (absolut oder prozentual) entspricht. Verbindet man die Endpunkte der Lote, erhält man das Polygon.

Population: Alle untersuchbaren Objekte, die ein gemeinsames Merkmal aufweisen. Beispiel: Bewohner einer Stadt, Frauen, dreisilbige Substantive.

Prädiktorvariable: Variable, mittels derer unter Verwendung der Regressionsgleichung eine Vorhersage über eine andere Variable (Kriteriumsvariable) gemacht werden kann.

progressive Entscheidung: Wenn ein statistischer Signifikanztest aufgrund von Voraussetzungsverletzungen eher zugunsten von H_1 entscheidet.

punktbiseriale Korrelation: Verfahren zur Berechnung eines Korrelationskoeffizienten r_{pbis} für ein metrisches und ein natürlich dichotomes Merkmal.

Punktschätzung: Schätzung des Wertes eines Parameters (im Unterschied zur Intervallschätzung).

Q

Quadratsumme: Summe der quadrierten Abweichungen aller Messwerte einer Verteilung vom Mittelwert.

Quasi-Experiment: Untersuchung, bei der auf Randomisierung verzichtet werden muss, weil natürliche bzw. bereits bestehende Gruppen untersucht werden; Beispiel: Raucher vs. Nichtraucher, männliche vs. weibliche Personen (man kann nicht per Zufall entscheiden, welcher Gruppe eine Person angehören soll).

Quasi-*F*-Brüche: Nach dem theoretischen Erwartungsmodell gebildete F-Brüche, um nicht direkt zu testende Effekte approximativ zu testen (Varianzanalyse).

R

Rand-Index: Ein Index zur Evaluation clusteranalytischer Lösungen mit ungleicher Clusteranzahl.

Randomisierung: Zufällige Zuordnung der Versuchsteilnehmer bzw. -objekte zu den Versuchsbedingungen.

Rangkorrelation nach Spearman: Verfahren zur Berechnung eines Korrelationskoeffizienten welches auf den Rängen der Merkmale basiert.

Redundanz: In der Korrelationsrechnung der prozentuale Anteil der Varianz der y-Werte, der aufgrund der x-Werte erklärbar bzw. redundant ist.

Regressionsgleichung: Beschreibt den Mittelwert eines Kriteriums in Abhängigkeit eines oder mehrerer Prädiktoren. Mit Hilfe der Regressionsgleichung kann ein Vorhersagewert für die Kriteriumsvariable berechnet werden.

Regressionsresiduum: Kennzeichnet die Abweichung eines empirischen Werts von seinem durch die Regressionsgleichung vorhergesagten Wert. Das Residuum enthält Anteile der Kriteriumsvariablen, die durch die Prädiktorvariable nicht erfasst werden.

rekursive Systeme: Systeme, in denen nur einseitig gerichtete kausale Wirkungen angenommen und in denen die Variablen bezüglich ihrer kausalen Priorität hierarchisch angeordnet werden (Pfadanalyse).

Relationensystem: Menge von Objekten und einer oder mehrerer Relationen (z. B. Gleichheitsrelation, die besagt, dass zwei Objekte gleich sind; Ordnungsrelation, die besagt, dass sich Objekte in eine Rangreihe bringen lassen) (empirisches bzw. numerisches Relativ).

relative Häufigkeit: Wird ein Zufallsexperiment n-mal wiederholt, besagt die relative Häufigkeit, wie oft ein Ereignis in Relation zu n aufgetreten ist. Die relative Häufigkeit liegt daher immer zwischen 0 und 1,0.

Residuum: (s. Regressionsresiduum).

robuster Test: Ein Signifikanztest ist robust, wenn er trotz verletzter Voraussetzungen das festgelegte Signifikanzniveau α einhält.

S

Scheffé-Test: Mit diesem Test wird der gesamte, mit allen möglichen Einzelvergleichen verbundene Hypothesenkomplex der Varianzanalyse auf dem festgelegten Niveau eines Fehlers 1. Art abgesichert.

Schiefe: Steigt eine Verteilung auf einer Seite steiler an als auf der anderen, wird sie als schief bezeichnet; sie ist also asymmetrisch.

Schrumpfungskorrektur: Korrektur, die erforderlich wird, wenn ein bestimmter Kennwert den wahren Wert in der Population überschätzt (z. B. bei der multiplen Korrelation).

Scree-Test: Identifikation der bedeutsamen Faktoren in der Faktorenanalyse anhand des Eigenwertediagramms.

Sequenzeffekte: Effekte, die bei wiederholter Untersuchung von Versuchspersonen auftreten und die Treatmenteffekte überlagern können (z. B. Lerneffekte; Varianzanalyse).

Signifikanzniveau: Vom Versuchsleiter festgelegter Wert für α. Im Allgemeinen spricht man von einem signifikanten Ergebnis, wenn der ermittelte p-Wert höchstens $\alpha = 0{,}05$, von einem sehr signifikanten Ergebnis, wenn er höchstens $\alpha = 0{,}01$ beträgt.

spezifische Alternativhypothese: Annahme, die nicht nur einen Unterschied oder Zusammenhang generell, sondern auch dessen Mindestgröße voraussagt. Beispiel: Männer sind im Durchschnitt mindestens 5 cm größer als Frauen (im Gegensatz zur unspezifischen Alternativhypothese: Männer sind im Durchschnitt größer als Frauen). Spezifische Hypothesen werden meistens in Verbindung mit Effektgrößen formuliert.

Standardabweichung: Wurzel aus der Varianz; bezeichnet durch s für Stichproben, durch σ für theoretische Verteilungen (z. B. Population).

Standardfehler: Standardabweichung einer Stichprobenverteilung. Sie informiert darüber, wie unterschiedlich Stichprobenkennwerte (z. B. Mittelwerte) von Stichproben aus einer Population bei einem gegebenen Stichprobenumfang sein können. Wichtig für die Inferenzstatistik.

Standardnormalverteilung: Normalverteilung mit Erwartungswert (μ) 0 und Standardabweichung (σ) 1,0. Jede Normalverteilung kann durch z-Transformation in die Standardnormalverteilung überführt werden, was den Vergleich verschiedener Normalverteilungen ermöglicht.

Standardschätzfehler: Kennzeichnet die Streuung der y-Werte um die Regressionsgerade und ist damit ein Gütemaßstab für die Genauigkeit der Regressionsvorhersagen. Je kleiner der Standardschätzfehler, desto genauer ist die Vorhersage. Der Standardschätzfehler ist identisch mit der Streuung der Regressionsresiduen.

Stängel-Blatt-Diagramm: Spezielle Form eines Histogramms, dem nicht nur die Häufigkeit von Messwerten, sondern auch deren Größe entnommen werden kann. Im englischen Sprachraum als Stem-and-Leaf-Plot bezeichnet.

stetig: Ein Merkmal ist stetig, wenn es zumindest theoretisch beliebig genau gemessen werden kann. Beispiel: Größe, Gewicht etc.

Stichprobe: In der Regel zufällig ausgewählte Personengruppe, die als Grundlage für inferenzstatistische Schlüsse dienen soll.

Stichprobenkennwert: Wert, der die beobachteten Werte einer Stichprobe zusammenfasst, um eine Aussage zur Verteilung der Werte zu machen. Beispiel: Mittelwert, Modalwert, Varianz.

Stichprobenverteilung: Verteilung der Kennwerte eines Merkmals aus mehreren Stichproben, die derselben Grundgesamtheit entnommen wurden. Beispiel: Verteilung der Mittelwerte aus Untersuchungen zur Körpergröße von Zehnjährigen.

Suffizienz: Kriterium der Parameterschätzung. Ein Schätzwert ist suffizient oder erschöpfend, wenn er alle in den Daten einer Stichprobe enthaltenen Informationen berücksichtigt.

Suppressorvariable: Variable, die den Vorhersagebeitrag einer anderer Variablen erhöht, indem sie irrelevante Varianzen in der anderen Variablen unterdrückt (multiple Regression.

T

***t*-Test für Beobachtungspaare:** Statistischer Signifikanztest, der zwei Gruppen (parallelisierte Stichproben oder Messwiederholung) auf einen Unterschied bezüglich ihrer Mittelwerte eines intervallskalierten Merkmals untersucht.

***t*-Test für unabhängige Stichproben:** Statistischer Signifikanztest, der zwei Gruppen auf einen Unterschied bezüglich ihrer Mittelwerte eines intervallskalierten Merkmals untersucht.

Teststärke: Gegenwahrscheinlichkeit des Fehlers 2. Art: $1 - \beta$. Sie gibt an, mit welcher Wahrscheinlichkeit ein Signifikanztest zugunsten einer spezifischen Alternativhypothese entscheidet, sofern diese wahr ist, d. h. mit welcher Wahrscheinlichkeit ein Unterschied oder Zusammenhang entdeckt wird, wenn er existiert.

tetrachorische Korrelation: Verfahren zur Berechnung eines Korrelationskoeffizienten r_{tet} für zwei künstlich dichotomisierte Merkmale; diese werden im Allgemeinen in einer 2×2-Tabelle dargestellt.

Treatment: Im Rahmen der Varianzanalyse synonmy mit dem Begriff *Faktor*.

Treatmentquadratsumme: Die Treatmentquadratsumme kennzeichnet im Rahmen der einfaktoriellen Varianzanalyse die Unterschiedlichkeit der Messwerte zwischen den Stichproben. Ihre Größe hängt von der Wirksamkeit der geprüften unabhängigen Variablen (Treatment) ab.

Trendtests: Durch Trendtests wird die Treatmentquadratsumme in orthogonale Trendkomponenten zerlegt, die auf verschiedene Trends (linear, quadratisch, kubisch usw.) in den Mittelwerten der abhängigen Variablen zurückzuführen sind (Varianzanalyse).

U

unabhängige Variable: Merkmal, das systematisch variiert wird, um seine Auswirkung auf die abhängige Variable zu untersuchen.

Unabhängigkeit: Zwei Ereignisse sind voneinander unabhängig, wenn das Auftreten des einen Ereignisses nicht davon beeinflusst wird, ob das andere eintritt oder nicht. Mathematisch drückt sich dies darin aus, dass die Wahrscheinlichkeit für das gemeinsame Auftreten beider Ereignisse dem Produkt der Einzelwahrscheinlichkeiten der beiden Ereignisse entspricht.

ungerichtete Alternativhypothese: Annahme, die einen Unterschied oder Zusammenhang voraussagt, ohne deren Richtung zu spezifizieren. Beispiel: Männer und Frauen sind im Durchschnitt unterschiedlich groß (im Gegensatz zur gerichteten H_1: Männer sind im Durchschnitt größer als Frauen).

unspezifische Alternativhypothese: Annahme, die einen Unterschied oder Zusammenhang voraussagt, ohne deren Größe zu spezifizieren.

V

Varianz: Summe der quadrierten Abweichungen aller Messwerte einer Verteilung vom Mittelwert, die am Stichprobenumfang relativiert wird. Maß für die Unterschiedlichkeit der einzelnen Werte einer Verteilung.

Varianzanalyse: Allgemeine Bezeichnung für eine Verfahrensklasse zur Überprüfung von Unterschiedshypothesen. Man unterscheidet ein- und mehrfaktorielle Varianzanalysen, uni- und multivariate Varianzanalysen, hierarchische und nicht-hierarchische Varianzanalysen sowie Kovarianzanalysen.

Variationsbreite: Gibt an, in welchem Bereich sich die Messwerte einer Stichprobe befinden; ergibt sich als Differenz des größten und kleinsten Werts der Verteilung.

Varimax-Kriterium: Rotationskriterium, das die Varianz der quadrierten Ladungen pro Faktor maximiert (Faktorenanalyse).

Verhältnisskala: Ordnet den Objekten eines empirischen Relativs Zahlen zu, die so geartet sind, dass das Verhältnis zwischen je zwei Zahlen dem Verhältnis der Merkmalsausprägungen der jeweiligen Objekte entspricht. Eine Verhältnisskala erlaubt Aussagen über Gleichheit (Äquivalenzrelation), Rangfolge (Ordnungsrelation) und Größe des Unterschieds der Merkmalsausprägung von Objekten. Sie hat außerdem einen empirisch begründbaren Nullpunkt. Beispiel: Länge.

Versuchsleitereffekte: (Unbewusste) Beeinflussung des Untersuchungsergebnisses durch das Verhalten oder die Erwartungen des Versuchsleiters.

verteilungsfreie Verfahren: Statistische Tests, die keine besondere Verteilungsform der Grundgesamtheit (insbesondere Normalverteilung) voraussetzen. Sie sind vor allem für die inferenzstatistische Auswertung kleiner Stichproben geeignet; auch nichtparametrische Tests genannt.

Verteilungsfunktion: Kumulation der Wahrscheinlichkeitsfunktion einer Zufallsvariablen. Die Werte dieser Funktion benennen keine Einzelwahrscheinlichkeiten, sondern die Wahrscheinlichkeit des Wertes selbst sowie aller kleineren Werte. Die Verteilungsfunktion berechnet sich bei stetigen Zufallsvariablen durch das Integral der Dichtefunktion.

W

Wahrscheinlichkeitsfunktion: Funktion, die bei diskreten Zufallsvariablen angibt, mit welcher Wahrscheinlichkeit jedes Ereignis bei einem Zufallsexperiment auftritt. Bei stetigen Variablen bezeichnet man die Wahrscheinlichkeitsfunktion als Dichtefunktion.

Ward-Methode: Hierarchisches Verfahren, das zur Clusteranalyse gehört.

Wilcoxon-Test: Verteilungsfreier Signifikanztest, der zwei Gruppen, die nicht unabhängig voneinander ausgewählt wurden (Matched Samples oder Messwiederholung), auf einen Unterschied bezüglich ihrer zentralen Tendenz eines ordinalskalierten Merkmals untersucht.

Z

z-Transformation: Ein Wert einer beliebigen Verteilung wird durch Subtraktion des Mittelwerts und anschließende Division durch die Standardabweichung der Verteilung in einen z-Wert transformiert. Eine z-transformierte Verteilung hat einen Mittelwert von 0 und eine Standardabweichung von 1,0. Beliebige Normalverteilungen werden durch die z-Transformation in die Standardnormalverteilung überführt.

zentrale Grenzwerttheorem: Besagt, dass die Verteilung von Mittelwerten gleich großer Stichproben aus derselben Grundgesamtheit bei wachsendem Stichprobenumfang (n) in eine Normalverteilung übergeht. Dies gilt, unabhängig von der Verteilungsform der Messwerte in der Grundgesamtheit, für Stichproben mit $n > 30$.

zentrale Tendenz: Charakterisiert die „Mitte" bzw. das „Zentrum" einer Verteilung. Bei intervallskalierten Daten wird die zentrale Tendenz durch das arithmetische Mittel oder den Median beschrieben.

zufällige Effekte: Ein Faktor überprüft zufällige Effekte, wenn die Auswahl der Effekte zufällig aus einer Population erfolgte. Beispiel: Lehrer, Therapeuten oder Versuchsleiter als Stufen eines Faktors.

Zufallsexperiment: Ein beliebig oft wiederholbarer Vorgang, der nach einer ganz bestimmten Vorschrift ausgeführt wird und dessen Ergebnis vom Zufall abhängt, d. h. nicht im Voraus eindeutig bestimmt werden kann (z. B. Würfeln, Messung der Reaktionszeit).

Zufallsstichprobe: Zufällige Auswahl von Untersuchungseinheiten; jedes Element der Grundgesamtheit wird, unabhängig von den bereits ausgewählten Elementen, mit gleicher Wahrscheinlichkeit ausgewählt.

Zufallsvariable: Funktion, die den Ergebnissen eines Zufallsexperiments (d. h. Elementarereignissen oder Ereignissen) reelle Zahlen zuordnet, z. B. beim Würfeln Zuordnung einer Zahl von 1 bis 6 zu jedem Wurf.

Zusammenhangshypothese: Annahme, die besagt, dass zwei oder mehr zu untersuchende Merkmale miteinander zusammenhängen. Überprüfung durch Korrelationsstatistik.

zweiseitiger Test: Statistischer Test, der eine ungerichtete Hypothese (im Gegensatz zu einer gerichteten Hypothese) überprüft.

Tabellen

Tabelle A. Verteilungsfunktion der Standardnormalverteilung

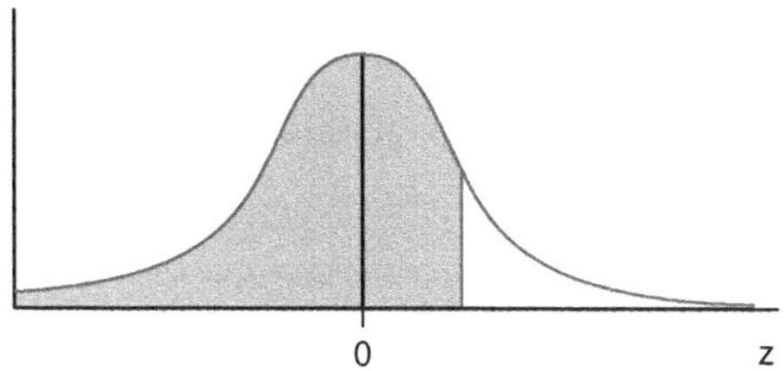

	Zweite Dezimalstelle des z-Wertes									
z-Wert*	0,00	0,01	0,02	0,03	0,04	0,05	0,06	0,07	0,08	0,09
0,00	0,5000	0,5040	0,5080	0,5120	0,5160	0,5199	0,5239	0,5279	0,5319	0,5359
0,10	0,5398	0,5438	0,5478	0,5517	0,5557	0,5596	0,5636	0,5675	0,5714	0,5753
0,20	0,5793	0,5832	0,5871	0,5910	0,5948	0,5987	0,6026	0,6064	0,6103	0,6141
0,30	0,6179	0,6217	0,6255	0,6293	0,6331	0,6368	0,6406	0,6443	0,6480	0,6517
0,40	0,6554	0,6591	0,6628	0,6664	0,6700	0,6736	0,6772	0,6808	0,6844	0,6879
0,50	0,6915	0,6950	0,6985	0,7019	0,7054	0,7088	0,7123	0,7157	0,7190	0,7224
0,60	0,7257	0,7291	0,7324	0,7357	0,7389	0,7422	0,7454	0,7486	0,7517	0,7549
0,70	0,7580	0,7611	0,7642	0,7673	0,7704	0,7734	0,7764	0,7794	0,7823	0,7852
0,80	0,7881	0,7910	0,7939	0,7967	0,7995	0,8023	0,8051	0,8078	0,8106	0,8133
0,90	0,8159	0,8186	0,8212	0,8238	0,8264	0,8289	0,8315	0,8340	0,8365	0,8389
1,00	0,8413	0,8438	0,8461	0,8485	0,8508	0,8531	0,8554	0,8577	0,8599	0,8621
1,10	0,8643	0,8665	0,8686	0,8708	0,8729	0,8749	0,8770	0,8790	0,8810	0,8830
1,20	0,8849	0,8869	0,8888	0,8907	0,8925	0,8944	0,8962	0,8980	0,8997	0,9015
1,30	0,9032	0,9049	0,9066	0,9082	0,9099	0,9115	0,9131	0,9147	0,9162	0,9177
1,40	0,9192	0,9207	0,9222	0,9236	0,9251	0,9265	0,9279	0,9292	0,9306	0,9319
1,50	0,9332	0,9345	0,9357	0,9370	0,9382	0,9394	0,9406	0,9418	0,9429	0,9441
1,60	0,9452	0,9463	0,9474	0,9484	0,9495	0,9505	0,9515	0,9525	0,9535	0,9545
1,70	0,9554	0,9564	0,9573	0,9582	0,9591	0,9599	0,9608	0,9616	0,9625	0,9633
1,80	0,9641	0,9649	0,9656	0,9664	0,9671	0,9678	0,9686	0,9693	0,9699	0,9706
1,90	0,9713	0,9719	0,9726	0,9732	0,9738	0,9744	0,9750	0,9756	0,9761	0,9767
2,00	0,9772	0,9778	0,9783	0,9788	0,9793	0,9798	0,9803	0,9808	0,9812	0,9817
2,10	0,9821	0,9826	0,9830	0,9834	0,9838	0,9842	0,9846	0,9850	0,9854	0,9857
2,20	0,9861	0,9864	0,9868	0,9871	0,9875	0,9878	0,9881	0,9884	0,9887	0,9890
2,30	0,9893	0,9896	0,9898	0,9901	0,9904	0,9906	0,9909	0,9911	0,9913	0,9916
2,40	0,9918	0,9920	0,9922	0,9925	0,9927	0,9929	0,9931	0,9932	0,9934	0,9936
2,50	0,9938	0,9940	0,9941	0,9943	0,9945	0,9946	0,9948	0,9949	0,9951	0,9952
2,60	0,9953	0,9955	0,9956	0,9957	0,9959	0,9960	0,9961	0,9962	0,9963	0,9964
2,70	0,9965	0,9966	0,9967	0,9968	0,9969	0,9970	0,9971	0,9972	0,9973	0,9974
2,80	0,9974	0,9975	0,9976	0,9977	0,9977	0,9978	0,9979	0,9979	0,9980	0,9981
2,90	0,9981	0,9982	0,9982	0,9983	0,9984	0,9984	0,9985	0,9985	0,9986	0,9986
3,00	0,9987	0,9987	0,9987	0,9988	0,9988	0,9989	0,9989	0,9989	0,9990	0,9990

* Beispiel: $P(z \leq 1{,}52) = 0{,}936$. Der Flächenanteil 0,936 befindet sich in der Zeile für $z = 1{,}50$ und Spalte 0,02. Die Flächenanteile für negative z-Werte ergeben sich nach der Beziehung $P(-z) = 1 - P(z)$.

Tabelle B. Verteilungsfunktion der χ^2-Verteilungen (zit. nach Hays, 1994, S.1014–1015).

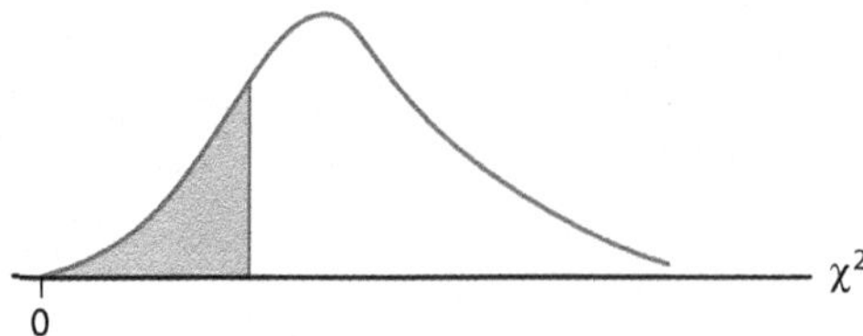

Fläche df	0,005	0,010	0,025	0,050	0,100	0,250	0,500
1	$392704 \cdot 10^{-10}$	$157088 \cdot 10^{-9}$	$982069 \cdot 10^{-9}$	$393214 \cdot 10^{-8}$	0,0157908	0,1015308	0,454937
2	0,0100251	0,0201007	0,0506356	0,102587	0,210720	0,575364	1,38629
3	0,0717212	0,114832	0,215795	0,351846	0,584375	1,212534	2,36597
4	0,206990	0,297110	0,484419	0,710721	1,063623	1,92255	3,35670
5	0,411740	0,554300	0,831211	1,145476	1,61031	2,67460	4,35146
6	0,675727	0,872085	1,237347	1,63539	2,20413	3,45460	5,34812
7	0,989265	1,239043	1,68987	2,16735	2,83311	4,25485	6,34581
8	1,344419	1,646482	2,17973	2,73264	3,48954	5,07064	7,34412
9	1,734926	2,087912	2,70039	3,32511	4,16816	5,89883	8,34283
10	2,15585	2,55821	3,24697	3,94030	4,86518	6,73720	9,34182
11	2,60321	3,05347	3,81575	4,57481	5,57779	7,58412	10,3410
12	3,07382	3,57056	4,40379	5,22603	6,30380	8,43842	11,3403
13	3,56503	4,10691	5,00874	5,89186	7,04150	9,29906	12,3398
14	4,07468	4,66043	5,62872	6,57063	7,78953	10,1653	13,3393
15	4,60094	5,22935	6,26214	7,26094	8,54675	11,0365	14,3389
16	5,14224	5,81221	6,90766	7,96164	9,31223	11,9122	15,3385
17	5,69724	6,40776	7,56418	8,67176	10,0852	12,7919	16,3381
18	6,26481	7,01491	8,23075	9,39046	10,8649	13,6753	17,3379
19	6,84398	7,63273	8,90655	10,1170	11,6509	14,5620	18,3376
20	7,43386	8,26040	9,59083	10,8508	12,4426	15,4518	19,3374
21	8,03366	8,89720	10,28293	11,5913	13,2396	16,3444	20,3372
22	8,64272	9,54249	10,9823	12,3380	14,0415	17,2396	21,3370
23	9,26042	10,19567	11,6885	13,0905	14,8479	18,1373	22,3369
24	9,88623	10,8564	12,4011	13,8484	15,6587	19,0372	23,3367
25	10,5197	11,5240	13,1197	14,6114	16,4734	19,9393	24,3366
26	11,1603	12,1981	13,8439	15,3791	17,2919	20,8434	25,3364
27	11,8076	12,8786	14,5733	16,1513	18,1138	21,7494	26,3363
28	12,4613	13,5648	15,3079	16,9279	18,9392	22,6572	27,3363
29	13,1211	14,2565	16,0471	17,7083	19,7677	23,5666	28,3362
30	13,7867	14,9535	16,7908	18,4926	20,5992	24,4776	29,3360
40	20,7065	22,1643	24,4331	26,5093	29,0505	33,6603	39,3354
50	27,9907	29,7067	32,3574	34,7642	37,6886	42,9421	49,3349
60	35,5346	37,4848	40,4817	43,1879	46,4589	52,2938	59,3347
70	43,2752	45,4418	48,7576	51,7393	55,3290	61,6983	69,3344
80	51,1720	53,5400	57,1532	60,3915	64,2778	71,1445	79,3343
90	59,1963	61,7541	65,6466	69,1260	73,2912	80,6247	89,3342
100	67,3276	70,0648	74,2219	77,9295	82,3581	90,1332	99,3341
z	−2,5758	−2,3263	−1,9600	−1,6449	−1,2816	−0,6745	0,0000

Tabelle B. (Fortsetzung)

Fläche df	0,750	0,900	0,950	0,975	0,990	0,995	0,999
1	1,32330	2,70554	3,84146	5,02389	6,63490	7,87944	10,828
2	2,77259	4,60517	5,99147	7,37776	9,21034	10,5966	13,816
3	4,10835	6,25139	7,81473	9,34840	11,3449	12,8381	16,266
4	5,38527	7,77944	9,48773	11,1439	13,2767	14,8602	18,467
5	6,62568	9,23635	11,0705	12,8325	15,0863	16,7496	20,515
6	7,84080	10,6446	12,5916	14,4494	16,8119	18,5476	22,458
7	9,03715	12,0170	14,0671	16,0128	18,4753	20,2777	24,322
8	10,2188	13,3616	15,5073	17,5346	20,0902	21,9550	26,125
9	11,3887	14,6837	16,9190	19,0228	21,6660	23,5893	27,877
10	12,5489	15,9871	18,3070	20,4831	23,2093	25,1882	29,588
11	13,7007	17,2750	19,6751	21,9200	24,7250	26,7569	31,264
12	14,8454	18,5494	21,0261	23,3367	26,2170	28,2995	32,909
13	15,9839	19,8119	22,3621	24,7356	27,6883	29,8194	34,528
14	17,1170	21,0642	23,6848	26,1190	29,1413	31,3193	36,123
15	18,2451	22,3072	24,9958	27,4884	30,5779	32,8013	37,697
16	19,3688	23,5418	26,2962	28,8454	31,9999	34,2672	39,252
17	20,4887	24,7690	27,5871	30,1910	33,4087	35,7185	40,790
18	21,6049	25,9894	28,8693	31,5264	34,8053	37,1564	42,312
19	22,7178	27,2036	30,1435	32,8523	36,1908	38,5822	43,820
20	23,8277	28,4120	31,4104	34,1696	37,5662	39,9968	45,315
21	24,9348	29,6151	32,6705	35,4789	38,9321	41,4010	46,797
22	26,0393	30,8133	33,9244	36,7807	40,2894	42,7956	48,268
23	27,1413	32,0069	35,1725	38,0757	41,6384	44,1813	49,728
24	28,2412	33,1963	36,4151	39,3641	42,9798	45,5585	51,179
25	29,3389	34,3816	37,6525	40,6465	44,3141	46,9278	52,620
26	30,4345	35,5631	38,8852	41,9232	45,6417	48,2899	54,052
27	31,5284	36,7412	40,1133	43,1944	46,9630	49,6449	55,476
28	32,6205	37,9159	41,3372	44,4607	48,2782	50,9933	56,892
29	33,7109	39,0875	42,5569	45,7222	49,5879	52,3356	58,302
30	34,7998	40,2560	43,7729	46,9792	50,8922	53,6720	59,703
40	45,6160	51,8050	55,7585	59,3417	63,6907	66,7659	73,402
50	56,3336	63,1671	67,5048	71,4202	76,1539	79,4900	86,661
60	66,9814	74,3970	79,0819	83,2976	88,3794	91,9517	99,607
70	77,5766	85,5271	90,5312	95,0231	100,425	104,215	112,317
80	88,1303	96,5782	101,879	106,629	112,329	116,321	124,839
90	98,6499	107,565	113,145	118,136	124,116	128,299	137,208
100	109,141	118,498	124,342	129,561	135,807	140,169	149,449
z	+0,6745	+1,2816	+1,6449	+1,9600	+2,3263	+2,5758	+3,0902

Tabelle C. Verteilungsfunktion der t-Verteilungen und zweiseitige Signifikanzgrenzen für Produkt-Moment-Korrelationen (zit. nach Glass, G. V., Stanley, J. C.: Statistical methods in education and psychology, p. 521. New Jersey: Prentice-Hall, Englewood Cliffs 1970)

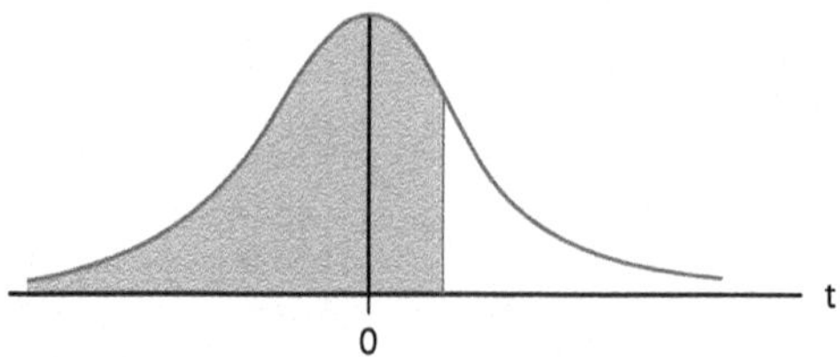

Fläche* df	0,55	0,60	0,65	0,70	0,75	0,80	0,85	0,90	0,95	0,975	0,990	0,995	0,9995	$r_{0,05}$	$r_{0,01}$
1	0,158	0,325	0,510	0,727	1,000	1,376	1,963	3,078	6,314	12,706	31,821	63,657	636,619	0,997	1,000
2	0,142	0,289	0,445	0,617	0,816	1,061	1,386	1,886	2,920	4,303	6,965	9,925	31,598	0,950	0,990
3	0,137	0,277	0,424	0,584	0,765	0,978	1,250	1,638	2,353	3,182	4,541	5,841	12,941	0,878	0,959
4	0,134	0,271	0,414	0,569	0,741	0,941	1,190	1,533	2,132	2,776	3,747	4,604	8,610	0,811	0,917
5	0,132	0,267	0,408	0,559	0,727	0,920	1,156	1,476	2,015	2,571	3,365	4,032	6,859	0,754	0,874
6	0,131	0,265	0,404	0,553	0,718	0,906	1,134	1,440	1,943	2,447	3,143	3,707	5,959	0,707	0,834
7	0,130	0,263	0,402	0,549	0,711	0,896	1,119	1,415	1,895	2,365	2,998	3,499	5,405	0,666	0,798
8	0,130	0,262	0,399	0,546	0,706	0,889	1,108	1,397	1,860	2,306	2,896	3,355	5,041	0,632	0,765
9	0,129	0,261	0,398	0,543	0,703	0,883	1,100	1,383	1,833	2,262	2,821	3,250	4,781	0,602	0,735
10	0,129	0,260	0,397	0,542	0,700	0,879	1,093	1,372	1,812	2,228	2,764	3,169	4,587	0,576	0,708
11	0,129	0,260	0,396	0,540	0,697	0,876	1,088	1,363	1,796	2,201	2,718	3,106	4,437	0,553	0,684
12	0,128	0,259	0,395	0,539	0,695	0,873	1,083	1,356	1,782	2,179	2,681	3,055	4,318	0,532	0,661
13	0,128	0,259	0,394	0,538	0,694	0,870	1,079	1,350	1,771	2,160	2,650	3,012	4,221	0,514	0,641
14	0,128	0,258	0,393	0,537	0,692	0,868	1,076	1,345	1,761	2,145	2,624	2,977	4,140	0,497	0,623
15	0,128	0,258	0,393	0,536	0,691	0,866	1,074	1,341	1,753	2,131	2,602	2,947	4,073	0,482	0,606
16	0,128	0,258	0,392	0,535	0,690	0,865	1,071	1,337	1,746	2,120	2,583	2,921	4,015	0,468	0,590
17	0,128	0,257	0,392	0,534	0,689	0,863	1,069	1,333	1,740	2,110	2,567	2,898	3,965	0,456	0,575
18	0,127	0,257	0,392	0,534	0,688	0,862	1,067	1,330	1,734	2,101	2,552	2,878	3,922	0,444	0,561
19	0,127	0,257	0,391	0,533	0,688	0,861	1,066	1,328	1,729	2,093	2,539	2,861	3,883	0,433	0,549
20	0,127	0,257	0,391	0,533	0,687	0,860	1,064	1,325	1,725	2,086	2,528	2,845	3,850	0,423	0,537
21	0,127	0,257	0,391	0,532	0,686	0,859	1,063	1,323	1,721	2,080	2,518	2,831	3,819	0,413	0,526
22	0,127	0,256	0,390	0,532	0,686	0,858	1,061	1,321	1,717	2,074	2,508	2,819	3,792	0,404	0,515
23	0,127	0,256	0,390	0,532	0,685	0,858	1,060	1,319	1,714	2,069	2,500	2,807	3,767	0,396	0,505
24	0,127	0,256	0,390	0,531	0,685	0,857	1,059	1,318	1,711	2,064	2,492	2,797	3,745	0,388	0,496
25	0,127	0,256	0,390	0,531	0,684	0,856	1,058	1,316	1,708	2,060	2,485	2,787	3,725	0,381	0,487
26	0,127	0,256	0,390	0,531	0,684	0,856	1,058	1,315	1,706	2,056	2,479	2,779	3,707	0,374	0,478
27	0,127	0,256	0,389	0,531	0,684	0,855	1,057	1,314	1,703	2,052	2,473	2,771	3,690	0,367	0,470
28	0,127	0,256	0,389	0,530	0,683	0,855	1,056	1,313	1,701	2,048	2,467	2,763	3,674	0,361	0,463
29	0,127	0,256	0,389	0,530	0,683	0,854	1,055	1,311	1,699	2,045	2,462	2,756	3,659	0,355	0,456
30	0,127	0,256	0,389	0,530	0,683	0,854	1,055	1,310	1,697	2,042	2,457	2,750	3,646	0,349	0,449
40	0,126	0,255	0,388	0,529	0,681	0,851	1,050	1,303	1,684	2,021	2,423	2,704	3,551	0,304	0,393
60	0,126	0,254	0,387	0,527	0,679	0,848	1,046	1,296	1,671	2,000	2,390	2,660	3,460	0,250	0,325
120	0,126	0,254	0,386	0,526	0,677	0,845	1,041	1,289	1,658	1,980	2,358	2,617	3,373	0,178	0,232
z	0,126	0,253	0,385	0,524	0,674	0,842	1,036	1,282	1,645	1,960	2,326	2,576	3,291		

* Die Flächenanteile für negative t-Werte ergeben sich nach der Beziehung $P(-t_{\text{df}}) = 1 - P(t_{\text{df}})$

Tabelle D. Verteilungsfunktion der *F*-Verteilungen (zit. nach: Winer, J. B.: Statistical principles in experimental design, pp. 642–647. New York: McGraw-Hill 1962)

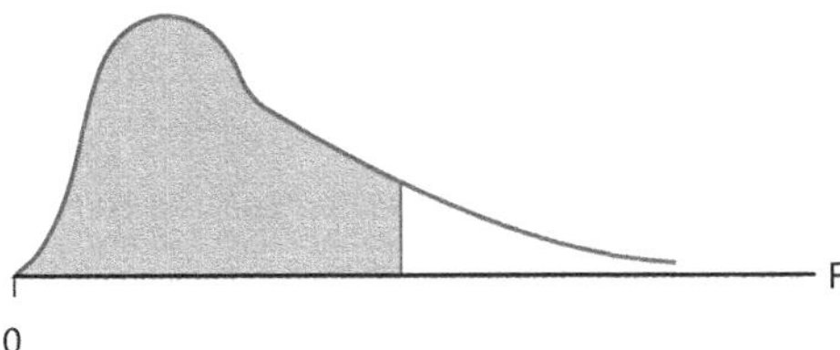

Nenner-df	Fläche	Zähler-df 1	2	3	4	5	6	7	8	9	10	11	12
1	0,75	5,83	7,50	8,20	8,58	8,82	8,98	9,10	9,19	9,26	9,32	9,36	9,41
	0,90	39,9	49,5	53,6	55,8	57,2	58,2	58,9	59,4	59,9	60,2	60,5	60,7
	0,95	161	200	216	225	230	234	237	239	241	242	243	244
2	0,75	2,57	3,00	3,15	3,23	3,28	3,31	3,34	3,35	3,37	3,38	3,39	3,39
	0,90	8,53	9,00	9,16	9,24	9,29	9,33	9,35	9,37	9,38	9,39	9,40	9,41
	0,95	18,5	19,0	19,2	19,2	19,3	19,3	19,4	19,4	19,4	19,4	19,4	19,4
	0,99	98,5	99,0	99,2	99,2	99,3	99,3	99,4	99,4	99,4	99,4	99,4	99,4
3	0,75	2,02	2,28	2,36	2,39	2,41	2,42	2,43	2,44	2,44	2,44	2,45	2,45
	0,90	5,54	5,46	5,39	5,34	5,31	5,28	5,27	5,25	5,24	5,23	5,22	5,22
	0,95	10,1	9,55	9,28	9,12	9,10	8,94	8,89	8,85	8,81	8,79	8,76	8,74
	0,99	34,1	30,8	29,5	28,7	28,2	27,9	27,7	27,5	27,3	27,2	27,1	27,1
4	0,75	1,81	2,00	2,05	2,06	2,07	2,08	2,08	2,08	2,08	2,08	2,08	2,08
	0,90	4,54	4,32	4,19	4,11	4,05	4,01	3,98	3,95	3,94	3,92	3,91	3,90
	0,95	7,71	6,94	6,59	6,39	6,26	6,16	6,09	6,04	6,00	5,96	5,94	5,91
	0,99	21,2	18,0	16,7	16,0	15,5	15,2	15,0	14,8	14,7	14,5	14,4	14,4
5	0,75	1,69	1,85	1,88	1,89	1,89	1,89	1,89	1,89	1,89	1,89	1,89	1,89
	0,90	4,06	3,78	3,62	3,52	3,45	3,40	3,37	3,34	3,32	3,30	3,28	3,27
	0,95	6,61	5,79	5,41	5,19	5,05	4,95	4,88	4,82	4,77	4,74	4,71	4,68
	0,99	16,3	13,3	12,1	11,4	11,0	10,7	10,5	10,3	10,2	10,1	9,96	9,89
6	0,75	1,62	1,76	1,78	1,79	1,79	1,78	1,78	1,77	1,77	1,77	1,77	1,77
	0,90	3,78	3,46	3,29	3,18	3,11	3,05	3,01	2,98	2,96	2,94	2,92	2,90
	0,95	5,99	5,14	4,76	4,53	4,39	4,28	4,21	4,15	4,10	4,06	4,03	4,00
	0,99	13,7	10,9	9,78	9,15	8,75	8,47	8,26	8,10	7,98	7,87	7,79	7,72
7	0,75	1,57	1,70	1,72	1,72	1,71	1,71	1,70	1,70	1,69	1,69	1,69	1,68
	0,90	3,59	3,26	3,07	2,96	2,88	2,83	2,78	2,75	2,72	2,70	2,68	2,67
	0,95	5,59	4,74	4,35	4,12	3,97	3,87	3,79	3,73	3,68	3,64	3,60	3,57
	0,99	12,2	9,55	8,45	7,85	7,46	7,19	6,99	6,84	6,72	6,62	6,54	6,47
8	0,75	1,54	1,66	1,67	1,66	1,66	1,65	1,64	1,64	1,64	1,63	1,63	1,62
	0,90	3,46	3,11	2,92	2,81	2,73	2,67	2,62	2,59	2,56	2,54	2,52	2,50
	0,95	5,32	4,46	4,07	3,84	3,69	3,58	3,50	3,44	3,39	3,35	3,31	3,28
	0,99	11,3	8,65	7,59	7,01	6,63	6,37	6,18	6,03	5,91	5,81	5,73	5,67
9	0,75	1,51	1,62	1,63	1,63	1,62	1,61	1,60	1,60	1,59	1,59	1,58	1,58
	0,90	3,36	3,01	2,81	2,69	2,61	2,55	2,51	2,47	2,44	2,42	2,40	2,38
	0,95	5,12	4,26	3,86	3,63	3,48	3,37	3,29	3,23	3,18	3,14	3,10	3,07
	0,99	10,6	8,02	6,99	6,42	6,06	5,80	5,61	5,47	5,35	5,26	5,18	5,11
10	0,75	1,49	1,60	1,60	1,59	1,59	1,58	1,57	1,56	1,56	1,55	1,55	1,54
	0,90	3,28	2,92	2,73	2,61	2,52	2,46	2,41	2,38	2,35	2,32	2,30	2,28
	0,95	4,96	4,10	3,71	3,48	3,33	3,22	3,14	3,07	3,02	2,98	2,94	2,91
	0,99	10,0	7,56	6,55	5,99	5,64	5,39	5,20	5,06	4,94	4,85	4,77	4,71
11	0,75	1,47	1,58	1,58	1,57	1,56	1,55	1,54	1,53	1,53	1,52	1,52	1,51
	0,90	3,23	2,86	2,66	2,54	2,45	2,39	2,34	2,30	2,27	2,25	2,23	2,21

Tabelle D. (Fortsetzung)

Zähler-df													Nenner-
15	20	25	30	40	50	60	100	120	200	500	∞	Fläche	df
9,49	9,58	9,63	9,67	9,71	9,74	9,76	9,78	9,80	9,82	9,84	9,85	0,75	1
61,2	61,7	62,0	62,3	62,5	62,7	62,8	63,0	63,1	63,2	63,3	63,3	0,90	
246	248	249	250	251	252	252	253	253	254	254	254	0,95	
3,41	3,43	3,43	3,44	3,45	3,45	3,46	3,47	3,47	3,48	3,48	3,48	0,75	2
9,42	9,44	9,45	9,46	9,47	9,47	9,47	9,48	9,48	9,49	9,49	9,49	0,90	
19,4	19,4	19,5	19,5	19,5	19,5	19,5	19,5	19,5	19,5	19,5	19,5	0,95	
99,4	99,4	99,5	99,5	99,5	99,5	99,5	99,5	99,5	99,5	99,5	99,5	0,99	
2,46	2,46	2,46	2,47	2,47	2,47	2,47	2,47	2,47	2,47	2,47	2,47	0,75	3
5,20	5,18	5,18	5,17	5,16	5,15	5,15	5,14	5,14	5,14	5,14	5,13	0,90	
8,70	8,66	8,64	8,62	8,59	8,58	8,57	8,55	8,55	8,54	8,53	8,53	0,95	
26,9	26,7	26,6	26,5	26,4	26,4	26,3	26,2	26,2	26,1	26,1	26,1	0,99	
2,08	2,08	2,08	2,08	2,08	2,08	2,08	2,08	2,08	2,08	2,08	2,08	0,75	4
3,87	3,84	3,83	3,82	3,80	3,80	3,79	3,78	3,78	3,77	3,76	3,76	0,90	
5,86	5,80	5,77	5,75	5,72	5,70	5,69	5,66	5,66	5,65	5,64	5,63	0,95	
14,2	14,0	13,9	13,8	13,7	13,7	13,7	13,6	13,6	3,5	13,5	13,5	0,99	
1,89	1,88	1,88	1,88	1,88	1,88	1,87	1,87	1,87	1,87	1,87	1,87	0,75	5
3,24	3,21	3,19	3,17	3,16	3,15	3,14	3,13	3,12	3,12	3,11	3,10	0,90	
4,62	4,56	4,53	4,50	4,46	4,44	4,43	4,41	4,40	4,39	4,37	4,36	0,95	
9,72	9,55	9,47	9,38	9,29	9,24	9,20	9,13	9,11	9,08	9,04	9,02	0,99	
1,76	1,76	1,75	1,75	1,75	1,75	1,74	1,74	1,74	1,74	1,74	1,74	0,75	6
2,87	2,84	2,82	2,80	2,78	2,77	2,76	2,75	2,74	2,73	2,73	2,72	0,90	
3,94	3,87	3,84	3,81	3,77	3,75	3,74	3,71	3,70	3,69	3,68	3,67	0,95	
7,56	7,40	7,31	7,23	7,14	7,09	7,06	6,99	6,97	6,93	6,90	6,88	0,99	
1,68	1,67	1,67	1,66	1,66	1,66	1,65	1,65	1,65	1,65	1,65	1,65	0,75	7
2,63	2,59	2,58	2,56	2,54	2,52	2,51	2,50	2,49	2,48	2,48	2,47	0,90	
3,51	3,44	3,41	3,38	3,34	3,32	3,30	3,27	3,27	3,25	3,24	3,23	0,95	
6,31	6,16	6,07	5,99	5,91	5,86	5,82	5,75	5,74	5,70	5,67	5,65	0,99	
1,62	1,61	1,60	1,60	1,59	1,59	1,59	1,58	1,58	1,58	1,58	1,58	0,75	8
2,46	2,42	2,40	2,38	2,36	2,35	2,34	2,32	2,32	2,31	2,30	2,29	0,90	
3,22	3,15	3,12	3,08	3,04	3,02	3,01	2,96	2,97	2,95	2,94	2,93	0,95	
5,52	5,36	5,28	5,20	5,12	5,07	5,03	4,96	4,95	4,91	4,88	4,86	0,99	
1,57	1,56	1,56	1,55	1,55	1,54	1,54	1,53	1,53	1,53	1,53	1,53	0,75	9
2,34	2,30	2,28	2,25	2,23	2,22	2,21	2,19	2,18	2,17	2,17	2,16	0,90	
3,01	2,94	2,90	2,86	2,83	2,80	2,79	2,76	2,75	2,73	2,72	2,71	0,95	
4,96	4,81	4,73	4,65	4,57	4,52	4,48	4,42	4,40	4,36	4,33	4,31	0,99	
1,53	1,52	1,52	1,51	1,51	1,50	1,50	1,49	1,49	1,49	1,48	1,48	0,75	10
2,24	2,20	2,18	2,16	2,13	2,12	2,11	2,09	2,08	2,07	2,06	2,06	0,90	
2,85	2,77	2,74	2,70	2,66	2,64	2,62	2,59	2,58	2,56	2,55	2,54	0,95	
4,56	4,41	4,33	4,25	4,17	4,12	4,08	4,01	4,00	3,96	3,93	3,91	0,99	
1,50	1,49	1,49	1,48	1,47	1,47	1,47	1,46	1,46	1,46	1,45	1,45	0,75	11
2,17	2,12	2,10	2,08	2,05	2,04	2,03	2,00	2,00	1,99	1,98	1,97	0,90	

Tabelle D. (Fortsetzung)

Nenner-df	Fläche	Zähler-df 1	2	3	4	5	6	7	8	9	10	11	12
11	0,95	4,84	3,98	3,59	3,36	3,20	3,09	3,01	2,95	2,90	2,85	2,82	2,79
	0,99	9,65	7,21	6,22	5,67	5,32	5,07	4,89	4,74	4,63	4,54	4,46	4,40
12	0,75	1,46	1,56	1,56	1,55	1,54	1,53	1,52	1,51	1,51	1,50	1,50	1,49
	0,90	3,18	2,81	2,61	2,48	2,39	2,33	2,28	2,24	2,21	2,19	2,17	2,15
	0,95	4,75	3,89	3,49	3,26	3,11	3,00	2,91	2,85	2,80	2,75	2,72	2,69
	0,99	9,33	6,93	5,95	5,41	5,06	4,82	4,64	4,50	4,39	4,30	4,22	4,16
13	0,75	1,45	1,54	1,54	1,53	1,52	1,51	1,50	1,49	1,49	1,48	1,47	1,47
	0,90	3,14	2,76	2,56	2,43	2,35	2,28	2,23	2,20	2,16	2,14	2,12	2,10
	0,95	4,67	3,81	3,41	3,18	3,03	2,92	2,83	2,77	2,71	2,67	2,63	2,60
	0,99	9,07	6,70	5,74	5,21	4,86	4,62	4,44	4,30	4,19	4,10	4,02	3,96
14	0,75	1,44	1,53	1,53	1,52	1,51	1,50	1,48	1,48	1,47	1,46	1,46	1,45
	0,90	3,10	2,73	2,52	2,39	2,31	2,24	2,19	2,15	2,12	2,10	2,08	2,05
	0,95	4,60	3,74	3,34	3,11	2,96	2,85	2,76	2,70	2,65	2,60	2,57	2,53
	0,99	8,86	6,51	5,56	5,04	4,69	4,46	4,28	4,14	4,03	3,94	3,86	3,80
15	0,75	1,43	1,52	1,52	1,51	1,49	1,48	1,47	1,46	1,46	1,45	1,44	1,44
	0,90	3,07	2,70	2,49	2,36	2,27	2,21	2,16	2,12	2,09	2,06	2,04	2,02
	0,95	4,54	3,68	3,29	3,06	2,90	2,79	2,71	2,64	2,59	2,54	2,51	2,48
	0,99	8,68	6,36	5,42	4,89	4,56	4,32	4,14	4,00	3,89	3,80	3,73	3,67
16	0,75	1,42	1,51	1,51	1,50	1,48	1,48	1,47	1,46	1,45	1,45	1,44	1,44
	0,90	3,05	2,67	2,46	2,33	2,24	2,18	2,13	2,09	2,06	2,03	2,01	1,99
	0,95	4,49	3,63	3,24	3,01	2,85	2,74	2,66	2,59	2,54	2,49	2,46	2,42
	0,99	8,53	6,23	5,29	4,77	4,44	4,20	4,03	3,89	3,78	3,69	3,62	3,55
17	0,75	1,42	1,51	1,50	1,49	1,47	1,46	1,45	1,44	1,43	1,43	1,42	1,41
	0,90	3,03	2,64	2,44	2,31	2,22	2,15	2,10	2,06	2,03	2,00	1,98	1,96
	0,95	4,45	3,59	3,20	2,96	2,81	2,70	2,61	2,55	2,49	2,45	2,41	2,38
	0,99	8,40	6,11	5,18	4,67	4,34	4,10	3,93	3,79	3,68	3,59	3,52	3,46
18	0,75	1,41	1,50	1,49	1,48	1,46	1,45	1,44	1,43	1,42	1,42	1,41	1,40
	0,90	3,01	2,62	2,42	2,29	2,20	2,13	2,08	2,04	2,00	1,98	1,96	1,93
	0,95	4,41	3,55	3,16	2,93	2,77	2,66	2,58	2,51	2,46	2,41	2,37	2,34
	0,99	8,29	6,01	5,09	4,58	4,25	4,01	3,84	3,71	3,60	3,51	3,43	3,37
19	0,75	1,41	1,49	1,49	1,47	1,46	1,44	1,43	1,42	1,41	1,41	1,40	1,40
	0,90	2,99	2,61	2,40	2,27	2,18	2,11	2,06	2,02	1,98	1,96	1,94	1,91
	0,95	4,38	3,52	3,13	2,90	2,74	2,63	2,54	2,48	2,42	2,38	2,34	2,31
	0,99	8,18	5,93	5,01	4,50	4,17	3,94	3,77	3,63	3,52	3,43	3,36	3,30
20	0,75	1,40	1,49	1,48	1,46	1,45	1,44	1,42	1,42	1,41	1,40	1,39	1,39
	0,90	2,97	2,59	2,38	2,25	2,16	2,09	2,04	2,00	1,96	1,94	1,92	1,89
	0,95	4,35	3,49	3,10	2,87	2,71	2,60	2,51	2,45	2,39	2,35	2,31	2,28
	0,99	8,10	5,85	4,94	4,43	4,10	3,87	3,70	3,56	3,46	3,37	3,29	3,23
22	0,75	1,40	1,48	1,47	1,45	1,44	1,42	1,41	1,40	1,39	1,39	1,38	1,37
	0,90	2,95	2,56	2,35	2,22	2,13	2,06	2,01	1,97	1,93	1,90	1,88	1,86
	0,95	4,30	3,44	3,05	2,82	2,66	2,55	2,46	2,40	2,34	2,30	2,26	2,23
	0,99	7,95	5,72	4,82	4,31	3,99	3,76	3,59	3,45	3,35	3,26	3,18	3,12
24	0,75	1,39	1,47	1,46	1,44	1,43	1,41	1,40	1,39	1,38	1,38	1,37	1,36
	0,90	2,93	2,54	2,33	2,19	2,10	2,04	1,98	1,94	1,91	1,88	1,85	1,83
	0,95	4,26	3,40	3,01	2,78	2,62	2,51	2,42	2,36	2,30	2,25	2,21	2,18
	0,99	7,82	5,61	4,72	4,22	3,90	3,67	3,50	3,36	3,26	3,17	3,09	3,03
26	0,75	1,38	1,46	1,45	1,44	1,42	1,41	1,40	1,39	1,37	1,37	1,36	1,35
	0,90	2,91	2,52	2,31	2,17	2,08	2,01	1,96	1,92	1,88	1,86	1,84	1,81

Tabelle D. (Fortsetzung)

Zähler-df 15	20	25	30	40	50	60	100	120	200	500	∞	Fläche	Nenner-df
2,72	2,65	2,61	2,57	2,53	2,51	2,49	2,46	2,45	2,43	2,42	2,40	0,95	11
4,25	4,10	4,02	3,94	3,86	3,81	3,78	3,71	3,69	3,66	3,62	3,60	0,99	
1,48	1,47	1,46	1,45	1,45	1,44	1,44	1,43	1,43	1,43	1,42	1,42	0,75	12
2,10	2,06	2,04	2,01	1,99	1,97	1,96	1,94	1,93	1,92	1,91	1,90	0,90	
2,62	2,54	2,51	2,47	2,43	2,40	2,38	2,35	2,34	2,32	2,31	2,30	0,95	
4,01	3,86	3,78	3,70	3,62	3,57	3,54	3,47	3,45	3,41	3,38	3,36	0,99	
1,46	1,45	1,44	1,43	1,42	1,42	1,42	1,41	1,41	1,40	1,40	1,40	0,75	13
2,05	2,01	1,98	1,96	1,93	1,92	1,90	1,88	1,88	1,86	1,85	1,85	0,90	
2,53	2,46	2,42	2,38	2,34	2,31	2,30	2,26	2,25	2,23	2,22	2,21	0,95	
3,82	3,66	3,59	3,51	3,43	3,38	3,34	3,27	3,25	3,22	3,19	3,17	0,99	
1,44	1,43	1,42	1,41	1,41	1,40	1,40	1,39	1,39	1,39	1,38	1,38	0,75	14
2,01	1,96	1,94	1,91	1,89	1,87	1,86	1,83	1,83	1,82	1,80	1,80	0,90	
2,46	2,39	2,35	2,31	2,27	2,24	2,22	2,19	2,18	2,16	2,14	2,13	0,95	
3,66	3,51	3,43	3,35	3,27	3,22	3,18	3,11	3,09	3,06	3,03	3,00	0,99	
1,43	1,41	1,41	1,40	1,39	1,39	1,38	1,38	1,37	1,37	1,36	1,36	0,75	15
1,97	1,92	1,90	1,87	1,85	1,83	1,82	1,79	1,79	1,77	1,76	1,76	0,90	
2,40	2,33	2,29	2,25	2,20	2,18	2,16	2,12	2,11	2,10	2,08	2,07	0,95	
3,52	3,37	3,29	3,21	3,13	3,08	3,05	2,98	2,96	2,92	2,89	2,87	0,99	
1,41	1,40	1,39	1,38	1,37	1,37	1,36	1,36	1,35	1,35	1,34	1,34	0,75	16
1,94	1,89	1,87	1,84	1,81	1,79	1,78	1,76	1,75	1,74	1,73	1,72	0,90	
2,35	2,28	2,24	2,19	2,15	2,12	2,11	2,07	2,06	2,04	2,02	2,01	0,95	
3,41	3,26	3,18	3,10	3,02	2,97	2,93	2,86	2,84	2,81	2,78	2,75	0,99	
1,40	1,39	1,38	1,37	1,36	1,35	1,35	1,34	1,34	1,34	1,33	1,33	0,75	17
1,91	1,86	1,84	1,81	1,78	1,76	1,75	1,73	1,72	1,71	1,69	1,69	0,90	
2,31	2,23	2,19	2,15	2,10	2,08	2,06	2,02	2,01	1,99	1,97	1,96	0,95	
3,31	3,16	3,08	3,00	2,92	2,87	2,83	2,76	2,75	2,71	2,68	2,65	0,99	
1,39	1,38	1,37	1,36	1,35	1,34	1,34	1,33	1,33	1,32	1,32	1,32	0,75	18
1,89	1,84	1,81	1,78	1,75	1,74	1,72	1,70	1,69	1,68	1,67	1,66	0,90	
2,27	2,19	2,15	2,11	2,06	2,04	2,02	1,98	1,97	1,95	1,93	1,92	0,95	
3,23	3,08	3,00	2,92	2,84	2,78	2,75	2,68	2,66	2,62	2,59	2,57	0,99	
1,38	1,37	1,36	1,35	1,34	1,33	1,33	1,32	1,32	1,31	1,31	1,30	0,75	19
1,86	1,81	1,79	1,76	1,73	1,71	1,70	1,67	1,67	1,65	1,64	1,63	0,90	
2,23	2,16	2,11	2,07	2,03	2,00	1,98	1,94	1,93	1,91	1,89	1,88	0,95	
3,15	3,00	2,92	2,84	2,76	2,71	2,67	2,60	2,58	2,55	2,51	2,49	0,99	
1,37	1,36	1,35	1,34	1,33	1,33	1,32	1,31	1,31	1,30	1,30	1,29	0,75	20
1,84	1,79	1,77	1,74	1,71	1,69	1,68	1,65	1,64	1,63	1,62	1,61	0,90	
2,20	2,12	2,08	2,04	1,99	1,97	1,95	1,91	1,90	1,88	1,86	1,84	0,95	
3,09	2,94	2,86	2,78	2,69	2,64	2,61	2,54	2,52	2,48	2,44	2,42	0,99	
1,36	1,34	1,33	1,32	1,31	1,31	1,30	1,30	1,30	1,29	1,29	1,28	0,75	22
1,81	1,76	1,73	1,70	1,67	1,65	1,64	1,61	1,60	1,59	1,58	1,57	0,90	
2,15	2,07	2,03	1,98	1,94	1,91	1,89	1,85	1,84	1,82	1,80	1,78	0,95	
2,98	2,83	2,75	2,67	2,58	2,53	2,50	2,42	2,40	2,36	2,33	2,31	0,99	
1,35	1,33	1,32	1,31	1,30	1,29	1,29	1,28	1,28	1,27	1,27	1,26	0,75	24
1,78	1,73	1,70	1,67	1,64	1,62	1,61	1,58	1,57	1,56	1,54	1,53	0,90	
2,11	2,03	1,98	1,94	1,89	1,86	1,84	1,80	1,79	1,77	1,75	1,73	0,95	
2,89	2,74	2,66	2,58	2,49	2,44	2,40	2,33	2,31	2,27	2,24	2,21	0,99	
1,34	1,32	1,31	1,30	1,29	1,28	1,28	1,26	1,26	1,26	1,25	1,25	0,75	26
1,76	1,71	1,68	1,65	1,61	1,59	1,58	1,55	1,54	1,53	1,51	1,50	0,90	

Tabelle D. (Fortsetzung)

Nenner-df	Fläche	Zähler-df 1	2	3	4	5	6	7	8	9	10	11	12
26	0,95	4,23	3,37	2,98	2,74	2,59	2,47	2,39	2,32	2,27	2,22	2,18	2,15
	0,99	7,72	5,53	4,64	4,14	3,82	3,59	3,42	3,29	3,18	3,09	3,02	2,96
28	0,75	1,38	1,46	1,45	1,43	1,41	1,40	1,39	1,38	1,37	1,36	1,35	1,34
	0,90	2,89	2,50	2,29	2,16	2,06	2,00	1,94	1,90	1,87	1,84	1,81	1,79
	0,95	4,20	3,34	2,95	2,71	2,56	2,45	2,36	2,29	2,24	2,19	2,15	2,12
	0,99	7,64	5,45	4,57	4,07	3,75	3,53	3,36	3,23	3,12	3,03	2,96	2,90
30	0,75	1,38	1,45	1,44	1,42	1,41	1,39	1,38	1,37	1,36	1,35	1,35	1,34
	0,90	2,88	2,49	2,28	2,14	2,05	1,98	1,93	1,88	1,85	1,82	1,79	1,77
	0,95	4,17	3,32	2,92	2,69	2,53	2,42	2,33	2,27	2,21	2,16	2,13	2,09
	0,99	7,56	5,39	4,51	4,02	3,70	3,47	3,30	3,17	3,07	2,98	2,91	2,84
40	0,75	1,36	1,44	1,42	1,40	1,39	1,37	1,36	1,35	1,34	1,33	1,32	1,31
	0,90	2,84	2,44	2,23	2,09	2,00	1,93	1,87	1,83	1,79	1,76	1,73	1,71
	0,95	4,08	3,23	2,84	2,61	2,45	2,34	2,25	2,18	2,12	2,08	2,04	2,00
	0,99	7,31	5,18	4,31	3,83	3,51	3,29	3,12	2,99	2,89	2,80	2,73	2,66
60	0,75	1,35	1,42	1,41	1,38	1,37	1,35	1,33	1,32	1,31	1,30	1,29	1,29
	0,90	2,79	2,39	2,18	2,04	1,95	1,87	1,82	1,77	1,74	1,71	1,68	1,66
	0,95	4,00	3,15	2,76	2,53	2,37	2,25	2,17	2,10	2,04	1,99	1,95	1,92
	0,99	7,08	4,98	4,13	3,65	3,34	3,12	2,95	2,82	2,72	2,63	2,56	2,50
120	0,75	1,34	1,40	1,39	1,37	1,35	1,33	1,31	1,30	1,29	1,28	1,27	1,26
	0,90	2,75	2,35	2,13	1,99	1,90	1,82	1,77	1,72	1,68	1,65	1,62	1,60
	0,95	3,92	3,07	2,68	2,45	2,29	2,17	2,09	2,02	1,96	1,91	1,87	1,83
	0,99	6,85	4,79	3,95	3,48	3,17	2,96	2,79	2,66	2,56	2,47	2,40	2,34
200	0,75	1,33	1,39	1,38	1,36	1,34	1,32	1,31	1,29	1,28	1,27	1,26	1,25
	0,90	2,73	2,33	2,11	1,97	1,88	1,80	1,75	1,70	1,66	1,63	1,60	1,57
	0,95	3,89	3,04	2,65	2,42	2,26	2,14	2,06	1,98	1,93	1,88	1,84	1,80
	0,99	6,76	4,71	3,88	3,41	3,11	2,89	2,73	2,60	2,50	2,41	2,34	2,27
∞	0,75	1,32	1,39	1,37	1,35	1,33	1,31	1,29	1,28	1,27	1,25	1,24	1,24
	0,90	2,71	2,30	2,08	1,94	1,85	1,77	1,72	1,67	1,63	1,60	1,57	1,55
	0,95	3,84	3,00	2,60	2,37	2,21	2,10	2,01	1,94	1,88	1,83	1,79	1,75
	0,99	6,63	4,61	3,78	3,32	3,02	2,80	2,64	2,51	2,41	2,32	2,25	2,18

Tabelle D. (Fortsetzung)

Zähler-df 15	20	25	30	40	50	60	100	120	200	500	∞	Fläche	Nenner-df
2,07	1,99	1,95	1,90	1,85	1,82	1,80	1,76	1,75	1,73	1,71	1,69	0,95	26
2,81	2,66	2,58	2,50	2,42	2,36	2,33	2,25	2,23	2,19	2,16	2,13	0,99	
1,33	1,31	1,30	1,29	1,28	1,27	1,27	1,26	1,25	1,25	1,24	1,24	0,75	28
1,74	1,69	1,66	1,63	1,59	1,57	1,56	1,53	1,52	1,50	1,49	1,48	0,90	
2,04	1,96	1,91	1,87	1,82	1,79	1,77	1,73	1,71	1,69	1,67	1,65	0,95	
2,75	2,60	2,52	2,44	2,35	2,30	2,26	2,19	2,17	2,13	2,09	2,06	0,99	
1,32	1,30	1,29	1,28	1,27	1,26	1,26	1,25	1,24	1,24	1,23	1,23	0,75	30
1,72	1,67	1,64	1,61	1,57	1,55	1,54	1,51	1,50	1,48	1,47	1,46	0,90	
2,01	1,93	1,89	1,84	1,79	1,76	1,74	1,70	1,68	1,66	1,64	1,62	0,95	
2,70	2,55	2,47	2,39	2,30	2,25	2,21	2,13	2,11	2,07	2,03	2,01	0,99	
1,30	1,28	1,26	1,25	1,24	1,23	1,22	1,21	1,21	1,20	1,19	1,19	0,75	40
1,66	1,61	1,57	1,54	1,51	1,48	1,47	1,43	1,42	1,41	1,39	1,38	0,90	
1,92	1,84	1,79	1,74	1,69	1,66	1,64	1,59	1,58	1,55	1,53	1,51	0,95	
2,52	2,37	2,29	2,20	2,11	2,06	2,02	1,94	1,92	1,87	1,83	1,80	0,99	
1,27	1,25	1,24	1,22	1,21	1,20	1,19	1,17	1,17	1,16	1,15	1,15	0,75	60
1,60	1,54	1,51	1,48	1,44	1,41	1,40	1,36	1,35	1,33	1,31	1,29	0,90	
1,84	1,75	1,70	1,65	1,59	1,56	1,53	1,48	1,47	1,44	1,41	1,39	0,95	
2,35	2,20	2,12	2,03	1,94	1,88	1,84	1,75	1,73	1,68	1,63	1,60	0,99	
1,24	1,22	1,21	1,19	1,18	1,17	1,16	1,14	1,13	1,12	1,11	1,10	0,75	120
1,55	1,48	1,45	1,41	1,37	1,34	1,32	1,27	1,26	1,24	1,21	1,19	0,90	
1,75	1,66	1,61	1,55	1,50	1,46	1,43	1,37	1,35	1,32	1,28	1,25	0,95	
2,19	2,03	1,95	1,86	1,76	1,70	1,66	1,56	1,53	1,48	1,42	1,38	0,99	
1,23	1,21	1,20	1,18	1,16	1,14	1,12	1,11	1,10	1,09	1,08	1,06	0,75	200
1,52	1,46	1,42	1,38	1,34	1,31	1,28	1,24	1,22	1,20	1,17	1,14	0,90	
1,72	1,62	1,57	1,52	1,46	1,41	1,39	1,32	1,29	1,26	1,22	1,19	0,95	
2,13	1,97	1,89	1,79	1,69	1,63	1,58	1,48	1,44	1,39	1,33	1,28	0,99	
1,22	1,19	1,18	1,16	1,14	1,13	1,12	1,09	1,08	1,07	1,04	1,00	0,75	∞
1,49	1,42	1,38	1,34	1,30	1,26	1,24	1,18	1,17	1,13	1,08	1,00	0,90	
1,67	1,57	1,52	1,46	1,39	1,35	1,32	1,24	1,22	1,17	1,11	1,00	0,95	
2,04	1,88	1,79	1,70	1,59	1,52	1,47	1,36	1,32	1,25	1,15	1,00	0,99	

Tabelle E. U-Test-Tabelle (zit. nach: Clauss, G., Ebner, H.: Grundlagen der Statistik, S. 345–349. Frankfurt a. M.: Harri Deutsch 1971); Wahrscheinlichkeitsfunktionen für den U-Test von Mann u. Whitney

	$n_2 = 3$			$n_2 = 4$			
	n_1			n_1			
U	1	2	3	1	2	3	4
0	0,250	0,100	0,050	0,200	0,067	0,028	0,014
1	0,500	0,200	0,100	0,400	0,133	0,057	0,029
2	0,750	0,400	0,200	0,600	0,267	0,114	0,057
3		0,600	0,350		0,400	0,200	0,100
4			0,500		0,600	0,314	0,171
5			0,650			0,429	0,243
6						0,571	0,343
7							0,443
8							0,557

	$n_2 = 5$					$n_2 = 6$					
	n_1					n_1					
U	1	2	3	4	5	1	2	3	4	5	6
0	0,167	0,047	0,018	0,008	0,004	0,143	0,036	0,012	0,005	0,002	0,001
1	0,333	0,095	0,036	0,016	0,008	0,286	0,071	0,024	0,010	0,004	0,002
2	0,500	0,190	0,071	0,032	0,016	0,428	0,143	0,048	0,019	0,009	0,004
3	0,667	0,286	0,125	0,056	0,028	0,571	0,214	0,083	0,033	0,015	0,008
4		0,429	0,196	0,095	0,048		0,321	0,131	0,057	0,026	0,013
5		0,571	0,286	0,143	0,075		0,429	0,190	0,086	0,041	0,021
6			0,393	0,206	0,111		0,571	0,274	0,129	0,063	0,032
7			0,500	0,278	0,155			0,357	0,176	0,089	0,047
8			0,607	0,365	0,210			0,452	0,238	0,123	0,066
9				0,452	0,274			0,548	0,305	0,165	0,090
10				0,548	0,345				0,381	0,214	0,120
11					0,421				0,457	0,268	0,155
12					0,500				0,545	0,331	0,197
13					0,579					0,396	0,242
14										0,465	0,294
15										0,535	0,350
16											0,409
17											0,469
18											0,531

Tabelle E. (Fortsetzung)

U	$n_2 = 7$							$n_2 = 8$									
	n_1							n_1									
	1	2	3	4	5	6	7	1	2	3	4	5	6	7	8	t	Normal
0	0,125	0,028	0,008	0,003	0,001	0,001	0,000	0,111	0,022	0,006	0,002	0,001	0,000	0,000	0,000	3,308	0,001
1	0,250	0,056	0,017	0,006	0,003	0,001	0,001	0,222	0,044	0,012	0,004	0,002	0,001	0,000	0,000	3,203	0,001
2	0,375	0,111	0,033	0,012	0,005	0,002	0,001	0,333	0,089	0,024	0,008	0,003	0,001	0,001	0,000	3,098	0,001
3	0,500	0,167	0,058	0,021	0,009	0,004	0,002	0,444	0,133	0,042	0,014	0,005	0,002	0,001	0,001	2,993	0,001
4	0,625	0,250	0,092	0,036	0,015	0,007	0,003	0,556	0,200	0,067	0,024	0,009	0,004	0,002	0,001	2,888	0,002
5		0,333	0,133	0,055	0,024	0,011	0,006		0,267	0,097	0,036	0,015	0,006	0,003	0,001	2,783	0,003
6		0,444	0,192	0,082	0,037	0,017	0,009		0,356	0,139	0,055	0,023	0,010	0,005	0,002	2,678	0,004
7		0,556	0,258	0,115	0,053	0,026	0,013		0,444	0,188	0,077	0,033	0,015	0,007	0,003	2,573	0,005
8			0,333	0,158	0,074	0,037	0,019		0,556	0,248	0,107	0,047	0,021	0,010	0,005	2,468	0,007
9			0,417	0,206	0,101	0,051	0,027			0,315	0,141	0,064	0,030	0,014	0,007	2,363	0,009
10			0,500	0,264	0,134	0,069	0,036			0,387	0,184	0,085	0,041	0,020	0,010	2,258	0,012
11			0,583	0,324	0,172	0,090	0,049			0,461	0,230	0,111	0,054	0,027	0,014	2,153	0,016
12			0,394	0,216	0,117	0,064				0,539	0,285	0,142	0,071	0,036	0,019	2,048	0,020
13			0,464	0,265	0,147	0,082					0,341	0,177	0,091	0,047	0,025	1,943	0,026
14			0,538	0,319	0,183	0,104					0,404	0,217	0,114	0,060	0,032	1,838	0,033
15				0,378	0,223	0,130					0,467	0,262	0,141	0,076	0,041	1,733	0,041
16				0,438	0,267	0,159					0,533	0,311	0,172	0,095	0,052	1,628	0,052
17				0,500	0,314	0,191						0,362	0,207	0,116	0,065	1,523	0,064
18				0,562	0,365	0,228						0,416	0,245	0,140	0,080	1,418	0,078
19					0,418	0,267						0,472	0,286	0,168	0,097	1,313	0,094
20					0,473	0,310						0,528	0,331	0,198	0,117	1,208	0,113
21					0,527	0,355							0,377	0,232	0,139	1,102	0,135
22						0,402							0,426	0,268	0,164	0,998	0,159
23						0,451							0,475	0,306	0,191	0,893	0,185
24						0,500							0,525	0,347	0,221	0,788	0,215
25						0,549								0,389	0,253	0,683	0,247
26														0,433	0,287	0,578	0,282
27														0,478	0,323	0,473	0,318
28														0,522	0,360	0,368	0,356
29															0,399	0,263	0,396
30															0,439	0,158	0,437
31															0,480	0,052	0,481
32															0,520		

Tabelle E. (Fortsetzung)

Kritische Werte von U für den Test von Mann u. Whitney für den einseitigen Test bei $\alpha = 0{,}01$, für den zweiseitigen Test bei $\alpha = 0{,}02$

	n_2											
n_1	9	10	11	12	13	14	15	16	17	18	19	20
1												
2					0	0	0	0	0	0	1	1
3	1	1	1	2	2	2	3	3	4	4	4	5
4	3	3	4	5	5	6	7	7	8	9	9	10
5	5	6	7	8	9	10	11	12	13	14	15	16
6	7	8	9	11	12	13	15	16	18	19	20	22
7	9	11	12	14	16	17	19	21	23	24	26	28
8	11	13	15	17	20	22	24	26	28	30	32	34
9	14	16	18	21	23	26	28	31	33	36	38	40
10	16	19	22	24	27	30	33	36	38	41	44	47
11	18	22	25	28	31	34	37	41	44	47	50	53
12	21	24	28	31	35	38	42	46	49	53	56	60
13	23	27	31	35	39	43	47	51	55	59	63	67
14	26	30	34	38	43	47	51	56	60	65	69	73
15	28	33	37	42	47	51	56	61	66	70	75	80
16	31	36	41	46	51	56	61	66	71	76	82	87
17	33	38	44	49	55	60	66	71	77	82	88	93
18	36	41	47	53	59	65	70	76	82	88	94	100
19	38	44	50	56	63	69	75	82	88	94	101	107
20	40	47	53	60	67	73	80	87	93	100	107	114

für den einseitigen Test bei $\alpha = 0{,}025$, für den zweiseitigen Test bei $\alpha = 0{,}050$

	n_2											
n_1	9	10	11	12	13	14	15	16	17	18	19	20
1												
2	0	0	0	1	1	1	1	1	2	2	2	2
3	2	3	3	4	4	5	5	6	6	7	7	8
4	4	5	6	7	8	9	10	11	11	12	13	13
5	7	8	9	11	12	13	14	15	17	18	19	20
6	10	11	13	14	16	17	19	21	22	24	25	27
7	12	14	16	18	20	22	24	26	28	30	32	34
8	15	17	19	22	24	26	29	31	34	36	38	41
9	17	20	23	26	28	31	34	37	39	42	45	48
10	20	23	26	29	33	36	39	42	45	48	52	55
11	23	26	30	33	37	40	44	47	51	55	58	62
12	26	29	33	37	41	45	49	53	57	61	65	69
13	28	33	37	41	45	50	54	59	63	67	72	76
14	31	36	40	45	50	55	59	64	67	74	78	83
15	34	39	44	49	54	59	64	70	75	80	85	90
16	37	42	47	53	59	64	70	75	81	86	92	98
17	39	45	51	57	63	67	75	81	87	93	99	105
18	42	48	55	61	67	74	80	86	93	99	106	112
19	45	52	58	65	72	78	85	92	99	106	113	119
20	48	55	62	69	76	83	90	98	105	112	119	127

Tabelle E. (Fortsetzung)

für den einseitigen Test bei $\alpha = 0{,}05$, für den zweiseitigen Test bei $\alpha = 0{,}10$

	n_2											
n_1	9	10	11	12	13	14	15	16	17	18	19	20
1											0	0
2	1	1	1	2	2	2	3	3	3	4	4	4
3	3	4	5	5	6	7	7	8	9	9	10	11
4	6	7	8	9	10	11	12	14	15	16	17	18
5	9	11	12	13	15	16	18	19	20	22	23	25
6	12	14	16	17	19	21	23	25	26	28	30	32
7	15	17	19	21	24	26	28	30	33	35	37	39
8	18	20	23	26	28	31	33	36	39	41	44	47
9	21	24	27	30	33	36	39	42	45	48	51	54
10	24	27	31	34	37	41	44	48	51	55	58	62
11	27	31	34	38	42	46	50	54	57	61	65	69
12	30	34	38	42	47	51	55	60	64	68	72	77
13	33	37	42	47	51	56	61	65	70	75	80	84
14	36	41	46	51	56	61	66	71	77	82	87	92
15	39	44	50	55	61	66	72	77	83	88	94	100
16	42	48	54	60	65	71	77	83	89	95	101	107
17	45	51	57	64	70	77	83	89	96	102	109	115
18	48	55	61	68	75	82	88	95	102	109	116	123
19	51	58	65	72	80	87	94	101	109	116	123	130
20	54	62	69	77	84	92	100	107	115	123	130	138

Tabelle F. Tabelle der kritischen Werte für den Wilcoxon-Test (zit. nach: Clauss, G., Ebner, H.: Grundlagen der Statistik, S. 349. Frankfurt a. M.: Harri Deutsch 1971)

	Signifikanzniveau α für einseitige Fragestellung						
	0,025	0,01	0,005		0,025	0,01	0,005
	Signifikanzniveau α für zweiseitige Fragestellung						
n	0,05	0,02	0,01	n	0,05	0,02	0,01
6	0			16	30	24	20
7	2	0		17	35	28	23
8	4	2	0	18	40	33	28
9	6	3	2	19	46	38	32
10	8	5	3	20	52	43	38
11	11	7	5	21	59	49	43
12	14	10	7	22	66	56	49
13	17	13	10	23	73	62	55
14	21	16	13	24	81	69	61
15	25	20	16	25	89	77	68

Tabelle G. Fisher *Z*-Werte (zit. nach: Glass, G. V., Stanley, J. C.: Statistical methods in education and psychology, p. 534. New Jersey: Prentice-Hall, Englewood Cliffs 1970)

r	*Z*	*r*	*Z*	*r*	*Z*	*r*	*Z*	*r*	*Z*
0,000	0,000	0,200	0,203	0,400	0,424	0,600	0,693	0,800	1,099
0,005	0,005	0,205	0,208	0,405	0,430	0,605	0,701	0,805	1,113
0,010	0,010	0,210	0,213	0,410	0,436	0,610	0,709	0,810	1,127
0,015	0,015	0,215	0,218	0,415	0,442	0,615	0,717	0,815	1,142
0,020	0,020	0,220	0,224	0,420	0,448	0,620	0,725	0,820	1,157
0,025	0,025	0,225	0,229	0,425	0,454	0,625	0,733	0,825	1,172
0,030	0,030	0,230	0,234	0,430	0,460	0,630	0,741	0,830	1,188
0,035	0,035	0,235	0,239	0,435	0,466	0,635	0,750	0,835	1,204
0,040	0,040	0,240	0,245	0,440	0,472	0,640	0,758	0,840	1,221
0,045	0,045	0,245	0,250	0,445	0,478	0,645	0,767	0,845	1,238
0,050	0,050	0,250	0,255	0,450	0,485	0,650	0,775	0,850	1,256
0,055	0,055	0,255	0,261	0,455	0,491	0,655	0,784	0,855	1,274
0,060	0,060	0,260	0,266	0,460	0,497	0,660	0,793	0,860	1,293
0,065	0,065	0,265	0,271	0,465	0,504	0,665	0,802	0,865	1,313
0,070	0,070	0,270	0,277	0,470	0,510	0,670	0,811	0,870	1,333
0,075	0,075	0,275	0,282	0,475	0,517	0,675	0,820	0,875	1,354
0,080	0,080	0,280	0,288	0,480	0,523	0,680	0,829	0,880	1,376
0,085	0,085	0,285	0,293	0,485	0,530	0,685	0,838	0,885	1,398
0,090	0,090	0,290	0,299	0,490	0,536	0,690	0,848	0,890	1,422
0,095	0,095	0,295	0,304	0,495	0,543	0,695	0,858	0,895	1,447
0,100	0,100	0,300	0,310	0,500	0,549	0,700	0,867	0,900	1,472
0,105	0,105	0,305	0,315	0,505	0,556	0,705	0,877	0,905	1,499
0,110	0,110	0,310	0,321	0,510	0,563	0,710	0,887	0,910	1,528
0,115	0,116	0,315	0,326	0,515	0,570	0,715	0,897	0,915	1,557
0,120	0,121	0,320	0,332	0,520	0,576	0,720	0,908	0,920	1,589
0,125	0,126	0,325	0,337	0,525	0,583	0,725	0,918	0,925	1,623
0,130	0,131	0,330	0,343	0,530	0,590	0,730	0,929	0,930	1,658
0,135	0,136	0,335	0,348	0,535	0,597	0,735	0,940	0,935	1,697
0,140	0,141	0,340	0,354	0,540	0,604	0,740	0,950	0,940	1,738
0,145	0,146	0,345	0,360	0,545	0,611	0,745	0,962	0,945	1,783
0,150	0,151	0,350	0,365	0,550	0,618	0,750	0,973	0,950	1,832
0,155	0,156	0,355	0,371	0,555	0,626	0,755	0,984	0,955	1,886
0,160	0,161	0,360	0,377	0,560	0,633	0,760	0,996	0,960	1,946
0,165	0,167	0,365	0,383	0,565	0,640	0,765	1,008	0,965	2,014
0,170	0,172	0,370	0,388	0,570	0,648	0,770	1,020	0,970	2,092
0,175	0,177	0,375	0,394	0,575	0,655	0,775	1,033	0,975	2,185
0,180	0,182	0,380	0,400	0,580	0,662	0,780	1,045	0,980	2,298
0,185	0,187	0,385	0,406	0,585	0,670	0,785	1,058	0,985	2,443
0,190	0,192	0,390	0,412	0,590	0,678	0,790	1,071	0,990	2,647
0,195	0,198	0,395	0,418	0,595	0,685	0,795	1,085	0,995	2,994

Tabelle H. Kritische Werte der F_{max}-Verteilungen (zit. nach: Winer, J. B.: Statistical principles in experimental design, p. 653. New York: McGraw-Hill 1962)

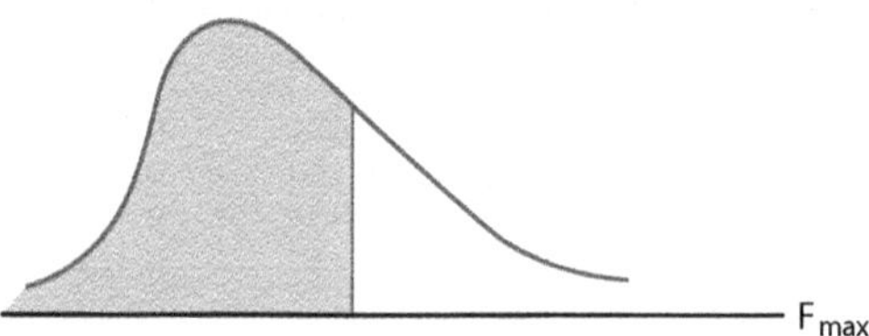

	Fläche	Anzahl der Varianzen								
n-1		2	3	4	5	6	7	8	9	10
4	0,95	9,60	15,5	20,6	25,2	29,5	33,6	37,5	41,4	44,6
	0,99	23,2	37	49	59	69	79	89	97	106
5	0,95	7,15	10,8	13,7	16,3	18,7	20,8	22,9	24,7	26,5
	0,99	14,9	22	28	33	38	42	46	50	54
6	0,95	5,82	8,38	10,4	12,1	13,7	15,0	16,3	17,5	18,6
	0,99	11,1	15,5	19,1	22	25	27	30	32	34
7	0,95	4,99	6,94	8,44	9,70	10,8	11,8	12,7	13,5	14,3
	0,99	8,89	12,1	14,5	16,5	18,4	20	22	23	24
8	0,95	4,43	6,00	7,18	8,12	9,03	9,78	10,5	11,1	11,7
	0,99	7,50	9,9	11,7	13,2	14,5	15,8	16,9	17,9	18,9
9	0,95	4,03	5,34	6,31	7,11	7,80	8,41	8,95	9,45	9,91
	0,99	6,54	8,5	9,9	11,1	12,1	13,1	13,9	14,7	15,3
10	0,95	3,72	4,85	5,67	6,34	6,92	7,42	7,87	8,28	8,66
	0,99	5,85	7,4	8,6	9,6	10,4	11,1	11,8	12,4	12,9
12	0,95	3,28	4,16	4,79	5,30	5,72	6,09	6,42	6,72	7,00
	0,99	4,91	6,1	6,9	7,6	8,2	8,7	9,1	9,5	9,9
15	0,95	2,86	3,54	4,01	4,37	4,68	4,95	5,19	5,40	5,59
	0,99	4,07	4,9	5,5	6,0	6,4	6,7	7,1	7,3	7,5
20	0,95	2,46	2,95	3,29	3,54	3,76	3,94	4,10	4,24	4,37
	0,99	3,32	3,8	4,3	4,6	4,9	5,1	5,3	5,5	5,6
30	0,95	2,07	2,40	2,61	2,78	2,91	3,02	3,12	3,21	3,29
	0,99	2,63	3,0	3,3	3,4	3,6	3,7	3,8	3,9	4,0
60	0,95	1,67	1,85	1,96	2,04	2,11	2,17	2,22	2,26	2,30
	0,99	1,96	2,2	2,3	2,4	2,4	2,5	2,5	2,6	2,6
∞	0,95	1,00	1,00	1,00	1,00	1,00	1,00	1,00	1,00	1,00
	0,99	1,00	1,00	1,00	1,00	1,00	1,00	1,00	1,00	1,00

Literaturverzeichnis

Abelson, R. P. & Prentice, D. A. (1997). Contrast tests of interaction hypothesis. *Psychological Methods*, *2*, 315–328.

Agresti, A. (2002). *Categorical data analysis* (2. Aufl.). New York: Wiley.

Agresti, A. & Wackerly, D. (1977). Some exact conditional tests of independence for $r \times c$ cross-classification tables. *Psychometrika*, *42*, 111–125.

Aiken, L. R. (1988). Small sample difference tests of goodness of fit and independence. *Educational and Psychological Measurement*, *48*, 905–912.

Aiken, L. S. & West, S. G. (1991). *Multiple regression: Testing and interpreting interactions.* Newbury Park, CA: Sage.

Aleamoni, L. M. (1976). The relation of sample size to the number of variables in using factor analysis techniques. *Educational and Psychological Measurement*, *36*, 879–883.

Alexander, R. A., Alliger, G. M., Carson, K. P. & Barrett, G. V. (1985). The empirical performance of measures of association in the 2×2-table. *Educational and Psychological Measurement*, *45*, 79–87.

Alexander, R. A. & De Shon, R. P. (1994). Effect of error variance heterogeneity on the power of tests for regression slope differences. *Psychological Bulletin*, *115*, 308–314.

Alexander, R. A., Scozzaro, M. J. & Borodkin, L. J. (1989). Statistical and empirical examination of the chi-square test for homogeneity of correlations in meta-analysis. *Psychological Bulletin*, *106*, 329–331.

Alf, E. F. & Abrahams, N. M. (1973). Reply to Edgington. *Psychological Bulletin*, *80*, 86–87.

Algina, J. (1994). Some alternative approximate tests for a split plot design. *Multivariate Behavioral Research*, *29*, 365–384.

Algina, J. & Keselman, H. J. (1997). Detecting repeated measures effects with univariate dual multivariate statistics. *Psychological Methods*, *2*, 208–218.

Algina, J. & Keselman, H. J. (1999). Comparing squared multiple correlation coefficients: Examination of a confidence intervall and a test of significance. *Psychological Methods*, *4*, 76–83.

Algina, J. & Olejnik, S. F. (1984). Implementing the walch-james procedure with factorial designs. *Educational and Psychological Measurement*, *44*, 39–48.

Algina, J. & Oshima, T. C. (1990). Robustness of the independent samples Hotelling's t^2 to variance-covariance heteroscedasticity when sample sizes are unequal and in small ratios. *Psychological Bulletin*, *108*, 308–313.

Allen, S. J. & Hubbard, R. (1986). Regression equations for the latent roots of random data correlation matrices with unities on the diagonal. *Multivariate Behavioral Research*, *21*, 393–398.

Amthauer, R. (1970). *Intelligenz-Struktur-Test.* Göttingen: Hogrefe.

Anastasi, A. (1963). *Differential psychology.* New York: MacMillan.

Anderberg, M. R. (1973). *Cluster analysis for applications.* New York: Academic Press.

Andersen, E. B. (1990). *The statistical analysis of categorical data.* New York: Springer.

Anderson, O. (1956). Verteilungsfreie (nicht parametrische) Testverfahren in den Sozialwissenschaften. *Allgemeines Statistisches Archiv*, *40*, 117–127.

Anderson, O. & Houseman, E. E. (1942). Tables of orthogonal polynomial values extended to $n = 104$. *Research Bulletin*, *297*.

Anderson, T. W. (2003). *An introduction to multivariate statistical analysis* (3. Aufl.). New York: Wiley.

Andreß, H. J., Hagenaars, J. A. & Kühnel, S. (1997). *Analyse von Tabellen und kategorialen Daten.* Heidelberg: Springer.

Andres, J. (1990). *Grundlagen linearer Strukturgleichungsmodelle.* Frankfurt am Main: Peter Lang.

Andres, J. (1996). Das Allgemeine Lineare Modell. In E. Erdfelder, R. Mausfeld, T. Meiser & G. Rudinger (Hg.), *Handbuch quantitative Methoden* (S. 185–200). Weinheim: Beltz.

Appelbaum, M. I. & Cramer, E. M. (1974). Some problems in the nonorthogonal analysis of variance. *Psychological Bulletin*, *81*, 335–343.

Arabie, P. & Carroll, J. D. (1980). MAPCLUS: A mathematical programming approach to fitting the adclus model. *Psychometrika*, *45*, 211–235.

Arabie, P., Hubert, L. J. & Soete, G. D. (1996). *Clustering and classification.* Singapore: World Scientific.

Archer, C. O. & Jennrich, R. I. (1973). Standard errors for rotated factor loadings. *Psychometrika*, *38*, 581–592.

Arminger, G. (1979). *Faktorenanalyse.* Stuttgart: Teubner.

Arminger, G. (1983). Multivariate Analyse von qualitativen abhängigen Variablen mit verallgemeinerten linearen Modellen. *Zeitschrift für Soziologie*, *12*, 49–64.

Arnold, S. F. (1990). *Mathematical statistics.* Englewood Cliffs, NJ: Prentice Hall.

Assenmacher, W. (2000). *Induktive Statistik.* Heidelberg: Springer.

Attneave, F. (1950). Dimensions of similarity. *American Journal of Psychology*, *63*, 516–556.

Attneave, F. (1969). *Informationstheorie in der Psychologie.* Bern: Huber.

Ayabe, C. R. (1985). Multicrossvalidation and the jackknife in the estimation of shrinkage of the multiple coefficient of correlation. *Educational and Psychological Measurement*, *45*, 445–451.

Azen, R. & Budescu, D. V. (2003). The dominance analysis approach for comparing predictors in multiple regression. *Psychological Methods*, *8*, 129–148.

Backhaus, K., Erichson, B., Plinke, W. & Weiber, R. (2006). *Multivariate Analysemethoden* (11. Aufl.). Heidelberg: Springer.

Bacon, D. R. (1995). A maximum likelihood approach to correlational outlier identification. *Multivariate Behavioral Research*, *30*, 125–148.

Bailey, K. D. (1975). Cluster analysis. In D. Heise (Hg.), *Sociological Methodology* (Bd. 6, S. 59–128). San Francisco: Jossey-Bass.

Bajgier, S. M. & Aggarwal, L. K. (1991). Powers of goodness-of-fit tests in detecting balanced mixed normal distributions. *Educational and Psychological Measurement*, *51*, 253–269.

Bakan, D. (1966). The test of significance in psychological research. *Psychological Bulletin*, *66*, 423–437.

Baker, F. B. (1965). An investigation of the sampling distributions of item discrimination indices. *Psychometrika*, *30*, 165–178.

Baker, F. B. & Hubert, L. J. (1975). Measuring the power of hierarchical cluster analysis. *Journal of the American Statistical Association*, *70*, 31–38.

Ball, G. H. (1970). *Classification analysis.* Menlo Park, CA: Stanford Research Institute.

Bardeleben, H. (1987). *FACREL: Ein Programm zur Bestimmung der maximalen faktoriellen Reliabilität sozialwissenschaftlicher Skalen nach der OLS- und ML-Methode. Soziologisches Forum.* Gießen: Institut für Soziologie.

Bartlett, M. S. (1947). Multivariate analysis. *Journal of the Royal Statistical Society, Series B*, *9*, 176–197.

Bartlett, M. S. (1950). Tests of significance in factor analysis. *British Journal of Psychology (Statistical Section)*, *3*, 77–85.

Bartussek, D. (1970). Eine Methode zur Bestimmung von Moderatoreffekten. *Diagnostica*, *16*, 57–76.

Bartussek, D. (1973). Zur Interpretation der Kernmatrix in der dreimodalen Faktorenanalyse von L. R. Tucker. *Psychologische Beiträge*, *15*, 169–184.

Bedrick, E. J. (1990). On the large sample distributions of modified sample biserial correlation coefficients. *Psychometrika*, *55*, 217–228.

Bedrick, E. J. (1992). A comparison of generalized and modified sample biserial correlation estimators. *Psychometrika*, *57*, 183–201.

Bedrick, E. J. & Breslin, F. C. (1996). Estimating the polyserial correlation coefficient. *Psychometrika*, *61*, 427–443.

Beelmann, A. & Bliesener, T. (1994). Aktuelle Probleme und Strategien der Metaanalyse. *Psychologische Rundschau*, *45*, 211–233.

Behrens, J. T. (1997). Principles and procedures of exploratory data analysis. *Psychological Methods*, *2*, 131–160.

Bentler, P. M. & Yuan, K.-H. (1996). Test of linear trend in eigenvalues of a covariance matrix with a application to data analysis.

British Journal of Mathematical and Statistical Psychology, 49, 299–312.

Berry, K. J. (1993). Orthogonal polynomials for the analysis of trend. *Educational and Psychological Measurement, 53*, 139–141.

Berry, K. J. & Mielke, P. W., Jr.. (1986). *r* by *c* chi-square analysis with small expected cell frequencies. *Educational and Psychological Measurement, 46*, 169–173.

Berry, K. J. & Mielke, P. W., Jr.. (1995). Exact cumulative probabilities for the multinomial distribution. *Educational and Psychological Measurement, 55*, 769–772.

Bickel, P. J. & Doksum, K. A. (1977). *Mathematical statistics.* Englewood Cliffs, NJ: Prentice Hall.

Bickel, P. J. & Doksum, K. A. (2007). *Mathematical statistics: Basic ideas and selected topics* (2. Aufl., Bd. 1). Upper Saddle River, NJ: Pearson.

Bijman, J. (1973). *Cluster analysis.* Tilberg: Tilberg University Press.

Birch, H. G. (1945). The role of motivational factors in insightful problem-solving. *Journal of Comparative Psychology, 43*, 259–278.

Bishir, J. W. & Drewes, D. W. (1970). *Mathematics in the behavioral and social sciences.* New York: Harcourt, Brace and World.

Bishop, Y. M. M., Fienberg, S. E. & Holland, P. W. (1975). *Discrete multivariate analysis.* Cambridge: MIT Press.

Blair, R. C. & Higgings, J. J. (1978). Tests of hypotheses for unbalanced factorial designs under various regression/coding method combinations. *Educational and Psychological Measurement, 38*, 621–631.

Blalock, H. M. (1968). Theory building and causal inferences. In H. M. Blalock & A. B. Blalock (Hg.), *Methodology in social research* (S. 155–198). New York: McGraw-Hill.

Blashfield, R. K. (1976). Mixture model tests of cluster analysis: Accuracy of four agglomerative hierarchical methods. *Psychological Bulletin, 83*, 377–388.

Blashfield, R. K. (1977). *A consumer report on cluster analysis software: (3) iterative partitioning methods* (Bericht). State College, PA: Pennsylvania State University, Department of Psychology.

Blashfield, R. K. (1980). The growth of cluster analysis: Tryon, ward and johnson. *Multivariate Behavioral Research, 15*, 439–458.

Blashfield, R. K. (1984). *The classification of psychopathology: Neo-Kraepelinean and quantitative approaches.* New York: Plenum Press.

Blashfield, R. K. & Aldenderfer, M. S. (1978). The literature on cluster analysis. *Multivariate Behavioral Research, 13*, 271–295.

Bliesener, T. (1992). Korrelation und Determination von Konstrukten. Zur Interpretation der Korrelation in multivariaten Datensätzen. *Zeitschrift für Differentielle und Diagnostische Psychologie, 13*, 21–33.

Bock, H. H. (1974). *Automatische Klassifikation.* Göttingen: Vandenhoeck & Ruprecht.

Bock, R. D. (1975). *Multivariate statistical methods in behavioral research.* New York: McGraw-Hill.

Bock, R. D. & Haggard, E. A. (1968). The use of multivariate analysis of variance in behavioral research. In D. K. Witla (Hg.), *Handbook of measurement and assessment in behavioral sciences* (S. 100–142). Boston, MA: Addison Wesley.

Boehnke, K. (1983). *Der Einfluß verschiedener Stichprobencharakteristiken auf die Effizienz der parametrischen und nichtparametrischen Varianzanalyse.* Heidelberg: Springer.

Boik, R. J. (1979a). Interactions, partial interactions, and interaction contrasts in the analysis of variance. *Psychological Bulletin, 86*, 1084–1089.

Boik, R. J. (1979b). The rationale of Scheffé's method and the simultaneous test procedure. *Educational and Psychological Measurement, 39*, 49–56.

Boik, R. J. (1981). A priori tests in repeated measures design: Effects on nonsphericity. *Psychometrika, 46*, 241–255.

Bollen, K. A. (1989). *Structural equations with latent variables.* New York: Wiley.

Bollen, K. A. & Long, J. S. (1993). *Testing structural equation models.* Newberry Park, CA: Sage.

Boneau, C. A. (1960). The effects of violations of assumptions underlying the *t*-test. *Psychological Bulletin, 57*, 49–64.

Bonett, D. G. (1982). On post-hoc blocking. *Educational and Psychological Measurement, 42*, 35–39.

Boring, E. G. (1950). *A history of experimental psychology.* New York: Appleton-Century-Crofts.

Bortz, J. (1971). Möglichkeiten einer exakten Kennzeichnung der Sprechstimme. *Diagnostica, 17*, 3–14.

Bortz, J. (1972a). Beiträge zur Anwendung der Psychologie auf den Städtebau. II. Erkundungsexperiment zur Beziehung zwischen Fassadengestaltung und ihrer Wirkung auf den Betrachter. *Zeitschrift für experimentelle und angewandte Psychologie*, *19*, 226–281.

Bortz, J. (1972b). Ein Verfahren zur Tauglichkeitsüberprüfung von Rating-Skalen. *Psychologie und Praxis*, *16*, 49–64.

Bortz, J. & Döring, N. (2006). *Forschungsmethoden und Evaluation* (4. Aufl.). Heidelberg: Springer.

Bortz, J. & Lienert, G. A. (2008). *Kurzgefaßte Statistik für die Klinische Forschung. Ein praktischer Leitfaden für die Analyse kleiner Stichproben* (3. Aufl.). Heidelberg: Springer.

Bortz, J., Lienert, G. A. & Boehnke, K. (2008). *Verteilungsfreie Methoden in der Biostatistik* (3. Aufl.). Heidelberg: Springer.

Bortz, J. & Muchowski, E. (1988). Analyse mehrdimensionaler Kontingenztafeln nach dem ALM. *Zeitschrift für Psychologie*, *196*, 83–100.

Bowers, J. (1972). A note on comparing r-biserial and r-point biserial. *Educational and Psychological Measurement*, *32*, 771–775.

Box, G. E. P. (1949). A general distribution theory for a class of likelihood criteria. *Biometrika*, *36*, 317–346.

Box, G. E. P. (1953). Non-normality and tests on variance. *Biometrika*, *40*, 318–335.

Box, G. E. P. (1954a). Some theorems on quadratic forms applied in the study of analysis of variance problems. i. effect of inequality of variances in the one-way classification. *Annals of Mathematical Statistics*, *25*, 290–302.

Box, G. E. P. (1954b). Some theorems on quadratic forms applied in the study of analysis of variance problems. ii. effects of inequality of variance and of correlation between errors in the two-way classification. *Annals of Mathematical Statistics*, *25*, 484–498.

Bracht, G. H. & Glass, G. V. (1975). Die externe Validität von Experimenten. In R. Schwarzer & K. Steinhagen (Hg.), *Adaptiver Unterricht* (S. 64–93). München: Kösel.

Bradley, D. R., Bradley, T. D., McGrath, S. G. & Cutcomb, S. D. (1979). Type I error of the χ^2-test of independence in $r \times c$ tables that have small expected frequencies. *Psychological Bulletin*, *86*, 1290–1297.

Bradley, J. V. (1968). *Distribution-free statistical tests.* Englewood Cliffs, NJ: Prentice-Hall.

Bradley, J. V. (1978). Robustness? *British Journal of Mathematical and Statistical Psychology*, *31*, 144–152.

Bravais, A. (1846). Analyse mathématique sur les probabilités des erreurs de situation de point. *Mémoires présentés par divers savants à l'Academie des Sciences de l'Institut de France*, *9*, 255–332.

Breckenridge, J. N. (1989). Replicating cluster analysis: Method, consistency, and validity. *Multivariate Behavioral Research*, *24*, 147–161.

Breckler, S. J. (1990). Applications of covariance structure modeling in psychology: Cause for concern? *Psychological Bulletin*, *107*, 260–273.

Bredenkamp, J. (1969a). Über die Anwendung von Signifikanztests bei theorie-testenden Experimenten. *Psychologische Beiträge*, *11*, 275–285.

Bredenkamp, J. (1969b). Über Maße der praktischen Signifikanz. *Zeitschrift für Psychologie*, *177*, 310–318.

Bredenkamp, J. (1972). *Der Signifikanztest in der psychologischen Forschung.* Frankfurt am Main: Akademische Verlagsanstalt.

Bresnahan, J. L. & Shapiro, M. M. (1966). A general equation and technique for the exact partitioning of chi-square contingency tables. *Psychological Bulletin*, *66*, 252–262.

Brien, C. J., Venables, W. N., James, A. T. & Mayo, O. (1984). An analysis of correlation matrices: Equal correlations. *Biometrika*, *71*, 545–554.

Bring, J. (1994). How to standardize regression coefficients. *American Statistician*, *48*(3), 209–213.

Bring, J. (1995). Variable importance by partitioning r? *Quality and Quantity*, *29*, 173–189.

Broadbocks, W. J. & Elmore, P. B. (1987). A Monte Carlo study of the sampling distribution of the congruence coefficient. *Educational and Psychological Measurement*, *47*, 1–11.

Brown, M. B. & Benedetti, J. K. (1977). On the mean and variance of the tetrachoric correlation coefficient. *Psychometrika*, *42*, 347–355.

Brown, M. B. & Forsythe, A. B. (1974). Robust tests for the equality of variances. *Journal of the American Statistical Association*, *69*, 364–367.

Browne, M. W. (1975a). A comparison of single sample and cross-validation methods for estimating the mean-square error of prediction in multiple linear regression. *British Journal of Mathematical and Statistical Psychology, 28*, 112–120.

Browne, M. W. (1975b). Predictive validity of a linear regression equation. *British Journal of Mathematical and Statistical Psychology, 28*, 79–87.

Browne, M. W. & Arminger, G. (1995). Specification and estimation of mean- and covariance-structure models. In G. Arminger, C. C. Clogg & M. E. Sobel (Hg.), *Handbook of statistical modelling for the social and behavioral sciences* (S. 185–249). New York: Plenum Press.

Browne, M. W. & Cudeck, R. (1989). Single sample cross-validation indices for covariance structures. *Multivariate Behavioral Research, 24*, 445–455.

Bryant, F. B. & Yarnold, P. R. (2000). Principal-components analysis and exploratory and confirmatory factor analysis. In L. G. Grimm & P. R. Yarnold (Hg.), *Reading and understanding multivariate statistics* (S. 99–136). Washington, DC: American Psychological Association.

Bryant, J. L. & Paulson, A. S. (1976). An extension of Tukey's method of multiple comparisons to experimental design with random concomitant variables. *Biometrika, 63*(3), 631–638.

Bryk, A. S. & Raudenbush, S. W. (1988). Heterogeneity of variance in experimental studies: A challenge to conventional interpretations. *Psychological Bulletin, 104*, 396–404.

Buchner, A., Erdfelder, E. & Faul, F. (1996). Teststärkeanalysen. In E. Erdfelder, R. Mausfeld, T. Meiser & G. Rudinger (Hg.), *Handbuch quantitative Methoden* (S. 123–136). Weinheim: Beltz.

Buck, W. (1976). Der *U*-Test nach Ullmann. *EDV in Medizin und Biologie, 7*, 65–75.

Budescu, D. V. (1993). Dominance analysis: A new approach to the problem of relative importance of predictors in multiple regression. *Psychological Bulletin, 114*, 542–551.

Bühl, A. (2010). *PASW 18 (ehemals SPSS): Einführung in die Moderne Datenanalyse* (12. Aufl.). München: Pearson.

Bühner, M. (2006). *Einführung in die Test- und Fragebogenkonstruktion* (2. Aufl.). München: Pearson Studium.

Buja, A. & Eyuboglu, N. (1992). Remarks on parallel analysis. *Multivariate Behavioral Research, 27*, 509–540.

Bunge, M. (1987). *Kausalität – Geschichte und Probleme*. Tübingen: Mohr.

Büning, H. & Trenkler, G. (1994). *Nichtparamtrische statistische Methoden* (2. Aufl.). Berlin: de Gruyter.

Burnett, T. D. & Barr, D. R. (1977). A nonparametric analogy of analysis of covariance. *Educational and Psychological Measurement, 37*, 341–348.

Burt, C. (1909). Experimental tests of general intelligence. *British Journal of Psychology, 3*, 94–177.

Burt, C. (1966). The early history of multivariate techniques in psychological research. *Multivariate Behavioral Research, 1*, 24–42.

Büssing, A. & Jansen, B. (1988). Exact tests of two-dimensional contingency tables: Procedures and problems. *Methodika, 1*, 27–39.

Byrne, B. M. (1994). *Structural equation modelling with EQS and EQS/Windows: Basic concepts, applications and programming.* London: Sage.

Calinski, R. B. & Harabasz, J. (1974). A dendrite method for cluster analysis. *Communications in Statistics: Simulation and Computation, 3*, 1–27.

Camilli, G. & Hopkins, K. D. (1979). Testing for association in 2×2 contingency tables with very small sample sizes. *Psychological Bulletin, 86*, 1011–1014.

Campbell, D. T. & Stanley, J. C. (1963). Experimental and quasi-experimental designs for research on teaching. In N. L. Gage (Hg.), *Handbook of research on teaching* (S. 171–249). Chicago, IL: Rand McNally.

Carnap, R. (1960). *Einführung in die symbolische Logik.* Wien: Springer.

Carroll, J. B. (1953). An analytic solution for approximating simple structure in factor analysis. *Psychometrika, 18*, 23–38.

Carroll, J. B. (1957). BIQUARTIMIN criterion for rotation to oblique simple structure in factor analysis. *Science, 126*, 1114–1115.

Carroll, J. B. (1960). *IBM 704 program for generalized analytic rotation solution in factor analysis.* Unpublished manuscript, Harvard University.

Carroll, J. B. (1961). The nature of the data, or how to choose a correlation-coefficient. *Psychometrika, 26*, 347–372.

Carter, D. S. (1979). Comparison of different shrinkage formulas in estimating population multiple correlation coefficients. *Educa-*

tional and Psychological Measurement, 39, 261–266.

Carver, R. P. (1978). The case against statistical significance testing. *Harvard Educational Review, 48*, 378–399.

Casella, G. & Berger, R. L. (2002). *Statistical inference* (2. Aufl.). Pacific Grove, CA: Duxbury.

Castellan, N. J., Jr.. (1966). On the estimation of the tetrachoric correlation coefficient. *Psychometrika, 31*, 67–73.

Cattell, R. B. (1949). r_p and other coefficients of pattern similarity. *Psychometrika, 14*, 279–298.

Cattell, R. B. (1952). *Factor analysis.* New York: Harper.

Cattell, R. B. (1966a). The data box: Its ordering of total resources in terms of possible relational systems. In R. B. Cattell (Hg.), *Handbook of multivariate experimental psychology* (S. 355–402). Chicago, IL: Rand McNally.

Cattell, R. B. (1966b). The scree test for the number of factors. *Multivariate Behavioral Research, 1*, 245–276.

Cattell, R. B. & Muerle, J. L. (1960). The „maxplane" program for factor rotation to oblique simple structure. *Educational and Psychological Measurement, 20*, 569–590.

Cattell, R. B. & Vogelmann, S. (1977). A comprehensive trial of the scree and KG-criteria for determining the number of factors. *Multivariate Behavioral Research, 12*, 289–325.

Chalmers, A. F. (1986). *Wege der Wissenschaft.* Berlin: Springer.

Chan, W., Ho, R. M., Leung, K., Chan, D. K. S. & Yung, Y. F. (1999). An alternative method for evaluating congruence coefficients with procrustes rotation: A bootstrap procedure. *Psychological Methods, 4*, 378–402.

Cheng, R. & Milligan, G. W. (1995). Hierarchical clustering algorithms with influence detection. *Educational and Psychological Measurement, 55*, 237–244.

Cheng, R. & Milligan, G. W. (1996). *k*-means clustering methods with influence detection. *Educational and Psychological Measurement, 56*, 833–838.

Chow, S. L. (1988). Significance test or effect size? *Psychological Bulletin, 103*, 105–110.

Cliff, N. (1966). Orthogonal rotation to congruence. *Psychometrika, 31*, 33–42.

Cliff, N. (1988). The eigenvalues-greater-than-one rule and the reliability of components. *Psychological Bulletin, 103*, 276–279.

Cliff, N. & Hamburger, C. D. (1967). A study of sampling errors in factor analysis by means of artificial experiments. *Psychological Bulletin, 68*, 430–445.

Cliff, N. & Krus, D. J. (1976). Interpretation of canonical analysis: Rotated vs. unrotated solutions. *Psychometrika, 41*, 35–42.

Cliff, N., McCormick, D. J., Zatkin, J. L., Cudeck, R. A. & Collins, L. M. (1986). Binclus: Nonhierarchical clustering of binary data. *Multivariate Behavioral Research, 21*, 201–227.

Clifford, H. T. & Stephenson, W. (1975). *An introduction to numerical classification.* New York: Academic Press.

Cochran, W. G. (1972). *Stichprobenverfahren.* Berlin: de Gruyter.

Cochran, W. G. & Cox, G. M. (1966). *Experimental designs.* New York: Wiley.

Cohen, J. (1960). A coefficient of agreement for nominal scales. *Educational and Psychological Measurement, 20*, 37–46.

Cohen, J. (1968a). Multiple regression as a general data-analytic system. *Psychological Bulletin, 70*, 426–443.

Cohen, J. (1968b). Weighted kappa: Nominal scale agreement with provision for scale disagreement or partial credit. *Psychological Bulletin, 70*, 213–220.

Cohen, J. (1973). Eta-squared and partial Eta-squared in fixed factor ANOVA designs. *Educational and Psychological Measurement, 33*, 107–112.

Cohen, J. (1982). Set correlation as a general multivariate data-analytic method. *Multivariate Behavioral Research, 17*, 301–341.

Cohen, J. (1988). *Statistical power analysis for the behavioral sciences.* Hillsdale, NJ: Erlbaum.

Cohen, J. (1994). The earth is round ($p < 0.05$). *American Psychologist, 49*, 997–1003.

Cohen, J. & Cohen, P. (1983). *Applied multiple regression/correlation analysis for the behavioral sciences* (2. Aufl.). Hillsdale, NJ: Erlbaum.

Cohen, J., Cohen, P., West, S. G. & Aiken, L. S. (2003). *Applied multiple regression/correlation analysis for the behavioral sciences* (3. Aufl.). Mahwah, NJ: Erlbaum.

Cohen, J. & Nee, J. C. M. (1984). Estimators for two measures of association for set correlation. *Educational and Psychological Measurement, 44*, 907–917.

Cohen, M. & Nagel, E. (1963). *An introduction to logic and scientific method.* London: Harcourt Brace Jovanovich, Inc.

Cole, D. A., Maxwell, S. E., Arvey, R. & Solas, E. (1994). How the power of MANOVA can both increase and decrease as a function of the intercorrelations among dependent variables. *Psychological Bulletin, 115*, 465–474.

Collier, R. O., Jr., Baker, F. B., Mandeville, G. K. & Hayes, T. F. (1967). Estimates of test size for several test procedures based on conventional variance ratios in the repeated measurement design. *Psychometrika, 32*, 339–353.

Collins, L. A., Cliff, N., McCormick, D. J. & Zatkin, J. L. (1986). Factory recovery in binary data sets: A simulation. *Multivariate Behavioral Research, 21*, 377–391.

Collins, L. A. & Dent, C. W. (1988). Omega: A general formulation of the Rand-index of cluster recovery suitable for non-disjoint solutions. *Multivariate Behavioral Research, 23*, 231–242.

Comrey, A. L. (1973). *A first course in factor analysis.* New York: Academic Press.

Conger, A. J. (1974). A revised definition for suppressor variables: A guide to their identification and interpretation. *Educational and Psychological Measurement, 34*, 35–46.

Conger, A. J. & Jackson, D. N. (1972). Suppressor variables, prediction, and the interpretation of psychological relationships. *Educational and Psychological Measurement, 32*, 579–599.

Cook, T. D., Grader, C. L., Hennigan, K. M. & Flay, B. R. (1979). The history of the sleeper effect: Some logical pitfalls in accepting the null-hypothesis. *Psychological Bulletin, 86*, 662–679.

Cooley, W. W. & Lohnes, P. R. (1971). *Multivariate data analysis.* New York: Wiley.

Coombs, C. H., Dawes, R. M. & Tversky, A. (1975). *Mathematische Psychologie.* Weinheim: Beltz.

Coombs, W. T. & Algina, J. (1996). New test statistics for MANOVA/descriptive discriminant analysis. *Educational and Psychological Measurement, 56*, 382–402.

Cooper, H. & Hedges, L. V. (1994). *The handbook of research synthesis.* New York: Russel Sage Foundation.

Coovert, M. D. & McNelis, K. (1988). Determining the number of common factors in factor analysis: A review and program. *Educational and Psychological Measurement, 48*, 687–692.

Corballis, M. C. & Traub, R. E. (1970). Longitudinal factor analysis. *Psychometrika, 35*, 79–98.

Cornwell, J. M. (1993). Monte Carlo comparisons of three tests for homogeneity of independent correlations. *Educational and Psychological Measurement, 53*, 605–618.

Cortina, J. M. & Dunlap, W. P. (1997). On the logic and purpose of significance testing. *Psychological Methods, 2*, 161–172.

Cota, A. A., Longman, R. S., Holden, R. R., Fekken, G. C. & Xinaris, S. (1993). Interpolating 95th percentile eigenvalues from random data: An empirical example. *Educational and Psychological Measurement, 53*(3), 585–596.

Cotton, J. W. (1989). Interpreting data from two-period crossover design: (also termed the replicated 2×2 latin square design). *Psychological Bulletin, 106*, 503–515.

Cowles, M. (1989). *Statistics in psychology: A historical perspective.* Hillsdale, NJ: Erlbaum.

Cowles, M. & Davis, C. (1982). On the origins of the 0.05 level of significance. *American Psychologist, 37*, 553–558.

Cramer, E. M. & Appelbaum, M. I. (1980). Nonorthogonal analysis of variance – once again. *Psychological Bulletin, 87*, 51–57.

Crane, J. A. (1980). Relative likelihood analysis vs. significance tests. *Evaluation Review, 4*, 824–842.

Crawford, C. & Ferguson, G. A. (1970). A general rotation criterion and its use in orthogonal rotation. *Psychometrika, 35*, 321–332.

Cronbach, L. J. (1951). Coefficient alpha and the internal structure of tests. *Psychometrika, 16*, 297–334.

Cronbach, L. J. (1984). A research worker's treasure chest. *Multivariate Behavioral Research, 19*, 223–240.

Cronbach, L. J. & Gleser, G. C. (1953). Assessing similarity between profiles. *Psychological Bulletin, 50*, 456–473.

Cronbach, L. J., Rajaratnam, N. & Gleser, G. C. (1963). Theory of generalizability: a liberalization of reliability theory. *British Journal of Statistical Psychology, 16*, 137–163.

Cudeck, R. & O'Dell, L. (1994). Applications of standard error estimates in unrestricted factor analysis: Significance tests for factor loadings and correlations. *Psychological Bulletin, 115*, 475–487.

Cumming, G. & Fidler, F. (2009). Confidence intervals: better answers to better questions.

Zeitschrift für Psychologie, *217*(1), 15–26.

Cureton, E. E. (1956). Rank-biserial correlation. *Psychometrika*, *21*, 287–290.

Cureton, E. E. (1959). Note on phi/phi$_{max}$. *Psychometrika*, *14*, 89–91.

Cureton, E. E. (1968a). Priority correction to "unbiased estimation of the standard deviation". *American Statistician*, *22*(3), 27.

Cureton, E. E. (1968b). Unbiased estimation of the standard deviation. *American Statistician*, *22*(1), 22.

Cureton, E. E. (1968c). Rank-biserial correlation when ties are present. *Educational and Psychological Measurement*, *28*, 77–79.

Cureton, E. E. (1971). Communality estimation in factor analysis of small matrices. *Educational and Psychological Measurement*, *31*, 371–380.

Czeisler, C. A., Duffy, J. F., Shanahan, T. L., Brown, E. N., Mitchell, J. F., Rimmer, D. W. et al. (1999). Stability, precision, and near-24-hour period of the human circadian pacemaker. *Science*, *284*, 2177–2181.

Czienskowski, U. (1996). *Wissenschaftliche Experimente: Planung, Auswertung, Interpretation.* Weinheim: Beltz.

D'Agostino, R. B. (1972). Relation between chi-squared and ANOVA-tests for testing the equality of k independent dichotomous populations. *American Statistician*, *26*(3), 30–32.

D'Agostino, R. B. (1982). Tests for departures of normality. In S. Kotz & N. L. Johnson (Hg.), *Encyclopedia of statistical sciences.* New York: Wiley.

Dar, R. (1987). Another look at Meehl, Lakatos, and the scientific practices of psychologists. *American Psychologist*, *42*, 145–151.

Darlington, R. B. (1968). Multiple regression in psychological research and practice. *Psychological Bulletin*, *69*, 161–182.

Darlington, R. B. (1990). *Regression and linear models.* New York: McGraw-Hill.

Das Gupta, S. (1973). Theories and methods in classification: A review. In T. Cacoullos (Hg.), *Discriminant analysis and applications.* New York: Academic Press.

Davenport, E. C., Jr.. (1990). Significance testing of congruence coefficients: A good idea? *Educational and Psychological Measurement*, *50*, 289–296.

Davis, C. S. (2002). *Statistical methods for the analysis of repeated measurements.* New York: Springer.

Davison, M. L. & Sharma, A. R. (1988). Parametric statistics and levels of measurement. *Psychological Bulletin*, *104*, 137–144.

Dawson-Saunders, B. K. (1982). Correcting for bias in the canonical redundancy statistic. *Educational and Psychological Measurement*, *42*, 131–143.

Dayton, C. M. (1970). *The design of educational experiments.* New York: McGraw-Hill.

de Gruijter, D. N. M. & van der Kamp, L. J. T. (2008). *Statistical test theory for the behavioral sciences.* Boca Raton, FL: Chapman & Hall.

Dickman, K. (1960). *Factorial validity of a rating instrument.* Unpublished Ph. D. Thesis, University of Illinois.

Diepgen, R. (1993). Inkonsequentes zur Signifikanztestproblematik. Ein Kommentar zu Hager (1992). *Psychologische Rundschau*, *44*, 113–115.

Dingler, H. (1923). *Grundlagen der Physik. Synthetische Prinzipien der mathematischen Naturphilosophie.* Berlin: de Gruyter.

Ditton, H. (1998). *Mehrebenenanalyse. Grundlagen und Anwendungen des hierarchisch linearen Modells.* Weinheim: Juventa.

Divgi, D. R. (1979). Calculation of the tetrachoric correlation coefficient. *Psychometrika*, *44*, 169–172.

Donoghue, J. R. (1995a). The effects of within-group covariance structure on recovery in cluster analysis: I. the bivariate case. *Multivariate Behaviour Research*, *30*, 227–254.

Donoghue, J. R. (1995b). Univariate screening measures for cluster analysis. *Multivariate Behavioral Research*, *30*, 385–427.

Doppelt, J. E. & Wallace, W. L. (1955). Standardization of the Wechsler adult intelligence scale for older persons. *Journal of Abnormal Social Psychology*, *51*, 312–330.

Downie, N. M. & Heath, R. W. (1970). *Basic statistical methods.* New York: Harper.

Draper, N. R. & Smith, H. (1998). *Applied regression analysis* (3. Aufl.). New York: Wiley.

Dreger, R. M., Fuller, J. & Lemoine, R. L. (1988). Clustering seven data sets by means of some or all of seven clustering methods. *Multivariate Behavioral Research*, *23*, 203–230.

Dretzke, B. J., Levin, J. R. & Serlin, R. C. (1982). Testing for regression homogeneity under variance heterogeneity. *Psychological Bulletin*, *91*, 376–383.

Driver, H. E. & Kroeber, A. L. (1932). Quantitative expression of cultural relationships.

University of California Publications in Archeology and Ethnology, *31*, 211–256.

Duan, B. & Dunlap, W. P. (1997). The accuracy of different methods for estimating the standard error of correlations corrected for range restriction. *Educational and Psychological Measurement*, *57*, 245–265.

Duda, R. O. & Hart, P. E. (1973). *Pattern classification and scene analysis.* New York: Wiley.

Duncan, O. D. (1975). *Introduction to structural equations models.* New York: Academic Press.

Dunn, O. J. & Clark, V. A. (1969). Correlation coefficients measured on the same individuals. *Journal of the American Statistical Association*, *64*, 366–377.

Duran, B. S. & Odell, P. L. (1974). *Cluster analysis: A survey.* Berlin: Springer.

Dutoit, E. F. & Penfield, D. A. (1979). Tables for determining the minimum incremental significance of the multiple correlation coefficient. *Educational and Psychological Measurement*, *39*, 767–778.

Dwyer, P. S. (1944). A matrix presentation of least-squares and correlation theory with matrix justification of improved methods of solution. *Annals of Mathematical Statistics*, *15*, 82–89.

Eber, H. W. (1966). Toward oblique simple structure: Maxplane. *Multivariate Behavioral Research*, *1*, 112–125.

Eber, H. W. (1988). SETCORAN: Multivariate set correlation. *Multivariate Behavioral Research*, *23*, 277–278.

Eberhard, K. (1973). Die Kausalitätsproblematik in der Wissenschaftstheorie und in der sozialen Praxis. *Archiv für Wissenschaft und Praxis der sozialen Arbeit*, *2*.

Eberhard, K. (1974). *Die Intelligenz verwahrloster, männlicher Jugendlicher und ihre kriminalprognostische Bedeutung.* Diss., TU-Berlin.

Eckes, T. (1991). Bimodale Clusteranalyse, Methoden zur Klassifikation von Elementen zweier Mengen. *Zeitschrift für experimentelle und angewandte Psychologie*, *38*, 201–225.

Eckes, T. & Roßbach, H. (1980). *Clusteranalysen.* Stuttgart: Kohlhammer.

Efron, B. (1979). Bootstrap methods: Another look at the jackknife. *Annals of Statistics*, *7*, 1–26.

Efron, B. (1987). Better bootstrap confidence intervals. *Journal of the American Statistical Association*, *82*, 171–200.

Efron, B. & Tibshirani, R. J. (1986). Bootstrap methods for standard errors, confidence intervals and other measures of statistical accuracy. *Statistical science*, *1*, 54–77.

Efron, B. & Tibshirani, R. J. (1993). *An introduction to the bootstrap.* New York: Chapman and Hill.

Ekbohm, G. (1982). On testing the equality of proportions in the paired case with incomplete data. *Psychometrika*, *49*, 147–152.

Elshout, J. J. & Roe, R. A. (1973). Restriction of the range in the population. *Educational and Psychological Measurement*, *33*, 53–62.

Erdfelder, E. & Bredenkamp, J. (1994). Hypothesenprüfung. In T. Herrmann & W. H. Tack (Hg.), *Methodologische Grundlagen der Psychologie.* Göttingen: Hogrefe. (Enzyklopädie der Psychologie, Themenbereich B, Serie 1, Band 1, S. 604–648)

Erdfelder, E., Faul, F. & Buchner, A. (1996). GPOWER: A general power analysis program. *Behavior Research Methods, Instruments and Computers*, *28*, 1–11.

Evans, S. H. & Anastasio, E. J. (1968). Misuse of analysis of covariance when treatment effect and covariate are confounded. *Psychological Bulletin*, *69*, 225–234.

Everitt, B. S. (1974). *Cluster analysis.* London: Halstead Press.

Eyferth, K. & Baltes, P. B. (1969). Über Normierungseffekte in einer Faktorenanalyse von Fragebogendaten. *Zeitschrift für experimentelle und angewandte Psychologie*, *16*, 38–51.

Eyferth, K. & Sixtl, F. (1965). Bemerkungen zu einem Verfahren zur maximalen Annäherung zweier Faktorenstrukturen aneinander. *Archiv für die gesamte Psychologie*, *117*, 131–138.

Fabrigar, L. R., Wegener, D. T., MacCallum, R. C. & Strahan, E. J. (1999). Evaluating the use of exploratory factor analysis in psychological research. *Psychological Methods*, *4*, 272–299.

Fahrmeir, L., Künstler, R., Pigeot, J. & Tutz, G. (2001). *Statistik. Der Weg zur Datenanalyse* (3. Aufl.). Heidelberg: Springer.

Fan, X. (1996). An SAS program for assessing multivariate normality. *Educational and Psychological Measurement*, *56*, 668–674.

Fava, J. L. & Velicer, W. F. (1992). An empirical comparison of factor, image, component and scale scores. *Multivariate Behaviour Research*, *27*, 301–322.

Feingold, M. (1992). The equivalence of Cohen's kappa and the Pearson's chi-square statistics in the 2×2 table. *Educational and Psychological Measurement*, *52*, 57–61.

Feir-Walsh, B. J. & Toothaker, L. E. (1974). An empirical comparison of the ANOVA f-test, nominal scores test and kruskal-wallis test under violation of assumptions. *Educational and Psychological Measurement*, *34*, 789–799.

Finn, J. D. (1974). *A general model for multivariate analysis.* New York: Holt, Rinehart and Winston.

Finnstuen, K., Nichols, S. & Hoffmann, P. (1994). Correction to a correction factor and identification of hypothesis for one-way ANOVA from summary statistics. *Educational and Psychological Measurement*, *54*, 606–607.

Fischer, G. (1967). Zum Problem der Interpretation faktorenanalytischer Ergebnisse. *Psychologische Beiträge*, *10*, 122–135.

Fischer, G. & Roppert, J. (1964). Bemerkungen zu einem Verfahren der Transformationsanalyse. *Archiv für die gesamte Psychologie*, *116*, 98–100.

Fisher, R. A. (1918). The correlation between relatives on the supposition of mendelian inheritance. *Trans. Roy. Soc. Edinburgh*, *52*, 399–433.

Fisher, R. A. (1925a). *Statistical methods of research workers* (1. Aufl.). London: Oliver and Boyd.

Fisher, R. A. (1925b). Theory of statistical estimation. *Proc. Cambr. Phil. Soc.*, *21*, 700–725.

Fisher, R. A. (1936). The use of multiple measurements in taxonomic problems. *Annals of Eugenics*, *7*, 179–188.

Fisher, R. A. & Yates, F. (1963). *Statistical tables for biological, agricultural and medical research.* London: Oliver and Boyd.

Fisz, M. (1989). *Wahrscheinlichkeitsrechnung und mathematische Statistik* (11. Aufl.). Berlin: Deutscher Verlag der Wissenschaften.

Fleiss, J. L., Cohen, J. & Everitt, B. S. (1969). Large sample standard errors of kappa and weighted kappa. *Psychological Bulletin*, *72*, 323–327.

Fleiss, J. L., Levin, B. & Paik, M. C. (2003). *Statistical methods for rates and proportions* (3. Aufl.). New York: Wiley.

Fleming, J. S. (1981). The use and misuse of factor scores in multiple regression analysis. *Educational and Psychological Measurement*, *41*, 1017–1025.

Foerster, F. & Stemmler, G. (1990). When can we trust the f-approximation of the Box-test. *Psychometrika*, *55*, 727–728.

Folger, R. (1989). Significance tests and the duplicity of binary decisions. *Psychological Bulletin*, *106*, 155–160.

Fornell, C. (1979). External single-set components analysis of multiple criterion/multiple predictor variables. *Multivariate Behavioral Research*, *14*, 323–338.

Fornell, C., Barclay, D. W. & Rhee, B. D. (1988). A model and simple iterative algorithm for redundancy analysis. *Multivariate Behavioral Research*, *23*, 349–360.

Forsyth, R. A. (1971). An empirical note on correlation coefficients corrected for restriction in range. *Educational and Psychological Measurement*, *31*, 115–123.

Fouladi, R. T. & Steiger, J. H. (1993). Test of multivariate independance: A critical analysis of "A Monte Carlo study of testing the significance of correlation matrices" by Silver and Dunlap. *Educational and Psychological Measurement*, *53*, 927–932.

Franklin, S. B., Gibson, D. J., Robertson, P. A., Pohlmann, J. T. & Fralish, J. S. (1995). Parallel analysis: A method for determining significant principal components. *Journal of Vegetation Science*, *6*, 99–106.

Fricke, R. & Treinies, G. (1985). *Einführung in die Metaanalyse.* Bern: Huber.

Friedman, S. & Weisberg, H. F. (1981). Interpreting the first eigenvalue of a correlation matrix. *Educational and Psychological Measurement*, *41*, 11–21.

Frigon, J. Y. & Laurencelle, L. (1993). Analysis of covariance: A proposed algorithm. *Educational and Psychological Measurement*, *53*, 1–18.

Fruchter, B. (1954). *Introduction to factor analysis.* New York: Van Nostrand-Reinhold.

Fung, W. K. & Kwan, C. W. (1995). Sensitivity analysis in factor analysis: Difference between using covariance and correlation matrices. *Psychometrika*, *60*, 607–614.

Fürntratt, E. (1969). Zur Bestimmung der Anzahl interpretierbarer gemeinsamer Faktoren in Faktorenanalysen psychologischer Daten. *Diagnostika*, *15*, 62–75.

Gabriel, K. R. (1964). A procedure for testing the homogeneity of all sets of means in analysis of variance. *Biometrics*, *20*, 459–477.

Gabriel, K. R. (1969). Simultaneous test procedure – some theory of multiple comparisons. *Annals of Mathematical Statistics*, *40*, 224–250.

Gaensslen, H. & Schubö, W. (1973). *Einfache und komplexe statistische Analyse.* München: Reinhardt.

Gaito, J. (1973). Repeated measurements designs and tests of null-hypothesis. *Educational and Psychological Measurement*, *33*, 69–75.

Galton, F. (1886). Family likeness in stature. *Proceedings of the Royal Society*, *15*, 49–53.

Games, P. A., Keselman, H. J. & Clinch, J. J. (1979). Tests for homogeneity of variance in factorial designs. *Psychological Bulletin*, *86*, 978–984.

Gatsonis, C. & Sampson, A. R. (1989). Multiple correlation: Exact power and sample size calculations. *Psychological Bulletin*, *106*, 516–524.

Gebhardt, F. (1967). Über die Ähnlichkeit von Faktorenmatrizen. *Psychologische Beiträge*, *10*, 591–599.

Geider, F. J., Rogge, K. E. & Schaaf, H. P. (1982). *Einstieg in die Faktorenanalyse.* Heidelberg: Quelle & Meyer.

Geisser, S. (1975). The predictive sample reuse method with applications. *Journal of the American Statistical Association*, *70*, 320–328.

Geisser, S. & Greenhouse, S. W. (1958). An extension of Box's results on the use of the *f*-distribution in multivariate analysis. *Annals of Mathematical Statistics*, *29*, 885–891.

Gekeler, G. (1974). *Aggression und Aggressionsbewertung.* Diss., TU Berlin.

Gibbons, J. A. & Sherwood, R. D. (1985). Repeated measures/randomized blocks ANOVA through the use of criterion-scaled regression. *Educational and Psychological Measurement*, *45*, 711–724.

Gigerenzer, G. (1981). *Messung und Modellbildung in der Psychologie.* München: Reinhardt.

Gigerenzer, G. (1993). The superego, the ego and the id in statistical reasoning. In G. Keren & C. Lewis (Hg.), *A handbook for data analysis in the behavioural sciences: Methodological issues* (S. 311–319). Hillsdale, NJ: Erlbaum.

Gigerenzer, G. & Murray, D. J. (1987). *Cognition as intuitive statistics.* Hillsdale, NJ: Erlbaum.

Gilbert, N. (1993). *Analyzing tabular data. loglinear and logistic models for social researchers.* London: University College London Press.

Girshick, M. A. (1939). On the sampling theory of roots of determinantal equations. *Annals of Mathematical Statistics*, *10*, 203–224.

Glasnapp, D. R. (1984). Change scores and regression suppressor conditions. *Educational and Psychological Measurement*, *44*, 851–867.

Glass, G. V. (1966). Note on rank-biserial correlation. *Educational and Psychological Measurement*, *26*, 623–631.

Glass, G. V. & Collins, J. R. (1970). Geometric proof of the restriction on the possible values of r_{xy} when r_{xz} and r_{yz} are fixed. *Educational and Psychological Measurement*, *30*, 37–39.

Glass, G. V., Peckham, P. D. & Sanders, J. R. (1972). Consequences of failure to meet assumptions underlying the fixed effects analysis of variance and covariance. *Review of Educational Research*, *42*, 237–288.

Glass, G. V. & Stanley, J. C. (1970). *Statistical methods in education and psychology.* Englewood Cliffs, NJ: Prentice-Hall.

Gleiss, I., Seidel, R. & Abholz, H. (1973). *Soziale Psychiatrie.* Frankfurt am Main: Fischer.

Glorfeld, L. W. (1995). An improvement on Horn's parallel methodology for selecting the correct number of factors to retain. *Educational and Psychological Measurement*, *95*, 377–393.

Gnanadesikan, R. (1977). *Methods for statistical data analysis of multivariate obscrvations.* New York: Wiley.

Goldberger, A. S. (1970). On Boudon's method of linear causal analysis. *American Sociological Review*, *35*(1), 97–101.

Goldberger, A. S. (1991). *A course in econometrics.* Cambridge, MA: Harvard University Press.

Goldberger, A. S. (1998). *Introductory econometrics.* Cambridge, MA: Harvard University Press.

Gondek, P. C. (1981). What you see may not be what you think you get: Discriminant analysis in statistical packages. *Educational and Psychological Measurement*, *41*, 267–281.

Goodall, D. W. (1966). A new similarity index based on probability. *Biometrics*, *22*, 882–907.

Gordon, A. D. (1981). *Classification.* London: Chapman and Hall.

Gordon, A. D. (1987). A review of hierarchical classification. *Journal of the Royal Statistical Society, Series A, 150*, 119–137.

Gordon, L. V. (1973). One-way analysis of variance using means and standard deviations. *Educational and Psychological Measurement, 33*, 815–816.

Gorman, B. S. & Primavera, L. H. (1993). MCA: A simple program for multiple correspondence analysis. *Educational and Psychological Measurement, 53*, 685–688.

Gorman, B. S., Primavera, L. H. & Allison, D. B. (1995). Powpal: A program for estimating effect sizes, statistical power, and sample sizes. *Educational and Psychological Measurement, 55*, 773–776.

Gorsuch, R. L. (1970). A comparison of biquartim, maxplane, promax and varimax. *Educational and Psychological Measurement, 30*, 861–872.

Gorsuch, R. L. (1973). Using Bartlett's significance test to determine the number of factors to extract. *Educational and Psychological Measurement, 33*, 361–364.

Gosset, W. S. (1908). The probable error of the mean. *Biometrika, 6*, 1–25.

Gottmann, J. M. (1995). *The analysis of change.* Mahwah, NJ: Erlbaum.

Graybill, F. A. (1961). *An introduction to linear statistical models, Vol. I.* New York: McGraw-Hill.

Green, B. F. (1952). The orthogonal approximation of an oblique structure in factor analysis. *Psychometrika, 17*, 429–440.

Green, B. F. (1979). The two kinds of linear discriminant functions and their relationship. *Journal of Educational Statistics, 4*, 247–263.

Green, P. E. & Carroll, J. D. (1976). *Mathematical tools for applied multivariate analysis.* New York: Academic Press.

Green, P. E., Carroll, J. D. & DeSarbo, W. S. (1978). A new measure of predictor variable importance in multiple regression. *Journal of Marketing Research, 15*(3), 356–360.

Greenland, S., Maclure, M., Schlesselman, J. J., Poole, C. & Morgenstern, H. (1991). Standardized regression coefficients: A further critique and review of some alternatives. *Epidemiology, 2*(5), 387–392.

Greenland, S., Schlesselman, J. J. & Criqui, M. H. (1986). The fallacy of employing standardized regression coefficients and correlations as measures of effect. *American Journal of Epidemiology, 123*(2), 203–208.

Greenwald, A. G. (1975). Consequences of prejudice against the nullhypothesis. *Psychological Bulletin, 82*, 1–20.

Grissom, R. J. & Kim, J. J. (2001). Review of assumptions and problems in the appropriate conceptualization of effect size. *Psychological Methods, 6*, 135–146.

Groeben, N. & Westmeyer, H. (1975). *Kriterien psychologischer Forschung.* München: Juventa.

Gross, A. L. & Kagen, E. (1983). Not correcting for restriction of range can be advantageous. *Educational and Psychological Measurement, 43*, 389–396.

Guadagnoli, E. & Velicer, W. F. (1988). Relation of sample size to the stability of component patterns. *Psychological Bulletin, 103*, 265–275.

Guertin, W. H. & Bailey, J. P., Jr.. (1970). *Introduction to modern factor analysis.* Ann Arbor, Michigan: Edwards Brothers Inc.

Guilford, J. P. (1952). When not to factor analyze. *Psychological Bulletin, 49*, 26–37.

Guilford, J. P. & Fruchter, B. (1978). *Fundamental statistics in psychology and education* (6. Aufl.). New York: McGraw-Hill.

Guthrie, D. (1981). Analysis of dichotomous variables in repeated measures. *Psychological Bulletin, 90*, 189–195.

Guttman, L. (1953). Image theory for the structure of quantitative variates. *Psychometrika, 18*, 277–296.

Guttman, L. (1954). Some necessary conditions for common factor analysis. *Psychometrika, 19*, 149–161.

Haase, R. F. (1983). Classical and partial eta square in multifactor ANOVA designs. *Educational and Psychological Measurement, 43*, 35–39.

Hagenaars, J. A. (1990). *Categorical longitudinal data: Log-linear panel, trend, an cohort analysis.* Newburg Park: Sage.

Hager, W. (1987). Grundlagen einer Versuchsplanung zur Prüfung empirischer Hypothesen in der Psychologie. In G. Lüer (Hg.), *Allgemeine experimentelle Psychologie* (S. 43–253). Göttingen: UTB.

Hájek, J. (1969). *Nonparametric statistics.* San Francisco: Holden-Day.

Hakstian, A. R. (1973). Formulas for image factor scores. *Educational and Psychological Measurement, 33*, 803–810.

Hakstian, A. R. & Boyd, W. M. (1972). An empirical investigation of some special cases of the general "orthomax" criterion for orthogonal factor transformation. *Educational and Psychological Measurement*, *32*, 3–22.

Hakstian, A. R., Roed, J. C. & Lind, J. C. (1979). Two-sample T^2 procedure and the assumption of homogeneous covariance matrices. *Psychological Bulletin*, *86*, 1255–1263.

Hakstian, A. R., Rogers, W. T. & Cattell, R. B. (1982). The behavior of number-of-factors rules with simulated data. *Multivariate Behavioral Research*, *17*, 193–219.

Hall, P. G. (1992). *The bootstrap and edgeworth expansion.* Heidelberg: Springer.

Hamilton, B. L. (1977). An empirical investigation of the effects of heterogeneous regression slopes in analysis of covariance. *Educational and Psychological Measurement*, *37*, 701–712.

Hamilton, D. (1987). Sometimes $r^2 > r^2_{yx_1} + r^2_{yx_2}$: Correlated variables are not always redundant. *American Statistician*, *41*(2), 129–132.

Hammersley, J. M. & Handscomb, D. C. (1965). *Monte Carlo methods.* London: Methuen.

Hammond, S. M. & Lienert, G. A. (1995). Modified phi correlation coefficients for the multivariate analysis of ordinally scaled variables. *Educational and Psychological Measurement*, *55*, 225–236.

Handl, A. (2002). *Multivariate Analysemethoden.* Heidelberg: Springer.

Hands, S. & Everitt, B. S. (1987). A Monte Carlo study of the recovery of cluster structure in binary data by hierarrchical clustering techniques. *Multivariate Behavioral Research*, *22*, 235–243.

Hanges, P. J., Rentsch, J. R., Yusko, K. P. & Alexander, R. A. (1991). Determining the appropriate correlation when the type of range restriction is unknown: Developing a sample base procedure. *Educational and Psychological Measurement*, *51*, 329–340.

Harman, H. H. (1968). *Modern factor analysis.* Chicago, IL: University of Chicago Press.

Harnatt, J. (1975). Der statistische Signifikanztest in kritischer Betrachtung. *Psychologische Beiträge*, *17*, 595–612.

Harris, C. W. (1967). Canonical factor models for the description of change. In C. W. Harris (Hg.), *Problems in measuring change* (S. 138–155). Madison, WI: University of Wisconsin Press.

Harris, C. W. (1978). Note on the squared multiple correlation as a lower bound to communality. *Psychometrika*, *43*, 283–284.

Harris, M. L. & Harris, C. W. (1971). A factor analytic interpretation strategy. *Educational and Psychological Measurement*, *31*, 589–606.

Harris, R. J. (1985). *A primer of multivariate statistics.* New York: Academic Press.

Harris, R. J. (1989). A canonical cautionary. *Multivariate Behavioral Research*, *24*, 17–39.

Hartigan, J. (1975). *Clustering algorithms.* New York: Wiley.

Hartley, H. O. (1961). The modified gauss-newton method for fitting of non-linear regression functions by least squares. *Technometrics*, *3*, 269–280.

Hattie, J. (1984). An empirical study of various indices for determining unidimensionality. *Multivariate Behavioral Research*, *19*, 49–78.

Havlicek, L. L. & Peterson, N. L. (1974). Robustness of the *t*-test: A guide for researchers on effect of violations of assumptions. *Psychological Reports*, *34*, 1095–1114.

Havlicek, L. L. & Peterson, N. L. (1977). Effect of the violation of assumptions upon significance levels of the pearson *r*. *Psychological Bulletin*, *84*, 373–377.

Hayduck, L. A. (1989). *Structural equation modelling with LISREL: Essentials and advances.* Baltimore: The John Hopkins University Press.

Hays, W. L. (1994). *Statistics* (5. Aufl.). Belmont, CA: Wadsworth.

Healy, M. J. R. (1990). Measuring importance. *Statistics in Medicine*, *9*, 633–637.

Heck, D. L. (1960). Charts of some upper percentage points of the distribution of the largest characteristic root. *Annals of Mathematical Statistics*, *31*, 625–642.

Hedges, L. V. & Olkin, I. (1985). *Statistical methods for meta-analysis.* New York: Academic Press.

Hegemann, V. & Johnson, D. E. (1976). The power of two tests of nonadditivity. *Journal of the American Statistical Association*, *71*, 945–948.

Hemmerle, W. J. (1967). *Statistical computations on a digital computer.* Waltham, MA: Blaisdell.

Hendrickson, A. E. & White, P. O. (1964). PROMAX: A quick method for rotation to oblique simple structure. *British Journal of Statistical Psychology*, *17*, 65–70.

Herr, D. G. & Gaebelein, J. (1978). Nonorthogonal analysis of variance. *Psychological Bulletin*, *85*, 207–216.

Herrmann, T. & Tack, W. H. (Hg.). (1994). *Methodologische Grundlagen der Psychologie. Enzyklopädie der Psychologie – Serie B/I – Forschungsmethoden in der Psychologie – Band I.* Göttingen: Hogrefe.

Heyn, W. (1960). *Stichprobenverfahren in der Marktforschung.* Würzburg: Physica.

Hicks, M. M. (1981). Applications of nonlinear principal components analysis to behavioral data. *Multivariate Behavioral Research*, *16*, 309–322.

Hinderer, K. (1980). *Grundbegriffe der Wahrscheinlichkeitstheorie.* Heidelberg: Springer.

Hoaglin, D. C. (1983). Letter values: A set of selected order statistics. In D. C. Hoaglin, F. Mosteller & J. W. Tukey (Hg.), *Understanding robust and exploratory data analysis* (S. 33–57). New York: Wiley.

Hocking, R. R. (1973). A discussion of the two-way mixed model. *American Statistician*, *27*(4), 148–152.

Hoel, P. G. (1971). *Introduction to mathematical statistics.* New York: Wiley.

Hofer, M. & Franzen, U. (1975). *Theorie der angewandten Statistik.* Weinheim: Beltz.

Holland, B. S. & Copenhaver, M. D. (1988). Improved Bonferroni-type multiple testing procedures. *Psychological Bulletin*, *104*, 145–149.

Holland, T. R., Levi, M. & Watson, C. G. (1980). Canonical correlation in the analysis of a contingency table. *Psychological Bulletin*, *87*, 334–336.

Holley, J. W. & Guilford, J. P. (1964). A note on the G-index of agreement. *Educational and Psychological Measurement*, *24*, 749–753.

Holling, H. (1983). Suppressor structures in the general linear model. *Educational and Psychological Measurement*, *43*, 1–9.

Hollingsworth, H. H. (1980). An analytical investigation of the effects of heterogeneous regression slopes in analysis of covariance. *Educational and Psychological Measurement*, *40*, 611–618.

Hollingsworth, H. H. (1981). Discriminant analysis of multivariate tables from a single population. *Educational and Psychological Measurement*, *41*, 929–936.

Holm, K. (1976). *Die Befragung 3. Die Faktorenanalyse.* München: Francke.

Holm, S. (1979). A simple sequentially rejective multiple test procedure. *Scandinavian Journal of Statistics*, *6*, 65–70.

Holmes, D. J. (1990). The robustness of the usual correction for restriction in range due to explicit selection. *Psychometrika*, *55*, 19–32.

Holz-Ebeling, F. (1995). Faktorenanalyse und was dann? Zur Frage der Validität von Dimensionsinterpretationen. *Psychologische Rundschau*, *46*, 18–35.

Holzkamp, K. (1968). *Wissenschaft als Handlung.* Berlin: de Gruyter.

Holzkamp, K. (1971). Konventionalismus und Konstruktivismus. *Zeitschrift für Sozialpsychologie*, *2*, 24–39.

Hope, K. (1968). *Methods of multivariate analysis.* London: University of London Press Ltd.

Hopkins, K. D. (1964). An empirical analysis of the efficacy of the wisc in the diagnosis of organicity in children of normal intelligence. *Journal of Genetic Psychology*, *105*, 163–172.

Hopkins, K. D. (1983). A strategy for analyzing ANOVA designs having one or more random factors. *Educational and Psychological Measurement*, *43*, 107–113.

Hopkins, K. D. & Chadbourn, R. A. (1967). A schema for proper utilization of multiple comparisons in research and a case study. *American Educational Research Journal*, *4*, 407–412.

Horn, D. (1942). A correction for the effect of tied ranks on the value of rank difference correlation coefficient. *Educational and Psychological Measurement*, *33*, 686–690.

Horn, J. L. (1965). A rationale and test for the number of factors in factor analysis. *Psychometrika*, *30*, 179–185.

Horn, J. L. & Engstrom, R. (1979). Cattell's scree test in relation to Bartlett's χ^2-test and other observations on the number of factors problem. *Multivariate Behavioral Research*, *14*, 283–300.

Horst, P. (1941). *The prediction of personal adjustment.* New York: Social Science Research Council, Bulletin No. 48.

Horst, P. (1961a). Generalized canonical correlations and their applications to experimental data. *Journal of Clinical Psychology*, *14*, 331–347. (Monographs supplement)

Horst, P. (1961b). Relations among m sets of measures. *Psychometrika*, *26*, 129–149.

Horst, P. (1965). *Factor analysis of data matrices.* New York: Holt, Rinehart and Winston.

Horton, R. L. (1978). *The general linear model.* New York: McGraw-Hill.

Hotelling, H. (1931). The generalization of Student's ratio. *Annals of Mathematical Statistics*, *2*, 360–378.

Hotelling, H. (1933). Analysis of a complex of statistical variables into principal components. *Journal of Educational Psychology*, *24*, 417–520.

Hotelling, H. (1935). The most predictable criterion. *Journal of Educational Psychology*, *26*, 139–142.

Hotelling, H. (1936). Relations between two sets of variates. *Biometrika*, *28*, 321–377.

Howell, D. C. & McConaughy, S. H. (1982). Nonorthogonal analysis of variance: Putting the question before the answer. *Educational and Psychological Measurement*, *42*, 9–24.

Hsiao, C. (1983). Identification. In Z. Griliches & M. D. Intriligator (Hg.), *Handbook of econometrics, vol. 1* (S. 223–283). Amsterdam: North-Holland.

Hsiung, T., Olejnik, S. F. & Huberty, C. J. (1994). A comment on Wilcox's improved test for comparing means when variances are unequal. *Journal of Educational Statistics*, *19*, 111–118.

Hsiung, T., Olejnik, S. F. & Oshima, T. C. (1994). A SAS/IML program for applying the James second-order test in two-factor fixed-effect ANOVA models. *Educational and Psychological Measurement*, *54*, 696–698.

Hsu, J. (1996). *Multiple comparisons: Theory and methods.* London: Chapman and Hall.

Hubert, L. J. & Arabie, P. (1985). Comparing partitions. *Journal of Classification*, *2*, 193–218.

Hubert, L. J. & Levin, J. R. (1976). A general statistical framework for assessing categorical clustering in free recall. *Psychological Bulletin*, *83*, 1072–1080.

Huberty, C. J. (1975). Discriminant analysis. *Review of Educational Research*, *45*, 543–598.

Huberty, C. J. (1984). Issues in the use and interpretation of discriminant analysis. *Psychological Bulletin*, *95*, 156–171.

Huberty, C. J. (1994a). *Applied discriminant analysis.* New York: Wiley.

Huberty, C. J. (1994b). Why multivariable analysis? *Educational and Psychological Measurement*, *54*, 620–627.

Huberty, C. J. & Curry, A. R. (1978). Linear vs. quadratic multivariate classification. *Multivariate Behavioral Research*, *13*, 237–245.

Huberty, C. J. & Morris, J. D. (1989). Multivariate analysis versus multiple univariate analysis. *Psychological Bulletin*, *105*, 302–308.

Huberty, C. J., Wisenbaker, J. M. & Smith, J. C. (1987). Assessing predictive accuracy in discriminant analysis. *Multivariate Behavioral Research*, *22*, 307–329.

Huberty, C. J., Wisenbaker, J. M., Smith, J. D. & Smith, J. C. (1986). Using categorical variables in discriminant analysis. *Multivariate Behavioral Research*, *21*, 479–496.

Huck, W. S. & Malgady, R. G. (1978). Two-way analysis of variance using means and standard deviations. *Educational and Psychological Measurement*, *38*, 235–237.

Huff, D. (1954). *How to lie with statistics.* New York: Norton.

Huitema, B. E. (1980). *The analysis of covariance and its alternatives.* New York: Wiley.

Humphreys, L. G. & Ilgen, D. R. (1969). Note on a criterion for the number of common factors. *Educational and Psychological Measurement*, *29*, 571–578.

Humphreys, L. G. & Taber, T. (1973). A comparison of squared multiples and iterated diagonals as communality estimates. *Educational and Psychological Measurement*, *33*, 225–229.

Hussy, W. & Jain, A. (2002). *Experimentelle Hypothesenprüfung in der Psychology.* Göttingen: Hogrefe.

Hussy, W. & Möller, H. (1994). Hypothesen. In T. Herrmann & W. H. Tack (Hg.), *Methodologische Grundlagen der Psychologie.* Göttingen: Hogrefe. (Enzyklopädie der Psychologie, Themenbereich B, Serie 1, Band 1, S. 475–507)

Hussy, W., Schreier, M. & Echterhoff, G. (2010). *Forschungsmethoden in Psychologie und Sozialwissenschaften.* Heidelberg: Springer.

Huynh, H. (1978). Some approximate tests for repeated measurement designs. *Psychometrika*, *43*, 161–175.

Huynh, H. & Feldt, L. S. (1970). Conditions under which mean square ratios in repeated measurements designs have exact f-distributions. *Journal of the American Statistical Association*, *65*, 1582–1589.

Huynh, H. & Feldt, L. S. (1976). Estimation of the box correction for degrees of freedom from sample data in randomized block and split-plot designs. *Journal of Educational Statistics, 1*, 69–82.

Huynh, H. & Mandeville, G. K. (1979). Validity conditions in repeated measures designs. *Psychological Bulletin, 86*, 964–973.

Hyndman, R. J. & Fan, Y. (1996). Sample quantiles in statistical packages. *The American Statistician, 50*(4), 361–365.

Imhof, J. P. (1962). Testing the hypothesis of fixed main effects in Scheffé's mixed model. *Annals of Mathematical Statistics, 33*, 1086–1095.

Isaac, P. D. & Milligan, G. W. (1983). A comment on the use of canonical correlation in the analysis of contingency tables. *Psychological Bulletin, 93*, 378–381.

Ito, K. (1962). A comparison of the powers of two multivariate analysis of variance tests. *Biometrika, 49*, 455–462.

Ito, K. (1969). On the effect of heteroscedasticity and non-normality upon some multivariate tests procedures. In P. R. Krishnaiah (Hg.), *Multivariate analysis* (S. 87–120). New York: Academic Press.

Ito, K. & Schull, W. J. (1964). On the robustness of the t^2-test in multivariate analysis of variance when variance-covariance matrices are not equal. *Biometrika, 51*, 71–82.

Jaccard, P. (1908). Nouvelles recherches sur la distribution florale. *Bull. Soc. Vaud. Sci. Nat., 44*, 223–270.

Jacobi, C. G. J. (1846). Über ein leichtes Verfahren, die in der Theorie der Säkularstörungen vorkommenden Gleichungen numerisch aufzulösen. *Journal für die reine und angewandte Mathematik, 30*, 51–95.

Jäger, R. (1974). Methoden zur Mittellung von Korrelationen. *Psychologische Beiträge, 16*, 417–427.

Jäger, R. (1976). Ähnlichkeit und Konsequenzen von Suppressorwirkungen und Multicollinearität. *Psychologische Beiträge, 18*, 77–83.

Jajuga, K., Sokolowski, A. & Bock, H. H. (2003). *Classification, clustering, and data analysis.* New York: Springer.

James, L. R., Mulaik, S. A. & Brett, J. M. (1982). *Causal analysis: Assumptions, models, and data.* Beverly Hills: Sage.

Janson, S. & Vegelius, J. (1982). Correlation coefficients for more than one scale type. *Multivariate Behavioral Research, 17*, 271–284.

Jardine, N. & Sibson, R. (1971). *Mathematical taxonomy.* London: Wiley.

Jaspen, N. (1946). Serial correlation. *Psychometrika, 11*, 23–30.

Jaspen, N. (1965). The calculation of probabilities corresponding to values of z, t, f, and χ^2. *Educational and Psychological Measurement, 15*, 877–880.

Jenkins, W. L. (1955). An improved method for tetrachoric r. *Psychometrika, 20*, 253–258.

Jennings, E. (1967). Fixed effects analysis of variance by regression analysis. *Multivariate Behavioral Research, 2*, 95–108.

Jennrich, R. I. (1970). Orthogonal rotation algorithms. *Psychometrika, 35*, 229–235.

Jennrich, R. I. & Sampson, P. F. (1966). Rotation for simple loadings. *Psychometrika, 31*, 313–323.

Johnson, D. E. & Graybill, F. A. (1972). An analysis of a two-way model with interaction and no replication. *Journal of the American Statistical Association, 67*, 862–868.

Johnson, E. M. (1972). The Fisher-Yates exact test and unequal sample sizes. *Psychometrika, 37*, 103–106.

Johnson, S. C. (1967). Hierarchical clustering schemes. *Psychometrika, 32*, 241–254.

Johnson, W. L. & Johnson, A. M. (1995). Using SAS/PC for higher order factoring. *Educational and Psychological Measurement, 55*, 429–434.

Jolliffe, I. T. (2002). *Principal component analysis.* New York: Springer.

Jones, L. V. (1966). Analysis of variance in its multivariate developments. In R. B. Cattell (Hg.), *Handbook of multivariate experimental psychology* (S. 244–266). Chicago, IL: Rand McNally.

Jöreskog, K. G. (1967). Some contributions to maximum likelihood factor analysis. *Psychometrika, 32*, 443–482.

Jöreskog, K. G. (1973). A general method for estimating a linear structural equation system. In A. S. Goldberger & O. D. Duncan (Hg.), *Structural equation models in the social sciences* (S. 85–112). New York: Seminar Press.

Jöreskog, K. G. (1982). The LISREL-approach to causal model building in the social sciences. In K. G. Jöreskog & H. Wold (Hg.), *Systems under indirect observation: Part I* (S. 81–99). Amsterdam: North-Holland Publishing.

Jöreskog, K. G. & Lawley, D. N. (1968). New methods in maximum likelihood factor analysis. *British Journal of Mathematical and Statistical Psychology, 21*, 85–96.

Jöreskog, K. G. & Sörbom, D. (1993). *LISREL 8: User's reference guide.* Chicago, IL: Scientific Software.

Kaiser, H. F. (1958). The VARIMAX criterion for analytic rotation in factor analysis. *Psychometrika, 23*, 187–200.

Kaiser, H. F. (1959). Computer program for varimax rotation in factor analysis. *Educational and Psychological Measurement, 19*, 413–420.

Kaiser, H. F. (1960). The application of electronic computers to factor analysis. *Educational and Psychological Measurement, 20*, 141–151.

Kaiser, H. F. & Caffrey, J. (1965). Alpha factor analysis. *Psychometrika, 30*, 1–14.

Kaiser, H. F. & Dickman, K. (1959). Analytic determination of common factors. *American Psychologist, 14*, 425.

Kaiser, H. F. & Norman, W. T. (1991). Coefficient alpha for components. *Psychological Reports, 69*, 111–114.

Kallina, H. (1967). Das Unbehagen in der Faktorenanalyse. *Psychologische Beiträge, 10*, 81–86.

Kallina, H. & Hartmann, A. (1976). Ein Vergleich von Hauptkomponentenanalyse und klassischer Faktorenanalyse. *Psychologische Beiträge, 18*, 84–98.

Kalos, M. H. & Whitlock, P. A. (1986). *Monte Carlo methods, vol. 1: Basics.* New York: Wiley.

Kalveram, K. T. (1970a). Über Faktorenanalyse. Kritik eines theoretischen Konzeptes und seine mathematische Neuformulierung. *Archiv für Psychologie, 122*, 92–118.

Kalveram, K. T. (1970b). Probleme der Selektion in der Faktorenanalyse. *Archiv für Psychologie, 122*, 199–230.

Kaplan, D. (2000). *Structural equation modeling foundations and extensions.* Thousand Oaks, CA: Sage.

Kelley, T. L. (1935). *Essential traits of mental life.* Cambridge, MA: Harvard University Press.

Kelloway, E. K. (1998). *Using LISREL for structural equation modeling.* London: Sage.

Kempf, W. F. (1972). Zur Bewertung der Faktorenanalyse als psychologische Methode. *Psychologische Beiträge, 14*, 610–625.

Kendall, M. G. (1962). *Rank correlation methods.* London: Griffin.

Kendall, M. G. & Stuart, A. (1969). *The advanced theory of statistics, vol. I: Distribution theory.* London: Griffin.

Kendall, M. G. & Stuart, A. (1973). *The advanced theory of statistics, vol. II: Inference and relationship.* London: Griffin.

Kennedy, J. J. (1970). The Eta coefficient in complex ANOVA designs. *Educational and Psychological Measurement, 30*, 885–889.

Kenny, D. A. (1973). A quasi-experimental approach to assessing treatment effects in the nonequivalent control group design. *Psychological Bulletin, 82*, 345–362.

Kenny, D. A. (1979). *Correlation and causation.* New York: Wiley.

Keren, G. & Lewis, C. (1977). A comment on coding in nonorthogonal designs. *Psychological Bulletin, 84*, 346–348.

Keren, G. & Lewis, C. (1979). Partial Omega squared for ANOVA designs. *Educational and Psychological Measurement, 39*, 119–128.

Kerlinger, F. N. (1967). The factor-structure and content of perceptions of desirable characteristics of teachers. *Educational and Psychological Measurement, 27*, 643–656.

Keselman, H. J., Carriere, K. C. & Lix, L. M. (1993). Testing repeated measures hypothesis when covariance matrices are heterogeneous. *Journal of Educational Statistics, 18*, 305–319.

Keselman, H. J., Carriere, K. C. & Lix, L. M. (1995). Robust and powerful nonorthogonal analysis. *Psychometrika, 60*, 395–418.

Keselman, H. J., Games, P. A. & Rogan, J. C. (1979). Protecting the overall rate of type I errors for pairwise comparisons with an omnibus test statistic. *Psychological Bulletin, 86*, 884–888.

Keselman, H. J., Kowalchuk, R. K. & Lix, L. M. (1998). Robust nonorthogonal analysis revisited: An update based on trimmed means. *Psychometrika, 63*, 145–163.

Keselman, H. J. & Rogan, J. C. (1977). The Tukey multiple comparison test: 1953–1976. *Psychological Bulletin, 84*, 1050–1056.

Keselman, H. J., Rogan, J. C. & Games, P. A. (1981). Robust tests of repeated measures means in educational and psychological research. *Educational and Psychological Measurement, 41*, 163–173.

Keselman, H. J., Rogan, J. C., Mendoza, J. L. & Breen, L. J. (1980). Testing the validity conditions of repeated measures *f*-tests. *Psychological Bulletin*, *87*, 479–481.

Kiers, H. A. L. (1991a). Hierarchical relations among three-way methods. *Psychometrika*, *56*, 449–470.

Kiers, H. A. L. (1991b). Simple structure in component analysis techniques for mixtures of qualitative and quantitative variables. *Psychometrika*, *56*, 197–212.

Kiers, H. A. L. (1997). Techniques for rotating two or more loading matrices to optimal agreement and simple structure: A comparison and some technical details. *Psychometrika*, *62*, 545–568.

Kiers, H. A. L. & Groenen, P. (1996). A monotonically convergent algorithm for orthogonal congruence rotation. *Psychometrika*, *61*, 375–389.

Kiers, H. A. L. & ten Berge, J. M. F. (1989). Alternating least squares algorithms for simultaneous components analysis with equal component weight matrices in two or more populations. *Psychometrika*, *54*, 467–473.

Kiers, H. A. L. & van Meckelen, I. (2001). Three-way component analysis: Principles and illustrative application. *Psychological Methods*, *6*, 84–110.

Kieser, M. & Victor, N. (1991). A test procedure for an alternative approach to configural frequency analysis. *Methodika*, *5*, 87–97.

King, A. C. & Read, C. B. (1963). *Pathways to probability.* New York: Holt.

Kirk, D. B. (1973). On the numerical approximation of the bivariate normal (tetrachoric) correlation coefficient. *Psychometrika*, *38*, 259–268.

Kirk, R. E. (1995). *Experimental design: Procedures for the behavioral sciences* (3. Aufl.). Pacific Grove, CA: Brooks/Cole.

Kirk, R. E. (1996). Practical significance: A concept whose time has come. *Educational and Psychological Measurement*, *56*, 746–759.

Kish, L. (1965). *Survey sampling.* New York: Wiley.

Klauer, K. C. (1996). Urteilerübereinstimmung bei dichotomen Kategoriensystemen. *Diagnostika*, *42*, 101–118.

Klemm, E. (1995). *Das Problem der Distanzbindungen in der hierarchischen Clusteranalyse.* Frankfurt am Main: Peter Lang.

Klemmert, H. (2004). *Äquivalenz- und Effekttests in der psychologischen Forschung.* Frankfurt am Main: Peter Lang.

Kline, R. B. (2005). *Principles and practice of structural equation modeling* (2. Aufl.). New York: Guilford Press.

Knapp, T. R. (1978). Canonical correlation analysis: A general parametric significance-testing system. *Psychological Bulletin*, *85*, 410–416.

Koeck, R. (1977). Grenzen von Falsifikation und Exhaustion – der Fall der Frustrations-Aggressionstheorie. *Psychologische Beiträge*, *19*, 391–419.

Kogan, L. S. (1948). Analysis of variance – repeated measures. *Psychological Bulletin*, *45*, 131–143.

Kolmogoroff, A. (1933). *Grundbegriffe der Wahrscheinlichkeitsrechnung.* Berlin: Springer. (Reprint Berlin: Springer 1973)

Korn, E. L. (1984). The ranges of limiting values of some partial correlations under conditional independence. *American Statistician*, *38*(1), 61–62.

Korth, B. A. (1978). A significance test for congruence coefficients for Cattell's factors matched by scanning. *Multivariate Behavioral Research*, *13*, 419–430.

Korth, B. A. & Tucker, L. R. (1975). The distribution of chance congruence coefficients from simulated data. *Psychometrika*, *40*, 361–372.

Korth, B. A. & Tucker, L. R. (1979). Erratum for the distribution of chance congruence coefficients from simulated data. *Psychometrika*, *44*, 365.

Kowalchuk, R. K. & Keselman, H. J. (2001). Mixed-model pairwise multiple comparison of repeated measures means. *Psychological Methods*, *6*, 282–296.

Kraak, B. (1966). Zum Problem der Kausalität in der Psychologie. *Psychologische Beiträge*, *9*, 413–432.

Kraemer, H. C. (1979). Tests of homogeneity of independent correlation coefficients. *Psychometrika*, *44*, 329–355.

Kraemer, H. C. (1981). Modified biserial correlation coefficients. *Psychometrika*, *46*, 275–282.

Krämer, W. (2009). *So lügt man mit Statistik* (12. Aufl.). München: Piper.

Krantz, D. H., Luce, R. D., Suppes, P. & Tversky, A. (1971). *Foundations of measurement* (Bd. I). New York: Academic Press.

Krause, B. & Metzler, P. (1978). Zur Anwendung der Inferenzstatistik in der psychologischen

Forschung. *Zeitschrift für Psychologie*, *186*, 244–267.

Krauth, J. (1980). Ein Vergleich der KFA mit der Methode der loglinearen Modelle. *Zeitschrift für Sozialpsychologie*, *11*, 233–247.

Krauth, J. (1993). *Einführung in die Konfigurationsfrequenzanalyse (KFA).* Weinheim: Beltz.

Krauth, J. (2003). Median Dichotomization in CFA: Is it allowed? *Psychology Science*, *45*, 324–329.

Krauth, J. & Lienert, G. A. (1973). *KFA – Die Konfigurationsfrequenzanalyse.* Freiburg: Alber-Broschur Psychologie.

Kreienbrock, L. (1989). *Einführung in die Stichprobenverfahren.* München: Oldenbourg.

Kreyszig, E. (1973). *Statistische Methoden und ihre Anwendungen.* Göttingen: Vandenhoeck & Ruprecht.

Kristof, W. (1980). Ein Verfahren zur Überprüfung der Homogenität mehrerer unabhängiger Stichprobenkorrelationskoeffizienten. *Psychologie und Praxis*, *24*, 185–189.

Kristof, W. (1981). Anwendungen einer Beziehung zwischen *t*- und *F*-Verteilungen auf das Prüfen gewisser statistischer Hypothesen über Varianzen und Korrelationen. In W. Jahnke (Hg.), *Beiträge zur Methodik in der differentiellen, diagnostischen und klinischen Psychologie* (S. 46–57). Königstein/Taunus: Hain. (Festschrift zum 60. Geburtstag von G. A. Lienert)

Krolak-Schwerdt, S. & Eckes, T. (1992). A graph theoretic criterion for determining the number of clusters in a data set. *Multivariate Behavioral Research*, *27*, 541–565.

Kruskal, J. B. & Shephard, R. N. (1974). A nonmetric variety of linear factor analysis. *Psychometrika*, *39*, 123–157.

Kruskal, W. (1987). Relative importance by averaging over orderings. *American Statistician*, *41*(1), 6–10.

Kruskal, W. & Majors, R. (1989). Concepts or relative importance in recent scientific literature. *American Statistician*, *43*(1), 2–6.

Krzanowski, W. J. & Kline, P. (1995). Cross-validation for chosing the number of important components in principal component analysis. *Multivariate Behavioral Research*, *30*, 149–165.

Kshirsagar, A. M. (1972). *Multivariate analysis.* New York: Marcel Dekker.

Kshirsagar, A. M. & Aserven, E. (1975). A note on the equivalence of two discrimination procedures. *The American Statistician*, *29*, 38–39.

Kubinger, K. D. (1990). Übersicht und Interpretation verschiedener Assoziationsmaße. *Psychologische Beiträge*, *32*, 290–346.

Küchler, M. (1980). The analysis of nonmetric data. *Sociological methods and research*, *8*, 369–388.

Kuiper, F. K. & Fisher, L. A. (1975). A Monte Carlo comparison of six clustering procedures. *Biometrics*, *31*, 777–783.

Kukuk, C. R. & Baty, C. F. (1979). The misuse of multiple regression with composite scales obtained from factor scores. *Educational and Psychological Measurement*, *39*, 277–290.

Kullback, S. (1967). On testing correlation matrices. *Applied Statistics*, *16*, 80–85.

Kutner, M. H. (1974). Hypothesis testing in linear models (Eisenhart Model I). *American Statistician*, *28*(3), 98–100.

Kyburg, H. E. (1968). *Philosophy of science: A formal approach.* New York: MacMillan.

Lachenbruch, P. A. (1967). An almost unbiased method of obtaining confidence intervals for the probability of misclassification in discriminant analysis. *Biometrics*, *23*, 639–645.

LaDu, T. J. & Tanaka, J. S. (1995). Incremental fit index changes for nested structural equation models. *Multivariate Behavioral Research*, *30*, 289–316.

Lambert, Z. V., Wildt, A. R. & Durand, R. M. (1989). Approximate confidence intervals for estimates of redundancy between sets of variables. *Multivariate Behavioral Rescarch*, *24*, 307–333.

Lambert, Z. V., Wildt, A. R. & Durand, R. M. (1990). Assessing sampling variations relative to number of factors criteria. *Educational and Psychological Measurement*, *50*, 33–48.

Lambert, Z. V., Wildt, A. R. & Durand, R. M. (1991). Bias approximations for complex estimators: An application to redundancy analysis. *Educational and Psychological Measurement*, *51*, 1–14.

Lancaster, H. O. & Hamden, M. A. (1964). Estimate of the correlation coefficient in contingency tables with possibly nonmetrical characters. *Psychometrika*, *19*, 383–391.

Lance, G. N. & Williams, W. T. (1966). A generalized sorting strategy for computing classification. *Nature*, *212*, 218.

Lance, G. N. & Williams, W. T. (1967). A general theory of classificatory sorting strategies:

Hierarchical systems. *Computer Journal*, *9*, 373–380.

Landahl, H. D. (1938). Centroid orthogonal transformations. *Psychometrika*, *3*, 219–223.

Lane, D. M. & Dunlap, W. P. (1978). Estimating effect size: Bias resulting from the significance criterion in editorial decisions. *British Journal of Mathematical and Statistical Psychology*, *31*, 107–112.

Langeheine, R. (1980a). *Log-lineare Modelle zur multivariaten Analyse qualitativer Daten.* München: Oldenbourg.

Langeheine, R. (1980b). Multivariate hypothesentestung bei qualitativen daten. *Zeitschrift für Sozialpsychologie*, *11*, 140–151.

Lantermann, E. D. (1976). Zum Problem der Angemessenheit eines inferenzstatistischen Verfahrens. *Psychologische Beiträge*, *18*, 99–104.

Larzelere, R. E. & Mulaik, S. A. (1977). Single-sample tests for many correlations. *Psychological Bulletin*, *84*, 557–569.

Lathrop, R. G. & Williams, J. E. (1987). The reliability of inverse scree tests for cluster analysis. *Educational and Psychological Measurement*, *47*, 953–959.

Lathrop, R. G. & Williams, J. E. (1989). The shape of the inverse scree test for cluster analysis. *Educational and Psychological Measurement*, *49*, 827–834.

Lathrop, R. G. & Williams, J. E. (1990). The validity of the inverse scree test for cluster analysis. *Educational and Psychological Measurement*, *50*, 325–330.

Lautenschlager, G. J. (1989). A comparison of alternatives to conducting Monte Carlo analysis for determining parallel analysis criteria. *Multivariate Behavioral Research*, *24*, 365–395.

Lautenschlager, G. J., Lance, C. E. & Flaherty, V. L. (1989). Parallel analysis criteria: Revised equations for estimating the latent roots of random data correlation matrices. *Educational and Psychological Measurement*, *49*, 339–345.

Lauter, J. (1978). Sample size requirements for the T^2 test of MANOVA (tables for one-way classification). *Biometrical Journal*, *20*, 389–406.

Lautsch, E. & Lienert, G. A. (1993). *Binärdatenanalyse.* Weinheim: Psychologie Verlags Union.

Lautsch, E. & Weber, S. von. (1995). *Methoden und Anwendungen der Konfigurationsfrequenzanalyse (KFA).* Weinheim: Beltz.

Lawley, D. N. (1940). The estimation of factor loadings by the method of maximum likelihood. *Proceedings of the Royal Society of Edinburgh*, *60*, 64–82.

Lawley, D. N. (1942). Further investigations in factor estimation. *Proceedings of the Royal Society of Edinburgh, Series A*, *61*, 176–185.

Lawley, D. N. (1949). Problems in factor analysis. *Proceedings of the Royal Society of Edinburgh, Series A*, *62*, 394–399.

Lawley, D. N. & Maxwell, A. E. (1971). *Factor analysis as a statistical method.* New York: Elsevier.

Lee, H. B. & Comrey, A. L. (1979). Distortions in a commonly used factor analytic procedure. *Multivariate Behavioral Research*, *14*, 301–321.

Lehmann, E. L. & Casella, G. (1998). *Theory of point estimation* (2. Aufl.). New York: Springer.

Leigh, J. H. & Kinnear, T. C. (1980). On interaction classification. *Educational and Psychological Measurement*, *40*, 841–843.

Leiser, E. (1982). Wie funktioniert sozialwissenschaftliche Statistik? *Zeitschrift für Sozialpsychologie*, *13*, 125–139.

Levene, H. (1960). Robust tests for the equality of variance. In I. Olkin, S. G. Ghurye, W. Hoeffding, W. G. Madow & H. B. Mann (Hg.), *Contributions to probability and statistics: Essays in honor of harold hotelling* (S. 278–292). Palo Alto, CA: Standford University Press.

Levin, J. R. & Marascuilo, L. A. (1972). Type IV errors and interactions. *Psychological Bulletin*, *78*(5), 368–374.

Levy, K. J. (1976). A multiple range procedure for independent correlations. *Educational and Psychological Measurement*, *36*, 27–31.

Levy, K. J. (1980). A Monte Carlo study of analysis of covariance under violations of the assumptions of normality and equal regression slopes. *Educational and Psychological Measurement*, *40*, 835–840.

Levy, P. S. & Lemeshow, S. (1999). *Sampling of populations: Methods and applications.* New York: Wiley.

Lewis, A. E. (1966). *Biostatistics.* New York: Reinhold.

Lienert, G. A. (1973). *Verteilungsfreie Methoden in der Biostatistik, Bd. 1.* Meisenheim/Glan: Hain.

Lienert, G. A. (Hg.). (1988). *Angewandte Konfigurationsfrequenzanalyse*. Frankfurt am Main: Athenäum.

Lienert, G. A. & Raatz, U. (1998). *Testaufbau und Testanalyse* (6. Aufl.). Weinheim: Beltz.

Lindgren, B. W. (1993). *Statistical theory* (4. Aufl.). New York: Chapman & Hall.

Lingoes, J. C. (1968). The multivariate analysis of qualitative data. *Multivariate Behavioral Research*, *3*, 61–94.

Little, R. C., Stroup, W. W. & Freund, R. J. (2002). *SAS for linear models* (4. Aufl.). Cary, NC: SAS Institute Inc.

Lix, L. M. & Keselman, H. J. (1995). Approximate degrees of freedom tests: A unified perspective on testing for mean equality. *Psychological Bulletin*, *117*, 547–560.

Loehlin, J. C. (1998). *Latent variable models* (3. Aufl.). Mahwah, NJ: Erlbaum.

Lohmöller, J. B. (1979). Die trimodale Faktorenanalyse von Tucker: Skalierungen, Rotationen, andere Modelle. *Archiv für Psychologie*, *131*, 137–166.

Long, J. S. (1983a). *Confirmatory factor analysis: A preface to LISREL*. Beverly Hills: Sage.

Long, J. S. (1983b). *Covariance structure models: An introduction to LISREL*. Beverly Hills: Sage.

Longman, R. S., Cota, A. A., Holden, R. R. & Fekken, G. C. (1989). A regression equation for the parallel analysis criterion in principle component analysis: Means and 95th percentile eigenvalues. *Multivariate Behavioral Research*, *24*, 59–69.

Looney, S. W. (1995). How to use tests for univariate normality to assess multivariate normality. *The American Statistician*, *49*, 64–70.

Lord, F. M. (1958). Some relations between Guttman's principal components of scale analysis and other psychometric theory. *Psychometrika*, *23*, 291–296.

Lowerre, G. F. (1973). A formula for correction for range. *Educational and Psychological Measurement*, *33*, 151–152.

Lubin, A. (1957). Some formulae for use with suppressor variables. *Educational and Psychological Measurement*, *17*, 286–296.

Lüer, G. (Hg.). (1987). *Allgemeine experimentelle Psychologie*. Stuttgart: Fischer.

Lunney, G. H. (1970). Using analysis of variance with a dichotomous dependent variable: An empirical study. *Journal of Educational Measurement*, *7*, 263–269.

Lutz, J. G. (1974). On the rejection of Hotelling's single sample t^2. *Educational and Psychological Measurement*, *34*, 19–23.

Lutz, J. G. (1983). A method for constructing data which illustrate three types of suppressor variables. *Educational and Psychological Measurement*, *43*, 373–377.

Lutz, J. G. & Eckert, T. L. (1994). The relationship between canonical correlation analysis and multivariate multiple regression. *Educational and Psychological Measurement*, *54*, 666–675.

Lykken, D. T. (1968). Statistical significance in psychological research. *Psychological Bulletin*, *70*, 151–157.

Lynn, H. S. (2003). Suppression and confounding in action. *American Statistician*, *57*(1), 58–61.

MacCallum, R. C. (1995). Model specification: Procedures, strategies, and related issues. In R. H. Hoyle (Hg.), *Structural equation modeling: Concepts, issues, and applications* (S. 16–36). Thousand Oaks, CA: Sage.

MacCallum, R. C. & Mar, C. M. (1995). Distinguishing between moderator and quadratic effects in multiple regression. *Psychological Bulletin*, *118*, 405–421.

MacCallum, R. C., Roznowski, M. & Necovitz, L. B. (1992). Model modifications in covariance structure analysis: The problem of capitalization on chance. *Psychological Bulletin*, *111*, 490–504.

MacCallum, R. C., Wegener, D. T., Uchino, B. N. & Fabrigor, L. R. (1993). The problem of equivalent models in applications of covariance structure analysis. *Psychological Bulletin*, *114*, 185–199.

MacCallum, R. C., Widaman, K. F., Zhang, S. & Hong, S. (1999). Sample size in factor analysis. *Psychological Methods*, *4*, 84–99.

MacCallum, R. C., Zhang, S., Preacher, K. J. & Rucker, D. D. (2002). On the practice of dichotomization of quantitative variables. *Psychological Methods*, *7*, 19–40.

MacQueen, J. (1967). Some methods for classification and analysis of multivariate observations. In L. M. Lecam & J. Neyman (Hg.), *Proceedings of the fifth Berkely symposium on mathematical statistics and probability* (Bd. 1, S. 281–297). Berkely, CA: University of California Press.

Mahalanobis, P. C. (1936). On the generalized distance in statistics. *Proceedings of the National Institute of Science India*, *12*, 49–55.

Mann, H. B. & Whitney, D. R. (1947). On a test whether one of two random variables is stochastically larger than the other. *Annals of Mathematical Statistics*, *18*, 50–60.

Manoukian, E. B. (1986). *Modern concepts and theorems of mathematical statistics.* New York: Springer.

Marascuilo, L. A. (1966). Large sample multiple comparisons. *Psychological Bulletin*, *65*, 280–290.

Marascuilo, L. A., Omelick, C. L. & Gokhale, D. V. (1988). Planned and post hoc methods for multiple-sample McNemar (1947) tests with missing data. *Psychological Bulletin*, *103*, 238–245.

Marcoulides, G. A. & Schumacker, R. E. (1996). *Advanced structural equation modeling: issues and techniques.* Mahwah, NJ: Erlbaum.

Mardia, K. V. (1970). Measures of multivariate skewness and kurtosis with applications. *Biometrika*, *57*, 519–530.

Mardia, K. V. (1974). Applications of some measures of multivariate skewness and kurtosis in testing normality and robustness studies. *Sankhya, B*, *36*, 115–128.

Mardia, K. V. (1985). Mardia's test of multinormality. In S. Kotz & N. L. Jonson (Hg.), *Encyclopedia of statistical sciences, vol. 5* (S. 217–221). New York: Wiley.

Markus, K. A. (2001). The converse inequality argument against tests of statistical significance. *Psychological Methods*, *6*, 147–160.

Maronna, R. A., Martin, R. D. & Yohai, V. J. (2006). *Robust statistics: Theory and methods.* New York: Wiley.

Marsh, H. W., Balla, J. R. & McDonald, R. P. (1988). Goodness-of-fit indexes in confirmatory factor analysis: The effect of sample size. *Psychological Bulletin*, *103*, 391–410.

Martin, W. S., Fruchter, B. & Mathis, W. J. (1974). An investigation of the effect of the number of scale intervals on principal components factor analysis. *Educational and Psychological Measurement*, *34*, 537–545.

Marx, W. (1981/82). Spearman's Rho: Eine „unechte" Rangkorrelation? *Archiv für Psychologie*, *134*, 161–164.

Mas, F. M. du. (1946). A quick method of analyzing the similarity of profiles. *Journal of Clinical Psychology*, *2*, 80–83.

Maxwell, S. E. (2000). Sample size and multiple regression analysis. *Psychological Methods*, *5*, 434–458.

Maxwell, S. E. & Delaney, H. D. (2000). *Designing experiments and analyzing data: A model comparison approach.* Mahwah, NJ: Erlbaum.

Maxwell, S. E., Delaney, H. D. & Manheimer, J. M. (1985). ANOVA of residuals and ANCOVA: Correcting an illusion by using model comparisons and graphs. *Journal of Educational Statistics*, *10*(3), 197–209.

McCabe, G. P. (1975). Computations for variable selection in discriminant analysis. *Technometrics*, *17*, 103–109.

McCall, R. B. (1970). *Fundamental statistics for psychology.* New York: Harcourt, Brace and World.

McFatter, R. M. (1979). The use of structural equation models in interpreting regression equations including suppressor and enhancer variables. *Applied Psychological Measurement*, *3*, 123–135.

McHenry, C. E. (1978). Computation of the best subset in multivariate analysis. *Applied Statistics*, *27*, 291–296.

McKay, R. J. & Campbell, N. A. (1982). Variable selection techniques in discriminant analysis ii: Allocation. *British Journal of Mathematical and Statistical Psychology*, *35*, 30–41.

McLachlan, G. J. (1992). *Discriminant analysis and statistical pattern recognition.* New York: Wiley.

McNamara, W. J. & Dunlap, J. W. (1934). A graphical method for computing the standard error of biserial *r*. *Journal of Experimental Education*, *2*, 274–277.

McNemar, Q. (1969). *Psychological statistics.* New York: Wiley.

Meehl, P. E. (1950). Configural scoring. *Journal of Consulting Psychology*, *14*, 165–171.

Meehl, P. E. (1978). Theoretical risks and tabular asterisks: Sir karl, sir ronald, and the slow progress of soft psychology. *Journal of Consulting and Clinical Psychology*, *46*, 806–834.

Meiser, T. & Humburg, S. (1996). Klassifikationsverfahren. In E. Erdfelder, R. Mausfeld, T. Meiser & G. Rudinger (Hg.), *Handbuch quantitative Methoden* (S. 279–290). Weinheim: Beltz.

Melton, R. S. (1963). Some remarks on failure to meet assumptions in discriminant analysis. *Psychometrika*, *28*, 49–53.

Mendoza, J. L., Markos, V. H. & Gonter, R. (1978). A new perspective on sequential testing procedures in canonical analysis: A

Monte Carlo evaluation. *Multivariate Behavioral Research, 13*, 371–382.

Meng, X. L., Rosenthal, R. & Rubin, D. B. (1992). Comparing correlated correlation coefficients. *Psychological Bulletin, 111*, 172–175.

Menges, G. (1959). *Stichproben aus endlichen Gesamtheiten: Theorie und Technik.* Frankfurt am Main: Vittorio Klostermann.

Meredith, W. (1964). Canonical correlations with fallible data. *Psychometrika, 29*, 55–65.

Micceri, T. (1989). The unicorn, the normal curve, and other improbable creatures. *Psychological Bulletin, 105*, 156–166.

Michaelis, J. (1973). Simulation experiments with multiple group linear and quadratic discriminant analysis. In T. Cacoullos (Hg.), *Discriminant analysis and applications.* New York: Academic Press.

Michell, J. (1990). *An introduction to the logic of psychological measurement.* Hillsdale, NJ: Erlbaum.

Miller, N. E. & Bugelski, R. (1948). Minor studies of aggression II: The influence of frustrations imposed by the in-group on attitudes expressed toward out-groups. *Journal of Psychology, 25*, 437–452.

Milligan, G. W. (1981). A review of Monte Carlo tests of cluster analysis. *Multivariate Behavioral Research, 16*, 379–407.

Milligan, G. W. (1989). A study of the beta-flexible clustering method. *Multivariate Behavioral Research, 24*, 163–176.

Milligan, G. W. & Cooper, M. C. (1985). An examination of procedures for determining the number of clusters in a data set. *Psychometrika, 50*, 159–179.

Milligan, G. W. & Cooper, M. C. (1986). A study of the comparability of external criteria for hierarchical cluster analysis. *Multivariate Behavioral Research, 21*, 441–458.

Milligan, G. W. & Schilling, D. A. (1985). Asymptotic and finite sample characteristics of four external criterion measures. *Multivariate Behavioral Research, 20*, 97–109.

Milligan, G. W. & Sokal, L. (1980). A two-stage clustering algorithm with robustness recovery characteristics. *Educational and Psychological Measurement, 40*, 755–759.

Milligan, G. W., Wong, D. S. & Thompson, P. A. (1987). Robustness properties of nonorthogonal analysis of variance. *Psychological Bulletin, 101*, 464–470.

Milliken, G. A. & Johnson, D. E. (1992). *Analysis of messy data, vol. 1: Designed experiments.* London: Chapmen and Hall.

Millsap, R. E. & Meredith, W. (1988). Component analysis in cross-sectional and longitudinal data. *Psychometrika, 53*, 123–134.

Millsap, R. E., Zalkind, S. S. & Xenos, T. (1990). Quick reference tables to determine the significance of the difference between two correlation coefficients from two independent samples. *Educational and Psychological Measurement, 50*, 297–307.

Mintz, J. (1970). A correlational method for the investigation of systematic trends in serial data. *Educational and Psychological Measurement, 30*, 575–578.

Mirkin, B. (1996). *Mathematical classification and clustering.* Dordrecht: Kluwer.

Mittenecker, E. & Raab, E. (1973). *Informationstheorie für Psychologen.* Göttingen: Hogrefe.

Möbus, C. & Schneider, W. (1986). *Strukturmodelle zur Analyse von Längsschnittdaten.* Bern: Huber.

Montanelli, R. G. & Humphreys, L. G. (1976). Latent roots of random data correlations matrices with squared multiple correlations in the diagonal: A Monte Carlo study. *Psychometrika, 41*, 341–348.

Moosbrugger, H. (1978). *Multivariate statistische Analyseverfahren.* Stuttgart: Kohlhammer.

Moosbrugger, H. & Frank, D. (1992). *Clusteranalytische Methoden in der Persönlichkeitsforschung.* Bern: Huber.

Moosbrugger, H. & Kelava, A. (Hg.). (2007). *Testtheorie und Fragebogenkonstruktion.* Heidelberg: Springer.

Moosbrugger, H. & Schermelleh-Engel, K. (2007). Explorative (EFA) und konfirmatorische Faktorenanalyse (CFA). In H. Moosbrugger & A. Kelava (Hg.), *Testtheorie und Fragebogenkonstruktion* (S. 307–324). Heidelberg: Springer.

Moosbrugger, H. & Zistler, R. (1994). *Lineare Modelle. Regressions- und Varianzanalysen.* Bern: Huber.

Morey, L. C. & Agresti, A. (1984). The measurement of classification agreement: An adjustment to the rand-statistic for chance agreement. *Educational and Psychological Measurement, 44*, 33–37.

Morey, L. C., Blashfield, R. K. & Skinner, H. A. (1983). A comparison of cluster analysis techniques within a sequential validation framework. *Multivariate Behavioral Research, 18*, 309–329.

Morgan, S. L. & Winship, C. (2007). *Counterfactuals and causal inference: Methods and principles for social research.* Cambridge: Cambridge University Press.

Morris, J. D. & Meshbane, A. (1995). Selecting predictor variables in two-group classification problems. *Educational and Psychological Measurement, 55*, 438–441.

Morrison, D. F. (1976). *Multivariate statistical methods* (2. Aufl.). New York: McGraw-Hill.

Mosier, C. I. (1939). Determining a simple structure when loadings for certain tests are known. *Psychometrika, 4*, 149–162.

Mossholder, K. W., Kemrey, E. R. & Bedlian, A. G. (1990). On using regression coefficients to interpret moderator effects. *Educational and Psychological Measurement, 50*, 255–263.

Mosteller, F. & Tukey, J. W. (1977). *Data analysis and regression: A second course in statistics.* Reading, MA: Addison-Wesley.

Mosteller, F. & Wallace, D. L. (1964). *Inference and disputed authorship: The federalist.* Reading, MA: Addison-Wesley.

Mulaik, S. A. (1972). *The foundations of factor analysis.* New York: McGraw-Hill.

Mulaik, S. A. (1987). A brief history of the philosophical foundations of exploratory factor analysis. *Multivariate Behavioral Research, 22*, 267–305.

Mummendey, H. D. (2008). *Die Fragebogen-Methode* (5. Aufl.). Göttingen: Hogrefe.

Nesselroade, J. R. (1972). Note on the "longitudinal factor analysis" model. *Psychometrika, 37*, 187–191.

Nesselroade, J. R. & Baltes, P. B. (1970). On a dilemma of comparative factor analysis. a study of factor matching based on random data. *Educational and Psychological Measurement, 30*, 935–948.

Neter, J., Kutner, M. H., Nachtsheim, C. J. & Wasserman, W. (1996). *Applied linear statistical models* (4. Aufl.). Chicago, IL: Irwin.

Neuhaus, J. O. & Wrigley, C. (1954). The QUARTIMAX method: An analytic approach to orthogonal simple structure. *British Journal of Statistical Psychology, 7*, 81–91.

Newman, T. B. & Browner, W. S. (1991). In defense of standardized regression coefficients. *Epidemiology, 2*(5), 383–386.

Neyman, J. (1937). Outline of a theory of statistical estimation based on the classical theory of probability. *Philosophical transactions of the Royal Society, Series A*, p. 236.

Neyman, J. & Pearson, E. S. (1928a). On the use and interpretation of certain test criteria for purposes of statistical inference, part i. *Biometrika, 20A*, 175–240.

Neyman, J. & Pearson, E. S. (1928b). On the use and interpretation of certain test criteria for purposes of statistical inference, part ii. *Biometrika, 20A*, 263–294.

Nickerson, R. S. (2000). Null hypothesis significance testing: A review of an old and continuing controversy. *Psychological Methods, 5*, 241–301.

Niedereé, R. & Mausfeld, R. (1996a). Das Bedeutsamkeitsproblem in der Statistik. In E. Erdfelder, R. Mausfeld, T. Meiser & G. Rudinger (Hg.), *Handbuch quantitative Methoden* (S. 399–410). Weinheim: Beltz.

Niedereé, R. & Mausfeld, R. (1996b). Skalenniveau, Invarianz und „Bedeutsamkeit". In E. Erdfelder, R. Mausfeld, T. Meiser & G. Rudinger (Hg.), *Handbuch quantitative Methoden* (S. 385–398). Weinheim: Beltz.

Niedereé, R. & Narens, L. (1996). Axiomatische Meßtheorie. In E. Erdfelder, R. Mausfeld, T. Meiser & G. Rudinger (Hg.), *Handbuch quantitative Methoden* (S. 369–384). Weinheim: Beltz.

Nijsse, M. (1988). Testing the significance of Kendall's τ and Spearman's r_s. *Psychological Bulletin, 103*, 235–237.

Norris, R. C. & Hjelm, H. F. (1961). Nonnormality and product moment correlation. *Journal of Experimental Education, 29*, 261–270.

Nye, L. G. & Witt, L. A. (1995). Interpreting moderator effects: Substitute for the signed coefficient rule. *Educational and Psychological Measurement, 55*, 27–31.

O'Brien, R. G. (1978). Robust techniques for testing heterogeneity of variance effects in factorial designs. *Psychometrika, 43*, 327–342.

O'Brien, R. G. (1981). A simple test for variance effects in experimental design. *Psychological Bulletin, 89*, 570–574.

O'Brien, R. G. & Kaiser, M. (1985). MANOVA method for analysing repeated measures designs: An extensive primer. *Psychological Bulletin, 97*, 316–333.

O'Grady, K. E. & Medoff, D. R. (1988). Categorial variables in multiple regression: Some cautions. *Multivariate Behavioral Research, 23*, 243–260.

Olejnik, S. F. & Algina, J. (1988). Tests of variance equality when distributions differ in form and location. *Educational and Psychological Measurement, 48*, 317–329.

Olkin, I. (1967). Correlations revisited. In J. C. Stanley (Hg.), *Improving experimental design and statistical analysis.* Chicago, IL: Rand McNalley.

Olkin, I. (1981). Range restrictions for product-moment correlation matrices. *Psychometrika, 46*, 469–472.

Olkin, I. & Finn, J. D. (1990). Testing correlated correlations. *Psychological Bulletin, 108*, 330–333.

Olkin, I. & Finn, J. D. (1995). Correlations redux. *Psychological Bulletin, 118*, 155–164.

Olkin, I. & Pratt, J. W. (1958). Unbiased estimation of certain correlation coefficients. *Annals of Mathematical Statistics, 29*, 201–211.

Olkin, I. & Siotani, M. (1964). *Asymptotic distribution functions of a correlation matrix.* Stanford, CA: Stanford University Laboratory for Quantitative Research in Education. Report No. 6.

Olson, C. L. (1974). Comparative robustness of six tests in multivariate analysis of variance. *Journal of the American Statistical Association, 69*, 894–908.

Olson, C. L. (1976). On choosing a test statistic in multivariate analysis of variance. *Psychological Bulletin, 83*, 579–586.

Olson, C. L. (1979). Practical considerations in choosing a MANOVA test statistic: A rejoinder to Stevens. *Psychological Bulletin, 86*, 1350–1352.

Olsson, U. (1979). Maximum likelihood estimation of the polychoric correlation coefficient. *Psychometrika, 44*, 443–460.

Olsson, U. & Bergmann, L. R. (1977). A longitudinal factor model for studying change in ability structure. *Multivariate Behavioral Research, 12*, 221–241.

Olsson, U., Drasgow, F. & Dorans, N. J. (1982). The polyserial correlation coefficient. *Psychometrika, 47*, 337–347.

Opp, K. D. (1999). *Methodologie der Sozialwissenschaften* (4. Aufl.). Opladen: Westdeutscher Verlag.

Orlik, P. (1967a). Das Dilemma der Faktorenanalyse – Zeichen einer Aufbaukrise in der modernen Psychologie. *Psychologische Beiträge, 10*, 87–89.

Orlik, P. (1967b). Eine Technik zur erwartungstreuen Skalierung psychologischer Merkmalsräume auf Grund von Polaritätsprofilen. *Zeitschrift für experimentelle und angewandte Psychologie, 14*, 616–650.

Orlik, P. (1980). Das Summax-Modell der dreimodalen Faktorenanalyse mit interpretierbarer Kernmatrix. *Archiv für Psychologie, 133*, 189–218.

Orloci, L. (1969). Information theory models for hierarchic and non-hierarchic classification. In A. J. Cole (Hg.), *Numerical taxonomy* (S. 148–164). London: Academic Press.

Orth, B. (1974). *Einführung in die Theorie des Messens.* Stuttgart: Kohlhammer.

Orth, B. (1983). Grundlagen des Messens. In H. Feger & J. Bredenkamp (Hg.), *Messen und Testen, Enzyklopädie der Psychologie, Themenbereich B, Serie I, Bd. 3, Kap. 2.* Göttingen: Hogrefe.

Osgood, L. E. & Suci, G. J. (1952). A measure of relation determined by both mean difference and profile information. *Psychological Bulletin, 49*, 251–262.

Ostmann, A. & Wuttke, J. (1994). Statistische Entscheidung. In T. Herrmann & W. H. Tack (Hg.), *Methodologische Grundlagen der Psychologie (Enzyklopädie der Psychologie. Themenbereich B, Serie I, Band 1)* (S. 694–738). Göttingen: Hogrefe.

Overall, J. E. (1980). Power of χ^2-tests for 2×2 contingency tables with small expected frequencies. *Psychological Bulletin, 87*, 132–135.

Overall, J. E. & Klett, C. J. (1972). *Applied multivariate analysis.* New York: McGraw-Hill.

Overall, J. E. & Spiegel, D. K. (1969). Concerning least squares analysis of experimental data. *Psychological Bulletin, 71*, 311–322.

Overall, J. E. & Woodward, J. A. (1977a). Common misconceptions concerning the analysis of covariance. *Multivariate Behavioral Research, 12*, 171–185.

Overall, J. E. & Woodward, J. A. (1977b). Nonrandom assignment and the analysis of covariance. *Psychological Bulletin, 84*, 588–594.

Overton, R. C. (2001). Moderated multiple regression for interactions involving categorical variables: A statistical control for heterogeneous variance across two groups. *Psychological Methods, 6*, 218–233.

Pagano, R. R. (2010). *Understanding statistics in the behavioral sciences* (9. Aufl.). Belmont, CA: Wadsworth.

Paull, A. E. (1950). On preliminary tests for pooling mean squares in the analysis of variance. *Annals of Mathematical Statistics*, *21*, 539–556.

Paunonen, S. V. (1997). On chance and factor congruence following orthogonal procrustes rotation. *Educational and Psychological Measurement*, *57*, 33–59.

Pawlik, K. (1959). Der maximale Kontingenzkoeffizient im Falle nicht quadratischer Kontingenztafeln. *Metrika*, *2*, 150–166.

Pawlik, K. (1973). Right answers to wrong questions? A re-examination of factor analytic personality research and its contribution to personality theory. In J. R. Royce (Hg.), *Multivariate analysis and psychological theory*. New York: Academic Press.

Pawlik, K. (1976). *Dimensionen des Verhaltens.* Stuttgart: Huber.

Pearl, J. (2009). *Causality: Models, reasoning, and inference* (2. Aufl.). Cambridge, UK: Cambridge University Press.

Pearson, K. (1907). *On further methods of determining correlation* (Drapers' Company Memoirs. Biometric Series IV). London.

Pearson, K. & Filon, L. N. G. (1898). Mathematical contributions to the theory of evolution IV: On the probable errors of frequency constants and on the influence of random selection on variation and correlation. *Philosophical Transactions of the Royal Society, Series A*, *191*, 229–311.

Pedhazur, E. J. (1977). Coding subjects in repeated measures designs. *Psychological Bulletin*, *84*, 298–305.

Pedhazur, E. J. (1997). *Multiple regression in behavioral research: Explanation and prediction* (3. Aufl.). Fort Worth, TX: Harcourt.

Penfield, D. A. & Koffler, S. L. (1986). A non-parametric *K*-sample test for equality of slopes. *Educational and Psychological Measurement*, *46*, 537–542.

Peng, K. C. (1967). *The design and analysis of scientific experiments.* Reading, MA: Addison-Wesley.

Pennell, R. (1972). Routinely computable confidence intervals for factor loadings using the „jackknife". *British Journal of Mathematical and Statistical Psychololoqy*, *25*, 107–114.

Pfanzagl, J. (1971). *Theory of measurement.* Würzburg: Physika.

Pfeifer, A. & Schmidt, P. (1987). *LISREL: Die Analyse komplexer Strukturgleichungsmodelle.* Stuttgart: Fischer.

Phillips, J. P. N. (1982). A simplified accurate algorithm for the Fisher-Yates exact test. *Psychometrika*, *47*, 349–351.

Pillai, K. C. S. (1955). Some new test criteria in multivariate analysis. *Annals of Mathematical Statistics*, *26*, 117.

Pinzka, C. & Saunders, D. R. (1954). *Analytical rotation to simple structure II: Extension to an oblique solution. research bulletin, rb-34-31.* Princeton, New York: Educational Testing Service.

Podani, J. (1988). *New combinational SAHN clustering methods.* Unpublished manuscript, Research Institute of Ecology and Botany. Hungarian Academy of Sciences, 2163 Vacratat, Hungary.

Pollard, P. & Richardson, J. T. E. (1987). On the probability of making type I errors. *Psychological Bulletin*, *102*, 159–163.

Popper, K. R. (1966). *Logik der Forschung.* Tübingen: Mohr.

Pratt, J. W. (1987). Dividing the indivisible: using simple symmetry to partition variance explained. In T. Pukilla & S. Duntanen (Hg.), *Proceedings of the second international tampere conference in statistics* (S. 245–260). Tampere, Finland: University of Tampere.

Press, S. J. (1972). *Applied multivariate analysis.* New York: Holt, Rinehart and Winston.

Preuss, L. & Vorkauf, H. (1997). The knowledge content of statistical data. *Psychometrika*, *62*, 133–161.

Raghunathan, T. E., Rosenthal, R. & Rubin, D. B. (1996). Comparing correlated but nonoverlapping correlations. *Psychological Methods*, *1*, 178–183.

Ralston, A. & Wilf, H. S. (1967). *Mathematische Methoden für Digitalrechner.* München: Oldenbourg.

Ramsey, P. H. (1980). Exact type I error rates for robustness of Student's *t*-test with unequal variances. *Journal of Educational Statistics*, *5*, 337–349.

Ramsey, P. H. (1981). Power of univariate pairwise multiple comparison procedures. *Psychological Bulletin*, *90*, 352–366.

Ramsey, P. H. (2002). Comparison of closed testing procedures for pairwise testing of means. *Psychological Methods*, *7*, 504–523.

Rand, W. M. (1971). Objective criteria for the evaluation of clustering methods. *Journal of the American Statistical Association*, *66*, 846–850.

Rao, C. R. (1952). *Advanced statistical methods in biometric research.* New York: Wiley.

Rao, C. R. (1955). Estimation and tests of significance in factor analysis. *Psychometrika, 20*, 93–111.

Rasmussen, J. L. (1993). Algorithm for Shaffer's multiple comparison tests. *Educational and Psychological Measurement, 53*, 329–335.

Raudenbush, S. W. & Bryk, A. S. (2002). *Hierarchical linear models: Applications and data analysis methods* (2. Aufl.). Thousand Oaks, CA: Sage.

Revenstorf, D. (1976). *Lehrbuch der Faktorenanalyse.* Stuttgart: Kohlhammer.

Revenstorf, D. (1978). Vom unsinnigen Aufwand. *Archiv für Psychologie, 130*, 1–36.

Revenstorf, D. (1980). *Faktorenanalyse.* Stuttgart: Kohlhammer.

Reynolds, T. J. & Jackosfsky, E. F. (1981). Interpreting canonical analysis: The use of orthogonal transformations. *Educational and Psychological Measurement, 41*, 661–671.

Rietz, C. (1996). *Faktorielle Invarianz: Die inferenzstatistische Absicherung von Faktorstrukturvergleichen.* Bonn: PACE.

Rietz, C., Rudinger, G. & Andres, J. (1996). Lineare Strukturgleichungsmodelle. In E. Erdfelder, R. Mausfeld, T. Meiser & G. Rudinger (Hg.), *Handbuch quantitative Methoden* (S. 253–268). Weinheim: Beltz.

Rigdon, E. E. (1995). A necessary and sufficient identification rule for structural models estimated in practice. *Multivariate Behavioral Research, 30*(3), 359–383.

Rinne, H. (2003). *Taschenbuch der Statistik* (3. Aufl.). Frankfurt am Main: Harri Deutsch.

Rippe, P. R. (1953). Application of a large sampling criterion to some sampling problems in factor analysis. *Psychometrika, 18*, 191–205.

Robert, C. P. & Casella, G. (1999). *Monte Carlo statistical methods.* New York: Springer.

Roberts, F. S. (1979). *Measurement theory.* London: Addison-Wesley.

Rochel, H. (1983). *Planung und Auswertung von Untersuchungen im Rahmen des allgemeinen linearen Modells.* Heidelberg: Springer.

Rock, D. A., Linn, R. L., Evans, F. R. & Patrick, C. (1970). A comparison of predictor selection techniques using Monte Carlo methods. *Educational and Psychological Measurement, 30*, 873–884.

Rock, D. A., Werts, C. E. & Linn, R. A. (1976). Structural equations as an aid in the interpretation of the non-orthogonal analysis of variance. *Multivariate Behavioral Research, 11*, 443–448.

Rogan, J. C., Keselman, H. J. & Mendoza, J. L. (1979). Analysis of repeated measurements. *British Journal of Mathematical and Statistical Psycholology, 32*, 269–286.

Rogers, D. J. & Tanimoto, T. T. (1960). A computer program for classifying plants. *Science, 132*, 1115–1118.

Rogge, K. E. (Hg.). (1995). *Methodenatlas für Sozialwissenschaftler.* Heidelberg: Springer.

Rogosa, D. (1980). Comparing nonparallel regression lines. *Psychological Bulletin, 88*, 307–321.

Romaniuk, J. G., Levin, J. R. & Lawrence, J. H. (1977). Hypothesis-testing procedures in repeated-measures designs: On the road map not taken. *Child development, 48*, 1757–1760.

Rosenstiel, L. von & Schuler, H. (1975). A wie Arnold, B wie Bender – zur Sozialdynamik der akademischen Karriere. *Psychologische Rundschau, 26*, 183–190.

Rosenthal, R. (1966). *Experimenter effects in behavioral research.* New York: Appleton.

Rosenthal, R. (1994). Parametric measures of effect size. In H. Cooper & L. V. Hedges (Hg.), *The handbook of research synthesis* (S. 231–244). New York: Russell Sage Foundation.

Rosenthal, R. & Rosnow, R. L. (Hg.). (1969). *Artifact in behavioral research.* New York: Academic Press.

Rosenthal, R. & Rubin, D. B. (1979). A note on percent variance explained as a measure of the importance of effects. *Journal of Applied Social Psychology, 9*, 395–396.

Rosenthal, R. & Rubin, D. B. (1982). A simple general purpose display of magnitude of experimental effect. *Journal of Educational Psychology, 74*, 166–169.

Rosnow, R. L. & Rosenthal, R. (2009). Effect sizes: Why, when, and how to use them. *Zeitschrift für Psychologie, 217*(1), 6–14.

Rossi, J. S. (1987). One-way ANOVA from summary statistics. *Educational and Psychological Measurement, 47*, 37–38.

Royall, R. (1997). *Statistical evidence: A likelihood paradigma.* London: Chapman & Hall.

Royce, J. R. (1958). The development of factor analysis. *Journal of General Psychology, 58*, 139–164.

Royce, J. R. (Hg.). (1973). *Multivariate analysis and psychological theory.* New York: Academic Press.

Royston, J. P. (1995). A remark on algorithm AS181: The *w*-test of normality. *Applied Statistics*, *44*, 547–551.

Rozeboom, W. W. (1992). The glory of suboptimal factor rotation: Why local minima in analytic optimization of simple structure are more blessing than curse. *Multivariate Behavioral Research*, *27*(4), 585–599.

Rubin, D. B. (2006). *Matched sampling for causal effects.* New York: Cambridge University Press.

Rubin, J. (1967). Optimal classifications into groups: An approach for solving the taxonomy problem. *Journal of Theoretical Biology*, *15*, 103–144.

Rubinstein, R. Y. (1981). *Simulation and the Monte Carlo method.* New York: Wiley.

Rudinger, G., Andres, J. & Rietz, C. (1990). Structural equation models for studying intellectual development. In D. Magnussen, L. R. Bergman, G. Rudinger & B. Törestad (Hg.), *Problems and methods in longitudinal research* (S. 308–322). Cambridge: Cambridge University Press.

Rummel, R. J. (1970). *Applied factor analysis.* Evanston, IL: Northwestern University Press.

Rupinski, M. T. & Dunlap, W. P. (1996). Approximating Pearson product-moment-correlations from Kendall's tau and Spearman's rho. *Educational and Psychological Measurement*, *56*, 419–429.

Rützel, E. (1976). Zur Ausgleichsrechnung: Die Unbrauchbarkeit von Linearisierungsmethoden beim Anpassen von Potenz- und Exponentialfunktionen. *Archiv für Psychologie*, *128*, 316–322.

Ryan, T. A. (1980). Comment on "protecting the overall rate of type I errors for pairwise comparisons with an omnibus test statistic". *Psychological Bulletin*, *88*, 354–355.

Sachs, L. (2002). *Statistische Auswertungsmethoden* (10. Aufl.). Berlin: Springer.

Santa, J. L., Miller, J. J. & Shaw, M. L. (1979). Using quasi-F to prevent alpha inflation due to stimulus variation. *Psychological Bulletin*, *86*, 37–46.

Santner, T. J. & Duffy, D. E. (1989). *The statistical analysis of discrete data.* New York: Springer.

Sarris, V. (1967). Zum Problem der Kausalität in der Psychologie. Ein Diskussionsbeitrag. *Psychologische Beiträge*, *10*, 173–186.

Sarris, V. (1990). *Methodologische Grundlagen der Experimentalpsychologie 1: Erkenntnisgewinnung und Methodik.* München: Reinhardt.

Sarris, V. (1992). *Methodische Grundlagen der Experimentalpsychologie 2: Versuchsplanung und Stadien.* München: Reinhardt.

Satterthwaite, F. E. (1946). An approximate distribution of estimates of variance components. *Biometrics Bulletin*, *2*, 110–114.

Saunders, D. R. (1956). Moderator variables in prediction. *Educational and Psychological Measurement*, *16*, 209–222.

Sawilowsky, S. S. & Blair, R. C. (1992). A more realistic look at the robustness and type II error properties of the *t* test to departures from population normality. *Psychological Bulletin*, *111*, 352–360.

Scheffé, H. (1953). A method of judging all contrasts in the analysis of variance. *Biometrika*, *40*, 87–104.

Scheffé, H. (1963). *The analysis of variance.* New York: Wiley.

Scheibler, D. & Schneider, W. (1985). Monte Carlo tests of the accuracy of cluster analysis algorithms: A comparison of hierarchical and nonhierarchical methods. *Multivariate Behavioral Research*, *20*, 283–304.

Schiller, W. (1988). Vom sinnvollen Aufwand in der Faktorenanalyse. *Archiv für Psychologie*, *140*, 73–95.

Schlosser, O. (1976). *Einführung in die sozialwissenschaftliche Zusammenhangsanalyse.* Hamburg: Rowohlt.

Schmetterer, L. (1966). *Einführung in die mathematische Statistik.* Wien: Springer.

Schmidt, F. (1996). Statistical significance testing and cumulative knowledge in psychology: Implications for the training of researchers. *Psychological Methods*, *1*, 115–129.

Schneeweiss, H. & Mathes, H. (1995). Factor analysis and principal components. *Journal of Multivariate Analysis*, *55*, 105–124.

Schneewind, K. A. & Cattell, R. B. (1970). Zum Problem der Faktoridentifikation: Verteilungen und Vertrauensintervalle von Kongruenzkoeffizienten für Persönlichkeitsfaktoren im Bereich objektiv-analytischer Tests. *Psychologische Beiträge*, *12*, 214–226.

Schnell, R., Hill, P. & Esser, E. (1999). *Methoden der empirischen Sozialforschung.* München: Oldenbourg.

Schönemann, P. H. (1966a). A generalized solution to the orthogonal Procrustes problem.

Psychometrika, *31*, 1–10.

Schönemann, P. H. (1966b). VARISIM: A new machine method for orthogonal rotation. *Psychometrika*, *31*, 235–248.

Schuster, C. (2004). A note on the interpretation of weighted kappa and its relations to other rater agreement statistics for metric scales. *Educational and Psychological Measurement*, *64*(2), 243–253.

Schuster, C. & Smith, D. A. (2005). Dispersion weighted kappa: An integrative framework for metric and nominal scale agreement coefficients. *Psychometrika*, *70*(1), 135–146.

Schuster, C. & Yuan, K.-H. (2005). Factor analysis. In K. Kempf-Leonard (Hg.), *Encyclopedia of social measurement* (Bd. II, S. 1–8). San Diego, CA: Academic Press.

Schwarz, H. (1975). *Stichprobenverfahren*. München: Oldenbourg.

Searle, S. R. (1971). *Linear models*. New York: Wiley.

Sedlmeier, P. & Gigerenzer, G. (1989). Do studies of statistical power have an effect on the power of studies? *Psychological Bulletin*, *105*(2), 309–316.

Sedlmeier, P. & Renkewitz, F. (2008). *Forschungsmethoden und Statistik in der Psychologie*. München: Pearson Studium.

Selg, H., Klapprott, J. & Kamenz, R. (1992). *Forschungsmethoden der Psychologie*. Stuttgart: Kohlhammer.

Shaffer, J. P. (1991). Probability of directional errors with disordinal (qualitative) interaction. *Psychometrika*, *56*, 29–38.

Shaffer, J. P. (1993). Modified sequentially rejective multiple test procedures. *Journal of the American Statistical Association*, *81*, 826–831.

Shaffer, J. P. & Gillo, M. W. (1974). A multivariate extension of the correlation ratio. *Educational and Psychological Measurement*, *34*, 521–524.

Shapiro, S. S., Wilk, M. B. & Chen, H. J. (1968). A comparative study of various tests of normality. *Journal of the American Statistical Association*, *63*, 591–611.

Sharpe, N. R. & Roberts, R. A. (1997). The relationship among sums of squares, correlation coefficients and suppression. *American Statistician*, *51*(1), 46–48.

Sherif, M., Harvey, O. J., White, B. J., Hood, W. R. & Sherif, C. (1961). *Intergroups conflict and cooperation: The robbers cave experiment*. Norman, Oklahoma: University Book Exchange.

Shine, I. C. (1980). The fallacy of replacing on a priori significance level with an a posteriori significance level. *Educational and Psychological Measurement*, *40*, 331–335.

Siegel, S. (1956). *Non-parametric statistics for the behavioral sciences*. New York: McGraw-Hill.

Sievers, W. (1990). Bootstrap-konfidenzintervalle und bootstrap-akzeptanz-bereiche hypothesenprüfender verfahren. *Zeitschrift für experimentelle und angewandte Psychologie*, *37*, 85–123.

Silver, N. C. & Dunlap, W. P. (1987). Averaging correlation coefficients: Should Fisher's *z*-transformation be used? *Journal of Applied Psychology*, *72*, 146–148.

Silver, N. C. & Dunlap, W. P. (1989). A Monte Carlo study for testing the significance of correlation matrices. *Educational and Psychological Measurement*, *49*, 563–569.

Silver, N. C. & Finger, M. S. (1993). A Fortran 77 program for determining the minimum significant increase of the multiple correlation coefficient. *Educational and Psychological Measurement*, *53*, 703–706.

Silverstein, A. B. (1985). Multiple regression analysis of split-plot factorial designs. *Educational and Psychological Measurement*, *45*, 845–849.

Sinha, A. R. & Buchanan, B. S. (1995). Assessing the stability of principal components using regression. *Psychometrika*, *60*, 355–369.

Sixtl, F. (1967). Faktoreninvarianz und Faktoreninterpretation. *Psychologische Beiträge*, *10*, 99–111.

Sixtl, F. (1993). *Der Mythos des Mittelwertes. Neue Methodenlehre der Statistik*. München: Oldenbourg.

Skakun, E. N., Maguire, T. O. & Hakstian, A. R. (1976). An application of inferential statistics to the factorial invariance problem. *Multivariate Behavioral Research*, *11*, 325–338.

Skakun, E. N., Maguire, T. O. & Hakstian, A. R. (1977). Erratum. *Multivariate Behavioral Research*, *12*, 68.

Smith, R. L., Ager, J. W., Jr. & Williams, D. L. (1992). Suppressor variables in multiple regression/correlation. *Educational and Psychological Measurement*, *52*, 17–28.

Snook, S. C. & Gorsuch, R. L. (1989). Component analysis versus common factor analysis: A

Monte Carlo study. *Psychological Bulletin*, *106*, 148–154.

Snyder, C. W. & Law, H. G. (1979). Three-mode common factor analysis: Procedure and computer programs. *Multivariate Behavioral Research*, *14*, 435–441.

Sobel, M. E. (1990). Effect analysis and causation in linear structural equation models. *Psychometrika*, *55*, 495–515.

Sokal, R. R. & Michener, C. D. (1958). A statistical method for evaluating systematic relationships. *University of Kansas Science Bulletin*, *38*, 1409–1438.

Sokal, R. R. & Sneath, P. H. A. (1963). *Principles of numerical taxonomy.* San Francisco: Freeman.

Sörbom, D. (1978). An alternative to the methodology for analysis of covariance. *Psychometrika*, *43*, 381–396.

Späth, H. (1977). *Cluster-Analyse-Algorithmen zur Objektklassifizierung und Datenreduktion.* München: Oldenbourg.

Spearman, C. (1904). "General intelligence," objectively determined and measured. *American Journal of Psychology*, *15*(2), 201–292.

Speed, F. M., Hocking, R. R. & Hackney, O. P. (1978). Methods of analysis of linear models with unbalanced data. *Journal of the American Statistical Association*, *73*, 105–112.

Sprites, P., Glymour, C. & Scheines, R. (2000). *Causation, prediction, and search* (2. Aufl.). Cambridge, MA: MIT Press.

Srivastava, A. B. L. (1959). Effect of non normality on the power of the analysis of variance test. *Biometrika*, *46*, 114–122.

Stanley, J. C. (1968). An important similarity between biserial r and the Brogden-Cureton-Glass biserial r for ranks. *Educational and Psychological Measurement*, *28*, 249–253.

Stanley, J. C. & Wang, M. D. (1969). Restrictions on the possible values of r_{12}, given r_{13}, and r_{23}. *Educational and Psychological Measurement*, *29*, 579–581.

Staving, G. R. & Acock, A. C. (1976). Evaluating the degree of dependence for a set of correlations. *Psychological Bulletin*, *83*, 236–241.

Stegmüller, W. (1969). *Wissenschaftliche Erklärung und Begründung.* Berlin: Springer.

Steiger, J. H. (1980). Tests for comparing elements of a correlation matrix. *Psychological Bulletin*, *87*, 245–251.

Steiger, J. H. (2001). Driving fast in reverse. *Journal of the American Statistical Association*, *96*, 331–338.

Steinhausen, D. & Langer, K. (1977). *Clusteranalyse.* Berlin: de Gruyter.

Steinley, D. (2003). Local optima in K-means clustering: What you don't know may hurt you. *Psychological Methods*, *8*, 294–304.

Stelzl, I. (1980). Ein Verfahren zur Überprüfung der Hypothese multivariater Normalverteilung. *Psychologische Beiträge*, *22*, 610–621.

Stelzl, I. (1982). *Fehler und Fallen in der Statistik.* Bern: Huber.

Stelzl, I. (1986). Changing a causal hypothesis without changing the fit: Some rules for generating equivalent path models. *Multivariate Behavioral Research*, *21*, 309–331.

Stenger, H. (1971). *Stichprobentheorie.* Würzburg: Physica.

Stevens, J. (1979). Comment on Olson: Choosing a test statistic in multivariate analysis of variance. *Psychological Bulletin*, *86*, 355–360.

Stevens, J. (1980). Power for the multivariate analysis of variance tests. *Psychological Bulletin*, *88*, 728–737.

Stevens, J. (2002). *Applied multivariate statistics for the social sciences.* Mahwah, NJ: Erlbaum.

Stevens, S. S. (1946). On the theory of scales of measurement. *Science*, *103*, 677–680.

Steward, D. & Love, W. (1968). A general canonical correlation index. *Psychological Bulletin*, *70*, 160–163.

Steyer, R. (1992). *Theorie kausaler Regressionsmodelle.* Stuttgart: Gustav Fischer.

Steyer, R. & Eid, M. (2001). *Messen und Testen* (2. Aufl.). Heidelberg: Springer.

Stoloff, P. H. (1970). Correcting for heterogeneity of covariance for repeated measures designs of the analysis of variance. *Educational and Psychological Measurement*, *30*, 909–924.

Stone, M. (1974). Cross-validation choice and assessment of statistical predictions. *Journal of the Royal Statistical Society, Series B*, *39*, 44–47.

Stone-Romero, E. F. & Anderson, L. E. (1994). Relative power of moderated multiple regression and the comparison of subgroup correlation coefficients for detecting moderating effects. *Journal of Applied Psychology*, *79*, 354–359.

Stuart, A., Ord, J. K. & Arnold, S. (1999). *Kendall's advanced theory of statistics* (6. Aufl., Bd. 2A). Edward Arnold.

Sturges, H. A. (1926). The choice of a class interval. *Journal of the American Statistical Association*, *21*, 65–66.

Suppes, P. & Zinnes, J. L. (1963). Basic measurement theory. In R. D. Luce, R. R. Bush & E. Galanter (Hg.), *Handbook of mathematical psychology, vol. I* (S. 1–76). New York: Wiley.

Swaminathan, H. & De Friesse, F. (1979). Detecting significant contrasts in analysis of variance. *Educational and Psychological Measurement*, *39*, 39–44.

Tabachnik, B. G. & Fidell, L. S. (1983). *Using multivariate statistics.* New York: Harper & Row.

Tang, K. L. & Algina, J. (1993). Performance of four multivariate tests under variance-covariance heteroscedasticity. *Multivariate Behavioral Research*, *28*, 391–405.

Tarski, A. (1965). *Introduction to logic.* New York: Oxford University Press.

Tatsuoka, M. M. (1953). *The relationship between canonical correlation and discriminant analysis.* Cambridge, MA: Educational Research Corporation.

Tatsuoka, M. M. (1970). *Discriminant analysis: The study of group differences* (Bericht). Champaign, IL: Institute for Personality and Ability Testing.

Tatsuoka, M. M. (1971). *Multivariate analysis: Techniques for educational and psychological research.* New York: Wiley.

Tatsuoka, M. M. (1988). *Multivariate analysis: Techniques for educational and psychological research* (2. Aufl.). New York: Macmillan.

ten Berge, J. M. F. (1986a). Rotation to perfect congruence and cross-validation of component weights across populations. *Multivariate Behavioral Research*, *21*, 41–64.

ten Berge, J. M. F. (1986b). Some relationships between descriptive comparison of components from different studies. *Multivariate Behavioral Research*, *21*, 29–40.

Tenenhaus, M. & Young, F. W. (1985). An analysis and synthesis of multiple correspondence analysis, optimal scaling, dual scaling, homogeneity analysis and other methods of quantifying categorial multivariate data. *Psychometrika*, *50*, 91–119.

Terrell, C. D. (1982a). Significance tables for the biserial and the point biserial. *Educational and Psychological Measurement*, *42*, 975–981.

Terrell, C. D. (1982b). Table for converting the point biserial to the biserial. *Educational and Psychological Measurement*, *42*, 983–986.

Thalberg, S. P. (1967). Reading rate and immediate versus delayed retention. *Journal of Educational Psychology*, *58*, 373–378.

Thomas, C. L. & Schofield, H. (1996). *Sampling source book: An indexed bibliography of the literature of sampling.* Woborn, MA: Butterworth-Heinemann.

Thomas, D. R. (1992). Interpreting discriminant functions: A data analytic approach. *Multivariate Behavioral Research*, *27*, 335–362.

Thompson, B. (1988). Program FACSTRAP: A program that computes bootstrap estimates of factor structure. *Educational and Psychological Measurement*, *48*, 681–686.

Thompson, B. (1990a). Finding a correction for the sampling error in multivariate measures of relationship: A Monte Carlo study. *Educational and Psychological Measurement*, *50*, 15–31.

Thompson, B. (1990b). Multinor: A Fortran program that assists in evaluating multivariate normality. *Educational and Psychological Measurement*, *50*, 845–848.

Thompson, B. (1995a). Exploring the replicability of a study's result: Bootstrap statistics for the multivariate case. *Educational and Psychological Measurement*, *55*, 84–94.

Thompson, B. (1995b). Stepwise regression and stepwise discriminant analysis need not apply here: A guidelines editorial. *Educational and Psychological Measurement*, *55*, 525–534.

Thompson, B. (1996). AERA editorial policies regarding statistical significance testing: Three suggested reforms. *Educational Researcher*, *25*, 26–30.

Thompson, P. A. (1988). Contrasts for the residual interaction in latin square designs. *Educational and Psychological Measurement*, *48*, 83–88.

Thorndike, R. M. & Weiss, D. J. (1973). A study of the stability of canonical correlations and canonical components. *Educational and Psychological Measurement*, *33*, 123–134.

Thurstone, L. L. (1931). Multiple factor analysis. *Psychological Review*, *38*, 406–427.

Thurstone, L. L. (1947). *Multiple factor analysis.* Chicago, IL: University of Chicago Press.

Tideman, T. N. (1979). A generalized χ^2 for the significance of differences in repeated, related measures applied to different samples. *Educational and Psychological Measurement*, *39*, 333–336.

Tiku, M. L. & Balakrishnan, N. (1985). Testing the equality of variance-covariance matrices the robust way. *Communications in Statistics: Theory and Methods*, *13*, 3033–3051.

Timm, N. H. (2002). *Applied multivariate analysis.* New York: Springer.

Tisak, J. (1994). Determination of the regression coefficients and their associated standard errors in hierarchical regression analysis. *Multivariate Behavioral Research*, *29*, 185–201.

Torgerson, W. S. (1958). *Theory and methods of scaling.* New York: Wiley.

Toutenberg, H. (2002). *Statistical analysis of designed experiments.* New York: Springer.

Tryfos, P. (1996). *Sampling methods for applied research: Text and cases.* New York: Wiley.

Tryon, R. C. (1939). *Cluster analysis.* Ann Arbor: Edwards Brothers.

Tryon, R. C. & Bailey, D. E. (1970). *Cluster analysis.* New York: McGraw-Hill.

Tucker, L. R. (1951). *A method for synthesis of factor analytic studies. personnel research section report no. 984.* Washington, D. C.: Department of the Army.

Tucker, L. R. (1966). Some mathematical notes on three mode factor analysis. *Psychometrika*, *31*, 279–311.

Tucker, L. R. (1967). Implications of factor analysis of three-way matrices for measurement of change. In C. W. Harris (Hg.), *Problems in measuring change.* Madison, WI: University of Wisconsin Press.

Tukey, J. W. (1949). One degree of freedom for non-additivity. *Biometrics*, *5*, 232–242.

Tukey, J. W. (1977). *Exploratory data analysis.* Reading, MA: Addison-Wesley.

Tzelgov, J. & Henik, A. (1981). On the differences between Conger's and Velicer's definitions of suppressor. *Educational and Psychological Measurement*, *41*, 1027–1031.

Tzelgov, J. & Henik, A. (1985). A definition of suppression situations for the general linear model: A regression weights approach. *Educational and Psychological Measurement*, *45*, 281–284.

Tzelgov, J. & Henik, A. (1991). Suppression situations in psychological research: Definitions, implications, and applications. *Psychological Bulletin*, *109*, 524–536.

Tzelgov, J. & Stern, I. (1978). Relationships between variables in three variables linear regression and the concept of suppressor. *Educational and Psychological Measurement*, *38*, 325–335.

Überla, K. (1971). *Faktorenanalyse* (2. Aufl.). Heidelberg: Springer.

van de Geer, J. P. (1971). *Introduction to multivariate analysis for the social sciences.* San Francisco: Freeman.

van Heerden, J. V. & Hoogstraten, J. (1978). Significance as a determinant of interest in scientific research. *European Journal of Social Psychology*, *8*, 141–143.

Vegelius, J. (1978). On the utility of the e-correlation coefficient concept in psychological research. *Educational and Psychological Measurement*, *38*, 605–611.

Velicer, W. F. (1974). A comparison of the stability of factor analysis, principal component analysis and rescaled image analysis. *Educational and Psychological Measurement*, *34*, 563–572.

Velicer, W. F. (1977). An empirical comparison of the similarity of principal component, image, and factor patterns. *Multivariate Behavioral Research*, *11*, 3–22.

Velicer, W. F. (1978). Suppressor variables and the semipartial correlation coefficient. *Educational and Psychological Measurement*, *38*, 953–958.

Velicer, W. F., Peacock, A. C. & Jackson, D. N. (1982). A comparison of component and factor patterns: A Monte Carlo approach. *Multivariate Behavioral Research*, *17*, 371–388.

Viernstein, N. (1990). A coefficient for measuring the agreement on bipolar rating scales. *Educational and Psychological Measurement*, *50*, 273–278.

Vincent, P. F. (1953). The origin and development of factor analysis. *Applied Statistic*, *2*, 107–117.

von Eye, A. (1988). The general linear model as a framework for models in configural frequency analysis. *Biometrical Journal*, *30*, 59–67.

von Eye, A. (Hg.). (1991). *Prädiktionsanalyse: Vorhersagen mit kategorialen Variablen.* Weinheim: Beltz.

von Eye, A. (2002). *Configural frequency analysis: methods, models, and applications.* Mahwah, NJ: Erlbaum.

von Eye, A. & Gutiérrez-Peña, E. (2004). Configural frequency analysis: the search for extreme cells. *Journal of Applied Statistics*, *31*(8), 981–997.

von Eye, A. & Schuster, C. (1998). *Regression analysis for social sciences.* San Diego, CA: Academic Press.

Vukovich, A. (1967). Faktorielle Typenbestimmung. *Psychologische Beiträge, 10*, 112–121.

Wainer, H. (1978). On the sensitivity of regression and regressors. *Psychological Bulletin, 85*, 267–273.

Wainer, H. (1999). One cheer for null hypothesis significance testing. *Psychological Methods, 4*, 212–213.

Wainer, H. & Thissen, D. (1976). Three steps towards robust regression. *Psychometrika, 41*, 9–34.

Wainer, H. & Thissen, D. (1981). Graphical data analysis. *Annual Review of Psychology, 32*, 191–241.

Walker, H. M. (1929). *Studies in the history of statistical method.* Baltimore: Williams and Wilkins.

Walker, H. M. & Lev, J. (1953). *Statistical inference.* New York: Holt, Rinehart and Winston.

Wallenstein, S. & Fleiss, J. L. (1979). Repeated measurements analysis of variance when the correlations have a certain pattern. *Psychometrika, 44*, 229–233.

Wang, Y. (1971). Probabilities of the type I errors of the Welch test. *Journal of the American Statistical Association, 66*, 605–608.

Ward, J. H. (1963). Hierarchical grouping to optimize an objective function. *Journal of the American Statistical Association, 58*, 236–244.

Welch, B. L. (1947). The generalization of Student's problem when several different population variances are involved. *Biometrika, 34*, 28–35.

Wendt, H. W. (1976). Spurious correlation, revisited: A new look at the quantitative outcomes of sampling heterogeneous groups and/or at the wrong time. *Archiv für Psychologie, 128*, 292–315.

Werner, J. (1997). *Lineare Statistik. Allgemeines Lineares Modell.* Weinheim: Psychologie Verlags Union.

Wert, J. E., Neidt, O. N. & Ahmann, J. S. (1954). *Statistical methods in educational and psychological research.* New York: Appleton-Century-Crofts.

Westermann, R. (2000). *Wissenschaftstheorie und Experimentalmethodik.* Göttingen: Hogrefe.

Wickens, T. D. (1989). *Multiway contingency table analysis for the social sciences.* Hillsdale, NJ: Erlbaum.

Wiedemann, C. F. & Fenster, C. A. (1978). The use of chance corrected percentage of agreement to interpret the results of a discriminant analysis. *Educational and Psychological Measurement, 38*, 29–35.

Wilcox, R. R. (1989). Comparing the variances of dependent groups. *Psychometrika, 54*, 305–315.

Wilcox, R. R. (1994). The percentage bend correlation coefficient. *Psychometrika, 59*, 601–616.

Wilcox, R. R. (1995). Testing the hypothesis of independance between two sets of variates. *Multivariate Behavioral Research, 30*, 213–225.

Wilcoxon, F. (1945). Individual comparisons by ranking methods. *Biometrica, 1*, 80–83.

Wilcoxon, F. (1947). Probability tables for individual comparisons by ranking methods. *Biometrics, 3*, 119–122.

Wilkinson, L. (1979). Tests of significance in stepwise regression. *Psychological Bulletin, 86*, 168–174.

Wilkinson, L. & The Task Force on Statistical Inference. (1999). Statistical methods in psychology journals. *American Psychologist, 54*(8), 594–604.

Wilks, S. S. (1932). Certain generalizations in the analysis of variance. *Biometrika, 24*, 471–494.

Williams, E. J. (1949). Experimental designs balanced for the estimation of residual effects of treatments. *Australian Journal of Scientific Research, Series A: Physical Sciences, 2*, 149–168.

Wilson, G. A. & Martin, S. A. (1983). An empirical comparison of two methods for testing the significance of a correlation matrix. *Educational and Psychological Measurement, 43*, 11–14.

Wilson, V. L. (1976). Critical values of the rank-biserial correlation coefficient. *Educational and Psychological Measurement, 36*, 297–300.

Winer, B. J., Brown, D. R. & Michels, K. M. (1991). *Statistical principles in experimental design* (3. Aufl.). New York: McGraw-Hill.

Wishart, D. (1987). *CLUSTAN: User manual* (4. Aufl.; Bericht). Computer laboratory, University of St. Andrews.

Witte, E. H. (1977). Zur Logik und Anwendung der Inferenzstatistik. *Psychologische Beiträge, 19*, 290–303.

Witte, E. H. (1978). Zum Verhältnis von Merkmalen zu Merkmalsträgern in der Faktorenanalyse. *Psychologie und Praxis*, *22*, 83–89.

Witte, E. H. (1980). *Signifikanztest und statistische Inferenz.* Stuttgart: Enke.

Witte, E. H. & Horstmann, H. (1976). Kanonische Korrelationsanalyse: Ihre Ähnlichkeit zu anderen Verfahren und zwei Anwendungsbeispiele aus dem Bereich Graphometrie-Persönlichkeit. *Psychologische Beiträge*, *18*, 553–570.

Witting, H. (1978). *Mathematische Statistik* (3. Aufl.). Stuttgart: Teubner.

Wittmann, W. W. (1978). Drei Klassen verschiedener faktorenanalytischer Modelle und deren Zusammenhang mit dem Konzept der Alpha-Generalisierbarkeit der klassischen Testtheorie. *Psychologische Beiträge*, *20*, 456–470.

Wolf, B. (1988). Invariante Test- und Effektmaße sowie approximative Prüfgrößen bei multivariaten parametrischen Analysen. *Empirische Pädagogik*, *2*, 165–197.

Wolins, L. (1978). Interval measurement: Physics, psychophysics, and metaphysics. *Educational and Psychological Measurement*, *38*, 1–9.

Wood, D. A. & Erskine, J. A. (1976). Strategies in canonical correlation with application to behavioral data. *Educational and Psychological Measurement*, *36*, 861–878.

Woodward, J. A. & Overall, J. E. (1976). Factor analysis of rank-ordered data: An old approach revisited. *Psychological Bulletin*, *83*, 864–867.

Wright, S. (1921). Correlation and causation. *Journal of Agricultural Research*, *20*, 557–585.

Wright, S. (1934). The method of path coefficients. *Annals of Mathematical Statistics*, *5*, 161-215.

Wright, S. P. (1992). Adjusted *p*-values for simultaneous inference. *Biometrics*, *48*, 1005–1013.

Wu, Y. B. (1984). The effects of heterogeneous regression slopes on the robustness of two test statistics in the analysis of covariance. *Educational and Psychological Measurement*, *44*, 647–663.

Yandell, B. S. (1997). *Practical data analysis for designed experiments.* London: Chapman & Hall.

Yao, Y. (1965). An approximate degrees of freedom solution to the multivariate Behrens-Fisher problem. *Biometrika*, *52*, 139–147.

Yu, M. C. & Dunn, O. J. (1982). Robust tests for the equality of two correlation coefficients: A Monte Carlo study. *Educational and Psychological Measurement*, *42*, 987–1004.

Yuan, K.-H. & Bentler, P. M. (2007). Structural equation modeling. In C. R. Rao & S. Sinharay (Hg.), *Handbook of statistics* (Bd. 26, S. 297–358). Amsterdam: North-Holland.

Zahn, D. A. & Fein, S. B. (1979). Large contingency tables with large cell frequencies: A model search algorithm and alternative measures of fit. *Psychological Bulletin*, *86*, 1189–1200.

Zalinski, J., Abrahams, N. M. & Alf, E., Jr.. (1979). Computing tables for the tetrachoric correlation coefficient. *Educational and Psychological Measurement*, *39*, 267–275.

Zar, J. H. (1972). Significance testing of the spearman rank correlation coefficient. *Journal of the American Statistical Association*, *67*, 578–580.

Zinkgraf, S. A. (1983). Performing factorial multivariate analysis of variance using canonical correlation analysis. *Educational and Psychological Measurement*, *43*, 63–68.

Zoski, K. W. & Jurs, S. (1996). An objective counterpart to the visual scree test for factor analysis: The standard error scree. *Educational and Psychological Measurement*, *56*, 443–451.

Zucker, D. M. (1990). An analysis of variance pitfall. the fixed effects analysis in a nested design. *Educational and Psychological Measurement*, *50*, 731–738.

Zwick, R. (1985a). Nonparametric one way multivariate analysis of variance: A computational approach based on the Pillai-Bartlett trace. *Psychological Bulletin*, *97*, 148–152.

Zwick, R. (1985b). Rank and normal scores alternatives to Hotelling's T^2. *Multivariate Behavioral Research*, *21*, 169–186.

Zwick, W. R. & Velicer, W. F. (1982). Factors influencing four rules for determining the number of components to retain. *Multivariate Behavioral Research*, *17*, 253–269.

Zwick, W. R. & Velicer, W. F. (1986). Comparison of five rules of determining the number of components to retain. *Psychological Bulletin*, *99*, 432–442.

Zysno, P. V. (1997). Die Modifikation des Phi-Koeffizienten zur Aufhebung seiner Randverteilungsabhängigkeit. *Methods of Psychological Research Online*, *2*, 41–53.

Namenverzeichnis

Stichwortverzeichnis

Printed by Printforce, the Netherlands